생명이란 무엇인가?

활용할 수 있는

지식과 생리학

생명이란 무엇인가?

What is Life?

활용할 수 있는 지식과 생리학

JAY PHELAN 5판

대표역자
장수철

박돈하 · 변봉규 · 서지은
윤혜섭 · 장선일 · 한규웅
공역

월드사이언스
worldscience.co.kr

What is Life? A Guide to Biology with Physiology 5e

First published in the United States by W.H. Freeman and Company

생명이란 무엇인가? 제5판

인　　쇄 | 2023년 02월 20일
발　　행 | 2023년 03월 01일

저　　자 | Jay Phelan
역　　자 | 박돈하·변봉규·서지은·윤혜섭·장선일·장수철·한규웅
발 행 인 | 신정숙
발 행 처 | (주)도서출판 월드사이언스

주　　소 | 서울특별시 서초구 도구로115 월드빌딩 3층
등록일자 | 1988년 2월 12일
등록번호 | 제 16-1601호
대표전화 | (02) 581-5811~3
팩　　스 | (02) 521-6418

E-mail | worldscience@hanmail.net
U R L | http://www.worldscience.co.kr

I S B N | 978-89-5881-318-7

이 논문 또는 저서는 2022년 대한민국 교육부와 한국연구재단의 지원을 받아 수행된 연구임(NRF-2022S1A5C2A04093488)

주요 차례

Part 1 삶의 실제

Part 2 유전, 진화, 행동

Part 3 진화와 생명 다양성

Part 4 생태학과 환경

생리학

Part 5 식물의 삶

Part 6 건강과 생리학

차례

Part 1 삶의 실제

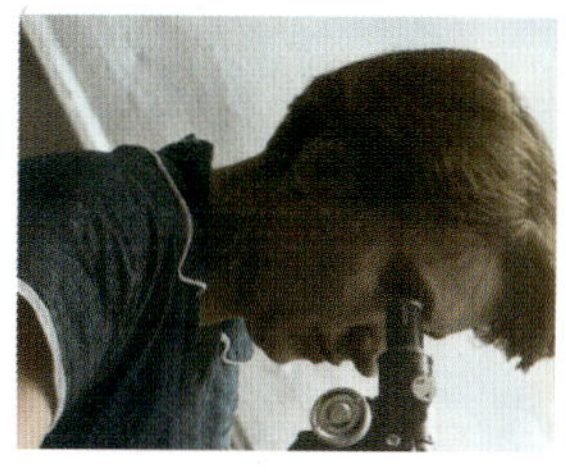

1 과학적 사고방식
세계를 이해하는 가장 좋은 방법

2 생명과학의 화학
원자와 분자 그리고 생명현상에서 이들의 역할

3 생명의 분자
거대분자는 에너지와 정보를 저장할 수 있고
구성요소로서 역할을 한다

Part 2 유전, 진화, 행동

6 DNA와 유전자 발현
유전암호는 무엇이고 어떻게 일하는가?

7 생명공학
유전암호 이용하기

8 염색체와 세포분열
연속성과 다양성

9 유전자와 유전
가족 간의 닮음: 형질은 어떻게 유전되는가

10 진화와 자연선택
Darwin의 위험한 발상

11 진화와 행동
동물 세계의 의사소통, 협력 그리고 갈등

Part 3 진화와 생명 다양성

12 지구 생명의 기원과 다양성
생물다양성의 이해

13 동물의 다양성
진화와 적응방산

14 식물과 균류의 다양성
식물과 균류는 어디에서 기원했는가?

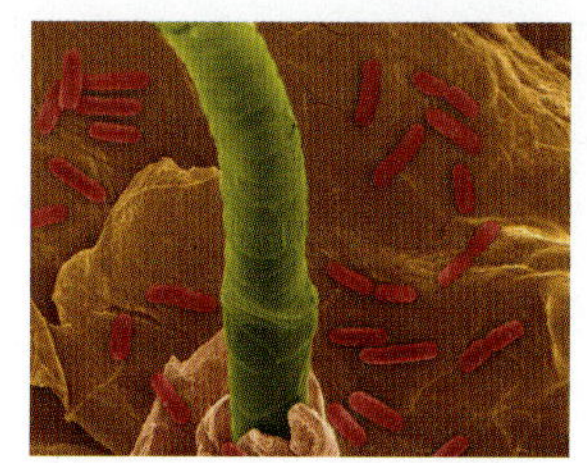

15 미생물의 다양성
세균, 고세균, 원생생물 및 바이러스: 눈에 보이지 않는 세계

Part 4 생태학과 환경

16 개체군 생태학

전면 가동 중인 행성: 개체군 성장의 유형

17 생태계와 군집

개체와 환경

Part 6 건강과 생리학

21 동물생리학 입문
동물 체계와 기능의 원리

22 순환과 호흡

연료, 원자재, 기체를 몸 안팎으로 운반

23 영양과 소화

휴식에서 그리고 놀이에서: 사람의 생리적 기능을 최적화하기

24 신경계와 운동계
행동, 반응, 감각 그리고 중독: 신경계 알아보기

25 호르몬

기분, 감정, 성장 등: 주요 조절자로서의 호르몬

26 생식과 발생
두 명의 부모에서 하나의 배아로, 그리고 한 명의 갓난아기로

27 면역과 건강
신체는 자신을 어떻게 방어하고 유지하는가

독자에게

무서운 바이러스, 암의 잠재적 원인 또는 수학 실력을 더 높여주는 새로운 유전자 발견 등의 뉴스 속보를 들으며 잠에서 깬 날이 많지 않습니까? 정보에 접근하기 쉬운 세상에서 이와 같은 보도를 얼마나 믿어야 하는지 판단하기 어렵습니다. 과학 토픽과 과학에 관련된 주제에 관한 의미가 상충할 때 독자가 이를 평가할 수 있도록 도움을 제공하는 것이 저의 임무입니다. 더불어, **생물학은 '나'에 대한 것이고 '내' 삶의 모든 면과 관계되어 있으며, 창의적이고 재미있는 학문임을 여러분이 이해하기를 희망합니다.**

여기에서 여러분은 자연 세계와 과정에 대한 상세한 정보뿐만 아니라, 생물학의 핵심 주제를 간략하게 살펴볼 것입니다. 저는 여러분이 궁금해하는 질문에 대한 답을 구하고 이에 자극을 받아 더 많은 질문을 하기 바랍니다. 여러분은 또한 다음과 같은 많은 빨간 Q 질문을 보게 될 것입니다.

- 에키네이셔가 감기를 나을 수 있게 하는가?
- 인간이 양파보다 많이 복잡한데, DNA는 어떻게 우리가 더 적을까?
- "적자생존"은 잘못된 표현이다. 왜 그럴까?
- 어떤 사람들은 곱슬머리인데, 다른 어떤 사람들은 직모인 이유는 무엇일까?

이 빨간 Q 질문은 답을 찾을 수 있게 방향을 제시할 것입니다. 가끔 답은 명확하지 않을 수 있습니다. 그러나 다시 보고 더 생각하기 바랍니다.

『생명과학: 활용할 수 있는 지식과 생리학』 각 장에는 "**이것이 우리의 방법**"이라는 섹션이 있습니다. 이 섹션에서 우리는 과학자들이 문제에 접근하는 다양한 방식과 답을 구하는 방법을 탐색할 것입니다. 예컨대, *옆에 친구가 내뱉은 이산화탄소 덕분에 뇌가 둔해지는가? 그리고 GMO가 안전한지 알아보는 방법은 무엇인가?* 등입니다.

각 장의 끝에는 "**생활 속 생명과학: 증거를 사용한 의사결정 안내**"가 있습니다. 이 섹션은 특히 *병 속의 물 또는 흐르는 물?* 그리고 *와이-파이 방사선 리스크: 무릎은 컴퓨터로부터 안전한가?*와 같은 실용적인 이슈를 다룹니다.

생물학에는 말로만 표현하기 어려운 많은 것들이 있습니다. 이 책의 사진들을 살펴보십시오. 이미지는 영감을 주고 개념을 기억하고 이해하는 데에 또 다른 단서를 제공합니다. 또한, 여러분은 이러한 내용을 새로운 관점으로 보게 될 것입니다.

그리고 다양한 문학작품에서 인용한 짧은 글을 실었습니다. 여러분의 과학적 교양이 늘어나 문학에 대한 경험과 이해가 풍부해지기를 바랍니다.

각 장을 구성하면서 나는 주제들을 별개의 다루기 쉬운 조각으로 나누었습니다. 그리고 각 장의 말미에 해당 구획의 가장 중요한 아이디어를 강조하고 강화하는 "**핵심요약**"을 두었습니다.

추신. 표지에 대하여
생물학은 우리 개인의 삶과 분리되어 존재하는 것이 아니라는 사실을 전하고 싶습니다. 오히려 생물학은 우리 삶과 교차하고 있으며 우리 세상의 중심 부위입니다.

각 장의 끝에는 객관식과 단답형 리뷰 문제와 함께 요약, 그리고 "**도표로 배우기**"라는 연습을 추가하였습니다. 이 비판적 사고를 얻기 위한 도전을 통해 교묘한 추정, 편견 그리고 조작까지도 찾아내는 한편, 시각자료로 된 정보들을 읽고 분석하는 데 능숙해질 것입니다. 또한, 각 장에 포함된, "**생각하기, 짝과 나누기**"를 통해 여러분은 토론과 협력 학습을 위한 많은 기회를 갖게 될 것입니다.

이들은 이 책의 특성 가운데 일부에 지나지 않습니다. 저는 여러분이 세상을 이해하고 세상에 대해 새로운 생각을 얻는 데에 이 책이 자극제로 작용하기 바랍니다.

Sincerely,
Jay Phelan

생명이란 무엇인가?

활용할 수 있는 지식과 생리학

5판

인기 있는 강의와 베스트셀러 교재로 유명한 Jay Phelan은 실질적인 면에서 영향을 주는 한편, 경외감을 불러일으키는 생물학 연구로 비전공 학생들을 매료시키는 데에 귀재이다. 그는 또한, 대학 시절 또는 그 이후라도 학생들이 함양할 수 있는 비판적 사고 능력과 과학적 교양의 개발이라는 맥락 속에서 생물학 연구결과를 사용하는 법을 알고 있다.

Phelan의 생물학을 가르치기 위한 활기찬 접근방법은 *'생명이란 무엇인가?'*를 추진하는 원동력이다. 더 명확해진 초점, 융통성 있는 설명, 보강된 삽화 등으로 이 신판을 엄격하게 보강하여, 강의실에서 인기를 차지하게 한 이 책의 장점(생명에 대한 아주 흥미로운 질문, 볼만한 오리지날 삽화, 혁신적인 학습 도구 등에 근거한 모든 장)을 한층 끌어 올렸다.

저자에 대하여

Jay Phelan은 UCLA 생명과학 핵심 교육과에서 지난 20년 동안 전공과 비전공 학생들 대상으로 생물학 입문을 가르치고 있다. 그는 1995년에 하버드에서 진화생물학으로 박사학위를 취득하였고, 석사와 학사학위는 각각 예일과 UCLA에서 취득하였다. 주요 연구 분야는 진화유전학으로 「Evolution」, 「Experimental Gerontology」, 「Journal of Bioeconomics」 등 여러 학술지에 논문을 발표하였다. 그의 연구 내용은 *Nighttime*, CNN, BBC, NPR 등의 방송과 *Science Times*와 Elle 등의 잡지, 그리고 수많은 신문에서 다루어졌다. 그는 UCLA 최고 우수강의 상인 출중한 강의 상(Distinguished Teaching Award)를 포함하여 12차례 이상 수상을 하였다. Jay는 Terry Burnham과 함께 세계적 베스트셀러인 『*Mean Genes: From Sex to Money to Food-Taming Our Primal Instinct*』(국내에서는 『다윈이 자기계발서를 쓴다면』이라는 제목으로 번역됨)를 저술하였다. 『Mean Genes』는 일반 대중을 상대로 인류 본성에 대한 유전학 기초 지식이 어떻게 개인이 더욱 만족스러운 삶을 살아갈 수 있는 능력을 줄 수 있는지에 대해 쉬운 용어로 설명한 책이다. 비과학자 대중을 위한 글쓰기로 Phelan의 문체는 과학적으로 정확하지만 편하고 학생들이 다가가기 쉬운 문체로 다듬어졌다.

『생명이란 무엇인가?』는 생물학을 공부하는

간결한 절은 활용이 용이하다

각 장은 일련의 짧고 이해하기 쉬운 절로 나뉘어 있다. 이로 인해 학생들이 원하는 내용을 더 쉽게 찾고 흡수할 수 있으며, 학교 강사는 수업을 준비할 때 융통성을 발휘할 수 있다.

일상에서 생물학을 만날 수 있는 예를 포함한다

『*생명이란 무엇인가?: 활용할 수 있는 지식과 생리학*』은 모든 장에서 환상적이고 적절한 최신의 예를 구비하였다. Jay Phelan은 전문가답게 생물학을 공부하는 학생들에게 영감을 주기 위해 비유와 재미있는 예를 사용하였다.

명료하고 일관성 있게 제시된 도표

생생하고 이해하기 쉬운 그림으로 생명에 관한 개념을 제공한다. 저자와 과학전문 일러스트레이터가 협동하여 개발함으로써 본문과 깔끔하게 통합한 도표는 효과적인 학습 도구로 활용할 수 있다.

▲ 폭풍우 구름이 유타 옥수수밭 위로 모인다.

17.3 전지구적 공기순환 유형에 의해 사막과 열대우림이 나타난다

> "그날 밤 뜨거운 사막풍이 불었다. 이 바람은 뜨겁고 건조한 Santa Anas(중미 서쪽 해안지역에서 나타나는 푄엔의 일종)로 산길을 따라 불어 내려와서 머리카락을 휘날리고 신경을 곤두서게 하며 피부를 가렵게 한다. 이런 밤이면 모든 술자리는 싸움으로 끝난다. 온유한 젊은 아내들도 고기 써는 칼날에서 남편의 목을 베고 싶은 충동을 느낀다. 무슨 일이든 일어날 수 있다."
>
> — Raymond Chandler, "붉은 바람", 1938

온도와 강우량이 중요한 요소이다. 어떤 종류의 육상 생물군계가 나타날지는 이 두 요소 외의 다른 요소에 의해 거의 영향을 받지 않는다. 그러나 특정 지역에서의 온도와 강우량을 결정하는 것은 무엇인가? 둘의 차이는 궁극적으로 지구가 둥글다는 하나의 단순한 사실에서 비롯된다. 앞으로 살펴 보겠지만, 지구의 곡률은 온도에 영향을 미치며, 강우 양상은 전 세계 온도 변화의 불가피한 결과이다.

당신이 어디에 있든지 적도를 향해 걷는다고 생각해보자. 적도에 가까워질수록 더워진다(반대의 경우, 적도에서 멀어지고 북극이나 남극에 가까워질수록 더 추워진다).

적도로 갈수록 더워지는 이유는 무엇일까? 태양 빛은 적도에서 거의 직선으로 내리 쬔다(**그림 17.5**). 그러나 적도에서는 지구에 도달하는 태양 에너지의 양이 상대적으로 좁은 영역에 모인다. 적도에서 멀어질수록 지구의 모양은 북극과 남극으로 굽어진다. 이러한 곡률 때문에 지구에 도달하는 같은 양의 태양 에너지가 극지방에서는 더 넓게 분산되고 많은 열을 흡수 또는 반사하는 대기를 더 많이 통과한다. 에너지가 더 넓은 공간으로 분산되므로, 극지방

태양에너지의 분포

지구의 곡률로 인해 태양 빛은 적도에는 직선으로 내리 쬐지만 극지방에서는 각도를 두고 도달하므로 더 넓은 면적으로 분산된다.

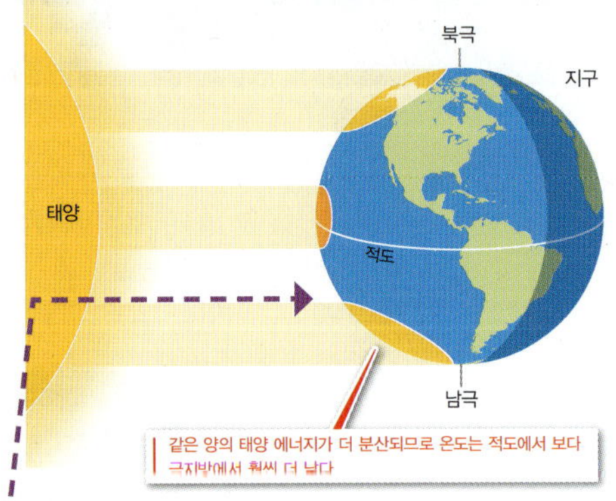

그림 17.5 적도가 왜 극지방보다 적도가 더울까?

510 **17장** 생태계와 군집

비전공자에게 필요한 도움을 제공한다

에는 따뜻한 곳이 적다. 우리는 매일 비슷한 경험을 한다. 즉, 정오에는 태양이 정오 이후 보다 더 직각으로 지구 표면에 도달한다. 그래서 태양은 정오 이전이나 정오 이후에 덜 뜨겁다. 이 때문에 화상이나 피부암의 위험이 정오 시간과 적도 근처에서 더 높다.

따뜻한 공기가 찬 공기보다 더 많은 수분을 함유한다는 것을 생각해 보면, 전지구적인 강수 형태를 예측하는 것은 어렵지 않다. 다시 적도에서부터 시작해보자. 태양으로부터 가장 강력한 에너지를 받는 곳으로 일부 에너지는 복사열로 반사되어 공기를 덥힌다. 이로 인해 3가지 단계를 거쳐 비가 내리게 된다. (1) 뜨거운 공기가 상승한다. (2) 높은 대기로 올라가면 더운 공기가 식는다. (3) 찬 공기는 적은 수분만을 함유할 수 있으므로, 더 이상 수분을 함유할 수 없는 정도가 되면 비가 되어 내린다(**그림 17.6**). 따라서 적도는 덥지만 매우 습하다.

적도 상공의 높고 차가운 공기는 북쪽과 남쪽으로 위도 30° 정도 확장되어 나간다. 여기에서 더운 공기보다 무거운 찬 공기는 지표면으로 내려온다. 내려 온 공기는 지표면의 복사열에 가까워질수록 점점 따뜻해진다. 공기가 따뜻해질수록 점점 더 많은 수분을 함유할 수 있게 되고, 따라서 비는 덜 오게 된다. 사실, 하강하면서 신속히 데워지는 공기는 상당한 수분을 함유할 수 있으므로 토양 자체의 수분을 흡수하기도 한다. 이와 같은 현상 때문에, 위도상 남북으로 30° 정도의 권역에서 비는 아주 적게 오고 토양은 건조해져서 사막이 형성된다(**그림 17.7**).

Q 거의 모든 사막이 적도로부터 극지방까지 거리의 1/3정도인 위도 30°에서 나타난다. 이것은 우연의 일치일까?

흥미롭고, 가끔은 놀라운 질문 Q는 독자들에게 동기를 부여한다

빨간 Q 질문은 학생들의 흥미를 유발하고 비판적 사고를 발전시킨다. 이 질문들에 의해 학생들은 생물학이 삶과 주변 세계의 일부라고 간주하게 될 것이다. 관련 동영상은 LauchPad에서 활용할 수 있다.

비의 형성

1 공기가 가열되어 상승한다. 태양열이 지구에 닿으면 그 지점에서 공기를 따뜻하게 한다. 가열된 공기는 상승한다.

2 상승 공기 냉각 뜨거운 공기는 상승하고 따뜻한 지구에서 멀어질수록 냉각된다.

3 냉각 공기가 수분을 잃는다. 찬 공기는 따뜻한 공기보다 수분을 덜 보유하기 때문에 구름이 형성되고 비가 내린다.

태양

그림 17.6 비는 왜 오는가?

사막의 형성

Namibia 사막의 모래언덕

생생한 사진은 생물학 이야기를 포착한다

학생들의 상상력을 사로잡기 위하여, 전체에 걸쳐 생물학적 과정, 개념, 실험 방법 등의 도표와 함께 놀라운 이미지가 제공된다.

1 따뜻한 공기가 지표면으로부터 상승하고 차가워진다.

2 차가운 공기는 지표면으로 하강하고 따뜻해진다.

3 공기가 지표면으로 하강하고 따뜻해짐에 따라 점점 더 많은 수분을 머금게 된다. 이 지역에는 거의 비가 오지 않는다.

사막 60°N 30°N 0° 적도 30°S 60°S

그림 17.7 전지구적 공기순환 양상은 세계적으로 매우 습하고 건조한 벨트 지역으로 이어진다.

생태계란? | 기후 | 에너지와 화학물질의 흐름 | 종 사이의 상호작용 | 군집

511

장마다 제공되는 학습 도구는 학생들의 과학적 능력 개발을 돕는다

다음의 학습 도구는 '비전과 변화'(2011년 미국과학자협회가 대학에서의 생물 교육을 위한 방향을 제시한 저서)가 제시한 핵심적인 학습 목표의 달성을 위해 고안되었다.

- **생활 속 생명과학**은 매일 일상에서 학생들이 생물학과 어떻게 만나게 되는지를 보여줌으로써, 학생들이 자신의 삶을 개선하기 위해 배운 과학적 지식을 적용할 수 있도록 도움을 제공한다.
- **이것이 우리의 방법**은 과학자들이 흥미 있는 주제에 접근하는 방법을 보여줌으로써, 학생들이 과학적 과정을 이해하고 적용하는 능력을 개발하도록 한다.
- **도표로 배우기**는 학생들이 양적 정보를 나타내는 시각자료를 해석하고 증거를 비판적으로 사고할 수 있도록 도움을 준다.

진도 막대는 학생들이 큰 주제에 지속해서 집중하게 한다

본문 전체에서 발견되는 진도 막대는 학생들이 특정 장의 어디를 향하고 어디에 있는지를 알려준다. 이렇게 함으로써 학생들은 개별 주제가 이보다 큰 주제에 어떤 관련이 있는지 이해할 수 있다.

역자 서문

20세기 물질과학의 시대를 지나 21세기에는 생명과학의 시대가 도래하였다. 이를 증명하듯이, 종합 과학 학술지인 "Science"나 "Nature"를 펼쳐보면 적어도 반 이상이 생물학 관련 주제이다. 이는 생물학이 앞서 발전한 물리학과 화학 등 물질과학 방법을 발전적으로 계승하여 과학으로서 지위를 단단히 굳혀 왔음과 더불어, 사스, 메르스, 최근의 코로나 19 등의 질병, CRISPR 등 최신 생명공학 기술, 기후변화, 생물다양성 위기 등 생물학 관련 이슈 덕분이기도 하다.

굳이 제4차 산업혁명을 언급하지 않아도 현대와 미래사회에서 과학에 관한 사고력과 지식이 없이는 중장기적인 삶은 물론 당장 하루하루의 일상도 쉽지 않을 수 있을 정도로 과학기술의 비중은 엄청나게 증가하였다. 생명과학도 예외는 아니다. DNA가 사회 정의에 어떻게 기여하는지, 건강에 섬유소와 단백질 섭취가 왜 중요한지, 병원균에 감염되어 올라가는 열을 낮추는 것이 항상 좋은 것이 아닌 이유는 무엇인지, 생물다양성이 인류의 생존을 위협하는 기후변화와 어떤 관계가 있는지 등에 관한 이해에 있어 생명과학은 중요한 단서를 제공한다. 이러한 과학적 사고와 지식, 즉 과학 교양을 갖추는 데에 이 책은 아주 편안한 길잡이라 할 수 있다.

이 책은 생명과학에 관심을 가진 사람들에게 최대한 편의를 제공하기 위하여 몇몇 장치를 담고 있다. 본문 중간 여기저기에 내용과 관련하여 독자의 관심을 끄는 질문(Q로 표시)들을 배치해서 책의 지루함을 줄였다. 또한 하나의 절이 끝날 때마다 '핵심요약'을 두어 본문 내용을 되돌아보게 하였다. 더불어, '생활 속 생명과학'에서는 일상에서 만날 수 있는 현상을 제시해서 과학의 응용력을 키울 수 있게 하였다. 게다가 '이것이 우리의 방법'에서는 재미있는 질문을 과학이 어떻게 접근하는 답을 구하는지를 보여준다. 마지막으로, '도표로 배우기'에서는 양적 추론 능력을 배양하는 데에 도움을 준다. 이러한 장치들이 이 책의 장점이다. 이를 독자들이 잘 활용하기를 바라는 마음이다.

5판에서는 출판사와 번역진의 결단으로 인간의 생리학, 식물을 포함하여 **'생명이란 무엇인가?-활용할 수 있는 지식과 생리학'**의 27개 장을 모두 번역하여 여러분께 선보이게 되었는데, 이는 매우 자랑스럽고 의미있는 결과라고 생각한다. 이 책은 생물학의 모든 주제를 담고 있어서 독자 여러분이 이 책을 갖게 되면 생물학 주제에 관하여 평생 참고할 수 있는, 활용도가 큰 책을 구비하게 되는 것이다.

어떤 책이든 외국 서적을 번역하는 일은 매우 큰 집중이 필요한 일이나. 5판 역서를 세내로 만들기 위해 쏟아부은 번역진의 노력에 경의를 표하면서도 판을 거듭하면서 더욱 독자들에게 다가간 저자의 성과에 미치지 못한 점이 있는지 새삼 걱정이 앞선다. 그리고 세심한 편집과 교정으로 번역된 글을 독자가 만날 수 있는 책으로 승화시킨 월드사이언스 관계자들께 크게 감사를 표하는 바이다.

2023년 2월

역자대표 장수철

역자 소개

대표역자

장수철	연세대학교 학부대학	schang@yonsei.ac.kr

역자

박돈하	연세대학교 학부대학	parkdh@yonsei.ac.kr
변봉규	한남대학교 생명시스템과학과	bkbyun@hnu.kr
서지은	우석대학교 생명과학과	jeseo@woosuk.ac.kr
윤혜섭	건국대학교 생명과학특성학과	hsyun@konkuk.ac.kr
장선일	전주대학교 보건관리학과	sonjjang@jj.ac.kr
한규웅	한남대학교 생명시스템과학과	hahnkw@hnu.kr

1

과학적 사고방식

세계를 이해하는 가장 좋은 방법

▲ Rosalind Franklin의 과학적 연구는 DNA 구조를 결정하는 데 있어서 중요한 역할을 하였다.

과학은 세계를 이해하는 과정이다

▲ 대나무숲에 있는 학생들

1.1 과학적 사고방식과 생명과학 소양은 현대생활에 필수적이다

당신은 이미 과학자이다. 아마 당신은 아직 깨닫지 못할 수도 있으나, 이것은 사실이다. 사람은 누구나 호기심을 가지고 있기 때문에 당신은 분명히 스스로에게나 다른 사람에게 세계가 어떻게 작동되는 것인지 물어본 적이 있을 것이며, 그리고 어떻게 해야 그 답을 찾을 수 있는지 알고자 한 적도 있을 것이다.

- 휴대전화에서 방사되는 전자파로 인해 뇌종양이 생길 수 있을까?
- 항균 비누가 일반 비누보다 좋을까?

이들은 모두 중요하고 진지한 질문이다. 그러나 당신은 아마도 조금은 더 가벼운 사안에 대해서도 숙고한 적이 있을 것이다.

- 왜 잠에서 깨어난 직후의 숨결이 역겨운 것일까?
- 어째서 물리학 방정식보다 뒷공론이 더 쉽게 기억되는 것일까?

그리고 당신이 히고자 히는 마음을 가진다면, 당신은 그 답을 알고자 하는 (그리고 이 책을 읽으면서 그 답을 배우게 될) 문제를 당신 주변에서 찾아보기 시작하게 될 것이다.

- "혈액 도핑"이란 무엇이며, 이 방법을 사용하면 실제로 운동능력이 향상될까?
- 어린이가 복잡한 언어를 배우는 것이 대학생이 생명과학을 배우는 것보다 더 쉬운 이유는 무엇일까?

아직도 당신이 과학자라고 믿기 어려운가? 당신이 알아야 할 중요한 사실이 몇 가지 있다. 과학은 몇 년에 걸친 기술훈련을 통해 얻은 학위나 비밀스런 지식을 요구하지 않는다. 그보다는 인간의 중요한 특성인 큰 두뇌와 호기심, 그리고 배우고자 하는 욕구가 필요하다. 그렇지만 호기심과 무심한 관찰, 그리고 욕구만으로는 그리 멀리 나아갈 수 없다.

과학은 단순히 지식 그 자체, 또는 기억하기 위해 정리한 사실의 목록이 아니다. 과학은 자연 현상에 대한 방법론적이고 객관적인 관찰과 묘사, 실험, 설명을 포함하는 지적 활동이다. 다른 시각으로 보면 과학은 주변 세계를 발견하고 더 잘 이해할 수 있도록 하는 방법이다.

과학적 사고방식의 밑바탕을 이루는 유력한 질문을 살펴보도록 하자.

그것이 참이라는 사실을 어떻게 알 수 있을까?

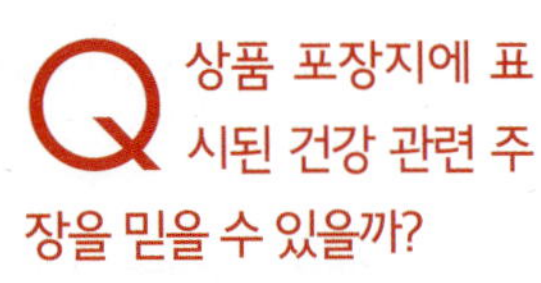

상품 포장지에 표시된 건강 관련 주장을 믿을 수 있을까?

이것은 당신이 상품에서 보았거나 신문이나 인터넷에서 알게 된 "과학적" 주장에 대해 제기할 수 있는(그리고 해야 하는) 질문이다. 예를 들어, Kellogg사는 쌀 크리스피와 코코아 크리스피에 몇 가지 비타민을 보강한 후, 이들 시리얼 제품이 어린이의 면역에 도움이 된다고 주장하였다(**그림 1.1**). 이것은 사실일까? 식품영양 전문가의 강력한 항의에 이어 소비자 보호를 담당하는 정부기관인 미국연방거래위원회의 조사에 따라 Kellogg 사는 주장을 철회하고 광고를 제한

그림 1.1 일부 제품은 건강을 증진시킨다고 주장한다. 그러나 정말 효능이 있는지 어떻게 알 수 있을까?

하기로 동의하였다.

이러한 많은 사례에서 상품에 관한 미심쩍고 확실하지 않거나 거짓인 주장이 사라진 이유는 단지 시민들이 "사실인지 어떻게 알 수 있을까?"라는 중요한 의문을 제기하였기 때문이다. 과학적 사고방식을 이용하여 회사의 주장을 검증한 결과, 사실이 아님이 입증되었다.

이 책에서는 살아있는 생명체에 관한 연구 분야인 생명과학에 초점을 맞춘다. 과학적 접근법을 사용하여 이미 알려진 생명과학 관련 사실과 개념을 조사하고, 새로운 사실을 배울 수 있도록 하는 연구 과정에 대해 학습할 것이다. 그 과정에서 당신은 무엇인가에 대해 과학적 증명 또는 증거를 가진다는 것의 정확한 의미를 배우게 될 것이다. 이 책을 읽어 나가는 동안 우리는 생명과학의 가장 중요한 질문에 관해 탐구할 것이다.

- 생명의, 그리고 생명을 유지하는 화학적, 물리학적 기초는 무엇인가?
- 생명체는 자신의 신체 구성과 생식을 위해 유전정보를 어떻게 활용하는가?
- 생명체의 형태는 얼마나 다양하며, 이러한 다양성은 어떻게 나타났는가?
- 생명체는 어떻게 다른 생명체와, 그리고 환경과 상호작용을 하는가?

이 장에서는 과학적 사고방식에서 사용되는 특별한 방법, 그리고 얻은 지식을 활용하여 현명한 결정을 내리는 방법을 탐구한다. 생명과학을 비롯한 과학적 기초에 대한 일반적이며 증거에 바탕을 둔 이해인 **과학적 소양**은 우리 삶에서 중요도가 커지고 있으며, 생명과학 내용에 관한 소양은 특히 필수적이다. 이 책에서 다루는 과학적 사고방식의 사례가 매우 다양하지만, 모두 과학적 사고방식의 열쇠가 되는 의미를 담고 있다. 미심쩍어하는 것이, 실제로 대개 필수적인 태도이며, 바람직하다.

신문을 비롯한 매체 소식을 잠깐만 읽어보더라도 과학적 소양이 얼마나 필수적인 소양이 되었는지 금방 알 수 있다(**그림 1.2**). 건강, 사회, 의료, 정치, 경제, 그리고 법과 관련된 많은 중요한 내용이 복잡한 과학적 자료와 이론에 의해 결정된다. 예를 들면, DNA 지문 증거는 얼마나 믿을만한가? 어째서 지저분한 집에 사는 아이보다 깨끗한 집에서 사는 아이가 알레르기에 더 시달리는가? 어째서 새로운 살충제가 개발되는 것보다 더 빠르게 새로운 해충이 나타나는가? 이 책을 읽고 공부하면, **생명과학 소양**을 갖출 수 있게 된다. 생명과학 소양은 (1) 생명체로 구성된 실제 세상의 문제에 대해 창조적으로 생각하는 과학적 탐구과정을 이용하고, (2) 이러한 생각을 서로 소통하며, (3) 이들 개념을 통합하여 판단하는 능력이다.

생명과학 소양은 단순한 사회적인 큰 쟁점이나 추상적인 개념만 포함하는 것이 아니며, 개인적으로도 중요한 문제이다. 열이 오르면 반드시 아스피린을 먹어야 할까? 술을 적당하게 마시는 것은 좋은 습관일까? 생명과학 소양을 갖추지 못하였다면 이른바 "전문가"의 의견을 따르게 되는데, 이들은 (자신의) 개인 이익에 따라 당신을 혼란스럽게 하거나 오판하도록 할 수도 있다. 과학적 사고방식은 당신 자신과 사회를 위해 현명하게 판단할 수 있도록 도움을 줄 것이다.

핵심요약 1.1

» 과학은 객관적인 관찰, 묘사, 실험을 중요시함으로써 우리 주위의 세계를 발견하고 더욱 잘 이해하도록 하는 방법이다. 또한, 현명하게 판단하기 위해서 생명과학 소양이 필수적이다.

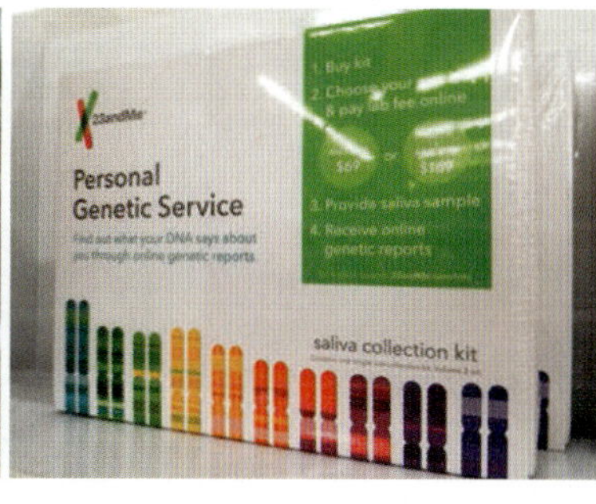

그림 1.2 뉴스에서. 날마다 뉴스 매체에서 과학과 관련된 사회, 정치, 의료, 법률 사건을 보도한다.

▲ Eugenie Clark는 선구적인 상어 행동 연구자이며, 해양 보전을 옹호한다.

1.2 과학자처럼 생각하기: 과학적 방법은 어떻게 사용하는가?

과학적 방법: 이 용어는 마치 처방전처럼 엄격하게 따라야 하는 연속적인 과정인 것처럼 보인다. 또한, 유연하지 않은 과정으로 보이므로 "과학적 방법"이라는 문구는 좁은 범주의 문제에만 적용되는 것으로 오해하게끔 할 수 있다.

하지만 실제로 과학적 방법은 매우 유연하며 종종 비연속적인 과정이다. 그러므로 과학은 물론, 다른 영역에서도 광범위한 생각, 사건, 또는 현상을 탐구하는 데 사용될 수 있다. 따라서 "과학적 방법"이라는 좁은 의미보다는 더욱 정확하게 **과학적 사고방식**이라는 용어로 표현할 것이다.

과학적 사고방식은 다섯 가지 기본 요소로 이루어진다.

- 관찰하기
- 가설 설정하기
- 검증 가능한 예측 고안하기
- 결정실험 수행하기
- 결론을 맺고, 수정하기

그렇지만 일단 시작한 뒤에 결론을 맺을 때까지 다섯 가지 요소를 차례대로 모두 수행할 필요는 없다(**그림 1.3**). 때로는 첫 번째 관찰 결과로부터 하나 이상의 가설과 여러 개의 검증 가능한 예측과 실험을 이끌어낼 수 있다. 흔히 실험에서 얻은 결론으로부터 새로운 관찰, 가설을 정교하게 다듬기, 그리고 궁극적으로 더욱

과학적 사고방식

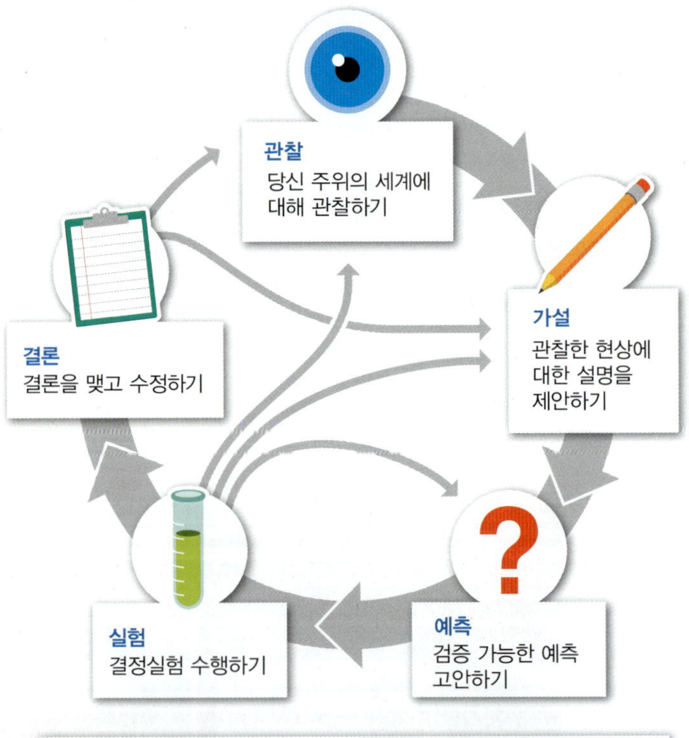

과학적 사고방식은 거의 직선적인 흐름으로 진행되지 않는다. 예를 들어, 결론으로부터 새로운 사실을 관찰하거나 가설을 다듬어야 할 필요성이 흔히 나타난다.

그림 1.3 다섯 가지 기본 요소와 하나의 유연한 과정.

믿음을 바꾸기

과학적 사고방식은 더 건강한 메뉴를 고르도록 돕는다.

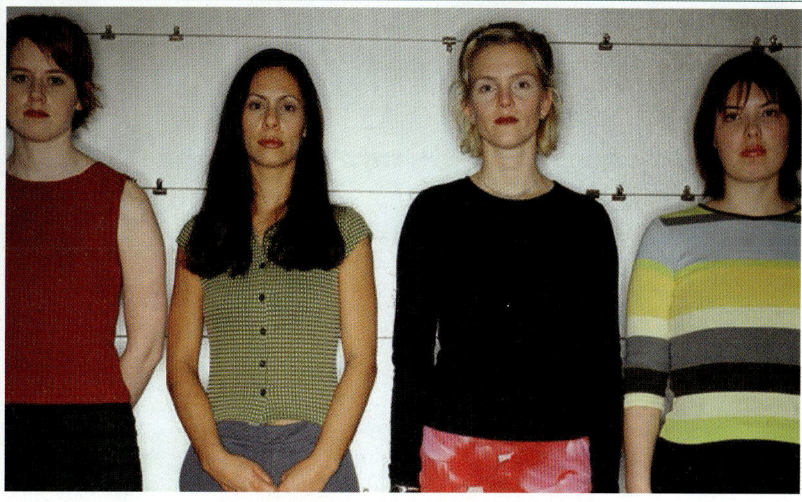

과학적 사고방식으로 목격자 증언의 문제점을 밝힐 수 있을까? (스포일러 주의: 그렇다!)

그림 1.4 과학적 사고방식은 건강문제와 범죄 정의 영역에서 필수적이다.

과학적 사고방식은 우리가 세계를 이해하고 우리 생각을 바꿔야 할 때를 알게 해준다.

> 과학적으로 불교의 교리 일부가 옳지 않은 것으로 입증된다면, 불교계는 수정해야 할 것이다."
>
> — 14대 Dalai Lama, 뉴욕타임즈, 2005년 12월

정확한 결론 등에 대한 요구가 나타난다.

당신이 믿고 있는 무엇인가가 옳지 않다고 판명되었다면 당신은 어떻게 해야 할까?

과학적 사고방식의 특히 중요한 특성은 **경험적**이라는 것이다. 경험적 지식은 경험과 합리적이고 검증 가능하며 반복될 수 있는 관찰에 기반을 둔다. 과학적 사고방식의 또 다른 중요한 특성은 스스로 교정될 수 있다는 것이다. 새로운 관찰을 계속하는 과정에서 가설을 배제하거나 수정해야 할 필요가 생길 수 있다(**그림 1.4**). 이 점이 아마도 과학적 사고방식의 가장 중요한 특성일 것이다. 즉, 우리가 생각을 수정해야 할 때를 알려준다.

과학적 사고방식은 일반적인 학습방법이므로 모든 상황에 똑같은 방식으로 적용하거나 단지 자연이나 과학적 사실을 공부하는 목적으로만 사용할 필요는 없다. 이러한 유연성을 살펴보기 위해 전혀 다른 두 가지 질문에 대해 과학적 사고방식을 사용하여 자세하게 평가해보자. 한 가지는 범죄 정의에 관련된 것이고, 다른 하나는 생명과학에 관련된 것이다.

- 형사 법정에서 목격자의 증언은 얼마나 신뢰할 수 있는가?
- 에키나시아(echinacea; 국화과의 풀. 면역력을 높여 감기에 효과가 있다고 함) 추출물을 복용하면 감기에 걸릴 가능성이 낮아지고 증상의 지속기간이 줄어들까?

핵심요약 1.2

» 과학적 사고방식은 관찰하기, 가설 정립하기, 예측 고안하기, 검증 실험 설계하기, 그리고 결론 맺기를 포함하는 경험적 과정이며, 세계를 이해하는 유연하고 융통성 있는 효율적인 방법이다. 그 이유는 우리가 기존의 믿음을 수정해야만 할 때를 알려주기 때문이다.

1.3 요소 1: 관찰하기

과학적 학습은 반드시 관찰에서 시작된다. 우리는 단순히 흥미로운 양상이나 원인-결과의 상관관계를 살펴본다. 과학의 창조성은 대부분 이런 유형의 활동에서 비롯된다. 예를 들어, 미국법무부는 최근 DNA 증거를 기반으로 번복된 28건의 형사사건 판례를 재조사하였다. 그 결과 대부분 판례에서 재판 도중 피고에게 가장 불리한 증거는 목격자의 신원 확인이었음을 알아내었다. 이러한 사실은 "관찰"에 해당한다. 즉, 나중에 무죄로 판명된 많은 피고인이 목격자 증언으로 유죄 선고를 받은 것이다.

과학적 사고방식: 관찰하기

관찰
많은 사람이 에키나시아 추출물이 감기에 걸릴 가능성을 낮추고 감기 증상의 지속기간을 줄여준다고 여긴다.

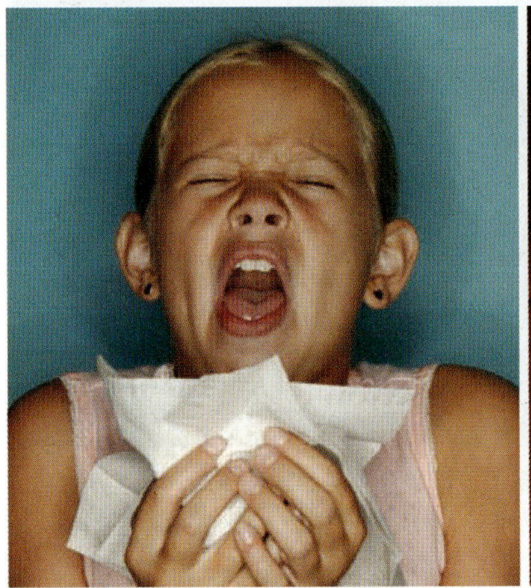

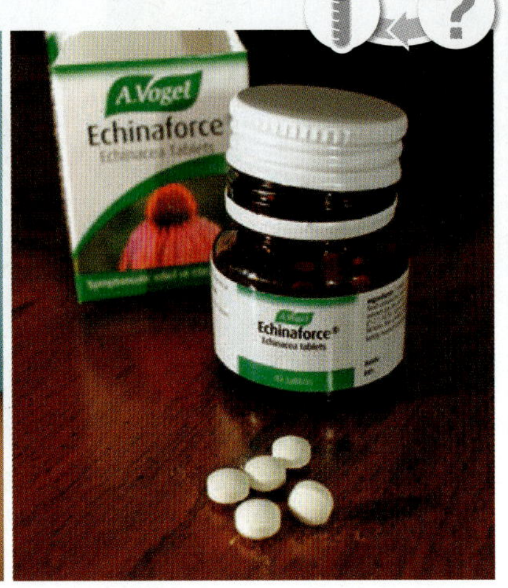

그림 1.5 **과학의 첫 단계.**

이 밖에도 흥미로운 사실을 관찰할 수 있는 기회는 거의 무제한적이다. 과학적 사고방식을 사용하면, 흥미로운 관찰에 대응하여 나타나는 여러 질문에 대해 조사할 수 있다. 이런 질문 중에 앞 절의 마지막 부분에서 제시한 질문이 있다. 이 질문은 보고된 관찰에 기초한 것이며, 에키나시아 추출물을 복용하면 감기에 걸릴 가능성을 낮추고 감기 증상의 지속기간을 줄여준다는 것이다(**그림 1.5**). 이 주장이 증거에 의해 지지되는지 살펴보도록 하자.

핵심요약 1.3

» 과학적 사고방식은 세계에 관한 관찰로 시작되며, 뚜렷하게 드러나는 양상이나 원인-결과의 상관관계에 주목한다.

1.4 요소 2: 가설 설정하기

관찰을 바탕으로 하여 관찰한 현상을 설명하기 위한 **가설**을 세울 수 있다(**그림 1.6**). 앞 절에서 논의한 목격자 증언에 대해 어떤 가설을 만들 수 있을까? 우선 "목격자의 증언은 언제나 옳다"는 가설을 세울 수 있다. 아마 나중에 이 가설을 수정해야 할지 모르나, 일단 시작으로는 훌륭하다.

가장 유용한 가설이 되려면, 다음 두 가지를 달성해야 한다.

1. 어떤 현상에 대해 대체 설명을 제시해야만 한다. 즉, 제안한 설명이 증거나 추가 관찰로 지지되지 않는다면 대체가설이 더 적절한 설명일 것이라는 점이 명확해야 한다.
2. 검증 가능한 예측을 만들어내야만 한다. 이것은 가설의 타당성은 오직 검증을 통해서만 평가할 수 있기 때문에 중요하다. 실제로 이것이 과학의 방식이다. 가설을 반증함으로써 대안 설명에 대한 확신이 높아진다. 예를 들어, "목격자의 증언은 언제나 옳다"는 가설에 대해, 특정 환경조건에서는 범죄 목격자가 범죄자를 잘못 지목할 수 있음을 지적함으로써 반증할 수 있다.

연구자들은 흔히 "에키나시아 추출물은 감기에 걸릴 가능성이나 증상 지속기간에 효과를 보이지 않는다"와 같이, 두 요인 사이에 상관성이 없음을 보이는 부정명제 형태로 가설을 제안한다. 두

과학적 사고방식: 가설 설정하기

가설
에키나시아는 감기에 걸릴 가능성을 낮추고 감기 증상의 지속기간을 줄여준다.

그림 1.6 **가설: 현상에 대해 제안한 설명.**

요인 사이에 상관성이 없음을 보이는 가설을 **영 가설**이라고 한다. 상관성이 있음을 주장하는 가설과 상관성이 없음을 주장하는 영 가설 모두 동등한 타당성을 가지지만, 대개 영 가설을 반증하는 것이 더 쉽다. 영 가설은 상충하는 증거나 새로운 관찰 사실이 하나라도 있다면 타당성을 잃으며, 대체가설을 고려해야 한다고 결론을 맺는 데 충분하기 때문이다. 이에 비해 어떤 가설이 완벽하고 항구적인 진실이라고 증명하는 것은 불가능하다. 어떤 가설을 지지하는 모든 증거와 추가 관찰이 가치를 지니지만, 장차 이 가설이 참이 아니라는 점을 밝힐 증거가 등장할 수 있다. 그럼에도 불구하고 어떤 가설을 지지하는 증거가 점점 더 많이 쌓인다면, 그 가설이 참이고 그 현상에 대한 정확한 설명이라는 확신이 높아진다.

에키나시아와 질병의 상관성에 대한 문제에 대해 다음과 같은 방식으로 가설을 세울 수 있다.

가설: 에키나시아는 감기에 걸릴 가능성을 낮추고 감기 증상의 지속기간을 줄여준다.
영 가설: 에키나시아는 감기에 걸릴 가능성이나 감기 증상의 지속기간에 효과를 나타내지 않는다.

핵심요약 1.4

» 가설은 관찰한 현상에 대해 제안한 설명이다.

1.5 요소 3: 검증 가능한 예측 고안하기

모든 가설이 동등하게 만들어지는 것은 아니다. 유용한 가설은 새로운 상황에 대해 예측할 수 있도록 도와주며, 새로운 상황에 대한 지식으로 이끌어준다.

어떤 가설을 기반으로 하여 검증 가능한 예측을 고안할 때의 목표는 가설이 참일 때에는 특정한 결과를 얻지만, 거짓일 때에는 다른 결과를 얻게 되는 상황을 제시하는 것이다. 앞서 논의한 두 가지 가설에 대해 살펴보자.

가설: 목격자의 증언은 언제나 옳다.
예측: 범죄를 목격한 사람은 어떤 상황에서라도 용의자 중에서 범죄자를 정확하게 식별해낼 것이다.

가설이 참이라면 예측 또한 언제나 참일 것이므로, 이것은 좋은 검증 가능한 예측이다. 그러나 만약 용의자를 보여주는 방식 중 하나에서 늘 엉뚱한 사람이 범죄자로 잘못 식별된다면, 이 가설은 참일 수 없고 따라서 수정하거나 폐기해야 한다.

가설: 에키나시아는 감기에 걸릴 가능성을 낮추고 감기 증상의 지속기간을 줄여준다
예측: 에키나시아 추출물이 감기에 걸릴 가능성을 낮추고 증상의 지속기간을 줄여준다면, 에키나시아 추출물을 복용한 사람은 감기에 덜 걸려야 하고, 걸렸다 해도 빠르게 회복되어야 한다(**그림 1.7**).

과학적으로 생각하기 시작함에 따라 스스로 "만약... 그러면..." 형식의 진술을 더 많이 하게 되는 것을 느끼게 될 것이다. "만약 ~이 참이라면," 부분은 누군가가 제기한 가설이나 주장, 또는 아마도 새로운 건강상품 제조사의 주장에 대한 것이며, "그러면 이렇게 기대~" 부분은 관련 상황에 대한 스스로의 예측에 대한 것이다. 일단 검증 가능한 예측을 만들었다면, 다음 단계는 검증하는 것이다.

과학적 사고방식: 검증 가능한 예측 고안하기

예측
만약 에키나시아가 감기에 걸릴 가능성을 낮추고 감기 증상의 지속기간을 줄여준다면,

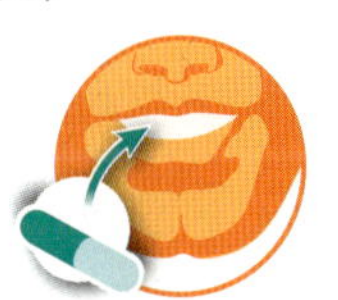
에키나시아를 복용한 사람

에키나시아를 복용하지 않은 사람

	에키나시아를 복용한 사람	에키나시아를 복용하지 않은 사람
감기에 걸릴 가능성	낮음	높음
감기 증상의 지속기간	단기간	장기간

그림 1.7 **유용한 가설이 되려면, 검증 가능한 예측을 만들어내야만 한다.**

핵심요약 1.5

» 유용한 가설이 되려면, 반드시 검증 가능한 예측을 만들어야만 한다.

1.6 요소 4: 결정실험 수행하기

검증 가능한 예측을 만들어내는 어떤 가설을 설정하였다면, **결정실험**을 수행한다. 결정실험은 특정 가설이 대체가설보다 더욱 정확한 것인지 여부를 확실하게 판단할 수 있도록 하는 실험이다. 결정실험을 설계할 때 고려해야 할 중요한 요소가 많이 있으며, 이 과정에 대해서는 1.8절에서 자세하게 설명한다. 지금 중요한 것은 검증하고자 하는 가설과 대체가설 중 참이 아닌 것을 가려내서 배제할 관찰 내용을 결정실험을 통해 얻게 된다는 점을 이해하는 것이다.

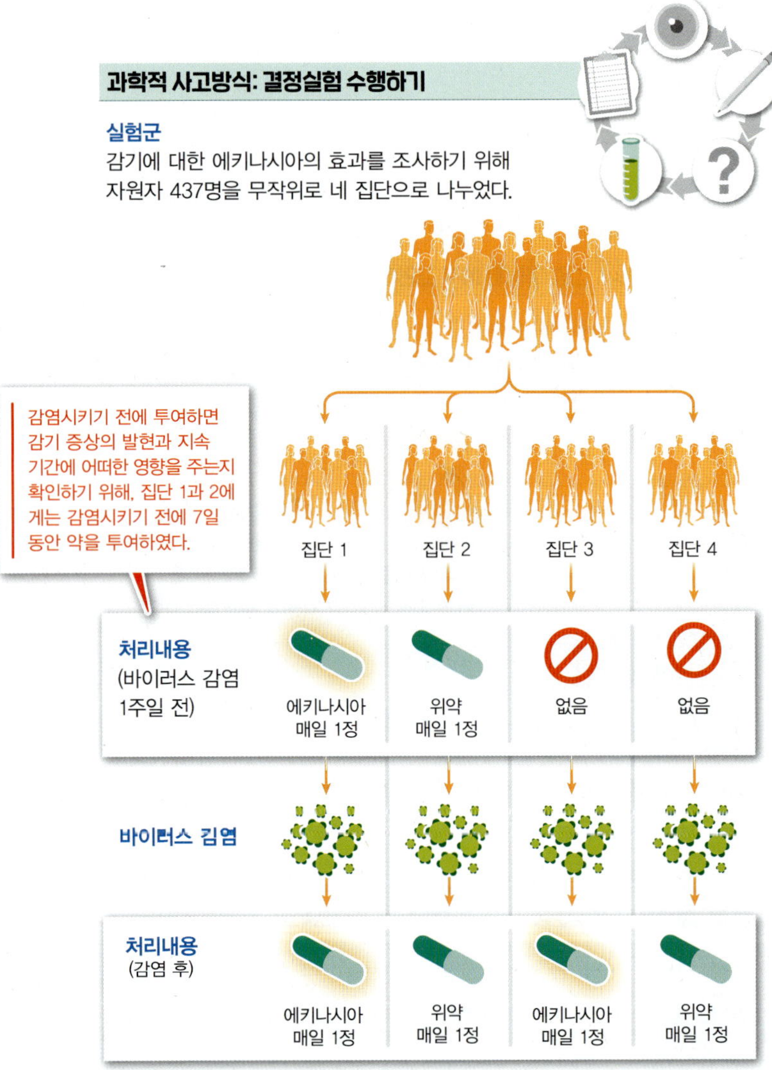

그림 1.8 알아야 할 때 ...

과학적 사고방식의 이 요소에서는 약간의 영리함을 발휘할 수 있다. "목격자의 증언은 언제나 옳다"는 가설을 검증하기 위한 결정실험을 고안하는 경우를 생각해보자. 먼저 연출이라는 사실을 모르는 관찰자 집단 앞에서 지갑을 강탈하는 거짓범죄를 연출한다. 그 후 관찰자에게 범죄자를 식별해 주도록 요청한다. 관찰자의 한 집단에게는 "용의자" 6명을 줄지어 세워 한꺼번에 보여주고, 다른 집단에게는 1명씩 따로 보여준다. 이 실험의 장점은 "범죄자"가 누구인지 확실하다는 점이다. 이렇게 하여 목격자의 식별이 올바른지 여부를 확실하게 검증할 수 있다.

동일한 실험에 약간의 속임수를 추가하여 다시 실험하였다. 즉, "용의자"에 실제 "범죄자"를 포함시키지 않은 것이다. 다음 절에서 어떤 일이 벌어졌는지 살펴볼 것이다.

이제 "에키나시아는 감기에 걸릴 가능성을 낮추고 감기 증상의 지속기간을 줄인다"는 가설에 대해 살펴보자. 연구진은 자원자 437명 모두에게 감기 바이러스 수용액을 콧구멍에 흘려 넣어 감염시켰다. 이후 5일 동안 격리한 상태에서 의사가 이들의 비강 안에 감기 바이러스가 존재하는지 여부와 감기 증상이 나타나는지 살펴보았다(**그림 1.8**). (주의: 실제로 사람을 질병에 노출시키는 것은 연구 목적상 특별한 경우이다. 이때 참여자는 반드시 위험성에 대한 정보를 제공받고 "사전동의서"를 작성해야 한다.)

실험대상자는 무작위로 네 집단으로 나누었으며, 그 가운데 두 집단에게는 감기 바이러스 감염 전 1주일 동안 매일 알약 1정씩을 투여하였다. 한 집단에게는 에키나시아 정제를, 다른 한 집단에게는 에키나시아 정제와 똑같이 생겼지만 에키나시아 활성 성분이 없는 **위약**을 주었다. 이때 실험대상자와 처방한 (그리고 나중에 감기 증상을 확인한) 의사 모두 어떤 것이 진짜 에키나시아 정제인지 알지 못하도록 하였다. 나머지 두 집단에게는 감기 바이러스에 감염시킨 날부터 알약을 투여하였고, 이들 역시 한 집단에게는 에키나시아 정제를, 다른 집단에게는 위약을 주었다.

핵심요약 1.6

» 결정실험은 어떤 가설이나 대체가설이 증거에 의해 지지되는지 여부를 확실하게 판단하도록 하는 실험이다.

1.7 요소 5: 결론을 맺고, 수정하기

결정실험에서 결과를 얻었다면 이를 조사하고 분석한다. 연구자는 수집한 증거에서 나타난 양상과 상관관계를 살펴 결론을 이끌어내고, 이 내용이 가설과 부합하는지 여부를 살펴본다. 설령 실험결과가 기대한 것과 다르다 해도 곧 "잘못된 답"이 되지는 않는다. 과학은 수많은 시행착오를 거친다. 만약 결론이 가설을 지지하지 않는다면 가설을 수정해야만 하며, 더 많은 실험을 수행해야 한다. 따라서 당신은 열린 마음을 가져야 하고 생각한 바를 바꿀 수도 있어야 한다.

지갑 강도 실험의 놀라운 결과로부터 이러한 개념을 알 수 있다. 용의자(실제 "범인"을 포함하지 않았음을 기억하자)를 줄 세워 한꺼번에 보여주었을 때, 목격자는 3번에 1번 정도는 누군가를 지갑 강도라고 잘못 식별하였다. 용의자를 1명씩 따로 보여주었을 때에 잘못 식별한 경우는 10% 미만이었다.

여러 실험에서 가설과 결과가 어긋난 이유를 생각할 수 있는지의 여부는 중요하지 않다. 중요한 것은 "목격자의 증언은 언제나 옳다"고 한 초기 가설이 자료에 의해 뒷받침되거나 그렇지 않다는 점을 입증하였다는 것이다. 관찰 결과를 바탕으로, 최소한, 목격자 진술의 신뢰성이 용의자를 보여주는 방식에 따라 달라진다는 사실을 알 수 있다. 이에 따라 이 가설을 다음과 같이 조정할 수 있다. "목격자의 진술은 목격자에게 용의자를 1명씩 따로 보여주면 더욱 정확해진다."

이제 더 구체적인 새로운 검증 가능한 예측을 고안해 낼 수 있게 되었다. 목격자 증언의 경우 추가 연구에 의해 함께 모여 있는 용의자 또는 나란히 놓인 용의자 사진을 보여주면, 목격자는 이들을 비교하여 범죄자라고 기억하는 사람과 가장 닮은 용의자를 고르는 경향이 있음을 알 수 있었다. 반면, 1명씩 관찰할 때에는 이런 식으로 비교할 수 없으므로 목격자가 잘못 식별할 가능성이 적어진다.

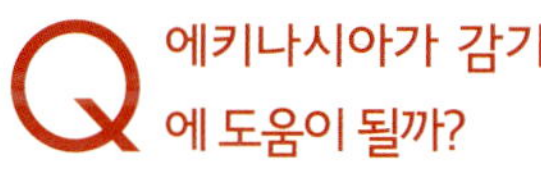

에키나시아 연구에서 얻은 결과는 분명했다(**그림 1.9**). 에키나시아를 복용한 사람도 위약을 복용한 사람과 똑같이 감기에 걸렸다. 더욱이 감기에 걸린 후에 증상이 지속된 기간도 동일했다. 한 마디로, 에키나시아는 전혀 효과를 보이지 않았다. 비슷한 여러 실험에서도 모두 에키나시아는 아무런 효과를 보이지 않았다.

"에키나시아가 감기를 예방하고 증상 지속기간을 줄여준다"는 초기 가설이 옳지 않다는 사실이 분명해 보인다. 그렇지만 후속 연구에서는 감기 바이러스에 감염되기 전에 에키나시아 투여 용량이나 투여 기간을 바꾸는 등의 시도를 추가할 수 있을 것이다.

이러한 연구에서 얻은 성과는 결정실험에서 수집한 결과를 분석한 후에는 초기 가설을 평가하는 것은 물론, 수정하거나 정교하게 다듬을 필요성을 고려하는 것도 중요하다는 점을 보여준다. 실험적 검증에서 얻은 결과를 토대로 가설을 수정해 나감으로써 관찰 가능한 세계에 대해 더욱 정확하게 설명할 수 있게 된다.

과학적 사고방식: 결론맺고 수정하기

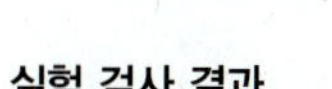

실험 검사 결과

집단	처리내용	감기증상이 나타났는가?	증상 지속기간(일)
집단 1	감기 바이러스에 감염되기 **전**과 **후**에 에키나시아 투여	✓	✓ ✓ ✓ (1 2 3 4 5)
집단 2	감기 바이러스에 감염되기 **전**과 **후**에 위약 투여	✓	✓ ✓ ✓ (1 2 3 4 5)
집단 3	감기 바이러스에 감염된 **후**에 에키나시아 투여	✓	✓ ✓ ✓ (1 2 3 4 5)
집단 4	감기 바이러스에 감염된 **후**에 위약 투여	✓	✓ ✓ ✓ (1 2 3 4 5)

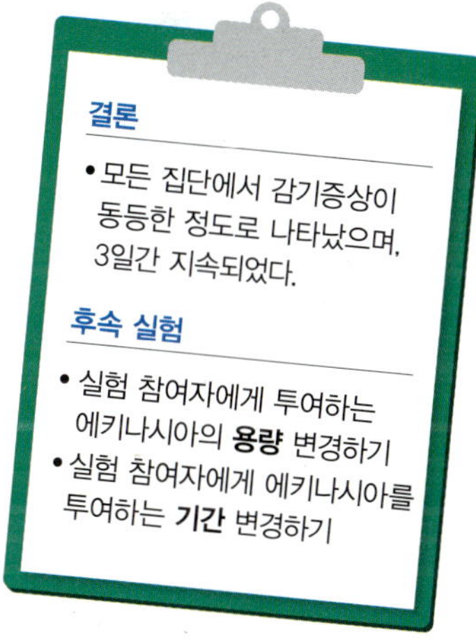

그림 1.9 **실험에서 얻은 결론을 바탕으로 하여 수정하기.**

핵심요약 1.7

» 실험적 검증의 결과를 토대로 가설을 수정할 수 있으며, 이런 과정을 통해 관찰 가능한 세계를 점점 더 정확하게 이해할 수 있게 된다.

▲ 통제된 실험은 관찰의 힘을 높여준다.

1.8 변수를 잘 통제해야 실험능력이 향상된다

잘 설계된 실험에 필요한 요소는 무엇일까? 이 절에서는 원인과 결과를 분별하는 실험능력을 극대화하는 방법에 대해 살펴본다.

먼저, 대부분의 실험에 공통적인 몇 가지 요소에 대해 살펴보자.

1. **처리:** 연구대상에 적용하는 모든 실험 조건이다. 연출된 범죄의 목격자에게 "용의자"를 (한꺼번에 또는 1명씩 따로) 보여주는 방식, 또는 에키나시아의 투여 용량 등이 이에 해당한다.
2. **실험군:** 특정한 처리를 받는 연구대상 집단이다. 예를 들면, 앞서 설명한 실험에서 위약이 아니라 에키나시아 정제를 복용한 사람이 해당한다. "처리군"이라고도 한다.
3. **대조군:** 처리내용을 제외한 모든 조건이 실험군과 동일한 대상 집단이다. 에키나시아 정제 대신 위약을 복용한 사람이 해당한다.
4. **변수:** 실험할 때에 변경할 수 있는 특성이다. 실험에서는 독립변수나 종속변수로 표현한다. **독립변수**는 어떤 과정을 시작할 때에 결정할 수 있는 값이며, 필요에 따라 변경한다. 예를 들어, 에키나시아 투여 용량이 해당한다. **종속변수**는 관찰하는 과정에서 나타난 반응에 따른 값이며, 독립변수에 따라 측정값이 달라진다. 에키나시아 연구에서는 감기 증상의 지속기간이 해당한다.

변수를 "통제한다"는 것은 처리 그 자체를 제외하고는 대조군과 실험군 사이의 차이를 최소화하고자 하는 시도를 의미한다. 이렇게 함으로써 대조군과 실험군 사이에서 관찰되는 차이는 모두 처리내용에 따른 것으로 간주할 수 있게 된다.

실험을 설계할 때 이런 모든 요소를 고려하는 것이 왜 중요한가를 보여주는 실제 사례를 살펴보자. 위궤양은 위 내벽이 짓무른 상태로서 매우 고통스럽다. 1950년대 말, 미국의사협회보(Journal of the American Medical Association)에 어떤 의사가 논문을 발표하였다. 그는 환자에게 차가운 액체가 순환하는 관을 연결한 풍선을 삼키도록 처치하면 위궤양을 효과적으로 치료할 수 있다고 보고하였다. 그는 위를 매우 차갑게 식히면 위산 생산이 감소하고 따라서 궤양 증상이 완화된다고 주장하였다. 이 의사는 이런 주장을 뒷받침하는 확신이 어린 자료를 가지고 있었다. 즉, 이러한 "위장 냉각" 처치를 받은 환자 24명 모두 증상이 개선되었다(**그림 1.10**). 이후, 이 치료법은 몇 년 동안 널리 사용되었다.

비록 가설("위장을 차갑게 하면 궤양 증세가 완화된다")이 명확하고 강력한 관찰 사실(환자 24명 모두 증상 완화를 경험)도 있지만, 이 실험은 제대로 설계된 것이 아니다. 무엇보다 처치를 받은 환자와 비교할 대조군 집단이 없다.

몇 년 뒤, 다른 연구자가 같은 가설에 대해 더욱 꼼꼼하게 통제된 연구를 수행하였다. 그는 궤양 환자 160명을 모집하여 82명에게는 위장 냉각 처치를 하였다. 나머지 78명은 실온의 물이 순환하는 풍선을 삼키는 것 외에는 동일하게 처치하였다. 위장 냉각을

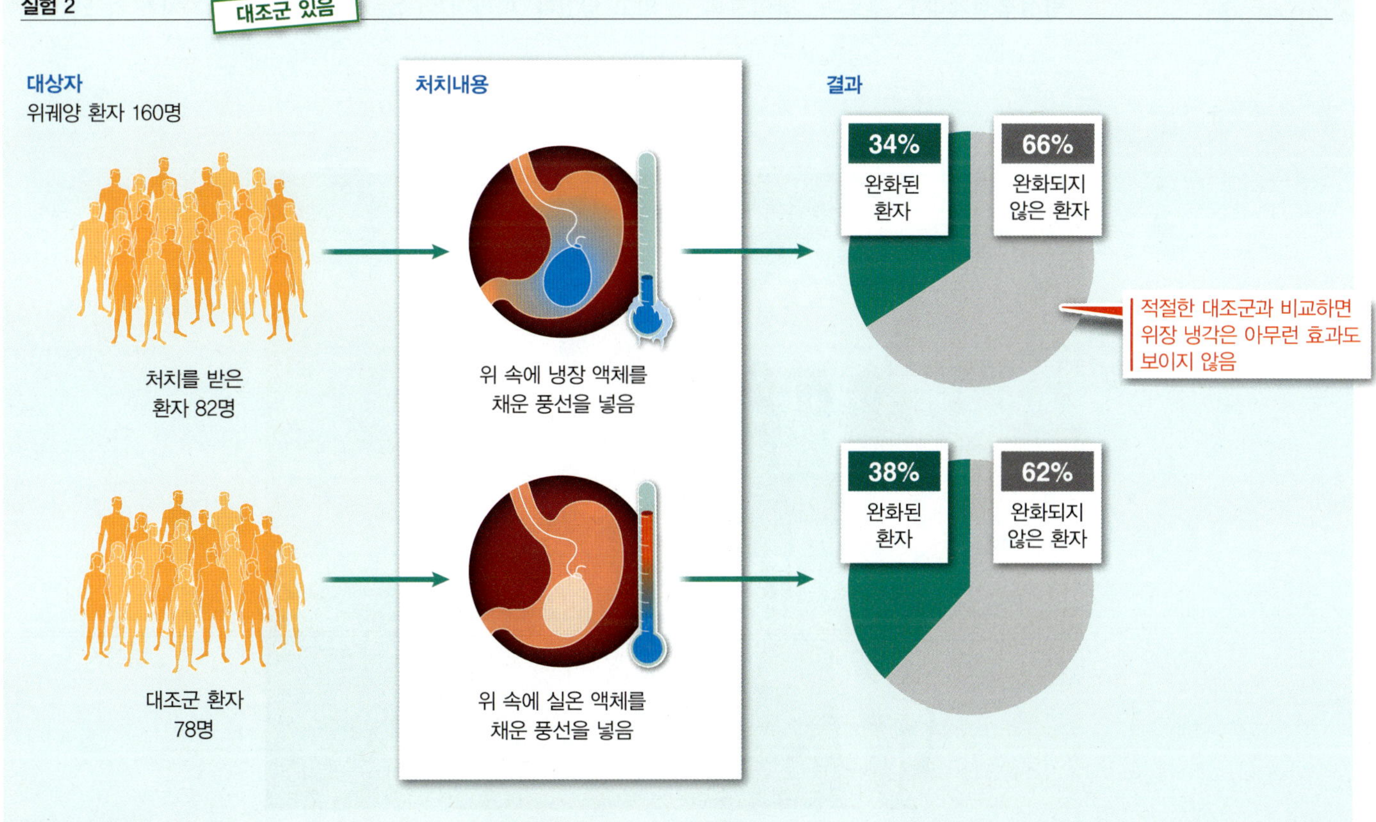

그림 1.10 대조군이 없다. 위장 냉각과 위궤양: 잘못 설계한 실험과 잘 통제된 "되풀이 실험"

제외하고는 실험군과 완전히 동일하게 처리하였기 때문에 이들은 적절한 대조군이다. 이 새로운 실험은 결과에 영향을 줄 수 있는 다른 숨겨진 변수를 통제하면서 위장 냉각의 효과를 검증할 수 있었다.

연구 결과, 위장 냉각 집단의 34%에서 개선 효과가 나타났다. 그러나 놀랍게도 대조군 집단의 38%도 개선되었다. 다시 말해 위장 냉각은 대조군과 비교하였을 때 실제로 아무런 효과도 보이지 않았다. 이 결과가 보고된 이후 곧 위장 냉각 처치방법은 폐기되었다.

위장 냉각 연구와 그 밖의 여러 연구에서 얻은 또 다른 결과는 **위약효과**에 관한 것이다. 이것은 사람들이 그 어떤 처치에도 호의적으로 반응하는, 자주 관찰되지만 잘 이해되지 않은 현상이다. 위약효과로 인해 적절한 대조군의 필요성이 증폭되었다. 만약 위약이나 가짜 처치를 받은 대조군에서 실험군과 유사한 결과가 나타난다면, 처치 그 자체는 아무런 효능을 보이지 않는다고 결론지을 수 있다.

Q 뛰어난 바이올린 연주자는 고가의 Stradivarius 바이올린과 현대의 바이올린을 구별할 수 있을까?

실험을 설계할 때에 중요한 것은 영향을 줄 수 있는 어떠한 정보도 실험 참여자에게 알리지 말아야 한다는 점이다. 이러한 설계 유형을 **눈가림실험설계**라고 부르며, 참여자의 기대치에서 비롯될 수 있는 편견을 줄일 수 있다. 예를 들어, 바이올린의 품질을 평가하는 눈가림실험에서, 뛰어난 성취를 이룬 바이올린 연주자는 매우 가치가 높은 Stradivarius 바이올린과 현대의 바이올린을 구별해내지 못했다(**그림 1.11**). 연구진은 이 음악가가 바이올린의 연대를 추정하지 못하게 하기 위해서 짙은 안경을 쓰고 어두운 방에서 연주하도록 주문하였다.

실험 설계에서 나타나는 또 다른 강력한 함정은 실험을 수행하는 연구자가 실험 결과에 (비록 의도하지 않더라도) 영향을 줄 수 있다는 점이다. 이러한 효과는 (마취 상태에서) 어금니를 뽑은 치과 환자에 관한 연구에서 볼 수 있다. 한 경우는 환자에게 위약(생리식염수) 또는 강력한 진통제를 투여했는데, 환자는 자신이 투여받은 것이 무엇인지 모르도록 하였다. 또 다른 경우는 위약 또는 진통효과가 없는 약을 역시 환자에게 알리지 않고 투여했다.

첫 번째 실험에서는 위약을 투여받은 환자의 통증이 현저하게 감소하였다고 보고되었다. 두 번째 실험에서는 위약을 투여받은 환자의 통증이 크게 증가하였다고 보고되었다.

위약이 한 경우에서는 효능을 보였지만 다른 경우에서는 그렇지 않은 이유는 무엇일까? 첫 번째 실험에서 약을 투여한 치과의사는 환자가 실제 진통제를 투여받을 가능성이 있음을 알고 있었고, 두 번째 실험의 치과의사는 환자가 진통제를 투여받을 기회가 없음을 알고 있었다. 따라서 이중눈가림실험설계의 가치가 강조된다. 이

그림 1.11 **Stradivarius 바이올린일까 아니면 현대의 바이올린일까?** 꼼꼼하게 통제된 눈가림실험에서 전문 바이올린 연주자도 분간해내지 못했다.

설계방식은 참여자가 받게 될 (또는 받을지도 모르는) 처치내용에 대해 실험 참여자와 실험수행자 모두 모르도록 하는 것이다.

잘 설계된 실험의 또 다른 특성은 무작위이다. 여기에서 "무작위"는 실험 대상자를 실험군이나 대조군에 임의로 배정하는 것을 의미한다. 이렇게 하면 연구자와 대상자는 대조군과 실험군의 구성에 아무런 영향도 미치지 않는다.

무작위적이고 통제된 이중눈가림실험설계를 이용하는 것은 실험에 대해 누군가 비난할 수도 있는 모든 가능성을 고려하고, 처리의 효과 이외에는 그 무엇으로도 그 결과를 설명할 수 없도록 실험을 설계하고자 하는 시도라고 생각할 수 있다. 이런 방식으로 얻은 실험 결과는 가설을 지지할 수도 있고 무효로 할 수도 있다. 무효로 된 경우에는 가설을 버리거나 수정해야 한다. 만약 어떤 실험에서 얻은 관찰과 증거에 대해 다양한 설명이 제시될 수 있다면, 결정실험으로서 성공을 거두지 못한 것이다.

핵심요약 1.8

» 실험을 통해 명확한 결론을 끌어내려면 대조군과 실험군은 오직 처리내용만 달라야 한다. 그래야 두 집단 사이에 나타난 차이를 처리 효과로서 인정할 수 있다

이것이 우리의 방법 / 과학의 창의적 과정

1.9 관절경 수술이 무릎 관절염 치료에 도움이 될까?

때로는 믿음에 대한 뚜렷한 증거가 없음에도 무엇인가에 대해 "알고 있다"고 생각하는 경우가 있다. 이럴 때 무작위적이고 잘 통제된 연구를 활용하면 세상을 더욱 잘 이해하고, 생각을 수정해야 해야 한다는 것을 알게 된다.

예를 들어, 관절염을 치료하는 무릎 수술의 효용성에 대해 생각해보자. 관절경 수술을 하면서, 의사는 무릎의 몇 군데를 절개한 다음 작고 유연한 관을 무릎 관절 내부로 삽입하여 손상된 연골과 조직을 치료한다.

아주 최근까지도 이런 유형의 수술법은 미국에서 매년 65만 명 이상에게 시행되었다. 그런데 일부 연구자가 근본적이고 합리적인 의문을 제기하였다. 이 수술법이 실제로 환자에게 도움이 될까?

특정한 수술법의 효과에 대해 어떻게 판단할 수 있을까?

연구자가 선택한 일반적인 접근법은 간단명료했다. 무릎 골관절염을 앓고 있는 대규모의 자원자 중 일부에게는 관절경 수술을, 나머지에게는 가짜 수술을 시술하였다. 이후 두 집단의 무릎 기능과 통증 경감 정도를 평가하여 판단하였다.

잠깐만... 뭐라고?

그렇다. 관절염 치료를 위한 관절경 수술 대상자로 자원한 180명의 환자를 모집한 후, 이들을 무작위로 세 집단으로 나누었다. 두 집단은 관절경 수술을, 나머지 한 집단은 가짜 수술을 받게 된다. 참여자는 아무도 자신이 어떤 집단에 속해 있는지 모르지만, 가짜 수술을 받을 수도 있다는 점은 이해하였다. 이들은 모두 "사전동의서"에 서명하였다. 사전동의서에는 "나는 내가 가짜 수술만 받을 수 있다는 사실을 압니다. 이것이 무릎 관절 수술을 받지 않을 수도 있다는 것을 의미한다는 사실도 압니다. 가짜 수술은 무릎 관절염에 아무런 효과도 없을 것입니다."라는 내용이 포함되어 있다.

참여자는 수술실에 들어간 직후 세 집단 중 하나에 무작위로 배정되었으며, (수술을 집도하는) 외과의사는 참여자가 받게 될 처치내용이 담긴 봉투를 전달받았다.

1. **관절경 수술/변연절제**: 무릎을 절개하여 무릎 관절을 세척한다. 손상된 연골 조직을 다듬고 정리한다("변연절제" 과정).
2. **관절경 수술/세척**: 무릎을 절개하여 무릎 관절을 세척한다. 씻겨나온 조각은 모두 제거한다("세척" 과정). 손상된 조직의 잔재물은 제거하지 않는다.
3. **가짜 수술**: 앞선 두 집단과 동일하게 절개한다. 변연절제술을 시술하는 것처럼 행동하며, 또한 생리식염수를 사용하여 "세척" 과정을 하는 것처럼 행동한다.

생각하기, 짝과 나누기

수업 수강생 중 한 명과 짝을 만드시오. 다음의 질문을 읽고 답에 대하여 60초 동안 조용히 생각하시오. 이후 5분 동안 토론을 하고 자신의 답을 공유할 수 있게 준비하시오.

- 당신이 가짜 처치를 받을 수도 있는 연구에 동의할 수 있는 이유는 무엇일까? 우리가 과학적 지식을 얻고 특정한 현상에 대한 우리 모두의 이해를 어떻게 증진할 것인가에 관한 일반적 이해를 참여자가 가지고 있다면, 참여가 더 의미 있을까?

세 집단의 환자 모두 병원에서 하룻밤을 지내면서 처치내용을 알지 못하는 간호사의 돌봄을 받았다.

연구진은 관절경 수술의 효능을 어떤 방식으로 판단했을까?

연구진은 실험 이후 2년 이상에 걸쳐 수술의 효능에 대해 평가하였다. 평가요소로 삼은 7가지 주안점에는 환자가 작성한 무릎 통증과 신체 통증에 관한 자기보고서, 그리고 연구진이 검사한 무릎 기능에 관한 측정값이 포함되어 있다.

환자의 무릎 기능이 개선되거나 통증이 줄었는가?

수술 이후 어떤 평가 기준에서도 가짜 수술을 받은 환자와 비교하여 관절경 수술을 받은 환자에게서 통증이 감소하거나 무릎 기능 개선 효과가 나타나지 않았다. 통증 점수는 무릎고유통증척도라는 12가지 지표 평가에 바탕을 두어 0~100(높을수록 통증이 심함)으로 나타낸다. 예를 들어, 2년 후 통증점수는 다음과 같았다.

환자 집단	평균 통증점수 (±표준편차)
1. 변연절제	51 ± 23
2. 세척	54 ± 24
3. 가짜	52 ± 24

이 결과에서 어떤 결론을 얻을 수 있는가?

이 연구는 의학 학술지 *New England Journal of Medicine*에 게재되었으며, 무릎의 통증과 기능 개선에 있어서 관절경 세척술은 변연절제술을 함께 시술하거나 하지 않아도 모두 가짜 수술보다 나은 결과를 보이지 못한다는 강력한 증거를 제시하였다.

핵심요약 1.9

» 과학적 사고방식에 걸맞은 방식으로 설계된 잘 통제된 연구에서 얻은 증거는 우리가 생각을 수정해야 한다는 것을 알려준다. 우리는 매일 가정에 근거하여 선택하고 있다. 이러한 선택과 우리의 가정이 진실한 것인지에 대해 의문을 품는 것이 중요하다.

1.10 편견을 조심해야 한다

2001년에, 학술지 *Behavioral Ecology*는 투고 논문에 대한 검토정책을 바꾸었다. 새로운 정책은 이중눈가림 방식을 채택하여 검토자나 저자의 신원을 공개하지 않았다. 그전에는 단일눈가림 방식이어서 검토자의 신원은 감추었지만 저자의 신원은 검토자에게 공개되었다. 1997년과 2005년 사이에 발표된 논문을 분석한 결과, 이중눈가림 정책을 도입한 2001년부터 제1저자가 여성인 논문의 수가 상당히 늘어났다(**그림 1.12**). 같은 기간에 단일눈가림 정책을 유지한 비슷한 학술지에서는 이런 현상이 나타나지 않았다.

Q 과학에서 성차별이 있을까? 어떻게 판단할 수 있을까?

이 연구를 통해 과학자를 포함하여 사람들은 자신의 행동에 영향을 주는 편견—때로는 잠재의식—을 가질 수도 있다는 사실을 알 수 있다. 또한, 실험에서 적절한 통제가 중요하다는 사실을 다시 한번 일깨워준다—이 사례에서는 편견의 잠재적인 영향력을 줄이기 위해 이중눈가림 정책을 사용하였다.

과학적 사고방식의 또 다른 중요한 요소는 같은 연구를 반복하는 **반복실험**이다. 한 가지 실험에 대해 다양한 연구자가 거듭하여

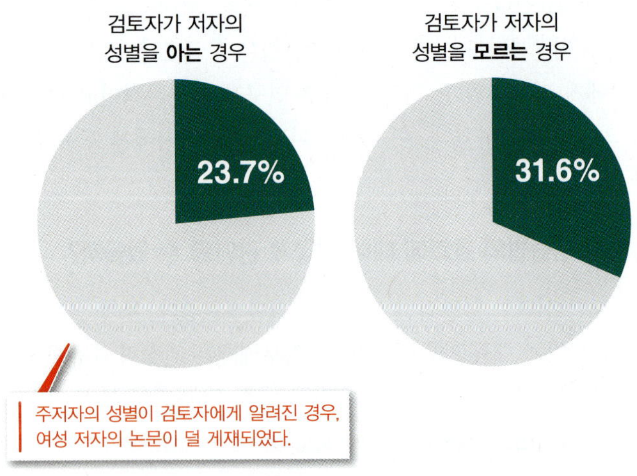

도표로 배우기
데이터의 시각적 표현을 비판적으로 살펴보기
이 그림을 더 자세히 살펴보려면 이 장의 끝을 보시오.

그림 1.12 여성 과학자에 대한 편견? 학술지 *Behavioral Ecology*는 검토자가 저자의 성별을 알지 못하도록 한 경우, 이전(1997년~2001년)에 비해 더 많은 여성 저자의 논문을 게재하였다(2002년~2005년).

수행하고 늘 같은 결과를 얻는다면 편견을 효과적으로 이겨낼 수 있게 된다. 나아가 반복된 실험에서도 같은 결과를 얻는다면, 그 결과는 물론 그 결과가 지지하는 가설에 대한 확신도 높아진다. 더욱이 실험 설계의 작은 변화로도 다른 결과를 얻을 수 있으므로, 반복실험을 통해 실험 결과 도출에 중요한 변수를 찾아낼 수 있게 된다.

연구는 정형화된 호기심이다. 목적을 가지고 꼬치꼬치 캐묻는 것이다."

— ZORA NEALE HURSTON, *in Dust Tracks on a Road*

핵심요약 1.10

» 편견은 자료를 수집하고 해석하는 등의 행동에 영향을 줄 수 있다. 신중하게 통제하면 편견의 영향을 최소화할 수 있다.

1.11 이론이란 무엇인가? 어떻게 해야 가설이 이론으로 되는가?

"이론"이라는 단어는 일반 대중과 대중매체 사이에서 흔히 직감이나 추측 등과 같이 무언가 분명하지 않은 대상에 대해 쓰이기 때문에 혼동을 일으킨다. 과학자에게 이 단어는 그들이 가장 확신하는 가설이라는 거의 정반대 의미를 가진다. 이러한 일반적인 오해를 줄이기 위해 과학자가 자연현상에 대한 지식을 설명하는 방법에 대해 살펴보자.

가설 앞서 살펴본 것과 같이, 가설은 과학적 사고방식의 심장부이다. 가설은 어떤 현상에 대해 제시한 설명이다. 유용한 가설은 검증 가능한 예측을 이끌어낸다. 일반적으로 과학자가 아닌 사람들은 "목요일 아침보다 금요일 아침에 교통량이 적은 까닭에 대한 이론이 있다"라는 식으로 "이론"이라는 단어를 사용하지만, 실제로는 이론이 아니라 가설을 가지고 있는 것이다.

이론 **과학 이론**은 자연현상을 설명하는 특히 경험적 자료에 의해 잘 뒷받침된 가설이다. 과학 이론은 검증을 거쳤고 그 어떤 새로운 증거에 의해서도 쉽게 바뀌지 않을 것으로 보이는 가설이라고 생각할 수 있다. 가설과 마찬가지로 과학 이론도 예측을 만들어내고 검증할 수 있다. 그러나 이미 반복적으로 검증되었고 모순되는 실험 결과가 없어서 과학계는 사실과 거의 같은 확신을 갖고서 과학 이론을 받아들인다. 이러한 이유로 무엇인가에 대해 참이 아닐 것 같다고 주장하기 위해 "단지 이론일 뿐"이라고 하는 것은 적절하지 않다.

과학에서 이론은 또한 가설에 비해 범위가 더 넓은 경향을 나타낸다. 생명과학에서 가장 중요한 두 가지 이론(자세한 내용은 4장과 10장 참조)은, 모든 개체는 세포로 이루어져 있으며 모든 세포는 이미 존재하는 세포에서 유래된다고 하는 세포설(cell theory), 그리고 유전자 변이에 따른 차등생식 성공에 의해 개체군의 변화가 나타난다고 하는 자연선택에 의한 진화설(theory of evolution by natural selection)이다.

핵심요약 1.11

» 과학 이론은 자연 세계에 대한 일상적 추정을 의미하지 않으며, 자연현상을 설명하기 위해 제안된 가설이다. 경험적 관찰로 강력하게 뒷받침되므로 과학계에서는 새로운 증거에 의해 쉽게 바뀌지 않을 것이라고 받아들인다.

과학적 방법은 현명한 판단에 도움이 된다

▲ 무엇을 믿을 수 있는가? 라벨을 읽는 것은 상품과 그 상품에 대한 주장을 평가하는 데 있어 필수적이다.

1.12 시각적으로 자료를 제시하면 현상을 이해하는 데 도움이 된다

"자료를 봅시다." 요점을 강조하고 개념을 설명하거나, 또는 가설의 검증을 돕는다는 측면에서 자료를 시각적으로 제시하면 많은 양의 정보를 훨씬 쉬운 요약된 형태로 압축할 수 있다. 따라서 독자가 자료에 대해 숙고하고 비교할 수 있게 함으로써, 궁극적으로는 정보를 통합하여 유용한 양상을 찾아내는 과정에 도움을 준다. 자료를 제시하는 방법은 다양하지만, 막대 그래프, 선 그래프, 파이 도표 등 몇 가지 유형을 흔히 사용한다(**그림 1.13**).

시각적 자료 제시는 일반적으로 약간의 공통 요소를 가진다. 대부분의 경우, 내용을 설명하는 표제가 위쪽에 있다. 막대 그래프와 선 그래프에는 대개 x-축이라는 가로축과 y-축이라는 세로축이 있다. 각각의 축에는 일반적으로 일정한 간격의 눈금이 있어서 자료 값의 크기를 나타낸다.

예를 들어, 선 그래프의 x-축에는 "매일 공부한 시간(시간)"을, y-축에는 "중간시험 성적(%)"을 나타낼 수 있다. 자료 세트의 크기에 따라 각각의 자료 값을 그래프에 제시하고, 형태와 색채 또는 양상 등으로 추가 정보를 나타낸다(**그림 1.14**). 선이나 곡선을 이용하여 자료 값의 점을 연결하거나 두 변수 사이의 상관관계를 보일 수도 있다. 축에는 반드시 설명 문구와 측정 단위를 표시하여야 한다.

막대 그래프는 개별적인 자료 값을 제시하는 대신에 직사각형 막대를 사용하며, 막대의 높이는 나타내고자 하는 값의 크기에 비

생명과학에서 널리 사용하는 시각적 자료 제시 방법

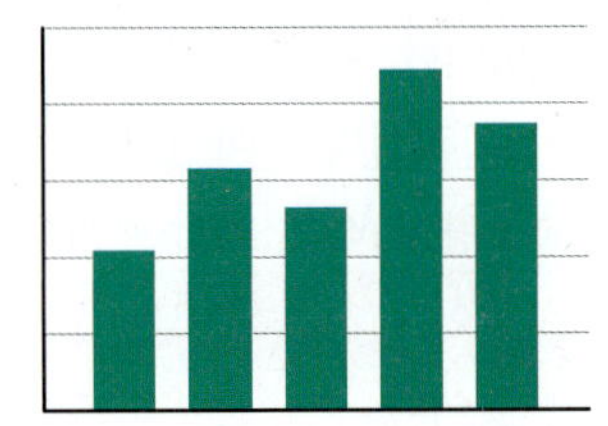

막대 그래프
- 자료 값에 비례하는 높이의 막대로 자료 값 제시
- 서로 다른 범주 사이의 자료를 비교할 때 사용
- 예: 월별 비가 내린 날의 수

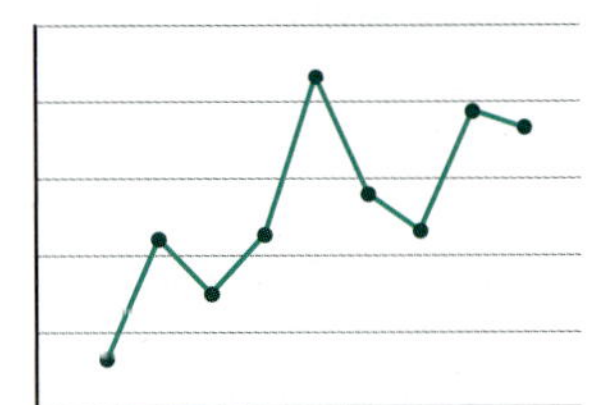

선 그래프
- 선이나 곡선으로 연결된 점으로 자료 값 제시
- 여러 자료 값 사이의 경향을 표시할 때 사용
- 예: 연도별 세계 인구의 변화

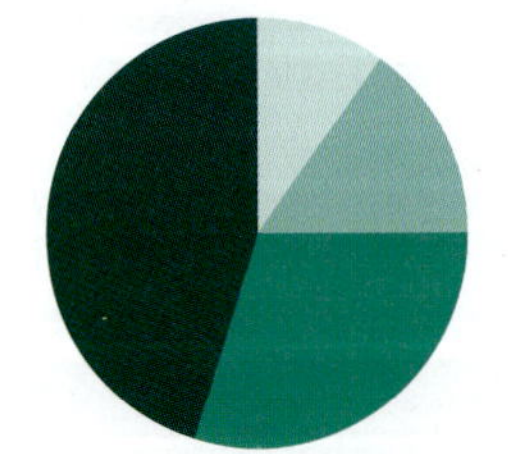

파이 도표
- "조각"의 면적으로 자료 값 제시
- 전체에 대한 비율로 자료를 비교할 때 사용
- 예: 지출항목(식품비, 주거비, 유흥비 등) 별로 월수입 분배

그림 1.13 관찰한 내용을 정확하고 간결하게 제시하기.

자료의 시각적 제시 : 공통 요소

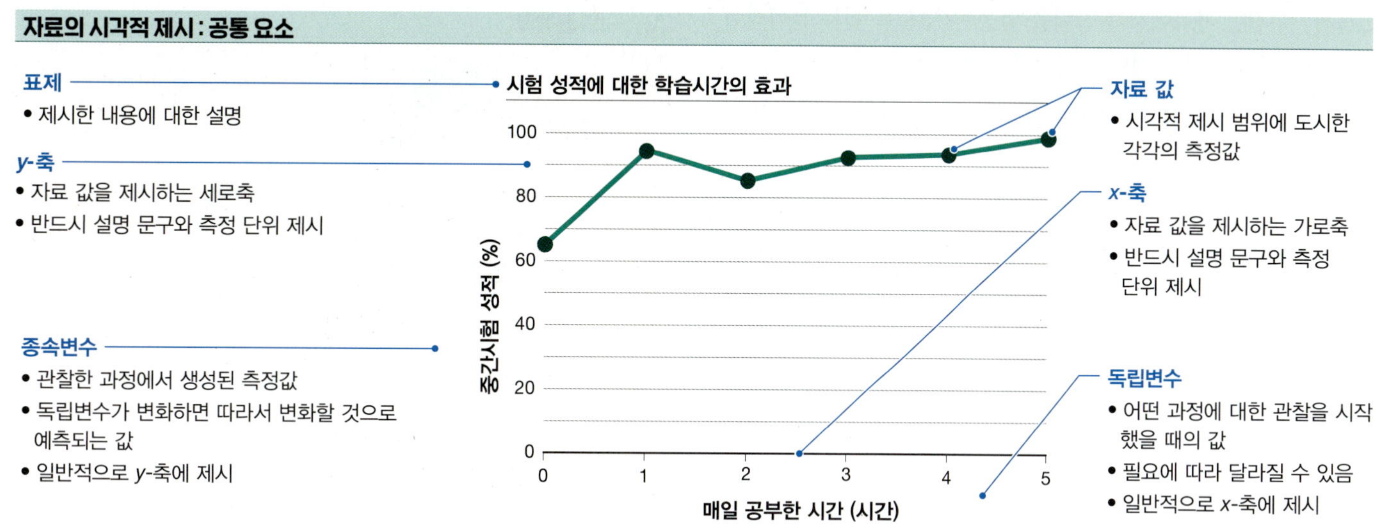

그림 1.14 그래프로 나타내는 효과적인 자료 제시. 선 그래프의 한 가지 예.

례한다. 파이 도표에서는 각각의 "조각"을 전체에 대한 비율로 나타낸다. 그래프에는 자료 값이나 막대, 또는 파이 조각으로 나타낸 정보가 무엇인지 알려주는 범례(legend)를 넣을 수도 있다.

정보를 시각적으로 제시하는 데 있어서 가장 공통적인 기능의 하나는 그래프처럼 두 변수 사이의 상관관계를 보여주는 것이다. 1.8절에서 살펴본 바와 같이, 독립변수는 실험수행자가 필요에 따라 변화시킬 수 있다. 한편 종속변수는 관찰 중인 과정에서 나온 값이며, 독립변수에 의존한다. 종속변수는 일반적으로 y-축에 나타내며, x-축에 나타내는 독립변수가 달라지면 따라서 달라질 것으로 기대된다. 예를 들어, 어떤 학생의 수면시간은 독립변수로, 학업성적은 종속변수로 생각할 수 있다.

Q 참인 자료를 사용했다 하더라도, 시각적 제시가 독자에게 "거짓"일 수 있을까?

시각적 자료 제시는 효율을 떨어뜨리거나 심지어 명백히 오인시킬 수 있는 특성도 가질 수 있다. 이러한 문제가 나타나는 경우는 축의 설명이나 눈금이 모호한 경우, 자료를 어떻게 수집하였는지(그리고 자료 값의 편차가 얼마나 되는지)에 대한 정보가 완전하지 않은 경우, 자료를 제시하거나 가공할 때에 편견이나 숨겨진 가정이 있는 경우, 알려지지 않았거나 신뢰할 수 없는 자료를 사용한 경우, 또는 자료 설명에 대해 적절하지 않은 내용을 포함한 경우 등이다.

이 책의 각 장에는 "도표로 배우기"라는 시각적인 자료 제시 사례가 하나씩 있다. 각 장의 마지막에 있는 "연습" 절에는 제시한 도표에 대한 몇 가지 질문이 있다. 질문을 통해 도표의 성격을 평가하고 도표 안의 정보를 이해할 수 있을 것이다.

핵심요약 1.12

» 시각적 자료 제시는 자료를 발표하거나 탐구하는 데에 도움이 된다. 그 효율성은 정확도와 명료도의 영향을 받는다. 불확실성, 편견, 숨겨진 가정, 그 밖에도 제시한 결과의 진실성에 대한 독자의 확신을 떨어뜨리는 요인에 의해 효율성이 감소한다.

1.13 통계는 판단을 내리는 데 도움이 된다

1.9절에서 관절경 수술을 해도 무릎 통증이 줄지 않는다는 사실을 실험을 통해 확인하였음을 보았다. 관절경 수술을 받고 2년이 지난 환자 중 일부는 통증이 줄었지만, 일부는 그렇지 않았다. 마찬가지로 수술을 받지 않은 환자 중에서도 일부는 가짜 수술 후 통증이 줄었고 일부는 그렇지 않았다.

수술이 실제로 효과를 가지고 있는지 여부를 어떻게 판단할 수 있을까? 수집한 자료에서 통찰력을 얻을 수 있도록 돕는 분석적이고 수학적인 도구인 **통계학**이 이런 상황에 도움이 된다.

두 사람의 키를 측정한다고 가정해보자. 한 사람은 175 cm인 여자이고, 다른 사람은 165 cm인 남자이다. 사람의 키에 대해서 관찰한 예가 이 두 경우뿐이라면, 여자가 남자보다 크다고 결론지을 것이다. 그러나 여자 100명과 남자 100명을 임의로 선택하여 키를 측정하였다고 가정해보자. 그러면 "남자 100명의 평균 키는 174 cm이고, 여자 100명의 평균 키는 160 cm이다"라는 사실을 알 수 있다.

나아가 성별로 100명씩의 측정자료를 통해 평균값뿐만 아니라 관찰값이 평균값과 어느 정도 떨어져 있는지에 대한 측정도 할 수 있다. 그중 하나가 표준편차이다. 이 연구의 경우, 남자의 평균 키가 174 cm라는 사실 뿐만 아니라 표준편차가 7.5 cm라는 사실도 알 수 있다. 이 내용을 "174 ± 7.5 cm"라고 표시한다. 마찬가지로, 여자의 경우 "160 ± 6.3 cm"로 표시할 수 있다(**그림 1.15**). 그래프에서 표준편차를 비롯한 변이량은 일반적으로 평균값의 위와 아래에 선이나 음영 지역으로 표시한다.

자료를 이용하여 연구에 참여한 개인의 특성을 설명하는 것은 유용하지만, 우리는 흔히 자료가 가설을 지지하는지 (또는 지지하지 않는지) 여부에 관심을 갖는다. 예를 들어, 생명과학을 공부하는 학생에게 교재가 도움이 되는지 여부를 조사하는 경우를 생각해보자. 통계학은 이러한 질문에 대한 답에 도움이 된다. 연구 결과 교재를 읽은 학생은 시험에서 평균 81 ± 8%를, 읽지 않은 학생은 평균 76 ± 7%의 성적을 얻었다고 가정하자.

이 예에서는 두 가지 가능한 결론에 대해 판별하기 어렵다.

가능성 1: 교재를 읽은 학생의 생명과학 학습 성취도에서 향상 효과가 나타난다. 다시 말해, 교재 학습과 학업 성취라는 두 가지 변수 사이에서 진정한 상관성이 나타난다. (어쨌든 81%가 76%보다 높다.)

가능성 2: 교재를 읽은 학생의 생명과학 학습 성취도에서 향상 효과가 나타나지 않는다. 교재가 효과를 나타낸다고 결론짓기에는 두 집단 모두 편차 값이 너무 크다. 따라서 두 집단 사이에서 평균 성적 차이가 나타난 이유는 교재 때문이라기 보다는 교재를 읽은 집단에 학업능력이 좋은 학생이 우연하게 더 많이 배정되었기 때문이라고 볼 수도 있다.

그러나 교재를 읽은 학생은 평균 95 ± 5%이고, 교재가 읽지 않은 학생은 평균 60 ± 5%의 성적을 얻었다면 어떨까? 이 경우에는 교재의 효과가 상당하다는 사실을 더욱 확신할 수 있을 것이다(**그림 1.16**). 이는 각 집단의 편차 값이 크기는 하지만 평균값의 차이가 매우 크기 때문이다.

사람 키와 통계학

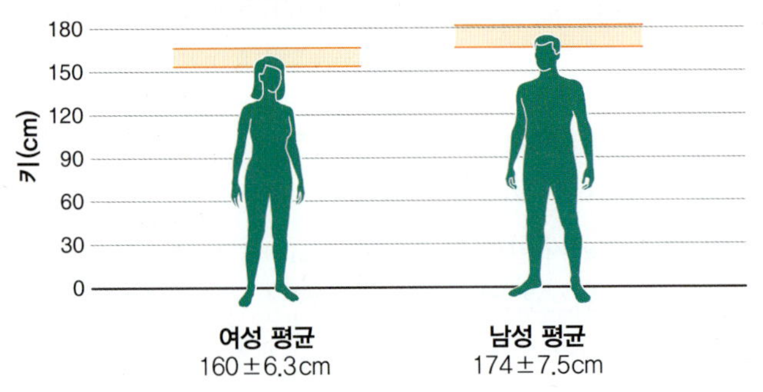

속지 마라. 사람 키와 같은 자연현상에 관한 결론을 내리기에는 적은 수의 관찰만으로는 충분하지 않다.

그림 1.15 제한된 관찰만으로 결론을 도출하는 것은 위험하다. 더 많은 사람을 측정할수록 사람 키에 대해 더 정확한 결론을 내릴 수 있게 된다.

통계적 방법은 이들 두 가지 가능성을 판별하고, 그중 어느 것이 참이라고 얼마나 확신하는지 설명할 수 있도록 돕는다. 두 집단 사이의 차이가 클수록 (95% 대 60%인 경우가 81% 대 76%인 경우보다 차이가 크다), 그리고 각 집단 내의 편차가 작을수록 (95%와 60% 집단의 ±5%인 경우와 81% 집단의 ±8%와 76% 집단의 ±7%인 경우 비교), 처리소선의 효과가 상당하다는 결론을 더욱 확신할 수 있다. 다시 말해, 집단별로 교재 사용 여부에 따라 95%와 60%의 성적 차이를 보인 경우, 실제로 교재를 통해 학습효과가 개선된 것이 아니라 단지 우연에 따른 결과일 수도 있다. 그러나 이러한 일이 일어날 가능성은 거의 없다.

통계학을 통해 변수 사이에 상관성이 있는지(또는 없는지)를 확인할 수도 있다. 예를 들어, 화재 현장에 더 많은 소방관이 투입된다면, 그 화재는 더 대형화재이고 피해가 더 클 것이라고 추정할 수 있다. 이것을 **양성 상관관계**라고 하며, 하나의 변수(소방관 수)

통계 해석하기: 가설적 연구

교재를 읽지 않은 학생의 평균 성적: 60±5%

교재를 읽은 학생의 평균 성적: 95±5%

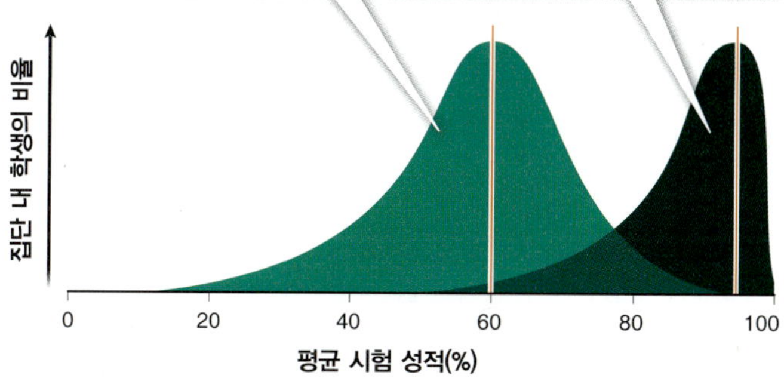

통계학은 대량의 정보를 계수화하고 요약하여 더욱 정확한 결론을 내리도록 한다.

그림 1.16 통계에 근거하여 결론 맺기. 통계학 분석은 관찰 결과의 의미를 평가하는 데 도움이 된다.

가 증가하면 다른 변수(화재 정도)도 증가하는 관계라는 것을 의미한다. 소방관이 화재를 더 악화시킨다고 결론지어야 할까? 그렇지 않다. 상관관계는 변수 사이의 상관성은 알려주지만, 변수들이 어떻게 연관되어 있는지 또는 한 변수의 변화가 다른 변수의 변화를 초래하는지 여부는 알려주지 않는다. (이런 유형의 상황에 적용되는 "상관관계는 인과관계가 아니다"라는 문구를 본 적이 있을 것이다.) 화재의 피해 규모에 대한 소방관 수효의 효과를 산정하려면 비슷한 규모의 화재를 다른 수효의 소방관이 진화하였을 때 나타난 피해 규모와 서로 비교해 보아야 한다.

궁극적으로는 통계 분석을 이용해 관찰이나 실험에서 얻은 증거를 체계화하고 요약할 수 있다. 이러한 분석을 통해 실험군과 대조군 사이의 차이가 처리의 결과인지 여부를 가려내고, 그 결론을 얼마나 신뢰할 수 있는지도 판단할 수 있다.

핵심요약 1.13

» 통계학을 이용하면 처리군과 대조군 사이에 나타난 차이가 우연에 의한 것이 아니라 처리조건에 의해 나타난 것인지 여부를 평가할 수 있다.

1.14 사이비과학과 일화적 증거는 진실을 모호하게 할 수 있다

과학적인 사고방식의 장점 중 하나는 잘못된 주장에 사로잡히거나 속지 않도록 할 수 있다는 것이다. 두 종류의 "거짓 과학적 증거"가 대중매체에서 자주 인용되며, 이로 인해 많은 사람이 실제로는 관련되어 있지 않은 두 가지 사건을 서로 연계되어 있다고 오해하게 된다.

- **사이비과학** 신뢰할 수 있는 방법론적인 과학적 연구로 뒷받침되지 않았지만, 과학적인 듯이 보이는 주장을 제기하는 일.
- **일화적 관찰** 아주 적은 수의 관찰 내용을 바탕으로 두 사건의 연계성 여부에 대해 결론을 내리는 일.

사이비과학은 흔하게 널려 있으며, 특히 광고나 소비상품과 음식물의 포장지에서 볼 수 있다(**그림 1.17**). 사이비과학은 과학적 사고방식이 세계를 배우는 유력한 방법이라는 대부분 사람이 공유하고 있는 믿음에 편승한다. 사이비과학은 실제와 다르게 마치 과학적 증거에 기초하고 있는 것처럼 가장한 주장으로 이루어진다.

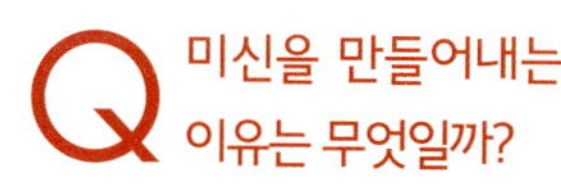

우리 모두는 일화적 증거에 익숙하다. 아마도 점성술의 예언과 실생활의 사건에서 얻은 가정 사이에 항거하기 어려운 유사성이 있음을 보게 되거나, 자신은 응원하는 팀이 승리하도록 해주는 행운의 셔츠나 의례 행동이 있다고 생각하기도 한다. 이것이 **미신**이 만들어지는 방식이다. 일화적 관찰은 해롭지 않아 보이며 큰 감동을 줄 수도 있다. 그러나 관찰 내용을 충분하게 포함하지 않기 때문에 잘못된 결론을 내리도록 할 수 있다. 이와 같은 잘못된 결론의 한 가지 사례는 발달장애인 자폐증과

그림 1.17 사이비과학의 주장은 식품 공산품에서 흔히 볼 수 있다.

그림 1.18 나쁜 과학이 위험한 행동으로 이끈다.

MMR(홍역, 유행성이하선염, 풍진) 백신 접종이 관련되어 있다.

1998년, 저명한 의학 학술지 *The Lancet*에 자폐증 어린이 12명에게 나타난 대장 감염과 관련된 증후군(설사, 복부 통증, 팽창)에 관한 연구 보고서가 실렸다. 이 연구에서 어린이 8명의 부모나 의사가 어린이에게 MMR 백신을 접종한 직후 자폐증의 행동 증후군이 나타났다고 말하였다. 이러한 이유로 저자들은 MMR 백신 접종과 대장 증후군, 그리고 자폐증 사이의 연관성 여부에 관해 연구할 필요성을 건의하였다.

기자회견에서 저자 한 사람이 자폐증과 MMR 백신 접종 사이에 연관성—조사한 적도 없고 그들의 연구에서 지지되지도 않은—이 있다며, MMR 백신 접종이 자폐증을 일으키지 않는다고 입증되기 전까지는 MMR 3중백신보다는 단일 백신을 사용해야 한다고 주장하였다. 이 주장은 근거가 없었고, 심지어 당시 MMR 백신의 안전성과 효능은 잘 확립된 상태였다. 그러나 언론과 많은 사람은 이 연구자가 MMR 백신이 자폐증을 유발한다는 증거로서 기자회견에서 내세운 주장을 받아들였다. 그 후 몇 년 동안 부모들이 자폐증을 두려워하여 MMR 백신 접종을 받는 어린이의 수가 크게 감소하였다(**그림 1.18**).

불행히도 이것은 과학적 사고방식을 서투르게 수행한 유명한 예이다. 이 연구는 규모가 작고(12명의 어린이), 표본 추출을 무작위로 하지 않았으며(증후군을 기준으로 대상자를 선택), 비교할 대조군(예를 들어, 자폐증 증후군을 보이지 않은 어린이에 대한 백신 접종)이 없었다. 이 연구는 그 자체도 결함투성이지만, 자폐증과 MMR 백신 사이의 연관성을 실제로 조사하지 않았고 심지어 보고하지도 않았다. 의도된 연관성은 단지 주저자 한 사람이 기자회견에서 주장한 뒷받침되지 않는 추정에서 비롯된 것일 뿐이다.

이 연구의 약점은 이러한 설계 오류만이 아니다. 나중에 드러난 사실에 따르면, 보고서가 출간되기 전에 주저자가 MMR 백신 제조사에 대한 소송에 이용할 증거를 찾던 변호사에게서 금품을 받은 사실이 있었다. 또한, 이 저자가 당시 가장 널리 사용되던 MMR 백신과 경쟁 관계에 있는 백신의 특허를 신청한 사실도 밝혀졌다. 이처럼 드러나지 않았던 편견이 밝혀짐에 따라 12명의 저자 가운데 10명이 연구 결과의 원래 해석을 철회하였다. 영국의학잡지(*British Medical Journal*)는 2011년에 "MMR 백신과 자폐증의 연관성에 대한 논문은 속임수였다"라고 밝힌 논문을 출판하였다.

첫 논문이 발표된 이후 몇 년 동안, 이 주제에 대해 잘 통제된 많은 대규모 결정실험이 수행되었고, 모든 연구에서 MMR 백신과 자폐증 사이에 아무런 연관성이 없다는 결론을 얻었다. 다음은 이들 연구에 대한 몇 가지 사례이다.

Q MMR 백신이 자폐증을 일으키지 않는다는 사실을 어떻게 알 수 있을까?

- 덴마크에서 1991년과 1998년 사이에 태어난 모든 어린이를 대상으로 연구를 수행한 결과, MMR 백신을 접종한 어린이 440,655명과 접종하지 않은 어린이 96,648명 사이에 자폐증 발병율의 차이가 없었다.
- 일본에서 2005년에 수행한 연구 결과, 1993년에 MMR 백신 사용을 중단한 뒤에도 자폐증 발병은 꾸준히 증가하였다.
- 핀란드에서 180만 명의 어린이를 MMR 백신 접종 후 14년 간 추적 조사한 결과, 자폐증과 백신 사이에 전혀 상관성이 나타

나지 않았다.

현재 세계 과학계는 MMR 백신과 자폐증 사이의 상관성에 대해 과학적 증거가 없다는 공감대를 이루고 있다. 그렇지만 어떤 이유에서인지 분별없고 사실이 아닌 주장이 지속적으로 널리 확산되고 있다. 이런 현상, 그리고 이 현상이 세계적으로 백신 접종율을 감소시키고 예방 가능한 질병이 증가하는 속도를 높이는 위험한 영향력을 세계보건기구(WHO)는 2019년의 10대 세계 건강 위협요소의 하나로 선정했다.

어떤 진실에 대해 주장하고 싶다면, 먼저 당신이 진실이라고 믿고 싶은 것이 단순한 의견에 지나지 않는다는 것을 분명하게 해야 한다."

— NEIL DEGRASSE TYSON, *Twitter*, 2013

그렇다면, 오늘날 과거에 비해 더 많은 자폐증 환자가 나타나는 사실에 대해 어떻게 설명할 수 있을까? 자폐증 환자 수가 늘어난 것은 의사의 진단 능력과 진단 과정의 발전에 따른 것으로 보인다. 자폐증과 MMR 백신 사이에 연관성이 있다고 인식하게 된 또 다른 이유는 단순한 우연의 일치일 수도 있다. 대부분 어린이가 18~19개월 무렵에 MMR 백신을 맞는데, 자폐증의 초기 증상도 대개 이 무렵에 나타난다. 마지막으로, 이러한 사례에서 배운 것은 일화적 관찰을 일반화하지 말아야 하고, 잘못 설계된 연구로 인해 진실이 가려지지 않도록 경계해야만 한다는 점이다.

핵심요약 1.14

» 사이비과학과 일화적 관찰은 많은 경우 두 가지 현상 사이에 실제로는 상관성이 존재하지 않지만, 존재하는 것으로 오해하도록 한다.

1.15 과학으로 할 수 있는 일에는 한계가 있다

과학적 사고방식은 실생활에서 보고 듣고 읽은 것을 분별할 수 있도록 하는 틀이다. 그러나 과학으로 할 수 있는 일에는 한계가 있다. 과학적 방법은 Fermat의 마지막 정리가 가지는 수학적 우아함이나 Shakespeare 소네트의 아름다움을 이해하는 데 결코 도움이 되지 않는다. 또한, 신의 존재를 입증하거나 부정하지도 못한다. 나아가 인간의 클로닝을 허용해야 할 것인가에 대한 윤리적 질문에도 답하지 못한다.

과학적 사고방식은 현상을 여러 방식으로 행해지는 측정(measuring)에 의존한다는 점에서 수학과 논리학, 그리고 예술적 표현에 관한 연구 등의 비과학적 접근법과 다르다. 가치 판단과 정량화할 수 없는 주관적인 정보—종교적 신앙 고백 등—는 과학 영역 밖에 놓인다. 예를 들어, 과학적 사고방식은 도덕적 성구를 만들어내지 못하며 윤리 문제에 대한 통찰력도 주지 못한다. "그것이 무엇인가(즉, 자연에서 관찰한 사실)"가 "무엇을 해야만 하는가(즉, 도덕적으로 옳은 일)"를 판단하는 데에 있어 필수적인 것은 아니다.

나아가 통상적으로 과학이라고 여기는 많은 것들, 예를 들어 새롭고 경이로운 공학기술을 이용한 건축물이나 결합된 쌍둥이를 분리하는 외과수술은 전혀 과학적이지 않다. 이러한 것은 다만 기술의 혁신과 발전이다. **기술**은 비록 세련된 과학적 연구에 의존하기는 하지만, 제조업과 의학 등 다양한 분야의 문제를 해결하기 위해 연구 결과를 적용한 것이다(**그림 1.19**).

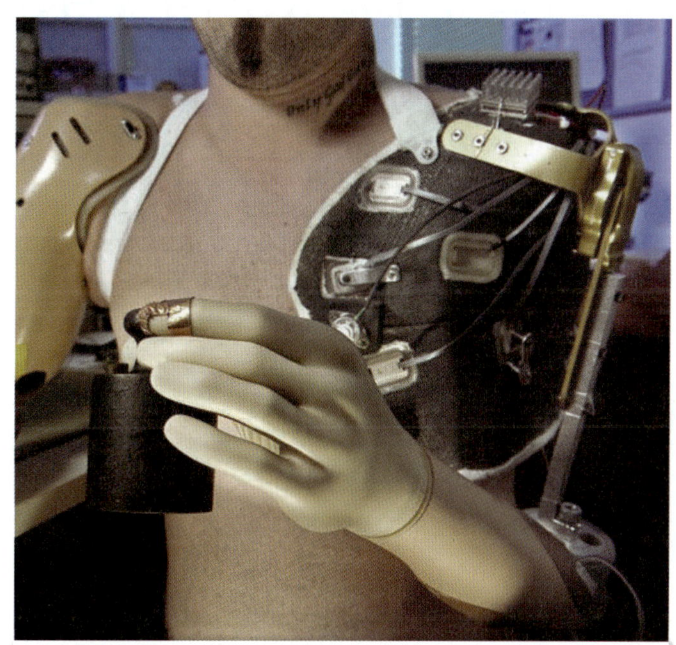

문제 해결을 위해 과학적 성과를 적용하면 의지에 따라 조절되는 인공팔과 같은 정교한 기술 혁신을 이뤄낼 수 있다.

그림 1.19 과학의 적용. 연구실에서 실험 중인 인공팔.

핵심요약 1.15

» 과학적 사고방식은 관찰할 수 있는 세계를 이해하기 위한 가장 효과적인 방법이기는 하지만, 가치 판단과 비정량적이며 주관적인 정보에 대한 통찰력은 제공하지 못한다.

생명과학의 주요 주제는 무엇인가?

▲ 박물관의 수집품은 현대의 연구에 있어서 실험실과 현장의 연구를 보완한다. Roxie Laybourne의 혁신적인 조류법의학(鳥類法醫學)은 범죄 해결부터 항공 안전 개선에 이르는 범주를 아우른다.

1.16 주요 주제로 생명과학의 다양한 논제를 통합하고 연계한다

생명과학(biology)은 생명에 관해 연구한다. 생명이란 무엇일까? 그리고 비-생명과 어떻게 구별할 수 있을까? 과학자는 수백 년 동안 이러한 호기심 어린 난제를 풀기 위해 고심해 왔다. 그리고, 당혹스럽게도, 찾아내고 연구한 지구의 다양성이 많아질수록 생명을 정의하기가 더 힘들어진다.

한 가지 유용한 접근법은 모든 살아있는 생명체와 생명계가 공유하는 특성을 살펴보는 것이다.

1. 세포 구조—생명에 필수적인 기능을 수행하는 하나 이상의 세포로 구성된 복잡하고 체계적인 구조
2. 대사—일하는 데 필요한 에너지를 얻고, 사용하고, 전환하는 수단
3. 환경에 대한 민감도와 반응성
4. 항상성—외부 환경조건과 다를 수도 있는 내부 환경조건을 상대적으로 일정하게 유지하는 능력
5. 성장, 발달, 그리고 생식
6. 진화적 적응—시간의 흐름에 따라 개체군 내의 형질이 변화하는 현상

이들 특성에 따라 대부분 생명체를 범주별로 쉽게 나눌 수 있다. 개는 살아있고 바위는 그렇지 않다. 참나무는 살아있고 산불은 그렇지 않다. 결정체는 자라나며 환경에 반응할 수도 있지만 다른 특성 대부분에는 해당되지 않는다. 그러나 진화도 하고 복제도 하는 바이러스는 어떨까? 이에 대해서는 과학자의 의견이 엇갈린다. 그렇다면 생명을 거의 흉내 낼 수 있는 컴퓨터 프로그램은 어떨까?

마지막으로, 언어는 불완전할 수 있다; 경계에 놓인 사례에서 그 결점이 두드러진다. 그러나 생명과학 연구에서 우리의 관심사는 생명 그 자체의 천성을 탐구하는 것이다. 생명(life)이라는 용어를 정의하기 어렵고, 어떤 특정 존재가 살아있는지 여부를 결정하기 어렵다는 이유로 이러한 탐구활동에서 벗어나지 말아야 한다.

살아있는 생명체의 특성을 나타내는 지표를 목록으로 만들 수 있다는 사실로 인해 지구의 엄청난 생물다양성을 잘못 인식하게 될 수 있다. 빛이 없고 압력이 높은 깊은 바다에서부터 지표면보다 몇 km나 높은 하늘에 이르기까지 생명체는 거의 무제한에 가까운 방법으로 필요한 자원과 에너지를 얻어낸다. 실제로 방법이 너무 많아서 압도당할 만하다.

다행스럽게도, 생명과학을 공부하는 우리는 전체적으로 반복되는 다섯 가지 중심 주제를 보게 될 것이다. 이들 주제를 인지하고, 생명과 생명의 활동방식에 관한 지식을 통합하는 데 있어서 이들 주제의 역할을 이해한다면 더 많은 영역에 대해 쉽게 다룰 수 있

게 된다(**그림 1.20**).

1. **진화.** 개체군은 시간이 지나면서 변화될 수 있다. 시간이 지남에 따라 어떤 개체군의 유전적 특성이 변화하면 그 개체군은 환경에 대한 적응력이 높아질 수 있다. 이러한 변화는 개체군에 속한 개체들의 신체적, 생리학적, 생화학적, 그리고 행동적 특성으로 나타날 수 있다. 큰 시각으로 볼 때, 진화에서 비롯된 엄청나게 다양한 적응 덕분에 지구 생명체의 거대한 다양성이 나타나게 되었다.
2. **구조와 기능.** 조직화의 모든 수준에서 생명체의 신체적 특성은 기능과 밀접한 상관성을 보인다.
3. **정보의 전달과 교환, 그리고 저장.** 유전정보—생화학, 신체, 그리고 행동 특성에 대한 지시—는 모든 생명체가 가지고 있으며 자손에게 전달된다. 유전정보의 발현은 그 생명체의 성장과 기능에 영향을 준다.
4. **대사경로와 에너지 및 물질의 전환 과정.** 생명체의 화학적 반응 경로는 에너지를 사용하여 물질을 전환시키며, 성장과 이동, 생식 등의 여러 과정을 수행할 수 있도록 한다.
5. **계.** 생명은 원자, 세포, 조직, 그리고 기관을 포함하는 많은 연계된 수준에서 조직화되어 생명체를 이룬다. 생명체들은 개체군, 군집, 생태계 등의 많은 수준에서 조직화되어 생물권을 이룬다.

이들 중심이 되는 통합 주제는 현대 생명과학에서 탐구하는 광범위한 과제를 설명하고 포괄한다. 이 책을 통해 이들 주제에 대해 학습하다 보면 생명과학 학습—그리고 과학적 소양—역시 적절한 기술을 필요로 한다는 사실을 알게 될 것이며, 이러한 기술을 얻고 발전시키도록 도울 것이다. 우리는 이미 몇 가지 기술을 살펴본 바 있다. 그것은 과학적 탐구과정을 적용하고 정량적 추론을 활용하는 능력, 과학에 속하든 속하지 않든 다른 분야와 협동하여 탐구하는 능력, 그리고 과학과 사회 사이의 상관성을 이해하는 능력 등이다.

생명에 관한 탐구를 계속해 보자!

핵심요약 1.16

"생명"은 간단한 정의로 쉽게 설명할 수 없지만, 살아있는 생명체가 공유하는 특성의 존재로 특정할 수 있다. 생명과학 분야는 광범위하지만, 다섯 가지 중요한 주제로 다양한 논제를 통합할 수 있다.

생명과학의 다섯 가지 주제

진화

이끼사냥꾼거미의 의태와 같은 적응은 진화의 결과로 나타난다.

구조와 기능

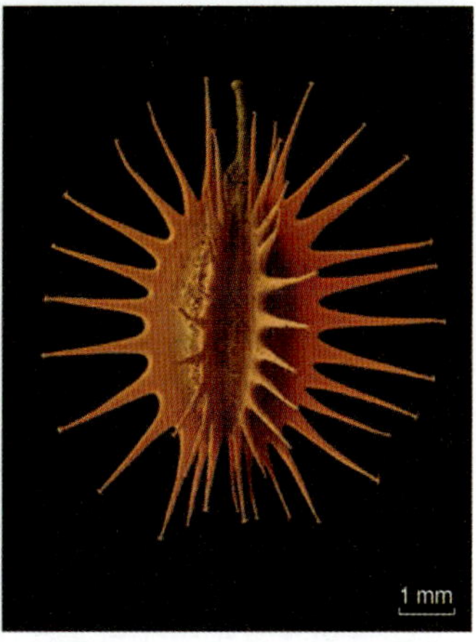

야생 홍당무 씨앗의 가시는 지나가는 동물의 털에 붙어 산포되는데 도움이 된다.

정보의 흐름

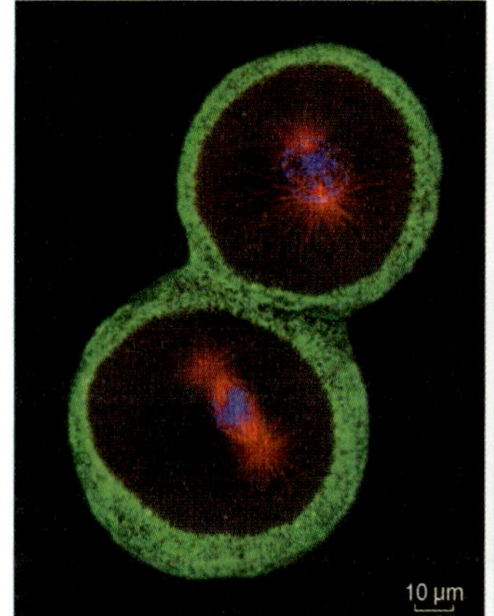

두 개의 수정된 성게 알 세포에 있는 DNA는 각각의 세포가 분열하기 전에 정확하게 복사된다.

에너지 전환

궁극적으로 모든 생명 활동에 필요한 에너지는 태양에서 온다.

계

골격계 요소—분리된 부위들의 조정된 협동 작업—를 표현한 거북이 배아

그림 1.20 **생명과학의 다섯 가지 중심 주제.**

생활 속 생명과학 | 증거를 사용한 의사결정 안내

비오는 날과 월요일

Q: 과학적 사고방식의 가장 중요한 성과는 무엇일까? 과학적 사고방식은 자연계에 대한 우리의 생각을 수정해야 할 때를 알려준다. 어리석어 보이거나 심지어 사소해 보일 수 있는 질문에 대해 생각해보고 우리 생각이 열려 있는지 살펴보자.

Q: 흔히 주말에 비가 더 오는 것처럼 보인다. 사실일까? 읽어보기 전에 당신 생각(그리고 그 이유)을 써보자.

Q: 자, 주말에 비가 더 많이 오는가? 일단 답은 '아니오'이어야 할 것으로 보인다. 날씨가 무슨 요일인지 어떻게 "알 수" 있겠는가? 날씨는 인류, 달력, 월요일 아침이라는 개념보다 오래 전부터 존재한 것이다.

상식에 기대기보다, 과학적으로 생각해보자.

내 가설: 비는 주말에 더 많이 온다.

이에 대한 영 가설: 강수량은 요일에 따라 다르지 않다.

검증 가능한 예측: 강수량은 요일에 따라 다르지 않아야 한다.

이제 자료를 보자... 1998년에 Nature에 실린 연구에서 17년 동안 북미 동쪽 해안지역의 강수량 자료를 분석하였다. 그 결과 월요일에 비해 토요일에 22% 더 많은 비가 내렸다!

Q: 어떻게 이런 일이 있어날 수 있을까? 이 연구진은 공해 물질인 일산화탄소와 오존도 함께 조사하여, 이들 물질이 월요일부터 금요일까지 꾸준히 증가하는 것을 밝혔다. 이러한 양상은 아마도 주말보다 주중에 자동차를 더 많이 운행하기 때문으로 추정하였다. 연구진은 주간 공해 물질 주기로 인해 구름이 더 많이 만들어져서 주말에 비가 더 내린 것으로 (반면 월요일에는 공해 물질이 감소하여 강수량도 감소한 것으로) 추정하였다.

하나의 좋은 가설은 또 다른 가설을 만들어낼 수 있다. 이들의 추정이 사실이라면, "비오는 토요일/맑은 월요일" 현상은 오직 사람의 활동이 이루어지는 곳 주변에서만 나타날 것으로 예상할 수 있다. 이 가설을 검증하기 위해 연구진은 북반구에서 대규모 거주지와는 멀리 떨어진 곳의 해안에서 강수양상을 매일 측정하였다. 그 결과 강수량은 요일마다 일정하였으며, 다른 요일보다 비가 더 많이 내린 요일은 없었다.

Q: 여기에서 얻은 핵심 내용은 무엇인가? 과학적 사고방식은 열린 마음에게 만족스러운 답으로 보답한다.

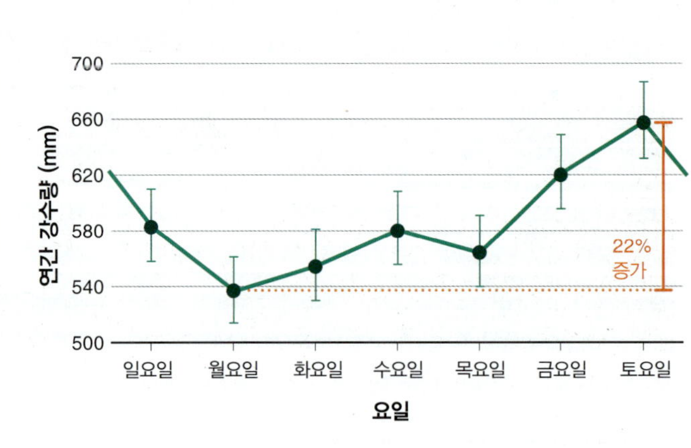

연습 데이터의 시각적 표현을 비판적으로 살펴보기

도표로 배우기

1. 파이 도표에서 "조각"은 무엇을 의미하는가? 이 도표에서 큰 조각 부위는 무엇을 의미하는가?
2. 파이 도표를 2개 제시한 까닭은 무엇인가?
3. 이 그림에서 어떤 결론을 내릴 수 있는가?
4. 당신이 3번 문항에서 내린 결론에 대한 대체가설을 제시하시오.
5. 이중눈가림 검토정책을 채택한 학회에서 여성이 제1저자인 논문은 얼마나 증가하였는가?
6. 새로운 검토정책을 채택한 이후에도 여성이 제1저자인 논문의 비율이 50%가 아닌 이유는 무엇인가? 그것이 관심을 끄는 원인인가? 이 질문의 답에 도움이 될 자료는 무엇인가?
7. 이들 그래프가 여성 과학자에 대한 일반적인 편견을 입증하는가?

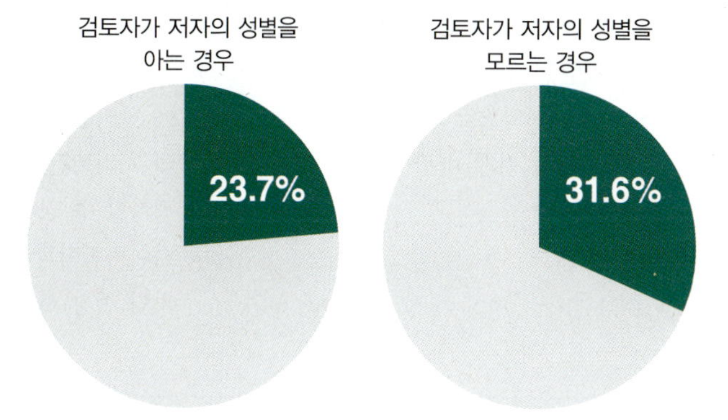

주요 용어: 과학적 사고방식

가설 hypothesis(pl. hypotheses), 6쪽
결정실험 critical experiment, 8쪽
경험적 empirica,l 5쪽
과학 science, 2쪽
과학 이론 scientific theory, 15쪽
과학적 방법 scientific method, 4쪽
과학적 사고방식 scientific thinking, 4쪽
과학적 소양 scientific literacy, 3쪽
기술 technology, 21쪽
눈가림실험설계 blind experimental design, 12쪽
대조군 control group, 10쪽
독립변수 independent variable, 10쪽
무작위 randomized, 12쪽
미신 superstition, 19쪽
반복실험 replication, 14쪽
변수 variable, 10쪽
사이비과학 pseudoscience, 19쪽
생명과학 biology, 3쪽
생명과학 소양 biological literacy, 3쪽
실험군 experimental group, 10쪽
양성 상관관계 positive correlation, 19쪽
영 가설 null hypothesis, 7쪽
위약 placebo, 8쪽
위약효과 placebo effect, 12쪽
이중눈가림실험설계 double-blind experimental design, 12쪽
일화적 관찰 anecdotal observation, 19쪽
종속변수 dependent variable, 10쪽
처리 treatment, 10쪽

요약

과학은 세계를 이해하는 과정이다

- 과학은 객관적인 관찰, 묘사, 실험을 중요시함으로써 우리 주위의 세계를 발견하고 더욱 잘 이해하도록 하는 방법이다. 또한, 현명하게 판단하기 위해서는 생명과학 소양이 필수적이다.

과학적 사고방식에 대한 초심자 길잡이

- 과학적 사고방식은 관찰하기, 가설 정립하기, 예측 고안하기, 검증 실험 설계하기, 그리고 결론 맺기를 포함하는 경험적 과정이며, 세계를 이해하는 유연하고 융통성 있는 효율적인 방법이다. 그 이유는 우리가 기존의 믿음을 수정해야만 할 때를 알려주기 때문이다.
- 과학적 사고방식은 세계에 관한 관찰로 시작되며, 뚜렷하게 드러나는 양상이나 원인-결과의 상관관계에 주목한다.
- 가설은 관찰한 현상에 대해 제안한 설명이다.
- 유용한 가설이 되려면, 반드시 검증 가능한 예측을 만들어야만 한다.
- 결정실험은 어떤 가설이나 대체가설이 증거에 의해 지지되는지 여부를 확실하게 판단하도록 하는 실험이다.
- 실험적 검증의 결과를 토대로 가설을 수정할 수 있으며, 이런 과정을 통해 관찰 가능한 세계를 점점 더 정확하게 이해할 수 있게 된다.

잘 설계된 실험은 가설 검증에 필수적이다

- 실험을 통해 명확한 결론을 끌어내려면 대조군과 실험군은 오직 처리내용만 달라야 한다. 그래야 두 집단 사이에 나타난 차이를 처리의 효과로서 인정할 수 있다.
- 과학적 사고방식에 걸맞은 방식으로 설계된 잘 통제된 연구에서 얻은 증거는 우리가 생각을 수정해야 한다는 것을 알려준다. 우리는 매일 가정에 근거하여 선택하고 있다. 이러한 선택과 우리의 가정이 진

실한 것인지에 대해 의문을 품는 것이 중요하다.

- 편견은 자료를 수집하고 해석하는 등의 행동에 영향을 줄 수 있다. 신중하게 통제하면 편견의 영향을 최소화할 수 있다.
- 과학 이론은 자연 세계에 대한 일상적 추정을 의미하지 않으며, 자연현상을 설명하기 위해 제안된 가설이다. 경험적 관찰로 강력하게 뒷받침되므로 과학계에서는 새로운 증거에 의해 쉽게 바뀌지 않을 것이라고 받아들인다.

과학적 사고방식은 현명한 판단에 도움이 된다

- 시각적 자료 제시는 자료를 발표하거나 탐구하는 데에 도움이 된다. 그 효율성은 정확도와 명료도의 영향을 받는다. 불확실성, 편견, 숨겨진 가정, 그 밖에도 제시한 결과의 진실성에 대한 독자의 확신을 떨어뜨리는 요인에 의해 효율성이 감소한다.
- 통계학을 이용하면 처리군과 대조군 사이에 나타난 차이가 우연에 의한 것이 아니라 처리조건에 의해 나타난 것인지 여부를 평가할 수 있다.
- 사이비과학과 일화적 관찰은 많은 경우 두 가지 현상 사이에 실제로는 상관성이 존재하지 않지만, 존재하는 것으로 오해하게 한다.
- 과학적 사고방식은 관찰할 수 있는 세계를 이해하기 위한 가장 효과적인 방법이기는 하지만, 가치 판단과 비정량적이며 주관적인 정보에 대한 통찰력은 제공하지 못한다.

생명과학의 주요 주제는 무엇인가?

- "생명"은 간단한 정의로 쉽게 설명할 수 없지만, 살아있는 생명체가 공유하는 특성의 존재로 특정할 수 있다. 생명과학 분야는 광범위하지만, 다섯 가지 중요한 주제로 다양한 논제를 통합할 수 있다.

복습하기

짧게 답하기

1. Dannon사는 전국적인 광고를 통해 자사의 Activia라는 요구르트가 정장효과를 보이며 장을 서서히 통과하도록 하는 효과를 보인다고 주장하였다. Dannon사는 또 자사의 DanActive 낙농음료가 감기와 독감 예방에 도움이 된다고도 하였다. 그러나 이들 주장은 증거에 바탕을 둔 것이 아니었다. 이러한 주장을 검증하려면 어떻게 실험을 설계해야 할까?

2. 과학적 사고방식은 경험에 바탕을 두어 지식을 얻는 다른 방식과 어떻게 구별할 수 있을까? 경험적(empirical)이라는 의미는 무엇이며, 이것이 어떻게 생명과학 연구와 특별히 연계될 수 있을까?

3. 과학적 사고방식의 특히 중요한 특성은 스스로 교정될 수 있는 것이다. 자가교정(self-correcting)의 의미는 무엇일까?

4. 당신이 일상에서 관찰한 사실 가운데 과학적 사고방식을 이용하여 학습할 수 있는 사례에 대해 설명하시오. 과학적으로 학습할 수 없는 사례에 대해서도 설명하시오.

5. 한 연구자가 운동을 많이 할수록 여드름이 덜 생길 것이라는 가설을 세웠다. 이에 대한 영 가설을 제시하시오.

6. "신선한 과일을 먹으면 병에 걸릴 가능성이 줄어든다"라는 가설에 대한 합리적인 예측은 무엇일까?

7. 결정실험의 핵심 특성을 설명하시오.

8. 녹차의 건강증진 효과와 관련하여 많은 주장이 제기되고 있다. 녹차를 마시면 체중이 감소한다는 주장이 있다고 가정하자. 이 주장이 근거로 제시한 연구 내용은 다음과 같다.

- 연구를 시작할 때 참여자의 체중을 측정하였다.
- 매일 2잔씩 6주 동안 녹차를 마시게 하였다.
- 연구를 마칠 때 다시 체중을 측정하였다.
- 녹차를 6주 동안 마신 사람은 체중이 조금 줄었다.
- 녹차가 체중 감소에 도움이 된다고 결론을 내렸다.

이 연구에는 설계할 때 빠뜨린 부분이 여럿 있다. 위에 제시한 내용 외에는 아무런 정보도 없다고 가정하고, 이 연구의 실험 설계를 보완하기 위해 해야만 하는 일을 네 가지 이상 제시해보자.

9. 실험 결과를 바탕으로 결론을 맺었다면, 다음에 해야 할 일은 무엇일까? 그 이유는?

10. 이론(theory)과 가설(hypothesis)을 비교하여 설명하시오.

11. 미국의 유명 신문사인 *Washington Post*가 "실내체육관이 세균에 오염되어 있다"는 내용을 표제 기사로 실었다. 이 기사는 2019년의 연구논문을 근거로 한다. 논문에 따르면 수십 곳의 체육관에 있는 트레드밀 손잡이의 50%와 중량운동 받침대의 56%(그리고 여러 운동기구의 표면)가 호흡기 질환을 일으키는 세균인 *Staphylococcus aureus*에 오염되어 있었다. 이 세균은 건강한 사람의 코와 목에서도 발견된다.

공중체육관 시설을 이용하면 *S. aureus*에 감염되어 병에 걸릴 가능성이 높아질 것인지의 여부를 검증할 실험과 분석방법을 제안하시오. 당신이 세운 가설과 그에 따른 예측도 함께 서술하시오.

12. 무작위 통제된 이중눈가림 연구가 의미하는 바를 설명하시오.

13. 미국치과의사협회는 치아 사이를 치실로 하루에 1회씩 청소해주면 치은염(gingivitis) 발생 가능성을 줄일 수 있다고 권장한다. 그러나 치실의 효과에 관한 12편의 연구를 종합한 최근 논문에서는 치실의 효과에 대해 의문을 제기하였다. 치과의사협회가 세운 가설은 무엇이며, 이와 관련된 예측은 무엇일까? 이에 관해 실험과 분석방법을 제안하고 이들 주장을 어떻

게 검증할 것인지 설명하시오.

14. 통계적 분석법은 자료 분석에 어떻게 활용할 수 있을까?

15. 프랑스어 교습에 참여한 남학생 모두 파란 눈을 가지고 있음을 알았다. 이 관찰 사실에 대해 과학적 사고방식을 활용하여 어떤 결론을 내릴 수 있을까?

16. Scandinavia 사람은 대개 금발이며 흰 피부를 가지고 있다고 알려져 있다. 그런데 스웨덴에서 온 친구의 머리카락과 피부가 짙은 색이라면, 이 사실이 Scandinavia인은 금발이며 피부는 하얗다는 생각을 반증할 수 있을까? 왜 그런가, 또는 왜 그렇지 않은가?

17. 생명과학의 다섯 가지 주요 통합 주제를 설명하시오.

정답 고르기

1. 과학은

a) 일정한 "자연법칙"을 신념으로 받아들여야 하는 연구 분야이다.
b) 자연현상에 대한 관찰, 서술, 실험, 그리고 설명을 망라하는 모든 지식과 지적 활동이다.
c) 생명과학, 화학, 물리학 등의 과학적 훈련 안에서만 적용할 수 있는 과정이다.
d) 자연 세계를 이해하는 단 하나의 길이다.
e) 위의 진술 모두 옳지 않다.

2. 미신은

a) 모든 현상이 과학적 사고방식을 통해 명료하게 이해되지 않은 상태인 증거이다.
b) 가능한 여러 유형의 과학적 사고방식 가운데 하나일 뿐이다.
c) 아직 완전하게 이해되지는 않은 진실한 믿음이다.
d) 사건의 흐름과 논리적 연관성이 없는 행동이 결과에 영향을 주는 비이성적 믿음이다.
e) 과학적 방법이 완벽하지 않다는 사실을 증명한다.

3. 경험적 결과는

a) 직관적 통찰력에 의존한다.
b) 이론에 의해 만들어진다.
c) 관찰에 그 바탕을 둔다.
d) 재현할 수 없다.
e) 검증된 가설을 뒷받침해야만 한다.

4. 다음 중 올바르게 진술한 것은?

a) 검증 가능한 예측을 만들지 못하는 가설은 유용하지 않다.
b) 세계를 이해하고자 할 때에 상식은 대개 과학적 방법을 대체할 수 있다.
c) 과학적 사고방식은 오직 과학적 현상을 이해하는 과정에서만 사용될 수 있다.
d) 과학적 사고방식의 한 부분으로서 반드시 관찰이 필요한 것은 아니다.
e) 위의 진술 모두 옳다.

5. 위약효과는

a) 사람들이 무슨 처치에든 호의적으로 응하려 하는 현상으로 종종 관찰된다.
b) 설탕으로 만든 알약이 실제 약품보다 더 좋은 효과를 나타냄을 보인다.
c) 실험적 처리가 효과적이라는 것을 입증할 수 없음을 보인다.
d) 대부분의 과학적 연구가 재현될 수 없다는 사실을 설명한다.
e) 일종의 도시에서 회자되는 설화이다.

6. 통제된 실험에서는

a) 변수 중 하나는 조정되며, 나머지는 일정하게 유지된다.
b) 모든 변수가 서로 의존한다.
c) 모든 변수가 일정하게 유지된다.
d) 모든 변수가 서로 독립적이다.
e) 모든 결정적 변수가 조정된다.

7. 다른 연구와 모두 동일하지만 연구 대상자만 다른 실험을 계획하였다면, 이 실험은

a) 통제되지 않은 실험이다.
b) 직관적인 추론이다.
c) 외삽(의미의 연장선에서 추정함)이다.
d) 반복실험이다.
e) 탐구이다.

8. 독립변수는

a) 종속변수의 변화를 초래한다.
b) 일반적으로 종속변수보다 변이가 적다.
c) 선 그래프에서 y-축에 놓인다.
d) 종속변수에 비해 통제하기가 어렵다.
e) 대개 종속변수에 비해 더 중요하다.

9. 통계학 방법은

a) 어떤 가설이 참인지 여부를 입증할 수 있게 한다.
b) 어떤 결과가 우연에 의해 나타날 가능성을 판단할 수 있게 한다.
c) 진실을 명확하게 배울 수 있게 한다.
d) 어떠한 가설이라도 배제할 수 있게 한다.
e) 반증이 불가한(non-falsifiable) 가설을 검증할 수 있게 한다.

10. 일화적 증거는

a) 과학적 사고방식의 기본이다.
b) 많은 수의 다양한 대상을 관찰하여 얻은 자료보다 신뢰성이 높은 경향이 있다.
c) 과학적 방법의 필수적인 한 부분이다.
d) 흔히 두 가지 현상 사이의 중요한 인과관계를 입증하는 단 하나의 방법이다.
e) 두 현상 사이의 상관성을 나타내는 듯 보일 수 있으나, 그 상관성은 실제로는 존재하지 않을 수 있다.

11. 다음 중 과학적 사고방식을 적용했을 때 그 효용성이 가장 적은 주제는?

a) 효과적인 고등학교 수업계획안 개발
b) 10대에서 나타나는 비디오 게임의 폭력성과 범죄 행동 사이의 상관관계 평가
c) 가장 효과적인 자동차용 안전 장구 선정하기
d) 안락사에 관한 공공정책 제정
e) 두 가지 항생제의 효능 비교

2

생명과학의 화학

원자와 분자 그리고 생명현상에서 이들의 역할

원자, 분자, 그리고 화합물에 의해 생명이 가능하게 된다

2.1 모든 것은 원자로 만들어져 있다

2.2 원자의 전자에 의해 다른 원자와 결합할 것인지(결합한다면 어떤 방식으로 결합할 것인지) 여부가 결정된다

2.3 원자들이 결합하여 분자 또는 화합물을 형성할 수 있다

물은 모든 생명현상을 뒷받침할 수 있는 특성을 가지고 있다

2.4 수소결합으로 인해 물에 응집력이 생긴다

2.5 분자 사이의 수소결합으로 인해 물은 생명현상에 있어서 중요한 특성을 지닌다

생물계는 산성과 염기성 조건에 매우 민감하다

2.6 pH는 그 용액의 산성도 또는 염기성도의 척도이다

2.7 이것이 우리의 방법: 제산제를 복용하면 소화불량과 식품 알레르기의 위험성이 높아질까?

▲ 이슬 방울을 밀어내고 있는 개미.

원자, 분자 그리고 화합물에 의해 생명이 가능하게 된다

▲ 전통적인 원자 모형: 양성자와 중성자가 모여 핵을 이루고, 그 주위를 전자가 선회한다.

2.1 모든 것은 원자로 만들어져 있다

대개 "화학물질"이라고 하면 실험실에서 만들어낸 독성물질을 떠올린다. 실제로는 화학물질은 모든 곳에 있다. 그리고 많은 화학물질은 독성이 없을 뿐만 아니라 생명에 필수적이기도 하다. 화학물질은 우리가 숨을 쉬는 공기, 먹는 음식, 농사를 짓는 토양 등을 만들어낸다. 지구의 모든 생명체는 화학물질의 상호작용을 통해 만들어진 것이다. 따라서 화학에 대해 학습하면 생명이 무엇이고 생명현상이 어떻게 이루어지는지에 대해 더욱 쉽게 이해할 수 있게 된다.

생명과학에서는 몇 가지의 중요한 **원소**에 관심을 갖는다. 원소는 화학적으로 쪼개도 다른 물질로 바뀔 수 없는 물질이다. 금과 탄소, 구리는 잘 알려진 원소이다. 어떤 원소이든, 아주 미세한 조각으로 계속 잘라도 각각의 조각은 다른 조각들과 정확히 똑같은 특성을 지닌다. 가장 미세한 금가루라도 여전히 금 원소의 부드러움과 반사율, 그리고 가단성(금속이 늘어나는 성질) 특성을 지니고 있다(**그림 2.1**).

금

석탄은 주로 탄소지만 약간의 산소, 셀레늄, 수소가 함유되어 있다. 반면에 다이아몬드는 거의 순수한 탄소로 이루어져 있다.

탄소

구리

그림 2.1 잘 알려진 원소.

원소는 화학적으로 쪼개도 다른 물질로 바뀔 수 없는 물질이다.

석탄은 주로 탄소지만 약간의 산소, 셀레늄, 수소가 함유되어 있다. 반면에 다이아몬드는 거의 순수한 탄소로 이루어져 있다.

계속 자르다 보면 결국 금의 성질을 잃지 않으면서 더 이상 작은 조각으로 자를 수 없는 상태에 이르게 된다. 원소의 이들 조각을 **원자**라고 부른다. 원자는 고유한 성질을 잃지 않으면서 더 이상 쪼갤 수 없는 **물질**이다. "원자(*atom*)"라는 용어는 "쪼갤 수 없는(indivisible)"을 뜻하는 그리스어에서 유래하였다. (물론 이렇게 작은 조각으로 쪼갠다면 맨눈으로 볼 수 없을 만큼 매우 작아진다.)

살아있든 그렇지 않든, 모든 것은 원자로 환원시킬 수 있다. 금, 또는 산소나 알루미늄, 칼슘 등 어떤 원소라도 모든 원자는 동일한 기본 구조를 가진다. 원자의 중심에는 **핵**이 있으며, 대개 양성자와 중성자라고 부르는 두 가지 유형의 입자로 구성된다. **양성자**는 양전하를 띤 입자이고, **중성자**는 전하를 띠지 않은 입자이다. 입자를 이룬 물질의 양은 질량(mass)이라고 한다. 양성자와 중성자의 질량은 거의 같다(**그림 2.2**).

원자의 핵 주위를 빠르게 선회하는 음전하 입자는 **전자**라고 부르며, 양전하를 띤 핵 주위에서 궤도를 따라 선회한다. 같은 전하의 입자는 서로 반발하며, 반대 전하의 입자는 서로 끌어당긴다. 전자는 모두 같은 전하를 띠므로 한 원자 내의 전자는 서로 반발한다. 그렇지만 음전하이므로 핵에 있는 양전하의 양성자에게 이끌린다. 전자는 이러한 이끌림에 의해 핵에서 튀어나가지 않을 충분히 가까운 위치에서 유지되며, 빠르게 이동하는 에너지로 인해 핵 쪽으로 끌려가지 않는다.

원자: 기본 구조

원자의 중심에는 핵이 있으며, 양성자와 (수소를 제외한 원소는 모두) 중성자로 구성된다. 핵 주위에서 전자가 구름층을 이루어 선회한다.

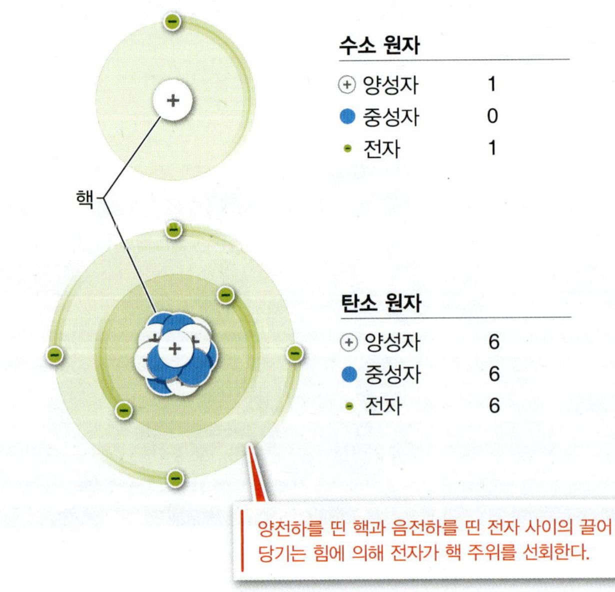

그림 2.2 수소와 탄소의 비교.

양성자와 전자의 수가 같다면 원자 전체의 전하는 중성이다.

전자의 무게는 거의 없다—양성자 무게의 1/2,000에도 미치지 못한다. 원자의 질량—**원자량**—은 양성자와 중성자의 질량을 합한 것과 거의 같다. 전자는 너무 가볍기 때문에 편의상 그 질량을 무시할 수 있다.

원자는 매우 작다. 원자를 10억 배로 확대하면 포도알 정도의 크기가 될 것이다. 게다가 대부분 공간은 비어 있다. 즉, 핵은 매우 작고 밀집되어 있으므로 전자들은 핵에서 상대적으로 멀리 떨어져서 빠르게 움직인다. 핵의 크기를 골프공에 비유하면, 전자는 1~10 km 정도 사이의 거리 어느 곳에도 있을 수 있다.

원소마다 양성자의 수가 다르다 서로 다른 원소를 무엇으로 구별할까? 원자의 핵에 있는 양성자의 수가 결정 요인이다. 규칙에 따르면 원소마다 다른 수의 양성자를 가진다. 염소 원자는 17개, 네온 원자는 10개, 그리고 산소 원자는 8개의 양성자를 가진다. 각 원소는 이름(그리고 산소의 O, 탄소의 C와 같은 약칭), 그리고 양성자 수에 해당하는 **원자번호**로 표시한다(**그림 2.3**).

원자량은 대개 원자번호의 2배이다. 이것은 핵에 있는 중성자의 수가 양성자 수와 같은 경우이며, 양성자와 중성자의 무게(이 무게를 질량 1로 지정)가 거의 같기 때문이다. 예를 들어, 산소는 원자번호 8이며, 이는 양성자가 8개 있음을 의미한다. 중성자도 8개 있으므로 산소의 원자량은 16—양성자 8개와 중성자 8개의 무게를 단순하게 더한 값—이다. (앞서 기술한 바와 같이 전자의 무게는 무시할 수 있다.)

동일한 원소의 원자들이 언제나 같은 수의 중성자와 전자를 가지고 있는 것은 아니다. 예를 들어, 어떤 원자가 양성자의 수에 비해 많거나 적은 중성자를 가질 수 있다. 양성자의 수는 같지만 중성자의 수가 다른 원자를 **동위원소**라고 한다. 중성자는 전하가 없으므로 동위원소인 원자의 전하량은 변하지 않지만, 질량은 변한다(**그림 2.4**). 예를 들어, 탄소는 양성자 6개, 원자량은 대개 12이다. 그러나 희귀한 탄소 원자는 여분의 중성자가 1개 또는 2개 더 있으며 원자량은 13 또는 14이다. 이들 동위원소는 각각 탄소-13(^{13}C)과 탄소-14(^{14}C)라고 부르며, "무거운" 탄소라고 한다. 자연계에서는 흔히 한 가지 원소에 해당하는 몇 종류의 동위원소가 혼합된 상태로 존재한다. 그렇기 때문에 순수한 탄소 시료는 주로 ^{12}C 원자(6 양성자와 6 중성자)이지만, 약간의 ^{13}C와 ^{14}C 원자도 존재한다. 주기율표에 제시된 **원자량**은 함유량을 고려한 동위원소 원자량의 평균값이다.

원소의 속성

그림 2.3 원자의 표시 방법. 주기율표 읽는 법. 전체 원소주기율표는 부록에 있다.

대부분 원소와 이들의 동위원소는 핵이 안정되어 있어서 중성자나, 양성자, 또는 전자를 얻거나 잃지 않는다. 그러나 몇 가지 원자의 핵은 그렇게 안정적이지 못하여 생성된 후 시간이 지나면 저절로 붕괴된다. 이들은 **방사성**이며, 붕괴되는 과정에서 대량의 에너지를 가진 빠르게 움직이는 작은 입자를 일정한 비율로 방출한다. 이 입자는 양성자나 중성자, 또는 전자일 수도 있고, 입자 없이 그저 에너지만 방출될 수도 있다.

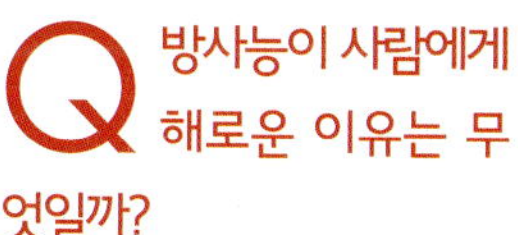

방사능이 사람에게 해로운 이유는 무엇일까?

방사성 원자의 붕괴에 대한 예로서 우라늄-238(양성자 92개와 중성자 146개)을 생각해보자. 이 원자는 저절로 양성자 2개와 중성자 2개로 이루어진 입자 1개를 잃고 다른 원소인 토륨-236의 동위원소로 된다. 토륨-236 역시 방사성이며, 연속적으로 다른 동위원소로 바뀌는 긴 붕괴사슬을 통해 결국 안정한 원소인 납-206이 만들어진다. 방사성 원자는 화석의 연대를 측정하거나(10.15절 참조), 의학적 검사 영상을 만들고, 암을 치료하거나, 대량의 에너지를 생산하는 등 유용한 성질을 가지고 있다. 그러나 방사성 붕괴에서 나오는 에너지는 세포나 DNA 분자를 절단하여 건강에 해로운 영향을 줄 수도 있다.

동위원소

원자번호는 동일(즉, 양성자 수는 동일)하지만, 원자량이 다른 원자들은 동위원소이다.

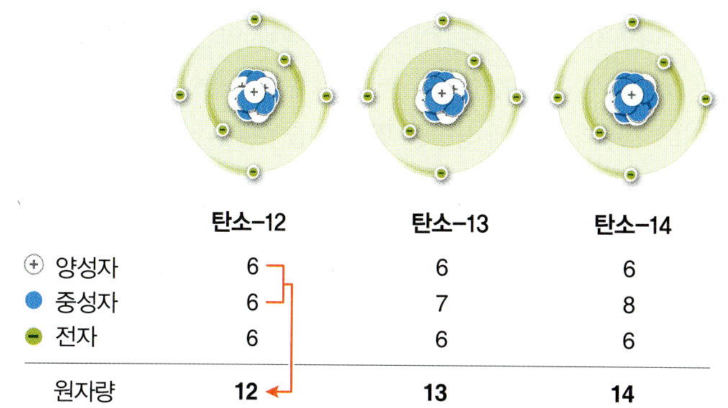

그림 2.4 탄소-12, 탄소-13, 탄소-14의 비교. 동위원소는 양성자의 수는 같지만 중성자의 수가 다른 원자들이다.

알려진 모든 원소를 원자번호 순으로 배열한 표를 **주기율표**라고 한다(그림 2.3 참조). 주기율표는 이 책의 부록에 실려 있다. 현재까지 자연 상태에서 94종의 원소가 발견되었으며, 그 밖의 28종은 실험실에서 만들어내었다. 일상에서 보는 모든 사물은

인체의 원소들

단 10종류의 원소가 신체 질량의 99.9%를 차지한다. 이들 가운데 네 종류—산소, 탄소, 수소, 질소—가 신체 질량의 96% 정도를 차지한다.

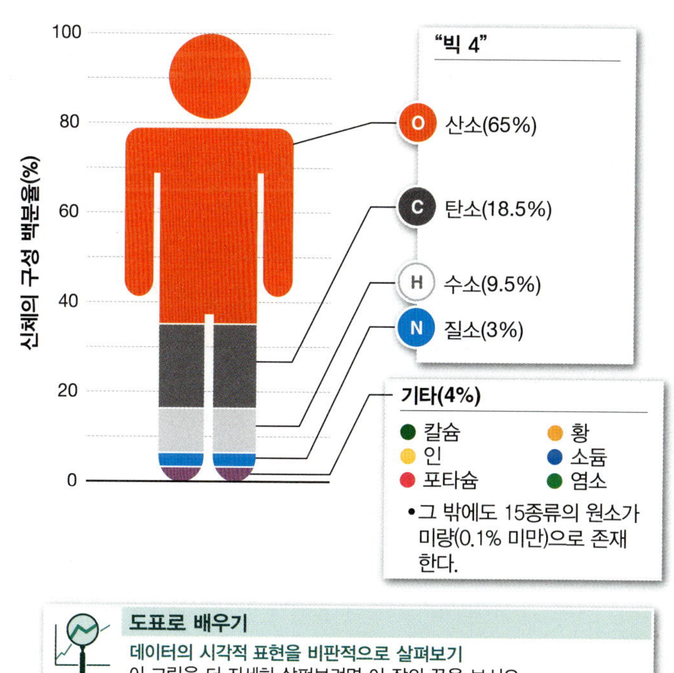

그림 2.5 신체의 화학.

자연 상태에서 존재하는 90여 종의 원소가 조합되어 만들어진 것이다.

지구 대기의 대부분은 질소(N_2로서 78%)와 산소(O_2로서 21%)이고, 나머지 1%는 주로 아르곤(0.9%)과 이산화탄소(0.04%)이다. 18장에서 살펴보겠지만, 이들 기체의 비율이 아주 조금만 달라져도 지구와 기후에 상당한 영향을 줄 수 있다.

지구에서 발견된 원소 가운데 단 25종만 사람의 신체에서 발견된다. 이들 가운데 가장 흔한 상위 10종이 신체 질량의 99.9%를 차지하지만, 동등한 비율로 존재하지는 않는다(**그림 2.5**). "빅4" 원소—산소, 탄소, 수소, 질소—가 신체 질량의 96% 이상을 차지한다. 빅4에 대해 알면 영양과 신체의 작동 방식에 대해 많은 것을 이해할 수 있다. 따라서 이 장(그리고 3장)에서는 이들 네 가지 원소의 특성과 이들의 조합에 의해 만들어지는 분자에 초점을 맞출 것이다.

핵심요약 2.1

» 살아있는 것이든 그렇지 않은 것이든 주위의 모든 사물은 원자로 이루어져 있다. 원자는 자신의 고유한 특성을 잃지 않은 상태로 쪼갤 수 있는 가장 작은 단위이다. 모든 원자는 동일한 일반적인 구조를 가진다. 양성자와 중성자로 이루어진 핵, 그리고 핵 주위를 빠르게 선회하는 전자로 구성된다. 단 네 가지 원소—산소, 탄소, 수소, 질소—가 신체 질량의 거의 대부분을 이룬다.

2.2 원자의 전자에 의해 다른 원자와 결합할 것인지(결합한다면 어떤 방식으로 결합할 것인지) 여부가 결정된다

대부분 물질은 순수한 원소로 이루어진 것이 아니라 서로 다른 원소의 원자들이 결합하여 연결된 화합물이다. 원자의 전자에 의해 다른 원자와 결합할 것인지(결합한다면 어떤 방식으로 결합할 것인) 여부가 결정된다. 전자는 매우 빠르게 움직이기 때문에 특정 시점에 전자의 위치를 정확하게 결정하는 것은 불가능하다. 그렇지만 전자가 아무렇게나 움직이는 것은 아니다. 전자는 핵 주위를 빠르게 돌면서 전자껍질(electron shell)이라고 부르는 규정된 영역 안에 머무는 경향을 보인다.

전자껍질은 실제로는 물리적인 선로가 아닌, 서로 다른 에너지 수준의 전자에 맞춰 준비된 빈 공간이라고 할 수 있다. 원자는 여러 개의 껍질을 가질 수 있으며 껍질마다 정해진 수의 전자로 채워진다. 껍질 안에서 전자는 음전하끼리 반발되기 때문에 서로 멀리 떨어져 있게 된다.

첫 번째 전자껍질은 핵과 가장 가까운 곳에 있으며 전자 2개를 채울 수 있다(**그림 2.6**). 대부분 원자는 2개 이상의 전자를 가지고 있으며, 나머지 전자는 다른 껍질에 배치된다. 두 번째 껍질은 핵에서 다소 멀리 떨어져 있으며 전자를 8개까지 채울 수 있다. 전자껍질은 최대 7개까지 가질 수 있고, 껍질마다 채울 수 있는 전자의 수는 다르다. 가장 바깥 껍질에는 전자가 차 있지 않을 수도 있다.

가장 바깥에 있는 껍질(최외각껍질)에 전자가 가득 채워진 원자는 독자적으로 행동하며, 다른 원자와 반응하지도 않고 결합하지도 않는다. 이런 원자는 반응성이 낮고 따라서 더욱 안정하다. 반면에, 최외각껍질에 빈자리가 있는 원자는 다른 원자와 전자를 주고받거나, 또는 공유함으로써 최외각껍질을 모두 채워 안정한 상태를 이루기 위해서 상호작용을 한다. 실제로 어떤 원자의 최외각껍질에 있는 전자의 빈자리 수를 보면 그 원자가 얼마나 잘 결합할 것인지, 그리고 나아가 어떤 원자와 결합할 것인지를 추정할 수 있다.

탄소라는 원소에 대해 간단하게 살펴보자. 탄소는 다른 원자들과 결합하여 중요한 화합물을 만들 때 상당한 융통성을 부여하는 전자 구성을 가지고 있다. 탄소는 모두 6개의 전자를 가진다. 전자 2개는 첫 번째 전자껍질에 있고, 나머지 4개는 두 번째 전자껍질에 있다. 두 번째 전자껍질의 전자 수용량은 8개이므로, 탄소는 최외각껍질에서 다른 원자와 4개의 전자를 공유할 수 있다.

공유할 수 있는 전자가 4개라는 것은 탄소 원자가 다른 원자들

전자껍질과 원자 안정성

전자껍질

전자는 전자껍질이라는 영역 내에서 핵 주위를 선회한다.

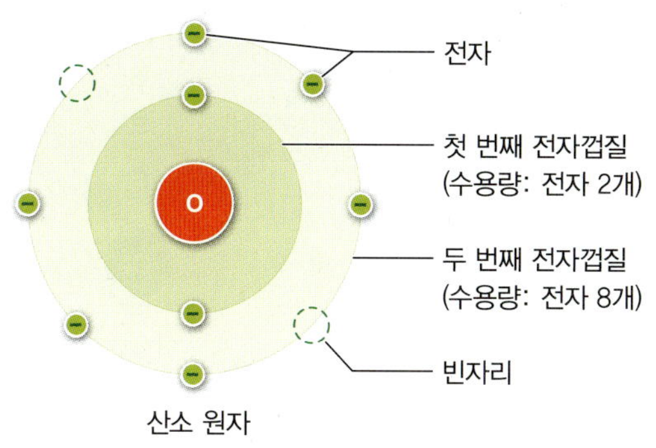

원자 안정성

원자는 최외각껍질이 수용량만큼 채워지면 안정하게 된다. 안정한 원자는 다른 원자와 반응하거나 결합하려 하지 않는다.

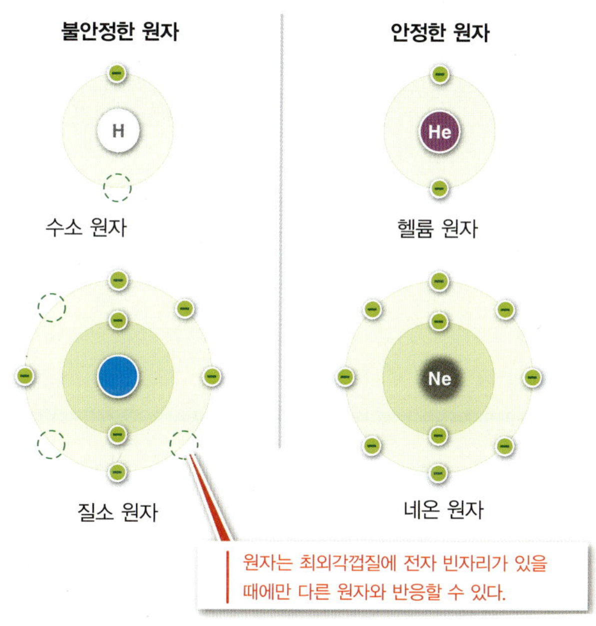

그림 2.6 전자의 상호작용. 원자의 화학적 성질은 최외각껍질에 있는 전자의 수에 따라 달라진다.

탄소의 융통성

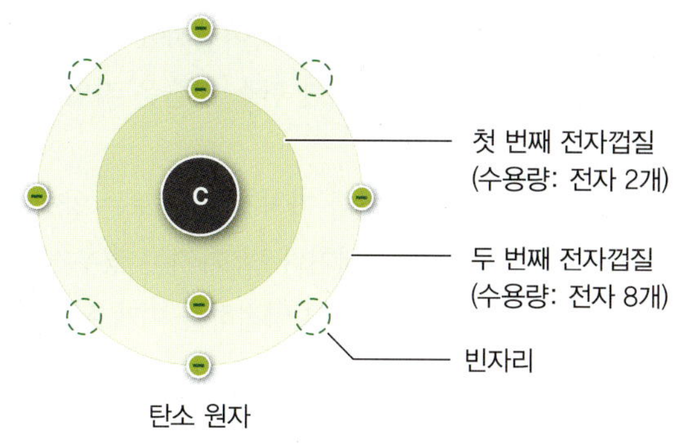

매우 다양한 탄소 화합물의 예

탄소는 쉽게 결합을 이룰 수 있기 때문에 이산화탄소, 당, 단백질 등 우리 삶의 중심을 이루는 많은 분자에서 중요하다. 탄소가 중심인 분자를 몇 종류나 알고 있는가?

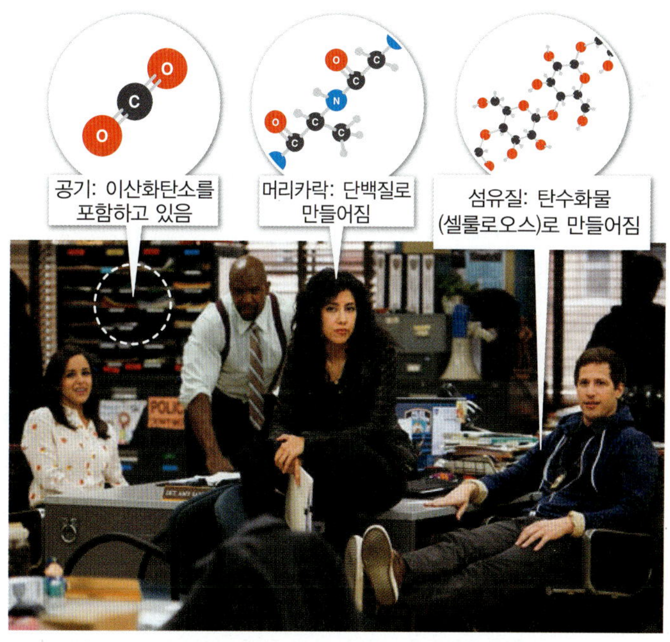

그림 2.7 탄소 원자는 다른 원자들과 많은 방식으로 결합할 수 있다.

과 많은 방식—네 가지 방향 등—으로 결합할 수 있어서 매우 다양한 복합 **분자**를 만들어낼 수 있다는 것을 의미한다(**그림 2.7**).

예를 들어, 천연가스의 주성분인 메탄은 탄소(C) 원자 1개가 수소(H) 원자 4개와 공유결합을 하여 만들어진 것이다. 메탄의 화학식은 CH_4이다. 이 책에서는 분자 구조를 몇 가지 방식으로 표시하였는데, 가장 일반적인 것은 볼-막대 모델과 공간-채움 모델이다.

분자 구조를 표시하는 여러가지 방식

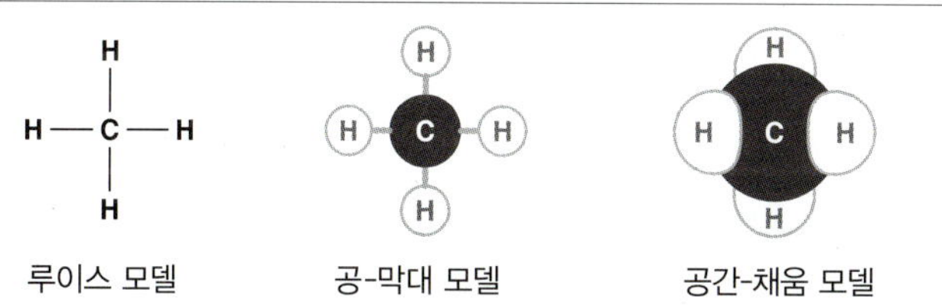

탄소 원자는 대개 산소, 수소, 질소 원자와 결합한다. 탄소 원자가 다른 탄소 원자와 결합하여 형성한 탄소 사슬은 매우 흔하며, 다른 탄소 원자 2개와 결합한 탄소도 여전히 1~2개의 다른 원자와 추가로 결합할 수 있다. 이러한 탄소 사슬은 자연계에 흔하게 존재한다.

원자는 양성자와 같은 수의 전자를 가지지만, 때로는 양성자 수에 비해 1개 이상의 전자를 더 가지거나 덜 가지는 경우가 있다. 전자를 더 가지면 음전하를, 덜 가지면 양전하를 띠게 된다. 이렇게 전하를 띤 원자를 **이온**이라고 한다(**그림 2.8**). 이온은 전하로 인해 원래 원자와 매우 다르게 행동한다. 이 장의 뒷부분에서 이온이 반대 전하를 띤 이온과 쉽게 상호작용하는 것을 살펴볼 것이다.

이온은 전하를 띤 원자이다

원자가 1개 이상의 전자를 잃으면 양전하를, 얻으면 음전하를 띤다. 전자가 이동하여 최외각껍질이 불완전한 원자를 안정시킨다.

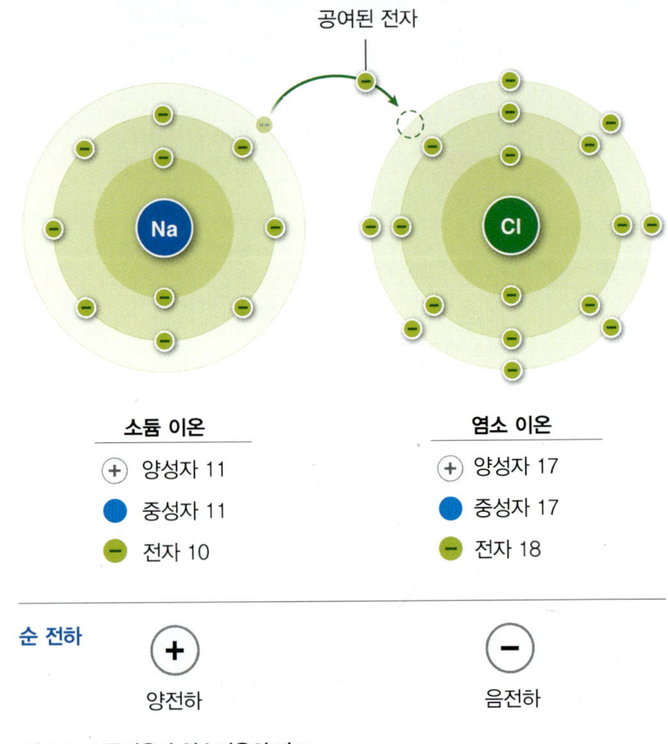

그림 2.8 **소듐이온과 염소이온의 비교.**

핵심요약 2.2

» 원자의 화학적 특성은 최외각껍질에 있는 전자의 수에 따라 달라진다. 최외각껍질에 수용량만큼 전자가 모두 채워진 원자는 매우 안정하여 다른 원자와 결합하려 하지 않는다.

2.3 원자들이 결합하여 분자 또는 화합물을 형성할 수 있다

음식을 먹는 것은 자동차에 연료를 채우는 것과 같다. 즉, 달리고, 생각하고, 근육을 만들며, 생명 기구를 유지하는 등의 활동에 사용할 에너지원을 얻는 것이다. 이 에너지는 태양에서 온 것이며, 식물이 포획하여 저장한 것이다. 식물이나 초식성 동물을 먹을 때 식물체에 저장된 에너지를 섭취한다. 그렇다면, 에너지는 어떻게 하여 식물체에 저장되어 있을까? 그리고 우리는 어떻게 그 에너지를 사용할 수 있을까?

결합을 이룬 원자 무리를 분자라고 부른다. 두 원자 사이의 결합을 끊으려면 일정한 양의 에너지가 필요하다. 이 에너지의 양을 **결합에너지**라고 하며, 결합을 이룬 원자에 따라 달라진다. **화학반응**—생명체가 화학에너지를 저장하고 사용할 때 필수적인 반응 등—에서 화학결합의 형성과 분해가 이루어진다. 화학반응이 일어나면 **반응물**이라고 부르는 분자가 **생성물**이라고 부르는 다른 분자로 전환된다.

반응에서 새로 형성된 결합의 결합에너지가 원래 물질의 결합에너지보다 적다면, 여분의 에너지가 방출되어 신체 활동의 연료로 사용될 수 있다. 즉, 단기-저장 에너지 형태로 분자들이 생성되며, 이 에너지는 나중에 사용할 수 있다. 세포가 에너지를 얻고 사용하는 방식에 대한 탐구(5장)에서 살펴보겠지만, 화학반응은 거의 모든 생명 활동에서 중심을 이룬다.

원자들을 결합하는 방식에는 세 가지 주요 결합 유형이 있다. 즉, 공유결합, 이온결합, 그리고 수소결합이다. 결합의 유형은 거의 전적으로 원자의 최외각껍질에 있는 전자의 수에 의존한다.

공유결합 두 원자가 전자를 공유할 때 강력한 **공유결합**이 형성된다. 공유결합의 가장 단순한 예는 수소 원자 2개가 결합하여 H_2 분자를 형성하는 것이다(**그림 2.9**). 수소 원자의 원자번호는 1이다. 즉, 핵에는 양성자 1개만 있으며, 첫 번째 전자껍질에서 전자 1개가 선회한다. 첫 번째 껍질은 전자 2개가 있어야 가장 안정하므로, 수소 원자 2개가 전자를 공유하여 완전한 최외각껍질을 만들어낼 수 있다. 두 원자의 핵이 가깝게(양전하로 인한 상호반발력에 의해 분자가 불안정해질 수 있으므로, 너무 가깝지는 않게) 접근하고, 전자 2개가 두 핵 주위를 8자를 그리며 선회한다. 이렇게 형성된 H_2 분자는 구성하는 두 원자 모두 자신의 최외각껍질에 전자 2개가 있어서 안정하므로, 더 이상 다른 원자와 결합을 이루려 하지 않는다. 두 원자 사이에서 전자 2개를 공유하면 1개의 공유결합이 형성된다.

원자번호 8인 산소는 가장 안쪽 껍질에 전자 2개, 그리고 최외각껍질에 전자 6개가 있다. 따라서 최외각껍질을 채워 안정하려면 전자 2개를 얻어야 한다. 때로는 산소 원자 2개가 결합하여 O_2를 형성한다. 각각의 산소 원자는 상대방과 전자를 2개씩 공유하여 모두 최외각껍질을 채운다. 이처럼 두 원자 사이에 2쌍의 전자를 공유하는 것을 **이중결합**이라고 한다(그림 2.9 참조). O_2는 산소를 함유한 화학물질 중 가장 흔한 형태이다.

탄소는 특히 "외향성"이 강한 원자이다. 탄소의 원자번호는 6이다. 즉, 전자 2개로 첫 번째 껍질을 채우고 나머지 4개는 두 번째 껍질에 들어간다. 전자 빈자리가 네 곳 있으므로 탄소는 다른 원자들과 4개의 공유결합을 형성하여 다양한 분자를 만들어낼 수 있으며, 이런 일이 흔하게 일어난다.

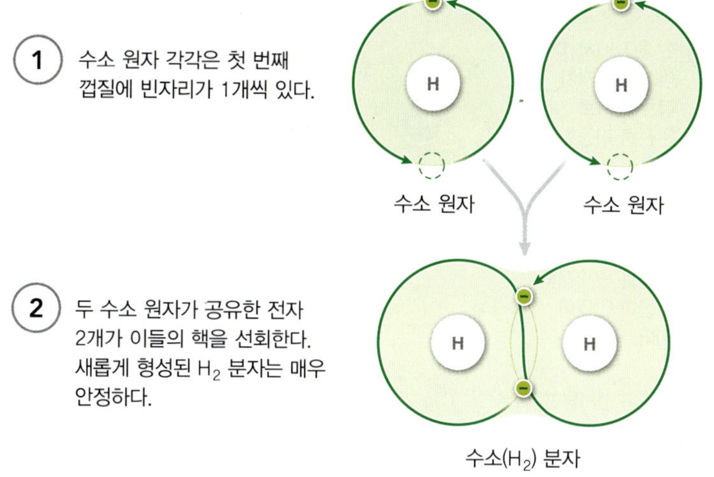

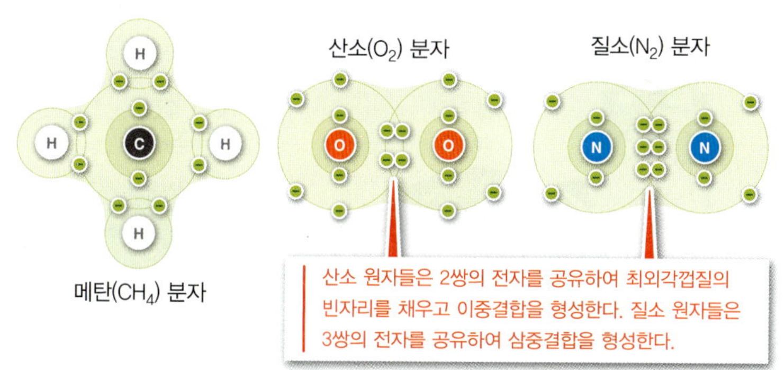

그림 2.9 강력한 화학결합을 형성하는 전자 공유.

이온결합 원자는 전자를 공유하지 않고도 결합을 이룰 수 있다. 한 원자가 다른 원자에게 1개 이상의 전자를 완전하게 전달하면 그 결과로 양성자와 전자의 수가 달라지므로 두 원자 모두 이온으로 된다. 전자를 얻은 원자는 음전하를, 잃은 원자는 양전하를 띤다. 서로 상반된 전하를 가진 2개의 이온이 서로 끌어당기면 **이온결합**이 형성된다. 이온결합에서는 각 전자가 하나의 핵만을 선회한다. 두 개 이상의 원소가 이온결합에 의해 결합하면 **이온화합물**이 만들어진다. 동일한 양의 상반된 전하를 가진 이온들끼리 서로 이끌리기 때문에, 이온화합물은 전하가 없는 중성이다. 일반적인 이온화합물인 소금(NaCl)은 소듐 이온과 염소 이온으로 이루어진 것이다(**그림 2.10**).

수소결합 이온결합과 공유결합은 원자 사이의 결합이다. 이온화합물이나 분자 내에서 두 개 이상의 원자가 서로 연결된다. 한편 **수소결합**은 분자를 서로 결합시키는 데에 중요하다. 수소결합은 한 분자의 수소 원자와 다른 분자(심지어 큰 분자의 경우에는 동일한 분자 내의 다른 부위)에 있는 산소나 질소 등의 다른 원자 사이에서 형성된다. 이 결합은 기본적으로 양전하와 음전하 사이의 이끌리는 힘에 의해 형성된다(**그림 2.11**).

수소결합을 이루는 원자는 이온이 아니다. 그렇다면 전하는 어디에서 비롯된 것일까? 수소 원자는 이미 같은 분자 내에서 다른 원자와 공유결합을 이루어 자신의 전자를 공유하고 있다. 공유된 전자는 수소의 핵과 다른 원자의 핵 모두를 선회하지만, 동등하게 공유되지는 않는다(그림 2.11 참조). 이것은 마치 원자 핵들이 전자를 두고 줄다리기를 하는 것과 같다. 수소의 핵에는 양성자가 1개 있지만 다른 원자는 항상 이보다 양성자 수가 더 많기 때문에

이온결합

공여된 전자

① 한 원자에서 1개 이상의 전자가 다른 원자로 완전히 이동한다.

Na Cl

② 그 결과 상반된 전하를 띤 2개의 이온이 만들어 진다.

소듐 이온 ⊕ ⊖ 염소 이온

상반된 전하의 이끌림

③ 상반된 전하를 띤 이온 2개가 서로 이끌려 이온화합물을 형성한다.

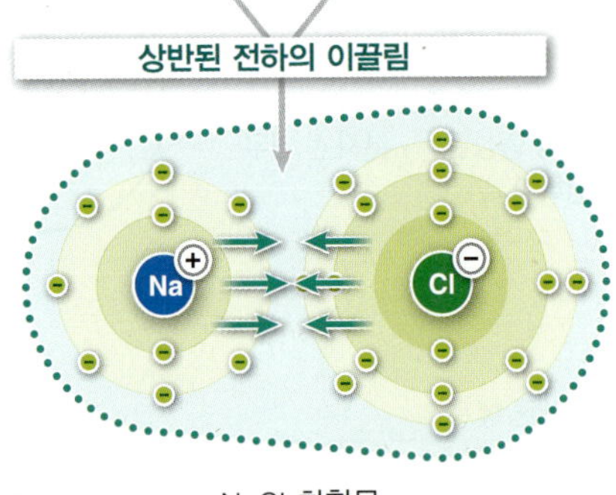

NaCl 화합물

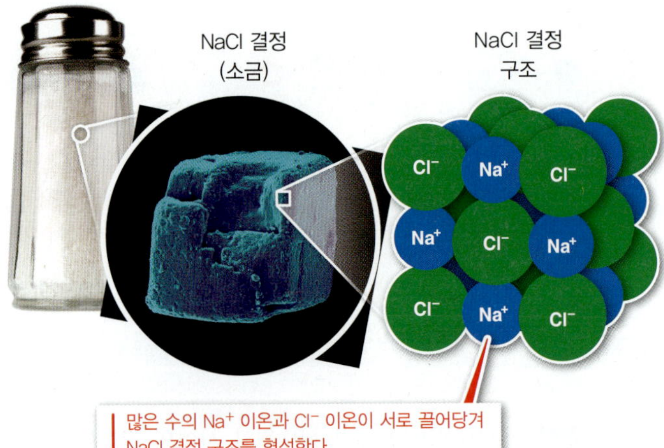

그림 2.10 한 원자에서 다른 원자로 전자의 이동.

수소결합

① 물 분자에서, 산소 핵은 양전하를 띤 양성자가 8개 있어서 양성자가 1개인 수소 핵보다 전자를 더 잘 끌어당긴다. 따라서 공유 전자가 산소 쪽으로 끌려와서 약한 음전하를 띠게 되며, 반면에 수소 쪽은 약한 양전하를 띠게 된다.

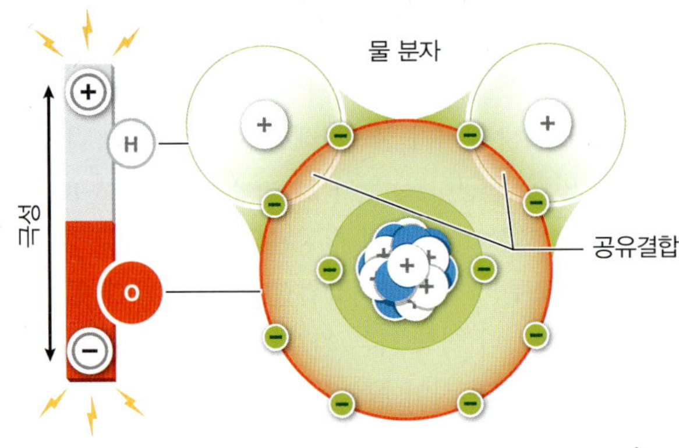

② 한 분자의 약한 양전하를 띤 수소 원자와 다른 분자의 약한 음전하를 띤 산소 원자 사이에서 수소결합이 형성된다.

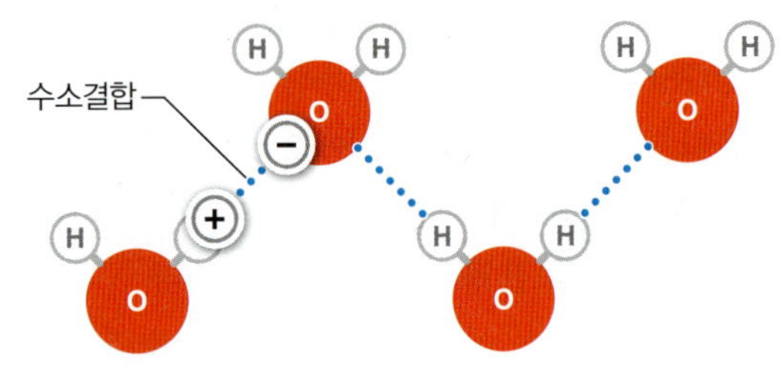

그림 2.11 극성인 원자나 분자와 수소 원자 사이의 끌어당기는 힘. H_2O 분자 사이의 수소결합으로 인해 물의 고유한 성질 일부가 나타나게 된다.

> "독일 과학자 Laszlo Jamf는 그의 인생 마지막 1/3 동안 공유결합에 대하 적개심을 가졌다. 탄소 원자가 전자를 공유한다는 사실을 받아들여야 함에 따라 매우 변덕스럽고, 매우 가벼운 무언가가 Jamf에게 큰 굴욕을 주었다. *공유*(sharing)라고? 전자를 공유하는 것이 아니라 *포획*하는 이온결합이 얼마나 강력하고, 얼마나 항구적인데. *소유된*(seized)! 그리고 차지한(held)! 극이 나뉘어진 양전하와 음전하, 이 원자들, 명료함… 그가 얼마나 이러한 명확함을 사랑하게 되었는지: 금속의 단단함처럼 이온결합은 얼마나 안정한가!"
>
> — THOMAS PYNCHON, *중력의 무지개*(Gravity's Rainbow)에서
>
> [Laszlo Jamf는 이온결합과 공유결합의 상대적 세기에 대해 잘못 이해하였을까?]

양전하가 더 강하다. 따라서 수소가 제공한 전자는 수소 핵보다 양전하가 더 강한 다른 원자의 핵 주위에 더 오래 머물게 된다. 이로 인해 수소 원자는 약간의 양전하를 띠며, 다른 원자는 약간의 음전하를 띠게 된다.

약한 전하를 띤 원자를 가진 분자는 양극과 음극이 뚜렷이 나누어진 자석처럼 되며(그림 2.11 참조), "극성(polar)"이라고 한다. **극성 분자**는 다른 극성 분자와 서로 이끌려서 한 분자의 양극이 다른 분자의 음극과 가깝게 배열되는 특정한 방향성을 보이며 정렬된다. 약한 양전하를 띤 수소 원자는 이웃한 분자의 약한 음전하를 띤 원자에게 이끌리며, 이것을 수소결합이라고 부른다.

수소결합은 공유결합이나 이온결합보다 결합력이 1/30 정도로 약하지만, 물에서는 수소결합이 매우 많이 형성된다. 수소결합 때

요약: 결합의 세 가지 유형

공유결합
원자가 더 안정하게 되기 위해 전자를 공유하면 강력한 결합이 만들어지고, 분자가 형성된다.
결합의 세기: 강함

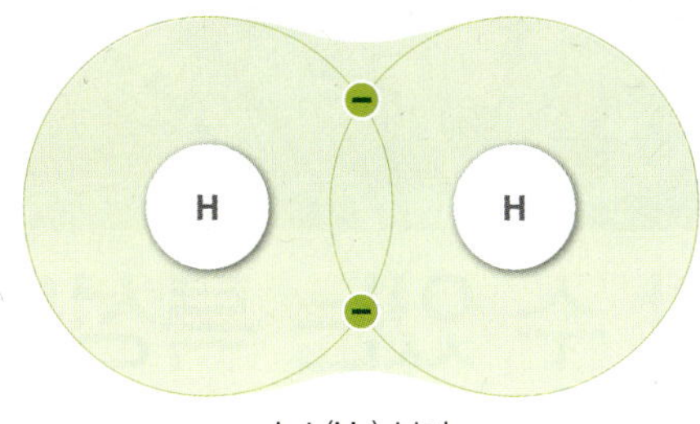

수소(H_2) 분자

이온결합
상반된 전하를 띤 두 이온 사이의 인력에 의해 화합물이 형성된다.
결합의 세기: 강함

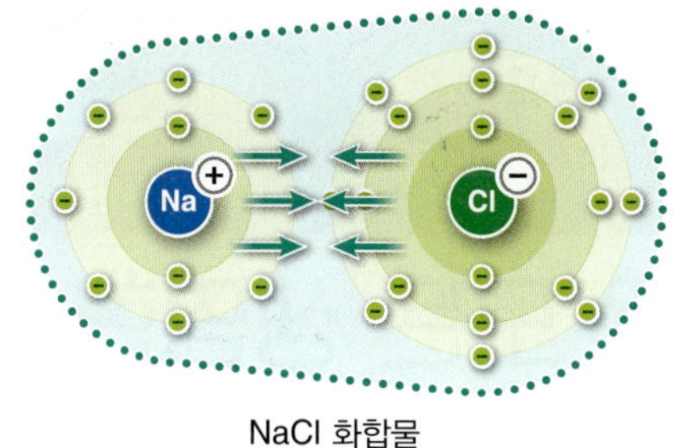

NaCl 화합물

수소결합
한 분자의 약한 양전하를 띤 수소 원자와 다른 분자의 약한 음전하를 띤 원자 사이의 인력.
결합의 세기: 약함

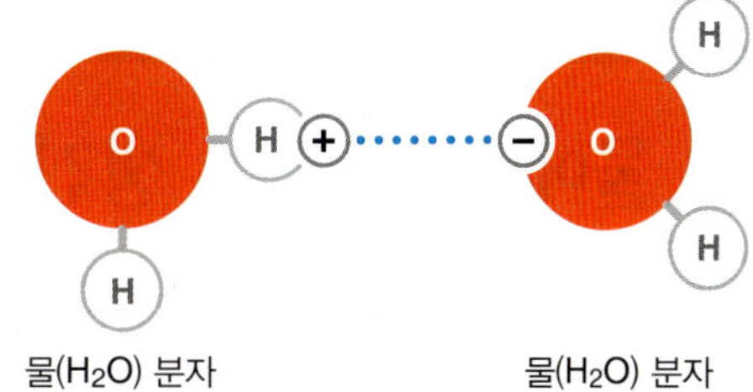

물(H_2O) 분자 물(H_2O) 분자

그림 2.12 공유결합, 이온결합, 수소결합의 비교.

문에 물이 생명체에게 가장 중요한 분자가 되도록 하는 독특한 특성이 만들어진다.

그림 2.12에서 이 절에서 논의한 세 가지 유형의 결합에 대해 복습하자.

핵심요약 2.3

» 공유결합은 원자들이 전자를 공유하여 만들어진다. 이온결합은 한 원자가 자신의 전자를 다른 원자에게 전달하고, 상반된 전하의 두 이온 사이의 인력에 의해 만들어져서 화합물을 형성한 것이다. 수소결합은 공유결합과 이온결합에 비해 결합력이 약하며, 한 분자의 수소 원자와 약한 음전하를 띤 다른 극성 분자의 원자 사이의 인력에 의해 만들어진다.

물은 모든 생명현상을 뒷받침할 수 있는 특성을 가지고 있다

▲ 수선화에 매달려 있는 물방울

2.4 수소결합으로 인해 물에 응집력이 생긴다

종종 거대한 거미가 물 표면을 재빠르게 건너가 물속에 있는 올챙이나 작은 물고기를 두 앞다리로 낚아채는 예기치 않은—그리고 치명적인—기습을 한다. 낚시거미(*Dolomedes triton*)라는 이 거미는 먹이에 독을 주입한 후—물 표면을 마치 단단한 지면인 듯 건너—물가로 끌고 와서 먹어치운다. 이 거미는 어떻게 물 위를 걸을 수 있을까?

소금쟁이 등의 많은 곤충과 마찬가지로 낚시거미는 물의 엄청난 **응집력**을 이용한다. 물 분자는 특별한 힘으로 서로 달라붙

물: 높은 표면장력

그림 2.13 **물 위를 걷기!** 수많은 수소결합으로 인해 일부 동물은 물 위를 걸을 수 있다.

는다. 이러한 분자 응집성은 물 분자 사이의 수소결합에서 비롯된다.

물 분자는 V-형태를 이룬다(그림 2.13; 그림 2.11 참조). 수소 원자는 V의 두 팔 끝에, 산소 원자는 두 수소 원자 사이의 바닥 끝에 놓인다. 산소의 강한 양전하를 띤 핵은 선회하는 전자를 자기 쪽으로 끌어당겨 줄다리기 경쟁에서 승리한다. 그 결과로 V의 바닥에 있는 산소 원자는 약한 음전하를 띠게 되고, 수소 원자 부분은 약한 양전하를 띠게 된다. 상대적으로 양성인 수소 원자는 이웃한 물 분자의 상대적으로 음성인 산소 원자와 수소결합을 형성한다.

Q 거미는 물 위를 걸을 수 있다. 사람은 왜 그렇게 하지 못할까?

낚시거미의 물 위를 걷는 능력에서 물 분자 사이의 응집력이 표면에서 특히 강력하게 나타난다는 사실을 알 수 있다. 표면에 있는 물 분자는 모든 측면이 다른 물 분자로 에워싸여 있지 않다. 따라서 이웃한 물 분자와 더욱 강하게 응집하게 되며, 이에 따라 표면장력이 만들어진다. 물의 표면을 뚫고 들어가려면 큰 힘이 필요하다는 사실이 의미하는 것은 작은 바늘을—물보다 바늘의 밀도가 높더라도—물 표면에 띄울 수 있다는 것이다

물을 가열하면 분자의 활동이 증가하여 수소결합이 덜 만들어진다. 따라서 열은 물의 표면장력을 감소시킨다. 이것은 낚시거미에게는 좋지 않은 소식이지만, 세탁기에게는 환영할 현상이다. 표면장력이 낮아지면 물이 직물 속으로 쉽게 침투하므로 세척력이 좋아진다. 세제 또한 물의 표면장력을 낮춰 더욱 효과적으로 세탁할 수 있도록 한다.

핵심요약 2.4

» 물 분자는 쉽게 수소결합을 형성하여 물에게 큰 응집력을 부여한다.

2.5 분자 사이의 수소결합으로 인해 물은 생명현상에 있어서 중요한 특성을 지닌다

지구의 모든 생명체는 물에 의존한다. 생명체는 대부분 물로 이루어져 있으며, 그 어떤 다른 분자보다도 물을 더 많이 필요로 한다. 물 분자 사이의 수소결합으로 인해 물은 생명현상에서 결정적인 몇 가지 중요한 특성을 나타낸다.

1. **응집력.** 앞 절에서 물 분자의 수소결합으로 인해 응집력이 나타나고, 그 결과로 높은 표면장력이 생기는 것을 살펴보았다. 이러한 물 분자의 응집력 덕분에 키 큰 나무가 살아갈 수 있다(그림 2.14).

   잎은 물이 필요하다. 물 분자는 잎에서 끊임없이 공기 중으로 증발되거나 광합성 과정에 사용되어 소실된다. 물을 얻으려면 식물은 토양에서 물을 위로 끌어올려야 한다. 자이언트세콰이어 나무와 같은 키 큰 식물이 안고 있는 문제점은 토양이 잎보다 100m나 아래에 있다는 것이다. 그러나 물 분자는 수소결합으로 연결된 인접한 물 분자를 끌어올릴 수 있다. 연결된 물 분자의 사슬은—마치 양동이 이어 전달하기처럼—토양까지 이어져 있어서, 잎에서 물 분자가 증발할 때마다 토양의 물 분자가 뿌리를 통해 끌려오게 된다.

2. **큰 열용량.** 더운 날 모래사장을 걸으면 모래가 얼마나 쉽게 뜨거워지는지 느낄 것이다. 그러나 바닷물 속으로 들어가면 물이

물: 강력한 응집력

물의 응집력으로 인해 자이언트세콰이어 같은 나무도 토양에 있는 물을 100m 위에 있는 잎에까지 끌어올릴 수 있다.

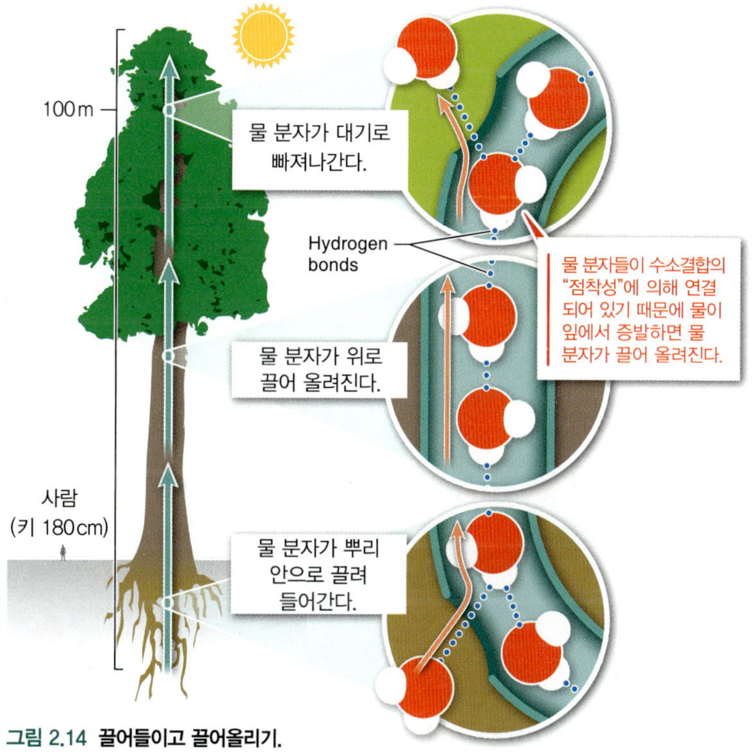

그림 2.14 끌어들이고 끌어올리기.

온도 상승에 대해 저항하므로 차갑게 느껴진다. 물 온도를 조금이라도 높이려면 많은 에너지가 필요하다. 왜 그럴까? 질문에 답하기 위해 수소결합에 대해 다시 한번 생각해보자.

Q 내륙에 비해 바닷가의 기후가 온난하고 변화가 적은 이유는 무엇일까?

온도는 어떤 물질의 분자가 얼마나 빠르게 움직이는가 하는 척도이다. 열 형태로 에너지가 추가되면 분자의 움직임이 빨라진다. 물을 데울 때 추가한 에너지는 즉시 물 분자의 움직임을 증가시킬 수 없다(이것이 온도로 측정할 수 있는 성질이다). 오히려 분자들이 수소결합에 의해 연결되어 있기 때문에 분자 운동의 증가가 제약을 받는다. 추가한 열에너지 일부는 분자 사이의 수많은 약한 수소결합 일부를 끊는데 "사용"되어야 한다(**그림 2.15**). 많은 에너지를 물에 투입한다 해도 온도는 많이 변화되지 않는다. 이런 이유로, 우리 몸의 대부분이 물이기 때문에 체온을 거의 일정하게 유지할 수 있는 것이다.

특히 바다와 같이 거대한 양의 물은 더운 계절에는 태양에서 오는 열의 막대한 에너지를 흡수할 수 있어서 육지의 온도 상승폭을 줄여준다. 추운 계절에는 바다가 천천히 식으면서 열을 내놓아 해안가의 기온 하강폭을 줄여준다.

3. **고체로서 낮은 밀도.** 얼음은 물 위에 뜬다. 대부분 물질은 온도가 낮아지면 (또는 얼면) 밀도가 증가하므로 이 현상은 예외적인 것이다. 대부분 물질의 경우, 온도가 낮아진 분자들은 속도가 느려짐에 따라 더욱 더 효과적으로 밀집되어 조밀해지며, 그 결과 고체는 가라앉는다. 그러나 물은 고체가 되면 오히려 밀집도가 감소하는데, 이 현상은 수소결합에 기인한다. 온도가 낮아지면 물 분자의 속도가 느려지고, V-형태의 물 분자 각각이 4개의 상대와 수소결합을 이루어 결정격자를 형성한다. 격자에 의해 물 분자가 액체 상태일 때보다 약간 더 멀리 떨어지게 되므로 얼음의 밀도가 물일 때보다 낮아진다(**그림 2.16**). 물의 이러한 특성으로 인해 호수 등에서 물이 위에서 아래 방향으로 얼어간다. 그 결과 거의 완전하게 얼어붙지 않게 되며, 이러한 현상은 물고기와 수생식물 등에게 매우 큰 도움이 된다.

4. **훌륭한 용매.** 약간의 소금(NaCl)을 한 잔의 물속에 넣으면 빠르게 용해된다. 이것은 이 화합물의 전하를 띤 소듐(Na^+)과 염소(Cl^-) 이온이 분리되었음을 의미한다. 소듐과 염소 이온은 상반된 전하를 가지고 있으므로 서로 끌어당겨 결합한 상태였다. 물은 역시 전하를 띤 극성 분자이기 때문에 두 이온을 떼어놓을 수 있다. 양전하인 소듐 이온은 물 분자의 음전하 부위로 끌려가고, 음전하인 염소 이온은 양전하 부위로 끌려간다(**그림 2.17**). 소금을 형성한 이온결합이 끊어지면 두 이온은 각각 물 분자에 의해 둘러싸이게 된다. 따라서 많은 극성 물질이 물에 쉽게 녹는 것이다.

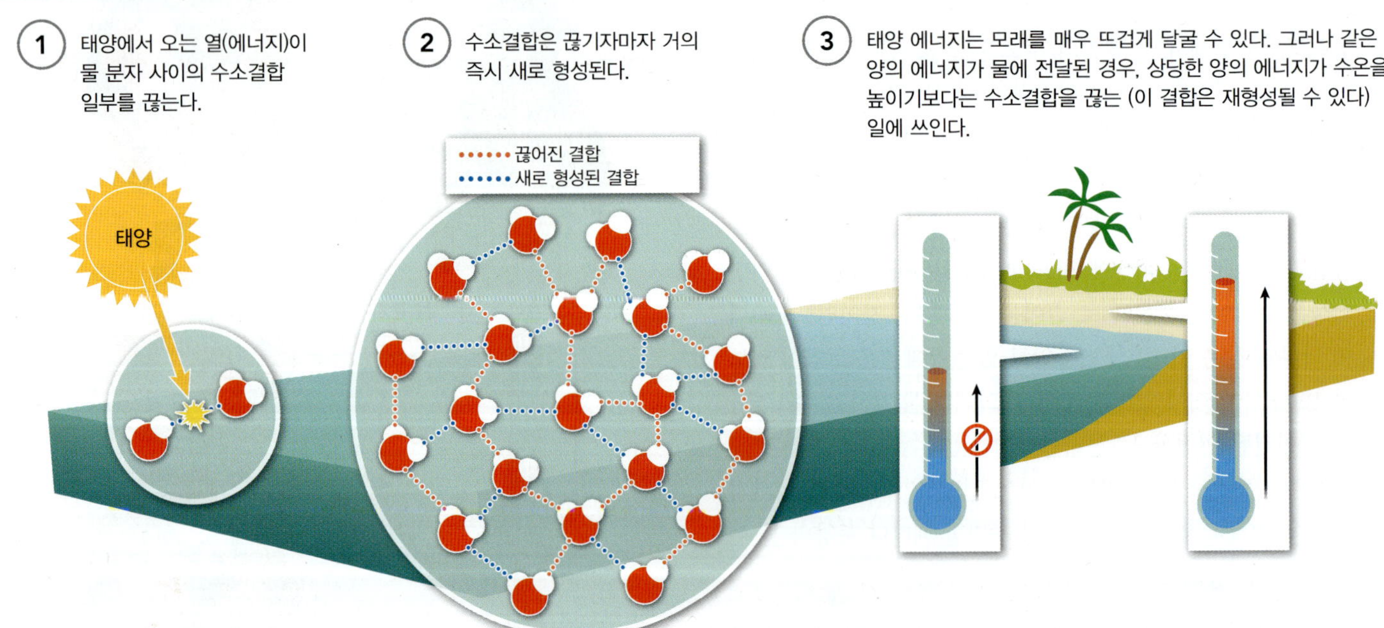

그림 2.15 온도 변화를 완화시키는 물. 수소결합은 수온의 상승을 방해한다.

물: 결빙되었을 때 낮은 밀도

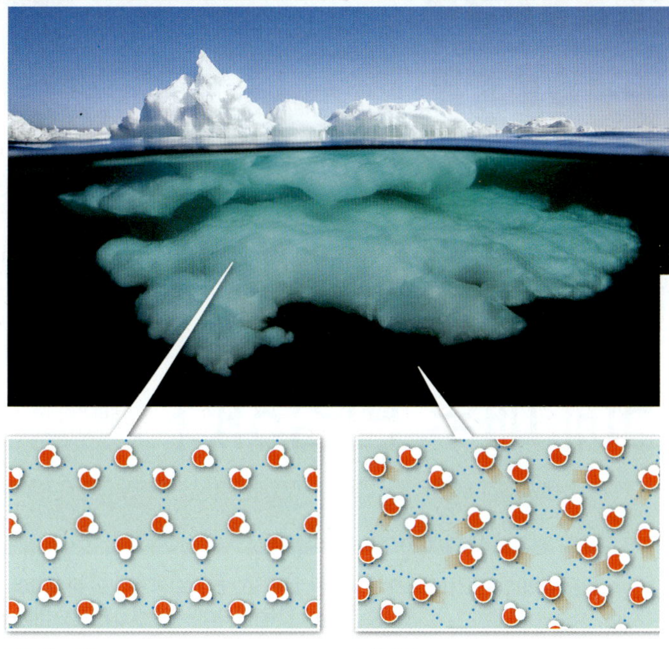

얼음(고체)
물이 얼면 수소결합의 분해와 재형성이 일어나지 않는다. 수소결합이 안정되어 분자들이 약간 멀리 떨어져 제자리를 지킨다. 따라서 밀도가 낮아진다.

물(액체)
물 분자가 자유롭게 이동하므로 수소결합이 끊임없이 형성되고 재형성된다. 이로 인해 물 분자가 서로 가까워질 수 있으므로 밀도가 높아진다.

같은 수의 H_2O 분자가 차지하는 상대 면적:

그림 2.16 물의 격자 구조로 인해 얼음이 물 위에 뜬다.

매우 많은 물질이 물에 녹기 때문에—세포나 신체의 한 부위에서 다른 부위로, 그리고 토양을 통해—빠르고 효율적으로 이동하며, 동물과 식물에게 유용한 영양분이나 자원을 분배할 수 있다.

기름 등의 비극성 분자는 양전하와 음전하 부위를 가지고 있지 않다. 따라서 극성인 물 분자는 비극성 분자에게 끌리지 않는다. 기름을 물에 붓는다면, 기름 분자는 결코 용해되지 않아 덩어리를 이루거나 물 표면에 층을 형성한다.

물: 훌륭한 용매

물은 극성이기 때문에 NaCl과 같은 이온화합물을 Na^+와 Cl^- 이온으로 분리한다.

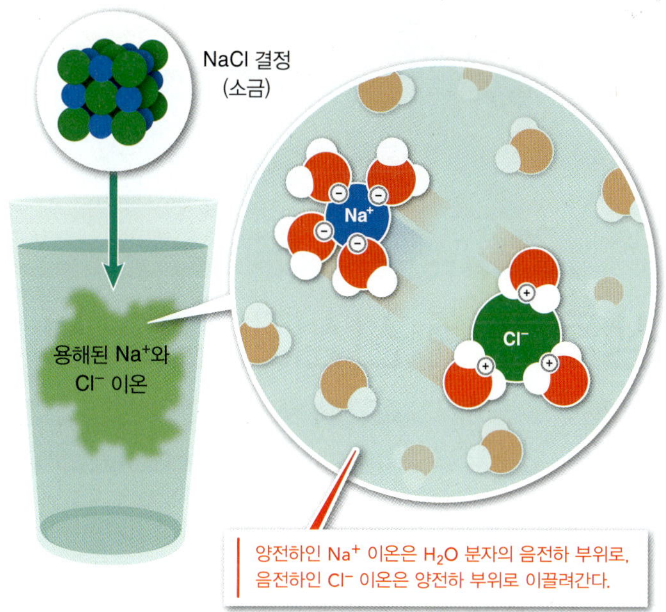

그림 2.17 용액. 물은 이온결합을 분리시킴으로써 이온화합물을 녹인다.

바다에는 많은 양의 염분이 녹아 있으므로, 많은 물 분자의 양전하 부위가 Cl^- 이온을 향하고 있으며, 동시에 많은 물 분자의 음전하 부위가 Na^+ 이온을 향하고 있다. 따라서 소금물에서는 얼음에서 볼 수 있는 물 분자의 질서정연한 수소결합 격자를 형성할 수 없으며, 따라서 잘 얼지 않는다.

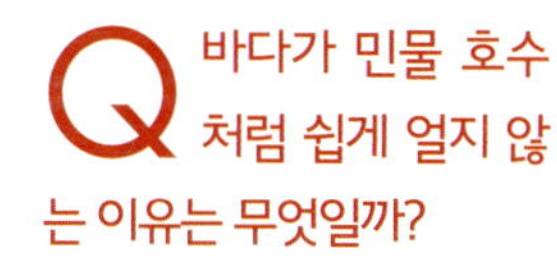

Q 바다가 민물 호수처럼 쉽게 얼지 않는 이유는 무엇일까?

핵심요약 2.5

물 분자 사이의 수소결합으로 인해 응집력, 고체일 때 낮은 밀도, 온도 변화에 대한 저항력, 이온화합물과 극성 물질에 대한 용매로서 광범위한 효용성 등, 물의 가장 중요한 특성 몇 가지가 나타난다.

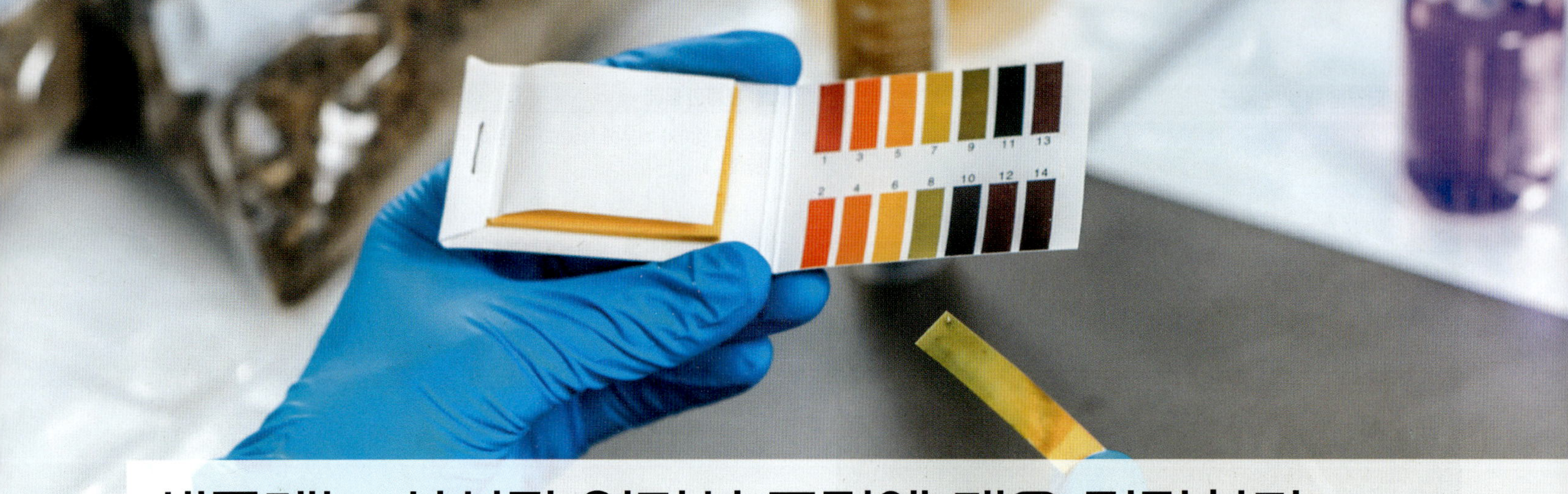

생물계는 산성과 염기성 조건에 매우 민감하다

▲ 산은 리트머스 시험지라고 부르는 화학적으로 처리된 종이와 반응하여 pH 값을 나타내는 색 변화를 일으킨다.

2.6 pH는 그 용액의 산성도 또는 염기성도의 척도이다

우리가 마시는 물이 안전한가에 대해 생각해본 적이 있는가? 우리가 알아야 할 한 가지 사실은 그 물이 산성인지 염기성인지 여부이다. 물 분자는 대부분 H_2O 형태로 존재하지만, 어느 순간에라도 일부는 H^+와 OH^-로 나뉘어 있다. 순수한 물에서는 H^+와 OH^-의 양이 정확히 같은데, 분자가 쪼개질 때마다 각각의 이온이 하나씩 만들어지기 때문이다. 그러나 다른 물질이 용해된 액체에서는 이러한 균형이 깨져서, H^+가 더 많거나 또는 OH^-가 더 많을 수 있다.

수소 이온과 수산화 이온

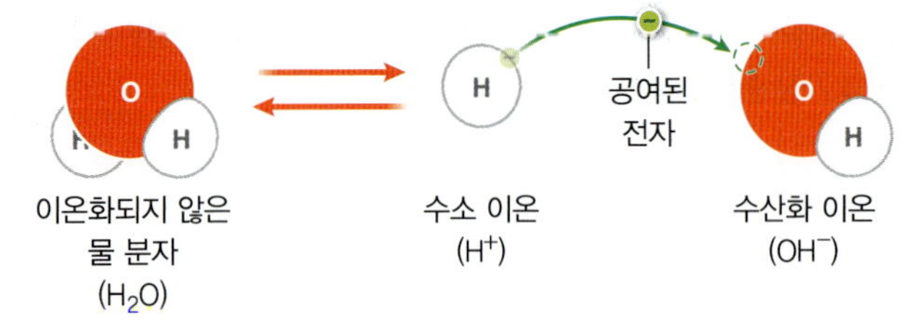

용액에 있는 H^+의 양은 산성도의 척도이며, **pH**라고 부른다. 유리된 수소 이온이 많을수록 용액의 산성도가 높다.

순수한 물은 pH 7.0이며, pH 척도의 중간값이다. pH가 7.0보다 낮은 용액은 더 많은 H^+ 이온을 (그리고 더 적은 OH^- 이온을) 가지며, **산**이라고 한다. pH가 7.0보다 높은 용액은 더 적은 H^+ 이온을 (그리고 더 많은 OH^- 이온을) 가지며, **염기**라고 한다. pH는 지진의 크기를 나타내는 리히터 계수와 마찬가지로 대수(log) 척도로 표시한다. 그러나 pH의 경우에는 숫자가 작을수록 산성도가 높다. pH 척도가 1 작아지면 수소 이온 농도는 10배 증가한 것을 의미한다(**그림 2.18**). pH 척도가 2 작아지면 100배 증가한다. 즉, pH 3.0인 탄산음료는 pH 7.0인 물보다 10,000배나 더 산성도가 높다.

H^+ 이온은 본질적으로 자유롭게 떠다니는 양성자이다. 수소 원자는 양성자 1개와 전자 1개만 (중성자는 없음) 가지고 있기 때문이다. 따라서 전자를 잃으면 양성자만 남게 된다. 산은 자신의 H^+ 이온을 다른 화학물질에게 줄 수 있다. 실제로 H^+는 반응성이 매우 높은 작은 이온이다. H^+이 존재하면 산의 일부 고유한 성질이 나타난다. 예를 들면, 산의 수소 이온이 금속과 암석의 원자와 결합하여 부식시키고 풍화시킬 수 있다(**그림 2.19**). 이것이 못을 산성 용액(또는 탄산수)에 담가두면 언젠가는 용해되는 이유이다.

우리 몸의 위에서는 염산(물에 용해된 HCl)을 대량으로 만들어내며, pH는 1~3이다. (대부분의 수소 이온이 염소에서 떨어져나

pH 척도

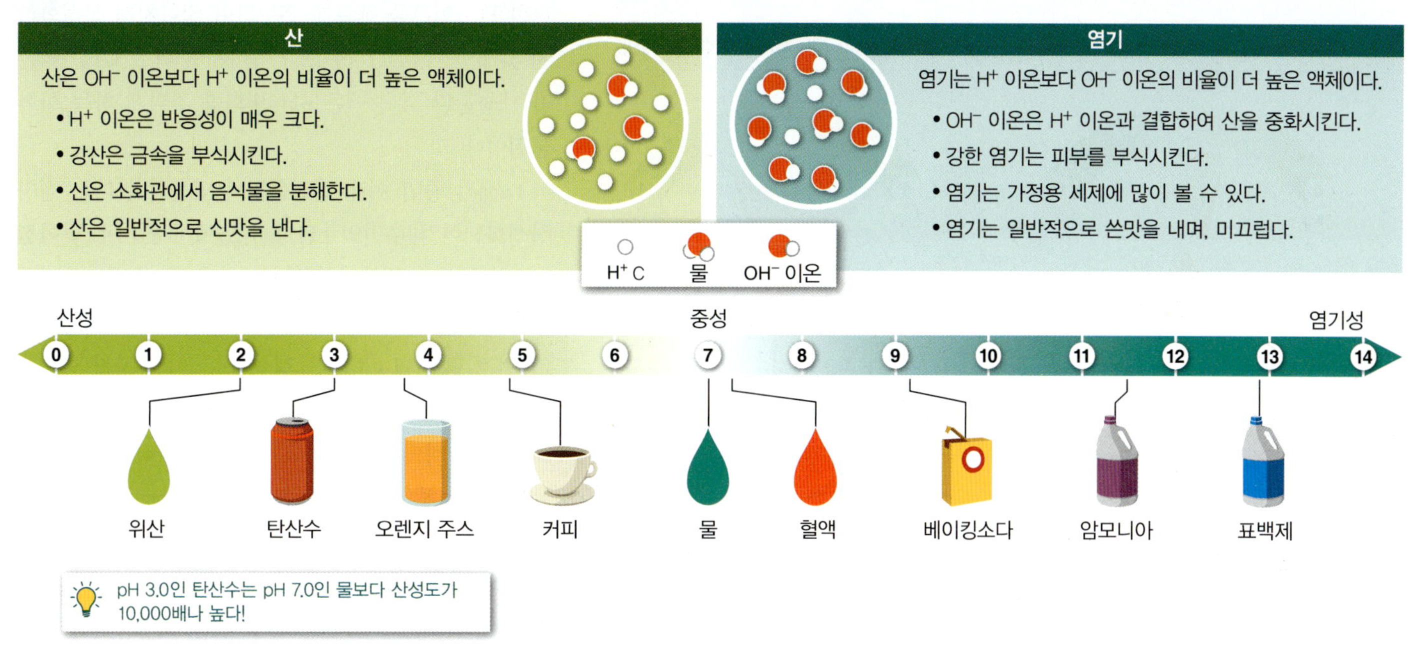

그림 2.18 **pH 척도는 액체의 산성, 염기성, 또는 중성인 화학적 성질을 나타내는 방식이다.**

와 액체의 H^+ 농도를 높이기 때문에 HCl은 산이다.) 위 속에서 산은 섭취한 대부분의 세균을 죽인다. 또한, 음식물 속의 화학물질이 잘 분해되게 하고 효과적으로 소화하여 흡수되게 한다. 속이 쓰리거나 구토할 때 신맛을 겪어보았다면 위액의 산성도가 어떤지 직접 느꼈을 것이다.

이에 비해 염기는 H^+보다 OH^- 농도가 높다. 베이킹소다는 pH 9이며, 일반적인 염기성 물질이다. 일부 염기는 제산제(antacid, 또는 antiacid)라고 부르는데, 이들 염기의 OH^- 이온이 산성 용액의 과다한 H^+ 이온과 결합하여 산을 중화시키기 때문이다. 염기를 함유하는 마그네슘유제(Milk of Magnesia) 등의 제품은 속쓰림과 위산과다로 인한 산성 소화불량의 불쾌함을 줄여준다. 염기는 통상 가정용 세척용품으로 사용되며, 일반적으로 맛이 쓰고 비누처럼 미끄러운 느낌을 준다.

Q 산성비가 호수나 강, 토양에서 사는 미생물 개체군에 영향을 줄 수 있을까? 왜 그럴까?

혈액의 pH는 대개 7.4이다. 대부분의 세포 내 반응에서 H^+ 이온이 생성되거나 소비되므로, 혈액의 pH에 큰 변화가 있을 것으로 예상할 수 있다. 불행하게도 우리 몸은 그러한 변화를 견디지 못한다. 혈액이나 세포의 화학반응 대부분은 pH가 0.5 정도만 높거나 낮아져도 정상 기능을 잃는다. 다행히 우리 몸에는 마치 H^+ 이온 은행 같이 작용하는 몇 가지 화학물질이 있다

그림 2.19 **산성 피해.** 산성비는 생명체와 비생명체 모두에게 광범위한 피해를 입힐 수 있다.

혈액의 완충액은 pH를 안정시킨다

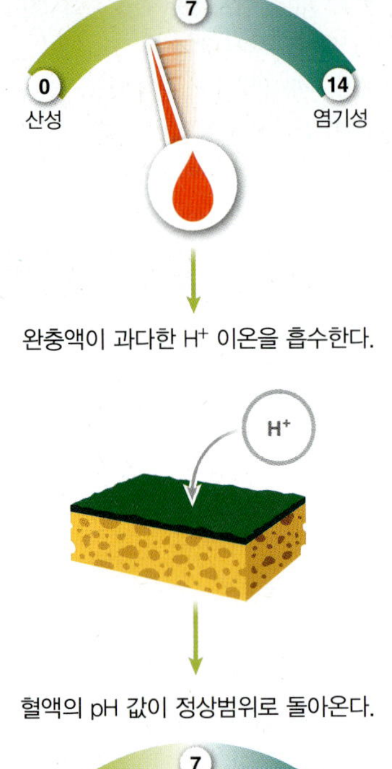

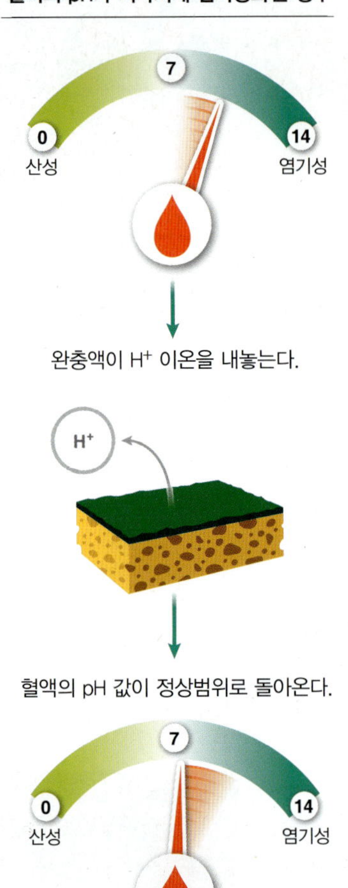

그림 2.20 내부 환경을 일정하게 유지하기. 혈액의 완충액은 pH 변화로 인한 심각한 상해를 막아준다.

(그림 2.20). **완충액**이라고 부르는 이들 화학물질은 과다한 H^+ 이온을 빠르게 흡수하여 지나치게 산성화하지 않게 하며, OH^- 농도가 높아지면 빠르게 H^+ 이온을 내놓는다. 완충액은 pH 변화를 견디게 하는 화학물질이다.

18세기 중엽 이래 산업혁명과 맞물려 바다는 점차 산성화되어 해수면의 pH가 8.25에서 8.14로 낮아졌다. 이 현상을 **해양산성화**라고 부르며, 바다가 대기의 이산화탄소를 흡수한 결과로 나타난다. CO_2와 H_2O가 먼저 탄산(H_2CO_3)을 형성하고, 이 분자가 중탄산 이온(HCO_3^-)과 수소 이온(H^+)으로 분리된다. 이 수소 이온이 바닷물에 추가되기 때문에 바다가 산성화되는 것이다. 해양산성화는 화석연료 연소 등 인류의 활동에서 대량으로 생성되는 이산화탄소에 의해 더욱 악화된다. 바다의 산성도가 높아지면 산호초, 갑각류, 플랑크톤, 그리고 이들을 먹이로 삼는 해양동물의 해양 생태계에 해로운 영향을 초래할 수 있다.

핵심요약 2.6

» 액체의 pH는 그 용액의 산성 또는 염기성 정도를 나타내는 척도이며, 용해된 H^+ 이온 농도에 따라 달라진다. pH가 낮을수록 산성도가 높다. 산은 다른 화학물질에게 양성자를 줄 수 있으며, 염기는 유리된 양성자와 결합할 수 있다.

이것이 우리의 방법 / 과학의 창의적 과정

2.7 제산제를 복용하면 소화불량과 식품 알레르기의 위험성이 높아질까?

위는 신체의 다른 부위에 비해—최소한 산성도의 측면에서—매우 혹독한 환경을 가진다. 위에서 생성된 염산이 pH 1~3의 강한 산성 환경을 만들어낸다는 사실을 앞 절에서 살펴보았다.

위의 산성 환경이 어떻게 소화를 돕는가?

위의 강한 산성도는 섭취한 식품의 화학물질—특히 단백질—을 분해하도록 돕는다(또한 세균 감염도 막아준다). 이것이 중요한 이유는 소화되지 않은 채 위를 통과한 단백질이 알레르기 반응을 일으키기 때문이다. 신체는 이를 외래 침입자의 하나로 인식하고 면역반응을 개시한다.

하지만, 수백만 명에 이르는 사람이 위의 산성도로 인해 고통을 겪는다. 궤양, 속쓰림, 위산 역류 등의 다양한 불편함 때문에 위산을 중화시키는 제산제라고 부르는 약물, 위산 분비를 감소시키는 약물, 또는 단백질 소화효소 성분의 약물을 복용한다. 이들 약물의 하나인 Prilosec은 미국에서 가장 잘 팔리는 약이며, 2018년에는 9억 달러가 넘는 매출을 올렸다.

위의 산성도를 낮추면 건강해질까? 산성도를 낮추는 약물이 식품 알레르기를 일으킬 잠재력을 증가시킬 것인지 어떻게 판단할 수 있을까?

연구진이 제산제가 단백질 소화력을 감소시키고, 소화되지 않은 단백질이 알레르기를 일으킬 것인지에 대한 연구를 수행하였다. 이들은 두 가지 실험 전략을 세웠다.

전략 1. 먼저 연구진은 몇 가지 다른 수준의 산성도에서 단백질 소화효소의 효능을 평가하였다. 이들은 단순하게 이들 효소를 일반 식이성 단백질과 실온의 시험관 내에서 혼합하였다.

결과는? 전형적인 위의 pH 조건인 pH 2에서 우유 단백질은 1분 이내에 완전하게 소화되었다. 그러나 pH 3과 5에서는 우유 단백질이 1시간 뒤에도 거의 소화되지 않았다.

첫 번째 실험 결과에 기초하여 연구진은 단백질 소화에 있어서 위 산성도의 역할에 대해 어떤 결론을 내릴 수 있었을까?

전략 2. 두 번째 실험에서 연구진은 제산제를 복용하기 3개월 전과 후의 시점에 궤양 치료를 받으려 찾아온 152명을 관찰하였다. 이들은 참여자에게서 나타난 다양한 단백질에 대한 알레르기 반응을 평가하였다.

결과는? 제산제 복용 3개월 전에 참여자의 10%는 실험한 식이 단백질 19종 가운데 적어도 1종에 대해 면역반응을 나타냈다. 제산제 복용 3개월 후에는 참여자의 26%가 실험한 단백질 19종 가운데 적어도 1종에 대해 면역반응을 나타냈다.

두 번째 실험 결과에 기초하여 연구진은 정상 식이 단백질이 알레르기 반응을 촉진하는 과정에서 제산제의 역할에 대해 어떤 결론을 내릴 수 있었을까?

이 연구진은 또한 궤양 치료를 받지 않은 50명의 참여자를 대조군으로 삼아 관찰하였다. 제산제를 복용하기 전의 다른 참여자와 마찬가지로, 이들도 10%만이 실험한 19종의 단백질 가운데 최소 1종에 대해 면역반응을 나타냈다.

생각하기, 짝과 나누기

수업 수강생 중 하나와 짝을 형성하시오. 다음의 질문을 읽고 답에 대하여 60초 동안 조용히 생각하시오. 이후 5분 동안 토론을 하고 자신의 답을 공유할 수 있게 준비하시오.

- 대조군을 관찰한 목적은 무엇이라고 생각하는가? 연구진이 152명의 실험 참여군보다 적은 수를 대조군에 배정한 이유는 무엇인가? 대조군도 152명이었다면 연구 결과가 더 좋아질까?
- 연구진은 제산제는 "위의 생물학적 문지기 역할을 방해한다."라고 결론을 내렸다. 이러한 결론이 두 가지 실험으로 입증된다고 생각하는가? 연구진이 제산제와 알레르기 반응 사이의 인과관계를 밝혀냈는지 또는 단순한 상관성만 밝혀냈는지에 대해 어떻게 생각하는가?
- 후속 연구는 어떻게 진행하면 좋을까?—그리고 연구진의 가설이 옳다면 어떤 결과를 기대할 수 있을까? 예를 들어, 위산의 pH가 정상수치보다 높아지는 유전질환(위에서 양성자 펌프의 기능 장애)을 가진 개인에게서 단백질 알레르기가 나타나는 빈도를 측정한다고 가정해 보자. 어떤 결과를 기대할 수 있는가?

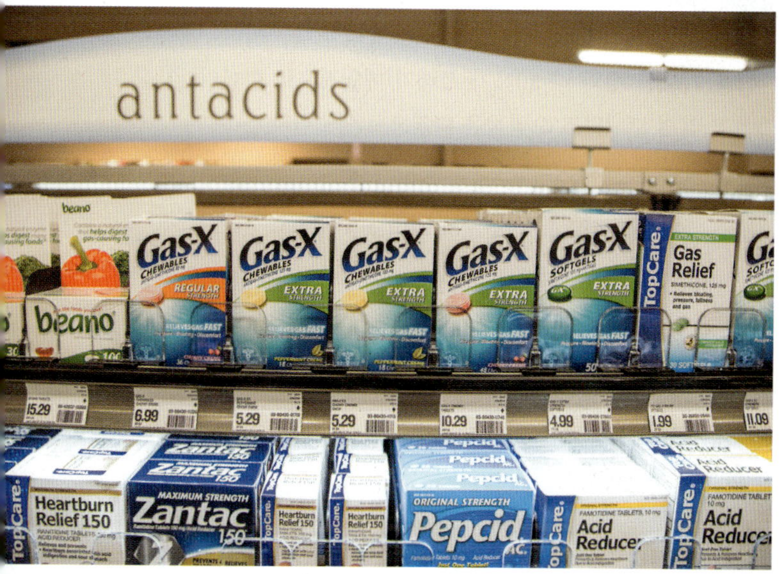

핵심요약 2.7

» 어떤 물질이 사람에게 어떤 영향을 주는지에 대해 알아보려 할 때, 상대적으로 저렴하고 신속한 첫 번째 시도는 그 물질의 의미있는 성질을—시험관이나 페트리 접시에서—평가하는 것이다. 결과가 가설과 일치한다면 그 물질을 처리하기 전과 후의 상태를 평가하는 등의 후속 연구를 수행할 수 있다.

생수 또는 수돗물?

물을 마시는 것은 건강을 유지하는 데 필수적이다. 그러나 어디에서 얻은 물이 최선일까?

Q: 수돗물과 생수, 어느 것이 더 안전한가? 안전성 측면에서 수돗물과 생수 모두 훌륭하다. 그러나 수돗물 쪽으로 기운다.

미국환경보호국(EPA, Environmental Protection Agency)은 수돗물의 품질을 감독한다. 매년 EPA는 소비자에게 물의 취수원과 오염물질의 수준 등에 관한 품질보고서를 보고해야 한다. 생수 제조자는 이러한 의무를 지지 않는다.

미국식품의약품국(FDA, Food and Drug Administration)은 주 경계를 넘어 판매된 생수를 감독한다(그러나 같은 주 안에서 포장되고 판매된 생수의 60%는 해당하지 않는다). 생수 생산업체는 여러 안전성 기준을 따라야 하지만, EPA가 수돗물에 대해 수행하는 검사에 비해서는 검사 횟수도 적고 검사 수준도 덜 엄격하다.

FDA는 생수 공장의 세균 검사를 매주 1회만 요구하지만, EPA는 수돗물의 세균 검사를 매달 최소 100회의 세균 검사와 소량의 염소를 첨가하여 추가로 세균 감염을 방지할 것을 요구한다. 생수는 염소를 첨가하지 않는다—선반에 진열된 상태에서 세균이 자랄 수 있다.

한편, 납 오염에 대한 기준은 수돗물보다 생수에 대해 더 엄격하다—따라서 일부 배관이 낡은 집에서는 납에 오염될 가능성이 높다. 그러나 생수의 배달 과정에서 위험성이 존재한다. 즉, 플라스틱병을 제작하는 과정에서 사용되는 화학물질, 특히 폴리에틸렌 테레프탈레이트(PET)가 위험을 초래할 수 있다.

천연자원보호위원회(Natural Resources Defense Council)의 과학자가 생수 제조사의 103가지 상품을 조사한 결과 대부분 안전한 것으로 나타났다. 그러나 이들은 생수의 약 25%가 실제로는 수돗물을 병에 담은 것이라는 사실도 확인하였다.

Q: 맛은 어떨까? 이 질문에 대한 답은 무승부이다. 수돗물은 감염을 방지하기 위해 첨가한 소량의 염소로 인해 맛이 나쁠 수 있다. 생수의 경우는 원수에 따라, 그리고 처리방법—증류, 여과, 멸균 등—에 따라 천차만별이며, 이로 인해 물맛이 나빠질 수 있다.

Q: 어느 것이 더 좋을까? 수돗물이 명백한 승자이다. 생수는 수돗물보다 2,000~3,000배 비싸다. 또한, 제조사는 대개 공공 공급원에서 물을 끌어온다—따라서 이들은 공공이 이미 소유한 무언가를 판매하고 있는 것이다.

Q: 어느 것이 환경에 나쁜 영향을 덜 줄까? 환경문제에 관해서는 수돗물이 명백한 승자이다. 매년 재활용 가능한 병의 약 80%가 쓰레기 매립장으로 향한다. 이들은 느리게 분해되고 오염물을 환경으로 방출한다.

평결은? 두 종류의 물 모두 매우 안전하다. 따라서 생수의 편리함에 큰 가치를 두거나, 생수의 물맛을 선호하는 사람은 계속 구매할 것이다. 그러나 이들은 환경문제의 큰 대가도 치러야 할 것이며, 대부분 과학자와 환경단체, 건강단체가 꾸준히 수돗물을 추천한다는 사실에 부담을 느껴야 할 것이다.

숙고해야 할 사항: 당신은 기꺼이 생수를 포기할 수 있는가? 그 이유는 무엇인가?

연습 데이터의 시각적 표현을 비판적으로 살펴보기

도표로 배우기

1. 그래프나 도해 대신 표를 사용하면 적은 공간에서 더 많은 자료를 제시할 수 있을 것이다. 오른쪽의 제시한 그림에서 얻는 것은 무엇일까?

2. 탄소에 대해 목록에서는 18.5%로 제시하였지만, y-축을 보면 그래프 영역의 윗부분이 약 36%에 해당한다. 이러한 차이가 나타난 이유는 무엇일까?

3. 이 그림에서 제시한 자료는 무엇인가? 그 이유는 무엇인가?

4. 동일한 자료를 막대그래프와 파이 도표로 제시해 보시오. 여기에서 제시한 것과 비교해 각각의 장점과 단점은 무엇인가?

5. 질소, 수소, 탄소, 그리고 산소에 대한 색채 영역의 위치를 반대로 할 수 있을까? 가능하거나 가능하지 않은 이유는?

6. x-축에 설명 문구가 없는 이유는 무엇인가? 이런 형식은 그래프에서 적절한 것인가?

답은 부록에 있음.

인체의 원소들

단 10종류의 원소가 신체 질량의 99.9%를 차지한다. 이들 가운데 네 종류—산소, 탄소, 수소, 질소—가 신체 질량의 96% 정도를 차지한다.

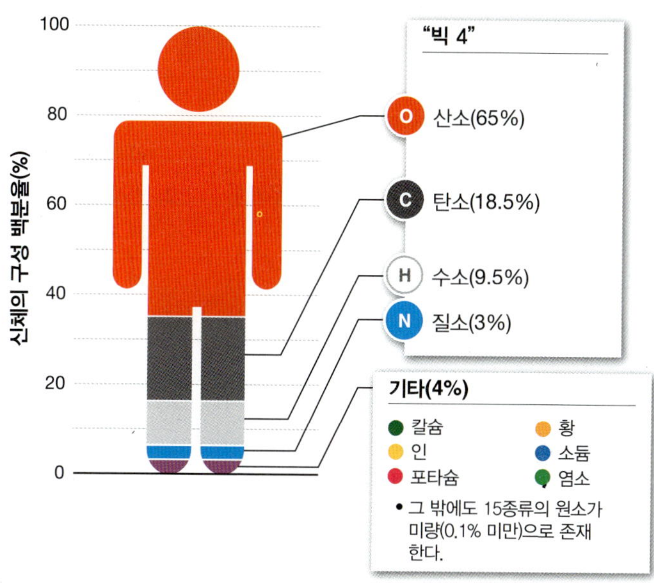

주요 용어: 생명과학의 화학

결합에너지 bond energy 34쪽
공유결합 covalent bond 35쪽
극성 분자 polar molecule 37쪽
동위원소 isotope 30쪽
물질 matter 30쪽
반응물 reactant 35쪽
방사성 radioactive 31쪽
분자 molecule 33쪽
산 acid 42쪽
생산물 product 35쪽
수소결합 hydrogen bond 36쪽
수소이온농도지수(pH) pH 42쪽
양성자 proton 30쪽
염기 base 42쪽
완충액 buffer 44쪽
원소 element 29쪽
원자 atom 30쪽
원자량 atomic mass 30쪽
원자무게 atomic weight 31쪽
원자번호 atomic number 30쪽
응집 cohesion 38쪽
이온 ion 34쪽
이온결합 ionic bond 35쪽
이온화합물 ionic compound 35쪽
이중결합 double bond 35쪽
전자 electron 30쪽
주기율표 periodic table 31쪽
중성자 neutron 30쪽
해양산성화 ocean acidification 44쪽
핵 nucleus 30쪽
화학반응 chemical reaction 35쪽

요약

원자, 분자, 화합물에 의해 생명이 가능하게 된다

- 살아있는 것이든 아니든 간에 주위의 모든 사물은 원자로 이루어져 있다. 원자는 자신의 고유한 특성을 잃지 않은 상태로 쪼갤 수 있는 가장 작은 단위이다. 모든 원자는 동일한 일반적인 구조를 가진다. 양성자와 중성자로 이루어진 핵, 그리고 핵 주위를 빠르게 선회하는 전자로 구성된다. 단 네 가지 원소—산소, 탄소, 수소, 질소—가 신체 질량의 거의 대부분을 이룬다.
- 원자의 화학적 특성은 최외각껍질에 있는 전자의 수에 따라 달라진다. 최외각껍질에 수용량만큼 전자가 모두 채워진 원자는 안정하여 다른 원자와 결합하려 하지 않는다.
- 공유결합은 원자들이 전자를 공유하여 만들어진다. 이온결합은 한 원자가 자신의 전자를 다른 원자에게 전달하고, 상반된 전하의 두 이온 사이의 인력에 의해 화합물을 형성한 것이다. 수소결합은 공유결합과 이온결합에 비해 결합력이 약하며, 한 분자의 수소 원자와 약한 음전하를 띤 다른 극성 분자의 원자 사이의 인력에 의해 만들어진다.

물은 모든 생명현상을 뒷받침할 수 있는 특성을 가지고 있다

- 물 분자는 쉽게 수소결합을 형성하여 물에

게 큰 응집력을 부여한다.

- 수소결합으로 인해 응집력, 고체일 때 낮은 밀도, 온도 변화에 대한 저항력, 이온화합물과 극성 물질에 대한 용매로서 광범위한 효용성 등, 물의 중요한 특성이 나타난다.

생물계는 산성과 염기성 조건에 매우 민감하다

- 액체의 pH는 그 용액의 산성 또는 염기성 정도를 나타내는 척도이며, 용해된 H^+ 이온 농도에 따라 달라진다. pH가 낮을수록 산성도가 높다. 산은 다른 화학물질에게 양성자를 줄 수 있으며, 염기는 유리된 양성자와 결합할 수 있다.

- 어떤 물질이 사람에게 어떤 영향을 주는지에 대해 알아보려 할 때, 상대적으로 저렴하고 신속한 첫 번째 시도는 그 물질의 의미있는 성질을—시험관이나 페트리 접시에서—평가하는 것이다. 결과가 가설과 일치한다면 그 물질을 처리하기 전과 후의 상태를 평가하는 등의 후속 연구를 수행할 수 있다.

복습하기

짧게 답하기

1. 원자의 질량을 계산할 때 전자의 무게를 무시하는 이유는 무엇인가?
2. 가장 바깥의 전자껍질이 완전한 원자는 다른 원자와 결합하려 하지 않는 이유는 무엇인가?
3. 수소 원자는 다른 수소 원자와 결합을 이루어 H_2 분자가 되면 더욱 안정하게 된다. 그 이유는 무엇인가?
4. 공유결합이나 이온결합과 비교해 수소결합의 결합력이 약한 이유는 무엇인가?
5. 물이 훌륭한 용매의 성질을 가지게 된 이유는 무엇인가?
6. 대부분 물질은 얼었을 때 물에 가라앉지만, 얼음은 물 위에 뜬다. 그 이유는 무엇인가?
7. 구토할 때 강한 신맛이 나는 이유는 무엇인가?
8. 위의 pH는 신체 내 다른 체액의 pH와 상당한 차이를 보인다. 위 pH의 장점 두 가지와 문제점 한 가지를 설명하시오.
9. 해양산성화란 무엇인가? 어떻게 인류의 활동에 의해 영향을 받는가?
10. 수돗물과 생수의 안전성, 물맛, 편의성, 환경영향 관점에서 장점과 단점을 비교하여 설명하시오.

정답 고르기

1. 탄소의 원자번호는 6이다. 핵이 반드시 가져야 하는 것은?
   a) 양성자 6개
   b) 양성자 3개, 중성자 3개
   c) 중성자 6개
   d) 전자 6개
   e) 옳은 답이 없음
2. 원자의 두 번째 궤도껍질이 수용할 수 있는 전자는 몇 개인가?
   a) 2 b) 3 c) 4 d) 6 e) 8
3. 공유결합이 형성되는 경우는?
   a) 두 비극성 분자가 극성 환경에서 서로 연결될 때
   b) 양전하를 띤 입자가 음전하를 띤 입자에게 이끌릴 때
   c) 한 원자가 다른 원자에게 전자를 넘겨 줄 때
   d) 두 원자가 전자를 공유할 때
   e) 두 극성 분자가 비극성 환경에서 서로 연결될 때
4. 산소는 대부분 O_2 분자 형태로 존재하며, 원자가 전자(valence electron)는 6이다. O_2 분자는 몇 개의 공유결합을 가지고 있는가?
   a) 0 b) 1 c) 2 d) 4 e) 8
5. 다음 중 물을 훌륭한 용매가 되도록 하는 특성은 무엇인가?
   a) 물의 pH는 7이다
   b) 물은 극성 분자이다
   c) 물은 높은 표면장력을 가진다
   d) 물은 높은 열용량을 가진다
   e) 얼음은 액체인 물보다 밀도가 낮다
6. 다음 중 가장 무거운 것은?
   a) 1 m^3의 수증기
   b) 1 m^3의 물
   c) 1 m^3의 얼음
   d) 모두 무게가 동일하다
   e) 답하기에는 정보가 충분하지 않다
7. 다음 중 물의 높은 응집성에 의해 가장 잘 일어날 수 있는 현상은?
   a) 호수와 강은 위에서 아래로 얼어가며, 아래부터 얼지 않는다.
   b) 낚시거미가 액체인 물의 표면 위를 걸어갈 수 있다.
   c) 소금을 뿌리면 눈이 녹는다.
   d) LA 해변에 있는 산타모니카 만의 연평균 기온은 큰 변동을 보이지 않는다.
   e) 위의 예 모두 물의 응집성에 기인한다.
8. 물이 많은 양의 열을 흡수하고 저장하면서도 온도 변화가 적은 까닭은 무엇인가?
   a) 열이 온도를 높이기에 앞서 수소결합을 끊는 데 사용되어야 한다.
   b) 열이 온도를 높이기에 앞서 이온결합을 끊는 데 사용되어야 한다.
   c) 열이 온도를 높이기에 앞서 공유결합을 끊는 데 사용되어야 한다.
   d) 온도가 높아지면 물의 부착성이 커진다.
   e) 온도가 높아지면 물의 응집성이 커진다.
9. 용액에 H^+ 이온을 내놓는 화합물을 무엇이라고 부르는가?
   a) 양성자 b) 염기 c) 산
   d) 완충액 e) 수소 이온
10. 해양산성화의 원인은 무엇인가?
   a) 죽은 물고기 등 해양생물의 부패 과정에서 방출된 산성 물질
   b) 물 분자와 결합한 유리된 전자
   c) 물 분자와 결합한 유리된 양성자
   d) 바닷속 화학물질에 의한 이산화탄소 흡수
   e) 산호초 백화현상과 이에 따른 해양 칼슘의 감소

3

생명의 분자

거대분자는 에너지와 정보를 저장할 수 있고 구성요소로서 역할을 한다

▲ 멕시코 Rio Lagartos에서 새끼에게 먹이를 주는 플라밍고. 태어날 때 플라밍고의 깃털은 회색 또는 흰색이지만 이들의 음식에 있는 단백질이 지방에 녹은 다음, 자라는 깃털에 축적되면서 1년 또는 2년 후에 주황색 또는 분홍색으로 바뀐다.

거대분자는 생명의 원재료이다

▲ 우리의 음식은 탄수화물, 지질, 아미노산이 섞여 만들어진다.

3.1 탄수화물, 지질, 단백질, 핵산은 생물에게 필수적이다

생물학을 연구하는 데에 아주 조금이지만 화학은 기나긴 길을 함께하며, 매일매일 우리 삶에서 많은 것을 이해하는 데에 도움을 줄 수 있다. 수프에 있는 콩을 먹으면 왜 밤새도록 위와 장에 고통이 있을까? 그 콩이—서로 약간 다른 종류의 당 분자를 담고 있는—렌즈콩인지 리마콩인지 아는 것만으로도 답을 알 수 있다. 일례로, 토스트에 넓게 바른 버터는 몸무게를 줄이려는 노력을 수포로 만들까? 지방 분자에 있는 탄소-수소 연결에 대한 어떤 것이라도 알면 답을 이해하는 데에 도움이 될 것이다.

우리 식단을 구성하는 음식은 데이지 또는 치와와 또는 세균과 공통점이 없어 보인다. 그러나 이들 모두는 탄소와 보통 수소를 포함하는 화합물인 **유기분자**로 구성된다.

2장에서 우리는 하나의 양성자와 전자를 지닌 작은 수소(H)뿐만 아니라 물(H_2O)과 같은 단순한 분자도 살펴보았다. 이 장에서는 많은 큰 분자를 살펴볼 것이다. 생명에 중요한 많은 유기분자는 더 작은 구성 단위체가 모여 만들어지고 하나의 분자는 수천 개의 원자로 구성되는데, 이들을 **거대분자**라 한다. 생명체를 구성하고 기능을 나타내는 데에 필수적인 거대분자는 탄수화물, 지질, 단백질, 핵산 등이다. 지구 상의 모든 생물은 대부분 이와 같은 종류의 분자로 구성된다.

모든 생물의 구조와 화학적 기구를 구성하는 이 4가지 주요 거대분자에는 엄청나게 다양한 종류가 있다. 그러나 많은 거대분자를 살펴보면 공통점을 알게 된다. **단위체**라 하는 구성요소들의 비교적 단순한 집합이 공유결합으로 서로 연결된다. 이 간단한 과정으로부터 거의 무제한으로 다양한 **중합체**라는 복잡한 분자가 만들어질 수 있다.

우리는 탄수화물 중에서 (녹말과 같은) 다당류가 단순 당 단위체의 중합체임을 보게 될 것이다. 단백질은 20가지의 아미노산으로 구성된 중합체이다. 그리고 RNA와 DNA 등 핵산은 4가지 서로 다른 뉴클레오타이드 단위체로 만들어진 중합체이다. 물에 녹지 않는 화학적 성질로 정의하는 지질은 중합체로 구성되지 않는다.

핵심요약 3.1

» 거대분자는 작은 구성 단위체로 만들어진 커다란 유기분자 중합체이다. 생물에게 필수적인 4가지 거대분자는 탄수화물, 지질, 단백질, 핵산이다.

▲ 옥수수는 세계에서 가장 많이 생산되는 곡물이다.

3.2 탄수화물은 연료로 사용되는 거대분자를 포함한다

탄수화물은 세포의 주요 연료로서 모든 생물에서 세포 구조의 많은 부분을 구성한다. 탄수화물은 항상 탄소와 수소, 산소를 포함하고 때로는 다른 원소를 포함한다(**그림 3.1**). 탄수화물은 화학식의 H_2O 단위와 거의 같은 수의 탄소 원자를 가진다.

탄수화물은 크기와 조성에 따라 몇 가지 범주로 분류된다. 가장 단순한 탄수화물은 3~6개의 탄소 원자를 가진 **단당류** 또는 **단순당**이다. 이들이 분해된 산물은 대개 탄수화물이 아니다. 가장 일반적인 두 단당류는 많은 식물의 수액과 과일에 있는 포도당과 주로 과일과 야채, 벌꿀에 있는 과당이다. 과당은 자연에서 얻을 수 있는 당 가운데 가장 달다. 접미어 -당(*-ose*)은 탄수화물을 의미한다. 여러 당은 동일한 원자 조성과 화학식을 갖더라도, 원자 배열이 조금씩 달라 상이한 특징을 나타낸다.

탄수화물은 탄소-수소 결합을 많이 가지고 있으므로 연료로 사용된다. 이들 결합이 분해되어 더욱 안정한 다른 결합이 (주로 탄소와 산소 사이에) 형성되면 대량의 에너지가 방출되어 생명체가 이용할 수 있다.

생명체에게 가장 중요한 탄수화물은 포도당이며 주로 과일에 있다. 설탕 또는 빵과 감자에 있는 녹말처럼, 우리가 먹는 탄수화물 대부분도 소화기관에서 포도당으로 전환된다. 포도당은 혈액에서 약 0.1%의 농도를 유지하며 전신을 순환한다. 순환하는 포도

탄수화물

포도당(아래) 등의 탄수화물은 주로 3종류의 원소로 이루어져 있다.

그림 3.1 **모든 탄수화물은 구조와 기능이 비슷하다.**

일반적인 단당류

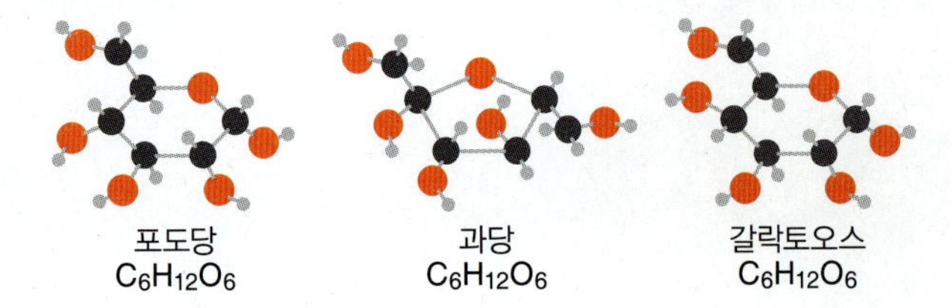

당은 "혈당"이라고도 하며, 세 가지 용도로 쓰인다 (**그림 3.2**).

1. 포도당이 세포 안으로 들어가면 연료로 사용된다. 5장에서 상세히 논의하겠지만, 일련의 과정을 거쳐 포도당의 고에너지 결합으로부터 에너지가 방출된다.

2. 포도당은 글리코겐으로 임시 저장된다. 혈액에 필요 이상으로 많은 포도당이 순환되는 경우, 남는 포도당은 주로 근육과 간에 임시로 저장될 수 있다. 저장된 포도당 분자는 서로 연결되어 **글리코겐**이라는 거대한 분자 그물을 형성한다. 글리코겐은 나중에 에너지가 필요할 때에 쉽게 분해되어 포도당 분자를 다시 혈액으로 내놓는다. 글리코겐은 동물의 주요 단기-에너지 저장 형태이다.

혈액에서 포도당의 3가지 쓰임새

혈액 내의 포도당 (혈당)

에너지가 필요할 때	에너지가 필요하지 않을 때	
분자 결합이 끊어지고, 새로운 낮은 에너지 결합이 형성된다.	에너지 저장	
	단기–저장	장기–저장
세포 활동의 에너지원 (에너지)	글리코겐으로 저장 (글리코겐)	지방으로 전환 (지방)

그림 3.2 **혈액 내 당에게 무슨 일이 생기는가?**

Q 식이조절을 하는 사람들은 종종 초기에 많은 "물 무게" 감소를 경험한다. 왜 그럴까?

식이조절 초기에 빠른 체중 감소를 경험하는 것은 글리코겐 때문이다. 혈당이 부족한 상태에서는 근육과 간에 저장된 글리코겐이 에너지 방출을 위해 분해될 수 있는 분자로 가장 먼저 사용된다. 글리코겐에는 물 분자가 많이 결합되어 있다. 따라서 글리코겐이 몸 조직에서 제거되면, 물도 함께 없어진다. 이런 물의 손실 덕분에 초기에는 체중이 빠르게 감소하지만, 몸이 저장된 지방을 사용하기 시작하면 체중 감소율이 현저하게 느려진다(**그림 3.3**).

3. 혈액에서 순환하는 포도당은 장기-에너지 저장 형태인 지방으로 전환될 수 있다.

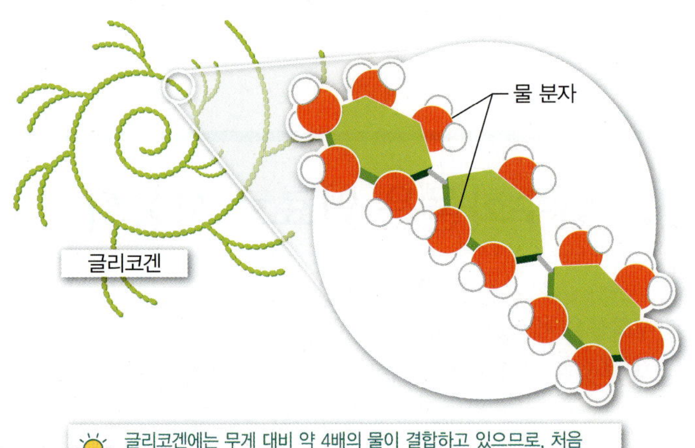

글리코겐에는 무게 대비 약 4배의 물이 결합하고 있으므로, 처음 식이조절을 시작하면 글리코겐이 고갈되면서 극적으로 "물 무게"가 빠진다.

그림 3.3 **"물 무게"에 대한 뒷이야기.**

핵심요약 3.2

» 탄수화물은 세포의 주 에너지원이며 또한 많은 세포 구조를 형성한다. 포도당은 생명체에서 가장 중요한 탄수화물이다. 혈액 내의 포도당은 에너지원으로 사용될 수 있으며, 근육과 간에 글리코겐으로 저장된 후 나중에 사용될 수 있다. 또는 지방으로 전환될 수도 있다.

3.3 많은 복합당은 지연방출형 에너지원이다

단순당과 달리, 일부 탄수화물은 한 개 이상의 당 단위체 (또는 구성 단위체)를 가지고 있다. 즉, 이들은 단순당이 서로 결합된 중합체다. 단순당 2개가 결합하면 **2당류**를 형성한다. 예를 들어, 포도당과 갈락토스가 결합하면 우유에 있는 당인 젖당이 된다. 많은 수의 단순당이 서로 연결된 탄수화물을 **다당류**, 또는 **복합탄수화물**이라고 한다(**그림 3.4**). 글리코겐은 약 3만 개의 포도당 분자로 구성된다! 단순당의 결합 방식에 따라 다당류는 에너지를 "지연방출형"으로 저장하거나 대부분 동물이 완전히 소화할 수 없는, 식물의 구조 물질 역할을 한다.

많은 2당류와 다당류는 중요한 에너지원이지만 결합으로부터 에너지가 방출되려면 몇 가지 예비과정을 거쳐야만 한다. 우리가 설탕을 먹었을 때 무슨 일이 일어나는지 생각해보자. 설탕은 식물로 만든 음식에 있는 주요 탄수화물로, 단순당인 포도당과 과당으로 구성된다. 설탕을 이용하려면, 우리 몸은 먼저 포도당과 과당 사이의 결합을 끊어야만 한다. 그런 다음, 각각의 단당류를 구성 원자들로 분해하고, 이때 방출되는 에너지를 얻어 사용할 수 있게 된다.

식물에서 주요한 에너지 저장 형태는 **녹말**이라는 복합탄수화물인데, 뿌리를 비롯한 조직에서 볼 수 있다(그림 3.4 참조). 녹말은 연결된 포도당 분자로 구성된다. 보리와 밀, 호밀 등의 곡물은 녹말 함유량이 많으며, 옥수수와 쌀의 녹말 함유량은 70%가 넘는다.

많은 복합탄수화물—특히 많이 가공되지 않은 녹말—은 "지연방출형" 연료 덩어리와 같다(**그림 3.5**). 포도당 단위체 사이의 결합이 끊어짐에 따라 포도당 분자는 천천히 이용할 수 있게 된다. 반면에 많은 정제된 당과 정제된 녹말에서는 당을 바로 사용될 수

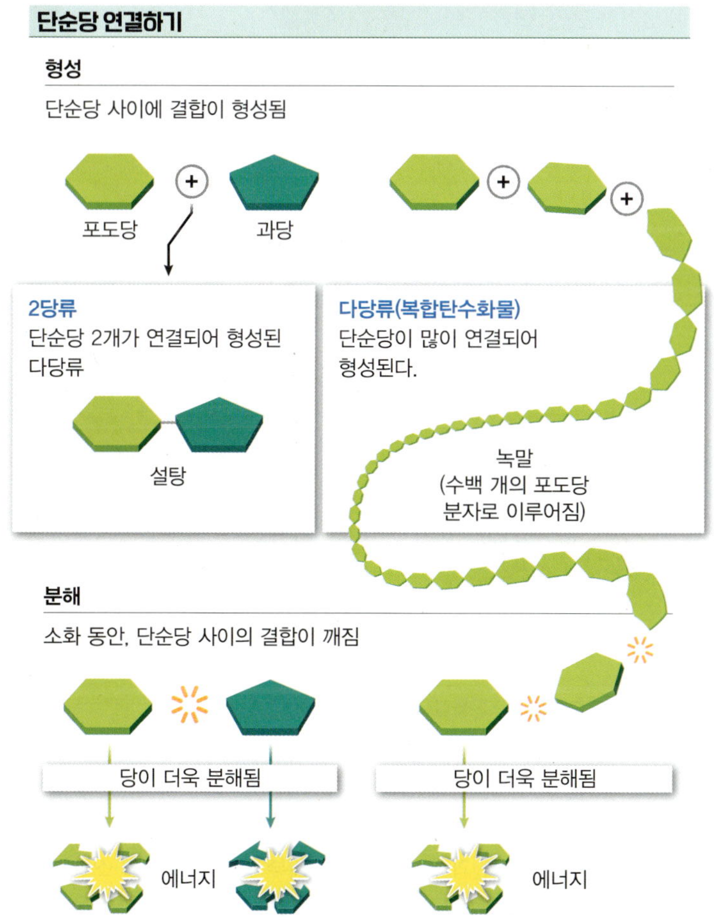

그림 3.4 당의 사슬. 다당류는 단순당이 서로 결합하여 만들어진다.

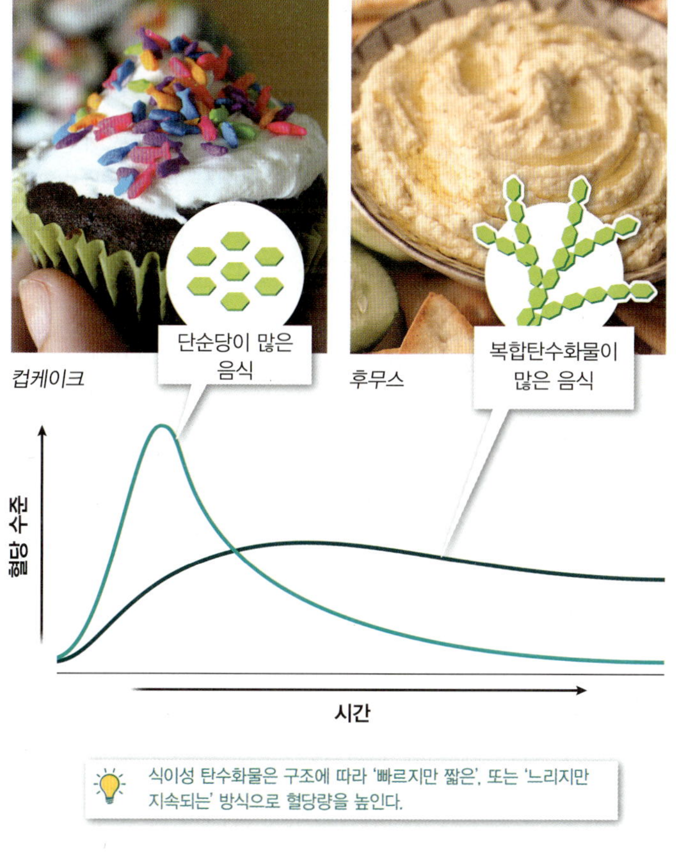

그림 3.5 단기 에너지와 장기 에너지.

있기 때문에, 빠르고 폭발적으로 에너지를 공급한다(정제란—종종 비타민과 기타 영양분 등 식물의 주변 물질을 포함한—날것인 당과 녹말을 가공하고 순도를 높인 것을 말한다).

핵심요약 3.3

» 단순 탄수화물이 서로 연결되어 형성된 복합탄수화물은 식물에서 에너지를 저장하는 주요 형태인 녹말과 동물에서 에너지를 저장하는 중요한 형태인 글리코겐을 포함한다.

3.4 인간이 소화하지 못하는 탄수화물도 있다

탄수화물은 사람의 에너지원으로서 중요하지만, 모든 탄수화물이 소화되지는 않는다. 사람이 소화하지 못하는 두 종류의 복합탄수화물, **키틴**과 **셀룰로오스**는 무척추동물과 식물의 구조 물질 역할을 한다(**그림 3.6**). 키틴은 대부분 곤충과 (바다가재와 게 등) 갑각류의 단단한 외골격을 형성한다. 반면에, 셀룰로오스는 매우 다양한 식물 구조를 이룬다. 셀룰로오스는 나무, 면화, 잎과 풀에서 볼 수 있다. 모든 식물이 세포벽 성분으로 셀룰로오스를 갖고 있으므로, 이는 단일 종류로는 지구에서 가장 많은 화합물이다.

Q 셀룰로오스는 세계적으로 풍부하다. 그리고 녹말처럼 다당류이다. 사람은 왜 셀룰로오스로부터 칼로리를 얻을 수 없을까?

놀랍게도, 셀룰로오스는 녹말과 그 조성이 거의 같다. 그렇지만 단순당 단위체 사이의 화학결합이 조금 다르다는 이유 하나로 3차 구조가 다르다. 분자 모양은 미세한 차이를 보이더라도 그 분자의 행동에 큰 영향을 줄 수 있다. 이 경우, 분자 모양의 차이로 인하여 셀룰로오스는 견고한 구조 물질이 되므로 사람이 소화할 수 없게 된다.

비록 소화되지는 않지만 셀룰로오스는 우리의 건강에 있어 중요하다. 음식에 포함된 셀룰로오스는 "섬유소"라고 알려져 있다. 이는 셀러리 잎자루, 상추 잎 등등의 셀룰로오스가 우리의 소화계를 통과하면서 소화관 벽을 긁기 때문에 "섬유질"이라고 불리는 것도 적절하다. 셀룰로오스가 덩어리를 이루어 소화관 벽을 긁어 장을 자극하면 음식물과 해로울 수 있는 소화 산물 찌꺼기가 빠르게 통과한다. 이런 식으로 식이섬유는 대장암을 비롯한 다양한 질병에 걸릴 위험을 줄여준다(그러나 이는 물을 재흡수하는 시간을 줄이므로 너무 많이 먹으면 설사를 초래한다).

사람과 달리, 흰개미나 소와 같은 반추 포유류의 장에는 셀룰로오스를 분해할 수 있는 미생물이 살고 있다. 이 미생물 덕분에 흰개미는 목재를 씹을 수 있고—반추동물은 먹은 풀과 다른 식물에 있는 셀룰로오스를 분해하여 얻은 포도당으로부터 사용할 수 있는 에너지를 추출할 수 있다.

구조 다당류

식물의 셀룰로오스
셀룰로오스는 많은 포도당이 연결된 사슬로 구성된다. 평행한 사슬 사이에 있는 수소결합 덕분에 나무가 단단하다.

동물의 키틴
연결된 키틴 당 단위체는 질소를 지니고 사슬 사이에 수소결합을 가져 단단하다.

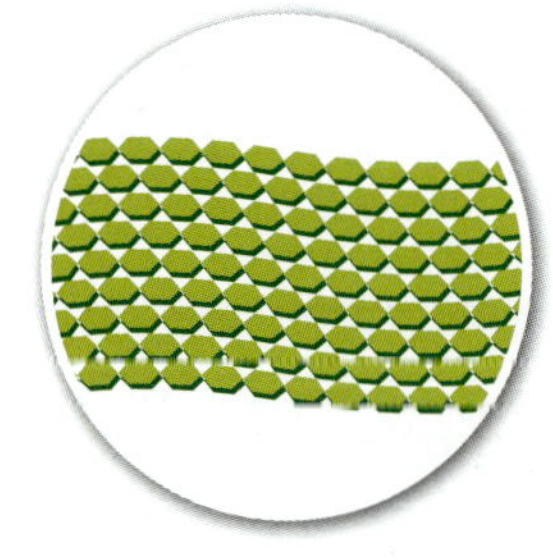

그림 3.6 **탄수화물은 구조 물질로 사용될 수 있다.**

핵심요약 3.4

» 대부분의 동물은 키틴과 셀룰로오스 등 일부 복합탄수화물을 소화할 수 없다. 식품에 있는 섬유질이라는 소화되지 않는 탄수화물은 소화를 돕고 건강에도 많은 도움을 준다.

지질은 여러 기능을 한다

▲ 추위로부터 보호: 지질은 바다표범의 단열에 관여한다.

3.5 지질은 만약을 대비해서 에너지를 저장한다

지질은 생명체에게 중요한 거대분자의 두 번째 그룹이다. 탄수화물처럼 지질도 주로 탄소와 수소, 산소 원자로 만들어지는데, 다만 원자의 조성 비율이 다르다. 예를 들어, 음식에 들어있는 지질은 탄수화물에 비해 에너지가 풍부한 탄소-수소 결합을 매우 많이 가지고 있어서 훨씬 더 많은 에너지를 저장한다.

지질은 물에 녹지 않으며(**그림 3.7**), 버터나 올리브 기름하면 연상되는 미끄러운 감촉을 가졌다. 지질은 단지 탄소와 수소 원자로만 이루어진 비극성인 긴 사슬을 가지므로 물에 녹지 않는다. 이는 양전하 또는 음전하 부위가 없어서 물과 약한 결합을 할 수 없어 물에 녹을 수 없다는 뜻이다. 비극성

Q 식초와 기름으로 만든 샐러드드레싱은 왜 흔들어 섞어도 금세 두 층으로 분리될까?

지질

지질의 특징
- 물에 용해되지 않는 비극성 분자
- 미끈거리는 감촉
- 주요 에너지 저장원

지질의 세 가지 유형

그림 3.7 지질의 다양한 용도.

분자(또는 분자의 일부)는 물과 최소한도로 접촉하려 하는 **소수성**("물을 싫어하는")이다. 지질을 물과 섞으면 덩어리를 이루어 결코 완전하게 녹지 않는다. 반면, 물과 쉽게 수소결합을 이루는 분자는 **친수성**("물을 좋아하는")이라 불린다.

친숙한 지질로 장기-에너지 저장과 단열에 가장 중요한 **지방**이 있다(펭귄과 바다코끼리는 매우 추운 곳에 살아도 두꺼운 지방 단열층 덕분에 상대적으로 높은 체온을 유지할 수 있다). 동물에서 조절작용을 하는 콜레스테롤과 성호르몬 등의 **스테롤**과 세포막을 형성하는 인지질 역시 지질이다.

지방 분자를 화학적으로 분해하면 탄수화물을 분해하는 것보다 매우 많은 에너지를 내놓는다. 탄수화물 1g은 약 4칼로리의 에너지를 저장하는 반면에, 지방 1g은 약 9 칼로리를 저장한다. 칼로리는 1g의 물을 1°C 올리는 데에 필요한 에너지이다. 탄수화물과 지방이 저장한 칼로리 차이는 마치 5달러와 10달러 계산서에 기록된 화폐 가치의 차이와 같다.

지방이 이처럼 많은 에너지를 저장하기 때문에 동물은 그 어떤 에너지원보다도 지방의 맛을 선호하는 방향으로 진화하였다. 이런 특성은 수백만 년 전 초기 인류의 생존에는 도움이 되었으나, 오늘날에는 지방을 과하게 섭취함에 따라서 비만을 초래하여 건강을 위협하고 있다.

핵심요약 3.5

» 지질은 물에 녹지 않으며 미끈거리는 감촉을 지닌다. 생명체에게는 장기-에너지 저장과 단열을 위해, 막 형성에서 그리고 호르몬으로서 가치를 지닌다. 사람들은 칼로리가 높은 지방을 다른 거대분자보다 식품으로 더 선호한다.

3.6 식용 지방은 포화 정도가 다르다

모든 지방은 "머리" 부위와 3개의 긴 "꼬리"를 가진다(**그림 3.8**). 머리 부위는 **글리세롤**이라는 작은 분자이며, **지방산**이라는 꼬리 분자들과 결합한다. 지방산은 단순한 긴 탄화수소이다. 대개 12개 이상의 탄소로 이루어진 사슬이며, 탄소마다 1개 또는 2개의 수소 원자가 결합한다.

지방(중성지방)의 구조

지방은 주로 세 종류의 원소로 구성된다: 탄소, 수소, 산소.

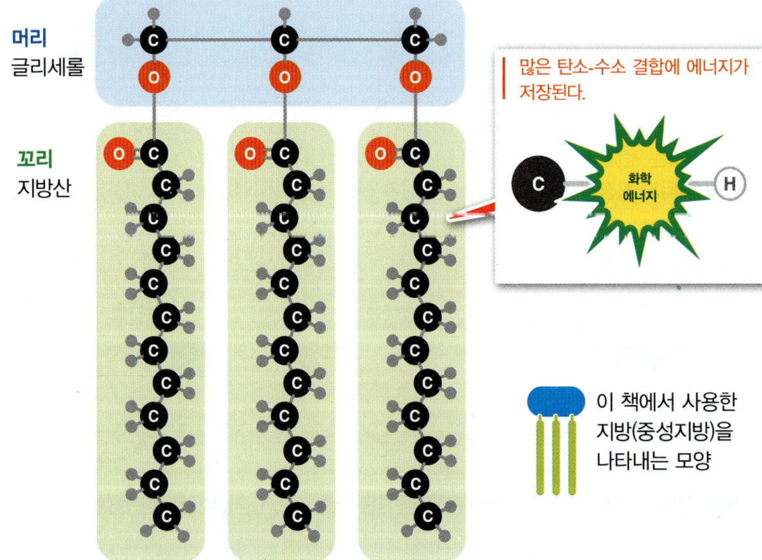

그림 3.8 중성지방은 글리세롤 머리와 지방산 꼬리를 가진다.

대부분 음식에 있는 지방은 **중성지방(triglyceride)**인데, 글리세롤 분자에 지방산 3개가 결합한 것이다. 따라서 "지방"과 "중성지방"이라는 용어는 서로 바꿔 쓸 수 있다. 일반적으로 중성지방이 실온에서 고체이면 지방, 액체이면 기름으로 분류한다.

"**포화**"와 "**불포화**" 용어는 지방산의 탄화수소 사슬을 나타낸 것이다(**그림 3.9**). 지방산 탄화수소 사슬에 있는 탄소 원자마다 수소 원자 2개와 결합하고 있으면 이 지방 분자는 최대치의 수소 원자를 가지게 된 것으로 **포화지방**이라고 한다. 포화되면 지방산의 탄화수소 꼬리가 일직선으로 정렬되어 서로 촘촘하게 밀집된다. 이로 인해, 버터처럼, 실온에서 굳어 고체가 된다. 고기나 알에 있는 대부분의 동물성 지방은 포화되어 있다. 다른 동물에 비해 어류에는 포화지방이 적다. 포화지방은 건강에 필수적인 것이 아니고, 혈액에 축적되면 혈관 벽을 좁힐 수 있으므로 심장 질환과 뇌졸중을 일으킬 수 있다.

불포화지방은 일부 탄소 원자에 오직 1개의 수소만 결합한 (그리고 이웃한 한 쌍의 탄소는 서로 이중결합으로 연결된) 지방이다. 불포화되면, 지방산의 탄화수소 꼬리는 비틀어져 지방 분자를 밀집시키기 어렵다(**그림 3.9** 참조). 따라서 식물성 기름 등의 불포화지방은 쉽게 굳지 않으며, 실온에서 액체 상태이다.

그림 3.9 포화 정도. 지방산(과 지방산을 포함하는 지방)은 불포화되거나 포화될 수 있다.

Q 버터를 사용했는지 아니면 식물성 기름을 사용하여 만들었는지에 따라서 쿠키의 씹는 맛은 왜 서로 다를까?

대부분의 식물성 지방은 불포화지방이다. 불포화지방산은 단일-불포화이거나 다중-불포화이다. 단일-불포화 지방산의 탄화수소 사슬은 오직 1쌍의 이웃하는 탄소 원자만 불포화된 상태—즉, 이중결합을 오직 1개만 갖는다. 다중-불포화 지방산의 탄화수소 사슬은 2쌍 이상의 탄소가 불포화된 상태로 2개 이상의 이중결합을 갖는다. 불포화지방도 칼로리는 여전히 높지만, 콜레스테롤을 낮출 수 있어 일반적으로 포화지방보다 건강에 더 유리하다. 불포화지방이 풍부한 식품으로는 아보카도, 땅콩, 올리브유 등이 있다.

많은 스낵 식품에는 "부분적으로 수소를 첨가한" 식물성 기름이 포함되어 있다. 기름에 수소를 첨가하였다는 것은 액체 상태인 불포화지방에 수소 원자를 첨가하여 더 포화시켰다는 의미이다 (그림 3.10). 불행하게도, 불포화지방에 수소를 첨가하면 **트랜스 지방**을 형성하여 건강에 많은 문제를 일으킨다. "트랜스"는 수소 원자 첨가 후에 2중 결합의 일부 또는 전부에서 나타나는 비정상적인 방향성을 의미하는데, 이 구조는 수소 원자 첨가 이후 그대로 유지된다. 이 결합 때문에 트랜스 지방의 반응성이 낮아져 체내에서 잘 분해되지 않는다. 따라서 혈관에 쉽게 축적될 가능성이 크다. 다음 절에서 이 과정의 결과에 대해 살펴볼 것이다.

핵심요약 3.6

» 우리가 먹는 음식에 흔한 중성지방을 비롯한 지방은 지질의 한 종류이다. 긴 탄화수소 꼬리를 가지고 있어서 많은 탄소-수소 결합과 탄소-탄소 결합에 에너지를 효과적으로 저장한다.

수소 첨가반응

그림 3.10 인공적인 트랜스 지방: 건강에 골칫거리

이것이 우리의 방법 / 과학의 창의적 과정

3.7 트랜스 지방은 심장 건강에 어떻게 영향을 미치는가?

식물성 기름의 수소화 방법이 알려졌을 때, 이는 식품산업계에 흥분되는 진전이었다. 불포화 식물 기름에 수소결합을 추가하면 원하는 물리적 성질을 가진 지방을 만들 수 있다. 예를 들어, 마가린은 냉장고에서 꺼내자마자 빵에 펼쳐서 바를 수 있을 정도로 부드럽다-버터는 불가능하다. 게다가 수소화된 식물성 기름으로 만든 음식은 유통시간이 길고 비싸지 않다.

그러나 시간이 흐르면서 축적된 자료에 따르면 트랜스 지방을 소비한 사람들의 심장 질환 위험성이 증가했다. 예를 들어, 약 12만 명의 간호사를 대상으로 한 연구에서 트랜스 지방을 단지 2% 더 섭취한 사람들이 동일한 구성의 집단에 비해, 심장병 위험도가 거의 두 배로 증가했다. 포화지방을 더 많이 섭취한 경우에는 심장병 증가가 훨씬 적었다.

알다시피, 간호원 연구는 규모가 크고 수십 년에 걸쳐 수행된 것이지만, 관찰에 의한 것이지 통제된 실험적 처리를 포함한 것은 아니다. 그래서 "트랜스 지방이 심장병 위험성을 증가시키는가?"라는 질문에 희미한 단서만 보일 뿐, 질문은 풀리지 않았다.

트랜스 지방이 심장병 위험성을 증가시키는지를 어떻게 밝혀낼 수 있을까?

심장병 위험성과 트랜스 지방 섭취(의 관계)를 관찰하려면 커다란 개체군을 무작위적으로 두 집단으로 나눠 사람들의 식단을 주의 깊게 통제하고 이들의 심장 건강을 추적 관찰할 수 있어야 한다. 한 집단은 트랜스 지방이 있는 식사를 하게 된다; 다른 집단은 트랜스 지방이 없는 식사를 하는데, 트랜스 지방 대신 동일한 양의 칼로리를 지닌, 트랜스가 아닌 불포화 지방("시스"라 함)으로 대체한다. 각 집단의 개개인을 대상으로 전 생애 동안 심정지와 기타 심장병 징후를 추적 관찰하면 된다.

이 이상적인 연구는 왜 실현이 가능하지 않은가?

이 사고 실험은 두 가지 이유 덕분에 우습게도 비현실적이다. 하나는 연구 기간의 길이이고, 다른 하나는 참가자가 평생 먹는 식단의 종류와 양을 실제로 통제할 수 없기 때문이다. 더구나 음식 내 트랜스 지방의 부정적 효과에 대한 증거는 충분히 강력하기 때문에 트랜스 지방 처리 집단에 사람을 속하게 하는 것은 비윤리적이다.

이 이상적인 연구가 실질적이지 않다면 무엇을 해야 하나?

대체 방법으로, 참가자를 줄이고 더 짧은 시간 동안만 관찰하면 된다. 또는 위 결과와 관련하여 실제로 관심 있는 결과—심장 질환의 발생—를 측정할 수 있다.

이러한 연구를 위해 연구자들은 약 60명의 연구 참가자를 모집했다. 이들의 평균 나이는 25세였고, 60%가 여성이었다. 지원자들의 식사는 모두 동일하게 제공했는데, 전체 칼로리의 10%는 예외로 하여 (1) 시스 (즉, 트랜스가 아닌) 불포화 지방, 또는 (2) 트랜스 지방, 또는 (3) 포화 지방 등으로 다르게 제공하였다.

실제로 심장 질환을 측정하지 않고 어떻게 트랜스 지방이 심장 질환에 끼치는 영향을 연구할 수 있는가?

매 3주 기간이 끝날 때마다 연구자들은 지원자들로부터 혈액 시료를 채취해 분석하였다. 동맥에 손상을 주고 심장 질환의 위험성을 증가시키는 LDL이라는 당단백질(지질과 단백질의 혼합물)을 측정하였다. 또한, 동맥 손상을 줄이고 심장 질환의 위험성을 감소시키는 HDL이라는 당단백질도 측정하였다.

결과? 혈중 LDL—종종 "나쁜 콜레스테롤"로 일컫는—은 불포화지방 식단보다 트랜스 지방 또는 포화지방 식단을 섭취한 집단에서 3주 후에 크게 증가하였다. 트랜스 지방 식단의 경우, 3주 후에 "좋은 콜레스테롤"인 HDL의 수준이 심각하게 떨어졌는데, 이는 더 중요해 보였다. 이러한 HDL 감소는 트랜스 지방 식단에서만 발생했다.

LDL과 HDL의 비율은 심장 질환 위험성을 예측하는 가장 유용한 척도이다. 이 척도에 따르면 연구 참가자들이 불포화지방 또는 포화지방 식단보다 트랜스 지방 식단을 섭취하면 심장 질환에 걸릴 위험성이 심각하게 높아지는 것이다.

트랜스 지방이 심장 질환 위험성에 미치는 영향은 무엇인가?

연구자들은 식사에 포함된 트랜스 지방은 해로움을 유발한다고 결론을 내렸다.

이런 측면을 보면, 많은 경우, 세상을 "진실" 또는 "거짓"으로 나누어 가설을 묘사하는 것이 어렵다는 것을 쉽게 이해하게 된다. 가설이 현실을 정확하게 대변하는지에 대한 우리의 신뢰 정도를 묘사하는 것과 이 신뢰 정도를 늘리기 위해 더 수행해야 할 조사 방법을 논의하는 것이 더 이치에 맞다.

생각하기, 짝과 나누기

수업 수강생 중 하나와 짝을 형성하시오. 다음의 질문을 읽고 답에 대하여 60초 동안 조용히 생각하시오. 이후 5분 동안 토론을 하고 자신의 답을 공유할 수 있게 준비하시오.

- 연구자들의 실험 방법과 결과를 볼 때, 이들의 결론은 적절한가? 그렇지 않다면 결과를 어떻게 해석할 것인가?
- 심장병에 미치는 트랜스 지방의 영향에 관한 당신의 생각이 바뀔 수 있도록, 이 연구에서 묘사된 실험적 접근에 어떤 중요한 변화를 고안할 수 있는가?

핵심요약 3.7

» 만약 어떤 중요한 과학적 문제가 단순하고 통제된 실험 방법에 적합하지 않다면, 우선 문제 연구를 위해 이상적이고 가설적인 방법을 논리정연하게 하는 것이 생산적인 길이다. 그러면 가설을 검증하는 데에 도움이 되는—시료를 줄이고, 기간을 짧게 하며, 관찰을 단순화하는 등—타당한 방법에 눈을 뜰 것이다.

3.8 콜레스테롤과 인지질은 성호르몬과 막을 만드는 일에 쓰인다

모든 지질이 지방은 아니며, 지질이 에너지 저장에만 쓰이는 것도 아니다. 지질의 두 번째 그룹인 **스테롤**은 성장과 발달을 조절하는 등 여러 중요한 기능을 담당한다(**그림 3.11**). 매우 친숙한 콜레스테롤, 그리고 테스토스테론과 에스트로겐 등의 스테로이드 호르몬이 이 그룹에 속한다. 이들 분자는 서로 연결된 탄소 원자 고리 4개로 이루어진 구조를 기본으로 한다.

콜레스테롤은 대부분 세포막의 중요한 구성요소이기 때문에 생명체에 필수적인 분자이다. 간세포는 음식물의 포화지방을 콜레스테롤로 전환하는데, 순환하는 콜레스테롤의 거의 90%를 생산한다. 콜레스테롤과 지방이 지나치게 많으면, 콜레스테롤, 지방, 칼슘, 응고 물질의 혼합물인 플라크가 형성되어 동맥경화를 유발하고 심장마비와 뇌졸중을 일으킬 수 있다.

스테롤

콜레스테롤

- 동물 세포막의 중요한 구성성분
- 혈관 벽에 붙어 딱딱하게 함으로써 동맥경화를 유발하고 심장마비와 뇌졸중을 일으킬 수 있다.

스테로이드 호르몬

- 성 발달, 성숙, 그리고 생식세포 생산을 조절한다.
- 에스트로겐은 기억과 감정에 영향을 준다.
- 테스토스테론은 근육 발달을 자극한다.

에스트로겐

테스토스테론

그림 3.11 모든 지질이 에너지 저장용은 아니다. 콜레스테롤, 에스트로겐, 테스토스테론도 모두 지질이다.

에스트로겐과 테스토스테론은 콜레스테롤이 화학적으로 약간 변형된 것이다. 이 스테로이드 호르몬들은 성 발달, 성숙, 그리고 정자와 난자 생산을 조절하는 주요 분자이다.

남녀 모두에서 에스트로겐은 여러 특징 중 기억과 감정에도 영향을 준다. 테스토스테론은 다양한 효과를 가지는데, 그중 하나는 근육 발달을 자극하는 것이다.

운동선수(특히 보디빌더)는 근육을 키우기 위해 합성 테스토스테론을 복용하기도 한다(**그림 3.12**). 그러나 이러한 식이보충제는 맹렬한 호전성(호르몬 변화에 따른 격분), 고-콜레스테롤증, 그리고 장기적으로는 암을 유발하는 등 위험한 부작용을 나타낼 수 있다. 그래서 거의 모든 경기연맹이 사용을 금지하고 있다.

인지질과 왁스도 역시 지질이다. **인지질**은 세포 내용물을 감싸는 막의 주요 구성요소이며, 세포 안팎으로 화학물질의 흐름을 조절한다(**그림 3.13**). 지방과 비슷하지만 두 가지 다른 점이 있다. 즉, 인 원자를 가지며—그래서 인지질(*phospholipid*)이라고 한다—지방산 사슬을 3개가 아니라 2개만 가진다. 4장에서 세포막 인지질의 역할을 살펴볼 것이다.

왁스는 지방과 비슷하지만, 글리세롤에 긴 지방산 사슬이 단 1개만 결합되어 있다. 지방산 사슬이 매우 비극성이므로 왁스 또한 강한 소수성을 보여 물과 전혀 섞이지 않는다. 왁스는 이처럼 물에 대한 저항력이 크기 때문에 많은 식물과 곤충 체표면의 천연 피복물로 사용돼서 삶에 필수적인 물의 손실을 막아준다. 두 경우 모두에서 왁스는 생물의 생명 현상에 필수적인 물이 손실되는 것을 막는다. 새들도 날개를 왁스로 코팅하여 물에 젖지 않게 한다.

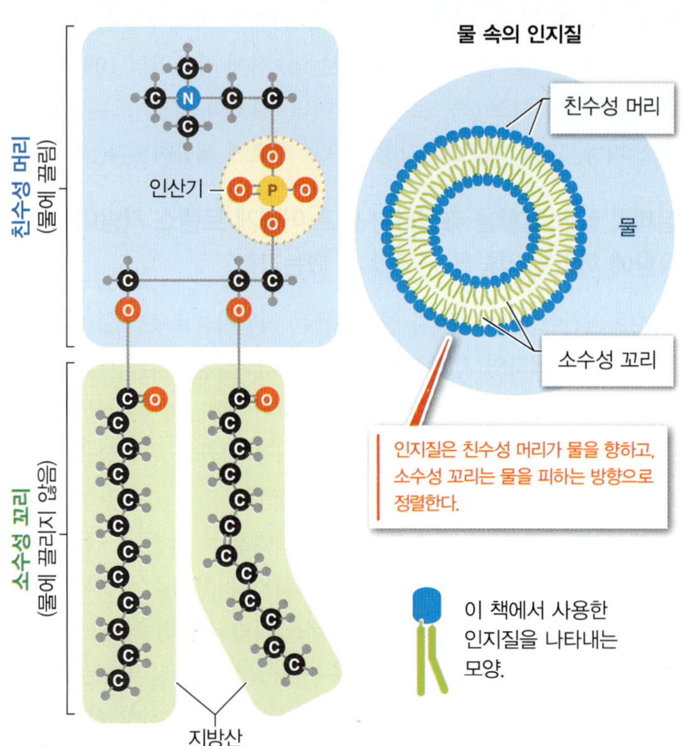

그림 3.13 두 가지 성질. 인지질은 친수성 머리 부위와 소수성 꼬리 부위를 가진다.

그림 3.12 위험한 몸 부풀리기. 영화 속 등장인물처럼 스테로이드를 아무렇지도 않게 사용하면 쉽게 근육을 증가시킬 수 있지만, 건강에 심각한 결과를 초래할 수 있다.

핵심요약 3.8

» 콜레스테롤과 인지질은 지방이 아니지만, 역시 지질이다. 모두 세포막의 중요 구성요소이다. 콜레스테롤은 성장과 발달의 중요한 조절인자인 스테로이드 호르몬의 전구물질이기도 하다.

단백질은 구성요소이다

▲ 밝은색은 깃털 단백질 표면의 기낭 덕분이다.

3.9 단백질은 몸을 만드는 거대분자로 우리 식단에 꼭 필요하다

단백질이 없는 생명체는 없다(**그림 3.14**). 단백질은 피부와 깃털, 그리고 뿔의 재료이다. 단백질은 근육을 만들고 뼈의 매우 중요한 구성요소이다. 단백질은 혈액에서 감염된 미생물과 싸우며, 면도 중에 베인 상처로 인한 치명적인 출혈을 멈추게 하기도 한다. 단백질은 혈액 내 당을 비롯한 화학물질의 농도를 조절하며, 산소를 몸의 이곳저곳으로 운반한다. 모든 생명체의 모든 세포에는 효소라는 단백질이 있어서 화학반응을 개시하고, 또 잘 이루어지도록 돕는다.

단백질의 다양성

생명체 내에서 단백질은 매우 다양한 기능을 수행하지만, 모두 같은 원재료를 사용하며 동일한 방식으로 만들어진다.

Scarlet Macaw 앵무의 날개 깃털

구조
머리카락, 손톱, 깃털, 뿔, 연골, 힘줄

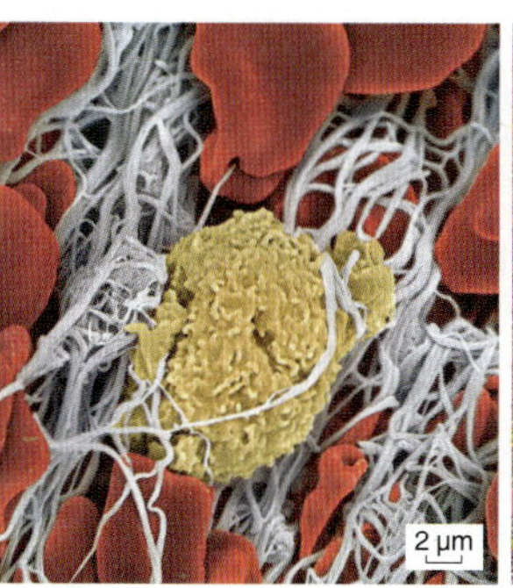

혈액 응고

보호
침입하는 미생물에 저항, 혈액의 응집

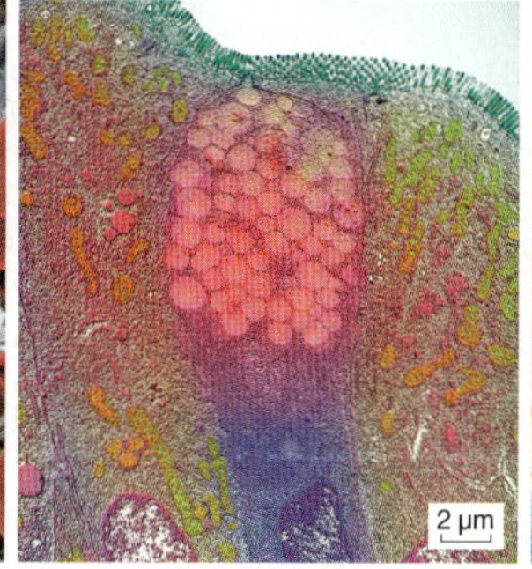

소장 표면 점막의 배상(고블릿) 세포(분홍과 파랑)

조절
세포 활성 조절, 일부 호르몬의 구성요소

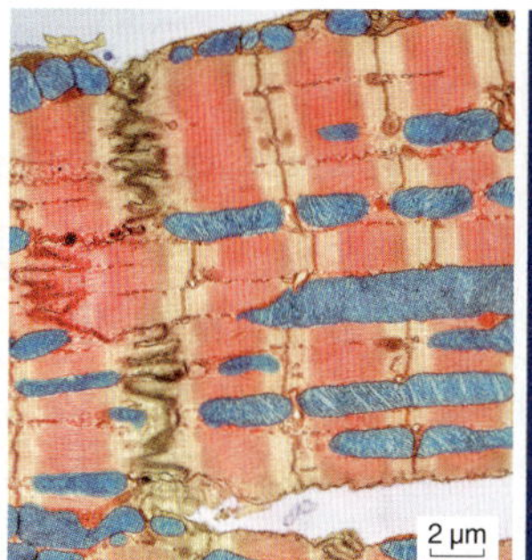

심장근 세포

수축
근육의 수축, 심장의 펌프 작용, 정자의 이동

산소를 운반하는 헤모글로빈 분자 모형

수송
산소 등의 분자를 신체 곳곳으로 운반

그림 3.14 단백질은 어디에나 존재한다. 단백질은 모든 생명체의 주요 구성요소이다.

단백질은 매우 다양한 기능을 가지지만, 모든 생명체에서 동일한 원재료 물질이 사용되어 동일한 방식으로 만들어진다. 영어에서 단어가 26개의 알파벳으로 만들어지듯이 단백질도 **아미노산**으로 알려진 일종의 알파벳으로 구성된다. 이들 아미노산—단위체—20개를 고유한 조합으로 실에 꿴 구슬과 같은 형태로 연결한 단백질은 독특한 구조와 화학적 행동을 보이게 된다.

아미노산은 탄수화물 또는 지질과 동일한 원자—탄소와 수소, 산소—로 구성되지만, 여기에 질소가 추가된다. 아미노산의 중심에는 4개의 공유결합을 가지는 탄소 원자가 1개 있다(**그림 3.15**). 공유결합 중 하나는 탄소를 일명 **카르복실기**—탄소 1개에 산소 원자 2개가 결합한 원자단—라는 원자단에 결합시킨다. 두 번째는 중심 탄소에 수소 원자 1개가 결합한 것이다. 세 번째는 중심 탄소가 질소 원자 1개에 수소 원자(보통 2~3개)가 결합한 **아미노기** 원자단에 결합한다. 이러한 구성성분이 아미노산 분자의 기본 구조이다. 여러 개의 아미노산이 함께 연결되면 이러한 세 가지 구성성분에 의해 형성된 단위가 단백질의 "뼈대"를 이룬다.

중심 탄소의 네 번째 결합은 곁사슬이 붙어 있는 것이다. 이 곁사슬은 20가지의 아미노산마다 독특하여 아미노산의 성질을 결정한다. 가장 간단한 아미노산인 글리신의 곁사슬은 단순히 수소 원자 1개이다. 다른 아미노산의 경우, 곁사슬에는 메틸기($-CH_3$) 1개 또는 이러한 원자단 3~4개가 붙는다. 대부분의 곁사슬은 수소와 탄소를 모두 포함하며, 드물게는 질소나 황 원자를 포함하기도 한다.

우리가 먹는 단백질에 있는 원자—특히 질소 원자—는 우리 몸에서 일어나는 성장과 수선, 그리고 조직 대체 등에 필수적이다. 단백질을 소화시켜서 아미노산으로 분해하면, 우리 몸은 다양한 건설 프로젝트에 이 아미노산을 이용한다. 탄수화물이나 지질과 마찬가지로, 단백질도 결합에 에너지를 저장하여 에너지원으로 사용될 수도 있다.

신체가 필요로 하는 단백질의 양은 수행하고 있는 건설 프로젝트의 정도에 따라 달라진다. 사람은 대개 매일 40~80g의 단백질이 필요하나, 그러나 근력 훈련을 하는 운동선수는 근육량을 크게 늘리기 위해 매일 150g 이상을 필요로 할 것이다. 마찬가지로, 임산부나 수유부도 매일 15~25g 정도의 단백질을 더 많이 필요로 한다.

모든 단백질이 동일하게 만들어지지 않는다. 각각의 단백질은 아미노산 조성이 서로 다르다. 그리고 우리 몸은 몇 가지 아미노산을 필요에 따라 만들 수 있지만, 대부분 성인은 20가지 중 9가지의 아미노산은 식사를 통해 얻어야만 한다. 이런 이유로 이 아미노산들을 "필수아미노산(essential amino acid)"이라고 한다.

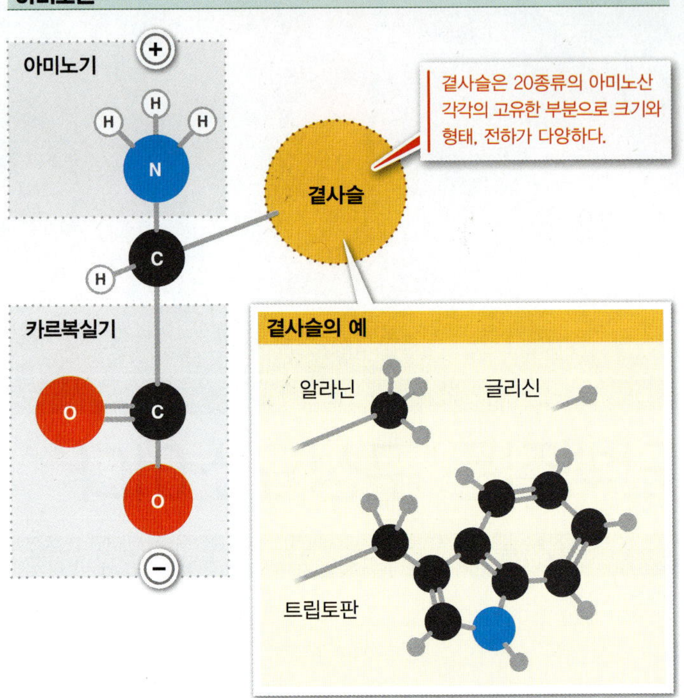

그림 3.15 아미노산의 구조. 아미노산은 아미노기, 카르복실기, 곁사슬 등에 결합한 중심 탄소로 이루어진다.

"완전 단백질"을 가진 식품은 모든 필수아미노산을 함유하고 있다. 우유나 달걀, 생선, 닭, 소고기 등의 동물성 식품은 완전 단백질을 공급해주며, 퀴노아와 소이와 같은 몇몇 비건도 완전 단백질을 제공한다. 채소와 과일, 곡물은 대개 필수아미노산을 모두 갖추지 않은 불완전 단백질을 가진다. 상보적인 두 종류의 불완전 단백질을 함께 섭취하면 모든 필수아미노산을 얻을 수 있다. 많은 문화권의 전통적인 식단은 대개 보완하는 방식으로 짜여 있다. 멕시코의 옥수수와 콩, 인도의 쌀과 렌틸콩 조합을 예로 들 수 있다(**그림 3.16**).

핵심요약 3.9

» 단백질은 20가지 아미노산의 고유한 조합에 의해 구성되며, 살아있는 생물의 성장과 수선, 조직 대체 등을 위한 수많은 기능을 수행한다. 20가지 아미노산 중 9가지는 우리 몸에서 만들지 못하므로 반드시 식사를 통해 섭취해야만 한다.

완전 단백질과 불완전 단백질

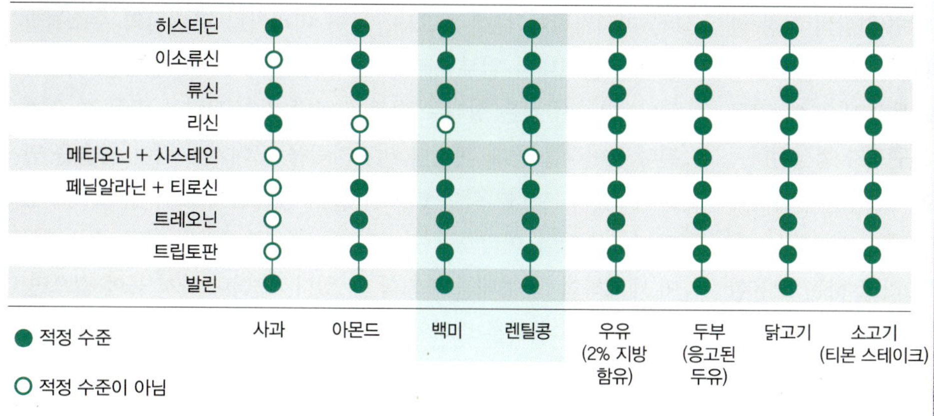

그림 3.16 모든 단백질이 동일하게 만들어지지 않는다. 일부 식품은 필수아미노산을 모두 갖춘 "완전 단백질"을 가지고 있다. 다른 식물은 "불완전 단백질"을 갖는다.

3.10 단백질의 기능은 3차원 구조에 의해 영향을 받는다

단백질은 아미노산이 **펩타이드 결합**으로 연결되어 만들어진다. 이 결합은 하나의 아미노산의 아미노기와 다른 아미노산의 카르복실기가 결합한 것이다. 아미노산 2개가 연결되면 디펩타이드(*dipeptide*), 여러 개가 연결되면 **폴리펩타이드**라고 한다. 폴리펩타이드 사슬을 이루는 아미노산 서열을 단백질의 **1차 구조**라고 하는데, 특정 단어를 이루는 글자의 순서에 비유할 수 있다(**그림 3.17**).

단백질의 구조

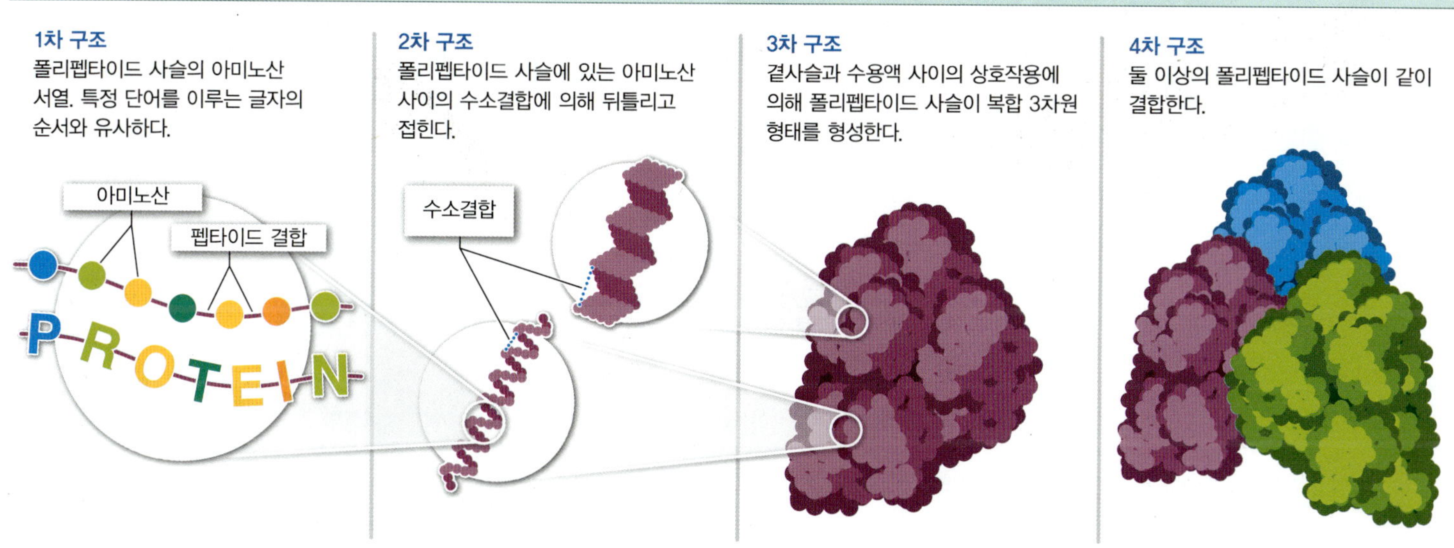

그림 3.17 여러 수준의 단백질 구조. 단백질의 기능은 3차원 형태에 의해 영향을 받는다.

폴리펩타이드의 아미노산은 실에 구슬을 꿰듯 단순한 직선형으로 있지 않다. 곁사슬들이 가까이 놓여 다양한 원자 사이에 수소결합을 이루면 사슬이 접힌다. 아미노산 사이 수소결합의 가장 일반적인 두 가지 형태로 인해 사슬이 코르크 따개와 같이 나선형으로 감기거나 지그재그 형태로 접히게 된다. 단백질 내의 이 코르크 따개와 지그재그 분포로 인해 단백질의 **2차 구조**가 형성된다.

2차 구조 자체가 스스로 접히고 구부러져 아미노산들이 가깝게 놓이고, 그 사이에서 수소결합이나 황-황 공유결합(그림 3.17 참조)을 형성한다. 결국, 단백질은 접혀 **3차 구조**라고 하는 고유한 복합 3차원 형태를 이룬다.

일부 단백질 분자는 둘 이상의 폴리펩타이드 사슬로 구성된다. 폴리펩타이드 사슬들은 수소결합과 서로 다른 사슬의 아미노산 사이의 결합으로 **4차 구조**를 이룬다. 4차 구조의 일례는 허파에서 세포로 산소를 운반하는 단백질 분자인 헤모글로빈이다(그림 3.14 참조).

Q 달걀 흰자에는 단백질이 풍부하다. 흰자를 치대면 굳는 까닭은 무엇일까?

단백질 구조는 기능과 직결된다. 단백질이 기능을 제대로 발휘하려면 3차원 형태(즉, 2차 구조와 3차 구조)를 유지하여야만 한다. 이 형태가 단백질이 상호작용할 분자를 결정한다. 원래의 형태가 변형되면 대개 기능을 잃는다. 달걀을 프라이할 때에 이러한 단백질 변형을 볼 수 있다. 열을 가하면 단백질의 형태를 유지하던 수소결합이 끊어진다. 투명한 달걀 흰자 속의 단백질 접힘이 풀려 2차 구조와 3차 구조가 소실된다. 이렇게 단백질의 접힘이 파괴되는 것을 **변성**이라고 한다(**그림 3.18**).

머리카락은 또 다른 단백질인데, 우리는 그 모습을 자주 바꾸어준다. 곱슬머리나 곧은 머리로 손질하는 것은 머리카락 단백질의 아미노산 사이 수소결합 일부를 변형시켜 3차 구조를 바꾸는 것이다. 머리카락이 물에 젖으면, 물이 머리카락 단백질의 수소결합 일부를 끊어내서 일부 아미노산이 물 분자와 수소결합을 이루게 된다. 따라서 젖은 상태로 손질을 하면 머리 모양을 바꿀 수 있게 된다—머리를 곧게 펴거나 머리카락을 고데기에 감아 곱슬을 만들 수 있다. 머리카락이 마르면 물이 증발함에 따라 물과 이루었던 수소결합을 머리카락 단백질 아미노산 사이의 다른 수소결합이 대체하여 그 형태를 유지할 수 있다. 그러나 다시 물에 젖으면, 머리를 빗거나 다른 스타일로 감지 않는 한 원래의 형태로 되돌아갈 것이다.

Q 어떤 사람은 곱슬머리이고 어떤 사람은 생머리(직모)인 까닭은 무엇일까?

어떤 사람의 머리카락이 곱슬머리인지 생머리인지, 아니면 그 중간 어디쯤인지는 그 사람의 머리카락 단백질 아미노산 서열과 그로 인한 3차원적 형태에 따라 결정된다(**그림 3.19**). 이러한 아미노산 서열은 타고 나는 것이다—유전적으로 결정되어 있다. 꼬여 있는 부위들 사이에서 공유결합과 수소결합이 얼마나 이루어지는가에 따라 아미노산 사슬의 꼬여 있는 정도가 달라진다. (미용실에서는 공유결합을 바꾸어 머리카락을 반영구적으로 변형시키는 방법을 이용한다.)

핵심요약 3.10

» 단백질의 특정한 아미노산 서열로 인해 특정한 3차원 형태로 접히는 방식이 달라진다. 이 형태로 인해 어떤 분자와 상호작용할 것인지 등의 많은 단백질 특성이 결정된다. 단백질의 형태가 변형되면, 대개 고유 기능을 잃는다.

그림 3.18 변성.

그림 3.19 곱슬머리 또는 생머리? 단백질에 의해 결정된다!

3.11 효소는 화학반응 속도를 촉진하는 단백질이다

체내에서 화학반응을 개시하고 가속하는 분자인 **효소**는 단백질의 형태가 특히 중요하다. 효소는 반응이 완결된 후 변하지 않은 채 원래 형태로 되돌아가기 때문에 반복하여 사용할 수 있다.

효소를 팝콘의 큰 조각이라고 생각하자. 3차 구조 또는 4차 구조로 인해 수많은 홈과 틈을 가진 복합 형태가 나타난다. 이러한 홈 중 하나에 있는 작은 부위를 **활성 자리**라고 한다(**그림 3.20**). 이 홈을 이루는 원자의 화학적 성질에 따라 활성 자리는 화학반응에 참여하는 반응물, 또는 **기질** 분자가 반응이 진행되는 동안 잠깐 머물 수 있는 장소를 제공한다.

오직 해당 기질 분자만이 활성 자리에 크기와 모양이 맞는다. 그래서 효소는 적절한 기질 분자하고만 결합한다(그림 3.20 참조). 더구나 활성 자리에 노출된 원자는 기질 분자 내 특정 원자와 약한 상호작용을 할 수 있도록 배열되어 있다. 일단 기질이 활성 자리에 결합하면 대개 반응이 매우 빨리 일어나고 이후 기질은 떨어져 나간다.

생명체에서 일어나는 화학반응에서는 에너지를 내놓거나 소비한다. 그러나 어떤 경우든—약간 "밀어주는"—최소한의 에너지가 반응을 개시하는 데에 필요하다. 이를 **활성화 에너지**라 한다. 효소는 반응 동안 방출되는 에너지의 양을 변화시키지는 않지만, 활성화 에너지를 낮춤으로써 반응을 개시하고 더 빠르게 일어나도록 하는 촉매로서 작용한다. 예를 들어, 효소는 기질을 같은 방향으로 배열시킴으로써 끊어야 하는 결합에 압박을 가하거나 결합에 필요한 원자를 가까이 위치시킴으로써 활성화 에너지를 낮춘다.

효소는 촉매 역할을 담당하기 때문에 생명체에서 화학의 핵심이다. 생명체 안에서 일어나는 모든 화학반응이 물질대사이다.

핵심요약 3.11

» 효소는 화학반응을 개시하고 촉진하는 단백질이다. 효소는 화학반응 과정에서 영구적으로 변형되지 않으며, 반복해서 사용될 수 있다.

효소는 화학반응을 촉진한다

젖당분해효소(lactase)는 우유에 있는 당인 젖당을 에너지원으로 사용할 수 있는 단순당 2개로 분해한다.

1 효소마다 자신의 기질과 완벽하게 들어맞는 활성 자리를 가진다.

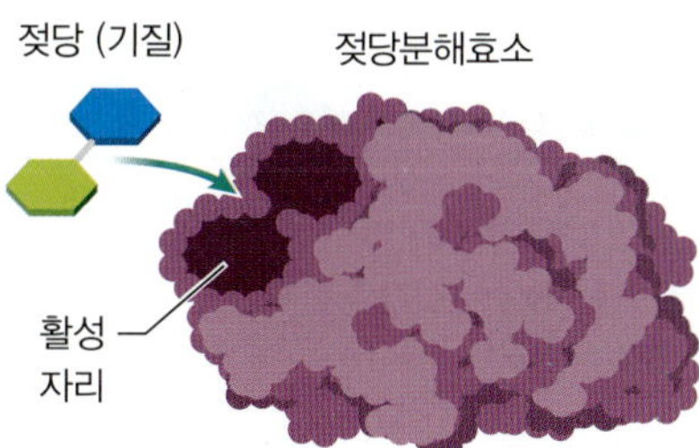

2 마치 자물쇠에 넣은 열쇠처럼 젖당은 젖당분해효소의 활성 자리에 딱 맞는다. 단순당 사이의 결합이 끊어진다.

3 젖당을 구성하는 단순당 2개가 분해되어 떨어져 나온다.

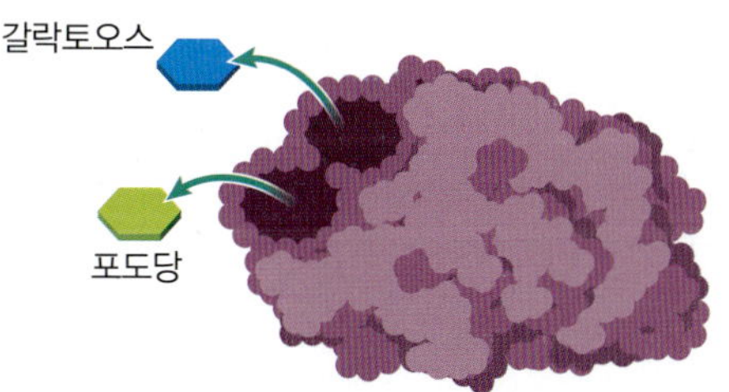

그림 3.20 자물쇠와 열쇠. 효소는 촉매 역할을 할 분자와 반응 종류에 대해 매우 특이적이다.

3.12 효소 활성은 화학적, 물리적 요인에 의해 영향을 받는다

효소가 없다면 세포에서 아무 것도 이루어지지 않을 것이다. 효소는 반응의 결과를 바꾸지는 않는다. 그러나 효소가 화학적으로 "약간의 자극"를 주지 않는다면—종종 반응 속도를 수백만 배 증가시키기도 한다—삶을 유지하는 데 필수적인 과정은 일어날 수 없을 것이다. 효소가 반응을 촉매하는 속도는 다음과 같은 몇 가지 화학적, 물리적 요인에 의해 영향을 받는다(**그림 3.21**).

1. **효소와 기질의 농도.** 전형적으로 반응 속도는, 효소 또는 기질의 양이 늘어나 효소와 기질 분자 사이의 충돌이 더 늘어나면 빨라진다.

2. **온도.** 온도가 높아지면 분자의 이동이 빨라지므로, 반응 속도는 일반적으로 높은 온도에서 빨라진다. 그러나 반응 속도의 증가는 효소의 적정온도까지만 지속한다. 적정온도보다 높으면 효소의 형태가 변형되므로 반응 속도가 느려진다.

3. **pH.** 온도와 마찬가지로 효소는 적정 pH를 가진다. 이보다 높거나 낮을 경우 과도한 수소 이온이나 수산화 이온이 활성자리에 있는 아미노산 곁사슬 또는 다른 부위와 상호작용을 하게 된다. 이로 인해 효소의 기능이 (때로는 구조도) 파괴되어 반응 속도가 느려진다.

4. **억제자의 존재.** 억제자는 효소의 활성을 감소시키는 데 두 가지 형태가 있다. **경쟁적 억제자**는 활성 자리에 결합하여 기질 분자의 결합을 방해하여 결국 반응에 참여하지 못하게 한다. **비경쟁적 억제자**는 활성 자리와 경쟁하지 않는다. 그 대신에 효소의 다른 자리에 결합하여 효소의 형태를 바꿈으로써 활성 자리의 구조를 변화시킨다. 그 결과, 효소가 기질과 결합하는 능력을 감소시키거나 차단한다. 흔하게는, 대사경로의 산물 자체가 경로 초기의 효소에 대한 억제자로 작용하여 최종산물이 충분하게 생산되면 효과적으로 대사경로를 차단한다.

5. **활성화 인자의 존재.** 어떤 분자가 효소와 결합하여 효소 활성을 억제하는 것과 마찬가지로 세포의 일부 화학물질은 **활성화 인자** 역할을 한다. 이 화학물질은 효소의 형태와 구조를 변형시켜 반응을 촉매할 수 있다.

효소의 활성

효소가 촉매하는 반응의 속도는 몇 가지 화학적 요인과 물리적 요인에 의해 영향을 받는다.

효소와 기질의 농도

반응 속도는 효소 또는 기질의 양이 늘어나 효소와 기질 분자 사이의 충돌이 더 늘어나면 빨라진다.

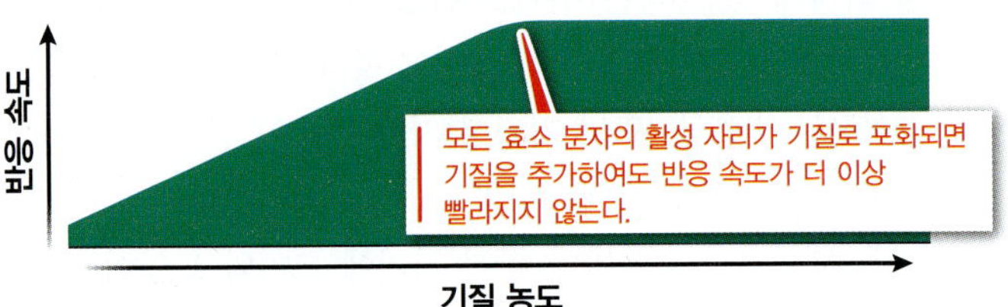

온도

반응 속도는 일반적으로 높은 온도에서 빠르다. 그러나 특정 효소에 대한 적정온도까지만 증가한다.

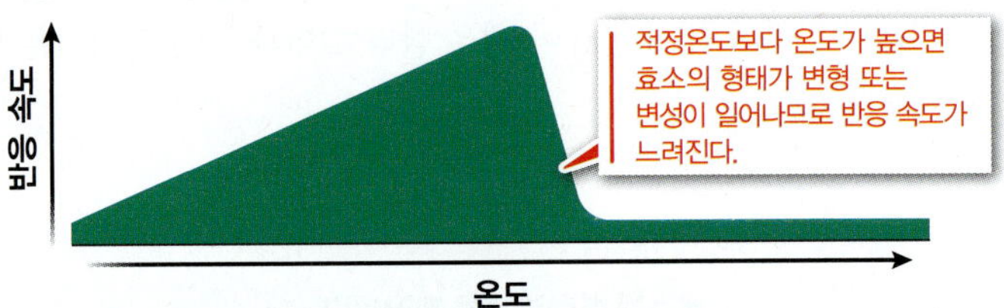

pH

반응 속도는 일반적으로 pH가 특정 효소의 적정범위에 가까울수록 빠르다.

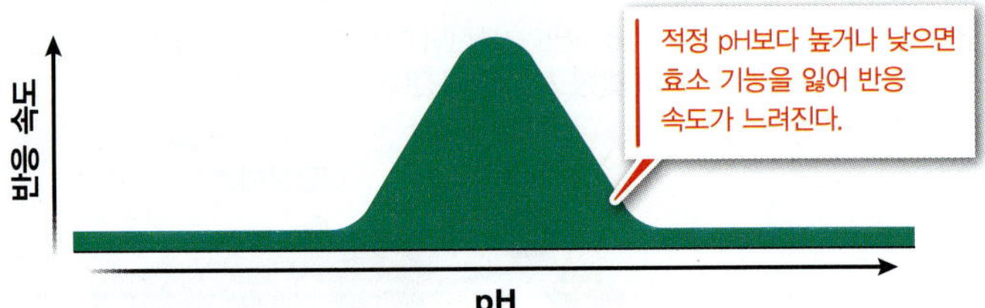

억제자 또는 활성화 인자의 존재

반응 속도는 활성화 인자가 있으면 빨라지고, 억제자가 있으면 느려진다.

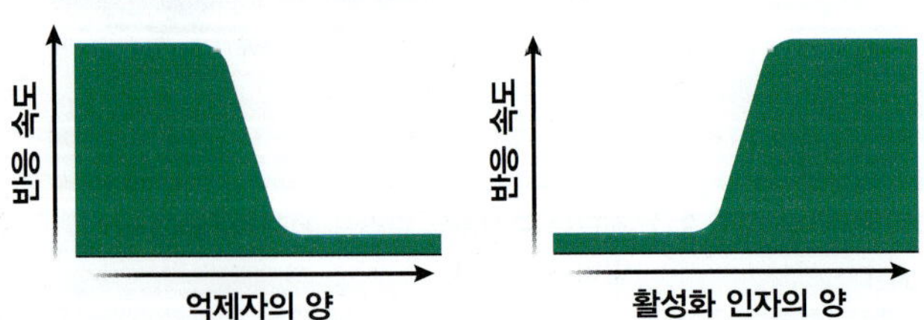

그림 3.21 임무 완성하기. 효소의 활성은 물리적 요인과 화학적 요인에 의해 영향을 받는다.

어떤 경우든, 효소 기능은 결정적으로 효소의 아미노산 서열에 따른 정확한 모양에 의존한다. 그러나 때로는 세포에서 "단어"의 철자가 잘못된—즉, 아미노산의 서열이 정확하지 않은—단백질이 만들어진다. 약간이라도 변형된다면, 효소는 활성자리 또는 다른 부위가 변형되어 촉매 기능을 잃을 수 있다(**그림 3.22**). 기능을 잃은 효소는 많은 질병과 생리학적 문제를 일으킨다(6.11절 참조).

한 예로는 젖당분해효소결핍증(lactose intolerance)이 있다. 정상적으로는 소화 과정에서 우유 속의 젖당이 구성성분인 포도당과 갈락토오스로 분해되고(그림 3.20 참조), 이들 단순당은 에너지원으로 사용된다. 그러나 어떤 사람들은 어른이 된 후에는 이 소화 과정을 돕는 젖당분해효소(lactase)를 더 이상 생산하지 못하기 때문에 두 단순당 사이의 결합을 끊지 못한다. 결과적으로 젖당은 모두 소화되지 않은 채로 위와 소장을 통과한다. 그래서 젖당이 대장에 이르게 되면, 대장에 서식하는 세균이 이를 소비한다. 세균이 젖당을 분해하면서 만드는 이산화탄소를 비롯한 가스들로 불쾌감을 초래하는 것이 문제이다.

Q 일부 어른은 우유를 마시면 병이 난다. 그 까닭은 무엇일까?

흥미롭게도, 오랜 목축 생활(가축을 기르고 소비하는) 전통을 지닌 지역에서는 젖당분해효소결핍증이 다른 지역에 비해 드물게 나타난다. 덴마크와 스웨덴에서는 인구의 10% 정도만이 이 증상을 겪는 데에 반해, 역사적으로 목축 생활을 거의 하지 않은 중국의 경우, 성인의 거의 대부분(여러 발표된 연구에 따르면, 80% 이상)이 이 증상을 겪는다.

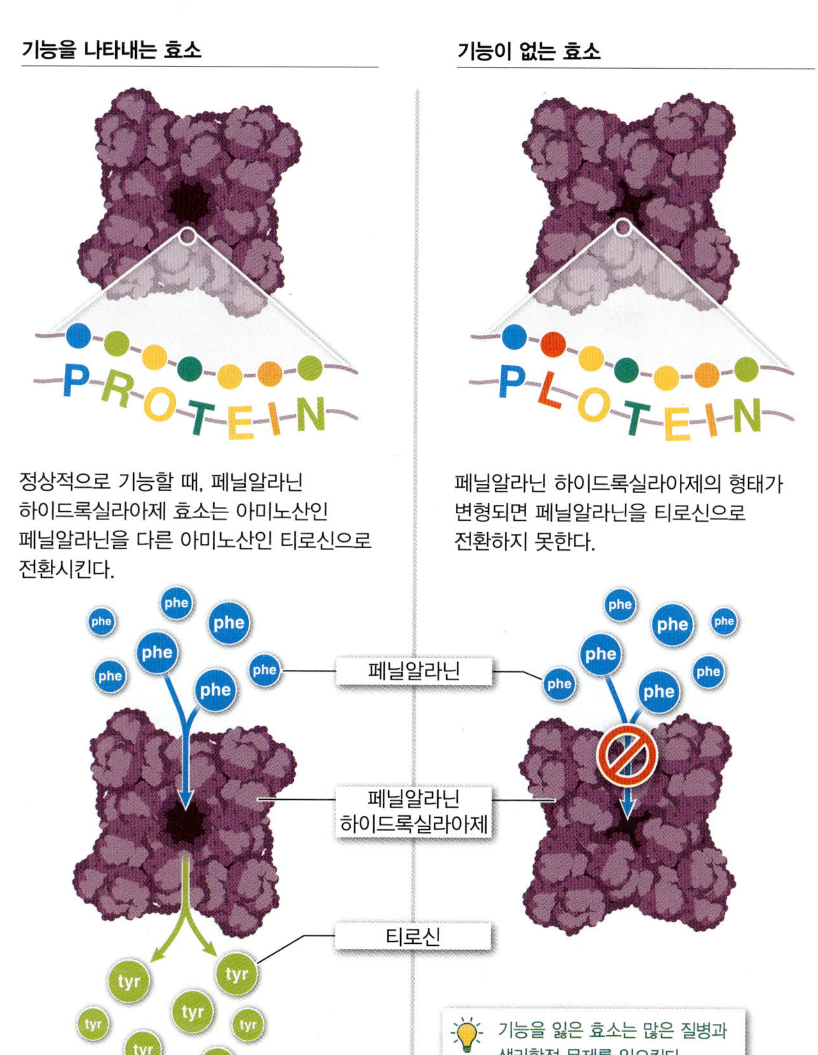

그림 3.22 단백질의 "철자가 잘못된" 경우.

핵심요약 3.12

» 효소 활성은 온도나 pH 등의 물리적 요인과 효소와 기질의 농도 등의 화학적 요인에 의해 영향을 받는다. 억제자와 활성화인자는 효소와 결합하는 화학물질로 효소가 촉매하는 반응 속도를 변화시킬 수 있다.

▲ "Spirals Time—Time Spirals"는 DNA 이중나선 구조에 영감을 받은 조각이다.

3.13 핵산은 정보를 담고 있는 거대분자이다

생명의 네 번째 거대분자는 **핵산**이다. 두 종류의 핵산이 있다: **디옥시리보핵산**(deoxyribonucleic acid; DNA)과 **리보핵산**(ribonucleic acid; RNA). DNA와 RNA는 모두 생명체에서 단백질 합성을 지시하는 중심적인 역할을 하며, 이를 통해 개체의 유전적인 특성 전체를 결정하는 중심 역할을 한다.

이미 살펴본 공통 주제인 많은 거대분자가 만들어지는 특징과 마찬가지로, 핵산은 **뉴클레오타이드**라는 단위로 이루어진다. 뉴클레오타이드는 세 가지 구성요소—당, 인산기(인 원자 1개에 산소 원자 4개 결합), 질소-함유 분자—를 가진다(**그림 3.23**).

두 핵산 모두 뉴클레오타이드 단위체가 연속해서 연결되어 있다. 당 분자가 인산기와 결합하고, 이 인산기는 다른 당과, 이 당은 또 다른 인산과 결합하는 식으로 반복된다. 이런 일련의 결합이 핵산 분자의 뼈대를 형성한다. 각각의 당과 결합하여 뼈대로부터 돌출된 질소-함유 분자를 **염기**라고 한다(염기라는 명칭은 화학 구조에서 비롯되었다). 따라서 단위체 10개로 이루어진 핵산은 염기 10개를 가지며, 각각의 염기는 당-인산-당-인산 뼈대에 있는 당에 하나씩 결합한다. 그러나 각 당과 결합한 염기는 모두 같은 것이 아니라 상이한 4종류 가운데 하나이다. 따라서 핵산을 염기의 서열로 표현하기도 한다.

핵산은 분자 뼈대의 각 위치에 결합한 염기의 순서대로 정보를

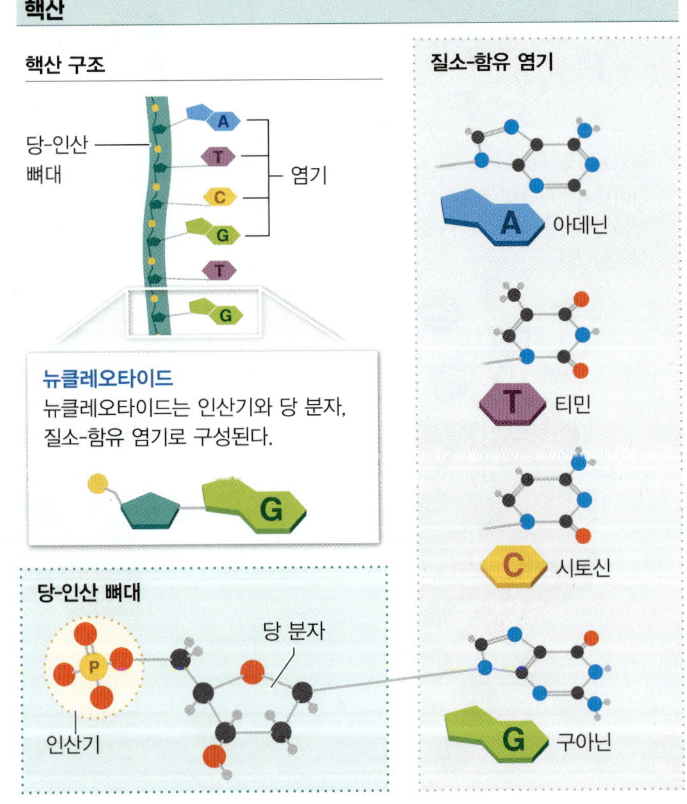

그림 3.23 유전정보를 운반하는 분자. 그림의 핵산은 DNA다.

저장할 수 있다. DNA 분자의 각 위치에는 아데닌(adenine, A), 티민(thymin, T), 구아닌(guanine, G), 시토신(cytosine, C)의 네 가지 염기 가운데 하나가 올 수 있다. 문장의 의미가 글자의 조합에 의해 결정되듯이, DNA 특정 부위 내의 정보도 염기 서열에 의해 결정된다. 예를 들어, 어떤 분자가 아데닌, 아데닌, 아데닌, 구아닌, 시토신, 티민, 구아닌, 시토신, 티민—간략하게 표시하면 AAAGCTGCT—의 서열을 가질 수 있다. 또 어떤 분자는 CGATTACCCGAT라는 서열을 가질 수 있다. 앞으로 보게 되겠지만, 각각의 경우마다 정보가 다르므로 이들 서열로 형성되는 단백질 역시 다르다.

핵심요약 3.13

» 핵산인 DNA와 RNA는 구성요소 분자인 뉴클레오타이드의 고유한 염기 서열에 정보를 저장한 거대분자이다. 이들은 단백질 합성을 지시하는 중심 역할을 수행한다.

3.14 DNA는 생명체를 구성하는 유전정보를 담고 있다

DNA 분자는 두 가닥의 당-인산-당-인산 뼈대를 가지는데, 뼈대의 당에 결합한 염기가 돌출되어 있다. 두 가닥은 서로 감싸면서 나선 모양을 이루며 돌출된 염기에 의해 연결되어 있다.

DNA 분자는 사다리에 비유할 수 있다. 두 가닥의 당-인산-당-인산 뼈대는 사다리의 긴 지지대와 같다. 여기에 붙어 있는 염기는 가로장, 더 정확하게는 가로장의 반쪽과 같다. 각 가닥에서 돌출된 염기는 중앙에서 만나 서로 (수소결합으로) 결합한다. DNA가 사다리와 다른 점은 조금씩 나선형으로 선회한다는 것이다. 선회하는 두 가닥은 **이중나선**을 이룬다(**그림 3.24**).

함께 나선을 이룬 두 가닥은 염기쌍의 조합이 단 2종류만 있어서 서로 딱 들어맞는다. 염기 A는 언제나 T와, C는 언제나 G와 짝을 이룬다. 따라서 만약 한 가닥의 염기 서열이 CCCCTTAGGAACC라면, 상대 가닥의 염기 서열은 GGGGAATCCTTGG가 되어야만 한다. 그러므로, 연구자들은 사람 유전체 일부의 서열을 설명할 때—DNA가 이중가닥임에도—DNA 서열을 오직 한 가닥의 뉴클레오타이드 서열로만 표시한다.

100개~수천 개의 뉴클레오타이드 염기 서열은 특정 단백질을 어떻게 만들 것인가에 대한 정보를 담고 있다. 사람 세포에 있는 모든 DNA는 약 30억 개의 염기쌍으로, 사람이 만들어야 하는 모든 단백질에 대한 정보를 간직하고 있다. 이러한 DNA 거의 대부분은 세포의 핵 안에 있다.

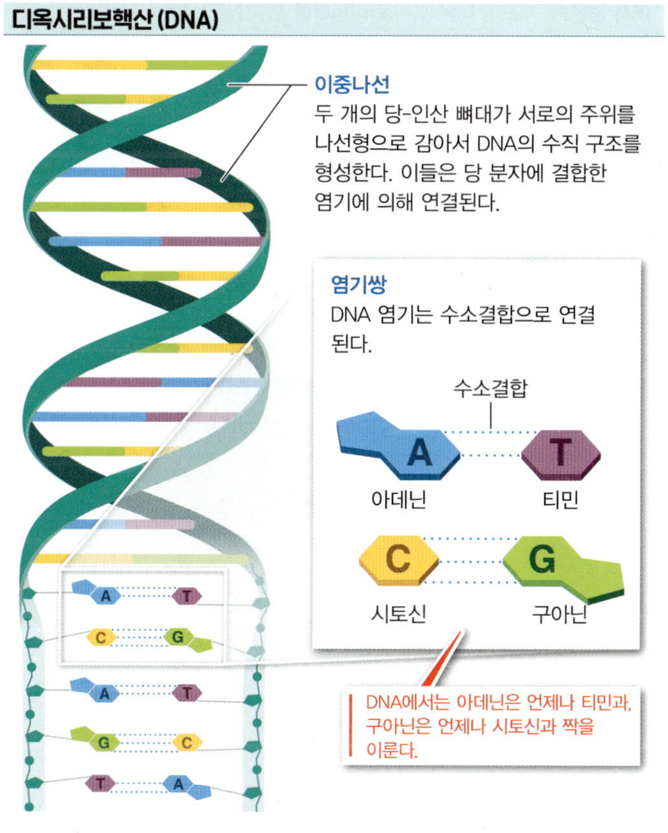

디옥시리보핵산(DNA)

그림 3.24 **조금씩 꼬이는 사다리.** DNA 사다리의 가로장은 뉴클레오타이드 염기쌍이며, 사다리의 지지대는 당-인산 뼈대로 이루어진다.

핵심요약 3.14

» DNA는 마치 사다리와 같다. 사다리의 긴 수직의 지지대는 당-인산-당-인산 뼈대이고, 가로장은 뉴클레오타이드 염기쌍으로 이루어진다. 뉴클레오타이드 염기 서열은 특정 단백질을 어떻게 만들 것인가에 대한 정보를 담고 있다.

3.15 RNA는 DNA를 읽고 단백질 생산을 지시하는 보편적인 번역자이다

DNA 서열로부터 단백질을 합성하는 과정은 직접 이루어지지 않는다. 대신 RNA가 중간자 역할을 한다. 먼저 DNA 복사본이 RNA에 암호화되고 RNA 복사본은 폴리펩타이드 합성을 지시한다. 따라서 DNA와 RNA의 구조가 꽤 비슷하다는 점은 놀랄만한 일이 아니다(**그림 3.25**). 그러나 RNA는 DNA와 세 가지 중요한 점이 다르다. 첫째, 뉴클레오타이드의 당 부위에 여분의 산소 원자가 있다. 둘째, RNA는 (DNA처럼) 염기 A, G, C를 갖지만, T 대신 U(우라실; Uracil)라는 비슷한 염기를 갖는다. 셋째, RNA는 단일가닥이다. 한 가닥의 염기들은 다른 가닥의 염기와 결합하지 않아 사다리 구조를 형성하지 않는다.

특정 세포가 단백질을 합성할 때, DNA 한 가닥의 일부를 모형으로 하여 짧은 RNA 조각이 만들어진다. 그래서 이 RNA 뉴클레오타이드는 DNA 뉴클레오타이드와 상보적이다. 즉, RNA 분자는 DNA 일부의 뉴클레오타이드 서열에 있는 모든 정보를 담게 된다. 이 RNA는 세포의 다른 부위로 이동하여 3차원 단백질로 접힐 폴리펩타이드 사슬을 만들기 위해 아미노산 결합을 지시한다. 이 과정에 관한 더 자세한 내용은 6장에서 살펴볼 것이다.

핵심요약 3.15

» RNA는 중간자 분자 역할을 수행한다. DNA로부터 단백질 생산에 관한 정보를 얻어 세포내 다른 부위로 이동한다. 이곳에서 RNA의 지시에 따라 아미노산을 이어 붙여 단백질을 만든다.

리보핵산(RNA)

RNA의 구조

RNA와 DNA 구조에는 세 가지 중요한 차이점이 있다.

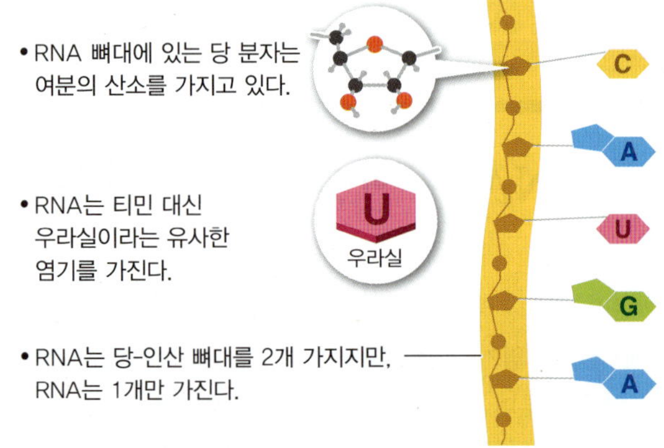

RNA의 기능

RNA는 중간자 분자로서 활동한다. 단백질 생산에 관한 정보를 DNA에서 얻은 후 세포의 다른 부위로 이동하여, 단백질 합성을 지시한다.

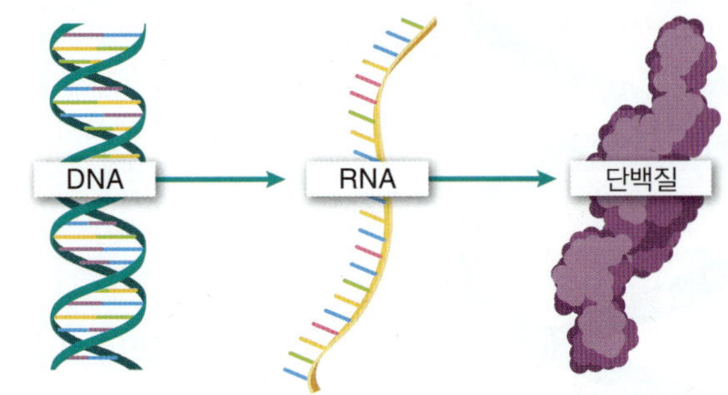

그림 3.25 DNA와 단백질 사이의 중간자. RNA의 구조.

입안에서 녹는 초콜릿은 그렇게 썩 좋은 착상이 아닐지도

식품 화학자들은 입안에서 녹는 초콜릿 제조법을 고안하였다. 그러나 예상치 못한 건강상의 위협 때문에 식단에서 제외되고 있다.

Q: 어째서 어떤 지방은 기름과 같이 "액체"이고, 어떤 것은 고체일까? 지방은 덜 포화되어 있을수록 실온에서 더욱 "액체" 성질을 가진다—올리브 기름을 보라. 대부분의 동물성 지방은 포화되어 있으며, 실온에서—버터처럼—고체이다.

Q: 기름을 고체로 만들 수 있을까? 3.6절에서 살펴본 대로 식물성 지방의 포화도를 높일 수 있다. 그저 기름을 데운 후 수소 기포를 통과시키면 된다. 식물성 기름에 부분적으로 수소를 첨가하는 과정을 통해 탄소-탄소 이중결합 수는 감소하는데, 그 결과 기름은 더 고체화한다. (만들기가 쉽고, 버터보다 값이 싸며, 식품의 저장 기간을 늘려준다.)

Q: 그렇게 하면 맛이 좋아질까? 식물성 기름의 포화도를 정밀하게 조절하면 더 탐스러운 질감의 음식을 만들 수 있다. 이들은 고체지만 따뜻한 입안에서 재빨리 녹을 정도로 녹는점이 낮은 식품을 만들 수 있다. 이것은 매우 멋져 보인다. 하지만...

Q: 나쁜 점이 있는가? 식물 기름을 포화시키면,("나쁜") LDL 콜레스테롤 수치를 높이며,("좋은") HDL 콜레스테롤 수치는 낮추는 트랜스 지방이 만들어진다. 트랜스 지방은 혈관 벽을 좁히고 심장병과 뇌졸중의 위험성을 증가시킨다.

결론: 부분적으로 수소를 첨가한 식물 기름(PHOs)은 입안에서 완벽한 질감과 기분 좋은 느낌을 주는 식품을 만들 수 있다. 그러나 크림 같은 부드러운 달콤함은 건강에 매우 해롭다. 이런 이유로, 미국식품의약국(FDA)은 PHOs를 안전식품이 아닌 것으로 결정했다. FDA는 2021년까지 미국에서 생산되는 어떤 음식도 트랜스 지방을 포함할 수 없도록 명령하였다(PHO를 포함하는 대부분 식품이 2018년에 금지되었다).

이 모든 정보를 고려해 본다면, 금지 명령이 없어도 트랜스 지방을 포기하겠는가?

연습 데이터의 시각적 표현을 비판적으로 살펴보기

도표로 배우기

1. 이 자료에서 녹색 점과 흰색 점은 각각 무엇을 나타내는가?
2. 이 자료에서 내릴 수 있는 결론은 무엇인가?
3. 백미와 렌틸콩에 대한 자료를 음영 처리한 이유는 무엇인가?
4. 필수아미노산을 적정 수준으로 갖추지 않은 식품은 먹지 말아야 할까? 그 이유는 무엇인가?
5. 사과와 백미로 구성된 식단은 필수아미노산을 모두 제공하는가? 렌즈콩과 아몬드로 구성된 식단은 어떠한가?
6. 이 자료에서 "적정 수준"이 무엇을 의미하는지 확인할 수 있는가?
7. 이 자료가 더욱 도움이 되려면 어떤 정보가 추가로 필요한가? 그 이유는 무엇인가?

답은 부록에 있음.

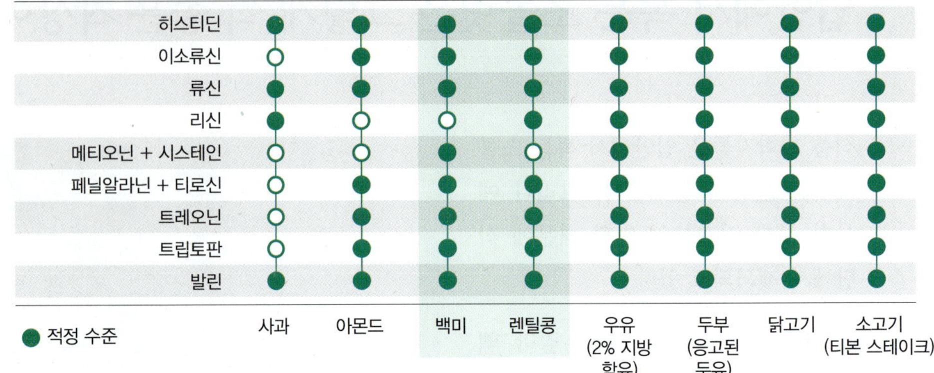

주요 용어: 생명의 분자

거대분자 macromolecule, 50쪽
경쟁적 억제자 competitive inhibitor, 66쪽
글리세롤 glycerol, 56쪽
글리코겐 glycogen, 52쪽
기질 substrate, 65쪽
녹말 starch, 53쪽
뉴클레오타이드 nucleotide, 68쪽
다당류 polysaccharide, 53쪽
단당류 monosaccharide, 51쪽
단백질 protein, 61쪽
단순당 simple sugar, 51쪽
단위체 monomer, 50쪽
디옥시리보핵산(DNA) deoxyribonucleic acid(DNA), 68쪽
리보핵산(RNA) ribonucleic acid(RNA), 68쪽
변성 denaturation, 64쪽
복합탄수화물 complex carbohydrate, 53쪽
불포화지방 unsaturated fat, 57쪽
비경쟁적 억제자 noncompetitive inhibitor, 66쪽
셀룰로오스 cellulose, 54쪽
소수성 hydrophobic, 56쪽
스테롤 sterol, 56쪽
아미노기 amino group, 62쪽
아미노산 amino acid, 62쪽
염기(뉴클레오타이드) base(nucleotide), 68쪽
왁스 wax, 60쪽
유기분자 organic molecule, 50쪽
이중나선 double helix, 69쪽
인지질 phospholipid, 60쪽
중성지방 triglyceride, 56쪽
중합체 polymer, 50쪽
지방 fat, 56쪽
지방산 fatty acid, 56쪽
지질 lipid, 55쪽
친수성 hydrophilic, 56쪽
카르복실기 carboxyl group, 62쪽
칼로리 calorie, 56쪽
콜레스테롤 choloestero, 59쪽
키틴 chitin, 54쪽
탄수화물 carbohydrate, 51쪽
트랜스 지방 trans fat, 57쪽
펩타이드 결합 peptide bond, 63쪽
포화지방 saturated fat, 56쪽
폴리펩타이드 polypeptide, 63쪽
핵산 nucleic acid, 68쪽
활성 자리 active site, 65쪽
활성화 에너지 activation energy, 65쪽
활성화 인자 activator, 67쪽
효소 enzyme, 65쪽
1차 구조 primary structure, 63쪽
2당류 disaccharide, 53쪽
2차 구조 secondary structure, 64쪽
3차 구조 tertiary structure, 64쪽
4차 구조 quaternary structure, 64쪽

요약

거대분자는 생명의 원재료이다.

- 거대분자는 작은 구성 단위체로 만들어진 커다란 유기분자 중합체이다. 생물에게 필수적인 4가지 거대분자는 탄수화물, 지질, 단백질, 핵산이다.

탄수화물은 살아있는 기계의 연료다.

- 탄수화물은 세포의 주 에너지원이며 또한 많은 세포 구조를 형성한다. 포도당은 생명체에서 가장 중요한 탄수화물이다. 혈액 내의 포도당은 에너지원으로 사용될 수 있으며, 근육과 간에 글리코겐으로 저장된 후 나중에 사용될 수 있다. 또는 지방으로 전환될 수도 있다.
- 단순 탄수화물이 서로 연결되어 형성된 복합탄수화물은 식물에서 에너지를 저장하는 주요 형태인 녹말과 동물에서 에너지를 저장하는 중요한 형태인 글리코겐을 포함한다.
- 대부분의 동물은 키틴과 셀룰로오스 등 일부 복합탄수화물을 소화할 수 없다. 식품에 있는 섬유질이라는 소화되지 않는 탄수화물은 소화를 돕고 건강에도 많은 도움을 준다.

지질은 몇 가지 기능을 한다.

- 지질은 물에 녹지 않으며 미끈거리는 감촉을 지닌다. 생명체에게는 장기-에너지 저장과 단열을 위해, 막 형성에서, 그리고 호르몬으로서 가치를 지닌다. 사람들은 칼로리가 높은 지방을 다른 거대분자보다 식품으로 더 선호한다.
- 우리가 먹는 음식에 흔한 중성지방을 비롯한 지방은 지질의 한 종류이다. 긴 탄화수소 꼬리를 가지고 있어서 많은 탄소-수소 결합과 탄소-탄소 결합에 에너지를 효과적으로 저장한다.
- 만약 어떤 중요한 과학적 문제가 단순하고 통제된 실험 방법에 적합하지 않다면, 우선 문제 연구를 위해 이상적이고 가설적인 방법을 논리정연하게 하는 것이 생산적인 길이다. 그러면 가설을 검증하는 데에 도움이 되는—시료를 줄이고, 기간을 짧게 하며, 관찰을 단순화하는 등—타당한 방법에 눈을 뜰 것이다.
- 콜레스테롤과 인지질은 지방이 아니지만, 역시 지질이다. 모두 세포막의 중요 구성요소이다. 콜레스테롤은 성장과 발달의 중요한 조절인자인 스테로이드 호르몬의 전구물질이기도 하다.

단백질은 구성요소이다.

- 단백질은 20가지 아미노산의 고유한 조합에 의해 구성되며, 살아있는 생물의 성장과 수선, 조직 대체 등을 위한 수많은 기능을 수행한다. 20가지 아미노산 중 9가지는 우리 몸에서 만들지 못하므로 반드시 식사를 통해 섭취해야만 한다.
- 단백질의 특정한 아미노산 서열로 인해 특정한 3차원 형태로 접히는 방식이 달라진다. 이 형태로 인해 어떤 분자와 상호작용할 것인지 등의 많은 단백질 특성이 결정된다. 단백질의 형태가 변형되면, 대개 고유 기능을 잃는다.
- 효소는 화학반응을 개시하고 촉진하는 단백질이다. 효소는 화학반응 과정에서 영구적으로 변형되지 않으며, 반복해서 사용될 수 있다.
- 효소 활성은 온도나 pH 등의 물리적 요인과 효소와 기질의 농도 등의 화학적 요인에 의해 영향을 받는다. 억제자와 활성화 인자는 효소와 결합하는 화학물질로 효소가 촉매하는 반응 속도를 변화시킬 수 있다.

핵산은 신체를 만들고 운용하는 방법에 관한 정보를 담고 있다.

- 핵산인 DNA와 RNA는 구성요소 분자인 뉴클레오타이드의 고유한 염기 서열에 정보를 저장한 거대분자이다. 이들은 단백질 합성을 지시하는 중심 역할을 수행한다.
- DNA는 마치 사다리와 같다. 사다리의 긴 수직의 지지대는 당-인산-당-인산 뼈대이고, 가로장은 뉴클레오타이드 염기쌍으로 이루어진다. 뉴클레오타이드 염기 서열은 특정 단백질을 어떻게 만들 것인가에 대한 정보를 담고 있다.
- RNA는 중간자 분자 역할을 수행한다. DNA로부터 단백질 생산에 관한 정보를 얻어 세포내 다른 부위로 이동한다. 이곳에서 RNA의 지시에 따라 아미노산을 이어 붙여 단백질을 만든다.

복습하기

짧게 답하기

1. 탄수화물이 생물의 연료로서 기능을 잘 하는 이유는 무엇인가?
2. 신체 내에서 포도당의 3가지 가능한 기능을 설명하시오.
3. 베이글 한 조각을 혀 위에 잠깐 두면 왜 단맛을 느끼기 시작할까?
4. 셀룰로오스가 소화계를 지나더라도 소화되지 않는 이유는?
5. 지질이 탄수화물보다 더 많은 에너지를 저장하는 이유는?
6. 일반적으로 사람들이 식사로 지방을 선호하는 이유는?
7. 체내 단백질의 두 가지 기능을 설명하시오.

8. 필수아미노산은 무엇인가?
9. 아미노산 서열은 단백질 기능에 어떤 영향을 미치는가?
10. 단백질 모양이 효소 활성에 중요한 이유는?
11. 핵산 염기 서열에 정보가 저장되는 방법은?
12. 특정 DNA 부위에서 정보를 결정하는 것은 무엇인가? 연구자들이 유전자의 DNA 서열을 결정할 때 한 가닥의 뉴클레오타이드 서열만 묘사하는 이유는 무엇인가?
13. RNA가 DNA와 다른 3가지를 설명하시오.

정답 고르기

1. 다음 식품 가운데 복합탄수화물 공급원이 아닌 것은?
   a) 신선한 과일
   b) 쌀
   c) 파스타
   d) 오트밀
   e) 모두 복합탄수화물 공급원이다.
2. 설탕과 (우유에 있는) 젖당은 무엇의 예인가?
   a) 천연 효소
   b) 단순당
   c) 단당류
   d) 2당류
   e) 다당류
3. 녹말에 대한 진술로 옳지 않은 것은?
   a) 녹말은 식물의 주요 에너지 저장 형태이다.
   b) 녹말은 수백 개의 포도당 분자가 일렬로 연결된 것이다.
   c) 녹말은 포도당으로 이루어져 있으므로 단맛을 낸다.
   d) 녹말은 다당류이다.
   e) 녹말에 대한 위의 진술 모두 옳다.
4. 섬유소에 대한 진술로 옳지 않은 것은?
   a) 식이섬유는 대장암 위험을 낮춘다.
   b) 식이섬유는 음식물이 장을 지나는 속도를 늦춘다.
   c) 사람은 섬유질로부터 칼로리를 전혀 얻지 못한다.
   d) 셀러리 줄기와 상추 잎의 셀룰로오스는 섬유질이다.
   e) 섬유질은 소화계를 지나면서 소화관 벽의 찌꺼기를 긁어내어 점액질 분비를 자극하고 다른 분자의 소화를 돕는다.
5. 음식에 있는 지방산이 실온에서 액체였으며 (즉, 녹는점이 낮으며) 탄소-탄소 2중 결합을 가지고 있었다. 이것은 무엇으로부터 얻은 것일까?
   a) 식물
   b) 암소고기
   c) 돼지고기
   d) 닭고기
   e) 양고기
6. 불포화지방산은
   a) 탄화수소 사슬에 탄소-탄소 2중 결합이 있다.
   b) 탄화수소 사슬은 홀수의 탄소를 가진다.
   c) 탄화수소 사슬은 짝수의 탄소를 가진다.
   d) 탄화수소 사슬에 탄소-탄소 2중 결합이 없다.
   e) 탄화수소 사슬의 탄소 모두가 수소 원자와 결합하지 않는다.
7. 인지질에 대한 진술로 옳지 않은 것은?
   a) 생물의 단기 에너지 저장 형태로 사용된다.
   b) 한쪽 끝이 소수성이다.
   c) 한쪽 끝이 친수성이다.
   d) 세포막의 주 구성성분이다.
   e) 지방산과 연결된 글리세롤을 가진다.
8. 단백질은 사람(을 비롯한 동물들)의 건강 식단에 필수적인 구성성분이다. 단백질의 가장 일반적인 용도는 무엇인가?
   a) 성장에 필요한 원재료
   b) 신체 운용을 위한 에너지원
   c) 효소를 만드는 유기질 전구물질
   d) 장기 에너지 저장
   e) 효소를 만드는 무기질 전구물질
9. 효소에 대한 설명으로 옳지 않은 것은?
   a) 효소는 화학반응을 개시할 수 있다.
   b) 효소는 화학반응 속도를 빠르게 한다.
   c) 효소는 단백질이다.
   d) 효소는 특정한 기질과 결합하는 활성자리를 가지고 있다.
   e) 효소는 자신이 촉진하는 반응이 일어나는 동안 영구적으로 변형된다.
10. DNA에 같은 양으로 존재하는 뉴클레오타이드 염기는?
    a) 아데닌과 시토신
    b) 티민과 구아닌
    c) 아데닌과 구아닌
    d) 티민과 시토신
    e) 아데닌과 티민

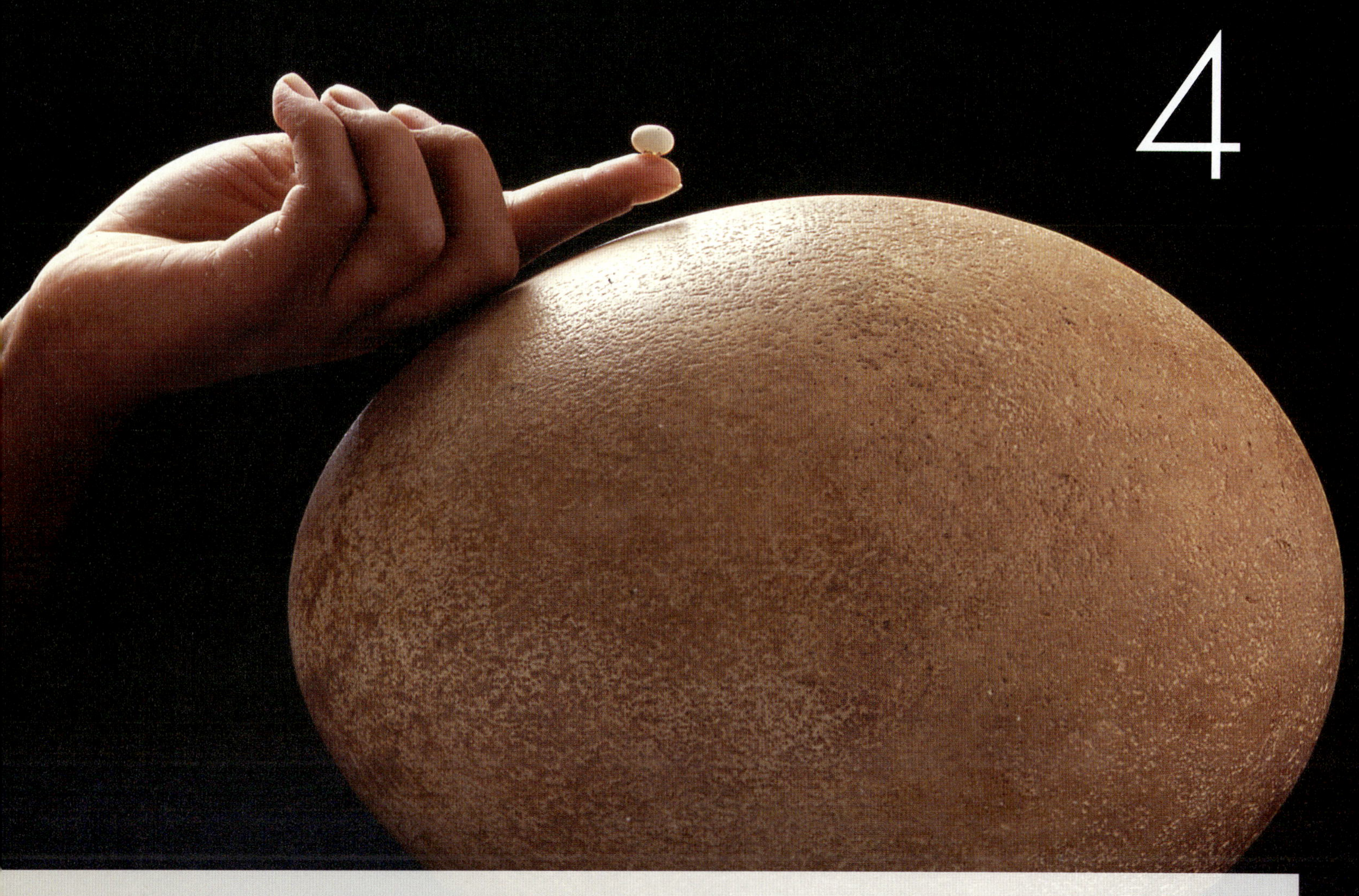

4

세포
신체의 가장 작은 부위

▲ 벌새 알의 무게는 1g 정도이지만 코끼리새(멸종) 알의 부피는 7리터가 넘는다.

세포는 무엇인가?

▲ 소기관이 가득 차 있는 식물세포

4.1 모든 생명체는 세포로 이루어져 있다

벼룩처럼 작든 코끼리처럼 크든, 생명체는 모두 작은 단위로 이루어져 있어서 쉽게 학습하고 이해할 수 있다. 생명체의 가장 기본적인 단위는 **세포**이며, 세포는 생명의 가장 작은 단위로서 독립적으로 기능을 수행하고 생명현상에 필요한 모든 기능을 수행할 수 있다.

세포라는 용어는 17세기 중반, 영국 과학자 Robert Hooke가 처음 사용하였다. 그는 매우 얇은 코르크 조각을 확대하여 관찰하며 빈 방이 많이 모여 있는 것과 비슷하다고 생각하였다. 그는 이러한 구획을 라틴어로 "작은 방"을 뜻하는 *cellulae*라고 명명하였다.

1830년대에 이르러 현미경이 발달함에 따라 모든 식물과 동물이 세포로 이루어져 있음을 알게 되었다. 후속연구를 통해 모든 세포는 다른 세포의 분열에 의해 만들어진다는 사실이 밝혀졌다. 예를 들어, 우리 신체는 약 30조 개의 세포로 이루어져 있으며, 이 모든 세포는 어머니의 난자와 아버지의 정자가 수정하여 만들어진 단 1개의 수정란에서 비롯된 것이다.

Q Aristotle은 "생명체는... 공기와... 열이 무언가에 둘러싸일 때마다 빠르게 형성된다"라고 했다. 그 생각이 잘못인 이유는 무엇일까?

(1) 살아있는 모든 생명체는 하나 이상의 세포로 이루어져 있으며, (2) 모든 세포는 기존의 다른 세포에서 유래한다는 사실이 **세포설**의 기초를 이룬다. 세포설은 생명과학의 통합이론 중 하나이며, 모든 생명과학자가 보편적으로 받아들이는 이론이다(**그림 4.1**). 12장에서 살펴보겠지만, 세포설에서 벗어난 한 가지 예외는 지구 생명의 기원이다. 아마도 지구 최초의 세포는 지구의 고대 해양(최소 35억 년 전)에서 자유롭게 떠다니던 분자에서 유래했을 것이다. 그러나 그 이후의 모든 세포와 생명은 이들 초기 세포에서 유래한 연속적인 혈통에 의해

세포설

세포설은 생명과학의 통합이론 가운데 하나이며, 모든 생명과학자가 수용하는 이론이다. 이 이론의 내용은 다음과 같다.

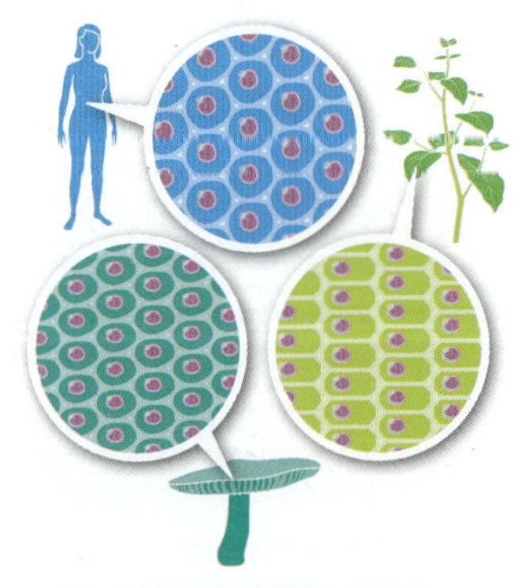

• 살아있는 모든 생명체는 하나 이상의 세포로 만들어져 있다.

• 모든 세포는 이미 존재하는 다른 세포에서 유래한다.

그림 4.1 세포는 생명의 기본 단위이다.

타조알, 1.5 kg 이상의 무게

큰철갑상어 알, 30 g에 80만원

사람 난자, 수백만 원

그림 4.2 **모든 세포가 작지는 않다.** 그리고 일부 세포는 매우 비싸다!

만들어진 것이다.

오늘날, 세포는 액체가 가득 찬 풍선과 같은 3차원적 구조이며, 내부에서 생명에 필수적인 여러 화학반응이 일어난다는 사실이 알려져 있다. 이런 반응에는 일반적으로 원재료와 연료를 세포 안으로 운반하고, 생성물과 노폐물을 세포 밖으로 내보내는 과정이 포함된다. 또한, 거의 모든 세포가 DNA(디옥시리보핵산)를 가지고 있다. DNA(3장 참조)는 다양한 세포 생성물 형성, 세포내 화학반응, 세포 스스로의 생식 등을 지시하는 정보를 가지고 있다. 거의 모든 세포—다세포 생명체인 경우에도—가 개체에 대한 모든 유전정보를 가지고 있다.

대부분 세포는 너무 작아서 육안으로 볼 수 없다. 지금 이 순간에도 우리의 입속에는 아마도 70억 개가 넘는 세균 세포가 있을 것이다—심지어 양치질 직후에도 그렇다! 그러나 길이가 몇 m (그러나 매우 얇은)나 되는 일부 오징어 신경처럼 예외도 있다. 부피로 보면 타조 알—무게 약 1.5 kg—이 아마도 동물 세포 중 가장 큰 세포일 것이다.(그러나 타조가 수정란을 낳을 즈음에는 이미 배아가 여러 차례 분열한 후일 것이다.)

알은 또한 가장 가치가 높은 세포인 경우가 많다. 큰철갑상어 알로 만든 Almas 캐비어는 30 g이 거의 80만 원에 판매된다. 사람 난자는 현재 10개에 약 3천만 원이나 호가한다(**그림 4.2**).

핵심요약 4.1

» 생명체의 가장 기본적인 단위인 세포는 독립적으로 기능을 하고, 스스로 생식하는 등 생명의 필수 기능을 모두 수행할 수 있는 가장 작은 생명 단위이다. 모든 생명체는 하나 이상의 세포로 이루어져 있으며, 모든 세포는 이미 존재하는 다른 세포로부터 만들어진다.

4.2 원핵세포는 구조적으로 단순하지만 매우 다양하다

지구에는 수백만 종의 다양한 생명체가 살고 있으며 이들 중 많은 생명체가 수조 개나 되는 세포로 구성되어 있지만, 모든 세포는 진핵세포와 원핵세포의 두 가지 기본적인 유형으로 나누어진다.

대부분의 **진핵세포**는 세포의 DNA가 들어있는 핵이라는 중앙 통제구조를 갖는다. 진핵세포로 이루어진 생명체를 **진핵생물**이라고 한다. **진핵생물**(*eukaryote*)이라는 용어는 "좋은(good)"과 "알맹이(kernel)"에 해당하는 그리스어에서 유래하였으며, 핵을 의미한다.

원핵세포는 핵이 없으며, DNA가 단순하게 세포질에 있다. 원핵세포로 이루어진 생명체를 원핵생물이라고 한다. 모든 원핵생물은 단세포 생명체이며, 맨눈으로는 볼 수 없다. 지구 최초의 세포는 원핵생물이며, 약 35~38억 년 전에 나타났다. **원핵생물**(*prokaryote*)이라는 용어는 "이전(before)"과 "알맹이(kernel)"에 해당하는 그리스어에서 유래하였으며, 진핵생물보다 먼저 출현하였다는 진화상 기원을 의미한다. 긴 세월(15억 년) 동안 원핵생물이 지구를 독점하였다.

원핵생물에는 세균과 고세균의 두 무리가 있으며, 나머지 생명체는 모두 진핵생물이다. 원핵생물의 가장 큰 무리는 세균이다. 세균은 폐렴 등의 질병을 초래하고, 식품을 상하게 하며, 퇴비의 식물성 물질을 분해하는 능력이 있는 것으로 잘 알려진 존재이다. 또한, 사람의 영양과 건강 측면에서 이로움을 주기도 한다. 고세균은 조금 낯설 수 있다. 고세균은 극단적인 온도나 염도, pH 조건 등 매우 거친 환경에서 서식한다.

원핵생물은 네 가지 기본적인 구조적 특징을 가지고 있다(**그림 4.3**).

1. 원형질막(plasma membrane)이 세포를 둘러싸고 있다(때로는 "**세포막**(cell membrane)"이라고도 한다). 원형질막 안에 있는 모든 것을 "**세포내**(*intracellular*)", 원형질막 밖에 있는 모든 것을 "**세포외**(*extracellular*)"라고 한다.
2. **세포질**은 원형질막 내부에서 유전물질을 제외한 모든 내용물을 의미한다. 젤리-같은 액체와 세포골격을 아우르는 **세포기질**, 그리고 몇 가지 소기관을 포함한다.
3. **리보솜**은 단백질을 합성하는 작은 과립체이다. 수천 개의 리보솜이 세포질에 흩어져 있다.
4. 원핵생물은 둥근 고리나 선형 가닥의 DNA를 1개 이상 가지고 있다.

일부 원핵생물에는 추가 구조가 더 존재한다. 예를 들어, 많은 원핵생물은 단단한 세포벽이 있어서 세포를 보호하고 형태를 유지한다. 어떤 원핵생물은 가장 바깥층에 끈적끈적한 당질의 피막이 있다. 이 끈적끈적한 외피는 원핵생물을 보호하고, 필요할 때 특정 자리에 고정될 수 있도록 한다.

많은 원핵생물은 원형질막에서 뻗어나온 선회할 수 있는 가늘고 긴 채찍-같은 돌기인 **편모**(flagellum, 복수, **flagella**)를 가지고 있어서, 서식환경 내에서 이동할 수 있다. 그 밖의 부속기관으로는 훨씬 가늘고 털-같은 돌기인 **선모**(**pilus**, 복수, pili)가 있어서 원핵생물이 표면에 부착할 수 있고, 이것을 통해 다른 세포와 DNA를 교환할 수도 있다.

원핵생물은 진핵생물에 비해 작고 진화상 원시적이며 구조도 단순하지만, 이들의 대사활동(즉, 분자를 분해하고 합성하는 방법)은 환상적으로 다양하다. 예를 들어, 일부 세균은 산소가 있을 때나 없을 때 모두 활동에 필요한 에너지를 공급할 수 있으며, 심해 열수구의 황이나 수소 가스, 또는 햇빛을 에너지원으로 사용할 수 있는 세균도 있다.

핵심요약 4.2

» 지구의 모든 세포는 진핵세포이거나 원핵세포이다. 핵이 없는 단세포 원핵생물이 지구 최초의 세포이다. 원핵생물에는 세균 무리와 고세균 무리가 있으며, 엄청나게 다양한 대사활동을 수행한다.

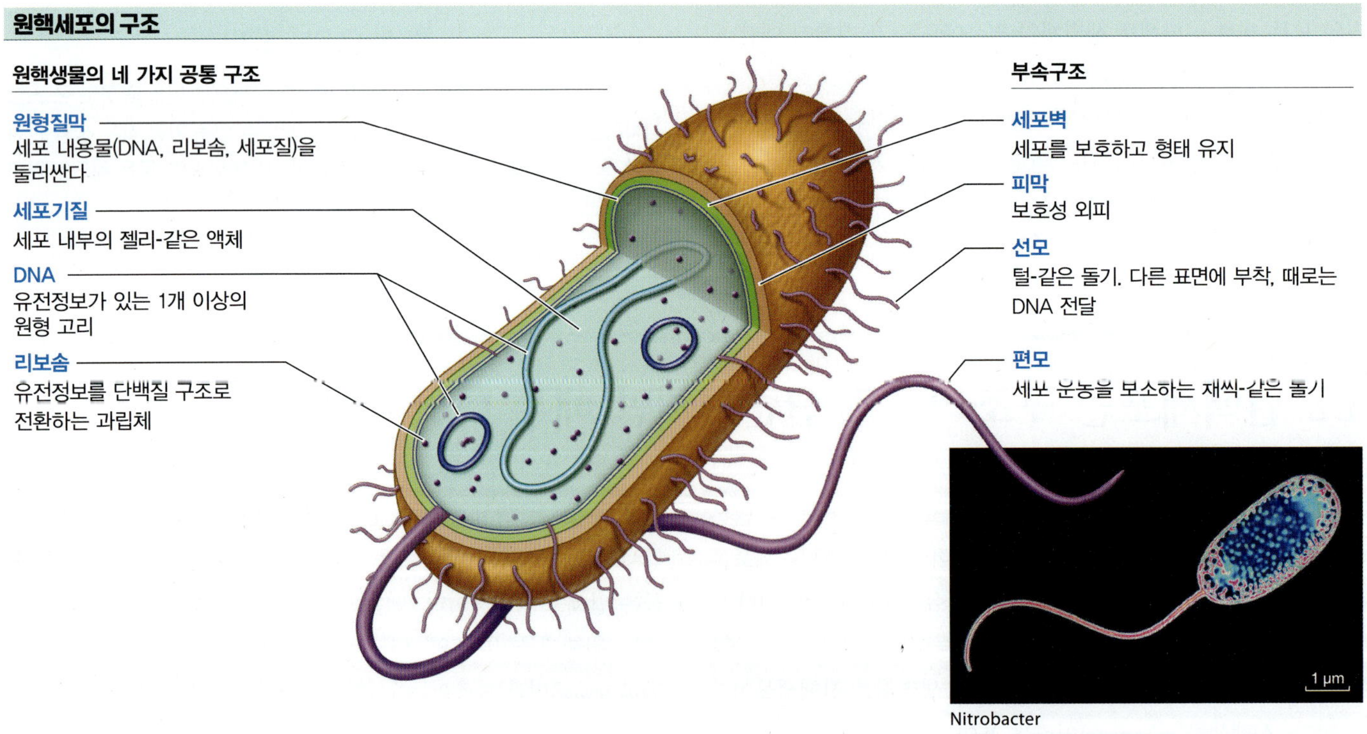

원핵세포의 구조

원핵생물의 네 가지 공통 구조

원형질막
세포 내용물(DNA, 리보솜, 세포질)을 둘러싼다

세포기질
세포 내부의 젤리-같은 액체

DNA
유전정보가 있는 1개 이상의 원형 고리

리보솜
유전정보를 단백질 구조로 전환하는 과립체

부속구조

세포벽
세포를 보호하고 형태 유지

피막
보호성 외피

선모
털-같은 돌기. 다른 표면에 부착, 때로는 DNA 전달

편모
세포 운동을 보조하는 채찍-같은 돌기

1 μm

Nitrobacter

그림 4.3 세균의 모식도.

4.3 진핵세포는 특수한 기능을 수행하는 구획을 가지고 있다

진핵생물은 지구에 출현한 후 20억 년 동안 오리너구리, 돌고래, 자이언트세쿼이아, 파리지옥풀 등 다양하고 흥미로운 생명체로 극적인 진화를 해왔다. 모든 진핵생물이 다세포인 것은 아니다. 많은 균류가 단세포이고, 원생생물이라는 거대한 진핵생물 무리도 대부분 단세포 생명체이지만 맨눈으로는 볼 수 없다. 그럼에도 불구하고 원핵생물은 모두 단세포이고 눈에 보이지 않기 때문에, 주위에서 볼 수 있는 식물과 동물은 모두 진핵생물이다(**그림 4.4**).

진핵세포는 원핵세포보다 10,000배 가량 부피가 크다. 따라서 현미경으로 관찰하면 진핵세포는 원핵세포와 쉽게 구별된다(**그림 4.5**). 진핵세포의 중요한 특징은 **핵**의 존재이다. 핵은 막으로 둘러싸인 구조이며, 선형의 DNA 가닥이 들어있다. 그 밖에도 진핵

Echinops(절굿대)속의 식물

점균류(slime mold)의 한 종류

말레이호저

그림 4.4 진핵생물의 다양성. 맨눈으로 볼 수 있는 생명체는 모두 진핵생물이다.

진핵세포와 원핵세포 비교

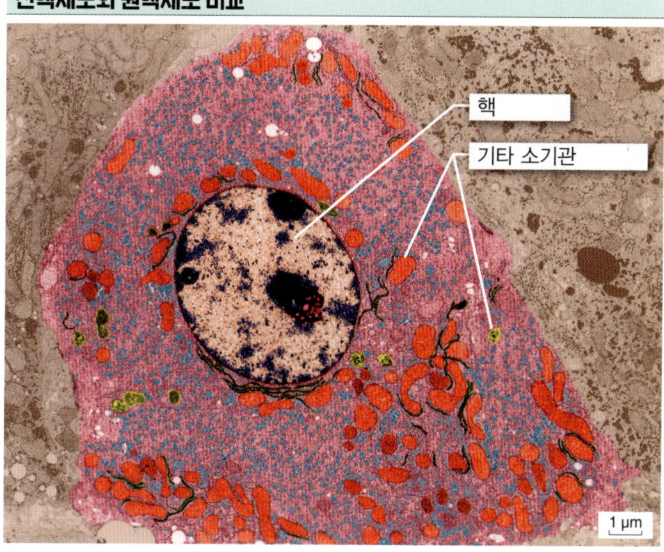

전형적인 진핵세포의 특징
- DNA가 핵 안에 있다.
- 세포질에는 소기관이라고 부르는 특수화된 구조가 있다.
- 일반적으로 원핵세포보다 10배 이상 크다.

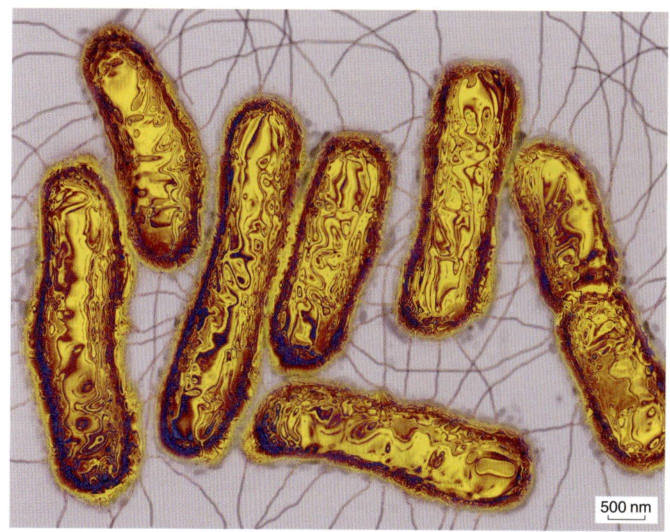

전형적인 원핵세포의 특징
- 핵이 없다 — DNA가 세포질 안에 있다.
- 내부 구조는 대개 구획화되어 있지 않다.
- 진핵세포보다 훨씬 작다.

그림 4.5 모든 세포는 두 가지 범주로 나뉜다.

세포는 대개 세포질에 여러 특수한 구조인 소기관이 있다. 많은 **소기관**은 자신의 지질막에 의해 따로따로 둘러싸여 있다.

진핵세포의 물리적으로 나뉜 구획은 각각 구별된 영역에서 서로 다른 화학반응이 동시에 일어날 수 있도록 한다. 이에 비해 구획이 나누어지지 않은 원핵세포 내에서는 무작위적인 분자 운동에 의해 화학물질이 세포 전체에서 빠르게 뒤섞이므로 서로 다른 반응이 동시에 일어나기가 어렵다.

그림 4.6은 일반적인 동물세포와 식물세포의 모식도이다. 이들은 진핵성 공통조상을 가지고 있어서 공통점이 많다.

복잡한 진핵세포와 구조적으로 단순한 원핵세포를 비교해보면, 진핵세포의 기원에 대해 자연스럽게 궁금해진다. 진핵생물의 두 가지 소기관—식물 및 조류의 엽록체, 동물 및 식물의 미토콘드리아—에 대해 가장 잘 설명한 것은 **내부공생설**이다.

Q 현미경 수준에서는 사람도 어느 정도는 세균일 수 있다. 어떻게 그럴 수 있을까?

내부공생설에 따르면, 두 유형의 원핵생물이 밀접한 협력관계를 이룬다. 예를 들어, 광합성(식물세포가 태양의 빛에너지를 포획하여 먹이 분자에 저장된 화학에너지로 전환하는 과정)을 수행하는 일부 작은 원핵생물이 큰 숙주 원핵생물 내부에서 살게 되었을 것이다. 광합성 기숙 생물이 광합성을 통해 생성한 에너지 일부를 숙주생물이 사용했을 것이다.

오랜 시간이 흐른 후 두 세포는 서로에게 점점 더 의존하게 되고, 상대 없이는 살 수 없게 되었다("공생" 관계를 이룸). 마침내 광합성을 하는 작은 원핵생물은 식물과 진핵성 조류세포에서 광합성 수행 소기관인 **엽록체**로 진화하였다.

이와 유사하게, 먹이와 산소를 유용한 에너지로 전환하는 능력이 탁월한 작은 원핵생물을 큰 숙주 원핵생물이 삼켰을 수도 있다. 이 작은 원핵생물은 **미토콘드리아**로 진화하였다. 미토콘드리아는 식물과 동물세포에서(원생생물과 균류에서도) 먹이에 저장된 에너지를 유용한 에너지로 전환하는 소기관이다(그림 4.7).

진핵생물의 진화에 있어서 내부공생설의 역할은 여러 증거에 의해 뒷받침된다.

1. 엽록체와 미토콘드리아는 원핵세포와 크기가 비슷하고, 원핵생물처럼 이분법(fission)에 의해 분열한다.
2. 엽록체와 미토콘드리아는 세균의 리보솜과 유사한 자신의 리보솜을 가지고 있어서 자신의 일부 단백질을 합성한다. 다른 소기관은 이런 능력이 없으며, 세포질에 있는 리보솜에서 만

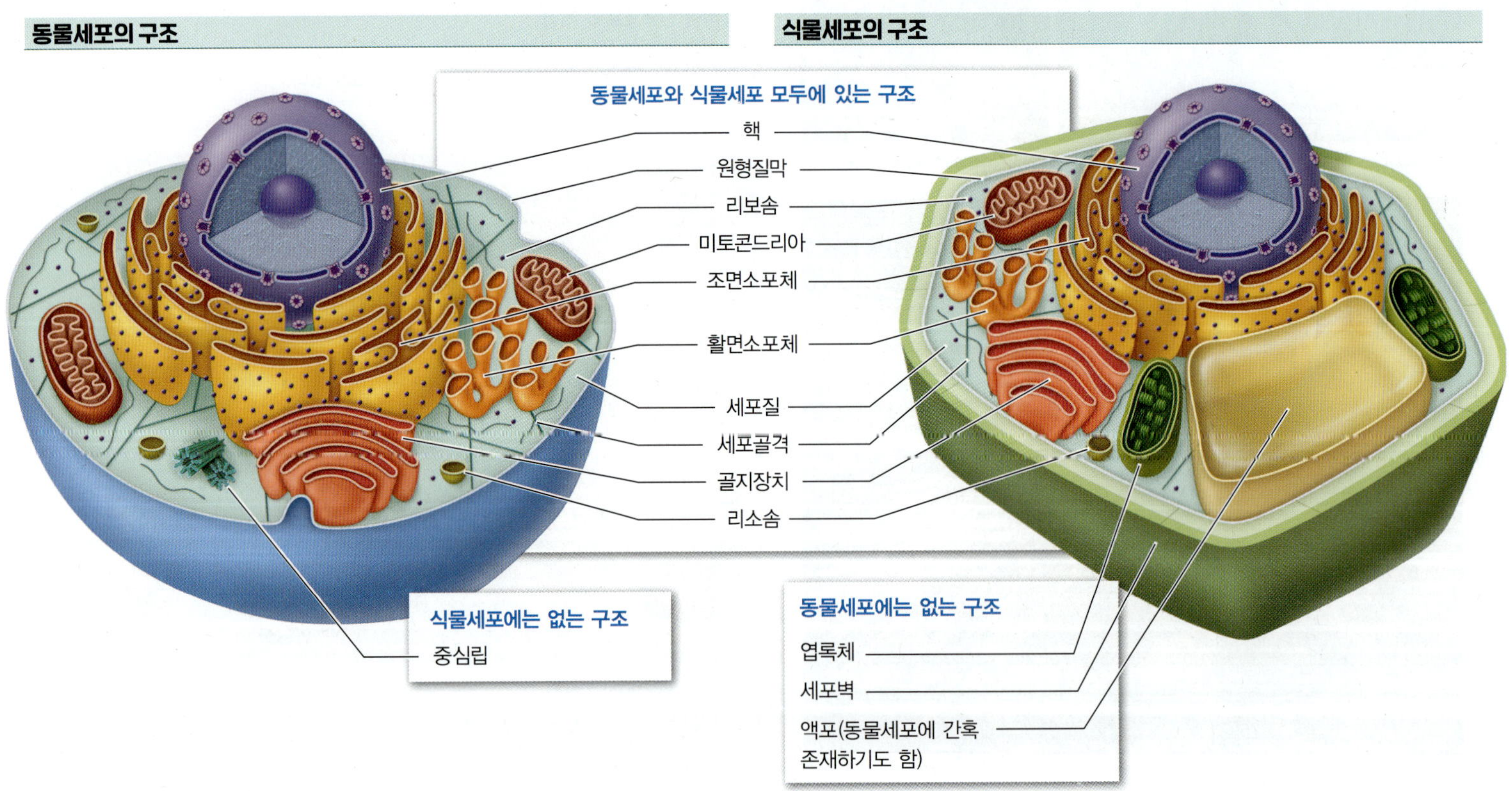

그림 4.6 **동물세포와 식물세포의 특성.**

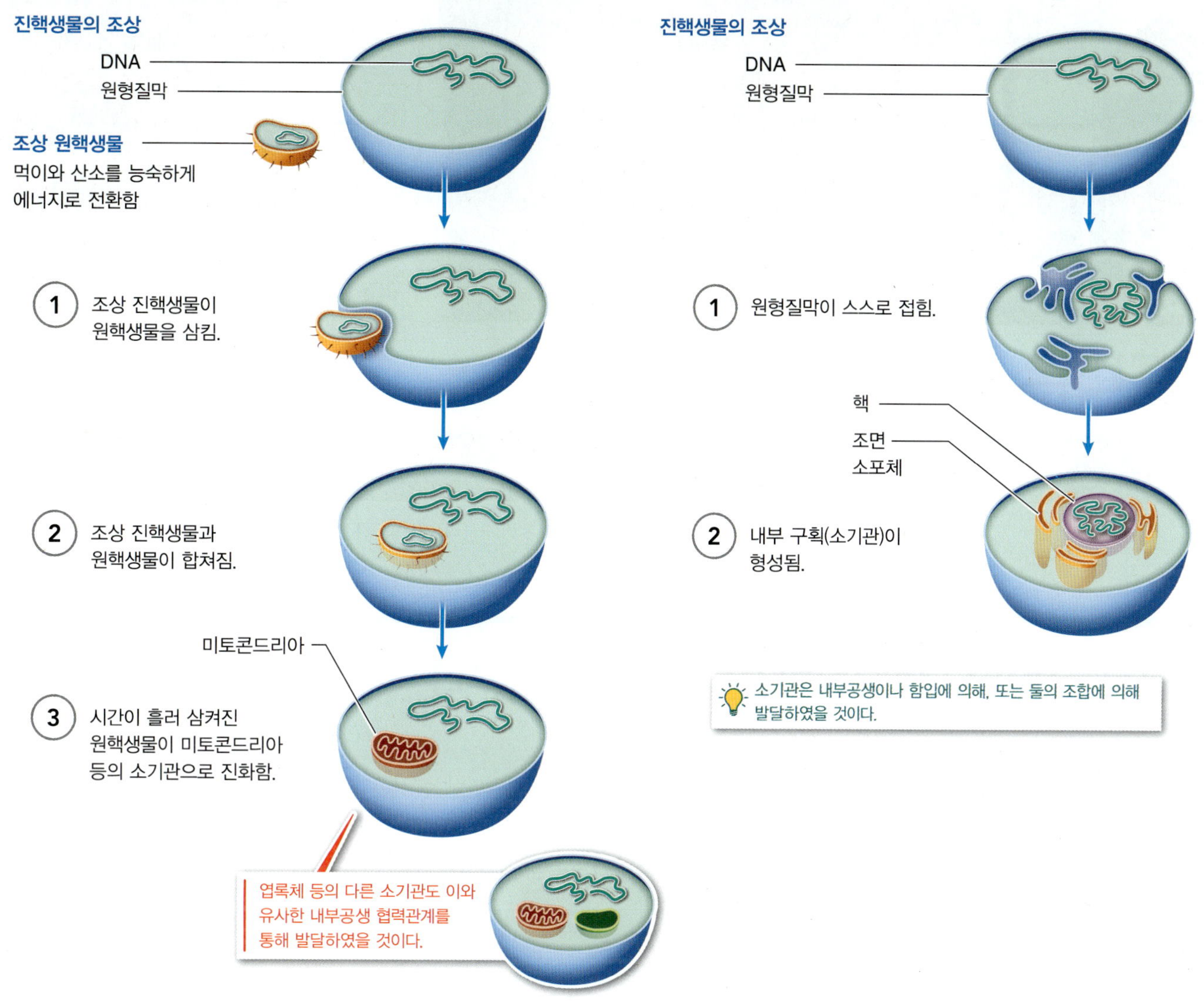

그림 4.7 진핵생물은 어떻게 하여 복잡한 구조를 가지게 되었는가? 두 가지 이론.

들어낸 단백질을 이용한다.

3. 엽록체와 미토콘드리아는 소량의 원형 DNA를 가지고 있다. 이들 DNA는 원핵생물의 원형 DNA와 유사하고, 진핵생물의 핵에서 발견되는 선형 DNA 가닥과는 대조된다.

4. 엽록체와 미토콘드리아의 DNA를 분석한 결과, 진핵생물 DNA에 비해 세균 DNA와 훨씬 밀접한 상관성을 보인다는 사실이 알려졌다.

다른 진핵생물 소기관의 기원에 관한 현재 최선의 이론은 **함입**이라는 과정에 초점을 맞춘다. 세포를 둘러싸고 있는 원형질막이 안으로 접혀 들어가 만들어진 내부 구획이 변형되고 특수화되었다는 것이다(그림 4.7 참고).

핵심요약 4.3

» 진핵생물은 단세포 또는 다세포 생명체이며, 선형의 유전물질 가닥이 있는 핵을 가진 세포로 이루어져 있다. 대부분 진핵세포는 세포질에 소기관이 있으며, 이들 소기관은 내부공생이거나 함입, 또는 두 가지 과정 모두에 의해 진화상 유래하였을 것이다.

▲ 세포막은 문지기처럼 작용하여 물질의 세포 출입을 통제한다.

4.4 모든 세포는 원형질막으로 경계를 이룬다

우리 신체를 피부가 덮고 있듯이 생명체의 모든 세포는 **원형질막**으로 둘러싸여 있다. 원형질막은 얇고 유연한 이중층 막으로 세포 내용물을 제자리에 고정시키고 세포를 드나드는 물질을 조절한다. 원형질막에는 작은 구멍, 노출부, 통로, 그리고 이중층 안에서 떠돌아다니는 복잡한 분자 등이 가득 차 있어서 막의 기능을 돕는다(**그림 4.8**).

그림 4.8 단순한 바깥 층 이상의 역할. 원형질막은 단순히 세포 내부의 내용물을 둘러싸는 것을 넘어서 여러 가지 중요한 기능을 수행한다.

인지질 이중층 : 구조

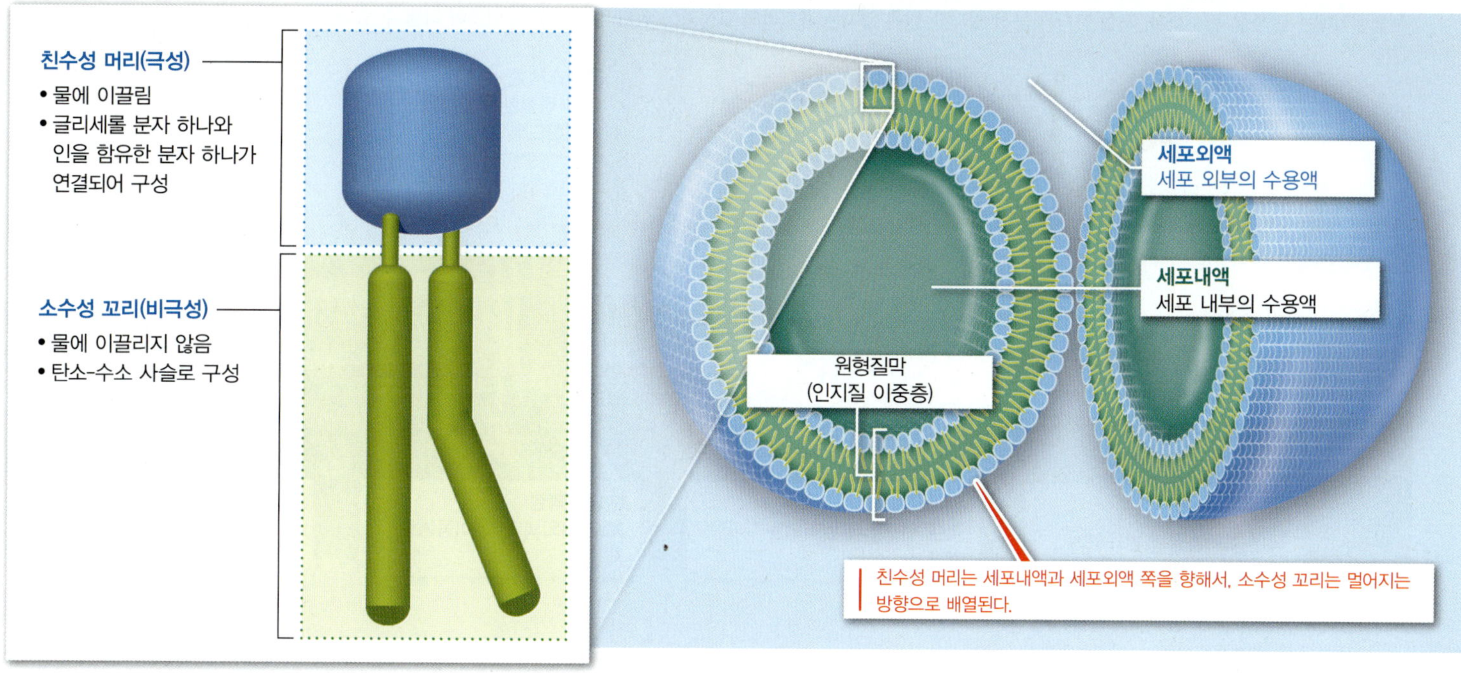

그림 4.9 막을 구성하기에 좋은 재료. 원형질막의 인지질 이중층은 액체가 세포 밖으로 새어나가지 않게 한다.

세포는 외부환경과 끊임없이 상호작용을 하므로 원형질막은 몇 가지 중요한 기능을 수행해야 한다.

- 막은 세포가 영양분을 섭취하고 노폐물을 내보낼 수 있게 한다.
- 막은 신체가 필요로 하는 물질을 만들고 내보내는 장소이다.
- 주위 환경 및 다른 세포와 소통하도록 하며, 다른 세포나 표면에 부착하도록 한다.
- 국경 검문소처럼, 원형질막은 세포를 드나드는 분자(물도 포함)의 흐름을 조절한다.

모든 원형질막의 기초를 이루는 것은 **인지질**이라고 부르는 빽빽이 밀집된 지질 분자층이다. 3.8절에서 인지질이 머리 1개와 긴 꼬리 2개로 이루어져 있음을 살펴보았다. 머리는 **글리세롤** 분자 하나에 인을 함유한 분자 하나가 연결되어 구성된다(**그림 4.9**). 머리 부위는 **극성**인데, 그 이유는 원자 사이에서 전자가 균등하게 공유되지 않아서 부분적으로 양전하와 음전하로 나뉘기 때문이다. 인지질의 두 꼬리는 탄소와 수소 원자로 이루어진 긴 사슬이다. 이들 결합에서는 전자를 균등하게 공유하므로, 탄소-수소 사슬은 **비극성**이다.

인지질은 화학적 구조로 인해 일종의 이중인격 특성을 가진다. 극성인 친수성(*hydrophilic*, 물을 좋아하는) 머리 부위는 쉽게 물과 섞이는 반면, 비극성인 소수성(*hydrophobic*, 물을 싫어하는) 꼬리 부위는 물과 섞이지 않는다. 이러한 이중적인 특성으로 인해 인지질은 막을 구성하기에 좋은 물질이 된다.

세포의 원형질막은 두 겹의 인지질 층으로 구성된다. 모든 소수성 꼬리는 막의 중앙 부위에서 서로 접촉하고, 모든 친수성 머리 부위는 세포 안팎의 수용액과 접촉하는 방식으로 배열되어(그림 4.9 참조) **인지질 이중층**을 형성한다. 인지질은 제자리에 고정되어 있지 않고 이중층에서 떠다닌다. 같은 전하를 띤 자석이 서로 밀어내듯이 막의 가운데에 있는 소수성 꼬리는 물 분자를 밀어내고 접촉을 피한다. 이중층 막의 가운데 부분은 소수성 지질로 이루어져 있으므로, 내부 또는 외부의 액체가 막을 가로질러 새어나갈 수 없다. 이런 방식으로 원형질막은 세포 내용물을 둘러싸는 경계를 이룬다.

원형질막은 인지질 이중층에 묻혀 있거나 붙어 있는 여러 유형의 단백질, 탄수화물, 지질 분자의 도움을 받아 기능을 수행한다. 이들 분자는 대부분 적절한 방향성을 가지고 소수성과 친수성 힘에 의해 튀어나가지 않은 채 인지질 이중층에서 떠돌아 다니기 때문에 원형질막을 흔히 **유동모자이크**라고 표현한다(**그림 4.10**).

원형질막에 있는 분자

원형질막에는 단백질, 탄수화물, 지질 분자가 묻혀 있지만, 많은 분자는 제자리에 고정되어 있지 않기 때문에 떠돌아 다닐 수 있다.

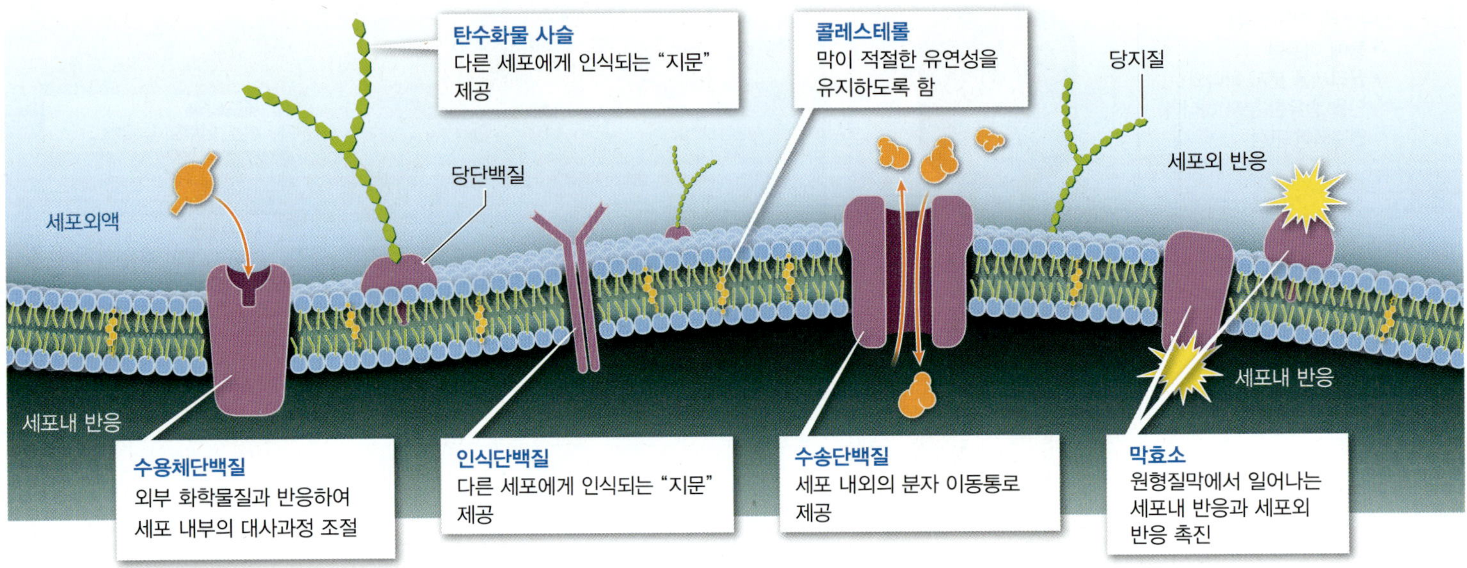

그림 4.10 **유동모자이크.**

막에 있는 인지질 50~100개마다 한 개꼴로 단백질 분자가 있다. **막관통단백질**은 지질이중층을 한쪽 면에서 다른쪽 면으로 관통한다. **표면단백질**은 주로 막의 안쪽 면이나 바깥쪽 면에 위치한다. 막단백질은 각자 다른 기능을 수행하는 몇 가지 유형으로 구분된다(그림 4.10 참조).

1. **수용체단백질**은 세포 외부 환경에 있는 화학물질과 결합하는 표면단백질이거나 막관통단백질이다. 세포 외부에 있는 화학물질과 결합하여 세포가 세포외기질에 부착하게 하거나 외부의 정보를 세포 내부로 전달한다.
   예를 들어, 심장세포의 막에는 극심한 스트레스를 받거나 놀랐을 때 혈류로 방출되는 화학물질인 아드레날린과 결합하는 수용체단백질이 있다. 아드레날린이 심장세포와 결합하면 심장의 수축율이 빨라져서 혈액을 신체 전체로 더욱 빠르게 뿜어낸다.
2. **인식단백질**은 표면단백질이거나 막관통단백질이다. 세포의 지문 역할을 하여 신체의 면역계가 침입 세포와 신체 세포를 구별할 수 있게 한다. 탄수화물도 인식 기능을 수행한다. 세포막의 외부에 짧은 당단백질(하나 이상의 당이 결합되어 있는 단백질)이 막 지문의 일부로서 역할을 하며 다른 세포 또는 세포외기질의 분자와 결합하거나 부착할 수 있도록 돕는다.
3. **수송단백질**은 막관통단백질로서 극성이거나 전하를 띤 물질이 원형질막을 통과하도록 돕는다.
4. **막효소**는 표면단백질이거나 막관통단백질이다. 원형질막 표면에서 일어나는 화학반응의 속도를 높인다.

세포의 원형질막에는 지질인 콜레스테롤도 통합될 수 있다. **콜레스테롤**은 적절한 온도 조건에서 막의 유동성이 너무 높아지지 않게 하고, 일종의 부동액으로 작용하여 영하의 온도에서도 막이 너무 단단해지지 않게 한다. 일부 세포의 막에는 약 25%의 콜레스테롤이 함유되어 있지만, 대부분의 세균과 식물의 원형질막에는 콜레스테롤이 없다.

핵심요약 4.4

» 생명체의 세포는 모두 원형질막으로 둘러싸여 있다. 원형질막은 이중층이며, 세포 내용물을 제자리에 유지하고, 세포를 출입하는 물질을 조절한다. 많은 유형의 단백질, 지질, 탄수화물이 원형질막에서 유동모자이크를 이루어 기능을 수행한다.

4.5 막에 결함이 있으면 질병을 초래할 수 있다

세포의 원형질막은 생명체의 건강에 있어서 얼마나 중요한 것일까? 치명적 유전질환인 낭포성섬유증의 발병 원인은 세포의 원형질막과 직접 관련되어 있다. 이 질환은 한 가지 막관통단백질에 대해 결함이 있는 유전정보를 부모 모두에게서 물려받으면 나타난다. 이 단백질은 주로 폐와 소화관에 있는 세포에서 염소 이온의 출입을 조절한다.

이들 유전정보는 천 가지가 넘는 방식으로 결함이 생길 수 있으며, 세포의 염소 통로 기능에 이상을 초래하여 염소 이온이 점점 축적되므로 독성이 나타나게 된다. 낭포성섬유증의 거의 모든 경우에서 세포 내부의 염류 균형이 어긋난다. (따라서 땀의 염분 농도를 측정하여 낭포성섬유증을 검사한다. 비정상적으로 농도가 높다면 이 질환을 의심할 수 있다.)

낭포성섬유증 환자는 특히 폐에 걸쭉하고 끈적한 점액이 쌓인다. 정상적인 점액은 먼지와 세균을 걸러내고(기침을 할 때) 배출되므로 폐를 보호하는 데 도움을 준다. 그러나 낭포성섬유증 환자의 점액은 걸쭉하고 끈적하여 배출되지 못하므로, 폐에 쌓여 폐 기능을 손상시키고 세균에 감염될 위험을 높인다. 세심한 치료가 이루어진다면 낭포성섬유증 환자의 기대수명은 35~40세, 또는 조금 더 길 수도 있다(**그림 4.11**).

결함이 있는 막은 심장질환(가족성 고콜레스테롤증), 당뇨, 내분비 장애(Graves 병) 등의 많은 질환에도 역시 관련되어 있다. 이들 대부분의 경우, 기능에 결함이 있는 막 구성성분은 수용체단백질이거나 수송단백질이다.

세포막 기능을 변형시키고자 하는 약학 연구를 통해 베타-차단제라는 약물이 개발되었다. 이 약물군은 불안감을 매우 효과적으로 줄여준다.

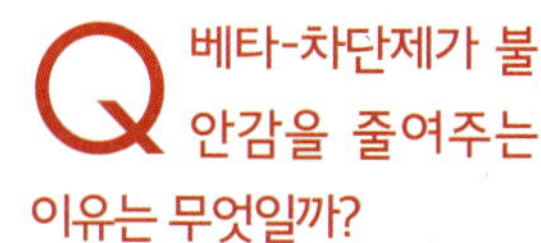
베타-차단제가 불안감을 줄여주는 이유는 무엇일까?

베타-차단제는 어떻게 작용하는 것일까? 스트레스 상황이 되면 부신샘에서 아드레날린을 분비한다(**그림 4.12**). 신체의 많은 세포, 특히 심장 세포의 원형질막에는 아드레날린과 결합하는 수용체단백질인 베타-아드레날린성 수용체(또는 베타-수용체)가 있다. 이 수용체단백질에 아드레날린이 결합하면 곧바로 심장이 빠르고 강하게 박동하여 혈압이 높아진다. 이 반응은 단기적인 격투-또는-도주 상황에서는 유리하게 작용하지만, 혈압이 높아져서 혈관이

낭포성섬유증 치료

가슴과 등을 두드려서 뭉친 점액을 풀어줄 수 있다.

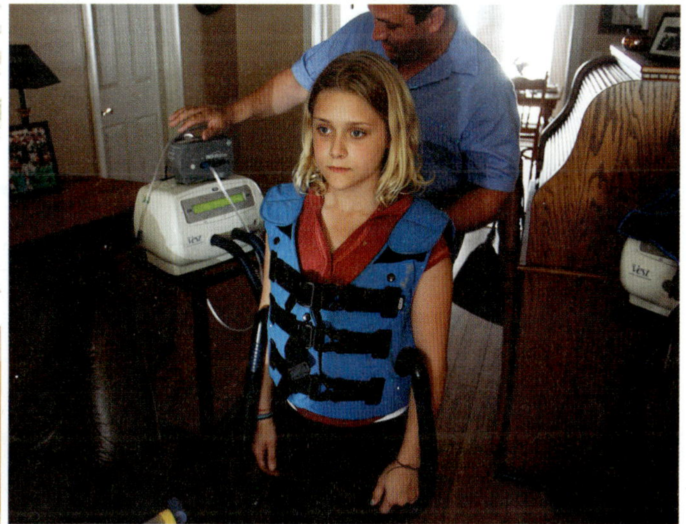
조끼에 공기를 부풀렸다 빼내기를 빠르게 20분 정도 반복하면 두드리기와 비슷한 효과를 얻을 수 있다.

낭포성섬유증은 폐에 걸쭉한 점액이 축적되어 호흡 기능이 손상되고 세균 감염 위험이 높아지는 질환이다.

그림 4.11 손으로 두드리거나 흡입조끼를 사용하여 점액 배출하기.

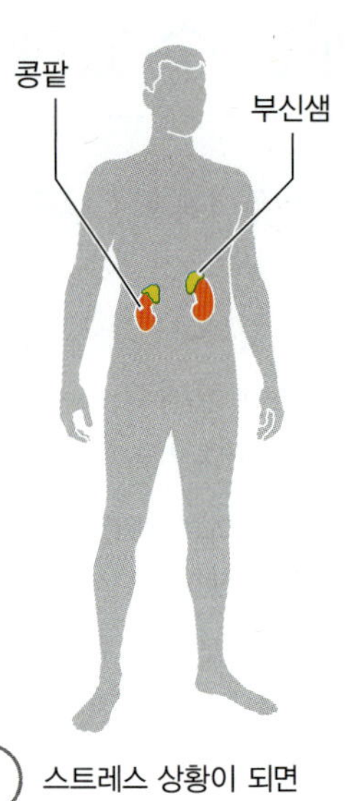

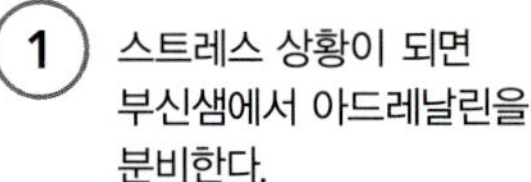

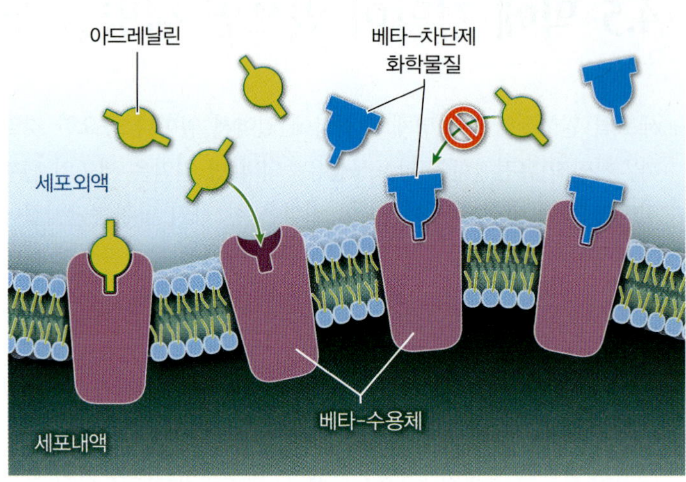

1 스트레스 상황이 되면 부신샘에서 아드레날린을 분비한다.

2 베타-차단제 약물이 세포의 베타-수용체와 결합하면 격투-또는-도주 화학물질인 아드레날린이 세포로 들어가지 못한다.

그림 4.12 **약물로 세포막의 기능을 변화시킬 수 있다.**

손상될 수 있다. 발표를 하거나 시험을 치를 때, 또는 불안감을 조성하는 상황에 놓이는 경우 이 반응의 심각도에 따라 문제가 발생할 수 있다.

베타-차단제 화학물질은 몸 전체를 이동하다가 베타-수용체와 마주치면 결합하여 아드레날린의 역할을 차단한다. 그 결과로 심장박동이 느려지고 혈압이 감소하며, 불안감과 관련된 식은땀과 떨림 등의 고통을 크게 완화시켜 준다.

핵심요약 4.5

» 세포막의 기능이 부적절하면 정상적인 세포 기능을 수행하지 못할 수 있다. 그러나 의도적으로 정상적인 세포막 기능을 손상시킴으로써 고혈압과 불안감의 치료처럼 유익한 치료 효과를 얻을 수 있다.

4.6 막의 표면에는 그 세포를 인식하도록 하는 "지문"이 있다

신체의 모든 세포에는 세포막의 바깥쪽 표면에 다양한 분자로 이루어진 "지문"이 있다. 이들 지문 분자 중 일부는 세포의 특이적 기능에 따라 세포마다 다르지만, 나머지는 모든 세포에 공통적이다. 이들 분자는 당신의 면역계에게 "같은 편입니다" 라고 알려준다. 부적절한 지문을 가진 세포는 외래물질로 인식되어 신체 방어체계의 공격을 받는다.

진화 역사를 통해 이러한 체계는 인체가 감염에 맞서는 데에 도움이 되었다. 그러나 때로는—원하지 않은 때에 자동차 경보장치가 작동하는 것처럼—이런 경계체계가 문제를 일으킨다. 간(또는 다른 장기)을 이식받는 경우를 가정해보자. 장기 기증자가 가까운 친척이라 해도 기증된 간 세포의 분자 지문은 기증받는 사람의 것과 동일하지 않다. 따라서 이 사람의 신체는 새로운 기관을 외래물질로 인식하고 그에 맞서 싸운다. 이러한 거부반응을 방지하기 위해 의사는 면역계를 억제하는 약물을 투여한다. 면역을 억제하면 이식받은 간을 받아들이게 할 수는 있지만, 감염성 세균과 같은 외래 침입자와 싸우는 방어계 일부가 무력하게 된다.

HIV 전염

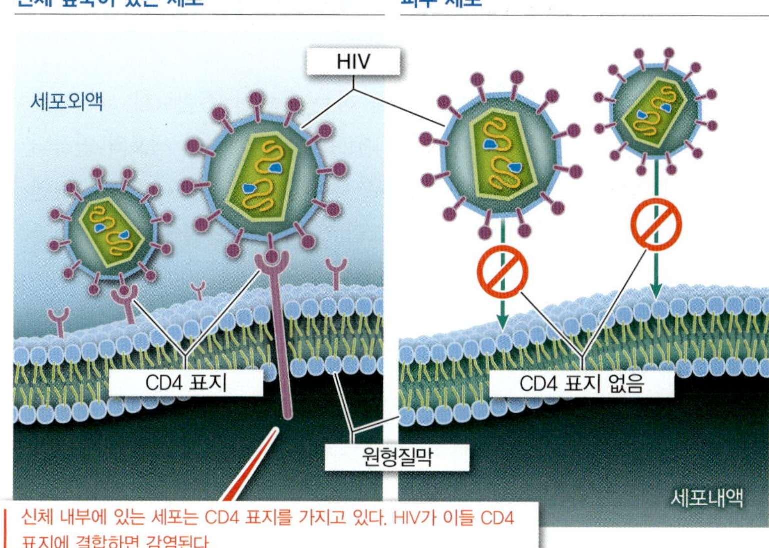

HIV는 가벼운 포옹이나 악수, 잔 돌리기 등의 가벼운 접촉으로는 전파되지 않는다.

신체 내부에 있는 세포는 CD4 표지를 가지고 있다. HIV가 이들 CD4 표지에 결합하면 감염된다.

그림 4.13 **CD4 표지—피부세포에는 존재하지 않는다—가 있어야 HIV에 감염된다.**

에이즈를 일으키는 바이러스인 사람면역결핍바이러스(HIV)는 분자 지문을 이용하여 사람 세포에 침입한다. 이들 분자 표지는 "분화클러스터(clusters of differentiation, CD)"라고 부르는 인식 표지군에 속한다. "CD 표지"라고 약칭하고 CD1, CD2, CD3 등으로 부르는 이들 표지분자는 원형질막에 묻혀 있는 단백질이다. 이들로 인해 세포가 바깥쪽에 있는 분자와 결합할 수 있고, 때로는 그 외부 분자를 세포 안으로 운반할 수 있다.

Q 에이즈에 감염된 사람과 악수 등 가볍게 접촉해도 거의 에이즈에 걸리지 않는 이유는 무엇인가?

CD4 표지는 면역계 세포 및 일부 신경세포처럼 신체 깊숙이 있는 세포와 혈액에서만 발견된다. HIV는 또 다른 수용체와 함께 CD4 표지를 표적으로 삼는다. 이 바이러스가 CD4 표지를 가진 세포를 찾아낸다면 감염시킬 수 있다. 그러나 CD4 표지는 피부세포의 표면에서는 절대로 나타나지 않는다. 따라서 가벼운 접촉만으로 바이러스가 전염될 가능성이 매우 낮다(**그림 4.13**). 어떤 사람의 손에 수백만 개의 HIV 입자가 있더라도, HIV는 표면 세포의 내부로 들어가지 못한다.

HIV가 전염되는 가장 흔한 방법은 혈액, 정액이나 질액, 또는 젖 등을 통해 전파되는 것이다. 바이러스에 감염된 세포와 마찬가지로 이들 체액에도 HIV 바이러스가 존재한다. 따라서 주요 감염 경로는 감염된 산모의 젖을 통하거나 출산할 때 아기에게 전염되며, 또한 오염된 바늘을 사용하거나 콘돔을 사용하지 않은 성교를 통해서도 전염된다. 그러나 피부가 까지거나 베인 상처를 통해 혈액 내의 일부 세포가 외부에 노출되면 우연히 HIV에 전염될 수도 있다.

핵심요약 **4.6**

» 신체의 모든 세포에는 세포막의 바깥쪽 표면에 다양한 분자로 이루어진 "지문"이 있다. 이 분자 지문은 면역계 기능에서 중요한 역할을 수행한다.

4.7 세포는 서로 연결되어 위치를 유지하고 서로 소통한다

지금까지는 세포를 독립생활을 하는 독립된 존재로서 살펴보았다. 실제로는 다세포 생명체의 세포는 대부분 다른 세포와 연결되어 있다. 이 절에서는 동물세포 사이의 3가지 주요 연결 유형인 (1) 밀착연접, (2) 데스모솜, 그리고 (3) 간극연접에 대해 살펴본다(**그림 4.14**).

밀착연접은 세포 주위에 연속적인 방수벽을 형성하고, 세포를 제자리에 고정시킨다. 물통에 방수처리를 하여 물이 스며들지 않게 하는 것처럼 밀착연접은 세포 사이에서 액체가 흐르지 못하도록 한다. 밀착연접은 특히 작은창자에서 중요하다.

데스모솜은 벨크로처럼 두 세포를 단단하게 고정한다. 이것은 불규칙한 간격으로 세포를 결합시키지만 방수가 되지 않아 액체가 통과할 수 있다. 데스모솜은 동물의 체강 표면을 덮은 조직 대부분에서 발견된다. 또한, 근섬유를 서로 결합시키는 근육조직에서도 볼 수 있다.

마지막으로, **간극연접**은 두 세포 사이에 열린 통로를 형성하는 특정 단백질로 둘러싸인 구멍이다(그림 4.14 참조). 마치 비밀통로처럼 작용하는 이 연접은 세포-세포 소통에서—심지어 이웃한 세포의 막을 통과하기에는 너무 큰 분자가 관여하는 경우에도—중요하다. 예를 들어, 심장에서는 근육세포를 수축하도록 하는 전기적 신호가 간극연접을 통해 다른 세포로 전달된다.

정상 세포와 비교해 암세포에는 간극연접이 적게 존재한다. 한 연구에 따르면, 간극연접의 수가 적어서 암세포 사이의 소통이 감소되면 **종양**(*tumor*)이라는 세포 덩어리를 형성하고 암세포가 전이되도록 하는 중요한 원인이 될 수 있다. (흥미롭게도, 간극연접의 수가 늘어나도록 처치하면 암 성장이 감소하는 경향을 보인다.)

Q 세포-세포 소통 단절이 암과 연관되어 있을까?

핵심요약 4.7

» 다세포 생명체의 세포는 대부분 다른 세포와 연계되어 있다. 밀착연접은 세포의 층들을 고정시키고, 데스모솜은 이웃한 세포 사이에서 액체가 지나다닐 수 있게 하며, 간극연접은 통로 역할을 하여 세포질과 분자, 여러 신호분자가 세포 사이에서 이동할 수 있게 한다.

동물세포 사이의 3가지 주요 연결 유형

밀착연접
물통의 틈새를 막는 것과 같이 세포 사이에 방수벽을 형성한다

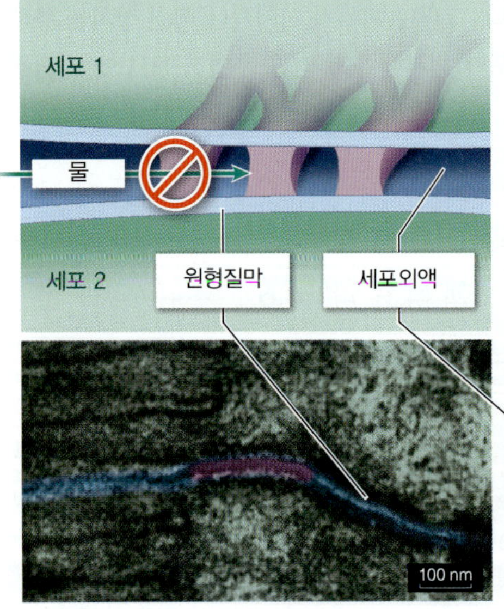

작은창자 상피세포 사이의 밀착연접

데스모솜
벨크로와 같이 작용하여 세포와 세포를 고정시킨다

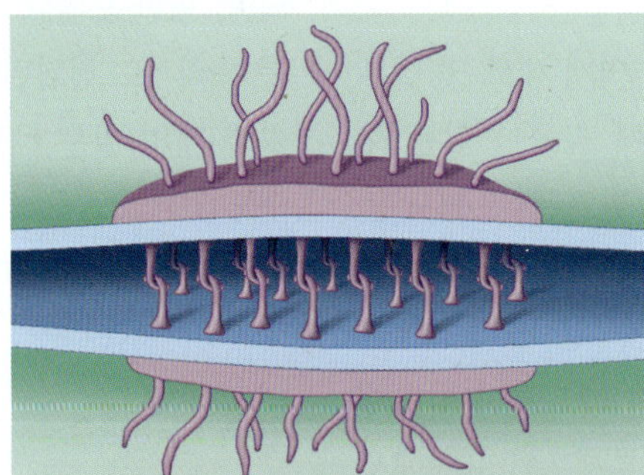

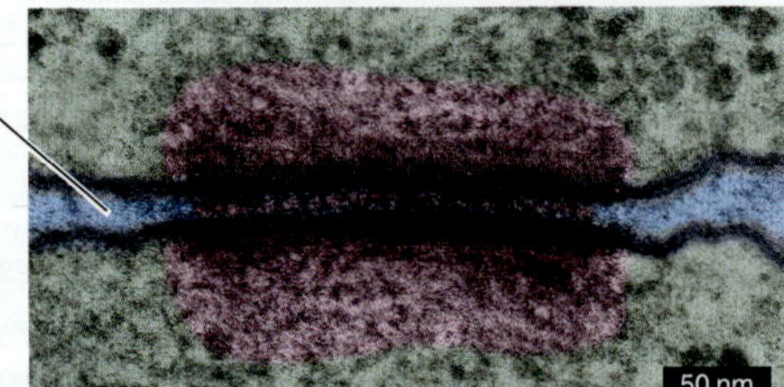

심장근 세포 사이의 데스모솜

간극연접
비밀통로와 같이 작용하며 세포 사이에서 물질이 통과할 수 있다

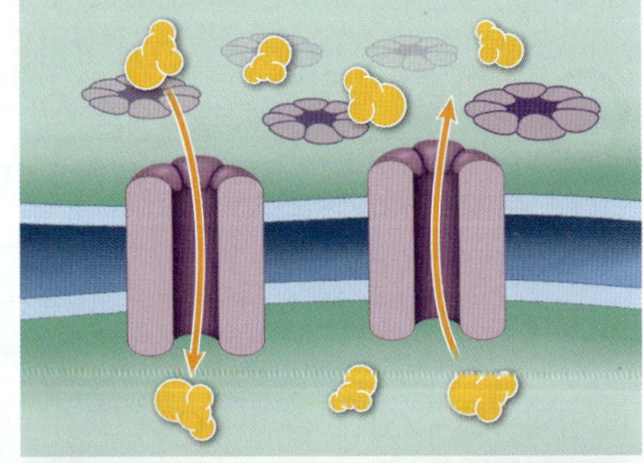

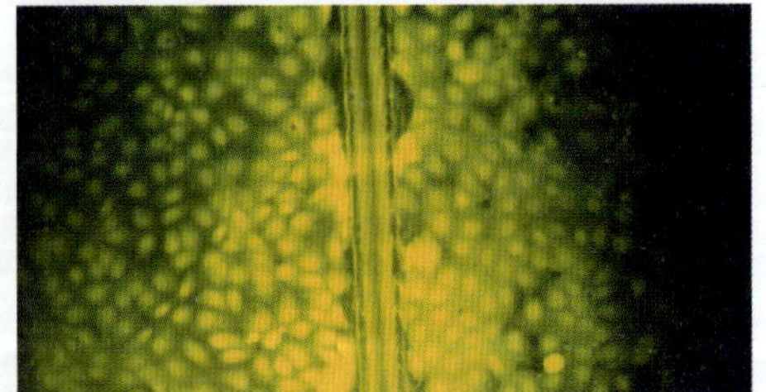

간극연접을 통해 세포 사이를 이동하는 형광염료

그림 4.14 **동물 세포가 서로 연결되는 방식.**

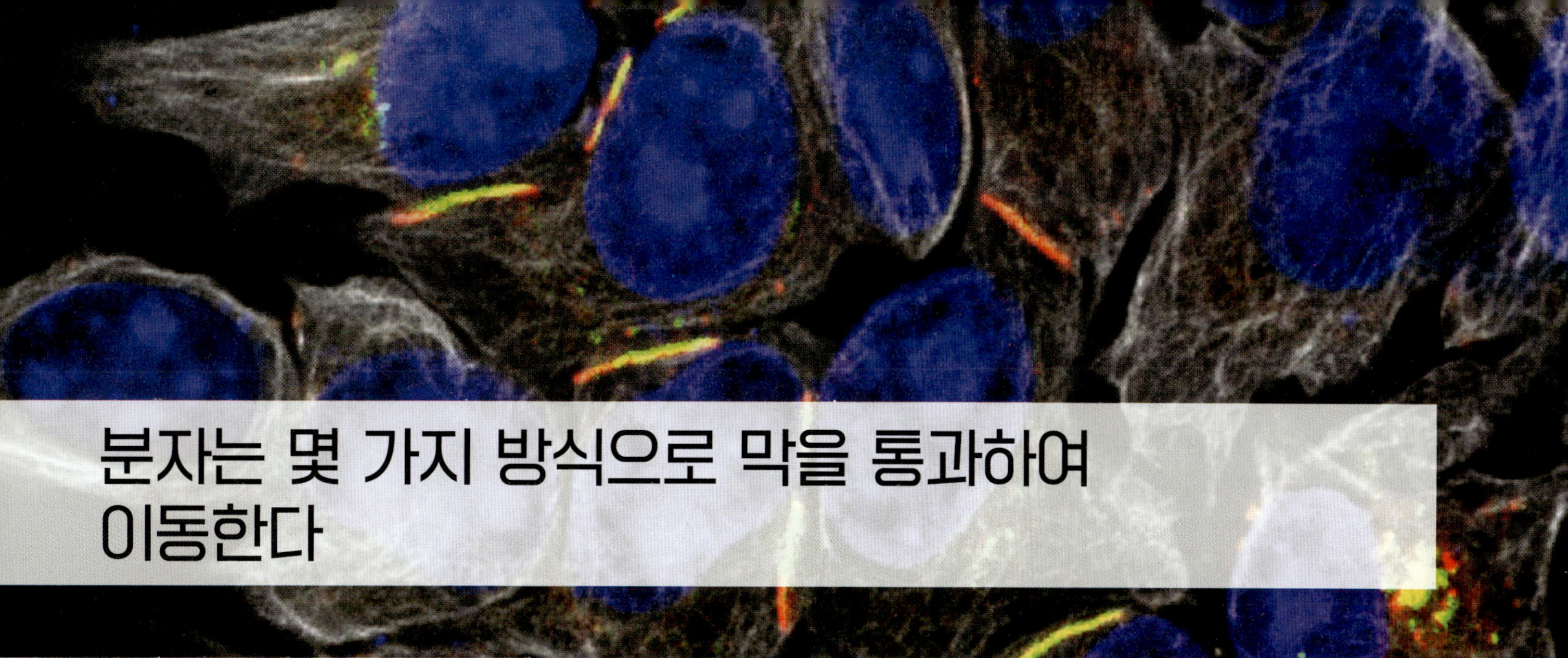

분자는 몇 가지 방식으로 막을 통과하여 이동한다

▲ 세포 사이의 단백질 통과를 추적할 수 있다 (사람 암세포 사이의 연접을 염색하여 나타내었다).

4.8 수동수송에서는 분자가 저절로 확산하여 막을 통과한다

세포가 적절히 기능하려면, 영양물질 등의 필요한 물질을 흡수하고 대사노폐물 및 신체의 다른 부위에서 이용하기 위해 만든 분자는 내보내야 한다. 이때 이러한 이동에 에너지가 필요하다면, 이 과정을 능동수송이라고 한다(4.9절 참조). 그러나 에너지 유입 없이 분자가 저절로 이동한다면 수동수송이라고 한다. **수동수송**의 두 가지 유형은 확산과 삼투이다.

확산은 **용매**라고 부르는 기체나 액체에 용해되어 있는 **용질** 입자가 용질 농도가 높은 지역에서 낮은 지역으로 이동하는 수동수송이다(**그림 4.15**). 두 지역의 용질 농도 차이를 **농도기울기**라고 한다.

분자는 농도기울기를 따라 "낮은 쪽으로" 이동하는 경향이 있다. 이 의미를 간단한 살펴보기 위해 식용색소 한 방울을 물그릇에 떨어뜨리고 잠시 기다려 보자. 염료 분자는 처음에는 매우 높은 농도로 뭉쳐 있으며 서로 충돌한다. 그러나 점차 농도기울기를 따라 이동하여 물그릇 전체에 염료의 빛깔이 균등하게 퍼지게 된다.

세포에서, 산소(O_2)와 이산화탄소(CO_2)처럼 작고 전하가 없는 분자는 **단순확산** 과정을 통해 막의 인지질 이중층을 직접 통과할 수 있다. 예를 들어, 숨을 쉴 때에 들이마신 공기의 O_2 분자 농도

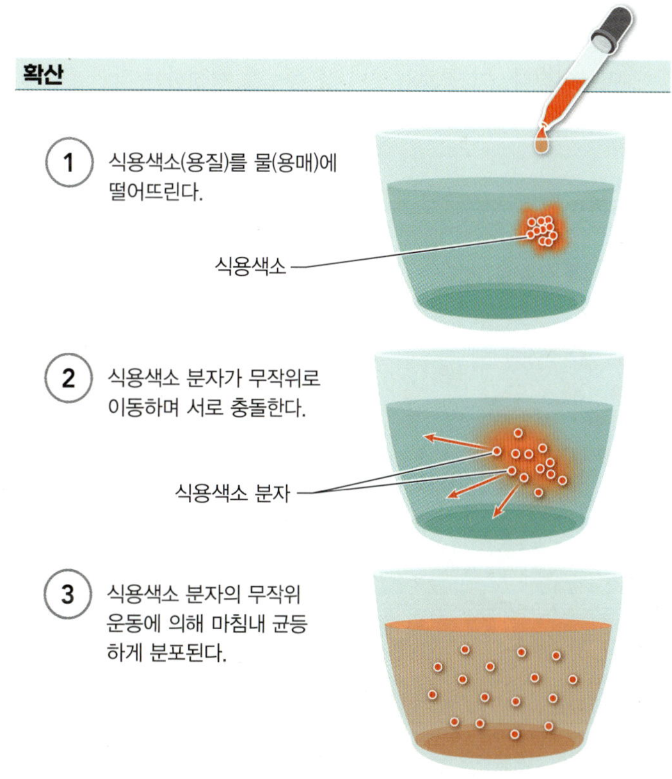

그림 4.15 수동수송에 의해 분자가 균등하게 분포된다.

는 폐의 혈액에 비해 높다. 따라서 O_2가 폐 세포의 원형질막을 통과해 확산되어 혈액으로 들어가고, 적혈구가 이 O_2를 필요로 하는 신체 부위로 전달한다. 한편, CO_2는 폐 안의 공기보다 혈액에 더 높은 농도로 존재하기 때문에 혈액에서 폐 세포로 확산되어 숨을 내쉴 때 대기로 방출된다(**그림 4.16**).

그러나 대부분 분자는 단순확산을 통해 원형질막을 통과할 수 없다. 극성 분자는 인지질 이중층의 소수성 중앙 부위에서 밀려난다. 또한, 너무 큰 분자는 막을 비집고 들어가지 못한다. 이러한 분자도 역시 농도기울기를 따라 막을 확산하여 통과할 수 있는데, 수송단백질의 도움이 있어야만 가능하다. 이 과정을 **촉진확산**(그림 4.16 참조)이라고 하며, 막을 가로지른 수송단백질이 회전문 같은 기능을 하여 분자가 농도기울기에 따라 양방향으로 이동하게 한다.

용질 분자가 농도기울기에 따라 수동적으로 확산하는 것처럼, 물 분자도 자신의 농도가 높은 지역에서 낮은 지역으로 이동하여 두 지역의 물 농도를 맞춘다. 막을 통과하는 물의 확산도 수동수송의 한 가지 유형이며, **삼투**라고 부른다(**그림 4.17**).

용질 분자가 막을 통과하여 이동할 때, 물 분자도 역시 막을 통과하여 이동한다. 이로 인해 세포 안팎의 물 농도가 균형을 이루게 된다. 물 분자 일부는 지질이중층을 통과할 수 있지만, 소수성 지역은 이러한 흐름을 크게 제한한다. 세포를 빠르게 통과하는 물의 이동은 대부분 **아쿠아포린**(*aquaporin*)이라고 부르는 물 통로를 통해 이루어진다. 이 통로는 친수성 통로를 형성하는 막관통단백질이며 물 분자가 줄지어 지나갈 수 있다.

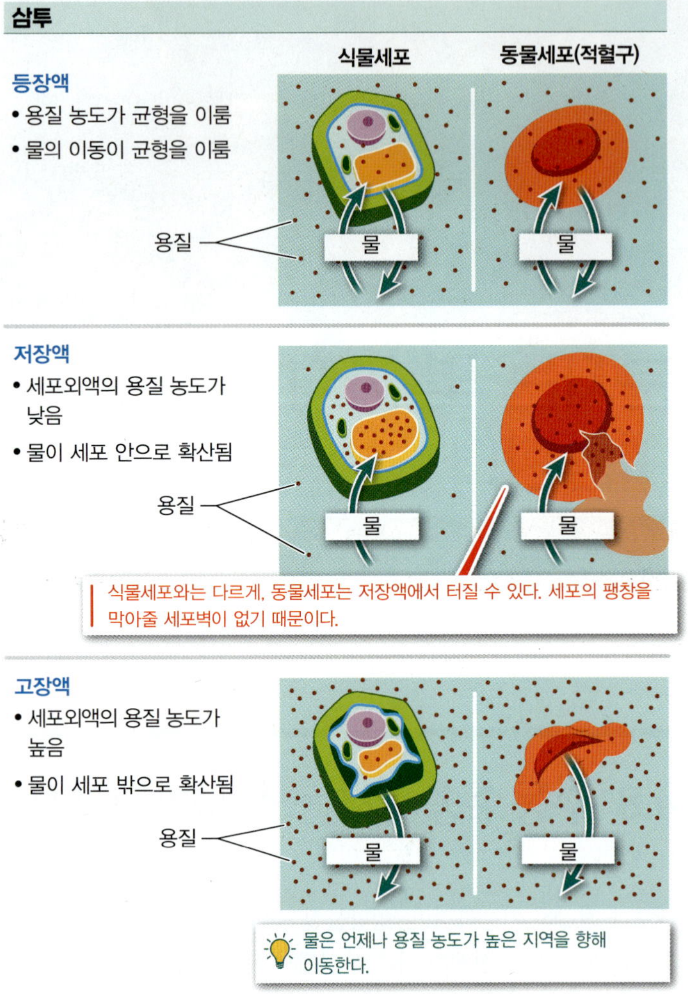

삼투

그림 4.17 **물은 언제나 용질 농도가 높은 지역 쪽으로 이동한다.**

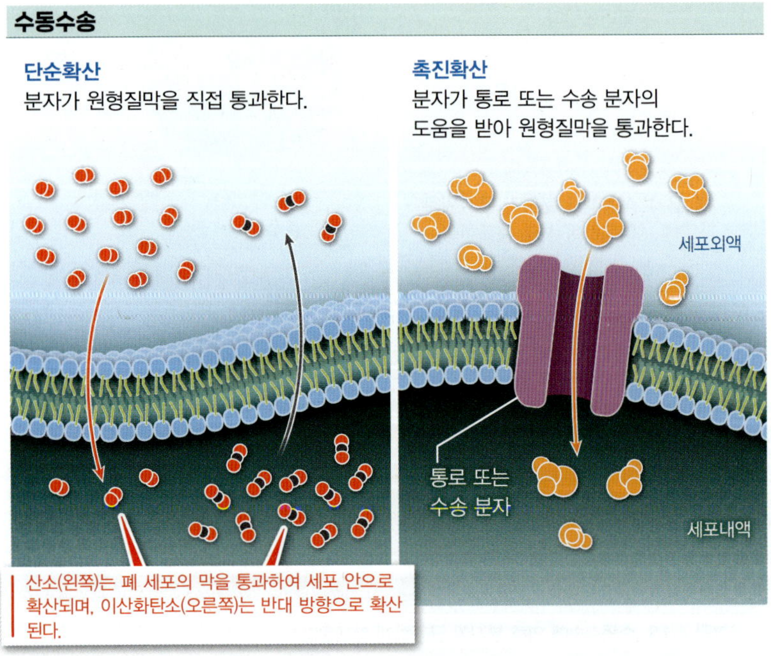

수동수송

그림 4.16 **단순확산과 촉진확산: 에너지를 필요로 하지 않는다.**

삼투는 세포에서 일부 극적인 영향을 나타낼 수 있다. 앞서 살펴본 바와 같이, 많은 분자가 세포막을 통과하여 이동하지 못한다. 그러나 물은 물의 농도기울기를 따라 이동할 수 있어서 세포가 부풀거나 오그라들게 할 수 있다.

이것이 삼투가 작용하는 방식이다. 액체 환경에서, 용해된 물질이 세포의 내부는 물론 외부에도 존재한다. 세포의 내부 용질 농도와 외부 용질 농도의 상관관계를 **긴장성**이라고 부른다(그림 4.17 참조).

1. 세포 외부와 내부의 용질 농도가 **동일한** 경우, 외부 용액은 **등장성**이다. 물은 여전히 용액과 세포 사이에서 이동하지만, 양 방향으로 동일한 속도로 이동하므로 세포 내외에 있는 물의 양은 변하지 않는다.
2. 세포 외부의 용질 농도가 내부에 비해 낮은 경우, 외부

용액은 **저장성**이다. 이런 상황에서 용질이 세포막을 투과하지 못한다면, 세포 외부의 물 분자 농도가 높기 때문에 물이 세포 외부로 빠져나가는 것보다 내부로 더 많이 이동한다. 이에 따라 세포가 부풀게 된다.

3. 세포 외부의 용질 농도가 내부에 비해 **높은** 경우, 외부 용액은 **고장성**이다. 이런 상황에서 용질이 세포막을 투과하지 못한다면, 세포 내부의 물 분자 농도가 높기 때문에 물이 세포 내부로 들어오는 것보다 외부로 더 많이 이동한다. 이에 따라 세포가 오그라든다.

Q 바닷물을 마시면 치명적인 이유는 무엇일까?

부엌에서도 삼투작용을 볼 수 있다(**그림 4.18**). 셀러리 줄기를 식탁 위에 몇 시간 동안 놓아두면 셀러리 줄기의 세포에서 물이 증발함에 따라 시들어 흐느적거리게 된다. 이 줄기를 증류수에 넣으면 다시 싱싱하게 만들 수 있다. 왜 증류수인가? 증류수는 용해된 분자가 거의 없는 저장액이다. 한편 셀러리 줄기의 세포에는 염분 등의 용해된 분자가 많이 있으며, 이들 분자는 셀러리 줄기 세포의 원형질막을 쉽게 통과할 수 없다. 따라서 물 분자가 물의 농도기울기를 따라 증류수에서 셀러리 세포 안으로 이동한다. 시든 셀러리를 진한 소금물에 넣으면 다시 싱싱해질까? 그렇지 않다. 고장액인 소금물에는 셀러리 세포 내부에 비해 용해된 분자가 더 많다(그리고 물 분자는 더 적다). 셀러리 세포 안에 있던 적은 양의 물조차도 삼투를 통해 세포 밖으로 이동하게 되며, 따라서 셀러리가 더욱 시들게 된다.

중요한 것은, 삼투의 방향이 오직 물속에 용해된 **모든** 분자 전체의 농도 차이에 의해서만 결정된다는 사실이다. 용질이 무엇인지는 상관없다—오직 용질 분자가 얼마나 많이 있는지가 중요하다. 물 분자가 어느 방향으로 이동할 것인지를 판단하려면 막 양쪽 지역에 있는 "용해된 물질"의 총량을 확인할 필요가 있다. 물은 용해된 물질이 더 많은 쪽으로 이동할 것이다. 삼투작용으로 인해 호수의 염도가 조금만 증가해도 어류에서 세균에 이르기까지 그곳에 사는 생명체에게 재앙을 초래할 수 있다.

삼투작용 실험해보기

증류수에 넣었을 때

증류수에는 셀러리 세포에 비해 용해된 분자가 더 적다. 물 분자가 셀러리 안으로 확산되어 세포 안팎의 물 농도가 같아진다. 셀러리가 싱싱해진다.

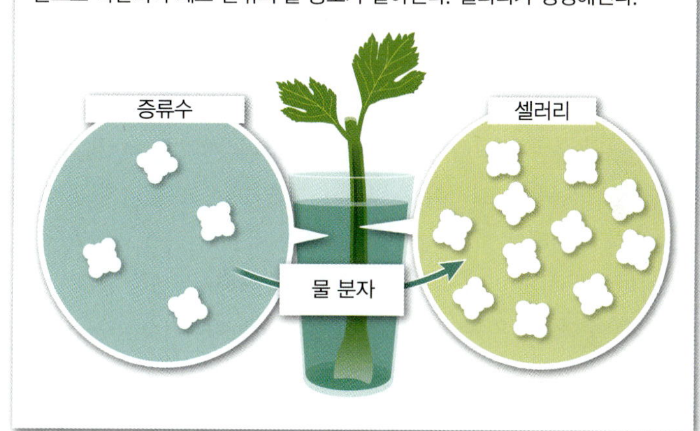

소금물에 넣었을 때

소금물에는 셀러리 세포에 비해 용해된 분자가 더 많다. 물 분자가 셀러리에서 확산되어 빠져나온다. 셀러리가 더욱 시든다.

그림 4.18 집에서 할 수 있는 간단한 실험.

핵심요약 4.8

» 수동수송은 에너지의 유입 없이 세포막을 통과하는 분자와 물질의 이동이다. 일반적으로 분자는 자신의 농도기울기를 따라 낮은 쪽으로 이동한다. 막을 통과하는 물의 확산 — 용질 농도가 낮은 지역에서 용질 농도가 높은 지역으로 — 은 수동수송의 한 유형이며, 삼투라고 부른다.

4.9 능동수송에서는 세포가 에너지를 사용하여 분자를 막을 통과시켜 수송한다

분자나 이온이 너무 크거나 농도기울기에 역행하여 세포 안팎으로 이동해야 하는 경우에는 **능동수송**이 필요하다. 모든 능동수송에서는 막에 묻혀 있는 단백질이 전동 회전문처럼 작동하여, 분자를 막 양쪽의 농도와 상관없이 세포막을 통과시켜 밀어낸다. 능동수송의 두 가지 유형인 1차 수송과 2차 수송은 회전문이 돌아가도록 하는 힘의 공급원만 서로 다를 뿐이다.

소화과정은 **1차 능동수송**의 한 예이다. 이 유형의 능동수송은 ATP의 에너지를 이용해 분자를 수송한다.

위벽 세포는 음식물을 소화하기 쉬운 작은 조각으로 분해할 수 있도록 산성 환경을 만들어내는데, 대량의 H^+ 이온(양성자라고도 함)을 농도기울기에 역행하여 위 속으로 분비한다(**그림 4.19**). 이에 따라 음식물을 소화하는 능력이 증가하지만, 고-에너지 분자인 ATP를 소비해야 한다—양성자는 정상적으로는 농도기울기에 역행하여 이동하지 않기 때문이다. (ATP에 대해서는 5장 참조.)

많은 수송단백질은 ATP에서 직접 방출되는 에너지를 이용하기보다는 간접적인 방법으로 얻은 에너지를 이용한다. **2차 능동수송** 과정에서는 수송단백질이 한 분자는 농도기울기를 거슬러 이동시키는 동시에 두 번째 유형의 분자는 농도기울기를 따라 이동시킨다. 이 과정에서는 ATP가 직접 이용되지 않지만, 다른 어떤 시기와 어떤 부위에서 두 번째 유형의 분자를 그 농도기울기를 거슬러 이동시키는 과정에서 이미 ATP 에너지가 이용되었다. 이 과정은 에너지를 이용하여 물을 높은 급수탑 꼭대기로 퍼 올린 것과 비슷하다. 나중에 급수탑에서 물이 흘러내리게 하여 물레방아를 돌리고 이 힘으로 밀가루를 빻을 수 있다. 신체는 에너지가 필요한 반응에 힘을 공급하기 위해, 흔히 하나의 반응과 동시에 일어나는 다른 반응에서 얻은 에너지를 이용한다.

핵심요약 4.9

» 능동수송 — 이동할 분자가 너무 크거나 또는 농도기울기를 거슬러 이동해야 할 때에 필수적인 수송 방식 — 으로 분자를 막을 통과하여 이동시키려면 에너지가 필요하다. 이 경우, 원형질막에 묻혀 있는 단백질이 분자를 세포 안쪽이나 바깥쪽으로 펌프해낸다.

능동수송

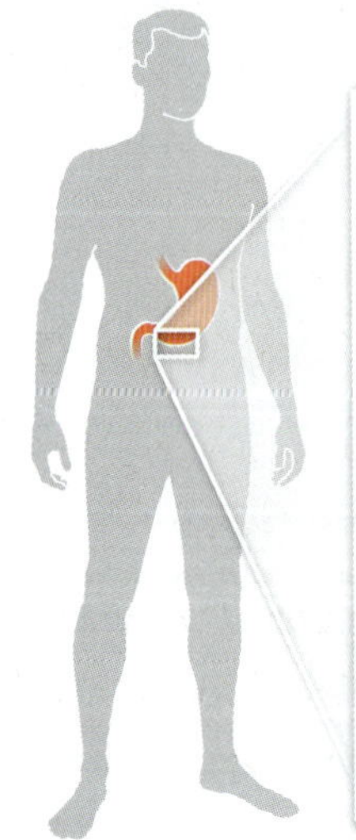

세포 안팎으로 분자가 이동할 때 에너지 투입이 필요하면 능동수송이 일어난다.

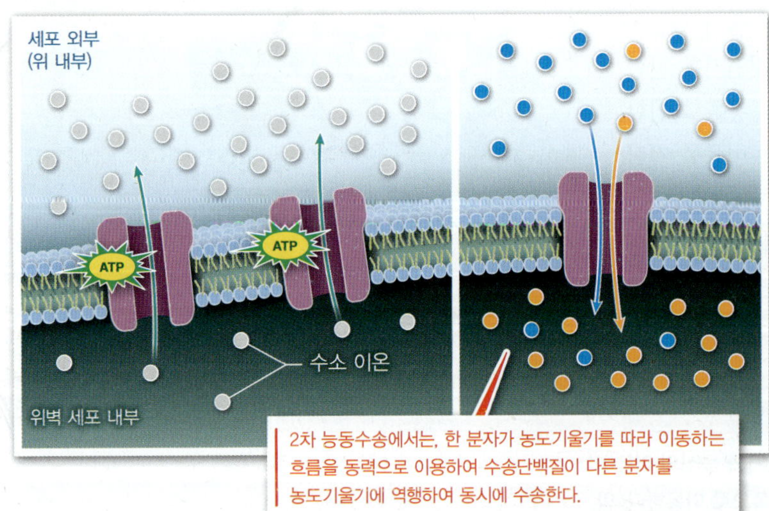

위에서 일어난 능동수송을 통해 소화 능력이 높아진다.

그림 4.19 에너지를 사용하여 분자가 농도기울기를 역행하여 이동할 수 있다.

4.10 세포내섭취와 세포외배출은 큰 입자를 이동시킨다

많은 물질은 너무 크기 때문에 수동수송이나 능동수송을 통해서는 세포로 들어가거나 나가지 못한다. 세포가 세균처럼 큰 입자를 흡수할 때에는 원형질막으로 감싸서 삼키는 **세포내섭취** 과정을 이용한다. 소화효소처럼 신체의 다른 부위에서 이용할 목적으로 만들어낸 큰 입자는 흔히 **세포외배출** 과정을 통해 밖으로 이동한다.

세포내섭취에는 식세포작용, 음세포작용, 수용체-매개 세포내섭취 등 세 가지 유형이 있다. 세 유형 모두 세포 외부에 있는 물질을 원형질막으로 감싼 후 작은 주머니 같은 **소포**를 형성한다. 이 소포는 원형질막에서 세포 내부로 떨어져 나와 다른 세포 내용물과는 분리된 상태로 유지된다.

식세포작용과 음세포작용 비교적 큰 입자는 **식세포작용**을 통해 삼켜진다(**그림 4.20**).

식세포작용

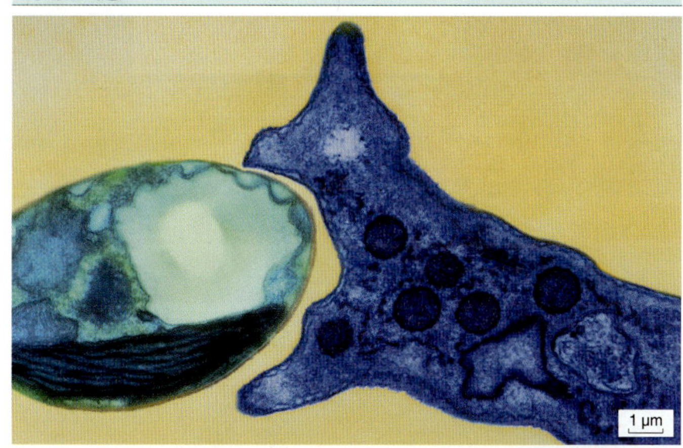

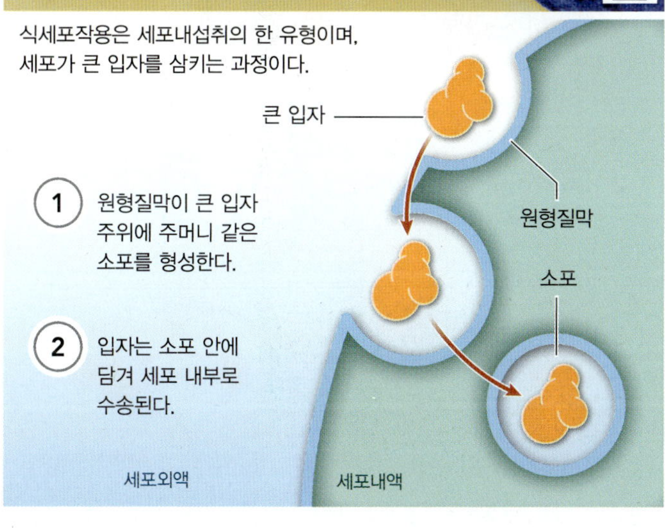

그림 4.20 식세포작용을 통해 세포는 큰 입자를 통째로 삼켜 먹이로 삼거나 방어한다.

백혈구와 마찬가지로 아메바 등의 단세포 원생생물은 식세포작용으로 다른 생명체를 통째로 삼켜 방어하거나 먹이로 삼는다. 식세포작용은 "먹다"와 "그릇"을 뜻하는 그리스어에서 유래하였다. 한편, **음세포작용**이란 용어는 "마시다"와 "그릇"을 뜻하는 그리스어에서 유래하였으며, 세포가 용해된 입자와 액체를 섭취하는 과정을 의미한다. 이 두 과정은 거의 동일하지만, 음세포작용에서 형성된 소포가 식세포작용에서 형성된 소포보다 훨씬 작다.

수용체-매개 세포내섭취 **수용체-매개 세포내섭취**는 세포 표면에 있는 수용체 분자가 특정 유형의 분자를 인식하여 결합한다. 각각의 수용체단백질에 적절한 분자가 결합하면 막이 안쪽으로 접혀 먼저 작은 구덩이를 만들고, 결국 수용체에 결합된 채로 분자를 완전히 삼킨다. 예를 들어, 혈액의 콜레스테롤은 대개 저밀도 지질단백질(LDL, low density lipoprotein)이라는 인지질로 피복된 소구체(globule, 작은 구형 물질) 형태로 존재한다. 간세포의 원형질막에 있는 수용체단백질이 소구체의 인지질 피복에 묻혀 있는 단백질을 인식하고 결합한다(**그림 4.21**). 이 과정을 통해 간세포가

수용체-매개 세포내섭취

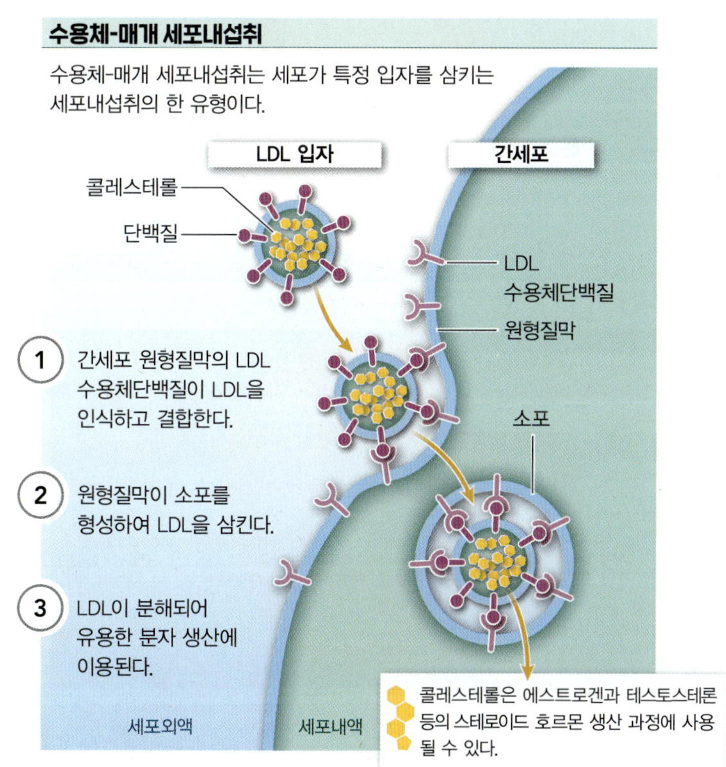

그림 4.21 간세포에 있는 수용체단백질은 콜레스테롤과 결합하여 콜레스테롤이 혈액에서 제거되도록 돕는다.

소구체의 콜레스테롤을 분해하여 여러 종류의 유용한 분자(에스트로겐과 테스토스테론 등)를 만드는 데에 이용한다.

혈액을 따라 순환 중인 콜레스테롤이 동맥벽에 쌓이면 혈류량이 줄어들고 혈관이 딱딱하게 된다. 순환 중인 LDL 내의 콜레스테롤이 너무 많으면 심장혈관 질환과 사망을 초래할 수 있다(**그림 4.22**). 간세포의 원형질막에 LDL 수용체가 충분히 많이 있는 사람은 심장혈관 질환의 위험이 상당히 낮다.

어떤 사람은 간세포 막의 LDL 수용체 수가 유전적으로 부족하여 가족성 고콜레스테롤혈증이라는 질병에 걸리는 불운을 겪는다. 극단적으로 LDL 수용체가 전혀 없이 태어난 경우, 순환 중인 콜레스테롤이 동맥에 매우 빠르게 축적되어 사춘기가 되기도 전에 심장혈관 질환이 발병하기 시작하여 30세 이전에 심장마비로 사망할 수 있다.

세포외배출 분자를 세포 밖으로 내보내기 위해 먼저 세포 내부에 있는 입자를 소포로 감싼다. 이 소포가 원형질막으로 이동하고, 소포막과 원형질막이 합쳐져서 소포 내의 물질이 세포 밖으로 배출된다. 예를 들어, 호르몬인 인슐린이 이런 방식으로 이자 세포에서 분비된다(**그림 4.23**).

세포외배출은 큰 분자에만 국한되지 않는다. 예를 들어, 뇌와 여러 신경계 부위에서는 한 세포가 신경전달물질이라고 부르는 아주 작은 분자를 세포외배출을 통해 대량으로 방출하여 세포 사이에 통신이 이루어진다.

핵심요약 4.10

» 물질이 확산이나 펌프로는 세포 안으로 들어갈 수 없을 때, 세포는 세포내섭취 과정을 통해 원형질막으로 분자나 입자를 감싸서 삼킬 수 있다. 원형질막이 이동해 분자를 감싸 소포를 형성하고, 이 소포를 세포 내부에 떨군다. 유사한 방식으로 세포외배출을 통해 분자를 세포 밖으로 내보낼 수도 있다. 세포 내부에서 형성된 소포가 원형질막과 융합된 후 그 내용물을 세포 밖으로 내보낸다.

심장질환

건강한 동맥

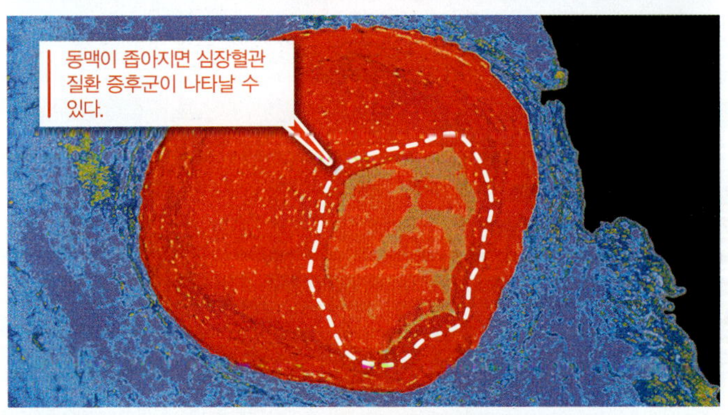

막힌 동맥

LDL 수용체가 지질과 결합하여 제거하는 능력에 비해 순환하는 콜레스테롤 양이 많으면 혈액의 흐름이 감소하거나 막힐 수 있다.

그림 4.22 건강한 동맥과 콜레스테롤이 축적되어 막힌 동맥의 비교.

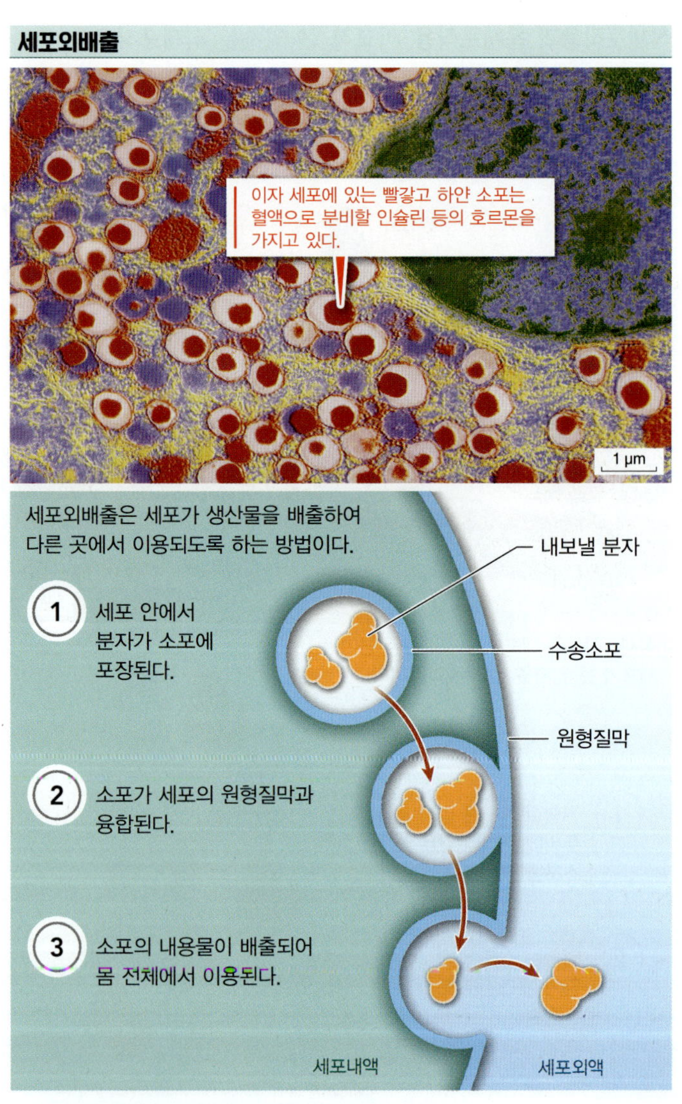

그림 4.23 세포외배출은 분자를 세포 밖으로 내보낸다. 이 방법으로 인슐린이 합성된 세포로부터 방출된다.

▲ 세포는 서로 연결되어 있어 소통한다. 이때 전화선은 필요하지 않다.

4.11 핵은 세포의 유전 통제센터이다

핵은 대부분 진핵세포에서 가장 크고 두드러지는 소기관이다. 실제로 핵은 일반적으로 어떠한 원핵세포보다도 크다. 세포가 큰 강당이나 영화관 크기라면 핵은 앞줄에 주차된 바퀴 18개짜리 대형 트럭만한 크기일 것이다. 핵은 어떤 분자를, 그리고 얼마나 생산할 것인지를 조절함으로써 대부분의 세포 활동을 지휘하는 유전 통제센터이며, 유전정보 저장소이다(**그림 4.24**).

핵에서는 중요한 구성요소 세 가지가 두드러진다(**그림 4.25**). 첫 번째는 핵을 둘러싸서 세포질의 다른 부위와 분리하는 **핵막**(**nuclear membrane**, 또는 nuclear envelope)이다. 그러나 대부분의 원형질막과 달리, 핵막은 마치 상점에서 사용하는 이중-봉투처럼 두 겹의 이중층으로 이루어져 있다. 핵막에는 작은 구멍(**핵공**이라고 함)이 많이 뚫려 있어서 큰 분자가 핵과 세포질 사이에서 이동할 수 있다. 또한, 인지질 막에 묻혀 있으면서 두 겹의 이중층을 건너지르는 다양한 단백질로 구성된 핵공을 통해 물, 당, 이온과 같은 작은 분자도 자유롭게 확산할 수 있다.

핵공 단백질 복합체가 핵막을 양방향으로 통과하는 많은 물질의 수송을 조절한다(**그림 4.25** 참조). 두 가지 유형의 수송이 특히 중요하다. 핵막은 DNA와 상호작용하고 핵의 활성을 촉진하는 단백질이 세포질에서 핵 내부로 이동하도록 한다. 또한, RNA 및 RNA-단백질 복합체가 핵 내부에서 세포질로 이동하도록 촉진하

그림 4.24 핵은 생명현상을 가능하도록 하는 유전정보를 가지고 있다. 유전정보가 동일한 일란성 쌍둥이가 닮아 보이는 이유이다.

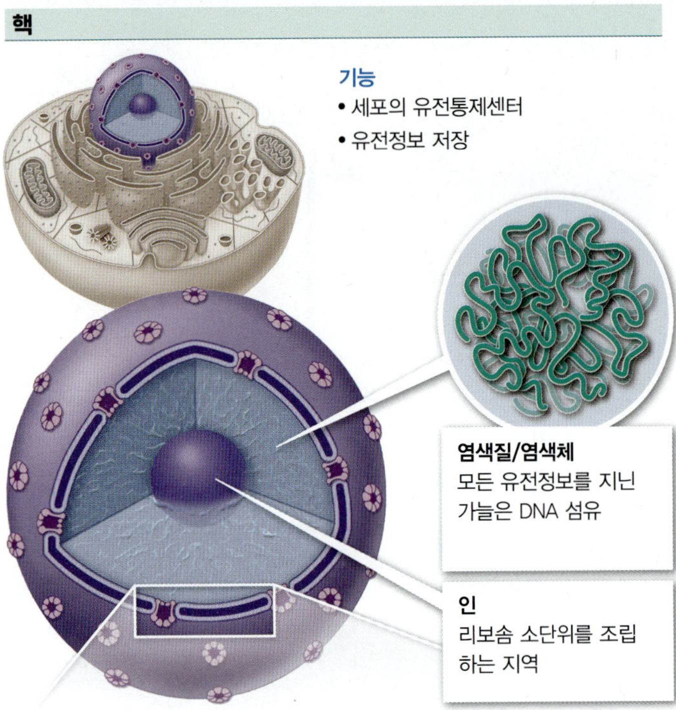

그림 4.25 **세포의 유전통제센터.**

기도 한다.

핵에서 두드러지는 구조 중 두 번째는 **염색질**이다. DNA가 심하게 엉키지 않도록 하는 단백질에 결합한 DNA의 가늘고 긴 섬유덩어리이다. DNA가 세포 활동을 지휘하는 대부분의 시간 동안에는 염색질이 한 그릇의 국수와 비슷하게 보인다. 세포가 분열(8장 참조)할 때에는 염색질이 꼬여서, 실이 점점 짧고 굵어져 눈으로 볼 수 있는 염색체로 된다. 염색체는 유전정보를 지닌 선형의 DNA 분자가 밀집된 형태이다.

세 번째 구조인 인은 핵의 중앙 근처에 있으며, 핵심적 세포 기구인 리보솜 소단위를 조립하는 장소이다. 리보솜은 작은 공장과 같아 DNA에 저장된 정보를 이용하여 단백질을 합성한다. 리보솜은 인에서 만들어지지만, 핵공을 통과하여 세포질로 나간 후 단백질을 합성하는 일을 시작한다.

핵심요약 4.11

» 핵은 진핵세포에서 가장 크고 두드러지는 소기관이다. 핵은 어떤 분자를, 그리고 얼마나 생산할 것인지를 조절함으로써 대부분의 세포 활동을 지휘한다. 핵은 유전정보 저장소이다.

4.12 세포골격은 세포를 지지하며 이동하게 한다

큰 강당만한 크기의 세포 안에 있다고 가정할 때 핵에 해당하는 맨 앞줄에 주차된 대형트럭을 거의 볼 수 없다면 의아해 할 수 있다. 이렇게 가시성이 매우 낮은 이유는 공간에 젤리-같은 세포질이 가득 차 있을 뿐만 아니라, 굵거나 가늘고, 곧거나 가지를 친 밧줄, 끈, 건설용 발판 뼈대 등이 치밀하게 얽힌 그물이 곳곳에 뻗어 있기 때문이다.

단백질로 만들어진 세포 내부의 발판 뼈대가 **세포골격**이며(그림 4.26), 세 가지 중요한 목적을 갖는다. 첫째, 동물 세포의 형태를 유지하고 지지해서 적혈구가 작고 둥근 도넛(가운데 구멍은 없음)처럼 보이게 하고, 뉴런이 매우 긴 실-같은 형태를 가질 수 있게 한다. (식물 세포는 주로 세포벽—이 구조는 이 장의 뒷부분 참조—에 의해 형태가 만들어지지만, 역시 세포골격을 가지고 있다.) 둘째, 세포골격은 세포내 교통을 조절한다. 일련의 선로 역할을 하여 다양한 소기관 및 분자가 세포 내부에서 이리저리 다니도록 안내한다. 셋째, 세포골격의 정교한 발판 뼈대가 역동적이며 힘을 발생할 수 있기 때문에 모든 세포가 자신의 움직임을 조절할 수 있는 약간의 능력을 얻는다.

세포골격

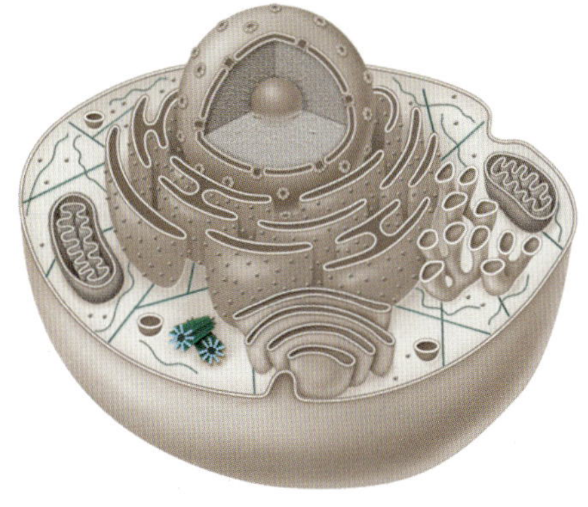

기능
- 세포의 내부 발판 뼈대로 작용
- 형태 유지와 지지
- 세포내 교통 조절
- 운동 능력 부여

세포골격에 있는 세 가지 유형의 단백질 섬유

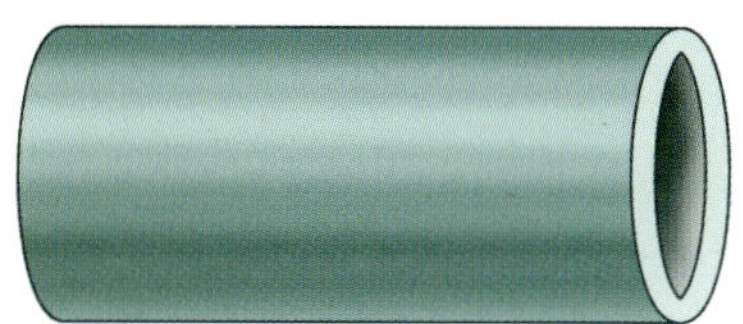

미세소관
- 두꺼운 빈 관
- 세포 내부의 분자와 소기관이 부착하여 이동하는 선로

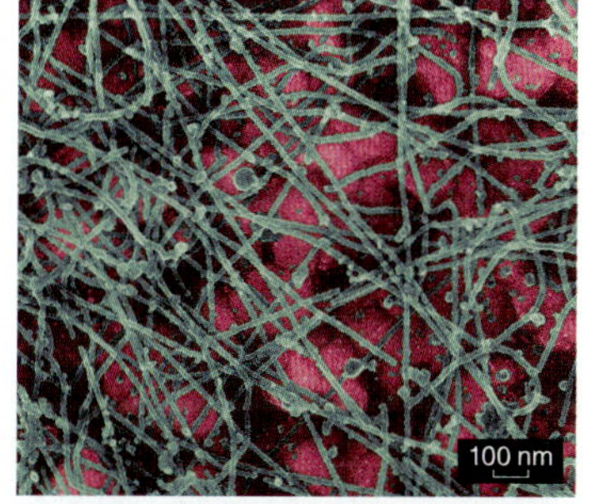

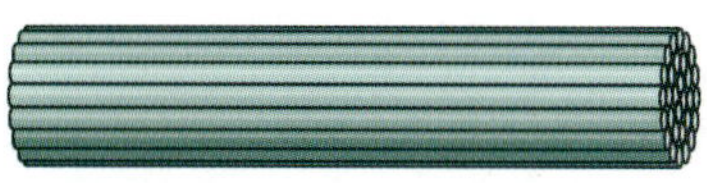

중간섬유
- 많은 단백질이 겹쳐진 내구성 강한 밧줄-같은 섬유
- 세포의 강력한 강도 제공

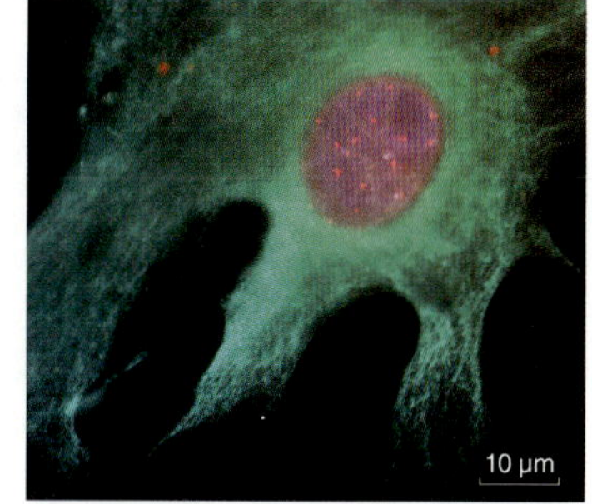

미세섬유
- 길고 단단한 막대-같은 섬유
- 세포 수축과 세포분열에 관여

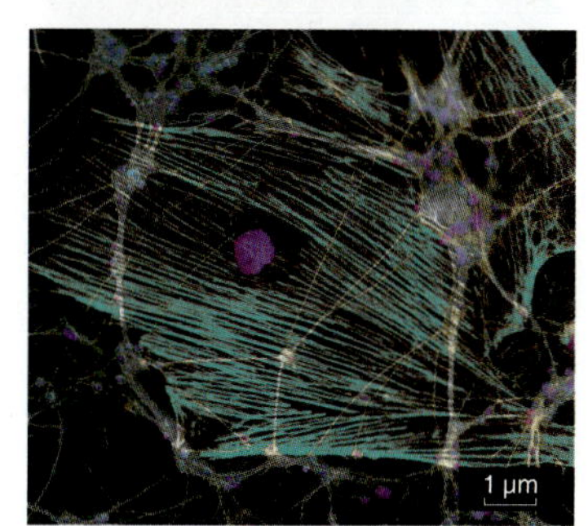

그림 4.26 세포의 내부 발판 뼈대.

세포골격은 세 가지 유형의 단백질 섬유로 만들어진다. 가장 두꺼운 **미세소관**은 반복되는 단백질 단위체로 구성된 선형 섬유이며 단단한 빈 관처럼 보인다. 세포 내부의 컨베이어 벨트처럼 작동하는 선로 역할을 하여 세포 내부의 분자와 소기관이 여기에 부착하여 이동할 수 있다. 미세소관은 또한 세포분열 동안에 염색체를 끌어당겨 분리하는 일에도 관여한다. 미세소관은 끊임없이 조립되고, 해체되고, 재조립되므로 세포 내에서 거의 10분 이상 존속하지 못한다. 세포골격을 형성하는 단백질 섬유의 두 번째 유형인 **중간섬유**는 수많은 여러 종류의 단백질이 겹쳐진 내구성이 강한 밧줄-같은 섬유이다. 이들은 세포에 강력한 강도를 제공한다. 마지막으로 **미세섬유**는 세포골격 중에서 가장 얇은 요소이다. 이들은 길고 단단한 막대-같은 섬유이며, 세포 수축과 세포분열 등에서 사용되는 힘을 만들어낼 수 있다.

때로는 미세소관에서 파생된 몇 가지 구조가 세포가 환경 속에서 이동하도록(고착된 세포의 경우, 환경이 세포를 지나쳐 가도록) 돕는다. **섬모**는 흔히 하나의 세포에 많은 수로 존재하는 짧은 돌기이다(그림 4.27). 섬모는 마치 바람에 일제히 휘날리는 들녘의 풀잎처럼 아주 빠르게 휘젓는다. 섬모는 액체를 세포와 함께 이동시키거나 또는 세포를 스쳐 지나가도록 움직일 수 있다. 이러한 운동을 통해 폐로 연결된 기도를 청소하여 들숨에 섞여 들어온 먼지를 제거하는 등 많은 중요한 일을 수행할 수 있다. 동물세포에 있는 중심립은 미세소관 다발로 만들어지며, 세포분열에서 중요한 역할을 한다.

편모는 섬모보다 훨씬 길다. 편모는 많은 원핵생물 및 단세포 진핵생물에 존재한다—원핵세포의 편모는 진핵세포의 편모와 구조적으로 다르다. 많은 조류(algae)와 식물은 한 개 이상의 편모가 있는 세포를 가지고 있는 반면, 동물에서는 드물다. 모든 동물 종에서 중요한 역할을 하는 한 가지 세포 유형은 정자세포이다. 정자는 편모가 꼬리 역할을 하므로 모든 동물세포 가운데 활동성이 가장 좋다. 일부 살정제 피임 방법은 편모 기능을 손상시켜 정자세포의 운동을 억제함으로써 임신을 막는다.

핵심요약 4.12

» 세포골격은 미세소관, 중간섬유, 미세섬유로 구성되며, 동물세포의 형태를 유지하고 지지해준다. 또한, 일부 세포가 자신의 운동을 조절할 수 있게 하며, 소기관과 분자가 세포 내부에서 이동할 수 있는 선로 역할도 한다.

세포의 운동

섬모

5 μm

사람 난관의 내부 표면에서 섬모(주황색)는 난자를 자궁쪽으로 밀어낸다. 분비세포(보라색)는 영양을 제공한다.

편모

2 μm

사람 정자세포

섬모는 부드럽게 휘저으며 액체가 세포를 지나가도록 이동시킬 수 있다. 반면에 편모는 채찍질하듯 운동하여 세포 자신이 이동하도록 할 수 있다.

그림 4.27 **섬모와 편모는 세포의 운동을 도와준다.**

4.13 미토콘드리아는 세포의 에너지 전환자이다

자동차는 일반적으로 한 종류의 연료만을 사용하며, 그 연료는 언제나 똑같다. 사람의 경우는 이야기가 다르다. 어떤 때에는 고기와 감자를 먹고, 또 어떤 때에는 과일과 빵이나 야채, 또는 팝콘이나 젤리과자를 먹기도 한다. 그렇지만 인체는 이들 다양한 식품의 에너지를 원동력으로 삼아 숨을 쉬고 움직이고 생각하는 등 모든 반응을 수행할 수 있다. 이런 일을 가능하게 하는 소기관이 미

미토콘드리아

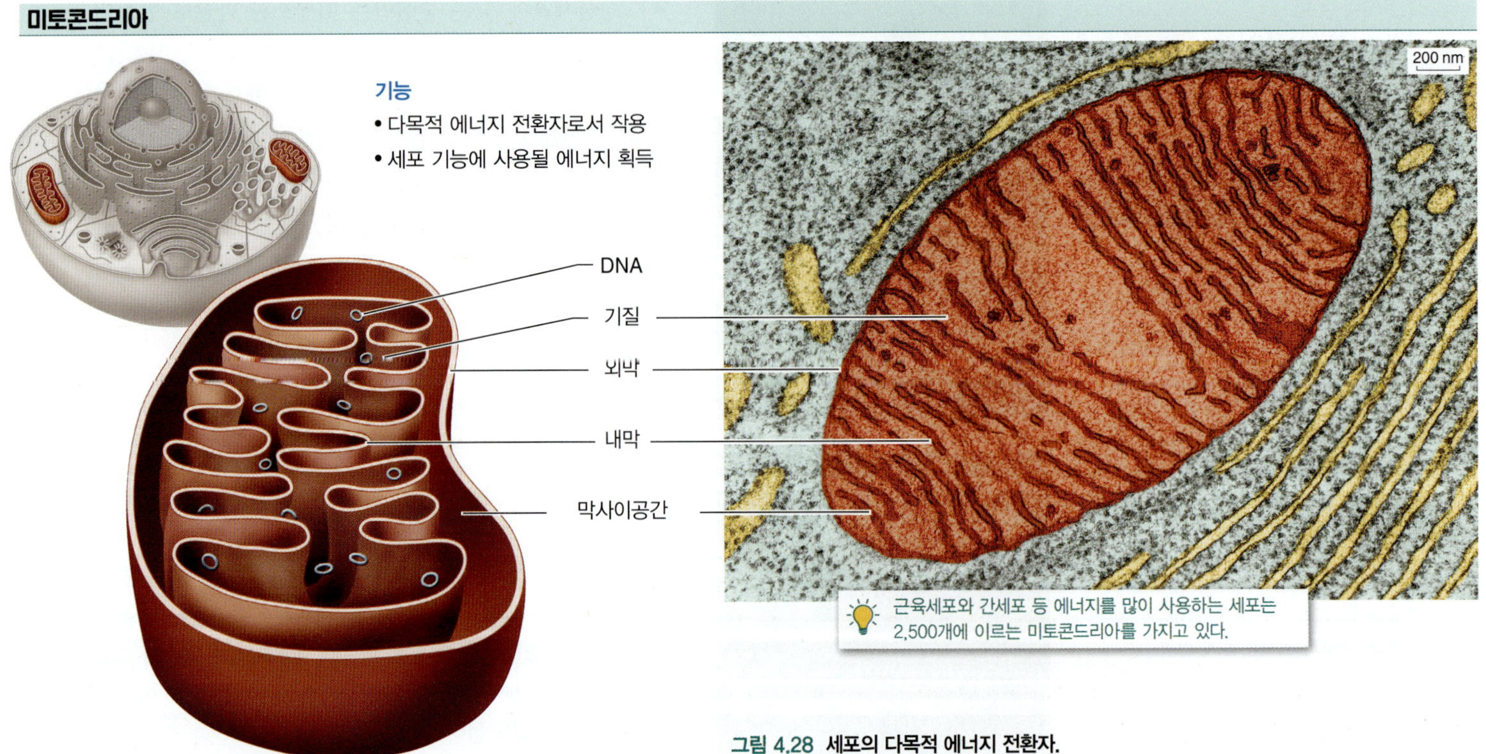

그림 4.28 **세포의 다목적 에너지 전환자.**

토콘드리아이다. **미토콘드리아**는 세포의 다목적 에너지 전환자이며, 거의 모든 식물세포와 동물세포 및 그 밖의 모든 진핵세포에 존재한다(**그림 4.28**). 미토콘드리아는 탄수화물, 지방, 단백질 등의 화학결합에 저장된 에너지를 이산화탄소, 물, 그리고 ATP로 전환시킨다. 세포는 고-에너지 분자인 ATP를 연료로 삼아 모든 기능과 활동의 동력을 얻는다(ATP에 대해서는 5장 참조). 이 에너지 전환에는 상당한 양의 산소가 필요하므로 미토콘드리아는 세포가 사용하는 산소 대부분을 소비한다. 예를 들어, 사람의 경우 미토콘드리아는 호흡하는 산소의 80% 정도를 소비한다. 미토콘드리아는 투자수익률이 상당히 높아서 세포 기능 수행에 필요한 에너지의 약 90%를 생산해낸다.

사람의 지방 저장세포처럼 대사 활성이 거의 없는 세포에는 미토콘드리아가 거의 없다. 이에 비해 동물의 근육, 간, 정자세포 및 빠르게 생장하는 식물의 뿌리 세포 등 에너지 요구량이 많은 세포에는 미토콘드리아가 밀집되어 있다(**그림 4.29**). 이들 중 어떤 세포는 미토콘드리아를 2,500개나 가지고 있다! (4.14절 실험 내용 참조.)

미토콘드리아의 구조는 샌드위치 비닐봉지 안에 더 큰 다른 비닐봉지를 쑤셔 넣은 것을 연상하면 이해하기 쉽다. 바깥쪽 막은 매끈하지만, 안쪽 막은 구겨져 있다. 이런 구조로 인해 미토콘드리아 내부에 나뉘어진 두 구획이 만들어진다. 안쪽 봉지의 바깥쪽 영역은 **막사이공간**이라고 부르고, 안쪽 봉지의 내부 영역은 **미토콘드리아 기질**이라고 부른다. 이러한 봉지-내부의-봉지 구조는 에너지 전환 과정에서 중요하다. 큰 안쪽 막은 많은 주름에 의해 거대한 표면적을 제공하며 여기에서 화학반응이 일어난다. (미토콘드리아의 에너지 전환과 구조의 역할은 5장 참조)

앞서 내부공생에 대해 살펴본 바와 같이(그림 4.7 참조), 수십억 년 전에는 미토콘드리아도 독립적인 단세포 세균-유사 생명체로 존재했을 것이다. 아마도 이 사실을 지지하는 가장 강력한 증거는 미토콘드리아가 자신의 DNA를 가지고 있다는 것이다(그림 4.28 참조). 미토콘드리아마다 약 3,000개의 단백질 사이에 섞여 있는 작은 고리형 DNA의 복제본을 2~10개 사이로 가지고 있다. 이 DNA는 대사와 에너지 생성에 필수적인 13가지의 미토콘드리아 단백질을 만드는 정보를 가지고 있다.

> **Q** 우리는 모두 부모님 중 한쪽에게서 더 많은 DNA를 받는다. 어머니와 아버지 중 누구로부터 더 많이 받을까? 그 이유는?

일반적으로 자녀의 유전자 구성에 부모가 동등하게 기여한다고 한다. 하지만 이것은 사실이 아니다. 당신의 모든 세포에 있는 미토콘드리아(그리고 그 안에 있는 DNA)는 원래 어머니의 난자에 있는 미토콘드리아에서 유래한 것이다. 난자가 아버지의 정자와 수정하고 발달하여 당신이 된 것이다. 크기가 작은 정자는 DNA를 제공하지만, 세포질이 없으므로 미토콘드리아도 없다. 따라서 미토콘드리아의 DNA는 전적으로 어머니에게서 물려받은 것이다. 사람뿐만 아니라 대부분의 다세포 진핵생물에서도 그렇다.

식품의 에너지를 세포가 이용할 수 있도록 전환하는 데 있어 미토콘드리아의 중심적 역할을 생각해 본다면, 미토콘드리아의 기능장애가 심각한 결과를 초래할 수 있다는 사실에 놀라지 않을 것이다. 최근의 한 연구는 결함이 있는 미토콘드리아와 피로 및 근육 통증의 특성을 보이는 질병 사이의 관련성 여부에 초점을 맞추었다. 예를 들어, "운동 불내성"—아주 가벼운 운동을 했을 뿐인데도 심한 피로와 경련을 겪는 증상—의 많은 경우가 결함이 있는 미토콘드리아 DNA와 관련된 것으로 보인다.

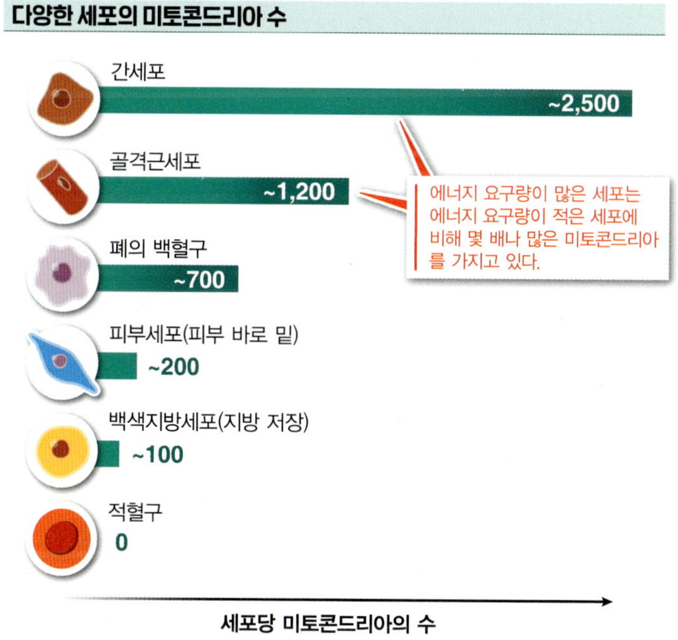

다양한 세포의 미토콘드리아 수

세포	세포당 미토콘드리아의 수
간세포	~2,500
골격근세포	~1,200
폐의 백혈구	~700
피부세포(피부 바로 밑)	~200
백색지방세포(지방 저장)	~100
적혈구	0

에너지 요구량이 많은 세포는 에너지 요구량이 적은 세포에 비해 몇 배나 많은 미토콘드리아를 가지고 있다.

세포당 미토콘드리아의 수

도표로 배우기
데이터의 시각적 표현을 비판적으로 살펴보기
이 그림을 더 자세히 살펴보려면 이 장의 끝을 보시오.

그림 4.29 여러 유형의 세포에 있는 미토콘드리아의 수는 얼마나 다양한가?

핵심요약 4.13

» 미토콘드리아는 거의 모든 진핵세포에 존재하며, 탄수화물, 지방, 단백질 분자의 화학결합에 저장된 에너지를 이산화탄소와 물, 그리고 모든 세포 기능 및 활동의 에너지원인 ATP로 전환한다. 미토콘드리아의 진화적 기원은 다른 세포 안에서 살아가는 공생 세균에서 찾을 수 있다.

4.14 세포는 환경조건에 맞춰 자신의 조성을 바꿀 수 있을까?

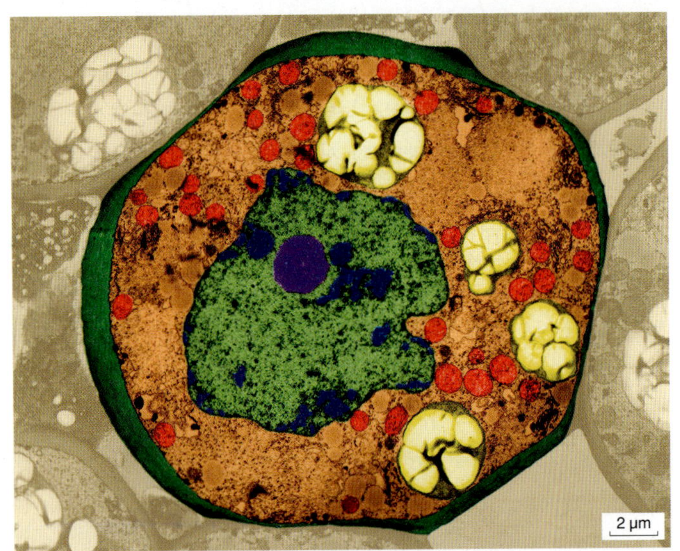

▲ 부두백합(Voodoo lily)의 세포. 이 식물세포에서 볼 수 있는 소기관은 몇 종류일까?

생명과학의 의문에 대해 어떻게 접근할 것인지 방법을 찾아내는 것이 그 현상을 이해하고자 노력하는 데에 있어서 매우 중요하다. 대부분의 경우, 가장 효과적인 방법은 가장 단순하게 접근하는 것이다. 예를 들어, 어떤 연구진이 매우 추운 환경에 있을 때 동물세포가 어떻게 대응하는지에 대해 조사하였다. 이들이 수행한 내용은 다음과 같다.

연구진은 다섯 무리의 고양이 15마리를 연구에 활용하였다. 무리마다 한 마리는 대조군으로 하였고, 나머지는 매일 1시간씩 2회에 걸쳐 매서운 추위—야생에서 겪는 추위 범위 내—에 노출시켰다. 추위에 노출시킨 시간 이외에는 20°C로 유지하였다.

연구진이 조사한 내용은 무엇인가?

추위에 노출시킨 1주일 후에 모든 고양이로부터 지방조직을 채취하여 현미경으로 조사하였다. 조사한 항목은 세포마다 미토콘드리아의 수와 크기 및 미세한 혈관(모세혈관)의 수, 그리고 세포 크기이다.

조사에 사용한 접근법은 효과적이었는가?

실험 결과는 뚜렷하고 극적이었다. (표에서 μm는 마이크로미터, 또는 미크론이라고 하며, 1 m의 1백만 분의 1을 의미한다.)

	대조군	추위-스트레스
미토콘드리아의 수(개/μm^3)	1.48 ± 0.11	1.74 ± 0.10
미토콘드리아의 크기(μm^3)	0.13 ± 0.04	0.48 ± 0.13
모세혈관의 수(개/세포)	0.34 ± 0.12	0.71 ± 0.2
지방세포의 직경(μm)	75 ± 2	18 ± 2

이 실험의 접근법은 매우 단순하였다. 연구진은 단 하나의 조작—추위에 노출시키기—만 사용하였고 그 결과를 관찰하였다. 이로써 단도직입적인 결론을 이끌어낼 수 있다. 추위 스트레스는 지방세포의 변화를 초래하였다. 추위를 겪은 동물에서는 미토콘드리아의 수가 늘었고 크기도 3배 정도 커졌다. 혈관의 수는 2배 가량 늘어났다. 지방세포의 크기는 대조군과 비교해 1/4 이하로 줄어들었다.

추위를 겪은 고양이의 지방세포가 크게 위축된 이유는 무엇일까?

추위에 노출된 동물의 지방조직 세포는 열을 생성하는 용도로 전환된 것으로 보인다. 많은 열을 생산하는 과정에서 저장된 지질을 연료로 사용했으므로 에너지 저장소의 상당한 부분이 사라졌다.

생각하기, 짝과 나누기

수업 수강생 중 한 명과 짝을 형성하시오. 다음의 질문을 읽고 답에 대하여 60초 동안 조용히 생각하시오. 이후 5분 동안 토론을 하고 자신의 답을 공유할 수 있게 준비하시오.

- 이 연구에서 무엇을 수정하면 결론에 대한 확신을 높일 수 있을까?

핵심요약 4.14

» 처리내용의 영향을 판단하려 할 때에는 가장 단순한 실험이 가장 효과적인 방법일 수 있다. 주의깊게 설계한 대조군과 실험군 사이를 구분하는 조작을 단 한 가지만 사용한다면, 결과에서 나타난 차이가 무엇이든 처리내용에 따른 것일 가능성이 높다.

4.15 리소솜은 세포의 노폐물 처리장이다

세포는 만들어진 노폐물을 어떻게 처리하는가? 예를 들어, 미토콘드리아는 10일 정도 왕성하게 활동하고 나면 못쓰게 된다. 백혈구도 끊임없이 세균 침입자를 찾아내고 포식한 후 찌꺼기를 폐기 처리해야 한다. 마찬가지로 진행 중인 세포대사 반응에서 많은 고분자 노폐물이 만들어지고, 세포는 이것을 소화하고 재활용해야 한다. 많은 진핵세포는 이러한 노폐물을 처리하기 위해 수백 개나 되는 리소솜이라고 부르는 유동성 다용도 "노폐물 처리기"를 가지고 있다.

리소솜은 막으로 둘러싸인 산이 가득 차 있는 둥근 소포이며, 노폐물을 처리한다(**그림 4.30**). 리소솜에는 약 50가지의 소화효소 및 강산성 액체가 가득 차 있는데, 이 부식성의 걸쭉한 액체는 매우 강력하여 리소솜이 터진다면 세포의 많은 구성성분이 소화되어 세포가 즉사할 것이다. 리소솜에는 광범위한 효소가 있어서 더 이상 세포에 필요하지 않거나 세포대사의 부산물로서 만들어진 고분자를 분해한다.

세포가 식품 입자, 또는 식세포작용으로 섭식한 침입 세균을 처리하고자 때에는 이들을 리소솜으로 보내 분해한다. 분해가 끝난 분자의 구성요소—단백질의 분해 산물인 아미노산 등—대부분은 세포질로 방출되어 원자재로 사용될 수 있다.

일부 면역계 세포는 특히 많은 수의 리소솜을 가지고 있는데, 병원성 세균과 상대하는 과정에서 만들어진 노폐물을 처리해야 할 필요성이 크기 때문인 것으로 보인다.

리소솜의 기능에는 50여 가지의 효소가 필수적이기 때문에 때로는 문제가 발생할 수 있다. 테이-삭스병(Tay-Sachs disease)이라고 부르는 유전질환은 중요한 지질-소화효소를 만들어내는 형질을 물려받지 못한 아이에게서 흔히 나타난다. 리소솜에서 일부 지질을 소화할 수 없더라도 세포는 계속해서 지질을 리소솜으로 보내기 때문에 지질이 소화되지 않은 채 리소솜에 축적된다. 리소솜이 부풀어서 결국 터지면 세포 전체가 소화되거나 죽게 된다. 이러한 과정이 출생 후 몇 년 이내에 수많은 세포에서 일어나 어린 나이에 사망에 이르게 된다.

오랫동안 논란이 이어지고는 있으나, 식물세포에도 동물의 리소솜처럼 소화 과정을 수행하는 유사한 구획물이 있는 것으로 보인다.

핵심요약 4.15

» 리소솜은 막으로 둘러싸인 소기관이다. 약 50가지의 소화효소가 가득 차 있어서 세포가 병원성 세균 등의 고분자를 분해하도록 한다.

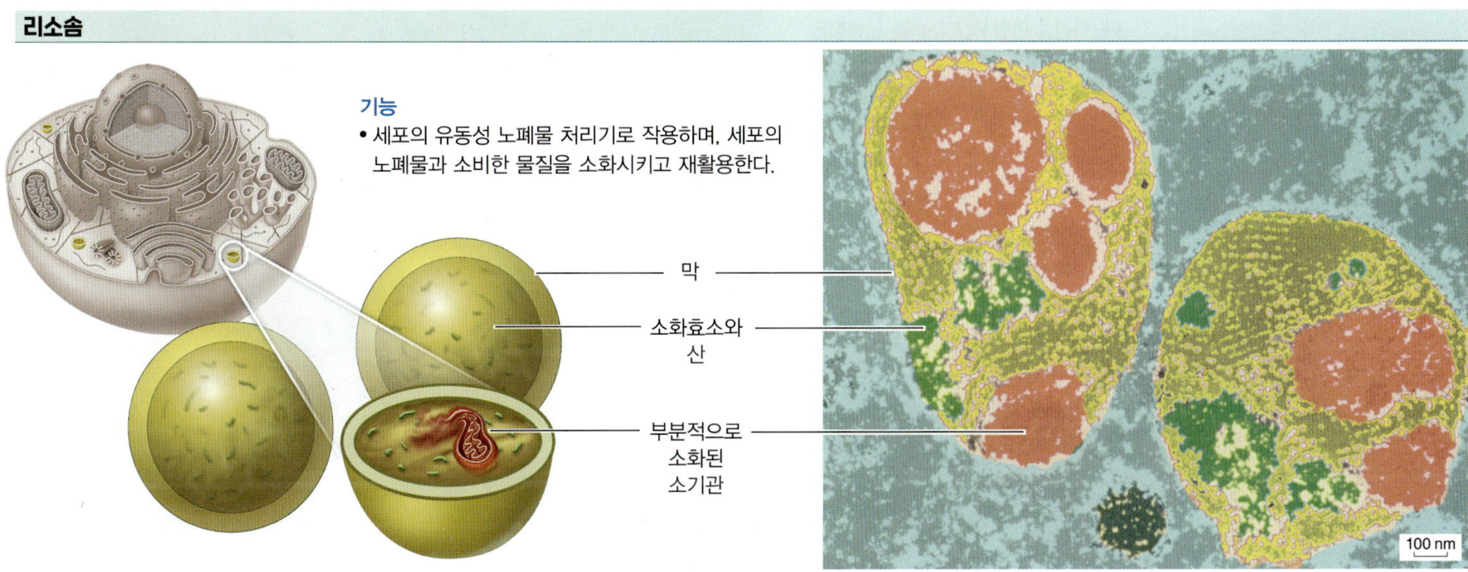

그림 4.30 **세포 노폐물의 소화와 재활용.**

4.16 내막계에서는 분자를 생성하고 가공하고 포장하며, 해독작용을 한다

세포 기능에 필수적인 분자를 만드는 방법에 대한 **정보**(*information*)는 핵 속의 DNA에 저장되어 있다. 이들 분자를 만들고 세포 기능을 수행하는 **에너지**(*energy*)는 주로 미토콘드리아에서 공급된다. 그러나 실제로 분자의 **생성**(*production*)과 **변형**(*modification*)은 몇 가지 소기관으로 이루어진 **내막계**라고 부르는 소기관계에서 일어난다(**그림 4.31**).

서로 연계된 막이 핵을 중심으로 뻗어 나와 핵을 둘러싸고, 필요한 화학물질이 섞여 있는 방을 형성한다. 내막계는 세포 부피의 1/5 정도를 차지하며, 세포의 많은 기본적인 기능을 수행한다.

조면소포체 아마도 명칭이 가장 거추장스러운 소기관인 **조면소포체(rER)**는 서로 연결된 일련의 납작한 주머니로 이루어져 있다. 이들 주머니는 핵막과 직접 연결되어 있으며, 대부분 진핵세포에서는 핵을 거의 완전히 둘러싸고 있다(**그림 4.32**).

조면소포체는 표면에 리보솜이 점점이 박혀 있어서 거칠어 보이므로 "조면(거친 면)"이라고 부른다. 리보솜은 세포의 단백

내막계의 개요

기능

- 신체의 다른 부위로 보낼 분자를 생성하고 변형시킨다.
- 독성물질과 세포 부산물을 분해한다.

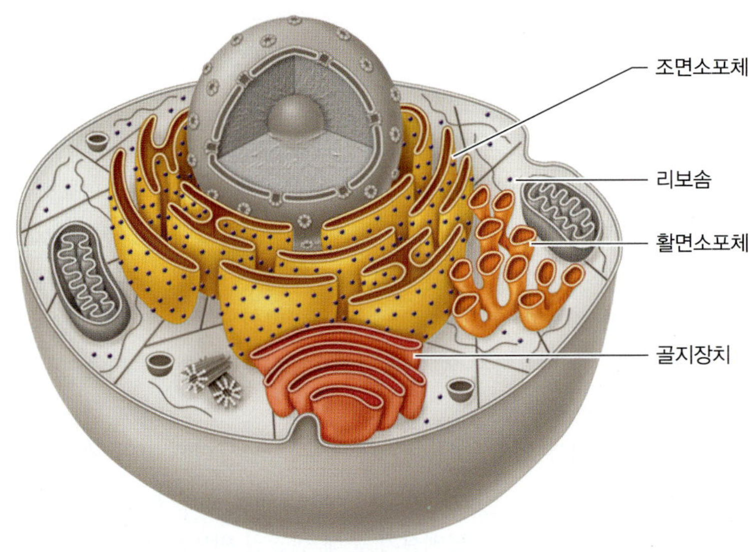

그림 4.31 분자를 생성하고, 포장하고, 수송하기.

조면소포체

기능

- 단백질을 변형시킨다. 이들 단백질은 장차 내막계의 다른 곳, 또는 세포 표면이나 세포 외부로 보낼 것이다.

그림 4.32 조면소포체는 리보솜이 점점이 박혀 있어 표면이 거칠어 보인다.

질-합성 기구이다. 단백질을 빠르게 합성하는 세포에는 일반적으로 리보솜이 많이 있다. (리보솜의 구조와 단백질 합성 내용은 6장 참조.)

조면소포체의 주요 기능은 내막계의 다른 곳, 또는 세포 표면이나 세포 외부로 내보낼 단백질을 접고 포장하는 것이다. (세포 내부에서 사용할 단백질은 일반적으로 세포질에 자유롭게 떠다니는 리보솜에서 만든다.) 예를 들어, 독개구리의 경우, 독을 합성하는 세포의 조면소포체에서 독을 포장한 후 피부에 있는 독 분비샘으로 수송한다.

활면소포체 내막 그물조직의 한 부분인 **활면소포체(sER)**는 활면(매끈 면)이라는 이름이 알려주듯이 리보솜이 붙어 있지 않기 때문에 표면이 매끄럽다(**그림 4.33**). 조면소포체와 연결되어 있으며 핵에서 더 먼 곳에 위치한다. 활면소포체는 가지를 친 관의 무더기처럼 보인다.

활면소포체는 단백질을 접고 포장하는 일에는 거의 관여하지 않는다. 그 대신에 지방산과 인지질, 스테로이드 등 지질과 탄수화물 합성에 관여한다. 생산하는 지질의 종류는 신체 부위에 따라, 그리고 종마다 다양하다. 예를 들어, 포유류 난소 및 정소의 활면소포체에서는 에스트로겐과 테스토스테론을 생산한다. 간과 지방세포의 활면소포체에서는 다른 종류의 지질을 생산한다. 조면소포체에서 단백질을 포장하는 과정과 동일하게 활면소포체에서도 생산한 지질을 수송 소포에 포장한 후, 세포의 다른 부위로 보내거나 또는 원형질막으로 보내 배출한다.

활면소포체의 중요한 임무—특히 사람의 간세포에서—는 체내로 들어온 많은 위험한 분자로부터 세포를 보호하도록 돕는 것이다. 활면소포체에 있는 해독 효소가 알코올, 항생제, 진정제, 항히스타민 등의 약물과 체내에서 만들어진 많은 독성 대사노폐물의 위해성을 줄여준다. 중량 운동을 하면 근육이 점점 더 커지는 것과 마찬가지로 특정 약물에 대량 노출된 세포에서는 활면소포체 수가 증가한다.

많은 약물(항생제나 헤로인 등)에 만성적으로 노출되면 특히 간세포에서 활면소포체와 해독효소가 증식될 수 있다. 이로 인해 약물에 대한 내성이 높아지고, 동일한 효과를 얻으려면 투여량을 더 높여야 한다. 세포의 해독능력이 높아지면 다른 화합물도 잘 해독할 수 있게 된다. 예를 들어, 특정 약물을 대량으로 사용해 온 사람은 항생제나 마취제가 잘 듣지 않을 수 있다.

Q 한 종류의 약물을 장기간 복용한 경우, 전혀 사용한 적이 없는 다른 약물에 대한 내성이 어째서 높아지는 것일까?

그 밖에도 소포체(조면과 활면 모두)가 밀집한 세포로는 면역계 단백질을 만들어내는 형질세포(plasma cell)라고 부르는 혈액 세포와 소화효소를 대량으로 분비하는 이자 세포가 있다.

골지장치 핵에서 더 먼 쪽으로 나가다 보면 내막계의 또 다른 소기관을 볼 수 있다. 골지장치는 납작하게 쌓여 있는 막(각각을 **골**

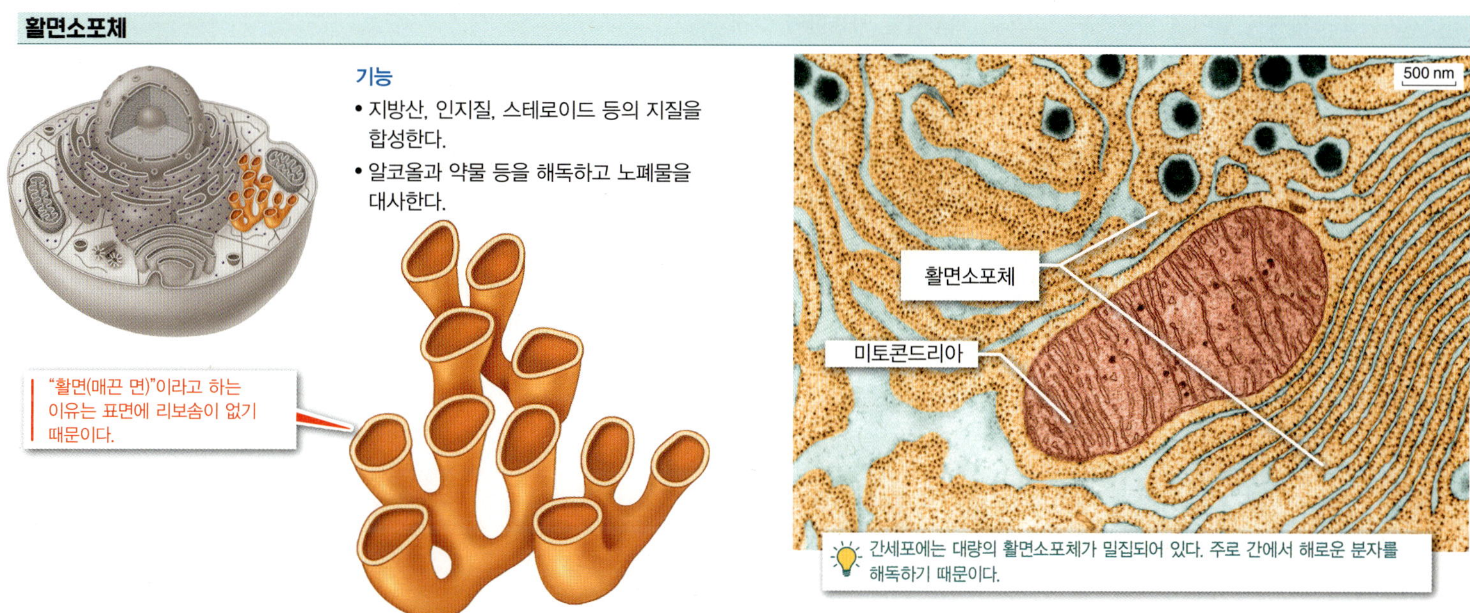

그림 4.33 활면소포체에서는 지질을 합성하고, 알코올과 항생물질 등의 약물을 해독한다.

골지장치

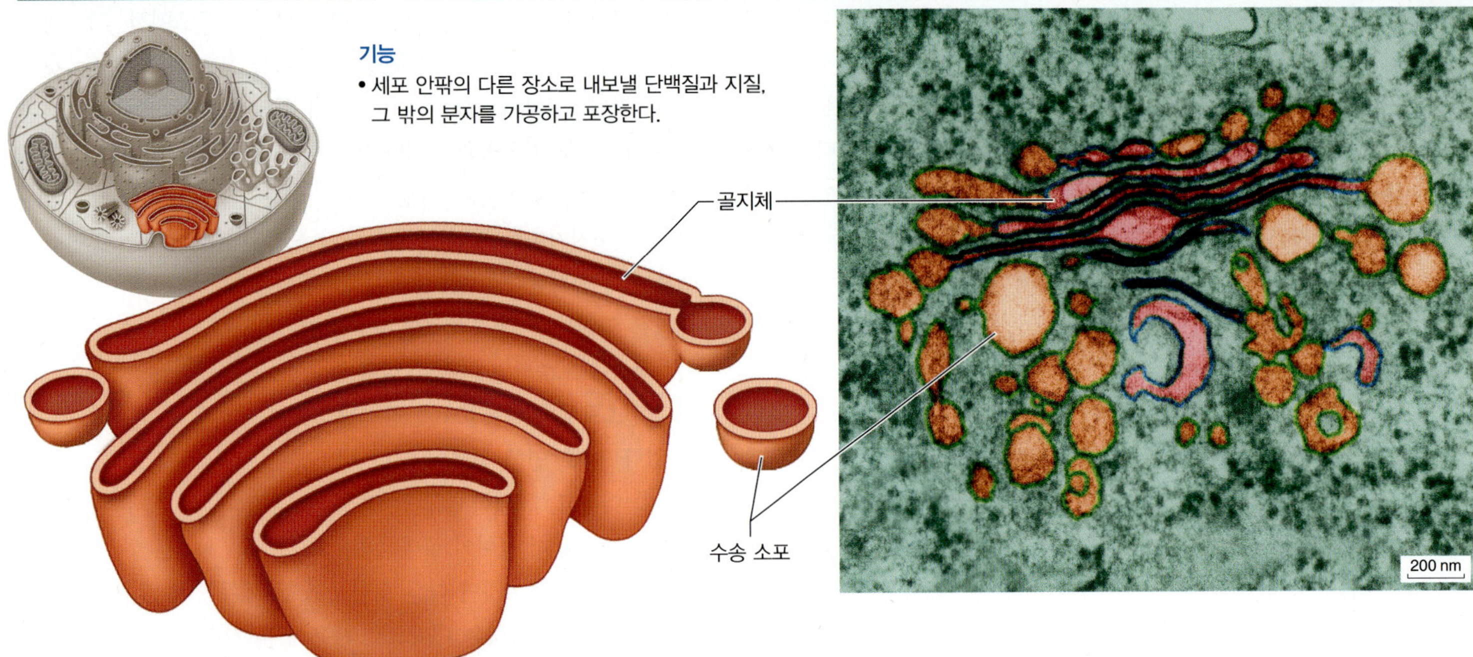

그림 4.34 세포에서 합성된 분자의 가공과 다른 신체 부위에서 사용될 분자의 포장.

지체(Golgi body)라고 부른다)들로 이루어지며, 소포체와 연결되어 있지 않다(**그림 4.34**). 골지장치는 세포에서 합성된 분자—주로 단백질과 지질—를 가공하고 다른 신체 부위에서 이용될 분자를 포장한다. 또한, 많은 원형질막에서 발견되는 복합다당류 등의 탄수화물도 합성한다.

소포체에서 떨어져 나온 수송 소포는 세포질을 이동하여 골지장치에 도달한다. 소포는 골지장치의 막과 융합하여 내용물을 골지체 안에 내놓는다. 수송된 분자가 4개 정도의 골지체 방을 차례로 통과하는 동안, 골지체 안의 효소가 분자를 약간 변형(인산기나 당의 추가 또는 제거 등)시킨다. 골지장치에서 일어나는 가공 과정 중에는 흔히 신체의 다른 부위로 보내기 위해 분자에 꼬리표(우편주소처럼)를 붙이는 일이 포함된다.

가공이 끝난 분자는 소포에 담긴 상태로 골지장치에서 떨어져 나온다. 만약 신체의 다른 부위로 배달되어 이용될 분자인 경우라면 수송 소포가 원형질막과 융합하여 세포외배출을 통해 분자를 혈액으로 내보낸다.

그림 4.35는 내막계의 다양한 부위에서 분자를 생성하고, 변형하고, 포장하는 과정을 요약한 것이다.

핵심요약 4.16

» 분자를 생성하고 변형하는 일이 내막계에서 일어난다. 조면소포체는 단백질을 접고 포장한다. 활면소포체는 지질과 탄수화물을 합성하고 다양한 화학물질을 해독한다. 골지장치는 분자를 가공하고 신체의 다른 부위에서 이용될 분자를 포장한다.

내막계에서 하는 일

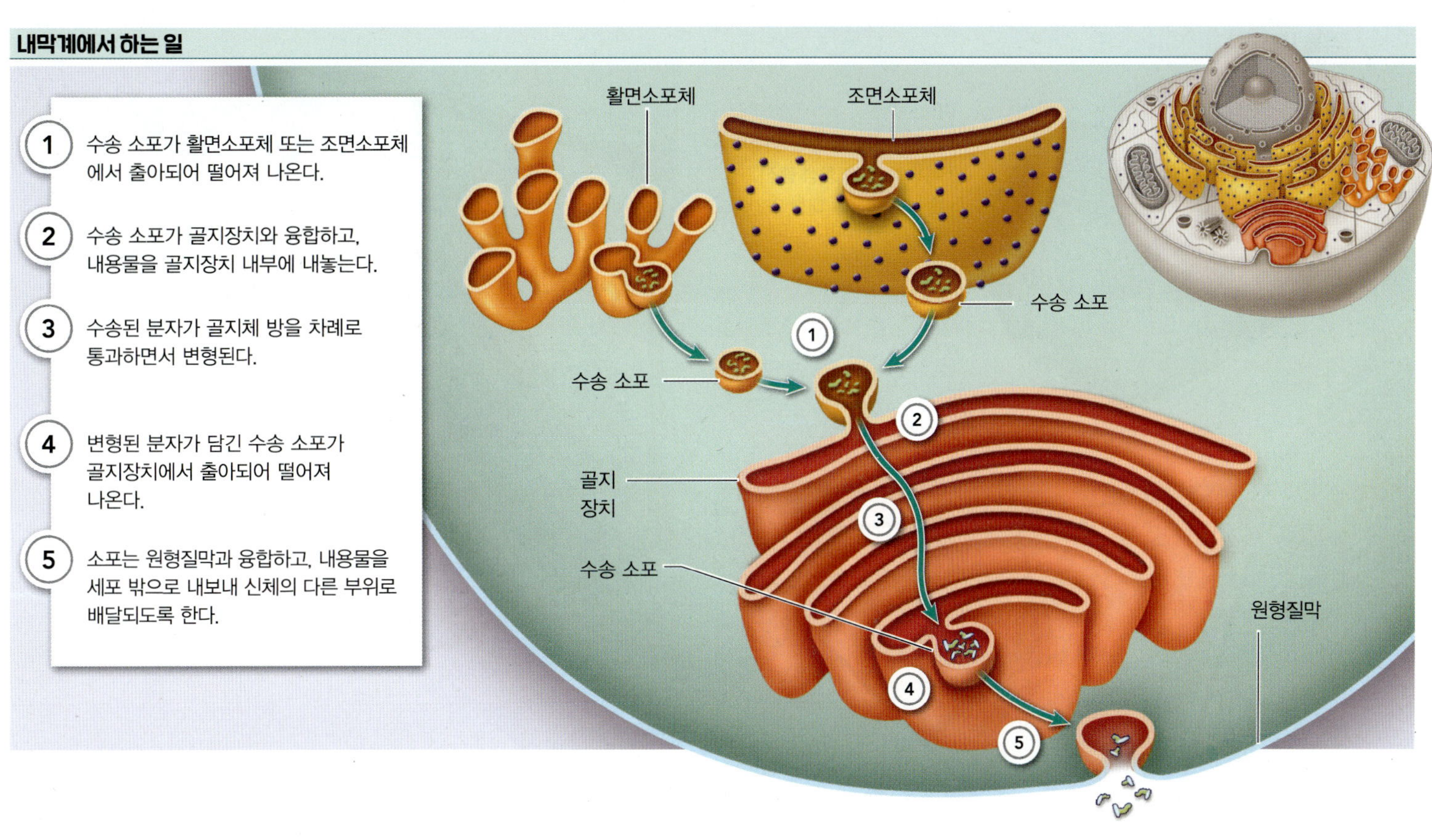

그림 4.35 **조면소포체, 활면소포체, 그리고 골지장치가 하는 일.**

4.17 세포벽은 식물세포를 추가로 보호하며 지지해 준다

지금까지 식물과 동물에 공통적인 소기관과 구조에 대해 알아보았다. 이제 모든 진핵세포에서 발견되지 않는 몇 가지 구조에 대해 살펴볼 것이다. 식물은 뿌리를 내리고 있어서 움직일 수 없으므로 동물에게는 없는 몇 가지 특별한 능력이 필요하다. 특히 식물은 포식자를 따돌리고 달아날 수 없고, 먹이를 얻기 위해 경쟁자를 책략으로 이길 수도 없다. 식물이 더 많은 햇빛을 필요로 한다 해도 그저 더 커지거나 큰 키로 자라는 것 외에는 거의 선택의 여지가 없다. 또 초식성 동물에 저항하려면 그저 식용성을 줄여 덜 먹혀야 한다.

식물이 이러한 목적을 성취하도록 도와주는 구조로서 원형질막을 감싸고 있는 **세포벽**이 있다(**그림 4.36**). 세포벽은 주로 셀룰로오스라고 부르는 다당류의 긴 섬유로 이루어져 있다. 동물세포에는 세포벽이 없지만, 고세균과 세균, 원생생물, 균류 등의 일부 비-식물에도 세포벽이 있다. 이들의 세포벽은 셀룰로오스가 아닌 다른 종류의 다당류로 이루어져 있다.

세포벽은 원형질막보다 거의 100배나 두껍다. 세포벽의 엄청난 단단함으로 인해 어떤 식물은 100 m나 되는 높이로 자라나서 더 많은 빛을 받을 수 있으며, 세포벽에 의해 초식성 곤충 등의 동물로부터 어느 정도 보호받을 수 있다. 또한, 세포벽은 물이 새지 않도록 돕는다—이것은 뜨거운 태양으로부터 벗어날 수 없어서 증발에 따른 수분 손실을 피할 수 없는 생명체에게 중요한 특성이다.

그렇지만 세포벽에는 수많은 구멍이 있어서 물과 용질이 원형질막에 도달할 수 있다. 더욱이 대부분의 식물세포에는 1,000~100,000개 사이

Q 식물체는 거의 거대한 하나의 세포라고 볼 수도 있다. 그 이유는?

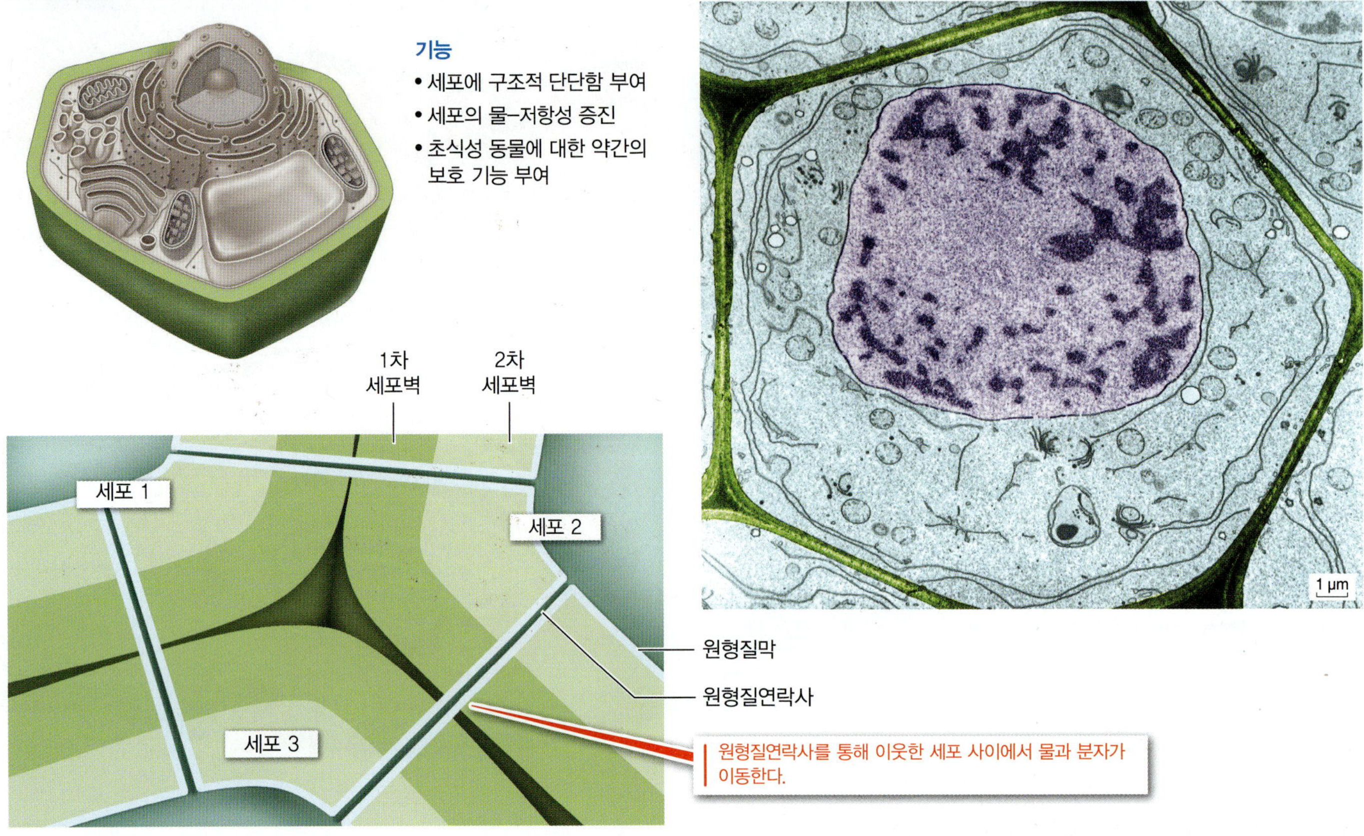

그림 4.36 단단함과 보호기능 부여.

의 **원형질연락사**(그림 4.36 참조)라고 부르는 미세한 관-같은 통로가 있어서 이웃한 세포를 연결하고 세포 사이의 소통과 수송을 가능하게 한다. 실제로 수많은 세포가 서로 연계되어 세포질과 여러 분자를 공유하기 때문에, 일부 생물학자는 식물체 전체를 단지 하나의 거대한 세포로 보아야 할 것이라고 경탄하기도 한다.

핵심요약 4.17

» 식물의 세포벽은 식물세포에 엄청난 구조적 단단함을 부여하고, 수분 손실을 막아주며, 초식성 동물로부터 어느 정도 보호한다. 원형질연락사는 식물세포를 연계하여 서로 소통하고 수송할 수 있게 한다.

4.18 액포는 세포의 다용도 저장주머니이다

성숙한 식물세포를 현미경으로 관찰해보면 **중앙액포**라는 소기관이 두드러지게 보이는데, 그 이유는 액포가 매우 크고 속이 비어 보이기 때문이다(**그림 4.37**). 그러나 비어 있는 것이 아니다. 막으로 둘러싸이고 액체가 차 있으며, 식물세포 내부공간의 50~90%를 차지하는 중앙액포는 식물의 삶에서 중요한 역할을 수행할 수 있다.

1. **영양물질 저장.** 액포는 아미노산, 당, 이온 등 수백 가지의 용해된 물질을 저장한다.
2. **노폐물 관리.** 액포는 노폐물을 간직하거나 소화효소를 이용하여 분해한다. 동물세포의 리소솜과 매우 유사하다.
3. **포식자 저지.** 일부 식물은 액포에 맛이 형편없는 독성물질을

액포

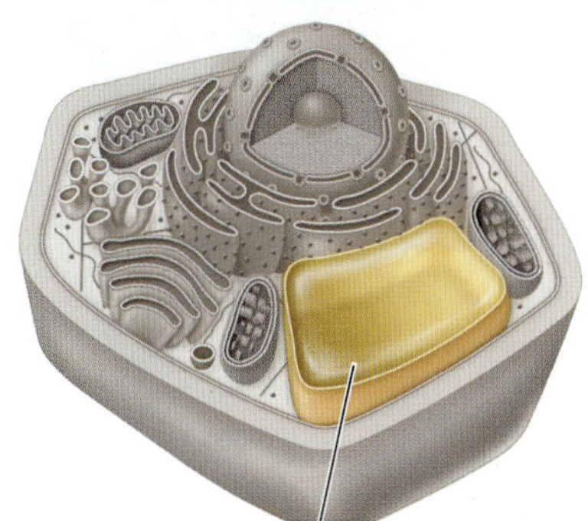

기능
• 영양물질 저장
• 노폐물 보유와 분해
• 독성물질 축적
• 수분매개자를 유인하는 색소 저장
• 물리적 지지

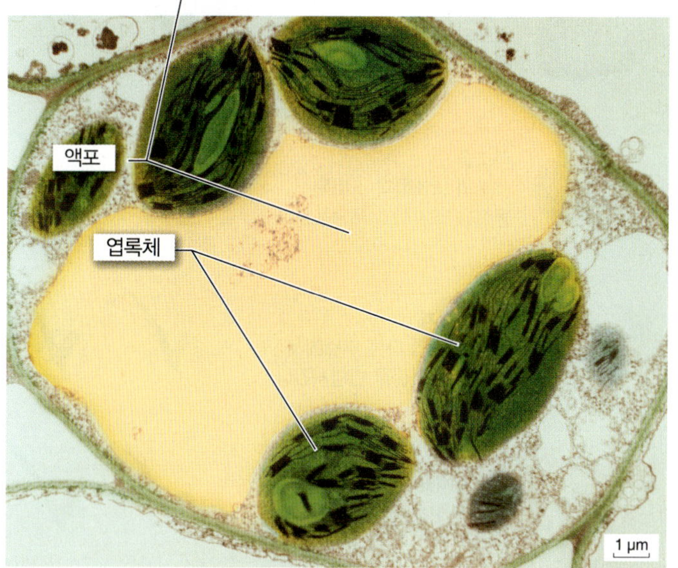

그림 4.37 **다목적 저장소.**

저장함으로써 자신을 먹으려는 동물을 강력하게 저지한다.

4. **유성생식.** 일부 꽃은 액포에 색소를 저장하여 수분매개자—꽃가루를 옮겨 식물의 번식을 돕는 새와 곤충—를 유인한다.

5. **물리적 지지.** 액포에 물질이 고농도로 용해되어 있으면 삼투 과정을 통해 세포 안으로 물이 빠르게 들어올 수 있다. 이로 인해 액포 내부의 액체 압력이 증가하면 세포가 확대되며 세포벽을 밀어내게 된다. 이때 **팽압**이 만들어지고, 이 압력에 의해 줄기와 꽃 등의 식물체 부위가 직립하게 된다. 비-목본 식물이 곧게 서 있는 힘은 주로 팽압에 의한 것이다. 팽압이 사라지면 식물은 시들게 된다.

액포는 일부 원생생물, 균류, 그리고 동물 등 일부 다른 진핵생물에서도 발견되지만, 특히 식물세포에서 두드러지게 나타난다.

핵심요약 4.18

» 액포는 저장 공간이며, 영양, 노폐물 관리, 포식자 저지, 유성생식, 물리적 지지 등의 역할을 수행한다. 액포는 세포의 내부공간 대부분을 차지한다. 일부 다른 진핵생물에도 존재하지만, 대개 식물에서 가장 두드러져 보인다.

4.19 엽록체는 식물세포의 태양열 발전소이다

세포에서 가장 중요한 소기관을 고르기는 어려운 일이지만, 그래도 골라야만 한다면 엽록체가 가장 유력한 후보이다. 모든 식물세포와 진핵성 조류(algae)에 있는 엽록체는 광합성을 수행하는 장소이다. 광합성 과정에서 빛에너지를 식품 분자의 화학에너지로 전환하며 이때 부산물로 산소를 만들어낸다(**그림 4.38**). 식물과 조류의 광합성은 모두 엽록체에서 일어나기 때문에 엽록체는 우리가 먹는 모든 것과 숨 쉬는 산소에 직접 또는 간접으로 관여한다.

녹색 잎에 있는 세포에는 각각 40~50개의 엽록체가 있다. 이것은 잎 표면 1 mm^2마다 약 50만 개의 엽록체가 있다는 것을 의미한다—즉, 작은 우표 크기의 면적에 2억 개가 넘는 엽록체가 존재한다.

엽록체는 타원형이며 다소 납작한 소기관이다. 엽록체의 바깥쪽은 두 층의 막으로 둘러싸여 있다(미토콘드리아의 구조와 유사함). 내부의 액체는 **스트로마**라고 부르며, 약간의 DNA와 많은 단백질 합성 기구가 있다.

광학현미경으로 관찰하면 엽록체 안에서 작은 녹색 반점을 볼 수 있다. 확대해 보면 이 반점은 마치 팬케이크를 쌓아올린 것처럼 보인다. 각 더미는 **틸라코이드**라고 부르는 수많은 서로 연결된 작은 납작한 주머니로 구성되어 있다. 틸라코이드 막에서 광합성에 이용할 빛을 수집하는 과정이 이루어진다. (엽록체가 빛에너지를 당 분자에 저장된 화학에너지로 전환하는 과정은 5장 참조.)

4.3절에서 언급한 바와 같이, 엽록체의 독특한 특성은 이들이

엽록체

기능
• 광합성 수행 장소. 빛에너지를 화학에너지로 전환한다

광합성에 이용할 빛은 엽록체의 틸라코이드막에서 수집한다.

DNA

틸라코이드

스트로마

300 nm

그림 4.38 **빛에너지 포획하기.**

세포의 구조와 기능		동물	식물
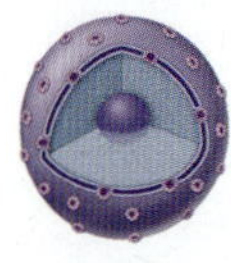	**핵** 세포 활성을 지시하고 유전정보를 저장한다.		
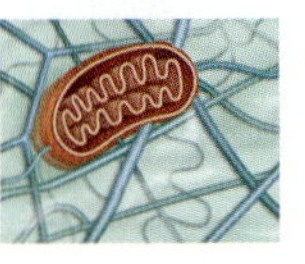	**세포골격** 구조적 형태를 이루고 지지하며, 세포 운동을 가능하게 한다.		
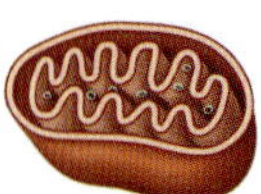	**미토콘드리아** 세포의 기능에 필요한 에너지를 생산한다.		
	**리소솜** 세포의 노폐물과 소비된 물질을 소화하고 재활용한다.		
	**조면소포체** 장차 신체의 다른 부위에서 사용될 단백질을 변형시킨다.		
	**활면소포체** 지질을 합성하고 해독작용을 한다.		
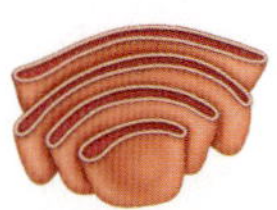	**골지장치** 단백질, 지질 등의 물질을 가공하고 포장한다.		
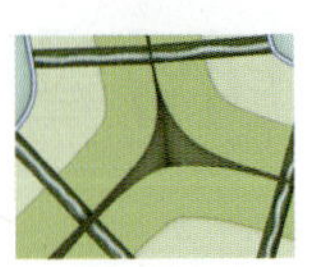	**세포벽** 구조적인 단단함을 부여하고 보호하며, 물 손실을 막아준다.		
	**액포** 영양물질을 저장하고, 노폐물을 분해하고, 색소를 축적하며, 구조적 지지를 부여한다.	 (이따금)	
	**엽록체** 광합성을 수행한다.		

그림 4.39 **세포내 주요 구조와 기능.**

특히 고리형 DNA(광합성에 필수적인 유전자가 있음)를 가지고 있다는 점에서 광합성 세균과 유사하다는 것이다. 또한, 엽록체의 외막이 두 겹이라는 사실은 오래전에 포식성 세포가 광합성 세균을 세포내섭취를 통해 원형질막으로 에워싸서 삼켰고, 삼켜진 세균에서 엽록체가 유래한 것이라는 생각과 부합한다.

그림 4.39는 동물과 식물세포의 주요 부위와 그 기능을 요약한 것이다.

핵심요약 4.19

» 엽록체는 광합성을 수행하는 식물과 조류의 소기관이다. 광합성은 빛에너지를 화학에너지로 전환하며, 부산물로 산소도 만들어낸다. 엽록체는 포식자 세포에게 삼켜진 세균이 내부공생에 의해 진화한 것으로 보인다.

물을 너무 많이 마시면 위험해질 수 있다!

특히 마라톤 같이 땀을 많이 흘리는 활동 중에 다량의 체액을 잃어 나타나는 탈수의 위험성은 오래 전부터 알려져 있다. 덜 알려져 있기는 하지만, 너무 많은 양의 물을 마시면 나타나는 "물 중독"도 역시 위험하다. 2007년 물마시기대회에 참가한 28세 여성이 소변을 보지 않은 채 약 7.5 리터의 물을 마신 후 불과 몇 시간 만에 사망하였다. 2002년 보스턴마라톤에서도 선수 한 명이 물중독으로 사망하였다.

Q: 땀을 흘리면 무엇을 잃는가? 땀은 물과 약간의 용해 물질(주로 염류)로 이루어져 있다. 땀이 증발하면 체온이 내려간다.

Q: 구역질과 현기증 등 탈수 경고 징후에 어떻게 대처하는가? 물을 마신다. 물속에는 염류 등의 용질이 부족하므로 특히 혈류와 세포외액에서 소듐 불균형이 나타날 수 있다.

Q: 물 — 용질이 거의 없는 — 을 다량(7 리터 이상) 마시면, 일단 혈류와 세포외액으로 들어간 물은 어디로 이동할까? 삼투로 인해 용질(주로 소듐) 농도가 높고 물 분자 농도는 낮은 세포 안으로 이동한다.

Q: 너무 많은 물을 흡수하면 세포에서 어떤 일이 일어나는가? 세포가 부풀고 때로는 터지기도 한다. 특히 뇌강에서 세포가 부풀고 터지면 구토와 정신착란을 일으킬 수 있다. 더욱 나쁜 것은 이런 증상을 종종 탈수증상으로 오인하여 물 마시기를 권장함으로써 상황을 악화시킨다. 세포가 더욱 부풀어 오르면 발작, 혼수상태, 심지어 사망에 이를 수도 있다.

어떻게 해야 하는가? 흔히 물은 지나치게 마셔도 위험하지 않다고 잘못 생각한다. 많은 마라톤 주최 측이 경기 도중 선수에게 물을 제공하는 횟수를 줄이고, 코스를 따라 설치한 진료소에서 징후를 보이는 선수의 소듐 수준을 검사하고 있다. 소금 알약과 짠 과자를 섭취하면 혈중 소듐 수준을 건강한 범위로 유지하는 데 도움이 된다.

연습 데이터의 시각적 표현을 비판적으로 살펴보기

도표로 배우기

1. 이 그래프에서 변수는 무엇인가?
2. 이 그림이 더욱 유용해지려면 어떤 정보를 추가해야 할까? 그 이유는 무엇인가?
3. 이 그림에서 내릴 수 있는 결론은 무엇인가?
4. "세포당 미토콘드리아의 수"는 어떤 세포의 "에너지-생산 능력"을 판단하기 위한 가장 좋은 측정값일까? 이것이 완벽한 측정값이 아닐 수 있다고 하는 이유는 무엇일까? (힌트: 근육세포는 간세포보다 훨씬, 아주 훨씬 더 크다.)
5. 이 자료에 근거하여, 특정 세포 유형의 에너지 요구량에 대한 예측을 제시하시오.

답은 부록에 있음.

다양한 세포의 미토콘드리아 수

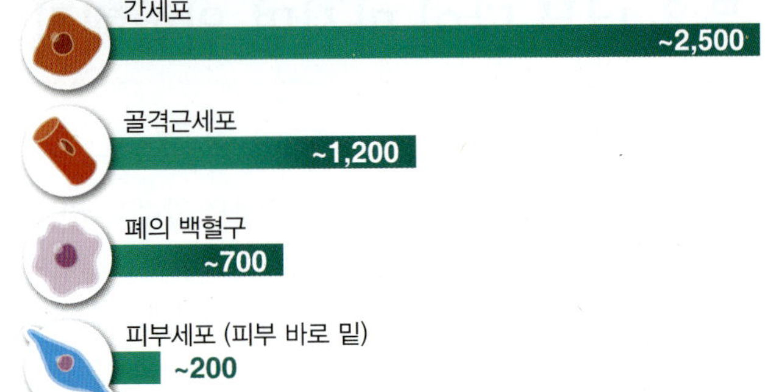

주요 용어: 세포

간극연접 gap junction, 88쪽
고장성(의) hypertonic, 91쪽
골지장치 Golgi apparatus, 104쪽
극성(의) polar, 83쪽
글리세롤 glycerol, 83쪽
긴장성 tonicity, 90쪽
내막계 endomembrane system, 102쪽
내부공생설 endosymbiosis theory, 80쪽
능동수송 active transport, 92쪽
단순확산 simple diffusion, 90쪽
데스모솜 desmosome, 88쪽
등장성(의) isotonic, 91쪽
리보솜 ribosome, 78쪽
리소솜 lysosome, 101쪽
막관통단백질 transmembrane protein, 84쪽
막사이공간 intermembrane space, 99쪽
막효소 membrane enzymes, 84쪽
미세섬유 microfilaments, 97쪽
미세소관 microtubules, 97쪽
미토콘드리아 mitochondrion (*pl.* mitochondria), 80쪽
미토콘드리아 기질 mitochondrial matrix, 99쪽
밀착연접 tight junction, 88쪽
비극성(의) nonpolar, 83쪽
삼투작용 osmosis, 90쪽
선모 pilus(*pl.* pili), 78쪽
섬모 cilium(*pl.* cilia), 97쪽
세포 cell, 76쪽
세포골격 cytoskeleton, 96쪽
세포기질 cytosol, 78쪽
세포내섭취 endocytosis, 93쪽
세포벽 cell wall, 105쪽
세포설 cell theory, 76쪽
세포외배출 exocytosis, 93쪽
세포질 cytoplasm, 78쪽
소기관 organelle, 80쪽
소포 vesicle, 93쪽
수동수송 passive transport, 89쪽
수송단백질 transport protein, 84쪽
수용체단백질 receptor protein, 84쪽
수용체-매개 세포내섭취 receptor-mediated endocytosis, 93쪽
스트로마 stroma, p. 107
식세포작용 phagocytosis, 93쪽
염색질 chromatin, 96쪽
엽록체 chloroplast, 80쪽
용매 solvent, 89쪽
용질 solute, 89쪽
원핵생물 prokaryote, 77쪽
원핵세포 prokaryotic cell, 77쪽
원형질막 plasma membrane, 82쪽
원형질연락사 plasmodesma (*pl.* plasmodesmata), 106쪽
유동모자이크 fluid mosaic, 84쪽
음세포작용 pinocytosis, 93쪽
인 nucleolus, 96쪽
인식단백질 recognition protein, 84쪽
인지질 phospholipid, 83쪽
인지질 이중층 phospholipid bilayer, 83쪽
저장성(의) hypotonic, 91쪽
조면소포체 rough endoplasmic reticulum(rough ER), 102쪽
중간섬유 intermediate filaments, 97쪽
중앙액포 central vacuole, 106쪽
진핵생물 eukaryote, 77쪽
진핵세포 eukaryotic cell, 77쪽
촉진확산 facilitated diffusion, 90쪽
콜레스테롤 cholesterol, 84쪽
틸라코이드 thylakoid, p. 107
팽압 turgor pressure, 107쪽
편모 flagellum (pl. flagella), 78쪽
표면단백질 surface protein, 84쪽
함입 invagination, 81쪽
핵 nucleus, 80쪽
핵막 nuclear membrane, 95쪽
확산 diffusion, 89쪽
활면소포체 smooth endoplasmic reticulum(smooth ER), 103쪽
1차 능동수송 primary active transport, 92쪽
2차 능동수송 secondary active transport, 92쪽

요약

세포란 무엇인가?

- 생명체의 가장 기본적인 단위인 세포는 독립적으로 기능을 하고, 스스로 생식하는 등 생명의 필수 기능을 모두 수행할 수 있는 가장 작은 생명 단위이다. 모든 생명체는 하나 이상의 세포로 이루어져 있으며, 모든 세포는 이미 존재하는 다른 세포로부터 만들어진다.
- 지구의 모든 세포는 진핵세포이거나 원핵세포이다. 핵이 없는 단세포 원핵생물이 지구 최초의 세포이다. 원핵생물에는 세균 무리와 고세균 무리가 있으며, 엄청나게 다양한 대사활동을 수행한다.
- 진핵생물은 단세포 또는 다세포 생명체이며, 선형의 유전물질 가닥이 있는 핵을 가진 세포로 이루어져 있다. 대부분의 진핵세포는 세포질에 소기관이 있으며, 이들 소기관은 내부공생이거나 함입, 또는 두 가지 과정 모두에 의해 진화상 유래하였을 것이다.

세포막은 문지기이다.

- 생명체의 세포는 모두 원형질막으로 둘러싸여 있다. 원형질막은 이중층이며, 세포 내용물을 제자리에 유지하고, 세포를 출입하는 물질을 조절한다. 많은 유형의 단백질, 지질, 탄수화물이 원형질막에서 유동 모자이크를 이루어 기능을 수행한다.
- 세포막의 기능이 부적절하면 정상적인 세포 기능을 수행하지 못할 수 있다. 그러나 의도적으로 정상적인 세포막 기능을 손상시킴으로써 고혈압과 불안감의 치료처럼 유익한 치료 효과를 얻을 수 있다.
- 신체의 모든 세포에는 세포막의 바깥쪽 표면에 다양한 분자로 이루어진 "지문"이 있다. 이 분자 지문은 면역계 기능에서 중요한 역할을 수행한다.
- 다세포 생명체의 세포는 대부분 다른 세포와 연계되어 있다. 밀착연접은 세포의 층들을 고정시키고, 데스모솜은 이웃한 세포 사이에서 액체가 지나다닐 수 있도록 하며, 간극연접은 통로 역할을 하여 세포질과 분자, 여러 신호분자가 세포 사이에서 이동하게 한다.

분자는 여러 가지 방법으로 막을 가로질러 이동한다.

- 수동수송은 에너지의 유입 없이 세포막을 통과하는 분자와 물질의 이동이다. 일반적으로 분자는 자신의 농도기울기를 따라 낮은 쪽으로 이동한다. 막을 통과하는 물의 확산—용질 농도가 낮은 지역에서 용질 농도가 높은 지역으로—은 수동수송의 한 유형이며, 삼투라고 부른다.
- 능동수송—이동할 분자가 너무 크거나 또는 농도기울기를 거슬러 이동해야 할 때에 필수적인 수송 방식—으로 분자를 막을 통과하여 이동시키려면 에너지가 필요하다. 이 경우, 원형질막에 묻혀 있는 단백질이 분자를 세포 안쪽이나 바깥쪽으로 펌프해 낸다.
- 물질이 확산이나 펌프로는 세포 안으로 들어갈 수 없을 때, 세포는 세포내섭취 과정을 통해 원형질막으로 분자나 입자를 감싸서 삼킬 수 있다. 원형질막이 이동해 분자를 감싸 소포를 형성하고, 이 소포를 세포 내부에 떨군다. 유사한 방식으로 세포외배출을 통해 분자를 세포 밖으로 내보낼 수도 있다. 세포 내부에서 형성된 소포가 원형질막과 융합된 후 그 내용물을 세포 밖으로 내보낸다.

진핵세포의 중요한 지표 구조

- 핵은 진핵세포에서 가장 크고 두드러지는 소기관이다. 핵은 어떤 분자를, 그리고 얼마나 생산할 것인지를 조절함으로써 대부분의 세포 활동을 지휘한다. 핵은 유전정보 저장소이다.
- 세포골격은 미세소관, 중간섬유, 미세섬유로 구성되며, 동물 세포의 형태를 유지하고 지지해준다. 또한, 일부 세포가 자신의 운동을 조절할 수 있게 하며, 소기관과 분자가 세포 내부에서 이동할 수 있는 선로 역할도 한다.
- 미토콘드리아는 거의 모든 진핵세포에 존재하며, 탄수화물, 지방, 단백질 분자의 화학결합에 저장된 에너지를 이산화탄소와 물, 그리고 모든 세포 기능 및 활동의 에너지원인 ATP로 전환한다. 미토콘드리아의 진화적 기원은 다른 세포 안에서 살아가는 공생 세균에서 찾을 수 있다.
- 처리내용의 영향을 판단하려 할 때에는 가장 단순한 실험이 가장 효과적인 방법일 수 있다. 주의깊게 설계한 대조군과 실험군 사이를 구분하는 조작을 단 한 가지만 사용한다면, 결과에서 나타난 차이는 무엇이든 처리내용에 따른 것일 가능성이 높다.
- 리소솜은 막으로 둘러싸인 소기관이다. 약 50가지의 소화효소가 가득 차 있어서 세포가 병원성 세균 등의 고분자를 분해하도록 한다.
- 분자를 생성하고 변형하는 일이 내막계에서 일어난다. 조면소포체는 단백질을 접고 포장한다. 활면소포체는 지질과 탄수화물을 합성하고 다양한 화학물질을 해독한다. 골지장치는 분자를 가공하고 신체의 다른 부위에서 이용될 분자를 포장한다.
- 식물의 세포벽은 식물세포에 엄청난 구조적 단단함을 부여하고, 수분 손실을 막아주며, 초식성 동물로부터 어느 정도 보호도 한다. 원형질연락사는 식물세포를 연계하여 서로 소통하고 수송할 수 있게 한다.
- 액포는 저장 공간이며, 영양, 노폐물 관리, 포식자 저지, 유성생식, 물리적 지지 등의 역할을 수행한다. 액포는 세포의 내부공간 대부분을 차지한다. 일부 다른 진핵생물에도 존재하지만, 대개 식물에서 가장 두드러져 보인다.
- 엽록체는 광합성을 수행하는 식물과 조류의 소기관이다. 광합성은 빛에너지를 화학에너지로 전환하며, 부산물로 산소도 만들어낸다. 엽록체는 포식자 세포에게 삼켜진 세균이 내부공생에 의해 진화한 것으로 보인다.

복습하기

짧게 답하기

1. 세포의 핵심적인 특성은 무엇인가?
2. 원핵생물의 네 가지 구조적 특성을 설명하시오.
3. 소기관의 유래에 대한 진화적 기작 두 가지를 설명하시오.
4. 인지질이 막 구성물질로서 좋은 이유는 무엇인가?
5. 원형질막을 유동모자이크라고 표현하는 이유는 무엇인가?
6. 낭포성섬유증 환자의 일부 세포에 염소이온이 축적되는 이유는 무엇인가?
7. HIV가 전염되는 일반적인 두 가지 경로를 설명하시오.
8. 삼투현상과 단순확산, 그리고 촉진확산을 수동수송으로 분류하는 이유는 무엇인가?
9. 능동수송에 에너지가 필요한 이유는 무엇인가?
10. 밀착연접이 있을 곳으로 추정되는 신체의 부위는 어디인가? 그 이유는 무엇인가?
11. 세포가 사용하는 산소 대부분을 미토콘드리아에서 소비하는 이유는 무엇인가?
12. 리소솜이 세포의 "노폐물 폐기" 역할을 어떻게 수행하는지 설명하시오.
13. 다른 세포보다 간세포에 활면소포체가 많이 있는 이유는 무엇인가?

정답 고르기

1. 다음 중 세포설에 대한 설명으로 옳은 것은?
   a) 모든 생명체는 하나 이상의 세포로 이루어져 있다.
   b) 모든 세포는 기존의 다른 세포로부터 생긴다.
   c) 모든 진핵세포 내부에는 공생하는 원핵세포가 있다.
   d) 모든 원핵세포 내부에는 공생하는 진핵세포가 있다.
   e) a와 b가 옳음.
2. 다음 중 원핵생물에 대한 설명으로 옳지 않은 것은?
   a) 원핵생물은 진핵생물보다 먼저 지구에 출현했다.
   b) 원핵생물은 핵 내부에 원형의 DNA 조각을 갖는다.
   c) 원핵생물은 세포질을 가지고 있다.
   d) 원핵생물은 리보솜을 가지고 있다.
   e) 일부 원핵생물은 광합성을 수행할 수 있다.
3. 다음 중 미토콘드리아는 오래전 식세포작용에 의해 진핵세포 내부에 통합된 세균에서 유래했다는 주장을 뒷받침하는 사실은?
   a) 미토콘드리아는 운동성 편모를 가지고 있다.
   b) 미토콘드리아는 ATP 합성에 필요한 단백질을 가지고 있다.
   c) 미토콘드리아는 세포의 "발전소"이다.
   d) 미토콘드리아는 작고 세포막을 쉽게 통과한다.
   e) 미토콘드리아는 자신의 고유한 DNA를 가지고 있다.
4. 분자 "지문"은
   a) 막의 세포질 쪽에 노출되어 있다.
   b) 콜레스테롤로 만들어진다.
   c) HIV에 의해 "삭제"된다.
   d) 면역계가 "자기"와 "비-자기"를 구분하도록 돕는다.
   e) 모두 옳음.
5. 농도가 높은 지역에서 농도가 낮은 지역으로 막을 통과하는 분자의 이동을 가장 적절하게 기술한 것은?
   a) 능동수송 b) 비활성화된 수송
   c) 수동수송 d) 통로-매개 확산
   e) 전자 수송
6. 세포골격은
   a) 모든 세포에서 발견되는 점성의 액체이다.
   b) 세포의 핵를 채우고 있지만, 다른 소기관에는 없다.
   c) 동물세포의 형태를 유지하고 지지해 주지만 움직임을 통제하지는 못한다.
   d) 소기관과 분자의 세포내 이동을 조정하도록 도와준다.
   e) 모두 옳음.
7. 다음 중 미토콘드리아에 대한 설명으로 옳은 것은?
   a) 미토콘드리아는 진핵세포와 원핵세포 모두에서 발견된다.
   b) 미토콘드리아는 간세포보다 지방세포에 더 많이 존재하는 경향이 있다.
   c) 대부분의 식물세포에는 미토콘드리아가 존재한다.
   d) 미토콘드리아는 진화적으로 광합성 세균에서 유래하였을 것이다.
   e) 모두 옳음.
8. 세포 구조가 그 기능을 반영한다는 것을 고려해 볼 때, 큰 골지장치를 가지고 있는 세포의 기능은 무엇이라고 추정할 수 있는가?
   a) 운동 b) 소화효소의 분비
   c) 화학적 신호의 전달
   d) 유전물질의 빠른 복제와 세포분열의 조절
   e) 뼈 조직에 부착
9. 세포벽은
   a) 오직 식물세포에만 존재한다.
   b) 완전히 밀폐되어 있지 않고 작은 구멍이 많이 있다.
   c) 구조적으로 지지하는 정도가 원형질막보다 약하다.
   d) 식물이 죽은 후에는 용해된다.
   e) 주로 인지질로 만들어진다.
10. 식물세포에서 엽록체는
    a) 동물세포에서 미토콘드리아와 동일한 목적을 수행한다.
    b) 빛에너지를 화학에너지로 전환하는 곳이다.
    c) 식물 독소를 분해하는 중요한 역할을 한다.
    d) 자신의 고유한 선형 DNA 가닥을 가지고 있다.
    e) b와 d가 옳음.

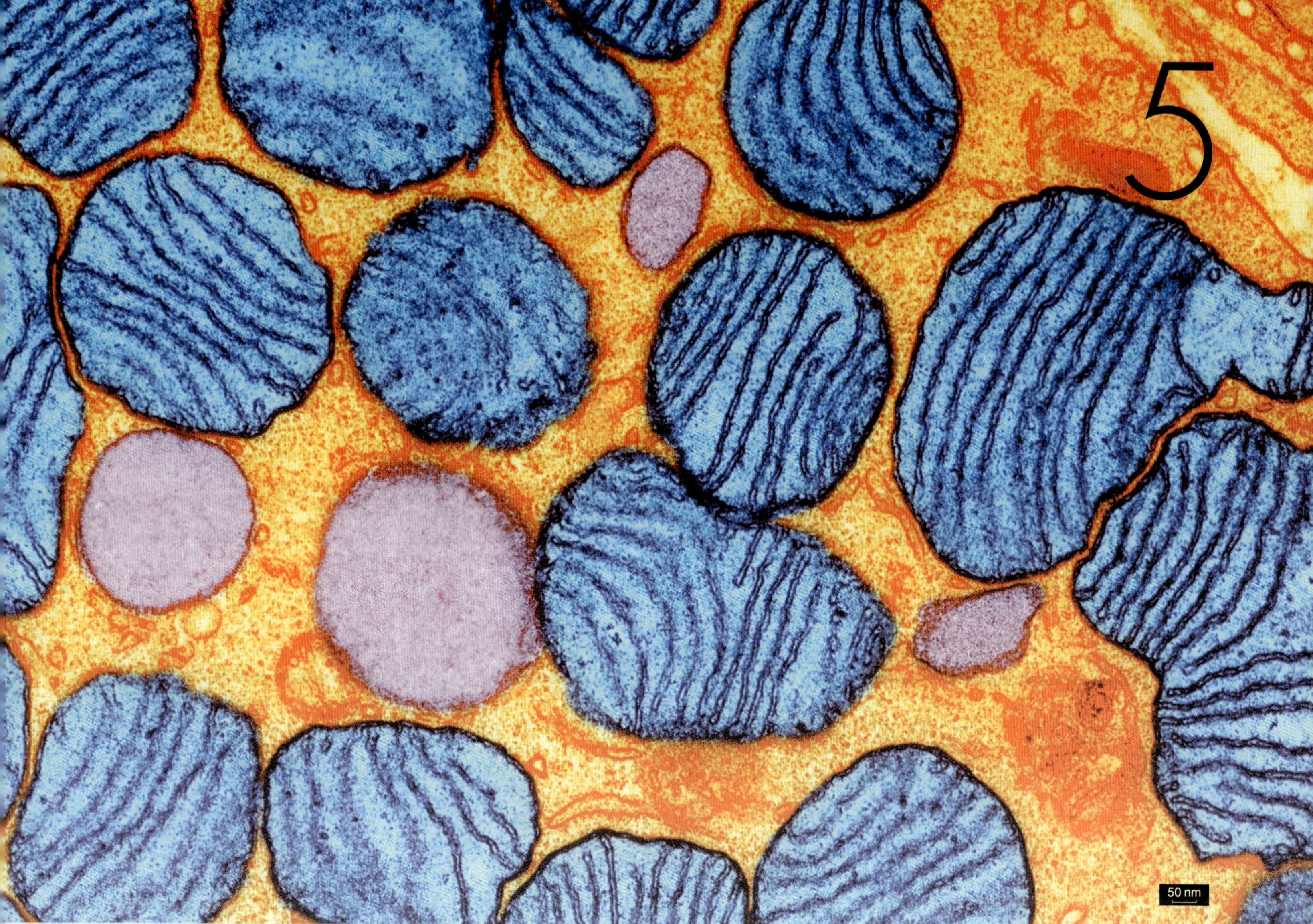

에너지

단 두 단계 만에 태양에서 당신에게로

▲ 지방세포에 있는 미토콘드리아의 투과전자현미경 사진. 색채는 인위적으로 입힌 것이다.

에너지는 태양에서 지구의 모든 생명체로 흐른다

▲ 태양에너지가 생명의 연료이다.

5.1 튀김용 기름으로 자동차가 달릴 수 있을까?

자동차에 패스트푸드를 사용한다고? 그렇다! 이 생각은 그렇게 억지스러운 것이 아니다. 실제로 이미 많은 자동차가 식물과 동물의 생산물로 만들어낸 **생물연료**를 사용하여 달리고 있다(**그림 5.1**). 생물연료 생산에는 오직 식물이나 동물에서 얻은 자원, 햇빛, 공기, 물, 그리고 비교적 짧은 시간—자원 종류에 따라 몇 달이나 몇 년—만 필요할 따름이다.

Q 사람은 식품에서 에너지를 얻을 수 있다. 기계도 가능할까?

이에 비해 휘발유, 기름, 천연가스, 석탄 등의 **화석연료**는 식물과 동물의 부패한 유해가 수백만 년 동안 열과 압력, 그리고 세균의 작용으로 인해 변성된 것이다. 대부분 생명체에게 에너지를 공급하는 생물연료, 화석연료, 그리고 식품연료는 화학적으로 유사하다는 사실이 밝혀졌다. 이들 모든 연료에서 원자 사이의 화학결합에 저장되어 있는 에너지의 원천은 태양에서 온 에너지이다. 이들 연료에는 서로 결합한 탄소와 수소 원자의 사슬이 함유되어 있는데, 이 결합이 끊어지고 새로운 저-에너지 결합을 형성하면서 대량의 에너지(그리고 물과 CO_2)를 방출한다.

현재 모든 차를 생물연료로 달리게 할 수 있을까? 그렇지 않다. 생물연료를 위해 작물을 경작하면 식품용 작물을 경작할 농지가 줄어들고, 숲이나 습지, 그 밖에도 생태적으로 중요한 서식지를 파괴하게 된다. 더욱이 생물연료용 작물을 경작할 때에 대량의

그림 5.1 생물연료 기술. 생물연료는 화석연료와 화학적으로 비슷하다.

그림 5.2 광합성과 세포호흡. 단 두 단계만에 태양에서 당신에게로!

화석연료와 물을 사용한다. 이러한 이유로 끊임없이 더 좋은 연료를 찾고자 노력하고 있는 것이다. 그렇지만 생물연료 사용은 꾸준히 늘어나고 있으며, 화석연료와 혼합하여 사용하고 있다. 예를 들어, 미국에서 판매하는 대부분의 자동차용 휘발유에는 옥수수로 생산한 에탄올이 일부 혼합되어 있다.

이 장에서는 식물과 동물, 그 밖의 살아있는 "기계"들이 화학결합에 저장된 에너지를 어떻게 활용하는지 살펴본다. 거의 모든 생명 활동은 태양에너지를 포획하고 생명체가 사용할 수 있는 유형으로 전환시키는 일에 의존한다. 이러한 에너지 포획과 전환은 두 가지의 중요한 과정을 통해 일어난다. (1) **광합성**은 식물이 태양에서 온 에너지를 포획하여 당의 화학결합에 저장하는 과정이고, (2) **세포호흡**은 모든 생명체가 식품 분자의 화학결합 속에 저장된 에너지를 방출시켜 삶에 필요한 연료로 사용하는 과정이다(**그림 5.2**). 단 두 단계 만에 태양에서 당신에게로!

핵심요약 5.1

» 태양에서 온 에너지는 분자의 화학결합에 저장된다. 이들 결합이 분해되면, 그 결합이 식품 분자나 화석연료, 또는 감자튀김을 요리할 때 사용되는 기름과 같은 생물연료 등 어느 것에 있든 에너지를 방출한다.

5.2 에너지의 두 가지 유형: 운동에너지와 위치에너지

"배터리는 포함되어 있지 않음." 아이들에게 이것은 꽤 우울한 말이다. 많은 장난감과 전자제품이 에너지—대개 배터리로서—를 필요로 한다. 벨 소리나 빛을 내고 움직이게 하려면 에너지가 필요하다. 이것은 사람과 식물을 비롯한 모든 생명체에서도 같다. 움직이기, 생각하기, 나아가 생식에 이르는 모든 활동에 에너지가 필요하다.

에너지는 일을 하는 능력이며, 일은 대항하는 힘에 맞서 물질을 이동시키는 등 모든 움직임을 말한다. 생명체를 연구할 때 접하는 에너지는 운동에너지와 위치에너지의 두 가지 유형이다. **운동에너지**는 움직임의 에너지이다—예를 들어, 자전거 페달을 밟거나 새의 날갯짓이 해당한다(**그림 5.3**). 수많은 분자가 빠르게 움직인 결과로 생긴 열도 운동에너지의 한 유형이다. 또한, 빛도 고-에너지 입자의 운동에서 나타나기 때문에 운동에너지의 한 유형이다—아마도 빛이 지구에서 가장 중요한 유형의 운동에너지일 것이다.

물체가 일할 능력을 갖기 위해서 반드시 움직여야만 하는 것은 아니다. 물체는 자신의 위치나 배치, 또는 조성의 결과로 인해 저장된 에너지인 **위치에너지**를 가질 수 있다. 예를 들어,, 댐에 갇혀있는 물은 위치에너지를 가진다. 만일 댐의 수문이 열리면 물이 흘러나와 수차나 터빈을 돌릴 수 있을 것이다. 4장에서 살펴본 농도기울기도 위치에너지를 가진다. 농도가 높은 지역의 분자가 농도가 낮은 지역으로 이동하면, 농도기울기의 위치에너지가 분자

운동에너지

운동에너지는 움직임의 에너지이다. 물을 밀어내는 팔, 새의 펄럭이는 날갯짓, 불 속에서 빠르게 이동하는 분자의 움직임 등이 해당한다.

위치에너지

위치에너지는 물체에 저장된 에너지이다. 댐에 갇혀있는 물, 언덕 꼭대기에서 출발 태세를 갖춘 스키점프 선수 등이 해당한다.

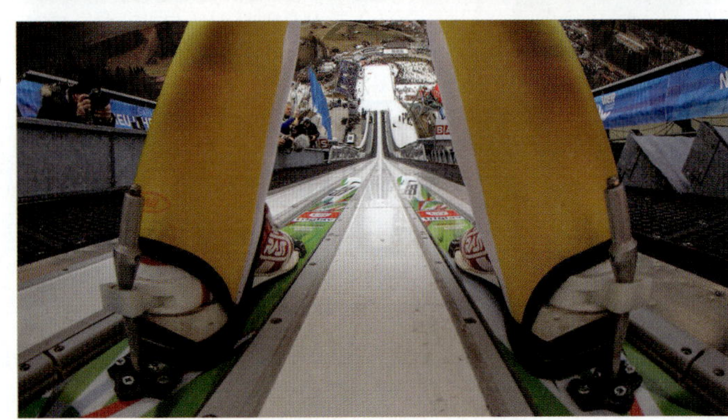

그림 5.3 **에너지의 두 가지 유형.**

이동의 운동에너지로 전환되고, 이 운동에너지를 이용하여 일을 할 수 있다. 화학결합에 저장된 **화학에너지** 역시 위치에너지의 한 유형이다.

위치에너지는 이동현상이 없으므로 운동에너지에 비해 분명해 보이지 않는 에너지 유형이다. 딸기도 여러 식품과 마찬가지로 위치에너지를 가지고 있다(**그림 5.4**). 왜 그럴까? 세포호흡 중에 식품의 화학결합에 저장된 화학에너지가 방출되어 달리고, 놀고, 일할 수 있게 한다. 분자를 분해하여 에너지를 방출하는 과정인 세포호흡에 대해서는 이 장 뒷부분에서 살펴본다. 하지만 그에 앞서 에너지의 본질에 대해 알아볼 필요가 있다.

핵심요약 5.2

» 에너지는 일을 하는 능력이며, 두 가지 유형이 있다. 운동에너지는 움직이는 물체의 에너지이며, 화학에너지 등의 위치에너지는 물체의 위치, 배치, 또는 조성에서 비롯된 저장된 에너지이다.

화학에너지

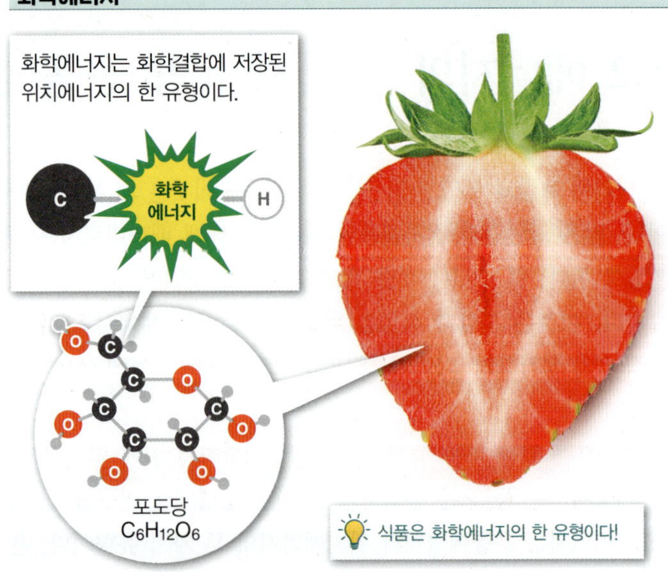

그림 5.4 **식품 분자의 화학결합은 위치에너지의 한 유형이다.**

5.3 에너지가 포획되어 전환될 때, 일에 사용할 수 있는 에너지의 양은 줄어든다

매일 매 순간—심지어 흐린 날조차도—언제나 태양은 밝게 빛나고, 엄청난 양의 에너지를 방출한다. 지구의 생명체는 태양에서 오는 에너지 모두를 포획할 수 없다. 실제로 대부분 식물이 포획하는 양은 이용할 수 있는 에너지 중 아주 적은 부분에 지나지 않는다. 나머지는 어떻게 된 것일까? 사용되지 않은 에너지도 그냥 사라지는 것이 아니다. 지구에 도달한 태양에너지 가운데 일부(아마도 1% 미만)는 생명체가 포획하여 광합성을 통해 유용한 화학에너지로 전환시킨다(**그림 5.5**). 나머지는 우주로 반사되어 나가거나(30% 정도) 땅과 바다, 대기에 흡수되어(70% 정도) 대부분 열로 전환된다.

더 작은 규모에서도 같은 방식으로 설명할 수 있다. 밥을 한 공기 먹으면 쌀 낟알을 구성한 분자의 결합에 저장된 화학에너지 가운데 일부가 세포 활동의 연료가 되는 유용한 에너지로 전환된다. 나머지는 모두 열로 전환되어 결국 대기 중으로 소실된다. 자동차의 경우도 연료인 휘발유의 3/4 가량이 열로 소실된다(**그림 5.6**).

이것을 다른 방식으로 설명하자면, 에너지는 유형이 바뀔 수는 있지만 결코 사라지지 않는다는 것이다. 이것은 우주에 있는 에너지의 중요한 특성이다. 음식을 먹고, 성장하고, 운전하고, 잠을 자는 모든 일에서 우리는 단순히 에너지를 전환시키는 것이다. 위치에너지에서 운동에너지로 전환시키는 것처럼 다른 유형으로 바뀌는 에너지 전환에 대한 연구를 **열역학**이라고 한다. **열역학 제1 법칙**에 따르면, 에너지는 결코 새로 생성되거나 파괴되지 않으며, 단지 다른 유형으로 바뀔 수 있을 뿐이다.

에너지 전환

운동에너지가 위치에너지로

위치에너지가 운동에너지로

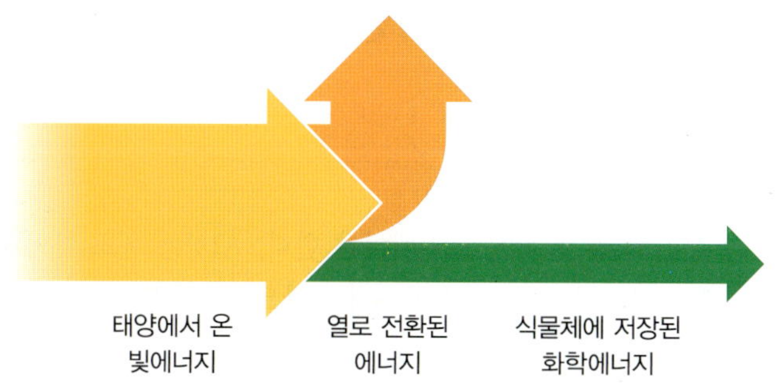

그림 5.5 에너지가 일로 전환될 때, 일부 에너지는 열로 방출된다.

그림 5.6 비효율적인 전환. 내연기관에 동력을 제공하는 에너지 대부분은 전진운동보다는 열로 전환된다.

Q 햄버거 100g을 먹어도 체중은 100g보다 적게 늘어날 것이다. 그 이유는 무엇일까?

열역학 제2법칙에 따르면, 완벽하게 효율적인 에너지 전환은 없으며 에너지가 전환될 때마다 일부는 열로 전환된다. 비록 열도 에너지의 한 유형이기는 하지만, 일에 쉽게 이용할 수 없으므로 대부분 생명체가 세포 활동의 연료로 사용하기에는 거의 쓸모가 없다. 열역학 제2법칙은 일을 할 수 있는 에너지의 양이 조금씩 감소한다는 사실을 알려준다. 열역학 제2법칙을 다른 방식으로 살펴보면, 닫힌계의 무질서도—그 계의 **엔트로피**(*entropy*)라고 함—가 항상 증가한다는 사실을 알 수 있다.

핵심요약 5.3

» 에너지는 생성되거나 파괴되지 않지만, 그 유형은 바뀔 수 있다. 모든 에너지 전환은 비효율적이어서, 유용한 에너지의 일부가 유용성이 낮은 에너지 유형인 열로 전환된다.

5.4 ATP 분자는 모든 세포에서 자유롭게 떠다니는 재충전 배터리와 같다

세포가 하는 일의 대부분은 에너지가 필요하다. 그러나 태양에서 오는 빛에너지는 당과 지방, 단백질 분자와 마찬가지로 에너지를 가지고 있기는 하지만, 이들 에너지는 세포내 화학반응에서 연료로 직접 사용될 수 없다. 빛에너지는 먼저 **아데노신3인산(ATP)**이라는 분자의 결합 속에 포획되어야 한다. ATP는 세포 내에서 자유롭게 떠다니며 모든 생명체의 세포 작용에 사용될 수 있는 에너지를 임시로 저장하는 재충전 배터리처럼 작용한다.

ATP는 세 가지 구성요소로 이루어진 간단한 분자이다(**그림**

ATP와 ADP

아데노신3인산(ATP)

아데닌

인산기

리보오스(당)

고-에너지 결합

이 책에서 사용한 ATP의 상징

ATP

Pi 인산기 분리

에너지

아데노신2인산(ADP)

아데닌

인산기

리보오스(당)

이 책에서 사용한 ADP의 상징

ADP

그림 5.7 ATP에서 인산기 1개가 떨어져 나오면, ATP가 ADP로 되면서 에너지가 방출된다.

5.7). ATP 분자의 중심부에는 작은 당 분자(리보오스)가 있다. 이 분자에 아데닌이라는 분자와 음전하를 띤 3개의 인산기 사슬이 결합되어 있다["3인산"에서 "3(tri-)"의 의미]. 인산기 사슬은 약간 불안정한 결합을 이루며 대량의 에너지를 간직한다. 이들 고-에너지 결합의 불안정성은 3개의 인산기가 단단히 눌려 있는 용수철 같은 상태라는 것을 의미한다. 약한 힘만으로도 인산기 중 하나가 떨어져 나갈 수 있으며, 이때 세포가 사용할 수 있는 약간의 에너지가 방출된다.

세포가 에너지를 소모하는 반응을 위해 ATP 분자를 소비할 때마다 인산기 1개가 떨어져 나오며, 인산기가 2개인 ADP(아데노신2인산) 분자와 떨어져 나온 인산기(P_i)로 된다. ADP는 결합에 더 적은 양의 에너지를 가지기 때문에, 이 반응에서 에너지가 방출된다.

생명체는 ADP와 자유롭게 떠다니는 인산기, 그리고 운동에너지를 이용하여 ATP를 재생할 수 있다(**그림 5.8**). 식물과 조류, 그리고 일부 세균이 광합성 과정에서 태양에서 온 빛에너지를 직접 사용하여 ADP와 자유 인산기로부터 ATP를 만들어낸다. 나아가 이들 광합성 생명체는 당을 비롯한 여러 분자를 분해하여 얻은 에너지를 사용할 수도 있다. 이것은 동물이 먹이 분자의 결합에 저장된 에너지를 이용하여 ATP를 만들어내는 것과 동일한 에너지원이다.

태양에서 온 것이든 당과 같은 분자의 분해에서 얻은 것이든, 에너지는 ATP의 3인산 사슬에서 불안정한 결합을 재형성하는 일에 사용된다. 다시 에너지가 필요해지면, 생명체는 ATP의 인산기 결합 부위를 분해하여 다시 에너지를 방출한다.

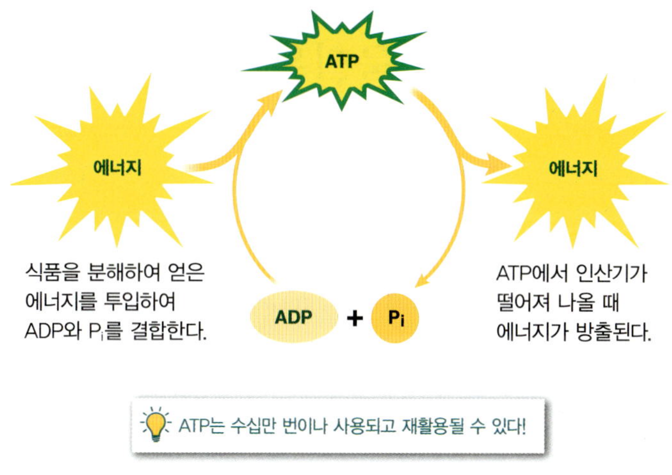

그림 5.8 ATP는 재충전 배터리와 비슷하다.

핵심요약 5.4

» 세포는 ATP 분자의 결합에 에너지를 저장한다. 이 위치에너지는 운동에너지로 전환되어 생명을 유지하는 화학반응에 연료로 사용될 수 있다. 한편, 유입된 운동에너지는 에너지는 풍부하지만 불안정한 결합을 가진 ATP 분자의 위치에너지로 전환된다.

광합성은 빛에너지를 이용하여 영양물을 생산한다

▲ 수련의 넓고 납작한 잎이 햇빛을 가로챈다.

5.5 식물체의 물질은 어디에서 온 것인가?

식물의 생장을 몇 년 동안 지켜보면 마치 마술을 보는 것 같다. 물론 마술은 아니지만, 그 과정은 놀랍다. 어떤 나무가 5년 동안 생장하여 무게가 70 kg 증가하였다고 가정해보자. 사와로 선인장은 100년 이상 자라면 무게가 1,300 kg이 넘을 것이다(**그림 5.9**). 이 나무에서 늘어난 70 kg이나 되는 물질은 어디에서 온 것일까?

가장 먼저 추측할 수 있는 것은 토양일 것이다. 이것을 확인하려면 나무를 화분에 심을 때 화분에 담긴 흙의 무게를 측정하면 된다. 그러나 5년이 지난 후 흙의 무게를 다시 측정했을 때 500g도 줄어들지 않았음을 알게 될 것이다—식물 물질의 양이 엄청나게 증가한 것을 설명할 길이 없다. 그렇다면 새로운 생장은 물에서 비롯된 것일까? 이것도 아니다. 나이 들고 큰 나무가 더 많은 물을 간직할 수는 있지만, 빗물과 지하수로는 식물체 건조중량의 증가를 설명할 수 없다.

Q 사람이 성장할 때에는 섭취한 식품에서 새로운 조직이 만들어진다. 식물이 생장할 때에 만들어진 새로운 조직은 어디에서 유래한 것일까?

생장하는 식물의 새로운 물질 대부분은 실제로는 대기 중에 있는 눈에 보이지 않는 기체에 존재하는 원소에서 유래한 것이다. 식물은 대기에서 기체인 이산화탄소(CO_2)로 존재하는 이 원소를 흡수하고, 대개 토양에서 얻는 물과 소량의 화학물질, 그리고 햇빛에서 얻은 에너지를 이용하여 광합성 과정을 통해

그림 5.9 식물이 생장할 때 새로운 조직은 어디에서 온 것일까? 토양에서? 공기에서?

그림 5.10 식물만 유일하게 광합성을 할 수 있는 것은 아니다. 일부 세균과 단세포 생물, 켈프 등의 다세포 조류도 광합성을 수행할 수 있다.

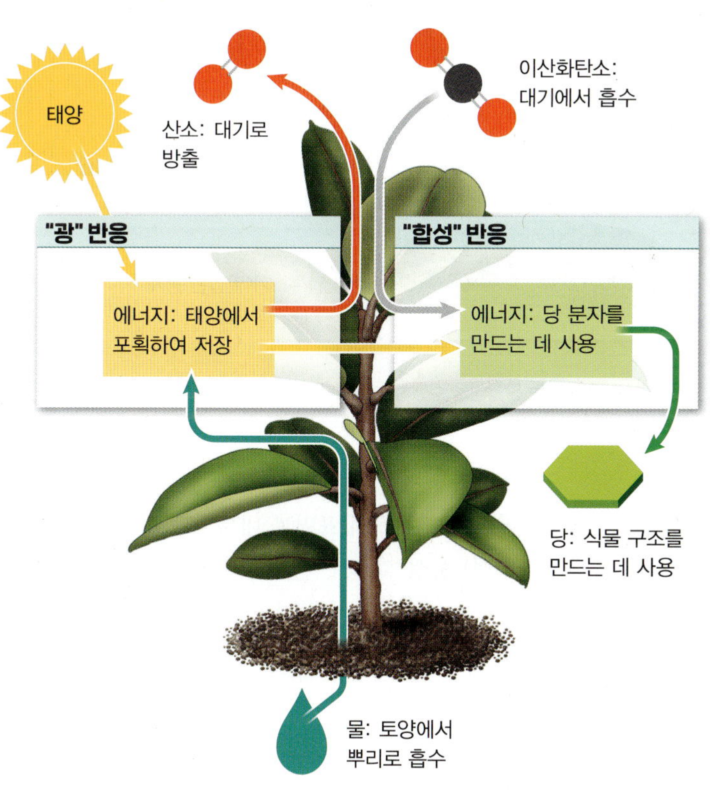

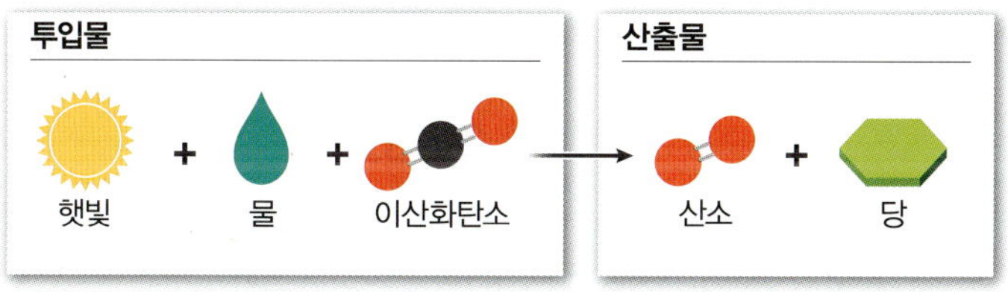

그림 5.11 광합성의 개요.

눈에 보이는 고체인 (흔히 맛이 좋은) 당과 유기물질을 생산해낸다. 이들 분자를 사용하여 잎, 뿌리, 줄기, 꽃, 과실, 씨 등의 식물 구조를 만든다. 이 과정에서 식물은 대부분의 지구 생명체—모든 동물 포함—의 삶에 필수적인 산소(O_2)를 부산물로 방출한다.

식물만 유일하게 광합성을 할 수 있는 것은 아니다. 일부 세균과 많은 단세포 생물, 그리고 켈프(다시마과의 갈조류) 등의 다세포 조류도 햇빛에너지를 이용하여 유기물을 만들어낼 수 있다(**그림 5.10**).

광합성 과정에는 빛에너지(태양에서), 이산화탄소(대기에서), 그리고 물(환경에서)의 세 가지 투입물이 필요하다(**그림 5.11**). 식물은 이 투입물을 이용하여 당과 산소를 만든다. 광합성은 빛을 흡수하는 과정인 "광(photo)"과 당이 만들어지는 과정인 "합성(synthesis)"의 두 가지 분리된 사건으로 나누면 이해하기 쉽다. "광" 반응에서는 빛에너지가 포획되어 에너지-저장 분자에 일시적으로 저장된다. 이 과정에서 물 분자가 쪼개지고 산소가 발생한다. "합성" 과정에서는 에너지-저장 분자의 에너지를 이용하여 대기에서 흡수한 이산화탄소를 조합해 당 분자를 만든다.

핵심요약 5.5

» 식물은 광합성 과정에서 물, 햇빛, 그리고 이산화탄소 기체를 사용하여 당과 여러 유기물질을 만들어낸다. 이 과정에서 산소도 만들어지며, 이에 따라서 모든 동물의 삶이 가능하게 되었다.

5.6 광합성은 식물세포 소기관인 엽록체에서 일어난다

식물의 부위가 녹색이라면, 그곳에서는 광합성을 수행한다. 잎이 녹색으로 보이는 이유는 표면 가까이에 있는 세포에 **엽록체**가 가득 차 있기 때문이다. 엽록체는 빛을 흡수하는 소기관이며, 태양에서 온 빛에너지를 사용하여 당(자신의 먹이로 이용)과 식물 조직(대부분 동물이 먹이로 이용)을 만들어낸다(**그림 5.12**). 줄기 등 다른 부위에도 엽록체가 있을 수 있지만(이 경우 역시 광합성이 가능함), 대부분의 엽록체는 잎 세포에 존재한다.

엽록체(**그림 5.13**)는 작은 주머니처럼 생긴 소기관이며, **스트로마**라고 부르는 액체가 가득 차 있다. 스트로마에는 **틸라코이드**라고 부르는 서로 연결된 정교한 막구조가 떠 있는데, 마치 팬케익을 쌓아놓은 것처럼 보인다. 틸라코이드 막에는 많은 빛-포획 색소가 묻혀 있으며, **광계**라고 부르는 구조를 이룬다.

엽록체 내부는 스트로마 내부와 틸라코이드 내부의 두 공간으로 나누어진다. 빛에너지를 화학에너지로 전환하는 과정—광합성의 "광" 과정—은 틸라코이드의 표면과 내부에서 일어난다. 당 생산 과정—광합성의 "합성" 과정—은 스트로마 내부에서 일어난다.

그림 5.12 광합성 공장. 잎 표면 가까이에 있는 세포는 광합성을 수행하는 엽록체로 가득 차 있다.

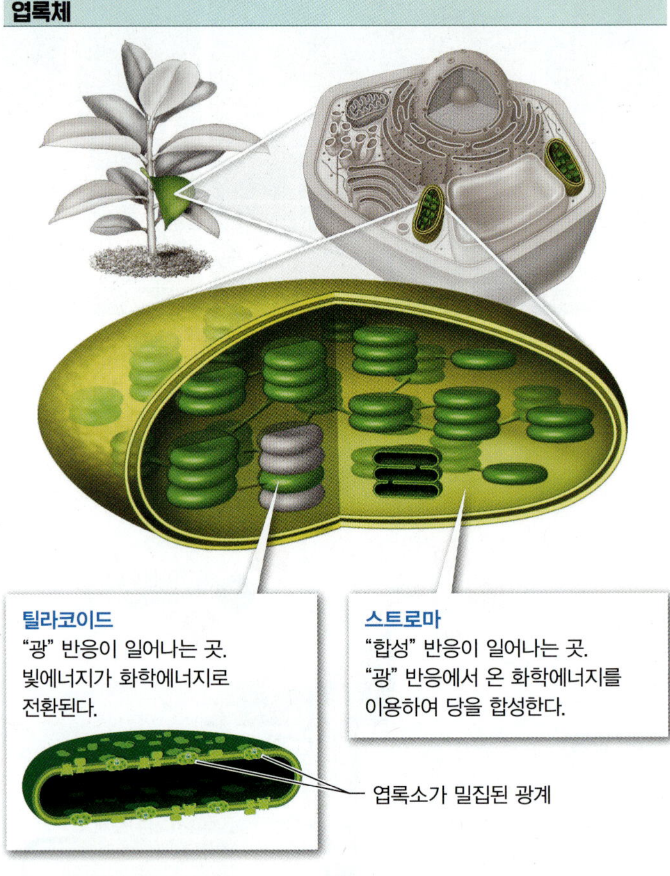

그림 5.13 엽록체는 광합성을 수행하는 곳이다.

핵심요약 5.6

» 식물의 광합성은 엽록체에서 일어난다. 엽록체는 식물체의 표면, 특히 잎의 표면 가까운 곳에 있는 세포에 밀집되어 있는 녹색 소기관이다.

5.7 빛에너지는 파장으로 이동한다. 식물의 색소는 특정 파장을 흡수한다

햇빛을 먹을 수는 없다. 햇빛은 식품 분자의 결합에 있는 화학에너지가 아니라 빛에너지이기 때문이다. 광합성은 **빛에너지**를 동력원으로 삼는데, 빛에너지는 **광자**라는 작은 에너지 묶음이 파장을 이룬 운동에너지의 한 유형이다. 광자는 피부(열을 가함)나 잎(이산화탄소와 물로 당을 생성하도록 함) 등의 표면에 부딪히면 일을 할 수 있다.

광자의 에너지 양은 다양하며, 광자가 이동하는 파장의 길이에 따라 에너지 양이 달라진다. 파장이 짧을수록 광자가 운반하는 에너지 양이 많아진다.

광선 내에는 초-고-에너지 광자(짧은 파장)와 저-에너지 광자(긴 파장), 그리고 이들 사이의 모든 에너지 양을 지닌 광자들이 존재한다. 이 범위를 **전자기 스펙트럼**이라고 하며, 1 nm (10억분의 1 m; 사람 머리카락의 직경은 약 50,000 nm임) 정도로 매우 짧은 파장의 고-에너지 감마선과 X-선부터, 1.5 km가 넘는 아주 긴 파장의 저-에너지 라디오파까지 아우른다(**그림 5.14**).

개가 들을 수 있는 일부 높은 주파수의 소리를 사람은 들을 수 없는 것처럼, 빛에도 우리가 볼 수 없는 파장 영역이 있다. 우리가 볼 수 있는 빛을 가시광선이라고 하며, 무지개색이 이에 해당한다. 사람(과 일부 동물)의 눈에는 빛을 흡수하는 분자인 **색소**가 있어 색채를 볼 수 있다. 빛 파장의 에너지가 색소의 전자를 흥분시키면, 시신경이 자극을 받아 전기신호를 뇌로 전달한다. 우리는 가시광선 스펙트럼 내의 서로 다른 파장을 서로 다른 색으로 인식한다. 사람 눈의 색소는 수많은 파장을 아주 잘 흡수하기 때문에, 수많은 색채를 구별할 수 있다.

식물이 광합성 중에 햇빛에너지를 사용하여 당을 만들 때에도 전자기 스펙트럼의 가시광선 영역을 사용한다. 하지만 우리 눈의 색소와는 달리, 식물의 색소(식물이 에너지를 포획하는 부위)는 가시광선 파장 중 작은 부분만을 흡수하고 사용한다.

엽록소는 태양에서 오는 빛에너지를 흡수하는 식물의 주요 색소 분자이다. 엽록소 분자는 엽록체의 틸라코이드 막에 묻혀 있다. 빛에너지가 사람의 색채 인식에 관여하는 색소의 전자를 흥분시키는 것과 마찬가지로, 식물의 엽록소에 있는 전자도 특정 파장에 의해 흥분되고 이 빛에너지의 일부를 포획할 수 있다.

식물은 몇 종류의 빛-흡수 색소를 만들어낸다(**그림 5.15**). **엽록소 *a***라고 부르는 주요 광합성 색소는 적색과 청-자주색 파장을 흡수한다. 그 밖의 다른 파장은 모두 엽록소 *a*를 통과하거나 반사된다.

엽록소 *a*는 녹색 빛을 효율적으로 흡수하지 못하고 반사시킨다. 우리는 반사된 빛의 파장을 녹색으로 인식하므로 이 색소를 가지고 있는 잎이 녹색으로 보인다. 또 다른 색소인 **엽록소 *b***(**chlorophyll *b***)는 구조는 비슷하지만, 청색과 적-주황색 파장을 흡수하며, 황-녹색 파장은 반사한다. **카로티노이드**(carotenoid) 색소는 청-자주색과 청-녹색 파장을 흡수하고 황색, 주황색, 적색 파장은 반사한다.

전자기 스펙트럼

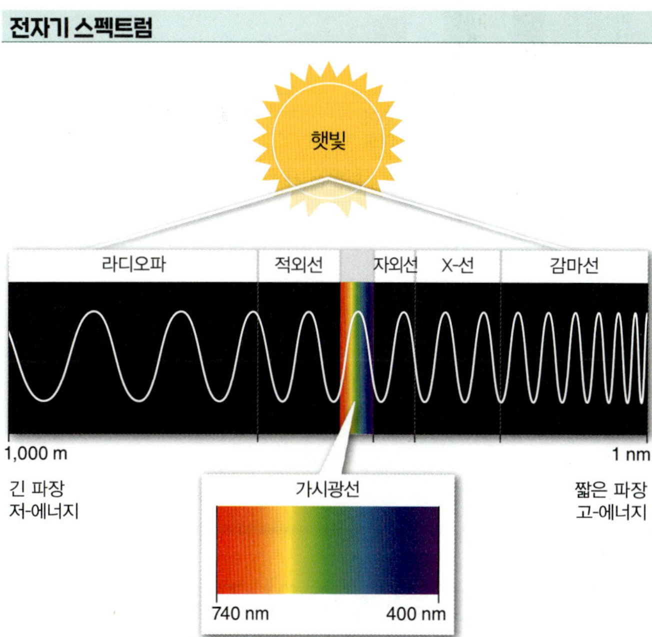

그림 5.14 광선은 고-에너지 광자와 저-에너지 광자, 그리고 이들 사이 모든 에너지 범위의 광자를 방사한다. 식물은 빛의 이용할 수 있는 에너지 중 아주 적은 부분만 사용한다.

광합성 색소

식물은 몇 종류의 빛-흡수 색소를 만들어낸다. 광합성 색소는 저마다 특정 파장을 흡수하고 반사한다.

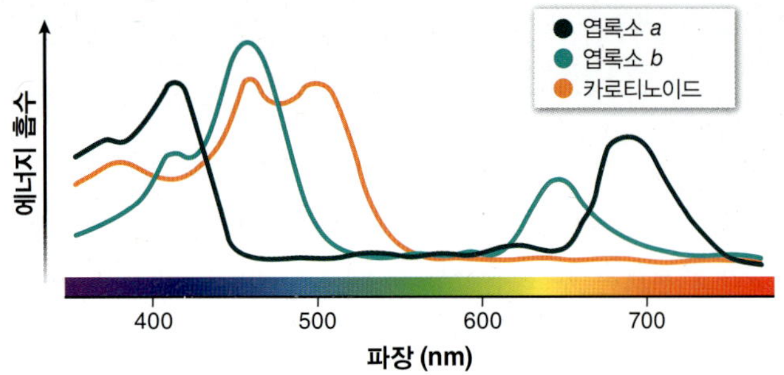

잎에 있는 색소 분자의 계절적 변화로 인해 잎의 색이 달라진다.

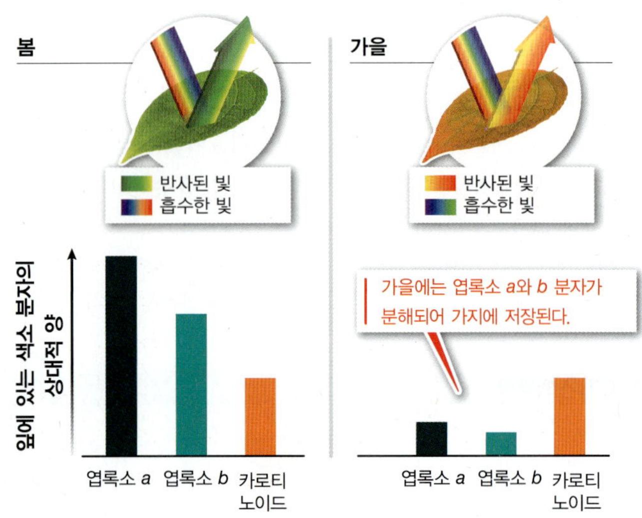

도표로 배우기

데이터의 시각적 표현을 비판적으로 살펴보기

이 그림을 더 자세히 살펴보려면 이 장의 끝을 보시오.

그림 5.15 광합성 색소는 저마다 특정한 파장의 빛을 흡수하고 반사한다.

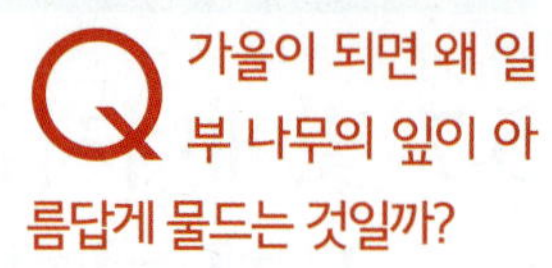

늦은 여름 기온이 내려가면 일부 나무는 에너지를 소비하는 엽록소 생성을 멈추고 겨울철 동안 짧아질 일광 시간에 대비한다. 이로 인해 광합성율이 감소하며, 이에 따라 동물의 동면과 매우 흡사하게 대사가 둔화된다. 잎에 있는 엽록소 *a*와 *b* 분자가 점차 파괴되고 엽록소의 화학적 구성물질은 가지에 저장된다.

잎에 남아있는 카로티노이드에 비해 엽록소 *a*와 *b*의 양이 감소함에 따라 단풍의 놀라운 색채가 드러난다(그림 5.15 참조). 1년 중 나머지 기간에는 잎에 엽록소 *a*와 *b*가 매우 풍부하므로 녹색에 가려져서 다른 색소의 색이 드러나지 않는다.

추운 겨울이 지나 낮 길이가 길어지고 온도가 높아지면, 이것이 신호가 되어 식물은 다시 엽록소와 새로운 잎을 만들어낸다.

핵심요약 5.7

» 광합성은 광자라고 부르는 에너지 묶음으로 이루어진 운동에너지의 한 유형인 빛에너지를 동력원으로 삼는다. 광자가 식물세포의 엽록소를 비롯한 빛-흡수 분자와 충돌한다. 이들 색소 분자가 광자의 빛에너지 일부를 포획하고 이를 동력원으로 사용하여 이산화탄소와 물로부터 당을 생성한다.

5.8 광자는 엽록소의 전자를 흥분 상태로 만든다

생명체는 태양의 빛에너지를 원자 사이 결합의 화학에너지로 전환할 수 있어야만 비로소 태양에너지를 사용할 수 있다. 이런 전환 과정에서 가장 중요한 분자는 엽록소이다(**그림 5.16**). 특정 파장의 광자가 엽록소에 충돌하면, 빛에너지로 인해 엽록소 분자의 전자(e^-) 하나가 고-에너지 수준인 흥분(excited) 상태로 된다. 광자를 흡수하면 전자가 잠시동안 에너지를 얻고, 엽록소 분자의 위치에너지가 증가한다.

흥분된 전자는 일반적으로 두 가지 경로 중 하나를 거치게 된다. 첫째, 전자가 자신의 흥분되지 않은 안정상태로 돌아가고 이 과정에서 에너지를 방출한다. 이 에너지 일부는 인접한 분자의 전

엽록소를 통한 에너지의 이동

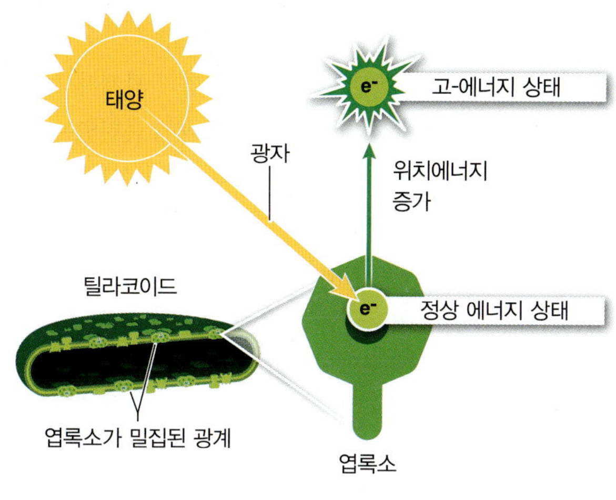

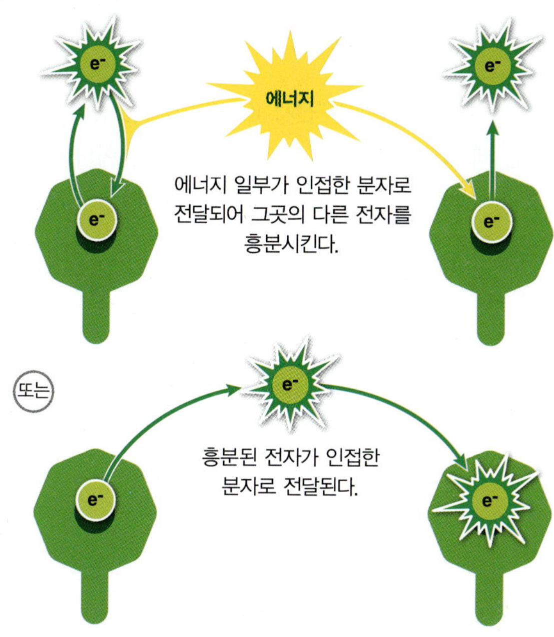

그림 5.16 **흥분된 전자로서 빛에너지 포획하기.** 엽록소의 전자는 빛에너지에 의해 고-에너지 상태로 흥분된다.

자를 고-에너지 상태로 만든다(나머지 에너지는 열로서 흩어진다). 둘째, 흥분된 전자 자체가 다른 분자로 전달된다.

분자에서 분자로 전자가 전달되는 것은 세포에서 에너지가 이동하는 주요 경로의 하나이다. 많은 분자가 세포 활동 중에 전자를 운반하거나 받아들인다. 이때 전자를 주는 분자보다 수용체가 전자에 대해 더 강한 인력을 가지고 있기만 하면 된다. 전자를 받은 분자는 전자를 받기 전보다 항상 더 많은 에너지를 운반한다. 따라서 전자가 한 분자에서 다른 분자로 이동하는 것은 위치에너지가 전달되는 것이며, 광합성 첫 단계에서 일어난다.

Q 거대한 운석이 지구에 충돌하였다고 가정해 보자. 대기의 분진과 매연이 어떻게 충돌지역에서 멀리 떨어진 곳에서도 멸종이 일어나게 할 수 있을까?

대기 중에 있는 입자가 햇빛을 차단하여 엽록소 분자에 있는 전자의 흥분을 감소시킬 수 있으므로, 광합성은 빛을 차단하는 입자에 의해 방해받을 수 있다. 이용 가능한 햇빛의 양이 감소하면 식물—그리고 식물을 먹이로 삼는 동물—에게 심각한 영향을 줄 수 있다. 과학자들은 이로 인해 6,600만 년 전에 공룡이 멸종하였을 것이라는 가설을 세웠다. 당시에 거대한 운석이 지구와 충돌하였고—그리고 비슷한 시기에 광범위한 화산 분화가 있었다. 이들 사건에서 발생한 대기 중의 분진과 매연, 그리고 먼지가 햇빛을 차단했기 때문에 그 지역은 물론 멀리 떨어진 지역에서도 수많은 식물이 생존할 만큼 광합성을 할 수 없었을 것이다. 식물이 살 수 없다면, 식물에 의존해서 에너지를 얻는 생명체도 살 수 없다. 지구의 거의 모든 생명체가 햇빛에 의한 끊임없는 전자의 흥분에 절대적으로 의존한다.

핵심요약 5.8

» 광자가 엽록소에 충돌하면 빛에너지가 엽록소 분자의 전자를 흥분시키고 엽록소의 위치에너지가 증가된다. 흥분된 전자는 다른 분자로 전달되며 세포에서 위치에너지를 이동시킬 수 있다.

5.9 광합성의 세부내용: 빛에너지가 화학에너지 형태로 포획된다

광합성은 복잡한 과정이지만 **"전자 따라가기"**라는 문장을 기억하면 이해하는 데 상당한 도움이 될 것이다. 전자는 어디에서 오고, 무엇을 지나 이동하며, 어디로 가는가? 전자가 마침내 도착한 곳에서는 어떤 일이 일어나는가?

광합성의 "광" 과정에서 햇빛이 식물 잎의 엽록체에 충돌하고, 이때 햇빛의 일부 에너지가 포획되어 ATP와 NADPH에 저장된다(**그림 5.17**). NADPH는 고-에너지 전자를 받아 에너지를 저장하는 분자이다. 이러한 전환을 거쳐 포획된 에너지는 "합성" 과정에서 당 분자를 생성하는 일에 사용될 수 있다.

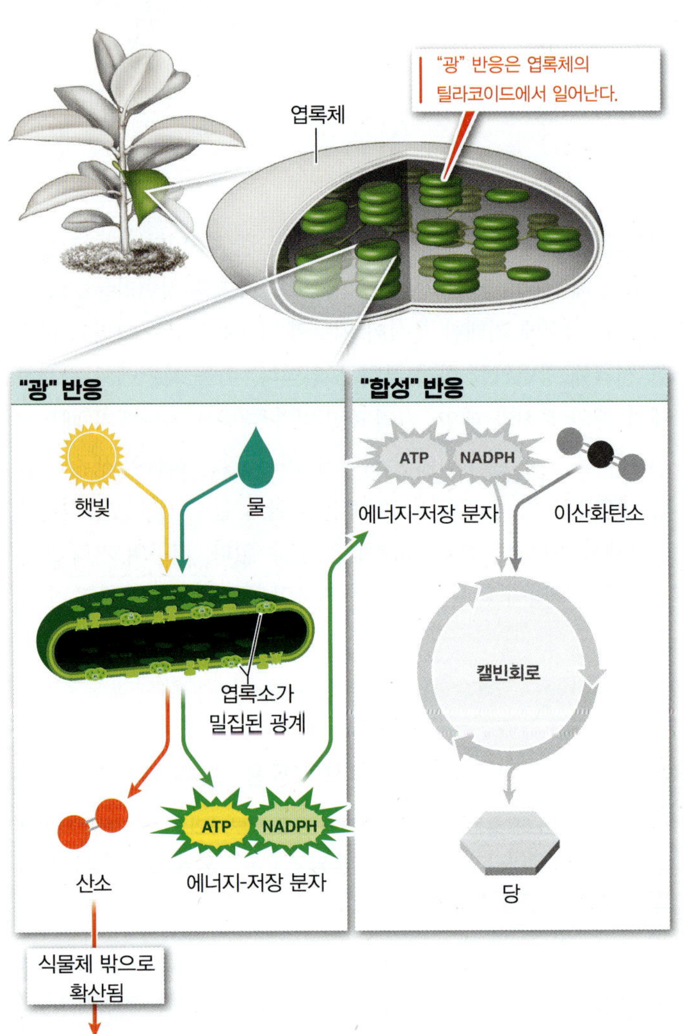

그림 5.17 "광" 반응의 개요. 빛에너지는 광합성의 "광" 과정에서 포획된다. 이 에너지는 나중에 당 분자를 생성하는 힘으로 사용된다.

에너지를 포획하는 과정은 두 가지 유형의 광계가 서로 연계되어 함께 작용한다. 엽록체의 틸라코이드 막에 묻혀있는 광계는 빛을 흡수하는 색소(엽록소 포함)와 단백질로 구성된다. 색소가 광자를 흡수하면 색소의 전자가 에너지를 얻어 흥분 상태로 되며, 이어 에너지를 방출하고 안정상태로 되돌아간다. 이때 방출된 에너지(전자가 아님)가 이웃한 색소 분자로 전달된다. 이 과정이 계속되어 많은 색소 분자의 에너지가 광계 중심에 있는 엽록소 *a* 분자로 충분히 전달되면, 이 분자의 전자 하나가 흥분된다(**그림 5.18**).

광계 중심에 있는 엽록소 *a* 분자는 다른 색소 분자들과 다르다. 이 분자의 전자는 흥분 상태로 된 후에 안정상태로 되돌아오지 않는다. 그 대신에 진공흡입기처럼 작용하는 **1차 전자수용체**(primary electron acceptor)라고 부르는 이웃한 분자에게 이 흥분된 전자를 빼앗긴다. 이제 전자의 여행이 시작된다.

Q 식물의 광합성에 물이 반드시 필요한 이유는 무엇일까?

광계 중심에 있는 특별한 엽록소 *a*에서 빠져나간 전자는 다시 보충되어야만 한다. 연계된 두 광계 중 첫 번째 광계에 물이 전자를 공급해 준다. 첫 번째 광계에 있는 특별한 엽록소 *a* 근처에서 물 분자가 끊임없이 분해된다. 광자 4개로 물 2분자를 분해하고, 이때 전자 4개, 양성자(H^+) 4개, 그리고 O_2 1분자가 만들어진다. 광합성에서 물 분해의 부산물로서 삶을 지속시키기에 알맞은 산소가 만들어진다. 이 과정에서 방출된 산소는 모든 동물을 포함하여 지구 생명체 대부분의 삶에 필수적이다.

일단 첫 번째 광계에서 1차 전자수용체가 엽록소 *a*로부터 넘겨받은 고-에너지 전자는 다른 분자에게로, 이어 또 다른 분자에게로 계속 넘겨진다. **전자전달 사슬**이라고 부르는 이 과정에 의해 첫 번째와 두 번째 광계가 연계된다(**그림 5.19**).

전자전달 사슬은 틸라코이드 막에 묻혀 있으며, 전자를 차례로 넘겨주고 받는 몇 가지 단백질 복합체로 구성되어 있다. 전자전달 사슬에서 전자를 넘겨줄 때마다 전자는 더 낮은 에너지 수준으로 떨어지며, 에너지가 방출된다. 이렇게 조금씩 방출된 에너지를 동력원으로 사용하여 틸라코이드 막에 있는 펌프가 스트로마에 있는 양성자(수소이온, H^+)를 틸라코이드 내부로 이동시킨다.

양성자가 틸라코이드 내부로 펌프됨에 따라 양성자가 점점 더 높은 농도로 축적된다. 생각해 보자. 높은 곳에 위치한 물통에 펌

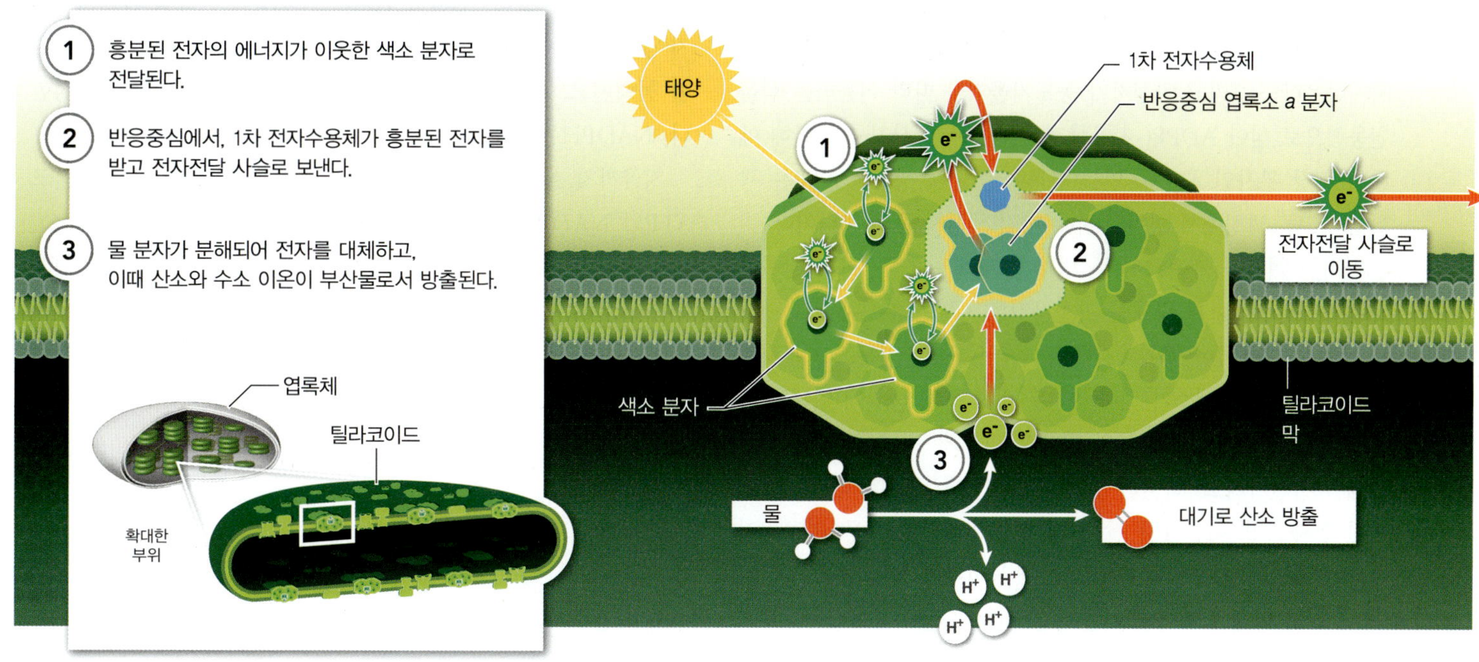

그림 5.18 **물이 분해되어 나온 전자를 광합성에 공급한다.**

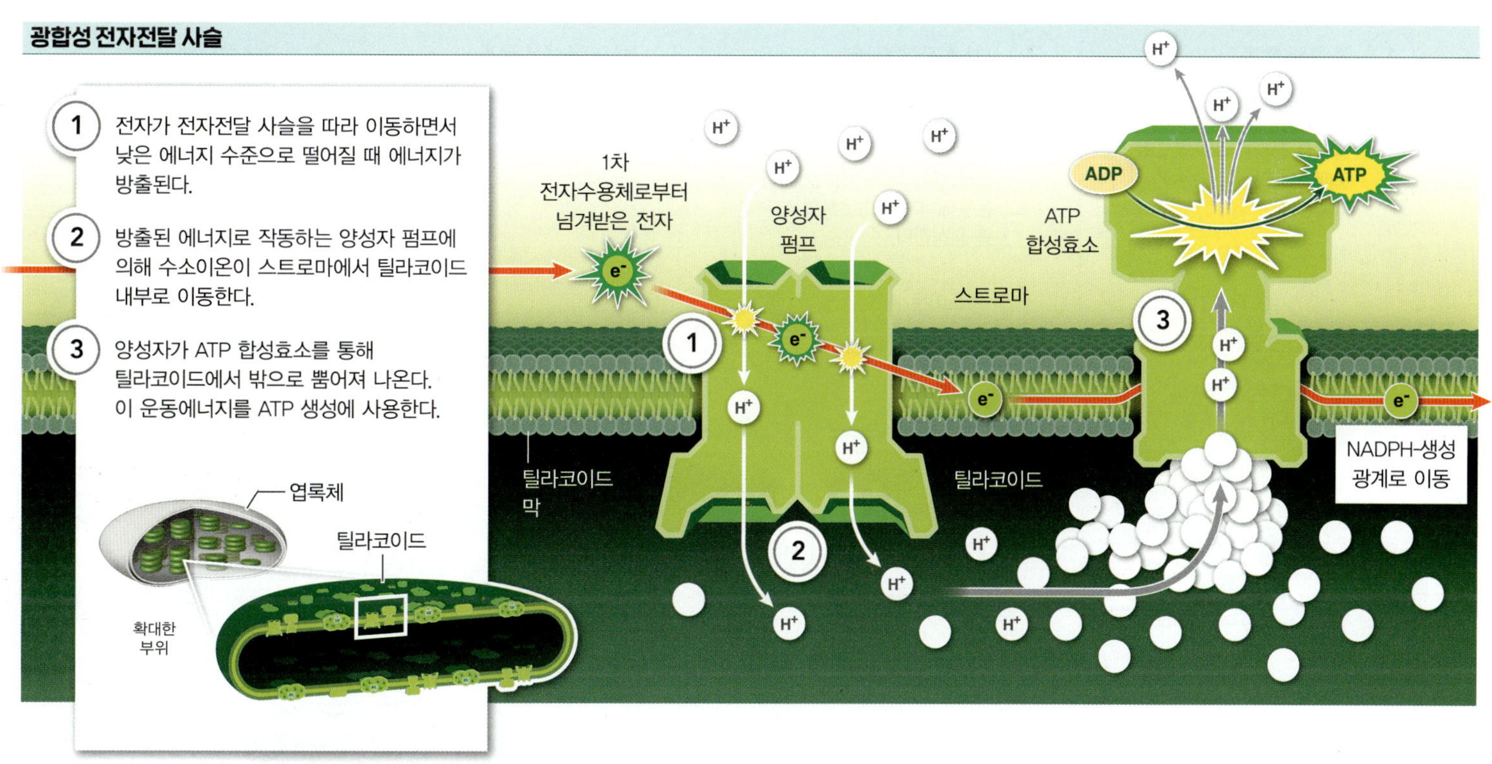

그림 5.19 **고-에너지 전자의 잠재성을 동력원으로 이용하기.** 1차 전자수용체에서 틸라코이드 막에 묻혀 있는 분자들인 전자전달 사슬로 전자가 전달될 때 일부 에너지가 방출되며, 이 힘으로 양성자 기울기를 만들어낸다.

프로 물을 채워 위치에너지를 저장하면, 나중에 물통에서 물이 뿜어져 나올 때 큰 힘과 운동에너지를 발휘할 수 있게 된다. 이와 마찬가지로 양성자도 틸라코이드에서 ATP 합성효소 분자를 통해 빠져나온다—그리고 양성자가 농도기울기를 따라 이동하는 힘을 원동력으로 삼아 ADP와 자유롭게 떠다니는 인산기를 조합해 에너지-저장 분자인 ATP를 만들어낸다. 이렇게 생성된 ATP는 광합성의 "광" 과정에서 생성되는 두 가지 생성물 중의 하나이다.

전자는 여행을 계속하여 두 번째 광계의 반응중심에 도달한다(그림 5.20). 첫 번째 광계와 마찬가지로, 두 번째 광계에도 햇빛의 광자를 이용하여 빛에너지를 또 다른 특별한 엽록소 *a* 분자로 전달하는 수많은 색소가 있다. 이 두 번째 광계 중심에 있는 특별한 엽록소 *a* 분자에는 전자의 빈자리가 있다. 그 이유는 첫 번째 광계와 마찬가지로, 특별한 엽록소 *a* 분자에서 흥분 상태로 튕겨나간 전자를 또 다른 1차 전자수용체가 받아가기 때문이다. 전자는 반드시 보충되어야 한다—그러나 물이 분해되어 나온 전자가 아니라, 첫 번째 광계에서 이동해 온 전자를 받아 보충한다.

두 번째 광계 중심에 있는 전자수용체는 전자를 두 번째 전자전달 사슬로 넘겨준다. 이 2차 전자전달 사슬에서는 첫 번째 전자전달 사슬과는 달리, 전자가 넘겨지는 과정에서 양성자가 펌프되지 않는다. 그 대신에 전자가 $NADP^+$ 분자로 전달되면 그 에너지를 동력원으로 삼아 고-에너지 전자운반자인 **NADPH**를 생성한다. NADPH는 광합성 "광" 과정의 두 번째 중요한 생성물이다.

지금까지 살펴본 것처럼, 식물은 태양의 빛에너지를 포획하고 ATP와 NADPH의 화학에너지로 전환시켰다(그림 5.20 참조). 하지만 아직 먹이는 만들어내지 못하였다. 다음 절에서는 광합성의 "합성" 과정에서 식물이 ATP와 NADPH의 에너지를 사용하여 이산화탄소로부터 당을 어떻게 만들어내는지 살펴볼 것이다.

핵심요약 5.9

» 광합성의 "광" 과정에서, 빛에너지가 화학에너지로 전환되며 물 분자가 분해되고 산소가 생성된다. 먼저 햇빛의 에너지가 포획되어 엽록소의 전자를 흥분시킨다. 이 전자가 분자 사이에서 잇달아 넘겨질 때마다 에너지가 방출되며, 이 중 일부는 에너지-저장 분자인 ATP와 NADPH를 만드는 데 사용된다.

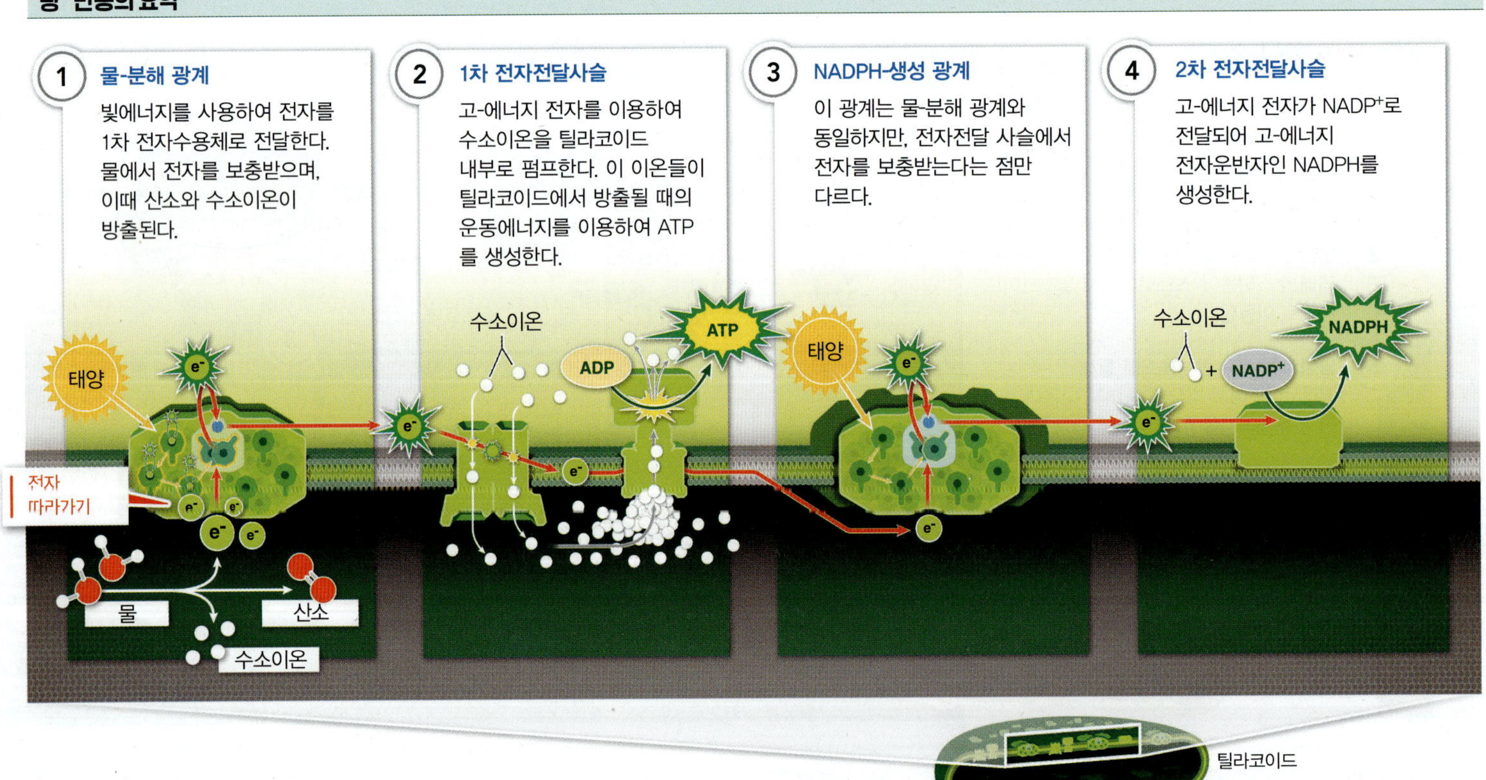

그림 5.20 빛에너지를 화학에너지로 전환하기.

5.10 광합성의 세부내용: 포획된 빛에너지는 당 생산에 이용된다

광합성의 "합성" 과정은 **캘빈회로**라고 부르는 일련의 화학반응에서 일어난다. 허공에서 토끼가 나타나게 만드는 것처럼 보이는 마술사처럼, 캘빈회로는 **보이지 않는**(*invisible*) 기체 분자인 CO_2를 이용해 당 분자를—충분히 많아서 그 실체를 확실히 알 수 있고 심지어 먹을 수 있을 만큼—만들어낸다. CO_2를 유용한 당으로 전환하는 캘빈회로의 모든 반응은 엽록체의 틸라코이드 바깥 부위인 스트로마에서 일어난다. 식물은 "광" 과정에서 생성된 ATP와 NADPH 분자에 저장된 에너지를 사용하여 이 반응을 수행한다. 이런 의존성으로 인하여 빛을 모으는 ("광") 반응과 당을 생성하는 ("합성") 반응이 연계된다(**그림 5.21**).

캘빈회로 과정은 세 단계로 일어난다(**그림 5.22**).

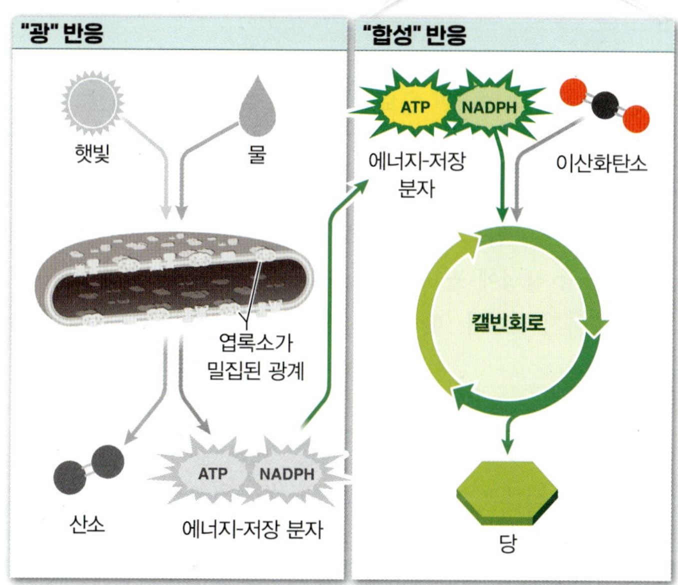

그림 5.21 먼저 빛에너지를 포획한 뒤, 당을 만든다.

1. **고정(fixation)**. 식물은 엽록체 내에서 **루비스코**라고 부르는 효소를 이용하여 이산화탄소의 탄소(1-탄소)를 유기 분자(5-탄소)에 결합시켜 "고정"한다. 루비스코는 식물이 먹이 분자를 만들게 하는 중요한 역할을 수행한다는 점에서, 지구에서 가장 풍부한 단백질이라는 사실은 놀라운 일이 아니다.

2. **당 생성(sugar creation)**. 새로 만들어진 분자는 즉시 두 분자로 쪼개지고, 각각 변형된다. 먼저 ATP에서 떨어져 나온 인산이 결합하고, NADPH로부터 고-에너지 전자를 받는다. 그 결과로 글리세르알데히드-3-인산(G3P)이라고 부르는 3-탄소 당(3-탄당)이 생성된다. 대기의 탄소로부터 G3P 1분자를 순(*net*) 합성하려면 이산화탄소 3분자를 고정해야 하므로 캘빈회로가 "3회전"해야 한다.

   일부 G3P 분자가 합쳐져서 6-탄당인 포도당과 과당이 된다. 이들 6-탄당은 식물의 생장에 연료로 사용되어 생장하도록 하며, 또한 식물을 먹이로 하는 동물의 연료로도 사용될 수 있다.

3. **재생성(regeneration)**. 모든 G3P 분자가 당 생성에 사용되는 것은 아니다. 캘빈회로의 마지막 단계에서, 일부 G3P 분자가 재배열되어 원래의 5-탄소 분자를 재생성해낸다. 이 재배열 과정은 "광" 반응에서 생성된 ATP의 에너지가 필요하다. 5-탄소 분자가 재생성되어야 캘빈회로에서 계속하여 탄소를 고정하고 G3P 분자를 생산해낼 수 있다.

캘빈회로가 "3회전"하여 대기의 탄소로부터 G3P 1분자를 합성하는 동안, "광" 반응에서 생성된 ATP 9분자와 NADPH 6분자가 소비된다.

핵심요약 5.10

» 광합성의 "합성" 과정인 캘빈회로에서 대기의 CO_2로부터 온 탄소가 엽록체의 스트로마에 있는 분자에 고정되고, 당이 생성되며, 캘빈회로에서 다시 사용될 분자가 재생성된다. 고정, 생성, 그리고 재생성 과정에서 ("광" 과정에서 생성한) ATP와 NADPH의 에너지를 소비한다.

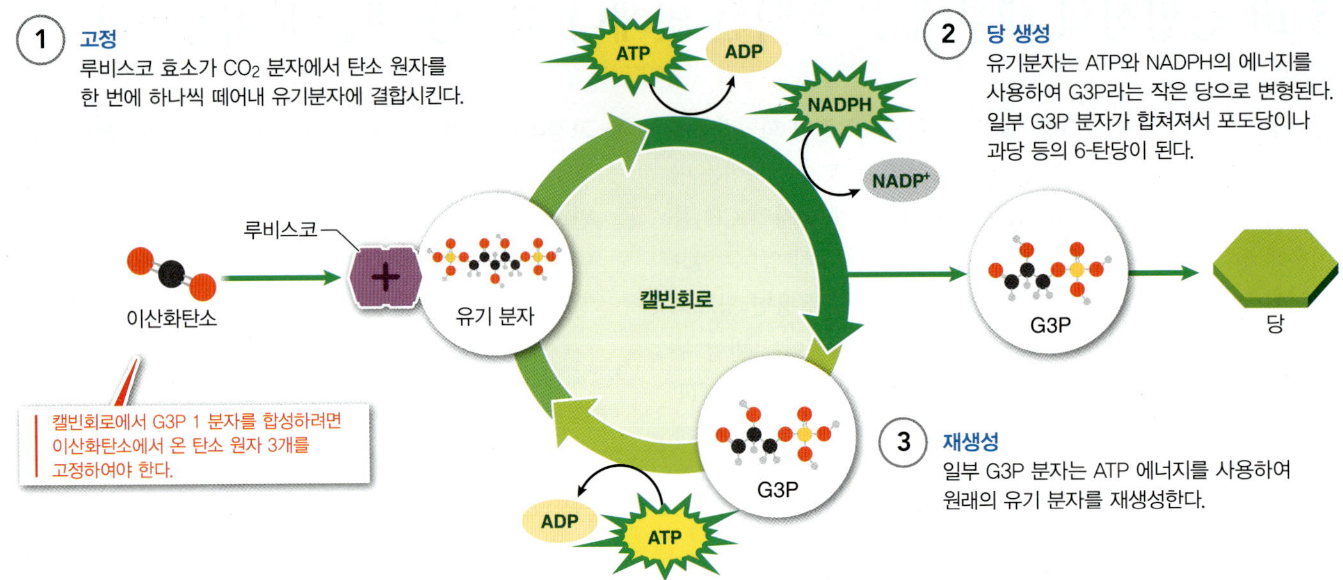

그림 5.22 **캘빈회로—광합성의 "합성" 과정—에서 당을 만들어낸다.**

5.11 세계적 굶주림을 극복하기 위해 물 부족 환경에 적응한 식물을 활용할 수 있다

수단, 에티오피아, 인도, 소말리아 등 굶주림에 시달리는 많은 지역은 매우 덥고 건조하다. 이것은 우연한 일이 아니다. 이런 기후 조건에서는 지속적인 농업에 어려움을 겪으며(**그림 5.23**), 농작물 생산이 안정적으로 이루어지지 않으므로 식량 생산을 예측할 수 없고 굶주림에 시달릴 위험이 커진다. 하지만 어떤 식물은 진화적으로 적응하여 덥고 건조한 조건에서 살아갈 수 있다.

날씨가 너무 덥고 건조하면 동물은 그늘진 시원한 곳을 찾아 이동할 수 있다. 하지만 식물은 한 곳에 뿌리를 내리고 있다. 따라서 덥고 건조한 기후에서 식물은 증발을 통해 상당한 양의 물을 잃게 된다. 광합성, 생장, 그리고 양분의 수송에 물이 필수적이므로, 식물에게 증발은 큰 문제가 된다. 물이 없으면 식물은 살 수 없다.

식물은 증발에 따른 물 손실에 대응하여 대개 잎의 아랫면에 있는 작은 구멍인 **기공**(**stomata**, *sing*., stoma)을 닫을 수 있다(**그림 5.24**). 기공은 식물이 기체를 교환하는 주요 장소이다. 광합성에 필요한 이산화탄소가 들어오고 부산물로서 만들어진 산소는 나간다. 기공이 열리면 물도 식물 밖으로 증발되어 빠져나간다. 기공을 닫으면 (너무 많은 물이 증발되는) 한 가지 문제는 해결되지만, 다른 문제가 나타난다. 즉, 기공이 닫히면, 광합성의 "광" 과정에서 나온 산소가 방출되지 못하고, 이산화탄소가 들어오지 못한다. 당 생성에 필요한 이산화탄소 분자가 없으면, 캘빈회로를 수행하지 못한다. 따라서 식물이 생장을 멈추고 수확량이 줄어든다.

옥수수나 사탕수수 등의 일부 식물은 덥고 건조한 날씨에서 물 손실을 최소화하면서도 여전히 당을 만들어낼 수 있도록 진화하였다. 이들 식물은 일반적인 광합성(C3 광합성이라고 함) 과정에 여분의 몇 단계가 추가된 **C4 광합성**이라고 부르는 과정을 수행한다(**그림 5.25**). 식물은 이 추가된 단계에서 강력한 CO_2-접착제처럼 작용하는 효소를 이용한다. 이 효소는 이산화탄소에 대한 친화력이 매우 강하기 때문에 CO_2 농도가 매우 낮을 때에도 탄소를

그림 5.23 숨을 곳이 없다. 식물이 물을 너무 많이 잃으면 매우 덥고 건조한 기후에서 생존하지 못한다.

찾아내어 결합할 수 있다. 따라서 기공을 아주 조금만 열어 CO_2는 약간만 받아들이면서도 물의 증발을 줄일 수 있다. (이에 비해 그림 5.22에서 살펴본 루비스코 효소는 CO_2가 희박할 때에는 기능이 떨어지므로 기공을 더 많이 열어야 한다.)

그렇지만 이러한 적응방식에는 함정이 있다. C4 광합성의 추가적인 단계는 에너지를 추가로 소비한다. 구체적으로, 식물이 "CO_2-접착제" 효소를 이용하여 CO_2 1분자를 받을 때마다 ATP 1분자(이 효소의 생산에 필요함)를 추가로 사용해야 한다. 날씨가 매우 덥고 건조하여 기공을 닫고 모든 당 생산을 중지해야만 할 때라면 이러한 에너지 비용을 치를 만한 가치가 있다. 그러나 온

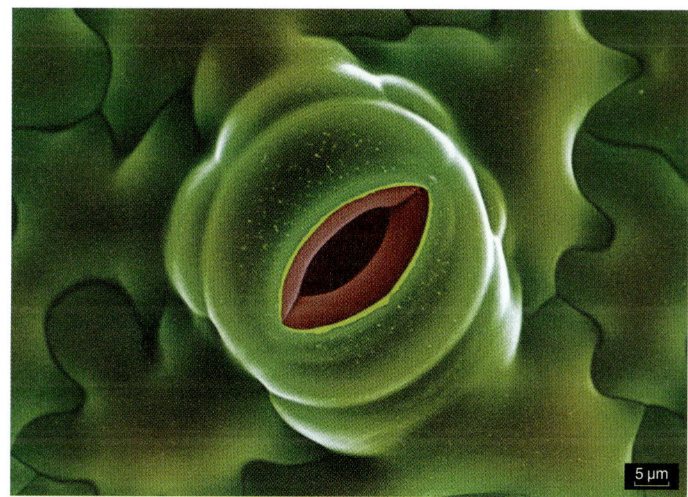

열린 기공

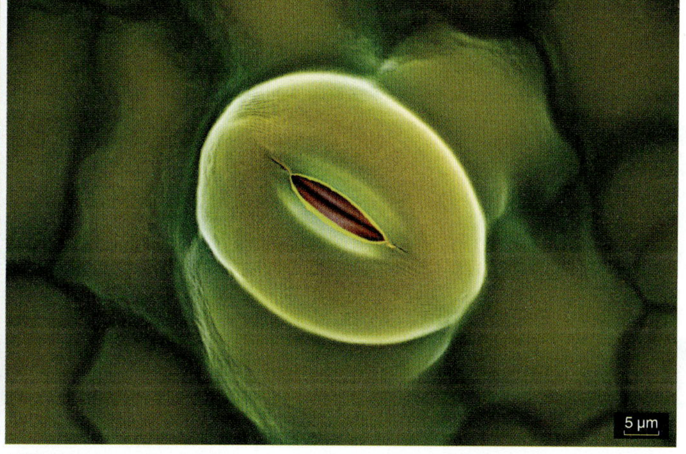

닫힌 기공

그림 5.24 식물의 기공. 식물은 기공을 통해 이산화탄소를 흡수하지만, 동일한 기공을 통해 물을 잃을 수도 있다.

화한 날씨일 때에는, C4 광합성을 이용하는 식물은 표준적인 C3 광합성을 수행하는 더 효율적인 식물보다 경쟁력이 뒤질 것이다. 세계적으로 온대지역에 서식하는 C4 식물은 몇 종류에 지나지 않으며, 바다에서 사는 광합성 생물 중에서는 C4 광합성을 거의 찾아볼 수 없다는 사실은 놀라운 일이 아니다.

그러나 덥고 건조한 지역에서 C3 식물과 C4 식물이 함께 서식한다면, C4 식물—옥수수, 수수, 기장, 사탕수수, 많은 벼과 식물 등—이 우점종을 이루며, C3 식물을 대체한다(**그림 5.26**). 대부분의 학자들은 세계적인 기후변화로 인해 C4 식물이 생장하는 지리적인 범위가 점차 넓어지고, C4 이

Q 세계적인 기후변화로 인한 기온의 상승이 어떻게 하여 농업에 나쁜 영향을 주는가?

광합성 방법의 비교

C3 광합성

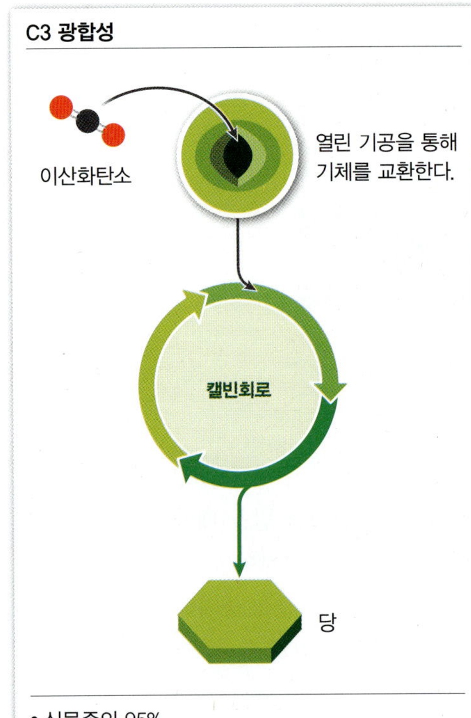

- 식물종의 95%

장점
- 에너지 효율이 높음

단점
- 더운 기후에서 증발에 따른 물 손실

굴참나무

C4 광합성

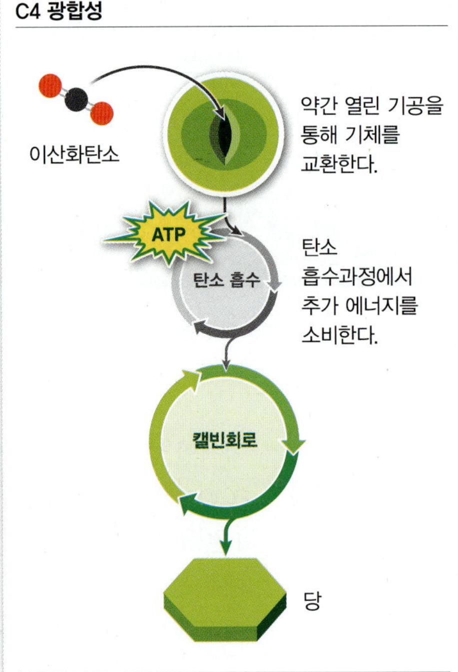

- 식물종의 1%

장점
- 따뜻한 기후에서 물 손실 최소화

단점
- 많은 에너지 소모

사탕수수

CAM 광합성

이산화탄소

밤 동안에 열린 기공을 통해 기체를 교환한다.

ATP

탄소 흡수

탄소 흡수과정에서 추가 에너지를 소비한다.

밤

낮

캘빈회로

낮 동안은 기공을 닫는다.

당

- 식물종의 3~4%

장점
- 더운 기후에서 물 손실 최소화

단점
- 많은 에너지 소모
- 느린 생장

금호선인장

그림 5.25 C3, C4, 그리고 CAM 광합성.

광합성 방법의 분포

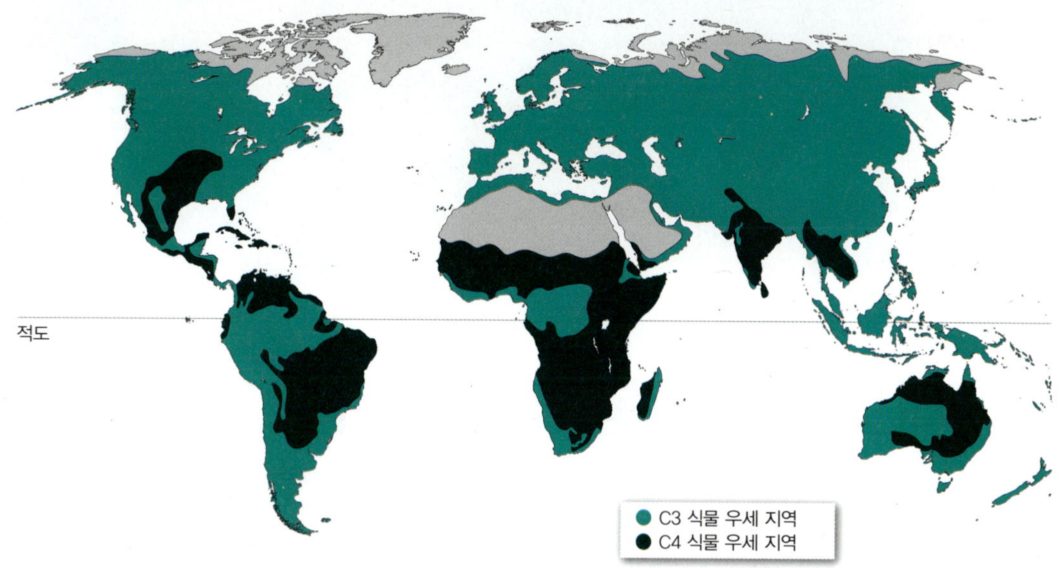

그림 5.26 C3 식물과 C4 식물의 세계적 분포.

외의 식물(식물의 거의 대부분을 차지)은 적도에서 점점 더 멀리 밀려날 것이라고 예상하고 있다.

CAM(crassulacean acid metabolism, 다육식물유기산대사)이라고 부르는 탄소고정 방법도 역시 덥고 건조한 지역에서 발견된다. 이 방법을 이용하는 많은 선인장류, 파인애플류, 즙이 많은 다육성 식물 등은 덥고 건조한 낮에는 기공을 닫고, 밤 동안에 기공을 열고서 CO_2를 받아들여 임시로 결합 분자에 결합시킨다. 낮 동안에는 수분 손실을 줄이기 위해 기공을 닫지만, 결합 분자로부터 CO_2를 방출시켜 광합성을 수행할 수 있다(그림 5.25 참조).

CAM 광합성의 문제점은 낮 동안 기공을 완전하게 닫고 있으므로 CAM 식물이 받아들이는 CO_2의 총량이 상당히 감소한다는 점이다. 따라서 식물의 생장이 매우 느리므로, 극도로 건조하지 않은 조건이 아니라면 어디에서도 CAM 이외의 식물과 경쟁하지 못한다.

C4와 CAM 광합성은 원래 식물이 덥고 건조한 지역에서 잘 생장하도록 진화한 것이다. 연구자들은 이제 세계적 굶주림을 해결하는 방안으로서 이런 적응력을 이용하고자 노력하고 있다. 이들은 C4 광합성의 효소를 암호화하는 몇 가지 유전자를 옥수수에서 분리하여 벼에 도입하였다. 일단 이 유전자로 인해 벼의 광합성 능력이 증가한다면, 생장과 식량 생산이 향상될 것이다.

C4 광합성 효소를 도입함으로써 좋지 않은 기후 환경에서 새로운 작물의 대단위 경작이 가능하게 될 것인지 여부는 확실하지 않다. 하지만 초기 연구 결과에 따르면 유망한 접근법으로 보인다.

핵심요약 5.11

» C4와 CAM 광합성은 생화학적 수준에서 이루어진 진화적 적응이다. C3 광합성과 비교해 에너지를 많이 소모하기는 하지만, 덥고 건조한 기후 조건에서 식물이 광합성을 멈추지 않고도 기공을 일부 또는 완전히 닫아 물을 보존한다.

생명체는 세포호흡을 통해 에너지를 추출한다

▲ 유아에게 에너지를 재공급하는 쉼터

5.12 생명체는 활동에 필요한 연료를 어떻게 공급하는가? 세포호흡: 큰 그림

먹이는 연료이다. 삶의 모든 활동—성장, 이동, 생식—은 연료가 필요하다. 식물이나 대부분 조류, 그리고 일부 세균은 광합성을 통해 햇빛의 에너지에서 직접 연료를 얻어낸다. 사람이나 곤충처럼 에너지를 스스로 만들어내지 못하는 생명체는 필요로 하는 에너지를 먹이에서 추출해야만 한다. 이 에너지는 직접(식물을 먹음) 또는 간접(식물을 먹는 동물을 먹음)적으로 모두 광합성 생명체에서 온 것이다(**그림 5.27**).

모든 생명체—식물 포함—는 세포호흡 과정을 통해 분자("먹

숲에 있는 식물은 광합성을 통해 햇빛의 에너지를 얻는다.

벌레(초식동물)는 잎을 먹고 산다.

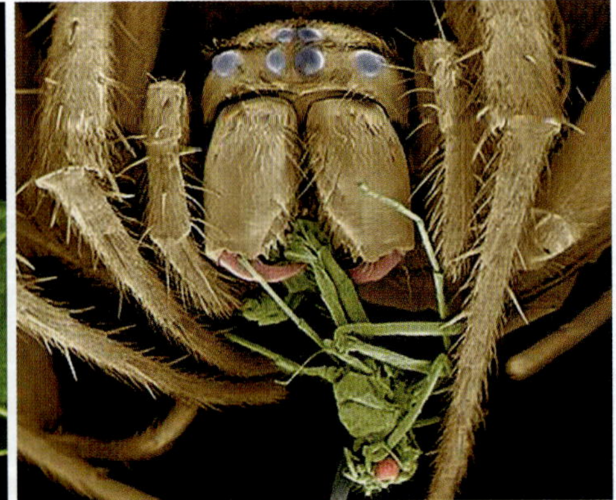

무당거미(육식동물)는 곤충을 먹고 산다.

그림 5.27 생명체는 (어떤 유형이든) 연료를 필요로 한다.

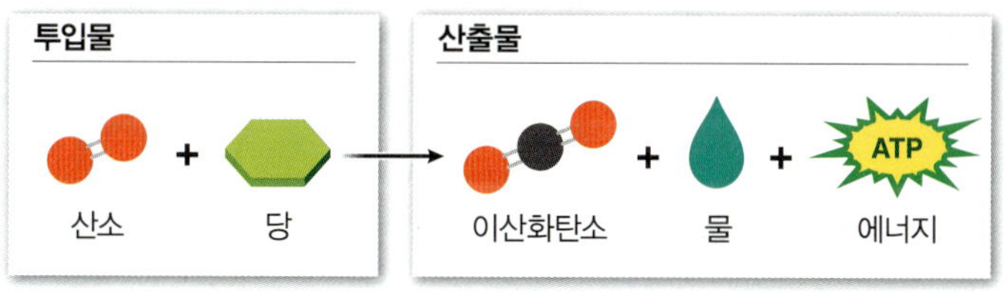

그림 5.28 **세포호흡: 큰 그림.**

이"로 간주할 수 있는 것)의 화학결합에서 에너지를 추출한다(**그림 5.28**). [세포호흡을 호흡(*respiration*)이라고 부르는 숨쉬기와 혼동하지 말 것.] 이 과정은 얼핏 광합성의 역과정처럼 보인다. 광합성에서는 햇빛에너지를 포획하여 포도당 등의 당 분자 생성에 사용한다. 세포호흡에서는 식물과 동물이 당과 그 밖의 에너지가 풍부한 먹이 분자(지방과 단백질 등)의 화학결합을 분해하여 이들 결합이 만들어질 때 저장된 에너지를 방출한다.

다른 동물과 마찬가지로 사람도 음식물을 먹고 소화한 뒤, 양분을 흡수하여 체세포로 보내 세포호흡을 시작한다. 이 시점에서 세포는 영양 분자의 결합에 저장된 에너지를 추출하기 시작한다. 이때 방출된 에너지를 ATP 분자의 결합에 저장한다. 궁극적으로 영양 분자가 완전하게 처리되면, 세포는 영양 분자의 에너지를 (산소와 함께) 사용하여 대량의 고-에너지-저장 ATP 분자(세포 활동에 에너지 공급), 물, 그리고 이산화탄소(대기로 방출)를 만들어낸다. 이 풍부하고 즉시 사용할 수 있는 저장에너지를 세포가 필요에 따라 활용한다.

핵심요약 5.12

» 생명체는 세포호흡 과정을 통해 에너지를 추출한다. 이 과정에서 당을 비롯하여 에너지가 풍부한 분자의 결합이 분해되고, 이들 결합이 만들어질 때 저장된 에너지가 방출된다. 이 과정에서 연료 분자와 산소가 소비되며, ATP 분자와 물, 그리고 이산화탄소가 만들어진다.

5.13 세포호흡 1단계: 해당과정은 보편적인 에너지 방출 경로이다

포도당 등의 탄수화물은 물론, 단백질과 지방(약간의 예비 변환과정을 거친) 등의 연료는 (1) 해당과정, (2) 구연산회로, 그리고 (3) 전자전달 사슬의 세 단계를 거치면서 분해되어 에너지를 내놓는다. **해당과정**은 당(*glyco-*)의 분해(*lysis*)를 의미하며, 모든 생명체가 먹이 분자를 분해하여 에너지를 얻는 첫 번째 단계이다. 단세포 생명체는 대개 이 단계 하나만으로도 필요로 하는 모든 에너지를 충분히 얻을 수 있다(**그림 5.29**).

해당과정은 세포질에서 일어나는 10가지 일련의 화학반응으로 이루어지며, 포도당을 분해하여 **피루브산염**(pyruvate) 2분자를 생성한다. 해당과정은 "오르막" 준비 과정과 "내리막" 회수 과정

고슴도치 용설란

일본 짧은꼬리원숭이

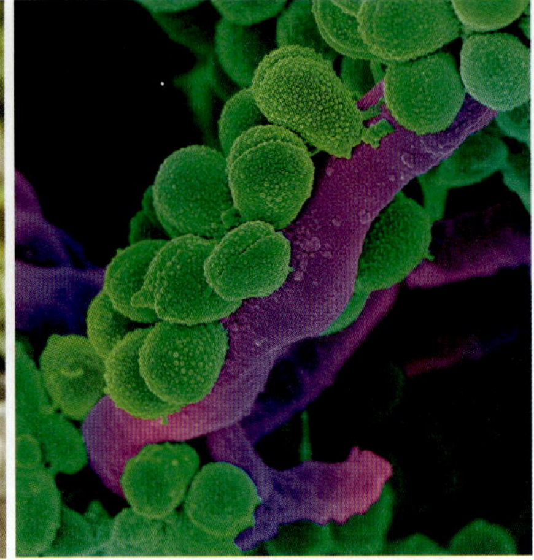
연쇄상구균

크든 작든 모든 생명체가 해당과정을 통해 에너지를 추출한다!

그림 5.29 식물과 동물, 세균을 포함한 모든 생명체가 해당과정으로 연료를 분해한다.

의 두 가지 단계로 나누어진다(**그림 5.30**).

돈을 벌기 위해서는 돈을 써야 하듯이, 포도당에서 어떠한 에너지든 추출하려면 먼저 그 분자에 일부 에너지를 더해 주어야 한다. 이 에너지 추가 과정은 해당과정의 "오르막" 단계에서 일어난다. (ATP에서 온) 추가 에너지로 인해 포도당 분자가 불안정해져서, 반응성이 높은 화학적 구조가 되어 분해되기에 적합하게 된다. 포도당이 화학적으로 분해될 수 있게 되면, "내리막" 회수 단계가 시작된다.

회수 단계에서는 당의 결합이 분해되고 다른 저-에너지 결합이 만들어지는데, 이때 방출된 에너지를 이용하여 재빨리 인산기를 ADP 분자에 결합시켜 에너지가 풍부한 ATP 분자를 생성한다. 해당과정의 또 다른 에너지-방출 단계에서는 포도당에서 유래된 전자가 NAD^+로 전달되어 고-에너지 전자운반자인 NADH를 형성한다. 이 에너지는 나중에 (미토콘드리아의 전자전달 사슬에서) ATP로 전환된다.

해당과정 결과, 포도당 분자가 피루브산염 2분자로 분해된다. 이 분해 과정에서 방출된 에너지 일부는 에너지가 풍부한 ATP와 고-에너지 전자운반자인 NADH를 생성하는 데 사용된다. 해당과정 중에 물도 2분자 만들어진다.

해당과정은 산소가 있건 없건 상관없이 이루어진다. 산소가 없는 경우와 많은 효모나 세균의 경우에는 해당과정이 연료를

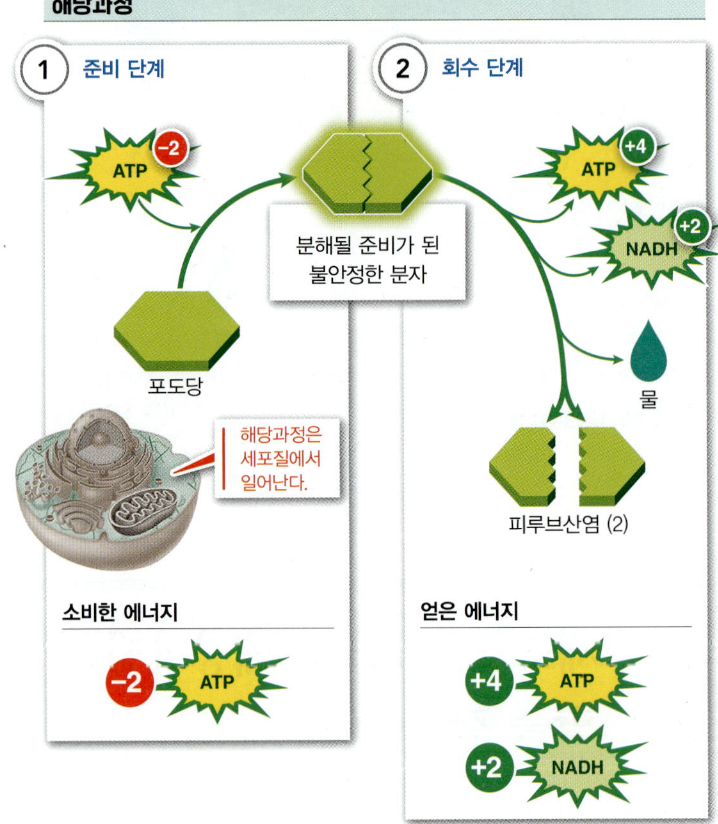

그림 5.30 에너지를 수확하는 두 가지 단계.

얻는 유일한 수단이다. 단세포 생물은 필요로 하는 에너지 양이 매우 적어서 해당과정의 산출량만으로도 기능을 수행할 수 있다.

그러나 산소가 존재할 때에는 해당과정이 마지막이 아니다. 수많은 생명체(사람도 포함)에서 해당과정은 더욱—그리고 훨씬 더 많이—에너지를 추출해내기 위한 도약판이다. 구연산회로와 전자전달 사슬에서 추가 에너지를 회수한다.

핵심요약 5.13

» 해당과정은 모든 생명체가 먹이 분자에서 에너지를 얻어내는 과정의 첫 단계이다. 해당과정은 세포질에서 일어나며, 먹이 분자의 화학결합을 분해할 때 방출되는 에너지를 이용하여 고-에너지 분자인 ATP와 NADH를 만들어낸다.

5.14 세포호흡 2단계: 구연산회로에서 당의 에너지를 추출한다

세포는 해당과정이 끝나면 에너지 추출을 멈출 수도 있지만, 그러면 그릇에 담긴 음식 대부분을 남기는 것과 같다. 해당과정에서는 당 분자에 저장된 에너지 가운데 아주 적은 양만을 회수하고 ATP와 NADH로 전환시킬 따름이다. 세포는 산소가 존재할 때, 해당과정 이후에 미토콘드리아에서 일어나는 몇 단계를 거쳐 훨씬 더 많은 에너지를 얻어낸다. 이것이 미토콘드리아를 ATP 공장이라고 하는 이유이다.

미토콘드리아에서는 해당과정 중에 당이 분해되어 생성된 분자가 더욱 분해된다. **크렙스회로**라고도 알려진 **구연산회로**는 ATP 분자를 추가로 생성하며, 더욱 중요한 것은 고-에너지 전자운반자를 생성하여 막대한 양의 화학에너지를 얻어낸다.

Q 유산소 운동을 하면 신체에서 더 많은 미토콘드리아를 만들어내게 된다, 이것이 유익한 이유는 무엇일까?

변형과 산출물 그러나 구연산회로를 시작하기 전에, 해당과정의 최종산물—사용된 포도당 1분자마다 생성된 피루브산염 2분자씩—이 변형되어야만 한다. 먼저 피루브산염이 세포질에서 미토콘드리아로 이동하고, 이곳에서 세 가지 변형을 거쳐 구연산회로에서 분해될 준비를 한다(**그림 5.31**).

변형 1. 피루브산염 분자가 1쌍의 고-에너지 전자(그리고 양성자 1개)를 전자-운반 분자인 NAD^+로 전달하면 2분자의 NADH가 만들어진다.

변형 2. 이어서, 탄소 원자 1개와 산소 원자 2개가 피루브산염 분자에서 제거되어 이산화탄소(CO_2)로서 배출된다.

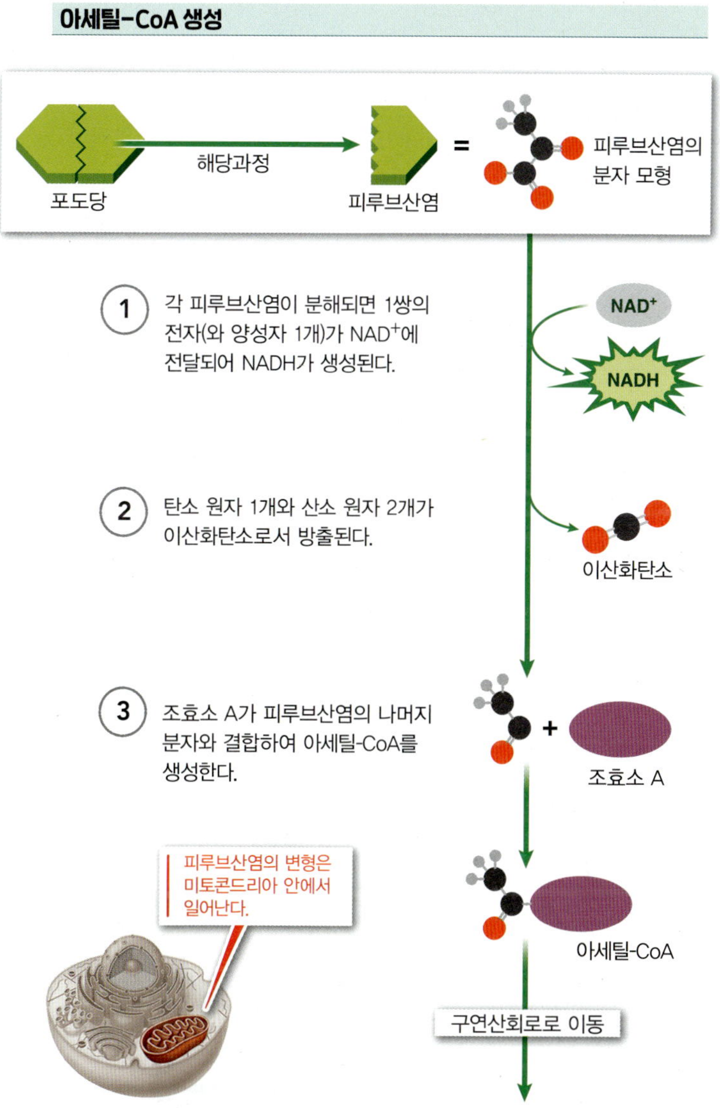

아세틸-CoA 생성

포도당 → 해당과정 → 피루브산염 = 피루브산염의 분자 모형

1. 각 피루브산염이 분해되면 1쌍의 전자(와 양성자 1개)가 NAD^+에 전달되어 NADH가 생성된다. (NAD^+ → NADH)
2. 탄소 원자 1개와 산소 원자 2개가 이산화탄소로서 방출된다. (이산화탄소)
3. 조효소 A가 피루브산염의 나머지 분자와 결합하여 아세틸-CoA를 생성한다. (+ 조효소 A → 아세틸-CoA)

피루브산염의 변형은 미토콘드리아 안에서 일어난다.

구연산회로로 이동

그림 5.31 피루브산염 준비 과정. 피루브산염은 먼저 변형되어야만 구연산회로에서 분해될 수 있다.

CO_2 분자는 세포 밖으로 확산되어 결국 몸 밖으로 나간다. 예를 들어, 사람의 경우 이 CO_2 분자는 혈류를 통해 폐로 전달되고 날숨으로 배출된다.

변형 3. 구연산회로를 준비하는 마지막 단계에서, 조효소 A(CoA)라는 큰 화합물이 피루브산염의 잔여물과 결합하여 아세틸-CoA 2분자를 만든다. 아세틸-CoA 분자는 이제 구연산회로로 들어갈 준비를 마쳤다.

구연산회로는 8단계로 나눌 수 있지만, 여기에서는 일반적인 세 가지 산출물만 강조하였다(**그림 5.32**).

산출물 1. 새로운 분자가 생성된다. 아세틸-CoA의 2-탄소 아세틸기가 구연산회로의 시작 물질인 옥살아세트산염이라고 부르는 4-탄소 분자에 추가되고, 6-탄소 분자(구연산염)가 생성된다.

산출물 2. 고-에너지 전자운반자(NADH)가 만들어지고 이산화탄소가 방출된다. 6-탄소 분자는 전자를 NAD^+에게 넘겨주어 고-에너지 전자운반자인 NADH를 만든다. (구연산회로의 주목적이 에너지 포획이라는 사실을 잊지 말자.) 6-탄소 분자에서 떨어져나온 탄소 원자 2개가 산소 원자 4개와 함께 이산화탄소 2분자를 형성한다. 포유류(사람 포함)의 경우, 이 CO_2는 혈류를 타고 폐로 이동한다.

산출물 3. 구연산회로의 시작 물질이 재형성되고, ATP가 생성되며, 많은 고-에너지 전자운반자가 생성된다. CO_2가 방출된 후, 나머지 4-탄소 분자가 변형되고 재배열되어 구연산회로의 시작 물질인 옥살아세트산염을 다시 만들어낸다. 이 재형성 과정에서 ATP 1분자가 생성되고, 많은 전자가 NAD^+와 FAD 분자로 전달되어 고-에너지 전자전달자인 NADH와 $FADH_2$가 형성된다. 옥살아세트산염 분자가 재형성되면 두 번째 아세틸-CoA 분자를 분해할 준비가 끝난다. 회로가 두 차례 회전해야 원래의 포도당 1분자가 완전히 분해된다.

탄소 따라가기 지금까지 구연산회로를 전체적으로 알아보았다. 이제부터는 원래 포도당 분자에 있던 탄소 6개의 경로를 추적해 보기로 하자. (어떤 의미로는, 대기에서 흡수하여 광합성에서 당 생성에 사용된 탄소 원자가 날숨을 통해 6분자의 이산화탄소로서 대기로 되돌아가는 것을 보게 될 것이다.)

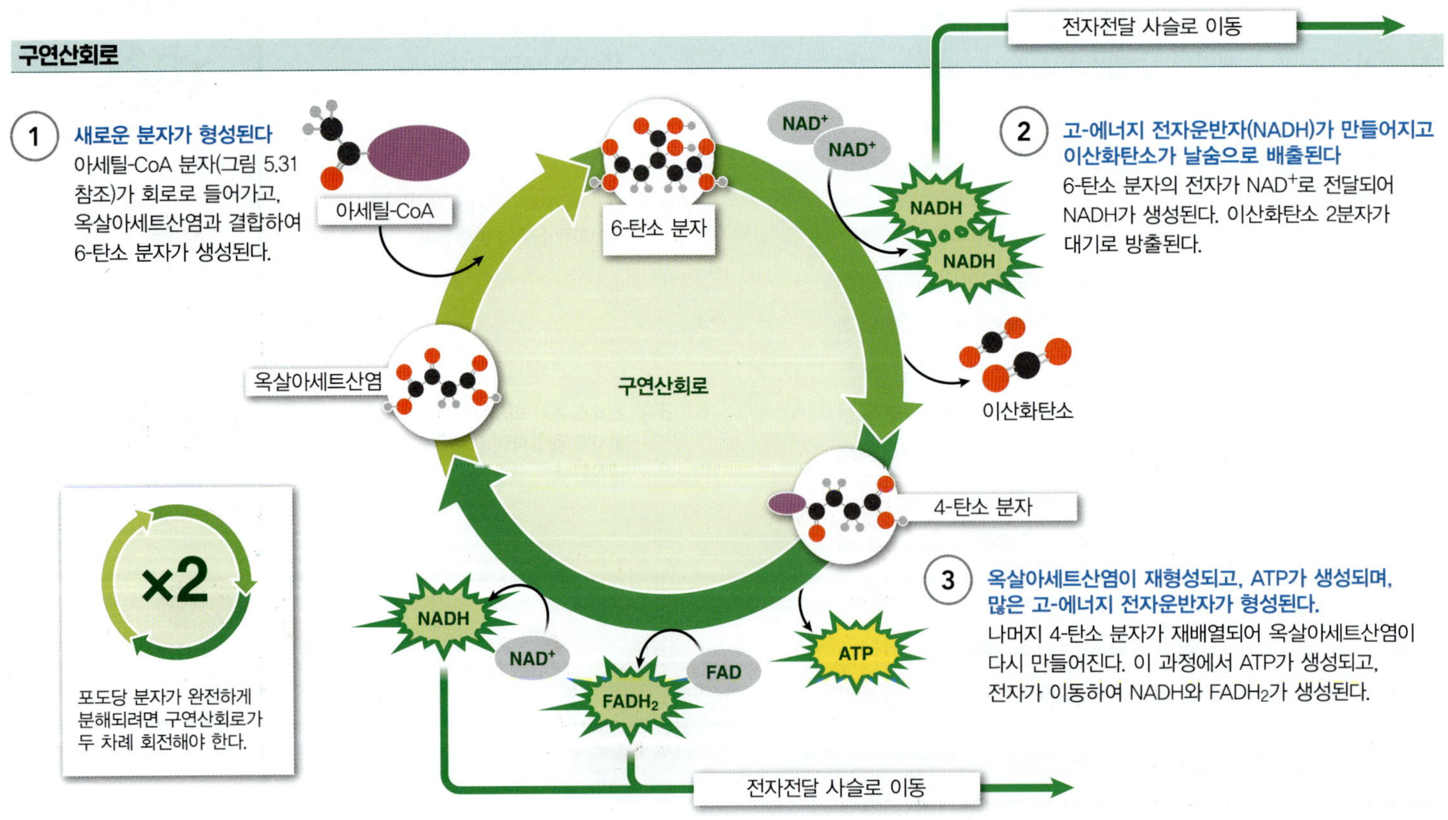

그림 5.32 **이산화탄소를 날숨으로 배출하면서 당에서 더 많은 에너지를 얻어낸다.**

1. 해당과정: 6-탄소로 시작. 포도당이 피루브산염 2분자로 분해된다. 제거되는 탄소는 없다.

2. 구연산회로 준비: 탄소 2개가 방출된다. 피루브산염 두 분자가 구연산회로로 들어가기 위해 변형되며, 분자마다 탄소를 1개씩 잃어 이산화탄소 2분자를 형성한다.

3. 구연산회로: 나머지 탄소 4개가 방출된다. 총 4개의 탄소 원자가 2분자의 아세틸-CoA 형태로 하나씩 구연산회로로 들어온다. 구연산회로가 한 번 회전할 때마다 이산화탄소 2분자가 방출된다. 두 번째 회전에서 마지막 탄소 2개가 대기로 방출되면 원래의 포도당 분자에 있던 6개의 탄소는 체내에 더 이상 존재하지 않게 된다.

이제 완전한 순환을 마쳤다. 광합성에서는 대기의 탄소 원자가 당 분자 생성에 사용되었다. 당은 탄소, 수소, 그리고 산소 원자 사이의 결합에 저장된 에너지를 가지고 있다. 세포호흡에서는 당의 결합에 저장된 에너지가 ATP와 NADH, 그리고 $FADH_2$로 전환된다. 당에서 떨어져나온 탄소 원자는 날숨을 통해 CO_2로서 대기로 되돌아가며, 물이 생성된다.

핵심요약 5.14

» 세포는 해당과정 이후에도 막대한 에너지를 추가로 얻어낼 수 있다. 먼저 피루브산염이 화학적으로 변형되고, 이어 변형된 피루브산염이 구연산회로에서 분해된다. 이때 결합이 끊어지면서 방출된 탄소가 CO_2로서 대기로 방출되고, 에너지 일부가 포도당 1분자마다 ATP 2분자와 많은 고-에너지 전자운반자에 저장된다.

5.15 세포호흡 3단계: 전자전달 사슬에서 ATP가 생성된다

어떻게 하면 포도당 분자로부터 유용한 에너지를 최대한 회수할 수 있을까? 궁극적으로 ATP 형태로서 유용한 에너지를 가장 많이 만들어내는 것은 해당과정과 구연산회로에서 생성된 고-에너지 전자운반자인 NADH와 $FADH_2$에 저장된 에너지이다. 실제로 포도당 분자에서 얻어내는 에너지의 거의 90%는 세포호흡의 마지막 단계에서 NADH와 $FADH_2$의 전자가 전자전달 사슬을 따라 이동할 때 회수된다. 구연산회로와 마찬가지로 이 과정도 미토콘드리아 안에서 일어난다.

광합성에서 본 것과 비슷한 방식으로, 미토콘드리아도 (전자에서 온) 운동에너지를 (양성자 농도기울기의) 위치에너지로 전환한다. 미토콘드리아의 두 가지 구조적인 특징이 분자로부터 에너지를 끌어내어 이용하는 능력에 필수적이다. 첫째, 미토콘드리아는 "주머니-속의-주머니" 구조(4장 참조)를 가지고 있다. 따라서 미토콘드리아 내부에 있는 물질은 (1) 안쪽 주머니의 외부에 해당하는 **막사이공간**(*intermembrane space*), 또는 (2) 안쪽 주머니의 내부인 **미토콘드리아 기질**의 두 가지 공간 중 하나에 있을 수 있다. 미토콘드리아는 막에 의해 두 구획으로 나뉘어 있으므로 구획 별로 분자 농도를 다르게 하여 농도기울기를 만들어낼 수 있다(**그림 5.33**). 둘째, 미토콘드리아의 내부 주머니에는 많은 분자가 점점이 박혀 있다. 대개 전자운반자인 이들은 연속적으로 배열되어 사슬을 이룬다. 이 배열로

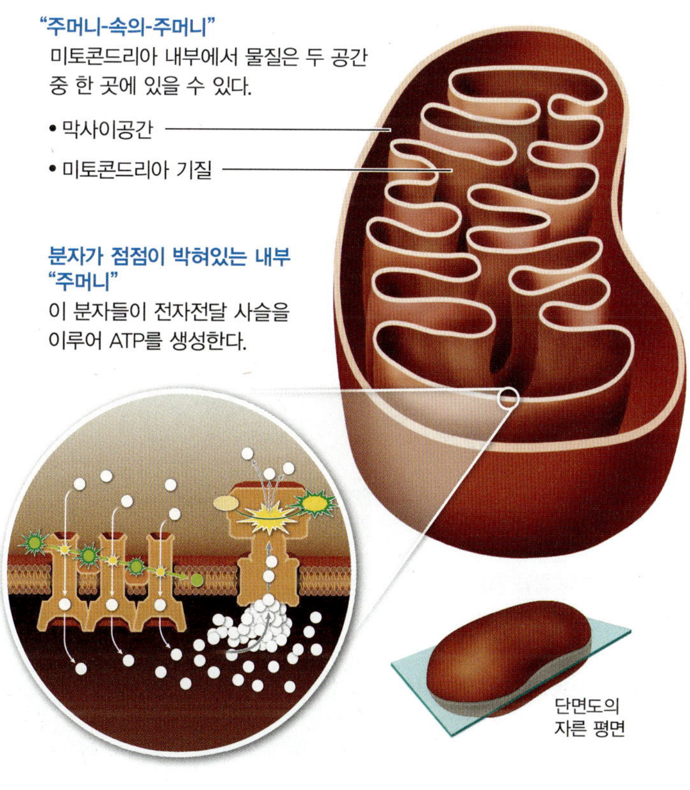

그림 5.33 "주머니-속의-주머니." 미토콘드리아의 이러한 구조로 인해 먹이 분자에서 에너지를 회수하는 인상적인 능력이 가능해진다.

인해 전자를 차례로 넘겨주면서 전자의 에너지를 효율적으로 회수할 수 있다.

Q NADH 알약은 만성피로증후군 환자에게 에너지를 공급해준다. 어떻게 이런 일이 가능할까?

전자전달 사슬의 1단계는 미토콘드리아 기질(안쪽 주머니 내부)에 있는 NADH와 $FADH_2$가 미토콘드리아 내막으로 이동하면서 시작된다(**그림 5.34**). 이곳에서 이들이 운반해 온 고-에너지 전자가 막에 묻혀 있는 분자로 이동한다. 전자를 넘겨주고 남은 분자—NAD^+와 FAD—는 구연산회로로 돌아가 재활용된다.

막에 묻혀 있는 일련의 분자에 의해 전자가 다음 운반자에게로, 잇달아 다음 운반자에게로, 계속 전달된다. 전자가 전달될 때마다 에너지가 방출된다. 따라서 전자는 한 운반자에서 다른 운반자로 이동하면서 에너지를 잃는다.

전자전달 사슬의 마지막(그림 5.34의 단계 3)에 이르면 저-에너지 전자가 산소에게 전달되고, 미토콘드리아 기질에 있는 자유 H^+ 이온과 결합하여 물이 형성된다.

그림 5.34의 단계 2에서 볼 수 있는 것처럼, 전자전달 사슬의 전자운반자 사이에서 전자가 전달될 때마다 방출된 에너지 대부분은 양성자 펌프가 양성자(H^+ 이온)를 미토콘드리아 기질에서 막을 통과하여 막사이공간으로 보내는 일에 사용된다. 막사이공간에 점점 더 많은 양성자가 축적됨에 따라 농도기울기가 형성된다. 이 농도기울기가 위치에너지의 중요한 원천이다.

아마 이렇게 설명하면 익숙하게 여겨질 것이다. 엽록체에서도 광합성 중에 많은 양성자가 틸라코이드 주머니의 바깥인 스트로마로부터 틸라코이드 안으로 펌프되어 들어간다. 이 위치에너지를 높은 탑 위에 저장되어 있어서 장차 큰 힘으로 뿜어져 나올 수 있는 물의 위치에너지와 비유한 바 있다. 이와 유사하게, 미토콘드리아 전자전달 사슬의 단계 4에서도 막사이공간으로 펌프된 양성자가 미토콘드리아 내막에 있는 통로를 통해 미토콘드리아 기질로 밀려나온다. 이때 양성자가 통과하면서 흐르는 힘을 연료로 삼아 자유로이 떠다니는 인산기를 ADP에 결합하여 ATP를 생성한다.

최종적으로, 포도당 1분자가 완전히 분해되면 약 32분자의 ATP가 생성된다. 대략 계산하면 다음과 같다. 해당과정에서 2ATP와 2NADH, 피루브산염이 산화되어 아세틸-CoA로 될 때 2NADH, 그리고 구연산회로에서 2ATP와 6NADH, 그리고 $2FADH_2$가 생성된다. 전자전달 사슬에서는 이들 10NADH로 약 25 ATP를, 그리고 $2FADH_2$로 약 3 ATP를 만들어내므로, 총 32 ATP가 만들어진다(**그림 5.35**). (정확하게 산정할 수 없는 것은 세포가 여러

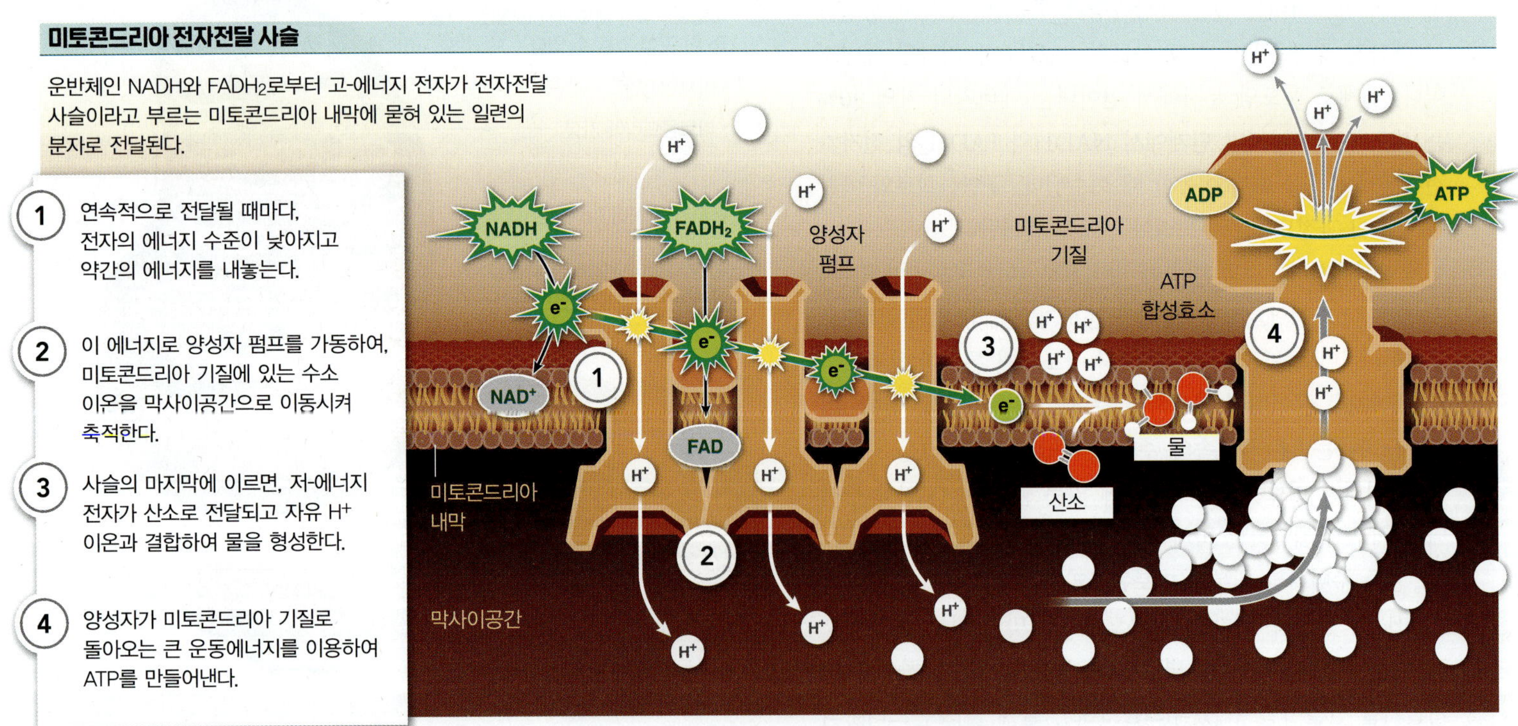

그림 5.34 대량의 에너지 회수. 세포호흡 동안에 회수하는 에너지 대부분은 미토콘드리아의 전자전달 사슬에서 얻어진다.

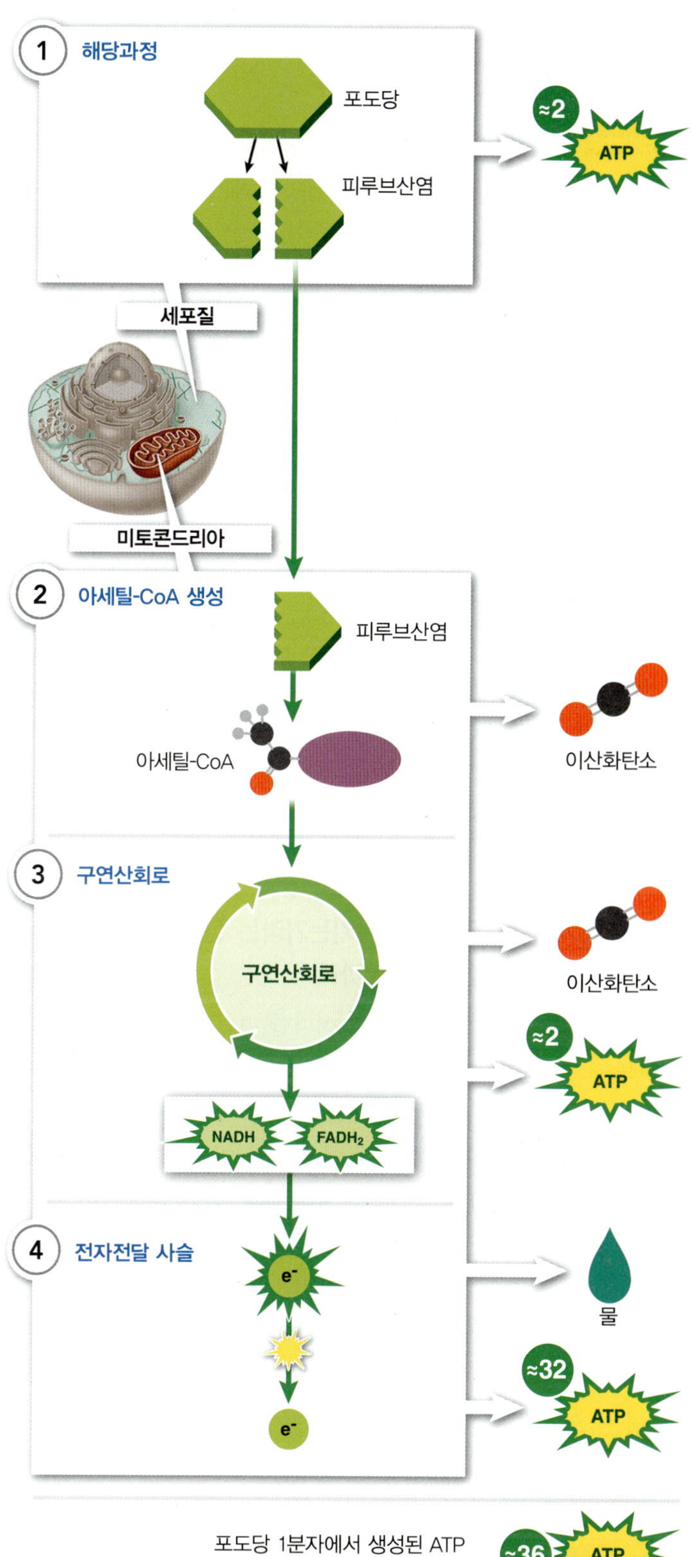

그림 5.35 포도당에서 유용한 에너지로.

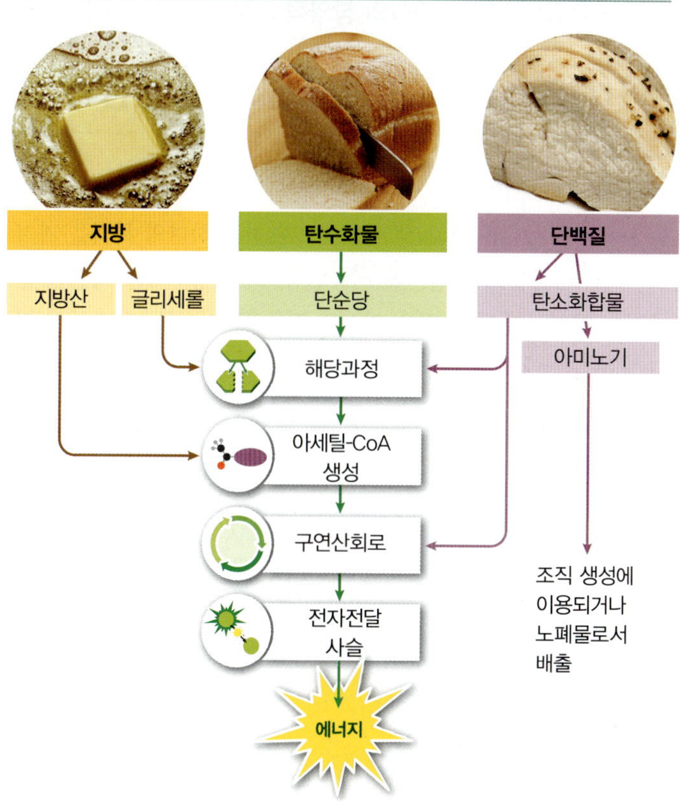

그림 5.36 동물은 지방, 탄수화물, 그리고 단백질에서 에너지를 회수할 수 있다.

가지 이유로 NADH와 $FADH_2$를 오직 ATP 생성에만 이용하지 않기 때문이다.)

Q 저-탄수화물 다이어트에 집착하는 사람은, 무엇에서 신체 활동의 연료를 얻을 수 있을까?

지금까지는 포도당의 분해에 대해서만 살펴보았지만, 사람(과 모든 동물)은 다양한 식품에서 에너지를 얻을 수 있다. 식품에 탄수화물, 지질, 단백질 등이 어떤 비율로 포함되어 있든, 이들 영양분은 몇 가지 예비 단계를 거쳐 화학적으로 변형된 후 해당과정이나 구연산회로의 중간 단계로 공급되어 유용한 에너지 생산에 사용될 수 있다(그림 5.36).

핵심요약 5.15

» 해당과정과 구연산회로에서 생성된 NADH와 $FADH_2$의 전자가 전자전달 사슬을 따라 이동할 때, 세포호흡 중에서 가장 많은 에너지가 회수된다. 전자가 운반자 사이에서 차례로 이동할 때 에너지가 방출되고, 양성자가 막사이 공간으로 펌프된다. 양성자가 미토콘드리아 기질로 되돌아올 때 흐르는 힘을 연료로 삼아 대량의 ATP를 만들어낸다.

5.16 NADH 알약으로 시차증후군을 극복할 수 있을까?

흔히 과학적 사고방식은 생명체에 대해 그리고 이들이 어떻게 기능을 나타내는지에 대해 잘 이해하고자 하는 하나의 목적을 가지고 자연 세계에 대한 질문에 적용된다. 어떤 경우에는 특별한 문제점을 해결하기 위해 얻은 지식을 적용하고자 하는 의지를 가지고 연구를 계획하고 수행하기도 한다. 시차증후군(jet lag)을 극복하고자 하는 경우에 대해 살펴보기로 하자.

시차증후군은 무엇이며, 과학적으로 흥미를 끄는 이유는 무엇인가?

시차증후군은 몇 시간의 시차가 있는 먼 거리를 이동한 후, 도착지에서 낮과 밤의 실제 시각과 여행자의 생체시계가 어긋난 결과로 나타난다. 시차증후군은 피로, 소화불량과 복통, 건망증, 인지장애 등 많은 증상을 수반한다. 항공기 조종사와 승무원 등 많은 사람이 이 증후군에 시달린다.

시차증후군과 세포호흡이 어떻게 연관될 수 있는가?

연구진은 세포호흡을 조정하면—세포가 ATP를 만들어내는 속도를 높인다면—시차증후군에서 비롯된 피로감을 감소시킬 수 있을 것이라고 생각하였다. 특히 고-에너지 전자운반자인 NADH에 초점을 맞추었다. 앞 절에서 살펴본 바와 같이, 세포호흡 동안에 고-에너지 전자운반자인 NADH와 $FADH_2$의 에너지가 회수된다.

NADH가 시차증후군 증상을 줄일 수 있는 이유는 무엇인가?

단순히 알약 형태로 섭취하기만 해도 체내의 NADH 수준을 높일 수 있고, 따라서 전자전달 사슬을 통한 유용한 에너지 생성도 늘릴 수 있을 것이다. 이 가설을 바탕으로 검증 가능한 예측을 만들 수 있다. "NADH를 공급하면 인지능력 감소와 피로감 등의 일부 시차증후군 증상이 줄어들 것이다."

실험 설계 연구진은 무작위루 통제된 이중-눈가림 실험설계를 사용하였다. 실험에 참여한 사람은 35~55세의 자원자 36명이고, 최소 14년의 정규교육을 받았으며, 정상적인 수면 패턴을 보였다. 실험기간 동안 카페인, 알코올을 비롯한 신경계에 영향을 줄 수 있는 약물은 전혀 섭취하지 않았다.

자원자를 무작위로 위약군과 NADH군의 두 무리로 나누고, 이들의 기본 수행능력을 알기 위해 기억력과 집중력, 다중작업 능력 등에 관한 일련의 테스트를 하였다. 이후 밤새 비행하여 3시간의 시차가 있는 지역으로 이동하였다. 아침 6시에 도착한 후 아침식사를 하고, NADH 알약 또는 위약을 투여하였다. 아침 9시 30분과 낮 12시 30분, 두 차례에 걸쳐 동일한 테스트를 다시 하였다.

NADH가 시차증후군 증상을 감소시켰는가?

전체적으로 보아, NADH를 투여받은 참가자는 위약을 투여받은 사람에 비해 졸음을 덜 느끼고, 인지능력에서도 상당히 좋은 결과를 보였다.

이 결과에서 어떤 결론을 내릴 수 있는가?

이 연구의 결과는 명확하였다. 위약을 투여한 시차증후군 참여자가 인지능력과 관련된 실수를 더 많이 저지른다. 연구진이 증거에 기반을 두고 내린 결론은 다음과 같다. "NADH는 시차에 따른 인지능력과 졸음에 대한 단기 대응수단으로서 적절해 보인다."

생각하기, 짝과 나누기

수업 수강생 중 한 명과 짝을 형성하시오. 다음의 질문을 읽고 답에 대하여 60초 동안 조용히 생각하시오. 이후 5분 동안 토론을 하고 자신의 답을 공유할 수 있게 준비하시오.

- 인지능력과 졸음에 대한 NADH의 효과 지속기간은 얼마나 될까? 이것이 이 연구에 대한 당신의 평가에 얼마나 영향을 줄 것인가?
- 이러한 내용을 반복하여 확인하는 일이 어떻게 하여 이 결론에 대해 일반화할 수 있도록 확신을 높일 수 있을까? 그 이유는 무엇인가?

NADH가 시차증후군을 완화시키는가라는 질문에 답하려면 어느 정도의 확신이 있어야만 할까?

연구진에게 영향을 줄 수 있는 그 어떠한 편견—무의식적 편견일지라도—에도 경각심을 가지는 것이 신중한 태도이다. 예를 들어, 이 연구에서 연구진은 "Menuco사에서 연구지원을 받았음."이라고 표시하였다. 검색을 통해 이 회사가 연구 저자 중 한 명이 설립하였으며, NADH 보충제를 판매하는 영리회사였음이 드러났다. 이 회사와 연구 저자가 이 연구에서 사용된 NADH 보충제의 제조에 관련된 특허를 가지고 있었다.

그러니 이러한 사실에 의해 이 결과의 정당성이 부정되는 것은 아니다. 이 연구는 주의깊게 통제되고 잘 설계되었다. 가장 중요한 점은, 연구진이 기술한 실험 방법이 다른 연구자가 반복해 수행할 수 있을 만큼 상세하였다는 것이다.

핵심요약 5.16

» 특정 문제를 해결하기 위한 실질적인 적용방법과 생산물을 개발하고 그 효율성을 평가하는 데 있어서 과학적 사고방식은 효과적인 방법이다. 이 경우에, 연구자에게 영향을 줄 수 있는 잠재적인 편견에 대해서는 그 어떠한 것이라도 경각심을 가지는 것이 특히 중요하다.

▲효모는 산소가 없는 조건에서 에너지를 얻어내면서 알코올을 만들어낸다.

5.17 맥주, 포도주, 그리고 주정은 산소 없이 일어나는 세포 대사과정의 부산물이다

모든 맥주공장과 포도주산업, 그리고 위스키, 보드카, 데킬라 등의 알코올성 음료를 생산하는 증류 공장은 스트레스 조건에서 먹이를 분해하여 에너지를 얻는 미세한 효모 세포 덕분에 존재한다. 효모의 대사과정에서 알코올이 어떻게 생산되는지에 대해 이해하려면, 먼저 사람을 비롯한 동물이 어떤 스트레스 조건에서 당 분자를 대사하여 에너지를 얻어내려 할 때 일어나는 일에 대해 살펴보는 것이 좋을 것이다(**그림 5.37**).

빠르고 격렬한 운동을 하면, 곧 폐에서 혈류를 거쳐 세포로, 마침내 미토콘드리아로 전달되는 산소 공급이 부족하게 된다. 그러면 산소결핍으로 인해 미토콘드리아가 연료를 분해하여 ATP를 생성하는 속도가 제한된다(**그림 5.38**). 이렇게 ATP 생성이 느려지는 이유는 전자전달 사슬이 해당과정과 구연산회로에서 만들어진 모든 전자의 최종수용체로서 산소가 필요하기 때문이다. 만일 산소 공급이 부족해지면 NADH(와 $FADH_2$)에서 나온 전자가 갈 곳이 없어진다. 따라서 전체 세포호흡 과정이 멈추게 된다. 그렇지만 생명체는 이런 상태가 오랫동안 지속되도록 내버려 두지 않으며, 대개 당을 분해하는 대체수단을 가지고 있다.

동물은 산소가 없을 때 NADH의 전자를 받아들이는 수용체로서 해당과정의 최종산물인 피루브산염을 이용할 수 있다. 피루브산염은 전자를 받아들여 젖산염으로 된다(그림 5.38 참조). NADH가 전자를 잃으면 NAD^+가 재생성되고, 이것을 이용해 해당과정을 계속 수행할 수 있다. 하지만 젖산염이 축적됨에 따라 근육통을 느끼게 된다. 운동한 다음날 겪는 근육통은 젖산염 때문에 나타나는

그림 5.37 산소 없이 에너지 생성. 생명체는 산소가 없을 때 당을 분해하는 대체수단이 있다.

Q 격렬하게 운동한 이튿날 근육 통증이 나타나는 이유는 무엇일까?

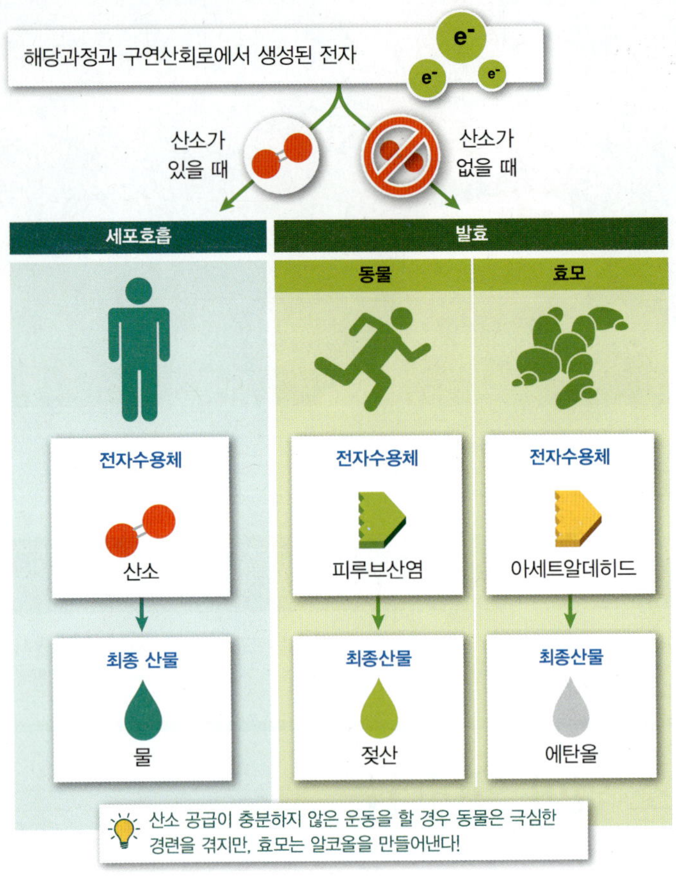

그림 5.38 산소가 있을 때와 없을 때의 에너지 생성.

것이 아니다. 젖산염은 몇 분에서 몇 시간 사이에 사라진다. 실제로는 근섬유가 손상되었기 때문이며, 이를 통해 근육이 점차 강해진다. 포식자를 피하려 할 때나 격렬하게 활동하는 경우에는, 해당과정을 통해 포도당 1분자마다 겨우 2분자씩 만들어낸 ATP 양은—즉각적인 에너지원으로 이용할 수 있기 때문에—이상적이지는 않지만, 아예 없는 것보다는 낫다.

사람과 마찬가지로 효모도 대개 먹이를 분해할 때 산소를 이용한다. 또한, 효모도 산소를 사용할 수 없을 때에는 대체 수단을 사용한다. 그러나 효모의 경우 다른 전자수용체를 이용하며, 그 결과로 모든 음용 알코올을 생산해낸다.

이 단세포생물에서는 해당과정 이후에 피루브산염이 대개 아세트알데히드 분자로 전환되고 CO_2 기포가 방출된다(빵을 구울 때 효모를 사용하면 빵이 부풀어 오르는 이유). 산소가 없을 때, 아세트알데히드 분자가 NADH에서 온 전자를 받아들여 해당과정이 지속되도록 한다. NADH의 전자를 수용한 아세트알데히드는 **에탄올**이 된다. 에탄올은 맥주나 포도주, 주정의 자극적인 맛을 부여한다.

발효는 산소가 없는 상태에서 세포가 에너지를 얻어내는 과정이다(그림 5.38 참조). 발효는 해당과정에 이어서 일어나는데, 대체 분자를 전자수용체로 이용한다. 흥미롭게도 발효과정에서 만들어지는 알코올은 언제나 에탄올이지만, 효모가 대사에 이용한 당의 종류에 따라 발효 산물의 향이 달라진다. 과일, 야채, 그리고 곡물이 서로 다른 결과를 나타낸다. 포도의 당을 사용하면 포도주가, 발아한 보리의 당을 사용하면 맥주가 생성된다. 한편, 감자의 당은 전형적으로 보드카 생성에 사용된다. 비-알코올성 생성물—요구르트와 간장 등—도 역시 발효에 의해 만들어진다.

효모는 효율이 높은 유산소 호흡과정을 선호하므로, 산소가 없을 때에만 알코올을 생성한다. 따라서 포도주, 맥주, 그리고 주정 생산에 사용되는 발효조는 무산소 상태를 유지하도록 설계하여, 대체경로인 발효과정만 이용할 수밖에 없도록 한다(**그림 5.39**).

핵심요약 5.17

» 산소를 이용할 수 없을 때 효모 세포는 발효에 의지한다. 발효과정에서는 다른 종류의 전자수용체인 아세트알데히드를 이용하며, 이 과정에서 맥주, 포도주, 그리고 주정의 알코올 성분인 에탄올이 만들어진다.

그림 5.39 스트레스 조건의 대사과정에서 만들어진 부산물일 따름. 맥주, 포도주, 그리고 주정은 산소가 없는 조건에서 일어나는 세포 대사과정의 부산물이다.

날숨으로 배출된 이산화탄소로 인해 당신의 뇌가 무뎌질 수 있을까?

사람은 "기체를 배출한다." 사람의 호흡—분자를 분해하여 그 결합에 저장된 에너지를 얻어내 일에 사용하는 과정—에서 이산화탄소가 배출된다. 이 기체는 우리 신체에서는 거의 쓸모가 없다.

Q: 대기에는 CO_2가 얼마나 있을까? 대기의 이산화탄소 농도는 약 400 ppm(100만 분의 1) 정도이다.

Q: 한 방에 많은 사람이 모여 있으면 CO_2농도가 높아질까? 실내에서는, 특히 환기가 잘 되지 않으면, 이산화탄소 농도가 매우 높아질 수 있다. 예를 들어, 작은 방에서는 단 한 명의 호흡만으로도 1시간 만에 이산화탄소 농도가 500 ppm에서 1,000 ppm으로 높아질 수 있다! 환기 지침에 따르면 실내의 CO_2 농도를 약 1,050 ppm 이하로 유지해야 한다.

붐비는 방에서는 상황이 더욱 나빠질 수 있다. 캘리포니아에서 162개의 강의실에 대해 연구한 결과, CO_2 농도 최고값의 평균이 1,800 ppm 이상으로 나타났다. 많은 사람이 모인 회의실의 경우, 때로는 3,000~6,000 ppm을 기록했다.

Q: CO_2 농도가 높아지면 어떤 결과가 나타날까? 의학 연구자들은 높은 수준의 이산화탄소를 호흡하면 뇌혈관이 확장되고 신경 활성이 감소한다는 사실을 밝혀냈다. 그러나 이 연구는 일상적인 강의실 상황보다 훨씬 높은 수준을 상정한 것이다.

Q: 걱정해야 할까? 최근에 연구자들은 실제로 겪을 수 있는 수준에서 CO_2의 영향을 조사하기 시작했다. 실험 참가자를 600~2,500 ppm의 CO_2 수준에 노출시킨 뒤, 집중력 활동 능력, 정보 활용 능력, 결단력 등 의사결정 테스트 성과를 측정하였다. 몇 가지 결과는 극적이었다. CO_2 수준이 1,000 ppm인 경우 의사결정 능력이 11~23% 감소하였고, 2,500 ppm인 경우에는 44~94% 감소하였다. 다른 연구진도 비슷한 결과를 발표하였다.

Q: 어떻게 해야 할까? 이산화탄소 수준과 뇌 기능에 관한 연구는 아직 초기 단계에 있다. 그러나 일부 사람에게서 인지수행 능력이 뚜렷하게 감소한 사실로 보아 주의해야 할 것이다. 중간 휴식시간을 통해 신선한 공기를 마시는 것이 좋으며, 오랜 시간 머무는 장소에서는 적절한 환기를 잊지 말아야 한다.

Q: 그 밖에 할 수 있는 일은 무엇일까?

연습 데이터의 시각적 표현을 비판적으로 살펴보기

도표로 배우기

1. 이 두 그래프에서 각각의 축이 의미하는 것은 무엇인가?
2. 제시된 변수는 무엇인가? 이들 변수는 어떻게 측정하였는가?
3. 이 그래프에 제시된 자료의 출처에 대해 알고 있는가? 출처 표시가 중요한가? 이유는?
4. 그래프를 2개 제시한 이유는 무엇인가? 두 그래프 사이의 차이는 무엇인가?
5. 이 그림에서 얻을 수 있는 결론은 무엇인가?
6. 이 그림이 더욱 유용하게 되려면 어떤 정보를 추가해야 될까? 이유는?
7. 이 자료는 실험적 결과를 바탕으로 제시된 것인가? 대조군과 실험군이 있는가?

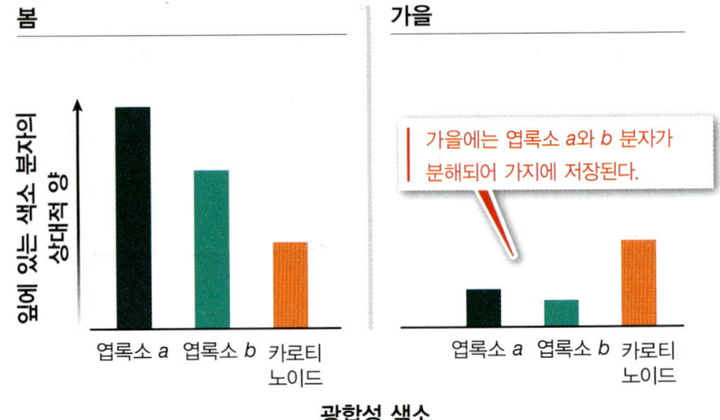

답은 부록에 있습니다.

주요 용어: 에너지

광계 photosystem, 122쪽
광자 photon, 123쪽
광합성 photosynthesis, 115쪽
구연산회로 citric acid cycle, 137쪽
기공 stomata(*sing*. stoma), 131쪽
루비스코 rubisco, 129쪽
미토콘드리아 기질 mitochondrial matrix, 139쪽
발효 fermentation, 144쪽
빛에너지 light energy, 123쪽
색소 pigment, 123쪽
생물연료 biofuel, 114쪽
세포호흡 cellular respiration, 115쪽
스트로마 stroma, 122쪽
아데노신3인산(ATP) adenosine triphosphate(ATP), 118쪽
에너지 energy, 115쪽
에탄올 ethanol, 144쪽
열역학 thermodynamics, 118쪽
열역학 제1법칙 first law of thermodynamics, 118쪽
열역학 제2법칙 second law of thermodynamics, 118쪽
엽록소 a chlorophyll a, 123쪽
엽록소 b chlorophyll b, 124쪽
엽록소 chlorophyll, 123쪽
엽록체 chloroplast, 122쪽
운동에너지 kinetic energy, 115쪽
위치에너지 potential energy, 115쪽
전자기 스펙트럼 electromagnetic spectrum, 123쪽
전자전달 사슬 electron transport chain, 126쪽
카로티노이드 carotenoid, 124쪽
캘빈회로 Calvin cycle, 129쪽
크렙스회로 Krebs cycle, 137쪽
틸라코이드 thylakoid, 122쪽
피루브산염 pyruvate, 136쪽
해당과정 glycolysis, 135쪽
화석연료 fossil fuel, 114쪽
화학에너지 chemical energy, 116쪽
1차 전자수용체 primary electron acceptor, 126쪽
C4 광합성 C4 photosynthesis, 131쪽
CAM(다육식물유기산대사) CAM (crassulacean acid metabolism), 133쪽
NADPH, 128쪽

요약

에너지는 태양에서 지구의 모든 생명체로 흐른다.

- 태양에서 온 에너지는 분자의 화학결합에 저장된다. 이들 결합이 분해되면, 그 결합이 식품 분자나 화석연료, 또는 감자튀김을 요리할 때 사용되는 기름과 같은 생물연료 등 어느 것에 있든 에너지를 방출한다.
- 에너지는 일을 하는 능력이며, 두 가지 유형이 있다. 운동에너지는 움직이는 물체의 에너지이며, 화학에너지 등의 위치에너지는 물체의 위치, 배치, 또는 조성에서 비롯된 저장된 에너지이다.
- 에너지는 생성되거나 파괴되지 않지만, 그 유형은 바뀔 수 있다. 모든 에너지 전환은 비효율적이어서, 유용한 에너지의 일부가 유용성이 낮은 에너지 유형인 열로 전환된다.
- 세포는 ATP 분자의 결합에 에너지를 저장한다. 이 위치에너지는 운동에너지로 전환되어 생명을 유지하는 화학반응에 연료로 사용될 수 있다. 한편, 유입된 운동에너지는 에너지는 풍부하지만 불안정한 결합을 가진 ATP 분자의 위치에너지로 전환된다.

광합성은 빛에너지를 이용하여 식량을 생산한다.

- 식물은 광합성 과정에서 물, 햇빛, 그리고

이산화탄소 기체를 사용하여 당과 여러 유기물질을 만들어낸다. 이 과정에서 산소도 만들어지며, 이로 인해 모든 동물의 삶이 가능하게 되었다.

- 식물의 광합성은 엽록체에서 일어난다. 엽록체는 식물체의 표면, 특히 잎의 표면 가까운 곳에 있는 세포에 밀집되어 있는 녹색 소기관이다.
- 광합성은 광자라고 부르는 에너지 묶음으로 이루어진 운동에너지의 한 유형인 빛에너지를 동력원으로 삼는다. 광자가 식물세포의 엽록소를 비롯한 빛-흡수 분자와 충돌한다. 이들 색소 분자가 광자의 빛에너지 일부를 포획하고, 이를 동력원으로 사용하여 이산화탄소와 물로부터 당을 생성한다.
- 광자가 엽록소에 충돌하면 빛에너지가 엽록소 분자의 전자를 흥분시키고 엽록소의 위치에너지가 증가된다. 흥분된 전자는 다른 분자로 전달되며 세포에서 위치에너지를 이동시킬 수 있다.
- 광합성의 "광" 과정에서, 빛에너지가 화학에너지로 전환되며 물 분자가 분해되고 산소가 생성된다. 먼저 햇빛의 에너지가 포획되어 엽록소의 전자를 흥분시킨다. 이 전자가 분자 사이에서 잇달아 넘겨질 때마다 에너지가 방출되며, 이 중 일부는 에너지-저장 분자인 ATP와 NADPH를 만드는 데 사용된다.
- 광합성의 "합성" 과정인 캘빈회로에서 대기의 CO_2에서 온 탄소가 엽록체의 스트로마에 있는 분자에 고정되고, 당이 생성되며, 캘빈회로에서 다시 사용될 분자가 재생성된다. 고정, 생성, 그리고 재생성 과정에서("광" 과정에서 생성한) ATP와 NADPH의 에너지를 소비한다.
- C4와 CAM 광합성은 생화학적 수준에서 이루어진 진화적 적응이다. C3 광합성과 비교해 에너지를 많이 소모하기는 하지만, 덥고 건조한 기후 조건에서 식물이 광합성을 멈추지 않고도 기공을 일부 또는 완전히 닫아 물을 보전한다.

생명체는 세포호흡을 통해 에너지를 추출한다.

- 생명체는 세포호흡 과정을 통해 에너지를 추출한다. 이 과정에서 당을 비롯한 에너지가 풍부한 분자의 결합이 분해되고, 이들 결합이 만들어질 때 저장된 에너지가 방출된다. 이 과정에서 연료 분자와 산소가 소비되며, ATP 분자와 물, 그리고 이산화탄소가 만들어진다.
- 세포는 해당과정 이후에도 막대한 에너지를 추가로 얻어낼 수 있다. 먼저 피루브산염이 화학적으로 변형되고, 이어서 변형된 피루브산염이 구연산회로에서 분해된다. 이때 결합이 끊어지면서 방출된 탄소가 CO_2로서 대기로 방출되고, 에너지 일부가 포도당 1분자마다 ATP 2분자와 많은 고-에너지 전자운반자에 저장된다.
- 해당과정과 구연산회로에서 생성된 NADH와 $FADH_2$의 전자가 전자전달 사슬을 따라 이동할 때, 세포호흡 중에서 가장 많은 에너지가 회수된다. 전자가 운반자 사이에서 차례로 이동할 때 에너지가 방출되고, 양성자가 막사이공간으로 펌프된다. 양성자가 미토콘드리아 기질로 되돌아올 때 흐르는 힘을 연료로 삼아 대량의 ATP를 만들어낸다.
- 해당과정과 구연산회로에서 생성된 NADH와 $FADH_2$의 전자가 전자전달 사슬을 따라 이동할 때, 세포호흡 중에서 가장 많은 에너지가 회수된다. 전자가 운반자 사이에서 차례로 이동할 때 에너지가 방출되고, 양성자가 막사이공간으로 펌프된다. 양성자가 미토콘드리아 기질로 되돌아올 때 흐르는 힘을 연료로 삼아 대량의 ATP를 만들어낸다.
- 특정 문제를 해결하기 위한 실질적인 적용 방법과 생산물을 개발하고 그 효율성을 평가하는 데 있어서 과학적 사고방식은 효과적인 방법이다. 이 경우에, 연구자에게 영향을 줄 수 있는 잠재적인 편견에 대해서는 그 어떠한 것이라도 경각심을 가지는 것이 특히 중요하다.

에너지를 얻어내는 대체경로가 있다.

- 산소를 이용할 수 없을 때 효모 세포는 발효에 의지한다. 발효과정에서는 다른 종류의 전자수용체인 아세트알데히드를 이용하며, 이 과정에서 맥주, 포도주, 그리고 주정의 알코올 성분인 에탄올이 만들어진다.

복습하기

짧게 답하기

1. 화석연료를 재생 불가능한 자원으로 간주하는 이유는 무엇인가?
2. 가파른 경사면의 꼭대기에 놓인 공을 구르도록 하였을 때, 어떤 일이 일어날 것인지 에너지 관점에서 설명하시오.
3. 한 유형에서 다른 유형으로 바뀌는 에너지 전환 과정을 비효율적이라고 보는 이유는 무엇인가?
4. ATP가 에너지를 효율적으로 운반하고 저장할 수 있게 하는 ATP의 화학적 특성은 무엇인가?
5. 엽록체에서 생성되는 O_2 양을 측정하면 그 식물의 "광" 반응 속도를 알 수 있다. 식물에게 CO_2 공급원인 중탄산(H_2CO_3) 용액을 공급하면, "광" 반응 속도가 증가한다.
   a) O_2 생성량이 "광" 반응 속도의 지표가 될 수 있는 이유를 설명하시오.
   b) 중탄산 용액으로 제공한 CO_2를 식물이 사용하는 방법을 자세하게 설명하시오.
   c) 식물에게 CO_2 공급량을 늘리면 어떻게 "광" 반응의 속도에 영향을 주는지에 대해 설명하시오.
6. 어떤 식물은 다른 식물에 비해 훨씬 빠르게 생장한다. 빠르게 생장하는 식물에서 세포호흡과 광합성 중 어느 것이 더 빠르게 일어날 것인지에 대한 가설을 제안하시오. 그리고 그 가설이 정당함을 입증하시오.

7. 루비스코는 지구에서 가장 풍부한 단백질이다. 루비스코가 하는 일은 무엇인가?
8. 증발에 따른 물 손실을 줄이기 위해 식물은 기공을 닫는다. 식물은 이로써 한 가지 문제점은 해결할 수 있지만, 다른 문제점이 나타난다. 새로운 문제점에 대해 설명하시오.
9. 해당과정은 어떤 소기관에서 일어나는가?
10. 시안화염(CN^-)은 전자전달 사슬에서 산소로 가는 전자의 이동을 차단한다. 이로 인해 시안화염이 독성을 나타내게 된다. 그 이유는 무엇인가?
11. ATP 합성에 도움이 되는 미토콘드리아의 구조적 특성을 설명하시오.
12. 대부분의 동물은 산소가 부족하면 연료 분해가 제한된다. 그 이유는 무엇인가?

정답 고르기

1. 사이클 선수가 자전거를 타고 가파른 경사를 올라간다. 에너지 관점에서 가장 적절하게 설명한 것은?
   a) 이 선수의 근육이 언덕 위로 밀어 올릴 때 음식의 위치에너지가 운동에너지로 전환된다.
   b) 이 선수가 언덕 꼭대기에 있을 때 운동에너지가 가장 높다.
   c) 이 선수가 가파른 경사를 달려 내려갈 때 가장 많은 퍼텐셜에너지를 만들어낸다.
   d) 이 선수가 언덕 꼭대기에 있을 때 위치에너지가 가장 크다.
   e) a와 d가 옳음.
2. 식물의 잎이 햇빛을 "먹는다"고 생각할 수 있다. 그 이유는
   a) 빛에너지는, 먹이 분자의 결합이 분해될 때 나오는 화학에너지와 마찬가지로, 운동에너지의 한 유형이다.
   b) 빛에너지와 식품에너지는 모두 열 손실 없이 상호전환될 수 있다.
   c) 빛의 광자에 있는 탄소-산소(C−O) 결합은 엽록체에 있는 효소에 의해 분해되면 에너지를 방출한다.
   d) 빛의 광자에 있는 탄소-수소(C−H) 결합은 엽록체에 있는 효소에 의해 분해되면 에너지를 방출한다.
   e) 광자는 탄화수소(hydrocarbon)를 함유하고 있다.
3. 엽록소 분자의 위치에너지가 증가하는 때는?
   a) 광자와 결합할 때
   b) 광자와 충돌하여 전자가 고-에너지 흥분 상태로 될 때
   c) 전자를 잃을 때
   d) 산소가 존재할 때에만
   e) 모두 아님. 엽록소 분자의 퍼텐셜에너지는 변화될 수 없다.
4. 광합성에서 식물이 새로운 유기물질을 얻는 데에 기여하는 가장 중요한 단계는?
   a) 캘빈회로에서 NADPH "만들기"
   b) 빛의 광자에 의한 엽록소 분자의 흥분
   c) 대기에서 탄소 분자를 "빼앗아" 엽록체에 있는 유기분자에 고정하기
   d) 증발을 통한 물의 손실
   e) 광반응에서 ATP 생성
5. 식물이 물에 의존하는 이유는?
   a) 엽록소 생성에 필수적인 양성자를 제공하므로
   b) 햇살이 반응중심에 집중되도록 하므로
   c) 광합성 동안 소실되는 산소 분자를 보충하므로
   d) 빛에너지에 의해 흥분되어 전자전달 사슬을 따라 이동해 간 전자를 대체하므로
   e) 에너지원 역할을 하므로
6. C4 광합성 과정에서, 식물은
   a) 당 생산 과정에서 ATP를 덜 소비한다.
   b) 더운 날 물 손실을 줄이기 위해 기공을 닫은 상태에서도 당을 생산할 수 있다.
   c) 물 분자를 만들어내서 잎의 온도를 식힐 수 있다.
   d) 루비스코를 더 많이 만들어낸다.
   e) 이산화탄소 유입 없이 당을 만들어낼 수 있다.
7. 세포호흡 과정에서,
   a) 산소를 사용하여 화학에너지를 전신으로 운반한다.
   b) 대사활동 중에 산소가 생성된다.
   c) 빛에너지가 운동에너지로 전환된다.
   d) ATP 분자가 물과 당으로 전환된다.
   e) 식품 분자의 화학결합에서 나온 에너지를 회수한다.
8. 모든 생명체에서 나타나는 단 하나의 에너지-생성 과정은?
   a) 구연산회로
   b) 해당과정
   c) 연소
   d) 광합성
   e) 모두 아님.
9. 모든 알코올성 음료 생산에 기여하는 과정은 무엇인가?
   a) 산소가 없을 때 일어나는 세균의 세포호흡
   b) 자유 전자가 없을 때 일어나는 세균의 세포호흡
   c) 자유 전자가 없을 때 일어나는 효모의 세포호흡
   d) 당이 없을 때 일어나는 모든 세포의 세포호흡
   e) 산소가 없을 때 일어나는 효모의 세포호흡
10. 먹이 분자의 화학에너지를 회수할 때에
   a) 모든 거대분자는 먼저 포도당으로 전환되어야 한다.
   b) 모든 거대분자는 먼저 탄화수소 사슬로 전환되어야 한다.
   c) 모든 거대분자는 먼저 포도당이나 다른 단당류로 전환되어야 한다.
   d) 생명체는 당, 지질, 그리고 단백질을 이용할 수 있다.
   e) 모든 거대분자는 먼저 단백질이나 자유 아미노산으로 전환되어야 한다.

6

DNA와 유전자 발현

유전암호는 무엇이고 어떻게 일하는가?

▲ 멜라닌 색소를 만드는 데 관여하는 유전자에 결함이 생기면 남아프리카 다람쥐처럼 선천성색소결핍증이 생긴다.

DNA는 무엇이고 무슨 일을 하는가?

▲ 바티칸 시티의 브라만테 계단의 두 개의 나선이 — 마치 DNA의 가닥처럼 — 서로를 휘감고 있다.

6.1 DNA에 대한 지식은 세상을 정의롭게 한다

1998년 11월 어느 비오는 날 밤, 발티모어에서 어린 두 명의 여성이 공격을 받았는데 한 명은 도망쳤지만 다른 한 명은 칼에 찔려 살해당했다. 비록 어두웠고, 공격한 사람을 단지 몇 초 동안만 볼 수 있었지만, 살아남은 여성은 경찰에게 공격한 사람에 대해 묘사를 했고, 경찰은 용의자의 몽타주를 만들었다. 일주일이 지나, 희생자의 친구 한 명이 몽타주 속의 남자를 보았다며 경찰에 연락을 했다. 그는 24살의 Malcolm Bryant였는데, 살아남은 희생자도 사진 속에서 그녀를 공격한 희생자로 Bryant를 지목하였다.

목격자의 증언에 따라서 Bryant는 체포되었고, 제1급 살인으로 기소되었다. 비록 많은 목격자가 범행이 있던 시간에 Bryant는 나이트클럽에 있었다고 증언을 하였지만, 법정은 그에게 유죄를 판결하였고 징역형을 선고했다. Bryant는 그의 무죄를 주장했지만, 그의 항소는 모두 기각되었다.

2011년, 그리고 또 2015년, "Innocence Project"를 구성한 변호사들은 청원을 성공적으로 이루어, 증거물로서 분석할 수 있는 범죄사건 당시에 수집되었던 DNA를 획득할 수 있었다. 마침내 법의학자들은 피살자의 티셔츠에서 완전한 DNA 프로파일을 얻을 수 있게 되었다. 이 프로파일은 피살자의 손톱 아래에 있던 피부로부터 얻은 DNA 프로파일과는 일부 일치하였다. 그러나 Malcolm Bryant의 DNA와는 일치하지 않았는데, 이는 Bryant가 살인자가 아니라는 강력한 증거가 되었다. 그의 잘못된 판결은 기각되었고, 16년 이상을 복역한 후인 2016년 Malcolm Bryant는 석방되었다(**그림 6.1**).

Malcolm Bryant는 (2019년 말까지) 미국에서 잘못 투옥되었

그림 6.1 DNA 증거에 의해 정당함이 입증되었다. Malcom Bryant — 그의 법률팀과 함께 있는 모습 — 는 투옥된 후 16년 만에 석방되었다.

Q 목격자의 증언 이외에도 DNA 분석을 통한 증거를 획득하는 것이 왜 그토록 중요한가?

다가 DNA 분석 결과를 통해서 석방된 367명 중 한 사람이다. 그들은 평균 14년을 감옥에서 보냈다. 80%는 성폭행 혐의였다. 그중에서 30%는 살인죄로 유죄를 받았다. 그리고 그 사건들 중, 70%는 부정확한 목격자의 증언이 유죄 판결에 있어서 중요한 역할을 했다(1장에서 목격자 식별의 신뢰할 수 없음을 밝힌 실험을 상기하자).

이 장에서, 우리는 Malcolm Bryant의 혐의를 벗겨주고, 부당하게 복역을 한 366명의 다른 사람들에게 정의를 되찾아주는 데에 기여한 분자인 DNA에 대해 자세하게 살펴볼 것이다. DNA는 모든 살아있는 생명체—사람, 식물, 동물, 세균 등—의 몸을 구성하는 대부분 세포에 있는 분자이다(약간의 예외는 존재한다). 주민등록번호와 같이, DNA는 사람마다 고유하다(유일한 예외는 일란성 쌍둥이이다). DNA는 우리 몸의 살아있는 세포에 포함되어 있을 뿐만 아니라 우리 몸에서 떨어져 나온 것에도 들어있다. DNA는 침, 머리카락, 혈액, 심지어 우리 몸에서부터 떨어져 나온 죽은 피부세포에도 존재한다.

신문을 보거나 뉴스 보도를 볼 때마다 새롭게 밝혀진 유전자와 관련된 사람의 복잡한 특성이나 형질에 대한 정보를 만나게 된다(**그림 6.2**). 그렇지만 이런 보도가 종종 유전자와 형질 사이의 복잡한 관계를 지나치게 단순화하고 형질에 중요한 영향을 미치는 수많은 요인을 무시한다는 것을 명심해야 한다. 이 장에서는 이러한 주제들을 탐구하기 위해 DNA의 구조와 DNA에 정보를 어떻게 저장하는지에 대하여 먼저 살펴볼 것이다.

그림 6.2 뉴스에 등장한 유전자 관련 화두.

핵심요약 6.1

» DNA는 모든 생명체가 자신의 신체에 있는 대부분 모든 세포가 가지고 있는 분자이다. DNA는 모든 세포의 기능에 대한 명령을 담고 있다. 사람마다 DNA는 고유하고, 살아가는 동안 (그리고 심지어는 우리가 죽은 이후에도) DNA 흔적을 남기기 때문에 DNA는 개인 식별자로 이용될 수 있다.

6.2 DNA 분자는 모든 생명체의 발생과 기능에 대한 명령을 담고 있다

1900년대에 시작되어 1950년대 초반까지 계속된 실험에 의해 DNA에 관한 두 가지 중요한 사실이 밝혀졌다. 첫째, DNA는 부모에게서 자손에게로 전달된다. 둘째, 몸을 어떻게 만들어내고 성장과 발달을 어떻게 조절할 것인지에 대한 명령은 DNA 분자에 암호화되어 있다.

모든 생명체에서 모든 가능한 형태의 구조를 어떻게 만들어낼 것인가 하는 명령을 DNA가 간직할 수 있어야만 한다는 점을 고려하여, 20세기에 과학자들은 DNA의 화학 구조를 밝히고, DNA가 대량의 정보를 간직하고 전달할 수 있도록 어떻게 조립되고 형태를 이루는지 이해하고자 하는 경쟁이 벌어졌다. 많은 위대한 과학자들이 이러한 도전에 참여하였다. 미국의 Linus Pauling은 DNA 구조에 관한 연구를 시작할 무렵에 이미 분자 구조를 밝힌 업적으로 노벨 화학상을 수상하였다. 같은 시기에 영국의 Maurice Wilkins와 Rosalind Franklin도 역시 같은 연구에 몰두하여,

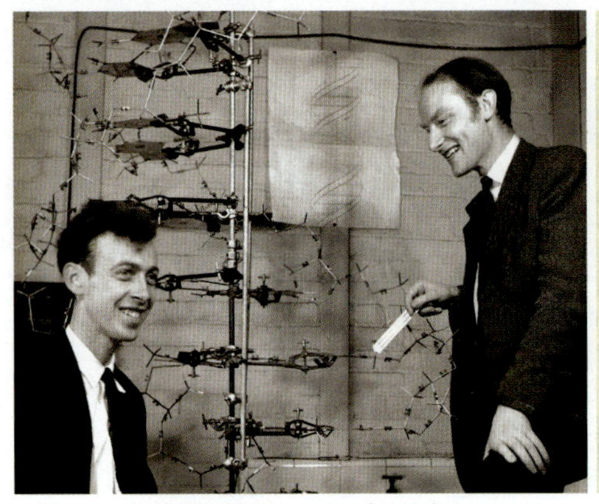

James Watson(왼쪽)과 Francis Crick(오른쪽)이 DNA의 정확한 구조를 밝혀냈다.

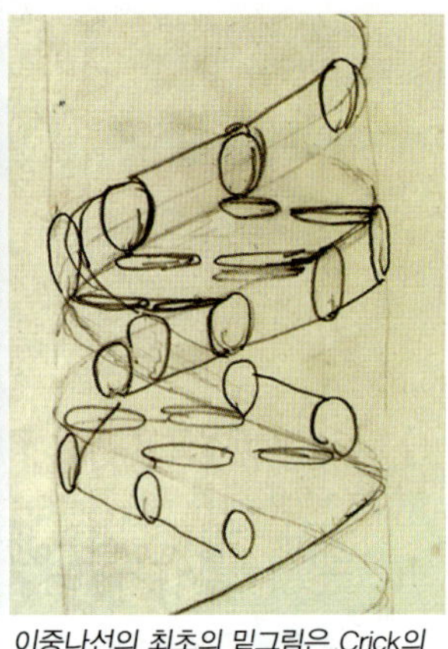

이중나선의 최초의 밑그림은 Crick의 부인인 Odile에게서 제공받았다.

그림 6.3 Watson과 Crick.

DNA의 형태를 알아내는 데 중요한 DNA의 X-선 사진을 얻었다. 그러나 이러한 모든 연구 성과를 한데 모아 DNA의 정확한 구조를 밝혀낸 사람은 영국 Cambridge 대학의 영국인 Francis Crick과 미국인 James Watson이었다 (**그림 6.3**).

DNA(**디옥시리보핵산**)는 **핵산**이며, 정보를 저장하는 고분자 물질이다. DNA는 **뉴클레오티드**라는 개별 단위로 이루어져 있는데, 한 분자의 당, 인산기(인 원자 1개에 결합한 산소 원자 4개로 구성), 질소를 함유한 분자인 **염기**, 이렇게 세 가지 구성성분으로 이루어진다. DNA의 물리적 구조는 흔히 "이중나선"이라고 묘사된다. 나선 계단처럼 돌면서 꼬여 있는 긴 사다리를 그려보면 DNA 분자가 어떤 모습인지 쉽게 알 수 있다(**그림 6.4**).

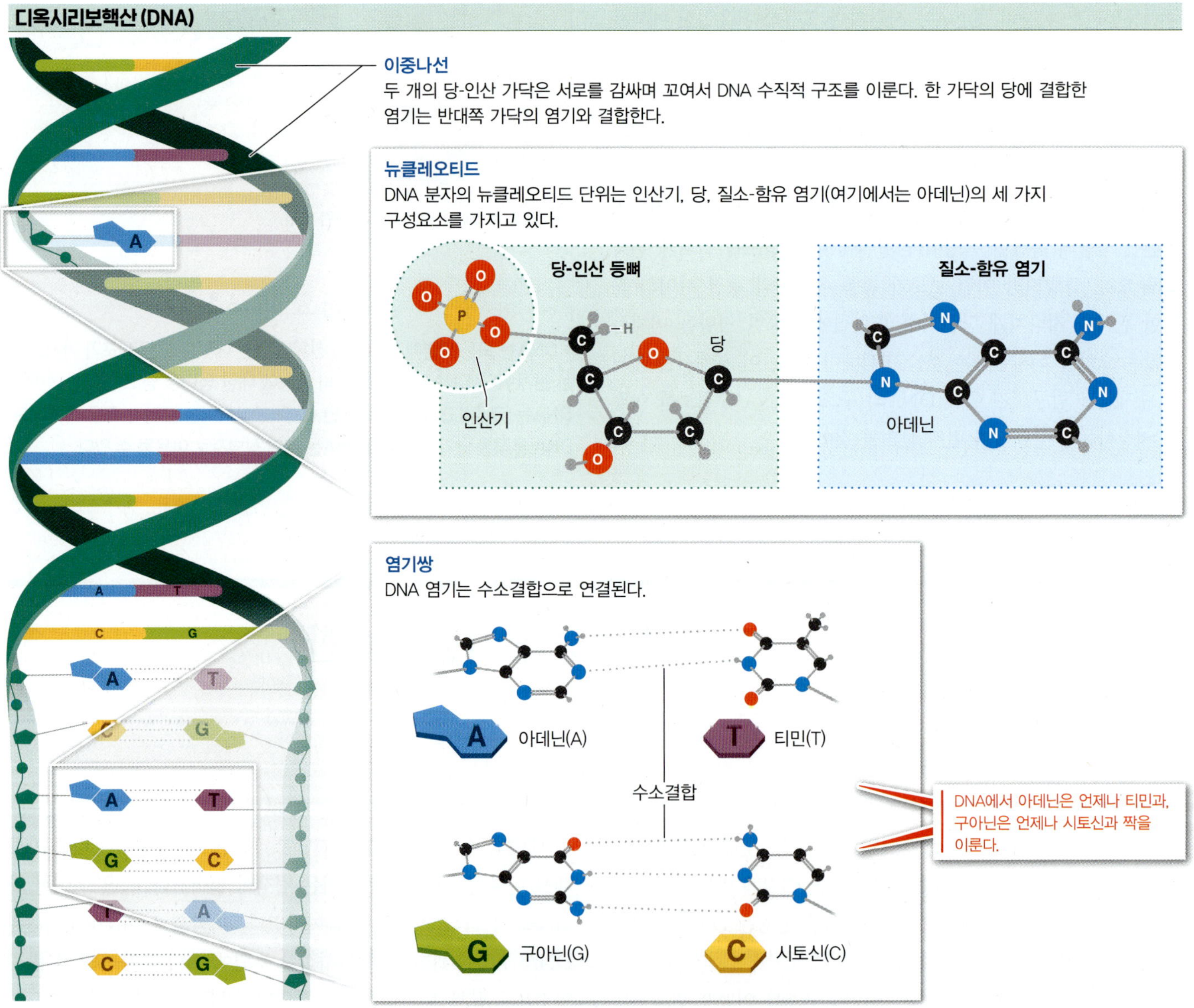

디옥시리보핵산 (DNA)
이중나선
두 개의 당-인산 가닥은 서로를 감싸며 꼬여서 DNA 수직적 구조를 이룬다. 한 가닥의 당에 결합한 염기는 반대쪽 가닥의 염기와 결합한다.
뉴클레오티드
DNA 분자의 뉴클레오티드 단위는 인산기, 당, 질소-함유 염기(여기에서는 아데닌)의 세 가지 구성요소를 가지고 있다.
당-인산 등뼈
질소-함유 염기
인산기
당
아데닌
염기쌍
DNA 염기는 수소결합으로 연결된다.
아데닌(A)
티민(T)
수소결합
구아닌(G)
시토신(C)
DNA에서 아데닌은 언제나 티민과, 구아닌은 언제나 시토신과 짝을 이룬다.

그림 6.4 정보를 담고 있는 거대 분자.

DNA 분자는 사다리 양쪽의 수직 막대와 같이 두 개의 가닥을 가진다. 이 가닥들이 DNA 분자의 "골격(backbone)"를 이루는데, 각 골격은 당, 인산기, 당, 인산기의 순서로 두 분자가 서로 교대로 이어져 있다. 당은 언제나 디옥시리보오스이며 인산기는 모두 동일하다. 골격의 이러한 형태로 인해 DNA "사다리"가 나선으로 꼬이게 된다.

당과 인산이 교대하는 구조는 지지하는 역할을 하는데, 사다리의 가로대가 흥미로운 부분이다. 각각의 당에 결합한 네 종류의 질소를 포함한 염기 중 하나가 안쪽으로 돌출되어 사다리의 가로대 절반을 이루는데, 염기에는 아데닌(adenine), 티민(thymine), 시토신(cytosine), 구아닌(guanine)의 네 종류가 있다. DNA의 경우 보통 이들 염기의 첫 글자를 따서 A, T, C, G로 표시한다.

사다리의 두 골격은 모두 당에서 돌출된 하나의 염기를 가지고 있다. 사다리의 한쪽—DNA의 한 가닥—에 있는 염기는 반대쪽의 염기와 수소결합을 이루고, 이러한 **염기쌍**이 사다리의 가로대가 된다. 그렇지만 이들은 무작위로 염기쌍을 이루는 것이 아니다. 한쪽에서 돌출된 C는 언제나 반대쪽의 G와 (역으로, G는 언제나 C와) 수소결합을 이룬다. 마찬가지로 T는 언제나 반대쪽의 A와 (역으로, A는 T와) 수소결합을 이룬다. 이러한 염기쌍 규칙 때문에 DNA 분자 중 한 가닥의 염기서열을 안다면 다른 가닥의 상보적인 염기서열도 알 수 있다. 따라서 DNA 염기서열은 단 한 가닥만의 염기서열로 표시할 수 있다.

만일 인간 DNA 분자가 나선을 이룬 사다리라면, 엄청나게 길 것이다. DNA 한 분자는 2억 개에 이르는 염기쌍, 즉 가로대를 가질 수 있다. 이 분자들이 어떻게 세포 안에 갈무리될까? 가로대는 작고, 분자의 꼬임—꼬인 것이 또 꼬여—으로 인해 길이가 매우 짧아진다. 신발끈을 꼬고 또 꼬아 계속 꼬면 점점 짧아진다는 것을 생각해보라. DNA에서도 같은 일이 일어난다.

핵심요약 6.2

» DNA는 핵산이며, 정보를 저장하는 거대분자이다. DNA는 당, 인산기, 질소-함유 염기로 이루어진 뉴클레오티드라는 개별 단위로 구성된다. 사다리 모양의 분자를 구성하는 한쪽(DNA 한 가닥)의 염기서열은 다른 쪽(DNA의 다른 한 가닥)의 염기서열과 상보적이다.

6.3 유전자는 단백질을 만들기 위한 명령을 지닌 DNA 단편이다

DNA의 가장 놀라운 특징 중 하나는 지구의 모든 생명체의 구조를 만드는 명령을 담고 있다는 것이다(**그림 6.5**). 그래서 DNA는 A, T, C, G의 글자로 이루어진 공용 언어와 같다(당인산 골격은 책 제본처럼 단지 염기를 고정하는 역할만 할 뿐이라는 것을 주목하라. 골격 자체는 유전정보를 전달하지 않는다).

또 다른 비유를 통해 정보를 포함하는 측면에서 DNA를 이해할 수 있다. 생명체의 DNA를 요리책이라고 생각해보자. 다양한 음식을 만드는 자세한 조리법이 수록된 요리책과 같이, 생명체의

양파 (Allium cepa)

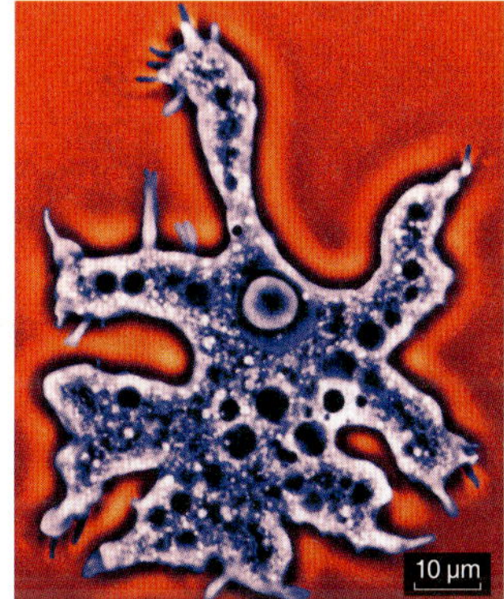

아메바 (Hartmannella sp.)

인간 (Homo sapiens)

초파리 (Drosophila melanogaster)

도롱뇽 (Ambystoma maculatum)

DNA는 지구상 모든 생물을 만드는데 필요한 정보를 제공한다.

그림 6.5 **DNA는 지구상 모든 생명의 보편적 암호이다.**

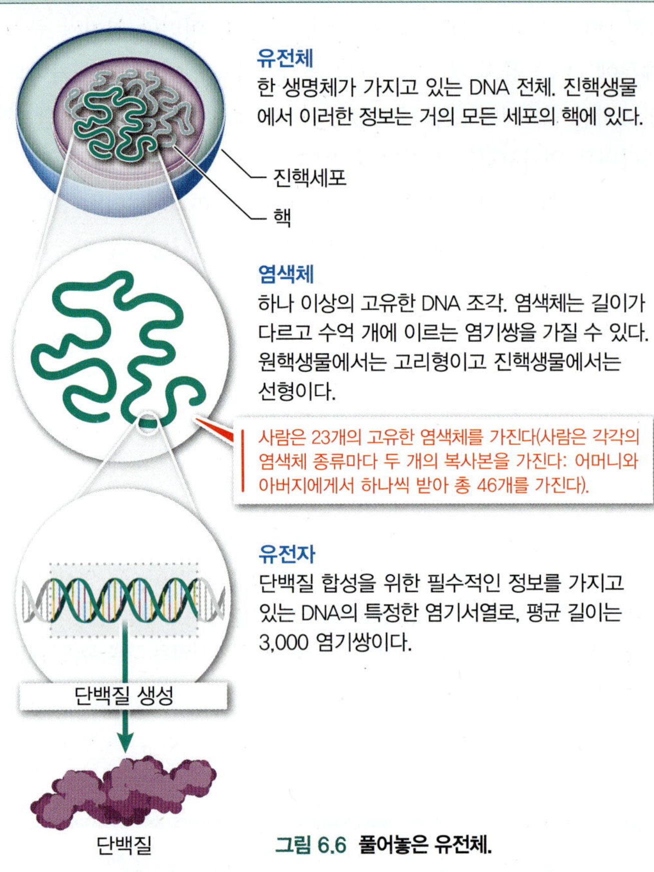

그림 6.6 **풀어놓은 유전체.**

DNA는 생명체를 이루고 살아갈 수 있도록 하는 자세한 명령을 담고 있다. 또한, 특정한 순서로 조합된 일련의 글자들로 책의 의미를 나타낼 수 있듯이, DNA 분자의 명령 역시 염기의 서열로 나타낼 수 있다. 물론 글자는 그 자체로는 많은 의미가 없지만, 함께 모여 단어와 문장을 이루면 많은 양의 정보를 가지게 된다. 이와 유사하게 생명체의 DNA 분자는 폴리펩티드를 만들기 위한 자세한 정보를 알려주는 **암호**를 만들어낸다. 폴리펩티드는 가공되고 접혀 단세포인 아메바로부터 다세포인 자이언트 참나무 또는 생명과학과 학생에 이르기까지 개체를 구성하는 데 필요한 많은 다양한 단백질이 된다.

Q DNA를 지구상 모든 생명체의 보편적인 암호로 여기는 까닭은 무엇일까?

세균을 비롯한 원핵생물의 경우, 고리형 DNA에 정보가 들어있다. 사람을 비롯한 진핵생물의 경우에는 핵 속에 **염색체**라고 하는 긴 선형의 DNA 가닥에 정보가 들어있다. 진핵생물의 DNA는 매우 긴 하나의 DNA 가닥으로 존재하는 것이 아니라 짧고 다루기 쉬운 많은 조각으로 나뉘어 존재한다. 예를 들어, 사람의 경우 30억 개의 염기쌍이 23개의 고유한 DNA 조각으로 나뉘어 있다. 사람은 (어머니와 아버지에게서 하나씩 받아) 각각의 염색체마다 두 개의 복사본을 가지기 때문에 모든 세포는 총 46개의 염색체를 가지고 있다. 한 개체에 존재하는 DNA 전체를 **유전체**라고 부른다(**그림 6.6**).

긴 염기서열 내에서 실제 유전자는 평균 3,000 염기쌍으로 상대적으로 짧은 염기서열이다. "유전자"라는 말은 방송 매체에서 종종 잘못 사용되어, 마치 우리의 몸과 행동을 조절하는 마술이나 거역할 수 없는 불가사의한 힘처럼 모호한 개념으로 보일 수 있다. 그렇지 않다. 정확히 말해보면: **유전자**는 기능을 나타내는 최종 산물인 단백질이나 RNA 분자 생산에 필수적인 정보를 가진 DNA 분자의 일정한 염기 (엄밀하게는 염기쌍) 서열을 의미한다. 그 이상도 그 이하도 아니다. 염색체상에 있는 유전자의 위치를 **좌위**(**locus**, 복수는 **loci**)라고 한다.

각각의 유전자는 대개 단백질인 특정한 분자를 만들기 위한 명령을 담고 있다. 예를 들어, 누에는 명주의 주성분인 피브로인을 암호화하는 유전자를 하나 가지고 있다. 또 다른 예로, 사람은 식품의 지방을 분해하는 효소인 중성지방 리파아제를 암호화하는 유전자를 가지고 있다.

같은 종이라도 개체마다 주어진 단백질에 대한 다소 다른 명령을 가질 수 있고, 이로 인해 동일한 특성에 대해 서로 다른 유형이 나타날 수 있다. 이처럼 같은 형질에 대해 선택할 수 있는 유형을 **대립유전자**라고 하는데(**그림 6.7**), 초콜릿 칩 쿠키를 위한 또

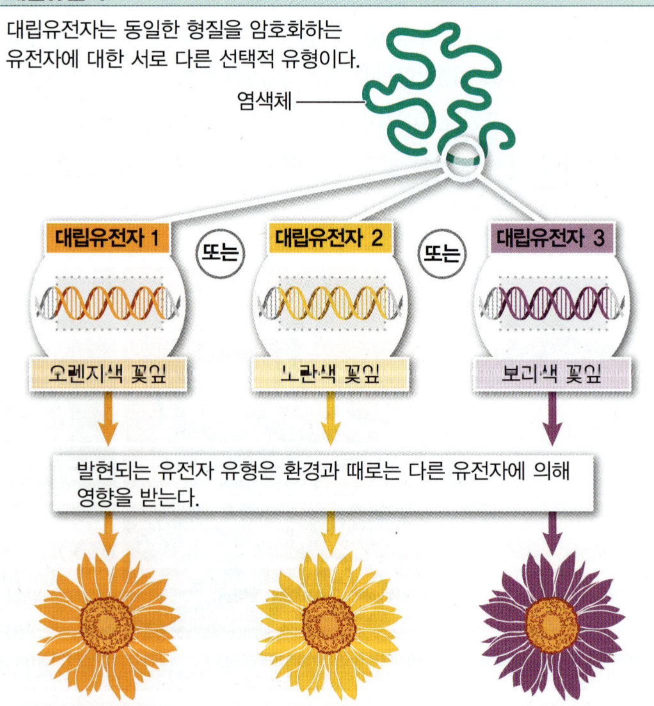

그림 6.7 **동일한 것에 대한 다른 유형.** 대립유전자는 한 유전자에 대해 선택할 수 있는 유형이다.

다른 조리법과 같은 기능을 한다. 어떤 생명체의 단일 특성이나 성질은 모두 **형질**이라고 한다.

예를 들어서, 데이지 꽃잎의 색은 하나의 형질이다. 이 형질이 나타나게 하는 명령은 꽃잎의 색을 조절하는 유전자에 있다. 이 유전자는 여러 대립유전자를 가질 수 있다. 즉, 어떤 대립유전자는 오렌지색 꽃잎을, 다른 것은 노란색 꽃잎을, 또 다른 것은 보라색 꽃잎의 형질을 지정할 수 있다(9장 참조). 마찬가지로 초파리의 눈 색깔에 대해서도 대립유전자 중 하나는 붉은색 눈을 지정하며, 이와 약간 다른 대립유전자는 갈색 눈을 지정할 수 있다. 비록 형질은 한 개체가 가지고 있는 유전자에 의해서 영향을 받지만, 궁극적으로는 유전자가 환경과 상호작용하는 방식에 의해서도 영향을 받을 수 있다.

핵심요약 6.3

» DNA는 모든 생명체의 모든 구조를 결정하는 명령을 제공하는 공용 언어이다. 한 개체가 가지고 있는 DNA 전체를 유전체라고 한다. 유전자는 대개 단백질이나 RNA 분자와 같이 기능을 가지는 산물을 생산하는 데에 필수적인 정보를 지닌 DNA 분자의 염기서열이다.

6.4 모든 DNA가 단백질 생산 명령을 지닌 것은 아니다

사람이 지구상에서 가장 복잡한 종인가에 대해서는 논란이 있지만, 양파보다는 복잡한 것은 확실하다. 그러나 염색체의 수와 염기쌍의 수라는 관점에서 다양한 종이 가지고 있는 DNA의 양을 비교하면 모순이 드러난다. 즉, 생명체가 가지고 있는 유전체의 크기와 그 생명체의 복합성 사이에는 아무런 상관관계가 없어 보인다(**그림 6.8**).

이 장의 앞부분에서 DNA가 무엇이고 유전자가 얼마나 논리적이고 정교한지 설명하였지만, 그것만으로는 세포에서 관찰한 것에 대해

Q 사람은 양파보다 더 복합적임에도 불구하고, 어떻게 사람은 양파보다 더 적은 DNA를 가지고 있을까?

다양한 생명체의 유전체 크기

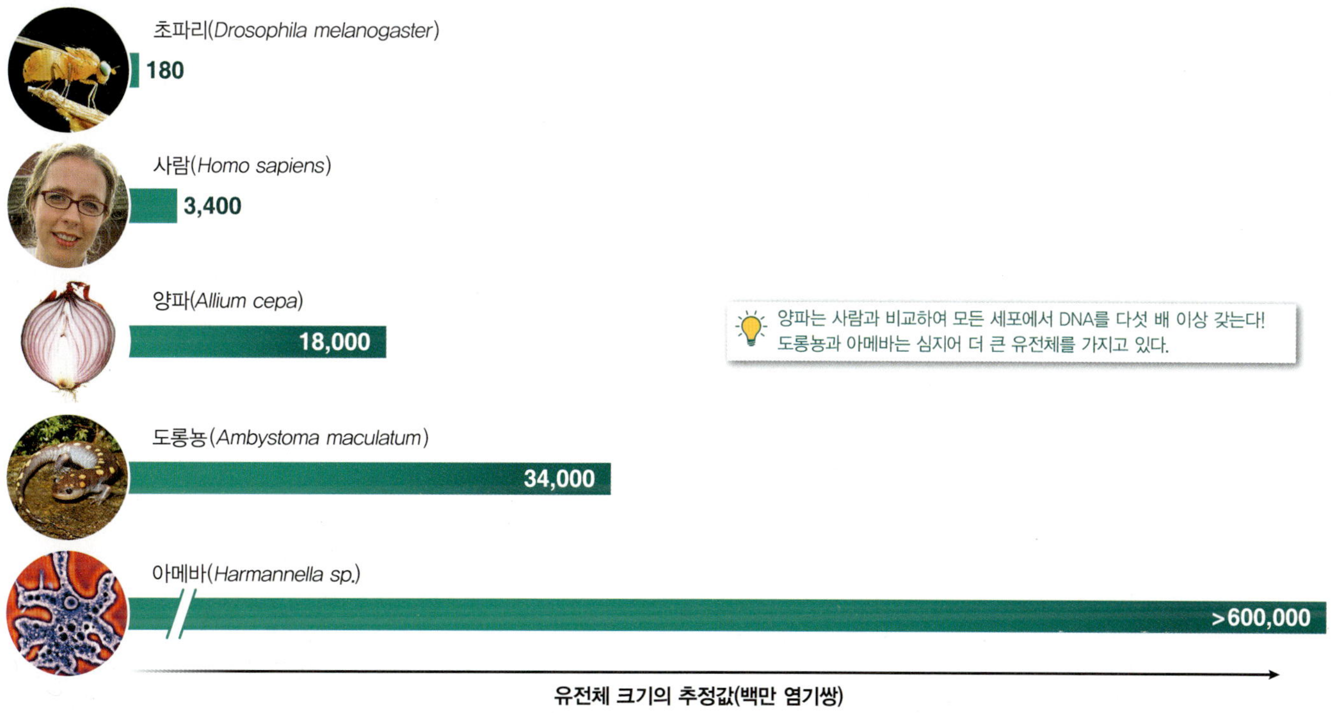

생명체	유전체 크기의 추정값(백만 염기쌍)
초파리(*Drosophila melanogaster*)	180
사람(*Homo sapiens*)	3,400
양파(*Allium cepa*)	18,000
도롱뇽(*Ambystoma maculatum*)	34,000
아메바(*Harmannella sp.*)	>600,000

양파는 사람과 비교하여 모든 세포에서 DNA를 다섯 배 이상 갖는다! 도롱뇽과 아메바는 심지어 더 큰 유전체를 가지고 있다.

유전체 크기의 추정값(백만 염기쌍)

그림 6.8 유전체 크기는 생명체의 복잡성과 연관이 있는가?

다양한 생명체의 암호화 DNA 비율

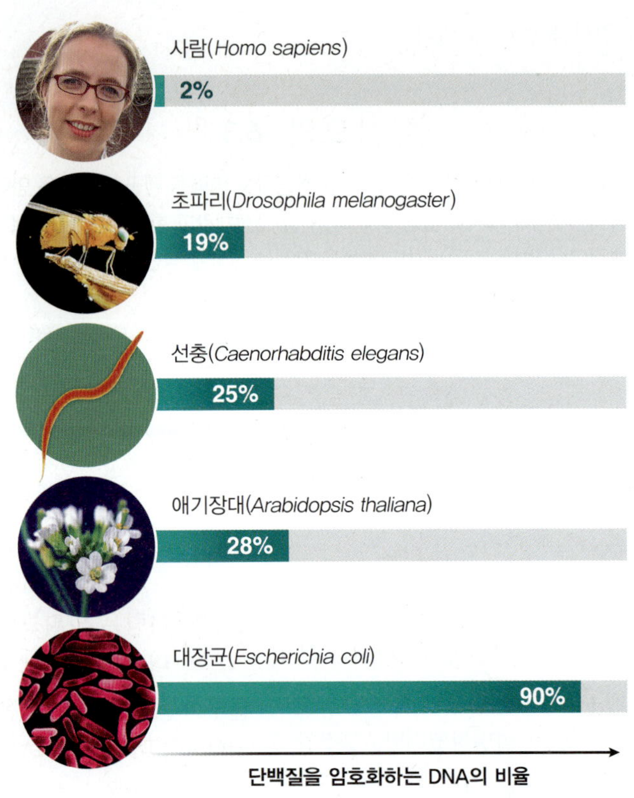

그림 6.9 비-암호화 DNA. 단백질이나 RNA를 암호화하는 DNA의 비율은 종에 따라 매우 다양하다. "잡동사니 DNA"를 가장 적게 지닌 종은 무엇인가?

암호화 DNA 대 비- 암호화 DNA

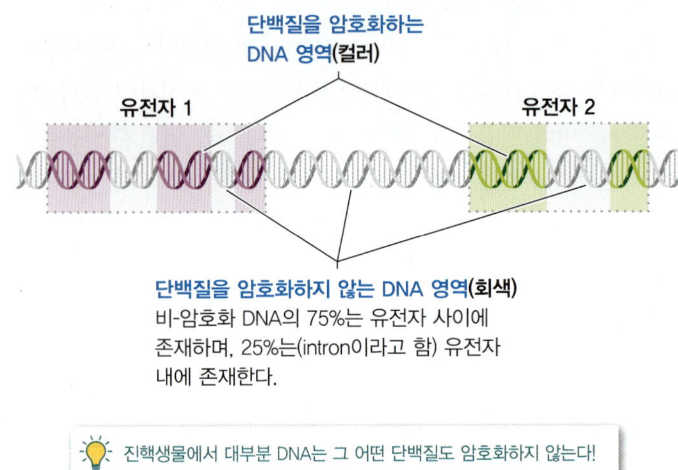

그림 6.10 어떤 DNA 부위는 단백질을 암호화하지만 다른 부위는 단백질을 암호화하지 않는다.

완전하게 설명하지 못한다. 예를 들어, 사람의 경우 DNA의 단지 약 1% 정도가 유전자를 이룬다. 심지어 유전자를 구성하는 DNA의 비율이 더 낮은 종도 많이 있다. 사실상 모든 진핵생물은 자신의 모든 단백질을 암호화하는 데 필요한 양보다 훨씬 많은 DNA를 가지고 있다(**그림 6.9**).

실제로, DNA 염기서열의 상당 부분은 단백질을 암호화하지 않으며 뚜렷한 목적도 가지고 있지 않다. 그래서 일부 생물학자는 이런 비암호화 DNA가 처음 알려졌을 때 심지어 "잡동사니 DNA"라고 부르기도 했다(그러나 후반부에서 이야기하겠지만, 일부 비-암호화 DNA는 다른 기능을 지닌다)

세균과 바이러스에는 비암호화 DNA가 아주 적다. 즉, DNA의 90% 이상이 유전자를 이룬다. 진핵생물(효모는 예외)의 경우 비암호화 DNA의 양이 폭발적으로 증가되어 있다(**그림 6.10**). DNA의 비암호화 영역은 때로는 짧은 염기서열이 수천 번 (심지어 수십만 번) 반복되는 서열의 형태를 이룬다. 어떤 DNA 서열은 자신을 복제하거나 게놈을 통해 이동하기 때문에 이와 같은 반복 서열이 존재하기도 한다. 때때로 비암호화 DNA는 유전자 단편, 복제된 유형의 유전자 그리고 위유전자(pseudogene, 실제 유전자와 매우 비슷하지만 약간의 변형이 일어나서 단백질을 암호화하는 능력을 잃은 염기서열)를 이루기도 한다. 비암호화 DNA의 25% 정도는 유전자 내에 있다—이를 **인트론**이라고 하며, 이러한 암호 부위인 **엑손**과 대조되는 부위이다. 75% 정도의 비암호화 DNA는 유전자와 유전자 사이에 존재한다(그림 6.10 참조).

이 비암호화 DNA의 존재에 관해서는 완전히 이해하지 못하고 있다. 그러나 최근에 어떤 비암호화 DNA가 실제로는 유전자 발현을 조절하는 매우 짧은 RNA 분자(약 20개 정도의 뉴클레오티드 길이)를 암호화한다는 증거가 밝혀졌다; 이들은 언제 유전자 발현을 켜고 끌지를 조절하는 스위치 역할을 하거나, 유전자 산물의 양에 영향을 미치는 볼륨 손잡이 역할을 한다. 비암호화 DNA는 잠재적으로 유용한 서열의 저장고로서 역할을 수행할 수도 있다. 따라서 모든 비-암호화 DNA를 "잡동사니 DNA"라고 부르는 것은 적절한 표현이 아니다.

핵심요약 6.4

» 진핵생물에서는 DNA 중 단지 일부분만이 단백질을 암호화하는 유전자이다. 적어도 일부는 유전자 조절처럼 세포에서 중요한 역할을 담당하기도 하지만 나머지 부분의 기능은 아직 밝혀지지 않았다.

6.5 유전자는 어떻게 일하는가? 개관

초콜릿 칩 쿠키를 만드는 요리법을 가지고 있다고 해서 실제로 쿠키를 가지고 있는 것은 아니다. 이와 유사하게 근육 세포나 잎 세포를 어떻게 만들 것인지에 대한 풍부한 유전 정보를 가지고 있다 해서 한 생명체를 만드는 데 충분한 것은 아니다. 생각해보자: 생명체를 이루는 모든 세포는 신체 안에 있는 모든 단백질을 만드는 데 필요한 모든 정보를 가지고 있다. 즉, 팔의 피부 세포는 간세포나 적혈구 세포, 또는 근육 세포에서만 발견되는 단백질을 생성하는 유전자 또한 가지고 있다. 그러나 피부 세포는 이러한 단백질들을 생성하지 않는다. 명령문을 가지는 것과 생성물을 가지는 것은 서로 다른 일이다.

DNA 가닥에 있는 유전자는 정보 저장소인 지시서로서, 한 생명체를 만드는 과정의 단지 일부분일 뿐이다. 어떤 생명체의 특정한 형질—**유전자형**—을 간직한 유전자가 요리책의 조리법이라면, 명령의 물리적 표현—한 생명체의 **표현형**—은 과자처럼 조리법에 설명된 음식에 해당한다. 또한, 요리 재료들을 모아 한데 섞은 후 반죽을 구워 쿠키를 만드는 것과 같이, 표현형을 나타내는 분자와 조직, 나아가 행동을 만들어내는 과정은 몇 단계로 이루어진다.

유전자(DNA 조각의 염기서열)는 어떻게 꽃의 색깔이나 코의 형태, 또는 털 조직 등의 표현형에 영향을 주는가? 이 과정은 유전자의 염기서열의 복사본을 만들어내는 **전사**와 이 복사본을 이용하여 폴리펩티드 합성을 지시하는 **번역**이라는 두 가지 주요 단계를 거쳐 일어난다. 그리고 번역이 일어난 후 세포 환경 등의 다양한 요인에 의해 접힘(folding)이 일어나서 기능을 가진 단백질이 된다.

그림 6.11은 전사와 번역과정을 간단하게 나타낸 것이다. 진핵생물의 경우 전사는 핵에서 일어나며, 유전자의 염기서열 즉 암호는 **전령 RNA(mRNA)**라는 중간 매개분자로 복사된다. (원핵생물은 핵이 없기 때문에 세포질에서 전사가 일어난다.) 이 과정은 요리책에서 초콜릿 칩 쿠키 조리법 정보를 복사하여 찾아보기 카드를 만드는 것과 같다. 번역은 mRNA가 핵에서 원형질로 이동하여 mRNA 분자에 암호화되어 있는 정보를 이용하여 단백질을 만드는 과정이다.

핵심요약 6.5

» DNA 가닥에 있는 유전자는 정보 저장소이다. 이 정보에 의해 생명체를 만드는 과정은 두 가지 중요한 단계를 거쳐 이루어진다. 전사는 유전자 염기서열의 복사본을 만드는 것이고, 번역은 이 복사본을 이용하여 단백질 생산을 지시하는 것이다.

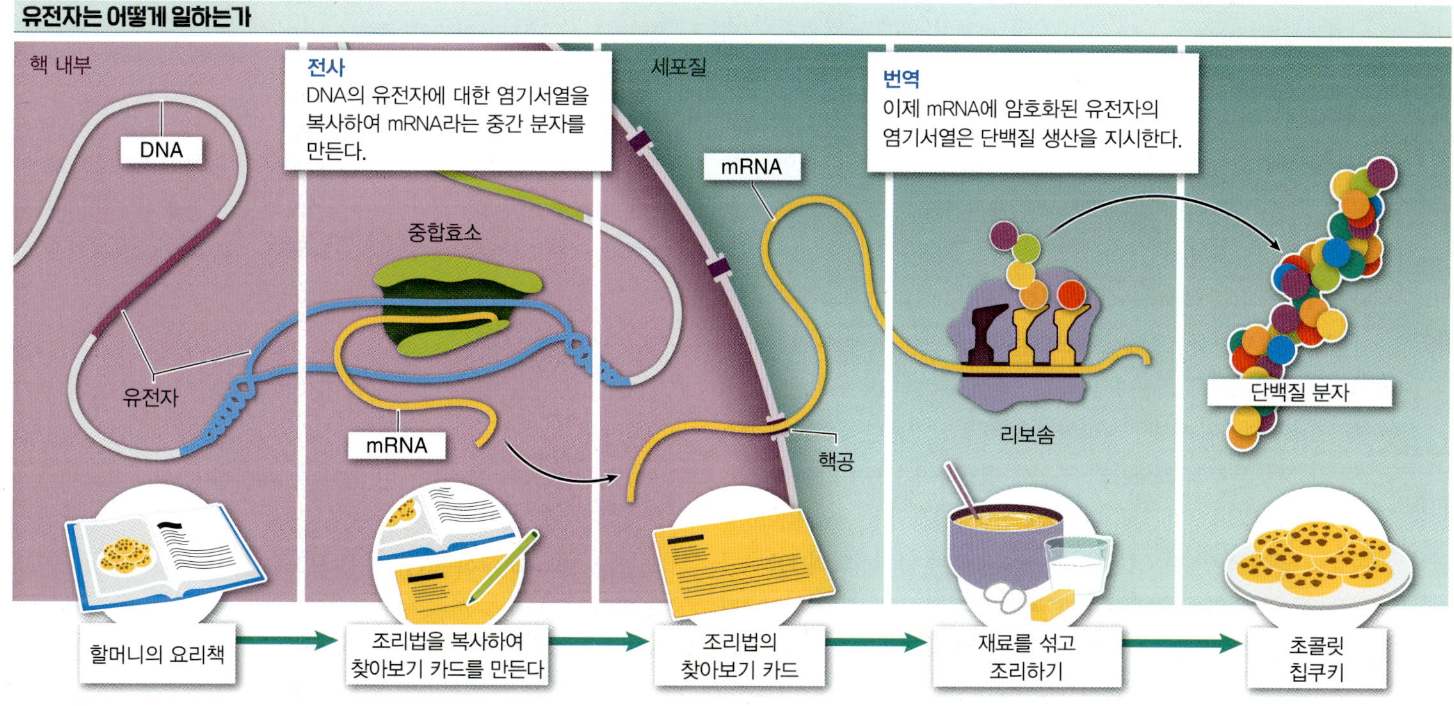

그림 6.11 유전자로부터 단백질을 만드는 단계의 개관.

▲ DNA 마이크로어레이로 수많은 유전자의 발현 정도를 동시에 측정한다.

6.6 전사는 DNA에 암호화된 정보가 mRNA로 복사되는 과정이다

DNA가 조리법으로 가득한 요리책과 같다면, 전사와 번역은 조리하는 것과 같다. 조리 과정에서는 쿠키를 만드는 방법에 대한 정보를 이용하여 쿠키를 만든다. 생명체는 단백질을 만드는 정보를 이용하여 생명체가 기능을 수행하는 데 필요한 단백질을 만든다.

지금부터 DNA가 세포의 활성과 단백질 합성을 조절하는 두 단계 중 첫 단계인 전사과정을 살펴본다(그림 6.11 참조). 전사는 요리책에 있는 하나의 조리법을 복사하여 찾아보기 카드를 만드는 것과 비슷하다. 전사는 네 단계로 일어나며, DNA에 있는 특정 유전자에 대한 복사본을 만든다(**그림 6.12**).

단계 1. 인식(recognize)하고 결합하기(bind). 전사과정을 시작하려면 RNA 중합효소가 **프로모터 부위**를 인식해야 하며, 이 부위는 유전자의 시작점을 나타내는 DNA 분자의 한 부위로, RNA 중합효소에게 "여기에서 시작하시오"라고 알려준다. RNA 중합효소는 DNA 분자의 프로모터 부위에 결합하여 DNA 가닥을 조금 풀어 단지 한 가닥만 읽을 수 있게 한다. 전사과정 동안 RNA 중합효소 앞에 놓인 DNA는 계속 풀림으로써 단일가닥의 DNA를 읽을 수 있게 되며, 중합효소가 지나간 뒤에는 다시 감겨 이중나선을 형성한다.

단계 2. 전사하기(transcribe). RNA 중합효소는 DNA 가닥을 읽어가며 유전자 사본—"전사물(transcript)"이라고 함—을 만드는데, 마치 법정에서 법원 서기가 진술한 모든 내용을 기록하는 것과 유사하다. 사본이 한번 만들어지면 세포 어느 곳으로든 이동할 수 있고 그 정보가 단백질로 번역될 수 있기 때문에 이 사본을 전령 RNA(mRNA)라고 부른다.

mRNA 전사물은 DNA 뉴클레오티드처럼 네 가지 다른 뉴클레오티드로 구성되는데, 당 종류는 다르다(데옥시리보오스가 아니라 리보오스이다). 각각의 뉴클레오티드는 풀려서 단일가닥으로 분리된 DNA에서 노출된 염기와 짝을 이루며, 다음 규칙을 따른다.

DNA 가닥에 티민(T)이 있다면, 아데닌(A)이 mRNA에 추가된다.
DNA 가닥에 아데닌(A)이 있다면, 우라실(U)이 mRNA에 추가된다.
DNA 가닥에 구아닌(G)이 있다면, 시토신(C)이 mRNA에 추가된다.
DNA 가닥에 시토신(C)이 있다면, 구아닌(G)이 mRNA에 추가된다.

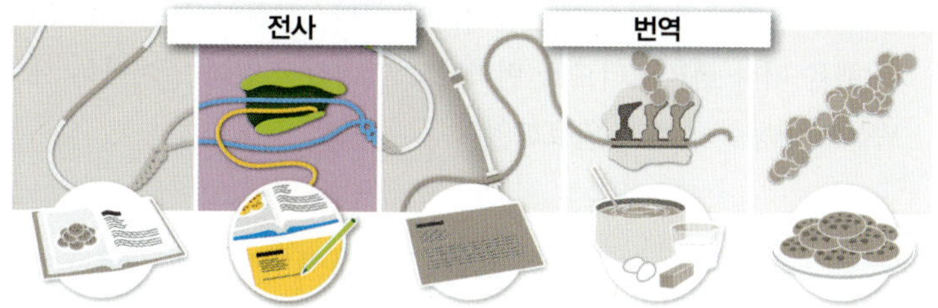

그림 6.12 유전자의 염기서열 복사하기. DNA가 세포의 활성과 단백질 합성을 조절하는 2-단계 과정 중의 첫 단계(그림은 진핵세포의 전사를 보여주고 있다).

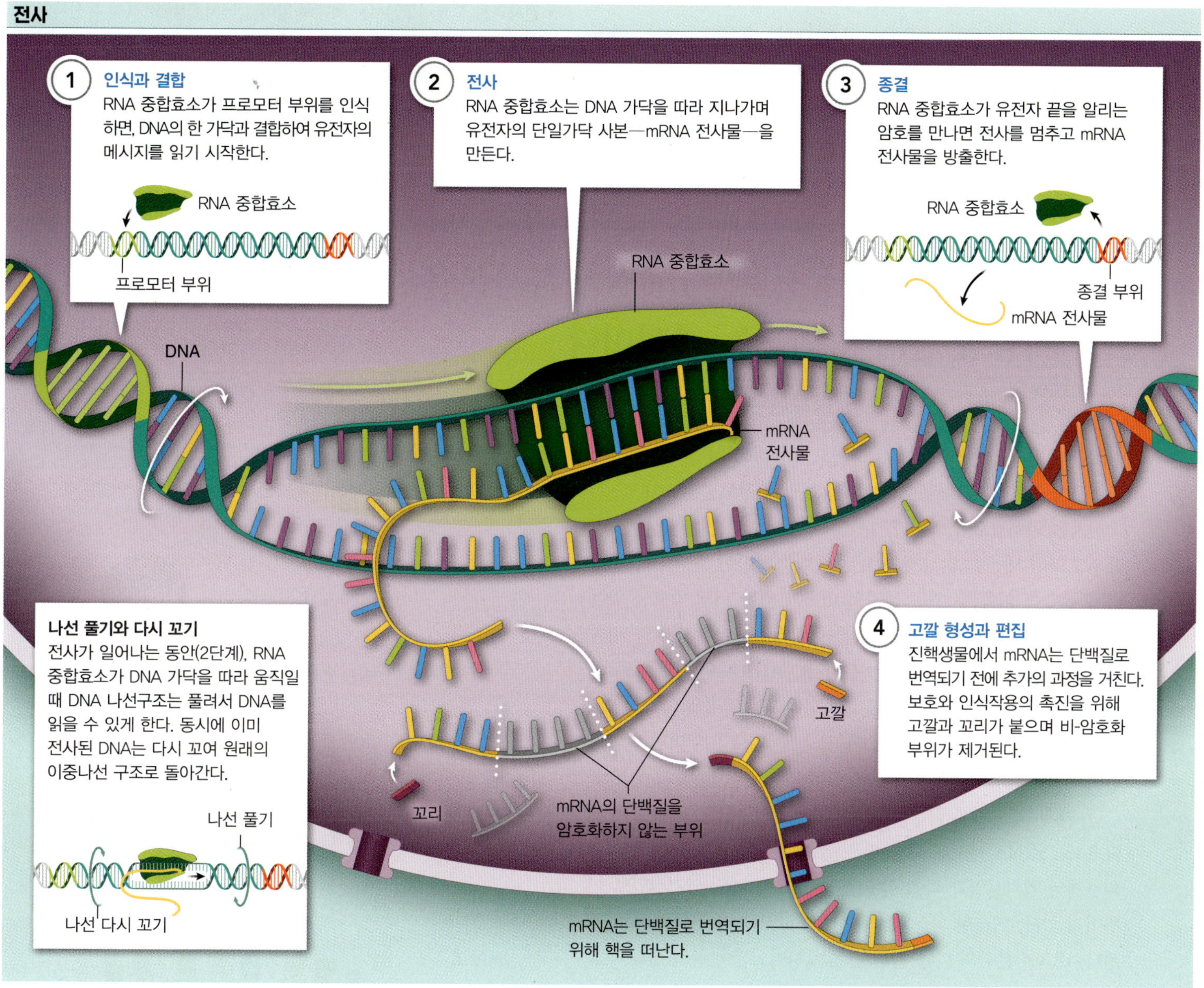

전사

1 인식과 결합
RNA 중합효소가 프로모터 부위를 인식하면, DNA의 한 가닥과 결합하여 유전자의 메시지를 읽기 시작한다.

RNA 중합효소
프로모터 부위

2 전사
RNA 중합효소는 DNA 가닥을 따라 지나가며 유전자의 단일가닥 사본—mRNA 전사물—을 만든다.

3 종결
RNA 중합효소가 유전자 끝을 알리는 암호를 만나면 전사를 멈추고 mRNA 전사물을 방출한다.

RNA 중합효소
종결 부위
mRNA 전사물

RNA 중합효소
DNA
mRNA 전사물

나선 풀기와 다시 꼬기
전사가 일어나는 동안(2단계), RNA 중합효소가 DNA 가닥을 따라 움직일 때 DNA 나선구조는 풀려서 DNA를 읽을 수 있게 한다. 동시에 이미 전사된 DNA는 다시 꼬여 원래의 이중나선 구조로 돌아간다.

나선 풀기
나선 다시 꼬기

4 고깔 형성과 편집
진핵생물에서 mRNA는 단백질로 번역되기 전에 추가의 과정을 거친다. 보호와 인식작용의 촉진을 위해 고깔과 꼬리가 붙으며 비-암호화 부위가 제거된다.

고깔
꼬리
mRNA의 단백질을 암호화하지 않는 부위
mRNA는 단백질로 번역되기 위해 핵을 떠난다.

(mRNA 분자는 티민 대신 우라실 염기를 가진다는 점을 주목하라)

단계 3. 종결하기(terminate). RNA 중합효소가 유전자의 끝에 있는 DNA 염기서열(종결 서열이라고 함)에 도달하면, 전사물 만들기를 멈추고 DNA 분자에서 떨어져 나온다. 종결된 후에, mRNA 분자는 자유롭게 떠다니는 단일가닥의 유전자 복사본으로 방출된다.

단계 4. 고깔 만들기(cap)와 편집하기(edit). 원핵세포에서는

mRNA 전사물이 만들어지고 DNA에서 분리되면 단백질로 번역될 준비가 된 상태이다(통과해야 할 핵막을 가지고 있지 않다). 진핵생물의 경우 mRNA는 단백질로 번역되기 전에 또 다른 과정을 거쳐야 한다. 첫째, 고깔과 꼬리가 전사물의 시작 부위와 끝부위에 추가될 수 있다. 책의 앞표지와 뒤표지처럼, mRNA가 손상되는 것을 막아주고 단백질합성 기구가 mRNA를 인식하도록 도와준다. 둘째, (앞서 살펴본 바와 같이) 전사된 mRNA에는 DNA의 비암호화 부위가 포함될 수 있기 때문에, 이 부위—인트론—를 잘라내고 엑손을 연결시켜야 한다. 편집이 끝난 mRNA는 핵을 떠나 폴리펩티드로 번역되고 단백질 접힘이 일어나는 세포질로 이동할 준비가 완료되었다.

핵심요약 6.6

» 전사과정(진핵세포에서는 핵에서 일어남)에서 DNA의 특정 유전자의 사본이 mRNA 분자 형태로 만들어진다. 유전자의 mRNA 사본이 완성되면, 핵 바깥의 폴리펩티드로 번역될 수 있는 세포질로 이동한다.

6.7 번역은 DNA의 정보인 mRNA 복사본을 이용하여 기능성 분자를 만드는 과정이다

mRNA 분자가 핵에서 나와 세포질로 이동하고 나면 번역과정이 시작된다. 번역과정에서는 mRNA가 운반한 정보를 읽어내고, 그 메시지는 단백질로 번역된다.

암호화된 내용을 읽기 위해서는 암호를 알아야 한다. 즉, 암호화된 글자를 읽을 수 있는 글자로 바꾸기 위한 비밀 암호를 알아야 한다. mRNA를 위해서 또 다른 유형의 RNA 분자가 그 비밀 암호를 쥐고 있다. 이 분자는 **운반 RNA(tRNA)**라고 부르며, tRNA 분자는 mRNA의 암호를 해독한다. 즉, 일련의 염기서열로 이루어진 DNA 언어를 일련의 아미노산 서열로 이루어진 단백질 언어로 번역한다.

두 개의 서로 다른 끝부분을 가지고 있는 분자를 생각해보자(**그림 6.13**). tRNA 분자의 한쪽 면은 결합 부위로서, mRNA 전사물의 3개의 염기서열과 짝을 이루어 결합하는 3개의 염기서열로 이루어져 있다. 이러한 짝짓기로 tRNA가 mRNA와 결합할 수 있게 된다. tRNA 분자의 다른 한쪽 면에는 아미노산이 붙어 있다.

mRNA의 3개의 염기서열—**코돈**이라고 함—각각은 언제나 특정한 아미노산을 운반하는 tRNA와 짝을 이룬다. 예를 들어,, 코돈 ACG는 트레오닌(threonine)을 운반하는 tRNA 분자에 의해 인식된다. 그리고 코돈 CAG는 글루타민(glutamine)을 운반하는 tRNA에 의해 인식된다. 한 종류의 tRNA는 가능한 하나의 코돈을 인식하고 mRNA에 결합하여 항상 동일한 아미노산을 운반한다.

"유전암호"라고 불리는 암호 해독표(**그림 6.14**)는 mRNA에 있

운반 RNA(tRNA)

운반 RNA(tRNA) 분자는 mRNA의 특정 염기서열에 단백질을 만드는 데 사용될 특정 아미노산과 결합함으로써 mRNA의 암호를 번역한다.

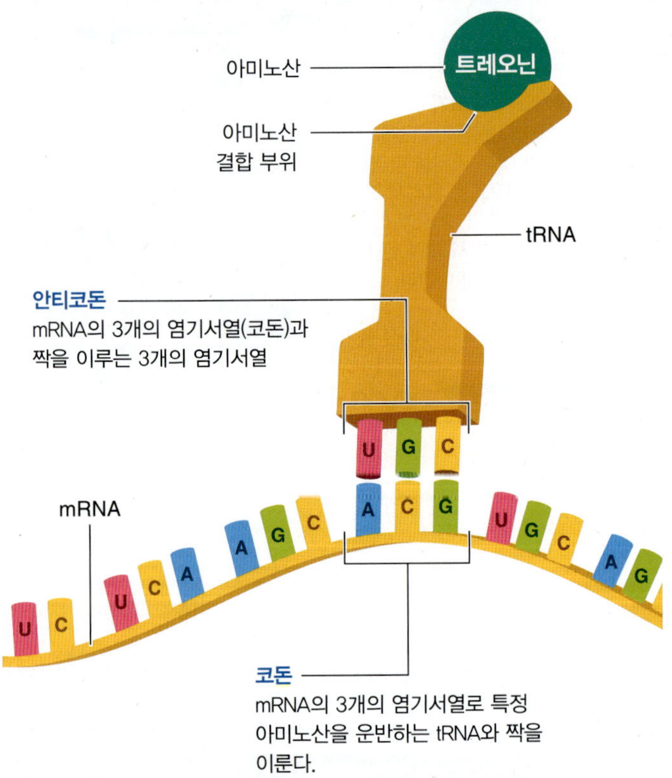

그림 6.13 각각의 운반 RNA는 mRNA 암호를 따라 특정 아미노산과 결합한다.

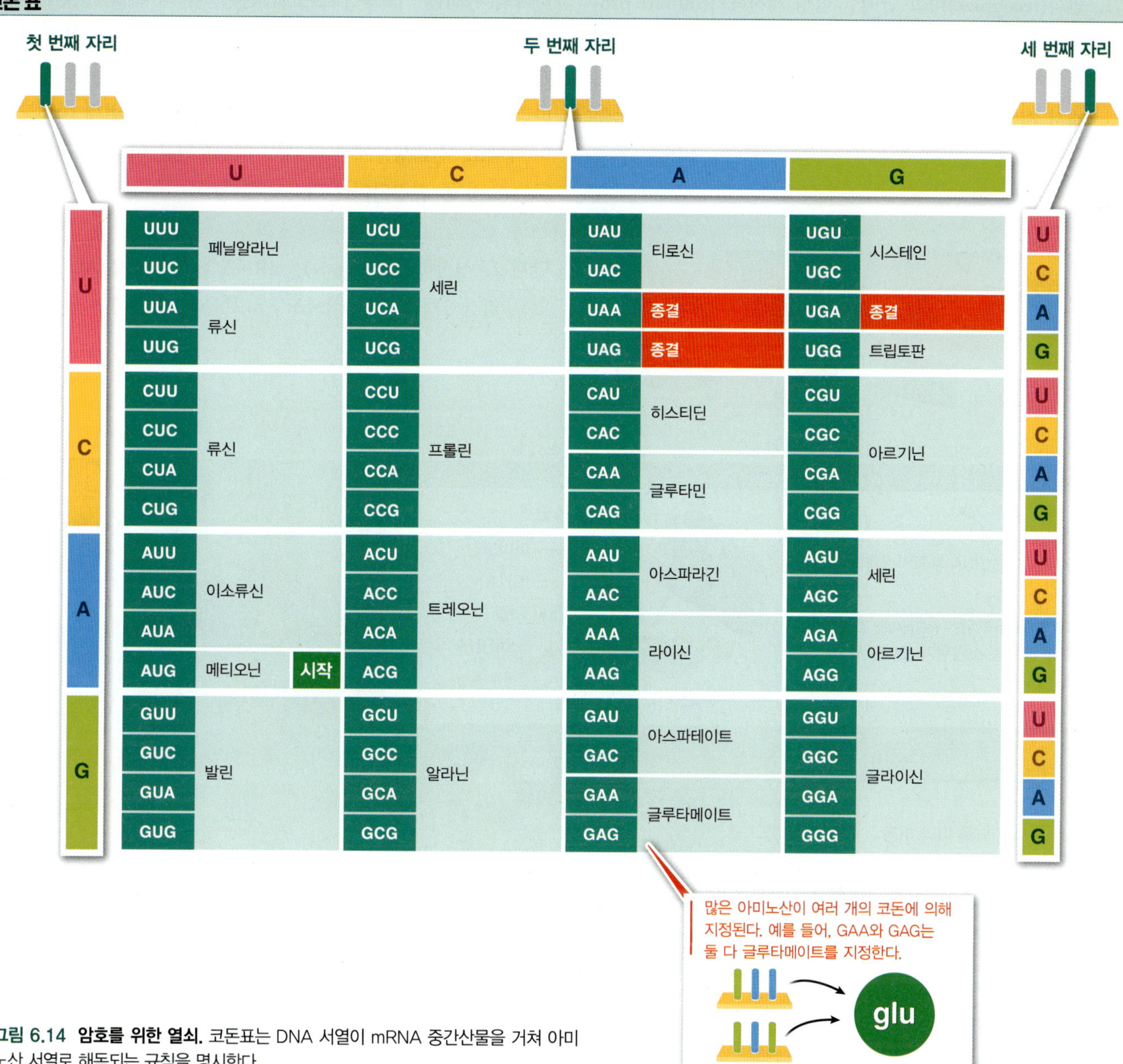

그림 6.14 암호를 위한 열쇠. 코돈표는 DNA 서열이 mRNA 중간산물을 거쳐 아미노산 서열로 해독되는 규칙을 명시한다.

는 각각의 코돈에 의해 어떤 tRNA, 즉 어떤 아미노산이 지정되는지를 보여준다. 코돈의 3개의 위치에는 각각 네 종류의 가능한 염기가 올 수 있으므로 64개의 다른 코돈이 가능하다. 이들 중 61개의 코돈이 아미노산을 지정하며, 3개는 번역의 끝을 지시하는 종결코돈이다. 단지 20개의 아미노산이 존재하므로 많은 아미노산이 여러 개의 코돈에 의해 지정된다. 예를 들어, UGU, UGC는 둘 다 시스테인(cysteine)을 지정한다. 몇몇 소수의 예외를 제외하고 유전암호는 지구상의 모든 생명체에서 동일하다!

번역이 일어나려면 몇 가지 성분이 세포질에 반드시 있어야 한다. 첫째, 자유롭게 떠다니는 많은 아미노산 공급이 있어야 한다. 3장에서 아미노산은 단백질을 만드는 원재료이며 식품의 필수 요소라는 사실을 공부한 바 있다. 둘째, **리보솜 소단위**라는 분자가 반드시 있어야 하는데, 이 분자는 아미노산을 적절한 순서로 결합하여 단백질을 만드는 단백질 생산 공장 역할을 한다.

mRNA 분자를 긴 아미노산 서열(이후에 접혀 단백질이 복잡한 3차원 구조를 띤다)로 번역하는 과정은 세 단계로 일어난다(**그림 6.15**).

단계 1. 인식(recognize)하고 단백질 합성 개시하기(initiate protein building). 세포질에서 두 조각으로 이루어진 리보솜 소단위가 mRNA 전사물의 "개시 서열"을 인식하고 결합하면 번역이 시작된다. 개시 서열은 언제나 코돈 AUG이다. 리보솜 소단위들이 하나의 완전한 리보솜으로 조립되면, 하나의 특정 tRNA 분자의 부착 부위는 역시 mRNA의 개시 서열을 인식하여 그곳에 결합한다. 이 개시 tRNA는 메티오닌(met)이라는 아미노산을 운반한다. 따라서 메티오닌은 항상 만들어진 단백질의 첫 번째 아미노산이다(때때로, 진핵생물에서 이 개시 메티오닌은 이후의 단백질을 만드는 과정 중 편집되어 잘리기도 한다).

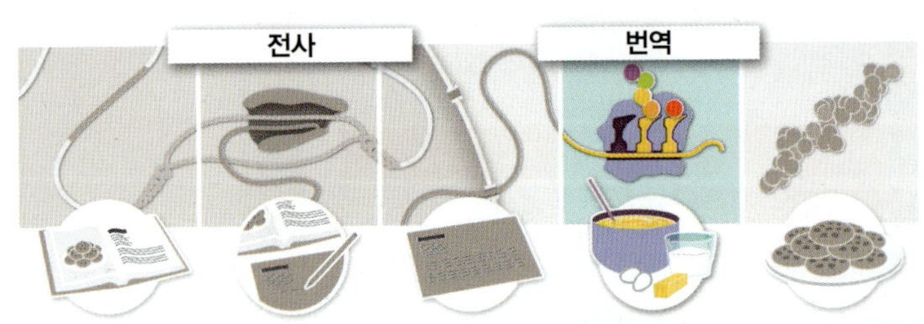

단계 2. 신장하기(elongate). mRNA의 개시 서열(AUG) 다음에 있는 염기 3개가 어떤 tRNA가 mRNA와 결합해야 할 것인지를

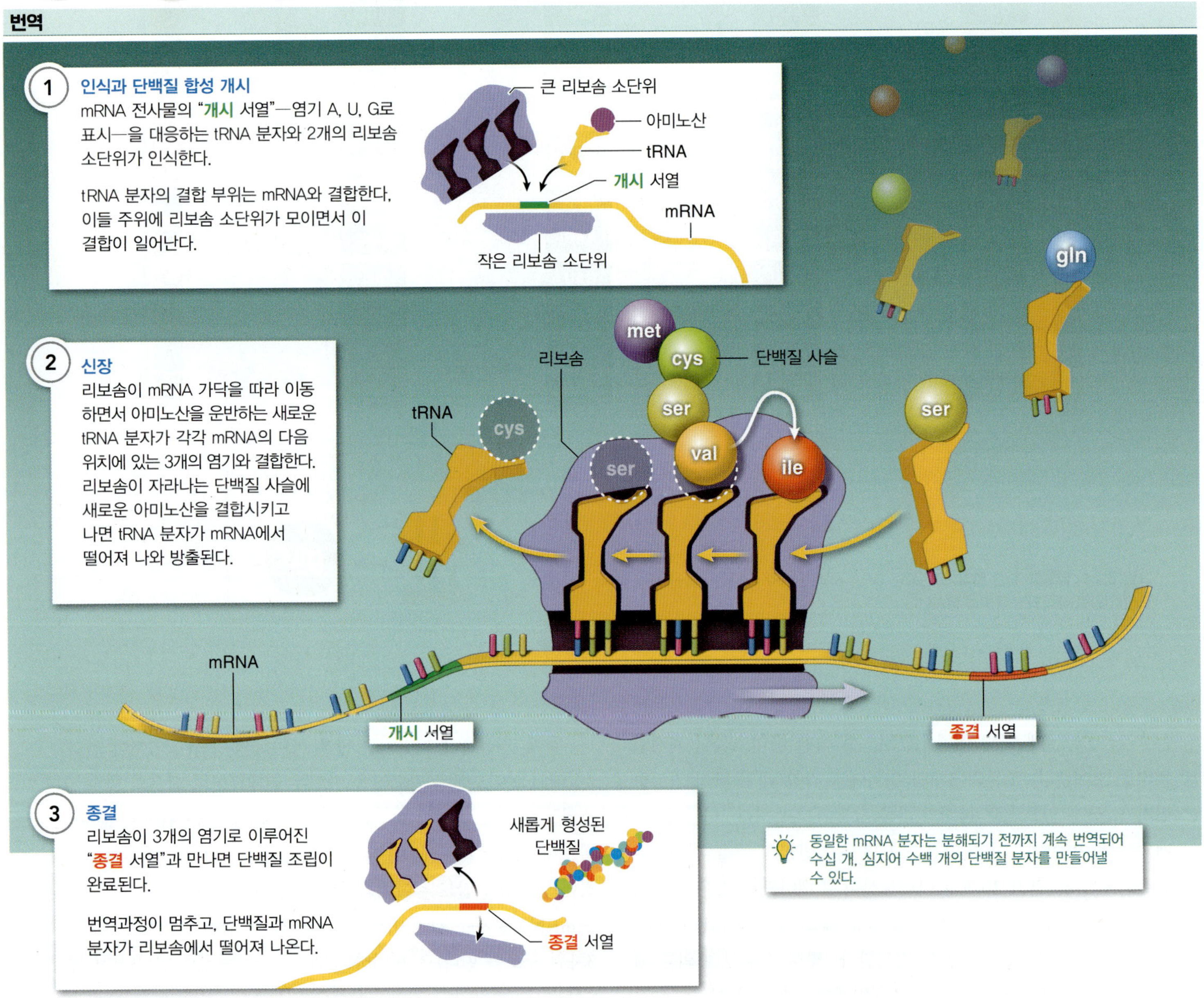

번역

1 인식과 단백질 합성 개시

mRNA 전사물의 "개시 서열"—염기 A, U, G로 표시—을 대응하는 tRNA 분자와 2개의 리보솜 소단위가 인식한다.

tRNA 분자의 결합 부위는 mRNA와 결합한다. 이들 주위에 리보솜 소단위가 모이면서 이 결합이 일어난다.

큰 리보솜 소단위
아미노산
tRNA
개시 서열
mRNA
작은 리보솜 소단위

2 신장

리보솜이 mRNA 가닥을 따라 이동하면서 아미노산을 운반하는 새로운 tRNA 분자가 각각 mRNA의 다음 위치에 있는 3개의 염기와 결합한다. 리보솜이 자라나는 단백질 사슬에 새로운 아미노산을 결합시키고 나면 tRNA 분자가 mRNA에서 떨어져 나와 방출된다.

tRNA
리보솜
met
cys
ser
val
ile
cys
ser
ser
gln
단백질 사슬
mRNA
개시 서열
종결 서열

3 종결

리보솜이 3개의 염기로 이루어진 "종결 서열"과 만나면 단백질 조립이 완료된다.

번역과정이 멈추고, 단백질과 mRNA 분자가 리보솜에서 떨어져 나온다.

새롭게 형성된 단백질
종결 서열

동일한 mRNA 분자는 분해되기 전까지 계속 번역되어 수십 개, 심지어 수백 개의 단백질 분자를 만들어낼 수 있다.

그림 6.15 뉴클레오티드의 서열을 읽고서 단백질을 합성. DNA가 세포의 활성과 단백질 합성을 조절하는 2-단계 과정의 두 번째 단계.

결정한다. 예를 들어, mRNA 전사물의 다음 3개의 염기서열이 GUU라면, 이 서열을 인식하고 이에 해당하는 특정 아미노산(발린, val)을 운반하는 tRNA 분자가 와서 결합한다. 리보솜은 이 두 번째 아미노산이 첫 번째 아미노산과 결합하는 것을 촉진한다. tRNA 분자가 운반해 온 아미노산이 앞선 아미노산과 결합하고 나면, tRNA 분자는 mRNA에서 떨어져 나와 방출된다(그림 6.15 참조).

이런 과정이 계속되어 아미노산 사슬이 길어진다. mRNA의 다음 3개의 염기서열이 처음 2개의 아미노산에 추가될 다음 아미노산을 결정한다. 또 그 뒤의 3개의 염기서열이 네 번째 아미노산을 결정하는 방식으로 계속 이어진다. mRNA 가닥에 의해 지정된 아미노산이 순차적으로 서로 연결되는 과정을 **단백질 합성**이라고 부르는데, 단백질은 마치 실에 꿴 구슬처럼 아미노산의 사슬로 이루어진다. 단백질 합성 과정에서의 정확도는 중요하다. 만일 tRNA가 염기를 잘못 읽거나, 건너뛰거나, 중복해서 읽는다면, 단백질의 아미노산 서열을 변화시키고 정상적인 단백질의 기능을 변화시킬 수도 있다.

단계 3. 종결하기(terminate). 리보솜은 마침내 번역의 끝을 알리는 mRNA 코돈에 도달한다. 리보솜이 이 종결 서열과 만나면 아미노산 사슬의 조립이 끝나고, 아미노산 사슬과 mRNA 분자는 리보솜에서 분리된다. 만들어진 아미노산 서열은 곧 아미노산 곁가지의 화학적 특성에 따라 접히고 구부러진다(3장 참조). 접히고 구부러진 단백질은 3차원 구조를 형성한다. 완성된 단백질—막단백질이나 인슐린 또는 소화효소 등—은 세포 내에서 이용할 수도 있고, 혈류를 따라 필요한 신체 부위로 운반되기 위해 포장되기도 한다.

번역이 완료된 후, mRNA 가닥은 동일한 단백질의 다른 분자를 만드는 주형으로 반복되어 사용될 수 있다. 세균에서는 mRNA 가닥이 몇 초에서 1시간 이상 존속할 수 있으며, 포유류에서는 며칠이나 존속할 수 있다. 얼마나 오랫동안 mRNA가 존속하는지에 따라서 동일한 mRNA 가닥이 수백 번이나 번역되기도 한다. 마침내 mRNA는 효소에 의해 세포질에서 분해된다.

핵심요약 6.7

» 번역과정에서는 mRNA의 뉴클레오티드 서열에 암호화되어 있는 정보를 읽고, 세포질에 있는 구성요소들을 이용하여 단백질을 생산한다.

6.8 유전자는 다양한 방법으로 조절된다

왜 어떤 사람은 다른 사람보다 병에 더 잘 걸리는가? 왜 어떤 사람은 다른 사람보다 키가 큰가? 어떤 유전자를 가지고 있는 것인지는 분명히 중요하다. 그러나 **유전자 발현**—유전자 서열이 암호화하는 단백질의 생성—을 생각하면, 어떤 유전자를 가지고 있는가만 중요한 것이 아니다. 어떤 유전자가 켜져서 단백질 산물을 만들 것인지 아니면 꺼질 것인지에 관한 **유전자 조절**이 문제가 된다. 그리고 이것은 대부분 환경에 따라 달라진다.

마이크로어레이는 현미경 슬라이드와 같은 작은 칩으로, 동시에 수천 개의 유전자의 발현 정도를 추적 관찰하기 위해 사용된다(일례로 158쪽의 도입부 사진에서 볼 수 있다). 마이크로어레이는 유전자 발현 연구에 사용할 수 있는 강력한 도구이다. 신체의 한 부분으로부터 세포를 가져다 조직에서 이루어지는 유전자 발현을 연구한다. 마이크로어레이는 질병에 대한 반응, 질병 치료에 대한 반응 또는 노화에 대한 반응으로 유전자가 어떻게 다르게 발현되는지를 분석하는 데에 특히 유용하다.

예를 들어, 고독이 건강에 어떤 결과를 초래하는지에 대한 5년간의 연구에서 면역세포의 유전자 활성화에 대한 마이크로어레이 분석은 두 개의 참여자 그룹—한 그룹은 만성 사회적 고립과 고독을 경험하고 있는 사람들이고 다른 그룹은 그렇지 않은 사람들—사이에서 209개의 유전자가 다르게 발현됨을 보여주었다. 고독한 그룹에 속한 사람들은 효과적인 스트레스 반응과 관련된 몇몇 유전자의 전사(유전자 활성도)가 감소하였다. 그들은 또한 다양한 질병을 일으키는 염증 반응과 관련된 유전자 발현이 증가하였다(**그림 6.16**). 스트레스로 지친 사람들—스트레스가 많은 시험 기간 내의 사람들—을 대상으로 한 연구에서도 유사하게 면역 기능이 저하되었다!

유전자 발현 조절 세포는 각각의 유전자 발현 시기를 조절할 수 있는 다양한 메커니즘을 가지고 있다. 유전자 발현을 조절할 수 있는 주된 방법 중 하나는 DNA에서 주로 유전자 앞쪽(프로모터

그림 6.16 **사회적 격리.**

부위 앞쪽)에 위치한 특정 조절 부위에 결합하는 전사인자라는 단백질에 의한 것이다. 조절은 두 가지 양상으로 나타나는데, 조절 단백질이 결합하여 유전자 발현을 개시하거나 촉진시키는 것을 양성조절(positive control)이라고 하고, 조절 단백질이 결합하여 유전자 발현의 속도를 늦추거나 억제하는 것을 음성조절(negative control)이라고 한다.

조절 단백질은 유전자 발현이 조절되는 동일한 세포에서 합성될 수 있고 주변의 세포에 영향을 미칠 수도 있다. 예를 들어, 생명체의 초기 발생 과정 동안 유전자 조절은 한 가지 유형의 조직—뼈보다 근육—으로 세포가 분화하도록 이끄는 데 중요한 역할을 하고, 하나의 세포에서 생성된 단백질은 주변 세포의 유전자 발현에 영향을 미친다.

원핵세포의 유전자 조절과 젖당 오페론 생명체가 섭취하는 양분 때문에 조절 기작이 영향을 받기도 한다. 대장균이 환경에서 이용할 수 있는 당이 무엇인지에 따라 당 섭취를 조절하는 방법은 잘 연구된 예이다. 비록 대장균은 포도당을 선호하지만, 포도당이 없다면 에너지원으로 젖당을 이용한다(우리의 대장에 사는 세균인 대장균은 우유의 주된 당인 젖당을 흔히 만날 수 있다).

젖당을 흡수하고 소화하기 위해서는 3개의 유전자가 전사되어야 하지만 그렇지 않은 경우, 이런 과정을 위해 에너지를 낭비하지 않는다. 이 조절은 **오페론**이라 불리는 한 세트의 조절 서열에 의해 이루어지는데, 오페론은 여러 유전자와 그 유전자의 발현을 조절하는 서열이 한 단위체로 이루어진 집단을 말한다.

오페론의 첫 번째 조절 부위는 프로모터이다. 한 유전자가 전사되기 위해서는 RNA 중합효소가 유전자의 시작을 지시하는 DNA 상의 특정 뉴클레오티드 서열인 프로모터 부위를 인식하고 결합해야 한다. 두 번째 조절 부위는 **작동자**이다. 억제자라 불리는 단백질은 이 부위에 결합하여 RNA 중합효소가 젖당 대사를 위해 필요한 유전자를 전사하는 것을 억제한다. 세 번째 조절 요소는 **조절 유전자**이다. 이 유전자는 억제자 단백질을 암호화하는데, 억제자가 작동자에 결합하면 RNA 중합효소를 억제한다.

젖당 오페론이 작동하는 방법은 다음과 같다. 만일 젖당이 없다면: (1) 조절 유전자가 억제자 단백질을 만든다. (2) 억제자 단백질이 작동자에 결합한다. (3) RNA 중합효소가 젖당 대사 유전자를 전사하지 못한다(**그림 6.17**). 만일 젖당이 존재한다면: (1) 조절 유전자가 억제자 단백질을 만든다. (2) 젖당이 억제자 단백질에 결합하여 모양을 변화시킴으로써 억제자 단백질이 더 이상 작동자에 결합하지 못한다. (3) 억제자가 DNA에 결합하지 않기 때문에, RNA 중합효소가 프로모터에 결합하여 젖당 대사를 위해 필요한 유전자를 전사한다.

젖당 오페론은 포도당이 없을 때 작동한다는 사실에 주목하라.

오페론

오페론은 여러 유전자의 집단이다. 하나의 단위체로 DNA의 한 부분을 차지하며 유전자 발현을 조절하는 서열로 이루어져 있다.

오페론의 구성

프로모터
유전자의 mRNA 전사체를 만들기 위해 RNA 중합효소가 인식하고 결합하는 DNA 부위

작동자
억제자 단백질이 결합하는 부위. 억제자 단백질이 결합하면 RNA 중합효소가 유전자를 전사하는 것을 억제한다.

유전자
RNA 중합효소에 의해서 전사되는 DNA 부위

* 서열의 크기는 실제 크기 비율에 맞춘 것이 아니다. 프로모터와 작동자 부위는 유전자보다 대체로 짧다.

젖당 오페론의 작용

젖당이 없을 때: 오페론 꺼짐
억제자 단백질이 작동자에 결합하여 RNA 중합효소가 프로모터에 결합하는 것을 방해하고 젖당 대사에 필요한 유전자의 전사를 억제한다.

RNA 중합효소
억제자 단백질
프로모터 작동자 유전자 1 유전자 2 유전자 3

젖당이 있을 때: 오페론 켜짐
(약간 변형된) 젖당이 억제자 단백질에 결합하여 작동자에 결합하는 것을 억제한다. RNA 중합효소가 프로모터에 결합하여 젖당 대사에 필요한 유전자를 전사시킨다.

억제자 단백질,
젖당
RNA 중합효소
프로모터 작동자 유전자 1 유전자 2 유전자 3
mRNA 전사물

그림 6.17 구조와 작용. 대장균의 경우 환경조건에 따라 젖당 대사를 위해 필요한 유전자의 발현을 조절한다.

포도당이 없으면, 활성자(activator)라 불리는 조절 단백질이 젖당 오페론 근처에서 DNA가 풀리는 것을 도와 RNA 중합효소가 결합하고 유전자를 전사할 수 있게 한다. 그러나 포도당이 있으면, 활성자 단백질이 DNA에 결합하지 못하고, 이는 RNA 중합효소의 결합을 억제하여 젖당 대사 유전자의 전사를 막는다.

진핵세포의 유전자 조절 오페론 이외에도 많은 방법으로 유전자가 조절된다. 예를 들어, 많은 진핵세포의 유전자는 증폭자(enhancer) 서열과 연관되어 있다. 조절 단백질이 증폭자 서열에 결합하면 연관된 유전자의 전사율이 증가한다(양성 조절).

또 다른 유전자 조절 기작은 DNA에 화학물질이 결합하여 유전자가 전사되는 것을 방해하고(음성조절) mRNA를 조절하는 것이다. mRNA의 가공처리와 이동을 변화시킴으로써 또는 세포질에서 파괴되는 속도를 바꿈으로써 mRNA를 조절할 수 있다.

흥미롭게도, DNA 서열상의 변화가 아닌 염색체의 변화로 인해 몇몇 유전자의 장기간의 활성이 영향을 받을 수 있음이 관찰되었다. 게다가, 이러한 **후성유전학적** 변화는 자손에게 전달될 수도 있다.

예를 들어,, 극심한 스트레스를 경험한 여성이 임신하면 스트레스에 반응하는 호르몬 시스템에 영향을 미치는 여러 유전자 중 하나가 태아에게서 바뀌고, 아이가 태어난 이후에도 유지된다. 이런 후생학적인 변화가 일어나는 한 가지 메커니즘은 메틸기 같은 화학물질이 DNA에 결합함으로써 유전자가 전사되는 속도를 평생 감소시키는 것이다. 이런 경우, 스트레스에 반응하는 유전자는 억제되어 사춘기 아이들에게서 더 많은 행동적인 문제점이 발생하게 한다.

핵심요약 6.8

» 환경의 신호는 유전자를 켜고 끄는 것에 영향을 미친다. 조절 단백질은 DNA에 결합하여 RNA 중합효소의 결합을 방해하거나 용이하게 함으로써 유전자의 전사를 조절한다. 전사의 촉진또는 억제, mRAN 수명이나 mRNA 분해율 조절, 또는 번역과정이나 단백질 가공처리에 영향을 미치는 많은 방법으로 유전자 발현을 조절한다.

유전자 암호의 손상 원인과 손상으로 인해 야기되는 효과는 다양하다

▲ 그림에서 볼 수 있는 다양한 돌연변이 과일과 야채처럼 유전자 암호가 손상되면 정상적인 발달이 방해를 받을 수 있다.

6.9 돌연변이의 원인은 무엇이며, 그 결과는 무엇인가?

전사와 번역의 과정을 거쳐 생명체는 유전자의 정보를 살아가는 데 필수적인 단백질로 전환한다. 그러나 그 과정은 단지 생명체가 가지고 있는 유전 정보의 상태에 따를 뿐이다. 때때로 생명체의 DNA 염기서열을 변화시키는 상황이 나타난다. 이러한 변화를 **돌연변이**라고 하는데, 돌연변이가 일어나면 생산된 단백질의 구조와 기능도 변화될 수 있다. 종종 돌연변이의 효과는 넓은 범위에 걸쳐서 나타난다. 어떤 경우에는 생명체에게 심각한, 심하면 죽음에 이르게까지 하는 문제를 일으키기도 한다(**그림 6.18**). 어떤 경우에는 해로운 결과를 거의 또는 전혀 나타내지 않기도 한다. 때로는—매우 드물지만—생명체에게 유용한 결과를 나타내기도 한다.

돌연변이가 생명체에게 어떻게 영향을 주는지에 대한 한 가지 예로 유방암의 경우를 생각해보자. BRCA1과 BRCA2라는 2개의 사람 유전자가 적절하게 기능을 하면 DNA 손상을 수선하여 세포 내에 암을 유발할 수 있는 변화가 축적되는 것을 방지하여 유방암 발생을 막아준다. 만일 이들 유전자의 DNA 염기서열이 돌연변이를 통해 변하여 유전자의 정상 기능을 잃게 되면, 유방암 발생 위험도가 현저하게 높아진다(환경 변수를 포함하여 다양한 요인들이 암 발생에 영향을 주기 때문에, 이 돌연변이 유전자를 가진 사람의 경우, 유방암이 발생할 것이라고 확신할 수는 없다).

최근에 BRCA1/BRCA2 유전자의 DNA 염기서열에서 200개 이상의 변화가 발견되었는데, 이러한 각각의 변화로 인해 유방암 발생 위험이 증가된다.

돌연변이는 유전자를 변화시켜 이로부터 생성되는 단백질을 변화시킨다. 그림에서 볼 수 있는 것처럼, 눈 모양을 위한 유전자에 돌연변이가 생기면 거의 완전히 눈이 없어진다.

정상 초파리

돌연변이 초파리

그림 6.18 **엉망으로 만들기.**

생명체에게 파멸을 유발한다는 점을 고려한다면, 대부분의 돌연변이가 중립적으로 생명체에게 어떤 긍정적인 또는 부정적인 효과를 가지고 있지 않다는 것은 놀라운 일이다. DNA의 비-암호화 부위에서 돌연변이가 일어나거나 유전자 사이의 DNA에서 변화가 생기면 생성된 단백질의 기능을 변화시키지 않는다. 최근의 연구 결과에 따르면 생식세포에 돌연변이가 생길 확률은 한 세대당, 한 염기쌍에서 대략 10^{-8} 정도이다.

돌연변이는 진화 과정에서 중요한 역할을 한다. 유전 가능한 돌연변이는 생명체의 생존과 생식 능력을 감소시키기도 하고, 생명체의 생존과 생식 능력을 감소에 어떤 영향도 미치지 않기도 하며, 또한 매우 드문 돌연변이의 경우에는 유익할 수도 있다. 모든 생명체의 유전적 특성은, 최초에는, 모두 돌연변이의 결과였다. 부모로부터 유전되는 대부분의 돌연변이는 어떤 효과도 없다. 우리는 우리도 알지 못하는 돌연변이들을 운반하는 중이다!

돌연변이가 발생한 세포의 유형은 중요하다. 비생식세포(피부세포나 폐의 세포 등)에서 일어난 돌연변이는 건강을 해칠 수도 있다. 폐암이나 피부암 등의 많은 종류의 암이 이러한 돌연변이 결과로 발생한다. 그렇지만 비생식세포 돌연변이는 자손에게 전달되지 않는다.

반면에 생식세포(배우자)에 일어난 돌연변이는 건강을 해치지는 않지만, 후손에게 전달될 수 있다. 부모에게서 어떤 돌연변이를 물려받은 개인은 유방암이나 심혈관 질환 등의 질병에 걸릴 위험이 커질 수 있다. 유전된 돌연변이는 출산 이전에 영향을 미치기도 하고, 때로는 유산을 일으키거나 출산에 문제를 야기할 수 있다.

돌연변이에 의해 일어난 DNA의 변화는 일반적으로 두 종류이다: 점 돌연변이와 염색체 이상. **점 돌연변이**는 염기쌍이 다른 것으로 대체되거나 삽입 혹은 소실된 돌연변이이다(**그림 6.19**). 삽입과 소실된 경우가 대체된 경우보다 더 해로운데, 그 까닭은 단백질의 아미노산 서열 자체가 영향을 받기 때문이다. 염기쌍 하나가 추가되거나 제거된다면 mRNA 상의 정상적인 3-염기서열 조합에서 벗어나게 되고, 그 지점부터 아래쪽의 아미노산 서열 전체가 비정상적으로 될 것이다—즉, 해독틀(reading frame)이 옮겨진다. 이것은 컴퓨터 자판 위에 손을 올려놓는 것과 거의 같다. 글쇠 하나만큼 왼쪽이나 오른쪽으로 치우치게 하면, 정상적인 문장을 입력하더라도 뭐가 뭔지 알 수 없는 문장이 되고 만다.

염색체 이상은 한 염색체에 있는 유전자의 전체 조합에 일어나는 변화이다(**그림 6.20**). 염색체 이상은 문서 편집을 할 때 자르고 붙이는 것처럼 문서 내용의 많은 부분을 조작하는 것과 같다. 이런 염색체 이상은 DNA의 전체 부위를 잃거나, 염색체 한 부분에 있는 유전자가 동일한 염색체나 다른 염색체의 다른 어느 곳으로 이동하는 것을 포함한다, 또는 유전자가 중복되어 새로운 복사본이 유전체 어딘가에 끼어드는 일 등일 수 있다. 염색체 이상의 종류가 어떠하든, 그 유전자의 발현—유전자의 염기서열이 암호화하는 단백질의 합성—은 달라질 수 있으며, 그 주변에 있는 유전자의 발현도 달라질 수 있다.

세 가지 주요 요인에 의해 돌연변이가 일어난다. 그중 한 요인은 우리가 제어할 수 없지만, 나머지 두 요인은 상당한 정도로 감소시킬 수 있다(**그림 6.21**).

1. **자발적 돌연변이.** 어떤 돌연변이는 세포가 분열할 때, DNA의 긴 가닥을 복제하는 과정—사람의 경우 1분당 1,000개 염기 이상의 속도로 진행된다—에서 우연히 일어난다. 대부분의 실수는 DNA 수선 효소에 의해 수정되지만, 모두 수선되는 것은 아니다.

점 돌연변이

점 돌연변이에서는 하나의 뉴클레오티드가 변하여 돌연변이 단백질이 만들어지기도 한다. 뉴클레오티드는 치환되거나 유전자에 삽입되거나 또는 유전자에서부터 소실될 수 있다.

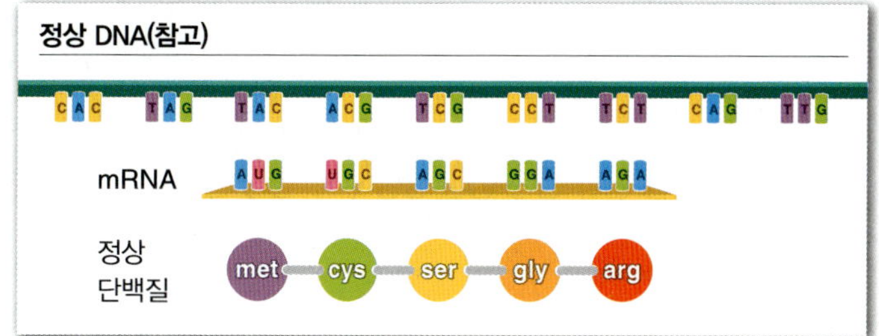

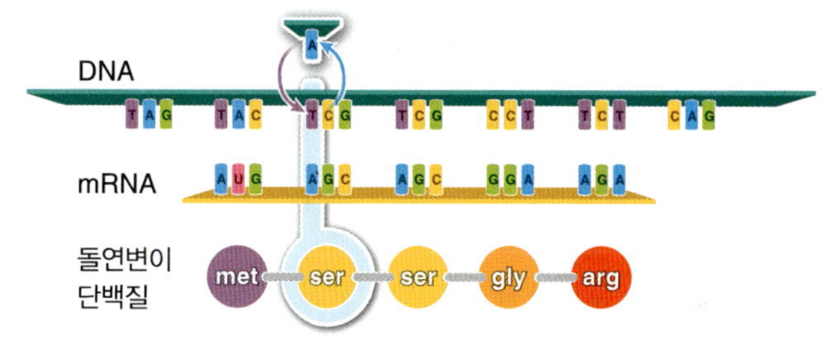

그림 6.19 한 개의 뉴클레오티드의 변화가 돌연변이 단백질을 만든다.

염색체 이상

염색체 이상에서는 염색체의 부위 전체가 변화된다. 염색체 이상은 유전자 소실, 유전자 재배치 또는 유전자 중복을 포함한다.

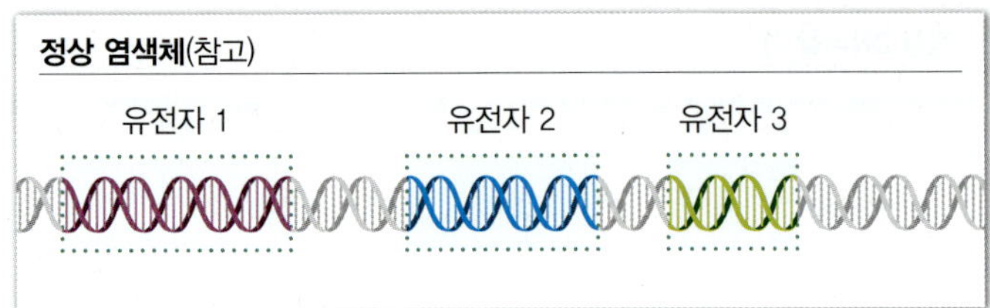

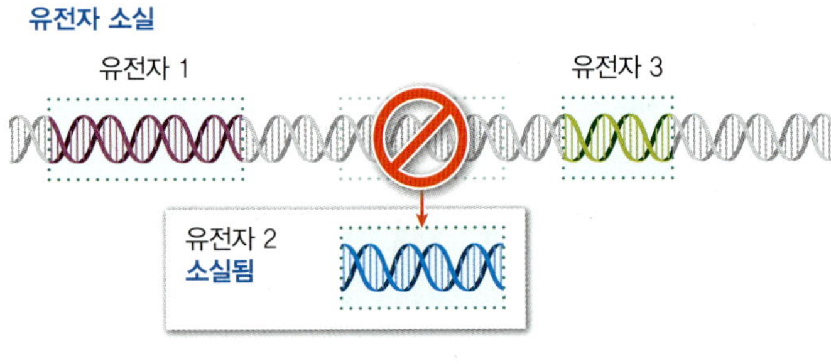

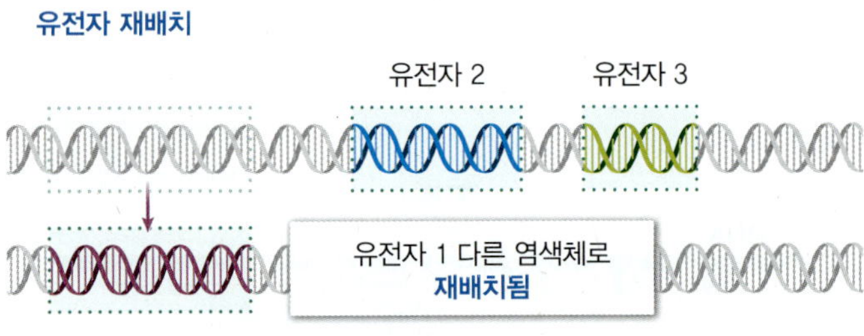

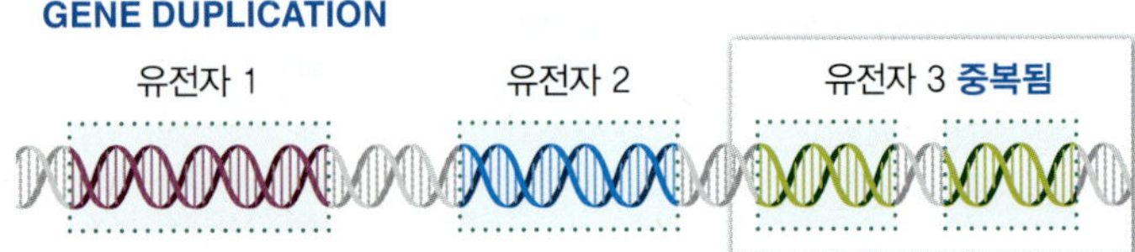

그림 6.20 **염색체 전체가 바뀌기도 한다.**

Q 치과의사는 왜 당신의 치아를 X-선 촬영할 때 무거운 납으로 만든 앞치마로 당신을 덮어주는가?

2. **방사선에 의한 돌연변이.** X-선과 같은 이온화 방사선은 단단하게 결합한 전자를 제거함으로써 원자 구조를 파괴할 수 있을 만큼 충분한 에너지를 가지고 있어서 심지어 염색체도 조각낼 수 있다. 이온화 방사선은 납을 통과하지 못하므로 치과의 X-선으로부터 우리 몸을 보호하기 위해 납으로 만든 앞치마를 입는다. 그러나 전자를 제거할 수 없을 정도의 작은 에너지를 가지고 있는 비이온화 에너지를 쪼이더라도 DNA가 손상될 수 있다. 예를 들어, 햇빛의 자외선(UV)을 쪼이면 DNA의 특정 염기에 흡수되어 결합이 재배열된다. 상보적인 DNA 가닥과 올바르게 짝을 짓지 못하여 정상적인 세포가 암세포로 전이될 수 있다. 따라서 햇볕에 오랫동안 노출되면 피부암이 생길 수 있는 것이다.

   또 다른 위험한 방사선은 핵발전소 원자로에서 방사성 원소를 이용하고 에너지 생성 반응을 수행하는 과정 중에 나타난다. 방사능의 높은 에너지는 신체를 투과한 후 DNA를 파괴하여 점 돌연변이와 염색체 이상을 일으킬 수 있다.

3. **화학물질에 의한 돌연변이.** 담배 연기와 내연기관의 배기가스에 있는 것과 같은 많은 화학물질 또한 DNA 분자의 원자와 반응하여 돌연변이를 일으킬 수 있다.

6.11절에서는 DNA의 염기서열에 일어난 작은 변화가 어떻게 단백질 합성의 오류로 이어져 심각한 건강문제를 일으킬 수 있는지 알아볼 것이다.

핵심요약 6.9

» 돌연변이는 염기 하나의 변화 또는 여러 유전자를 포함하는 큰 DNA 조각에 생긴 변화를 의미한다. 돌연변이는 해로울 수도 있지만, (매우 드물기는 하지만) 이로운 점이 있을 수 있다. 돌연변이는 진화에 있어서 중요한 역할을 한다.

어떻게 행동하는가에 따라 돌연변이 위험을 높이거나 낮출 수 있다: 흡연, 일광욕, 그리고 방사선(차폐용 납 앞치마를 주목).

그림 6.21 **돌연변이를 유발하는 활동들.**

6.10 자외선 차단제가 피부암의 위험을 줄여줄까?

자외선 차단제를 발라라!

자외선의 한 종류인 UVB(중간파장자외선)에 노출된 피부는 손상을 받기 쉽다. 자외선 차단제는 일부 UV를 흡수하거나 반사하는 화학물질을 포함하고 있는데, 이렇게 함으로써 자외선 차단제는 햇볕에 타는 것을 포함하여 태양의 많은 해로운 효과로부터 보호해준다. 우리가 모두 알고 있듯이 자외선 차단제는 피부암으로부터 우리를 보호한다.

생각하기, 짝과 나누기

수업 수강생 중 하나와 짝을 형성하시오. 다음의 질문을 읽고 답에 대하여 60초 동안 조용히 생각하시오. 이후 5분 동안 토론을 하고 자신의 답을 공유할 수 있게 준비하시오.

- 자외선 차단제와 흑색소증의 관련성에 대한 타당한 설명 2가지는 무엇인가?
- 이 질문에 대한 이 상이한 실험적 접근이 중요한 변수를 통제하는 데에 나타나는 강점과 약점의 차이를 설명하시오.

몇몇 사람들은 왜 자외선 차단제가 긍정적인 효과가 있는지에 의구심을 가지는가?

자외선 차단제는 1960년대와 1970년대에 널리 사용되었는데, 그 시기 이후로 흑색소증 발생이 증가하였다. 이상하게도 자외선 차단제가 더 많이 사용된 지역인 북아메리카, 호주, 스칸디나비아에서 흑색소증 발병률이 더 높았다. 미국에서의 흑색소증 발병률은 1975부터 2019년까지 3배로 증가하였다. 게다가, 1979년과 1995년 사이에 보고된 8건의 연구 결과는 자외선 차단제 사용과 흑색소증 사이의 명백한 양성 상관관계를 밝혔다.

자외선 차단제 사용자들은 더 커다란 발암 위험에 놓이게 된다! 이유는 무엇인가?

자외선 차단제 사용자들은 안전에 대한 잘못된 생각으로 태양에 노출되는 것을 제한하거나 방호복을 입지 않는 경향이 있다. 게다가 더욱 심각한 문제는 2010년까지만 해도 자외선 차단제의 단지 1/3만이 태양의 모든 자외선 파장으로부터 보호 기능이 있었다. 다시 말해서, 자외선 차단제는 햇볕에 타는 것은 막아주지만 해로운 광선을 차단하지는 못했다.

그러나 자외선 차단제를 버리기 전에 과학적인 사고를 해보자.

자외선 차단제를 사용하는 사람들이 정말 암으로부터 보호를 받는지에 대해 어떻게 생각하는가?

자외선 차단제의 사용과 흑색소증 위험 사이의 명백한 상관관계를 보여주는 연구는 환자-대조군 연구였다. 흑색소종을 나타내는 사람들을 식별하고, 이후에 흑색소증을 나타내지 않는 사람들과 비교하였다. 두 집단에서 자외선 차단제 사용과 같은 어떤 뚜렷한 차이를 나타내는지를 조사하였다.

환자-대조군 연구(질병군과 비질병군을 비교하는 연구)는 집단들이 동일한 조건에 처해지지 않으면 의미를 상실한다—예를 들어, 흑색소증 그룹이 건강한 그룹보다 훨씬 더 많이 태양에 노출되었을 수 있다. 실제로 자외선 차단제에 관한 연구에 대한 검토는 환자-대조군 연구가 혼동하기 쉬운 변수에 의해서 방해받을 가능성을 제시했다.

"무작위 대조 연구": 이것이 왜 환자-대조군 연구보다 더 좋은가?

환자-대조군 연구를 대체할 수 있는—일반적으로 보다 강력한—연구는 무작위 대조 연구이다. 2011년, 호주의 연구진들은 무작위로 1621명의 성인을 두 개의 그룹으로 나누어 진행한 연구 결과를 발표했다: 두 그룹의 사람들은 규칙적으로 자외선 차단제를 사용하거나 재량껏 자외선 차단제를 사용하도록 하였다. (만일 자외선 차단제를 전혀 사용하지 않은 또 다른 그룹을 함께 연구했다면 더 좋은 연구였을까? 왜 이렇게 하지 않았을까?)

5년 동안 자외선 차단제를 바른 그룹의 사람들은 무제한으로 자외선 차단제를 제공받았고 매일, 아침마다 자외선 차단제를 바르도록 요구받았다 (땀을 흘리거나 목욕을 하거나 오랜 시간 동안 태양에 노출된 이후에도). 재량껏 자외선 차단제를 사용하도록 한 그룹의 사람들은 마음대로 자외선 차단제를 사용하도록 하였다 (몇몇 사람들은 전혀 자외선 차단제를 사용하지 않았다). 5년 동안 이처럼 처리하고 그 이후 추가적인 10년 동안, 연구자들은 흑색소증의 발생을 관찰했다.

그 결과는 놀라웠다. 규칙적으로 자외선 차단제를 사용한 812명 중 11명에게서 새롭게 흑색소증이 생겼다. 재량껏 자외선 차단제를 사용한 그룹의 809명 중에서는 2배나 많은 사람에게서 흑색소증이 새로 발병하였다. 더욱 심각한 유형인 침습성 흑색종은 재량껏 자외선 차단제를 사용한 그룹에서 4배나 더 많이 발생했다. 설문지에 따르면, 두 그룹 사이에는 태양에 노출된 시간은 차이가 없었다.

암 전문가는 이 연구를 결정적인 전환점 역할을 할 수 있는 최초의 무작위 대조 연구라고 하였다. 이는 흑색소증 예방 전략이 규칙적인 자외선 차단제의 사용을 늘리려는 노력과 함께 병행되어야 한다는 것을 명백하게 보여주는 결과이다.

핵심요약 6.10

» 환자-대조군 연구는 특정 결과를 지닌 개인을 결과를 지니지 않은 개인과 비교하는 것이다. 연구자들은 위험 요소에 노출되었는지를 되돌이켜 보며 차이점을 찾는다. 무작위 대조 연구를 통한 접근은 결과에 영향을 미치는 혼동하기 쉬운 변수를 더 잘 줄여주기 때문에 보다 강력한 연구이다.

6.11 결함이 있는 효소를 암호화하는 결함이 있는 유전자는 질병을 유발할 수 있다

유전자에서 단백질을 암호화하는 부위에 발생하는 결함은 많은 질병의 원인이 된다. 예를 들어, Tay-Sachs 병의 경우(4장 참조) 세포의 노폐물을 처리하는 기능을 하는 리소솜에서 중요한 지방분해효소를 생산하지 못하는 돌연변이 유전자를 물려받은 개인에게서 나타난다. 리소솜에서 일부 지질을 분해하지 못하므로 지질이 분해되지 않은 채로 축적된다. 그러면 리소솜이 부풀어 올라 결국 세포가 죽음에 이르게 된다. 이러한 일은 생후 초기 몇 년 사이에 많은 세포에서 일어나고 결국 어린 나이에 사망하게 된다.

경우에 따라 세부적인 면에서 차이가 있더라도, 전체적으로 보면 많은 유전질환은 동일한 특징을 나타낸다. 돌연변이 때문에 질환에 이르는 경로는 단지 4가지의 짧은 단계를 포함한다(**그림 6.22**).

1. 제기능을 하지 못하는, 주로 효소인, 단백질을 돌연변이 유전자가 암호화한다.
2. 제기능을 하지 못하는 단백질은 특정 반응을 정상적으로 촉매할 수 없어 반응이 멈추게 된다.
3. 정상적으로는 효소와 반응하여 다른 물질로 전환되어야 할 분자가 축적되는데, 이는 마치 반쯤 만들어진 생성물이 쌓여 조립공정 라인을 차단하는 것과 같다.
4. 축적된 화학물질이(예를 들어,, Tay-Sachs 질병과 같은) 병이나 죽음을 초래한다.

돌연변이가 질병으로

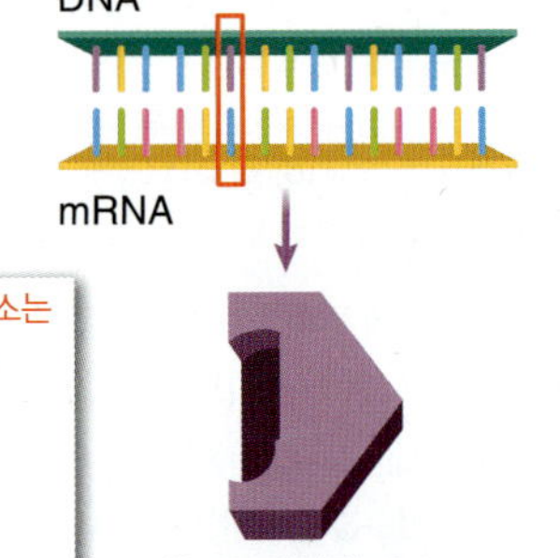

1 돌연변이 유전자는 기능을 상실한 단백질(대개 효소)을 암호화한다.

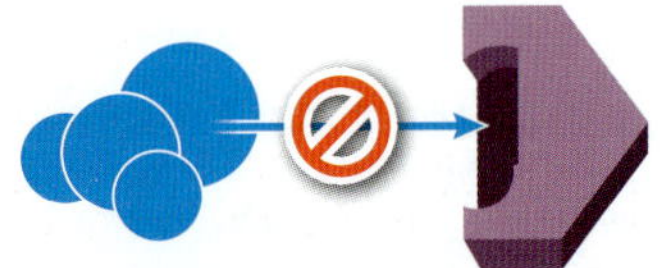

2 기능을 상실한 효소는 정상 효소라면 수행할 반응을 촉매하지 못한다.

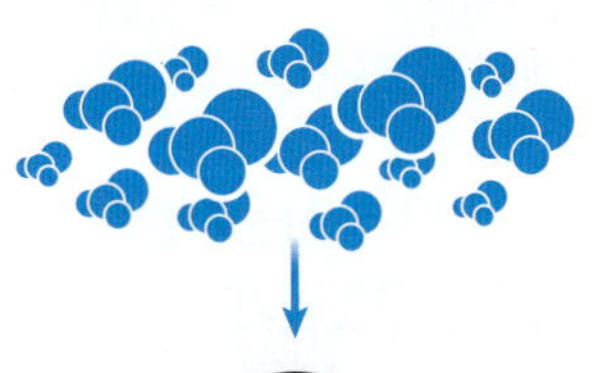

3 정상이라면 반응을 통해 변형되었어야 할 분자가 세포 내에 축적된다.

4 축적된 화학물질이 질병이나 죽음(예, Tay-Sachs 질병)을 초래한다.

그림 6.22 결함이 있는 효소는 대사과정을 방해할 수 있다.

대부분 유전질환이 효소의 결함에 의해 나타난다는 사실로부터 이에 대처할 방법을 유추할 수 있다. 정상 기능을 가지는 효소 제제를 투여하는 방법도 그 하나이다. 예를 들어, 젖당-비내성 환자에게 젖당분해효소를 투여하면 이 환자는 곧 젖당을 소화할 수 있게 된다. 다른 방법으로는 젖당-비내성 환자가 젖당이 함유된 음식 섭취량을 줄여서 젖당이 몸에 과도하게 축적되는 것을 피함으로써 문제 발생을 줄일 수도 있다.

핵심요약 6.11

» 대부분 유전질환은 유전자의 돌연변이 결과로 나타나는데, 제기능을 하지 못하는 효소가 만들어지므로 대사경로의 기능이 억제된다.

Wi-Fi 노출 위험: 무릎 위에 컴퓨터를 놓고 사용하는 것이 안전할까?

학생들은 휴대용 노트북(랩톱)을 즐겨 사용한다. 대학생을 대상으로 진행한 2019년 설문조사에 따르면, 80% 이상이 주로 랩톱을 사용한다—하루에 평균 3시간 이상. 그러나 "랩톱"이라는 말을 사용하는 것이 많은 논쟁거리를 야기시켜 왔다. 처음에는 랩톱이 발생시키는 열에 의해서 피부에 "열성홍반"에 대한 우려가 있었다. 그러나 최근에는 전자기파 노출의 해로운 영향에 관해서 더 많이 우려하고 있다.

랩톱은 어떻게 인터넷과 접속하는가? 휴대용 노트북(랩톱)은 Wi-Fi—일반적으로 전자기 스펙트럼 중에서 2.4GHz를 사용—를 통해서 인터넷에 연결한다. 이는 음식을 요리할 때 사용하는 전자레인지가 사용하는 것과 동일한 종류의 방사선이다. 랩톱의 Wi-Fi 어댑터는 데이터 전송 유무에 상관없이 전원이 켜져 있는 상태에서는 전자기파(EMR)를 내보낸다.

우리는 이것을 걱정해야 하는가? 아마도 걱정해야 할 것이다. 2012년 연구에서 연구진들은 29명의 남자로부터 정자를 채취하고, 이를 2개의 페트리 접시로 나누었다. 4시간 동안 한 샘플은 랩톱 아래에 두고 다른 하나는 Wi-Fi로부터 멀리 떨어진 곳의 같은 온도에 두었다. 그 결과 Wi-Fi에 노출된 정자의 9%에서 DNA 손상이 관찰되었는데, 이는 Wi-Fi에 노출되지 않은 정자에서 관찰되는 손상보다 3배나 많은 것이다.

2018년, Wi-Fi에 노출되는 정도가 다른 세 그룹(30분보다 짧게 노출된 그룹; 31~120분 동안 노출된 그룹; 121분 이상 노출된 그룹)의 사람들을 대상으로 후속 연구를 하였다. 그 결과 EMR에 노출되는 시간이 길수록 정자의 DNA 손상이 뚜렷하게 증가하였다(생화학적인 변화가 DNA 손상을 증가시키는 것으로 보였다). 많은 동물 시험에서도 결과는 유사하였다. 인체 노출에 대한 안전 지침보다 낮은 수준의 Wi-Fi에 노출된 쥐에서 심각한 DNA 손상이 입증되었다. 이러한 연구를 통해서 입증된 돌연변이는 단일 가닥 DNA 서열의 절단(종종 수선된다)뿐만 아니라 DNA의 절편화, 그리고 이중가닥의 절단(종처럼 수선되지 못한다)이었다.

이 문제는 해결되었는가? 결코, 그렇지 않다. 많은 연구가 현재 진행 중이고 방법도 개선 중이다. 앞에서 언급한 연구에서의 정자는 정소에 있는 것이 아니었기 때문에 직접 EMR에 노출시켜 보았다. 그리고 여전히 이 문제는 경험적 보고가 아니라 사람과 동물에게 미치는 EMR의 영향에 대한 수십 번 이상의 통제된 실험을 통해서 결과를 얻었다. 전문가들은 심히 우려하며, "Wi-Fi는 사람의 건강을 위협하는 중요한 위험 요소이다"(*Environmental Research*, 2018) 그리고 "왜 랩톱을 무릎 위에 두고 사용하지 말아야 하는가에 대한 근본적인 원인" (*Journal fo Biomedical Physics & Engineering*, 2016)과 같은 경종을 울리는 제목을 가진 연구 논문들을 전문가의 평가를 거쳐 발간하고 있다.

또한, 요즘은 대부분 학교, 호텔, 공항 그리고 커피숍에서 Wi-Fi를 이용할 수 있다. 우리가 동의하지 않아도 매일 Wi-Fi를 통해서 EMR에 노출되는 정도가 증가하고 있다.

EMR에 노출되는 것을 제한하기 위해서 우리가 취할 수 있는 조치가 있는가? 더 결정적인 증거를 기다리는 동안 우리가 취할 수 있는 몇 가지 방법이 있다.

- 사용하지 않는 동안 랩톱의 Wi-Fi 전원을 꺼라.
- 가능하면 이더넷 케이블로 인터넷에 연결하라.
- 신체에서부터 랩톱(휴대폰, EMR을 방출시키는 물건들)을 멀리 두어라. 무릎 위보다는 테이블 위에 랩톱을 두어라.

연습 데이터의 시각적 표현을 비판적으로 살펴보기

도표로 배우기

1. 도표에 있는 여러 종 중에서, 어떤 종의 비암호화 DNA 비율이 가장 큰가? 어떤 종의 비암호화 DNA 비율이 가장 작은가?

2. 막대그래프에서 색칠되지 않은 오른쪽 부분은 무엇을 나타내는가? 막대그래프에서 색칠된 왼쪽 부분은 무엇을 나타내는가?

3. 제시된 데이터를 보고, 얼마나 많은 암호화 DNA를 가지는지에 따라서 생물 종들을 순서대로 나열할 수 있는가? 만일 그렇지 않다면 이유를 설명하시오.

4. 제시된 데이터를 이용해서, 더 많은 암호화 DNA를 가지고 있으면 그 생명체가 더 복잡하다는 주장에 대해서 어떻게 반박할 수 있는가?

5. x 축은 무엇을 의미하는가? y 축은 무엇을 의미하는가? 왜 동일한 data를 표로 나타내는 것보다 그래프로 나타내는 것이 더욱 설득력이 있는가? 만일 x 축과 y 축을 바꾼다면 그림에 대한 해석이 어떻게 달라지는가?

6. 제시된 데이터는 각 생명체의 유전체 크기에 대한 정보를 제공하지 않는다. 암호화 DNA의 비율을 보여주는 것이 왜 유용한가?

7. 이 그래프에서 어떤 결론을 도출할 수 있는가?

답은 부록에 있습니다.

다양한 생명체의 암호화 DNA 비율

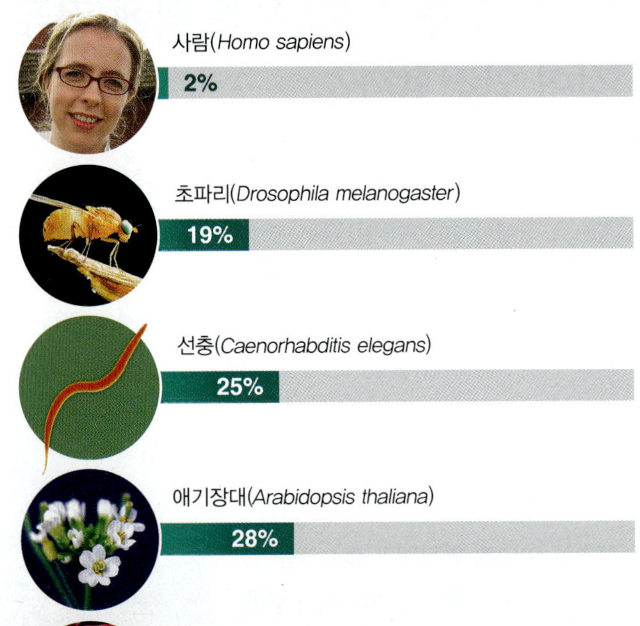

주요 용어: DNA와 유전자 발현

뉴클레오타이드 nucleotide, 152쪽
단백질 합성 protein synthesis, 163쪽
대립유전자 allele, 154쪽
돌연변이 mutation, 166쪽
디옥시리보핵산 deoxyribonucleic acid(DNA), 152쪽
리보솜 소단위 ribosomal subunit, 161쪽
번역 translation, 157쪽
암호 code, 154쪽
엑손 exon, 156쪽
염기 base, 152쪽
염기쌍 base pair, 153쪽
염색체 chromosome, 154쪽
염색체 이상 chromosomal aberration, 167쪽
오페론 operon, 164쪽
운반 RNA transfer RNA (tRNA), 160쪽
유전자 gene, 154쪽
유전자 발현 gene expression, 163쪽
유전자 조절 gene regulation, 163쪽
유전자형 genotype, 157쪽
유전체 genome, 154쪽
인트론 intron, 156쪽
작동자 operator, 164쪽
전령 RNA messenger RNA (mRNA), 157쪽
전사 transcription, 157쪽
점돌연변이 point mutation, 167쪽
조절 유전자 regulatory gene, 164쪽
좌위 locus(복수 loci), 154쪽
코돈 codon, 160쪽
표현형 phenotype, 157쪽
프로모터 부위 promoter site, 158쪽
핵산 nucleic acid, 152쪽
형질 trait, 155쪽
후성유전학 epigenetic, 165쪽

요약

DNA는 무엇이고 무슨 일을 하는가?

- DNA는 모든 생명체가 자신의 신체에 있는 대부분 모든 세포에 가지고 있는 분자이다. DNA는 모든 세포의 기능에 대한 명령을 담고 있다. 사람마다 DNA는 고유하고, 살아가는 동안 (그리고 심지어는 우리가 죽은 이후에도) DNA 흔적을 남기기 때문에 DNA는 개인 식별자로 이용될 수 있다.
- DNA는 핵산이며, 정보를 저장하는 거대 분자이다. DNA는 당, 인산기, 질소-함유 염기로 이루어진 뉴클레오티드라는 개별

단위로 구성된다. 사다리 모양의 분자를 구성하는 한쪽(DNA 한 가닥)의 염기서열은 다른 쪽(DNA의 다른 한 가닥)의 염기서열과 상보적이다.

- DNA는 모든 생명체의 모든 구조를 결정하는 명령을 제공하는 공용 언어이다. 한 개체가 가지고 있는 DNA 전체를 유전체라고 한다. 유전자는 대개 단백질이나 RNA 분자처럼 기능을 가지는 산물을 생산하는 데에 필수적인 정보를 지닌 DNA 분자의 염기서열이다.
- 진핵생물에서는 DNA 중 단지 일부분만이 단백질을 암호화하는 유전자이다: 적어도 일부는 유전자 조절과 같이 세포에서 중요한 역할을 담당하기도 하지만 나머지 부분의 기능은 아직 밝혀지지 않았다.
- DNA 가닥에 있는 유전자는 정보 저장소이다. 이 정보에 의해 생명체를 만드는 과정은 두 가지 중요한 단계를 거쳐 이루어진다: 전사는 유전자 염기서열의 복사본을 만드는 것이고, 번역은 이 복사본을 이용하여 단백질 생산을 지시하는 것이다.

DNA의 정보는 생명체를 이루는 분자 생산을 지시한다.

- 전사과정(진핵세포에서는 핵에서 일어남)에서 DNA의 특정 유전자의 사본이 mRNA 분자 형태로 만들어진다. 유전자의 mRNA 사본이 완성되면, 핵 바깥의 폴리펩티드로 번역될 수 있는 세포질로 이동한다.
- 번역과정에서는 mRNA의 뉴클레오티드 서열에 암호화되어 있는 정보를 읽고, 세포질에 있는 구성요소들을 이용해 단백질을 생산한다.
- 환경의 신호는 유전자를 켜고 끄는 것에 영향을 미친다. 조절 단백질은 DNA에 결합하여 RNA 중합효소의 결합을 방해하거나 용이하게 함으로써 유전자의 전사를 조절한다. 전사의 촉진 또는 억제, mRAN 수명이나 mRNA 분해율 조절 또는 번역과정이나 단백질 가공처리에 영향을 미치는 많은 방법으로 유전자 발현을 조절한다.

유전자 암호의 손상 원인과 손상된 효과는 다양하다.

- 돌연변이는 염기 하나의 변화 또는 여러 유전자를 포함하는 큰 DNA 조각에 생긴 변화를 의미한다. 돌연변이는 해로울 수도 있지만, (매우 드물기는 하지만) 이로운 점이 있을 수 있다. 돌연변이는 진화에 있어서 중요한 역할을 한다.
- 환자-대조군 연구는 특정 결과를 지닌 개인을 결과를 지니지 않은 개인과 비교하는 것이다. 연구자들은 위험 요소에 노출되었는지를 되돌이켜 보며 차이점을 찾는다. 무작위 대조 연구를 통한 접근은 결과에 영향을 미치는 혼동하기 쉬운 변수를 더 잘 줄여주기 때문에 보다 강력한 연구이다.
- 대부분 유전질환은 유전자의 돌연변이 결과로 나타나는데, 제기능을 하지 못하는 효소가 만들어지므로 대사경로의 기능이 억제된다.

복습하기

짧게 답하기

1. DNA는 우리 사회의 정의를 어떻게 그리고 왜 보다 확고하게 하는가?
2. 어떤 DNA 분자의 염기서열을 분석한 이후 20%의 염기가 시토신이라는 사실을 발견하였다면 티민은 몇 %일까? 그리고 이유는 무엇인가?
3. DNA 분자에서 당-인산 골격이 하는 기능은 무엇인가?
4. 진핵생물에서 단지 일부분의 DNA만이 단백질을 암호화하고, 나머지는 때로는 "잡동사니 DNA"라고 불린다. 일부 비-암호화 DNA에 대해서는 이것이 왜 틀린 표현인가?
5. 전사의 역할은 무엇인가? 이 과정은 왜 필수적인가? 새로운 생명체를 만들기 위해서 DNA에 있는 정보를 사용하는 첫 단계가 왜 번역과정이 아닌가?
6. 진핵세포에서 유전자의 mRNA 사본이 만들어지고 나면, 왜 mRNA는 세포질로 이동하는가?
7. 번역과정에서 tRNA의 역할은 무엇인가?
8. 대장균은 에너지원으로 포도당을 선호한다. 그러나 포도당은 없고 젖당만 있더라도 대장균은 살 수 있다. 대장균은 어떻게 이런 환경 변화에 반응을 할 수 있는가?
9. 돌연변이는 종종 나쁜 결과를 초래하는 부정적인 것으로 여겨진다. 돌연변이에 대한 이런 생각이 왜 다소 모순일까?
10. 테이삭스 질병은 어떤 대사과정에 이상이 생긴 것인가?

정답고르기

1. 어떤 개인의 고유한 DNA가 담겨 있는 곳은?
   a) 근육 세포 **b)** 머리카락
   c) 침 **d)** 피부 세포
   e) 위의 모든 것이 개인의 DNA를 가지고 있다.
2. 모든 DNA 분자에서 언제나 같은 것은?
   a) 당
   b) 염기
   c) 인산기
   d) a와 b만 언제나 같다.
   e) a와 c만 언제나 같다.
3. 진핵생물의 경우 새롭게 합성된 단백질은 거의 대부분 ________에서 발견된다. 원핵생물의 경우 새롭게 합성된 단백질은 거의 대부분 ________에서 발견된다.
   a) 세포질; 핵 **b)** 핵; 세포질
   c) 핵; 핵 **d)** 세포질; 세포질
4. 사람의 경우, 유전자가 차지하는 DNA의 범위는?
   a) 5% 미만 **b)** 약 25%

c) 약 50% d) 약 75%

e) 95% 이상

5. 유전자형과 표현형의 관계는:

a) 쿠키와 오븐

b) 쿠키와 조리법

c) 요리책과 쿠키

d) 조리법과 쿠키

e) 오븐과 쿠키

6. 큰 분자인 ________이 ________를 인식하면 전사과정이 시작된다.

a) RNA 중합효소, 전령 RNA

b) DNA 중합효소, 종결부위

c) DNA 중합효소, 프로모터 부위

d) RNA 중합효소, 프로모터 부위

e) DNA 중합효소, 전령 RNA

7. 단백질을 조립하는 데 사용되는 20개의 아미노산 각각에 대해 서로 다른 _______ 분자가 존재한다.

a) 리보솜 소단위

b) tRNA

c) mRNA

d) DNA

e) 신장 요소

8. 소실과 치환은 점 돌연변이의 두 가지 형태이다. 이들 가운데 단백질을 잘못 번역할 가능성이 더 큰 것은 무엇인가?

a) 치환, 해독틀을 변화시켜 이후의 아미노산이 달라지게 하기 때문이다.

b) 치환, 하나의 단백질을 다른 단백질로 치환하기 때문이다.

c) 소실, 해독틀을 변화시켜 이후의 아미노산이 달라지게 하기 때문이다.

d) 소실, 하나의 단백질이 없어지기 때문이다.

e) 위의 내용 모두 옳지 않다.

9. 돌연변이에 대한 언급으로 옳지 않은 것은?

a) 돌연변이는 매우 드물다.

b) DNA에서의 돌연변이는 항상 합성되는 단백질의 구조와 기능상의 변화를 초래한다.

c) 하나의 뉴클레오티드 염기쌍이 다른 염기쌍으로 치환되면 점 돌연변이가 일어난다.

d) 돌연변이의 한 유형이 염색체 상에 있는 유전자들의 전체적인 구성의 변화이다.

e) X-선은 돌연변이를 유발한다.

10. 휴대용 노트북(랩톱)이 DNA 손상을 유발하는 이유가 Wi-Fi 조사 때문인지 아니면 과다한 열 때문인지를 구별하기 위해서는 다음의 실험 중 어떤 실험이 유용한가?

a) 한 정자 샘플은 30분 동안 Wi-Fi를 켜둔 랩톱 가까이에 두고, 다른 샘플은 120분 동안 작동은 하지만 Wi-Fi는 끈 랩톱 가까이에 둔다.

b) 한 정자 샘플은 작동을 하고 Wi-Fi도 켜진 랩톱 가까이에 두고, 다른 샘플은 전원은 켜져 있지만 Wi-Fi는 끈 랩톱 가까이에 둔다.

c) 한 정자 샘플은 작동을 하고 Wi-Fi도 켜진 랩톱 가까이에 두고, 다른 샘플은 전원이 완전히 꺼진 랩톱 가까이에 둔다.

d) 한 정자 샘플은 30분 동안 Wi-Fi를 켜둔 랩톱 가까이에 두고 이후 랩톱에서부터 떨어진 곳으로 이동시키고, 다른 샘플은 120분 동안 노출시킨 이후 랩톱에서부터 떨어진 곳으로 이동시킨다.

e) 위 실험들 모두 유용하다.

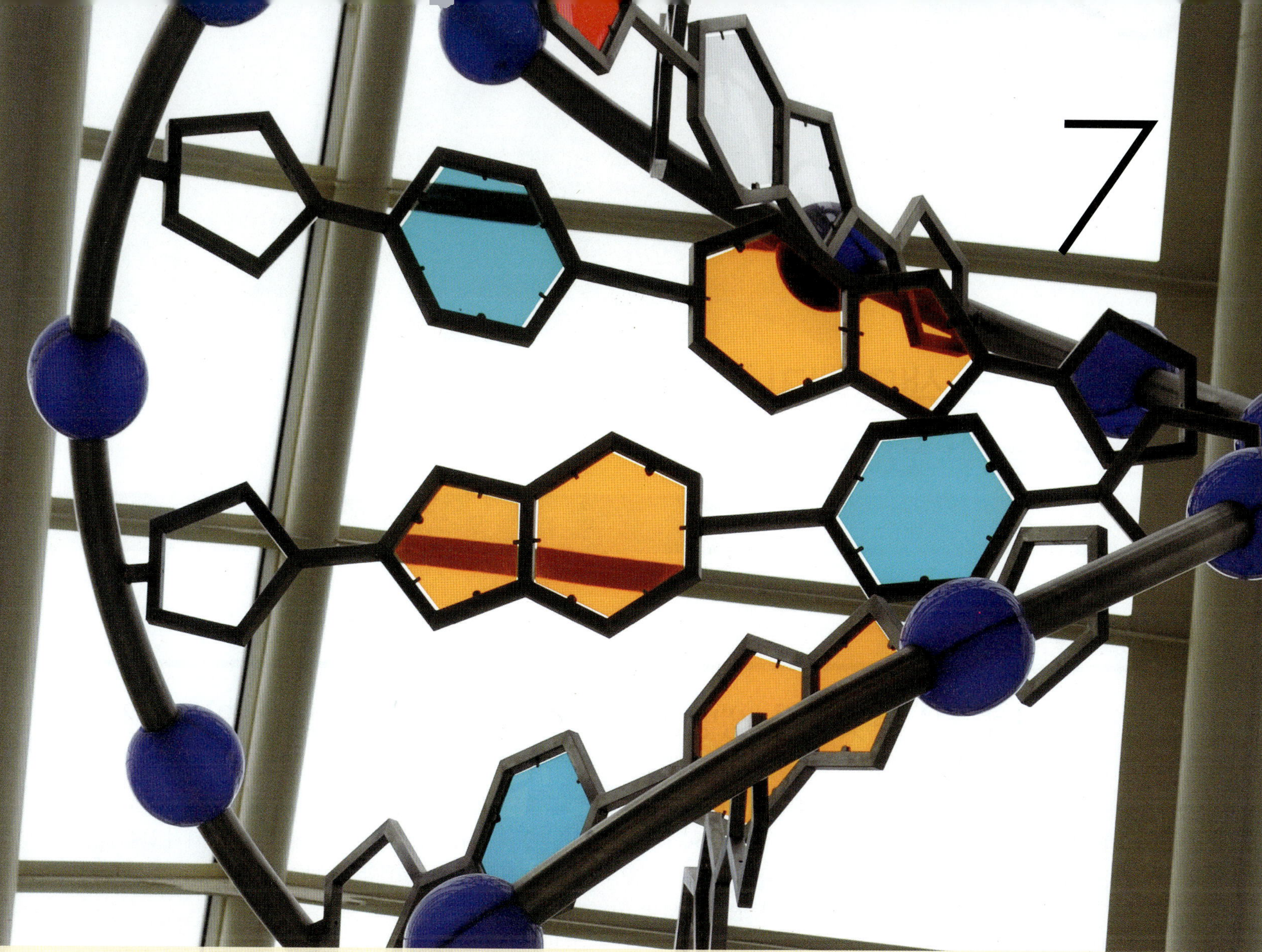

7

생명공학

유전암호 이용하기

▲ 스페인 발렌시아의 과학박물관에 있는 DNA 이중나선 조형물.

살아있는 생명체가 실질적인 이익을 위해 조작될 수 있다

▲ 복제된 비글 강아지

7.1 생명공학은 무엇이며, 생명공학을 통해 무엇을 기대할 수 있는가?

생명체, 세포 그리고 이들을 구성하는 분자들은 인간의 실질적인 이익을 위해서 변형되고 조작될 수 있다. 이런 시도에 관여하는 연구가 **생명공학**이라고 알려진 분야이다. 생명공학은 놀라운 성공을 이루었고 흥미로운 가능성을 제시하였지만, 위험 가능성도 있다.

방송 매체에서 생명공학에 관한 이야기를 듣는다면, 성공을 한 것인지 아니면 전망이 있다는 것인지를 구분하는 데 주의를 기울이는 것이 중요하다. 당신이 가지고 있는 특정 유전자를 파악해서 당신의 건강과 조상에 관해 알려줄 수 있는 상품에 대한 흥미를 자아내는 광고를 본 경험이 있을 것이다. 또는 주의를 불러일으키는 전망을 강조한 다음과 같은 생명공학 연구에 대한 대중 매체 이야기를 본 적이 있을 것이다.

- 침 한 방울만으로 암을 검사할 수 있는 키트
- 척추 손상 이후 신경 재생을 자극할 수 있는 장치
- 유전병을 치료할 수 있도록 유전적으로 조작된 세포를 목표한 위치로 운반하기
- 수백 가지 질병을 일으킬 위험을 식별하고 개인 맞춤 유전체에 대한 치료에 초점을 맞출 수 있는 "유전자 칩"

지금까지는 이러한 전망 중 어떤 것도 성과를 달성하지 못했다. 대부분 과학자는 그들의 결과를 발표할 시기에 대해 보수적이어서 언제 결과를 도출할지 또는 언제 제한된 관찰로부터 더 넓게 중요성을 주장하는 것으로 보편화하게 될 지에 관해서 신중하다.

> **Q** 생명공학에 관한 주장을 평가하는 데는 다른 과학 분야에 대한 평가보다 더 많은 경계와 의심이 필요하다. 그 이유는 무엇인가?

생명공학에 관하여 토론할 때, 방송에서 보여주는 부풀려진 전망을 가라앉히고, 보다 보수적으로 결론을 내리는 것이 어려울 수 있다. 그러나 과학적인 방법이 종종 실질적인 적용을 추구하는 데 사용되며, 이런 경우 경제적인 고려가 중요하다는 것을 인식해야 한다. 기업가는 그들이 개발하는 상품의 가치를 확립하려 한다. 따라서 배양세포, 모델 동물 또는 매우 제한된 경우에서만 입증되더라도 상품의 **잠재적** 가치를 강조하는 보도자료를 통해 방송을 현혹한다. 그리고 종종 대중 매체는 흥미를 추구하며 **전망**(그리고 입증되지 않은 주장)과 **현실**을 혼동한다.

하나의 사례를 살펴보자. 2019년, 어떤 생명공학 회사 연구진은 암을 목표로 하는 펩타이드와 암세포를 특이적으로 죽이는 독소를 함께 사용하여 일 년 안에 암에 대한 완벽한 치료를 제공할 수 있다고 발표했다. 이 대대적인 주장은 700개 이상의 뉴스 기사에서 다루어졌고, 2백만 명 이상이 구독하는 포브스나 뉴욕 포스트에서도 놀라운 소식이었다. 그리고 이 기사는 페이스북에서 4

생명공학의 주요한 적용

전자 조작 가지는 살충제 사용을 85% 가량 줄여주었다.

농업
이미 우리 세상은 놀라울 정도로 변하고 있다.
- 해충과 질병에 저항성을 나타내는 작물
- 급격하게 증대된 작물 생산량
- 강화된 영양분을 함유한 음식

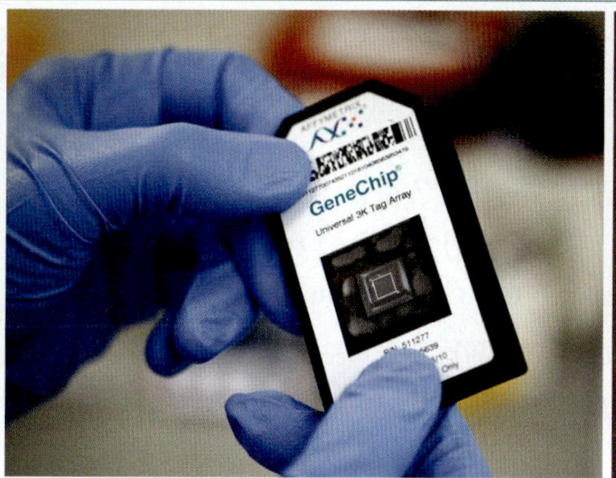

선별 테스트를 통해서 몇몇 건강 문제의 초기 진단이 가능해졌다.

인류 건강
엄청나게 잠재적 가능성이 있지만, 현재까지는 제한된 성공만 있다.
- 더 효과적인 약물을 통한 개선된 질병 치료
- 유전 질병을 위한 향상된 진단과 선별

루미놀은 심지어 범죄 현장이 청소된 경우에도 혈액 흔적을 감지할 수 있다.

과학 수사
이미 사법제도에서의 진보를 가져왔다.
- 법 집행에서의 진보
- 형사 사법제도에서의 중요한 개혁

그림 7.1 **이상적인 신세계?** 생명공학은 세상을 바꿀 수 있고 이미 세상을 바꾸어왔다.

백만 번 이상 리뷰된 것을 포함하여 소셜미디어에서 널리 공유되었다.

그러나 이 연구진의 주장은 몇 차례의 페트리접시에서 배양된 세포와 한 차례의 쥐를 대상으로 수행한 미발표된 실험에 근거를 두었다. 그리고 외부 과학자의 평가도 없었다. 며칠 내에 세계 암 연구 전문가들은 그 주장을 뒷받침할 수 있는 어떤 증거도 없다는 점을 지적했다. 통제된 실험 결과가 없었으며 단 한 차례도 사람에게서 실험이 진행된 적이 없었다. 입증되지 않은 주장은 무책임하며 거의 사실이 아니라는 것이 외부 전문가와 암 관리기구의 사실상 만장 일치된 의견이었다.

관련 전문가들에 의한 평가를 포함해서 최초의 흥미를 불러일으킨 주장을 수정하는 연이은 기사에도 불구하고 이 기사를 보고 공유한 사람들은 훨씬 적었다. 결국, 많은 사람은 위험 가능성이 있는 잘못된 믿음을 가지게 되었다. 여기에는 특별한 것이 없다; 단지 입증되지 않은—그리고 종종 사실이 아닌—정보가 널리 퍼지게 된 흔히 일어나는 과정을 보여준 것이다. 그렇지만 방송에서 기사를 듣게 되면 사람들은 이것이 생명공학의 승리임을 이성적으로(그러나 틀리게) 여기게 된다.

이러한 일이 생명공학에서 중요한 성공이 없었다는 것을 의미하는 것은 아니다. 생명공학 연구진들의 확고부동한 연구는 상당한 방법으로 세계를 변화시키는 많은 성공을 만들어냈다. 농업, 인류 건강, 그리고 과학 수사에서 이룬 성과는 특히 괄목할 만하다(**그림 7.1**).

1. **농업.** 해충과 질병에 저항성을 나타내는 작물의 개발은 작물 생산량을 획기적으로 증가시킨 반면, 기존에 사용되던 살충제 사용을 줄여줌으로써 비용은 절감시켰다. 게다가 생명공학을 사용하여 영양이 증가한 음식을 생산할 수 있다.
2. **인류 건강.** 생명공학은 질병을 치료하는 데 일부 뚜렷한 성공을 거두었고, 유전 질병을 진단하고 선별하는 데 발전을 가져왔다.
3. **과학 수사.** 과학 수사 덕분에 법 집행 능력에서 놀라운 진보와 형사 사법제도의 발전이 가능하게 되었다. 그리고 아마 동등하게 중요할 것 같은데, 이렇게 진지한 생각을 요구하는 사례를 통해서 얻은 교훈으로 인해 형사 사법제도 개선에 도움을 줄 것이다.

생명공학에 대한 이런 논의는 잠재적인 이익과 함께 어려운 윤리적인 문제, 해로운 환경 문제 그리고 건강상의 위험이 수반된다는 것을 인정해야 한다. 매 단계에서 이러한 문제들에 주의를 기울여야 한다.

핵심요약 7.1

» 생명공학은 농업, 인류 건강 그리고 과학 수사에서의 실질적인 이익을 위해서 생명체, 세포 그리고 이들을 구성하는 분자를 조작하는 기술을 이용하는 것이다.

7.2 몇 가지 중요한 과정이 많은 생명공학 적용의 기초가 된다

어떻게 하면 곤충에 저항하는 식물을 만들 수 있을까? 사람 인슐린을 생산하는 세균은 어떻게 만들 수 있을까? 튀김에 사용한 버려지는 기름을 바이오디젤 연료로 전환하는 세균은 어떻게 만들 수 있을까? 생명공학은 다양하게 응용할 수 있지만, 놀랍게도 상대적으로 적은 수의 과정과 도구가 사용된다.

1. **절단.** 유용한 형질을 가지고 있는 공여 생물의 DNA를 잘라냄.
2. **증폭.** 적은 양의 DNA를 사용할 수 있을 만큼 충분한 양으로 늘림.
3. **삽입.** DNA 단편을 세균이나 바이러스에 끼워 넣음.
4. **증식.** 서로 다른 공여 DNA 단편을 가지고 있는 세균이나 바이러스 균총 분리.

기술 1. 절단 연구자는 먼저 이용하고자 하는 형질을 가진 생명체를 선택한다. 예를 들어, 사람 성장호르몬을 대량 생산하기를 원한다고 가정하자. 첫 단계는 사람 DNA 표본을 얻고 **제한효소**를 이용해서 작은 단편으로 자르는 일이 될 것이다(그림 7.2). 제한효소는 세균이 바이러스의 공격을 방어하는 과정에서 진화한 것인데 DNA를 작은 단편으로 자르는 일을 한다. 수십 종류의 서로 다른 제한효소가 존재하며, 이들은 서로 다른 특정 DNA 염기를 인식하고 자른다.

기술 2. 증폭 생명공학에서, 대부분의 경우 사용할 수 있는 DNA 양은 아주 적다. 따라서 **중합효소연쇄반응(polymerase chain reaction, PCR)**은 매우 중요한 기술이다. PCR은 작은 DNA 단편을 반복하여 중합하는 실험적 기술이다(그림 7.3). DNA가 담긴 용액을 잠시 가열하여 DNA 이중가닥을 단일가닥으로 분리한다. 이어서 용액을 식혀 주면, 이 과정에서 효소는 각각의 단일가닥의 염기에 상보적 짝을 이룰 수 있는 뉴클레오티드를 공유결합으로 붙여준다. 증폭을 원하는 부위에 상보적으로 프라이머가 결합하면 관심 대상인 부위만 선택적으로 증폭시킬 수 있다. 결과적으로, 해당 DNA의 완전한 이중나선 사본이 2개 만들어진다. 이러한 가열과 냉각 과정을 반복함으로써 표적 염기서열과 동일한 사본을 무수하게 만들어낼 수 있다.

절단: 제한효소

1 유용한 유전자는 공여 생물 종에서 얻은 DNA의 한 부위에 있다.

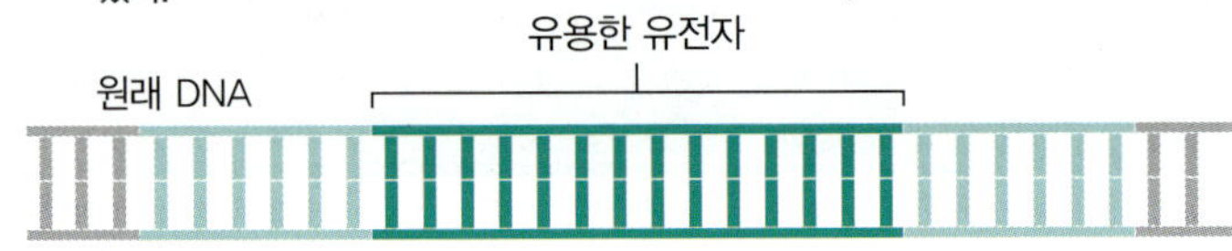

2 제한효소는 유전자의 양쪽에서 목표물인 특정 염기서열을 인식한다.

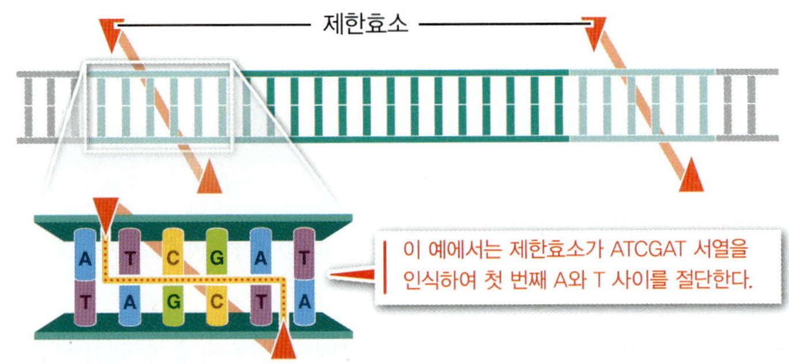

3 제한효소가 DAN 가닥을 절단한다.

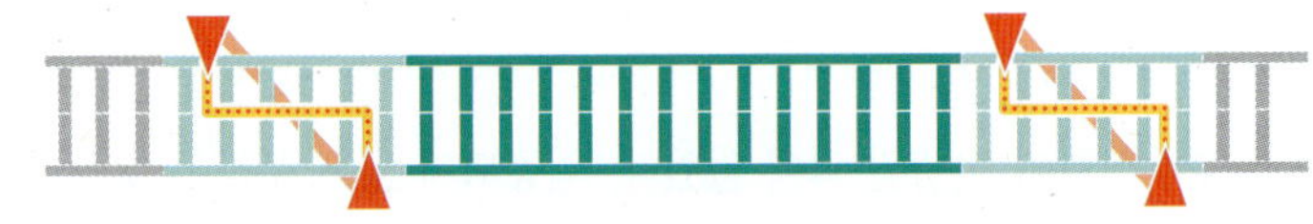

4 유용한 유전자가 공여 DNA로부터 분리된다.

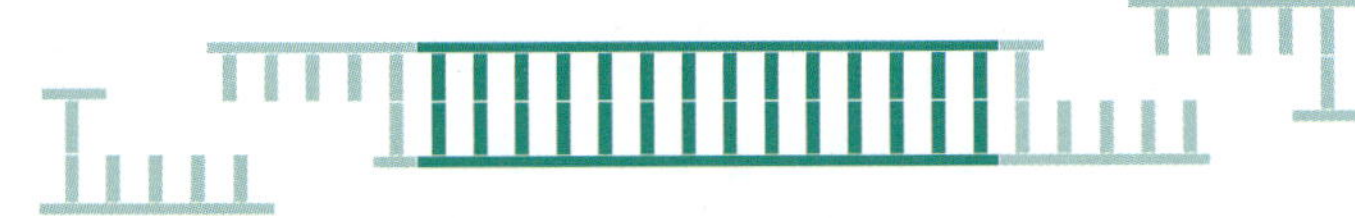

그림 7.2 **유용한 유전자 분리하기.**

기술 3. 삽입 유전자 편집(또는 유전체 편집)이라고 알려진 과정을 통해서 목표로 하는 생명체에 외부 유전자를 삽입하는 것이다. 사람 성장호르몬의 예에서, 연구자들은 사람 성장호르몬 유전자를 대장균 *Escherichia coli*에 전이시킨 **형질전환 생물**(즉, 다른 종에서부터 유래한 DNA가 삽입된 생물) 제작을 원할 수 있다. 이후에 세균을 이용하면 많은 양의 원하는 산물을 생산할 수 있다.

증폭: 중합효소연쇄반응(PCR)

1 분리해낸 DNA 단편이 들어 있는 용액을 가열하여 이중 가닥 DNA를 2개의 단일 가닥으로 분리한다.

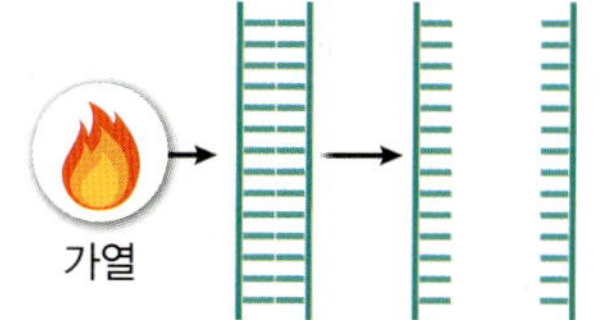

2 DNA 중합효소와 프라이머 그리고 많은 양의 뉴클레오티드 재료를 첨가한 후, 용액을 식힌다.

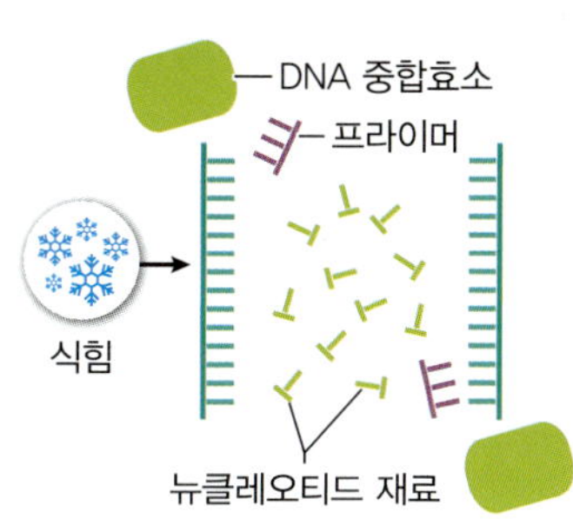

3 DNA 중합효소는 각각의 단일가닥에 상보적인 염기를 첨가한다.

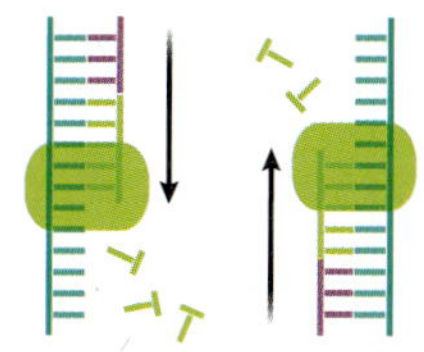

4 그 결과, 원래 DNA 단편과 동일한 복사본이 2개 만들어진다.

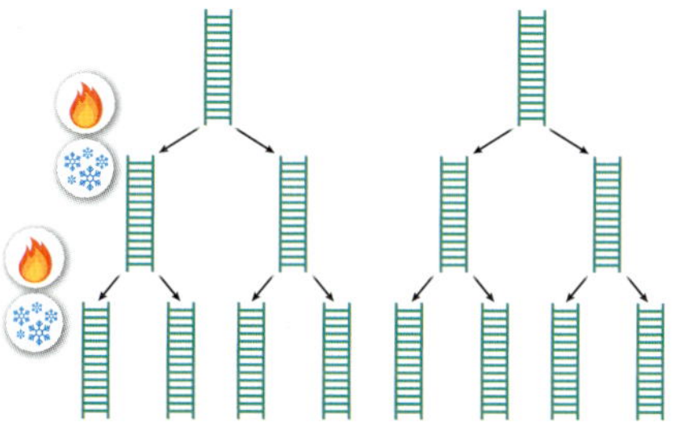

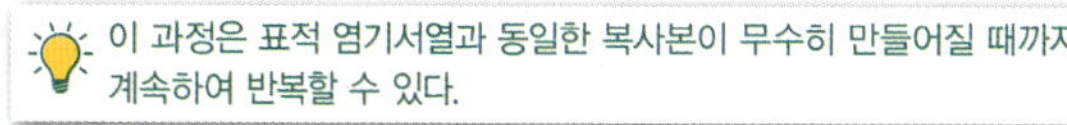
이 과정은 표적 염기서열과 동일한 복사본이 무수히 만들어질 때까지 계속하여 반복할 수 있다.

그림 7.3 작은 DNA 가닥을 반복적으로 복제하여 무수한 복사본을 만들 수 있다.

증폭: 플라스미드를 사용하여 DNA 이동

1 공여세포에서 대상 DNA 단편을 분리한다. 세균의 플라스미드를 동일한 제한효소로 자른다.

공여 세포

세균 세포

대상 유전자

플라스미드

2 이제 두 절편은 끝부분에서 상보적인 염기를 공유하여 서로 완벽하게 맞는다.

3 플라스미드—이제 유용한 유전자를 가지고 있는—를 다시 세균 세포에 삽입한다. 세균 세포에서 플라스미드에 있는 유전자는 발현되고 복제된다.

그림 7.4 유전자 셔틀. 플라스미드는 한 종에서 다른 종으로 DNA를 이동시킬 수 있다.

형질전환 생물을 만들려면 공여 생물 종에서 분리한 유용한 DNA를 도입하고자 하는 생물에 전달하여야 한다. 이러한 전달 과정에는 "벡터"가 필요한데, 원형의 DNA 단편으로 세균의 유전체에 끼어들 수 있는 **플라스미드**를 이용하여 이루어진다(**그림 7.4**). 제한효소가 플라스미드의 4~8개의 특정 염기서열을 인식하고 결합한 뒤 이 부위를 자른다. 그리고 역시 동일한 제한효소로 잘린 공여 DNA를 삽입시킨다. 플라스미드를 세균에 삽입시키면, 플라스미드에 있는 유전자는 세균에서 발현되고 세포가 분열할 때마다 유용한 유전자도 함께 복제되므로 새로운 세포 모두 공여 유전자가 있는 플라스미드를 가지게 된다. 플라스미드 대신 바이러스에 유전자를 삽입하기도 한다. 이후 바이러스로 생명체를 감염시키면 원하는 유전자를 다른 생명체에게 전이할 수 있다.

기술 4. 증식 일단 외부 DNA 조각이 세균 세포에 전달되면, 세균이 분열할 때마다 **클론**이 만들어진다. 클론은 유용한 DNA를 가지고 있는 유전적으로 동일한 세포를 의미한다. 세포분열이 많이 진행되면 매우 많은 클론을 생산할 수 있으며, 이들은 모두 유용한 유전자를 전사하고 번역하여 단백질을 생산할 수 있다.

증식: 유전자 라이브러리 만들기

① 유전자 라이브러리를 만들기 위해 대량의 DNA를 제한효소로 잘게 자른다.

유전자 A 유전자 B 유전자 C

② 단편 각각을 플라스미드에 삽입한 후, 각각의 플라스미드를 서로 다른 세균 세포에 도입한다.

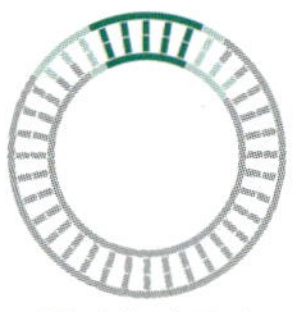

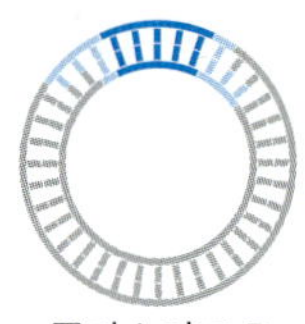

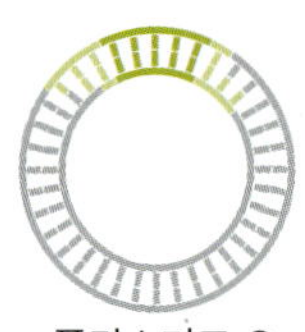

③ 세균은 반복하여 분열하여 각각 자신이 가지고 있는 외래 DNA 단편의 클론을 생산한다.

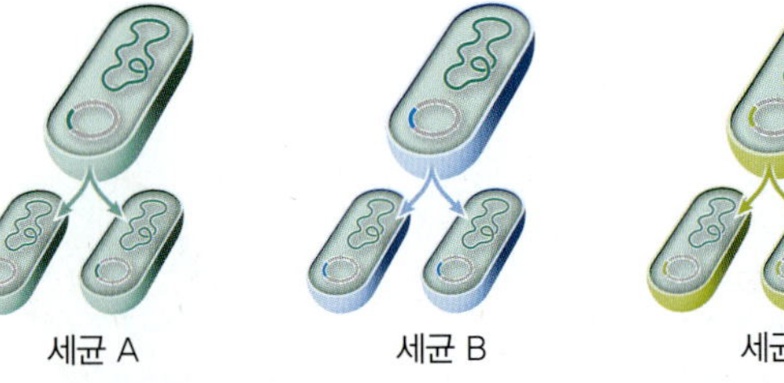

④ **유전자 라이브러리**
서로 다른 세균 세포 모두는 공여 세포 DNA의 상이한 단편 모두를 갖게 된다.

그림 7.5 DNA 저장고. 유전자 라이브러리(또는 클론 라이브러리)는 클론 된 DNA 단편의 집합체다.

전형적인 재조합 DNA 실험에서는—즉, 두 개 또는 그 이상의 생물로부터 유래한 DNA가 함께 모이는 것—많은 양의 DNA를 제한효소로 잘게 절단한 후, 각각의 DNA 단편을 플라스미드에 삽입하여 세균에 도입시킨다. 그 후 세균이 반복하여 분열하면 외래 DNA 단편의 클론이 생산된다. 공여 세포 DNA의 서로 다른 단편 모두를 가지고 있는 서로 다른 세포 모두를 **클론 라이브러리**, 또는 **유전자 라이브러리**라고 한다(**그림 7.5**). 이후 유용한 유전자를 가지고 있는 세균을 식별하여 많은 양으로 증식할 수 있다.

핵심요약 7.2

» 제한효소로 DNA를 절단하고, PCR을 통해서 DNA를 증폭하여 벡터에 DNA를 삽입시킨 뒤 클로닝을 하는 기술을 사용하면, 한 생명체에서 DNA를 잘라서 복사하고 그것을 다른 생명체로 옮기는 것이 가능해진다.

7.3 CRISPR는 의학에 혁명을 불러일으킬 수 있는 잠재력을 가지고 있다

2012년 이래로, 초기에 한 약속을 놀라울 정도로 성공적으로 수행하면서 한 가지 기술이 전례 없는 열망을 불러일으켰다. 그것은 머리글자를 따서 **크리스퍼**(CRISPR)라고 불리는 DNA 편집 기술이다. CRISPR는 매우 정교하고 효율적으로 유전자를 편집할 수 있기에 주목할 만하다. 이 자르고 붙이는 기술을 사용하면 어떤 생명체에 있는 유전자든 변형시킬 수 있다.

CRISPR는 **c**lustered **r**egularly **i**nterspaced **s**hort **p**alindromic **r**epeats를 의미하며, 각 단어의 앞글자를 딴 것이다. CRISPR라는 이름은 원래 바이러스에서 유래한 DNA 구성을 나타내는 것이지만, 세균이 이를 자신의 유전체에 삽입함으로써 잠재적으로 병원성을 가진 바이러스 감염을 막아주는 일종의 면역계로 작용한다.

사람은 대개 질병을 유발하는 미생물을 처음 만나고 나면 이에 대한 면역 체계를 발전시킨다—예를 들어, 만일 어릴 때 홍역에 걸리면 이후에 어른이 되어서도 홍역에 걸리지 않는다. 마찬가지로, 예방접종을 통해서 대부분 사람은 이후에 해당 질병에 걸리지 않게 된다. 이와 유사하게, 바이러스가 세균을 처음 감염시키면 세균도 침입자에 대한 일종의 기록을 가진다. 세균은 바이러스 DNA 일부를 복사해서 자신의 DNA에 삽입시킨다. 동일한 유형의 바이러스가 다시 침입하면 세균은 저장된 바이러스 DNA를 사용해서 자동유도장치로 작용할 수 있는 RNA를 재빨리 생산하는데, 이 RNA가 감염시킨 바이러스 DNA를 찾아서 결합한다. RNA는 바이러스 DNA에 단단히 결합한 뒤, Cas9이라고 불리는 DNA 절단 효소를 사용하여 외부 DNA를 잘라 조각냄으로써 침입자를 무기력하게 만든다(**그림 7.6**). 이 방법은 세균이 효과적으로 "기억"하여 바이러스 감염에 대항할 수 있게 하는데, 전체 세균의 절반 정도에서 발견된다.

CRISPR/Cas9 시스템이 가지고 있는 유용한 생명공학적 가치를 인식함으로써 지적으로 중요한 도약이 이루어졌다. DNA "가위"인 Cas9을 특정 염기로 안내할 수 있는, 프로그램이 가능한 RNA 분자가 있어서 이 시스템은 쉽고 정교하게 DNA를 편집할 수 있는 효과적인 시스템으로 작용할 수 있다. 이 통찰력을 바탕으로 생명공학을 위해 CRISPR 시스템을 적용하는 것은 간단하다.

1. 관심이 있는 DNA 염기서열을 발견하면(결함이 있는 유전자를 고치거나 불활성화시키기 위해서), 절단될 표적 유전자에 딱 맞는 염기서열을 가진 RNA 분자—가이드 분자—를 합성한다(6.2에서 다룬 상보적인 염기쌍 규칙에 따라서).
2. CRISPR RNA와 Cas9 효소를 암호화하는 염기서열을 플라스미드 벡터를 사용하여 표적 세포에 도입한다.
3. 표적(숙주) 세포에서, RNA는 Cas9을 세포 내 DNA 상의 예상 위치로 정확하게 안내하고 효소는 그 지점에서 DNA를 자른다.
4. 그 위치에서, 염기서열이 삽입되면 숙주세포의 DNA를 수선하거나 어떤 방법으로든 간에 변화시킨다.

CRISPR

CRISPR는 매우 정교하고 효율적으로 유전체를 변형시킬 수 있는 유전자 편집 시스템이다.

(1) 절단될 표적 유전자에 딱 들어맞는 염기서열을 가지고 있는 RNA 가이드 분자를 합성한다.

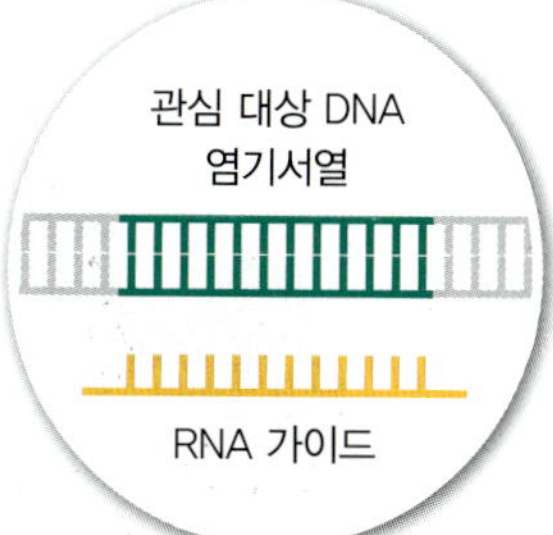

(2) CRISPR RNA와 Cas9 효소를 위한 염기서열을 플라스미드를 사용하여 표적 세포에 도입한다.

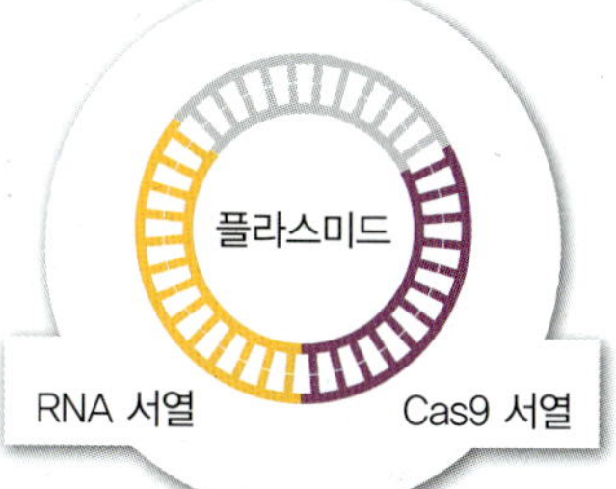

(3) Cas9 효소는 예상 위치로 이동하여 DNA를 자른다.

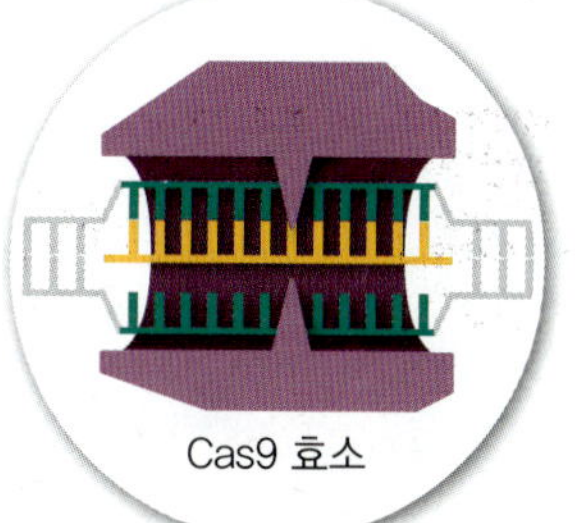

(4) 잘린 자리에 새로운 DNA를 삽입시킨다.

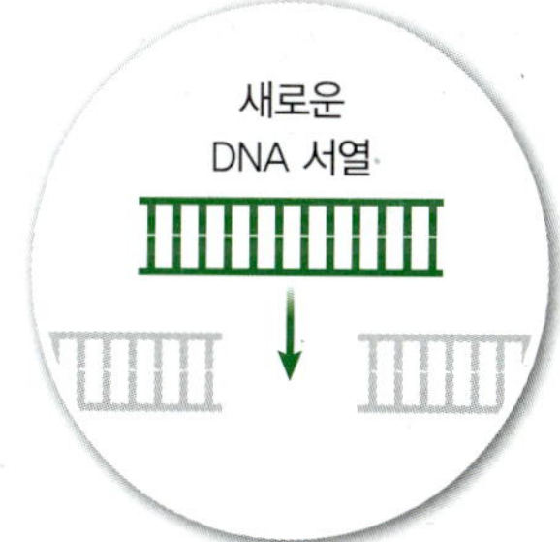

그림 7.6 자르고 붙이는 유전자 편집.

Q CRISPR는 왜 잠재적으로 강력한 생명공학 기술이 되었는가?

CRISPR는 DNA의 정확한 위치를 겨냥하여 자를 수 있는 능력 덕분에 상상할 수 있는 어떤 방법으로든 생명체의 유전자를 변화시킬 수 있는 길을 열어주었다는 점에서 생명공학에서 획기적인 발전이라고 볼 수 있다. CRISPR 시스템은 놀라울 정도로 정교할 뿐만 아니라 빠르고 상대적으로 비용도 저렴하다. 초기 몇 차례의 성공적인 CRISPR 사용을 통해 다양한 많은 적용 가능성이 제시된다(**그림 7.7**).

- 개 다리에서 놀라울 정도로 근육량 증대.
- 쥐에서 유전성 난청의 중증도 감소.

- 배아에서 비대심장근육병증(심장병의 일종으로 500명당 1명꼴로 나타난다)을 유발하는 유전자 제거.
- 돼지로부터 사람으로 장기이식을 용이하게 하기 위해서—동시에 62개 유전자를 편집함으로써—돼지 조직에 있는 면역 시스템 표지 불활성화.
- 질병의 특성을 갖는 조직을 만들기 위해 사람의 줄기세포에 돌연변이를 도입. 이는 흔한 인간 질병을 연구하기 위한 모델 시스템으로 기능을 할 수 있다.

CRISPR 기술을 통해서 일반적인 개가 가지고 있는 근육의 2배를 가진 비글이 탄생하였다.

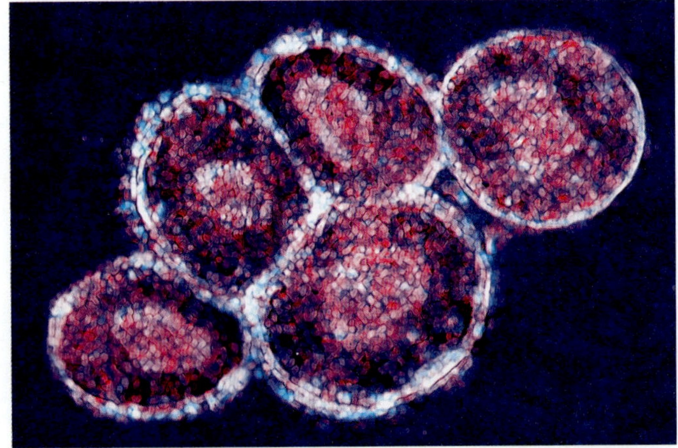

줄기세포 유전체 편집은 많은 질환을 치료하는 데 도움을 주었다. 그러나 CRISPR로 편집된 세포에서의 DNA 손상은 암 발생 위험을 증가시킬 수 있다.

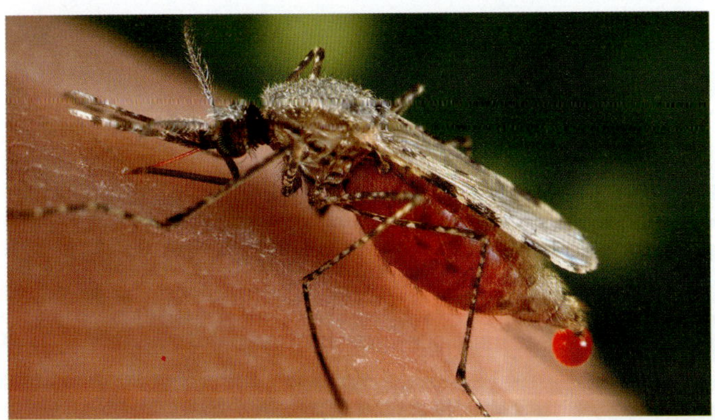

모기 DNA를 조작하여 말라리아 확산을 막을 수 있다.

그림 7.7 **CRISPR.** 커다란 잠재력과 초기 성과들, 그러나 여전히 잠재적인 위험이 존재한다.

사람에게 영향을 미치는 가장 해로운 질병과의 투쟁을 위해 CRISPR를 둘러싼 더 많은 열망이 있다. CRISPR를 통해서 모기의 생화학을 바꾸기 위한 의미 있는 연구가 이미 진행되어 모기들이 말라리아를 유발하는 기생충의 숙주로 역할을 하거나 기생충을 옮길 수 없게 되었다. 말라리아의 박멸은 매년 50만 명 이상의 목숨을 구할 수 있었다.

CRISPR를 이용해서 항생제에 저항성을 나타내는 질병 유발 세균의 유전자를 불활성화시킬 수도 있을 것이다. 마찬가지로 환경에 해를 입히고 토착종을 위협하는 침입종을 표적으로 할 수도 있다.

CRISPR가 커다란 잠재력을 가지고 있다는 것은 의심의 여지가 없다. 그러나 (누가 개발권을 갖고 이를 통해 이익을 얻을 것인가를 두고 여러 대학과 회사는 다투고 있는 법적 절차를 넘어서) 몇 가지 우려가 있다. 최근의 여러 연구에서, CRISPR로 편집된 세포에서 DNA 손상으로 인해 암에 대항하는 메커니즘을 상실함으로써 종양 발달의 위험이 증가하였다. 아마도 가장 중요한 고려 대상은 CRSIPR 적용과 관련된 윤리적인 문제일 것이다. 이는 인간 배아나 생식세포 (정자나 난자) 편집 가능성 대한 우려를 포함하는데, 그 이유는 유전자의 변화가 다음 세대로 전달될 수 있기 때문이다. 이러한 변화는 조절하기 어려울 수 있고, 심각하고 예상치 못한 건강상의 결과를 가져올 수 있다.

새로운 또는 변형된 유전자를 자연 생물 집단의 유전체에 삽입하는 것이 어떤 결과를 가져올지 예측하기 어렵다고 비판하기도 한다. 심지어는 몇몇 바람직한 결과물—예를 들어, 말라리아를 전파하는 모기 집단의 박멸—조차도 모기를 먹이로 하는 새나 박쥐 개체군에 2차적인 해로운 효과를 미칠 수도 있다.

핵심요약 7.3

» CRISPR는 대부분 모든 종의 DNA를 표적으로 특정 염기서열을 자를 수 있는 정교하고 효율적인 유전자 편집 기술이다. CRISPR는 상상할 수 있는 거의 모든 방법으로 생명체의 유전자를 변화시킬 수 있는 길을 열어주었다.

생명공학은 농업을 진보시킨다

▲ 분홍 LED 온실에서 자라고 있는 생물학적으로 조작된 식물들.

7.4 생명공학은 식품의 영양과 농업 방식을 향상시킬 수 있다

아침 식사용 시리얼은 아마도 비타민과 미네랄이 보강되어 있을 것이다. 또한, 간식으로 먹는 단백질 바는 닭가슴살 못지 않게 단백질이 가득할 것이다. 농부들이 과일과 야채, 축산물에서 비타민과 미네랄을 비롯한 영양분의 자연 함량을 늘리기 위해 생명공학을 이용하고 있다는 것은 이제 놀라운 일이 아니다.

수천 년 동안 사람들은 비교적 정교하지 않고 느린 형태의 **유전공학**을 수행하여 왔다. 이는 자연상태에서는 좀처럼 잘 일어나지 않는 방식으로 한 종의 유전체를 조작하는 것이다. 간단히 말해서, 유전공학은 바람직한 특정 형질을 가진 식물과 동물을 주의깊게 선택하여 교배하는 것이다. 이러한 과정을 통해 농장과 목장에서는 육질이 많은 칠면조, 씨앗이 없는 수박, 크고 맛있는 옥수수 등을 생산하였다(**그림 7.8**). 이러한 일은 과거에는 많은 세대에 걸친 교배가 필요했지만, 지금은 두 가지 이상의 원천에서 유래한 DNA를 조합시켜서 하나로 만드는 **재조합 DNA 기술**을 이용하여 짧은 시간에 이룰 수 있다.

그림 7.8 조상 옥수수와 현대 옥수수의 비교. 실제 크기 차이는 거의 5배 정도나 된다.

예를 들어, 곡물의 경우에 이 과정은 더 큰 크기나 더 빠르게 여무는 등 농부가 좋아할 만한 새로운 특성을 발견하는 것에서 시작된다. 전통적으로 육종가는 동일한 종 내에서 바람직한 형질을 가진 개체를 찾아 교배하여 그 자손에서 그 형질이 바람직한 방향으로 발현되기를 희망한다. 재조합 DNA 기술을 이용하면 바람직한 형질은 어떤 종에서도 얻을 수 있으므로 형질을 얻을 수 있는 생물 종의 범위가 훨씬 더 넓어진다. 재조합 DNA 기술로 만들어진 생물을 **유전자변형 생물(GMO)**이라고 부른다.

비록 유전자 조작이 실제로는 매우 어려운 일이더라도 농업과 기술의 결합으로 풍요로운 결실을 얻을 수 있을 것으로 기대된다. 여기 몇 가지 성공사례가 있다.

영양이 풍부한 "황금쌀" 전 세계 인구 중 약 10%가 비타민 A 결핍에 시달리고 있다. 이로 인해 매년 25만 명의 어린이가 실명하며 모든 연령군의 사람에게서 여러 가지 질병을 일으키는 원인이 된다. 이러한 영양 문제는 특히 쌀을 주식으로 하는 남아시아와 사하라 남부 아프리카 지역에서 심각하다. 많은 연구자는 생명공학을 이용하여 문제를 해결할 수 있는 기술을 개발하여 왔다. 여기에는 "황금쌀"이라고 하는 새로운 작물 개발이 포함되어 있다.

Q 어떻게 유전자변형 식물을 이용하여 5억 명에 이르는 영양실조에 걸린 사람을 구휼할 수 있을까?

사람과 포유류는 일반적으로 베타-카로틴으로부터 비타민 A를 얻는데, (홍당무가 주황색을 나타내도록 하는) 이 물질은 대부분 식물에 풍부하게 존재한다. 그러나 벼의 낟알 중에서 우리가 먹는 부분에는 베타-카로틴이 존재하지 않는다. 연구자들은 다른 종에서 유래한 베타-카로틴을 합성하는 효소를 암호화하는 유전자 3개—2개는 수선화에서, 1개는 세균에서 얻은—를 벼의 유전체에 삽입하여 이 문제를 해결하고자 하였다(**그림 7.9**). 이식된 유전자가 발현됨에 따라 베타-카로틴이 축적되어 하얀색의 쌀 낟알이 황금색으로 변하였다. 황금 쌀이 1999년에 처음으로 개발된 이후 새로운 품종이 꾸준히 개발되었고, 지금은 처음보다 거의 25배나 되는 비타민 A를 생산하고 있다.

황금 쌀은 아직 현장실험 단계지만 이 사례는 생명공학의 가장 유망한 분야 중 하나로 전망된다. 그러나 생물 안정성 예방 규약과 규제는 대규모의 상업적 농작을 제한해 왔다. 2019년부터 154명의 노벨상 수상자들은 황금쌀의 잠재적 가치를 강조하며 GMO 반대의 종결을 촉구하는 문서에 서명하였다.

곤충과 제초제 저항성 미국에서 생명공학은 이미 농업 분야에 커다란 충격을 주었다. 대부분 사람이 깨닫지 못하겠지만, 미국은 지금 또 다른 녹색 혁명의 중간에 있다고 해도 과장된 말이 아니다.

통계를 보면 놀랍다. 미국에서 재배하는 옥수수의 86%가 유전적으로 변형된 것이다. 면화의 93%, 콩의 93%가 유전적으로 변형된 것이다(**그림 7.10**). 미국 농업에서 유전자변형 식물이 광범위하게 채택되는 것은 두 가지 요인으로 설명할 수 있다. 첫 번째로, 많은 식물이 살충 능력을 지니도록 유전적으로 조작되어 농업에서 살충제 사용을 줄일 수 있게 되었다. 두 번째로, 많은 식물이 제초제 저항성을 가지도록 유전적으로 조작되었다. 해충 저항성을 나타내는 식물과 마찬가지로 제초제 저항을 나타내는 식물을 경작할 때에는 잡초를 제거하기 위한 쟁기질을 적게 해도 된다. 결과적으로, 유전자변형 식물을 재배하면 식량 생산 비용을 줄일 수 있으며, 토양의 침식으로 인한 표토의 유실을 줄일 수 있다.

Q 대부분 사람이 (대개 알지 못한 채) 소비하는 유전자변형 식품은 무엇인가?

황금쌀

황금쌀을 만들기 위해서 서로 다른 종으로부터 베타-카로틴 유전자를 얻고 흰쌀 벼의 유전체에 이를 도입하였다.

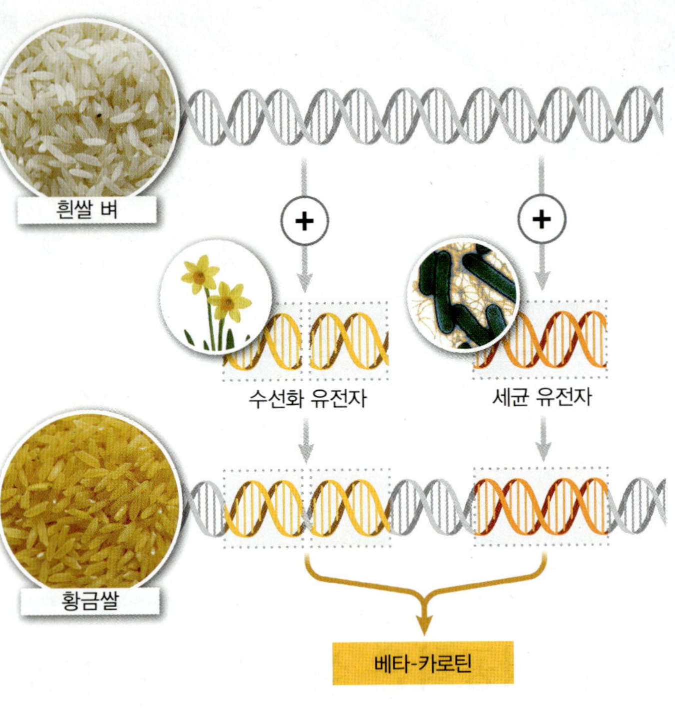

그림 7.9 매년 25만 명이 실명할 위험을 막아줄 잠재력. 쌀 낟알의 비타민 A 함량을 증가시켜 실명을 막을 수 있도록 벼를 개량하기.

매년 약 4,000만 톤에 이르는 옥수수가 곤충 피해로 상품성을 잃는다. 그러나 농부들은 해충과 싸움에서 점점 더 큰 성공을 거두고 있다. 이러한 성공은 대개 토양 세균인 *Bacillus thuringiensis*(간단히 Bt라고 한다)에서 비롯된다. 이 세균은 곤충에게는 독성이 크지만, 작물과 사람에게는 해가 없는 결정체를 가진 포자를 만든다.

1961년 초에, 독성 Bt 결정체는 농작물에 사용하는 살충제에 포함되었다. 이후 1995년에 Bt 결정체 생산을 암호화하는 유전자를 옥수수, 면화, 감자 등의 많은 농작물의 DNA에 직접 삽입하였다. 이들 식물이 스스로 곤충을 죽이는 이 결정체를 생산하도록

미국에서 재배하는 유전자변형 작물

그림 7.10 미국에서 재배하는 작물의 상당량이 유전적으로 변형된 것이다.

Bt 옥수수

Bacillus thuringiensis(Bt) 포자를 가지도록 유전적으로 조작된 옥수수는 곤충은 죽이지만 사람에게는 해가 없다.

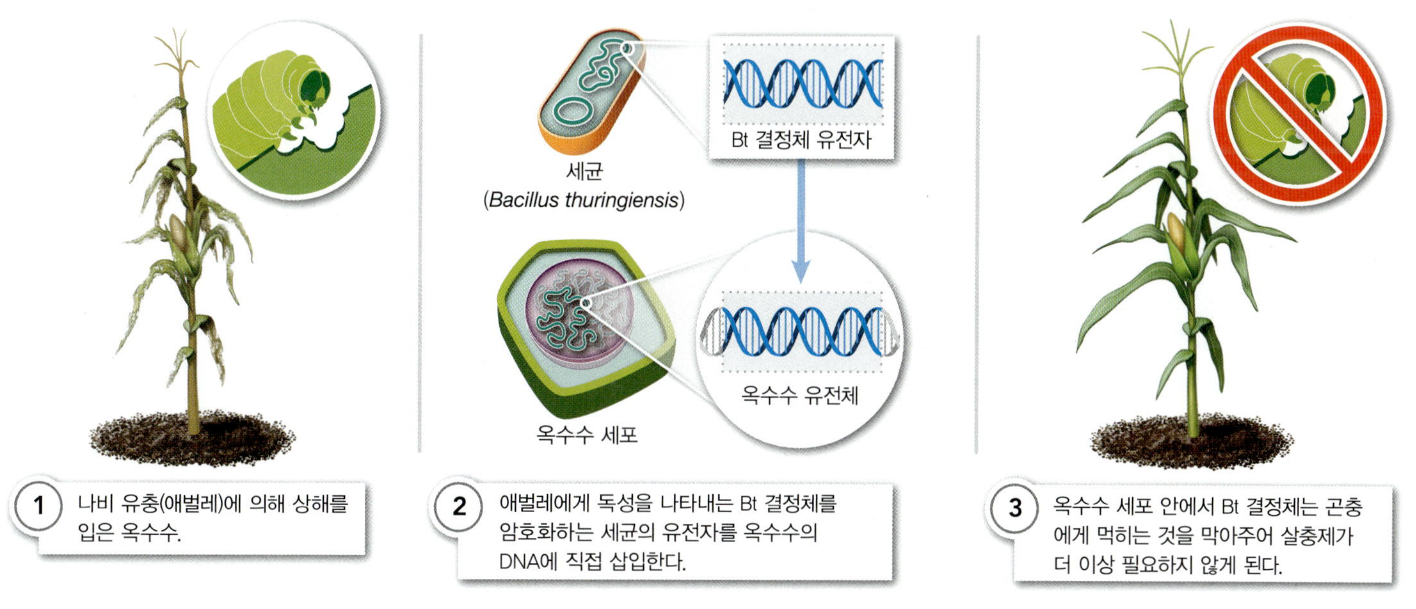

그림 7.11 질병 저항성 옥수수 재배에 대한 세균의 도움.

Q 유전자변형 식물을 재배하면 어째서 살충제 사용을 줄일 수 있는 것일까?

함으로써, 농부는 더 이상 Bt-함유 살충제를 사용할 필요가 없게 되었다(**그림 7.11**). Bt 결정체가 사람에게 해롭다는 증거는, 아주 높은 농도에 노출되어도, 전혀 없다.

세균은 해충과 싸우는 농부에게 또 다른 방법으로 도움이 되었다. 1990년대에 연구자들은 세균이 제초제에 저항성을 나타내도록 하는 유전자를 찾아내었다. 식물의 DNA에 이 유전자를 삽입하면 제초제에 저항성을 나타내게 되므로 농부들이 잡초를 제거하기 위해 제초제를 사용하더라도 경작 식물에는 해를 주지 않는다(그림 7.12).

빠른 성장과 더 커진 신체 농작물뿐 아니라 동물의 사육도 농업의 일부분이다. 2015년, 처음으로 미국식품의약국(U.S. Food and Drug Administration, FDA)은 유전자가 조작된 동물—형질전환 대서양 연어—을 사람들이 먹을 수 있도록 허가하였다. 이 연어는 한 종(치누크 연어)에서 유래한 성장호르몬 유전자와 또 다른 종(북미 동부 연안산 대구)에서 유래한 것으로 전사를 조절함으로써 유전자가 작동하도록 하는 역할을 하는 DNA 일부를 가지고 있는 연어이다. 이 형질전환된 대서양 연어는 정상 대서양 연어와 거의 동일한 맛을 가지면서 매우 빠르게 성장하여 대개 출하를 위한 생육 기간이 3년인 데 비해 18개월 만에 출하 크기로 자란다(그림 7.13).

FDA는 형질전환된 연어가 "대서양 연어로 만든 식품만큼 안전하다"라고 발표했고 미국식품의약국의 국가 생명공학 식품 공개 기준법을 충족시키기 때문에, 2019년부터 현재까지 유전자 조작

그림 7.12 농작물 항공 방제. 항공 방제로 살포되는 제초제는 잡초는 죽이지만 작물에는 무해하다.

더 커진 연어는 단지 여름뿐만 아니라 1년 내내 성장하도록 하는 성장호르몬을 가지고 있다.

그림 7.13 더 커진 연어.

연어를 판매하는 것을 허가하였다. 그러나 아직 형질전환 연어는 시장에서 찾아보기 힘들고, 많은 어류 전문가, 식품 안전 전문가, 환경단체 그리고 소비자 단체는 연어를 섭취하면 알려지 반응의 비율을 높이거나 다른 부정적인 효과를 가져올 것이라며 우려하고 있다.

환경단체는 형질전환 연어가 사육장에서 벗어나 자연 서식지로 달아날 것을 두려워한다. 만일 이런 일이 일어난다면 이 형질 전환된 연어는 자원 경쟁에서 야생 연어를 이길 것이고 너무 크게 자라서 천적에게 잡아먹히지 않을 것이다. 결국, 정상적인 야생 연어 개체군에 해를 입히게 될 것이다.

핵심요약 7.4

» 생명공학은 영양이 더욱 풍부한 식량을 생산하기 위해 형질전환 동식물을 이용하여 농업 분야에서 중요한 발전을 이끌어왔다. 생명공학 기술로 제초제-저항성 작물과 곤충-저항성 작물을 개발함으로써 식량 생산에 드는 환경적, 경제적 비용을 감소시켜 왔다. 형질전환 생물을 널리 사용함에 따라 발생할 수 있는 생태적 또는 건강상의 위험에 대해서는 충분히 밝혀지지 않았다.

7.5 위험을 동반한 보상: 유전자변형 식품에서 생길 수 있는 위험은 무엇인가?

깃털이 없는 닭은 우스꽝스럽다(그림 7.14). 그러나 유전적으로 조작된 깃털이 없는 닭이 개발됨에 따라서 시판 준비를 쉽고 싸게 할 수 있어서 농부는 비용을 줄이고 소비자는 가격을 낮추는 혜택을 얻게 되었다. 그러나 이런 " 벌거벗은" 닭은 대개 모기나 기생충, 질병 등으로 쉽게 상하고, 햇빛에는 상상 이상으로 민감하다고 밝혀졌다. 또한, 수컷은 날개짓을 할 수 없어서 짝짓기에 어려

깃털이 없는 새는 농부와 소비자에게 모두 경제적이다. 그러나 모기와 기생충에 취약함을 나타내는 등 의도하지 않은 결과가 나타난다.

그림 7.14 **"벌거벗은" 새.**

움을 겪는다.

벌거벗은 닭으로부터 유전자 조작 동식물에 대한 중요한 교훈을 얻을 수 있다. 비록 깃털이 없는 새로운 닭 품종이 현대적인 재조합 DNA 기술이 아니라 비교적 수준이 낮은 기술—서로 다른 두 품종의 닭을 교배하는 전통적인 양계—로 태어났지만, 새 품종은 깃털이 없다는 바람직한 형질을 가질 뿐만 아니라 의도하지 않은 바람직하지 않은 형질도 함께 가진다는 것이다. 이제 더 많은 유전자변형 식품이 재조합 DNA 기술의 현대적인 방법으로 만들어지는데, 의도하지 않은 잠재적으로 해로운 형질이 나타날 위험에 대해 짚어보아야 한다. 이런저런 이유—합법적이고 이성적이거나 비이성적인—로 많은 사람이 유전자변형 식품의 생산과 소비에 대해 우려하고 있다(**그림 7.15**).

그림 7.15 **소비자의 두려움.** 시위자들이 유전자변형 식품(GMO)에 반대하고 있다.

우려: 유전자변형 식품을 먹는 것에 대한 안전성. 2016년, 미국과학한림원(National Academy of Sciences, NAS)—뛰어난 과학 전문가들로 구성된 독립 기구—의 보고서에서 GMO 섭취의 안전성에 대한 우려를 다루었다. 신중하고 자세한 606쪽 분량의 보고서에서 NAS는 암 발생률과 여러 인간 건강 문제에 대한 역학 자료를 조사했을 때, 유전자변형 작물을 섭취한 사람이 유전자가 변형되지 않은 작물을 먹은 사람보다 덜 안전하다는 어떠한 증거도 없다고 결론 내렸다. NAS는 또한 많은 실험 연구 결과들이 유전자변형 작물로 만든 식품을 먹는 것이 동물에게 해를 끼치지 않는다는 합당한 증거를 제공한다고 언급했다.

우려: 죽이고자 하는 생물이 천하무적이 될 수 있다. 캐나다에서 살충제-저항성 캐놀라를 재배하는 농부는 잡초만 죽이고 캐놀라에는 무해한 제초제를 사용할 수 있었다. 그러나 살충제-저항성 캐놀라가 우연히 이웃 농장으로 퍼져 나갔는데, 전통적인 제초제로는 캐놀라를 죽일 수 없어서 통제력을 잃은 상태로 자라게 되었다. 유사한 방식으로, 해충이 유전자 조작 농작물에서 만들어지는 Bt에 저항성을 나타낼 가능성이 있는데, 이들은 유전적으로 변형되지 않은 농작물에 처리한 Bt 살충제에도 역시 저항성을 나타낼 것이다. NAS 보고서에 따르면, 곤충은 느리게 진화하기 때문에 이와 같은 저항성을 나타내는 식물에 대한 관리 전략은 효과적이었다. 종합적으로, 유전자변형 작물과 환경 사이에서의 인과관계를 입증할 설득력 있는 증거를 찾지 못했다.

우려: GMO에 대한 적절한 검증과 통제. 새로운 기술이 적절하게 검증되었는지를 진정으로 알기란 불가능한 일이다. 과학자와 입법자들은 안전 검증이 충분하게 이루어졌는지 확인하기 위하여 신뢰할 수 있는 정책을 만들려고 노력해왔다. 예를 들어, 재조합 DNA 연구를 수행하는 실험 절차가 제정되었으며, 유전자 조작 생물은 개발해낸 특정 조건 이외에서는 생존하지 못하도록 만드는 기술을 개발해왔다. 게다가, 나라마다 다양한 규제관리 체계를 가지고 있다.

그리고 그는 자신의 의견을 제시하였다. '예전에는 오직 하나씩만 자라던 땅에서 옥수수 이삭 두 개 또는 풀 잎사귀 두 장이 자라게 할 수 있다면 인류의 더 나은 삶을 위해 가치 있는 일이며, 정치인 모두를 합치는 것보다 더 국가에 근본적인 기여를 하는 것이다."

— Jonathan Swift, 걸리버 여행기, 1726

우려: 경작 식물 사이의 다양성이 상실될 수 있다. 농부들이 점점 하나 또는 소수의 유전자변형 품종을 선호하게 되면 경작 식물 사이의 유전자 다양성이 감소한다. 이는 환경의 변화나 해충 등에 더욱 취약하게 만든다. 1800년대 중반, 아일랜드 사람은 거의 감자를 먹고 살았다. 대부분의 감자는 한 품종의 식물에서 잘라낸 조각을 이용하여 번식시켰기 때문에 모두 유전적으로 동일하였다. 이 식물이 곰팡이에 감염되어 잎마름병에 걸리자 모든 감자 식물이 이 병에 걸려 대부분 죽었고, 아일랜드 감자 대기근(Irish Potato Famine)을 일으켰다. 그 결과 100만 명 이상 사망하였다.

우려: GMO의 보이지 않는 비용. 종자회사는 농부들이 원하는 작물 형질을 가진 유전자변형 종자를 만들 때, 불임이 되도록 한다. 그 결과 농부는 종자회사에 의존하게 되어 매세대 마다 새로운 종자를 구입해야 한다. 그러나 종자를 구입하는 데에 드는 비용은 전체 작물 생산을 위해 드는 비용 중에서 극히 일부에 지나지 않는다.

Q "자연의, 타고난" 것은 반드시 바람직한가? 비자연적이라는 것은 상품이나 기술을 해로운 것으로 만드는가? (천연두와 천연두의 치료는 어떤가?)

우려: 자연적이지 않은 것은 반드시 해롭다. 유전자변형 식품이 자연적이지 않다고 해서 해롭다고 주장하는 사람들이 있다. 이것은—자연주의에 대한 오류—일반적이지만 잘못된 주장이기 때문에, 우려하지 않아도 된다. 천연두, HIV, 옻, 시안화물은 모두 자연적이지만 인류에게 명백히 해롭다. 반면 천연두 백신은 비자연적이지만 명백하게 도움이 된다. 셀 수 없이 많은 유용한 기술의 발전 또한 비자연적이다. 많은 경우 바람직한 것인지 아닌지를 평가하는 데에 자연적인지 비자연적인지를 따지는 것은 전혀 가치가 없다.

결국, 우리는 유전자변형 식품 생산에 따르는 위험을 이익과 비교해야 한다. 이런 분석에는 식품 생산 증가와 비용 감소 효율, 환경 파괴를 줄이는 능력 그리고 농사짓는 일꾼의 안전이 포함되어야 할 것이다. 예를 들어, 유전적으로 변형된 해충-저항성 작물을 농사짓게 되면 살충제를 살포하는 데 들이는 시간을 줄임으로써 큰 이익을 얻을 것이다. 살충제 사용에 대한 안전 규칙이 흔히 무시되는 저개발 국가에서는 더욱 중요하다. 불행하게도, 유전자변형 식품의 문제점과 생태학적인 범위에서의 문제점들을 규명하기가 어렵다. 이 중요한 사안은 면밀하게 평가되어야 한다.

핵심요약 7.5

» 재조합 DNA 기술의 현대적 방법을 이용하여 점점 더 많은 유전자변형 식품이 개발되고 있다. 그러나 많은 사람은 이 식품의 잠재적인 위험과 그로부터 얻는 장기적인 경제적 이점에 대해 우려한다.

이것이 우리의 방법 / 과학의 창의적 과정

7.6 GMO의 안정성 여부를 어떻게 결정할 수 있을까?

평균적으로 미국인은 매년 88 kg의 유전자변형 식품을 섭취한다. (세계보건기구는 GMO를 자연적으로 일어난 방법이 아닌 다른 방법으로 변형된 유전 물질을 가진 생명체로 정의한다.) GMO의 안정성을 평가하는 것이 합당해 보인다. 미국에서는 유전자변형 식품에 대한 필수적인 검토나 통제 또는 특별한 안전 검사가 없다. 그 대신 소비자들은 유전적으로 변형된 식품이 유전적으로 변형되지 않은 식품과 비교하여 "본질적으로 동일한지"를 결정하기 위한 FDA와의 협의에 자발적으로 참여한다. 본질적으로 동일하기만 하다면, 유전자변형 식품을 시장에 출시하기 전에 어떤 승인도 필요하지 않다.

중요한 생물학적 질문에 답하기 위한 가능한 접근 방식을 살펴보자.

식품에 사용된 유전자변형생물이 안전한지를 어떻게 평가할 수 있는가?

언뜻 보면, 이 문제는 간단해 보인다. 그러나 실제적으로는 극도로 어렵다. 유전자변형 식품이 안전한지를 입증하기 위해서는 먼저 위험 가능성을 제거해야 한다.

"유전자변형 식품이 위험하다"는 가설이 틀렸음을 입증할 수 없다. 예를 들어, 어떤 연구가 GMO가 암을 일으키지 않음을 보여주지만, 불임을 일으킬 가능성을 배제하지 못한다. 또 다른 연구가 GMO가 암이나 불임을 일으키지 않음을 보여주지만, 자폐증을 일으킬 가능성을 배제하지는 못한다. 이러한 가능성은 끝이 없다.

과학적인 시각에서 보면, 유전자변형 식품이 안전한지에 대한 질문은 대답할 수 있는 올바른 질문이 아니다. 대신에 잠재적인 위험에 대한 특정 질문을 하고, 그것에 접근하는 방법을 찾아야 한다. 유전자변형 식품이 위험하다는 것을 찾는 데에 실패한 단일 연구조사는 결론적으로 이 문제를 해결할 수 없을 것이다. 그러한 각 연구조사가 증거에 합쳐져 누적됨으로써 GMO 안정성에 대한 신뢰를 줄 수 있다.

사람은 오래 산다. 유전자변형 식품을 장기간 먹는 것에 대한 위험을 평가할 수 있는 특별한 방법이 있는가?

수백 또는 수천 명을 대상으로 평생—70년 이상—연구를 수행하는 것은 가능성이 없다. 따라서 한 연구팀은 조금 수명이 짧은 포유동물인 쥐를 대상으로 연구하였다. 180마리의 쥐를 무작위로 3그룹으로 나누었다. 첫 번째 그룹은 다량의 유전자변형(해충에 저항성을 가지도록 조작된) 쌀을 섭취하였다; 두 번째 그룹은 다량의 유전자가 변형되지 않은 쌀을 섭취하였고, 다른 영양분은 동일하도록 하였다; 세 번째 그룹은 쌀을 기반으로 하는 식사를 하지 않았다.

어떤 건강 위험성이 검토되었는가?

연구자들은 18개월 동안 쥐의 사망률을 측정하였고 세 그룹 간에 어떤 차이도 발견하지 못했다. 종양이나 다른 유형의 기관 손상이 발생한 숫자도 차이가 없었다. 연구자들은 첫 번째 그룹이 섭취한 유전자변형 쌀의 양이 사람이 섭취하는 양보다 약 10배 이상(몸무게 대비)이라는 점에 주목했다.

다른 연구의 결과와 다르다면?

2년 동안, 또 다른 연구팀은 유전자변형 옥수수를 양을 달리하여 먹인 세 그룹의 쥐들에게서 건강상에 나타나는 효과와 사망률을 측정하였다. 그리고 살충제로 처리해 온 유전자변형 옥수수를 먹인 그룹과 살충제에 노출되어 온 유전자를 변형시키지 않은 옥수수를 먹인 그룹도 포함하였다. 대조군에 해당하는 그룹은 살충제에 노출되지 않은 유전적으로 변형되지 않은 옥수수를 먹인 그룹이었다.

*Food and Chemical Toxicology*라는 잡지에 보고된 결과에 따르면, 그 결과는 놀라웠고 언론에 널리 보도되었다. 유전자변형 옥수수를 먹은 쥐는 사망률이 높았고 종양 발생률도 높았다. 그러나 이 연구 설계를 조금 더 자세히 살펴본 후, 다른 연구자들은 많은 비판적인 반응을 나타냈다

실험 설계에서의 작은 차이가 어떻게 연구 결과를 손상시키는가?

비판은 몇 가지 중요한 방법론적인 문제에 집중되었다.

첫째, 연구자들은 비정상적으로 암발생률이 높다고 알려진 쥐의 변종을 사용하였다. 이는 집단 간의 차이가 유전자변형 옥수수에 의해서 야기된 것인지 아니면 단지 정상적인 변이인지를 구분하기 어렵게 만들었다.

둘째, 많은 처리(실험) 집단은 샘플 크기를 작게 만들었다: 수컷으로 구성된 10개의 다른 집단과 암컷으로 구성된 10개의 집단에서 각 실험 집단에는 단지 10마리의 쥐가 있었다. 결국, 연구자들에 의해 보고된 그룹 간의 차이는 통계적으로 무의미하게 되었다. 더구나 연구자들은 연관된 통계 분석도 하지 않았다.

다른 연구자들이 발표된 보고서에서 있는 그림으로부터 데이터를 발췌해서 세심한 통계 분석을 수행했다. 그리고 이들은 유전자변형 옥수수를 섭취한 것이 건강상에 부정적인 효과를 나타낸다는 어떤 증거도 없다고 결론 내렸다. 심지어 이들은—최초의 연구자들이 했던 것처럼—"유리한 것만 고르기"를 했음에도 대조군에 있던 수컷이 유전자변형 옥수수를 먹은 다른 두 집단보다 사망률이 3배나 더 높다는 것을 알게 되었다. 자료를 재분석한 결과를 본 뒤, *Food and Chemical Toxicology* 편집장은 그 발표된 논문을 철회하였다.

신용을 잃어버리기 전에 이 연구가 받았던 방송가의 상당한 주목은 무언가가 위험하지 않다는 것을 입증하려고 노력하는 시도를 강조한다. 유전자변형 식품이 건강에 부정적인 효과를 나타낸다는 잘못된 주장을 하는 단 한 편의 연구 논문이 깊은 대중의 두려움을 불러일으킬 수 있다.

유전자변형 생물을 포함하는 식품의 안정성에 관한 쟁점은 여전히 논쟁 중이다. 연구—유전자변형 식품이 건강에 해롭지 않는다는 증거 축적—는 지속되고 있다. 이 과정이 과학적 사고력의 핵심이다.

유전자변형 식품이 유전적으로 변형되지 않은 식품보다 위험하지 않다는 의견은, 미국 과학아카데미, WHO, 미국의학협회 그리고 영국왕립학회를 포함한 많은 기구(결과에 대한 어떤 경제적인 이해관계도 없다)로부터 지지를 받고 있다

생각하기, 짝과 나누기

수강생 중 하나와 짝을 형성하시오. 다음의 질문을 읽고 답에 대하여 60초 동안 조용히 생각하시오. 이후 5분 동안 토론을 하고 자신의 답을 공유할 수 있게 준비하시오.

- 어떤 것이 위험하지 않다는 것을 어떻게 입증할 수 있는가?
- 어떤 것이 위험하지 않다는 것을 입증하는 어려움 때문에 새로운 식료품이 시장에서 판매되지 못하는가? 이유는 무엇인가?
- 기준점이 약간 낮아지면 어떠할까?

핵심요약 7.6

» 무언가가 안전하다는 가설이 절대적으로 옳다는 것을 입증하는 것은 불가능하다. 그것이 잘못되었음을 입증할 증거가 앞으로 나올 수 있기 때문이다. 다양한 실험적 접근을 통해서 그 가설을 평가해야 한다. 가설을 지지하는 증거가 쌓이면, 그 가설이 현상을 정확히 설명할 수 있다는 우리의 신뢰도 증가한다.

생명공학은 인류의 건강을 개선할 수 있다

▲ 1996년, Ian Wilmut은 성체 체세포에서부터 복제된 최초의 포유동물인 돌리라는 양을 탄생시켰다.

7.7 생명공학은 질병 치료와 의약품 생산에 도움이 된다

가장 좋은 것은 생명공학으로 사람을 허약하게 하는 질병을 **예방**하는 것이고, 다음으로는 질병을 영원히 **낫게** 하는 것이다. 그러나 이러한 멋진 목적은 늘 가능한 것이 아니라서, 생명공학은 종종 전통 방식보다 효율적이고 효과적으로 의약품을 생산함으로써 질병을 **치료**하려는 실질적인 목적을 지향한다. 이러한 목적을 이루는 데 있어서 생명공학은 몇 가지 괄목할만한 성과를 이루어내었다. 당뇨병 치료는 그런 성공사례 중 하나이다.

소아 당뇨라고도 불리는 1형 당뇨병은 인슐린 호르몬을 생산하지 못하여 생기는 만성 질환이다. 인슐린이 없으므로, 세포는 혈액에서 당을 흡수하지 못하고 이를 분해하지 못한다. 당뇨병의 90%를 차지하는 2형 당뇨는 인슐린에 저항성을 나타내고 인슐린을 충분히 생산하지 못함에 따라 혈당이 올라가는 대사 장애가 특징이다. 이러한 두 가지 종류의 당뇨병에서 비롯되는 합병증은 치명적이다. 당뇨병 환자의 약 2/3는 매일 한 차례 이상 인슐린을 주사함으로써 혈당을 조절한다. 1980년까지도 도축한 소나 돼지의 췌장에서 추출한 인슐린을 매일 스스로 주사해야 했다. 그러나 이런 식으로 인슐린을 추출하는 전통적인 방법은 어렵고 비용도 많이 드는 일이었다.

1982년, 29살의 사업가 Bob Swanson은 과학자 Herbert Boyer 그리고 Stanley Cohen과 협력하여 인슐린을 생산할 수 있는 재조합 DNA 기술의 잠재성을 깨달았을 때 모든 것이 변화했다. 이들은 사람의 인슐린 생산을 암호화하는 DNA 서열을 잘라내기 위하여 제한효소를 사용했다. 이후 이 DNA 서열을 대장균인 *E. coli*에 삽입하여 형질전환 생명체를 만들었다. 새로운 형질전환 세균을 클로닝한 후, 사람 인슐린을 생산하는 형질전환 균주를 배양조에서 반복하여 배양하였다(**그림 7.16**). 이제 인슐린을 효과적으로 대량 생산하여 당뇨병 환자에게 사용할 수 있게 되었다. 이것은

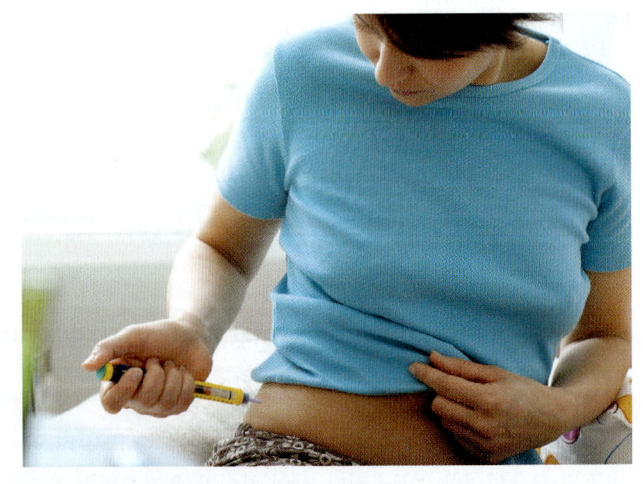

그림 7.16 생명을 살리는 인슐린. 재조합 DNA 기술로 사람 인슐린을 생산한다.

FDA에서 승인한 최초의 유전공학 약품으로, 매일 수백만 명의 사람에게 도움을 주고 있다.

생명공학 응용은 유전공학의 일반화 과정을 밝혔고 이에 따라서 생명공학 혁명이 시작되었다. 즉시 많은 다른 의약품을 생산하여 질병을 치료하는 효과적인 방법을 향한 문이 열린 것이다. 오늘날 1,500개 이상의 기업이 재조합 DNA 기술 산업에 종사하고 있으며, 매년 600조 원 이상의 수익을 올리고 있다.

인슐린-생산 세균의 개발에 뒤이어 몇 가지 중요한 성과가 있었다. 두 가지 예를 들어 살펴본다.

1. **사람 성장호르몬(human growth hormone, HGH).** 뇌하수체에서 만들어지는 사람 성장호르몬은 단백질 합성을 촉진하고, 에너지 대사의 연료로서 지방의 사용을 촉진하며, 신체 모든 부위의 성장을 촉진한다(그림 7.17). 대개 뇌하수체의 기능이 나빠지면 성장호르몬 생산이 부족해져서 난장이증을 초래한다. 난장이증 사람에게 HGH를 보충해 주면 추가로 성장한다. 그러나 1994년까지는 HGH를 단지 사람 시신의 뇌하수체에서만 추출하여 정제할 수 있었기 때문에 HGH를 투여하려면 엄청난 비용이 들었다. 그러나 지금은 형질전환 세균이 개발되어 HGH를 거의 무한정 공급할 수 있게 되었다.
2. **적혈구생성소(erythropoietin, EPO).** 주로 신장에서 만들어지는 적혈구생성소는 적혈구 세포 생산을 조절하는 호르몬이다. 많은 임상 상황(영양 결핍이나 폐 질환 등)과 처치(화학요법 등)에서 정상보다 적혈구 수치보다 낮은 빈혈이 나타날 수 있다. 빈혈증은 조직과 세포로 산소를 운반하는 능력을 줄이는데, 이에 따른 부족한 산소 공급은 허약함, 피로 그리고 숨가쁨과 같은 다양한 증상을 일으킨다.

   재조합 사람 적혈구생성소(rhu-EPO)는 1985년에 처음 클로닝되어, 현재는 원래 햄스터 난소로부터 추출한 세포에서 대량으로 생산된다. 이 제품은 많은 종류의 빈혈 치료에 사용되고 있다. 전 세계의 EPO 판매량은 수조 원에 이른다.

   EPO는 프로 사이클 경기에서 혈액 도핑 추문의 주범이었다. 이 호르몬은 혈액의 산소 운반 능력을 높여주기 때문에 건강한 운동선수 중 일부가 자신의 운동능력을 향상시킬 목적으로 EPO를 사용해 왔다. 그렇지만, 이것은 매우 위험한 행동이다. 적혈구 세포의 수를 늘리면 혈액이 진해져 심장에 압박을 주므로 심장마비 위험이 높아질 수 있다.

그림 7.17 **약간의 도움을 받아 근육 키우기.**

Q "혈액 도핑"이란 무엇일까? 이로 인해 운동선수의 능력이 좋아지는 까닭은 무엇일까?

현재 매우 많은 의약품이 형질전환 생명체를 이용해 생산되고 있다. 혈우병을 치료하기 위한 혈액응고제 VII 인자의 경우, 매년 1조 원 이상을 벌어들이고 있다. 이 외에도 질병 치료를 위하여 다양한 방법—질병에 더욱 효과적으로 반응하게 하는 항체를 생산하는 감자를 포함—이 개발되고 있다.

핵심요약 7.7

» 생명공학은 전통적인 방법으로 생산하는 것보다 더 효과적이고 효율적인 방식으로 의약품을 생산함으로써 질병을 치료하는 데 있어서 일부 주목할 만한 성공을 거두었다.

7.8 유전자 요법: 생명공학은 유전병의 진단과 예방에 도움을 주었지만, 치료에는 제한적인 성공을 거두었다

당신은 미래에 대해 알기를 원하는가? 만약 당신이 특정 유전자를 보유해서 미래에 특정 질환이 발생할 가능성이 크거나 장차 당신의 아기가 유전병을 지닌 채 태어날 가능성이 크더라도 이에 대해 알기를 원하는가? 생명공학에서 개발한 도구에 의해 많은 사람이 가지고 있는 유전자 시한폭탄의 일부를 확인할 수 있게 됨에 따라서 우리 모두는 이러한 질문에 반드시 답을 해야 한다.

유전적 질병을 선별하기 위하여 세 가지 다른 시나리오에 초점을 맞춘다.

1. **특정 부모가 유전병을 지닌 아기를 낳을 가능성이 있는가?** 많은 유전질환은 자손이 각 부모로부터 하나씩, 질병-유발 유전자 두 복사본을 물려받으면 발생한다. Tay-Sachs 병, 낭포성 섬유증, 겸형혈구 빈혈증 등이 이에 해당한다. 질병-유발 유전자를 한 사본만 가지고 있는 경우에는 질병이 나타나지 않지만, 자손에게 질병 유전자를 전달할 수는 있다. 이러한 경우에, 부모가 질병-유발 유전자를 보유하고 있는지를 판별하는 검사를 받는 것이 유익할 것이다. 검사와 함께 유전 상담과 태아 검사를 수행한다면 질병 발생을 크게 줄일 수 있다(**그림 7.18**). 최근 들어 연구자들은 심장병, 유방암 그리고 난소암과 관련된 유전적 요인에 대한 유전자 검사도 주장하기 시작했다.
2. **아기가 유전병을 지닌 채 태어날 것인가?** 일단 수정이 되면 발생 중인 태아에서 많은 유전적 결함을 검사할 수 있다. 출생 전 유전자 검사에 의해 낭포성 섬유증, 겸형혈구 빈혈증, 다운 증후군 등의 장애를 판별할 수 있으며, 검사할 수 있는 유전질환의 목록이 빠르게 늘어나고 있다. 만일 한 여성이 (대개 위험 인자를 가진 것을 근거로) 산전 검사에서 양성이 나오거나, 이전 임신에서 염색체 이상이 있었거나, 35살 이상이거나, 특정 유전병에 대한 가족력이 있거나, 이 여성 또는 남성 배우자가 유전질환에 대한 보인자라면 이와 같은 유전자 검사를 추천한다.

   태아를 진찰하기 위해서, 의사는 태아의 세포나 양수(자궁에서 태아를 둘러싸고 있으면서 발생 중인 태아가 만들어내는 많은 화학물질이 포함되어 있다) 일부를 검사해야 한다. 이러한 시료는 양수검사나 융모막 융모생검(CVS) 기술로 채취하는데, 이에 대해서는 8장에서 자세히 살펴볼 것이다(이러한 세포나 양수액을 채취하는 방식이 점차적으로 산모로부터 혈액을 채취하는 것과 같은 비침습적 방식으로 대체되고 있다.)
3. **인생 만년에 유전질환이 나타날 수 있는가?** DNA 기술을 이용하여 지금은 건강하지만, 나중에 병으로 발달할 위험이 있는 사람을 대상으로 질병 유발 유전자를 검사할 수도 있다. 유방암, 전립선암, 피부암 등 많은 질병은 초기에 발견하면 치료 가능성이 매우 증가하고 병이 심해지거나 죽음에 이르게 되는 위험을 줄일 수 있다.

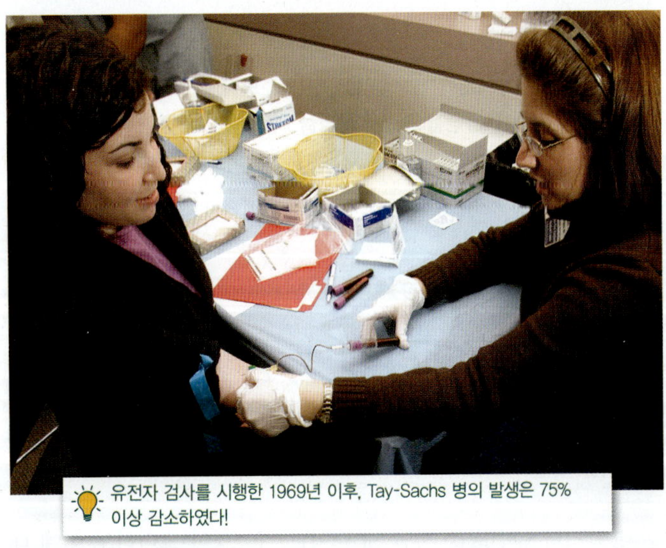
유전자 검사를 시행한 1969년 이후, Tay-Sachs 병의 발생은 75% 이상 감소하였다!

그림 7.18 유전자 검사로 Tay-Sachs 유전자가 있는지를 알 수 있다.

한편, 유전공학의 이러한 잠재적 이점은 잠재적 비용을 동반한다. 예를 들어, 특정 질환이 발병할 위험성을 높이는 유전자를 가지고 있는 사람은, 현재 병에 걸리지 않았으며 앞으로도 특정 질환으로 인한 고통을 겪지 않을 수 있다 하더라도, 고용주와 보험회사로부터 차별받을 수 있다. 연방 유전정보 차별금지 법안(Genetic Information Nondiscrimination Act)이 2008년에 발효되었지만, 이 법에 생명보험, 장애보험, 장기요양보험 등은 제외되어 있다. 실제로 일부 보험회사는 이미 이처럼 질병 위험도를 높이는 유전자를 가지고 있는 개인에 대해서 보험 범위를 취소하거나 거부하고 있다. 다른 문제점은 발생 중인 태아가 출생 직후 고통스럽고 쇠약해지거나 치명적인 병을 앓게 될 것을 아는 부모들이 무엇을 어떻게 해야 하는가라는 어려운 질문에 직면하게 된다는 것이다.

생명공학 기술을 이용하여 질병을 치유하려는 시도에 대하여 희미한 희망이 있다. 1990년대 이후 치명적 유전병인 중증복합면역결핍증(severe combined immuno-deficiency disease, SCID) 환자 소수가 생명공학 방법을 통해 완전하게 치유된 것이다. 그러나 불행하게도, 이러한 유망한 기술을 다른 질병에 적용하지 못하고 있다.

시도하지 않아서 그런 것이 아니다. 기능성 유전자로 환자 세포의 결함을 가진 유전자들 내체하여 다양한 질병을 치료하거나 치유하기 위한 **유전자 치료**를 2,600번 이상이나 임상적으로 시도해 왔다. 그러나 현재까지 성공 건수는 매우 적다.

면역계에서 백혈구를 정상적으로 생산하지 못하는 아기에서 나타나는 유전적 장애인 SCID의 경우를 보자. 이 아기는 대부분 감염에 취약하여 대개 생후 1년 이내에 사망한다(**그림 7.19**). 연구자들은 SCID 유전자 요법으로 환자 아기의 골수에서 신체의 어느 세포 형태로도 분화할 수 있는 일부 **줄기세포**를 채취하였다. 이 세포는 정상적인 골수에서 백혈구 세포를 생산해내지만, SCID

중증복합면역결핍증을 앓고 있는 이 아이는 보호용 공기주머니 안에서 12년 동안 살았다.

그림 7.19 공기주머니로 보호됨.

환자에서는 결함이 있는 유전자로 인해 백혈구 세포가 정상적으로 만들어지지 않는다.

다음으로, 시험관 내에서 골수 줄기세포를 정상적으로 기능하는 유전자를 가지고 있는 형질전환 바이러스로 감염시켰다. 바이러스는 좋은 유전자를 줄기세포의 DNA에 삽입할 것이고, 이를 다시 아기의 골수에 주입하면 된다. 골수에서 이 세포는 정상 백혈구 세포를 생산하게 되고 질병은 영구적으로 치유된다.

이 방법을 통해서 수십 명의 SCID 환자를 치료했지만 2명의 환자가 치료와 연관된 질병으로 사망하였다. 그러나 최근의 긍정적인 결과 덕분에 유럽에서는 많은 유전자 치료가 승인되고 있다. 2019년까지, 미국에서는 유전자 치료가 허가되지 않았지만 몇 년 안에 상황이 바뀔 것으로 연구자들은 기대하고 있다. 혈우병 B, 겸형혈구 빈혈증 그리고 대뇌 부신백질이영양증과 같은 뇌 질환을 위한 치료가 가능해 질 것으로 보인다.

유전자 요법을 시행하는 데에 어려운 점은 대개 정상 기능을 하는 유전자를 유전질환 환자의 세포로 운반하는 것과 관련되어 있다.

1. 기능성 유전자가 필요한 특정 세포에 삽입해야 하는 어려움.
2. 기능성 유전자를 생리적 효과를 내는 적절한 비율로 적합한 세포에 삽입해야 하는 어려움.
3. 원하지 않은 세포로 유전자가 운반되므로 인해 발생하는 문제점.
4. 유전자 발현을 조절해야 하는 어려움

이러한 기술적인 문제 외에도—몇 가지 문제는 7.3에서 다룬 CRISPR 시스템의 도움을 받을 수 있다—대부분 질병의 경우, 잘못 기능하는 유전자가 밝혀져 있지 않다. 다른 경우에는, 하나 이상의 잘못 기능하는 유전자에 의해 질병이 발생한다. 게다가, 유전자 요법은 정자와 난자를 제외한 신체의 세포를 표적으로 한다는 점을 기억하는 것이 중요하다. 결과적으로, 이 기술을 이용하여 이론적으로는 한 개인의 질환을 치유할 수 있다 해도, 질병을 일으키는 유전자가 자손에게 전달되는 것을 막을 수는 없다. 미래에는 무엇이 유전자 요법의 대상이 될지 알 수 없지만, 많은 연구가 여전히 진행되고 있다.

Q 유전자 요법으로 질병을 치유한 성공사례가 많지 않은 까닭은 무엇일까?

핵심요약 7.8

» 유전자 요법으로 사람 질환을 치유한 사례는 매우 적은데, 그 이유는 주로 정상 기능을 하는 유전자를 유전병 환자의 세포로 전달하는 기술적 어려움 때문이다.

7.9 클로닝은 희망과 위험을 함께 제공한다

클로닝. 아마도 이보다 더 정서적으로 무거운 과학 용어는 없을 것이다. **클로닝**은 공여 개체와 완전히 똑같은 유전체를 가지는 새로운 개체를 만드는 일—전체 생물 복제라고 부르는 과정—을 포함하여 다양한 여러 기술을 의미한다. 클론은 나이가 몇 년 또는 십여 년 다른 것만 빼고는 동일한 쌍둥이와 같다. 한 개체의 세포로부터 피부 등의 신체 조직과 기관 전체를 복제할 수도 있다. 또한, 7.2절에서 이미 살펴보았듯이, 유전자를 클로닝하는 일도 가능하다.

영국 과학자 Ian Wilmut 연구진이 Dolly라는 양을 최초로 복제한 1997년 이후, 클로닝은 대중적 이미지의 중심에 자리 잡게 되었다. 이 연구는 1938년까지 거슬러 올라가 Hans Spemann이 최초로 미수정란에서 핵을 제거한 후 다른 개체의 핵으로 대체하는 실험을 제안했던 아이디어에 기초를 둔다.

Wilmut 연구진이 수행한 연구 과정은 어렵고 비효율적이었으나, 개념은 놀라울 만큼 단순하였다(**그림 7.20**). 그들은 성장한 양의 젖샘에서 분리한 세포의 핵을 다른 양의 (핵이 제거된) 난자에 넣었다. 그리고 마치 자연적으로 수정된 난자처럼 세포분열을 유

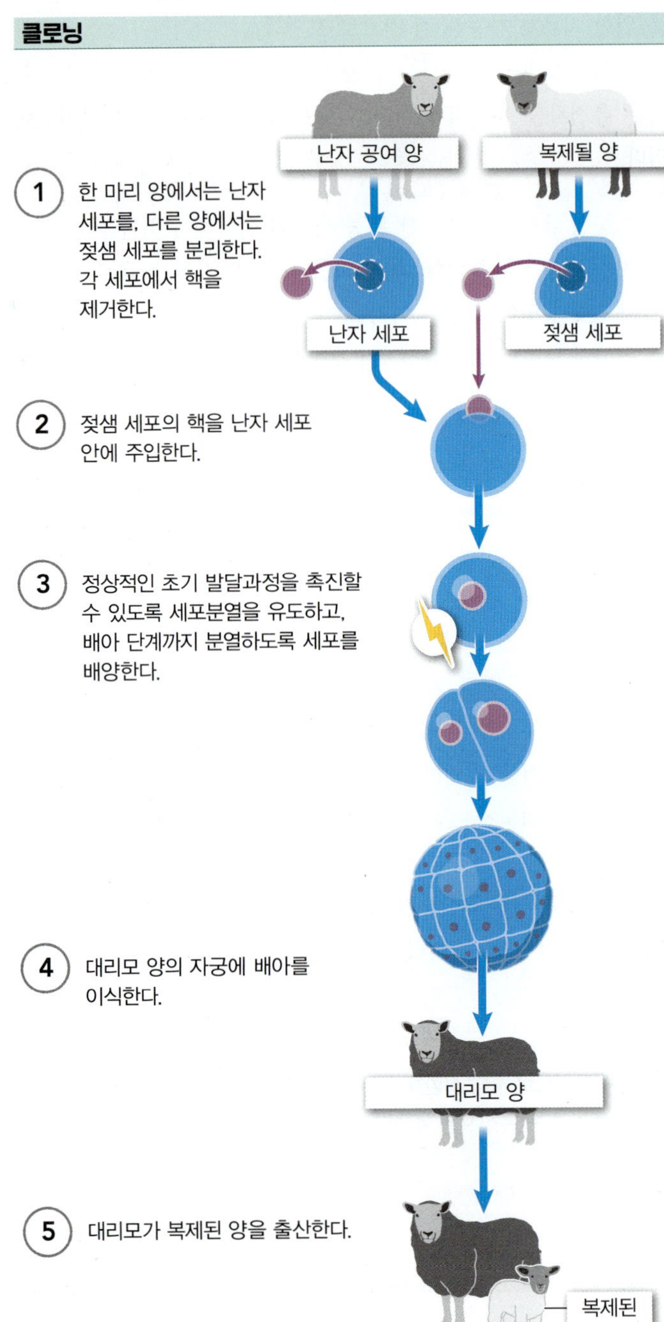

그림 7.20 더 이상 공상과학이 아니다. 돌리를 복제하는 과정

도한 뒤에 대리모 역할을 하는 양의 자궁에 이식하였다. 그들은 272번 시도한 끝에 1번의 성공을 이루어냈는데, 이것만으로도 성체 동물의 클로닝이 가능함을 보이기에는 충분하였다.

Dolly 탄생 소식 이후 곧바로 생쥐, 암소, 돼지, 고양이 등의 다양한 종을 클로닝하기 위한 연구가 시작되었다(**그림 7.21**). 이 모든 연구가 단순한 호기심으로 이루어진 것은 아니다. 농부에게 클로닝은 농업 생산성에 바람직한 형질 — 젖소의 우유 증산 등—을 지닌 동물을 만드는 효율적인 방법이다.

그림 7.21 유전적으로 동일한 복제 동물. 동물을 복제하면 세대를 거듭해도 유용한 형질을 유지할 수 있다.

Q 클로닝에 대한 그 어떤 의학적 정당성이라도 있을까?

의학 연구자들도 클로닝에서 많은 이득을 얻는다. 특히, rhu-EPO를 생산하는 햄스터처럼 사람 유전자를 가지는 형질전환 동물은 가치가 매우 높다. 그렇다면 사람은 복제될 수 있을까? 이 시점에서, 사람의 복제 가능성도 거의 확실하다. 그러나 과학자들은 거의 만장일치로 아이를 얻기 위한 사람 복제는 시도하지 말아야 한다고 주장한다. 산모와 아이의 안전성 문제, 복제된 개인의 동의할 수 없는 법적, 철학적 문제, 여성의 이기적 이용의 문제, 개인의 정체성과 개성에 관한 우려 때문이다. 정부는 이와 같은 새로운 세계를 현명하게 통제할 규정을 개발하기 위해 노력하고 있다.

핵심요약 7.9

» 개체 클로닝은 농업과 의학에 잠재적 이점이 있지만, 윤리적 문제가 끊임없이 제기되고 있다.

생명공학은 형사 사법제도를 개선할 수 있다

▲ DNA 지문은 경찰서에서 법의학부에서 중요하게 여겨지고 있다.

7.10 DNA 지문의 이용(그리고 남용)

예전이었다면, 살인자이자 강간범인 Colin Pitchfork는 자유롭게 걸어 다녔을 것이다. 그러나 그는 DNA에 의해 1987년에 체포되어 유죄를 선고받았으며, 현재는 두 가지 종신형으로 복역 중이다. Pitchfork는 1980년대에 영국의 작은 마을에서 15세의 여학생 2명을 강간하고 살해하면서 몰락하기 시작하였다. 경찰은 그가 자백함에 따라 가해자를 잡았다고 생각하였지만, 그는 오직 두 번째 살인만 시인하고 첫 번째 살인에 대해서는 혐의를 부정했다. 범죄 정황은 두 범죄 모두 동일인에 의해 저질러진 것으로 보였기 때문에 경찰은 당혹스러웠다.

그 당시에 영국 생물학자 Alec Jeffreys는 모든 사람의 염색체에는 작은 DNA 조각이 존재하며, 그 염기서열은 가변성이 엄청나게 높다는 중요한 사실을 발견하였다. 사람마다 서로 다른 운전면허번호나 주민등록번호를 가지고 있는 것과 거의 같은 방식으로, 이 DNA 단편은 매우 다양하므로 두 사람이 이 부위에서 동일한 염기서열을 가지는 것은 극히 드물다. 따라서 용의자의 DNA 표본과 범죄 현장에서 찾아낸 DNA 표본을 비교하면 범인을 밝혀낼 수 있다.

Jeffreys는 살인-강간범이 두 희생자에게 남긴 DNA를 분석하여 동일인의 것임을 확인하였는데, 그 사람은 두 범죄 중 하나의 사건에 대해 이미 자백을 했던 사람이 아니었다. 원래의 용의자는 석방되었으며, DNA 지문(DNA fingerprinting)을 통해 결백이 밝혀진 첫 번째 사람이 되었다.

경찰은 범인을 추적하기 위해 그 지역에 사는 18세부터 35세 사이의 모든 남자에게 혈액 표본을 요구—많은 사람이 사생활 침해라고 보는 관례의 하나—하여 5,000개 이상의 혈액 표본을 수집하고 분석하였다. 이로부터 Colin Pitchfork(그림 7.22)가 범인

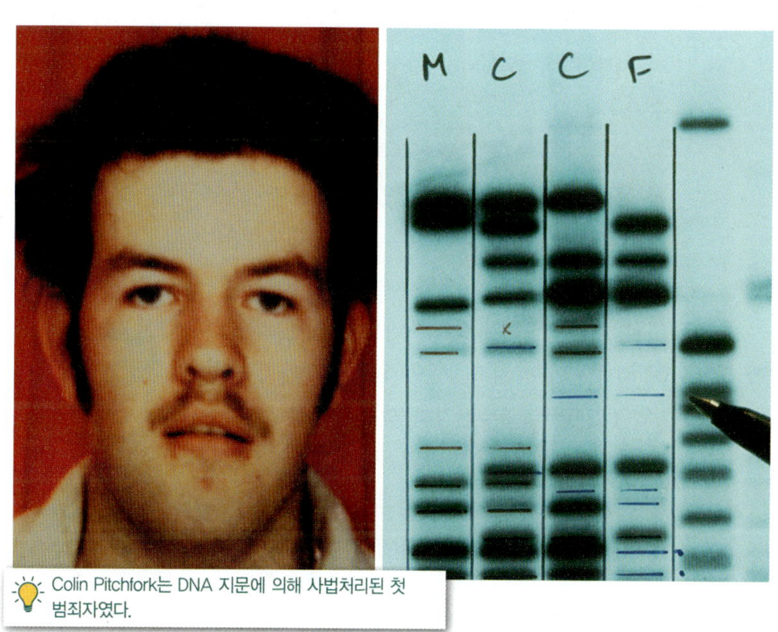

Colin Pitchfork는 DNA 지문에 의해 사법처리된 첫 범죄자였다.

그림 7.22 DNA에 의해 발각되다.

으로 지목되었는데, 그의 DNA가 두 희생자에게 남겨진 DNA와 완벽하게 일치하였고, 이 사실은 결국 그의 유죄를 입증하는 유력한 증거가 되었다. (그는 자신의 이름으로 친구의 혈액 표본을 제출함으로써 거의 빠져나갈 뻔하였다. 그러나 그 친구가 술집에서 이야기하는 것을 우연히 엿들은 경찰이 Pitchfork를 찾아내 혈액 표본을 채취하였다.)

현재 DNA 지문은 지난 100년 동안 사용해 온 통상적인 지문 감식과 마찬가지로 범죄과학 수사에서 광범위하게 이용된다. DNA 표본은 대개 정액, 혈액, 머리카락, 피부를 비롯한 여러 조직의 형태로 범죄현장에 종종 남겨진다. DNA 지문을 직접 이용하여 수천 명의 범죄자를 기소하고 처벌하였으며, 무고한 사람의 결백함을 입증하였다.

모든 사람의 DNA는 거의 완전하게 동일하다. 두 사람의 염기서열을 비교하면 99.9% 이상 같은데, 이는 우리 모두 같은 종에서 비롯되어 공통적인 진화역사를 공유하기 때문이다. 그렇기는 하지만, 30억 쌍이나 되는 유전체에서 0.1%만 달라도 약 300만 염기쌍의 차이가 나타난다. 이러한 차이로 인해 모든 개인은 자신만의 고유한 유전체를 가지게 된다(단 하나의 예외가 있다: DNA가 완전하게 같은 일란성 쌍둥이). 따라서 범죄현장에서 채취한 DNA를 분석하기 위해서 DNA 중 서로 차이를 나타내는 부위에 초점을 맞춘다. 사람의 유전체에는 수천 개의 가변성이 매우 높은 영역이 있다.

사람 유전체에 있는 수천 개의 가변성이 매우 높은 영역 중에서 특정 형태의 부위가 사람의 유전적 지문을 판정하는 데 사용된다. 단순반복서열(short tandem repeats, STRs)이라고 불리는 이 부위는 대개 4-5개의 염기서열이 DNA의 비암호화 부위에서 십여 차례 이상 반복되는 특징을 가진다. 그런데 개인마다 반복 횟수가 다르다.

어떤 개인—개인 A라고 하자—의 경우, 하나의 STR 부위(예를 들어, 2번 염색체 상에 있다면)의 염기서열 반복 횟수가 어머니에게서 받은 복사본에서는 3회 그리고 아버지에게서 받은 복사본에서는 14회이다. 개인 A는 이 STR 부위에서 다른 대립유전자(3과 14)를 가지게 된다. 반면에 개인 B는 2번 염색체의 동일한 STR 부위에서 염기서열이 5회와 11회 반복될 수 있고, 개인 B는 5와 11개의 대립유전자를 갖는다(**그림 7.23**).

사람 유전체에서 하나의 STR 부위의 경우 한 모집단을 조사하면 대략 10개의 다른 대립유전자가 존재하는데, 이 모집단에 속한 개개인은 각각의 대립유전자를 약 10% 정도 공유한다. 다시

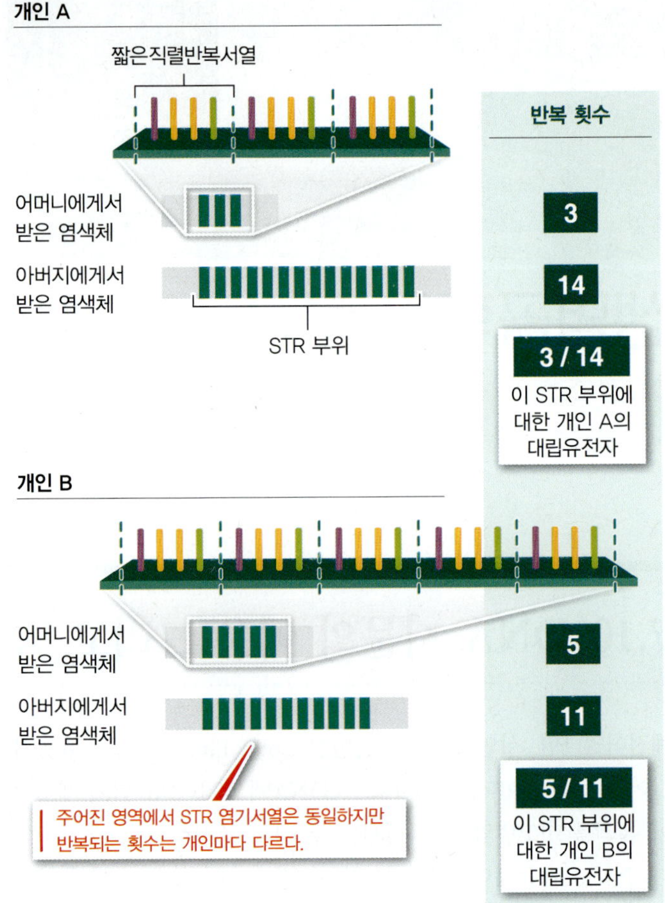

그림 7.23 법의학에서의 생명공학. 법의학자는 매우 가변성이 높은 부위를 이용하여 용의자와 범죄현장에서 수거한 DNA 증거 사이에서 유전적 연관성을 찾는다.

말해서 2명의 개인이 동일한 2개의 대립유전자를 가지게 될 확률은 1/100이다. 그러나 모집단의 사람 수가 충분히 많다면 동일한 대립유전자를 가지게 될 가능성이 있다. 만일 2개의 다른 STR 부위를 분석하면 2명의 개인이 동일한 4개의 대립유전자를 가질 확률은 1/10 × 1/10 × 1/10 × 1/10, 즉 1/10,000이 된다. 이 확률이 드물긴 하지만 큰 도시에 살고 있는 사람의 경우 동일한 4개의 대립유전자를 가질 수도 있다. DNA 지문은 단지 한 두 부위의 STR이 아니라 13개의 서로 다른 STR 부위에서 개인이 가지고 있는 대립유전자(즉, 유전자형)를 동시에 판정한다. 미국 FBI는 DNA 지문 제작 시 13개의 STR 부위를 사용하였으며, 이에 따

라 2명의 개인이 동일한 유전자형을 가질 확률은 극히 낮다(**그림 7.24**).

DNA 지문을 만들기 위해서, 개인의 유전자형을 PCR을 통해 증폭된 STR 부위로 결정한다. 전기영동에 의해 STR 부위의 길이가 측정된다. 그리고 그 부위의 길이는 STR이 반복된 횟수를 의미한다. 하나의 STR에 대해 개인의 유전자형은 2개의 숫자로 표현되는데, 이는 어머니와 아버지부터 각각 유전된 복사본에 존재하는 STR 반복 횟수를 뜻한다. 어떤 사람의 완전한 DNA 지문에서 나열된 26개 숫자는 13개의 STR에서 2개씩의 숫자이다.

법정에서는 용의자의 유전자형과 범죄현장에서 채취한 DNA 지문을 비교한다. 다른 사람들에게서 채취한 DNA 시료는 26개의 숫자로 이루어진 다른 "지문"을 보여주지만, 한 사람에게서 얻은 다양한 DNA 시료에서는 유전자형이 완벽하게 동일할 것이다(그림 7.24 참조).

하지만, 널리 받아들이는 방법임에도 불구하고 DNA 지문이 절대적으로 확실한 것은 아니다. 용의자나 범죄현장의 증거물부터 채취한 조직이 담긴 시험관에 잘못 표기를 하는 것과 같은 사람의 실수—고의적이든 우발적이든—가능성이 있기 때문이다. 그래서 DNA 지문이라는 단 하나의 증거만 가지고 맹목적으로 결론을 내리지 말아야 한다. 그럼에도 불구하고, DNA 지문은 일반적으로 목격담보다 더 신뢰할 수 있으므로 법 집행에 있어서 그 가치가 점점 증가하고 있는 유용한 도구이다. 예를 들어, FBI 보고에 의하면, 용의자 중 거의 3분의 1은 DNA 검사를 통해 즉시 혐의를 벗었으며, 더 많은 범죄자가 DNA 지문으로 인해 자신이 저지른 범죄를 인정하였다.

핵심요약 7.10

» 가변성이 높은 영역의 DNA를 비교하면, 조직 표본을 동정하고 그것이 누구의 것인지 판별할 수 있다.

DNA 지문 만들기

DNA 지문은 한 개인이 13개의 다른 STR 부위에 가지고 있는 대립유전자를 분석하여 만든다.

1 **STR 부위 증폭**
13개의 다른 STR 부위 각각을 PCR을 통해 대량으로 증폭한다.

증폭된 DNA 절편은 그 STR에서 반복 단위가 몇 차례 반복되는지에 따라 길이가 다르다.

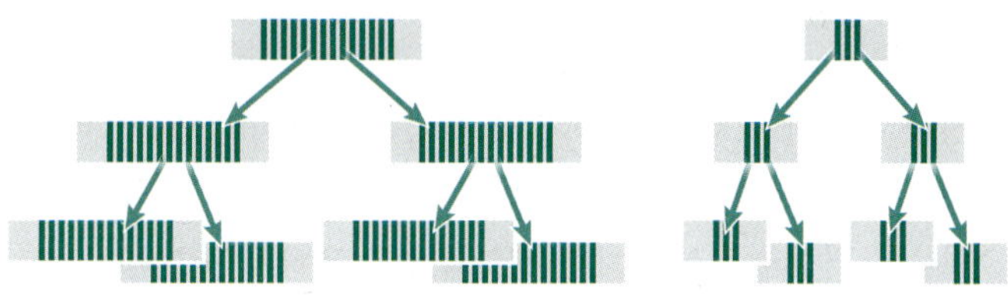

2 **크기에 따른 절편 분리**
증폭된 DNA 절편을 전기영동 젤에 넣고 전하를 걸어준다.

DNA는 음전하를 띠고 있는 분자이기 때문에 DNA 절편은 양극 쪽으로 이동한다. 작은 절편(반복횟수가 적은 절편)은 큰 절편보다 젤을 빠르게 통과하여 이동한다.

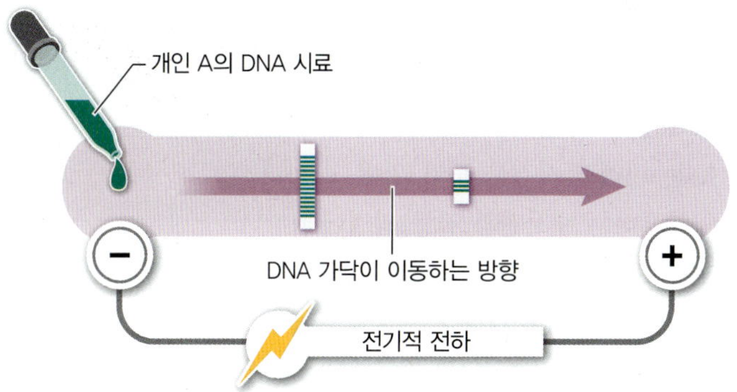

3 **개인의 유전자형 식별**
STR 부위의 반복 횟수(개인의 유전자형을 나타냄)는 이미 길이가 알려진 DNA 절편들과 비교하여 결정된다.

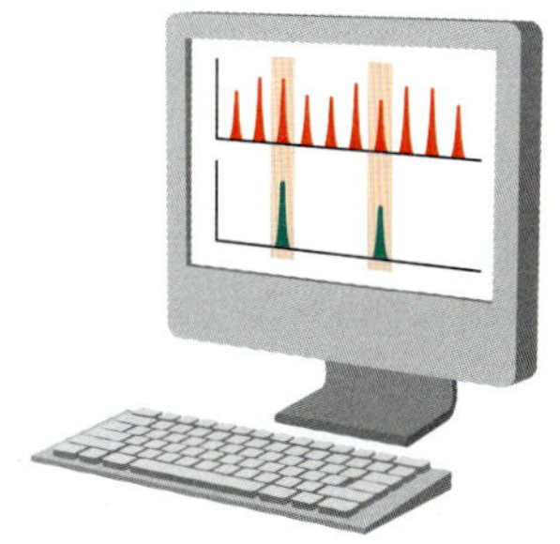

그림 7.24 당신의 고유한 식별자: DNA 지문. DNA 지문은 용의자의 DNA와 범죄현장에서 채취한 DNA가 일치하는지를 판단하는 데 이용된다.

DNA 친족검색기술과 형법: 장점과 단점

Recreational genomics(개인의 가계, 관련성 그리고 질병 감수성을 평가하기 위해 게놈 전체 마커를 사용하는 것)가 매우 대중적으로 행해지고 있다. 2019년까지, 거의 3천만 명의 사람들이 건강과 조상에 대한 정보를 얻기 위해서 자신의 DNA 샘플을 회사—대부분 23 and Me and Ancestry DNA 회사—에 보내왔다. 처음에 관심이 있었던 것은 조상이 어디에서 왔는지를 찾고 특정 형질을 보유하는지 그리고 그것이 무엇을 의미하는지를 아는 것이었다.

세상의 이목을 끄는 탐정 행위의 성공 2018년 이래, recreational genomics는 미해결 사건을 풀기 위해 고군분투하는 수사관과 갈등 과정에 있다. 경찰은 범죄현장의 DNA와 대중의 가계도 데이터베이스의 비교가 미국 역사상 가장 악명 높은 범죄 중 하나를 해결하는 데 도움을 주었다고 발표했다. Golden State Killer—적어도 13건의 살인과 50건 이상의 강간을 저지름—가 40년 이상의 경찰 수사망을 피해 다니다가 마침내 구속되었다. 이것은 단순히 빙산의 일각일 뿐이다. 수사관들은 공공 DNA 데이터베이스를 이용해서 14건의 살인을 포함한 60건의 사건을 해결했다고 보고하였다.

Recreational genomics와 DNA 지문은 어떤 연관성을 가지는가? 만일 범죄현장의 DNA 샘플이 특정 용의자에서 유래한 것이라면, 두 DNA 샘플은 100% 일치하므로 DNA 지문의 힘은 위대하다. "충분히 가까운지" 아닌지에 대한 분석이 필요 없다. 그러나 범죄현장의 DNA 샘플을 FBI 데이터베이스와 비교했을 때, 일치하는 것이 없는 경우가 종종 있다.

소비자 유전체학 사이트에서 어떤 사람이 당신의 "제2의 또는 제3의 사촌일 가능성이 있다"는 것을 밝힌 경우, 비록 당시의 DNA 샘플이 다른 샘플과 완전히 일치하지는 않더라도 유사하다는 것을 의미한다. 동일한 조상으로부터 일부 DNA가 당신과 다른 사람에게 유전되었었을 가능성이 있기 때문이다. 법 집행 기관은 친족을 찾아내서 용의자를 식별하기 위해 이런 비교 과정을 활용해 왔다. 이 과정을 DNA 친족검색기술이라고 한다.

DNA 친족검색기술은 어떻게 유용하게 작용하는가? 수사관들은 범인이 남긴 DNA와 공공 DNA 데이터베이스에 있는 DNA를 비교한다. 범인의 DNA가 부분적으로라도 한 명 이상의 DNA와 일치하기를 희망한다. 데이터베이스에서 확인된 사람과 유전적으로 관련이 있다는 것은 범인일 가능성을 의미한다.

이런 조사의 대부분은 약 850명의 친척을 결과물로 가져다준다. 이는 커다란 실마리가 된다. 이전에 수사관들은 커다란 건초더미에서 바늘 하나를 찾았지만, 지금은 건초더미가 다소 다루기 쉬운 무언가로 줄어들었다. 이후 부분적으로 일치하는 친척들을 조사하여 그들 중에서 어떤 사람이 범인인지를 판단한다. 그들이 어디에서 사는지? 나이가 몇 살인지? 전통적인 방법으로 얻은 이전의 증거와 함께, 목록을 정리하다 보면 한 명 또는 몇 사람으로 추릴 수 있다.

이런 새로운 기술에 대해 왜 논쟁이 있는가? 법을 집행하는 공무원들은 이와 같은 조사의 혁신을 혁명과 같은 진전이라고 말한다. 여론 조사에 따르면 응답자의 90% 이상이 살인 사건을 조사하기 위해 공공 데이터베이스를 탐색하는 것에 찬성한다.

그 너머는 안개가 자욱하다. 이런 탐색은 권리와 사생활에 관해서 오랫동안 간직해 왔던 생각을 뒤엎는다. 통제되지 않은 채로 공공 DNA 데이터베이스를 탐색하는 것에 대해서 반대자들은 이것은 경찰들의 신체 수색과 동일하다고 주장한다. 이것은 단지 흥미 삼아 DNA를 맡긴 사람들의 사생활을 침해하는 것일 뿐만 아니라, 그 회사에 DNA를 제공조차 하지 않은 친척들의 사생활을 침해하는 것이라고 주장한다.

이런 발생 가능한 쟁점을 알면, 당신은 recreational genomics 시도를 재고할 것인가?

연습 데이터의 시각적 표현을 비판적으로 살펴보기

도표로 배우기

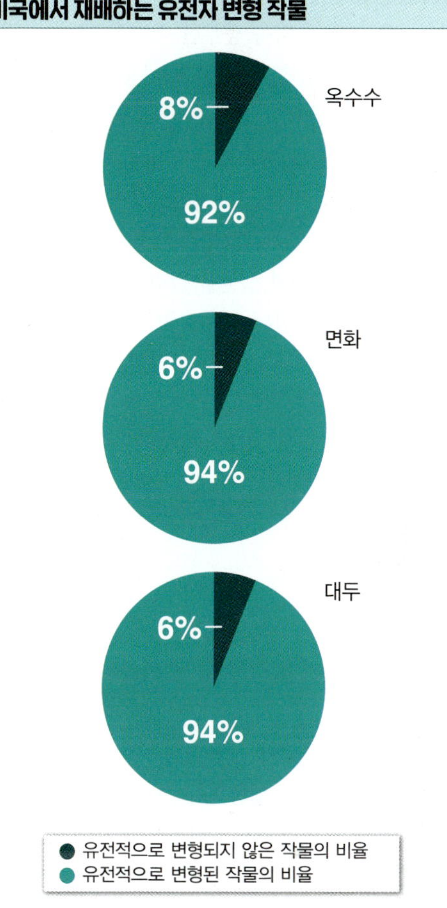

1. 미국에서 재배되는 옥수수 중에서 유전적으로 변형된 옥수수의 비율은?
2. 그림을 통해 미국에서 유전자 변형 옥수수가 더 많이 생산되는지 아니면 유전자 변형 면화가 더 많이 생산되는지를 판가름할 수 있는가? 어떻게 판가름할 수 있는가? 만일 불가능하다면 이유는 무엇인가?
3. 이 그림에서 "핵심요약"은 무엇인가? 이것이 유전자 변형 곡물에 대한 당신의 생각에 영향을 미치는가? 이유는 무엇인가?
4. 데이터는 왜 유전자 변형 작물의 절대량이 아닌 비율을 보여주고 있는가? 이것이 그래프를 해석하는 데 영향을 미치는가?
5. 전 세계적으로, 유전적으로 변형된 옥수수의 재배 비율은 33%, 콩은 77%, 면화는 80%이다. 이 사실이 그림에 어떤 중요성을 더할 수 있는가?
6. 2001년부터 2018년까지 미국에서 재배되는 옥수수 중 유전적으로 조작된 옥수수가 차지하는 비율은 변해 왔다. 아래의 자료를 두 가지 다른 방법으로 표시하시오. 어떤 사람이든 그림으로부터 얻을 수 있는 가장 명백한 결론은 무엇인가?

연도	비율	연도	비율	
2001	26%	2010	86%	
2002	34%	2012	88%	
2004	47%	2014	90%	
2006	61%	2016	92%	
2008	80%	2018	92%	(그래프에 표시됨)

주요 용어: 생명공학

생명공학 biotechnology, 176쪽
유전공학 genetic engineering, 183쪽
유전자 라이브러리 gene library, 180쪽
유전자 변형 생물 genetically modified organism(GMO) 184쪽
유전자 치료 gene therapy, 192쪽
재조합 DNA기술 recombinant DNA technology, 183쪽
제한효소 restriction enzyme, 178쪽
줄기세포 stem cell, 192쪽
중합효소 연쇄반응 polymerase chain reaction(PCR), 178쪽
크리스퍼 CRISPR(clustered regularly interspaced short palindromic repeats), 180쪽
클로닝, cloning, 193쪽
클론 clone, 180쪽
클론 라이브러리 clone library, 180쪽
플라스미드 plasmid, 179쪽
형질전환 생물 transgenic organism, 179쪽

요약

살아있는 생명체가 실질적인 이익을 위해 조작될 수 있다.

- 생명공학은 농업, 인류 건강 그리고 과학수사에서의 실질적인 이익을 위해서 생명체, 세포 그리고 이들을 구성하는 분자를 조작하는 기술을 이용하는 것이다.
- 제한효소로 DNA를 절단하고, PCR을 통해서 DNA를 증폭하고, 벡터에 DNA를 삽입시킨 뒤 클로닝을 하는 기술을 사용하면, 한 생명체에서 DNA를 잘라서 복사하고 그것을 다른 생명체로 옮기는 것이 가능해진다.
- CRISPR는 대부분 모든 종의 DNA를 표적으로 특정 염기서열을 자를 수 있는 정교하고 효율적인 유전자 편집 기술이다.

CRISPR는 상상할 수 있는 거의 모든 방법으로 생명체의 유전자를 변화시킬 수 있는 길을 열어 주었다.

생명공학은 농업을 진보시킨다

- 생명공학은 영양이 더욱 풍부한 식량을 생산하기 위해 형질전환 동식물을 이용하여 농업 분야에서 중요한 발전을 이끌어 왔다. 생명공학 기술로 제초제—저항성 작물과 곤충—저항성 작물을 개발함으로써 식량 생산에 드는 환경적, 경제적 비용을 감소시켜 왔다. 형질전환 생물을 널리 사용함에 따라 발생할 수 있는 생태적 또는 건강상의 위험에 대해서는 충분히 밝혀지지 않았다.
- 재조합 DNA 기술의 현대적 방법을 이용하여 점점 더 많은 유전자 변형 식품이 개발되고 있다. 그러나 많은 사람은 이 식품의 잠재적인 위험과 그로부터 얻는 장기적인 경제적 이점에 대해 우려한다.
- 무언가가 안전하다는 가설이 절대적으로 옳다는 것을 입증하는 것은 불가능하다. 그것이 잘못되었음을 입증할 증거가 앞으로 나올 수 있기 때문이다. 다양한 실험적 접근을 통해서 그 가설을 평가해야 한다. 가설을 지지하는 증거가 쌓이면, 그 가설이 현상을 정확히 설명할 수 있다는 우리의 신뢰도 증가한다.

생명공학은 인류의 건강을 개선할 수 있다.

- 생명공학은 전통 방법으로 생산하는 것보다 더 효과적이고 더 효율적인 방식으로 의약품을 생산함으로써 질병을 치료하는 데 있어서 일부 주목할 만한 성공을 거두었다.
- 유전자 요법으로 사람 질환을 치유한 사례는 매우 적은데, 그 이유는 주로 정상 기능을 하는 유전자를 유전병 환자의 세포로 전달하는 기술적 어려움 때문이다.
- 개체 클로닝은 농업과 의학에 잠재적 이점이 있지만, 윤리적 문제가 끊임없이 제기되고 있다.

생명공학은 형사 사법제도를 개선할 수 있다.

- 가변성이 높은 영역의 DNA를 비교하면 조직 표본을 동정하고 그것이 누구의 것인지 판별할 수 있다.

복습하기

짧게 답하기

1. CRISPR란 무엇이고, 어떻게 사용되는가?
2. "유전자 변형 식품이 해롭다"는 가설이 잘못되었다는 것을 입증하는 것이 불가능한 이유는 무엇인가? 이것이 GMO 사용을 계속해서 반대하는 것을 위한 합리적인 주장인가? 이유는 무엇인가?
3. 농업을 더 효율적으로 만드는 데에 도움을 제공한 생명공학에서의 2가지 발전을 설명하시오.
4. 유전자 변형 식품은 유전적 다양성의 상실을 포함한 여러 우려를 야기한다. 이것이 왜 걱정거리인가?
5. 생명공학의 주요 적용사례 3가지와 그 적용사례가 인류의 건강에 어떤 영향을 주었는지 설명하시오.
6. 예비 부모의 유전자 검사가 가능해지면서 왜 태아의 유전질환 발생이 감소했는가?
7. 유전자 클로닝 기술이 농부에게 주는 잠재적인 이점은 무엇인가?
8. STR 부위는 무엇인가? 유전 메커니즘, 유전적 변이, 개체의 형질에 미치는 영향 관점에서, STR 부위와 구조적 특징(눈의 색깔과 같은)을 나타내는 유전자 간의 공통점과 차이점을 설명하시오.

정답고르기

1. "CRISPR"는 어디에 있는 반복적인 서열을 의미하는가?
   a) 유전적으로 변형된 생명체의 수용세포
   b) 바이러스의 DNA
   c) 바이러스의 RNA
   d) 진핵생물의 벡터 유전체
   e) 세균의 DNA
2. 중합효소 연쇄반응(PCR)은
   a) 아주 적은 양의 DNA 단편을 엄청나게 많은 수의 복사본을 만들 수 있다
   b) 오직 한 가닥의 DNA만 가지고 있을 때, 그 상보적 염기서열을 알 수 있게 한다.
   c) RNA 중합효소를 사용하여 DNA 가닥을 만든다.
   d) DNA의 작은 단편으로부터 전령 RNA를 만들어낼 수 있다.
   e) 위의 내용 모두 옳다.
3. 유전자 요법으로 사람 질환을 치유하고자 할 때 의학적으로 겪는 어려움이 아닌 것은?
   a) 전달 생명체—대개 바이러스—가 의도하지 않은 세포로 들어가 질병을 일으킬 수 있다.
   b) 유용한 유전자가 필요한 특정 세포로 도입하는 것이 어렵다.
   c) 유용한 유전자를 생리적 효과를 나타내도록 충분한 세포에 적절한 비율로 넣는 것이 어렵다.
   d) 많은 질환에서는 기능이 손상된 유전자가 밝혀지지 않았다.
   e) 모든 설명이 사람의 유전자 요법에서 직면하는 어려움이다.
4. 황금 쌀은
   a) 껍질이 없어서 먹기 전에 필요한 도정 과정을 줄일 수 있다.
   b) 베타-카로틴 없이 비타민 A를 만들어낼 수 있다.
   c) 매년 비타민 A 결핍에 시달리는 25만 명의 아이가 실명하는 것을 예방할 수 있다.
   d) 한 끼 식사만으로도 한 사람이 1주일 동안 필요로 하는 것 이상의 비타민 A

를 공급한다.

e) 유기농업으로 가장 최근에 개발된 것 중 하나이다.

5. Bt 결정체에 대한 설명으로 옳은 것은?

a) 토양 세균인 *Bacillus thuringiensis*에 의해 생산된다.

b) Bt 결정체 생산을 위한 유전자를 젖소에 유전공학으로 도입하면, 우유 생산량이 6배 증가한다.

c) 중합효소 연쇄반응(PCR)에 의해 생산된다.

d) 대부분의 잡초에서 생산된다.

e) 위의 내용 모두 옳다.

6. 유전적으로 변형된 잡초에 저항성을 나타내는 카놀라 식물이 캐나다에서 재배되었다. 농부들은 잡초를 죽이기 위해 제초제를 맘껏 뿌렸지만 카놀라 식물은 죽지 않았다. 이 이야기에서 잘못된 것은 무엇인가?

a) 잡초에 저항성을 나타내는 카놀라 식물이 카놀라를 키우지 않는 이웃 농장으로까지 씨를 통해 퍼져나갔다. 이전의 제초제는 제초제에 저항성을 나타내는 카놀라를 죽일 수 없으므로 통제할 수 없게 되었다.

b) 카놀라를 재배하는 농부들이 더 많은 제초제를 사용함에 따라 제초제에 저항성을 나타내는 카놀라를 키우지 않는 다른 농장으로까지 제초제가 퍼져나가 그 농장에 있는 작물들을 죽였다.

c) 캐나다는 너무 추워서 카놀라가 자랄 수 없다.

d) 제초제에 저항성을 나타내기 위한 유전자 조작으로 인해서 몇몇 해충에 취약해졌다.

e) 농부들은 카놀라를 너무 성공적으로 재배함에 따라 카놀라 시장이 붕괴되고 캐나다 농부들은 파산했다.

7. 다음 중에서 GMO에 의해서 야기될 수 있는 문제가 아닌 것은?

a) 잡초를 포함한 몇몇 생명체는 통제할 수 없이 자라게 되면, 농약으로 죽이는 것이 불가능해질 수 있다.

b) 유전자 변형 작물은 유전적으로 변형되지 않은 작물에 비해 경작하는 데 더 적은 비용이 든다.

c) 생태적으로 가치 있는 생명체가 의도치 않게 죽을 수 있다.

d) 곡물의 유전적 다양성이 감소하여 곡물은 해충에 더 취약하게 된다

e) GMO에 의해 발생하는 잠재적 위험을 완벽하게 알 수 없다

8. 비록 유전자 검사로 인해서 Tay-Sachs 질병의 발생을 줄일 수는 있었지만:

a) 유전자 검사는 췌장암과 같은 질병이 발생할 비율을 높인다.

b) 유전자 검사는 어떤 사람이 나이가 들어서 질병의 위험이 증가하는지 아닌지를 알려줄 수는 없다

c) 유전자 검사는 생명보험증권을 취소하게 한다.

d) 유전자 검사는 태아가 유전질환을 보유하는지 여부를 결정하는 데 사용될 수 없다.

e) 예비 부모에 대한 유전자 검사는 그 부부가 원하는 아이를 갖기 위한 유용한 정보를 제공하지 못한다.

9. 재조합된 인간의 __________는 전문적인 사이클 경기에서 "혈액 도핑" 사건의 중심에 있다.

a) 적혈구 생성 촉진제 (EPO)

b) 성장호르몬 (HGH)

c) 인슐린

d) 적혈구

e) 줄기세포

10. 짧은 반복적인 DNA 서열은:

a) 구조적 특성보다는 생화학적인 특성을 암호화하는 유전자의 특성이다.

b) 클론을 만드는 생명공학에 사용된다.

c) 돌연변이가 비생식세포에서 일어날 때 만들어진다.

d) DNA지문을 만드는 데에 사용된다.

e) 돌연변이가 정자 생성 세포나 난자 생성 세포에서 일어날 때 만들어진다.

11. DNA 분석은 잘못된 범죄자의 유죄판결을 뒤엎기 위해 사용될 수 있다. 이런 반전이 일어나는 가장 잘 알려진 이유는 무엇인가?

a) 개인을 식별하는 데 있어서 DNA 증거는 목격자의 진술보다 더 신뢰할 만하다.

b) 과학은 전통적으로 법정에서의 기소에 사용되지 않았다

c) 연구자들은 범죄자의 감시 사진으로부터 정확한 DNA 지문을 만들 수 있다.

d) 법 제도는 현재 DNA 채취를 거부한 용의자에게 유죄판결을 내리는 것을 허락한다.

e) 과학자들은 특정인의 DNA에 가장 흔한 "범죄성" 대립인자가 있는지 아닌지를 식별할 수 있다.

8

염색체와 세포분열

연속성과 다양성

▲ 백합 꽃밥 세포들: 꽃밥은 현화식물의 수컷 생식 구조이다.

20 μm

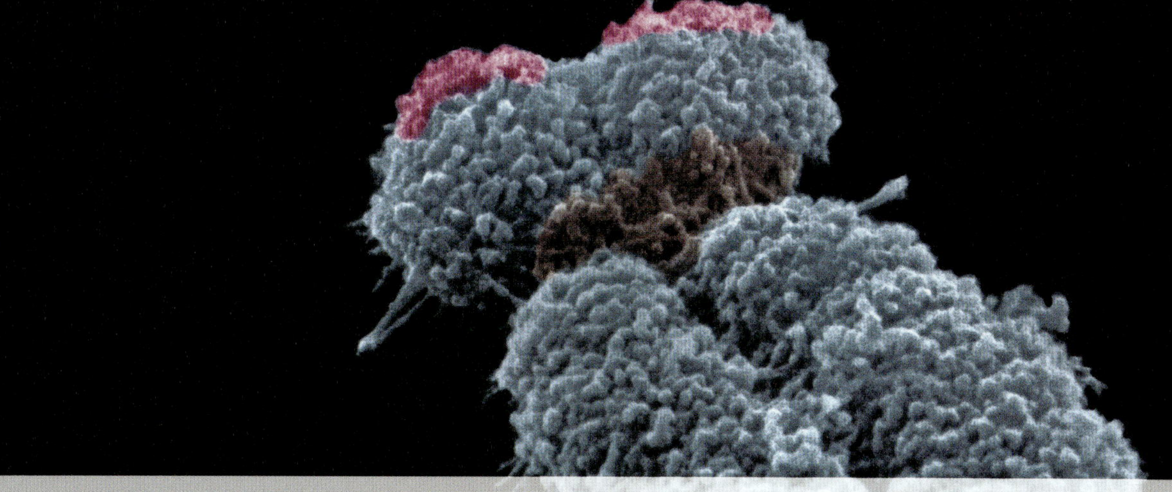

여러 종류의 세포분열이 있다

▲ 복제 후 유사분열 이전의 사람 염색체
(끝의 색이 있는 부위는 말단부이다)

8.1 죽지 않는 세포들은 문제를 유발할 수 있다

우리 몸 대부분 세포는 계속 죽어가기도 하고, 분열을 위해 남아 있기도 하며, 죽어 없어진 세포들을 계속해서 대체하기도 한다. 이러한 세포의 대체가 영원히 지속될 수 있을까? 그리고 세포의 나이가 얼마인지 알 수 있을까?

사실, 세포는 오래된 정도를 대략 나타내는 특징이 있다. 자동차에는 주행 거리가 얼만큼인지 측정할 수 있는 주행거리계가 있는 것처럼, 동물 세포에도 그 세포가 몇 번을 분열했는지 알 수 있는 측정기가 존재한다. 이 '측정기'는 암호화되지 않는 반복되는 DNA 부위로 **말단부**라 한다. 말단부는 염색체의 끝부분을 보호하는 덮개와 같은 역할을 하며, 모든 염색체의 끝 부위, 생물의 유지 과정을 조절하는 유전자의 바로 옆에 위치한다(**그림 8.1**).

세포가 분열할 때마다 DNA는 둘로 나누어질 뿐만 아니라 동일한 복사본을 만든다. 그러나 DAN가 나뉠 때마다, 그 이전에 진행되는 염색체의 복제 과정에서 염색체 끝의 말단부는 조금씩 짧아진다. 태어날 때 거의 모든 사람 세포의 말단부는 약 80~90번의 세포분열을 할 수 있을 만큼의 길이를 가지고 있다. 70세인 사람의 말단부는 기껏해야 20~30번의 세포분열을 할 수 있을 만큼 남아 있다. 결국, 말단부는 매우 짧아지게 되고, 더 이상의 세포분열은 DNA의 필수적인 기능을 잃게 만들어 세포가 거의 죽게 된다.

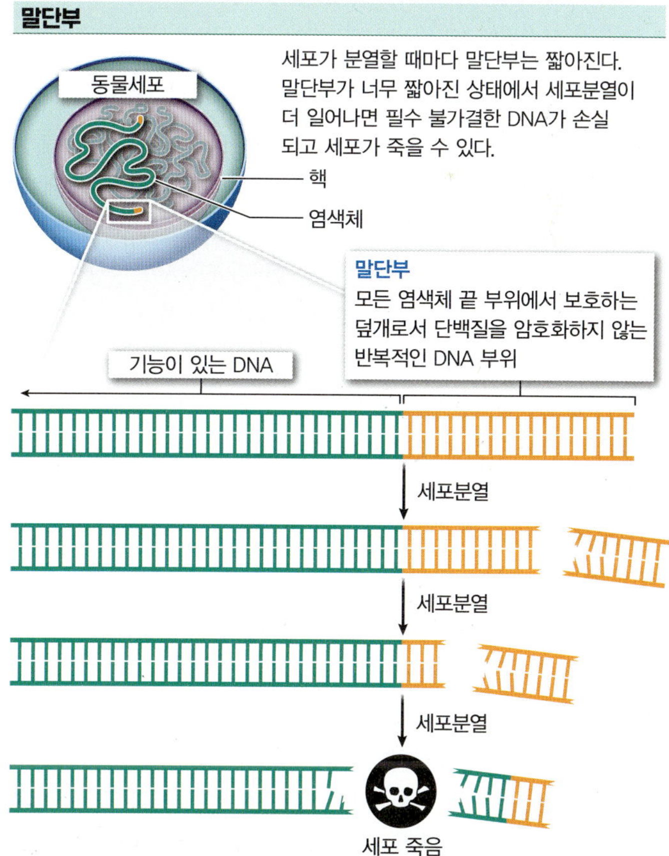

그림 8.1 세포의 "주행거리계." 말단부는 세포가 정해진 횟수만큼만 분열하게 한다.

그러나 때때로 사람들은 세포의 핵을 유지하는 데에 관여하는 단백질의 기능이 손상된 말단부를 갖고 태어나기도 한다. 허친슨 길포드 선천성 조로증 증후군의 경우, 이 유전적 조건으로 인해 태어날 때 세포의 말단부가 정상보다 매우 짧은 상태가 된다. 게다가 이러한 사람들은 유전자의 정상적인 기능에 방해를 받아 태어나자마자 세포와 조직이 노화하기 시작한다. 이러한 염색체 이상을 갖고 태어난 아이는 13살 넘게 사는 것이 어렵다.

이런 정보를 참고삼아 어떤 사람들은, 매 세포분열 후 말단부를 계속해서 재생시켜 주면 세포와 그 딸세포가 정상 세포보다 더 오래 기능할 수 있다고 생각할 것이다. 그러한 세포들은 절대 죽지 않는다. 더 나아가서, 지속적인 말단부의 재생은 젊음의 샘처럼 작용할 것이라고 상상하기 쉽다. 불행히도 그렇지 않다. 몇몇 세포들은 각각의 세포분열 이후 보호용 덮개를 복구하면서 그들의 말단부를 재생시킨다. 단세포 진핵생물과 다세포 생물의 정자와 난자를 만들기 위해 분열하는 세포(수천 번의 많은 세포분열을 해야 하는 세포)의 경우, 말단부의 재생은 필수적이다. 그러나 세포분열과 함께 말단부를 재생하는 대부분 다른 종류 세포들에게 말단부 재생은 큰 문제를 제공한다. 이 세포들은 분열을 멈출 수 없다. 이러한 불멸의 세포는 '암'이라는 다른 이름으로 통칭한다.

핵심요약 8.1

» 대부분 생물이 살아가기 위해서는 정상적인 세포분열이 필수적이다. 진핵세포에서, 세포분열이 일어날 때마다 말단부가 짧아지기 때문에 세포분열의 흔적을 계속 나타낸다. 만약 말단부가 너무 짧아지면, 추가적인 세포분열은 필수적인 DNA를 상실하게 만들고 세포를 죽음으로 이르게 한다.

8.2 원핵세포의 염색체는 원형이고 진핵세포의 염색체는 선형이다

지구 상의 모든 생명체는 유전정보를 저장하기 위하여 DNA를 사용하고 있다. 이는 단세포 박테리아부터 다세포 식물과 동물들까지 포함한 지구 상의 모든 생명체의 다양성을 고려해 볼 때 매우 주목할 만한 일이다. 염색체는 특정 서열의 염기쌍을 가진 선형 또는 원형 DNA 가닥인데, 생물 종마다 DNA가 다양성을 보이는 이유는 DNA가 **염색체** 안으로 어떻게 조직화되느냐에 있다.

진핵생물의 염색체에서 가장 중요한 부분은 DNA 분자이다. 이러한 DNA 분자는 생명체의 삶을 유지하는 데 필요한 과정을 수행하기 위한 정보를 갖고 있다(**그림 8.2**). 그러나 진핵생물의 염색체(그리고 몇몇 원핵생물의 염색체)는 DNA를 포함해 더 많은 것으로 이루어져 있다. 진핵생물의 염색체는 긴 선형의 DNA 가닥이 **히스톤**이라는 단백질을 단단히 감아 결합한 **염색질**로 구성된다. 이러한 배열로 인해 DNA가 엉키지 않고 단단하고 효율적인 형태로 핵 내에 응축될 수 있다. (적게는 2개의 염색체를 지닌 종이나 많게는 100개 이상의 염색체를 가진 종도 있지만) 보통 식물과 동물은 10개에서 50개 사이의 염색체를 지닌다.

원핵생물인 세균과 고세균 대부분은 진핵생물보다 적은 DNA를 갖는다. 이들은 유전정보를 세포막의 한쪽에 끝이 붙어 있는 하나의 닫혀 있는 고리 모양의 DNA에 운반한다(**그림 8.3**). 이들

진핵생물의 염색체

진핵세포는 핵 내에 선형의 염색체를 담고 있다.

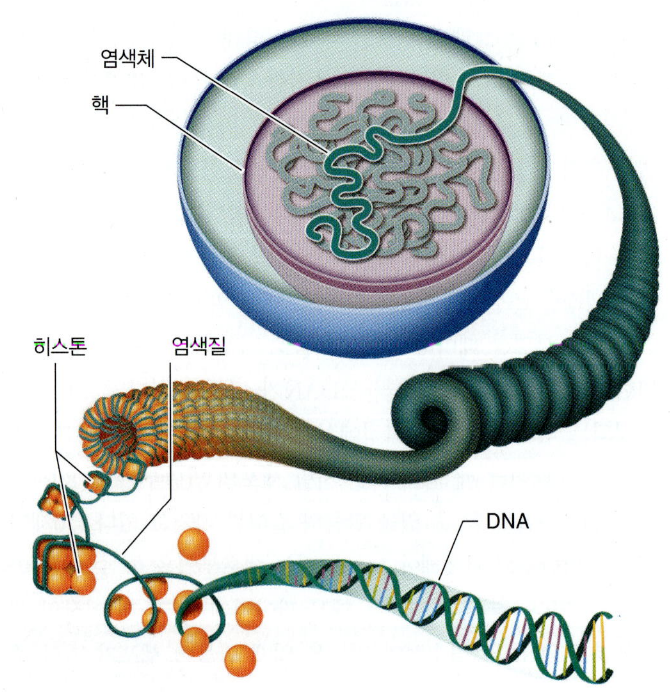

그림 8.2 선형의 가닥.

원핵생물의 염색체

원핵세포는 세포막에 부착된 하나의 원형 염색체를 지닌다.

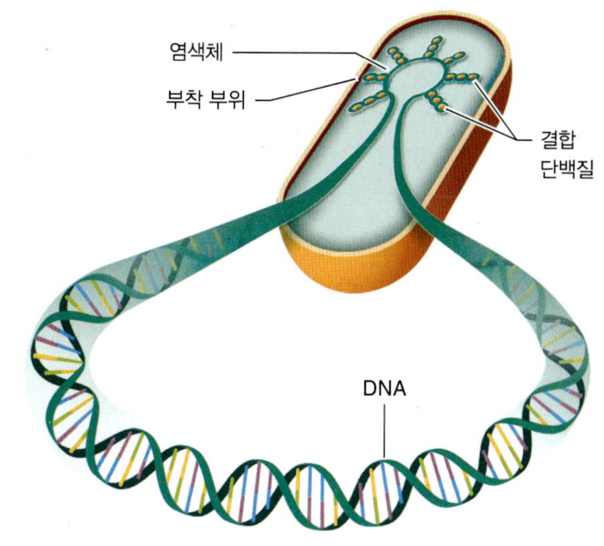

그림 8.3 **단일 고리.**

원핵생물의 세포분열: 이분법

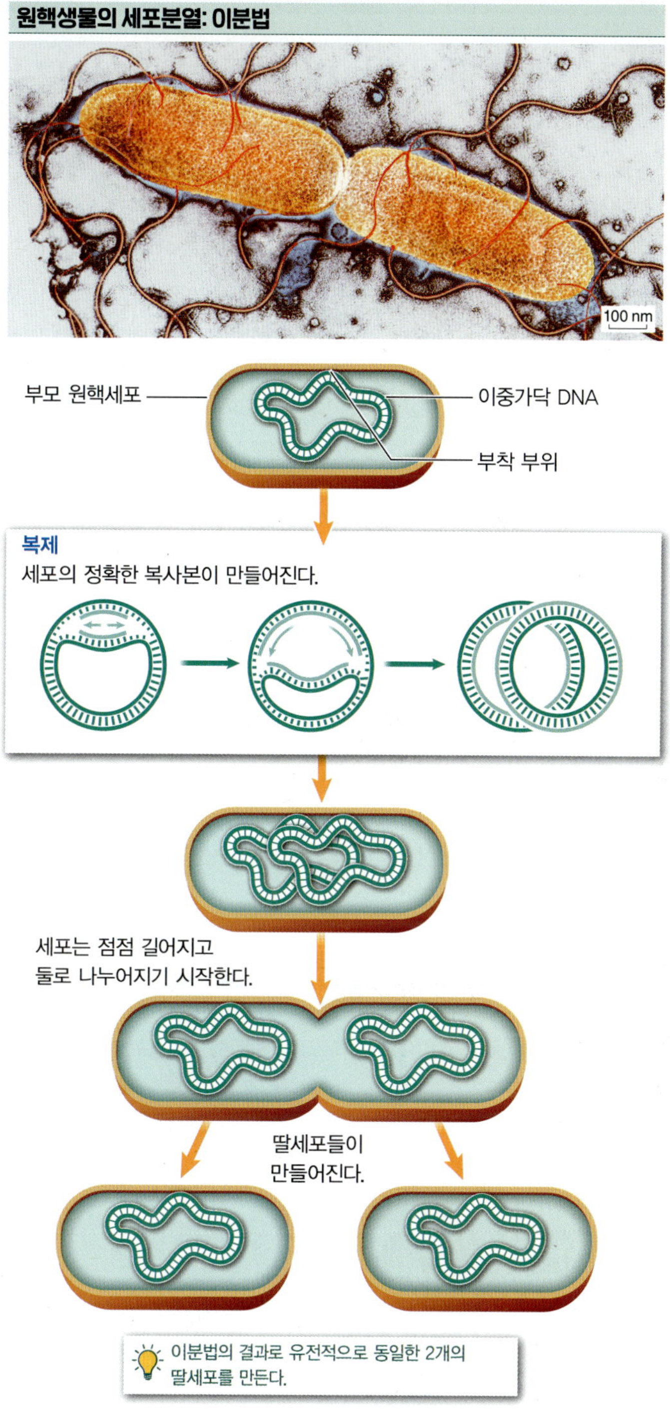

그림 8.4 **2개로 분열.** 무성생식을 하는 원핵생물들은 이분법으로 빠르게 증식한다.

은 번식할 때가 되면 "2개로 나누어짐"을 의미하는 **이분법**이라는 방법을 이용한다. 이 과정은 세포가 각 염색체의 정확한 복사본을 하나 더 만드는 **복제**와 함께 시작된다.

원핵생물의 복제는 고도로 꼬여 있는 배열 구조의 이중가닥 DNA 분자가 풀리면서 시작된다(**그림 8.4**). 일단 풀리면, 한 가닥씩으로 분리된 원형 DNA 분자의 염기가 노출된 채 지퍼가 열리듯 갈라진다. 두 가닥의 분자가 분리되면 효소들이 DNA와 붙어서 A는 T, G는 C에 결합하도록 자유롭게 떠다니는 뉴클레오타이드 염기들을 자라나는 DNA 뼈대에 연결하여 2개의 동일한 이중가닥 DNA 분자를 만든다.

새롭게 만들어진 2개의 원형 염색체는 원형질막의 원래 자리와 다른 장소에 부착한다. **부모세포**라 불리는 본래의 세포가 이 두 장소 사이 어디엔가에서 나뉘기 시작하고, **딸세포**라고 불리는 2개의 새로운 세포가 생길 때까지 지속된다. 각각의 딸세포는 본래의 두 가닥 원형 염색체와 정확하게 일치하는 두 가닥으로 복사된 염색체를 갖게 된다.

사람의 소화계에 서식하는 대장균과 같은 몇몇 원핵생물에서는 종종 이분법의 모든 과정이 단지 20분가량 걸릴 정도로 매우 빠르게 진행될 수 있다. 이분법은 하나의 모세포로부터 DNA가 딸세포로 유전되어 유전적으로 부모와 동일하기 때문에 무성생식이라 할 수 있다.

핵심요약 8.2

» 대부분의 세균과 고세균에서 유전정보는 세포막에 한쪽 끝이 붙어 있는 닫힌 고리형 DNA인 단일의 원형 염색체에 의해 운반된다. 진핵생물은 박테리아보다 더 많은 DNA를 갖고 있으며, 이러한 DNA는 핵 안에서 선형의 염색체 형태로 조직화되어 있다.

8.3 진핵생물의 세포주기에서 모든 과정은 때가 있다

진핵세포는 모든 일을 한꺼번에 하지 않는다. 대신, 이들은 단계를 밟는다. 예컨대, 이들은 오로지 세포의 성장에 연관된 활동만으로 긴 시간을 소비하고, 그런 다음 활동을 중단하고 오로지 번식에만 전념하는 기간으로 들어간다. 이렇게 세포분열 과정과 세포 성장 과정이 번갈아 일어나는 활동을 **세포주기**라고 한다(그림 8.5).

세포주기를 더 논하기 전에, 신체를 이루는 세포 유형들 사이에서의 중요한 차이를 알 필요가 있다. 다세포 진핵 생명체의 모든 세포는 두 가지 유형으로 나눌 수 있다. **체세포**는 생명체의 몸을 구성하는 세포이다. 그리고 **생식세포**는 성세포, 또는 **배우자**(정자와 난자)로 자손을 만든다.

체세포와 생식세포는 새로운 세포를 만들 때 서로 다른 방법을 사용한다. 이 장에서는 먼저 체세포에 초점을 맞춰 알아볼 것이다. 이후 생식세포의 생산을 유도하는 세포분열에 대해 살펴볼 것이다.

세포주기는 체세포 분열의 일련의 단계들로 설명할 수 있다. 세포주기에서 중요한 두 단계는 세포가 성장과 분열을 준비하는 **간기**와 세포분열이 일어나는 **유사분열기**(또는 **M 단계**)이다.

간기 간기는 뚜렷한 3개의 세부 단계로 더 나눌 수 있다.

Gap 1(G_1)기. 이 기간에는 세포가 성장과 발생을 하고 다양한 세포 기능(단백질 생성, 노폐물 제거와 기타)을 수행한다. 대부분 세포는 이 Gap 1기에서 세포주기 대부분의 시간을 소모한다. 그

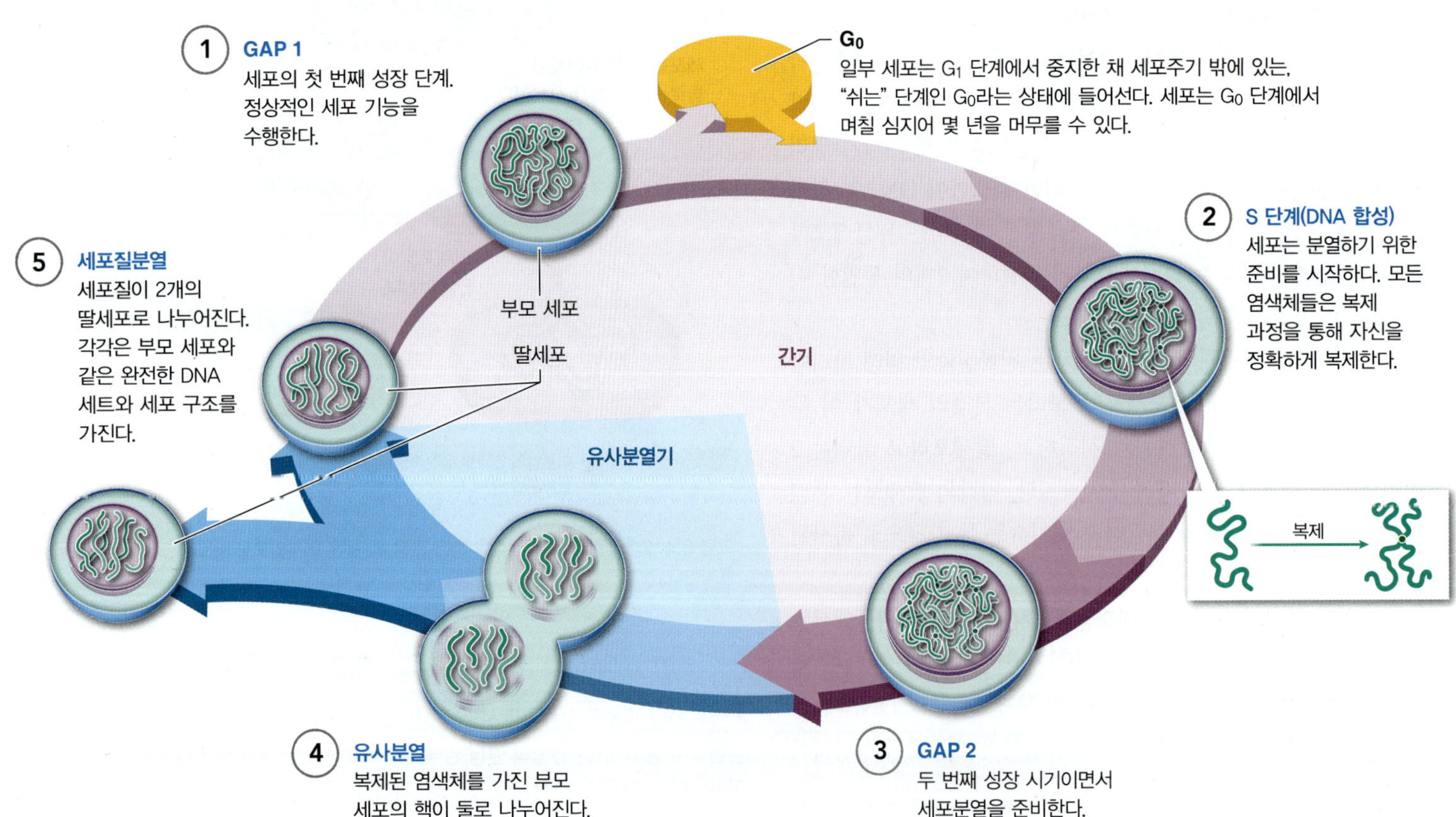

그림 8.5 세포 활동 주기. 진핵생물의 세포주기는 체세포(생명체의 몸을 구성하는 세포들)의 분열 과정에서 일어나는 일련의 사건들이다.

러나 일부 세포는 세포주기 밖에 있어 세포분열이 일어나지 않는 "쉬는" 단계인 **G_0**라는 상태에 들어선다. G_0기는 세포분열을 재개하기 전까지 며칠 심지어 몇 년 동안—또는 신경세포들과 심장근육 세포들처럼 영원히—지속되기도 한다.

DNA 합성(S기). 이 단계에서는, 세포가 세포분열을 위한 준비를 시작한다. 우선, 복제를 통해 만든 각 염색체의 정확한 복사본을 만든다. 복제 전에 각 염색체의 DNA는 긴 선형의 분자 하나로 구성된다. 복제 후에 각 염색체의 DNA는 동일한 긴 선형 분자들이 가운데 부위가 붙어 있는 짝을 이룬다.

Gap 2(G_2)기. 이 단계에서는 분열을 대비하여 단백질 합성 속도가 높아지며 상당한 성장이 일어난다. Gap 2기는 기간이 더 짧고 유전물질의 양이 2배라는 점에서 Gap 1기와 다르다.

유사분열기 이 단계는 염색체를 포함하여, 부모 세포의 핵이 분열되는 과정인 **유사분열**과 함께 시작된다. 유사분열 후에 일어나는 **세포질분열** 동안 세포질이 나뉘어 2개의 딸세포를 형성한다. 각 딸세포는 부모 세포의 DNA와 완전히 같은 한 세트와 여타 세포의 구조물들을 갖는다. 유사분열 단계는 보통 진핵생물의 세포주기에서 가장 짧은 단계이다.

세포주기 단계가 진행되는 양상은 세포에 따라 큰 차이를 나타낸다. 한 극단에 해당하는 동물 배아는 세포주기를 너무 빨리 진행하여 G_1과 G_2에는 거의 시간이 걸리지 않을 정도이다. 다른 극단에 해당하는 심장근 세포와 뇌의 뉴런은 세포주기를 진행하지 않아 수십 년 동안 분열하지 않는 상태로 남아 있는다.

세포분열 속도는, 세포 내에서 세포주기 동안 일어나는 여러 일을 조정하는, 대부분이 단백질 분자들의 집단인 **세포주기 조절계**에 의해 조절된다. 이 조절계는 **검문지점** 시스템을 통해 기능한다. 검문지점은 특정 신호들이 이 과정이 이어지도록 유발하기 전까지는 진행을 정지시켜 세포분열이 일어나지 않게 결정하는 지점이다. 세포주기 전환을 유발하는 이 신호들은 **성장인자**들로 구성되는데, 이들은 세포 환경에 대한 반응을 제공하고 분열이 적절한지에 대한 신호를 줄 수 있다.

세포주기 내에 있는 검문지점으로 인해 세포는 (1) 이 과정에서 실수가 발생했을 때 세포분열이 완성될 여지가 줄어들 수 있고, (2) 세포 내외 환경에 대한 점검된 정보에 반응할 수 있다. 진핵세포에서는 세 개의 주요 점검지점이 세포주기를 조절한다(그림 8.6).

1. G_1/S 점검지점: DNA 손상과 세포 성장 점검 G_1 단계 끝 부근에서 일어나는 이 지점은 세포가 S기로 나아가서 세포분열을 완성할지 또는 연장된 휴지기인 G_0기로 들어가 분열을 연기시킬지를 "결정하는" 시기이다.

G_0는 생물이 제대로 기능하는 데에 결정적인 많은 대사활동을 포함하는 단계로서, 정확하게는 분열하지 않고 자라지 않는 단계라고 정의할 수 있다. 이미 언급하였듯이, 많은 뉴런과 근육세포는 G_0 단계에서 벗어나지 않고 분열 없이 수십 년을 살면서 기능할 수 있다.

몇몇 상황에 의해 세포는 G_1/S 제한지점을 통과할 수 없다. 예를 들어, 실험실에서 배양하는 세포들은 성장 배지에 충분한 영양분이 없으면 이 지점에서 분열을 연기한다. 그리고 세포의 DNA가 손상되면 세포는 S 단계에 들어서지 않는다 (그리고 DNA 수선 메커니즘이 유발될 것이다). G_1/S 점검지점이 고장 나면 세포는 DNA가 손상된 채 분열을 지속할 수 있게 되어 통제되지 않은 세포분열과 암을 유발할 수 있다.

세포주기 조절계

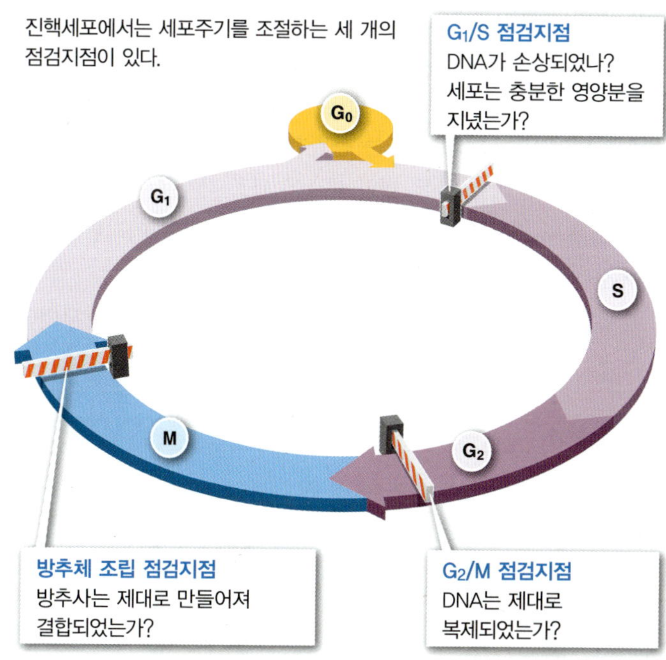

그림 8.6 세포주기가 진행될 수 있는지를 결정. 세포는 분열 전에 적절한 조건이 형성되었는지를 확실히 하기 위해 점검지점을 이용한다.

2. G_2/M 점검지점: DNA 합성 점검 유사분열이 시작되기 직전, 세포는 G_2/M 점검지점에 이르게 된다. 이 점검지점은 유사분열 준비 상태를 점검한다. 이 점검지점을 통과(DNA 손상이 없다는 것을 의미한다)하면, 세포는 유사분열의 복잡한 과정을 시작한다. 그렇지 않으면, 세포는 보통 손상된 DNA를 수선하게 된다.

3. 방추체 조립 점검지점: 유산분열의 후기 준비상태 점검 유사분열 동안, 이 지점에서 세포주기 조절 메커니즘은 염색체가 중기판에 제대로 배열되었는지와 이들 사이에 적절한 힘이 배분되었는지를 점검한다. 이 점검지점을 통과하면 세포는 분열을 완성한다.

핵심요약 8.3

» 진핵생물의 체세포에서는 세포가 분열되는 유사분열 단계와 두 G 단계 동안 세포분열과 기타 대사활동이 일어나는 간기가 번갈아 나타난다. 세포주기 내에 있는 일련의 점검지점에서 특정 신호가 이 과정이 지속되도록 유도할 때까지 세포분열은 진행되지 않는다. 즉, 세포는 분열하지 못한다.

8.4 염색체 복제 이후에 세포분열이 일어난다

과학 문헌에서 즐겨 인용되는 말 중 하나가 James Watson과 Francis Crick이 DNA 구조를 밝힌 그들의 논문 속에 쓴 글이다. "우리가 직감적으로 생각해 왔던 특정 결합이 유전물질의 가능한 복제 메커니즘을 설명하고 있다는 사실을 우리는 알 수 있었다." 이 연구자들이 DNA가 스스로 복제하는 방식을 설명할 수 있다는 점이, DNA 구조에 대한 설명에서 결정적인 특징이다. 매시간 생명체 내에 있는 어떤 세포는 분열하는데, 먼저 DNA가 스스로 복제해야 한다. 따라서 두 개의 새로운 세포 각각은 본래 부모 세포의 모든 유전정보를 갖는다. 지금까지 알아봤던 이러한 DNA의 복사 과정을 복제라고 부른다.

복제를 그토록 간단하게 일어나게 하는 DNA의 구조는 무엇일까? Watson과 Crick은, 이중가닥 DNA 분자 내에서 한쪽 가닥의 염기가 항상 다른 가닥에 있는 파트너(**상보적 염기**라고 부름)와 짝을 이루는 것을 의미하는, **상보성**이라는 DNA의 특징에 관해 언급했다. A는 T(거꾸로도 마찬가지), 그리고 G는 C(거꾸로도 마찬가지)와 짝을 이룬다.

이런 일정한 결합 형태에 따라서 하나의 가닥은 상보적인 가닥의 구성에 필요한 모든 정보를 운반한다. 세포가 분열되기 바로 전에, DNA 분자가 풀리고 "지퍼가 열린" 두 가닥 각각은 잃어버린 절반의 재구성을 위한 주형으로 작용한다. 잃어버린 절반들을 재구성하는 과정이 끝날 때, 2개의 새로운 세포들을 위한 본래의 DNA 분자와 동일한 2개의 DNA 분자가 생긴다(**그림 8.7**).

DNA 상보성

상보성 염기의 결합 덕분에, 부모 분자를 분리하여 각 가닥을 새 상보적 가닥에 대한 주형으로 사용하면 동일한 두 가닥을 만들 수 있다.

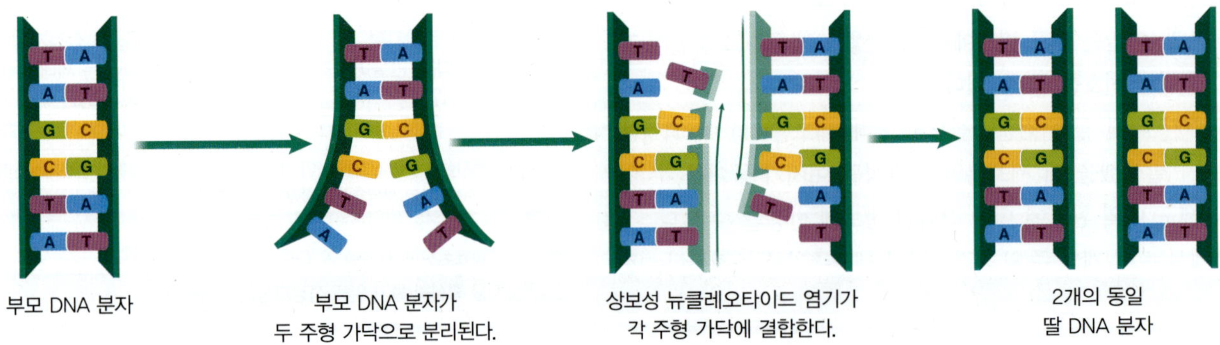

그림 8.7 서로에게 정해진 운명. 한 가닥의 뉴클레오타이드 염기는 항상 다른 가닥의 동일한 상대와 짝을 이룬다.

DNA를 구성하는 개별 단위는 뉴클레오타이드이고 이는 세 가지 요소(염기라는 질소 포함 분자, 인산 그룹, 오탄당 분자)를 포함한다는 6장의 내용을 기억하자. 당 분자의 탄소 원자에는 번호가 붙여져 있다. 질소 염기는 1번("one prime"으로 발음됨) 탄소에 붙어 있다. 수산화(−OH)기는 3번 탄소에 붙어 있다. 그리고 인산 그룹은 당의 5번 탄소 원자에 붙어 있다(**그림 8.8**).

DNA 복제 과정은 (1) 풀림과 두 가닥의 분리, 그리고 (2) 재구성과 새로운 상보성 가닥의 신장 등 두 단계로 일어난다(**그림 8.9**). 복제 과정에서 중요한 결과를 낳는 DNA의 특징은 두 가닥이 서로 반대 방향으로 배열된다는 점이다. DNA 분자 각 가닥의 뼈대는, 한 가닥에서는 5번 끝에서 3번 끝으로 다른 가닥에서는 3번 끝에서 5번 끝의 방향으로, 당-인산-당-인산-당-인산이 교대로 반복되는 긴 구조이다.

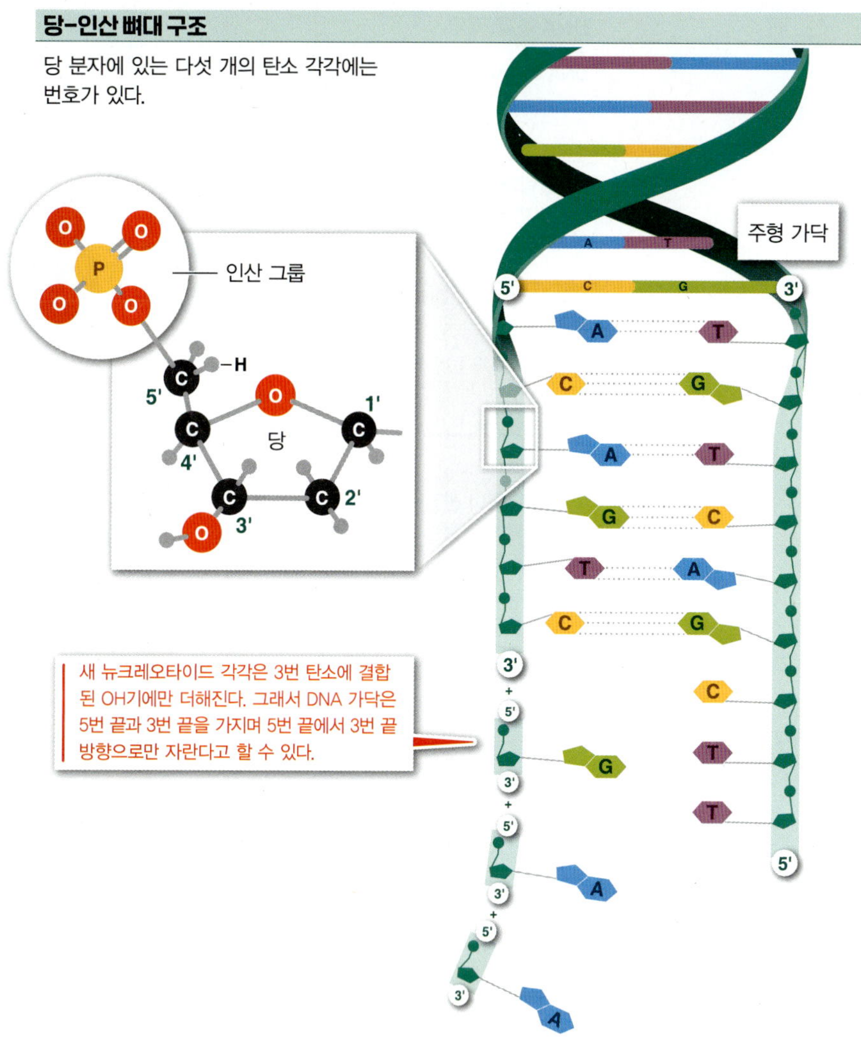

그림 8.8 DNA 구조 보기. DNA 분자는 뉴클레오타이드가 염기끼리의 수소결합을 통해 서로 결합한 두 가닥으로 구성된다. 이 두 가닥은 서로를 감아 이중나선을 이룬다.

1. **풀림과 분리.** 복제는 꼬여 있던 이중가닥 DNA 분자가 풀려 두 가닥으로 분리되는 장소인 **복제기점**이라 불리는 특정한 곳에서 시작한다. 복제기점에서 감겨 있는 이중가닥 DNA 분자는 풀려서 마치 지퍼가 열리듯 두 가닥이 된다. 원핵생물의 경우, 복제기점이 하나이지만 진핵생물은 염색체마다 여러 개의 복제기점이 있다. 복제기점에서 단백질 복합체가 DNA에 결합한다. 이 단백질들 중의 하나인 **DNA 헬리카아제**는 꼬인 DNA를 풀어 2개의 상보적인 가닥을 분리한다. 이렇게 풀리고 분리된 두 DNA 가닥은 **복제 포크**를 형성한다.

2. **재구성과 신장.** 복제 포크에서 복제 복합체라 불리는 여러 단백질 집단이 노출된 각 가닥에 결합한다. 이 복합체에는 **DNA 중합효소**가 포함되는데, 이 효소는 노출된 각 가닥에 상보적인 염기를 가진 DNA 뉴클레오타이드를 더해준다. 복제는 복제기점으로부터 양방향으로 동시에 진행된다.

세포분열 전에 체세포나 생식세포와 같은 모든 유형의 세포들에서 DNA 복제가 일어난다. 복제의 결과는 거의 동일한 유전 정보를 운반하는 2개의 이중가닥 DNA 분자이다. 이로써 세포분열 결과 만들어진 신체의 모든 체세포가 동일한 유전적 조성을 갖는다. 그렇지만 딸 DNA 분자가 완전히 똑같지 않음을 주목하자. 복제 과정에는 매우 낮은 비율—진핵생물의 경우, 약 몇 십억 염기쌍당 하나꼴로 오류가 일어난다.

DNA 검증과 오류의 교정 다양한 돌연변이(예를 들어, 염기의 짝이 틀리거나 잘못 추가 또는 삭제되거나)가 복제가 일어나는 동안에 (또는 X-선과 같은 일부 외부 요인에 의해 DNA가 손상될 때) 발생될 수 있다. DNA 중합효소가 자르고 교정하는 기능뿐 아니라 검증 기능을 수행하기 때문에 복제 동안 또는 그 후에, 또는

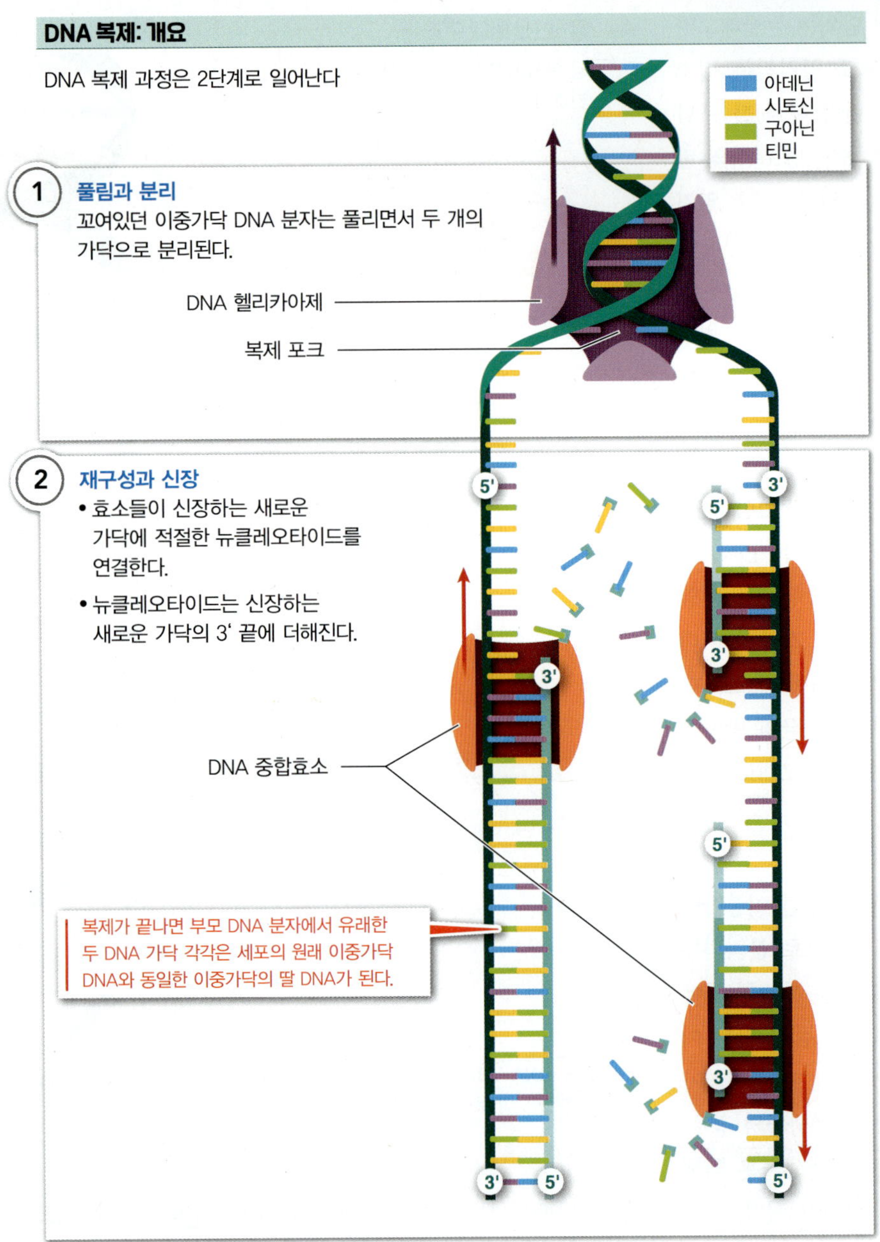

그림 8.9 풀림과 재구성.

오류가 생길 때마다 이러한 많은 오류는 발견되어 고쳐진다.

Q DNA 복제 동안에도 오류는 종종 일어난다. 이 일이 왜 좋은 것일까?

그러나 모든 오류가 교정되는 것은 아니다. 이들이 남아 있다면, 복제된 DNA 분자(유전자를 포함)의 배열이 부모 분자와 달라질 수 있다. 변형된 서열은 결과적으로 다른 단백질을 만들게 된다. 배우자 생성 세포(즉, 정자 또는 난자를 만들기 위해 분열하는 세포)에 오류가 생기면 새로운 유전자가 종종 다음 세대 개체군에 추가될 수 있어 진화에 영향을 줄 것이다. 우리는 돌연변이와 진화의 관계에 대해 10장에서 좀 더 자세히 알아볼 것이다.

핵심요약 8.4

» 세포분열이 일어날 때마다, 세포의 DNA는 스스로 복제되어 2개의 새로운 세포들이 본래의 부모 세포가 가지고 있는 유전물질과 동일한 유전물질을 가지게 한다. 복제라고 불리는, DNA 복사본을 만드는 과정은 두 단계로 일어난다: 두 가닥이 풀리고 분리된다. 이후에 새로운 상보적 가닥을 재생하고 신장시킨다. 최종 산물은 2개의 동일한 이중가닥 DNA 분자이다.

유사분열은 기능을 다한 늙은 세포를 새로운 세포로 교체한다

▲ 대부분의 세포주기 동안, 염색체는 복제되어 응축된 친숙한 X형태라기 보다는 사진에서와 같은 스파게티와 유사하다.

8.5 개요: 유사분열은 세포를 복제한다

Q 먼지는 무엇인가? 먼지가 우리의 잘못인 이유는?

당신의 방을 살펴보라. 먼지가 모든 곳에 있다. 먼지는 무엇인가? 그것은 주로 죽은 피부세포들이다. 사실, 우리는 (우리의 친구와 가족은) 매일 수백만 개의 죽은 피부세포를 버린다. 그런데도 우리의 피부는 사라지지 않는다. 어떻게 된 것일까? 우리의 신체는 유사분열을 통해 버려진 세포들을 대체하고 있다. 유사분열의 목적은 단지 하나이다. 즉, 존재하는 세포를 유전적으로 동일한 세포로 새로 만드는 것이다. 유사분열은 성장과 대체에 필요하다(**그림 8.10**).

생물은 매일매일 유사분열을 통해 엄청난 수의 세포를 대체해야 한다. 사람은 이 수가 수십억이다. 몸의 거의 모든 체세포—정자와 난자를 만드는 세포를 제외한 모든 세포—는 유사분열을 경

새로운 세포의 필요성

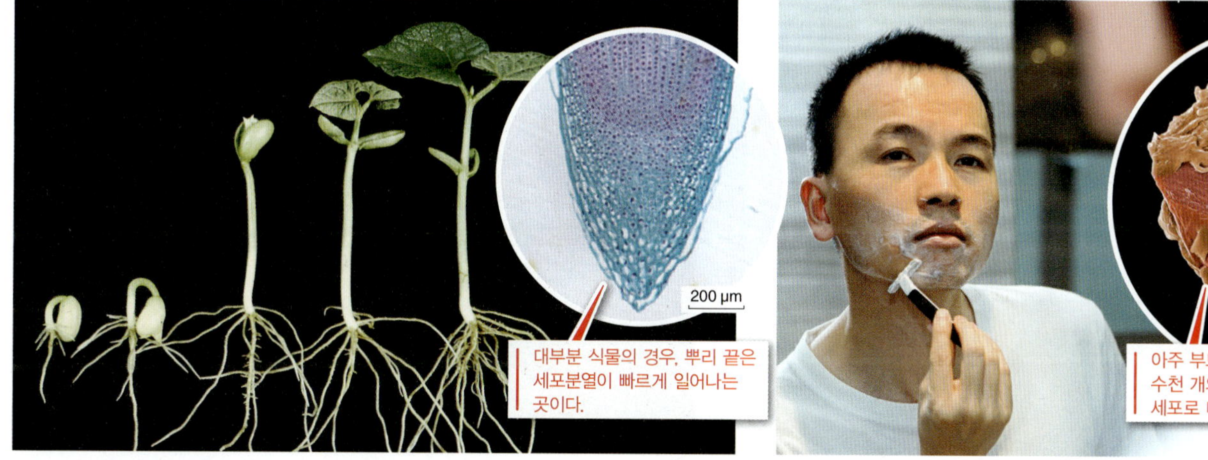

그림 8.10 유사분열을 하는 이유. 유사분열은 생물의 성장과 세포 대체에 중요하다.

험한다. 우리가 이미 본 것처럼 눈에 띄는 몇몇 예외가 있다. 특히 심장근육 세포와 대부분 뉴런은 분열하지 않거나 분열하더라도 매우 천천히 한다. (왜 그런지 이유는 모른다.)

동물의 유사분열이 일어나는 속도는 세포 종류에 따라서 매우 다르다. 가장 빠른 세포분열을 보이는 세포는 다양한 조직 및 기관의 내벽 세포 그리고 골수세포와 적혈구이다. 예를 들면, 적혈구 세포는 평균 2~4개월 동안 순환한 후 대체되어야 한다. 장의 내벽 세포들은 매 3주에 한 번 대체된다. 모발 또한 가장 빨리 분열하는 세포 중 하나다.

일부 세포들은 **세포자살**(**apoptosis**, A-POP-TOE-siss로 발음)이라고 알려진 계획된 죽음 과정을 통해 죽는다. 역효과처럼 보이는 이러한 전략은, 심각한 유전적 손상을 반복적으로 받아 암세포로 될 가능성이 큰 체내의 일부 세포들에서 일어난다(이러한 과정은 이 장 후반부에서 서술). 세포자살의 대상은 소화계의 내벽 세포들과 간의 세포들이다. 이 두 곳에 있는 세포들 대부분은 해로운 물질들과 계속 접촉한다.

유사분열이 일어나기 위해서, 부모 세포는 먼저 자신의 DNA를 복사하여 각 염색체에 대한 복사본을 만든다. 이 일이 모두 끝나면 유사분열이 진행된다. 이 과정 동안 새로 복제된 염색체들은 분리되어, 동일한 세트가 2개의 분리된 핵 내로 들어간다. 유사분열 이후 세포질과 세포의 다른 요소들은 서로 떨어져 나간 2개의 세포로 분리된다(**그림 8.11**). 하나의 부모 세포가 있던 곳에 이제 2개의 동일한 딸세포가 있게 된다(**그림 8.12**).

유사분열 시기를 제외한 모든 세포주기 동안 염색체들은 풀려서 스파게티처럼 펼쳐진 상태이다. 이들은 너무 퍼져 있으므로 광학현미경으로 관찰할 수 없을 정도로 응축되지 않은 상태이다. 그러나 유사분열 직전에 두 가지의 중요한 일이 일어난다. 첫 번째로, 염색체는 복제하여 2개의 똑같은 선형 DNA 분자가 되는데 이 두 분자는 **동원체**에서 서로 연결된다. 유사분열 동안 동원체가 분리되기 전까지 각각의 똑같은 DNA 분자를 **염색분체**라고 부르며, 한 쌍을 같이 일컫을 때는 **자매염색분체**라고 부른다(**그림**

유사분열은 복제된 세포를 만든다

염색체 1
염색체 2
염색체 3

부모 세포

간기
간기의 DNA 합성 동안 유전물질이 복제된다.

유사분열

1 염색체가 응축한다.

방추체

2 염색체가 세포 중앙에 일렬로 배열한다.

3 각 염색체는 복사본으로부터 떨어져 끌려간다.

4 완성된 각 염색체 세트 주변에 새로운 핵막이 형성된다.

세포질분열
세포는 2개의 동일한 딸세포로 분열한다.

그림 8.11 유사분열의 간단한 소개

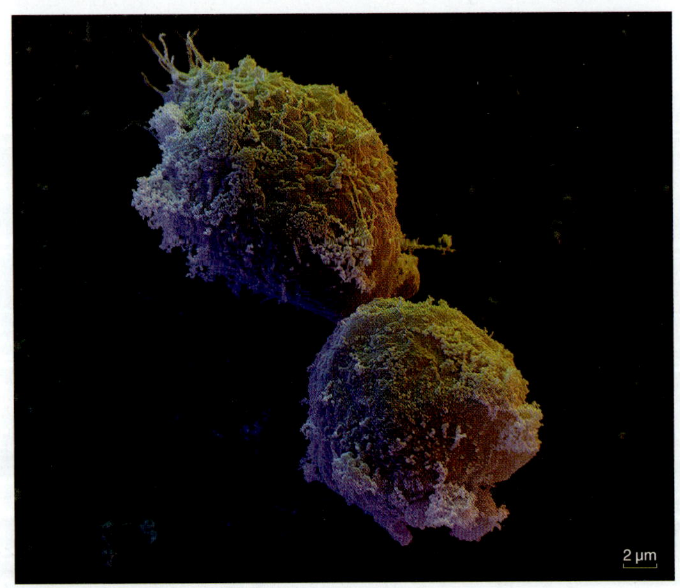

그림 8.12 이 2개의 사람 배아줄기세포는 방금 유사분열을 끝냈다.

8.13). 유사분열 전의 두 번째 사건은 이 자매염색분체들이 강하게 꼬여 조밀해지는 응축 과정을 시작하는 것이다. 이는 복제가 일어나기 전 대부분의 간기 동안 염색체가 응축되지 않고 얽혀 있는 상태인 것과 대조된다.

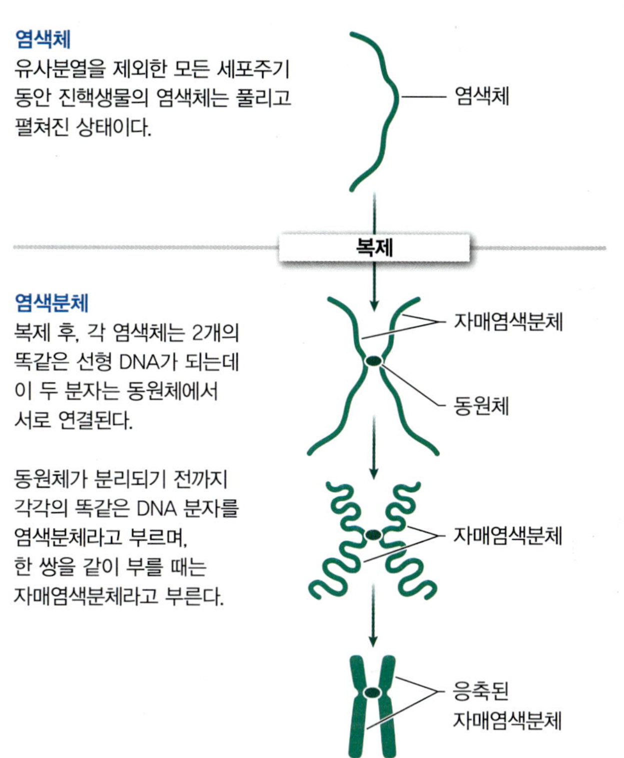

그림 8.13 **하나의 염색체에서 유래한 2개의 자매염색분체.**

대부분의 염색체 사진에서 유전물질이 X 모양을 보이는 이유는 세포분열을 준비하는 과정에서 일단 염색체가 응축되어 크게 꼬이기 때문이다. 그런 후에야 광학현미경으로 볼 수 있고 사진을 찍을 수 있을 만큼 충분히 두꺼워진다. 그래서 X 모양의 이미지는 단순히 하나의 염색체가 아니라 복제된 염색체인 것이다.

자매염색분체들이 분리되는 데에는 많은 공간이 필요하므로 핵 주변의 막들은 유사분열 초기에 분해되어 사라진다. 동시에 **방추체**가 모인다. 방추체는 대부분 속이 빈 관 형태의 단백질로 세포 골격의 일부인 **미세소관**으로 구성된다. 이들은 세포 양쪽 사이를 가로질러 뻗어나간 평행한 실들의 집단처럼 생각할 수 있다. 동물세포에서 이 실들은 **중심립**과 미세소관을 고정하는 단백질 집단을 담고 있는 **중심체**라는 구조의 양극에서 퍼져 나간다. (**방추사**로 알려진) 이 실들은 동원체에 부착하여 자매염색분체들을 세포의 중앙으로 당긴다. 세포분열이 진행되면서, 이들은 결국 유사분열 동안 염색분체들을 끌어당겨 갈라놓는다.

핵심요약 8.5

» 유사분열은 세포들이 자신을 복제하는 과정이다. 유사분열은 염색체 복제에 이어 일어나 부모 세포로부터 유전적으로 동일한 2개의 딸세포들을 만들 수 있다. 이러한 메커니즘으로 생물은 성장하고 죽은 세포들을 교체하는 것이 가능하다.

8.6 세부사항들: 유사분열은 네 단계 과정이다

유사분열의 전 과정을 좀 더 자세히 알아보도록 하자. 이 과정의 궁극적인 목적은 동일한 염색체를 가진 2개의 세포를 만드는 것이라는 것임을 기억하자.

간기: 유사분열 준비와 염색체 복제 세포분열의 필수적인 과정은 세포주기의 유사분열 단계가 시작되기 전에 일어난다. 간기의 DNA 합성 과정 중에 모든 염색체가 스스로 복제되어 자매염색분체가 형성된다. 염색분체 각 쌍은 동원체에서 서로 묶여 있다.

유사분열 세포분열의 실제 과정은 4단계에 걸쳐 일어난다(그림 8.14).

1. **전기: 복제 후 자매염색분체가 응축된다. 전기**는 자매염색분체가 응축될 때 시작한다. 이 시기에 방추체가 형성되고 핵막은 분해되어 사라진다.

2. **중기: 염색분체들이 세포의 중앙으로 모인다.** 응축이 완료된 후 자매염색분체 쌍들은 동원체에 발달한 원반 형태의 단백질 집단에 붙은 방추사에 의해 당겨져서 세포 가운데에 나란히 늘어선다. **중기**의 마지막에는 모든 염색분체가 질서 있게 늘어서서 일렬로, 다리를 벌려 앉아 있는 것처럼 중기판이라는 세포 가운데에 한 층으로 모인다. 염색분체는 이 시기 동안 가장 응축된 상태이다.

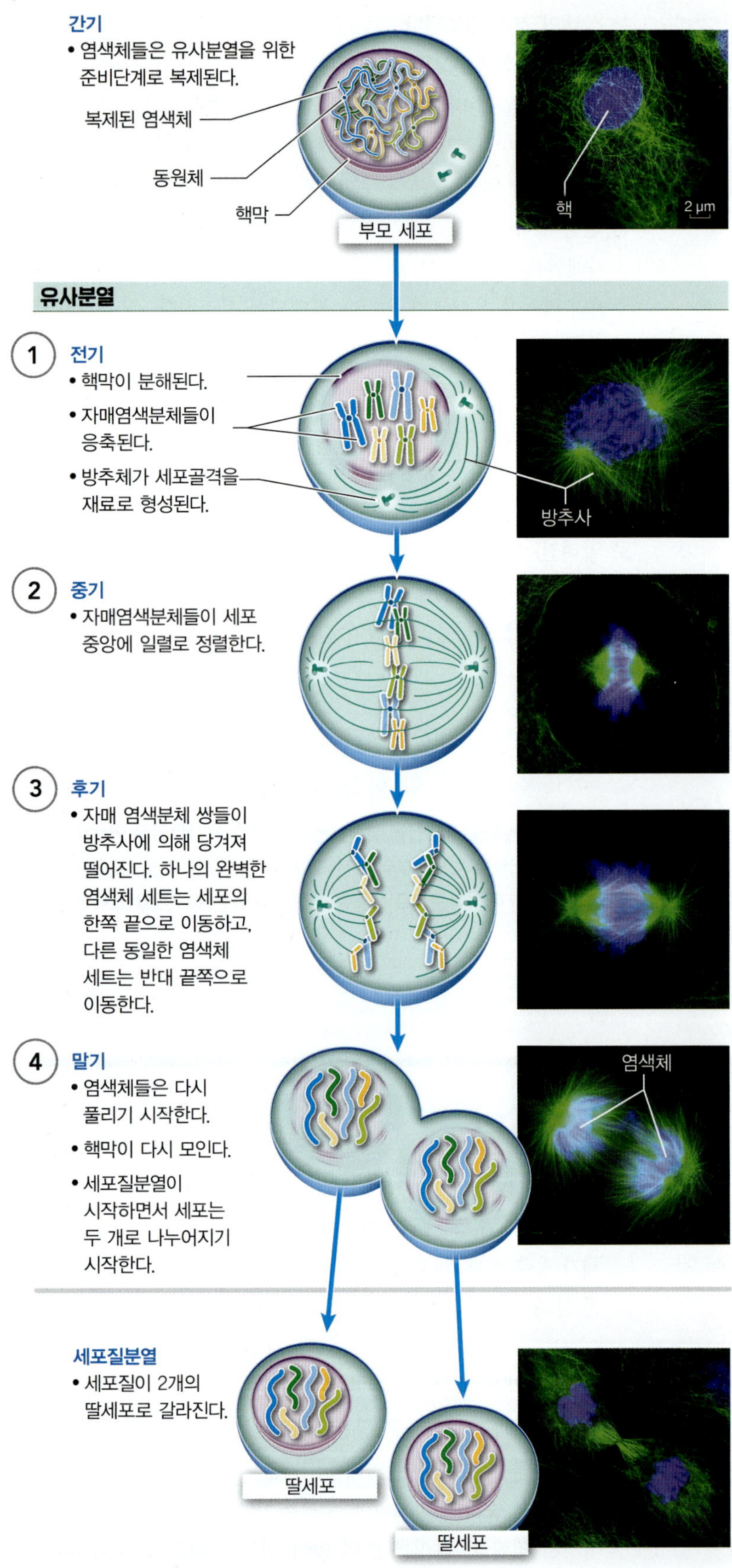

그림 8.14 **유사분열: 세포 복제, 각 단계.**

3. 후기: 염색분체들이 나뉘고 서로 반대 방향으로 이동한다. **후기**에서 중심체에 붙은 방추체 미세소관들은 자매염색분체들을 세포의 양극 쪽으로 당기기 시작한다. 자매염색분체들의 각 쌍으로부터 하나의 DNA 가닥이 한쪽 끝으로 당겨져서 이동하고, 다른 한 가닥은 반대 방향으로 당겨진다. 후기의 끝에는 당겨진 하나의 염색체 세트 전체가 세포의 한쪽 끝에 위치하게 되고, 다른 동일한 염색체 세트는 반대쪽 끝에 위치하게 된다.

4. 말기: 2개의 완전한 염색체 세트를 감싸는 새로운 핵막이 만들어진다. 세포의 양 끝에 2개의 완전하고 동일한 염색체 세트가 위치하고, 세포는 유전적으로 동일한 2개의 세포로 나뉠 준비가 된다. **말기**라고 부르는 이 마지막 단계에서 염색체는 풀리면서 관찰하기 어렵게 되고, 핵막이 다시 만들어진다.

일반적으로, 유사분열 과정은 세포질분열을 동반하는데, 대개 말기 동안 세포질분열을 시작한다. 세포질분열 과정에서 세포질은 거의 동일하게 일부 세포소기관들과 함께 2개의 새로운 세포로 나누어지게 된다. 세포질분열이 완성되면 2개의 새 딸세포는 간기로 들어서고 세포로서의 일을 시작한다.

보통 유사분열은 오류 없이 진행되며 새로운 세포가 필요하거나 세포를 대체할 상황에서 일어난다. 그러나 드물게도 뭔가 잘못이 발생해서 세포분열이 점검되지 않은 채 진행될 수 있다. 이 경우, 암이 출현한다.

핵심요약 8.6

» 유사분열과 세포질분열의 최종 결과로서 유전적으로 동일한 두 개의 세포가 만들어진다.

8.7 통제되지 않는 세포분열은 암을 유발할 수 있다

세포 성장과 분열은 대부분 생물의 건강에 필수적이다. 그러나 좋은 것도 너무 많으면 독이 된다. **암**은 억제되지 않는 세포분열 상태로 정의되며 주변 조직에 손상을 입힐 수 있다. 암을 유발하는 돌연변이는 세포 성장을 촉진하는 유전자와 이를 제한하는 유전자 등 두 가지의 유전자에 영향을 미치는 것으로 보인다. 암은 심각한 건강 문제를 일으킬 수 있으며, 미국에서는 심장병 다음으로 전체 사망 원인 2위에 해당한다.

암은 정상 세포에서 DNA 손상으로 인해 자신의 분열 조절 능력을 상실했을 때 일어난다. DNA 손상은 DNA의 돌연변이를 유발하는 화학물질에 의해 일어날 수 있고, X-선이나 햇빛, 핵 방사선 같은 큰 에너지원에 의해서도 일어날 수 있다. 몇몇 바이러스들에 의해서도 암은 생길 수 있다(15장 참조). 원인이 무엇이든, 세포가 일단 자신의 세포주기를 조절하는 능력을 잃게 되면, 세포분열이 계속해서 일어나게 되는 것을 막을 수 없다(**그림 8.15**).

암세포는 정상 세포와 구별되는 몇 가지 특징을 가지고 있다.

1. **암세포는 '접촉 억제'를 잃게 된다.** 정상 세포는 다른 세포나 세포군(조직)과 접촉하게 될 때까지 세포분열을 계속하다가 접촉과 동시에 멈춘다. 그러나 암세포는 세포의 밀도가 높다는 신호를 무시하고 계속해서 분열한다.

2. **암세포는 무제한으로 분열할 수 있다.** 8.1절에서 살펴보았듯이, 정상 세포는 80~90번의 분열이 가능하다. 이후에도 세포가 계속해서 생존할 수는 있겠지만 분열 능력은 잃어버린다. 반면, 암세포는 분열하는 능력을 상실하지 않고 계속해서 분열하고, 심지어는 정상 세포라면 세포분열을 하기 전에 세포주기를 멈추게 되는 환경에서도 암세포는 끊임없이 분열할 수 있다.

3. **암세포는 접착성이 감소한다.** 세포들은 세포막 내에 있는 단백질인 고착 분자에 의해 서로 붙어 있게 된다. 그리고 암세포들도 보통 모여서 종양을 형성한다. 그러나 암세포들의 접착성은 대체로 감소하여 암이 아닌 세포보다 세포 간 부착력이 감소한다.

종양은 과도한 세포 성장과 분열 때문에 생기는데, 이러한 종양에는 양성과 악성이라고 불리는 두 가지의 매우 다른 유형이 있다. 양성종양은, 쌓여 있는 방파제처럼 생긴 정상 세포들의 덩어리로서 퍼지지 않는다. 이들 대부분은 제거할 필요가 없고 특별한 문제 없이 간단한 방법으로 제거될 수 있다. 반면에 악성종양은

암세포

암세포는 정상 세포와 구분되는 몇 가지 특징을 가지고 있다.

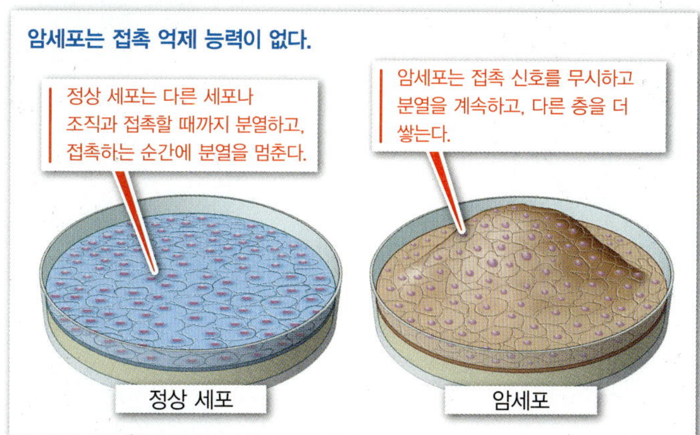

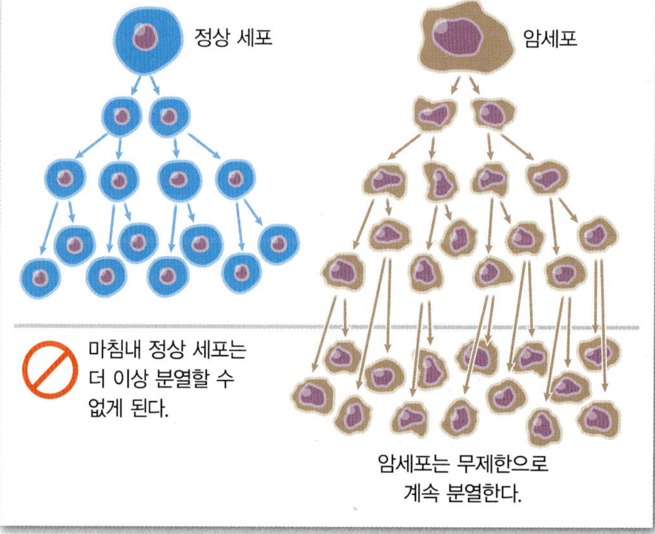

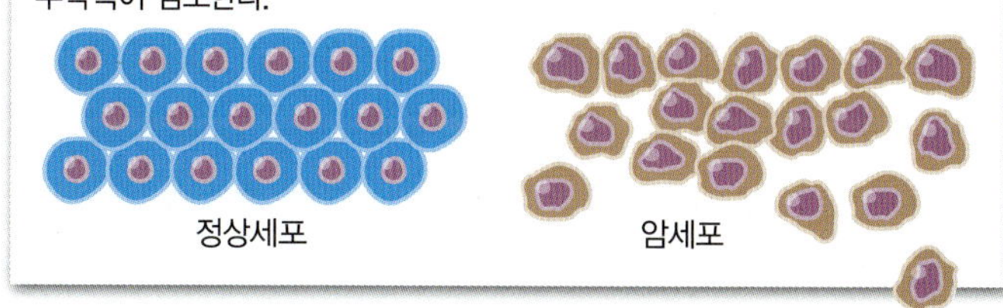

그림 8.15 문제 세포들. 암은 세포분열을 조절할 수 있는 능력이 손상되고 세포 사이의 부착력이 감소할 때 일어난다.

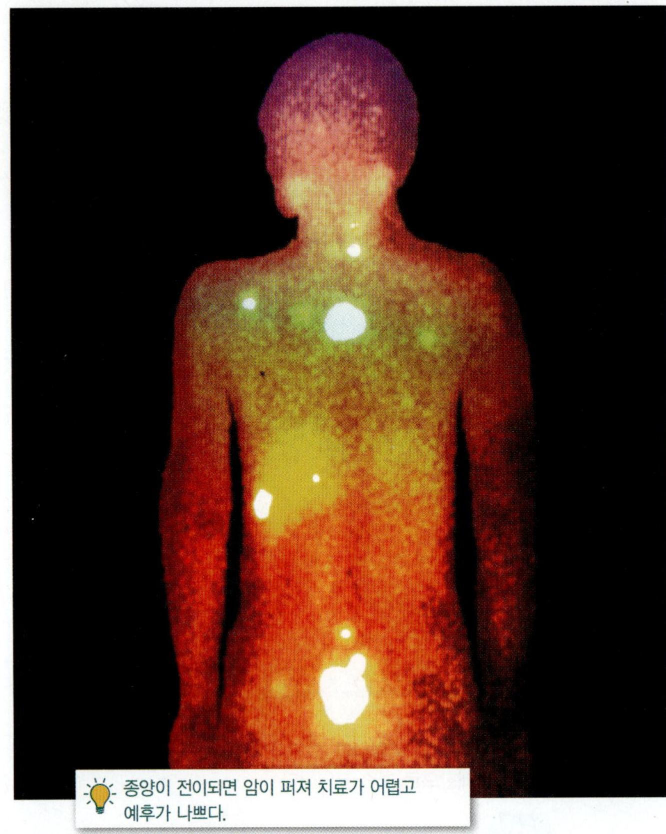

그림 8.16 전이. 하얗게 보이는 곳과 같이 암세포는 순환계와 림프계를 통해 몸 전체에 퍼질 수 있다.

암세포의 끊임없는 증식의 결과 만들어지는 것이다. 악성종양은 전이(metastasis, meh-TASS-tuh-siss로 발음)하는 과정을 통해 끊임없이 암세포를 분리하여 퍼뜨린다. 이 과정에서 암세포는 종양으로부터 떨어져 나와 순환계와 림프 경로로 들어가 신체의 다른 부분으로 퍼져서 더 많은 종양의 성장을 야기시킨다(**그림 8.16**).

실제로 암은 어떻게 생물을 죽이는가? 놀랍게도 이는 암세포 자체의 어떠한 독성 작용 때문이 아니다. 정원에 침입한 잡초가 농작물이 흡수할 영양분을 빨아들이고 농작물을 공간에서 몰아내는 것처럼, 종양은 영양분과 에너지를 다 소모하고 점점 더 많은 공간을 차지하게 되어 주변에 있는 다른 세포나 조직들을 눌러서 압박한다. 결국에는 종양이 다른 세포와 조직들이 가지고 있는 본래의 기능을 수행하지 못하게 차단하고 죽음에 이르도록 만든다. 이런 세포의 기능장애나 세포의 죽음이 호흡이나 심장 기능, 간의 해독작용 등 결정적인 과정들을 조절하는 정상 조직에 영향을 줄 경우, 처참한 결과를 초래할 수 있다.

암을 치료하기 위해서는 빠르게 분열하는 세포를 외과적으로 제거하거나, 죽이거나, 적어도 분열의 속도를 늦추게 만들어야 한다. 최근에 암세포를 죽이거나 분열 속도를 늦추기 위해 화학요법과 방사선 치료 두 가지 방법을 사용하고 있다.

화학요법은 세포분열을 억제하는 약을 투여하여 종양의 증식을 낮추는 방법이다. 이런 약들은 (빠르게 분열하는 암세포뿐만 아니라) 전신에서 빠르게 분열하는 세포들을 방해하므로 좋지 않은 부작용을 일으킬 수 있다(**그림 8.17**). 특히, 이들 화학요법에 사용되는 약들은 빠르고 끊임없이 새로운 세포를 생산하는 정상 조직에도 악영향을 끼친다. 예를 들어, 화학요법은 적혈구의 생성 속도를 늦추기 때문에 전신에 공급되는 산소의 양을 감소시켜, 종종 극도의 피로와 호흡곤란을 일으키기도 한다. 또한, 화학요법은 골수와 줄기세포의 분열을 방해하면서 혈소판과 백혈구의 생산을 감소시키고 멍과 출혈을 증가시켜 감염에 민감하게 만든다. 빠르게 분열하는 모낭 속 세포들 역시 화학요법(이나 방사선 치료)의 영향을 받는다. 그 결과, 많은 암환자가 치료를 받으면 머리카락이 빠진다. 그러나 치료를 멈추면 머리카락이 다시 자란다.

화학요법과 마찬가지로 방사선 치료 또한 세포분열을 방해한다. 하지만 화학요법에 쓰이는 약과는 달리, 방사선 치료는 표적에 집중한다. 이 치료는 고에너지 방사선을 종양이 존재하는 신체 부위에만 쏘인다. 화학요법처럼 방사선 치료 요법도 완벽하지 않아 근처의 조직들이 종종 손상되기도 한다.

완벽한 치료방법이 없지만, 치료와 예방을 위한 많은 가능성 있는 성공적인 치료법이 곧 발견될 것으로 보인다. 손상된 세포주기를 조절하는 유전자의 메커니즘에 관한 많은 연구가 진행되고 있다. 예를 들어, 어떻게 세포주기의 손상을 예방하고, 손상된 세포주기를 다시 거꾸로 돌이킬 수 있는지에 대해 연구하고 있다.

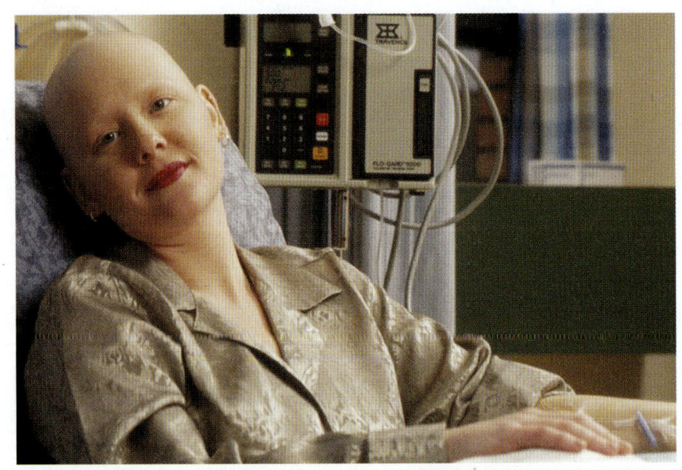

그림 8.17 암의 치료. 치료는 질병 만큼이나 고통스럽고 어렵다.

핵심요약 8.7

» 암은 억제되지 않는 세포 성장과 분열로, 건강에 심각한 문제를 일으키는 커다란 세포 덩어리를 만든다. 이는 많은 경우에서, 세포주기 조절에 중요한 유전자에 돌연변이가 일어난 결과이다.

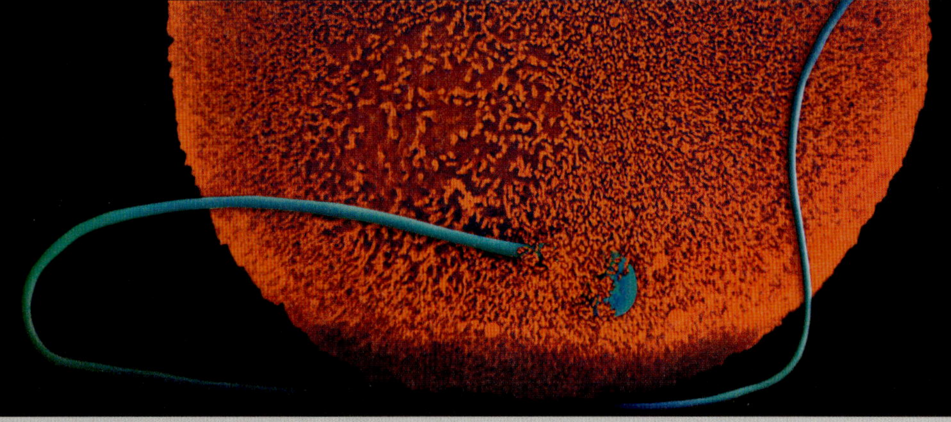

감수분열은 정자와 난자 그리고 커다란 다양성을 만들어 낸다

5 μm

▲ 정자가 난자로 들어간다: 수정의 순간

8.8 개요: 유성생식에는 감수분열을 통해 만들어진 특별한 세포가 필요하다

생명체가 생식하는 방식은 두 가지이다. 박테리아와 균류, 심지어 몇몇 식물과 동물을 포함하는 많은 생물은 한 부모로부터 동일한 자손을 생산하는 **무성생식**을 한다. 대부분 동물과 식물을 포함한 나머지 생명체들은 **수정** 과정을 통해 2개의 생식세포가 결합함으로써 자손을 생산하는 **유성생식**을 한다. 그리고 일부 종들, 특히 식물의 경우, 두 가지 방법을 모두 사용할 수 있다. 유성생식의 경우, 분리된 개체로부터 유래한 DNA가 조합되어 자손에게 전달되기 때문에, 이렇게 생겨난 자손은 부모와 유전적으로 다르고 뒤에 설명될 이유로 인해 자손끼리도 서로 다르다.

사람을 포함한 유성생식을 하는 생명체들이 유사분열로 생식세포를 만들면 어떤 일이 벌어질까? 인간의 경우, 두 부모가 새로운 개체를 만드는 데에 완전한 세트의 유전자, 즉 23쌍의 염색체를 제공하게 되므로 새 자손은 46쌍의 염색체를 물려받게 된다. 그리고 그 개체가 다시 생식할 때, 한 개체는 46쌍의 염색체를 물려주고, 또 다른 성의 개체도 46쌍의 염색체를 물려줌으로써 그들의 자손은 92쌍의 염색체를 갖게 될 것이다. 이 과정은 어디에서 끝나게 될까? 염색체 수는 세대마다 배로 증가할 것이다.

유성생식을 하는 생명체들에게 염색체 과적의 해결책은 **감수분열**이다. 이 과정에 의해 생물은 배우자를 만든다. 즉, 생명체의 신체를 구성하는 다른 세포(체세포)에 비해 절반의 염색체만을 지닌 특별한 생식세포를 만들 수 있다. 예를 들어, 사람의 배우자 세포는 두 세트가 아닌, 23개 염색체 한 세트를 갖고 있다.

유전학에서, **이배체**란 용어는 두 벌(세트)의 염색체를 가진 세포를 말하며(사람은 두 세트의 23개 염색체가 전체 46개 염색체를 구성), **반수체**란 용어는 한 벌의 염색체를 가진 세포를 말한다. 따라서 체세포는 이배체이고 감수분열을 통해 생긴 배우자 세포들은 반수체이다.

수정이 일어나면, 한 벌의 23개 염색체를 가진 반수체 세포 2개가 결합하여 제대로 된 46개의 이배체 염색체를 갖는 새로운 사람 개체를 만들어낸다. 이 새로운 개체는 감수분열을 통해 23개의 염색체를 갖는 반수체 배우자를 생산할 것이다. 그러면 유성생식을 통해 이배체 생명체들은 수정 때 융합하여 다시 이배체 상태로 회복될 수 있는 반수체 배우자들을 생산하게 된다(**그림 8.18**). 이러한 방식으로, 감수분열은 특정 종의 안정적인 유전체 크기를 유지한다.

비록 반수체와 이배체 상태가 교대하는 이러한 방식에 몇몇 다양성이 보이지만, 대부분 경우, 다세포 동물은 생식을 위해 반수체 세포를 생산한다. 두 배우자는 이배체 수정란을 만들기 위해 합쳐진 다음, 반복되는 유사분열 과정을 거쳐 이배체 다세포 동물이 만들어진다.

감수분열은 배우자 유전물질의 양을 감소시키는 것 이외에도 하는 일이 있다. 이배체 개체로서 당신은 모든 체세포마다 아버지와 어머니로부터 각각 하나씩 받아 모든 유전자를 2벌(즉, 2개의 대립유전자)씩 갖고 있다. 감수분열 결과, 배우자는 각각의 형질에 대해 둘이 아닌 하나의 대립유전자를 갖는다. 각각의 유전체 안에 포함된 이 두 대립유전자 중 어떤 것이 배우자에 포함될지는 예측할 수 없다.

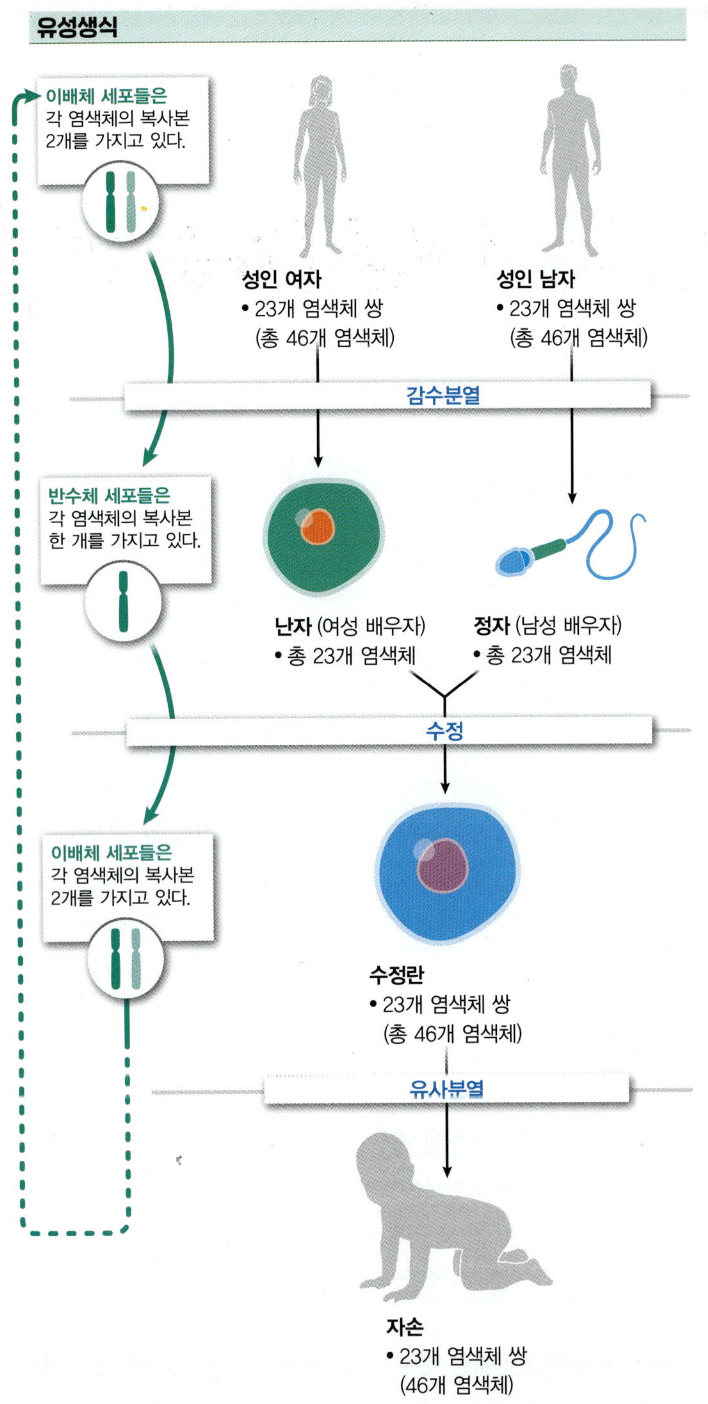

그림 8.18 반수체 배우자를 생산하는 이배체 생물. 배우자가 수정 때 융합하면 생명체들은 이배체 상태로 돌아간다.

그림 8.19 한 어머니와 한 아버지: 서로 다른 자손. Rashida Jones와 Kidada Jones는 부모로부터 비슷하지만 동일하지 않게 조합된 형질을 물려받았다.

각각의 난자와 정자는 어머니와 아버지의 대립유전자의 다양한 결합으로 독특한 대립유전자 세트를 운반한다. 모든 자손은 그들의 부모를 닮지만 정확하게 같은 모양으로 닮지는 않는다 (**그림 8.19**).

요컨대, 감수분열은 두 가지 중요한 결과를 나타낸다.

1. 감수분열은 배우자에서 유전물질의 양을 감소시킨다.
2. 감수분열은 대립유전자들의 조합을 통해 서로 다른 배우자를 만들어낸다.

핵심요약 8.8

» 감수분열은 유성생식을 하는 생명체에서 배우자가 생성되는 과정이다. 감수분열 결과, 부모 세포와 비교해 절반의 유전물질을 갖게 되며, 서로 다른 조합의 대립유전자를 가진 배우자가 만들어진다.

8.9 세부사항: 정자와 난자는 감수분열을 통해 생산된다

유사분열은 세포분열의 모든 목적에 부합하는 과정이다. 이 분열은 항상 몸 전체에서 일어난다. 반면, 감수분열은 단지 몸의 한 부분, 즉 **생식소**(난소와 정소)에서만 일어난다. 그리고 이것은 배우자(정자와 난자)의 생산이라는 한 가지 목적을 갖는다.

감수분열은 생식소에서 감수분열을 할 수 있는 특성화된 이배체 세포들에서 시작한다. 사람의 경우, 감수분열은 46개의 염색체를 가지고 있는 세포에서 시작한다. 여기에는 어머니와 아버지로부터 각각 물려받은 22개씩의 염색체—각각의 쌍을 **상동염색체** 또는 **상동**(그림 8.20)이라 한다—와 각 부모에게서 유래한 2개의 추가적인 염색체, 즉 **성염색체**가 포함된다.

감수분열이 진행되기 전에, 이 46개 염색체 모두는 복제된다(유사분열에서도 관찰할 수 있다). 이것은 감수분열이 시작될 때, 세포마다 복제 후에 DNA가 92(46개 염색체 각각 2개씩의 자매염색분체)개 가닥으로 존재함을 의미한다.

세포분열이 한 번만 진행되는 유사분열과 달리, 감수분열에서는 세포가 두 번 분열한다. 첫 번째 분열에서 상동염색체가 분리된다. 다시 말해서, 23쌍의 염색체들은 어머니에서 유래한 자매염색분체와 아버지에서 유래한 자매염색분체로 나뉘어 각각은 두 세포 안으로 (앞으로 보겠지만 무작위적으로) 분리된다. 두 번째 분열에서 둘로 나뉜 세포가 각각 다시 분리되어 생긴 4개의 딸세포 각각은 상동염색체에서 유래한 염색체 하나씩을 갖게 된다. 감수분열 결과, 23가닥의 DNA — 즉, 23개의 염색체를 갖는 4개의 새로운 세포가 만들어진다(그림 8.21). 동물의 경우, 이 4개 세포는 더 이상 세포분열을 하지 않는다—이들은 세포분열의 새 주기 시작을 위한 부모 세포가 되지 않는다.

간기: 감수분열을 위한 준비 단계로 염색체가 복제된다 감수분열이 일어나기 전에 모든 염색체가 자신을 복제하여 정확히 동일한 복사본을 만든다. 하나의 긴 선형 가닥의 유전물질이었던 각 염색체는 동원체에서 결합한 동일한 긴 선형의 두 가닥 쌍이 된다.

감수분열은 복제기와 8단계의 과정으로 진행된다(그림 8.22).

제1감수분열: 상동염색체의 분리 첫 번째 감수분열은 4단계로 일어난다.

1. **전기 I: 염색체가 응축되고 교차한다.** 이 시기는 감수분열의 모든 과정에서 가장 복잡한 단계이다. 유사분열 때처럼 전기 I은 복제된 유전물질의 응축에서부터 시작된다. 자매염색분체가 더 짧고 더 두껍게 변함으로써 상동염색체가 한데 모이게 된다. 이 과정부터 유사분열과 다르다. 현미경으로 보면 자매

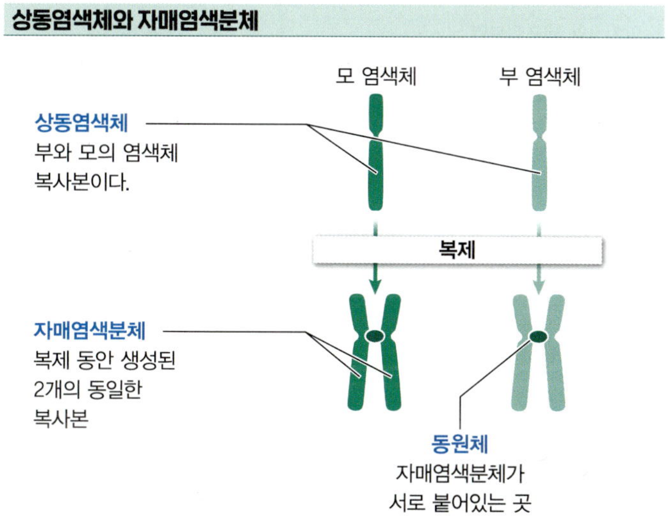

상동염색체와 자매염색분체

그림 8.20 염색체 관련 용어: 상동염색체와 자매염색분체.

감수분열: 절반으로 유전체 감소

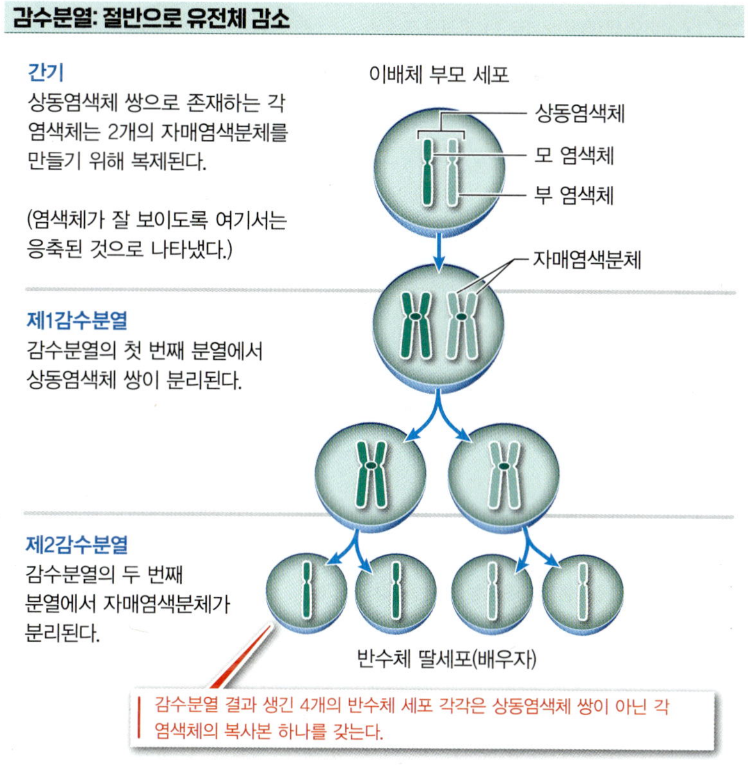

그림 8.21 다른 유전체와 결합하기 전에 이배체에서 반수체로 바뀜.

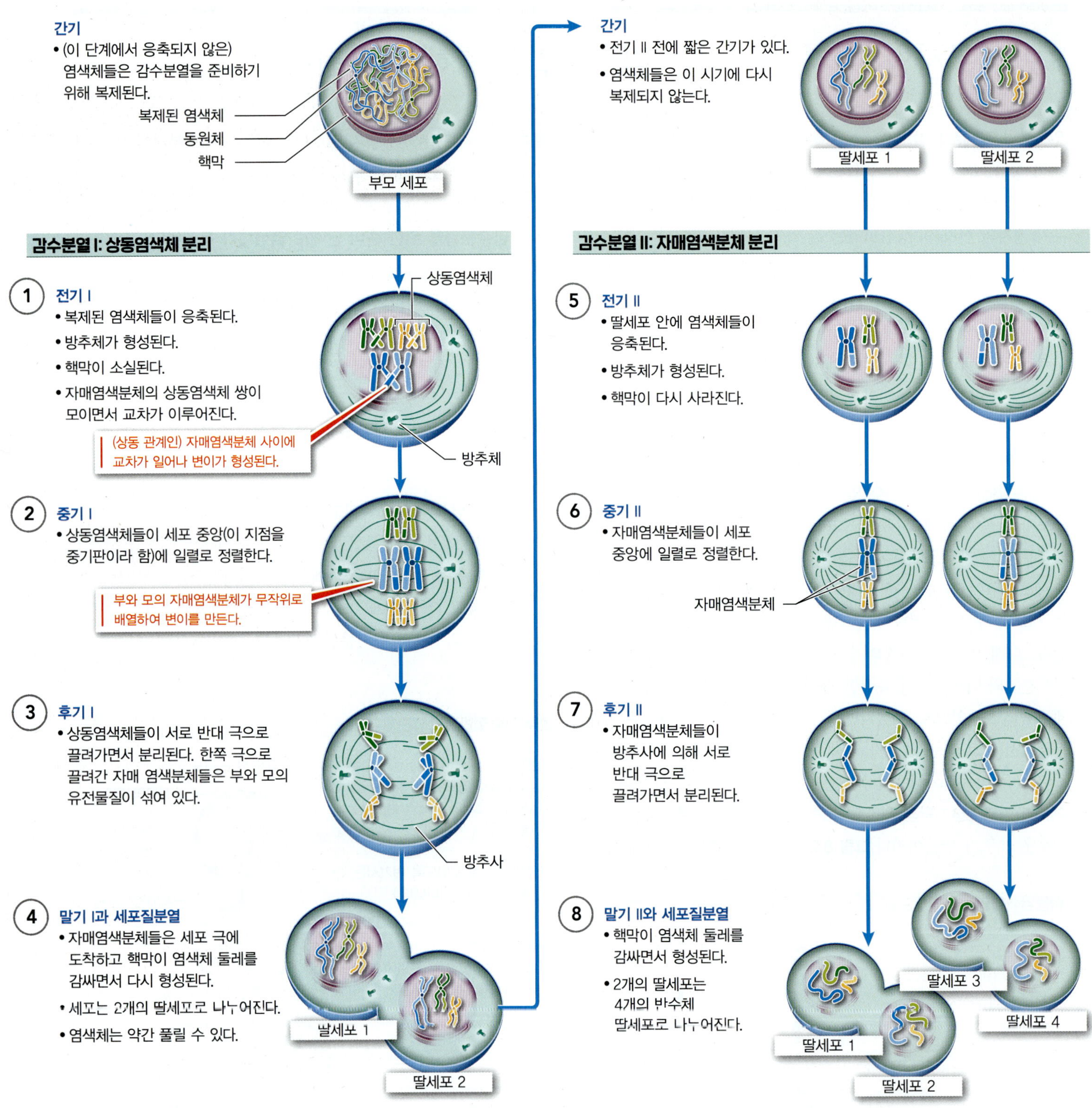

그림 8.22 감수분열: 생식세포를 생산하는 각각의 단계.

염색분체 두 쌍이 모여 2개의 X자 형태가 위아래로 존재하는 것을 관찰할 수 있다. 이 과정에서 서로 근접해 있는 자매염색분체들은 무언가를 하는데, 이는 DNA 일부를 교환하는 것으로 유전적으로 유일무이한 정자 또는 난자 세포들을 만든다. 어머니로부터 물려받은 유전자 가운데 몇몇은 아버지로부터 받은 DNA의 가닥으로 교환되어 들어가고 마찬가지로 반대의 경우도 일어난다. 이러한 염색분체 일부의 **교차** 결과를 **유전적 재조합**(또는 더 흔하게는 그냥 **재조합**)이라 한다. 교차는 각 염색분체의 몇몇 (많게는 12개의) 부위에서 일어날 수 있다. 재조합 결과, 모든 자매염색분체는 유전물질의 유일무이한 조합을 갖는다. 교차는 배우자를 생산하는 감수분열에서만 일어나는 것에 주목하라. 교차는 유사분열에서는 일어나지 않는다. 교차에 이어 핵막이 소실된다.

우리는 8.11절에서 더 자세한 교차 과정에 대해 알아볼 것이다. 감수분열의 나머지 과정은 상대적으로 간단하다.

2. **중기 I: 모든 염색체가 세포의 가운데에 배열한다.** 교차가 일어난 다음, 상동염색체 쌍은 방추사에 의해 당겨짐으로써 세포의 가운데로 이동하게 되고 일명 중기판을 형성한다. (상동염색체 쌍의 각각은 교차한 부분이 있는 부와 모 염색체와 그들 각각의 복사본 모두를 포함하여 모두 4개의 가닥을 가지고 있음을 기억하자.)

   부와 모에서 유래한 자매염색분체 쌍은 중기판에 무작위적인 양상으로 배열되는데, 이를 **무작위 배열**이라 한다. 그래서 세포의 양쪽 끝으로 끌려간 각 자매염색분체 쌍은 부와 모의 자매염색분체가 섞인 것들이다. 무작위 배열 결과, 감수분열의 모든 결과물은 유전적으로 유일무이하다.

   하나의 종 안에서 23쌍 염색체로 생길 수 있는 상이한 모든 조합을 상상해보라. 1번 염색체 쌍에서, 어머니의 상동염색체가 위쪽의 극으로 가고, 아버지의 상동염색체가 아래쪽의 극으로 갈 수 있다. 그리고 2번 염색체 쌍에서도 역시 어머니의 상동염색체는 위로, 아버지의 상동염색체는 아래로 이동할 수 있다. 23쌍 각각에 대해서 어떤 염색체가 위로 이동할지 또는 아래로 이동할지 예상할 수 없을 것이다. 가능한 조합의 수는 아주 많다. (얼마나 많은지 알 수 있는가?)

3. **후기 I: 상동염색체는 세포의 양극으로 당겨진다.** 이 시기는 감수분열 동안 일어나는 첫 번째 세포분열이 시작하는 단계이다. 후기에서 방추사는 상동염색체를 세포의 서로 반대쪽으로 당긴다. 2개의 자매 염색분체를 포함하는 상동염색체 쌍 중 하나는 한쪽 극을 향해, 다른 하나는 다른 극을 향해 이동한다.

4. **말기 I과 세포질분열: 핵막이 자매염색분체 세트 주변으로 다시 모이고 2개의 딸세포가 생성된다.** 염색분체가 세포의 양극에 도달한 다음, 핵막이 재생된다. 그러면 세포질분열이 일어난다: 세포질이 나뉘고, 세포막이 2개의 딸세포를 떨어뜨린다. 딸세포 각각은 유전물질을 포함하는 자신의 핵을 갖게 된다. 사람의 경우, 23개의 염색체 각각은 2개씩의 자매염색분체를 갖는다.

제2감수분열: 자매염색분체의 분리 제1감수분열 후에 짧은 간기가 진행된다. 몇몇 생명체에서는 DNA 분자(염색분체의 형태로 존재하는)가 잠깐 풀려 보이지 않는다. 다른 생명체에서는 제2감수분열이 즉시 시작된다. 전기 II 이전의 짧은 간기에는 어떠한 염색체도 복제되지 않는다. 감수분열의 두 번째 부분은 첫 번째 분열처럼 네 단계 과정이다.

5. **전기 II: 염색체가 재응축된다.** 감수분열의 두 번째 분열은 전기 II에서 시작된다. 두 딸세포 각각이 지닌 유전물질은 다시 단단하게 감겨 현미경으로 볼 수 있는 염색분체 쌍을 만들고 핵막은 다시 사라진다. (전기 I과 달리, 전기 II에서는 교차가 일어나지 않는다.)

6. **중기 II: 자매염색분체 쌍들이 세포 가운데에 배열된다.** 2개의 딸세포 각각에서 자매염색분체(X자 형태로 보임)는 동원체에 붙어 있는 방추사에 의해 당겨짐으로써 세포의 중심으로 이동한다. 각각의 딸세포 중심에 모여 있는 모든 유전물질은 납작한 중기판에서 관찰된다.

7. **후기 II: 자매염색분체가 세포의 양극으로 당겨진다.** 이 후기 동안, 동원체에 붙어 있는 방추사는 23개의 자매염색분체 쌍 중에서 각 염색분체를 딸세포의 양극으로 끌어당기기 시작한다. 후기 II가 끝나고 나면, 각각은 4개의 딸세포(이들을 손녀세포로 생각할 수도 있다)가 되고, 23개 염색체의 복사본 하나씩을 포함하게 된다.

8. **말기 II와 세포질분열: 핵막이 재생되고 2개의 딸세포가 4개의 반수체 배우자로 나누어진다.** 23개 염색체의 자매염색분체들이 양극으로 당겨진 후 세포질이 나뉜다. 세포막이 두 개의 새로운 딸세포 사이에 생겨나고, 핵막은 재생되기 시작하며, 이렇게 과정이 마무리된다.

   사람의 경우, 하나의 이배체 세포가 감수분열을 통해 23개의 염색체를 한 묶음으로 갖는 4개의 반수체 딸세포가 생성된다. 이들 염색체는 개체가 지닌 이배체 염색체로부터 전달된 형질들의 조합을 나타낸다.

핵심요약 8.9

» 감수분열은 배우자 생성 세포에서만 일어난다. DNA 복제가 일어난 후 두 번의 세포분열 단계가 진행된다. 첫 단계로 자매 염색분체의 상동염색체 쌍이 분리되고, 두 번째 단계에서 자매 염색체가 분리된다. 이배체 생명체에서 감수분열의 최종 산물은 유전적으로 서로 다른 4개의 반수체 배우자들이다.

8.10 남성과 여성의 배우자는 다른 방식으로 생산된다

모든 유성생식 생명체에서 수컷과 암컷을 구분하는 방식은 오직 한 가지이다. (그리고 이는 육안으로 볼 수 있는 것이 아니다). 거의 모든 유성생식 식물과 동물처럼 두 가지 성이 있을 때, 암컷은 큰 배우자를 생산하고, 수컷은 작고 비교적 운동성이 있는 배우자를 생산한다(**그림 8.23**).

감수분열은 수컷과 암컷에서 다르게 작동한다. 암컷 배우자는 더 많은 세포질을 갖고 있어서 수컷 배우자보다 크다. 8.9절에서 서술한 바와 같이, 정자가 생산되는 동안 두 번의 분열이 일어나 결과적으로 정자가 될 모두 같은 크기의 4개의 세포가 만들어진다. 난자 생산 동안 세포는 말기 I에서 분열하는데, 유전물질은 균등하게 나누어지지만 거의 모든 세포질은 하나의 세포로만 전달되고, 또 다른 세포로는 거의 전달되지 않는다. **극체**라고 불리는 이 작은 세포는 대부분 동물의 경우, 거의 즉시 소멸된다. 이후 큰 세포에서 일어나는 제2감수분열 때에 세포질 분리가 다시금 불균등하게 진행된다.

첫 번째 분열과 마찬가지로 새로 생긴 세포 중 하나는 거의 모든 세포질을 가지고 다른 하나는 거의 가지지 못해 또 다른 극체를 형성한다. 난자 생성 과정에서 감수분열의 최종 결과는 세포질을 아주 많이 갖는 큰 난자 하나와 세포질을 거의 갖지 못한 둘 또는 세 개의 극체가 생기는데, 이들은 즉시 퇴화하고 배우자로서 기능을 전혀 하지 못한다(**그림 8.24**).

결국, 난자이든 정자이든 각 배우자는 단지 염색체 복사본을 하나씩 갖게 된다. 이러한 방식으로, 정자와 난자가 결합하여 만들어지는 수정란은 2개의 완전한 염색체 세트를 갖게 되며 이어 발생한 개체는 이배체가 되는 것이다. 난자의 세포질은 수정 이후 생명체의 초기 발생에 필요한 많은 영양분과 기타 자원들을 포함하고 있다.

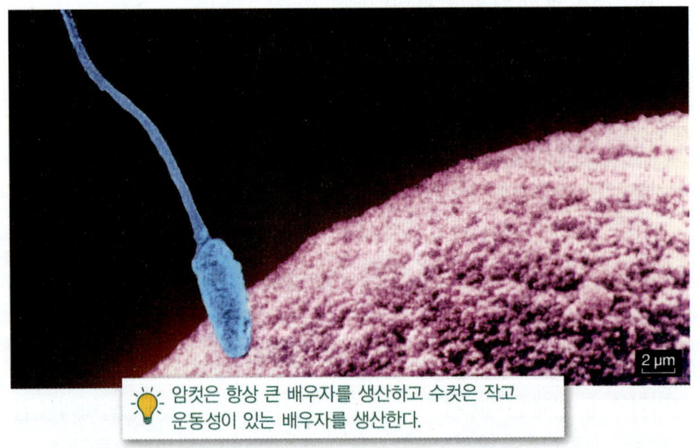

그림 8.23 난자와 정자는 다르다.

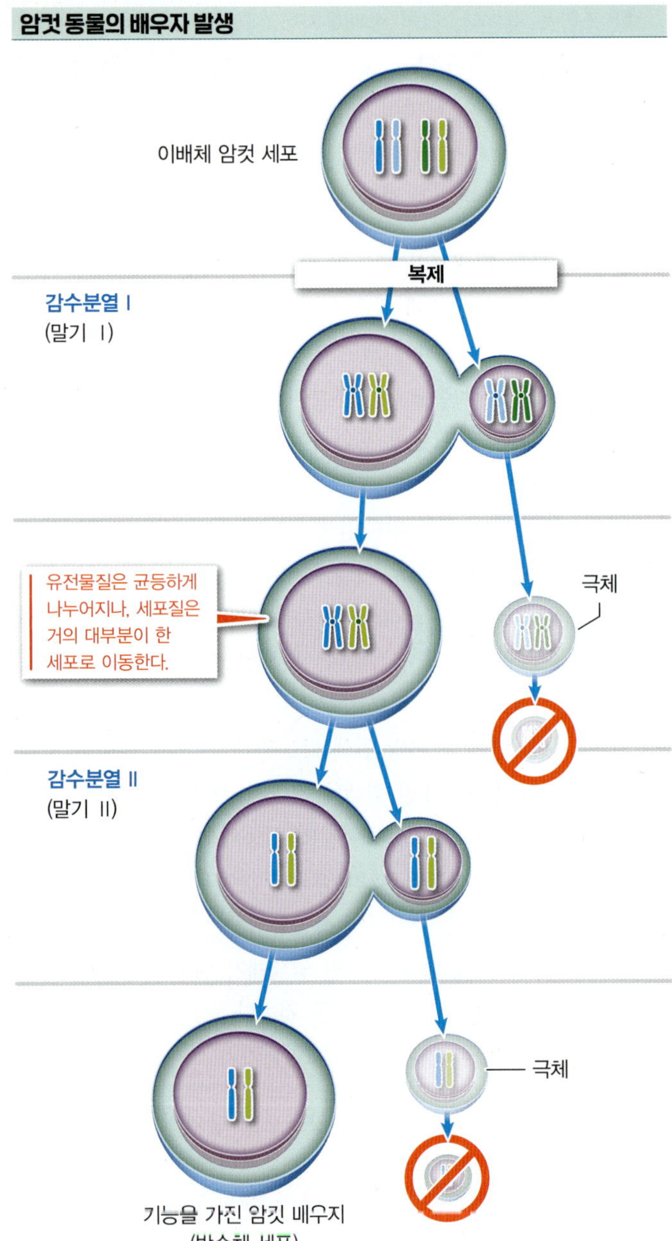

그림 8.24 세포질이 불균등하게 분리됨으로써 하나의 커다란 난자가 만들어진다.

핵심요약 8.10

» 대부분의 유성생식 식물과 동물 종처럼 두 가지 성을 가지고 있는 종에서 암컷은 큰 배우자를 만들고 수컷은 작은 배우자를 만든다. 각 배우자는 염색체 복사본을 단지 하나씩 갖게 된다.

8.11 교차와 감수분열은 다양성의 중요한 원인이다

일반적으로 유일무이한 개체를 생산하기 위한 두 가지 방법이 존재한다. 한 가지 확실한 방법은 한 개체가 다른 개체는 갖고 있지 않은 대립유전자를 갖는 것이다. 유일무이하게 고유한 개체를 만드는 데에 이와 거의 비슷하게 성공적인 또 다른 방법은 개체가 이전의 다른 개체에서는 볼 수 없는, 대립유전자들의 모음을 갖는 것이다. 새로운 개체를 만드는 이 두 방법은 생물 개체군에 중요한 다양성을 제공하다. 감수분열의 전기 I 시기에 일어나는 교차 또는 유전적 재조합 과정은 이 두 번째 종류의 다양성을 엄청나게 많이 만들어낸다(**그림 8.25**).

교차를 더 자세히 살펴보자. 예를 들어, 사람의 15번 상동염색체 쌍을 보자. 이 쌍은 15번 염색체 2개를 말하는 것임을 알 수 있다. 하나는 어머니로부터 받은 복사본이고(난자로부터 물려받았고 수정되어 당신을 만들어냈다) 하나는 아버지로부터 받은 복사본이다(난자를 수정시키는 정자로부터 물려받았다). 한 쌍에 포함된 각각의 염색체는 같은 유전자를 전달하지만, 이들은 모두 다른 사람에게서 받았기 때문에 절대로 같은 대립유전자를 갖고 있지는 않다.

전기 I에서 상동염색체의 자매염색분체가 정렬되고 나면(그러면 두 쌍 내에 4개의 염색분체가 서로 매우 가깝게 놓여 있다), 서로 근접해 있는 부분에서 절편들이 교환될 수 있다. 어머니 염색분체의 한 부분은, 아마도 DNA의 한 가닥에 있는 첫 100개의 유전자를 포함해서, 아버지 염색분체의 동일한 부분과 서로 교환될 수 있다. 한편, 가운데 부분의 20개 유전자는 어머니의 한 염색분체로부터 아버지의 다른 염색분체로 교환될지 모른다. 재조합 동안 염색분체가 유전물질을 교환하는 지점을 **교차점**(**chiasmata**, 단수 **chiasma**)이라 한다. DNA 절편의 교환이 일어나는 모든 시기에서 동일한 양의 유전물질이 교환되기 때문에 4개의 각 염색분체는 염색체를 구성할 완전한 세트의 유전자들을 보유한다. 그리고 이제 각 염색분체에 있는 대립유전자의 조합은 서로 다르다.

눈 색깔과 키와 관련된 유전자가 한 특정 염색체에 있다고 가정해보자. 특정 염색분체가 이전에 갈색 눈과 작은 키라는 유전정보를 갖고 있었다 하더라도, 교차가 일어난 다음에, 현재는 갈색 눈과 큰 키의 유전정보를 가질 수 있다. 부모로부터 받은 모든 대립유전자는 하나 또는 다른 분자의 DNA로부터 전달받는다. 그러나 하나의 염색분체와 연관된 **대립유전자(그리고 이들이 결정하는 형질)**들의 조합은 새롭다. 또한, 새롭게 조합된 대립유전자를 가진 배우자 — 난자라고 가정하자 — 가 정자에 의해 수정될 때 발생한 개체는 완전히 새로운 세트의 대립유전자를 가지게 될 것이다.

특정 형질(노란 눈 또는 보라색 머리)의 새로운 버전을 만들어 내지 않으면서 교차는 이전에 함께 존재하지 않았던, 새로운 대립유전자 모음을 지닌 배우자를 만들어낸다. 9장에서, 우리는 이러한 다양성이 진화에 있어서 매우 중요하다는 것을 알 수 있을 것이다.

핵심요약 8.11

» 비록 교차가 특정 대립전자의 새로운 버전을 만들어내지는 않지만, 감수분열의 첫 번째 전기 시기 동안, 이전에는 존재하지 않았던 대립유전자의 조합(과 이들이 결정하는 형질)을 가진 배우자를 만들어낸다; 이러한 다양성은 진화에 있어서 중요하다.

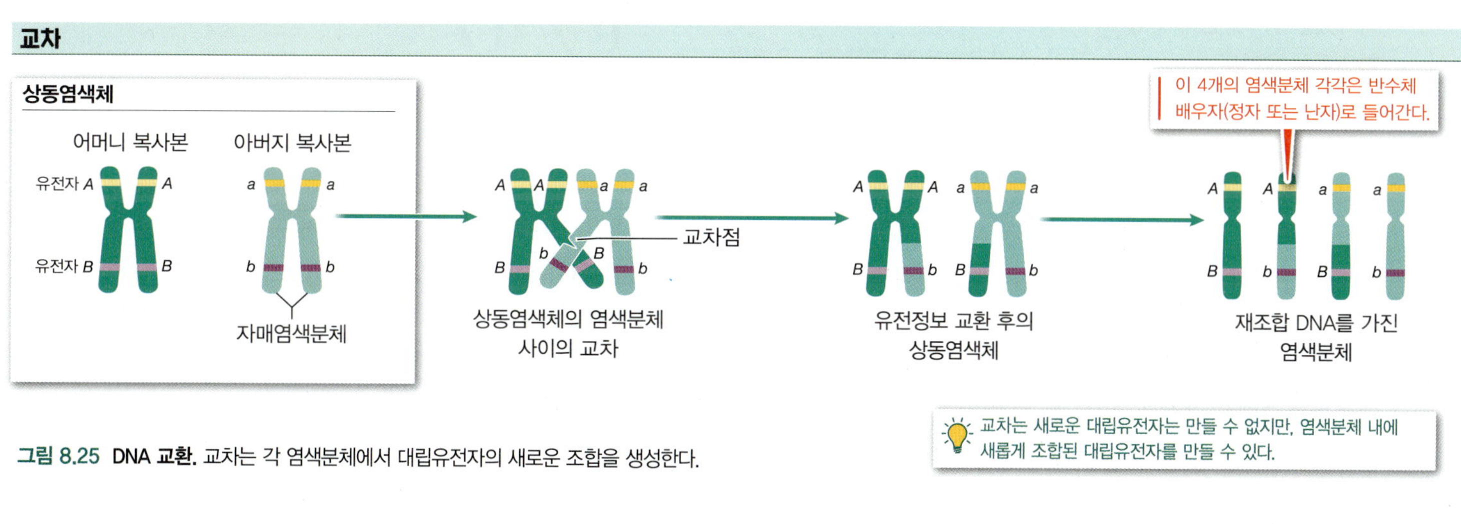

그림 8.25 DNA 교환. 교차는 각 염색분체에서 대립유전자의 새로운 조합을 생성한다.

8.12 유성생식의 대가와 이점은 무엇인가?

이미 살펴본 것처럼, 세포와 생물은 무성생식 또는 유성생식을 통해 번식한다. 두 가지 방법 중 어떤 방법이 더 나은 것이라고 할 수 있을까? 이 질문의 답은 상대적이다. 사실 더 적절한 질문은, 각각의 방식이 갖는 장점과 단점이 무엇이고 어떤 조건에서 비용을 능가하는 이익을 얻는지 묻는 것이라고 할 수 있다.

유성생식의 이점은 무엇인가? 유성생식은 세 가지 다른 방식을 통해 유전적으로 부모는 물론 서로 다른 자손을 낳는다(**그림 8.26**).

1. **수정 시 부모의 대립유전자 조합.** 유성생식에서 새로운 한 개체는 다른 두 사람의 배우자가 결합하여 만들어진다. 부모는 각각 자신의 고유한 유전물질 세트를 가지고 있다.
2. **배우자의 생성 과정 동안 일어나는 교차.** 감수분열 전기 I 동안에 일어나는 교차로 인해 배우자 내의 모든 염색체는 부와 모의 유전물질이 섞인 혼합체를 갖게 된다.
3. **감수분열 동안에 상동염색체의 편성과 재배열.** 상동염색체는 감수분열의 첫 번째 분열(후기 I) 동안에 세포의 양극 방향으로 끌려감으로써 부와 모의 상동염색체는 무작위적으로 분리된다. 8.9절에서 살펴본 대로, 마침내 각 배우자에서 부모의 상동염색체가 엄청나게 많은 수의 각기 다른 조합으로 존재할 수 있다.

Q (선택의) 여지가 있다면 유성 또는 무성생식 중 어떤 방법을 선택하겠는가? 이 선택에 영향을 주는 요인은?

유성생식에 의해 자손들이 다양해짐으로써 해당 생물 개체군은 환경의 변화에 잘 대처할 수 있게 된다. 무엇보다도, 세대가 거듭되면서 환경이 점진적으로 변화할 때, 유전적으로 다양한 많은 자손이 생긴다면 이 중 일부 자손이 새로운 환경에 특히 적합한 유전자를 가지게 된다. 시간이 지나면서, 유성생식을 하는 생물 개체군은 빠르게 환경의 변화에 적응할 수 있게 된다. 이는 복권을 사는 것과 같다. 복권을 더 많이 산다면, 이들 중 당첨될 가능성이 더 커질 것이다.

유성생식의 단점은 무엇인가? 노란똥파리(*Scathophaga stercoraria*) 수컷들은 때때로 암컷과 짝짓기를 하기 위해 서로 싸우기도 한다. 암컷은 똥이 쌓인 곳에서 싸움의 결과를 기다린다. 때때로, 암컷은 그들을 기다리다가 똥 더미에 빠져 죽기도 한다. 수컷 역시 번식 동안 위험에 빠질 수 있다. 극적인 예는 버마재비와 검은과부거미 등에서 볼 수 있는데, 교미 동안이나 그 후에 암컷은 정자만이 아닌 먹이를 얻고자 수컷을 먹으려 한다(가끔 성공하기도 한다). (**그림 8.27**)

짝짓기에 수반되는 위험들은 유성생식의 부정적인 면 가운데

유전적 다양성의 원인

자손이 부모는 물론 각각이 유전적으로 다른 여러 이유가 있다.

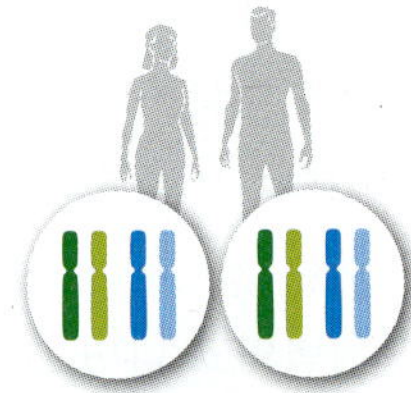

부와 모에서 유래한 대립유전자
부모는 각각 자신의 유전물질을 자손에게 제공한다.

교차
감수분열 동안 일어나는 교차는 각 염색분체에 있는 부와 모의 유전물질을 섞어놓는다.

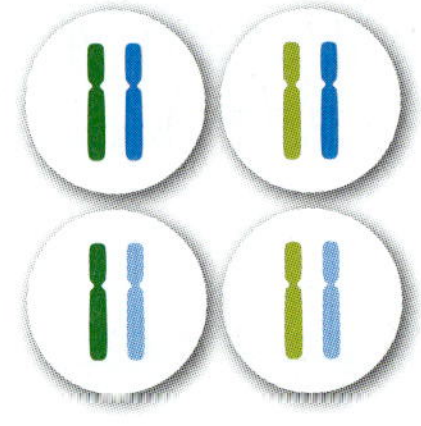

상동염색체의 재조합
감수분열 동안 딸세포로 분배되는 상동염색체와 자매염색분체는 무작위적으로 부와 모의 유전물질을 섞어놓는다.

그림 8.26 대립유전자의 다양한 조합을 생성.

하나이다. 우리가 본 동파리의 경우처럼, 유성생식은 생식 과정에 있어서 그들 스스로가 포식, 질병, 그리고 또 다른 참사에 의해 공격받기 쉬운 위험 부담이 있다. 또 다른 이유도 있다. 첫 번째로, 번식 과정에서, 자손의 대립유전자 절반은 한 부모로부터 올 것이다. 나머지 절반은 다른 쪽 부모로부터 올 것이다. 유성생식에 필요한 복잡한 세포분열은 때때로 염색체 이상을 유발하는 실수의 가능성이 있다. 무성생식에서 개체는 거의 동일한 자손을 생산하고 한 세대로부터 다음 세대로 유전 정보를 매우 효율적으로 전달시킬 수 있다. 두 번째로, 유성생식은 짝을 찾기 위한 시간과 에너지를 소비한다. 이는 무성생식 생명체가 더 많은 번식에 사용할 수 있는 에너지에 해당한다.

무성생식의 이점은 무엇인가? 무성생식은 단 하나의 개체만이 관여하기 때문에, 빠르고 쉽게 진행될 수 있다. 일부 박테리아는 20분마다 분열하여 새로운 세대를 형성한다(**그림 8.28**). 그리고 고립된 서식지에 있는 개체들 또는 새로운 개체군을 수립하는 개체들의 경우, 무성생식은 더 많은 이점을 갖게 된다. 무성생식은 효율적이기도 하다. 자손은 부모가 물려준 유전자 전부를 받게 되고, 그들은 유전적으로 동일하다. 만약 환경이 안정적이라면, 생명체들이 자신과 가능한 유사한 자손을 낳는 것은 장점이 될 것이다.

이 박테리아 군락은 빠르고 효율적으로 번식할 수 있다. 그러나 이 세포분열은 무성생식이어서 환경변화에 적응할 수 있는 유전적 다양성을 가지고 있지 못하다.

무성생식의 단점은 무엇인가? 무성생식의 부정적인 면은 자손의 염색체가 그 부모의 염색체와 매우 유사해서 환경이 변화할 때 그 환경에 알맞도록 적응하기가 어렵다는 것이다. 이와는 반대로, 서로서로 유전적으로 더 다양한 자손을 만든다면 부모는 성공적으로 자손을 남길 가능성이 더 커진다.

결국, 우리는 여전히 무성생식을 하는 많은 종과 유성생식을 하는 많은 종을 보게 된다. 각 생명체 또는 다른 생명체에 유리한 여러 조건은 세상의 매우 다양한 서식지에서 만들어지는 것 같다. 또한, 우리가 유성생식과 무성생식 모두를 살펴봄으로써 생물에게는 하나의 문제를 해결하기 위한 방법이 종종 한 가지 이상 있다는 생물학의 반복되는 주제를 강조하게 된다.

그림 8.27 유성생식에는 위험이 따른다. 수컷 버마재비는 종종 교미 후 탈출에 실패하여 암컷에게 먹힌다.

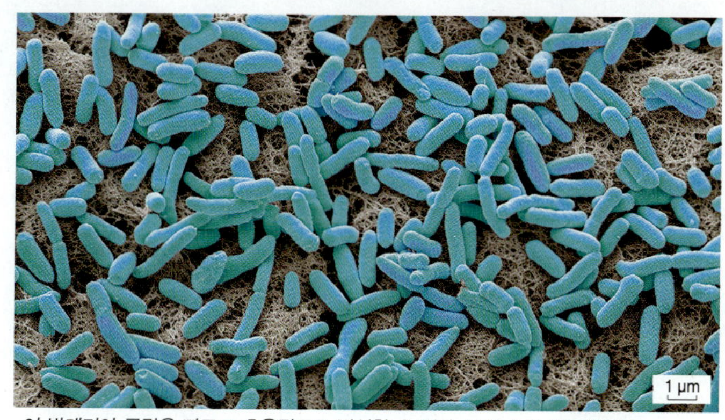

이 박테리아 군락은 빠르고 효율적으로 번식할 수 있다. 그러나 이 세포분열은 무성생식이어서 환경변화에 적응할 수 있는 유전적 다양성을 가지고 있지 못하다.

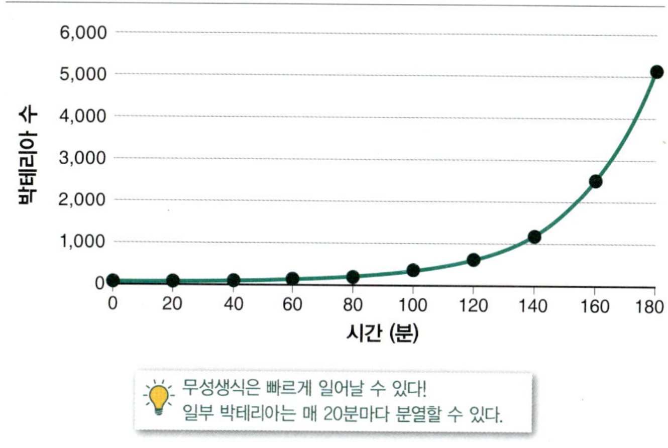

그림 8.28 무성생식의 장점과 단점.

핵심요약 8.12

» 세포와 생명체는 (1) 유사분열과 이분법, 그리고 (2) 감수분열과 유성생식으로 번식할 수 있다. 무성생식은 효율적이라고 할 수 있으나 변화하는 환경에 불리할 수 있는, 부모와 유전적으로 동일한 자손을 만든다. 유성생식은 덜 효율적이지만 양쪽 부모와는 물론 자신끼리도 유전적으로 서로 다른 자손을 생산할 수 있다.

성별 차이는 염색체에 있다

▲ XX 또는 XY: 염색체 23쌍 중 한 쌍만이 사람의 성을 결정한다.

8.13 사람(과 여타 종들)의 성은 어떻게 결정되는가?

사람의 경우 아이의 성별은 아버지에 의해 결정된다. 성 결정에 관여하는 복잡한 과정은 성염색체라는 특별한 한 쌍의 염색체에 의해 유발된다. 성염색체는 성장하는 태아가 남성이나 여성으로 발달하는 데에 필요한 정보를 가지고 있다.

염색체는 두 가지로 나눌 수 있다: 한 쌍의 성염색체와 22쌍의 성염색체. 사람의 성염색체는 **X와 Y염색체**이다(그림 8.29).

X와 Y염색체는 다른 염색체와 어떤 점이 다른 것일까? 모든 유전적 정보는 우리 몸의 모든 세포 속 염색체에 저장되어 있다. 그러나 대부분의 이 정보는 성에 특이적인 것이 아니다. 즉, 눈, 뉴런, 피부세포, 소화효소 등을 만들 때, 남성인지 여성인지 상관없이 똑같이 적용되는 것이다. 그러나 몇 가지 유전적 정보는 신체가 각각 남성이나 여성으로 발달하게 하는 데 관여한다. 이런 정보는 성염색체에서 발견된다.

모든 사람은 성염색체가 아닌 모든 염색체(상염색체라 부름) 복사본을 2개씩 갖는다. 어머니와 아버지로부터 각각 복사본 1개씩 물려받는다. 사람은 또 성염색체도 1쌍을 가진다. 남성은 하나의 X염색체와 하나의 Y염색체를 가지고 있고 여성은 2개의 X염색체를 가지고 있다.

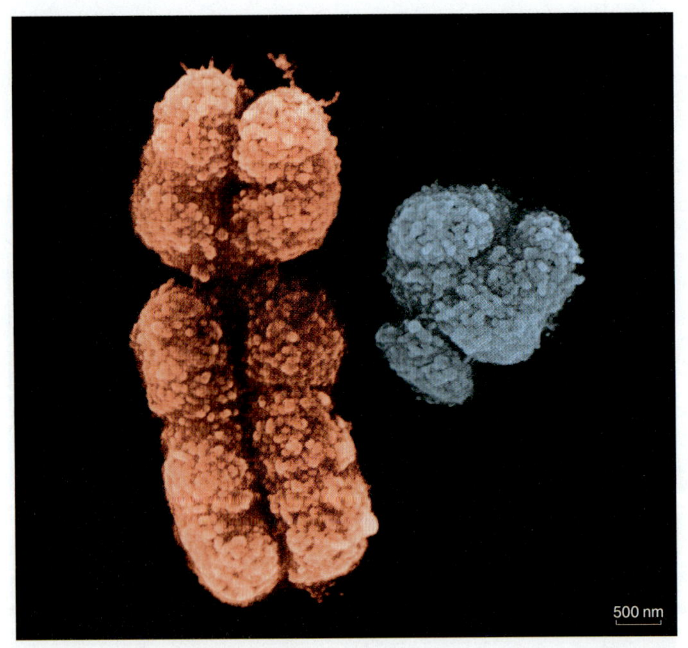

그림 8.29 X와 Y: 사람의 성염색체. 상대적으로 작은 Y염색체는 X염색체와 비교하여 매우 적은 수의 유전정보를 지닌다.

그러면, 어떻게 아버지가 아이의 성을 결정하는 것일까? 여성의 경우에서 감수분열이 일어날 때 난자는 각 염색체의 한 복사본만을 갖는다. 이것은 성염색체도 마찬가지이다. 배우자의 반은 X염색체 복사본 하나를 받고 나머지 반의 배우자는 다른 X염색체

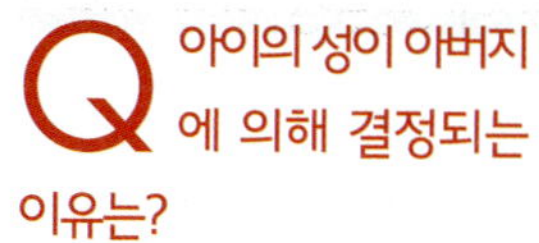

아이의 성이 아버지에 의해 결정되는 이유는?

를 받는다. 그래서 모든 난자는 하나의 X염색체를 가진다. 남성에게서 감수분열이 일어날 때도, 정자는 성염색체를 포함한 각 염색체를 한 개씩만 가지게 된다. 그러나 이 경우 정자의 반은 X염색체를, 반은 Y염색체를 가지게 된다. 수정 시, 한 개의 X염색체 가진 난자는 X염색체 또는 Y염색체를 가진 정자 하나와 수정된다. X염색체를 가진 정자와 난자가 수정을 하면, 아이는 2개의 X염색체를 가져 생물학적 여성으로 발달하게 된다. Y염색체를 가진 정자와 난자가 수정을 하면, 아이는 생물학적 남성으로 발달한다(**그림 8.30**).

사람의 성이 결정되는 방법

개체는 모든 세포 안에 2개의 성염색체 복사본을 가지고 있다.

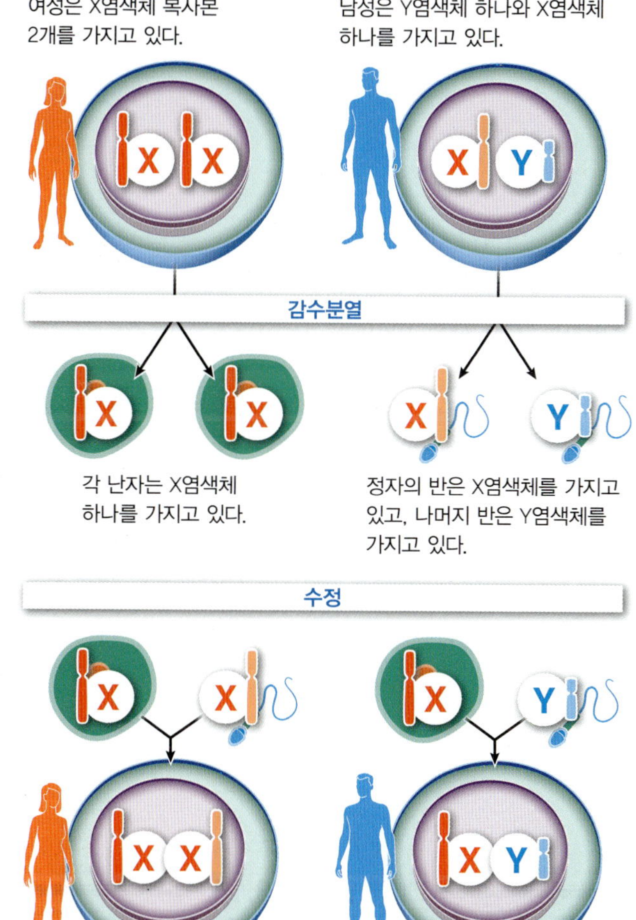

정자가 X염색체를 가지고 있을 때, 아기는 2개의 X염색체를 가지게 되어 여성으로 발달한다.

정자가 Y염색체를 가지고 있을 때, 아기는 1개의 X염색체와 1개의 Y염색체를 가지게 되어 남성으로 발달한다.

그림 8.30 사람의 경우, 아버지가 자손의 성을 결정한다.

물리적으로 X염색체와 Y염색체는 매우 다르게 생겼다. X염색체는 상대적으로 커서 거의 상염색체의 형질 양만큼이나 많은 유전적 정보를 가지고 있다. 반면 Y염색체는 작고 매우 적은 수의 형질에 관한 유전정보를 가지고 있다. Y염색체에 있는 유전적 명령은 태아의 생식소가 난소보다는 정소로 발달하도록 한다(Y염색체로부터 오는 이 명령이 없으면 태아는 여성으로 발달한다). 일단 이렇게 되면 더 이상의 Y염색체의 유전적 개입은 매우 적게 일어난다. 대신, 일반적으로 정소 또는 Y염색체가 없으면 난소에서 생산되는 호르몬이 신체의 나머지 부분이 남성 또는 여성의 몸을 만드는 데에 관여한다. 이후에 2개의 서로 다른 성염색체를 가지는 남성의 예상 밖의 결과에 대해서 살펴볼 예정이다.

Q 우리는 사람이 정상적으로 기능하는 데에 필수적인 유전정보가 Y염색체에 없음을 안다. 그 이유는?

생물 종에 따라 다양한 여러 성 결정 방법이 사용된다. 식물 대부분은 개체가 수컷 또는 암컷으로 구분되지 않는다. 모든 개체는 동일한 식물 내 분리된 생식 부위에서 암과 수 배우자를 생산한다. 지렁이와 달팽이도 마찬가지이다. 이런 생물들을 **암수한몸**이라고 하는데, 그 이유는 한 개체가 정자와 난자를 모두 생산할 수 있기 때문이다.

많은 종류의 새들은 수컷 배우자는 한 가지의 성염색체 복사복을 가지는 데에 반해 암컷 배우자는 서로 다른 두 종류의 성염색체 복사본을 가진다. 그래서 새의 경우, 자손의 성은 암컷에 의해 결정된다. 개미, 벌, 말벌 등은 개체가 가지고 있는 염색체 세트의 수에 따라 성이 결정된다. 즉, 수컷은 반수체이고 암컷은 이배체이다. 암컷은 수컷과 교배 후 저장한 정자와 난자를 수정하여 암컷을 만들 수 있다. 그렇지 않으면 암컷은 수정되지 않은 난자를 낳을 수 있는데 그 난자는 수컷으로 발달한다. 그리고 일부 종의 경우, 성 결정은 환경에 의해 조절된다. 예를 들어, 대부분 거북이 새끼의 성은 알이 보관된 온도에 따라 결정된다.

Q "새와 벌"의 비유는 사람의 번식에 맞지 않는다. 그 이유는?

핵심요약 8.13

» 많은 동식물 종의 세계에서 다양한 성 결정 방법이 사용된다. 사람의 경우, 성염색체는 태아가 남성 또는 여성으로 발달할지를 조절하는 정보를 갖는다.

8.14 환경이 거북이 자손의 성을 결정할 수 있을까?

예기치 않은 관찰을 하게 되면 세상이 작동하는 방식에 관한 우리의 생각이 반드시 옳은 것이 아님을 알게 된다. 이런 식으로 과학자들은 문제를 풀게 되는 커다란 기회를 부여받을 수 있다. 문제에 접근하는 방법에 관한 이해는 수수께끼를 푸는 것과 마찬가지일 수 있고, 그 답은 지대한 영향과 예상치 못한 중요성을 가져올 수 있다.

1966년, Madeleine Charnier는 서아프리카에 있는 무명의 출판사에 놀랄만한 관찰을 보고하였다. 그녀가 관찰한 도마뱀 한 종에서 태어난 자손의 성비가 환경에 의해 영향을 받는 것으로 보인다는 것이다. 더 따듯한 온도에서 부화한 대부분 알에는 암컷이 있었다. 더 차가운 온도에서 부화한 대부분 알에는 수컷이 있었다.

우리는 부모로부터 물려받은 염색체가 자손의 성을 결정하는 종에 속한다. 그러므로 우리가 모든 동물의 성 결정은 이와 같을 것이라 가정한다고 해서 놀랄 일이 아니다. Charnier의 관찰은 생물학자들이 이러한 성 결정 양상을 다른 파충류나 일부 양서류에서 찾아보게 하는 자극제가 되었으며, 성 결정에 대한 우리의 이해가 반드시 옳지 않을 수 있음을 알려주었다.

"배양 온도가 성을 결정한다"는 가설을 검증하기 위한 방법을 제시할 수 있는가?

자손의 성에 미치는 배양 온도의 효과를 검증하기 위하여 연구자들은 배양 온도를 서늘하고(25°C) 따듯한 (30.5°C) 두 가지로 설정하였다. 이들은 거북이 알을 모았다. 각 한배 집단으로부터 알을 꺼내 반반씩 서늘한 배양실과 따듯한 배양실에 넣었다. 알들이 부화하자 결과는 명확했다. 25°C에서 태어난 210마리 자손은 모두 수컷이었고 30.5°C에서 태어난 211마리는 모두 암컷이었다. 연구자들은 적어도 실험실에서는 온도가 자손의 성에 영향을 끼칠 수 있다고 결론을 내렸다.

온도와 관련해서 실험실은 거북이의 자연환경과 어떻게 다른가?

거북이의 자연 서식처는 밤에는 서늘하고 낮에는 덥다. 그러나 실험실 온도는 일정하게 유지되었다. 자연조건과 더 비슷하게 만들기 위해서 연구자들은 두 가지의 실험을 추가하였다. 우선, 실험실의 배양실에 온도 변화를 주었다. 한 배양실 온도는 20°C에서 30°C 사이, 다른 배양실도 비슷하게 23°C에서 33°C를 오가도록 하였다. 결과는 첫 번째 실험과 동일했다. 더 차가운 배양실에서는 부화한 자손 100%가 수컷이었고, 더 따듯한 배양실에 부화한 자손 100%는 암컷이었다.

마지막 연구에서 난자는 거북이의 자연 서식처에서 배양되었다. 반은 거의 햇빛에 노출되지 않는 (그래서 거의 30°C를 넘지 않는) 그늘진 둥지에 묻었다. 나머지 반은 태양에 노출된 (그래서 자주 30°C를 넘는) 둥지에 묻었다. 그늘진 곳에서 부화한 100마리는 모두 수컷이었다. 태양에 노출된 곳에서 부화한 127마리 중 123마리는 암컷이었다.

기후변화가 거북이 개체군에 어떤 영향을 미치겠는가?

기후변화로 인해 향후 100년 이내에 섭씨 몇 도 정도가 증가할 것이다. 이러한 증가는 온도 의존적인 성 결정 방식을 지닌 종에 악영향을 끼칠 가능성이 있고 기후변화가 생물학 체계에 더 많은 큰 충격을 줄 것임을 알려주는 것이다.

생각하기, 짝과 나누기

수업 수강생 중 하나와 짝을 형성하시오. 다음의 질문을 읽고 답에 대하여 60초 동안 조용히 생각하시오. 이후 5분 동안 토론을 하고 자신의 답을 공유할 수 있게 준비하시오.

- 이 연구에 근거하여 배양 온도가 거북이 자손의 성에 실제로 영향을 미친다고 확신할 수 있는가? 그 이유는?
- 이를 대체하는 설명을 생각해낼 수 있는가?

핵심요약 8.14

» 꼭 의식하지 않지만, 우리는 세상에 관하여 가정을 하는데, 보통 우리가 세운 가설에 근거한다. 예기치 못한 관찰 덕분에 우리의 가설은 정확하지 않을 수 있다는 징후를 보게 되고, 우리의 이해를 증진하기 위해 과학적 사고를 사용하는 기회를 얻을 수 있다.

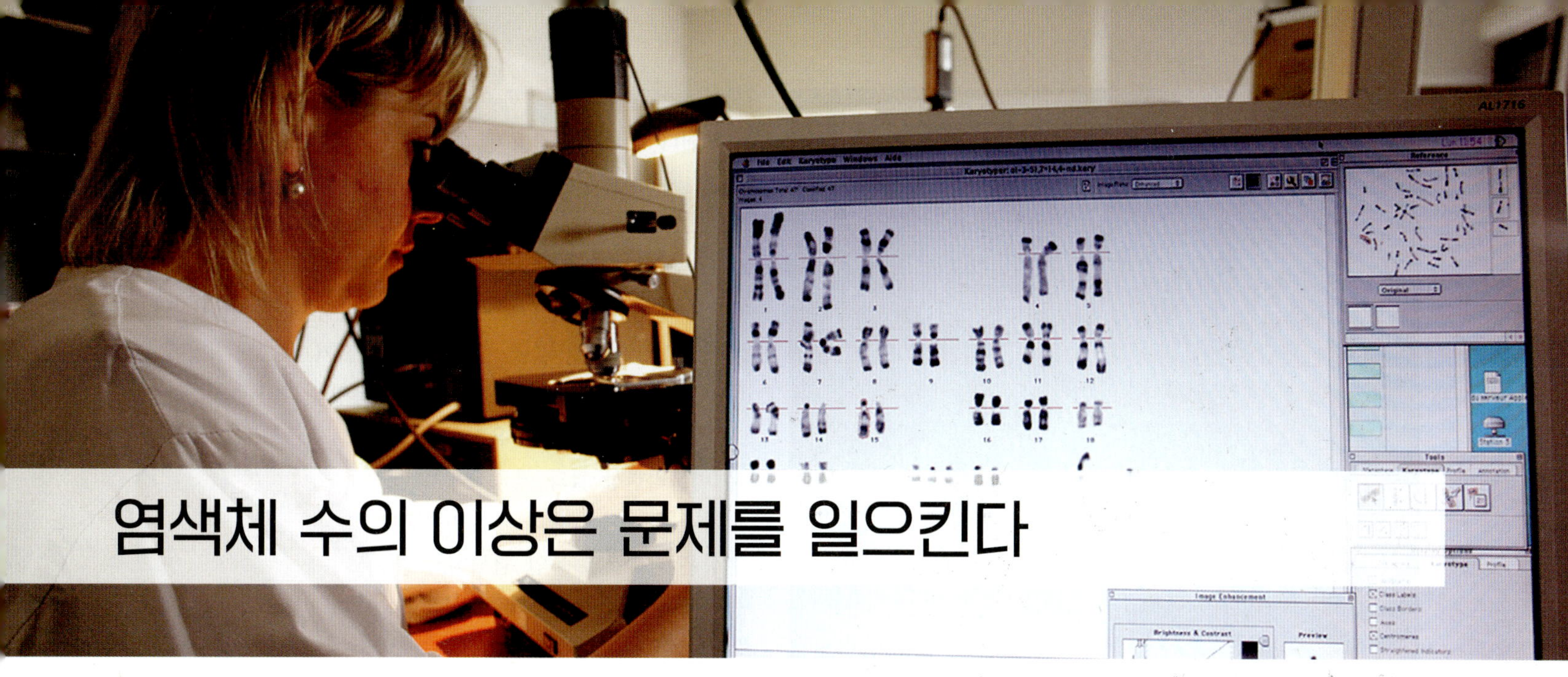

염색체 수의 이상은 문제를 일으킨다

▲ 핵형이 분석되고 있다.

8.15 출생 전에 염색체 이상을 탐지할 수 있다

산모의 나이가 증가할수록 임신에 따른 위험이 증가한다. 배우자에는 염색체 수의 이상이나 손상된 염색체가 점점 많이 포함된다(**그림 8.31**). 이런 문제들은 자손에게 아주 작은 것부터 치명적인 결과까지 다양한 영향을 미칠 수 있다.

부모는 자손이 많이 알려진 몇몇의 유전적 문제가 있는지 확인하기 위해 아기가 태어나기 전에 빠른 검사를 요청할 수 있다. 이에 관한 유용한 정보는, 염색체의 완전한 세트의 영상자료인, 개인의 핵형분석에서 얻을 수 있다. 핵형은 성인이나 아이일 때에도 분석할 수 있으나, 일반적으로 태아 때 검사한다. 핵형분석은 염색체 수나 구조 이상을 태아의 발달 초기 상태에서도 확인할 수 있는 유용한 진단 방법이다. 또한, 성염색체를 포함한 모든 염색체를 볼 수 있어서 태아의 성별도 알 수 있다.

핵형을 준비하는 데에는 5가지 단계가 있다. (1) 개인으로부터 세포를 채취한다. (2) 채취한 세포를 영양분이 포함된 시험관에서 배양하여 분열하게 한다. (3) 세포분열 중간에 세포분열을 멈추게 하는 화학물질을 넣어준다. 이 시기는 염색체가 가장 응축된 상태이기 때문에 평소보다 관찰하기 쉽다. (4) 슬라이드 위에 세포를 올려놓고 염색체가 더 잘 보일 수 있도록 염료를 착색시킨다. (5) 마지막으로, 모니터로 구분할 수 있도록 염색체를 크기와 형태에 맞게 배열한다(**그림 8.32**).

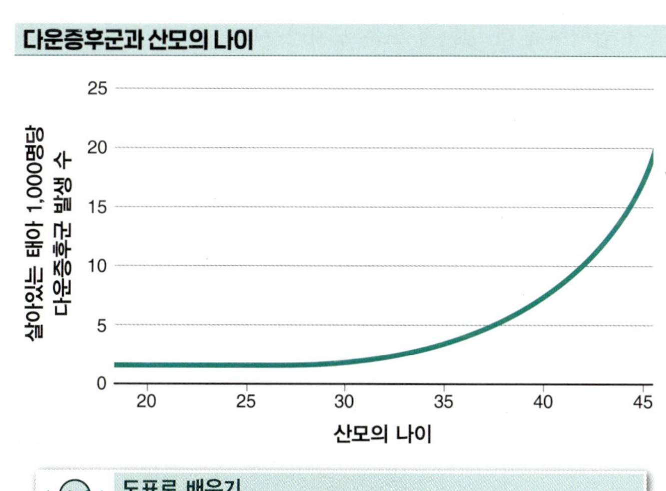

그림 8.31 생식 위험성과 산모의 나이. 다운증후군은 산모 나이가 증가할수록 많이 출현한다.

전형적인 성인이나 아이를 대상으로 하는 검사처럼 적은 양의 혈액 시료를 얻는 것보다 태아에서 세포를 모으는 것은 다소 어려

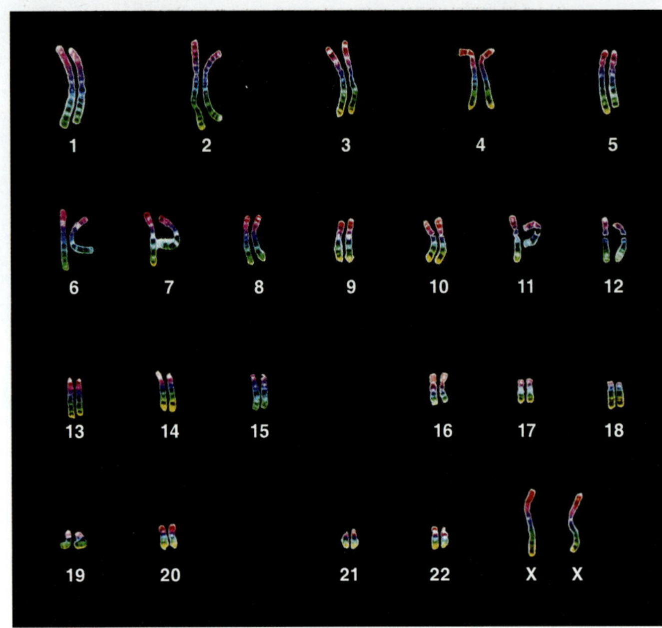

그림 8.32 사람의 핵형. 전체 염색체 쌍을 나타낸 영상자료.

움이 있다. 태아의 세포를 얻는 데에 두 가지 방법이 사용될 수 있다. **양수천자**(**그림 8.33**), 바늘을 양막낭에 넣어 양수를 빼낸다; **융모막 융모 표본추출(CVS)**, **태반**에서 조직을 추출한다.

양막천자나 융모막 융모 표본추출을 통해 얻게 된 핵형을 보면 특정 염색체가 더 있는지 또는 모자라는지를 알 수 있다. 핵형분석을 통해 발견된 염색체 이상 중에서 다운증후군은 가장 흔하게 관찰된다. 이름은 1866년 처음으로 이 증후군을 기술한 의사 John Langdon Down의 이름에서 비롯되었는데, 이 증후군은 21번 상염색체를 하나 더 가지고 있어 나타나는 질병이다(**그림 8.34**)(이 이유로 다운증후군을 유발하는 상태를 '21 삼염색체성'이라 한다). 다운증후군은 1/1,000의 확률로 발생하는데, 지적장애, 육체적으로 평퍼짐한 얼굴, 심장 결함, 호흡기 감염성 질병에 대한 취약성 등 일련의 물리적 또는 지능적 특징을 나타낸다.

Q 배우자 내에 더 많은 염색체 복사본이 있게 되는 이유는?

다운증후군을 포함한 유전적 질병은 **비분리현상** 결과 염색체가 손실되거나 첨가되어 나타난다. 비분리현상은 감수분열 동안 염색체가 균등하게 분리되지 않아서 생기는 현상이다. 비분리현상은 감수분열 과정 중 두 시기에 발생한다.: 제1감수분열에서 상동염색체가 분리되지 않거나, 제2감수분열에서 자매염색분체가 분리되지 않으면 발생한다(**그림 8.35**). 이 두 가지 경우에서, 비분리로 인해 난자 또는 정자는 특정 염색체의 복사본을 하나 가지는 대신 하나도 가지지 않거나 2개를 갖게 된다. 어떤 염색체든 세포분열 동안 분리되지 않을 수 있어서 더 많은 수의 유전자를 포함하는(모든 세포에 한 개의 염색체가 더 포함된) 삼염색체성이라는 예상 밖의 결과를 보인다.

많은 수의 유전자가 있는 염색체에서 삼염색체성이 일어나면

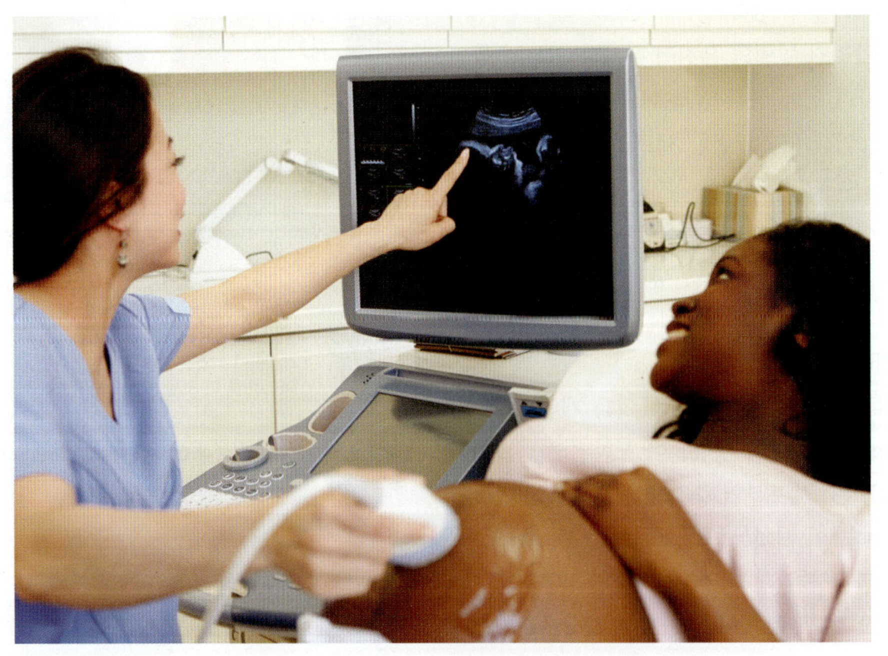

그림 8.33 양막 천자. 태아를 둘러싸고 있는 액체(약간의 세포를 포함)를 추출하여 발달하고 있는 태아의 유전적 조성 결정을 위한 분석을 한다.

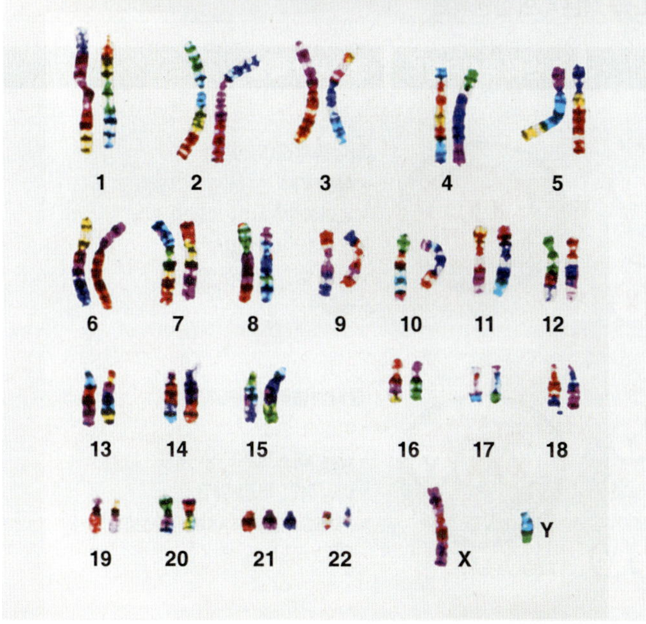

그림 8.34 21번 삼염색체성. 21번 염색체를 하나 더 가지면 다운증후군이 유발된다.

비분리현상

비분리현상은 감수분열 동안 염색체들이 균등하게 분배되지 않아 생긴다. 비분리는 아래에서 볼 수 있듯이 제1감수분열과 제2감수분열 동안 일어날 수 있다.

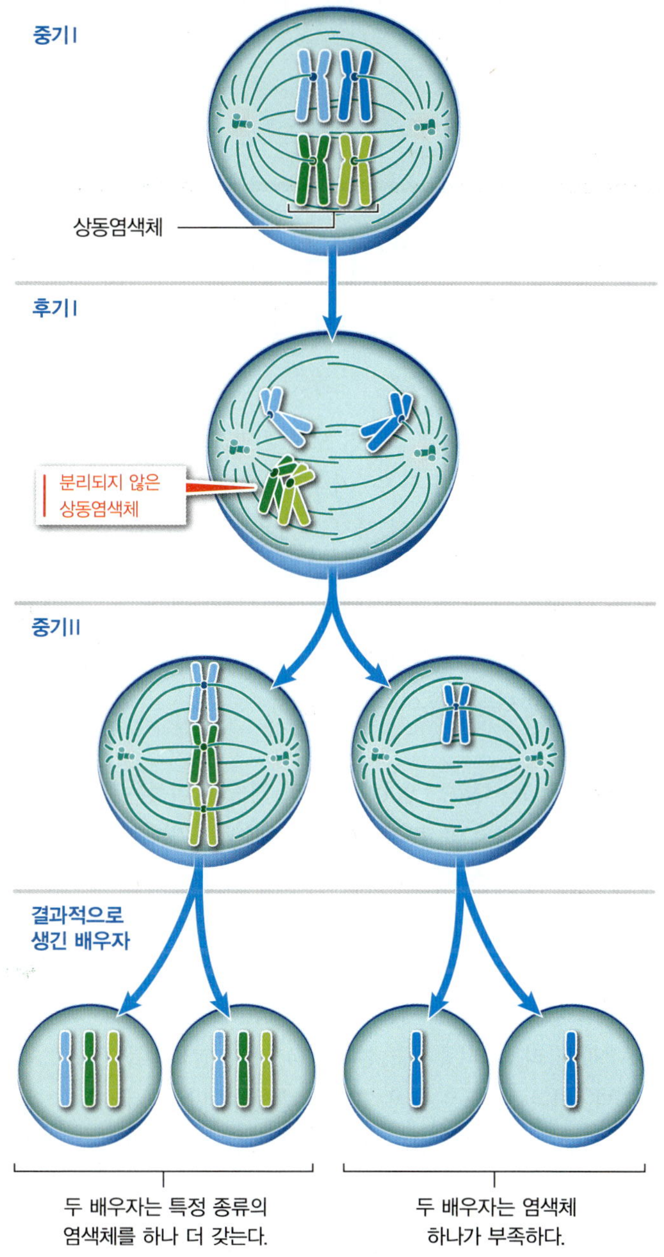

그림 8.35 감수분열 동안의 실수로 인해 너무 많은 염색체를 갖거나 아니면 덜 갖는 배우자가 만들어진다.

발생 중인 배아는 태어날 때까지 생존할 가능성이 줄어든다. 따라서 13, 15, 18, 21, 22번 염색체와 같은, 적은 수의 유전자를 포함하고 있는 염색체가 삼염색체성을 보이는 경향이 있다. 실제로, 1번 삼염색체성을 가진 태아는 전혀 볼 수 없고(모든 수정란이 자궁에서 착상하기 전에 죽는다), 13번 삼염색체성은 1/20,000 확률(출산 후 대부분 바로 죽는다), 21번 삼염색체성은 1/1,000 확률로 태어난다(많은 사람이 오래 산다).

이 절의 앞부분에서 언급한 것처럼, 산모의 나이가 많을수록 아이를 갖는 데 위험이 커진다. 여성의 나이가 많을수록 배우자(난자)는 현저하게 더 많은 오류를 갖는 경향이 있다. 왜냐하면, 난자는 여성이 태어날 때부터 감수분열을 시작하여 40세 이상까지 감수분열이 끝나지 않기 때문이다. 몇십

Q 왜 35세 이상의 산모에게서 태어난 아이의 경우 다운증후군을 가질 확률이 높은가?

년 동안, 세포에서 방추사의 크기와 안정성이 감소하거나 자매염색분체 사이의 결합력이 감소하는 등 정상적인 세포분열을 방해하는 문제가 발생한다. 남성의 경우, 감수분열을 하는 세포들이 비교적 젊다. 왜냐하면, 정자형성 세포는 사춘기 이후 2주마다 새롭게 생성되기 때문이다.

핵심요약 8.15

» 염색체들의 완벽한 세트를 보여주는 핵형은 태아가 염색체 이상인지를 알 수 있는 근거를 나타내므로 진단 도구로 사용된다.

8.16 성염색체의 수가 적거나 많은 경우에도 살아갈 수 있다

상염색체의 수가 많거나 적으면 보통 치명적이다. 그러나 성염색체 한 개가 부족하거나 X염색체나 Y염색체를 하나 또는 그 이상 더 가지고 태어나는 경우 일반적으로 살아남는다. 우리는 성염색체 수의 이상이 가져올 결과를 보고 성염색체의 역할을 짐작해 볼 수 있다. 아래의 경우는 정자와 난자가 만들어질 때 비분리현상이 유발되는 경우이다(**그림 8.36**).

터너증후군: X_ 대략 5,000명당 1명 정도의 여성은 (Y염색체를 가지지 않고) 하나의 X염색체만을 가지고 있는 일명 터너증후군 증상을 나타내며, X_(혹은 XO)로 표시한다. 이 증후군은 한 쌍 중 하나의 염색체를 가지지 않아도 살아남을 수 있는 유일한 조건에 속한다. 정상인의 모든 세포가 46개의 염색체를 가지는 것과 달리, 터너증후군 환자는 45개의 염색체를 가진다. 터너증후군은 매우 흔하게 발생하지만, 터너증후군이 일어난 수정란의 98%에서는 산달이 되기 전에 배아가 자연적으로 유산된다.

두 번째 성염색체의 결핍으로 평균보다 키가 작고 목과 어깨 사이에 그물망 피부를 가지며 난소가 완전하게 성숙하지 않거나 2차 성징 발달이 미약하고 일부 학습장애가 있는 등 신체적, 인지적인 면 모두에서 문제가 일어난다.

너무 많거나 너무 적은 수의 성염색체

배우자	자손의 유전자형	증후군의 특징
X, _ 또는 _, X	X _	**터너증후군(여성)** • 작은 키 • 목과 어깨 사이 그물망 피부 • 미성숙 난소: 일부 불임 • 일부 학습에 어려움
X X, Y 또는 X, X Y	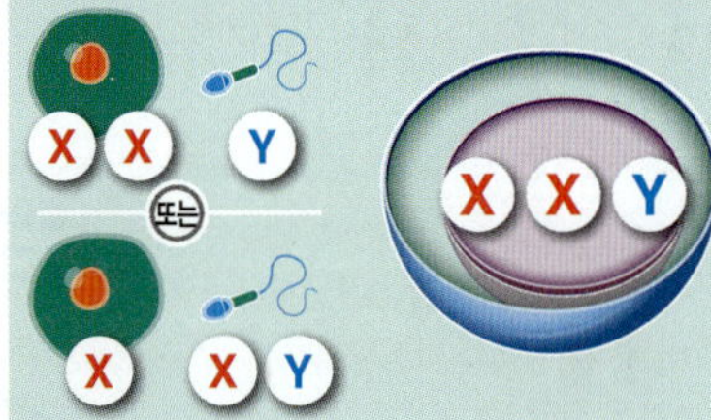 X X Y	**클라인펠터 증후군(남성)** • 미성숙 정소 • 낮은 테스토스테론 농도: 불임 • 여성적인 특징 발달 • 긴 팔다리를 가지며 평균보다 키가 약간 크다.
X, Y Y	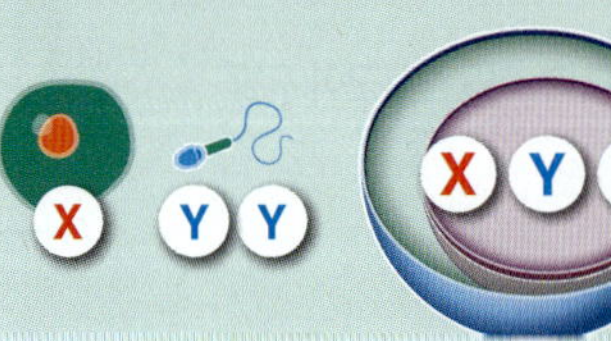 X Y Y	**XYY 남성** • 평균보다 키가 크다. • 보통 정도 또는 심한 여드름 • 지능은 평균보다 약간 떨어질 수 있다. • 가끔 "초웅성"이라 불림
X X, X	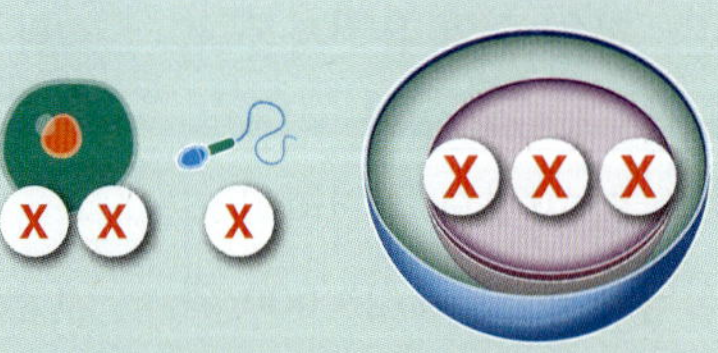 X X X	**XXX 여성** • 불임이 될 수 있다. • 명확한 신체적, 정신적 문제는 없다. • 가끔 "초자성"으로 불림

그림 8.36 이례적인 성염색체 조성을 가진 개인의 특징.

클라인펠터증후군: XXY 2개의 X염색체를 가진 사람을 생물학적 여성, 하나의 X염색체와 하나의 Y염색체를 가진 사람을 생물학적 남성이라고 한다. 두 조건을 모두 가지면 어떤 일이 일어날까? 2개의 X염색체와 하나의 Y염색체를 가진 사람을 클라인펠터증후군이라 하고, 남성으로 발달한다. 왜냐하면, 앞서 보았듯이, Y염색체가 있으면 태아의 생식소를 정소로 만들고, 없으면 난소로 만드는 유전적 정보를 가지기 때문이다. 하지만 여분의 X염색체로 인해 남성성 발달이 영향을 받을 수 있는데, 이 영향은 테스토스테론 보충으로 어느 정도 줄일 수는 있다. XXY 유전자형을 가진 남성은 대략 1,000명당 한 명꼴 발생하며 사람에게서 가장 흔히 볼 수 있는 유전적 이상 중 하나이다.

클라인펠터 증후군은 평균보다 작은 정소를 갖거나 테스토스테론의 양이 적어 대부분 불임이고 가슴이나 얼굴에 털이 적고 가슴이 발달하며 평균보다 키가 크고 어린 시절 또는 한평생 언어장애를 가지는 등 신체적이고 인지적인 여러 문제를 일으킨다.

일부 사람들은 핵형이 XXXY 또는 심지어 XXXXY을 보이면서 더 많은 X염색체를 보유하기도 한다. 이 남성들 또한 클라인펠터 증후군 증상을 나타내는데, 더 빈번하게 지적장애를 나타낸다.

암수한몸은 남성과 여성의 생식기관을 함께 가지고 있어서 남성 배우자(정자), 여성 배우자(난자) 모두를 만들어낼 수 있는 개체이다. 클라인펠터증후군 사람은 (보통, 여성 개체가 되는) 2개의 X염색체와 (보통 남성이 되는) X와 Y염색체를 모두 가지므로 암수한몸이라고 종종 오해하기도 한다.

암수한몸은 일반적으로 무척추동물이나 몇몇 어류와 척추동물에서 볼 수 있으나 전설 속에 나오는 인간 암수한몸은 존재하지 않는다. 비록 일부 클라인펠터증후군 남성들이 반대 성의 특징을 가지고 있을 수도 있지만, 난자를 만들지 못하기 때문에 암수한몸이라고 할 수 없다. 명확한 남성 또는 여성의 정체성이 아닌 성적 특징을 가진 사람들을 간성이라 한다.

나는 결코 4행시를 '계획'하지 않는다. 단어들이 염색체처럼 무리를 이뤄 그 과정을 결정하나니".

— MARIANNE MOORE

XYY 남성 하나의 X염색체와 2개의 Y염색체를 가진 남성을 잘 설명할 수 있는 공식적 명칭은 없다. 이 염색체 이상은 남자아이 1,000명당 1명꼴로(그리고 180 cm보다 더 큰 남성, 325명당 1명꼴로) 태어난다. 태어났을 때는 여분의 Y염색체를 가지고 있음을 나타내는 뚜렷한 특징이 없고, 심지어 대다수 사람은 자신의 모든 세포가 염색체 하나를 더 가지고 있다는 것을 알지 못한 채 평범하게 살아간다. XYY는 평균보다 키가 크고 보통보다 심한 여드름을 가지며 잠재적으로 평균 이하의 지능을 가지는 등의 특징이 잘 알려져 있다.

아버지나 어머니에게서 감수분열이 일어날 때의 오류는 클라인펠터증후군과 다운증후군을 일으키지만, XYY 아이를 태어나게 하는 것은 오직 남성의 감수분열 오류에 의해 일어난다. 왜일까? 남성들만이 Y염색체를 가지고 있기 때문이다. 결과적으로, XYY 아이는 그의 아버지로부터 2개의 Y염색체를 받았음에 틀림없다. 이것은 아버지의 감수분열 때 일어난 비분리현상 결과 아버지의 정자 세포가 2개의 Y를 포함하고 있었음을 의미한다.

XXX 여성 여자 1,000명당 1명꼴의 빈도로 3개의 X염색체를 가진 개인이 출현한다. 연구는 많이 이뤄지지 않았지만, 초기 관찰에 따르면, XXX 여성은 평균보다 약간 키가 크고 육체적 또는 지적인 면에서 뚜렷한 문제는 없는 것으로 알려졌지만 이 증후군에 관한 연구는 매우 적은 편이다. 터너증후군과 달리 대부분의 XXX 여성은 가임이다.

핵심요약 8.16

» 너무 많거나 적은 수의 상염색체를 가지고 있으면 치명적이지만, 하나의 성염색체가 결핍되거나 X와 Y 염색체를 하나 더 가진 개체는 신체적 또는/그리고 지적으로 문제를 보이기는 하지만 일반적으로 생존에 지장이 없다.

아이의 성을 선택할 수 있을까? (여러분은 그러길 원하나요?)

현재 몇몇 불임클리닉에서는 적게는 200달러만 지불하면, 부부가 아기의 성별을 선택할 수 있다.

Q: X와 Y염색체의 움직임에 대한 지식을 바탕으로 보면, 이러한 성별 선택 기술은 정자와 난자의 조작과 관련된 것 같다. 왜 그럴까? 모든 난자는 X염색체를 가지고 있어서 X염색체가 아기의 성을 결정하는 데에 아무런 역할을 하지 못한다. 대신에, 불임클리닉에서는 정자들이 X 또는 Y염색체를 가지는지를 검사하여 정자들을 분리해서 선택해야 한다(남자들은 거의 같은 수로 두 가지 정자를 생산한다).

Q: 정자를 분리하는 데에 정자의 어떤 특징을 사용하는가? 성별 선택 과정은 X염색체를 가지고 있는 정자와 Y염색체를 가지고 있는 정자를 구별하는 데에 근거를 두어야 한다. 먼저 두 종류의 정자를 구별한 다음에 분리해야만 한다. 이후 원하는 성염색체를 가진 정자를 여성의 난자와 수정시켜야 한다(여성의 몸 내부에 인공적으로 정액을 주입하거나 페트리 접시에서 수정을 시킨 후 수정된 배아를 여성의 생식관 내로 옮겨 준다).

Q: 어떤 기술을 사용해야 Y염색체를 가진 정자를 X염색체를 가진 정자로부터 분리해 낼 수 있을까? 한 가지 방법은 정자의 무게를 측정하는 것으로, 어떤 정자가 더 많은 DNA를 가지고 있느냐를 검사하는 것이다. X염색체는 Y염색체보다 매우 커서 좀 더 무거운 정자들은 작은 Y염색체 대신 큰 X염색체를 가지고 있다. 또 다른 방법은 정자의 DNA를 일시적으로 염색할 수 있는 형광물질을 넣는 것이다. X염색체를 가지고 있는 정자는 더 많은 DNA를 가지고 있어서 더 많은 형광물질이 붙고 더 밝은 형광을 띠게 될 것이다. 기계를 이용해서 원하는 성염색체를 가지고 있는 정자들을 분리한 다음 배란 시기에 수정시키면 된다.

Q: 이 방법은 효과가 있을까? 이 기술은 최근에 개발된 것으로 초기의 결과에 따르면 이 방법은 70~90%의 성공률을 나타냈다.

당신이 고려해야 할 사항들. 아기의 성별을 선택하는 데 있어서 고려해야 할 윤리적인 면은 어떤 것이 있을까? 이러한 성별 선택이 더 잘 허용되는 조건은 무엇인가? 특정 눈 색깔을 가진 아이를 선택하면 괜찮은 것일까? 이러한 고려가(아이의) 성을 선택하는 것보다 더 어려운 이유는 무엇인가?

연습 데이터의 시각적 표현을 비판적으로 살펴보기

도표로 배우기

1. 이 그래프에 따르면, 35세 여성으로부터 태어날 아이가 다운증후군일 확률(예, 800분의 1, 256분의 1)은 얼마인가?
2. 출산 예정인 45세 여성은 다운증후군 아이보다 정상인 아이를 낳을 가능성이 더 큰가? 이 여성이 다운증후군이 아닌 아이를 낳을 정확한 확률은?
3. 이 그래프를 보고, 대부분의 다운증후군 아이들은 35세 이상의 여성으로부터 태어났다고 결론을 내릴 수 있는가?
4. 이 그래프를 보고 45세 여성이 다운증후군 아이를 가질 확률을 결정할 수 있는가? 어떤 요인 때문에 45세 이상 여성에 대한 자료를 보여주지 않는가?
5. 35세 이상의 여성 중에서만 보면, 21번 염색체 복사본을 하나 더 가진 태아가 출현할 가능성이 그래프의 수보다 더 클 수 있다. 그 이유는?

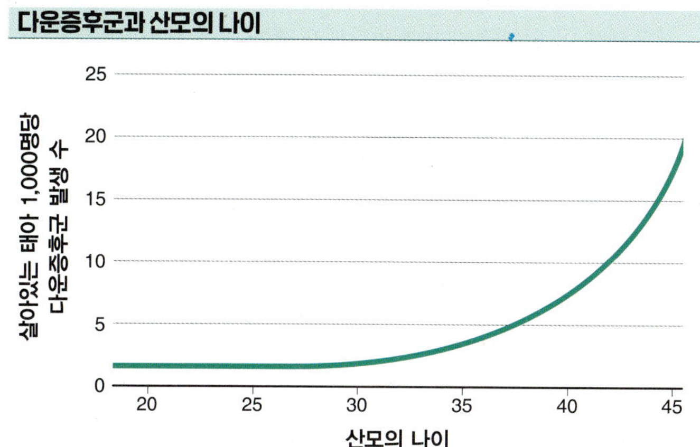

주요 용어: 염색체와 세포분열

간기 interphase, 206쪽
감수분열 meiosis, 217쪽
검문지점 checkpoints, 207쪽
교차 crossing over, 220쪽
교차점 chiasmata(단수. chiasma), 223쪽
극체 polar body, 222쪽
동원체 centromere, 213쪽
딸세포 daughter cell, 205쪽
말기 telophase, 214쪽
말단소체 telomere, 203쪽
무성생식 asexual reproduction, 217쪽
무작위 배열 random assortment, 221쪽
미세소관 microtubules, 213쪽
반수체 haploid, 217쪽
방추사 spindle fiber, 213쪽
방추체 spindle, 213쪽
배우자 gamete, 206쪽
복제 replication, 205쪽
복제 포크 replication fork, 209쪽
복제기점 origin of replication, 209쪽
부모세포 parent cell, 205쪽
상동염색체 쌍 homologous pair (homologues), 219쪽
상보성 complementarity, 208쪽
상보적 염기 complementary base, 208쪽
생식세포 reproductive cell, 206쪽
생식소 gonads, 219쪽
성염색체 sex chromosome, 219쪽
성장인자 growth factor, 207쪽
세포자살 apoptosis, 212쪽
세포주기 cell cycle, 206쪽
세포주기 조절계 cell-cycle control system, 207쪽
세포질분열 cytokinesis, 207쪽
수정 fertilization, 217쪽
암 cancer, 215쪽
암수한몸 hermaphrodite, 227쪽
양막천자 amniocentesis, 230쪽
염색분체 chromatid, 213쪽
염색질 chromatin, 204쪽
염색체 chromosome, 204쪽
염색체 비분리현상 nondisjunction, 230쪽
유사분열 mitosis, 207쪽
유사분열기 mitotic phase (M phase), 206쪽
유성생식 sexual reproduction, 205쪽
유전자 재조합 genetic recombination, 221쪽
융목막융모표본추출 chorionic villus sampling(CVS), 230쪽
응축 condensation, 213쪽
이배체 diploid, 217쪽
이분법 binary fission, 205쪽
자매염색분체 sister chromatids, 213쪽
재조합 recombination, 221쪽
전기 prophase, 213쪽
중기 metaphase, 214쪽
중심립 centriole, 213쪽
중심체 centrosome, 213쪽
체세포 somatic cell, 206쪽
태반 placenta, 230쪽
핵형 karyotype, 229쪽
후기 anaphase, 214쪽
히스톤 histone, 204쪽
DNA 중합효소 DNA polymerase, 209쪽
DNA 합성기(S기) DNA synthesis (S phase) , 207쪽
DNA 헬리카아제 DNA helicase, 209쪽
G_0기 G0, 207쪽
G_1기 Gap 1(G_1), 207쪽
G_2기 Gap 2(G_2), 207쪽
X와 Y염색체 X and Y chromosomes, 226쪽

요약

여러 종류의 세포분열이 있다.

- 대부분 생물이 살아가기 위해서는 정상적인 세포분열이 필수적이다. 진핵세포에서, 세포분열 이 일어날 때마다 말단부가 짧아지기 때문에 세포분열의 흔적을 계속 나타낸다. 만약 말단부가 너무 짧아지면, 추가적인 세포분열은 필수적인 DNA를 상실하게 만들고 세포를 죽음으로 이르게 한다.
- 대부분의 세균과 고세균에서 유전정보는 세포막에 한쪽 끝이 붙어 있는 닫힌 고리형 DNA인 단일의 원형 염색체에 의해 운반된다. 진핵생물은 박테리아보다 더 많은 DNA를 갖고 있으며, 이러한 DNA는 핵 안에서 선형의 염색체 형태로 조직화되어 있다.
- 진핵생물의 체세포에서는 세포가 분열되는 유사분열 단계와 두 G 단계 동안 세포분열과 기타 대사활동이 일어나는 간기가 번갈아 나타난다. 세포주기 내에 있는 일련의 점검지점에서 특정 신호가 이 과정이 지속되도록 유도할 때까지 세포분열은 진행되지 않는다. 즉, 세포는 분열하지 못한다.
- 세포분열이 일어날 때마다, 세포의 DNA는 스스로 복제되어 2개의 새로운 세포들이 본래의 부모 세포가 가지고 있는 유전물질과 동일한 유전물질을 가지게 한다. 복제라고 불리는, DNA 복사본을 만드는 과정은 두 단계로 일어난다: 두 가닥이 풀리고 분리된다. 이후에 새로운 상보적 가닥을 재생하고 신장시킨다. 최종 산물은 2개의 동일한 이중가닥 DNA 분자이다.

유사분열은 기능을 다한 늙은 세포를 새로운 세포로 교체한다.

- 유사분열은 세포들이 자신을 복제하는 과정이다. 유사분열은 염색체 복제에 이어 일어나 부모 세포로부터 유전적으로 동일한 2개의 딸세포들을 만들 수 있다. 이러한 메커니즘으로 생물은 성장하고 죽은 세포들을 교체하는 것이 가능하다.
- 유사분열과 세포질분열의 최종 결과로 유전적으로 동일한 2개의 세포가 만들어진다.
- 암은 억제되지 않는 세포 성장과 분열로, 건강에 심각한 문제를 일으키는 커다란 세포 덩어리를 만든다. 이는 많은 경우, 세포주기 조절에 중요한 유전자에 돌연변이가 일어난 결과이다.

감수분열은 정자와 난자 그리고 다양성을 만들어 낸다.

- 감수분열은 유성생식을 하는 생명체에서 배우자가 생성되는 과정이다. 감수분열 결과, 부모 세포와 비교해 절반의 유전물질을 갖게 되며, 서로 다른 조합의 대립유전자를 가진 배우자가 만들어진다.
- 감수분열은 배우자 생성 세포에서만 일어난다. DNA 복제가 일어난 후 두 번의 세포분열 단계가 진행된다. 첫 단계로 자매염색분체의 상동염색체 쌍이 분리되고, 두 번째 단계에서 자매 염색체가 분리된다. 이배체 생명체에서 감수분열의 최종 산물은 유전적으로 서로 다른 4개의 반수체 배우자들이다.
- 대부분의 유성생식 식물과 동물 종처럼 두 가지 성을 가지고 있는 종에서 암컷은 큰 배우자를 만들고 수컷은 작은 배우자를 만든다. 각 배우자는 단지 염색체 복사본을 하나씩 갖게 된다.
- 비록 교차가 특정 대립전자의 새로운 버전을 만들어내지는 않지만, 감수분열의 첫 번째 전기 시기 동안, 이전에는 존재하지 않았던 대립유전자의 조합(과 이들이 결정하는 형질)을 가진 배우자를 만들어낸다; 이러한 다양성은 진화에 있어서 중요하다.
- 세포와 생명체는 (1) 유사분열과 이분법, 그리고 (2) 감수분열과 유성생식으로 번식할 수 있다. 무성생식은 효율적이라고 할 수 있으나 변화하는 환경에 불리할 수 있는, 부모와 유전적으로 동일한 자손을 만든다. 유성생식은 덜 효율적이지만 양쪽 부모와는 물론 자신끼리도 유전적으로 서로 다른 자손을 생산할 수 있다.

성별 차이는 염색체에 있다.

- 많은 동식물 종의 세계에서 다양한 성 결정 방법이 사용된다. 사람의 경우, 성염색체는 태아가 남성 또는 여성으로 발달할지를 조절하는 정보를 갖는다.
- 꼭 의식하지 않지만, 우리는 세상에 관하여 가정을 하는 데 보통 우리의 가설에 근거한다. 예기치 못한 관찰 덕분에 우리의 가설은 정확하지 않을 수 있다는 징후를 보게 되고 우리의 이해를 증진하기 위해 과학적 사고를 사용하는 기회를 얻을 수 있다.

염색체 수의 이상은 문제를 일으킨다.

- 염색체들의 완벽한 세트를 보여주는 핵형은 태아가 염색체 이상인지를 알 수 있는 근거를 나타내 진단 도구로 사용된다.
- 너무 많거나 적은 수의 상염색체를 가지고 있으면 치명적이지만, 하나의 성염색체가 결핍되거나 X와 Y 염색체를 하나 더 가진 개체는 신체적 또는/그리고 지적으로 문제를 보이기는 하지만 일반적으로 생존에 지장이 없다.

복습하기

짧게 답하기

1. 세포분열이 일어날 때마다 말단부는 조금씩 짧아진다. 말단부가 너무 짧아지면 유전자는 방해를 받고 세포는 죽음에 이를 수도 있다. 세포가 말단부를 재생하는 것이 "영원한 젊음"을 얻기 위한 해결책이 되지 않는 이유는 무엇인가?
2. 원핵세포와 진핵세포의 유전물질을 비교하시오.

3. 진핵생물 세포주기의 주요한 두 단계와 각 단계에서 일어나는 일을 설명하시오.
4. 충분한 유전물질을 가진 2개의 동일한 세포가 생길 수 있도록 하는 세포분열 단계를 설명하시오.
5. 암이 "전형적인" 세포와 다른 3가지를 설명하시오. 어떤 사람이 암으로 사망했을 때, 암세포의 특성이 사망의 직접적인 원인이 아닌 이유는?
6. 감수분열 결과 생긴 배우자가 가지고 있는 유전물질이 부모 세포의 반인 이유는?
7. 중요한 유전적 다양성을 형성하는 데에 대립유전자를 새로 만들 필요가 없다. 왜 그럴까?
8. 진화적 관점에서 교차를 그토록 중요한 일로 간주하는 이유는 무엇인가?
9. 성염색체와 상염색체의 다른 점은 무엇인가?
10. 사람들은 성염색체 중 X염색체 하나만 있어도 건강하게 살아간다. 그런데 X염색체는 없고 Y염색체 하나만 가진 사람은 생존하지 못하는 이유는 무엇인가?

정답 고르기

1. 다음 중 말단부에 대한 설명으로 틀린 것은?
   - a) 세포가 몇 번 분열했는지를 추적할 수 있는 계수기 같은 역할을 한다.
   - b) 출생 시에 대부분 세포는 80~90번 정도 분열하기에 충분한 길이를 가지고 있다.
   - c) 길이는 진핵세포에서보다 원핵세포에서 더 짧다.
   - d) 염색체들을 보호하는 덮개 역할을 한다.
   - e) 결정적인 유전자는 가지고 있지 않다.
2. 원핵세포는 어떤 방법으로 분열하는가?
   - a) 유사분열
   - b) 이분법
   - c) 감수분열
   - d) 유사분열과 이분법
   - e) 위의 내용 모두 옳지 않다.
3. 다음 중 유사분열의 결과인 것은?
   - a) 유사분열
   - b) 이분법
   - c) 감수분열
   - d) 유사분열과 이분법
   - e) 위의 내용 모두 옳지 않다.
4. 광학현미경을 사용해서 가장 쉽게 염색체를 관찰할 수 있는 시기는 언제인가?
   - a) 응축된 염색체들이 더 두꺼워져서 확실하게 보이는 유사분열과 감수분열 동안
   - b) 염색체들이 핵 안에서 응축되는 간기 동안
   - c) 원형의 염색체를 가지고 있는 미토콘드리아 안에서
   - d) 무성생식이 일어나는 동안
   - e) 염색체가 풀려 있고 선형 구조를 하는 간기 동안
5. 다음 중 암에 대한 설명으로 틀린 것은?
   - a) 양성종양이 악성종양보다 덜 위험하다.
   - b) 악성종양은 몸의 다른 부위로 전이될 수 있는 암세포이다.
   - c) 종양은 과도한 세포 성장과 분열에 의해 유발된다.
   - d) 악성종양의 암세포들은 전이 과정을 통해 몸의 다른 부위로 이동할 수 있다.
   - e) 암은 비정상적으로 높은 접촉 억제 능력을 가지고 있다.
6. 감수분열 동안에는 일어나지만 유사분열에서는 일어나지 않는 것은?
   - a) 대립유전자 조성이 모두 동일한 반수체 배우자를 만든다.
   - b) 세포질 분열이 일어난다.
   - c) 중기 동안에 염색체들은 세포 중앙에 정렬한다.
   - d) 딸세포 사이에 유전적 다양성이 증가한다.
   - e) 2개의 동일한 딸세포가 생산된다.
7. 자매 염색분체는?
   - a) 교차의 결과이다.
   - b) 복제에 의해 합성된 동일한 DNA 분자이다.
   - c) 상동염색체다.
   - d) 유사분열이 아닌 감수분열에 의해 만들어진다.
   - e) 단일가닥이다.
8. 다음 중 무성생식의 단점은 무엇인가?
   - a) 배우자를 찾는 데 많은 시간이 필요하다.
   - b) 심지어 개체들이 고립되어 있을 때도 개체군이 계속해서 존재할 수 있다.
   - c) 개체군 크기가 급속히 증가할 수 있다.
   - d) 유전적으로 동일한 개체군이 된다.
   - e) 유사분열보다 더 많은 에너지를 소모하는 감수분열이 더 요구된다.
9. 우리의 피부 세포 핵형을 보면 전부 46개의 염색체가 있음을 알 수 있다. 이 중 어머니로부터 유래한 상염색체는 몇 개인가?
   - a) 20 b) 22 c) 23
   - d) 24 e) 46
10. 다음 중 자연에서 일어나는 것으로 염색체로 성별을 결정하는 방법이 아닌 것은?
    - a) 조류에서는 어머니 쪽 성염색체가 자손의 성별을 결정한다.
    - b) 바다거북 경우에는 뜨거운 모래 속에 낳은 알은 암컷이 되고 시원한 모래 속에 낳은 알은 수컷이 된다.
    - c) 사람은 심지어 2개의 X염색체를 가지고 있더라도 Y염색체가 존재하면 남성이 된다.
    - d) 벌의 경우는 여왕벌이 수정된 알을 낳으면 암컷이 되고, 수정이 되지 않은 알은 수컷이 된다.
    - e) 모두 자연에서 일어나는 성 결정 방법들이다.

9

유전자와 유전

가족 간의 닮음: 어떻게 형질이 유전되는가

자식은 왜 부모를 닮은 것일까?

9.1 엄마와 아빠 모두 당신의 유전적 구성에 기여한다

9.2 몇몇 형질은 단일 유전자에 의해 조절된다

9.3 19세기의 멘델 연구는 현재의 유전학에 대한 이해에 정보를 제공한다

9.4 분리: 유전자마다 2개의 복사본을 가지고 있지만, 정자 또는 난자에는 단지 1개의 복사본만 존재한다

9.5 개체의 표현형을 관찰하는 것만으로는 유전자형을 결정하는 데 충분하지 않다

유전학에서 우연은 매우 중요하다

9.6 유전학에서 확률을 사용하면 예측을 할 수 있다

9.7 검정교배를 통해 개인이 가지고 있는 대립유전자를 알 수 있다

9.8 유전자의 유전양상을 해석하고 예상하기 위해 가계도를 사용한다

유전자형이 어떻게 표현형으로 번역되는가?

9.9 유전자형의 두 대립인자의 효과가 표현형에 나타날 수 있다

9.10 혈액형: 일부 유전자는 2개 이상의 대립유전자를 가진다

9.11 키처럼 연속적으로 다양한 형질은 어떻게 유전자의 영향을 받을까?

9.12 때로는 하나의 유전자가 여러 형질에 영향을 준다

9.13 성과 연관된 형질은 남성과 여성에서 발현 패턴이 다르다

9.14 이것이 우리의 방법: 남성과 연관된 탈모의 원인은 무엇인가?

9.15 환경적 영향: 일란성 쌍둥이도 똑같지 않다

일부 유전자는 서로 연관되어 있다

9.16 대부분의 형질은 서로에게 독립적으로 유전된다.

9.17 같은 염색체에 있는 유전자는 때때로 함께 유전된다.

▲ 쌍둥이든 세쌍둥이든 일란성 쌍둥이는 하나의 수정된 난자에서부터 만들어졌기 때문에 유전적으로 동일하다.

자식은 왜 부모를 닮은 것일까?

▲ 호주 남부의 케이프 바렌 거위(Cape Barren Geese) 가족

9.1 엄마와 아빠 모두 당신의 유전적 구성에 기여한다

Q 어떻게 하나의 나쁜 유전자가 생선 썩는 냄새가 나게 할까?

유전자가 잔인하다고 생각할 수 있는가? 물론 아니다. 그러나 이런 경우도 존재한다. 인간에게는 FMO3 (flavin-containing monooxygenase-3)라고 불리는 효소에 대한 유전자가 있다. 이 효소는 우리 몸에서 생선 썩는 냄새가 나는 화학물질을 분해한다. 몇몇 운이 없는 사람은 이 결함이 있는 FMO3 유전자를 물려받아서, 이 해로운 화학물질을 분해할 수 없다. 대신에 소변, 땀 그리고 호흡을 통해서 이 화학물질을 분비하기 때문에 생선 썩는 냄새가 난다. 냄새가 몸 안에서부터 나기 때문에 아무리 노력해도 이 냄새를 씻어 낼 수 없다. 생선 냄새 증후군이라고 불리는 이 질병에 걸린 사람들은 고통스러운 조롱, 사회적 고립, 우울증으로 인해 괴로움을 느낀다.

이런 심각한 질병을 갖고 태어난 사람은 자신의 고통을 넘어 "이 질병이 내 아이들에게 옮겨가진 않을까?"라고 걱정하게 된다(**그림 9.1**). 또한, 이 질병을 어떻게 갖게 되었는지 궁금해 할 것이다. 특히 부모님이 이런 질병을 겪고 있지 않다면 말이다.

이 걱정거리를 해결하기 위해서, 유성생식을 하는 생명체는 모

유전자의 유전

엄마의 염색체 쌍

아빠의 염색체 쌍

유전자

인간은 23쌍의 염색체(46개의 염색체)를 갖고 있다. 각각의 유전자는 2개의 복사본을 가진다.

엄마의 배우자: 난자

아빠의 배우자: 정자

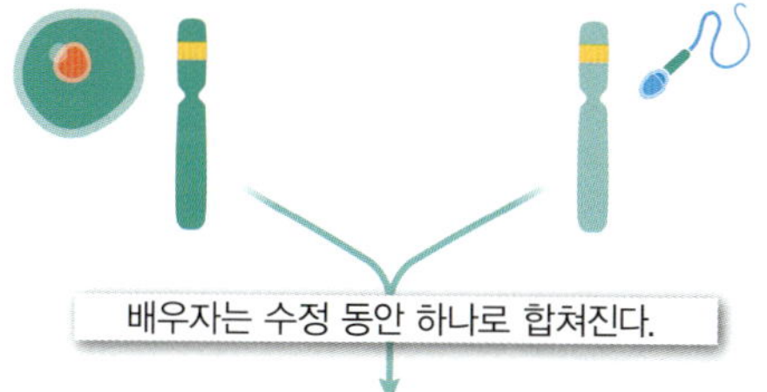

감수분열을 통해 염색체 하나의 복사본을 가진 인간 배우자가 생성된다. 각각의 유전자는 하나의 복사본을 가진다.

배우자는 수정 동안 하나로 합쳐진다.

아이는 부모에게서 염색체를 한 세트씩 물려받는다. 그러므로 모든 유전자는 2개의 복사본을 가진다.

그림 9.1 **모든 사람은 엄마와 아빠로부터 각각 23개씩의 염색체 한 세트를 물려받는다.**

든 세포에 모든 염색체의 두 복사본을 가지고 있다(생식 세포는 예외이다)는 8장의 내용을 떠올려보자. 예를 들어, 사람은 23쌍의 염색체를 갖고 있다(46개의 염색체). 한 쌍의 두 염색체 각각의 위치—좌위(*locus*, 복수는 loci)에는 같은 유전자가 있다. 하나는 엄마로부터 온 것이고 하나는 아빠로부터 온 것이다. 6장에 나와 있듯이 유전자의 두 복사본 각각을 **대립유전자**라고 한다.

FMO3 유전자는 염색체 1번에 존재한다. 대부분 사람은 FMO3에 대한 유전자—또는 대립유전자—의 정상적인 형태를 가지지만, 드물게 생선 냄새 증후군을 일으키는 결함이 있는 형태가 존재한다. 정상적인 형태의 FMO3 유전자를 하나라도 갖고 있다면, 생선 냄새가 나는 화학물질을 분해하는 효소를 충분히 만들어낼 수 있다. 그러나 만약 결함이 있는 생선 냄새 유전자를 부모로부터 하나씩 받아 두 개를 가지고 있다면, 그 사람은 유전적으로 이 질병을 갖게 된다(**그림 9.2**).

비록 생선 냄새 증후군을 가지고 있는 사람이 자신이 만든 모든 정자 또는 난자에 잘못된 정보 한 세트를 전달하더라도, 그 사람의 아이에게 반드시 이 질병이 유전되는 것은 아니다. 부모의 다른 한쪽이 제 기능을 하는 FMO3 유전자를 제공한다면, 그 아이는 생선 냄새 증후군을 갖지 않게 될 것이다. 그러나 비록 질병이 나타나지는 않더라도 그 아이는 침묵하고 있는 생선 냄새 대립인자 복사본 하나를 보유하고 있다. 만일 이 아이가 자신의 아이를 가질 때 상대 배우자로부터 결함이 있는 FMO3 대립인자가 그 아이에게 전해진다면, 생선 냄새가 나는 형질이 발현될 것이다. 이런 방법으로 몇몇 대립유전자는 자신을 드러내지 않은 채 사람들 속에 존재할 수 있다.

이번 장에서는 어떻게 유전이 일어나는지 탐구할 것이다. 유전은 몇 가지의 간단한 법칙을 따른다. 이런 법칙 덕분에 우리는 얼굴 모양이나 모발의 질감과 같은 가족의 외모가 닮았음을 이해하고, 심지어 특정한 형질을 물려받은 자손이 태어날 가능성을 예측할 수 있다(**그림 9.3**). 그리고 어떤 형질은 쉽게 예상할 수 있는 반면에, 다른 많은 형질은 왜 간단한 유전양상을 나타내지 않는지를 알아볼 것이다.

생선 냄새 증후군

엄마의 염색체 쌍

아빠의 염색체 쌍

FMO3 유전자의 정상적인 버전

FMO3 유전자의 결함이 있는 버전

엄마의 배우자: 난자

아빠의 배우자: 정자

배우자는 수정 동안 하나로 합쳐진다.

만일 아이에게 FMO3 유전자의 결함이 있는 형태 2개의 복사본이 유전되면, 그 아이는 생성 냄새 증후군에 걸리게 될 것이다.

그림 9.2 운이 좋지 않은 경우. 결함이 있는 FMO3 유전자의 2개의 복사본을 물려받은 아이는 생선 냄새 증후군을 갖게 될 것이다.

그림 9.3 부모가 끝나고 우리가 시작되는 지점은 어디일까? 가족 간의 닮음은 많은 형질이 유전된다는 사실을 의미한다.

핵심요약 9.1

» 자손은 부모로부터 유전자를 물려받기 때문에 부모를 닮는다. 유전자는 생화학적인, 신체적인 그리고 행동적인 형질에 대한 명령 집합이며, 몇 가지 유전자는 질병을 유발한다.

9.2 몇몇 형질은 단일 유전자에 의해 조절된다

모전녀전. Zoe Kravitz가 Lisa Bonet의 딸이란 것을 유전자 검사 통해 증명하려는 사람은 아마 없을 것이다(**그림 9.4**). 주변을 둘러보면 자녀는 다른 관계없는 사람들과 닮기보다는 부모와 더 많이 닮았다는 것을 알 수 있다. 이것은 부모로부터 유전자를 통해 특징이 자녀에게 전달된 결과이다. 이것이 **유전**이다.

유전을 관찰하기는 쉽다; 그러나 유전이 어떻게 일어나는지 설명하기는 쉽지 않다. 유전의 메커니즘이 밝혀지고 이해되기 수천 년 전에도 식물과 동물을 기르던 사람들은 부모와 새끼 간에 세대를 넘는 연결이 있다는 것을 알고 있었다. 예를 들어, 고대 그리스의 시인 Homer는 능숙하게 말의 품종을 개량하는 것이 사회에 막대한 이익을 준다고 극찬했다(**그림 9.5**).

일단 육종가들은 유전의 존재를 인식하자 이들은 자신이 원하는 형질을 가진 자손을 만들기를 희망하며 교배 대상으로 원하는 형질을 지닌 식물 또는 동물 개체를 선택하기 시작하였다. 이후로 더 달콤한 옥수수, 충성스런 개, 유순한 가축, 예쁜 꽃 등등을 만드는 것이 가능해졌다.

사육사들은 유전 형질이 존재한다는 것을 알게 되었고, 말의 크기를 줄이는 것과 같은 선택적인 품종개량이 가능해졌다.

그림 9.5 귀여워라, 말을 더 작게 만들었다! 선택적 사육을 통해서 이런 조그만 말을 만들어 냈다.

자녀는 관계없는 다른 사람들과 닮기보다는 부모와 더 많이 닮았다. 이것이 유전이다.

그림 9.4 딸과 엄마의 닮음: Zoe Kravitz(왼쪽)와 Lisa Bonet.

유전

나는 가족의 얼굴을 가지고 있다;
몸은 썩어가도, 나는 계속 살아간다,
특징과 흔적을 드러내며
소리 없이 지나가는 시간을 뛰어넘어
여기에서 저기로 건너 뛰면서
망각을 넘어서.

—THOMAS HARDY,
보이는 순간과 이러저러한 운문, 1917

실제로 많은 성공을 이루었지만, 사람들은 어떻게 이런 결과가 생기는지 정확하게 이해하지 못했다. 친족 사이에 나타나는 유사점은 유전이 일어나는 방식에 관한 근본적인 이해 없이는 설명이 불가능했다. 이것에 대한 이해가 유전학 영역의 한 분야이다.

유전 메커니즘은 유전양상이 잘 알려진 고양이의 털 색깔이나 털 길이와 같이 눈으로 볼 수 있는 형질에 초점을 맞출 때 좀 더 이해하기 쉽다. 예를 들어, 눈에 보이는 털이 모두 짧은 고양이는 양친 중 적어도 하나는 짧은 털을 나타낸다. 그리고 완전히 하얀 털을 가진 모든 고양이는 적어도 부모 중 하나는 완전히 하얀 털을 가지고 있다. 이러한 관찰은 형질이 유전되는 가능한 모습을 보여준다.

사람의 경우에도 많은 유전 질환은 이와 비슷하게 단순한 유전양상을 나타낸다. 예를 들어, 헌팅턴병이 발병하는 사람은 부모 중 적어도 한 사람은 그 질병 증세를 나타낸다. 하나의 유전자에 존재하는 지시에 의해 결정된 형질을 단일 유전자 형질이라고 한다 (**그림 9.6**).

사람의 특징은 대부분 환경뿐만 아니라 여러 유전자에 의해 영향을 받는다. 그러나 부모로부터 자녀에게로 단일 유전자 형질이 전해지는 메커니즘이 해독하기에 가장 간단한 유전양상이므로 우선 단일 유전자 형질을 살펴볼 것이다.

단일 유전자 형질의 예

고양이의 털 길이

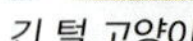

긴 털 고양이

짧은 털 고양이

고양이의 털 색깔

흰 털 고양이

색깔이 있는 털 고양이

그림 9.6 고양이의 털 길이와 털 색깔. 몇몇 형질은 생명체가 지닌 유전자 하나의 지시에 의해 결정된다.

핵심요약 9.2

» 사람의 몇몇 형질은 유전자 하나의 지시로 결정된다. 그리고 이러한 특징은 가장 간단한 유전양상을 보여준다.

9.3 19세기의 멘델 연구는 현재의 유전학에 대한 이해에 정보를 제공한다

부모는 자신의 자녀에서 유사성을 나타내는 무엇을 주는 것일까? 1800년대 중반에 지금의 체코에 살고 있던 Gregor Mendel이라는 수도사가 이러한 질문에 대한 최초의 진전을 가져왔다. Mendel은 이 질문에 대해 거의 완벽한 답을 할 수 있는 몇 가지 연구를 시작했다.

Q "혈연관계"는 실제로 어떤 피를 나눈 것이 아니다. "혈연관계"라는 단어가 어떻게 초기의 유전 개념을 반영할까?

Mendel이 유전에 대한 이런 문제에 직면했을 때 명백한 답은 하나도 존재하지 않았다. 1600년대 후반, 아마도 완전히 미리 만들어져 있는 말이 안 될 정도로 매우 작은 크기의 인간이 모든 정자 세포에 담겨 있을 것이라는 생각이 유행하였다. 그러나 잠시 생각을 해보면 어렵지 않게 문제점을 알 수 있다. 왜냐하면, 자녀는 아빠만 닮은 것이 아니라 엄마와 아빠를 모두 닮았기 때문이다. 또 다른 대중적인 생각은 피를 통해 부모 각각의 특징이 간단하게 섞여서 자녀들에게 반영된다는 것이었다. 그러나 이런 주장은 어떻게 갈색 눈을 가진 부모가 파란색 눈을 가진 아이를 낳는지 설명하지 못했다.

Mendel의 실험에 존재하는 세 가지 특징은 성공에 매우 중요한 것이었다(**그림 9.7**).

1. 그는 현명하게도 연구 대상으로 완두를 선택했다. Mendel의 목표는 모든 생명체의 유전을 이해하는 것이지 식물의 유전만

멘델의 연구방법

멘델 연구에 다음의 세 가지 특징이 연구의 성공에 결정적이었다.

완두는 이상적인 연구 대상이다.

- 키우기 쉽다.
- 번식시키기 쉽다.
- 빠르게 번식한다: 많은 세대를 관찰할 수 있다.

Gregor Mendel (1822–1884)

완두는 간단하게 구분할 수 있는 여러 형질을 가지고 있다.

형질	변이	
꽃 색깔	보라색	하얀색
완두콩 모양	둥근 모양	주름진 모양
완두콩 색깔	녹색	노란색

다른 형질: 콩깍지 색깔, 콩깍지 모양, 꽃의 위치 그리고 식물의 키

특징 있는 개체군을 만들었다.

Mendel은 순종 식물들을 사용하였다. 이들은 부모가 가지고 있는 형질과 똑같은 형질 변이를 가진 자손을 만든다.

그림 9.7 주의 깊은 계획과 잘 선택한 연구 대상. 이 요인들이 Mendel의 실험을 성공으로 이끌었다.

을 이해하는 것이 아니었다. 그러나 고양이와 강아지 또는 쥐조차도 수천 마리 정도로 수가 많아지면 돌보기엔 너무 힘들었다. 반면에 완두는 "꽃가루 묻히기" 방법으로 비교적 쉽게 수정할 수 있었다. 한 번의 교배—교배하는 과정에서 수술의 꽃가루(정자를 운반한다)가 암술의 씨를 수정시킨다—만으로 많은 자손을 만들 수 있다. 그리고 무엇보다 완두는 Mendel이 여러 세대를 지속하면서 실험을 수행하기에 충분할 만큼 빨리 자란다.

2. Mendel은 모양이나 색깔처럼 쉽게 구분되는 형질에 초점을 맞췄다. Mendel이 연구했던 많은 완두콩은 모양이 둥글거나 쭈글쭈글했고, 이들의 중간 모양은 존재하지 않았다. 그리고 모든 완두콩의 색깔은 노란색 또는 초록색이었으며, 어떤 중간색도 존재하지 않았다. Mendel이 보았던 7가지의 상이한 형질은 모두 쉽게 관찰할 수 있는 각각 두 가지의 형질만이 존재했다.

3. Mendel은 뚜렷한 동일한 특정 형질을 가진 집단이 나타날 때까지 비슷한 식물을 반복해서 교배시킴으로써 연구를 시작하였다. 부모의 특징과 항상 같은 특징을 가진 자손을 만들기 때문에 이런 특징을 가진 것을 순종이라고 불렀다. 예를 들어, 순종의 둥근 완두콩은 같은 형태와 교배시켰을 때 항상 같은 둥근 모양의 완두콩을 만들어냈다. 보라색 꽃을 가진 순종 완두 간의 교배는 항상 보라색 꽃을 가진 완두를 만들었다.

일단 순종 식물 그룹을 얻자 Mendel은 실험에 대한 진행을 바로 시작했다. 그는 다른 특징을 가진 식물끼리 교배를 했다. 예를 들어, 초록색 완두콩을 만들어내는 식물과 노란색 완두콩을 만들어내는 식물을 교배했다. 그리고 그들 사이에 생겨난 많은 수의 자손들을 관찰하고, 새로 만들어진 초록색 완두콩과 노란색 완두콩의 수를 세었다(이런 교배는 "초록색×노란색 교배"라고 쓴다. 이 교배의 결과에서는 항상 노란색 완두콩을 만드는 식물만 나타난다). Mendel은 그의 관찰을 설명하고 앞으로의 교배 결과를 예상할 수 있는 가설을 세웠다. 그리고 그 가설에 근거한 예상이 맞는지 확인하기 위해 교배를 수행했다.

Mendel의 작업은 단순하고 우아하였다: 예측으로부터 실험을 통해 답할 수 있는 논리정연한 간단한 질문이었다. 예를 들어, "만일 주름진 완두와 매끈한 완두를 교배하면 태어난 자손은 주름진 완두일까 아니면 매끈한 완두일까?"와 같은 질문이었다. 교배 결과는 한쪽이거나 다른 쪽이었다. 이와 같은 신중하게 생각하고 철저하게 실험하는 연구 과정은 Mendel이 활동하던 당시의 생물학에서는 급진적인 혁신이었다.

핵심요약 9.3

» 1800년대 중반 Gregor Mendel이 수행했던 실험은 유전학을 이해하는 데 도움을 주었다. 그는 완두에서 쉽게 관찰되고 분류하기 쉬운 형질에 초점을 맞췄다. 그리고 형질이 어떻게 유전되는지를 밝히기 위해 체계적인 실험과 철저한 가설 검증을 했다.

9.4 분리: 유전자마다 2개의 복사본을 가지고 있지만, 정자 또는 난자에는 단지 1개의 복사본만 존재한다

Mendel은 한 가지 이상하고 자주 발생하는 결과에 자극을 받았다. 갈색 눈을 가진 부모로부터 파란색 눈을 가진 아이가 나오는 것처럼 때때로 부모 모두가 가지고 있지 않은 특징이 자손에게서 나타나기도 했다. 보라색 꽃을 가진 완두(순종이 아니다)가 보라색 꽃을 가진 다른 완두의 꽃가루에 의해서 수정되면, 대부분 보라색 꽃을 가진 자손을 만들었다. 그러나 때때로 하얀색 꽃을 가진 완두가 태어났다.

어떻게 보라색×보라색 교배를 통해서 하얀색 꽃이 만들어지는 것이 가능할까? 하얀색은 어디에서 왔을까? 이 지점에서 Mendel의 꼼꼼하고 체계적인 실험이 성공을 거뒀다. 그는 먼저 하얀색 꽃을 가진 순종 완두를 가지고 시작했다. 이후에, 그는 보라색 꽃을 가진 순종의 완두를 몇 개 얻었다. 보라색 꽃을 가진 완두와 하얀색 꽃을 가진 완두를 교배하면 어떤 색깔이 우위를 차지할 것인지 궁금했다. 답은 명확했다: 보라색이 이긴다(**그림 9.8**).

이와 같은 교배에서 생긴 모든 자손은 언제나 보라색이었다. 이런 이유로 Mendel은 보라색 꽃 형질을 우성이라고 불렀고, 하얀색 꽃을 가진 형질을 열성 형질이라고 생각했다. 일반적으로 하나의 개체가 한 가지 형질에 대한 우성과 열성 둘 다를 가지고 있을 때 우성 형질은 열성 형질의 효과를 덮어 버린다.

순종 보라색 꽃을 가진 완두와 하얀색 꽃을 가진 완두 간의 교배에서 보라색 꽃을 가진 완두를 얻었을 때 Mendel은 좀 더 관심을 가졌다. 그는 이렇게 혈통이 섞인 완두는 더 이상 순종이 아니라는 것을 발견했다. 경우에 따라서, 보라색 꽃과 하얀색 꽃 간의 교배는 하얀색 꽃을 가진 자손을 만들어냈다.

분명히, 조부모 중 한 개체에서 마지막으로 나타났던 하얀색 꽃을 만들도록 하는 명령은 여전히 보라색 꽃을 가진 부모 식물 안에 숨어 있었다. 형질은 한 세대에서 안 보였다가 당황스럽게 다시 나타날 수도 있었다.

Mendel은 이런 유전양상을 설명할 수 있는 간단한 가설을 고안했다. Mendel의 가설은 3가지 생각을 만들었고, 이 3가지 생각은 그(그리고 지금은 우리)를 도와 교배를 예상할 수 있도록 해 주었다(**그림 9.9**).

1. **형질 자체를 전달하는 대신 각각의 부모는 형질을 만들기 위한 한 세트의 지시를 모든 정자와 난자에 넣었다.** 오늘날 우

우성과 열성 형질

1세대

① Mendel은 보라색 꽃을 가진 순종 식물과 하얀색 꽃을 가진 순종 식물을 교배시켰다.

모든 자손이 보라색 꽃을 가졌다.

2세대

보라색 꽃은 우성 형질이다. 반면에 하얀색 꽃은 열성 형질이다.

② 그 후에, Mendel은 보라색 꽃을 가진 2개의 자손을 교배시켰다.

대부분 자손은 보라색 꽃을 가졌지만, 몇몇은 하얀색 꽃을 가졌다.

3세대

Mendel은 하얀색 꽃을 갖는 열성 형질은 이전 세대에서 비록 나타나지는 않았지만 감추어져 있었음이 틀림없다고 추론하였다.

그림 9.8 하얀색 또는 보라색? 주의 깊게 반복해서 완두를 교배시킴으로써 Mendel은 "우성"과 "열성" 형질을 결정했다.

Mendel의 분리의 법칙

Mendel의 분리의 법칙에 따르면 유전자에 대한 2개의 대립유전자 중 하나만 배우자로 전달된다. 수정 시 자손은 각 부모로부터 모든 유전자에 대한 대립유전자를 하나씩 받는다.

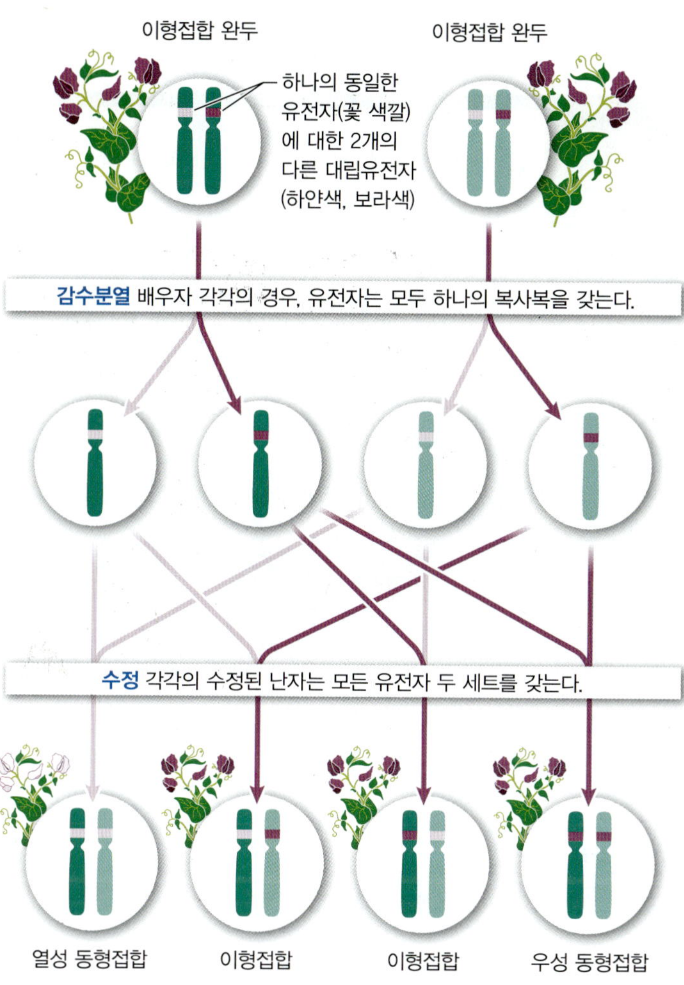

그림 9.9 감수분열 과정에서의 분리. 하나의 개체는 각 유전자의 두 복사본을 갖는다. 그러나 감수분열 과정을 통해 각 배우자는 하나의 복사본만을 갖는다(8장 참조).

리는 이런 명령을 유전자라고 한다.

2. **자손은 형질에 대한 지시 두 복사본을 받는다.** 대부분 경우, 2개가 한 쌍인 지시는 동일하고(예, 보라색 × 보라색 교배), 자손은 이런 명령에 따라 형질을 만든다. 때로는 각각의 부모가 형질에 대해 조금씩 다른 지시를 내리는데, 이것을 상이한 대립유전자라고 한다. 예를 들어, 완두에는 꽃 색깔에 대한 2개의 대립유전자가 있다; 보라색 꽃 대립유전자와 하얀색 꽃 대립유전자. 부모는 동일한 유전자(꽃 색깔을 만드는 유전자)를 건네주지만, 다른 대립유전자(보라색과 하얀색)가 꽃 색깔을 만드는 데 기여한다.

3. **개체에서 관찰되는 형질은 부모로부터 유전된 2개의 유전자 각각에 의해 좌우된다.** 하나의 개체에 하나의 유전자에 대한 동일한 2개의 대립유전자가 유전될 때, 그 유전자에 대한 개체의 유전자형을 동형접합이라고 한다. 그리고 개체는 대립유전자에 존재하는 지시에 따라 특정 형질을 나타낸다.

개체가 부모로부터 각각 다른 대립유전자를 물려받았을 때 그 유전자에 대한 개체의 유전자형을 이형접합이라고 한다. 이형접합 상태일 때 유전자들의 작용에 따라 우성과 열성 대립유전자를 정의한다. 우성 대립유전자는 열성 대립유전자라고 불리는 다른 대립유전자를 "덮어씌우는" 효과를 가진다. 이는 우성 대립유전자와 열성 대립유전자의 특징을 규정하는 말로 우성 대립유전자가 열성 대립유전자보다 이롭거나 더 흔하다는 것을 의미하는 것은 아니다.

한 개체가 생식을 위한 준비가 되면, 유전자의 두 복사본 중 하나를 자손에게 물려준다. 다른 부모는 다른 대립유전자를 제공할 것이다. 그래서 정자와 난자가 만들어질 때 각각의 생식세포는 유전자의 복사본 하나만 갖게 될 것이다. 반대로 몸에 존재하는 모든 세포에는 유전자의 복사본이 2개 존재한다. 예를 들어, 이형접합을 가진 남자가 만든 정자의 반은 하나의 대립유전자를 갖고 나머지 반은 다른 대립유전자들을 갖게 될 것이다. 모든 사람이 갖는 각각 한 쌍인 유전자 중 하나의 대립유전자만 각각의 배우자에 들어간다. 이 생각은 충분히 중요하며, Mendel의 분리의 법칙이라고 한다.

아무런 질문도 없었다."

— 유전이 어떻게 일어나는지에 대한 Mendel의 생각을 최초로 발표한 학술회의 기록에서(불행하게도 청중 과학자 중 어느 누구도 Mendel의 발표 내용을 이해하지 못했다. 세상 사람들이 그의 발견을 이해하기까지 약 40년이 걸렸다).

핵심요약 9.4

» 부모는 각자 모든 정자와 난자에 특정 형질을 만드는 한 세트의 명령을 넣는다: 이런 하나의 명령 세트를 유전자라고 한다. 한 개체에서 관찰되는 형질은 부모로부터 유전된 2개의 대립유전자에 의해 좌우된다.

9.5 개체의 표현형을 관찰하는 것만으로는 유전자형을 결정하는 데 충분하지 않다

언제나 보이는 것이 다가 아니다. 피부색을 예로 들어보자. 사람과 많은 다른 포유동물은 피부색을 결정지어 주는 화학물질 중 하나인 멜라닌을 생성하는 정보를 담은 유전자를 갖고 있다(**그림 9.10**). 이 유전자가 피부색을 결정하는 원인이 된다. 때로는 몇몇 가족에게는 결함이 있어서 제대로 기능하지 않는 멜라닌 유전자가 전달되기도 한다. 결함이 있는 형태의 유전자 복사본 2개를 갖는 개체는 색소를 만들 수 없어서 색소 결핍증(알비노) 같은 현상이 일어난다. 이런 질병은 눈, 머리, 피부에 색소가 옅게 존재하거나 아예 존재하지 않는 특징을 갖는다. 그러나 겉모습만 보고서는 색소를 정상적으로 가지고 있는 사람이 결함이 있는 대립유전자 중 하나를 가지고 있는지 아니면 가지고 있지 않은지를 알 수 없다.

그림 9.10 하나의 유전자, 많은 색소의 양. 멜라닌 색소를 생성하는 유전자가 제대로 기능하지 못하는 형태로 2개 존재하면 알비노가 생긴다.

개체의 겉으로 나타나는 모습을 **표현형**이라고 한다. 표현형은 신체 크기, 피부색, 깃털 색깔 또는 뿔의 유무 같은 눈에 보이는 특징을 포함한다. 표현형은 혈액을 응집시키거나 젖당을 소화하기 위해 한 개체가 만들어내는 화학물질처럼 눈에 쉽게 보이지 않는 특징도 포함한다.

표현형에 기초가 되는 것은 생명체의 유전적 조성인 **유전자형**이다. 특정한 형질은 개체의 유전자형과 관련이 있다. 예를 들어, 한 개체의 유전자형은 "알비노 열성 대립유전자의 동형접합", 즉 유전자의 2개의 열성 대립유전자라고 설명할 수 있다. 다른 개체의 멜라닌 유전자의 유전자형은 "이형접합"(즉, 하나의 열성 대립유전자와 하나의 우성 대립유전자)으로 설명할 수 있다. 때때로 "유전자형"이라는 단어는 개체에 존재하는 모든 유전자를 언급하는 말로 사용된다.

어떤 생명체가 알비노와 같은 열성 형질을 나타낼 때 우리는 그 생명체의 멜라닌 유전자에 대한 유전자형이 무엇인지 알 수 있다. 반면에 생명체가 우성 형질을 보여주면, 겉모습만으로 유전자형을 구분할 수 없다. 이런 경우, **퍼넷 정방형**이라고 부르는 간편한 방법을 사용하여 두 개체 간의 교배 결과를 추적할 수 있다.

퍼넷 정방형이 어떻게 작용하는지 알아보기 위해서 알비노에 걸린 기린과 정상적인 색소를 갖는 기린의 교배를 살펴보자.

퍼넷 정방형

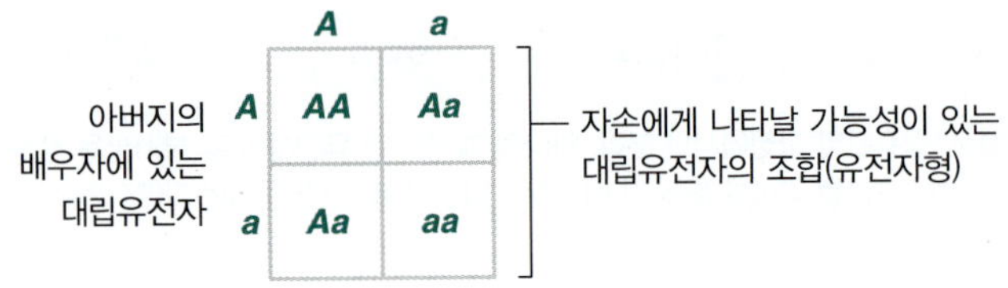

	A	*a*
A	*AA*	*Aa*
a	*Aa*	*aa*

먼저 서로 다른 다양한 유전자를 지칭하는 상징을 부여해야 한다. 일반적으로 우성 대립유전자에는 대문자를 사용하고 열성 대립유전자에는 소문자를 사용한다. 알비노에 걸린 경우, 멜라닌 색소의 생산을 나타내기 위해서 "m"을 사용한다: 우성 대립유전자는 *M*으로 열성 대립유전자는 *m*을 사용한다. 알비노에 걸린 기린의 유전자형은 *mm*으로 나타낸다. 왜냐하면, 이는 2개의 열성 대립유전자를 갖고 있어야만 나타나는 형질이기 때문이다.

색소를 갖는 기린의 유전자형은 *MM* 또는 *Mm*이어야 한다. 만약 색소를 갖는 개체의 유전자형을 모른다면 *M*_이라고 쓸 수 있다. 여기에서 _는 모르는 두 번째 대립유전자에 대한 빈칸이다.

퍼넷 정방형: 색소 결핍증

퍼넷 정방형은 두 개체가 교배했을 때 가능한 결과를 판단하는 데 유용한 도구이다.

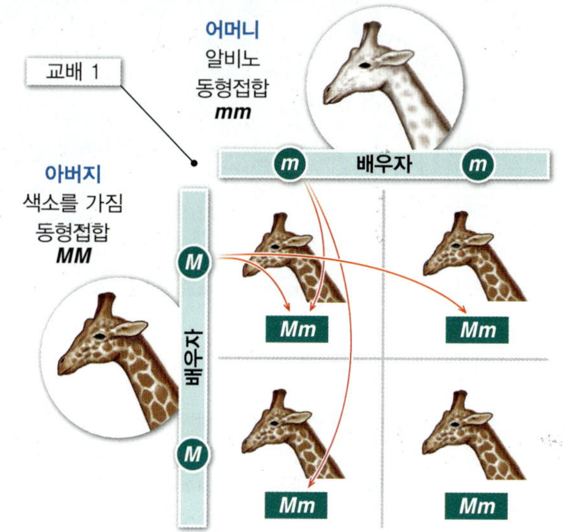

교배 2
어머니
색소를 가짐
이형접합
Mm
아버지
색소를 가짐
이형접합
Mm
배우자 M m
배우자 M m
MM Mm
Mm mm

자손	유전자형	표현형
	모두 이형접합 ***Mm***	모두 색소를 가짐

자손	유전자형	표현형
	1/4 동형접합 우성 ***MM***	3/4이 색소를 가짐
	1/2 이형접합 ***Mm***	
	1/4 동협접합 열성 ***mm***	1/4이 알비노

그림 9.11 교배의 결과 예상하기. 퍼넷 정방형은 알비노가 유전될 가능성을 판단하는 데에 도움이 된다.

그림 9.11은 색소를 갖는 순종개체(*MM*)와 알비노에 걸린 개체(*mm*) 사이의 교배를 나타낸다. 정방형의 위에는 부모 중 하나가 만든 하나씩의 대립유전자 2개가 존재한다. 정방형의 왼쪽에는 다른 부모가 만든 하나씩의 대립유전자 2개가 존재한다. 이런 방법으로 한 개체의 두 대립유전자를 갈라놓는다. 왜냐하면, 비록 한 개체가 2개의 대립유전자를 가질지라도 하나의 대립유전자만이 그 개체가 만드는 각각의 정자 또는 난자에 들어가기 때문이다. 그리고 2개의 배우자가 수정과정에서 만나 자손의 유전자형을 만든다.

퍼넷 정방형 4개의 칸에 교배로 인해 나올 수 있는 모든 자손의 유전자형을 집어넣는다. 각각의 칸에는 세로줄의 위에 놓여 있는 대립유전자 하나와 가로줄의 왼편에 있는 대립유전자 하나를 넣는다. 그림 9.11의 교배 1에서는 모든 가능한 자손이 이형접합이고 정상적인 색소를 갖는 형태가 된다. 왜냐하면, 색소를 가진 부모로부터 우성 대립유전자를 받고 알비노증에 걸린 부모로부터 열성 대립유전자를 받았기 때문이다.

그림 9.11의 교배 2에서는, 2개의 이형접합 개체 사이의 교배를 나타낸다. 각각의 부모가 두 종류의 배우자를 형성하는데, 하나는 우성 대립유전자, 다른 하나는 열성 대립유전자임을 주목해야 한다. 이번 교배는 3가지의 결과가 가능하다. 1/4은 동형접합(*MM*)이 될 것이다. 다른 1/4은 열성 동형접합(*mm*)이 될 것이다. 그리고 나머지 1/2의 자손은 이형접합(*Mm*)이 될 것이다. 표현형으로 보면 자손의 3/4은 일반적인 색소를 가진 형태(*MM* 또는 *Mm*)가 될 것이고, 1/4은 알비노(*mm*)에 걸릴 것이다.

핵심요약 9.5

» 외적인 모습(표현형)을 보고 유전적 구성(유전자형)을 판단하는 것이 언제나 가능한 것은 아니다. 특정 형질의 경우, 우성 대립유전자 때문에 표현 효과가 감추어진 열성 대립유전자를 가지고 있을 수도 있다.

유전학에서 우연은 매우 중요하다

▲ 유전에는 우연이라는 것이 관여하기 때문에 유전적 교배의 결과를 항상 정확하게 예측할 수는 없다.

9.6 유전학에서 확률을 사용하면 예측을 할 수 있다

비록 완벽한 정보를 가지고 있더라도 유전적인 결과가 정확하게 무엇인지 아는 것은 불가능하다. 동전을 던지는 것과 같다: 동전에 대한 모든 정확한 결과를 알고 있지만, 동전의 앞면이 나올지 뒷면이 나올지는 알 수 없다. 할 수 있는 최선의 것은 각각 가능한 결과의 확률을 밝혀내는 것이다.

확률의 규칙은 유전학에서 두 가지 이유로 중요성을 갖는다. 첫 번째는 Mendel이 서술했듯이 분리의 결과이다. 개체가 만들어 낸 배우자는 개체의 모든 세포에 존재하는 각 유전자의 두 복사본 중 하나의 복사본만을 받게 된다. 결과적으로 정자 또는 난자와 같은 반수체 배우자는 개체의 두 대립유전자 중 하나씩을 평등하게 갖게 된다. 그러나 어떤 대립유전자를 갖게 되었는지를 알기는 불가능하다.

확률이 유전학에서 중요한 두 번째 이유는 8장에서 배웠듯이 개체는 모두 다른 정자 또는 난자를 생성하는데, 이런 배우자 중 하나가 수정에 사용되는 배우자가 된다. 분리의 법칙에서처럼 수정은 우연이 작동한다. 그러므로 부모가 가지고 있는 모든 대립유전자를 알지라도 자손이 어떤 대립유전자를 갖게 될 것인지를 결정할 수 없다.

수정과 마찬가지로 확률에 기반을 둔 게임을 어떻게 예상할 수 있는지 살펴보자. 만약 한 형질에 대해 동형접합인 개체라면 그 개체의 배우자는 그 대립유전자를 100% 가진다. 그러나 한 형질에 대한 이형접합 개체로부터 만들어진 배우자는 우성 대립유전자를 가질 확률이 50%이고, 열성 대립유전자를 가질 확률이 50%이다. 이런 확률의 예를 살펴보자.

만약 수컷이 알비노에 대해 이형접합(*Mm*)이고 암컷이 알비노(*mm*)일 때, 자손이 색소 결핍에 대해 동형접합(*mm*)을 가질 확률은 어떻게 될까? *mm*의 결과를 얻기 위해 2개의 사건이 꼭 일어나야 한다. 첫 번째는 아버지의 배우자가 열성 대립유전자(*m*)를 갖고 두 번째는 어머니의 배우자가 열성 대립유전자(*m*)를 갖고 있어야 한다. 이런 경우 열성 동형접합 자손이 태어날 확률은 0.5(아버지의 배우자가 *m*을 가질 확률) × 1.0(어머니의 배우자가 *m*을 가질 확률)이므로 0.5, 즉 50% 또는 1/2의 확률을 가진다. 이것은 복잡한 사건이 일어날 가능성을 결정하는 일반적인 규칙이다. 만약 각각의 요소가 일어날 확률을 알고 있다면, 복잡한 사건이 일어나는 전체적인 확률을 얻기 위해선 모든 확률을 곱해야 한다(**그림 9.12**).

다른 예로 Tay-Sachs 병이 있다. 4장에서 설명했듯이, Tay-Sachs 병은 리소솜이 기능을 상실하여 세포 내의 노폐물을 적절

유전학과 확률

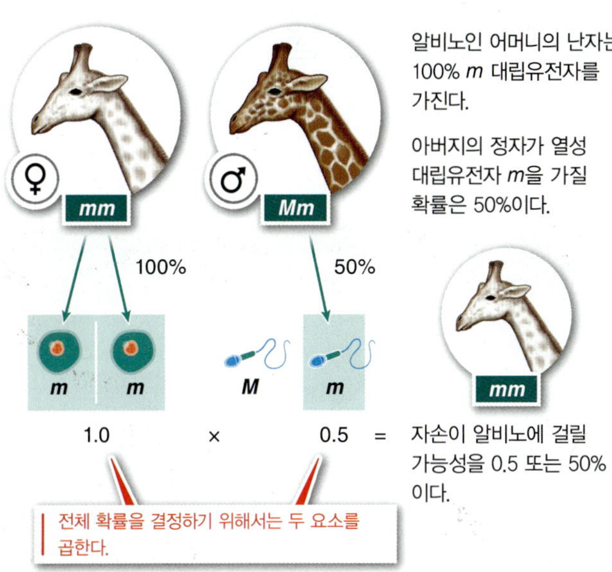

그림 9.12 알비노가 유전될 가능성을 결정하기 위해 확률을 이용한다.

히 분해하지 못하기 때문에, 어린 나이에 죽음을 유발할 수도 있다. Tay-Sachs 병은 아이가 Tay-Sachs 유전자에 대한 열성 대립유전자(t)를 2개 가진 경우 일어난다. 만약 각각의 부모가 Tay-Sachs 병 유전자에 대해 이형접합(Tt)인 경우 아이가 Tay-Sachs 병에 걸릴 확률은 어떻게 될까?

아버지의 정자의 절반은 우성 대립유전자 T를 가지고, 절반은 열성 대립유전자가 t를 가진다. 따라서 아이가 t 대립유전자를 물려받을 확률은 0.5이다. 어머니 난자의 절반은 T 대립유전자를 갖고, 절반은 t 대립유전자를 가지므로, 아이가 어머니로부터 t 대립유전자를 물려받을 확률은 0.5이다. 그러므로 Tay-Sachs 병을 가진 아이가 생겨날 전체 확률은 $0.5 \times 0.5 = 0.25$, 즉 1/4이다(**그림 9.13**).

물론 만약 부부가 한 명의 아이만 가질 경우에는 아이가 Tay-Sachs 병에 걸릴지 또는 아닐지를 **확신**할 수 없다. 그러나 수학적 확률을 따를 경우, 만약 그 부부가 무한대의 아이를 낳는다면 아이들의 1/4은 Tay-Sachs 병에 걸릴 것이다.

핵심요약 9.6

» 확률은 유전학에서 중요하다. 분리 과정에서, 개체가 만들어 낸 각 배우자는 개체의 모든 세포에 존재하는 어떤 유전자든 두 복사본 중 하나만을 받는다. 그러나 어떤 대립유전자가 배우자로 들어가는지 아는 것은 불가능하다. 우연은 수정에서도 중요하다. 개체가 만드는 모든 정자 또는 난자는 서로 다르고, 상이한 다른 많은 배우자 중 하나가 수정에 사용된다.

TAY-SACHS와 확률

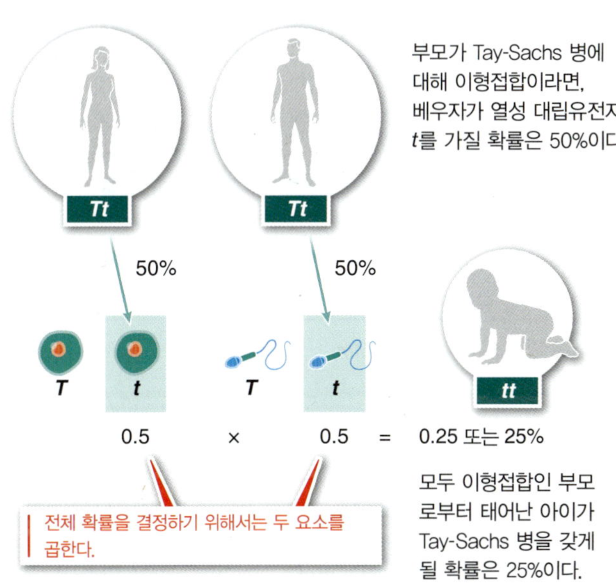

그림 9.13 Tay-Sachs 병이 유전될 기회

9.7 검정교배를 통해 개인이 가지고 있는 대립유전자를 알 수 있다

동물원의 악어 우리를 담당하고 있다고 가정해보자. 하얀색 악어가 없을지라도 가끔 알비노 악어가 태어날 수 있다. 하얀색 악어는 관광객에게 인기가 많아서 동물원에서는 교배를 통해 하얀색 악어를 만들고 싶어할 것이다. 어떻게 하면 하얀 악어를 만들 수 있는가?

Q 우성형질을 나타내는 개체가 우성 동형접합인지 아니면 이형접합인지를 어떻게 알 수 있는가?

문제는 악어의 유전자형을 확실하게 모른다는 것이다. 우성 동형접합(*MM*)일 수도 있고 이형접합(*Mm*)일 수도 있다. 두 경우 모두 표현형은 일반적인 색을 띠고 있다. 특정 악어의 유전자형이 두 경우 중 어떤 것인지 알아내는 것은 동물을 기르는 사람에게는 도전이다. 그러나 가능성이 없지는 않다. 유전자는 눈에 보이지 않지만, **검정교배**라고 부르는 방법으로 확인할 수 있다.

검정교배에서는 우성형질을 나타내지만 유전자형은 알려지지 않은 개체를 열성 동형접합 개체와 교배시킨다. 이후 그 자손의 표현형을 관찰한다. 알비노 악어를 번식시키고자 하는 경우, 유전자형을 알지 못하는 악어(유전자형: *M*_)를 다른 동물원에서 빌려온 알비노 악어(유전자형: *mm*)와 교배시킨다. 이 경우 두 가지 결과가 나타날 수 있는데, 이로부터 *M*_ 악어의 유전자형을 알아낼 수 있다(**그림 9.14**).

만약 악어가 동형접합 우성(*MM*)이라면 모든 자손에게 우성 대립유전자 *M*을 물려줄 것이다. 비록 빌려온 알비노 악어가 자손 모두에게 열성 대립유전자 *m*을 물려준다 해도, 자손은 모두 이형접합인 *Mm*이 되어 알비노 악어가 나타나지 않는다. 반면에 유전자형을 모르는 악어가 이형접합 *Mm*이라면 자손 절반에게 열성 대립유전자 *m*을 물려준다. 이 경우에는 자손이 열성 동형접합이 되므로 알비노 악어가 될 수 있다.

유전자형을 모르는 악어가 *MM* 유전자형을 가지고 있음을 확실하게 결론지으려면 가능한 한 많은 자손을 관찰해야만 한다. 비록 유전자형이 *Mm*이라 해도, 상당한 수의 자손이 연이어 *Mm* 유

검정교배: 하얀색 악어

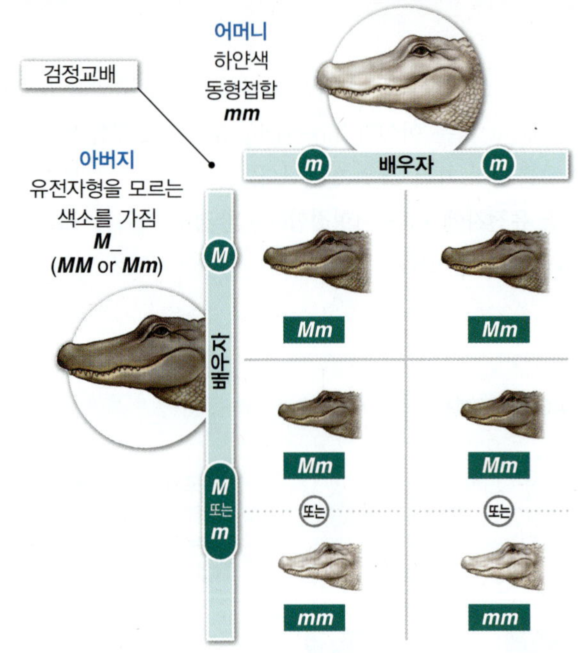

만일 모르는 유전자형이 ***MM***이라면:

자손	유전자형	표현형
	모두 이형접합 ***Mm***	모두 색소를 가짐

만일 모르는 유전자형이 ***Mm***이라면:

자손	유전자형	표현형
	2/4가 이형접합 ***Mm***	2/4가 색소를 가짐
	2/4 열성 동형접합 ***mm***	2/4가 알비노

그림 9.14 모르는 유전자형 결정하기.

전자형을 가져 정상적인 색채를 나타낼 수도 있다. 그러나 결국에는 이형접합 개체는 동형접합 열성 유전자형 *mm*을 가진 알비노 표현형을 나타내는 자손을 얻게 된다. 이런 이유로 인해서 검정교배는 생식 속도가 느린 종보다 하루에 100개 이상의 알을 낳는 초파리에서 더 빠르게 개체의 유전자형을 결정지을 수 있다.

핵심요약 9.7

» 검정교배에서는 우성형질을 보이지만 유전자형을 모르는 개체를 열성 동형접합 개체와 교배시킨다. 이때 자손의 표현형을 관찰하면 유전자형을 모르는 개체가 우성 동형접합(모든 자손이 우성형질을 나타냄)인지, 또는 이형접합(자손의 절반은 우성, 나머지 절반은 열성 형질을 나타냄)인지 알 수 있다.

9.8 유전자의 유전양상을 해석하고 예상하기 위해 가계도를 사용한다

예비 부모들은 아이가 혈우병과 같은 특정한 유전병을 가질 가능성이 있는지를 알고 싶어한다. 그리고 질병을 연구하는 유전학자는 특정한 질병이 어떻게 유전되는지를 알고 싶어한다. 이 질병이 우성일까 열성일까? 성염색체로부터 전달될까 아니면 다른 염색체를 통해 전달될까? **가계도**는 이런 질문에 답을 얻는 데에 도움을 주는 가족 계통도이다.

개와 말 사육사들은 굉장한 가치를 동물에게 부여하는 형태로 종종 "혈통 있는" 동물이란 말을 한다. 동물의 가계도를 안다면 동물의 발생과 번식 과정에서 어떠한 유전적으로 예기치 못한 일들이 일어날 가능성이 훨씬 덜하기 때문이다.

가계도에 필요한 정보는 여러 세대를 걸쳐 생겨난 가능한 한 많은 친족 개체들로부터 수집된다(**그림 9.15**). 아래에서부터 시작해서 각각의 열은 세대를 나타낸다. 자손의 태어난 순서, 성별 그리고 특별한 형질을 열거한다. 가계도를 작성할 때 부모는 자손의 위에 위치시키고 조부모는 부모 위에 위치시킨다. 뒤로 거슬러 올라갈수록 자료는 유용하게 된다.

사각형은 남성을 나타내고 원은 여성을 나타낸다. 그리고 관심이 있는 형질이 개체에서 나타나고 있음을 표시하기 위해 색을 칠한다. 때때로 유전자형(매우 잘 알려진)을 각각의 개체에 적기도 한다.

가계도를 분석함으로써 유전양상을 알 수 있다. 우성형질의 경우에는 형질을 나타내는 개체의 부모 중 적어도 한 명은 그 형질을 나타낸다. 반면에 열성 형질의 경우에는 부모가 형질을 나타내지 않아도 어떤 개인이 열성 형질을 드러낼 수도 있다. 이런 경우 그 개체의 부모는 그 형질에 대해 이형접합이어야 한다.

가계도는 형질이 성염색체(X 또는 Y, 9.13 참조)에 존재하는지

가계도

가계도는 가족 구성원의 여러 세대를 거쳐 나타나는 특정 형질을 기록하기 위한 유용한 도구이다.

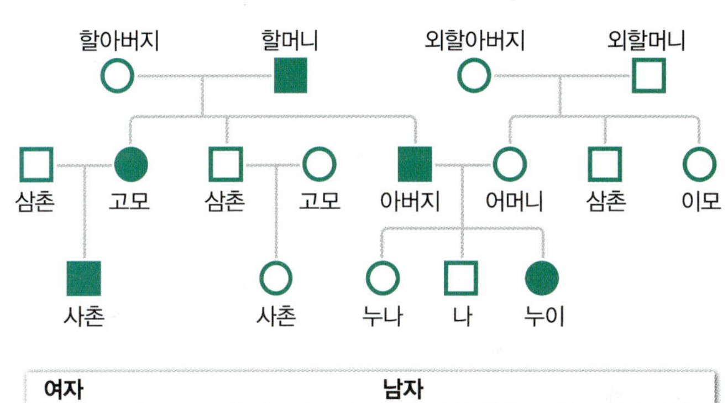

그림 9.15 가계도. 가계도는 가족 내에서 특정 형질의 발생을 보여준다.

성염색체가 아닌 일반 염색체("상염색체"라고 부른다)에 존재하는지 판단하는 데 도움을 줄 수 있다. 성염색체에 존재하는 유전자에 의해 조절되는 형질을 **성연관 형질**이라고 한다.

예를 들어, 열성 성연관 형질은 여성보다는 남성에게서 더 자주 나타난다. 반면에 우성 성연관 형질은 여성에게서 더 자주 나타난다. 이런 양상들은 광범위한 가계도를 조사할 때에만 명확하게 나타난다.

형질이 어떻게 유전되는지를 결정하는 데 가계도가 얼마나 도움을 줄 수 있는지에 대한 예가 **그림 9.16**에 나와 있다. 무미(anury)는 개와 몇몇 다른 동물에게서 관찰되는데, 이 동물은 꼬

가계도 퍼즐

가계도

1 2
3 4 5
?

암컷
● 무미 암컷
○ 무미를 나타내지 않는 암컷

수컷
■ 무미 수컷
□ 무미를 나타내지 않는 수컷

만약...
어떤 개의 꼬리는 없지만 부모는 모두 정상이라면 (개체 "3"처럼)

그렇다면...
부모의 유전자형을 알 수 있다. (1과 2의 유전자형을 결정할 수 있는가?)

문제:
이 강아지(?)가 무미일 가능성은?

우리가 알고 있는 것:
1. 이 강아지는 아빠(5)로부터 열성 대립유전자 하나를 유전받는다.
2. 만일
   a) 엄마(4)가 열성 대립유전자를 가지고 있고
   b) 강아지에게 열성 대립유전자를 전달해 준다면 강아지는 무미가 될 것이다.

그림 9.16 개의 가족에게서 무미의 발생 추적.

리를 갖고 있지 않다. 꼬리가 있는 부모로부터 꼬리가 없는 자손이 태어날 수 있기 때문에, 가계도는 무미가 열성 형질로 유전된다는 사실을 알려준다.

그림 9.16에서 "1"로 표기된 개체의 유전형을 알아낼 수 있을까? 왜 암컷은 무미에 대해 반드시 이형접합(Aa)이어야 하는가? (열성형질에 대해 하나의 대립유전자를 가지고 있어서 형질을 나타내지는 않지만, 그 자손이 형질을 나타낼 수 있는 개체를 형질에 대한 **보인자**라고 한다.) 수컷도 동일한 유전자형을 가져야 하는가?

같은 가계도의 두 번째 세대에 있는 두 개체가 한 마리의 강아지("?"로 나타낸)를 가지고 있다는 것에 주목하라. 이 강아지가 무미일 가능성은 얼마인가? 신중히 가계도를 조사하고, 답을 이끌어낼 수 있는지 알아보자. 도중에 막힌다면, 다음 단락이 안내해 줄 것이다.

유전자형을 모르는 강아지를 낳는 교배에서, 아빠 개는 무미이며, 따라서 동형접합 열성이어야만 한다; 확실히 이 개체는 수컷 자손에게 하나의 a를 전해줄 것이다. 엄마 개의 유전자형은 부모 개 모두 이형접합임을 감안하면, AA, Aa 또는 aA가 될 것이다. 결과적으로 엄마 개가 a 대립유전자를 지닐 확률은 2/3(셋 중 둘)이다. 만약 엄마 개가 a 대립유전자를 지닌다면, 자손에게 그것을 물려주어 자손이 무미일 확률은 1/2(50%)이다. 그러므로 $2/3 \times 1/2 = 1/3$, 즉 세 마리 중 한 마리의 확률로 강아지는 무미일 것이다.

Q 유전양상을 연구하기 위해서 식물이나 작은 곤충을 종종 사용하는 이유는 무엇인가?

이번 장의 후반부에서 논의하겠지만, 일부 형질은 완전 우성을 나타내지 않으며 많은 형질이 또한 환경에 의한 영향을 받기 때문에 형질의 유전 방식이 무엇인지 언제나 완전히 명백한 것은 아니다. 이러한 경우에 더 많은 개체를 가계도에 포함한다면 더욱 정확하게 분석을 할 수 있다. 어떤 사람의 가계도는 수천 명의 사람을 포함하며, 여섯 번째 또는 그 이상의 세대까지 이어진다. 다른 종에서는 열두 번째 또는 그 이상의 세대 동안 한 세대당 수만 개체들을 분석하는 것이 가능하다. 그러므로 많은 경우, 식물과 작은 곤충이(다른 생명체들보다) 유전양상을 연구하는 데 매우 훌륭한 대상이 된다.

일단 특정 형질이 유전되는 방식을 알게 되면 한 부부가 특정 질환을 갖는 아이를 낳게 될 위험에 관해 예측하는 것이 가능하게 된다. 그리고 열성 형질 "보인자"인 개체를 확인하는 것도 가능하다. 이는 출산 전 검사 및 치료와 더불어 유용하다.

핵심요약 9.8

» 가계도는 과학자, 의사, 동물 및 식물 사육사, 장래의 부모가 한 개체가 가지고 있는 유전자를 판단하고 두 개체 사이에서 태어날 자손이 어떤 형질을 나타낼 가능성을 판단하는 데 도움을 준다.

유전자형이 어떻게 표현형으로 번역되는가?

▲ 표현형의 다양성은 복합적인 원인을 가지며, 우리 주위에 존재한다.

9.9 유전자형의 두 대립인자의 효과가 표현형에 나타날 수 있다

Mendel이 본 유전자의 세계는 간단하고 단순하였다. Mendel이 연구했던 각각의 형질은 2개의 대립유전자—하나의 완전한 우성과 하나의 열성—로 이루어진 단일 유전자에 의해 암호화되어 있으며 환경의 영향을 전혀 받지 않았다. 그러려면 매우 운이 좋아야 한다. 이 절과 다음 절에서는 유전자가 신체를 구성하는 데에 어떻게 영향을 주는지에 대한 복잡한 모델을 만들어 볼 것이다.

이형접합 개체의 표현형이 두 동형접합(우성과 열성) 개체의 표현형과 다르며, 우성 대립유전자 하나만의 뚜렷한 효과라기보다는 두 대립유전자 모두의 효과가 반영된 것으로 보이는 경우가 있는데, 이러한 예부터 살펴보자. 이형접합 개체의 표현형이 두 동형접합 표현형의 중간 형태로 나타나는 **불완전 우성**의 경우를 살펴보자.

불완전 우성의 전형적인 예는 우리가 쉽게 관찰할 수 있는 금어초의 꽃 색깔이다(**그림 9.17**). 금어초에는 붉은 꽃을 피우는 순종(동형접합) 품종과 흰 꽃만 피우는 순종(동형접합) 품종이 있다. Mendel의 실험을 통해서 알게 된 바에 의하면, 이 두 품종을 교배하여 얻은 자손 식물은 모두 붉은 꽃이나 흰 꽃을 피울 것으로 기대할 수 있다. 그러나 이 교배를 통해 얻은 식물은 언제나 분홍 꽃을 피웠다. 그리고 분홍 꽃을 피우는 식물끼리 교배하면 1/4은 붉은 꽃, 1/2은 분홍 꽃, 1/4은 흰 꽃을 피우는 식물을 얻는다.

이 교배 결과를 어떻게 해석할 수 있을까? 이 경우에는 유전자형을 나타내기 위해 약간 다른 방법을 사용한다. 색(color)을 암호화하는 C를 사용하고, 색소가 없거나(white) 또는 붉은 색소(red)를 만드는 대립유전자를 의미하는 위첨자 W와 R을 사용한다. 그러므로 흰 꽃을 피우는 식물의 유전자형은 C^WC^W이며, 색소를 만들지 않는다. 반대로 붉은 꽃을 피우는 식물의 유전자형은 C^RC^R이며, 많은 색소를 만들어낸다. 유전자형에 이러한 표기법을 사용하는 까닭은 흰색과 붉은색 중 무엇이 우성인지 분명하지 않아서 그 어느 것도 대문자나 소문자로 쓸 수 없기 때문이다. 분홍 꽃은 색소를 만들어내는 C^R 대립유전자와 색소를 만들지 않는 C^W 대립유전자를 하나씩 받아서, 중간 정도 양의 색소를 생산한다. 궁극적으로 색채의 강도는 꽃 색깔 유전자에 의해 만들어지는 색소 물질의 양에 따라 결정된다.

사람에서 볼 수 있는 또 다른 불완전 우성의 예로서 혈류로부터 콜레스테롤을 제거하는 과정에서 볼 수 있다. 주로 간에 있는

불완전 우성: 금어초

이형접합 개체가 두 동형접합 개체의 중간 표현형을 나타낼 때 불완전 우성이 생긴다.

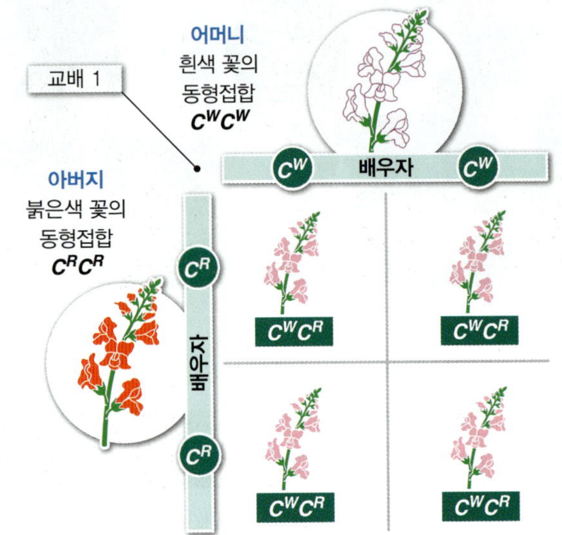

자손	유전자형	표현형
	모두 이형접합 C^WC^R	모두 분홍색 꽃

어떤 대립유전자도 우성이 아니기 때문에 대립유전자에 대문자나 소문자를 사용할 수 없다. 대신에 위첨자 *W*는 흰색 꽃을 만드는 대립유전자를 나타내고 위첨자 *R*은 붉은색 꽃을 만드는 대립유전자를 나타낸다.

자손	유전자형	표현형
	1/4 동형접합 C^RC^R	1/4 붉은색 꽃
	1/2 이형접합 C^WC^R	2/4 분홍색 꽃
	1/4 동형접합 C^WC^W	1/4 흰색 꽃

그림 9.17 불완전 우성으로 인해 붉은색과 흰색이 분홍색을 만든다.

세포는 원형질막의 수용체를 이용하여 혈류로부터 콜레스테롤을 제거한다(4.11 참조). 이 유전자에 대해 2개의 돌연변이 대립인자(*FH*)를 가진 사람은 거의 저밀도지질단백질(LDL) 수용체를 만들지 못한다. 결국, 순환하는 콜레스테롤 수치가 높아지며 어린 나이에 심혈관계 질환을 갖게 되고 20살 이전에 사망한다. 이와 날카롭게 대조를 이루는 예로, LDL 수용체에 대한 2개의 정상적인 대립인자를 가지고 있는 사람은 콜레스테롤의 양을 상당 수준 감소시킨다.

하나의 돌연변이 *FH* 대립유전자와 하나의 정상적인 기능을 하는 LDL 수용체 대립유전자를 가진 이형접합자는 중간 형질을 나타낸다. 2개의 정상적인 기능을 하는 LDL 수용체에 대한 대립인자를 가진 동형접합자에 비해 절반 정도의 LDL 수용체를 만들기 때문에 혈중 콜레스테롤 수치가 평균보다 높으며 심장혈관 질병으로 사망할 확률이 10배나 높다.

완전 우성이 나타나지 않는 두 번째 경우는 **공동우성**으로, 이형접합 개체가 두 가지 동형접합 표현형의 특성을 모두 드러낸다. 그림 9.18에서 재미있게 보여주고 있다(물론 "셔츠의 표현형"은 유

그림 9.18 공동우성에서 이형접합 개체는 두 대립유전자의 특성을 모두 나타낸다.

전자를 바탕으로 하고 있지 않다). 공동우성에서는 두 대립유전자 모두 상대 대립유전자의 효과를 억제하지 않는다. 공동우성의 예는 닭의 깃털 색깔에서 볼 수 있다. 흰색 닭을 검은색 닭과 교배시키면 흰색과 검은색 깃털을 모두 가진 병아리가 태어난다.

핵심요약 9.9

» 불완전 우성의 경우, 이형접합은 두 동형접합 표현형의 중간형으로 나타난다. 공동우성의 경우, 이형접합 표현형은 두 동형접합의 형질을 모두 나타낸다.

9.10 혈액형: 일부 유전자는 2개 이상의 대립유전자를 가진다

당신의 혈액형은 무엇인가? O형, A형, B형, 그리고 AB형일 것이다. 각각의 다른 혈액형은 혈액 세포의 일부 물리적인 특징들을 나타내고, 수혈—혈액의 공여와 수여—에 영향을 준다. 혈액형은 단일 유전자가 둘보다 많은 대립유전자를 갖는 **복대립유전자**에 의한 경우로 설명되기 때문에, 유전적 관점에서 또한 흥미롭다. (물론 각 개체는 오직 2개의 대립유전자—하나는 어머니로부터 다른 하나는 아버지로부터—만 운반한다.)

ABO식 혈액형의 유전은 오직 3개의 대립유전자를 갖기 때문에 복대립유전자성의 가장 간단한 예가 된다. 우리는 이 대립유전자를 I^A, I^B 그리고 i라고 할 수 있다. 두 대립유전자 I^A와 I^B는 i에 대하여 완전 우성이기 때문에 유전자형으로 I^AI^A나 I^Ai를 갖는 사람은 A 혈액형을 갖는다(**그림 9.19**). 유사하게, I^BI^B 또는 I^Bi의 유전자형을 갖는 사람은 B 혈액형을 가진다. 만약 2개의 대립유전자 i를 가지고 있다면, 혈액형은 O형일 것이다. 대립유전자 I^A와 I^B는 서로에 대하여 공동우성이다. 그래서 유전자형 I^AI^B는 AB형이 된다. 따라서 집단 안에서 이 세 대립유전자를 갖는 개체는 네 가지의 다른 혈액형 A형, B형, AB형 그리고 O형 중 하나가 될 수 있다.

복대립유전자: 혈액형

복대립유전자는 집단 내에서 한 유전자에 대하여 셋 또는 그 이상의 대립유전자가 존재할 때 일어난다. 한 사람은 여전히 오직 두 대립유전자—각각의 부모로부터 하나씩—만 물려받는다.

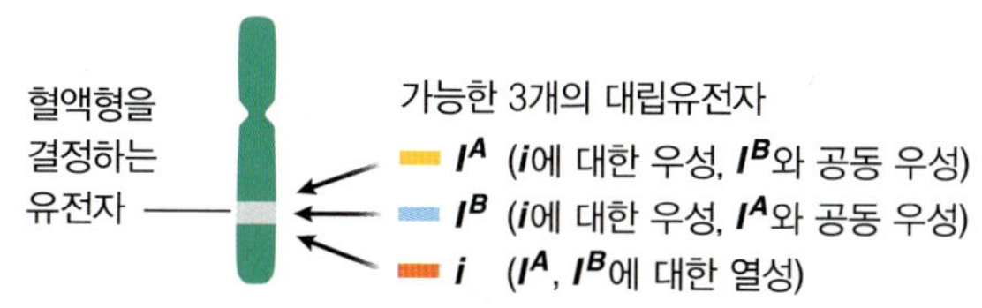

적혈구는 6가지의 다른 유전자형 (I^AI^A, I^Ai, I^BI^B, I^Bi, I^AI^B, 그리고 ii)을 갖는다. 이러한 유전자형은 4가지 다른 표현형(A형, B형, AB형 그리고 O형)으로 나타난다.

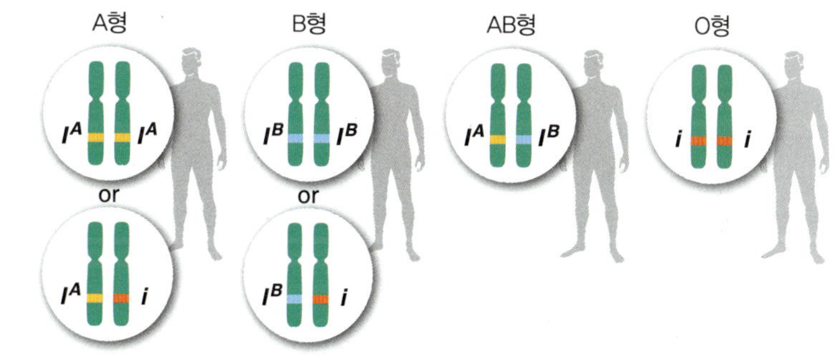

그림 9.19 **세 가지 다른 대립유전자—I^A, I^B 그리고 i—가 혈액형을 결정한다.**

혈액형 대립유전자는 항원이라는 특정한 세트의 화학물질을 생성할 것을 지시하는 명령을 가진다. 항원은 세포 표면으로부터 돌출된 분자(주로 단백질에 부착된 탄수화물)이며, 외부 침입자에 대항하는 방어를 "작동"시킬 수 있다. (isoagglutinogen을 가리키는 I는 항원을 의미하는 다른 이름이다.)

대립유전자 I^A는 적혈구의 모든 표면에 걸쳐서 A항원의 생성을 지시한다. 유사하게, 대립유전자 I^B는 모든 적혈구에서 B항원의 생성을 지시한다. AB형의 사람은 A와 B항원 둘 다 가진 적혈구를 생성한다. i 대립유전자는 A항원과 B항원을 **모두** 암호화하지 않는다. 따라서 O형은 적혈구 표현에 A와 B항원 어느 것도 생성하지 않는다는 것을 의미한다(**그림 9.20**).

항원은 체내 질환과 싸우는 면역계에서 역할을 하며, 표지판처럼 어떤 세포가 우리 몸에 속해 있는지 아닌지 면역계에 알려준다. 만약 잘못된 항원을 갖는 적혈구가 우리의 혈류에 유입된다면, 우리의 면역계는 이를 외부 침입자로 인식하고 파괴한다. 이러한 공격은 오직 외부 항원만 공격하는 **항체**라는 물질에 의해 시작된다.

적혈구에 오직 A항원만을 갖는 사람은 B항원을 공격하는 항체를 생성한다. 정상적인 환경에서 항체는 외부 항원을 갖는 적혈구와 만나지 않는다. 그러나 만일 외부 항원을 가지고 있는 적혈구

혈액형, 항원, 항체

항원
일부 세포의 표면에 존재하는 화학물질. 어떤 세포가 우리 몸에 속해 있는지 아닌지를 면역계에 알려주는 표지 역할을 한다.

항체
외부 항원을 가진 세포를 공격하는 면역계 분자.

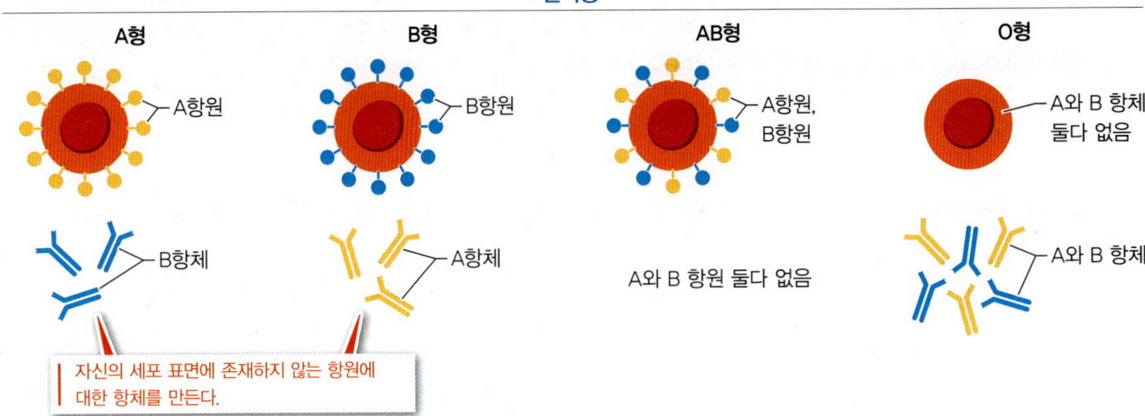

그림 9.20 친구 또는 적? 항원은 어떤 세포가 우리 몸에 속해 있는지 아닌지를 면역계에 알려주는 표지이다.

가 수혈 과정에서 우연히 혈류로 주입된다면 이와 같은 일이 일어날 수도 있다. 부적절한 수혈은 적혈구의 파괴와 저혈압, 그리고 사망에까지 이르게 할 수 있다.

Q 왜 O형의 사람들은 "만능 공혈자"라고 여겨질까? 왜 AB형의 사람들은 "만능 수혈자"라고 여겨질까?

적혈구에 오직 B항원만을 갖는 사람은 A항원을 공격하는 항체를 생성한다. 적혈구에 A항원도 B항원도 생성하지 않는 O형의 사람은 A와 B항원 모두를 공격하는 항체를 생성한다. AB형의 사람은 어느 종류의 항체도 생성하지 않는다(그렇지 않으면 자신의 혈액 세포를 공격하는 항체를 갖게 된다).

이러한 정보로부터, 어떤 혈액형을 수혈에 이용할 수 있는지 추론할 수 있다(**그림 9.21**). 만능 공혈자인 O형의 사람은 A항원과 B항원을 모두 생성하지 않아서 어떠한 항체와도 반응을 일으키지 않는다. 반대로 만능수혈자인 AB형의 사람은 A항원 또는 B항원에 대한 항체를 생성하지 않는다.

적혈구 표면의 또 다른 표지는 Rh식 혈액형 표지이다. (Rh 혈액형은 두 대립유전자를 갖는 단일 유전자의 효과로부터 기인하기 때문에 복대립유전자의 예가 아니다. 그러나 ABO식 혈액형처럼 Rh 표지도 수혈자의 혈액형을 제한한다.)

어떤 사람이 하나 또는 2개의 우성 Rh 표지 대립유전자를 갖는다면, 적혈구는 Rh 세포 표면 표지를 지니며 Rh-양성이 된다. ABO식 혈액형에 더하여, 예컨대 O-양성으로 언급된다.

이 유전자에 대한 열성 대립유전자 2개를 갖는 사람은 어느 Rh 표지도 가지지 않아 O-음성으로 묘사된다. 만약 Rh-음성인 사람이 Rh-양성 혈액에 노출되면, 면역계는 Rh 항원을 외부 침입자로 간주하여 공격한다—면역반응은 모르고 지나칠 수 있는 가벼운 것부터 사망에 이를 수 있는 극심한 것에 이르기까지 다양하다.

핵심요약 9.10

» 복대립유전자에서 단일 유전자는 3가지 이상의 대립유전자를 갖는다. 각각의 개체는 여전히 두 대립유전자를 지니지만 집단 내에는 세 가지 이상의 대립유전자가 존재한다. 인간의 ABO식 혈액형이 이러한 예이다.

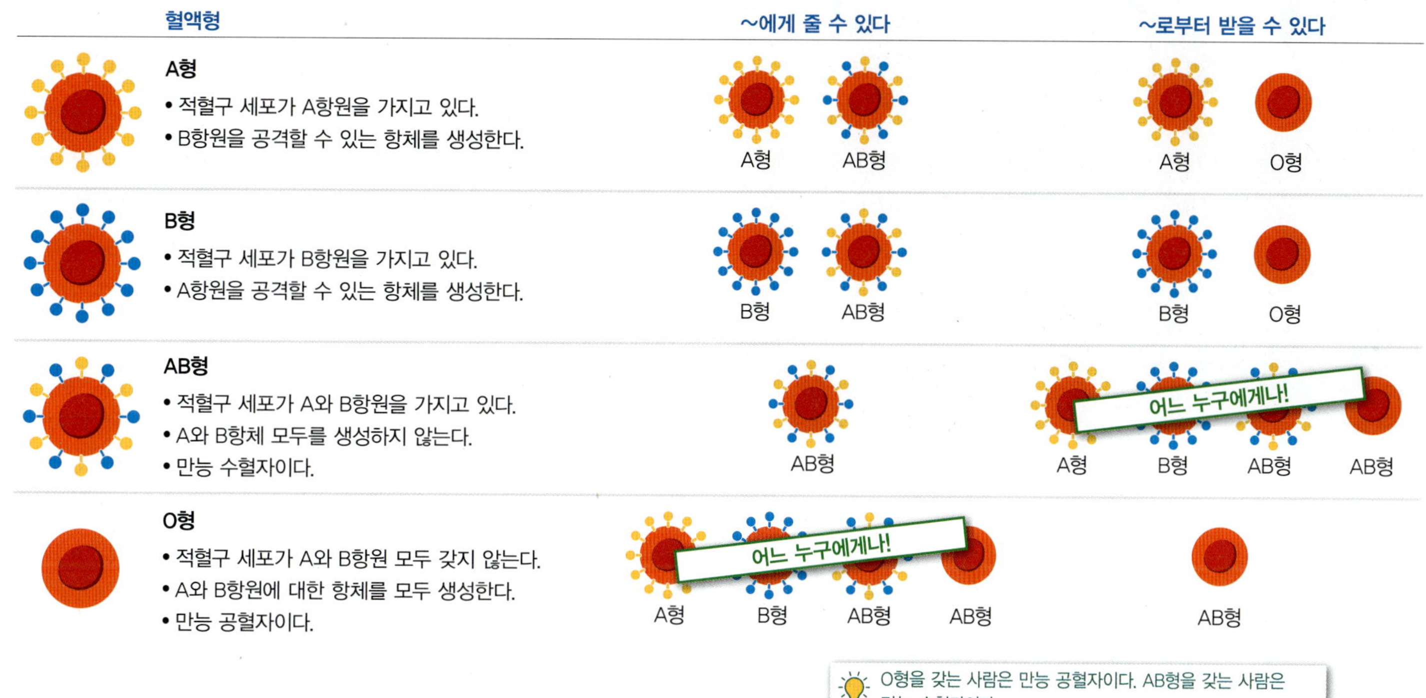

그림 9.21 **혈액 적합성 지도.**

9.11 키처럼 연속적으로 다양한 형질은 어떻게 유전자의 영향을 받을까?

키를 예측하는 방법을 제시하는 실없는 얘기가 있다. 만약 아기가 남자아이라면, 엄마의 키에 12.7 cm를 더하고, 아빠의 키와 평균을 낸다. 만약 여자아이라면, 아빠의 키에서 12.7cm를 뺀 후 엄마의 키와 평균을 낸다. 한편, 다른 전해오는 이야기에 따르면 만 2살 때 아이의 키에 두 배를 하라고 한다.

이러한 예측 방법이 놀랄 만큼 정확할 수 있다. 왜냐하면, 유전자가 키에 영향을 미치는 중요한 역할을 하기 때문이다. 따라서 측정 가능한 방법으로 자손은 부모를 닮는다. 그러나 두 대립유전자를 갖는 단일 유전자에 의해 식물의 키가 결정되는 Mendel의 완두와는 달리, 인간과 대부분 동물에서 성체의 키는 많은 다른 유전자에 의해 영향을 받는다. 이러한 형질을 **다인자성**이라 부른다.

최근 연구에서 성인의 키에 영향을 미치는 적어도 180개의 유전자 자리(유전자 위치)를 발견했다. 각 유전자 자리에서 개인이 가지는 대립유전자에 따라서 키가 결정된다. "키가 큰" 대립유전자를 더 많이 가진 사람은 키가 큰 대립유전자를 더 적게 가지고 있는 사람보다 키가 더 크다. 키 유전자들 중 많은 것은 골격의 성장과 호르몬 경로에 관여한다. 예를 들어, 키 유전자 중 하나는 15번 염색체에 위치하며, 테스토스테론을 에스트로겐으로 전환하는 효소를 암호화한다. 에스트로겐은 뼈 끝부분을 융합시켜 성장을 멈추게 하므로 이 효소는 키에 영향을 미친다.

첨가효과라는 용어는 다수의 대립유전자 효과가 최종적인 표현형에 기여할 때 나타나는 현상을 의미한다. 사람들 간에 존재하는 모든 키의 다양성은 키가 다수의 유전자뿐만 아니라 환경 요소

다인자성 형질

그림 9.22 많은 유전자로부터 나타나는 하나의 형질. 키와 피부색은 다중유전자 형질이다.

에 의해 영향을 받는 형질이라는 것을 반영한다(**그림 9.22**).

사람의 눈 색깔을 포함하여 많은 신체적 형질은 다수의 유전자에 의해 영향을 받는다. 눈 색깔은 우성의 갈색-눈 대립유전자와 열성의 파란-눈 대립유전자를 갖는 단일 유전자에 의해 조절된다고 오랫동안 믿어져 왔다. 그러나 이제 이는 최소 2개의 유전자와 아마도 더 많은 유전자—감각을 더 잘 느끼게 하고, 성인들 사이에서 나타나는 연속적인 눈동자 색의 다양성을 주는 경우—가 상호작용한 결과로 보인다.

많은 행동 형질은 다수의 유전자에 의해 영향을 받는다. 예를 들어, 자폐증으로 알려진 발달 장애는 무수한 다른 유전자—심지어 100개나 되는—변형의 결과로 보인다. 자폐증을 앓는 사람은 다른 사람과 상호작용하며 특히 감성적 교감을 형성하는 데 어려움을 가진다. 또한, 좁은 범위에 초점이 맞춰져 있고 반복적인 흥미를 보이는 경향이 있다. 그러나 자폐증은 강도에 따라 그 증상이 다양하므로 연구하기 어렵기로 악명이 높다. 자폐증과 관련된 많은 유전자의 다른 조합 때문에 다양한 장애가 생길 수 있다는 것이 밝혀졌다.

자폐증과 관련 있는 유전자가 일부 바람직한 특성에도 영향을 줄 수 있다. 공학기술, 물리학, 컴퓨터 과학 그리고 수학과 같은 분야에서 일하는 부모에게 자폐증 아이가 많이 있음을 보여주는 연구결과가 발표되었다. (그러나 이를 조사한 연구자들에 따르면, 부모의 직업과 사회-경제적 배경에 상관없이 자폐증을 가진 아이가 태어난다.)

핵심요약 9.11

» 키, 눈동자 색과 같은 연속적인 다양한 형질을 포함한 많은 형질은 다수의 유전자에 영향을 받는다.

9.12 때로는 하나의 유전자가 여러 형질에 영향을 미친다

다수의 유전자가 하나의 형질에 영향을 주는 것처럼 일부의 경우, 하나의 유전자가 관련이 없는 다양한 형질에 영향을 줄 수 있는데, 이 현상을 **다면발현**이라고 부른다. 실제로 거의 모든 유전자에 이에 해당된다. 적혈구에 결함이 생겨 구조가 낫 모양으로 변화되어 산소를 운반할 수 없는 겸형혈구증(겸형혈구빈혈증)을 생각해보자. 적혈구의 결함 때문에 효과적으로 산소를 조직으로 운반할 수 없으며, 이들이 혈관 벽에 쌓여 심한 고통을 일으킨다. 겸형혈구증 환자는 숨 가쁨과 수명을 상당히 단축하는 많은 다른 문제점으로 인해 고통을 겪는다.

겸형혈구증을 일으키는 유전자는 적혈구에서 산소를 운반하는 분자인 헤모글로빈 분자를 암호화한다; Hb^A는 정상 헤모글로빈에 대한 대립유전자이며, Hb^S는 비정상적인 "겸형 혈구" 대립유전자이다. 겸형혈구증은 낫 모양(겸형) 세포 대립유전자에 대한 동형접합인 Hb^SHb^S 사람에게서 나타나고, 정상 헤모글로빈 대립유전자를 적어도 하나 가지고 있는 사람에게서는 나타나지 않는다(이형접합자인 사람은 정상적인 적혈구 세포와 낫 모양 적혈구 세포를 둘 다 만들지만, 낫 모양 세포로 인한 빈혈증을 일으키기에는 충분하지 않다).

Q 겸형혈구증의 "가장 큰" 이점은 무엇인가?

이 헤모글로빈 유전자는 비록 하나의 유전자이지만 다양한 표현형 효과를 유발하기 때문에 다면발현이다. 겸형혈구 대립유전자에 대해 동형접합이거나 이형접합인 사람(Hb^SHb^S 또는 HB^AHb^S)은 비정상적인 헤모글로빈과 적혈구를 가질 뿐만 아니라 순환계에 문제를 가

다면발현: 한 유전자, 다양한 효과

겸형혈구증에 대한 대립유전자는 많은 형질에 영향을 미치는 다면발현이다. 적혈구 세포를 비정상적인 낫 모양을 형성하도록 하고 말라리아에 대한 저항성을 제공한다.

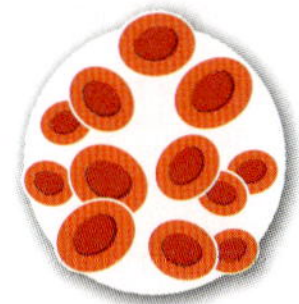

Hb^AHb^A **동형접합자**
- 겸형혈구 질환을 나타내지 않는다.
- 말라리아에 감염되기 쉽다

Hb^SHb^A **이형접합자**
- 겸상적혈구 질환을 나타내지 않는다.
- 말라리아에 면역반응을 나타낸다.

Hb^SHb^S **동형접합자**
- 겸상적혈구 질환을 나타낸다.
- 말라리아에 면역반응을 나타낸다.

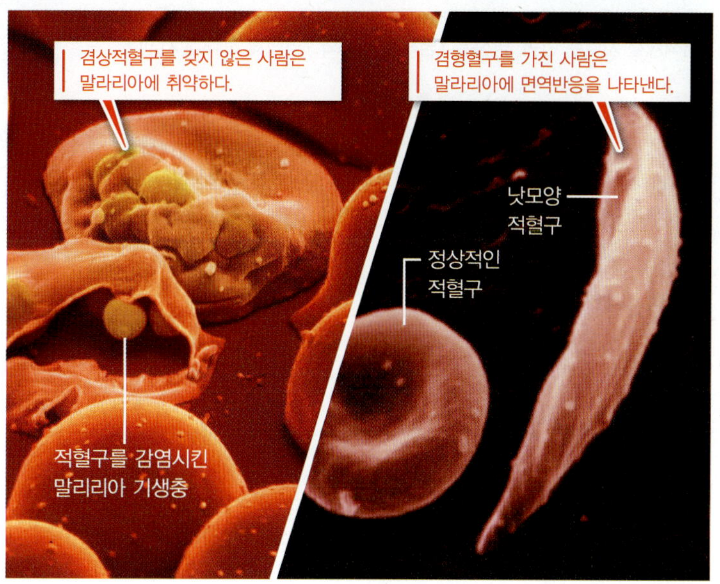

그림 9.23 하나의 유전자로부터 다양한 형질. 겸상적혈구 질환에 대한 대립유전자는 다면발현이다. 이것은 적혈구가 비정상적인 낫 모양을 형성하도록 유도하며, 또한 말라리아에 대한 저항성을 제공한다.

진다. 게다가 말라리아를 일으키는 기생충에 저항성을 나타낸다. 말라리아 기생충은—적혈구에서 사는—결함이 있는 형태의 헤모글로빈 유전자를 지닌 세포에서는 잘 살아남지 못한다(**그림 9.23**).

다면발현의 또 다른 예는 *CFTR* 유전자인데, 이 유전자는 염소 이온을 이동시키는 채널 역할을 담당하는 막단백질을 암호화한다. 이 이온 채널의 기능에 문제가 생긴 돌연변이는 폐에 점액질이 쌓이는 낭포성섬유증을 일으킨다. 또한, 췌장의 기능이 감소하여 당뇨병이 생기며, 남성의 경우에는 정관의 기능이 떨어져 불임이 된다.

핵심요약 9.12

» 다면발현에서, 하나의 유전자는 관련이 없는 다양한 형질에 영향을 줄 수 있다. 비록 전부는 아닐지라도 대부분 유전자는 다면발현이다.

9.13 성과 연관된 형질은 남성과 여성에서 발현 패턴이 다르다

대부분 형질의 유전양상은 남성과 여성 사이에서 차이가 나지 않는다. 유전자가 상염색체(비-성염색체 중 하나)에 존재하면 남성과 여성 모두 어머니로부터 받은 하나와 아버지로부터 받은 하나, 2개의 유전자를 이어받는다. 한 개인이 다른 유전자형에 비해 특정 유전자형을 물려받을 가능성은 남자와 여자가 다르지 않다.

반면에, 성염색체에 의해 암호화되어 있는 형질은 남성과 여성에게서 발현 양상의 차이를 보인다. 이러한 현상을 가장 쉽게 관찰할 수 있는 예 중 하나가 적-녹 색맹이다. 사람의 X염색체에는 눈에서 감광성 단백질을 생성하기 위한 명령을 수행하는 유전자가 있다. 이 단백질로 인해 적색과 녹색의 구분이 가능하다. 개인이 이러한 감광성 단백질의 생성 명령을 수행하는 기능적인 유전자를 적어도 한 벌만 가지고 있으면, 정상 색 식별력을 갖기에 충분한 양의 단백질을 생성한다.

그러나 이 유전자에는 빛에 민감하지 않아 기능이 없는 단백질을 생성하는 대립유전자가 드물지만 존재한다. 이렇게 기능을 못하는 단백질을 약간 가지고 있더라도 다른 하나의 정상적인 형태

성연관 형질: 색맹

성연관 형질은 X염색체가 운반하는 유전자에 의해 나타난다. 여성은 2개의 X염색체를 지니는 반면, 남성은 X염색체 하나와 Y염색체 하나를 지닌다.

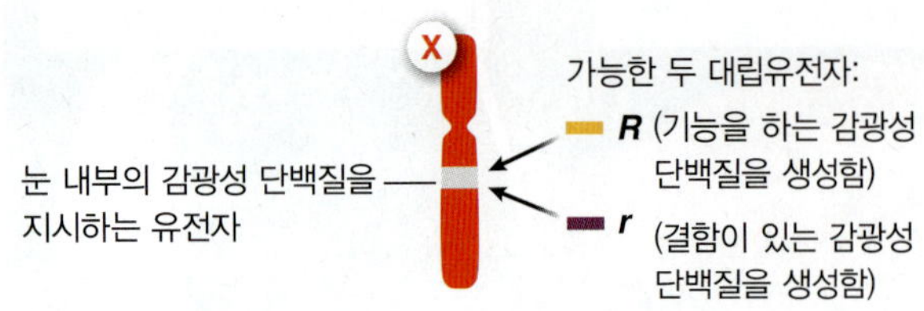

색맹이 되려면...

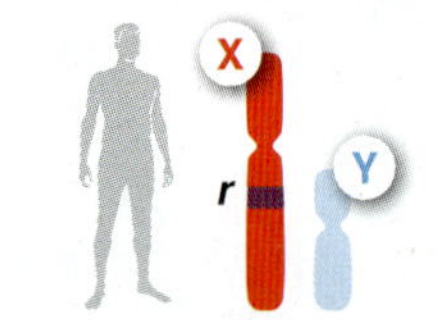

남성은 반드시 엄마로부터 색맹 대립유전자(*r*)를 물려받아야 한다.

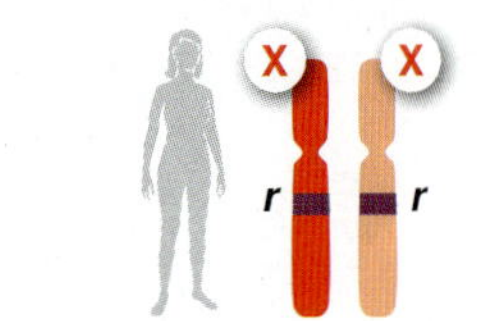

여성은 반드시 두 부모 모두에게서 색맹 대립유전자(*r*)를 물려받아야 한다.

정상적인 색 식별력을 가지려면...

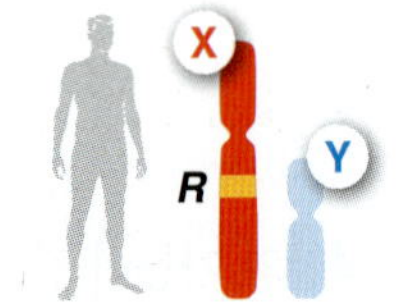

남성은 반드시 엄마로부터 정상적인 색 식별 대립유전자(***R***)를 물려받아야 한다.

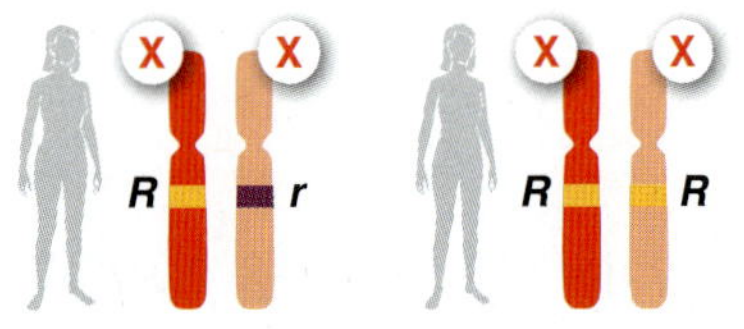

여성은 엄마 또는 아빠 어느 쪽에서든 정상적인 색 식별 대립유전자(***R***)를 물려받아야 한다.

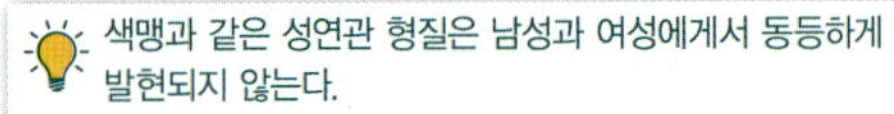

그림 9.24 색맹 유전.

의 유전자를 가지고 있어서 정상적인 단백질을 생성한다면 문제가 되지 않는다.

왜 색맹인 남성이 색맹인 여성보다 더 많은가?

문제점은 이것이다. 남성은 적-녹색 식별력을 암호화하는 정상적인 형태의 유전자를 물려받을 기회가 단 한 번만 있다. 이 유전자는 X염색체에 있으므로 남성은 엄마로부터만 이 염색체를 물려받는다. 여성은 두 번의 기회를 얻는다. 여성이 한 부모로부터 결함이 있는 대립유전자를 물려받더라도 다른 한 부모로부터 정상 대립유전자를 물려받을 수 있다(따라서 정상적인 색 식별력을 가진다). 만일 여성이 두 부모로부터 모두 결함이 있는 대립유전자를 물려받는다면 적-녹 색맹이 될 것이다. 예측할 수 있듯이, 적-녹 색맹의 빈도는 여성보다 남성이 상당히 높다(**그림 9.24**). 대략 여성의 1% 이하가 적-녹 색맹인 반면, 남성의 7~10%가 적-녹 색맹을 나타낸다.

성연관 열성 형질의 경우, 남성이 여성에 비해서 더 빈번하게 나타내는 반면, 성연관 우성 형질인 경우의 상황은 반대다. 이 경우, 여성은 형질을 일으키는 대립유전자를 물려받기 위한 기회가 두 번이기 때문에, 대립유전자를 물려받을 기회가 한 번인 남성보다 더 쉽게 대립유전자를 얻고, 형질이 더 잘 나타난다.

핵심요약 9.13

» X염색체에 있는 색 식별력 유전자처럼 성염색체에 존재하는 유전자에 의해 암호화되는 형질의 경우, 남성과 여성에게서 발현 양상의 차이가 있다.

이것이 우리의 방법 / 과학의 창의적 과정

9.14 남성과 연관된 탈모의 원인은 무엇인가?

어떤 남성들은 왜 머리카락을 잃고 대머리가 될까? 남성의 탈모는 어머니로부터 유전된다고 오래전부터 여겨져 왔다. 이런 생각은 1916년, Dorothy Osborn이 탈모의 원인이 유전이라고 제안한 첫 과학적 연구를 발표한 이후부터이다. 논문에서 Osborn은 그 당시에 널리 퍼져 있던 가설을 반박했다. 그 당시에는 모자를 쓰면 두피에 양분을 제공하는 혈관에 압력이 가해지기 때문에 대머리가 된다고 생각했다. 그녀는 "모자는 죄가 없다"라고 말하며 쉽게 이를 증명했다. 우선, 남성과 여성이 동일한 빈도로 모자를 쓰더라도 여성의 경우에는 거의 대머리가 되지 않음에 주목했다.

"모자가 탈모의 원인이다"라는 가설을 어떻게 입증할 수 있을까?

오늘날에도 이처럼 쉽게 검증된 많은 가설이 있다: "샴푸로 너무 지나치게 머리를 감으면 모낭이 막힌다" "충분한 혈액이 두피 주변에 순환하지 않는다" "헤어젤과 기타 여러 용품이 유독하다"

Osborn은 탈모의 유전양상을 면밀하게 연구하는 것이 실제 매우 어렵다는 것을 알았다. 우선, 이 조건은 매우 일반적이다 — 남성의 50%가 50세까지 약간의 탈모 증상을 경험했고, 남성의 70%가 70세까지 탈모 증상을 경험했다. 이런 모든 사람에게 존재하지만 탈모가 아닌 사람에게는 존재하지 않는 공통적인 요인이 무엇인지를 입증하고 연구하는 것은 어렵고, 특히 이런 요인들 간의 상호작용 또한 중요하다.

이런 관찰에서는 왜 예전부터 행해왔던 가계도 분석이 어려운가?

탈모는 나이가 들수록 많아지므로 탈모가 아닌 젊은 사람이 나이가 들어서 탈모가 될지 아니면 결코 탈모가 되지 않을지를 아는 것은 어렵다. 그리고 모든 탈모의 형태가 동일한 근본적인 원인 때문인지 아닌지도 불분명하다.

최근의 한 연구: 2005년, 95개 가족—이른 나이에 남성형 탈모 증상을 나타낸 남자 형제가 적어도 2명이 존재하는 가족—으로부터 391명의 남성—201명의 탈모를 포함—의 DNA를 연구하였다. 비교를 위해서 추가적으로 남성형 탈모를 나타내는 40세 이하의 혈연관계가 없는 남성과 탈모 증상이 없는 60세 이상의 남성 DNA도 조사하였다.

연구자들은 남성형 탈모를 나타내는 남성들이 X염색체에 있는 특정 DNA를 상당히 공유하고 있다는 것을 알게 되었다. 반면에 탈모가 아닌 남성들은 다른 DNA 염기서열을 공유하였다.

만일 탈모인 남성들이 X염색체 상에 있는 DNA 염기서열을 공유한다면, 탈모와 관련된 DNA의 유전에 관해서 무엇을 말할 수 있는가?

탈모와 관련이 있는 DNA가 X염색체 위에 있다는 발견은 남성형 탈모가 어머니로부터 남성에게 전해지는 형질이라는 오랫동안의 생각을 재확인하는 것이다. 결국, 남성들은 어머니로부터만 X염색체를 받는다.

연구자들은 오랫동안 지속하여 온 논쟁을 해결하였다. 남성형 탈모 치료에 관한 연구에 길을 밝혀 주었다는 것이 아마 더 중요해 보인다. 남성형 탈모와 연관된 DNA 서열은 단일 유전자—이미 탈모를 야기시키는 역할을 할 것이라고 예상했던 유전자—지역에 위치한다는 것이 밝혀졌다. 그 서열은 테스토스테론과 같은 남성호르몬에 대한 수용체를 평균보다 더 많이 만들도록 지시한다. 이는 거세한 남성—테스토스테론을 거의 만들지 못하는 남성—은 탈모가 되지 않는다는 발견과 일치한다.

> **생각하기, 짝과 나누기**
>
> 수업 수강생 중 하나와 짝을 형성하시오. 다음의 질문을 읽고 답에 대하여 60초 동안 조용히 생각하시오. 이후 5분 동안 토론을 하고 자신의 답을 공유할 수 있게 준비하시오.
>
> - 이런 발견은 남성형 탈모를 치료하기 위해 어떤 전략을 제시하는가?

핵심요약 9.14

» 가설을 명확하게 구성하는 간단한 과정은 그 가설을 검증하기 위한 간단한 전략을 제시할 수 있다. 가설을 검증하기 위해 행해진 관찰은 가치 있는 미래의 연구 방향을 알려준다.

9.15 환경적 영향: 일란성 쌍둥이도 똑같지 않다

굵은 글씨로 쓴 내용은 매우 심각한 경고이다.

> "페닐케톤뇨증(PHENYLKETONURICS):
> 페닐알라닌 포함."

그러나 이것은 화학 실험실에 있는 유리병의 해골과 뼈가 교차한 마크 옆에 쓰인 글이 아니라 사람들의 구매를 위해 만들어진 다이어트 콜라 캔에 적힌 글이다(**그림 9.25**). 우리 대부분은 이런 경고를 알아차리지 못하거나 무시해 버린다.

페닐알라닌의 섭취가 페닐케톤뇨증(PKU)을 물려받은 사람에게 치명적일 수 있어서 페닐알라닌이 들어있는 음식물에는 경고 표지가 있다.

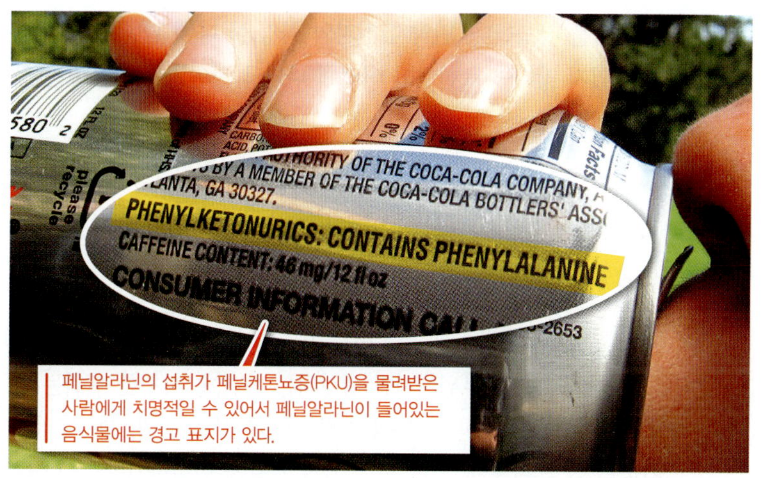

그림 9.25 환경을 바꾸어 질병을 "치료"하기.

특정 유전자형을 가지고 있는 사람은 페닐알라닌이라는 아미노산을 섭취하면 치명적일 수 있으므로 이들을 위한 경고이다. 때때로 우리 몸은 단백질을 합성하기 위해서, 신장하는 아미노산 서열에 직접 페닐알라닌을 첨가한다. 또 어떤 때에는 페닐알라닌은 타이로신이라고 불리는 다른 아미노산으로 화학적으로 변형된다. 타이로신은 단백질을 형성하기 위해서, 그리고 다양한 다른 방식들로 신체에 사용된다.

문제점은 이것이다. 태어날 때, 어떤 사람은 페닐알라닌을 타이로신으로 바꿔주는 효소를 생성할 것으로 보이는 유전자의 돌연변이 사본을 2개 지닌다. 돌연변이 유전자는 제대로 기능하지 못하는 효소를 생성하여 몸의 페닐알라닌은 타이로신으로 전환되지 않는다. 페닐알라닌을 섭취함에 따라, 페닐알라닌이 타이로신으로 전환되지 않기 때문에 조금씩 몸에 쌓이게 된다. 2개의 돌연변이 대립유전자를 가진 아기는 3~6개월 사이에 증상이 나타나기 시작한다. 몇 년 지나지 않아서 매우 많은 양이 축적되면 독성 수준에 도달하여 뇌에 독성을 나타내고 정신지체와 사망을 유발한다. 이 질병을 페닐케톤뇨증(phenylketonuria, PKU)이라고 부른다.

일부 색소 유전자는 꼬리, 귀 그리고 발과 같이 차가운 조건에서만 어두운 색소를 만든다.

그림 9.26 열-민감성 털 색.

위험 문구가 삽입된 것은 이 때문이다. 섭취하는 페닐알라닌의 양을 제한함으로써, 페닐알라닌 대사 과정에서 2개의 돌연변이 대립유전자를 지닌 사람의 뇌에 이 아미노산이 축적되어 해를 입는 것을 피할 수 있다. 원칙적으로, 환경(식이요법)을 변화시켜 페닐알라닌이 전혀 없거나 적은 양만을 포함하도록 한다. 미국에서 태어나는 모든 신생아는 PKU 유전자 검사를 받기 때문에, 즉각적으로 적절한 식이요법 처방을 받는다. 과다한 페닐알라닌이 없는 환경에서 PKU 돌연변이 대립유전자는 해롭지 않다.

이런 예는 유전자는 환경과 상호작용하여 신체적 특성을 드러내게 됨을 강조한다. 만약 유전자와 환경 둘 다에 관한 정보를 가지고 있지 않다면 표현형이 어떻게 나타날 것인가를 알아내는 것은 거의 불가능하다.

Q 얼음 팩을 가지고 일시적으로 점박이 샴 고양이를 만들 수 있을까? 어떻게 하면 될까?

샴 고양이는(히말라야 토끼와 마찬가지로) 어두운 색소를 형성하는 유전자를 갖고 있다. 이 유전자는 환경과 밀접하게 상호작용하며, 열에 민감하다. 어두운 색소가 비교적 동물 몸체의 저온의 부위에서만 생성되는 반면에, 따뜻한 부위는 매우 밝은 색을 유지한다. 몸의 가장 차가운 부위—귀, 발, 꼬리와 얼굴의 끝 부위—에 있는 털은 가장 까맣게 변화하지만, 몸의 나머지 부위는 크림색 또는 흰색으로 남아있게 된다(**그림 9.26**). 추운 기후에 살며 외부에서 많은 시간을 보내는 샴 고양이가 겨울 동안 색이 어두워진다는 발견은 흥미로운 일이다. 겨울 내내 실내 공간에서 지낸 샴 고양이는 밝은 색을 유지한다.

유전자와 환경의 상호작용이 신체의 궁극적 결과에 영향을 미치는 예는 무수히 많다. 환경은 체중과 섭취한 칼로리 양의 관계와 같이 명백한 환경적 효과를 나타내는 형질에서부터, 환경에 영향을 거의 받지 않는 눈동자 색과 같은 형질, 그리고 지능이나 인격과 같이 환경과 복잡하고 미묘한 상호작용을 하는 형질에 이르기까지 넓은 범위에 영향을 미친다.

표현형에 영향을 미치는 환경적 요소의 역할 때문에, DNA는 집의 청사진이 아니다. 정확한 표현형이 형성되는 데에 영향을 미치는 유전자형과 환경 사이의 중요한 상호작용이 거의 항상 존재한다. 만일 표현형이 유전자형에 의해서만 결정된다면, 개인이나 사회가 환경을 부유하게 함으로써 인간의 삶을 향상(즉, 표현형의 변화)시키기 위해 더 좋은 학교, 신체 건강을 위한 식이요법, 영양 모니터링, 자립적 노력 또는 다른 과정에 투자할 이유가 없다.

Q 인간 게놈 프로젝트를 완성했을 때, DNA 공동 발견자 James Watson은 "인간의 완전한 유전적 청사진"을 갖게 되었다고 기술한 적이 있다. 이는 왜 모자라고 잠재적으로 무책임한 비유인가?

핵심요약 9.15

» 유전자형은 표현형을 결정짓는 청사진이 아니다. 표현형은 유전자형, 그리고 유전자형과 환경의 상호작용 산물이다.

일부 유전자는 서로 연관되어 있다

▲ 붉은색 머리와 주근깨에 영향을 주는 서로 다른 유전자가 존재한다. 그런데 왜 이들은 함께 유전될까?

9.16 대부분의 형질은 서로에게 독립적으로 유전된다

잘못된 추론 덕분에 어떤 사안에 대해 옳을 때가 있다. 이것이 Gregor Mendel에게 해당된다.

Mendel은 유전자가 염색체에 존재한다는 것을 몰랐다. 대신에 유전의 구성단위가 단지 세포 내에 존재하는 자유롭게 떠다니는 독립체라고 믿었다. 이러한 관점으로 한 형질의 유전양상은 또 다른 형질의 유전에 영향을 줄 수 없다고 이해하였다.

> 잡종 교배에서 서로 다른 특징을 나타내는 두 형질의 관계는 원래의 두 부모가 나타내는 다른 특징과 독립적이다."
>
> — Gregor Mendel
>
> 그의 저서 "식물 교배 실험"에서 독립의 법칙에 관한 생각을 명확하게 나타내었다.(1865)

하나의 예를 생각해보자. 이번 상 앞부분에서, 완전히 흰 털을 가진 고양이는 적어도 부모 중 하나는 완전히 흰 털을 가진다는 것을 보았다. 이는 흰 털이 단일 우성 유전자에 의해 암호화되기 때문이다.

흰 털을 가지고 있는 고양이의 순종 집단(즉, 모든 자손은 그 형질을 나타내며 *WW* 유전자형을 지닌다)을 가지고 있다고 생각해보자. 이 집단의 개체가 색깔을 나타내는 털을 가진 순종 집단의 고양이(모든 개체는 *ww* 유전자형을 가진다)와 교배를 하였다고 가정해보다. 자손은 모두 흰색의 털을 갖지만, 이형접합일 것이다(*Ww*).

만약 두 이형접합자들이 함께 새끼를 갖는다면, 3/4의 흰털 고양이 새끼와 1/4의 색깔이 있는 털의 고양이 새끼를 갖게 될 것이다. 그리고 유전자형은 1/4 *WW*, 1/2 *Ww* 1/4 *ww*의 비율을 나타낼 것이다. 이것이 Mendel이 완두의 형질에서 관찰했던 것이다.

그러나 이러한 고양이에서 동시에 발생하는 또 다른 형질을 관찰한다면 어떻게 될까? 본래 흰 털을 갖는 순종 집단(*WW*)이 단일 유전자의 두 열성 대립유전자를 지님으로써 나타나는 긴 털(모두 *ll*)에 대해서도 또한 순종이라고 가정해보자. 그리고 색깔이 있는 털을 가진 집단의 개체가 짧은 털(모두 *LL*)에 대해 또한 순종이라고 가정하자. 흰 털 색깔 형질을 물려주도록 하는 대립유전자가 털 길이에 대한 형질을 물려주도록 하는 대립유전자에 영향을 미칠 수 있을까? 이것이 의문점이다.

그렇지 않다는 것이 이 질문에 대한 대답이다(**그림 9.27**). 긴 흰 털을 가진 고양이와 짧은 색깔 있는 털을 가진 고양이의 첫 번째

Mendel의 독립의 법칙

Mendel의 독립의 법칙은 한 형질이 다른 형질의 유전에 영향을 주지 않는다는 것을 말한다.

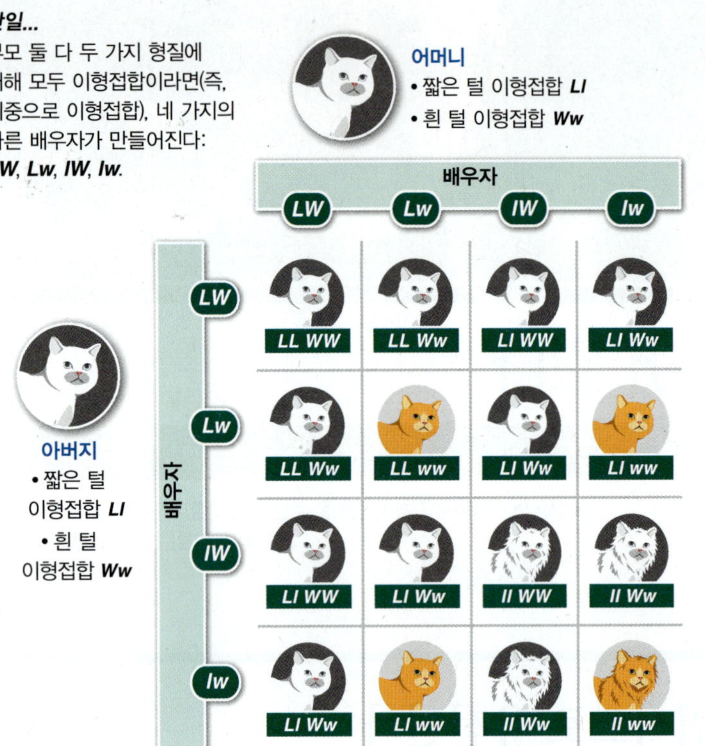

그렇다면...

L과 l에 대한 유전자형의 비율은 여전히 1/4 ***LL***, 1/2 ***Ll***, 1/4 ***ll*** 이다. 그리고 ***W***와 ***w***에 대한 유전자형의 비율도 여전히 1/4 ***WW***, 1/2 ***Ww***, 1/4 ***ww***이다.

한 번에 단지 한 가지 형질에 초점을 맞추자: 이형접합 부모에게서 태어난 자손은 전형적으로 1:2:1 비율의 유전자형과 3:1 표현형 비를 갖는다. 다른 형질이 이에 영향을 미치지 않는다.

자손	유전자형	표현형
	1/4 동형접합 우성 ***LL***	3/4 짧은 털
	2/4 이형접합 ***Ll***	
	1/4 동형접합 열성 ***ll***	1/4 긴 털
	1/4 동형접합 우성 ***WW***	3/4 흰 털
	2/4 이형접합 ***Ww***	
	1/4 동형접합 열성 ***ww***	1/4 색깔 있는 털

그림 9.27 한 형질의 유전은 다른 형질의 유전에 대체로 영향을 미치지 않는다.

교배는 두 형질에 대한 우성형질을 발현하는 이형접합의 자손이라는 결과를 낳는다. 이를 **양성잡종**이라고 한다.

표현형상으로, 이 교배에서 생산된 모든 자손은 짧고 완전히 흰 털을 가진다. 그리고 두 가지 모두 이형접합인 두 개체 사이의 교배—**양성잡종 교배**라 한다—에서는 어떤 형질에 관해 계산해 보더라도 새끼의 3/4은 우성형질, 1/4은 열성형질을 가진다. 4×4 커다란 퍼넷 정방형으로부터 두 가지 단일 형질을 발췌할 수 있다. 한번 시도해 보자.

다시 말해서 어떤 형질도 다른 형질의 유전 패턴에 영향을 주지 않는다는 것이다; 모든 형질은 서로에게 독립적으로 유전된다. 이것이 **Mendel의 독립의 법칙**이다.

다음 절에서 보겠지만, Mendel이 분리된 형질은 독립적으로 유전된다고 정확히 이해했음에도 불구하고, 모든 유전자가 세포 안에서 자유롭게 떠다니기 때문에 독립적으로 유전된다는 생각은 틀렸다. 우리가 지금 알다시피, 유전자는 염색체 상에 존재한다. 그리고 이러한 사실 때문에 가끔 독립의 법칙이 적용되지 않는 상황이 생긴다.

핵심요약 9.16

» 유전자들은 독립적으로 행동하는 경향이 있고, 한 형질의 유전양상은 대개 다른 형질의 유전에 영향을 미치지 않는다.

9.17 같은 염색체에 있는 유전자는 때때로 함께 유전된다

대부분의 붉은색 머리는 창백한 피부에 주근깨를 갖는다. 이런 단순한 관찰은 Mendel이 예상한 독립의 법칙에 문제가 된다. 그러나 명백하게, 붉은색 머리는 창백한 피부라는 또 다른 형질의 존재에 영향을 주는 것처럼 보인다. 엄격히 말해서, Mendel의 두 번째 법칙이 모든 상이한 두 형질에 대해 사실인 것은 아니다. 때때로 두 유전자에 대한 대립유전자는 함께 유전되고 한 묶음으로 발현된다.

Q 대부분의 붉은 머리는 왜 창백한 피부를 가질까?

예를 들어, 인간의 경우 유전체에는 약 21,000개의 유전자가 있다. 그러나 우리는 단지 23개의 독자적인 염색체를 갖는다(각각 2개씩). 그러므로 일부 다른 형질에 영향을 미치는 유전자들이 같은 염색체에 위치해 있고 심지어는 서로 가까이 위치해 있을 수 있다. 서로 가까이 위치해 있는 유전자를 **연관유전자**라고 부른다. 2008년 한 연구는 머리색과 피부 색소형성(주근깨를 포함하여)에 영향을 주는 유전자 사이의 연관을 증명했다.

연관유전자는 왜 함께 유전될까? 이 물음에 대답하기 위해서는 8장에서 논의한 배우자 형성과정 동안에 염색체의 이동을 다시 보아야 한다. 감수분열에 의해 정자 또는 난자를 형성할 때, 각 염색체의 2개 중 하나만이 배우자에 속하게 된다. 이것은 어머니로부터 받은 하나이거나 아버지로부터 받은 하나다. 부모 중 한쪽으로부터 받은 염색체에 존재하는 모든 대립유전자는 한 그룹을 이루어 수정의 결과물인 아이에게 전달된다. 이 과정은 세대를 거쳐 계속된다. 감수분열 동안 하나 이상의 대립유전자가 다른 상동 염색체로 이동하여 그 염색체에 있는 대립유전자와 연관을 이루게 되는 재조합이 일어나지 않으면 연관된 대립유전자는 분리되지 않는다(**그림 9.28**).

대립유전자가 같은 염색체에 밀접히 연관되었을 때, Mendel의 두 번째 법칙은 사실이 아니다. Mendel이 연구한 7가지의 완두 형질 중 같은 염색체에 함께 존재하는 것이 없었다는 것은 매우 놀랄 일이며, 매우 운이 좋았다. 이러한 이유로 7가지 형질은 모두 연관되지 않은 것처럼 행동했다.

핵심요약 9.17

» 때때로 하나의 형질이 또 다른 형질에 영향을 준다. 같은 염색체에 두 유전자가 가까이 존재할 때 두 유전자의 대립유전자는 대부분 한 묶음으로 유전되고 발현되기 때문이다.

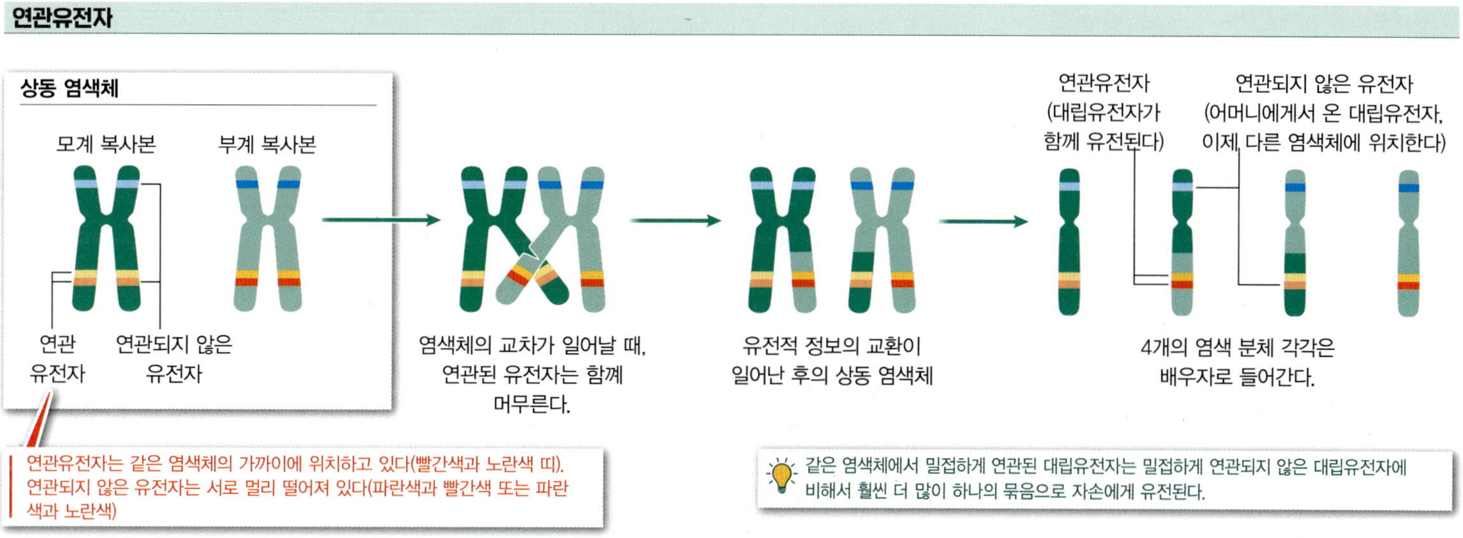

연관유전자

그림 9.28 일괄 거래. 같은 염색체에 가까이 위치한 유전자의 대립유전자는 대개 함께 자손에게 유전된다.

유전자가 우리를 새로운 것(스노우보드 더 빠르게 타기)을 추구하도록 이끄는가?

인간 염색체 11에는 DRD4라는 유전자가 있다. 이 유전자는 도파민 수용체를 생성하도록 한다. 도파민은 뇌의 쾌락 중추에서 활성을 변화시키는 화학물질로 동기부여에 영향을 준다. DRD4 유전자 시작 부위에는 “프로모터의 다형성-521C/T”이 있다. *C*와 *T* 2개의 대립유전자가 있는데, C 대립유전자는 DRD4 유전자 활성을 40% 정도 증가시킨다.

Q: 하나의 유전자가 성격에 영향을 줄 수 있을까? 2000년도의 한 연구에서, C 대립유전자를 2개 가지고 있는 사람은 그렇지 않은 사람과 비교했을 때 새로운 것을 추구하는 성격적 특성을 나타낸다고 보고하였다. 설문지를 통해 연구 참가자들은 자신을 잘 묘사하고 있는 말에 순위를 매겼다. 그리고 “새로움-추구”를 수치화했더니, D4DR 유전자의 유전자형에 따라 “새로움-추구”는 통계적으로 유의할 만한 차이가 있었다. 2008년까지 CC 유전자형과 새로움-추구 사이의 상관관계에 관한 메타분석 연구 결과를 그래프로 요약하였는데, 새로움-추구와 -521C/T 유전자형 사이에 중요한 연관성이 있음을 알 수 있다.

2013년도에, 500명 이상의 스키와 스노우보드에 숙련된 사람들을 대상으로 연구를 하였을 때, *CC* 유전자형을 가진 사람이 *CT* 또는 *TT* 유전자형을 가진 사람보다 스키를 타는 방식에서 더 많이 흥분을 추구한다는 것을 발견하였다.

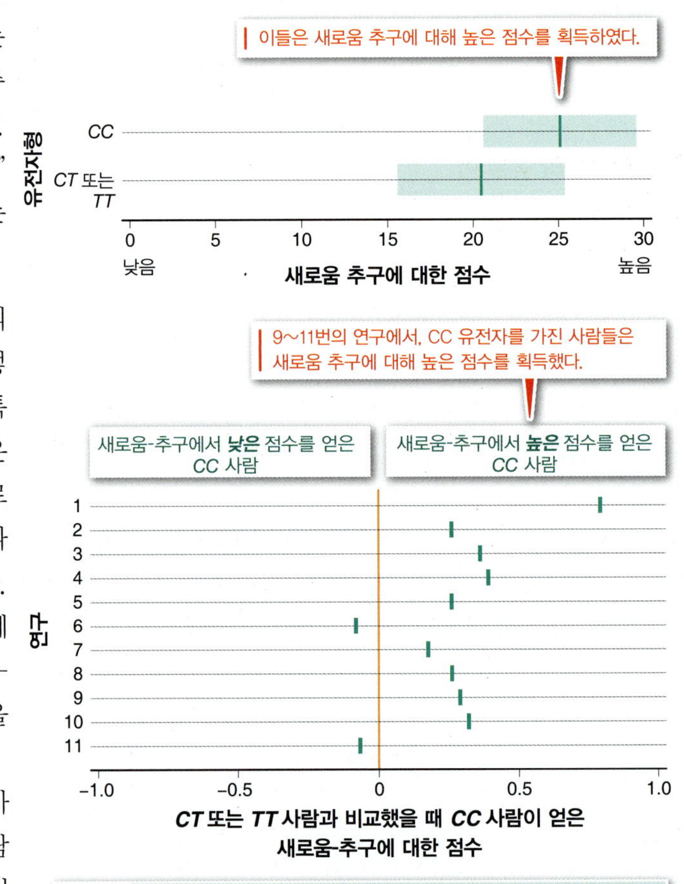

도표로 배우기
데이터의 시각적 표현을 비판적으로 살펴보기
이 그림을 더 자세히 살펴보려면 이 장의 끝을 보시오.

Q: 당신은 고용인이나 보험회사가 당신이 어떤 D4DR 유전자를 가지는지 알기를 원하는가? 차별에 직면하게 될 것인가? D4DR 유전자를 포함한 유전자형에 관하여 알고 있는 지식은 큰 수수께끼의 한 조각일 뿐이다. DRD4에 의해 영향을 받는 성격 차이는 작고, 다른 유전자에 의해 영향을 받으며, 많은 수의 성격이 D4DR 유전자와 관련이 없다. 당신은 당신의 유전자형을 알기를 원하는가? 그 이유는?

연습 데이터의 시각적 표현을 비판적으로 살펴보기

도표로 배우기

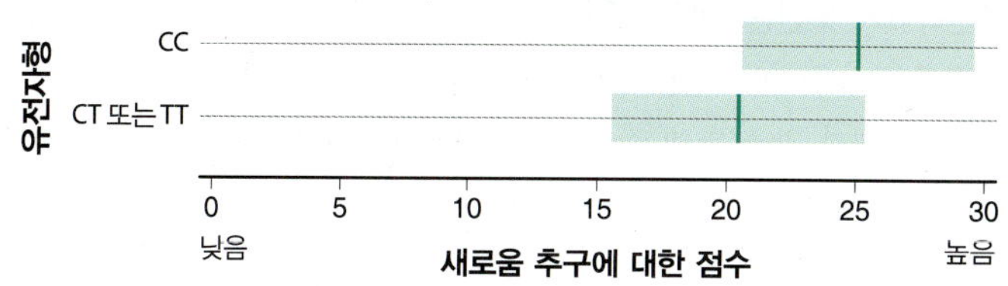

1. 위의 그래프는 성격과 기질에 대한 설문 조사에 응답한 연구 참여자들의 새로움 추구 점수를 보여주고 있다. 이 정보를 바탕으로 하면, *CC* 유전자형을 가진 사람들의 새로움 추구에 대한 평균 점수는 어떻게 되는가?
2. *CC* 유전자형은 무엇을 의미하는가? *CT* 또는 *TT* 유전자형과는 어떻게 다른가?
3. 수평 막대는 어떤 정보를 내포하는가? 이 정보가 왜 유용한가?
4. 아래 그래프에서 수직 막대가 0에 있다면 무엇을 의미하는가?
5. 11개의 연구가 결과는 일치하지 않지만 모두 동일한 것을 의미한다. 이유는 무엇인가?
6. 이 그림을 통해 내릴 수 있는 결론은 무엇인가? 어떻게 그런 결론에 이르게 되었는가?

답은 부록에 있음.

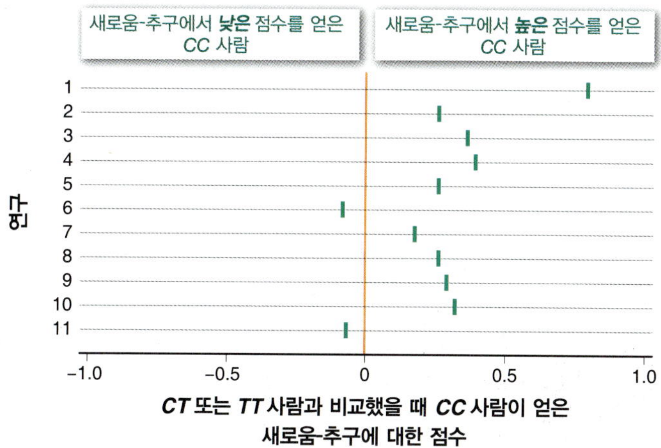

주요 용어: 유전자와 유전

가계도 pedigree, 251쪽
검정 교배 test-cross, 250쪽
공동우성 codominance, 254쪽
교배 cross, 243쪽
다면발현 pleiotropy, 258쪽
다인자의 polygenic, 257쪽
단일 유전 형질 single-gene trait, 242쪽
대립유전자 allele, 240쪽
동형접합 homozygous, 245쪽
보인자 carrier, 252쪽
복대립 유전자 multiple allelism, 255쪽
불완전 우성 incomplete dominance, 253쪽
성연관 형질 sex-linked trait, 251쪽
순종 true-breeding, 243쪽
양성잡종 dihybrid, 264쪽
양성잡종 교배 dihybrid cross, 264쪽
연관유전자 linked gene, 265쪽
열성 recessive, 244쪽
우성 dominant, 244쪽
유전 heredity, 241쪽
유전자형 genotype, 246쪽
이형접합 heterozygous, 245쪽
첨가효과 additive effects, 257쪽
퍼넷 정방형 Punnett square, 246쪽
표현형 phenotype, 246쪽
Mendel의 독립의 법칙 Mendel's law of independent assortment, 264쪽
Mendel의 분리의 법칙 Mendel's law of segregation, 245쪽

요약

자식은 왜 부모를 닮은 것일까?

- 자손은 부모로부터 유전자를 물려받기 때문에 부모를 닮는다. 유전자는 생화학적인, 신체적인 그리고 행동적인 형질에 대한 명령 집합이며, 몇 가지 유전자는 질병을 유발한다.
- 사람의 몇몇 형질은 유전자 하나의 지시로 결정된다. 그리고 이러한 특징은 가장 간단한 유전양상을 보여준다.
- 1800년대 중반 Gregor Mendel이 수행했던 실험은 유전학을 이해하는 데 도움을 주었다. 그는 완두에서 쉽게 관찰되고 분류하기 쉬운 형질에 초점을 맞췄다. 그리고 어떻게 형질이 유전되는지를 밝히기 위해 체계적인 실험과 철저한 가설 검증을 했다.
- 부모는 각자 모든 정자와 난자에 특정 형질을 만드는 한 세트의 명령을 넣는다: 이런 하나의 명령 세트를 유전자라고 한다. 한 개체에서 관찰되는 형질은 부모로부터 유전된 2개의 대립유전자에 의해 좌우된다.
- 외적인 모습(표현형)을 보고 유전적 구성(유전자형)을 판단하는 것이 언제나 가능한 것은 아니다. 특정 형질의 경우, 우성

대립유전자 때문에 표현 효과가 감추어진 열성 대립유전자를 가지고 있을 수도 있다.

유전학에서 우연은 매우 중요하다.

- 확률은 유전학에서 중요하다. 분리 과정에서, 개체가 만들어 낸 각 배우자는 개체의 모든 세포에 존재하는 어떤 유전자든 두 복사본 중 하나만을 받는다. 그러나 어떤 대립유전자가 배우자로 들어가는지 아는 것은 불가능하다. 우연은 수정에서도 중요하다. 개체가 만드는 모든 정자 또는 난자는 서로 다르고, 상이한 다른 많은 배우자 중 하나가 수정에 사용된다.
- 검정교배에서는 우성 형질을 보이지만 유전자형을 모르는 개체를 열성 동형접합 개체와 교배시킨다. 이때 자손의 표현형을 관찰하면 유전자형을 모르는 개체가 우성 동형접합(모든 자손이 우성 형질을 나타냄)인지, 또는 이형접합(자손의 절반은 우성, 나머지 절반은 열성 형질을 나타냄)인지 알 수 있다.
- 가계도는 과학자, 의사, 동물 및 식물 사육사, 장래의 부모가 한 개체가 가지고 있는 유전자를 판단하고 두 개체 사이에서 태어날 자손이 어떤 형질을 나타낼 가능성을 판단하는 데 도움을 준다.

유전자형이 어떻게 표현형으로 번역되는가?

- 불완전 우성의 경우, 이형접합은 두 동형접합 표현형의 중간형으로 나타난다. 공동 우성의 경우, 이형접합 표현형은 두 동형접합의 형질을 모두 나타낸다.
- 복대립유전자에서 단일 유전자는 3가지 이상의 대립유전자를 갖는다. 각각의 개체는 여전히 두 대립유전자를 지니지만 집단 내에는 세 가지 이상의 대립유전자가 존재한다. 인간의 ABO식 혈액형이 이러한 예이다.
- 키, 눈동자 색과 같은 연속적인 다양한 형질을 포함한 많은 형질은 다수의 유전자에 영향을 받는다.
- 다면발현에서, 하나의 유전자는 관련이 없는 다양한 형질에 영향을 줄 수 있다. 비록 전부는 아닐지라도 대부분 유전자는 다면발현이다.
- X염색체에 있는 색 식별력 유전자처럼 성염색체에 존재하는 유전자에 의해 암호화되는 형질의 경우, 남성과 여성에게서 발현 양상의 차이가 있다.
- 가설을 명확하게 구성하는 간단한 과정은 그 가설을 검증하기 위한 간단한 전략을 제시할 수 있다. 가설을 검증하기 위해 행해진 관찰은 가치 있는 미래의 연구 방향을 알려준다.
- 유전자형은 표현형을 결정짓는 청사진이 아니다. 표현형은 유전자형, 그리고 유전자형과 환경의 상호작용 산물이다.

일부 유전자는 서로 연관되어 있다.

- 유전자들은 독립적으로 행동하는 경향이 있고, 한 형질의 유전양상은 대개 다른 형질의 유전에 영향을 미치지 않는다.
- 때때로 하나의 형질이 또 다른 형질에 영향을 준다. 같은 염색체에 두 유전자가 가까이 존재할 때 두 유전자의 대립유전자는 대부분 한 묶음으로 유전되고 발현되기 때문이다.

복습하기

짧게 답하기

1. 자손은 왜 부모를 닮는가?
2. Mendel은 완두를 이용한 실험에서 무엇을 이해하기를 원했는가? 그의 목적을 위해서 어떻게 실험을 구상하였는가?
3. 정자나 난자는 왜 유전자에 대한 하나의 복사본만을 가지는가?
4. **유전자형**과 **표현형**을 비교하고 차이점을 서술하시오.
5. 개체의 유전자형을 결정하는 데 검정교배가 유익한 경우는 언제인가?
6. 특정 형질의 보인자는 무엇을 의미하는가?
7. 불완전 우성을 가진 대립유전자에 대해 이형접합 개체가 나타내는 표현형을 서술하시오.
8. 겸형혈구증에 대한 이형접합이 왜 말라리아에 저항성을 나타내는지 설명하시오.
9. 성연관 유전 형질이 여성보다 남성에서 빈번하게 나타나는 이유는 무엇인가?
10. 유전자형이 환경과의 상호작용과 합쳐져 표현형을 결정짓는다는 것을 어떻게 PKU로 설명할 수 있는가?
11. Mendel의 두 번째 법칙은 무엇인가? 왜 모든 형질에 적용되지 않는가?
12. 2개의 유전자가 하나의 염색체 위에서 더 가까이 위치할수록, 이 두 유전자의 대립유전자들은 독립적으로 유전되기 어렵다. 이유는 무엇인가?

정답고르기

1. 대부분 유전자의 또 다른 명칭은
   - a) 대립유전자
   - b) 이형접합
   - c) 배우자
   - d) 염색체
   - e) 동형접합
2. Mendel의 교배 실험에서 완두가 적합했던 이유에 대한 정확한 설명이 아닌 것은 무엇인가?
   - a) 완두에는 꽃 색깔, 씨앗의 모양과 같은 수많은 관찰 가능한 특징들에서 변이가 있다.
   - b) Mendel은 완두 식물 사이의 수분을 통제할 수 있었다.
   - c) 어떤 교배로도 수많은 자손을 얻기 쉬웠다.
   - d) 완두 식물에서 다양함을 나타내는 많은 형질이 같은 염색체 상에서 가깝게 연관되어 있지 않다.
   - e) 완두는 특히 긴 세대 기간을 갖는다.
3. 분리의 법칙을 설명한 것은?
   - a) 가족 안에서의 유전 질환의 전달은 항상 열성이다.
   - b) 하나의 염색체에서의 대립유전자는

항상 다른 염색체의 대립유전자로부터 분리된다.

c) 생식세포는 분리되지 못하고 동등하지 못할 것이다.

d) 하나의 세포 안에서 염색체 수는 항상 2개로 나뉜다.

e) 주어진 형질에 대한 2개의 대립유전자 각각은 다른 생식세포로 나뉜다.

4. 완두에서, 보라색 꽃은 흰색 꽃에 우성이다. 만약 보라색 꽃으로 순종인 두 그루의 완두가 교배되면 자손은

a) 모든 꽃은 보라색일 것이다.

b) 꽃의 4분의 3이 보라색이고 4분의 1이 하얀색일 것이다.

c) 꽃의 반이 보라색이고 4분의 1이 하얀색일 것이다.

d) 꽃의 4분의 1이 보라색이고 4분의 3이 하얀색일 것이다.

e) 모든 꽃이 하얀색일 것이다.

5. 검정교배는

a) 우성형질을 나타내지만, 유전자형은 모르는 개체의 유전자형을 결정할 수 있다.

b) 해당 형질에 대한 유전자형을 모르는 개체와 동형접합 열성 개체 사이의 교배이다.

c) 유전자형을 모르는 (하지만 우성의 표현형을 보인다) 각 유전자형을 밝히기 위해 가끔 다수의 자손 생산을 필요로 한다.

d) a와 b만 옳다.

e) a, b, c 모두 옳다.

6. 검정 암탉과 흰 수탉의 모든 자손은 회색이다. 이 유전양상에 대한 가장 간단한 설명은:

a) 복대립 유전자

b) 공동우성

c) 불완전 우성

d) 불완전 이형접합

e) 성연관

7. B형의 여성과 A형의 남성의 아이에게 나올 수 있는 혈액형은?

a) 오직 AB형

b) AB형 또는 O형

c) A형, B형 또는 O형

d) A형 또는 B형

e) A형, B형, AB형, O형

8. 인간에서 X 연관 우성 질환인 선천적 전신성 다모증(CGH)은 사람의 몸 전체에 과도한 털이 자라는 것이다. 이 질환에 대한 아래 진술 중 틀린 것은?

a) CGH를 가진 여성의 아들이 이 질병에 걸릴 확률은 50%보다 약간 많다.

b) CGH를 가진 남성의 딸이 이 질병에 걸릴 확률은 100%이다.

c) CGH를 가진 여성의 딸이 이 질병에 걸릴 확률은 50%보다 약간 많다.

d) CGH를 가진 여성의 아들이 이 질병에 걸릴 확률은 100%이다.

e) CGH를 가진 남성의 아들은 CGH를 갖지 않은 남성의 아들에 비해 더 심각한 표현형을 가진다.

9. 페닐알라닌을 타이로신으로 바꾸는 효소를 생산하는 유전자에 대한 2개의 기능을 하지 않는 대립유전자를 지닌 사람은

a) 페닐케톤뇨증(PKU)이 발병된다.

b) 페닐케톤뇨증이 발병할 수도 있고 그렇지 않을 수도 있다. 왜냐하면, 환경 또한 표현형을 결정하는 데 중요한 역할을 하기 때문이다.

c) 페닐케톤뇨증과 Tay-Sachs 병이 모두 발병된다. 왜냐하면. 두 형질을 유발하는 유전자가 연관되어 있기 때문이다.

d) 페닐케톤뇨증과 Tay-Sachs 병이 모두 발병된다. 왜냐하면, 하나의 다면발현 유전자가 두 가지 형질에 영향을 주기 때문이다.

e) 페닐알라닌 섭취에 대해 걱정할 필요가 없다. 왜냐하면, PKU는 환경에 의존적이기 때문이다.

10. 수천 가지(혹은 심지어는 수만)의 다른 형질이 개체를 구성한다. 이러한 이유 때문에

a) 23개의 다른 염색체를 가진 종 안에서 어떤 형질은 같은 염색체에 있는 유전자들에 의해 암호화됨이 틀림없다.

b) 환경은 우리 형질의 반 이상에 영향을 주어야 한다.

c) 모든 유전자는 다면발현이어야 한다.

d) 개체의 표현형을 아는 것은 사람의 유전자형을 결정하는 데 충분하지 않다.

e) 위의 내용 모두 옳다.

진화와 자연선택

Darwin의 위험한 발상

진화는 현재 진행형이다

10.1 바로 우리 눈앞에서 일어나는 진화를 볼 수 있다

Darwin은 여행 중 새로운 발상을 하였다

10.2 Darwin 이전의 대부분 사람은 종이 한 번에 창조되었으며 변하지 않는다고 믿었다

10.3 Darwin은 전 세계의 화석과 현생 생물을 관찰함으로써 진화론을 발전시켰다

진화는 네 가지 기작을 통하여 일어난다

10.4 진화는 개체군의 대립유전자 빈도가 변할 때 일어난다

10.5 기작 1: 돌연변이는 모든 유전적 변이의 근본 원인이다

10.6 기작 2: 유전적 부동은 개체군의 대립유전자 빈도의 무작위적인 변화이다

10.7 기작 3: 개체군 안으로 또는 개체군 밖으로의 이주가 일어나면 대립유전자 빈도가 변한다

10.8 기작 4: 세 가지 조건이 충족되면 자연선택에 의한 진화가 일어난다

10.9 단지 열성이기 때문에 특정 형질의 빈도가 감소하는 것은 아니다

생물 개체군은 그들이 서식하는 환경에 적응한다

10.10 더 많은 자손을 남기는 형질은 개체군에서 더 널리 퍼진다

10.11 개체군은 자연선택이라는 과정을 통하여 그들의 서식 환경에 더 잘 적응하게 된다

10.12 자연선택은 여러 가지 방법으로 개체군의 형질을 바꿀 수 있다

10.13 이것이 우리의 방법: 얼룩말에는 왜 줄무늬가 있을까?

10.14 자연선택은 복잡한 형질과 행동의 진화를 일으킬 수 있다

진화의 증거는 수없이 많다

10.15 화석의 기록은 자연선택의 과정을 기록한 것이다.

10.16 종 분포의 지리적 유형은 종의 진화 역사를 반영한다.

10.17 비교해부학과 발생학으로 진화의 공통 기원을 알 수 있다.

10.18 분자생물학은 공통의 유전자 배열이 모든 생명체가 연결된다는 것을 보여준다.

10.19 실험과 실세계 세상을 관찰함으로써 진화가 진행 중임을 알 수 있다.

▲ 풀솜나무(floss tree)는 동물이 줄기와 껍질을 상하게 하지 못하도록, 두껍고도 날카로운 가시를 가짐으로써 효과적으로 방어한다.

▲ golderrod 게거미의 색깔은 효과적인 은폐 효과를 나타낸다.

10.1 바로 우리 눈앞에서 일어나는 진화를 볼 수 있다

우리는 아무것도 먹지 않고 얼마나 오래 견딜 수 있을까? 24시간? 36시간? 만일, 이 정도의 시간 동안 아무것도 먹지 못한다면 아마도 끔찍한 기분이 들 것이다. 그러나 인간은 음식을 먹지 않고 몇 주 동안 살 수 있다. 1981년 북아일랜드의 정치범이었던 27세의 Bobby Sands는 물만 마시는 단식투쟁을 시작한 지 66일 만에 사망했다.

그러나 초파리는 먹이를 먹지 않고는 20시간 정도밖에 살지 못한다(**그림 10.1**). 초파리는 몸이 작으므로 열량을 많이 보유할 수 없어서 오래 버티지 못한다. 그러나 초파리가 평균 20시간보다 더 오래 살 수 있도록 교배할 수는 있을까? 그렇다.

우선, 5,000마리의 초파리 개체군으로 실험을 시작해 볼 수 있다. 생물학에서 **개체군**이란 같은 지리적 영역 안에 사는 같은 종으로 구성된 무리를 말한다. 이때 영역이란 시험관과 같이 작은 곳일 수도 있고 호수처럼 큰 곳일 수도 있다. 이 실험에서 개체군은 실험실의 초파리 사육 통 안에 들어있는 것을 말한다. 첫째, 사육 통에서 먹이를 모두 없앤다. 초파리의 80%가 굶어 죽을 때까지 기다린 후 사육 통에 먹이를 공급한다. 살아남은 초파리가 먹이를 먹어 에너지를 얻은 후 낳은 알을 수거하여 새로운 사육 통으로 옮긴다.

이 알들이 부화하면, 초파리의 기아 내성은 증가할 것이다. 새로운 세대의 초파리가 먹이 없이 생존할 수 있는 시간은 평균 약 23시간이다. 일부 초파리는 23시간 이상 생존하기도 하였으며 일부는 23시간 이하로 생존하였다. 이렇게 세 단계의 실험을 계속 반복하면 기아 내성의 평균 시간은 증가할 것이다.

그림 10.1 **초파리는 먹이를 먹지 않고 얼마나 오래 살 수 있을까?**

먹이 없이 생존하여 번식을 가장 잘 할 수 있는 초파리만으로

실험

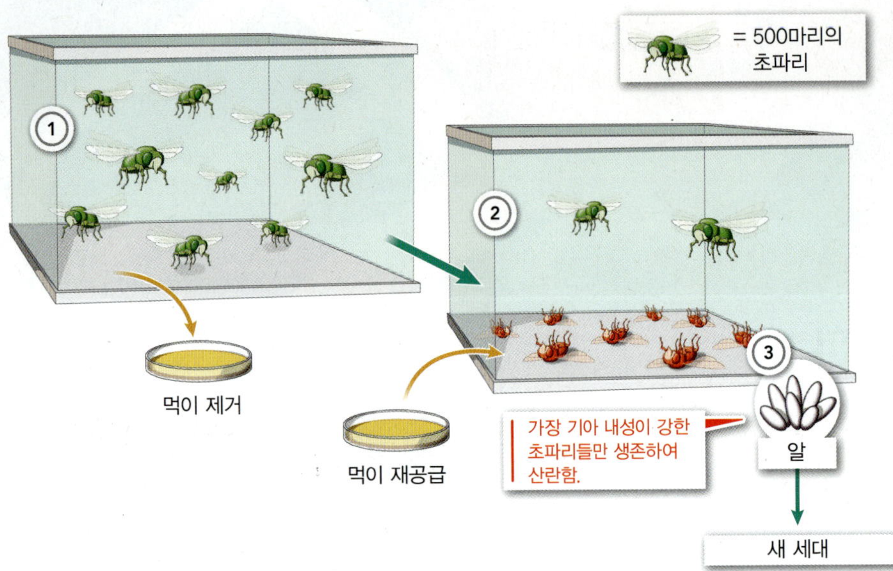

① **초기 설정**
사육 통에 초파리를 5,000마리 넣고 먹이를 없앤다.

② **기아 내성 시험**
80%의 초파리가 굶어 죽을 때까지 기다린 후 사육 통 속에 다시 먹이를 넣는다. 평균 기아 내성 시간을 기록한다.

③ **새 세대 시작**
생존한 초파리가 먹이를 조금 먹은 후 그 초파리가 낳은 알을 수거하여 새로운 사육 통으로 옮긴다.

결과

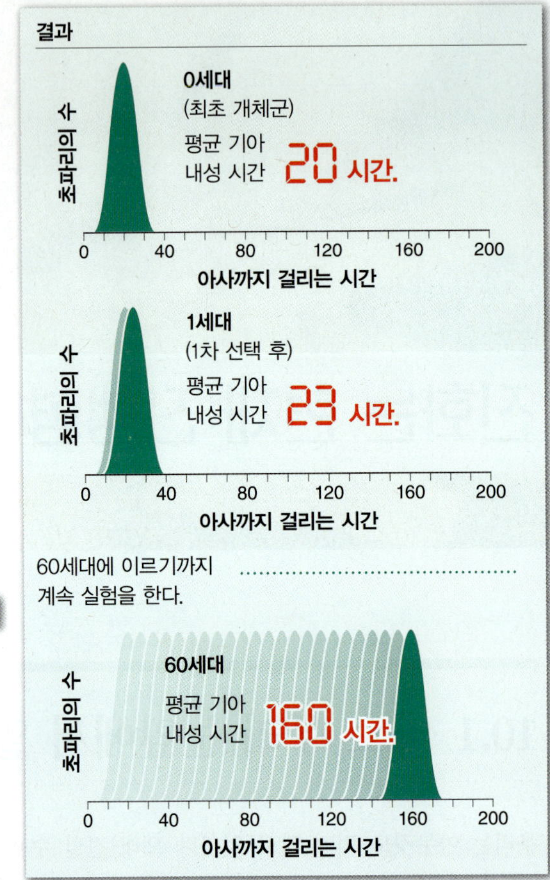

많은 세대가 흐르는 동안 자연선택이 일어나서, 개체군은 변한다! 원래 초파리는 먹이 없인 하루도 살 수 없었지만 이제는 먹이 없이도 거의 1주일을 살 수 있다.

그림 10.2 현재진행형 진화: 기아에 대한 초파리의 내성 증가.

60세대가 지나도록 실험을 한다면 개체군은 어떻게 바뀌었을까? 놀랍게도, 60세대 후에는 **평균** 기아 내성 시간이 160시간으로 늘었다(**그림 10.2**). 심지어 가장 기아 내성이 낮은 초파리의 기아 내성도 원래의 개체군에서 가장 긴 기아 내성 시간보다도 7배나 길었다. 먹이가 제거된 시점에서 60세대의 초파리는 0세대들보다 눈에 띄게 뚱뚱해진다. 기아 내성이 만 하루도 안 되던 것이 60세대 초파리에서는 거의 1주일로 늘어났다. 이런 현상을 어떻게 설명할 수 있을까? 한 마디로 **진화**가 일어났다. 즉, 사육 통에서 서식하고 있는 초파리 개체군에서 유전적 변화가 일어난 것이다.

이 장의 후반부에서 진화가 일어나는 기작을 알아볼 것이다. 간단히 말해서, 이는 개체군 내에서 다른 개체보다 생존과 번식을 더 잘 할 수 있는 특징을 가지고 태어난 개체로 개체군이 구성된 결과이다. 초파리 실험에서 기아 내성이 강한 상위 20% 초파리는 생존과 번식을 할 수 있고, 그렇지 못한 개체는 생존과 번식을 할 수 없었다.

어떤 것에 대해 가설을 세울 때 확신을 갖기 위한 과학적 사고에 관한 논의를 기억해보면(1장 참조), 가설은 반드시 시험할 수 있어야 하며 재현성이 있어야 한다. 연구자는 초파리의 기아 내성 60세대 실험을 독립적으로 5번 수행하였으며, 모든 실험의 결과는 같았다.

초파리 실험에서 가끔 복잡하고 논란이 많은 것으로 여겨졌던 질문에 대한 답을 얻을 수 있다. 진화는 일어나는가? 답은 분명하게 그렇다. 초파리 대신 개를 사용했다면, 그리고 가장 작은 개만이 생식할 수 있다면 어떻게 되었을까? 각각의 개들의 평균 신체 크기가 시간이 지남에 따라 줄어들었을까? 그렇다. 만약 사람의 간섭 없이 자연 서식처에서 토끼를 대상으로 실험을 할 때, 목적이 가장 빠른 토끼가 여우에 의한 포식으로부터 죽음을 피하는 것이었다면 어떻게 되었을까? 토끼의 평균 뛰는 속도가 시간이 지남에 따라 증가하였을까? 그렇다. 이런 각각의 예는 실험실이든 자연에서든 각각의 실험들이 이미 실행되었고 진화가 관찰되었기 때문이다.

핵심요약 10.1

» 하나의 개체군을 구성하고 있는 개체의 특징은 시간의 흐름에 따라 변할 수 있다. 그런 변화를 자연에서 관찰할 수 있으며 심지어 그런 변화를 만들어 낼 수도 있다.

Darwin은 여행 중 새로운 발상을 하였다

▲ 갈라파고스 섬 이구아나.

10.2 Darwin 이전의 대부분 사람은 종이 한 번에 창조되었으며 변하지 않는다고 믿었다

Charles Darwin은 질서정연한 세상에서 성장했다. 그가 살았던 빅토리아시대의 영국 사회에서는 사람과 그들이 사는 곳에 대한 믿음이 지난 2세기 동안 거의 변하지 않았었다. 성경이 대부분의 자연현상을 설명하였다. 대부분 사람은 지구의 나이가 6,000살이며 거의 변하지 않았다고 믿었다.

그들은 생물체가 종 또는 종류라고 부르는 무리로 존재한다고 인식했다. 하지만, 인간을 포함한 모든 종은 동시에 창조되었으며 결코 변하지도 사라지지도 않는다고 생각했다(종이란 무엇인가에 대한 토론은 12장 참조).

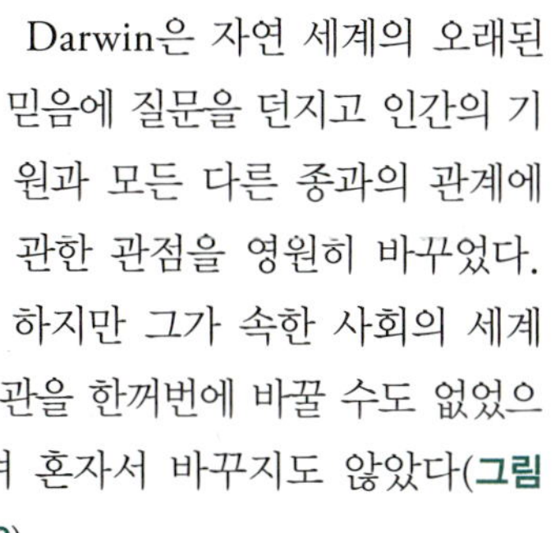

Charles Darwin

Darwin은 자연 세계의 오래된 믿음에 질문을 던지고 인간의 기원과 모든 다른 종과의 관계에 관한 관점을 영원히 바꾸었다. 하지만 그가 속한 사회의 세계관을 한꺼번에 바꿀 수도 없었으며 혼자서 바꾸지도 않았다(**그림 10.3**)

1700년대와 1800년대에, 과학적 사

Darwin에게 영향을 준 아이디어들

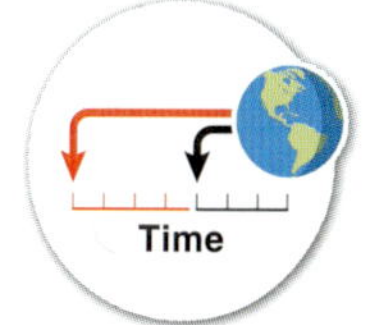

지구는 나이가 매우 많다.
1788년, Georges-Louis Leclerc, Comte de Buffon은 지구는 이전에 믿어왔던 나이보다 더 많다고 제안하였다.

종은 멸종한다.
Georges Cuvier는 1790년대에 발굴된 화석을 기록하여 멸종이 일어났음을 보여주었다.

종은 변할 수 있다.
1800년대 초기, Jean-Baptiste Lamarck는 현존하는 종들은 시간이 지남에 따라 변하기 마련이라고 주장하였다.

지구의 특성은 변한다.
1830년, Charles Lyell은 지질학적인 힘이 점진적으로 지구를 만들었고, 지금도 여전히 계속되고 있음을 주장했다.

그림 10.3 Darwin의 생각을 형성한 아이디어들.

고는 빠르게 진보하였다. Darwin은 이 시대의 다른 과학자들의 연구에 영향을 받았다. 예를 들면, 프랑스의 자연주의자인 Georges-Louis Leclerc, Comte de Buffon은 1778년에 지구의 용암이 식는 데 필요한 최소 시간인 75,000년이 지구의 나이라고 계산하였다.

1790년대에, Georges Cuvier는 석탄과 점판암 광산 바닥에서 현존생물과는 완전히 다른 화석을 발견하였다. 종이 사라지는 것을 인정하지 않는 성경을 믿는 많은 사람은 Cuvier의 발견을 상상할 수도 없는 것이라고 하였다. 그는 저서에서 거대한 화석(큰뿔사슴, 마스토돈 그리고 큰땅나무늘보를 포함)을 기록하였는데, 이들은 현존하는 어떤 생물과도 닮은 점이 없었다(**그림 10.4**). Cuvier는 진화라는 개념의 지지자는 아니었지만, 그가 발견한 화석은 멸종은 일어난다는 사실을 설명한 것이다.

종이 지구에서 사라질 수도 있다는 생각이 시작되었을 뿐 아니라, Darwin의 할아버지인 Erasmus Darwin을 비롯한 여러 과학자는 현생 종은 시간이 흐르면서 바뀔 수도 있다는 것을 제안하였다.

Q 틀린 아이디어가 어떻게 종종 과학을 진전시키는가?

1800년대 초기에 생물학자인 Jean-Baptiste Lamarck는 살아있는 종의 변화는 특별한 특징을 사용하거나 사용하지 않음으로써 일어난다고 하는 대중적인 발상을 하였다—기린의 목이 길어진 것은 나무의 높은 곳에 있는 잎을 먹기 위함이라고 생각하였다. 이러한 생각은 틀렸지만, 신성한 진실이라고 여겨져 왔던 것에 의문을 품은 과학자가 관습에 도전할 수 있는 규제를 풀고 과학적 사고를 할 수 있는 분위기를 조성하였다.

Darwin에 영감을 가장 많이 준 혁명적인 아이디어는 아마도 지질학자 Charles Lyell의 아이디어일 것이다. 1830년에 출판된 Lyell의 저서 **지질학 원리**에서, 그는 지질학적 힘이 지구의 모양을 만들었고, 이러한 일은 쉬지 않고 점진적으로 일어나서 산과 계곡, 절벽과 협곡을 만든다고 하였다. 지구의 물리적 특징이 계속 변하고 있다는 이러한 생각은 지구에 있는 생물도 점진적으로 그러나 지속해서 변하고 있다는 Darwin의 아이디어와 가장 유사하다.

멸종의 증거

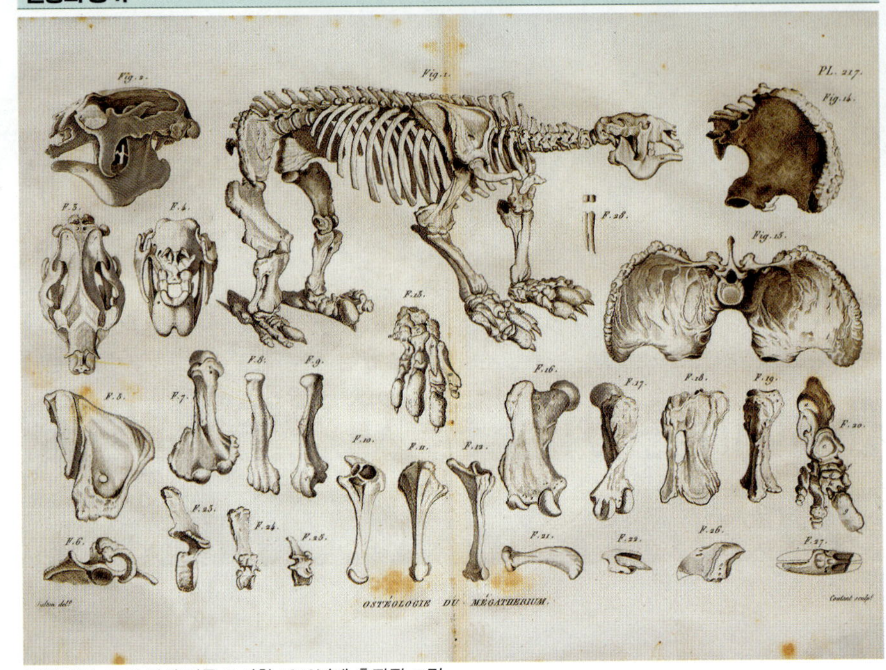

큰땅나무늘보의 화석 뼈를 묘사한 1812년에 출판된 그림

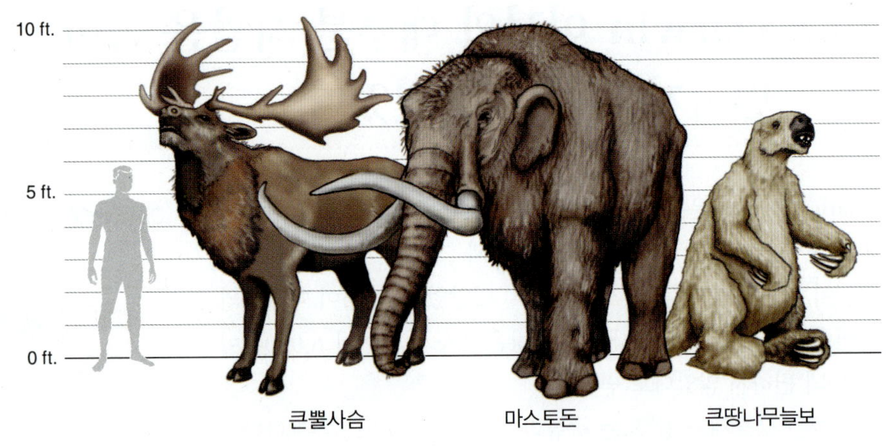

화석 생물이 지구 상에서 더 이상 발견되지 않는다는 것은 멸종이 일어난다는 의미이다.

그림 10.4 멸종이 일어난다. 석탄 광산의 깊은 곳에서 Cuvier는 더 이상 지구에서 발견되지 않는 매우 큰 동물이 화석으로 남아 있는 것을 발견했다.

핵심요약 10.2

» 18, 19세기에 과학적 신념이 서서히 변함에 따라 Charles Darwin의 생각이 모양을 갖출 수 있었다.

10.3 Darwin은 전 세계의 화석과 현생 생물을 관찰함으로써 진화론을 발전시켰다

Charles Darwin은 1809년 영국의 부유한 집안에서 태어났다. Darwin는 우등생도 아니었으며 공부를 싫어한다고 공공연하게 말하고 다녔다. 그런데도 16살 때 아버지처럼 의학을 공부하기 위하여 Edinburgh 대학교에 입학했다. 그렇지만 그는 의학 공부를 매우 지겨워했는데, 끔찍한 외과수술을 본 후(그 당시에는 마취가 시행되기 이전이었다) 이를 참지 못하고 마침내 2학년을 채 마치지 못하고 학교를 그만두었다.

그 후 Darwin은 Cambridge 대학교에서 신학 공부를 하였다. 신학으로부터도 아무런 영감을 받지 못하였지만, Cambridge는 그에게 천국이었다. 왜냐하면, 그가 진정으로 사랑하는 자연을 공부할 수 있었기 때문이었다.

1831년 졸업을 하자마자, Darwin은 HMS 비글호 선장의 동반자인 "gentleman companion"이란 꿈에 그리던 자리를 얻었다. 비글호는 5년 동안 전 세계를 탐사하기 위하여 항해하는 탐사선이었다. 하지만 비글호에 선승하자마자 Darwin은 해상 여행이 자기에게 맞지 않는다는 것을 알게 되었다. 멀미에 시달렸으며, 사촌에게 보내는 편지에서: "격렬하게 파도가 칠 때마다 너무 힘들고…. 너는 절대로 이해할 수 없을 것이다."라고 썼다. 구토하지 않기 위해 대부분 시간을 바닷가에서 보냈다. 거기에서 그는 현장 연구가 천직이라는 것을 발견했다. 그는 정박할 때마다 신세계를 열심히 탐구했다. 브라질에서는 열대림에 매료당했다. 남미의 최남단 가까이에 있는 파타고니아에서는 해변과 절벽을 탐사하여 거대한 멸종 포유류의 화석을 발견하기도 하였다. 또 다른 곳에서는 산호초와 따개비를 관찰하였고, 언제나 표본들을 영국의 박물관으로 가져가기 위하여 잘 포장하고 나중에 필요할 내용을 기록하였다. 그는 여름방학을 보내는 학생처럼 지냈다(**그림 10.5**).

Darwin의 세계 일주 항해

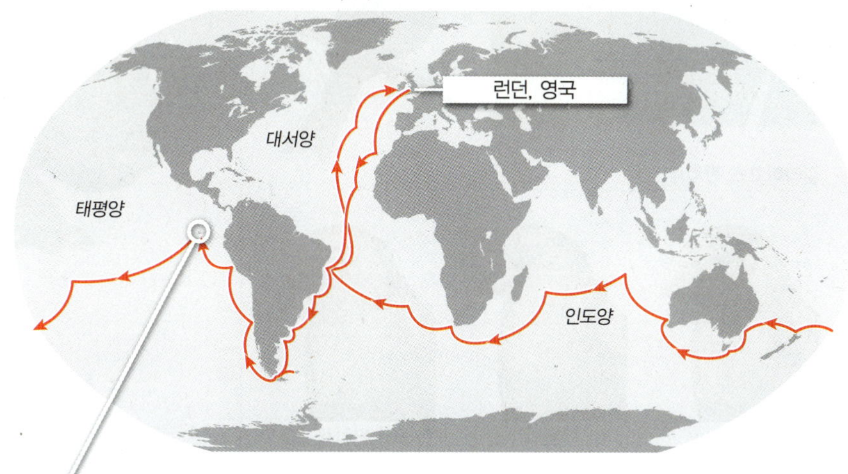

그림 10.5 영원한 여름방학을 보내는 학생처럼. Darwin은 HMS 비글호를 타고 갈라파고스 군도의 역사적인 방문을 포함한 5년 간의 세계 일주 탐사를 떠났다.

Darwin이 비글호를 탈 때 지니고 있던 유일한 책은 Lyell의 Principles of Geology였다. 지구는 끊임없이 변하고 있다는 책의 전제에 강하게 끌린 Darwin은 이 책을 읽고 또 읽었다. Darwin이 여행을 시작한 지 몇 년 후 비글호가 남미의 북서 연안에 있는 갈라파고스 군도에 도착했을 때 그의 이러한 생각은 더욱 뚜렷해졌다.

여러 개의 화산섬으로 이루어진 갈라파고스 군도는 거대한 거북을 비롯해서 도망치지 않아 오히려 그가 밟지 않기 위해 조심해

Darwin의 관찰

섬의 핀치새는 본토의 핀치새와 유사함

갈라파고스 군도에서 발견된 핀치새들은 그들의 신체적 특징이 서로 조금씩 다르긴 하지만 본토에 서식하는 한 종의 핀치새와 유사하다.

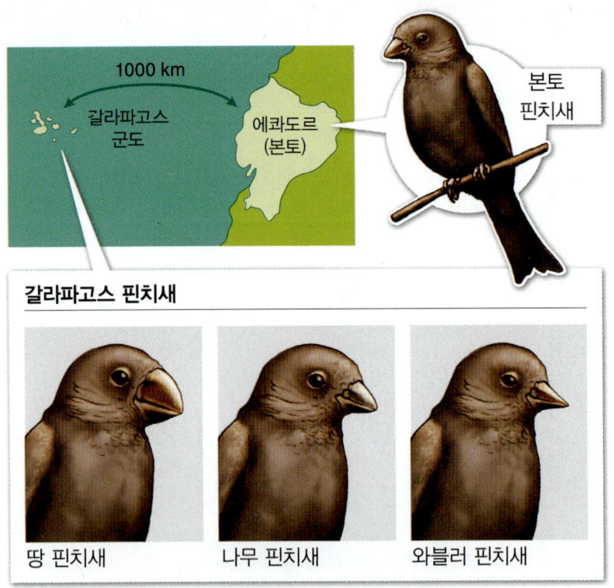

같은 지역의 멸종 종과 현생 종이 유사함

전 세계적으로, 동일한 지역에서 나온 멸종 종의 화석과 현생 종이 놀랄 만큼 서로 닮음 꼴인 경우도 있다.

그림 10.6 Darwin은 예상치 못한 패턴을 관찰하였다.

야 할 만큼 매우 유순한 도마뱀에 이르기까지 특이한 많은 종의 고향이었다. Darwin은 다양한 새, 특히 다른 지역에서 관찰했던 것보다 훨씬 다양한 형태의 핀치새에게 호기심을 가지게 되었다.

Darwin은 핀치새 표본을 모아 런던 동물학회에 기증하였다. 처음에는 모든 핀치새는 같은 종이지만, 몸의 크기, 부리의 모양, 또는 깃털의 색깔과 같은 신체적인 **형질**은 다르다고 생각하였다. 그러나 런던에 돌아온 후, Darwin의 표본을 관찰한 조류학자는 외부 형태의 차이를 보고 이들이 생식적으로 서로 교배할 수 없으며 Darwin이 방문했던 갈라파고스 군도의 각각의 섬에 서식하고 있는 각각의 다른 계통이라고 하였다. 더구나 비록 14개의 서로 다른 종이라고 할지라도 그들은 가장 가까운 본도인 에콰도르에 사는 핀치새 한 종과 매우 닮았다(**그림 10.6**).

핀치새는 Darwin이 항해 중에 알아낸 두 가지 중요하면서도 예상치 못한 현상 중의 일부였고, 이는 진화의 기작을 발견하는 데 핵심이 될 것이었다. 첫 번째 패턴은—즉 각각 다른 섬에 서식하는 핀치새는 모두 본토의 종과 유사하다—Darwin에게 의심스러운 우연의 일치처럼 보였다. 혹시 섬에 있는 핀치새는 본토에 있는 같은 개체군의 일부가 아닐까? 시간이 지남에 따라 원래의 개체군과 분리되고 분기되었을 것이고, 점차 신종, 그러나 유사한 신종이 형성되었을 것이다. Darwin의 논리는 합리적이었으나, 그 시대의 모든 과학적 사고 앞에서 흔적 없이 사라져 버렸다.

Darwin이 발견한 두 번째 패턴은, 그가 항해한 모든 지역에서, 동일한 지역의 멸종 화석과 현생 종 사이에 놀랄만한 유사성이 있다는 것이다. 예를 들면, 아르헨티나에서 "조치수"라는 이름의 거대한 화석을 몇 개 발견하였다. 그 화석은 마치 같은 지역에서 여전히 번성하고 있는 종인 아르마딜로와 비슷하게 생겼다(그림 10.6 참조).

조치수가 과거에 남미에 서식하였다면, 그리고 아르마딜로도 현재 그곳에서 살고 있었다면, 왜 한 종만이 현재 살아남았을까? 그리고 왜 조치수의 화석은 항상 현재의 아르마딜로가 살았던 장소에서만 발견될까? Darwin은 조치수가 아르마딜로의 조상이기 때문이라고 추정하였다. 그런 추정은 논리적이었지만, 종은 변하지 않고 멸종은 일어나지 않는다는 그 시대의 과학적 신조와는 모순되는 것이었다.

Darwin은 비글호에 타고 있는 동안 "유레카"의 순간을 가지지 못했다. 하지만 여행에서 돌아온 이후 소일거리로 읽던 경제학자

Darwin의 세상에서 진화하는 생각

Darwin 이전	Darwin 이후
• 생명체는 창조자에 의해 동시에 지구에 생기게 되었다.	• 생명체는 시간이 지남에 따라 변화한다.
• 생명체는 고정되어 있다. 추가도 없고, 멸종도 없다.	• 어떤 생명체는 멸종되어 없어진다.
• 지구는 대략 6,000살이다.	• 지구는 6,000살 이상이다.
• 지구는 거의 변화하지 않는다.	• 지구의 지질학은 일정하지 않고 항상 변화한다.

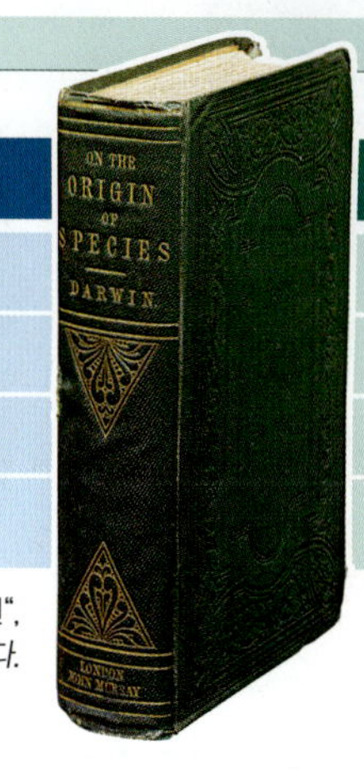

Darwin의 "종의 기원", 1859년 처음 출판되었다.

그림 10.7 재고찰되는 세계. Darwin 이전과 이후의 몇 가지 통념.

Thoma Malthus의 책 인구론(Essays on the Principle of Population)에서 영감을 얻었다. Malthus는 식량의 공급보다 개체군의 성장이 훨씬 더 빠르므로 재앙이 뒤따른다고 하였다. Darwin은 모두가 같은 파멸을 공유하기보다 오히려 최고의 개체가 생존경쟁에서 이기고, 최저의 개체는 지는 것이라고 생각하였다. 만일 그렇게 된다면 "좋은 변이는 보존될 것이고 그렇지 못한 변이는 파멸될 것"이라는 것을 문뜩 깨닫게 되었다.

1842년에, Darwin은 드디어 연필로 쓴 35쪽에 이르는 보고서에 초안을 정리하였고 2~3년에 걸쳐 내용을 보완하였다. 그는 자기의 생각이 중요하다는 것을 알았다. 그는 또한 자기의 생각이 세상을 흔들 것이라고 어렴풋이 느꼈다. 절친한 친구에게 쓴 편지에 그는 이렇게 썼다. "마침내 서광이 비치고, 나는(일을 시작할 때 가졌던 의견과 매우 상충하지만) 종은 불변이 (마치 살인죄를 고백하는 것 같군) 아니라는 것을 거의 확신하네." 무슨 이유인지는 모르나, 다른 사람이 같은 생각을 가질 수도 있으니 그의 생각을 출판하라고 친구들이 충고했음에도 불구하고 Darwin은 초고를 서랍에 14년 동안이나 넣어 두었다. 1858년에 Darwin은 친구들의 충고가 실제로 벌어졌음을 알았다.

말레이시아에서, 젊은 영국인 생물학자 Alfred Wallace는 Malthus의 책을 읽은 후 Darwin에게 쓴 편지에서 자연선택에 의한 진화의 과정을 명백히 서술하였다. 그들은 전에도 서신 교환을 한 적이 있었기 때문에 그는 Darwin에게 "가치가 있다면 출판해 달라."라고 요구했다. 자신의 발상이 최초가 아니라는 사실에 절망한 Darwin은 "나의 모든 독창성이 박살 날 것이다."라고 썼다. 그렇지만 그의 과학자 친구들은 런던의 린네 학회에서 Wallace와 Darwin의 공동 발표를 준비했다. 결과적으로, Darwin과 Wallace 둘 다 자연선택에 의한 진화를 설명한 첫 번째로 공적으로 인정받았다.

Darwin은 빠르게 행동하여 16개월 후에 그의 생각과 관찰을 함께 모아 책을 완성하였다. 1859년 그는 '**종의 기원**'을 출판했다(이 책의 전체 제목은 '**자연선택에 의한 종의 기원 또는 생존경쟁에서 선호되는 종의 보존에 대하여**'이다).

이 책은 즉각적으로 유행하여 첫날 모두 팔렸다. 이 책은 공론과 논쟁을 불러일으켰고, 궁극적으로 진화에 대한 과학의 이해에 대규모의 변화를 초래했다. 추가나 멸종 없이 한 번에 모든 종이 생겨난 어린 지구라는 세계관은 이제 지구의 생명에 관한 새로운 역동적인 관점으로 바뀌었다: 변하는 혈통—종은 시간이 지남에 따라 변해 왔고 변할 수 있었으며, 몇몇 종들은 새로운 종으로 나뉘었고 다른 종은 멸종되었다(**그림 10.7**).

Darwin의 이론은 과학 전체에서 가장 중요하고 오랫동안 기여한 것으로 입증되었다. 이 이론은 전례 없이 다양한 이론 또는 응용 연구를 유발했고, 반복되는 실험과 관찰을 견뎌내었다.

핵심요약 10.3

» Darwin은 전 세계를 항해하면서 화석과 현생 종 사이에 보이는 예상치 못한 패턴을 파악하였다. 화석은 같은 지역에 서식하는 현생 종과 닮았지만 똑같지는 않았다. 그리고 갈라파고스 군도의 곳곳에 서식하는 핀치새는 미미하지만 유의미하게 서로 달랐다. Darwin은 이런 관찰을 통하여 시간이 흐름에 따라 종이 어떻게 변하는지에 대한 그의 이론을 발전시켜 나갔다.

진화는 네 가지 기작을 통해 일어난다

▲ 할러퀸무당벌레. 이 곤충의 날개색은 포식자들에게 독성물질을 가지고 있음을 알려주는 신호이다.

10.4 진화는 개체군의 대립유전자 빈도가 변할 때 일어난다

당신이 동물원에 있는 큰 개체군의 호랑이를 관리하는 책임자라고 상상해 보자. 실제로 모든 호랑이는 검은 줄무늬가 있는 주황색과 갈색을 띤다. 하지만 종종 순백의 호랑이도 태어난다. 이런 표현형은 털의 색소 생성을 억제하는 희귀한 대립유전자를 가지고 있기 때문이다(**그림 10.8**). (9.1을 상기하자: 대립유전자는 한 유전자의 변이이며, 포유류 대부분은 각 유전자에 대해서 그들의 엄마로부터 하나의 대립유전자를, 아빠로부터 하나의 대립유전자를 받는다). 사람들은 동물원에 하얀 호랑이를 보기 위해 몰려들기 때문에 하얀 호랑이의 비율이 더 높았으면 좋겠다고 바랄 것이다. 하얀 호랑이의 비율을 높이기 위하여 어떻게 할 것인가?

한 가지 방법은 하얀 호랑이가 더 많아지도록 하얀 호랑이끼리 교배시키면 가능할 것이다. 세대가 지날수록 개체군의 하얀 호랑이 비율은 더 높아질 것이다. 이런 일이 벌어진다면 개체군의 대립유전자 빈도의 변화, 즉 진화를 목격하게 되는 것이다.

또 다른 방법은 다른 동물원으로부터 하얀 호랑이를 들여오는 것이다. 호랑이 개체군에 하얀 호랑이를 직접 추가함으로써, 하얀 호랑이의 비율이 높아지게 되는 것이다. 하얀 호랑이를 추가하면 (또는 주황색 호랑이를 제거하면) 역시 호랑이 개체군에서 일어나는 진화를 목격할 수 있다.

이 예를 보면, 진화는 개체의 유전학이나 신체적 특징의 변화

개체군의 진화

진화는 시간이 흐름에 따라 일어나는 한 개체군 내의 대립유전자 빈도의 변화이다.

호랑이 개체군의 대립유전자 빈도

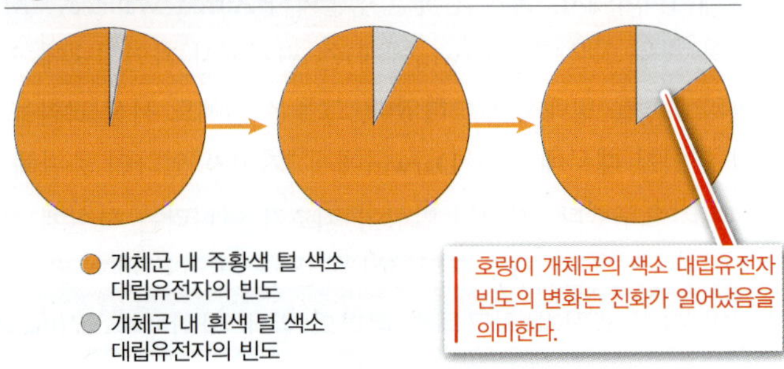

그림 10.8 진화의 정의.

를 말하는 것이 아님을 알 수 있다. 개체는 진화하지 않는다. 오히려 **개체군**의 흰색 털 색소 대립유전자의 비율이 변화하는 것이다. 특정 대립유전자의 빈도란 한 개체군의 모든 대립유전자 중의 해당 대립유전자의 상대적인 비율이다. 모든 대립유전자 중 어떤 "시장 점유율"을 가지는 각각의 유전자를 생각하면 이해가 될 것이다. 호랑이의 예를 들면 흰색 대립유전자는 처음에는 1% 정도의 적은 시장 점유율을 차지하였지만, 시간이 흐름에 따라 전체 색소 유전자 중 점점 더 큰 시장 점유율을 차지하게 될 것이다. 그리고 이런 일이 일어나면 진화가 일어난 것이다.

대립유전자의 시장 점유율이 변하면 언제든지 진화가 일어난다. 아마도 가장 극적인 것은 포식 활동으로 인해 진화가 일어남을 볼 수 있다는 점이다. 어떤 생물체가 다른 생물을 죽였을 때 죽은 동물의 대립유전자는 개체군 내에서 후손에게 전달될 수 없다. 그리고 어떤 대립유전자가 개체의 색, 속도, 여타 방어 수단을 바꾸는 유전자라서 다른 생물에 의해 쉽게 죽는다면, 이 대립유전자는 시장 점유율을 잃을 것이다. 정반대도 마찬가지이다. 진화는 대립유전자의 빈도가 증가할 때 일어나게 된다.

진화는 개체군의 유전적 변화임을 명심하면서, 이러한 진화적 변화를 일으킬 수 있는 네 가지 요인 각각에 대해 알아보고자 한다(**그림 10.9**).

진화의 기작

돌연변이
대립유전자 빈도를 변화시키는 개체의 배우자 생성 세포 DNA에서 일어나는 염기쌍 서열 변화

유전적 부동
대립유전자 빈도의 우연한 변화로서 생식 성공도와 대립유전자는 관계가 없음

이주
개체군 안으로 또는 밖으로 이주하는 개체에 의해 대립유전자의 빈도가 바뀜

자연선택
특정 버전의 유전 형질을 가진 개체가 다른 버전의 유전형질을 가진 개체보다 더 큰 생식 성공도를 가질 때 생기는 대립유전자의 빈도 변화

그림 10.9 진화가 일어나는 4가지 기작.

핵심요약 10.4

» 진화는 한 개체군의 대립유전자 빈도 변화이다. 진화는 돌연변이, 유전적 부동, 이주, 그리고 자연선택의 네 가지 기작을 통해 일어날 수 있다.

10.5 기작 1: 돌연변이는 유전적 변이의 근본 원인이다

돌연변이는 개체의 DNA 염기쌍 서열의 변화이다. 특정 유전자의 일부 DNA 부위에서 이런 변화가 생긴다면 DNA 염기 서열의 변화는 중요한 결과를 초래하는 대립유전자의 변화를 야기시킬 수 있다(돌연변이의 과정은 6.9 참조).

생식세포에 영향을 미치는 돌연변이만이 부모에서 자손으로 전달되며 개체군에서의 대립유전자 빈도를 바꿀 수 있는 잠재력을 가진다. 예를 들면, 돌연변이가 일어나 파란색 눈을 나타내는 대립유전자가 갈색 눈을 나타내는 대립유전자로 바뀐다고 생각해보자. 이런 돌연변이가 정자 또는 난자 생성 세포에서 일어난다면 다음 세대로 전달될 수 있다; 자손은 갈색 눈 대립유전자를 가지고 태어날 것이다. 이런 일이 일어나면, 개체군의 파란색 눈 대립유전자의 빈도, 즉 그들의 시장 점유율은 약간 감소할 것이고 갈색 눈 대립유전자빈도는 약간 증가할 것이다. 진화가 일어난 것이다.

돌연변이는 세포분열이 진행되는 복잡한 과정 동안 자연스럽게 일어날 수 있고, 6장에서 살펴본 것처럼 X-선을 포함한 방사선과 여러 화학물질을 포함하는 다양한 환경적 요인에 의해 유발될 수도 있다. 이러한 요인은 돌연변이를 유발할 수 있고 돌연변이 발생 속도에 영향을 미치지만 어떤 돌연변이가 생길지는 알 수 없다. 따라서 돌연변이는 무작위적이라고 할 수 있다.

달리 말하면, (1) 개체가 어떤 돌연변이를 가지게 될지 예측할 수 없다. (2) 돌연변이의 결과가 중립적인지(효과가 없는지), 해로운지 또는 유용한지 예측할 수 없다. 예를 들어, 농작물 해충을

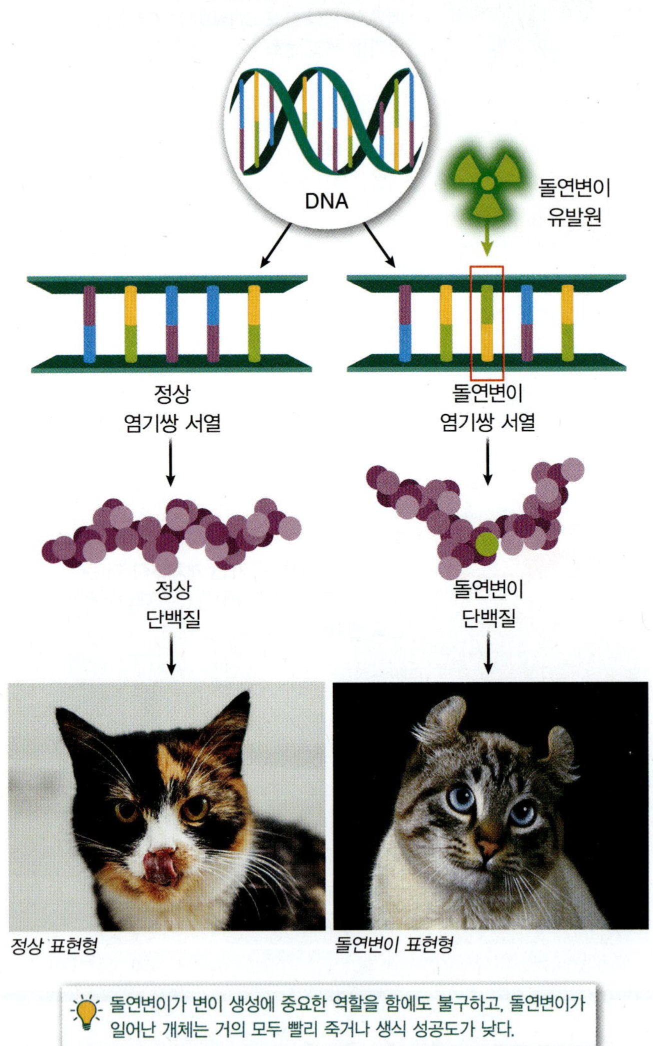

그림 10.10 진화적 변화의 한 기작.

제거하기 위해 해로운 화학물질을 살포하면 이 해충의 개체군에서 돌연변이가 많이 생길 것이다. 그러나 이러한 특정 돌연변이가 이롭거나 해로울 가능성을 증가시키지는 않는다.

그러나 모든 돌연변이가 일어날 가능성이 똑같은 것은 아니다. 어떤 돌연변이는 다른 돌연변이에 비해 더 잘 일어난다.

돌연변이는 자연선택을 포함한 진화의 모든 기작과 관련하여 대단히 중요한 역할을 한다: 돌연변이는 **개체군에서 유전적 변이의 궁극적인 원인**이다. 이미 우리는 파란색 눈과 갈색 눈의 예로 집단의 돌연변이로 하나의 대립유전자가 다른 것으로 전환될 가능성을 보았다. 하지만 더 중요한 것은 돌연변이가 새로운 단백질 생성을 암호화하는 완전히 새로운 대립유전자를 창조해 낼 수 있다는 것이다(**그림 10.10**). 즉, 개체의 DNA 염기쌍 서열의 변화가 이전에는 전혀 존재하지 않았던 유전자 산물의 생성을 만들 수도 있다: 파란색 또는 갈색 눈 대신에 돌연변이된 유전자는 노란색 또는 빨간색을 암호화할지도 모른다.

정자와 난자에 이러한 새로운 대립유전자가 존재하고, 이것으로 개인의 '번식 적응도'(앞으로 살펴볼)가 많이 감소하지 않는다면, 새로운 대립유전자는 자손으로 전달될 수 있고 개체군에서 남아 있을 수 있다. 미래 언젠가 그 돌연변이가 훨씬 더 높은 적응도를 가질 수도 있는데, 이런 경우 자연선택은 개체군 내에서 이 대립유전자의 빈도를 증가시킬 수 있다. 그런 이유 때문에 자연선택이 일어나려면 돌연변이가 꼭 필요하다. 자연선택의 원료인 변이는 처음에는 모두 돌연변이에 의해 생길 수밖에 없다.

변이의 발생이 지니는 이러한 필수적인 역할에도 불구하고 대부분의 돌연변이는 생물체의 조기 사멸을 유발하거나 생식적 성공을 감소시킴으로써 생물체의 적응도를 감소시킨다. 정상적인 기능을 하는 단백질을 암호화하는 정상 대립유전자에 돌연변이가 생기면 동일한 단백질을 암호화하는 대립유전자 또는 비정상적인 기능을 하는 단백질을 암호화하는 새로운 대립유전자가 될 것이다. 후자는 대부분 생물체의 적응도를 감소시킨다. 이런 이유로 우리의 몸은 보유한 다양한 오류 교정 기작을 동원하여 DNA를 생성하는 우리의 정자 또는 난자를 보호한다. 결과적으로 돌연변이는 드물다(사람의 경우, 각 세대에 3,000만 염기쌍마다 하나의 돌연변이가 생긴다).

핵심요약 10.5

» 돌연변이란 생물 개체의 DNA를 구성하는 염기쌍 서열의 변화이다. 이러한 변화가 만약 개체의 배우자 생성 세포의 대립유전자를 변화시키는 것이라면 개체군의 대립유전자 빈도가 변화하여 개체군은 진화한다. 돌연변이는 개체군 내에서 새로운 대립유전자가 창조될 수 있는 유일한 방법이다.

10.6 기작 2: 유전적 부동은 개체군의 대립유전자 빈도의 무작위적인 변화를 말한다

고양이의 털에 있는 하얀 얼룩과 같은 특이한 형질—2개의 대립유전자를 가진 단일 유전자 형질—을 표현하는 2개의 대립유전자를 살펴보자. 하얀 얼룩 대립유전자는 우성이다(**그림 10.11**). 둘 중 어떤 대립유전자도 다른 것에 비하여 적응도가 높거나 낮지 않다.

이형접합(*Ss*)의 부모 고양이가 새끼 한 마리를 가지고 있다고 가정해보자. 새끼 고양이는 어떤 대립유전자 조합을 가질까? 정자가 어느 난자와 수정하는지에 달려 있으므로, 즉 운이므로 그 결과를 예측할 수 없다. 만일 부모의 유일한 자손이 각 부모로부터 열성 유전자를 받았다면 개체군의 대립유전자 빈도는 변할까? 그렇다. 2개의 열성 유전자(*ss*)를 가진 새로운 개체가 개체군에서 열성 유전자의 빈도를 증가시킨다.

부모의 유일한 자손이 2개의 우성유전자(*SS*)를 가져도 마찬가지이다. 어떤 경우라도, 대립유전자 빈도의 변화가 일어나기 때문에, 진화는 일어나는 것이다. 이것이 두 번째 진화 기작인 개체군의 대립유전자 빈도의 무작위적 변화인 **유전적 부동**의 예이다. 유전적 부동에 의한 대립유전자 빈도의 변화는 생식 성공에 미치는 대립유전자의 영향과는 관계가 없다.

유전적 부동은 큰 개체군보다 작은 개체군에서 더 영향력이 크다. 큰 개체군에서는 2개의 열성 인자를 가진 자손의 부모는 2개의 우성 인자를 가진 자손의 부모에 의해 상쇄될 수 있다. 즉, 개체군에서 전체적인 대립유전자 빈도는 변하지 않으므로 진화는 일어나지 않는 것이다.

유전적 부동의 가장 중요한 결과 중 하나는 특정 개체군 내에서 한 대립유전자가 **고정**되는 것이다(그림 10.11 참조). 고정이란 개체군의 한 대립유전자의 빈도가 100%에 이르는 것을 말한다(다른 대립유전자의 빈도는 0%). 이런 일이 생기면 개체군 내에서 변이가 없어져서 모든 개체는 항상 그 대립유전자만 가진 자손을 낳게 될 것이다(돌연변이로 새로운 대립유전자가 생길 때까지). 이런 이유로 유전적 부동은 개체군의 유전적 변이를 감소시킨다.

여러 가지 진화 기작이 동시에 일어날 수 있다. 예를 들면, 자연선택이 선호하는 대립유전자가 유전적 부동으로 그 빈도가 동시에 증가할 수도 감소할 수도 있다.

유전적 부동의 두 가지 특별한 경우인 창시자 효과와 개체군 병목효과는 많은 개체군의 진화에 있어 중요하다.

창시자 효과 일부 개체는 원래 자기가 속해 있던 개체군을 떠나 격리된 새 개체군의 창시 구성원이 된다. 창시 개체군은 원래 개체군과는 다른 대립유전자 빈도를 가지게 될 것이며, 특히 창시 개체군이 작으면 더더욱 그렇다. 이처럼 새로운 개체군이 다른 대

유전적 부동

생식 성공에 대한 특정 대립유전자의 영향과 관계없이 어떤 이유에서 대립유전자 빈도가 변할 때 유전적 부동은 진화를 유발한다.

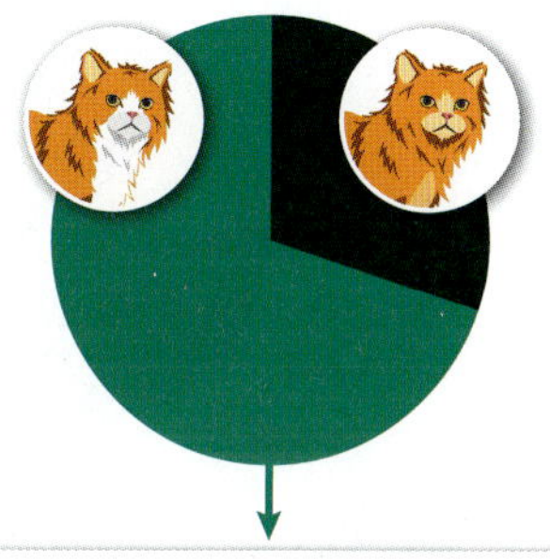

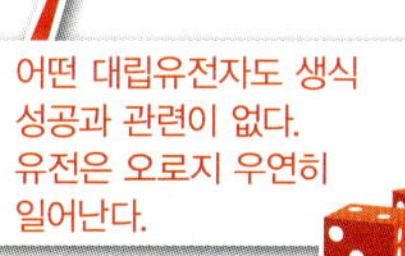

생식
예를 들면, 한 쌍의 이형접합자(Ss)는 열성 동형접합자(ss)인 두 자손을 가질 수 있다. 이렇게 되면 개체군 내에 열성 대립유전자의 비율이 증가한다.

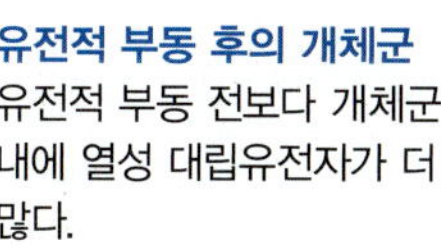

고정
유전적 부동이 일어나 대립유전자의 빈도가 개체군 내에서 100%가 될 때 그 개체군은 고정된다. 개체군에 고정이 일어나면 해당 유전자에 대한 유전적 변이가 더 이상 일어나지 않는다.

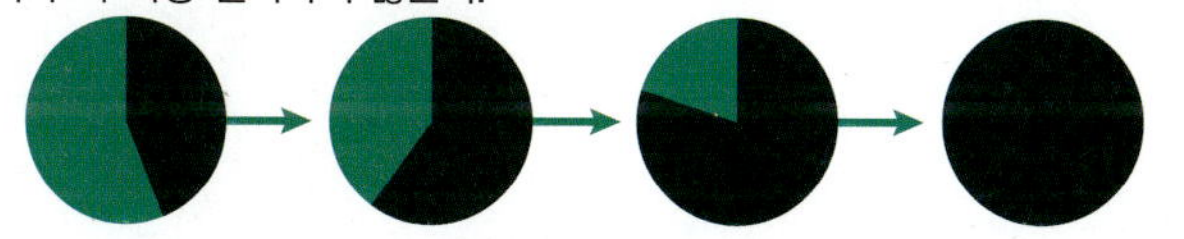

그림 10.11 유전적 부동은 작은 개체군에서 가장 영향력이 크다.

립유전자 빈도를 가지면 진화가 일어난 것이다. 새 개체군의 창시 구성원들은 자손을 남기기 때문에 새 개체군은 창시 부모의 유전적 특징이 우점할 것이다. 이런 유형의 유전적 부동이 **창시자 효과**이다.

Q Amish 개체군의 사람은 왜 다른 사람에 비하여 손가락과 발가락의 수가 더 많을까?

미국의 Amish 개체군은 소수의 창시자에 의해 시작되었는데 이 중 일부는 Ellis-Van Creveld 증후군을 보유하였다. 이 증후군은 여분의 손가락과 발가락을 만드는 다지증을 비롯한 몇몇 표현형을 나타낸다. 결과적으로, 현재 이 형질은 드물지만, 전 세계의 다른 개체군에 비하여 Amish 개체군에서 더 흔하게 나타난다 (**그림 10.12**).

유전적 부동: 창시자 효과

유전적 부동은 대립유전자의 무작위적인 변화이다. 여러 가지 상황에 의해 개체군 내에서 유전적 부동이 나타난다.

원래의 개체군
2개의 대립유전자, A^B, A^C를 가진 형질을 보자. 이중 A^C는 빈도가 매우 낮다.

● 대립유전자 A^B
● 대립유전자 A^C

개체군을 떠난 한 무리의 개체들이 격리된 새로운 개체군을 창시하면 대립유전자 A^C는 원래 개체군에서보다 더 흔해진다.

새로이 창시된 개체군
대립유전자 A^C는 새로운 개체군에서 불균형적으로 흔하다. 창시자 효과의 결과로 진화가 일어났다.

한 손에 6개 이상의 손가락이나 발가락을 가지는 것(그림 참조)을 다지증이라 한다. 일반적으로 매우 드문 현상이지만, Amish에서는 매우 흔한데, 그 이유는 다른 개체군보다 창시 개체군에서 대립유전자가 더 높은 빈도로 다음 세대로 전달되었기 때문이다.

그림 10.12 유전적 부동이 일어나는 하나의 방법: 창시자 효과.

개체군 병목효과 때때로 기근, 질병 또는 급격한 환경의 변화로 개체군의 많은 개체가 죽을 수도 있다. 개체군이 원래의 규모에서 급격히 작은 부분으로 줄어들게 되는 이런 감소를 **병목효과**라 한다. 대재앙이 개체군 내 각 구성원에 대해 동일한 정도로 해를 입힌다고 가정하면 남은 구성원은 근본적으로 무작위적이고 원래 개체군의 작은 표본이 된다. 이런 이유로, 남은 개체군은 원래의 개체군과 동일한 대립유전자 빈도를 가지지 않을 수도 있다. 따라서, 그러한 개체군 병목 결과에 의해 유전적 부동에 의한 진화가 일어나게 된다(**그림 10.13**).

유전적 부동: 병목현상

때때로 기근, 질병, 또는 급격한 환경의 변화로 개체군 내의 많은 개체가 죽고, 생존한 개체들이 원래의 개체군과 다른 대립유전자빈도를 가지는 병목현상에 의해 유전적 부동이 일어난다.

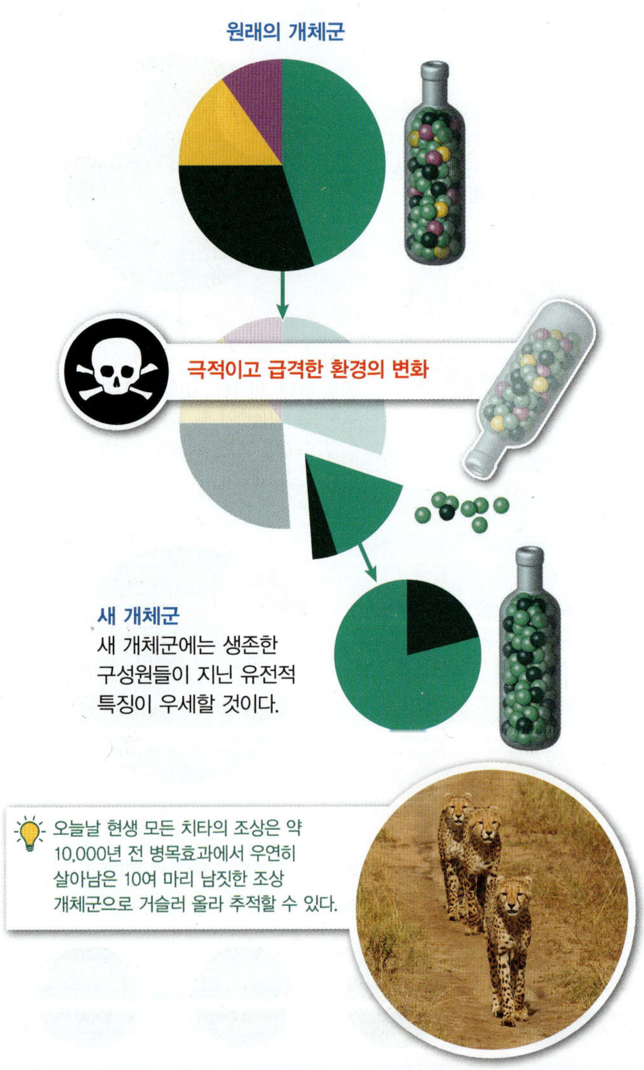

그림 10.13 유전적 부동이 일어나는 또 다른 방법: 병목현상.

약 10,000년 전 마지막 빙하기 말기에 살았던 치타의 예를 들어, 개체군 병목현상을 설명할 수 있다. 원인은 잘 알 수 없지만—아마도 환경의 대재앙 또는 인간의 지나친 사냥—거의 모든 치타가 죽었다. 치타의 개체군이 회복되긴 했지만, 오늘날의 치타는 병목에 살아남았던 운이 좋았던 12마리 정도의 조상 개체들로 거슬러 올라간다. 이런 유전적 부동에 의한 진화 과정을 거친 결과 오늘날의 치타 개체군에는 유전적 변이가 거의 없다.

핵심요약 10.6

» 유전적 부동은 개체군의 대립유전자 빈도의 무작위적인 변화를 말하며 생식 성공에 대한 대립유전자의 영향과는 아무런 관련이 없다. 유전적 부동의 영향은 작은 개체군에서 매우 중요하다.

10.7 기작 3: 개체군 안으로 또는 개체군 밖으로의 이주가 일어나면 대립유전자 빈도가 변한다

유전자 확산이라고도 불리는 **이주**는 한 종의 개체가 한 개체군에서 다른 개체군으로 이동하는 것을 말한다(**그림 10.14**). 종 안에서 이루어지는 이와 같은 개체군 사이의 이동인 이주는 그 종이 전에 살았던 적이 없던 새로운 서식처로 이동하는 창시자 효과의 이주와는 다른 것이다.

이주한 개체가 새 개체군에서 생존하여 번식한다면, 그리고 그들의 새로운 보금자리에 있던 개체와 다른 대립유전자 비율을 가지게 된다면, 이 개체를 받아들인 개체군의 대립유전자 빈도는 변할 것이므로 결과적으로 진화가 일어날 것이다. 그리고 원래 개체군의 대립유전자도 동시에 사라진 것이므로 그 개체군 역시 대립유전자 빈도의 변화 때문에 진화를 겪게 될 것이다.

두 개체군 사이의 유전자 확산은 이동성이 좋은 생물의 경우 더 활발히 일어나며, 또한 산이나 강과 같이 장벽에 의해서도 영향을 받는다. 19장에서 공부하겠지만, 인간은 종을 여기저기로 옮길 수 있으므로 인간의 활동은 생명체의 이주 잠재력에 커다란 영향을 미칠 수 있다. 이러한 일은 의도적으로 일어날 수 있는데, 말하자면 사람들이 애완동물로 외래 동물을 구매하거나, 자신의 정원에 토착종이 아닌 종을 들여올 때 일어난다. 또한, 화물선의 평형수 저장고에 들어있던 해양생물이 다른 장소나 항구에서 평형수가 쏟아질 때 함께 방출된다. 이것은 비의도적인 유전자 확산이다.

핵심요약 10.7

» 개체가 개체군으로 들어오고 나가게 되는 이주는 대립유전자 빈도의 변화를 초래한다.

이주

개체가 한 개체군에서 다른 개체군으로 이동할 때 유전자 확산이 일어나므로 두 개체군의 대립유전자 빈도 변화가 일어나서 진화가 일어난다.

1 이주 전
같은 종의 두 개체군이 산맥으로 격리되어 있다.

2 이주
개체군 1로부터 개체들이 산맥을 넘어 이주한다.

3 이주 후
이주한 개체는 생존하여 새 개체군에서 생식할 수도 있다.

그림 10.14 이주(유전자 확산).

10.8 기작 4: 세 가지 간단한 조건이 충족되면 자연선택에 의한 진화가 일어난다

자연선택은 Darwin이 쓴 "종의 기원"에 쓰여 있는 기작인데, 이 책에서 그는 자연선택이 일어나기 위해 필요한 세 가지 조건을 기술하였다.

조건 1: 형질의 변이 반려견 공원에서 놀고 있는 개를 관찰하면 개의 모양, 색깔과 크기가 모두 다르다는 것을 알 수 있다. 인간 역시 얼굴의 특징과 다른 특징이 너무나 다양하다(그림 10.15). 이처럼 우리 주위에는 변이가 넘쳐난다. 이런 다양성은 세상을 살기에 흥미로운 곳으로 만들어 주는 것을 넘어서서 또 다른 목적을 가지게 되는데, 즉 진화가 일어나는 원재료로 쓰인다는 것이다.

변이는 털 색이나 질감 또는 얼굴의 모양과 같은 신체적인 특징에만 제한되지 않는다. 생명체는 생리적인 방식과 생화학적인 방식에서도 모두 다양하다. 예를 들어, 어떤 사람은 알코올을 빠르고 효율적으로 대사하지만, 어떤 사람은 와인 한 잔을 조금씩 마셔도 곧바로 심한 고통을 느낀다. 마찬가지로 덩굴옻나무나 말라리아와 같은 질병에 대한 민감성도 다르다. 학습 능력에 대한 기질부터 대인관계 능력에 이르기까지 행동의 변이도 또한 극적이고 광범위하다. Darwin은 그가 세상을 통해 관찰한 변이에 너무도 감명받아 '종의 기원'의 첫 두 장을 자연과 사육 동물 사이의 변이에 대해 논의하는 데에 할애하였다.

조건 2: 유전력 자연선택이 일어나기 위해서는 부모로부터 자손에게 그 형질이 유전되어야 한다. Darwin 시대에는 유전에 대한 이해가 거의 없었음에도 불구하고, 많은 형질을 보면 자손이 개체군 내의 다른 개체보다는 그들의 부모를 더 닮는다는 것을 어렵지 않게 찾아볼 수 있었다(그림 10.16). 동물 사육자들은 오래전부터 가장 빠른 말이 일반적으로 빠른 말을 낳는다는 것을 알고 있었다. 또한, 농부들도 생산성이 높은 식물이 생산한 씨는 대개 생산성이 높은 식물로 자라게 된다는 사실을 알고 있다. 이처럼 부모의 형질이 유전적 정보를 통하여 자손에게로 전달되는 것을 **유전** 또는 **유전력**이라고 한다.

조건 3: 차등 생식 성공 Darwin은 세 가지 간단한 관찰을 통하여 자연선택이 일어나기 위한 세 번째 조건을 찾아냈다. 첫째, 생존 가능한 개체 수보다 더 많은 개체가 태어난다. 둘째, 개체는 끊임없이 생존을 위하여 투쟁한다. 마지막으로, 생존 투쟁에서 살아남은 일부 개체가 번식한다. 제한된 자원을 가진 세상에서 먹이나 보금자리를 찾는 것은 제로섬 게임이다: 한 개체가 먹으면 다른 개체는 굶어 죽을 것이다 (그림 10.17).

그림 10.15 **형질의 변이.**

그림 10.16 **유전력.** 부자 사이인 Eugene과 Dan Levy.

그림 10.17 **차등 생식 성공.**

자연선택

어떤 유형의 유전 형질을 가진 개체가 다른 유형의 유전 형질을 가진 개체보다 더 큰 생식 성공도를 가지면 자연선택에 의한 진화가 일어나게 된다. 아래의 세 가지 조건이 만족하면 자연선택에 의한 진화가 일어난다.

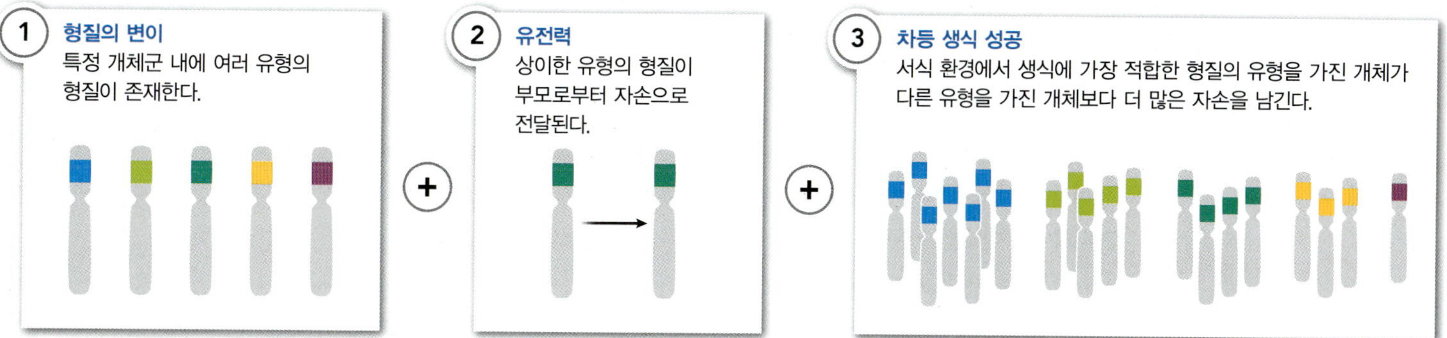

그림 10.18 자연선택.

초파리의 먹이 실험 예를 들면, 먹이가 없을 때를 대비하여 지방을 축적하는 능력을 물려받은 개체가 그렇지 않은 초파리에 비하여 더 많이 자손을 남긴다는 것을 알 수 있다.

자연선택이란 바로 이런 것이다. 과학사 중에서 가장 영향력이 있고 지대한 영향을 미친 자연선택은 다음과 같은 세 가지 기본 조건이 갖춰질 때 이루어진다(**그림 10.18**). 시간이 흐르면서 다른 개체에 비하여 더 큰 생식 성공도를 가진 개체가 지니고 있는 형질은 그 개체군 내에서 빈도가 증가할 것이다. 반면 생식 성공도가 낮은 형질은 점점 더 사라질 것이다.

상대 성에 대해 개체를 더 매력적으로 만드는 일부 형질은 특히 생식 성공도를 더 높게 만든다; 이것이 **성 선택**이다. 예를 들어, 수컷 공작의 화려한 꼬리 깃털, 붉은사슴 수컷의 커다란 뿔, 그리고 개체의 상태나 매력을 돋보이게 하는 다양한 장식과 같은 형질은 자연선택이 일어나기 위한 세 가지 조건을 만족시키는 것이므로 빈도가 증가하게 되는 것이다.

자연선택의 또 다른 측면은 승자(자손을 더 많이 생산한 개체)의 편이 아니라 실패자의 편에서 맞추어서 설명할 수 있다. 자연선택은 개체군으로부터 일부 유전 가능한 형질을 제거하는 기능도 가지고 있다. 예를 들면, 달리는 속도가 느린 토끼는 여우에게 쉽게 잡아먹힘에 따라 달리는 속도와 관련된 형질이 유전된다면 (사실이 그렇다) 다음 세대의 개체군에서는 이 형질이 더 적게 발견될 것이다(**그림 10.19**). 시간이 흐르면서 자연선택에 의해 개체군이 바뀌게 된다. 진화가 일어난 것이다.

Darwin과 동시대 사람 중 한 명인 Thomas Huxley는 '종의 기원'을 처음 읽었을 때 이 내용을 스스로 생각해내지 못한 것을 믿을 수 없다고 말했을 것이다. 이 각각 세 가지 기본적인 조건은 정말로 간단하고 명백하다. 그런데도, 추론이 훌륭한 것은 세 가지 조건을 종합했다는 것과 그 결과의 가치를 이해했다는 점이다.

자연에서 일어나는 자연선택

1 **형질의 변이**
토끼의 달리는 속도는 개체마다 다르다.

2 **유전력**
달리는 속도에 대한 형질은 부모로부터 자손에게로 유전된다.

3 **차등 생식 성공**
개체군에서, 천천히 달리는 토끼는 여우에게 잡아먹히므로 그 형질은 다음 세대로 전달되지 않는다.

그림 10.19 실패자 제거하기. 자연선택은 낮은 생식 성공도를 나타내는 형질을 개체군으로부터 제거하는 것으로 생각할 수 있다.

핵심요약 10.8

» 자연선택이란 하나의 형질에 대한 변이가 유전 가능하고 한 유형의 변이를 가진 개체가 다른 유형의 변이를 가진 개체보다 생식 성공도가 더 클 때 일어나는 진화 기작이다.

10.9 단지 열성이기 때문에 특정 형질의 빈도가 감소하는 것은 아니다

열성 형질은 개체군에서 그 비중이 점차 줄어들까? 1900년대 초에 이 질문에 대한 많은 논의가 생물학자 사이에 있었다. 이들은 의아했다. "갈색 눈 대립유전자가 파란색 눈 대립유전자에 대해 우성이라면, 왜 궁극적으로 개체군의 모든 구성원이 갈색 눈이 되지 않는가?"

Q 어떤 형질이 열성이라면, 궁극적으로 개체군에서 사라질까?

R. C. Punnett(9장에 기술된 퍼넷 정방형의 창시자)는 자신과 크리켓을 즐기는 수학자인 G. H. Hardy에 이 질문을 던졌다. Hardy는 다음 날 답을 준비했고 이 답을 1908년 *Science* 학술지에 발표했다. 그런데 이 답은 이미 6개월 전에 Wilhelm Weinberg에 의해 독립적으로 발표된 것이었다. 그러나 Weinberg의 발견은 잘 알려지지 않은 학술지에 발표되었기 때문에 과학자들은 발표 후 35년 동안 Weinberg의 업적을 인식하지 못했다.

이들의 결과는 모든 진화유전학의 근간이 되었고 하디-바인베르크 법칙(Hardy-Weinberg law)으로 인용되었다. 이 법칙은 몇 가지 사실을 밝혀냈는데, 그중 하나가 개체군에서 열성 형질이 점점 더 줄어드는지에 대해 '아니다'라고 대답한 것이다. 어떤 형질이든 단지 열성이라는 이유만으로 그 빈도가 감소하지 않는다. Hardy와 Weinberg가 이를 어떻게 설명하는지 살펴보자.

첫째, 특정 개체군에서 우성 대립유전자 A의 빈도를 p라 하고 열성 대립유전자 a의 빈도를 q라 하자(유전자는 개체군에 단지 두 개의 대립유전자를 가진다고 가정한다. 방정식은 전반적인 결과를 바꾸지 않고도 더 많은 대립유전자를 가진 유전자를 포함하는 것까지 확대할 수 있다). 이 개체군의 모든 대립유전자는 A 아니면 a이기 때문에 $p + q = 1$이라 할 수 있다. 이 두 대립유전자의 배분율은 모두 합쳐 100%이어야 한다. 이 개체군에서 어떤 것이든 특정 대립유전자의 빈도를 알고 다른 대립유전자의 빈도를 계산하려면 1에서 이 대립유전자의 빈도를 빼면 된다.

다음으로, 우리는 개체군에서 앞으로 생겨날 각 유전자형의 빈도를 예측할 수 있게 되었다. AA의 출현 빈도는 한 개체가 2개의 A 대립유전자를 갖게 되는 빈도의 곱, $p \times p$ 또는 p^2이다. 마찬가지로 동일한 수학을 적용하면 aa 개체의 개체군 내 출현 빈도는 간단하게도 $q \times q$ 또는 q^2이다. 이형접합, 즉 Aa의 출현 빈도 계산은 약간 더 복잡하다. 우성 대립유전자는 양친 모두로부터 유래할 수 있으므로 Aa 유전자형의 출현 빈도는 $2 \times p \times q$ 또는 $2pq$이다. 다른 말로 하자면, Aa 유전자형(즉, 엄마로부터 받은 우성 대립유전자)과 aA 유전자형(즉, 아빠로부터 받은 우성 대립유전자)의 빈도의 합인 $p \times q + q \times p$, 간단히 하면 $2pq$이다.

한 가지 예를 살펴보자(**그림 10.20**). 1,000마리의 캥거루쥐 개체군이 다음과 같은 유전자형과 표현형의 분포를 나타낸다고 가정하자: 16마리는 어두운 갈색(BB), 222마리는 점박이(Bb), 762마리는 밝은 갈색(bb)이다. 이 형질은 불완전 우성을 나타내 어두운 갈색 대립유전자인 B는 밝은 갈색 대립유전자인 b에 대해서 우성을 나타내고 이형접합은 점박이 표현형을 나타낸다. 각각의 개체가 털 색 유전자에 대해 2개의 대립유전자를 지니기 때문에 (각 부모로부터 하나씩), 개체군에서 대립유전자 수는 개체 수의 두 배이다. 1,000마리의 캥거루쥐로 구성된 개체군에는 털 색 유전자에 대한 대립유전자는 2,000개이다.

이제 대립유전자 빈도를 살펴보자. 각각의 BB 개체는 2개의 B를 지니고 각 Bb 개체는 서로 다른 대립유전자를 지닌다:

$$B\text{의 빈도} = (2 \times 16 + 222)/2{,}000 = 0.127 = p$$

$$b\text{의 빈도} = (2 \times 762 + 222)/2{,}000 = 0.873 = q$$

우리는 대립유전자의 빈도, $p(0.127)$와 $q(0.873)$를 알고 있으므로 이 개체군에서 생산된 자손의 유전자형 빈도를 결정할 수 있다. 위의 식에 따르면 다음과 같다:

$$BB\text{의 빈도} = p^2 = (0.127)^2 = 0.016$$

$$Bb\text{의 빈도} = 2pq = 2(0.127)(0.873) = 0.222$$

$$bb\text{의 빈도} = q^2 = (0.873)^2 = 0.762$$

만약 1,000마리의 캥거루쥐가 태어났다면 이들의 유전자형 빈도는 부모 세대와 같을 것이다: 16 BB, 222 Bb, 762 bb. 이 유전자형 빈도로부터 다음과 같이 자손의 대립유전자 빈도를 예상할 수 있다:

$$B\text{의 빈도} = (2 \times 16 + 222)/2{,}000 = 0.127 = p$$

$$b\text{의 빈도} = (2 \times 762 + 222)/2{,}000 = 0.873 = q$$

빈도가 변하지 않음에 유의하자. 대립유전자의 빈도인 0.127과 0.873은 항상 같은 유전자형 빈도—0.16, 0.222, 0.762—를 형

하디-바인베르크 평형

특정 개체군이 하디-바인베르크 평형을 이루고 이 개체군의 대립유전자 빈도를 알고 있다면 이 개체군에서 생기는 자손의 유전자형(의 빈도)을 예측할 수 있다.

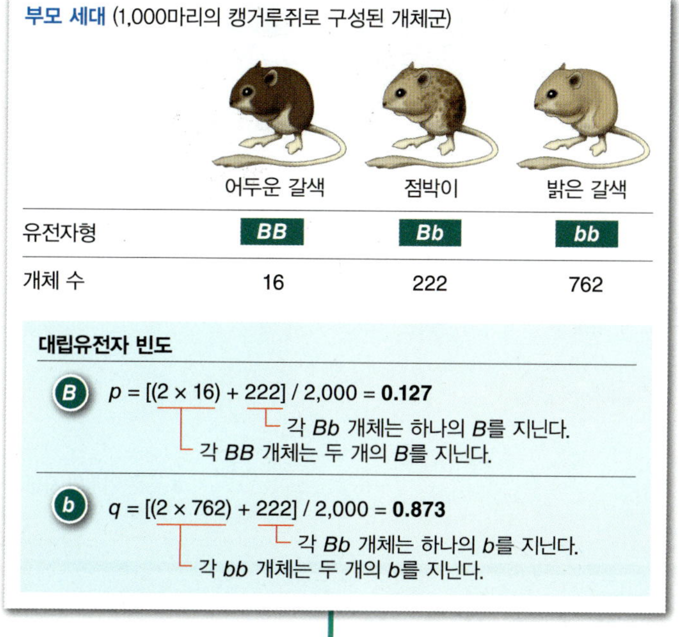

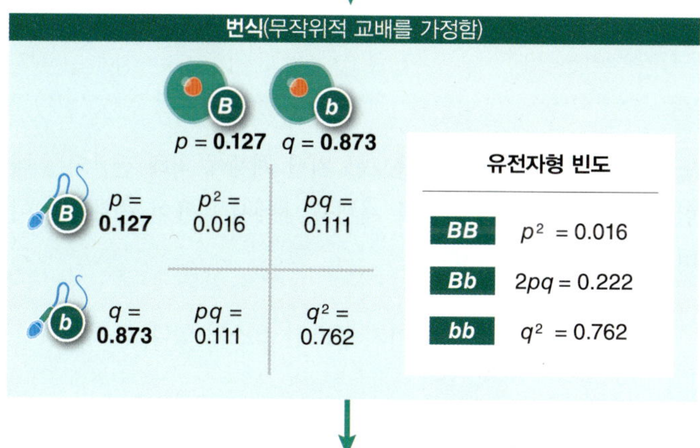

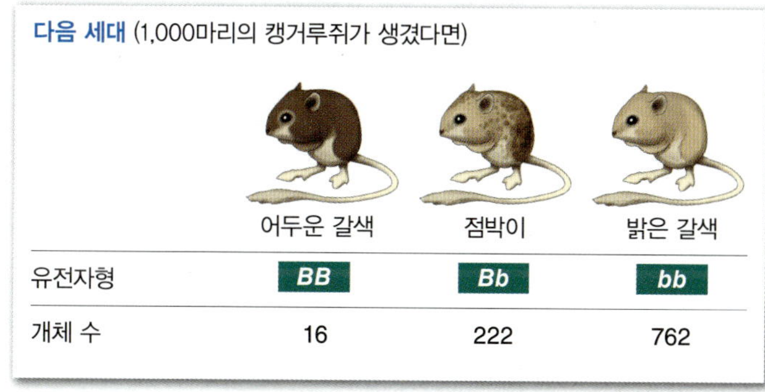

무작위적인 교배가 일어나고 진화가 진행되지 않는 한, 열성과 우성의 대립유전자 빈도 각각은 시간이 흘러도 변화하지 않는다.

그림 10.20 열성 대립유전자라고 개체군에서 반드시 사라지는 것은 아니다.

성하고 이는 또다시 항상 같은 대립유전자 빈도를 형성하게 된다. 달리 말하면, 열성 대립유전자가 시간에 따라 감소하는 것이 아니다!

개체군 내의 각 대립유전자 빈도를 알 수 있다면, 그 개체군 내에서 나타나는 유전자형과 표현형을 예측할 수 있다는 것을 알 수 있다. 그러나 하디-바인베르크 평형과 예측은 두 전제가 필요하다: 즉 대립유전자는 무작위적으로 조합되어 모든 가능한 유전자형이 형성될 수 있도록 무작위적인 교배가 있어야 하며 진화가 일어나지 않아야 한다.

Q 개체군에서 나타나는 유전자형과 표현형을 정확하게 예측할 수 있는 조건은 무엇일까?

만일에 개체가 열성 대립유전자를 가지고 있어서(또는 우성 대립유전자를 가지고 있어) 죽는다면, 자연선택을 통해 대립유전자 빈도는 변할 것이다. 마찬가지로, 진화의 다른 기작—돌연변이, 이주 혹은 유전적 부동—또한 대립유전자의 빈도를 바꿀 것이다. 이러한 예를 보면 대립유전자 빈도는 진화를 통해 바뀐다.

만약 어떤 개체군을 조사한 결과, 유전자형의 빈도가 하디-바인베르크 식에 의한 예측에서 벗어난 것을 발견한다면 어떻게 할 것인가? 이런 일이 벌어졌다면, 이 개체군은 하디-바인베르크 평형에 있지 않고, 진화가 진행되고 있거나 무작위적이지 않은 교배가 일어나거나 또는 두 가지 모두가 일어나고 있음을 알 수 있다. 우리는 계산을 통해 대상 개체군에 영향을 미치는 힘을 더 잘 이해할 수 있고 필요한 향후의 연구를 제안할 수 있다.

> “식재료의 비율도 중요하지만, 최종 결과는 역시 그 재료를 어떻게 함께 요리하느냐의 문제이다. 평형이 좋은 요리의 열쇠이다.”
>
> — Alain Ducasse, 프랑스의 요리사

핵심요약 10.9

» 한 개체군에서 각각의 대립유전자 빈도를 안다면 이 개체군에서 볼 수 있는 유전자형과 표현형을 예측할 수 있다. 만약 한 개체군에서 무작위적 교배가 일어나고 진화가 일어나지 않는다면 열성과 우성 대립유전자의 빈도는 변하지 않는다.

생물 개체군은 그들이 서식하는 환경에 적응하게 된다

▲ 추운 기후의 사향소

10.10 더 많은 자손을 남기는 형질은 개체군에서 더 널리 퍼진다

"적자생존." 이것은 Darwin의 문구 중에서 가장 유명하지만 가장 잘못 이해된 구절이며 잘못 사용된 문구이다. "적자생존"은 Darwin이 아니라 영향력 있는 사회학자이면서 철학자인 Herbert Spencer가 처음 사용한 말이다. 사실상, 이 말은 Darwin이 처음 출판한 **종의 기원**에는 없는 말이다. 자연선택을 설명하기 위하여 이 용어가 처음 등장한 것은 첫 출판 후 10년만인 5판이다.

Q 왜 어떤 형질은 개체군 내에서 우세할까?

진화에서 사용되는 적응도라는 단어는 생물의 생존 능력이나 체력 또는 건강으로 정의되지 않는다. 오히려, **적응도**는 특정 표현형을 지닌 개체와 대체 표현형을 지닌 개체의 생식능력 비교를 통해 얻은 특정 표현형의 상대적인 번식량(자손 수)을 나타내는 척도이다.

이러한 일이 어떻게 일어나는지 알아보기 위해 두 마리의 초파리가 있다고 가정하자. 한 초파리는 먹이 없이 오랜 시간 생존할 수 있는 형질 유전자를 전달하고 다른 초파리는 짧은 시간만 생존할 수 있는 형질을 나타내는 대체형 유전자를 지닌다. 어떤 초파리의 적응도가 더 높은가? 먹이가 없는 상태가 지속되는 환경이라면, 먹이 없이 장시간 살아남을 수 있는 초파리가 그렇지 않은 초파리보다 더 많은 자손을 생산할 것이다. 즉, 평생 더 큰 적응도를 지닐 것이다. 높은 적응도를 지닌 개체에 의해 전달되는 대립유전자는 시간이 흐를수록 개체군 내에서 비율이 증가할 것이며 집단은 진화할 것이다.

생명체의 적응도에는 세 가지 중요한 요소가 있다.

1. **개체의 적응도는 특정 개체군 내의 다른 유전자형이나 표현형과 비교하여 측정한다.** 가장 높은 적응도를 가진 형질은 일반적으로 개체군 내에서 시장 점유율이 증가할 것이고, 이 증가는 낮은 적응도를 보이는 대체 형질이 사라지는 반대급부로 얻는 것이다.

2. **적응도는 그 생명체가 사는 환경에 따라 변할 수 있다.** 다른 형질과 비교한 상대적인 형질의 적응도는 환경에 의해 달라진다. 해변에 서식하고 있는 모래색의 쥐는 초콜릿색의 쥐보다 더 잘 적응할 것이다. 그러나 같은 모래색의 쥐가 해변에서 떨어진 더 어두운 관목 지역에 서식하게 되면 잠재적인 포식자의 공격을 받을 것이다. 개체의 적응도는 비록 유전에 기초하고는 있지만 변하지 않는 것이 아니라 시간과 서식처의 변화에 따라 변한다(**그림 10.21**).

적응도는 환경에 의존한다

그림 10.21 한 개체의 적응도는 그들이 서식하는 환경에 달려 있다.

3. **적응도는 개체군의 다른 개체에 대한 한 개체의 상대적인 생식 성공도에 달려 있다.** 만약 당신이 200년을 살 수 있지만 번식 능력이 없는 형질을 가지고 있다면 당신의 적응도는 0이다. 즉, 그 형질은 다음 세대로 전달되지 않을 것이고 시장 점유율도 곧 0이 될 것이다. 반면에 당신이 다른 사람에 비하여 수명은 반밖에 되지 않지만 두 배나 많은 자손을 남길 수 있는 형질을 가지고 있다면 당신의 적응도는 증가할 것이다. 특정 형질의 개체군 내에서 시장 점유율이 증가하는지를 결정하는 것은 생식 성공도이다.

"적자생존"이라는 문구는 최대의 자손 수를 지닌 개체가 어느 개체군에서나 가장 적합하다는 점을 볼 때 오해의 소지가 있는 구절이다. 이 구절은 개체보다 대립유전자에 적용할 때 더 의미가 있다: 개체의 적응도를 증가시키는 대립유전자가 적응도를 감소시키는 대립유전자보다 집단 내에서 더 많이 생존할 것이다.

핵심요약 10.10

» 적응도란 대체 표현형을 가진 개체의 자손 수와 비교하여 특정 표현형을 가진 개체의 상대적인 자손 수를 측정한 것이다. 한 개체의 적응도는 그 개체가 사는 환경에 따라 변할 수 있다.

10.11 개체군은 자연선택이라는 과정을 통하여 환경에 더 잘 적응하게 된다

만약 일부 인간 집단을 달에 데려다 놓으면 그들은 잘 지낼 수 있을까? 만약 바다에서 상어를 잡아다 당신의 수영장에 풀어 놓으면 생존할 수 있을까? 이 두 경우 모두 대답은 아니오이다. 생명체는 새로운 환경에 놓이면 대부분 성공적으로 생존할 수 없다. 그리고 환경이 낯설수록 이주한 생명체가 생존할 가능성은 적다. 왜 그럴까?

Darwin이 여행하면서 기록한 것과 같이, 환경을 더 잘 이용하도록 하는 형질을 지닌 개체는 대체 형질을 지닌 개체보다 더 많은 자손을 낳는 경향이 있다. 세대가 거듭될수록 개체군은 점점 더 큰 적응도를 지닌 개체로 채워질 것이다. 그리고 결과적으로 생명체는 그들의 환경에 점점 더 잘 맞게 되거나 적응하는 경향이 있게 될 것이다.

적응은 생명체가 그들의 환경에 더 잘 맞게 되는 과정과 생명체를 더 적합하게 하는 특정 형질 둘 다를 의미한다. 적응의 예는 아주 많다. 박쥐는 완전한 어둠 속에서도 방향을 찾고 먹이를 찾기 위한 매우 정확한 형태의 청각(반향 위치 측정이라 한다)을 가

그림 10.22 적응하면 적응도가 증가한다. 고슴도치의 가시는 잡아먹힐 위험을 줄이는 (그러나 완전히 제거하지 않는) 적응이다.

지고 있다. 호저의 가시는 호저가 잡아먹히지 않게 한다(**그림 10.22**). 모기는 혈액이 응고되는 것을 막는 강한 화학물질을 생성하여 다른 생물의 피를 뽑아낼 수 있다.

그러나 자연선택을 통해 적응한다고 하더라도, 생명체가 반드시 완전하게 그들의 환경에 적응하는 것은 아니다. Lewis Carroll의 '거울을 통해서'에서 붉은 여왕은 엘리스에게 "이곳에서는 같은 장소에 머무르기 위해서는 계속 달려야 한다"라고 말한다. 그녀는 자연선택에 의한 진화의 과정에 대해 말했을지도 모른다. 가장 낮은 적응도를 지닌 개체가 집단에서 점차 제거될 것이지만, 자연선택을 통해 그들의 환경에 완벽하게 적응하는 개체군은 없다. 이 부분에 붉은 여왕의 지혜가 관여하는 것이다.

자연에서 진행된 진화에 관하여 명백하게 기록된 많은 예 중 하나인 갈라파고스 핀치새의 부리 크기를 생각해보자. 수십 년의 연구 과정 동안 생물학자 Rosemary와 Peter Grant는 핀치새 부리의 평균 크기를 면밀하게 관찰하였다. 그들은 개체군에서 평균 부리 크기가 섭취할 수 있는 먹이의 종류에 따라 변동을 거듭하는 것을 발견했다. 크고 딱딱한 씨앗을 먹은 건조한 몇 년 동안은 핀치새의 크고 강한 부리가 표준이 되었다. 비가 온 몇 년 동안에는 작고 부드러운 씨앗이 많았기 때문에 작은 부리를 가진 새가 더 우세했다(**그림 10.23**).

끊임없이 변화하는 "평균적인" 핀치새 부리는 적응이 단순히 어떤 최상의 종점을 향해 행진하는 것이 아님을 나타낸다. 일반적으로 진화, 특히 자연선택은 생물을 "더 나아감" 또는 완벽함으로 인도하지 않는다. 자연선택은 간단하게 말해 각 세대에서 환경에 가장 적합한 형질을 가진 대립유전자의 빈도가 증가하는 과정을 말한다. 만약 환경이 변하면 자연선택을 통해 선호되는 대립유전자도 역시 변할 것이다.

> "나는 지금까지 인간의 뇌가 진화가 만든 최고의 영광이라고 배웠다. 그러나 나는 뇌가 생존에는 매우 형편없는 계획이라 생각한다."
>
> —Kurt Vonnegut, 미국 작가

갈라파고스 핀치새: 먹이 종류와 부리의 크기

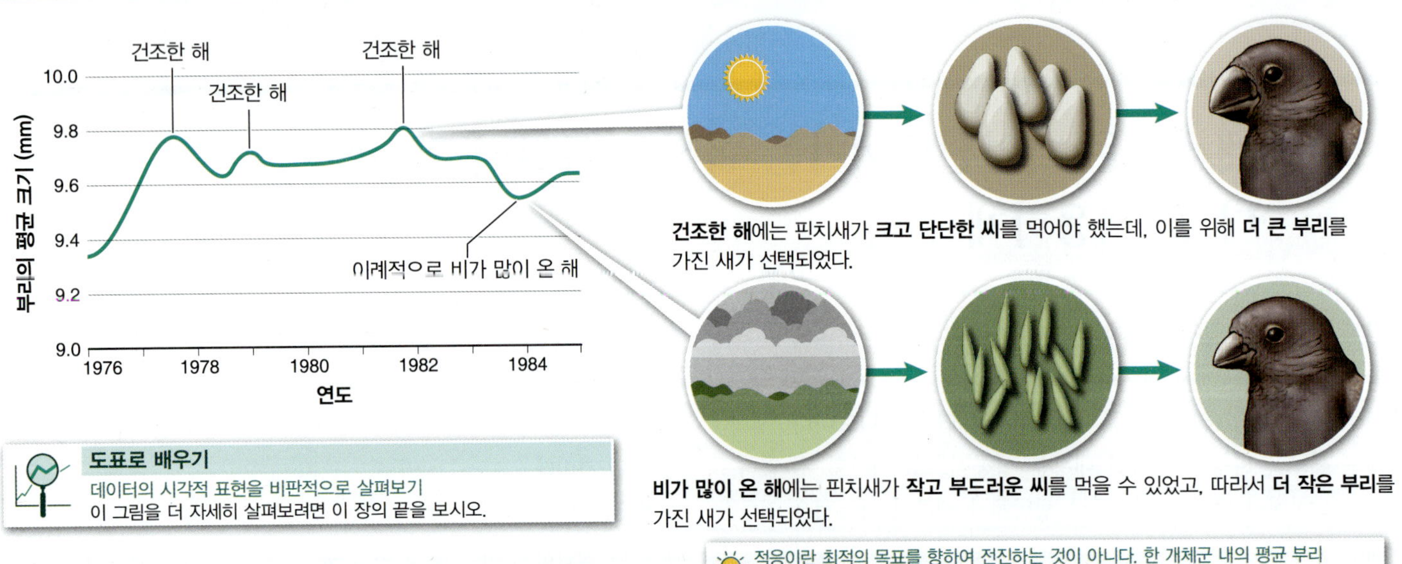

그림 10.23 특정 시간과 공간에 가장 적합한 것이 다른 시간과 공간에서는 그렇지 못하다. 갈라파고스 핀치새의 부리 크기는 평균 강우량에 따라 변한다.

종의 기원의 끝에서 두 번째 단락에서 Darwin은 "단지 각 생명체의 이익에 의해서나 이익을 위하여 작용하는 자연선택처럼, 모든 신체적이고 정신적인 자질은 완벽함을 향해 나아가려는 경향이 있을 것이다."라고 기술하였다. 이 구절에서 그는 필연적으로 개체군이 완벽을 향해 진행하는 것을 막는 몇 가지의 다른 요인을 간과했다:

1. 환경은 빠르게 변한다. 자연선택은 너무 천천히 일어나서 개체군의 생물이 그렇게 끊임없이 움직이는 과녁에 적응할 수 없다.
2. 선택이 일어나기 위한 원재료로 변이가 필요하다. "완벽한" 새로운 유형의 유전자를 만드는 돌연변이는 절대 일어나지 않는다.
3. 한 형질에 대해 여러 다른 대립유전자가 존재하여 각 대립유전자는 개체가 같은 적응도를 가지게 한다. 이 경우, 각 대립유전자는 동등하게 적합한 "해결책"을 나타낸다.

핵심요약 10.11

» 적응은 생명체가 그들의 환경에 더 잘 맞게 되는 과정과 생명체를 더 적합하게 하는 특정 형질을 모두 의미한다. 자연선택을 통해 적응한다고 하더라도, 생명체가 반드시 완벽하게 그들의 환경에 적응하는 것은 아니다.

10.12 자연선택은 여러 가지 방법으로 개체군의 형질을 바꿀 수 있다

실제로 식물과 동물 사육자는 Darwin 이전에 자연선택을 이해하고 있었지만, 그 사실을 몰랐을 뿐이다. 농부들은 최대한 수확을 늘리기 위해 농작물을 육종하였고, 개, 말, 그리고 비둘기 애호가들은 극단에 이르기까지 점점 더 자신들이 원하는 형질을 지닌 자손을 얻기 위해 그들이 선호하는 형질을 지니는 동물을 선택적으로 교배했다.

동물 사육사와 농부들이 이용하는 이 과정을 **인위선택**이라 한다. 그러나 세 가지 조건을 충족하기 때문에 인위선택의 근본적인 유전적 과정은 자연선택과 다르지 않다. 자연이 아닌 사람에 의해 차등 생식 성공이 결정되므로 인위선택은 자연선택의 특별한 경우로 여겨진다. 예를 들어, 사과 재배자는 많은 다양한 사과를 얻기 위해 인위선택을 이용한다. 중요한 것은 여전히 차등 생식 성공이며, 그 결과가 다르지 않다는 것이 중요한 것이다. 농부가 새롭고 더 좋은 작물의 종류를 발전시키기 위해 사용하는 것과 같은 방법이 지구에 있는 모든 개체군에서 자연스럽게 일어났고 항상 그래 왔다는 것을 깨달은 것이 Darwin이 한 천재적인 일이다.

특정 형질은 쉽게 분류될 수 있다. 예컨대, 호랑이 털은 흰색 또는 주황색이다. 사람의 키와 같은 다른 형질들은 많은 유전자와 환경적인 요인에 의해 영향을 받기 때문에 연속적인 범위에서 표현형이 형성된다(**그림 10.24**). 특정 형질이 하나의 유전자에 의해서든 많은 유전자와 환경의 복잡한 상호작용으로 영향을 받든 간에 그것은 자연선택의 대상이 될 수 있으며 몇 가지 방식에 의해서 바뀔 수도 있다.

형질의 범주

특정 범주
호랑이의 주황색 및 흰색 털과 같은 형질은 쉽게 두 범주로 나눌 수 있다.

호랑이의 흰색 털

호랑이의 주황색 털

또는

연속 범위
키와 같은 다른 형질은 넓은 범위 내에 있다.

그림 10.24 어떤 형질은 명확한 범주 내에 속하지만 어떤 형질은 연속적인 범위에 속한다.

방향성 선택 **방향성 선택**에서는 개체군 내의 다양한 변이 중에서 극단을 지닌 개체가 더 높은 적응도를 지닌다. 자연과 실험실, 농장에서 있었던 수백 건의 실험은 방향성 선택의 위력을 보여준다. 예를 들어, 칠면조는 가슴 근육의 크기를 증가시키는 방향으로 선

방향성 선택

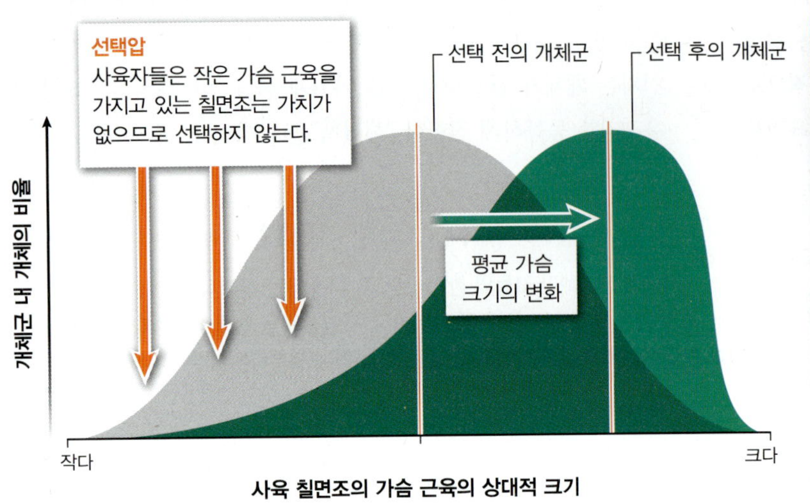

가금 농장의 칠면조들은 더이상 자연적으로 교미할 수 없다. 가슴이 너무 커져서 인공수정이 필요하다.

그림 10.25 **평균 옮기기.**

Q 가금 농장에서 기르는 칠면조는 큰 가슴 근육을 가져 교배를 할 수 있을 만큼 서로 충분히 근접하지 못한다. 어떻게 이러한 형질이 진화할 수 있는가?

택되어 왔는데, 이는 농부에게 더 이익이 되는 것이다(**그림 10.25**). 방향성 선택은 매우 성공적이었는데, 이 조류는 현재 가슴 근육이 너무 커져 교배하는 것이 불가능할 정도이다. 대규모의 산업성 가금 농장의 모든 칠면조는 인공수정을 통해서만 교배가 가능하다.

안정화 선택 당신은 태어날 때 몸무게가 얼마였는가? 2.3 kg? 4.5 kg? 10.2 kg이 최대 기록이다. 한 극단에서는 적응도가 증가하고 다른 극단에서는 적응도가 감소하는 방향성 선택과는 달리 **안정화 선택**은 중간 표현형을 지닌 개체가 가장 적합할 때 일어난다. 예를 들어, 아기의 사망률은 3~3.5 kg 사이일 때 가장 낮으며 그보다 가볍거나 무거운 아기는 증가한다(**그림 10.26**). 안정화 선택은 무겁고 가벼운 몸무게와 관련된 유전자의 빈도를 감소시키기 때문에 아기의 평균 무게는 많은 세대에 걸쳐 일정하도록 유지된다.

흥미롭게도, 제왕절개 수술과 신생아집중치료실을 포함한 현대 기술은 이러한 기술이 없었다면 살 수 없었을 많은 아기를 살렸다. 이는 극단적 형질을 나타내는 대립유전자에 대한 선택을 줄이

안정화 선택

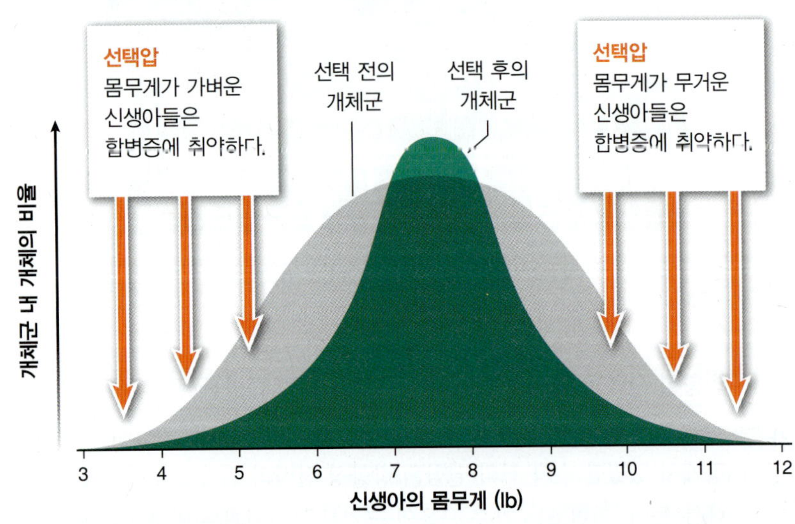

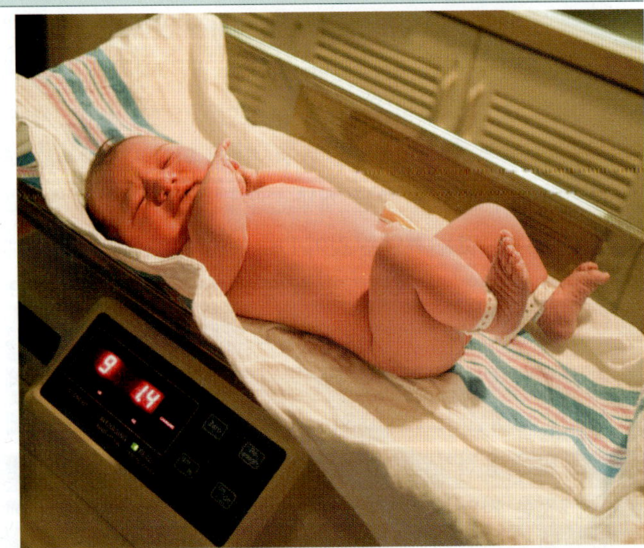

그림 10.26 **평균 강화.**

분단성 선택

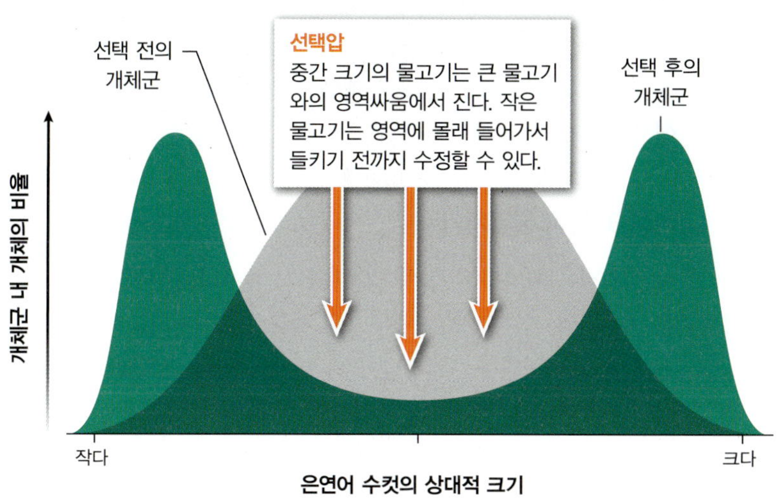

그림 10.27 양극으로 이동

는 의도하지 않는 결과를 초래했고, 이 때문에 개체군 내에서 이들이 제거되는 비율이 감소하였다.

분단성 선택 **분단성 선택**에서는 극단의 표현형을 지닌 개체의 적응도가 가장 높고 중간 표현형을 지닌 개체의 적응도가 가장 낮다. 몇몇 어류 중에서, 예를 들어, 은연어는 가장 큰 수컷만이 좋은 영역을 확보할 수 있다. 그들은 일반적으로 상대적으로 높은 생식 성공을 누린다. 통상적으로 중간 크기의 물고기는 좋은 영역으로부터 쫓겨나오지만, 작은 수컷 물고기는 몰래 숨어 들어갈 수 있고 영역의 주인이 그들의 존재를 알아차리기 전에 알을 수정시킬 수 있다. 결과적으로, 중간 크기의 물고기의 빈도는 감소하고 작은 물고기와 큰 물고기의 빈도는 증가한다(**그림 10.27**).

핵심요약 10.12

» 인위선택을 시행하는 동물 사육자와 농부는 동물과 농작물을 변형할 때 자연선택을 활용한다. 방향성 선택에서, 형질에 대한 평균값은 증가하거나 감소하며, 안정화 선택에서는 극단이 제거되는 반면, 형질에 대한 평균값은 그대로 유지되고 분단성 선택에서는 극단의 표현형을 가진 개체가 가장 높은 적응도를 보여준다.

이것이 우리의 방법 / 과학의 창의적 과정

10.13 얼룩말은 왜 줄무늬가 있을까?

"얼룩말은 왜 줄무늬가 있을까?" 가끔 꼬마들로부터 이런 질문을 받으면 최첨단 연구를 하는 연구자에게는 동기부여가 된다. 그리고 답이 어디에 있는지는 항상 명확하지 않다. 지난 수백 년 동안 얼룩말의 특이한 색에 대한 예컨대 수많은 그럴듯한 가설이 제기되었다.

가설 1: 위장

Rudyard Kipling이 1902년에 쓴 "바로 그런 이야기들"—딸을 재울 때 읽어주는 첫 번째 책—에는 얼룩말의 줄무늬가 잠재적인 위협을 피할 수 있도록 해준다고 적혀 있다: "음지에 반 정도 서 있고, 반은 양지에 서 있으면... 미끄러운 나무 그림자가 그들 위에 떨어지고."

위장 가설은 논리적으로 보인다. 얼룩말은 하이에나 무리뿐만 아니라 사자에게 잡힐 위험을 늘 가지고 있다. 그러나 이 가설은 단순히 그럴듯한 것이 아니다. 자연 세계를 이해하기 위하여, 시험 가능한 가설이어야 한다.

얼룩말의 줄무늬가 위장 효과가 있는지 어떻게 시험할 수 있을까?

여기에는 2개의 다른 가설이 숨어있다. 첫째, 줄무늬는 몸의 윤곽을 흐트러지게 하고 각 얼룩말 개체를 알아보기 어렵게 하므로 포식자를 혼란스럽게 한다. 둘째, 줄무늬는 얼룩말이 포식자들 눈에 잘 띄지 않게 한다.

줄무늬가 포식자를 혼란스럽게 하는지를 시험하기 위하여, 연구자는 각각 줄무늬와 민무늬의 먹이에 대한 사자의 공격 성공 비율을 살펴보았다. 그러나 증명하기가 어려웠다. 연구자들은 "줄무늬 때문에 포식자가 알아채기 어렵다"라는 가설에 대하여 회의적이라고 생각하였다. 첫째, 얼룩말은 줄무늬가 도움이 될 수 있는 숲보다 탁 트인 초원에서 더 많은 시간을 보낸다. 또한, 얼룩말은 포식자에 들키면 숨기보다 달아난다.

그러나 이 가설에 가장 결정적인 타격은 하이에나와 사자의 시력에 관한 연구이다. 동물의 눈 구조에 관한 연구를 보면, 이러한 포식자들이 줄무늬 패턴을 어떻게 알아차리는지 알 수 있다. 그들은 별로 잘 알아차리지 못한다. 매우 가까운 거리가 아니라면, 얼룩말은 단지 회색 방울로만 보이고, 워터벅과 다른 민무늬 먹이와 다를 바 없이 보인다. 그래서 줄무늬 덕분에 얼룩말이 포식자에게 잡아먹히지 않는 것 같지 않다.

> **생각하기, 짝과 나누기**
>
> 수업 수강생 중 한 명과 짝을 형성하시오. 다음의 질문을 읽고 답에 대하여 60초 동안 조용히 생각하시오. 이후 5분 동안 토론을 하고 자신의 답을 공유할 수 있게 준비하시오.
>
> • 얼룩말의 줄무늬가 파리가 무는 것을 방해하는지를 알아보는 시험을 하기 위해서 어떠한 추가적인 전략—결정적인 실험—을 생각할 수 있는가?

가설 2: 온도 조절

얼룩말의 줄무늬는 온도 조절에 도움이 된다. 얼룩말이 풀을 뜯는 서식처는, 아침에는 매우 춥고 낮에는 매우 덥다. 까만색은 열을 흡수하고 흰색은 반사한다(차의 내부가 까만 차가 흰색 차보다 햇빛이 있는 조건에서 더 덥다는 것을 알고 있다.).

줄무늬가 얼룩말의 체온을 조절하는지 어떻게 평가할 수 있을까?

얼룩말의 체모 온도를 재보니 낮에는 까만 줄이 훨씬 더웠다(12°C~15°C). 더구나, 흰 털과는 달리 얼룩말의 까만 털은 쭈뼛서므로 공기의 흐름을 만들어 증발 냉각이 일어난다.

이런 관찰이 아주 흥미롭고 온도 조절 가설을 지지한다고 하더라도, 결론을 내리기에 부족하다. 예를 들면, 더운 기후가 줄무늬 패턴의 차이와 관련이 없다는 연구 결과가 있다. 마찬가지로, 열을 올리고 내리는 속도는 물로 채워진 줄무늬 물통과 민무늬 물통에서 별 차이가 없다.

가설 3: 파리 물리치기

다른 가설을 지지하는 증거가 쌓여왔다: 줄무늬는 파리가 무는 것을 방해한다. 역사적으로 얼룩말은 말파리와 체체파리가 있는 곳에 함께 서식하였다—얼룩말이 더 더운 지역에 분포했다는 연관성이나 사자와 하이에나의 서식 범위와 겹친다는 연관성보다 훨씬 더 밀접하게 연관성이 큰 것임이 밝혀졌다. 이러한 파리는 얼룩말의 상당한 양의 피를 흡혈할 뿐 아니라, 치사나 치명적인 수많은 질병을 전달한다.

기발한 실험에서 발견한 결과로써 이 가설을 지지할 수 있다. 말파리와 체체파리의 행동을 조사한 결과 다음과 같은 증거를 찾아내었다:

1. 죽은 얼룩말을 이용한 실험에서 파리는 줄무늬가 있는 표면에는 앉지 않는다.
2. 파리는 말과 얼룩말을 똑같이 빙빙 돌지만, 얼룩말에는 훨씬 적게 앉는다.
3. 동영상 촬영한 결과를 분석해 보면, 파리는 얼룩말의 줄무늬가 있는 표면에 잘 앉지 않는다. 앉으려고 하지만 적절하게 속도를 줄이지를 못하고 얼룩말에 부딪히거나 튕겨 나온다.

2019년에, 말에 얼룩말의 옷을 입히고 또 다른 말에는 민무늬의 까만 옷이나 하얀 옷을 입히는 연구를 하였다(실제로 했다!). 줄무늬 옷을 입힌 말에는 훨씬 적은 수의 파리가 앉았다. 왜 말보다 상대적으로 얼룩말에 앉는 것이 어려운지가 명확하지 않다고 하더라도, 얼룩말의 줄무늬 패턴이 파리가 무는 것을 방해한다는 가설을 강력하게 지지하는 증거가 쌓였다.

핵심요약 10.13

» 답을 얻기 위해서 여러 가지 대체 가설을 창조적으로 탐구하는 것이 필요하다. 항상 명확한 답을 얻을 수는 없지만, 증거가 쌓이면 하나의 가설이 옳고 나머지 가설을 버릴 수 있는 자신감을 얻게 된다.

10.14 자연선택은 복잡한 형질과 행동의 진화를 일으킬 수 있다

우리는 자연선택을 통해 대립유전자 빈도가 바뀌고 개체군의 털 색깔, 칠면조의 가슴 크기 또는 식물의 키와 같은 단순한 형질의 빈도가 바뀐다는 것을 보았다. 그렇다면 수많은 생리학적 및 신경학적 체제를 가진 행동과 같은 복잡한 형질은 어떠한가? 이들도 자연선택을 통해 바뀔 수 있을까?

답은 **그렇다**이다. 형질에 대한 대립유전자 빈도를 변화시키는 자연선택에 의한 진화가 (1) 형질의 변이가 있고, (2) 그 변이가 유전하며, (3) 그 형질에 기초한 차등 생식 성공이 있을 때는 언제나 일어나고 있음을 기억하라. 이러한 조건은 행동과 같은 복잡한 형질에도 쉽게 충족될 수 있다.

1954년, William Thompson은 이 질문에 대한 답을 얻기 위하여 쥐에게 먹이를 보상으로 주면서 미로를 찾는 연습을 시켰다(**그림 10.28**). 이 쥐의 능력에는 엄청난 차이가 있었다. 어떤 쥐는 미로를 통과하는 방법을 다른 쥐보다 훨씬 더 빠르게 학습했다. Thompson은 빠른 학습 쥐끼리 선택적으로 교배하고, 또한 느린 학습 쥐끼리 교배했다. 몇 세대가 지난 뒤 그는 분리된 두 집단을 만들었다. 즉, 빠른 미로 학습 쥐의 계통에서 내려온 것과 느린 미로 학습 쥐의 계통에서 온 쥐 집단이다.

6세대 후, 느린 학습 쥐는 빠른 학습 쥐보다 미로를 익히기 전에 두 배 더 많은 오류를 나타냈다. 반면 빠른 학습 쥐는 많은 사람에게 약간의 어려움을 주는 복잡한 미로를 푸는 데에도 능숙했다. 60년이 지난 지금도 실제로 어떤 유전자가 미로를 통과하는 행동의 원인인지는 여전히 불분명하다. 하지만 선택 실험은 여전히 행동에 대한 강한 유전적 요소를 증명하고 있다.

Q 만약 날개의 1%가 날거나 활공하는 데 전혀 쓸모없다면 날개는 어떻게 진화할 수 있을까?

자연선택은 기대하지 않은 우회적인 방법으로 복잡한 형질을 만들 수 있다. 한 가지 쉽게 풀리지 않는 사례가 곤충 날개의 1% 또는 2%—불완전한 구조—는 곤충이 나는 데 도움을 주지 않는다는 것이다(**그림 10.29**).

이 질문에 대한 답의 핵심은 날개의 1%는 실제로 개체의 적응도를 증가시키는 날개로서의 기능을 수행할 필요가 없다는 것이다. 종종 구조는 자연선택을 통해 향상되거나 정교해지는데, 그 이유는 다른 목적에 의해 적응도가 증가하기 때문이다. 곤충을 가

복잡한 형질의 자연선택

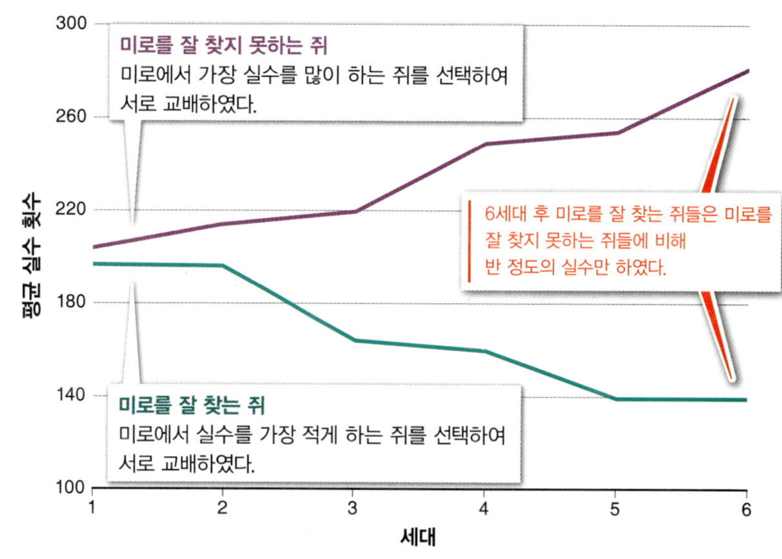

자연선택은 행동과 같은 복잡한 형질을 만들어내기도 하고 바꾸기도 한다.

그림 10.28 자연선택은 설치류의 미로 찾기 행동을 바꿀 수 있다.

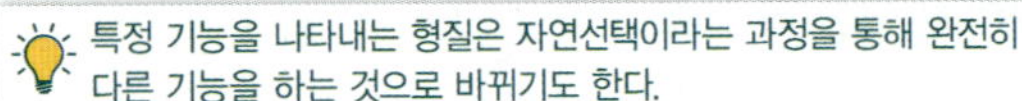

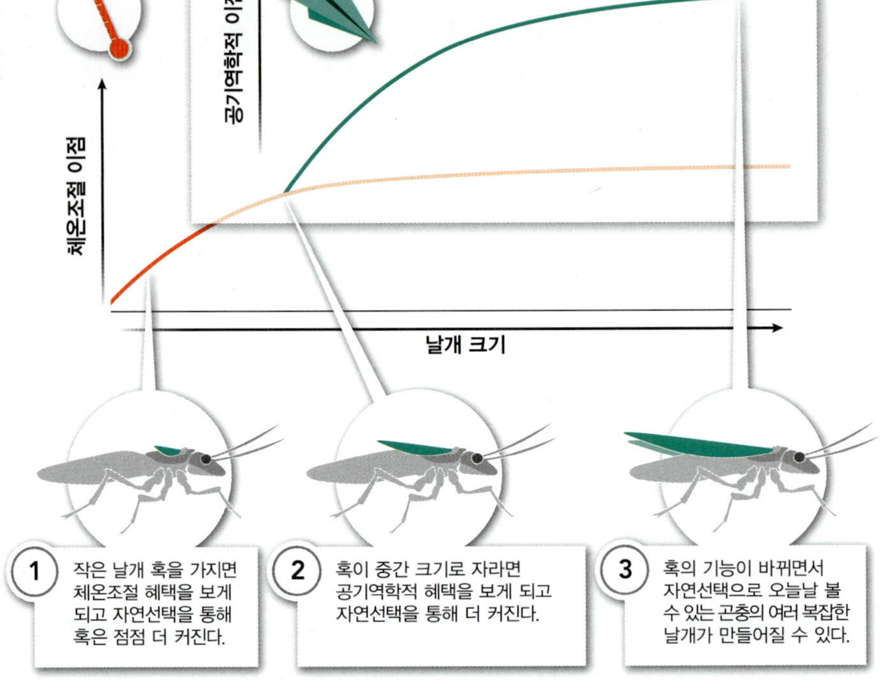

그림 10.29 자연선택은 원시 날개의 혹이 공기역학적 이득이 없음에도 불구하고 곤충의 날개를 어떻게 만들었을까?

지고 실험한 결과 예상했던 대로 날개의 작은 부분, 즉 혹의 형태 또는 "미완성 날개"의 형태는 곤충이 날 때 아무런 도움이 되지 못한다는 것을 보여주었다(혹은 심지어 곤충이 "조심스레 하강"할 때 위치를 잡는 데도 도움이 되지 않는다). 그러나 초기 날개는 곤충이 완전히 다른 문제를 다루는 데 도움을 주었다. 효과적으로 체온을 조절함으로써 곤충은 환경으로부터 열을 얻거나 발산할 수 있다.

열 조절 효과에 관한 실험을 보면, 이 혹이 두드러지면 두드러질수록 더 효과적이고 아마도 적응도도 증가할 것이다—단지 어느 정도까지 만이다. 마침내, 혹의 길이가 계속 길어지더라도 체온조절 혜택은 없어진다. 이 시점이 바로 공기역학적 혜택을 얻게 되는 초기 형태의 날개가 되는 시기이다(그림 10.29 참조). 결과적으로 자연선택은 "미완성 날개"의 길이를 계속 길게 하지만 적응도의 증가는 완전히 다른 효과 때문이다.

그런 기능적 전환이 일어나면 오늘날 우리가 보고 있는 수많은 복잡한 구조의 진화를 이해할 수 있다. 예를 들어, 화석 기록을 보면 현대 조류의 날지 못하는 조상은 단열을 위해 깃털을 가지고 있었다. 두개골을 함께 연결하는 섬유조직으로 만들어진 관절은 구부러지므로, 포유동물은 산도를 쉽게 통과할 수 있고, 부화한 척추동물이 성장할 수 있다.

핵심요약 10.14

» 자연선택은 복잡한 생리학적 과정과 행동을 담당하는 유전자의 대립유전자 빈도를 바꿀 수 있다. 때때로 특정 기능에 필요한 형질은 나중에 완전히 다른 기능을 하게끔 바뀐다.

진화의 증거는 수없이 많다

▲ 나미브 사막의 사이드와인딩 독사

10.15 화석의 기록은 자연선택의 과정을 기록한 것이다

이 이론(진화)이 다양한 지식의 영역에서 연이은 발견이 진행된 후 연구자에 의해 단계적으로 받아들여졌다는 것은 사실 대단한 일이다. 인공적으로 찾아 조작하지 않았음에도 독립적으로 진행된 일의 결과인 수렴 현상 자체가 진화론을 지지하는 중대한 논거이다."

— 교황 요한 바오로 2세, 1996

Darwin의 **종의 기원**이 최초로 출판된 후 160여 년 동안 그의 자연선택에 의한 진화 이론과 관련하여 매우 많은 실험이 실험실에서, 자연 서식처에서 수행되었다. 현대적인 광범위한 방법론—유전체 서열과 유전체 유사성 비교와 계통분석을 하기 위한 알고리즘—도 개발되었는데, 이들 덕분에 진화 과정을 훨씬 더 깊게 이해할 수 있게 되었다. 이렇게 끊임없이 축적된 엄청나게 많은 증거는 Darwin을 좌절시켰던 많은 결함을 채우면서 그가 주장한 기본적인 전제를 강력하게 지지하였다.

이 장에서는 진화가 일어나고 있음을 보여주는 5가지의 주요한 증거인 화석 기록, 생물지리학, 비교해부학과 발생학, 분자생물학, 실험실과 현장 연구를 살펴볼 것이다.

먼저 화석 기록을 살펴보자. 화석은 비록 진화가 일어났다는 것을 기록한 것 중 가장 중요한 것이지만 매우 불완전한 기록이다. 죽은 후, 생명체의 부드러운 부분은 대부분 빠르고 완전하게 썩는다. 그리고 오직 특별한 환경들(나무의 송진, 타르 구덩이, 그리고 깊은 호수의 바닥)에서 부패는 감소하는데, 이런 환경에서 뼈, 이빨, 그리고 껍질을 포함하여 생명체의 단단한 부분은 수천 년 혹은 심지어 수백만 년 동안 보존될 수 있다. 이러한 잔재를 **화석**이라 하는데, 오래된 생명체들의 당시 모습을 복구할 수 있다. 이와 같은 복구는 종종 진화적 변화를 분명히 나타내는 기록을 제공하기도 한다(**그림 10.30**).

Archaeopteryx의 남은 부위 화석은 현대 조류와 파충류의 전이 형태를 나타낸다. 날개, 깃털, 차골("wish bone") 등은 현대 조류의 특징이다.

방사능 연대 결정법을 이용하여 화석이 발견된 암석의 나이를 알게 됨으로써 생명체 진화 역사를 더 명확하게 묘사할 수 있게 되었다. Darwin 시대에는 땅속 깊은 곳에서 발견할수록 더 오래된 화석이라고 추정했다. 방사능 연대 결정법은 그보다 더 나아가서, 화석의 상대적인 나이뿐만 아니라 절대적인 나이까지도 결정할 수 있게 되었다. 이것은 화석에 존재하는 특정한 방사성 동위원소의 양을 측정함으로써 가능해진다. 암석에 존재하는 방사성 동위원소는 암석이 만들어짐과 동시에 일정한 속도로 좀 더 안정한 화합물로 붕괴한다(**그림 10.31**). 무슨 일이 있어도 이 속도는

*Archaeopteryx*의 남은 부위 화석은 현대 조류와 파충류의 전이 형태를 나타낸다. 날개, 깃털, 차골("wish bone") 등은 현대 조류의 특징이다.

그림 10.30 화석기록. 화석으로 오래전에 살았던 생명체의 모습을 복원할 수 있다.

방사능 연대 결정법

동위원소는 일정한 비율로 안정한 화합물로 붕괴한다. 연대 결정은 화석이 담겨있는 암석에 있는 방사성 동위원소의 양을 측정함으로써 이루어진다.

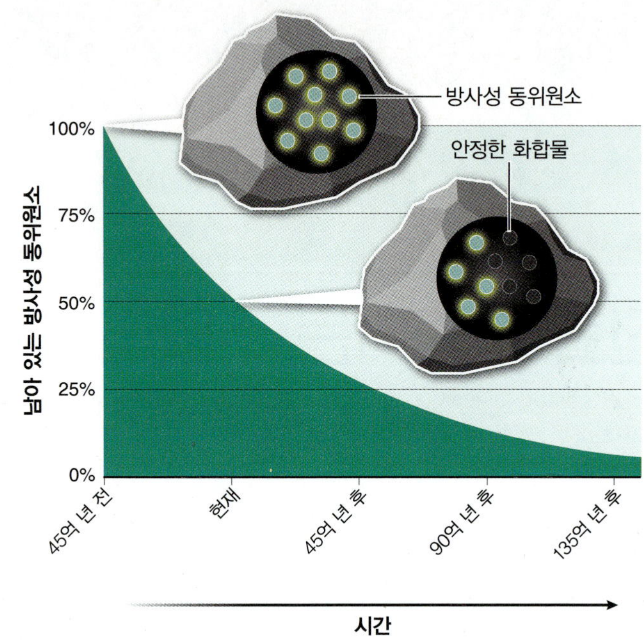

반감기가 45억 년인 우라늄 238을 사용함으로써 과학자들은 지구의 나이가 약 46억 년이라고 결정할 수 있었다.

그림 10.31 그 화석은 얼마나 오래된 것인가? 방사능 연대 결정법은 화석이 존재하는 암석의 나이를 결정하는 데 도움을 준다.

변화하지 않는다. 화석이 있는 암석의 방사성 동위원소의 상대적 양과 붕괴 후 남은 산물을 측정함으로써 암석의 나이와 그에 따른 화석의 나이를 계산할 수 있다.

방사능 연대 결정법으로 인해 지구의 나이가 많다는 것이 확인되었다. 38억 년 이상 된 암석들이 모든 대륙의 곳곳에서 발견되었고 그중 가장 오래된 것은 북서 캐나다에서 발견되었다. 게다가, 44억 년된 광물도 호주에서 발견되었다. 반감기가 45억 년인 우라늄 238 방사성 동위원소를 사용하여 지구의 나이가 약 46억 년이라는 것과 최초의 생명체는 늦어도 35억 년 전에 나타났다고 판단하였다. 또한, 방사능 연대 결정법은 화석 기록을 순서대로 배열하는 것을 가능하게 했다. 하나의 장소에서 발견된 모든 화석의 연대를 결정함으로써 고생물학자는 생명체가 서로 관계되어 있는지 그리고 생명체 집단이 시간에 따라 어떻게 변화했는지 더 잘 알 수 있었다.

고생물학자는 (앞에서 언급했듯이) 화석이 형성되기란 매우 어려운 일이라는 사실과 형성된 것이라 해도 단지 그 생명체가 (1) 한 때 그 특정 지역에서 살았으며, (2) 특정 화학적 상태에서 보존되었고, (3) 화석을 남길만한 신체 구조를 가졌음을 의미할 뿐이라는 사실을 받아들여야만 한다. 이런 이유로 화석 기록은 짜증스러울 정도로 완전하지 않다. 어떤 생물군은 전체가 화석을 전혀 남기지 않았으며, 수많은 공백을 가지는 생물군도 있다. 이러한 결점에도 불구하고, 화석 기록은 믿을 수 없을 정도로 상세하고 흥미로우며, 척추동물의 주요 생물군 모두의 연결고리가 되는 화석들이 여전히 발견되고 있다.

말의 진화 역사는 화석 기록 속에서 가장 잘 보존된 것 중 하나이다. 북아메리카에서 약 5,500만 년 전에 처음 나타나 지구 전체로 퍼져나갔고, 더 최근의 화석은 유라시아와 아프리카에서 나타났다. 이 화석은 그들이 처한 환경에 따른 뚜렷한 적응을 나타냈다. 그 후 약 150만 년 전에 말의 다양한 종들이—북아메리카의 모든 말 종을 포함—사라졌고, 오직 *Equus*라 부르는 한 속 또는 몇몇 종의 무리만이 남게 되었다. 현재 지구에 오직 한 속의 말만이 존재하기 때문에 현대의 말로부터 직선 경로로 곧바로 그들의

말의 진화사

말의 진화사는 화석 기록이 가장 잘 보존된 것 중 하나이다. 이 기록 때문에 우리는 5,500만 년 전에 처음으로 출현한 이후 말의 진화 계통수에는 많은 가지가 있다는 것을 알 수 있다. 아래는 그 견본의 하나이다.

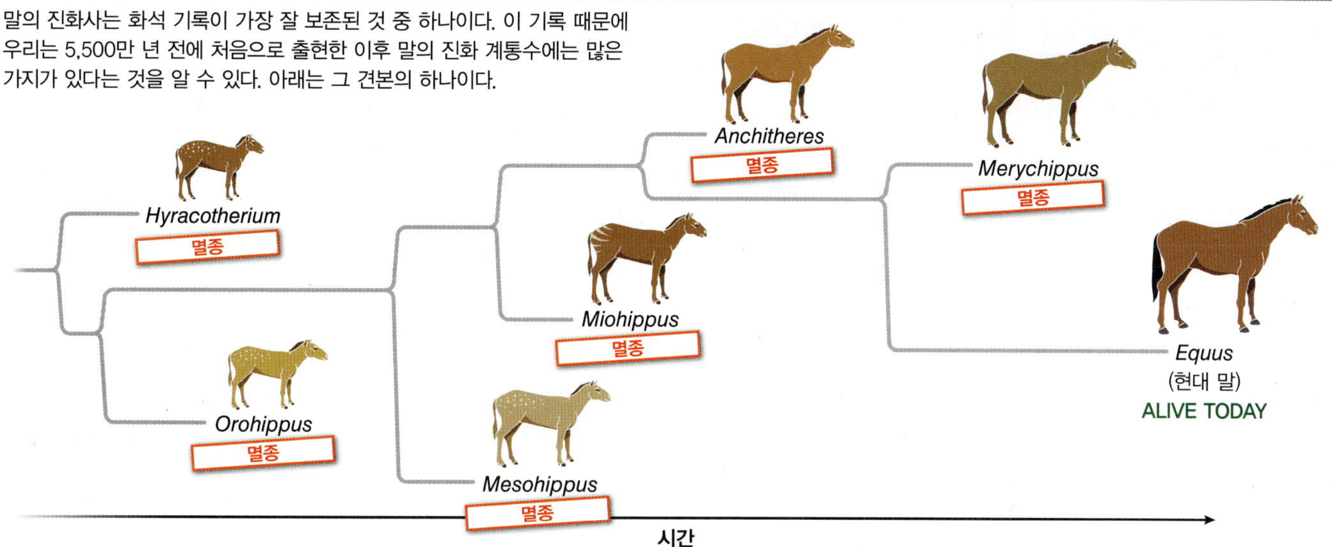

그림 10.32 진화 계통수. 가지를 뻗친 말의 진화 계통수.

5,500만 년의 진화 역사를 통해 돌아갈 수 있다고 상상하기 쉽다. 그러나 진화는 단순히 그렇게 일어나지 않았다. 실제로 말의 가지는 매우 많이 존재하였고 진화 시간 동안 분열되어 수백만 년 동안 번성하였다가 단지 최근에 멸종되었다. 우리가 오늘날 볼 수 있는 현존하는 말은 진화 계통수의 많은 가지 중의 오직 하나이다 (**그림 10.32**).

화석 기록은 과도기적 특징을 가진 화석의 형태를 제공하여 진화에 대한 또 하나의 귀중한 증거를 제공한다. 이러한 화석은 공동 조상을 공유했다고 생각되는 종 집단 사이의 연결점을 나타낸다. 이와 같은 화석 중 하나가 *Tiktaalik*이다(**그림 10.33**). *Tiktaalik* 화석은 북캐나다에서 처음 발견되었는데, 3억 7,500만 년된 것으로 추정되며, 총기류와 육상 척추동물의 중간 단계로 보인다. 이 생물은 총기류처럼, 아가미, 비늘과 지느러미를 가지고 있지만, 지느러미에 팔처럼 생긴 관절을 가지고 있었고 도롱뇽처럼 팔다리로 몸을 지탱할 수 있었다.

핵심요약 10.15

» 고생물학자는 남아 있는 화석을 분석하여 오래전 당시와 같은 모습으로 생명체를 복원할 수 있었고, 생명체가 어떻게 서로 연관되어 있는지 알 수 있었으며, 생명체 무리가 시간이 지남에 따라 어떻게 진화하는지 이해하였다.

*Tiktaalik*의 전이적 특징

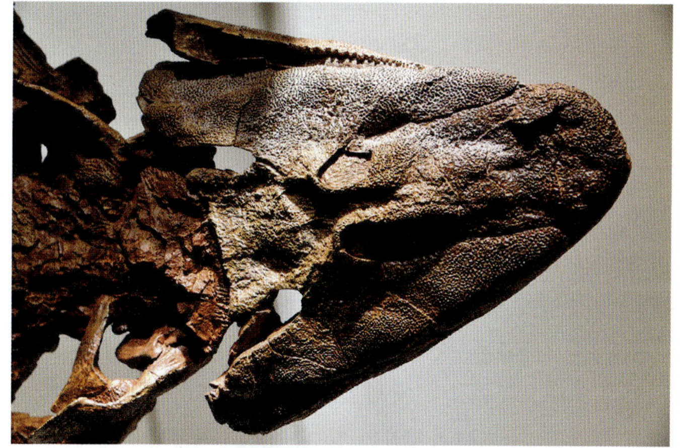

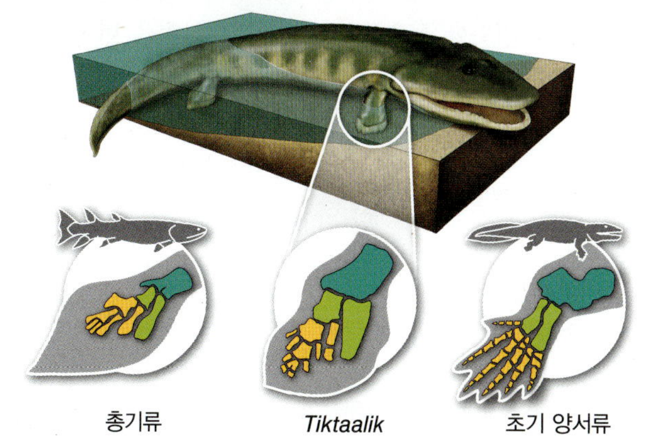

*Tiktaalik*는 총기류에서 육상동물로의 전이 단계를 나타내는 것으로 보인다. 화석을 보면 아가미, 비늘과 지느러미를 가지고 있지만, 무게를 지탱할 수 있는 팔처럼 생긴 관절은 양서류를 닮았다.

그림 10.33 잃어버린 고리?

10.16 종 분포의 지리적 유형은 종의 진화 역사를 반영한다

종의 분포를 말할 때, 역사가 중요하다. 특정 지리적 영역 내에—일반적으로 가까운 곳에서 유래한—먼저 도착한 종은 무수히 다양한 서식처에서, 무수히 다양한 생활방식을 갖게 되어 개체군은 각 환경에 적응하며 진화한다.

전 세계 생명체의 분포 형태에 관한 연구인 **생물지리학**은 Darwin과 그 이후의 많은 연구자가 관찰했으며 진화의 힘으로 이러한 형태가 생긴다는 강한 증거를 제시했다. 예를 들어, 하나의 종은 100 km 이내의 가까운 곳에 살면서 서식 환경이 매우 다른 종보다 수천 km 떨어져 있어도 거의 같은 서식 환경에서 사는 종과 더 가깝게 닮는다. 예를 들면, 하와이에 사는 거의 모든 새는 꿀먹이새의 변형된 종류이다. 씨를 먹는 꿀먹이새, 딱따구리꿀먹이새, 그리고 부리가 굽었고 과일즙을 먹는 꿀먹이새가 있으며, 앵무꿀먹이새도 존재한다(**그림 10.34**).

격리된 큰 서식처 또한 흥미로운 생물지리학적 양상을 가진다. 호주와 마다가스카르는 특유의 생물로 가득한데, 그들은 다른 어떤 곳에 존재하는 생물과도 밀접하게 관련되어 있지 않다. 예를 들면, 호주에서는 유대류가 태반을 가지는 포유류 대신 모든 평범한 역할을 대신한다. 유대류 "늑대", 유대류 "생쥐", 유대류 "다람쥐" 그리고 유대류 "개미핥기"가 존재한다(**그림 10.35**).

호주의 유대류는 신체적으로는 대응하는 태반류와 비슷하다. 그러나 분자 수준의 분석에 따르면 유대류들은 서로서로 공통 조상을 공유한 가까운 관계임을 알 수 있다. 이들의 근연도는 또한, 번식 상의 비슷한 점으로도 나타난다: 암컷은 비교적 이른 발생 단계에 있는 새끼를 낳아 주머니 속에서 발생이 완성되도록 한다.

Q 특정 환경 조건에서만 진화하는 개체군에 "가장 좋은" 단 하나의 적응이 있을까?

호주에 유대류가 분포한다는 것이 단순히 호주라는 서식처에 유대류가 태반류보다 더 잘 적응하였다는 것을 의미하는 것은 아니다. 호주로 태반류 동물이 유입되면서 이들도 잘 적응하여 때로는 고유종을 위태롭게 할 정도로 번성하기도 한다. 호주에서 태반류는 약 5,500만 년 전에—그 이유는 정확하게는 알 수 없지만—사라진 것으로 판단되는데, 이로 인해 유대류가 번성하고 다양해질 기회가 생긴 것이다.

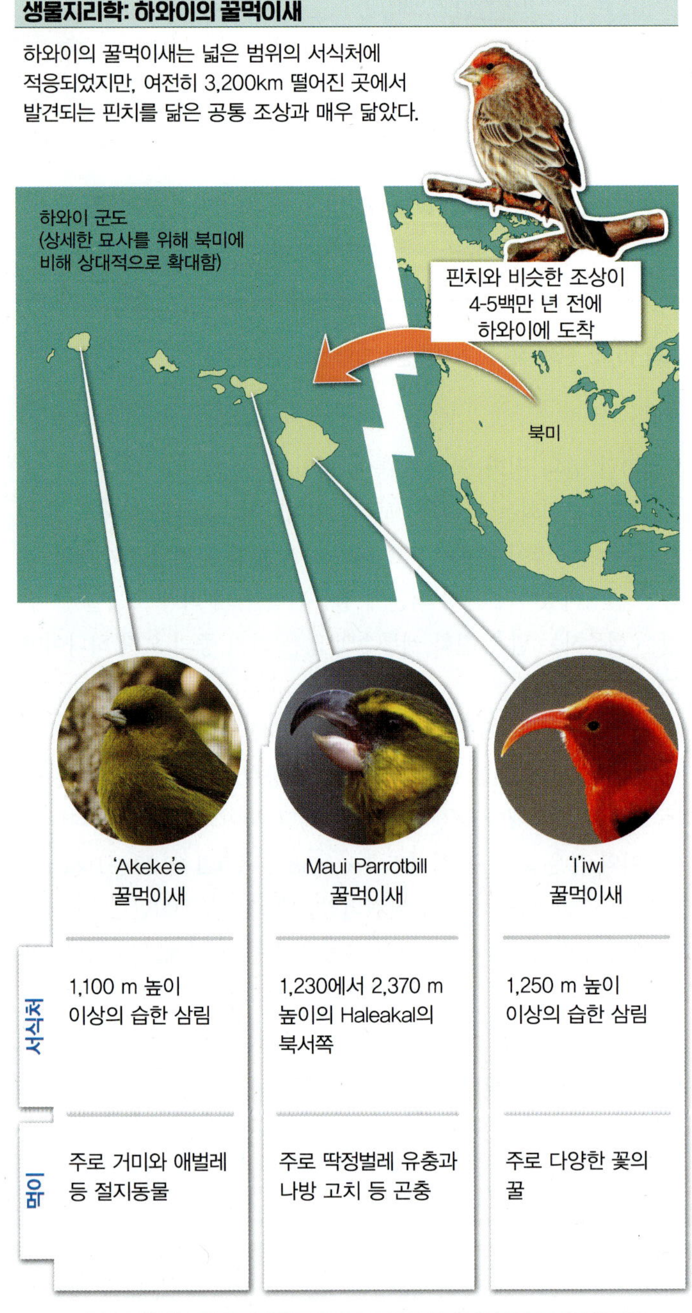

그림 10.34 진화의 증거: 갈라파고스 핀치처럼 하와이의 새들도 본토의 대응 사촌들로부터 분기한 친척들이다.

생물지리학: 호주의 유대류와 그들의 대응 동물인 태반류

많은 호주의 유대류들은 태반류와 가까운 관계는 아니지만 대응되는 태반류와 닮았다.

호주의 유대류

슈가글라이더

주머니개미핥기

태즈매니아주머니늑대

태반류 대응 동물

날다람쥐

큰개미핥기

회색늑대

그림 10.35 진화의 증거: 공통 조상으로 인해 비슷한 것이 아니다.

꿀먹이새와 호주의 유대류에서 보이는 생물지리학적 양상은 특정 환경 조건이 갖추어질 때마다 진화가 항상 같은 "해결책"을 만들 필요가 없음을 나타낸다. 오히려 진화는 특정 지역에 있는 개체군이 무엇이든 점차 그들의 형질을 변화시키며, 종은 그들이 차지한 서식처에 맞춰서 더욱 적응한다.

핵심요약 10.16

» 종 분포, 특히 가까운 곳이지만 매우 다른 서식처에서 사는 종들 사이, 그리고 비슷한 서식처이지만 서로 멀리 떨어진 곳에 사는 종들 사이의 유사성과 차이점에 대한 생물지리학적 양상을 관찰하면 개체군의 진화 역사를 이해할 수 있다.

10.17 비교해부학과 발생학으로 진화의 공통 기원을 알 수 있다

(예컨대, 사람, 거북이, 닭 또는 상어 등) 어떤 척추동물이든 발생 중에 이들의 배아를 관찰하면 목의 측면에 작은 인두낭이 나타나는 단계가 있음을 알게 될 것이다. 이 배아들은 또 긴 골성 꼬리를 가지는 단계를 거칠 것이다. 이들 인두낭은 어류를 제외하면 모두 태어나기 전에 사라진다. 마찬가지로 사람에게서는 꼬리를 찾을 수 없다. 왜 배아의 발생 단계에서 이런 구조들이 존재하는가? 이런 공통의 배아 단계가 있는 것으로 보아 생물이 공통의 조상을 공유하고 그로부터 변형되었음을 알 수 있다(**그림 10.36**).

동물의 성체에서, 몇몇 해부학적 특징은 진화의 희미한 흔적을 볼 수 있다. 유연관계가 큰 생물은 유사성을 보이는데, 그 이유는

상동 구조: 배아 단계

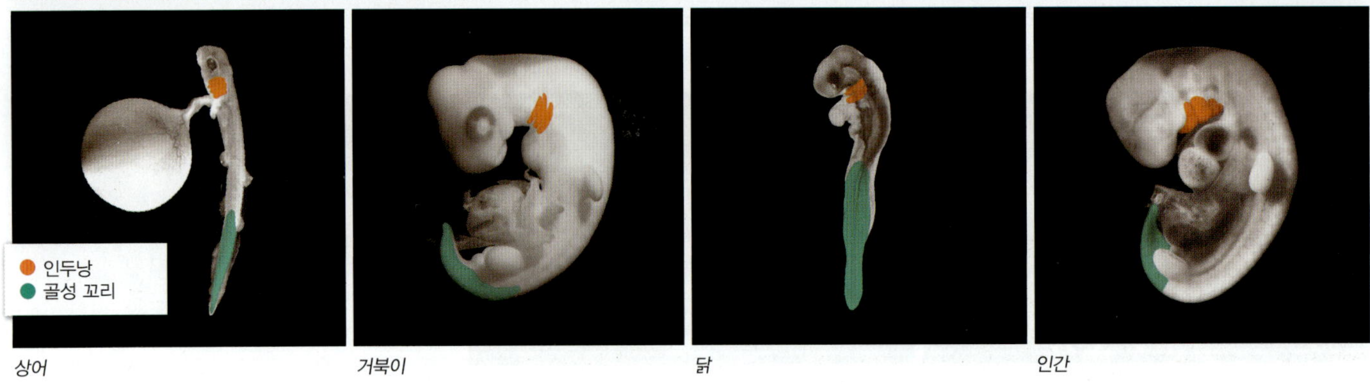

그림 10.36 진화의 증거: 발생학. 공통의 조상으로부터 유래된 구조를 배아에서 볼 수 있다.

진화적 관련을 통해서만 설명될 수 있다. 포유동물의 앞다리는 박쥐, 돌고래, 말, 그리고 사람이 각각 다양한 기능을 위해 사용한다(**그림 10.37**). 만약—날기, 유영하기, 달리기, 잡기 등—각각의 종에게 적합하게 사용되도록 특별하게 고안되었다면 아마 극적으로 다른 설계를 예상하게 될 것이다. 그리고 이들 각각의 종에서—광범위하게 변형된—같은 종류의 뼈는 이들이 공동의 조상을 공유한다는 사실을 드러낸다는 것을 알 수 있다. 이러한 특징들을 가리켜 **상동 구조**라 한다.

극단적인 경우, 상동 구조는 때때로 거의 또는 전혀 기능을 가지지 않는다. **흔적 구조**라 부르는 진화적 잔존물은 조상에게는 가치를 가졌기 때문에 존재한다. 포유동물의 흔적 구조에는 어금니도 포함되는데, 흡혈박쥐의 경우 전적으로 액체 먹이만을 소비하는 데도 어금니는 세대가 반복되어도 계속 자란다(**그림 10.38**). 동굴 생활을 하는 어류의 몇몇 개체군에는 안와가 있다(눈은 없다). 그리고 고래의 골반뼈에는 어떤 것도 붙지 않았다(하지만 가까운 관계인 다른 모든 포유동물에게는 다리뼈의 중요한 부착지점이다). 사람도 흔적기관, 즉 척추골이 융합되어 만들어진 미추골(꼬리뼈)을 가지는데, 이 뼈는 대부분 포유류에서 발견되는 꼬리의 흔적이다.

적응을 거쳐 비슷하게 보이는 모든 생명체가 실제로 조상을 공유하는 것은 아니다. 날아다니는 포유류(박쥐)와 날아다니는 곤충(메뚜기)을 예로 들 수 있다(**그림 10.39**). 유사하게, 돌고래와 펭귄

Q 모든 흡혈박쥐는 전적으로 액체만 섭취하면서도 딱딱한 먹이를 가는 데에 특화된 이빨을 왜 지니는가?

상동인 뼈의 구조

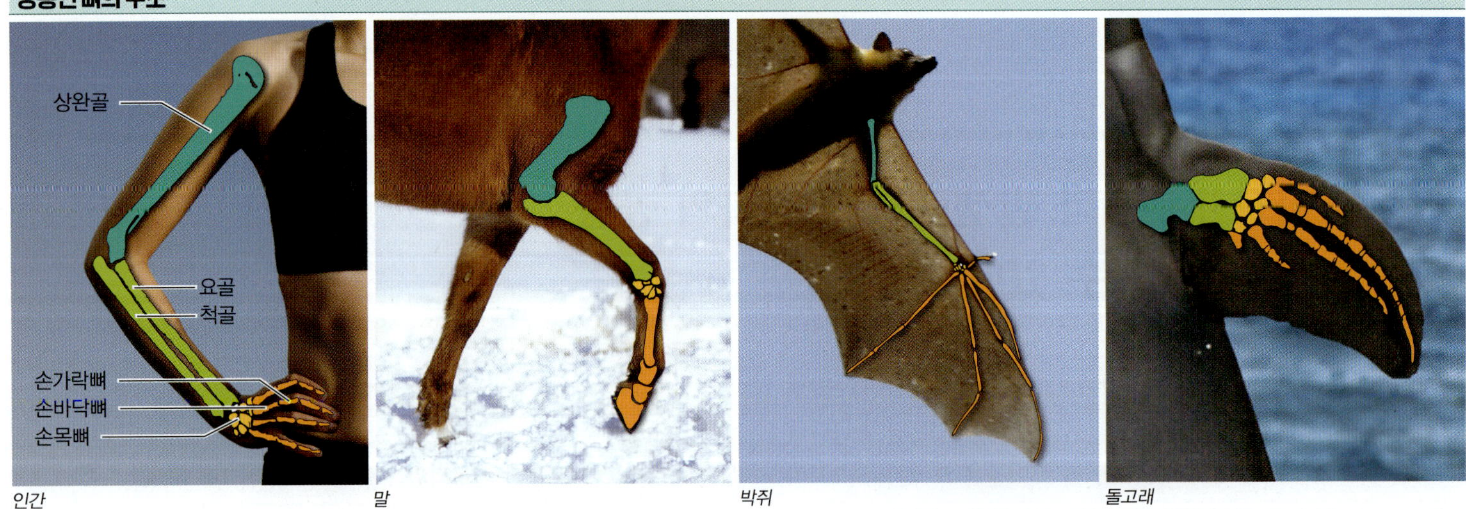

포유동물 앞다리 뼈 구조의 유사성을 보면 그들이 공통 조상을 가진다는 것을 알 수 있다.

그림 10.37 진화의 증거: 비교해부학.

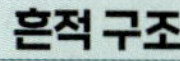

흔적 구조

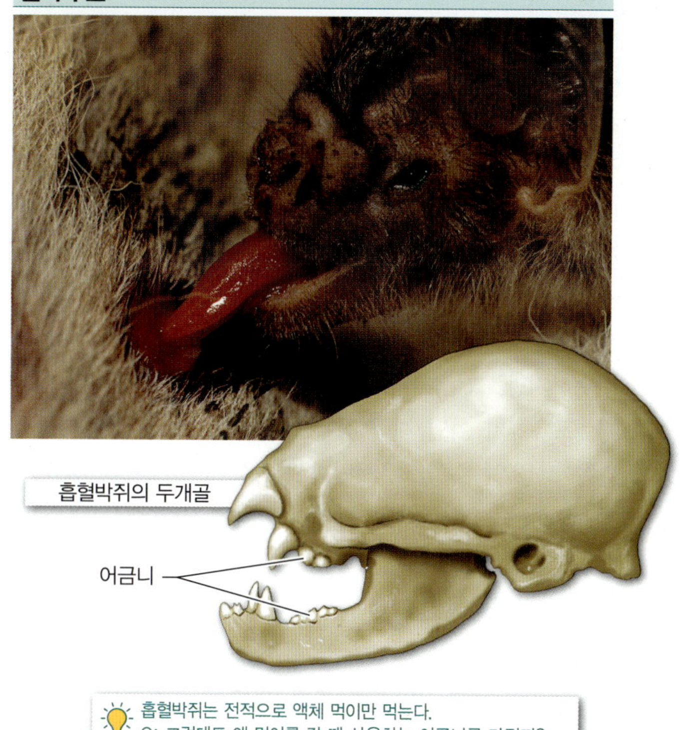

그림 10.38 진화의 증거: 흔적구조.

수렴 진화

그림 10.39 진화의 증거: 수렴진화와 상사 구조.

은 비슷한 서식처에서 살고 지느러미 모양의 발을 가져 수영하는 데에 유용하다. 그러나 이 두 가지 모두의 예에서 상사 구조는 서로 다른 기원의 구조로부터 생겨났다. 그림 10.35의 유대류과 태반류에서 보았듯이, 자연선택은 **수렴진화**라는 과정을 통해 처음부터 서로 다른 대상(지느러미와 앞다리 등)을 변형시켜 비슷한 목적으로 이용될 수 있게 한다.

핵심요약 10.17

» 서로 다른 생명체 집단이 나타내는 발생과 해부학적 특징, 신체적 외형의 유사성 등으로 이들이 공유한 진화적 기원을 밝힐 수 있다.

10.18 분자생물학은 공통의 유전자 배열이 모든 생명체가 연결된다는 것을 보여준다

모든 생명체는 같은 유전 암호를 공유한다. 극히 작은 박테리아부터 꽃을 피우는 식물과 곤충, 그리고 영장류에 이르기까지 생명체를 이루고 유전정보를 전달하는 분자 수준의 설명서는 모두 같다. 4가지 단순한 염기는 거의 제한 없는 길이의 서열 속에서 다양하게 배열된다.

우리가 한 종에서 가까운 개체 사이의 DNA의 유사성을 관찰하면 가깝지 않은 개체들보다 DNA의 더 많은 부분을 공유하는 것을 알 수 있다. 이 사실은 예상할 수 없는 것이 아니다. 당신과 당신의 형제가 같은 부모로부터 유래한 DNA 모두를 가지고 있는 반면에 당신과 당신의 사촌은 각각 같은 조부모로부터 유래한 DNA의 절반을 가지고 있다. 당신과 다른 사람이 더 먼 관계일수록 DNA는 더 크게 다르다.

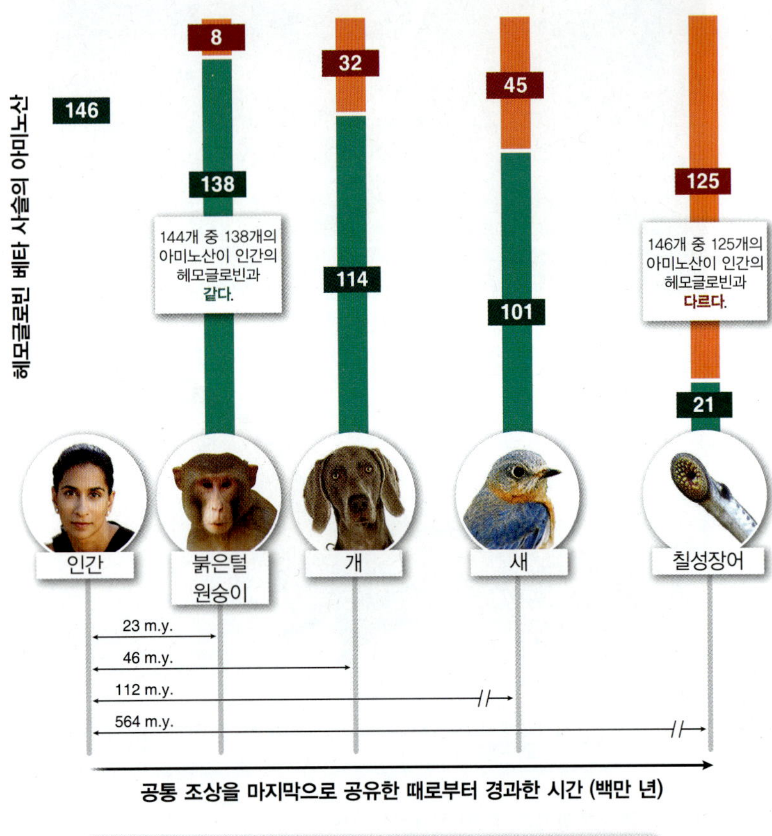

그림 10.40 진화 시계? 유전적 유사성(과 차이점)은 종 사이의 관계를 나타낸다.

우리는 두 종 사이의 DNA 유사성을 각 유전자의 DNA 서열을 비교하여 측정할 수 있다. 예를 들어, 헤모글로빈 분자를 암호화하는 유전자를 보자. 척추동물에서 헤모글로빈은 적혈구 세포에서 볼 수 있는데, 이 단백질의 기능은 몸 전체로 산소를 운반하는 것이다. 헤모글로빈은 알파 사슬과 베타 사슬의 두 아미노산 사슬로 이루어졌다. 사람의 베타 사슬은 146개의 아미노산을 가진다. 붉은털원숭이의 베타 사슬은 거의 비슷하여 146개 아미노산 중 138개는 사람 헤모글로빈과 같고 8개만 다르다. 개에서도 그 서열은 여전히 비슷하지만, 그 정도가 덜해 114개의 아미노산이 사람과 같다. 포유류가 아닌 새의 경우 101개의 아미노산이 사람과 같은 것을 알 수 있고, 사람과 칠성장어(척추동물이지만 공통 조상을 공유한지 5억 년 이상되었다) 사이에서는 21개의 아미노산이 비슷하다.

베타 헤모글로빈 사슬의 아미노산 서열에서 나타나는 차이점은 사람이 개보다 붉은털원숭이와 더 최근에 공통 조상을 공유하였음을 의미한다. 또한, 사람은 새나 칠성장어보다는 개와 더 최근에 조상을 공유한 것을 보여준다. 이러한 발견은 해부학적 비교와 발생학은 물론 화석 기록에도 근거를 두고 진화적 관계를 추정하는 것처럼 예상할 수 있는 것이다. 마치 똑딱거리는 분자시계가 있는 것 같이 보인다. 두 종이 각자 분리되어 진화한 기간이 길수록, 아미노산 서열의 변화—또는 "시계의 똑딱거림"—도 더 커진다(**그림 10.40**).

핵심요약 10.18

» 모든 생명체는 같은 유전 암호를 공유한다. 서로 다른 종 사이의 DNA 유사성 정도로 두 종이 얼마나 가깝고 그들이 마지막으로 공유했던 공통 조상으로부터 시간이 얼마나 흘렀는지 알아낼 수 있다.

10.19 실험과 실세계 관찰로써 진화가 진행 중임을 알 수 있다

올바른 종을 선택해서—수명이 매우 짧은 생명체 위주—주의 깊게 실험을 설계하면, 실제로 진행되는 진화를 관찰하고 측정할 수 있다.

연구자들이 골프 코스의 잔디의 개체군을 조사한 영리한 연구가 있다—이 서식처에 있는 잔디 깎는 기계의 날은 (잔디) 죽음의 중요한 원인이 된다. 골프 코스의 모든 잔디는 같은 종에 속하지만 퍼팅 그린의 잔디는 매우 자주 깎이지만, 페어웨이는 가끔 깎이고, 러프는 전혀 깎이지 않는다(**그림 10.41**).

몇 년 지나지 않아 이들 잔디 개체군 사이에 중요한 변화가 나타났다. 그린의 잔디는 수명이 짧아지고 번식 시기가 앞당겨졌으며 매우 많은 양의 씨앗을 생산했다. 개체군에서 이 식물의 수명은 짧은 편이었고 번식은 빠르게 이루어졌다. 페어웨이의 잔디는

골프 코스 잔디의 진화

그림 10.41 진행 중인 진화: 선택압이 다르면 개체군의 특징도 달라진다.

항생제 내성의 진화

인간의 질병을 일으키는 세균인 *Staphylococcus aureus*는 항생제 내성이 진화했다.

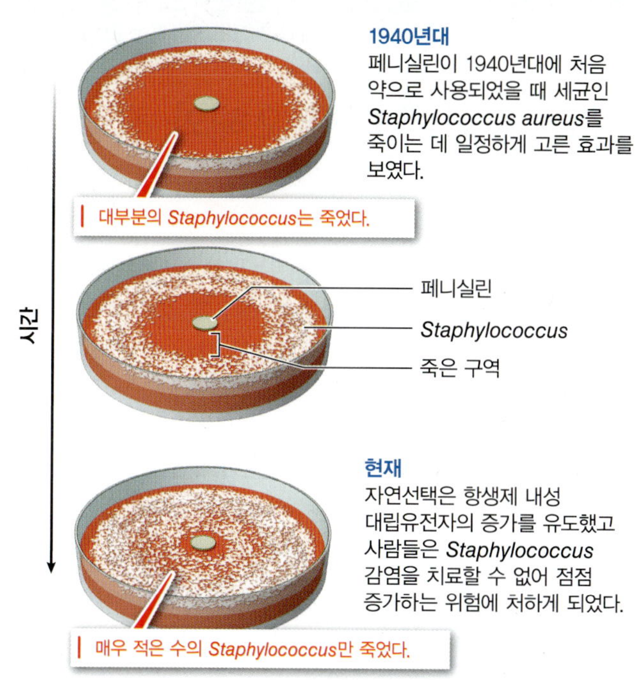

그림 10.42 진행 중인 진화: 인간에 의한 선택은 위험한 세균을 점점 늘린다.

발달 과정이 다소 느리며, 씨앗 생성량도 다소 줄었다. 러프의 잔디는 발달 과정이 가장 느리며, 씨앗 생산량도 가장 적었다.

이들 각각의 식물을 채집하여 같은 조건의 온실 속에서 배양하여도 생장과 발달, 수명에 관한 극적인 차이가 유지되어, 세 개체군에서 수명과 번식 정도를 조절하는 대립유전자의 빈도가 변화하였음을 알 수 있다. 다시 말해, 진화가 일어난 것이다.

Q 세균의 항생제에 대한 내성은 점점 증가한다. 왜?

자연에서 진화가 진행됨을 보여주는 증거 중 한층 불안한 것은 사람에게 병의 원인이 되는 세균 균주의 항생제 내성 진화이다. 1940년대에, 처음 세균 감염의 치료제로 사용된 페니실린은 *Staphylococcus aureus*를 죽이는 데 일정하게 고른 효과를 보였다. 그러나 *Staphylococcus*의 일부 균주는 페니실린에 내성이 있는 대립유전자를 가지고 있다. 페니실린은 *Staphylococcus*의 환경에서 널리 퍼져 있는 독성물질이 되었으므로, 자연선택은 이 균주들이 내성을 나타내는 대립유전자들의 빈도를 증가시키도록 유도했다.

오늘날, *Staphylococcus*에 감염되는 정도가 증가하였고 사람들은 폐렴과 수막염과 같은 질병에 걸린다. 현재, *S. aureus*의 분리된 균주의 90% 이상이 페니실린에 내성을 나타낸다(**그림 10.42**). 1960년대에, 항생제인 methicillin과 oxacillin이 처음에는 *Staphylococcus*에 거의 완벽한 효과를 보였다. 그러나 현재 거의 3분의 1에 이르는 *Staphylococcus* 감염은 이들 항생제에 내성을 나타낸다. 이렇게 의도적이지 않게 이루어진 자연선택 "실험"의 의미는 분명하고 지속적이다: 진화는 우리 주변 어디에서나 일어나고 있다.

진화와 자연선택의 두 가지, 즉 과정과 산물을 되돌아보면서 Darwin이 웅변적으로 쓴 **종의 기원**의 마지막 단락은 이렇다: "생명에 대한 이러한 관점에는 장대함이 있다... 그리고... 아주 단순한 시작으로부터 최고로 아름다운 것을 끝없이 형성해 왔고 가장 경이로운 것이 진화해 왔으며, 지금도 진화하고 있다."

핵심요약 10.19

» 여러 번 재현되고 통제된 실험실의 선택 실험들과 자연의 개체군에 대한 장기적인 현장 연구를 통해 진화가 일어나는 것을 관찰하고 측정할 수 있다.

생활 속 생명과학 | 증거를 사용한 의사결정 안내

진화: 진화에 대한 오해와 진실

진화에 대한 오개념은 그 과정의 미묘함에 대한 오해, 학교나 언론에서 진화를 불완전하고 잘못 설명한 것, 그리고 진화를 이해하지 못하도록 하는 의도적인 방해 등에서 비롯된 것이다.

오개념: 진화는 생명의 기원에 대한 이론이다. 실상: 과학자들도 생명의 탄생 과정에 관심이 있지만(그리고 조사하고 있지만), 진화생물학은 생명이 탄생한 후에 벌어진(아직도 벌어지고 있는) 과정과 더불어 종의 다양화와 분기, 개체군의 환경 적응에 초점을 맞추고 있다.

오개념: 진화를 관찰할 수도 없고 검증할 수도 없다. 실상: 진화는 관찰과 검증 모두 가능하다. 많은 종을 가지고 실험실에서 장기간에 걸쳐 통제되고 재현성 있는 실험을 하여 진화(10.1절 참조)와 종 분화(신종 형성)가 일어남을 보여주었다. 자연 개체군을 가지고 수많은 연구한 결과 역시 진화가 일어남을 알 수 있다(10.11절 참조).

오개념: 진화는 단지 이론일 뿐이며 증명할 수 없다. 실상: 이런 오개념은 이론을 "추측" 또는 "육감" 같이 구어체적으로 정의하는 것과 이론을, 예측을 만들어내고 지지하며 수많은 방법으로 검증하는 증거를 기반으로 하는 설명으로 과학에서 정의하는 것 사이에서 생긴 혼란에서 유래된 것이다(1.8절 참조).

오개념: 개체가 진화한다(그리고 적응하려고 "노력"한다). 실상: 자연선택은 개체군이 환경에 적응하도록 한다(10.10와 10.13절 참조). 그러나 그 과정은 적응하기 위하여 "노력"하는 것이 아니다—대체 유전자를 가지는 개체에 비하여 높은 비율로 전달되는 유전자 때문이며, 시간이 지나면서 변하는 것은 어떤 한 개체가 아니라 개체군이다(10.10절 참조).

오개념: 진화는 목적 지향적이며 진보를 향해 "최적"이라는 결과를 낳는다. 실상: 개체가 특이 환경에 서식하지 못하도록 하는 대립유전자는 개체군으로부터 제거된다. 그러나 이것은 개체를 완전하게 만들거나 최적이 되도록 하는 것이 아니다(10.11절 참조). 오히려 개체군에서 빈도가 증가하는 개체의 특징은 다른 대립유전자를 가진 개체와 비교하여 단순히 그 개체가 더 많은 자손을 남기게 하는 것이다(10.8와 10.11절 참조). 환경이 변함에 따라, 가장 적합한 형질도 변화한다.

오개념: 전이 과정을 나타내는 화석이 없다; 화석 기록 사이의 공백은 진화가 틀렸음을 증명한다. 실상: 화석을 형성할 수 있는 환경 조건은 매우 제한적이기 때문에 생물학자는 전이 과정에 있는 모든 화석을 발견할 것이라 기대하지 않는다. 따라서 공백은 진화가 틀렸음을 증명하는 것이 아니다. 공룡과 현생 조류 사이, 고래와 이들의 육상 포유류 조상 사이 등 수많은 전이 과정의 화석이 발견되기도 하였다(10.15절 참조).

오개념: 진화론에 따르면 생명체는 우연히 생겨났고, 진화는 무작위로 진행된다. 실상: 우연은 진화의 한 요소이긴 하지만—예를 들면, 돌연변이 생성에 무작위적 요소가 있다—많은 무작위적이지 않은 요소가 진화가 어떻게 진행되는지를 설명하는 중심이 된다. 예를 들면, —항생제 내성을 가진 세균과 같은—일부 변이체의 차등 생식 성공은 무작위적으로 자연선택을 유도하는 것이 아니다(10.19절 참조).

오개념: 대부분 생물학자는 진화론을 기각해 왔다. 실상: 국립과학학술원 의장, 미국과학진흥협회, 국립과학교사협회 등은 최근에 "진화론은 지구 상의 생명 다양성을 가장 포괄적이고 과학적으로 설명할 수 있는 것으로 오랜 세월을 거쳐 검증되었으며 압도적으로 많은 과학자에 의해 받아들여졌다"라는 뜻을 담아 공동성명을 작성하였다. 현재까지 진화의 기본 원리와 진행방식에 대한 어떤 신뢰할만한 도전도 없었다.

연습 데이터의 시각적 표현을 비판적으로 살펴보기

도표로 배우기

1. 곡선은 무엇을 나타내는가?
2. 핀치새의 부리는 새가 일단 성장한 후에는 많이 자라거나 줄어들지 않는다. 해마다 부리의 평균 크기가 변하는 이유는 무엇인가?
3. 세 번의 가뭄과 한 번의 매우 습한 년도를 표시하였다. 왜 이런 정보가 포함되었을까?
4. 핀치새의 부리의 크기를 예측하고 싶다면 어떤 정보가 도움이 될까?
5. 핀치새의 "최적" 부리 크기란 것이 있을까? 이 그림으로서 답을 얻을 수 있을까?
6. 이 그래프의 "핵심요약"은 무엇이라고 생각하는가?

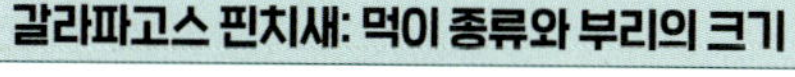

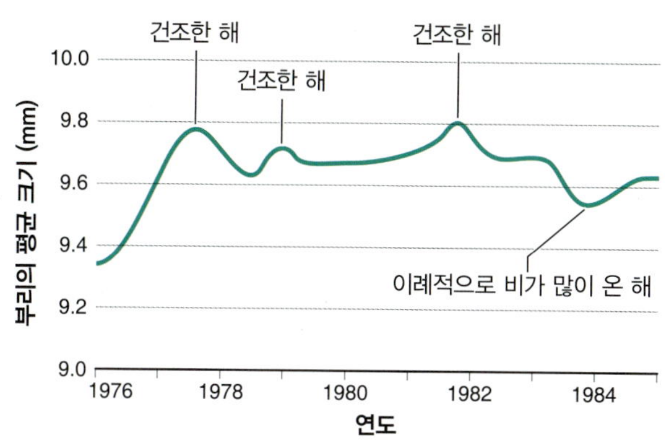

주요 용어: 진화와 자연선택

개체군 population, 271쪽
고정 fixation, 281쪽
돌연변이 mutation, 279쪽
방사능 연대측정 radioactive dating, 297쪽
방향성 선택 directional selection, 291쪽
병목효과 bottleneck effect, 282쪽
분단성 선택 disruptive selection, 293쪽
상동 구조 homologous structure, 302쪽
생물지리학 biogeography, 300쪽
성 선택 sexual selection, 285쪽
수렴진화 convergent evolution, 303쪽
안정화 선택 stabilizing selection, 292쪽
유전 inheritance, 284쪽
유전력 heritability, 284쪽
유전자 확산 gene flow, 283쪽
유전적 부동 genetic drift, 281쪽
이주 migration, 283쪽
인위선택, artificial selection, 291쪽
자연선택 natural selection, 284쪽
적응 adapation, 289쪽
적응도 fitness, 288쪽
진화 evolution, 272쪽
차등 생식 성공 differential reproductive success, 284쪽
창시자효과 foundation effect, 282쪽
형질 trait, 276쪽
화석 fossil, 297쪽
흔적 구조 vestigial structure, 302쪽

요약

진화는 현재 진행형이다.

- 하나의 개체군을 구성하고 있는 개체의 특징은 시간의 흐름에 따라 변할 수 있다. 그런 변화를 자연에서 관찰할 수 있으며 심지어 그런 변화를 만들어 낼 수도 있다.

Darwin은 여행 중 새로운 발상을 하였다.

- 18, 19세기에 과학적 신념이 서서히 변함에 따라 Charles Darwin의 생각이 모양을 갖출 수 있었다.
- Darwin은 전 세계를 항해하면서 화석과 현생 종 사이에 보이는 예상치 못한 패턴을 파악하였다. 화석은 같은 지역에 서식하는 현생 종과 닮았지만 똑같지는 않았다. 그리고 갈라파고스 군도의 곳곳에 서식하는 핀치새는 미미하지만 유의미하게 서로 달랐다. Darwin은 이런 관찰을 통하여 시간이 흐름에 따라 종이 어떻게 변하는지에 대한 그의 이론을 발전시켜 나갔다.

진화는 4가지 기작을 통하여 일어난다.

- 진화는 한 개체군의 대립유전자 빈도 변화이다. 진화는 돌연변이, 유전적 부동, 이주, 그리고 자연선택의 4가지 기작을 통해 일어날 수 있다.
- 돌연변이란 생물 개체의 DNA를 구성하는 염기쌍 서열의 변화이다. 이러한 변화가 만약 개체의 배우자 생성 세포의 대립유전자를 변화시키는 것이라면 개체군의 대립유전자 빈도가 변화하여 개체군은 진화한다. 돌연변이는 개체군 내에서 새로운 대립유전자가 창조될 수 있는 유일한 방법이다.
- 유전적 부동은 개체군의 대립유전자 빈도의 무작위적인 변화를 말하며 생식 성공에 대한 대립유전자의 영향과는 아무런 관련이 없다. 유전적 부동의 영향은 작은 개체군에서 매우 중요하다.
- 개체가 개체군으로 들어오고 나가게 되는 이주는 대립유전자 빈도의 변화를 초래한다.

- 자연선택이란 하나의 형질에 대한 변이가 유전 가능하고 한 유형의 변이를 가진 개체가 다른 유형의 변이를 가진 개체보다 생식 성공도가 더 클 때 일어나는 진화 기작이다.
- 한 개체군에서 각각의 대립유전자 빈도를 안다면 이 개체군에서 볼 수 있는 유전자형과 표현형을 예측할 수 있다. 만약 한 개체군에서 무작위적 교배가 일어나고 진화가 일어나지 않는다면 열성과 우성 대립유전자의 빈도는 변하지 않는다.

생물 개체군은 그들이 서식하는 환경에 적응한다.

- 적응도란 대체 표현형을 가진 개체의 자손 수와 비교하여 특정 표현형을 가진 개체의 상대적인 자손 수를 측정한 것이다. 한 개체의 적응도는 그 개체가 사는 환경에 따라 변할 수 있다.
- 적응은 생명체가 그들의 환경에 더 잘 맞게 되는 과정과 생명체를 더 적합하게 하는 특정 형질을 모두 의미한다. 자연선택을 통해 적응한다고 하더라도, 생명체가 반드시 완벽하게 그들의 환경에 적응하는 것은 아니다.
- 인위선택을 시행하는 동물 사육자와 농부는 동물과 농작물을 변형할 때 자연선택을 활용한다. 방향성 선택에서, 형질에 대한 평균값은 증가하거나 감소하며, 안정화 선택에서는 극단이 제거되는 반면, 형질에 대한 평균값은 그대로 유지되고 분단성 선택에서는 극단의 표현형을 가진 개체가 가장 높은 적응도를 보여준다.
- 답을 얻기 위해서는 여러 가지 대체 가설을 창조적으로 탐구하는 것이 필요하다. 항상 명확한 답을 얻을 수는 없지만, 증거가 쌓이면, 하나의 가설이 옳고 나머지 가설을 버릴 수 있는 자신감을 얻게 된다.
- 자연선택은 복잡한 생리학적 과정과 행동을 담당하는 유전자의 대립유전자 빈도를 바꿀 수 있다. 때때로 특정 기능에 필요한 형질은 나중에 완전히 다른 기능을 하게끔 바뀐다.

진화의 증거는 수없이 많다.

- 고생물학자는 남아 있는 화석을 분석하여 오래전 당시와 같은 모습으로 생명체를 복원할 수 있었고, 생명체가 어떻게 서로 연관되어 있는지 알았으며, 생명체 무리가 시간이 지남에 따라 어떻게 진화하는지 이해하였다.
- 종 분포, 특히 가까운 곳이지만 매우 다른 서식처에서 사는 종들 사이, 그리고 비슷한 서식처이지만 서로 멀리 떨어진 곳에 사는 종들 사이의 유사성과 차이점에 대한 생물지리학적 양상을 관찰하면 개체군의 진화 역사를 이해할 수 있다.
- 서로 다른 생명체 집단이 나타내는 발생과 해부학적 특징, 신체적 외형의 유사성 등으로 이들이 공유한 진화적 기원을 밝힐 수 있다.
- 모든 생명체는 같은 유전 암호를 공유한다. 서로 다른 종 사이의 DNA 유사성 정도로 두 종이 얼마나 가깝고 그들이 마지막으로 공유했던 공통 조상으로부터 시간이 얼마나 흘렀는지 알아낼 수 있다.
- 여러번 재현되고 통제된 실험실의 선택 실험들과 자연의 개체군에 대한 장기적인 현장 연구를 통해 진화가 일어나는 것을 관찰하고 측정할 수 있다.

복습하기

짧게 답하기

1. 초파리와 같이 수명이 짧은 종의 개체군에서 진화가 일어나는 연구를 하는 이점은 무엇인가?

2. 18세기와 19세기에 기각된 것으로 자연세계에 대한 통속적인 서구의 믿음 3가지를 설명하시오.

3. Darwin은 전 세계를 돌아다니는 동안 진화에 관한 생각을 어떻게 발전시켰는가?

4. 진화란 무엇인가?

5. 개체군 내에서 한 대립유전자가 고정된다는 것이 의미하는 것은?

6. 열성유전자는 개체군에서 빈도가 감소하는가? 왜 그런가? 또는 왜 아닌가?

7. 생물의 진화적 적응도를 구성하는 중요한 요소를 설명하시오.

8. 세균의 항생제 내성 균주의 빈도가 증가하면 진화가 진행 중임을 알 수 있는 이유는?

9. 종의 기원에서 Charles Darwin은 다음과 같이 썼다: "우리는 약간의 자신감을 가지고 긴 미래를 바라보게 될 것이다. 그리고 자연선택이 단독으로 그리고 모두에게 좋은 방향으로 작동하므로, 육체와 정신 모두가 완전한 쪽으로 진행하려고 할 것이다." 이것이 틀린 이유 3가지 쓰시오.

10. 현대 의학은 어떻게 인간의 몸무게에 대한 선택압을 변화시키는가?

11. 개체군의 진화 역사를 연구할 때 생물지리학은 어떻게 유용한가?

12. 상동 구조와 상사 구조를 비교할 수 있는 각각의 예를 드시오.

13. 진화생물학자는 "분자시계"라는 말을 언제 사용하며, 무엇을 의미하는가?

정답 고르기

1. 기아 내성이 증가한 초파리를 선택한다면?

a) 효과가 없다. 왜냐하면, 기아 내성이란 초파리의 적응도에 영향을 주는 형질이 아니기 때문이다.

b) 효과가 거의 없다; 돌연변이가 계속 일어나면 선택의 이점이 없기 때문이다.

c) 생존시간을 늘릴 수 없다. 왜냐하면,

이 형질에 관한 유전적 변이가 없기 때문이다.

d) 효과가 없다; 기아 내성은 너무 많은 유전자가 관련되어 있기 때문이다.

e) 기아부터 생존까지의 평균 시간이 160시간인 개체군을 만들 수 있다.

2. 돌연변이에 관한 설명으로 옳지 않은 것은?

a) 돌연변이는 거의 언제나 개체의 필요로 무작위로 일어난다.

b) 돌연변이는 생물체 DNA의 변화이다.

c) 대부분의 돌연변이는 생물에게 해롭거나 중립이다.

d) 유전적 다양성의 기원은 돌연변이이다.

e) 위의 내용 모두 옳다.

3. 얕은 내에서 사는 물고기 개체군에서, 홍수에 의해 물고기가 휩쓸려서 황갈색 물고기와 녹갈색 물고기의 유전자형 빈도가 상당히 바뀌었다. 이러한 유전자형 빈도의 변화는 무엇 때문인가?

a) 유전자 확산

b) 분단성 선택

c) 방향성 선택

d) 안정화 선택

e) 유전적 부동

4. 개체 수가 작은 집단이 새로운 서식처에서 정착할 때, 진화적 사건이 발생할 것이다. 그 이유는?

a) 작은 개체군의 구성원은 짝짓기의 비율이 감소하기 때문에

b) 유전자 확산이 증가하기 때문에

c) 돌연변이는 새로운 환경에서 더 일반적이기 때문에

d) 새로운 환경은 기후가 나빠 살기 힘들고 생존율이 저하되기 때문에

e) 작은 창시자 집단은 유전적으로 원래 집단을 대표하지 않기 때문에

5. "적자생존"은 자연선택에 의한 진화의 과정을 설명하기에는 오해가 생기는 말이 될 것이다. 왜냐하면

a) 자연에서 가장 적합한 개체를 결정하는 것은 불가능하기 때문이다.

b) 자연선택에는 생식 성공보다 생존이 덜 중요하다.

c) 개체군 내에서 자연적인 변이는 차등적 생존의 영향을 받기에는 일반적으로 너무 크기 때문이다.

d) 개체군의 병목효과가 일어나는 동안 최소의 적응도를 지닌 개체가 가장 잘 생존한다.

e) 개체 자신의 생식 성공은 진화를 반드시 보증하지 않기 때문이다.

6. 자연선택에 의해 형성된 적응은?

a) 유전적 부동을 통해 확대되고 증가한다.

b) 산업사회에서 사는 사람의 생활에서 나타나지 않는다.

c) 시대에 뒤떨어진 것으로 현재와 다른 조건인 과거에 형성된 것이다.

d) 자연이 유발한 문제에 대한 완벽한 해답을 보여준다.

e) 특정 개체군이 서식하는 환경에 항상 알맞도록 끊임없이 변화해 왔다.

7. 특정 형질이 안정적 선택의 대상이 된 개체군에서

a) 형질의 평균값과 변이 모두 변하지 않는다.

b) 형질의 평균값과 변이 모두 증가한다.

c) 형질의 평균값은 증가하거나 감소하고 변이는 감소한다.

d) 형질의 평균값은 비슷하게 유지되고 형질의 변이는 감소한다.

e) 형질의 평균값은 비슷하게 유지되고 형질의 변이는 증가한다.

8. 쥐의 미로 찾기 행동은

a) 자연선택에 의한 영향을 받기에는 너무 복잡한 형질이다.

b) 유전적인 형질이다.

c) 쥐의 자연환경에서는 나타나지 않기 때문에 자연선택에 의해 영향받지 않는다.

d) 변이를 관찰할 수 없다.

e) 주로 실험실에서 돌연변이에 의한 영향을 받는다.

9. 분자생물학에서 서로 다른 종 사이의 차이점을 비교할 때 내릴 수 있는 결론은?

a) 극단적으로 서로 다른 종은 기본적으로 완전히 무관하다.

b) 오직 DNA 서열만이 종 사이의 근연도 비교에 사용될 수 있다.

c) 새는 개보다 사람과 더 가깝게 관련되어 있다.

d) 유전적 유사성과 차이점으로 종 사이의 근연도를 알 수 있다.

e) 진화된 두 종의 관계가 멀수록 이들 사이의 유전적 차이는 적어진다.

10. 진화란

a) 자연에서 관찰되기에는 너무 느리게 일어난다.

b) 야생에서 일어날 수 있지만, 실험실에서는 아니다.

c) 항생제 내성 박테리아의 발생이 증가하는 원인이다.

d) 사람의 서식처에서는 일어나지 않는다.

e) 위의 내용 모두 옳다.

11

진화와 행동

동물 세계의 의사소통, 협력 그리고 갈등

▲ 수컷 위버 새는 장래의 짝을 유인하기 위해 정교한 둥지를 만든다.
사진: 남아프리카공화국의 케이프위버.

다른 형질처럼 행동도 진화한다

▲ 카피바라 어미와 새끼.

11.1 행동은 다른 형질과 똑같이 적응의 가치를 갖는다

당신이 좋아하는 음식은? 아마도 도넛과 핫 퍼지 선데가 목록의 가장 위에 있을 것이다. 또는 바나나, 치즈버거, 감자튀김이 있을 것이다. 누구나 좋아하는 음식을 고를 때 기준으로 하는 한 가지는 거의 확실하다. 좋아하는 음식의 목록은 고열량 음식으로 가득 차 있다.

통제된 비교 연구를 살펴보면, 사람은 달콤하고 지방이 많은 음식에 대해서는 뚜렷하고 일관되게 좋아하는 경향을 나타냈다. 특히 여러 종류의 혼합물로 구성된 음식물이 제공되었을 때, 음식을 좋아하는 경향은 음식물에 함유된 설탕의 농도가 높을수록 증가하였으나, 일정 수준보다 많은 설탕을 첨가한 뒤에는 설탕의 농도가 증가할수록 음식을 좋아하는 경향이 줄어들었다. 그러나 음식의 지방 함량은 증가할수록 그 음식을 좋아하는 경향이 더 강해졌다. 간단히 말하면, 우리는 가능한 한 많은 지방으로 채워져 있고 단(그러나 지나치게 달지 않은) 음식을 좋아한다(**그림 11.1**).

들에서 사는 새도 먹이에 대해 선호도를 나타낸다. 예를 들어, 찌르레기가 길에 떨어져 있는 먹이를 모두 먹는 것은 아니다. 찌르레기는 풀밭을 걸어 다니며 땅을 탐색하면서 풍뎅이 애벌레 같은 것만 가끔 주워 먹는다. 금게 또한 좋아하는 먹이가 확실히 정해져 있다. 금게는 다양한 크기의 홍합 중에서 홍합 껍데기를 열 때 사용되는 에너지에 비해 가장 큰 에너지를 얻을 수 있는 홍합을 좋아한다. 너무 큰 홍합은 껍질을 여는 데 너무 오래 걸리기

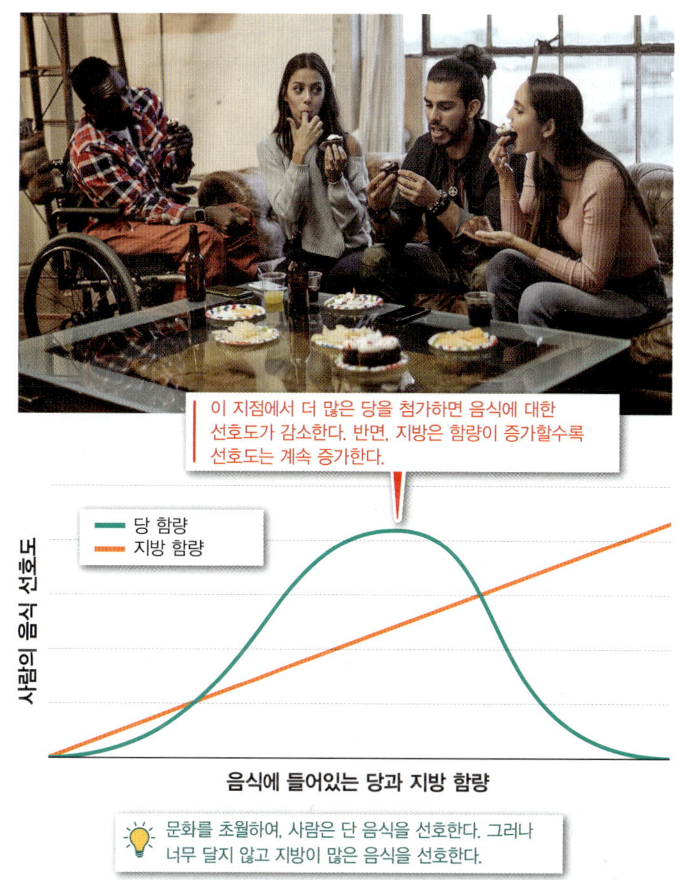

그림 11.1 기름지고 달콤한.

금게는 다양한 크기의 홍합 중에서 홍합 껍데기를 열 때 사용하는 에너지와 비교하여 가장 큰 에너지를 얻을 수 있는 크기의 홍합을 선호한다.

그림 11.2 효율적인 포식자.

때문에 좋아하지 않고, 너무 작은 홍합은 쉽게 열리지만 얻을 수 있는 에너지가 매우 적기 때문에 역시 선호하지 않는다(**그림 11.2**). 따라서, 이 연구에 의하면 금게는 중간 크기의 홍합을 선호한다.

동물이 맛에 대한 선호를 가지는 이유가 있다. 사람을 포함하여 동물들은 식물과 달리 직접 먹이를 생산할 수 없으므로 가장 많은 에너지와 필수 영양소를 포함하는 먹이를 먹어야 한다. 그렇지 않으면 생존하지 못할 것이다. 맛에 대한 선호도는 우리가 먹는 물질이 맛봉오리(미뢰) 안의 분자와 화학작용을 한 직접적인 결과이다. 그리고 그러한 분자는 자연선택을 통해 선택된 많은 유전자에 의해 만들어진 것이다.

맛 선호도는 동물의 먹이 선택에 직접 영향을 주며, 이러한 선택은 그들의 자손 수와 진화적 적응도에 영향을 미친다. 결과적으로, 자연선택이 생물의 물리적 구조를 변화시키는 것과 마찬가지로 먹는 행동도 형성해 간다.

논의를 더 계속하기 전에, 행동이란 무엇인가 정확하게 정의를 내려 보기로 하자. **행동**은 종종 생물을 둘러싸고 있는 환경이나 다른 생물의 활동에 반응하여 생물이 수행하는 모든 종류의 활동을 포함한다. 섭식 행동은 자연선택의 영향을 받은 많은 행동 중 하나일 뿐이다. 동물 행동의 범위는 넓고 다양하여, 투쟁과 협동, 경쟁과 포식, 구애와 배우자 선택, 의사소통 그리고 학습을 포함한다.

10장에서, 많은 **신체적 특징**의 진화적 기원과 환경에 적응하도록 생물의 진화를 이끄는 자연선택의 일반적 과정에 대하여 알아보았다. 이 장에서는 행동도 해부학적 구조와 같은 생물의 표현형의 하나이며, 행동과 행동 형질은 자연선택으로 생성되고 형성된다는 것을 살펴볼 것이다.

핵심요약 11.1

» 행동은 생물체가 하는 모든 활동을 포함한다. 행동도 생명체의 한 표현형이며, 그 행동은 자연선택 과정에 의해서 만들어지고 다듬어진다.

11.2 몇몇 행동은 선천적이다

Gregor Mendel은 완두콩에 관한 연구에서 완두의 큰 키 또는 작은 키를 유발하는 하나의 유전자를 설명하였다. 그러나 식물에서 키와 같은 형질은 전적으로 유전적 원인에 의해서 결정되는 것이 아니다. 토양의 종류나 물의 이용 정도, 양분, 햇볕 같은 특정한 환경 조건도 영향을 미친다. 사실, 생명체의 모든 물리적 형질은 유전 요인뿐 아니라 환경 요인에도 영향을 받는다. 환경은 행동이 형성되어가는 과정에도 중요한 역할을 한다.

그러나 행동의 표현형은 환경의 영향을 받는 정도가 매우 다양하다. 극단적인 예로 행동이 발달할 때 전혀 환경의 영향을 받지 않는 행동을 **본능**이나 **선천적 행동**이라고 한다. 선천적 행동은 개체군 내의 모든 개체에 존재하며, 개체 간 차이나 한 개체에서 일생 나타나는 차이는 거의 존재하지 않는다. 선천적 행동의 한 예는 **고정행동양식**이다. 고정행동양식이란 **신호 자극**이라 불리는 특정 신호에 반응하여 특정한 순서로 나타나는 것인데, 이러한 특정한 행동의 순서는 학습이 필요 없으며, 일관적이어서 한번 시작되면 끝날 때까지 계속된다. 고정행동양식의 예로 다음의 두 가지를 살펴보자(**그림 11.3**).

- **거위의 알 옮기기.** 거위의 둥지 밖에다 알을 놓으면(신호 자극) 고정행동양식이 촉발된다. 거위는 둥지 밖으로 나와서 알을 부리 밑에 넣고 옆으로 굴리면서 걸어간다. 거위의 이러한 '알 옆으로 옮기기' 행동은 한번 시작되면 알을 둥지로 옮기는 동안 그 알을 가져가더라도 계속된다.
- **가시고기의 공격적 표현과 공격.** 번식기가 시작되면 수컷 가시고기의 배가 밝은 빨간색으로 변한다. 이때, 가시고기 배의

몇몇 행동은 선천적이다.

비번식기의 수컷 가시고기

번식기의 수컷 가시고기

그림 11.3 학습이 필요 없다.

빨간색(신호 자극)은 다른 수컷 가시고기의 공격적 행동을 촉발한다. 실제로는, 빨간색 배뿐만 아니라 빨간색 배와 비슷하게 생긴 어느 물체에 대해서도 수컷 가시고기는 공격적으로 반응한다. 한 연구에 의하면, 가시고기는 심지어 매일 창밖에 빨간색 우편 트럭이 나타날 때마다 공격적인 행동을 보였다고 한다.

핵심요약 11.2

» 환경의 영향을 전혀 받지 않는 본능이나 선천적인 행동은 개체군 내의 모든 개체에 나타나며, 개체 간 차이나 한 개체에서 일생 내내 차이가 거의 존재하지 않는다. 고정행동양식은 학습이 필요 없는 일련의 행동이며, 변하지도 않고, 한번 시작하면 완성될 때까지 계속된다.

11.3 몇몇 행동은 학습해야 한다(그리고 일부의 행동은 다른 행동보다 쉽게 학습할 수 있다)

선천적인 행동과 대조적인 일부 행동은 개체의 경험에 대한 반응으로 시간이 흐름에 따라 바뀌고 변형된다. 즉, **학습**이 필요하다. 학습의 쉽고 어려운 정도는 그 차이가 매우 크다. 어떤 행동은 쉽게 학습되어 개체군의 거의 모든 개체가 학습하는 반면, 어떤 행동들은 학습하기 쉽지 않다.

인간을 포함하는 대부분 영장류의 공통적인 형질인 뱀에 대한 공포를 생각해보자. 야생에서 붉은털원숭이는 뱀을 무서워한다. 붉은털원숭이는 뱀을 보면 비상 신호를 보내고 뱀으로부터 빨리 도망치는 등 두려움에 의해 생기는 반응을 보인다.

그러나 포획된 원숭이를 관찰하면, 뱀에 대한 두려움이 선천적인 특징이 아니라는 것을 알 수 있다. 포획된 원숭이는 땅콩을 얻기 위해 플라스틱으로 만든 가짜 뱀을 잡기도 한다. 실험 결과에 따르면, 원숭이는 다른 원숭이가 뱀을 무서워하는 장면을 보고서 뱀에 대한 두려움을 알게 된다(**그림 11.4**). 원숭이들은 다른 원숭이가 뱀을 무서워하는 장면이 담긴 비디오만 보아도 즉각적이고 영구적으로 뱀을 무서워하게 된다. 그러한 원숭이들은 아무리 배가 고파도 다시는 땅콩을 얻기 위해서 가짜 뱀을 잡으려고 하지 않을 것이다. 인간을 대상으로 한 연구에서도 뱀에 대한 두려움이 쉽게 생긴다는 것을 알 수 있다. 인간은 원숭이처럼 비명을 지르면서 우리 한구석에 웅크리고 있지는 않겠지만 손바닥에 땀이 나고 심장 박동수가 빨라질 것이다.

모든(거의 모든) 개체가 쉽게 학습하는 행동을 **준비된 학습**이라고 한다. 원숭이가 뱀을 무서워하는 행동 이외에도 준비된 학습의 예는 많이 있다. 인간이 언어를 배우는 과정이 극적인 한 예이

준비된 학습

1 **밤에 대한 두려움에 노출되기 전**
포획된 원숭이는 플라스틱 뱀 위로 움직여 음식을 잡으려고 한다.

2 **뱀에 대한 두려움에 노출**
포획된 원숭이가 뱀을 보고 무서워하는 다른 원숭이를 본다.

3 **뱀에 대한 두려움에 노출된 뒤**

원숭이는 뱀에 대해 두려움을 나타내는 다른 원숭이를 본 경우 뱀에 대한 두려움을 빨리 배운다.

그림 11.4 본능은 아니지만 쉬운 학습. 원숭이는 다른 원숭이가 뱀을 무서워하는 것을 관찰함으로써 뱀에 대한 두려움을 배울 수 있다.

다. 대부분 아이는 한 살 때까지는 말을 할 줄 모르지만, 세 살이 되면 대부분 문장 형성의 규칙을 이해하게 되고, 여섯 살이 되면 영어권에서는 평균적으로 13,000 단어를 사용할 수 있게 된다.

다시 붉은털원숭이 실험으로 돌아가자. 연구자가 원숭이가 뱀을 보고 두려움을 나타내는 비디오에 변화를 주어, 원숭이가 꽃과 장난감 토끼에 대해서도 동일한 두려움을 나타내도록 비디오의 내용을 바꾸었다. 꽃과 장난감 토끼와 뱀을 실제로 본 적이 없지만 변형된 비디오를 본 원숭이들은 꽃과 장난감 토끼에 대해서는 두려움을 배우지 못했다.

이러한 관찰로 특정한 행동을 획득하는 과정을 진화적으로 설명할 수 있다. 생명체는 생명체 진화의 역사에서 생존과 번식 성공에 중요했던 행동(뱀을 피하는 행동과 같은)을 학습하는 데에는 준비가 잘 되어있다. 반면에 그들의 진화적 성공과 별로 관련이 없었던 행동(꽃이나 토끼를 피하는 행동과 같은)을 학습하는 데에는 준비가 덜 되어 있는 것처럼 보인다.

매년 40,000명도 넘는 미국 사람이 총에 맞아 죽지만 뱀에 물

그림 11.5 시대에 뒤떨어진 본능. 아기는 뱀에 대한 공포를 발달시키는 소양을 가지고 태어난다.

려 죽는 사람은 36명도 안 된다는 사실을 생각해보면, 우리는 뱀에 대한 걱정은 별로 하지 않고 총을 훨씬 무서워 해야 하는 것처럼 보인다. 하지만 실제로는 그 반대이다(**그림 11.5**). 이러한 사실에 대해 가능한 설명은 진화과정에 의해서 환경에 적응하는 개체군을 생산하는 과정이 매우 느리다는 것이다. 즉, 진화과정에서 일어나는 변화는 진화적 관점에서 항상 환경의 변화를 따라잡을 정도를 빠르지 않다.

Q 아기들에게 뱀에 대한 두려움은 빠르고 쉽게 발달하지만, 총에 대한 두려움은 쉽게 발달하지 않는다. 왜 그럴까?

모든 유전자가 그러하듯이, 행동과 관련된 유전자도 조상으로부터 우리에게 전해졌다. 뱀은 생명체 진화의 역사에서 수많은 인간의 죽음을 불러왔다. 그러나 진화적 시간의 척도로 본다면, 매우 최근까지도 총은 사람을 죽이지 않았다. 따라서 우리는 아직도 고대에 천적이었던 뱀은 무서워하지만, 새로운 위협에 대해서는 치명적인 정도에 상관없이 본능적인 반응을 보이지 않는다.

핵심요약 11.3

» 선천적인 행동과는 반대로 환경의 영향을 많이 받는 일부 행동은 학습이 필요하며, 과거의 경험으로 변형된다. 생물은 조상의 생식 성공에 중요했던 행동은 쉽게 학습하도록 준비되었지만, 진화적 성공과 별로 관련이 없었던 행동을 학습하는 데에는 준비가 덜 되어 있다.

11.4 복잡해 보이는 행동이 진화하는 데 있어 복잡한 생각이 필요하지는 않다

사람이나 기타 동물에서 성이 왜 나누어져 있을까? 그 이유는 "생식 성공을 극대화해야 한다… 생식 성공을 극대화해야 한다"라고 로봇처럼 생각하기 때문일까? 그러나 그들은 여전히 생식의 성공을 극대화하게끔 의식적으로 노력하는 것처럼 행동하면서 살아간다.

교미 행동을 했을 때 기쁨을 경험한 동물은 그 기쁨을 경험하기 위해 더 많은 기회를 얻으려고 할 것이다. 만일 그 과정에서 생식의 성공이 증가한다면 동물은 그러한 행동의 결과를 생식의 성공 관점에서 신중하게 추구할 필요가 없다(적응도의 관점에서). 다른 말로 바꾸어 표현한다면, 자연선택은 의식적으로 자연선택을 극대화하는 동물을 생산할 필요가 없다. 대신, 생식 성공을 가져오는 방식으로 행동하는 동물을 생산할 필요만 있는 것이다. 그리고 만일 생명체가 교미 행동을 함으로써 기쁜 감각을 경험한다면 이러한 결과는 일어날 것이며, 이것이 진화의 지름길일 것이다. 동물의 상대적 생식 성공도를 증가시키는 결과를 가져오는 특정한 행동이 유전되는 것이라면 자연선택에 의해 선호될 것이다.

약간의 속임수를 동원하면, 자연선택이 어떻게 이러한 진화의 지름길을 가능하게 하는지에 대해서 실험을 통해 알아볼 수 있다. 위에서 이미 설명한 알을 모으는 거위에 대해 생각해보자. 알이 둥지에서 떨어졌을 때, 거위는 매번 정확하게 똑같은 방식으로 알을 회수한다. 거위가 알 전체를 방심하지 않고 지킴으로써 이렇게 행동할 수 있는 것일까? 연구자가 일부 거위를 속이기 전까지는 그런 것처럼 보였다.

연구자는 거위의 둥지 가까이에 알처럼 생긴 물체를 무엇이든 떨어뜨려 놓았을 때, 거위가 알을 회수하는 행동을 한다는 것을 알았다. 거위는 맥주 깡통이나 문의 손잡이와 같은, 거위의 생식 성공을 증가시킬 것 같지 않은 물체도 회수하는 행동을 한다. 더욱이 알처럼 생긴 여러 개의 물체가 둥지 밖 바로 근처에 있다면 거위는 농구공 크기의 인공 알이라도 가장 큰 물체를 제일 먼저 회수한다(**그림 11.6**). 따라서, 자연 상태에서는 단순한 행동이 거의 언제나 적응도를 증가시키는 결과를 가져오더라도, 이 실험과 같이 자연선택으로 인해 바보 같고 적응도를 감소시키는 확실한 부적응 행동을 하는 생명체가 나타날 수 있다.

인간을 포함한 동물 행동에 관한 연구에서 진화적 접근은 점점 일반화되고 있다. 진화학과 심리학의 종합인 **진화심리학**에서, 감정을 포함한 인간의 뇌와 인간의 행동은 자연선택을 통해 형성된 형질이라고 여긴다. 행동을 연구하기 위한 진화적인 접근은 또한 경제학의 분야에도 영향을 주었다.

거위의 알 회수 행동

자연에서 일어나는 고정행동양식

알이 둥지 밖으로 구르면, 거위는 매번 정확히 똑같은 방식으로 알을 회수한다.

실험상 고정행동양상

거위는 조금이라도 알처럼 보이는 모든 물체를 회수한다.

위는 실제 거위 알 대신에 가장 커다란 알처럼 보이는 물체를 회수한다.

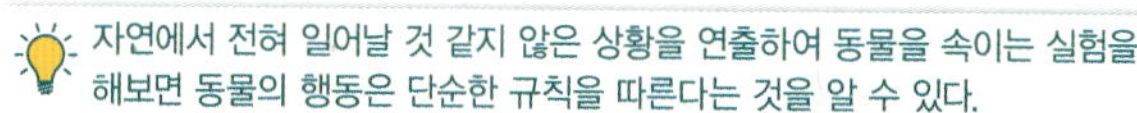

그림 11.6 프로그램된 행동. 거위는 둥지 밖에 놓여 있는 알처럼 보이는 어떠한 물체라도 회수할 것이다.

핵심요약 11.4

» 자연 상태에서 유전되는 특정 행동이 특정 동물의 상대적 생식 성공도를 증가시킨다면, 자연선택은 그 행동을 선호할 것이다. 이러한 행동은 자연선택되므로 생명체는 생식을 극대화하기 위해서 의식적으로 노력할 필요가 없다.

협동, 이기성, 이타성을 진화적으로 접근하면 더 잘 이해할 수 있다

▲ 케냐의 어린 올리브개코원숭이를 엄마 원숭이가 다듬어준다.

11.5 "친절"은 설명이 가능하다

자세히 보면, 동물 세계에서도 **이타적 행동**처럼 보이는 행동을 발견할 수 있다. 즉, 수혜자에게는 이익을 주지만 자신은 일정한 비용을 지출하는 행위이다. 이타주의에 관한 논의에서 비용과 이익에 대한 정의는 개체의 적응도에 얼마나 공헌하는가 하는 측면에서 이루어진다.

호주 게거미(*Diaea ergandros*)의 경우를 살펴보자. 50마리 정도의 배고픈 새끼 거미를 낳은 어미 거미의 몸은 새끼가 먹을 수 있는 영양소가 포함된 액체로 변한다. 약 40일 동안 새끼 거미는 말 그대로 어미를 산 채로 잡아먹는다. 결국, 어미를 죽이게 되지만 새끼 거미는 좋은 영양 상태에서 삶을 시작하는 것이다. 어미 거미는 다시는 자손을 낳을 수 없게 되므로 치르는 대가가 너무 크지만, 어미 거미의 유전자를 넘겨받은 자손에게는 확실히 이득이 생긴다(**그림 11.7**).

Darwin은 이러한 이타적으로 보이는 행동이 자연에서 흔하게 관찰되는 현상에 대해서 매우 혼란스러워했다. 그는 자연선택은 일반적으로 다른 개체보다 자신의 생식 성공을 향상시키는 이기적인 행동을 하도록 작동한다고 믿었다. 자신의 성공을 희생하면서 다른 개체의 생식 성공을 증가시키는 데 도움을 주는 대립유전자는 개체군에서 상대적 빈도를 줄여야 한다. Darwin은 명백한 이타적 행동 사례가 진정으로 이타적이라면 자신의 이론에 대한 치명적인 반증이 될 것이라고 걱정하였다.

그림 11.7 극단적인 부모의 돌봄.

판명된 결과, Darwin의 이론은 안전하였다. 좀 더 자세히 관찰한 결과, 실질적으로 동물계에서 일어나는 명백한 이타적 행동은 실제는 진정한 이타적 행동이 아니라는 것이 증명되었다. 대신에 이타적 행동은 혈연선택이나 상호이타성의 결과로 진화하였다.

- **가까운 친척을 향한 친절: 혈연선택**은 한 개체의 적응도는 낮추지만, 이 개체가 자신의 적응도 감소를 상쇄하기에 충분할 만큼 친척의 적응도는 높이는 방식으로 가까운 친척을 도울 때 일어난다.
- **비혈연 개체에 대한 친절: 상호이타성**은 한 개체(도움을 주는 쪽)가 다른 개체(수혜자)를 돕는 것, 즉 도움을 주는 개체는 적응도가 낮아지지만 수혜자에게는 이득이 되는 방식으로 시작하는 것으로 양쪽의 상호작용을 설명한다. 이러면 수혜자는 미래에 도움을 준 자에게 호의를 갚을 가능성이 더 크게 될 것이다. 만약 미래의 행동이 원래 도움을 준 개체의 초기 적응도가 감소한 것보다 더 많다면, 사실상 도움을 준 개체의 적응도는 전체적으로 증가하는 것이다.

이렇게 생각해보면, 혈연선택과 상호이타성은 겉으로는 명백히 이타적으로 보이는 행동의 진화를 유도할 수 있지만, 실제로는 이러한 행동을 하는 생명체에게는 진화적 관점에서 이득이 된다.

다음 두 절에서 혈연선택과 상호이타주의에 대해서 좀 더 자세히 살펴본다. 명백하게 친절한 행동이 언제 나타나는지에 대한 실험 가능한 예측에 대해서 살펴보기로 한다. 이러한 상황을 고려하면, 여기에서 주목할 것은 유전자는 협동을 촉진하거나 갈등을 조장하는 두 가지 경우에서 모두 중심역할을 하고 있음에도 불구하고, 인간은 우리 스스로 이기적으로 몰아가려는 충동을 억제하는 능력을 가지므로, 우리가 주변에서 볼 수 있는 매우 다양한 행동이 가능하다는 점이다.

핵심요약 11.5

» 동물 세계의 많은 행동은 이타적으로 보인다. 그러나 거의 모든 경우에서 이타적 행동은 진정한 이타적 행동이 아니라, 혈연선택과 상호이타주의의 결과로 진화한 것이며, 진화적 관점에서 이는 이러한 행동을 하는 개체에 이득을 준다.

11.6 친척을 향한 명백한 이타주의는 혈연선택을 통해 진화할 수 있다

미국 서부의 초원은 지하 굴에 서식하는 벨딩땅다람쥐의 고향이다. 이 다람쥐 집단은 수백 또는 수천 개체를 포함할 정도 매우 커서 새의 먹이로 매력적이다. 그러나 다람쥐는 포식의 위험을 줄이기 위해서 이웃 경계 프로그램과 비슷한 시스템을 가지고 있다. 공중의 포식자가 접근하면 땅굴 위에 서 있던 다람쥐가 휘파람 소리와 같은 큰 소리를 내는데, 이 소리는 절박한 위험을 알려서 죽음을 피하도록 하는 경고로 작용한다. 경고음을 들은 다람쥐는 재빨리 땅굴로 숨어 죽음의 위협을 감소시킨다. 그런데 이러한 경고음을 내는 것은 매우 위험한 행위이다: 경고음을 내는 다람쥐의 절반에 가까운 수가 포식자에게 잡아 먹히기 때문이다(**그림 11.8**).

어떤 다람쥐는 포식자를 보고 경고음을 내지만, 어떤 다람쥐는 포식자를 보고 아무 소리도 내지 않는다. 경고음을 내는 다람쥐의 80%가 암컷이며, 어린 암컷보다는 나이 많은 암컷이 경고음을 내는 경우가 5배 정도로 더 많다.

왜 이처럼 특정 다람쥐가 경고음을 낼까? 왜 일부 다람쥐가 경고음을 낼까? 이러한 차이로 알 수 있는 것은 다람쥐가 경고음을 내는 행동은 친척을 보호하기 위한 행동이라는 것이다. 개체가 더 많은 혈연을 가질수록 경고음을 낼 가능성이 크다. 수컷 다람쥐는 성년기에 이르자마자 자기가 속한 집단으로부터 멀리 떠나기 때문에 다 자란 대부분의 수컷은 자신의 새끼를 제외한 부모, 형제자매 혹은 다른 친척이나 자손에게서 떨어져 살게 된다. 반면, 암컷은 자신이 태어나고 자란 지역 근처에서 살기 때문에 주변에 자신의 가까운 친척이 많을 것이다. 따라서 나이 많은 암컷일수록 주위에 더 많은 친척과 함께 살게 될 가능성이 크다.

생물학자인 W. D. Hamilton은 한 개체가 자신과 가까운 친척의 적응도를 높이는 행동을 해서 도움을 주었다면, 감소한 자신의 적응도를 보상받는다는 "혈연선택"의 개념을 생각해 내었다. 도움을 받은 수혜자는 이타적 행동을 보인 개체와 최소한 몇 개의 유전자를 공유할 가능성이 크다는 사실을 깨달았다. 개체의 행동이 겉으로는 헌신적이거나 이타적으로 보이지만, 실제로는 자신 유전자의 최대한의 이익을 위해서 그렇게 행동하는 것이다.

벨딩땅다람쥐가 주위의 다른 다람쥐와 자신이 얼마나 가까운지 정확히 알 수는 없지만, 자연선택은 다람쥐가 마치 혈연의 가까운 정도를 알고 그렇게 행동하는 것처럼 진화의 지름길을 열어주었

그림 11.8 경고음을 내어 친척을 보호하기.

을 것이다. 연구자는 이 아이디어를 시험하기 위해서 다 자란 암컷 다람쥐를 잡아서 친척이 없는 먼 지역에 풀어놓는 영리한 실험을 하였다. 이 암컷 다람쥐가 자신의 주위에 있는 다람쥐와 얼마나 가까운지 정확하게 판단할 수 있다면 이 암컷 다람쥐는 경고음을 내지 않을 것이다: 경고음을 내면 아무런 이득 없이 목숨만 위험해지기 때문이다. 하지만 연구자는 암컷 다람쥐가 예전에 가까운 친척이 많이 있던 고향에 있는 것처럼 낯선 다람쥐 집단을 위해서도 경고음을 내는 것을 발견하였다(**그림 11.9**). 암컷 다람쥐는 아마도 "내가 나이가 많으니까 내 주위에 친척이 많이 사는 것처럼 행동해야지"라는 간단한 규칙을 따르도록 진화한 것처럼 보인다.

혈연선택 개념에 기초하여 개체의 적응도를 재정의하는 것이 필요하다. 개체의 적응도는 그 개체의 직접적인 총생식적 산출뿐 아니라, 자신의 가까운 혈연을 향한 이타적으로 보이는 행동을 통해서 얻은 자손 수도 포함한다. 이렇게 재정의한 적응도를 **포괄적응도**라 한다.

일란성 쌍둥이를 제외하면, 어떠한 두 개체도 완벽하게 유전적으로 똑같지 않다. 그리고 두 개체가 똑같은 대립유전자를 공유하는 것이 아니므로 우리는 그들이 갈등을 겪을 것이라고 예상할 수 있다. 가까운 친척일수록 낯선 사람보다는 서로 잘 돕는 것처럼 그 반대도 옳다: 서로 먼 사이일수록 갈등을 경험할 가능성이 크다. 예를 들어, 한 집단(pride)을 장악한 숫사자는 자신과 관계없는 새끼 사자를 죽이는데 (보통 암사자가 자신의 새끼를 적극적으로 지키려 하겠지만), 이로써 암사자가 자기 새끼를 돌보는 데에

인위적으로 연출된 상황에서 내는 부적절한 경고음 내기

1 연구자는 나이든 암컷 다람쥐(나이든 암컷이 가장 경고음을 낼 것 같은 다람쥐임)를 잡았다.

2 잡은 다람쥐를 멀리 떨어진 친척이 없는 새로운 집단으로 옮겨 놓았다.

3 옮겨진 이 나이든 암컷 벨딩땅다람쥐는 친척이 없는 새로운 집단에서도 경고음을 내어 자신이 친척인 것처럼 행동한다.

그림 11.9 단순한 행동규칙 따르기.

걸리는 시간을 단축시켜서 생식적으로 준비된 상태로 만든다.

혈연선택 개념에 따르면 사람 사이의 갈등에 대해 또 다른 예측을 할 수 있다. 이러한 관념 중 하나가 의붓부모 아래에서 자란 아이가 친부모 아래에서 자란 아이보다 더 빈번하게 아동학대를 당한다고 예측을 할 수 있다. 그럴까?

미국인문협회(American Humane Association)에서 발표된 2만 개의 보고서를 포함하여 다양한 문화권에서 이루어진 많은 연구의 증거 자료는 소위 "신데렐라 증후군"을 뒷받침하고 있다. 연구 결과에 따르면, 예를 들어, 미취학 아동학대는 유전자를 공유하는 두 친부모와 함께 사는 경우 3,000명 중 1명에서 발생했으나, (전혀 유전자를 공유하지 않는) 의붓부모와 함께 사는 경우는 3,000명 중 40명에서 일어났다. 사회경제학적 요소를 고려하더라도 이러한 위험의 차이는 많은 다른 문화권에서도 여전히 존재한다. 그러나 훨씬 많은 대다수의 의붓가정에서 학대가 일어나지 않는다는 사실을 아는 것은 상당히 중요하다.

핵심요약 11.6

» 혈연선택은 개체가 유전적인 혈연에게 도움을 줘서 증가한 적응도가 자신의 감소한 직접 적응도를 보상하므로, 결과적으로 자신의 포괄적응도가 향상되는 명백한 이타적 행동이다.

11.7 비혈연 개체에게 베푸는 명백한 이타적 행동은 상호이타성을 통해서 진화한다

앞에서 살펴보았듯이, 행동이 이타적으로 보이면 그 행동은 혈연을 도와주는 것이다. 그렇다면, 비혈연 개체에게 베푸는 명백한 이타적 행동도 일어나는가? 그렇다. 그러나 그러한 경우는 많지 않다. 이 절에서 우리는 상호이타성을 낳는 조건이 무엇이며, 어떻게 생겨났는지, 그리고 왜 인간의 상호이타성은 자주 볼 수 있지만 대부분의 다른 동물에서는 자주 볼 수 없는지에 대해 살펴보기로 하자.

이타적 행동을 하는 것으로 잘 밝혀진 한 종에 대한 조사로 시작하자: 바로 흡혈박쥐이다. 흡혈박쥐는 8~12마리의 대부분 혈연이 아닌 성체들이 모여서 사회집단을 이루며, 주로 동굴이나 속이 빈 나무에서 수백 마리의 다른 박쥐들과 함께 서식한다. 흡혈박쥐는 소나 말, 돼지와 같은 큰 포유류에 올라앉아서 날카로운 이빨로 피부에 상처를 내어, 그 상처에서 흐르는 피를 먹고 산다.

흡혈박쥐는 엄지손가락만 한 크기로 몸이 작고, 물질대사율이 매우 크기 때문에 하루에 자신의 몸무게에 육박하는 양의 피를 먹어야 한다! 만약 흡혈박쥐가 60시간 정도 먹이를 먹지 못한다면, 아마 굶어 죽을 것이다. 바로 이러한 경우에 이타적 행동이 나타난다: 먹이를 찾지 못해서 굶어 죽어가는 박쥐는 최근에 먹이를 먹은 다른 박쥐에게 먹이를 구걸한다. 많은 경우에서, 그 박쥐는 먹이를 먹지 못한 박쥐의 입에 방금 먹은 피를 토해줌으로써 굶어 죽는 것을 막아준다. 이러한 행동은 먹이를 받은 박쥐에게는 확실히 이득이지만, 먹이를 나눠 준 박쥐에게는 자신이 방금 먹이로부터 얻은 열량을 잃는 셈이 되므로 손해이다(**그림 11.10**).

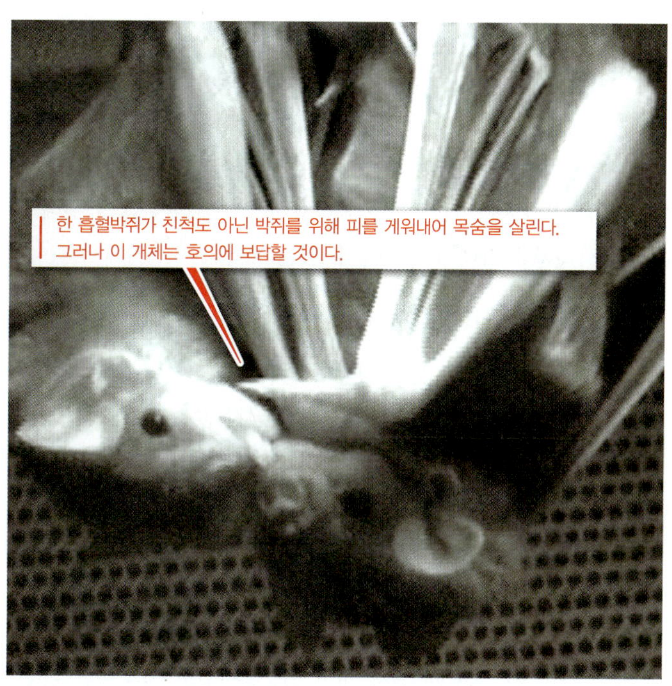

그림 11.10 호의에 보답하기. 흡혈박쥐는 — 다른 모든 종과 달리 — 상호이타성을 보인다.

이러한 흡혈박쥐의 먹이를 공유하는 행동이 혈연선택이기도 하지만(암컷 박쥐는 자기 자식에게 종종 피를 토해 준다), 많은 경우 흡혈박쥐는 혈연관계가 아닌 박쥐에게 먹이를 나누어 준다. 이러한 행동은 어떻게 생겨난 것일까? 이 질문에 대답하기 전에 먼저 흡혈박쥐의 특성 세 가지를 언급할 필요가 있다. 첫째, 흡혈박쥐는 100마리 이상의 다른 개체를 구별할 수 있다. 둘째, 혈연관계가 아닌 다른 박쥐에게서 먹이를 받은 박쥐는 먹이를 나누어 준 박쥐에게 보통 이상으로 보답한다. 셋째, 다른 박쥐를 도와준 적이 없는, 다른 박쥐와 친하지 않은 박쥐에게는 일반적으로 서로 먹이를 나누어 주지 않는다.

이러한 명백한 이타적 행동에 대한 설명은 다른 박쥐에게 피를 나누어 준 박쥐는 자신이 피를 필요할 때 그에 대한 보답을 받는다는 것이다. 다시 말해서 이타적으로 **보이는** 행동이 실제로는 이기적인 행위라는 것이다. 이러한 상호이타성 행동에서는 두 개체(다른 상대) 모두가 나중에 필요할 때 가치가 더 큰 것을 얻기 위해서 지금 **상대적으로** 가치가 낮은 것을 포기하는 것이다. 다시 말해서 박쥐는 다른 개체에게 '호의'를 저축하는 것이고 세상의 불확실성으로부터 보호받는 것이다.

영장류와 박쥐, 여타 포유류에 관한 연구를 함께 살펴봤을 때, 다음과 같은 일부 조건이 충족하면 상호이타성은 진화할 수 있는 것처럼 보인다.

1. 이타적으로 보이는 행동의 기증자와 수혜자 둘 다가 될 수 있는 가능성이 있는 상황에서 개체 간의 반복적 상호작용
2. 수혜자가 받는 이득이 기증자의 손해보다 훨씬 더 큰 상황
3. 이타적으로 판단되는 행동을 받았지만 보답하지 않는 수혜자, 즉 사기꾼을 가려내고 벌줄 수 있는 능력

이러한 조건이 성립되지 않으면, 비혈연 관계의 개체 사이에서는 이기성이 나타나는 것이 정상이다. 상호이타성 진화에 필요한 이 세 가지 조건은 많은 동물에서 충족되지 않는다. 따라서 친족이 아닌 개체들 사이에서 이타주의로 보이는 행동은 드물다.

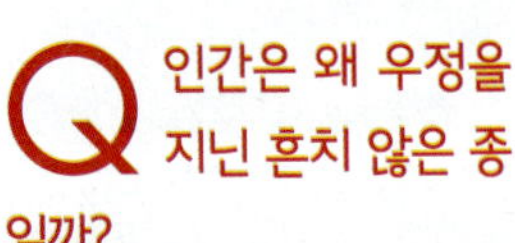

다른 생물 종에서 상호이타성은 매우 드물지만, 인간 사이에서는 매우 흔하다. 인간관계 중 상호주의에 기초한 우정은 매우 보편적이다. 우정은 인간의 긴 수명과 수천 개의 얼굴을 식별할 수 있는 능력, 그리고 사기꾼을 가려내고 찾아내는 능력 덕분에 더 잘 발달하였을 것이다. 이러한 특징은 상호이타성을 행하는 개체에 필수적인데, 그 이유는 비혈연관계의 다른 개체에 이타적인 태도를 보이면 약점을 잡히기 쉽기 때문이다. 이타적 행동은 보상받지 못할 수 있고, 이 경우 수혜자(사기꾼)가 이타적인 행위자보다 훨씬 더 큰 적응도를 가지게 되는 위험성이 있다.

그림 11.11 가치가 있는 사회적 정보 찾기.

Q 물리학 공식보다 가십거리를 기억하는게 왜 더 쉬울까?

이타적 행동에 보답하는 협력자는 홀로 지내는 개체에 비해 진화적 장점을 가지지만, 이러한 장점은 상호작용이 동등하지 못하면 사라진다. 사기꾼을 찾아내고 괜찮은 잠재적 상호주의 파트너(예를 들어, 다른 협력자)를 찾아내는 일이 중요하기 때문에 사람들은 그처럼 사회적 정보와 사소한 가십거리에 관심이 많은 것이다. 인간은 지금까지 우리가 공부한 많은 복잡한 행동처럼 일부 주요 원칙에 따라 상호이타성에 관한 결정을 내린다. 이는 아마도 모든 유용한 사회적 정보를 찾아내서 상호이타주의적 관계를 맺을 가장 믿음직한 개체를 파트너로 결정하는 행동을 포함할 것이다(**그림 11.11**).

연구자들은 사회적 정보에 대해서 흥미를 유지하는 행동이 진화한 것은 많은 상황에서는 가치가 있지만, 현재는 부적응 행동의 표시라는 가설을 세우기도 하였다. 우리는 즉시 이용할 수 있는 많은 정보를 통해 최신의 선풍적인 유튜브, 팝 아이콘, 만날 확률이 높지 않은 다른 사람들의 사회적 삶에 흥미를 느끼고 마음을 빼앗길 수도 있다.

핵심요약 11.7

» 상호이타성 관계에서 한 개체는 나중에 다른 가치를 얻게 될 가능성이 있는 경우에 상대에게 이타적으로 보이는 행동을 한다. 상호이타성은 오직 개체끼리 반복적으로 상호작용을 하고, 사기꾼을 식별하고 처벌할 수 있는 조건을 만족하는 소수의 생물 종 중 하나인 인간에게서 나타난다.

11.8 자연선택으로 형성된 행동은 "낯선" 환경에서는 더이상 적응적이지 않다

경고음이 진화한 다람쥐의 세계에는 암컷 다람쥐를 잡아서 친척이 없는 먼 집단에 픽업트럭을 이용해 데려다 놓는 학자는 없었다. 따라서 암컷 다람쥐가 갑자기 낯선 집단에 놓이게 된다면 다람쥐의 경고음을 내는 행동은 그때부터 적응에 도움이 되지 않는다. 인간이 달에서 살아남기를 기대하는 것과 마찬가지이다. 이처럼, 한 개체의 유전자와 행동은 하룻밤 사이에 바뀔 수 있는 것이 아니다. 새로운 환경에 적응하는 데에는 시간이 걸리며, 환경이 갑자기 바뀔수록 그 개체군의 적응(진화한 행동 포함)은 새로운 환경에는 적합하지 못할 확률이 높다.

또 다른 인간의 예를 들어보자: 다른 대륙의 피난민을 구호하기 위한 기부행위. 자연선택이 이러한 행동을 어떻게 진화시켰는지를 알아보기 위해서 인간 진화의 역사에 대해 잠시 알아볼 필요가 있다. 우리는 조상이 200만 년 넘게 기껏해야 몇 백 명의 사람과 작은 집단을 이루어 수렵-채집 집단생활을 해 왔다는 것을 고고학 유물를 통해서 알고 있다. 우리 조상은 포식자를 피하고 먹잇감을 얻는 데에 공동으로 노력해야만 성공할 수 있었다: 혼자 사냥을 나가거나 멀리 동굴 밖에서 혼자 잠드는 것은 죽음을 의미했으므로 "친절함"은 효과가 있었다. 혼자 지내는 사람들은 죽었고, 따라서 우리는 다른 사람들과 잘 지냈던 조상의 후손이다.

인간이 농사와 산업, 음식의 생산이나 분배의 수단을 발명한 것은 진화의 역사에서 눈 깜빡할 사이 밖에 되지 않는 아주 최근의 일이다. 이제, 무제한의 음식을 먹을 수 있게 되었고, 개체군의 크기는 극적으로 커졌다. 당신은 하루 동안에 수렵-채집자 조상이 보았던 사람보다 10배, 심지어 100배나 되는 많은 사람을 보게 되었다. 게다가, 만약 당신이 수렵-채집자라면 그들을 도울 기회가 많았을 것이며, 그 보답으로 그들로부터 도움을 받을 기회도 역시 많았을 것이다. 상호관계는 효과를 거두었으므로, 우리는 "이타적" 행동을 하면서 기쁨을 느끼고, 다시 그러한 행동을 하도록 뇌의 부분을 자극하는 방향으로 진화해 왔다.

지구 반대편의 피난민이나 미국 내 멀리 떨어진 곳의 노숙자 문제에 관심을 가지는 것은 모두 이러한 뇌의 활동 때문이다. 당신이 이러한 사람들과 반복적으로 상호작용하지 않을 것은 사실이다. 진화적 관점에서, 이러한 행동이 당신의 적응도를 높이지 않을 것도 거의 확실하다. 그러나 인간이 진화해 온 역사의 대부분 동안 이러한 이타적 행동은 대부분 언젠가는 보상을 받아왔고, 따라서 본능은 당신을 친절하게 만들고 친절에 보답하게 한다(**그림 11.12**).

그림 11.12 만날 가능성이 전혀 없는 누군가를 돕기.

음식물을 너무 쉽게 얻을 수 있어 생긴 비만과의 전쟁에서부터 다른 곳으로 이주한 벨딩땅다람쥐의 경고음에 이르기까지, 생명체가 사는 환경과 진화적으로 적응한 환경 사이에 불일치가 있을 때 진화적으로 적응하지 못한 행동과 기타 형질이 생긴다는 것을 예상하고 알 수 있다. **진화적 불일치**와 자연선택 과정을 이해하면 이렇게 말이 안 되는 것처럼 보이는 행동도 이해할 수 있다

핵심요약 11.8

» 생명체가 놓인 환경과 적응해 온 환경 사이에 불일치가 있을 때, 생명체의 형질(행동도 포함)은 진화적으로 반드시 적응적이지는 않다.

11.9 이기적 유전자는 집단선택과의 경쟁에서 우위에 있다

우연히 자연을 관찰하는 사람은—진화적 적응도의 관점에서—실제로는 자기의 이기적인 이익을 위한 행동을 하고 있음에도 불구하고 이타적으로 보이는 행동을 하는 생명체를 자주 목격할 수 있다. 그러면 진화가 종이나 개체군에는 좋지만 개체 자신에게는 해로운 행동을 유도함으로써, **집단선택**이라는 과정을 나타내지 않았을까라는 의문이 생긴다.

진화는 개체의 포괄적응도에 손해가 되더라도 집단 전체에게는 이익을 가져오는 방식으로 행동하는 개체를 선호하는 것처럼 보인다. 그러나 실제는 그렇지 않다.(개체군의 다른 개체와 비교하여) 개체의 적응도를 감소시키는 행동은 진화할 가능성이 별로 없다.

한 가지 예를 들어보자. (아마도 돌연변이를 통해서) 새로운 대립유전자가 개체군에 출현하게 되었는데, 이 유전자를 가진 개체는 개체군에서 자원을 과도하게 사용하여 종의 멸절을 초래하는 대신에 2배의 자손 수를 가진다고 가정하자. 이런 "이기적" 유전자를 가진 개체는 다른 "보통" 대립유전자를 가진 개체보다 자손에게 자기의 유전자를 훨씬 더 많이 남길 것이다. 결국, 이기적인 자손 역시 자손을 덜 낳는 다른 개체보다 자기 유전자를 훨씬 많이 남긴다. 이러한 개체는 과도하게 "이기적으로" 종의 자원을 소비할 것이다. 이러한 시나리오는 종의 멸종을 가져올 수 있지만 이러한 일은 여전히 일어난다(**그림 11.13**).

이제, 개체의 적응도에 제일 좋은 것보다 더 적게 자손 수를 감소시키는 새로운 대립유전자가 있다고 생각하자. 그러한 "이기적이지 않은" 대립유전자는 개체군이 멸종될 가능성을 줄여주는 혜택을 준다고 하더라도, "보통" 또는 "이기적" 유전자와 비교하여 시장점유율이 증가하지 않는다. 대신에, 자연선택 과정은 일반적으로 집단에는 손해를 입히더라도 **개체**에게 이득이 되는 유전자를 증가시킨다.

이기적 유전자 대 이기적이지 않은 유전자

집단선택은 개체 형질의 적응도는 감소시키지만, 종이나 개체군에게 이익이 되는 형질의 진화를 말한다.

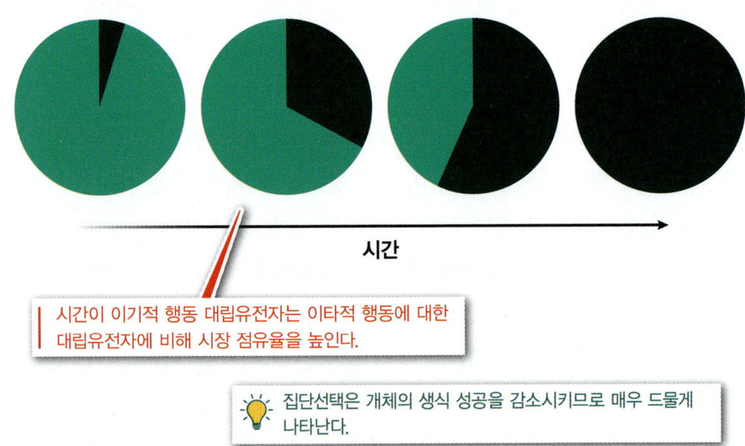

그림 11.13 집단 내에서 이기적이지 않은 유전자의 빈도가 증가할 수 있을까?

몇몇 특별한 경우에는 자연선택이 집단선택을 낳는 것도 가능하다. 그러나 이런 상황이 일어날 수 있는 엄격한 조건은 자연에서 거의 찾을 수 없으므로 관찰이 거의 불가능하다.

핵심요약 11.9

» 종이나 개체군에는 이득이 되지만, 그러한 행동을 하는 개체에 적응도의 손해를 가져오는 행동은 자연조건에 있는 개체군 내에서는 일반적으로 일어나지 않는다.

암컷과 수컷의 생식 투자가 다르면 성적 갈등이 일어날 수 있다

▲ 암컷과 교미 중인 수컷 유럽벌잡이새는 결혼선물을 준다.

11.10 암컷과 수컷은 생식에 투자하는 방식이 다르다

한 여성은 일생 동안 몇 명의 아기를 낳을 수 있을까? 당신이 추측하는 것보다는 좀 더 많다. 러시아의 한 여성은 69명의 아이를 (27번의 임신으로) 낳았다. 그러나 이렇게 많은 숫자도 888명의 자손을 낳은 한 남성(1672~1727년까지 모로코의 황제였던)에 비하면 아무것도 아니다. 포유류의 기타 여러 종에서 그 양상은 한결 같다: 수컷 코끼리바다표범은 100마리의 자손을 낳을 수 있는 반면, 암컷은 일생 최대 8마리를 낳을 수 있다; 수컷 붉은사슴은 24마리의 자손을 낳지만, 암컷은 최대 14마리를 낳는다.

"수컷"과 "암컷"에 대한 정확한 정의는 두 성의 신체적 차이에 달려 있다. 8장에서 알아본 바에 따르면, 두 가지 구별되는 성을 가지는 종의 경우 **암컷**은 더 큰 배우자를 생산하는 성으로 정의되고, **수컷**은 더 작은 배우자를 생산하는 성으로 정의된다(**그림 11.14**). 임신을 하면, 자손을 위한 어미의 물질과 에너지의 공헌도—어미의 **생식 투자**—는 아버지의 공헌도보다 훨씬 더 크다. 이는 포유류나 새, 곤충과 상어 등 모든 동물에서 공통적인 사실이다. (식물에서도 마찬가지이다.) 암컷 배우자는 더 클 뿐만 아니라 상대적으로 움직임이 적고 훨씬 적은 수가 생산된다. 반면 수컷 배우자는 크기가 더 작으며, 수도 많고 운동성이 크다.

수컷과 암컷이 생산하는 배우자 수의 차이는 수컷이 암컷보다 훨씬 많은 자손을 만들어 낼 수 있는 잠재력을 가지게 됨을 의미

그림 11.14 작은 정자, 큰 난자.

한다. 다시 말해서, 한 수컷이 일생 만들어 낼 수 있는 자손의 수인 수컷의 **총생식적 산출**은 그 수컷이 수정시킬 수 있는 암컷의 수에 비례한다. 반면, 암컷의 생식 성공은 일반적으로 짝짓기하는 수컷의 수와 비례해서 증가하지 않는다(**그림 11.15**).

수컷은 짝짓기하는 횟수에 비례해서 생식과 적응도를 증가시킬 수 있기 때문에, 선택적 압력에 의해 수컷과 암컷에서 생식 행동의 차이가 진화되었다. 수컷은 가능한 한 여러 암컷과 짝짓기할 기회를 찾고 얻는 것이 생식 성공을 최대화하는 가장 효과적인 방법 중 하나이다. 암컷에게는 짝짓기 대상을 찾는 데 들이는 노력보다는 자손을 키우고 보살피는 데 노력을 들이는 것이 생식 성공을 최대화하는 효과적인 방법이다.

Q 일반적으로 왜 수컷들이 암컷을 두고서 경쟁을 할까?

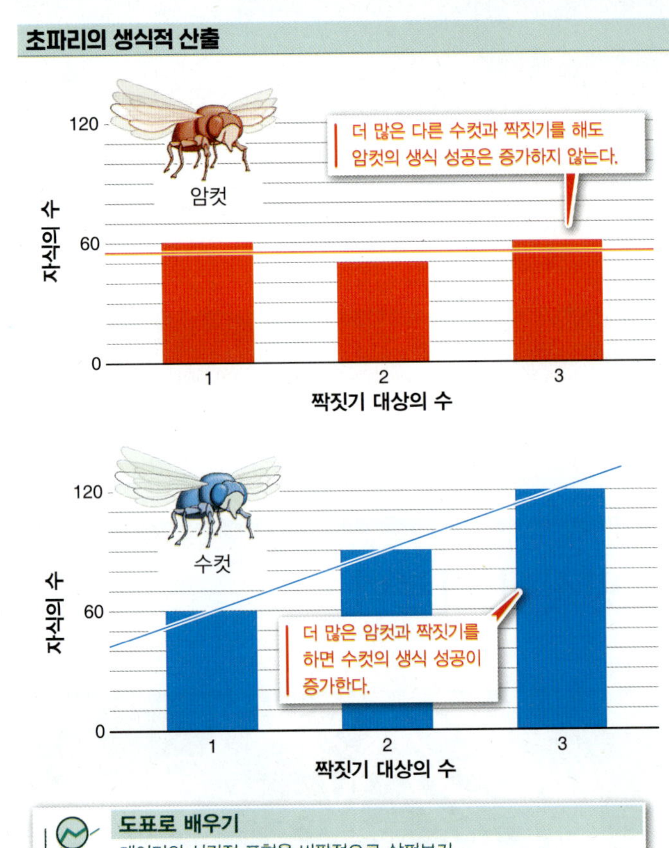

그림 11.15 초파리의 생식 성공 극대화하기.

양육에 더 많은 노력을 기울일 때, 암컷과 수컷의 신체적 차이 중 두 가지가 특히 중요하다. 첫 번째, 대부분 포유류를 포함하여 체내수정을 하는 생물 종에서 수정은 암컷의 몸속에서 이루어진다. 자손의 발생과 성장 역시 암컷의 몸속에서 일어난다. 그러므로 암컷이 생식에 투자하는 에너지의 양이 수컷의 투자 양보다 훨씬 많다. 또한, 암컷의 생식 투자도 생식적 산출을 제한한다. 암컷은 한 번에 단 1회만 임신할 수 있다.

두 번째 암수의 중요한 신체적 차이는 포유류에서 나타난다. (몇몇 아주 소수의 경우를 제외하면) 수컷이 아닌 암컷이 젖을 먹인다. 이러한 종에서는 임신과 수유 기간 중의 양육은 오로지 암컷에 의해 이루어진다(**그림 11.16**).

모든 동물에서 항상 난자가 정자보다 크고 배우자 생산에 비용이 많이 들지만, 자손의 초기 양육과정(예, 임신과 먹이 주기 등)에서 두 성의 물리적 차이는 동물 종에 따라서 상당히 차이가 난다. 몇몇 경우에서 수정 이후에는 암수의 투자가 거의 비슷해진다. 예를 들어, 조류에서는 수정 이후 새끼가 나오기 전까지 대부분의 발생 과정은 체외에서 이루어진다. 암컷이 알을 낳긴 하지만 병아리가 되기 전까지 암수 모두 발생하는 배(알)를 품고 보호할 수 있다. 게다가, 새들은 젖을 먹이지 않는다. 대신, 알에서 나온 새끼 새들은 먹이를 먹는데, 이 먹이를 먹이는 일은 부모 양쪽 모두의 일이다.

따라서 조류의 많은 종에서 암컷과 수컷이 일생 낳을 수 있는

그림 11.16 암수의 생식 투자는 종마다 다르다.

자손의 수, 즉 생식적 산출은 비슷하다. 예를 들어, 검은머리갈매기의 경우에는 수컷이 얻을 수 있는 최대 자손의 수는 26마리이고, 암컷은 28마리이다. 어류와 양서류의 체외수정은 암컷의 생식 투자를 훨씬 더 줄여준다. 암컷은 수정된 알이 배아로 발생할 때까지 어떠한 에너지도 사용하지 않는다.

체내수정 과정에서 또 다른 의미 있는 결론은 수컷이 암컷의 새끼가 모두 자기의 자손이라는 것을 100% 확신할 수 없다는 것이다. 암컷이 여러 수컷과 짝짓기할 가능성이 있으므로 누구라도 새끼의 친부가 될 수 있다. 따라서 수컷 포유류나 조류에서는 늘 어느 정도의 **부계 부정확성**이 나타난다.

핵심요약 11.10

» 포유류를 비롯한 여러 종의 동물에서는, 암수 사이에 생식과 관련하여 중요한 신체적 차이에 의해 암수에서 서로 다른 생식적 행동이 진화되었다.

11.11 생식 과정 중 수컷과 암컷은 각각 다른 단계에서 취약하다

당신이 지금 대학교 캠퍼스에 있고 이성이 다가와서 이렇게 이야기한다고 가정해보자. "안녕. 캠퍼스에서 널 자주 봤어. 넌 참 매력적인 것 같아. 오늘 밤에 나랑 데이트할래?" 하였을 때, 과연 몇 퍼센트의 남성이 승낙하며, 또 몇 퍼센트의 여성이 승낙할 것이라고 예상하는가? 1978~1982년 사이에 플로리다 대학교에서 시행된 이 연구에서 남성과 여성 모두에게 이러한 상황을 연출하였을 때, 승낙한 경우는 남녀 모두에서 50%였다.

이제 좀 다른 만남을 상상해보자. 이번엔 질문이 "오늘 밤에 나랑 섹스할래?"이다. 이 질문에 대답한 남성 중 75%가 승낙을 하였다. 그러나 여성 중에서는 단 한 명도 승낙하지 않았다. 남성과 여성의 반응이 이렇게 다른 것을 어떻게 설명할 수 있을까? 섹스 상대를 선택하는 남녀의 차이에 대한 산업화 사회의 문화부터—남태평양에 있는 Trobriand 섬 주민처럼 서구의 영향에서 벗어나 있는 문화권을 포함하는—선사시대의 문화까지 아우르는 광범위한 연구 결과, 남성과 여성이 섹스 여부를 결정하는 태도에는 차이가 있음이 밝혀졌다.

대부분 포유류와 마찬가지로, 사람도 생식에 있어서 초기 투자는 여성이 훨씬 더 크다. 여성에게는 어떤 순간에 잘못된 짝짓기를 선택한다면 진화적 측면에서 그 결과에 따른 비용이 너무 크다. 즉, 품위가 낮은 남성이나 부모 투자를 제공하지 않고 가치 있는 자원을 확보하지 못하는 남성과의 사이에서 생긴 임신이나 수유가 그런 결과이다(**그림 11.17**). 남성에게는 잘못된 선택의 결과가 덜 극단적이어서, 짝짓기에 소비한 시간과 에너지가 비용의 거의 전부이다.

동물계 전체에서 수컷과 암컷의 성적 행동에 두 가지 차이가 진화하였다:

그림 11.17 더 까다로운 성.

1. 생식에 더 많은 에너지가 드는 성이 짝짓기와 관련해서 더 차별적이다.
2. 생식에 에너지를 덜 사용하는 성이 에너지를 더 사용하는 성을 두고 자기들끼리 경쟁한다.

수컷 덤불귀뚜라미는 짝짓기를 할 때, 자기 몸무게의 1/4 정도되는 양의 정자를 사정하고, 그 에너지를 암컷이 사용한다(**그림 11.18**). 이것은 암컷이 평생 얻는 에너지의 10분의 1에 달한다. 따라서 당연히 수컷 귀뚜라미는 짝을 고를 때 매우 까다롭다. 수컷 덤불귀뚜라미는 상대적으로 적은 수의 자손을 생산하는 작은 암컷은 선호하지 않으며, 당연히 암컷은 수컷에게 구애하는 데에 노력을 많이 한다.

생식 투자를 더 많이 하는 성이 성 상대를 선택하는 데 더 까다로워야 한다. 짝을 잘못 고르면 재앙이 따른다. 한편, 초기 생식 투자가 적은 성(주로 수컷)은 짝짓기 과정을 통해서 잃는 에너지가

수컷 덤불귀뚜라미는 교미할 때 자신 몸무게의 1/4에 이르는 정자를 사정하고, 암컷은 이것을 에너지로 사용한다. 이러한 현상 때문에 수컷 귀뚜라미는 배우자 선택에 까다롭다.

그림 11.18 값비싼 결정.

별로 없으므로 짝을 잘못 선택해도 별로 손해가 발생하지 않는다.

생식 과정에서 수컷의 가장 큰 취약성은 수컷이 자손에게 보살핌을 제공할 때 나타난다. 수컷은 부계 부정확성 때문에 친자식이 아닌 자손에게 투자하는 경우가 가끔 생긴다. 이러한 행동은 자신의 적응도가 아닌 다른 수컷의 적응도를 높여주는 행동이므로 진화적 측면에서 매우 손해이다. 반대로 암컷은 자기 자손에게 보살핌을 제공하는 행동이 전혀 손해가 아닌데, 왜냐하면 암컷은 본인이 낳은 새끼가 본인의 친자식임을 완전히 확신할 수 있기 때문이다.

생식 행동의 일반적인 양상을 살펴볼 때 중요한 두 가지 사실을 명심해야 한다.

- 서로 다른 종 사이에서 수컷과 암컷의 행동은 매우 큰 차이를 나타낸다. 동물에게는 일반적인 행동 패턴이 존재하지만 이러한 행동 양식은 생물학적으로 보편적인 특징이 아니라는 것이 점점 확실해지고 있다. 이와 같은 합리적 의심은 많은 종을 포함한 집단들이 나타내는 커다란 경향을 해석하고 확인하는 데에 매우 중요하다.
- 역사적으로 사람은 다양한 차별적인 생각과 행동을 정당화하기 위해서 과학적 발견이나 관찰을 사용하는 경우가 많이 있었다. 예를 들어, 수컷 포유류가 "본성적으로" 암컷 짝에게 덜 충실하다는 것이 밝혀지면서 이러한 관찰은 사람들 사이에서 개인의 책임을 덜어주는 데에 사용되었다. 그러나 이러한 생각은 종의 엄청난 다양성이나 문화적인 규범 또는 인간의 행동을 형성해 온 사회화 과정을 무시하는 것이다.

핵심요약 11.11

» 생식 투자 양상이 다르기 때문에 수컷과 암컷은 각각 다른 생식단계에서 취약하다. 이 차이로 인해 암컷과 수컷은 서로 다른 성적 행동을 보이도록 진화하였다. 생식 과정에서 더 많은 에너지를 사용하는 성이 짝을 고를 때에 훨씬 까다롭고, 에너지를 덜 사용하는 성끼리 에너지를 더 많이 사용하는 성을 차지하기 위해서 서로 경쟁한다.

11.12 경쟁과 구애는 수컷과 암컷에게 생식 성공을 보장한다

암컷의 까다로움(그리고 그 까다로움이 불러온 수컷들끼리의 경쟁) 덕분에 암컷이 수컷을 선택할 때, 많은 자원을 가졌거나 상대적으로 질 좋은 유전자를 보유하고 있어서 암컷에게 더 많은 자손이나 더 우수한 자손을 낳는 이득을 주는 수컷들만 선택할 가능성이 크다—더 "우수한" 자손이란 병에 대한 저항성이나 미래의 짝에게 매력적으로 보이는 신체적 특징을 가진 자손을 말한다. 암컷의 까다로움은 네 가지 중 한 가지 이상의 일반적인 규칙으로 명시할 수 있다.

1. **수컷에게 구애의식을 하게 한 다음에만 짝짓기해라.** 다수의 조류 종에서 암컷은 짝짓기하기 전 수컷에게 정교하고 시간이 많이 소요되는 구애춤을 추게 한다. 예를 들면, 논병아리의 구애의식은 환상적으로 물에 뛰어들거나 우아하게 날거나, 현란하게 몸을 비틀고 도는 것 같은 동작이 포함된다. 이러한 구애의식은 며칠 동안 계속되기도 한다. 그러나 수컷이 이렇게 시간이 많이 드는 오디션을 통과하기만 하면, 일반적으로 수컷은 부화 과정과 부화 후 어린 새끼를 양육하는 동안 주변에 머물며 지켜볼 수 있다(**그림 11.19**).
2. **가치 있는 자원을 운용하는 수컷하고만 짝짓기해라.** 영역 보호는 암컷에게 접근할 기회를 얻을 수 있는 보편적 경쟁 수단이다. 예를 들어, 북극땅다람쥐 암컷은 수컷을 선정할 때 어느 정도 그 수컷이 차지하고 있는 영토를 보고 판단을 한다. 수컷의 영토에 자원이 풍부하고 자원의 질이 좋다면, 암컷을 쉽게 얻을 수 있다. 그 이유는 짝짓기 이후에 암컷이 그 영토에서 지낼 것이기 때문이며, 영역 내 자원이 풍부한 만큼 이 암컷의

짝 선택의 요인

구애의식
암컷 논병아리는 짝짓기하기 전 수컷에게 구애춤을 추게 한다.

자원 운용
암컷 노랑배마못은 포식자로부터의 보호와 동면을 위해 암석의 노출 부위를 선호한다. 이 부위는 우월한 수컷이 점유한다.

미리 선물 받기
암컷 독거미는 교미하기 전에 수컷으로부터 비단으로 포장된 먹이를 받는다.

화려한 외모
암컷 공작은 가장 아름다운 꼬리 깃털을 가진 수컷에게 끌린다.

그림 11.19 암컷이 수컷을 선택하는 데 영향을 미치는 네 가지 요인.

재산이 많은 독신 남자가 아내를 필요로 하는 것은 보편적으로 인정된 진실이다."

— Jane Austen, *오만과 편견*, 1813

생식 성공도는 더 증가할 수 있다.

3. **많은 양의 부계 투자를 선불로 제공하는 수컷하고만 짝짓기해라.** 미래의 자손에게 자원을 약속하는 맹세보다 더 좋은 것은 암컷의 생식 성공을 극대화하기 위해 암컷이 요구하는 실제 자원을 선불로 주는 것이다. 예를 들어, 대롱파리 암컷은 수컷이 많은 양의 먹이—보통 죽은 곤충—를 **결혼선물**로 가져오지 않는 이상 짝짓기하지 않는다. 더 큰 먹이를 가져올수록 암컷은 더 오랫동안 짝짓기할 것이고, 암컷이 더 많은 먹이를 먹을수록 더 많은 알을 낳을 것이다.

   약 20분 간의 짝짓기 이후 수컷이 자기의 정자를 모두 전달했으면 그 수컷은 짝짓기를 그만두고 "선물" 중 남은 것을 도로 가져가서, 나중에 다른 암컷을 유혹하는 데 사용한다. 결혼선물로 먹이를 가져오는 것은 새와 곤충들 사이에서 흔한 일이다.

4. **가치 있는 신체적 특징을 가진 수컷하고만 짝짓기해라.** 암컷과 짝짓기할 기회를 얻기 위한 수컷들 사이의 경쟁은 말 그대로 육체적 경쟁이다. 풍뎅이에서 하마에 이르기까지 동물계 전체에서 수컷 사이의 싸움으로 우위 순위를 결정한다. 그러면 암컷은 주로 높은 순위의 수컷과 짝짓기를 한다.

   비슷한 과정으로, 암컷은 붉은사슴의 뿔 크기나 군함조의 밝고 빨간 가슴 깃털, 혹은 공작의 정교한 꼬리 깃털과 같이 신체적 특징을 근거로 수컷을 선택한다(그림 11.19 참조). 각각의 경우에서 이러한 신체적 특징은 암컷에게 수컷의 상대적인 질의 우수성을 알려주는 장치가 되는데, 왜냐하면 이러한 특징은 수컷의 건강과 관계가 있을 가능성이 크기 때문이다.

여성들은 왜 술집에서 싸움을 잘 벌이지 않는 걸까?

수컷들 간의 싸움의 매우 많은 예를 살펴보면 합리적으로 다음과 같은 의문을 갖게 된다: 암컷들은 왜 싸움을 거의 하지 않을까? 그리고 암컷들은 왜 화려한 깃털이나 여러 다른 장식을 통해서 자신의 건강함을 광고하지 않아도 될까? 이에 대한 대답은 암컷들이 생식에 훨씬 많은 투자를 하는 한, 대부분 수컷은 암컷과 짝짓기하려고 할 것이기 때문이라는 것이다. 결과적으로, 암컷은 다른 암컷과 경쟁하거나 수컷들의 관심을 끌기 위해 노력해도 더 얻어지는 것이 별로 없다.

인간의 경우, 사회적이고 문화적인 가치도 많은 영향을 미치기 때문에 짝짓기 행동을 해석하는 것은 더 복잡하다. 우리는 유전자 프로그램을 따르도록 운명 지어진 로봇이 아니다. 연구자는 허리-엉덩이의 비율이나 얼굴과 몸의 대칭성처럼 암컷의 건강함과 생식력이 지닌 미묘한 의미를 알게 되었다. 인간은 풍부하고 복잡한 레퍼토리를 가진 짝짓기 전략을 사용하지만, 그 세계를 완전히 이해하기는 힘들다.

핵심요약 11.12

» 암-수의 생식 과정에서 초기 투자의 정도 차이에 따라 수컷은 최대한 많은 암컷과 짝짓기를 해서 생식 성공을 늘리고자 하며, 교미 기회를 얻기 위해 자기들끼리 경쟁하게끔 진화했다.

11.13 배우자 보호는 수컷의 생식 투자를 보호한다

만약 수컷이 짝짓기 후 잠재적인 새끼에게 투자를 하는 대신 암컷을 유기하고 다른 암컷을 찾아 나선다면, 그 수컷은 친자식이 아닌 새끼에게 투자를 하는 위험이 사라진다. 이것이 부계 부정확성과 관계있는 잠재적 손해를 최소화하는 한 가지 방법이다. 게임을 하지 않으면 잃을 것도 없다.

그러나 이러한 전략은 수컷의 생식 성공을 최대화하기 위한 가장 효과적인 방법은 아니다. 만약 수컷이 백 번, 심지어 천 번의 짝짓기를 했어도 살아남은 자손이 하나도 없다면 진화적으로 성공적인 방법이 아니다. 결과적으로, 아버지의 투자가 자손의 생존 가능성을 증가시키는 종의 경우에는, 비록 부계 부정확성이라는 취약함이 있더라도 수컷이 자손에게 어느 정도 부가적인 투자를 하게 되는 동기가 생긴다.

Q 암컷은 왜 수컷만큼 자신의 배우자를 적극적으로 지키려 하지 않을까?

수컷이 부계 양육을 제공하는 상황에서는 **배우자 보호**로 부계 부정확성이라는 취약함을 줄이는 것이 일반적이다. 자신이 낳은 자손이 자기 자식이라는 것을 확신하는 암컷과 대조적으로, 수컷은 암컷이 생식 능력이 있는 한 지속되는 "위험지역"에 머무르는 것이다. 만약 이 기간 안에 암컷이 다른 수컷과 짝짓기를 하면 암컷이 낳은 새끼는 자신의 자식이 아닐 수도 있다. 그러나 수컷이 자식을 키우는 것을 돕는다면 이런 위험지역에서 부계 부정확성이라는 자신의 위험을 최소화하여 이득을 얻게 된다. 바로 이 기간에 배우자 보호가 특히 성행한다.

배우자 보호는 간단한 방법에서부터 섬뜩한 방법까지 다양하다. 암컷이 다른 수컷과 짝짓기하지 못하게 확실하게 하고 싶다면, 어떤 이유로 굳이 교미를 멈추겠는가? 일부 종의 수컷은 오랫동안 교미한 채로 남아 있는다(**그림 11.20**). 집파리 중에, 10분 간의 교미 동안 모든 정자를 암컷에게 다 전달했어도, 한 시간 동안 암컷과 떨어지지 않는 수컷이 있다. 심지어 나방은 24시간 동안 교미를 계속한다. 그리고 이 전략의 극단적인 예로 어떤 개구리 종은 한 번의 교미를 몇 달 동안 계속하기도 한다!

그림 11.20 부계 불확실성 방지하기.

그림 11.21 합리적 교환?

파충류와 곤충, 그리고 많은 포유류 종에서 발견되는 좀 더 교묘한 형태의 배우자 보호는 수컷이 교미 후 마개를 만들어서 암컷의 정자 통로를 차단하는 것이다. 암컷의 생식관 안에서 응고된 정액과 점액 형태로 형성된 교미 마개는 매우 효과적이다. 예를 들어, 교미 마개를 지닌 암컷을 만난 수컷 가터뱀은 이 암컷을 가치 없는 것으로 간주해 구애하거나 짝짓기하려고 시도하지 않는다.

훨씬 더 극단적인 형태의 배우자 보호는 독거미에서 볼 수 있다: 독거미의 수컷은 암컷의 몸속에서 자기의 생식기를 부러뜨려서 암컷이 다시는 짝짓기를 할 수 없게 만든다. 그 결과 자신의 정자만이 이 암컷 난자와의 수정을 확실히 할 수 있게 된다(**그림 9.23**). 그러나 이에는 대가가 따른다: 교미가 끝나면 보통 암컷이 수컷을 죽이고 먹어 치운다. 암컷은 자기 배우자의 영양분이 풍부한 몸을 먹어서 새끼를 낳는 데 필요한 에너지를 얻는다.

핵심요약 11.13

» 일반적으로 배우자 보호는 교미 상대가 다른 개체와 짝짓기를 할 기회를 감소시킴으로써 생식 성공을 증가시킬 수 있다. 또한, 부계 정확성을 증가시키고 자손에게 투자할 때 발생하는 취약함을 줄임으로써 수컷의 생식 성공을 개선할 수 있다.

11.14 부계 부정확성이 커 보일 때, 부계 돌봄이 줄어드는가?

앞에서, 수컷의 부계 부정확성과 수컷의 자손에 대한 투자와 관계가 있음을 알았다. 부계 부정확성이 낮을수록 수컷은 부모 투자를 줄이고 대신에 추가적인 짝짓기 기회를 얻는 이득을 누린다.

그러나 그러한 예측을 실험하는 것은 어렵고, 조작의 결과도 해석하기가 어렵다. 이런 시도를 해결하기 위한 강력한 전략은 두 개의 다른 상황에서 명확하고 대조적인 예측을 할 수 있도록 실험적으로 조작해 보는 것이다. 1장에서 배웠듯이, 이런 조사를 결정적 실험이라고 한다. 조작은 실험의 내부 조절이다. 두 가지 영리한 실험에서 연구가 어떻게 이루어졌는지 살펴보자.

체계 블루길개복치는 북미의 호수와 강에 서식한다. 수컷 대부분은 7살에 성적으로 성숙기에 이른다. 산란 시기에, 수컷은 모랫바닥에 구멍을 파고 이 산란장에 가까이 오는 모든 것을 따라다닌다. 암컷은 여기에 산란하고—수컷이 수정한다—곧바로 떠난다. 수컷은 남아서 알과 부화 후 치어를 보호한다. 일반적으로, 수컷은 이와 같은 부모 투자 동안 먹이를 섭취하기 위한 잠깐의 휴식도 취하지 않는다.

블루길 개체군에서 수컷의 약 20%는 2살에 성숙하고 훨씬 크기가 작다. 이러한 수컷을 "바람둥이 수컷"이라고 하는데, 이들은 다른 수컷의 산란장 가까이 숨었다가 몰래 숨어들어 알을 수정시킨 후 산란장 "주인"에게 들키지 않게 도망친다.

블루길 수컷은 자신이 수정시킨 알과 다른 수컷이 수정시킨 알을 구별하지 못한다. 그러나 막 부화한 블루길이 자신의 생물학적 자손(자손의 오줌에 있는 화학 신호를 보고)인지 아닌지 알아챈다.

▲ 블루길개복치가 둥지를 보호한다.

생각하기, 짝과 나누기

수업 수강생 중 한 명과 짝을 형성하시오. 다음의 질문을 읽고 답에 대하여 60초 동안 조용히 생각하시오. 이후 5분 동안 토론을 하고 자신의 답을 공유할 수 있게 준비하시오.

- 바람둥이 수컷의 존재가 부계 정확성에 대한 둥지 주인의 인식에 영향을 미친다고 생각하는가?
- 바람둥이 수컷의 존재는 새끼가 부화한 후 부계 정확성에 대한 둥지 주인의 인식에 영향을 주었는가? 왜?

실험 1 연구를 위해 무작위적으로 34개의 산란장을 선택했다. 각 산란장 주위에 두 마리의 바람둥이 수컷을 넣은 2개의 유리 상자를 둔 후 산란할 때까지 내버려 두었다. 바람둥이 수컷은 알을 수정시키지 못하지만, 산란장에 있는 수컷이 볼 수는 있다. 연구자는 대조군으로 2개의 빈 유리 상자를 20개의 다른 산란장 주위에 두었다.

산란한 하루 후에, 각 산란장 주의에 포식자 물고기가 든 유리 상자를 두었고, 산란장 주인이 30초마다 알을 얼마나 열심히 보호하고 있는지를 측정함으로써 부모 돌봄을 평가하였다. 부화 후에도 알과 자손이 얼마나 보호받고 있는지를 확인하여 부모 돌봄을 평가하였다.

실험 1의 결과 조작: 바람둥이 수컷이 가까이 있지만, 모든 알은 산란장 주인이 수정함.

	부모 돌봄 점수	
예측	알 보호	자손 보호
	감소	변화 없음
실제 결과		
경쟁자 없음(대조군)	80 ± 10	90 ± 10
경쟁자 있음	52 ± 7	95 ± 10
돌봄의 변화	감소	변화 없음

실험 2 연구자는 20개의 새로운 산란장을 무작위로 선택하여 산란하고 수정한 다음 날, 각 산란장에 1/3의 알을 제거한 후 다른 수컷의 산란장에서 가져온 수정란으로 대체하였다. 그리고 첫 번째 실험처럼, 산란장 주위에 포식자 물고기가 든 유리 상자를 두고 부모 돌봄을 평가하였다.

산란장 주인은 다른 산란장에서 가져온 알에 대해 부모 돌봄을 줄이는가? 왜 그런가?

예측 a: 부화하기 전에 산란장 주인은 그 알이 어떤 알인지와 상관없이 알을 보호하는 노력을 동일하게 기울인다.

산란장 주인은 다른 산란장에서 가져온 알이 부화한 후에 부모 돌봄을 줄이는가? 왜 그런가?

예측 b: 자손이 부화한 후, 산란장 주인은 그 자손이 유전적인 자손인지 아닌지를 알 수 있으므로 대조 수컷에 비교하면 부모 돌봄이 줄어든다.

실험 2의 결과 조절: 다른 수컷에 의해 수정된 알로 교체됨.

	부모 돌봄 점수	
예측	알 보호	자손 보호
	감소	변화 없음
실제 결과		
알 교체 없음(대조군)	90 ± 10	73 ± 9
알을 교체	95 ± 10	50 ± 8
돌봄의 변화	변화없음	감소

이런 결과에서 어떻게 결론을 내릴 수 있을까?

각각의 실험에서, 수컷은 자손이 자신의 유전적인 자손일 가능성이 낮은 징후에 반응하여 대조군에 있는 수컷에 비교하여 부모 돌봄이 감소하였다. 자기 자손과의 유전적 관계가 블루길개복치 수컷의 부모 돌봄에 중요한 역할을 한다는 것을 강력하게 보여주는 실험이다.

핵심요약 11.14

» 효과적인 가설 검증을 하려면 결정실험을 하여야 한다. 결정실험에서는 두 가지 결과가 가능하며, 각 가능한 결과로써 두 대체 가설 중 하나가 지지를 받는다. 결과적으로, 가설 중 하나가 실험 결과에 따라 명확하게 기각된다.

11.15 일부일처제 대 다접: 인간과 동물의 여러 문화에 따라 짝짓기 행동은 다양하다

매년 12월 코끼리바다표범 수컷들이 캘리포니아 북쪽 해변의 떨어진 섬에 출현하여 해변의 소유권을 놓고 서로 경쟁하기 시작한다. 살벌한 몸싸움 결과, 우위 서열이 결정되는데 일반적으로 가장 큰, 몸길이 4 m에 몸무게 2톤이 넘는 수컷이 해변의 지배권을 갖는다.

1월 중순에 암컷이 도착하는데, 이때 암컷은 짝짓기 준비가 되어있다. 암컷은 몇 개의 주요 해변에 큰 무리지어서 모인다. 암컷이 서로 가깝게 붙어 있으므로, 주요 해변을 지배하는 가장 큰 수컷이 다른 수컷보다 암컷에 대해 성적 접근을 위한 경쟁에서 우위를 차지한다(**그림 11.22**). 115마리의 수컷의 행동을 관찰한 연구에 따르면, 서열 상위 5마리의 수컷이 자손의 85%의 아버지가 되었다. 거의 모든 암컷이 짝짓기하고 자손을 낳지만, 대다수 수컷은 10~20년 동안 짝짓기할 기회조차 얻지 못한다.

코끼리바다표범의 짝짓기 패턴은 **다접**의 예인데, 이는 한 개체가 여러 마리와 짝짓기를 하는 한편, 대다수의 개체는 한 마리와도 짝짓기하지 못하는 체계이다. 다접은 다시 하나의 수컷이 여러 마리의 암컷과 짝짓기하는 **일부다처제**와 하나의 암컷이 여러 마리의 수컷과 짝짓기하는 **일처다부제**로 세분화할 수 있다. 다접은 **일부일처제**와 대조되는데, 이는 대부분의 개체가 각각 한 마리의 개체와 짝짓기하는 체계이다. 다접과 일부일처제는 종에서 짝짓기 행동의 양식을 설명하는 **교배형태**의 2종류이다.

이미 살펴보았듯이, 암컷은 누구와 짝짓기할 것인가에 대해서 신중하고 수컷은 짝짓기 기회를 얻기 위해서 다른 수컷과 경쟁한다. 당연히 다수의 암컷이 한 마리의 수컷을 선택하는 경우가 많은데, 보통 자원이 풍부한 영토의 수컷이나, 뿔의 크기처럼 신체적 특징이 뛰어난 수컷을 선택한다.

암컷이 이러한 방식으로 짝을 선택하는 것이 수컷 공작에게서 화려한 장식이 발견되는 이유이다. 비록 포식자에게 수컷 공작의

코끼리바다표범의 다접

일부다처제 교배 양식에서 어떤 개체는 여러 짝을 갖지만 다른 개체는 거의 짝을 가질 수 없다.

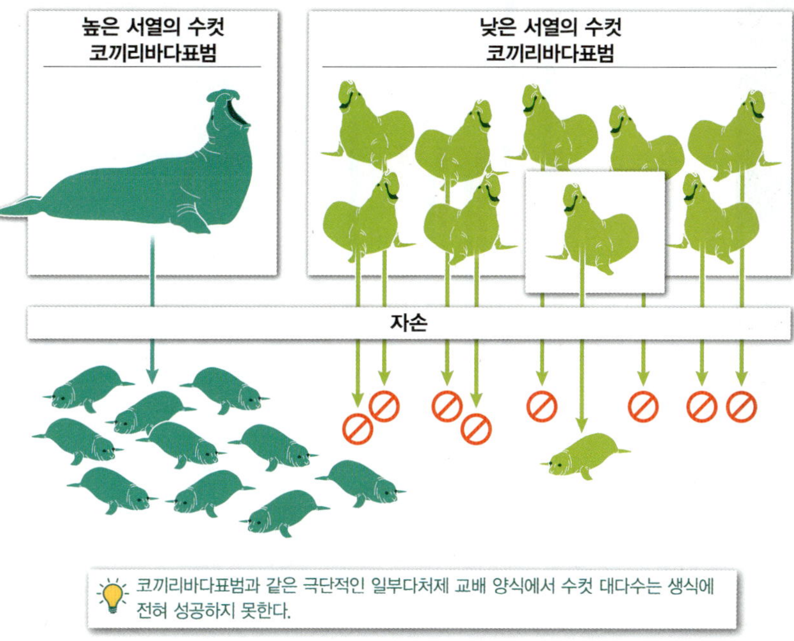

그림 11.22 **해변의 왕.** 가장 크고 가장 싸움을 잘하는 수컷 코끼리바다표범이 해변을 지배하고 가능한 한 많은 암컷과 짝짓기한다.

꼬리는 큰 황소의 눈처럼 보이지만, 꼬리에 있는 눈 모양의 반점 수는 암컷을 유혹하는 것과 직접적인 상관관계가 있다. 140개 이하의 반점을 가진 수컷은 짝을 얻을 수 없으며, 150개는 평균적으로 2마리나 3마리의 암컷을 얻는다. 그리고 160개의 반점을 가진 수컷 공작은 6마리나 그 이상의 암컷을 얻을 수 있다(그림 11.19 참조).

교배형태는 코끼리바다표범의 경우처럼 간단하게 정의를 내릴 수 있는 것은 아니다. 특히, 세 가지 문제 때문에 복잡해지는데, 첫째, 특정 동물의 짝짓기 행동과 유대 행동이 서로 맞지 않을 수 있다. 즉, 종류에 따라, 몇 년 이상이 되기도 하는 등 암수가 많은 시간을 함께 보내고, 둥지 또는 "집"을 공유하면서 자손에게 똑같이 투자하는 등 암수는 **암수유대**를 형성하는데, 이는 일부일처제 관계인 것으로 보인다. 그러나 이를 자손의 DNA 분석 등을 통해 좀 더 자세히 살펴보면, 암수 둘 다, 또는 둘 중의 하나가 개체군 내의 다른 개체와 짝짓기하는 경우를 볼 수 있어 교배형태는 일부다처제의 변형으로 설명하는 것이 더 나을 수도 있다. 종의 교배형태에 대한 정의를 어렵게 만드는 두 번째 이유는 교배형태가 한 종에서도 다양하게 나타날 수 있기 때문이다. 즉, 어떤 개체는 일부일처제이고 어떤 개체는 다접을 채택할 수도 있다. 심지어 교배형태는 한 개체의 일생에서 변하기도 한다. 세 번째 이유는 수컷과 암컷이 짝짓기 행동에서 종종 다른 모습을 보인다는 것이다. 코끼리바다표범에서 볼 수 있듯이, 코끼리바다표범의 암컷은 일부일처제를 채택하지만 수컷은 일부다처제를 채택하고 있다.

그러나 조류와 포유류를 조사한 연구 결과에 작은 틈이 보인다. 앞에서 이미 살펴보았듯이, 매우 많은 포유류의 경우, 암컷은 수컷보다 부모 투자를 많이 한다. 조류의 경우, 암컷과 수컷의 부모 투자가 거의 같다. 조류와 포유류에서 부모의 투자 형태의 차이가 서로 다른 교배형태를 불러오는 것일까? 그렇다. 포유류는 설치류에서 영장류에 이르는 모든 큰 집단에 이르기까지 일부다처제가 가장 보편적인 교배형태이다. 일부다처제는 암컷이 수컷보다 훨씬 많은 투자를 하는 것에 따른 결과이다. 반대로, 조류는 암수가 거의 비슷하게 부모 투자를 하므로 일부다처제가 훨씬 적게 나타나지만, 일생 한 배우자하고만 짝짓기하지는 않고 오히려 각 짝짓기 시기에만 일부일처제를 채택하고 있다(**그림 11.23**).

Q 인간은 일부일처제인가, 일부다처제인가?

그러면 사람은 어떤가? 다양한 문화에서 늘 여성보다 남성에게서 생식 성공의 변이가 더 크게 나타난다. 즉, 어떤 남성은 매우 높은 생식 성공도를 보이는 한편, 어떤 남성은 매우 낮거나 거의 0에 가까운 생식 성공도를 보인다. 예를 들어, **그림 11.24**는 이런 현상에 관한

그림 11.23 함께 지냅시다. 대략 동등한 부모 투자는 조류에서 일부일처제 짝짓기 행동을 이끈다.

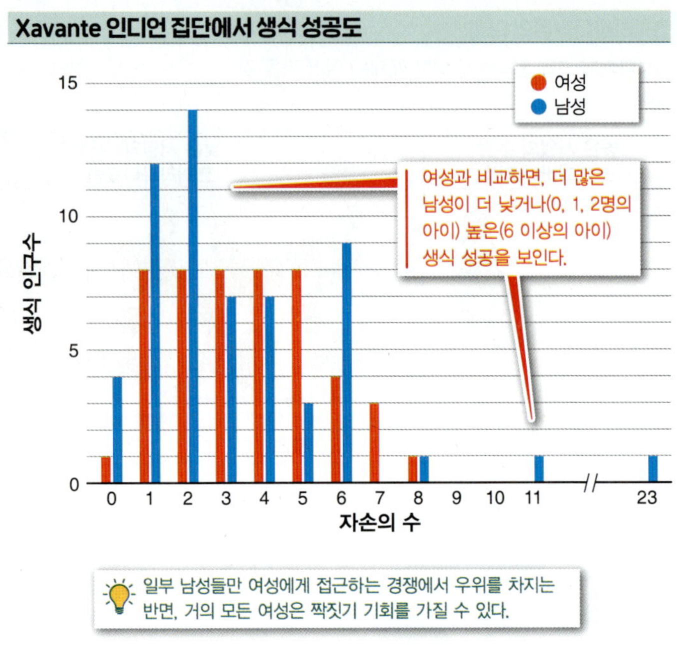

그림 11.24 많은 자손, 적은 자손. 브라질의 Xavante 인디언들의 경우, 생식 성공도를 보면 남성이 여성에 비해 더 다양하다.

여러 초기 조사 중의 하나의 자료를 보여준다. 이 자료는 브라질의 Xavante 인디언 연구에서 얻은 것이다. 이들은 출생을 조절할 수 없고, 서구 문명과 거의 접촉하지 않은 주로 수렵-채집으로 사는 산업사회 이전의 개체군이다. 남녀에서 자식 숫자의 **평균**(3.6명)은 별로 차이가 나지 않지만, 그 **폭**은 그렇지 않다: 어떤 남성은 23명이나 되는 매우 많은 자식을 낳았지만 대부분 남성은 자식이 없다. 여성의 경우에는 생식 성공의 변이가 매우 적다. 현대 미국에서 사는 7,710명의 남녀를 대상으로 연구한 2010년 자료에 따르면 흥미롭게도 여성과 비교하여 남성의 생식 성공의 변이가 매우 컸다.

남녀 사이에서 나타나는 이러한 생식 성공의 차이는 사회화와 여타 문화적 힘의 영향을 크게 받을 수 있으며, 일반적으로 일부다처제 교배형태와 관련이 있다. 그러나 브라질 인디언 연구에서 드러난 남녀의 차이는 코끼리바다표범과 같은 다른 포유류 종과 비교해 보았을 때 매우 작으며, 이는 일부일처제 교배 양식을 가진 개체군에 더 가깝다. 결과적으로, 인간은 완전히는 아니지만, 일부일처제에 가까운 교배형태를 가지고 있는 것으로 보인다.

핵심요약 11.15

» 암컷과 수컷의 생식 성공 정도와 짝짓기 대상 수는 교배형태에 따라 다양하다. 이러한 변수는 암수에 의한 부모 투자의 상대적인 양에 영향을 받는다.

11.16 성적이형은 개체군의 짝짓기 행동을 알려주는 지표가 된다

수컷 코끼리바다표범의 몸 크기는 암컷 코끼리바다표범의 몸 크기의 3배 내지는 4배이다. 반면 (분명 모두는 아니지만) 대부분 조류는 암수의 크기가 비슷하다. 이러한 생물 종에서는 전문적인 새 관찰자일지라도 암컷의 배에 알이 들어있지 않는 한 몸의 크기로 성을 구분하는 것은 매우 힘들다(**그림 11.25**). 어떤 생물 종의 두 성의 크기나 외모가 서로 다르면, 이를 **성적 이형**이라 한다. 왜 어떤 생물 종은 몸 크기나 외모에서 암수가 극적인 차이를 보이지만, 어떤 생물 종에서는 거의 비슷할까?

성적 이형

성적 이형 관련 행동

- 한 부모가 자손을 돌보는 데 더 많이 투자한다.
- 교배양식은 다접 경향을 띤다.
- 한쪽 성(대개 암컷)은 짝을 고를 때 까다롭다.
- 한쪽 성(대개 수컷)은 다른 성과 짝짓기할 기회를 얻기 위해 경쟁한다.

성적 동형

성적 동형 관련 행동

- 두 부모는 자손을 돌보는 데 대략 동등하게 투자한다.
- 교배 양식은 대개 일부일처제이다.
- 두 성은 짝을 고를 때 동등하게 까다롭다.

그림 11.25 같은 듯 다른 듯?. 일부일처제의 종은 암컷과 수컷의 외형과 행동이 비슷하다. 다접 종의 경우, 외형과 행동은 다른 경향을 나타낸다.

몸의 크기는 교미 행동의 중요한 단서이다. 우리는 어떻게 코끼리바다표범이 해변의 지배권을 놓고서 경쟁을 하고, 승자가 짝짓기의 기회까지 얻게 되는 승자독식의 토너먼트 방식을 채택하고 있는지에 대해서 살펴보았다. 가장 큰 개체가 가장 많은 자손을 얻으므로 몸의 크기는 점점 커지는 방향으로 선택이 일어났을 것이다. 반면에, 암컷은 몸의 크기에 상관없이 짝을 얻을 수 있으므로 암컷 사이에서는 큰 몸을 선택하는 압력이 존재하지 않는다. 이 때문에 성에 따라서 몸 크기의 극적인 차이가 나타나게 되는 것이다.

몸 색깔도 교미 행동의 단서가 된다. 몇몇 다접 종의 경우, 암컷은 몸이 큰 수컷보다 가장 밝거나 화려한 색의 수컷을 선택하기 때문에 수컷끼리의 경쟁은 암수 사이에서 몸의 크기 차이 대신에 외모의 차이를 낳는다.

짝을 향한 수컷끼리의 경쟁이 별로 일어나지 않으면 어떻게 될까? 일부 조류의 수컷은 자손에게 꽤 많은 투자를 한다. 알을 품어야 하고, 새끼 새들이 제대로 발달하지 않은 상태로 알에서 나오기 때문에 새끼 새를 키우는 데에 양쪽 부모가 모두 필요하다. 따라서 새 한 쌍은 한 계절 동안이나 좀 더 오랫동안 함께 지낸다. 만약 각각의 암컷이 한 마리의 수컷하고만 쌍을 이룬다면 짝을 두고서 벌이는 경쟁은 사라진다. 그리고 수컷끼리의 경쟁 없이는 큰 몸에 대한 선택은 일어나지 않는다. 결론적으로 대부분 조류에서는 성적 이형이 거의 나타나지 않는다.

Q 대부분 새에서 암수를 구별하는 것은 거의 불가능하다. 이러한 관찰로서 새들이 일부일처제라는 사실을 어떻게 알 수 있을까?

결국, 우리는 수컷과 암컷의 사진을 보고 몸 크기의 비율을 조사하는 것만으로도 부모의 보살핌에 대해 많은 사실을 예측할 수 있다. 만약 코끼리바다표범처럼 두 성의 크기가 극적으로 다르다면, 더 작은 성이 자손을 거의 다 돌보며, 일부일처제이기보다는 다접일 확률이 높다는 것을 확신할 수 있을 것이다.

Q 남성은 여성보다 (키가) 더 크다. 이것이 일부일처제 대 다접과 관련하여 우리의 진화사에서 의미하는 것은 무엇인가?

핵심요약 11.16

» 일부다처제 종에서, 각각의 성이 짝짓기 기회를 놓고 벌이는 경쟁 수준의 차이로 인해 암컷보다 수컷이 더 커지는 (그리고 기타 외모의 차이라는) 결과가 나타난다. 일부일처제인 종에서는 암수의 차이가 별로 없다.

▲ 의사소통 (그리고 의사소통 없는) 스웨덴의 십대

11.17 동물의 의사소통과 언어능력은 진화한다

모든 동물이 뭔가 중요한 의사소통을 하려고 할 때 반드시 입을 벌려야 하는 것은 아니다. 예를 들어, 암컷 누에나방은 짝짓기할 준비가 되면 공기 중으로 봄비콜이라는 강력한 화학물질을 내보낸다. 이 화학 분자가 수컷 누에나방의 털 많은 안테나에 접촉하면, 수컷은 5 km나 멀리 떨어져 있어도 짝 유인 물질을 인식하고 그 화학물질이 있는 곳을 찾아서 날아가는데, 암컷을 찾아 짝짓기 할 때까지 이 유인 물질의 근원을 찾아 계속 비행한다.

이것은 다른 생물에게 정보를 주고 행동을 변화시키는 한 생물의 행위 또는 신호인 **의사소통**의 한 예일 뿐이다(**그림 11.26**). 행동은 영역 방어, 위협에 대한 경고를 보내기, 교미할 준비가 되었음을 알리기, 우위 서열에서 자신의 위치 확립하기, 자손을 돌보기 등을 포괄하는 매우 넓은 범위에서 의사소통이 필요하다.

동물의 신호 중 가장 일반적인 세 가지 종류는 다음과 같다.

1. **화학물질.** 개체가 주위 환경으로 내보내서 다른 개체의 행동을 촉발하는 분자를 **페로몬**이라 한다. 페로몬에는 공기 중으로 퍼지는 누에나방의 유인 물질, 개 오줌에서 발견되는 영역 표시 물질, 개미가 사용하는 흔적 표시 물질 등을 포함한다.

2. **소리.** 자연에서 행동 반응을 촉발하는 소리는 풍부하다. 이미 앞에서 언급한 벨딩땅다람쥐의 경고음이나, 짝을 두고 경쟁하는 새, 고래, 개구리, 귀뚜라미 등의 복잡한 노랫소리, 늑대가 영역을 두고 울부짖는 소리 등을 포함한다.

3. **시각.** 생물은 종종 위협이나 우월적 지위, 건강함과 강함을 과시하기 위한 시각 신호를 사용한다. 그 예로 수컷 버빗원숭이의 이빨 드러내기 행동이나 수컷 공작의 강렬한 꼬리 깃털과 같은 것이 있다.

의사소통 방법이 복잡할수록 더 복잡한 정보를 전달할 수 있다. 한 극단적인 예는 꿀벌의 **꼬리흔들기 춤**이다. 정찰 벌이 먹이의 위치를 성공적으로 알아내고서 벌집으로 돌아오면 이 꿀벌은 벌집 위에서 배를 흔들며 숫자 8과 비슷한 모양을 그리는 일련의 곡예 행위를 한다. 정찰 벌이 춤을 추는 특정한 각도(태양의 위치를 중심으로)와 춤이 이어지는 시간을 바탕으로, 춤을 관찰한 벌들은 벌집을 떠나서 먹이가 있는 곳의 위치를 빠르게 알아낸다.

벌의 꼬리흔들기 춤의 복잡함과 영향력을 보면 중요한 의문이 생긴다: 어떤 시점에서 의사소통이 언어가 되는가? **언어**는 매우 분명한 의사소통의 한 종류로서 의사소통을 위해 임의의 상징이 특정한 개념을 의미하게 되고, 생각을 표현하고 전달하기 위해서 문법이라는 규칙체계가 상징을 조작하는 방법을 결정한다(**그림 11.27**).

동물 소통의 형태

화학 소통
한 동물이 방출한 페로몬을 다른 동물 개체가 안테나를 통해 감지하여 행동 반응을 한다.

소리 소통
사자의 울부짖음처럼 소리는 행동 반응을 유발하는 흔한 방법이다.

시각 소통
생명체는 시각 전시를 통해 위협과 수용성 등과 같은 정보를 전달할 수 있다. 여기서는 복어가 포식자에 대응하여 자신의 몸을 부풀렸다.

그림 11.26 **화학적, 소리, 시각 신호.** 많은 동물 행동에는 다른 동물에게 보내거나 다른 동물로부터 오는 정보를 운반하고 받아들이는 능력인 소통이 필요하다.

언어를 판별하기란 쉽지 않다. 예를 들면, 버빗원숭이는 집단을 이루어 살며, 한 개체가 포식자를 발견했을 때 경고음을 내서 다른 개체에 경고한다. 경고음을 내는 다른 대부분 종과는 달리 버빗원숭이의 경고음은 포식자가 매, 뱀, 표범인지에 따라서 달라진다. 그리고 그 경고음을 들은 다른 원숭이의 대처 행동 방법도 접근하는 포식자의 종류에 따라 적절하게 달라진다. 뱀에 대한 경고음을 들은 원숭이들은 발끝으로 서서 땅을 바라보고 있다. 표범 경고음을 들은 원숭이들은 재빨리 가까운 나무로 올라간다. 매 경고음을 들은 원숭이들은 하늘을 쳐다본다.

버빗원숭이의 경고음이나 꿀벌의 꼬리흔들기 춤이 하나의 언어를 구성하는 것일까? 이것은 논쟁의 여지가 있다. 침팬지와 오랑우탄에게 가르치는 미국 수화의 형태는 언어일까(그림 11.27 참조)? 이 질문에 대해서는 찬반의 의견이 모두 존재한다. 흥미롭게도, 대형유인원은 새로운 신호를 만들어내고 추상적인 개념을 표현하며, 물리적으로 멀리 있거나 시간적으로 오래된 물건들을 지칭하는 등과 같은 인간의 언어에서 발견되는 주요한 특징을 보여준다. 그러나 확실한 것은 인간의 언어는 의사소통의 복잡성을 연속적으로 표현한다면 복잡한 형태의 극한에 가깝다는 것이다.

언어의 진화는 이 장에서 논의된 다른 많은 행동에 영향을 미친다. 예를 들어, 상호이타성은 언어가 개체 사이에서 도움과 자

동물 소통의 복잡한 형태

꿀벌의 꼬리흔들기 춤

손신호를 주고받는 오랑우탄과 조련사

교사의 말에 경청하는 어린이들

그림 11.27 **춤, 신호, 대화.** 동물은 다른 개체에게 복잡한 정보를 전달하기 위한 다양한 방법을 진화시켰다.

원을 전달하는 행위를 쉽게 만들어 주어 진화할 수 있었을지도 모른다. 이와 비슷하게 구애와 번식 관계를 유지하기 위해서 언어가 개체 사이의 상호작용에 필요한 자원이나 가치 있는 다른 것들에 대한 복잡한 정보를 전달하는 도구로 사용되었을 것이다.

핵심요약 11.17

» 여러 의사소통 방법이 동물 종에서 진화해 왔으며, 이러한 의사소통으로 각 동물 종은 특정 환경 조건과 상황에 대한 정보를 전달할 수 있게 되었다. 이러한 능력은 적응도는 물론 실질적으로 다른 모든 행동의 진화에 영향을 미친다.

11.18 정직한 신호는 사기 행동을 줄인다

북유럽에서 발견되는 Natterjack 두꺼비 수컷은 암컷을 유혹하기 위한 행동으로 '꽝'하는 소리를 낸다. 암컷은 더 큰 수컷을 선호하고 더 큰 수컷일수록 더 큰 소리를 내므로 암컷은 가장 큰 소리를 내는 수컷을 찾아다닌다. 암컷들은 1.5 km 밖에서도 들리는, 때로는 자동차 엔진 소음의 법적 허용치보다도 더 큰 소리에 이끌리곤 한다(**그림 11.28**).

이 두꺼비의 울음소리는 가짜로 속일 수 없는 **정직한 신호**이며, 이러한 신호는 소리를 내는 개체와 소리에 반응하는 개체의 관심사가 일치할 때 나타난다. 정직한 신호는 개체나 상황에 대해서 가장 정확한 정보를 제공하며, 이러한 신호에 반응하는 동물은 가짜로 낼 수 없는 정직한 신호에 최고의 가치를 부여하도록 진화하였다. 예를 들어, 작은 두꺼비는 큰 울음소리를 낼 수 없다.

암컷 Natterjack 두꺼비는 수컷이 얼마나 큰 소리를 낼 수 있는지에 따라 짝짓기 상대를 결정한다. 큰 소리는 큰 수컷에 의해서만 만들어질 수 있으므로 작은 수컷은 속일 수 없다. 따라서 큰 소리는 정확한 정보를 운반하는 정직한 신호이다.

그림 11.28 크고 진실한.

특정한 동물이 다른 동물을 속임으로써 자신의 적응도를 높일 수 있다면, 사기 행동도 역시 진화과정의 산물임을 예상할 수 있다. 부모에게 먹이를 구하는 새끼 새를 예로 들자. 만약 새끼 새에게 먹이의 필요성을 과장해서 표현하는 대립유전자가 더 빠른 성장과 좋은 건강을 가져다 준다면, 이 대립유전자는 개체군에서 상대적 빈도가 높아질 것이다.

Q 자연선택은 속이는 신호를 만들거나 감지하는 것을 좋아하는가? 그 이유는?

따라서 의사소통과 신호는 계속 진화하는 개체군의 특성이다. 이러한 정직한 신호와 사기 행동 사이의 진화적 "군비 경쟁"은 시간이 지나면서 점점 더 분명한 신호와 더 정교한 사기 형태를 끌어낼 수 있다.

핵심요약 11.18

» 동물은 특정한 신호에서 최대한의 정보를 끌어내야 하므로 거짓으로 만들어 낼 수 없는 신호에 주로 의존하도록 진화하였다.

친구를 사귀고 사람들에게 영향을 미치는 방법

이미 앞에서 살펴보았듯이, 동물 세계에서는 혈연이 아닌 개체에게 비용이 많이 드는 행동을 하는 개체를 좀처럼 관찰할 수 없다. 몇 가지 경우를 제외하면 동물에서 "우정"은 거의 관찰되지 않는다.

매일 각양각색의 친절한 행위들을 볼 수 있듯이 인간은 예외적인 존재이다. 우리는 만일을 위해서 은행에 돈을 저금하는 것처럼, 주위 사람들에게 호의를 베풀어서 세상의 불확실성에 대해 완충지대를 만든다. 협력자는 혼자 있는 개체에 비해서 진화적인 강점을 가진다.

Q: "친절"이 왜 진화적으로 위험한 행동일까? 낯선 사람이든 친구든 상관없이 우리는 매일 혈연관계가 아닌 사람들을 위해서 비용이 많이 드는 행위를 하는데, 이러한 노력은 헛되거나 에너지만 낭비하는 손해를 감수하게 한다. 이러한 이유로 상호 이타성이 진화하는 과정에서 우리는 어떤 일에 무작정 덤비기 전에 주저하고 조심하게 되었다.

Q: 다른 사람이 상처를 덜 취약하다고 느끼고 더욱 기꺼이 협력하도록 도와줄 수 있을까? 종종 이기적인 행동을 하려고 하는 충동을 억제할 수 있는 능력은 인간 고유의 특징이다. 매우 간단한 과정을 통해서 상대가 느끼는 무의식적인 취약성에 접근하여 그들이 협력이나 상호주의, 우정을 선택할 가능성을 높일 수 있다.

- 다른 사람의 이름을 알고, 사용하라. 이러한 행동은 당신이 상대를 개별적으로 인식하고 있으며, 결과적으로 당신이 "신세 지고 있는" 그를 정확하게 이해하고 있다는 사실을 표시하는 것이다. 차도에서 차선을 바꾸려고 할 때라도 미소를 짓고 눈을 마주쳐라. 이러한 몸짓은 관계를 시작하는 것과 같이 느끼게 해주며, 따라서 호의를 보이고자 하는 본성을 자극한다.
- 에티켓을 지켜라. 다른 사람에게 빚지고 있는 것을 인식하라. 당신에게 행해진 친절함에 대해서 감정적이고 공개적으로 반응하라. 감사의 카드를 보내라.
- 상호성에 첫발을 내디뎌라. 인간 사이의 협동은 상호 교환에 묶여 있으므로 신뢰를 보여주는 아주 작은 행동 하나라도 관계에서는 중요한 역할을 한다. 가능할 때마다, 작은 것이라도 선물해라. 굳이 선물할 필요가 없을 때도 (특히 선물할 필요가 없을 때) 선물을 주어라.
- 좋은 평판을 쌓아라. 관대하고 의리 있으며 당신에게 행해진 친절을 기억하고 인식한다는 등의 평판을 쌓아라.

다른 단계를 생각할 수 있겠는가?

연습 데이터의 시각적 표현을 비판적으로 살펴보기

도표로 배우기

1. 위의 그래프에서, 한 수컷과 교미한 암컷의 자손 수는 얼마인가? 한 마리의 암컷과 교미한 수컷의 자손 수와 비교하면 무엇이 다른가? 비교 결과에 대한 이유는?
2. 짝짓기 대상 둘과 교미를 한 암컷의 자손 수는 몇 마리인가? 이 수가 수컷 한 마리와 교미를 한 암컷의 자손 수보다 적은 이유는 무엇인가? 이 질문에 대한 답에 도움이 되는 추가적인 결과는 무엇일까?
3. 4마리의 수컷과 교미한 암컷의 자손 수는 몇 마리라고 생각하는가? 4마리의 암컷과 교미한 수컷은 자손 수는?
4. 이 그림에 따르면 암컷 초파리의 생식 산출량을 제한하는 것은 무엇인가? 수컷의 생식 산출량을 제한하는 것은 무엇인가?
5. 이 2개의 그래프에서 동일한 축을 가지는 것이 중요한 이유는?

답은 부록에 있음.

초파리의 생식적 산출

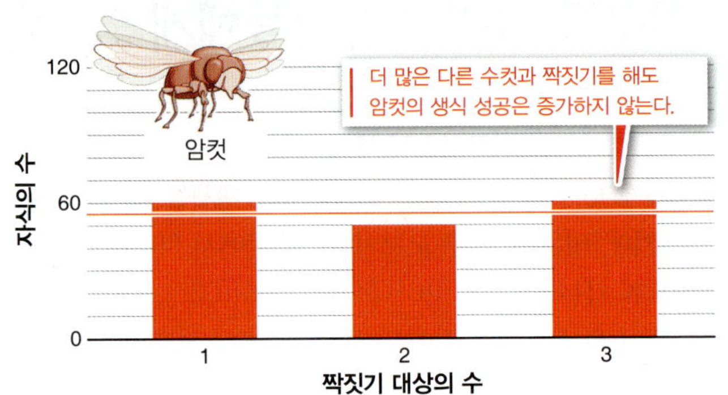

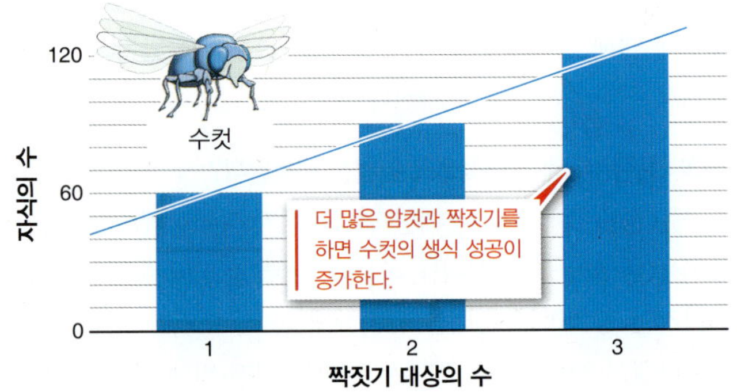

주요 용어: 진화와 행동

결혼선물 nuptial gift, 327쪽
고정행동양식 fixed action pattern, 312쪽
교배형태 mating system, 330쪽
꼬리흔들기 춤 waggle dance, 334쪽
다접 polygamy 330쪽
배우자 보호 mate guarding, 328쪽
본능 instinct, 312쪽
부계 부정확성 paternity uncertainty, 325쪽
상호이타성 reciprocal altruism, 317쪽
생식 투자 reproductive investment, 323쪽
선천적 행동 innate behavior, 312쪽
성적 이형 sexual dimorphism, 332쪽
수컷 male, 323쪽
신호자극 sign stimulus, 312쪽
암수유대 pair bond, 331쪽
암컷 female, 323쪽
언어 language, 335쪽
의사소통 communication, 334쪽
이타적 행동 altruistic behavior, 316쪽
일부다처제 polygyny, 330쪽
일부일처제 monogamy, 330쪽
일처다부제 polyandry, 330쪽
정직한 신호 honest signal, 336쪽
준비된 학습 prepared learning, 313쪽
진화심리학 evolutionary psychology, 315쪽
진화적 불일치 evolutionary mismatch, 321쪽
집단선택 group selection, 322쪽
총생식적 산출 total reproductive output, 323쪽
페로몬 pheromone, 334쪽
포괄적응도 inclusive fitness, 318쪽
학습 learning, 313쪽
행동 behavior, 312쪽
혈연선택 kin selection, 317쪽

요약

다른 형질처럼 행동도 진화한다.

- 행동은 생물체가 하는 모든 활동을 포함한다. 행동도 생명체의 한 표현형이며, 그 행동은 자연선택 과정에 의해서 만들어지고 다듬어진다.
- 환경의 영향을 전혀 받지 않는 본능이나 선천적인 행동은 개체군 내의 모든 개체에 나타나며, 개체 간 차이나 한 개체에서 일생 내내 차이가 거의 존재하지 않는다. 고

정행동양식은 학습이 필요 없는 일련의 행동이며, 변하지도 않고, 한번 시작하면 완성될 때까지 계속된다.

- 선천적인 행동과는 반대로 환경의 영향을 많이 받는 일부 행동은 학습이 필요하며, 과거의 경험으로 변형된다. 생명체는 조상의 생식 성공에 중요했던 행동은 쉽게 학습하도록 준비되었지만, 진화적 성공과 별로 관련이 없었던 행동을 학습하는 데에는 준비가 덜 되어 있다.
- 자연 상태에서 유전되는 특정 행동이 특정 동물의 상대적 생식 성공도를 증가시킨다면, 자연선택은 그 행동을 선호할 것이다. 이러한 행동은 자연선택되므로 생명체는 생식을 극대화하기 위해서 의식적으로 노력할 필요가 없다.

협동, 이기성, 이타성을 진화적으로 접근했을 때 더 잘 이해할 수 있다.

- 동물 세계의 많은 행동은 이타적으로 보인다. 그러나 거의 모든 경우에서 이타적 행동은 진정한 이타적 행동이 아니라, 혈연선택과 상호이타주의의 결과로 진화한 것이며, 진화적 관점에서 이는 이러한 행동을 하는 개체에 이득을 준다.
- 혈연선택은 개체가 유전적인 혈연에게 도움을 주어 증가한 적응도가 자신의 감소한 직접 적응도를 보상하므로, 결과적으로 자신의 포괄적응도가 향상되는 명백한 이타적 행동이다.
- 상호이타성 관계에서 한 개체는 나중에 다른 가치를 얻게 될 가능성이 있는 경우에 상대에게 이타적으로 보이는 행동을 한다. 상호이타성은 오직 개체끼리 반복적으로 상호작용을 하고, 사기꾼을 식별하고 처벌할 수 있는 조건을 만족하는 소수의 생물종 중 하나인 인간에게서 나타난다.
- 생명체가 놓인 환경과 적응해 온 환경 사이에 불일치가 있을 때, 생명체의 형질(행동도 포함)은 반드시 진화적으로 적응적이지는 않다.
- 종이나 개체군에는 이득이 되지만 그러한 행동을 하는 개체에 적응도의 손해를 가져오는 행동은 자연조건에 있는 개체군 내에서는 일반적으로 일어나지 않는다.

암컷과 수컷의 생식 투자가 다르면 성적 갈등이 일어날 수 있다.

- 포유류를 비롯한 여러 종의 동물에서는, 암수 사이에 생식과 관련하여 중요한 신체적 차이에 의해 암수에서 서로 다른 생식 행동이 진화되었다.
- 생식 투자 양상이 다르기 때문에 수컷과 암컷은 각각 다른 생식 단계에서 취약하다. 이 차이로 인해 암컷과 수컷은 서로 다른 성적 행동을 보이도록 진화하였다. 생식 과정에서 더 많은 에너지를 사용하는 성이 짝을 고를 때에 훨씬 까다롭고, 에너지를 덜 사용하는 성끼리 에너지를 더 많이 사용하는 성을 차지하기 위해서 서로 경쟁한다.
- 암-수의 생식 과정에서 초기 투자의 정도 차이에 따라 수컷은 최대한 많은 암컷과 짝짓기를 해서 생식 성공을 늘리려고 하며, 교미 기회를 얻기 위해 자기들끼리 경쟁하도록 진화했다.
- 일반적으로 배우자 보호는 교미 상대가 다른 개체와 짝짓기를 할 기회를 감소시킴으로써 생식 성공을 증가시킬 수 있다. 또한, 부계 정확성을 증가시키고 자손에게 투자할 때 발생하는 취약함을 줄임으로써 수컷의 생식 성공을 개선할 수 있다.
- 효과적인 가설 검증을 하려면 결정실험을 하여야 한다. 결정실험에서는 두 가지 결과가 가능하며, 각 가능한 결과로써 두 대체 가설 중 하나가 지지를 받는다. 결과적으로, 가설 중 하나가 실험 결과에 따라 명확하게 기각된다.
- 암컷과 수컷의 생식 성공 정도와 짝짓기 대상 수는 교배형태에 따라 다양하다. 이러한 변수는 암수에 의한 부모 투자의 상대적인 양에 영향을 받는다.
- 일부다처제 종에서, 각각의 성이 짝짓기 기회를 놓고 벌이는 경쟁 수준의 차이로 인해 암컷보다 수컷이 더 커지는(그리고 기타 외모의 차이라는) 결과가 나타난다. 일부일처제인 종에서는 암수의 차이가 별로 없다.

의사소통과 신호 체계는 진화한다.

- 여러 의사소통 방법이 동물 종에서 진화해 왔으며, 이러한 의사소통으로 각 동물 종은 특정 환경 조건과 상황에 대한 정보를 전달할 수 있게 되었다. 이러한 능력은 적응도는 물론 실질적으로 다른 모든 행동의 진화에 영향을 미친다.
- 동물은 특정한 신호에서 최대한의 정보를 끌어내야 하므로 거짓으로 만들어 낼 수 없는 신호에 주로 의존하도록 진화하였다.

복습하기

짧게 답하기

1. 거위의 알 옮기기 행동의 어떤 특징이 고정행동양식을 만드는가?
2. 진화의 관점에서 봤을 때, 어떤 행동 유형이 우리가 학습하기에 가장 잘 준비된 것인가?
3. 벨딩땅다람쥐의 경고음을 내는 위험한 행동이 왜 진화적으로 유리한 행동인가?
4. 상호이타성이 진화하는 두 가지 조건을 설명하라.
5. 주어진 환경이 진화적으로 적응한 환경과 다르면 부적응한 행동을 나타낸다. 이유를 예를 들어, 설명하시오.
6. 자연선택은 개체가 아니라 개체군에 좋은 행동을 선호하는가? 왜 그런가? 또는 그렇지 않은가?
7. 포유류에서 수컷과 암컷의 초기 생식 에너지 투자가 다른 두 가지 방식을 기술하시오.

8. 포유류의 생식 과정 중 암컷과 수컷이 가장 취약한 단계를 비교하시오.
9. 다접에서 많은 수컷은 자손을 낳지 못한다. 그 이유는?
10. 일부다처제와 일처다부제, 일부일처제를 설명하고 비교하시오.
11. 쇠물닭의 암컷은 수컷보다 크고 공격적이다. 또한, 더 작고, 더 뚱뚱한 수컷과 짝짓기를 하기 위하여 경쟁한다. 암컷과 수컷 중 누가 더 부모 돌봄을 더 많이 할까? 답을 설명하시오.

정답 고르기

1. 동물은 어떤 먹이에 대한 선호도를 가지는가?
   - a) 발견할 수 있는 먹이 중 가장 큰 것
   - b) 노력에 비하여 가장 많은 에너지를 제공하는 먹이
   - c) 발견할 수 있는 먹이 중 가장 작은 것
   - d) 먹이의 크기에 비하여 가장 많은 열량을 제공하는 먹이
   - e) 포식자의 크기에 비하여 가장 많은 열량을 제공하는 먹이
2. 진화적 관점에서 행동을 가장 잘 설명하면?
   - a) 자연선택이 아닌 학습을 통해서 나타난다.
   - b) 유전되지 않는다.
   - c) 유전적 부동과 돌연변이에 의해 진화하지만, 자연선택에는 영향을 받지 않는다.
   - d) 표현형의 한 부분이다.
   - e) 위의 내용 모두 옳다.
3. 번식기에 가시고기 암컷의 빨간 배를 보면 수컷이 공격적인 행동을 보인다. 이것을 무엇이라고 하는가?
   - a) 고정행동양식
   - b) 준비된 학습
   - c) 공격적 길들이기
   - d) 성 선택
   - e) 수컷끼리의 경쟁
4. 암컷 벨딩땅다람쥐는 왜 경고음을 내어 수컷보다 이타적인 행동을 보이는가?
   - a) 벨딩땅다람쥐의 성비는 암컷의 수에 치우쳐 있다.
   - b) 암컷이 식량을 구하고 저장하는 데에 더 많이 기여하므로 포식자에게 식량을 빼앗기거나 목숨을 잃을 확률이 더 높다.
   - c) 벨딩땅다람쥐의 성비는 수컷에 치우쳐 있다.
   - d) 암컷은 자신이 태어난 지역에 머물러 있는 경향이 있으므로, 암컷이 경고음을 내는 것은 그들의 혈연을 보호하는 것이다.
   - e) 수컷은 혼자 식량을 구하기 때문에 경고음을 내는 것이 소용이 없다.
5. 동물에게 있어서 이타적 행동은 혈연선택의 결과일 수 있는데, 그 근거는
   - a) 한 유전자가, 이 유전자를 소유한 동물이 자신과 같은 유전자를 공유하는 다른 동물을 도와서, 자신과 같은 유전자들의 생존을 늘릴 수 있게 된다.
   - b) 동성끼리의 공격은 가장 잘 적응한 개체의 생존과 생식을 증가시킨다.
   - c) 친구 관계는 동물에게 유리한데, 그 이유는 동물은 나중에 자신을 도와주었던 개체를 기억하고 그들에게 도움을 제공할 수 있기 때문이다.
   - d) 다른 성끼리의 공격은 가장 잘 적응한 개체의 생존과 생식을 증가시킨다.
   - e) 동물에게 동료 관계는 유리하다. 그 이유는 동물은 나중에 자신을 도와주었던 개체를 기억하고 그들에게 도움을 한번 더 청할 수 있기 때문이다.
6. 수컷이 알을 지키고 어린 새끼를 암컷의 도움 없이 키우는 상황에서 다음 중 가장 옳은 설명은 무엇인가?
   - a) 수컷은 최고 암컷의 눈길을 끌기 위하여 몸이 크고 색깔이 화려하다.
   - b) 수컷과 암컷은 화려한 정도가 비슷하지만, 수컷이 더 적극적으로 암컷에게 구애한다.
   - c) 이 개체군은 성적 이형이 존재하지 않는 일부일처제 사회이다.
   - d) 한 마리 수컷이 독점적 생식을 위한 접근이 가능하도록 여러 마리의 암컷(하렘)을 관리한다.
   - e) 암컷이 수컷보다 더 화려하며 수컷에게 더 적극적으로 구애한다.
7. 배우자 보호의 생식적 전략은 다음과 같은 기능을 수행한다.
   - a) 부계 부정확성을 줄인다.
   - b) 암컷이 자손에게 투자하는 양을 늘린다.
   - c) 수컷의 생식 투자를 줄인다.
   - d) 암컷의 적응도를 줄인다.
   - e) 한 마리의 수컷이 접근할 수 있는 짝의 수를 늘린다.
8. 조류에 비해 포유류가 더 많이 가지는 특성은?
   - a) 일부다처제
   - b) 일부일처제
   - c) 일처다부제
   - d) 암수한몸
   - e) 성적단형
9. 수컷과 암컷을 외모로는 구별하기 힘든 비둘기와 같은 생물 종에서 채택하는 교배형태는?
   - a) 성적단형
   - b) 일부일처제
   - c) 일부다처제
   - d) 일처다부제
   - e) 이 정보만으로는 교배양식을 알 수 없다.
10. 다접을 채택하는 종은?
    - a) 일반적으로 체외수정을 한다.
    - b) 일반적으로 성적이형을 보이며 수컷이 더 크고 더 화려하다.
    - c) 일반적으로 성적이형을 보이며 암컷이 더 크고 더 화려하다.
    - d) 일반적으로 암컷과 수컷에서 신체적 차이를 보이지 않는다.
    - e) 포유류보다 조류에서 더 많이 볼 수 있다.

12

지구 생명의 기원과 다양성

생물다양성의 이해

▲ 각각의 발에 있는 수백만 개의 털이 만드는 전기 인력으로 인해, 도마뱀붙이는 표면에 고착하고 벽을 걸어 올라가며 심지어 천정에 거꾸로 매달려 가로질러 달릴 수 있다.

지구의 생명은 무생물로부터 유래하였다

▲ 생명은 현재와는 매우 다른 환경에서 생겨났다 (그림에서 하와이의 화성암을 볼 수 있다).

12.1 세포와 자가복제 시스템이 함께 진화하여 최초의 생명을 창조하였다

태초에 아무 것도 없었다. 지금은 무언가 존재한다. 지구에서 생명이 어떻게 시작되었는가?: 이것이, 한마디로 과학에서 가장 중요한 질문 중의 하나이자 해결하기 어려운 질문이다.

지구는 약 45억 년 전에 먼지구름과 기체들로부터 형성되었다. 지구가 점차 식으면서 표면에 지각이 생겼으며 응결된 물은 대양을 형성하였다. 이 과정은 아마 수억 년 동안 진행되었을 것이다. 캐나다에서 발견된 가장 오래된 바위의 나이는 약 38억 년이다. 이로부터 오래지 않아 최초의 생명이 형성되었다. 즉, 세균 같은 세포가 화석화되어 35억 년 된 바위에서 발견되었다.

이 첫 번째 생명체가 어떻게 생겨났을까? 일부 사람들은 우주의 일정한 장소에서 생긴 생명이 아마도 운석을 타고 지구로 운반되었다고 주장하였다. 그러나 대부분의 많은 과학자는 생명이 몇몇 뚜렷한 단계를 거쳐 지구에서 유래했다고 믿는다. 1장에서 **생명**이란 복제 능력과 몇 종류의 대사 활성(통제된 반응 속에서 분자를 얻고 사용하여 에너지가 전환되는 화학 과정)이 있는 것으로 정의했음을 기억하자.

1단계: 탄소와 수소를 가진 작은 분자의 형성. 오래된 바위를 화학적으로 분석한 결과를 통해서 생명이 기원할 즈음을 전후한 지구에는 산소가 없었음을 알고 있다. 대기는 대부분 화산 분출로 만들어진 많은 양의 이산화탄소, 질소, 메탄, 암모니아, 수소, 황화수소를 포함하고 있었다. 이러한 환경이 생명의 요람으로 작용했을 것이다. 다윈은 이를 "따뜻한 작은 연못"이라 불렀다

그림 12.1 다윈의 "따뜻한 작은 연못". 지구의 최초 생명은 산소가 없는 대기를 견딜 수 있었다.

Urey-Miller 실험

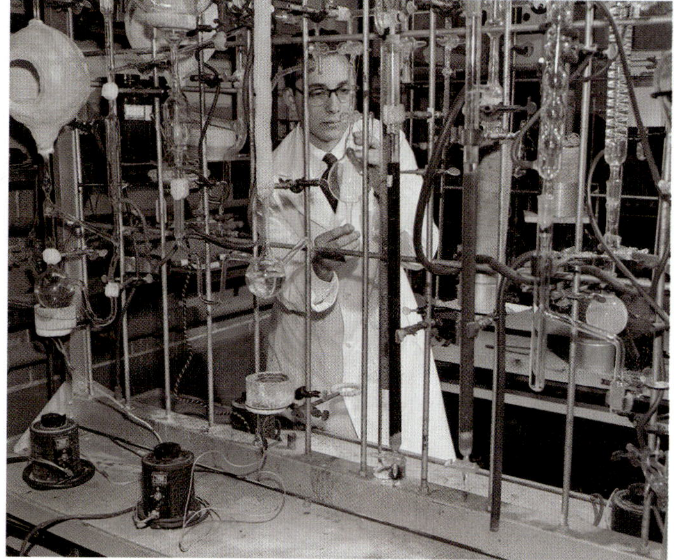

Stanley Miller(위)와 Harold Urey는 지구의 초기 환경에서 복잡한 유기 분자가 만들어지는 과정을 나타내는 간단한 4단계 실험을 개발하였다.

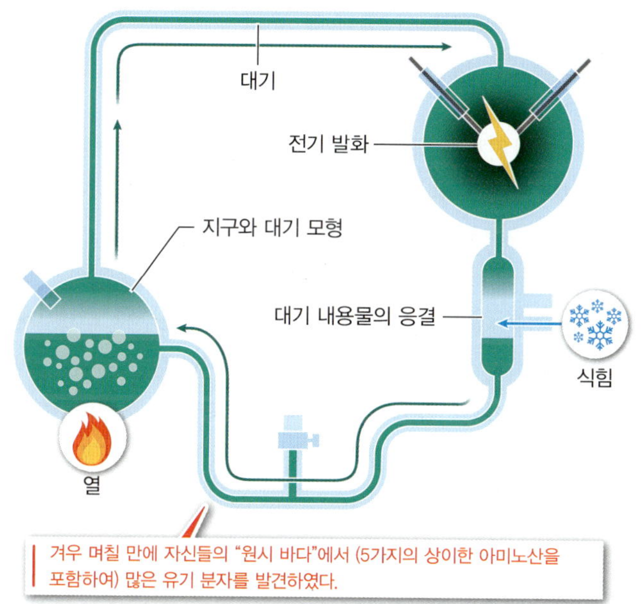

그림 12.2 고무적인 첫 단계. Urey-Miller 실험에서 수소, 메탄, 암모니아로부터 유기분자가 합성되었다.

(**그림 12.1**).

생명의 기원에 결정적인 것은 탄소와 수소를 갖는 작은 분자를 형성하는 것이었다. 2장에서 본 것처럼, 탄소는 수소와 다른 탄소 원자 등과 쉽게 결합하여 생명의 필수적인 과정에서 상호작용할 수 있는 다양한 형태의 분자를 형성한다. 이 작은 유기분자가 어떻게 만들어졌는지에 대한 가장 그럴듯한 시나리오는 1953년, 23살의 Stanley Millller라는 대학원 학생과 Harold Urey라는 지도교수가 수행한 실험에서 출발한다(**그림 12.2**).

1. Miller와 Urey는 "따뜻한 작은 연못" 모형과 초기 대기를 가장 비슷하게 추산한 지구의 초기 대기를 만들었다: 물과 H_2, CH_4(메탄), NH_3(암모니아) 가스를 담은 플라스크.
2. 그들은 번개를 모방하여 자신들이 만든 작은 세계를 발화시켰다.
3. 그들은 플라스크 내 대기를 식혀서, 형성된 화합물이 물로 다시 떨어지게 하였다.
4. 그들은 기다린 후, 무엇이 생겼는지 알기 위하여 형성된 물의 성분을 조사하였다.

며칠 안에 그들은 원시 바다에서 5가지의 아미노산을 포함한 여러 유기 분자를 발견하였다(최근의 재분석 결과, 이 실험에서 생명체가 지닌 20가지 아미노산이 모두 발견되었다). 초기 지구에 존재했다고 가정한 환경 조건이 실제로 존재했는지와 같은 의문은 남는다. 그렇지만 이 실험은 의미 있는 첫 단계로, 아미노산—생명계의 필수적인 요인—이 원시지구의 환경에서 만들어졌을 가능성을 제시하였다.

2단계: 자기복제를 하고 정보를 지닌 분자의 형성. 무생물에서 생명 탄생으로의 두 번째 단계는 조금 더 많은 추측에 의존한다. 자신을 복제하여 사본을 만들 수 있는 유기분자 생성은 복잡하다. 연구자들은 복제 단계에 이르기 위해서는 효소—또는 효소의 촉매 활성을 가진 무언가—가 필요하다고 믿고 있다.

최근에 연구자들은 RNA도 단백질처럼 복제에 필요한 촉매반응을 할 수 있음을 발견하였다. 다시 말해서, 상대적으로 단순한 하나의 분자가 자기복제 체계였고 세포 생명의 전구체였을 가능성이 있다는 것이다.

초기 세계에서 자기복제 핵산 분자는 복제 방법에 대한 정보를 운반하고 또한 실제로 복제를 수행하는 기구를 제공했을 것이다. 하지만, 이것이 생명으로 간주하기에 충분한가?

생명에 대한 우리의 정의—복제 능력과 몇몇 종류의 대사를 수행할 수 있는 능력—를 근거로 본다면, 이 초기의 자기복제 RNA 분자는 생명으로 간주하는 것에 가까워진 것이다. 이들은 복제할 수 있지만, 대사는 수행할 수 없다. 그렇다면 지구 상에서 최초의 진짜 살아있는 생물은 무엇인가?

35억 년된 세포의 화석이 남아프리카와 호주에서 발견되었다. 이 세포는 현생 세균과 유사하게 핵과 세포소기관은 없고 원형의 실 구조인 유전 정보를 지닌 원핵세포처럼 보인다(**그림 12.3**). 심지어 일부는 분열하는 과정에 있는 듯이 보인다. 몇몇 증거는 이

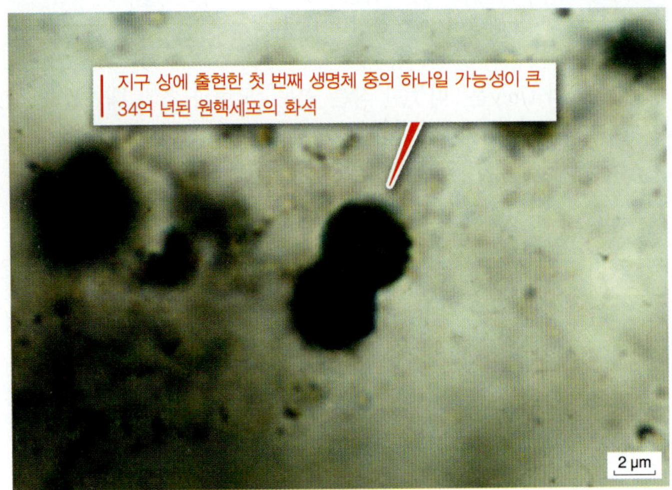

그림 12.3 지구상 최초의 생명?

생명은 어떻게 생겨났을까?

지구 상에서 최초의 생명은 어떻게 출현했을까? 과학자 대부분은 아마도 생명은 몇몇 뚜렷한 단계를 거쳐 지구에서 유래했을 것이라 믿고 있다.

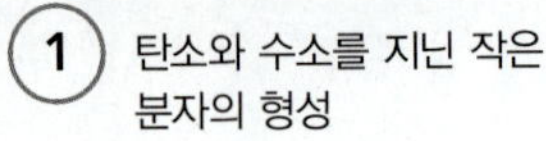

1 탄소와 수소를 지닌 작은 분자의 형성

2 자가복제를 하며 정보를 담고 있는 분자 형성

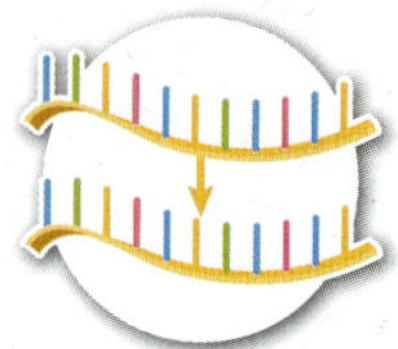

3 막의 생성

그림 12.4 생명의 기원에는 3단계가 있었을 것이다.

들이 정말로 세포의 잔재라는 의견을 지지한다. (1) 바위 자체의 나이가 믿을만한 방법으로 결정되었고, (2) 바위에 새겨진 원의 크기가 현존하는 원핵생물과 비슷하며, (3) 두 가지 탄소 동위원소($^{12}C/^{13}C$)의 비율이 화석을 지니지 않은 전형적인 바위와는 다르게 화석화된 생물의 특징에 가깝다는 점 등.

그래도 아직 많은 질문이 풀리지 않은 채로 남아 있다. 이들이 지구 상의 최초의 생명체인가? 그리고 이들이 이보다 이른 시기에 있었던 자기복제를 하는 RNA 분자의 후손인가?

3단계: 대사를 가능하게 하고 최초의 세포를 만든 막의 발생. 4장에서 보았듯이, 세포막은 세포의 내부를 외부 환경과 분리하는 반투과성 장벽이다. 막 덕분에 대사의 많은 부분이 가능하다. 특히 막은 화학물질의 세포 내 농도를 외부보다 더 높게 유지하여 대사가 일어나게 한다. 세포 내외의 화학 농도 차이는 대부분 생명을 유지하는 반응에 필수적이다.

자기복제 분자와 몇몇 대사 화합물을 막으로 둘러싸인 하나의 단위로 결합함으로써 생명이 가능하였을 것이다. 그러나 제일 처음에 이런 일이 어떻게 일어날 수 있었을까? 일부 증거에 따르면 최초의 세포는 자연스럽게 형성되었다. 연구자들은 특히, 물 또는 염분 용액에 있는 인지질 혼합체가 살아있는 세포를 닮은 작은 공 모양의 단위체를 자연스럽게 형성하는 경향이 있다는 것을 발견하였다. 이 단위체는 심지어 표면에서 새롭게 출아하여 분열하는 것처럼 보인다. 그러나 이 세포 같은 단위체는 어떤 유전물질도 전달하지 않으므로 살아있는 것으로 간주할 수 없다. 그렇지만, 어느 한 시점에 이러한 단위체가 자기복제 분자를 둘러싸서 내부에 편입시켰을 것이라 상상해보자. 이러한 **미소구**는 무생물에서 생물이 출현하는 과정의 세 번째 단계에서 중요했을 것이다: 자기를 복제하고 정보를 담고 있는 분자를 세포 내로 구획화한다. 만약 이런 일이 일어난다면 무에서 유가 만들어지는 마지막 단계가 완성된 것이다 (**그림 12.4**).

핵심요약 12.1

» 지구 상에서 최초의 생명체는 적어도 35억 년 전에 출현하였다. 자기복제 분자 — 아마 RNAs — 가 지구의 초기 환경에서 형성되었을 것이고 나중에 막을 획득하거나 발생시켰을 것이다. 이로 인해 생명체를 정의하는 두 가지 조건, 즉 복제와 대사가 가능하게 되었을 것이다.

12.2 얼음 조건에서 생명이 기원할 수 있었을까?

과학에서는 언제 새로운 사고가 필요할까?

자연계의 현상은 항상 자신의 비밀을 쉽게 포기하지 않는다. 자연의 특정 과정을 더 잘 이해하려고 노력할 때 새로운 실험기법을 적용하는 것이 돌파구가 될 수 있다. 다른 경우에는 새로운 뜻밖의 발견이 돌파구를 제공하기도 한다. 그러나 종종 진전을 이루기 위해서는 더 급진적인 접근이 필요하다.

연구자들은 다윈이 **종의 기원**에서 추론한 "따듯하고 작은 연못"이란 구절과 궤를 같이 하는 것으로, 따듯하거나 뜨겁고 젖은 환경으로부터 생명이 출현했다고 널리 받아들여지는 견해와 같은, 지구 생명의 기원에 관한 가장 기본적인 일부 추론에 대해서 의문을 품어 왔었다. Miller와 Urey의 실험에서 얻은 증거와 다른 증거들은 이러한 견해를 지지한다.

그러나 따듯한 연못이 아닌 얼음에 뒤덮인 욕조가 생명의 "배양기"였다면 어떨까?

이 의문에 답하기 위해 연구자들이 기존의 통념에 도전할 때 동원한 기발한 방법을 상세히 들여다보자.

생명 탄생을 위한 화학적 요구 1 전구체 분자들이 없어지지 않고 지속되며 서로 접촉할 필요가 있다.

기존의 추정: 오늘날 살아있는 세포에서는 분획화 덕분에 이러한 지속성과 접촉이 가능하다. 그러나 지구에서 생명이 출현하기 이전에는, 따듯하고 젖은 조건에서 일종의 구획 또는 미소구가 자연적으로 형성되어 이러한 역할을 제공했다.

새로운 접근: 초기 지구에서는, 매우 낮은 온도 때문에 RNA를 포함하여 어떤 전구체 분자라도 분해가 천천히 일어났을 것이다. 얼음에 갇혀 있는 동안, 이 전구체 분자들은 매우 가깝게 붙어 있게 되어 서로 반응이 가능했을 것이다.

생명 탄생을 위한 화학적 요구 2 전구체 분자들은 촉매 특성을 드러내야 한다.

기존의 추정: 따듯하거나 뜨거운 온도에서 분자들은 빠르게 움직이고 빈번히 부딪혀 반응률이 증가한다 —그러나 더 차가운 온도에서는 그렇지 않다.

새로운 접근: 대개 온도가 떨어지면 반응이 늦춰지지만, 실제로 일부는 증가한다. 물이 얼 때, 얼음 결정은 순순한 물에서만 생긴다. 조금이라도—염분 또는 시안화물과 같은—불순물이 있으면 불순물은 결정으로부터 배제되어 얼음 속 작은 액체 공간에서 농축된다. 이러한 고농도에서는 온도가 떨어지더라도 분자들은 더 자주 부딪힌다. 그 결과,— 아마도 최초 RNA 사슬의 생성과 신장을 포함하여— 특정 반응이 더 빠르게 일어날 수 있다.

> **생각하기, 짝과 나누기**
>
> 수업 수강생 중 한 명과 짝을 만드시오. 다음의 질문을 읽고 답에 대하여 60초 동안 조용히 생각하시오. 이후 5분 동안 토론을 하고 자신의 답을 공유할 수 있게 준비하시오.
>
> • 연구 조사 중 있을 수 있는 잘못된 시작(과 심지어 막다른 결말)에 어떤 가치가 있을까?

심지어, 초기 지구에 얼음이 있었고 전구체 분자들이 이런 곳에서 형성될 수 있다는 것이 있을 법한 것일까?

호기심을 자아내는 관찰과 증거 연구자들은 바닷물과 RNA 재료를 담은 시험관을 준비해서 얼리는 실험을 수행했다. 이 시험관을 녹인 후, 이들은 많은 RNA 분자를 발견하였으며 일부는 효소로 작용할 수 있을 만큼 충분히 길었다.

북극권 한계선 북쪽에 있는, 빙하로 뒤덮인 육지에 대한 최근의 분석에 따르면 40억 년 전의 태양은 지금보다 약했기 때문에 지구는 매우 차가워서 얼음이 대양을 뒤덮고 있었다. 몇몇 과학자들은 더 나아가 이 시기의 지구를 "거대한 눈덩이"로 묘사했다.

RNA 복제의 최초 배지로서 얼음이 타당한지를 탐색하면 지구에서 생명이 어떻게 유래했는지에 관한 답을 얻을까?

아직도 원시 수프가 차가운 수프라는 아이디어에 대해 많은 의심이 있다. 많은 연구자는 영하의 온도에서 RNA 사슬이 형성된다고 보고된 증거는 우연한 오염의 결과이거나 또는 RNA 사슬이 실제로는 녹는 동안 형성되었다고 의심한다.

과학적 사고의 실제 연구로서 이 예는 가설을 받쳐 주는 가정을 분석하는 것이 얼마나 중요한지를 보여준다.

하나의 아이디어를 융통성 없이 고수하는 것보다 열린 마음을 유지하는 것이 더 중요하다. 관찰과 증거는 우리가 자연의 작용을 이해하는 데에 안내자로서 중심적인 역할을 해야 한다.

핵심요약 12.2

» 우리의 세상을 이해하기 위한 돌파구는 때때로 오랫동안 고수해 온 가정과 통념에 의문을 제기하는 것을 필요로 한다.

종은 생물다양성의 기본 단위이다

▲ 아름다움의 세계: 28만 종 이상의 식물이 존재한다.

12.3 종이란 무엇인가?

고양이는 생쥐와 다르다. 한편, Oprah Winfrey와 Bill Gates는 동일한 것의 상이한 **판형**이다. 즉, 다른 개체이지만 이 둘은 모두 사람이다. 어떻게 두 개체가 동일한 집단의 구성원인지 또는 다른 집단에 속하는지를 아는가(**그림 12.5**)?

생물학자들은 상이한 종류의 생명체를 표시하기 위해 **종**이란 단어를 사용한다. **생물학적 종 개념**에 따르면, 종이란 상호교배를 하거나 자연조건에서 상호교배가 가능하며 다른 집단에 속한 개체와는 교배할 수 없는 생물들로 구성된 개체군이다(**그림 12.6**).

생물학적 종개념은 종을 정의할 때 물리적인 외모는 완전히 무시한다는 것에 유의하자. 대신 상이한 각각의 두 개체군에 속한

같음
우리는 유벤투스의 Cristiano Ronaldo와 Kerry Washington이 동종의 구성원임을 쉽게 알아차린다.

다름
미나리아제비와 연보라 장미 또는 보르네오 오랑우탄과 황금사자타마린은 비슷해 보이지만 동일한 종이 아니다.

그림 12.5 외모가 항상 종을 정확히 구분하지는 않는다.

무엇으로 종을 구분하는가?

과나코 무리

종은...
- 상호교배가 가능한 생물들의 개체군이다.
- 또는 자연조건에서 교배할 수 있다.
- 그리고 다른 집단과 생식적으로 격리된다.

그림 12.6 **상호교배하는 집단.**

얼룩말과 말의 자손인 "조르스(zorse)"처럼 사람들에 의해 포획된 상태에서는 가능하지만 자연 조건에서는 태어날 수 없는 생물은 종으로 간주하지 않는다.

그림 12.7 **종?** 상호교배만으로는 충분하지 않다.

개체들끼리 생식능력이 있는 자손을 만들 수 없어서 개체군 사이에서 유전자의 교환이 불가능한 **생식적 격리**를 강조한다.

Q 치와와와 그레이트데인은 일반적으로 교미할 수 없다. 이것이 이들이 서로 다른 종임을 뜻하는가?

생물학적 종개념의 두 가지 중요한 점을 명확히 하자. 첫째, 이 개념에 따르면 종의 구성원들 사이에서는 실제로 상호교배가 일어나거나 상호교배가 **가능**하다. 물리적으로 분리되어 있다는 이유만으로 두 개체가 꼭 상이한 종은 아니라는 것이다. 예를 들어, 다른 나라에 사는 사람은 거리상 멀기 때문에 교배가 불가능하지만, 이들이 동일한 장소로 이동한다면 가능하다. 두 번째, 이 정의는 "자연" 조건과 관련되어 있다. 이 점은 중요하다. 왜냐하면, 얼룩말과 말처럼 사람에게 포획된 상태에서는 교배가 가능하지만 야생에서는 그렇지 않은 경우가 종종 있기 때문이다(**그림 12.7**).

상이한 종에 속한 개체들 사이의 생식을 막는 장벽은 두 가지로 나눌 수 있다: 접합전 장벽과 접합후 장벽(**그림 12.8**). (정자에 의해 수정된 난자가 **접합자**임을 기억하라).

접합전 장벽은 개체 간의 교배를 불가능하게 만들거나, 교배가 가능하더라도 수컷 생식세포와 암컷 생식세포의 수정이 불가능하게 한다. 이 장벽에는 상이한 두 종의 구성원들이 나타내는 상이한 구애 의식과 교배가 불가능할 정도로 다른 몸 구조 등을 포함한다.

접합후 장벽은 수정 이후에 일어나는 것으로 일반적으로 상이한 두 종으로부터 생식능력을 잃은 자손을 만든다. 이 장벽으로 인해 **잡종**(hybrids) 개체는 오래 생존할 수 없게 되고 생존하더라도 불임 또는 생식능력의 저하를 겪게 된다. 예를 들어, 말과 당나귀의 자손인 노새는 생존은 가능하지만 자손을 만들 수 없다.

일단 종을 판별하면, 이들을 어떻게 더 분류할 수 있을까? 지금도 우리는 1700년대 중반에 스웨덴의 생물학자인 Carolus Linnaeus가 생물에 이름을 부여하고 분류하기 위해 개발한 체계를 사용한다. 모든 종은 **속**(**복수 genera**)과 **종소명** 등 두 부분으로 구성된 학명을 부여받는다. Linnaeus는 인간을 "현명한 사람"이라는 뜻을 담은 *Homo sapiens*라 명명하였다. *Homo*는 속명이고 *sapiens*는 종소명이다. 속은 대문자로 시작하고 속과 종소명 모두 이탤릭체로 표시한다.

Linnaeus 체계의 강점은 서열성 체계라는 것이다. 즉, 체계의 각 요소는 바로 위 수준에 있는 하나의 요소에 속하는 식이다. Linnaeus 체계에서 가장 좁은 분류 단위는 종이다. 하나의 속 내에서 모든 종의 이름은 고유하지만, 많은 수의 종이 동일한 속에 있을 수 있다. 마찬가지로 많은 속은 묶여서 더 큰 집단인 **과**에 속하고, 많은 과는 묶여서 **목**에 속한다. 많은 목은 묶여서 **강**에 속하고, 강은 묶여서 **문**에 속한다. 마지막으로, 가장 높은 수준에서 모든 문은 애초에 린네가 설정한 3개의 **계**(kingdom), 즉 동물

생식적 격리: 종 분리 유지

접합전 장벽

- 생물 개체는 물리적으로 다른 개체와 교배할 수 없다.

  또는

- 생물 개체들이 교배할 수 있더라도 수컷의 생식세포는 암컷의 생식세포와 수정이 불가능하다.

접합후 장벽

- 교배로 인해 잡종 개체가 탄생하지만, 수정 후 오래 생존하지 못한다.

  또는

- (위의 노새처럼) 잡종 자손이 생존하더라도 이들은 불임이거나 생식력이 감소한다.

그림 12.8 **생식적 격리.**

생명의 체계

*Equus quagga*처럼 지구 상의 각 종에는 학명이 부여되고 서열에 따라 분류된다.

그림 12.9 **얼룩말의 명명.**

계, 식물계 또는 "광물계" 중 하나에 속하게 된다.

현재에는 Linnaeus가 묘사한 종 분류법 중 많은 것이 개정되었다. "광물계"와 같은 일부 명칭은 없어지고, 다른 계(균계, 원생생물, 진정세균과 고세균)가 추가되었다. 또한, 모든 계는 이제 더 높은 분류 수준인 **영역**에 속하게 되었다. 그러나 Linnaeus의 기본적인 서열성 체계는 남아 있으며, 지구 상의 모든 생명체에는 아직도 이 체계를 이용하여 이름을 부여하고 있다(그림 12.9).

새로운 종이 발견되면 Linnaeus 체계에 따라 이름이 부여된다. 그리고 종소명을 붙일 때 과학자들은 심심치 않게 재미를 동반한다. 예를 들어, 최근 한 희귀한 쇠등에를 *Scaptia beyonseae*라 명명했는데, 이는 누가 봐도 가수인 Beyonce의 머리 스타일과 반짝이는 복장을 연상시키는, 쇠등에 배에 있는 조밀한 황금색 털을 기념한 것이다. 그리고 Elvis Presley를 기리는 뜻에서 한 말벌의 이름은 *Preseucoila imallshookupis*라 하였다. 다른 유명 인사들도 종명을 만드는 데에 사용되었는데, Beatles, Mick Jagger, Kate Winslett, Steven Spielberg 등이 그들이다.

핵심요약 12.3

» 종이란 일반적으로 상호교배 중이거나 상호교배가 가능하지만, 다른 집단과는 교배가 불가능한 개체들의 개체군으로 정의된다. 모든 종은 서열적인 분류체계에 따라 고유의 이름이 부여되며, 3개의 영역 중 하나에 속한다.

12.4 종을 정의하기가 항상 쉬운 것은 아니다

생물학자들도 다른 사람들처럼 편견을 가질 수 있다. 예를 들어, 자연 세계를 연구할 때 지구의 풍부한 나머지 생물 다양성은 제쳐둔 채 식물과 동물에 초점을 맞추곤 한다. 생물학적 종개념이 대부분 식물과 동물을 묘사하기에는 매우 유용하지만 많은 형태의 생물들을 구분하는 보편적이고 거의 완벽한 방법에 해당한다고 보기에는 부족하다(**그림 12.10**).

무성생식 종 분류의 어려움 생물학적 종개념은 종을 상호교배하는 개체들의 개체군으로 정의한다. 그러나 무성생식은 교배 상대 또는 상호교배를 포함하지 않으므로 생식적 격리는 더 이상 의미가 없다. 각각의 개체들은 분리된 종으로 간주되어야 한다. 명백히, 이 종개념은 따라야 하는 유용한 법칙이 아니다.

화석 종 분류의 어려움 화석종을 분류할 때 상이한 개체에서 유래한 화석 뼈의 크기와 모양의 차이를 보고서 이 화석 뼈들을 지녔을 생물 개체 사이에 생식적 격리가 있었는지를 단적으로 알 수 없다. 이로 인해 생물학적 종개념을 적용할 수 없다.

한 종이 다른 종으로 전환되는 시기 결정의 어려움 화석에 따르면, 현생인류인 *Homo sapiens*는 약 25만 년에서 40만 년 전 사이에 밀접한 종인 *Homo heidelbergensis*로부터 진화한 것으로 보인다. *H. sapiens*인 부모가 역시 *H. sapiens*인 조부모로부터 태어났고, 조부모 또한 *H. sapiens*인 증조부모로부터 태어났고, 등등 계속 이어지는 것이 타당해 보인다. 만약 인간이 *H. heidelbergensis*로부터 진화했다면 정확히 어느 시점에서 *H. heidelbergensis*가 *H. sapiens*로 전환되었을까? 이 변화가 발생한 정확한 시점을 찾아내는 것은 이치에 맞지 않는다.

윤상종 분류의 어려움 중앙아시아에서 곤충을 잡아먹으면서 서식하는 버들솔새라는 작은 명금이 살고 있다. 이들은 티벳 산맥의 높은 고도에서는 살지 못해 산맥 주변에 원을 형성하여 살고 있다. 이 원의 남쪽인 인도의 북서쪽에서 이 새들은 상호교배를 한다. 산맥을 따라가면 양쪽에 이르는데, 여기에서 이 명금 개체군

생물학적 종개념의 문제점

생물학적 종개념은 대부분 식물과 동물을 묘사할 때에는 대단히 유용하지만, 모든 형태의 생물을 구분할 때에도 유용한 것은 아니다.

무성생식 종의 분류
무성생식은 상호교배를 포함하지 않아서 생식적 격리 개념은 더이상 의미가 없다.

화석 종의 분류
화석 뼈의 크기와 모양의 차이를 보고서 화석 뼈의 주인인 생물 개체들 사이에 생식적 격리가 있었는지를 알 수 없다.

한 종이 다른 종으로 전환되는 시점의 결정
한 종이 다른 종으로 전환되는 정확한 시점을 거의 알 수 없다.

윤상종 분류
상호교배를 하지 않는 두 개체군이 다른 개체군을 통해 유전자 확산이 일어나면 연결될 수 있으므로 한 종이 끝나고 다른 종이 시작되는 정확한 지점이 없을 수 있다.

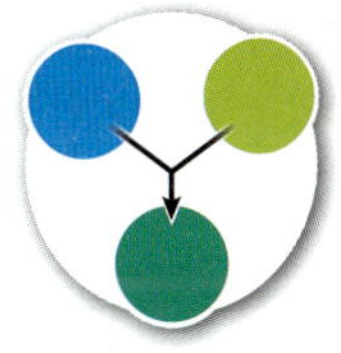

잡종화된 종의 분류
밀접한 종 사이의 상호교배로 인한 잡종화가 가끔 발생하며 생식능력이 있는 자손이 출현함에 따라 종 사이의 경계가 명확하지 않을 수 있다.

그림 12.10 항상 쉽게 적용할 수는 없지만 유용한 종개념.

은 둘로 분리된다. 그리고 산으로 분리되어 있어서 한쪽에 있는 개체는 다른 쪽에 있는 개체와 교배하지 않는다. 이 양쪽의 개체군이 원의 가장 북쪽인 시베리아 숲에서 만나더라도 이들은 더 이상 상호교배가 불가능하다.

무슨 일이 벌어진 것일까? 산맥 양쪽으로 점진적인 변화가 쌓여 두 개체군이 시베리아에서 마주치게 되더라도 두 개체군은 육체적으로나 행동학적으로 너무 달라 번식이 불가능해진 것이다. 그러나 북쪽의 상호교배가 불가능한 이 두 개체군은 유전자 확산을 통해 각각 남쪽의 집단과 연결되어 있어서 한 종이 끝나고 다른 종이 시작하는 정확한 지점이 없다. 이들을 구분하는 선을 어디에 그을 수 있을까? 이 버들솔새는 생물학자들이 기술한 20가지 이상의 **윤상종** 중의 하나일 뿐이다.

잡종화된 종 분류의 어려움 매우 가까운 종 사이의 상호교배인 **잡종교배** 현상에 대한 관찰이 식물과 동물 종 사이에서 점점 증가하여 왔다. *Heliconius* 속의 나비들 사이처럼 일부 경우에는 잡종이 높은 생존율을 나타내고 또한 다른 잡종 개체 또는 두 조상 종 개체와 상호교배가 가능한 생식능력을 지닌다. 이러한 현상에 따르면 종 사이의 경계는 뚜렷하게 나누어지는 것이 아니다.

위와 같은 결점들 때문에 종을 정의하는 다른 접근법이 개발되어 왔다. 이 접근방법은 종을 정의하는 특징을 생식적 격리가 아닌 생명체의 다른 면에 초점을 맞춘다. 가장 흔한 대체 방법은 몸의 크기와 모양 등 신체적 특징에 근거하여 종을 특징짓는 **형태학적 종개념**이다. 어떤 특징을 선택하여 사용할지는 주관적일 수 있지만, 형태학적 종개념의 중요한 특징은 무성생식 종을 분류하는 데에 효과적으로 사용할 수 있다. 그리고 생물 개체들이 실제로 상호교배를 할 수 있는지 아닌지를 몰라도 되기 때문에, 야생에서 생물들을 관찰할 때 형태학적 종개념이 사용하기에 더 쉽다.

비록 생물학적 종개념이 가장 광범위하게 사용되고 대부분 식물과 동물에 별 어려움 없이 적용될 수 있지만, 종을 정의하는 데에 일괄적으로 적용할 수 있는 개념은 아마 없을 것이다. 무성생식 종에서 윤상종, 잡종교배 종에 이르기까지 자연계의 다양성은 너무 커서 말끔하고 완전하게 정의된 확실한 작은 틀에 들어맞지 않는다. 그래도 과학자들은 대개 특정 상황에 만족스러운 종의 정의를 그때그때 사용한다.

핵심요약 12.4

» 생물학적 종개념은 대부분 식물과 동물을 나타낼 때 유용하지만 많은 형태의 생물들을 구분하는 방법으로는 부족하다. 무성생식 종, 화석 종, 장기간에 걸쳐 출현한 종, 윤상종, 잡종교배 종들을 분류할 때 어려움이 생긴다.

12.5 새로운 종은 어떻게 출현하는가?

우리는 지구 상에 얼마나 많은 종이 존재하는지 모른다. 추산하기로는 적게는 500만에서 많게는 1억에 이르기까지 매우 다양하다. 그러나 생물학자들은 종이 출현하는 과정을 알고 있다.

한 종이 2개의 뚜렷한 종으로 분리되는 **종분화** 과정은 두 단계에 거쳐 일어나며 개체군의 진화적 변화 이상이 필요하다. 첫 번째 단계는 생식적 격리로, 이를 통해 두 개체군이 서로 분리되어 독립적인 진화의 길을 걷게 된다. 두 번째 단계는 **유전적 분기**로 이를 통해 두 개체군은 시간이 지남에 따라 각자 물리적이고 행동학적인 차이를 축적하며 진화한다. 이러한 차이는 무작위적으로, 중립적 돌연변이를 통해 일어난다. 또는 각 개체군이 다른 포식자와 다른 음식 종류를 포함하는 환경의 고유한 특징에 다르게 적응하기 때문에 생긴다. 육체적이고 행동적인 차이가 축적되어 두 개체군의 구성원 사이에서 상호교배가 일어나지 못하게 되면 종분화가 일어났다고 말할 수 있다.

많은 경우, 종분화에 필요한 최초의 생식적 장벽은 두 개체군이 지리적으로 분리되어 있을 때 일어난다. 지리적 분리는 종분화가 일어나는 데에 효과적이고 흔한 방식이지만 종분화는 지리적 분리 없이도 일어날 수 있다.

지리적 격리에 따른 종분화: 이소 종분화 특정 지역의 기후가 점점 습해지면서, 하나의 다람쥐 개체군을 둘로 분리하는 강이 형성되었다고 가정하자. 다람쥐는 강을 건널 수 없어서 강 한쪽의 개체군은 다른 쪽의 개체군과 생식적으로 격리된다. 시간이 지나면서 두 개체군은 상이한 돌연변이를 축적하고 분리된 서식처의 서로 다른 독특한 특성에 적응하면서 상이한 진화적 경로를 밟게 된다. 결국, 두 개체군은 유전적인 분기가 매우 많이 일어나 두 개체군이 서로 다시 만나더라도 두 개체군의 구성원끼리 더 이상 상호교배가 불가능하게 된다. 사실, 이런 식으로 Grand Canyon의 북쪽과 남쪽의 가장자리에 두 종의 영양땅다람쥐가 형성되었다. 이렇게 지리적 분리 결과로서 일어난 종분화를 **이소적 종분화**라 한다 (**그림 12.11**).

이소적 종분화의 또 하나의 예를 갈라파고스 군도에서 발견되는 다윈이 관찰하고 수집했던 다양한 종의 핀치새에서 볼 수 있다. 지금의 에콰도르에 해당하는 가장 가까운 남미 대륙에서 기원한 핀치새 개체들이 처음에는 하나 또는 몇몇 섬에서 집단 서식하였다(나중에 더 많은 섬들이 남미 대륙 또는 이미 점유된 섬들로부터 유래한 새들에 의해 집단 서식 장소가 되었다). 그러나 섬끼리의 거리가 매우 멀어 핀치새들은 섬과 섬 사이를 잘 여행하지 않는 경향을 띠게 되었고 개체군들끼리 생식적으로 격리된 채로 남아 있게 되었다. 결과적으로 갈라파고스 군도에서는 14종의 핀치새가 진화하게 되었는데, 특정 섬에 특히 많이 있는 먹이에 적응한 각각의 종은 이제 곤충, 새싹, 씨앗 등 해당 섬에서 광범위하게 발견되는 특정 먹이에 특화된 특징을 갖게 되었다(**그림 12.12**). 에콰도르에서는 한 종의 핀치새만 발견된다.

장벽이 꼭 위의 예처럼 넓은 물일 필요는 없다. 빙하가 형성되면서 한 개체군이 둘 또는 그 이상으로 격리될 수 있다. 또는 호수의 수면이 낮아져서 땅바닥이 노출되면 호수는 더 작은 두 개의 덩어리로 분리되고 따라서 물고기의 커다란 개체군 하나가 둘로 뚜렷하게 나뉠 수 있다. 어느 경우든 결과는 마찬가지이다: 지리적 격리로 인해 생식적 격리가 나타나게 된다.

Q 실험실에서 새로운 종을 만들 수 있는가? 어떤 방법으로 하겠는가?

연구자들은 비슷한 전략을 사용하여 실험실에서 새로운 종을 쉽게 만들 수 있다. 한 실험에서 초파리(*Drosophila pseudoobscura*) 개체군 하나를 둘로 나누었다. 이 두 개체군은 상이한 음식을 공급받으면서 유지되었다—한 개체군에는 엿당으로 만든 음식을, 다른 개체군에는 녹말 위주의 음식을 공급하였다. 생식적 격리를 겪고 상이한 영양 환경에 적응한 채 단지 8세대가 지난 후에 이 개체군들은 분리된 종을 형성하기에 충분할 정도로 차이를 나타냈다. 이 두 개체군을 섞어도 초파리 개체들은 상대 개체군에서 유래한 개체와 더 이상 상호교배를 하지 않았다.

지리적 격리 없는 종분화: 동소적 종분화 지리적으로 겹쳐 있는 개체군 사이에서도 종분화는 일어날 수 있다— 이 현상을 **동소적 종분화**라고 한다. 동일한 지역에 공존하면서 동일한 척추동물 개체군이 생식적으로 격리되는 것이 드물어서 이들의 동소적 종분화는 상대적으로 흔하지 않다. 그러나 식물들 사이에서 동소적 종분화는 흔하며 두 가지 중 한 가지 방식을 통하여 일어난다.

이소적 종분화

지리적 장벽에 의해 개체군 내의 한 개체군이 다른 개체군과 생식적으로 격리되면서 이소적 종분화가 일어난다.

1 최초의 집단

2 생식적 격리

다람쥐들의 서식처를 관통하여 개체군을 분리하는 강이 형성되었다고 가정하자. 이 다람쥐들은 강을 건널 수 없어서 두 집단은 이제 생식적으로 격리된다.

3 유전적 분기

시간이 지나 양쪽의 개체군에 속한 개체들은 유전적으로 충분히 달라져서 다시 만나더라도 더이상 상호교배를 못하게 된다.

해리스영양땅다람쥐

하얀꼬리영양땅다람쥐

그림 12.11 지리적 격리는 유전적 분기를 낳을 수 있다. Grand Canyon의 남쪽과 북쪽의 가장자리에서 영양땅다람쥐 두 종이 진화하였다.

이소적 종분화: 갈라파고스 군도 핀치새

이소적 종분화로 상이한 14종의 핀치새가 갈라파고스 군도에서 진화하였다. 가장 가까운 대륙에서는 오직 한 종의 핀치새만 발견된다.

그림 12.12 갈라파고스 군도의 핀치새 14종 중의 5종. 각 핀치 종은 섬의 서식처에서 발견되는 곤충, 싹 또는 씨 등을 먹도록 특화되어 있다.

식물의 경우(식물체의 생식세포든 다른 세포든) 세포분열 동안 염색체는 복제되지만 세포는 나뉘지 않는 실수가 종종 일어난다. 이로 인해 새로 생긴 세포는 부모 세포의 2배에 해당하는 염색체를 지닌 개체로 자랄 수 있다. 예를 들어, 부모가 2세트의 염색체를 가진 것에 비해 이 새로운 개체는 4세트의 염색체를 갖는다. 이렇게 염색체 세트가 2배로 늘어난 것을 **다배수성**이라 한다(**그림 12.13**).

4세트의 염색체를 가진 개체는 2세트의 염색체를 지닌 부모 개체와 더 이상 상호교배를 할 수 없다. 왜냐하면, 상호교배 결과 생기는 자손은 3세트의 염색체를 갖게 되어(2세트는 4세트를 지닌 부모로부터, 1세트는 2세트를 지닌 부모로부터 유래) 세포분열 동안 둘로 나누어질 수 없기 때문이다. 4세트 염색체를 가진 개체는 자가수정을 하거나 다른 4세트 개체와 교배하여 번식할 수 있다. 결과적으로, 4세트의 염색체를 지닌 개체들은 원래 개체군과 즉각적으로 생식적 격리를 이루게 되어 새로운 종으로 간주할 수 있다. 다배수체에 의한 종분화가 동물의 경우에는 드물지만 나무개구리의 일부 종에서도 일어난다.

종분화 중 더욱 흔한 방법은 식물이 다른(그러나 매우 밀접한) 종과 상호교배하여 잡종을 형성하는 것이다. 잡종은 두 부모 종과 상호교배가 불가능하겠지만 다른 많은 식물과 마찬가지로 무성생식을 통해 번식할 수 있다. 이 잡종에서 종종 감수분열이 억제되어 염색체 수가 2배(다배수체)로 증가하게 된다. 이런 일이 발생하면 2배로 늘어난 염색체를 지닌 잡종 식물끼리 서로 교배할 수도 있다(그림 12.13 참조). 이 종분화 방법을 통해 호밀, 바나나,

동소적 종분화의 두 경로

동소적 종분화는 동일한 지역에 공존하는 집단들 사이에서 생식적 격리라는 결과를 낳는다. 두 가지의 시나리오가 이러한 종분화를 유도한다.

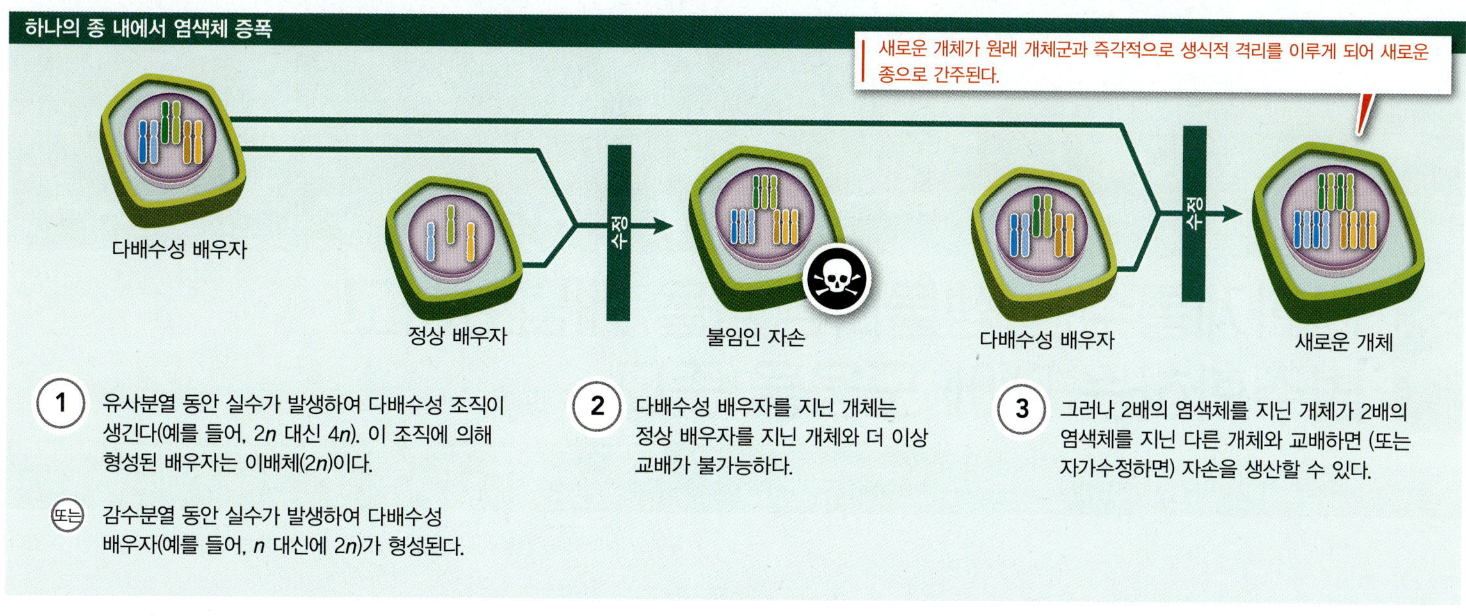

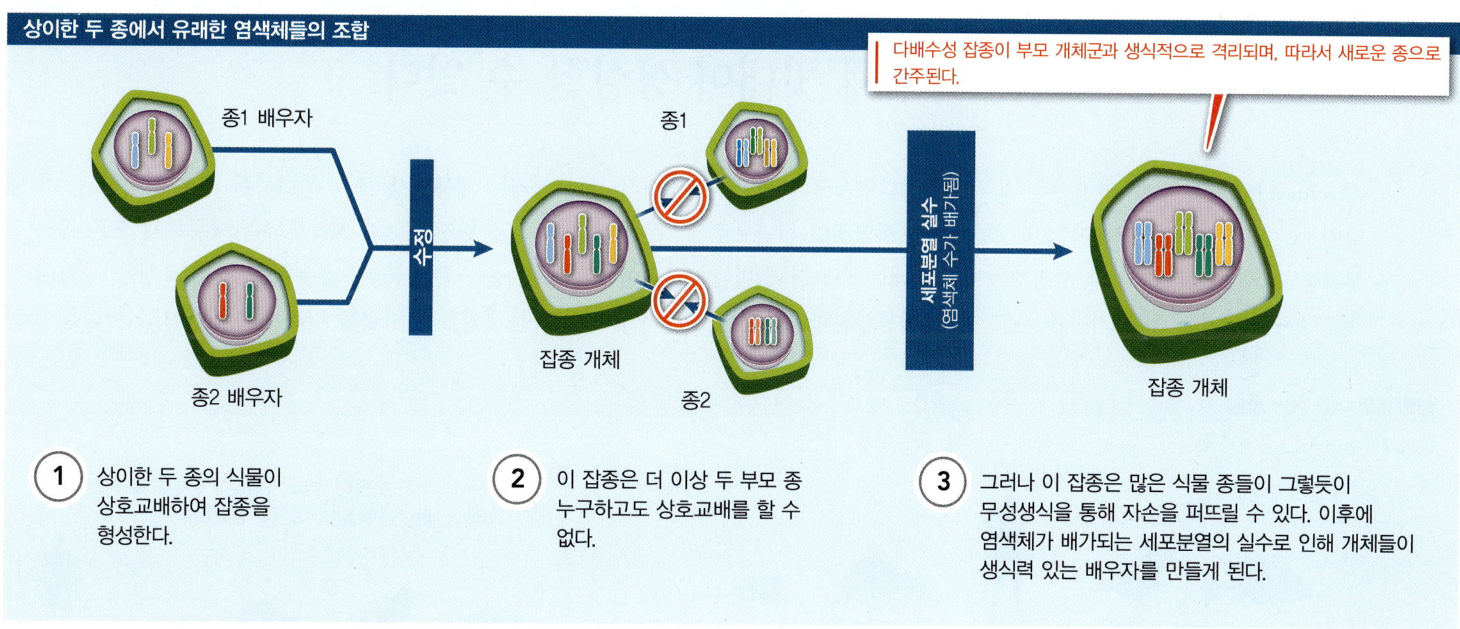

그림 12.13 지리적 격리 없는 종 분화. 식물은 동소 종분화를 통해 유전적으로 분기된다.

감자 등 여러 중요한 곡물들이 출현하게 되었다.

개체군 분리가 이소적이든 또는 동소적이든 간에, 우연한 접촉에도 상호교배가 더 이상 불가능할 정도로 두 개체군 사이에서 충분히 다른 점이 진화하기 전까지는 종분화가 완전하다고 간주할 수 없다. 새로운 강(이나 고속도로)에 의해 커다란 개체군이 둘로 나뉘면 한 종의 두 개체군은 비교적 빠르게 분리될 수 있지만, 생식적 격리를 유발하는 유전적 분기는 매우 긴 시간, 때로는 수천년의 시간이 필요할 것이다. 이런 이유로 인해 종분화는 연구와 관찰이 어려울 수 있다.

핵심요약 12.5

» 종분화란 한 종이 생식적으로 격리된 2개의 고유종으로 나뉘는 과정이다. 이 과정은 다배수체에 의해서 또는 지리적 격리와 유전적 분기의 조합에 의해 일어날 수 있다.

진화계통수는 생물다양성을 개념화하고 범주화하는 데에 도움을 준다

▲ 지구 상에 있는 생명의 다양성은 나무가 가지를 뻗는 것에 빗대어 생각할 수 있다.

12.6 생명의 역사는 나무에 빗대어 상상할 수 있다

Carolus Linnaeus의 종 명명법은 지구의 생물다양성을 분류하고 나열하는 데에 중요한 단계이지만 생명체들을 서열적인 집단으로 분류한 그의 근거는 다양한 생명체들이 나타내는 외모가 얼마나 비슷한지를 평가한 것에 기반을 두고 있다. **계통분류학**이라는 현대적 분류 체계는 **계통발생** 또는 진화사를 새로 구성하는, 더 넓은 의미의 목적을 가진다. 즉, 계통분류학을 통해서 모든 종—심지어는 멸종한 종—은 이들이 공유하는 공통 조상을 나타내고, 이들이 각각 분지되었던 지점을 나타내는 방식으로 이름을 부여

진화계통수를 읽는 방법

진화계통수는 모든 종의 진화사와 이들을 만들어낸 연속적인 종분화를 나타낸다.

물고기
새
사람
쥐
생쥐
시간
생쥐와 쥐의 공통 조상
생쥐, 쥐, 사람의 공통 조상
생쥐, 쥐, 사람, 새의 공통 조상
생쥐, 쥐, 사람, 새, 물고기의 공통 조상
이 지점에서 종분화가 일어나고 조상 종이 두 종으로 갈라진다.

진화계통수의 가지는 종이 갈라진 지점을 중심으로 회전할 수 있다. 그래도 내용 변화 없이 여전히 정확하다.

진화계통수는 어떤 집단이 더 원시적 또는 진보적인지를 나타내는 것이 아니라 어떤 집단이 다른 집단과 더 가까운지를 나타낸다.

그림 12.14 공통 조상 지도 만들기.

받고 배열된다(**그림 12.14**). 모든 생명체의 완전한 계통발생도는 모든 종의 과거와 현재를 표현한 가계도와 유사하다.

계통수는 생명체들 사이의 관계를 나타낼 뿐 아니라 종의 진화사에 대한 가설도 제공한다. 지구 상에서 생명이 시작된 시점에, 자기를 복제할 수 있는 최초의 생명체가 있었다. 그 후 **종분화 사건**이 일어났다. 이 사건 이후 최초의 생물 개체군은 독립적인 진화적 계통들로 갈라졌다. 이 계통수는 첫 번째 가지를 가지게 되었고 생물다양성이 생겨났다. 수억 년이 지나는 동안, 종분화 사건이 끊임없이 일어나 오늘날 계통수의 가지는 지구 상의 모든 종을 나타내는 수백만(또는 수천만) 개의 말단을 지니게 되었다. 줄기로부터 진화계통수를 따라, 가지 위 말단으로 이동하면 종분화 사건을 나타내는 분기점과 함께 언제 집단이 갈라졌는지를 볼 수 있다.

핵심요약 12.6

» 생명의 역사는 나무에 빗대어 볼 수 있다. 가지에서 줄기로 거슬러 가면 후손에서 조상으로 거슬러 올라가는 것이다.

12.7 진화계통수는 조상과 후손의 관계를 나타낸다

생명의 진화계통수가 하나의 거대한 나무라고 생각할 수 있지만, 실제로 생물학자들은 대개 나무의 특정 가지만을 연구한다. 이 가지도 커다란 나무 또는 작은 나무로 그려질 수 있고, 연구하는 생명체를 포함할 정도로 확대될 수도 있다. 예를 들어, 나무 하나가 모든 동물을 포함할 수도 있고 설치류만을 포함할 수도 있다(**그림 12.15**). 어떤 것이든 진화계통수의 줄기(몸통)와 가지는 현존하는 생물과 지구 상에 존재했던 모든 생명체를 이어주는 조상과 자손 사이의 관계를 나타낸다.

특정 집단을 어떤 쪽에 위치시키는지는 중요하지 않다. 어떤 가지든지 바람개비처럼 **분기점** 주변을 회전할 수 있다(그림 12.14 참조). 이 회전 효과가 의미하는 바는 쥐가 생쥐보다 더 진화적으로 진보되었다거나 그 반대라고 추정할 수 없다는 것이다. 그들은 동일한 종분화 사건을 통해 유래했다는 점에서 동등한 정도로 진보한 것이다.

Q 사람이 바퀴벌레보다 진화적으로 더 진보했는가?

우리는 진화계통수로부터 어떤 집단이 가장 "원시적"이고 어떤 집단이 가장 "진보"한 것인지는 알 수 없다. 계통수의 이러한 성질로 인해 인간이 진화의 정점에 있다는 가장 성스러운 믿음은 그 기반이 약해질 수 있다. 그림 12.14를 포함한 많은 계통수가 이러한 견해를 지지한다. 그러나 분기점 하나를 선택해서 그 주변을 회전시키면 여러 가지의 상이한 나무를 만들 수 있음을 주의해야 한다.

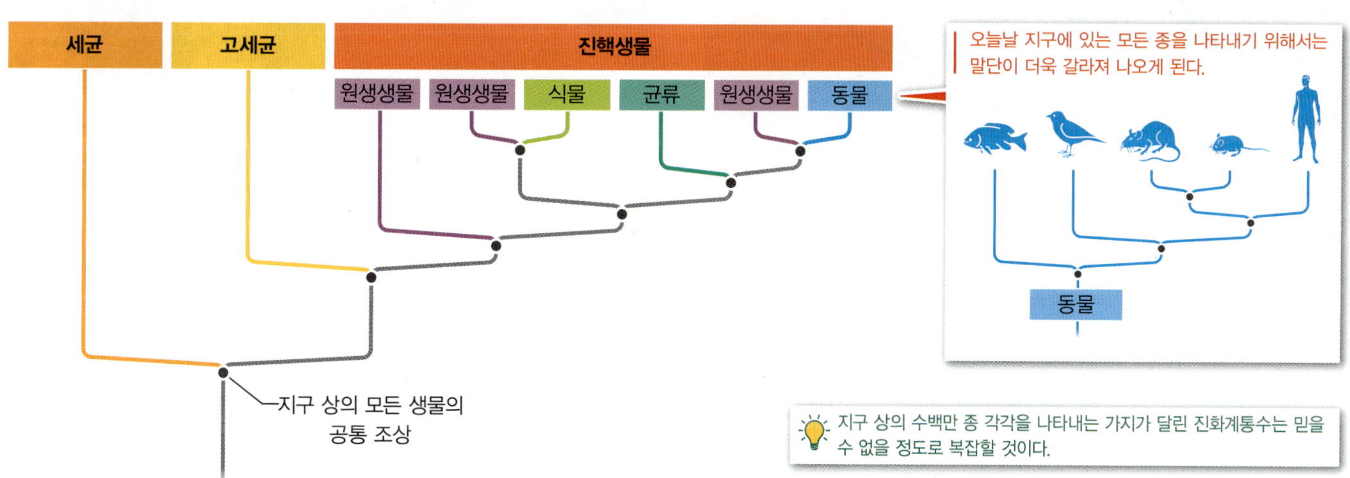

그림 12.15 성장하는 나무(계통수). 생명의 진화계통수는 수백만 개의 말단과 연결된 가지를 통해 지구 상의 모든 종을 나타내고 있다. 종분화 사건이 일어나면 새로운 가지가 나무에 추가된다.

계통수로부터 특정 집단과 가장 가까운 집단을 알 수 있다. "나무식 사고"로 알게 된 가장 재미있는 뜻밖의 발견 중 하나는 외모의 특징에도 불구하고, 버섯, 효모, 곰팡이 등의 균류가 식물보다는 동물에 더 가깝다는 점이다. 이 놀라운 사실은 13장에서 살펴볼 것이다.

생물학자들은 다른 집단의 개체들에 비해 특정 집단의 개체들끼리 더 가까운 관계를 **단계통적**이란 용어로 표시한다. 단계통적 집단은 계통수의 분기점을 관찰함으로써 결정할 수 있다. 예를 들어, 조류와 악어류는 도마뱀류나 포유류보다 더 최근의 공통 조상을 공유하기 때문에(**그림 12.16**에 분기점 A로 표시), 이 둘은 함께 단계통적 집단을 형성한다. 도마뱀류와 악어류는 이들의 공통 조상(분기점 B)이 조류에 의해서도 공유되기 때문에 이 둘은 함께 단계통적 집단을 형성할 수 없다. 그러나 조류, 악어류, 도마뱀류 모두는 함께 분기점 B에서 공통 조상을 공유한 덕분에 단계통적 집단을 형성한다. 마찬가지로, 조류, 악어류, 도마뱀류, 포유류 또한 단계통적 집단을 형성한다.

단계통적 집단인가?

그렇다
단계통적 집단의 구성원들은 하나의 공통 조상을 공유하고 이 집단은 해당 조상의 모든 자손을 포괄한다.

아니다
도마뱀류와 악어류는 함께 단계통적 집단을 형성하지 않는다. 이들은 모두 공통 조상을 공유하더라도 해당 조상의 일부 자손은 다른 집단(조류)에 속한다.

조류
악어류
도마뱀류
포유류
A
B

단계통적 집단의 구성원끼리는 서로서로 이 집단 밖의 어떤 개체들보다 더 밀접하게 관련되어 있다.

그림 12.16 **비슷한 생김새가 반드시 단원적 집단임을 의미하는 것은 아니다.**

생명체 사이의 유사점과 차이점을 비교하여 진화계통수 만들기 진화계통수를 살펴보면 상대적으로 더 가까운 집단들을 찾아낼 수 있고, 이들이 공유한 공통 조상이 얼마나 오래 전에 있었는지를 대략 알 수 있다. 그러나—개와 고양이가 6,000만 년 전에 분기한 것처럼 역사적 사건을 가설적으로나마 나타낸—진화계통수를 처음에는 어떻게 만들었을까?

최근 수십 년 전까지도 종의 수많은 구조적 특징 또는 형질을 주의 깊게 관찰하고 이 특징들을 종 사이에서 비교하는 표를 만들

비교해부학에 근거한 진화계통수

DNA 염기서열을 사용하기 전까지는 종의 신체적 특징으로 진화적 근친도를 결정하였다.

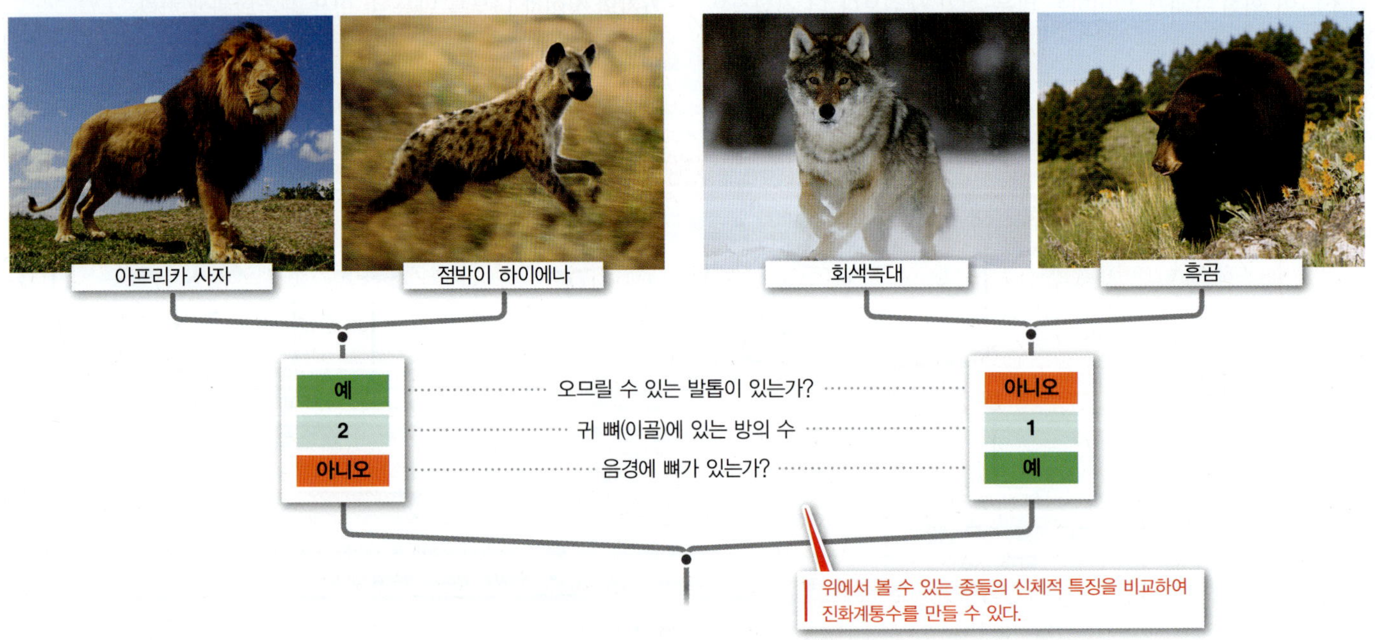

그림 12.17 **몸의 구조에서 단서 찾기.**

어 진화계통수를 조립했다. **그림 12.17**은 이와 같은 표의 간단한 예인데, 이 표는 한편으로는 사자와 하이에나의 형질 사이에서, 다른 한편으로는 곰과 늑대 사이에서 명확한 분리가 가능함을 나타낸다. 20세기의 대부분에 걸쳐 생물학자들은 계통수를 작성하기 위하여 50가지 이상의 형질을 사용하여 생명체를 분류하곤 하였다.

1980년대에 들어서면서 생물학자들은 계통수를 만드는 데에 신체적 형질보다는 분자서열을 사용하기 시작하였다. 이런 접근 방법의 근거는 생명체들은 조상으로부터 DNA를 전해 받으며 종이 분기될 때에는 DNA 염기서열도 분기되어 점점 달라진다는 점이다. 한 종이 둘로 분리되면서 시간이 흐르면 이들의 DNA 염기서열은 더욱 크게 달라진다. 두 집단 사이의 DNA 유사 정도를 비교하면 이들이 공유한 공통 조상이 언제 출현했었는지를 추산할 수 있다(**그림 12.18**).

DNA 염기서열을 이용하여 만든 진화계통수는 신체의 형질을 이용하여 만든 것과 다르지 않다. DNA 염기쌍 각각을 하나의 "형질"로 볼 수 있고 많은 "형질"이 비교될 수 있다.

현재에는 대부분 진화계통수를 분자 염기서열을 비교하여 만들지만, 종을 실제로 명명할 때에는 아직도 Linnaeus 체계를 이용한다. 그래서 계, 문, 강, 목, 과와 같은 다른 분류 기준 내에 맞추어 종을 배당하거나 새 종을 끼워 넣는다. 이러한 방식은 어려울 수 있다. 왜냐하면, 종 이상의 수준에서 어디에 대상 집단을 배당할 것인지를 결정하기 위한 객관적인 방법이 없기 때문이다. 예를 들어, 여러 속을 동일한 과에 묶어야 하는지 다른 과로 나누어야 하는지, 또는 여러 과를 동일한 목에 묶어야 하는지 다른 목으로 나누어야 하는지를 결정하는 것은 어렵다.

핵심요약 12.7

» 진화계통수는 종 사이의 조상 — 후손 관계에 대한 가설이다.

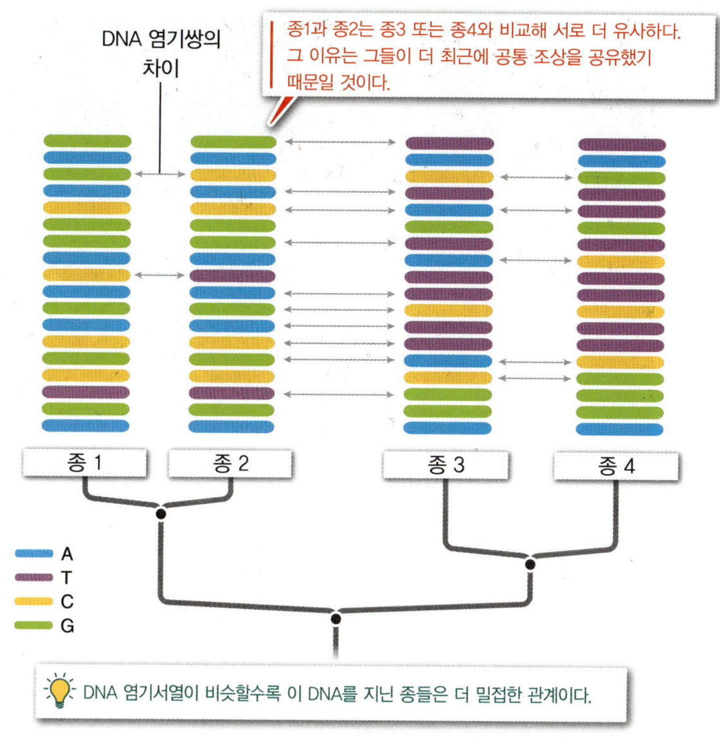

그림 12.18 **DNA 염기서열은 진화적 근친도를 나타낸다.**

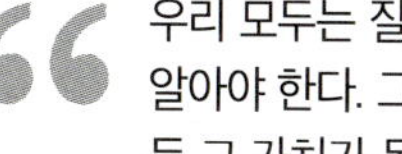

우리 모두는 질 높은 카펫이 다양성에 의해 만들어진다는 것을 알아야 한다. 그리고 우리는 이 융단에 있는 모든 실은 어떤 색이 든 그 가치가 동일하다는 것을 이해해야 한다."

— Maya Angelou, '이제 내 여행에 아무 것도 갖고 가지 않으리(Wouldn't Take Nothing for My Journey Now)' 중에서, 1993년

12.8 유사한 구조가 항상 공통 조상을 나타내는 것은 아니다

고래와 상어는 지느러미를 지니고, 박쥐와 많은 곤충은 날개를 지닌다. 박쥐가 날개를 가진 것은 곤충과 매우 가깝기 때문이거나 곤충과의 공통 조상인 날개를 지닌 조상으로부터 날개를 물려받았기 때문인가? 또는 곤충의 날개와 박쥐의 날개는 독립적으로 진화한 것인가? **그림 12.19**에 있는 진화계통수가 명확히 나타내듯이 곤충의 날개와 박쥐의 날개는 독립적으로 진화하였다. 날개는 한 번 이상 따로따로 출현한 적응이다.

계통수에 종의 특징을 배치하면 진화 이야기가 생긴다. 예를 들어, 처음에 생물학자들은 아프리카 황금두더지가 땃쥐, 고슴도치, 두더지 등을 포함하는 식충동물 목에 속한다고 생각했다. 그

날개의 반복된 진화

날개는 유사한 선택압이 작용하는 유사한 환경에서 서식하는 개체군에서 여러 번 독립적으로 진화해 온 적응이기 때문에 날개의 존재가 필연적으로 진화적 근연도를 나타내지는 않는다.

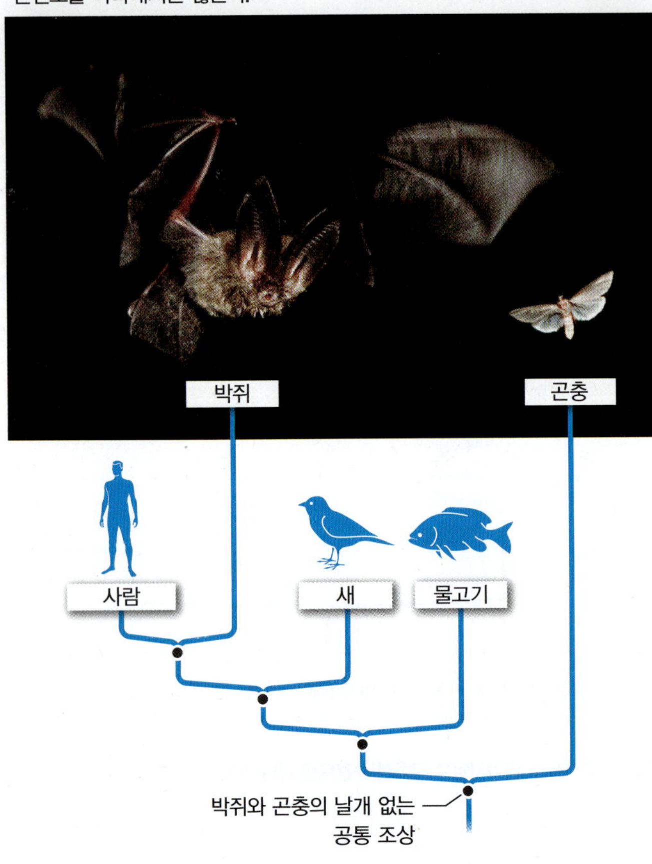

그림 12.19 비행의 분리된 경로.

그림 12.20 보이는 것은 기만일 수 있다. 이 세 동물 중 어떤 두 동물이 더 가까운 관계인가? 외모만으로 알 수 있는가?

기가 작고 주둥이는 길고 좁으며 눈은 작고 지하의 굴속에서 사는 등 두더지는 이 동물들과 많은 특징을 공유한다. 생물학자들은 이러한 특징을 지닌 집단이 한 번 진화했고, 이들이 하나의 공통 조상에서 유래했기 때문에 식충동물 목의 모든 종이 이러한 특징을 지닌 것이라 생각했다.

최근의 DNA 증거로 인해 아프리카 황금두더지가 다른 모든 두더지 종을 포함한 식충동물보다 코끼리에 더 가깝다는 것이 밝혀졌다(**그림 12.20**)! 그러면 이 동물은 왜 식충동물들과 그렇게 비슷하게 보이는가? 여러 개체군에 속한 생명체들이 비슷한 환경에 서식하면서 비슷한 선택 압력을 겪게 될 때 일어나는 **수렴진화**라는 현상 때문이다. **상사 형질**이란 공통 조상이 가진 공통적인 구조로부터 전해 받은 것이 아니라 (박쥐의 날개와 곤충의 날개처럼) 수렴진화에 의해 비슷해진 형질이다. 공통 조상으로부터 물려받은 특성을 **상동적 특징**이라 한다. 예를 들어, 모든 포유류는 털을 갖고 있다. 왜냐하면, 이 형질을 공통 조상으로부터 물려받았기 때문이다.

상사적 특징은 근연도보다는 자연선택의 결과이기 때문에 진화계통수를 만드는 데에 문제를 유발할 수 있다. 그러나 어떤 형질이 상동인지 상사인지를 DNA 분석을 통해서 결정할 수 있다. DNA 염기서열은 수렴진화 동안 더 비슷해지지 않기 때문에 분자 계통발생은 잘못될 수가 없다. 이것이 신체적 특성보다는 분자에 근거한 진화계통수가 선호되는 중요한 이유이다.

상사적 형질이 진화계통수를 만드는 데에 도움이 되지 않더라도, 수렴은 자연선택의 위력을 가장 잘 설명하는 증거를 제공한다. 예를 들어, 19세기에서 20세기에 이르기까지 유럽의 공업지대에서는 많은 종류의 서로 다른 나비와 나방 종들이 점점 더 검은색으로 변화하였다. 이 변화는 조상을 공유해서 생긴 결과가 아니라 자연선택 덕분에 생긴 것이다. 공업이 만들어 낸 검은 검댕이로 덮인 나무에 밝은색 나비나 나방들이 앉게 되면 포식자의 표적이 되기 쉬웠다. 결과적으로, 자연선택은 많은 종이 동시에 몸의 색이 더 검게 되는 진화가 빠르게 일어나도록 이끌었다.

핵심요약 12.8

» 수렴진화로 인해 근연도가 먼 생명체들이 매우 가까운 관계인 듯 보일 수 있지만, 이로 인해 DNA 염기서열의 유사도가 높아지지는 않기 때문에, 신체의 유사점을 비교하는 것보다 DNA 염기서열을 비교하는 것이 진화계통수를 구축하는 데에 최선이다.

대진화 덕분에 다양성이 크게 증가하였다

▲ 에콰도르에 서식하는 푸른목 아놀을 포함하여 *Anolis* 도마뱀은 400종 이상이 존재한다.

12.9 대진화는 종 이상의 수준에서 일어나는 진화이다

물은 바위 위를 흐르면서 바위를 닳게 한다. 이 과정은 단순하고 느리다. 그러나 Grand Canyon을 만들 만큼 충분히 강력하다. 부가적인 물리적 과정이 필요하지 않다. 진화과정도 바위 위를 흐르는 물줄기와 매우 비슷하다: 즉, 짧은 시간 안에서는 개체군 내의 작은 변화를 만들 뿐이지만 이 변화가 오랜 기간 축적되면 Grand Canyon처럼 되는 것이다.

커다란 규모의 변화에 대한 예들을 살펴보자. (1) 토끼 정도 크기의 파충류에서 유래한 200톤의 공룡과 (2) 한 종으로부터 다양화된 23만 종 이상의 현화식물. 완전히 새로운 생물 집단의 기원을 포함하는 진화적 변화를 일컬어 **대진화**라 한다. 이런 예들과 대조되는 것으로 20세기 동안 소의 우유 생산이 증가한 것 또는 강우의 변화 양상에 따라 새의 평균 부리 크기가 점차로 변화한 것 등과 같이 개체군 내에서 대립유전자의 빈도 변화를 포함한 현상을 일컬어 **소진화**라 한다(그림 12.21).

이러한 소진화 사건과 대진화 사건은 매우 다른 과정으로 보이지만 그렇지 않다. 소진화 수준이든 대신화 수준이든 진화는 오직 하나, 즉 개체군 내에서 일어나는 대립유전자의 빈도 변화이다. 하나 또는 그 이상의 세대에 이르는 짧은 시간 동안 진화는 한 종 내에서 미약하고 점진적으로 나타날 수 있다. 그러나 오랜 시간이 흐르면 이런 점진적으로 축적된 변화가 개체군의 생식적 격리와 결합하여 대진화라는 극적인 현상을 유발하게 된다. 어떤 의미에

진화: 소진화와 대진화

대진화
오랜 시간에 걸쳐 축적된 소진화의 효과

시간

소진화
하나 또는 그 이상의
세대 동안 일어난
대립유전자 빈도의
작은 변화

한 개체군에서 대립유전자 빈도의 시간에 따른 소진화적 변화는 종의 엄청난 다양화를 포함한 큰 규모의 변화인 대진화를 유도할 수 있다.

그림 12.21 진화의 규모.

서 소진화는 과정이고 대진화는 결과다.

그러나 소진화와 대진화의 속도는 일정하지 않다. 일부 과학자들이 자신의 연구에 관하여 토론하는 것을 들어보면 한쪽에서는 "빠르게 움직이는 진화"라 묘사하고, 다른 쪽에서는 "천천히 기어가는 진화"라고 설명하는 것을 들을 수 있다. 학계 밖에서 싸울 준비를 하는 것이 아니다: 단지 진화의 속도에 대해 논쟁하는 것이다.

진화적 변화가 일어나는 방식에 대한 전통적 모델에 따르면, 개체군은 천천히 변하지만 확실하게 그리고 점진적으로 종분화를 일으키기에 충분한 유전적 차이를 축적한다—그래서 "천천히 기어가는 진화"이다. 그러나 화석기록으로부터 알게 된 사실은 항상 이런 견해를 지지하지 않고 연구자들은 진화가 종종 다른 방식으로도 일어날 수 있다고 믿는다. 즉, 종분화 직후 짧은 시간 내에 급격한 진화적 변화가 일어나고 이후 긴 시간 동안 상대적으로 작은 변화가 뒤따르기도 한다—그러므로 "빠르게 움직이는 진화"이다. 진화 속도에 대한 이러한 새로운 견해는 급격한 변화의 폭발이 상대적으로 거의 변화가 없는 긴 시간을 단절시킨다는 것으로, 이를 **단속평형**이라 한다(**그림 12.22**).

자연에서 점진적인 변화와 단속평형에 해당하는 불규칙적인 양상 등 두 가지 예를 발견할 수 있다. 포유류와 같은 많은 생물 집단의 경우, 화석기록을 보면 특정 종이 매우 오랫동안 별 변화 없이 지속되어 왔음을 알 수 있다. 이 기간 이후 많은 수의 새롭지만 뚜렷하게 관련된 많은 수의 종이 출현한다. 그러나 최근 것과 오래된 화석 사이에 점진적인 전이 상태를 나타내는 화석은 없다. 다른 집단의 경우, 전이 단계에 해당하는 화석이 존재한다. 예를 들면, 완벽한 화석 세트가 여우와 닮은 고대 육상 포유류에서부터 현대의 고래에 이르는 일련의 전이 상태를 나타낸다.

진화의 템포

진화의 속도는 종에 따라 다르다. 일부 종은 시간이 흐름에 따라 점진적으로 진화하고, 어떤 종은 오랜 시간이 흘러도 변화가 거의 없다.

점진적 변화 천천히 기어가는 진화: 진화는 서서히 진행되는 단계를 거치면서 점진적으로 일어난다.

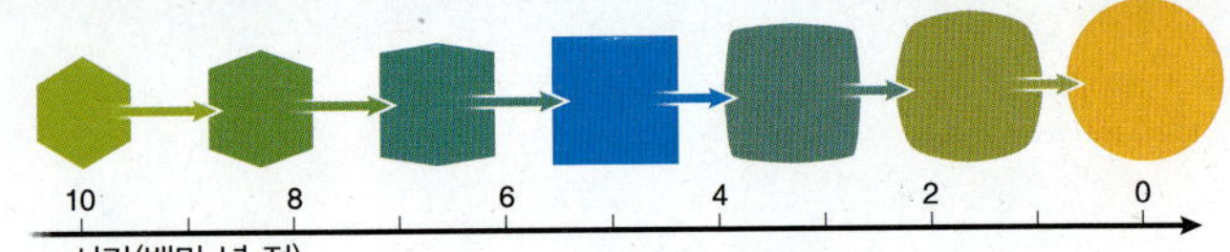

단속평형 빠르게 움직이는 진화: 진화적 변화가 크게 일어나는 짧은 기간이 상대적으로 거의 변화가 없는 더 긴 기간을 단절시킨다.

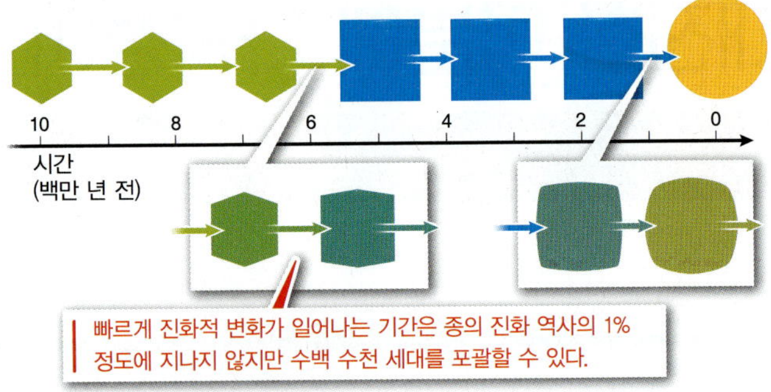

그림 12.22 진화의 속도는 빠를 수도 있고 느릴 수도 있다.

결국, 모든 종이 동일한 속도로 진화하는 것이 아니다. 어떤 종은 매우 오랫동안 변화가 거의 없다. 예를 들어, 실러캔스라는 어류종은 3억 년 넘게 신체적인 변화를 거의 겪지 않은 것으로 보인다. 삼엽충이라 알려진 멸종한 일종의 해양 무척추동물 등 다른 종은 자신들의 진화 역사 전 과정 동안 점진적으로 변화하였다. 생명체의 종류와 관계없이 진화적 변화의 속도는 해당 개체군에 작용하는 선택압에 의존한다. 강하고 방향성이 있는 힘이 오랫동안 작용할 수 있으면 빠른 변화를 유도할 수 있다. 반면에 안정화 선택은 변화를 거의 유도하지 않을 것이다.

핵심요약 12.9

» 생식적 격리와 더불어 일어나는 개체군 내 대립유전자의 빈도 변화인 진화과정은 종분화를 유발하기에 충분하다. 화석기록에 따르면 진화적 변화가 일어난 짧은 기간이 거의 변화가 없는 더 긴 기간을 단절시킨다. 다른 경우에는 종이 점진적이지만 일정한 속도로 변화한다.

12.10 적응방산은 극단적인 다양화가 일어나는 시기이다

우리는 포유류로서 성공하는 데에 약간 행운의 덕을 보았다. 6,600만 년 전, 우리의 포유류 조상은 설치류 정도의 크기로서 곤충을 먹는 야행성 존재에 불과하여 오늘날과 같은 군림하는 위치와는 거리가 멀었다. 그때는 공룡의 시대로 거대한 파충류가 지구를 호령하던 시절이었다.

현재 멕시코의 동부에 해당하는 곳에 직경 10 km인 소행성이 부딪히면서 모든 변화가 일어났다. 이로 인해 지구 상의 환경 조건이 극적으로 변했고 거의 모든 공룡 종이 절멸되었다. 과학자들은 소행성의 충돌이 공룡이 멸종한 주요 원인인지 또는 멸종에 기여한 여러 요인 중의 하나인지를 놓고 논쟁을 계속하지만, 명백한 것은 우리의 포유류 조상은 살아남았고 커다란 경쟁 없이 계속 살 수 있게 되었다는 점이다.

그 다음에 벌어진 일은 포유류 종의 폭발적인 팽창이다. 짧은 시간 동안 적은 수의 종이 다양화하여 종의 수가 매우 크게 늘었고, 이 종들은 넓게 펼쳐져 있는 다양한 서식처에서 살 수 있게 되었다. **적응방산**이라 불리는 이 크고 빠른 다양화는 역사상 여러 번에 걸쳐 발생하였다(**그림 12.23**).

세 가지 상이한 종류의 현상으로 인해 적응방산이 유발되는 경향이 있다.

1. **대멸종 사건.** 공룡이 사라지면서, 갑자기 포유류의 경쟁자가 거의 없어졌다. 기껏해야 수백 종 정도였던 포유류의 종 수는 130속 4,000종 이상으로 늘어났다. 이 과정은 약 1,000만 년 동안, 지질학적인 기준으로 본다면 눈 깜짝할 사이도 안 되는 시간에 일어난 것이다. 다른 대규모 멸종 후에도, 대부분 경쟁자를 잃어버린 수많은 집단이 유사한 적응방산을 겪었다.

2. **정착화 사건.** 흔한 일은 아니지만, 소수의 새나 작은 곤충들이 대륙을 떠나 하와이나 갈라파고스와 같은 먼 거리의 군도에 도착하기도 한다. 일단 도착하면 그들은 적응과 다양화를 위한 수많은 기회가 있음을 발견하게 될 것이다. 앞서 12.5절에서 보았듯이, 핀치는 가장 가까운 대륙에서 1,000 km 정도나 떨어진 에콰도르의 한 종으로부터 시작하여 갈라파고스에서 14종이 진화하였다. 하와이에서는 수백 종의 초파리가 발견되는데, 이 군도에 정착하여 적응방산을 경험한 한 종으로부터 이 초파리들이 진화해 온 것으로 믿고 있다. 아마도 일부는 폭풍으로 인해 날려 왔을 것이고 일부는 새의 깃털에 붙어서 왔을 것이다.

3. **진화적 혁신.** 소프트웨어 개발자들은 항상 "킬러앱"을 개발하고자 노력하는데, 이 소프트웨어는 매우 유용한 새로운 앱으로 소프트웨어 시장에서 커다란 새로운 틈새를 열거나 기존에 있던 지위를 크게 확장한다. 첫 번째 스프레드시트 소프트웨어나 이메일 프로그램, 웹브라우저 등이 모두 킬러앱이다. 자연에서 진화도 종종 킬러앱을 만든다. 예를 들어, 곤충에서 볼 수 있는 날개와 외골격이 그와 같은 혁신인데, 이로 인해 곤충은 현재 80만 종(포유류 종보다 100배 많음) 이상으로 다양화하여 동물 중에서 가장 성공적인 집단이 되었다. 꽃 또한 현화식물의 다양성이 폭발적으로 증가하거나 양치식물이나 소나무 등 비현화식물에 비해 현화식물의 진화적 성공을 이끄는 데에 추진력으로 작용한 또 하나의 혁신이다. 오늘날 식물 종의 열에 아홉은 현화식물이다.

적응방산

적은 수의 종이 다양화하여 많은 수의 종이 생길 때 적응방산이 일어난다. 세 가지 현상에 의해 적응방산이 유발되는 경향이 있다.

대멸종 사건
경쟁 종들이 갑자기 제거되면, 남은 종들이 빠르게 다양화된다.

정착 사건
새로운 자원이 있는 (그리고 아마도 경쟁자도 적은) 새 장소로 이동하여 정착한 생물 종은 빠르게 다양화된다.

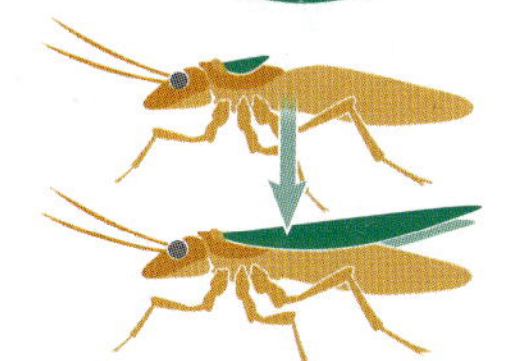

진화적 혁신
적응도를 증가시키는 혁신적인 특성이 진화하여 종들은 빠르게 다양화된다.

그림 12.23 빠르게 진행되는 종의 다양화.

핵심요약 12.10

» 짧은 시간 동안에 소수의 종이 매우 많은 수의 종으로 다양화하는 적응방산은 잠재적인 경쟁종의 대멸종, 새로운 서식처에 정착, 또는 진화적 혁신의 출현 등에 의해 야기되는 경향이 있다.

12.11 지구에는 여러 번의 대멸종이 있었다

과거가 미래를 위한 안내서라면, 우리는 어떤 종도 영원히 지속되지 않을 것임을 알고 있다. 종분화는 계속 새로운 종을 만들지만, **멸종**—하나의 종 개체군 내의 모든 개체가 완전히 사라짐—은 종들을 제거한다. 멸종은 항상 일어나는 것으로 모든 종이 직면하게 된다.

> “숲은 계속 사라지고 강은 말라가며 야생생물들은 멸종되어가고 있다. 기후는 엉망이 되고 있고 땅은 점점 척박해지고 날마다 더 흉해진다.”
>
> — Anton Chekhov의 *Uncle Vanya*(1899)에서

과학자들은 지구 역사상 특정 시기에 있었던 멸종률을 추산할 수 있다. 멸종률은 일정 시간 동안 멸종한 수 등 몇 가지 방식으로 나타낼 수 있다. 그리고 증거에 따르면 이 비율은 일정하지 않다(**그림 12.24**).

대부분 경우, 각각의 상세한 모습은 다르더라도 멸종은 일반적으로 “바탕” 멸종 또는 대멸종의 두 가지로 나눌 수 있다. **바탕멸종**이란 대멸종이 일어나지 않은 시기에 낮은 비율로 일어나는 멸종이다. 바탕멸종은 대부분 자연선택의 결과로서 일어난다. 예를 들어, 다른 종과의 경쟁으로 특정 종의 개체군 크기가 감소하거나 이 종이 운신하고 성장할 수 있는 영역이 감소할 수 있다. 또는 점진적으로 변화하는 환경에 적응하기에 종의 변화가 너무 늦어서 종 구성원 개체들이 죽어 없어지면서 멸종하게 된다.

대멸종은 비교적 짧은 시간 동안 많은 수의 종이 멸종하는 것이다. 지구 상에는 현재까지 적어도 5번의 대멸종이 있었고, 각각의 대멸종 때마다 50% 또는 그 이상의 동물 종들이 멸종하였다. 대멸종은 (소행성 충격과 같이) 예외적이고 갑작스러운 환경 변화가 원인이다. 결과적으로, 대멸종 때에는 불운에 의해 멸종이 일어나는 것

두 가지 종류의 멸종

멸종은 대개 두 가지 중 하나에 속한다.

- **대멸종** 비정상적이고 갑작스런 변화로 인해 짧은 시간 동안 많은 수의 종이 사라진다.
- **바탕멸종** 대멸종이 아닌 다른 시기에 낮은 비율로 일어난다.

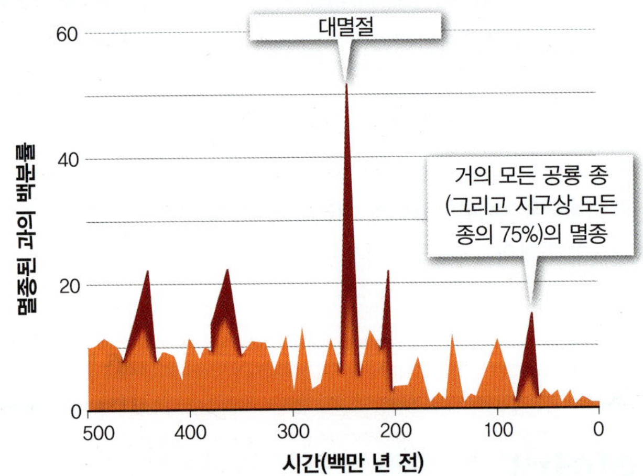

도표로 배우기
데이터의 시각적 표현을 비판적으로 살펴보기
이 그림을 더 자세히 살펴보려면 이 장의 끝을 보시오.

그림 12.24 멸종은 결코 잠들지 않는다.

그림 12.25 전 지구적 충격.

이어서 당시 환경에 적합한 개체든 아니든 똑같이 사라지게 된다.

지난 5억 년 동안 있었던 5번의 대멸종 중에서 가장 최근의 것이 가장 잘 알려져 있다; 이는 12.10절에서 살펴본 것처럼, 우리의 포유류 조상이 다양화할 수 있도록 깨끗하게 길을 내준 소행성 충돌이다(**그림 12.25**). 이 충격은 폭 160 km 이상의 분화구를 남겼고, 거대한 불덩이를 만들어 전 지구에 화재를 유도했을 것이다. 뒤이어 먼지구름과 잔해가 지구로 향한 태양 빛을 모두 가려 전 지구적인 기후를 여러 달 동안 왜곡시켰을 것이다. 이 대재앙의 여파로 1억 5,000만 년 동안 번성하였던, 엄청나게 성공적인 집단이었던 모든 공룡을 포함해 약 75%의 종이 지구에서 사라졌다(살아남은 소수의 공룡 중의 일부는 조류가 되었다).

공룡을 사라지게 한 소행성 사건처럼 나쁜 사건도 생물다양성이라는 관점에서 보면 지구 역사에서 최악의 재앙은 아니다. 최악의 사건은 대멸절이라고 불리는 2억 5,000만 년 전에 발생한 대멸종이다(그림 12.24 참조). 소행성 충격, 대륙의 부동, 초신성(별의 폭발), 극심한 화산폭발 등의 가설을 포함하여 원인은 명확하지 않지만 거의 75%의 육상 척추동물과 함께 95% 이상의 바다생물이 멸종되었다.

현재에는 인간이 유발한 대멸종 사건의 와중에 있는가라는 중요한 질문에 대한 논쟁이 과학자들 사이에서 진행 중이다. 이에 대해서는 18장에서 살펴볼 것이다.

핵심요약 12.11

» 새로운 종이 탄생하는 한편, 자연선택이나 환경의 크고 갑작스런 변화의 결과에 따라서 다른 종은 멸종한다. 대멸종은 지구 상의 매우 많은 종이 짧은 기간 동안 멸종하는 것이다.

지구 생명의 다양성에 대한 개관: 생물은 3개의 영역으로 나뉜다

▲ 호주 자생인 굴디안 핀치의 야생 개체군이 줄어들고 있다.

12.12 모든 생명체는 3개의 집단 중 하나에 속한다

Linnaeus가 자신의 분류체계를 처음으로 배열했을 때, 그는 모든 생물을 동물과 식물로 나누는 뚜렷하고 명확한 분리선이 있는 것으로 여겼다. 식물은 움직일 수 없고 스스로 먹이를 만든다. 동물은 움직이지만 스스로 먹이를 만들지 못한다. 그래서 Linnaeus의 원 분류체계에서는 모든 생물이 동물계 또는 식물계에 속하게 된다(그의 세 번째 "광물"계는 살아있지 않은 물질만을 포함하는 것으로, 현재는 폐기되었다).

현미경의 발달로 풍부한 **미생물**—현미경적 크기의 생물—의 세계가 발견되면서 2개의 계 체제는 적절치 않은 것으로 인식되었다. 미생물은 어디에 속할까? 일부는 움직일 수 있으나 많은 미생물은 스스로 먹이를 만들 수 있어 식물과 동물의 사이 어디쯤 위치하는 것처럼 보였다. 더구나 원래 식물로 분류되었던 생물 중에서 버섯과 곰팡이는 움직이지 못하지만, 스스로 음식을 만들지 못하여 주변의 부패하는 동물과 식물을 소화하였다.

1960년대에 2-계 체제는 5-계 체제로 대체되었다. 새로운 체제의 핵심은 **원핵세포**(핵이 없다)와 **진핵세포**(핵이 있다) 사이의 구분에 근거한 분류라는 것이다.

원핵생물은 하나의 계에 귀속되었고, 이 계에 속한 유일한 구성원은 핵과 소기관이 없는 단세포 개체로 원형 DNA를 유전물질로 지닌 박테리아였다. 핵과 구획화된 소기관을 지니고 여러 개의 선형 DNA를 지닌 진핵생물은 식물, 동물, 균류, 원생생물 등 4개의 분리된 계로 나뉘었다.

1970년대와 1980년대에 5-계 체제는 폐기되었다. 그때까지는 생명체를 주로 외형에 의존하여 분류하였다. 그러나 분류의 최종 목표가 지구 다양성의 진화사를 반영하는 계통수를 재구축하는 것으로 바뀌었기 때문에 미국의 생물학자 Carl Woese와 그의 동료들은 뉴클레오타이드 서열을 조사하여 생물을 분류하기 시작하였다.

> **Q** 현존하는 모든 생명체가 하나의 공통 조상에서 진화하였다는 주장을 하나의 분자로 지지할 수 있는 방법은?

Woese는 두 종 사이에 유전자 염기서열이 비슷할수록 근연도가 더 클 것이라 가정하고, 이에 따라 계통수를 만들었다. 현존하는 모든 생물의 근연도를 비교하기 위해 Woese가 할 수 있는 유일한 방법은 모든 생명체에 존재하는 하나의 분자를 조사함으로써 종과 종 사이의 가까운 정도를 관찰하는 것이었다. 그 분자가 리보솜 RNA다. 유전자를 단백질로 번역하는 일을 돕는(6장 참조) 리보솜 RNA는 거의 확실하게 공통 조상으로부터 유래하였을 것이므로, 지구 상의 모든 생물에서 이 기능을 수행하게 되었을 것이었다. 그러나 시간이 흐르면서 유전자 염기서열(즉, 리보솜 RNA를 암호화하는 DNA)

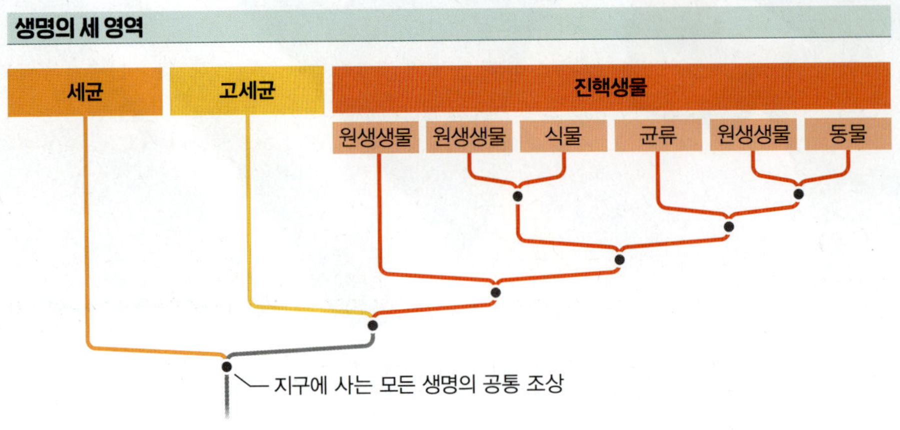

그림 12.26 모든 살아있는 생물은 세 영역 중 하나에 속한다.

이 조금씩 변해 왔다. 이 변화를 추적하면 다양화 과정과 일어났던 변화를 재현하는 것이 가능하다.

Woese와 동료들이 모은 유전자 데이터로 매우 놀랄만한 진화 계통수가 만들어졌다. 첫 번째로 가장 중요한 지구 생명다양성의 가장 커다란 분류 기준은 식물이냐 동물이냐도 아니고 원핵생물이냐 진핵생물이냐도 아니었다. 대신에 미생물 사이의 다양성이 생각했던 것보다 너무너무 크다는 것이 밝혀졌다. 사실, 완전히 새로운 원핵생물 집단을 발견하였다. 일명 **고세균**으로 불리는 이 집단은 지구 상의 가장 극단적인 환경에서 번성하며 세균과는 매우 다르다. 이 생명 계통수는 세균, 고세균, 진핵생물의 영역을 나타내는 3개의 주요 가지를 가진 것으로 개정되었다(**그림 12.26**). 이들의 영어 이름의 첫 알파벳은 대문자로 표시하고는 한다: Bacteria, Archaea, 그리고 Eukarya.

오늘날 가장 널리 받아들여지는 분류 방법인 Woese의 새로운 체제 내에서는 영역이 Linnaeus 체제의 계보다 높은 수준에 위치한다. 세균과 고세균 영역은 계를 하나씩 포함하고 진핵생물 영역은 4개의 계를 포함한다.

세균과 고세균 모두 현미경적인 크기이기 때문에 이들과 진핵세포의 차이 만큼이나 이 두 영역 사이의 차이가 크다는 것을 믿기 어렵다. 그러나 세 영역은 각각 단계통적이다. 즉, 각각이 공통 조상을 공유하는 종들과 그 조상의 모든 자손을 포함한다는 의미이다. 면밀히 수행된 조사에 의하면, 고세균은 세균보다 진핵생물에 더 가깝다는 것이 밝혀졌다.

3개의 영역과 6개의 계라는 접근방법은 완벽하지 않아 여전히 개정될 여지가 있다. 예를 들어, 앞에서 살펴보았듯이, 진핵생물 내에서 단세포 원생생물은 초기의 생각보다 매우 다양한 것으로 보아 단계통적 집단이 아니다. 과학자들은 점점 더 이들을 여러 개의 분리된 계로 쪼개야 할 것으로 인식한다. 문제는 또 있는데, 사실 세균은 단순히 유전자를 "부모"에서 "자손"으로 전달하는 대신 직접 다른 종에게 전달하는 **수평적 유전자 전달**을 종종 수행한다는 점이다. 이 과정은 염기서열 데이터에 근거하여 계통을 결정하려는 시도를 복잡하게 만든다. 왜냐하면, 이런 방식의 전달로 인해, 두 생물의 유전적 유사성이 공통 조상을 공유했기 때문이 아니라 한 종이 다른 종에게 유전자를 직접 전달한 결과일 수 있기 때문이다.

게다가, 네 번째 집단인 **바이러스**는 믿기 어려울 정도로 다양하고 중요한 생물학적 실체임에도 살아있는 생물로 간주하지 않기 때문에 계통수에 포함되지도 않았다. 바이러스는 복제할 수 있지만, 독립적으로 대사 활성을 나타내는 대신 다른 생물의 대사과정을 활용한다. 대사 활성이 없어서 바이러스는 이 책에서 사용한 생명의 정의 바로 바깥에 놓이게 된다. 그러나 일부 과학자들은 바이러스를 살아있다고 본다.

현재 가장 널리 받아들여지는 생명 계통수에 따르면, 생명의 기원 이후에 다음과 같은 일련의 사건이 일어났음을 추정할 수 있다(그림 12.27).

1. 자기복제와 대사를 수행하는 최초의 세포로부터 세균이 출현하였다.
2. 고세균과 진핵생물을 탄생시킨 혈통과 세균 사이에 분리가 있었다.
3. 세균과 고세균 같은 원핵생물이 융합되어 진핵생물을 탄생시켰고, 이후 진핵생물은 고세균 혈통으로부터 분리되었다.

다음 3개의 절에서는 각 영역에서 진화해 온 폭넓은 다양성과

생명의 기원 이후

가장 널리 받아들여지는 생명 계통수에 따르면 생명의 기원 이후에 다음과 같은 일련의 사건이 일어났다는 것을 알 수 있다.

1. 자기복제와 대사를 수행할 수 있는 최초의 세포로부터 세균이 출현하였다.
2. 고세균과 진핵생물을 탄생시킨 혈통과 세균 사이에 분리가 있었다.
3. 한 종류의 세균과 한 종류의 고세균이 융합되어 진핵생물을 탄생시켰고 이후 진핵생물이 고세균 혈통으로부터 분리되었다.

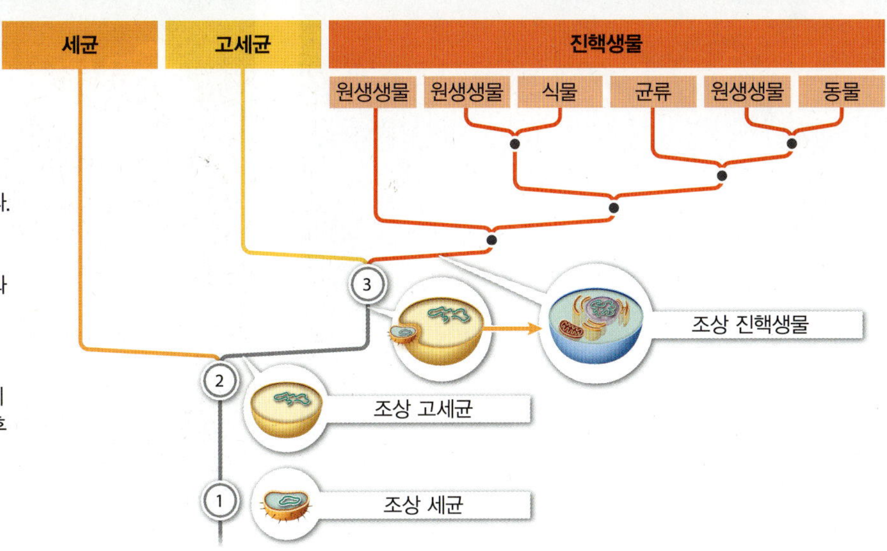

그림 12.27 **자기복제와 대사를 하는 세포로부터 복잡한 생물에 이르기까지.** 3개의 영역이 생명 계통수에서 가장 큰 가지들로 나누어진다.

각 영역의 구성원 모두가 지니는 공통 특성을 조망하면서 세 영역을 각각 소개한다. 13, 14, 15장에서는 이 영역들을 더욱 상세하게 다룰 것이다.

핵심요약 12.12

» 지구 상의 모든 생명체는 종 상호 간의 진화적 근연도를 반영하여 세균, 고세균, 진핵생물 등 세 영역으로 나누어진다.

12.13 세균 영역은 엄청난 생물다양성을 보인다

아침에 사람의 입 냄새는 역하다. 왜냐하면, 아침에 일어날 때 막대한 양의 세균 폐기물이 입에 담겨 있기 때문이다. 이 나쁜 입 냄새는 세균이 얼마나 다양하고 지략이 있는지를 잠시나마 이해하는 데에 도움이 된다.

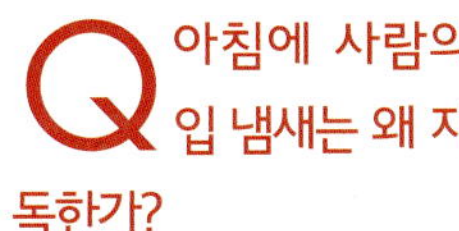

언제나 수백 종의 세균이 우리의 입—대부분 혀에 거주—에 서식하면서 자원을 놓고 경쟁한다(**그림 12.28**). 일부 세균은 대사에 산소가 필요한 호기성이고 나머지는 혐기성이다. 밤에 입속에서 침의 흐름이 늦어지고 산소 양이 줄어들면 혐기성 세균이 급속하게 성장과 번식을 한다. 이 세균들은 입안에서 음식의 일부, 잇몸과 이의 치태, 입 구조를 덮고 있는 죽은 세포들을 대사 활동의 대상으로 삼는다. 단백질은 아미노산으로 구성되어 있어서 이들 중 일부는 냄새가 나는 화학물질인 황을 담고 있는데, 이를 분해하는 과정에서 축적된 폐기물로부터 악취를 낸다.

일단 아침에 일어나면 호흡이 늘고 침이 증가하는데, 이 두 가지 모두 입안 산소의 양을 증가시킨다. 이로 인해 환경 조건은 호기성 세균에게 유리해진다. 호기성 세균은 에너지원으로 탄수화물을 선호하고 탄소화물은 황을 지니고 있지 않기 때문에 호기성 세균이 혐기성 세균을 경쟁에서 이기게 되면서 황 냄새는 사라지게 된다.

작은 규모이지만 입은 세균의 엄청난 생물학적 다양성을 나타내는 곳이다: 수백 종이 작은 구역—예를 들어, 찻숟가락 하나에 담긴 흙에는 10억 개체 이상의 세균이 살고 있다—에서 살 수 있고, 생각지도 못한 다양한 서식처에서 번성한다. 이들은 다양한 먹이원을 사용할 수 있고, 산소가 있는 조건, 없는 조건 모두에서 생존하고 번성할 수 있다. 주변을 살펴보면, 우리의 행성을 세균이 지배하고 있음을 명확히 알 수 있다. 어떤 척도를 제시하더라

그림 12.28 세균은 당신의 혀와 입에서 번성한다.

도 이 행성은 그들의 것이다: (만약 모든 세균을 모아 말려서 무게를 잰다면) 이들의 생체량은 모든 식물과 동물의 생체량을 합친 양을 초과할 것이다 (**그림 12.29**).

세균은 다양한 종이 있어 여러 가지 면에서 다르지만, 하나의 공통 조상을 공유하는 단계통적 집단이다. 따라서 이들 모두는 몇 가지의 공통점을 갖는다. 세균은 모두 단세포 개체로서 핵과 소기관이 없고 하나 또는 그 이상의 원형 DNA를 유전물질로 지니며 유전 정보를 교환하는 몇 가지 방법을 사용한다.

세균은—세포분열만으로 번식하는—무성생식을 하기 때문에 세균을 분류할 때 생물학적 종개념을 적용하기 어렵다. 그래서 세균은 물리적 특징 또는, 더 선호하기는, 유전자 염기서열에 근거하여 분류한다.

많은 사람은 세균을 병을 유발하는 생명체로 생각한다. 세균은

세균은—그림에서는 칫솔모에 있다—엄청난 범위의 서식처에서 번성하고 지구상의 모든 식물과 동물보다 큰 생체량을 가진다.

그림 12.29 우리보다 훨씬 수가 많다.

패혈증 인두염, 폐렴, 탄저병, 나병, 폐결핵 등 많은 병을 일으키지만, 이들의 비중은 전체 세균 영역에서 극히 일부이다. 사실 많은 세균은 우리의 삶에 꼭 필요하다.

장에 있는 세균은 사람이 섭취한 음식을 소화할 수 있도록 돕고, 그 과정에서 우리 몸이 필요로 하는 비타민을 생산한다. 다른 세균은 스트렙토마이신과 같은 항생제를 생산한다. 또 다른 세균은 식물과 공생하면서 작은 비료공장으로 작용하여 질소를 식물이 사용할 수 있는 형태로 전환한다. 세균은 또한, 사워크림에서부터 치즈, 요구르트, 시큼한 맛이 나는 반죽 빵까지 많은 음식에 맛을 부여한다. 7장에서 설명한 대로, 세균은 의학과 산업적 응용에 점점 더 많이 사용되고 있다.

13장에서 세균의 막대한 다양성을 더 자세히 살펴볼 것이다

핵심요약 12.13

» 모든 세균은 공통 조상을 공유하고 원핵세포이며, 무성생식을 하고 핵과 소기관이 없는 단세포 개체이며, 유전물질로 하나 또는 그 이상의 원형 DNA 분자를 지닌다. 세균은 진핵생물에 비해 대사와 생식능력 면에서 더 폭넓은 다양성을 나타낸다.

12.14 고세균 영역은 극한 환경에서 서식하는 여러 종을 포함한다

Q 고세균의 발견이 외계 생명체가 발견될 가능성을 어떻게 뒷받침했을까?

Yellowstone 국립공원에서 공기방울이 솟아오르는 온천 온도는 끓는 물의 온도인 100°C이고, 표면은 상대적으로 낮은 74°C이다. 이곳은 생명체가 살기 매우 힘든 장소인 것 같다. 그런데 연구자들은 38개의 상이한 고세균 종이 이곳에서 잘 자라고 있음을 발견하였다. 더 놀랄 만한 것은 이들 사이의 유전적 차이가 식물과 동물의 유전적 차이보다 2배가 넘는다는 점이다.

남극 대륙의 얼어붙은 바다에도 고세균은 아주 많다. 남극 지표수에 서식하는 생물의 1/3 이상이 고세균이다. 산소가 전혀 없는 늪과 사해의 매우 짠 물에서도 이야기는 마찬가지이다: 이전에는 생명체가 살 수 없을 것으로 추정되었던 곳에 고세균이 존재할 뿐 아니라 번성하고 다양화되어 있다(**그림 12.30**).

비교적 최근까지 지구 생명체라고 하면, 세균 또는 동식물과 같은 진핵생물을 떠올렸다. 그러나 지난 수십 년 동안 연구자들이 가장 가능성이 낮은 여러 서식처를 관찰하여 고세균이 성공적으로 서식하고 있음을 발견하였다.

유전자 염기 서열을 분석한 결과에 따르면, 고세균과 진정세균은 30억 년 전에 분지하였고, 약 25억 년 전에 진핵생물이 고세균으로부터 갈라져 나왔다. 고세균은 고세균 영역 내 하나의 계 안에서 분류되지만 얼마나 많은 종이 존재하는지는 아직 모른다. 깊은 바다에서 고세균이 우세한 미생물이라면 이들이 지구 상에서 가장 흔한 생명체일 가능성이 높다.

세균처럼, 모든 고세균도 단세포 원핵생물이다. 따라서 현미경으로 보면, 고세균은 세균과 매우 비슷하게 보인다. 그러나 일부 물리적 특징으로 인해 세균과 구분할 수 있다. 특히, 고세균의 세포벽은 세균과 진핵생물 모두에서 발견되지 않는 다당류를 지니고 있다. 고세균은 또한 진핵생물과 비슷한 세포막, 리보솜, 일부 효소 등을 가지고 있다.

고세균은 생리적 특성에 따라 종종 다섯 집단으로 나뉜다.

1. 매우 뜨거운 장소에서 서식하는 호열균 ("열 애호가")
2. 매우 염분이 높은 장소에서 서식하는 호염균 ("염 애호가")
3. 높거나 낮은 pH를 견디는 고세균
4. 대양 표면으로부터 수심 4,000미터 정도에서 발견되는 생물로서 약 2,700 kg/cm^{2}의 압력(바다 표면은 1.1 kg/cm^2 이하) 조건, 즉 고압을 견디는 고세균
5. 혐기성으로, 메탄을 생산하는 고세균인 메탄생성균

그림 12.30 고세균은 가장 살기에 힘들어 보이는 장소를 포함한 다양한 환경에서 번성한다.

많은 수의 고세균은 또한 세균이 흔히 발견되는 상대적으로 온화한 환경에서도 살고 있다.

핵심요약 12.14

» 고세균은 많은 종이 극한 환경에 적응되어 있고 세균과 구조적으로는 비슷하지만, 진핵생물과 더 닮아 있다. 이들은 아직 연구가 잘 진행되지 않은 깊은 바다를 포함한 많은 서식처에서 번성하기 때문에 현재 알려진 것보다 더 많이 존재한다는 것이 입증될 것이다.

12.15 진핵생물 영역은 식물, 동물, 균류, 원생생물의 4계로 구성된다

고세균과 세균 영역을 살펴보고 진핵세포로 화제를 전환하면 집으로 돌아오는 것과 같은 기분이 든다. 우리는 진핵생물 영역의 생물들과 가장 친숙하다: 식물, 버섯, 곤충, 물고기, 새, 그리고 물론 인간을 포함한 포유류 등. 진핵생물 중 3개의 계인 식물, 동물, 균류는 육안으로도 볼 수 있다(**그림 12.31**). 이 3개의 계에 속한 모든 구성원은 모두 다세포이다. 그리고 모두 막으로 둘러싸인 핵을 지닌 진핵세포로 이루어져 있다. 우리가 4장에서 살펴본 대로 진핵세포는 진화과정에서 원핵세포들의 공생을 통해 유래된 것이다.

진핵생물 영역의 네 번째 계는 대개 육안으로 보이지 않을 정도로 작은 **원생생물**을 포함한다. 이 집단은 일종의 보물 뽑기 주머니처럼, 아메바, 짚신벌레, 조류 등 광범위한 대부분의 단세포 진핵생물을 포함한다.

지구 상의 다른 현미경적 크기의 생물(인 고세균, 세균)과 마찬가지로 매우 높은 비율로 새로운 종의 원생생물이 계속 발견되고 있다. 앞에서 살펴보았듯이, 생물학자들은 이제 원생생물은 단계통적 집단이 아니라는 것을 알기 때문에 앞으로 이들을 진핵생물 내에서 여러 계로 분리할 것이다.

진핵생물은 세균이나 고세균보다 훨씬 잘 보이기 때문에, 지구 상에서 명명된 종의 수는 균형이 맞지 않게도 진핵세포 영역에 많다. 사실 150만 개의 명명된 종 중에서 대부분이 진핵생물이고, 그중 절반 정도가 곤충이다. 이는 세상에 실제로 존재하는 종의 상대적인 수를 반영하기보다는 다분히 생물학자들의 관심과 편견의 결과이다.

핵심요약 12.15

» 육안으로 볼 수 있는 (그리고 너무 작아 보이지 않는 많은 종류도 포함하여) 모든 생명체는 진핵생물로서, 이 영역에는 식물, 동물, 균류, 원생생물이 포함된다. 진핵생물은 세포소기관을 가지고 있어 세 영역 가운데 독특한 특성을 보인다.

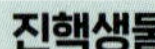

점균류

프리지아

버섯

차크마개코원숭이

그림 12.31 모든 모양과 크기. 진핵생물은 엄청나게 다양하다.

유전자 수준에서 인종 간 차이가 있을까?

우리는 사람을 보면, 아주 짧은 시간 내에 그 사람의 성, 크기, 대략의 나이, 인종을 알 수 있다. 그런데 인종이란 무엇인가? 인종에 생물학적 의미가 있는가?

Q: 생물학적인 의미로 인종이란 무엇인가? 인종 개념은 단순하지 않다. 일부 생물학자들은 인종을 상이하고 고유한 특징을 가지지만 상호교배가 가능하여 생식적으로 서로 양립할 수 있는 집단으로 정의하였다. 중요한 것은 인간의 경우, 계통발생적 구분을 초월해서 종교, 문화, 민족, 지리 등이 법적, 사회적, 정치적으로 인종을 개념화하는 데에 동원되는 공통적인 근거라는 점이다. 그렇다면, 이처럼 사회적으로 만들어진 "인종"이라는 구분이 의미는 있는 것일까?

Q: 인종의 구분은 무엇을 반영하는가? 흑인과 백인은 유전적으로 상이한가? 정답은 분명히 '맞다'이다. 검은 피부의 대립유전자와 하얀 피부의 대립유전자는 분명히 다르다. 더 나아가 일부 유전적 질환이 만연된 정도는 인종과 민족에 따라 다르다. 예를 들어, 낫세포 적혈구 빈혈증의 경우, 아프리카와 동남아에서 흔한 말라리아에 대한 저항성이 증가하기 때문에, 아프리카인과 동남아시아인들(과 아프리카인과 동남아시아인의 후손들)에게서 상대적으로 많이 발견된다.

한편, 가장 남쪽의 아프리카에 거주하는 사람들은 일본인들보다 낫세포 적혈구 빈혈증에 걸릴 확률이 높지 않다. 왜냐하면, 이 두 거주지에서는 말라리아가 발생할 확률이 비슷한 수준으로 낮기 때문이다. 사람들의 인종을 결정할 때 피부색보다 이러한 형질을 사용해야 할까? 만약 그렇다면 남부 아프리카인은 일본인과 같이 분류되고, 북부 아프리카인은 남부 아시아인과 같은 종류로 분류되어야 한다 (남부 아시아인도 말라리아에 대한 유전적 저항성을 지니며, 낫세포 적혈구 빈혈증을 지닐 위험성이 상대적으로 높다).

이와 같은 관찰을 고려하면 인종의 분류와 관련하여 중요한 의문이 생긴다. 그리고 DNA 염기서열 비교 결과에서도 의문점을 볼 수 있다: 두 사람 사이에 피부색이 비슷하다고 해서 전반적으로 유전적 유사성이 있다고는 말할 수 없다는 것이다. 예를 들어, 아프리카인의 혈액형에는 커다란 분류 기준이 있어서 일부는 O형, 일부는 AB형, 나머지는 A형, 또는 B형이다. 그리고 아시아인, 터키인, 러시아인, 스페인인들도 마찬가지이다. 그러나 그 누구도 혈액형이나 여타 생리 또는 생화학적 변이들에 따라 사람들을 분류하지 않는다.

Q: 인종의 미래는 어떻게 될까? "히스패닉", "흑인" 또는 "아시아인"과 같이 인류를 분류하는 것은 집단 사이에서 일관된 유전적 차이를 반영하지 않는다. 그러나 아직도 인종은 많은 사람에게 개인적, 사회적, 문화적, 민족적 정체성의 중요한 부분으로 남아 있고, 미국의 연방 기구는 이 정의를 의무적으로 사용하도록 하고 있다. 과학적인 합의를 통해 인종 분류가 유전적 구분을 의미 있게 반영하지 못함을 드러냈음에도 불구하고, 이런 이유로 인해 인종은 강력한 사회 구조물로 남아 있게 될 것이다.

연습 데이터의 시각적 표현을 비판적으로 살펴보기

도표로 배우기

1. 이 그래프에서 보여주고 있는 시간 동안 바탕멸종률은 대략 얼마인가?
2. 이 그래프에서 바탕멸종으로부터 대멸종을 구분하는 기준은 무엇인가?
3. 이 그래프가 멸종한 종이 아닌 멸종한 과의 백분율을 나타낸 이유는 무엇이라고 생각하는가?
4. 바탕멸종률이 직선으로 표시되지 않는 이유는 무엇인가?
5. 멸종률은 일반적으로 화석을 근거로 추산된다. 이것이 대멸종의 크기를 정확하게 반영하는 척도가 아닌 이유는 무엇인가?
6. 보존생물학자들은 현재의 멸종률을 주의 깊게 주목하는 것이 중요하다고 믿는다. 왜 그럴까?

답은 부록에 있음.

두 가지 종류의 멸종

멸종은 대개 두 가지 중 하나에 속한다.

- **대멸종** 비정상적이고 갑작스런 변화로 인해 짧은 시간 동안 많은 수의 종이 사라진다.
- **바탕멸종** 대멸종이 아닌 다른 시기에 낮은 비율로 일어난다.

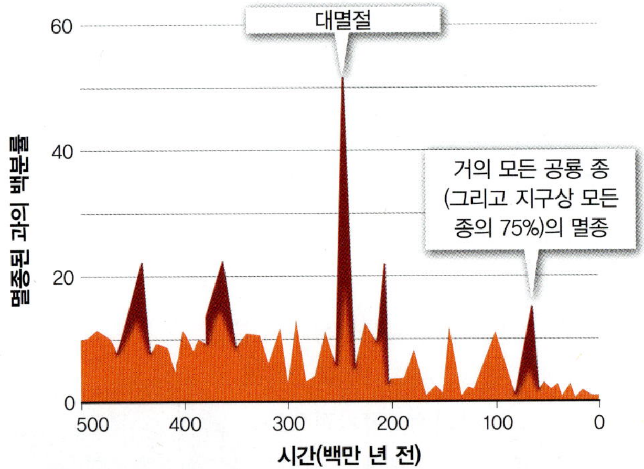

주요 용어: 미생물의 다양성

강 class, 348쪽
계 kingdom, 348쪽
계통발생 phylogeny, 354쪽
계통분류학 systematics, 354쪽
고세균 archaea, 364쪽
과 family, 348쪽
다배수성 polyploidy, 352쪽
단계통적 monophyletic, 356쪽
단속평형 punctuated equilibrium, 360쪽
대멸종 mass extinction, 362쪽
대진화 macroevolution, 359쪽
동소적 종분화 sympatric speciation, 352쪽
멸종 extinction, 361쪽
목 order, 348쪽
문 phylum, 348쪽
미생물 microbe, 363쪽
미소구 microsphere, 344쪽
바이러스 virus, 364쪽
바탕멸종 background extinction, 362쪽
분기점(마디) node, 355쪽
상동적 특성 homologous feature, 358쪽
상사형질 analogous trait, 358쪽
생명 life, 342쪽
생물학적 종 개념 biological species concept, 346쪽
생식적 격리 reproductive isolation, 347쪽
소진화 microevolution, 359쪽
속 genus(복수 genera), 347쪽
수렴진화 convergent evolution, 358쪽
수평적 유전자전달 horizontal gene transfer, 364쪽
영역 domain, 348쪽
원생생물 protist, 368쪽
유전적 분기 genetic divergence, 350쪽
윤상종 ring species, 350쪽
이소적 종분화 allopatric speciation, 351쪽
잡종 hybrid, 347쪽
잡종교배 hybridization, 350쪽
적응방산 adaptive radiation, 361쪽
접합전 장벽 prezygotic barrier, 347쪽
접합후 장벽 postzygotic barrier, 347쪽
종 species, 346쪽
종분화 speciation, 350쪽
종분화 사건 speciation event, 355쪽
종소명 species epithet, 347쪽
형태학적 종 개념 morphological species concept, 350쪽

요약

지구의 생명은 무생물로부터 유래하였다.

- 지구 상에서 최초의 생명체는 적어도 35억 년 전에 출현하였다. 자기복제 분자—아마 RNAs—가 지구의 초기 환경에서 형성되었을 것이고 나중에 막을 획득하거나 발생시켰을 것이다. 이로 인해 생명체를 정의하는 두 가지 조건, 즉 복제와 대사가 가능하게 되었을 것이다.
- 우리의 세상을 이해하기 위한 돌파구는 때때로 오랫동안 고수해 온 가정과 통념에 의문을 제기하는 것을 필요로 하다.

종은 생물다양성의 기본 단위이다.

- 종이란 일반적으로 상호교배 중이거나, 상호교배가 가능하지만 다른 집단과는 교배가 불가능한 개체들의 개체군으로 정의된다. 모든 종은 서열적인 분류체계에 따라 고유의 이름이 부여되며, 3개의 영역 중 하나에 속한다.
- 생물학적 종개념은 대부분 식물과 동물을 나타낼 때 유용하지만 많은 형태의 생물들을 구분하는 방법으로는 부족하다. 무성생식 종, 화석 종, 장기간에 걸쳐 출현한 종, 윤상종, 잡종교배 종들을 분류할 때 어려움이 생긴다.
- 종분화란 한 종이 생식적으로 격리된 두 개의 고유종으로 나뉘는 과정이다. 이 과정은 다배수체에 의해서, 또는 지리적 격리와 유전적 분기의 조합에 의해 일어날 수 있다.

진화계통수는 생물다양성을 개념화하고 범주화하는 데에 도움을 준다.

- 생명의 역사는 나무에 빗대어 볼 수 있다. 가지에서 줄기로 거슬러 가면 후손에서 조상으로 거슬러 올라가는 것이다.
- 진화계통수는 종 사이의 조상—후손 관계에 대한 가설이다.
- 수렴진화로 인해 근연도가 먼 생명체들이 매우 가까운 관계인 듯 보일 수 있지만, 이로 인해 DNA 염기서열의 유사도가 높아지지는 않으므로, 신체의 유사점을 비교하는 것보다 DNA 염기서열을 비교하는 것이 진화계통수를 구축하는 데에 최선이다.

대진화 덕분에 다양성이 크게 증가하였다.

- 생식적 격리와 더불어 일어나는 개체군 내 대립유전자의 빈도 변화인 진화과정은 종분화를 유발하기에 충분하다. 화석기록에 따르면 진화적 변화가 일어난 짧은 기간이 거의 변화가 없는 더 긴 기간을 단절시킨다. 다른 경우에는 종이 점진적이지만 일정한 속도로 변화한다.
- 짧은 시간 동안에 소수의 종이 매우 많은 수의 종으로 다양화하는 적응방산은 잠재적인 경쟁종의 대멸종, 새로운 서식처에 정착 또는 진화적 혁신의 출현 등에 의해 야기되는 경향이 있다.
- 새로운 종이 탄생하는 한편, 자연선택이나 환경의 크고 갑작스런 변화의 결과, 다른 종은 멸종한다. 대멸종은 지구 상의 매우 많은 종이 짧은 기간 동안 멸종하는 것이다.

지구 생명의 다양성에 대한 개관: 생물은 3개의 영역으로 나뉜다.

- 지구 상의 모든 생명체는 종 상호 간의 진화적 근연도를 반영하여 세균, 고세균, 진핵생물 등 세 영역으로 나누어진다.
- 모든 세균은 공통 조상을 공유하고 원핵세포이며, 무성생식을 하며, 핵과 소기관이 없는 단세포 개체이고, 유전물질로 하나 또는 그 이상의 원형 DNA 분자를 지닌다. 세균은 진핵생물에 비해 대사와 생식능력 면에서 더 폭넓은 다양성을 나타낸다.
- 고세균은 많은 종이 극한 환경에 적응되어 있고 세균과 구조적으로는 비슷하지만, 진핵생물과 더 닮아 있다. 이들은 아직 연구가 잘 진행되지 않은 깊은 바다를 포함한 많은 서식처에서 번성하기 때문에 현재 알려진 것보다 더 많이 존재한다는 것이 입증될 것이다.
- 육안으로 볼 수 있는 (그리고 너무 작아 보이지 않는 많은 종류도 포함하여) 모든 생명체는 진핵생물이며, 이 영역에는 식물, 동물, 균류, 원생생물이 포함된다. 진핵생물은 세포소기관을 가지고 있어 세 영역 가운데 독특한 특성을 보인다.

복습하기

짧게 답하기

1. 생명이 기원하는 데에 막 체계의 발달이 중요한 단계인 이유는?
2. 생물학적 종개념을 이용하여 종을 정의하시오.
3. 종분화의 첫 번째 단계가 생식적 격리를 포함해야 하는 이유는?
4. 계통수는 생물들 사이의 관계를 나타낸다. 계통수로부터 우리가 더 얻을 수 있는 것은?
5. (박쥐의 날개와 곤충의 날개처럼) 상사적 특징이 계통수를 만드는 데에 문제를 유발하는 이유는?
6. 사람의 척수 아래에 작은 내부의 "꼬리"처럼 보이는 몇몇 융합된 척추를 갖고 있다. 우리는 꼬리를 진화시키는 중인가 아니면 꼬리를 잃고 있는 중인가? 설명하시오.
7. 소진화와 대진화의 다른 점과 같은 점을 비교하시오.
8. 진화적 변화 모형을 개발하는 데에 도움이 되는 증거에는 어떤 종류가 있는가?
9. 바탕멸종과 대멸종의 근본적인 차이는 무엇인가?
10. 1960년대에 만들어진 종 분류체계가 1970년대와 1980년대에 개정된 이유는?
11. 고세균은 단세포 원핵생물로 현미경으로 관찰하면 세균과 매우 비슷하다. 이들을 세균과 구분하는 물리적 특징은 무엇인가?
12. 진핵생물 영역의 고유한 특징은?

정답고르기

1. 1950년대 초에 수행된 고전적인 일련의 실험에서 Urey와 Miller는 H_2, CH_4(메탄), NH_3(암모니아), 물 등으로 구성된 실험시스템에 전기 스파크를 일으켰다. 며칠 후 그들이 이 시스템에서 발견한 것은?
   a) 아미노산
   b) DNA
   c) 미소구

d) 세포

e) RNA

2. 최초의 유전물질은 어떤 종류의 분자라고 생각하는가?

a) 단백질

b) DNA

c) 탄수화물

d) RNA

e) 미소구

3. 동물에서 가장 흔한 종 분화 유형은?

a) 자가다배수성

b) 염색체성

c) 방향성

d) 이소성

e) 동소성

4. 다배수성은

a) 감수분열에 실수가 생겨 반수체 대신에 이배체 배우자가 생길 때만 발생한다.

b) 동물이 동소적 종분화가 되는 흔한 방법이다.

c) 동소적 종분화로 인해 식물이 부모 식물보다 더 적은 세트의 염색체를 갖게 되었을 때 발생한다.

d) 염색체 세트의 수가 증가한 것이다.

e) 항상 이소적 종분화를 일으킨다.

5. 계통수가 보여주는 것은?

a) 종들의 진정한 계통 관계

b) 유전자가 수평적이 아닌 수직적으로 전달된 결과

c) 문자 그대로 해석되는 것이 아닌 지적인 연습

d) 이소적 종분화 사건의 표현

e) 생물 집단의 진화적 관계에 관한 가설

6. 단속평형설에 대한 아이디어는 Darwin 진화론의 어떤 구성 요소에 도전하는가?

a) 안정적인 변화

b) 점진주의

c) 종의 정체

d) a)와 b)가 옳다

e) 위의 내용 모두 옳지 않다.

7. 다음의 시나리오 중 적응방산을 가장 촉진하는 것은?

a) 어떤 군도에 원래 거주하던 새 개체군이 폭풍에 의해 강제적으로 대륙으로 다시 옮겨지게 되었다.

b) 어떤 치타 개체군이 개체군 내의 유전적 다양성이 모두 없어지는 사건을 겪었다.

c) 나무를 감싼 산업 매연 검댕이 덕에 어두운 색 나방이 밝은 색 나방보다 선택적 이점을 갖는다.

d) 어떤 새 개체군이 한 군도에 묶여 움직이지 못하게 되었다.

e) 위의 모두 적응방산을 동일한 정도로 촉진할 것이다.

8. 6,600만 년 전에 지구에서 대멸종이 발생한 직후 어떤 일이 일어났을까?

a) 고세균의 번창

b) 최초로 광합성을 하지 않는 생물이 출현

c) 공룡을 비롯한 파충류의 번성

d) 대기 중 산소의 증가

e) 현대 포유류의 빠른 다양화와 방산

9. 원핵생물은 _______개의 영역으로 분류된다.

a) 1　　b) 2

c) 3　　d) 4

e) 5

10. 다음 중 가장 최근에 공통 조상을 공유하는 영역은?

a) 고세균과 진핵생물

b) 세균과 진핵생물

c) 고세균과 세균

d) 위 모두 아니다. 모든 세 영역은 상이한 조상으로부터 진화해 왔다.

e) 위 모두 아니다. 모든 세 영역은 서로 동등한 정도로 관련되어 있다.

11. DNA 염기 서열을 근거로 작성한 진화계통수에 따른다면, 다음 중 균류와 가장 가까운 집단은?

a) 식물　　b) 세균

c) 동물　　d) 고세균

e) 원생생물

13

동물의 다양성

진화와 적응방산

▲ 고양이는 발가락 끝으로 걷는 지행성(digitigrades) 포유동물이다. 발끝으로 걷고 뛰는 능력으로 인해 고양이는 빠르고 은밀하며 뛰어난 사냥꾼이 되었다.

동물은 진핵생물 영역의 한 갈래일 뿐이다

▲ 높은 사회성 조류 붉은벌잡이새의 무리(Luangwa Valley, 잠비아)

13.1 동물이란 무엇인가?

캥거루를 보면 동물이라는 것을 명백히 알 수 있다. 모기, 오징어, 지렁이의 경우도 마찬가지이다. 그렇지만 해면(sponge)을 보면 약간 모호한 점이 있다. 해면은 동물일까? 식물일까? 아니면 그 밖의 다른 무엇일까?

해면은 동물로 분류된다. 왜냐하면, 모든 동물의 공통적인 특정 형질을 공유하기 때문이다. 여기에 언급한 몇 가지 동물 사이에서조차 큰 차이점이 있다는 것을 생각해보면, 놀랍게도 일반적으로 단 세 가지 특징만으로도 **동물**(animals)을 정의하기에 충분하다(**그림 13.1**).

1. **모든 동물은 다른 생명체를 먹고 산다.** 이에 비해, 식물과 일부 세균은 광합성을 통해 자신의 먹이를 만들어낸다.

2. **모든 동물은—최소한 생활사 중 어느 단계에서는—움직인다.** 여기에서 한정적인 표현이 중요한 것은 일부 동물—홍합

동물이란 무엇인가?

메뚜기를 잡아 먹고 있는 무지개아가마(Agama agama) *수컷*

동물은 다른 생명체를 먹는다

모든 동물은 다른 생명체를 소비하여 에너지를 얻는다.

인디아영양(Antilope cervicapra)

동물은 움직인다

모든 동물은—최소한 생활사 중 어느 단계에서는—움직이는 능력을 갖는다.

바다달팽이(Flabellina iodinea)

모든 동물은 다세포성이다

동물은 많은 세포로 구성되며, 신체 부위는 서로 다른 활동에 맞도록 특수화되어 있다.

그림 13.1 동물의 특징.

과 따개비 등—의 경우 생활사 초기인 "유생기"에만 움직이기 때문이다. 이들은 성체가 되면 물체의 표면에 부착하고 살아가는 **고착성**(sessile) 생활을 한다.

3. **모든 동물은 다세포성이며, 대개 특수화된 신체 부위를 가진다.** 예를 들어, 대부분의 동물은 감각기관(눈, 귀, 코, 혀, 더듬이, 수염)을 가지고 있어 주변 환경에 대한 정보를 얻고 먹이와 천적을 탐지한다.

이 밖에도 동물의 일반적인 특징이 몇 가지 있는데, 예를 들면 대부분 유성생식을 한다는 것 등을 들 수 있다. 그러나 어느 생명체가 동물인지 여부를 판단할 때에는 이들 세가지 특성이 가장 적용하기 쉬운 기준이 된다.

핵심요약 13.1

» 모든 동물은 다른 생명체를 먹고 살며, 발달 과정 중 적어도 한 단계에서는 움직일 수 있고, 다세포성이다.

13.2 "고등한 종" 또는 "하등한 종"은 없다

하나의 종(species)은 두 가지의 상태가 가능하다. 현재 생존하는 **현생**(extant) 종과 더 이상 생존 개체가 없는 **멸종**(extinct) 종이 있다. 진화적 관점에서 현생 종은 그것이 무엇이든 "하등한 종" 또는 "원시종"이라고 부르는 것은 적절치 않다. 이들 표현은 대개 어떤 종이 인간과 유사한 정도를 반영하는 것에 지나지 않는다. 이런 방식으로 우리는 종종 다른 생명체에 대한 편견을 드러내곤 한다.

진화는 생명체와 환경 사이에서 더 높은 적응력을 이끌어낼 수 있지만, 그것이 반드시 "고등한" 또는 더욱 진보된 것이라고 볼 수 있는 높은 수준의 복잡성이나 특성을 이끌어낼 필요까지는 없다는 점을 기억하자. 다윈은 우주와 생물 진화의 이론을 제안한 책의 여백에 스스로에게 다음과 같이 기록했다. "고등하다거나 하등하다라는 단어는 절대 사용하지 말 것." 다윈은 그의 저작 전반에 걸쳐 기술한 많은 종에 대해 개체군과 그들이 살았던 환경 사이의 적응 과정 및 상관관계를 강조했다. 한 종은 다른 종보다 결코 낫거나 못하지 않다. 오히려 어떤 종이 서식하는 특정 생태적 지위에서 그 종의 개체들이 적응한 특화 과정을 통해 각각의 다른 종으로 분화된 것이다.

어떤 종이 현존한다는 사실은 먹이를 찾고, 포식자를 피하고, 번식하는 등 모든 생명체가 반드시 해야만 하는 일을 그 종이 해낼 수 있다는 것을 의미한다(**그림 13.2**). 이 장에서는 대부분의 종을 아우르는 9개의 문(전체로는 36개 정도의 동물 문이 있음; **그림 13.3** 참조), 그리고 이들의 성공에 기여한 진화적 혁신에 대해 살펴본다. 이들 집단은 전체 동물문의 1/4에 지나지 않지만, 오늘날 현존하는 동물 종의 99%를 포함한다. 동물계에 대한 논의를 시작하며, 먼저 해면, 해파리 및 각종 벌레처럼 단순한 몸 구조를 가진 동물에 대해 알아본다. 이어서 연체동물 및 절지동물과 같이 척추를 가지지 않은 복잡한 동물들에 대해 살펴본다. 마지막으로, 인간을 포함한 포유류, 양서류, 파충류(조류 포함) 및 어류와 같은 척추동물에 대해 알아본다. 이러한 순서를 따르면, 주요 진화적 변화를 발생한 시대순으로 알아볼 수 있다. 이 순서는 종의 상대적 성공에 대해서는 어떠한 정보도 제공하지 않는다. 또한, 인간이 "만물의 영장"이라는 것을 의미하지도 않는다.

그림 13.2 **동등하게 성공한 두 생명체: 수시렁이와 치타.**

핵심요약 13.2

» 36개에 이르는 동물 문 중에서 9개의 문이 기재된 동물 종의 99% 이상을 차지한다. 진화적 관점에서 볼 때, 이들 중 어떤 종도 "고등"하거나 "하등"하지 않다.

13.3 동물을 분류하는 4가지 핵심 기준

지구 상의 명명된 200여 만 종 가운데 약 3분의 2가 동물이다. 이들은 크기나 모양이 정자를 닮은 자유-유영 단세포 생명체가 공통 조상이다. 생물학자들은 DNA와 RNA 염기서열 분석을 이용해 하나의 공통 조상을 공유하는 종들을 파악한다. 이러한 분석결과를 통해 동물을 단계통군으로 나누어 더욱 잘 분류할 수 있게 되었다. 단계통군 각각은 특정한 적응력이 무엇인가에 따라, 그리고 어떤 종의 동물이 그 적응력을 지닌 조상의 후손인가라는 질문에 따라 결정된다(**그림 13.3**). 일반적으로, 동물 종들은 다음 질문에 대한 답에 기초하여 계통수의 적절한 위치에 배치된다:

1. **뚜렷한 조직을 만들어내는 특화된 세포를 가지고 있는가?** 해면동물문에 속한 동물은 조직(공통 구조와 기능을 가진 세포 집단)을 가지고 있지 않다. 해면동물은 유사한 세포의 집합체이며, 세포 사이에 통합 조정된 활동이 거의 나타나지 않는다. 그밖의 다른 동물은 모두 뚜렷한 조직을 가지고 있는 단계통군을 이룬다. 예를 들어, 사람은 피부, 근육 및 감각 세포 등과 같이 고도로 특화된 세포를 가지고 있다. 해면 이외의 모든 동물에 대해서 두 번째 질문을 할 수 있다.

2. **발달이 방사대칭으로 이루어지는가 또는 좌우대칭으로 이루어지는가?** 뚜렷한 조직을 가진 동물들은 방사대칭이거나 좌우대칭으로 발달한다.

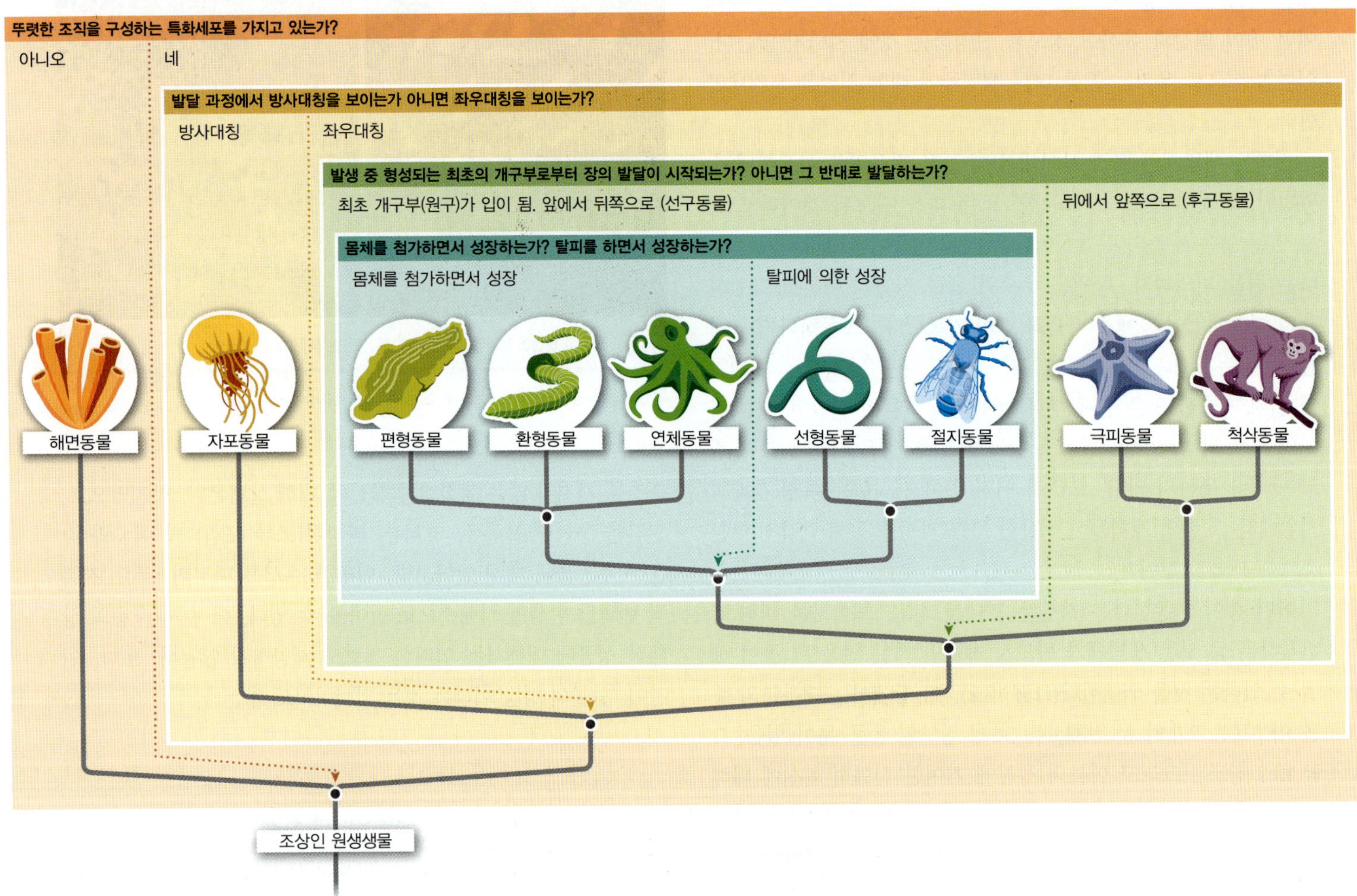

그림 13.3 체형의 혁신. 그림에 나타난 9개의 그룹은 모든 동물문의 25%에 해당하지만 전체 동물의 99%를 차지한다. 이들의 각 그룹들은 본 장에서 다루어진다.

방사대칭(radial symmetry) 동물의 몸은 해파리, 산호, 말미잘처럼 마치 파이 같은 구조를 가진다. 천천히 움직이거나 자유롭게 떠다니는 방사대칭 동물은 앞뒤가 따로 없는 모양이며, 중앙을 기준으로 같은 모양의 여러 조각으로 잘라낼 수 있다.

또 다른 동물은 **좌우대칭**(bilateral symmetry) 동물이다. 이들(인간, 소 및 전갈)은 좌우 거울상을 가진다. 좌우대칭 동물은 먹이를 찾거나 천적을 회피하는 행동을 능숙하게 할 수 있다. 불가사리 같은 일부 동물의 경우 배 발달 과정에서는 좌우대칭이지만 성체가 되면서 방사대칭이 된다. 생활사 중 어떤 단계에서라도 좌우대칭을 보이는 동물은 좌우대칭으로 간주한다.

방사대칭

좌우대칭

뚜렷한 조직을 갖고, 좌우대칭인 단계통 동물군은 세 번째 질문을 통해 계통학적으로 더욱 구분한다.

3. **발달 과정 중 입이 먼저 생기는가 아니면 항문이 먼저 생기는가?** 동물 진화의 초기인 약 6억 3천만 년 전에 **선구동물**(protostomes, "입이 첫 번째")과 **후구동물**(deuterostomes, "입이 두 번째")로 나뉘는 주요 분리가 이루어졌다. 이러한 명칭은 장이 발달하는 방향이 앞에서 뒤쪽인지 또는 뒤에서 앞쪽인지에 따라 붙여진 것이다. 선구동물은 장이 앞에서 뒤쪽으로 발달한다. 즉, 처음에 형성된 개구부가 성체의 입이 되며, 나중에 형성된 개구부는 항문이 된다. 후구동물은 장이 뒤에서 앞쪽으로 형성된다. 즉, 항문은 첫 개구부이고, 입은 두 번째 형성된 것이다. 비록 동물의 배 발생을 자세히 관찰해야 볼 수 있기는 하지만, 선구동물과 후구동물의 분리는 동물 사이의 진화적 연관성에 따라 동물을 구분하는 가장 기본적인 구분법의 하나이다.

동물의 전체적인 계통을 수립하기 위해서, (1) 뚜렷한 조직을 가지고 있으며, (2) 좌우대칭으로 발달하고, (3) 선구동물인 동물들을 더욱 세부적인 단계통군으로 구분할 수 있다. 이를 위해 다음의 네 번째 질문이 필요하다.

4. **성장이 탈피에 의해 이루어지는가 아니면 신체의 지속적인 추가에 의해 이루어지는가?** 바닷가재나 곤충처럼 탈피를 하는 동물은 발달 과정 동안 일정한 간격으로 외골격(단단한 외층)을 벗어내고서 더 큰 외골격으로 대체한 후 새 골격에 맞추어 성장한다. 조개나 문어 같은 다른 동물은 꾸준하게 몸의 크기를 늘려가면서 성장한다.

이와 같은 4가지 주요 차이점은 36개에 이르는 현생 동물문을 단계통군으로 구별하는 데에 도움이 된다. 단계통군에서는 어떤 집단이라도 같은 집단에 속한 개체들은 외부 집단의 그 어느 개체보다도 서로 더 밀접하게 관련되어 있다. 단계통군으로 구별한 것에 더해, 척추의 유무에 따라서도 분류된다.

해면과 같은 **무척추동물**(invertebrates)들은 척추가 없으며, **척추동물**(vertebrates)은 척추를 가진 동물이다. 무척추동물은 현존 동물 종의 95% 이상을 차지하지만(**그림 13.4**), 단계통군은 아니다. 실제로, 무척추동물은 몸의 형태, 크기, 서식지 및 행동이 매우 다양한 8가지의 진화적 혈연계통으로 이루어져 있다.

그렇지만 무척추동물은 모두 선구동물이며—예외로 후구동물로 이루어진 하나의 큰 집단이 있다. 불가사리나 성게, 연잎성게 등이 속한 극피동물 문은 척추동물과 마찬가지로 뒤에서-앞으로 장이 발달하는 후구동물이며, 척추동물과 가장 가까운 친척이다. 이들에 대해서는 다음의 절에서 상세히 다룬다.

그림 13.3에 보인 예를 포함하여 모든 계통은 가설이며, 더 많은 증거가 축적됨에 따라 수정보완될 수 있다. 예를 들어, 최근에 연구자들은 아마도 해면동물이 나머지 동물에서 분기되는 첫 번째 계보가 아닐 수도 있다는 놀라운 제안을 했다(그림 13.3 참조). 이전에 자포동물과 가장 밀접한 관련이 있다고 믿어졌던 해양 빗해파리(유즐동물)의 DNA 염기서열 데이터는 그들이 나머지 동물들로부터 가장 먼저 갈라졌을 수 있음을 보여준다.

이 아이디어는 해면과 달리 빗해파리는 신경계를 비롯하여 몇 개의 뚜렷한 조직을 가지고 있기 때문에 놀라운 것이다. 빗해파리가 첫 번째로 분기한 동물 집단이었다면, 모든 동물의 조상은 신경계를 가졌을 것이며 이후 해면에서 상실된 것이다. 그렇지 않다면 신경계는 빗해파리에서 독립적으로 진화해야 한다. 이들 두 경우 모두에서 제안된 이 새로운 계통은 동물 진화의 초기 사건에 대한 우리의 이해를 바꿀 수 있다.

핵심요약 13.3

» 동물은 아마도 조상의 원생동물에게서 유래했을 것이다. 4가지 주요 특징에 의해 현생 동물은 단계통군으로 구성된다. (1) 조직 여부, (2) 방사대칭 또는 좌우대칭, (3) 선구동물 또는 후구동물, (4) 탈피를 통한 성장 또는 신체에 대한 지속적인 추가를 통한 성장.

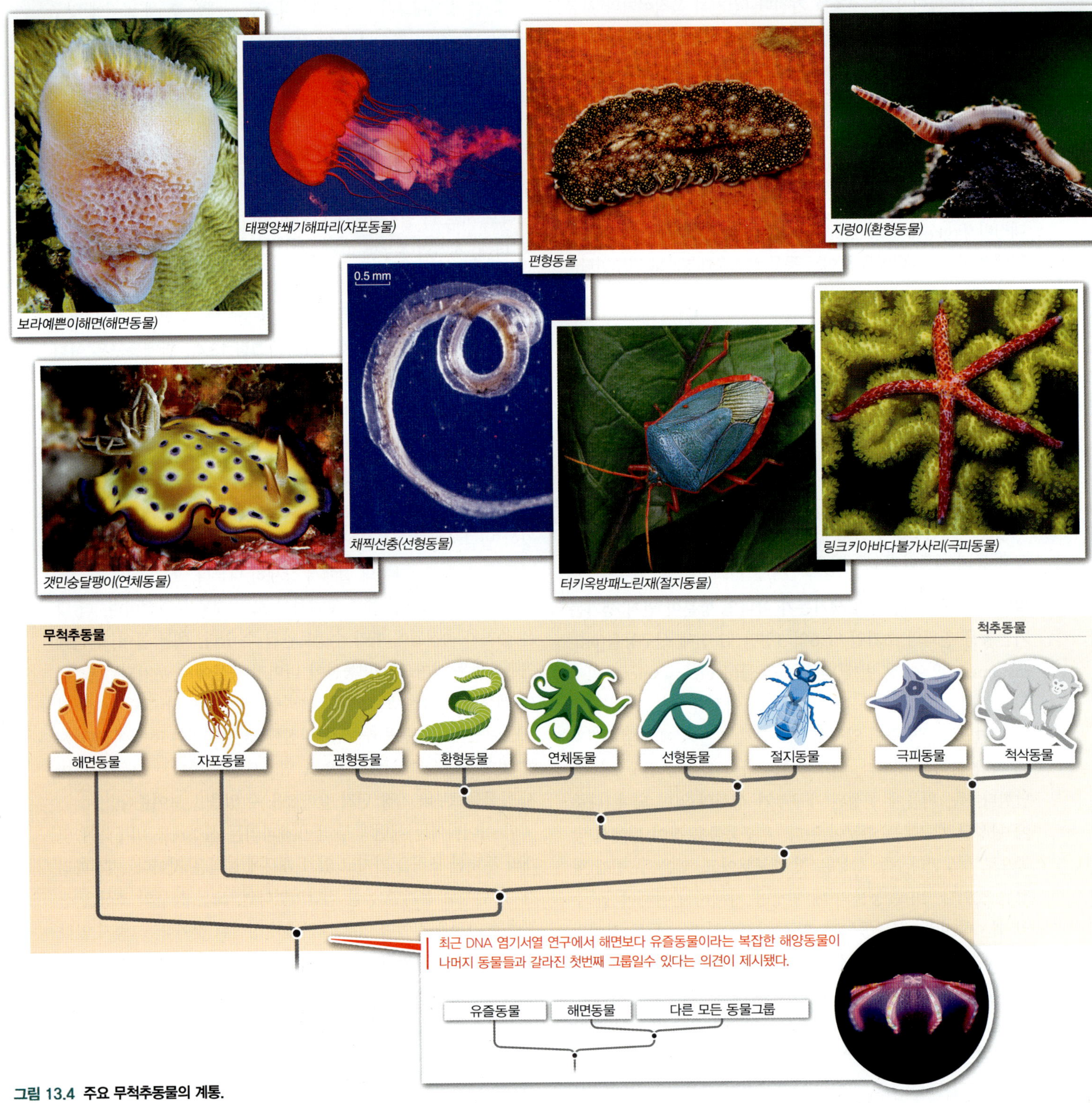

그림 13.4 주요 무척추동물의 계통.

무척추동물–등뼈가 없는 동물–은 가장 다양한 동물군이다

▲ 지구 상에서 가장 다양한 동물은? 정답은 딱정벌레이다. 위 그림은 마다가스카르에 사는 비단벌레이다.

13.4 해면동물은 조직과 기관이 없는 동물이다

동물 다양성에 대한 조사를 위해 모든 동물 중에서 가장 동물과 덜 유사하고 가장 단순한 집단인 해면동물(Porifera문)부터 알아보자(**그림 13.5**). 앞서 살펴본 바와 같이, 해면은 특별한 조직이나 기관이 없으며 대부분 대칭성이 없다. 단순함에도 불구하고, 해면동물은 먹이를 얻는 데 매우 효율적이다. 고착성 생활을 하면서 해면동물은 물을 걸러 부유 물질과 먹이 입자를 먹는다. 해면동물은 몇 가지 세포형을 가진다. **표피세포**(Epithelial cells)는 납작하고 피부 같이 생긴 세포로 서로 연결되어 있으며 해면의 바깥쪽을 덮고 있다. **동정세포**(Collar cells)는 길고 채찍같이 생긴 편모로 해면의 내부를 덮고 있다. 그 중간층은 젤로 이루어져 있는데, 번식, 소화, 성장에 관여하는 다양한 세포 유형과 몸체를 빳빳하게 만드는 내장된 섬유 등으로 되어 있다.

각 동정세포의 편모는 박동하여 물을 위쪽으로 그리고 몸 밖으로 운반하는 흐름을 만든다. 해면동물의 측면에 있는 구멍을 통해 내부로 흐르는 물은 세균, 조류 및 기타 미세 유기체를 스펀지의 몸으로 운반한다. 동정세포의 "동정"은 먹이 입자를 걸러내는 끈적한 점액으로 덮여 있고, 일부 입자들은 세포 흡수작용을 통해 세포 내로 섭취된다(4.10절 참조). 하루에 몸을 통과하는 물의 양은 해면 부피의 20,000배에 달한다(**그림 13.6**).

해면동물은 암수한몸이다. 각 개체는 암수 생식기관을 모두 갖고 있지만 한 번에 한 종류의 생식세포(난자 또는 정자)만 만든

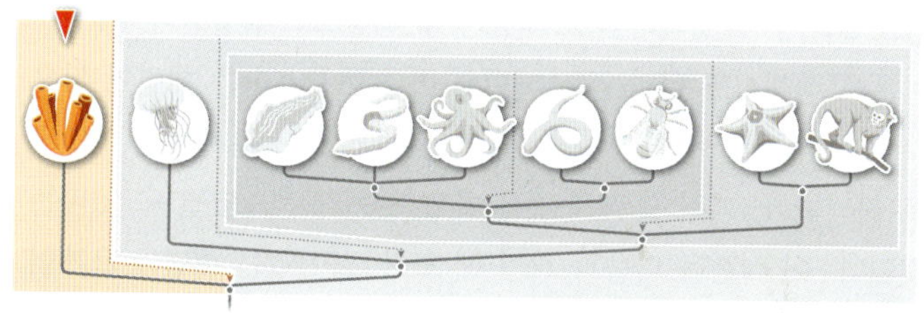

해면동물

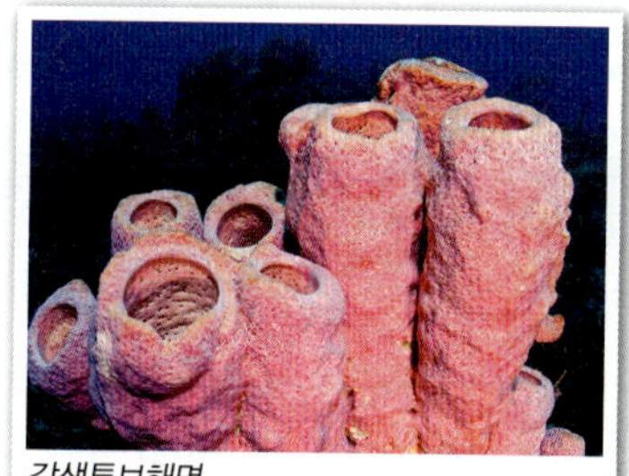

갈색튜브해면

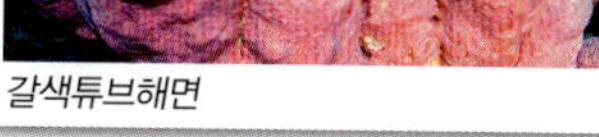

가지튜브해면

일반 특징
- 조직과 기관이 없다.
- 몸체는 빈 튜브 또는 체벽 구멍으로 연결된 수관 체계를 가진다.
- 구멍을 통한 물의 흐름을 통해 세균, 조류 및 작은 유기입자를 먹는다.
- 유생은 자유유영한다.
- 성체는 고착생활을 한다.

기록종 수
- ~5,000 종

그림 13.5 조직과 기관이 없는 동물.

해면동물의 구조

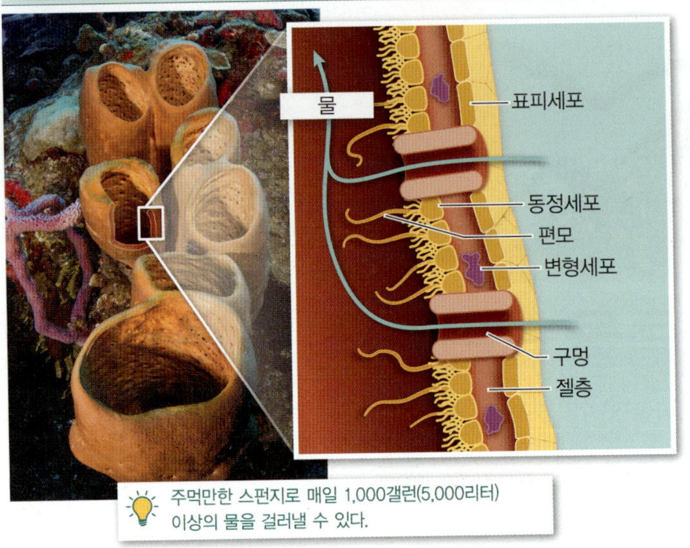

그림 13.6 해면을 통한 유체흐름 및 여과섭식.

다. 수컷 역할을 하는 해면은 다른 암컷 역할을 하는 해면으로 헤엄쳐 가는 정자를 방출하여 난자와 수정한다. 수정된 난자는 유충으로 발달하여 물속으로 방출되고 며칠 동안 떠 다니다가 바위나 산호 노출부에 정착하여 고착성 성체 해면으로 발달한다. 해면동물은 무성생식도 한다. 즉, 해면의 바깥쪽에서 작은 해면이 싹으로 자라나온 후 떨어져 나와 바닥에 자리 잡은 뒤 새로운 해면으로 자라난다. 가장 놀라운 것은 해면 세포가 재조립될 수 있다는 것이다. 이 실험을 다음과 같이 해 보자. 살아있는 해면을 으깨어서 걸쭉하게 만든 다음, 가는 체를 받쳐 액체를 걸러내어 덩어리는 제거하고 살아 있는 세포의 부유액만 남겨 수족관에 넣는다. 하루가 지나면 각 세포가 이리저리 돌아 다니다가 서로 닿으면 달라 붙어서 작은 해면 조각이 형성되는 것을 볼 수 있다. 일주일 내에 새로운 해면이 형성된다. 해면이 재조립할 뿐만 아니라 특정 종의 세포가 동일 종의 다른 세포들하고만 서로 모이므로 동일 종의 세포로만 구성된 두 개체를 볼 수 있다.

일부 해면의 건조된 골격은 부드럽고 흡수력이 높아서, 인간은 오랫동안 이를 헬멧 안의 패딩, 그림 도구, 고대 로마에서는 화장지 대신 사용했다. 그러나 이 해면은 살아있는 것과는 거리가 멀다. 건조된 해면에서 분리된 스폰진이라는 탄력 있는 단백질성 섬유일 뿐이다. 남획으로 인해 해면 개체 수가 감소하였기 때문에 더이상 널리 사용되지는 않는다(오늘날 대부분의 주방과 욕실에서 사용되는 "스펀지"는 대부분 합성 재료로 만들어지며, 수세미 스펀지는 이름과 달리 식물성 재료로 만들어진다).

Q 당신의 주방에 있는 스펀지는 동물성인가? 살아 있는가?

핵심요약 13.4

» 해면동물은 동물의 계통 중 가장 단순한 계보 중 하나이다. 해면동물은 조직 또는 기관이 없다. 해면은 유성생식(난자와 정자)과 무성생식(출아)으로 번식한다. 수정된 알은 자유유영하는 유생으로 자라나 고착하여 여과섭식 생활을 하는 성체 해면으로 발달한다.

13.5 해파리 등의 자포동물은 가장 독성이 강한 동물군이다

바다에서 수영하다가 쏘인 적이 있다면 해파리와 접촉한 것이다. 운이 좋다면, 그것은 떠다니는 플랑크톤을 먹고 사는 많은 약한 독을 가진 종 중 하나일 것이다. 다른 해파리 종은 극심한 고통이나 죽음을 이르게 하는 강력한 독침을 가지고 있다. 해파리는 말미잘 및 산호와 함께 자포동물문(Cnidaria; nigh-DARE-ee-ah로 발음)에 속한다. 해면동물을 제외한 모든 동물과 마찬가지로 자포동물문의 11,000종은 뚜렷한 조직을 가진다. 자포동물은 단순하고 방사대칭인 신체 구조를 가진다(**그림 13.7**).

자포동물의 몸체는 두 가지 유형이 있다: 고착성인 "폴립"형과 자유유영하는 "메두사"형이 있다. 개체들은 생활사 중 일부는 폴립형으로 보내고, 일부는 메두사형으로 보낸다. 다른 종은 메두사로만 존재하거나 산호나 말미잘처럼 폴립으로만 존재한다.

자포동물은 육식동물이며, 촉수를 사용하여 원생생물에서부터

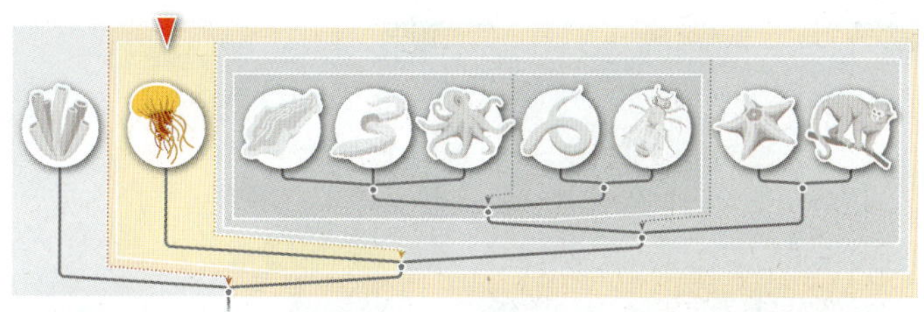

자포동물

모자이크해파리

달리아말미잘

금빛나팔돌산호

일반 특징
- 방사대칭
- 먹잇감을 마비시키는 촉수

소속 분류군
- 해파리
- 말미잘
- 산호

그림 13.7 **방사대칭 포식자.**

어류와 조개에 이르기까지 다양한 해양생물을 잡아먹고 산다. 이들의 먹이 포획 방법은 자포동물의 독특한 구조인 자포세포(쏘는 세포)에 의존한다. 모든 자포동물은 입 가까이에 자포세포가 한 줄로 늘어서 있는 촉수를 가진다. 각 자포세포는 내부에는 실이 감겨 있고, 외부에는 방아쇠를 가지고 있다. 무언가(먹이 또는 바

자포세포의 작동

자포동물은 자포세포라 불리는 쏘는 세포로 먹이를 잡는다.

각 자포세포 내부에는 가시가 있는 꼬인 실이 있고, 외부에는 방아쇠가 있다.

방아쇠

꼬인 실

1 먹이가 다가와서 방아쇠에 접촉한다.

2 꼬인 실이 튀어 나오며 먹이를 뚫는다.

3 독이 주입되어 먹이를 마비시키거나 죽인다.

그림 13.8 **쏘는 세포가 먹이를 잡는데 사용된다.**

다에서 수영 중인 사람의 다리)가 방아쇠에 닿으면 감겨 있던 실이 작살처럼 뻗어 나와 먹이를 뚫고서 독소를 주입할 수 있다 (그림 13.8). 작은부레관해파리는 자포동물 중에서 가장 위험한 독성을 가지는 종 중 하나이다. 작은부레관해파리에 쏘이면 고통스럽지만 (수영하는 사람이 운이 나쁘게 이 촉수에 휘말려서 수백 개의 독침에 쏘이면 매우 고통스럽다) 치명적이지는 않다. 모든 자포동물이 자포세포를 가지고 있기는 하지만, 3종류의 주요한 자포동물 집단 사이에서는 다양성이 매우 크다.

산호 산호는 산호초에서 발견되는 아름다운 모습인 커다란 군체 집단 내에서 작은 폴립(수 mm 길이)으로 살아간다. 산호는 먹이를 쏘고 촉수를 사용하여 플랑크톤(때로는 작은 물고기)을 잡으며, 촉수에 의해 입으로 들어가서 위에서 소화된다. 산호는 유성생식으로 번식하는데, 일반적으로 체외수정(정자와 난자를 물에 방출하여 융합하여 유생을 형성함)과 체내수정(정자만 방출되고 암컷 산호 체내에서 알을 수정시킬 수 있음)을 모두 한다.

이들은 또한 무성생식도 할 수 있다. 산호는 독립된 구형 또는 가지 모양에서부터 암석이나 다른 산호의 껍질에 이르기까지 다양한 모양으로 자란다. 이것은 폴립이 탄산칼슘을 분비하여 다른 산호가 군체로 살 수 있는 단단한 껍질을 만들기 때문에 가능하다. 이러한 거대한 탄산칼슘 골격과 산호의 집합체를 **산호초**라고

한다. 산호초는 다른 어떤 해양 서식지보다 다양한 종의 서식지인 환경을 제공한다. 호주 연안의 산호 해에 위치한 그레이트 배리어 리프(대산호초)는 남북으로 2,600 km 이상 뻗어 있다. 생물학적 생산성의 놀라운 전시물인 이 암초는 세계에서 가장 큰 생물학적 구조물이며, 국제 우주정거장에서도 볼 수 있다.

Q 지구 기후 변화가 산호초에 어떤 영향을 미치고 있는가?

산호초는 지구 기후 변화의 첫 번째 희생자 중 하나이다. 산호 폴립은 폴립 내에 서식하는 황록공생조류(zooxanthellae)라고 하는 조류로부터 대부분의 영양분을 얻는다. 이 조류는 폴립에서 생성된 이산화탄소를 사용하여 광합성을 하고, 폴립은 조류에서 생성된 산소와 영양분을 얻는다. 이상하게도 산호 폴립이 너무 뜨거워지면 황록공생조류를 방출한다. 황록공생조류가 많은 산호의 색상과 영양을 맡기 때문에 산호 폴립이 공생 조류를 내보내면 산호가 하얗게 보이는데, 이와 같은 현상을 백화현상이라고 한다. 공생조류는 물이 차가워지면 폴립으로 돌아갈 수 있지만, 반복적인 백화현상은 종종 산호 폴립의 죽음을 초래한다. 지구의 해양은 이미 더워지고 있으며, 산호 백화현상은 더욱 빈번해지고 있다(**그림 13.9**).

산호초는 다른 어떤 해양서식지 보다 생물다양성을 제공한다. 기후변화로 인한 해양 온도 증가는 산호 백화현상을 초래하여 그들이 제공하는 생물다양성의 위기를 초래하고 있다.

그림 13.9 산호초 백화현상. 왼쪽 그림은 건강한 산호 폴립; 오른쪽은 백화현상으로 죽어가는 산호초.

말미잘 말미잘은 꽃처럼 생긴 폴립 몸체를 가진다. 이들은 몸체의 윗부분에 입 주위를 둘러싼 촉수를 가지고 있다. 말미잘은 자유유영하는 유생 단계를 거친 뒤 바위에 정착하여 성체로 변태한다. 성체가 되어도 많은 말미잘은 하루에 몇 센티미터 정도 기어 다닐 수 있으며, 종종 해초류를 떠돌아다니는 말미잘이 관찰된다.

해파리 물고기가 아닌 해파리의 크기는 매우 다양하다. 아시아 거대 해파리는 지름이 2 m 이상이고 무게는 200 kg 이상이다. 이 해파리 떼는 끈적끈적한 독침 덩어리로 어선의 그물을 막는다. 상대적으로 암탉의 알만한 크기의 이루칸지해파리가 있다. 이 종은 너무 치명적이어서 2007년 호주에서 단 5마리의 이루칸지해파리가 발견되었음에도, 할리우드 영화(Fool's Gold) 촬영이 중단되었고, 안전을 위해 실내 스튜디오에서 마무리지어야 했다.

핵심요약 13.5

» 산호, 말미잘, 해파리는 자포동물문에서 뚜렷한 조직을 가진 방사대칭 동물이다. 모든 자포동물은 육식동물이며 촉수에 있는 특수한 자포세포를 사용하여 먹이를 포획한다.

13.6 편형동물, 선형동물 및 환형동물은 형태와 크기가 매우 다양하다

대부분의 생물학자들이 낚시가게를 운영하지 않는 것은 좋은 일이다. 만약 이들이 낚시가게를 운영한다면, 낚시 미끼용 벌레를 사기 위한 간단한 여행조차 너무 복잡해질 것이다. "벌레"라는 이름은 일반적으로 등뼈가 없고, 길고, 가늘고, 끈적끈적한 동물에 붙여진 것이지만, 이 묘사에 어울리는 동물은 8개나 되는 동물문에서 발견할 수 있다. 따라서 벌레는 단계통군을 이루지 않는다. 그들의 전반적인 몸 구조는 여러 번에 걸쳐 독립적으로 진화했다. 진화적 상관관계가 파악되기 전에는 단순히 형태적 유사성 때문에(Linnaeus가 처음 분류한 것처럼) 모두 벌레로 분류되었다.

벌레라고 부르는 동물의 다양성 대부분은 3개의 문이 차지한다. 이제 이들 **편형동물문(flatworms**; phylum Platyhelminthes), **선형동물문(roundworms**; phylum Nematoda), **환형동물문(segmented**

worms; phylum Annelida)에 대해 살펴본다. 그렇지만 진화적인 관점에서 벌레라는 명칭은 올바른 것이 아니라는 사실을 기억해 두자. 오늘날 우리는 환형동물이 선형동물보다 연체동물(달팽이, 조개, 문어 포함)과 더 밀접함을 알고 있다. 그리고 선형동물은 편형동물이나 환형동물보다 절지동물(곤충)에 더 가깝다(그림 13.3 참조).

벌레는 뚜렷한 조직을 가진 선구동물이다. 소화기관은 앞에서 뒤로 발달한다. 그러나 자포동물과 달리 벌레(이 장에서 논의된 나머지 동물과 함께)는 앞으로 이동하도록 적응한 좌우대칭형 몸체로 발달한다.

편형동물 선형동물 및 환형동물과는 다르게, 편형동물은 체강이 없다. 즉, 체벽과 소화관 사이 공간이 체액으로 채워진 공동이 아니다. 결과적으로, 편형동물은 특별한 호흡기관이나 순환기관이 없으므로 가스와 영양분의 확산 능력이 감소한다.

편형동물은 탈피보다는 몸체를 추가하며 성장한다(**그림 13.10**). 이 생명체는 뚜렷한 머리와 꼬리 부분을 가지고 있으며, 방향 탐색에 사용되는 머리끝에 안점이라는 빛 감지 세포 무리가 있다. 대부분 편형동물은 자웅동체이므로, 각 개체는 암컷과 수컷 배우자를 모두 생산하며 유성생식과 무성생식을 한다. 편형동물은 20,000종 이상이 알려져 있는데, 이것은 기생충(흡충 및 촌충) 또는 화려한 색상의 자유 생활을 하는 수생생물일 수 있다.

편형동물

개조충

창형흡충

일반 특징

- 뚜렷한 머리와 꼬리 부위를 가진다
- 몸이 첨가되면서 성장한다
- 암수한몸으로 유성생식과 무성생식 모두 가능하다
- 일부는 몸에 구멍이 하나만 있어 입과 항문으로 작용한다

소속 분류군

- 촌충
- 흡충

그림 13.10 편형동물은 체강이 없다.

많은 편형동물은 장에 구멍이 하나만 있는 소화계를 가지고 있어 동일한 구멍을 통해 먹이 섭취와 노폐물 제거를 해야 한다. 대조적으로 선형동물과 환형동물의 소화계에는 2개의 구멍이 나 있다. 편형동물의 하나인 촌충은 소화계가 없다. 이들은 기생성으로 숙주의 장에서 영양분을 흡수하여 사용한다.

5,000종의 촌충은 모두 기생충이며, 대부분은 2종의 다른 숙주 사이에서 2단계의 생활사를 가진다. 예를 들어, 개를 감염시키는 일반적인 촌충은 생활사의 절반을 벼룩에서 보낸다. 돼지 촌충은 돼지와 인간 사이에서 생활한다.

촌충은 반복되는 마디로 이루어진 길고 납작한 몸체를 가지고 있으며, 각 부분은 생식단위가 된다. 다 자란 촌충은 분절을 절단하여 퍼진 다음 감염된 숙주의 대변으로 배출된다.

선형동물 선충이라고도 하며, 아마도 지구 상에서 가장 풍부한 동물일 것이다. 한 숟가락의 정원 토양에 약 수천 마리가 들어 있으며, 매일 20만 개 이상의 알을 낳는다. 모든 선충은 탈피를 통해 성장한다. 현재까지 90,000종 이상의 선충이 알려져 있으며, 앞으로 5배 이상 더 발굴될 것이다(**그림 13.11**). 많은 토양 선충은 식물 뿌리에 서식하면서 식물에 피해를 주며, 심한 경우 죽이기도 한다. 약 15,000종의 선형동물이 다른 동물에 기생하는데, 회충은 수많은 인간 질병의 원인이 된다. 대부분의 선형동물이 분변으로 오염된 토양 또는 음식에 의해 전염된다. 사상충이라고 하는 작은 기생선충은 몇 가지 치명적인 열대성 질병을 유발한다. 예를 들어, 상피병은 모기를 통해 전염되는 사상충이 림프관을 막음으로써, 체액이 사지나 음낭에 축적되어 기괴한 종기를 유발하는 질병이다. 이 사상충은 아프리카, 남아시아, 미국 서부 및 열대 지역에서 발견된다.

환형동물 현재까지 알려진 종은 약 13,000종이며, 몸 마디를 구분하는 홈으로 쉽게 알아볼 수 있다. 환형동물은 뚜렷한 조직을

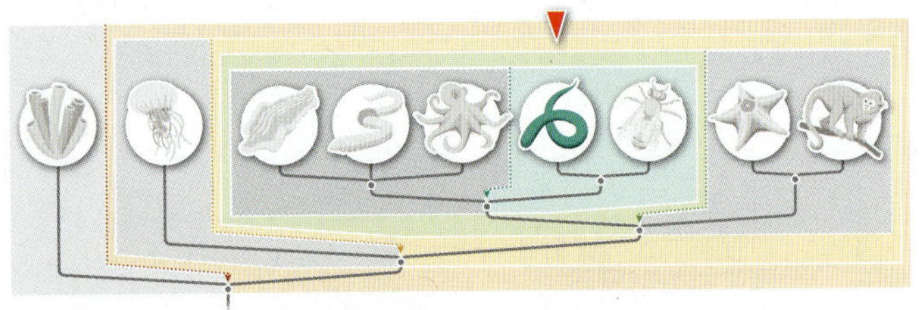

선형동물

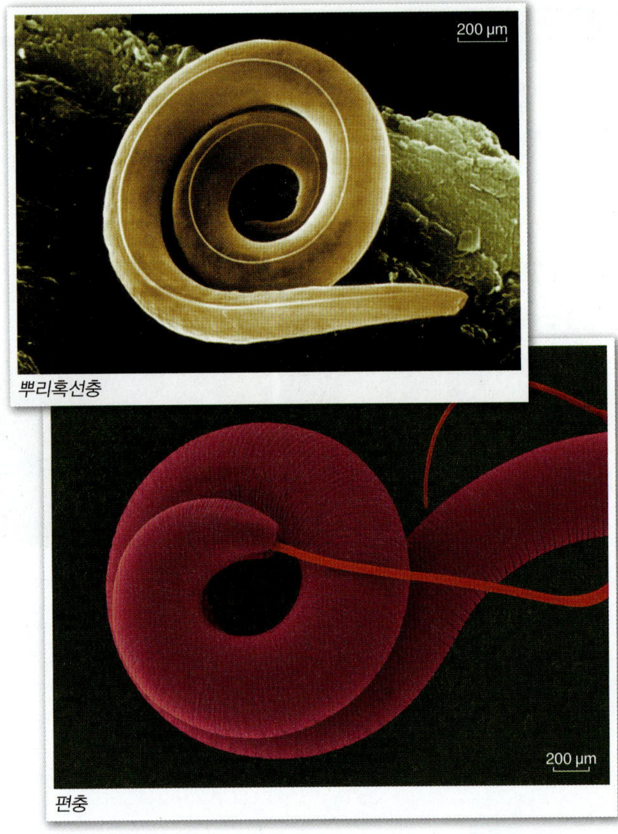

뿌리혹선충

편충

일반 특징

- 몸이 길고 가늘며 체절로 나뉘지 않는다.
- 단단하고 유연한 큐티클로 둘러 싸였다.
- 크게 자라기 위해서는 탈피를 해야 한다.

소속 분류군

- 약 90,000 종 이상(과학자들은 미발굴종이 아직도 5배 정도된다고 추측)

그림 13.11 **선형동물은 지구상에서 가장 다양한 동물 중 하나이다.**

가진 선구동물이며 탈피를 하지 않는다. 이들은 해양 다모류, 육상 빈모류 및 거머리 등 세 집단으로 구성된다(**그림 13.12**).

다모류(*polychaetes*)는 해양 서식성으로 바다 밑바닥에 산다. 다모류라는 이름은 "짧고 빳빳한 많은 털"을 의미하며, 체절과 함께 나타나는 털로 쉽게 알아볼 수 있다. 어떤 종은 진흙 속을 파고들어 그 안의 유기물을 얻어 낸다. 관벌레(Tube worms)는 모래알이

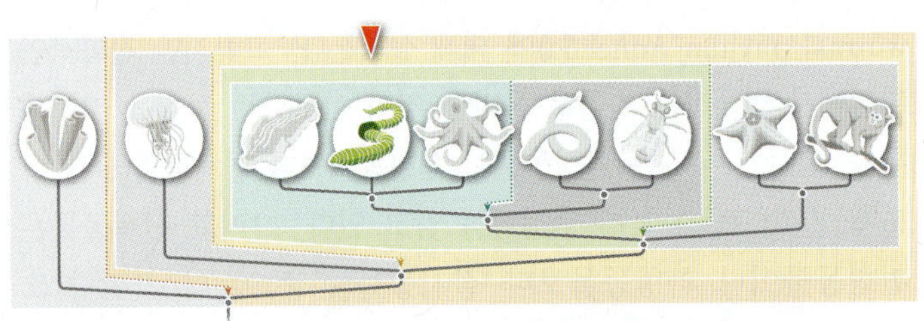

환형동물

다모류

빈모류(지렁이)

거머리

일반 특징

- 몸은 체절로 이루어져 있다.
- 몸을 첨가하면서 성장한다.

소속 분류군

- 해양 다모류(약 9,000종)
- 육상 빈모류(지렁이 등, 약 4,000종 이상)
- 거머리(약 500종)

그림 13.12 **환형동물.**

나 석회석을 이용하여 관을 만든 후 그 안에서 살며 흔들리는 촉수만 노출시킨다. 작은 먹이 입자가 촉수 점액에 걸려 입으로 이동된다.

빈모류(*oligochaetes*; 털이 적음)는 가장 흔히 관찰되는 환형동물이다. 전형적인 야간포복지렁이는 비오는 날 밤에 굴에서 나와 땅위를 기어 다닌다. 약 4,000종 이상의 지렁이가 기재되었으며, 크기는 1 mm 미만에서 2~3 m에 이르는 왕지렁이에 이르기까지 다양하다!

지렁이는 토양 입자와 유기 물질을 소비한다. 유기물은 지렁이의 한 방향으로 된 장을 통과하면서 소화되고, 배설물과 토양 무기물 성분이 합쳐져서 배설된다. 정원사는 지렁이의 배설물을 토양보충제로 가치 있게 생각하는데, 지렁이는 매일 자신의 몸무게만큼 배설물을 생산할 수 있다. 지렁이의 활동은 토양 성분을 섞어 더욱 균질한 혼합영양분으로 만들고 토양 내 유기물을 분해하여 식물이 이용할 수 있는 영양분을 생성한다. 이와 같은 지렁이의 활동에 의해 농업에서는 높은 경제적 가치를 가지는데, 2008년에 발표된 한 연구에서는 아일랜드에서만 연간 10억 달러 이상일 것이라고 평가하였다.

연못이나 늪에서 헤매다가 다리에 붙어 있는 짙은 갈색의 긴 벌레를 발견한 적이 있는가? 그렇다면 환형동물의 세 번째 주요 집단인 거머리를 만난 것이다. 아마도 거머리를 떼어내어(거머리가 미끄럽고 신축성이 있어 쉽지 않음) 최대한 멀리 던졌을 것이다. 하지만 주의 깊게 살펴본다면 거머리도 몸이 지렁이처럼 체절로 나뉘어져 있다는 것을 알 수 있을 것이다.

모든 거머리가 흡혈성은 아니다. 사실, 거머리의 절반 이상이 포식자이다. 예를 들어, 말거머리는 길이가 20cm에 이르며, 작은 환형동물이나 달팽이 및 수생곤충의 유충을 먹고 산다.

핵심요약 13.6

» 벌레는 뚜렷한 조직을 가진 좌우대칭 동물이지만 단일 계통군은 아니다.

13.7 대부분의 연체동물은 패각 안에서 살아간다

유연관계가 있는 동물이라고 해서 항상 같은 모습을 보이는 것은 아니다. 길이가 12 m가 넘는 거대한 육식성 오징어를 생각해 보자. 눈은 비치볼 크기이고 날카로운 부리가 있다. 프랑스어로 **에스카르고**(*escargot*)라는 작은 달팽이는 매년 7억 마리나 진귀한 요리재료로서 소비된다. 그리고 굴은 2,000년 넘게 최음제로 알려졌다(과학적 증거는 없음).

연체동물(phylum Mollusca)은 동물계 중에서 두 번째로 다양하다. 현재까지 10만 종 이상의 연체동물이 기재되었다(미발굴종이 더 많다). 연체동물은 바다, 담수, 육지 등에 서식하며, 조개, 가리비, 홍합, 문어 등을 포함한다. 이들은 너무 다양하여 단일 특성으로 설명하기 어렵다. 그러나 동물 계통 내에서 연체동물의 위치는 뚜렷한 조직, 좌우대칭 및 선구동물 등의 몇 가지 특징을 공유한다. 또한, 모든 연체동물은 탈피를 하지 않으며 조직을 추가하면서 성장한다.

몇 가지 추가적인 특징들이 많은 연체동물에서 공통적으로 나타난다. 연체동물의 일부 집단에는 연한 몸을 보호하는 껍데기와 외투막(껍데기를 만들기 위해 탄산칼슘을 분비하는 조직) 및 섭식에 사용되는 치설이라는 사포와 같은 혀 구조 등이 그것이다.

이제 연체동물의 세 가지 주요 집단인 복족류, 이매패류 및 두족류를 살펴보자(**그림 13.13**). 이들 집단은 연체동물에 공통적인 대부분의 특징을 공유하지만 몸 구조는 매우 다르다.

복족류 달팽이와 민달팽이는 **복족류** 연체동물이다. 복족류라는 이름은 "배쪽의 발"을 의미하며, 이들은 수직 표면을 오르고 수평 표면을 미끄러지듯 움직일 수 있는 몸통 바닥의 확장된 발을 가지고 있다. 달팽이는 하나의 돌돌 감긴 껍질을 가지고 있으며, 민달팽이는 껍데기가 외투막으로 덮여 잘 보이지 않는다.

달팽이와 민달팽이는 수서 환경과 육상 환경에서 발견되며, 모든 연체동물의 3/4을 차지한다. 달팽이의 껍데기는 기본적으로 포식자로부터 보호 역할을 하지만, 껍데기가 거의 없는 육상 민달팽이와 바다 민달팽이는 다른 방어 메커니즘이 필요하다. 예를 들어, 육상 민달팽이는 공격을 받으면 포식자를 저지하는 끈적끈적한 점액을 분비한다. 일부 바다 민달팽이는 독성물질을 합성하는 반면, 해면을 먹고 사는 민달팽이는 해면의 독소를 자신의 점액으로 재활용할 수 있다. 말미잘을 먹고 사는 바다 민달팽이는 말미잘의 쏘는 세포를 자신의 피부로 옮겨서 다른 생물을 쏘게 할 수 있다.

연체동물

일반 특징

- 대부분 연한 몸을 보호하는 껍데기를 가진다.
- 외투막(껍데기를 형성하는 조직)
- 치설(사포 같은 혀로 섭식); 이매패류 외에 모두 가짐
- 몸무게를 첨가하면서 성장한다.

소속 분류군

- 복족류(약 35,000종)
- 이매패류(약 8,000종)
- 두족류(약 700종)

제비문어(두족류)

바나나민달팽이(복족류)

대왕조개(이매패류)

바다민달팽이(복족류)

그림 13.13 연체동물은 가장 다양한 동물 중 하나이다.

이매패류 **이매패류**는 관자로 연결된 한 쌍의 껍데기로 보호되는 연체동물로서, 조개, 가리비, 굴, 홍합 등이 포함된다. 8,000여 종의 이매패류 대부분이 바다에 살고 있지만, 일부 종은 민물에 산다. 조개는 진흙이나 모래 속에서 살고, 가리비는 해저에서 살아가며, 굴과 홍합은 바위, 부두를 지탱하는 말뚝, 배의 선체와 같은 물속 물체에 붙어 산다. 모든 이매패류는 "입수관"이라고 하는 관을 통해 아가미로 물을 빨아들이는 여과섭식자이다. 그런 다음, 물은 "출수관"을 통해 배출된다. 모래알갱이가 외투막 조직 내 또는 외투막과 껍데기 사이에 갇히면 외투막이 껍데기 같은 단백질 물질을 층층이 분비하여 모래알갱이를 덮어서 진주라는 보석을 만들 수 있다. 굴은 가장 잘 알려진 진주의 원천이지만 조개나 이매패류들도 진주를 만들 수 있다.

두족류 연체동물의 세 번째 주요 집단은 두족류이다(**그림 13.14**). 6종의 앵무조개 및 600여 종의 오징어와 문어가 이에 속한다. 앵무조개는 외부 껍데기를 갖고 있고, 오징어는 외투막에 덮인 매우 작은 껍데기를 갖고 있으며, 문어는 껍데기를 완전히 소실하였다.

이들의 촉수는 머리에서부터 직접 나오는 것으로 보여서 이름도 "두족류"라고 붙여졌다. 두족류는 촉수를 사용하여 걷고, 수영하고, 먹이를 잡는다. 대부분이 사나운 포식자인 오징어는 팔에 해당하는 8개의 작은 촉수와 먹이를 잡는 데 사용되는 빨판을 가진 긴 촉수 2개를 가진다. 오징어는 놀라운 속도로 촉수를 앞으로 뻗을 수 있다. 이 속도는 초당 250 m 정도로 빠른데, 이 속도는 자동차가 10초 안에 0에서 시속 10,000 km로 가속하는 것과 같다! 촉수의 빨판은 먹이에 달라붙어 다시 오징어 몸쪽으로 끌

주요 두족류

오징어
- 8개의 짧은 촉수와 흡반이 있는 2개의 긴 다리
- 자유 수영
- 약 300종

문어
- 8개의 짧은 촉수(팔)
- 산호초와 암석이 있는 해안가 바닥에서 생활
- 약 300종

앵무조개
- 보호용 껍데기
- 자유 수영
- 6종

그림 13.14 두족류는 머리에 촉수가 달려 있다.

어당긴다.

많은 오징어의 길이는 1 m 이상이며, 일부 종은 13 m를 넘는 경우도 있다. 오징어는 급히 서두를 때는 제트 추진을 이용하여 꼬리 끝부분이 먼저 나간다. 물이 몸의 촉수 끝에서 입수관을 통해 배출되면 오징어는 후진한다.

문어는 4 m까지 펼쳐지는 촉수를 가질 수 있으며, 산호초와 바위가 많은 해안가 바닥에서 생활한다. 문어는 놀라울 정도로 작은 구멍을 뚫고 들어갈 수 있으며 밀폐된 탱크의 조건에서도 잘 탈출하는 능력을 지녀서 동물원과 수족관 관리인에게는 끊임없는 골칫거리이다. 문어는 또한 촉수로 물건을 다루는 데 매우 능숙하다. 갇힌 문어가 유리 항아리의 나사를 풀어 안에서 헤엄치고 있는 물고기에게 다가가는 데에 오래 걸리지 않는다. 이것은 조개를 비틀어서 여는 방법의 응용이다. 회의적으로 봐야 하지만, 이러한 이유로 문어는 때때로 온라인 비디오 및 TV 프로그램에 등장하고 가장 똑똑한 무척추동물로 묘사된다. 우리가 회의적으로 봐야 하는 주장이지만.

지능이란 무엇인가? 완전히 다른 환경에 살고 다른 자극에 반응하는 동물을 비교할 때 지능의 개념은 의미가 없다. 문어는 먹이 찾기, 잡기 및 다루기 등처럼 해야 할 일을 매우 잘한다고 할 수 있다. 그러나 복잡한 일련의 행동을 따르는 것이 지능과 동일한 것일까? 예를 들어, 거미는 곤충의 비행경로에 거미줄을 친 후, 거미줄에 걸린 곤충이 탈출하기 전에 거미줄로 먹이를 둘러싸기 위해 신속히 달려간다. 물고기를 먹기 위해 유리병을 여는 것보다 더 많거나 적은 지능이 필요할까? 북유럽의 붉은다람쥐는 어떤가? 가을에 다람쥐는 3,000개 이상의 도토리, 잣, 견과류를 숨길 수 있다. 이들은 겨울 동안, 숨겨 놓은 먹이의 80% 이상을 찾아낸다.

지능이라는 것이 인간의 문제 해결 능력으로 정의된다면, "지능"의 개념은 인간에게만 국한된다. 따라서, 동물의 지능을 비교하는 질문은 일반적으로 유용하지 않다.

핵심요약 13.7

» 연체동물은 탈피하지 않는 선구동물이다. 이들은 동물계 중 두 번째로 다양하며, 달팽이와 민달팽이, 조개와 굴, 오징어와 문어 등이 포함된다.

13.8 절지동물은 다양성이 가장 높은 동물군이다

절지동물은 다른 모든 동물의 종 수보다도 많은 종을 거느린 다양한 분류군이다. 절지동물 문은 거의 100만 종 정도가 발견되었고, 지구 상 모든 생물 종의 60% 또는 모든 동물 종의 75% 정도를 차지한다(**그림 13.15**). 그리고 절지동물의 약 80%가 곤충이다. 딱정벌레 종 수는 조류, 포유류, 어류, 양서류, 파충류의 종 수를 모두 합친 것의 6배 정도이다.

절지동물은 다양할 뿐만 아니라 매우 풍부하다. 모두 합하면 100경 마리(숫자 1 뒤에 0이 18개 붙음) 이상의 절지동물이 살고 있다. 다른 표현으로, 현재 사람 1명당 1억 5천만 마리 이상의 곤충이 있다! 절지동물 문은 뚜렷한 체절, 키틴 성분의 단단한 표피(**외골격**), 관절 다리(가재 발톱의 모든 관절을 생각해 보라)가 있는 좌우대칭이며 선구 무척추동물이다(**그림 13.16**).

절지동물의 4가지 주요 계통:

- 노래기와 지네
- 협각류 (투구게, 거미, 응애, 진드기, 전갈)
- 갑각류 (가재, 게, 새우, 따개비)
- 곤충

절지동물문의 다양성은 너무 커서 절지동물 중 가장 다양한 곤충 그룹을 제외해도 다른 어떤 문보다 종수가 더 많다.

노래기 및 지네 노래기(millipede)와 지네(centipede)는 각각 "천 개의 발" 및 "백 개의 발"로 번역되며, 이는 길고 깡마르며 수많은 다리를 가진다는 것을 의미한다. 이들이 실제로 "천 개" 또는 "백 개"의 발을 가지고 있지는 않지만, 노래기는 지네보다 훨씬 더 많은 발을 가지는데, 이것이 이들을 구별하는 가장 쉬운 방법이다.

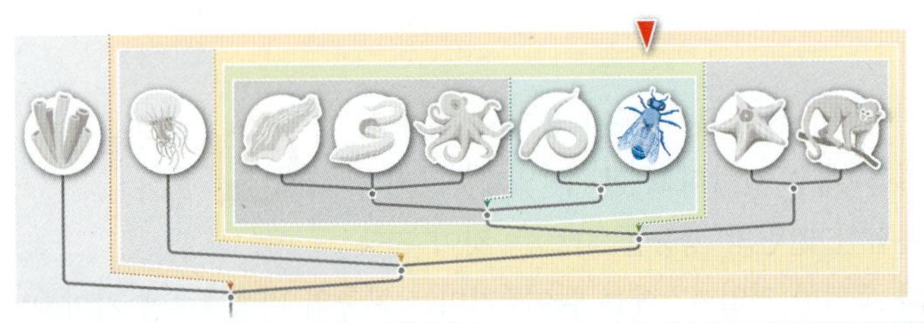

절지동물

일반 특징
- 몸은 뚜렷한 체절로 되어 있다.
- 키틴으로 된 외골격을 가진다.
- 마디로 된 부속지를 가진다.

소속 분류군
- 곤충(800,000종 이상)
- 거미류(약 60,000종)
- 갑각류(약 52,000종)
- 노래기와 지네류(약 10,000종)

자나방(곤충)

노래기류

가시거미(거미류)

키다리게(갑각류)

절지동물은 지구 동물종의 75%를 차지한다.

그림 13.15 절지동물은 가장 다양한 동물이다.

주요 절지동물 집단

세크로피아개미

곤충
- 세 쌍의 걷는 다리
- 가슴에 위치한 다리
- 몇 단계로 구분된 생활사

노란색점박이노래기

노래기와 지네
- 여러 쌍의 다리 (노래기는 각 마디에 2쌍; 지네는 각 마디에 1쌍)
- 긴 체절로 나누어진 몸

깡충거미

거미류
- 네 쌍의 걷는 다리
- 두흉부에 위치한 다리
- 특수화된 입 부위
- 육식동물

갈라파고스붉은게

갑각류
- 여러 쌍의 다리
- 두부에서 나온 5쌍의 부속지
- 대부분 수생생활

그림 13.16 절지동물의 다양성.

노래기와 지네는 긴 체절로 나누어져 있어 거의 벌레처럼 보이지만, 관절이 있는 다리와 외골격은 절지동물의 특징이다. 둘 다 낙엽 사이, 특히 차갑고 축축한 낙엽층이 많은 숲에서 산다. 노래기는 썩어가는 식물체를 먹고 사는 반면에, 지네는 육식동물로 독이 있는 송곳니를 사용하여 곤충, 뱀과 작은 포유류를 죽인 다음 턱을 사용하여 삼킬 수 있을 만큼 작은 조각으로 잘게 자른다.

협각류 협각류(Chelicerates)는 투구게와 육상서식 절지동물인 거미, 전갈, 응애, 진드기 등을 포함하며 60,000종 정도가 알려져 있다. 일반적으로, 거미류는 4쌍의 걷는 다리와 특수화된 섭식 구조를 가진다. 거미류는 포식자이다. 많은 거미가 단백질 분자로 구성된 거미줄을 내어 거미집을 짓는다.

원형의 거미줄을 짜는 거미는 날아다니는 곤충을 잡기 좋게 (때로는 유인하기 위해) 나선 모양의 거미줄을 만든다. 거미가 먹이를 잡으면 두 가지 효소가 포함된 독을 주입한다. 첫 번째 효소는 먹이의 신경계를 마비시키고, 다른 효소는 내장기관을 용해시킨다. 거미는 액화된 내용물을 빨아 먹는다.

대부분의 거미 독은 사람 정도의 큰 동물에게는 무해하지만 2종의 북미 거미는 사람에게 위험하다. 검은과부거미는 암컷의 바닥 표면에 있는 붉은 모래시계 표시로 식별된다. 갈색은둔거미는 독특한 표시가 없기 때문에 식별이 어렵고 더 위험하다. 2종 모두 종종 집안으로 들어와서 벽장과 가구 뒤 후미진 곳에 그물을 만든다. 갈색운든거미에게 물린 상처는 수개월 동안 아물지 않으므로 반복적인 피부 이식이 필요하다.

전갈은 위험해 보인다. 그러나 북미 전갈은 꿀벌에 쏘인 것보다 나쁘지 않다. 그러나 아프리카 전갈에 의해 쏘이면 인간에게 치명적일 수 있다. 전갈은 곤충에게는 치명적인 포식자이다. 전갈은 발톱으로 곤충을 잡고서 먹이가 바둥거릴 때 침을 사용한다. 전갈의 입 구조 일부는 먹이를 분쇄하는 가시로 덮여 있으며, 분비샘은 효소를 분비하여 먹이를 액화시켜 빨아먹는다.

갑각류 갑각류(crustaceans)는 52,000종이 알려져 있다. 미국에서 연간 시장가치로 따졌을 때 가장 어획량이 많은 3대 수산물은 새우, 게, 바닷가재 등이다. 고착생활을 하는 따개비에서부터 움직이는 작은 크릴새우에 이르기까지 서로 다르게 보일 수 있지만, 모든 갑각류는 머리에서 나오는 5쌍의 부속지를 갖는 점이 공통점이다. 이 부속지 중 3쌍은 섭식에 사용되며, 2쌍은 환경을 감지하는 더듬이이다. 새우와 따개비(본질적으로는 새우이며, 바위에 달라붙거나 껍데기에 둘러싸인 채 성체 생활을 함)는 다리에 아주 작은 플랑크톤을 잡는 데 사용하는 빗 같은 돌기가 있으며, 자유생활을 하는 갑각류(새우, 게, 가재)는 배 부위에 변형된 다리를 가지고 있어 알이나 갓 부화한 새끼를 잡는 데에 사용한다.

대부분 갑각류는 물속에서 살지만, 눈에 잘 띄지 않는 쥐며느리는 육상생활을 하는데 정원에서 돌을 뒤집어 보면 발견할 수 있다. 초식동물인 쥐며느리는 죽은 식물의 재순환에 중요한 역할을 한다.

곤충 곤충은 대부분 육지에 살고, 3쌍의 걷는 다리를 가지고 있으며, 가슴에서 뻗어 나오는 두 쌍의 날개(일부 곤충은 한 쌍)를 가지고 있다. 곤충은 거의 모든 육상 서식지에서 풍부성과 다양성 면에서 절대적으로 최고인 절지동물이다. 예를 들어, 모든 식물 종은 최소한 한 종 이상의 곤충의 먹이가 된다. 비행 능력과 완전변태 발달 전략은 곤충의 큰 성공과 다양화에 중요한 역할을 했다. 13.10절에서 이들에 내용을 살펴 본다.

핵심요약 13.8

» 선구동물인 절지동물은 무척추동물이다. 이들은 알려진 종 수가 지구 상 그 어느 생물 종보다 훨씬 많다. 곤충은 절지동물 중에서 가장 다양성이 높은 그룹이다.

이것이 우리의 방법 / 과학의 창의적 과정

13.9 지구 상에는 얼마나 많은 종이 살고 있을까?

생물학 질문에 대해서 생각할 때 가장 유용한 방식은 종종 어림짐작 계산과 유사하다. 이것은 단순화를 필요로 하지만, 우리가 얻은 답에 영향을 미치는 가정을 좀 더 정확한 해답을 얻기 위해 필요한 정보를 밝혀줄 수 있다.

지구 상의 생물의 다양성을 고려할 때 직관적인 한 가지 질문이 떠오른다.

지구에는 정확히 얼마나 많은 종이 있을까?

우리는 모른다. 몇몇 과학자들은 300만 종이 존재할 것으로 추정하지만, 다른 과학자들은 1억 종 이상이 될 것이라고 생각한다.

생물학자인 Terry Erwin은 1982년에 짧지만 유명한 논문에서 지구 상의 서식 종수를 추정하는 간단한 접근 방식을 제시했다. 그의 전략은 두 갈래였다. 그것은 높은 정확도로 대답할 수 있는 질문을 던지는 것으로 시작되었다.

생각하기, 짝과 나누기

수업 수강생 중 하나와 짝을 형성하시오. 다음의 질문을 읽고 답에 대하여 60초 동안 조용히 생각하시오. 이후 5분 동안 토론을 하고 자신의 답을 공유할 수 있게 준비하시오.

- 지구 상에 서식하는 생물 종 수를 추정할 수 방법은 무엇이 있을까? 이에 대해 두 가지 다른 방법을 제시하시오.
- 이 과제의 가장 어려운 부분은 무엇일까?

나무 한 종에는 몇 종의 딱정벌레가 살고 있을까?

Erwin은 파나마의 열대림의 나무(*Luehea seemannii*)의 수관에 서식하는 모든 딱정벌레 종수를 조사했는데 연구방법은 우아하지 않았다. 세 계절 동안 열대림의 나무 19그루의 수관에 살충제를 뿌린 후 땅 떨어진 딱정벌레를 채집하여 동정한 결과 1,143종을 확인했다. 다른 곤충학자들이 동일한 나무에서 새로운 종을 추가로 보고함에 따라서, 그는 나무당 종수를 1,200종으로 반올림했다. 다음으로, Erwin은 이 데이터를 사용하여 열대 지방의 다양한 나무 종에 서식하는 다른 곤충 종의 종수를 추정했다.

나무 한 종에 사는 딱정벌레 종수는 다른 나무의 모든 곤충 종수와 어떤 관계가 있을까?

Erwin은 숙주 특이적인 딱정벌레의 비율(13.5%), 열대 우림 헥타르당 고유 수목의 개체 수(약 70), 모든 절지동물 중 딱정벌레의 종 수 비율(40%), 다른 지역대비 산림 수관성 절지동물의 비율(67%), 열대 수목의 고유종 수(50,000). 이 수치를 곱하여 추정치를 계산한 결과, 300만 종의 절지동물이 열대 우림에 서식하는 것으로 결론지었다. 이 수치는 지구 상 서식종에 대한 기존의 추정치보다 10배나 많은 것이었으므로 매우 놀라운 결과였다.

과학연구가 자기 수정적이고 공동작업인 점을 이해하면서, Erwin은 "누군가가 더 많은 데이터로 이 수치에 도전하기를 바란다"라고 말했다. 어쨌든 Erwin은 수많은 가정을 제시했다(이 중 어느 것이 그의 최종 답변에 중요한 영향을 미쳤을까?).

Erwin의 아이디어를 시작으로 많은 연구자가 그의 가정을 언급하거나 개선하려고 노력했다. 2010년에, 연구자들은 더 나은 추정 방법을 제시했다. 그들은 각 매개변수에 대한 확률 분포를 사용했다(예: 수목 종 특이적 딱정벌레 종의 비율).

연구원들은 이를 통해 다양한 추정치를 제시하였는데, 각 추정치는 Erwin가 제시한 300만 종보다 훨씬 낮았다. 한 가지 모델에서는 열대 절지동물의 실제 분포 종 수를 신뢰도 90%에서 200만 종에서 740만 종으로 볼 때, 중앙값은 370만 종으로 추정되었다.

이러한 추정치와 계산 과정은 우리가 답을 알고 있다는 확신을 준다. 불행하게도, 이것은 우리의 원래 질문에 대한 답변은 아니다. 대신, 좀 더 쉬운 질문에 대한 답이 된다: 열대 지방에는 얼마나 많은 절지동물 종이 살고 있을까?

질문의 범위를 제한하는 이유는 대상을 딱정벌레나 다른 절지동물로 한정하여 종을 분류 동정하는 것이 훨씬 더 쉽기 때문이다. 그렇다면, 우리의 대답은 지구 상에 몇 종이 살고 있는지에 대한 답에 근접하게 하는가? 다른 질문을 생각해 보자.

어떤 생물 종류가 종의 추정(또는 계산)이 가장 어려울까?

예를 들어, 무성생식 생물에 생물학적 종개념을 적용하는 것이 불가능하다는 점을 감안할 때, 원핵생물과 바이러스는 어떻게 분류 동정해야 할까? 그리고 해양생물 종수는 절지동물에 비례하는가? 여기에 설명된 어림짐작 계산법은 이러한 새로운 계산을 위한 유용한 시작점이 될 수도 있다.

핵심요약 13.9

» 자연계에 대한 몇 가지 질문은 답변이 불가능해 보일 수 있다. 그러나 관련되는 더 작고 풀기 어려운 질문에 답하기 위해서, 창의적이면서도 조직적이고 방법론적이며 과학적 사고를 사용함으로써 진전이 가능할 것이다.

13.10 비행과 변태로 인해 엄청난 적응방산이 이루어졌다

지구 상에서 대성공한 곤충의 두 가지 특성은 비행 능력과 성장 시 몸 크기 변화에 대처하는 방식이다. 날개는 곤충에서 처음 등장한 적응방식이다. 곤충은 비행을 통해 많은 포식자를 피할 수 있고, 먹이와 짝을 효율적으로 찾을 수 있다. 또한, 비행은 곤충이 한 장소를 떠나 더 유리한 장소로 흩어지게 해준다.

Q 포유류는 많이 먹을수록 커진다. 곤충은 왜 그렇지 않은가?

절지동물인 곤충은 근육이 부착되어 단단한 외골격을 가지고 있다. 갑옷처럼, 이 외골격은 부상과 포식자로부터 탁월한 보호 기능을 제공하며, 수분 증발을 방지하여 물을 보존하는 데에 도움을 준다. 그러나 외골격은 성장을 방해한다. 이러한 제약을 극복하기 위해 모든 절지동물과 선형동물은 다른 동물의 성장 방식과 다른 탈피를 통해 성장한다. 부화 후 발달 과정은 완전히 다른 세 단계로 나뉜다 (그림 13.17).

1. **유충**. 알에서 부화한 **유충(larva; 복수 larvae)**은 성충과 완전히 다르다. 애벌레(caterpillar)는 나비나 나방의 유충 단계이고, 딱정벌레 애벌레(grub)는 딱정벌레의 유충 단계이다. 유충의 임무는 먹고 자라서 다음 단계인 번데기가 될 만큼 자라는 것이다. 유충은 여러 유충 단계(보통 4~8령기) 과정에서 탈피를 통한 크기 증가와 새로운 외골격을 갖추며 성장한다.

2. **번데기**. 결국, 유충은 충분히 성숙하여 번데기(또는 고치)로 몸을 완전히 덮는데, 이 시기를 **번데기**(pupa)라고 한다. 번데기 단계에서는 유충을 구성하는 단백질은 아미노산으로 분해되어 성충 단백질로 재합성해서 성충 형태를 형성하기 위해 유전자가 활성화된다. 이 과정을 **변태**(metamorphosis)라 하며, 보통 며칠이 걸린다. 어원은 그리스어로 "형태의 변화"라는 의미이다. 이후 번데기 단계가 끝날 때 성충은 번데기 내부에 단단히 말려 있다.

3. **성충**. 성충이 번데기로부터 빠져나오면 다 자란 크기가 된다. 따라서 성충은 먹지 않는 경우가 많다. 성충은 섭식이나 성장보다 번식이 주임무이다.

이상의 세 단계 과정을 **완전변태**라고 하며, 곤충에서만 발생한다. 유충과 성충은 마치 다른 종인 것처럼 매우 다른 생활방식에 최적화되어 있다. 예를 들어, 애벌레(caterpillar)는 잎을 먹으며 한 식물에서 전체 애벌레 기간을 보낸다. 대조적으로, 성충인 나비는 꽃을 찾아 다니면서 꿀을 먹으며, 알을 성숙시키고 산란하는 데 필요한 자원을 절약한다. 유충 시기에는 먹이를 먹고 자라지만, 성충이 되면 번식에 집중한다. 유충의 몸체를 조절하는 유전자는 성충의 형태를 결정하는 유전자와 다르므로, 자연선택은 유충과 성충 시기별로 독립적으로 작용할 수 있다.

곤충 종의 83%(곤충 종 수는 척추동물의 20배)가 완전변태를 거치는데, 이러한 생활 단계의 분리는 곤충 다양성 증가에 중요한 요소가 되었다. 완전변태를 거치지 않는 곤충의 경우, 일반적으로 알에 깨어난 애벌레는 성충과 유사한 형태인 약충(유충 형태)으로

변태

완전변태

완전변태는 성장 과정에서 3개의 뚜렷한 생활단계를 가진다(곤충 종의 83%가 해당됨).

유충

알에서 깨어난 유충은 섭식활동을 하면서 몇 차례의 탈피로 성장하여 번데기가 될 때까지 발달한다.

번데기

다 자란 유충은 스스로 만든 고치 속에 둘러 싸인다. 고치 속에서 몸을 분해하고 성충으로 재조합된다.

성충

성충은 번데기에서 나온다. 이들의 주임무는 번식하는 것이다.

불완전변태

불완전변태는 성장 과정에서 뚜렷하게 구분되는 생활단계가 없는 곤충(곤충 종의 17%가 해당됨).

약충

알에서 깨어난 약충은 작은 성충을 닮았다(그러나 날개와 생식기관은 아직 없다). 이들은 몇 차례 탈피하면서 성장한다.

성충

약충은 자라나서 성충 크기 정도가 되면 탈피를 멈추고 성충이 된다.

생활단계의 분리는 곤충의 엄청난 생태적 다양성에 기여했다.

그림 13.17 일부 곤충은 독특한 생활단계로 구분되는 생활사를 가지며 각 단계별로 뚜렷한 목적을 가진다.

부화한다. 이 약충들은 날개나 생식기는 없지만, 성충과 같은 서식지에 살면서 같은 먹이를 먹는다. 약충은 자라면서 여러 차례 탈피를 하며, 성충 크기에 도달하면 탈피를 멈춘다. 이와 같은 성장발달 패턴을 **불완전변태**(incomplete metamorphosis)라고 하며, 메뚜기와 바퀴벌레 등 다른 여러 곤충에서 나타난다.

핵심요약 13.10

» 날 수 있는 능력과 단단한 외골격은 환경조건을 극복하기 위한 수단이며, 변태를 통한 성장발달은 곤충의 엄청난 생태학적 다양성에 기여했다.

13.11 극피동물은 무척추동물 중 척추동물과 가장 가까운 유연관계를 갖는다

겉모습은 속일 수 있다. 불가사리, 연잎 성게, 성게 등은 극피동물문에 속하며 바다에서 살아간다. 이들의 성체는 방사대칭이며 가시 판으로 덮여 있다. 그러나 후구동물(장이 뒤에서 앞쪽으로 발달)이므로, 다른 무척추동물보다 인간과 더 밀접한 관련이 있다. 이와 같이, 예상하지 못한 관계는 자연선택의 힘과 개체군이 환경에 적응하면서 몸체 형태에 미치는 극적인 영향을 보여준다.

극피동물에는 약 6,000종이 포함되어 있으며, 대부분은 단단한 가시 판으로 둘러 싸여 있다(**그림 13.18**). 가장 잘 알려진 극피동물인 불가사리(불가사리와 거미불가사리)의 성체는 몸 둘레에 5개 이상의 부속지가 고르게 분포되어 있다. 그들은 어느 방향으로든 쉽게 움직이며, 감각기관은 몸 둘레에 분포되어 있다. 연잎성게와 성게는 돌출된 팔은 없지만 방사대칭이다.

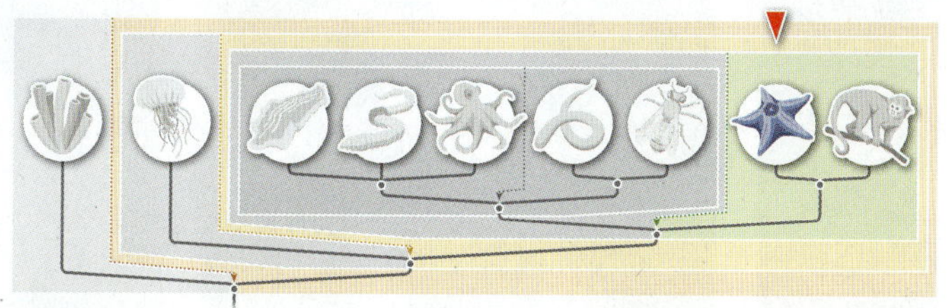

극피동물

일반 특징

- 가시가 있는 피부 아래의 단단한 골격에 의해 둘러 싸여 있다.
- 유생은 좌우대칭형으로 척삭동물의 유생과 해부학적으로 유사하다.
- 성체는 방사대칭이다.
- 밑면은 관족으로 덮여 있어 움직이고 붙잡는 데 도움을 준다.

소속 분류군

- 불가사리(약 1,600종)
- 성게와 연잎성게(약 940종)
- 해삼(약 1,100종)

그림 13.18 극피동물은 척추동물과 가까운 무척추동물이다.

극피동물의 성체는 방사대칭이지만 유생은 좌우대칭이다. 유충의 구조는 극피동물이 좌우대칭 조상으로부터 진화했다는 증거를 제공하며, 방사대칭 성체는 이동 방식과 섭식 특성에 맞춘 적응이다.

극피동물은 뇌가 없다. 대신, 그들은 신경의 중심 고리로 구성된 신경계를 가지고 있으며, 신경가지가 부속지로 뻗어 있어 환경으로부터 정보를 얻고 이에 반응하는 데 도움을 준다. 극피동물은 몸 전체에 퍼져 있는 체내 수관계의 작은 돌기인 관족으로 천천히 움직인다. 관족은 불가사리의 팔 밑면과 성게의 몸 주변에 뻗어 있어, 이들이 미끄러지듯이 나아갈 때 기질(움직이는 표면)을 잡았다가 놓으면서 늘어났다가 줄어드는 관족으로 덮여 있다.

불가사리의 각 관족은 작지만 수천 개가 있으며, 결합된 힘으로 조개나 홍합의 두 껍질을 떼어낼 수 있다. 조개껍데기가 벗겨지면, 불가사리는 입을 통해 위를 꺼내서 이것을 조개나 홍합의 벌어진 껍데기 안으로 집어 넣는다. 그러면 위가 소화효소를 분비하여 조개나 홍합 조직을 분해하고 용해된 용액을 흡수한다. 성게는 해조류를 먹고 사는데, 칼슘으로 만들어진 날카로운 이빨 같은 표면을 사용해서 바위에 붙은 조류를 긁어서 떨어뜨린다. 또한, 연잎성게는 섬모운동에 의해 입 쪽으로 이동하는 점액의 흐름 속에서 떠다니는 조류 입자와 기타 유기 물질 입자를 걸러내어 붙잡는다.

핵심요약 13.11

» 극피동물은 척추동물과 마찬가지로 후구동물이며 진화적으로 가까운 친척이지만 척추는 없다. 불가사리를 포함한 대부분의 극피동물은 단단한 가시 판의 골격으로 둘러싸여 있으며 성체와 마찬가지로 방사대칭이다.

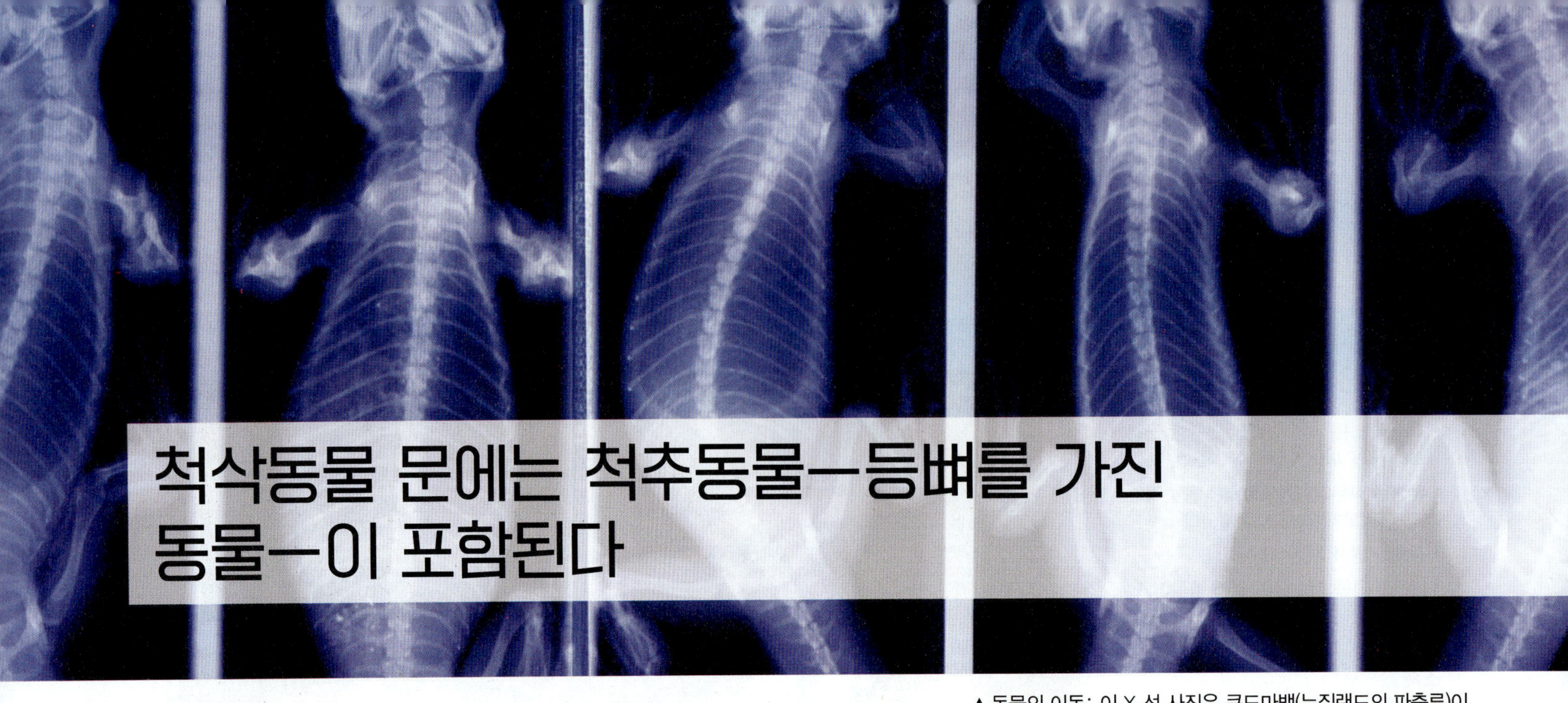

척삭동물 문에는 척추동물—등뼈를 가진 동물—이 포함된다

▲ 동물의 이동: 이 X-선 사진은 큰도마뱀(뉴질랜드의 파충류)이 걷는 모습을 보여준다.

13.12 모든 척추동물은 척삭동물문에 속한다

척추동물은 후구동물로서, 뚜렷한 조직을 가지며 좌우대칭인 동물이다. 이들은 척삭동물에 속하는데, 척삭동물에는 척추동물과 2개의 무척추동물(미삭동물인 피낭류와 두삭동물인 창고기) 등 3개의 주요 집단이 포함된다(**그림 13.19**). 이 3개 주요 집단의 구성원은 적어도 생활사 중 일부 동안 다른 동물에서는 나타나지 않는 4가지의 독특한 척삭동물의 신체 구조를 가진다.

1. 머리에서 꼬리까지 뻗어 있는 막대 형태의 **척삭**(notochord)이라는 구조를 갖고 있어서 척삭동물이라고 부르는데, 라틴어의 "cord"에서 유래되었다. 척삭은 운동이나 이동 중 근육이 수축할 때 몸을 경직시킨다. 무척추동물의 척삭은 배아가 발달함에 따라 등뼈 역할을 한다. 척추동물에서 배아가 발달함에 따라 척주로 대체되는 척삭은 운동 중에 근육이 수축할 때 몸을 경직시킨다.
2. **등쪽의 속이 빈 신경삭**(dorsal hollow nerve cord)은 머리에서 꼬리까지 등을 따라 뻗어 있다. 무척추동물에서 신경삭은 척수와 뇌를 형성한다.
3. **아가미열**(gill slits)은 모든 척삭동물의 배아에 존재하지만, 많은 척삭동물(인간 포함)에서 발달 과정 동안 사라진다.
4. **항문 뒤 꼬리**(post-anal tail)는 또 다른 척삭동물의 특징이다. 모든 척추동물은 이 위치에 꼬리를 가지고 있지만, 인간을 포함한 일부 동물에서는 배아 발달 중 짧은 시간 동안에만 나타난다.

피낭류(*Tunicates*, Urochordata; 약 2,000종)는 뚜렷한 조직을 가지며, 좌우대칭이고 후구동물인 무척추 해양동물이다. 성충은 엄지손가락만 한 크기이며, 녹갈색 젤리형의 공처럼 생겼다.

창고기(*lancelet*)는 두삭동물(Cephalochordata, 약 20종)에 속하며, 좌우대칭이고 여과 섭식을 하는 후구동물이다. 이 가늘고 뱀장어처럼 생긴 무척추동물은 새끼손가락 정도의 길이로 연안 해역에 산다.

척추동물(*Vertebrates*, Vertebrata; 약 56,000종)은 가장 다양한 척삭동물 그룹이다(**그림 13.20**). 이들은 후구동물이므로 뚜렷한 조직을 가지며, 장은 뒤에서 앞으로 발달한다. 그러나 척추동물은 두 가지 중요한 면에서 다른 척삭동물과 다르다. 첫째, 척추라고 하는 속이 빈 뼈(또는 일부 종의 연골)로 만들어진 기둥이 척삭 주위에 형성된다. 이 척추는 등쪽 신경삭을 둘러싸고 보호한다. 둘째, 두개골, 동물의 앞쪽(전방) 끝에 뇌 및 감각기관을 포함하

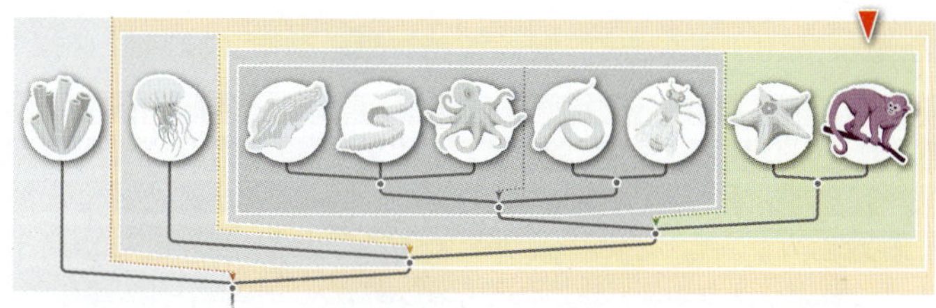

척삭동물

맨드릴원숭이(척추동물)

빨간눈청개구리(척추동물)

해초류 집단(피낭류)

창고기

노랑꼬리물퉁돔의 집단 이동(척추동물)

일반 특징

모든 척삭동물은 4가지 공통적인 신체 구조를 가지며, 일부 구조는 특정 생활시기에만 나타난다.

- 척삭
- 등쪽의 속이 빈 신경삭
- 인두열
- 항문 뒤 꼬리

소속 분류군

- 피낭류(약 2,000종)
- 창고기(약 20종)
- 척추동물(약 56,000종)

그림 13.19 척삭동물의 개괄.

는 머리를 가지고 있다.

최초의 척추동물은 5억 년 전에 나타났는데, 턱이 없는 물고기와 같은 동물이었다. 오늘날 턱이 없는 척추동물은 칠성장어(41종)와 먹장어(43종)의 두 분류군만 존재한다.

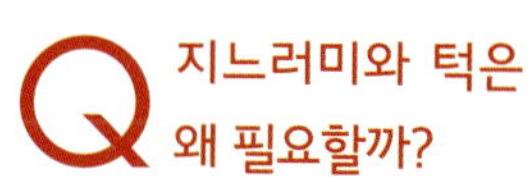

물고기는 칠성장어와 먹장어가 헤엄치는 것과 같은 방식으로 수영한다. 즉, 몸을 좌우로 구부려 머리에서 꼬리까지 움직이는 S자 모양의 물결을 만든다. 단순하고 관 모양이며 사지와 지느러미가 없는 먹장어와 칠성장어와 달리, 일반적인 물고기는 전진 및 좌우로 흔들림을 최소화하고 방향을 잡거나 정지하는 등의 각기 다른 목적을 가진 7개의 지느러미를 가지고 있다. 즉, 7개 지느러미의 조화로운 효과에 의해서, 물고기는 개방된 물에서 직선으로 빠르게 헤엄치거나 빽빽한 식물이나 산호초 사이를 헤엄칠 수 있다. 지느러미를 이용하여 먹이를 향해 잽싸게 접근하고 턱으로 잡아서 죽인다(**그림 13.21**). 지느러미와 턱의 진화는 척추동물의 다양성 폭발의 발판을 마련했다. 턱이 있는 유악어류는 연골어류, 조기어류 및 총기어류 등 3가지 범주로 나뉜다.

연골어류(Cartilaginous fishes) 약 880종이 알려져 있는 연골어류에는 상어와 가오리가 포함된다(**그림 13.22**). 연골어류의 골격은 코와 귀의 모양을 만드는 것과 동일한 조직인 약간 유연한 결합조직인 연골로 이루어진 것이 특징이다.

조기어류(Ray-finned fishes) 조기어류는 단단한 뼈로 된 골격을 가지고 있다. 뼈는 연골과 마찬가지로 특수화된 세포와 기질로 구성된 단단한 결합조직이다. 그러나 뼈는 세포외 기질이 인산칼슘 결정에 의해 광물화되므로 연골보다 훨씬 덜 유연하다. 조기어류는 몸의 좁은 끝부분에 입을 가지고 있으며, 피부 망으로 이루어진 지느러미는 뼈로 된 단단한 빗살로 지지된다.

조기어류는 유악어류 중 가장 다양한 척추동물 그룹으로 약 27,000종이 알려져 있다. 이 그룹에는 연어에서부터 금붕어에 이르기까지 "물고기"라고 생각하는 거의 모든 것이 포함된다. 뼈대 외에 조기어류의 중요한 진화적 발달은 물고기가 가라앉는 것을 방지하는 가스로 채워진 기관인 부레였다. 부레는 육상 척추동물의 폐와 상동인데, 장기에 연결되어 가스 교환에 관여하며 둘 다 단순한 기낭에서 진화했다. 부레가 없는 연골어류는 가라앉지 않기 위해 물속을 끊임없이 움직여야 한다.

유악어류의 세 번째 그룹인 **총기어류**는 단 8종이 있다. 이들은

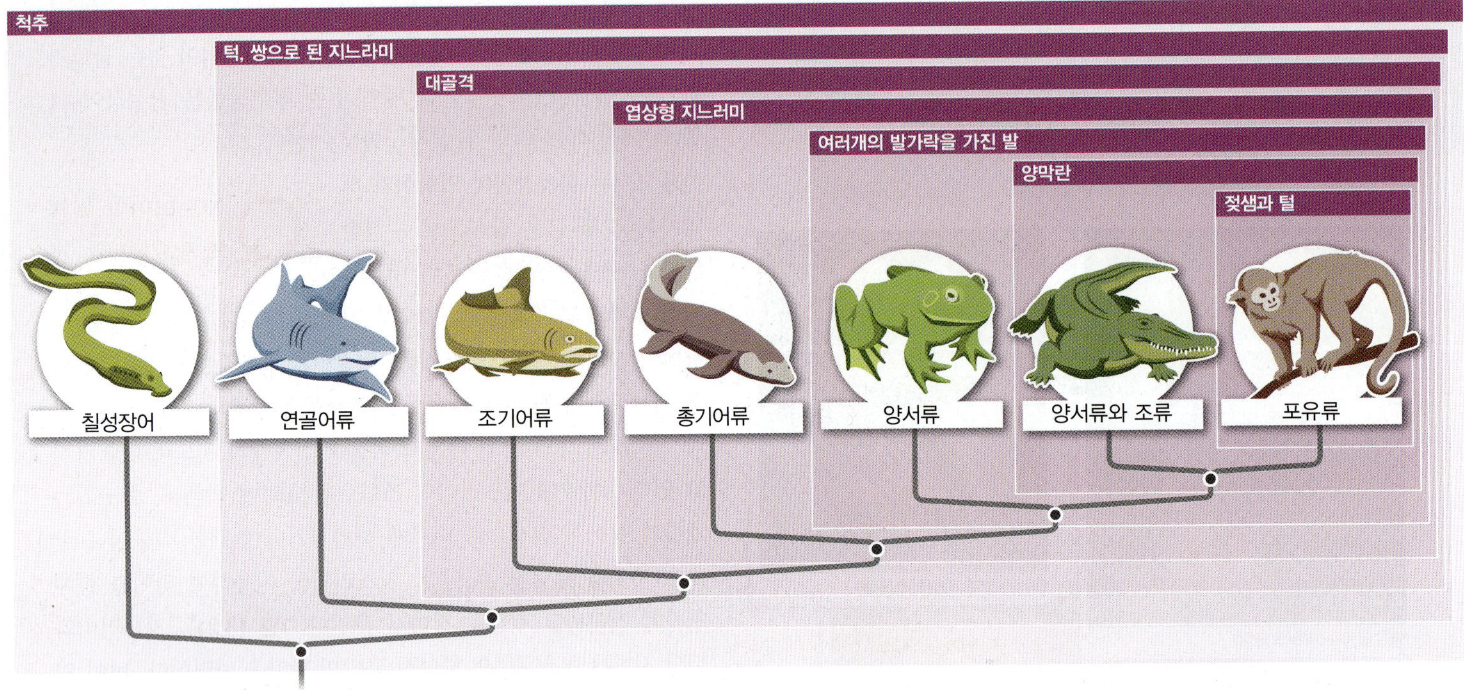

그림 13.20 척추동물의 계통도.

그림 13.21 칠성장어와 상어.

몸 아래쪽에 견고한 지느러미가 있다(그림 13.22 참조). 조기어류의 지느러미와 달리, 이 총기어류(lobe fins)는 지느러미를 몸에 연결하는 수많은 뼈와 근육이 포함된 부속지가 있다. 이 형태가 육지로 이동을 시작하는 데 유용하다는 것을 다음 절에서 볼 수 있다.

핵심요약 13.12

» 척추동물은 가장 다양한 척삭동물 그룹을 포함하며, 척삭, 등쪽 속이 빈 신경삭, 인두열, 항문 뒤 꼬리를 가지고 있다. 척추동물 중에서 어류의 두 가지 구조, 즉 지느러미와 턱 구조의 발달이 현대 척추동물의 엄청난 다양성을 가져 왔다.

턱이 있는 어류

가오리

연골어류

- 골격이 완전히 연골로 되어 있는 것이 특징이다.
- 약 880종, 상어와 가오리가 포함된다.

참바리

조기어류

- 단단한 골격과 지느러미가 모여 빗살처럼 이루어진 것이 특징이다.
- 부레가 있어 물에 뜨는 데 도움이 된다.
- 약 27,000종, 물고기의 대부분이 포함된다.

호주폐어

총기어류

- 몸 아랫면에 두 쌍의 단단한 지느러미가 있는 것이 특징이다.
- 6종의 폐어와 2종의 실러캔스가 있다.

그림 13.22 연골어류, 조기어류, 총기어류.

13.13 육상으로 진출할 때 몇 가지 적응이 필요하였다

육지에서 살아갈 수 있는 능력은 다른 모든 해양생물과의 경쟁압력 감소와 풍부한 서식지 확보는 물론 상당한 진화적 이점을 가져왔다. 그러나 물에서 육지로 이동하려면, 폐, 척추, 네 다리, 말라 죽지 않는 알 등 네 가지 주요한 진화적 적응이 필요했다. 이들 네 가지 특성은 모두 육상동물에게 필요하며, 육상동물은 모두 육지 척추동물의 직전 조상이자 얕은 물에 살았던 포식성 어류에서 진화했다.

다리와 폐의 기원은?

앞서 언급했듯이, 폐는 조기어류에서 발견되는 부레로부터 발달했다. 양서류, 파충류(조류 포함), 포유류 등 모든 육상동물은 약 4억 년 전 데본기 시대에 살았던 조기어류(엽상형 지느러미 어류)의 후손이다. 이 시기에 총기어류는 폐와 기초적인 팔다리(지느러미의 형태)를 가지고 있었지만, 여전히 해안가에서 물속 생활을 했다. 몸 아래쪽에 위치한 4개의 튼튼한 지느러미는 얕은 물을 헤쳐나갈 수 있게 했으며, 따뜻하고 고여 있는 물의 산소 농도가 낮을 때는 폐로 숨을 쉬었다. 따라서 이들은 이미 육상동물의 기본적인 특성 중 일부를 갖추고 있었다. 총기어류에 있는 관절 뼈는 팔과 다리처럼 보이지 않지만 상동구조이다.

척추동물은 육지로 이동하기 위해 다리와 폐 이상의 것, 즉 중력을 지탱할 수 있는 구조가 필요했다. 육상 척추동물의 척추골들은 앞쪽에서 뒤로 돌기가 자라서 서로를 연결해 준다. 이렇게 서로 연결된 돌기는 척추가 중력으로 인해 처지는 것을 방지하고 체중이 다리를 통해 땅으로 전달되게 한다.

육지로 이동하기 위한 마지막 혁신은 알이 건조되는 것을 막는 것이다(**그림 13.23**). 땅에 알을 낳으면 공기에 노출되어 증발되면 수분을 잃는다. 육상동물의 알은 증발하는 것을 막아 주는 막과 알껍질과 같은 방수막이 필요하다. 껍질이 있는 알은 약 3억 8천만 년 전 대부분 포유류와 파충류(조류 포함)에서 나타났으며, 동물들이 육상생활에 완전히 적응하도록 더욱 진화했다.

초기의 알껍질은 부드러웠으며, 아마도 여전히 물 환경을 필요

물에서 육지로

척추동물이 물에서 육지로 이동하는 데에는 3가지 중요한 장애를 극복해야 했다. 이동을 위해서는 4가지 진화적 혁신이 필요했다.

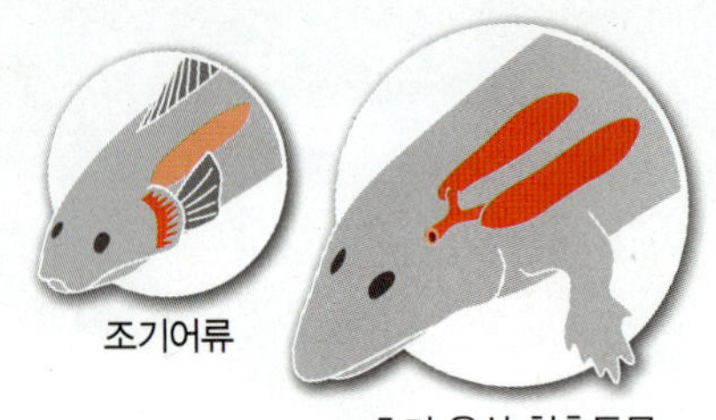

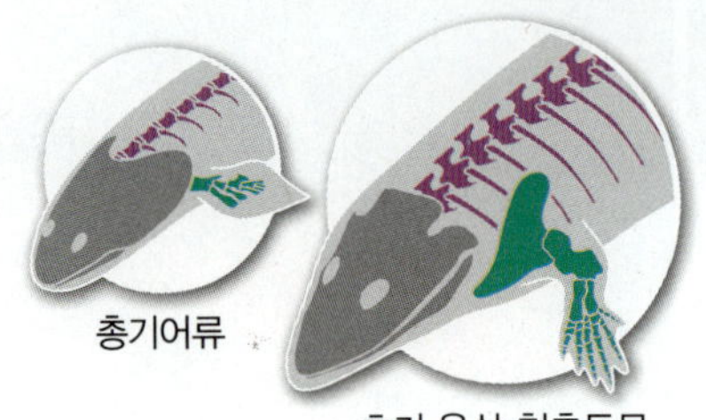

문제점: 호흡

수생동물은 용존산소를 얻기 위해 아가미를 사용했다. 육지로 이동하기 위해서는 공기로숨쉬는 능력이 필요했다.

해결책: 폐

가스 교환은 공기주머니로 진화한 폐에서 일어난다 (조기어류의 수영용 부레가 진화한 것).

문제점: 중력

부력이 있는 물속 생활에서 육지로 이동할 때 중력을 견디는 지지 구조가 필요했다.

해결책: 다리와 변형된 척추

다리는 총기어류의 몸의 아랫부분에 있는 엽상형지느러미가 진화한 것이다.

척추동물은 발을 이용하여 땅으로 체중이 전달되도록 변형되었다.

문제점: 알의 탈수

육지로 이동하면서 알이 공기에 노출되어 건조되는 것을 견뎌야 했다.

해결책: 양막란

방수가 되는 알 껍질을 진화시켜 부화될 때까지 건조에 견디게 되었다.

그림 13.23 척추동물은 어떻게 수생생활에서 육상생활로 이동했는가?

로 했을 것이다. 나중에 육상 척추동물의 알은 배아를 보호하는 양수로 둘러싸인 방수막을 얻게 되었다.

핵심요약 13.13

» 물에서 육지로의 이동하는 과정에서 폐, 척추, 네 다리, 마르지 않는 알 등 4가지가 중요한 적응이다.

13.14 양서류는 이중 생활양식을 가진다

육상 척추동물의 조상은 폐와 4개의 다리를 가지고 있다. 일부 현대 척추동물(뱀과 고래)은 다리 수가 줄었거나 뼈를 별로 사용하지 않는 다리로 진화하였다. 다른 종에서도 특징들이 사라졌다. 예를 들어, 일부 도롱뇽은 폐를 잃어 현재는 피부로 숨을 쉬고 있다. 그러나 이것은 조상의 폐와 다리가 4개 달린 종에서 최근에 일어난 일이다. 분류학적으로 모든 육상 척추동물은 **네발동물**이다.

육상 척추동물은 두 가지 주요 그룹으로 나뉜다.

(1) **무양막류**: 양서류와 같이 물에서 번식하며 건조되지 않는 양막란을 가지지 않는 동물.

(2) **양막류**: 파충류, 조류, 포유류와 같이, 양막이라고 하는 보호방수막이 장착된 양막란을 가지는 동물.

여기서 양서류에 대해 논의하고, 다음 두 절에서 파충류와 포유류를 다룬다.

최초의 육상 척추동물은 **양서류**로 "이중 생활"을 의미하는 그리스어 "*amphibios*"에서 유래했다. 대부분 양서류는 물 호흡을 하는 유생 형태와 공기 호흡을 하는 성체 형태의 두 단계를 거친다. 많은 양서류 성체는 물에 알을 낳는다(**그림 13.24**). 양서류의 알은 양서류가 육지에 알을 낳을 수 있는 방수막이 없으므로, 이 그룹에 속한 6,000종 대부분은 여전히 수중생활과 크게 연관된다. 개구리와 두꺼비는 양서류의 대다수(약 5,400종)를 구성한다. 다른 양서류로는 도롱뇽(550종)과 다리가 없고 땅을 파는 동물 그룹인 무족영원류(170종)가 있다.

올챙이라고 불리는 개구리의 유생은 물속에서 살며 다리가 없

양서류의 생활사

알
양서류는 무양막란을 낳으며, 건조를 막기 위해 물에 알을 낳는다.

유생
양서류의 유생은 물속에서 생활하면서 변태를 거쳐 다리와 폐가 발달한다.

성체
성체만이 육상동물이다. 그러나 대부분의 종들은 물속에 알을 낳기 위해 물가에 머무른다.

개구리, 두꺼비, 도룡뇽과 같은 양서류는 육상생활을 하지만 알은 물속에 낳는다.

그림 13.24 알에서 유생으로 그리고 성체가 되기: 양서류의 생활사.

고 조류를 먹는다. 부화 후 몇 주(일부 종의 경우 최대 몇 개월) 후에 변태가 일어나고, 육식동물로서 성체 생활에 적합한 다리, 폐 및 소화계가 발달한다.

개구리 성체는 얇고 촉촉한 피부를 통해 가스(산소 및 이산화탄소) 교환을 한다. 개구리가 물 속에 있을 때, 산소는 물에서 개구리의 혈액으로 직접 확산된다.

지난 20년 동안 전 세계적으로 양서류 개체 수가 급격히 감소했으며, 모든 양서류 종의 거의 1/3이 멸종 위기에 처하거나 위협을 받고 있다. 이러한 상황은 기후 변화, 서식지 황폐화, 곰팡이 질병 및 오염 증가 등의 복합적인 원인에 기인한다. 양서류는 특정 미세서식지 요구사항(수분, 온도 및 pH 등)이 교란될 때 사소한 서식지 변화에도 멸종에 특히 취약하다.

핵심요약 13.14

» 양서류는 육상 척추동물이지만 대부분의 성체는 여전히 물속에 산란한다. 알은 물속 생활을 하는 유생으로 부화한다.

13.15 조류는 깃털이 진화된 파충류이다

양막류의 출현 직후 2개의 서로 다른 진화 계통이 분지되기 시작했다(**그림 13.25**). 이 계통 중 하나에는 인간이 속한 포유류가 포함된다. 다른 계통은 "파충류(새 포함)"이다. 용어가 어색하긴 하지만 진화계통수에서 그 이유를 설명해 준다. 놀랍게도 조류(약 9,700종)는 뱀과 도마뱀(약 8,000종), 거북이(약 300종), 악어와 악어(23종), 뉴질랜드 옛도마뱀(2종) 및 공룡 등을 포함하는 파충류 계통의 한 가지이다.

조류-악어-공룡 그룹이 지닌 특징은 대부분 뼈(특히, 두개골과 다리의 뼈)와 DNA 염기서열에서 유사하다. 파충류는 양막류이며, 양막란을 가지고 있다. 그들의 자손은 알껍질 속의 액체로 채워진 방수막 내에서 발달한다. 여러분은 새의 딱딱한 알에 익숙할 것인데, 일부 도마뱀, 뱀, 거북이 알도 단단한 껍질을 가진다. 이 그룹의 다른 종에는 양피지 같은 껍질이 있는 알이 있다.

사람들은 새를 거북이, 도마뱀, 뱀 및 악어 등과 같은 집단으로 취급하는 것을 의아해 하는 것은 너무 당연하다(**그림 13.26**). 결국, 새

유양막 척추동물

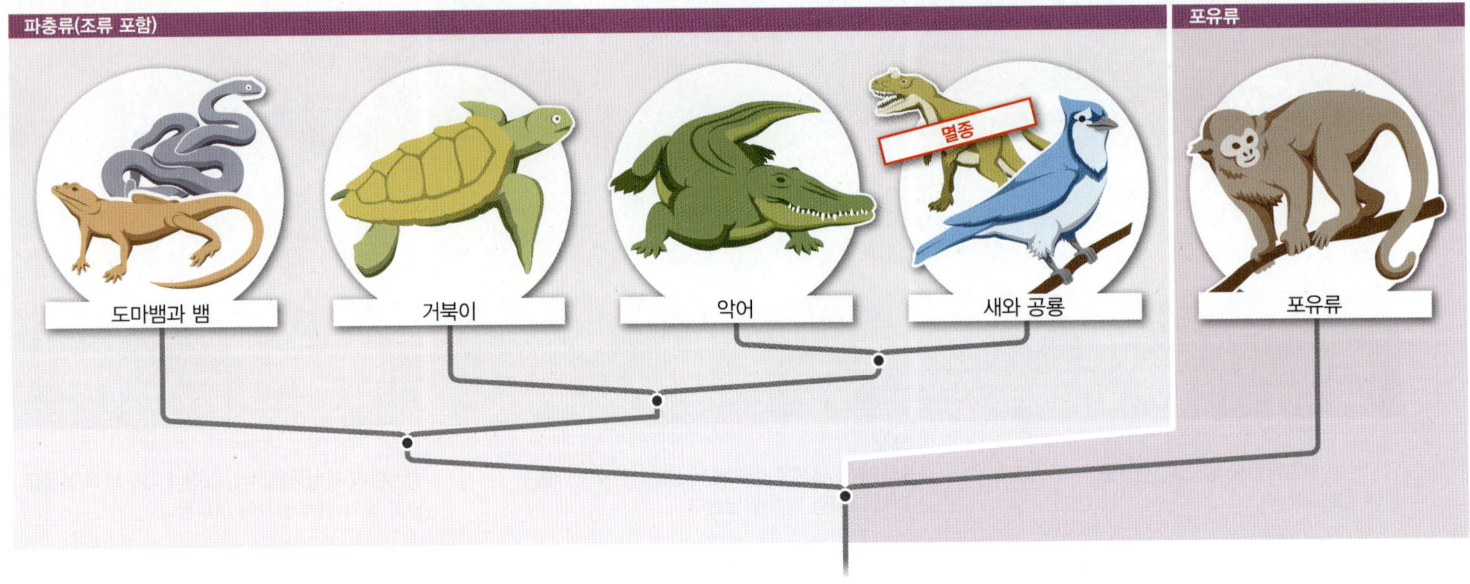

그림 13.25 유양막 척추동물의 주요 2개 그룹.

파충류와 조류

파충류

- 피부가 비늘로 덮여 있다.
- 체온은 대기온도 같은 외부 조건으로 조절된다(외온동물).
- 뱀과 도마뱀(약 8,000종), 거북(약 300종), 악어와 앨리게이터(23종), 큰도마뱀(2종)

조류

- 피부가 깃털로 덮여 있어서 날거나 단열 작용이 가능하다.
- 체온은 세포 호흡에 의해 발생된 열로 유지한다(내온동물).
- 약 9,700종

파충류와 조류의 관계는 유사한 골격과 다리 뼈, 염기서열 및 유양막란으로부터 알 수 있다.

그림 13.26 파충류와 조류는 나타나기 전부터 가까운 그룹이었다.

는 깃털로 덮여 있고 날 수 있는 반면, 다른 현생 파충류는 털도 없고 날지도 못한다. 그리고 중요한 생리학적 부분의 차이도 있다. 조류는 **내온동물**이다. 즉, 조류는 대기보다 자신의 체온을 더 높이기 위해 세포 호흡으로 생산된 열을 이용한다. 반면에, 다른 파충류는 **외온동물**로서 체온을 높이기 위해 햇빛을 쬐며, 너무 더우면 그늘을 찾는다.

사실 조류는 공룡의 한 그룹일 뿐이다. 약 2억 5천만 년에서 6천 5백만 년 전인 중생대에는 공룡이 육상 척추동물을 지배했다. 화석 기록을 보면, 털이 없는 공룡과 깃털

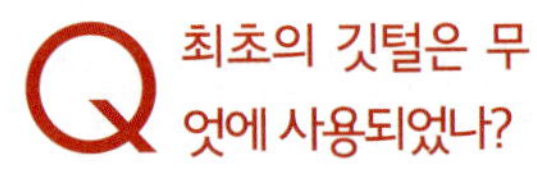

Q 최초의 깃털은 무엇에 사용되었나?

이 있는 조류 사이에 전환이 일어나는 중간다리 역할을 하는 일련의 형태가 분명하게 나타난다. 파충류(대부분의 공룡 포함)와 조류의 명확한 차이점은 조류에는 깃털이 있다는 것이다. 화석기록에 따르면 깃털은 조류보다 먼저 진화했다. 화석 증거에 의하면 초기의 깃털 진화는 비행과 상관이 없었을 것이다.

파충류 중 여러 상이한 종들이 깃털을 가지고 있었다. 예를 들어, 약 1억 2천만 년 전에 살았던 시노사우롭테릭스(Sinosauropteryx)라는 작고 민첩한 공룡은 목, 등, 꼬리에 단순하면서 뾰족한 실 모양의 깃털이 있었고 보다 짧은 것들이 몸 전체를 뒤덮었다(**그림 13.27**). 2010년에 이 깃털 내에 멜라노솜이라는 화석화된 색소포가 발견되었는데, 깃털과 털이 아마도 밝은 색을 띠었을 것으로 보인다. 연구원들은 수컷 시노사우롭테릭스가 깃털을 다른 수컷에게 공격적으로 보이면서 암컷에게 구애하는 데 이용했을 것으로 생각한다. 그러나 시노사우롭테릭스와 많은 깃털 공룡은 후발주자였다. 최초의 비둘기만한 시조새는 최초의 조류 중 하나였으며, 1억 4천7백만 년 전까지 깃털을 이용하여 날고 있었다. 1억 4천만 년 전까지 이 시조새들이 하늘을 뒤덮었다.

앞서 언급했듯이, 조류와 파충류의 또 다른 큰 차이점은 조류는 체온 유지를 위해 체내에서 생성된 열을 사용하는 반면 파충류는 햇빛에 의존하여 체온을 올린다는 것이다. 이러한 진화적 변화는 깃털과 관련이 있을 수 있다. 깃털이 표현과 비행을 목적으로 진화하였듯이 일부 절연 효과도 제공해 주었을 것이다. 이 절연에 의해서, 빠른 속도록 세포 호흡을 하고 체온을 일정하게 높은 상태로 유지할 수 있도록 진화할 수 있었다.

그림 13.27 시노사우롭테릭스: 초기의 깃털을 가졌으나 날지 못하는 공룡.

핵심요약 13.15

» 조류는 파충류 계통의 한 분지이지만, 현존하는 다른 파충류와 달리 깃털을 가지고 있으며 체온을 생성할 수 있었다. 깃털은 원래 화려한 구조였는데, 아마도 행동을 표현하는 데에 이용되었으며, 보온이나 비행과 같은 추가 기능은 나중에 진화했을 것이다.

13.16 포유류는 털이 있고 젖을 만드는 동물이다

앞의 절에서 보았듯이, 양막 척추동물이 출현한 후 2개의 진화계통이 분지되기 시작했다. 그중 한 계통은 파충류로, 또 다른 계통은 포유류로 진화했다. 원래 크기가 작으면서 야행성 곤충을 먹고 살던 초기 포유류는 작은 크기를 유지하였다. 희소하지만 화석기록을 기반으로 볼 때 공룡이 지배적이던 기간에는 이들이 많지 않았다. 초기 포유류는 오늘날의 포유류가 지닌 몇 가지 공통적인 특징을 가지고 있었다. 그중 중요한 하나의 특징은 보온 역할을 하고 케라틴으로 채워진 죽은 세포인 **털**이다. 또 하나는 영양분과 칼로리가 풍부한 젖을 새끼에게 먹일 수 있도록 발달한 암컷 포유류의 **젖샘**이다.

초기 포유류가 진화하면서 점차적으로 몸에 변화가 일어나서, 악어처럼 가로로 놓였던 짧은 다리가 개처럼 수직으로 길게 발달했다(**그림 13.28**). 이러한 해부학적 변화는 초기 포유류가 먹이를 잡기 위해 더 빨리 더 멀리 달릴 수 있게 하였다. 달리기를 위한 근육 활동의 증가는 세포 호흡률을 증가시켜 다리 근육이 계속 일을 하도록 에너지를 공급한다. 털의 진화와 함께 이러한 대사 증가로 인해 초기 포유류는 발생한 열을 보전하고 온도 조절에 이용함에 따라 (그러나 조류와는 다른 일련의 사건을 통해) 내온동물 단계로 정착하였다.

대부분 포유류에 나타나는 공통적인 한 가지 특징은 **태생**으로

초기 포유류

쥐를 닮은 모르가노코돈과 같은 초기 포유류는 체형에서 두 가지 주요 변화가 일어나 내온동물이 되었다.

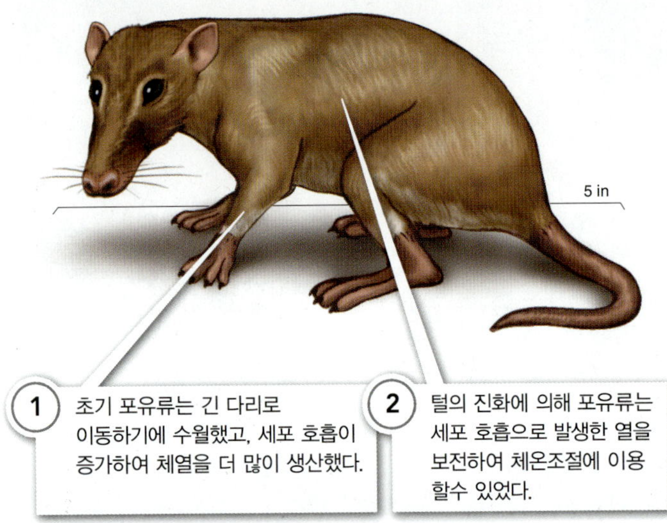

1 초기 포유류는 긴 다리로 이동하기에 수월했고, 세포 호흡이 증가하여 체열을 더 많이 생산했다.

2 털의 진화에 의해 포유류는 세포 호흡으로 발생한 열을 보전하여 체온조절에 이용할수 있었다.

그림 13.28 **초기 포유류의 내온동물은 어떻게 진화했나?**

알이 아닌 새끼를 낳는 것이지만, 이것으로 포유류의 특징을 결정지을 수는 없다. **단공류**는 알을 낳는 조상의 상태를 유지한다. 단공류는 젖을 분비하지만 유두가 없이 피부로 직접 분비되므로, 새끼는 어미의 피부와 털에서 젖을 빤다.

현재 오리너구리와 바늘두더지 4종 등 5종의 단공류가 현존한다. 오리너구리는 호주 동부의 시내와 강에 서식한다. 오리너구리는 호주 동부의 냇가와 강가에 살면서 넓적한 피부로 된 전기감지형 부리로 수서곤충의 유충과 가재를 찾아내는데, 이 주둥이는 먹이들이 숨기 위해 근육에서 일어나는 전기신호를 감지한다. 호주에 3종, 뉴기니아에 1종의 바늘두더쥐도 전기를 감지하는 부리가 있다.

포유류의 나머지 두 계통인 **유대류**와 **태반포유류**는 태생이지만, 갓 태어난 새끼는 매우 다르다(**그림 13.29**). 유대류의 대부분 암컷은 새끼를 자궁 내에서 짧게 품은 후 나머지 발달을 주머니에서 완료하므로 "주머니형 포유류"라고 한다.

짐작할 수 있듯이, 태반포유류(인간 포함)는 태반에서 이름이 유래되었으며, 태반은 모체와 발생하는 태아 사이에 영양분과 호흡 공기를 공급하고 노폐물을 잘 전달하는 구조이다. 태반류의 태아는 유대류보다 자궁에서 훨씬 더 긴 발달 기간을 가진다.

핵심요약 **13.16**

» 털과 젖샘은 포유류의 특징이다.

포유류 그룹

포유류는 털이 있으며, 새끼를 키우기 위해 젖을 분비하는 내온동물이다.

오리너구리

단공류
- 암컷은 알을 낳는다.
- 암컷은 젖을 생산하지만 젖꼭지는 없다. 새끼는 어미의 가슴 부위의 털에서 젖을 빨아 먹는다.
- 오리너구리를 비롯하여 5종만이 현존하고 있다.

캥거루와 새끼

유대류
- 암컷은 짧은 발생기간을 거쳐 새끼를 낳는다.
- 대부분의 암컷은 미숙한 새끼를 어미의 주머니에서 키운다.
- 캥거루, 코알라, 주머니쥐를 포함하여 약 300종이 현존한다.

아프리카코끼리

태반 포유류
- 암컷은 태반을 통해 배아에 산소와 영양분을 제공하고 노폐물을 제거해준다.
- 약 4,500종이 현존한다.

그림 13.29 **털이 있고 젖을 생산하는 포유류.**

▲ 두 영장류(인간)가 다른 영장류의 두개골을 검사하고 있다.

13.17 우리는 나무서식성 영장류의 후손이다. 그러나 인간의 조상은 나무를 떠났다

인간이 속한 진화상 분지에는 약 5,500만 년 전에 시작된 영장류가 있었다. 영장류의 조상이 어떻게 생겼는지를 알려면 여우원숭이가 포함된 원원류라 불리는 현대의 나무서식 포유류를 보면 된다. 이는 인간과 다른 영장류의 많은 해부학적 특성이 나무에서 서식한 (특징의) 기원에서 유래했기 때문이다. 앞을 주시하는 눈과 거리 판단이 가능한 두 눈, 어깨와 팔꿈치 관절에 의해 팔을 회전할 수 있고, 물건을 잡을 수 있는 손가락과 엄지손가락 등의 특징은 나무에 서식하던 우리의 조상으로부터 물려받은 것이다 (**그림 13.30**).

인간은 꼬리가 달린 신대륙원숭이와 구대륙원숭이 및 꼬리 없는 **유인원**(apes)를 포함하는 영장류의 구성원이다. 유인원 중에서 침팬지는 우리와 가장 가까운 유전적 및 해부학적 특징을 보여준다 (**그림 13.31**). 인간과 침팬지 유전자는 매우 유사하다. 염기서열은 약 1%만 다르고, 인간과 침팬지 유전자의 1/3은 동일하다. 인간과 침팬지 사이의 유전적 차이는 침팬지와 현대 인간이 불과 500~600만 년 전에 분리되었음을 나타낸다.

인간은 침팬지와 다른 세 가지 해부학적 특징을 가진다. 인간은 두 다리로 걷고 침팬지는 보통 네 다리로 걷는다. 인간은 침팬

나무 위의 생활

사람과 기타 영장류의 많은 해부학적 특징들로 보아 우리가 나무에서 생활했다는 것을 알 수 있다.

그림 13.30 **나무에 사는 현대 영장류의 조상.**

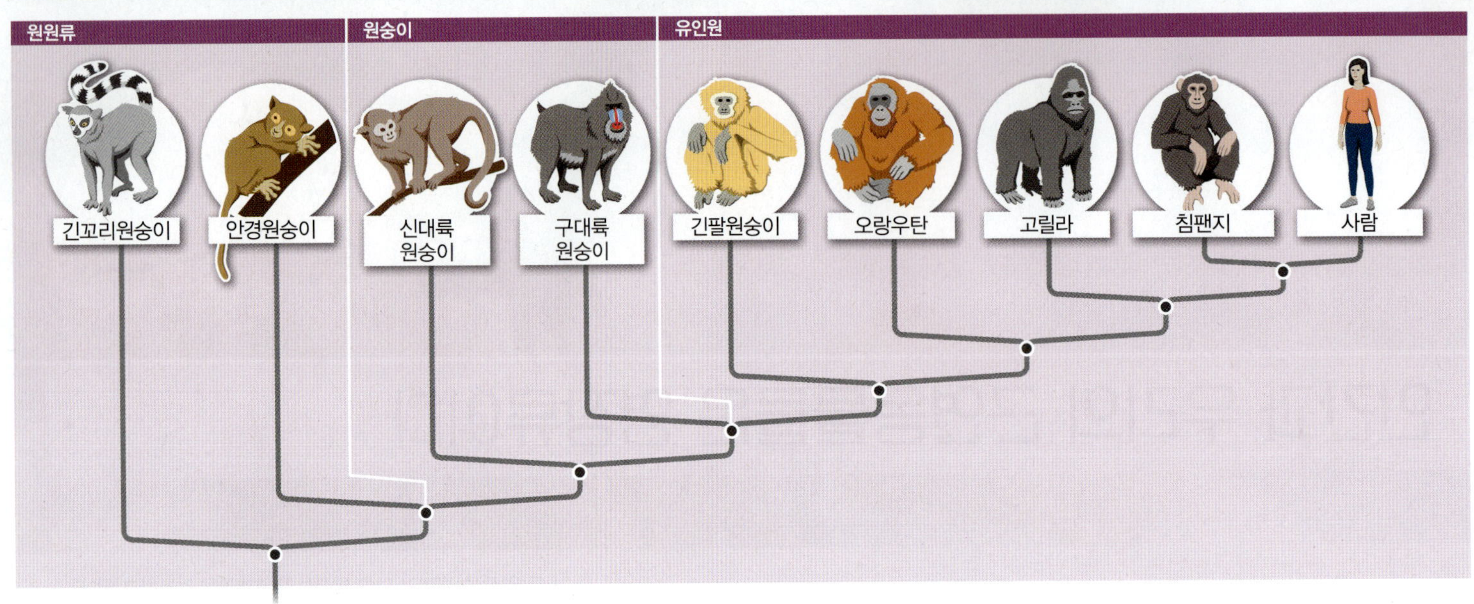

그림 13.31 영장류의 계통도.

지보다 크며, 뇌 크기도 침팬지의 약 3배이다. 화석기록을 통해 이러한 인간 특성의 모습을 추적해보면, 인간은 한 번에 이족보행을 하고 몸집이 커지며, 아주 똑똑해진 것이 아니라 세 가지 특징이 하나씩 진화한 것임을 알 수 있다. 이족보행이 먼저 진화한 다음, 뇌의 부피가 증가하고, 마지막으로 앞서 증가한 뇌 크기와 함께 체격이 증가하였다.

네 발로 걷기에서 이족보행으로 전환하려면 골격의 여러 부분에서 변화가 필요했다. 이족보행의 진화는 단순한 과정이 아니라 인류 혈통에서 가장 중요한 최초의 변화 중 하나였으며, 그에 따른 모든 변화의 발판을 마련한 것으로 보인다. 연구가 계속됨에 따라서 여전히 논쟁이 진행되지만, 초기 인류의 이족보행이 갖는 주요 이점은 아마도 에너지 효율성이었을 것이다. 이족보행은 사족 보행보다 에너지를 덜 사용하며, 도구 사용과 운반을 위해 손을 자유롭게 사용할 수 있게 한다.

약 350만 년 또는 400만 년 전에, 오스트랄로피테쿠스로 알려진 이족보행 그룹들이 나타났다(**그림 13.32**). 그들은 침팬지보다 크지 않았고 작은 용기보다 약간 큰 뇌 크기(350~400cc)를 가졌다. 루시(Lucy)라는 화석은 많은 오스트랄로피테신(Australopithecines) 가운데 최초로 발견된 화석이다. 루시는 키가 약 1m 정도인 성인 여성으로 체중도 30 kg 미만이었을 것이다. 루시가 속한 오스트랄로피테쿠스 집단은 나무가 별로 없는 초원에 살았고, 이들의 손과 발에는 나무 생활을 하는 동물의 특징인 손가락과 발가락이 약간 휜 모습으로 남아 있었다.

루시를 비롯하여 오스트랄로피테쿠스속의 다른 구성원들은 땅에서 먹이를 찾고 밤에는 포식자를 피해서 나무 위로 올라가서 잠을 잤을 것이다. 턱과 치아는 침팬지와 매우 비슷한 것으로 보아 먹이도 여러 종류의 잎사귀, 연한 과일, 견과류 등처럼 침팬지와 비슷했을 것이다.

두 발로 걷는 오스트랄로피테쿠스의 출현에 이어, 인간 진화의 두 번째 분지 결과에서 우리가 속해 있는 *Homo*속(라틴어로 "인간")의 초기 종이 출현했다. 최초 인간의 뇌는 침팬지의 두 배가 되었지만 몸 크기는 별로 증가하지 않았다. 이 진화과정에서 이들은 오스트랄로피테쿠스 조상보다 치아가 훨씬 줄어드는데, 이 변화는 먹이를 준비할 때 치아 대신 도구를 사용하기 시작했음을 나타낸다. 돌로 만든 도구는 *Homo habilis*와 함께 발견되는데 아마도 이 종은 도구를 최초로 사용했을 것이다.

이 시기까지 인간의 모든 진화는 아프리카의 남부와 동부에서 일어났다. 그러나 연구에 따르면, 약 200만 년 전에 *Homo erectus*로 대표되는 한 분지가 아프리카를 떠나 동부 유럽과 아시아로 퍼져 나간 반면, *Homo ergaster*로 대표되는 두 번째 분지는 아프리카에 남았다.

인간 진화상 추가적인 분지(그림 13.32 참조)에 의해서, 네안데르탈인(*Homo neanderthalensis*), 플로레스인(*Homo floresiensis*), 우리 인간(*Homo sapiens*)을 포함한 몇몇 인간 종이 출현하였다.

인간의 진화 계통수 상의 가지

오스트랄로피테쿠스는 약 400만 년 전에 처음 출현한 이후 그림에 나타난 것과 같이 인간 진화계통수 상에서 많은 분지가 이루어졌다.

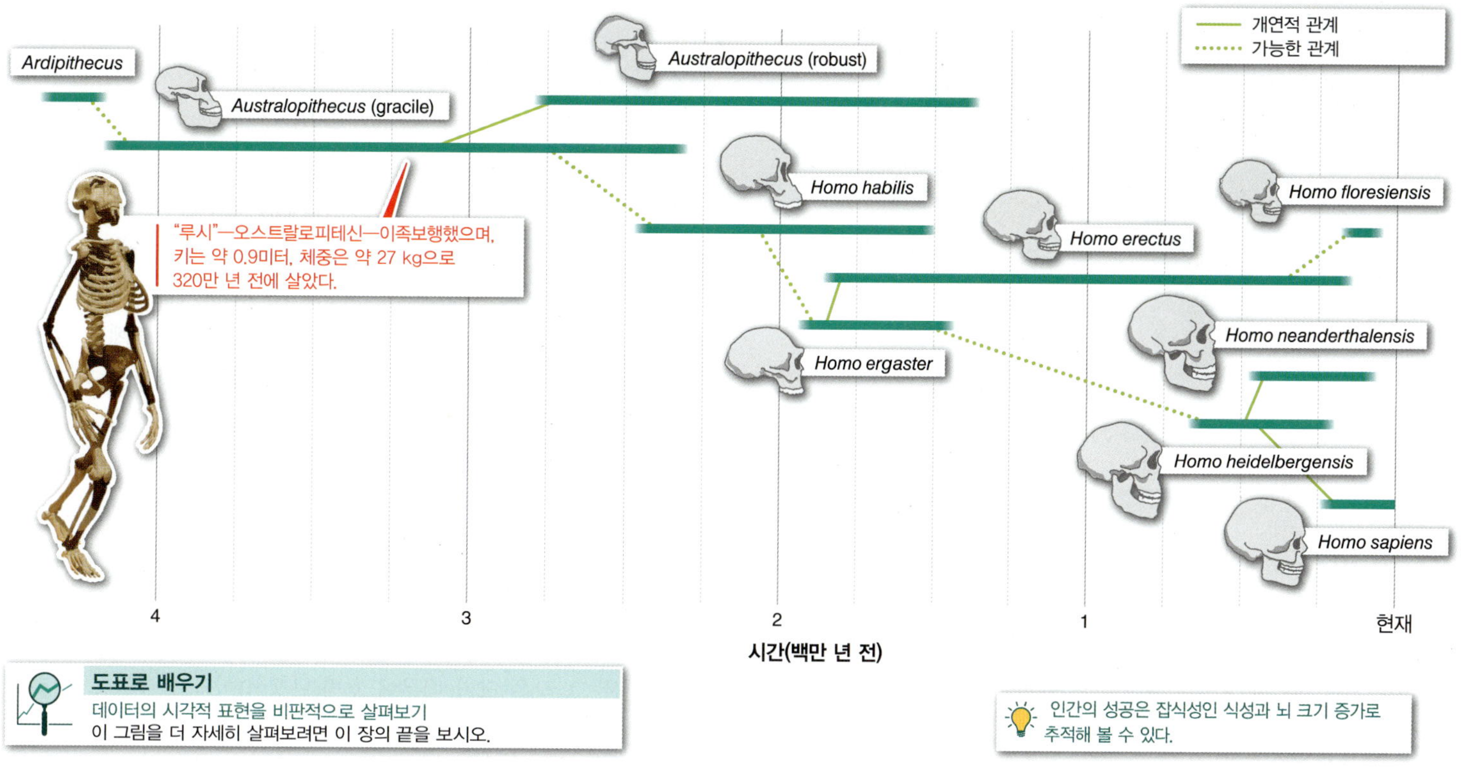

그림 13.32 **인간의 진화 역사는 직선으로 이어지지 않는다.**

이런 방산은 신체 크기가 대략 현대인의 키와 체중, 체형으로 증가했을 뿐만 아니라, 뇌 부피가 이전 조상의 거의 2배까지 증가하는 것과 동시에 발생했다.

핵심요약 13.17

» 인간의 앞을 주시하는 눈, 쥐어 잡는 손가락, 어깨와 팔꿈치 관절에 의해 팔을 회전할 수 있는 특징은 나무에 서식하던 조상의 특징이다. 인간의 초기 조상은 나무를 떠나 이족보행을 하며 땅에 정착하여 생활했다.

13.18 우리는 어떻게 여기에 이르렀나? 20만 년에 걸친 인간의 진화

20만 년 전, 새로운 인간 종이 아프리카의 *Homo ergaster*로부터 생겨났다. 이들이 바로 최초의 현대 인간인 *Homo sapiens*이다. 이후 6만 년 전에 작은 집단(아마도 100명 이하)이 아프리카를 떠나 지구 전역으로 퍼져 나갔다. 미토콘드리아 DNA 분석에 따르면, 이들은 세 가지 주요 경로를 따라 아프리카를 벗어났음을 알 수 있다(**그림 13.33**). 하나의 경로는 서쪽으로 방향을 잡아 유럽으로 퍼져 나갔다. 두 번째 경로는 남동쪽으로 방향을 돌려 아시아 남부와 인도-호주 군도를 거쳐 호주로 퍼져 나갔다. 세 번째 이동은 북동쪽으로 이동하여 북아시아에 집단이 형성되었다. 이 집단은 약 1만5천 년 전에 베링해협을 건너 아메리카 대륙을 통과해 남쪽으로 퍼져 나갔다. 일부 그룹이 아프리카에서 떠나 왔지만 많은 개체는 고향에 남아 있었다.

인간(*H. sapiens*) 그룹이 아프리카를 떠나 도착한 대륙에서 특이한 현상을 발견했는데, **그들이 혼자가 아니라는 것이었다.** 적어도 서로 다른 세 종류의 인간집단(*Homo*속)이 현생 인류가 이동해 간 지역 일부에 이미 살고 있었다. 여러 인간 종류가 존재하는 그

아프리카로부터 인간의 이동경로

약 6만 년 전, 소수의 현생 인류가 아프리카를 떠나 지구 전역으로 퍼져 나갔다. 미토콘드리아 DNA 분석은 이 이동이 세 가지 주요 경로로 이루어졌음을 보여준다.

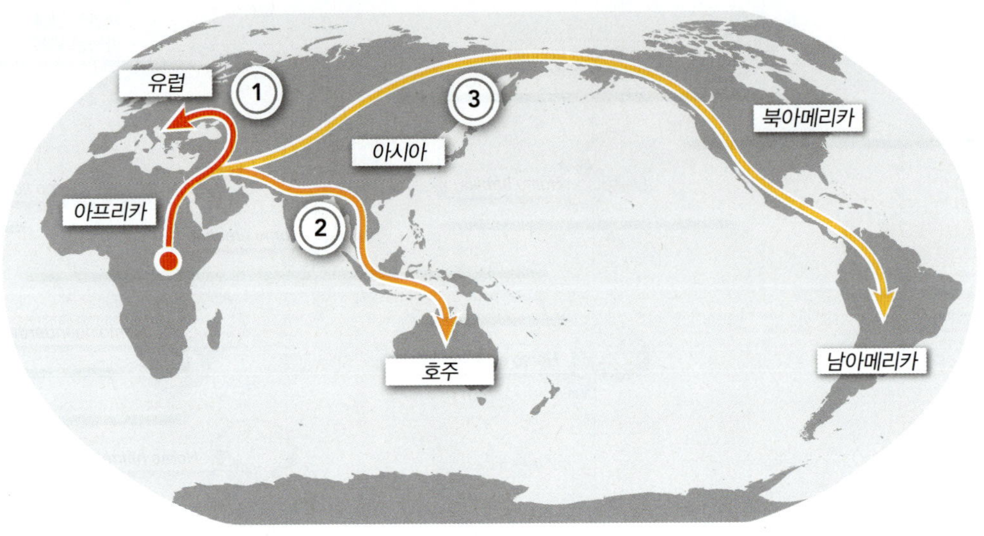

그림 13.33 **현생인류 *Homo sapiens*의 세 가지 이동경로.**

세상은 얼마나 이상하고 달랐을까! 개가 늑대, 코요테, 자칼처럼, 자신과 비슷한 종과 함께 산다는 것은 어떤 느낌일까? 분명히 인간이지만 우리와 정확히 같지 않은 인간과 어떻게 상호작용하였을까?

이것이 현대 *H. sapiens*가 아프리카를 떠나서 마주친 상황이었다. **네안데르탈인**(*H. neanderthalensis*)은 이미 유럽과 중동에 걸쳐 퍼져 있었다. 네안데르탈인은 현생 인류와 비슷했지만 더욱 튼튼하고 근육질이었다. 이들의 화석 중에는 부러졌다가 치료된 뼈들이 있었다. 이러한 부상은 네안데르탈인에 대한 두 가지 정보를 제공한다.

1. 네안데르탈인 화석의 심각한 상처 흔적으로 보아 이들은 분명히 사회적 지지구조를 포함한 조직화된 집단에 살았을 것이다. 부상당한 사람들은 치유될 때까지 며칠 또는 몇 주 동안 움직일 수 없었을 것이며, 가족이나 씨족 구성원이 그들을 돌보아야 했을 것이다. 네안데르탈인의 매장의식도 발견되었는데, 이는 이들이 조직화된 시회 집단에 살았다는 가설을 뒷받침한다.

2. 네안데르탈인의 골격에서 전문적으로 거친 말이나 야생마를 타는 인간들이 입는 상처와 비슷한 상해유형이 발견되었다. 네안데르탈인은 아마 큰 포유류(들소, 매머드, 털코뿔소)를 짧은 창을 가지고 근접해서 찌르는 방식으로 사냥했을 것이다.

인도-호주 군도를 거쳐 이주한 *H. sapiens*는 *H. erectus*와 *H. floresiensis*라는 두 종의 인간과 조우했다. 현생 인류가 5만 년 전에 도착했을 때, *H. erectus*는 적어도 100만 년 전이나 일찍 아시아로 이주했으며 자바섬에 여전히 있었다. *H. erectus*는 현대인과 크기가 비슷했지만 뇌는 작아서 1,400cc인 *Homo sapiens*에 비해 평균 뇌 부피는 1,000cc를 조금 넘었다. 그럼에도 불구하고, *H. erectus*는 (증거가 확실하지는 않지만) 불을 사용한 최초의 인간이었을 수 있으며, 배를 만들어 섬에서 섬으로 해안가를 따라 이동할 수 있었다.

2003년에, 연구자들은 자바 동쪽 플로레스 섬에서 키가 1 m 정도이고 뇌의 크기가 350cc를 조금 넘는 인간화석과 돌연장을 발견했다. 이 화석을 발견한 고생물학자들은 학명을 *Homo floresiensis*("Flores 사람")로 명명했지만 세계 언론은 그 작은 크기 때문에 호빗(난쟁이)이라고 불렀다. **난쟁이 인간**(*H. floresiensis*)이 살았던 플로레스 섬에는 이들이 잡아먹었던 난쟁이 코끼리와 난쟁이 인간을 잡아먹을 수 있는 큰 왕도마뱀도 있었다.

현생 인류인 *H. sapiens* 집단이 다른 3종의 인간이 살던 지역으로 진입한 후 3종의 인간은 사라졌다. 네안데르탈인은 3만 년 전에 멸종되었고, *H. erectus*는 2만7천 년 전에 사라졌으며, *H. floresiensis*는 1만2천 년 전에 절멸되었다. 연구원들은 현생 인류가 식량이나 생활공간 등의 자원을 차지하기 위해 전쟁을 벌여 다른 인간 종들을 없애 버렸을 것이라고 생각했다. 그러나 최근 DNA 염기서열 분석결과는 아프리카를 벗어날 즈음 현생 인류와 네안데르탈인 사이에 종간교배가 일어났음을 보여준다. 이와 같은 결론은 현생인류의 유전자 중 최소 1~4%가 네안데르탈인 DNA를 포함한다는 사실에 근거한다.

현재 우리 인간은 진화역사상 독특한 상황에 해당하는 현존하는 유일한 인간 종이다. 약 400만 년 전 최초 분지가 일어난 이래로 밀접한 관계가 있는 많은 인간 종이 존재했다. 우리는 지구 상에서 살고 있는 근연종이 없는 최초의 인간 종이다.

핵심요약 13.18

» 현생 인류(Homo sapiens)는 약 20만 년 전 아프리카에서 진화했다. 현생 인류는 약 6만 년 전에 작은 집단이 아프리카를 떠나 이주했으며, 이 집단의 후손이 유럽, 아시아 및 아메리카 등지에서 개체군을 형성하였다.

생활 속 생명과학 | 증거를 사용한 의사결정 안내

당신은 어디서 왔는가? "레크레이션 유전체학"과 DNA에서 조상에 대한 단서 찾기

당신 조상에 대해 알아내는 데에 얼마나 들까? 이제 24개 이상의 기업이 당신의 유전적 조상을 100달러에서 1,000달러 정도의 비용으로 찾아 주겠다고 제안한다. 그들이 이 제안을 이행할 수 있을까?

Q: 당신의 DNA에 조상의 단서가 숨겨져 있을까? 대답은 "그렇다"이다. 연구원들은 우리 종 내에서 염기서열 비교를 통해 개인의 조상을 탐색하고, 개별적 조상 비율(예: 서아프리카 10%, 중동/북아프리카 70%, 유럽 20%)을 원형 차트로 준비하기도 한다.

Q: DNA는 가계계통수를 만드는 데 어떻게 사용될까? 대부분 테스트는 세 가지 분석법 중 하나를 기반으로 한다.

1. 미토콘드리아 DNA 테스트에서는 모계로 전달되는 미토콘드리아 DNA의 변이가 큰 서열을 비교한다.
2. Y-염색체 테스트는 부계로 전달되는 Y-염색체의 변이를 살펴본다.
3. 상염색체 DNA 테스트는 전반적으로 염색체에 산재한, 변이가 큰 DNA 부위를 검사한다.

위와 같은 실험을 위해 세포 검체를 채취한다(보통 볼 안쪽에서 면봉으로 채취). 이 검체를 분석하여 여러 위치(수십 개에서 수백 개)의 염기서열을 다른 수천 명의 염기서열과 비교한다. 당신과 일치하는 염기서열을 가지는 사람의 경우에는 잠재적인 공유 조상을 가진 것으로 해석된다.

Q: 유전적 조상 찾기 테스트의 재미는 좋지만, 과학도 그럴까? 불행하게도, 상업용 유전자 가계계통수 검사에는 한계가 있다.

- 대부분 개체군내 유전적 변이가 높아 개체군별 구성원임을 확인하는 특정 서열을 파악하기 어렵다. **유추**: 만약 미국 원주민의 특징(예: 키)에 변이가 크다면, 그 특징으로는 미국 원주민의 조상을 나타낼 수 없다.
- 개체군 사이 유전자 확산의 높은 비율은 특정 서열이 한 특정 집단의 구성원임을 입증할 수 있는 신뢰성을 감소시킨다. **유추**: 검은 머리는 아시아에서 매우 일반적이지만, 검은 머리가 있다고 해서 반드시 아시아 혈통을 나타내는 것은 아니다.
- 너무 적은 수의 유사한 유전자 좌위를 분석할 경우, 이 적은 수가 우연히 비슷해서 실제 결과보다 훨씬 더 유전적으로 유사하다고 결론을 내릴 수 있다.
- 현재 생존한 두 사람의 DNA가 일치한다고 해서 그들이 조상과 일치한다고 볼 수 없다. 더 나아가, 이 경우 두 사람이 공통 조상으로부터 DNA를 물려받았다고 보는 것이 타당하다.

어떤 결론을 내릴 수 있을까? 개체군 내에 그리고 개체군 간에 존재하는 변이가 얼마나 많은지를 정확히 평가하고, 훨씬 더 종합적인 유전적 변이 정보를 파악하기 전까지는 유전자 가계도 조사는 추측에 불과하며 신뢰도가 높지 않다. 결론이 정확하지 않으며 잘못된 결과를 도출할 수도 있다. 그러나 개념적 토대가 튼튼하므로 유전자 가계계통수 검사의 미래는 밝다.

유전적 조상찾기 검사를 할 때 유전자 검사의 가장 큰 장점과 단점은 무엇일까?

연습 데이터의 시각적 표현을 비판적으로 살펴보기

도표로 배우기

1. 오늘부터 시간을 거슬러 올라갔을 때 현생 인류의 직계 조상일 가능성이 가장 큰 종은? 그렇지 않은 종은? 이유는?
2. *Homo*속은 언제 처음 나타났는가? 이 진화계통수 상에서 이전 종과 어떻게 다른가?
3. 점선과 실선의 차이점은 무엇인가? 그 정보가 추후에 변경될 수 있는 이유는 무엇인가?
4. 인간 "가계계통수"에서 동일한 시대에 존재했던 종의 수가 가장 많았을 때의 숫자는? 그때는 언제인가?
5. 언제 *Homo sapiens*가 *Homo*속 중 살아남은 유일한 종이 되었을까?

인간의 진화계통수 상의 가지

오스트랄로피테쿠스는 약 400만 년 전에 처음 출현한 이후 그림에 나타난 것과 같이 인간 진화계통수 상에서 많은 분지가 이루어졌다.

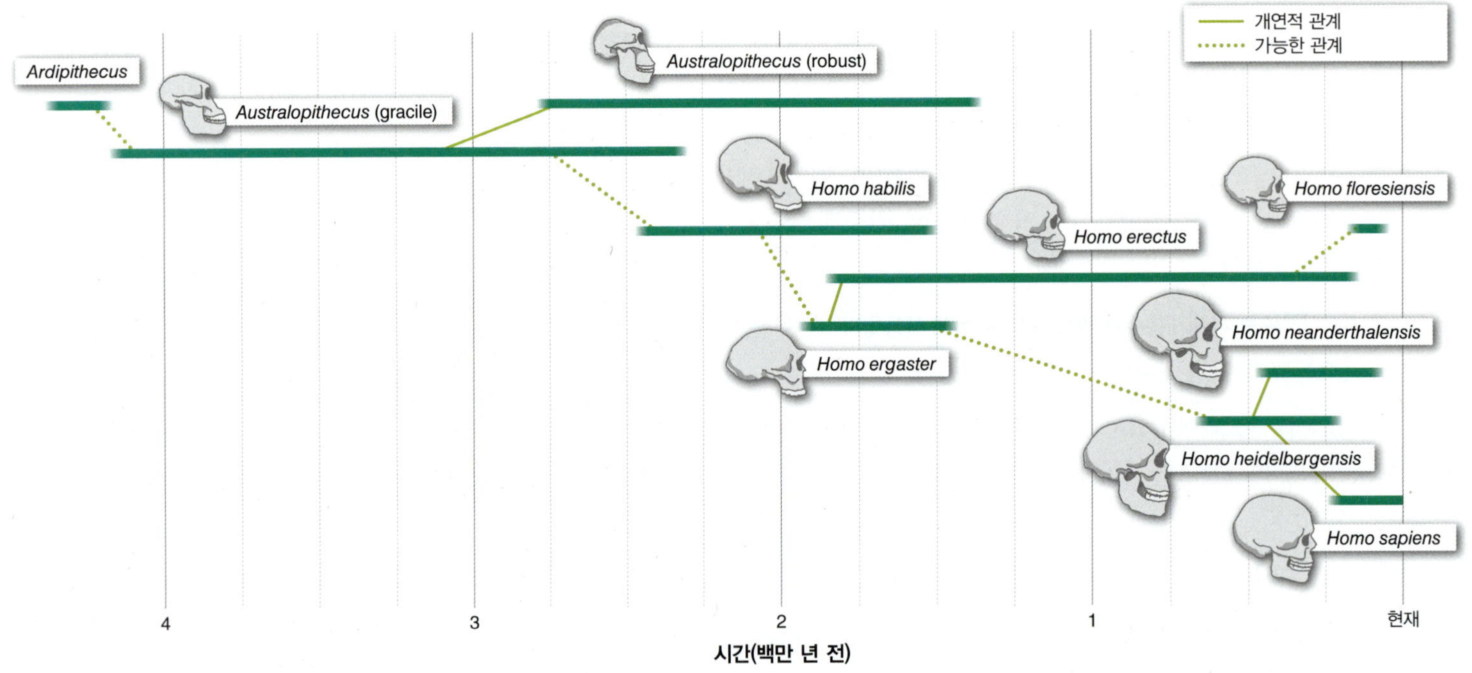

주요 용어: 동물의 다양성

고착성 sessile, 375쪽
기조류 ray-finned fishes, 395쪽
내온동물 endotherm, 399쪽
네발동물 tetrapod, 398쪽
단공류 monotreme, 401쪽
동물 animal, 374쪽
두족류 cephalopod, 386쪽
등쪽 속이 빈 신경삭 dorsal hollow nerve cord, 394쪽
멸종된 extinct, 375쪽
무양막류 non-amniote, 398쪽
무척추동물 invertebrates, 377쪽
방사대칭 radial symmetry, 377쪽
번데기 pupa, 391쪽
복족류 gastropod, 385쪽
불완전변태 incomplete metamorphosis, 392쪽
산호초 coral reef, 381쪽
선구동물 protostome, 377쪽
선충류 roundworm, 382쪽
아가미 틈 gill slits, 394쪽
양막류 amniote, 398쪽
양서류 amphibian, 398쪽
연골어류 cartilaginous fishes, 395쪽
완전탈바꿈 complete metamorphosis, 391쪽
외골격 exoskeleton, 388쪽
외온동물 ectotherm, 400쪽
유대류 marsupial, 402쪽
유충 (larva pl. larvae), 391쪽
이매패류 bivalve mollusk, 386쪽
절지동물 arthropod, 388쪽
젖샘 mammary glands, 401쪽
좌우대칭 bilateral symmetry, 377쪽
척삭 notochord, 394쪽
척추동물 vertebrates, 377쪽
총기류 lobe-finned fishes, 395쪽
탈바꿈 metamorphosis, 391쪽
태반포유류 placental, 402쪽
태생 viviparity, 401쪽
털 hair, 401쪽
편형동물 flatworm, 382쪽
항문후꼬리 post-anal tail, 394쪽
현존하는 extant, 375쪽
환형동물 segmented worm, 382쪽
후구동물 deuterostome, 377쪽

요약

동물은 진핵생물 영역의 한 갈래일 뿐이다.

- 모든 동물은 다른 유기체를 먹고, 발달과정 중 최소한 한 단계 동안 움직이며, 다세포이다.
- 약 36개의 동물문 중 9개 문이 동물 종의 99% 이상을 차지한다. 진화론적 관점에서 볼 때, 이들 중 어떤 종도 더 "고등"하거나 "하등"하다고 할수 없다.
- 동물은 아마도 원생동물 조상으로부터 유래했을 것이다. 현생 동물을 단계통으로 형성하는 네 가지 주요 특징이 있다. (1) 조직의 유무, (2) 방사대칭 또는 좌우대칭, (3) 선구동물 또는 후구동물 발달, (4) 탈피를 통한 성장 또는 지속적인 몸 추가를 통한 성장.

무척추동물 ― 등뼈가 없는 동물 ― 은 가장 다양한 동물군이다.

- 해면동물은 가장 단순한 동물 계통에 속한다. 해면동물은 조직이나 기관이 없다. 해면은 유성생식(난자와 정자)과 무성생식(출아)을 한다. 수정된 알은 자유유영하는 유생으로 자라며, 성체는 정착하여 여과섭식을 한다.
- 산호, 말미잘, 해파리는 자포동물문에서 뚜렷한 조직을 가진 방사대칭 동물이다. 모든 자포동물은 육식동물이며, 먹이를 잡기 위해 촉수에 있는 자포세포를 사용한다.
- 벌레는 단계통군이 아니지만 모두 뚜렷한 조직을 가진 좌우대칭 및 선구동물이다.
- 연체동물은 선구동물이며 탈피하지 않는 원시 무척추동물이다. 그들은 지구 상에서 두 번째로 다양한 동물문이며, 달팽이와 민달팽이, 조개와 굴, 오징어와 문어가 포함된다.
- 절지동물은 선구동물이며 무척추동물이다. 그들은 다른 모든 생물종보다 종수가 많다. 곤충은 절지동물 중 가장 다양한 집단이다.
- 자연계에 대한 몇 가지 질문은 답변이 불가능할 수 있다. 그러나 관련되는 더 세밀하고 풀기 어려운 질문에 답하기 위해 창의적이면서도 조직적이고 방법론적이며 과학적 사고를 사용함으로써 진전이 가능할 것이다.
- 비행 능력과 외골격으로 보호받으며, 어려운 환경적응의 수단으로 완전변태를 통한 발달 과정은 곤충이 엄청난 생태적 다양성으로 성공하는 데 기여했다.
- 극피동물은 후구동물이므로 척추동물과 가장 가까운 친척인 무척추동물이다. 불가사리를 포함한 대부분은 가시판의 단단한 골격으로 둘러싸여 있으며, 성체와 마찬가지로 방사대칭이다.

척삭동물문(Chordata)에는 척추동물 ― 등뼈를 가진 동물 ― 이 포함된다.

- 척삭동물(척추동물이 가장 다양함)은 척삭, 등쪽의 속이 빈 신경삭, 인두열, 항문 뒤 꼬리를 가지고 있다. 척추동물 중에서 물고기의 두 가지 구조(지느러미와 턱)의 발달은 현생 척추동물의 엄청난 다양성의 발판이 되었다.
- 물속 생활에서 육지로의 전환에는 네 가지의 적응이 중요했다. 폐, 척추, 네 다리 및 마르지 않는 알이 그것이다.
- 양서류는 육상 척추동물이지만 성체는 물속에 알을 낳는다. 알은 수중생활하는 유생으로 부화한다.
- 조류는 파충류 계통의 한 가지이지만 다른 파충류와 달리 깃털을 가지고 있고 체온을 생성할 수 있다. 깃털은 원래 화려한 구조였으며 행동 표시에 사용되었을 것이다. 보온 및 비행과 같은 추가 기능은 나중에 진화했다.
- 털과 젖샘은 포유류의 특징이다.

인간과 우리의 근연동물들은 영장류이다.

- 인간의 전방을 주시하는 두 눈, 움켜쥘 수 있는 손가락, 팔을 회전할 수 있는 어깨와 팔꿈치 관절은 나무생활을 하던 조상으로부터 물려받은 특징이다. 초기 인간은 나무를 떠나 땅에서 생활하였고 두 발로 걸었다.
- 현대 인류(*Homo sapiens*)은 약 20만 년 전에 아프리카에서 진화했다. 약 6만 년 전에 현대 인류의 작은 집단이 아프리카를 떠나 이주했으며, 이 집단의 후손이 궁극적으로 유럽, 아시아 및 아메리카에서 개체군을 이루었다.

복습하기

짧게 답하기

1. 다윈은 왜 혼자 "고등하다거나 하등하다는 단어를 사용하지 말라"라고 적어 놓았을까?
2. 모든 동물은 공통 조상을 공유한다. 공통 조상의 정체는 무엇이었을까? 이것이 사실인지 어떻게 알 수 있을까?
3. 선형동물의 중요한 생태학적 역할은 무엇인가?
4. 연체동물에 있는 특화된 혀를 무엇이라고 하는가? 이 구조의 기능은?
5. 동물지능 비교에 관한 질문이 일반적으로 유용하지 않은 이유는 무엇인가?
6. 외골격의 이점과 대가를 비교하여 보시오.
7. 곤충이 적응적 방산을 할 수 있게 된 2가지 특징은 무엇인가?
8. 척삭동물의 4가지 독특한 몸 구조를 설명하시오.

9. 대형동물 중에서 척추동물이 우점하게 된 두 가지 진화적 혁신은 무엇인가?

10. 뱀과 같은 외온동물은 살아남기 위해 가끔 섭식하는 반면, 쥐 등과 같은 내온동물은 훨씬 더 자주 섭식해야 하는 이유는 무엇인가?

11. 포유류 태반의 주요 기능은 무엇인가?

12. 인간과 침팬지의 3가지 주요 해부학적 차이점을 설명하시오

정답 고르기

1. 다음 중 진화적 시간 동안 일어날 가능성이 가장 높은 적응 유형은:
   - a) 개체군 내 개체의 생리적인 복잡성과 정교함을 증가시킨다.
   - b) 개체군 내 개체의 생리학적 단순성을 증가시킨다.
   - c) 개체군 내 개체의 높은 지능을 갖도록 한다.
   - d) 개체군 내 개체가 인간과 더 유사하게 만든다.
   - e) 개체군 내 개체가 그들이 살고 있는 환경에서 보다 효율적으로 번식하도록 한다.

2. 자포동물에 자포세포의 주 사용처는?
   - a) 체벽을 가로 지르는 물의 흐름 생성.
   - b) 자유 생활을 하는 메두사의 형성.
   - c) 소화효소의 분비.
   - d) 먹이 포획 및 방어.
   - e) 운동 중 근육 수축.

3. 연체동물의 외투막은 주로 다음 용도로 사용된다.
   - a) 섭식.
   - b) 가스 교환.
   - c) 껍질 생산.
   - d) 배설.
   - e) 번식.

4. 절지동물문에는 다음을 제외한 모든 종류의 동물이 포함된다.
   - a) 달팽이.
   - b) 게.
   - c) 가재.
   - d) 나비.
   - e) 전갈.

5. 다음 중 척삭동물이 다른 동물과 구분되는 특징은 무엇인가?
   - a) 척추
   - b) 등쪽 빈 신경
   - c) 깃 세포
   - d) 배 발달 및 유생 발달 중 좌우대칭.
   - e) 양막란.

6. 다음 중 양막란을 낳지 않는 사지동물은 무엇인가?
   - a) 도롱뇽
   - b) 인간
   - c) 원숭이
   - d) 코끼리
   - e) 비단뱀

7. 양막란이 진화의 중요 혁신으로 여겨지는 이유는 무엇인가?
   - a) 체외수정을 하지 않고 체내수정의 진화적 혁신을 촉진한다.
   - b) 깨지지 않는 껍질을 가지고 있다.
   - c) 육상 환경에서 알의 생존 가능성을 크게 높인다.
   - d) 알이 수중에 뜨도록 한다.
   - e) 배아 발달의 시간을 연장시킨다.

8. 닭이 먼저일까? 달걀이 먼저일까?
   - a) 닭이 먼저다, 양막란은 첫 번째 닭이 나타날 때까지 진화하지 않았기 때문이다.
   - b) 알이 먼저다, 양막란은 최초의 조류보다 훨씬 먼저 진화했기 때문이다.
   - c) 닭이 먼저다, 종 분화 동안 성체 단계는 항상 어린 단계보다 앞서기 때문이다.
   - d) 알이 먼저다, 왜냐하면 닭은 실제 종이 아니기 때문이다.
   - e) 알은 화석을 남기지 않으므로 확인이 불가능하다.

9. 다음 그룹 중 어떤 그룹이 유대류와 결합하여 단계통을 구성하는가?
   - a) 조류
   - b) 육식동물
   - c) 영장류
   - d) 단공류
   - e) 태반류

10. 화석기록에 따르면 가장 첫 번째 인간은 약 __________년 전에 출현했다.
    - a) 600만
    - b) 6,000만
    - c) 1억 9,000만
    - d) 20만
    - e) 100만

14

식물과 균류의 다양성

식물과 균류는 어디에서 기원했는가?

▲ 캘리포니아의 Monterey cypress 나무에서 이끼와 균류의 공생체인 지의류가 자라고 있다.

식물은 다양한 도전에 직면하였다

▲ 다육식물은 종종 수분을 저장하기 위해 두꺼운 다육질의 잎을 가지고 있다.

14.1 식물이란?

동물은 먹이나 물을 얻기 위해, 잡아먹히지 않기 위해 또는 교배 상대를 찾기 위해 이곳저곳으로 움직일 수 있다. 식물에게는 어려운 일이다. 먹이와 물을 얻고 포식자로부터 자신을 보호하고 번식을 하는 등 동물이 하는 모든 일을 식물도 해야 하지만 이런 일을 하기 위해 1 cm도 이동할 수 없다. 씨앗이 뿌리를 내리는 곳이 식물이 일생 고정되어 머물러야 하는 장소이다.

움직일 수 없다는 것은 식물이라는 존재가 지니는 일면에 지나지 않는다. **식물**은 광합성을 통해 스스로 먹이를 만드는 다세포 진핵생물이고 모체가 보호하는 환경 내에서 배가 발생한다.

식물은 대부분 육상에서 서식하며, 크기는 1 mm에서 116 m에 이르기까지 다양하다(**그림 14.1**). (식물에 대한 정의는, 비록 약간의 예외는 있지만, 현재 지구 상에 존재하는 광대한 40만 종 이상의 식물 대부분에 적용할 수 있다)

다세포이며 광합성을 수행하는 진핵생물로 해초와 같은 많은 조류 종이 육상식물과 가장 가까운 친척이다. 이들은 물 또는 습기가 매우 많은 지역에서만 서식한다는 점에서 식물과 다르다. 식물은 사막에서도 살 수 있다는 점에서 크게 대조를 이룬다.

대부분 식물은 광합성을 통해 스스로 먹이를 만든다. 그러나 식물은 단백질을 만들기 위한 질소가 필요하고, ATP를 만들기 위한 인이 필요하며, 세포 안팎의 농도 차이를 유지하기 위한 염이 필요하다. 식물은 토양으로부터 이 필요한 것들을 얻기 위하여 지

식물이란?

모든 식물은 대부분 다음과 같은 세 가지의 특징을 공유한다.

- **식물은 스스로 먹이를 만든다.**
  모든 식물은 대부분 광합성을 수행한다. 태양 빛을 이용하여 이산화탄소와 물을 당으로 전환시킨다.
- **식물은 움직이지 못하고 주로 육지에서 서식한다.**
  식물은 자신의 기반인 제자리에 고정되어 있으며 거의 육지에서만 서식한다.
- **식물은 다세포다.**
  식물은 여러 세포로 구성되어 있고 상이한 여러 기능에 특화된 구조를 가지고 있다.

그림 14.1 식물 특성 정의하기.

하에 있는 부위인 **뿌리**를 이용한다. 식물은 땅 위에 줄기와 잎으로 구성된 **슈트**를 지닌다. 줄기는 식물의 주요한 광합성 기구인 잎을 지지하기 위한 구조이다.

우리는 언제나 식물을 "엽록소를 담고 있는" 것으로 생각하지만, 실제로 일부 식물은 엽록소를 매우 조금 갖거나, 심지어는 아예 갖지 않기도 한다. 이들의 조상은 (식물로 분류하는 데 기준이 되는) 엽록소를 가지고 있었지만, 진화적 시간이 흐르는 동안 거의 사라져 광합성을 수행할 수 없다. 대신 다른 식물에 기생하면서 영양분을 훔쳐 살아간다. 실새삼(dodder)은 이런 기생식물의 예로서 거의 완벽하게 엽록소를 가지고 있지 않으며, 의지하여 사는 숙주로부터 당을 얻는다. 누구든 공터나 집 근처에서 다른 식물에 빌붙어 자라고 있는 실새삼을 발견할 수 있을 것이다(**그림 14.2**).

Q 음지에서 자라는 식물은 태양이 더 내리쬐는 장소로 움직일 수 없다. 유용한 태양 빛에 어떻게 다다를 수 있을까?

식물은 광합성을 수행하기 위해 태양 빛을 필요로 한다. 키 큰 나무 아래에서 자라고 있어서 단지 몇몇 지점에서만 위에 있는 나뭇가지를 통과하여 빛이 도착하는 식물들에게 있어서 이것은 풀어야 할 과제이다(**그림 14.3**). 만일 그늘에서 씨앗이 발아한다면 어린 식물은 어떻게든 가장 가까운 빛이 도착하는 지점에 닿아야 한다. 물론 식물은 움직이지 않고도 이를 해낼 수 있다. 움직이는 대신 빛 쪽으로 자라는 것이다. "행운의 대나무"(실제로는 대나무가 아니다)라는 식물은 나선형이나 고리 모양으로 자란다. 이 식물을 키우는 사람은 며칠 간격으로 빛의 방향을 바꿔 이 식물이 빛을 따라 구부러지도록 하여 나선형이나 고리 모양을 만든다. 만약 행운의 대나무를 구입하면 빛이 오는 방향을 계속 돌려주어야 한다. 그렇지 않으면 다른 식물들처럼 위로 곧바로 자란다.

그림 14.2 **기생 식물.**

움직이지 않는 생물의 도전

먹이 취득
식물은 태양이 비추는 곳까지 움직일 수 없기 때문에 제자리에서 굽어져 빛을 향해 자란다.

교배 대상 발견
수컷과 암컷 식물은 번식을 위해 만날 수 없지만 대체 방안이 있다. 반수체와 이배체 단계의 세대교번과 수컷 배우자를 운송하는 다른 생명체를 이용한다.

포식에 대한 저항
식물은 포식자로부터 도망갈 수 없다. 그래서 자신을 방어하기 위해서 가시와 같은 적응수단을 만들어냈다.

그림 14.3 **식물은 움직일 수 없는 제약을 극복해야 한다.**

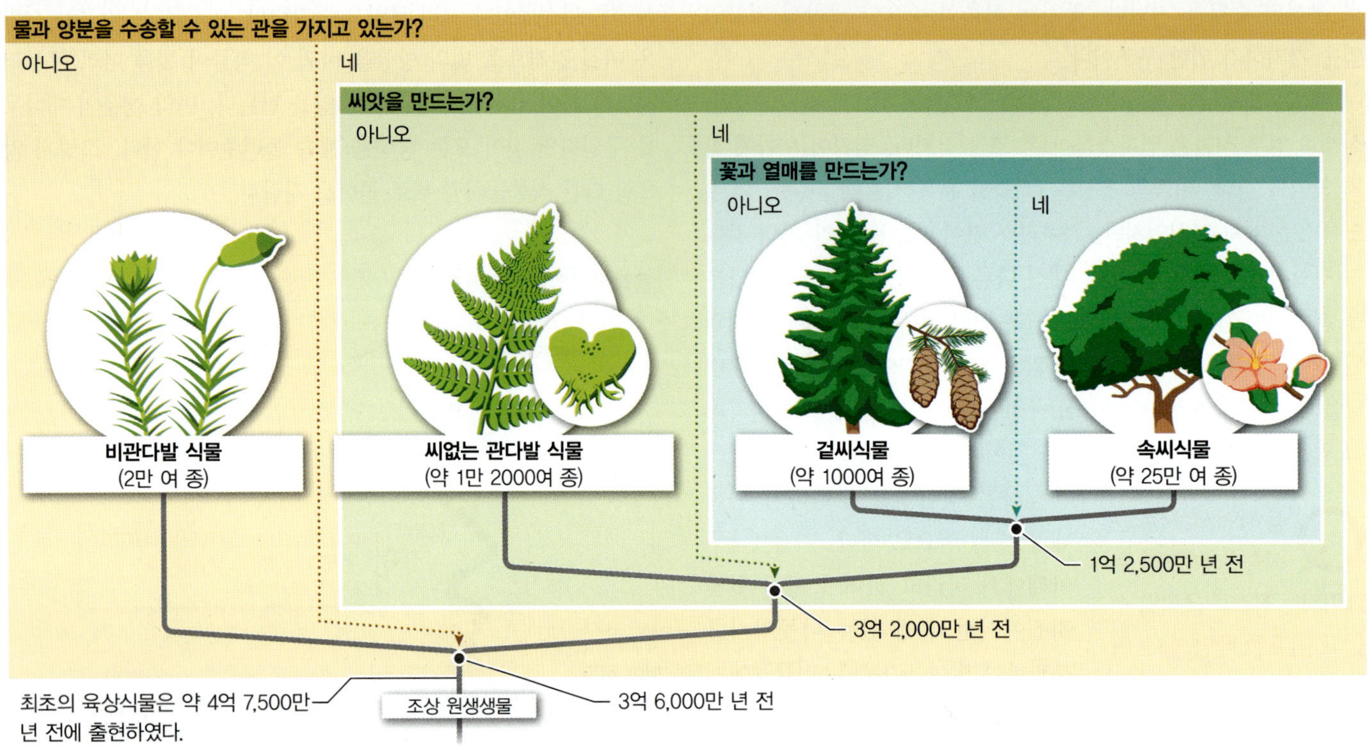

그림 14.4 **식물의 계통발생.**

성(sex)은 제자리에 뿌리로 고정된 생물에게 또 다른 도전의 대상이다. 식물은 이 어려움을 극복하기 위해 반수체 시기와 이배체 시기를 갖는다. 독립적인 반수체 시기가 있기 때문에 식물이 비록 움직이지 못하더라도 (때로는 멀리 떨어져 있더라도) 수배우자와 암배우자는 생식을 위해 만날 수 있다. 게다가, 일부 식물은 동물에게 협조를 요청해 수배우자가 암배우자에게 전달되도록 도움을 받는다.

움직일 수 없는 생물은 포식자에 저항하는 일이 풀어야 할 또 다른 과제이지만, 식물은 자신을 방어하는 여러 방법을 가지고 있다. 예를 들어, 가시는 포식이 되는 것을 피하기 위해서 식물이 사용하는 구조적 방어수단이다(그림 14.3 참조). 넝쿨옻에 의해 가려운 발진이 생기는 것을 보고 알 수 있듯이, 식물은 화학물질을 사용하여 포식자를 단념시키기도 한다.

최초의 육상식물은 최초로 육지에 살게 된 다세포 생물이다. 이들은 **비관다발**로 관다발이 없어 물이나 양분을 수송하지 못했다. 육상식물의 연속적 진화는 일련의 방산 형태로 물에서 점점 독립하기 위한 특징이 나타난다(**그림 14.4**).

핵심요약 14.1

» 식물은 뿌리로 한 장소에 고정된 채 대부분의 삶을 지내는 다세포 생명체이다. 식물은 움직일 수 없음에도 불구하고, 성공적으로 먹이를 얻고 생식을 하며 포식자로부터 자신을 보호할 수 있는 특징을 진화하였다.

14.2 육상에 정착하면서 새로운 기회와 도전이 식물에게 주어졌다

육상식물의 수생 조상은 녹조류라고 불리는 원생생물이다. 육상식물처럼 녹조류도 다세포이고 광합성을 하는 진핵생물이다. 그러나 녹조류는 물 속이나 매우 습기가 많은 지표에서만 산다. 물 속에서 서식하기 때문에 녹조류는 물이나 양분을 얻기 위한 특별

육지로 이동함에 따라서 도전을 맞이하게 되었다

문제: 중력

해결방안: 최초의 식물은 중력의 당기는 힘에 저항하기 위하여 오늘날의 이끼류처럼 땅에 기듯이 자랐다.

문제: 건조

해결방안: 식물은 표면 전체를 덮을 수 있는 큐티클이라는 외부의 왁스층을 발전시켰다.

 식물이 육지에 출현했을 때, 육상동물이 2,500만 년 후에 접하게 된 것과 동일한 두 가지 도전에 직면하게 되었다.

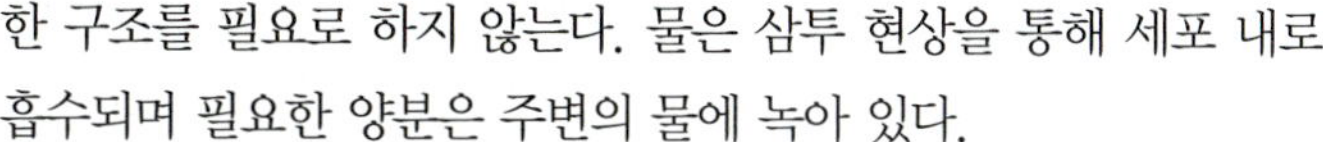

그림 14.5 물로부터 떠나기.

한 구조를 필요로 하지 않는다. 물은 삼투 현상을 통해 세포 내로 흡수되며 필요한 양분은 주변의 물에 녹아 있다.

분류학자들은 바위 위에 서식하는 점균류처럼 보이는 녹조류인 차축조류(coleochaetes, KOH-lee-oh-keets로 발음)를 식물의 가장 가까운 친척으로 간주한다. 하나의 차축조류 개체는 핀의 머리 크기로 세포 하나 정도의 두께이다. 차축조류는 공기에 노출되어도 견딜 수 있기 때문에 호수에 있는 물이 줄어들어 물 위에 올라와 건조되어도 생존할 수 있다. 이러한 건조에 대한 저항성이 식물이 물에서 육지로 진입하는 첫 번째 진화적 단계였다.

최초의 육상식물은 4억 7,200만 년 전에 출현하였고, 물가에 낮게 깔려 자라는 녹색 줄기의 몇몇 조각이었다. 그들은 뿌리, 잎, 꽃 등을 가지고 있지 않았지만, 다른 육상 생물에게 막대하게 중요한 먹거리의 공급원이었다.

식물이 육상에 출현함에 따라 2,500만 년 후 최초의 동물이 직면하게 된 것과 동일한 두 가지의 문제에 접하게 되었다. 식물은 중력의 인력을 견뎌내야 하고 수분을 유지해야 했다. 최초의 식물은 위로 성장할 필요가 없어서 지면을 따라 기어 자랐다. 그러나 두 번째 문제가 더 급박했다: 건조되는 것은 피해야 했다. 이끼류가 자라는 것처럼, 이들은 땅을 기어 자라며 땅속의 물을 이용함으로써 건조를 막고 배우자 이동을 가능하게 했다. 게다가, 모든 육상식물은 **큐티클**이라는 반짝이는 왁스층으로 잎과 줄기가 덮여 있어서 건조함을 막을 수 있다(**그림 14.5**).

핵심요약 14.2

» 최초의 육상식물은 작고, 잎, 뿌리, 꽃이 없었으며, 물이 있는 주변에서만 자랐다. 그럼에도 불구하고 오늘날 지구 상에 있는 육상식물과 동물의 막대한 다양성이 생길 수 있도록 무대를 마련하였다.

14.3 이끼류와 여타 비관다발 식물은 양분과 물을 수송하는 관이 없다

최초의 육상식물은 물과 양분을 토양에서부터 식물로 수송하는 구조를 갖지 않아 키가 작았다. 식물체 내에서 물질이 움직일 수 있는 유일한 방법은 한 세포에서 인접한 세포로 느리게 확산을 통해 이동하는 것이었다.

확산의 한계에도 불구하고, 우산이끼, 뿔이끼, 이끼 등 **선태식물**로 알려진 세 집단이 있다. 이들은 모두 "순환계"를 지니는 대신 확산을 통해 물질을 수송한다.

12,000여 종의 이끼가 극지방, 고산지대에서 열대지역에 이르기까지 넓게 서식처가 퍼져 있다. 우산이끼와 뿔이끼는 작고(키가 2.3 cm 이하) 단순한 식물로서, 습기가 많고 음지인 곳에서 서식하며 납작한 이끼를 닮았다.

선태식물은 물과 양분을 운반하는 관이 없어서 "비관다발성(non-vascular)"이라고 불린다. 몇 mm 정도 토양 속으로 삽입된 가장 바깥층 세포 구조를 통해 물과 양분을 흡수한다. 이 돌출 구조는 매우 짧아서 비관다발 식물은 항상 물에 젖은 토양에서 서식하며, 지표면이 건조해지면 휴면에 들어간다(**그림 14.6**).

육지에 적응하기 위해서, 비관다발 식물은 배(embryo)가 건조되는 것을 막고 양분을 공급할 수 있는 생식 방법을 개발해야 했다. 이것을 가능하게 한 혁신은 반수체와 이배체 세대의 교번이다. 동물의 경우, 반수체 배우자는 수정을 통해 새로운 이배체 세포를 만든 뒤 다세포 생물체가 된다. 그리고 성체는 이 과정을 새로이 시작한다. 그러나 모든 식물의 경우에는 "세대교번"이 일어난다.

이끼의 생활환은 세대교번이 어떻게 진행되는지를 보여주는 유용한 예이다. 이끼(또는 여타 비관다발 식물)의 해면질 덩어리는 생활환의 이배체(또는 **포자체**)가 아니라 생활환의 반수체(또는 **배우체**)이다(**그림 14.7**).

그러므로 이끼는 배수체 시기가 지배적이다. 성체 이끼 식물은 모든 세포가 한 세트의 염색체를 지닌 반수체 식물이다. 암컷과 수컷 식물은 줄기 끝 부위에 위치한 생식기구를 갖는다. 비가 오는 동안 물을 여기에 모아 수컷 구조로부터 암컷 구조에 있는 난자와 수정하기 위해 정자가 "수영" 하게끔 (또는 물방울이 뿌려지는 것처럼) 만든다. 암컷 구조 속에서 난자가 수정되면 이배체 접합자가 형성되고 분열하여 배가 된다.

배는 암컷 생식구조의 보호를 받고, 암컷 생식구조는 자라는 배에 물과 양분을 공급한다. 결국, 암컷 구조는 길이 신장을 하여 둘로 나뉜 뒤, 치켜올린 주먹처럼 식물의 꼭대기에 포자낭을 형성한다. 포자낭 속에서는 반수체 **포자**가 있다. 포자는 DNA, RNA 그리고 약간의 단백질을 지닌 단세포이다. 포자낭이 터지면, 물이 있는 안전한 장소에 내려앉은 포자는 자라서 새로운(반수체) 수컷 또는 암컷 이끼 식물로 성장한다.

일부 비관다발 식물, 특히 이끼는 경제적으로나 생태적으로 중요하다. 토탄은 부드러운 스폰지 같이 부패한 이끼(*Sphagnum*속 이끼)와 습지 나무가 차갑고 축축한 땅에 쌓이면서 물이 잠긴 서식지에 생성된다. 대기 중에서보다 물속에서 산소는 10,000배 이상 느리게 움직이기 때문에 토탄은 매우 적은 산소를 함유하고 있다. 따라서 이끼류나 다른 나무가 죽을 때 호기성 세균은 이것들을 분해하여 이용할 수 없다. 분해되는 대신에 죽은 나무 성분들

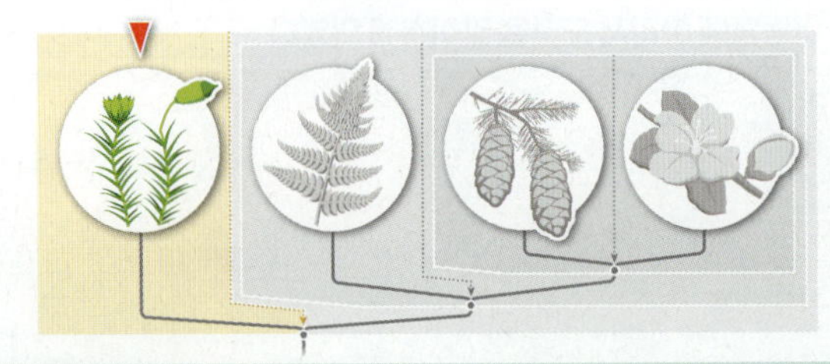

비관다발 식물

공통적인 특징
- 확산을 통해 물과 양분을 식물체 내에 분배한다.
- 반수체 포자를 방출하고, 이 포자가 자라서 배우자를 만든다.
- 다세포의 반수체와 이배체 단계를 지닌 생활환

종류
- 이끼 (약 12,000 종)
- 우산이끼 (약 8,000 종)
- 뿔이끼 (약 100 종)

그림 14.6 "순환계"가 없는 식물.

이끼의 생활환

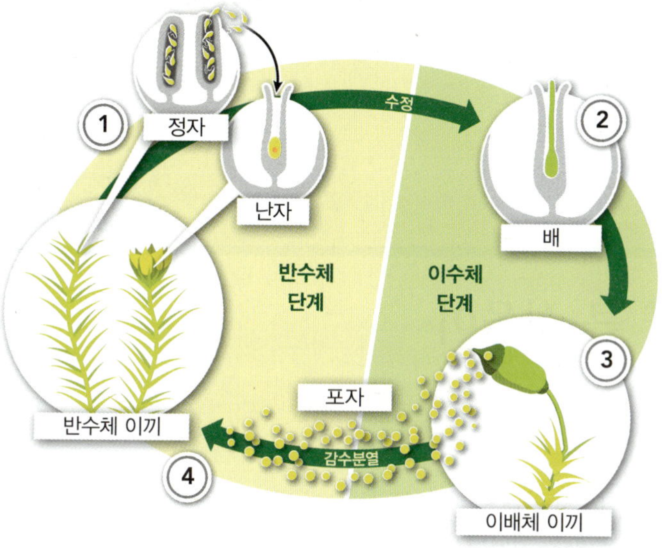

1. 비가 온 이후와 같이 잎에 물이 충분하면, 정세포는 수컷 생식구조로부터 암컷 생식구조로 헤엄쳐서 난세포와 수정한다.
2. 이배체 배가 형성되고 성체 이배체 이끼로 발달한다.
3. 이배체 이끼는 포자낭을 발달시키고, 포자낭은 터져서 반수체 포자를 방출한다.
4. 포자는 축축한 땅에 정착해서 성체 반수체 이끼로 성장한다.

그림 14.7 이끼류의 반수체와 이배체 단계.

이 축적돼서 토탄이 된다.

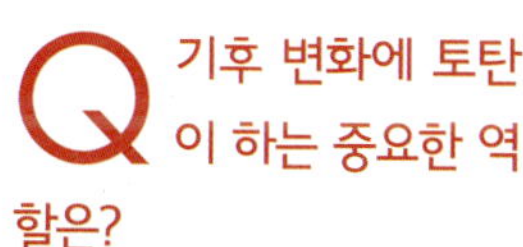

기후 변화에 토탄이 하는 중요한 역할은?

이 과정은 중요한 환경적 결과를 가져온다. 나무 구성 물질이 세균에 의해 분해되면 대기 중으로 이산화탄소를 방출하지만, 토탄이 축적되면 오히려 이산화탄소를 흡수하여 대기로부터 이산화탄소를 제거한다. 습지는 거대한 탄소 스펀지와 같은 작용을 한다. 토탄 습지는 지구 표면의 단지 3% 가량을 뒤덮고 있지만 전 세계 숲에 있는 나무들의 2배나 되는 탄소를 저장하고 있다.

농업이나 여러 인간의 활동을 위해 습지에서 물을 빼면 토탄이 마르게 되고, 세균은 이를 빠르게 부패시켜서 이산화탄소를 방출한다. 그 결과, 수백 또는 수천 년 동안 갇혀 있던 탄소가 대기 중으로 방출되어 기후 변화를 악화시킨다. 2019년에는 이러한 탄소 배출이 전 세계적인 화석 연료 사용으로 인한 연간 탄소 배출의 10%에 해당하였다. 미국을 포함하여 전 세계적으로 토탄 습지에 다시 물을 공급하여 탄소 농장을 만들고자 하는 노력이 늘어나고 있다.

말레이시아나 인도네시아 같은 몬순 계절의 지역에서는 토탄 습지가 홍수 조절에도 중요하게 쓰인다. 토탄 습지는 무게 대비 20배 이상의 물을 흡수할 수 있고 수개월에 걸쳐 물을 방출한다. 일부 지역에서는 가정 연료로 사용되기도 하고 다양한 제조 과정에서 불타는 토탄이 사용되기도 한다(**그림 14.8**).

보기와 다르게, 비관다발 식물은 사막에서도 성장할 수 있는데, 이끼(지의류, 광합성세균과 함께)는 사막 토양을 제자리에 잡아 놓는 생물학적 표층의 구성요소로서 중요한 역할을 한다. 표층은 토양 입자를 접착시켜 바람에 의한 침식에도 토양이 잘 견디게 하지만 지극히 부서지기 쉽고 재생되기까지 매우 오랜 시간이 걸

토탄은 건조 후 가정에서 연료로 태울 수 있다(위). 전통적인 스카치위스키 제조에는 훈제 맛을 내기 위해 증류를 하는 과정에서 토탄을 태운다(오른쪽).

비관다발 식물은 탄소 저장에서부터 홍수 조절, 연료로 사용되기까지 경제적으로나 생태학적으로 쓸모가 많다.

그림 14.8 토탄의 활용.

그림 14.9 비관다발 식물은 토양의 침식을 막아준다.

린다. 사람이나 소가 이 표층 위를 걸으면 작은 조각으로 부서져서 바람에 견디지 못한다. 수십 년 후에는 지표면으로부터 토양이 1 m 이상 유실되어 공기 중으로 드러난 뿌리가 나무줄기를 지지하게 되는 결과를 초래한다(그림 14.9).

핵심요약 14.3

» 이끼를 포함한 비관다발 식물은 토양에서부터 식물 체내로 물과 양분을 수송하는 관과 뿌리가 없다. 그리고 포자를 만들어 번식한다.

14.4 관다발 조직의 진화로 인해 키가 큰 식물이 출현할 수 있었다

물관 때문에 무엇이 달라질까? 관다발 조직은 일종의 관을 이루는 기반시설로 뿌리에서 시작하여 줄기를 지나 잎의 끝까지 뻗어 있는 관다발 조직이다. 관다발 조직이 진화함에 따라서 초기 육상 식물은 세포와 세포 사이의 확산에 의존해야 하는 비관다발 식물보다 훨씬 빠르고 효과적으로 물과 양분을 수송할 수 있었다. 관다발 식물의 뿌리는 지표면이 건조해도 토양 안으로 파고 들어가 물에 다다른다. 또한, 뿌리는 토양 안으로 깊숙이 들어가 식물이 쓰러지지 않고 위로 곧게 자랄 수 있도록 식물을 지지한다. 결과적으로, **관다발 식물**은 비관다발 식물과 비교해 더 크게 자랄 수 있고 비가 오지 않는 동안 지표면이 건조한 장소에서도 더 성공적으로 생존하게 되었다(그림 14.10).

양치류는 원시 관다발 식물 중에서 가장 친숙하다. 3억 6천만 년 전부터 3억 년 전까지의 석탄기 동안 양치식물은 거대한 습지 숲의 주요한 구성원이었고, 최종적으로 현재 채굴되고 있는 석탄 퇴적물을 형성하였다. 식물과 가까운 집단인 속새(horsetail)는 석탄기의 조상처럼 습한 서식처에서 자라는데, 토양 입자 사이의 공간이 공기가 아닌 물로 채워져 있어서 뿌리 주변의 산소 농도가 낮다. 이러한 습한 환경에 적응하기 위해 속새는 산소가 대기로부터 뿌리까지 아래로 확산하도록 속이 빈 줄기를 발전시켰다. 속새의 얇은 잎은 기저에서 말단까지 연결되어 물과 양분을 운반하는 하나의 물관을 가지고 있다.

속새처럼 단지 물관을 지니게 된 것만으로도 중요한 진화적 혁신인데, 양치식물은 한 단계 더 나아갔다. 각각의 소엽 중앙에 하나의 물관만 있는 것이 아니라 중앙에서 소엽의 가장자리까지 가지 모양으로 연장된 물관도 가지게 되었다. 이러한 배열로 물과 양분을 잎의 모든 세포에까지 이를 수 있는 통로를 만들게 되었다.

비관다발 식물처럼, 속새류와 대부분 양치류는 포자를 통해 번식한다. 속새류의 속이 빈 줄기의 정단에서는 반수체 포자를 만들고 방출한다. 많은 양치류는 엽상체의 아래쪽에 **포자낭**을 가지고 있으며, 포자낭에서 포자를 만든다(그림 14.11). 반수체 배우체가 이배체 포자체보다 훨씬 작고 단순하기 때문에 이끼는 포자체가 지배적이다.

속새류와 양치류는 비관다발 식물보다 크기 때문에 포자가 방출되면서 바람에 날려 부모 식물로부터 먼 곳에 정착하기도 한다. 이렇게 증가한 분산 능력은 중요한 적응이다. 비관다발 식물은 지표면에 붙어서 자라기 때문에 바람은 비관다발 식물의 포자를 움

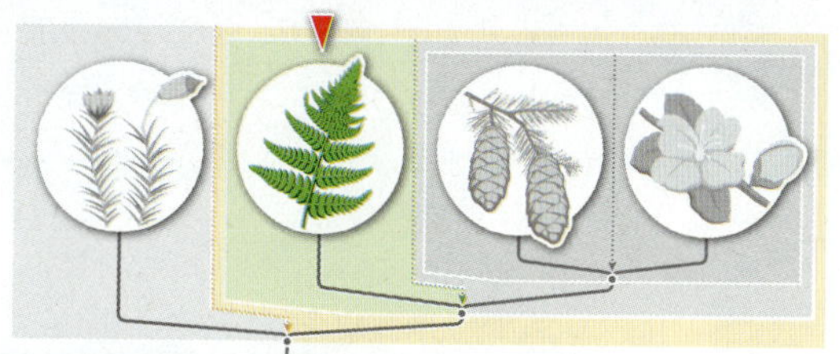

씨없는 관다발 식물

Katote 나무 고사리

카나리섬의 넉줄고사리

쇠뜨기

공통된 특징

- 물과 양분이 관다발 조직의 "순환계"를 통해 식물체 내로 분배된다.
- 반수체 포자를 방출하며, 이 포자는 바람에 의해 퍼지고 자라서 배우자를 만든다.
- 동물과 달리 다세포 반수체와 이배체 단계로 이루어진 생활환

포함 구성원

- 양치식물 (약 12,000종)
- 속새류 (약 15종)

그림 14.10 양치류와 속새류.

직이게 하는 역할을 하지 못한다.

습한 토양에 도착한 포자는 자유롭게 서식하는 반수체 단계인 **전엽체**라는 작은 심장 모양의 구조로 성장한다(**그림 14.11** 참조).

양치류의 생활환

포자낭을 가지고 있는 이배체 양치식물의 잎

반수체 양치식물

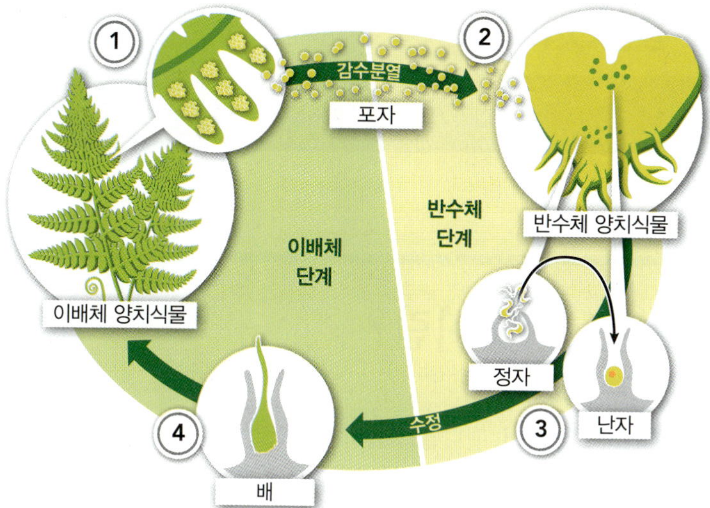

1. 양치식물 성체는 포자를 방출하고, 포자는 바람을 통해 새로운 장소로 운반된다.
2. 포자는 습한 토양에 정착하여 세포분열을 통해서 전엽체라 불리는 반수체 양치식물로 자란다.
3. 비가 온 이후와 같이 잎에 물이 충분하면, 정세포는 수컷 생식구조로부터 암컷 생식구조로 헤엄쳐서 난세포와 수정한다.
4. 세포분열을 통해서 이배체 배가 형성되고 계속 성장하여 이배체인 성체 양치식물이 된다.

그림 14.11 양치류의 반수체와 이배체 단계.

전엽체는 반수체 배우자를 만든다. 일부 세포는 난자를 만들고 다른 세포는 정자를 만든다. 정자는 빗방울을 타는 "수영"을 하여 난자와 수정을 하고, 수정된 난자(두 세트의 염색체를 지닌 이배체 접합자)는 양치식물 성체로 자란다.

핵심요약 14.4

» "순환계"처럼, 관은 물과 양분을 토양으로부터 식물의 잎까지 물과 양분을 수송하는 데 효과적이다. 초기 양치류와 속새류를 포함하는 최초의 관다발 식물은 비관다발 식물보다 훨씬 크게 성장할 수 있었다.

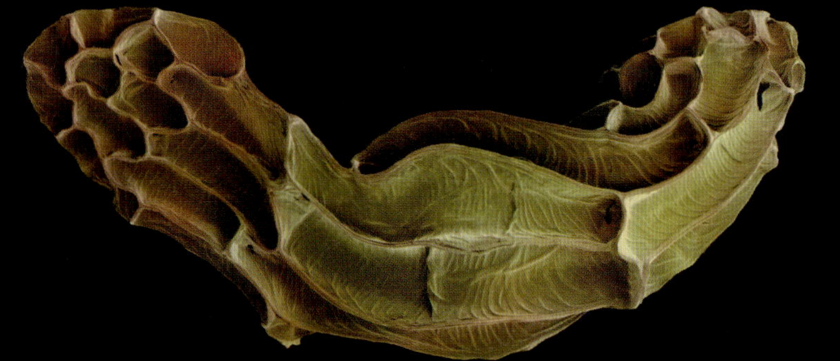

씨앗이 출현하면서 식물에게 새로운 세상이 열렸다

▲ 씨앗은 자신의 영양 공급원과 함께 포장된 식물의 배이다.

14.5 씨앗이란?

앞에서 보았듯이, 관다발 조직의 진화적 발달로 인해 식물은 크게 자랄 수 있게 되었다. 관다발 식물은 뿌리가 토양을 뚫고 들어가서 물과 양분에 다다를 수 있기 때문에 항상 젖어 있는 지표면이 아닌 곳이라도 정착할 수 있다. 식물 진화에서 다음으로 커다란 혁신은 자신에게 공급할 물과 양분을 보호막 안에 포장하는 유배식물(embryonic plant), 즉 **씨앗**이다(**그림 14.12**).

DNA, RNA 그리고 약간의 단백질만이 담겨 있는 단세포인 포자와 달리, 씨앗은 다세포 배와 양분(대부분 탄수화물) 저장고를 가지고 있다. 현화식물과 나무에 있는 **배젖**이란 양분 기관은 씨앗이 초기에 성장하는 데 필요한 연료를 제공한다. 광합성을 시작하기 위해 잎을 위로 신장시키고, 토양 속에 있는 물과 양분에 도달하기 위해 뿌리를 아래로 자라게 하는 동안 유묘(어린 식물, seedling)는 배젖으로부터 에너지를 끌어 쓴다.

씨앗을 만드는 현대의 두 식물 집단은 **겉씨식물**(소나무, 전나

씨앗: 구조와 생장

씨앗은 양분을 저장하고 있으므로 바람직한 음식원이다. 그림은 요르단 시장에서 판매를 위해 진열한 씨앗이다.

그림 14.12 씨앗이란?

무, 미국삼나무를 포함)과 **속씨식물**(꽃을 피우는 모든 식물과 나무, 즉 현화식물 포함)이다.

Q 식물도 성을 가지고 있는가? 씨앗은 어떻게 만들어질까?

씨앗을 만들지 못하는 식물과 마찬가지로, 종자식물도 반수체 배우자(정세포와 난세포)를 생산하는 배우체(gametophyte) 시기를 가진다. 이는 사람이 반수체 배우자를 만드는 것과 유사하다. 배우체는 포자체보다 훨씬 작으므로 종자식물은 포자체 시기가 우세한 것으로 여겨진다. **꽃가루**와 **밑씨**가 각각 종자식물의 수배우체와 암배우체이다. 간략하게 살펴보면 (자세한 내용은 이 장의 뒷부분에서 살펴볼 것이다) 하나의 반수체 암컷 배우자(난자)가 밑씨 내부에서 만들어진다. 꽃가루가 밑씨 근처에 이르게 되면 꽃가루관(pollen tube)을 만들고, 이 관은 밑씨 안쪽으로 자라게 된다. 꽃가루에서 나온 정자는 꽃가루관을 따라 밑씨에 도착하여 난자와 수정을 한다. 이후에 밑씨의 바깥층은 씨껍질(seed coat)을 형성한다.

핵심요약 14.5

» 씨앗은 식물이 자손에게 인생의 좋은 출발을 선사하는 방법이다. 씨앗은 다세포 배와 탄수화물과 여타 양분의 저장고를 가지고 있다.

14.6 씨앗이 진화하면서 겉씨식물이 지구에서 지배적인 식물이 되었다

900종 이상의 겉씨식물은 씨앗을 지닌 식물로서 원추 모양 구조의 표면에 밑씨를 만든다(**그림 14.13**). 약 1억 6,000만 년 전인 중생대 시기 동안, 공룡은 소나무, 미국삼나무, 소철과 그 친척들 등 전적으로 겉씨식물로만 이루어진 숲을 걸어 다녔을 것이다. 이후 3,500만 년이 지나서야 현화식물(속씨식물)이 출현했다. 사실, 개체군의 크기나 서식처의 범위로 봤을 때 소나무와 그 친척은 해수면에서 수목한계선에 이르기까지 빙하가 없는 모든 대륙에서 자라므로 지구 상에서 진화적으로 가장 성공하였다고 볼 수 있다(그림 14.13 참조).

겉씨식물

공통된 특징
- 물과 양분이 관다발 조직의 "순환계"를 통해 분배된다.
- 솔방울이라고 불리는 생식구조가 배우자를 만든다.
- 수정을 통해 씨앗이 생긴다.

포함 구성원
- 침엽수 (~ 600종)
- 소철류 (~ 300종)
- 마황식물 (~ 65종)
- 은행나무류 (1종)

그림 14.13 씨앗을 지닌 비현화식물.

온대지방에 거주하는 사람들에게 가장 친숙한 겉씨식물은 소나무, 가문비나무, 전나무, 미국삼나무, 그리고 이들의 친척이다. 모든 겉씨식물에 해당되는 것은 아니지만 많은 겉씨식물이 바늘 모양의 잎을 지니고 있다. 은행나무는 독특한 부채 모양의 잎을 갖고, 소철은 많은 소엽으로 이루어진 야자수와 같은 엽상체를 가진다(그림 14.13 참조). 은행나무와 소철은 중생대의 화석과 거의 동일하다.

겉씨식물의 생식 구조는 암컷 솔방울 또는 수컷 솔방울이다. 우리에게 친숙한 소나무의 솔방울은 암컷이며, 밑씨를 만들고 궁극적으로는 씨앗을 만든다(**그림 14.14**). 수컷 솔방울은 더 작고 바람에 날리는 꽃가루를 방출한다. 꽃가루 중 일부는 암컷 솔방울의 돌출된 종린(scale) 아래에 위치한 밑씨에 도달한다.

Q 봄에는 왜 그토록 많은 나무의 꽃가루가 야외에 주차된 차의 앞유리를 뒤덮을까?

소나무가 방출하는 꽃가루의 양은 상상을 초월한다. 소나무 숲에는 꽃가루가 많아 대기가 흐릿하고 모든 표면은 노랗게 덮인다. 바람에 의해 흩어지는 것은 명백히 비효율적인 **수분** (꽃가루를 밑씨 가까이 보내는 것) 방법이다. 하나의 꽃가루가 암컷 솔방울에 도착해서 정자가 밑씨의 난자와 수정하기 위해서는 수십억 개의 꽃가루가 낭비되어야 한다. 그럼에도 불구하고 "야수의 힘"과 같은 이 방법은 수정이 확실하게 일어날 수 있도록 한다. 소나무는 바람을 이용하여 2억 년 이상 동안 성공적으로 수분을 수행하여 왔다.

꽃가루가 암컷 솔방울에 도착하면 꽃가루관이 형성되고 반수체 정자가 밑씨 쪽으로 이동한다. 밑씨에서 수정이 일어난 뒤 이배체 배가 자라기 시작한다. 배가 수개월에 걸쳐 암컷 솔방울 내에서 천천히 발달하고 솔방울의 종린이 열려 새로운 식물로 발아할 씨앗을 방출한다(**그림 14.15**). 씨앗이 진화함에 따라 겉씨식물은 독립생활을 하는 반수체 시기—비관다발에서나 볼 수 있다—가 없는 생활환을 개발하게 되었다.

생활사에서의 이러한 진화적 변화는 반수체와 이배체 생명체가 다른 정도로 진화적 적응을 하였음을 보여준다. 반수체 생명체는 각 염색체의 복사본 하나만을 갖고 있는데, 이는 각각의 대립유전자를 하나씩만 갖는다는 뜻이다. 만약 반수체 생명체가 결정적으로 중요한 유전자 부위에 결함이 있는 대립유전자를 가지고 있다

솔방울

수컷 솔방울
수컷 솔방울은 꽃가루를 방출하고, 꽃가루가 암컷 솔방울에 도달하기 위한 바람이 필요하다.

암컷 솔방울
암컷 솔방울은 돌출된 종린에 밑씨를 지닌다. 꽃가루에 의해 수정되면 씨앗을 형성한다.

매년 하나의 난자를 수정시키기 위해 수십억 개의 꽃가루를 소비함에도 불구하고, 소나무는 2억 년 이상 동안 성공적으로 바람에 의한 수분을 이용하고 있다.

그림 14.14 겉씨식물의 생식 구조.

겉씨식물의 생활환

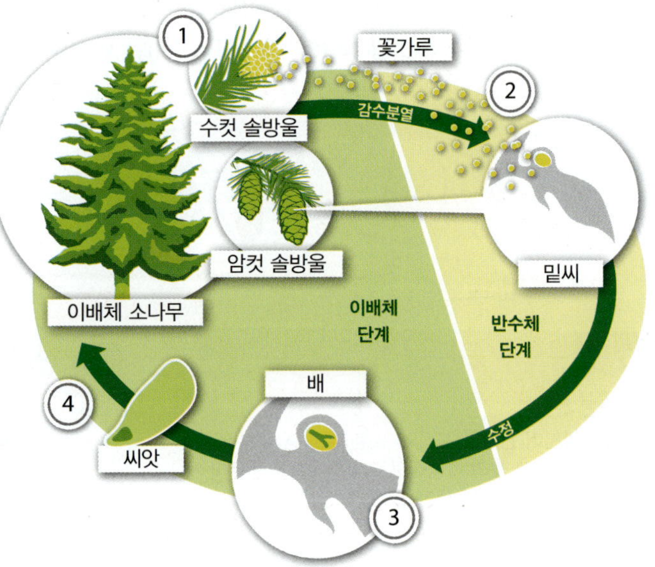

1. 수컷 솔방울은 꽃가루를 방출한다. 꽃가루는 바람에 의해 퍼져서 암컷 솔방울의 종린 밑에 있는 밑씨에 도달한다.
2. 꽃가루는 난자와 수정할 정자를 밑씨 안으로 방출한다.
3. 수정 이후 세포분열을 통해 씨앗으로 성숙할 이배체 배가 만들어진다.
4. 결국, 씨앗은 암컷 솔방울에서 방출되고 세포분열에 의해 자라나 성체 나무가 된다.

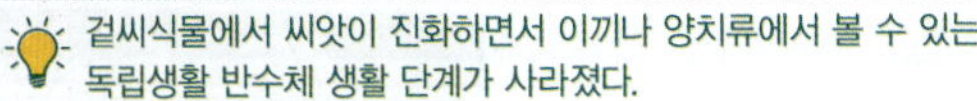
겉씨식물에서 씨앗이 진화하면서 이끼나 양치류에서 볼 수 있는 독립생활 반수체 생활 단계가 사라졌다.

그림 14.15 바람의 도움을 받다.

면, 이 개체는 결함이 있는 유전자만을 갖게 되므로 사라질 것이다. 반면에 이배체 생명체는 두 세트의 염색체를 지니고 있어 각 대립유전자를 2개씩 보유하게 된다. 하나가 결함이 있어도 두 번째 대립유전자가 보조적으로 도울 수 있어 식물은 해당 유전자의 산물을 만들 수 있다. 결과적으로, 반수체 생명체와 비교하여 이배체 생명체에서는 치사에 이르게 되는 돌연변이의 작용이 매우 적게 나타난다.

핵심요약 14.6

» 겉씨식물(소나무와 그 친척들)은 씨를 만드는 최초의 식물이다. 이런 번식 방법은 그 이전의 식물에 비해 유리하였고, 겉씨식물은 중생대 초와 중반에 지배적인 식물이 될 수 있었다. 겉씨식물은 바람에 의존하여 꽃가루를 운반하다.

14.7 침엽수는 가장 키가 크고 가장 장수하는 나무를 포함한다

개체 수가 많고 종류가 다양하며 널리 퍼져 있는 것 외에도 솔방울을 가진 나무—즉, 침엽수—는 세계에서 가장 키가 크고 나이가 많은 나무도 포함하고 있다(**그림 14.16**). 세계에서 가장 키가 큰 나무는 키가 113 m인 미국삼나무이다. 또 다른 침엽수인 미송은 126 m로, 가장 큰 종류이다. 그러나 작은 소나무도 존재한다. 로지폴소나무(shore pine)와 같이 소나무의 축소된 종은 키가 겨우 20 cm 정도에 불과하다. 미국 서북부 커다란 분지인 그레이트 베이슨에 서식하는 브리슬콘(bristlecone) 소나무인 므두셀라 나무의 몸통(trunk)은 가장 오래되었으며 나이가 4,800년 이상이다(이보다 약간 더 나이가 많은 나무는 1964년에 잘려나갔다).

나무에는 몸통 이외의 부분도 있으며 몸통은 새것으로 바뀌기도 한다. 스웨덴에 있는 노르웨이 가문비나무의 경우 현재의 몸통 나이는 600년이지만 뿌리 나이는 9,550년이다. 이 나무는 오래된 몸통이 죽을 때마다 새로운 몸통으로 교체해서 현재까지 생존하고 있다.

나무는 구조적인 특징으로 인해 크게 자라고 오랫동안 살 수 있다. 서로 복잡하게 연결된 분자로 이루어진 죽은 조직의 중심부인 심재 덕분에 단단한 성질을 가진다. 목피(bark)는 나무의 몸통과 가지의 바깥을 감싼다. 목피는 죽은 조직으로 나무에 손상을 입히지 않은 채 떨어져 나가 초식 곤충의 공격으로부터 살아있는 조직을 보호할 수 있다. 침엽수가 성공할 수 있는 또 다른 이유는 곤충을 에워싸서 질식시킬 수 있는 끈적끈적한 송진을 유출하여 자신을 보호할 수 있는 능력이 있기 때문이다.

그림 14.16 예외적인 겉씨식물. 침엽수는 다른 식물보다 더 크게 자라고 더 오래 살 수 있다.

핵심요약 14.7

» 침엽수는 다른 겉씨식물을 모두 합친 것보다 종의 수가 더 많고 분포하는 지리적 범위도 넓다. 목피 바깥층이 있어서 견고하고 끈적끈적한 송진을 낼 수 있어서 다른 식물들보다 더 키가 크고 오래 살 수 있다.

현화식물은 가장 다양하고 성공적인 식물이다

▲ 재채기풀 꽃(Helenium 속).

14.8 오늘날은 속씨식물이 지배적이다

꽃을 피우는 식물(속씨식물)은 약 1억 3,500만 년 전 백악기에 현재 우리가 아는 식물계, 즉 주변에서 꽃을 피우는 나무, 관목 그리고 많은 초본(비목본) 식물이 출현하였다. 지구의 대부분 식물—대부분의 중요한 작물을 포함하여—은 속씨식물에 속하는 현화식물이다(**그림 14.17**). 겉씨식물이 약 1,000여 종인 반면에 속씨식물은 약 25만여 종에 이른다.

꽃은 크기, 모양, 색깔 면에서 매우 다양하지만, 모두 유사한 구조를 갖는다. 즉, 화려한 꽃잎과 꽃받침—꽃봉오리 상태일 때, 꽃을 둘러싸고 있는 녹색 포장지와 유사하다—과 같은 변형된 잎을 가지고서 지지역할을 하는 줄기이다. 대부분의 속씨식물은 하나의 꽃에 수컷 생식기관과 암컷 생식기관을 모두 갖추고 있다. 수컷 생식기관은 **수술**로, 화분을 만들어내는 **꽃밥**과 이를 지지하는 **수술대**로 구성되어 있다. 암컷 생식기관은 **심피**다. 심피는 기부에 둘러싸인 형태의 **씨방**과 씨방에서 뻗어 나온 **암술대** 그리고 끈적이는 말단인 **암술머리**로 구성된다. 씨방은 하나 또는 여러 개의 밑씨를 가지며 밑씨에서 난자가 발달한다(**그림 14.18**).

속씨식물에서 수분은 꽃가루가 수컷 생식기관으로부터 동일한 꽃 또는 다른 꽃(동일한 개체의 또는 다른 개체의)에 있는 암컷 생식기관으로 이동하는 과정이다. 수분은 다단계 과정으로 꽃가루가 암술머리에 부착하면 꽃가루관을 형성하고 밑씨에 다다를 때까지 자라난다. 꽃가루관은 길을 제공하고, 정자는 난자와 수정하기 위해 관을 따라 여행한다. 속씨식물의 경우 수배우자가 암배우자에게 어떤 다양한 방법으로 도달하는지에 대해 다음 절에서 살펴볼 것이다.

비록 대부분의 꽃이 수컷 기관과 암컷 기관을 모두 가지고 있지만, 수천 종의 식물은 단 하나의 생식기관만을 갖는 꽃—암꽃이거나 아니면 수꽃—을 만든다. 때로는 수꽃 또는 암꽃이 다른 개체에서 만들어지기도 한다. 그러나 상당수의 속씨식물에서는 동일한 개체의 식물에 수꽃과 암꽃이 나란히 있다. 옥수수는 동일 식물체 내에서 수꽃과 암꽃이 분리된 식물로 잘 알려져 있다. 그러나 생식 구조를 꽃으로 인식하기가 쉽지 않다. 옥수수의 끝부분에 있는 수술이 수꽃이고, 자루는 암꽃에 의해 만들어진다.

> “최근 지질학적인 시대에서 우리가 판단하는 한 모든 고등식물의 빠른 발달은 지독한 미스테리이다.”
>
> — CHARLES DARWIN, 1879,
> 영국 왕립 식물원의 원장이자 Darwin의 가장 친한 벗인 Joseph Hooker에게 보낸 편지에서, 현화식물의 갑작스러운 출현과 다양성을 표현하고 있다.

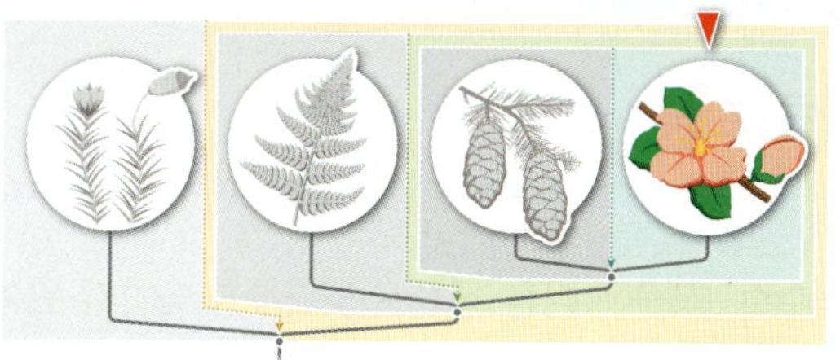

속씨식물

그림 14.17 주변에서 볼 수 있는 속씨식물.

핵심요약 14.8

» 현화식물은 약 1억 3,500만 년 전에 출현하였고, 빠르게 다양해져서 현재 지배적인 식물이 되었다. 꽃은 식물의 생식기관을 가지고 있다. 대부분 꽃은 암컷 생식기관과 수컷 생식기관을 모두 가지고 있다.

꽃의 구조

♂ **수술**
수컷 생식구조
• **꽃밥**
꽃가루를 만든다.
• **수술대**
지지대

♀ **심피**
암컷 생식구조
• **암술머리**
끈적이는 말단
• **암술대**
뻗어나온 자루
• **씨방**
밑씨가 들어있다

꽃잎

꽃받침

그림 14.18 꽃은 식물의 생식구조를 담는다.

14.9 꽃은 수분 매개자가 없다면 무의미하다

꽃을 그려보라. 어떻게 생겼는가? 꽃은 매우 다양하고, 개인마다 좋아하는 꽃이 따로 있다. "꽃"이라는 말은 밝은색을 띠고, 향기를 풍기며, 식물의 가지 끝 부분에 위치한 것을 말한다. 몇 가지 예외가 있지만, 거의 모든 꽃은 꽃받침, 꽃잎, 수술, 심피의 4가지 기본 구조를 가진다. 그러나 생식을 위해서는 외적인 다양성이 중요하다.

수정은 수배우자가 암배우자와 융합할 때 일어난다. 그러나 수정이 일어나기는 쉽지 않다: 수배우자는 암배우자가 있는 곳까지 도달해야 한다. 꽃가루가 암술머리까지 가는 여행이 수분이다.

소수의 속씨식물은 겉씨식물처럼 바람이나 물에 대량의 꽃가루를 방출시킴으로써 수분을 하는데, 희박한 가능성 속에서 몇 개의 꽃가루는 동일한 종인 다른 식물의 암컷 생식기관 위에 안착하게 된다. 그렇지만 대부분의 속씨식물은 동물을 이용하여 한 꽃의 꽃밥으로부터 다른 꽃의 암술머리까지 꽃가루를 옮긴다(**그림 14.19**).

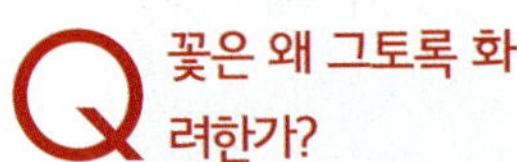

동물들이 꽃에 찾아와서 꽃가루를 발견하고 운반해서 수분이 이루어지게 하기 위해 현화식물은 두 가지의 수분 방법을 진화시켰다.

1. **뇌물수수.** 식물은 다른 식물로 꽃가루를 옮기기 위해 동물에게 뇌물을 준다. 이러한 상호 이익이 되는 방법을 위해서 식물은 다음을 만들어야 한다. (a) 끈끈한 꽃가루, (b) 수분 매개자의 시선을 끌 수 있는 꽃, (c) 많은 당과 아미노산이 들어있는 영양분이 풍부한 꿀과 같은 음식물이나 곤충이 알을 낳을 수 있는 안전한 장소 등 수분 매개자에게 가치 있는 것.

2. **속임수.** 식물은 동물을 속여 한 식물에서 다른 식물로 꽃가루를 옮긴다. 예를 들어, 어떤 난초는 긴 뿔 모양의 암말벌과 유사한 꽃을 만든다. 너무나도 암말벌과 닮아서 숫말벌은 꽃에 올라타 짝짓기를 시도하려 한다. 숫말벌은 야생마를 타고 있는 카우보이처럼 사납게 꽃 위에서 빙글빙글 돌며 전략적으로 위치한 꽃밥에 머리를 반복적으로 세게 내리치는데, 이 과정에서 숫말벌의 온몸과 머리에 꽃가루가 부착된다. 이 과정은 식물이 수분을 달성하는 데 충분한 것이 아니라 단지 시작일 뿐이다. 만일 숫말벌이 또 다른 난초 꽃에 다시 속아서 그 꽃에 올라타 짝짓기를 시도하게 되면 몸에 부착되어 있던 꽃가루들을 전략적으로 자리 잡은 암술머리 위에 우연히 놓게 된다. 결국, 숫말벌은 아무것도 얻은 것이 없지만 난초는 효과적으로 수분을 이루게 된다.

수분 매개자를 유인하기 위한 전략

뇌물수수
일부 식물은 한 개체로부터 다른 개체로 꽃가루를 운반하기 위해 동물에게 가치 있는 것을 뇌물로 준다. 꽃가루로 뒤덮인 꿀벌이 꿀을 찾기 위해서 이 꽃, 저 꽃으로 날아다닌다.

속임수
이것은 벌이 아니다! 난초 꽃은 꽃가루를 운반하도록 수컷 벌을 속인다. 꽃과 짝짓기를 시도하는 벌은 꽃가루에 뒤덮이고 다른 난초에게 꽃가루를 운반하다.

그림 14.19 (우연히) 중요한 화물을 운반하기 위한 동물 얻기.

공진화: 꽃과 수분 매개자

색과 무늬
- **흰색:** 야행성 수분 매개자 (나방, 박쥐)
- **밝은색:** 시각 위주의 주행성 수분 매개자 (새, 나비, 벌)

꽃의 구조
- **대롱 모양:** 긴 혀를 가진 수분 매개자 (나비, 나방)
- **복잡한 모양/폐쇄된 모양:** 작고 민첩한 수분 매개자 (벌)

냄새
- **달콤한 냄새:** 후각이 뛰어난 수분 매개자 (나방, 나비, 벌)
- **고약한 냄새:** 알을 낳기 위해 상한 고기를 찾는 수분 매개자 (파리)
- **무향:** 후각이 둔한 감각을 가진 수분 매개자 (새)

꿀
- **풍부한 꿀:** 많은 에너지가 필요한 수분 매개자 (새, 나비)
- **꿀이 없음:** 알을 낳을 장소를 찾는 수분 매개자 (파리) 또는 꽃잎, 꽃밥, 꽃의 다른 기관을 먹는 수분 매개자 (무당벌레)

그림 14.20 함께 진화하기. 꽃의 형태를 관찰하는 것만으로도 어떤 종류의 동물이 꽃을 수분시키는지 판단할 수 있다.

꽃의 구조는 굉장히 다양하며, 따라서 수분 매개자 또한 다양하다. 수분 매개자는 새(대부분 벌새), 벌, 파리, 딱정벌레, 나비, 나방, 심지어는 포유동물(대부분 박쥐) 등이다(**그림 14.20**). 각각의 경우, 식물과 수분 매개자 사이에는 강한 공진화가 일어났다. 식물은 더욱 효과적으로 수분 매개자를 유인하고 다른 종의 수분 매개자가 꽃을 찾아오는 것을 막는다. 한편, 수분 매개자는 보다 효과적으로 식물에 의해 제공되는 것을 얻어간다. 이러한 식물과 수분 매개자 사이의 강한 공진화 때문에 꽃의 모양을 관찰하면 어떤 형태의 동물이 수분에 관여하는지 알 수 있다.

핵심요약 14.9

» 속씨식물은 효과적으로 한 꽃의 꽃밥에서 다른 꽃의 암술머리로 꽃가루를 옮길 수 있는 방법을 갖게 되었다. 꽃을 이용하여 식물은 동물을 속이거나 뇌물을 주어 동물이 수배우자를 암배우자로 옮기게 해서 수정이 일어나도록 한다.

14.10 속씨식물은 중복수정을 통해 씨를 만든다

수정—두 개의 배우자가 융합하여 하나의 접합자를 형성—의 과정은 꽃가루가 꽃의 암술머리에 안착하면 시작된다. 그러나 이것으로 끝이 아니다. 속씨식물에서 이 과정은 **중복수정**이라 불린다. 꽃가루관을 따라 꽃가루로부터 유래한 2개의 다른 정핵(각각 완전한 생물체를 위한 유전 물질들을 운반한다)은 밑씨에 있는 난핵과 각각 결합한다. 중복수정의 경우, 수정 후 배가 만들어질 때마다(혹은 이때에만) 실질적인 준비된 양분 공급처도 만들어지기 때문에, 중복수정은 겉씨식물에서 일어나는 수정보다 더욱 효과적이다.

일단 꽃가루가 암술머리에 도착하면, 꽃가루는 꽃가루관을 형성하고 암술머리와 암술대를 따라 씨방까지 뻗어 마침내 밑씨로 들어간다. 꽃가루관이 자라면서 유사분열에 의해 2개의 반수성 정자가 만들어지고, 2개 모두 꽃가루관을 따라 아래로 이동한다 (**그림 14.21**).

꽃가루관이 자라는 동안, 밑씨에 있던 세포 1개는 감수분열을 통해 포자라 불리는 4개의 반수성 세포를 만든다. 이 중에서 3개는 퇴화한다. 살아남은 반수성 포자는 자라서 유사분열을 하고 배낭을 형성한다. 배낭의 가운데 위치한 커다란 세포는 2개의 반수성 핵을 가진다. 배낭에 있는 또 다른 세포는 반수성 암컷 배우자(난세포)이다. 배낭에 있는 2개의 다른 반수성 세포에 의해 꽃가루관은 밑씨로 안내되어 들어온다.

화분관이 밑씨에 도달하면 2개의 정자 중 하나는 난자와 융합하여 접합자를 형성한다. 또 다른 정자는 배낭의 가운데에 있는 2개의 극핵과 융합하여 3세트의 염색체를 가진 삼배수성인 배젖을 형성한다. 이 과정을 중복수정이라 하는데, 2개의 정세포가 밑씨 안으로 들어가 두 번의 다른 과정을 통해 반수성 암세포와 합쳐져서 (1) 접합자(이배수성 염색체)와 (2) 배젖(삼배수성 염색체)을 형성하기 때문이다.

씨앗을 형성하는 마지막 단계는 이배수성 접합자 세포가 여러 번의 유사분열을 통해 배를 형성하고, 삼배수성 세포가 여러 번 유사분열을 하여 배젖을 만드는 과정이다. 배젖은 유묘가 성장하는 초기에 양분을 제공해 준다. 밑씨의 바깥층은 씨껍질을 이루며 씨앗이 싹을 틔울 때까지 씨를 보호한다. 씨방 안에 씨가 둘러싸인 것이 속씨식물과 겉씨식물의 차이점이다. 겉씨식물의 씨는 둘러싸여 있지 않아 때로는 "노출되었다"고 표현한다.

겉씨식물의 경우, 하나의 정자는 난자와 융합하여 밑씨 안에서

속씨식물의 생활환

1. 꽃밥에서부터 방출된 꽃가루는 수컷 반수체 배우자를 암컷 생식구조로 운반한다.
2. 꽃가루는 관을 만들며 관은 암술대를 따라 씨방까지 뻗어간다. 밑씨 안에 있던 세포 1개는 감수분열을 통해 4개의 반수체 세포(포자)를 만든다.
3. 살아남은 1개의 반수체 포자는 유사분열을 통해 배낭을 형성한다. 하나의 세포는 난자가 되고 2개의 핵을 가진 또 다른 세포는 정자와 수정이 일어난 뒤 배젖을 형성한다.
4. 꽃가루관이 밑씨에 도착하면 2개의 정자가 방출된다. 1개의 정자는 난자와 융합하여 접합자를 형성한다. 다른 정자는 배낭의 가운데 위치한 2개의 핵과 융합하여 배에 양분을 제공할 배젖을 이룬다. 이 과정을 중복수정이라고 한다.
5. 접합자와 배젖은 유사분열을 통해서 밑씨 안에서 계속 자라 씨를 형성한다. 마침내 씨가 방출되어 성숙한 식물로 자란다.

그림 14.21 중복수정은 속씨식물의 씨를 강화시킨다.

접합자를 형성하는데, 밑씨에는 배를 만들기 위해 필요한 영양원으로 사용될 수백 개의 암컷 세포가 있다. 이와 대조적으로, 속씨식물은 중복수정을 통해 두 가지 중요한 이로운 점을 가진다.

1. 중복수정은 난자가 수정된 이후에 배젖을 형성하기 시작한다. 속씨식물은 배가 만들어지지 않은 밑씨에서 배젖을 만들기 위한 에너지를 낭비하지 않는다. 겉씨식물은 미리 에너지를 투자하는데, 수정이 일어나지 않아 "씨"가 배를 만들지 못하면 밑씨에 있는 양분은 쓸모 없는 것이 된다.

2. 속씨식물은 겉씨식물보다 더 작은 배우자를 만들 수 있다. 왜냐하면, 배보다 큰 에너지 저장고는 수정이 일어난 이후에만 만들어지기 때문이다. 속씨식물의 수컷, 암컷 배우자는 크기가 작아 씨를 빨리 만들 수 있다. **그림 14.22**는 식물에서 다양한 생식 체계가 진화하여 배우자가 점진적으로 작아져 왔음을 보여준다. 빠른 씨의 형성은 속씨식물이 일년생 식물(즉, 한 성장 시기 동안에 싹이 나고 씨를 형성하는 생활환을 마치는 식물)로 자랄 수 있도록 하는데, 이것은 겉씨식물이 할 수 없는 중요한 일이다.

Q 수컷, 암컷 생식구조를 모두 갖는 꽃은 한 꽃에서 수정이 일어나는가?

2개의 다른 개체로부터 온 반수체 세포의 조합인 이계교배(outbreeding)는 같은 개체로부터 온 수와 암 배우자의 조합인 동계교배(inbreedin)보다 유전적으로 다양한 자손을 만들어낸다(즉, 더욱 다양한 대립형질을 전달한다). 속씨식물은 다른 개체로부터 온 정자만이 암배우자와 수정하도록 하는 다양한 방법을 가지고 있다. 수컷, 암컷 생식기관이 서로 다른 꽃에 있거나 심지어는 다른 개체에 있는 경우, 암술머리에 내려앉은 꽃가루가 다른 식물에서부터 올 확률을 증가시킨다.

그러나 수컷, 암컷 부위를 모두 함께 가지고 있는 많은 꽃도 자가수정을 막는 기작을 가지고 있다. 예를 들어, 꽃밥이 암술머리보다 먼저 성숙하면 꽃가루가 활동을 할 때 암술머리는 꽃가루를 받아들일 준비가 되어 있지 않다. 그리고 암술머리가 기능을 할 수 있을 때에는 꽃밥은 더 이상 꽃가루를 만들어내지 않는다. 다른 식물은 동계교배를 막기 위해서 분자 인식 체계를 사용한다.

반수체와 이배체 생활 단계

그림 14.22 생활환의 두 부분.

암술머리 표면에 있는 단백질이 같은 개체로부터 온 꽃가루는 꽃가루관을 형성하지 못하게 한다.

핵심요약 14.10

» 속씨식물은 중복수정을 수행한다. 중복수정은 수정되지 않은 밑씨에서 배젖을 만드는 과정에 에너지를 투자하지 않게 한다.

식물과 동물은 애증관계이다

▲ Tilia cordata의 열매는 주로 잎 아래쪽에 매달려 있다.

14.11 많은 현화식물은 씨를 퍼뜨리기 위해 동물을 이용한다

만일 모든 수정된 난자, 그리고 그로부터 발생한 모든 자손이 여전히 (모체인) 암컷 식물에서 살게 되거나, 또는 부모 식물로부터 떨어져 나와도 거의 같은 지역에 있게 된다면 무슨 일이 발생할까? 부모와 자손이 같은 빛, 공간, 흙 속의 양분 그리고 다른 자원들을 위해 끝없이 경쟁해야 한다는 문제를 일으킨다.

이러한 생존을 위한 딜레마에 대한 해답으로써 속씨식물에서 진화되어 온 것은 씨를 퍼뜨리는 데 도움을 주는 구조인 열매이다. 열매의 씨는 바람, 물 또는 동물에 달라붙어 이동한다(**그림 14.23**).

많은 속씨식물은 씨방에 꽃의 일부분이 더해져서 이루어진 **육질과**를 만든다. 예를 들어, 사과의 중심부는 씨방이고 육질은 꽃의 인접 부분으로부터 유래한다. 블루베리, 수박, 오렌지, 토마토, 그리고 복숭아는 육질과의 또 다른 예이다. 열매는 대개 밑씨에서 발달한 씨를 둘러싼 씨방(그리고 때로는 주변 조직)으로부터 발달한다. 씨방은 꽃의 일부로 수분과 수정이 일어난 뒤에 열매로 변화한다.

열매의 육질 부분은 대개 씨방보다 커서 속씨식물은 육질과를 만드는 데 많은 에너지를 사용한다. 보상은 동물이 열매를 먹고

씨앗의 분산

무임승차
씨 꼬투리에 가시나 돌기가 있어 지나가는 동물에 붙을 수 있다.

비행 또는 떠다니기
몇몇 씨는 바람이나 물에 의해 부모 식물로부터 멀리 운반되기 좋은 구조를 가지고 있다.

식량원 제공
다육질 과일은 동물을 유혹하여 동물이 씨를 먹고 부모 식물로부터 멀리 운반된 뒤 배출하도록 한다.

그림 14.23 씨앗 운반하기.

부모 식물로부터 멀리 떨어진 곳에서 배변으로 씨를 내보내는 것이다. 다시 말하면, 육질과는 몇몇 현화식물이 동물로 하여금 그들의 씨를 널리 퍼뜨리도록 사용하는 미끼인 셈이다.

열매에서 이런 방법이 가능하도록 하는 몇 가지 특징을 볼 수 있다.

- 열매의 색이 화려하다—빨간색이 가장 흔한 열매 색깔이며, 그다음이 노란색과 주황색이다. 밝은색은 모두 초록 나뭇잎과 대조적이며 열매가 눈에 잘 띄도록 한다.
- 열매는 전형적으로 맛이 좋다—식물은 당을 열매에 쏟아 넣어 달콤함으로 많은 동물을 매혹시킨다.
- 열매는 동물들에게 이익을 준다. 열매는 동물이 ATP를 만들 수 있는 당의 주요한 공급원이다. 게다가 열매는 다른 영양학적 가치도 가진다. 많은 새는 열매의 빨간색과 노란색으로 자신의 몸 색깔 무늬를 단장하며, 화려한 색의 수컷 새는 암컷 새를 매혹시킨다. 그러므로 열매를 먹는 수컷 새는 열매를 먹는 자손을 많이 만들어낸다—식물에게는 훌륭한 거래이다.

발아를 하기 위해서, 씨는 동물의 소화관을 통과하는 동안 살아남아야만 한다. 걱정할 필요가 없다—씨는 동물에게 먹히더라도 생존력을 가진다. 실제로, 몇몇 씨는 동물에 의해 먹히지 **않는다면** 발아를 하지 못한다. 어떤 식물의 경우 열매에 있는 씨를 둘러싸고 있는 과육 때문에 발아하지 못하는데, 씨가 싹을 틔우려면 이 과육이 먼저 소화되어 제거되어야 한다. 또 다른 식물의 씨는 씨껍질에 화학물질을 가지고 있어서 씨가 발아되기 전에 산성을 나타내는 동물의 위에서 제거되어야 한다. 게다가, 씨에 묻은 약간의 동물 배설물은 어린 식물의 영양원으로 사용되기도 한다.

핵심요약 14.11

» 열매는 씨방과 때로는 약간의 주변 조직으로 이루어져 있다. 식물은 수정된 씨가 담겨 있는 열매를 퍼뜨리기 위해 종종 동물에 의존한다; 씨는 새로운 장소에 정착하여 유묘로 자랄 수 있게 한다.

14.12 도망갈 수 없는 식물은 다른 방법으로 포식에 저항한다

식물과 동물의 상호작용은 단순하지 않다. 식물은 동물에 의존하여 꽃을 수분시키고 씨를 퍼뜨린다. 다른 한편으로 많은 동물은 식물을 먹는데, 식물은 도망갈 수 없으므로 취약하다. 그러나 식물이 무기력한 것은 아니다. 식물은 많은 방어 체계를 진화시켜 포식으로부터 자신을 보호한다. 이러한 방어는 가시 같은 형태학적인 구조와 환각제 등의 화학물질로 나뉜다(**그림 14.24**).

가시털과 가시는 초식동물을 물리치는 가장 보편적인 방법으로 일부 식물의 경우에서는 상당히 크다. 아카시아의 경우 가시의 방어 억제력이 개미에 의해 증가되기도 한다. 개미는 아카시아 가시의 불룩한 아랫부분에 서식하면서 숙주인 아카시아를 먹고 사는 다른 동물—곤충에서부터 포유동물에 이르기까지—과 싸워 그들을 물리친다. 야자나무의 잎에 있는 가시는 세균을 가지고 있는데, 세균은 가시에 의해 생긴 상처를 감염시킴으로써 야자나무 잎을 먹는 것은 좋지 않다는 생각을 오래 기억하도록 만든다. 많은 식물은 잎과 줄기의 표면에 미세한 털을 가지고 있는데, 끈끈한 액을 분비하여 곤충을 가둠으로써 초식 곤충으로부터 자신을 보호한다. 쐐기풀 같은 식물은 큰 털 구조를 이용하여 잎을 스치는 동물들에게 강한 액체를 주사함으로써 자신을 보호한다.

많은 화학적 방어는 식물에서 쓴맛이 나게끔 만든다. 또한 어떤 식물은 그 식물을 먹은 동물의 신경계에 영향을 주는 강한 화학물질을 만들기도 한다. 북아메리카 서부 전 지역에 거쳐 자라는 로코초(locoweed)는 알칼로이드라 불리는 물질을 지니는데, 이것은 신경계에 영구적인 손상을 야기한다. 소나 말이 로코초를 먹으면 빠르게 기운이 빠져 먹는 것을 멈춘다. 또 다른 방어적 화학물질은 환각제이다. THC(tetrahydrocannabinol)는 대마초의 잎과 눈에서 발견되는데, 포유동물은 정신이 혼미해져서 먹는 것을 멈춘다.

식물이 자신을 보호하기 위해 만드는 많은 화학물질은 인간에게 생리적인 효과를 나타내기 때문에 사람들은 치료 목적으로 식물을 수천 년 동안 사용해 왔다. 예를 들어, 북아메리카와 유라시아 원주민들은 버드나무와 사시나무 나무껍질 추출물이 진통을 완화한다는 것을 알았다. 나무껍질에 있는 살리신(salicin)이라는 화합물이 진통을 완화하는데, 우리는 여전히 진통제로 아스피린(아세틸살리실산)을 사용하고 있다. 양귀비는 더욱 강력한 진통제인 아편을 만든다. 디기탈리스 꽃에는 심장 박동을 늦추는 화합물인 디기탈린이 들어 있고, 토근(ipecacuanha)은 구토를 일으키는 화합물인 이페칵(ipecac)을 만든다.

대표적인 제약회사들은 약효가 있는 화합물을 찾기 위해 열대우림이나 사막을 오래도록 헤매며, 의학적으로 유용성을 가진 식물을 탐사하는 "생물탐사 (bioprospecting)"를 하기도 한다.

화학물질은 식물의 방어 체계에서 또 다른 역할을 할 수 있다. 비록 식물은 움직이지 못하지만, 이것으로 신호를 전달할 수 있

식물의 방어

형태적 구조
어떤 식물은 가시와 가시털을 가지고 있어 포식자를 저지한다. 어떤 나무는 두꺼운 나무껍질 층을 가지고 있어 곤충의 공격을 막는다.

끈적이는 덫
침엽수는 끈적이는 물질인 수지를 분비하여 공격하는 곤충을 사로잡거나 질식시켜 죽인다.

로코초는 소나 말이 공격하면 그들을 혼수상태로 만들어 자신을 먹지 못하도록 만들 수 있는 물질을 갖고 있다.

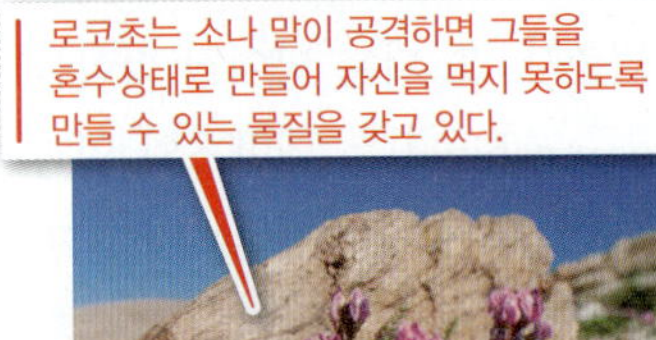

따가운 쐐기풀은 뾰족한 털을 가지고 있다. 털에 닿는 동물에게 화학물질을 주입하여 따끔거리는 통증을 느끼도록 한다.

화학물질
어떤 식물은 식물을 먹는 동물의 생리적, 행동적 변화를 일으키는 화학물질을 합성한다.

그림 14.24 가시, 끈적이는 덫 그리고 독성 물질. 식물은 포식에 대항하여 많은 방어체계를 발전시켜 왔다.

미시간의 산성 습지에 있는 북부 낭상엽 식물(*Sarracenia purpurea*)에게 포획된 곤충의 유충

질소가 부족한 토양에서 자라는 식물은 처지를 뒤바꿔 곤충을 잡아 먹는다.

그림 14.25 육식식물은 동물을 먹는다.

다. 예를 들어, 식물이 곤충으로부터 공격을 받으면 공기 중에 화학물질을 내보내 근처의 식물에게 곧 닥칠 위험에 대해 경고를 하거나 해당 식물을 도울 수 있는 곤충을 불러 모은다. 곤충이 식물을 갉아 먹으면 식물은 메틸자스민산(MJ)을 내보낸다. MJ는 바람을 따라 주위의 식물에게 전달된다. 주위 식물이 MJ를 감지하면 방어에 사용되는 화합물의 생산을 증가시켜 곤충이 자신들에게 이동해 올 것에 대비한다. 한편으로, 곤충을 잡아먹는 곤충은 MJ를 내뿜는 식물에게 이끌려 오는데, 이는 먹이가 있음을 알려주기 때문이다. 옥수수와 목화는 애벌레의 공격을 받으면 MJ를 내보내어 애벌레 안에 알을 낳는 기생말벌을 호출한다. 알이 부화하면 말벌 유충이 애벌레 안에서 나와 애벌레를 먹는다.

약 900여 종의 식물(질소가 부족한 토양에 살고 있다)은 곤충을 먹는다! 이들은 토양에서부터 얻는 질소 화합물을 보충하기 위해 곤충 먹이에 있는 단백질을 이용한다. 곤충을 먹는 식물은 질소 농도가 낮은 늪 지역에서 가장 흔하다(**그림 14.25**). 낭상엽식물(pitcher plant)이 하나의 예이다. 곤충은 주전자의 열린 윗부분으로 들어가기는 쉽지만 나오기는 힘들다. 안쪽 벽은 아래쪽을 향하여 있는 털과 같은 구조물이 줄지어 있어 액체 웅덩이로 곤충을 밀어 넣는다. 어떤 낭상엽식물은 포획된 벌레가 부패하면서 나오는 질소만 흡수하고, 어떤 종은 액체 웅덩이에 소화효소를 분비하기도 한다. 이 효소는 근본적으로 사람의 위에 있는 효소와 동일하여 곤충을 더욱 빠르게 이용할 수 있는 질소로 만든다.

핵심요약 14.12

» 식물은 초식동물에 대항하여 넓은 범주의 방어 체계를 가진다. 가시와 같은 물리적 방어부터 동물의 생리에 복잡한 영향을 미치는 화학적 방어까지 다양하다. 식물은 자신을 맛없게 만드는 화학물질을 합성함으로써 곤충의 공격에 대응한다.

균류와 식물은 동반자이지만 친척은 아니다

▲ 호주 Tasmania에서 자라는 픽시 파라솔 버섯.

14.13 균류는 식물보다 동물에 가깝다

균류는 진핵생물 영역에서 자신만의 단계통적인 계를 형성한다. 대부분의 균류는 다세포의 고착성 분해자이다(**그림 14.26**). 비록 처음에는 엽록소가 없는 식물이라 여겨졌지만, 이후 식물과 공통점이 거의 없다는 것이 알려졌다. 실제로 DNA 서열을 비교하면 균류는 식물보다는 동물에 더욱 가깝다(**그림 14.27**). 진핵생물이 그러하듯이, 균류는 핵, 미토콘드리아, 내막계, 세포골격 등의 모든 기본적인 세포 구성요소를 가지고 있다. 균류는 세포벽도 가지고 있는데, 셀룰로오스 세포벽을 가지고 있는 식물과 달리 곤충의 외골격을 형성하는 데 중요한 탄수화물인 키틴으로 이루어진 세포벽을 가지고 있다.

균류는 5억 년 이상(아마도 13억 년 정도) 전에 단세포의 편모를 가진 수생 원생생물에서 유래한 것으로 보인다. 약 10만 종이 알려졌지만, 실제로는 약 150만 종 정도가 될 것으로 추정된다. 균류는 약 7개의 문으로 분류되지만, 총체적인 계통 분류는 서로의 관계가 해결되지 않은 상태로 여전히 유동적이다. 분자적 증거가 이를 점진적으로 해결하고 있다.

가장 흔히 볼 수 있는 균류는 (1) 담자균문(phylum Basidiomycota)에 속하는 버섯; (2) 자낭균문(phylum Ascomycota)에 속하는 효모(오직 하나의 단세포 균류), 송로, 곰보버섯; 그리고 (3) 항생제인 페니실린의 출처인 푸른곰팡이와 같은 자낭균문에 속하

균류란 무엇인가?

균류는 공통적인 세 가지 특징을 가지고 있다.:

- **균류는 분해자 또는 공생자이다.**
  균류는 죽은 생명체의 조직을 분해하거나 살아있는 생명체로부터 양분을 흡수하여 에너지를 얻는다.
- **균류는 고착생활을 한다.**
  균류는 유기물질에 붙어서 먹고 산다.
- **균류는 키틴으로 구성된 세포벽을 가진다.**
  곤충의 외골격을 만드는 데 중요한 화학물질인 키틴이 균류의 세포벽을 구성한다.

그림 14.26 균류 특징에 대한 정의.

균류의 놀라운 가까운 친척

식물
균류
동물
조상 원생생물
균류는 식물보다 동물에 더 가깝다.

그림 14.27 **균류에게 적합한 분류 위치.**

는 사상균(계통학적으로 하나의 집단은 아니다)과 그리고 단계통적인 문인 접합균문(phylum Zygomycota)에 속하는 검은 곰팡이다(빵의 표면에 검은 포자를 만들며 빵 속으로 긴 사슬 모양으로 세포를 확장한다)(**그림 12.28**).

Q 빵에서 곰팡이가 핀 부분을 잘라내면 정말로 곰팡이를 제거한 것일까?

효모 세포를 빵 반죽과 섞어 따뜻한 곳에 두면 효모가 발효를 수행하는데, 이때 당을 이용하여 이산화탄소를 만들기 때문에 빵이 부풀어 오른다. 효모에 의해 방출된 이산화탄소가 빵 반죽을 부풀어 오르게 한다.

핵심요약 14.13

» 균류는 다른 진핵생물과 동일한 세포 내 구성요소를 가지고 있는데, 한 가지 큰 차이점은 세포벽이 키틴 탄수화물로 이루어져 있다는 점이다.

잘 알려진 균류

포르토벨로 버섯

빵 효모

검은빵곰팡이

그림 14.28 **버섯, 효모, 곰팡이.** 150만 종 이상의 균류 종 중 이들이 가장 친숙한 일부이다.

14.14 균류는 공통적인 구조를 가지지만 서식지는 다양하다

대부분의 균류는 거의 눈에 보이지 않는 실 모양의 **균사** 세포로 이루어져 있다. 균사는 서로 연결되어 **균사체**라고 불리는 조직 덩어리를 형성하고, 균류는 이 형태로 땅속 또는 썩고 있는 나무나 나무토막에서 일생의 대부분을 보낸다. 균류에서 사람들에게 가장 익숙한 구조는 버섯이다. 그러나 버섯은 단지 일시적인 생식구조(즉, "자실체", fruiting body)로 무성생식과 유성생식 모두를 포함하는 복잡한 생활환의 일부이다(**그림 14.29**).

균류는 특별하고 효율적으로 영양을 섭취한다; 균류는 음식을

균류의 생활환

1. 땅속에서 유전적으로 다른 반수체 균사가 융합하여 이핵성 균사를 형성한다. 균사에 있는 각각의 세포는 2개의 핵을 가진다.
2. 이핵성 균사 단계는 수년 동안 지속되기도 한다. 이핵성 균사체는 자라면서 널리 퍼진다.
3. 어느 순간, 생식기관인 버섯이 형성된다. 버섯은 단단히 다져진 이핵성 균사로부터 만들어진다.
4. 버섯에 있는 일부 세포의 이핵성 균사에 있는 반수체 핵이 융합하여 이배체가 된다.
5. 버섯에 있는 이배체 세포는 감수분열을 하여 반수체 포자를 만든다.
6. 포자가 적당한 장소에 떨어지면 반수체 균사로 자라나고 생활환을 마친다.

그림 14.29 균류의 3단계 생식 주기.

Q 세상에서 가장 커다란 살아있는 생명체는 무엇인가?

“몸” 밖에서 소화시킨다. 균사는 땅속에서 자라면서 주위의 유기물을 분해하는 강력한 효소를 분비한다. 그리고 난 뒤, 그 양분을 빨아들인다. 균류는 상당히 효과적으로 양분을 흡수하고 자라난다. 동부 오레곤의 노란색 뽕나무곰팡이는 약 10 km^2의 면적을 차지하고 있다(**그림 14.30**). 이 균류는 적어도 2,400년 된 것으로 추정되며(나이는 8,000년 이상 되었을지도 모른다), 가장 오래된 생물체일지도 모른다. 게다가, 면적으로 볼 때 이 균류는 가장 크다. 비록 크기가 무척 크더라도 균사체가 땅속에 있으므로 균류를 찾아내기 어렵다. 균류는 지표면에서 버섯(먹을 수 있지만, 특별히 맛있지는 않다)의 모습과 죽어가는 또는 이미 죽은 나무에 있는 균사 모습으로만 보인다. 2000년도에 들어서서 이 거대한 균류가 존재한다는 사실이 알려졌다. 오레곤 수목관리원이 Malheur National Forest에서 전염병으로 나무들이 죽어가고 있는 이유가 바로 이 거대한 균류 때문이라는 사실을 밝혀냈다. 균류가 뿌리를 썩게 만들어 나무를 죽인다는 사실을 발견했다.

균류는 분해자로서 숲에 있는 유기물의 분해를 촉진하는 중요한 역할을 한다. 균류는 그들이 분해하는 유기물들로부터 영양분을 공급받는다. 균류는 빛이 필요하지 않으므로 땅속이나 죽은 나무나 나무토막에서 자랄 수 있다.

균류는 죽어가는 나무에 의지해서 사는 것처럼 사람 몸 안에서 또는 표면에서도 살 수 있다. 진균증은 무좀을 일으키는 균류나 사타구니 가려움증, 턱수염 가려움증, 두피 가려움증, 백선, 발톱 균류로 불리는 질병을 일컫는 통칭이다. 이 균류는 신체의 유기분자를 소화한다! 이 모든 균류는 포자에 의해 확산되므로 매우 전염성이 강하다. 균류는 축축한 표면 위나 옷 속에서 더 오래 죽지 않고 살아있으므로 기숙사와 헬스클럽의 공동 샤워장 같은 곳에서 문제를 일으키는 경향이 있다.

균류는 건물에서 환기가 잘 되지 않는 곳에서도 잘 자랄 수 있다(**그림 14.31**). 사상균은 다세포 균류로 고농도에서 독성을 나타내며 많은 해로운 결과의 원인이다. “환경이 열악한 건물”에 노출된 사람에게는 눈이 화끈거리거나 눈에 눈곱이 끼고 콧물이 흐르며 피부가 가려운 경험이 있을 수 있다. 이것은 곰팡이의 포자에 있는 단백질에 대한 알레르기성 반응이다. 균류의 자실체가 분해될 때 분비되는 독은 암이나 유산과 같은 보다 심각한 결과를 초래하기도 한다. 내부 환경이 열악한 건물을 치유하는 것은 비용이 많이 들기 때문에 때로는 전체 건물을 무너뜨리고 다시 짓는다.

그러나 균류가 모두 해로운 것은 아니다. 페니실린을 만든 곰

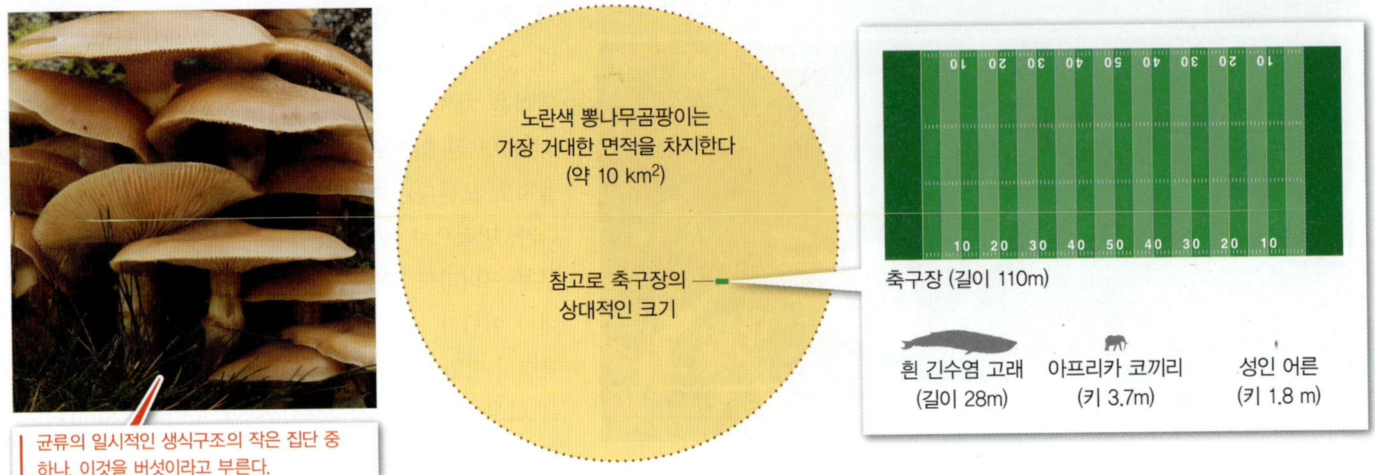

그림 14.30 **세상에서 가장 큰 생명체(면적 기준).**

그림 14.31 **독성이 있는 곰팡이 치우기.**

팡이를 생각해보자. 1928년, Alexander Fleming은 그가 사용하던 세균의 균총(colony)이 들어있는 페트리 접시 일부를 실험실 구석에 쌓아두었다. 한 달 간의 휴가로부터 돌아왔을 때, 그는 몇몇 페트리 접시가 곰팡이로 오염된 것을 발견하였다. 그 접시를 버리기 전, 곰팡이에 오염된 근처의 세균 콜로니가 죽어 있고 멀리 떨어진 부위에서는 세균 균총이 잘 자라고 있음을 알아챘다. 그는 곰팡이가 세균에게 해를 끼치는 무언가를 만들어냈을 것이라 생각해서 곰팡이를 배양하였고, 이로부터 곰팡이가 다양한 종류의 세균을 죽일 수 있는 물질을 만들어낸다는 것을 발견하였다. 그는 이 곰팡이를 *Penicillium*이라고 불렀다. 곰팡이가 만들어낸 항생물질을 분리하는 방법을 개발함에 따라 페니실린은 세균 감염을 치료하는 데 도움을 줌으로써 수백만 명의 사람 목숨을 구하는 "경이로운 약"이 되었다.

또 다른 유익한 균류의 예는 식도락의 진미이다. 예를 들어, 상업적으로 키운 포르토벨로 버섯과 표고버섯은 높은 가격을 받는다. 특정 균류의 땅속에 있는 생식구조인 송로는 500g 정도가 3,500달러에 팔린다. 송로는 땅속에서 자라기 때문에 땅 표면에서는 송로가 어디에 있는지 알 수 없다. 그래서 훈련된 돼지나 개를 이용하여 냄새로 찾는다.

핵심요약 14.14

» 균류는 분해자이며 생존을 위해서는 유기물질과 균사가 마르지 않는 습한 환경이 필요하다. 종종 볼 수 있는 균류의 형태는 일시적인 포자를 만들어내는 몸체이다. 균류는 다양한 건강상의 문제를 일으키기도 하지만 페니실린처럼 항생 의약품 역할을 하기도 한다.

14.15 대부분 식물은 균류와 공생을 한다

만일 식물의 뿌리를 현미경으로 관찰하면 작은 뿌리나 뿌리털과 단단히 연결된 둥근 구조와 섬유질을 볼 수 있을 것이다. 이것이 뿌리곰팡이류인 **균근**이다. 어떤 균근은 뿌리털 세포의 벽에 단단히 붙어 있는 균사를 가지고 있다. 또 다른 균근은 뿌리 세포벽을 뚫고서 세포벽과 원형질막 사이의 공간으로 균사를 뻗는다(**그림 14.32**).

균근과 식물 사이의 관계는 서로에게 이익을 주는 사이이다. 균근은 식물로부터 당을 가져와서 자신의 세포 호흡을 유지하는 데 사용한다. 균류는 흙으로부터 인과 질소를 뽑아내어 식물의 뿌리 속으로 인과 질소를 보내고, 이로 인해 식물은 더욱 빠르고 크게 자란다(**그림 14.33**).

어떤 식물은 균근을 이용하여 다른 식물보다 경쟁력에서 우월성을 갖는다. 예를 들어, 마늘겨자는 샐러드에 첨가하여 톡 쏘는 맛을 내기 위해 유럽 식민지 이주자들이 북아메리카에 가져왔다. 처음에는 부엌의 작은 정원에서 키웠으나 야생으로 새어 나가서

균근

균근 식물의 뿌리와 연합하여 자란다. 식물로부터 당을 받고 토양으로부터 식물에게 질소와 인을 전해준다.

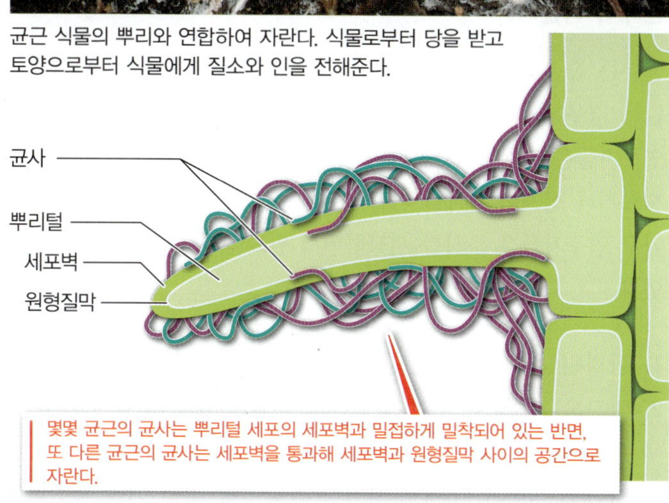

그림 14.32 균근과 식물은 서로에게 이익을 주는 관계이다.

공생을 하는 균류는 숙주에게 유익하다

연구자들은 침습성 식물인 어저귀류에게 뿌리곰팡이가 유익한가를 조사하였다. 균근이 있는 곳 또는 없는 곳에서 자란 부모 식물에게서 태어난 자손의 생존율을 비교하였다:

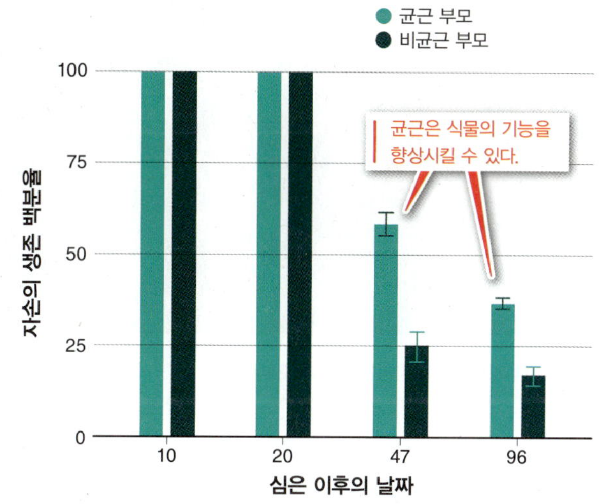

도표로 배우기
데이터의 시각적 표현을 비판적으로 살펴보기
이 그림을 더 자세히 살펴보려면 이 장의 끝을 보시오.

그림 14.33 식물의 파트너. 뿌리곰팡이(균근)는 식물의 기능을 향상시킨다.

급속히 널리 퍼졌다. 마늘겨자는 뿌리로부터 화합물을 분비하여 균근이 지역 자생 식물과 파트너를 이루는 것을 방해한다. 자생식물에게는 균근의 번성이 필요하므로 마늘겨자에 의해 균근이 파괴되면 자생 식물의 세력이 약화된다. 이런 화학 전쟁은 너무도 성공적이어서 마늘겨자는 삼림지대에서 자라는 자생 식물을 모두 없애 미국 중부 지역의 많은 숲을 위협한다.

균류는 엽록소를 가지고 있는 세균이나 조류와도 상호 이익을 주는 관계를 형성할 수 있다. 이런 쌍방의 또는 세 방향의 동반자 관계를 **지의류**라 부른다. 지의류는 나무 몸통이나 바위의 표면에서 자란다(이번 장의 도입부에 있는 그림 참조). 균류는 광합성을 하는 파트너에게서 양분을 얻고, 그 파트너가 물과 양분을 흡수하는 것을 돕는다. 또한, 균류는 유기물을 용해하는 효소나 바위를 용해하는 산을 분비하여 파트너에게 양분을 공급하는데, 이는 토양을 형성하는 데에 중요하다.

핵심요약 14.15

» 식물과 균류는 밀접하게 상호 유익하도록 연합하여 균근을 이룬다. 균근 곰팡이는 대부분 식물의 뿌리와 밀접하게 연합하여 식물로부터 당을 받고 식물에게는 질소와 인을 전해주며 자란다.

이것이 우리의 방법 / **과학의 창의적 과정**

14.16 유익한 균류가 초콜릿을 구할 수 있는가?

그림 14.34 꼬투리썩음병에 감염된 코코아 꼬투리.

매년 350만 톤 이상의 코코아 열매가 생산되며, 전 세계 초콜릿 시장 가치는 연간 1억 달러에 달한다.

초콜릿은 중부, 남부 아메리카 원산의 **카카오**(*Therbroma cacao*) 나무 열매로 만든다. 카카오 꼬투리라고 불리는 커다란 열매에서부터 20~60개의 씨가 수확된다. 씨를 발효시키고 건조시켜 볶고 깨트려서 조각낸 뒤 다른 성분과 섞기도 한다.

초콜릿 생산은 매년 균류에 의한 질병에 영향을 받는다. 균류는 나무의 성장과 꼬투리 생산을 감소시키며 씨 꼬투리 내부를 썩게 만든다. 예를 들어, 페루에서 "꼬투리썩음병" 곰팡이만으로도 평균 생산량이 1/3로 감소했다(**그림 14.34**).

이 균류와 싸우는 데 사용되는 농약은 효과가 형편없다. 그래서 연구자들은 이 곰팡이 병원균의 충격을 줄이기 위한 다른 방법을 찾고 있다.

균류에 의한 감염에 대항하는 방법을 찾기 위해서는 어떻게 접근해야 하는가?

균류는 종종 식물체 내에서 살아간다. 이런 균류는 매우 다양하며 많은 경우 숙주 식물에 해를 끼치지 않는 것처럼 보인다. 따라서 연구자들은 가장 흔한 곰팡이 질병을 일으키는 병원성 균류를 무찌르거나 심지어는 해를 가할 수 있는 균류 종을 찾고자 한다. 카카오 연구자들은 조사를 시작하면서 필요한 3가지 질문을 확정하였다.

1. 항병원성 활성을 가진 균류 종이 있는가?
2. 카카오나무에 해를 끼치지 않고 식물체 내로 도입시킬 수 있는 종인가?
3. 카카오 식물체 내에서 병원성 곰팡이에 대한 해를 제한하며 식물의 생산성을 향상할 수 있는 종인가?

첫 번째 질문을 조사하기 위해서, 카카오나무에 해를 끼치지 않으면서 식물체 내에 서식하는 110가지 다른 종(형태 종, *morphospecies*라고 부른다)을 분리하였다. 이후, 페트리 접시에서 이 균류들을 병원성 곰팡이와 함께—각 페트리 접시에 해가 없는 종과 병원성을 나타내는 종을 짝을 이루어—배양하였다. 각 경우에서 상호작용을 한 어떤 두 종이 살아남았는지를 조사하였다.

실험실에서 하는 간단한 실험이 왜 훌륭한 출발점이 되는가?

이러한 접근을 통해 "생물적 방제원(biocontrol agent)"으로 작용할 수 있는 항병원성 활성을 가지는 균류를 효과적으로 찾을 수 있다. 연구자들은 주된 병원성 곰팡이에 길항작용을 하는 53가지 다른 종을 발견하였다. 이들 중에서 항병원성 활성을 지니며 정착 능력이 좋은 3가지 후보를 식별하였다.

다음 단계는 카카오 유묘로 유익한 균류를 운반하는 것이다. 먼저 멸균 토양에서 카카오 씨를 발아시켰다. 공기 중에 있는 병원성 곰팡이에 노출되는 것을 막기 위해서 플라스틱으로 된 그늘진 배양실에서 어린 유묘를 키웠다. 몇몇 유묘에는 유익하다고 생각되는 균류의 포자가 들어있는 용액을 스프레이하고, 다른 유묘에는 실험상의 대조구로 스프레이를 하지 않았다.

유익한 균류로 유묘를 접종하는 효과적인 방법을 기록하는 것은 왜 필요한가?

10, 25, 33일 뒤에 연구자들은 잎 조직에서 곰팡이의 성장을 측정하고 균체 형성 비율을 계산하였다. 33일 이후에, 이들은 접종에 사용했던 잠재적으로 유익한 3가지 균류에 따라, 균체가 카카오 식물의 39%, 62%, 92% 정도로 발생하였음을 발견하였다.

유익한 균류가 실험실의 페트리 접시에서는 병원성 곰팡이에 해를 끼치지만, 실제 현장에서는 그렇지 않을 수 있다. 이유는 무엇인가?

다음으로 연구자들은 유익한 균류가 카카오나무의 생산성에 영향을 미치는 병원성 곰팡이의 효과를 감소시킬 수 있는지를 조사하였다. 결과는 다소 엇갈렸다. 온실에서 수행한 연구에서 연구자들은 한 종류의 병원체에 감염된 나무들의 경우, 잎의 25%가 죽었음을 발견하였다. 병원성 곰팡이와 유익한 균류 모두를 감염을 시킨 나무들의 경우, 잎의 치사율이 10% 이상 감소하였는데, 이는 통계적으로 의미 있는 감소였다.

그러나 현장에서는 다른 결과를 얻었다. 농장 4군데에서, 유익할 것으로 예상되는 균류로 감염시킨 320그루와 대조구인, 감염을 시키지 않은 320그루를 관찰하였다. 그런데 병원성 곰팡이로 인한 꼬투리의 손실은 감소하지 않았다. 이 농장에서 병원성 곰팡이에 의해 감염되는 비율이 극히 낮기 때문에 이런 결과가 나왔을 수 있다. 그러나 연구자들은 유익할 것으로 생각되는 곰팡이를 처리한 나무에서 식물의 성장은 줄지 않으면서 병원성 곰팡이에 의해 야기된 **상처**(*lesion*) 부위가 10% 정도 감소하였다는 점에 주목하였다.

생각하기, 짝과 나누기

수업 수강생 중 한 명과 짝을 만드시오. 다음의 질문을 읽고 답에 대하여 60초 동안 조용히 생각하시오. 이후 5분 동안 토론을 하고 자신의 답을 공유할 수 있게 준비하시오.

- 이들을 유묘에 접종하기 위한 스프레이 시기가 연구의 결과에 어떤 영향을 미칠 수 있는가?
- 나무가 노출된 그늘 양 대 태양 양의 비가 이 결과에 어떤 영향을 미칠 수 있는가?
- 병원체의 감염 정도가 결과에 어떤 영향을 미칠 수 있는가?

우리는 이 결과들을 통해 어떤 결론을 내릴 수 있는가?

생물학적 방제는 카카오나무의 주된 곰팡이 질병 모두를 제거할 수 있는 마법과 같은 탄환이 아니다. 그러나 여러 가지 이유로 인해서 연구자들은 이것이 가지는 잠재성에 낙관적이다. (1) 실험실에서 빠르게 잠재적으로 "유익한" 균류를 선별할 수 있었다. (2) "유익한" 균류로 카카오나무를 접종시킬 수 있었다. 그리고 (3) "유익한" 균류로 접종을 한 나무에서 병원체의 활성이 약간 감소하는 것처럼 보였다. 연구자들은 "유익한" 균류의 항병원성 효과에 영향을 미칠 수 있는 다른 요인들을 검토하는 일을 진행하고 있다.

핵심요약 14.16

» 자연에 있는 개체들 사이의 상호작용을 평가하는 것은 어려울 수 있다. 관심 요소들만을 분리한 단순한 실험실 연구는 복잡함을 줄여준다는 점에서 유용한 첫 단계가 될 수 있다. 이후 추가적인 요소들이 하나씩 첨가되면 자연 조건에 더 가까워질 수 있다.

생활 속 생명과학 | **증거를 사용한 의사결정 안내**

얌(Yam): 출산을 촉진하는 천연식품?

쌍둥이가 얼마나 흔하지 생각해 본 적이 있는가? 미국과 유럽에서는 약 1,000번의 출산 중에서 14번이 쌍둥이의 출산이다. 아시아에서는 1,000번의 출산 중에서 8번이 쌍둥이 출산으로 그 수가 조금 적다. 어디에서나 이 비율은 유사하지만, 서남아프리카, 특히 나이지리아 지역은 예외적이며 "쌍둥이 나라"라고 불린다. 이곳 욜바족 사람들에게 쌍둥이 출산율은 미국의 4배 이상으로 1,000명의 출산 중 50쌍의 쌍둥이가 태어난다. (3쌍둥이 출산은 대개 흔하지 않지만, 나이지리아에서는 역시나 미국의 16배 이상 빈번하게 일어난다).

Q: 나이지리아에서는 왜 이토록 많은 쌍둥이가 태어나는가? 물에 그 해답이 있나? 아니다. 그러나 완전히 틀린 말은 아니다. 답은 욜바족 사람들이 먹는 음식에 있다. 그들의 주식은 감자와 비슷하게 생긴 탄수화물이 많은 야채인 얌이다. 많은 사람이 매일 여러 차례 얌을 먹는다.

Q: 얌에 무엇이 들어 있나? 몇몇 앞선 연구는 얌에 들어있는 에스트로겐 관련 화합물이 난소를 자극하여 어떤 특정한 달에 하나 이상의 난자를 방출시켰을 가능성이 있음을 나타낸다.

Q: 얌이 그 해답이라고 어떻게 확신할 수 있나? 이점에 관해서 관련 자료들이 여전히 수집 중이다. 한 흥미로운 실험 조사에 따르면 얌을 많이 섭취한 쥐의 경우, 한 배에서 난 새끼들의 수가 2배였다. 또 다른 실험 조사에서는 순환하는 난포자극호르몬(난소에서 난포의 성장과 성숙을 자극한다)과 에스트라디올의 수준이 얌을 많이 섭취한 쥐에서 그렇지 않은 쥐보다 32% 더 높았다. 동시에 황체형성호르몬(배란을 촉진한다)의 수준은 얌을 섭취한 쥐에서 158% 높았다.

Q: 그렇다면 당신에게도 효과가 있을까? 확실하지 않다. 고의로 얌을 많이 먹은 뒤 쌍둥이를 가진 여자들의 일화가 많다(나이지리아에서 먹는 얌이 아메리카 얌과 다르다는 점이 중요하다. 아메리카 얌인 고구마에는 나이지리아에서 자라는 얌에 들어 있는 만큼의 스테로이드가 없다). 그러나 무작위적인, 통제된 맹검법에 의한 연구가 아직 수행되지 않았다.

생각해 보아야 할 것: 여러분은 어떻게 이와 같은 연구를 계획하고 분석하겠는가?

연습 데이터의 시각적 표현을 비판적으로 살펴보기

도표로 배우기

1. 이 그래프를 통해 어떤 결론을 내릴 수 있는가?
2. 47일 이후에 균근이 있는 부모로부터 태어난 자손의 생존 백분율은 얼마인가? 균근이 없는 부모로부터 태어난 자손의 생존 백분율은 얼마인가?
3. 심은 지 47일과 96일 되었을 때, 자손의 생존 백분율에는 오차를 나타내는 막대가 있다. 왜 심은 지 10일과 20일 되었을 때에는 오차를 나타내는 막대가 없는가?
4. 균근을 가지고 있는 부모와 균근이 없는 부모에게서 태어난 자손 사이에서 나타나는 생존률의 차이가 "통계적 의미"를 갖는다는 것은 무엇을 의미하는가?
5. 분석에 정보를 제공하기 위해서 또 다른 시점에서의 생존률 자료를 만들려면, 언제가 좋을까(즉, 심은 지 며칠째 되는 날)? 그 이유는 무엇인가?

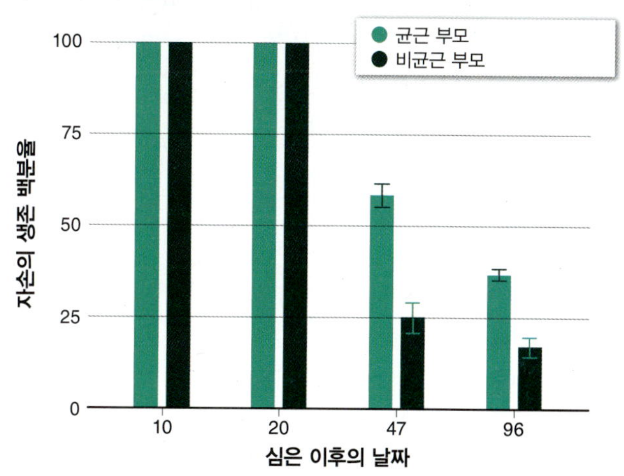

주요 용어: 식물과 균류의 다양성

속씨식물 angiosperm, 420쪽
꽃밥 anther, 424쪽
선태식물 bryophyte, 413쪽
심피 capel, 424쪽
큐티클 cuticle, 415쪽
분해자 decomposer, 435쪽
중복수정 double fertilization 428쪽
배젖 endosperm, 420쪽
수술대 filament, 424쪽
육질과 fleshy fruit, 430쪽
꽃 flower, 424쪽
배우체 gametophyte, 416쪽
겉씨식물 gymnosperm, 420쪽
균사 hyphae, 434쪽
지의류 lichen, 438쪽
균사체 mycelium, 434쪽
균근 mycorrhizae, 437쪽
비관다발식물 non-vascular plant, 414쪽
씨방 ovary, 424쪽
밑씨 ovule, 421쪽
식물 plant, 412쪽
꽃가루 pollen grain, 421쪽
수분 pollination, 422쪽
전엽체 prothallus, 418쪽
뿌리 root, 413쪽
씨앗 seed, 420쪽
슈트(계) shoot, 413쪽
포자낭 sporangia (단수, sporangium), 418쪽
포자 spore, 416쪽
포자체 sporophyte, 416쪽
수술 stamen, 424쪽
암술머리 stigma, 424쪽
암술대 style, 424쪽
관다발식물 vascular plant, 418쪽

요약

식물은 다양한 도전에 직면하였다

- 식물은 뿌리로 한 장소에 고정된 채 대부분의 삶을 지내는 다세포 생명체이다. 식물은 움직일 수 없음에도 불구하고 성공적으로 먹이를 얻고 생식을 하며 포식자로부터 자신을 보호할 수 있는 특징을 진화하였다.
- 최초의 육상식물은 작고, 잎, 뿌리, 꽃이 없었으며, 물이 있는 주변에서만 자랐다. 그럼에도 불구하고 오늘날 지구 상에 있는 육상식물과 동물의 막대한 다양성이 생길 수 있도록 무대를 마련하였다.
- 이끼를 포함한 비관다발 식물은 토양에서부터 식물 체내로 물과 양분을 수송하는 관과 뿌리가 없다. 그리고 포자를 만들어 번식한다.
- "순환계"처럼 관은 물과 양분을 토양에서부터 식물의 잎까지 물과 양분을 수송하는데 효과적이다. 초기 양치류와 속새류를 포함하는 최초의 관다발 식물은 비관다발 식물보다 훨씬 크게 성장할 수 있었다.

씨앗이 출현하면서 식물에게 새로운 세상이 열렸다

- 씨앗은 식물이 자손에게 인생의 좋은 출발을 선사하는 방법이다. 씨앗은 다세포 배와 탄수화물과 여타 양분의 저장고를 가지고 있다.
- 겉씨식물(소나무와 그 친척들)은 씨를 만드는 최초의 식물이다. 이런 번식방법은

그 이전의 식물에 비해 유리하였고, 겉씨식물은 중생대 초와 중반에 지배적인 식물이 될 수 있었다. 겉씨식물은 바람에 의존하여 꽃가루를 운반하다.

- 침엽수는 다른 겉씨식물을 모두 합친 것보다 종의 수가 더 많고 분포하는 지리적 범위도 넓다. 목피 바깥층이 있어서 견고하고 끈적끈적한 송진을 낼 수 있어서 다른 식물들보다 더 키가 크고 오래 살 수 있다.

현화식물은 가장 다양한 식물이다.

- 현화식물은 약 1억 3,500만 년 전에 출현하였고, 빠르게 다양해져서 현재 지배적인 식물이 되었다. 꽃은 식물의 생식기관을 가지고 있다. 대부분 꽃은 암컷 생식기관과 수컷 생식기관을 모두 가지고 있다.
- 속씨식물은 효과적으로 한 꽃의 꽃밥에서 다른 꽃의 암술머리로 꽃가루를 옮길 수 있는 방법을 갖게 되었다. 꽃을 이용하여 식물은 동물을 속이거나 뇌물을 주어 동물이 수컷 배우자를 암컷 배우자로 옮기도록 하여 수정이 일어나도록 한다.
- 속씨식물은 중복수정을 수행한다. 중복수정은 수정되지 않은 밑씨에서 배젖을 만드는 과정에 에너지를 투자하지 않게 한다.

식물과 동물은 애증관계이다.

- 열매는 씨방과 때로는 약간의 주변 조직으로 이루어져 있다. 식물은 수정된 씨가 담겨 있는 열매를 퍼뜨리기 위해 종종 동물에 의존한다; 씨는 새로운 장소에 정착하여 유묘로 자랄 수 있도록 한다.
- 식물은 초식동물에 대항하여 넓은 범주의 방어 체계를 가진다. 가시와 같은 물리적 방어부터 동물의 생리에 복잡한 영향을 미치는 화학적 방어까지 다양하다. 식물은 자신을 맛없게 만드는 화학물질을 합성함으로써 곤충의 공격에 대응한다.

균류와 식물은 동반자이지만 친척은 아니다.

- 균류는 다른 진핵생물과 동일한 세포 내 구성요소를 가지고 있는데, 한 가지 큰 차이점은 세포벽이 키틴 탄수화물로 이루어져 있다는 점이다.
- 균류는 분해자이며 생존을 위해 유기물질과 균사가 마르지 않는 습한 환경이 필요하다. 종종 볼 수 있는 균류의 형태는 일시적인 포자를 만들어내는 몸체이다. 균류는 다양한 건강상의 문제를 일으키기도 하지만 페니실린처럼 항생 의약품 역할을 하기도 한다.
- 식물과 균류는 밀접하게 상호 유익하도록 연합하여 균근을 이룬다. 균근 곰팡이는 대부분 식물의 뿌리와 밀접하게 연합하여 식물로부터 당을 받고 식물에게는 질소와 인을 전해 주며 자란다.
- 자연에 있는 개체들 사이의 상호작용을 평가하는 것은 어려울 수 있다. 관심 요소들만을 분리한 단순한 실험실 연구는 복잡함을 줄여준다는 점에서 유용한 첫 단계가 될 수 있다. 이후 추가적인 요소들이 하나씩 첨가되면 자연조건에 더 가까워질 수 있다.

복습하기

짧게 답하기

1. 움직일 수 없기 때문에 식물이 직면하게 된 두 가지 도전을 설명하시오.
2. 최초의 육상식물은 땅 표면에 매우 가깝게 기면서 자랐다. 이유는 무엇인가?
3. 이끼에서 수정은 왜 물에 의존적인가?
4. 관다발 식물과 비관다발 식물의 차이점은 무엇인가? 이러한 차이는 지리적 분포에 어떤 영향을 미치는가?
5. 유묘의 초기 생장에 필요한 에너지를 제공하는 원천은 무엇인가?
6. 초기 육상식물의 포자 대신 씨앗을 갖게 된 이점은 무엇인가?
7. 만일 동물이 사라진다면, 식물 군집에는 어떤 변화가 일어나겠는가? 이유는 무엇인가?
8. 겉씨식물에서 일어나는 수정보다 중복수정이 더 효과적이라고 여겨지는 이유는 무엇인가?
9. 육질과는 식물에게 어떤 이로운 점을 주는가?
10. 균류가 다른 진핵생물과 다른 두 가지 특징을 서술하시오.
11. 균근은 식물의 뿌리와 상호작용을 하며 자람으로써 어떤 이로운 점을 갖는가?

정답고르기

1. 초기 식물에게 나타난 적응은 다음 중 무엇인가?
   a) 물과 양분을 이동시키는 관
   b) 씨앗
   c) 뿌리
   d) 꽃가루
   e) 건조함에 대한 저항
2. 최초의 육상식물 관다발계를 가장 잘 설명한 것은?
   a) 최초의 식물은 물을 이동시키는 특화된 관세포를 발전시켰다.
   b) 최초의 식물은 관다발계를 가지지 않았다.
   c) 최초의 식물은 내부 수송의 간단한 방법의 매우 기본적인 관다발계를 가지고 있었다
   d) 최초의 식물은 긴 바늘 같은 형태의 잎을 가지고 있었으며, 이것을 통해 물이 쉽게 증발되었다.
   e) 위의 어느 것도 올바르지 않다.
3. 양치류에 관한 설명 중 올바르지 않은 것은?
   a) 포자체가 지배적이다.
   b) 수정을 위해 액체 상태의 물이 필요하다.
   c) 씨앗은 바람에 의해 퍼진다.
   d) 물과 양분을 식물체 내로 분배하기 위

해 관다발 조직을 갖는다.

e) 포자는 포자낭에 담겨 있다.

4. 육상생활에 적응한 점에서 볼 때, 종자식물은 어떤 점에서 파충류와 유사한가?

a) 파충류와 종자식물 모두 물에 완전히 독립적이다.

b) 파충류는 식물을 먹는다.

c) 종자식물과 파충류는 탈수를 최소화하기 위해 큐티클과 방수 피부를 가지고 있다.

d) 파충류와 종자식물은 배우자를 담고 있으며, 배우자를 둘러싼 환경으로부터 보호하는 구조를 발전시켜 왔다.

e) c)와 d)가 올바르다.

5. 속씨식물과 겉씨식물 등의 고등식물과 달리 모든 선태식물이 가지고 있지 않은 것은?

a) 기공

b) 큐티클

c) 세대교번

d) 물 수송 기구

e) 뿌리

6. 어떤 용어가 모든 다른 용어를 포함하는가?

a) 속씨식물

b) 양치류

c) 관다발식물

d) 겉씨식물

e) 종자식물

7. 식물의 진화 역사에 따르면

a) 더 독립적이지만 선태식물은 점점 작아지고 있다.

b) 배우체와 포자체는 점점 서로에 대해 독립적이 되고 있다.

c) 배우체가 점점 지배적으로 되고 있다.

d) 배우체는 점점 포자체에 의존적으로 되고 있다.

e) 더 의존적이지만 배우체는 점점 커진다.

8. 균류와 식물을 비교한 것 중 올바르지 않은 것은?

a) 균류는 광합성을 할 수 없고 식물은 할 수 있다.

b) 균류와 식물은 구조적으로 안정되기 위해 키틴을 이용한다.

c) 균류는 종속 영양생물(탄소를 고정할 수 없어서 성장을 위해 유기물질을 사용해야 한다)이지만 식물은 그렇지 않다.

d) 균류와 식물은 모두 세포벽을 가지고 있다.

e) 균류와 식물은 생식주기에서 유성생식 단계를 가진다.

9. 균류의 포자는 무엇에 의해 널리 퍼지는가?

a) 섬모운동

b) 곤충

c) 벌새

d) 바람

e) 편모운동

10. 대부분 경우, 균근에서 뿌리와 균류 사이는 어떤 관계인가?

a) 균사체

b) 경쟁

c) 속임수

d) 공생

e) 기생

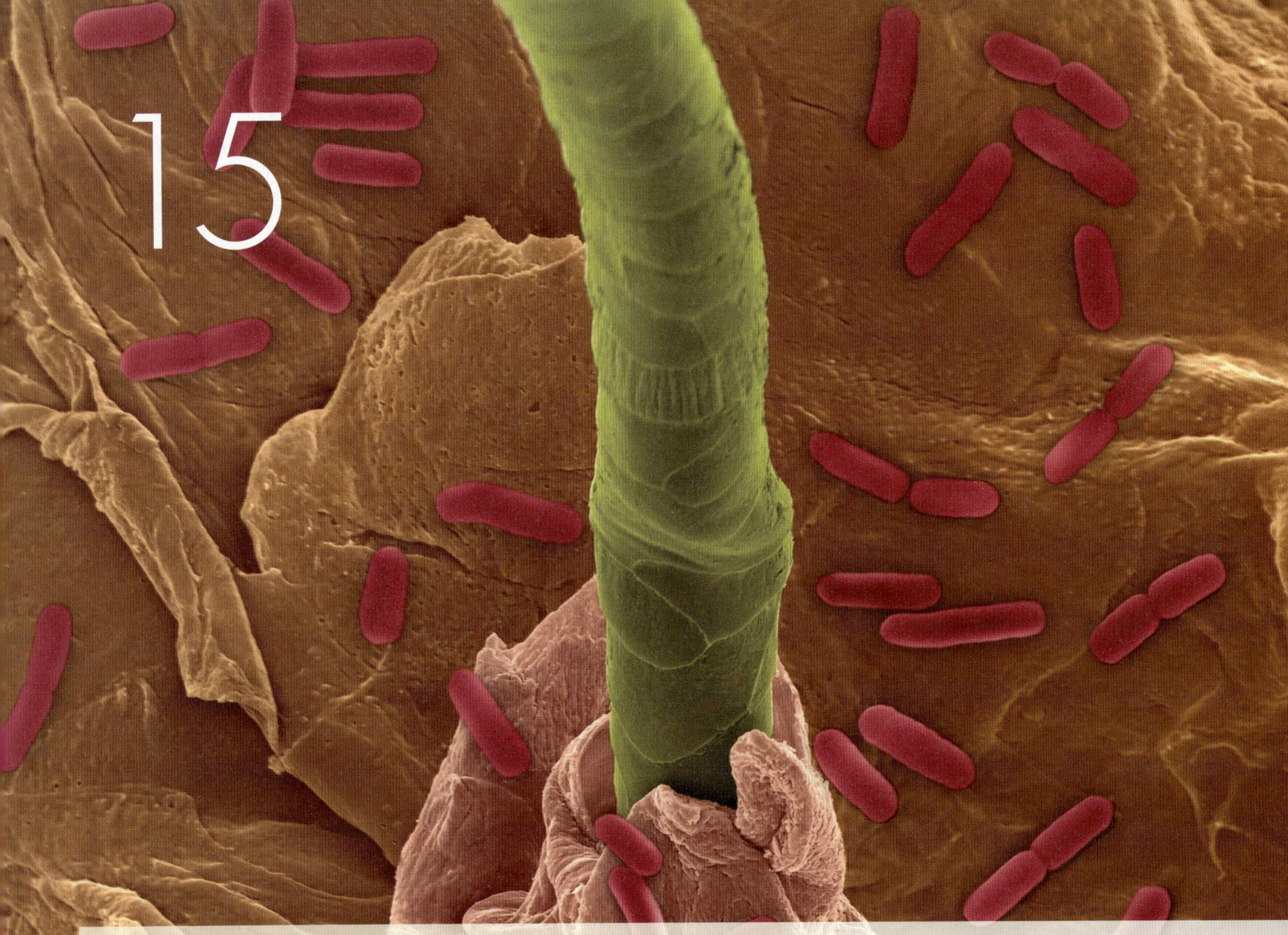

15

미생물의 다양성

세균, 고세균, 원생생물 및 바이러스: 눈에 보이지 않는 세계

▲ 사람의 피부와 모낭 표면에 있는 *Escherichia coli* 세균

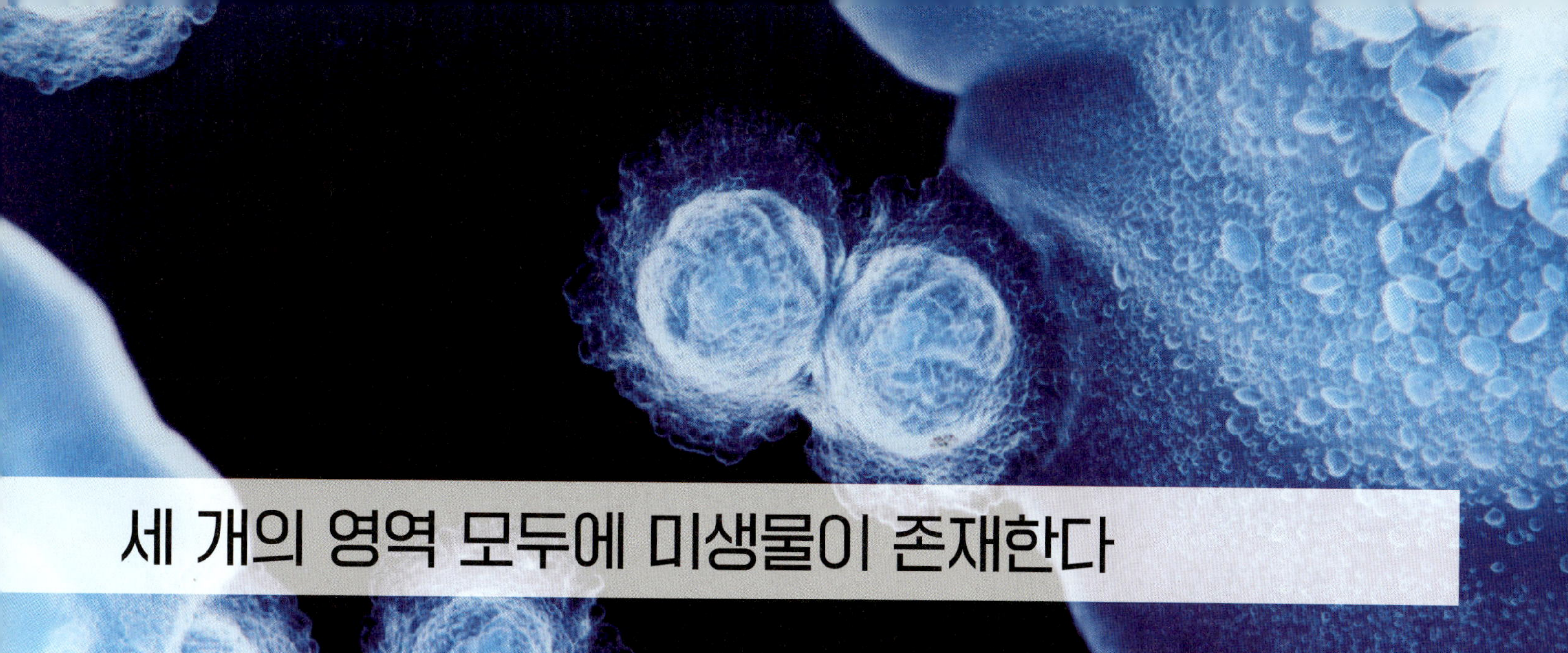

▲ 치태는 세균 군락이 자라서 형성된 것이다. 보통 칫솔질로 치태를 제거할 수 있지만 그대로 방치하면 치아가 썩는다.

15.1 모든 미생물이 진화적으로 가까운 것은 아니다

'미생물'은 "작은 생명"을 의미한다. 이는 적절하게 표현한 이름이지만 의미가 불분명한 단점이 있다. 왜냐하면, 확대하지 않고 보기에 너무 작은 많은 상이한 종류의 생물 중 어떤 것을 가리키든 "미생물"이라고 하기 때문이다.

미생물을 일반화하기는 어렵다. 이들 모두는 최근의 공통 조상을 공유해서가 아니라 단지 작다는 이유로 함께 묶였을 뿐이다. 사실 미생물은 세균, 고세균 및 진핵생물 등 생명의 세 영역 모두에 존재하므로 다양한 종류의 미생물은 매우 광범위하게 분리되

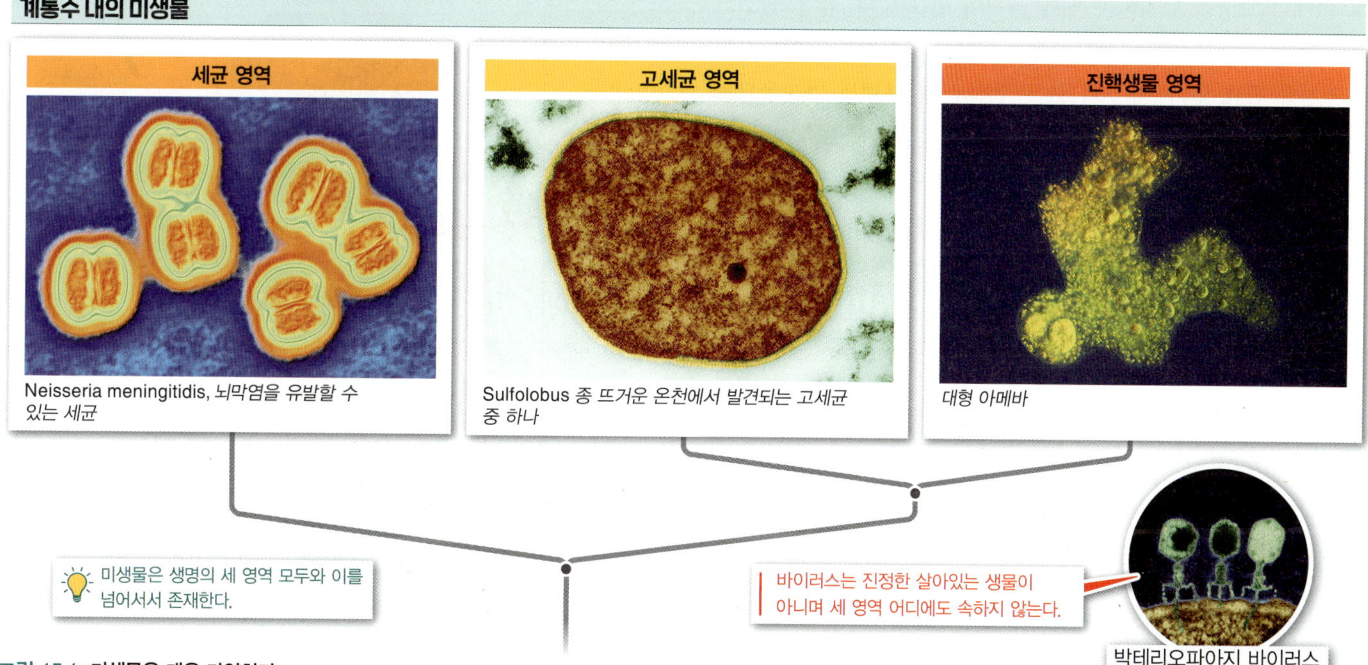

그림 15.1 미생물은 매우 다양하다.

어 있다(**그림 15.1**). 이 장에서는 각 영역의 작은 생물에 초점을 맞추고자 한다. 세균과 고세균 영역의 미생물은 원핵생물인데, 고세균은 원핵생물과 유사한 일부 특성을 가지면서 진핵생물과 유사한 다른 특성도 갖는다. 원생생물은 대부분 진핵생물 영역에 속하는 미생물 구성원이다. 그리고 또 다른 종류의 미생물인 바이러스는 생명의 경계에만 존재하며 어떤 영역에도 속하지 않는다.

핵심요약 15.1

» 미생물들은 진화적 연관성이 아니라 작다는 이유로 함께 묶였을 뿐이다. 그들은 생명의 세 영역에 모두 존재하며, 세 영역 어디에도 속하지 않는 바이러스를 포함한다.

15.2 미생물은 지구 상에서 가장 간단하지만 가장 성공적인 생물이다

인간은 큰 생명체인데, 크다는 것은 많은 짐을 갖게 된다. 몸무게를 지탱하기 위한 골격계, 그리고 산소를 받아들이고 이산화탄소를 제거하기 위한 호흡계가 있어야 한다. 산소와 이산화탄소 및 기타 분자를 우리 몸 전체로 이동시키기 위한 순환계, 또한 음식을 먹고 분해하는 소화계 역시 있어야 한다. 심지어 신경계를 가지고 있어 뇌는 신체의 먼 부위가 하는 일을 알 수 있다.

Q 미생물은 단일 세포인데 어떻게 기능할 수 있는가?

지구 상에서 가장 풍부한 생물인 미생물은 너무 작으므로 이러한 종류의 기관계가 필요 없다. 아메바는 인간보다 약 $1/10^{15}$ 정도의 작은 부피를 갖는다. 그렇게 작기 때문에, 중력의 힘은 의미가 없어지므로 아메바 모양을 유지하는 데에 골격이 필요 없다. 많은 산소가 세포막 안으로 그리고 이산화탄소는 밖으로 확산하므로 아메바는 호흡계가 필요 없다. 내부의 모든 부위가 몸 표면과 가까우므로 기체를 수송하기 위한 순환계 또한 필요 없다.

대부분의 미생물은 심지어 아메바보다 더욱 작다. 전형적인 세균 또는 고세균은 인간의 약 $1/10^{18}$ 정도 크기이고, 인플루엔자 바이러스는 인간의 약 $1/10^{24}$ 크기이다(**그림 15.2**).

그러나 미생물은 사람의 눈에는 보이지 않더라도 매우 성공적이다:

1. **미생물은 유전적으로 다양하다.** 50만 가지 이상의 미생물이 그들의 독특한 핵산 서열에 의해 판별되었으며, 과학자들은 더 많은 연구를 통해 수백만 종의 추가적인 미생물 종을 찾을 것이라 기대한다.
2. **미생물은 거의 모든 서식처에서 살 수 있으며 거의 모든 것을 먹을 수 있다.** 이 문장을 읽고 있는 지금도, 우리의 창자에는 400종 이상의 미생물이 번성하고 있으며(**그림 15.3**), 500종 이상이 입속에 그리고 거의 200종이 피부에 존재한다. 인간의

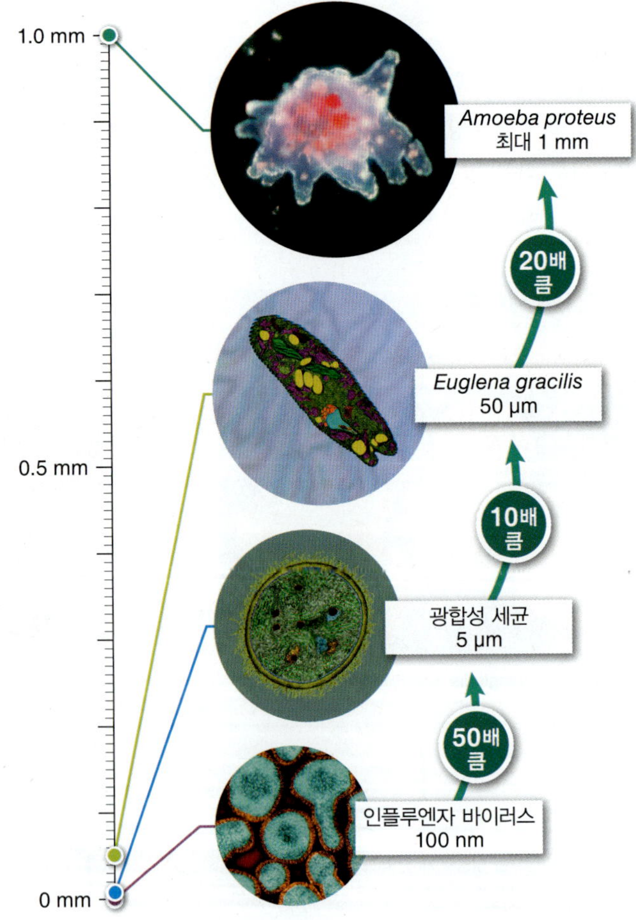

그림 15.2 지구 상에서 가장 풍부한 생물은 맨눈으로 보기에 너무 작다.

미생물 서식처의 다양성

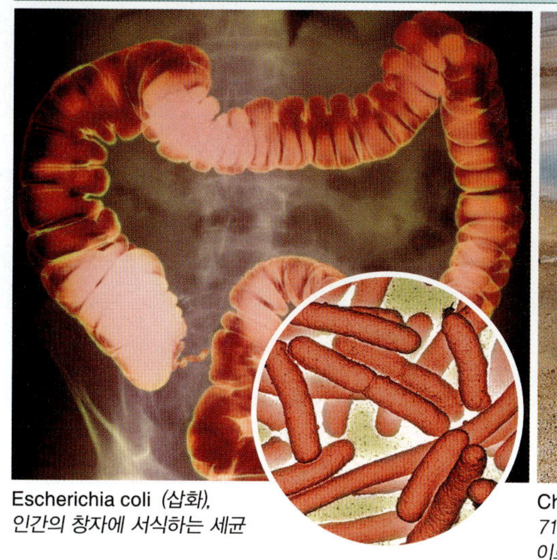
Escherichia coli (삽화), 인간의 창자에 서식하는 세균

Chlorobium tepidum (삽화), 71° C(160° F) 이상의 온도에 이르는 지열천에 서식하는 세균

Halobacteria(삽화)는 Great Salk Lake처럼 극도로 염분이 높은 환경에서 서식하는 고세균

그림 15.3 미생물은 지구의 어디에나 존재한다.

미생물은거의 모든 환경은 물론 극한 물리적 조건에서도 번성한다.

내부와 외부에 존재하는 미생물들은 대부분 인간이 섭취하는 것을 이용한다. 입과 창자의 일부 세균은 인간과 경쟁하여 인간보다 먼저 음식을 소화하고 일부 세균은 인간이 소화한 후 남긴 폐기 산물을 이용한다. 다른 세균은 정상적인 세포 재생 과정 동안에 일어나는 세포 파괴로 인해 방출된 물질을 이용한다.

사람 몸이라는 생활조건은 이곳에 사는 미생물에게 비교적 온건한 환경이다. 다른 미생물은 거의 끓는 열천, 언 땅, 지표면 아래 1.6 km 깊이, 해수면의 200배 정도로 압력이 큰, 수 km 깊이의 심해저 등 지구 상의 일부 가혹한 환경에 서식한다.

3. **미생물은 풍부하다.** 표층 해수는 1 mL에 10만 개 이상의 세균 세포를 포함하며, 규조류(진핵생물 영역의 원생생물)도 비슷한 정도로 풍부하다. 이 밀도는 전 세계 해양에서 단지 이 2종류의 미생물이 약 8백 양(8×10^{30}) 개체라는 것을 의미한다. 인간의 몸은 약 68조 개의 세포를 함유하는데, 이 중 30조 개는 사람의 세포이고 38조 개는 인간의 내외부에 사는 미생물이다(**그림 15.4**).

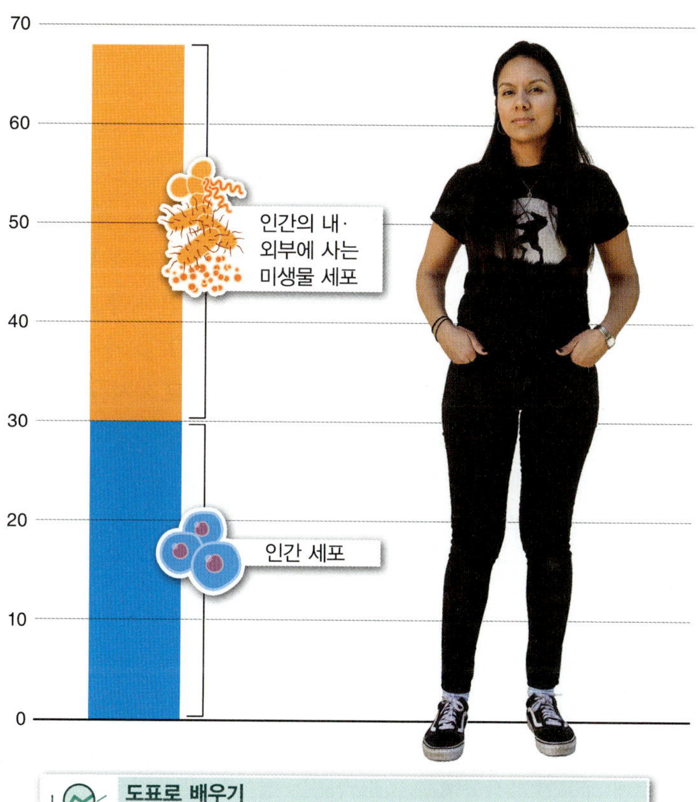

도표로 배우기
데이터의 시각적 표현을 비판적으로 살펴보기
이 그림을 더 자세히 살펴보려면 이 장의 끝을 보시오.

그림 15.4 우리는 우리 몸에서 비주류이다.

핵심요약 15.2

» 미생물은 매우 작고 간단한 생물이지만 온화한 곳부터 극단적 환경까지 어느 곳에서도 살 수 있다. 지구 상에는 수백만 종류의 미생물이 엄청난 숫자로 존재한다.

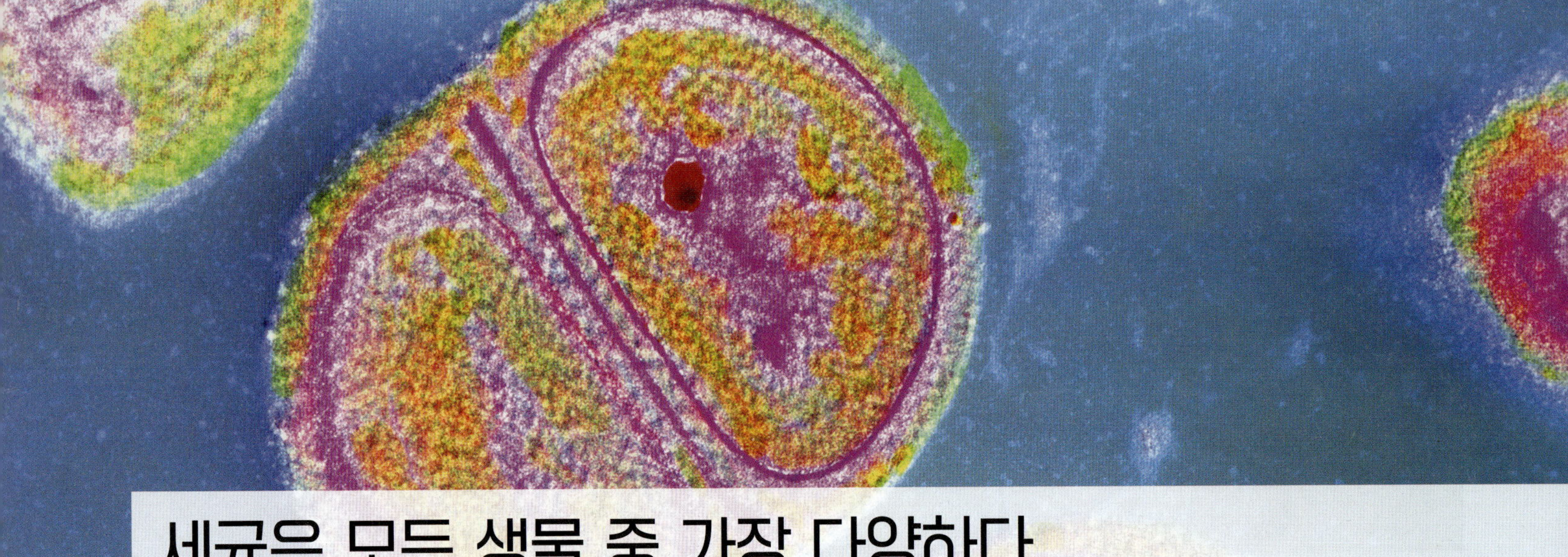

세균은 모든 생물 중 가장 다양하다

▲ *Staphylococcus epidermidis* 세균은 인간 피부와 많은 점막에 있는 정상적인 균총의 일부이다.

15.3 세균은 무엇인가?

세균은 간단한 구조를 갖는다. 세균은 원형질막으로 구성된 세포막, 그리고 외부 조건과 다른 내부 조건을 유지하는 데에 필요한 세포벽을 갖고 있다. 세포막 내부에는 (인간 세포를 포함한) 모든 종류의 세포를 채우는 물질인 세포질이 있다. 세균은 원핵세포이므로 세포소기관이 없다. 세포질 내의 단백질은 먹이 분자의 소화와 ATP를 얻기 위한 에너지 전달 같은 필수적인 작용을 수행한다. 세포질 내의 DNA는 단백질 합성을 위한 정보를 가지며 전령 RNA는 이 정보를 단백질이 합성되는 리보솜으로 가져간다. 이것이 세균이 필요한 전부이다.

세균은 형태에 의해 구분될 수 있다. 일부는 구형 세포(구균, cocci), 또 일부는 막대형(간균, bacilli), 나머지는 나선형(나선균, spirilla)이다(**그림 15.5**). 세균은 보통 이분법으로 증식한다. 세균 세포가 분열할 때 많은 세포는 세대마다 2배가 되어 세포의 군락을 형성하는데, 그 각각은 처음 세포의 클론이다. 몇 시간 내에 하나의 세포가 배양액 속의 수천 개 세포가 될 수 있다. 세균 종에 따라 군락의 모양은 다르게 보인다. 예를 들어, 친숙한 인간 장내 세균인 대장균 *Escherichia coli*는 베이지 또는 회색 군락을 형성하며 매끈한 가장자리와 빛나는 점액질 같은 표면을 갖는다. 냉장고 온도에서도 자랄 수 있어서 흔히 식품 부패에 관여하는 *Proteus* 종은 등고선 지도 같은 표면의 군락을 형성한다.

세균: 분류 및 구조

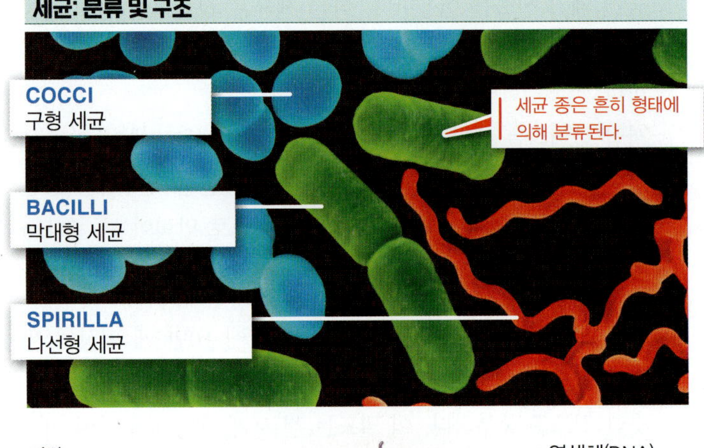

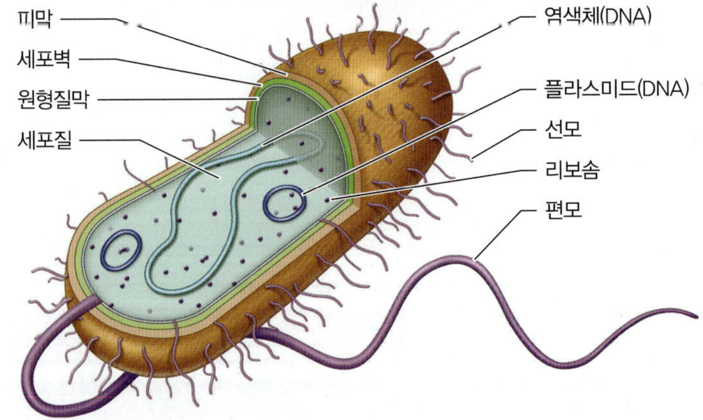

그림 15.5 세균: 핵이 없는 단세포 생물.

미생물학자들은 단지 세균 군락의 색과 형태만 보고도 세균의 종류를 판별할 수 있다. 현미경으로 단일 세포를 관찰하여 추가적인 정보를 얻을 수 있으나 살아있는 세균 세포는 투명하므로 염색하지 않으면 일반적인 현미경으로는 세균을 볼 수 없다. 1884년에 덴마크의 미생물학자인 Hans Christian Gram은 세균 세포벽을 염색하여 현미경으로 세균을 볼 수 있는 방법을 개발하였다. 오늘날, **그람 염색**은 아직도 미지의 세균을 판별하는 데에 가정 먼저 사용되는 방법이다(그림 15.6).

그람-양성 세균은 염색에 의해 보라색을 띠는데, 이는 세포벽 외부에 **펩티도글리칸**이라는 두꺼운 당단백질 층을 갖기 때문이다. 긴 펩티도글리칸 분자들의 광범위한 횡적 결합 덕분에 세포벽은 견고하다. 그람-음성 세균의 펩티도글리칸 층은 또 하나의 막 아래에 있어 염색약에 의해 염색되지 않는다. 페니실린은 그람-양성 세균에 의한 감염을 치료하는 데에 효과적인데, 그 이유는 펩티도글리칸 횡적 결합의 형성을 방해하기 때문이다. 페니실린은 그람-음성 세균에는 덜 효과적인데, 그 이유는 펩티도글리칸 층을 덮고 있는 외막을 통과하지 못하기 때문이다.

많은 세균은 또한 세포벽 외부에 **피막**을 갖고 있다. 이 피막은 세포 밖으로 물의 이동을 제한할 수 있어서 사람 피부 표면 같은 건조한 곳에서 세균이 살 수 있다. 몇몇 세균의 경우에 피막은 세균이 바위 같은 고체 표면에 결합하거나 인간 세포에 부착하는 데에 중요하다.

세균의 증식에 걸리는 시간은 매우 짧다. 세균은 대부분 세대 기간이 1~3시간 정도이고 일부는 그보다 더 짧다. 예를 들면, *Escherichia coli*는 최적 조건에서 20분의 세대 기간을 가지며, 12시간 이내에 한 개의 *E. coli* 세포는 200억 개 세포의 개체군이 될 수 있다.

세균은 두 가지 구조—염색체와 플라스미드—에 유전 정보를 운반한다. 하나의 원형 DNA 분자인 염색체는 세균의 모든 기본적 생명 작용에 대한 명령을 제공하는 유전자를 담고 있다. 대부분 세균은 하나의 염색체만을 갖지만, 일부는 하나 이상을 갖는다. 세균 염색체는 두 가지 측면에서 진핵생물 염색체보다 더 효율적으로 조직되어 있다. 첫째, 세균에서는 관련된 기능을 가진 단백질들을 전사하는 유전자가 대체로 염색체 상에서 서로 인접해서 배열되어 있다. 이러한 배열은 관련된 모든 유전자의 전사가 함께 일어날 수 있게 한다. 둘째, 진핵생물과 달리 세균 염색체의 거의 모든 DNA는 단백질을 암호화하므로 세균은 번역되지 않을 mRNA를 전사하는 데 시간과 에너지를 사용하지 않는다.

플라스미드는 세균이 가진 두 번째 유형의 정보 운반 구조이다. 이 원형 DNA 분자는 특별한 기능을 위한 유전자를 갖는다. 예를 들어, 패스트푸드 식당의 고객을 종종 아프게 하는 *E. coli*의 균주는 때로는 치명적인 독소를 만드는 유전자의 효과를 증폭시키는 병독성 플라스미드를 갖고 있다(병독성 플라스미드가 없는 *E. coli*는 인간 장내 세균 군집의 정상적 구성원이다). 많은 세균은 플라스미드를 하나 이상(때로는 100개 이상) 갖는다.

하나의 세균 세포는 분열해서 모세포의 염색체에 존재하는 유전 정보를 가진 2개의 딸세포를 만든다. 그래서 이분법은 한 세균 세대로부터 다음 세대로 유전 정보를 전달한다(그림 15.7). 그러나

세균 판별 방법

외부 형태
일부 세균은 군락의 색과 형태에 의해 판별될 수 있다.

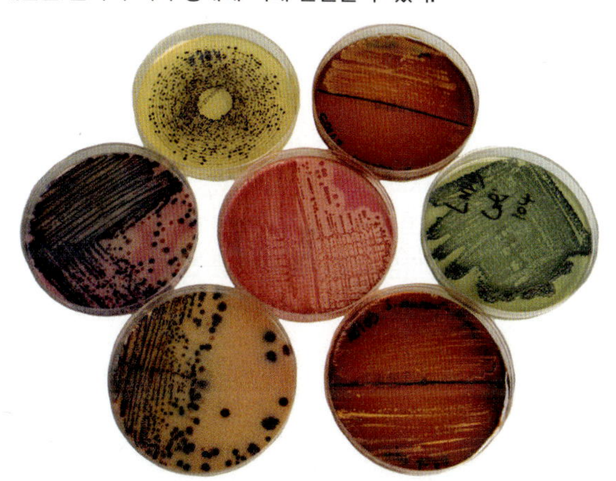

그람 염색

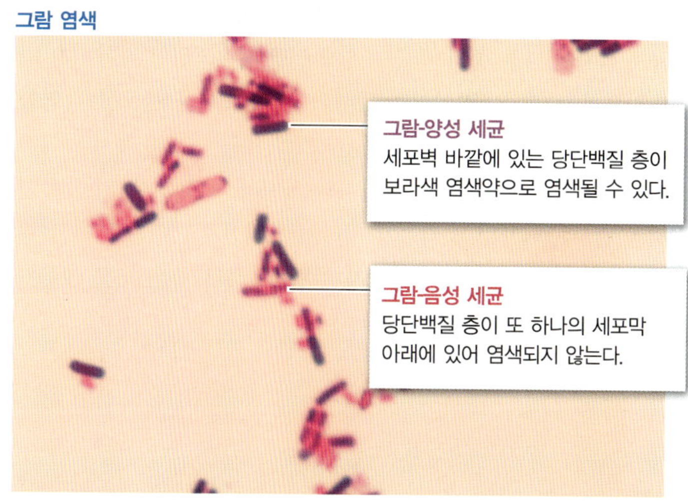

그림 15.6 세균의 신분증. 세균은 흔히 전체 군락의 모양이나 그람 염색에 대한 세포의 반응에 의해 판별된다.

세균의 세포분열

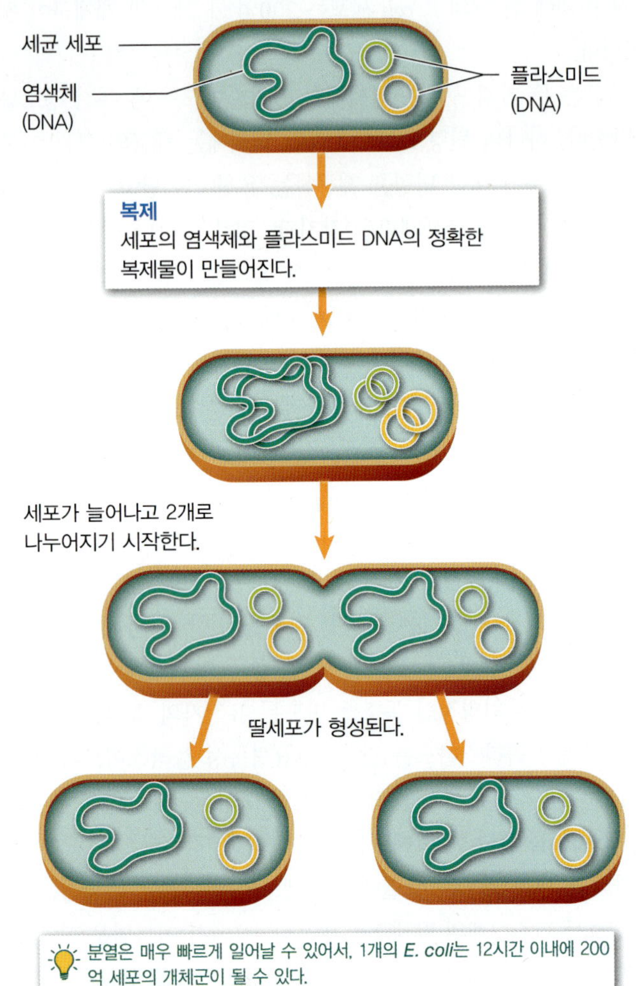

그림 15.7 이분법. 원핵세포는 무성적 세포분열 방법을 사용한다.

동일 세대 세균의 유전적 교환 방법

접합
한 세균은 DNA 복사본 일부 또는 전부를 이를 갖지 않은 다른 세균에게 전달한다.

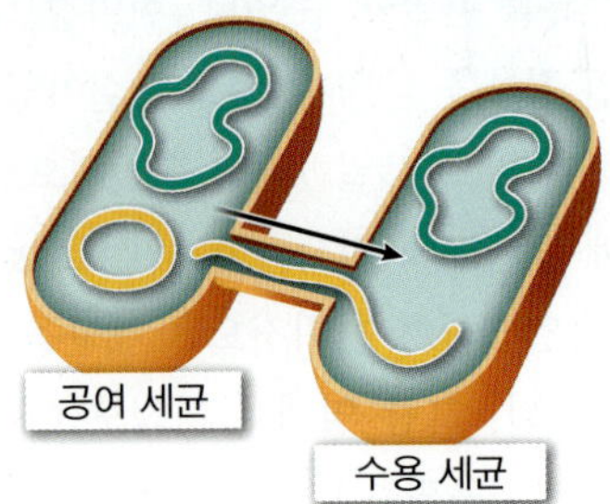

형질도입
이전 숙주로부터 우연히 세균 DNA 조각을 얻은 한 바이러스가 새롭게 다른 세균 세포를 감염시켜, 이를 갖지 않은 수용 세균에게 유전 정보를 전달한다.

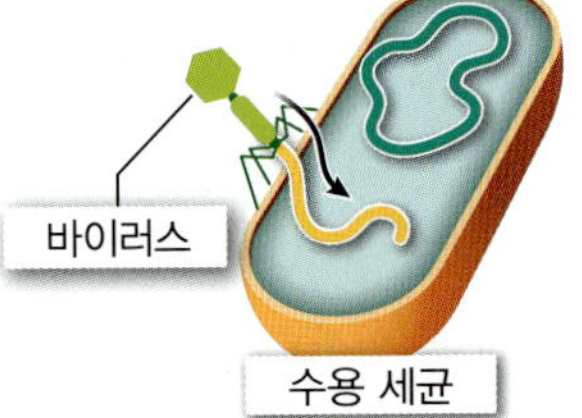

형질전환
한 세균이 주변으로부터 (보통 죽은 세균으로부터) DNA—세균이 이전에 갖지 않았던 대립유전자를 포함하기도 한다—를 얻을 수 있다.

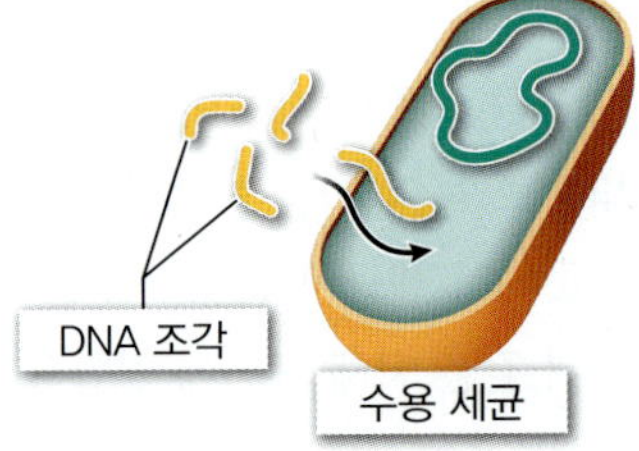

그림 15.8 유전 정보의 수평적 전달.

세균은 또한 수평적으로, 즉 (1) 정보 일부의 복제물을 다른 세균—심지어 다른 종의 세균—에게 전달하는 과정인 **접합**, (2) 박테리오파아지라는 바이러스 종류가 새로이 세균 세포를 감염할 때 일어나는 과정으로서, 이 바이러스가 세균 세포 내에서 증식하며 증식된 새로운 바이러스 입자의 바이러스 DNA에 가끔 우연히 이전 세균 DNA 조각을 추가하거나 대신 들어가기도 하는 **형질도입**; 그리고 (3) 세균 세포가 주변으로부터 죽은 세균 세포가 방출한 DNA를 받아들이는 과정인 **형질전환** 등을 통해 같은 세대의 다른 개체에게 유전 정보를 전달할 수 있다(**그림 15.8**).

핵심요약 15.3

» 세균은 단세포 생물로 핵과 세포소기관을 갖지 않는다. 대신 DNA가 있는 세포질을 둘러싼 막을 가지며, 실제 모든 DNA는 단백질을 암호화한다. 세균 세포는 이분법을 거쳐 빠르게 분열하여 군락을 형성한다. 세균은 세 가지의 상이한 방법을 이용하여 다른 세균에게 DNA를 전달할 수 있다.

15.4 세균의 대사과정은 극도로 다양하다

세균 다양성을 가능하게 하는 한 가지 중요한 특징은 세균 집단은 거의 무엇이든 대사할 수 있다는 것이다. (모든 세균이 모든 것을 대사할 수 있는 것이 아니다. 그보다는 엄청나게 다양한 세균이 존재하며, 이들은 종류별로 자신만의 특화된 대사 대상을 갖는다.) 일부 세균은 심지어 식물처럼, 자신의 먹이를 만들기 위해 태양 에너지를 이용한다. 미생물학자들은 세균의 대사 전문화를 반영한 영양적 범주로 세균을 분류한다. **종속영양생물**은 스스로 먹이를 만들지 못하므로 다른 재료로부터 에너지를 얻어야 한다. 한편, **독립영양생물**은 태양 빛 또는 무기 화합물로부터 얻은 에너지를 사용한다.

화학유기영양생물이라 일컫는 종속영양 세균은 탄수화물 같은 유기 분자를 소비한다. 우리는 샤워를 할 때마다 유기물 섭취자의 산물을 보게 되는데, 샤워 커튼과 욕조 바닥의 붉은색 침적이 바로 그것이다(**그림 15.9**). 인간의 몸 내외에 사는 세균의 대부분 또한 유기물 섭취자이다. 앞서 언급했듯이, 이 중 일부는 인간이 섭취한 음식을 대사시키기 위해 인간과 경쟁한다. 다른 세균은 인간이 소화하지 못하는 것을 소화한다.

화학무기영양생물("암석 섭취자"를 뜻함)이라 일컫는 종속영양 세균은 암모니아, 황화수소, 수소와 철 같은 무기 분자를 에너지원으로 이용한다. 가장 흔한 무기물 섭취자인 철세균은 높은 수준의 철을 함유한 수돗물의 배관에서 갈색 얼룩을 만든다. 그리고 황세균은 욕실 싱크대에서 물을 빼내기 위해 마개를 잡아 올릴 때 발견할 수 있는 점액성의 검은 침전물을 남긴다.

태양광 에너지를 이용하는 독립영양 세균(**광독립영양생물**, 또는 "빛 자급 섭취자")은 엽록소를 가지고 있어 광합성을 통해 광에너지를 이용함으로써 이산화탄소를 포도당으로 전환한다. 일부 연못에서 자라는 끈적이는 녹색 덩어리가 일종의 남세균이라는 광독립영양생물이다.

현재 존재하는 남세균은 지구 상에 약 26억 년 전에 나타났던 최초의 광합성 생물과 매우 유사하다. 남세균은 태양 에너지를 이용하여 이산화탄소로부터 유기화합물을 만들기 위해 태양 에너지를 이용할 수 있었고, 그 과정에서 물을 분해하여 유리 산소를 방출하였다. 남세균이 출현하기 이전 지구의 대기는 거의 대부분 질소와 이산화탄소로 구성되어 있었다. 남세균에 의해 방출된 산소가 축적되어 일명 **산소혁명**이 일어났다. 산소는 현재 공기 부피의 약 21%를 차지하며, 남세균은 아직도 대기 중으로 상당량의 산소를 방출한다.

세균이 성장을 위해 산소가 필요한지 또는 필요하지 않은지에 따라 호기성 또는 혐기성으로 분류할 수 있다. 일부 세균은 조건부 혐기성으로 산소가 있으면 이용하지만, 산소가 없으면 혐기성 호흡으로 전환할 수 있다.

핵심요약 15.4

» 일부 세균은 유기 분자를 먹고, 일부는 무기물을 섭취하며, 또 다른 세균은 광합성을 수행한다. 약 26억 년 전, 광합성 세균에 의해 지구 대기에 유리 산소가 최초로 나타났다.

세균의 대사 다양성

화학유기영양생물
샤워실에서 흔히 볼 수 있는 것과 같은 유기 분자를 먹는다.

화학무기영양생물
무기 분자를 먹는다.(*타이타닉* 난파선에서 세균이 철을 분해한 결과 생긴 고드름 모양의 녹을 볼 수 있다.)

광독립영양생물
광합성을 통해 포도당을 만들기 위해 태양광으로부터 에너지를 이용한다. (연못에 번성한 남녹조류를 볼 수 있다.)

그림 15.9 우리보다 더 광범위한 미각. 세균은 거의 모든 것을 대사할 수 있다.

 세균은 엄청난 범위의 재료로부터 에너지와 원료를 추출할 수 있다.

▲ 면봉으로 채취해서 배양해 보면 사무실과 책상에 세균이 매우 흔함을 알 수 있다.

15.5 많은 세균은 사람에게 유익하다

요구르트를 좋아하는가? 상큼한 맛을 내는 세균에 감사해야 한다. 요구르트를 만들기 위해서는 우유에 *Lactobacillus acidophilus*와 여러 다른 종의 세균을 첨가해야 한다. 세균 세포가 에너지를 만들기 위해 유당을 이용할 때 부산물로서 만드는 젖산이 우유 단백질과 반응하여 요구르트의 독특한 맛과 질감을 만든다. 만일 "살아있는 배양"을 함유하고 있다고 표시된 요구르트를 먹는다면 살아있는 세균 세포를 섭취하는 것인데, 이 세균들은 우리의 소화관에 살면서 음식물로부터 영양분을 더 잘 추출하게 한다(**그림 15.10**). 세균은 또한 치즈 같은 많은 다른 식품 제조에 사용되며 (효모와 더불어), 맥주, 포도주 및 식초 생산에 사용된다.

수백 종의 세균이 사람 몸의 내외에서 자라고 있다; 이 미생물을 인간의 정상 균총이라 한다. 정상 균총은 질병을 일으키는 세균이 부착할 수 있는 우리 몸의 모든 부위를 차지하고, 모든 잠재적 영양원을 소모하여 질병을 일으키는 세균이 발붙이기 어렵게 만든다. 따라서 이 유익한 세균의 개체군을 단단히 유지하는 것이 유해 세균 감염에 대한 우리 몸의 1차 방어선이 된다.

프로바이오틱 치료는 유해 세균을 뒤덮을 수 있는 충분한 많은 수의 유익한 세균을 의도적으로 도입하여 감염을 치료하는 방법이다. 사람 몸에 정상적으로 서식하는 세균인 *L. acidophilus*는 여

많은 세균은 유익하다. 예를 들면, 요구르트에 있는 세균은 인간의 소화기관에 살면서 음식으로부터 영양분을 더 잘 추출하게끔 한다.

그림 15.10 건강한 한 숟가락.

행자 설사 같은 위장질환이나 요로감염의 치료에 이용된다. 왕성하게 자라나서 유해 세균을 압도하여 몰아내는 것 외에도 *L. acidophilus*는 젖산을 생성하여 다른 세균의 생장을 저해하며, 요도와 방광에 다른 세균이 부착하는 것을 막는다.

지금까지 있었던 모든 인류보다 더 많은 세균이 우리의 결장 하부 일 센티미터 길이에서 살며 일하고 있다. 이 세균에 대해서 우리가 책임이 있는 것일까 아니면 단지 숙주일 뿐인가?"

— NEIL DEGRASSE TYSON

핵심요약 15.5

» 만일 우리 몸에서 무해한 세균들의 개체군 밀도가 충분히 크다면, 침입한 유해 세균이 발붙이는 것을 막을 수 있다.

이것이 우리의 방법 / 과학의 창의적 과정

15.6 사무실 책상에서 세균은 무성하게 자라는가?

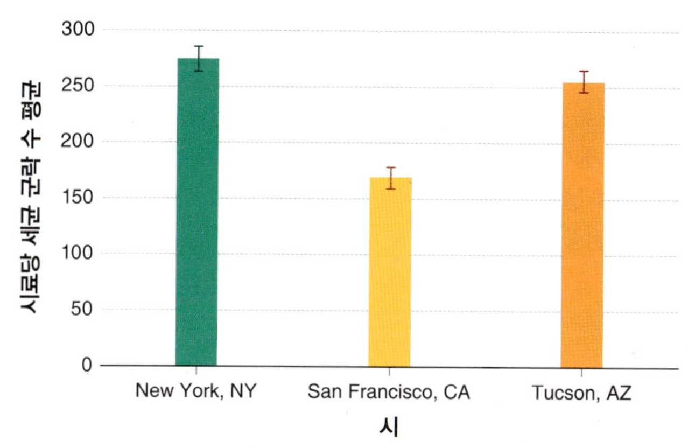

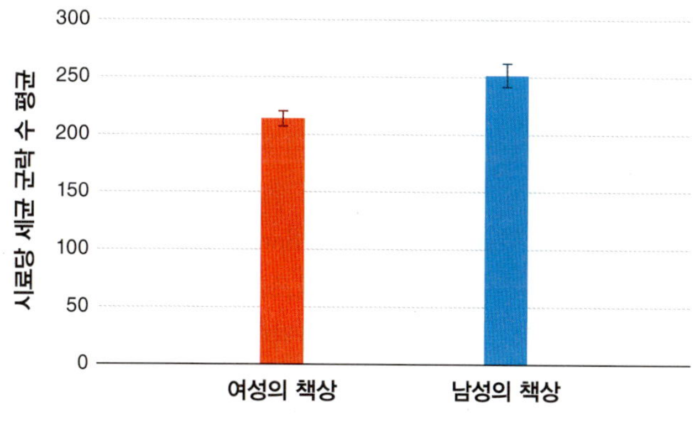

세균은 매우 다양한 서식처에서 생존할 수 있다. 사람들이 새로운 환경을 인공적으로 만들어도 세균은 이 새로운 서식처에서 번성할 수 있을까? 일부 연구자들은 특히 공용 화장실과 회의실 그리고 기타 공공장소가 있는 사무실 빌딩에 어떤 세균이 얼마나 번성하는지 궁금했다.

사무실 세균의 양을 산출하려면 어디에서 시료를 얻을 수 있을까?

연구자들은 몇몇 일반적인 결론을 도출하기 원하였기 때문에 서로 다른 3도시에서 시료를 수집하기로 결정하였다. 이들은(연구자 중 한 명이 거주하는) 애리조나주 Tucson, 뉴욕, 샌프란시스코를 선택하였다. 그리고—세균에게 특별히 쾌적하거나 적대적일 수 있는—특정 사무실의 영향이 너무 커지는 것을 막기 위해 각 도시로부터 30개의 사무실 빌딩을 골랐다.

시료는 책상의 작은 영역(13 cm^2)에 걸쳐 면봉으로 닦는 방식으로 수집하였다. 각 면봉은 얼음 위 멸균된 튜브에 보관되어 애리조나의 실험실로 보내졌다. 실험실에서 연구자들은 면봉을 멸균한 소금물 용액에 휘저은 다음 작은 패트리 접시의 배지 표면 전역에 문질렀다. 이 배지는 세균 성장에 필요한 영양분을 담고 있는 젤이다. 연구자들은 세균이 자랄 수 있도록 이 접시를 30°C (86°F)에서 5일 동안 보관하였다.

연구자들은 각 사무실의 세균 양을 어떻게 산출할 수 있었을까?

연구자들은 각 배양접시에서 자란 군락의 수를 세었다. 대규모로 양상을 파악하기 위하여 각 시료부터 얻은 30개 배양접시에서 자란 군락의 평균 수를 계산하였다. 이들은 또한 남성과 여성의 책상에서 얻은 군락 수 평균을 비교하였다.

연구자들이 발견한 것은?

연구자들은 도시들 사이에서 큰 차이를 발견하였다. 샌프란시스코는 시료당 군락의 수가 가장 적었고(약 170), 뉴욕이 가장 많았다(275 이상).

생각하기, 짝과 나누기

수업 수강생 중 하나와 짝을 형성하시오. 다음의 질문을 읽고 답에 대하여 60초 동안 조용히 생각하시오. 이후 5분 동안 토론을 하고 자신의 답을 공유할 수 있게 준비하시오.

- 연구자들은 Tucson에서 세균의 다양성이 더 큰 것을 발견하였다. 이유가 무엇이라고 생각하는가?
- 도시에 따라 세균 다양성이 다른 현상을 설명하기 위해 수행할 수 있는 추가적인 연구는 무엇인가?

연구자들은 남성과 여성의 책상을 비교했을 때 더욱 놀랄만한 차이를 발견하였다: 남성의 책상에서 얻은 시료(평균 약 250)는 여성의 책상에서 얻은 시료 (약 215)에 비해 훨씬 많은 세균 군락을 담고 있었다. 남성과 여성의 책상에 서식하는 세균의 종류에는 차이가 없었다.

이 결과로부터 얻을 수 있는 결론은?

이 연구 결과가 2012년 처음으로 발표되었을 때, 신문은 "남성은 여성보다 지저분하다"라고 선언하였다. 이 결론은 남성이 여성보다 손을 덜 씻고 이도 덜 닦는다는 이미 출판된 연구 보고를 확인하는 것 같다.

이 결과가 왜 남성의 위생이라는 주제 이외의 다른 것을 반영한다고 할 수 있는가?

연구자들은 남성이 평균적으로 여성보다 큰 점을 지적하면서 조금 더 보수적인 해석을 하였다. 남성들은 피부 표면이 더 넓고 비강과 구강도 더 커서 세균이 군락을 형성할 공간이 더 많다. 따라서 결국 더 많은 세균이 책상 표면에 뿌려지게 되었을 수 있다.

이 결과에는 실질적인 중요성이 있는가?

연구자들이 판별해 낸 대부분의 세균은 일반적으로 사람 주변에 서식하는 것들로 무해하다. 아마도 이들이 있든 없든 건강상에 중요한 영향을 미치지 않을 것이다.

(표백제와 여러 세척제 생산 업체인) Clorox 주식회사가 이 연구를 위해 연구비 일부를 제공했지만, 연구자들은 이 연구의 설계나 분석에 이 사실이 어떠한 역할도 하지 않았음을 밝혔다. 아마도 이 방법은 장차 다양한 세척제 또는 식이요법의 효과를 평가할 때 사용될 것이다.

핵심요약 15.6

» 창의적으로 장소를 선정하여 시료를 채취한 후 면봉으로 문지르기, 배양하기, 숫자 세기 등 간단한 방법으로 인간의 주변에 서식하는 세균의 다양성과 양을 밝혀낼 수 있다. 이에 따라 잠재적으로 중요한 공중 건강 문제에 관한 가설을 검증할 수 있다.

15.7 단지 일부 미생물 종만이 질병을 일으키지만 수백만 명의 목숨을 앗아간다

(질병을 일으키는) **병원성** 미생물은 전체 미생물 종의 수와 비교하면 극히 일부이지만 의학과 위생의 발전에도 불구하고 일부 병원체는 매년 수백만의 사람을 죽게 한다. 콜레라, 흑사병과 결핵을 일으키는 일부 세균은 항상 병원성이다. 그러나 여드름, 패혈증 인두염, 성홍열과 "살을 먹는" 괴사성 근막염을 일으키는 세균은 인간의 내외부에 사는 정상적인 세균 군집의 일부이다. 우리 몸에서 "정상 균총"인 이 세균들은 특별한 경우에만 병원성을 나타낸다.

John Snow 박사가 콜레라 사망자의 분포를 지도화하여 Broad Street의 펌프를 감염원으로 지목하면서 1854년에 영국 런던시를 강타했던 콜레라 유행은 역학(질병 발생에 대한 학문) 분야에서 하나의 이정표가 되었다(**그림 15.11**). Snow 박사가 행정당국을 설득해서 펌프의 손잡이를 제거하여 펌프를 사용하지 못하게 하자 그 지역에서 새로운 콜레라 발생이 급격히 줄어들었다.

콜레라 유행은 특히 전쟁 동안 또는 자연재해 이후 위생관리가 효율적이지 않은 지역에서 계속 반복되는 위협이다. 이 지역에서 발견된 콜레라 균주는 특히 강력하여, 세균이 숙주 내에서 증식하면서 심한 설사를 일으켜 다량의 탈수를 일으킨다. 이 심각한 콜레라 균주의 희생자는 무력하게 되어 곧 죽지만 죽기 전에 설사를 통해 수십억의 콜레라 세균을 방출한다. 이러한 콜레라 세균의 효과적인 전략으로 방출된 세균은 음용 또는 세척에 이용되는 물을 오염시켜 빠른 속도로 새로운 희생자를 감염시킨다.

그림 15.11 오염되었음!

*Streptococcus pyogenes*는 인간의 코와 입에 있는 세균 군집의 일부이다. 일반적으로 이 세균은 무해하다. 그러나 이 세균 군집 내 다른 구성원들과의 경쟁으로 *S. pyogenes* 개체군이 제어되지 않으면 병원체가 될 수 있다; 심한 목 통증을 유발하고 목 위쪽에 흰 고름과 함께 붉은 농양이 있는 독특한 발진을 일으킨다(**그림 15.12**). 일부 *S. pyogenes* 균주는 독소를 생성하여 혈류로 방출하는데, 이는 피부에 붉은 발진을 나타내는 성홍열이라는 질병을 일으킨다. *S. pyogenes* 균주에 감염되면 이들은 독소를 생성해 세균을 신체 조직 내로 들어가게 하여 괴사성 근막염을 일으키기 때문에 위협적이다. 이 *S. pyogenes* 균주는 "살을 먹는 세균"으로 잘 알려져 있다.

많은 세균과 미생물 종이 주거지와 영양 공급, 번식과 확산 등을 위한 기회를 찾을 때 사람의 생식기와 생식관은 탐나는 장소이다. 불행하게도, 이 미생물들은 **성병(STIs)**이라는 형태로 사람에게 많은 문제를 유발할 수 있다. 성병은 가벼운 증상에서부터 극심하게 불편한 증상, 불임, 심지어 죽음에 이르기까지 다양한 정도의 증상을 나타낸다. 전 세계적으로 매해 3억 건 이상의 성병이 발생하는 것으로 추산하고 있다.

성병은 세균, 바이러스, 균류, 원생생물, 심지어 절지동물 등 매우 다양한 미생물 종에 의해 유발된다(**그림 15.13**). 이 생물들은 성적 접촉 동안 생식기, 항문, 입의 점막을 통과하여 한 사람으로부터 다른 사람에게 전달된다; 때로는 약을 주사할 때 바늘을 통해 전달되기도 한다.

대부분 성병은 약으로 치료할 수 있지만, 성병의 두 가지 특징으로 인해 완전한 근절이 불가능하다: (1) 증상이 경미하거나 없어서 많은 사람이 감염을 알지 못한 채 지나친다. (2) 재감염을 막으려면, 두 파트너가 동시에 치료해야 한다.

미생물 자체의 특징 때문에 성병 근절을 위한 많은 노력은 더욱 까다로운 상황에 처하게 된다. 대부분 미생물은 매우 번식률이 높으므로 미생물 개체군은 빨리 진화할 수 있어 현존하는 약에 저항성을 나타낼 수 있다. 성병 치료는 오늘날 전 세계에서 가장 긴급한 공중위생 관련 이슈 중의 하나이다.

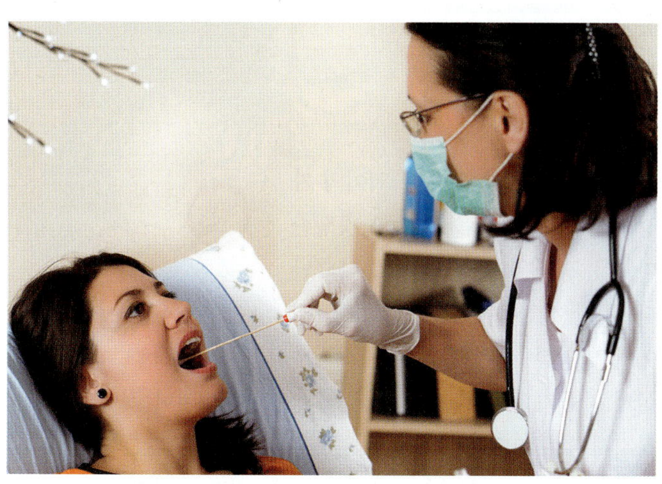

*Streptococcus pyogenes*는 보통 무해하지만 일부 균주는 패혈증 인두염을 일으킨다.

그림 15.12 연쇄상구균을 면봉으로 채취하기.

핵심요약 15.7

» 단지 일부 미생물 종만이 병원성이다. 이들 중, 일부는 항상 질병을 일으키고, 다른 종은 특정 조건일 때에만 해롭다. 성병은 세균, 바이러스, 원생생물, 절지동물을 포함한 다양한 생물에 의해 유발된다.

성병			
원인	예	증상	치료
세균	• 임질	대개 없다; 종종 소변을 볼 때 고통, 생식기 염증, 불규칙한 생리 등이 나타남.	임질은 몇몇 항생제로 성공적인 치료가 가능하다.; 그러나 약 내성 균주가 증가하고 있다.
	• 매독	대개, 여러 해 동안 증상이 없다; 결국 통증, 피부 발진이 생긴다. 치료하지 않으면 기관이 손상된다.	매독 초기 단계에 있는 사람은 항생제 일종인 페니실린으로 치료 가능하다.
	• 클라미디아	대개 없다. 종종 소변을 볼 때 고통, 생식기 염증이 나타남.	클라미디아는 항생제 사용으로 쉽게 치료된다.
바이러스	• HIV/AIDS	초기 증상은 없거나 감기와 같다; 말기 단계에는 심한 감염과 사망이 일어난다.	현재 치료제가 없다. 항바이러스 치료가 진전을 늦출 수 있다. 약 내성 균주가 생긴다.
	• 생식기 헤르페스	대개 없다; 발병 시 생식기에 통증, 감기 같은 증상을 유발한다.	현재 치료제가 없다. 항바이러스 약으로 발병을 줄이거나 일어나지 않게 할 수 있다.
	• 인간유두종 바이러스 (HPV)	대개 없다; 일부 종류는 성기에 사마귀를 만들고 다른 종류는 (자궁) 경부암을 유발한다.	11~12살 소년 소녀를 위한 예방 백신을 추천한다. 사마귀와 암 병변은 없앨 수 있다.
원생생물	• 트리코모나스	소변을 볼 때 통증 그리고/또는 여성은 질염; 대개 남성은 증상 없음	트리코모나스는 보통 처방 약으로 치료 가능하다.
균류	• 효모 감염	생식기 가려움증 또는 발열 그리고/또는 여성은 질염; 남성은 생식기 가려움증	효모 감염은 보통 항균 좌약이나 크림으로 치료 가능하다.
절지동물	• 사면발이	눈에 보이는 알과 치골 털에 붙어 기어다니는 개체들이 있다; 치골과 사타구니가 가렵다.	사면발이는 처방 없이 약국에서 구입한 로션으로 치료 가능하다.

그림 15.13 가장 흔한 성병의 원인, 증상 그리고 치료.

15.8 세균의 약품 내성은 신속하게 진화한다

페니실린은 병을 일으키는 세균을 물리치기 위해 대량생산하여 널리 사용된 최초의 항생물질이다. 이 항생제는 제2차 세계대전 중에 사용되기 시작하였는데 부상자 치료에 혁명을 가져왔다. 그러나 항생제 내성 감염이 곧 나타났고 내성 세균의 수는 그 이후 급속하게 증가하였다(**그림 15.14**). 항생제의 최초 사용 후 거의 80년이 지난 현재 많은 세균이 많은 또는 심지어 대부분의 항생물질에 내성을 가진다. 미국에서 현재 많은 다양한 항생제에 내성을 지닌 *Staphylococcus aureus* 감염(소위 methicillin-resistant *S. aureus* [MRSA] 감염)으로 인한 사망자 수는 HIV/AIDS에 의한 것보다 더 많다. 수년 전에는 항생제 내성 포도상구균 감염이 병원에서만 일어났지만, 지금은 이 감염이 병원에서 지역사회로 크게 퍼졌다.

미생물은 어디에든 살 수 있으며, 자신을 부착할 수 있는 최적의 장소와 이용할 수 있는 먹이의 가장 풍부한 공급원을 놓고서 경쟁한다. 이 경쟁은 여러 형태로 나타난다: 공간 선점을 위한 빠른 성장, 뛰어난 영양분 섭취 능력으로 경쟁자 굶게 만들기, 중요하게는 다른 미생물을 죽이거나 적어도 생장을 정지시키는 화학물질의 생산 등이다. 미생물은 다른 미생물과의 경쟁을 도와주는 항생물질을 만드는데, 현재 우리가 사용하는 대부분의 항생물질은 미생물로부터 유래한 것이다.

Q 항생물질은 어디에서 유래하며, 왜 효능을 그렇게 빠르게 잃는가?

세균과 기타 미생물은 항생물질에 저항하는 다양한 방법을 개발하였다. 예를 들면, 일부 세균은 항생물질이 유입되자마자 재빨리 세포 밖으로 배출시켜서 항생물질이 세균 세포 내에서 치사 농도에 결코 도달하지 못하게 한다. 다른 세균은 항생물질 분자와 결합하는 단백질을 가짐으로써 치사 효과를 막는다. 또 다른 세균은 항생물질 분자를 분해하는 효소를 갖는데, 더 나아가 분해된 물질을 이용하여 더욱 빨리 성장하고 분열한다! 많은 내성 유전자가 플라스미드 상에 존재하기 때문에 항생제 내성은 개체군 내에서 빠르게 퍼질 수 있다. 이는 내성 유전자를 갖는 세균이 접합을 통해 그 유전자를 다른 세균에 전달할 수 있음을 의미한다; 자연선택을 위해 여러 세대를 기다릴 필요가 없다.

Q 의사가 처방한 항생제를 모두 복용하는 것이 왜 중요한가?

항생제를 처방받은 대로 복용하면, 즉 정해진 시간 동안 모든 항생제를 먹으면 표적 세균의 개체군은 크게 줄어든다. 남아 있는 일부 표적 세균들이 항생제에 내성을 가질 수 있지만, 이 세균들은 적은 수이다. 이 내성 세균의 생장은 다른 종류 세균과의 경쟁에서 저지된다. 그러나 만일 복용 후 증상이 나은 것으로 판단해서 처방에 따른 모든 투약이 끝나기 전에 항생제 복용을 중단하면 많은 표적 세균 세포가 살아남는데, 항생제에 가장 내성이 큰 것도 포함된다. 이 내성 세포들이 사람의 몸에서 창시자로 역할을 하여 새로운 세균 개체군을 이루게 되면, 이후에 동일한 약을 복용해도 효능을 발휘하지 못하게 된다. 더욱 심각한 것은, 필요하지 않은 때—예를 들어, 바이러스 감염을 치료하기 위해서—에도 항생제를 복용하여 아무런 이득 없이 내성 세균을 선택하는 것이다. 항생제는 바이러스에 아무런 효과가 없다.

그림 15.15 **가축 보호하기.**

세균의 항생제 내성

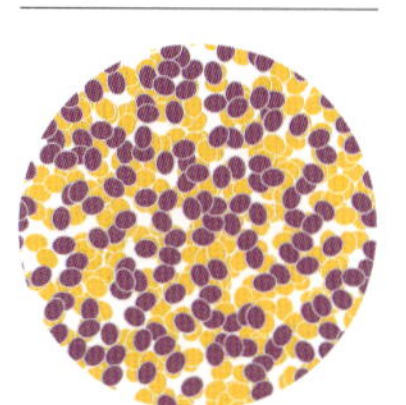

그림 15.14 **진화에 충분하고도 남는 시간.** 항생제의 출현 후 거의 80년 동안 많은 세균이 여러 항생제 또는 심지어 대부분 항생제에 내성을 가졌다.

농업에서 항생제 사용은 항생제 내성 전파의 또 다른 원인이다. 저농도의 항생제가 소, 돼지, 닭과 칠면조 사료에 일상적으로 첨가된다. 이는 단기적으로는 도움이 될 수 있는데, 상업용 육류와 우유 생산을 위하여 과밀 조건에서 가축의 생장을 촉진하고 질병을 감소시키는 효과가 있다(**그림 15.15**). 그러나 장기적으로는 파국적인 결과를 가져올 수 있는데, 이것이 항생제 내성 세균을 선택할 수 있기 때문이다. 이는 결과적으로 항생제 내성 세균을 직접적으로 사람들에게 확산시키고 항생제 내성 유전자를 사람의 병원균에 전달하게 된다.

핵심요약 15.8

» 미생물에서 항생물질에 대한 내성은 일상적으로 진화한다. 그리고 플라스미드 전달을 통해 항생제 내성 세균이 내성을 다른 세균에 전달할 수 있다. 의학과 농업 분야에서 과도한 항생제 사용으로 가장 중요한 몇몇 병원성 세균이 모든 알려진 항생제에 내성을 갖게 되었다.

고세균—세균과는 다른 영역—은 일부 극단적인 환경을 잘 이용한다

▲ 옐로스톤 국립공원에 있는 이와 같은 열수분출공은 호열성 고세균을 비롯한 많은 미생물의 서식처이다.

15.9 고세균은 세균과 크게 다르다

그림 15.16의 고세균 사진을 보면 고세균이 세균과 조금이라도 다르다는 것을 믿기 어렵지만, 실제로는 **엄청나게** 다르다. 둘 다 단일 세포 또는 세포의 군락으로 존재하고, 원형질막으로 둘러싸여 있으며, 프로펠러처럼 회전하는 편모를 가진 종이 있다. 사실, 생물학자들은 1970년대까지 고세균을 세균으로 간주하였다. 그 후 DNA 비교가 가능해지면서 고세균이 인간만큼이나 세균과 다르다는 것이 밝혀졌다.

고세균은 세균과 매우 유사해 보인다. 그러나 생리, 생화학 및 DNA를 자세히 보면 모든 세균과 엄청나게 다르다는 것을 알 수 있다.

그림 15.16 겉모양이 속이고 있다.

고세균의 뉴클레오티드 서열 연구는 다른 비교 연구를 활발하게 하여 세균, 고세균과 진핵생물 간의 차이를 더 많이 밝혀냈다. 예를 들면, 고세균의 원형질막, 세포벽과 편모의 화학적 조성은 세균 그리고 진핵생물과 다르다.

진핵생물 영역의 구성원을 구분하는 더 뚜렷한 특징은 핵막에 의해 세포질로부터 분리된 뚜렷이 구별되는 핵이다; 세균과 고세균은 핵 또는 핵막을 갖지 않는다. 핵이 있으면 염색체를 보호하고, 분자들이 DNA와 상호작용하는 것을 제어할 수 있다.

핵심요약 15.9

» 세균처럼, 고세균도 별개의 핵과 핵막이 없는 원핵생물이다. 그러나 고세균은 자신만의 영역으로 분류된다; 고세균은 DNA 서열뿐만 아니라 원형질막, 세포벽과 편모 등에서도 세균 또는 진핵생물과 매우 다르다.

15.10 고세균은 대부분 다른 생물에게는 매우 극단적인 서식지에서 번성한다

고세균은 심해저로부터 분출되는 열수분출공 근처의 물처럼 생명이 존재하는 것이 불가능해 보이는 곳에서 사는 능력으로 유명하다. 해저 2,000 m 깊이에서는 수압이 200기압(또는 거의 3,000 psi)에 달하며, 물이 400°C의 온도에서도 끓지 않는데, 그런 곳에서도 고세균은 번성한다. 대부분 생물은 40~50°C에서 단백질 분자가 변성되기 때문에 죽는다.

고세균의 또 다른 놀라운 능력은 pH 0 같은 산성수나 포화된 NaCl 용액 같은 고염수에서 서식하는 것이다. 이러한 고세균(과 비슷한 능력을 지닌 일부 세균)을 **극한생물**("극한 조건을 좋아하는 생물")이라 한다.

매우 많은 고세균의 극한 성질 덕분에 고세균을 연구하기란 쉽지 않다. 따라서 발견된 고세균의 약 1/4만이 실험실에서 배양되었다. 여러 환경에서 얻은 시료에서 고세균의 tRNA를 더 많이 확인함에 따라서 다른 고세균 종들이 존재한다는 사실을 알 수 있는데, 생물학자들은 수천, 어쩌면 수백만의 고세균 종이 존재할 것으로 확신한다.

극한성 고세균은 생물공학과 환경 정화에 중요하게 활용될 수 있다(**그림 15.17**). 예를 들면, 물이 거의 끓는 열천에 사는 극한성 고세균인 *Thermus aquaticus*는 중합효소연쇄반응(PCR)을 가능하게 하는 중요한 효소를 생성하는데(7장 참조), 이 효소는 현재 *Taq* 중합효소라는 이름으로 실험실 용도로 판매되고 있다. *Taq* 중합효소는 고온에서 파괴되지 않으며, 대부분의 인간 효소가 쉽게 파괴되는 75°C에서 가장 잘 작용한다. 높은 온도와 압력에서 번성하고 독성물질을 대사하는 극한성 고세균과 세균은 산업에 도움이 될 수 있는 막대한 잠재력을 가진다. 최근의 실험에서 일부 고세균이 효율적으로 탄화수소를 분해하는 능력을 보였는데, 정유공장 탱크에 축적되는 슬러지의 제거와 잠재적으로는 유막 같은 오염 환경에 이용할 수 있을 것이다.

그림 15.17 고세균의 실질적인 활용. 고세균의 대사 활성은 유출된 유류의 정화에 이용할 수 있는 잠재력을 가졌다.

그림 15.18 고세균은 단단한 결합을 소화하는 데에 도움을 준다.

모든 고세균이 극한생물은 아니다. 많은 고세균은 인간이 아주 편하다고 생각하는 곳에서 산다. 콩은 사람의 장에서 기체를 만드는 것으로 악명이 높다 — 그러나 고세균이 그 주범이다(**그림 15.18**).

메탄 생성 고세균은 사람의 어떤 효소도 잘 분해하지 못하는 탄수화물의 결합을 표적으로 하는 효소를 생성한다. 그 결과 고세균은 인간의 장에서 이러한 탄수화물 대부분을 소화한다. 그러나 이 결합을 끊는 과정에서 고세균은 기체를 생산하는데, 기체가 소화계를 빠져나오면서 상당한 고통을 일으킬 수 있다.

핵심요약 15.10

» 많은 고세균은 극단적인 물리적, 화학적 조건에서 번성할 수 있다. 그러나 모든 고세균이 극한생물은 아니며, 일부는 인간의 장을 포함한 온건한 조건에서 서식한다.

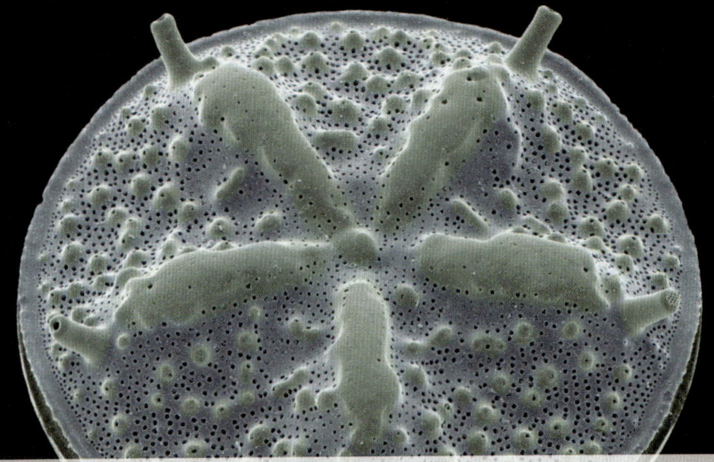

대부분 원생생물은 단세포성 진핵생물이다

▲ 단세포 광합성 원생생물인 규조류는 보호와 지지 역할을 하는 광물화된 세포벽을 지닌다.

15.11 최초의 진핵생물은 원생생물이었다

지구 상에서 생명의 최초 20억 년 동안 생물은 극단적으로 작았다—세균과 고세균은 사람 머리털 직경의 1/8인 10 mm보다 작다. 그러나 약 19억 년 전의 암석 안에서 이보다 10배 큰 새로운 종류의 생물이 발견되었다(**그림 15.19**). Acritarch("혼란스러운 오래된 것"으로 번역되는 이름)라 부르는 이 생물이 첫 번째 진핵생물이다.

오래전에 화석화된 이 진핵생물에서 세포소기관이 보인다.

그림 15.19 고대 원생생물. 19억 년된 바위에서 발견된 가장 오래된 acritarch 화석—첫 번째 진핵생물을 보여준다.

이 화석 세포에서 처음 주목하게 되는 것은 큰 크기이지만, 세포 내부의 변화는 인간을 포함한 전체 진핵생물 계통이 성공하는 데에 기초가 되었다. 생명의 역사에서 최초로 세포가 특정 기능을 수행하는 내부 구조를 갖게 된 것이다. 이 구조, 즉 세포소기관은 진핵생물 세포를 원핵생물보다 더욱 복잡하게 만드는 전문화된 활성을 수행한다.

핵은 원생생물에서 처음으로 나타난 진화적 혁신이다. 세포를 둘러싸 원형질막이 함입되어 DNA 주변에서 융합함으로써 세포질과 이중막으로 분리된 구획을 만들었다. 현존하는 많은 원핵생물은 원형질막에 복잡한 함입 구조를 가지는데, 이로 인해 세포의 전체 표면적이 증가하여 세포의 내부와 외부 환경 간에 물질교환이 더욱 잘 일어날 수 있게 되었다. 또한, 이러한 종류의 함입이 아마도 내부공생과 첫 번째 세포소기관의 형성에 중요한 역할을 하였을 것이다(그림 4.7 참조).

이어서 최초의 핵막은 두 가지 특수화를 발달시켰다: 핵막은 핵 내외로 분자 이동을 조절할 수 있는 단백질을 합체시켰고, 핵으로부터 바깥으로 뻗어 나와 소포체라는 접힌 막을 형성하게 되었다. 소포체는 진핵세포 내의 구조로 일부 단백질이 조립되는 곳이다. 더 나아가 내막의 발달은 새로이 합성된 단백질이 일부 최종 가공 단계를 거치는 골지체와 손상된 분자를 분해하는 효소를 함유한 리소솜이라는 주머니 같은 구조를 형성하였다. 마침내 원생생물의 계통은 세균 세포를 받아들이는데, 이 세포는 나중에 진핵세포에서 대부분의 ATP를 합성하는 세포소기관인 미토콘드리아가 되었다.

핵심요약 15.11

» 핵은 원생생물에서 처음으로 나타난 진화적 혁신이다. 초기 원생생물은 세균 세포를 받아들이는데, 이 세포는 나중에 진핵세포에서 ATP를 만드는 세포소기관인 미토콘드리아가 되었다.

15.12 동물, 진균이나 식물과 유사한 원생생물이 존재한다

원생생물의 6가지 주요 계통이 명명되었지만, 이 분류법으로는 집단들의 큰 다양성을 모두 포괄하지 못하며, 가장 잘 알려진 일부 원생생물은 6개 계통 어디에도 해당되지 않는다. 원생생물은 동물과 매우 유사한 형태를 포함하고, 다른 원생생물은 진균과 유사하며, 또 다른 원생생물은 식물을 닮았다(그림 15.20).

동물-유사 원생생물 일부 원생생물은 주변 환경 속에서 빠르게 자신을 추동할 수 있고 먹이를 사냥하는 것으로 보인다. 짚신벌레(*Paramecium*)를 포함한 동물과 유사한 이 원생생물은 섬모충류이다. 이 원생생물의 이름은 몸 표면을 덮으며, 물속에서 세포를 나아가게 하는 섬모(머리털 같은 돌출물)로부터 유래한다. *Paramecium*은 **식세포작용** 과정으로 먹이를 섭취한다. 식도(gullet)라 부르는 깔때기 모양의 구조 내의 섬모가 세균과 기타 작은 먹이 조각들이 있는 물을 안쪽으로 흐르게 만든다.

진균-유사 원생생물 일부 원생생물은 진균을 닮았다: 종속영양생물로 서식하면서 샤워장 타일 사이의 회반죽 같은 표면 위에 납작한 세포 군락을 형성하고 번식을 위해 포자를 사용하며 종종 자실체를 만든다. 일반적으로 각 세포의 이동이 아닌 군락 가장자리에 새로운 세포를 추가하여 퍼져나간다. 습하고 그늘진 정원에서 노

원생생물의 다양성

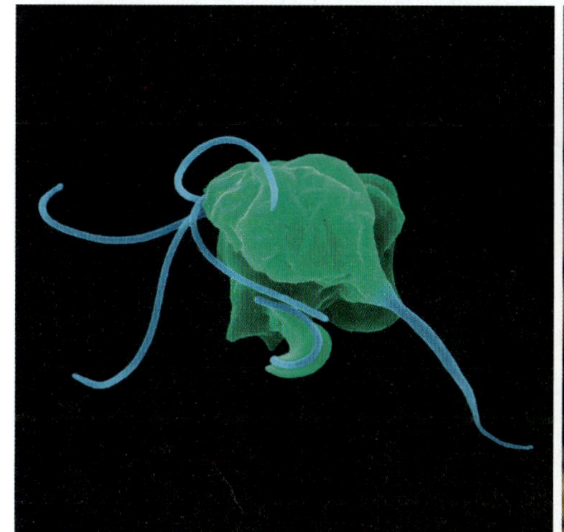

동물과 유사한 원생생물
그림에서 볼 수 있는 *Trichomonas vaginalis*와 같은 일부 원생생물은 동물처럼 피식자를 사냥한다.

진균과 유사한 원생생물
그림에서 볼 수 있는 축제 사탕 모양의 점균류는 종속영양생물로 살면서 균류처럼 판과 같은 세포 군락을 형성한다.

식물과 유사한 원생생물
그림에서 볼 수 있는 Kelp 해중림과 같은 일부 원생생물은 다세포이며 식물처럼 광합성을 수행한다.

그림 15.20 여러 모양과 크기의 원생생물.

란 물질로 이루어진 불규칙한 방울 모양을 본 적이 있을 텐데, 이는 아마도 변형체성 점균류일 것이다. 변형체성 점균류는 표면을 따라 점액성 물질의 흐르는 덩어리로 이동하면서 세균, 곰팡이와 작은 유기물 조각을 삼킨다. 섭식 단계에서 점균류의 이동은 현미경으로 쉽게 관찰되는데, 그런 점균류는 대부분 모든 것을 돌아가거나 넘어가거나 통과해 갈 수 있으며, 심지어는 창살을 통과하여 흐른 후 반대쪽에서 다시 합쳐질 수 있다!

변형체성 점균류의 가장 특이한 점은 매우 큰 단일 세포(이지만 여러 개의 핵을 갖는다)라는 것이다—하나의 세포가 수 cm^2 면적을 덮는다! 세포 내 모든 핵은 동시에 유사분열을 한다.

그림 15.21 규조류는 수생 광합성 원생생물이다. 규조류는 많은 큰 포식자의 중요한 먹이 재료인 요각류의 먹이이다.

식물-유사 원생생물 또 다른 종류의 원생생물은 물에 살며 식물을 닮았다. 여기에는 평소에 조류와 해초라 언급하는 원생생물이 포함된다. 보통 해초는 커다랗고 다세포인 바다 조류를 가리키는데, 이들 중 많은 종류는 사람이 음식 재료로 이용된다. 해초류는 모두 원생생물이지만 다세포 공통 조상을 공유하지 않는다. 이들은 30미터 깊이의 물에서 자라는 자이언트 켈프(kelp, 이 해초는 물론, 분명히 미생물은 아니지만 원생생물 종을 대표한다)와 같은 일부 갈조류뿐만 아니라 일부 홍조류와 녹조류 (이로부터 육상생물이 진화했을 가능성이 가장 크다) 등을 포함한다.

갈조류는 조간대 암석의 상당 부분을 차지한다. 북태평양과 남태평양, 남아프리카의 대서양 연안의 온대 지역의 물에서 서식하는 자이언트 켈프 중 일부는 1년 동안 60미터까지 자란다. 켈프 숲은 생물 다양성을 조성하는 데에 엄청나게 중요하다. 1,000종 이상의 어류, 갑각류, 고둥과 포유류가 이 바다 "숲"에 집을 두고 산다. 해달은 허리에 켈프 엽상체를 말아 감고 잠을 자며, 쇠고래는 범고래로부터 도망가기 위해 켈프 숲에 숨는다.

많은 원생생물은 단세포이지만 예외도 많다. 우리가 살펴본 대로 많은 녹조류와 갈조류는 다세포로, 많은 여러 종류의 세포들이 상이한 기능을 수행한다. 스파이로자이라(해감)와 같은 일부 다른 원생생물은 세포들이 집단으로 군락을 이루며 서식하는데, 각각의 세포는 다른 세포에 의지하지 않고 독립적으로 생명 행위를 수행할 수 있다.

Q 원생생물 개체군의 건강은 해양 생태계의 생물지표로 작용한다. 그 이유는?

식물-유사 원생생물에 규조류도 있다(**그림 15.21**). 규조류는 연못, 호수, 강뿐만 아니라 바다에서도 산다. 규조류는 아주 작아서 일부 종은 30개체를 한 줄로 세우면 사람 머리카락 너비가 된다. 규조류의 특징은 실리카로 된 껍질로 싸여 있는 것이다. 규조류의 많은 종이 물에서 부유하며, 이산화탄소를 고정하고 산소를 방출하는 현미경적 생물의 집합체인 식물플랑크톤을 구성한다. 식물플랑크톤은 1리터당 수십만 개의 세포 밀도에 도달할 수 있고, 지구 상의 광합성 산소 생산의 약 1/4을 담당하여 해양 먹이사슬에 결정적인 지위를 차지한다. 작은 어류와 요각류라 부르는 새우 유사 생물들은 식물플랑크톤을 섭취하며, 이 작은 포식자들은 더 큰 포식자에게 잡아먹히고, 이들은 훨씬 더 큰 포식자에게 먹힌다. 이처럼 해양 서식지에서 생명의 다양성은 식물플랑크톤을 구성하는 규조류와 기타 미생물에 의존한다.

핵심요약 15.12

» 원생생물은 대부분이 단세포 진핵생물인 다양한 집단이다. (짚신벌레 같은) 동물 유사, 진균 유사 (점균류), 또는 식물 유사 (자이언트 켈프) 원생생물 등이 있다.

15.13 일부 원생생물은 인간에게 매우 해롭다

아프리카에서는 모기에 의해 전파되는 *Plasmodium*이라는 기생성 원생생물이 유발하는 말라리아로 30초마다 한 명의 아이가 사망한다. **기생생물**은 **숙주**라 불리는 다른 생물의 체내 또는 표면에 사는 생물로 숙주에 피해를 입힌다. 말라리아는 아프리카, 아시아와 중남미의 열대 지역에서 발생하며 동부 지중해 지역에서도 흔하다. 매년 3억 5,000만에서 5억 명의 사람이 말라리아에 걸리며 약 100만 명이 말라리아로 사망한다. 말라리아는 아프리카 사하라 이남 지역에서 5살 미만의 어린이 사망의 가장 주된 원인이다.

거의 1세기 전, *Plasmodium*이 말라리아의 원인으로 밝혀진 이후로 말라리아의 발생이나 사망률이 변하지 않았다. 말라리아와의 전쟁에서 진전이 없는 이유는 *Plasmodium*의 변화하는 특징 때문이다(**그림 15.22**). 인간 면역계가 말라리아 감염과 싸우는 데 어려움을 겪는 이유는 한 세대에서 다음 세대로 가면서 생존하기 위해 *Plasmodium* 기생체가 일련의 독특한 발달 단계를 거치기 때문이다. *Plasmodium* 세포가 한 단계에서 다음 단계로 변화할 때 이 기생생물은 다른 세포 표면 단백질을 생성한다. 이와 같이 지속적으로 변화하는 방식으로 *Plasmodium*은 인간 면역계를 앞선다.

말라리아: 원생생물이 유발한 질병

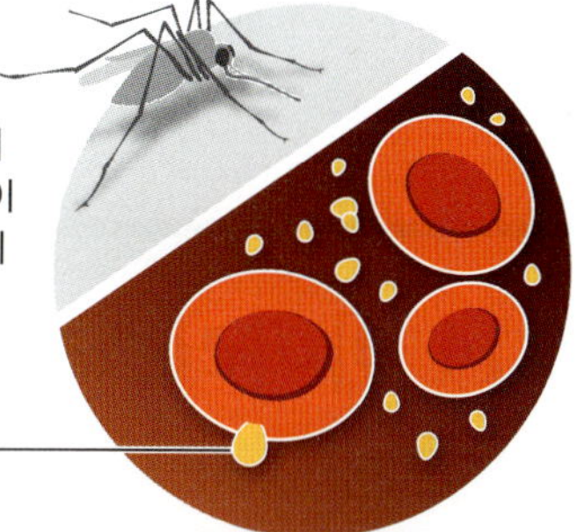

1 *Plasmodium*에 감염된 모기에 물리면, 말라리아를 유발하는 이 원생생물이 건강한 적혈구 내에 거주하게 된다.

적혈구를 감염시키는 *Plasmodium* 기생체

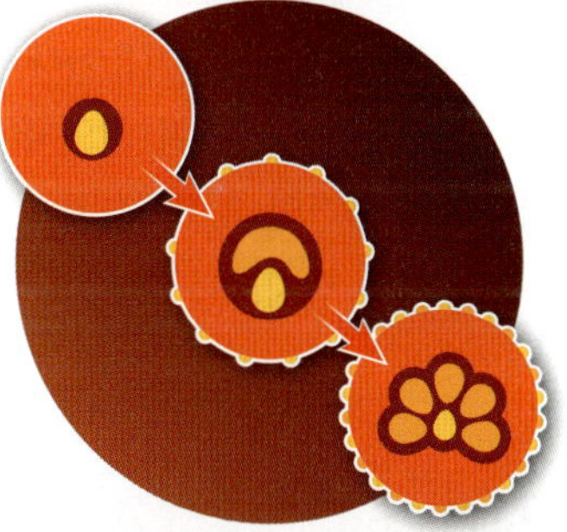

2 일단 적혈구에 들어온 *Plasmodium* 세포는 표면 단백질을 변형시켜 면역계가 말라리아 감염과 싸우기 어렵게 한다.

말라리아에 대한 저항성
낫세포 형질을 가진 사람에서 일부 적혈구의 낫 모양은 이 원생생물이 살기 힘들게 만든다. 이로 인해 이 사람은 말라리아에 대한 저항성을 갖는다. (9.12절 참조)

그림 15.22 말라리아에 감염된 적혈구와 낫모양 적혈구.

핵심요약 15.13

» 일부 원생생물은 사람에게 심각한 질병을 일으키는 기생생물이다. 말라리아의 원인 원생생물인 *Plasmodium*은 스스로 인간 면역계로부터 보호하는 특징을 갖고 있다.

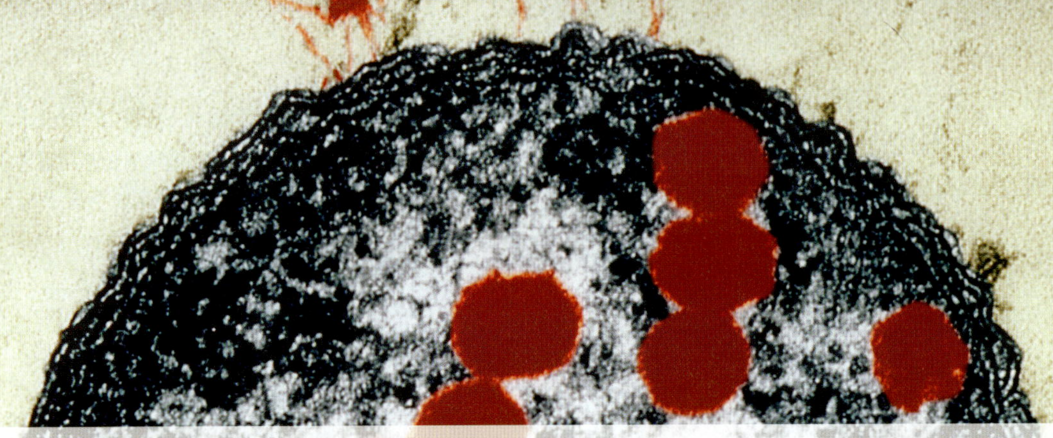

생물과 무생물 경계에 있는 바이러스는 어떤 영역에도 들어가지 않는다

▲ 대장균을 공격하는 T2 박테리오파지의 채색된 투과전자현미경 사진

15.14 바이러스는 결코 살아있는 생물이 아니다

바이러스는 세포가 아니다. 이것이 바이러스가 생명의 세 영역 어디에도 해당하지 않는 이유이다. 바이러스 입자(비리온, virion)는 단백질로 이루어진 용기 내의 유전물질로 구성된다. 일부 바이러스는 또한 약간의 효소를 갖는다. 이것이 바이러스 전부이다. 단백질 용기는 **캡시드**라 불리며, 유전물질은 DNA 또는 RNA 중 하나이다. 일부 바이러스는 숙주에서 방출될 때 숙주 세포의 원형질막 일부로 자신을 감싼다. 이런 바이러스를 피막성 바이러스라 하는데, 인플루엔자 바이러스가 그 예이다. 비피막성 바이러스는 단백질 용기만으로 둘러싸여 있는데 감기를 일으키는 바이러스가 그 예이다(**그림 15.23**).

바이러스의 기본 구조

모든 바이러스는 자신의 유전물질을 담는 용기(캡시드)를 가지며 가끔 이 캡시드는 막(피막)에 싸여 있다.

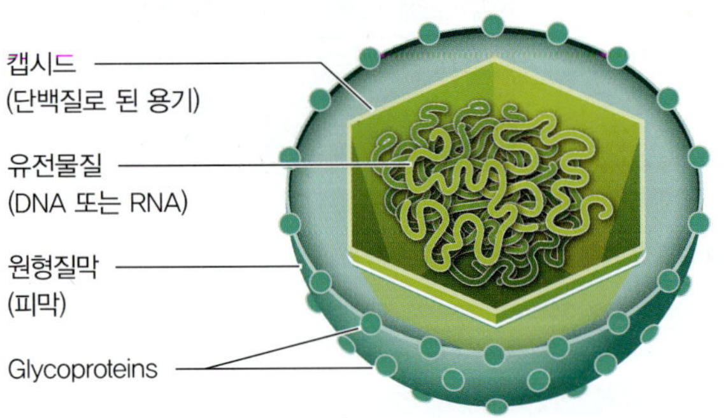

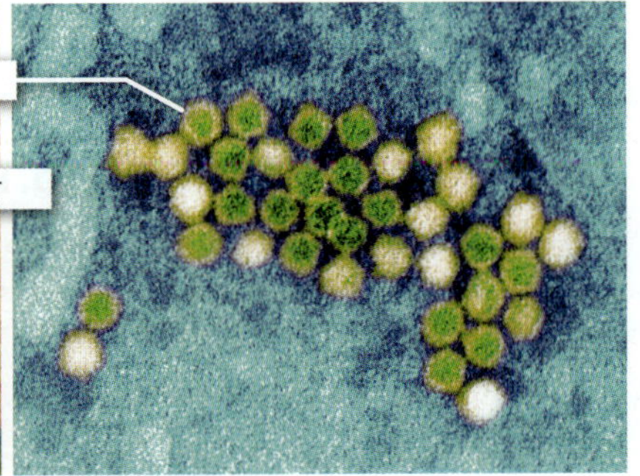

피막성 바이러스
피막성 바이러스는 방출될 때 숙주 세포의 원형질막 일부로 자신을 둘러싼다.

비피막성 바이러스
비피막성 바이러스는 캡시드로만 싸여 있다.

그림 15.23 용기 내에는 유전물질 밖에 없다.

바이러스의 증식

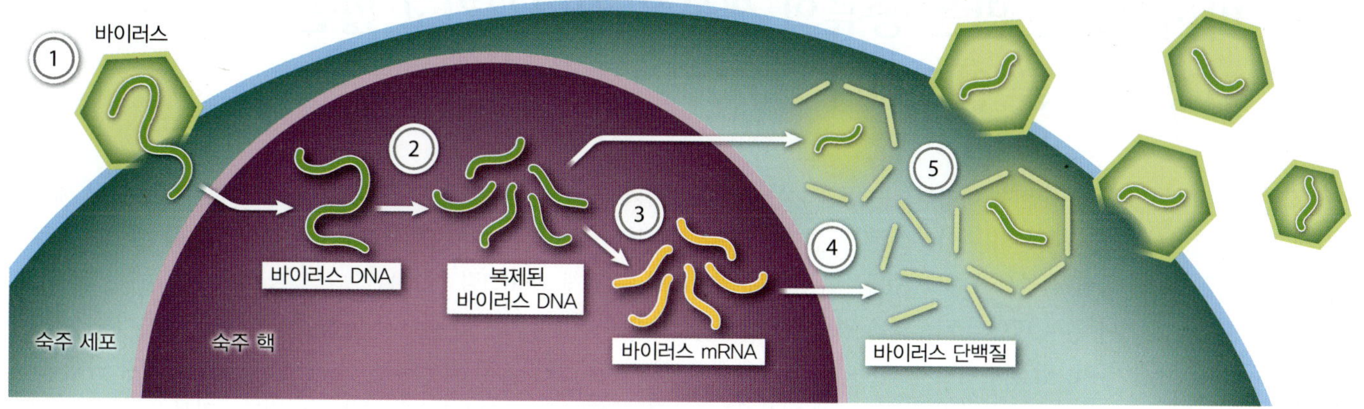

1. 바이러스가 숙주 세포의 막에 결합한 후 바이러스 DNA는 세포 내로 들어간다.
2. 바이러스 DNA가 숙주의 대사 기구와 에너지를 이용하여 수십 개의 새로운 복사본으로 복제된다.
3. 바이러스 mRNA가 바이러스 DNA 로부터 전사된다.
4. 숙주의 단백질 생성 분자를 이용하여 새로운 바이러스 단백질이 합성된다.
5. 새로운 바이러스 DNA와 단백질이 조립되어 많은 새로운 바이러스 입자들을 형성한다.

 바이러스는 숙주의 대사 기구를 끌어들여서만 복제할 수 있다.

그림 15.24 자원 도용하기.

DNA 또는 RNA를 제외하면 바이러스 캡시드 안에는 거의 아무것도 없다. 바이러스 입자는 어떤 대사과정도 수행하지 않으며, 바이러스 내부 조건을 외부 조건과 다르게 만들기 위해 분자의 내부로 또는 외부로의 이동을 제어하지 않는다. 바이러스는 살아있는 세포 내로 그들의 유전물질을 삽입할 기회만을 기다린다.

우리는 감기에 "걸렸다"라고 말하지만 실제로는 바이러스가 우리를 잡은 것이다. 바이러스는 세포 표면에 있는 특정 당단백질의 구조를 인식하여 감염시킬 수 있는 세포를 찾아낸다. 신체의 모든 세포에는 원형질막에 박혀서 외부로 뻗어 있는 당단백질이 있다. 인간의 면역계는 자신의 세포를 식별하는 데 이 단백질을 이용한다. 바이러스가 적절한 당단백질을 지닌 세포를 발견하면 원형질막에 결합하여 세포 내로 유전물질을 집어넣는다(**그림 15.24**). 그러면, 이 바이러스 DNA 또는 RNA는 세포 기구를 접수하고, 더 많은 바이러스를 생산한다.

바이러스는 숙주 세포에서 물질과 세포소기관을 탈취하여 대부분의 활성을 나타낸다. 바이러스 단백질은 숙주 세포 단백질과 똑같은 방식으로 합성되는데, mRNA가 리보솜에 붙고 tRNA가 각 mRNA 유전암호에 정확한 아미노산을 결합시킨다. mRNA는 바이러스 DNA 또는 바이러스 RNA로부터 생성되지만 모든 단백질 합성 기구는 숙주 세포로부터 비롯되며, 새로운 바이러스 단백질 합성에 요구되는 ATP도 마찬가지이다.

다른 유형의 비생물 감염물질에는 프리온과 비로이드가 있다. 프리온은 잘못 접힌 단백질로 플라크를 형성하고 정상 조직을 해친다. 보통 감염된 동물(또는 감염된 동물의 체액)을 섭취하여 유입된 프리온은 사람의 퇴행성 신경 질환을 유발할 수 있는데, 현재 이들과 싸울만한 효과적인 수단이 없다. 이들 중 하나는 크로이첼트-제이콥 병으로 종종 광우병의 인간형으로 알려져 있다; 이 질병은 치매, 기억 상실, 균형과 조화의 혼란을 유발한다. 증상이 나타나면 1년 이상 생존할 수 없다. 비로이드는 단일가닥 RNA의 짧은 조각으로 종종 식물을 감염하여 악영향을 끼친다.

핵심요약 15.14

» 바이러스는 살아있지 않지만, 세포를 감염시키면 살아있는 생물의 일부 기능을 수행할 수 있다. 바이러스는 숙주 세포의 단백질 합성 기구를 차지하여 더 많은 바이러스 유전물질(RNA 또는 DNA)과 바이러스 단백질을 생성한다. 바이러스 단백질과 유전물질은 새로운 바이러스 입자로 조립되어 세포로부터 방출된다.

15.15 바이러스는 많은 종류의 생물을 감염시키고 많은 건강 문제를 일으킨다

바이러스는 거의 모든 곳에 존재한다. 바이러스는 동물, 식물, 심지어 세균까지 감염시킨다. 대부분의 바이러스는 단 한 종 또는 소수의 밀접하게 연관된 종만 감염시키고 그 종에서도 한 종류의 세포에만 침투한다. 그러나 일부 바이러스는 넓은 범위의 숙주를 감염시킬 수 있다. 예를 들어, 광견병 바이러스는 어떠한 포유류도 감염시킬 수 있다. 애완견과 고양이는 광견병에 대해 일상적으로 예방접종을 하지만, 박쥐, 스컹크와 너구리 같은 야생 포유류도 광견병에 걸릴 수 있다. 만일 사람이 이런 야생동물에 물리면 (발병을 대비한) 예방조치로 광견병 주사를 맞는다.

바이러스 표면의 당단백질이 바이러스가 감염시킬 수 있는 숙주 종과 바이러스가 들어갈 수 있는 숙주의 조직을 결정한다. 예를 들어, 인플루엔자 A 바이러스(매년 인플루엔자 발병을 일으키는 종류)는 다른 기능을 갖는 두 종류의 당단백질을 갖는다. 당단백질 하나는 숙주 세포의 상응하는 구조와 결합하여 바이러스가 세포로 들어가게 한다. 다른 당단백질은 바이러스가 다시 세포에서부터 나오도록 해서 이 새로운 바이러스가 다른 세포를 감염시킬 수 있게 된다(**그림 15.25**).

인플루엔자 A의 구조

인플루엔자 바이러스는 표면 당단백질을 가져 숙주에 결합하고 세포로부터 나올 수 있다.

표면 당단백질

- 숙주 세포 표면상의 수용체에 결합하고 바이러스가 들어가게 한다.
- 바이러스가 숙주 세포를 깨고서 나오게 한다.

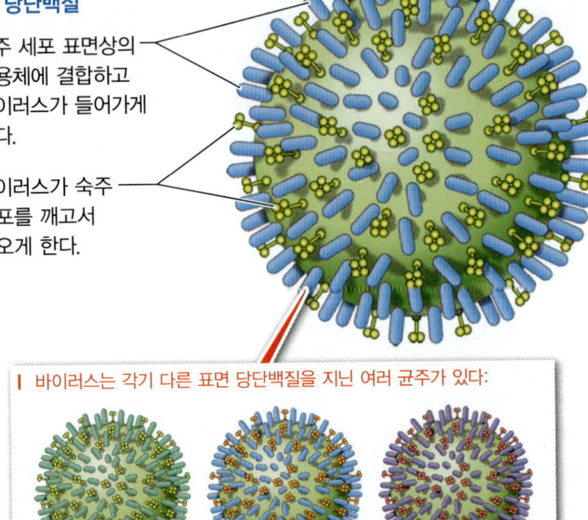

그림 15.25 바이러스의 표면 단백질.

인플루엔자 A는 한 종에서 다른 종으로 이동할 수 있는 바이러스의 한 예이다. 과거의 모든 전 세계적인 인플루엔자 유행은 조류 인플루엔자 바이러스가 인간으로 전파되면서 시작되었다. 여기에 "종을 뛰어넘는" 방법이 있다.

조류를 감염시키는 바이러스는 인간 세포의 당단백질에는 잘 결합하지 않기 때문에 조류 바이러스가 인간을 감염시키기는 어렵다. 그러나 돼지 세포는 인간 바이러스와 조류 바이러스가 모두 결합할 수 있는 수용체를 갖고 있다. 따라서 돼지 세포가 인간 바이러스와 조류 바이러스에 의해 모두 감염될 수 있다. 그러나 인플루엔자 바이러스는 새로 합성된 RNA를 새 입자에 넣을 때 부주의하다. 만일 인간 바이러스와 조류 인플루엔자 바이러스의 RNA 가닥이 동시에 한 세포에 존재한다면, 세포로부터 방출된 바이러스 입자의 일부는 조류 바이러스의 RNA 일부와 인간 바이러스의 RNA 일부를 가질 수 있다. 이 인플루엔자 바이러스는 새로운 균주가 되어 인간을 감염시킬 수도 있다(**그림 15.26**).

Q 조류로부터 사람으로의 바이러스 전파에서 돼지는 어떤 역할을 하는가?

약 200종의 바이러스가 사람을 감염시킬 수 있으며, 이 중 50종은 유행병을 유발할 수 있다. 바이러스 질병은 팬데믹을 일으키기도 한다. 예를 들어, 1918~1919년의 인플루엔자 팬데믹은 적어도 2,000만 명, 많게는 5,000만 명의 사람을 죽게 했다. HIV/AIDS 팬데믹의 경우, 현재 거의 7,500만 명 이상이 감염되었고 320만 명이 AIDS로 사망했다. 2018년에는 전 세계적으로 100만 명에 가까운 사람들이 AIDS와 관련된 병으로 목숨을 잃었다.

감기와 같은 다른 바이러스 질병은 보통 심각하지 않다. 헤르페스는 인간에게 흔한 것으로 두 종류의 연관된 바이러스에 의해 감염이 일어난다. 구강 헤르페스는 입 근처의 감염으로 2주 또는 3주 동안 지속되는 입술의 발진을 유발할 수 있다. 미국 성인의 3/4 이상이 이 바이러스에 감염되었고, 5,000만 명 이상의 사람들이 이 질병을 경험한다. 성병인 성기 헤르페스는 미국에서 14~49세

"종을 뛰어넘는" 과정을 통한 바이러스 전파

조류를 감염시키는 바이러스는 사람 세포의 당단백질과 잘 결합하지 않아 사람을 감염시키는 것이 어렵다.

그러나 사람을 감염시키는 바이러스와 조류를 감염시키는 바이러스 모두 돼지 세포를 감염시키면 서로 만날 수 있다.

바이러스의 RNA 복제에는 오류가 많아서, 이 두 RNA 분자가 새로운 바이러스 입자 내로 함께 들어갈 수 있다. 새로운 바이러스는 조류 바이러스의 특징을 가질 수 있고 인간을 감염시킬 수 있게 된다.

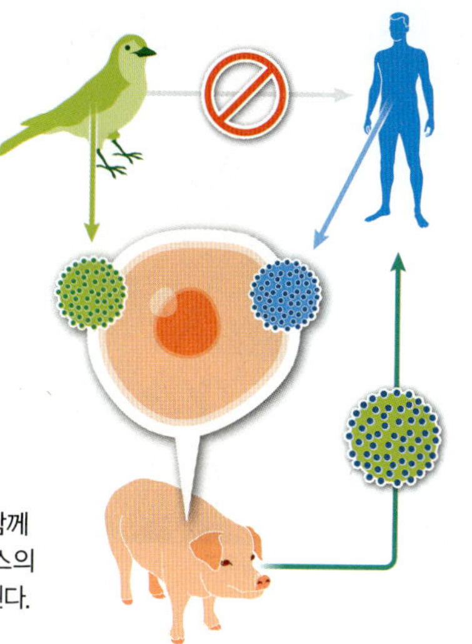

그림 15.26 돼지 내에서, 조류 바이러스는 인간을 감염시킬 수 있는 능력을 얻을 수 있다.

6명당 1명꼴로 사람을 감염시킨다. 헤르페스를 유발하는 이 바이러스는 발진 내에 존재하거나 발진으로부터 방출되어 피부 접촉을 통해 확산된다. 그러나 감염된 사람들은 증상이 없을 때에도 이 바이러스를 다른 사람에게 전파할 수 있다. 증상의 중증도와 기간을 줄일 수 있는 항바이러스 약제를 포함하여 이 두 가지 헤르페스에 유효한 다양한 처치가 있지만, 현재까지 치료제는 없다.

DNA 바이러스는 시간이 지나도 안정적인 염기쌍 서열을 갖는데, 이는 DNA를 복제하는 효소가 오류를 점검하고 복제 도중에 오류를 바로잡기 때문이다. 건강 측면에서, DNA 바이러스는 신속하게 변화하지 않는다는 사실 덕분에 백신을 이용하여 이 바이러스가 일으키는 질병과 싸우고 치료하기가 훨씬 쉽다. 예를 들어, 천연두 같은 DNA 바이러스에 대한 예방접종은 오랫동안 사람을 보호한다.

반면에 RNA 바이러스는 빠르게 변화하는데, RNA를 복제하는 효소가 오류점검 메커니즘을 갖지 않기 때문이다. 새로운 RNA 분자를 조립하면서 RNA 복제 효소가 실수를 하기 때문에, RNA 바이러스는 계속 새로운 형태로 변이된다. 예를 들어, 매년 인플루엔자 발생을 일으키는 흔한 인플루엔자 바이러스는 RNA 바이러스이다. 그리고 인플루엔자 바이러스가 매우 빠르게 변이되어, 건강 문제를 일으키는 바이러스는 한 인플루엔자 유행기로부터 다음 유행기 사이에 변화하기 때문에, 매년 다른 인플루엔자 백신을 만들어야 한다.

매 세기에 인플루엔자의 새로운 변종은 몇 차례씩 팬데믹을 일으킨다. 20세기에는 3번의 주요한 팬데믹이 있었다. 각각의 유행에서 조류 인플루엔자 바이러스가 돼지를 통과한 후 인간 세포 감염능력을 얻게 되고, 그 결과 생긴 바이러스가 전 세계적으로 사람들 사이에서 신속하게 전파되었다. 이러한 팬데믹 중에서 가장 치명적인 것은 이미 언급한 1918~1919년의 경우이다(**그림 15.27**). 확실하지는 않지만, 스페인을 통해 유럽으로 들어온 것처럼 보여 스페인 인플루엔자라고 부르는 이 바이러스는 전 세계 인류의 1/3을 감염시켜 적어도 5,000만 명의 목숨을 앗아 갔다. 돼지 콜레라(1976)와 중증 급성 호흡기 증후군(SARS, 2002~2003)처럼 아시아 플루와 홍콩 플루 팬데믹은 아시아에서 시작되었다. 2020년에 코로나 바이러스로 불리는 새로운 바이러스가 빠르고 넓게 퍼져서 세계 대부분이 자가격리를 하였다. 기업과 학교가 문을 닫았고, 보건 시스템은 COVID-19 발생 숫자로 인해 심하게 혹사를 당하게 되었다. 이 바이러스는 예상을 뛰어넘어 겨우 몇 달 만에 25만 명의 사람을 사망에 이르게 하였다.

Q 인플루엔자 바이러스가 신속하게 변화하는 이유는?

핵심요약 15.15

» 바이러스는 사람과 식물을 포함한 여러 생물에서 많은 질병을 유발한다. 대부분의 바이러스는 단 한 종 또는 소수 종을 감염시키는데, 세포 표면의 당단백질에 따라 한 가지 세포에만 침입한다. DNA 바이러스는 비교적 안정적인데, 이는 DNA 복제 효소가 복제 중 오류를 점검하고 그것을 바로잡기 때문이다. 그러나 RNA 바이러스는 신속하게 변화하며, 이는 RNA 복제 효소가 오류를 점검하는 메커니즘이 없기 때문이다.

바이러스 발병

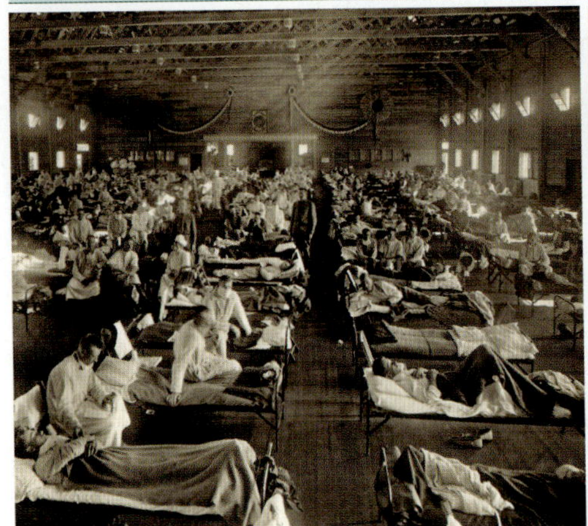

1918~1919년의 인플루엔자 팬데믹으로 수백만 명의 사람이 죽었다.

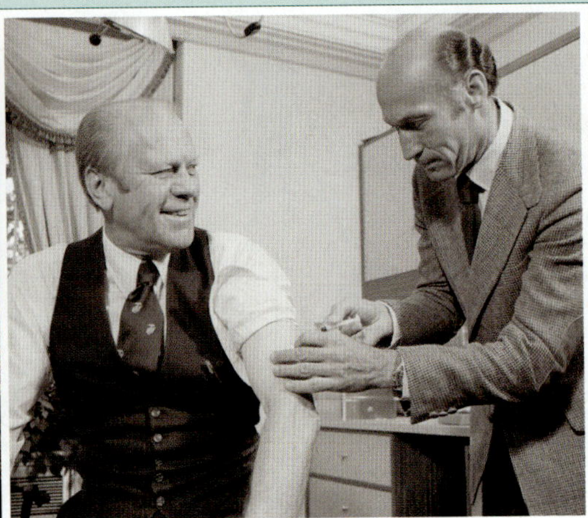

1976년 백악관에서 Gerald Ford 대통령이 돼지독감 백신을 접종하고 있다.

2019~2020년 코로나바이러스가 세계적으로 퍼졌다. 크루즈 배에서 감염이 생겨 승객들은 검역 대상이 되어 검사를 받을 수밖에 없었다.

그림 15.27 공중위생측정은 팬데믹에 대항하여 보호 기능을 할 수 있다.

15.16 HIV는 감염성 바이러스 제어의 어려움을 보여준다

세균이나 바이러스에 의해 일어나는 새로운 감염성 질환은 매우 빈번히 발생한다. 많은 질병이 동물에서 시작해서 나중에 인간을 감염시키는 능력을 얻은 미생물에 의해 발생한다. 이러한 예 중의 하나인 **후천성면역결핍증(AIDS)**은 유인원 면역결핍 바이러스(SIV)의 균주로부터 유래한 **인간 면역결핍 바이러스(HIV)**에 의해 일어나는데, 이 바이러스는 1900년대 초 침팬지로부터 인간으로 전파되었다. HIV는 바이러스 질병을 제어하기 어렵게 만드는 모든 특성에 더하여 고유한 특성도 갖고 있다.

1. **HIV는 쉽게 변이된다.** HIV는 **레트로바이러스**로 RNA 함유 바이러스이며, 주형으로 바이러스 RNA 가닥을 이용, 단일가닥 DNA를 합성하는 일명 역전사효소를 바이러스 효소로 갖고 있다. 이 DNA가 다시 주형으로 사용되어 상보적 DNA 가닥을 만들면 생기는 새로운 이중가닥 DNA가 숙주 세포의 DNA로 들어간다. 여기서부터 숙주 세포의 기구에 의해 DNA가 사용되어 더 많은 바이러스 RNA가 만들어진다(그림 15.28).
   그러나 역전사효소는 오류가 많으므로 환자의 몸에서 HIV 바이러스의 거의 모든 복제본은 다른 돌연변이를 가진다. 감염된 사람의 몸에서 돌아다니는 HIV 입자 내의 이런 엄청난 유전적 변이는 그 감염을 치료하기 어렵게 만든다. 다른 돌연변이를 가진 바이러스 입자는 그 표면에 다른 단백질을 가질 수 있으며, 이 표면 단백질은 숙주 세포 내에서 바이러스가 복제될 때마다 변화한다. 감염된 사람 안에서 각각의 새로운 HIV 세대는 사람의 면역계가 이전에 결코 보지 못했던 표면 단백질을 가진 바이러스를 포함한다. 더욱이 HIV 돌연변이의 일부는 환자 치료에 사용되었던 약품에 내성을 가질 수 있으므로 새로운 약품이 사용되어야만 한다.

2. **HIV는 백혈구를 공격한다.** 이런 모든 문제는 레트로바이러스에 의해 일어나는 모든 병에도 적용되지만, HIV는 추가적인 독특한 문제를 일으킨다; 즉, 이 바이러스는 숙주 면역계의 세포, 특히 백혈구, 그중에서도 침입한 세균 또는 바이러스를 탐색하고 공격하는 세포가 표적이다. 수년 간 지속될 수 있는 잠복기 도중 HIV는 백혈구를 감염시킨다. 그러나 새로운 백혈구가 생성되어 바이러스에 의해 죽은 세포를 대체하여 감염된 사람은 사실상 증상을 나타내지 않는다. 그렇지만 HIV는 잠복기 동안에 체액 내에 존재하면서 다른 사람에게 전파될 수 있다. 이 단계 동안 감염을 탐지할 수 있는 HIV 검사가 사용되고 있다.

HIV 복제

HIV 입자는 DNA 대신 RNA 형태의 유전물질을 갖는다. 이 RNA 바이러스는 백혈구의 복제 기구를 빼앗아 새로운 세대의 HIV 입자를 생산한다.

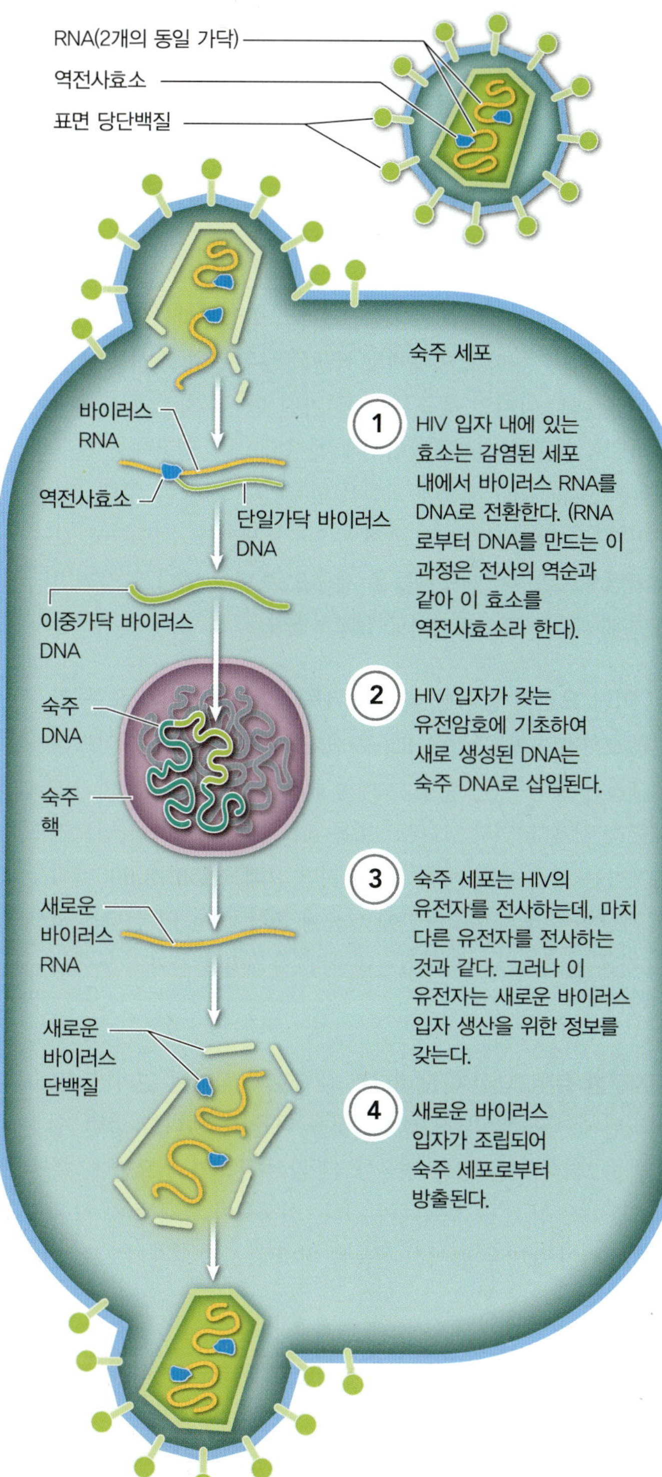

그림 15.28 **HIV가 사람의 백혈구를 감염하는 방법.**

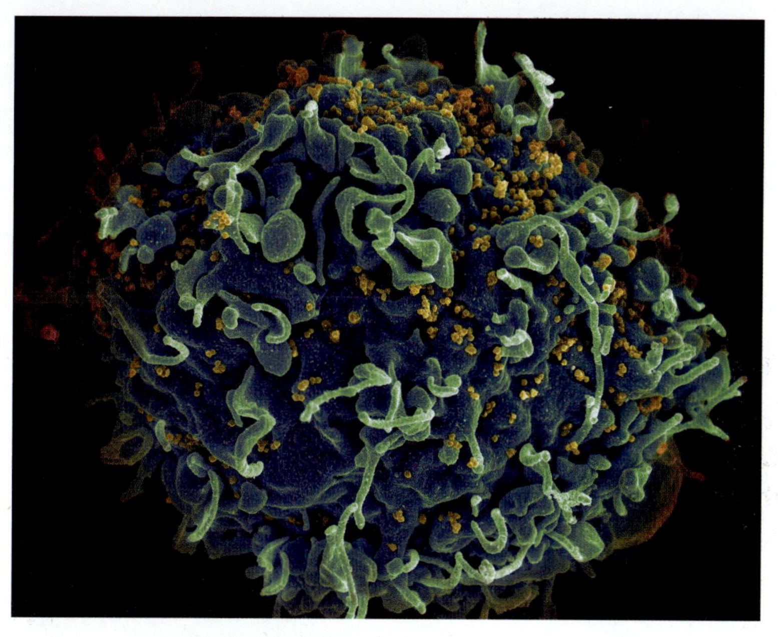

그림 15.29 **HIV는 외부 침입자를 판별하는 데에 필수적인 백혈구를 공격한다.**

HIV가 다른 백혈구를 감염시킬 때마다 역전사효소가 RNA를 DNA로 전사하면서 오류를 만들어, 결국 돌연변이 중 하나가 특별한 종류의 백혈구—세균과 바이러스를 사냥하여 질병을 일으키는 위협을 판별하는 데에 결정적으로 중요한 역할을 하는 백혈구—의 표면에 있는 당단백질과 바이러스가 결합하게 된다. 이 적당한 돌연변이는 2년 안에 일어나기도 하지만 대개는 10년 또는 그 이상 걸린다. 그러나 이 돌연변이가 일어났다는 것은 HIV 감염의 새로운 단계임을 의미한다. 즉, AIDS가 발병하게 된다(**그림 15.29**).

3. **면역체제의 붕괴.** 보통 백혈구는 서로 협력하여 바이러스에 의해 감염된 세포를 확인하고 파괴한다. HIV가 바이러스와 세균을 사냥하는 세포를 죽이기 시작하면 면역계가 무너지기 시작한다. 그러면, 더 이상 HIV 또는 어떤 다른 감염체에 대응하지 못하게 된다. AIDS 환자는 암은 물론, 세균성이나 바이러스성의 복합감염을 겪게 되는데, 이는 감염된 세포와 암세포를 표지해 줄 면역계 세포를 잃었기 때문이다.

핵심요약 15.16

» HIV 감염은 제어가 특별히 어렵다. 돌연변이가 레트로바이러스의 성질을 변화시켜 면역계가 이를 인식하기 어렵게 하고, HIV 감염 치료에 사용하는 약품에 내성을 갖는 변이체를 만든다.

생활 속 생명과학 | 증거를 사용한 의사결정 안내

5초 법칙. 당신이 방금 떨어뜨린 음식은 얼마나 깨끗한가?

2007년, 미국 코네티컷 대학교에서 두 학생이 사람이 바닥에 떨어뜨린 음식을 5초 이내에 집었을 때 먹기에 안전하다는 아이디어인 "5초 법칙"을 시험하였다. 식당과 스낵바 바닥에 사과 조각과 작은 사탕을 떨어뜨리고 5, 10, 30 또는 60초 동안 두었다가 집어서 세균 검사를 하였다.

Q: 5초 법칙이 타당한가? 이 학생들은 30초 안에 음식을 집으면 세균이 없는 것을 발견하였다. 1분 후 사과 조각은 일부 세균을 얻게 되지만 사탕은 그렇지 않았다(5분 후에야 사탕에서 세균을 발견하였다). 이 학생들은 5초 법칙을 확장하여야 하며, 젖은 음식은 30초, 마른 음식은 1분 이상의 시간 내에 집으면 세균 오염의 위험이 없다고 제안하였다.

Q: 바닥에 떨어진 음식을 먹는 것에 대해 덜 걱정해도 되는가? 이 질문은 심각한 것이며 더 많은 연구를 요구한다. 미국에서 매년 오염된 식품에 의해 일어나는 질병은 치명적인 5,000건 이상을 포함하여 7,600만 건 이상이다.

Q: 소수의 관찰로부터 모든 가능한 상황으로 일반화시킬 수 있는가? 코네티컷 대학교 연구에서 학생들은 두 종류의 식품을 조사하였는데, 미지의 세균 농도를 가진 단 두 지점의 표면에 떨어뜨렸다. 응용미생물학회지에 게재된 다른 연구에서 연구자들은 *Salmonella* 세균에 초점을 맞추었다. 세균이 의류, 손, 스펀지, 도마와 식기 표면에서 수일 간 생존할 수 있다고 보고되었으므로, 이 연구자들은 세균으로 덮여 있다고 알려진 표면에 식품을 떨어뜨리기로 결정하였다.

Q: 어떤 요인이 떨어진 식품에 더욱 중요한가: 위치 또는 기간? 소시지와 빵 조각을 *Salmonella*로 덮인 표면에 떨어뜨리고 1분간 놓아두면, 두 종류 식품 모두 1,500~80,000마리의 세균을 갖게 되었다. 그리고 비록 5초 이내에 식품을 집으면 존재하는 세균 수가 90% 감소하지만 그래도 150~8,000마리의 세균이 최초의 5초 동안에 식품에 붙게 된다. 이 실험을 서로 다른 날에 3번 반복하였는데 어떤 유의미한 차이도 보이지 않았다.

지저분한 결론. 당신이 코네티컷 대학교의 식당에 있다면, 떨어뜨린 음식을 빨리 집으면 그것을 먹을 수 있다고 말할 수 있다. 그러나 다른 모든 경우에 더 많은 주의가 필요한데, 특히 "떨어진 장소"를 주목해야 한다. 미생물이 존재할 것 같은 비위생적인 표면은 떨어진 식품을 거의 즉시 오염시키므로 떨어뜨리지 말아야 한다.

우리가 할 일은? 찬반양론이 있겠지만, 먹기 전에 얼마나 오랫동안 음식 조각을 복도에 놓아둘 수 있을까?

연습 데이터의 시각적 표현을 비판적으로 살펴보기

도표로 배우기

1. 이 그림으로부터 내릴 수 있는 결론은?
2. 사람에게 있는 사람 세포는 얼마나 많은가? 미생물 세포는 얼마나 많은가?
3. 사람 몸에서 어떻게 세균 세포가 사람 세포보다 수가 많을까? 그래도 아직 우리 몸은 세균이 아닌 사람으로 보일까?
4. 이 그래프를 위한 데이터는 어떻게 얻었는가? 실험으로부터 얻었는가? 그렇다면 어떤 추가적인 정보가 유용하겠는가?
5. 이 그림에 있는 정보를 표현할 수 있는 두 가지의 대체 방법을 만드시오. 이 그림과 비교해서 대체 방법이 가진 상대적인 장점과 약점은 무엇인가?

답은 부록에 있음.

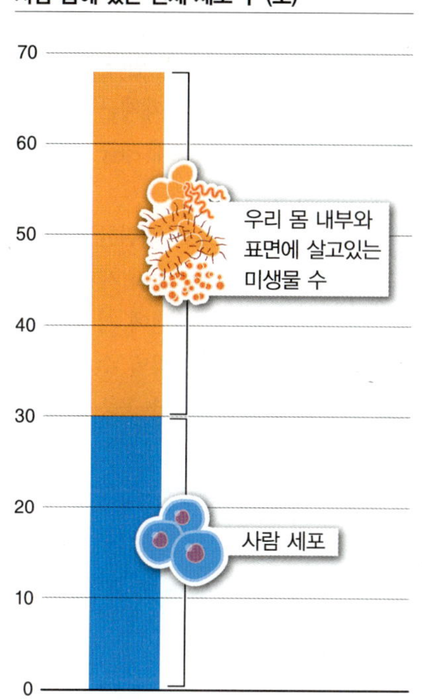

주요 용어: 미생물의 다양성

광독립영양생물 photoautotroph, 451쪽
그람 염색 Gram stain, 449쪽
극한생물 extremophile, 459쪽
기생생물 parasite, 463쪽
독립영양생물 autotroph, 451쪽
레트로바이러스 retrovirus, 468쪽
미생물 microbe, 445쪽
병원성 pathogenic, 454쪽
산소 혁명 Oxygen Revolution, 451쪽
성병 sexually transmitted infection (STI), 455쪽
숙주 host, 463쪽
식세포작용 phagocytosis, 461쪽
역학, 유행병학 epidemiology, 454쪽
인간면역결핍 바이러스 human immunodeficiency virus (HIV), 468쪽
접합 conjugation, 450쪽
종속영양생물 heterotroph, 451쪽
캡시드 capsid, 464쪽
펩티도글리칸 peptidoglycan, 449쪽
프로바이오틱 치료 probiotic therapy, 452쪽
플라스미드 plasmid, 449쪽
피막 capsule, 449쪽
형질도입 transduction, 450쪽
형질전환 transformation, 450쪽
화학무기영양생물 chemolithotroph, 451쪽
화학유기영양생물 chemoorganotroph, 451쪽
후천성면역결핍증 acquired immunodeficiency syndrom (AIDS), 468쪽

요약

세 개의 영역 모두에 미생물이 존재한다.

- 미생물들은 진화적 연관성이 아니라 작다는 이유로 함께 묶였을 뿐이다. 그들은 생명의 세 영역에 모두 존재하며, 세 영역 어디에도 속하지 않는 바이러스를 포함한다.
- 미생물은 매우 작고 간단한 생물이지만 온화한 곳부터 극단적 환경까지 어느 곳에서도 살 수 있다. 지구 상에는 수백만 종류의 미생물이 엄청난 숫자로 존재한다.

세균은 모든 생물 중 가장 다양하다.

- 세균은 단세포 생물로 핵과 세포소기관을 갖지 않는다. 대신 DNA가 있는 세포질을 둘러싼 막을 가지며, 실제 모든 DNA는 단백질을 암호화한다. 세균 세포는 이분법을 거쳐 빠르게 분열하여 군락을 형성한다. 세균은 세 가지의 상이한 방법을 이용하여 다른 세균에게 DNA를 전달할 수 있다.

일부 세균은 유기 분자를 먹고, 일부는 무기물을 섭취하며, 또 다른 세균은 광합성을 수행한다. 약 26억 년 전, 광합성 세균에 의해 지구 대기 중에 유리 산소가 최초로 나타났다.

세균은 사람의 건강을 해치거나 도울 수 있다.

- 만일 우리 몸에서 무해한 세균들의 개체군 밀도가 충분히 크다면, 침입한 유해 세균이 발붙이는 것을 막을 수 있다.
- 창의적으로 장소를 선정해 시료를 채취한 후 면봉으로 문지르기, 배양하기, 숫자 세기 등 간단한 방법으로 인간의 주변에 서식하는 세균의 다양성과 양을 밝혀낼 수 있다. 이로 인해 잠재적으로 중요한 공중 건강 문제에 관한 가설을 검증할 수 있다.
- 단지 일부 미생물 종만이 병원성이다. 이들 중, 일부는 항상 질병을 일으키며 다른 종은 특정 조건일 때에만 해롭다. 성병은 세균, 바이러스, 원생생물, 절지동물을 포함한 다양한 생물에 의해 유발된다.
- 미생물에서 항생물질에 대한 내성은 일상적으로 진화한다. 그리고 플라스미드 전달을 통해 항생제 내성 세균이 내성을 다른 세균에 전달할 수 있다. 의학과 농업 분야에서 과도한 항생제 사용으로 가장 중요한 몇몇 병원성 세균이 모든 알려진 항생제에 내성을 갖게 되었다.

고세균—세균과는 다른 영역—은 일부 극단적인 환경을 잘 이용한다.

- 세균처럼 고세균도 별개의 핵과 핵막이 없는 원핵생물이다. 그러나 고세균은 자신만의 영역으로 분류된다; 고세균은 DNA 서열뿐만 아니라 원형질막, 세포벽과 편모 등에서도 세균 또는 진핵생물과 매우 다르다.
- 많은 고세균은 극단적인 물리적, 화학적 조건에서 번성할 수 있다. 그러나 모든 고세균이 극한생물은 아니어서 일부는 인간의 장을 포함한 온건한 조건에서 서식한다.

대부분의 원생생물은 단세포성 진핵생물이다.

- 핵은 원생생물에서 처음으로 나타난 진화적 혁신이다. 초기 원생생물은 세균 세포를 받아들이는데, 이 세포는 나중에 진핵세포에서 ATP를 만드는 세포소기관인 미토콘드리아가 되었다.
- 원생생물은 대부분이 단세포 진핵생물인 다양한 집단이다. (짚신벌레 같은) 동물 유사, 진균 유사 (점균류), 또는 식물 유사 (자이언트 켈프) 원생생물 등이 있다.
- 일부 원생생물은 사람에게 심각한 질병을 일으키는 기생생물이다. 말라리아의 원인 원생생물인 *Plasmodium*은 스스로 인간 면역계로부터 보호하는 특징을 갖고 있다.

생물과 무생물의 경계에 있는 바이러스는 어떤 영역에도 들어가지 않는다.

- 바이러스는 살아있지 않지만, 세포를 감염시키면 살아있는 생물의 일부 기능을 수행할 수 있다. 바이러스는 숙주 세포의 단백질 합성 기구를 차지하여 더 많은 바이러스 유전물질(RNA 또는 DNA)과 바이러스 단백질을 생성한다. 바이러스 단백질과 유전물질은 새로운 바이러스 입자로 조립되어 세포로부터 방출된다.
- 바이러스는 사람과 식물을 포함한 여러 생물에서 많은 질병을 유발한다. 대부분의 바이러스는 단 한 종 또는 소수 종을 감염시키는데, 세포 표면의 당단백질에 따라 한 가지 세포에만 침입한다. DNA 바이러스는 비교적 안정적인데, DNA 복제 효소가 복제 중 오류를 점검하고 그것을 바로잡기 때문이다. 그러나 RNA 바이러스는 신속하게 변화하는데, RNA 복제 효소가 오류를 점검하는 메커니즘이 없기 때문이다.
- HIV 감염은 제어가 특별히 어렵다. 돌연변이가 레트로바이러스의 성질을 변화시켜 면역계가 이를 인식하기 어렵게 하고 HIV 감염 치료에 사용하는 약품에 내성을 갖는 변이체를 만든다.

복습하기

짧게 답하기

1. 아메바에게 호흡계가 필요하지 않은 이유는 무엇인가?
2. 가끔 "미생물"이라 부르는 집단을 일반화하는 것은 어렵다. 그 이유는?
3. 세균의 경우, 유전 정보의 수평적 전달은 무엇인가? 이는 인간의 건강과 어떤 관련성이 있는가?
4. 요구르트의 독특한 맛과 질감을 만드는 것은 무엇인가?
5. 1800년대 중반, 런던에서 콜레라의 확산은 어떻게 둔화되었는가?
6. *Staphylococcus aureus*로 죽는 사람이 HIV/AIDS로 죽는 사람보다 많은 이유는?
7. 성병은 완전히 없애는 것이 거의 불가능하다. 그 이유와 관련해서 성병의 두 가지 특징을 기술하시오.
8. 고세균과 세균의 두 가지 차이를 기술하시오.
9. 과학자들은 고세균을 알기 위해 애를 썼지만 어려운 시간을 겪었다. 왜 그런가?
10. "동물 유사 원생생물"로 불리는 원생생물은 어떤 집단인가? 그렇게 불리는 이유는?
11. 말라리아를 유발하는 *Plasmodium*의 어떤 특징이 인간의 면역계를 앞서도록 하는가?
12. 바이러스를 "살아있는" 것으로 간주하지 않는 이유는?

정답 고르기

1. 원핵생물은 _______개의 영역에서 발견된다.
   a) 한　b) 두
   c) 세　d) 네
   e) 다섯

2. "세균에 대한 계통학을 정립하는 것은 식물 또는 동물에 대한 계통학 정립보다 어렵다." 이 말은
   a) 옳다. 세균의 빠른 세대 시간 때문
   b) 옳지 않다. 수평적 유전자 전달이 계통학을 보다 단순하게 만들기 때문
   c) 옳지 않다. 세균 대사의 다양성이 분류를 불가능하게 만들기 때문
   d) 옳다. 세균으로부터 충분한 형태적 자료를 얻기가 어렵기 때문
   e) 옳다. 세균은 수평적 유전자 전달에 참여할 수 있기 때문
3. 항생물질 내성에 대한 유전자를 함유한 플라스미드는 무엇에 의해 세균 세포 사이에서 교환될 수 있는가?
   a) 접합
   b) 인위적 교환
   c) 클로닝
   d) 형질도입
   e) 전도
4. 어느 종류의 생물이 가장 다양한 에너지원을 이용하는가?
   a) 원핵생물
   b) 진균
   c) 원생생물
   d) 무척추동물
   e) 척추동물
5. 항생물질에 대한 다음의 설명 중 부정확한 것은?
   a) 페니실린은 미생물에서 분리된 최초의 항생물질로 세균 감염과 싸우는 데 널리 이용되었다.
   b) 항생물질은 미생물이 다른 미생물과 경쟁하는 데 도움이 된다.
   c) 항생물질-내성 미생물은 항생제를 복용하는 사람 내에서 선택된다.
   d) 항생물질은 바이러스에 대해 효과적이지만 세균에 대해서는 비효과적이다.
   e) 항생물질은 사람의 건강을 위해서 뿐만 아니라 농업에서도 사용된다.
6. 고유의 공통 조상을 공유하는 측면에서 다음 어느 영역 쌍이 가장 밀접하게 연관되는가?
   a) 고세균과 세균
   b) 고세균과 진핵생물
   c) 세균과 진핵생물
   d) 위 모두 해당 없음. 모든 세 영역이 다른 조상에서 유래
   e) 위 모두 해당 없음. 모든 세 영역이 서로 동일하게 관련됨
7. 대부분의 고세균 종은:
   a) 아직 발견되지 않았다.
   b) 병원성이다.
   c) 박테리오파지이다.
   d) 동물에 기생한다.
   e) 사람에게 이롭다.
8. 우리가 고세균에 관하여 아는 사실이 매우 적은 이유는 고세균의 어떤 특징 때문인가?
   a) 고세균은 독성을 띠기 때문에 연구하기에는 위험하다.
   b) 고세균은 산소가 있으면 생존할 수 없다.
   c) 고세균이 서식하는 조건은 실험실에서 재현하기 어렵다.
   d) 현존하는 고세균 종이 없다.
   e) 수평적 유전자 전달 덕분에 고세균은 실험실에서 유지하기에는 너무 빠르게 진화한다.
9. 모든 바이러스의 유전 정보는
   a) DNA
   b) RNA
   c) 단백질
   d) 중합효소
   e) DNA 또는 RNA
10. HIV에 대한 다음의 설명 중 옳지 않은 것은?
   a) 바이러스이다.
   b) 적혈구를 공격한다.
   c) 빈번하게 돌연변이가 일어난다
   d) 유인원 면역결핍 바이러스로부터 유래했다.
   e) DNA 대신 RNA를 갖고 있다.

16

개체군 생태학

전면 가동 중인 행성: 개체군 성장의 유형

개체군 생태학은 개체군이 환경과 어떻게 상호작용하는지 연구하는 학문이다

16.1 생태학이란 무엇인가?

16.2 개체군은 잠시 동안은 빨리 성장할 수 있지만, 영원히 그럴 수는 없다

16.3 환경은 개체군의 성장을 제한한다

16.4 일부 개체군의 크기는 주기적으로 커지고 작아지기를 반복한다

16.5 최대 유지수확량은 유용하지만 시행하기는 거의 불가능하다

생활사는 한 종의 운영 요약서이다

16.6 생활사는 자연선택에 의해 만들어진다

16.7 성장, 생식과 수명 사이에는 맞교환이 있다

16.8 이것이 우리의 방법: 빠른 성장에는 대가가 따른다

16.9 개체군은 생명표와 생존 곡선으로 표현될 수 있다

생태학은 개체군의 노화 진화에 영향을 미친다

16.10 모든 것은 쇠퇴한다: 노화란 무엇이고 왜 일어나는가?

16.11 종마다 평균수명이 다른 이유는 무엇인가?

16.12 노화가 일어나는 속도를 낮출 수 있을까?

인간 개체군은 빠르게 성장하고 있다

16.13 연령 피라미드로 개체군에 대해 많은 것을 설명할 수 있다

16.14 인구학적 천이는 저개발국이 발전함에 따라 종종 발생한다

16.15 인구: 어디까지 성장할 수 있을까?

▲ 제한된 주택 부지로 홍콩에는 밀집된 인구를 수용하는 수천 개의 고층 빌딩이 있다.

개체군 생태학은 개체군이 환경과 어떻게 상호작용하는지 연구하는 학문이다

▲ 북부 보츠와나의 Linyanti 강에 사는 아프리카 코끼리

16.1 생태학이란 무엇인가?

바닷가재는 맛있다. 그래서 바닷가재를 잡아서 파는 사업이 큰 사업인 것은 그리 놀라운 일이 아니다. Maine 주에서만 한 해에 2억 불을 벌어들이므로, 뉴잉글랜드에서 경제적으로 가장 중요한 사업 중 하나가 바닷가재 사업이다. 이제 잠깐이지만, 우리가 바닷가재 산업의 책임자라고 가정해 보자. 이 업종에 의존해서, Maine 주에서 바닷가재를 잡는 6,000명의 어부는 먹고살기 위해 되도록 많이 잡아 팔아야 하지만, 한편으로 충분한 양의 바닷가재를 잡지 않고 내버려 둠으로써 다음 해에 또 잡을 수 있어야 한다. 따라서 다음과 같은 어려운 문제에 직면한다.

- 각 어부가 해마다, 매일, 해마다 잡도록 허용할 수 있는 바닷가재의 수는?
- 어부가 잡은 바닷가재 중 일부를 다시 바다에 놓아주어야 할까? 그렇다면 큰 것 또는 작은 것? 암컷과 수컷 중 어느 것을 놓아주어야 할까?
- 바닷가재의 개체군 크기를 증가시키는 것이 더 나은가? 아니면 현재의 수준으로 유지하는 것이 좋은가?
- 이상의 복잡한 질문은 잊어버리고, 현재 Maine 주 앞바다에 서식하고 있는 바닷가재의 수는 얼마나 되는지를 추측할 수 있는 단서라도 있을까(**그림 16.1**)?

생태학의 세계로 들어오신 것을 환영합니다.

그림 16.1 가치있는 자원 관리하기. 개체군 성장 모델이 도움을 줄 수 있다.

이러한 어려운 질문 그리고 이와 비슷한 많은 다른 질문이 바로 **생태학**의 모든 부분이다. 생물학의 한 영역으로, 생물과 환경과의 상호작용에 관한 연구를 하는 학문이 생태학이다. 그러나 단순한 정의로 속지 마라. 생태학은 매우 광범위한 상호작용과 관찰 단위를 포함하며, 여러 단계에서 연구가 이루어진다(**그림 16.2**).

이 장, 그리고 17장과 18장에서 모든 단계의 생태학을 알아볼 것이다.

이 장은 생태학의 하위 분야이며, 한 종으로 구성된 개체군에 초점을 맞춘 개체군이 어떻게 환경과 상호작용을 하는지 연구하는 학문인 **개체군 생태학**부터 시작하므로, 미묘하고 비판적인 관점의 이동이 필요하다(그림 16.3). 개체에서 개체군—특정 지역에 서식하는 같은 종의 무리—으로 주 관심을 돌려야 한다. 개체 수준에서는 대부분의 생태학적 과정을 관찰할 수 없거나 연구할 수 없다. 그보다, 특정 장소에서 유전자를 규칙적으로 교환하는 개체의 전체 무리를 고려한다면 새로운 특징을 관찰할 수 있을 것이다.

생태학이란 무엇인가?

생태학은 생물과 환경과의 상호작용에 관한 연구를 하는 학문이다. 생태학은 다음과 같이 여러 단계에서 연구된다.

개체
개별 생물

개체군
서로 교미가 가능한 개체들로 이루어진 무리

군집
한 지역에서 서로 작용하는 여러 종의 개체군

생태계
특정 지역 안에서 상호작용하는 생물뿐 아니라 무생물까지 포함

그림 16.2 개체부터 생태계까지. 생태학자들은 생물과 그들의 환경과의 관계를 연구한다.

개체군 생태학에서는 개체군처럼 개별 생물에서 연구할 수 없는 특징을 관찰할 수 있다.

그림 16.3 관점의 변화.

핵심요약 16.1

» 개체군 생태학은 개체군이 어떻게 환경과 상호 작용을 하는지 연구하는 학문으로서 특히 개체군의 성장 유형과 개체군이 다른 종과 환경적 요인에 의하여 어떻게 영향을 받는가를 연구한다.

16.2 개체군은 잠시 동안은 빨리 성장할 수 있지만, 영원히 그럴 수는 없다

안정된 대구 개체군에서 암컷이 일평생 낳는 평균 500만 개의 알 중에서 성체까지 성장하는 것은 얼마나 될까? 새끼 코끼리는 몇 마리나 살아남아 새끼를 낳을 수 있는 성체가 될까? 개체군 성장에 관한 복잡한 수학모델과 대구나 코끼리에 관한 특별한 지식이 필요한 답처럼 보인다. 그러나 실제로는 개체군 성장에 대한 아주 기초적인 사실은 터무니 없이 단순하다.

암컷 대구 알과 암컷 코끼리 새끼가 성체가 되는 수는 평균 얼마나 될까? 답은 단지 두 마리.

만일 개체군이 성장하지 않는다면 각 개체는 궁극적으로 새로운 개체에 의해 대체될 뿐이다. 이것은 모든 종에 해당하는 사실

Q 한 쌍의 코끼리와 한 쌍의 토끼 중 어느 쪽이 생존한 새끼를 더 많이 남길까?

이다. 두 개의 대구 알, 그리고 두 마리의 새끼 코끼리가 살아남을 것이다. 안정된 개체군에서는 평균적으로, 한 마리가 아니라 두 마리가 생존한다. 왜냐하면, 각각 한 마리의 수컷과 암컷이 각 자손을 만들기 때문이다. 각 쌍이 한 마리만을 만든다면 개체군은 점점 작아질 것이다. 그렇다면 나머지 대구 알과 새끼 코끼리는 어떻게 될까? 배우자 세포로부터 성체에 이르는 과정에서 생존하지 못할 것이다. 예를 들면, 알은 수정되지 않을 것이며, 수정되었다 할지라도 새끼로까지 더 발생하지 못할 것이다. 포식이나 그 외 여러 요인에 의해 새끼가 성체로 자라지 못할 것이다. 혹은 성체가 되어도 배우자를 만날 수 없을지 모른다. 알에서 성체까지 수많은 위험이 도사리고 있다.

만일 2개 이상의 대구 알과 두 마리 이상의 새끼 코끼리가 생존한다면 어떤 일이 벌어질까? 한 개체당 한 마리 이상의 자손이 생긴다면 개체군은 지구가 대구와 코끼리로 뒤덮일 때까지 성장할 것이다. 그러나 그런 일은 일어나지도 일어날 수도 없다. 왜 그럴까?

> 모든 유기체는 높은 속도로 자연적으로 증가한다는 법칙에는 예외가 없으며, 만일 그들이 파괴되지 않는다면, 지구는 곧 단 한 쌍의 자손들로 뒤덮일 것이다."
>
> — CHARLES DARWIN, *종의 기원*, 1859

이 질문에 답하기 위하여, 만일 각 개체 수가 단지 다른 개체에 의해 대체되는 것 이상으로 많다면 개체군이 어떻게 성장하는 가로부터 출발해보자. 한 개체군의 **생장률**을 계산하기 위하여—즉, 1년과 같은 단위 시간당 개체군 내에서의 개체 수 변화—현재 개체군 내에서의 개체 수인 N과 출생률에서 사망률을 뺀 개체당 생장률인 r을 알아야 한다. 한 해의 개체군 성장은 생장률×개체수, 즉 $r \times N$이다.

출생률이 사망률보다 크다면 개체군은 점점 커질 것이다. 만일 사망률이 출생률보다 크다면 개체군은 점점 작아질 것이다. 예를 들어, 500마리로 구성된 한 개체군이 1년 후 125마리의 새끼를 낳았다면 출생률은 125/500 또는 한 개체당 0.25마리가 될 것이다. 또 같은 해에 500마리 중 25마리가 죽었다면 사망률은 25/500 또는 0.05마리가 될 것이다. 그러면 이 개체군의 생장률은 0.25-0.05 또는 개체당 0.20개체가 된다. 그렇다면 그 개체는 몇 마리인가?

앞에서 언급한 500개체로 시작하면, 이 개체군은 한 해 동안 0.20×500, 즉 100개체까지 성장할 것이다. 2년 후 같은 생장률로 개체군이 성장한다면 개체군의 성장은 0.20×600, 즉 120마리의 새 개체가 생길 것이다. 따라서 개체군은 720개체로 구성될 것이다.

같은 방식으로, 10년 또는 50년 후의 개체군 크기를 결정할 수 있다(**그림 16.4**). 개체군이 현재의 크기에 비례하는 비율로 성장할

지수 생장

지수 생장은 각 개체가 그 자신의 대체 수보다 더 많은 자손을 낳을 때 일어난다. 출생률과 사망률의 실제적인 추정치에 따르면 단지 500마리의 엘크 사슴 개체군은 80년 안에 10억 마리 이상으로 성장할 것이고, 결국에는 지구를 뒤덮을 것이다.

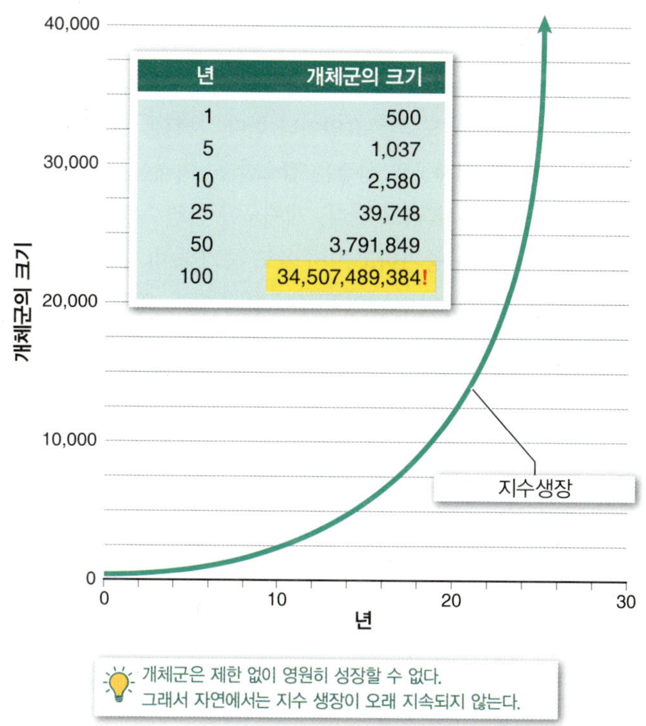

년	개체군의 크기
1	500
5	1,037
10	2,580
25	39,748
50	3,791,849
100	34,507,489,384!

그림 16.4 제어되지 않는 성장. 지수 생장을 하는 동물 혹은 식물 종은 결국 지구를 뒤덮을 것이다.

때—다른 말로 개체군이 커질수록 더 빨리 성장할 때—그런 성장을 **지수 생장**이라고 한다. J자 모양의 그래프가 나타내듯이 개체군의 크기는 지수적으로 매우 빨리 성장하여 천문학적 숫자가 된다. 10년 후, 500마리의 엘크 개체군이 2,580마리가 된다. 50년 후에는 거의 400만 마리가 되며, 80년 후에는 10억 마리가 될 것이다. 개체군의 억제하지 않은 지수 생장은 나쁜 결과를 낳는 것은 명백하다.

핵심요약 16.2

» 개체군은 지수 생장을 하는 경향이 있으나, 결국에는 제한된다.

16.3 환경은 개체군의 성장을 제한한다

개체군의 크기가 증가하면 개체의 일생은 더 힘들어진다. 곤충이든, 식물이든, 작은 포유류이든 또는 사람이든 자원은 제한되어 있으므로 경쟁은 더 심해지고 이와 관련된 여러 어려움이 생긴다. 특히, 개체군의 크기가 증가하면 개체는 다음과 같은 힘든 일을 겪게 된다:

- 경쟁 때문에 먹이 부족
- 경쟁 때문에 먹고 번식할 서식처 또한 축소
- 기생충이 기생하는 숙주가 고밀도로 서식할 때 기생충은 더 쉽게 확산하므로 기생충과 질병 증가
- 피식자의 유용성과 가시성이 많아지므로 포식자 개체군이 커져서 피식 위험 증가

개체군 밀도—한 영역 안에 있는 개체 수—가 한 개체군의 성장을 제한하면, 이를 **밀도-의존요인**이라 한다. 자원은 제한적이므로 밀도가 증가하면 개체군의 성장은 감소한다. 이러한 성장의 최대 한계를 **환경수용력, *K***라고 한다. 개체군이 환경수용력에 다다르게 될 때, 사망률은 증가하고 이주율도 증가하며(개체는 살기에 더 좋은 장소를 찾는다), 먹이가 감소함에 따라 영양 상태가 안 좋아지므로 번식력이 떨어져 출생률이 감소한다(**그림 16.5**).

환경수용력 고려하기 지수 생장을 정의하는 방정식으로 되돌아가면:

$$개체군\ 성장 = r \times N$$

환경수용력을 고려하기 위해, 지수 생장의 속도를 늦출 수 있는 용어를 곱한다:

$$개체군\ 성장 = (r \times N) \times [(K-N)/K]$$

개체군 크기 N이 환경수용력 K에 비하여 작을 때 자원은 충분하다. 이런 상황에서는, $[(K-N)/K]$는 1에 가깝다. 이것을 나타내기 위하여, K의 수를 100,000이라고 하고 N은 작은 수인 1,000이라고 하자. $[(K-N)/K] = [(100{,}000-1{,}000)/100{,}000] = 99{,}000/100{,}00 = 0.99$이다.

그래서 이런 상황에서는, 정상 지수 생장에 0.99를 곱한다. 이것은 1을 곱하는 것과 거의 같아서 변하지 않는 것이다. 결과로서, 개체군은 지수적으로 성장하고 있다(또는 거의 유사하게).

한편, 개체군의 크기 N이 K의 값과 거의 같다면, 환경이 거의 수용력까지 찼다는 것을 의미하며, $[(K-N)/K]$는 0에 가깝다. 다른 수로 다시 계산하자. K를 100,000이라고 한다. 그러나 N은 99,000이라고 하자. 이 경우에 $[(K-N)/K] = [(100{,}000-99{,}000)/100{,}000] = 1{,}000/100{,}000 = 0.01$이다. 이런 상황에서, 정상 지수 생장에 0.01을 곱하면 거의 0까지 감소한다. 다시 말하면, 개체군 크기가 환경의 수용력에 가까워짐에 따라 개체군

밀도가 증가하면, 제한된 자원 때문에 개체군의 성장이 감소한다.

그림 16.5 **희귀해진 자원에 대처하기.**

체 사망이 일어난다. 이런 개체군의 성장은 **그림 16.7**에서 보듯이 들쭉날쭉한 곡선처럼 보인다.

개체군의 성장은 언제나 부드러운 S자 모양의 로지스틱 성장 곡선으로 나타나지 않는다. 일부 개체군에서는 특히 인간의 경우 환경수용력이 고정되어 있지 않다. 1883년, 미국의 농장 1에이커

로지스틱 성장과 지수 생장의 비교

로지스틱 성장은 개체군이 환경수용력에 다다를수록 그 성장이 점점 감소되는 것을 말한다.

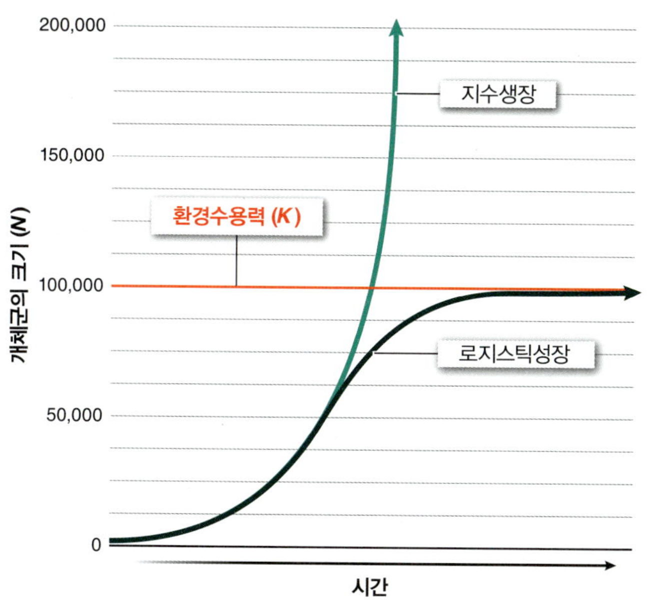

그림 16.6 자원의 부족이 성장을 제한한다. 로지스틱 성장은 자원의 부족 때문에 개체군 성장이 안정화되는 성장이다.

은 점점 더 천천히 성장한다.

개체군은 처음에 지수 생장을 하다가 그 크기가 환경수용력에 다다르게 되면 속도가 느려진다. 이런 개체군의 성장을 **로지스틱 성장**이라 하고, S자 모양 곡선을 나타낸다(**그림 16.6**).

밀도-비의존 제한 **밀도-비의존 요인**도 개체군 성장에 불운의 한계처럼 작동하면서, 개체군의 크기를 감소시킬 수 있다. 이 요인은 개체군의 크기와 무관하게 작용하여 사망률이 증가하거나 자손 수와 출생률이 감소한다. 대부분 날씨나 지질학 기반의 홍수, 지진, 화재, 번개 등의 재해이거나 인간을 비롯한 다른 종들에 의한 서식처 파괴이다. 재해가 일어난 개체군은 아마도 환경수용력에 도달했거나 환경수용력에 의해서 성장이 감소하기 전, 지수 생장의 초기 시기일 것이다. 어느 경우이든, 밀도-비의존 힘은 크기를 간단히 감소시킨다. 재해 후에, 개체군은 다시 로지스틱 성장을 한다.

이처럼 반복적으로 운이 나쁜 일이 자꾸 생기는 환경에서 한 개체군의 성장은 결코 환경수용력까지 성장할 수 없다. 대신 개체군은 로지스틱 성장 곡선의 지수 생장부에서 주기적인 대규모 개

밀도-비의존 요인은 개체군의 크기를 제한한다.

화재, 홍수와 지진과 같은 밀도-비의존 힘은 개체군의 크기를 많이 감소시킨다.

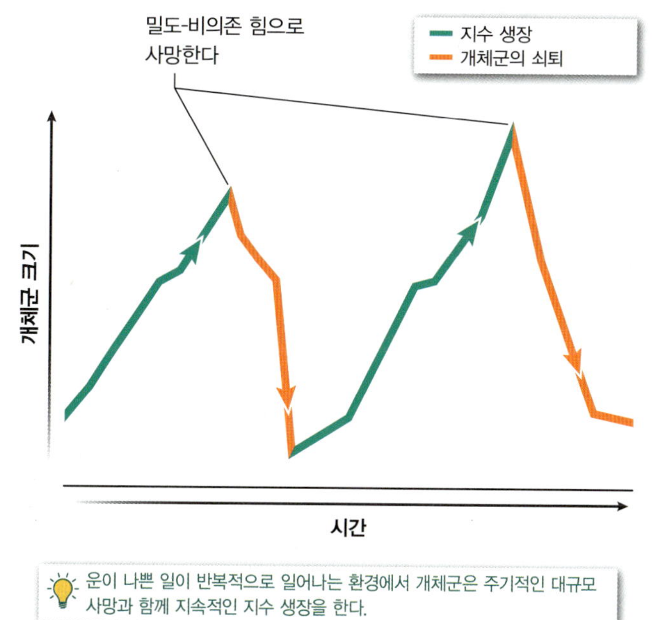

운이 나쁜 일이 반복적으로 일어나는 환경에서 개체군은 주기적인 대규모 사망과 함께 지속적인 지수 생장을 한다.

그림 16.7 주기적인 타격

농업 기술의 발전은 환경수용력을 증가시킬 수 있는 방법의 예이다.

그림 16.8 **효과적인 작물 생산.** 농업의 진보는 전 세계의 증가하는 개체군을 먹여 살릴 수 있다.

에서 평균적으로 11.5 뷰셸의 옥수수가 생산되었다. 1933년에는 1에이커당 19.5 뷰셸까지 늘었다. 2013년에는 159 뷰셸로 증가하였다. 농업 기술의 발전—옥수수 잡종을 활발하게 사용하고, 비료를 충분히 사용하며, 윤작을 하고, 효과적으로 해충 구제를 함—에 의해 농부는 같은 크기의 땅으로부터 더 많은 식량을 생산할 수 있게 되었다(**그림 16.8**). 물론, 같은 시간 동안, 인간 그리고 작물과 같은 환경에 살려고 하는 많은 다른 종의 경우에는 환경수용력이 감소할 것이다.

핵심요약 16.3

» 밀도가 증가함에 따라 개체군은 환경수용력에 도달하게 되고 제한된 자원으로 성장이 멈춘다. 자연 또는 인간에 의해 야기된 환경 재앙과 같은 밀도-비의존 요인에 의해서도 성장은 감소할 수 있다.

16.4 일부 개체군의 크기는 주기적으로 커지고 작아지기를 반복한다

자연은 항상 조직적이지 않다. 예를 들어, 지수 생장과 로지스틱 성장 방정식으로서 개체군 성장을 개념적으로 이해할 수는 있지만, 실제 개체군은 그런 교과서적인 성장을 하지 않는다. 생장률과 성장 유형은 매우 다양하다.

엄청난 규모의 메뚜기 떼는 예측할 수 없는 개체군 성장에 관한 확실한 증거이다(**그림 16.9**). 창백한 날개를 가진 메뚜기는 미국의 남서부에서 흔하게 발견되는 종이다. 이 곤충은 일반적으로 잡초와 다른 식물을 먹으면서 비교적 작고 분산된 개체군으로 살아간다. 그러나 2019년에 이상 폭우와 온화한 기온 때문에 이들은 빠르게 늘어났다. 빛에 달려드는 특성을 지닌 메뚜기들은 라스베이거스로 향했는데, 하도 수가 많아 기상 레이다 지도에 보일 정도였다. 이 메뚜기는 물거나 찌르지도 않으며 어떠한 질병도 유발하지 않지만, 단순히 엄청난 숫자만으로도 주민들이 놀랐고, 몇 주일 동안 운전을 할 수 없을 정도로 시야를 가렸다.

개체군 성장이 표준 유형에서 벗어나는 여러 방법이 있다. 예를 들어, 메뚜기 개체군의 폭발적인 성장은 예측할 수 없는 간격으로 일어난다. 또 다른 특이한 유형은 캐나다의 스라소니와 눈신토끼 개체군의 변동이다. **그림 16.10**에서 보듯이, 순조로운 로지

그림 16.9 **라스베가스 침공.**

스틱 성장이 아니라, 눈신토끼(먹이)와 스라소니(포식자)의 두 개체군 모두 매우 큰 개체군과 아주 작은 개체군 사이에서 흥망을 반복하는 주기를 보여준다. 206년 동안 털 사냥꾼으로부터 구입한 짐승의 생가죽에 대한 상세한 기록을 보관한 Hudson' Bay 회사 덕분에, 이러한 개체군의 반복 주기가 잘 기록되었다. 그 원인이 정확하게 규명된 것은 아니지만 포식자와 먹이의 관계로 이런

개체군 반복변동

눈신토끼와 스라소니 개체군은 10년 주기로 커지고 작아지기를 반복한다.

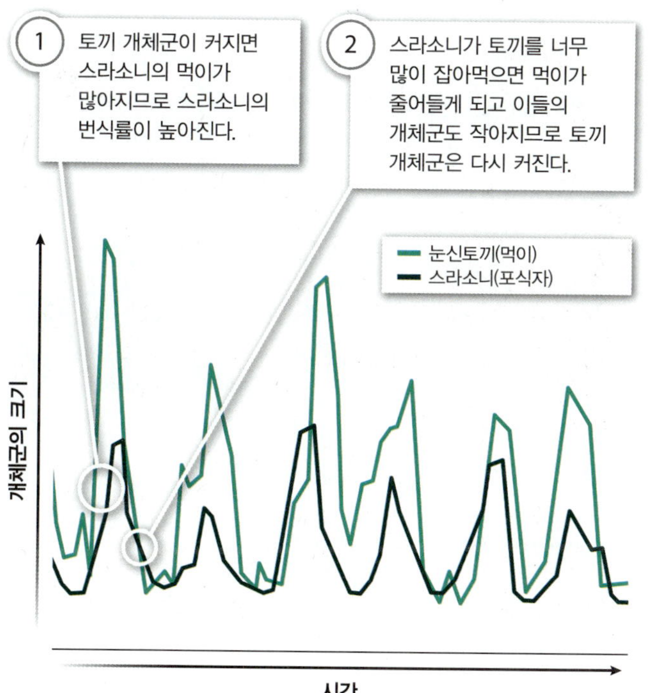

그림 16.10 포식자와 먹이. 덫을 놓은 사냥꾼이 Hudson' Bay에게 판 짐승의 생가죽 수를 기초로 해서 살펴본 개체군 수는 일정한 주기를 나타낸다.

주기가 형성되었음을 어느 정도 짐작할 수 있다:

1. 토끼의 개체군이 커진다.
2. 스라소니의 먹이가 풍부해진다.
3. 따라서 스라소니의 번식률이 증가한다.
4. 스라소니의 개체 수가 많아짐에 따라 토끼를 많이 포식한다.
5. 따라서 먹이 공급이 줄어든다.
6. 스라소니의 개체군이 쇠퇴한다.
7. 다시 토끼 개체군이 커지기 시작하며 주기는 다시 한번 시작한다.

이와 같이 흔하지 않은 개체군 성장의 예를 말할 때, 대부분 규칙적으로 순환하는 개체군과 엄청난 수가 주기적으로 발생하는 개체군은 법칙이라기보다는 예외적이라는 사실을 잊지 않아야 한다. 일반적으로 로지스틱 성장 유형이 대부분 개체군을 더 잘 설명한다.

Q 레밍은 그들의 개체군이 너무 커지면 절벽에서 떨어져 자살하는가?

개체군 성장에 관한 거짓으로 밝혀진 신화가 있는데, 바로 레밍이 자살한다는 것이다. 레밍은 그들의 개체군이 너무 커지면 절벽에서 떨어져 자살한다는 말이 맞는가? 한마디로 말해서: 아니다. 레밍은 개체군이 커지는 경험을 자주 한다. 개체군 밀도가 너무 커질 때 메뚜기의 행동이 변한 것처럼, 레밍의 행동도 변하며, 많은 개체가 밀도가 낮은 서식처와 먹이를 찾아서 떠난다. 레밍이 익숙하지 않은 영역에 도착하면 그들 중 일부는 높은 사망률을 보인다. 그러나 이러한 죽음이 자살은 아니며, 큰 무리에서는 일어나지 않는다.

이런 레밍의 신화가 어떻게 알려지게 되었을까? 1958년 디즈니의 다큐 영화, White Wilderness에서 눈으로 덮인 거대한 턴테이블 위에 있던 많은 레밍은 마치 이주 중인 것처럼 보였다. 나중에 레밍은 강 위의 절벽에 도착한 후 미친 듯이 급하게 물로 뛰어들었다. 이 장면 중 어느 것도 실제 레밍의 이주 모습은 아니다. 실제로 자연에서 레밍은 결코 이처럼 행동하지 않는다.

앞으로 살펴보겠지만, 개체군의 크기와 성장률을 예측하는 데에는 실질적인 이유가 있다. 그러나 단순한 성장 모델을 실행 가능한 관리 방식으로 전환하는 것은 어려울 것이다.

핵심요약 16.4

» 일부 개체군은 빠른 흥망의 주기를 반복한다.

16.5 최대 유지수확량은 유용하지만 시행하기는 거의 불가능하다

당신이 벌목회사의 직원으로서 동부 활엽수림에서 어떤 나무를 벨지를 결정하는 책임자라고 생각해보자. 이러한 업무는 이 장의 앞부분에서 언급한 바닷가재 어부의 업무와 같은 것이다. 활엽수림에서 최대 수확을 얻기 위해서는 몇 그루의 나무를 베어야 할까?

하루의 최대 수확은 모든 나무를 베는 것(개벌로 알려진 관행)으로 얻을 수 있다. 이 방법보다 더 많이 수확할 수 있는 전략은 당장 없다. 그러나 단 한 번만 이렇게 수확할 수 있으므로 이 전략은 관리 전략이라고 할 수 없다. 좀 더 합리적인 전략은 나무 일부만 베고 나머지는 미래를 위해 남겨두는 것이다. 그것을 염두에 두고, 어떤 나무(바닷가재)를 수확하는 것이 개체군의 성장에 영향을 가장 적게 미칠까? 이상적으로는, 개체군 성장에 더 이상 도움이 되지 않는 개체를 수확하는 것이 가장 좋다. 그러나 개체군에는 이러한 번식이 끝난 개체가 많지 않거나 그런 개체를 알아보기가 어렵다.

무엇이 더 나은 해결책인가? 장기적인 관리를 위해 더 나은 방법은, 일부를 수확하고 나머지는 성장해서 번식할 때까지 남겨 놓는 것이다. 이런 전략을 쓰면 개체군은 영원히 유지될 것이다. 개체군의 성장에 아무런 영향을 미치지 아니한 채로 개체군에서 가능한 한 많은 개체를 수확하는 것이 **최대 유지수확량**이다(그림 16.11). 이런 방법의 수확이 가지는 가치는 수확을 반복할 수 있다는 것이다. 이는 완전한 단 한 번의 근시안적인 것이 아니라 장기적으로 확실하게 더 많이 수확할 수 있는 전략이다.

숲의 관리자로서 또는 바닷가재 어업의 책임자로서 당신이 제일 처음 해야 할 일은 자원의 최대 유지수확량을 결정하는 것이다. 최대 유지수확량은 개체군이 가장 빠른 속도로 성장하고 있는 시점에서 계산할 수 있다. 그림 16.6에서, 우리는 로지스틱 성장에서 개체군은 그 크기가 환경수용력의 반 정도되면 가장 빠른 속도로 커진다는 것을 보았다. 이 중간 지점에서는, 낮은 개체군 수

자연 자원의 관리

자연 자원을 효과적이면서 지속 가능한 관리를 하기 위해서 특정 개체군에 최대 개체수가 추가되는 (그리고 수확되거나 이용될 수 있는) 개체군이 되게끔 최대 유지수확량을 결정하여야 한다.

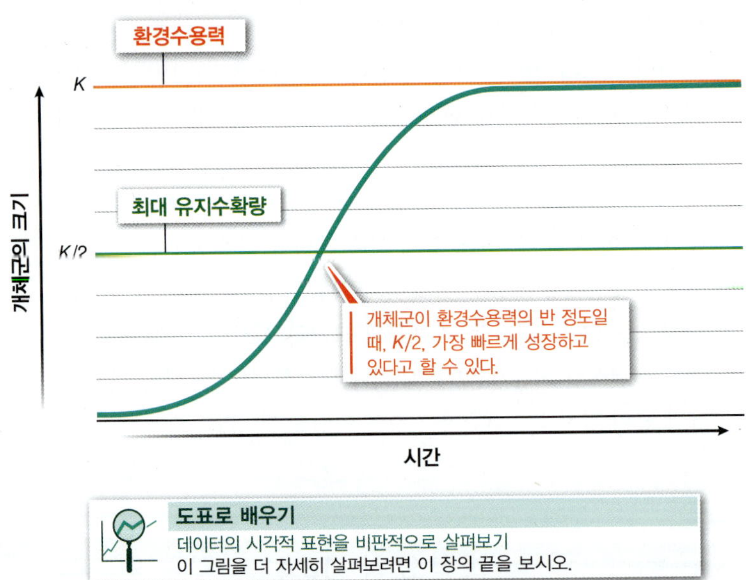

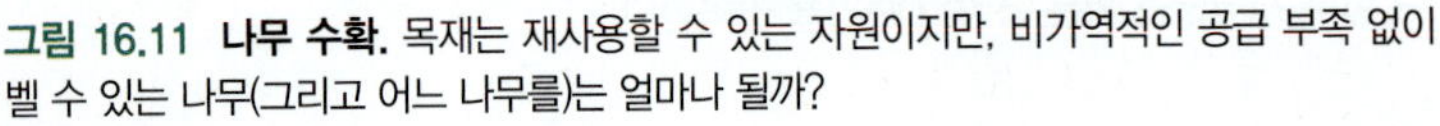

그림 16.11 **나무 수확.** 목재는 재사용할 수 있는 자원이지만, 비가역적인 공급 부족 없이 벨 수 있는 나무(그리고 어느 나무를)는 얼마나 될까?

최대 유지수확량이란 개념은 바퀴벌레와 같은 생물학적 해충과 싸울 수 있는 통찰력을 준다.

그림 16.12 **폭발적으로 증가한 해충 개체군.**

준이기 때문에 배우자가 부족한 것은 문제가 되지 않는다. 개체군이 환경수용력에 다다르게 되면 전혀 성장하지 않는 이유 중의 하나인 환경수용력에 가까워지기 때문에 경쟁도 역시 문제가 되지 않는다.

Q 실제로 미국 정부에서 일하고 있는 자연 자원 관리자는 맡은 임무를 다하지 못한다. 이유는 무엇인가?

최대 유지수확량은 나무나 바닷가재의 수확뿐 아니라 목축업, 농업 및 자연 자원의 대부분에 적용할 수 있는 매우 유용한 개념이다. 사실상 31개의 공식 미국 정부 기관은 수확량을 결정할 때 이 개념을 이용하라고 지시하였다. 그러나 그것은 거의 불가능한 임무였다. 이유는?

우선, 개체군이 환경수용력의 절반일 때 최대 유지수확량이 만들어진다면, 우선 환경수용력의 절반이 얼마인지를 결정하기 위해서 개체군이 환경수용력에서 안정될 때까지 기다려야 할까? 그러나 환경수용력의 절반에서 개체군이 유지되기를 원할 때, 이렇게 기다리는 것은 비효율적인 것이 아닌가? 아니면 환경수용력을 추정해서, 그것의 반을 또 계산하는 것이 좋을까? 그러나 바닷가재는 바다에 살기 때문에 어려운 일이다. 단순하게 말하면, K 값을 거의 모른다.

그리고 문제는 더 심각해진다. 많은 종의 환경수용력을 모를 뿐만 아니라, 심지어 현재 사는 개체 수도 알지 못한다. 인간의 수를 정확하게 헤아리는 것은 어렵다. 그래서 물에 살거나 날아다니거나 현미경적 크기인 종의 수를 세는 것이 얼마나 어려운지를 짐작할 수 있다.

만일 개체를 세고, 환경수용력을 알 수 있다면, 환경수용력이 해마다 안정적일 것을 짐작할 수 있을 것이다. 예를 들어, 환경수용력이 자원의 수준에 달려 있다면, 환경수용력은 주기적일 것이다. 환경수용력과 개체군의 크기를 계산해 낸다고 할지라도, 어떤 개체를 수확할지에 대한 확신이 서지 않을 것이다. 개체군의 모든 개체가 개체군의 성장에 똑같이 기여하지 않는 것은 자주 있는 일이다.

이런 사실이 밝혀지면서, 최대의 효율로 자원을 수확하는 것을 알면, 바퀴벌레나 진드기와 같은 해충을 퇴치하는 방법을 알아낼 수 있다(**그림 16.12**). 문제는 금방 해결되었다: 어떤 해충을 죽여 그 해충의 개체군이 성장하는 속도를 효과적으로 줄이고 싶은가? 가장 높은 생식률을 가진 성숙기의 해충은 개체군의 성장에 기여한다. 마찬가지로, 개체군은 단지 몇 마리의 수컷으로서 매우 빨리 성장하기 때문에—한 마리의 수컷이 많은 수의 암컷을 수정시키다면—암컷 해충을 죽이는 것이 가장 효과적이다.

핵심요약 16.5

» 개체군의 성장 모델에 근거하면, 자연 자원의 효과적, 지속 가능한 관리는 쉬운 일인 것처럼 보인다. 실제는, 개체군의 크기와 환경수용력을 추정하는 것과 같은 어려운 일은 전략을 실행하기 어렵게 만든다.

생활사는 한 종의 운영 요약서이다

▲ 아메리카검은물떼새가 새끼에게 먹이를 먹이고 있다.

16.6 생활사는 자연선택에 의해 만들어진다

어떤 동물은 폭발적인 생식을 한다. *Antechinus*라는 유대류에 속하는 동물은 호주에 서식하는 쥐 크기만한 동물로서 수컷은 고전적인 폭발적 번식가이다(**그림 16.13**). 생후 1년이 되면, 2~3주의 집중적인 교미 기간 동안 하루에 12시간씩 교미를 한다. 이 교미 기간이 끝나면 수컷은 급격한 물리적 퇴화를 겪는데, 몸무게가 줄고, 털이 빠지며, 기생충에 대한 내성이 떨어져서 결국 죽는다(가끔 암컷이 2~3년 생존한다고 할지라도 새끼가 젖을 뗄 무렵에는 대부분 죽는다).

다른 동물은 좀 다르다. 집쥐는 한 달이면 성적으로 성숙기에 달해서 매달 6~10마리의 새끼를 낳으며, 때때로 첫해에 무려

생활사의 다양성

주머니쥐 (Antechinus)

폭발적인 번식

- 1년 만에 성적 성숙기에 도달한다.
- 교미는 3주 동안 집중적으로 이루어진다.
- 생식시기가 끝나면 수컷은 곧 죽는다.
- 암컷은 첫배 새끼가 젖을 뗄 무렵 거의 죽는다.

집쥐

신속하고 집중적인 생식투자

- 한 달 만에 성적 성숙기에 도달한다.
- 매달 6~10마리의 새끼를 낳는다.

작은 갈색 박쥐

느리고 점진적인 생식투자

- 일 년 만에 성적 성숙기에 도달한다.
- 일 년에 약 한 마리의 새끼를 낳는다.

그림 16.13 생식전략.

100마리 이상의 새끼를 낳기도 한다.

또 다른 동물은 폭발적인 번식과는 거리가 멀다. 작은 갈색 박쥐는 쥐 크기만하지만, 생후 1년이 될 때까지 성적으로 성숙하지 못하며 일 년에 단 한 마리의 새끼를 낳을 뿐이다. 그러나 자연에서 33년 이상 살 수 있고 평생 동안 자손을 계속 낳을 수 있다.

생식전략에도 진화적으로 좋은 것과 나쁜 전략이 있을까? 생물학에서 가장 중요하게 반복적으로 나오는 주제 중 하나는 진화가 거의 항상 문제를 해결하는 한 가지 이상의 방법을 찾아준다는 것이다. 유대류 쥐, 집쥐, 그리고 작은 갈색 박쥐에서 보듯이 언제 생식하고, 얼마나 자주 생식하며, 한 번에 얼마나 생식하는지 등의 해결이 쉽지 않은 문제에 대한 답은 많다. 이런 질문에 대한 답을 알면, 한 개체의 **생활사**—첫 생식 시기, 각 연령별 생존률과 생식 확률, 한 배 새끼의 수와 빈도 그리고 수명 등을 포함한 종의 필수적인 통계 운영 보고서—를 알 수 있다.

생활사는 수컷의 **생식투자**—한 개체가 자손에게 줄 수 있는 온갖 재료와 활동적인 투자—가 단 한 번의 생식에서 이루어지는 *Antechinus*의 폭발적인 생식전략에서부터 사람처럼 생식을 반복적으로 하는 전략에 이르기까지 매우 다양하다. 동물과 마찬가지로 식물의 생활사도 여러 전략을 사용한다. 옥수수, 호밀, 벼, 콩, 메리골드, 꽃양배추 등 일년생들은 동물처럼 한 번 번식하고 죽는다. 한편, 사과, 산딸기, 포도, 생강, 마늘 등의 다년생들은 반복해서 번식하고 일부는 수년 동안 생존한다.

앞에서 제기된 질문으로 되돌아가서, 어느 생활사 전략이 최선일까? 다음의 두 질문에 대하여 생각해 볼 필요가 있다.

1. **생식할 동안 치러야 할 생식 투자의 비용은 얼마인가?** 자손을 만드는 것은 여러 측면에서 매우 위험하다. 교미 행위도 위험할 수 있다(예를 들면, 포식자에게 잡아먹힐 수 있다). 그리고 생식함으로써 몸이 쇠퇴해지는 것은 큰 피해이다. 그래서 자손의 수는 생식으로 손해를 입기 전이 최고로 많다. 예를 들면, 심각한 사망 위험 없이 어떤 개체가 4마리의 새끼를 낳을 수 있다. 그러나 만약 개체가 우연히도 5~6마리의 새끼를 낳는다면 또 새끼를 낳을 때까지 살지 못하는 대가를 치를 수 있다. 따라서 많은 생물의 경우, 한 배의 새끼 수가 적은 것이 미래에 자손을 더 낳을 수 있는 **평생**의 생식적 성공을 최대화하는 방법이므로 자연선택은 이 방법을 선호한다.

2. **미래의 생식 때까지 개체가 생존할 확률은 얼마인가?** 잡아먹힐 위험이나 그 외의 다른 치사율이 매우 높다면 생물들은 한 달도 살지 못할 것이다. 만일 그렇다면, 생식을 미루는 것은 어리석은 것이다. 올 것 같지 않은 미래를 위해 아낄 이유가 있을까?

어느 해든 사망할 확률이 낮아서 인간은 30세 또는 그 이후가 될 때까지 생식을 미룰 것이다.

그림 16.14 극단적으로 느린 생활사.

설치류는 생활사의 초반에 빠르게 생식하는 생식전략의 극단적인 예를 보여준다. 설치류는 야생에서 사망률이 아주 높다. 그래서 결과적으로 자연선택은 생활사 초반의 집중적인 생식 투자를 선호한다. 설치류는 부모의 돌봄은 거의 없는 반면 여러 번에 걸쳐 많은 새끼를 낳는다. 이런 유형의 생활사 전략을 가진 개체는 상대적으로 경쟁력이 낮지만, 개체군 성장 속도가 매우 빠르다; 각 개체의 생존확률은 낮지만, 많은 새끼를 낳으므로 두 마리 자손의 생존 확률은 높다.

생활사의 초반 이후, 즉 늦게 생식하는 생활사 전략의 예를 들면, 인간은 생식하지 않는 어떤 해에도 사망할 확률이 낮아서 번식을 늦추거나 위험을 감수하지 않고—수 년에 한 번—최소한의 적은 자손을 얻는다. 이런 패턴은 한 번에 단 하나의 자손을 낳고 그 자손의 생존을 최대화하기 위해서 부모의 노력을 상당히 기울인다. 일반적으로, 이런 유형의 생활사 전략을 가진 개체는 개체군 성장률이 낮다 하더라도 개체의 경쟁력—즉, 생존력—이 높은 방식으로 진화를 했다. 즉, 자손은 적게 낳더라도 그들의 생존율은 높다(**그림 16.14**).

핵심요약 16.6

» 생활사는 한 개체가 성장, 생식, 생존에 투자하는 양상을 설명한다. 매우 다양한 전략을 통해 한 쌍의 생물은 적어도 두 마리의 생존한 자손을 낳는 결과를 이룰 수 있다.

16.7 성장, 생식과 수명 사이에는 맞교환이 있다

만일 당신이 이상적인 한 개체를 설계할 수 있다면 그 개체가 최대의 적응도를 가지도록 생활사를 어떻게 구성할 것인가? (적응도란 한 개체의 자손 수를 개체군에 있는 다른 개체의 자손 수와 비교한 것이라고 10장에서 설명하였다.) 이상적으로는 (1) 자손을 많이 낳거나, (2) 대단히 커서 잡아먹히는 일이 없고, (3) 영원히 살도록 개체를 설계할 수 있을 것이다.

불행하게도 진화에는 제약이 있다. 하나의 특징을 변화시키는 선택은 다른 것에는 불리하게 영향을 미치기 때문에 이들 중 일부 형질은 불가능하다. 생활사 맞교환은 생물이 자원을 공평하게 사용하는 성장, 생식 그리고 생존의 세 부분에서 가장 잘 이해할 수 있다. 자원이 제한되면 생활사의 진화는 쌍방 득실의 차가 없는 게임이다; 이들 중 어느 하나에 더 많이 투자되면 다른 것에 덜 투자되는 것이다. 가장 연구가 잘 된 생활사 맞교환 사례를 살펴보자.

1. **생식과 생존.** 그림 16.13에서 본 주머니쥐나 연어 같은 어류는 생식 투자가 매우 큰 폭발적인 생식을 하여 자손을 많이 남기지만 곧 죽는다(**그림 16.15**). 만일 이들을 생식하지 못하게 하면 더 오래 생존할 수 있다.

2. **생식과 성장.** 너도밤나무는 종자를 만들지 않는 해에 비하여 종자를 많이 만드는 해에 천천히 성장한다. 비슷한 예로 첫해에 생식하지 못한 붉은 사슴 암컷은 그해 상당히 크게 성장한다.

3. **자손의 수와 크기.** 옆얼룩도마뱀의 암컷은 알이 작을 때는 많은 알을 낳을 수 있지만 큰 알을 낳을 때 더 많이 생존할 수 있다. 이 종은 알의 크기를 조정하여 자손의 수를 최대화할 수 있도록 진화하였다.

Q 단 한 번의 외과수술을 통해 남자는 수명을 10년 이상 연장할 수 있다. 왜 이런 시도를 하지 않는 것일까?

이것 외에도 생성된 자손의 수와 부모의 돌봄 정도와 같은 맞교환도 있다. 또 포유류는 한 배당 새끼 수가 위도(적도로부터 거리)에 따라 증가한다. 이런 현상은 한 배 새끼 수와 빈도의 맞교환 때문인 것 같다. 적도에 가까울수록 계절적인 변이가 적어 동물은 일 년 중 교미하는 시간이 길다. 적도에서 멀어질수록 겨울

생활사 맞교환

생식과 생존
태평양연어는 생식투자가 높은 단 한 번의 폭발적 생식을 한 후 곧 죽는다.

생식과 성장
너도밤나무는 종자를 만들지 않는 해에 비해 종자를 많이 만드는 해에는 천천히 생장한다.

자손의 수와 크기
도마뱀은 많은 수의 작은 알 (낮은 생존)과 적은 수의 큰 알 (높은 생존) 사이에서 중간 크기의 알을 낳는다.

그림 16.15 **생물종이 성장, 생식과 생존을 모두 최대로 하는 것은 불가능하다.**

에는 교미하기가 힘들어 교미 시기가 짧아진다. 고위도에 서식하는 포유류는 새끼의 수가 적어지는 것을 보상하기 위하여 한 배당 많은 새끼를 낳는다. 또 다른 맞교환이 있을까?

핵심요약 16.7

» 진화에는 제약이 있으므로 생활사는 성장, 생식 그리고 생존의 투자 사이에 맞교환이라는 특징을 가진다.

이것이 우리의 방법 / 과학의 창의적 과정

16.8 빠른 성장에는 대가가 따른다

가설에 따라 만든 예측을 지지하는 실험 증거를 수집하는 것은 예측이 매우 정확한 것처럼 보여도 때때로 어렵다. 성장과 수명 사이에 맞교환이 있다는 생각에 대한 실험적 증거를 모으는 것이 그러하다.

적절한 증거를 모으는 것은 어려운 일이다:

1. 특정 개체군 내에 천천히 성장하는 생물이 있다면 이들의 수명은 길지 못할 것이다. 이유는 간단하다. 느린 성장은 영양결핍 때문이며, 따라서 수명이 감소할 것이기 때문이다.

2. 개체군에 빨리 성장하는 생물이 있다면 이들의 수명은 길 것이다. 그 이유는 단지 영양 공급이 충분하면 빨리 성장하기 때문이다.

3. 그리고, 생장률은 몸의 크기와 관련이 있으므로—결국 수명과 관련이 있으므로—가장 빨리 성장하는 생물이 가장 수명이 길 것이다.

실험처리에서 연구 참여자를 임의 추출하는 것이 왜 유용한가?

위 각각의 경우, 성장과 수명 사이에 특별한 맞교환이 있는지를 평가하는 데이터가 적절하지 않다. 이런 예측을 조사하기 위해서는 아주 잘 조절된 실험을 하여야 한다.

2013년, *Proceedings of the Royal Society of London*에 실린 논문에서 연구자들은 엄격한 방법으로 그리고 처음으로 생장률과 수명 사이의 관계를 평가할 수 있는 영리한 실험적 접근을 발표하였다. 그들이 수행한 방법을 살펴보자.

연구자들은 수조의 물 온도를 조절하여 작은(길이 5 cm 이하) 삼가시큰가시고기(*Gasterosteus aculeatus*)의 성장 궤적을 조절하는 실험을 하였다. 큰가시고기는 외온동물이어서 체온이 자신들이 사는 물의 온도에 따라 증가 또는 감소한다.

물고기를 무작위적으로 정상(6°C), 따뜻한 물(10°C), 찬물(4°C)의 세 무리로 나누어 넣은 후 4주 동안 그 온도를 유지하였다. 이 기간을 1시기라고 한다. 그 후 모든 물고기를 6°C(정상 온도)에서 죽을 때까지 키웠다. 이 기간을 2시기라고 한다. 이 물고기 수명의 중간값은 약 2년이었으며—3년 이상 사는 물고기도 많다—1시기는 수명 중간값의 4%보다 짧았다.

보통보다 수온이 높거나 낮으면 물고기의 성장이 어떻게 되나?

1시기 동안 찬물에서는 물고기의 성장이 감소하였고 따뜻한 물에서는 증가하였다. 예상한 대로, 1시기가 끝났을 때 세 가지 다른 수온에서 성장하였던 큰가시고기의 평균 크기는 상당히 달랐다.

그러나 수온 변화는 또 다른 결과를 낳았다: 모든 물고기를 같은 수온에 두었던 2시기 동안에 생장률이 변했다. 1시기 동안 찬물에 있던 물고기는 빠르게 성장하여 평균 크기에 다다랐고, 따뜻한 물에 있던 물고기는 성장이 더뎠다. 이러한 성장의 증가와 감소 결과, 3~4개월이 지난 후 세 집단 사이의 물고기 크기에는 차이가 없어졌다.

생각하기, 짝과 나누기

수업 수강생 중 한 명과 짝을 만드시오. 다음의 질문을 읽고 답에 대하여 60초 동안 조용히 생각하시오. 이후 5분 동안 토론을 하고 자신의 답을 공유할 수 있게 준비하시오.

- 이 연구 결과를 시험하기 위해 조작 가능한 다른 변수가 있는가?
- 어느 무리의 물고기가 진화적으로 더 성공하였다고 생각하는가? 그 이유는?

물고기는 빨리 성장하기 위해 대가를 치르는가? 빠른 성장을 위해서 무엇을 포기하여야 하나?

앞에서 말한 대로, 연구자들은 물고기를 죽을 때까지 같은 조건에 있게 한 후, 이들의 수명을 계속 추적하였다. 세 집단의 평균 수명을 비교했을 때 그 결과는 극적이었다.

- 2시기에 빠른 성장을 했던 무리는 수명이 감소하였다—정상 수온 무리보다 16.5% 짧았다.
- 2시기에 느린 성장을 했던 무리는 수명이 증가하였다—정상

수온 무리보다 30.6% 길었다.

이런 결과를 보고서 어떤 결론을 내릴 수 있을까?

연구자들은 이 결과가 성장과 수명 사이에는 어떤 맞교환이 있음을 나타낸다고 결론 내렸다.

또한, 이들은 이 결론을 지지하는 추가적인 척도를 보고했고 이 실험이 잘 통제되었음을 나타내는 증거를 제시하였다. 수명 차이는 (1) 물고기의 최종 크기와 (2) 2시기 동안 물고기가 했던 생식 투자와 무관했다. 그뿐만 아니라 수명은 온도 조절에 의한 생장률과도 무관하다는 사실(1시기)도 밝혀내었다.

실험 결과에 대한 논의에서, 연구자들은 이 실험 결과 큰가시고기는 1시기 동안 먹이를 더 빨리, 더 천천히 소화한 결과로 각각 더 빨리 더 천천히 성장한다는 것을 밝혔다. 그리고 이는 오로지 온도에 의해서만 차이가 났다. 온도라는 요소는 왜 수명에는 영향을 미치지 않는가? 생장률의 차이는 몸을 유지하는 데에 필요한 자원을 변환시킨 결과가 아니기 때문이다.

그러나 2시기 동안 모든 물고기는 같은 수온에 있었고, 천천히 성장하는 물고기는 자원을 변환하여 몸의 유지나 생식에 사용할 수 있기 때문이다. 반면 빨리 성장하는 물고기는 귀중한 자원을 변환하여 성장에만 사용하였다.

이 실험 디자인으로 연구자들이 수명 차이를 만드는 기작을 결정할 수 있는 것은 아니다. 그러나 이들은 2시기 동안 더 빠르게 성장하면 대사 활성의 증가와 관련 있는 스트레스의 결과로 더 많은 세포가 손상한다고 추론하였다.

핵심요약 16.8

» 두 변수 사이의 관계를 단순하게 관찰할 때 복합적인 요인은 잘못된 결과를 생성할 수 있다. 처리 집단에 실험대상을 무작위로 배치하는 것은 인과관계를 구분할 수 있는 필수적인 통제이다.

16.9 개체군은 생명표와 생존곡선으로 표현될 수 있다

생물학자와 보험회사의 공통점은 무엇인가? 우리가 생각하는 것보다 더 많다. 보험회사는 사람이 얼마나 오래 사는지를 추정할 필요가 있었기 때문에 "**생명표**"라는 것을 고안했다. 이 표는 사망표라고도 할 수 있다. 그 이유는 특정 나이의 무리, 예를 들면 10~20세 무리에 속하는 사람의 수와 사망한 사람의 수를 기록하기 때문이다. 이 표를 보고서 보험업자들은 특정 나이대의 사람들이 생존하고 사망하는 것을 예측할 수 있다. 보험회사는 이런 정확한 예상수명을 알아내는 것이 높은 수익을 얻는 방법이었다. 생물학자에게 이런 생명표는 한 개체군에 속한 개체들의 삶을 들여다 볼 수 있는 창문과 같다. 즉, 얼마나 살 것이고, 언제 생식하며 얼마나 많은 자식을 낳을 것인가를 알 수 있다.

생물학자는 생명표를 가지고 개체군에서 현재 생존해 있는 특정 연령의 개체의 비율을 보여주는 **생존곡선**을 만들었다. 생존곡선은 연령대 별로 개체의 생존 가능성을 나타낸다. 또한, 어류처럼 출생 후 곧 사망할 것인지—일부 물고기는 500만 개의 알을 낳는다는 사실을 생각하자—아니면 미국인처럼 출생 후 오래도록 살 것인지와 같은 개체군에 대한 많은 정보를 가지고 있다.

그림 16.16은 3가지의 뚜렷이 다른 생존곡선의 유형을 보여준다. 곡선은 특정 종의 전 연령에 걸쳐 연령 별로 생존한 개체의 비율을 나타낸다.

유형 I: 그림 16.6의 위 그래프는 대부분 인간 개체군에서 볼 수 있으며 코끼리거북의 생존곡선 또한 마찬가지이다. 우리와 코끼리거북은 늙은 나이까지 모든 연령에서 생존할 확률이 매우 높으나 이후 사망률은 극적으로 증가한다.

대부분 포유류를 포함하는 유형 I의 생존곡선을 가진 종은 일반적으로 몇 가지 공통적인 특징을 가진다. 포식자가 거의 없으므로 오래 생존할 수 있고, 따라서 자손을 많이 낳지 않는다. 자손도 오래 살며, 자손을 위해서 상당한 시간과 투자를 한다.

유형 II: 중간 그래프는 물총새 같은 많은 조류와 다람쥐 같은 몸집이 작은 포유류에서 볼 수 있는 생존곡선이다. 직선은 각 연령의 생존 비율이 꾸준히 규칙적으로 떨어지는 것을 나타낸다. 다시 말하면, 조류가 1살에서 2살 사이이든, 10살에서 11살 사이이든 모든 연령에서 사망할 가능성이 동일하는 것을 의미한다.

유형 III: 아래의 보라색 그래프는 가장 어릴 때 대부분 사망하는 생존곡선이다. 대부분 식물과 곤충, 굴과 어류 등 많은 해양 생물

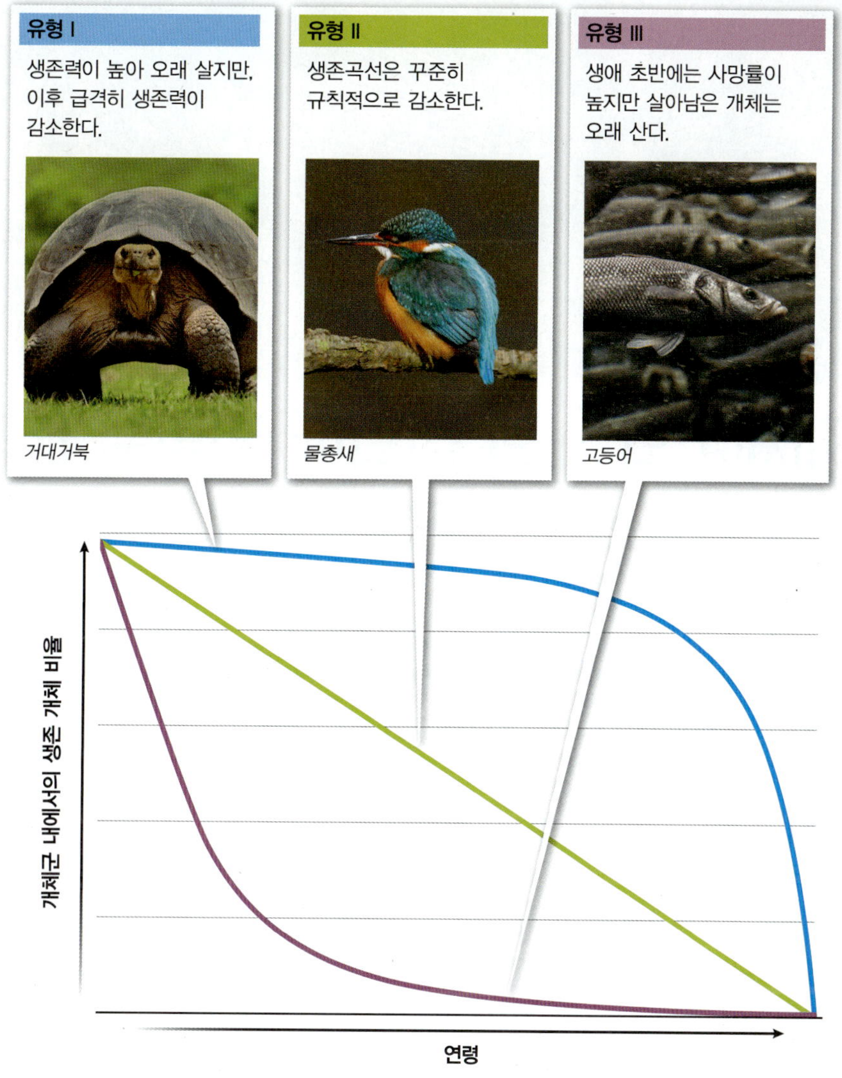

그림 16.16 생존의 3가지 유형.

종들에서 공통적으로 볼 수 있는 유형 III 곡선은 개체군 내에서 초기 연령대에서 충분히 생존한 운 좋은 몇몇 개체가 훨씬 더 오래 살게 될 가능성을 나타낸다. 이 유형에 속하는 종의 경우, 대부분 개체가 오래 살지 못하기 때문에 자손을 많이 남기고 또한 부모의 양육도 없다. 고전적인 예가 고등어이다. 고등어 암컷 한 마리는 백만 개의 알을 낳는다! 그러나 대부분(평균 999,998)은 성체가 되기까지 생존하지 못한다. 그렇지 않다면, 지구는 고등어로 뒤덮일 것이다.

사실, 대부분 종은 유형 I, II, III에 꼭 들어맞지 않는다. 오히려 각 유형의 중간쯤 어디에 속한다. 그래도 극단적인 이런 유형을 알게 되면 생물의 행동을 광범위하게 관찰하지 않아도 생식률과 부모 투자를 예측할 수 있게 된다. 또한, 생존곡선은 시간이나 위치에 따라 변할 수 있다. 예를 들어, 개발도상국 사람들은 모든 연령대에서—특히 어린 연령대에서—산업화된 국가의 사람들에 비하여 사망률이 더 높다.

핵심요약 16.9

» 생명표와 생존곡선은 개체군 내 개체들의 생존과 생식 양식을 요약한 것이다. 종에 따라 이 유형은 매우 다양하다. 즉, 사망률은 가장 나이가 많은 경우에 가장 높거나, 반대로 나이가 적은 경우에도 높을 수 있고, 심지어 모든 연령에서 똑같을 수도 있다.

▲ 가시가 있어 포식자에게 잡아먹히지 않는 호저는 수명이 매우 길다.

16.10 모든 것은 쇠퇴한다: 노화란 무엇이고 왜 일어나는가?

당신이 알고 있는 70, 80대의 누군가를 상상해보라. 명백히 그들은 노화했다. 그러나 노화란 정확히 무엇을 의미하는가? 30대나 40대의 사람들과 무엇이 다른가? 때때로 노화는 처진 피부를 나타낸다. 때론 근육과 뼈가 약화하고, 때로는 노망을 말하기도 한다.

완전히 똑같은 방식으로 노화한 사람이 이 세상에 단 두 명도 없다는 사실을 알면 노화를 정의하기란 어렵다(**그림 16.17**). 그래서 약간 모호하게 정의를 내리는 쪽으로 물러서야 한다. 한 개체로 보면 노화는 신체 기계의 점진적인 퇴화를 말한다. 이렇게 노화를 정의하면, 각 개체는 각각 노화를 다르게 경험할 수 있다는 것을 알게된다. 그러나 개인보다 개체군 전체를 살펴봄으로써 노화를 더 명확하게 이해할 수 있을 것이다.

개체군의 관점에서 보면, **노화**는 확정적이고 측정 가능하다는 특징을 가진다. 성숙한 이후 나이가 들면 사망할 위험성이 커진다는 것이다. 예를 들어, 사람은 60~61세보다 70~71세 사이에 사망할 가능성이 크다. 마찬가지로 34~35세보다 44~45세에서 사망할 가능성이 더 크다. 나이에 따라 사망의 원인은 다르지만 죽음을 향한 느릿느릿한 발걸음은 유예 없이 점점 더 심해진다. 이것이 생태학자에게 가장 유용한 정의이며 인간에게만 적용된다. 동일한 방식으로 모든 종에서 노화를 측정할 수 있고 평가할 수 있다.

Jeanne Louise Calmont은 122세 넘게 살았으며 현재까지의 기록 중에서 최고령이다. 지구 상에 있는 대부분 생물에 비해 (미국인의 평균 수명인 78세에 비해 상당히 고령이다) 매우 오래 산 기록이지만 다른 장수한 생물에 비하면 빛을 잃는다. 예를 들어, 강털소나무는 가장 오래 사는 종으로 수천 년 동안이나 생존한다. 어떤 강털소나무 개체의 나이테를 보면 7천 년 이상 살았던 것으로 보인다.

모든 것은 무너져 내린다: 중심은 지탱할 수 없다; 무질서만이 세상을 뒤덮어 가고, 피에 물든 물결은 넘쳐나, 어디서나 순수한 의례를 함몰시킨다. 가장 선한 자들은 신념을 잃어가고, 가장 악한 자들은 격렬한 열정에 차 있다."

— William Butler Yeats, *재림*, 1919

동물 중에 바닷가재와 비늘백합(조개의 일종)는 수명이 긴 무척추동물이다(각각 100년과 200년). 장수하는 척추동물인 줄무늬

노화

노화는 사람마다 다르게 진행되지만, 나이가 다른 것을 인식하는 것은 어렵지 않다. 아래 사진은 16명의 여성이 26년의 시간 간격을 두고 찍은 단체 사진이다. (왼쪽 위에 적힌 글은 "미래를 위하여"라는 뜻이다)

1973

1999

그림 16.17 **개인들은 다른 방식으로 노화한다.**

Q 대부분의 유전병 때문에 노인은 죽지만 어린애는 왜 죽지 않는가?

왜 노화하는지를 설명하는 것이 이해하는 것보다 더 쉽다. 이에 대한 설명은 근본적인 사실에 근거한다: 자연선택의 힘이 나이가 들수록 줄어든다는 것이다. 이것이 무슨 말인가?

1. **10살에 죽음에 이르는** 돌연변이를 가진 사람을 상상해보자. 그 사람은 많은 자손에게 이 돌연변이 유전자를 남기는가? 물론 아니다. 자손에게 넘기기 전에 죽기 때문에 이 유전자를 후세에 남기지 않는다. 사망의 원인이 되지 않는 대체 유형의 유전자만 계속 유지된다.

2. **150**살에 죽음에 이르는 돌연변이를 가진 사람을 상상해보자. 그 사람은 자손에게 이 유전자를 남기는가? 물론 그렇다. 이 치명적인 대립유전자를 가진 사람은 해로운 대립유전자가 발현되기 전에 자손을 가질 것이다. 심지어 이 유전자를 본인이 가지고 있다는 것을 알기도 전에 자식에게 이 유전자를 넘겨주기도 한다. 이 돌연변이가 해로운 영향을 발휘할 기회를 가지기 전에 틀림없이 죽을 것이다. 돌연변이의 부정적인 효과가 100살, 혹은 70살, 심지어 50살(비록 "젊은 나이"의 사망의 원인이 될 수도 있지만)에 나타나도 같은 일이 벌어진다.

농어는 120년 이상을 살고 거북은 150살까지 산다. 수명이 짧은 극단에 있는 생물을 보면, 설치류는 단지 2년을 살 뿐이며 초파리를 비롯한 대부분 곤충은 일반적으로 몇 주일 정도만 산다. 흥미로운 것은 조류와 박쥐는 비슷한 크기의 설치류보다 5~10배 오래 산다. 이런 사실을 보면, 왜 이리 수명의 차이가 큰가? 종의 수명을 조절하는 것은 무엇인가? 라는 의문을 가지게 된다.

사실상 노화는 신비로운 현상이 아니다. 우리는 '왜 늙는가'라는 질문은 생물학에서 해결된 가장 큰 문제 중 하나이다. 그러나 이상하게도 노화는 과학의 가장 비밀스러운 주제이기도 하다. 더 살펴보자.

첫 번째 예를 보면, 질병의 원인이 되거나 일찍 죽게 되는 유전자는 자연선택에 의하여 제거된다. 그런 유전자는 절대로 다음 세대로 전달되지 않는다(**그림 16.18**). 누구도 이 유전자를 물려받지 않으므로 개체군 내에서 성공적으로 사라진다. 대체 유형의 유전자를 가진 개체들은 더 건강하고 더 건강한 자손을 낳아 "좋은" 유형 유전자를 많이 유전시킨다.

결과적으로, 좋은 유전자가 개체군에서 끝까지 남는 유형이 된다. 이런 유전자들을 우리가 조상으로부터 물려받고, 이 유전자들 덕분에 십대 사망률이 높은 유전병을 가진 사람은 거의 없다.

우리는 자연선택이 형질을 증가시키고 개선하기 위해—예를 들면, 기린의 목과 같은—긍정적인 작용을 하는 것으로 생각하는 경향이 있다. 하지만 자연선택은 부정적으로 작용하기도 한다—질병이 이 경우에 해당된다.

일부 유전자의 경우는 자연선택이 그렇게 효과적이지 않다. 두 번째 예는, 단지 일생의 후반부에서만 유전자의 보유자가 죽게 될 가능성을 높이는 돌연변이에 대한 것이다. 이와 관련된 예는 암이나 심장질환 또는 다른 질병의 위험성을 증가시키는 돌연변이를 포함한다. 불행히도 이런 돌연변이 유전자를 가진 사람은 생식을 하여 이 유전자가 부정적인 결과를 나타내기도 전에 다음 세대로 전달한다.

다시 말하면, 이런 나쁜 유전자를 가지고 있든 아니면 좋은 유전자를 가지고 있든 간에 문제가 되지 않는다. 즉, 당신의 **총자손수**는 똑같다. 결과적으로 이런 돌연변이체는 개체군에서 절대 제거되지 않는다. 실제로 지난 수백 수천 세대를 거쳐 조상으로부터 이런 돌연변이 유전자를 우리는 물려받았다.

건강에 불리한 돌연변이 유전자들은 생애 후반에—생식 후가 될 것이다—노화의 원인이다. 이 유전자는 나쁜 결과가 발현되기 전에 자손에게로 넘겨지고 개체군 내에서 그 수가 많아질 것이다. 이것이 사망의 원인이 많고 나이가 들어감에 따라 우리 몸이 쇠퇴해지는 이유가 될 것이다.

Q 암을 치료하는 방법은 밝혀지겠지만 노화를 치료하는 방법은 알아낼 수 없을 것이다. 암과 노화의 차이점은 무엇인가?

핵심요약 16.10

» 자연선택은 한 개체의 상대적인 생식 성공을 줄이지 않는 한 나쁜 대립유전자를 제거할 수 없다. 결론적으로, 이러한 나쁜 유전자는 거의 모든 종 개체의 유전체에 축적된다. 그래서 우리는 나이 들면서 생리적인 고장을 많이 경험하게 된다.

유전병과 노화

자연선택은 생식한 이후까지 기다려 건강을 해치는 유전자를 제거하지 않는다. 생애 초반에 표현되는 돌연변이는 다음 세대에 유전되는 빈도가 매우 낮다.

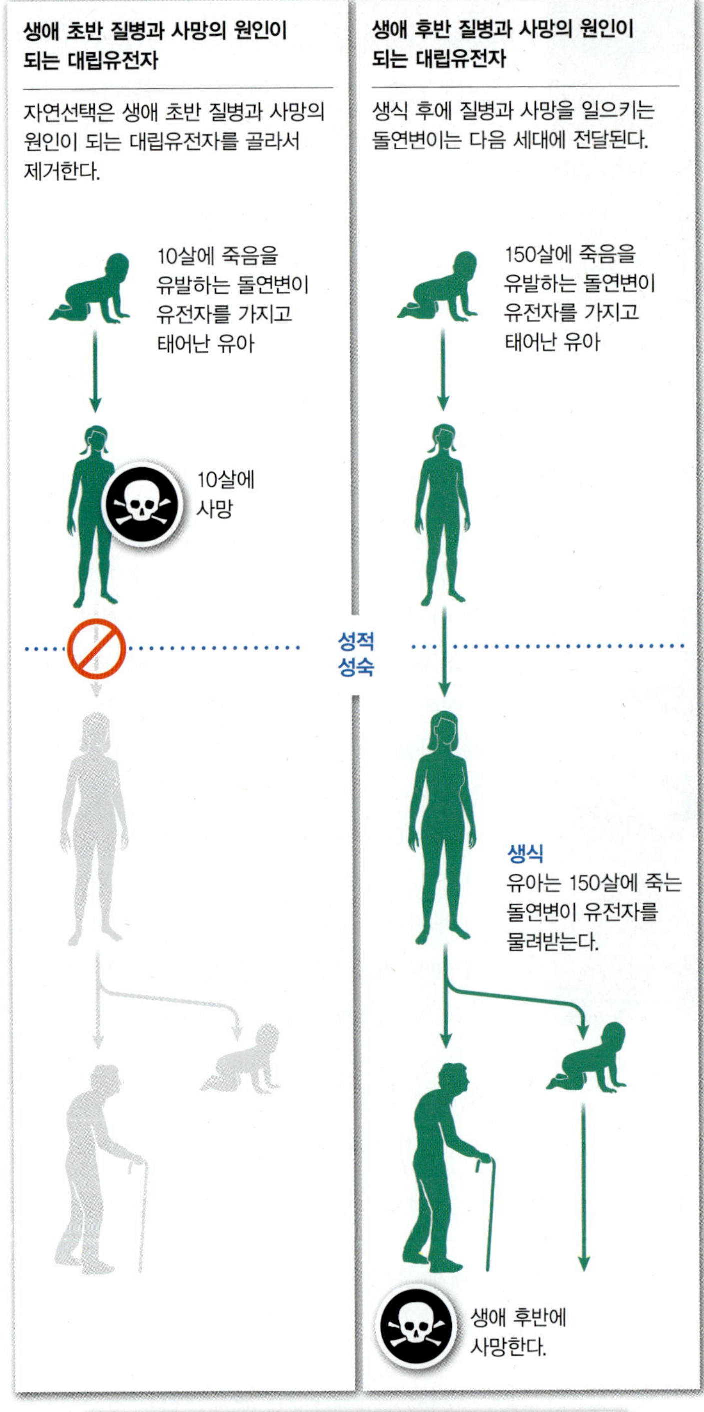

그림 16.18 시한폭탄을 갖고 태어나다.

16.11 종마다 평균수명이 다른 이유는 무엇인가?

생물이 영원히 살 수 있을까? 아니다. 내부적인 유전적 사망요인이 없더라도 환경은 번개, 포식자, 홍수, 질병 등의 사망요인을 제공한다. 그리고 종에 따라서 이런 위험은 다소 심각할 수도 있다. 예를 들면, 설치류는 포식자로부터 늘 높은 수위의 위협을 받는다. 끊임없이 경계하지 않으면 새나 다른 동물의 먹이가 된다. 심지어 경계를 게을리하지 않아도 매일 죽음의 위험 속에 살고 있다. 결과적으로, 몇 년 안(보통 더 빨리)에 죽을 것이다(**그림 16.19**).

외부 요인에 의한 사망은 매우 일찍부터 생명을 앗아갈 수 있으므로 위협이 큰 세상에서 사는 생물들은 일찍 생식한다: 자연선택은 이러한 생식 전략을 선호한다. 그렇지 않으면 생물들은 자손을 전혀 남기지 못할 것이다. 1~2살 정도의 이른 시기에 손해를 입히는 해로운 돌연변이가 일어났다면, 설치류는 이미 자손을 낳아 이 유전자를 다음 세대로 전달했을 것이다. 그래서 해로운 유전자는 개체군 내 빈도수가 늘어날 것이고, 개체는 더 빨리 노화할 것이다.

반면에, 거북은 위험이 낮은 환경에서 살고 있다. 위험으로부터 보호할 수 있는 갑옷 같은 등껍데기를 가지고 있으므로 외부의 위해 요소는 적다. 생식 투자를 초기에 많이 할 필요가 없고, 따라서 이러한 전략은 자연선택의 대상이 되지 않는다. 만일 5살 또는 10살 정도에 그 효과가 발현되는 해로운 돌연변이가 생긴다면 그 개체는 생식하기 전에 죽는다. 결과적으로, 돌연변이는 다음 세대로 전달되지 않는다; 자연선택은 개체군으로부터 그 변이를 제거해버린다.

환경의 위협과 노화

높은 위해 요소
- 연령별 사망률이 비교적 높다.
- 일찍 생식하는 경향을 띤다.
- 빨리 노화한다.
- 수명이 짧다.

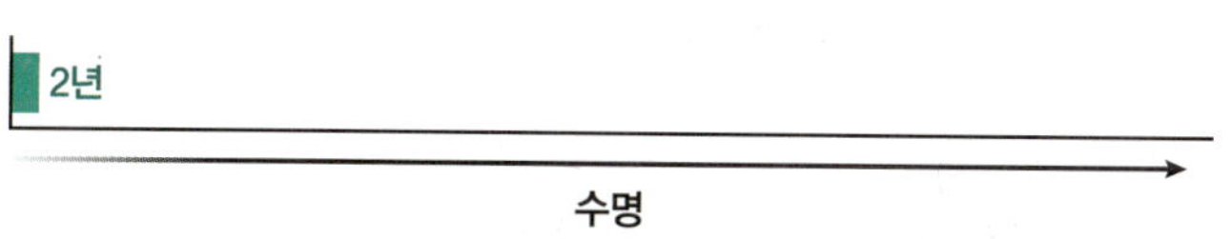

거북

낮은 위해 요소
- 연령별 사망률이 비교적 낮다.
- 늦게 생식하는 경향이 있다.
- 천천히 노화한다.
- 수명이 길다.

150년

수명

사망률이 높은 환경에서는 짧은 수명을 가지고 빨리 성숙하는 개체군이 진화한다. 사망률이 낮은 환경에서는 그 반대이다.

그림 16.19 위협이 크면 수명이 짧고 위협이 작으면 수명이 길다.

그래서 생식 시기가 수명을 결정하는 핵심 요인이다. 생식을 일찍 하게 하는 요인은 노화가 빨리 일어나게끔 하는 요인이기도 하다; 생식이 일찍 일어나지 않으면—또는 생식이 천천히 일어나면—노화도 천천히 일어난다. 그렇다면 개체의 생식 시기를 결정하는 것은 무엇인가?

특정 **위해 요소**(그림 16.19 참조)가 존재하는 세계에서 진화하고 있는 개체군을 생각해보자. 이런 인자는 죽음을 유발하는 모든 외부 요인을 포함한다. 거북이나 사람처럼 위해 요소가 낮으면 종은 천천히 생식하려는 경향이 있고 따라서 자연선택은 생애 후반에 효과가 나타나는 것을 제외한 해로운 모든 돌연변이를 제거한다. 이런 종의 개체들은 그들에게 노화가 일어나기 전에 오래 산다. 한편, 위해 요소가 높으면 일찍 생식하고 따라서 노화도 빨리 일어나며 수명이 짧다.

우리 속의 호저나 기니아피그 중 누가 더 천천히 노화할까? 둘 사이의 차이는 커서 명백하게 호저에서 노화가 훨씬 늦게 일어난다. 아무도 호저를 잡아먹으려 하지 않는다. 아니 오히려 아무도 호저를 잡아먹을 수 없다. 호저는 뾰족한 가시를 가지는 진화를 해왔기 때문에 포식의 위험성이 낮아 이들이 사는 환경의 위해 요소도 낮다.

반대로 보호에 필요한 가시가 없는 기니아피그는 포식자의 위험에 시달리고 있다. 그들은 높은 위해 요소가 있는 환경에서 진화해 왔기 때문에 일찍 생식하고 노화도 일찍 일어나며 어릴 때 죽는다. 우리 속의 호저는 21년을 사는 반면 기니아피그는 10년을 살지 못한다. 야생에서는 그 차이가 더 커서 호저는 15년을 살지만, 기니아피그는 3~4년을 살 뿐이다.

독을 가진 뱀과 독이 없는 뱀의 수명에 차이가 있을까? 또는 박쥐(날 수 있는)와 쥐는?

핵심요약 16.11

» 어떤 종의 노화 속도와 사망 유형은 그 개체의 환경에 있는 위해 요소에 의해 결정된다. 죽음의 위험성이 낮은 환경에서는 수명이 길고 천천히 노화하는 개체들의 개체군으로 진화한다. 사망 위험성이 높은 환경에서는 빨리 노화하고 수명이 짧은 개체들의 개체군으로 진화한다.

16.12 노화 속도를 늦출 수 있을까?

수명은 연장할 수 있다. 진짜 맹세코 정상 수명을 두 배로 늘릴 수 있다. 가능성뿐만 아니라 연구자가 반복적인 실험을 통해 초파리에서 증명해 보였다.

수명을 연장한 실험 결과는 매우 놀랍지만 그 방법은 매우 간단하다. 여러 큰 초파리 개체군을 사육 통에 넣어 키웠다. 초파리는 먹이를 먹고 먹이 접시 위에 알을 낳았다. 며칠마다 새로운 먹이 접시로 바꾸어 주었고 오래된 접시는 치웠다. 2주가 되면 오래된 먹이 접시에서 알을 수거하여 새로운 세대를 시작하였다. 그리고 사육 통 안의 초파리 성체는 버렸다.

이렇게 계속 진행하였고, 초파리 개체군은 수백 세대까지 유지되었다. 이런 개체군에 있는 초파리의 수명을 측정해보니, 초파리는 수 주 후에 생리적으로 쇠약해지기 시작하여 노화하고, 한 달 후 모두 죽었다.

초파리에 가해지는 자연선택의 힘을 바꿈으로써 노화 유형이 진화할 수 있을 것으로 생각한 연구자는 초파리 실험에서 2주 만에 알을 수거하는 대신에 더 오래 기다려 새로운 세대를 시작하였다(**그림 16.20**). 첫 번째 세대는 3주 동안 살았던 부모이다. 만일 개체군 중 어떤 초파리가 2주와 3주 사이에 죽는 돌연변이를 가졌다면, 그 파리는 다음 세대로 돌연변이 유전자를 넘기지 못했을 것이다.

Q 현재 우리의 지식으로 인간의 수명을 두 배로 연장할 수 있을까?

여러 세대가 지난 후 3주 대신에 4주를 생존한 초파리로 다음 세대를 시작하였다. 새로운 세대의 부모들은 당연히 4주 동안 생존한 초파리이다. 4주 이전에 죽은 초파리는 새로운 세대 구성에 참여하지 않았다. 자연선택은 이제 일찍 노화를 유발하는 돌연변이 유전자가 퍼지는 것을 줄일 수 있게 되었다.

이런 실험은 계속 진행되어 5주, 그리고 6, 7주, 끝으로는 10주—초파리 개체군의 위해 요소를 줄이는 것과 같은—까지 세대 시간을 늘릴 수 있었다. 이 시점에서는, 10주 이내에 죽음을 유발하는 돌연변이 유전자를 가지지 않은 초파리만이 새세대를 시작할 수 있었다. 이 실험의 결과는 매우 "깨끗해진" 유전체를 가진

수명을 늘리기 위해 진화 사용하기

실험

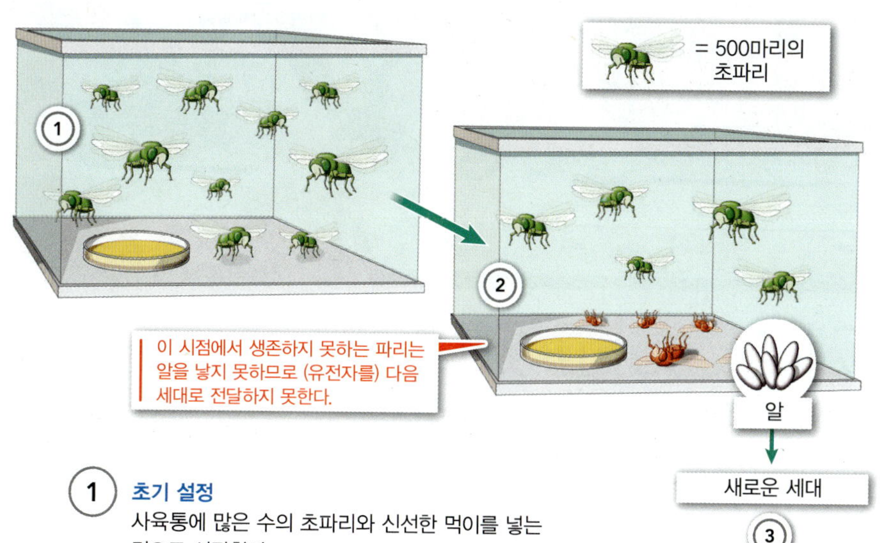

1 초기 설정
사육통에 많은 수의 초파리와 신선한 먹이를 넣는 것으로 시작한다.

2 새 세대 시작
2주 후에 사육통에 신선한 먹이를 넣어주고, 그 초파리가 낳은 알을 수거하여 새로운 사육통으로 옮긴다.

3 세대 시간을 늘리기
이 과정을 되풀이한다. 하지만 2주보다 더 오래 기다린다. 10주 동안 생존하는 파리가 낳은 알을 수거할 때까지 기다리는 시간을 점점 늘린다.

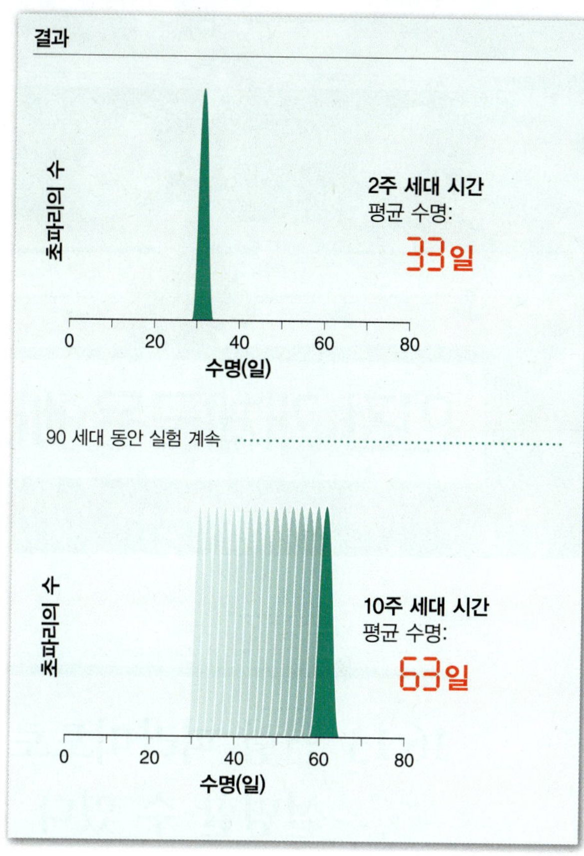

많은 세대 동안, 번식을 점점 늦게 하도록 선택함에 따라 파리의 평균수명이 두 배가 되었다.

그림 16.20 실험실에서 진화를 통해 오래 사는 개체 만들기

초파리 개체군을 만든 것이다. 사육통 바깥의 환경을 이상적으로 만들면 이런 슈퍼 초파리들은 최초의 초파리가 이미 죽었을 시간이 지나도 노화하지 않는다. 사실상 새로운 초파리의 평균수명은 60일 이상이었다—최초의 초파리의 수명의 두 배!

핵심요약 16.12

» 생의 후반기에 발휘되는 자연선택의 힘을 증가시키면 평균수명과 최대 수명이 증가할 수 있다. 이런 일이 자연에서도, 통제된 실험실 조건 아래에서도 일어난다.

▲ 폭발적으로 성장하고 있는 전 세계의 인구를 어떻게 먹여 살릴까?
(사진: 중국의 한 양계장에서는 하루에 375,000마리의 닭을 처리한다.)

16.13 연령 피라미드로 개체군에 대해 많은 것을 설명할 수 있다

Q 베이비 붐이란 무엇인가? 오늘날 젊은이들에게 이는 왜 나쁜 소식인가?

베이비 붐. 이것은 반세기 전에 일어났으며, 오늘날 미국의 젊은이들이 이들의 비용을 지출해야 할 것이다. 왜 그럴까? 세계 2차 대전 직후부터 1960년대 초반까지 미국의 가정은 그들 부모보다 아기를 매월 30% 이상 더 많이 낳았다. 이 기간이 지난 후에 출생률은 이전으로 되돌아가기 시작했고 이후 일정 수준을 유지했다. 이들이 학령기에 접어들자 이들을 수용하기 위해 학교의 크기가 커졌다. 이후 베이미 부머가 졸업을 하고 난 후에는 학교 크기가 줄어들어야 했다. 이제 이들이 은퇴할 나이가 됨에 따라 은퇴와 건강을 지키기 위한 요구를 충족시키는 것이 미국 사회가 직면한 제일 심각한 문제 중 하나이다.

개체군은 그들이 사는 공간이 도시냐 시골이냐에 따라 변이가 크다. 베이비 붐은 물론 "연령 분포"와도 관계가 있다. 일부 지역에 더 많이 살고 다른 지역에는 적게 사는 것처럼, 한 연령군에 많은 사람이 속하게 되고 다른 연령군에 덜 속하게 된다.

각 연령군에 있는 개체의 비율을 가지고 개체군을 살펴보면 개체군의 흥미로운 특징을 알 수 있다. 개체군은 특정 연령군에 속하는 개체의 비율, 즉 코호트로 나눌 수가 있다. 예를 들면, 0~5살, 6~10살, 11~15살 등등으로 나누어 연령 피라미드를 만들 수 있다. 예를 들어, 사람들은 연령에 따라 죽거나 생식할 가능성이 근본적으로 다르다. 10살된 사람은 생식하지 않을 것이고 30살인 사람은 생식 기회가 높을 것이다. 그리고 다음 해에 사망할 확률이 10살인 사람은 거의 없는 반면에 80세의 사람은 훨씬 높다.

각 개체군에서 10대, 30대, 80대의 상대적인 수를 아는 것은 사회를 아는 데 매우 유용하다. 연령 통계는 다른 사회 문제 중에서, 새 학교에 투자하는 것이 좋을지, 산과 병동 또는 요양 병동에 투자하는 것이 옳을지를 결정하는 데 유용하게 사용된다. 회사 역시 사람들이 좋아하고 필요한 물건을 생산하기 위한 전략을 세울 때 연령 통계에 의존한다.

전 세계를 통틀어, 나라마다 각각 개체군을 묘사하는 연령 피라미드가 크게 다르다. 두 개체군이 같은 크기이고 연령 분포가 다르다면, 서로 매우 다른 몇몇 특징을 가질 것이다. 가장 산업화가 잘된 나라들은 천천히 성장하거나 전혀 성장하지 않는다; 주민의 대부분은 중년이거나 노년이다. 이런 나라의 연령 피라미드는 피라미드 모양이라기보다 사각형에 가깝다(**그림 16.21**). 출생률이 낮으므로, 피라미드의 바닥이 넓지 않다. 그리고 사망률도 낮으므로, 피라미드의 높은 연령군은 좁아지지 않는다. 대신에 60대와

연령 피라미드

저개발국가: 케냐

케냐와 같은 저개발 국가의 연령 피라미드는 출산율과 사망률이 모두 높으므로 삼각형이다.

선진국: 노르웨이

노르웨이와 같은 선진국의 연령 피라미드는 출산율과 사망률이 모두 낮으므로 사각형에 가깝다.

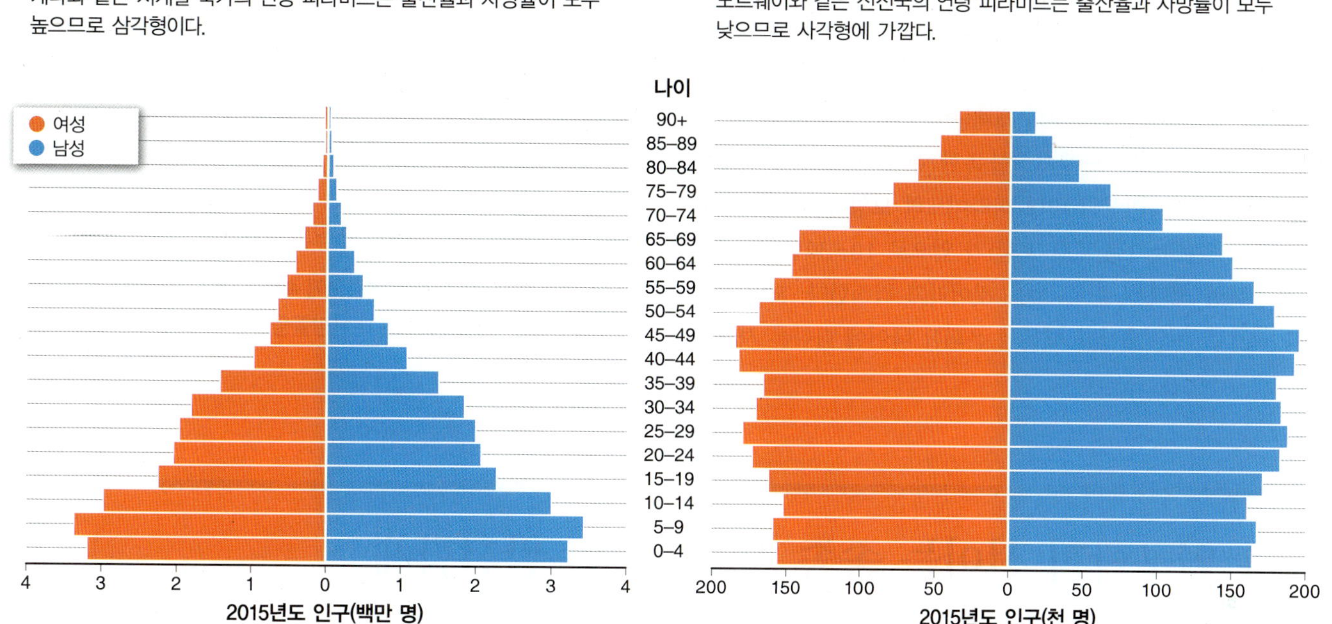

그림 16.21 개체군 성장의 시각적 표현. 연령 피라미드는 개체군 성장이 안정화될 때 삼각형에서 사각형으로 바뀐다.

베이비 붐 세대와 은퇴

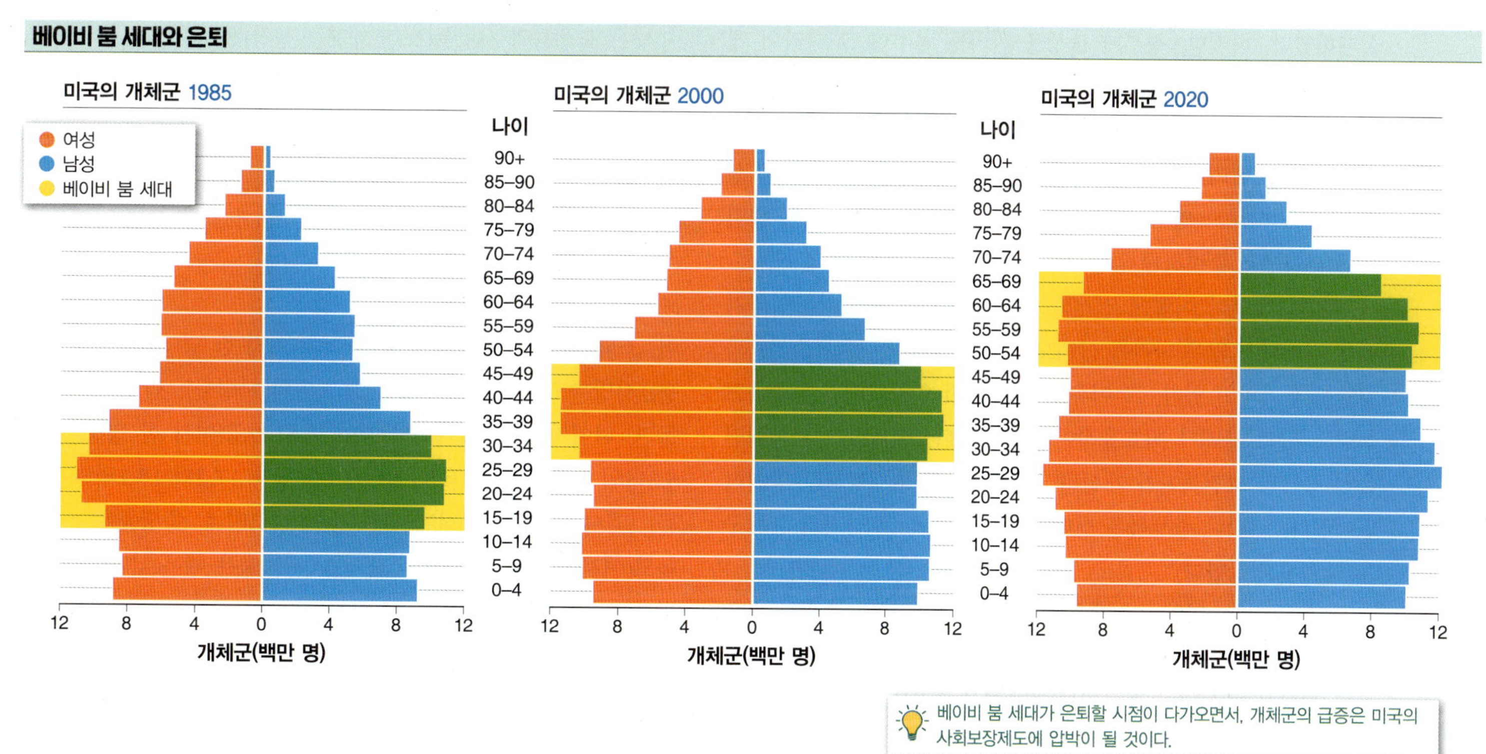

그림 16.22 은퇴 붐

70대 후반으로 가면서 거의 같은 크기를 유지하고, 이후에는 사망률이 높아져 급격히 좁아진다. 삼각형에 가까운 피라미드 모양은 개발도상국에서 볼 수 있다. 예를 들어, 케냐의 출생률은 높으므로 바닥은 매우 넓다. 그러나 의료 서비스가 좋지 않기 때문에 사망률이 높으며 노년으로 갈수록 개체군의 크기가 연속해서 줄어든다. 이런 개발도상국에서는 대부분의 개체군이 젊은 연령군에 있다.

미국의 연령 피라미드에서, 불룩한 부분에 주목하자(**그림 16.22**). 경제학자는 미국의 연령 피라미드의 모양을 보면 사회보장제도(사회보장과 의료 보호 포함)가 앞으로 10~30년 후 고령자에게 충분한 혜택을 줄 수 없을 것이라고 걱정한다. 50~70년 전 예외적으로 높은 출생률 때문에 은퇴할 나이에 다다른 사람의 수가 많아졌다.

베이비 부머가 태어난 이래로, 그런 커다란 코호트를 가진 해는 없었다. 결국, 이는 사회보장체계를 지탱하고 있는 근로자의 수가 수많은 은퇴자에게 약속했던 연금을 지출할 수 없다는 것을 의미한다. 따라서 베이비 부머들은 그들의 은퇴 비용을 비싸게 지출하게 될 것이다.

핵심요약 16.13

» 연령 피라미드를 보면 특정 연령군에 속하는 개체군의 개체 수를 알 수 있다. 따라서 여러 해 동안 출생률과 사망률을 추산할 수 있다.

16.14 인구학적 천이는 종종 저개발국이 발전함에 따라 발생한다

전 세계적으로, 정부는 개체군 성장을 조절하기 위하여 시민들이 출생률을 줄이도록 노력해 왔지만(심지어 종종 강압적으로), 거의 실패하였다. 하지만, 정부가 출생율 관리를 멈추면 그 나라의 개체군 성장률은 모두 저절로 줄어드는 것 같다. 산업화가 이루어진 많은 국가에서는 건강, 부와 교육이 따라서 증가한다. 그 과정에서 초반에는 빨리, 나중에는 천천히 성장하는 일반적인 개체군 성장 유형을 따르고 있다. 이런 일련의 변화는 산업화가 진행 중인 모든 나라에서 뚜렷하게 일관된다.

이러한 유형이 어떻게 전개되는지 알아보기 위해서 산업화가 아직 일어나지 않은 나라를 살펴보자. 이런 나라는 높은 출생률과 사망률을 가지고 있다. 그 이유는 믿을 만한 의료체계가 부족하고 식량 생산과 분배가 비효율적이기 때문이다. 산업화가 시작되면 음식 공급과 보건복지가 개선된다. 이렇게 되면 사망률은 당연히 떨어진다. 그러나 출생률은 상대적으로 높아서 그 나라의 개체군은 빠르게 성장한다.

산업화가 계속되면, 더 많은 변화가 생긴다. 가장 중요한 것은 삶의 수준이 증가이다. 교육과 고용의 수준이 올라가고 의료 서비스도 덩달아 개선되며 결국에는 출생률을 감소시킨다. 새롭게 출생률이 감소하게 되면 개체군의 성장이 둔화한다. 이러한 진행을 **인구학적 천이**(demographic transition)라고 한다(**그림 16.23**).

인구학적 천이는 다음과 순서로 진행된다

- 높은 출생률과 사망률(느린 개체군 성장)로부터
- 높은 출생률과 낮은 사망률(빠른 개체군 성장)로부터
- 낮은 출생률과 사망률(느린 개체군 성장)까지

Q 스웨덴의 개체군 성장은 매우 느리고 멕시코에서는 매우 빠르다. 왜 다를까?

인구학적 천이가 이루어지려면 몇십 년이 걸리므로 천이가 일어났는지 파악하기는 쉽지 않다. 전 세계의 각 나라를 조사해 본 결과 천이가 다르게 일어남을 알 수 있다. 예를 들어, 스웨덴에서는 출생률이 매우 낮고(여자 한 명당 1.7명의 출생률) 사망률도 낮다(1,000명당 10.4명의 사망률). 반대되는 예를 들면, 나이지리아에서는 출생률이 매우 높고(여자 한 명당 5.5와 5.3명의 출생률) 사망률도 높다(1,000명당 17.2와 15.1명의 사망률). 멕시코는 인구학적 천이의 중간 정도인데, 출생률은 비교적 높고(여자 한 명당 2.45명의 출생률) 사망률은 매우 낮다(1,000명당 4.7명의 사망률).

지난 몇십 년 동안, 일본, 호주, 미국, 캐나다 그리고 유럽 국가들에서 인구학적 천이가 이루어졌는데, 개체군 성장의 둔화를 일으켰다. 반면, 멕시코, 브라질, 동남아시아 그리고 대부분의 아프리카 국가들에서는 천이가 완성되지 않았으며, 개체군의 성장이 여전히 위태로울 정도로 빠르게 이루어지고 있다.

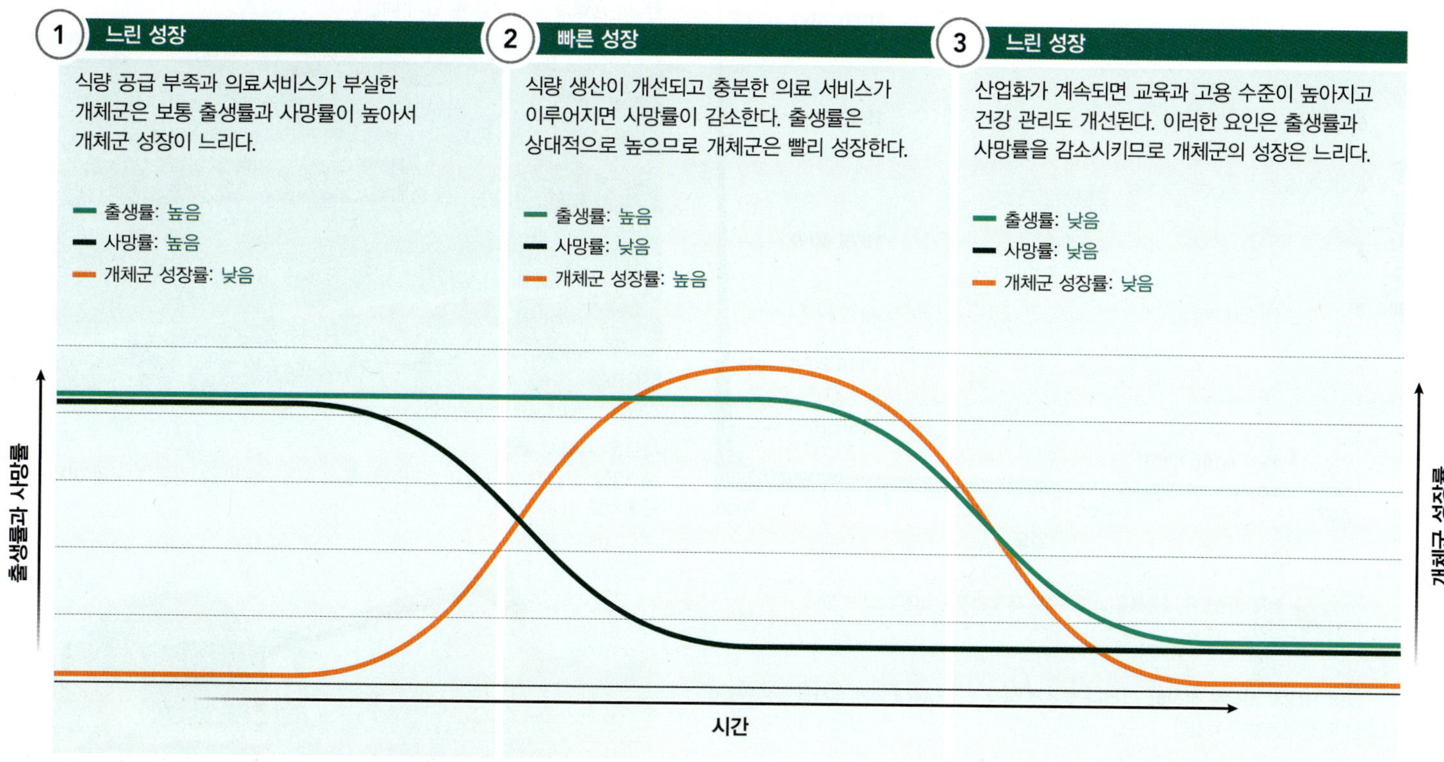

그림 16.23 산업화와 함께 사망률은 감소하고 이후 출산율도 역시 떨어진다.

인구학적 천이를 보면, 정부의 직접적인 개입 없이도 건강, 부와 교육이 어떻게 출생률을 감소시키는지를 알 수 있다. 하지만 전 세계 인구의 3/4이 개발도상국에 살고 있고, 1/4이 선진국에 살고 있으므로 전 세계 인구를 관리 가능한 수준으로 유지하기는 불충분할 것 같다. 대신에, 전 세계 개체군의 성장은 빠르게 계속될 것이다. 그러한 폭발적인 성장의 잠재적인 결과는 어떠할까? 다음에서 살펴보자.

핵심요약 16.14

» 인구학적 천이는 처음엔 사망률이 감소하고 다음에 출생률이 감소하는 특징을 가지며, 산업화와 함께 일어난다.

16.15 인구: 어디까지 성장할 수 있을까?

인간은 경이적으로 성공한 종이다. 현재 인구는 77억이며, 출생률이 사망률을 훨씬 앞지르므로 해마다 8,000만 명이 증가한다(**그림 16.24**). 그러나 우리 모두의 성공을 위해서 물리학과 화학의 법칙이 여전히 적용되고 있다. 우리는 에너지를 얻기 위하여 음식이 필요하고 살 곳도 필요하다. 다른 자원도 필요하며, 우리가 배출하는 모든 쓰레기를 처리하고 저장하는 수용력도 필요하다. 끊임없는 개체군의 성장은 한계에 부딪힐 것이므로, 우리는 우리 자신의 성공의 희생자가 될 것이다.

우리는 한 가지를 확실하게 알고 있다: 인구는 현재의 속도로 영원히 성장할 수 없다는 것이다. 다른 모든 종의 경우와 마찬가지로, 우리의 환경은 개체군을 무한정 유지할 수 없는 환경수용력을 가진다. 개체군은 얼마나 성장할 수 있을까?가 문제이다. 지구

사람 개체군 성장

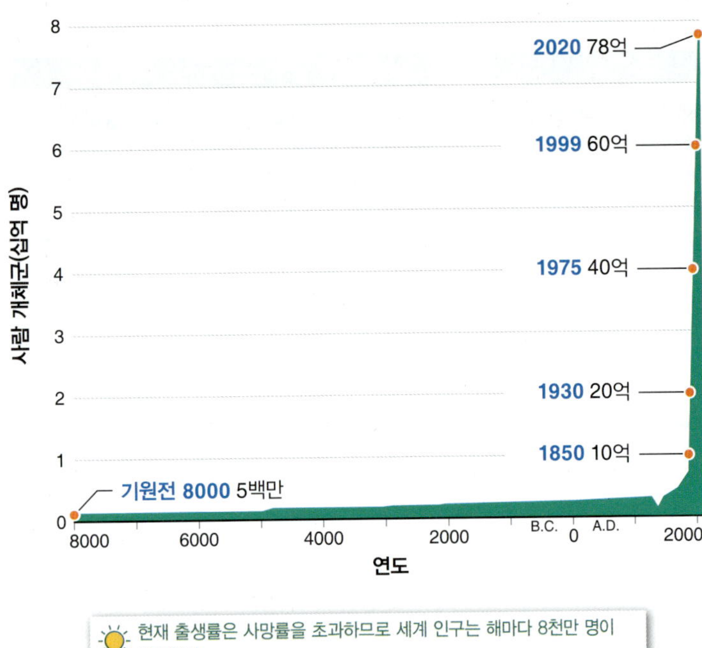

현재 출생률은 사망률을 초과하므로 세계 인구는 해마다 8천만 명이 증가한다.

그림 16.24 시작은 천천히, 그러나 빠르게 성장. 1300년대 중반 흑사병으로 만들어진 파인 부분을 주목하라.

의 인간 환경수용력은 어느 정도인가? 불행하게도 이 질문에 답하기는 매우 어렵다.

300년이 넘는 기간 동안, Antonie van Leeuwenhoek(현미경 발명가)가 130억 명을 약간 넘는 것으로 추정한 이후부터 생물학자들은 추정값을 만들어 왔다. 모든 추정치의 중간값은 100억을 약간 상회하며, 국제연합(UN)은 환경수용력 때문에 70억에서 110억 정도의 인구가 지구에 서식할 수 있을 것으로 예측한다.

한 생물학자의 추정값과 다음 추정값은 큰 차이가 있다. 이것을 알아내는 것이 왜 그렇게 어려운가? 문제는 애초에 인간이 엄청난 성공을 거둔 이유에서 비롯된 것 같다. 우리는 너무 똑똑해서 우리가 환경수용력에 도달하기 전에 환경수용력을 계속 늘리는 것 같다. 이것을 다양한 방법, 우리가 발명한 다양한 기술로 이루어내었다. 특히 다음의 세 가지 측면에서 진전을 이룬다(그림 16.25).

1. **새로운 서식처를 확장한다.** 불, 도구, 은신처 그리고 충분한 식량만 있으면 지구의 어디에서나 살 수 있다.

2. **농업 생산성을 증가시킨다.** 비료, 현대적이고 기계를 사용하는 농업법, 수확이 좋은 식물이나 동물을 선택하면 적은 수의

환경수용력은 무제한?

사람 개체군의 환경수용력을 측정하기 어려운 이유는 우리가 여러 방법으로 환경수용력을 증가시킬 수 있기 때문이다.

아랍에미레이트공화국의 두바이

새로운 서식지 확장

불, 연장, 보금자리 그리고 효과적인 음식 배분 덕분에 사람은 지구의 어느 곳에서도 살 수 있다.

밀을 수확하는 콤바인

땅의 농산물 생산성 높이기

비료, 기계화 농업, 생산량을 늘리기 위한 선택을 통해, 적은 수의 사람으로도 전에는 불가능하다고 여겼던 것보다 훨씬 더 많은 식량을 생산할 수 있다.

스웨덴 말뫼의 마천루

고밀도 사회에서 사는 법

공중보건과 도시공학의 발전으로 쓰레기와 감염병의 문제를 안고 있으면서도 많은 사람이 고밀도로 살 수 있게 되었다.

그림 16.25 인간은 기술을 개발하여 지구의 환경수용력을 증가시킨다.

사람으로도 많은 식량을 수확할 수 있다.

3. **고밀도로 서식하면서 생기는 문제점을 피할 수 있다.** 공중위생과 도시공학의 발전이 이루어져 감염질환과 쓰레기 문제를 최소화함으로써 많은 사람이 함께 살 수 있게 되었다.

제가 생각하기에, 모든 미국인은 굴뚝에서 나오는 연기를 본 후 너무 밀집해서 사는 것을 느끼고서 좀 더 자연에 가까운 곳으로 이사한 늙은 Daniel Boone과 비슷합니다."

— Hubert Humphrey, 38대 미국 부통령, 1966

그러나 여전히 질문이 남아 있다. 인구는 어디까지 성장할까? 인간의 경우, 지구의 환경수용력을 결정하는 데에 가장 어려운 것은 한 명이 필요로 하는 자원이 얼마인가를 알아내는 것이다.

Q 인도의 인구는 일본의 10배이다. 인도의 생태학적 발자국이 더 작은 이유는 무엇인가?

개인이나 국가 전체가 사용한 땅, 음식, 물, 연료를 평가함으로써 **생태학적 발자국** 추정이 가능하다.

생태학적 발자국의 추정값을 보면, 일부 국가(예, 뉴질랜드, 캐나다, 스웨덴)는 자국민이 필요한 자원보다 더 많은 자원을 가지지만, 세계 전체로 보면 자원 사용량이 공급량보다 훨씬 더 많다. 즉, 이미 환경수용력에 도달했다는 것이다. 미국, 일본, 독일, 영국 등 많은 나라의 개체군은 현재 지속 불가능한 수준의 자원을 소비한다.

지구의 환경수용력을 추정하는 데 있어 또 다른 어려움은 개체군이 성장의 기본적인 성질을 바꾸는 것이다. 전 세계 출생률의 상대적으로 작은 변화 때문에 개체군의 최종 크기는 극적으로 변화한다.

지구의 환경수용력을 추정하는 데에 어려움은 중요한 이슈를 명확하게 하여 준다. 얼마나 많이 환경수용력이 증가할 수 있는지 알고 싶을 때 질문을 더 구체화해야 한다. 다음을 더해야 한다: 편안하고, 안전하고 안정적인 수준이 어느 정도인지, 그리고 지구와 행성에 사는 다른 종에 어떤 영향을 미치는지 등의 구체적인 질문을 해야 한다. 이들은 맞교환적이다.

예를 들어, 인도에 사는 12억 5천만 인구의 생태학적 발자국은 일본 혹은 노르웨이 혹은 호주의 인구보다 훨씬 작다. 한 명당 환경에 영향을 훨씬 적게 미치고 사는 것이 가능하다는 것을 우리는 안다.

Q 지구의 환경수용력은 삶의 방식에 대한 우리의 선택에 의해 영향을 받는다. 어떤 것일까?

그러나 더 많은 수의 사람이 이 행성에서 안정적으로 살기 위해 우리는 얼마나 희생하기를 원할까? 이 숫자를 최대로 늘리는 것이 우리의 목표인가? 또는 이 숫자를 줄이고 각 개인에게 유용한 자원을 늘릴까? 또는 우리의 목표가 전혀 다른 것인가? 이런 질문들에 대한 답이 궁극적인 환경수용력을 110억 명 이상으로 할지 70억 명 이하로 할지에 영향을 미칠 것이다.

전 세계의 인구 증가는 현재 상당한 추진력을 가지고 있으므로 문제는 점점 더 어려워진다. 즉, 한 쌍당 딱 두 명의 자녀만을 출산할 수 있도록 즉각적이고 영구적으로 당장 출생률을 줄인다고 하더라도, 전 세계의 인구는 40년 이상 늘어날 것이며 적어도 80억 인구가 될 것이다.

젊은이가 매우 많고 해마다 더 많은 젊은이가 생식인구가 되므로 이런 결과가 나온다. 인간의 지구 환경수용력에 가까워질수록(또는 초과할수록), 우리는 이것을 더 잘 인지하여야 하지만, 그때는 훨씬 더 불쾌한 자연적인 인구 통제를 경험하는 데에 이르기까지 우리를 파멸시킬 수 있는 자연 고갈을 피하기 위한 것으로 선제적 조치를 취하기에는 너무 늦을 것이다.

핵심 요약 16.15

» 전 세계의 인구는 현재 매우 높은 속도로 성장하고 있다. 그러나 한정된 자원 때문에 결국 성장은 제한될 것이고 개체군의 크기는 70억 명에서 110억 명에서 머물 것이다.

생활사 맞교환과 청춘의 작은 샘: 생식과 수명의 관계는 무엇인가?

생식과 수명 사이에 맞교환이 있다는 증거는 충분하다. 여러 동물에서 생식력의 감소가 수명의 증가로 이어지는 것을 볼 수 있다.

Q: 이것을 실제로 적용할 수 있을까? 예: 당신의 애완동물의 난소를 제거하거나 거세하면 수명이 길어질 것이다.

Q: 정말 그런가? 예! 1,000마리 이상의 고양이를 부검한 결과 불임이 아닌 암컷은 평균 3년 정도를 살았고, 불임인 암컷은 훨씬 더 긴 평균 8.2년을 살았다. 수컷의 결과도 비슷했다. (수명과 생식 사이의 관계 중 가장 극적인 예는 유대류 쥐인 *Antechinus stuarii*이다. 거세한 개체는 수명이 2배 심지어 3배까지 늘어났다. 또 거세한 연어는 보통보다 2배 늘어 수명이 8년까지 길어졌다.)

질문은 없지만.... 1900년대 초반 진행된 한 연구에서, 지적 발달 장애인 보호시설에서는 이들을 거세하였는데(100년 이전에는 그런 시설에서 흔한 일이었다), 같은 시설의 같은 나이와 지적 수준인 거세하지 않은 남성과 비교하여 평균 13년을 더 살았다— 69.3세와 55.7세

Q: 정관절제수술도 거세와 같은 효과가 있을까? 아니다! 불임의 수명 연장 효과는 난소 또는 정소를 제거할 때에만 일어난다; 정관을 묶어도 정소는 그대로 남는다. 그리고 수명은 증가하지 않는다. 왜 이럴 것이라고 생각하는가?

Q: 왜 생식과 수명 사이에 맞교환이 있을까? 불임이 된 개체가 생식을 위해 에너지를 사용하지 않기 때문에 단지 오래 사는 것이라면 수명을 늘리기 위하여 에너지를 더 주면 될 것이다. 그러나 실제로 이렇게 해서는 수명이 늘어나지 않는다(오히려 줄어든다). 오히려 적어도 포유류의 경우, "생식적으로 준비된" (즉, 생식력이 있고 수용적인) 동물은 순환 호르몬의 농도가 증가함으로써 암 발병률이 증가한다.

가능성 생각해 보기. 생식능력 유지와 수명 감소의 연관성에 주목하여 일부 연구자들은 수명을 연장하는 추가적인 효과를 가질 것으로 보이는 피임약을 만들었다. 이 점에 대해 어떻게 생각하는가?

연습 데이터의 시각적 표현을 비판적으로 살펴보기

도표로 배우기

1. 이 그래프의 의도는 무엇인가?
2. 어떤 요인에 의하여 S 모양 그래프가 되었는가?
3. 이 개체군이 환경수용력에 도달했을 때 (성장이) 무한히 지속될 것처럼 보인다. 가능한 일인가? 생물의 사망이 멈추겠는가?
4. 이 그래프의 데이터가 나타내는 것은 무엇인가?
5. 이 그래프를 개선하기 위해 무엇을 보탤 수 있는가?
6. 이 그림이 내포한 개체군 성장에 대한 두 가지 가정을 기술하시오.
7. 개체군 크기(x 축에서)와 생장률(y 축에)의 관계를 보여주는 대체 그래프를 만들어 보시오. 환경수용력과 최대 유지수확량을 만든 그래프에 표시하시오.

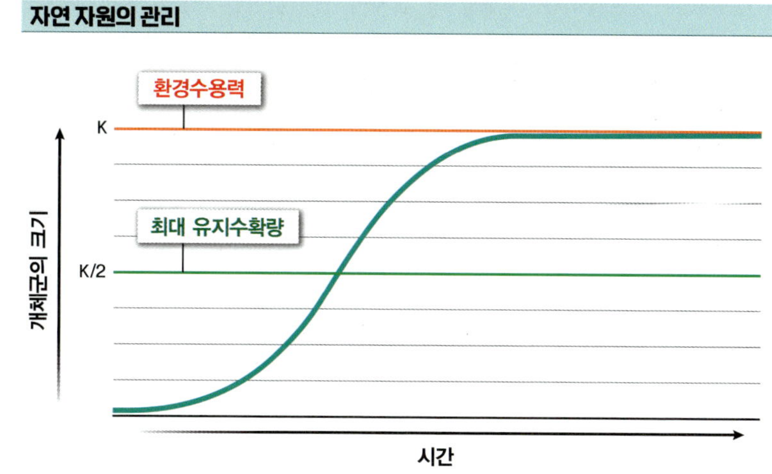

주요 용어: 개체군 생태학

개체군 밀도 population density, 478쪽
개체군 생태학 population ecology, 476쪽
노화 aging, 490쪽
로지스틱 성장 logistic growth, 479쪽
밀도-비의존 요인 density-independent factors, 479쪽
밀도-의존 요인 density-dependent factors, 478쪽
생명표 life table, 488쪽
생식 투자 reproductive investment, 485쪽
생장률 growth rate, 477쪽
생존곡선 survival curve, 488쪽
생태학 ecology, 475쪽
생태학적 발자국 ecological footprint, 501쪽
생활사 life history, 485쪽
위해 요소 hazard factor, 494쪽
인구학적 천이 demographic transition, 498쪽
자손 수 reproductive output, 492쪽
지수 생장 exponential growth, 478쪽
최대 유지수확량 maximum sustainable, 482쪽
환경수용력, K carrying capacity, K, 478쪽

요약

개체군 생태학은 개체군이 환경과 어떻게 상호작용하는가를 연구하는 학문이다.

- 개체군 생태학은 개체군이 환경과 어떻게 상호작용을 하는지 연구하는 학문으로서, 특히 개체군의 성장 유형과 개체군이 다른 종과 환경적 요인에 의하여 어떻게 영향을 받는가를 연구한다.
- 개체군은 지수 생장을 하는 경향이 있으나, 결국에는 제한된다.
- 밀도가 증가함에 따라 개체군은 환경수용력에 도달하게 되고 제한된 자원으로 성장이 멈춘다. 자연 또는 인간에 의해 야기된 환경 재앙과 같은 밀도-비의존 요인에 의해서도 성장은 감소할 수 있다.
- 일부 개체군은 빠른 흥망의 주기를 반복한다.
- 개체군의 성장 모델에 근거하면 자연 자원의 효과적, 지속 가능한 관리는 쉬운 일인 것처럼 보인다. 실제는, 개체군의 크기와 환경수용력을 추정하는 것과 같은 어려운 일은 전략을 실행하기 어렵게 만든다.

생활사는 한 종의 운영 요약서이다.

- 생활사는 한 개체가 성장, 생식, 생존에 투자하는 양상을 설명한다. 매우 다양한 전략을 통해 한 쌍의 생물은 적어도 두 마리의 생존한 자손을 낳는 결과를 이룰 수 있다.
- 진화에는 제약이 있으므로 생활사는 성장, 생식 그리고 생존의 투자 사이에 맞교환이라는 특징을 가진다.
- 두 변수 사이의 관계를 단순하게 관찰할 때 복합적인 요인은 잘못된 결과를 생성할

수 있다. 처리 집단에 실험대상을 무작위로 배치하는 것은 인과관계를 구분할 수 있는 필수적인 통제이다.

- 생명표와 생존곡선은 개체군 내 개체의 생존과 생식 양식을 요약한 것이다. 종에 따라 이 유형은 매우 다양하다. 즉, 사망률은 가장 나이가 많은 경우에 가장 높거나, 반대로 나이가 적은 경우에도 높을 수 있고, 심지어 모든 연령에서 똑같을 수도 있다.

생태학은 개체군의 노화의 진화에 영향을 미친다.

- 자연선택은 한 개체의 상대적인 생식적 성공을 줄이지 않는 한 나쁜 대립유전자를 제거할 수 없다. 결론적으로, 이러한 나쁜 유전자는 거의 모든 종 개체의 유전체에 축적된다. 그래서 우리는 나이 들면서 생리적인 고장을 많이 경험하게 된다.
- 어떤 종의 노화 속도와 사망 유형은 그 개체의 환경에 있는 위해 요소에 의해 결정된다. 죽음의 위험성이 낮은 환경에서는 수명이 길고 천천히 노화하는 개체들의 개체군으로 진화한다. 사망 위험성이 높은 환경에서는 빨리 노화하고 수명이 짧은 개체들의 개체군으로 진화한다.
- 생의 후반기에 발휘되는 자연선택의 힘을 증가시키면 평균수명과 최대 수명이 증가할 수 있다. 이런 일이 자연에서도, 통제된 실험실 조건 아래에서도 일어난다.

사람 개체군은 빠르게 성장하고 있다.

- 연령 피라미드를 보면 특정 연령군에 속하는 개체군의 개체 수를 알 수 있다. 따라서 여러 해 동안 출생률과 사망률을 추산할 수 있다.
- 인구학적 천이는 처음엔 사망률이 감소하고 다음에 출생률이 감소하는 특징을 가지며, 산업화와 함께 일어난다.
- 전 세계의 인구는 현재 매우 높은 속도로 성장하고 있다. 그러나 한정된 자원 때문에 결국 성장은 제한될 것이고 개체군의 크기는 70억 명에서 110억 명에서 머물 것이다.

복습하기

짧게 답하기

1. 개체 수준에서 생태학적 과정을 연구하지 않는 이유는?
2. 개체군의 성장을 제한할 수 있는 밀도-의존 요인과 밀도-비의존 요인의 차이점을 설명하시오. 각각의 예를 들으시오.
3. 개체군의 최대 수확량과 최대 유지수확량의 차이점을 설명하시오.
4. 번식기가 짧은 생물을 번식기가 긴 생물과 비교하면 한 배 새끼 수가 어떻게 다를 것으로 예상하는가?
5. 자연선택이 삶의 초기에 병과 죽음의 원인이 되는 대립유전자를 어떻게 제거하는지 설명하시오.
6. 어떤 종은 수명이 긴 개체를 가지고, 다른 종은 그렇지 않은 이유는 무엇인가? 특정 종의 수명을 어떻게 연장할 수 있는가?
7. 연구자들이 초파리의 수명을 연장하기 위해서 한 연구 과정을 설명하시오.
8. 개체군에 있는 10대, 30대와 80대의 상대적인 수를 아는 것이 왜 사회에 유용한가?
9. 인구학적 천이는 무엇인가?
10. 현재 인도에 사는 12억 5천만 명의 생태학적 발자국은 일본의 개체군보다 왜 작을까?

정답 고르기

1. 로지스틱 성장을 하는 개체군에서 개체군의 생장률이 가장 높을 때는 N이 어떤 크기일 때인가?
   - a) 0.5 K.
   - b) 0.
   - c) 환경수용력 이상.
   - d) K.
   - e) 위의 내용이 모두 옳다; 개체군의 생장률은 로지스틱 성장에서는 일정하다.
2. 개체군에서 N이 K에 가까워짐에 따라 로지스틱 성장 방정식이 예측할 수 있는 것은?
   - a) 환경수용력은 증가할 것이다.
   - b) 생장률은 영이 될 것이다.
   - c) 개체군은 단계통이 될 것이다.
   - d) 개체군의 크기는 지수적으로 증가할 것이다.
   - e) 생장률은 변하지 않을 것이다.
3. 최대 유지수확량에 대한 다음 설명 중 옳지 않은 것은?
   - a) 한 개체군에 대한 최대 유지수확량은 $K/2$에서의 개체군 생장률이다.
   - b) 개체군에 대한 최대 유지수확량은 N을 정확하게 측정하는 것이 항상 가능한 것은 아니기 때문에 결정하기 어려울 수 있다.
   - c) 개체군에 대한 최대 유지수확량은 K를 정확하게 측정하는 것이 항상 가능한 것은 아니기 때문에 결정하기 어려울 수 있다.
   - d) 개체군에 대한 최대 유지수확량은 목재와 같은 식물 제품을 수확하는 데 유용한 관리 지침이지만, 동물 개체군을 관리하는 데는 도움이 되지 않는다.
   - e) 최대 유지수확량의 개념은 해충 종의 성장과 싸우는 데 유용한 정보를 줄 수 있다.
4. 레즈닉 박사는 트리니다드의 강에 사는 guppy에 일어났던 생활사 진화를 연구하였다. guppy는 두 종류의 서식처에서 발견되었다: 포식자가 많은 곳과 적은 곳.

포식자가 많은 곳에 서식하고 있는 guppy 개체군의 진화에 어떤 생활사의 특징이 관계가 있는지를 고르시오.

a) 밝은 색깔과 구애 행위
b) 알 수의 증가
c) 성비에서 암컷이 많음
d) 알 크기의 증가
e) 성적 성숙의 지연

5. 다음 중 생활사의 주요한 맞교환은?

a) 부모의 투자량에 대한 자손의 크기
b) 생식 회수에 대한 자손의 크기
c) 생식에 대한 성장
d) 수명에 대한 크기
e) 생식 건당 자손의 수에 대한 생식 수

6. 자연선택에 대한 설명으로 맞는 것은?

a) 노화는 환경에 의해 결정되기 때문에 노화에 영향을 미치지 않는다.
b) 아직 성적으로 성숙하지 않은 개체의 사망 원인이 되는 대립유전자의 빈도를 감소시키지 않는다.
c) 개체의 상대적 생식 성공도를 감소시키지 않는 유전자가 한 개체의 사망 위험도를 증가시키더라도 이런 유전자를 개체군에서 제거할 수 없다.
d) 노화엔 영향을 주지만 수명에는 영향을 주지 않는다.
e) 생식할 때 효과를 내는 질병 유발 대립유전자 빈도를 증가시킨다.

7. 개체군의 위해 요소에 대한 설명 중 틀린 것은?

a) 외부 요인에 의한 사망위험도를 측정한 것이다.
b) 기니아피그보다 호저에서 더 낮다.
c) 내부요인에 비교한 외부 요인의 사망위험도를 측정한 것이다.
d) 개체군 개체 사이의 노화률에 영향을 미친다.
e) 개체군 내 개체의 노화가 얼마나 빨리 일어나는가를 측정한 것이다.

8. 생명 연장:

a) 자연선택은 생식이 더 이상 불가능할 나이에만 영향을 미치는 질병 유발 대립유전자를 제거할 수 없으므로 불가능하다.
b) 성숙 연령이 가장 빠른 개체를 선택적으로 교배함으로써 달성할 수 있다.
c) 곤충은 가능하지만, 인간은 가능하지 않다.
d) 지연된 생식을 위한 실험실 선택을 사용하여 달성되었다.
e) 위의 내용 모두 옳지 않다.

9. 개체군 피라미드는?

a) 개체군의 다양한 연령대에 속한 개인의 수를 나타낸다.
b) 생명표의 데이터로 구성할 수 있다.
c) 개체군의 미래 연령 분포를 직접 예측한다.
d) 개체군의 현재 출생률과 사망률을 보여준다.
e) 주어진 연령에서 개인의 생존율과 사망률을 예측한다.

10. 산업화 사회와 개발도상국의 연령 피라미드의 주요 차이는?

a) 평균수명은 개발도상국에서 훨씬 더 길다.
b) 개발도상국에서는 가장 어린 연령 무리에 훨씬 더 큰 비율의 인구가 포함되어 있다.
c) 개발도상국은 베이비 붐을 나타내는 특징적인 "팽창"을 보여준다.
d) 개발도상국에서는 여성이 남성보다 훨씬 더 오래 산다. 산업화 국가에서는 그 반대이다.
e) 개발도상국은 산업화 국가보다 훨씬 더 많은 개인을 보유하고 있다.

생태계와 군집

개체와 환경

생태계는 생물요소와 무생물요소로 이루어져 있다

17.1 생태계란 무엇인가?
17.2 생물군계는 기온과 강수량에 의해 특성이 결정된 생태계들의 거대한 집합이다

물리적 힘의 상호작용에 의해 기후가 나타난다

17.3 전 지구적 공기순환 유형에 의해 사막과 열대우림이 나타난다
17.4 지형이 날씨에 영향을 준다
17.5 해류가 날씨에 영향을 준다

생태계 내에서 에너지와 화학물질의 흐름

17.6 에너지는 생산자에서 소비자로 흐른다
17.7 에너지 피라미드는 먹이사슬의 비효율성을 보여준다
17.8 필수적인 화학물질은 생태계 내에서 순환한다

종 사이의 상호작용은 군집구조에 영향을 준다

17.9 군집 내에서 종의 역할은 그들의 생태적 지위에 의해 결정된다
17.10 상호작용하는 종은 함께 진화한다
17.11 경쟁은 관찰하기는 어렵지만, 군집 구조에 영향을 준다
17.12 포식은 포식자와 피식자 모두의 적응을 일으킨다
17.13 기생은 포식의 한 유형이다
17.14 종간 상호작용이 모두 부정적인 것은 아니다: 상리공생과 편리공생
17.15 이것이 우리의 방법: 개미, 식물 및 환경 개입의 의도치 않은 결과에 대해 연구하기

군집은 시간에 따라 변할 수도 있고 안정된 상태로 지속될 수도 있다

17.16 1차 천이와 2차 천이는 군집이 시간에 따라 어떻게 변할수 있는지를 보여준다
17.17 한 군집 내에서 어떤 종은 다른 종에 비해 더 많은 영향력을 행사한다

▲ 물에 떠 있는 이산화규소로 물든 북부 아이슬란드의 강.

생태계는 생물요소와 무생물요소로 이루어져 있다

▲ 케냐의 나쿠루 호수 국립공원(Lake Nakuru National Park, Kenya)에서 먹이를 먹고 있는 홍학.

17.1 생태계란 무엇인가?

푸른 나무들, 약간의 썩어가는 나무, 풍부한 야생동물을 떠 올려 보자. 풀을 뜯어 먹는 동물들, 또 한편으로 다른 동물이나 알을 먹는 포식자들도 많이 있다. 기생충은 자세를 잡아 숙주를 찾고, 청소생물들은 분해된 유기물 사이에서 먹이를 찾고 있다. 이는 생물과 무생물과의 상호작용과 생물군집을 보여주는 전형적인 **생태계**이다. 그러나 이제 이 모든 풍경이 사라지고 몸 길이가 5 cm 정도인 큰바구미의 등위에 설치된 카메라에 비춰지는 장면을 상상해 보자(**그림 17.1**).

이 미니 생태계의 주인은 큰바구미라고 불리는 뉴기니아의 딱정벌레이다. 이 바구미는 지의류(균류와 광합성 조류의 공생체)로 위장하여 포식자를 회피하는 한편, 지의류에게는 안전한 표면을 제공한다. 그리고 이 작은 지의류 정원은 작은 진드기, 작은 무척추동물, 자유생활 생물체 및 기생충 등에 이르기까지 광범위한 다른 생물에게도 도움을 준다.

방금 보았듯이, 모든 생태계가 우리가 연상하는 것처럼, 연못, 사막 또는 열대 우림과 같이 식물과 동물이 눈에 띄게 무리지어 있는 것만은 아니다. 수백 종의 장내 세균이 번성하는 대장에서도 비슷한 장면이 쉽게 나타난다. 이러한 생태계는 또 다른 생태계에 포함되고, 그 자체도 또 다른 생태계에 포함된다. 자세히 볼수록 더 많은 것을 발견하게 된다.

생태계는 연못이나 열대 우림과 같이 눈에 잘 띄는 곳 뿐만 아니라 딱정벌레 등 예상치 못한 곳에서도 발견된다.

그림 17.1 **"겸손하자 . . . "** 뉴기니아의 딱정벌레인 큰바구미에서도 소규모 생태계가 존재한다

중요한 것은 생태계의 두 가지, 즉 생물적 환경과 물리적(무생물적) 환경 등 중요한 요소가 존재한다는 것이다(**그림 17.2**).

1. **생물적** 환경은 그 공간 내에 존재하는 모든 생명체로 구성되며 **군집**이라 부른다.
2. 물리적 또는 **무생물적** 환경은 종종 생명체의 **서식처**라 부른다.

생태계

모든 생태계는 두 가지 필수 기능을 공유한다:

생물적 환경	(물리적) 환경
• 특정 지역의 유기체	• 특정지역 화학자원 및 물리적 조건
• 종종 생태계로 파악됨	• 종종 유기체의 서식지라고 불림

그림 17.2 생태계는 무엇으로 구성되는가?

서식처의 요소는 다음과 같다:

- 토양, 물, 그리고 공기의 화학적 자원인 탄소, 질소, 인 등.
- 온도, 염분, 수분, 습도 및 에너지원 등의 물리적 조건.

생물학자는 생물들이 섭취, 변형, 사용한 에너지나 다양한 분자들의 흐름 그리고 이후 이들이 생태계를 나오거나 재활용되는지를 추적해서 생태계의 유입과 방출을 관찰한다. 또한, 생물학자들은 포식자와 먹이처럼 경쟁적 관계인지 또는 꽃과 화분매개자처럼 상호보완적인 관계인지 등과 같이 군집 내에서 한 종의 활동이 다른 종에게 어떻게 영향을 미치는지를 연구한다. 딱정벌레 등과 같이 좀 더 작은 범위에서는 이러한 관찰이 더 쉽다. 그러나 잘 연구된 거대한 생태계도 있다. 크기에 관계없이 생태계에는 같은 원칙이 적용된다. 즉, 생명체와 그 환경을 관찰하고 분석함과 동시에 해당 생태계에 유입되고 방출되는 모든 것을 조사한다.

핵심요약 17.1

» 생태계는 생물학적 개체들의 군집과 상호작용하는 생명체들이 서로 영향을 주고받는 환경의 무생물적 요소를 포함한다.

17.2 생물군계는 기온과 강수량에 의해 특성이 결정된 생태계들의 거대한 집합이다

생물군계는 물 또는 육지의 거대한 지리적 영역을 포함한다. 예를 들어, 아프리카 북부를 가로질러 뻗어 있는 사막과 남아메리카와 동남아시아에서 볼 수 있는 열대우림이 있다. 육상 생물군계는 대부분 기후에 대한 다음 사항에 의해 결정된다.

1. 평균 기온은 얼마인가?
2. 평균 강우량(또는 기타 강수량)은 얼마인가?
3. 기온은 비교적 일정한가? 아니면 계절에 따라 변하는가?
4. 강우량은 비교적 일정한가? 아니면 계절에 따라 변하는가?

예를 들어, 항상 습하고 계절에 따라 기온 변동이 없는 곳에서 **열대우림**이 발달한다. 또한, 덥지만 강한 계절성이 있어서 우기와 건기가 있을 때는 **사바나**라 불리는 초원과 **지중해성 관목지대**라고 하는 관목지가 발달하는 경향이 있다. 스펙트럼의 다른 쪽 끝에는 더운 계절과 추운 계절이 있는 건조지역에서 **온대 초원**이나 **사막**이 발달한다. **그림 17.3**은 9개의 주요 육상 생물군계의 예를 보여준다.

수생 생물군계는 이와는 좀 다르게, 주로 염 농도, 물의 흐름, 수심과 같은 물리적 특징에 따라 정의되며, 중요한 곳은 다음과 같다: 염수와 담수가 서로 섞이며 매우 높은 생산력을 지니고 있는 얕은 지역인 **하구**(estuaries)와 습지; 얕은 바다로 생물다양성과 생산성이 매우 높은 지역인 산호초(coral reefs); 바다 가장자리이자 서식 생물들이 썰물 때 거친 파도와 공기 노출에 견뎌야 하는 조간대(intertidal zone)(**그림 17.4**).

핵심요약 17.2

» 생물군계는 지구의 주요 생태학적 군집으로 대부분은 현존하는 식생에 의해 특징지어진다. 온도와 강수량의 차이 그리고 이 두 가지가 계절에 따라 달라지는 정도의 차이로 다른(종류의) 생물군계가 나타난다.

육상생물군계

생물군계는 넓은 지역을 포괄하는 거대한 생태계이다. 9가지 중요한 육상생물군계는 기온과 강수량, 그리고 이들이 계절에 따라 변하는 정도에 의해 결정된다.

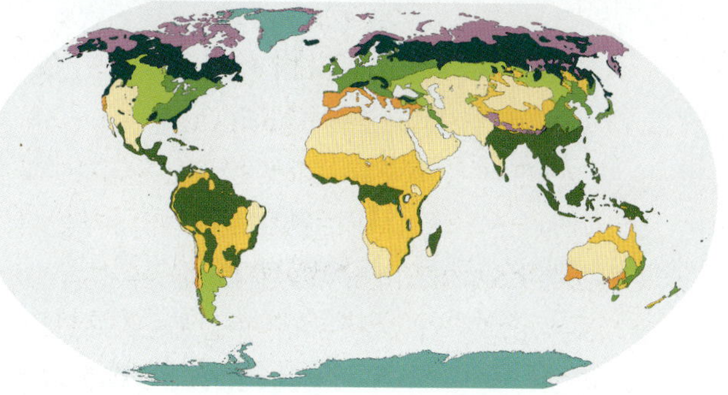

수생생물군계

수생생물군계는 염분 농도, 물의 흐름, 깊이와 같은 물리적 특성에 의해 정의된다.

호수와 연못

● 툰드라

● 침엽수림

강과 개울

● 온대 낙엽수림

● 온대초원

하구와 습지

● 지중해성 관목지대

● 사막

조간대

● 열대우림

● 사바나

산호초

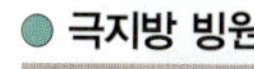

● 극지방 빙원

바다

그림 17.3 육상 생태계의 다양성.

그림 17.4 수생 생태계의 다양성.

▲ 폭풍우 구름이 유타 옥수수밭 위로 모인다.

17.3 전 지구적 공기순환 유형에 의해 사막과 열대우림이 나타난다

> "그날 밤 뜨거운 사막풍이 불었다. 이 바람은 뜨겁고 건조한 Santa Anas(중미 서쪽 해안지역에서 나타나는 푀엔의 일종)로 산길을 따라 불어 내려와서 머리카락을 휘날리고 신경을 곤두서게 하며 피부를 가렵게 한다. 이런 밤이면 모든 술자리는 싸움으로 끝난다. 온유한 젊은 아내들도 고기 써는 칼날에서 남편의 목을 베고 싶은 충동을 느낀다. 무슨 일이든 일어날 수 있다."
>
> — Raymond Chandler, "붉은 바람", 1938

온도와 강우량이 중요한 요소이다. 어떤 종류의 육상 생물군계가 나타날지는 이 두 요소 외의 다른 요소에 의해 거의 영향을 받지 않는다. 그러나 특정 지역에서의 온도와 강우량을 결정하는 것은 무엇인가? 둘의 차이는 궁극적으로 지구가 둥글다는 하나의 단순한 사실에서 비롯된다. 앞으로 살펴 보겠지만, 지구의 곡률은 온도에 영향을 미치며, 강우 양상은 전 세계 온도 변화의 불가피한 결과이다.

당신이 어디에 있든지 적도를 향해 걷는다고 생각해보자. 적도에 가까워질수록 더워진다(반대의 경우, 적도에서 멀어지고 북극이나 남극에 가까워질수록 더 추워진다).

적도로 갈수록 더워지는 이유는 무엇일까? 태양 빛은 적도에서 거의 직선으로 내리 쬔다(**그림 17.5**). 그러나 적도에서는 지구에 도달하는 태양 에너지의 양이 상대적으로 좁은 영역에 모인다. 적도에서 멀어질수록 지구의 모양은 북극과 남극으로 굽어진다. 이러한 곡률 때문에 지구에 도달하는 같은 양의 태양 에너지가 극지방에서는 더 넓게 분산되고 많은 열을 흡수 또는 반사하는 대기를 더 많이 통과한다. 에너지가 더 넓은 공간으로 분산되므로, 극지방

태양에너지의 분포

지구의 곡률로 인해 태양 빛은 적도에는 직선으로 내리 쬐지만 극지방에서는 각도를 두고 도달하므로 더 넓은 면적으로 분산된다.

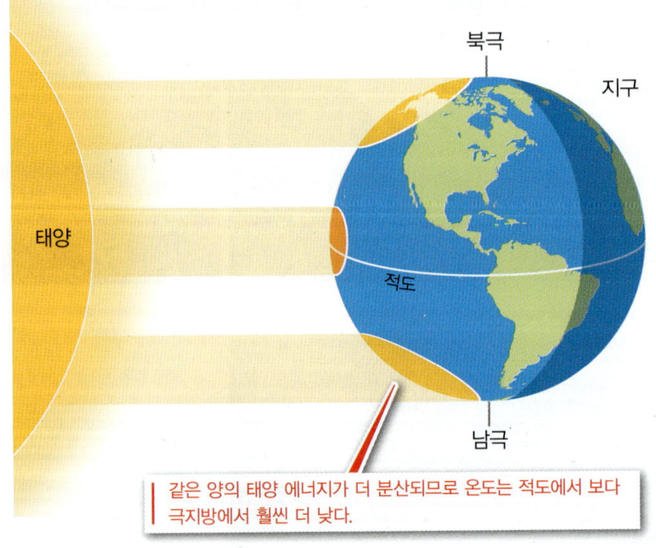

그림 17.5 적도가 왜 극지방보다 적도가 더울까?

에는 따뜻한 곳이 적다. 우리는 매일 비슷한 경험을 한다. 즉, 정오에는 태양이 정오 이후 보다 더 직각으로 지구 표면에 도달한다. 그래서 태양은 정오 이전이나 정오 이후에 덜 뜨겁다. 이 때문에 화상이나 피부암의 위험이 정오 시간과 적도 근처에서 더 높다.

따뜻한 공기가 찬 공기보다 더 많은 수분을 함유한다는 것을 생각해 보면, 전지구적인 강수 형태를 예측하는 것은 어렵지 않다. 다시 적도에서부터 시작해보자. 태양으로부터 가장 강력한 에너지를 받는 곳으로 일부 에너지는 복사열로 반사되어 공기를 덥힌다. 이로 인해 3가지 단계를 거쳐 비가 내리게 된다. (1) 뜨거운 공기가 상승한다. (2) 높은 대기로 올라가면 더운 공기가 식는다. (3) 찬 공기는 적은 수분만을 함유할 수 있으므로, 더 이상 수분을 함유할 수 없는 정도가 되면 비가 되어 내린다(**그림 17.6**). 따라서 적도는 덥지만 매우 습하다.

적도 상공의 높고 차가운 공기는 북쪽과 남쪽으로 위도 30° 정도 확장되어 나간다. 여기에서 더운 공기보다 무거운 찬 공기는 지표면으로 내려온다. 내려 온 공기는 지표면의 복사열에 가까워질수록 점점 따뜻해진다. 공기가 따뜻해질수록 점점 더 많은 수분을 함유할 수 있게 되고, 따라서 비는 덜 오게 된다. 사실, 하강하면서 신속히 데워지는 공기는 상당한 수분을 함유할 수 있으므로 토양 자체의 수분을 흡수하기도 한다. 이와 같은 현상 때문에, 위도상 남북으로 30° 정도의 권역에서 비는 아주 적게 오고 토양은 건조해져서 사막이 형성된다(**그림 17.7**).

Q 거의 모든 사막이 적도로부터 극지방까지 거리의 1/3정도인 위도 30°에서 나타난다. 이것은 우연의 일치일까?

비의 형성

그림 17.6 비는 왜 오는가?

사막의 형성

Namibia 사막의 모래언덕

그림 17.7 전지구적 공기순환 양상은 세계적으로 매우 습하고 건조한 벨트 지역으로 이어진다.

적도에서 남쪽으로 약 30° 부근에 있는 남미의 아타카마(Atacama) 사막이 극단적인 예이다. 이 광활한 사막 중 일부 지역에는 현재까지 강우 기록이 없다. Sahara, Kalahari, Mojave, Australian 사막(일부 사막은 다른 위도에 있지만)과 같은 지구 상의 다른 거대한 사막들도 위도 30°에 있다(일부 사막은 다른 위도에서 발생하지만). 이들 지역은 연간 3 m 이상의 강수량을 기록하기도 하는 적도지방과 극명하게 대비된다.

무거워진 찬 공기가 위도 30° 남북 부근에서 내려와 지표면을 따라 이동하면서 적도와 극지로 균질하게 퍼지고 점차 따뜻해지며, 위도 60° 부근에서 축적된 복사열로 인해 다시 상승하기 시작한다. 다시 올라간 공기는 비를 통해 수분을 방출한다. 따라서 적도에서 극지방 방향으로 3분의 2지점에 해당되는 위도 60°에서는 특별히 덥지는 않지만 엄청난 양의 비가 내린다. 당연히 이 위도에서는 식물이 무성하게 자라는 거대한 온대림이 자리한다.

마지막으로, 극지방 주변에서 공기덩어리가 다시 하강한다. 그들은 더 많은 양의 수분을 머금으므로 비가 아주 적게 내린다. 극지방은 춥지만, 강수량이 적어서 얼어붙은 사막과 비슷하다.

핵심요약 17.3

» 전지구적 기후 양상은 주로 지구의 둥근 모양에 의해 결정된다. 태양 에너지는 극지방보다 적도에 거의 직각으로 내리쬐어 저위도에서 온도가 높다. 이 온도 차이로 대기에 순환을 일으켜서 적도지방에는 폭우를 내리고 위도 30°에는 사막이 형성된다.

17.4 지형이 날씨에 영향을 미친다

고층빌딩 사이의 좁은 길에는 왜 바람이 많이 부는 것일까? 왜 산맥의 한쪽 부분에서는 항상 비가 오고, 다른 쪽에는 사막이 형성되는 것일까? 도시가 시골보다 따뜻하다는 말은 사실일까? 이 질문에 대한 대답은 사람이 만든 형태를 포함한 특정 지역의 물리적 특성인 **지형**(topography)이 날씨(온도, 강우, 바람)에 극적이지만 예측 가능한 영향을 줄 수 있는 방식을 반영한다. 이러한 요인은 기후(장기간에 걸친 평균 강수량 및 온도 양상)뿐만 아니라 날씨(일별 대기 상황 및 변화 방식)에 영향을 미친다.

고도가 높으면 온도가 낮다. 고도가 높아짐에 따라 기압이 낮아지는데, 이는 고도가 높아짐에 따라 대기의 밀도가 낮아지기 때문이다. 그리고 기압이 낮아지면 온도가 떨어진다. 해발 1,000 m씩 올라갈 때마다 온도는 약 6°C씩 떨어진다. 산을 오를 때 날씨와 식생이 변화하는 양상과 적도에서 극지방으로 이동하면서 변화하

비 그림자의 형성

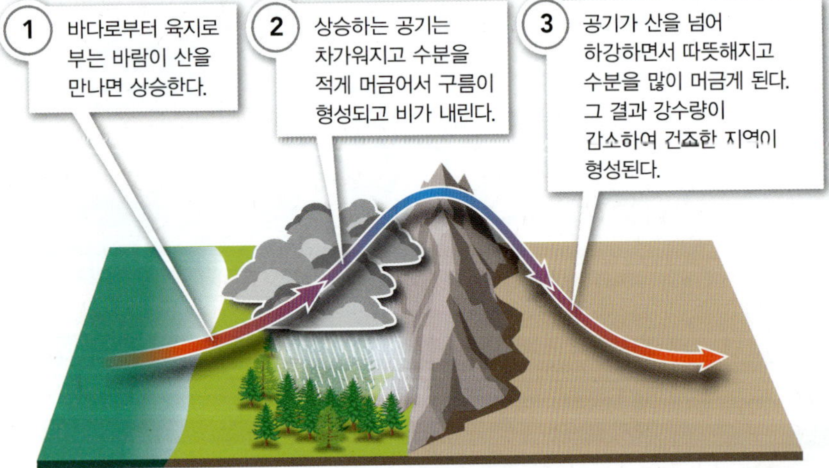

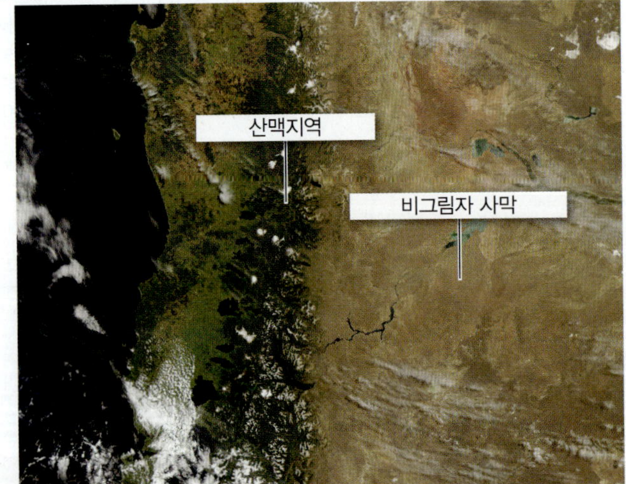

남미의 서해안 부근에 위치한 Andes 산맥은 비 그림자 효과를 유발한다.

그림 17.8 한쪽 사면은 습하고, 다른 한쪽은 건조하다.

현대적 경관이 날씨에 영향을 준다.

그림 17.9 **사람의 활동효과.** 인간이 인위적으로 토지를 변경할 때 온도, 풍속 및 풍향의 변화처럼 의도치 않은 결과가 발생할 수 있다.

는 양상이 유사한 것은 두 가지 경우 모두 추워지기 때문이다.

비 그림자로 인해 사막이 생긴다. 바람이 산을 향해서 불면 정상을 넘어감에 따라 공기가 상승한다. 그러나 공기는 상승하면서 차가워지기 때문에 많은 수분을 함유할 수 없으며, 이에 따라 구름이 형성되고 비를 내린다. 공기는 결국 산의 정상을 통과하여 하강하며 따뜻해진다. 그리고 따뜻한 공기는 습기를 머금기 때문에 산의 반대쪽에는 비가 거의 오지 않는다. 실제로 공기는 종종 지표로부터 수분을 흡수하기도 하는데, 이로 인해 이미 건조한 환경이 더 건조하게 되어 **비 그림자** 사막이 만들어진다(그림 17.8). 미국 서해안을 따라 있는 Sierra Nevada 산맥과 Cascade 산맥으로 인해서, 캘리포니아의 Mojave 사막과 오리건의 Great Sandy 사막이 형성되었다.

Q 도시지역은 인근의 농촌 지역에 비해 따뜻할까 아니면 추울까?

아스팔트, 시멘트, 건물의 상부는 열을 흡수하여 온도를 높인다. 현대적 도시경관도 날씨에 영향을 주는데, 태양 에너지가 콘크리트, 포장도로 또는 건물의 검은 지붕에 부딪힐 때 일부는 반사되어 주변 공기를 덥히고 나머지 대부분은 인공적인 건물 표면에 흡수되어 밤까지 유지된다. 이에 따라서, 대도시는 "도시 열섬"을 만든다. 밤에는 방산을 통해 표면에서 하늘로 열을 잃게 되어 상대적으로 더 추워진다. 이와는 다르게, 햇빛이 나무 또는 다른 식물에 비췄을 때 태양 에너지는 잎에서 물을 증발시킨다. 토양 표면이나 공기는 그처럼 높은 온도까지 오르지 않는다. 따라서 도시가 근교보다 1°에서 6°C 정도 더 덥다는 것은 놀라운 일도 아니다. 도시는 더 더울 뿐만 아니라, 상승한 더운 공기로 인해 도시 내부와 근교의 강우 양상도 변화된다(그림 17.9).

도시에서는 태양으로부터 열을 덜 흡수 및 방출하고 냉방용 에너지를 적게 사용하는 녹색도시를 만들기 위한 다양한 조치가 취해지고 있다. 녹색도시를 만드는 방법으로는 빌딩 지붕을 밝은 색으로 칠하기, 건물과 도로 주변에 나무심기, 그리고 식물로 가득한 옥상정원 만들기 등이 있다.

Q 고층빌딩이 있는 거리에는 왜 바람이 많이 불까?

고층빌딩은 바람을 아래로 불게 한다. 고층빌딩이 밀집한 도심지를 걸을 때 느껴지는 바람의 원인은 고층빌딩이다. 바람은 지표면(지표의 식물, 먼지, 돌, 물 등)의 마찰력으로부터 벗어나 높이 오를수록 세게 분다, 이러한 바람이 갑자기 빌딩을 만나면 비껴 나간다. 바람 일부는 위로 올라가 건물을 넘어 가지만 대부분은 아래로 말려 내려가면서 거리에 도달할 때쯤에는 최초 속도보다 2배, 심지어 3배까지 빨라진다(그림 17.9 참조).

핵심요약 17.4

» 도시개발로 인한 지형과 구조물의 지역적 특징은 날씨에 영향을 미친다. 고도가 높을수록 온도는 낮아진다. 산에서는 바람이 불어오는 쪽에 많은 비가 내린다. 도시개발 결과, 태양 에너지의 흡수가 증가하여 온도가 높아진다.

17.5 해류가 날씨에 영향을 미친다

날씨는 광대하고 깊은 바다의 영향을 받으며, 거의 전적으로 태양에 의해 더워진다. 바닷물은 바람, 지구의 자전, 달의 인력, 온도, 염분 농도 등의 다양한 힘의 조합에 의해 끊임없이 움직이고 섞인다. 이 힘들에 의해 전지구 차원에서 몇 가지 거대한 해류의 순환 양상이 생겨난다(**그림 17.10**).

Q 해안지방이 내륙 지방보다 여름에는 더 시원하고 겨울에는 따뜻한 이유는 무엇일까?

물이 날씨와 기후에 미치는 영향의 대부분은 물이 열을 흡수할 수 있는 능력(공기가 흡수할 수 있는 능력보다 10,000배 더 크다)에서 온다. 이것은 물속보다 공기 중에서 온도가 더 많이 변한다는 것을 의미한다.

해변에서, 공기 온도는 낮에는 매우 뜨거워졌다가 다시 보통의 온도로 돌아오는 반면, 태양열이 바닷물 온도에 미치는 영향은 매우 작다. 따라서 여름철 해안가 마을에서는 태양에 의해 온도가 올라가기보다는 바다가 태양열을 흡수한다. 반대로 추운 겨울에는 바다에서부터 나오는 열로 인해 공기가 덜 차갑게 된다.

가장 큰 해류 중 하나는 멕시코만류이다. 이것은 카리브해를 거쳐 북쪽으로 흐르며, 따뜻한 물을 미국 동부 해안에 공급하고 나아가 대서양을 건너 유럽 쪽으로 흐른다. 이 난류의 흐름이 적도 부근의 따뜻한 지역 쪽에서 시작되기 때문에, 미국 동쪽 해안이나 유럽에 도달해서도 여전히 따뜻하다. 따뜻한 물은 이 지역의 기후를 따뜻하게 한다. 사실, 멕시코만류가 없었다면 유럽의 기후(높은 위도를 생각한다면)는 추운 캐나다와 더 비슷했을 것이다.

다른 해류는 해안을 냉각시키는 효과가 있다. 예를 들어, 북반구의 모든 해류는 시계 방향으로 순환하므로 캘리포니아 해안으로 오는 물은 동해안과는 달리 매우 추운 알래스카로부터 온 것이다. 따라서 캘리포니아 해변의 찬물로 의해 여름 동안 비교적 온화한 온도가 유지된다.

2~7년마다, 전지구적 풍류에 의해 생기는 가장 극적인 전지구적 변화로 태평양 중앙 표면에서 온도 변화가 지속되는데, 이 현상을 **엘니뇨**라 한다. 엘니뇨는 홍수와 가뭄, 기근 및 다양한 극단적 기후 혼란의 원인이 된다. **그림 17.11**과 같이, 태평양의 평범한 풍류의 효과와 비교해 봄으로써 엘니뇨를 더 쉽게 이해할 수 있다.

엘니뇨가 발생하는 동안, 이러한 예측 가능한 변화로 인해 전세계적으로 비정상적인 날씨 양상이 나타나기 시작한다. 메커니즘은 명확하지 않지만, 엘니뇨가 발생하면 미국 중서부에 더 많은

바다의 해류의 유형

바람, 지구 자전, 달의 중력, 온도 및 염분 농도를 포함한 힘의 조합으로 인해 바다에는 해류의 거대한 몇 가지 순환 유형이 나타난다.

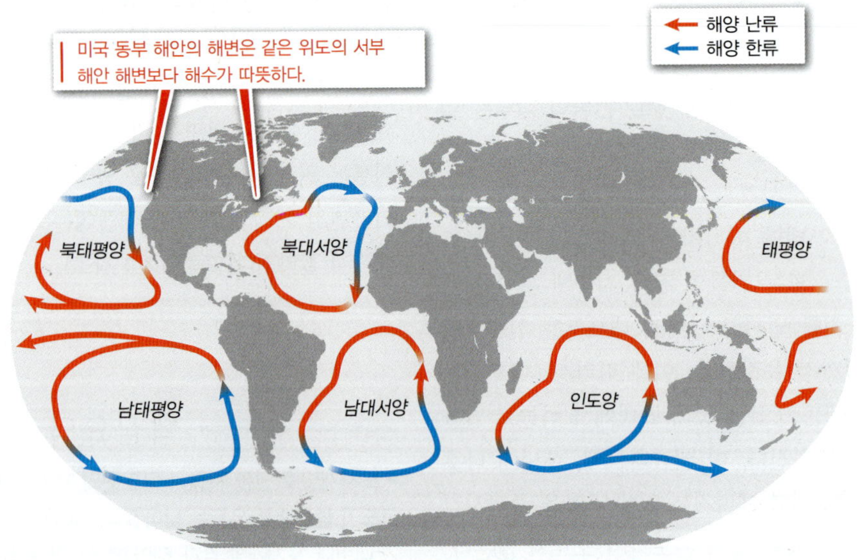

그림 17.10 해류는 수온에 영향을 준다.

엘니뇨

2~7년마다 발생하는 엘니뇨 현상은 미국 중서부의 강우량 증가에서부터 남아프리카와 일본의 따뜻한 날씨에 이르기까지 전 세계적으로 비정상적인 날씨의 연쇄 반응을 시작한다.

정상적인 상황

1 남아메리카에서 동남아시아를 향해 태평양을 가로질러 서쪽으로 계속 불어오는 바람.

2 이 바람은 남아메리카 해안의 따뜻한 물을 밀어주는데, 이 따뜻한 물의 열기가 공기를 가열하여 공기를 상승시키고 열대 폭풍을 발생시킨다.

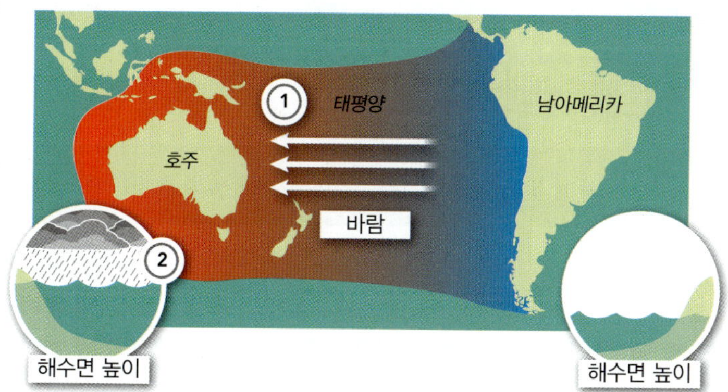

3 남아메리카 연안에서 더 차가운 물이 깊은 바다에서 솟아 오른다. 차가워진 물은 위의 공기를 식혀 극도로 건조한 날씨를 발생시킨다.

4 심해의 물은 풍부한 영양분을 위로 끌어 올려서, 플랑크톤이 번성해지고 수많은 물고기를 먹여 살린다.

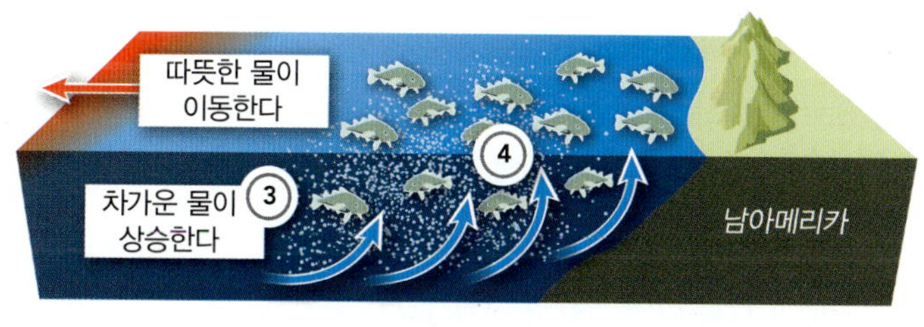

엘 니뇨 상황

1 남아메리카에서 동남 아시아로의 바람이 약간 약해진다.

2 밀어 주는 바람이 없어서 바닷물은 남아메리카로 돌아가게 된다. 호주와 필리핀 주변의 차가워진 바닷물은 공기를 식혀서 가뭄으로 이어질 수 있는 건조한 날씨가 나타난다.

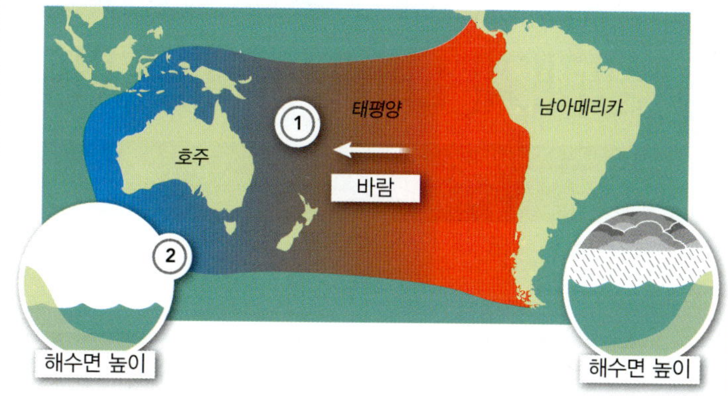

3 서쪽으로 가는 따뜻한 표면의 물이 없어지면서 깊은 바다 속의 차가운 물도 위로 올라갈 수 없다. 표면의 따뜻한 물이 공기를 따듯하게 하여 비가 오게 된다.

4 찬물이 위로 올라오지 않으면, 영양분이 순환되지 않아 플랑크톤 수치가 급격히 떨어지고 물고기 자원이 사라지게 된다.

그림 17.11 도미노 효과. 통상적으로 동쪽에서 서쪽으로 부는 바닷바람이 감소하면 기후 재앙이 발생한다. 엘니뇨가 있는 년도에는 남아메리카에서는 홍수가 나고 동남아시아에서는 가뭄이 든다.

비가 내리고 캘리포니아 해안에서 태풍이 형성되는 반면에 남아프리카, 일본 및 캐나다는 평소보다 날씨가 따뜻하다.

엘니뇨 현상에 대응하는 현상을 **라니냐**라고 한다. 라니냐 기간 동안 해수면 온도는 평소보다 낮고 날씨 효과는 엘니뇨 효과와 거의 반대이다.

핵심요약 17.5

» 바다에는 기후에 영향을 미치는 전 지구적 순환 양상이 나타낸다. 이러한 유형의 변화는 몇 년에 한 번씩 발생하며 전 세계적으로 극단적인 기후 현상을 일으킨다.

▲ 귀뚜라미를 먹고 있는 마다가스카르의 표범도마뱀붙이.

17.6 에너지는 생산자에서 소비자로 흐른다

에너지가 태양에서 지구로 끊임없이 흐르기 때문에 지구 상의 모든 생명체의 생명활동이 가능하다. 일례로, 사막의 사바나 생태계를 보면 풀과 나무로부터 조류와 포유류, 벌레에 이르는 이 모든 종이 어떻게 상호작용하고 생태계에서 어떤 역할을 하는지 이해하는 것은 매우 어렵다고 느껴진다. 그러나 우리가 만약 생태계의 단 한 가지, 즉 생태계를 통과하여 흐르는 에너지의 흐름에만 집중하면 단순하고 논리적인 질서가 명확해진다.

태양은 에너지 흐름이 시작되는 곳이다. 대부분의 햇빛 에너지는 지표면에 흡수 또는 반사되지만, 그중 단 1% 정도만이 광합성을 통해 화학 에너지로 전환된다. 이렇게 들어온 에너지는 생물에 의해 여러 형태의 에너지로 전환되어 생태계를 통과하며, 4번의 머무름 단계를 거친다. 이제 **영양단계**라고 부르는 각각의 머무름 단계에서 어떤 일이 일어나는 알아보자(**그림 17.12**).

첫 번째 머무름 단계: 1차 생산자. 에너지 흐름을 보면, 생태계 내의 모든 종은 생산자와 소비자의 두 그룹 중 하나로 분류된다. 식물(일부 조류 및 세균을 포함)은 생산자이다. 그들은 5장에서 살펴본 바와 같이 광합성을 통해 태양으로부터 온 빛 에너지를 화학 에너지로 전환시킨다. 이 화학 에너지를 다른 표현으로 먹이라고 한다. 생물군계에서 생산되는 유기물의 양을 **1차 생산성** 수준이라고 한다.

두 번째 머무름 단계: 1차 소비자(초식동물). 들판에서 풀을 뜯는 소, 어린 잎을 먹는 가젤, 식물의 잎을 게걸스럽게 먹는 곤충 등은 생태계의 **1차 소비자**이자, 즉 초식동물이다. 섬유소(셀룰로오스)와 같은 식물 성분은 소화하기 어려우므로 도움이 필요하다. 결국, 흰개미에서 소에 이르는 1차 소비자는 주로 소화기관에 공생 세균을 가지고 있다. 이 미생물은 섬유소를 분해하고 초식동물이 식물 세포벽의 화학 결합에 있는 에너지를 이용할수 있도록 도와준다.

세 번째 머무름 단계: 2차 소비자(육식동물). 초식동물이 이용하는 에너지는 초식동물의 성장, 번식 및 활동을 촉진하지만, 그 에너지는 초식동물에게 영원히 남아 있지 않다. 고양이, 거미, 개구리와 같은 **육식동물**은 초식동물을 먹고 산다. 육식동물이 먹이를 섭취하면 탄수화물, 단백질, 지방 분자의 화학결합 속에 저장된 에너지는 이들의 움직임이나 번식, 성장에 다시 이용된다.

네 번째 머무름 단계: 3차 소비자("최상위" 육식 동물). 어떤 생태계에서는 에너지가 **3차 소비자** 또는 최상위 육식동물인 또 다른 단계를 만든다. 이것들은 초식동물을 먹고 사는 육식동물을 잡아먹는 동물이다.

생태계에서 에너지 흐름

태양 에너지가 화학 에너지로 전환된 후 4단계를 거쳐 생태계를 통과한다.

1 **1차 생산자**
식물은 광합성을 통해 태양으로부터 온 빛 에너지를 먹이로 전환시킨다.

2 **1차 소비자**
초식동물은 식물을 먹는다.

3 **2차 소비자**
육식동물은 초식동물을 먹는다.

4 **3차 소비자**
최상위 육식동물은 다른 육식동물을 먹는다.

먹이그물

먹이사슬은 영양수준을 통한 에너지 흐름을 추적하는 데 도움이 된다. 그러나 대부분의 군집에서 먹이그물이 더 효과적인 표현이다. 왜냐하면 많은 생명체가 사슬에서 둘 이상의 위치를 차지할 수 있기 때문이다.

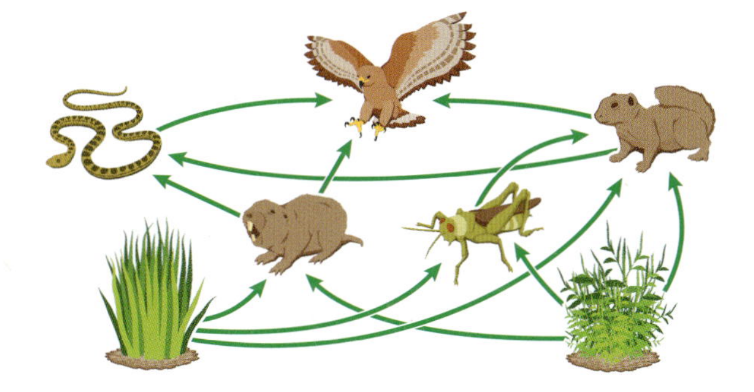

그림 17.12 **에너지의 흐름.**

에너지 흐름은 식물이 태양 에너지를 축적하는 첫째 단계로부터 몇 단계를 거치지만 일반적인 과정은 같다. 호랑이, 독수리 또는 백상아리와 같은 최상위 육식동물은 다른 육식동물을 먹고 그들의 조직을 분해하여 세포의 화학결합 사이에 저장된 에너지를 방출시킨다. 각각의 단계에서처럼, 최상위 육식동물은 생리적 필요를 위해 이 에너지를 이용한다.

1차 생산자에서 3차 소비자로의 경로를 **먹이사슬**이라고 한다. 이 장의 뒷부분에서 먹이사슬이 왜 5단계를 넘어가지 않는가를 알게 될 것이다.

그러나 광합성을 하는 생산자에서부터 다양한 단계의 동물로 거쳐 가는 먹이사슬 과정은 지나치게 단순화한 것이다. 실제 먹이사슬은 **먹이그물**이라 보는 것이 맞는데, 이는 많은 생물이 **잡식동물**이면서 사슬 내에서 단지 한 자리가 아닌 여러 자리를 차지하기 때문이다(그림 17.12 참조). 치킨과 브로콜리로 간단한 식사를 하는 동물은 결국 육식동물인 동시에 초식동물이다. 평균적으로, 일반적인 인간의 식사 중 약 30~35%는 고기류이고 나머지 70%~65% 정도는 식물성 음식이 차지한다. 곰에서부터 바퀴벌레에 이르는 다양한 동물들 역시 먹이사슬의 여러 단계에서 에너지를 얻는다.

모든 생태계에서 에너지는 먹이사슬의 여러 단계를 지나면서 전환되며 유기물이 남는다. 어떤 형태의 유기물이든, 죽은 식물이든 동물이든 간에 모든 생태계에서 유기물을 축적한다. 일반적으로 박테리아나 균류 같은 **분해자**와 독수리, 벌레 및 다양한 절지동물 같은 **퇴적물 섭식동물**는 유기물을 분해하여 화학결합 속에 저장된 에너지를 얻는다(**그림 17.13**). 분해자는 훨씬 더 넓은 범위의 유기물을 분해할 수 있으므로 퇴적물 섭식동물와 구별된다. 그러나 두 그룹 모두 유기물에서 중요한 화학성분인 무기영양소를

지구의 재활용 전문가

먹이사슬의 모든 단계에서, 생명체가 죽으면서 분해자와 퇴적물 섭식자에게 자양분을 공급한다. 그리고 화학 성분은 먹이사슬을 통해 재활용된다.

곰팡이가 레몬을 분해한다

소똥구리(퇴적물 섭식자)가 분해된 물질을 먹는다.

분해자와 퇴적물 섭식자는 유기물을 분해하면서 화학물질을 방출하여 식물과 기타 1차 생산자가 재생산할 수 있게 한다.

그림 17.13 **버릴 것이 없다.**

배출시켜서 식물이나 다른 생산자가 재활용하게 한다.

에너지는 먹이사슬의 한 단계에서 다음 단계로 흐르지만, 이것이 릴레이 경주에서 선수가 배턴을 넘겨주는 것과 같지는 않다. 먹이사슬의 모든 단계에서 사용 가능한 에너지 대부분이 열로 손실된다는 점에서 다르다. 5파운드의 식물을 먹은 동물의 몸무게가 5파운드 늘어나는 것은 아니다. 다음 절에서 에너지 전달의 비효율성 때문에 먹이사슬이 매우 짧다는 것을 살펴보기로 한다.

핵심요약 17.6

» 태양으로부터 온 에너지는 1차 생산자에서 초식동물, 육식동물에 이르기까지 먹이사슬의 여러 단계를 거친다. 그런 다음 퇴적물 섭식자와 분해자는 유기 노폐물과 죽은 동식물 잔해에서 에너지를 추출한다. 먹이사슬의 각 단계에서 이용 가능한 에너지 일부가 열로 손실된다.

17.7 에너지 피라미드는 먹이사슬의 비효율성을 보여준다

가장 가까운 창밖을 내다보자. 어떤 생명체가 보이는가? 거의 대부분 푸른 식물을 보게 될 것이다. 아마도 나무 몇 그루와 어쩌면 숲과 풀도 볼 수 있을 것이다. 더 오래 자세히 봐야 동물을 볼 수 있을 것이다. 하지만, 아마 조금뿐 일 것이고 대부분 거의 작은 동물이나 식물을 먹는 다양한 곤충을 볼 것이다. 반면에, 하루 종일 창밖을 내다보고 있어도 다른 동물을 잡아먹는 동물(일부 동료 인간 제외)을 보지 못할 것이다. 왜 그럴까? 크고 사나운 동물은 왜 숫자가 적을까? 또한 동물보다 식물이 훨씬 더 많은 이유일까?

Q 크고 사나운 동물이 드문 이유는 무엇인가?

이 질문에 대한 답은 5파운드의 식물을 먹은 동물의 몸무게가 5파운드 늘어나지 않는 것과 관련이 있다. 사실 이러한 식사를 통해 얻을 수 있는 에너지는 10% 정도로 아주 적으며, 이 비율은 대부분의 먹이사슬 단계에서 일정하다. 따라서 초식동물이 5파운드의 식물을 먹은 경우, 이 중 0.5파운드 정도만 성장에 사용하는 반면, 나머지 90%는 세포호흡이나 대변으로 손실된다. 마찬가지로, 초식동물을 먹는 육식동물은 먹은 양의 10%만 자신의 체중으로 전환할 수 있다. 다시 말하지만, 90%는 대사와 대변으로 손실된다. 또한, 죽은 유기체는 먹이사슬의 다음 단계로 연결되지 않으므로, 에너지 전달량은 영양단계를 넘어가면서 감소한다. 이와 같은 비효율성은 최상위 육식동물에도 적용된다. 이제 이러한 10% 규칙이 먹이사슬의 길이를 제한하고, 창밖과 지구에 있는 적은 수의 크고 사나운 동물과 관련이 있는지 알아보자.

생체량은 단일 유기체와 같이 주어진 부피 내의 살아있거나 죽은 유기 물질의 총중량 또는 더 큰 규모로 생태계의 모든 식물과 동물의 총중량을 의미한다. 초식동물이 식물의 생체량을 자신의 생체량으로 전환할 수 있는 효율이 10%일 때, 500kg의 소 한 마리를 생산하는 데 식물량이 얼마나 필요할까? 평균적으로 소가 500 kg의 무게로 자라기 위해서는 약 5,000 kg의 곡물을 먹어야 한다. 그러나 육식동물이 500kg의 소를 잡아먹으면 약 50 kg의 생체량을 추가할 수 있으며, 최상위 육식동물에게는 5 kg만 추가할 수 있다. 적은 수의 최상위 육식동물을 위해서는 엄청난 양의 식물량이 필요하고, 이를 통해 왜 크고 사나운 동물의 숫자가 적은지 알 수 있다(채식주의자가 육류를 먹는 것보다 에너지 측면에서 왜 더 효율적인지도 알 수 있다). 5,000 kg의 곡물에 수백, 더 적절하게는 수천을 곱하여 계산할 경우, 소수의 상위 육식동물을 위해 수백만 kg의 곡물이 필요하다. 더 높은 단계의 먹이사슬을 위해서는 얼마나 많은 식물량이 필요할까? 생태계에는 식물을 10배 정도로 생산할 만큼 충분한 땅이 부족하다. 그리고 땅이 충분하더라도 필요한 땅이 너무 넓어서 보다 높은 단계의 최상위 육식동물은 너무나 멀리 퍼져 있고, 먹이를 찾는 데 너무 바빠서 서로 만나 짝짓기를 하기 어려울지 모른다. 따라서 10%의 규칙이 먹이사슬의 길이를 제한한다.

생태계에서 생물을 통해 흐르는 에너지의 경로는 **에너지 피라미드**로 나타낼 수 있으며, 이때 각 층은 각 영양단계의 생체량을 나타낸다. **그림 17.14**에서, 우리는 육상 생태계의 경우 피라미드 바닥에 있는 광합성에 의해 만들어지는 생체량(kg/m^2)은 각 단계를 지날 때마다 높은 먹이사슬에 있는 생물의 불완전한 이용으로 현저하게 줄어든다. **그림 17.15**는 다양한 생태계에 있는 1차 생산력의 다양성을 보여준다. 열대우림, 습지, 조장(algal bed)에서 가장 높고, 사막, 툰드라 및 바다에서 가장 낮다. 각각의 경우에 에너지와 생체량의 형태는 유사하다. 그러나 밑면의 크기가 작을수록 먹이사슬에서 상위단계를 지원할 수 있는 생태계의 능력이 감소한다. 1차 생산자가 플랑크톤인 수생 생태계 일부는 한 가지 특이한 예외이다. 플랑크톤은 수명이 짧고 번식 속도가 굉장히 빠르기 때문에 상대적으로 작은 생체량으로도 소비자의 큰 생체량을

에너지파라미드

"10% 규칙": 각 영양단계의 생체량 중 단지 10%만이 다음 단계의 생체량으로 진행된다.

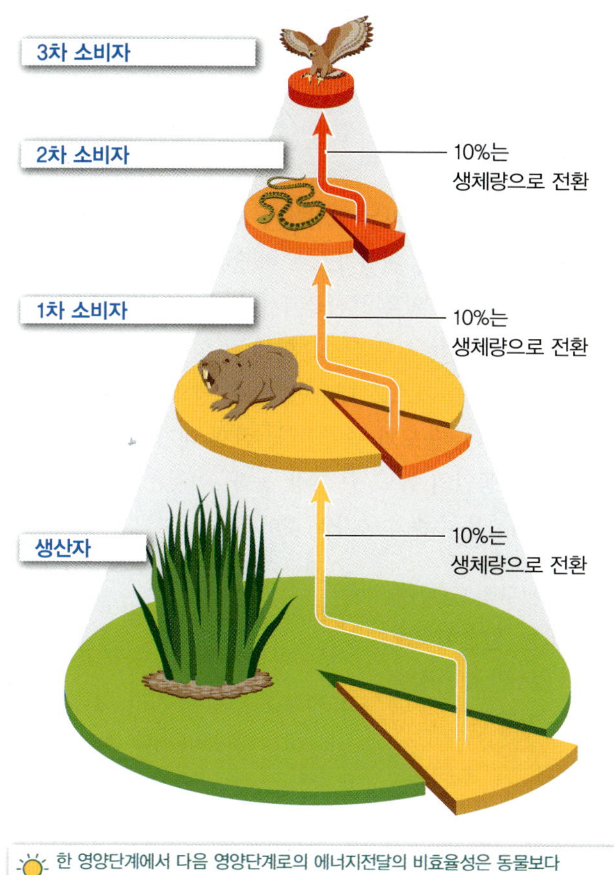

 한 영양단계에서 다음 영양단계로의 에너지전달의 비효율성은 동물보다 식물이 더 많은 이유를 잘 설명한다.

도표로 배우기
데이터의 시각적 표현을 비판적으로 살펴보기
이 그림을 더 자세히 살펴보려면 이 장의 끝을 보시오.

그림 17.14 10%규칙.

1차 생산성의 다양함

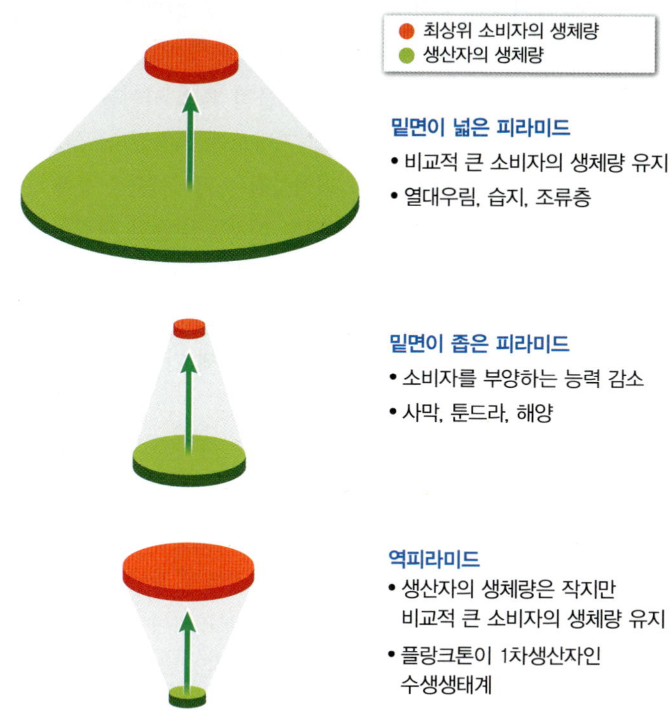

그림 17.15 생산자와 소비자의 생체량 비교. 생태계에 따라 1차 생산성에는 큰 차이가 있다.

부양할 수 있으며 역피라미드 모양을 만든다(그림 17.15의 맨 아래 피라미드 참조). 그러나 생체량이 아니라 소비자가 이용할 수 있는 에너지의 양으로 계산한다면 육상 생태계의 피라미드와 유사할 것이다.

핵심요약 17.7

» 에너지 피라미드는 생태계에서 생산자의 생체량이 초식동물의 생체량이 훨씬 더 크다는 점을 보여준다. 마찬가지로, 먹이사슬의 각 단계별로 전달되는 생체량은 섭취한 생체량의 10%에 불과하다.

17.8 필수적인 화학물질은 생태계 내에서 순환한다

생명 유지에 필요한 것은 무엇인가? 에너지와 필수 화학물질이 목록에서 가장 상위를 차지할 것이다. 새로운 에너지는 태양으로부터 끊임없이 지구로 오면서 첫 번째 요구를 충족시킨다. 그리고 나머지 모든 것은 이미 지구에 있다. 단지 필수 화학물질은 계속해서 순환하고, 에너지가 이동한 경로(먹이사슬)와 같은 경로를 이용한다. 일반적으로, 식물 및 다른 1차 생산자들은 대기 또는 토양에서 필수 화학물질을 흡수한다. 그리고 동물이 식물이나 동물을 먹을 때 화학물질은 동물 안으로 들어와서 먹이사슬을 따라 올라간다. 식물과 동물이 죽으면 분해자와 퇴적물 섭식동물은 이 화학물질을 무생물적 환경으로 되돌려 놓는다. 화학물질의 관점에서 생명은 단지 분자를 재활용할 뿐이다.

화학물질은 생태계에서 생물과 무생물적 요소 사이를 순환한다. 각 화학물질은 무생물적 요소인 저장소에 저장된다. 생물은 저장소에서 화학물질을 얻고, 그 화학물질은 먹이사슬을 통해 순환하며, 결국 저장소로 돌아온다. 몇몇 화학물질 순환 과정을 자세히 조사해보면, 우리는 생태계의 작용과 특히 사람에 의해 생태계가 교란되는 생태학적 문제에 대해서 더 깊게 이해할 수 있다. 여기에서는 탄소, 질소, 인 등 가장 중요한 세 가지 화학물질의 순환을 살펴본다.

탄소 탄소는 해양, 대기, 육상 생명체 및 화석 퇴적물이라는 지구상의 4개 권역에서 주로 발견된다. 식물 및 몇몇 생명체는 대기 중의 이산화탄소로부터 탄소를 얻는다. 5장에서 보았듯이, 광합성 생물은 이산화탄소로부터 탄소 원자를 분리하여 당을 만드는 데에 이용한다. 그다음 다른 생명체들이 식물을 먹고 또 다시 다른 동물에게 먹힘에 따라 탄소는 먹이사슬을 따라 이동한다(**그림 17.16**). 바다는 지구 탄소의 대부분을 저장하고 있다. 여기에서 많은 생명체가 용존 탄소를 이용하여 껍질을 만드는데 이들이 죽으면 다시 물로 용해되어 되돌아간다. 대부분 탄소는 생명체의 대사과정 결과로 저장소로 돌아간다. 생명체는 먹이 속의 들어 있는 탄소결합을 끊고 결합에 저장된 에너지를 추출하여 탄소를 방출함과 동시에 방출된 탄소와 산소를 결합하기도 한다. 그 결과, 이산화탄소를 최종산물로 내보낸다.

Q 전 세계 CO_2 수준이 상승하는 이유는 무엇일까?

화석연료의 연소는 대기 중 탄소 저장고에 상당한 양으로 증가하고 있다. 화석연료는 수많은 생명체가 죽어서 산소가 없는 퇴적물에 묻힐 때 만들어진다. 산소가 없는 고압에서 오랜 시간이 지나면, 유기물 잔해는 석탄, 석유, 천연가스로 바뀐다. 땅속이나 바위 밑에 묻혀있는 이러한 탄소원은 선진국에서 다양한 산업기술의 에너지로 이용하기 전까지는 지구 탄소순환에 큰 영향을 미치지 않았다. 석탄, 석유 및 천연 가스를 태우면, 많은 양의 CO_2가 방출되어 대기 중 평균 CO_2 농도가 증가한다. 현재 대기 중 CO_2 수준은 지난 50만 년 동안의 농도 중 가장 높다. 이것은 18장에서 보듯이, 재앙에 가까운 수준의 증가일 것이다.

Q 전지구적 CO_2 농도는 전반적으로 증가하고 있지만 매년 상승과 하락을 반복한다. 왜 그럴까?

평균적으로 이산화탄소(CO_2)의 농도가 증가하고 있지만, 북반구에서는 이산화탄소의 농도가 매년 오르내리는 연간 주기가 있다. 이것은 식물이 이산화탄소를 흡수할 수 있는 양이 변화하기 때문이다. 많은 나무가 가을에 낙엽이 지고 겨울에는 광합성을 거의 하지 않음에 따

탄소순환

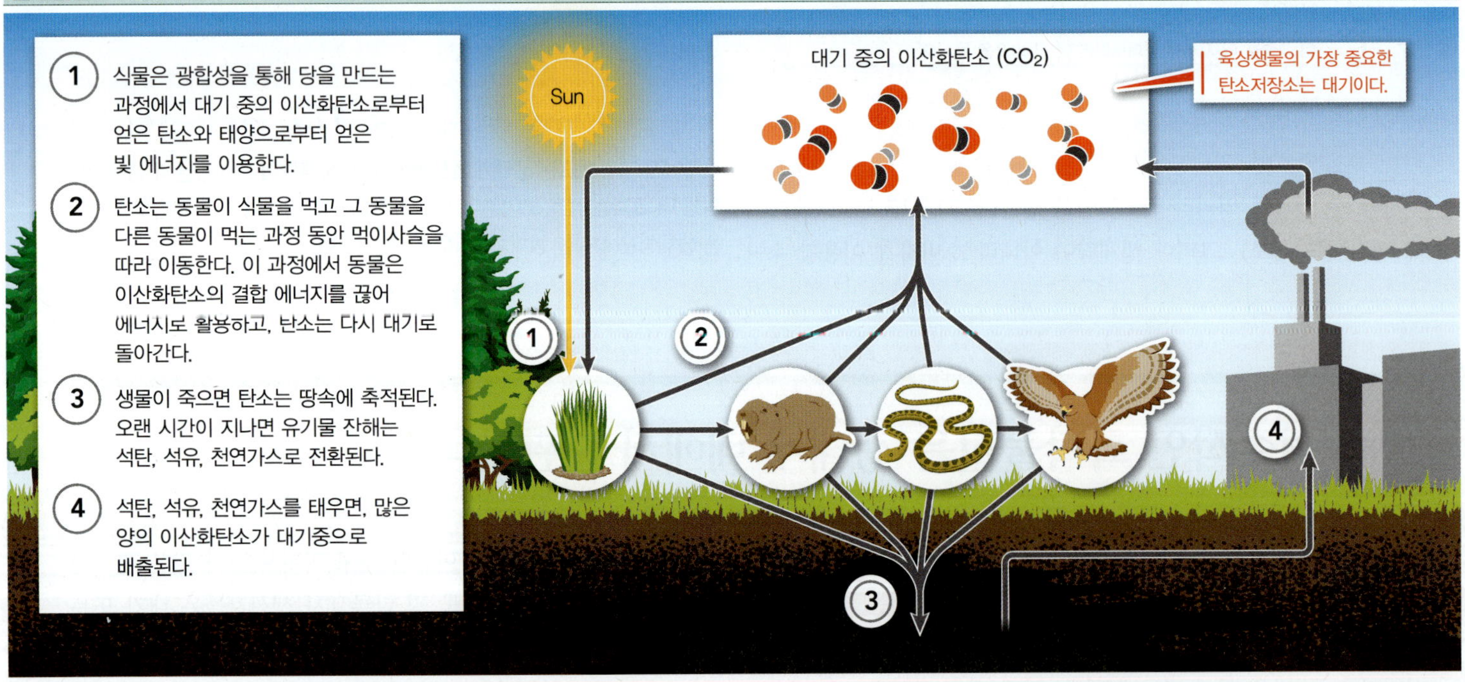

그림 17.16 탄소는 생태계의 생물 및 무생물요소를 거쳐 이동하여 다시 돌아간다.

라서, 이산화탄소 소비를 적게 하므로 대기 중 이산화탄소 농도는 겨울에 연간 최고치를 보인다. 여름에는 잎이 자라나고 햇빛이 강하며 광합성(CO_2 소비)이 매우 활발하므로 대기 중 이산화탄소 농도가 낮아진다.

질소(Nitrogen) 질소는 모든 단백질 분자의 구성 요소인 모든 아미노산을 포함하여 생명에 중요한 다양한 분자를 만드는 데에 필요하다. 질소의 주요 저장소는 대기이다. 그러나 대기의 78% 이상이 질소(N_2)이지만, 대부분 생명체는 이 질소를 사용하지 못한다. 공기 중의 질소는 단단히 결합한 질소 원자 2개로 이루어져 있는데, 생명체가 이용하기 위해서는 이 결합이 끊어져야 하므로 문제가 된다. 토양에 서식하는 질소고정세균이 펼치는 마법(실제로는 화학 반응)에 의해서만 대부분 질소가 먹이사슬로 들어갈 수 있다(**그림 17.17**).

이 세균은 수소를 포함하는 다른 원소에 질소를 붙여서 질소를 화학적으로 변화시키거나 "고정", 즉 암모니아와 다른 연관된 물질을 만든다. 이러한 물질들은 다른 세균에 의해서 식물이 흡수하고 단백질을 만들 수 있는 형태로 변형된다. 그리고 일단 질소가 식물 조직 속에 있게 되면, 동물은 그들이 탄소를 얻는 방법과 마찬가지 방법으로 식물을 먹이로 하여 질소를 얻는다. 질소는 동물의 배설물과 사체의 질소 화합물을 분해하는 과정에서 질소 가스로 바뀌어 공기 중으로 되돌아간다. 질소의 가용성은 식물의 성장을 제한하는 병목과 같다. 모든 식물 단백질의 생산에 필요하고 모든 질소는 먼저 박테리아가 사용할 수 있어야 하기 때문에 식물 생장은 종종 토양 속의 질소 양에 의해 제한되고는 한다. 이러한 이유로 비료에는 식물이 사용할 수 있는 형태의 질소가 포함되어 있다.

인 모든 ATP와 DNA 분자는 인이 필요하다. 그러나 대기에는 가용한 인이 전혀 없고, 대신에 토양이 인의 주요 저장소이다. 질소와 마찬가지로, 인은 식물이 사용할 수 있는 형태(인산염)로 화학적으로 변환(고정)된 다음 뿌리에 흡수된다. 초식동물이 식물을 먹고 육식동물이 초식동물을 먹음으로써 먹이사슬 안에서 순환된다. 생물체가 죽으면 그 사체는 세균과 다른 생물에 의해 분해되어 다시 토양으로 돌려 보내진다. 토양 속의 인의 농도는 인을 훨씬 느린 과정인 해저에서의 바위 생성과 이것이 융기하여 형성된 산맥, 이들의 풍화작용에 의해서도 영향을 받는다(**그림 17.18**).

질소와 마찬가지로, 인 또한 종종 식물 생장을 제한하는 한정자원이다. 결과적으로, 비료는 많은 양의 인과 질소를 포함하고 있다. 단기적으로는 이것이 도움이 되지만 의도하지 않은 끔찍한 결과를 가져올 수 있다. 많은 양의 인(그리고 질소)이 토양에 투입될 경우, 이 중 일부는 물을 따라 호수나 연못, 강으로 흘러 들어간다. 이러한 서식지에서 비료가 되어 조류가 엄청나게 자라는 것을 가능하게 한다. 결국 조류는 죽고 가라앉아 세균의 거대한 먹이 공급원이 된다. 세균수가 증가하면 물속의 용존산소를 너무 많이 사용하게 되고, 물고기, 곤충 및 기타 많은 유기체가 질식하여 죽을 수 있다.

질소순환

1. 대부분의 생물이 사용할 수 없는 질소가스는 토양의 질소고정세균에 의해 고정된 후 암모니아와 다른 질소화합물로 전환된다.
2. 질소화합물은 다른 세균에 의해 변환되며, 이를 식물이 흡수하여 단백질 합성에 이용된다.
3. 질소는 생물이 식물을 먹고 또 다른 동물에 의해 먹히는 과정을 통해 먹이사슬을 따라 이동한다. 질소는 각각의 생물에서 새로운 단백질 합성에 이용된다.
4. 동물의 배설물과 사체를 토양세균이 분해하여 조직 속의 질소를 질소가스로 되돌린다. 질소가스는 대기로 돌아간다.

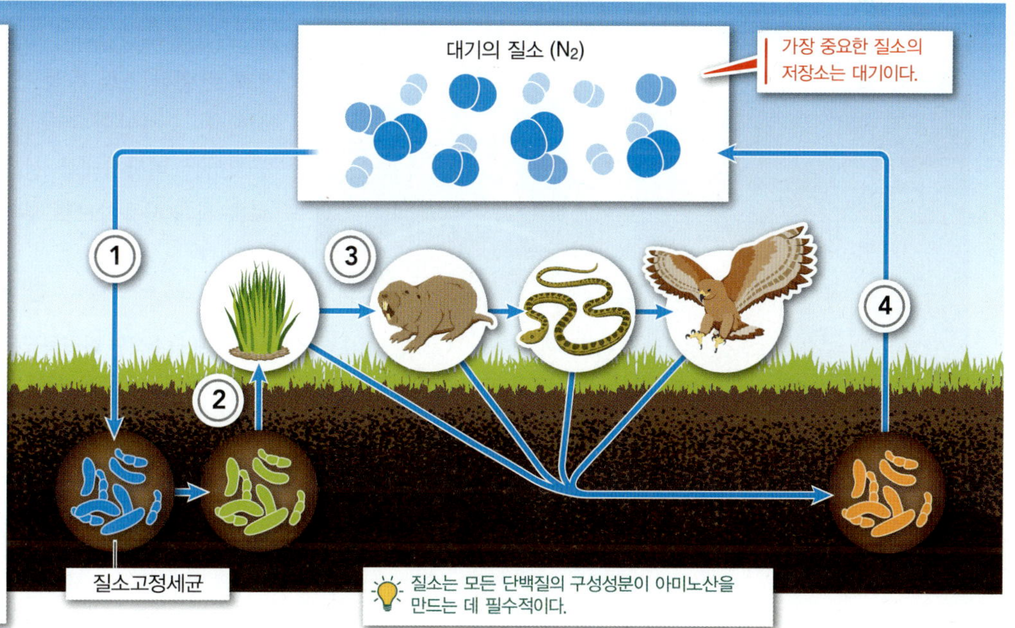

그림 17.17 생태계에서 질소의 이동 추적하기.

인순환

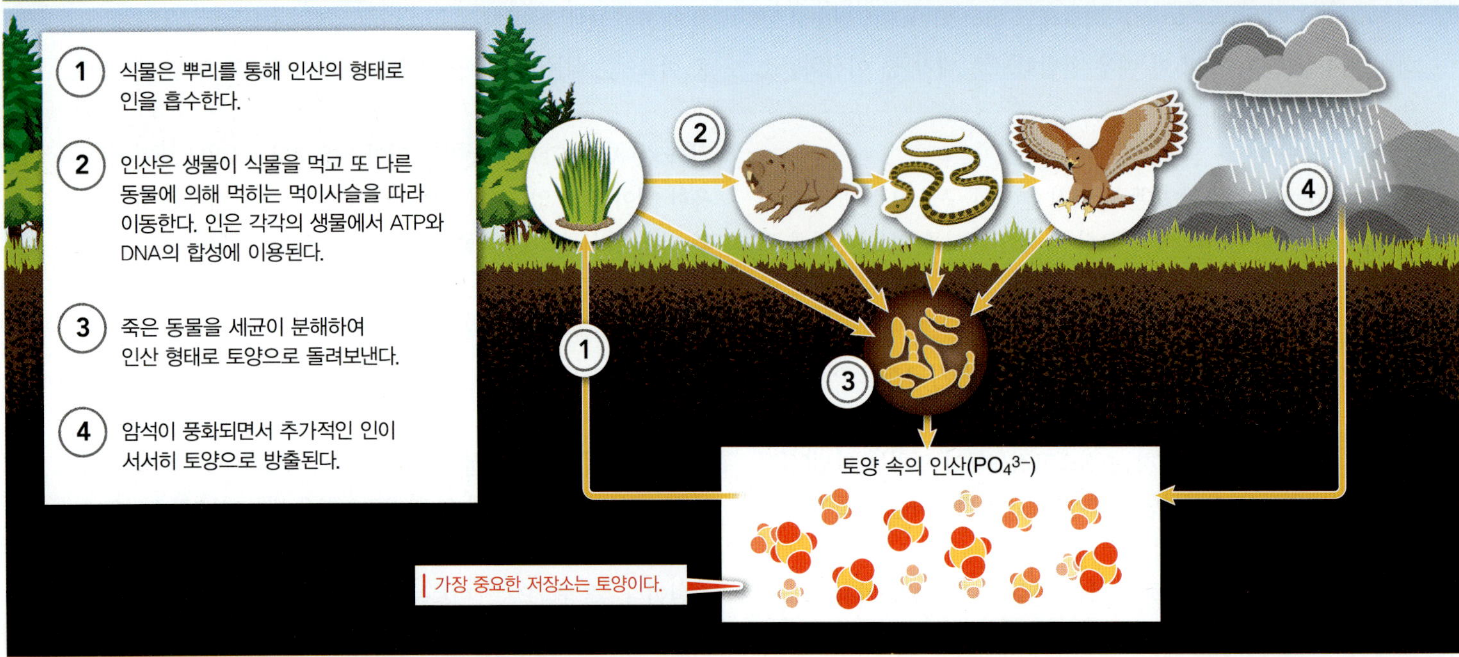

그림 17.18 **인은 생태계내 생물과 무생물 사이를 이동한다.**

부영양화

부영양화(생태계의 영양소, 특히 비료 유출로 인한 질소와 인의 증가)는 종종 수생태계에서 조류와 세균의 급속한 성장으로 이어진다. 이들은 많은 양의 산소를 소비하여 동물을 대량으로 죽게 만든다.

그림 17.19 **과유불급?**

생태계에서 특히 질소와 인과 같은 양양분의 증가를 **부영양화**라고 한다. 이에 따른 세균과 조류의 급속한 증가 및 그 결과로 나타나는 많은 생물의 죽음은 아시아, 유럽 및 북미의 절반 이상 호수를 포함하는 크고 작은 수역에서 점점 더 문제가 되고 있다(**그림 17.19**). 예를 들어, 미국과 캐나다 국경에 있는 Erie 호수는 광범위한 주변 농경지에서 호수로 흘러온 인과 질소가 포함된 폐수로 인해 부영양화가 일어나고 있다. 2014년 8월에 발생한 부영양화로 인한 조류 번성으로 인해 도시 상수도에서 독성 세균이 증식했다. 오하이오 주정부는 시민 50만 명의 식수와 용수 사용을 금지하는 비상사태를 선포해야 했다. 남미와 아프리카에서는 비료를 적게 사용하므로 부영양화가 덜 하다.

핵심요약 17.8

» 생명에 필수적인 화학물질은 생태계를 통해 순환한다. 화학물질은 일반적으로 생명체가 환경으로부터 흡수하고 생명체가 다른 생명체를 먹을 때 먹이사슬의 다음 영양단계로 전달되며, 호흡, 호흡, 분해 및 부패 등을 통해 환경으로 되돌아간다. 인간 활동은 화학물질의 이용과 방출을 증가시켜 이런 순환 과정이 파괴될 수 있다.

▲ 말미잘과 흰동가리(anemonefish, 가운데) 함께 살면서 서로 이익을 얻는다.

17.9 군집 내에서 종의 역할은 그들의 생태적 지위에 의해 결정된다

사회 속의 인간은 자신의 생태학적 지위를 찾는다. 각각의 사람은 그들 몫으로 할당된 일, 활동, 다른 사람과의 상호작용 같은 특정한 역할을 한다. 다른 종들도 마찬가지이다. 그들의 군집(서로 겹치는 서식지 내에서 때로는 서로 독립적이기도 한 종들의 느슨한 조합으로 정의되는 지리적 범위) 안에서 각각의 종은 자신만의 생태적 지위를 가진다.

우리는 생물의 **생태적 지위**를 군집 내에서 자신의 위치로 생각할 수 있다. 그러나 생태적 지위는 장소만이 아니라 삶의 모든 방

생태적 지위란?

생태적 지위의 특징

- 개체가 필요로 하는 공간
- 개체가 필요로 하는 먹이의 양과 종류
- 번식시기
- 개체 생활에 적합한 온도와 습도 그외 조건들
- 개체가 요구하는 먹이
- 경쟁자의 영향

기본 생태적 지위 vs. 실제 생태적 지위

생물의 *기본 생태적 지위*는 생물이 살수 있는 잠재적인 모든 조건을 포함한다.

*실제 생태적 지위*는 그 생물이 실제로 살아가는 기본 생태적 지위 중 특정 조건이다. 대머리독수리의 경우 도시개발과 다른 동물과의 경쟁 같은 요인으로 인해 특정 지리적 범위 내의 많은 지역으로부터 제한된다.

그림 17.20 **사는 방식.** 생태적 지위는 개체가 이용하는 환경 자원의 모든 방식을 망라한다.

식이다(**그림 17.20**). 다른 말로 표현하면 개체의 생태적 지위는 (1) 개체가 필요로 하는 공간, (2) 개체가 필요로 하는 먹이의 양과 종류, (3) 개체의 먹이원, (4) 경쟁자의 영향, (5) 생식 시기(생활사), (6) 온도와 습도 등과 생명체가 환경을 이용하고 그 환경 속에서 다른 생물에게 영향을 끼치는 방식을 설명하는 거의 모든 측면을 포괄한다.

생태적 지위는 한 종의 군집 내의 역할을 설명하지만 종이 항상 일정한 역할을 하는 것은 아니다. 종은 일정 생태적 지위의 공간에서는 다른 종과 경쟁하며, 특정 종이 전체 공간을 차지하는 것은 제한될 수 있다(그림 17.20 참조).

보스턴의 쥐를 생각해 보자. 1990년대까지 그들은 도시의 도로 아래 하수구에서 비교적 조용히 살았다. 그러나 도시가 미국 역사상 가장 큰 지하고속도로 건설을 시작하자 엔지니어들은 수천 마리의 쥐를 강제로 내쫓고 서식지를 파괴했다. 본질적으로, 쥐의 생태적 지위와 인간의 생태적 지위가 갑자기 겹치게 됐다. 시간이 흐르면서 도시의 쥐 퇴치 조치에 의해 대부분의 개체가 일부 하수구에서만 살게 되었다. 그 결과, 그들이 현재 실제로 점유하고 있는 좁은 의미로서의 **실제 생태적 지위**는 그들이 살 수 있는 모든 환경조건으로 정의되는 **기본 생태적 지위**의 일부분에 지나지 않게 되었다.

핵심요약 17.9

» 군집 내 개체군은 환경 자원을 이용하며, 그 환경 속에서 다른 생물에게 영향을 끼치는 방법적 측면에서 고유의 생태적 지위를 차지하고 있다. 개체가 항상 자신의 생태적 지위를 완전히 채울 수 있는 것은 아니다. 서로 생태적 지위가 겹치는 종 사이의 경쟁 결과에 의해 그 범위가 줄어들 수 있다.

17.10 상호작용하는 종은 함께 진화한다

마다가스카르에는 11인치 길이의 혀를 가진 나방이 있다! 이 나방이, 마찬가지로 이상해 보이는 난초에 접근하는 것을 보기 전에는 혀가 터무니없이 길다고 느껴질 것이다. 난초의 꽃은 약 11인치 정도로 긴 관이 있고 맨 밑바닥에 꿀이 있다. 나방의 혀는 일반적으로 말려 있다가, 나방이 액체를 빨아들일 때 쫙 펴진다. 그런 다음 나방은 혀를 긴 꿀관에 삽입할 수 있다. 혀가 바닥에 닿으면 꿀을 빨아 먹는다. 나방은 이때 약간의 꽃가루를 몸에 묻히게 되고, 이 꽃가루는 나방이 다음에 접촉하는 난초 꽃의 생식 부위에 붙게 된다(**그림 17.21**).

11인치 관에서 꿀을 얻기 위해서는 11인치의 혀를 갖는 것이 필요하다는 것은 분명하다. 그리고 11인치 관의 바닥에 꿀을 두는 것이 꽃가루를 전달해 줄 화분매개자를 불러들이는 전략이라는 것도 분명하다. 이러한 방법은 어떻게 생겨났을까? 각 특성은 이미 다른 쪽에 존재하는 경우에만 의미가 있는 것 같다. 대답은 두 특성이 함께 진화했다는 것이다. 즉, **공진화**했다.

그림 17.21 완벽한 조화? 마다가스카르의 긴 혀를 갖는 나방과 긴 관을 갖는 난초는 서로의 진화에 영향을 주었다.

나방의 작은 변화는 이를 선택하는 난초의 작은 변화로 이어진다. 그리고 이 과정은 계속된다. 결국, 종은 물리적 환경뿐만 아니라 주변의 다른 종에도 적응하게 된다.

자연선택의 결과로서, 개체군은 일반적으로 환경에 더 잘 적응하게 되었다. 형질에는 변이가 있고 형질이 유전되는 한, 차별적인 번식 성공은 개체군의 변화로 이어질 것이다. 개체군이 무생물 자원을 점점 더 효율적으로 사용하게 되었다고 상상하기 쉽다. 그러나 자연선택은 선택압으로 생물자원과 무생물자원을 구분하지 않는다. 이 둘 중 어느 쪽이든 특정 형질의 개체가 다른 개체보다 더 잘 번식할 수 있으므로 어느 쪽이든 진화를 일으킬 수 있다.

핵심요약 17.10

» 자연선택은 선택의 힘으로 생물자원과 무생물자원을 구분하지 않고 사용하여 환경에 더 잘 적응하는 개체를 만든다.

17.11 경쟁은 관찰하기는 어렵지만, 군집 구조에 영향을 준다

종 간의 상호작용이라는 주제는 식물과 화분매개자처럼 항상 잘 정리되는 것은 아니다. 종종 동일한 자원을 이용하려고 하기 때문에, 종 사이에 상호작용이 일어난다. 이처럼 종들이 동일한 생태적 지위를 가질 때에 대부분 갈등이 일어난다. 하지만 이 경쟁이 지속되는 것은 아니다. 필연적으로 경쟁적 배제 또는 자원분배라는 두 가지 결과 중 하나가 일어난다(그림 17.22).

경쟁적 배제의 경우, 같은 생태적 지위에 있는 두 종이 하나의 자원을 놓고 경쟁하며 더 효율적인 종이 이겨서 다른 종이 그 지역에서 사라질 때(**국지적 멸종**)까지 경쟁한다. 이는 1930년대에 단세포 생물인 *Paramecium*을 대상으로 한 실험에서 증명되었다. 두 개의 유사한 *Paramecium*종을 물과 그들의 먹이자원인 세균이 있는 시험관에서 한쪽은 함께 배양하고 다른 쪽은 따로 키웠다. 따로 자란 경우 각각의 종이 모두 번성했다. 함께 배양한 경우 한 종이 항상 다른 종을 멸종시켰다.

자원 분배는 생태적 지위로 겹쳐서 나타나는 또 다른 결과이다. 각각의 개체와 종은 변화하는 환경에 적응할 수 있고, 자원분배는 개체 습성의 변화 또는 그 개체의 구조 변화에 따른 결과라고 할 수 있다. 이와 같은 상황이 발생하면 한 종 또는 두 종 모두 그 어떤 형태로든 그들의 생태적 지위에 제한을 받고 자원을 나눠 쓴다. 짚신벌레를 사용한 다른 실험에서, 연구자들은 최초 실험의 두 종 중 한 종과 새로운 세 번째 종을 사용했다. 역시 각각의 종은 개별적으로 사육하면 번성했다. 그러나 같은 시험관에서 두 종을 함께 키우면 그들은 시험관 "서식지"를 나누었다. 한 종은 시험관 바닥 쪽에 살고 다른 종은 윗부분에서만 자랐다. 이러한 단순한 형질의 변화가 공존을 가능하게 했다.

많은 경우에서 자원분배는 **형질대치**, 즉 하나 또는 두 종 모두에서 생태적 지위의 분할로 이어지는 진화적 분기를 수반한다. 갈라파고스(Galápagos) 제도에서 두 종의 핀치새가 씨앗을 먹는 것이 명확한 예에 해당한다(그림 17.23). 두 종이 사는 섬에서는 이들의 부리 크기가 매우 다르게 나타난다. 한 종은 부리가 더 깊어 큰 종자를 먹기에 적합하고, 다른 종은 부리가 더 얕아 작은 종자를 먹으므로 경쟁하지 않는다. 두 종 중 한 종만 사는 섬에서는 부리 크기가 중간 정도이다.

종 간의 경쟁은 매우 이상한 특징을 가지고 있다. 경쟁이 저절

생태적 지위가 중복될 경우

두 종의 *Paramecium*은 기본 생태적 지위가 겹친다. 특정 조건 하에서 두 종을 따로 키우면 번성하였다. 그러나 이들을 함께 키운 경우 서로 경쟁하며 두 가지 가능성이 있다.

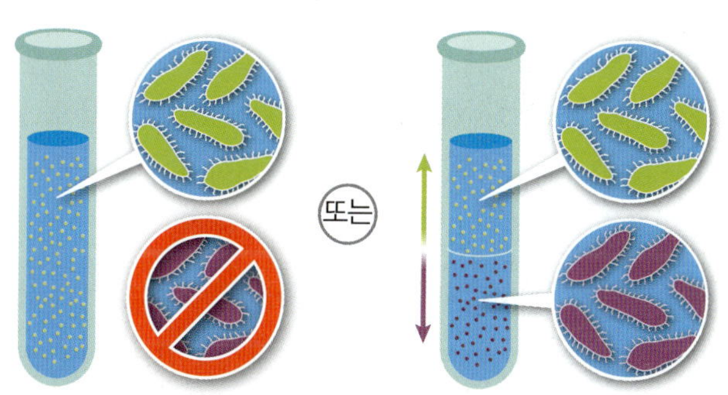

그림 17.22 두 가지 가능한 결과.

경쟁과 형질대치

형질대치는 한 종 또는 두 종 모두에서 일어나는 진화적 분기로 자연선택이 두 종 간의 경쟁을 줄일 때 나타난다.

그림 17.23 개체가 자원을 분배한다.

로 사라지기 때문에 실제로 일어나는 것을 보기 어렵다. 짧은 경쟁 기간이 지나면 한 종은 국지적으로 절멸하거나 겹치는 생태적 지위를 회피한다. 또는 형질대치를 통해 경쟁이 크게 감소한다. 두 경우 모두 최종 결과는 경쟁이 크게 감소하거나 없어진다는 것이다. 이러한 이유로 생물학자들은 과거에 경쟁이 일어난 영역을 판별하기 위해 종종 형질대치(과거 경쟁결과의 유령)를 찾아봐야 한다. 더욱이 경쟁이 일어나고 있는 동안에도 경쟁은 직접적인 충돌 형태로 일어나기보다는 간접적일 가능성이 크다. 의자 앉기 게임처럼, 특정 자원을 대상으로 두 종 중 누가 더 조금이라도 자원을 더 잘 활용할 것인가라는 문제이다.

생물학자는 때때로 새로운 종이 군집에 도입되는 자연상의 실험에서 경쟁을 관찰한다. 예를 들어, 유럽밍크만 사는 유럽에 미국밍크가 처음 들어 왔을 때 다음과 같은 일이 일어났다. 서식지가 겹쳐지는 지역에서 10년 안에 유럽밍크가 몸집이 커지고 미국밍크는 크기가 작아졌는데, 생물학자는 이 두 종의 진화를 기록하였다. 다음 장에서, 외래종이 토착종과의 경쟁에서 승리하는 경우가 왜 많은지에 대해 알아볼 것이다.

핵심요약 17.11

» 생태적 지위가 완전히 겹치는 개체군들은 영원히 공존할 수 없다. 한 종 또는 두 종 모두가 경쟁을 감소시키는 형질대치와 같은 방식으로 진화할 때까지 또는 어느 한 종이 그 지역에서 절멸할 때까지 자원에 대한 경쟁은 계속 일어난다.

17.12 포식은 포식자와 피식자 모두의 적응을 일으킨다

뿔이 있는 도마뱀에게 접근할 때 필요한 충고는 조심하라는 것이다. 아주 조심해라!. 왜냐하면, 도마뱀에 가까이 갈수록 도마뱀의 눈에서 분출되는 한 줄기 피가 당신을 강타할 수 있기 때문이다. 아마도 당신은 움찔할 것이다. 당신이 움찔하는 순간 도마뱀은 서둘러 달아날 것이다. 이런 모습은 충격이지만, 진화가 극단적이고 효과적으로 포식자에 대항하여 적응을 만들었다는 것은 사실이 아니다.

포식(한 종이 다른 종을 먹는 일종의 두 종 간의 상호작용)은 군집 내에서 종의 구성과 풍부성을 형성하는 가장 중요한 힘 중 하나이다. 그러나 포식은 한 동물이 다른 동물을 쫓아가서 죽이는 것에만 국한되지 않는다. 초식동물이 잎, 과일 또는 씨앗을 먹는 것은 반드시 식물을 죽이는 것은 아니지만 포식의 한 형태이다. 그리고 포식자가 반드시 물리적으로 위압적인 것은 아니다. 매년 1백만 명 이상이 모기에 물려 관련 질병으로 사망하지만, 상어 공격으로 인해 사망하는 경우는 12명 미만이다.

Q 새로운 서식지에 외래종이 도입되었을 때, 이들이 자연선택을 통해 새로운 환경에 적응하지 못했음에도 종종 번성하는 이유는 무엇인가?

포식자는 잠재적인 선택적 압력이다. 포식자에게 먹힌 생물은 생식 성공에 제한을 받는 경향이 있다. 결과적으로, 먹이가 되는 종에서는 포식의 위험을 줄이기 위한 다양한 특징이 진화한다. 그러나 먹이가 진화함에 따라 포식자도 진화한다. 이 공진화는 일종의 군비경쟁으로, 포식효과 적응이 끊임없이 변화하고 확대되면서 보다 효과적인 포식자 회피 적응을 유발되거나 그 반대의 경우도 일어난다. 이러한 관점에서 보면, 새 서식지에 외래종이 들어왔을 때 자연선택이 아직 이들을 새 환경에 적응시키지 않았는 데도 외래종이 번성하는 것이 이상할 것이다. 이는 외래종이 그 환경에 완벽하게 적응하지 못한 것과 마찬가지로, 포식자 수 또한 적기 때문인 것으로 밝혀졌다.

포식자를 줄이기 위한 먹이 적응 포식자에 대항하는 방법은 크게 물리적 방어와 방어 행동의 두 가지로 나눌 수 있다.

물리적 방어에는 기계적 방어, 화학적 방어, 경고색 및 위장이 포함된다(**그림 17.24**).

1. **기계적 방어.** 포식에 대항하는 적응 결과는 호저나 선인장의 가시, 아르마딜로나 쥐며느리의 단단한 갑옷 등에서 볼 수 있다. 이들은 발톱, 이빨, 독침, 그외 물리적 구조물과 함께 포식의 위험을 감소시킨다.

2. **화학적 방어.** 먹이의 방어 기작은 먹이가 독성을 가지거나 맛이 없게 만드는 화학적 독소를 포함하기도 한다. 식물은 포식자로부터 도망칠 수 없으므로 화학적 방어가 특히 중요하다. 거의 모든 식물은 자신을 먹을 수 있는 생물들을 방해하기 위해 몇 가지의 화학물질을 생산한다. *Strychnos*속 식물이 만드는 strychnine은 사람을 포함하여 대부분의 척추동물을 죽이는

포식을 감소시키기 위한 물리적 방어전략

기계적 방어
말레이고슴도치의 깃펜과 같은 물리적 구조는 포식으로부터 자신을 보호하는 데 도움이 될 수 있다.

화학적 방어
딸기독화살개구리에서 발견되는 독소는 포식자에게 유독하거나 입맛에 맞지 않게 할 수 있다.

경고색
제왕나비처럼 독성물질을 생산하는 유기체는 종종 밝은 색상을 나타내어 잠재적 포식자에게 접근금지 경고를 한다.

위장
사마귀와 같은 위장색은 주변 환경과 혼동되게 하여 포식을 피할 수 있게 한다.

그림 17.24 포식을 회피하기 위한 물리적 수단.

데, 계속되는 경련과 통증이 심한 증상에 의해서 죽게 한다. 반면에 시나몬, 페퍼민트, 고추에서 발견되는 물질은 일부 곤충에게는 독성이 있지만, 사람에게는 상대적으로 약한 증세만 나타난다. 아이러니하게도 사람들은 포식자를 막기 위해 화학물질을 만드는 식물들에게서 화학물질을 얻기 위해 경작하고 섭취한다.

일부 동물 또한 독성물질을 만들거나 일반적으로는 섭취한 먹이에서 안전하게 얻기도 한다. 독성개구리는 온몸 전체에 독 분비샘이 있어서 만지는 것조차도 위험하다. 불도롱뇽 역시 독이 있다. 등에 있는 독샘에서 강력한 신경독을 분출한다. 박주가리노린재와 제왕나비 등과 같은 일부 동물은 식물로부터 안전하게 독을 받아서 자신의 조직 내에 저장해 두었다가 포식자가 공격할 때 독소를 분비할 수 있다.

3. **경고색**. 화학물질로 보호받는 종들은 잠재적인 포식자들에게 빈번히 밝은 색으로 경고의 표시를 낸다. 그들은 "나에게 독이 있으니 멀리 떨어질 것"이라는 경고 사인을 낸다. 포식자가 가능한 한 쉽게 배울 수 있도록 독을 가진 여러 상이한 종들은 종종 같은 색의 양상을 가진다.

   영리하게 변형하면 포식자가 먹을 수 있는 일부 종도 이와 같은 밝은 색상 양상을 가지는데, 이를 **의태**라 한다. 그들이 독이 있는 종보다 수적으로 적다면, 그들의 속임수를 포식자가 알아챌 수 없을 정도로 모방한 이 진화적 계책은 꽤 성공적이다.

4. **위장(Camouflage)**. 경고색의 대안이면서 잡아 먹히지 않는 가장 효과적인 방법 중 하나는 포식자에게 눈에 띄지 않는 것이다. 많은 생물의 적응 중 하나는 그들이 주변 환경과 섞일 수 있도록 하는 색깔 유형을 갖는 것이다. 예를 들어, 곤충이 나뭇잎이나 나뭇가지와 닮은 것, 토끼가 갈색이었다가 땅에 눈이 오면 흰색으로 변하는 것 등이 있다.

행동적 방어는 숨기, 도망가기, 경고음, 또는 싸우기 등 수동적인 것과 능동적인 행동을 모두 포함한다(**그림 17.25**).

1. **숨기와 도망가기**. 포식자에 대항하는 적응은 반드시 독성물질이나 물리적 형태 또는 특별한 색을 필요로 하는 것은 아니다. 많은 종이 숨거나 뛰거나 둘 다 잘한다. 경계하고 있을 때는 갑자기 나타나는 포식자의 공격에 대해 미리 감지함으로써, 빠르고 효과적으로 피할 수 있다. 이 전략의 한 가지 변형은 무리를 짓는 것으로 숫자의 안전성에서 비롯된다. 물고기 무리와 황제펭귄처럼 많은 종이 포식 위험을 줄이기 위해 큰 무리를 지어 이동한다.

   많은 섬에서, 동물은 사람에게 두려움을 보이지 않는다. 예를 들어, Galápagos 제도를 방문한 사람은 도마뱀을 밟지 않도록 주

Q 섬에서는 많은 경우에서 동물이 종종 인간을 두려워하지 않는다. 왜일까?

포식을 줄이기 위한 행동적 방어

숨기와 도망가기
일부 종은 숨거나 달리는 데 탁월하며 포식을 효과적으로 피한다. 이 전략의 변형은 많은 개체수가 모여 안전을 추구하는 것이다. 물고기 떼를 포함한 많은 종은 포식위험을 줄이기 위해 대규모로 모여서 이동한다.

싸우기
일부 종은 공격자에 맞서 싸움으로써 포식을 피한다. 예를 들어, 바닷새인 풀마는 침입자를 겨냥한 토사물을 발사하여 둥지를 보호한다.

그림 17.25 **포식자를 회피하기 위한 행동적 수단.**

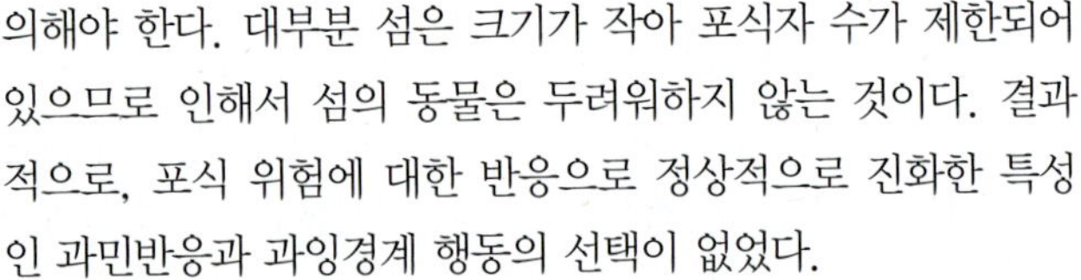

의해야 한다. 대부분 섬은 크기가 작아 포식자 수가 제한되어 있으므로 인해서 섬의 동물은 두려워하지 않는 것이다. 결과적으로, 포식 위험에 대한 반응으로 정상적으로 진화한 특성인 과민반응과 과잉경계 행동의 선택이 없었다.

2. **경고음 내기와 싸우기.** 많은 종, 특히 새와 포유류는 경고음으로 다른 개체에게 경고한다. 비록 소리를 내는 개체는 위험이 따르지만, 이러한 경고음 내기는 다른 개체(특히 주위의 친척)들이 충분히 피할 수 있게 경고해 준다(11장에서 벨딩땅다람쥐의 경고 호출을 상기하자). 일부 먹이 종은 상황을 역전시켜 포식자에게 몰려 듦으로써 포식행위를 막는다. 이 범주에는 앞서 설명한 피를 뿜는 도마뱀이나 침입자에게 구토물을 쏘아서 자신의 둥지를 지키는 풀마갈매기에서 볼수 있다.

포식을 증가시키는 포식자의 적응 먹이가 포식 위험을 줄이기 위해 물리적 방어와 방어 행동을 취한 것과 같이, 포식자 또한 평행하게 포식 효율을 높이기 위해 진화했다. 박주가리 식물(milkweed plants)이 포식자를 죽이는 독을 저장하는 방법으로 진화한 것처럼, 박주가리노린재(milkweed bugs)는 독에 의해 피해를 입지 않고 유독성 식물을 먹을 수 있도록 진화했다. 먹이가 숨고 피하는 데 능숙해지면 포식자는 숨은 먹잇감을 더 잘 감지할 수 있는 감각기관을 발달시키고 빠른 달리기 능력을 가져 그들을 잘 포획할 수 있게 됐다.

포식자도 모방을 이용한다. 아귀, 수염달린 씬벵이, 늑대거북은 모두 잠재적인 피식자가 관심을 가지는 먹잇감을 닮은 몸 구조를 가지고 있다. 피식자가 가까이 다가가면 포식자는 이를 빠르게 낚아챈다.

Q 포식자가 먹이를 잡는 데에 매우 효과적임에도, 먹이가 멸종에 이르는 경우는 왜 거의 없는가?

자연선택이 먹이를 잡기 위한 쪽으로 효과적인 적응을 하게끔 포식자를 이끌지만, 그 적응이 먹잇감이 멸종할 정도로 효율적이진 않다. 이에 대한 설명을 '생명-만찬 가설(life-dinner hypothesis)'이라고 한다. 즉, 포식자의 포획 능력 선택보다 먹잇감의 탈출 능력 선택이 더 강력하다. 예를 들어, 먹이인 토끼가 여우로부터 도망가지 못한다면 목숨을 잃으며 절대 번식할 수 없다. 반면에 여우가 토끼를 따라가지 못하면, 여우가 잃는 것은 단지 식사일 뿐이다. 이들은 여전히 먹이를 포착하고 미래에 번식할 기회가 있다. 다시 말해서, 이 상호작용에서 지불해야 할 대가는 토끼가 훨씬 더 큰 것이다.

핵심요약 17.12

» 포식자와 먹이는 진화적으로 군비경쟁 중에 있다. 먹이가 포식 위험을 감소시키는 신체적 또는 행동적인 특성을 진화시키면, 포식자는 더욱 효율적이고 효과적인 포식 방법을 발전시킨다. 이와 같은 공진화 과정을 결과, 밝은 색을 지닌 개체, 경고음 내기, 그리고 다양한 형태의 모방이 나타난다.

17.13 기생은 포식의 한 유형이다

"포식"이라는 단어는 치타와 같은 큰 동물이 가젤과 같은 다른 큰 동물을 쫓고 죽이는 것을 연상시킨다. 그러나 거의 보이지 않지만 똑같이 치명적인 포식의 또 다른 세계가 있다. 공생관계로 정의되는 **기생**(parasitism), 즉 다른 종 간의 긴밀하고 장기적인 관계로 정의되는 기생에서는 한 **기생생물**(parasite)이 이익을 얻는 반면 **숙주**(host)는 피해를 입는다. 기생자는 아마도 지구 상에서 가장 많은 종으로, 비기생자보다 3~4배 더 많다!

두 가지 일반적인 기생자 유형은 대부분 생명체의 삶을 어렵게 만든다. **외부 기생자**(ectoparasites)에는 이, 거머리, 진드기 등이 포함된다. 한 멕시코앵무새의 경우에서, 외부 기생충에 대해 잘 알려져 있다. 30종의 진드기가 깃털에만 살아간다. 그리고 많은 기생자에 기생하는 기생자가 있다! **내부기생자**(endoparasites)는 숙주의 몸 내부에 사는 기생자이다. 이들은 모두 널리 퍼져 있다. 척추동물의 내부 기생자에는 다양한 동물문과 단세포 원생생물이 포함된다(**그림 17.26**). 모든 포식자-먹이 간의 상호작용과 마찬가지로 이러한 모든 기생자-숙주 상호작용에서 포식자 또는 기생자는 이익을 얻고 먹이 또는 숙주는 해를 입는다.

포식자로 간주되지만, 기생생물은 몇 가지 독특한 특성을 가지며 상대적으로 다른 포식자에 비해서 색다른 상황에 직면하고 있다. 이러한 특성 중 가장 눈에 띄는 것은 기생생물은 보통 숙주보다 훨씬 작고 장기간 숙주 속에서 지내야 한다는 점이다. 일반적으로 숙주를 죽이지는 않지만 숙주의 자원 일부를 사용하므로 숙주를 약화시킨다. 항상 먹이원에 위치하는 것이 유리하다. 그러나 이와 같은 상황이 기생생물이 직면한 가장 어려운 문제이기도 하다. 즉, 한 숙주에서 다른 숙주로 어떻게 이동할 것인가라는 점이다. 결국, 기생생물은 숙주가 죽으면 더이상 살 수 없다. 기생생물이 이동하는 방법은 놀랍다. 그들의 복잡한 생활사에는 다른 두 종 또는 그 이상의 숙주를 통과하는 과정이 포함되며, 이는 각 숙주 종과의 공진화를 통해서만 가능하다. 이러한 생활사로 우리는 이들 기생생물의 창의성, 또는 이들이 나타나게 한 진화 과정을 새롭게 볼 수 있다. 이제 이에 대한 몇 가지 사례를 살펴보자.

기생생물

기생생물은 숙주와의 공생관계를 통해서 이득을 보는 포식자이다.

외부 기생생물

빈대와 같은 사람의 외부 기생생물은 숙주 몸에서 생활한다.

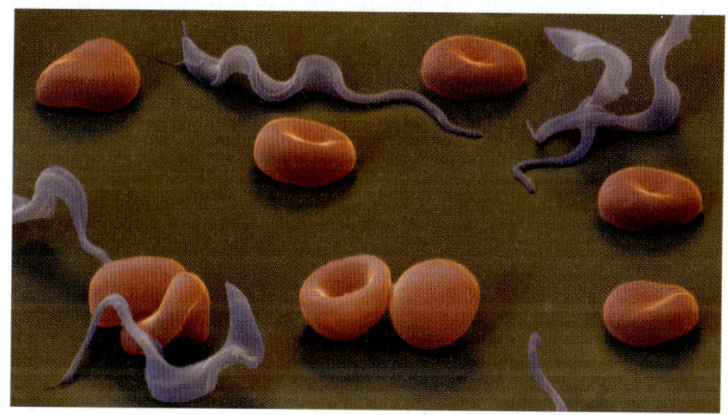

내부 기생생물

아프리카수면병을 일으키는 브루스파동편모충(*Trypanosoma brucei*)처럼, 내부 기생생물은 숙주인 사람의 몸속으로 침입한다.

그림 17.26 먹이에 비해 몸이 왜소한 포식자.

사례 1: 기생생물이 숙주에게 어리석고 두려움을 모르는 행동을 일으킬 수 있다. 진화하는 동안, 쥐는 고양이가 자주 나타나는 지역에 대한 보호지각력을 발달시켰다. Toxoplasma(고양이를 종숙주로 하는 기생충)는 이러한 행동을 바꾸는 생명체이다. 쥐에 기생하는 이 단세포 기생충은 또한 생활사 중 일부를 고양이에서 보내야 한다. 이 기생충은 쥐의 뇌를 바꿔 고양이를 두려워 하지 않고, 오히려 고양이에게 이끌리게 된다. 이와 같은 행동 변화는 쥐에게는 매우 위험하지만, 쥐가 고양이에게 공격받을 가능성을 높여서 기생충이 널리 퍼져 나갈 수 있게 한다.

사례 2: 기생생물이 숙주에게 부적절한 공격성을 유발할 수 있다. 광견병에 걸린 동물은 평범하게 행동하지 않는다. 그들은 입에 거품을 내고 비정상적으로 공격적으로 변한다(**그림 17.27**). 이것이 우연일까? 아니다. 광견병은 주로 너구리, 스컹크, 여우, 코요테 등 온혈동물에 감염되는 바이러스에 의해 발생한다. 광견병은 타액을 통해 한 숙주에서 다른 숙주로 전달된다. 이러한 광견병 행동을 유도하는 것이 바이러스가 퍼져 나가는 데에 도움이 된다.

사례 3: 기생생물은 숙주에게 기괴하고 위험한 행동을 유발할 수 있다. 기생 편형동물인 란셋흡충(lancet fluke)은 "좀비 메이커(zombie-maker)"로 다채롭게 묘사되어 왔다. 이 흡충은 일생의 대부분을 양과 염소에서 보내지만, 알은 양과 염소 배설물로 오염된 풀을 먹은 달팽이로 이동한다. 달팽이 몸에서, 흡충 알이 자라나서 포낭을 형성하면 포낭은 달팽이의 점액질로 둘러 싸인 채로 배출된다. 복잡한 생활사를 계속하면서 흡충포낭은 달팽이 점액을 먹는 개미 속으로 들어간다. 흡충의 여행은 이제 소위 좀비 만들기라는 과정을 통해 다시 양이나 염소로 돌아오게 된다. 개미에 감염된 흡충은 뇌에서 자라면서 개미의 행동을 바꾼다. 개미는 일반적으로 땅 바닥에 주로 생활하지만, 흡충에 감염되면 개미는 풀잎이나 줄기 꼭대기로 올라가서 잎을 무는 행동을 하게 된다. 이러한 행동 변화로 인해 개미는 방목하는 포유동물에게 먹힐 위험이 더 커진다. 개미에게는 좋지 않은 결과지만, 기생충이 생활사를 완성하기 위해 반드시 필요한 행동이다.

기생생물에 의한 행동 변화는 이처럼 극적이지만, 숙주의 몸 외부에 부착되거나 몸 안에 있을 때 기생충이 번성하는 데에 더 미묘하면서 똑같이 효과적인 다른 사례들이 많이 있다. 포식 관련 분야는 생태학적으로나 생리학적으로 매우 활발하고 흥미로운 분야이다.

기생생물의 재주

기생생물은 하나의 숙주로부터 다른 숙주로 이동해야 하는 당면과제를 해결하기 위한 놀라운 방법을 개발했다.

광견병 바이러스는 감염된 숙주에게 공격적이고 입에서 거품을 무는 행위를 하게 하여 한 동물에서 다른 동물로 더 효과적으로 전달된다.

그림 17.27 광견병 전파. 광견병을 일으키는 바이러스는 숙주로 하여금 거품을 물고 공격적으로 물어뜯는 행위를 유발함으로써 다른 동물로 효과적으로 퍼지게 한다.

핵심요약 17.13

» 기생은 기생생물이 숙주로부터 이득을 취하지만, 숙주는 해를 입는 공생 관계이다. 기생생물은, 특히 한 숙주에서 다른 숙주로 이동해야 하는, 다른 포식자들과 비교하여 일부 특별한 상황에 접하고서 복잡한 생활사를 발전시키는 방향으로 진화했다.

17.14 종간 상호작용이 모두 부정적인 것은 아니다: 상리공생과 편리공생

모든 종의 상호작용은 명백한 승자와 패자로 귀결된다는 가혹한 대립상황은 알기 쉽다. 그러나 모든 종의 상호작용이 전투적인 것은 아니다. 모든 꽃은 진화의 결과에 의해 서로 이익이 되는 종의 관계를 상기시켜 준다. 이러한 유형의 상호작용은 상리공생과 편리공생 두 가지 범주로 나뉜다.

상리공생: 모두가 승자. 산호는 그들의 조직 내에 살면서 광합성을 하는 조류로부터 에너지를 얻는다. 흰개미는 그들의 장 내에 서식하는 섬유소 분해 세균의 도움을 받아야만 목재를 먹고 살아갈 수 있다. 꽃은 꿀을 먹는 동물에 의해 화분매개를 한다. 각각의 이러한 관계는 두 종 모두 이익을 보고 상대에게 해를 끼치지 않는 **상리공생**의 사례들이다(**그림 17.28**). 상리공생은 사실상 거의 모든 군집에서 흔하게 일어난다. 특히 식물은 양분을 흡수하는 균류와 질소고정세균, 그리고 화분을 매개하는 동물과 관계를 맺고 수많은 상호작용을 한다.

이와 같은 상호작용은 매우 광범위하고 생태적으로 중요하며, 이 책의 전반에 걸쳐 설명되어 있다. 여기에는 식물과 균근세균(14.15절), 식물과 동물의 화분매개자와 열매분산자(14.9절 및

부정적이지 않은 종간 상호작용

상리공생
상리공생에서 두 종 모두 이득을 얻는다. 예를 들어, 물고기는 녹색바다거북의 껍데기에서 조류를 긁어 먹고 거북이는 몸이 가벼워져서 수영이 더 하게 된다.

편리공생
편리공생에서, 한 종은 이익을 얻고 다른 종은 이익을 얻거나 해를 입지 않는다. 예를 들어, 황로는 풀을 뜯는 버팔로가 휘젓는 곤충을 먹는다. 황로는 이득을 보지만 버팔로는 도움을 받거나 손해를 보지 않는다.

그림 17.28 **항상 적대적인 것은 아니다.** 자연계에 많이 있는 상리공생과 편리공생.

14.11절), 지의류, 곰팡이와 광합성 조류 또는 세균과의 공생(14.15절)이 포함된다.

편리공생: 승자는 있고 패자는 없는 관계. 일부 종간 관계는 일방적이다. 한 종은 이익을 얻고 다른 종은 이익도 손해도 받지 않는 관계가 편리공생이다. 황로는 버팔로와 코끼리처럼 풀을 뜯어 먹는 포유류와 이러한 관계를 가진다(그림 17.28 참조). 큰 동물이 풀을 뜯어 먹을 때 주변의 곤충을 자극한다. 포유류 근처에서 곤충을 잡아먹는 새들은 이런 방법으로 힘들이지 않고서도 많은 곤충을 잡을 수 있다. 풀을 뜯는 동물들은 새에게 도움을 받지도 않고 해를 입지도 않는다.

핵심요약 17.14

» 진화의 결과로, 이득을 주는 종간 관계가 생겼다. 상리공생에서는 두 종이 서로 이득을 준다. 편리공생은 한 종은 이득을 얻지만, 상대방은 이득을 보지도 해를 입지도 않는 경우이다.

이것이 우리의 방법 / 과학 과정 적용 능력 개발하기

17.15 개미, 식물 및 환경 개입의 의도치 않은 결과에 대해 연구하기

생태계 내에서 일어나는 상호작용의 복잡성으로 인해 생태계 내의 개별 구성원의 변경에 의한 영향을 예측하기는 어렵다. 이는 귀중한 환경과 자연자원을 보호하기 위한 노력에 중요한 의미를 갖는다.

많은 자연자원 관리자가 직면하는 상황을 생각해보자. 가치가 높은 귀중한 개체군이 다른 포식자에 의해 위협받는 상황을 가정해 보자. 귀중한 개체군을 보호하기 위해 자연자원 관리자가 개입하여 포식자가 귀중한 개체군에 해를 끼치는 것을 차단할 수 있다. 이것은 합리적인 계획처럼 보인다. 그러나 이것이 잘 될 것이라고 확신할 수 있을까?

사실, 우리의 계획은 좋은 의도에도 불구하고 작동하지 않을 수 있다. 설상가상으로 우리가 의도한 것과 정반대의 결과를 초래할 수 있다. 놀랍게도(그러나 모호하지 않게), 무서운 진실을 드러낸 상황을 살펴보자. 겉보기에는 도움이 되고 관리가능한 것 같

지만 의도치 않은 부정적인 결과를 초래할 수 있다.

하나의 사례가 아프리카를 방문한 생물학자가 아까시나무를 돕기 위한 개입을 관찰하면서 시작되었다. 개입: 코끼리와 기린 같은 폭식 초식동물로부터 보호하기 위해 이 나무들 주위에 울타리를 쳤다.

아까시나무 주위에 울타리를 치는 것과 같은 의도된 행위의 결과는 무엇이라고 생각하는가?

자연자원 관리자는 초식동물로부터 나무를 보호하기 위해서는 울타리가 도움이 될 것이라고 생각했다. 아까시나무는 더 빨리 자라고 더 오래 살아야 할 것이다. 그러나 이곳을 관찰한 생물학자는 10년 이상 울타리가 쳐져 있던 10에이커의 6개 구역 내의 수백 그루의 나무가 그다지 잘 자라지 못하고 있다는 사실을 확인했다. 주변의 울타리 치지 않은 아까시나무들과 비교할 때 오히려 울타리 내의 나무들이 상태가 좋지 않았고 죽는 나무도 많았다. 연구원들이 그 원인을 알아보기로 했다.

개입이 시행된 상태에서 연구자들은 보호지역 내 아까시나무의 상태가 좋지 않은 원인을 어떻게 알아낼 수 있었나?

연구원들은 아까시나무를 관찰하여 울타리 바깥의 나무들에서와 같은 일반적인 생태를 파악하였다. 그 결과는 다음과 같다.

1. 아까시나무와 상호작용하는 공생개미가 있었다. 나무는 개미가 사는 속이 빈 가시를 만들어 개미가 먹는 당분을 제공했다.
2. 코끼리가 나뭇잎을 먹을 때처럼 나무에 접촉이 느껴지면 개미가 모여들어 나무를 보호한다. 이것은 나뭇잎을 먹는 것을 줄여준다.

생물학자들의 더 자세한 관찰을 통해서, 코끼리와 기린을 막기 위한 개입의 결과로 무슨 일이 일어나고 있는지 알아내고자 하였다. 다음은 그들의 관찰 결과이다.

1. **포식 감소 → 포식자 방어에 대한 투자 감소.** 코끼리와 기린으로부터 보호받을 때 아까시나무는 초식동물의 감소된 초식을 감지하여 공생 개미를 지원하는 데 투자를 줄였다. 아까시나무는 꿀 생산 부위를 1/3로 줄였으며, 개미가 사용할 빈 가시를 덜 만들었다.
2. **개미의 지원 감소 → 개미의 방어 행동 감소.** 꿀 보상이 감소하자 개미는 나무 방어에서 역할이 줄어들었다. 나무에 남아 있는 개미의 수가 30% 감소했고, 나머지 개미 중에서 식물의 교란에 반응하는 개체는 50% 줄었으며 반응도 훨씬 덜 공격적이었다.

이 두 가지 변화는 그 자체로 울타리 내의 나무에 나쁜 영향을 미치지 않아야 한다. 왜일까?

3. **개미의 수 감소 → 경쟁자의 진입 기회.** 공생 개미의 수가 감소하면 경쟁(비공생) 개미가 아까시나무에 살 기회가 생긴다. 나무에서 공생관계가 아닌 이 경쟁 개미들이 차지하는 비율은 두 배가 되었다.
4. **경쟁 개미의 수 증가 → 천공성 딱정벌레 및 나무피해 증가.** 공생관계가 아닌 경쟁 개미는 천공성 딱정벌레가 나무에 몰려들게 하였고, 딱정벌레는 나무의 줄기에 구멍을 내어 경쟁 개미가 알을 낳게 하였다. 그리고 딱정벌레가 구멍을 뚫을 때, 나무는 피해를 받는다. 연구원들은 아까시나무 성장이 훨씬 느리고 죽은 나무도 두 배로 증가했다고 보고했다.

몇 가지 짧은 단계로, 연구원들은 무슨 일이 일어나고 있는지 정리할 수 있었다.

1. 큰 초식동물은 아까시나무의 잎을 먹는다.
2. 초식동물을 제한하면 아까시나무가 공생 개미에게 덜 투자한다.
3. 개미의 도움이 줄어들면서 경쟁 개미와 천공성 딱정벌레가 침입한다.
4. 천공성 딱정벌레가 만든 구멍은 나무 생장을 늦추고 폐사율을 높인다.

즉, 연구원들은 울타리를 쳐서 대형 초식동물을 막아주는 것이 아까시나무에 해가 되는 이유를 알게 되었다.

이 연구결과로부터 우리는 무엇을 결론지을 수 있을까?

이러한 특정 교훈을 넘어, 연구원들은 그들의 결과가 군집 상호작용에 대한 극도의 복잡성을 보여준다는 것에 주목한다. 생태계 내에서 겉보기에 도움이 되고 단순한 처리는 심각하게 부정적인 결과를 초래할 수 있다. 시인 Robert Burns의 말처럼, "가장 잘 짜여진 계획이 종종 실패한다".

생각하기, 짝과 나누기

수업 수강생 중 한 명과 짝을 만드시오. 다음의 질문을 읽고 답에 대하여 60초 동안 조용히 생각하시오. 이후 5분 동안 토론을 하고 자신의 답을 공유할 수 있게 준비하시오.

- 이 연구는 지구 생태계에서 대형 초식동물의 손실에 관련하여 어떤 가능한 결과를 시사하는가? 그 이유는?

핵심요약 17.15

» 생태계의 작은 부분을 실험적으로 조작하여 복잡한 생태계를 이해하는 데에 이점을 얻을 수 있다. 단순한 조작으로 중요하지만 예상치 못한 관계의 속성을 밝혀낼 수 있다.

군집은 시간에 따라 변할 수도 있고 안정된 상태로 지속될 수도 있다

▲ 조개를 먹고 있는 야생 해달.

17.16 1차 천이와 2차 천이는 군집이 시간에 따라 어떻게 변할 수 있는지를 보여준다

인간의 "진보"와 개발은 환경을 바꿀 수 있다. 예를 들어, 척박한 땅이 생산적인 농경지로 바뀔 수 있다. 또는 도시의 풍경 역시 한때 그곳에 있었던 자연의 흔적을 지워버릴 수도 있다. 그래서 인간이 지역을 버릴 때 무슨 일이 일어나는지 관찰하는 일은 놀랍고 용기를 북돋우는 것일 수 있다. 이곳에서는 조금씩 자연상태를 회복해 간다. 그 지역이 완벽하게 재건되는 것은 아니며 변화는 느리다. 그러나 이 과정은 광범위하며 사실상 멈출 수 없다. 자연은 숲에 한 그루의 나무가 떨어지는 것에서부터 대규모 홍수나 화재, 거대한 화산 폭발에 이르기까지 다른 교란에도 유사하게 반응한다.

시간이 지남에 따라 다시 그 지역을 회복하는 과정과 점차적으로 군집이 변하는 과정을 **천이**라고 한다. 이것은 생태계에 교란이 일어난 후 시간 경과에 따른 종의 조성 변화로 정의된다. 천이에는 두 가지 종류가 있다. **1차 천이**는 생명과 토양이 없는 서식지에서 생물이 처음 정착할 때 시작된다. **2차 천이**는 이미 형성된 서식지가 훼손되지만 일부 생명체와 일부 토양이 남아 있을 때 발생한다.

1차 천이 1차 천이는 수천 년 또는 수만 년이 걸릴 수 있지만, 일반적으로 동일한 순서로 일어난다. 1차 천이는 항상 불모의 땅으로 생명이 하나도 없는 곳으로 만드는 교란과 함께 시작된다. 예를 들어, 1883년 인도네시아 크라카타우(Krakatau)의 거대한 화산 폭발은 여러 섬을 완전히 파괴하고, 다른 섬의 모든 생명과 토양을 쓸어 버렸다. 1차 천이는, 덜 극적이지만, 알래스카의 Glacier Bay와 같이 빙하 퇴각 지역에서도 시작되었다. 천이가 하나의 정해진 순서로 발생하지는 않지만 몇몇 과정은 비교적 공통적이다(그림 17.29).

- 생명과 토양이 없는 지역에 처음으로 도착하는 **정착자**는 일반적으로 공기 중에 떠다니는 세균, 곰팡이 또는 기타 광합성 미생물이다.
- 지의류(곰팡이와 광합성 조류 또는 세균의 공생)도 일반적으로 최초 정착자이다. 그들은 암석에서 자랄 수 있으며 광합성을 통해 에너지를 만들 수 있다. 이들은 자라면서 환경을 변화시켜서, 암석을 분해하고 유용한 미네랄을 방출하는 산을 분비하여 지형을 다른 유기체가 더 살기 좋게 만든다.
- 이끼류 또한 초기 단계에 나타나는 편이며 지의류가 배출하는 많은 양분을 사용한다. 그들은 습도를 유지하여 다른 식물의 종자가 발아하기에 좋은 장소를 제공한다.
- 이끼 다음으로 작은 초본류가 뒤따라 온다. 나중에 관목이 번성하기 시작하여 이끼와 초본류에 그늘을 드리운다.

천이

군집내 종 구성은 시간이 지남에 따라 변한다

① 곰팡이, 세균, 지의류, 식물종자 등이 최초 정착자이다.

② 이끼가 습기를 잡아 줘서 종자가 발아된다.

③ 작은 초본류가 도착하고 관목이 자라서 이끼와 초본류에 그늘이 생긴다.

④ 작은 나무가 자라고 관목을 누른다.

⑤ 더 크고 빨리 자라는 나무가 초기 정착자를 누르고 번성한다.

1차 천이
1차 천이는 교란에 의해 토양과 생명이 없는 상태에서 시작된다.

2차 천이
2차 천이는 유리한 출발을 하는 1차 천이와 같다. 2차 천이는 교란에 의해 군집의 일부가 무너지고 이전에 다른 종에 의해 눌렸던 종이 자라면서 시작된다.

교란은 대부분 생태계의 근본 요소로 군집을 지속적으로 천이의 이전 단계로 돌려 놓을 수 있다.

그림 17.29 경관의 변화

- 작은 나무(목본류)가 경쟁에서 승리해서 관목을 누르고 성장하여 관목에 그늘에 가려진다.
- 시간이 흘러, 더 크고 빨리 자라는 나무가 앞서 정착한 나무와의 경쟁에서 승리한다.

1차 천이의 초기 단계에서 나타나는 정착자의 중요한 특징은 그들이 동물이든 식물이든 다른 생물이든 간에 원래의 고향으로부터 멀리 날아갈 수 있는 **분산자**이지만(이는 이들이 새로운 장소에 일찍 도착할 수 있음을 설명한다) 특별히 좋은 경쟁자는 아니라는 것이다. 따라서 이들은 점차 다른 종으로 대체된다. 궁극적으로, 더 오래 살고 더 큰 종은 초기 정착자들을 능가하는 경향이 있으며, 안정된 상태를 지속하면서 스스로를 갱신하는 군집인 **극상 군집**이 유지된다. 극상 군집에 존재하는 특정 종은 온도나 강수량과 같은 물리적인 특성에 의존한다.

2차 천이 2차 천이는 생명과 토양이 이미 존재하기 때문에 1차 천이보다 훨씬 더 빠르게 일어난다. 1차 천이에 수천 년이 걸리는 반면에, 2차 천이는 몇 세기, 수십 년, 심지어 몇 년 만에 일어날 수 있다. 그것은 종종 부패하는 사체에 정착하는 생물과 함께 시작한다. 이것은 곰팡이가 쓰러진 나무의 썩어가는 줄기에 자리 잡고 시간이 지남에 따라 다른 종의 곰팡이로 대체된다.

2차 천이는 이전에 경작된 땅에서 자라는 잡초와 함께 시작될 수도 있다. 그들이 계속 자라면, 잡초는 결국 다년생 종, 그 다음에는 관목, 그리고 결국에는 더 큰 나무에 의해 대체된다. 이 과정은 1차 천이와 유사하지만, 더 쉽게 시작된다. 궁극적으로, 교란만 없다면 2차 천이는 안정된 상태로 지속되어 극상 군집으로 이어질 것이다.

1차 천이와 2차 천이가 모두 극상 군집으로 진행한다는 점을 감안하면, 우리가 보는 많은 군집이 극상과 멀다는 것이 놀랍다. 이러한 명백한 모순은 교란이 없을 때에만 천이가 극성으로 이어진다는 점을 반영한다. 그러나 교란은 대부분 생태계의 기본적인 부분이다.

대규모 교란은 군집을 원상태로 되돌려 놓을 수 있다. 예를 들어, 2018년에 캘리포니아 산불로 150,000에이커가 불탔고 86명이 사망했으며, 2020년에는 호주에서 1,500만 에이커 이상이 산불 피해를 입었다. 그리고 1980년에는 Mount St. Helens의 화산 폭발로 원자폭탄의 1,600배 열에너지가 방출된 바 있다.

반면에 약한 교란은 천이 과정 중에서 일부만을 되돌려 놓는다. 흥미롭게도 군집이 많은 종을 부양할 때는 중간 단계의 교란을 겪는다. 교란이 매우 높은 수준 또는 매우 낮은 수준이면 군집이 각각 최고의 정착자로 제한되거나 또는 최고의 경쟁자로 제한된다. 중간 단계의 교란 시에는 다양한 종이 중간 정도의 조합이라는 특색을 지속해서 나타낼 수 있다.

Q 집 앞의 잔디밭에서 천이가 일어나지 않는 이유는?

핵심요약 17.16

» 천이는 교란 후 시간 경과에 따라 군집에서 나타나는 종 조성의 변화이다. 1차 천이에서는 생명과 토양이 없는 지역에서 과정이 시작된다. 2차 천이는 생명이 이미 존재하는 지역에서 시작한다. 두 경우 모두 예측 가능한 일련의 과정을 겪는다.

17.17 한 군집 내에서 어떤 종은 다른 종에 비해 더 많은 영향력을 행사한다

Q 보존을 목적으로 할 때 다른 종보다 더 가치 있는 종이 있을까? 왜 그럴까?

본 장에서, 우리는 종들이 다른 종 그리고 환경과 상호작용하는 방식을 알아보았다. 그러나 모든 종이 다른 종에 동등하게 의존하거나 영향을 주는 것은 아니다. 군집 내에서 **근원종**의 존재는 다른 종에게 커다란 영향을 준다(**그림 17.30**). 근원종을 제거하면 군집 내의 종 구성이 크게 바뀐다. 반면에 핵심이 아닌 종의 제거는 상대적으로 작은 변화를 일으킨다. 들소는 근원종이다. Kansas 대초원의 특정 지역에 들소 떼가 풀을 뜯어 먹는 곳을 조사구로 설치하고, 다른 지역에는 들소무리를 몰아낸 후 실험을 진행했다. 들소가 없는 지역은 단일종인 키 큰 풀이 우점종이 되었다. 반면에 들소가 풀을 뜯는 지역은 훨씬 더 큰 종 다양성을 보였다. 풀을 뜯는 들소 때문에 이 풀이 다른 식물과의 경쟁에서 우점할 수 없었던 것이다.

불가사리 역시 근원종이다(그림 17.30 참조). 태평양 북서부의 해안 바위에서 홍합은 다른 종을 몰아내는 경향이 있는데, 불가사리는 홍합을 먹는다. 5년 동안의 조사에서 불가사리를 조간대의 특정 지역에서 제거하고 다른 지역에서는 그대로 두었다. 들소 연구에서와 마찬가지로 불가사리가 없는 곳에서는 종 다양성이 급격히 떨어졌다. 실제로 홍합만 남았다. 불가사리가 있는 지역에는 홍합 역시 남아 있었지만 그 수가 감소했다. 더 중요한 것은 다른 종의 동물과 조류가 28종이나 그곳에 살 수 있었다는 것이다. 근원종을 사용하면 생물 다양성을 보존할 때 비용을 절감할 수 있다. 결과적으로, 근원종을 식별하는 것은 보전생물학의 중요한 부분이다. 들소와 불가사리 외에 다른 근원종에는 댐을 쌓는 비버, 사바나의 코끼리, 사막의 지의류 등이 있다.

핵심요약 17.17

» 근원종은 군집에 있는 다른 종에게 비교적 큰 영향을 미치는 종이다. 따라서 근원종을 보호하는 것은 생물 다양성을 보전에 있어 중요한 전략이다.

근원종

불가사리와 같은 근원종은 보통 지역 군집 내의 다른 종의 존재 유무에 엄청난 영향을 준다.

근원종이 있는 군집
하나의 근원종을 보존함으로써 많은 종을 보존하는 효과가 있다.

근원종이 제거된 군집
조간대에서 불가사리가 제거되면 종 다양성이 급격히 감소하고 홍합만 남게 된다.

그림 17.30 생물다양성의 보전. 근원종은 공격적인 종을 억제하여 더 많은 종이 공존할 수 있도록 도와 준다.

생활 속 생명과학 | 증거를 사용한 의사결정 안내

죽은 지대(dead zone)에서의 생명: 농장의 곡물생산량을 높이려다 거대한 죽은 지대를 만들었다

매년 봄과 여름에는 Mississippi 강 하구에 있는 물에는 산소가 부족하여 사실상 생명체가 살 수 없다.

Q: 거의 언제나 식물 생장을 제한하는 화학물질은 무엇인가? 식물 생장을 위해서는 모두 질소를 포함하는 단백질 합성이 필요하다. 질소는 거의 언제나 식물이 얼마나 생장하는지를 결정한다.

Q: 당신이 농부라면 어떻게 작물의 생산성을 높일 수 있을까? 질소를 첨가한다. 사실 질소는 모든 식물 비료의 주성분이다.

Q: 소모되지 않은 질소는 어디로 가는가? 봄과 여름에 내리는 비는 영양분, 용해된 유기 물질 및 폐기물(주로 인간이 배출한 것임)을 미국 중부에서 인근 강으로 흘러들게 하여 결국 Mississippi 강에 도착하게 한다. 거기에서 이들은 Mexico만으로 흘러 들어간다.

Q: 다량의 질소가 수역에 버려지면 어떤 일이 벌어질까? Mexico만으로 흘러오는 많은 질소와 영양소 때문에 Mississippi 강 하구에 사는 플랑크톤과 조류가 엄청나게 생장한다. 이들의 빠른 증식이 먹이사슬을 파괴하는데, 죽으면서 바닥으로 가라앉아 세균의 먹이가 된다. 세균이 번성함에 따라 점점 더 많은 양의 산소를 소비한다.

Q: 세균이 산소를 너무 많이 소모하면 어떤 일이 나타날까? 과도한 세균 성장은 물의 용존산소 공급을 고갈시키고 이로 인해 산소에 의존해 살아가는 물고기, 게, 굴, 새우 등은 죽거나 그 지역을 벗어나야 한다. 그 결과 생물이 살지 않는 죽은 지대를 만들고 지역 어업을 망치며 지역경제에 심각한 타격을 준다.

Q: 내릴 수 있는 결론은? 먹이사슬을 파괴하고 특정 영양단계에서 생산성을 높이려는 시도라 하더라도 생태계(심지어 수천 마일 떨어진 곳까지도)에 의도치 않은 영향을 미칠 수 있다.

Q: 해야할 일은? Mexico만의 죽은 지대를 줄이거나 되살리기 위해 (1) 비료사용 축소, (2) 동물배설물 통제, (3) 산업시설로부터 질소나 인 등의 영양소가 강이나 하천으로 유입되지 않도록 관리하기.

우리는 집 근처의 죽은 지대를 줄이기 위해 무엇을 할 수 있을까?

연습 데이터의 시각적 표현을 비판적으로 살펴보기

도표로 배우기

1. 매의 그림이 다른 생물체보다 훨씬 작은 이유는 무엇인가?
2. 각 "파이"의 크기는 무엇을 나타내는가? 왜 모두 같은 크기가 아닐까?
3. 각 그림에서 파이 조각은 무엇을 나타내는가?
4. 맨 위 파이에서 슬라이스가 없는 이유는 무엇인가?
5. 이 수치가 식물과 다른 동물을 먹은 소비자의 데이터를 포함한다면 달라질까? 어떻게?
6. 어떤 환경에서든 포식자 대 초식동물의 상대적 수치에 대해 이 그림에서 무엇을 결론지을 수 있을까?

답은 부록에 있음.

에너지 피라미드

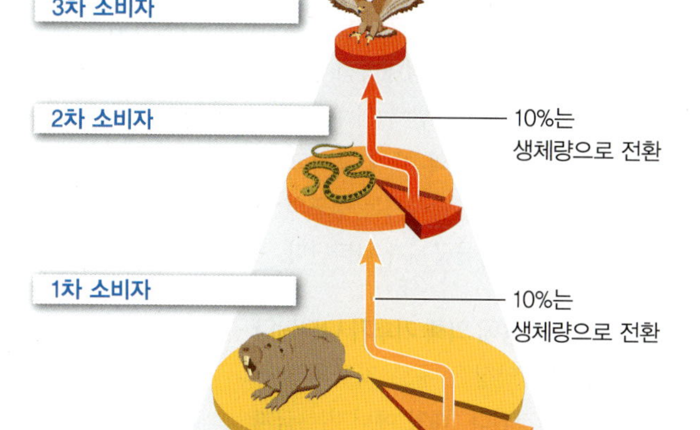

주요 용어: 생태계와 군집

요약

생태계는 생물요소와 무생물요소로 이루어져 있다

- 생태계는 생물학적 개체들의 군집과 상호작용하는 생명체들과 서로 영향을 주고받는 환경의 무생물적 요소를 포함한다.
- 생물군계는 지구의 주요 생태학적 군집으로 대부분은 현존하는 식생에 의해 특징지어진다. 온도와 강수량의 차이 그리고 이 두 가지가 계절에 따라 달라지는 정도의 차이로 다른(종류의) 생물군계가 나타난다.

물리적 힘의 상호작용에 의해 기후가 나타난다

- 전 지구적 기후 양상은 주로 지구의 둥근 모양에 의해 결정된다. 태양 에너지는 극지방보다 적도에 거의 직각으로 내리쬐므로 저위도에서 온도가 높다. 이 온도 차이로 대기에 순환을 일으켜서 적도지방에 폭우를 내리고 위도 30°에서는 사막이 형성된다.
- 도시개발로 인한 지형과 구조물의 지역적 특징은 날씨에 영향을 미친다. 고도가 높을수록 온도는 낮아진다. 산의 경우 바람이 불어오는 쪽에는 많은 비가 내린다. 도시개발 결과 태양 에너지의 흡수가 증가하여 온도가 높아진다.
- 바다에는 기후에 영향을 미치는 전 지구적 순환 양상이 나타낸다. 이러한 유형의 변화는 몇 년에 한 번씩 발생하며, 전 세계적으로 극단적인 기후 현상을 일으킨다.

생태계 내에서 에너지와 화학물질의 흐름

- 태양으로부터 온 에너지는 1차 생산자에서 초식동물, 육식동물에 이르기까지 먹이사슬의 여러 단계를 거친다. 그런 다음, 퇴적물섭식자와 분해자는 유기 노폐물과 죽은 동식물 잔해에서 에너지를 추출한다. 먹이사슬의 각 단계에서 이용 가능한 에너지 일부가 열로 손실된다.
- 에너지 피라미드는 생태계에서 생산자의 생체량이 초식동물의 생체량이 훨씬 더 크다는 점을 보여준다. 마찬가지로, 먹이사슬의 각 단계별로 전달되는 생체량은 섭취한 생체량의 10%에 불과하다.
- 생명에 필수적인 화학물질은 생태계를 통해 순환한다. 화학물질은 일반적으로 생명체가 환경으로부터 흡수하고 생명체가 다른 생명체를 먹을 때 먹이사슬의 다음 영양 단계로 전달되며, 호흡, 호흡, 분해 및 부패 등을 통해 환경으로 되돌아간다. 인간 활동은 화학물질의 이용과 방출을 증가시켜 이런 순환 과정이 파괴될 수 있다.

종 사이의 상호작용은 군집구조에 영향을 준다

- 군집 내 개체군은 환경 자원을 이용하고 그 환경 속에서 다른 생물에게 영향을 끼치는 방법적 측면에서 고유의 생태적 지위를 차지하고 있다. 개체가 항상 자신의 생태적 지위를 완전히 채울 수 있는 것은 아니다. 서로 생태적 지위가 겹치는 종 사이의 경쟁결과 그 범위가 줄어들 수 있다.
- 자연선택은 선택의 힘으로 생물자원과 무생물자원을 구분하지 않고 사용하여 환경에 더 잘 적응하는 개체를 만든다.
- 생태적 지위가 완전히 겹치는 개체군들은 영원히 공존할 수 없다. 한 종 또는 두 종 모두가 경쟁을 감소시키는 형질대치와 같은 방식으로 진화할 때까지 또는 어느 한 종이 그 지역에서 절멸할 때까지 자원에 대한 경쟁은 계속 일어난다.
- 포식자와 먹이는 진화적으로 군비경쟁 중에 있다. 먹이가 포식 위험을 감소시키는 신체적 또는 행동적인 특성이 진화시키면, 포식자는 더욱 효율적이고 효과적인 포식 방법을 발전시킨다. 이와 같은 공진화 과정의 결과, 밝은 색을 지닌 개체, 경고음 내기, 그리고 다양한 형태의 모방이 나타난다.
- 기생은 기생생물이 숙주로부터 이득을 취하고 숙주는 해를 입는 공생관계이다. 기생생물은, 특히 한 숙주에서 다른 숙주로 이동해야 하는, 다른 포식자들과 비교하여 일부 특별한 상황에 접하게 되어 복잡한 생활사를 발전시키는 방향으로 진화했다.
- 진화의 결과로서 이득을 주는 종간 관계가 생겼다. 상리공생에서는 두 종은 서로 이득을 준다. 편리공생은 한 종은 이득을 얻지만, 상대방은 이득을 보지도 해를 입지도 않는 경우이다.
- 생태계의 작은 부분을 실험적으로 조작하여 복잡한 생태계를 이해하는 데에 이점을 얻을 수 있다. 단순한 조작으로 중요하지만 예상치 못한 관계의 속성을 밝혀낼 수 있다.

군집은 시간에 따라 변화할 수도 있고 안정된 상태로 지속될 수도 있다

- 천이는 교란 후 시간 경과에 따라 군집에서 나타나는 종 조성의 변화이다. 1차 천이에서는 생명과 토양이 없는 지역에서 과정이 시작된다. 2차 천이는 생명이 이미 존재하는 지역에서 시작한다. 두 경우 모두 예측 가능한 일련의 과정을 겪는다.
- 근원종은 군집에 있는 다른 종에게 비교적 큰 영향을 미치는 종이다. 따라서 근원종을 보호하는 것은 생물 다양성을 보전에 있어 중요한 전략이다.

복습하기

짧게 답하기

1. 어떤 위치에서 발견되는 생물군계의 유형을 결정하는 날씨의 두 가지 측면은 무엇인가?
2. 저위도 지역이 고위도 지역보다 일반적으로 따뜻한 이유는 무엇인가?
3. 우리는 더 시원하고 에어컨을 덜 사용하는 친환경도시를 만드는 일을 담당하고 있다, 이와 같은 목표를 달성하기 위한 세 가지 전략을 설명하시오.
4. 에너지 흐름의 경로를 설명할 때 먹이그물(food web)이라는 용어가 먹이사슬

(food chain)보다 더 정확한 이유는 무엇인가?

5. 생태계를 통한 에너지 흐름을 설명하시오. 이 에너지 흐름은 최상위 육식동물의 수에 어떤 영향을 주는가?

6. 북반구의 연중 CO_2 농도는 왜 변동할까?

7. 생태적 지위란 무엇인가? 같은 생태적 지위 내에 서식하는 두 종의 잠재적 운명은 무엇인가?

8. 다른 종과 생태적 지위가 중첩될 경우 경쟁이 일어난다. 경쟁의 두 가지 가능한 결과를 설명하시오.

9. 포식을 줄이기 위해 식물이 동물보다 화학적 방어 메커니즘을 더 많이 사용하는 이유는 무엇인가?

10. 1차 천이의 초기 단계에서 정착자의 어떤 특징이 결정적으로 중요할까?

정답 고르기

1. 지구에서 가장 큰 육상 생태계인 생물군계는 주로 ________으로 정의된다.

a) 평균 강우량.
b) 평균 온도.
c) 계절에 따른 온도 변화.
d) 계절에 따른 강우량 변화.
e) 위의 내용 모두 옳다.

2. 적도지방이 극지방에 비해 뜨거운 이유는?

a) 태양빛이 비추는 각도 때문에 태양 에너지는 극지방에 비해 적도에서 더 작은 영역에 퍼진다.
b) 극지방에서 지구 자전 속도가 높아서 강한 바람이 불고, 그 결과 냉각 효과가 나타난다.
c) 적도에는 구름이 많이 끼어서 극지방보다 온실효과가 커진다.
d) 바다의 물은 열용량이 높으며, 적도 부근에는 극지방보다 훨씬 더 많은 물이 있다.
e) 위의 내용 모두 옳다.

3. 습도가 높은 바람이 바다로부터 산맥을 향해 불면:

a) 공기가 상승함에 따라 지면으로부터 수분을 흡수하고 고도가 높아질수록 건조해진다.
b) 공기가 산을 넘어 다시 하강함에 따라 수분을 덜 유지하며, 일반적으로 높은 강수량을 나타내는 비 그림자 지역을 형성한다.
c) 공기가 상승함에 따라 낮은 수분을 포함하고, 그 결과 모든 구름이 흩어진다.
d) 공기가 산을 넘어 다시 하강함에 따라 수분을 더욱 많이 포함하게 되고 매우 낮은 강수량을 나타내는 비 그림자 사막지역을 형성한다.
e) 위의 내용 모두 옳지 않다.

4. 최상위 육식동물은:

a) 2차 소비자보다 더 흔하다.
b) 1차 생산자에게 직접적으로 에너지를 의존한다.
c) 주로 초식동물을 먹는다.
d) 주로 육식동물을 먹는다.
e) 섬유소 분해를 돕기 위해 장내에 공생세균에 의존한다.

5. 에너지 전환효율의 10% 법칙은:

a) 크고 사나운 동물이 왜 그렇게 희귀한지 설명한다.
b) 초식동물의 생체량이 육식동물의 생체량을 반드시 초과해야 하는 이유를 설명한다.
c) 먹이사슬의 길이를 제한한다.
d) 생물이 먹는 것의 90%가 세포호흡에 이용되거나 배설물로 손실됨을 의미한다.
e) 위의 내용 모두 옳다.

6. 질소가 먹이사슬에 들어가는 과정은?

a) 주로 질소를 다른 원자에 부착시키는 방법으로 질소를 고정하는 토양세균을 통해서이다.
b) 식물의 광합성 기작에 의해 공기로부터 고정될 때이다.
c) 빗물에 의해 용해된 암석이 토양이 되어 식물 생장에 이용될 때이다.
d) 토양침식이 일어나고 하천과 연못에 흘러들어갈 때이다.
e) 초식동물이 식물을 분해할 때 나오는 부산물인 메탄가스를 통해서이다.

7. "과거 경쟁의 유령"은 다음과 같은 사실을 나타낸다.

a) 경쟁은 종종 직접적인 경쟁이 감소된 후에도 남아 있는 행동 변이로 이어진다.
b) 경쟁은 자연에서 관찰할 수 없다.
c) 경쟁은 필연적으로 경쟁자 중 하나의 멸종으로 이어진다.
d) 경쟁은 필연적으로 두 경쟁자의 소멸로 이어진다.
e) 화석기록은 경쟁적 상호작용의 기록이다.

8. 공진화란?

a) 세상의 모든 아름다운 꽃과 관련이 있다.
b) 식물의 꿀 생산을 담당한다.
c) 생물적 자원과 비생물적 자원이 모두 선택압으로 작용한다.
d) 몸만큼 긴 혀를 가진 곤충을 만들 수 있다.
e) 위의 내용 모두 옳다.

9. 1차 천이와 2차 천이의 주요 차이점은 다음과 같다.

a) 1차 천이는 서식지의 식물 사이에서 발생하는 반면, 2차 천이는 동물 사이에서 발생한다.
b) 1차 천이는 생명과 토양이 없는 상태에서 시작되는 반면, 2차 천이는 생물이 조금이라도 있는 상태에서 시작된다.
c) 2차 천이는 생물 환경을 변경하는 반면, 1차 천이는 비생물 환경을 변경한다.
d) 1차 천이는 2차 천이보다 더 빨리 일어난다.
e) 1차 천이는 육상 및 수생 서식지에서 일어나지만, 2차 천이는 육상 서식지에서만 일어난다.

10. 근원종(keystone species)은?

a) 조간대에서만 발생한다.
b) 서식지에서 종의 구성을 결정하는 데에 특별히 중요한 역할을 한다.
c) 군집 내의 나머지 종에 영향을 미치지 않고 서식지에서 제거할 수 있다.
d) 생산자이므로 일반적으로 식물이다.
e) 보전의 관점에서 공생 종보다 소모적이다.

18

보전과 생물다양성

인간은 환경에 영향을 미친다

▲ 검은 코뿔소는 야생에서 멸종 위기에 처했다.

생물다양성은 여러 면에서 가치가 있다

▲ 멸종위기종인 닐기리타르가 인도의 풀이 무성한 고산 고원을 거닐고 있다.

18.1 생물다양성은 내재적 가치와 외재적 가치가 있다

태평양주목나무(*Taxus brevifolia*)는 숲에서 가장 큰 나무도 아니고 매우 흔한 나무도 아니다. 그러나 이 나무의 껍질에는 택솔이라는 화학물질이 들어있어 세포분열을 방해하는 항암제로 사용된다(그림 18.1). 이 물질이 나무에서 하는 역할은 사실 명확하지 않지만, 아마도 다른 생물체의 먹이가 되는 확률을 줄이는 것으로 생각된다—택솔은 인간의 난소암, 유방암 그리고 폐암 치료에 효과가 있다. 이 의약품은 1년에 10억 달러 이상 팔린다.

전 세계의 다양한 장소에 서식하고 있는 생물에서 추출하여 의학적으로 중요한 많은 화합물 중 일부를 살펴보자.

- 마다가스카르의 협죽도과 식물인 **페리윙클**(*Catharanthus roseus*)에서 추출한 빈블라스틴과 빈크리스틴이라는 화학물질은 예전에는 치료 불가능했던 백혈병과 호지킨 림프종 치료에 효과적이다.
- **말레이 살무사**(*Agkistrodon rhodostoma*)에만 들어있는 화학물질인 안크로드는 혈전을 녹이고 심장마비와 뇌졸중 치료에 효과적이다.
- 에콰도르에 서식하는 작은 **개구리**(*Epipedobates tricolor*)의 침속에 들어있는 독성화합물인 에피바티딘은 모르핀보다 진통 효과는 200배나 높으면서도 중독성이 없다.

태평양주목나무(*Taxus brevifolia*)

태평양주목나무 껍질에 들어있는 택솔이라는 화학물질은 난소암, 유방암 그리고 폐암의 효과적인 치료제로 사용된다.

그림 18.1 **택솔은 나무에서 추출한 항암 의약품이다.**

생물다양성의 가치와 생태계 서비스

내적인 가치
생물다양성의 본래 가치는 인간과는 무관하다.

외적인 가치
인간에게 주는 생물다양성의 가치는 생태계 서비스로 나타나며, 4가지 범주의 서비스로 나뉜다:

공급 서비스
- 식량
- 원재료
- 신선한 물
- 의약품

서식처 서비스
- 종 서식처
- 유전적 다양성 유지

조절 서비스
- 공기, 물, 토양의 질
- 탄소 저장과 기후 조절
- 수분과 생물학적 조절

문화 서비스
- 미학과 영감
- 휴식과 정신건강
- 관광

그림 18.2 생태계 서비스는 인간에게 주는 생물다양성의 많고도 다양한 가치에 의해 구분된다.

Q 왜 다른 종이 인간의 암을 치료하는 물질을 만들어낼까?

이러한 생명체는 포식자로부터 자신을 보호하기 위하여 독성물질을 생성하도록 진화해 왔다. 이런 화학물질을 선택해서 인간을 위해 사용하는 우리의 능력은 전 세계적인 동식물의 다양성이 매우 중요함을 나타내는 것이다. 생물은 전 세계적인 의약품의 창고이다.

동물이나 식물만이 인간에게 중요한 가치가 있는 종이 아니다. 세균 역시 이용 가치가 높다. 일례로서, 다음 절에서는 기름을 제거하는 중요한 기능을 하는 탄화수소 소비 세균을 살펴볼 것이다.

인간은 동식물로부터 유래한 의약 화합물뿐만 아니라 기름 제거 세균의 대사작용을 여러 목적을 위하여 사용한다. 모든 식물, 동물 그리고 미생물은 지구 상의 다양한 유전자, 종 그리고 생태계로 정의할 수 있는 **생물다양성**의 예이다. 앞에서 본 바와 같이, 지구의 생물다양성은 어마어마한 가치가 있으며, 이것은 종종 우리가 예상하지 못한 장소로부터 찾을 수 있다. 이러한 이유로 종과 생태계를 포함한 생물다양성의 손실은 인간에게 엄청난 손해를 끼치게 되는 것이다.

그러나 생물다양성의 가치를 단지 의약품을 추출하고 우리가 저지른 혼란에 대처하기 위해 더 나은 과정을 찾아내는 우리의 능력이라는 맥락에서만 바라보는 것은 시야가 너무 좁은 것이다. UN은 생물다양성이 내재적 가치를 가지며, 모든 생물의 형태는 인간에게 주는 가치 유무와 상관없이 특별하다고 주장하였다.

생물다양성의 외재적 또는 실용가치를 기술할 때, 과학자와 경제학자는 생물다양성과 자연 생태계에서 얻을 수 있는 혜택을 강조하기 위하여 **생태계 서비스**라는 개념을 사용하였다. 2005년에 UN은 1,300명 이상의 과학자가 참여한 연구를 하여 생태계 서비스를 공급 서비스, 조절 서비스, 서식처 서비스, 문화 서비스의 4가지 범주로 나누었다(**그림 18.2**).

사람이 동일한 생물 또는 유전자 또는 생태계를 다양한 방식으로 가치를 매길 수 있음을 인식하게 될 때, 우리는 보전을 위한 보다 현명한 결정을 내리는 단계에 있는 것이다: 예를 들어, 이러한 지식은 보전 자원을 할당할 때 생길 수 있는 잠재적인 갈등을 예측하는 데 도움이 될 것이다.

핵심요약 18.1

» 생물다양성 — 지구 상의 다양한 유전자, 종과 생태계 — 은 내재적 가치뿐만 아니라 외재적 가치 또는 인간에게 주는 가치를 가지고 있다. 생물다양성이 인간에게 주는 가치는 공급, 조절, 서식처, 문화 서비스의 4가지의 범주로 나누어 설명된다.

18.2 20만 톤의 메탄이 사라진다면 어떻게 찾을 수 있을까?

2010년 4월, Deepwater Horizon이라는 이름의 석유 굴착기가 멕시코만의 해수면 아래 약 1.6 km 정도 깊이로 구멍을 뚫고 있을 때 이 장비가 폭발했다. 유정을 막는 데에 거의 3달이 걸렸으며, 그 사이에 7억 리터 이상의 원유가 멕시코만으로 흘러나왔다.

원유 유출로 연안과 해양 환경이 엄청난 피해를 보았으며, 조류, 돌고래, 바다거북, 연체류와 갑각류 등 수만의 생물이 죽었다. 8개의 미국 국립공원을 포함하여 그 지역의 원유 유출로 인한 장기간의 영향은 아직도 명확하지 않다.

멕시코만에 방출된 탄화수소는 원유만이 아니었다. 거의 20만 톤이나 되는 메탄이 만으로 흘러들어왔다. 과학자는 생태계에 미치는 가스와 기름의 영향을 우려하여 메탄이 어디에 있고 어디로 흘러가고 있는지 추적했다.

수면 아래 1.6 km에 있는 기름을 추적할 방법이 있을까?

연구자들은 유정이 있었던 장소의 위와 근처 지형에 대한 3차원 지도를 만들기 위해 207개 지점의 물속으로 감지기를 떨어뜨리고 수면에서부터 해저까지의 여러 수심에서 해수를 퍼 올렸다. 연구자들은 이 해수 샘플로 물기둥의 어디에 메탄이 있는지와 얼마나 농축되어 있는지를 알 수 있었다.

연구팀은 전혀 예기치 못했던 결과를 Science라는 학술지에 기고하였다. 새는 곳을 막은 후 몇 개월이 지나지 않아 방출된 메탄 중 상당한 양이 사라졌다.

메탄은 어떻게 된 것인가?

메탄이 없어진 것에 대한 두 가지 설명이 가능하다. 아마도 연구자가 수면 아래 흐르고 있는 가스와 기름을 놓쳤을 가능성이 있다. 아니면 세균 개체군들이 메탄을 먹어버렸나?

세균이 메탄을 먹었는지 아니면 단순히 놓친 것인지 과학자는 어떻게 알아냈을까?

연구자는 검증 가능한 예측을 포함하는 가설을 만들었다. 만일 세균이 메탄을 먹었다면, 세균의 대사활동을 화학적으로 추적할 수 있을 것이다. 이처럼 엄청난 규모로 작용했을 세균은 메탄을 먹기 위하여 많은 양의 산소를 소비했을 것이다. 결과적으로, 물속에 녹아 있는 용존 산소의 양은 상당히 감소하였을 것이다. 또 다른 예측은 메탄이 단순히 만의 다른 곳으로 흘러갔다는 것인데, 이 경우에는 용존 산소의 감소는 없었을 것이다.

연구자가 해수의 용존산소량을 조사한 결과 산소포화도가 67%에서 59%로 전례 없이 많이 감소하였음을 알아내었다. 이 결과를 보면 세균이 빨리 번식해서 기름을 제거하였음을 알 수 있다.

연구자들이 계산해보니 없어진 산소량과 유정에서 새어 나온 메탄의 양을 소비하기 위하여 세균이 필요로 하는 산소의 양은 거의 같았다.

전 세계의 세균 다양성은 매우 크다. 어떤 종이 기름을 먹었는지 과학자들은 어떻게 알아내었는가?

20년 전 연구자는 세균의 정체를 알아내기 위하여 그들이 발견한 세균을 배양하였다. 그러나 오늘날 과학자는 이 어려운 과정을 피해 갈 수 있다. DNA 염기서열 결정 방법을 이용하여 멕시코만에 있는 미생물을 조사하였다. 그리고 이 염기서열에서 전에 동정하였던 메탄을 먹는 세균의 유전 조각이 있음을 밝혀냈다.

더구나 그들이 발견한 세균의 DNA는 멕시코만의 기름 먹는 몇몇 세균과 관계가 있음을 알아내었다. 이런 세균은 1년에 백만 배럴이나 되는 원유가 해저에서 유출되고 있으므로 해서 살 수 있다. 연구자는 이런 세균이 이미 만에 서식하고 있었으므로, 원유가 유출되었을 때 매우 빨리 반응할 수 있었다는 가설을 세웠다. 다시 말해 필요한 곳에 메탄을 소모하는 미생물이 있었기 때문에, 멕시코만은 원유 유출에 대응하여 빠르고 효과적인 반응을 나타내기에 적합했다.

생각하기, 짝과 나누기

수업 수강생 중 한 명과 짝을 만드시오. 다음의 질문을 읽고 답에 대하여 60초 동안 조용히 생각하시오. 이후 5분 동안 토론을 하고 자신의 답을 공유할 수 있게 준비하시오.

- 원유 시추를 하는 다른 여러 장소에서는 이와 같은 원유 유출 사건이 일어나지 않는다. 이러한 장소에서도 메탄을 섭취하는 미생물이 존재할 것 같은가? 그 이유는?

핵심요약 18.2

» 과학적 조사를 시작할 때, 주의 깊게 고안된 관찰을 통해 중요한 연구 주제를 판별할 수 있다. 현상이 존재한다는 정확한 증거에 대한 응답으로 가설을 세우는 것은 의미가 있다. 이런 가설은 이후 이어지는 관찰을 유도할 수 있다.

18.3 생물다양성은 여러 수준으로 존재한다

조류, 파충류, 포유류, 식물 그리고 곤충이 각각 3~4종 서식하는 곳, 또는 초파리만 38종이 있는 곳, 또는 원핵생물 100종이 서식하는 곳 중 어디가 가장 생물다양성이 높은 서식처일까?

만일 서식처 3곳의 생물다양성 보존을 감독하라는 임무가 우리에게 주어진다면 어느 서식처를 가장 먼저 보호할 것인가? 어느 서식처를 보호할 것인가를 결정할 때, 서식처에 사는 강과 목의 수를 측정하거나, 서식처의 종수를 우선 알 필요가 있다—사실상, 이것이 생물다양성을 측정하는 가장 흔한 방법이다. 그러나 그렇게 함으로써, 생물다양성은 다양한 방식으로 우선순위가 결정될 수 있고 또한 우리가 내린 생물다양성에 대한 평가는 우리의 가치관, 편견 그리고 관심으로 내린 평가라는 것을 알게 된다. 그러나 이런 인식으로 인해 생물다양성을 실질적이고 더 효과적인 방식으로 토의하고, 관리하며, 사용하고 보전할 수 있게 된다.

보전생물학은 모든 수준의 생물다양성을 포함하여 지구 상에 있는 자연 자원을 어떻게 이해하고 보존하는가를 다루는 다학제적 학문이다(**그림 18.3**). 이미 살펴본 것처럼, 생물다양성이 여러 면에서 인간에게 가치가 있을 수 있다는 것은 보전생물학이 가지는 많은 어려움을 웅변하고 있다(**그림 18.4**). 이 장을 통해, 이러한 복잡성 때문에 어긋나는 이해관계가 충돌할 때 균형을 유지하는 것이 얼마나 어려운지를 알게 될 것이다.

보전생물학은 자연 자원을 보존하고 생물다양성을 보호하는 법을 연구하는 다학제적 과학이다.

그림 18.4 **지구의 자연자원 보존하기.**

핵심요약 18.3

» 생물다양성을 평가하기란 매우 어렵다. 왜냐하면, 생태계로부터 종, 유전자 그리고 대립유전자 수준에 이르기까지 고려할 수준이 다양하기 때문이다.

생물다양성이란?

생태계
한 영역에 속한 생태계의 수

종
생태계에 속한 종의 수

유전자와 대립유전자
한 종이 가진 대립유전자의 수

생물다양성은 단지 종수를 헤아리는 것 이상이다. 그것은 한 종에 속한 생물 개체의 유전적 다양성, 종의 다양성 그리고 지구 상의 생태계 다양성 등을 모두 포함한다.

그림 18.3 **생물다양성은 다양한 규모에서 발견된다.**

18.4 생물다양성이 가장 높은 곳은 어디일까?

400여 종의 육상 포유류가 서식하고 있는 남미의 적도에 있다고 상상해보자. 적도에서 더 남쪽인 남위 20° 정도인 곳의 육상 포유류의 생물다양성은 350여 종이다. 더 내려가서 남위 30°인 곳은 200여 종이 서식하고 있다. 남쪽으로 내려간 40°에는 100여 종, 50°에는 50여 종 정도만 발견될 것이다. 이제 적도에서 북쪽으로 이동해 보자; 비슷한 경향이 나타나는데, 북위 20°에는 300여 종 이상이던 것이 북부 캐나다인 북위 60°에는 그 수가 줄어서 단지 100종만이 관찰될 것이다(**그림 18.5**). 생물다양성은 전 세계에 균등하게 분포하지 않는다. 적도로부터 양극 지방으로 갈수록 위도가 높아짐에 따라 다양성이 줄어든다.

열대지방에서부터 극지방에 이르는 뚜렷한 생물다양성 구배는 육상 포유류뿐만 아니라 거의 모든 동식물에서 나타나는 현상이다: 최근의 연구 결과에 따르면, 목본성 식물, 초본성 식물과 망그로브 나무에서도 나타난다. 심지어 해양생물에서도 이런 현상을 볼 수 있다는 것이다. 플랑크톤을 포함한 미소 갑각류인 해양 요각류가 적도 태평양에서 80종이 발견되었고, 북극해에서는 10종 이하의 종이 발견되었다. 유사한 현상이 어류, 연체류, 해양 및 육상 절지류, 산호 그리고 해양 원생생물에서도 보고되었다.

Q 적도에서 더 멀리 떨어진 온대 숲이나 초원과 비교해 열대우림 지역에 더 많은 생물이 서식하는 이유는 무엇일까?

종 풍부도—한 지역의 종 수—를 결정짓는 여러 요인에 의해 적도-온대-극지방으로의 생물다양성 구배가 형성된다. 특히 다음의 세 가지가 생물다양성 구배를 형성하는 중요한 요인이다(**그림 18.6**).

1. **이용 가능한 태양 에너지.** 한 지역의 태양 에너지의 양은 종 다양성을 예측하는 데에 가장 단순한 척도일 것이다. 태양에너지는 한 지역의 모든 생명체가 이용 가능한 궁극적인 연료이다. 그림 17.5에서 보았듯이, 태양은 적도를 직접 비춘다. 그리고 적도에서 멀어질수록 지구의 만곡 때문에 지구를 데우는 태양열이 더 넓은 지역으로 분산된다. 따라서 위도가 증가할수록 태양 에너지는 줄어든다. 연구자들은 다양한 식물과 동물의 종에서 태양 에너지 이용도와 종 풍부도는 밀접한 관계가 있음을 밝혔다.

생물다양성이 가장 높은 곳은 어디인가?

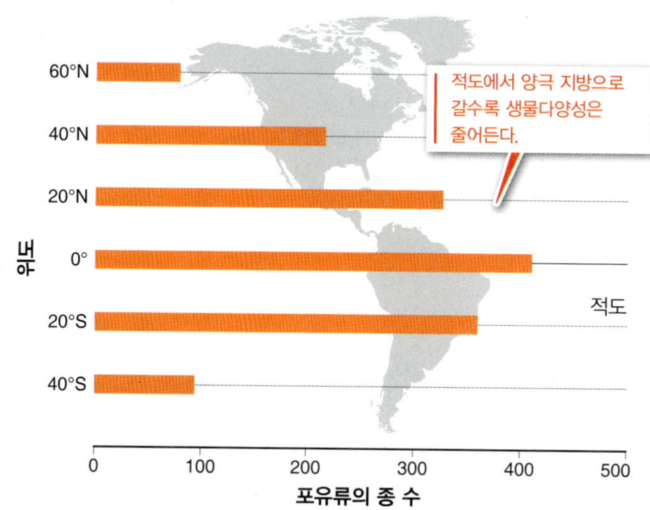

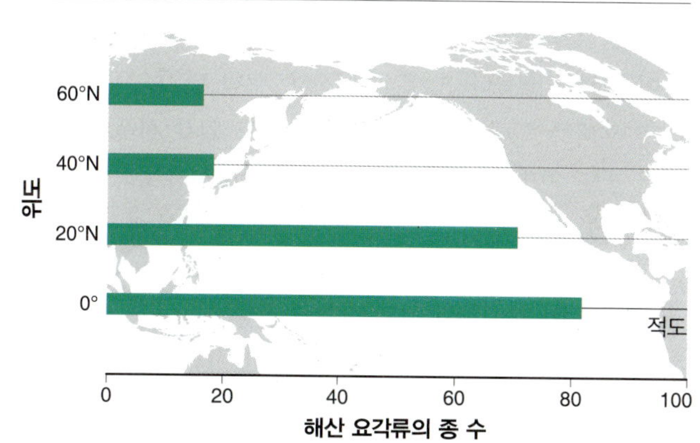

도표로 배우기
데이터의 시각적 표현을 비판적으로 살펴보기
이 그림을 더 자세히 살펴보려면 이 장의 끝을 보시오.

그림 18.5 **생물다양성은 전 세계에 불균등하게 분포하고 있다.**

2. **지역의 진화 역사.** 군집은 시간이 흐름에 따라 다양해진다. 일반적으로 시간이 흐름에 따라 한 지역의 다양성이 더 커진다. 그러나 생물다양성이 높은 한 지역에 빙하기와 같은 기후 재

생물다양성에 영향을 미치는 요인들

이용 가능한 태양 에너지
모든 생물의 연료인 태양 에너지에 더 가까이 접근할수록 종 풍부도는 증가한다.

한 지역의 진화 역사
개체군은 시간이 흐르면서 다양해진다. 빙하기와 같은 급격한 기후 변화가 없다면 시간이 흐르면서 한 지역 안의 다양성이 더 커진다.

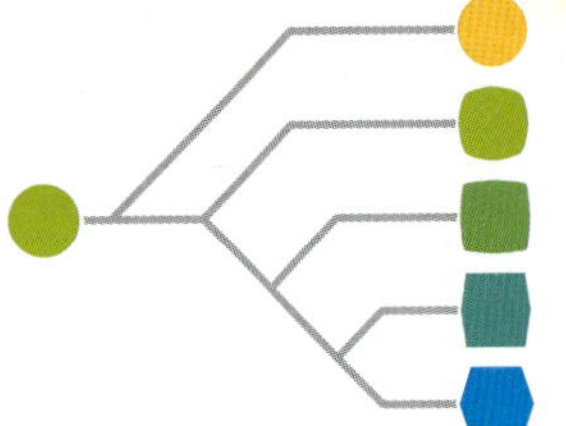

교란율
중간 정도의 교란이 있는 서식처에 종의 풍부도가 가장 높다.

그림 18.6 한 지역에서 종 풍부도를 결정짓는 요인은 무엇인가?

앙이 생기면 생물다양성은 낮아진다. 수억 년 동안 빙하의 전진과 후퇴로 인해 온대와 극지방(그리고 일부 산꼭대기에서)에서 적도 지역과 비교해서 생물다양성이 불균형적으로 감소하게 되었다.

3. **환경 교란율**. 군집에서 다른 종들을 몰아내어 결국 종 풍부도를 감소시키는 최고의 경쟁자는 시간이 지남에 따라, 자원을 놓고서 다른 경쟁자를 압도한다. 그러나 포식과 같은 요인 또는 홍수, 화재 그리고 화산폭발과 같은 환경적인 교란은 군집이 이런 종 결핍상태가 되지 않게 한다. 예를 들면, **중간 정도의 교란이 있는 서식처**—교란 정도가 너무 높지 않아서 많은 또는 모든 종이 제거되지도 않고, 너무 낮지 않아서 경쟁력이 있는 종이 경쟁력이 없는 종을 군집에서 몰아내지 않는—에서 종의 풍부도가 가장 높을 것이라 예상할 수 있다.

매우 중요하지만 파괴 위협에 직면한 생물다양성 보고를 포함한 세계의 여러 지역, 즉 **생물다양성 중요지점**에 관한 보전생물학자들의 관심이 증가하고 있다. 지구 상에 25개의 생물다양성 중요지점이 발견되었다(**그림 18.7**). 이 지점들은 지구 전 지역의 1%에 불과하지만, 전 세계 종의 20% 이상의 생물들의 보금자리이다. 생물다양성 중요지점에 속하는 서식처는 열대우림, 산호초와 섬 등이다. 예전에 심해는 생물다양성 중요지점이 아니었지만, 최근에는 심해도 생물다양성 중요지점임이 밝혀졌다.

열대우림. 이 서식처는 아시아, 호주, 아프리카, 중남미의 적도 지역과 태평양의 섬에 흔하다. 열대우림 중 중요하지만 연구가 부족한 곳은 수관층(canopy)이다. 수관층은 열대우림의 가장 윗부분으로서 거의 모든 햇빛이 차단된 곳이다. 수관층의 두께는 10 m 정도로 두꺼우며, 열대우림에서 다양성이 가장 큰 곳으로서 지구 상에 서식하는 종의 반 정도가 여기에 서식한다. 쉽게 접근할 수 없는 곳—지상 20~40 m—이므로, 수관층은 연구가 잘 되어 있지 않은 곳이며 생물다양성 정도가 아직 완전히 알려지지 않은 곳이다.

산호초. 동물인 산호로 형성된 산호초는 영양분이 빈약한 대양에 존재한다. 산호는 다양한 종에게 서식처를 제공하는 탄산칼슘을 생성한다. 호주의 대보초(이곳은 현재 집중보전 지점이므로 25개의 생물다양성 중요지점에 포함되지 않는다)는 세계에서 가장 큰 산호초로서 호주의 북부 연안 앞에 위치하는 우주에서도 볼 수 있을 정도의 매우 넓은 지역(거의 캘리포니아만큼)을 차지한다. 많은 고래, 돌고래, 바다거북, 상어, 가오리뿐만 아니라 1,500종의 어류와 5,000종의 연체동물 등 수많은 종의 보금자리이다. 500여 종의 해조류도 여기에 서식하고 있다. 이처럼, 해양생물이 다양하므로 대보초 위에는 200여 종의 조류가 살 수 있다. 다른 산호초들은 법과 보전 노력으로 잘 보호되지 않고 있다. 태평양의 뉴칼레도니아에 있는 세계에서 두 번째로 큰 산호초는 20개의 생물다양성 중요지점 중 하나이다.

섬. 섬은 크기가 작은 곳이기 때문에 서식하는 개체군의 크기가 제한적이고, 따라서 섬의 생물다양성은 위험에 처해 있다. 아프리카의 남동 연안 앞 인도양에 있는 마다가스카르는 세계에서 네 번째로 큰 섬(텍사스보다 약간 작다)이다. 이곳에는 전 세계 종의 5%가 서식하며, 이들 중 80%가 **고유종**(자연적으로는 다른 곳에서 발견되지 않는 종)—지구 상의 크기가 비슷한 다른 어떤 곳보다 동식물의 고유종의 비율이 높다—이다. 25개의 생물다양성 중

생물다양성 중요지점

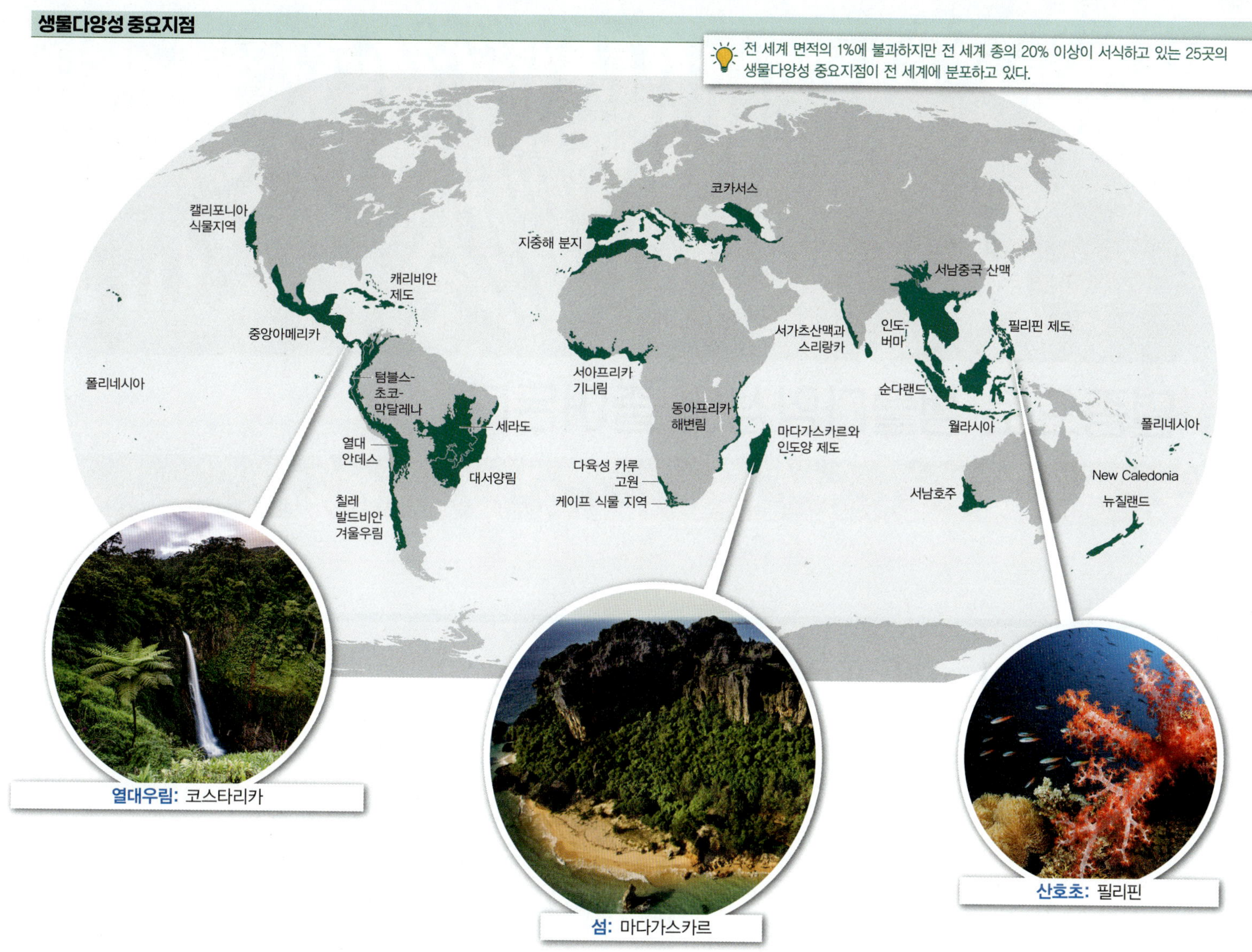

그림 18.7 **생물다양성 중요지점은 생물다양성의 중요한 보고이다.**

요지점 중 하나인 마다가스카르는 종 다양성이 이례적으로 높은 지역이다.

심해. 지구 표면의 2/3를 덮고 있는 바다는 육상 서식처보다 탐사하기가 매우 어려운 곳이다. 특히 심해는 육상과 비교하여 훨씬 더 연구가 미약한 곳이다. 심해 지역은 한때 생명이 없는 곳이라고 알려져 왔지만, 최근에는 생물다양성이 높은 곳으로 밝혀졌다. 남극 심해구역에 대한 한 조사에 따르면, 6,000 m 이상의 깊이에서 샘플을 채취했을 때 갑각류에서만 585종의 신종을 발견했다.

핵심요약 18.4

» 식물과 동물의 거의 모든 무리에서 생물다양성은 적도에서 가장 높고 양극 지방으로 갈수록 감소한다. 한 지역의 종 풍부도에 영향을 미치는 요인은 이용 가능한 태양 에너지의 양, 그 지역의 진화적 역사, 그리고 환경 교란율이다. 생물다양성 중요지점은 파괴될 위험에 처해 있는 생물다양성이 큰 지역이다.

멸종으로 생물다양성이 줄어든다

▲ 벵갈호랑이 암컷

18.5 멸종의 여러 가지 이유

사막에 혼자 있다고 상상해보자. 너무 힘들고 외로울 것이다. 그러나 언젠가 구조될 것이라는 희망이 있다면 견딜 수 있을 것이다. 1900년대 초반에 신시내티 동물원에 사는 나그네비둘기 "마르타"는 희망도 없이 바로 이런 상황에 놓여 있었다. 사냥당한 야생 나그네비둘기는 북미에서의 벌채 때문에 서식처를 잃어버렸으며, 질병 등 여러 가지 요인에 의해 완전히 전멸되었다. 결국, 1912년 마지막 남은 두 마리 중 한 마리가 죽었을 때 마르타는 완전히 혼자가 되었다. 마르타는 2년을 더 살았고 생식을 하지 못한 채 1914년 9월 1일 죽었다(**그림 18.8**).

존속기간은 다양하지만, 평균적으로 종은 멸종되기까지 약 천만 년 동안 지속된다. 어떤 종은 수억 년 동안 멸종되지 않지만, 많은 종은 평균보다 존속기간이 짧다. 종에 속하는 모든 개체가 사라지는 것이 멸종이다. 실용적 혹은 미학적 혹은 상징적 측면 중 어떤 방식으로 생물다양성을 바라보더라도, 멸종은 비극적인 손실이다.

12장에서 토론하였듯이, 멸종은 대멸종과 바탕멸종 두 가지로 나뉜다(**그림 18.9**). 6,500만 년 전 혜성

비둘기 사냥 원정의 여파: 하루에 50,000마리의 새가 죽었다.

나그네비둘기의 박제

그림 18.8 **한때는 풍부했으나, 현재는 멸종되었다.**

한때 수백만 마리에 이르렀던 나그네비둘기는 멸종되었다.

멸종의 두 종류

멸종은 일반적으로 두 종류로 나뉜다.

● **대멸종**
보기드문 갑작스런 환경의 변화 때문에 짧은 기간 안에 많은 종(심지어 모든 과)이 멸종되는 것 (현재 비정상적으로 높은 멸종율을 볼 때, 인간 활동이 또 다른 대멸종의 원인일 것으로 추정된다.)

● **바탕멸종**
대멸종이 일어나는 시기가 아닌 때에 낮은 확률로 일어나는 멸종이다.

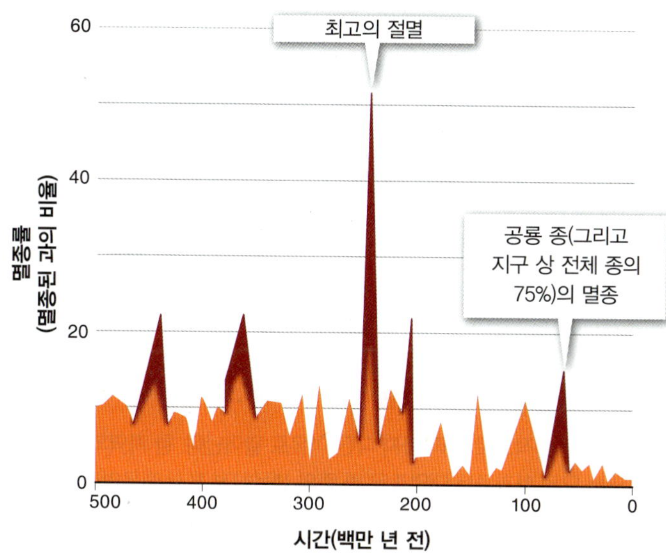

그림 18.9 **바탕멸종과 대멸종.**

이 지구에 부딪혔을 때 지구 상의 75%의 종이 사라진 것처럼, 지구의 많은 종이 짧은 기간(일반적으로 200만 년 보다 짧은 시간 혹은 더 짧은 시간)에 멸종되는 경우가 대멸종이다. 이런 멸종은 바탕멸종, 즉 주어진 시간 안에 생기는 정상적인 멸종률 이상으로 일어나는 멸종을 말한다.

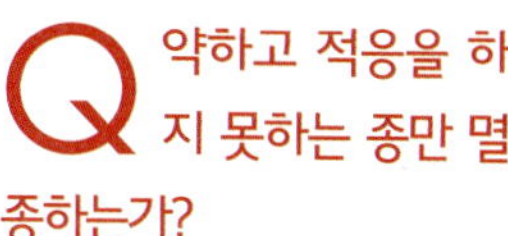

약하고 적응을 하지 못하는 종만 멸종하는가?

바탕멸종과 대멸종 모두 종과 관련된 것이긴 하지만 그 원인은 다르다. 소행성 충격과 같은 대멸종 사건에서는 한 종의 생물학적 특정 형질—생화학, 생리학과 행동학—이 멸종에 영향을 미치지는 않는다. 대신에 이 멸종은 정말로 운이 나빠 일어나는 것이다. 반대로 바탕멸종은 하나 이상의 종의 생물학적 특징 때문에 일어나는 경향이 있다.

멸종에 영향을 미치는 종 생물학의 세 가지 중요한 측면은 다음과 같다(그림 18.10).

1. **지리학적 범위: 광범위함 대 제한됨.** 제한된 공간—적은 양의 한정된 물이 있고 섬과 같이 제한된 곳—에 서식하는 종들은

바탕 멸종의 위험성에 미치는 요인

지리학적 범위
제한된 곳에 서식하는 종들이 광범위한 곳에 서식하는 종들에 비해 멸종할 위험이 크다.

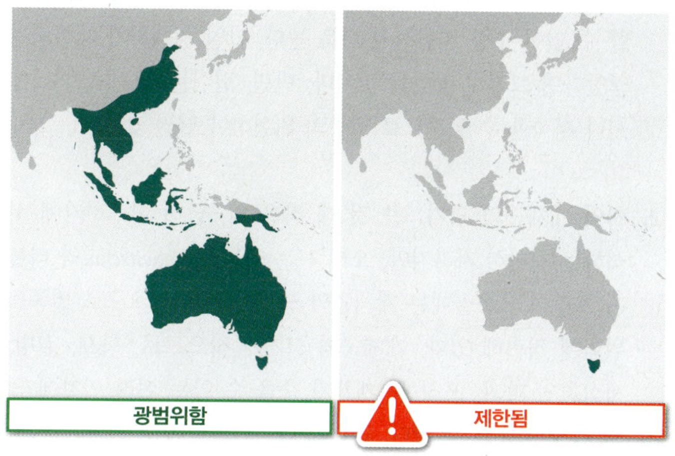

지역 개체군의 크기
개체군이 작은 종은 멸종의 위험이 크다.

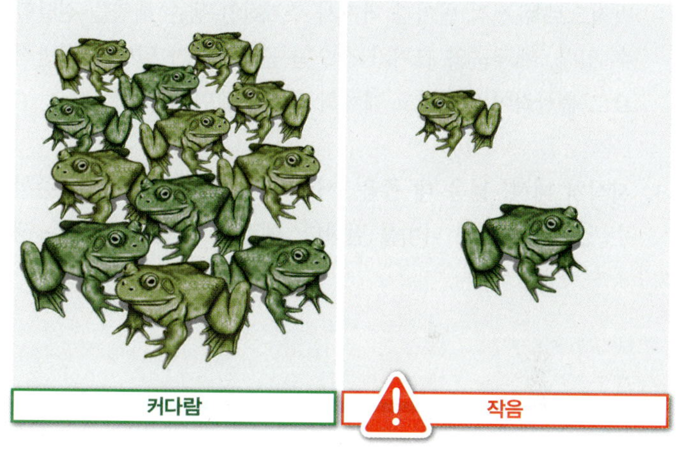

서식처 내성
서식처 내성이 좁은 종은 서식처 내성이 넓은 종에 비하여 멸종할 위험이 대단히 크다.

그림 18.10 **범위, 개체군의 크기 그리고 서식처 내성이 멸종의 위험성에 영향을 미친다.**

광범위한 곳에 서식하는 종보다 멸종할 위험이 크다. 태즈매니아늑대는 크기가 개정도되는 육식성 유대동물이다. 태즈매니아늑대는 호주에서 한때 번성하였지만, 이제는 메인주보다 작은 태즈매니아 섬에만 서식한다. 그들은 서식 영역을 확장할 수 없어 멸종 위험성이 더욱 높다. 만일 서식처가 제한되지 않았다면 그렇지 않았을 것이다. 반면, 집쥐는 전 세계 어디에서나 서식할 수 있으므로 멸종의 위험성이 훨씬 낮다.

2. **지역 개체군의 크기: 큰 것 대 작은 것.** 남서 아프리카에 서식하는 천천히 자라지만, 오래 사는 식물인 *Welwitschia*와 더불어 호랑이와 송골매는 개체군의 크기가 매우 작으므로 멸종될 위험에 직면해 있다. 개체군의 크기가 작으므로, 화재, 질병, 서식처의 파괴, 포식 등 개체가 죽을 수 있는 여러 인자에 의해 쉽게 멸종될 수 있다. 간단히 말하면 살아있는 개체가 많을수록 그들 중 일부는 이런 위험 인자에도 생존할 가능성이 커지는 것이다. 또한, 새끼를 낳을 수 있는 개체가 많을수록, 일반적으로 유전적 변이가 커져서 추가적인 생존 혜택을 전달할 수 있다. 개체군의 크기가 작으면 근친교배가 일어나 일반적으로 출산력이 떨어지고 개체의 수명이 짧아진다.

3. **서식처 내성: 넓음 대 좁음.** 서식처 내성이란 한 종이 생존할 수 있는 서식처의 너비를 말한다. 예컨대, 어떤 식물 종은 생존할 수 있는 물 이용도 또는 흙의 산도나 온도의 범위가 넓다. 다른 종은 매우 좁은 서식처 범위에서만 생존할 수 있다. 멸종한 나그네비둘기는 특정 숲에서만 둥지를 틀 수 있었고, 함께 공동으로 낳아 기르는 개체 수가 많을 때만 성공적으로 번식할 수 있었다. 숲이 줄어들고 새들이 잡히면서 무리가 줄어들었다. 그들의 좁은 서식처 내성 때문에 멸종에 극도로 취약했다. 일반적으로, 서식처 내성이 좁은 종들은 서식처가 파괴되거나 줄어드는 상황에 잘 적응하지 못하기 때문에, 넓은 서식처 내성을 가진 종에 비하여 멸종의 위험성이 크다.

넓고 팽창하는 지리학적 범위, 커다란 지역 개체군의 크기, 넓은 서식처 내성 덕분에 인간은 어마어마하게 성공하였다. 불행하게도, 이런 성공이 우리가 공유하고 있는 행성에 같이 사는 종에 점점 나쁜 영향을 미치고 있는데, 이에 인해 전례 없이 빠른 속도로 멸종이 일어나고 있다.

핵심요약 18.5

» 멸종은 근본적으로 여러 가지 다른 이유로 일어난다. 한 지역의 종을 대부분, 또는 모두 파괴하는 대멸종은 한 종의 생물학적 특징 때문이라기보다 불운의 결과에 의한 것이다. 바탕멸종은 종 생물학의 하나 또는 여러 특징의 결과인 경우가 많다. 작은 개체군, 제한된 서식처, 좁은 서식처 내성 등이 바탕멸종의 원인이다.

18.6 우리는 대멸종의 한가운데 살고 있다

때때로 너무 가까이 있어서 우리가 오히려 실상을 보기 어려운 것이 있다. 전 세계적으로 생물다양성이 낮아지고 있는 현재 상황이 바로 그런 경우이다. 그러나 인간은 현재 우리가 대멸종 상황에 살고 있다는 사실을 점점 깨닫기 시작했다. 미국자연사박물관의 최근 연구에 의하면, 생물학자의 70%가 이것은 사실이며 이런 대규모의 멸종을 막을 방법이 정부와 개인에 의해 모색되어야 한다고 생각하는 것으로 나타났다.

동물과 식물의 멸종에 관한 최근 연구 결과는 대멸종기가 진행 중이라는 가설을 지지한다. 포유류의 10% 이상이 곧 멸종할 위험에 처한 **멸종위기종**이며, 약 21%는 멸종에 취약한 멸종위기에 처하거나 위협을 받고 있다. 조류의 4%는 멸종위기종이며, 13%는 멸종위기에 처하거나 위협을 받고 있다. 조류의 50%는 감소하고 있다. 양서류 전체 종의 1/3도 멸종위기에 처하거나 위협을 받고 있다. 어류, 연체동물, 곤충류, 균류와 식물 중 얼마나 많은 종이 멸종위기에 처하거나 위협을 받는지에 대한 정확한 평가가 없다. 그러나 평가가 이루어진 종을 볼 때, 상황은 비슷하리라 예상된다.

역사적으로 화석 기록을 보면, 바탕멸종률은 대략 일 년에 100만 종 중에서 한 종이다. 현재의 바탕멸종률은 이보다 1,000배(그 이상)이다. 12장에서 보았듯이, 생물학자는 현

Q 대멸종이 지구 역사의 자연스러운 부분이라면 멸종률에 대한 우리의 영향에 대해 걱정해야 할까?

재 지구 상에 얼마나 많은 종이 서식하고 있는지조차 알지 못하기 때문에—500만에서 1억 종 정도로 추산—정확한 바탕멸종률을 알기는 어렵다.

혜성 충돌 때문에 공룡과 대부분 종이 멸종한 최근의 대멸종과 달리, 현재의 대멸종은 인간이라는 한 종의 활동에 의해 일어난 결과이다. 얄궂게도, 인간의 전례 없는 성공이 바로 대멸종의 원인이다. 매우 많은 사람이 자원을 사용하는 바람에 불가피하게도 다른 종들이 우리와 함께 공존하기가 어려워졌다.

많은 종이 없어지거나 곧 없어지게 되는 주된 이유는 서식처 소실과 서식처 파괴이다. 특히 생물다양성이 매우 큰 열대우림의 서식처가 없어지면 손해가 매우 크다. 과거 30년 동안, 농사를 짓기 위해 불을 지르거나 벌채를 함으로써 전 세계 열대우림의 반이 파괴되었다(**그림 18.11**). 인구가 점점 늘어남에 따라 이루어진 도시 건설도 열대우림이 없어지게 된 원인이다. 대규모 농업, 가축 방목 그리고 도시개발 때문에 전 세계적으로 서식처가 파괴되고 조각났다.

우리 인간과 가장 가까운 현생 친척인 보노보는 사냥으로 인해서 거의 멸종 직전에 있다.

그림 18.12 종의 남획: 보노보.

열대에서 삼림 벌채는 생물다양성 손실의 가장 큰 원인이다.

그림 18.11 삼림 벌채로 인한 서식처 제거.

생물다양성을 지탱하던 서식처를 잃는 것은 비단 열대 지방에서만 일어나는 것은 아니다. 북서 태평양의 숲에서도 숲이 지속 불가능한 속도로 벌채가 진행되어 다양한 개체군이 매우 많이 감소하였다. 서식처 소실 외에 생물다양성이 감소하는 이유는 한 지역에서 물을 과도하게 사용하고, 음식, 모피, 상아나 다른 신체의 일부 그리고 의약품의 재료를 얻기 위하여 종을 남획하기 때문이다. 예를 들어, 침팬지의 일종으로 우리 인간과 가장 가까운 현생 친척인 보노보(*Pan paniscus*)는 현재 자연에서는 거의 볼 수 없다. 서식처가 소실되고 중앙아프리카 일부 지역에서 식량 목적으로 남획됨으로써, 이들은 거의 멸종 직전에 몰려 있다(**그림 18.12**).

핵심요약 18.6

» 대부분의 생물학자는 우리가 현재 인간 활동의 결과인 대멸종의 한가운데 살고 있다고 여긴다. 이 대멸종은 우리의 생존에 심각한 위협이 될 것이다.

▲ 홍콩을 둘러싸고 있는 녹색 밀림

18.7 일부 생태계 교란은 복구되지만, 일부는 그렇지 않다

오늘날 뉴잉글랜드 남부로 비행하면 언덕과 계곡을 물결치듯이 덮고 있는 숲을 내려 볼 수 있다. 숲을 가로지르는 도로와 여기저기에 분포된 마을과 도시 또는 경작지와 목초지를 볼 수 있지만, 단지 나무의 꼭대기만을 볼 수 있다. 만일 우리가 200년 전 같은 길을 비행하였다면 매우 다른 모습을 보았을 것이다. 1800년대 초반에 뉴잉글랜드 남부의 대부분 숲은 제거되었다. 농장의 집, 헛간, 마구간 그리고 별채로 구성된 농가는 시골 전체에 군데군데 흩어져서 위치하였다. 언덕과 계곡을 가로질러 돌담이 늘어서서 목초지와 경작지를 분리하였다.

더 옛날로 거슬러 가보면 400년 전에는 이곳이 거의 숲으로 뒤덮여 있었다. 여기저기 숲이 없는 곳에 아메리카 원주민 마을이 있긴 하지만, 대부분은 오늘날 비행을 할 때 보여지는 인구가 덜 집중된 뉴잉글랜드 지역의 모습과 매우 흡사하다.

400년 전의 숲에서 200년 전의 토지로의 변화는 중요한 생태계 교란이었지만, 오늘날 다시 숲으로 되돌아왔다. 종 구성은 같지 않다—오늘날의 숲은 400년 전과 같지 않다. 그렇지만, 뉴잉글랜드의 깊은 숲에서 발견되는 돌담은 그 지역이 옛날에 있었던 농업지였음을 보여주는 뚜렷한 흔적이다.

1800년대 중반 뉴잉글랜드에 정착한 사람들은 변두리 땅을 포기하고 서쪽으로 나아갔다. 그래서 일단 버려진, 그들이 경작했던 농경지가 숲으로 되돌아가는 생태학적 천이 과정이 시작되었다(17.6절 참조).

Q 땅이 일단 경작되거나 개발되면 원래의 상태로 되돌아갈 수 있을까?

농경지를 사용하지 않고서 1년이 지나면 빈 땅은 식물이 자라기에 어려운 환경이 된다. 햇빛 때문에 표층토가 열을 받아 수분이 없어지게 된다. 이런 상태에서는 오직 강한 식물만이 발아하고 성장한다. 그런 선구자적 식물을 "잡초"라고 부른다. 교란이 심한 서식처, 즉 길옆, 비어 있는 집터, 심지어 포장도로의 틈새에서도 이들은 자란다.

해마다 잡초가 자라고 죽으면서 유기물질이 땅을 비옥하게 하며 땅속 수분을 붙잡아 둔다. 그리고 여러 해가 지나 식물이 더 많이 자라면 땅에 그늘이 형성되므로 더 이상 뜨겁고 건조한 땅이 아니다. 따라서 이런 좋은 땅에 다른 식물이 자랄 수 있다. 이런 식물들은 키가 더 커서 그늘을 더 만듦으로, 땅은 점점 시원해지고 습기가 많아진다. 이 단계에서 관목과 작은 나무의 씨가 발아할 수 있다. 이런 작은 나무들이 자라면서 큰 교목(떡갈나무, 단풍나무 혹은 너도밤나무)의 씨가 발아할 수 있을 정도로 땅은 더 시원하고 습기가 풍부하게 된다. 결국, 교목들이 매우 가까이 뭉쳐서 생장하면, 대부분의 햇빛은 잎으로 구성된 수관을 뚫고서 지표

어떤 교란의 효과는 가역적이다: 성헬레나 산

1980년 워싱턴주의 성헬레나 산이 파괴적인 화산 분출로 인해 빽빽했던 주변 숲이 제거되었다. 이후 생태계는 반등해서 지금까지 회복이 지속되고 있다.

1980년 5월
여기서 보는 것처럼 화산 분출이 있기 전 화산은 침엽수로 둘러싸여 있다.

1980년 9월
화산폭발로 주변 식생은 없어지고 대신, 이 지역은 한 층의 재로 뒤덮였다.

2015년 5월
관목과 작은 나무가 활화산 기슭 평지에 자라기 시작했다.

그림 18.13 **되돌아온 숲.**

까지 도달할 수 없다. 이 지점에서 키 큰 교목은 그들의 종자만 발아하고 자랄 수 있는 환경을 형성하였으므로 숲은 변화를 멈춘다.

개간된 숲과 같은 생태계 교란의 영향은 교란이 서식처의 생물적(살아있는 생물), 무생물적(부패하는 생물, 토양, 흙) 구성요소를 바꾸지만, 어떤 종의 완전한 멸종의 원인이 되지 않을 때 되돌릴 수 있다. 종은 개체군을 회복하고 재건할 수 있다. 뉴잉글랜드의 숲은 인간에 의해—1700년대에 농사를 짓기 위하여 땅을 개간하면서—교란되었지만, 폭풍, 화재, 홍수 그리고 화산폭발 등에 의해 숲이 비게 되었다(**그림 18.13**).

> “어리석은 어린애는 딱정벌레를 밟을지 몰라도, 전 세계의 모든 교수는 그러지 못한다.”
>
> — Arthur Schopenhauer,
> *독일의 철학자(1788–1860)*

반대로 멸종을 수반한 생태계 교란은 복구 불가능하다. 각각의 종은 무작위적인 선택압의 상호작용과 독특한 유전체를 형성하는 등의 오랫동안 방해받지 않은 진화적 역사의 결과물이다. 일단 멸종된 종은 절대 다시 창조되지 않는다(**그림 18.14**). 이런 이유로

어떤 교란 효과는 불가역적이다.

태즈매니아 주머니늑대

양쯔강돌고래

흰긴수염고래

일단 한번 멸종되면 종은 절대 재창조되지 않는다. 지구 역사상 가장 큰 동물인 흰긴수염고래는 영원히 사라질 위기에 처해 있다.

그림 18.14 **종의 종말.**

무생물적 환경의 변화가 아무리 클지라도 종의 손실을 수반한 생태계 교란은 멸종을 수반하지 않은 교란보다 대단히 파괴적인 결과를 낳는 것이다.

핵심요약 18.7

» 생태계 교란 효과가 어떤 종의 완전한 멸종을 포함하지 않는다면, 복구가 가능하다. 멸종을 수반한 생태계 교란 효과는 복구 불가능하다.

18.8 인간의 활동이 환경을 훼손한다: 1. 비토착종의 유입

비 내리고 진눈깨비 오는 겨울날, 시카고에서 날아다니는 밝은 녹색의 새를 발견하면 놀랄 것이다. 앵무새과의 이 새는 머리부터 꼬리까지 길이가 30 cm 정도이다. 그리고 이 새가 시카고에서 어울리지 않는 것처럼 보인다면, 그것은 그 새가 있기 때문이다. 퀘이커앵무새는 남미가 원산지로서, 1960년대와 1970년대에 애완동물로 미국에 들여왔다. 일부 새가 탈출하여 자유의 몸이 되었고, 생존하여 번식하였다. 현재는 오레곤, 플로리다, 뉴욕뿐만 아니라 일리노이까지 11개 주에서 살고 있다(**그림 18.15**).

퀘이커앵무새는 남미로부터 애완동물로 수입되었다. 그들 중 일부는 탈출하여 살아남았으며 번식하였다. 현재 시카고 같은 대도시에서 전봇대에 커다란 둥지를 틀기에 골칫거리가 되었다.

그림 18.15 중서부 지방의 퀘이커앵무새.

퀘이커앵무새는 **유입종**(외래종이라고도 함), 즉 단지 인간의 활동에 의해 의도적으로 또는 우연히 그 종의 원산지가 아닌 곳으로 유입되는 종의 한 예일 뿐이다. 많은 경우에서, 유입종은 경제적 또는 환경적으로 심지어 인간의 건강에 손해를 입힌다. 외래종이 새로운 서식처에서 아무런 피해를 주지 않을 수 있다. 이에 비해 종이 유입되어 피해를 주는데, 이런 종을 **침입종**이라고 부른다.

퀘이커앵무새는 남미에서 농업에 해를 끼치는 새로 알려져 있었기 때문에 이들이 미국에 나타났을 때 경계를 하였다. 1532년 Pizarro가 페루를 침입하기 전에 번성하였던 잉카 문명의 기록에 이 새에 의한 피해가 적혀 있다. 1833년 Charles Darwin이 우루과이를 방문하였을 때 이 새가 과수원과 농장을 망친다는 얘기를 들었다. 미국에서도 경계하고 있었지만, 다행히 아직 큰 피해는 나타나지 않았다. 그러나 이 새는 시카고와 같은 도시에서 전신주, 변압기, 투광 조명등에 막대기와 나뭇가지 등을 이용하여 보금자리를 만드는데, 이것이 비에 젖으면 무거워져서 전선이 늘어지고 전기 공급에 문제를 일으킨다.

퀘이커앵무새는 미국에 처음부터 의도적으로 유입되었지만, 많은 경우 유입종은 우연히 이루어진다. 호주갈색나무뱀은 1952년 이전 2차 세계대전 중 군수물자를 선적하는 도중에 우연히 괌으로 유입되었다. 의도적 또는 우연히 유입되었다 할지라도 이런 유입종의 두 가지 특성은 걱정거리이다(**그림 18.16**).

1. 유입종은 새로 유입된 서식처에 포식자나 병원균이 없다. 그래서 유입종의 개체군은 무제한 성장한다.
2. 토착 식물과 동물은 침입한 유입종으로부터 자신을 보호하거나 경쟁할 수 있는 기작을 가지고 있지 않다.

파괴적인 충격 **침입종**

문제점
외래종은 서식처와 토착 개체군을 위협한다.

원인
인간에 의하여 우연히 또는 의도적으로 유입된 외래종이 피해를 준다면 그 외래종을 침입종이라 한다. 일단 유입되면 침입종은 번식하고 포식자에게 잡아먹힐 위험도 없으며 경쟁자를 압도하고 생태계를 비가역적으로 변화시킨다.

해결 전략
의도적인 유입에 대한 규정과 제한; 우연한 유입에 대한 경계

그림 18.16 **침입종의 폐해 이해하기.**

예를 들어, 남태평양의 중앙에 위치한 괌에는 원래 뱀도 없고 뱀을 잡아먹는 포식자도 없었다. 괌은 한때, 수천 년 동안 섬의 격리 속에서 진화한 멋있는 토착 새의 보금자리였다. 이 조류 종들은 뱀에게 잡아먹히는 경험을 한 적이 없으므로 어떠한 방어 기작도 가지고 있지 않았다. 외국으로부터 들어온 갈색나무뱀는 괌의 토착종을 거의 모두 잡아먹어 버렸다. 하와이와 같은 태평양의 다른 섬으로 이 뱀이 퍼져나가는 것을 막기 위하여 엄청난 노력을 하고 있다. 괌처럼, 이 섬들은 전 세계 어디에도 없는 조류 종의 고향이며, 섬에는 토착 뱀도 없고 뱀의 토착 포식자도 없다.

미국 농무부가 현재 시행하고 있는 유망한 전략은 타이레놀의 활성 성분인 아세트아미노펜을 몸에 집어넣은 죽은 쥐를 공중에서 떨어뜨리는 것이다. 아세트아미노펜은 뱀 헤모글로빈의 산소 운반 능력을 방해하기 때문에 죽은 쥐를 먹은 갈색나무 뱀은 죽는다. 초기 결과는 아주 좋지만, 장기간의 성공을 예측하기에는 아직 이르다.

대규모의 생태학적 변동과 생태학적 비용의 원인이 되는 침입식물도 있다. 유라시아가 원산지로 매력적인 현화식물인 털부처손을 정원 식물로 이용하기 위하여 1800년대에 미국으로 들여왔다. 일단 들어온 이후 이 식물은 곧장 경작지를 벗어나 플로리다를 제외한 모든 주의 습지로 번졌다. 이 식물은 일 년에 수천 개의 씨를 생성하고 땅속에 줄기를 뻗어 확산한다. 이런 공격적인 성장 때문에 자생 풀, 사초과 식물과 현화식물들이 압도되었다. 따라서 다양한 습지 군집은 이 부처꽃 단일 집단으로 대체돼서, 늪지에 사는 곤충, 조류, 파충류, 양서류와 포유류에게 질 낮은 서식처를 제공하게 되었다.

"북미에 들어온 가장 파괴적인 외래종"이란 타이틀은 얼룩무늬홍합과 콰가홍합일 것이다. 엄지손톱 정도 크기의 민물 홍합은 유럽 동부와 서아시아가 원산지이다. 1800년대 초반에, 홍합은 서유럽으로 확산하였다. Saint Lawrence 해로가 완성되어 항해 선박이 대서양에서 오대호로 들어올 수 있게 된 이후 선박평형수에 담겨져 예기치 않게 1980년대에 미국으로 들어 왔다. 암컷은 해마다 100만 개 이상 알을 낳았으며 유생은 단단한 곳이면 어디에나 착생하였다. 종종 매우 두껍게 부착하여 정수 처리장과 공장의 취수관과 발전소의 냉각수관을 막는다(**그림 18.17**).

얼룩무늬홍합의 생태학적 위협은 산업시설에 입히는 손해보다

침입종: 우연한 유입

갈색나무뱀
- 괌섬으로 유입됨
- 뱀에게 잡아먹힌 적이 없어 방어 기작을 가지지 못한 대부분의 토착새를 잡아먹음.

털부처손
- 관상용 식물로 미국으로 유입됨
- 습지에 침입하여 플로리다를 제외한 모든 주에서 자생풀, 사초과 식물 및 꽃피는 식물을 압도함.

얼룩무늬홍합
- 오대호에 유입됨
- 취수관을 막아 산업시설에 손해를 입히고, 작은 물고기 먹이를 대폭 감소시켜, 결과적으로 좀 더 큰 낚시 어류의 먹이 공급이 감소함

그림 18.17 **초대받지 못한 손님.** 침입종이 우연히 자연 서식처에 들어온다. 그 결과는 처참할 수 있다.

훨씬 심각하다. 오대호의 수산업은 낚시용 물고기(송어, 연어)와 상업용 물고기(송어류, 농어류, 청어류)가 주류를 이루며, 매년 15억 달러 이상 수익을 올린다. 상업용으로 가치 있는 대부분 물고기는 빙어류와 같은 작은 물고기를 먹고, 작은 물고기는 현미경적 크기의 식물과 동물(동식물 플랑크톤)을 먹고 산다. 얼룩무늬홍합과 콰가홍합은 동식물 플랑크톤을 거르는 능력이 뛰어나서 작은 물고기들의 먹잇감을 없앤다. 먹이가 충분하지 않으면 작은 물고기 개체군은 쇠퇴하고 큰 물고기들의 먹이도 연쇄적으로 줄어든다. 오대호는 전 세계 민물의 1/5이나 되는 물을 담고 있지만, 오대호의 생태계는 단지 이 두 외래종에 의하여 비가역적으로 붕괴하고 있다.

농업 해충을 통제하기 위해 호주에 도입된 수수두꺼비 개체군은 폭발적으로 증가했고, 생태학적 악몽이 되어 토착뱀, 도마뱀, 새, 심지어 악어까지 죽였다.

그림 18.18 수수두꺼비들이 들끓는다.

또 다른 전설적인 유해 동물은 수수두꺼비이다. 얄궂게도, 이 두꺼비는 사탕수수 토착 해충인 수수딱정벌레를 제어하기 위해 호주로 들여왔던 동물이다. 불행하게도, 두꺼비로 해충 개체군 조절에 성공하지 못했다. 또한 두꺼비 개체군이 폭발적으로 늘어나 토착종인 양서류, 파충류, 포유류와 조류까지도 잡아먹기 시작했다. 전 대륙에 퍼져나가 현재 2억 마리 이상이 서식하고 있다. 그러는 사이, 보존담당자들은 숫자를 줄이기 위해 분투하고 있다(**그림 18.18**). 수수두꺼비는 해충을 생물학적으로 구제하기 위해 비토착종을 의도적으로 유입함으로써 생긴 흔히 볼 수 있는 문제점이다: 자연적으로 발생하지 않는 생태계에 미치는 종의 영향은 예측 불가능하고 종종 파괴적이다.

침입종이 일단 정착해서 퍼졌다면 이들을 제어하고 근절하기 어렵고 비용이 많이 든다. 침입종을 다루는 가장 좋은 방법은 초기에 발견하여 빠르게 대응하는 것이다. 이런 목적을 지원하기 위해 미국립침입종위원회는 약 130억 달러의 예산을 집행하여 38개의 연방 부서와 기관들과 함께 침입종을 막고 제어하고자 노력하고 있다.

핵심요약 18.8

» 유입종이란 의도적 또는 우연히 새로운 서식처에 유입된 종을 말한다. 새로운 서식처에서 손해를 입힌다면 침입종이라고 한다. 침입종은 우점하여 군집과 전 생태계를 비가역적으로 변화시킨다.

18.9 인간의 활동이 환경을 훼손한다: 2. 산성비

"올라간 것은 반드시 내려온다". 이 말은 큰 물체부터 분자에 이르기까지 모두 해당하는 격언이다. 그러나 분자의 경우 올라갈 때와 내려올 때의 형태가 다르다. 특히 어떤 화합물은 가스의 형태로 대기로 올라가지만, 지구로 내려올 때는 안개, 진눈깨비, 눈 또는 비의 형태로 산성비가 되어 내려온다.

석유, 천연가스, 석탄을 묘사할 때 우리는 **화석연료**라는 용어를 사용한다. 이것은 대부분 탄소와 수소로 이루어져 있고, 태우면 이산화탄소(CO_2)와 물(H_2O)을 형성한다. 화석연료를 탄화수소라고 하지만 사실 순수한 탄화수소는 아니다. 이들은 황과 질소 등 다른 원소도 함유하고 있다(**그림 18.19**).

화석연료가 탈 때 부산물로 이산화황(SO_2)와 이산화질소(NO_2) 기체가 만들어진다. 이 기체들은 대기 중의 수증기와 반응하여 황산(H_2SO_4)과 질산(HNO_3)을 생성하며, 이런 산들은 산성 강수가 되어 땅에 떨어진다(**그림 18.20**).

북미의 일부 북동 지역의 강수는 pH는 4.3 정도로 낮으며, pH가 5.6인 깨끗한 비보다 거의 10배 이상 산성이다(깨끗한 비는 공기 중의 이산화탄소가 물에 녹아 탄산이 되기 때문에 순수한 물보다 더 산성이다). 고농도의 황산과 질산이 원인이며, 몇 가지 요인이 있다. 북동 지역은 미국 내 다른 지역에 비하여 단위 면적당 인구밀도가 높은데, 이는 집, 공장 그리고 석유, 석탄과 휘발유 등을 태우는 십, 공장, 자동차가 많아 산성비가 내린다는 뜻이다(**그림 18.21**).

Q 산성비가 왜 국제적인 문제인가?

산성 강수의 원인이 되는 모든 공해가 지엽적인 것은 아니다. 미국 내 중서부와 남동부 지역은 석탄을 태우는 전력 발전소가 많으며, 바람이 이산화황과 이산화질소 기체를 북동쪽으로 날려 보낸다. 서부의 주에 내리는 강수는 북동쪽만큼 산성은 아니다(그러나 깨끗한 비보다는 산성이다). 이 지역의 많은 산성 강수는 아시아로부터 태평양을 건너 날아온 이산화황과 이산화질소가 산으로 바뀐 것이다. 유럽과 아시아의 강수도 역시 가까운 곳의 공해와 멀리 떨어진 곳의 공해로 산성화된 것이다.

육상과 수서 생물은 모두 산성 강수의 피해를 받는다. 예를 들면, 산속의 숲에 산성 안개가 자주 끼게 되면 해마다 나뭇잎은 손상되고 광합성률이 감소하여 결국 많은 나무가 죽는다(**그림 18.22**). 산성물은 직접적으로 나무의 살아있는 조직에 영향을 미친다.

숲에 미치는 산성비의 간접적인 영향은 직접적인 영향보다는 현저하지는 않지만 광범위하다. 만일 산성비가 토양에 떨어지면,

산성비의 화학

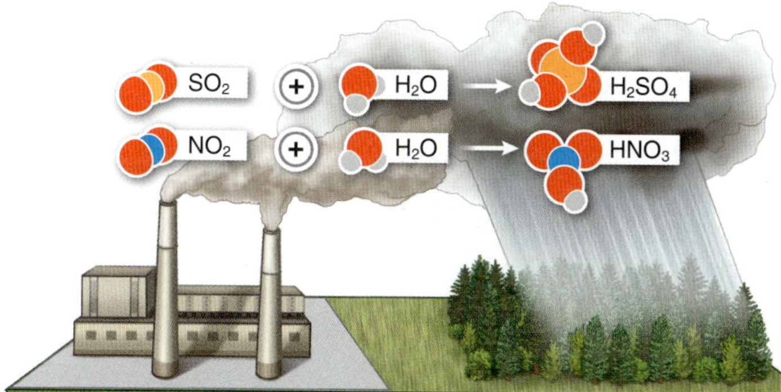

그림 18.19 산성비의 생성.

파괴적인 충격 산성비

문제점
산성 강수는 식물과 수서동물을 직접 죽일 뿐만 아니라 토양과 물의 화학을 변경시킴으로써 간접적으로도 작용한다.

원인
화석연료를 태우면 이산화황과 이산화질소가 생성된다. 이들이 대기 중의 수증기와 결합하면 황산과 질산이 형성된다.

해결 전략
이산화황과 이산화질소 방출의 규정 강화와 감소

그림 18.20 산성 강수: 문제점과 원인.

산성비 분포

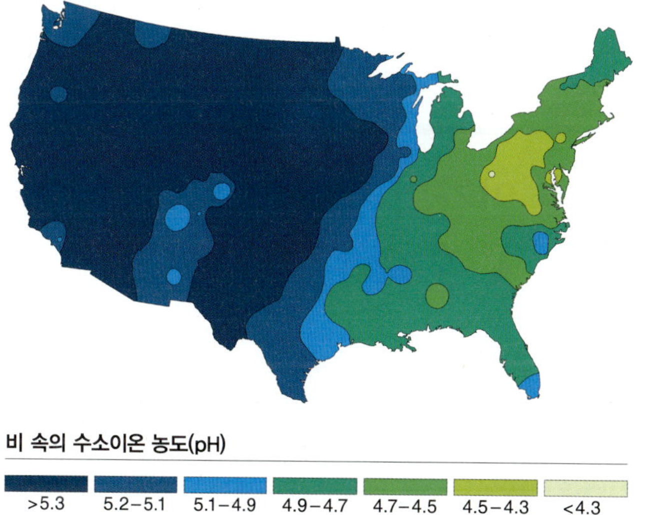

그림 18.21 **미국 북서부에서 인구밀도가 더 높아 더 많은 산성비가 내린다.** 순수한 물은 pH 7의 중성이다.

산성 강수의 영향

그림 18.22 **산성 강수는 나무를 죽인다.**

산은 칼슘, 칼륨, 마그네슘, 나트륨 이온 등을 가져가 버린다. 이런 이온들은 식물에 필수 영양분이므로 이들이 침출되면 식물의 성장이 감소한다. 일부 숲속에 사는 동물도 토양의 화학 변화에 영향을 받는다. 예를 들어, 칼슘이 부족하면 달팽이의 껍데기가 보통보다 얇아진다. 달팽이의 껍데기가 약해지면 달팽이를 먹이로 하는 새의 칼슘이 부족해지고, 결국 이들이 낳는 알껍데기가 얇아져서 부화하는 동안 금이 간다.

호수와 시내도 산성 강수에 의해 직간접적으로 영향을 받는다. 미국 북동쪽과 북부 유럽의 일부 호수의 물은 pH가 4.0~4.3으로 대부분 호수(대개 pH 6~8)보다 100배나 더 산성이다. 이런 산성의 물에서 서식할 수 있는 곤충, 연체동물, 어류 또는 양서류는 매우 드물다. 더욱 나쁜 것은 산성비가 동물에게 독성을 띠는, 토양 속 알루미늄을 녹인 용존 금속(알루미늄 이온)을 호수나 시내로 운반하여 대부분의 수서동물을 죽인다.

산성비는 해결 가능한 문제이다. 산성비로부터 산성이 퇴적되는 것을 막을 수 있고 정화할 수 있다. 에너지 효율을 올리고, 석탄 사용량을 줄이면서 대신 천연가스를 사용하며, 신재생에너지 즉 태양이나 바람 에너지 사용을 늘림으로써, 이산화황과 이산화질소의 방출을 막고 감소시킬 수 있다. 미국에서는 석탄을 사용하는 공장은 굴뚝에 특별한 솔을 장착했다. 이런 솔은 전력 공장으로부터 뜨거운 가스를 추출하고, 스폰지 같은 기능을 하여 발전소로부터 뜨거운 기체를 추출하며, 이산화황이 대기 중으로 방출되기 전에 탑으로부터 물리적으로 제거함으로써 이 기체를 덜 해로운 형태로 바꾸어 준다.

미국에서는 규제를 시행하여 이산화황과 이산화질소의 방출을 1980년대와 비교해 약 반으로 감소시켜 공기의 질을 개선하였다. 대기 황산의 농도는 1989~1991년과 비교했을 때 2018년에는 국가적으로 89% 정도 낮았다.

핵심요약 18.9

» 화석연료를 사용하면 이산화황과 이산화질소가 방출되며, 이들이 수증기와 결합하면 황산과 질산을 형성한다. 이런 산을 함유한 비, 안개, 진눈깨비, 눈은 깨끗한 비보다 10배 더 산성이다. 산성 강수는 식물과 수생동물을 죽인다.

18.10 인간의 활동이 환경을 훼손한다: 3. 온실가스 방출

불과 얼마 전에 세계 기후 변화에 관한 두 가지 논쟁이 있었다: "사실인가?" 그리고 "인간의 활동으로 생기는 현상인가?" 이제 과학자들은 만장일치로 첫 번째 질문에 대한 답이 **예**라고 믿고 있고, 두 번째 질문에 대해서도 거의 동일하게 **예**라고 믿고 있다. 결과적으로, 과학적 논쟁은 점점 더 "온난화는 우리에게 어떤 영향을 끼치는가?"와 "어떻게 지구온난화를 멈출 수 있을까?"로 넘어갔다. 그렇지만, 부분적으로는 지구온난화를 포함하되 이에 국한하지 않는 지구 기후 변화의 중대한 정치적 의미와 그 발생, 지구 기후 변화 및 인간 활동의 역할을 입증하는 데이터의 복잡한 특성 때문에, 논란의 여지가 남아 있다.

지구의 대기가 점점 더워지고 있다는 일부 증거는 1700년대로 돌아가 날씨기록을 보면 나타난다. 이 기록에 따르면, 지구의 평

파괴적인 충격 **온실가스 방출 증가**

문제점
지난 50년 간 평균 온도는 급속히 증가하여 물리적 환경과 생물학적 세상 모두에 영향을 미치고 있다.

원인
화석연료를 태우고 곡물을 경작하기 위해 땅을 개간함으로써 대기 중의 온실가스 농도가 상당히 증가하였다.

해결 전략
(특히 화석연료를 사용함으로써 나오는) 온실가스 방출을 줄인다.

그림 18.23 온실가스 증가: 문제점과 그 원인.

균 온도는 지난 50년간 빠르게 증가하였으며, 가장 더웠던 20개년도 중 19개년도가 2000년과 2019년 사이임을 알 수 있다(**그림 18.23**).

그러나 3세기는 지구의 역사로 보면 눈 깜작할 새이다. 2007년 *Science* 잡지에 실린 남극의 얼음 속을 살펴보면 800,000년 전으로 거슬러 올라가서 그 당시의 온도 기록을 알 수 있다. 얼음 코아를 보면 지구에는 추운 기후(빙하기)와 따뜻한 기후가 주기적으로 반복하고 있었으며, 현재 우리는 빙하기의 끝에 다가가고 있음을 알 수 있다. 그러나 기록상 현재가 가장 더운 시기는 아니지만, 남극의 얼음 코아를 보면 특히 현재 대기 중의 이산화탄소와 메탄의 농도가 코아의 80만 년 동안의 그 언제보다도 높은 것으로 나타난다.

온실효과라는 용어는 태양 에너지가 지구의 대기를 덥히는 과정을 기술한 것이다. 빛 스펙트럼 상에 우리가 볼 수 있는 파장의 부위가 놓여 있는데, 이 가시광선은 쉽게 대기를 통과하여 지구 표면을 덥힌다. 적외선의 일부 에너지는 지구로부터 대기로 반사되며, 대기 중의 일부 기체는 이런 반사된 에너지를 흡수하여 공기를 덥힌다(**그림 18.24**). 이런 기체는 온실의 지붕을 형성하는 유리판처럼 작용하여, 빛에너지는 통과하게 하지만 열은 잡아둠에 따라서 온실가스라는 이름을 가지게 되었다. 이산화탄소와 메탄은 온실가스 중 제일 중요한 가스이다. 이 기체들이 없다면 열은 우주로 발산될 것이고, 따라서 지구의 온도는 훨씬 낮아질 것이다.

Q 지구온난화 현상을 왜 인간의 책임이라고 생각하는가?

인간은 대기 중의 온실가스 양을 증가시켰다. 그리고 우리는 우리가 사용하는 많은 에너지를 위해 일차적으로 화석연료, 즉 석탄, 석유, 휘발유, 천연가스 등을 태웠다. 수백만 년 동안 지구 안 깊숙이 저장되어 있던 화석연료가 타면서 갇혀 있던 이산화탄소가 방출된다. 유사하게, 경작을 위해 토지를 개간하고 밭을 일굼으로써 이산화탄소와 메탄을 방출한다.

세계기상학기구와 UN에 의해 1988년에 세워진 기후 변화에 관한 정부 간 패널은 21세기 동안에 연평균기온이 1~6.4°C까지 증가할 것으로 예측하였다. 기온이 올라가면, 북극과 남극 가까이에 있는 빙산이 점점 빠르게 녹으면서 해수면은 18~59 cm로 상승할 것이다. 강수량은 전체적으로 감소할 것이고 가뭄은 더 자주 그리고 더 심해질 것이다. 가뭄의 충격은 호주, 중서부 미국 그리고 사하라 이남 아프리카 등의 건조한 경계선 지역에서 가장 심각할 것이다.

지구온난화의 환경적인 그리고 생물학적인 증거는 이미 드러났다. 북극의 만년설이 녹고 있고, 남극과 그린랜드를 덮고 있는 빙산 역시 미증유의 속도로 녹고 있으며, 그 속도는 점점 증가하고 있다(**그림 18.25**). 1992년과 2018년 사이에 3.8조 톤의 얼음이 그린랜드의 얼음판으로부터 녹았다. 이 기간동안 얼음이 녹는 속도도 상당히 증가하였다. 이처럼 얼음이 녹음으로써 해수면이 상승하여 인구가 집중된 뉴욕, 도쿄와 암스테르담 그리고 작은 섬나라 등 전 세계의 많은 인구에게 홍수의 위험을 안겨주고 있다.

생물학적 체제를 봐도 기후의 변화 결과를 알 수 있다. 북위도에 서식하는 나무와 꽃은 예전보다 더 빠른 봄에 꽃이 피고 철새

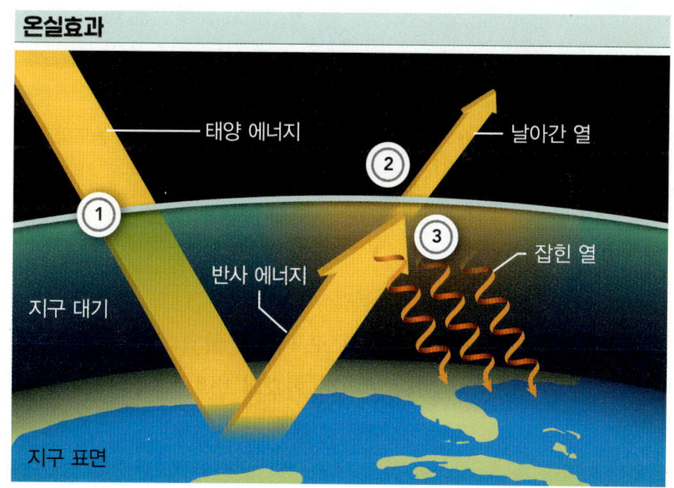

1. 태양 에너지는 쉽게 대기를 통과하여 지구 표면을 덥힌다.

2. 일부 에너지는 다시 반사되어 대기 바깥으로 날아간다.

3. 일부 에너지는 온실가스에 의해 흡수됨으로써 대기 중에 붙잡혀 공기를 데운다.

대기 중에 온실가스가 많을수록 열을 더 많이 잡아 온도가 올라간다.

그림 18.24 지구는 온실효과에 의해 더워진다.

녹는 빙원

1979

2019

그림 18.25 얼음주머니가 사라지고 있다. 위: 1979년 북극바다 얼음 농도의 위성 사진; 아래: 2012년 9월 18일에 기록된 바다 얼음 농도의 위성 사진.

들도 10년 전보다 더 빨리 여름을 나는 곳으로 간다. 그리고 새와 나비들의 지리학적 범위는 북쪽으로 더 확장하였다.

지구온난화 때문에 생긴 물리적 환경의 변화, 즉 북극의 얼음이 얇아지거나 축소되는 것 또는 연안에 범람이 자주 일어나는 것 등의 변화는 종과 생태계 수준에서 생물다양성에 심각한 결과를 낳는다. 예를 들면, 2004년에 북극 연구선이 심해에서 혼자 수영을 하고 있는 어린 바다코끼리 9마리를 발견하였다. 정상적이라면 성체 암컷 바다코끼리는 새끼들을 얕은 물의 유빙 위에 올려놓고는 해저로 다이빙을 해서 조개나 게 등을 먹고 난 후 다시 유빙으로 돌아와 새끼를 돌본다. 그러나 얕은 물 위의 북극 빙원이 녹아 없어지고서 남겨진 얼음에 고립된 암컷 바다코끼리에게 바다의 수심은 깊다. 암컷 바다코끼리가 해저에 닿을 수 있을 만큼 깊이 다이빙할 수 없게 되어 새끼를 방치한 것으로 보인다.

지구온난화의 또 다른 영향은 많은 생태계 요소가 서로 거대하게 연결되어 있다는 것을 보여준다. 저온인 곳을 찾아 이동하는 많은 새와 나비의 이동 방식이 변하였다. 고위도에 사는 많은 소형 포유류는 더 이상 온화한 온도를 찾아갈 곳이 없다—만일 위도가 낮은 곳으로 이동하게 되면 더 더워진다; 고위도로 옮기면 더 온화하겠지만 이미 정상에 가까이 있다면 갈 곳이 더 이상 없게 된다. 전 세계적으로 산재한 대량 경작지도 예전과 같은 수확을 할 수 없다.

전염병 전문가들은 세계 기후 변화가 질병 매개체, 특히 온도에 민감한 모기와 진드기와 같은 절지동물의 분포를 변화시켜서 말라리아와 뎅기열과 같은 질병이 더 많이 발생할 것이라고 하였다.

지구 기후 변화는 그 범위가 너무 커서 해결하기 어려운 문제이다; 모든 생물 군계, 모든 생태계, 모든 종, 그리고 모든 수역을 포함하며, 이를 해결하기 위해서는 정부 간 국제협력뿐만 아니라 모든 국가의 개별적인 노력이 필요하다. 그러나 기본적으로 과학은 간단하다: 탄소 배출량을 크게 줄여야 한다. 개인이 화석연료를 적게 사용하고, 집이나 자동차의 에너지 효율을 증가시키며, 탄소 없는 재생에너지 자원 개발을 지원하여야만 탄소 배출을 줄일 수 있다. 국제적으로는 삼림 벌채를 줄이는 동시에 숲을 조성하고, 온실가스를 생산하는 연료의 의존도를 줄이는 운송 및 산업 혁신을 개발 및 구현함으로써 달성할 수 있다. 탄소의 지하 격리와 같은 혁신적인 기술 또한 지구 기후 변화의 역전에 기여할 수 있다.

핵심요약 18.10

» 사람들이 화석연료를 태우고 나무를 벌목하면 온실가스(주로 이산화탄소와 메탄)의 농도가 증가하여 전 세계의 온도는 올라간다. 식물과 동물 군집의 생태학적 변화는 이미 관찰되고 있으며, 이러한 변화는 전 세계적으로 온실가스 배출을 줄이지 않으면 점점 심각하게 될 것이다.

18.11 인간의 활동이 환경을 훼손한다: 4. 열대우림의 벌채

열대우림을 상상하면, 어떤 그림이 그려지는가? 우뚝 솟은 나무, 총천연색의 새와 나비, 넝쿨 줄기를 타는 타잔 등은 열대우림하면 떠오르는 이미지이다. 타잔만 빼면 상당히 정확한 이미지이다. 그러나 빨리 사라지는 이미지이기도 하다(**그림 18.26**).

열대우림은 적도의 북쪽과 남쪽에 걸쳐 있으며, 남미, 아프리카, 아시아 호주를 가로질러 펼쳐져 있다. 불과 수 세기 전, 열대우림대는 1500만 km^2나 되었지만, 현재는 반 이상 파괴되었는데 대부분 단지 지난 200년 동안에 파괴되었다(**그림 18.27**).

열대우림의 파괴는 막대한 종의 손실을 의미한다. 170,000종 이상의 식물이 열대우림에 서식하고 있으며, 이 숫자는 지구 상의 살아있는 식물의 60%에 해당한다. 브라질의 열대우림을 조사한 결과, 맨해튼의 한 블록의 절반도 안 되는 크기인 단지 1헥타르에 487종이 서식하고 있었다. 미국과 캐나다를 합한 20억 헥타르에 단지 700종의 나무가 사는 것과 비교해 보라!

농업은 열대우림을 파괴하는 가장 큰 원인이다. 화전 농업의 경우, 보통 1~2헥타르의 숲을 벌채하고 태운 후 정리한 땅에 곡물을 심는다. 그러나 이 땅은 정리 후 단지 2~3년 간만 비옥하므로, 그곳을 버려두고서 또 다른 많은 숲을 개간한다. 따라서 화전 농업의 영향은 상당하다. 다국적 기업은 농작물을 심고 소를 방목하기 위하여 수백 헥타르의 숲을 없앤다.

열대우림에서 유전과 채광 때문에 생기는 오염도 상당한 영향을 미친다. 석유가 새어 나와 지하수나 하천을 오염시키고 광산에서 산성물이 흘러나온다. 더욱 나쁜 것은 금광에서는 금을 추출하기 위하여 수은을 사용하는 것이다. 그 수은은 하천으로 들어가 메틸수은으로 바뀌는데, 이 독성화합물은 먹이사슬을 올라가면서 식물과 동물 조직에 축적된다.

농업과 광산업은 둘 다 장비를 옮기고 수확물과 광물을 시장으로 옮기는 데 도로가 필요하다. 열대우림의 처녀림을 여행하는 것은 어렵다—늪지도 있고 자연적으로 나무가 쓰러지기도 하여 곧

파괴적인 충격 | **벌채**

문제점
열대우림은 전례 없이 빠른 속도로 벌채되고 있다. 셀 수 없이 많은 종이 멸종 위기에 직면해 있고 대기 중에 온실가스 농도가 높아지고 있다.

원인
열대우림은 전례 없이 빠른 속도로 벌채되고 있다. 셀 수 없이 많은 종이 멸종 위기에 직면해 있고 대기 중에 온실가스 농도가 높아지고 있다.

해결 전략
생물다양성이 높은 곳, 특히 열대우림의 파괴를 줄인다.

그림 18.26 벌채: 문제점과 그 원인.

벌채: 열대우림

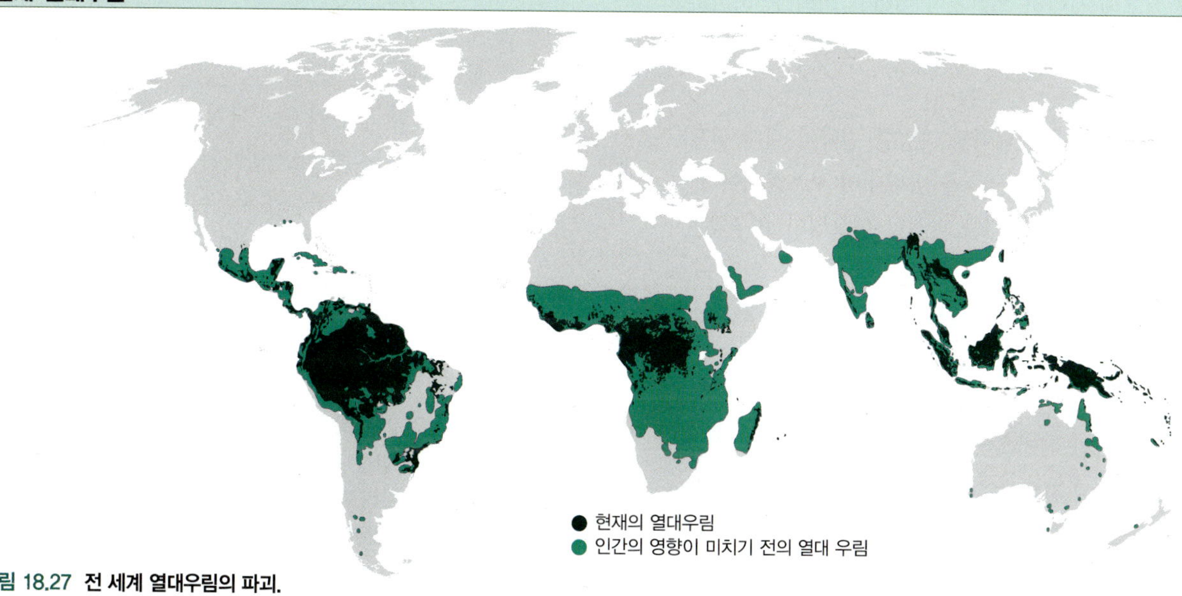

그림 18.27 전 세계 열대우림의 파괴.

게 여행이 어렵고, 경사가 심하거나 땅이 젖어서 미끄럽기도 하며, 땅에 가까운 식생은 밀집되어 있고 가시투성이이다. 모터사이클보다 더 큰 자동차는 열대우림에 들어갈 수 없으며, 모터사이클을 타는 것이 걷는 것보다 더 느리다. 이러므로 열대우림이 지금까지 보호되었지만, 불도저로 밀어서 숲을 관통하는 도로가 생기자마자 사람들은 열대우림으로 모여들게 되었다. 사람들과 이들의 활동은 도로의 양쪽으로부터 숲으로 퍼져가 새로운 숲 개간지를 만들어내고 있다.

열대우림이 파괴됨으로써 환경에 미치는 심각한 영향을 두 가지로 요약할 수 있다: 지구의 생물다양성 감소와 대기에 온실가스의 농축 증가이다(결국, 지구 기후 변화에 영향을 미친다).

1. **생물다양성 감소**. 이미 살펴본 것처럼, 아프리카, 아시아, 태평양과 중남미의 열대우림에는 어마어마한 수의 동물과 식물, 그리고 다른 종류의 생물이 서식한다. 전 세계 생물다양성 중요지점의 절반이 열대우림 지역이다.

2. **온실가스 증가**. 열대우림에서의 광합성은 매년 대기로부터 6,100억 톤(550조 kg)의 이산화탄소를 제거한다. 대기에 축적되는 이산화탄소가 전지구적 기후 변화의 주요 원인이다. 그래서 열대우림에서의 지속적인 광합성 활동은 지구온난화의 속도를 늦추는 데에 중요하다. 그러나 열대우림이 제거되고 태워지면 이 이산화탄소가 대기로 방출된다. 열대우림은 2000년부터 2016년 사이에 502,000 km^2(뉴욕주보다 10배 이상 더 넓은 지역) 이상이 무서울 만큼 빠른 속도로 사라졌다.

삼림 벌채는 토지 피복의 특성을 변경하고 반사 및 흡수되는 태양 복사의 비율을 변경하므로 열대우림의 파괴는 강우량과 계절성을 포함하여 기후에 상당한 추가적인 영향을 미친다. 이러한 변화는 기후 변화를 더욱 가속화하면서 생태계에 잠재적으로 중대한 영향을 미친다.

열대지역의 벌채 문제는 국제협력과 다양한 전략이 절대 필요하다: (1) 생물다양성이 가장 큰 영역을 밝혀내서 보호하여야 한다; (2) 인간 활동을 위해 열대우림을 파괴할 필요성이 요구되는 빈곤에 관해 관심을 기울여야 한다; (3) 음식과 수입을 얻을 수 있는 자원의 대체 방안을 개발해야 한다; (4) 인구의 증가를 감소시켜야 한다; (5) 그리고 생물다양성을 보존하는 것이 얼마나 가치 있는 일인지에 대한 교육이 이 문제의 핵심이다.

이처럼 다양하고 복잡한 어려움에도 불구하고, 전 세계의 수많은 프로그램이 성공적으로 진행되었다. 예를 들어, 브라질 아마존의 파라주에서 일부 고무적인 진행이 있었다. 2012년, 캘리포니아의 3배 정도되는 이 지역에서 몇 가지 새로운 산림 관리 실행

새 나무를 심으면 일부 삼림 벌채 피해를 되돌릴 수 있다.

그림 18.28 아마존 우림의 숲을 다시 만들기 위한 묘목 키우기.

방법을 채택하여 불법 삼림 벌채를 거의 근절했다.

- **책임과 보호**: 토지 소유자가 소유지를 등록하도록 요구하는 지역 시스템을 구축하고 불법 삼림 벌채를 식별하고 처리하는 환경 경찰을 배치함
- **교육**: 목장주와 농부가 이미 삼림이 파괴된 토지를 보다 효율적으로 사용할 수 있도록 교육 프로그램을 만듦
- **더 나은 산림 관리**: 기존 도로를 개선하기 위해 새 도로 건설을 줄이는 것과 같이 환경적으로 건전한 기반 시설을 개발할 뿐만 아니라 이전에 삼림이 파괴된 지역에 나무를 다시 심음 (**그림 18.28**).

초기의 전환은 특히 실직을 동반하기 때문에 어렵다. 그러나 삼림 벌채와 관련이 없는 지역에서 경제 발전이 증가하면서 삼림 벌채와 관련된 일자리 손실을 상쇄하려는 노력이 진행 중이다. 이러한 영역은 물 관리와 약용식물을 포함한 비목재 임산물 같은 생태계 서비스를 포함한다.

그러나 여전히 이러한 진전이 안전하지 않다는 걱정이 많다. 예를 들어, 2019년에 브라질의 삼림 벌채는 지난 10년 이상 동안 최고 수준으로 증가하였다. 보전주의자는 이러한 좌절을 삼림 벌채가 몇 년 동안 감소한 후 브라질의 경제적, 정치적 어려움과 함께 농산물의 전 세계적인 수요가 증가한 결과로 본다.

핵심요약 18.11

» 열대우림에는 지구 상의 어떤 육상 서식처보다도 많은 종의 식물과 동물이 서식하고 있으며, 생물다양성 중요지점의 반이 열대우림에 위치한다. 열대우림은 어떤 육상 서식처보다도 더 많이 이산화탄소를 제거하고, 그 결과 열대우림은 전지구적 기후 변화를 막는 데 막대한 역할을 하는 곳이다. 열대우림은 경고가 필요할 정도의 빠른 속도로 파괴되고 있다.

▲ Andes 산맥의 재조림 프로젝트를 수행하기 위해 토착종의 묘목을 심고 있다.

18.12 오존층 파괴 역전의 성공 이야기

우리가 호흡하는 산소는 2개의 산소 원자로 이루어진 분자이고, 분자식으로는 O_2로 표시된다. 오존은 한 분자 안에 3개의 원자가 있는 다른 분자배열을 가진 것이며, 분자식으로는 O_3로 표시된다. 오존은 호흡 기도와 폐를 자극해서 기침을 유발하고 쌕쌕거리게 하며 천식을 유발한다.

도시에 살고 있다면, 라디오나 TV에서 여름에 고농도 오존 경고를 들었을 것이다. 이런 경고는 그날 오존이 안전 수치를 넘어서리라는 것을 뜻한다. 어린이들과 폐질환을 가진 성인은 오존 경고가 발령되어 있는 동안에는 실내에 머무르도록 권장한다.

이처럼, 오존이 질병을 유발하는 것이라면 오존층 파괴를 왜 걱정하는가? 답은 부동산의 가치는 "위치, 위치, 위치"에 달려있다는 오래된 격언과 마찬가지이다. 지상에 있는 오존은 나쁘지만, 상부 성층권 즉 지구 표면에서 50 km 위에 있는 오존은 피부를 태우고 피부암을 유발하는 자외선으로부터 우리를 보호한다. 오존은 재킬과 하이드 분자이다. 사람들은 일련의 환경 규제를 통해 지상에서는 이를 없애려 노력하고, 성층권에서는 이를 보호하려고 노력한다.

오존층 파괴는 두 가지 유형이 있다. 하나는 성층권에서 오존의 양이 일반적으로 감소하는 것이다. 다른 하나는 오존 농도가 매우 낮은 오존 구멍이라는 지역이 형성되는 것이다. 이 구멍은 북극과 남극에서 매년 겨울에 형성된다. 염화불화탄소(CFCs)로 알려진 합성 화학물질이 두 가지 오존층 파괴의 주범이다. CFCs는 1930년대에 개발되어 냉각체계의 냉각수를 비롯해서 널리 사용되었다. 이 CFC 분자가 대기 중으로 새어 나와 성층권으로 올라가면, 햇빛이 CFC 분자로부터 염소를 떼어낸다. 이 자유 염소가 바로 오존이 산소로 분해되도록 촉매한다(**그림 18.29**).

겨울에 기온이 내려가고 극지방에 발달한 공기의 순환 흐름으로 인해 CFCs가 농축되어 이 지역에 오존층 구멍이 형성된다. 남

파괴적인 충격 | 오존층 감소

회복 중

문제점
지구 표면에 도달하는 자외선이 증가하면, 동물에게 건강 문제가 생길 가능성이 증가하고 식물의 광합성률이 감소한다.

원인
염화불화수소(CFCs)라는 합성화합물이 대기 중으로 새어 나가 오존층을 파괴한다.

해결책
CFCs의 생성과 방출 감소

그림 18.29 오존층의 감소: 문제점과 그 원인.

남극의 오존 감소

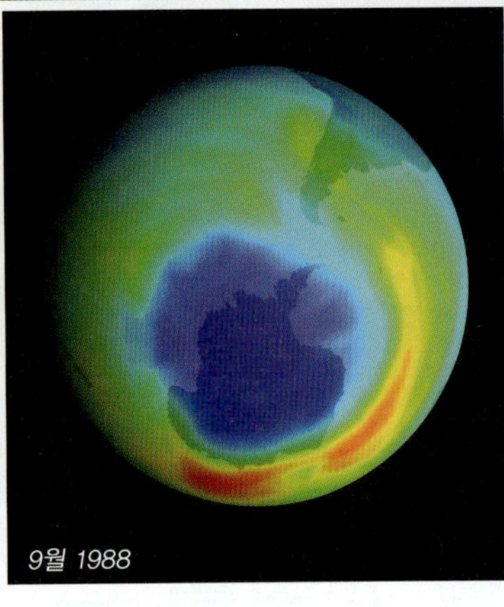

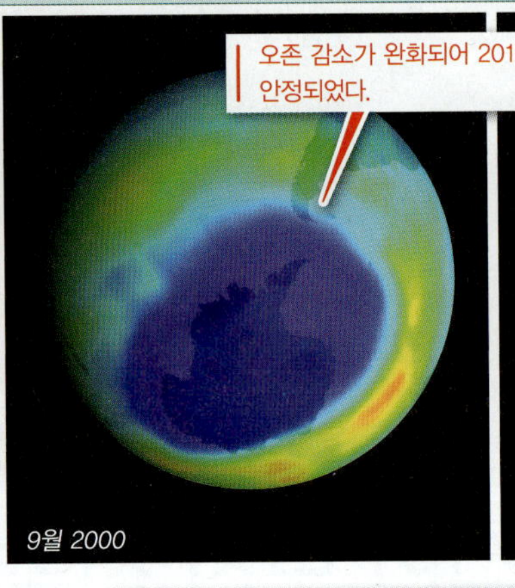

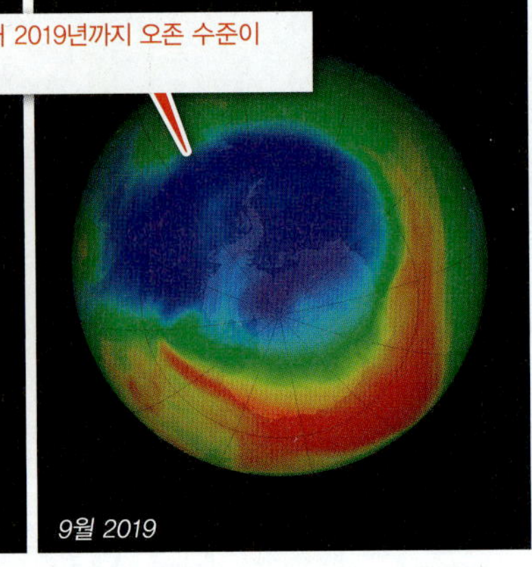

그림 18.30 지난 수십 년 간 남극 위에 있는 오존 구멍의 변화를 보여주는 위성 사진이다. 진한 파란색은 오존의 농도가 낮은 곳을 나타낸다.

극의 오존 구멍은 몇 달 동안 유지되며, 남극대륙 전체와 남미와 호주의 남쪽 끝에 다다르도록 뻗쳐 있다(**그림 18.30**). 북극의 구멍은 남극 것보다 작고 그리 오래 유지되지 않지만, 북유럽, 아시아 그리고 북미까지 뻗쳐 있다.

오존이 감소하면, 단파장의 자외선(UVB, 파장 270~315 nm)이 지표면에 도달한다. 1970년대에 과학자는 성층권에 있는 오존의 양이 10년마다 4%씩 감소한다는 것을 알았다. 성층권 오존량이 감소하면 지구의 어디서든 UVB의 강도가 증가하는데, 오존 구멍 아래의 강도는 더 높다. UVB 강도가 1% 높아지면 피부암에 걸릴 확률은 2~3% 증가한다. 또한, UVB에 노출되면 백내장에 걸리고 면역체계의 효율이 떨어진다. 인간과 마찬가지로 가축들도 동일한 종류의 손상을 입으며, 일부 연구에 따르면 야생동물도 같을 것이다.

UVB 강도가 높아지면, 건강에 해로운 것을 넘어서서 생태계에 미치는 영향은 더 심각하다. 자외선의 증가로 광합성률이 줄어들고 농업 생태계의 광합성도 줄어 작물 생산도 감소한다.

다행스럽게도, 오존 구멍의 형성에 대한 전 세계의 대응은 과학과 정책 입안의 효과적인 통합의 좋은 예이다. CFCs가 처음 개발되었을 때 무해한 것으로 생각하여, 냉각제, 연무제, 스티로폼을 만들 때 널리 사용되었다. 그러나 결국 대기 중에서 이들이 나타낸 효과를 인식함에 따라 비교적 신속하게 해결책을 찾게 되었다(**그림 18.31**). 1980년대 대부분 국가가 CFCs를 사용하지 않을 협약을 맺음에 따라 오존 감소 정도는 완화되었다. 또한 2010년에 대기 중 오존 수준은 안정되었으며, 2060년이 되면 완전히 회복될 것으로 생각하고 있다.

오존층 파괴가 전지구적 기후 변화의 근간이 되는 기작이 아니라는 것을 명확히 하는 것은 중요하다. 자외선은 태양 에너지의

REDUCING CFCs

그림 18.31 오존층 파괴 감소를 줄이기 위한 간단한 조치 취하기.

1%도 안 된다. 그리고 온실가스(18.10절)는 대기의 오존층을 감소시키지 않는다. 전지구적 기후 변화와 오존층 파괴는 환경 문제와 그다지 관계가 없으며, 단지 이 둘의 공동 원인인 인간의 활동으로 연결되어 있을 뿐이다. 그러나 오존층 파괴에 대한 대응은 인간이 만들어 낸 환경 문제를 해결하기 위하여 국가들이 어떻게 서로 협력할 수 있는지를 보여주는 좋은 예이다.

핵심요약 18.12

» 성층권에 있는 오존은 단파장인 자외선(UVB)이 지표면에 도달하지 못하게 하지만, 오존량은 수십 년 간 감소해 왔다. 염화불화탄소(CFCs)라는 합성 화학물질은 오존 파괴의 주범으로서, 생태계를 심각하게 손상하고 인간과 다른 동물의 건강을 해칠 가능성을 가진다. CFCs 생산과 사용이 줄어듦에 따라 대기의 오존 파괴가 줄고 오존층의 완전한 회복도 가능할 것으로 보인다.

18.13 우리는 보전해야 할 종의 우선순위를 매겨야 한다

연구가 잘 된 한 종의 예쁜 새와 아직 기재와 학명이 없는 1,000종의 세균 중 어느 쪽을 구조하는 것이 더 좋을까? 파나마의 상록수 *Luehea seemannii*에 사는 1,200종, 특히 이 나무에만 서식하는 200종이나 되는 딱정벌레와 단 한 종의 영장류 중 어느 쪽을 우선 보전하여야 할까? 현장마다 답은 다르겠지만 근본적인 논점은 여전히 남아 있다: 우리가 보전할 수 있는 것보다 멸종이 더 빨리 이루어지는 세상에서 보전할 종과 멸종이 되도록 내버려 두는 종을 어떻게 선택할까(**그림 18.32**)? 이것은 생물학자, 정책입안자, 궁극적으로 시민이 해결해야 하는 질문이다.

이상적인 세계에서, 보전의 목표는 모든 생물다양성을 보전하는 것이 될 것이다. 그다음은 대부분의 생물다양성을 보호하는 것이거나—즉, (유전자, 종 그리고 생태계 면에서) 가장 **다양성**이 뛰어난 것—또는 가장 **가치**가 있는 생물다양성을 보호하는 것이 될 것이다. 각 목표에 장단점이 많지만, 일단 목표가 정해지면 목표를 달성하기 위해 무엇을 먼저 할 것인가에 대한 윤곽을 그릴 계획이 필요하다. 빈번하게도, 이런 경우 여러 요인 때문에 생기는 생물다양성 위협의 정도를 고려한다. 예를 들어, 종이 상대적으로 안전한가? 안정되어 있는가? 손상을 받기 쉬운가? 멸종위기인가? 등으로 등급을 매길 수 있다. 이렇게 등급을 매기면 인간에게 미치는 생물다양성의 생물학적 가치를 측정하여 계획을 세울 수 있다.

이 장의 앞부분에서 배웠듯이, 생물다양성은 여러 면에서 가치가 있으며, 그 가치는 쉽게 계량화되거나 평가되지 않는다. 조만간, 목적을 정하고 우선순위 결정 과정에서 많은 어렵고도 주관적인 결정을 내려야만 한다. 미발견 세균 종은 인간의 치명적인 질병을 치료하는 물질대사의 비밀을 품고 있을지 모르며, 아름다운 새는 조류 관찰자에게 많은 사랑을 받거나 힘이나 자유의 강력한 아이콘으로 작용하여 여러 세대에 걸쳐 영감을 줄 수도 있다. 결정은 어렵지만, 직면하지 않는 것은 결정하는 것과 같다.

미국에서 많은 보전 정책은 특정 종이 모든 또는 매우 넓은 범위에서 멸종 위험에 있는 종을 **멸종위기종**(endangered species)으

무엇을 보호하여야 할까?

우리가 종을 보호할 수 있는 속도보다 더 빠르게 멸종에 내몰리는 세상에서, 보존할 종과 멸종이 거의 확실한 종으로 남겨두어야 할 종을 결정해야 한다.

그림 18.32 우선순위를 매기는 보전 효과. 여러 선택지 중에서 우리는 어떤 결정을 해야 하는가?

종 보존 대 서식처 보존

보전하고자 하는 노력은 개별 종(판다와 같은) 혹은 중요한 서식처(열대우림과 같은)를 보존하는 데 초점을 맞출 수 있다.

그림 18.33 무엇을 보존할 것인가? 제한된 자원과 커다란 수요로 인해 보전 선택이 어렵다.

로 정의를 내린 법인 **멸종위기종보호법(ESA**, Endangered Species Act)에 반응하여 만들어졌다. 이 법은 서식처를 보호하고 개체군을 새로 형성함으로써 이런 종들이 멸종되지 않게 보호하도록 한다.

그러나 이 법이 완벽하지 않다. ESA는 가끔 생물다양성의 다른 요소들의 희생을 치르면서, 또한 생태학적으로 중요한 서식처 손실을 줄이는 노력을 감수하면서 개별 종(그리고 개체군)의 보존에 대한 노력을 집중적으로 할 수 있게 하였다(**그림 18.33**). ESA와 관련하여 또 다른 어려움이 있다. 개체군의 크기가 어느 정도일 때—500 혹은 5,000개체—멸종위기종인가를 결정하는 것이다. 하나의 종 보존을 강조함으로써, ESA는 동일하게 급한 문제인 생태계 쇠퇴는 효과적으로 다루지 않는 것으로 보인다.

이런 어려움에도 불구하고, 종 중심의 보존은 1973년 법이 제정되고 난 이후 미국에서 성공적으로 이루어지고 있다. 2020년 현재, 멸종위기종이었던 대머리독수리, 송골매, 귀신고래, 회색곰을 비롯한 약 59종이 개체 수가 늘어남에 따라 목록에서 빠졌다.

> 눈을 뜨는 한 가지 방법은 당신 자신에게 물어보는 것이다. '전에 이것을 본 적이 없다면 어떡하지? 내가 다시는 그것을 볼 수 없다는 것을 알았다면 어떡하지?'"
>
> — Rachel Carson
> in *The Sense of Wonder* (1965)

핵심요약 18.13

» 보존이 효과적으로 이루어지려면 보존될 생물다양성(유전자, 종 또는 생태계)의 요소와 관련된 목표 설정과 이런 요소의 우선순위 요소가 결정되어야 한다. 멸종위기종보호법은 개별 종의 보존에 노력을 더 기울인다.

18.14 생물다양성 보존을 위한 여러 효과적인 전략이 있다

사람들에게 어떤 동물이 되고 싶은지를 묻는 설문에서 독수리가 가장 많았고, 그다음이 호랑이, 사자 그리고 돌고래 순이었다. 여성들은 고양이, 나비, 백조 그리고 제비 순으로 나타났다. 실없는 질문이지만, 남자와 여자의 선택이 다른 것을 보면 어떤 종과 서식처를 가치있다고 생각하는지 알 수 있다.

앞에서 보았듯이, 대부분 보전생물학적 접근은 일반적으로 개별 종을 보존하는 데 중점을 두었다. 그러나 최근 들어 군집과 생태계 보전에 중점을 두면서 중요한 서식처를 보존하는 방향으로 바뀌고 있다. 물론 서식처를 보존하려는 이와 같은 시도는 개별 종의 보존으로 연결된다. 그러나 서식처 안에 사는 아직 미동정된 종들, 특히 미생물과 균류를 포함하여 다른 많은 종을 동시에 보전할 수 있는 추가적인 이점도 있다.

중요한 서식처 보존을 위한 노력 중 하나가 지구 상에서 가장 생물학적으로 뚜렷한 서식처를 식별하는 세계야생동물기금의 Global 200이다. 지구 상의 서식처를 육상, 담수, 해양 등으로 구별하는 것이 단지 종을 보존하는 것이 아니라 서식처와 생태학적 과정(예, 대규모 이주와 포식자와 피식자 사이의 상호작용)을 보존하는 쪽으로 중점을 두는 **경관보존**이라는 혁신적인 전략의 일부이다. 보존자원이 적고 시간이 제한되어 있던 시절에는 이러한 접근 방식이 생물학적으로 가장 독특한 서식처를 우선 보존하는 것이다.

서식처 보존이 새로운 것은 아니다. 이런 보존이 제일 처음 시작되었던 것은 1872년의 옐로우스톤 공원과 1890년의 요세미티 공원을 지정한 것으로, 이 2개의 대규모 노력은 단지 한두 종을 보존하기 위한 것이 아니라 "야생" 자체를 보존하는 것이었다. 그 때부터 국립공원, 야생 그리고 레크리에이션 지역을 지정하기 시작하였다(**그림 18.34**).

오늘날, 보전생물학자들은 개체군 역학과 생물지리학적 지식을 자연 보존 설계에 융합시킨다. 현대의 보전 설계는 다양한 서식처와 보존의 효율성을 극대화한다(**그림 18.35**). 설계는 다음과 같다.

- 작은 것보다 큰 보전지역 (여러 개의 작은 보전지역보다 나누어져 있지 않은 하나의 보전지역을 선호함)
- 선형보다 고리 모양의 보전지가 보전지의 가장자리에서 나타날 부정적인 영향을 줄인다.
- 커다란 자연 보전지역을 연결하는 통로 — 띠 모양의 좁은 땅 — 는 유전자 흐름을 가능하게 하고, 보전지역에 서식하는 개체군 사이에 근친교배가 일어나는 것을 감소시킨다.
- (보전이 필요한 서식처가 포함된) 핵심지역을 둘러싼 (인간의 활동이 제약받는) 완충지대

요세미티는 미국에서 야생을 최초로 보전한 곳이다.

그림 18.34 **요세미티 국립공원의 자연미.**

서식처의 보전에 중점을 두는 보전 계획이 증가하면서 종 보존에 관한 노력이 계속 효과를 보고 있다. 종을 보전하기 위한 몇 가지 전략이 단 하나의 종을 넘어서 대량의 생물다양성을 보존하는 데 특히 성공적이다.

1. **깃대종**(Flagship species). 일부 종은 특히 카리스마가 넘치고, 독특하며, 취약하거나 매력적이기 때문에 상당한 대중의 지지를 받을 수 있다. 중국의 판다, 브라질 해안 숲의 황금사자 타마린, 중앙아프리카의 마운틴고릴라, 동남아시아의 오랑우탄, 가죽등거북이, 인도호랑이, 아프리카코끼리 등을 예로 들 수 있다. 서식처에 필요한 것을 공급하면서 이들을 보호하면 다른 많은 종도 덩달아 보존될 수 있다.

2. **핵심종**(Keystone species). 17장에서 보았듯이, 핵심종은 군집의 생물다양성에 불균형적인 효과를 가진다. 이 종을 제거하

효과적인 자연 보전지역 설계

현대의 자연 보전지역은 보전지역의 효과를 최대화할 수 있도록 다음을 포함한다. 더 큰 보전지역; 고리 모양의 보전지역; 그리고:

통로

커다란 자연보전지역을 연결하는 좁은 띠 모양의 좁은 땅을 만들어서 유전자 흐름이 가능하게 하며, 다른 커다란 자연 보전지역에 서식하는 개체군 사이에 근친교배가 일어나지 않게 한다.

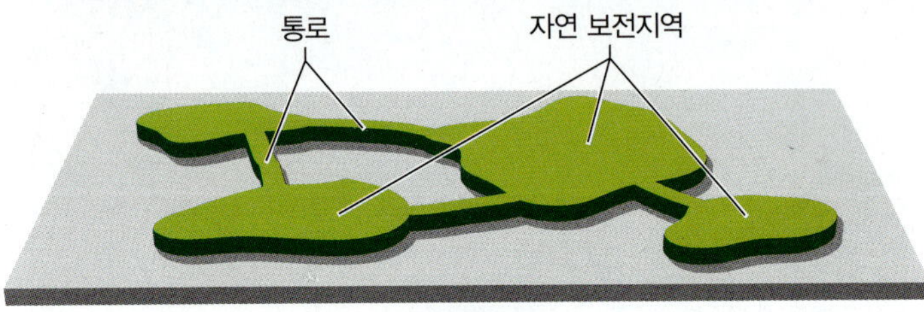

완충지대

보존되어야 할 서식처를 포함한 핵심지역을 가진 보전지역은 인간이 제한된 자원만 이용할 수 있는 지역인 완충지대로 둘러싸여 있는 지역이다.

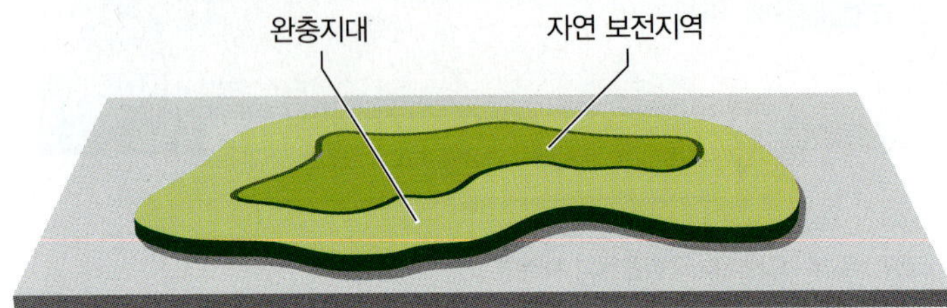

그림 18.35 **생물다양성을 극대화하는 특징에 중점을 두어 설계된 자연 보전지역.**

면 생태계의 종 조성에 대변화가 일어나며 생물다양성에 거대한 손실이 생긴다. 예를 들면, 대형 갈조류, 캘리포니아홍합, 회색곰, 비버, 성게 등이다.

3. **지표종**(Indicator species). 지표종이란 이들이 특정 생태계에 존재하면 다른 많은 종이 존재하고 잘 생존하고 있음을 알려주는 종이다. 예를 들어, 지의류는 산업 매연인 이산화황에 민감하므로, 지의류의 서식 여부가 공기의 질을 나타내는 지표가 된다. 지의류가 나무에서 사라지면, 이는 대개 오염이 심해졌고 전 생태계가 위험하다는 뜻이다. 역으로 지의류가 있고 건강할 때, 즉 이들의 번성은 생태계가 건강하다는 의미이다.

4. **우산종**(Umbrella species). 이 종을 보존하면 같은 서식처 내에 서식하고 있는 수많은 다른 종을 덩달아 보호하게 될 만큼 광범위한 서식처와 자원을 필요로 하는 종이다. 우산종은 오래된 숲에서 광범위하게 서식하는 점박이올빼미처럼 크고 광범위하게 서식하는 척추동물일 경우가 많은데, 이들이 보호되면 중요한 연체동물과 도롱뇽도 보호된다. 러시아 극동 지역에 서식하는 아무르호랑이를 보호하면 사슴과 멧돼지도 혜택을 받는다.

포획번식 프로그램이나 서식처 복원을 통해서 멸종될 위기로부터 생물다양성을 회복하는 데에 일부 성공하였다. 동물원과 식물원에서 이런 노력을 선도해 왔다. 예를 들어, 1980년대까지 캘리포니아의 콘도르 개체군의 크기가 밀렵, 납중독, 서식처 손실 때문에 22개체로 줄었을 때 모든 개체를 붙잡아서 포획번식 프로그램을 시작한 동물원으로 보냈다. 이 프로그램의 성공으로 2016년까지 개체군은 446개체가 되었고 276개체가 자연으로 다시 보내졌으며 나머지는 동물원에 남아 있었다. 하지만, 이런 포획번식이 완전한 해결책은 아니다. 종이 자연 상태에서 번성하기 위해서는 종의 서식처가 파괴되거나 바뀌지 않는 것이 필수적이다.

생태학의 원리를 이용하여 파괴된 서식처를 자연 상태로 되돌리는 복원생태학이 요즈음 보전생물학자들에게 중요한 도구이다. 준설과 개발로 파괴된 습지가 이러한 프로그램의 덕택을 보았다. 원산지 식물 종을 재도입하고 수계의 형태를 복원하는 것이 서식처를 복원하는 도구가 될 수 있다.

종합하면, 보전생물학자가 사용하는 전략(인구 증가 관점에서)은 크게 성공한 한 종, 즉 인간이 많은 종에 대한 악영향을 줄이는 중요한 발걸음을 나타낸다. 지속적인 보전 노력은 지속 가능한 미래를 위한 최고의 희망이다.

핵심요약 18.14

» 보전생물학은 군집과 생태계를 보전하는 데 초점을 맞추면서, 개별 종을 보존하는 것에서 중요한 서식처를 보존하는 방향으로 바뀌고 있다.

기후 변화: 문제를 흐리는 오해 해소

기후 변화에 대한 오개념은 기후 변화의 규모와 복잡성 때문에 생긴다. 더구나, 이 문제를 해결하려면 다양한 이해관계와 우선순위를 가진 많은 국가, 기업, 개인 사이의 협력이 필요하다. 그렇지만, 과학은 필요한 행동 과정처럼 간단하다.

오개념: 기후 변화는 자연적으로 일어난다. 전에도 기후 변화는 있었고 또 변할 것이다. 얼음 코아, 나이테, 호수 퇴적물의 분석이 기후 변화의 장기적인 역사적 유형을 이해하는 데 도움이 되었다. 이것들은 우리가 지금 관찰하고 있는 수십 년이 아니라 수천 년 또는 수백만 년에 걸쳐, 일어난 변화를 보여준다. 또한, 과거의 기후 변화는 지난 100년 동안 나타난 것처럼 대기 중에서 이산화탄소가 많이 증가하지 않았다. 최근의 이산화탄소 수준은 인간의 활동—80%는 화석연료 연소, 20%는 삼림 벌채—에 기인하며, 자연의 이산화탄소 배출원에는 변화가 없다.

오개념: 지난 겨울에는 예년에 비해 눈이 많이 왔으므로 "지구온난화"가 아니다. 일화적인 관찰은 설득력도 있지만, 오해 소지도 있다. 기상 현상은 지역적 요인에 의해 영향을 받는 단기 현상이다. 반면에, 기후는 날씨의 장기 평균이다. 한파 또는 비정상적으로 폭설이나 폭풍이 발생하지만, 기준 측정값은 평균 기온이다. 1950년대 이후 지속해서 증가했다—과학자가 기후 온난화 대신에 전지구적 기후 변화라고 점점 더 많이 언급하는 이유 중 하나이다.

오개념: 지구 기후 변화의 원인은 오존 구멍이며 이제는 복구되었다. 대부분의 원인이 인간인 대기 중의 오존층 파괴로 지구에 도달하는 자외선의 양이 증가하였다. 자외선은 유기체에 유해한 돌연변이를 일으키지만, 온도에는 거의 영향을 미치지 않는다.

오개념: 겨울이 따뜻하면 식물은 더 빨리 자란다. 지구 기후 변화는 그리 나쁘지 않다. 그렇다. 지구 기후 변화는 위치에 따라 그 영향이 다르며, 일부 지역에서는 긍정적인 영향을 미친다. 그러나 전 세계적으로 부정적인 결과가 긍정적인 변화를 상당히 압도한다. 예를 들어, 산호초가 죽으면 해양의 전 먹이 그물에 손상을 입힌다. 또한, 해수면이 상승하여 가뭄이 길어지고, 폭풍, 토네이도와 기타 극단적인 기상 현상을 일으킬 수 있는 바람의 유형이 바뀌었다.

오개념: 그래서, 기후 변화가 생기고 있지만, 우리가 할 수 있는 것은 없다. 화석연료를 덜 연소함으로써 온실가스 배출을 줄일 수 있다. 신재생 에너지원을 개발할 수도 있다. 그러나 이산화탄소 배출은 전 지구의 대기로 골고루 확산하기 때문에 모든 국가가 함께 대처하여야 한다. 교토의정서는 기후 변화에 대처하기 위해 만들어진 국제 협약이다. (미국을 포함해) 온실가스를 많이 배출하는 국가가 전폭적인 약속을 이행하지 않으면 국제협력 확보의 어려움은 더 부가된다.

오개념: 태양이 문제이다. 점점 뜨거워지거나, 지구에 더 가까워진다. 태양광 출력—NASA와 기타 독립 기관이 수십 년 동안 정밀하게 조사한 결과—은 증가하지 않았다. 동료 평가를 받아 출판된 태양 에너지에 관한 연구 요약을 보면 태양광 출력의 변동은 기후에서 무시할 정도이며, 지난 100년 동안 기후 변화의 규모(화씨 1°C) 또는 방향(지속해서 상향)을 관찰할 수 없다고 결론을 내렸다.

오개념: 모든 사람이 동의하지 않는다; 전문가 사이에 합의가 되지 않는다. 기후를 모델링하고 변화를 예측하는 최선의 방법에 대해 과학자 사이에서 논쟁이 있다. 그리고 1970년대에는 지구 냉각에 대한 일부 예측도 있었다. 그러나 오늘날 기후 과학자 사이에서는 현재 기후 변화가 일어나고 있으며 이는 인간 활동의 결과라는 거의 보편적인 동의가 있다. 최근 1,372명의 기후 연구자의 출판물을 분석한 결과, 연구자의 97% 이상이 지구 기후 변화의 존재와 원인에 대해 동의했다.

일부 사람들이 기후 전문가의 연구 결과와 권장 사항에 여전히 반대하는 비과학적인 이유가 있는가?

연습 데이터의 시각적 표현을 비판적으로 살펴보기

도표로 배우기

1. 이 그래프의 축은 무엇을 나타내는가? 관찰되는 변수는 무엇인가?
2. 독립변수는? 종속변수는? 이 그래프는 독립 및 종속변수의 배치에 대한 일반적인 규범을 준수하는가? 그 이유는?
3. 어떤 위도에서 가장 많은 종이 서식하는가?
4. 포유류 종과 해양 요각류 종(둘 중 하나만이 아니라) 모두에 대한 데이터를 왜 보여주는가? 모든 종의 데이터가 표시되지 않는 이유는 무엇인가?
5. 북의 20°에 포유류와 요각류 중 누가 더 많은가? 이 문제에 오답을 말한다면 그래프의 어느 부분을 잘못 해석한 것인가?
6. 막대그래프에 데이터의 일부 측정값을 나타내는 오차 막대가 있는 경우가 종종 있다. 이 그래프의 데이터 막대에 이러한 오차 막대가 없는 이유는 무엇인가?

답은 부록에 있음.

생물다양성이 가장 높은 곳은 어디인가?

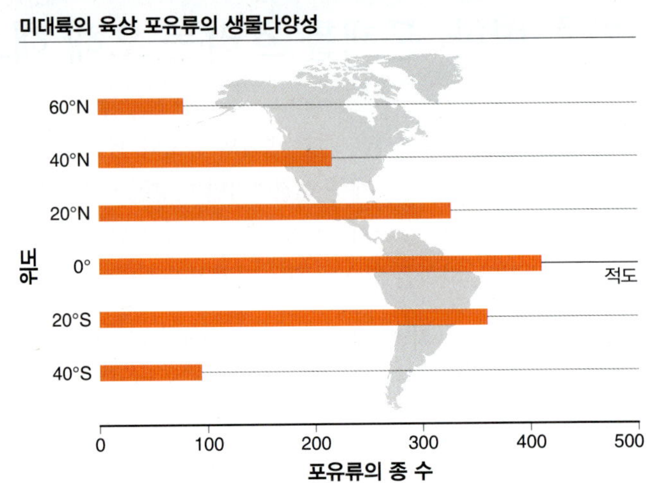

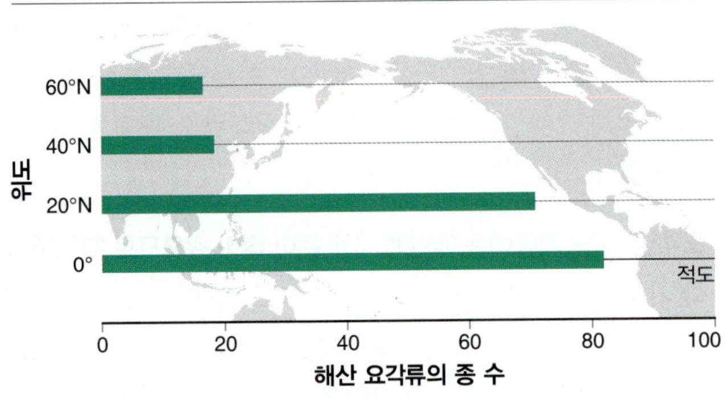

주요 용어: 보존과 생물다양성

경관보전 landscape conservation, 567쪽
고유종 endemic species, 547쪽
멸종위기종 endangered species, 566쪽
멸종위기종 보호법 Endangered Species Act (ESA), 566쪽
보전생물학 conservation biology, 544쪽
생물다양성 biodiversity, 542쪽
생물다양성 중요지점 biodiversity hotspots, 546쪽
생태계 서비스 ecosystem service, 542쪽
유입종 introduced species, 554쪽
종 풍부도 species richness, 545쪽
침입종 invasive species, 554쪽

요약

생물다양성은 여러 면에서 가치가 있다.

- 생물다양성—지구 상의 다양한 유전자, 종과 생태계—은 내재적 가치뿐만 아니라 외재적 가치 또는 인간에게 주는 가치를 가지고 있다. 생물다양성이 인간에게 주는 가치는 공급, 조절, 서식처, 문화 서비스의 4가지 범주로 나누어 설명된다.
- 과학적 조사를 시작할 때, 주의 깊게 고안된 관찰을 통해서 중요한 연구 주제를 판별할 수 있다. 현상이 존재한다는 정확한 증거에 대한 응답으로 가설을 세우는 것은 의미가 있다. 이런 가설은 이후 이어지는 관찰을 가이드할 수 있다.
- 생물다양성을 평가하기란 매우 어렵다. 왜냐하면, 생태계로부터 종, 유전자 그리고

대립유전자 수준에 이르기까지 고려할 수준이 다양하기 때문이다.

- 식물과 동물의 거의 모든 무리에서 생물다양성은 적도에서 가장 높고 양극 지방으로 갈수록 감소한다. 한 지역의 종 풍부도에 영향을 미치는 요인은 이용 가능한 태양에너지의 양, 그 지역의 진화적 역사, 그리고 환경 교란율이다. 생물다양성 중요지점이란 파괴될 위험에 처해 있는 생물다양성이 큰 지역을 말한다.

멸종으로 생물다양성이 줄어든다.

- 멸종은 근본적으로 여러 가지 다른 이유로 일어난다. 한 지역의 종을 대부분 또는 모두 파괴하는 대멸종은 한 종의 생물학적 특징 때문이라기보다 불운의 결과에 의한 것이다. 바탕멸종은 종 생물학의 하나 또는 여러 특징의 결과인 경우가 많다. 작은 개체군, 제한된 서식처, 좁은 서식처 내성 등이 바탕멸종의 원인이다.
- 대부분의 생물학자는 우리가 현재 인간 활동의 결과인 대멸종의 한가운데 살고 있다고 여긴다. 이 대멸종은 우리의 생존에 심각한 위협이 될 것이다.

인간 활동은 환경을 훼손한다.

- 생태계 교란 효과는 어떤 종의 완전한 멸종을 포함하지 않는다면, 복구가 가능하다. 멸종을 수반한 생태계 교란 효과는 복구 불가능하다.
- 유입종이란 의도적 또는 우연히 새로운 서식처에 유입된 종을 말한다. 새로운 서식처에서 손해를 입힌다면 침입종이라고 한다. 침입종은 우점하여 군집과 전 생태계를 비가역적으로 변화시킨다.
- 화석연료를 사용하면 이산화황과 이산화질소가 방출되며, 이들이 수증기와 결합하면 황산과 질산을 형성한다. 이런 산을 함유한 비, 안개, 진눈깨비, 눈은 깨끗한 비보다 10배 더 산성이다. 산성 강수는 식물과 수생동물을 죽인다.
- 사람들이 화석연료를 태우고 나무를 베면 온실가스(주로 이산화탄소와 메탄)의 농도가 증가하여 전 세계의 온도가 올라간다. 식물과 동물 군집의 생태학적 변화는 이미 관찰되고 있으며, 전 세계적으로 온실가스 배출을 줄이지 않으면 점점 심각하게 될 것이다.
- 열대우림에는 지구 상의 어떤 육상 서식처보다도 많은 종의 식물과 동물이 서식하고 있으며, 생물다양성 중요지점의 반이 열대우림에 위치한다. 열대우림은 어떤 육상 서식처보다도 더 많이 이산화탄소를 제거하며, 그 결과 열대우림은 전 지구적 기후 변화를 막는 데 막대한 역할을 하는 곳이다. 열대우림은 경고가 필요할 정도의 빠른 속도로 파괴되고 있다.

우리는 효과적인 보전 전략을 개발할 수 있다.

- 성층권에 있는 오존은 단파장인 자외선(UVB)이 지표면에 도달하지 못하도록 하지만 오존량은 수십 년 간 감소해 왔다. 염화불화탄소(CFCs)라는 합성 화학물질은 오존 파괴의 주범이며, 생태계를 심각하게 손상하고 인간과 다른 동물의 건강을 해칠 가능성을 가진다. CFCs 생산과 사용이 줄면서 대기의 오존 파괴가 줄고 오존층의 완전한 회복도 가능할 것으로 보인다.
- 보존이 효과적으로 이루어지려면 보존될 생물다양성(유전자, 종 또는 생태계)의 요소와 관련된 목표 설정과 이런 요소의 우선순위 요소가 결정되어야 한다. 멸종위기종보호법은 개별 종의 보존에 노력을 더 기울인다.
- 보전생물학은 군집과 생태계를 보전하는 데 초점을 맞추면서 개별 종을 보존하는 것에서 중요한 서식처를 보존하는 방향으로 바뀌고 있다.

복습하기

짧게 답하기

1. 멕시코만에서 대규모 기름 유출이 있은 다음, 과학자는 물의 산소 포화도가 떨어지고 누출된 메탄이 사라지는 것을 관찰했다. 이러한 관찰로부터 이들이 내린 결론은 무엇인가?
2. 생물다양성의 정의는 무엇인가?
3. 생물다양성을 공부하는 데 무엇이 특히 어려운 점인가?
4. 한 지역의 종 풍부도에 영향을 미치는 세 가지 요인을 설명하시오.
5. 호랑이 종을 멸종 위기에 빠트리는 호랑이의 특징을 설명하시오.
6. 현재 많은 종이 없어지거나 거의 없어지게 되는 주요 이유는 무엇인가?
7. 종 소실과 관련된 생태계 교란을 그토록 파괴적인 것으로 생각하는 이유는 무엇인가?
8. 화석연료를 태울 때 어떤 가스가 생성되는가?
9. 이산화탄소와 메탄을 온실가스라고 부르는 이유는 무엇인가?
10. 점박이올빼미와 같은 우산종을 보호하는 것의 중요성을 설명하시오.

정답 고르기

1. 생물다양성이 중요한 이유를 옳게 설명한 것은?
   a) 의약품과 식량처럼 인간에게 직접적인 경제적 혜택을 주기 때문이다.
   b) 자연 세계의 요소가 제공할 수 있는 상징적 가치이기 때문이다.
   c) 미학적 가치를 지니고 있기 때문이다.
   d) 인간이 다양성이 생기는 과정을 이해할 수 있게 할 잠재력을 가지고 있기 때문이다.
   e) 위의 내용 모두 옳다.

2. 생물다양성 중요지점을 정의하는 두 가지 기준은?
   a) 종 풍부도와 완전한 생태계
   b) 가장 가까운 대체 중요지점으로부터의 크기와 거리
   c) 종의 고유성과 위협의 정도
   d) 종 풍부도와 크기
   e) 생태학적 다양성과 종의 다양성

3. 마다가스카르 보존이 일반적으로 중요한 이유는?
   a) 지구 상의 어느 지역보다 단위 면적당 많은 종을 가지고 있기 때문이다.
   b) 세계에서 4번째로 큰 섬이기 때문이다.
   c) 다른 나라보다 더많은 멸종위기종의 보금자리이기 때문이다.
   d) 지구 상의 비슷한 크기의 나라보다 고유 동식물종의 비율이 높기 때문이다.
   e) 어린이의 림프구 백혈병 치료제로 사용되는 열대우림 식물인 rosy periwinkle의 원산지이기 때문이다.

4. 다음 중 멸종의 위험을 증가시키는 전형적인 요인은 무엇인가?
   a) 넓은 범위에 걸쳐 분포함
   b) 비정상적으로 큰 개체군 크기에서 발생함
   c) 서식처 내성이 좁음
   d) 해양 서식처로 제한됨
   e) 작은 몸 크기

5. 다음 중 멸종의 주원인은?
   a) 공해
   b) 서식처 손실
   c) 질병
   d) 외래종
   e) 남획

6. 대멸종은 바탕멸종과 무엇 때문에 다른가? 대멸종은
   a) 인간의 활동이 원인이기 때문이다.
   b) 극단적이고 갑작스런 변화가 원인이기 때문이다.
   c) 종 생물학의 결과일 경향이 있기 때문이다.
   d) 육상이나 해양 종보다 날 수 있는 종에 일어날 경향이 있기 때문이다.
   e) 빠르게 진화하고 있는 침입종인 미생물에 의한 것이기 때문이다.

7. 외래종이 생태계를 파괴하는 이유는?
   a) 새로운 서식처에는 포식자가 없어 무한정 성장할 수 있기 때문이다.
   b) 생태관광객들이 좋아하기 때문이다.
   c) 자연적인 먹이가 없어서 인간이 주는 먹이로 생존하여야 하기 때문이다.
   d) 고유종보다 분산 능력이 뛰어나기 때문이다.
   e) 위의 내용 모두 옳다.

8. 탄소순환이 있지만, 현재 전 세계의 이산화탄소의 농도는 점점 증가하고 있다. 그 이유는?
   a) 동물은 정상적인 대사를 하면서 이산화탄소를 내뿜기 때문이다.
   b) 대기의 온도가 올라감에 따라 이산화탄소를 더 많이 함유하기 때문이다.
   c) 산호초가 파괴되어 이산화탄소를 더 많이 방출하기 때문이다.
   d) 해수의 온도가 올라가면서 더 많은 이산화탄소를 내뿜기 때문이다.
   e) 화석연료를 태움으로써 대기 중으로 더 많은 이산화탄소를 방출하기 때문이다.

9. 다른 종이나 그들이 서식하는 생태계 보존을 위한 중요한 대중의 지지를 불러일으키는 종은?
   a) 지표종
   b) 핵심종
   c) 깃대종
   d) 계통발생종
   e) 멸종위기종

10. 보존생물학에서 "통로"란 용어가 의미하는 것은?
   a) 둘 또는 그 이상의 고립된 서식처 사이를 왔다갔다하는 데 사용되는 서식처의 일부분
   b) 서식처의 정해진 부분의 가장자리
   c) 어떤 서식처에 있는 핵심종이 서식하는 데 필요한 최소 영역
   d) 보존생물학자가 서식처의 생물다양성에 미치는 부정적인 효과를 최소화하기 위해 이용하는 길
   e) 한 종의 조상에서 유래한 지리적 범위

19

식물의 구조와 영양분 수송

식물은 제대로 된 기능을 어떻게 수행하며, 우리는 왜 식물이 필요한가?

식물은 여러 방식으로 진화에 성공한 다양한 생물체의 집단이다

19.1 더 오래되고, 더 키가 크고, 더 몸집이 크다: 식물은 아주 다양하다

19.2 외떡잎식물과 쌍떡잎식물은 현화식물의 두 주요 그룹이다

19.3 식물의 몸체는 3가지 유형의 기본적인 조직으로 구성된다

대부분 식물은 공통적인 구조적 특징을 가진다

19.4 뿌리는 식물을 고정하고 물과 무기질을 흡수한다

19.5 줄기는 식물의 등뼈에 해당한다

19.6 잎은 식물에 영양분을 제공한다

19.7 몇몇 구조는 식물이 물 손실을 줄이는 데 도움을 준다

식물은 햇빛을 이용하고 환경으로부터 유용한 화학원소를 얻는다

19.8 식물의 성장을 위해서는 4가지 요소가 필요하다

19.9 영양소는 흙과 생명체를 순환한다

19.10 식물은 세균의 도움으로 필수적인 질소를 얻는다

19.11 이것이 우리의 방법: 식충 식물은 먹이를 섭취하면서 광합성한다

식물은 관다발조직을 통해서 물, 당, 무기질을 수송한다

19.12 식물은 뿌리를 통해서 물과 무기질을 흡수한다

19.13 물과 무기질은 물관부를 통해서 분배된다

19.14 당과 기타 영양소는 체관부를 통해서 분배된다

▲ 북미 동부의 자작나무(*Betula papyrifera*) 임분.

식물은 여러 방식으로 진화에 성공한 다양한 생물체의 집단이다

▲ 수확되기 직전의 당근

19.1 더 오래되고, 더 키가 크고, 더 몸집이 크다: 식물은 아주 다양하다

Q 식물과 동물: 어느 것이 더 오래 살고 더 크게 자라는가?

식물은 동물보다 우월하다. 실제로 이 말은 터무니없는 말이다. 그러나 생명 활동은 경연대회가 아니기 때문에, 진화의 관점에서 멸종되지 않은 어떤 종(species)은 성공적인 종으로 여겨질 수 있다. 식물은 많은 방법을 통해서 놀랄 만큼 다양한 구조와 특성을 진화 과정 동안 개발했다.

식물과 동물에 대한 몇 가지 중요한 통계를 고려해보자(그림 19.1).

1. **장수.** 가장 오래 사는 식물은 가장 오래 사는 동물보다 20배 더 오래 산다. 미국 서부에서 발견되는 강털소나무는 4,800년 이상 살 수 있다. 동물 중에서 대양백합조개(ocean quahog; 연체동물같은 조개)는 약 200년을 살 수 있고, 코끼리거북은 거의 200년을 살 수 있다.
2. **키.** 가장 큰 식물은 가장 큰 동물보다 20배 더 크다. 북미 서부 해안에서 발견되는 세콰이어(coast redwood)는 115 m 이상 자란다. 가장 큰 기린의 키는 고작 6 m다.
3. **무게.** 가장 무거운 식물의 무게는 가장 무거운 동물 무게의 거의 20배다. 가장 큰 세콰이어의 무게는 3,300톤(거의 300만 kg) 이상일 것으로 예상된다. 지구에 서식하는 가장 큰 동물로 여겨지는 흰긴수염고래의 가장 큰 개체는 무게가 대략 190톤 (154,000 kg)이다.
4. **에너지 획득.** 식물은 태양으로부터 에너지를 포집해서 유용한 화합물 형태로 전환함으로써 스스로 먹이를 만들 수 있지만, 동물은 그렇게 할 수 없다. 결국, 동물은 식물과 같은 에너지 생산자에 의존할 수밖에 없다. 그래서 지구 상에는 식물성 물질의 전체 양이 모든 동물의 전체 생물량보다 10배 이상 많다.

식물은 성장, 경쟁, 방어, 재생산을 위한 다양한 전략을 지니고 있는데, 이 모든 것들은 동물이 개발한 전략과는 완전히 다르다. 식물과 동물이 이용하는 전략의 차이는 생명 활동의 근본적인 진리를 보여준다: 진화적인 성공에 이르는 길은 다양하다.

핵심요약 19.1

» 식물은 성장, 경쟁, 방어, 재생산을 위해 상이한 전략을 가진 매우 다양하고 성공적인 생명체 그룹이다.

기이한 식물의 속성

장수
가장 오래 사는 식물은 가장 오래 사는 동물보다 20배 더 오래 산다. 강털소나무은 4,800년 이상을 사는 것으로 기록되어 있다.

키
가장 큰 식물은 가장 큰 동물보다 20배 더 크다. 세콰이어는 115 m 이상 자란다.

무게
가장 무거운 식물의 무게는 가장 무거운 동물 무게의 거의 20배다. 가장 큰 세콰이어의 무게는 3,300톤 이상일 것으로 예상된다.

에너지
식물은 태양으로부터 에너지를 포집해서 유용한 화합물 형태로 전환함으로써 자신의 먹이를 만들 수 있지만, 동물은 그렇게 할 수 없다.

그림 19.1 많은 주요 속성에서 식물은 동물을 능가한다.

19.2 외떡잎식물과 쌍떡잎식물은 현화식물의 두 주요 그룹이다

몇몇 두드러지는 구조적 특징에 따라 현화식물은 2개의 주요 그룹으로 분류된다. 각 그룹은 식물의 첫 초기 잎이 되는 **떡잎**이라 불리는 씨 안의 배아 구조에 따라 명명되었다. 하나의 떡잎을 만드는 식물은 **외떡잎식물**, 2개의 떡잎을 만드는 식물은 쌍떡잎식물(dicot)이라고 부른다.

> "자연에서 가장 아름다운 것인 꽃은 여전히 흙과 거름에 뿌리를 두고 있다"
>
> — D.H. LAWRENCE, *Pansies*,1929

외떡잎식물과 다르게, 쌍떡잎식물은 단일 계통 그룹이 아니라 서로 다른 많은 계통으로 구성된다. 다만 쌍떡잎식물의 커다란 하위 그룹인 **진정쌍떡잎식물**은 단일 계통 그룹이다. 외떡잎식물(약 70,000종)은 5가지 공통적인 구조적 특징에서 진정쌍떡잎식물(약 200,000종)과 다르다(그림 19.2).

1. **씨.** 외떡잎식물의 씨 안에 있는 배아는 단 하나의 떡잎을 갖지만, 진정쌍떡잎식물 씨 안에 있는 배아는 2개의 떡잎을 가진다.

2. **잎.** 외떡잎식물의 잎맥은 평행하지만, 진정쌍떡잎식물은 분지된 잎맥을 가진다.

3. **줄기.** 외떡잎식물의 줄기 안에 있는 **관다발조직**—영양분 수송을 담당하는 조직—은 무작위적으로 분산된 많은 다발로 배열되어 있다. 아스라파거스를 자르면 무작위적으로 흩어져있는 관다발을 볼 수 있다(그림 19.3). 해바라기와 같은 진정쌍떡잎식물에서는 관다발조직이 순서대로 배열되어 있다.

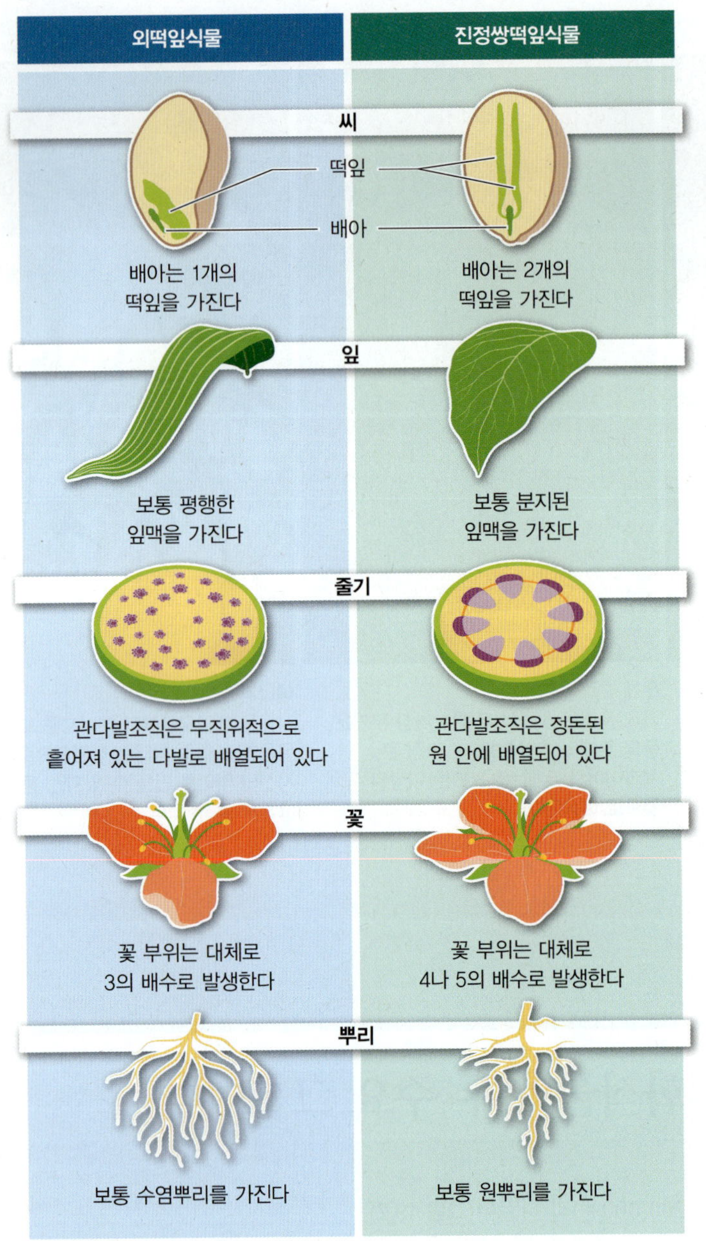

그림 19.2 꽃식물의 주요 두 그룹은 여러 구조적 특징에서 차이를 보인다.

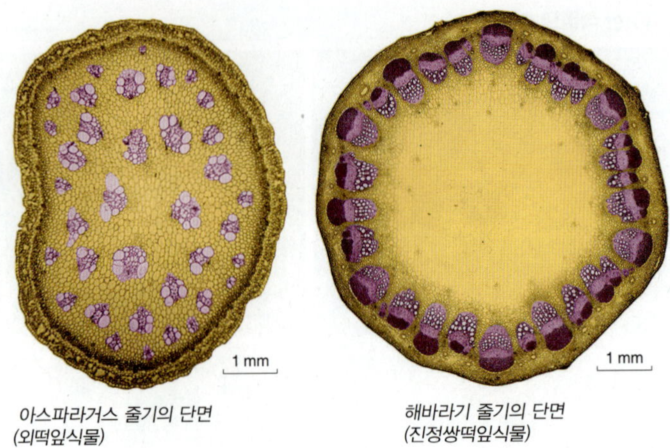

그림 19.3 외떡잎식물과 진정쌍떡잎식물 줄기의 관다발조직. 아스파라거스를 자르면 줄기에서 관다발조직(보라색)이 다발로 배열되어 흩어져 있는 것을 볼 수 있다. 반대로 해바라기 줄기의 단면에서는 바깥쪽 가장자리 바로 안에서 잘 정돈된 관다발이 보인다.

4. **꽃**. 외떡잎식물의 꽃 부위(꽃잎 같은)는 보통 3의 배수로 발생하지만, 진정쌍떡잎식물에서는 4나 5의 배수로 발생한다.

5. **뿌리**. 외떡잎식물은 보통 줄기에서 분지된 많은 수염뿌리를 가진다. 진정쌍떡잎식물은 대체로 하나의 1차 뿌리와 그로부터 분지된 작은 뿌리들로 구성된 원뿌리를 갖는다.

외떡잎식물로는 야자수, 난초, 백합 등과 식품에 사용되는 곡물이 포함된 풀과 식물이 있다. 진정쌍떡잎식물에는 장미, 데이지, 커피, 감자, 사과, 딸기 등과 단풍나무와 오크나무를 포함하는 대부분의 큰 나무가 포함된다.

핵심요약 19.2

» 현화식물은 씨, 잎, 줄기, 꽃, 뿌리의 구조적 특징에 따라서, 2개의 주요 그룹인 외떡잎식물과 쌍떡잎식물로 나뉜다.

19.3 식물의 몸체는 3가지 유형의 기본적인 조직으로 구성된다

장미덤불, 선인장이나 삼나무는 식별이 가능한 식물이다. 이들은 땅에 뿌리를 내리고 있고 초록색 부위를 가지고 있다. 그러나 이런 기본적인 특성을 넘어서면 이들은 많은 면에서 서로 비슷해 보이지는 않는다. 그러나 이들의 내부 구조를 보면 상당한 유사점을 볼 수 있다. 이 유사점은 모든 관다발식물에서 공통으로 볼 수 있다(**그림 19.4**). 모든 식물 종의 대부분이 물과 영양분을 식물체 내도처로 이동시키기 위한 일종의 순환계인 관다발을 가지고 있다고 언급한 14장의 내용을 상기해보자.

이 장에서는 관다발식물을 주로 다룬다. 모든 관다발식물은 같은 기본 체제(body plan)로 구성되어 있으며, 같은 유형의 3가지

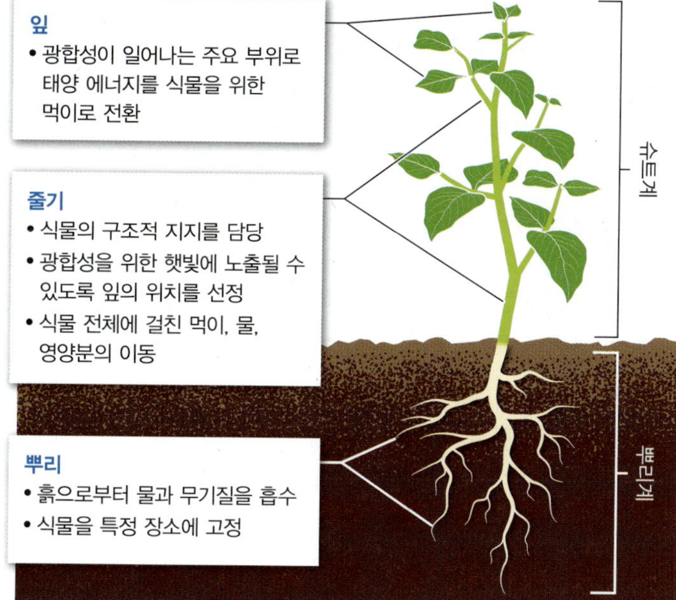

그림 19.4 3가지의 독특한 식물 구조.

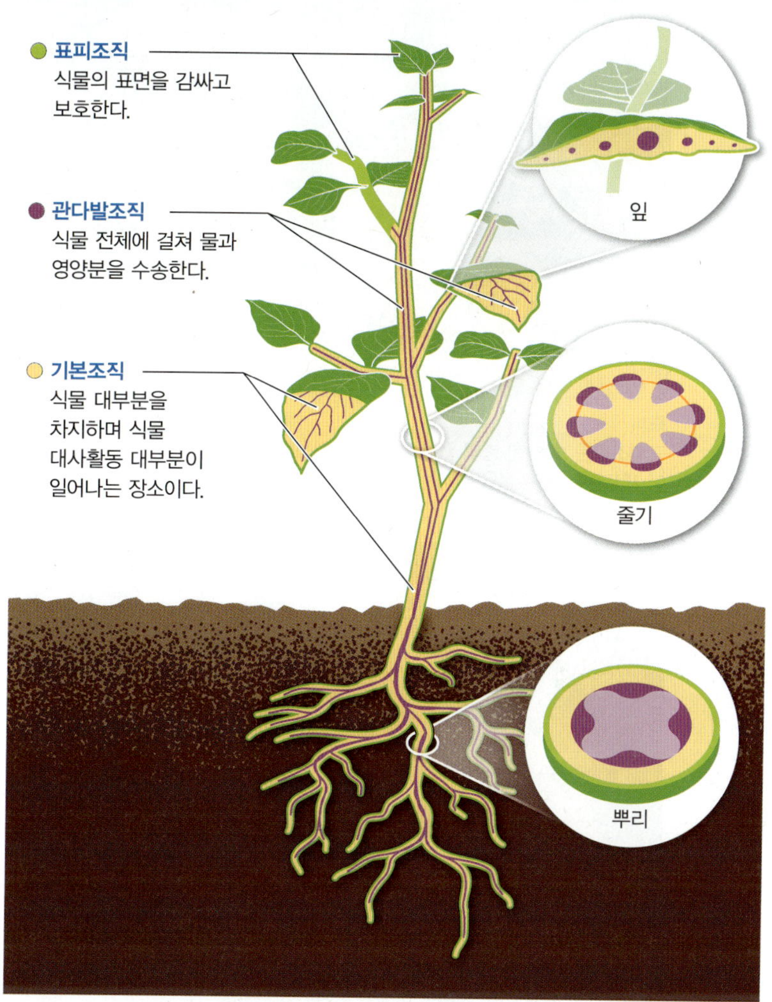

그림 19.5 모든 관다발식물에서 관찰되는 기본적인 조직 유형. 식물의 모양과 크기는 매우 다양하지만, 내부는 모두 3가지의 조직으로 구성된다.

조직으로 만들어진다: 표피조직, 관다발조직, 기본조직(**그림 19.5**). 이 3가지 유형의 조직 각각은 하나 이상의 서로 다른 유형의 세포로 구성된다. 식물 세포는 일반적으로 다른 진핵 세포와는 다르다고 언급한 4장 내용을 상기해보자: 식물 세포는 엽록체, 저장을 위한 큰 액포, 세포막을 둘러싸는 셀룰로스가 포함된 세포벽을 가진다. 이제 각각의 조직 유형을 차례차례 조금 더 자세히 살펴보자.

표피조직 동물의 피부와 같이, 식물의 표피조직은 전체 식물 몸체를 감싸고 보호한다(**그림 19.6**). 표피조직은 대체로 **표피**라고 불리는 빽빽하게 채워진 얇은 세포 한 층으로 구성된다. 표피는 증산으로 인한 물 손실을 줄이는 데에 도움이 되는 **큐티클**이라 불리는 왁스 성분의 덮개를 만든다. 큐티클은 병원균이나 식물을 먹으려고 시도하는 미생물로부터 식물을 보호하기도 한다. 그러나 뿌리의 표피 세포는 큐티클을 분비하지 않는데, 이는 아마도 큐티클이 뿌리가 물을 흡수하는 것을 방해하기 때문이다.

공변세포라 불리는 표피의 특별한 세포는 기체가 잎 내외로 오가는 것을 조절한다. 잎에서 2개의 공변세포는 하나의 구멍을 둘러싸는데, 공변세포는 모양을 변화시키면서 광합성 과정에서 기체(이산화탄소와 산소를 포함하는)가 교환될 수 있는 구멍을 만든다. 공변세포는 모양을 변화시켜서 구멍을 닫을 수 있는데, 이는 내부의 조직을 밀봉함으로써 증산으로 인한 물 손실을 최소화한다(5.11 참조). 2개의 공변세포와 구멍을 합쳐서 **기공**(stoma; 그리스어로 "입"을 의미)이라 부른다.

많은 관다발식물에서, 줄기와 뿌리를 덮고 있는 표피는 식물이 자라면서 더 두껍고 보호를 잘하는 덮개로 대체된다. 이 덮개는 대체로 죽은 **코르크 세포**로 구성된다. 코르크 세포는 조직에 물이 잘 스며들지 않게 하고, 불과 부식에 잘 견디게 하는 왁스와 지방 성분의 물질을 갖는다. 코르크 세포 사이에 있는 작은 구멍들은 살아있는 세포에 필수적인 기체 교환이 가능하게 해준다. 나무에서 이 덮개는 나무껍질의 바깥층을 형성하며, 불과 포식 등 위험으로부터 내부의 살아있는 조직을 보호한다. 이 덮개는 내부 조직의 세포 호흡을 위한 산소의 진입과 이산화탄소의 방출도 가능하게 해준다.

관다발조직 식물은 크게 자라므로, 식물은 모든 부위로 영양분을 공급하고 모든 부위에서 노폐물을 제거하기 위한 체계를 가지고

표피조직의 세포

표피세포
표피조직은 보통 한 층의 얇은 세포로 구성된다. 이 세포들은 물 손실을 줄이는 데 도움이 되는 큐티클이라 불리는 왁스 성분의 물질을 만든다.

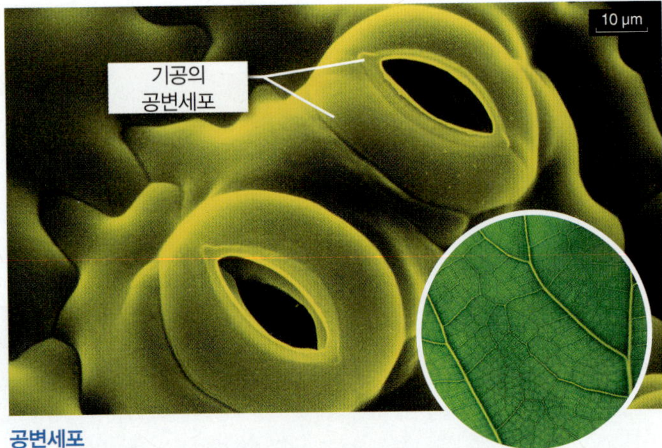

공변세포
공변세포는 주로 잎의 아래쪽 면에서 발견되는 특화된 표피세포로 광합성 과정에서 기체 교환을 위한 구멍을 형성한다. 이들은 증산에 의한 물 손실을 줄이기 위해 구멍을 닫을 수도 있다.

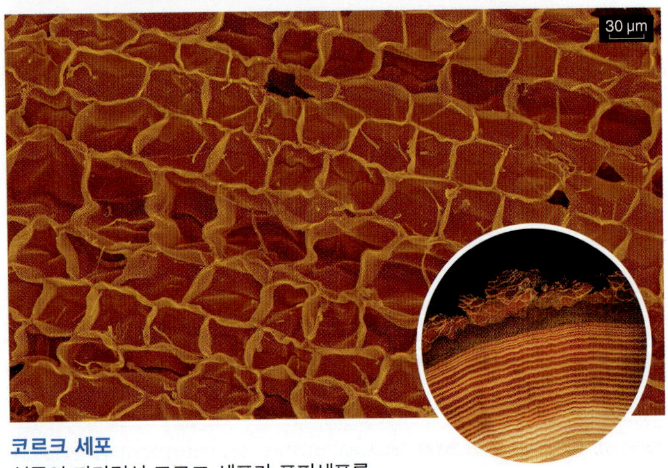

코르크 세포
식물이 자라면서 코르크 세포가 표피세포를 대체함으로써 더 두껍고 보호를 잘하는 덮개를 만든다. 나무에서 이 보호 덮개는 나무껍질의 바깥층을 형성한다.

그림 19.6 식물 전체를 보호함.

있어야 한다. 이 체계의 기능은 동물의 순환계 기능과 유사한 역할을 수행하는 관다발조직에 의해 이루어진다(그림 19.7). 예를 들면, 대부분 당은 잎에서 만들어지지만, 물의 대부분은 뿌리를 통해서 흡수된다. 모든 식물 세포는 생존을 위해서 당과 물을 필요로하며, 물리적으로 분리된 잎과 뿌리는 이들을 연결하는 관다발조직에 의해 극복된다.

관다발식물은 2개의 서로 평행한 수송 체계를 갖는데, 이들은 수액이라 불리는 액체를 수송하는 2개의 서로 다른 관다발조직—물관부와 체관부—으로 구성된다. 동물의 순환계와 달리, 식물의 수송 체계는 한 방향으로 액체를 순환시키는 것이 아니라 한 장소에서 또 다른 어떤 장소로든지 액체를 수송한다. **물관부**(zy-luhm으로 발음)에서는 물과 물에 녹아 있는 무기질이 포함된 물관액이 뿌리로부터 식물체 다른 부위로 이동한다. **체관부**(FLOW-uhm으로 발음)에서는 체관액이 활동을 위해 연료가 필요한 조직으로 이동한다. 체관액은 대부분이 물이고 식물의 연료원인 일부 당과 미네랄이 포함되어 있다.

> **Q** 식물의 가장 중요한 부위들에는 이미 죽은 세포가 존재한다. 그 이유는 무엇인가?

식물은 동물에서는 볼 수 없는 방식으로 몇몇 구조를 만든다. 예를 들면, 물관부의 관은 죽은 세포로 만들어진다. 이 세포들은 서로 가까이 자라다가 죽은 후에는 끝과 끝이 서로 연결되어 일종의 배관인 물관부의 바깥쪽 표면을 형성한다. 물은 서로 평행한 이런 수많은 배관을 통해 흐르고, 세포벽의 작은 구멍들을 통해서 식물의 모든 살아있는 세포에 도달한다. 이 방식은 정원사의 소커호스(soaker hose)가 수많은 작은 구멍으로 정원에 물을 주는 방식과 매우 흡사하다. 이 배관을 구성하는 단단한 세포벽은 식물의 구조적 지지 역할도 한다.

체관부 수송 체계는 물관부와는 다른 배관 기능을 하는 살아있는 세포로 만들어진다. 이 세포들은 끝과 끝이 맞닿게 배열되어 도관 같은 **체관**을 형성한다. 그러나 실제 도관과는 다르게, 체관의 세포는 당이 체관부 밖으로 세포를 지나갈 수 있도록 세포의 옆 벽에 구멍을 가진다. 체관부 세포는 물관부보다 세포벽이 훨씬 얇아서 식물 구조적 지지에 크게 기여하지 못한다.

기본조직 식물에서 발견되는 세 번째 유형의 조직은 **기본조직**이다. 기본조직은 외부의 덮개(표피조직)나 내부의 관다발조직(물관부, 체관부)을 제외한 모든 것에 해당하므로, 식물 몸체의 대부분을 차지한다(그림 19.8). 당근이나 감자를 먹을 때 여러분이 먹는 탄수화물이 가득 찬 세포는 기본적으로 식물이 나중에 사용하기 위한 에너지를 저장하는 세포이다.

기본조직은 잎, 꽃, 줄기, 뿌리, 과일에서 발견되는 부드럽고

관다발 조직

식물은 물, 당 그리고 기타 영양분을 필요한 곳에 수송하는 2개의 평행한 순환 체계를 가진다. 이들 각각은 다른 유형의 관다발조직으로 구성된다.

물관부

체관부

물관부 세포는 죽어 있으며, 구조적 지지를 하는 단단한 세포벽을 가진다. 체관부의 얇고 살아있는 세포는 구조적 지지를 하지 못한다.

그림 19.7 식물체에서 물, 당, 무기질의 수송.

기본조직의 세포

먹이 저장 세포

- 잎, 꽃, 줄기, 뿌리, 과일에서 발견되는 부드럽고 유연한 조직을 포함한 대부분의 식물 조직을 차지함
- 광합성 및 호르몬의 합성과 분비를 담당함

20 μm

유연한 구조적 기능을 하는 세포

- 두꺼운 세포벽을 가진 길쭉하고 섬유질이 많은 세포
- 식물이 꼬이고 구부러지게 함

50 μm

단단한 구조적 역할을 하는 세포

- 목재의 주요 성분인 리그닌이 포함된 두꺼운 세포벽을 가짐
- 식물이 중력을 견뎌서 크게 자랄 수 있도록 건물의 철제 대들보와 같은 기능을 수행
- 성숙하면 살아있지 않음

그림 19.8 기본조직은 식물체 대부분을 차지한다.

유연한 조직 대부분에 해당한다. 기본조직은 다양한 유형의 세포들로 구성된다. 이 세포들에는 다음과 같이 식물의 대사를 활발하게 수행하는 세포들이 포함된다. 광합성을 하거나 음식 분자를 저장하거나 세포호흡을 통해서 ATP를 합성 또는 호르몬을 만들고 분비하는 세포; 식물에 구조적 유연성을 제공하는 세포; 성숙하면 죽지만 매우 단단해서 철제 대들보 역할을 해서 식물이 아주 크게 자랄 수 있게 해주는 세포.

핵심요약 19.3

» 모든 관다발식물은 비슷한 체제를 가지며, 3가지 유형의 똑같은 조직으로 구성된다. 표피조직은 식물의 표면을 덮어서 보호한다. 관다발조직은 물, 당, 무기질을 식물 전체로 수송한다. 식물체 대부분을 차지하는 기본조직은 대부분의 식물 대사활동이 일어나는 장소이다.

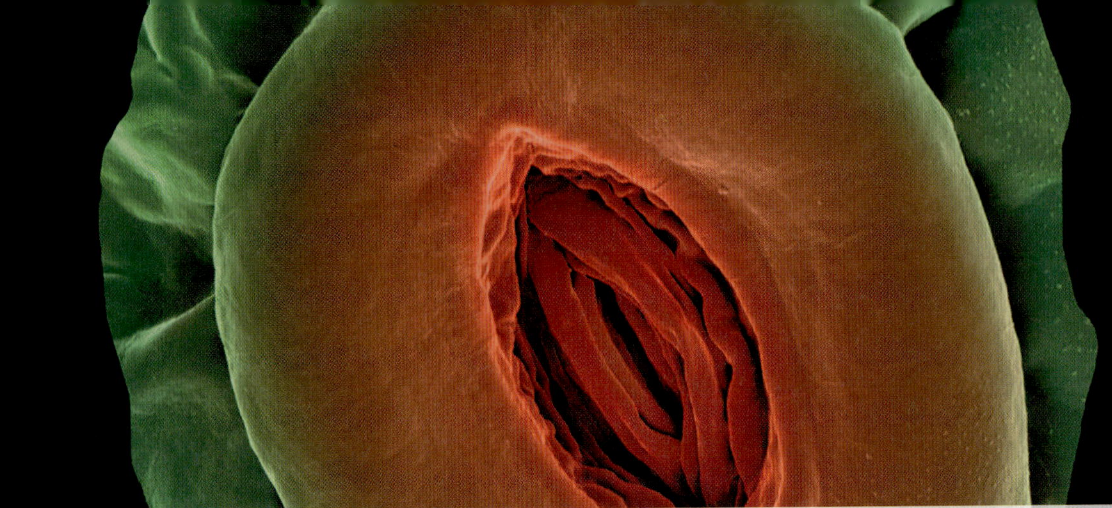

대부분 식물은 공통적인 구조적 특징을 가진다

▲ 심호흡을 해라: 미국 너도밤나무 잎 아래쪽의 기공—이산화탄소가 들어가고 물을 잃는 장소.

19.4 뿌리는 식물을 고정하고 물과 무기질을 흡수한다

뿌리는 꽃, 과일, 나무둥치가 누리는 주목을 받지 못한다. 그렇지만 뿌리는 식물이 성장하고 살아가는 데 필수적이며, 3가지 기본적인 기능을 수행한다.

1. **흡수.** 뿌리는 흙으로부터 물, 물에 녹아 있는 무기질뿐 아니라 산소를 흡수한다. 사막에서, 메스키트(mesquite) 식물은 물에 도달하기 위해 뿌리를 약 52 m 깊이까지 곧장 아래로 보내는 반면에, 몇몇 선인장은 수분을 취합하기 위해 사방으로 약 15 m까지 뿌리를 보낸다.
2. **고정.** 뿌리는 식물을 자리 잡게 한다. 이렇게 고정되지 않으면 식물은 똑바로 설 수 없다.
3. **저장.** 잎에서 합성된 당은 다육질 뿌리로 이동해서 나중에 사용되기 위한 녹말로 전환되어 저장된다. 이는 사람이 지방 세포에서 지질로 에너지를 저장하는 것과 매우 흡사하다. 녹말로 가득 찬 뿌리의 예로는 고구마, 당근, 무, 순무가 있다. 때로는 물도 뿌리에 저장된다.

뿌리계에는 2가지 유형이 있다: 원뿌리와 수염뿌리(그림 19.9). **원뿌리**는 보통 흙 아래로 깊이 자란다. 원

두 가지 유형의 뿌리 구조

원뿌리

- 분지된 작은 뿌리들을 가진 두꺼운 1차 뿌리가 특징적임
- 종종 흙 속으로 깊이 자람(보통 하수관을 막음)
- 진정쌍떡잎식물에서 주로 발견됨

수염뿌리

- 모두 줄기에서 갈라져 나온 비슷한 크기의 뿌리들이 특징적임
- 흙의 위쪽 얕은 부분을 차지하고 바깥으로 퍼지는 경향이 있음
- 외떡잎식물에서 주로 발견됨

그림 19.9 **흡수, 고정, 저장을 위한 두 가지 전략.**

뿌리는 하나의 두꺼운 1차 뿌리와 이로부터 분지된 많은 작은 뿌리들로 이루어져 있다. 진정쌍떡잎식물에서 주로 발견되는 원뿌리 체계는 만드는 데에 (에너지 측면에서) 더 많은 비용이 들지만, 더 많은 저장과 더 깊은 침투를 가능하게 해준다. 주택가에서 원뿌리는 하수관을 막거나 집터에 구멍을 내서 피해를 유발할 수 있다.

> 정원에서는 뿌리가 잘리지만 않는다면, 모든 것이 잘 되고 또 잘 될 것이다"
>
> — Jerzy Kosinski, *Being There*, 1971

수염뿌리는 주로 외떡잎식물과 관련되어 있다(그러나 일부 진정쌍떡잎식물에서도 발견된다). 수염뿌리는 줄기에서 발생하고 분지된 비슷한 크기의 많은 뿌리로 구성된다. 수염뿌리는 흙의 위쪽 얕은 부분을 차지하며, 바깥으로 퍼지는 경향이 있다. 수염뿌리 체계는 에너지 측면에서 만드는 데 비용이 덜 들지만, 더 많은 확장과 더 빠른 성장이 가능하다.

모든 뿌리 조직의 구성은 단순해서 단면에서 3가지 유형의 조직이 잘 드러난다(**그림 19.10**). 대부분의 진정쌍떡잎식물에서 관다발조직(물관부, 체관부)은 기본조직으로 둘러싸인 중심주에 해당하고, 표피조직은 바깥쪽 가장자리에 존재한다. 물관부는 뿌리의 중심에서 발견되고, 고르게 분포되며, 바깥으로 부푼 돌출부를 가진다. 체관부 다발은 이 돌출부 사이에 위치한다. 대부분의 외떡잎식물 뿌리는 구성이 다른데, **속질**이라 불리는 부드럽고 스폰지 같은 중심핵 조직이 원 모양의 관다발조직으로 둘러싸여 있다.

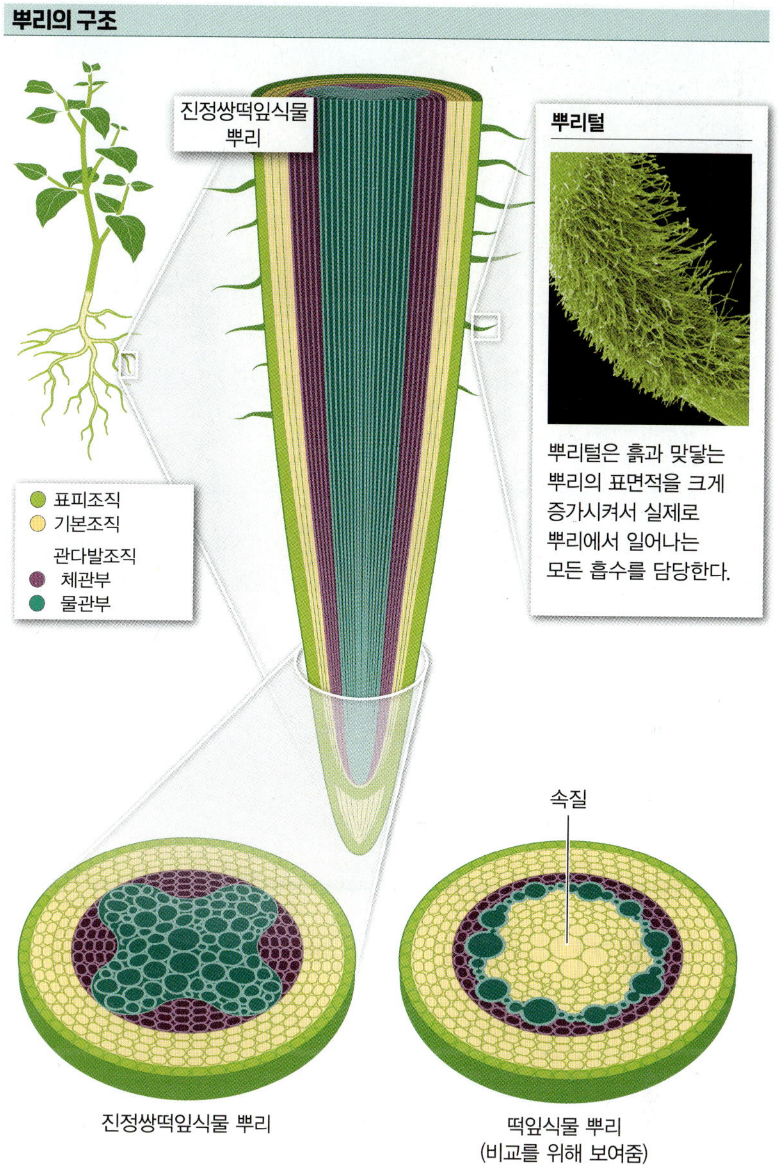

그림 19.10 중심주 또는 링. 진정쌍떡잎식물에서 뿌리의 관다발조직은 중심주에 해당한다. 외떡잎식물에서 관다발조직은 둘러싸고 있는 기본조직 주위에 링 모양으로 배열되어 있다.

Q 고구마와 사람 허리의 "아랫배에 있는 군살"은 얼마나 비슷한가?

뿌리에 있는 기본조직이 녹말의 형태로 에너지 저장을 위해 사용되면, 뿌리는 커지고 두툼해진다. 식물은 많은 에너지가 필요한 급격한 성장 시기 또는 꽃 생산 시기를 위해 다량의 에너지를 저장한다. 동물들은 종종 그런 저장고를 찾아서 먹기도 한다. 예를 들면, 사람은 순무, 당근, 고구마 같은 큰 뿌리를 파서 먹기를 좋아한다.

뿌리의 바깥쪽 표면은 길게 자라서 작은 털이 되는 표피세포가 포함된 표피이다. 이 털은 흙과 맞닿는 뿌리의 표면적을 상당히 증가시켜서 뿌리에서 일어나는 흡수를 대부분 담당한다. 구멍이 많은 표피세포는 물을 쉽게 흡수하고, 이렇게 흡수된 물은 뿌리 기본조직의 세포 사이로 이동하여 물관부에 도달한 다음 식물 전체로 분배된다.

뿌리 세포 사이의 공간 덕분에 뿌리 세포에서는 호흡(ATP를 만들고 주변 환경과 기체를 교환함)에 필요한 산소 확산이 가능하다. 뿌리가

Q 뿌리는 땅속에서만 발견되는가? 어떤 식물은 왜 흙 위에서 뿌리를 확장하는가?

그림 19.11 **"스노클 뿌리"는 물 위에서 산소를 흡수한다.**

숨 쉴 수 있도록 적응한 극단적인 예를 맹그로브 나무에서 볼 수 있다. 맹그로브는 물에 잠긴 흙에서 자라기 때문에 공기가 외부로부터 물속의 뿌리로 직접 들어가기 어렵다. 그 결과, 맹그로브는 물 위로 튀어나온 이상하게 생긴 뿌리(수많은 작은 구멍을 가진)를 만든다(**그림 19.11**). 이 구멍들은 느슨하게 포개진 세포들까지 통해 있어서 물속의 뿌리까지 아래로 뻗어 있는 공기 기둥이 형성되게 해준다.

핵심요약 19.4

» 뿌리는 (1) 흙으로부터 물과 물에 녹아 있는 무기질을 흡수하고; (2) 식물을 자리 잡게 하며; (3) 장래를 위해 물과 다량의 녹말을 저장한다.

19.5 줄기는 식물의 등뼈에 해당한다

생명체가 먹이를 스스로 만들기 위한 에너지를 위해 태양에 도달해야 한다면 중력이 장애가 될 수 있다. 식물은 서로 경쟁하여 더 큰 식물은 더 작은 식물의 그늘 속에 놓이게 한다. 식물의 몸체는 하나의 연속적인 구조로서, 땅속에 뿌리계와 땅 위에 슈트계를 가진다. 식물의 **슈트 상부**는 줄기와 잎의 두 부분으로 나뉜다. 몇몇 종에서 슈트계는 20장에서 다룰 꽃과 과일도 가지고 있다.

식물의 등뼈 역할을 하는 **줄기**는 3가지 주요 기능을 갖는다. 첫째, 줄기는 식물의 구조적 지지를 담당한다. 둘째, 뿌리와 협력해서 줄기는 식물이 자라고 잎이 태양을 향할 수 있게 해준다. 셋째, 줄기는 물, 당, 기타 영양분을 식물 전체로 분배하는 식물의 수송 기반시설(물관부, 체관부)을 포함하고 있다.

식물에서, 성장은 미분화된 세포로 구성된 **분열조직**이라 불리는 부위에서 일어난다. 이 세포들은 종종 아주 높은 속도로 분열해서, 표피조직, 관다발조직, 기본조직으로 분화하는 세포와 더불어 또 다른 분열조직 세포를 만든다. 뿌리나 줄기의 끝에는 **정단 분열조직**이라 불리는 분열조직이 있다. 이곳에서의 세포 분열은 뿌리나 줄기가 길어지게 한다. **측면 분열조직**은 형성층이라 불리는 한 층의 세포들로 이루어져 있으며, 세포가 분열하여 줄기나 뿌리가 길어지는 것이 아니라 두꺼워지게 한다. 식물 성장은 20장에서 더 자세히 다룰 것이다.

줄기가 분할 성장하는 것을 제외하고, 줄기와 뿌리의 성장은 비슷하다(**그림 19.12**). 즉, 줄기는 약간 자란 후에 잎, 꽃, 구과나 또 다른 줄기(가지)가 자라는 작은 조직 덩어리인 **마디**를 만든다.

현화식물의 줄기에는 물, 무기질, 당이 이동하는 관다발이 들어있다. 19.2 절에서 보았듯이, 관다발은 두 가지 유형 중 하나의 형태로 배열되어 있다. 진정쌍떡잎식물에서 원형의 관다발은 줄기의 거의 가장자리에 배열되어 있다. 진정쌍떡잎식물 줄기의 단면에서는 시계의 문자판과 비슷한 원형의 다발을 볼 수 있다. 각 숫자에 해당되는 곳에는 이중의 배관이 존재한다. 바깥쪽 배관은 체관부이고, 안쪽의 배관은 물관부이다. 이 원형의 관다발은 줄기의 기본조직을 두 부위로 나눈다: 원의 안쪽과 바깥쪽 기본조직. 안쪽 조직은 속질이고, 바깥쪽 조직은 **피층**이다. 외떡잎식물에서

줄기의 구조

진정쌍떡잎식물 줄기

정단 분열조직

마디

표피조직
기본조직
관다발조직
체관부
물관부

피층
측면 분열조직(cambium)
속질
관다발

진정쌍떡잎식물 줄기

외떡잎식물 줄기
(비교를 위해 보여줌)

그림 19.12 **줄기내 조직의 구성.**

관다발은 줄기에 흩어져 있다. 줄기의 각 마디는 잎이나 가지가 있는 장소로 일부 관다발은 바깥으로 방향을 바꾸어서 잎이나 가지로 들어간다.

모든 현화식물의 줄기는 여기서 언급한 두 가지 유형의 변형임에도 불구하고 대단한 차이를 보인다(**그림 19.13**). 예를 들면, 정원사가 매년 심는 수선화나 백합의 구근은 사실 줄기이다. 많은 변형된 잎이 줄기성 구근에 붙어서 구근의 대부분을 형성한다. 줄기성 구근을 심은 후에 아래쪽에서는 뿌리가 발생한다.

많은 음식은 변형된 줄기 조직에서 비롯된다. 예를 들면, 아스파라거스는 다육성 줄기이다. 아스파라거스 줄기를 따라 존재하는 비늘 모양은 줄기에서 멀리 갈라지지 못한 작은 잎이다. 딸기 식물의 수평적인 넝쿨은 줄기로 이곳으로부터 식물을 땅에 고정하는 뿌리가 간격을 두고 발생한다. 그리고 땅속에서 자라지만, 고구마도 뿌리가 아니라 상당히 변형된 줄기이다. 감자가 싹이 틀 때, "눈"에는 가지가 나오는 곁눈(lateral bud)이 들어있다.

핵심요약 19.5

» 줄기는 (1) 햇빛을 가로채서 광합성을 수행할 수 있는 곳에 잎을 위치시키고; (2) 식물의 구조적 지지를 담당하며; (3) 물, 무기질, 당이 식물체 전체로 분배되는 물관부와 체관부를 포함한다.

줄기 구조의 변형

줄기는 간혹 줄기로 알아챌 수 없는 구조로 변형되기도 한다.

그림 19.13 **식물의 줄기는 놀랄 만큼 많은 모양을 가진다.**

19.6 잎은 식물에 영양분을 제공한다

식물과 동물을 비교할 때마다 되풀이되는 주제는 식물은 움직일 수 없는 상태에서 에너지와 영양분을 획득해야 한다는 것이다. **잎은 이 문제를 쉽게 해결해 준다.** 잎은 식물을 위한 영양분을 생산하는 하나의 중요한 목적을 가지며, 이 목적을 달성하기 위해 눈부시게 다양한 형태로 진화했다. 잎은 햇빛을 가로채고 엽록체를 가진 광합성 세포를 빛의 길목에 위치하게 함으로써 태양의 위치 에너지를 이용 가능한 당이라는 화학 에너지로 전환한다.

잎 내부의 세포는 태양 에너지를 포획하고 영양분을 잎에서 식물 나머지 부위로 수송하도록 구성되어 있다. 잎의 구조를 표면에서부터 안쪽으로 이동하며 살펴보자(**그림 19.14**).

1. 위 표면의 왁스 큐티클은 잎을 손상으로부터 보호하고 뜨거운 햇볕에서 물이 증발하는 속도를 줄인다.
2. 위 표면을 구성하는 세포들인 표피는 광합성을 하지 않고 보호기능을 한다. 이 세포들은 큐티클을 분비한다.
3. 표면 아래에는 여러 층의 광합성 세포들이 존재한다. 울타리 엽육이라고 불리는 첫 번째 층 세포들은 빽빽하게 포개져 있고 엽록체를 많이 가진다. 잎의 이 부위에서 광합성 속도는 가장 높다. 다음과 그다음 층의 세포들은 모양이 일정하지 않고 꽤 헐겁게 배열되어서 이 층을 스펀지처럼 만드는 많은 공기주머니를 형성한다. 그래서 잎의 이 부분을 스펀지 엽육이라 부른다. 스펀지 층의 세포 대부분은 대기로부터 식물의 광합성 세포로 광합성에 필수적인 이산화탄소를 포함한 기체의 확산을 향상시키는 공기주머니로 둘러싸여 있다.
4. 물관부와 체관부로 구성된 잎맥은 잎 가운데에 퍼져 있다. 사람의 혈관과 매우 유사하게 잎맥은 물과 필수 무기질을 운송하기 위해서 모든 세포로 뻗어 있다. 잎맥은 식물 다른 곳에서 사용하는 광합성의 당 산물도 운반한다.
5. 잎의 바닥층은 광합성을 하지 않는 표피 세포로 구성되어 있다. 이 세포들 사이에는 식물이 이산화탄소를 흡수하고 광합성 부산물인 산소를 방출하는 구멍 같은 틈인 기공이 흩어져 있다(19.3 참조).

거의 모든 잎은 작은 자루에 의해 줄기에 붙어 있는 얇은 칼날 형태지만 크기와 수 면에서 상당히 다양하다(**그림 19.15**). 예를 들면, 수련의 잎은 폭이 거의 2.1 m까지 자랄 수

Q 잎의 모양은 매우 다양하지만, 거의 모든 잎은 매우 얇다. 왜 그런가?

잎의 구조

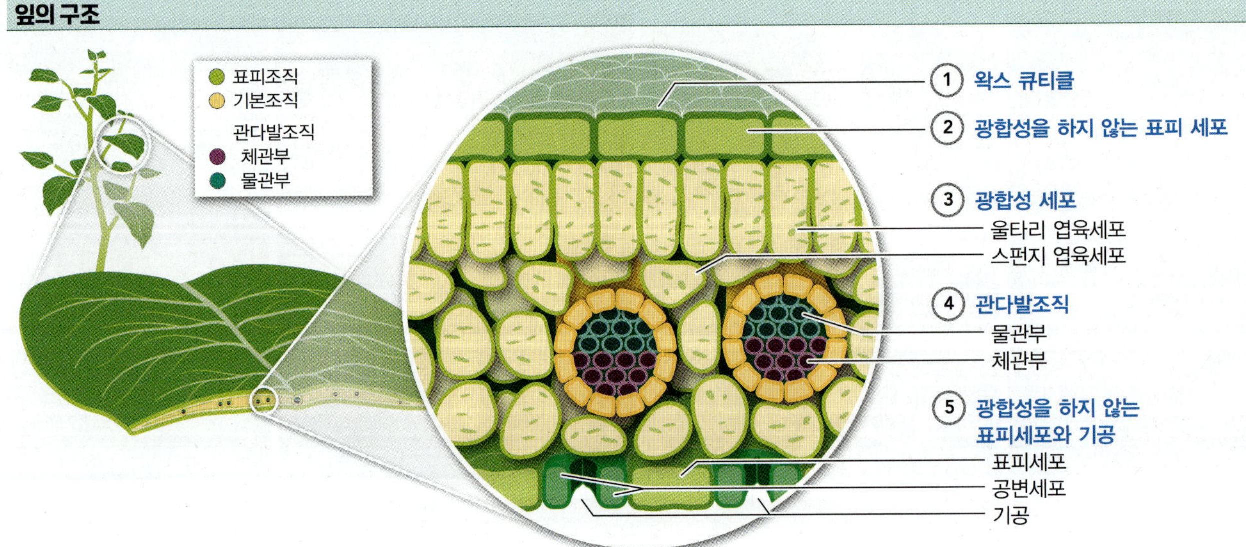

그림 19.14 다섯 부분으로 이루어진 "광합성 세포 샌드위치". 잎의 단면에서 각각 다른 기능을 가진 5개 층의 구조를 볼 수 있다.

잎 구조의 변형

잎은 다양한 환경에 대한 적응을 보여주는 온갖 모양과 크기를 가진다.

그림 19.15 몇몇 생리적인 문제를 해결하기 위한 많은 방법이 있다.

있어서 벽화 크기의 모네의 그림(높이가 1.8 m, 폭이 12.8 m보다 큰)에 영감을 주었다(**그림 19.16**). 반대로 개구리밥(duckweed) 잎은 25개를 끝이 맞닿게 놓아도 2.5 cm보다 작다. 이러한 양쪽의 전략은 모두 햇빛을 가로채기 위한 큰 표면적을 만든다. 그러나

그림 19.16 가장 큰 잎을 만드는 식물 중 하나가 수련이다.

물리학 법칙에 따르면 햇빛 에너지는 흡수되거나 반사되어야만 많은 세포층을 지나갈 수 있다. 이런 이유로 잎은 항상 얇다.

현화식물 중에서, 많은 외떡잎식물은 풀처럼 잎이 서로 그늘지지 않도록 수직으로 나 있는 길고 납작한 잎으로 구별할 수 있다. 진정쌍떡잎식물의 잎에는 두 가지 유형이 있다; 각각의 잎이 갈라지지 않은 하나의 잎인 단엽과 가운데의 지지 구조에 여러 개의 작은 잎이 달린 복엽. 이 두 가지 유형 각각은 상당히 다를 수 있다(그림 19.15 참조).

아마도 가장 극도로 변형된 식물의 잎은 대부분의 선인장이 가지고 있는 단단하고 마른 가시일 것이다. 이 가시는 줄기(우리가 식물의 두드러지게 초록색인 부위로 여기는)에서 일어나는 광합성에 기여하지 못한다. 대신 가시는 선인장이 사막에서 살도록 적응하는 데 도움을 준다. 가시는 식물을 지나가는 따뜻한 바람의 속도를 줄여서 증발을 줄여준다. 가시는 시원한 밤공기로부터 수분이 응결되는 것을 도와줘서 식물이 약간의 물을 얻을 수 있게 해준다. 또한 새나 포유동물이 식물을 먹지 못하게도 한다. 14장에서는 잡아먹히지 않도록 더욱 보호하기 위해 식물의 잎에서 분비되는 몇몇 화합물을 살펴보았다.

핵심요약 19.6

» 잎에서, 식물은 태양의 위치 에너지를 이용 가능한 당이라는 화학 에너지로 전환한다. 잎은 얇아 효과적으로 에너지를 포획하고 물과 영양분을 수송하기 위한 층 구조를 가진다. 잎의 관다발조직은 식물체 나머지 부위에 영양분을 운반하고 물과 무기질을 옮겨온다.

19.7 몇몇 구조는 식물이 물 손실을 줄이는 데 도움을 준다

우리는 해변에 누워있거나 야외에서 일할 때 맹렬한 햇볕을 느끼기도 한다. 그렇지만 우리는 열이 너무 강하면 그늘을 찾기도 하고, 갈증을 느끼면 물을 마시기도 한다. 식물은 이런 선택을 할 수 없다. 결국, 식물은 조직으로부터의 증발로 인해 너무나 많은 물을 잃는 위험에 계속 놓이게 된다. 물은 거의 모든 생명체에서 거의 모든 화학 반응에 필수적이므로 물 손실은 심각한 문제이다. 놀랍지도 않게, 식물은 위험한 탈수 상태를 방지하는 다양한 적응 방식을 가지고 있다. 대부분 잎 표면에 존재하는 세 가지 중요한 적응 방식에 대해 살펴보자(**그림 19.17**).

1. **큐티클.** 대부분 잎 최상층은 표피세포로부터 분비된 큐티클이다. 이 왁스 성분의 물을 밀어내는 물질은 잎 내부의 물이 표면을 통해 확산하고 증발하는 것을 방지한다. 큐티클은 거의 완벽하게 물이 빠져나가지 못하게 한다. 브라질 야자나무 큐티클의 카르나우바 왁스(carnauba wax)는 자동차 광택제뿐 아니라 많은 자외선 차단제의 원료이다.
2. **잎털**(Leaf hairs)**.** 잎의 일부 표면 세포는 작은 털로 변형된다. 이 털은 햇빛을 일부 반사하거나(그래서 잎 내부의 온도는 낮춤), 증발에 의해 물을 가져가는 바람이 잎 표면 위로 지나가는 속도를 낮춤으로써 물 손실을 줄여준다.
3. **공변세포.** 큐티클이 잎 전체를 덮는다면 식물에서 물 손실이라는 문제를 거의 완전하게 해결할 수 있다. 그렇지만 큐티클은 광합성 필수 원료인 이산화탄소를 통과시키지 않는다. 그래서 성에 문이 필요하듯이(이 문이 공격을 받을 때 취약점이 되는 것처럼), 잎은 구멍이 있어야 한다. 이 구멍이 기공이다. 잎의 아래쪽 표면에는 1제곱센티미터당 무려 10,000개의 기공이 존재한다(줄기에는 좀 더 적다). 기공의 구조는 중요한 물 보존 적응 방식을 보여준다. 한 쌍의 공변세포(**그림 19.6** 참조)는 기공 한쪽 편에 하나의 세포가 위치하는 방식으로 각 기공을 둘러싼다. 공변세포는 이산화탄소가 들어가고 물이 나가는 작은 구멍을 만들기 위해 크기를 키울 수도 있고, 이 구멍을 막기 위해 크기를 줄일 수도 있다. 삼투압에 의해 조절되는 공변세포의 이런 열림과 닫힘은 온도, 습도, 빛의 강도나 이산화탄소 농도의 변화에 반응하여 일어난다.

기공은 식물이 숨 쉬는 주요 장소이다. 좀 잔인한 실험으로서, 여러분이 일부 식물의 잎 아래쪽을 바셀린으로 바르면 어떤 일이 일어날 것 같은가? 공기가 들어갈 방법이 없어서, 식물은 이산화탄소가 고갈되고 잎은 죽을 것이다.

Q 잎에 "바셀린"을 바르는 것이 식물을 어떻게 질식시킬 수 있는가?

핵심요약 19.7

» 식물은 위험한 탈수 상태를 방지할 수 있는 다양한 적응 방식을 가지고 있다. 이 적응 방식에는 큐티클, 잎털 그리고 공변세포가 있다.

물 손실을 줄이는 데 도움을 주는 잎의 구조

큐티클
물을 밀어내는 왁스 성분은 잎 내부의 물이 표면을 통해 확산하고 대기로 증발하는 것을 방지한다.

잎털(Leaf hairs)
작은 털은 햇빛을 반사하거나 바람이 잎 표면 위로 지나가는 속도를 줄여서 증발을 통한 물 손실을 감소시킨다.

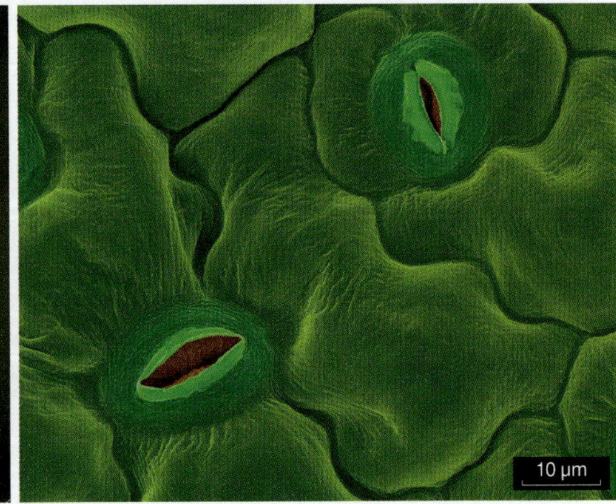

기공
공변세포는 기공 구멍의 크기를 조절하기 위해 부풀거나 수축한다. 기공은 물의 이동과 기체 교환을 억제하거나 허용한다.

그림 19.17 **식물은 위험한 탈수 상태를 방지하는 다양한 적응 방식을 가지고 있다.**

식물은 햇빛을 이용하고 환경으로부터 유용한 화학 원소를 얻는다

▲ 타히티 보라보라 섬 해변의 씩트는 코코넛.

19.8 식물의 성장을 위해서는 4가지 요소가 필요하다

식물은 대체로 잘 자라서 번성하기 위해 4가지를 필요로 한다(그림 19.18). 처음 3가지는 (1) 당 분자를 만들기 위한 에너지를 제공하는 햇빛; (2) 광합성을 위한 전자 제공을 포함하여 여러 가지 이유에 의한 물; (3) 이산화탄소와 산소를 공급하는 공기. 이산화탄소는 광합성 과정에서 당을 만드는 데 사용되는 탄소 원자를 제공하고, 산소는 식물이 에너지를 위해 당을 분해하는 세포호흡에서 전자 수용자 역할을 한다(동물과 다른 생명체에서 하는 것처럼; 5장 참조). 그리고, (4) 식물은 대체로 필수적인 무기질을 얻는 흙이 필요하다.

식물이 자라기 위해서는 새로운 조직을 구성하는 새로운 세포를 만들어야 한다. 공기 중의 이산화탄소로부터 얻는 탄소와 산소 원자, 물로부터 얻는 수소 원자를 제외하고는 성장을 위한 원료는 흙에서 온다. 식물은 생존과 성장을 위해서 총 13가지의 서로 다른 무기질(각각은 하나의 원소)을 필요로 한다.

이 13개의 필수 원소 중 6개는 대체로 많은 양이 필요하며, 식물 내에서 일어나는 모든 반응을 촉매하는 효소와 단백질을 만들기 위해서 특히 중요하다: (1) 질소, 단백질과 DNA를 만들기 위해; (2) 인, ATP, DNA, 세포막을 만들기 위해; (3) 마그네슘, 엽록소를 만들기 위해; (4) 칼륨(포타슘), 효소를 만들고 물 균형을 조절하기 위해; (5) 황, 단백질과 비타민을 만들기 위해; (6) 칼슘,

식물의 영양을 위해 필요한 것들

햇빛
당 분자를 만드는 에너지를 제공함

물
식물체 내의 거의 모든 화학 반응에 필수적임

공기
탄소를 회수해서 당을 만드는 데 사용되는 이산화탄소를 제공함

흙
흙 자체는 필요하지 않지만, 흙은 대체로 새로운 세포와 이를 새로운 조직으로 만드는 데 필수적인 무기질을 가지고 있음

이 6가지 무기질은 식물의 성장과 대사를 위해서 비교적 많은 양이 필요하다.

그림 19.18 식물의 건강을 유지하는 데 필요한 성분들.

아주 다양한 세포 기능을 수행하기 위해.

식물은 이외에도 훨씬 소량의 7개의 필수 원소를 필요로 한다: 염소, 철, 붕소, 망간, 아연, 구리, 몰리브덴. 얼마나 적은 양이 필요한가? 어떤 식물은 사람 땀에 젖은 손끝에 닿는 것만으로도 하루에 필요한 모든 염소를 얻을 수 있다. 유사하게, 이런 무기질 중 어떤 것은 씨에 존재하는 아주 적은 양만으로도 식물의 전체 생활사에 필요한 무기질 공급이 가능하기도 하다. 다른 경우에는 성장하는 식물의 뿌리가 뻗어 나가 필수 원소를 얻기도 한다.

Q 식물은 흙 없이 자랄 수 있는가? 어떻게 가능한가?

우리가 식물의 영양에 대해 알고 있는 것의 대부분은 **수경재배 식물**을 이용한 실험에서 비롯된다(**그림 19.19**). 이 식물은 흙 없이 화학 원소가 첨가된 물에서 자란다. 정확한 양의 특정 원소를 물에 첨가하거나 첨가하지 않음에 따라서, 연구자들은 어떤 것이 필수적인지 그리고 얼마나 필요한지를 알 수 있다. 이 결과들은 일정 면적에서 자연 상태보다 작물이 더 잘 자라게 하려면 농부들이 어떤 유형의 비료를 써야 하는지 결정하는 데 도움을 준다.

그림 19.19 **수경 재배에서 자라는 식물.**

핵심요약 19.8

» 식물의 성장은 (1) 에너지를 제공하는 햇빛, (2) 물, (3) 이산화탄소와 산소를 제공하는 공기, (4) 대체로 흙에서 얻는 무기질에 의존한다.

19.9 영양소는 흙과 생명체를 순환한다

흙은 단순히 균일한 것들이 모인 것 이상의 존재이다. 흙은 4가지 서로 다른 요소의 복합물이다(**그림 19.20**): (1) 무기질, (2) 유기물질, (3) 물, (4) 공기.

무기질(Minerals) 전체 흙 부피의 거의 절반은 무기물질이다. 이 물질은 기본적으로 오랫동안 물리적 및 화학적으로 붕괴하여 무기질을 방출하는 암석의 풍화에서 비롯된다. 무기물 입자들은 3가지 크기로 분류된다—크기순으로 모래, 실트(silt), 점토. 해변에서 모래가 여러분의 발가락 사이로 빠지는 것을 느꼈던 경험이 있다면, 모래 입자들 사이에는 많은 공기가 존재하지만, 모래는 물을 잘 가두지 못한다는 것을 알 수 있을 것이다. 이는 모래 입자가 손가락 사이로 빠져나가는 이유이다. 강바닥에서처럼, 실트 입자는 모래보다 더 작다. 가장 작은 점토 입자는 아주 조밀하게 붙어있다. 흙을 통과하는 무기질이 점토에 붙어 있기 때문에, 식물이 필요할 때 흡수할 필수 무기질은 점토에 고정되어 있다. 그러나 너무 조밀하게 붙어 있는 점토는 식물 뿌리가 흡수할 수 있는 공기의 공급을 제한해서 부실한 식물 성장을 초래한다.

각 종류의 입자가 대략 같은 양인 흙이 가장 좋은 흙이다. 흙에 존재하는 무기질은 흙의 pH를 결정하고 식물의 성장에 영향을 주기도 한다; 흙의 무기질은 심지어 꽃의 색깔에도 영향을 주기도 한다(**그림 19.21**).

유기물질. 잎이 떨어지고 동물은 죽지만, **분해**는 이들의 화학물질을 흙 속으로 되돌려서 식물 뿌리에 의한 재흡수를 가능하게 해준다. 동물의 배설물 역시 식물에 중요하다. 동물의 배설물은 아마도 식물의 가장 중요한 필수 영양소인 질소의 농축된 공급처 역할을 할 것이다. **부식토**(**humus**, Hyoo-muhss로 발음)라 불리는 이 유기물의 부패 산물은 흙의 1~5%를 차지한다(**그림 19.22**). 부식토는 물과 영양소를 쉽게 흡수해서 필요할 때 방출할 수 있다. 부식토가 너무 적으면 흙에 영양소가 부족하지만, 너무 많으면 지나치게 많은 물이 포함된다.

흙의 조성

무기질: 50%
- 무기물 입자
- 풍화하는 암석의 붕괴로 형성됨
- 세 가지 크기로 분류됨: 모래, 실트, 점토

물과 공기: 45~50%
- 무기물질과 유기물질 입사 사이의 공간을 채움

유기물질: 1~5%
- 탄소를 포함하는 물질
- 죽은 식물과 동물의 분해로 형성됨

도표로 배우기
데이터의 시각적 표현을 비판적으로 살펴보기
이 그림을 더 자세히 살펴보려면 이 장의 끝을 보시오.

그림 19.20 **균질한 흙더미 이상의 존재.**

나 자신을 흙으로 되돌려서 내가 사랑하는 풀이 자라게 할 테니,
나를 다시 보고 싶으면 발밑에서 나를 찾아주세요"

— Walt Whitman, *Leaves of Grass*, 1855

유기물질 분해의 대부분은 흙에 사는 엄청난 수의 세균, 곰팡이, 곤충, 지렁이에 의해 이루어진다. 아리스토텔레스는 지렁이를 "흙의 창자"라고 칭했다. 지렁이는 유기물질을 먹기 위해 흙을 장으로 통과시키는 과정에서 식물이 이용할 수 있는 질소의 양을 엄청나게 증가시킨다.

흙의 pH와 꽃의 색깔

그림 19.21 **다양한 색을 가진 수국.**

Q 퇴비화는 무엇인가? 유용한가? 위험한가?

분해된 유기물질을 이용하는 방법으로는 음식물 쓰레기, 거름, 마당을 손질하는 과정에서 나오는 풀 쪼가리, 심지어 하수 같은 유기 폐기물을 분해하는 **퇴비화**가 있다. 퇴비화 과정에서 세균은 대사 과정을 통해 유기물질을 비료로 전환한다. 퇴비 더미는 유기물질의 분해를 촉진하고 도시가 처리해서 버려야 하는 쓰레기의 부피를

유기물질의 분해

***이전:** 부패 중인 유기물질* ***이후:** 부식토*

그림 19.22 **동물과 식물에서 회수한 화학물질은 흙에 남는다.**

줄여준다. 이 과정에서 정원이나 경작지에 뿌려질 수 있는 산물이 만들어지기도 하며, 중요한 식물의 영양소를 흙으로 되돌리는 데 도움을 준다(**그림 19.23**).

퇴비에서 자라는 세균 집단은 많은 열을 발생한다—퇴비 더미의 온도는 60℃ 이상으로 오르기도 한다. 이는 그림 19.23에서처럼 뒤엎어진 흙에서 증기가 나오는 이유이기도 하다. 이렇게 발생한 열 때문에 원래 있던 퇴비화 생물체 상당수가 죽고, 사람에게는 해가 없는 보다 열에 내성이 있는 생물체 종이 이를 대체한다.

Q 인간 배설물은 비료로서 가치가 있는가?

20세기 중반까지, 수 세기 동안 "분뇨(night-soil)"라 불리는 사람의 대변을 비료로 이용하는 것은 흔한 일이었다. 일본과 중국의 많은 시골 지역에서 분뇨를 사 모으고 배분하는 것은 큰 사업이었다. 부유한 마을에서 나온 분뇨는 심지어 더 비싸게 팔리기도 했다; 이 마을 주민들은 더 잘 먹기 때문에 그들의 배설물은 더 많은 영양소를 가지고 있었다(특히 단백질에서 비롯된 질소). 그러나 사람의 배설물에는 병원균이 있기도 하고 화학 비료의 가용성이 증가함에 따라 분뇨의 이용은 점차적으로 드물어지고 있다.

물과 공기 흙의 마지막 구성성분인 물과 공기는 무기물질과 유기물질 입자 사이를 채우고 있다. 물과 공기는 전체 흙 부피의 거의 절반을 차지한다.

퇴비화는 도시가 처리해서 버려야 하는 쓰레기의 부피를 줄여주며, 그 과정에서 중요한 영양소를 흙으로 되돌리는 산물이 만들어진다.

그림 19.23 퇴비의 이용으로 유기 폐기물이 유용한 비료로 전환된다.

핵심요약 19.9

» 흙은 무기질, 유기물질, 공기, 물로 이루어진 복합체로서, 식물의 건강과 생존에 아주 중요한 영양소를 거의 끊임없이 제공하는 역할을 한다.

19.10 식물은 세균의 도움으로 필수적인 질소를 얻는다

바다 위의 구명정에는 서글픈 역설이 존재한다. 물에 둘러싸여 있음에도 불구하고, 사람은 바닷물을 마실 수 없으므로 물 부족으로 인해 죽기 쉽다. 핵심적인 양분 요소인 질소에 관해서라면 식물도 비슷한 상황에 부딪히게 된다.

Q 죽은 물고기를 땅에 묻음으로써 농부는 더 많은 식량을 생산할 수 있다. 이유는 무엇인가?

우리 주변 공기의 약 80%는 질소이다. 그러나 그렇게 많음에도 불구하고, 질소 부족은 물 부족 다음으로 식물의 성장을 제한하는 요소이다. 초창기 농부들은 이 사실을 알고서 옥수수 작물을 따라 죽은 물고기를 묻었던 것 같다. 물고기가 분해되면서 부패한 유기물질이 흙의 질소 함량을 높여서 옥수수 개체의 크기와 건강을 향상시켰다. 오늘날에는 사람들이 주기적으로 작물, 꽃, 잔디에 질소가 풍부한 비료를 준다.

식물이 합성하는 모든 단백질, DNA, 엽록소는 질소를 포함하고 있으므로, 흙에 질소를 더해주면 식물의 성장이 향상된다. 식물은 생존과 성장을 위해 질소가 필요하다. 공기 중에 질소가 그렇게 많음에도 불구하고, 식물은 왜 질소를 직접 이용할 수 없을까?

문제는 대기 중의 질소는 2개의 질소 원자(N_2)가 서로 아주 단단하고 안정적으로 결합한 형태로 존재한다는 것이다. 질소가 암모늄(NH_4^+)이나 질산염(NO_3^-) 같이 하나의 질소 원자를 가진 분자로 전환되어야만 식물이나 동물이 이용할 수 있다. 식물은 진화 과정에서 질소 분자를 깨뜨리는 대사 방법을 개발하지 못했다. 이에 반해, 세균은 대사의 귀재다; 몇몇 종은 질소를 식물이 이용할

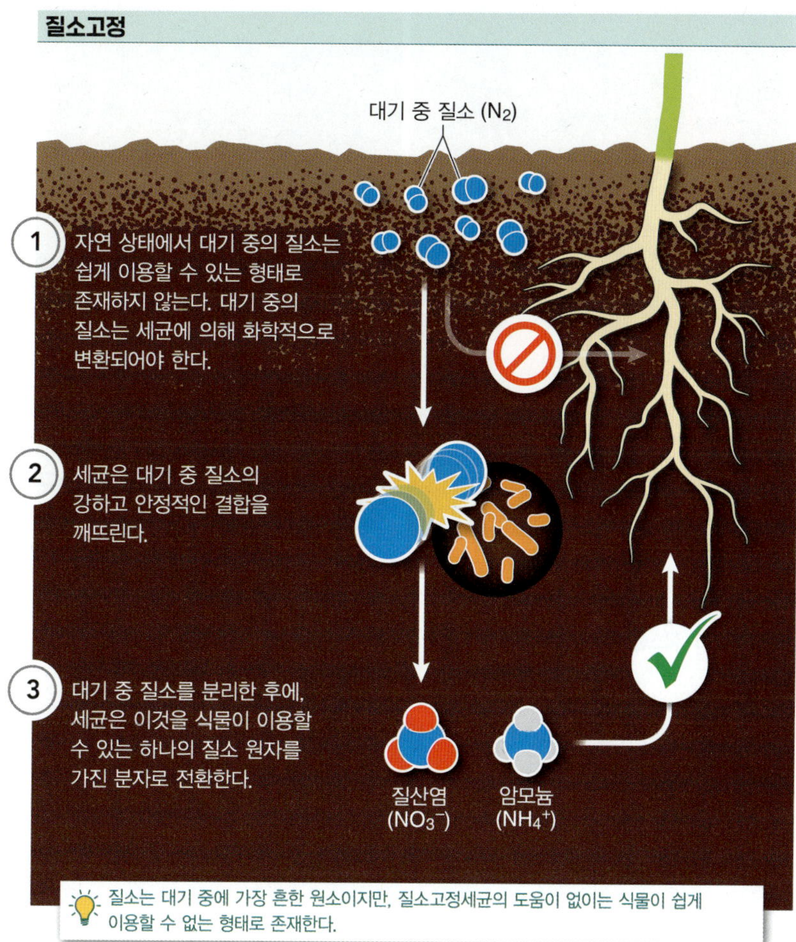

그림 19.24 식물이 이용할 수 있는 형태로의 대기 중 질소 전환.

수 있는 형태로 바꾸는 질소고정효소라고 불리는 효소를 만들고 이용한다—이 과정을 **질소고정**이라 부른다(**그림 19.24**). 질소고정세균 대부분은 흙에서 독립적으로 살아간다. 그러나 몇몇 세균은 식물 내부에서 살면서 상호 이익을 주는 관계를 맺는데, 그 세균들이 고정한 질소를 식물이 이용할 수 있게 한다.

식물과 질소고정세균의 연합은 여러 방식으로 일어날 수 있다. 알팔파, 완두, 콩, 대두 같은 콩과식물에서 공생관계는 몇 가지 간단한 단계를 걸쳐 진행된다(**그림 19.25**).

1. 식물 뿌리가 세균을 유인하는 화합물을 분비한다.
2. 세균이 뿌리의 안쪽 세포로 들어가서 증식을 하여, 몇몇 경우 **뿌리혹**이라 부르는 크고 둥근 혹을 형성한다.
3. 뿌리혹 안의 세균이 흙에서 흡수한 질소 분자를 분리한다—식물의 당에 의해 도움을 받는, 에너지 측면에서 비용이 드는 과정.
4. 세균은 질소를 유용한 형태로 전환하여 식물로 방출한다. 식물에 필요 없는 과도한 유용 질소는 흙으로 방출한다.

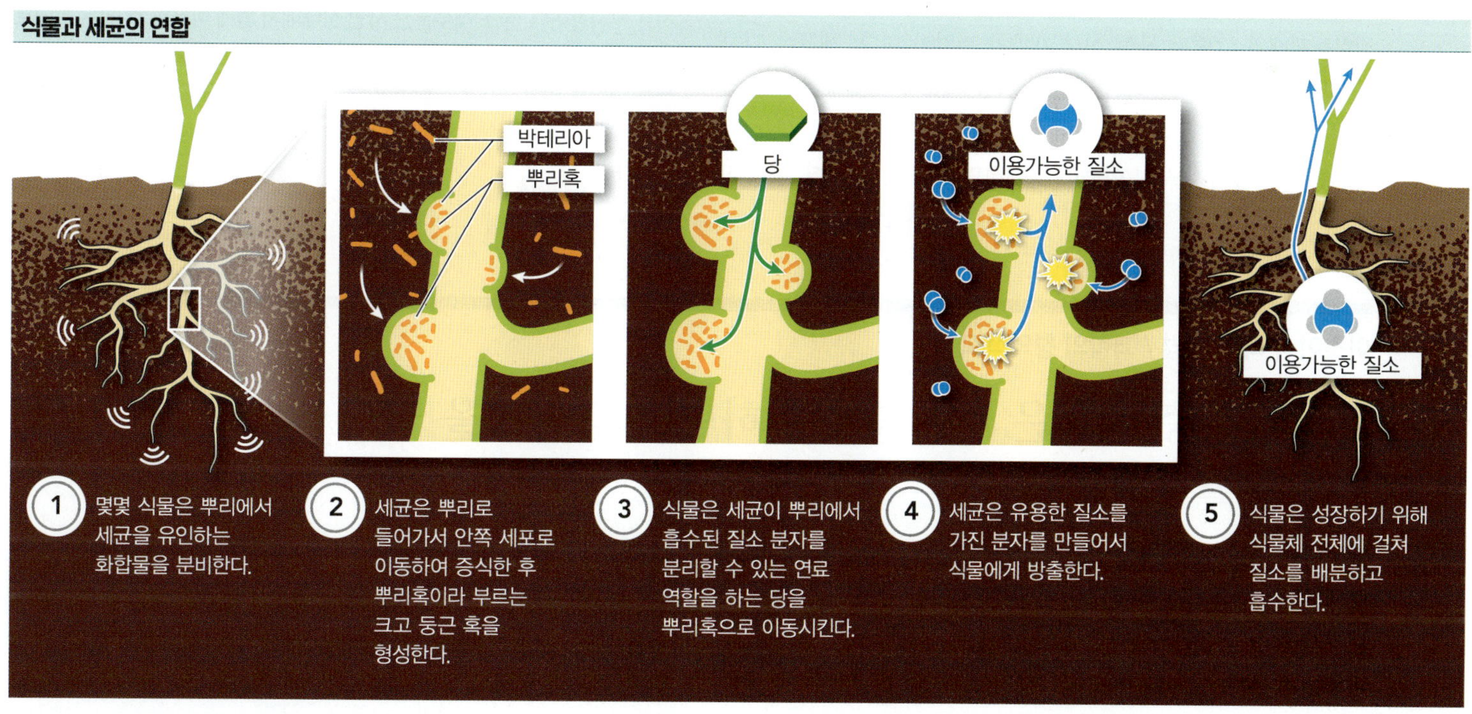

그림 19.25 질소고정: 식물과 세균의 공생관계 형성.

5. 이 유용한 형태의 질소는 식물체 전체에 걸쳐 흡수되어 성장에 이용된다. (그리고 덧붙여서 동물은 식물을 먹는다. 궁극적으로, 동물의 질소는 모두 식물로부터 온 것이다)

모든 토양 조건이 질소고정세균의 성장에 좋은 것은 아니기 때문에, 일부 식물은 다른 방법으로 질소를 얻는다. 예를 들면, 식충 식물은 대체로 질소고정세균이 잘 자라지 못하는 강한 산성의 흙에서 자란다. 파리지옥풀(Venus flytrap)은 질소를 포함하는 분자가 풍부한 곤충을 잡아 소화함으로써 자기가 사용할 질소를 얻는다(그림 19.26).

많은 식물 종은 질소고정세균과 상호 이로운 연합을 형성할 수 없는 대신에 흙으로부터 유용한 질소를 찾아야 하므로, 농부들은 식물에 질소를 제공하기 위해 상당히 애쓴다. 농부들은 기본적으로 두 가지 방법을 통해서 식물에 질소를 제공한다. 첫 번째는 간단하게 비료로 질소(보통 암모니아나 암모니아 비슷한 화학물질 형태로)를 첨가해주는 것이다. 그러나 이런 상품을 만들기 위한 과정은 에너지 집약적이어서, 많은 농부에게 비료는 단위면적당 가장 큰 비용이 된다.

그래서 농부들은 몇 계절마다 작물을 돌려 심는다. 농부들은 질소고정세균이 들어있는 뿌리혹을 갖는 식물(완두, 대두, 알팔파 같은) 재배와 그렇지 못한 식물 재배를 번갈아 한다. 세균은 과하게 고정된 질소를 방출하기 때문에 천연 비료처럼 흙에 유용한 질소가 보충된다. 또, 다음 작물이 심어지기 전에 뿌리혹을 갖는 작물들은 갈아엎어지므로, 이들이 부패하면서 흙에 훨씬 더 많은 질소 화합물을 제공한다. "녹비(green manure)"라고 불리는 이 화합물은 추가적인 비료(그리고 농부가 부담하는 비용)의 필요성을 줄여준다. 이런 흙은 이제 질소를 고정하지 못하는 작물을 재배할 준비가 된다.

그림 19.26 질소를 얻는 다른 방법: 파리지옥풀(Venus flytrap).

핵심요약 19.10

» 거의 모든 식물 세포가 필요로 하는 질소는 식물의 성장을 가장 많이 제한하는 무기질이다. 질소 대부분은 자연 상태에서 쉽게 이용할 수 있는 형태로 존재하지 않는다. 몇몇 세균 종은 화학적으로 질소 분자를 식물이 이용할 수 있는 형태로 변환시킨다 — 질소고정이라 불리는 과정. 이런 세균 종 일부는 흙에서 독립적으로 살아가지만 다른 종은 식물의 뿌리혹 안에서 공생하며 살아간다.

이것이 우리의 방법 / **과학의 창의적 과정**

19.11 식충 식물은 먹이를 섭취하면서 광합성을 한다

"살생 식물(murderous plants)". 이것이 19세기에 많은 식물학자(그리고 다른 학자)가 파리지옥풀, 벌레잡이풀, 기타 육식성 식물을 설명하던 방식이다. 그렇지만, Linnaeus는 이들을 "자연의 기적"이라 말했고, Charles Darwin이 이들에 관한 책 한 권을 쓰는 데에는 15년이 걸렸다.

육식성 식물이 다른 식물과 다른 점은 육식성 식물은 동물 먹이를 포획하고 소화해서 이로운 영양물질을 흡수할 수 있다는 것이다. 그런 육식성 식물은 영양분이 제한된 서식지에서 발견된다. 이 식물은 광합성 이외에도 곤충을 에너지원으로 이용할 수 있게 해주는 2차 에너지 획득 체계를 가진다.

왜 육식성 식물은 왜 모든 서식지에서 번성하지 못하는가?

육식성 식물은 남극을 제외한 모든 대륙에서 발견되지만, 영양분이 부족한 환경에서만 경쟁에서 유리하다. 왜 모든 서식지에서 이들이 주름잡지 못하는가? 결국, 육식성 식물들도 태양으로부터 에너지를 포획해서 유용한 화학물질 형태로 전환할 수 있어야 한다. 그리고 육식성 식물은 많은 유형의 동물—주로 곤충이지만—을 잡아 죽여서 이들로부터 영양소를 얻을 수 있어야 한다.

육식성 식물의 분포 양상을 어떻게 설명할 수 있는가?

연구자들은 이 질문에 대한 답을 얻기 위해서 논리적이고 현명하고 정교한 실험 기법을 사용했다. 육식성 식물이 주로 영양분이 부족한 서식지에서 발견된다는 것에 주목해서, 연구자들은 질소가 부족한 흙에서 비육식성 식물은 힘겹게 성장하고 생존한다는 결론을 내렸다. 육식성 식물은 육식 성향 덕에 척박한 흙에 대한 보상으로서 필요한 질소를 얻기 때문에, 질소가 부족한 흙에서는 육식성 식물이 유리하다.

그러면 다른 곳에서는 왜 육식성 식물이 다른 식물들과의 경쟁에서 유리하지 않은가? 연구자들은 지옥파리풀의 파리통이나 벌레잡이풀의 주머니 같은 육식을 위한 구조를 만들고 유지하기 위해서는 많은 대가가 필요하므로, 영양분이 충분히 공급되는 흙에서는 육식성 식물이 경쟁적으로 불리한 위치에 놓인다고 제안한다.

육식성 식물에 질소를 주면 어떤 일이 일어나는가?

연구자들은 추가적인 질소가 육식성 식물에 주는 영향을 평가하기 위한 실험을 위해서 미국 북동부 늪지에서 자라는 벌레잡이풀을 사용했다. 3년 동안 매년 성장기(6월~9월) 때 2주마다, 연구자들은 아래의 3가지 용액 중 하나를 각 식물의 모든 주머니에 5 ml씩 더해 주었다:

용액 1: 증류수

용액 2: 저농도 질소

용액 3: 고농도 질소

연구자들은 (1) 주머니(곤충을 잡기 위해 필요)의 수, 크기, 모양; 그리고 (2) 각 식물에서 가장 큰 잎에서의 광합성률(사용된 CO_2 μmole/m^2/sec)을 측정했다.

그래서 연구자들이 발견한 것은 무엇인가?

- 증류수나 저농도 질소 용액을 받은 식물은 큰 관을 가진 정상적인 육식 주머니를 만들었다.
- 고농도 질소 용액을 받은 식물은 작은 육식성 관(전형적인 주머니 크기의 절반보다 작은)을 가진 잎을 만들었다. 어떤 경우에는 관이 전혀 만들어지지 않았고 모든 잎이 전부 육식성이 아니었다.
- 잎이 더 납작해지고 덜 육식성화 할수록 광합성률은 증가했다.
- 식물이 주머니를 더 많이 만들수록 광합성률은 감소했다.

이 결과들은 2가지 일반적인 결론을 이끌어냈다:

1. 늪지나 다른 질소가 부족한 서식지처럼 질소가 제한되면 육식성 식물은 육식을 위해 필요한 구조에 더 많이 투자한다. 질소가 과도하게 공급되면 육식성 식물은 육식에 덜 투자한다.
2. 육식성 구조를 만들기 위해서는 광합성 희생이 따른다. 주머니는 먹이를 잡기에는 좋지만 다른 잎에 비해 광합성에는 비효율적이다. 결국, 영양소가 부족한 서식지를 제외하고는 육식성 식물은 비육식성 식물에 비해 비효율적이다(그래서 경쟁에서 불리하다).

생각하기, 짝과 나누기

수업 수강생 중 한 명과 짝을 만드시오. 다음의 질문을 읽고 답에 대하여 60초 동안 조용히 생각하시오. 이후 5분 동안 토론을 하고 자신의 답을 공유할 수 있게 준비하시오.

- 연구자들이 빠르고 비용이 덜 들면서 정확하게 어떤 서식지의 질소 상태를 평가하기 위해서 이 방법들을 이용할 수 있을까?
- 어떻게?

핵심요약 9.11

» 생물학에서 흔히 어떤 문제에 대해 생산적으로 접근하는 방법은 정교한 실험 방법이다. 한 요소를 단순하게 더하거나 빼주는 것은 실험군과 대조군 사이의 차이를 최소화하여 그 요소의 역할을 분명히 보여줄 수 있다.

식물은 관다발조직을 통해서, 물, 당, 무기질을 수송한다

▲ 다 자란 사이프러스(cypress)가 토스카나의 지방도로 옆에 있다.

19.12 식물은 뿌리를 통해서 물과 무기질을 흡수한다

식물의 뿌리는 흙으로부터 물을 흡수한다. 뿌리털의 세포막으로는 물이 통과할 수 있어서, 뿌리가 흙 속에서 세포내 용액보다 무기질 농도가 낮은 물에 다다르면 삼투현상에 의해 물이 뿌리로 이동한다(**그림 19.27**).

식물의 뿌리는 무기질도 흡수한다(**그림 19.28**). 무기질 대부분은 화학적으로 전하를 띠므로, 식물은 뿌리 세포막에 박혀 있는 수송 단백질의 도움이 있어야만 흙에서 무기질을 흡수한다. 무기질이 뿌리 세포의 내부보다 외부에 더 높은 농도로 존재하면, 무기질은 단순 촉진 확산(simple facilitated diffusion; 식물 세포가 에너지를 사용할 필요가 없는 과정)으로 막을 통과해서 이동할 수 있다. 만약 무기질이 뿌리 세포 내부에 더 높은 농도로 존재하면, 무기질은 능동 수송(4.9절 참조)을 통해서만 식물로 흡수될 수 있다. 능동 수송 과정에서 식물은 무기질을 농도구배에 역행하여 뿌리 세포로 이동시키기 위해 에너지를 사용한다.

물과 무기질을 얻을 때, 식물은 곰팡이와의 협력으로부터 도움을 받는다. 식물 대부분은 상호 유익한 관계를 형성하면서 뿌리 주변 사방, 심지어는 내부에서 자라는 **균근**이라 불리는 곰팡이를 가지고 있다(**그림 19.29**). 작고 실처럼 생긴 곰팡이는 스펀지처럼 물을 가두어서 뿌리 주변에 물을 가두어 둔다. 곰팡이의 엄청난

그림 19.27 식물은 삼투현상을 통해 흙으로부터 뿌리로 물을 흡수한다. 무기질의 흡수는 중간 단계가 필요하다.

무기질 흡수

무기질 대부분은 화학적으로 전기를 띠므로 무기질은 뿌리 세포막 안에 박혀 있는 수송 단백질을 통과해야만 한다.

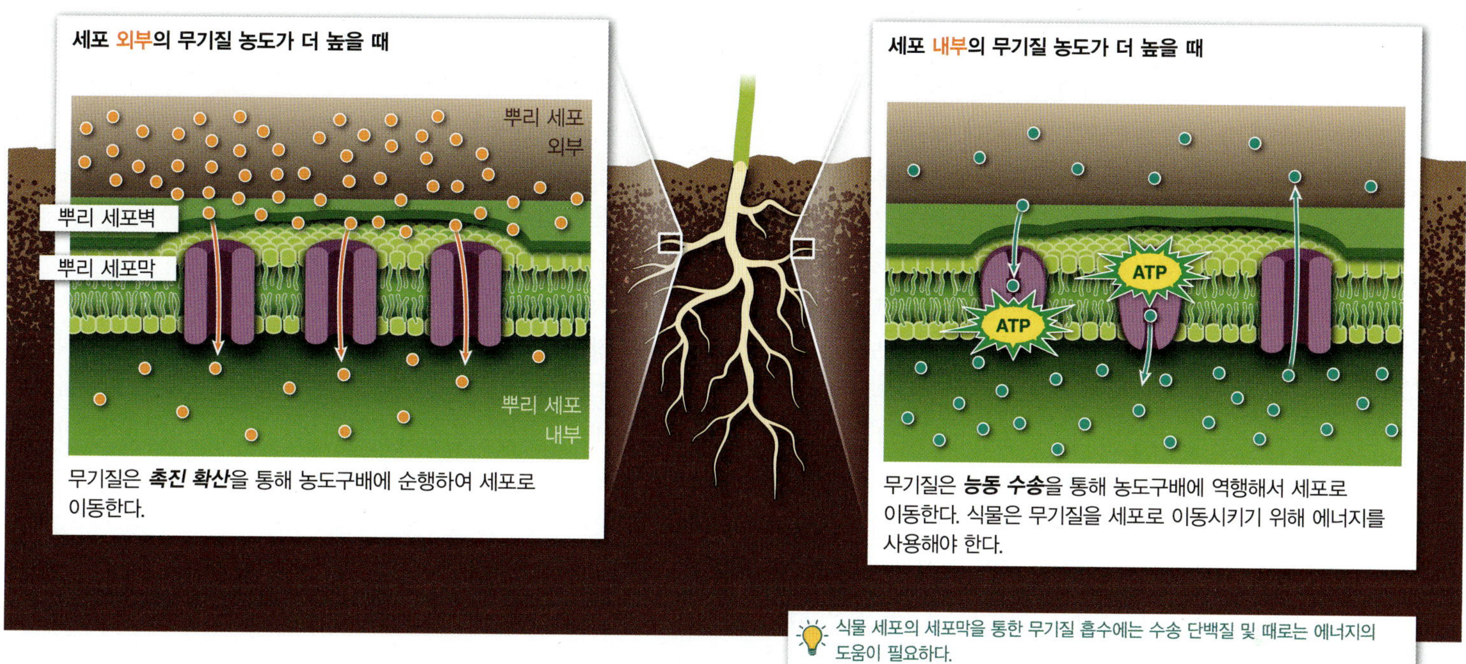

그림 19.28 식물체 내로의 무기질 흡수.

표면적은 흡수될 수 있는 물과 무기질의 양을 상당히 증가시킨다. 물론 곰팡이는 이 모든 일을 공짜로 하지는 않는다. 그 대가로 곰팡이는 식물로부터 당, 아미노산, 비타민을 받는다. 식물과 곰팡이의 이런 관계는 매우 중요해서 많은 나무가 뿌리 주변에 곰팡이가 없으면 전혀 자랄 수가 없다.

그림 19.29 식물과 곰팡이의 상호 유익한 관계.

핵심요약 19.12

» 식물은 삼투현상을 통해 흙에서 뿌리털로 물을 흡수한다. 무기질은 뿌리 세포막의 수송 단백질 도움을 받아 뿌리로 흡수된다. 상호 유익한 관계 속에서, 식물 뿌리 주변이나 내부에서 자라는 균근이라 불리는 곰팡이는 식물로부터 에너지와 양분을 얻는 대신 식물의 물과 무기질 흡수를 증가시켜 준다.

19.13 물과 무기질은 물관부를 통해서 분배된다

증발은 무자비하다. 한 잔의 물을 여러분의 책상에 하루나 이틀 정도 놔두면 물은 완전히 증발할 것이다. 유리잔에서보다 건조한 공기 속에 수분이 적기 때문에 액체인 물은 계속 기체화한다. 접시에 물을 쏟아서 퍼지게 하면 더 많은 물이 공기와 직접 접촉하기 때문에 물은 더 빨리 증발할 것이다.

증발은 잎으로부터 수분도 빼앗아간다. 그리고 증발은 잎을 냉각시키고 물과 이온이 식물체 전체로 이동하게 도와주지만, 지속적인 대기로의 물 손실은 식물 특히 나무에게 문제가 된다. 북미 삼림의 큰 나무 한 그루는 하루에 380 L 이상의 물을 잃기도 한다(**그림 19.30**). 증발을 통한 물 손실은 식물에게 육체적인 어려움을 주기도 한다. 물의 대부분은 나무의 높은 곳에 있는 잎에서 손실되는 반면, 물은 모두 땅에서만 온다. 그래서 어떻게 해서든 물은 계속 잎으로 운반되어야만 한다—매시간 40 L 이상. 그래서 뿌리는 많은 양의 물을 흡수해야 할 뿐 아니라 물을 힘들게 끌어올려야 한다. 나무는 물을 어떻게 위로 가게 하는가?

그림 19.30 나무는 증발을 통해 상당한 양의 물을 대기로 잃기도 한다.

물 수송은 뿌리로부터 모든 식물 세포로 물과 물에 녹아 있는 무기질 흐름의 인도를 담당하는 물관부의 일이다. 그러나 동물의 심장과 같은 펌프가 없이 물은 어떻게 뿌리에서 잎으로 (땅에서 약 91 m나 떨어져 있기도 한) 수송되는가? 해답은 가장 높은 잎까지 물이 당겨지는 것이다. 이 과정에 대해서는 다음에 논의할 것이다.

Q 물은 어떻게 키가 큰 나무의 꼭대기에 있는 잎에까지 도달하는가?

물의 3가지 특성에 의해서 물이 식물 전체로 이동할 수 있다(**그림 19.31**).

1. 증발(*Evaporation*). 공기 중의 수분 함량이 잎 내부의 수분 함량에 비해 적기 때문에, 물 분자는 하나씩 기화되어 잎에서 손실된다.
2. 장력(*Tension*). 2장에서 수소결합이 물 분자를 서로 붙게 한다고 언급한 것을 상기해보자. 잎에서 물 분자 하나가 증발하면 장력을 생성해서 서로 결합된 물 분자 사슬을 끌어당긴다.
3. 응집력(*Cohesion*). 잎에서 물 분자가 하나씩 기화할 때, 응집력 또는 점착력을 통해서 나무뿌리의 물 분자가 위로 끌어 당겨진다.

응집-장력 기작이라 불리는 이 시스템의 묘미는 식물이 뿌리로부터 가지와 잎의 모든 세포로 물과 무기질을 펴 올리기 위해 에너지를 사용할 필요가 없다는 것이다.

응집-장력 기작이 효과적이지만 식물이 자랄 수 있는 높이에는 한계가 있다. 아주 큰 나무 꼭대기에 있는 잎은 충분한 물을 얻는 데 어려움이 있다. 이 잎은 나무가 커질수록 계속 증가하는 중력(물관부에서 긴 물기둥을 아래로 끌어당김)을 거슬러서 물을 끌어당겨야만 한다. 그리고 물 분자들을 연결하는 수소결합 전체의 힘은 굉장하지만, 여전히 제한적이다. 결과적으로, 큰 나무 꼭대기에 있는 잎은 사막 식물의 잎과 비슷하게 된다: 작고, 천천히 자라고, 광합성률이 낮으며, 대체로 마른 잎처럼 행동한다. 중력을 거슬러서 물을 끌어 올리는 데 있어서의 물리적 제한 때문에, 연구자들은 나무가 최대 약 121 m까지 밖에 자라지 못한다고 추정한다.

Q 나무가 자랄 수 있는 높이에는 한계가 있는가? 왜 그런가?

물 수송

식물은 응집-장력 기작을 이용해서 물과 물에 녹아 있는 무기질을 뿌리로부터 식물 전체로 수송하고 순환시킨다.

1 증발
잎 내부에 비해 적은 공기 중의 수분 함량 때문에, 물 분자는 하나씩 기화한다.

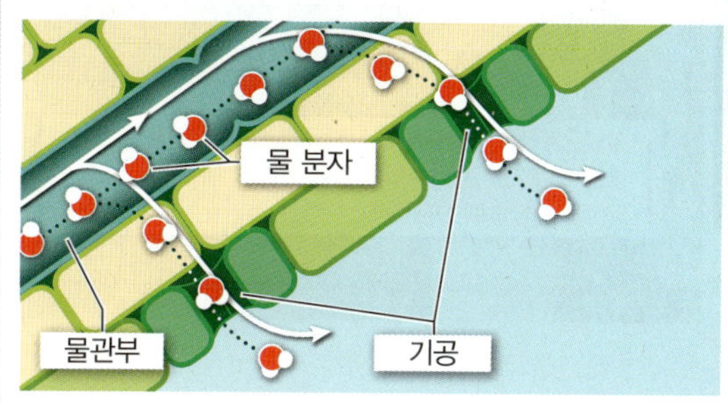

2 장력
물 분자들은 서로 수소결합을 형성하며 이로 인해 물 분자들은 서로 붙어 있게 된다. 그래서 물 분자 하나가 기화하면 붙어 있는 다른 물 분자를 끌어당기는 장력을 생성한다.

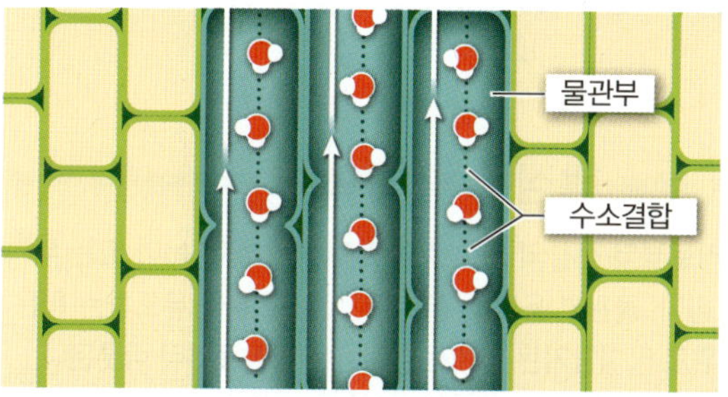

3 응집력
물 분자의 응집력 또는 점착력은 물 분자들을 뿌리 아래까지 서로 연결한다. 물 분자 하나가 기화하면서 옆에 있는 물 분자를 끌어 올리면, 그 옆에 있는 물 분자가 끌어 올려지고, 결국에는 뿌리 아래의 물 분자까지 끌어 올려진다.

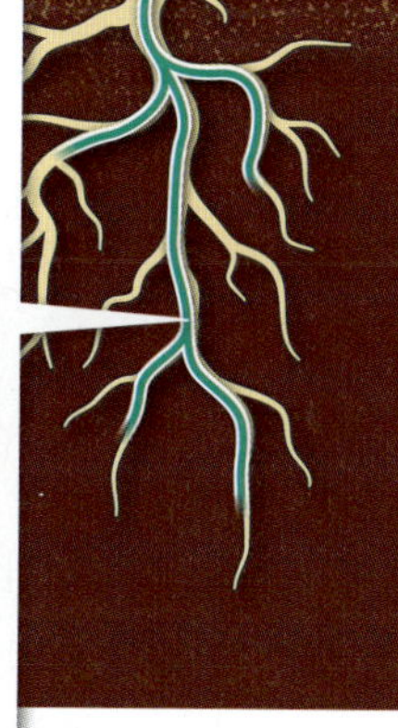

식물 주변으로 물과 무기질이 포함된 무거운 용액을 이동시키는 것은 에너지를 소모하기도 한다. 그러나 물 분자의 응집력은 증발을 통해서 용액이 뿌리에서 잎까지 식물 전체로 "끌어 당겨지도록" 한다.

그림 19.31 물관부에서 용액을 이동시키는 응집-장력 기작.

수액: 저장과 수송

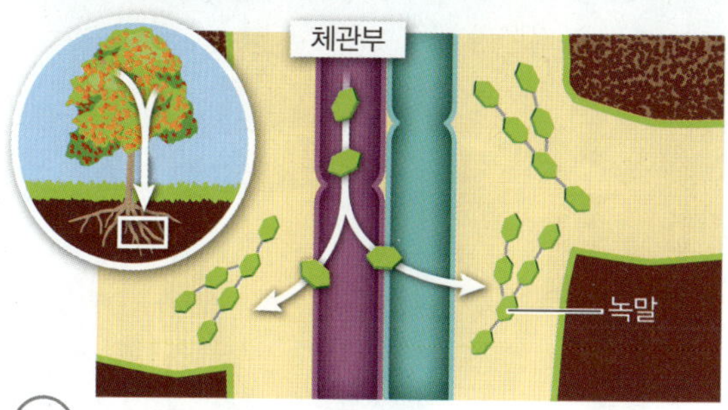

1 늦여름과 초가을에 걸쳐서, 광합성에 의해 만들어진 당은 잎과 줄기에서 아래쪽 뿌리로 이동하고, 뿌리에서 녹말로 저장된다.

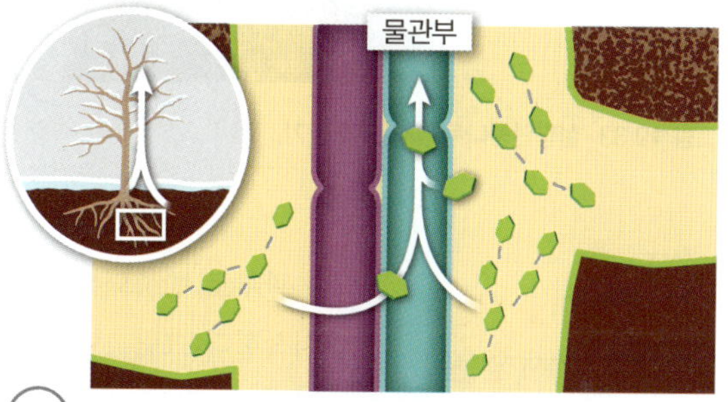

2 늦겨울에 온도가 올라가면, 뿌리에 저장된 녹말은 분해되기 시작하고 당이 물관부로 방출된다.

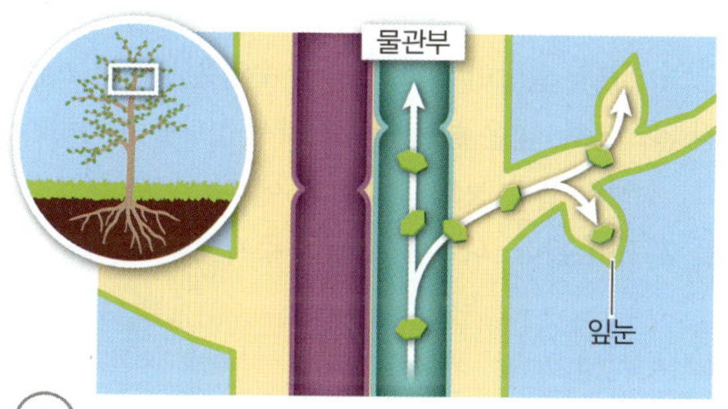

3 추가된 당에 의해 증가한 압력이 수액을 새로 만들어지는 잎눈까지 위로 이동시킨다.

광합성으로 만들어진 당이 녹말의 형태로 뿌리에 저장된다. 이후, 당은 새로운 잎눈을 위한 에너지를 제공할 수 있다.

그림 19.32 수액의 상승. 늦겨울과 초봄에는, 만들어질 잎눈에 양분을 공급하기 위해서 설탕을 운반하는 수액이 뿌리로부터 위로 이동한다.

물관부의 수액은 항상 물과 물에 녹아 있는 무기질만을 포함하지는 않는다. 때때로 물관부의 용액은 당도 포함한다(체관부가 일반적으로 당을 수송하는 배관임을 상기해보자). 잎을 잃기 직전인 늦여름과 초가을에 설탕단풍나무(*Acer saccharum*)는 광합성으로 만든 당을 뿌리에 녹말로 저장하기 시작한다(**그림 19.32**). 늦겨울에 기온이 올라가면 뿌리에 저장된 녹말은 결국

설탕단풍나무의 물관부에 구멍을 뚫고 작은 관을 꽂으면 방울져 나오는 설탕 수액을 모을 수 있다. 수액은 후에 메이플 시럽으로 전환된다.

그림 19.33 설탕단풍나무에서 수액 받기.

Q 메이플 시럽은 나무에서 얻는다. 그것이 무엇인가?

물관부로 방출되는 당으로 분해되기 시작한다(그림 19.32 참조). 수액은 발달에 에너지가 필요한 위쪽의 새로 생긴 잎눈으로 이동한다. 물관부에 구멍을 뚫고 작은 관을 꽂으면, 방울져 나오는 설탕 수액을 모을 수 있다. 설탕이 약 1~5%인 수액은 팬케이크에 부을 만큼 달지 않으므로, 많은 물을 증발시켜서 설탕을 농축하기 위해 끓여진다. 수액의 설탕 농도가 약 85%에 다다르면 비로소 맛있는 메이플 시럽이 된다. 나무에 피해를 주지 않는 선에서 수액이 흘러나오는 몇 주에 걸쳐서 한 나무로부터는 약 3.8 L의 수액을 모을 수 있다. 그렇지만 약 3.8 L의 시럽을 만들기 위해서는 약 189 L의 수액이 소요된다(**그림 19.33**).

핵심요약 19.13

» 물관부는 뿌리로부터 식물의 모든 조직까지 물과 물에 녹아 있는 무기질의 흐름을 유도한다. 물관부 용액(물관부 수액)의 흐름을 유도하는 힘은 뿌리로부터 물을 위로 끌어당기는 잎에서 일어나는 증발로부터 비롯된다.

19.14 당과 기타 영양소는 체관부를 통해서 분배된다

물관부는 식물에서 양분을 수송하는 주요 기구이다. 여러 갈래로 갈라진 도로망과 같은 물관부를 통해서, 잎(공급원; source)에서 만들어진 당은 식물체 전체에 걸쳐서 당이 필요한 장소(수용부; sink)로 수송된다. 빠른 성장이 일어나는 뿌리나 잎눈, 발달 중인 과일, 당을 저장하는 뿌리나 줄기 등이 수용부에 해당된다.

잎이 어릴 때는 혼자 힘으로는 적절한 양분을 만들 수 없으므로, 대신 물관부를 통해 양분을 얻는다. 잎이 성숙하고 사용하는 양보다 많은 양분을 만들게 되면, 수송 방향이 역전된다. 당은 잎에서 나와 물관부를 거쳐 식물의 다른 장소로 이동한다. 그래서 포유동물의 순환계와 달리, 체관부에서의 물질 흐름의 방향은 식물의 필요에 따라 결정된다.

체관부의 도관(vessels)은 육안으로 볼 수 있다. 물관부 도관과 함께 체관부 도관은 잎맥을 구성한다. 19.3절에서 다루었듯이, 물관부 도관의 살아있는 세포는 체관이라 불리우며, 세포벽에 작은 구멍을 많이 가지고 있다(주로 세포의 끝에). **압류 기작**이라 불리는 과정으로, 당은 체관을 통해 빨리 이동할 수 있어서 식물 전체에 걸쳐 잎에서 뿌리, 줄기, 눈, 꽃, 과일로 이동한다.

체관부는 식물 전체로 당의 이동을 4단계로 조절한다(**그림 19.34**).

1. 공급원(주로 잎)에서 당은 능동 수송으로 체관부에 적재된다.
2. 체관부의 증가한 당 농도로 인해, 삼투현상으로 물이 물관부

당 수송

체관부는 식물 전체로의 당 이동을 4단계로 조절한다.

1 당은 생성 장소(주로 잎)에서 능동 수송으로 체관부에 적재된다.

2 체관부에서 증가한 당 농도는 물이 삼투현상으로 물관부에서 체관부로 이동하게 한다.

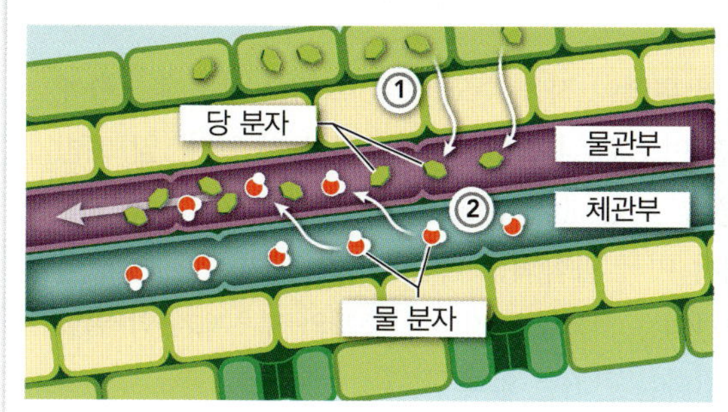
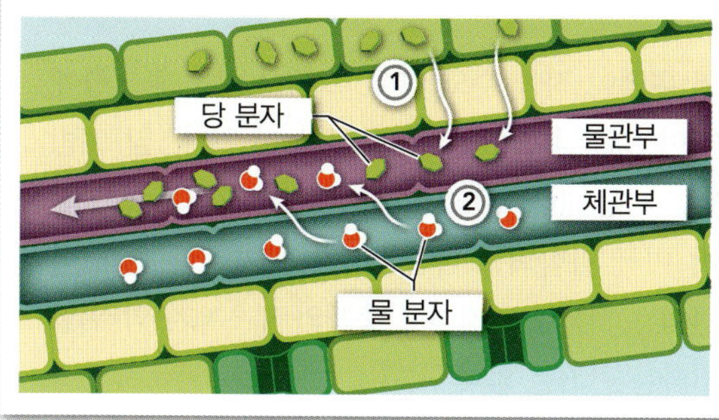

3 증가한 체관부 압력이 치약을 짜는 것처럼 체관부에서 용액을 뿌리 등 식물 여러 곳으로 이동시킨다.

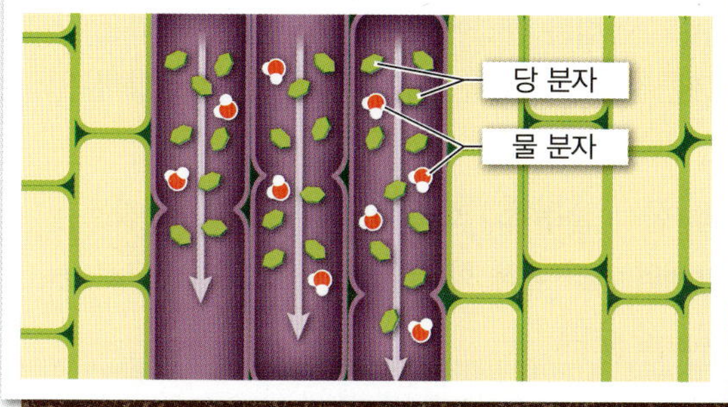

4 식물체 전체로 당이 밀리면서, 당은 저장이나 성장을 위한 뿌리 세포처럼 당이 필요한 다양한 곳에서 능동 수송으로 체관부 밖으로 이동한다.

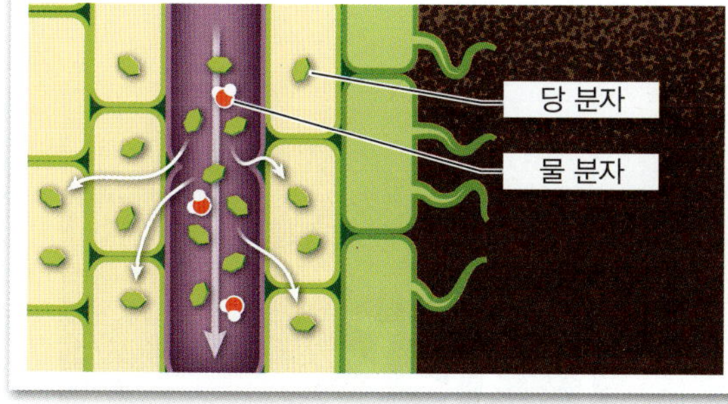

그림 19.34 **체관부에서 용액을 이동시키는 압류 기작.**

에서 체관부로 이동한다. 이는 체관부 내의 압력을 증가시킨다.

3. 증가한 압력(특히 식물의 광합성이 일어나는 곳에서 더 높음)은 체관부에서 용액이 식물의 다른 부위로 이동하게 해준다.

체관부의 당이 풍부한 용액은 압력이 높으므로, 진딧물은 항상 그것을 모두 다 흡수하지 못한다. 그래서 용액의 일부가 소화계를 걸쳐 항문(여기서 개미가 용액을 사용하기도 함) 밖으로 밀려 나온다.

그림 19.35 **소방 호스로 마시는 것과 같다.**

4. 당이 필요한 다양한 곳(수용부)에서, 당은 능동 수송으로 체관부 밖으로 이동한다.

체관부에서 이동하는 용액은 정확히 무엇인가? 이에 대한 답을 얻기 위해서, 연구자들은 진딧물—식물의 줄기를 뚫고 체관부의 당이 풍부한 수액을 얻기 위해 구기(mouthparts)를 이용하는 곤충—을 이용했다(**그림 19.35**).

연구자들은 진딧물이 먹이를 얻는 식물을 선택하고, 빨대처럼 체관부에 꽂혀 있는 구기를 남겨둔 채 진딧물 몸체를 제거하였다. 수액은 잘린 구기 밖으로 방울져 나오므로, 연구자들은 수액을 모아서 분석하였다. 체관부 수액은 지질과 아미노산 일부가 포함된 용질이 녹아 있는 설탕 용액(약 10~25%)이라는 것이 밝혀졌다. 식물 대부분에서, 체관부 당의 약 90%는 우리가 사용하는 것과 같은 설탕이다.

다음 장에서는 나무가 자라면서 체관부가 이차적인 보호 기능을 담당한다는 것도 살펴볼 것이다.

핵심요약 19.14

» 체관부는 끝과 옆의 세포벽에 작은 구멍을 가진 살아있는 세포가 끝을 맞대고 줄지어서 형성된 체관으로 구성된 도관이 여러 갈래로 갈라진 망으로 이루어져 있다. 대체로 설탕인 당은 만들어지는 장소(공급원)로부터 사용되거나 저장되는 장소(수용부)로 체관부를 통해 이동한다. 이동 방향은 식물의 수요에 따라 변할 수 있다.

생활 속 생명과학 | 증거를 사용한 의사결정 안내

유기농 식품(Organic foods): 가격만큼의 가치가 있는가?

Q: 유기농 식품은 무엇인가? 유기농이라고 표기되어 팔리기 위해서는 식품 재료가 화학 비료나 비유기성 살충제 없이 재배되거나 사육되어야 한다. 유전자를 조작하거나 방사선을 쪼이거나 호르몬을 더 넣어도 안 된다.

Q: 야비한 표기를 어떻게 알아채나? 미국 농무부(US Department of Agriculture)에 따르면, "100% 유기농"이라고 표기된 상품은 물과 소금을 제외하고는 유기농 재료만을 포함해야 한다. 그러함에도 우리를 쉽게 오인하게 만드는 상품 표지를 조심해야 한다: 상품이 적어도 95%의 유기농 재료를 포함하면 그 상품은 "유기농"이라고 표기할 수 있다. 그리고 상품이 적어도 70%의 유기농 재료로 만들어지면 그 상품은 "유기농 재료로 만들어짐"이라고 표기될 수 있다.

Q: 유기농 식품의 단점이 있는가? (미국의 경우) 유기농 과일과 채소는 그렇지 않은 식품에 비해 킬로그램당 약 355~1,000원 정도 더 비싸다. 호르몬이나 항생제가 없는 우유는 평균적으로 L당 약 1,950원인데, 이는 비유기농 우유가 약 3.8L당 약 1,160원인 것과 대비된다.

Q: 유기농 식품은 일반적으로 생산된 식품보다 영양학적으로 우수한가? 2009년에 발표된 유기농 식품의 영양 성분에 대한 55편의 논문에 대한 철저한 검토에서, 미국 식품기준청(US Food Standards Agency)의 지원을 받은 연구자들은 13개의 영양소 분류를 조사했다. 그리고 일반적으로 생산된 식품과 비교했을 때 유기농 식품이 영양 성분에서 더 우수하다는 근거가 없음을 알아냈다.

Q: 유기농 식품은 다른 이로운 점을 가지고 있는가? 검토 결과는 유기농 식품이 돈을 더 주고 살만한 가치가 없다는 것을 보여주지만, 최종 판정이 보류된 데는 이유가 있다. 연구는 단순히 영양 성분만을 조사했기에 다른 면에서 이로운 점이 있을 수도 있다.

- **안전.** 덜 밀집된 상태에서 풀을 먹인 소로부터 얻은 고기가 대장균 감염 위험이 적을 수도 있다. 그러나 살충제 노출에 대해서라면 이로운 점이 있는지는 확실하지 않다. 암 예방을 위한 영양 지침서(*Guidelines on Nutrition for Cancer Prevention*)에서 미국 암학회는 다음과 같이 말한다: "현재 식품에서 발견되는 저용량의 잔류 살충제와 제초제가 암 위험을 증가시킨다는 근거는 없다."
- **심장 건강.** 풀을 먹인 소로부터 얻은 고기에는 지방이 적고 특정 암과 심장병 위험을 낮출 수 있는 오메가-3 지방산이 많다고 알려졌다.
- **환경 악화.** 유기 농법은 환경에 대한 합성 살충제 증가를 감소시킴으로써, 잠재적으로 물 공급과 장기적으로 토양 질을 향상시킨다.
- **농부의 위험.** 합성 살충제와 화학 비료에 대한 노출 감소는 잠재적 발암제와 기타 유해 화학물질의 접촉을 줄이므로 농부에게 이로움을 준다.

현재까지의 지식에 의하면 유기농 식품의 가치에 대한 확실한 결론은 없다. 소비자는 정보에 근거한 선택을 위해서 중요한 유불리 점을 평가해야 한다. 여러분은 어떻게 할 것인가?

연습 데이터의 시각적 표현을 비판적으로 살펴보기

도표로 배우기

1. 이 원그래프의 목적은 무엇인가?
2. 이 그래프에서 자료의 근원은 무엇인가? 제시되는 자료의 기반이 되는 가정은 무엇인가?
3. 이 그래프에서 제시된 자료는 모든 유형의 흙에 유효한가? 이와 같은 종합적인 자료가 어떻게 제시될 수 있는가?
4. 막대그래프는 자료의 평균값뿐만 아니라 변이의 추정치도 제시할 수 있다. 이를 원그래프로도 할 수 있는가? 어떻게 할 수 있는가?
5. 막대가 3개인 막대그래프가 아니라 원그래프로 자료를 제시하면 유리한 점이 무엇인가? 막대그래프로 자료를 제시하면 축의 표기는 무엇으로 하나?
6. 원그래프는 여기처럼 종종 3차원으로 보여주기도 한다. 이 그래프에서 물과 공기를 표시하는 색이 "무기질"을 표시하는 색보다 더 잘 보이도록 "물과 공기"의 위치를 앞으로 돌려져 있다. 이것이 물과 공기 부분이 무기질 부분보다 큰 값에 해당한다는 것을 의미하는가? 보는 사람이 오해할 수 있는 이런 자료 제시 방법을 이용할 수 있는가?

답은 부록에 있습니다.

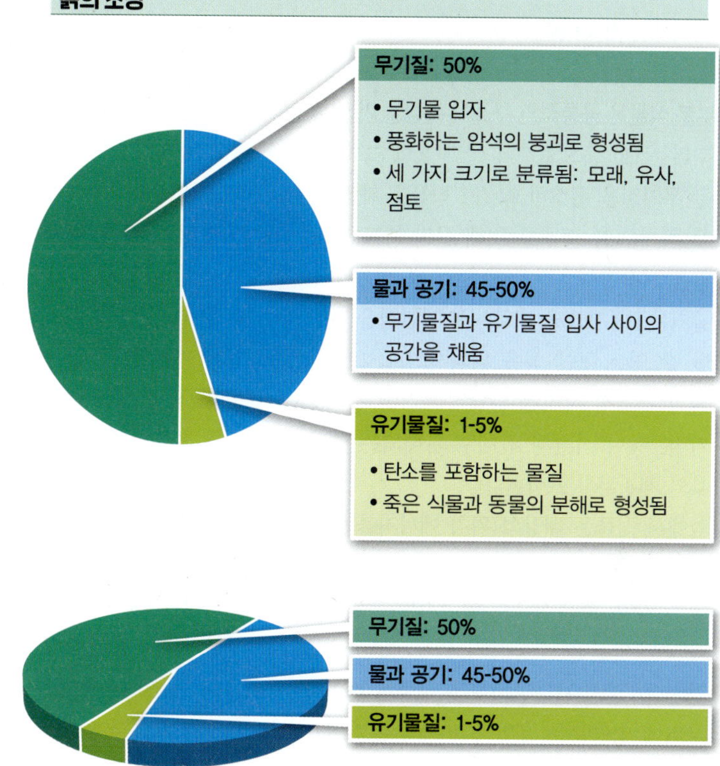

주요 용어: 식물의 구조와 영양분 수송

공변세포 guard cell, 577쪽
관다발조직 vascular tissue, 575쪽
균근 mycorrhizae, 595쪽
기공 stoma, 복수는 stomata, 577쪽
기본조직 ground tissue, 578쪽
떡잎 cotyledon, 575쪽
마디 node, 582쪽
물관부 xylem, 578쪽
부식토 humus, 588쪽
분열조직 meristem, 582쪽
분해 decomposition, 588쪽
뿌리 root, 580쪽
뿌리혹 nodule, 578쪽
속질 pith, 581쪽
수경재배 식물 hydroponically grown plant, 588쪽
수액 sap, 578쪽
수염뿌리 fibrous root, 581쪽
슈트부 shoot, 582쪽
압류 기작 pressure-flow mechanism, 598쪽
외떡잎식물 monocot, 575쪽
원뿌리 taproot, 580쪽
응집-장력 기작 cohesion-tension mechanism, 596쪽
잎 leaf, 584쪽
정단분열조직 apical meristem, 582쪽
줄기 stem, 582쪽
진정쌍떡잎식물 eudicot, 575쪽
질소고정 nitrogen fixation, 591쪽
체관 sieve tube, 578쪽
체관부 phloem, 578쪽
측면 분열조직 lateral meristem, 582쪽
코르크 세포 cork cell, 577쪽
큐티클 cuticle, 577쪽
퇴비화 composting, 589쪽
표피 epidermis, 577쪽
표피조직 dermal tissue, 577쪽
피층 cortex, 583쪽

요약

식물은 여러 방식으로 진화에 성공한 다양한 생물체의 집단이다.

- 식물은 성장, 경쟁, 방어, 재생산을 위해 상이한 전략을 가진 매우 다양하고 성공적인 생명체 그룹이다.
- 현화식물은 씨, 잎, 줄기, 꽃, 뿌리의 구조적 특징에 따라 2개의 주요 그룹인 외떡잎식물과 쌍떡잎식물로 나뉜다.
- 모든 관다발식물은 비슷한 체제를 가지며

똑같은 3가지 유형의 조직으로 구성된다. 표피조직은 식물의 표면을 덮어서 보호한다. 관다발조직은 물, 당, 무기질을 식물 전체로 수송한다. 식물체 대부분을 차지하는 기본조직은 대부분의 식물 대사활동이 일어나는 장소이다.

대부분 식물은 공통적인 구조적 특징을 가진다.

- 뿌리는 (1) 흙으로부터 물과 물에 녹아 있는 무기질을 흡수하고; (2) 식물을 자리 잡게 하며; (3) 장래를 위해 물과 과도한 녹말을 저장한다.
- 줄기는 (1) 햇빛을 가로채서 광합성을 수행할 수 있는 곳에 잎을 위치시키고; (2) 식물의 구조적 지지를 담당하며; (3) 물, 무기질, 당이 식물체 전체로 분배되는 물관부와 체관부를 포함한다.
- 잎에서 식물은 태양의 위치 에너지를 이용 가능한 당이라는 화학 에너지로 전환한다. 잎은 얇아, 효과적으로 에너지를 포획하고 물과 영양분을 수송하기 위한 층 구조를 가진다. 잎의 관다발조직은 식물체 나머지 부위에 영양분을 운반하고 물과 무기질을 옮겨온다.
- 물은 위험한 탈수 상태를 방지할 수 있는 다양한 적응 방식을 가지고 있다. 이 적응 방식에는 큐티클, 잎털 그리고 공변세포가 있다.

식물은 햇빛을 이용하고 환경으로부터 유용한 화학 원소를 얻는다.

- 식물의 성장은 (1) 에너지를 제공하는 햇빛, (2) 물, (3) 이산화탄소와 산소를 제공하는 공기, (4) 대체로 흙에서 얻는 무기질에 의존한다.
- 흙은 무기질, 유기물질, 공기, 물로 이루어진 복합체로 식물의 건강과 생존에 아주 중요한 영양소를 거의 끊임없이 제공하는 역할을 한다.
- 거의 모든 식물 세포가 필요로 하는 질소는 식물의 성장을 가장 많이 제한하는 무기질이다. 질소 대부분은 자연 상태에서 쉽게 이용할 수 있는 형태로 존재하지 않는다. 몇몇 세균 종은 화학적으로 질소 분자를 식물이 이용할 수 있는 형태로 변환시킨다—질소고정이라 불리는 과정. 이런 세균 종 일부는 흙에서 독립적으로 살아가지만, 다른 종은 식물의 뿌리혹 안에서 공생하며 살아간다.
- 생물학에서 흔히 어떤 문제에 대해 생산적으로 접근하는 방법은 정교한 실험 방법이다. 한 요소를 단순하게 더하거나 빼주는 것은 실험군과 대조군 사이의 차이를 최소화하여 그 요소의 역할을 분명히 보여줄 수 있다.

식물은 관다발조직을 통해서 물, 당, 무기질을 수송한다.

- 식물은 삼투현상을 통해 흙에서 뿌리털로 물을 흡수한다. 무기질은 뿌리 세포막의 수송 단백질 도움을 받아 뿌리로 흡수된다. 상호 유익한 관계 속에서, 식물 뿌리 주변이나 내부에서 자라는 균근이라 불리는 곰팡이는 식물로부터 에너지와 양분을 얻는 대신 식물의 물과 무기질 흡수를 증가시켜 준다.
- 물관부는 뿌리로부터 식물의 모든 조직에 이르기까지 물과 물에 녹아 있는 무기질의 흐름을 유도한다. 물관부 용액(물관부 수액)의 흐름을 유도하는 힘은 뿌리로부터 물을 위로 끌어당기는 잎에서 일어나는 증발에서 비롯된다.
- 체관부는 끝과 옆의 세포벽에 작은 구멍을 가진 살아있는 세포가 끝을 맞대고 줄지어서 형성된 체관으로 구성된 도관이 여러 갈래로 갈라진 망으로 이루어져 있다. 대체로 설탕인 당은 만들어지는 장소(공급원)로부터 사용되거나 저장되는 장소(수용부)로 체관부를 통해 이동한다. 이동 방향은 식물의 수요에 따라 변할 수 있다.

복습하기

짧게 답하기

1. 관다발식물의 서로 다른 3부위와 이들의 기본적인 기능을 설명하시오.
2. 단단한 철사가 외떡잎식물을 둘러싸서 얕은 상처를 낸다고 상상해보자. 그리고 진정쌍떡잎식물에 대해서도 같은 일이 일어난다고 상상해보자. 두 식물 중 어느 식물이 더 잘 살아남을 수 있을까? 그 이유는?
3. 식물의 어떤 조직이 척추동물의 순환계와 아주 비슷한 기능을 수행하는가? 이 조직의 기능은 왜 척추동물의 순환계 기능과 완전히 같지 않은가?
4. 녹말의 형태로 에너지를 저장할 때, 뿌리의 기본조직에는 어떤 일이 일어나나?
5. 정단분열조직과 측면분열조직이 식물의 성장에 기여하는 방식에 있어서 유사점과 차이점을 각각 하나씩 설명하시오.
6. 식물에서 물 손실 감소를 도와주는 3가지 중요한 적응 방식을 설명하시오.
7. 흙은 식물의 영양에 어떻게 기여하는가?
8. 흙에 질소를 첨가해주면 식물의 성장이 왜 향상되는가?
9. 곰팡이와의 관계가 많은 식물에서 왜 중요한가?
10. 응집-장력 기작의 이용이 나무가 다다를 수 있는 최대 높이에 어떻게 영향을 주는가?
11. 식물의 어떤 구조가 "식물의 음식 배달 서비스"로 여겨질 수 있는가? 그 이유는?

정답고르기

1. 유묘(어린 식물)에서 잎의 미발달 전구체를 무엇이라 부르나?
   a) 유묘 잎
   b) 떡잎

c) 속씨식물
d) 침엽수 잎
e) 외떡잎식물

2. 다음 중 어느 것이 관다발식물에서 구조적인 지지 역할을 제공하는 데 있어서 가장 중요한가?
a) 물관부
b) 정단분열조직
c) 체관부
d) 표피
e) 피층

3. 흙이 빽빽하게 포개진 점토를 너무 많이 가지고 있다면?
a) 부패하는 동물에서 나오는 유기물질을 가지고 있을 수 없다.
b) 중요한 무기질이 흙을 통과해 유출수로 들어가서 식물의 성장이 제한된다.
c) 뿌리가 흡수할 수 있는 공기가 너무 적어서 식물의 성장이 제한된다.
d) 침식이 증가한다.
e) 위의 내용 모두 옳다.

4. 다음 중 어떤 조직이 식물의 줄기와 뿌리 모두에서 발견되는가?
a) 관다발조직
b) 표피조직
c) 기본조직
d) 분열조직
e) 위의 모든 조직이 식물의 줄기와 뿌리 모두에서 발견된다.

5. 잎은 대체로 얇은데, 다음 중 어느 것을 제외한 모두가 포함된 3층의 구조를 갖는가?
a) 관다발조직 중 잎맥
b) 광합성을 하지 않는 표피 세포
c) 여러 층의 광합성 세포
d) 정단분열조직 세포
e) 기공

6. 잎의 큐티클 층은?
a) 잎으로의 물 운반을 담당한다.
b) 식물에서 상당히 많은 광합성을 담당한다.
c) 식물 광합성 산물 대부분이 사용되는 장소이다.
d) 물 손실을 최소화하는 왁스 성분의 무생물 층이다.
e) 위의 내용 모두 옳다.

7. 식물은 질소를 얻는 데 도움을 주는 세균에 의존한다. 그 이유는?
a) 질소는 자연에서 가장 드문 원소 중 하나이다.
b) 흙에 있는 질소는 식물이 이용할 수 없는 형태이다.
c) 식물 뿌리는 질소가 있으면 자랄 수 없어서, 질소는 세균 내에 격리되어야만 한다.
d) 흙에 있는 질소는 지렁이가 이용한 후에야 식물이 이용할 수 있다. 그렇지 않으면 질소는 세균 내에 격리된다.
e) 식물이 필요로 하는 질소 형태인 N_2는 흙과 접촉하게 되면 이용할 수 없는 개별적인 질소 원자로 분해된다.

8. 다음 중 육식성 식물에 대해 올바르게 언급한 내용이 아닌 것은?
a) (주머니 같은) 육식을 위한 구조는 엽록체를 포함함으로써 광합성을 한다.
b) 육식을 위한 구조는 일반적인 잎보다 광합성 효율이 떨어진다.
c) 주머니를 가진 식물에 이용할 수 있는 질소의 양을 늘려주면, 이 식물은 육식을 위한 구조에 대한 투자를 줄인다.
d) 육식성 식물은 대체로 양분이 풍부한 흙에서는 비육식성 식물과의 경쟁에서 이길 수 없다.
e) 육식성 식물은 질소가 풍부한 열대 서식지에서 번성한다.

9. 어떤 무기질의 농도가 흙보다 뿌리 세포 안이 더 높을 때는?
a) 더 많은 무기질을 뿌리 세포로 흡수하기 위해 ATP가 사용된다.
b) 무기질은 확산에 의해 흙에서 뿌리 세포로 이동한다.
c) 무기질은 흙으로 내보내기 위해서 에너지가 사용된다.
d) 물의 흡수가 억제된다.
e) 식물은 수동적으로 무기질을 환경으로 잃게 된다.

10. 나뭇잎에서의 증발은 나무 높이 전체에 걸쳐서 끊기지 않는 기둥 모양으로 물을 뿌리로부터 끌어올린다. 물의 어떤 특성 때문에 이런 대단한 일이 가능한가?
a) 높은 열용량
b) 응집력과 운동에너지
c) 응집력
d) 낮은 열용량
e) 흡수력

20

식물의 생장, 번식 그리고 환경에 대한 반응

꽃과 목재, 호르몬으로 문제 해결하기

▲ 코스모스(*Cosmos bipinnatus*) 꽃밥에 있는 꽃가루 낟알의 주사전자현미경 사진. 색채는 인위적으로 입힌 것이다.

식물은 유성생식과 무성생식을 모두 이용하여 번식할 수 있다

▲ 꽃으로 꾸민 무지개

20.1 식물은 두 가지 생식 방법이 가능하도록 진화하였다

많은 식물이 꽃을 피워 현란한 색채와 달콤한 향기, 그리고 균형미로 우리를 매혹시킨다. 그러나 이 모든 것은 우리가 아니라, 광범위한 다른 동물을 위한 것이다. 꽃은 수배우자를 암배우자에게 전달하는 과정에서 도움을 줄 동물을 불러들이는 수단이다. 이처럼 유성생식을 통해 씨앗을 만들어내면 자손의 유전적 다양성을 높일 수 있게 된다.

예를 들어, **라플레시아**(*Rafflesia arnoldii*)라는 식물에 대해 생각해보자(**그림 20.1**). 일부 곤충은 썩은 고기나 부패한 유기물질을 먹이와 산란 장소로 삼는다. 라플레시아는 가짜 냄새가 나는 꽃으로 이들 곤충을 유인해서 자신의 수배우자를 암배우자에게 운반하도록 한다.

그림 20.1 라플레시아(*Rafflesia arnoldii*).

현화식물(꽃을 피우는 식물)의 경우, 유성생식만이 유일한 생식 방법은 아니다. 많은 경우 대체 방법을 이용할 수 있어서, 어떤 조건에서는 무성생식으로 자손을 만들어낼 수도 있다. 예를 들어, 사시나무(Aspens)는 유럽, 아시아, 북미의 선선한 지역에서 서식하는 나무의 한 종류이다(**그림 20.2**). 그러나 때로는 여건이 좋지 않으면, 유성생식을 이용하여 개체군을 충분히 유지할 수 없는 지역(불모 서식지)에 뿌리를 내리기도 한다. 스코틀랜드의 북쪽 끝에 있는 Orkney 섬에서 서식하는 사시나무의 경우, 남쪽 지역에서 서식하는 사시나무와 달리 씨앗이 거의 발아하지 않으므로 나무로 생장하지 못한다. 그 이유는 아마도 토양의 수분이 충분하지 않고 햇빛도 부족하기 때문인 것으로 보인다. 이처럼 유성생식이 불가능하다면, 이 지역에서는 생존에 치명적일 것이다.

그러나 Orkney 섬에는 여전히 사시나무가 서식하고 있다. 이들은 **흡기**(*sucker*)라고 부르는 옆으로 기는 땅속줄기에서 움튼 지상부(유관속식물 뿌리 위의 모든 부위)가 무성생식으로 발달하여 유전적으로 동일한 새로운 개체로 생장한다. 한 그루의 나무에서 수십 또는 수백 그루의 새로운 나무가 만들어지는데, 이들은 모두

그림 20.2 **사시나무.**

유전적으로 동일한 클론이다. 이러한 무성생식은 동물 세계에서는 거의 찾아볼 수 없지만, 불모 서식지에 있는 식물에서는 흔하게 나타난다. 상대적으로 불리한 서식지에서는 씨앗의 생존이 제한될 수 있고, 또한 개체군 크기가 작아서 교배대상을 찾아낼 가능성도 낮아질 수 있다.

핵심요약 20.1

» 대부분 식물은 무성생식과 유성생식이라는 아주 다른 두 가지 번식 방법을 가지고 있다.

20.2 많은 식물은 필요에 따라 무성생식으로 번식할 수 있다

클로닝은 새로운 일이 아니다. 정원사는 이미 수백 년에 걸쳐 이 일을 해왔다. 클로닝은 한 생명체가 무성생식을 통해 유전적으로 동일한 다른 개체를 만들어내는 현상에 대한 현대적 용어일 뿐이다. 식물의 무성생식 과정은 단순하다. 이미 만들어져 있는 조직에서 유사분열을 통해 새로운 개체가 직접 자라 나온다. 이 과정에는 배우자를 만들어내는 감수분열도 없으며, 배우자 사이의 수정도 없다.

무성생식은 **영양번식**(vegetative reproduction)이라고 부르기도 하는데, 이는 식물의 영양구조(줄기나 뿌리, 또는 잎 등)에서 자라난 후 어미 식물에서 분리되어 새로운 개체로 생장하기 때문이다. 인류는 식물의 이러한 자연적인 능력을 활용해 대부분의 정원수와 관상용 관목, 꽃집에서 판매하는 거의 모든 실내용 화초, 그리고 많은 농작물을 생산하고 있다.

예를 들어, 나무딸기류의 한 종류인 라즈베리는 뿌리에서 돋아난 움을 잘라내어 증식시킬 수 있다(**그림 20.3**). 감자는 지하괴경에서 만들어낼 수 있다. 즉, 감자를 심은 후 새싹이 움터 유전적으로 동일한 개체로 자랄 때까지 기다리면 새로운 감자 식물을 얻을 수 있다. 다육식물인 **꿩의비름속**(*Bryophyllum*) 식물은 작은 "소식물체(plantlets)"들이 잎의 가장자리를 따라 자라며, 이들이 토양에 떨어져서 뿌리를 내리고 독립된 식물체로 생장한다—이러

무성생식

움튼 라즈베리 뿌리

움튼 감자 괴경

소식물체가 달려 있는 꿩의비름 잎

식물의 무성생식 과정은 단순하다. 기존의 식물 조직에서 유사분열을 통해 유전적으로 동일한 새로운 식물체가 직접 자라 나온다.

그림 20.3 교배 상대 없이 번식하기.

한 번식 양상에 따라 통상적으로 "수백만의 어머니(mother of millions)"라고 부른다.

무성생식의 모든 경우에 있어서 핵심적인 특성은 새로운 개체로 발달하기 시작하는 식물 부위는 반드시 미분화 세포를 가지고 있어야 한다는 것이다. 미분화 세포는—사람의 줄기세포처럼—**전분화능**을 가지고 있다. 이것은 이들이 그 어떤 유형의 세포와 조직으로도 발달할 수 있는 잠재력을 지니고 있다는 것을 의미한다.

무성생식으로 번식하는 능력은 식물이 이동하지 못하는 한계를 극복하도록 돕는 진화적 적응이다—식물은 땅에 뿌리를 내리고 있어 교배대상을 쉽게 찾아내지 못한다. 그러나 대부분 상황에서 무성생식으로 인한 결정적인 불리함이 나타난다. 무성생식의 장점과 단점을 아주 간단하게 요약할 수 있다.

무성생식의 장점

1. **에너지 측면에서 효율적이다.** 오로지 번식에만 이용되는 조직인 꽃, 꽃가루, 열매를 생산하기 위해 에너지를 낭비하지 않는다. 그 대신에 뿌리 생산, 지지 조직과 양분-운반 조직 생산, 잎 생산, 그 밖에도 생장과 광합성에 도움이 되는 일에 에너지를 투자할 수 있다.
2. **신속하다.** 다른 개체의 참여가 필요하지 않으며, 수배우자와 암배우자를 한 곳에 모이게 할 수단도 필요하지 않다. 그 결과 자손을 매우 빠르게 생산해낼 수 있으며, 이로 인해 개체의 생식 성공과 적응도가 높아진다.
3. **승리한 대립유전자 조합을 보존한다.** 어떤 식물체가 특정 환경조건에 잘 적응하였다면, 무성생식으로 생산한 후손은 모두 똑같은 잘-적응된 대립유전자 세트를 가지므로 부모 식물체와 마찬가지로 번성할 가능성이 높다.

무성생식의 주요 단점

무성생식은 유성생식에 비해 한 가지 큰 단점을 가지고 있다. **자손 사이에 새로운 유전적 변이를 유도하지 못한다.** 무성생식으로 번식한 개체는 부모 식물과 동일하다(돌연변이에 의한 약간의 예외는 있음). 따라서 환경조건이 달라진다면—기후 변화 또는 침입해 온 새로운 경쟁자 때문에—클론인 후손은 달라진 환경에 쉽게 적응하지 못한다. 더욱이 무성생식으로 번식한 개체 사이에서 유성생식을 한다 해도 그 자손의 유전적 변이는 매우 적을 것이다. 부모 식물이 배우자를 생산할 때에 동일한 대립유전자 세트를 이용하기 때문이다. 이처럼 유전물질의 변이가 감소하면 개체군이 진화할 가능성도 감소한다.

핵심요약 20.2

» 많은 식물이 무성생식으로 번식할 수 있다. 이 과정은 기존의 식물체 조직에서 유사분열을 통해 새로운 개체가 직접 자라난다. 이 과정은 에너지 측면에서 효율적이고 신속하지만, 자손 사이의 유전적 변이가 감소한다. 따라서 식물 개체군이 환경 변화에 맞서 생존할 가능성이 줄어든다.

20.3 식물은 이동할 수 없어도 유성생식으로 번식할 수 있다

무성생식은 효율적이고 장점이 있지만, 식물에게 있어서 유성생식에 비할 바가 아니다. 식물의 유성생식 능력은 진화적 성공에 매우 중요한 요소이다. 유성생식으로 번식하는 개체군은 큰 유전적 다양성을 만들어낼 수 있으므로 새로운 환경에 적응함으로써 변화하는 상황에서 더욱 잘 생존할 수 있다.

또한 유성생식(그리고 이에 따른 개체군내 유전적 변이)은 농업과 화훼산업에서도 중요하다. 식물 육종가는 수요가 가장 높은 특성—옥수수 속대의 크기, 오렌지의 숙성 속도, 또는 장미의 향이나 색채 등—을 선택하여 교배할 수 있다. 선택육종의 결과로, 특히 밀, 벼, 옥수수, 콩 등의 주요 농작물에서 농업 생산성이 엄청나게 향상되었다(그림 20.4).

유성생식 과정은 식물과 동물에서 몇 가지 공통적인 단계를 가지고 있다. 감수분열은 개체가 배우자를 생산하는 과정의 필수적인 부분이다. 암수 배우자가 만나 수정란이 되며, 수정란은 유사분열에 의해 발달하고 성장한다. 마지막으로, 수정란이 배아가 생존할 수 있는 장소로 이동하여 성장한다. 이러한 단계들을 아울러서 **생활환**이라고 부른다.

식물은 이동할 수 없으므로, 부모 식물이 제자리를 떠나 교배 대상을 찾아 나서는 일 없이도 수배우자가 암배우자를 만날 수 있어야만 한다. 따라서 식물의 생활환에는 수배우자를 암배우자에게 안전하게 보내는 능력을 높여주는 단계가 포함되어 있다. 그림 20.5는 꽃을 피우지 않는 비-종자식물(씨앗을 맺지 않는 식물)과 현화식물(씨앗을 맺는 속씨식물)의 생활환을 비교한 것이다(자세한 내용은 14.6절과 14.10절 참조).

그림 20.4 더 좋은 작물의 육종.

꽃을 피우지 않는 비-종자식물(예, 고사리)의 생활환

1. 우리가 볼 수 있는 식물 "몸체"는 큰 이배체 형태와 작은 반수체 형태의 두 가지로 존재한다.
2. 배우자 생산:
   a. **포자체**라고 부르는 이배체 몸체에서 감수분열을 통해 **포자**라고 부르는 반수체 세포를 생산한다. 포자는 반수체이지만 배우자가 아니다.
   b. 반수체 포자가 바람이나 물에 실려 새로운 토양으로 이동하고, 그곳에서 **발아**한다—즉, 휴면을 끝내고 생장하기 시작한다.
   c. 반수체 포자는 유사분열을 통해 두 번째 형태의 식물 몸체로 발달한다. 이 새로운 반수체 식물은 우리가 볼 수 있으며, **배우체**라고 부른다.
   d. 새로운 반수체 몸체—배우체—가 유사분열을 통해 배우자를 생산한다.
3. 수정: 수배우자와 암배우자가 만나 수정한다.
4. 수정란이 유사분열을 통해 발달하고 생장하여 새로운 이배체 몸체로 되고, 생활환이 다시 시작된다.

꽃을 피우지 않는 비-종자식물의 경우, 포자가 바람이나 물에 실려 포자체로부터 토양으로 이동하고, 그곳에서 발아하여 배우자-생산 형태로 생장한다는 사실을 주목하자. 또한, 동일한 양치류 종의 서로 다른 배우체에서 만들어진 수배우자와 암배우자가 대개 빗물이나 바람의 도움을 받아서 함께 만나 수정하게 된다는 점도 주목하자. 다음 절에서 보겠지만, 동일한 개체의 배우자끼리 수정할 기회를 줄여주는 기작이 진화하였다.

양치류와 그 밖의 식물의 생활환을 **세대교번**이라고 부르는데, 다세포성 반수체 형태인 시기와 다세포성 이배체 형태인 시기가 번갈아 나타나기 때문이다. 이와 똑같은 일이 사람에게서도 일어난다면, 아마도 공상과학의 소재쯤 될 것이다. 만약 그렇다면, 사람의 정소나 난소의 세포는 정자와 난자를 직접 만들어내는 대신에, 신체를 떠나 어디에선가 스스로 살다가 나중에 정자와 난자를 만들어내는 특별한 '무엇'을 만들어낼 것이다. 그리고 하나의 '무엇'에

꽃을 피우지 않는 비-종자식물

① **이배체 식물 "몸체"**
우리에게 가장 친숙한 식물의 "몸체"는 이배체 형태이다.

② **배우자 생산**
- 감수분열을 통해 반수체 포자를 생산한다.
- 포자는 바람이나 물에 실려 새로운 토양으로 이동한다.
- 반수체 포자가 유사분열을 통해 자라나 반수체 형태의 식물 몸체로 된다.
- 반수체 식물 몸체가 유사분열을 하여 배우자를 생산한다.

③ **수정**
수배우자와 암배우자가 만나 수정된다.

④ **새로운 개체의 발생**
수정란이 새로운 이배체 식물 몸체로 발달하고 생활환이 다시 시작된다.

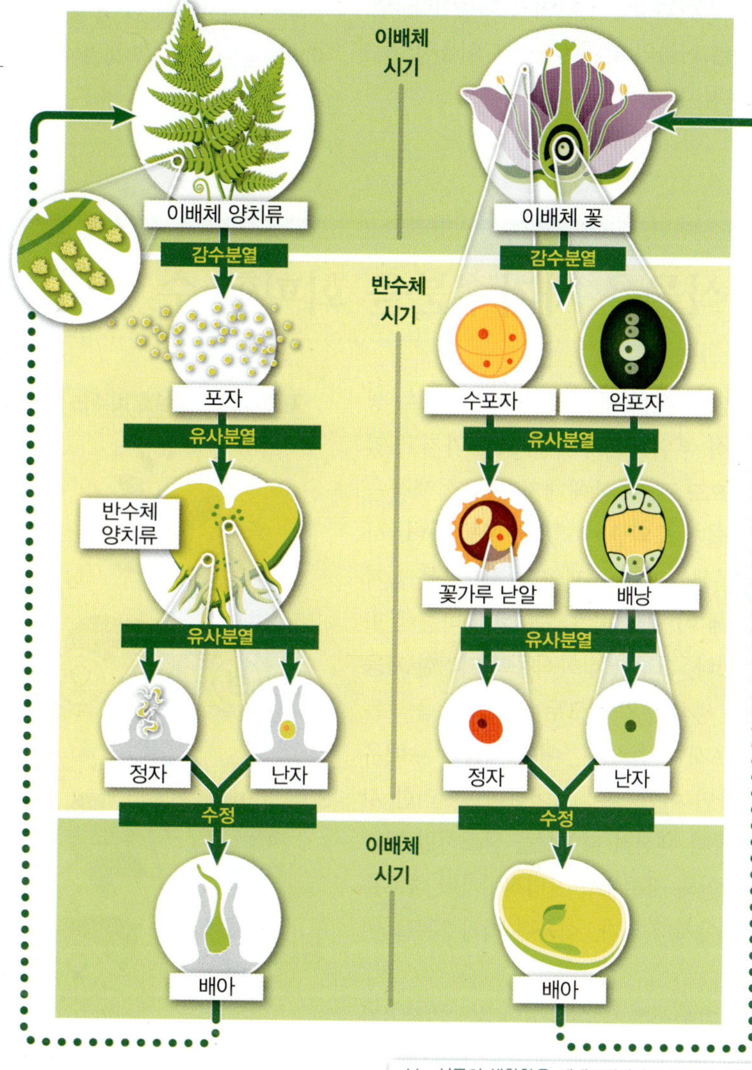

현화식물

① **이배체 식물 "몸체"**
우리에게 가장 친숙한 식물의 "몸체"는 이배체 형태이다.

② **배우자 생산**
- 감수분열을 통해 반수체 포자를 생산한다.
- 포자는 이배체 식물체 내부를 떠나지 않는다. (떠날 경우 생존하지 못한다).
- 반수체 포자가 유사분열을 통해 분열하여 배낭과 꽃가루를 생산한다.
- 유사분열을 통해 배낭에서 암배우자(난자)를, 꽃가루에서 수배우자(정자)를 생산한다.

③ **수정**
수배우자와 암배우자가 만나 수정된다.

④ **새로운 개체의 발생**
수정란이 새로운 이배체 식물 몸체로 발달하고 생활환이 다시 시작된다.

그림 20.5 주제에 따른 변주. 모든 식물이 세대교번을 하지만, 그 세부 내용은 다르다.

식물의 생활환을 세대교번이라고 부른다. 식물체가 다세포성 반수체 형태인 시기와 다세포성 이배체 형태인 시기가 번갈아 나타나기 때문이다.

서 만들어진 난자와 정자는 다른 '무엇'에서 만들어진 정자나 난자를 만날 방법을 찾아내고, 수정되어, 아이를 생산하게 될 것이다.

현화식물은 움직이지 못하는 상황을 극복하기 위해 약간 다른 방식을 이용한다. 포자는 이배체 식물 몸체에서 절대로 벗어나지 않으며, 새로운 장소로 산포되는 것은 씨앗 내부에 있는 수정란이다. 또한, 현화식물은 몇 가지 방법을 사용하여 배우자를 한 곳에 모아 수정하게 한다.

현화식물의 생활환

1. 우리가 보는 식물 "몸체"는 이배체인 포자체이다. 반수체인 배우체는 미세하며 포자체 내부에서 발달한다.
2. 배우자 생산:
   a. 이배체인 몸체—포자체—에서 감수분열을 통해 반수체인 포자를 생산한다. 포자는 반수체이지만, 배우자가 아니다.
   b. 반수체인 포자는 이배체인 식물 몸체를 떠나지 않는다.
   c. 식물 몸체에 있는 꽃 내부에서 포자가 유사분열을 통해 분열하여 배우체를 형성한다. 배우체는 반수체인 암컷 배낭이거나 반수체인 수컷 꽃가루이다.
   d. 유사분열을 통해, 반수체 배낭은 반수체 암배우자(난자)를, 반수체 꽃가루는 반수체 수배우자(정자)를 만들어낸다.
3. 수정: 암배우자와 수배우자—대개 같은 종의 다른 개체에서 만들어진—가 만나 수정된다. 수정된 후 씨방에서 씨앗이 발달한다.
4. 수정란이 유사분열을 통해 발달하고 생장하여 새로운 이배체 몸체로 된다. 생활환이 반복된다.

이 장에서는 현화식물(속씨식물)의 유성생식에 대해 초점을 맞추고 있다. 이들이 지구에서 가장 번성한 집단이기 때문이다. 먼저, 한 식물의 수배우자를 다른 식물의 암배우자에게 이동시키는 일에 있어 꽃의 역할을 살펴보자.

핵심요약 20.3

» 많은 식물이 유성생식을 통해 유전적으로 다양한 자손을 만들어냄으로써 이익을 얻는다. 꽃은 유성생식의 주요 구조이다.

20.4 대부분의 식물은 자가수분을 회피할 수 있다

Q 암수를 모두 지닌 꽃인 "양성화(兩性花)"의 불리한 점과 이로운 점은 무엇인가?

많은 꽃은 매우 효율적으로 암수 생식 부위와 배우자를 모두 가지고 있으므로, 수분매개자가 유성생식을 쉽게 도와줄 수 있다. 예를 들어, 사과꽃을 방문한 벌은 앞서 방문했던 다른 사과꽃의 꽃가루를 옮겨와 수정시킬 수 있으며, 동시에 이 꽃의 꽃가루를 묻혀 나중에 또 다른 사과꽃을 수정시킬 수 있다. 그러나 현화식물의 이러한 **자웅동주**(*hermaphroditism*)—암수 생식 부위를 모두 가지고 있음—는 때로는 예기치 않은 결과를 초래할 수 있다. 어떤 식물의 수배우자가 자신의 난자와 수정된다면 어떤 일이 일어날까? 이러한 **자가수분**(*self-fertilization*)은 자손의 유전적 다양성을 감소시킬 뿐만 아니라 극단적인 동계교배로 인해 자손에서 치명적이거나 해로운 유전자가 발현될 가능성이 높아지게 한다. 식물은 자가수분을 어떻게 회피할 수 있을까?

가장 효율적으로 자가수분 가능성을 낮추는 일반적인 기작 3가지는 다음과 같다(**그림 20.6**).

1. **암꽃과 수꽃 분리.** 옥수수와 대부분의 무화과 등은 한 개체에서도 어떤 꽃은 오직 암생식 부위만을, 다른 꽃은 오직 수생식 부위만을 만들어낸다. 전체적으로는 이 식물체가 여전히 자웅동주이지만, 꽃의 성별이 나뉘어 있으므로 자가수분과 자가수정의 가능성이 낮아진다.
2. **암수 생식 부위의 성숙시기 분리.** 제라늄 등은 암수 생식 부위를 모두 갖춘 자웅동주 꽃에서 수생식 부위가 암생식 부위보다 먼저 발달함으로써 자가수정을 피한다. 암생식 부위가 먼저 발달하는 경우도 있다.
3. **암식물과 수식물 분리.** 자가수분을 피하는 가장 극단적인 방법은 한 개체군에서 일부 개체는 오직 암생식 부위만 있는 꽃을 만들고, 다른 개체는 오직 수생식 부위만 있는 꽃을 만드는 것이다. 이로써 자가수정이 불가능하게 된다. 이런 방식은 포플러, 호랑가시나무, 버드나무에서 볼 수 있다.

자가수분 가능성을 낮추는 방법

암꽃과 수꽃 분리
일부 식물의 꽃은 오직 암생식 부위만 있는 꽃과 오직 수생식 부위만 있는 꽃으로 나뉜다.

엇갈린 성숙시기
일부 식물의 꽃에서는 암수 생식 부위가 서로 다른 시기에 발달한다.

암식물과 수식물 분리
한 개체군 내에서 암생식 부위만 있는 꽃을 피우는 개체와 수생식 부위만 있는 꽃을 피우는 개체가 나뉜다.

식물은 몇 가지 효율적인 기작을 통해 잠재적으로 이롭지 못한 자가수분이 일어날 기회를 줄인다.

그림 20.6 동계교배(同系交配) 회피하기.

핵심요약 20.4

» 식물은 암꽃과 수꽃을 분리하거나, 암수 생식 부위를 서로 다른 시기에 만들어내거나, 암그루와 수그루를 분리시킴으로써, 자가수분될 가능성을 낮춘다.

▲ 꽃의 형태는 매우 다양하지만, 거의 모두 동일한 기본 구조를 가지고 있다.

20.5 꽃가루와 배낭에는 식물의 배우자가 들어있다

꽃은 유성생식에 특화된 식물 구조이다. 대부분의 꽃은 **꽃받침**(sepal), **꽃잎**(petal), **수술**(stamen), 그리고 **심피**(carpel)로 이루어진 기본 구조를 가지고 있다(14.8절 참조). 수술은 꽃밥(anther)과 수술대(filament)로 이루어진 수생식 구조이며, 심피는 암술머리(stigma), 암술대(style), 씨방(ovary)으로 이루어진 암생식 구조이다.

수배우자 생산. 꽃가루는 수배우체이다. 꽃밥에서 꽃가루 낟알—수배우자(또는 정자)를 가지고 있는 구조—을 생산한다. 꽃가루 생성 과정에서, 꽃밥의 세포가 감수분열을 통해 반수체 세포인 포자를 만들어낸다. 포자가 생산되면 꽃밥이 생장하여 "포자낭"이라고 부르는 방을 4개 형성한다. 방마다 **소포자모세포**(microspore mother cell)라고 부르는 이배체 세포가 가득 차 있다. (꽃밥을 절반으로 횡단하여 자르면 4개의 포자낭을 볼 수 있다.) **그림 20.7**은 소포자모세포에서 2개의 세포로 구성된 생식단위인 꽃가루를 만들어내는 과정이다.

꽃가루에 있는 2개의 세포 중 하나가 생장하여 꽃가루관이 되어 수정을 돕는다(**그림 20.8**). 나머지 세포는 한 차례 더 분열하여

수배우자의 발달

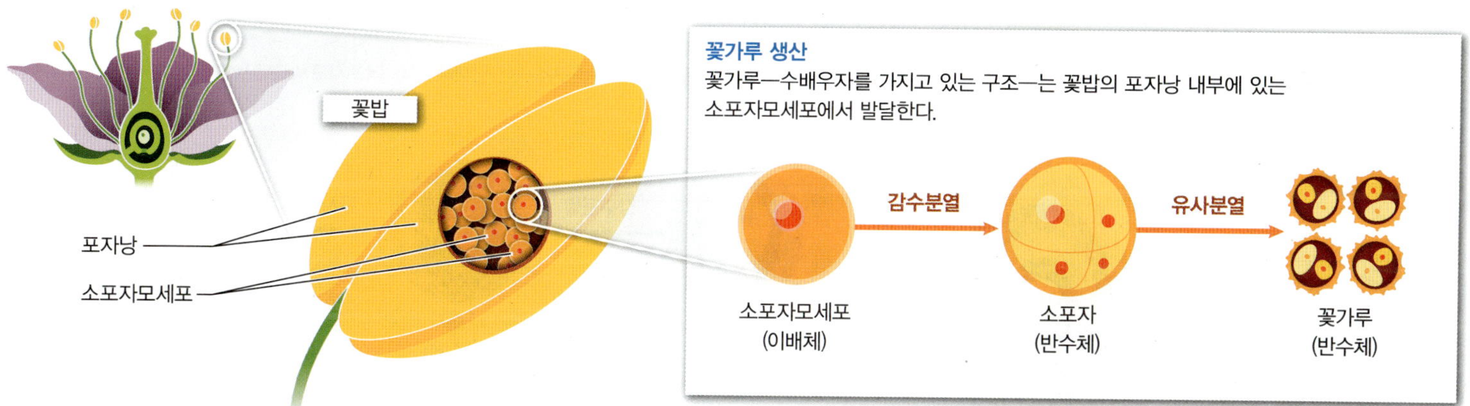

그림 20.7 꽃밥에서 수배우자를 가지고 있는 꽃가루를 만들어낸다.

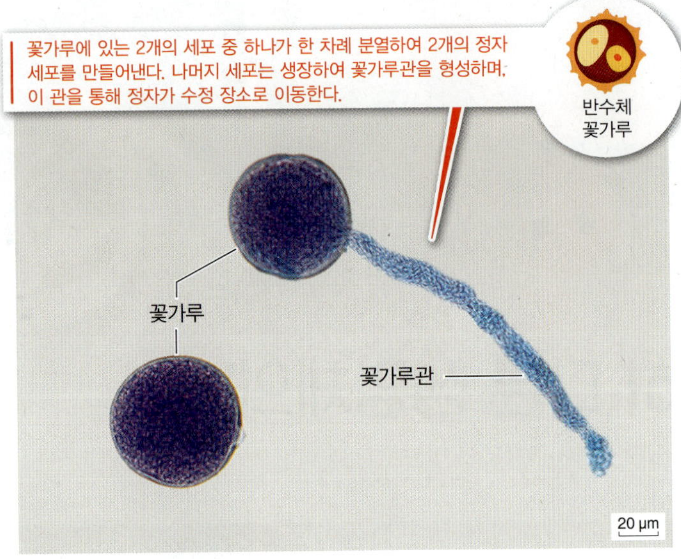

그림 20.8 **꽃가루: 정자를 배달하는 2개의 세포로 구성된 생식단위.**

그림 20.9 **알레르기 환자가 겪는 고통의 원인.**

2개의 정자 세포를 만든다. 그러나 이 단계는 꽃가루가 꽃밥에서 빠져나가 암술머리에 내려앉기 전에는 대개 일어나지 않는다. 꽃가루는 물이 새지 않고 끈적거리는 매우 복합적인 표면을 가지고 있어서 이동 중에 소중한 정자를 보호하고 암술머리에 부착할 수 있다.

Q 꽃가루가 재채기를 유발하는 이유는 무엇일까?

수많은 사람이 특정 유형의 꽃가루에 대한 알레르기로 인해 재채기나 기침, 눈물 등의 고통을 겪는다. 이런 상황은 매년 봄과 여름에 식물이 미세한 꽃가루를 엄청나게 많이 공중에 날려 보내면서 시작된다. 모든 꽃가루의 세포벽에는 돌출된 단백질이 있어서 꽃가루의 점착성을 높여준다. 부득이하게 일부 꽃가루를 흡입하면, 우리 몸은 즉시 꽃가루의 표면 단백질을 탐지하고서는 외래 침입자로 인식한다(**그림 20.9**). 이에 따라 면역계가 꽃가루를 퇴치하기 위한 공격을 시작한다. 코털의 점액은 꽃가루를 코 밖으로 내보내는 데 도움이 된다. 그러나 때로는 이러한 반응이 매우 격렬하게 일어나기도 한다. 꽃가루 알레르기에 시달리는 사람이 겪는 콧물, 재채기, 기침, 충혈 등의 증상은 과잉면역 때문에 나타나는 것이다.

암배우자 생산. 식물의 암배우자는 씨방의 폐쇄된 구조에서만 생산된다(**그림 20.10**). 씨방 내에서 하나 이상의 이배체 세포가 분화하여 **밑씨**(ovule)를 형성한다. 밑씨 외부에는 보호층이 있어서 대

암배우자의 발달

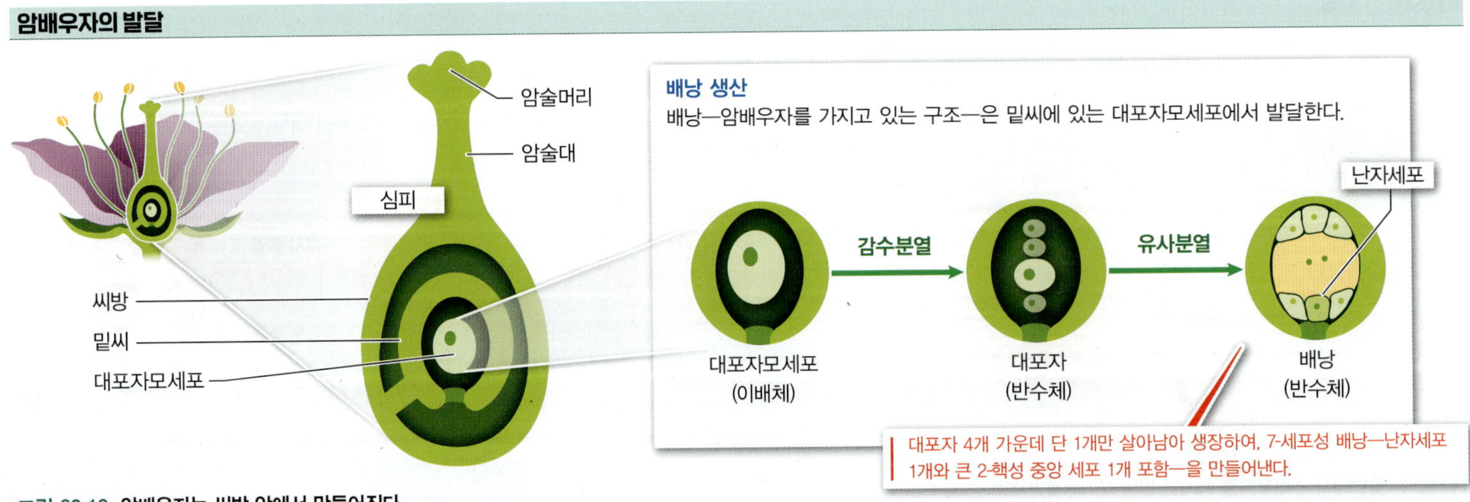

그림 20.10 **암배우자는 씨방 안에서 만들어진다.**

포자모세포(magaspore mother cell)라고 부르는 이배체 난자-생산 세포를 감싸고 있다. 이들 모세포에서 장차 수정이 이루어질 구조인 다세포성 **배낭**이 만들어지는 과정은 **그림 20.10**에서 볼 수 있다. 배낭은 7개의 세포가 모인 특이한 집합체이다. 이들 세포 중 6개—난자인 세포도 포함—는 반수체 핵을 가지고 있고, 중앙세포라고 부르는 7번째 세포는 반수체 핵을 2개 가지고 있다. 이제 배낭은 수배우자를 맞을 준비를 마쳤다.

핵심요약 20.5

» 꽃밥에서, 이배체인 소포자모세포가 꽃가루를 만들어낸다. 꽃가루는 2-세포성이며 물이 새지 않고 끈적한 구조이다. 꽃가루 낟알의 두 세포 가운데 하나는 꽃가루관을 형성하고, 나머지는 분열하여 2개의 정자세포를 만들어낸다. 씨방에서는 이배체인 세포가 분화하여 밑씨가 된다. 밑씨에 있는 대포자모세포가 다세포성 배낭을 만들어낸다. 배낭에는 난자세포가 있고, 이곳에서 수정이 이루어진다.

20.6 식물의 수배우자가 수정하기 위해 암배우자에게 가려면 도움이 필요하다

유성생식이 일어나기 위해서는 한 식물의 꽃가루가 같은 종의 다른 개체 암술머리로 이동해야만 하는데, 이 과정을 **수분**이라고 한다. 약 10%의 식물 종이 꽃가루를 단순히 바람(초본류와 소나무류)이나 물(거머리말)에 띄워 보내며, 아주 낮은 확률—행운을 통해—로 일부 꽃가루가 같은 종의 암생식기관에 도달한다. 수분 가능성을 높이기 위해 바람이나 물을 매개로 수분을 하는 식물은 엄청난 양의 꽃가루를 만들어낸다. 이러한 방식은 효율성이 썩 좋지는 않지만, 결과는 얻어낸다.

Q 어떤 식물은 좋은 향을 내지만, 어떤 식물은 전혀 향기가 없다. 그 이유는 무엇일까?

나머지 약 90%의 식물의 경우, 동물이 "매개자" 역할을 하여 식물 사이에서 꽃가루를 이동시킨다. 현화식물은 꽃의 모습(색채, 형태)이나 향기(냄새), 또는 심지어 촉감(부드러움, 꺼칠꺼칠함, 단단함, 거칠음, 매끈함) 등의 신호로 동물을 유인한다. 유인방법에 상관없이 그 목적은 늘 똑같다. 수배우자를 동물의 신체에 부착시켜서 다른 식물체의 암생식기관으로 이동시킨 후 수정이 일어나도록 하는 것이다.

동물이 수분을 매개하는 식물은 많은 경우 새나 포유류(대부분 박쥐), 드물게는 도마뱀의 도움을 받기도 하지만, 대부분은 곤충에 의해 수분을 한다(**그림 20.11**). 그림 20.11의 자료는 특정 동물에 의해 수분된 식물의 정확한 비율을 확정하기에는 몇 가지 어려움이 있기 때문에, 매우 부정확한 추정치이다. 예를 들어, 동물-매개 수분 식물 종의 대부분(약 90%)에게 여러 종의 수분 매개자 동물이 찾아온다. 더욱이 방문한 특정 동물이 그 식물의 포식자나 무해한 단순한 방문자가 아니라, 실제로 수분 매개자인지 여부도 확정하기 어렵다.

꽃가루받이 수단

유성생식을 하려면 두 개체가 필요하다. 식물체 사이의 (때로는 매우 넓은) 간극을 메울 다리를 놓는 해결책이 다양하게 진화하였다.

수분이 이루어지는 현화식물 종의 대략적인 비율

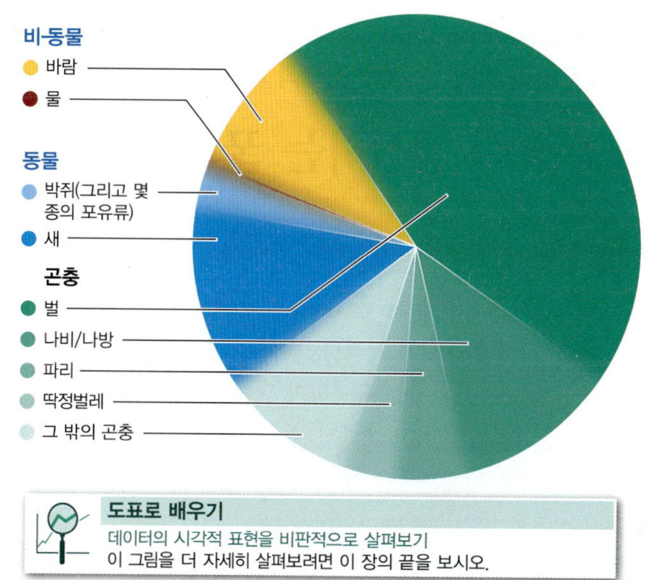

그림 20.11 수배우자를 암배우자로 이동시키기 위한 선택.

수분을 달성하기 위한 전략

뇌물 제공
동물에게 가치있는 무엇인가를 제공함으로써, 꽃가루를 다른 식물체에게 운반하도록 한다.

속임수
동물을 속이는 기만 방법을 이용하여 꽃가루를 다른 식물체에게 운반하도록 한다.

그림 20.12 배우자 배달자. 식물은 두 가지 일반 전략을 이용해서 동물이 꽃가루를 운반하도록 한다.

현화식물은 동물이 어떻게 자신의 배우자를 운반하도록 하는가? 식물은 두 가지 현명한 방법으로 수분을 달성한다(**그림 20.12**). (1) 뇌물 제공—꽃가루를 운반하는 동물에게 당이 풍부한 액체인 **화밀**(꿀; nectar)을 제공하는 등으로 보상한다. (2) 속임수—동물을 기만하여 그 일을 하도록 한다. 두 경우 모두에서 식물과 그들의 수분매개자 사이에 강한 공진화가 일어났다. 식물은 더욱더 효율적으로 수분매개자를 유인하고 매개자가 아닌 종은 단념하도록 진화되었으며, 수분매개자는 더욱더 효율적으로 식물이 제공하는 자원을 이용할 수 있게 진화되었다(그림 14.20 참조).

핵심요약 20.6

» 대부분의 식물은 뇌물을 제공하거나 속임수를 써서 동물이 수배우자를 암배우자에게 운반하도록 한다. 식물과 그들의 동물 수분매개자 사이에 강한 공진화가 일어났다.

이것이 우리의 방법 / 과학의 창의적 과정

20.7 꽃이 생산하는 꿀의 양이 식물에게 중요할까?

동물을 수분매개자로 이용하는 식물은 대부분 뇌물을 제공한다. 이들은 찾아온 동물에게 줄 꿀(화밀)을 만들어내고 그 대가로 수분을 한다. 이러한 관계에 따라서, 식물이 꾸준한 방향성 선택에 의해 더 많은 수분매개자를 유인하기 위해 점점 더 많은 꿀을 생산하도록 진화할 것이라고 기대할 수 있을까? 일단은 타당해 보인다. 어떤 식물 개체군에서 각 개체의 적합도는 그 개체의 상대적 생식 성공과 밀접하게 연관되어 있다.

그러나 자연계에서는 절충 개념이 가장 보편적으로 나타난다. 꿀을 더 많이 생산하면 언제나 높은 적합도로 이어질까? 꿀을 생산하려면 상당한 대가를 치러야 하지 않을까? 이러한 사실을 어떻게 실험을 통해 조사할 수 있을까?

한 연구진이 이 문제를 조사하기 위한 멋진 실험을 고안하였다. 유연관계가 가깝지만 평균 꿀 생산량이 다른 두 종의 페튜니아속 식물을 교배시켜 두 무리의 페튜니아 개체군을 얻었다. 한 무리는 꿀 생산량이 적고, 다른 무리는 꿀을 많이 생산한다. 생산량이 적은 무리는 생산량이 많은 무리가 만들어내는 양의 30% 정도만 꿀을 생산하였다. 연구진은 두 개체군에서 꿀 생산량을 제외한 모든 형질이 서로 유사한 식물체를 주의깊게 선정하여 다음

▲ 박각시나방이 페튜니아 꽃을 살펴보고 있다.

연구를 진행하였다.

두 개체군 각각의 수많은 식물체를 대상으로 꿀 생산량이 이들의 수분매개자인 박각시나방의 행동에 미치는 영향을 조사하였다. 페튜니아 꽃 깊숙이 있는 꿀을 먹기 위해 박각시나방은 긴 관 모양의 구기(mouthpart)로 꽃의 중앙 부위를 탐사한다. 이때 페튜니아의 끈적한 꽃가루가 나방의 몸에 달라붙는다. 이 꽃가루의 일부는 이 나방이 다른 페튜니아 꽃을 방문할 때 그 꽃의 암술머리에 내려앉을 수 있다.

더 많은 꿀을 생산하는 식물에게 수분매개자가 더 많이 유인되는가?

연구진은 "선택" 실험을 37회 수행하였다. 전체 박각시나방에게 동시에 식물을 제시하되, 개체마다 두 종류의 식물 중 하나만을 제시하였다. 이때 박각시나방은 두 가지 식물에 대한 선호도를 보이지 않았고, 동등한 정도로 접근하였다.

이러한 사실은 연구진이 꿀 생산량이 적은 식물에게 인위적으로 꿀을 추가하여 생산량이 많은 식물과 동등한 양으로 맞춰 주었을 때에도 달라지지 않았다. 일단 꿀의 양은 영향을 주지 않는 것으로 보인다. 그러나 연구진은 더 명확히 하기 위해 추가 실험을 수행하였다.

서로 다른 양의 꿀을 지닌 식물을 방문한 수분매개자는 다른 행동을 보일까?

연구진은 박각시나방의 탐사 활동 시간이 꿀 생산량이 적은 식물(평균 6.9초)에서는 많은 식물(11.1초)에 비해 상당히 짧다는 사실을 확인하였다. 생산량이 적은 식물에서 탐사 활동 시간이 47%나 짧은 현상은 인위적으로 꿀을 추가해 꿀의 양을 동등하게 맞춰 주었을 때에는 나타나지 않았다.

"탐사활동 시간"의 증가가 식물에게 이로울까?

진화 관점에서 보면, 아마도 이 연구에서 가장 중요한 관찰은 이 내용일 것이다. 꿀 생산량이 적은 식물이 생산한 씨앗은 평균 328(±22)개이고, 생산량이 많은 식물은 424(±25)개로 상당한 차이를 보인다.

꿀의 다량 생산은 페튜니아에게 명백하게 뛰어난 전략인가?

이 결과를 근거로 보면, 진화적 관점에서 꿀을 많이 생산하는 식물이 혜택을 받는다. 그러나 모든 일이 그리 단순한 것만은 아니다. 혜택은 흔히 대가를 치러야 한다는 사실을 기억하자.

연구진은 꿀 생산량이 적은 식물과 많은 식물을 모두 사람 손으로 수분시키는 실험을 수행하여 영리한 반전을 이끌어냈다. 이 실험에서는 생산량이 적은 식물이 더 효율적으로 씨앗을 만들어냈다—이들은 그루당 평균 480(±20)개였지만, 꿀 생산량이 많은 식물은 383(±20)개에 그쳤다.

동일하게 수분을 한 경우에는 꿀 생산량이 많은 식물의 씨앗 생산 능력이 감소한 것으로 나타난다. 적정한 꿀 생산량은 "식물이 생산할 수 있는 만큼의 양"이 아니라, 씨앗 생산 능력과 탐사 활동을 하는 수분매개자를 유인할 필요성 사이의 절충에 근거한 균형을 반영하는 것으로 보인다.

생각하기, 짝과 나누기

생각하기, 짝과 나누기 수업 수강생 중 한 명과 짝을 형성하시오. 다음의 질문을 읽고 답에 대하여 60초 동안 조용히 생각하시오. 이후 5분 동안 토론을 하고 자신의 답을 공유할 수 있게 준비하시오.

- 수분매개자가 꿀 생산량이 많은 식물에서 더 많은 시간을 보낼 것이라고 생각하는가?
- 꿀을 더 많이 생산할수록 수분매개자가 더 오랜 시간을 머물게 할 수 있다면, 일부 식물이 여전히 자신의 생산 능력보다 적은 양의 꿀을 만들어내는 이유는 무엇일까?

핵심요약 20.7

» 초기 실험 결과만으로도 어떤 현상에 대해 명확하게 설명할 수 있다. 그러나 자연계에서는 인과관계가 언제나 성립하지 않는다. 자세하게 관찰하면 흔히 간접효과와 절충, 제약 등의 더욱 복합적인 상관성이 드러난다.

20.8 수분 이후에 수정이 이루어진다

수분은 어느 정도 포유류의 성교와 비슷하다. 성교를 통해 수배우자와 암배우자가 가까이 모이게 되지만, 아직은 수정된 것이 아니다. 수정이 이루어지려면 암수 배우자가 융합하여 유전물질이 합병되어야 한다. 이제 수배우자가 암배우자를 향해 가는 여정의 마지막 단계에 대해 살펴보자.

꽃가루가 끈적하고 돌기가 있는 벽 내부에 있는 2개의 세포로 이루어져 있다는 사실을 상기하자. 꽃가루가 같은 종 식물체의 암술머리에 내려앉으면, 꽃가루의 외부 피막과 암술머리의 세포 사이에 상호작용이 이루어져서 안착하게 된다(**그림 20.13**).

꽃가루가 암술머리에 안착한 후 12~36시간 안에 꽃가루의 세포 중 하나가 생장하기 시작하여 꽃가루관을 형성한다. 꽃가루관은 길이가 늘어나면서 정자-생산 세포를 아래쪽으로 내려보내서 씨방에 점점 가깝게 이동시킨다. 그러나 이러한 생장은 암술대를 따라 쉽게 이루어지는 것이 아니라, 마치 도전장을 내미는 것과 같다. 암술대의 세포가 꽃가루관 세포를 감지하고 유연관계에 따라 반응한다. 만약 꽃가루관 세포가 (자가수분된 경우처럼) 지나치게 가까운 유연관계를 보인다면, 죽게 된다—흔히 암술머리의 세포가 화학 반응을 통해 꽃가루관의 세포골격을 분해한다. 그렇지 않은 경우에만 꽃가루관이 씨방을 향해 계속 생장하여 마침내 배낭에 도달하게 된다(**그림 20.14**).

그러는 사이에 꽃가루관 내부에서 정자-생산 세포가 한 번 분열하여 정자세포 2개를 만들어낸다. 꽃가루관이 배낭 안으로 밀고 들어간 후 2개의 정자세포를 방출한다. 정자세포 중 하나가 배낭의 난자세포와 수정한다. 동물과 마찬가지로, 식물도 정자와 난자가 융합하여 이배체 세포인 **접합자**를 형성한다. 이 접합자는 장차 유사분열을 통해 새로운 이배체 식물체로 발달한다.

정자세포 중 나머지 하나는 어떻게 될까? 이 "여분의" 정자는 배낭의 중앙 세포와 융합한다. 중앙 세포는 앞서 살펴본 바와 같이 반수체 핵을 2개 가지고 있다. 따라서 이 두 번째 융합의 결과로 유전자 3세트를 가지고 있는 삼배체(triploid) 세포가 만들어지는데, 이를 **배젖**이라고 부른다. 암수 핵 사이에 두 가지 유형의 융합—각각 배아와 배젖 생산—이 이루어지기 때문에, 이 과정을 **중복수정**라고 부른다.

배아가 생장하고 분열하기 시작하면, 배젖도 역시 발달한다. 배젖은 빠른 속도로 발달하여 배아에게 영양을 공급하는 영양공급 조직으로 전환된다. 이와 같은 배아가 즉시 사용할 수 있는 내장형 영양원은 오직 현화식물에서만 볼 수 있다. 이 적응은 나아가 인류의 영양원으로서도 엄청난 가치를 가진다. 우리가 식물에서 섭취하는 열량의 대부분이 쌀, 밀가루, 그리고 옥수수 등의 배젖에서 기인한다.

Q 우리가 얻는 열량의 대부분을 공급하는 식물 부위는 무엇인가?

꽃밥
암술머리
암술머리 위에 있는 꽃가루

꽃가루의 끈적한 피막으로 인해 암술머리에 부착된다. 다른 종의 꽃가루일 경우는 표면의 인식 표지가 "부적합"하기 때문에 부착하지 못한다. 따라서 암술머리가 "적합"한 꽃가루와 결합할 수 있는 상태로 유지된다.

10 μm

그림 20.13 들러붙도록 만들어진 구조. 꽃가루가 암술머리에 부착된다.

핵심요약 20.8

» 수분은 수정을 달성하기 위해 필요하지만, 이것만으로는 충분하지 않다. 수분이 이루어진 후, 꽃가루관이 암술대를 따라 생장하여 밑씨에 도달하며, 정자세포 2개를 배낭으로 전달한다. 정자세포 중 하나는 난자세포와 수정하여 접합자를 형성한다. 다른 하나는 중앙 세포(반수체 핵 2개)와 융합하여 삼배체인 배젖이 되고, 장차 발달하는 배아에게 영양을 공급한다.

중복수정

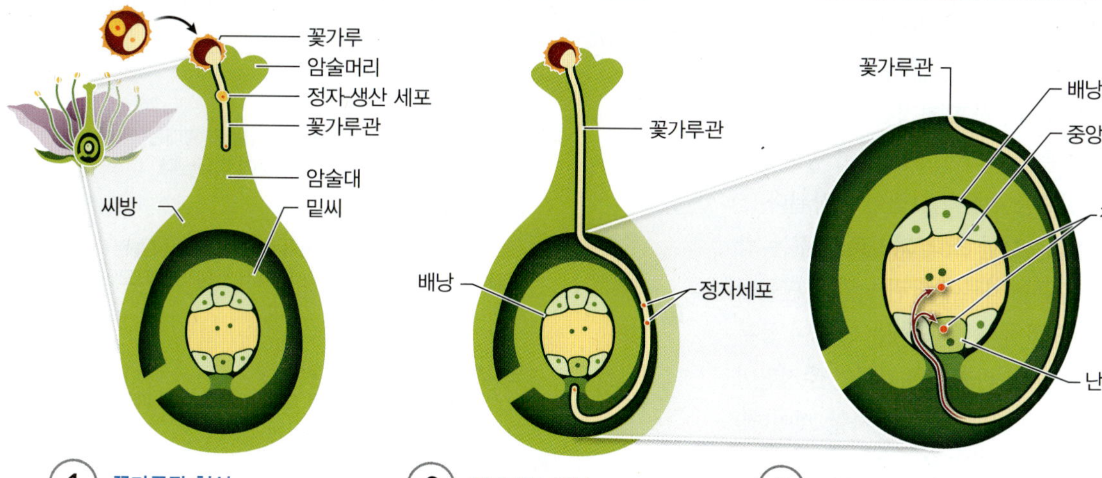

1 **꽃가루관 형성**
꽃가루가 암술머리에 내려앉으면, 꽃가루의 세포 하나가 꽃가루관을 형성한 후 씨방을 향해 생장하며 정자-생산 세포를 운반한다.

2 **정자세포 생산**
꽃가루관이 생장하여 배낭 안으로 들어간다. 그 사이에, 꽃가루관 안에서 정자-생산 세포가 한 번 분열하여 정자세포 2개를 만들어낸다.

3 **암수 핵 사이의 두 가지 융합**
꽃가루관이 배낭 안으로 밀고 들어가 2개의 정자세포를 방출한다. 하나는 난자세포와 수정하고, 다른 하나는 배낭의 중앙 세포와 융합한다.

4 **배젖과 접합자 형성**
수정된 난자세포는 이배체 접합자로 되고, 장차 다세포성 배아로 발달한다. 정자와 중앙 세포가 융합하여 삼배체 배젖세포를 만들어낸다.

그림 20.14 현화식물의 수정.

중복수정에서는 암수 핵 사이에 두 가지 융합이 이루어진다. 이에 따라 식물의 배아와 배젖이 각각 만들어진다.

20.9 밑씨는 씨앗으로, 씨방은 열매로 발달한다

밑씨 안에서 수정이 이루어진 후 세포분열이 빠르게 진행된다. 발달하는 배아는 배젖의 양분을 이용하여 **뿌리 분열조직**과 **슈트 분열조직**을 형성한다. 이들 분열조직은 활발하게 분열하는 배아줄기세포 덩어리이며, 새로운 조직을 만들어낸다. 또한, 식물 유형에 따라, 하나 또는 두 장의 **떡잎**도 형성된다. 떡잎은 배아에 있는 구조이며, 대개 배엽(胚葉)으로 발달한다(19.2절 참조). 배아가 성숙하면 밑씨의 바깥 세포가 단단한 보호용 덮개(**씨앗껍질**)로 발달한다. 그 결과로 **씨앗**—"미래의 식물"이 만들어진다(**그림 20.15**).

씨앗의 발달

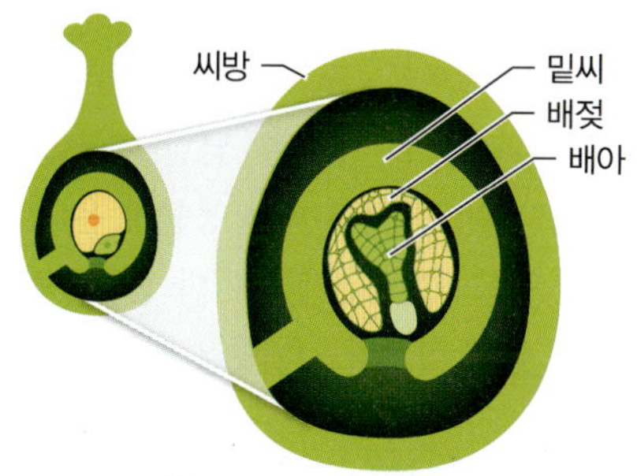

1 **빠르게 일어나는 초기 세포분열**
밑씨 안에서 수정이 이루어진 후, 세포분열이 빠르게 잇달아 일어난다.

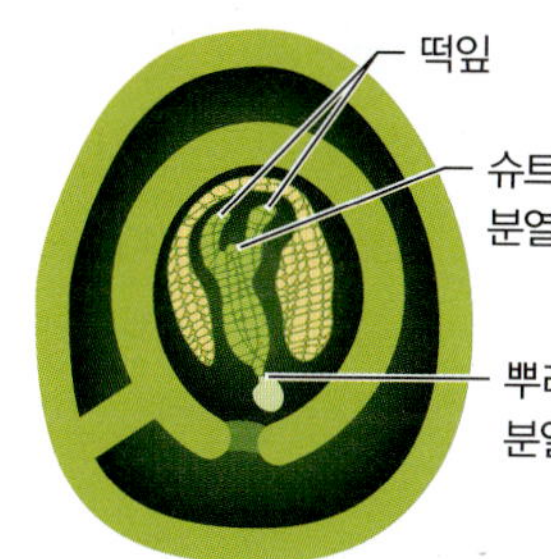

2 **분열조직과 떡잎 형성**
배아가 발달하여 뿌리 분열조직과 슈트 분열조직을 형성하며, 떡잎도 형성된다.

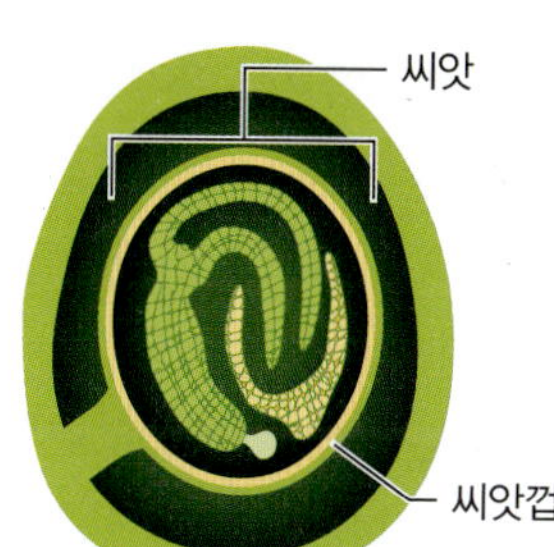

3 **씨앗껍질 형성**
배아를 감싸고 있는 밑씨 조직이 단단해져 보호성 씨앗껍질로 된다.

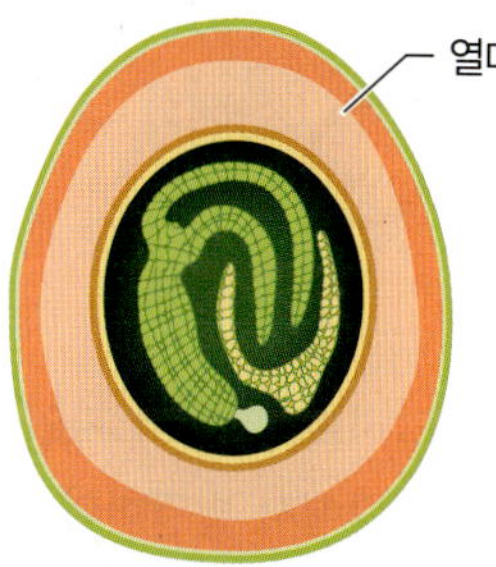

4 **씨방이 열매로 발달**
씨앗 형성과 동시에 씨방 벽이 열매로 발달하여 씨앗을 보호한다.

그림 20.15 산포 과정에 대비한 보호. 씨앗은 씨앗껍질로 보호되며 열매 속에 들어 있다.

씨앗이 형성됨과 동시에 씨방 벽—1개 이상의 씨앗을 감싼—이 **열매**로 발달한다. 열매는 대개 육질과 과즙이 풍부하고 먹을 수 있지만, 종에 따라 건조하거나 먹을 수 없는 것도 있다. 열매는 내부에 있는 씨앗(들)을 보호하고, 산포 과정을 돕는다. 대사 과정과 산소 소비가 멈추고, 씨앗은 건조되어 수분 양이 총중량의 15% 정도로 감소된다. 이윽고 산포를 위한 기다림이 시작된다.

인류는 한 가지 유형의 씨앗을 특별한 스낵 과자로 바꾸는 방법을 알아냈다. 팝콘의 낟알은 옥수수 자루에 달린 낟알로 만들어낸 것이며, 이 낟알은 열매에 해당한다. 이 낟알에는 영양이 풍부하고 먹을 수 있는 씨방 벽에서 발달한 바깥층에 감싸인 수정란이 포함되어 있다. (튀기지 않은 팝콘 낟알을 심으면 자랄 것이다!) 낟알은 수분—약간의 기름과 섞인 약간의 물—도 머금고 있으며, 수분을 보호하는 껍질로 싸여 있다. 낟알을 가열하면 내부의 물이 증기로 바뀌고 녹말과 단백질이 화학적으로 변형되어 부드러워지고 살짝 젤라틴 느낌이 나게 된다. 계속 가열하면 증기의 압력이 높아져 결국 씨앗껍질이 펑펑 터지게 된다. 팝콘의 솜털 같은 하얀 물질은 씨앗을 감싸고 있던 녹말과 단백질이다.

우리가 먹는 모든 열매는 원래 꽃이었다. 열매는 식물이 장차 후손으로 생장할 씨앗을 퍼뜨릴 목적으로 만들어낸 것이다. 씨앗을 과즙과 영양분이 있는 구조—열매—로 감싸서 굶주린 동물을 유인하는 것이다. 동물은 열매를 먹어 영양분과 에너지를 얻고, 나중에—어미 식물에서 멀리 떨어진 곳에서—소화관을 무사히 통과한 씨앗을 배출한다. 씨앗은 새로운 장소에서 약간의 분변을 비료로 삼아 생장할 수 있다.

열매가 동물에게 먹히는 방법 이외에 다른 방식의 적응도 볼 수 있다. 꽃가루 산포의 경우와 마찬가지로, 열매도 바람이나 물에 실려 멀리 운반될 수 있다(**그림 20.16**). "열매"라는 용어는 우리가 흔히 생각하는 것보다 훨씬 광범위하게 적용된다. 그리고 열매의 구조에 따라 산포 방법—바람, 물, 또는 동물—이 뚜렷하게 달라진다.

Q 열매가 숙성되기 전에는 맛이 없는 이유는 무엇일까?

당과 양분이 풍부한 육질 구조인 열매는 동물, 대개 척추동물의 먹이가 되는 방식으로 산포된다. 복숭아 등에서는 열매가 단일 씨방에서 발달하며, 딸기나 파인애플 등에서는 수많은 꽃으로 이루어진 다중 씨방에서 발달한다. 씨앗이 준비를 마치기 전에 산포된다면 식물은 이익을 얻지 못하므로, 씨앗이 완전히 발달하기 전까지는 열매가 숙성되지 않으며 먹을 수 있는 상태로 되지 않는다. 실제로 대부분의 열매는 씨앗이 산포될 준비를 마치기 전까지는 녹색을 유지하며, 준비를 마쳐야 비로소 단맛이 나고 화사한 색채로 바뀌어 산포매개자를 유인한다.

열매와 씨앗의 산포 방법

바람에 의한 산포

털이 난 열매나 씨앗
민들레와 밀크위드(박주가리과 식물)의 열매는 북슬북슬한 털이 있어서 공기 중에 떠다닌다.

날개가 달린 열매나 씨앗
느릅나무와 단풍나무 등 키가 큰 식물에서 방출된 열매나 씨앗은 날개가 달려 있어서 천천히 내려오면서 멀리 날아간다.

먼지처럼 미세한 열매나 씨앗
난초류의 씨앗은 먼지처럼 매우 작고 가볍기 때문에 공기 중에 떠다닌다.

터뜨려지는 열매나 씨앗
겨우살이 등의 열매는 숙성되면 터져서 씨앗을 거의 100 km/h의 속도로 15 m나 멀리 날려보낸다.

물에 의한 산포

코코넛 등의 열매는 물에 떠서 강이나 바다를 따라 이동한다.

동물에 의한 산포

운반되는 열매나 씨앗
일부 식물의 열매는 날카롭거나 끈적한 갈고리가 있어서 동물의 다리나 털에 달라붙는다. 동물이 이동한 후 이 열매를 털어내면, 씨앗이 새로운 장소에서 발아하고 생장하게 된다. 벨크로는 이 열매에 착안하여 만들어낸 것이다.

먹히는 열매나 씨앗
동물이 열매를 먹으면, 멀리 떨어진 곳에서 씨앗이 소화관을 통과하여 배출될 수 있다.

그림 20.16 바람, 물, 그리고 동물이 씨앗을 퍼뜨릴 수 있다.

동물에 의해 산포되는 열매로는 토마토, 포도, 버찌, 올리브, 사과, 배, 스쿼시, 호박, 콩류와 완두콩류, 옥수수 낟알, 그리고 아보카도가 있다. 오늘날 아보카도 씨앗을 산포하는 동물 종은 찾아볼 수 없다. 아마도 아보카도 식물과 협력관계를 이뤄 진화했던 동물이 멸종한 것으로 추정된다. 현재 아보카도 씨앗은 사람이 옮겨주고 있다.

핵심요약 20.9

» 수정된 이후, 밑씨가 씨앗으로 발달한다. 씨앗에는 분열조직이 있는 배아, 하나 또는 두 장의 떡잎, 그리고 배젖이 있으며, 단단한 껍질에 싸여 있다. 씨앗은 열매 속에서 보호된다. 식물은 동물, 물, 또는 바람의 도움을 받아 열매와 씨앗을 새로운 장소로 산포시킨다.

식물은 두 가지 유형의 생장을 통해 길이와 부피가 평생 증가한다

▲ 가지치기를 하여 식물이 멋진 모양으로 생장하도록 가꿀 수 있다.

20.10 씨앗은 어떻게 발아하고 생장하는가?

Q 농작물의 씨앗은 야생식물에 비해 껍질이 얇고 더 많은 에너지를 저장한다. 그 이유는 무엇일까?

씨앗은 발아와 생장에 딱 들어맞는 조건이 이루어지기 전에는 생장을 시작하지 않는다(**그림 20.17**). 즉, 때로는 발아하기 전에 며칠 또는 몇 주 동안 기다려야 한다. 그러나 일부 종에서는, 이상적인 환경조건에서조차 씨앗이 휴면상태를 유지한다. 이 씨앗이 발아하려면 새나 포유류의 소화기관을 통과하면서 씨앗껍질이 마모되고 약해져야 하는 경우도 있고, 불에 타야 하는 경우도 있다. 이런 씨앗은 발아하기 전까지 수십 년, 심지어 수백 년 동안 휴면상태를 유지할 수도 있다.

발아하기 전에 추가로 "가공"되어야 하는 껍질을 가지고 있는 씨앗은 이로움을 얻을 수 있다. 첫째, 추가 가공이 필요하다면 씨앗이 충분히 멀리 산포되지 않은 상태에서 발아하는 것을 막을 수 있다. 둘째, 동물의 소화기관을 통과해야 하는 경우에는 씨앗이 언제나 약간의 천연 비료 속에 있게 된다. 셋째, 산불에 타야 하는 경우에는 다른 식물이 타 죽어 경쟁상대가 없는 지역에서 발아할 수 있게 된다.

> "씨앗이 없는 곳에서 식물이 싹을 틔울 것이라고 믿지는 않지만, 나는 씨앗에 큰 믿음을 가지고 있어. 그곳에 씨앗을 뿌렸다고 나를 확신시켜 봐. 그러면 나는 놀라운 일을 기대할 준비가 돼 있어."
>
> — HENRY DAVID THOREAU, *Faith in a Seed*

생명활동에 필요한 물, 온도, 그리고 산소 조건이 딱 들어맞으면 씨앗이 발아하고 생장하기 시작한다.

그림 20.17 모습을 드러내는 식물체.

Q 산불 예방 활동이 어째서 식물을 괴롭히는 일이 될 수 있을까?

그렇지만, 이러한 요구조건으로 인해 식물의 진화적 성공이 다른 종의 행동이나 특수한 생태 조건과 연계되어 불안정하게 된다. 일례로서, 산불의 엄청난 열과 연기를 겪어야 발아하는 씨앗을 가진 식물 종

씨앗 발아

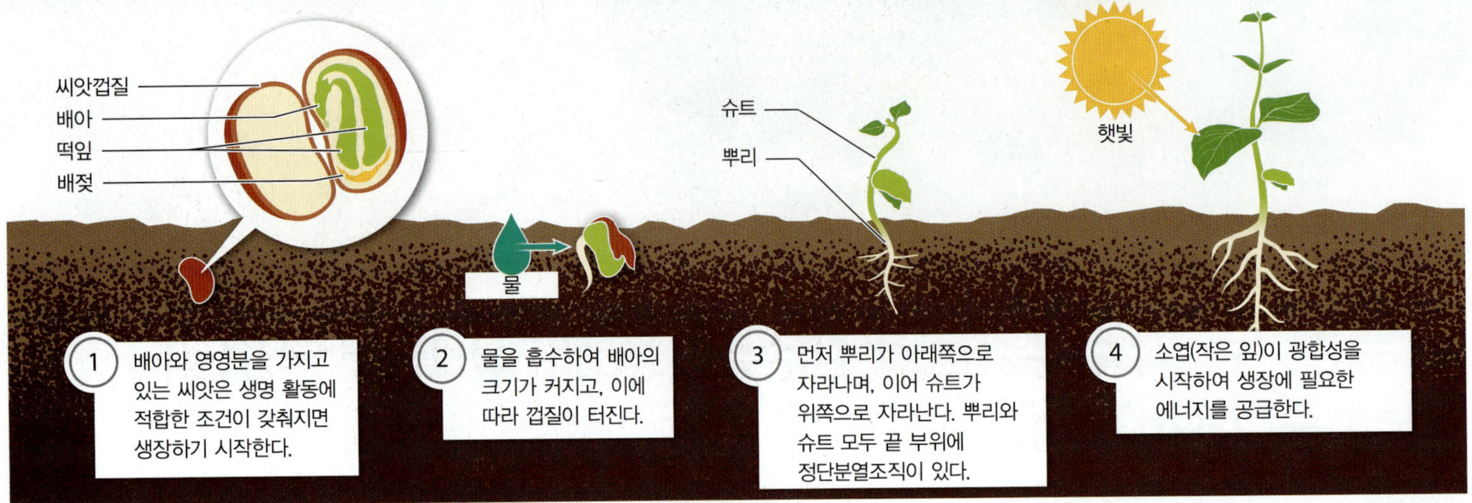

그림 20.18 씨앗에서 유식물로: 식물체의 초기 생장.

가운데 일부 개체군이 쇠퇴의 길을 걷고 있다. 우리가 산불 발생을 억제하면, 그로 인해 이들의 발아 능력도 감소된다.

다시, 생장할 준비를 마친 씨앗으로 돌아가 보자. 적절하게 가공되고 충분한 온도와 산소, 그리고 물이 갖춰지면 마침내 발아가 시작된다. 발아가 시작되면 물을 흡수하여 배아가 확장되고 껍질이 터진다. 배젖과 배아에 저장된 지방과 녹말을 이용하여 대사활동이 빠르게 늘어나고, 식물이 생장하기 시작한다(**그림 20.18**). 먼저 뿌리가 아래로 자라고 이어서 슈트가 위쪽으로 자라난다. 많은 식물에서는 떡잎이 저장 에너지를 소진한 후에 광합성을 수행할 수 있어서 더 많은 에너지를 공급한다.

핵심요약 20.10

» 배아와 영양분을 가지고 있는 씨앗은 생명 활동에 적합한 조건이 갖춰져야만 생장을 시작한다. 씨앗은 때로는 발아하기 이전에 동물의 소화기관을 통과하거나 불에 타야만 한다. 초기 생장은 배젖과 배아에 저장된 지방과 녹말을 이용하여 이루어진다.

20.11 식물은 동물과 다른 방식으로 생장한다

식물과 동물은 매우 다른 방식으로 생장한다. 이들 사이에는 주요 차이점 세 가지가 두드러지게 나타난다. 첫째, 대부분 동물은 성숙하는 기간을 지나 "어른이 되면" 더 이상의 성장이 거의 이루어지지 않는다. 이에 비해 대부분 식물은 전 생애에 걸쳐 계속 생장하여 키도 더 자라고 더 굵어진다. 둘째, 아마도 매우 이상해 보이겠지만, 동물의 경우 털, 뿔, 손톱 등을 제외하면 신체 대부분이 살아있는 세포로 구성된다. 그러나 나무와 같은 목재 식물과 일부 관목의 경우는 대부분 죽은 세포로 이루어져 있다. 가지와 뿌리에서 물을 운반하는 세포는 모두 실제로는 죽은 상태이며(19.3절 참조), 큰 나무둥치—목재—의 대부분 역시 죽은 상태이다. 마지막으로, 동물은 살아있는 신체 부위를 일상적으로 탈락시키지 않지만, 식물은 가지와 잎처럼 비교적 큰 신체 구조를 늘 부작용 없이 잃는다(**그림 20.19**). 식물의 많은 구조는 벗겨져서 떨어지고 새로운 세포로 대체되는 피부 세포와 거의 비슷한 기능을 한다.

식물은 두 가지 유형의 생장 방법을 가지고 있다. **1기 생장**은 키를 자라게 하고, **2기 생장**은 굵어지게 (그리고 튼튼하게) 한다. 두 유형 모두 생장을 이루는 세포 과정은 비슷하며, 모두 **분열조직**에서 시작된다. 발달 중인 배아의 뿌리 분열조직과 슈트 분열조직과 마찬가지로, 이 분열조직은 활발하게 분열하는 세포 덩어리이다. 사람의 줄기세포처럼, 분열조직은 영구히 젊은 세포를 가지고 있어서, (1) 반복적으로 분열하고, (2) 그 어떤 유형의 식물 조직으로도 발달할 수 있다. 성체가 된 식물체의 다른 부위는 그 어디에도 이처럼 무한하게 발달할 수 있는 세포가 없다.

식물 생장의 특성

식물의 몇 가지 생장 특성은 동물의 성장과 매우 다르다.

- **지속적인 생장**
  대부분 식물은 생장—키와 두께 모두—을 평생 지속한다.
- **살아있는 세포와 죽은 세포로 구성**
  물관부 세포와 목재 구성 세포 등의 많은 식물세포는 죽은 세포이다.
- **구조의 상실**
  식물은 줄기와 잎 등 비교적 큰 구조를 부작용 없이 잃을 수 있다.

그림 20.19 식물의 생장은 동물의 성장과 어떻게 다른가.

두 가지 유형의 식물 생장은 두 가지 분열조직의 활성에 따라 이루어진다(**그림 20.20**).

1. **정단분열조직**은 뿌리와 슈트, 또는 가지의 끝에 있는 분열조직 세포의 덩어리이다. 이 조직은 지속적으로 분열하고 1기 생장을 유도하여 식물이 큰 키로 자라게 하며 식물 부위(뿌리와 가지)가 길어지도록 한다. 이 과정은 사람의 성장과 비교하면 극적인 대조를 보인다. 우리의 머리 꼭대기, 그리고 손과 발의 끝 부위에 새로운 물질이 계속 덧붙으며 자라는 것과 같다고 볼 수 있다.
   슈트의 아래쪽 곁눈(액아, axillary bud)은 정단분열조직이 존재한다면 생장이 억제된다. 슈트의 정단분열조직을 제거하면 그 밑에 있는 곁눈의 생장이 증가한다. 이로써 식물은 "위"보다 "바깥"을 향해 더 많이 자라게 된다. 이런 현상을 활용해, 정원사는 꾸준하게 가지치기를 하여 식물이 다양한 형태로 자라게 한다.
2. **측부분열조직**—모든 식물 종에 있지는 않음—은 2기 생장을 주도하여 나무둥치와 가지가 굵어지게 하고, 목재와 나무껍질을 만들어낸다.

핵심요약 20.11

» 식물은 일반적으로 두 가지 유형의 생장을 통해 평생 자란다. 1기 생장은 큰 키로 자라게 하고, 식물 부위가 길어지게 한다. 2기 생장은 식물체가 두껍고 단단해지게 한다.

식물의 생장 유형

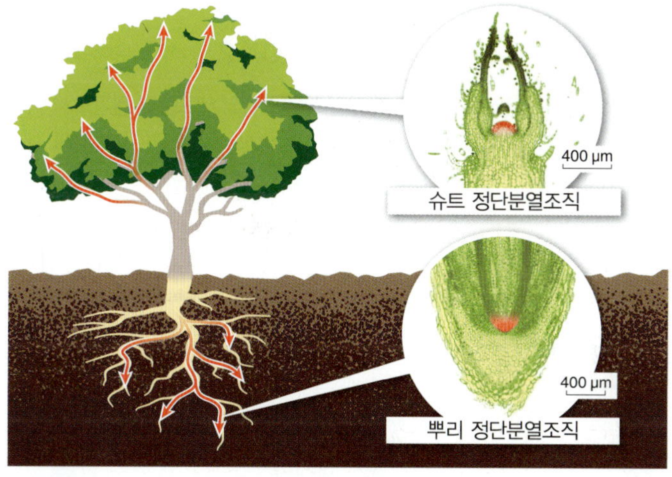

1기 생장
- 식물이 큰 키로 자라고, 뿌리와 가지가 길어지게 한다.
- 슈트와 뿌리의 끝 부위에 있는 정단분열조직의 세포분열에 기인한다.

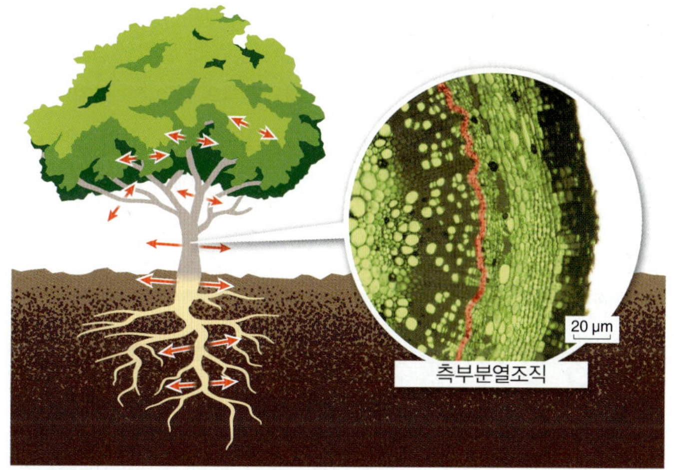

2기 생장
- 식물이 튼튼해지고, 뿌리와 가지가 굵어지게 한다.
- 측부분열조직의 세포분열에 기인한다.

그림 20.20 정단분열조직과 측부분열조직이 식물 생장의 근원이다.

20.12 1기 생장은 정단분열조직에서 일어난다

1기 생장에 의해 슈트는 키가 커지고 뿌리와 가지는 길어진다. 또한, 싹과 잎 등의 새로운 조직이 형성된다.

모든 1기 생장은 정단분열조직의 세포분열 결과로써 이루어진다(**그림 20.21**). 분열조직 세포는 전분화능을 가지고 있다. 즉, 식물체가 만들어낼 수 있는 어떤 유형의 세포로도 발달할 수 있는 잠재력을 가진다. 분열조직 세포가 분열하여 새로운 세포를 만들어냄에 따라 생장이 이루어진다. 일부 세포는 물관이나 체관, 또는 저장 세포 등 특수한 유형의 조직 세포로 분화하고, 나머지는 분열 세포로 남는다. 이처럼 분열조직에서 끊임없이 새로운 세포를 공급하기 때문에 생장과 분화가 지속적으로 이루어질 수 있다. 정단분열조직 세포는 모든 뿌리와 슈트의 끝에 있으며, 작은 고깔을 씌워 분열조직을 보호한다.

정단분열조직 세포는 식물이 생장할 때에 가지를 만들어내는 분지에도 관여한다. 슈트에서 분열조직 세포가 분열하면 식물체의 정단부가 위쪽으로 높이 밀려 올라가고, 일부 분열조직 세포는 일정한 간격으로 아래쪽에 남아 있게 된다. 남겨진 분열세포도 언제든지—대개 호르몬의 자극에 의해—분열할 수 있다. 이들이 분열하면 바깥쪽으로 밀려 나가면서 새로운 가지를 만들어낸다. 가지가 생장할 때 다시 싹(bud) 근처에 일부 분열조직 세포가 남겨져서 가지를 더 만들어낼 수 있다. 분열을 통해 만들어진 세포 일부가 물관과 체관으로 발달하고, 새로 만들어진 이들 관다발이 줄기 내의 중앙 순환 관다발과 연결된다.

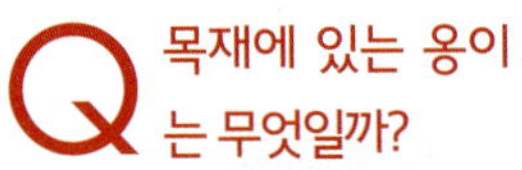

건축에 사용되는 대부분 목재는 나무의 줄기를 길게 잘라낸 목질부에서 얻는다. 목재의 옹이는 둥치에 가지가 연결되어 관다발조직이 서로 이어진 곳에서 나타난다. 옹이는 2기 생장에 의해 둥치가 두꺼워질수록 깊숙한 곳에서 나타난다.

1기 생장

슈트와 뿌리 끝에 있는 분열조직 세포가 분열하여 1기 생장이 이루어진다. 딸세포 중 일부는 특수한 유형의 식물조직으로 분화하고, 나머지는 분열조직 세포로 남아 지속적으로 새로운 세포를 공급한다.

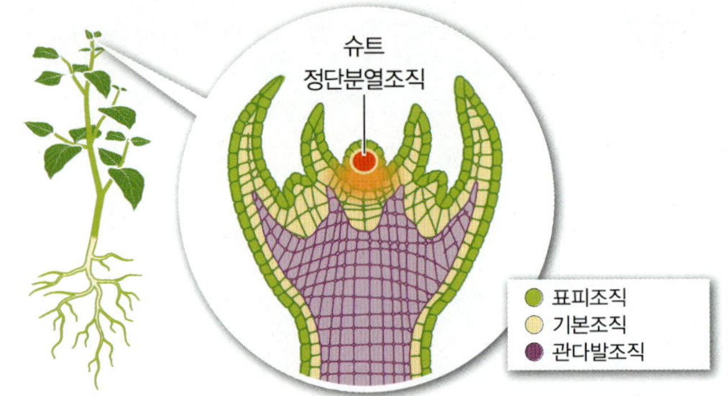

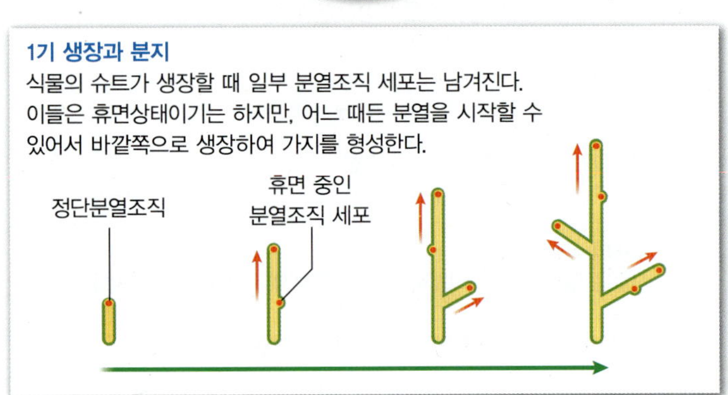

그림 20.21 큰 키로 자라기: 1기 생장.

핵심요약 20.12

» 식물의 생장은 전분화능 세포 집단인 분열조직의 세포분열 결과로서 이루어진다. 정단분열조직의 분열 결과로서 1기 생장—줄기, 가지, 뿌리의 길이 생장과 싹, 잎 등의 새로운 조직 형성—이 이루어진다.

20.13 2기 생장을 통해 목재가 만들어진다

목재는 놀라운 것이다. 미학이나 공리주의 관점에서도 상당히 주목할 만하지만, 꼭 그런 것만은 아니다(**그림 20.22**). 목재는 나무가 쓰러지지 않도록 지탱하는 강도를 부여하고, 물과 양분을 운반하는 배관 역할도 수행한다는 점에서 주목할 만하다. 특히 목재는 매우 가벼우면서도 이러한 일을 해낸다.

일단 1기 생장 동안에 정단분열조직이 위로 이동하고 나면, 그 부위의 줄기나 둥치는 더이상 길이 생장을 하지 못한다. 그렇지만 2기 생장을 통해 바깥쪽으로 생장하여 점점 더 두꺼워질 수 있다.

인류는 목재의 강도, 내구력, 아름다움을 다양한 용도로 활용한다.

그림 20.22 목재는 인간에게 매우 높은 가치가 있다.

2기 생장은 어떻게 이루어지는 것일까? 어린 목재식물의 횡단면을 살펴보면, 동심을 이룬 원통들이 차례로 채워져 있다(**그림 20.23**). 중심부에는 **속질**이 바깥 둘레의 절반 가까이 뻗어 있다. 속질은 부드러운 스펀지 같은 유조직 세포로 이루어져 있다. 속질 바깥에는 얇은 관다발조직 원통인 물관이 있으며, 또 다른 관다발조직 원통인 체관이 잇대어 있다. 그 바깥에 표피와 둥치의 외부 껍질이 있다. 물관과 체관 사이에는 측부분열조직 세포층인 **관다발형성층**이 있다. 분열조직에는 반복하여 분열하고 그 어떤 유형의 식물 조직으로도 발달할 수 있는 영구히 젊은 세포가 있음을 기억하자.

2기 생장

2기 생장은 측부분열조직의 세포가 분열하여 이루어진다. 그 결과로 물 운반능력, 그리고 두께와 단단함이 증가한다.

1 물관과 체관 사이에 관다발형성층이라고 부르는 측부분열조직 세포층이 있다.

물관

체관

관다발형성층

속질

2 관다발형성층 세포가 분열하여 중심을 향해 안쪽 방향으로 세포 고리를 만들어낸다. 이것을 2기 물관이라고 부른다.

2기 물관

3 관다발형성층 세포가 바깥쪽 방향으로 또 다른 세포 고리를 만들어내며, 이것을 2기 체관이라고 부른다.

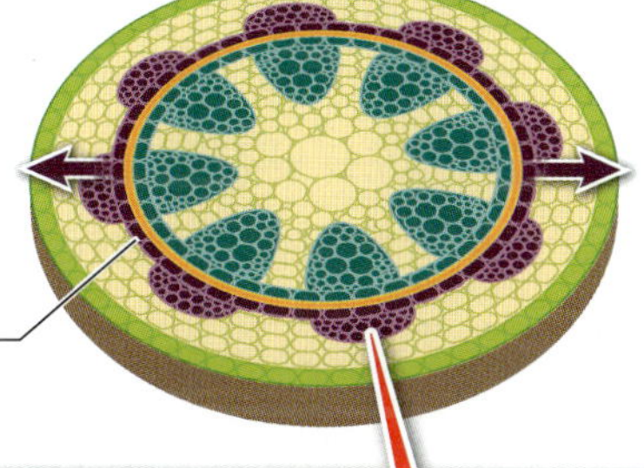

2기 체관

관다발형성층이 바깥쪽을 향해 점점 더 멀리 밀어내기 때문에 목재의 고리가 연이어 만들어지며, 나무둥치가 점점 두꺼워진다.

그림 20.23 더 두껍고 더 단단하게: 2기 생장.

관다발형성층의 세포가 분열하면 2개의 세포 고리가 만들어진다—하나는 둥치의 바깥쪽 둘레 쪽으로, 하나는 중심 부위 쪽으로 형성된다. 바깥쪽으로 향하는 고리를 **2기 체관**이라고 부르며, 식물체 내에서 당을 운반한다. 중심 부위 쪽으로 만들어진 고리는 **2기 물관**이라고 부르며, 물과 미네랄을 운반하고 식물체를 지탱하는 구조 역할도 한다. 2기 물관 세포를 통틀어 "목재(wood)"라고 부른다. 관다발형성층은 줄기나 둥치 안쪽을 향해 세포를 만들어내기 때문에 중심 부위에서 멀어지는 방향으로 밀려난다. 점점 더 멀리 밀려나면서 내부에 목재 고리가 연이어 형성되며, 나무둥치가 점점 두꺼워진다.

대부분 물관은 초기에는 긴 물 수송관처럼 작용하지만, 오래된 물관은 마치 막힌 동맥처럼 되어 액체가 흐를 수 없게 된다. 물관이 막히는 현상은 점진적으로 일어나기 때문에 오래될수록 더 많이 막히게 된다. 막힌 물관은 "**심재**(heartwood)"라고 부르며, 나무 진(resin)과 불용성 대사노폐물 분자가 축적되어 짙은 색으로 변한다. 심재는 물을 운반하지 못하지만, 구조적으로 지탱해준다. 바깥쪽 멀리 관다발형성층 가까이에 있는 물관은 만들어진지 얼마 지나지 않았으므로 물을 잘 운반한다. 이 물관을 "**변재**(sapwood)"라고 부른다(**그림 20.24**).

거대한 참나무의 경우 나무 무게의 대부분은 목재가 차지하며, 98% 이상이 죽은 세포로 이루어져 있다. 그럼에도 불구하고, 이 나무는 싹을 가지고 있어서 생장하고, 관다발형성층 세포도 있어서 지속적으로 분열하여 새로운 물관과 체관을 만들어낸다. 살아있는 세포가 있는 한 그 나무는 생장할 수 있고, 따라서 살아있는 것이다.

나무의 단면에서 목재의 색을 보면 상대적인 심재와 변재의 양을 알 수 있다. 또한, 생장 고리(나이테)를 통해 나무의 연령도 알 수 있다. 온대기후에서는 봄철과 여름철에 더 많은 생장이—즉,

목재의 구조

심재

변재

목재의 색을 보면 나무에 있는 심재와 변재의 상대적인 양을 알 수 있다. 생장 고리(나이테)의 수를 보고 나무의 연령을 알 수 있다.

나무둥치의 구조적 조성

- 대부분의 세포는 2기 물관이다. 이들은 목재라고도 부르며, 죽은 조직이다.
- 측부분열조직인 관다발형성층이라고 부르는 고리 안에서 2기 생장이 이루어진다. 이곳에서 안쪽으로는 새로운 물관을, 바깥쪽으로는 새로운 체관을 만들어낸다.

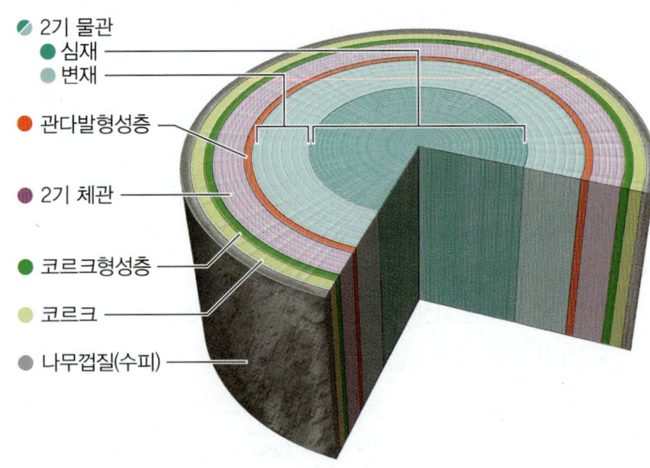

그림 20.24 나무둥치의 단면.

관다발형성층에서 세포분열이 더 빨리—일어나고, 넓고 밝은 띠가 만들어진다. 가을철과 겨울철에는 생장이 느려지고, 좁고 짙은 띠가 만들어진다. 띠의 폭이 넓으면 강수량이 많은 해였음을, 좁으면 건조한 해였음을 알 수 있다. 대비되는 계절이 나타나는 기후대에서 생장한 나무 대부분은 이 나이테의 수를 세어 그 연령을 정확하게 알아낼 수 있다.

관다발형성층이 나무 둥치의 둘레를 늘리면서 바깥쪽으로 점점 멀리 밀려나면, 나무껍질을 구성하는 표피세포가 분리되어 떨어져 나간다. 이렇게 떨어져 나간 조직은 **코르크형성층**에 의해 대체된다. 코르크형성층은 둥치의 바깥 끝 부위 근처에 있는 측부분열조직 세포가 모인 원통이며, 나무껍질의 보호층을 지속적으로 유지하는 중요한 역할을 한다. 형성층 세포가 분열하면, 왁스 같은 소수성 코르크 세포의 원통이 만들어져서 둥치의 바깥 표면에서 물 손실과 미생물 침입을 막아준다. 2기 체관 역시 둥치의 바깥 표면을 향해 밀려나가고, 결국 떨어져 나간다. 그래서 어느 시점이든 기능을 수행하는 물관의 양이 엄청 많더라도, 기능을 수행하는 체관은 매우 얇은 층으로만 존재하며 둥치의 바깥 표면 아주 가까운 곳에 위치한다. 많은 경우에서, 지난 해에 만들어진 체관만 여전히 활성을 보이며 식물체 전체로 당을 운반한다.

그림 20.5 환상박피는 나무를 죽게 할 수 있다.

나무의 둘레를 한 바퀴 돌면서 껍질을 모두 벗겨내는 것을 "환상박피(環狀剝皮, girdling)"라고 부른다. 예초기나 잔디깎는 기계로 환상박피를 할 수 있다. 둥치에 생긴 비교적 얕은 손상은 2기 체관을 파괴시킬 수 있고, 손상이 살짝 더 깊으면 새로운 체관을 만들어내는 세포도 파괴된다.

이러한 손상이 일어난 경우에도 물관은 둥치 중심부 쪽으로 더 깊은 곳에 있어서 손상되지 않으므로 나무는 여전히 물을 뿌리로부터 모든 조직으로 운반할 수 있다. 그러나 체관이 손상되면 광합성 장소로부터 당과 양분을, 필요로 하거나 저장할 곳으로 운반하지 못한다. 이런 손상이 일어나면 곧 나무가 죽을 수도 있다(**그림 20.25**). 환상박피는 숲을 계획적으로 관리하는 수단으로 이용된다. 숲의 밀도를 낮추면 햇빛이 더 많이 들 수 있고, 이에 따라 더 좋은 생장 조건을 만들어줄 수 있다.

핵심요약 20.13

» 2기 생장은 관다발형성층이라고 부르는 얇은 원통형 측부분열조직의 세포분열 결과로서 이루어진다. 이 분열조직이 분열하여 죽어있는 물관세포들의 고리—통틀어 목재라고 부름—를 만들어내서 물과 양분을 운반하고 구조적으로 지지한다.

호르몬이 생장과 발달을 조절한다

▲ 지베렐린을 사용하면 포도알이 굵어지고 포도알 사이의 간격이 늘어난다.

20.14 호르몬은 환경에 대한 식물의 대응을 돕는다

본성(nature)과 양육(nurture). 본성과 양육 사이의 복합적인 상호작용은 표현형에 영향을 주며, 이는 동물과 마찬가지로 식물에게도 중요하다. 식물은 어떻게 달라진 환경에 대응하여 생장 양상을 바꾸는 것일까? 호르몬이 그 답이다.

식물 **호르몬**은 화학적 신호로, 식물이 환경변수(습기의 양, 햇빛의 양과 방향, 기온 등)의 변화에 빠르고 적절하게 대응할 수 있게 한다. 때로는 하나의 호르몬이 표적 세포에서 특정 반응—예로써, 생장—을 촉진하기도 하고, 어떤 때에는 표적 세포의 활동을 억제하기도 한다(**그림 20.26**).

사람과 동물의 호르몬은 일반적으로 특정 샘이나 조직에서 생성되고 (대개 혈액을 통해) 다른 곳으로 이동하여 영향력을 나타낸다. 이에 비해 많은 식물호르몬은 식물체 전반에 걸쳐 여러 부위에서 생성되며, 생성된 부위에서 영향력을 나타내거나 또는 다른 부위로 이동한 후 영향력을 나타낸다.

식물호르몬

호르몬	기능	생성 부위
지베렐린	씨앗 발아 속도 증가; 줄기 신장 촉진; 꽃의 이른 개화 유도; 열매 크기 증가	슈트와 뿌리 정단분열조직; 씨앗
옥신	줄기 신장 촉진; 유식물 생장 방향 조절; 뿌리 분지 촉진; 열매 발달 촉진	정단분열조직; 미성숙 식물조직
에틸렌	열매 숙성 속도 증가; 잎의 탈락과 꽃의 시듦 촉진	열매를 포함한 식물의 모든 부위
앱시스산	생장과 생식 억제; 씨앗 발아 억제; 기공 닫힘 촉진	잎; 열매; 뿌리 끝(근단); 씨앗
시토키닌	옥신과 공조하여 빠른 세포분열 유도; 씨앗 발아 촉진; 곁눈에서 새로운 가지의 생장 개시	주로 뿌리와 열매

그림 20.26 다섯 가지 식물호르몬의 기능과 생성 부위.

많은 종류의 식물호르몬이 있으며, 그림 20.26에 요약한 것처럼 대개 다섯 가지 주요 그룹으로 나눌 수 있다. 식물호르몬의 효과는 대개 예측이 가능하며 쉽게 관찰할 수 있다.

핵심요약 20.14

» 식물호르몬은 식물세포가 생산해낸 화학신호이며, 생장과 발달에 영향을 주는 다양한 환경변수에 식물이 대응할 수 있게 한다.

20.15 지베렐린과 옥신은 생장을 촉진한다

지베렐린과 옥신은 식물체의 다양한 부위에서 조직의 발달을 촉진한다. **지베렐린**은 약 125종류의 연관된 호르몬으로 이루어진 그룹이며, 주로 세포분열과 세포 신장을 촉진함으로써 식물의 생장에 영향을 준다. 지베렐린은 모든 식물 구조에서 발견되지만 씨앗에 가장 많고, 다음으로는 슈트와 뿌리 정단분열조직에서 많이 나타난다. 지베렐린의 농도가 가장 높은 부위에서는 가장 극적인 생장이 이루어진다. 지벨렐린의 영향은 4가지 주요 유형으로 나타난다(**그림 20.27**).

지베렐린을 경제적으로 이용한 중요한 사례는 포도 생산에 응용한 것이다. 씨없는 포도에 지베렐린을 다량 분무하면, 포도알이 굵어지고 지벨렐린이 줄기 신장을 촉진하여 포도송이에서 포도알 사이의 간격이 커진다. 이로써 소비자가 선호하는 상품성이 높아진다. (정상적으로는 식물은 씨앗이 성숙해지기 전에는 씨방벽이 숙성되지 않으므로 열매를 만들지 않는다. 에너지만 낭비하기 때문이다.)

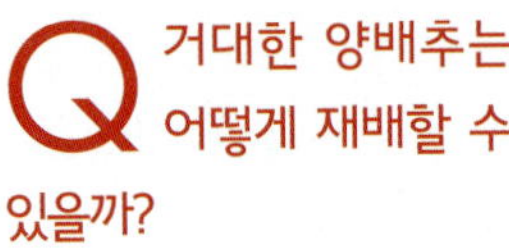

지베렐린은 "기적의 생장" 물질에 가깝다(**그림 20.28**). 예를 들어, 양배추에 지베렐린을 분무하면, 이 양배추는 지름 3m가 넘는 큰 식물체로 생장할 수도 있다!

그렇다면 더 많은 지베렐린을 만들어내면 더 크게 자라 햇빛에 대한 경쟁에서 다른 식물체보다 유리함에도 불구하고, 어째서 모든 식물이 그렇게 하지 않는 것일까? 그 답은 대부분의 생명현상에서 나타나는 절충이 이루어지기 때문이다. 예를 들어, 빠르게 생장하는 양배추는 인위적으로 지지대를 설치해 주어야만 큰 키로 생장할 수 있다. 자연 조건에서 양배추 줄기는 3 m나 되는 키를 지탱하지 못한다. 따라서 쓰러져 시들어 죽게 될 것이다.

지베렐린은 100가지가 넘는 호르몬으로 구성되지만, 옥신은 소규모 그룹이다. **옥신**은 식물의 생장과 발달을 촉진하고 조절하는 몇 가지 중요한 역할을 한다. 옥신은 주로 슈트 끝 부위와 어린 잎 등의 미성숙 조직에서 볼 수 있다. 식물 생장에서 옥신의 주요 역할은 세포분열, 줄기 신장, 뿌리 형성, 그리고 관다발형성층의 형성을 촉진하는 유전자 발현을 자극하는 것이다. 또한, 옥

지베렐린의 효과

씨앗 발아 촉진
지베렐린은 씨앗 배젖에 저장된 에너지원과 영양분을 분해하고 이용하도록 돕는 효소의 생산을 개시한다.

줄기 신장 촉진
지베렐린은 마디 사이의 거리를 늘림으로써 줄기가 길어지도록 한다. 이에 따라 가지의 분지점 간격이 벌어진다.

꽃의 이른 개화 유도
지베렐린은 개화를 유도하는 외부 환경의 변화가 없어도 꽃이 피도록 유도할 수 있다.

굵은 열매 촉진
씨없는 포도에 지베렐린을 분무하면 포도알이 더 굵어지고, 줄기가 신장하므로 포도송이에서 포도알의 간격이 커진다.

그림 20.27 **지베렐린의 생리학적 영향.**

지베렐린은 생장을 강력하게 촉진하며, 자연 상태보다 높은 농도로 처리하면 거대 식물체를 만들어낼 수 있다!

그림 20.28 지베렐린을 처리한 거대한 양배추.

신은 단단한 식물 세포벽을 유연하게 (그래서 생장할 수 있도록) 하고, 투과도가 높아지도록 (그래서 물을 흡수하여 팽창될 수 있도록) 한다. 이를 통해 옥신은 식물의 방향성—빛과 중력의 방향에 대응한 생장—에 영향을 준다(20.17절 참조). 옥신의 영향은 네 가지 주요 유형으로 나타난다(**그림 20.29**).

옥신은 식물체의 끝 부위에 있는 정단분열조직의 생장을 촉진하는 지베렐린의 효과를 증진시키지만, 아래쪽 줄기의 곁눈에 있는 정단분열조직에서는 반대 효과를 나타낸다. 슈트의 꼭대기에 있는 분열조직이 (초식동물에게 먹히거나 어떤 이유로든) 없어져야만 비로소 곁눈의 생장이 이루어진다. 정단분열조직이 곁눈을 억제하는 현상은 **정단우성**(*apical dominance*)이라고 부르며, 끝눈(정단에 있는 눈)에서 만들어낸 대량의 옥신에 의해 일어난다. 정단분열조직을 제거하면 옥신의 양이 감소하므로 곁눈이 생장하게 된다. 이러한 현상을 이용하여 정원사가 "가지치기(pruning)"를 통해 식물의 분지 양상을 조절하여 다양한 형태로 가꿀 수 있다.

Q 어떻게 하면 식물을 속여 우리의 편의에 맞춰 씨없는 열매를 맺도록 할 수 있을까?

열매 발달을 촉진하는 옥신의 효과는 더욱 탐구할 가치가 있다. 농업회사는 이러한 지식을 활용하여 수정되지 않은 꽃에 옥신을 처리하여 열매를 맺도록 속임수를 쓴다—이 꽃은 수정되지 않았으므로, 이렇게 얻은 열매에는 씨앗이 없다(예로서, 씨없는 토마토). 또한, 열매를 맺는 식물에 옥신을 처리하면 열매가 성숙하기도 전에 떨어지는 미성숙 낙과 현상을 막을 수도 있다. 이렇게 생산한 열매는 한꺼번에 수확할 수 있어서 간편하고 비용도 적게 소요된다.

옥신의 효과

이끼 낀 땅에서 싹을 틔운 교살무화과나무 유식물.

줄기 생장 촉진
옥신은 슈트의 키 생장에 대한 지베렐린의 효과를 더욱 증가시킨다.

유식물의 생장방향 조절
옥신은 슈트와 뿌리의 생장을 조절하여 끝 부위가 위와 아래를 향해 올바른 방향으로 자라도록 한다.

뿌리의 분지 촉진
옥신은 뿌리의 형성을 촉진한다.

열매 발달 촉진
배아에서 만들어진 옥신은 씨방 벽의 성숙과 열매의 발달을 촉진한다.

그림 20.29 옥신의 생리학적 영향.

마지막으로 흥미로운 옥신 활용법은 잡초 제거제로 이용하는 것이다. 식물에게 합성 옥신을 높은 농도로 살포하면 감당할 수 없이 생장하게 된다. 마치 경영에 실패한 창업회사와 같이, 이 식물체는 생장에 너무 많은 에너지를 소비하므로 대사를 유지하는 필수적인 기능에 사용할 에너지가 부족하게 되고, 결국 죽는다. 합성 옥신의 한 종류인 2,4-D는 특히 유용한 제초제로 사용된다. 오직 진정쌍떡잎식물—예로서, 민들레—만 죽이고, 초본류와 옥수수, 벼, 밀, 보리 등 가치 있는 작물 식물이 포함된 외떡잎식물에게는 해를 끼치지 않기 때문이다(이러한 차이를 보이는 이유는 완전히 밝혀지지 않았다).

합성 옥신의 제초제 특성은 군사 목적으로도 활용되었다. 1960년대 미국은 베트남의 3,000개 이상의 마을에 Agent Orange라는 옥신-기반 합성 고엽제를 살포하여 적군이 숨을 수 있는 수풀을 제거하려 하였다. 그런데 이 고엽제의 생산 과정에서 디옥신(dioxin)이라는 맹독성 물질이 부산물로 만들어진다. 이로 인해 예기치 않은 선천성 결손증, 백혈병, 간 질환 등이 나타났고, 이후 사용이 중지되었다.

핵심요약 20.15

» 지베렐린 — 주로 분열조직과 씨앗에서 생산 — 은 세포분열과 세포 길이 생장 촉진을 통해 식물의 생장을 조절한다. 옥신은 주로 슈트 끝과 미성숙 식물조직에서 발견되며, 흔히 식물의 생장과 발달을 촉진하고 조절하는 지베렐린의 효과를 강화시킨다.

20.16 그 밖의 호르몬은 개화, 열매 숙성, 스트레스 대응을 조절한다

생장과 발달에서는 옥신과 지베렐린이 주요 식물 조절자이다. 다른 3종류의 호르몬—에틸렌, 앱시스산, 시토키닌—은 환경조건이 적절할 때 발아, 싹틔움, 열매맺기 등에서 중요한 역할을 수행한다.

Q 어떻게 선적한 모든 바나나가 적시에 숙성되도록 할 수 있을까?

에틸렌 중미 지역에서 10,000개의 바나나를 구매한 후 미국에 있는 시장으로 운송하려 한다고 가정해 보자. 도착에 시점에 맞추어 모든 바나나가 노랗게 잘 익은 상태가 되도록 하려면, 어떻게 하면 가능할까? **에틸렌**은 기체 상태의 호르몬이다. 식물체 모든 부위에서 생성되며, 많은 종류의 열매가 숙성되는 속도를 촉진하는 등 몇 가지 중요한 효과를 나타낸다. 따라서 에틸렌을 사용하여 바나나 문제를 해결할 수 있다. 중미 지역에서 숙성되지 않은 바나나(녹색일 때)를 구입하고, 미국에 도착하기 직전에 바나나가 실린 화물칸에 에틸렌을 주입하면 모든 바나나가 동시에 숙성되기 시작한다(**그림 20.30**).

모든 열매가 에틸렌에 반응하여 숙성되는 것은 아니다. 딸기류가 그 예이며, 이들은 반드시 숙성된 후에 수확해야만 한다. 그렇지만, 에틸렌을 열매 숙성에 이용하는 것은 농업에 있어 그 어떤 식물 호르몬보다도 가장 중요한 활용법일 것이다. 이러한 효과는 작은 규모로도 확인해 볼 수 있다. 숙성되지 않은 열매를 담은 용기에 숙성되었거나 썩은 열매(매우 많은 양의 에틸렌을 만들어낸다)를 한 개 넣어준다. 그러면 다른 열매도 모두 매우 빠르게 숙성될 것이다. 이미 숙성된 열매와 격리시켜 보관하면 미성숙 열매의 숙성을 늦출 수도 있다.

에틸렌의 효과

열매 숙성 촉진
에틸렌은 많은 종류의 열매가 숙성되는 속도를 빠르게 한다.

조직 괴사 촉진
에틸렌은 특정 시기에 나무에서 잎의 탈락과 꽃의 죽음을 재촉한다.

그림 20.30 의도에 맞춰 열매를 숙성시키기.

에틸렌은 또한 특정 시기에 잎의 노화와 탈락, 그리고 꽃이 시드는 현상을 촉진한다. 식물체는 씨앗과 열매가 성숙하기 전까지

앱시스산의 효과

생장과 생식 억제
앱시스산은 환경조건이 스트레스 상황일 때 생장과 생식 활동을 억제한다.

기공 닫힘 신호
앱시스산은 잎의 기공을 닫도록 신호를 보내 물 보존 능력을 높인다.

그림 20.31 **생장에 투자하기에 좋지 않은 때.** 앱시스산은 꽃샘추위 등의 스트레스 시기에 식물의 생장을 억제한다.

시토키닌의 효과

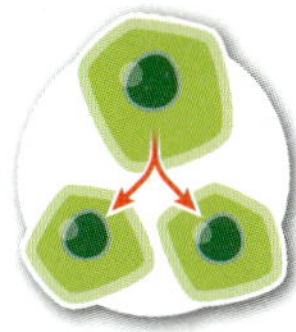

신속한 세포분열 유도
시토키닌은 곁눈에서 새로운 가지의 생장과 씨앗의 발아를 촉진한다.

조직의 죽음 지연
에틸렌의 효과와는 반대로, 시토키닌은 잎과 꽃의 노화를 지연시킨다.

그림 20.32 **곁가지 만들어내기.** 가지치기한 부들레아 관목의 곁눈에서 시토키닌이 새로운 줄기의 생장을 촉진한다.

는 꽃의 씨방을 유지하고 있어야 하지만, 수정이 이루어진 이후에는 꽃잎이나 수술은 유지하지 않는다. 대부분 식물은 에틸렌을 이용하여 일부 꽃을 퇴화시켜 식물체가 숙성시켜야 할 열매의 수를 줄인다. 화훼 업자는 절화(꺾꽂이용 꽃)의 줄기를 은(Ag)이 포함된 용액에 잠깐 담가둔 후 판매한다. 은이 꽃잎에 대한 에틸렌의 영향을 억제하므로 꽃의 수명이 연장된다.

앱시스산 물 부족 등의 스트레스를 겪는 상황에서는 **앱시스산**이 대량 생성된다. 이 호르몬은 잎, 열매, 뿌리 끝 부위 등에서 주로 합성되며(물론 다른 부위에서도 합성된다), 환경조건이 불리할 때 생장과 생식 활동을 억제하는 일반적인 효과를 보인다(**그림 20.31**).

본질적으로, 앱시스산은 식물체로 하여금 어려운 조건을 견뎌내고, 상황이 좋아지면 새롭게 생장을 시작하도록 한다. 예를 들어, 씨앗의 경우, 앱시스산은 조건이 좋아지기 전까지 발아를 억제한다. 유난히 건조하거나 춥거나, 또는 염분이 많은 조건에 놓인 뿌리에서는 앱시스산 생성이 증가하며, 식물체 전체로 이동하여 생장을 억제한다. 잎에서는 건조하거나 바람이 많이 부는 날씨일 때에 앱시스산이 기공을 닫도록 신호를 보내 물을 보존하도록 한다.

시토키닌 **시토키닌**은 식물체 전반, 그리고 식물의 생애 전반에 걸쳐 세포분열을 촉진한다. 이 호르몬은 주로 뿌리와 열매에서 생성되지만, 식물체의 모든 부위에서 영향력을 나타낸다. 대개 옥신과 공조하여 4가지 주요 유형의 효과를 나타낸다(**그림 20.32**).

핵심요약 20.16

» 옥신과 지베렐린 이외에도 3가지 유형의 호르몬이 식물의 생장을 조절하는 중요한 역할을 한다. 이들의 주요 기능으로 에틸렌은 열매 숙성을 유도하고 촉진하고, 앱시스산은 스트레스 상황에서 생장과 생식을 억제하며, 시토키닌은 식물체 전반에서 세포분열을 촉진한다.

외부 신호에 의해 내부 반응이 개시된다

▲ 기둥을 감으며 기어오르는 누에콩과 식물(*Vicia americana*)의 덩굴손.

20.17 굴성은 식물의 생장 방향에 영향을 준다

식물의 제자리에서 사는 특성이 식물체의 구조와 기능의 모든 면에 실질적인 영향을 준다. 동물은 더 나은 조건을 찾아 이동할 수 있지만, 식물은 빛, 중력, 그리고 장애물 등의 다양한 환경 자극에 대해 그저 다가가거나 멀어지는 방향으로 생장할 수 있을 따름이다. 이들 자극에 대응하여, 식물은 **굴성**이라고 부르는 다양한 생장 양상—구부러짐, 휘어짐, 비틀림 등—을 보인다.

굴광성 실내에서 화초를 키운다면, 항상 창문을 향해 자라는 것처럼 보인다는 것을 알 수 있을 것이다. 이처럼 지향성 빛을 향해 생장하는 경향을 **굴광성**이라고 한다. 이런 현상은 줄기 세포의 생장이 균등하지 않고 생장 속도도 달라서 줄기가 빛 방향으로 구부러지기 때문에 나타난다. 이러한 생장 양상이 진화한 것은 놀라운 일이 아니다. 식물체의 (잎과 줄기에 있는) 광합성 세포가 더 많은 빛을 받을 수 있도록 방향을 바꿀 수 있다면, 식물은 더욱 효율적으로 광합성을 수행하여 생장과 생식에 필요한 에너지를 더욱 많이 얻어낼 수 있다.

굴광성에 관해 연구하는 과정에서 "옥신"이라는 식물호르몬 그룹이 발견되었다. 특정 방향에서 온 빛을 받으면, 옥신이 빛과 반대 방향인 줄기의 그늘진 부위로 이동한다(**그림 20.33**). 이 부위는 빛을 받은 부위보다 옥신의 양이 많아지므로 생장속도가 조금 더 빨라진다. 그늘진 부위의 세포가 신장하여 줄기가 빛 방향으로 구부러지게 된다.

굴광성의 특수한 유형인 **향일성**(*heliotropism*)은 Leonardo da Vinci가 최초로 기술하였으며, 태양의 위치에 대응하여 생장하거나 운동하는 현상이다. 고산미나리아재비 같은 향일성("태양을 지향하는") 식물의 잎과 꽃은 매일 태양의 이동을 따라가면서 방향을 바꾼다. 빛에서 먼 그늘진 부위에 있는 세포는 포타슘 이온이 유입되고 뒤이어 물이 들어와 팽압이 높아지므로 신장한다(4.18절 참조). 이로 인해 꽃이나 잎의 방향이 바뀌게 된다.

굴중성 식물의 생장은 중력의 영향도 받는다. 중력에 대한 식물의 반응을 **굴중성**이라고 하며(이 현상 역시 da Vinci가 최초로 기술하였음), 줄기는 위쪽으로, 뿌리는 아래쪽으로 자라는 이유이다. 화분에 심은 화초를 옆으로 눕히면 굴중성 현상을 관찰할 수 있다. 며칠이 지나면 식물이 위쪽을 향해 생장한다. 이때 화분의 방향은 중요하지 않다. (심지어 공중에 거꾸로 매달아도 마찬가지이다). 뿌리는 중력에 반응하여 아래쪽—물을 찾아낼 가능성이 가장 높은 방향—으로 자라고, 줄기는 뿌리와 반대 방향인 위

굴광성

① 식물체에서 생성된 옥신이 줄기의 빛을 받은 쪽 부위에서 그늘진 쪽 부위로 이동한다.

② 그늘진 쪽 부위에서는 빛을 받은 쪽 부위보다 옥신의 양이 많으므로 더 빠른 속도로 생장이 촉진되고, 따라서 빛 방향으로 줄기가 구부러진다.

그림 20.33 빛 쪽으로 구부러짐. 굴광성은 빛의 영향을 받아 나타나는 식물의 생장이다.

굴중성

① 줄기의 세포 내부에 있는 녹말립이 중력에 의해 가라앉아 옥신이 이동해 오도록 한다.

② 아랫부분은 옥신 농도가 높아져 더 빠르게 생장하며, 이에 따라 줄기가 위쪽으로 굽는다.

그림 20.34 "위쪽"으로 자라기. 식물의 줄기는 중력에서 멀어지는 방향으로 생장한다.

쪽—빛을 가장 많이 받는 방향—으로 자란다(**그림 20.34**).

굴중성은 굴광성의 경우와 거의 비슷하게 옥신의 불균등 분포에 따른 결과로 나타난다. 옥신은 어떻게 중력을 감지하는 것일까? 식물세포 안에는 녹말이 가득 찬 작은 소체(녹말립)가 존재한다. 액체가 담긴 병 속의 공깃돌처럼, 이 녹말립은 중력에 의해 당겨져 식물체의 방향과 무관하게 세포 바닥으로 가라앉는다. 녹말립이 옥신 분자가 이동해 오도록 유도하고, 이끌려 온 옥신에 의한 불균등 세포 생장으로 인해 줄기와 뿌리가 올바른 방향으로 굽어 자라게 된다.

굴촉성 **굴촉성**은 건드리거나 어떤 물체와 닿을 때 나타나는 식물의 생장 현상이다. 예를 들어, 오이나 나팔꽃 등의 덩굴식물은 위쪽을 향해 자라면서 무엇이든 지탱할만한 구조—다른 식물체, 철사, 기둥 등—를 휘감으며 자란다. 덩굴식물은 **덩굴손**을 만들어 낸다. 덩굴손은 잎이나 줄기, 또는 가지가 마치 실처럼 특수하게 변형된 구조이며, 접촉한 물체를 휘감을 수 있다(**그림 20.35**). 일부 종에서는 덩굴손이 매우 빠르게 생장하여 어떤 물체를 1시간 이내에 완전하게 휘감을 수도 있다.

굴중성과 굴광성의 경우와 마찬가지로, 굴촉성도 불균등 생장

그림 20.35 덩굴손으로 휘감을게. 식물의 생장은 건드리거나 다른 물체와 접촉하면 영향을 받는다.

을 통해 나타난다. 물체와 접촉한 쪽에 있는 슈트의 세포에서는 반대쪽 부위의 세포보다 길이생장이 느리게 일어난다. 이 현상에도 역시 옥신이 관여한다. 접촉면의 세포에서 옥신을 생성하고, 이 옥신이 반대쪽의 세포로 이동하여 세포 신장을 유도한다. 이에 따라 덩굴손이 물체를 휘감게 된다.

핵심요약 20.17

» 식물은 굴성이라고 부르는 생장 양상을 통해 다양한 환경 자극에 대해 방향성을 보이며 생장한다. 굴광성은 지향성 빛에 대응한 생장이고, 굴중성은 중력에 대응한 생장이며, 굴촉성은 물리적 접촉에 대응한 생장이다. 모든 유형의 굴성 반응에서 옥신이 주연 역할을 수행한다.

20.18 식물은 내부 생체시계를 가지고 있다

어떤 식물체를 24시간 이상 촬영해 보면 느리지만 확실한 움직임을 관찰할 수 있다. 예를 들어, 콩과식물의 경우, 낮 동안에는 잎을 펼치고 방향을 바꿔 태양을 향하게 한다. 그리고 밤에는 잎을 줄기 가까이 끌어당긴다(**그림 20.36**). 이와 비슷하게, 나방에 의해 수분되는 담배식물도 저녁이 되면 하얀 트렘펫-모양의 꽃을 펼쳐 밤 사이에 방문하는 수분매개자를 맞이하고, 아침이 되면 닫는다. 식물은 환경 신호에 따라 적절한 시간대에 맞춘 일상활동 계획을 세우는 것일까? 아니면 어떤 내장형 알람시계를 가지고 있는 것일까?

두 질문 모두 답은 **그렇다**이다. 식물은 "생체시계"를 가지고 있다. 생체시계는 시간을 맞추는 내부적 방법이며, 특정 유전자의 발현을 개시하거나 멈춰야 할 때를 알려준다. 내부 시계로 인해 식물이 정확한 시간대에 맞춘 행동 — 광합성 효율을 높이기 위해 잎을 적절하게 펼치거나, 또는 수분매개자가 찾아오는 시간대에 맞춰 꽃을 접근할 수 있는 상태로 바꾸는 등—을 할 수 있게 된다. 심지어 앞서 살펴본 콩과식물이나 담배식물을 늘 어두컴컴한 실내에서 길러도 잎이나 꽃이 여전히 매일 규칙적으로 열리고 닫히는 것을 볼 수 있다.

그러나 생체시계는 우리가 사용하는 시계와는 다르다. 식물의 내부시계는 환경 신호에 따라 끊임없이 조정된다. 외부 환경에 변화가 없다면, 일정한 빛 조건에서 자라는 식물은 21~27시간 사이의 주기를 가진다. 따라서 시간이 지나면 자연 상태의 낮과 밤 주기 패턴과 이룬 동기화에서 벗어나는 경향을 보인다. 그렇지만 야외에서 자라는 식물은 외부 신호에 맞춰 자신의 시계를 꾸준하게 조정하고, 낮-밤 주기와 일치하는 주기를 유지한다. 식물은 환경이 언제나 "정확한" 시각을 유지하는 것으로 인식하는 것처럼 보인다. 즉, 식물은 내부시계가 동기화에서 벗어나면, 환경에 맞추어 조정한다.

가장 중요한 환경 신호는 낮-밤 주기(그리고 기온 주기의 영향도 조금)이다. 식물이 시간대를 유지하는 정확한 기작은 모든 종에서 밝혀지지는 않았다. 그러나 많은 식물에서는 빛의 특정 파장에 반응하는 잎의 색소에 의해 조절되는 것으로 보인다. 시간대에 따라 햇빛에 존재하는 특정 파장의 양이 달라지기 때문에, 낮 동안과 해가 진 후 밤 동안에 서로 다른 색소가 활성을 나타내게 된다.

Q 일부 꽃을 보는 것만으로도 정확한 시간대를 알 수 있을까?

그림 20.36 딱 좋은 시기 맞춤. 식물은 환경 신호에 대응하여 자신의 생체시계를 조정한다.

1700년대 중반, 스웨덴 출신 식물학자 Carolus Linnaeus가 식물의 생체시계에 대한 이해를 바탕으로 하여 특정 시간대에 꽃잎을 펼치고 닫는 꽃들로 "꽃시계(floral clock)"를 고안하였다. 꽃잎을 펼치고 닫는 시간대가 다른 41종의 식물을 정원에 심은 뒤, 꽃잎을 펼친 종과 닫은 종을 확인하여 하루 중의 시간대를 알 수 있었다.

핵심요약 20.18

» 식물은 시간을 맞추는 내부 방법을 가지고 있어서 적절한 시간대에 다양한 생화학적, 생리학적 활동을 시작할 수 있다. 식물은 끊임없이 자신의 생체시계를 환경 신호 — 낮-밤 주기와 기온 주기 — 에 맞춰 조정한다.

20.19 식물은 광주기성과 휴면을 이용하여 겨울에 대비한다

꽃을 피우는 일은 에너지를 많이 소비하므로, 식물은 생식이 효율적으로 성공할 수 있을 때에만 꽃을 피운다. 적절한 개화시기는 식물 종마다 다르며, 수분매개자의 활동, 열매의 발달과 산포에 필요한 시간, 그 밖의 여러 요인에 따른다.

식물은 하루 24시간 주기의 환경 변화는 물론 연간 계절 변화에도 대응한다. 개화 최적기가 봄이나 여름인 식물도 있으며, 초가을까지 기다리는 것이 최선인 종도 있다. 다시 말해, 식물은 생체시계 이상의 것—"생체달력"도 필요로 한다. 식물의 생식 성공, 나아가 생존은 꽃을 피우거나 휴면에 들어갈 계기를 정확하게 선택하는 능력에 달려 있다(**그림 20.37**). 시기 선택이 그 무엇보다 중요하다.

식물은 어떻게 봄이나 여름 시기를 알 수 있을까? 식물이 계절의 시작이나 끝을 알리는 신호로 이용하는 환경 변화는 무엇일까? 기온? 강수량? 식물은 **광주기**라는 과정을 통해 낮-밤 주기의 계절적 변화에 대응하여 개화시기를 비롯한 여러 기능을 조절한다.

그림 20.37 위험을 무릅쓰고 움튼 크로커스의 꽃봉오리. 식물은 계절에 맞추어 꽃을 피우고 휴면에 든다.

> 예술은 꽃의 아름다움과 경쟁하는 끊임없는 노력이다—그리고 결코 성공하지 못한다."
>
> — MARC CHAGALL

모든 현화식물은 개화 조절방식에 따라, (1) 장일식물, (2) 단일식물, 그리고 (3) 중일식물의 세 가지 범주로 나눌 수 있다(**그림 20.38**). 이러한 명칭으로 부르는 이유는 낮 길이가 개화시기를 결정하는 것으로 보였기 때문이다. 장일식물은 낮 길이가 기준시간보다 길 때에만 꽃을 피우기 시작한다. 단일식물은 그 반대로, 낮 길이가 기준시간보다 짧을 때에만 꽃을 피운다. 개화에 필요한 기준시간은 일반적으로 장일식물의 경우는 봄에, 단일식물의 경우는 늦여름이나 가을에 충족된다. 이 시기에 특정 종이 번식하기에 가장 적합한 조건이 갖추어진다. 중일식물은 낮 길이의 영향을 받지 않으며, 생장과 성숙이 충분한 상태가 되면 꽃을 피운다.

개화시기가 빛의 양에 따라 결정되는 것으로 보였기 때문에 단일식물이나 장일식물이라고 부르지만, 실제로는 낮이 아니라 밤 길이에 민감한 것으로 밝혀졌다. 즉, 단일식물은 밤 길이가 특정 기준시간보다 길어지면 꽃을 피우며, 장일식물은 밤 길이가 짧아지면 개화한다. 별로 중요해 보이지 않은 이러한 특성으로 인해 캘리포니아 교통부가 낭패를 겪었다. 이들은 고속도로변에 빨간 꽃을 피우는 포인세티아를 심었다. 안타깝게도 이 단일식물은 기대와는 달리 전혀 꽃을 피우지 않았다. 차량의 전조등 불빛이 식물의 밤길이 측정을 방해했기 때문이다. 포인세티아 식물—어둠이 끊김 없이 최소 14시간 이어져야 꽃을 피움—은 충분히 긴 밤

광주기

모든 현화식물은 개화를 조절하는 방식에 따라 3가지 범주로 나눈다.

장일식물

- (대개 봄에) 어둠 기간이 짧아지면 개화가 시작된다.
- 해당하는 종: 카네이션과 토끼풀

단일식물

- (대개 늦여름과 가을에) 어둠 기간이 길어지면 개화가 시작된다.
- 해당하는 종: 포인세티아와 딸기

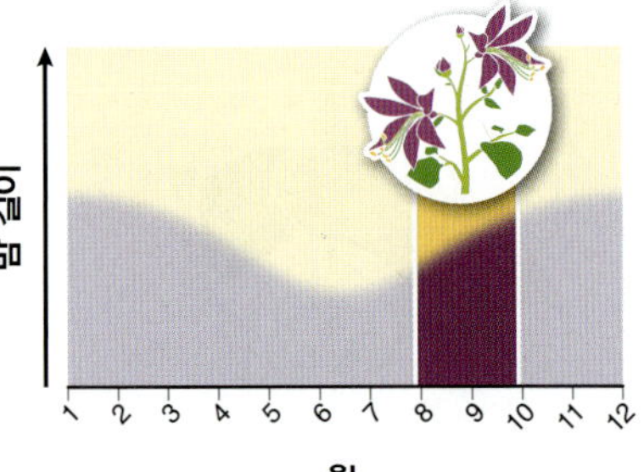

중일식물

- 어둠 기간과 무관하게 충분히 성숙한 상태가 되면 개화가 시작된다
- 해당하는 종 : 장미와 토마토

어떤 식물은 밤 길이가 길어야 (그리고 빛의 양이 적어야) 꽃을 피우고, 어떤 식물은 밤이 짧고 빛이 오래 지속돼야 꽃을 피운다.

그림 20.38 낮 길이와 개화.

(그러므로 단일)을 끝내 감지할 수 없었고, 따라서 꽃을 피우지 않은 것이다. 같은 이유로 인해 포인세티아를 실내에서 기를 때에도 동일한 문제가 나타날 수 있다.

식물은 밤 길이를 어떻게 측정할까? 광주기는 대개 잎에 있는 식물 색소에 의해 조절된다. 이 색소는 적색광과 적외광 파장에 민감하다. 활성화된 적색-민감 색소와 활성화된 적외-민감 색소의 비율은 낮과 밤 동안 시시각각 달라진다. 이 색소는 씨앗 발아와 식물의 길이생장 조절은 물론, 잎의 생장과 형태 형성의 몇 가지 측면에서도 중요한 역할을 수행한다.

핵심요약 20.19

» 식물은 광주기를 이용해 계절의 변화에 대응한다. 예를 들어, 밤 길이와 같은 환경 요인에 따라 꽃을 피우거나 겨울철 휴면에 드는 시기를 판단한다.

생활 속 생명과학 | 증거를 사용한 의사결정 안내

알로에 베라가 화상 치유에 도움이 될까?

Q: 알로에 베라는 무엇인가? 알로에 베라(*Aloe vera*)는 *Aloe barbadensis*라고도 하며, 특히 아프리카의 덥고 건조한 지역에 널리 분포하는 다육식물의 한 종이다.

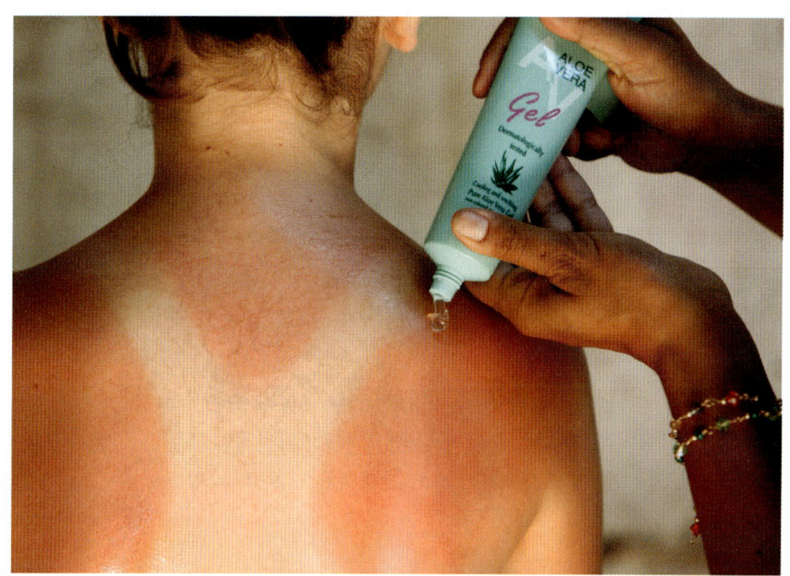

Q: 알로에 베라가 관심을 끄는 이유는 무엇인가? 알로에 베라 잎을 자르면, 잎의 내부 조직에서 즙이 스며 나온다. 이 투명한 액체는 오랫동안 다양한 의학적 효능—햇볕에 의한 화상을 포함한 화상의 통증 경감 등—이 있다고 알려져 왔다.

Q: 효능이 있는가? 오랫동안 알로에 베라를 화상 치료에 사용해 왔음에도, 과학적 증거는 종종 상충된다. 발표된 많은 연구에 따르면, 알로에 베라는 (1) 항균작용, (2) 소염작용, 그리고 (3) 면역계를 직접 촉진한다고 알려졌다. 예를 들어, 2008년에 의학저널인 *New England Journal of Medicine*에 보고된 바에 따르면, 알로에 베라가 1도 화상의 통증을 줄여주는 국소 소염제로 사용할 만한 효능을 가지고 있다고 주장하였다. 그리고 화상 환자의 치료에 알로에 베라를 사용한 임상시험에 대한 리뷰에서는 알로에 베라를 사용한 경우 평균 치유 기간이 거의 9일 감소하였다.

그러나 일부 연구보고서에서는 화상 치유 기간이나 피부 재생, 감염된 세균 수 등에 아무런 변화가 없다고 주장하는 등, 지금까지는 여전히 의견이 일치되어 있지 않다. 심지어 한 연구에서는 항균크림과 비교하여 알로에 베라가 오히려 "치유과정을 방해한다"고 주장하기도 하였다.

Q: 식물의 화합물이 어떻게 햇볕 화상의 통증을 줄여줄 수 있을까? 알로에 베라에는 많은 초식동물에게 독성을 나타내는 수많은 화합물이 있어서 대부분의 곤충 포식자에게 대항할 수 있다. 연구자들은 이 분자—특히 안트라퀴논계 유기화합물, 살리실산염(아스피린의 주성분), 소염효과를 보이는 스테롤계 물질—가 알로에베라 즙을 피부에 발랐을 때 통증을 완화하고 치료 효과를 나타낸다고 믿고 있다. 그렇지만 아직까지 그 과정에 대해서 확실하게 파악하지 못한 상태이다.

연습 데이터의 시각적 표현을 비판적으로 살펴보기

도표로 배우기

1. 파이 조각 사이의 경계에 "희미하게 겹쳐진" 부위가 의미하는 것은 무엇인가? 이 자료(그리고 이 자료와 연관된 불확실성)의 의미를 전달할 수 있는 다른 방법은 무엇이 있을까?
2. 파이의 조각마다 실제 백분율을 표시하면 도움이 될까? 백분율을 표시하지 않은 이유는 무엇일까?
3. 가장 많은 현화식물 종이 이용한 수분매개자 집단은 무엇인가? 이 수분매개자 집단이 수분을 해준 식물 종이 차지하는 백분율은 어느 정도인가?
4. 여기에 보고된 자료를 수집한 특정 서식처가 어디인지 아는 것이 유용한 이유는 무엇인가?
5. 이 파이 그래프에서 이끌어낼 수 있는 두 가지 중요한 결론은 무엇인가?
6. 파이 전체는 "현화식물 종 전체"를 의미한다. 각 유형의 수분매개자에게 도움을 받은 식물체 (종이 아니라, 개체로서) 전체의 백분율을 의미하는 것으로 바꿀 경우, 파이 그래프가 달라질 수 있는 이유는 무엇인가?

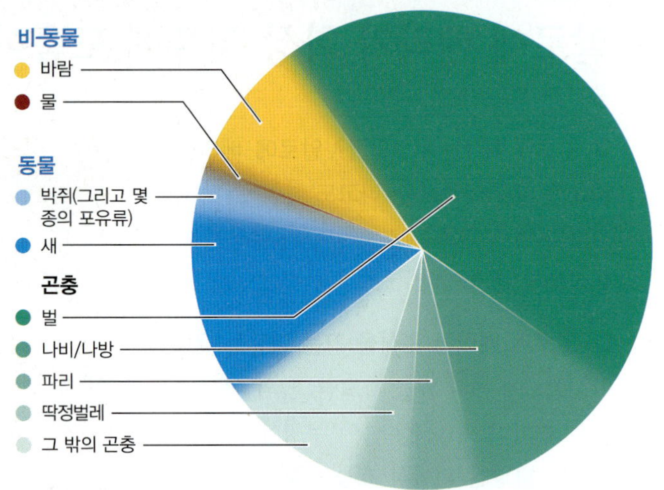

7. "어림짐작"에 따라 기술한 자료에 대한 보고와 해석이 가지는 위험성은 무엇인가? 그 위험성을 능가하는 이점이 있는가?

주요 용어: 식물의 생장, 번식, 그리고 환경에 대한 반응

관다발형성층 vascular cambium, 623쪽
광주기 photoperiodism, 633쪽
굴광성 phototropism, 630쪽
굴성 tropism, 630쪽
굴중성 gravitropism, 630쪽
굴촉성 thigmotropism, 631쪽
꽃가루관 pollen tube, 611쪽
덩굴손 tendril, 631쪽
떡잎 cotyledon, 617쪽
발아 germinate, 608쪽
배낭 embryo sac, 613쪽
배우체 gametophyte, 608쪽
배젖 endosperm, 616쪽
분열조직 meristem, 620쪽
뿌리분열조직 root meristem, 617쪽
생활환 life cycle, 608쪽
세대교번 alternation of generations, 608쪽
속질 (수) pith, 623쪽
수분 pollination, 613쪽
슈트분열조직 shoot meristem, 617쪽
시토키닌 cytokinins, 629쪽
씨앗 seed, 617쪽
앱시스산 abscisic acid, 629쪽
에틸렌 ethylene, 628쪽
열매 fruit, 618쪽
옥신 auxins, 626쪽
전분화능 totipotent, 606쪽
접합자 zygote, 616쪽
정자 sperm, 611쪽
중복수정 double fertilization, 616쪽
지베렐린 gibberellins, 626쪽
코르크형성층 cork cambium, 624쪽
포자 spore, 608쪽
포자체 sporophyte, 608쪽
호르몬 hormone, 625쪽
화밀 (꿀) nectar, 614쪽
1기 생장 primary growth, 620쪽
2기 생장 secondary growth, 620쪽
2차 물관 secondary xylem, 623쪽
2차 체관 secondary phloem, 623쪽

요약

식물은 유성생식과 무성생식을 모두 이용하여 번식할 수 있다

- 대부분 식물은 무성생식과 유성생식이라는 아주 다른 두 가지 번식방법을 가지고 있다.
- 많은 식물이 무성생식으로 번식할 수 있다. 이 과정은 기존의 식물체 조직에서 유사분열을 통해 새로운 개체가 직접 자라난다. 이 과정은 에너지 측면에서 효율적이고 신속하지만, 자손 사이의 유전적 변이가 감소한다. 따라서 식물 개체군이 환경 변화에 맞서 생존할 가능성이 줄어든다.
- 많은 식물이 유성생식을 통해 유전적으로 다양한 자손을 만들어냄으로써 이익을 얻는다. 꽃은 유성생식의 주요 구조이다.
- 식물은 암꽃과 수꽃을 분리하거나, 암수생식 부위를 서로 다른 시기에 만들어내거나, 또는 암그루와 수그루를 분리시킴으로

써 자가수분될 가능성을 낮춘다.

수분, 수정, 씨앗 산포는 흔히 다른 생명체의 도움을 받아 이루어진다

- 꽃밥에서 이배체인 소포자모세포가 꽃가루를 만들어낸다. 꽃가루는 2-세포성이며 물이 새지 않고 끈적한 구조이다. 꽃가루 낟알의 두 세포 가운데 하나는 꽃가루관을 형성하고, 나머지는 분열하여 2개의 정자세포를 만들어낸다. 씨방에서는 이배체인 세포가 분화하여 밑씨가 된다. 밑씨에 있는 대포자모세포가 다세포성 배낭을 만들어낸다. 배낭에는 난자세포가 있고, 이곳에서 수정이 이루어진다.
- 대부분의 식물은 뇌물을 제공하거나 속임수를 써서 동물이 수배우자를 암배우자에게 운반하도록 한다. 식물과 그들의 동물 수분매개자 사이에 강한 공진화가 일어났다.
- 초기 실험 결과만으로도 어떤 현상에 대해 명확하게 설명할 수 있다. 그러나 자연계에서는 인과관계가 언제나 성립하지 않는다. 자세하게 관찰하면 흔히 간접효과와 절충, 제약 등의 더욱 복합적인 상관성이 드러난다.
- 수분은 수정을 달성하기 위해 필요하지만, 이것만으로는 충분하지 않다. 수분이 이루어진 후, 꽃가루관이 암술대를 따라 생장하여 밑씨에 도달하며, 정자세포 2개를 배낭으로 전달한다. 정자세포 중 하나는 난자세포와 수정하여 접합자를 형성한다. 다른 하나는 중앙 세포(반수체 핵 2개)와 융합하여 삼배체인 배젖이 되고, 장차 발달하는 배아에게 영양을 공급한다.
- 수정된 이후, 밑씨가 씨앗으로 발달한다. 씨앗에는 분열조직이 있는 배아, 하나 또는 두 장의 떡잎, 그리고 배젖이 있으며, 단단한 껍질에 싸여 있다. 씨앗은 열매 속에서 보호된다. 식물은 동물, 물, 또는 바람의 도움을 받아 열매와 씨앗을 새로운 장소로 산포시킨다.

식물은 두 가지 유형의 생장을 통해 길이와 부피가 평생 증가한다

- 배아와 영양분을 가지고 있는 씨앗은 생명 활동에 적합한 조건이 갖춰져야만 생장을 시작한다. 씨앗은 때로는 발아하기 이전에 동물의 소화기관을 통과하거나 불에 타야만 한다. 초기 생장은 배젖과 배아에 저장된 지방과 녹말을 이용하여 이루어진다.
- 식물은 일반적으로 두 가지 유형의 생장을 통해 평생 자란다. 1기 생장은 큰 키로 자라게 하고 식물 부위가 길어지게 한다. 2기 생장은 식물체가 두껍고 단단해지게 한다.
- 식물의 생장은 전분화능 세포 집단인 분열조직의 세포분열 결과로서 이루어진다. 정단분열조직의 분열 결과로서 1기 생장—줄기, 가지, 뿌리의 길이생장과 싹, 잎 등의 새로운 조직 형성—이 이루어진다.
- 2기 생장은 관다발형성층이라고 부르는 얇은 원통형 측부분열조직의 세포분열 결과로 이루어진다. 이 분열조직이 분열하여 죽어 있는 물관세포들의 고리—통틀어 목재라고 부름—를 만들어내 물과 양분을 운반하고 구조적으로 지지한다.

호르몬이 생장과 발달을 조절한다

- 식물호르몬은 식물세포가 생산해낸 화학신호이며, 생장과 발달에 영향을 주는 다양한 환경 변수에 식물이 대응할 수 있도록 한다.
- 지베렐린—주로 분열조직과 씨앗에서 생산—은 세포분열과 세포 길이생장 촉진을 통해 식물의 생장을 조절한다. 옥신은 주로 슈트 끝과 미성숙 식물조직에서 발견되며, 흔히 식물의 생장과 발달을 촉진하고 조절하는 지베렐린의 효과를 강화시킨다.
- 옥신과 지베렐린 이외에도 3가지 유형의 호르몬이 식물의 생장을 조절하는 중요한 역할을 한다. 이들의 주요 기능으로 에틸렌은 열매 숙성을 유도하고 촉진하며, 앱시스산은 스트레스 상황에서 생장과 생식을 억제하고, 시토키닌은 식물체 전반에서 세포분열을 촉진한다.

외부 신호에 의해 내부 반응이 개시된다

- 식물은 굴성이라고 부르는 생장 양상을 통해 다양한 환경 자극에 대해 방향성을 보이며 생장한다. 굴광성은 지향성 빛에 대응한 생장이고, 굴중성은 중력에 대응한 생장이며, 굴촉성은 물리적 접촉에 대응한 생장이다. 모든 유형의 굴성 반응에서 옥신이 주연 역할을 수행한다.
- 식물은 시간을 맞추는 내부 방법을 가지고 있어서 적절한 시간대에 다양한 생화학적, 생리학적 활동을 시작할 수 있다. 식물은 끊임없이 자신의 생체시계를 환경 신호—낮-밤 주기와 기온 주기—에 맞춰 조정한다.
- 식물은 광주기를 이용하여 계절의 변화에 대응한다. 예를 들어, 밤 길이와 같은 환경 요인에 따라 꽃을 피우거나 겨울철 휴면에 드는 시기를 판단한다.

복습하기

짧게 답하기

1. 감자 식물은 유성생식을 할 수 있어서 꽃과 열매, 씨앗을 생산한다. 농부는 씨앗을 수확하여 심을 수 있다. 그러나 농부는 씨앗 대신 감자 괴경 일부를 심을 수도 있다. 씨앗 대신 괴경을 심으면 무엇이 이로울까? 어떤 감자를 선택해서 심어야 할까?
2. 식물의 유성생식이 농업에서 특히 중요한 이유는 무엇인가?
3. 꽃가루의 어떤 특성이 알레르기를 유발하는가?
4. 식물과 이들의 동물 수분매개자 사이의 공진화에 대해 설명하시오.
5. 중복수정 과정의 효율성이 높은 이유는 무엇인가?
6. 진화적 관점에서 자가수분의 장점과 단점에 대해 설명하시오.

7. 열매 내부의 씨앗이 완전히 발달하기 전까지는 열매가 맛없는 이유는 무엇인가?
8. 어떤 식물을 큰 키로 자라게 하고 싶다면, 식물의 어느 부위를 잘라내야 할까?
9. "마술 같은 생장"이라는 개념에 가장 어울리는 식물호르몬은 무엇인가? 그 이유는?
10. 익지 않은 상태에서 수확한 열매의 숙성 과정에서 중요한 역할을 하는 식물호르몬은 무엇인가? 이 정보가 농산업에서 유용한 이유는 무엇인가?
11. 식물이 봄과 여름을 식별할 때 기온이나 강수량에 의존하지 않는 이유는 무엇인가?
12. 불을 환하게 밝힌 실내에서 포인세티아를 기르면 문제가 생길 수 있는 이유는 무엇인가?

정답 고르기

1. 식물의 무성생식은
   - a) 불모서식지에서 생장하는 개체군에서 흔히 나타나는 경향을 보인다.
   - b) 유성생식과 마찬가지로 감수분열을 필요로 한다.
   - c) 꽃에서 만들어진 생식세포를 필요로 한다.
   - d) 유성생식에 비해 에너지를 더 많이 소비한다.
   - e) b와 c가 옳음.
2. 속씨식물의 "중복수정"이 의미하는 것은
   - a) 하나의 꽃가루에서 2개의 정자가 방출된다.
   - b) 씨방에서 2개 이상의 난자가 만들어진다.
   - c) 씨방과 꽃밥의 융합.
   - d) 정자세포 1개와 배젖-형성세포의 핵 2개의 융합.
   - e) 정자세포 1개가 난자와 융합하고, 다른 정자세포가 배젖-형성세포의 핵 2개와 융합.
3. 식물이 자신의 열매를 산포시킬 가능성을 높이는 방법은?
   - a) 눈에 잘 띄는 색의 열매
   - b) 맛이 좋은 열매
   - c) 탄력이 좋은 열매가 달린 가지
   - d) a와 b가 옳음
   - e) a와 c가 옳음
4. 속씨식물의 생장에 관한 설명으로 가장 올바른 것은?
   - a) 관다발형성층에 의해 둘레가 굵어지며, 코르크형성층에 의해 길이가 길어진다.
   - b) 정단분열조직에 의해 길이가 길어지며, 관다발형성층에 의해 둘레가 굵어진다.
   - c) 코르크형성층에 의해 길이가 길어지며, 정단분열조직에 의해 둘레가 굵어진다.
   - d) 정단분열조직에 의해 길이가 질어지며, 둘레도 굵어진다.
   - e) 정단분열조직에 의해 둘레가 굵어지며, 관다발형성층에 의해 길이가 길어진다.
5. 어떤 식물의 씨앗은 불에 타기 전까지 휴면상태를 유지한다. 이것이 이 식물 종의 생존에 큰 도움이 되는 이유는 무엇인가?
   - a) 추운 겨울에 발아하는 것을 피할 수 있다.
   - b) 적합한 토양조건에서 발아한다.
   - c) 다른 식물과의 경쟁을 피한다.
   - d) 발아시기를 가을에 맞춘다.
   - e) 열에너지를 이용하여 녹말을 포도당으로 분해한 후 배아의 에너지원으로 공급한다.
6. 당신이 7살일 때, 키 3.6m인 대나무에 땅에서 1.2m 높이에 표시를 하였다. 10년이 지난 후 대나무는 7.2m로 자라났다. 10년 전의 표시는 땅 위 어디 쯤에 있을까?
   - a) 4.8m
   - b) 1.2m
   - c) 2.4m
   - d) 3.6m
   - e) 0.6m
7. 씨없는 포도를 얻으려면 어떤 식물호르몬을 분무해야 할까?
   - a) 지베렐린
   - b) 에틸렌
   - c) 시토키닌
   - d) 옥신
   - e) 앱시스산
8. 뿌리 생산을 촉진하려면 어떤 호르몬을 고농도로 처리하면 좋을까?
   - a) 지베렐린
   - b) 시토키닌
   - c) 옥신
   - d) 에틸렌
   - e) 앱시스산
9. 열매의 숙성을 촉진하는 호르몬은 무엇인가?
   - a) 옥신
   - b) 에틸렌
   - c) 시토키닌
   - d) 지베렐린
   - e) 앱시스산
10. 식물의 굴광성은
    - a) 포도당을 생산하는 과정이다.
    - b) 에틸렌에 의해 일어난다.
    - c) 시토키닌에 의해 중재된다.
    - d) 뿌리가 중력 방향으로 굽어 자란다.
    - e) 슈트 끝 부위가 빛이 오는 방향으로 굽어 자란다.

21

동물생리학 입문

동물 체계와 기능의 원리

▲ 이태리 투스카니에서 양들이 나무 그늘에 머물면서 체온을 조절하고 있다.

동물의 신체 구조는 기능을 반영한다

▲ 백상아리는 이빨을 이용하여 큰 먹이를 섭취할 수 있다.

21.1 동물의 기관계는 고유의 기능을 지닌 4가지 조직으로 이루어져 있다

형태는 기능을 따른다. 이 단순한 문장이 생명계에서 가장 보편적인 관계 중의 하나를 나타낸다. 예를 들어, 펭귄에서 참치와 상어에 이르기까지 빠르게 수영하는 생물들은 모두 유선형의 몸 구조를 지닌다(**그림 21.1**). 특정 구조가 적응적—자연선택의 결과물—이라면 구조의 물리적 특징은 기능을 밀접하게 반영한다. 그리고 커다란 동물 구조의 경우 형태가 기능을 따르는 것처럼, 분자, 소기관, 세포의 경우도 마찬가지이다.

형태는 기능을 따른다.

그림 21.1 수생 생활에 적응됨: 펭귄의 유선형 몸.

동물을 포함한 다세포 생물의 경우, 동물의 생존에 필요한 모든 공정을 세포 각각이 수행할 필요는 없다. 대신, 종류에 따라 다양한 세포가 특정 업무를 수행한다. 구조적으로 동물 중에서 가장 간단한 해면동물의 경우에도 일부 세포는 보호를 위해 몸을 덮고 있고, 내부 공간에 배열된 다른 세포는 해면동물의 활성을 유지하기 위해 영양분과 에너지를 얻는 기능을 수행한다. 다양성의 다른 극단에는 200여 가지의 상이한 세포 종류를 지닌 사람이 있다.

사람을 비롯한 다른 복잡한 동물의 경우, 세포는 집단을 이루어 체계화되어 있고, 이 집단은 더 큰 집단으로 체계화되어 환경과의 기체 교환, 생각과 느낌, 병원균과 싸움, 음식 소화 등 생명 유지를 위한 특정 기능을 수행한다(**그림 21.2**). 이러한 구조의 서열적 체계화는 대부분 동물 신체의 기본적인 특징이다.

대부분 동물의 경우, 비슷한 구조의 세포 집단이 세포들의 일부 산물과 함께 **조직**을 형성하며, 이 조직에서 세포들은 함께 몸

동물 신체의 체계화

동물 신체 체계화의 기본적인 특징 중의 하나는 4단계의 체계화로 구성된 서열적 구조라는 것이다.

세포
모든 동물의 가장 작은 체계화 단위

조직
비슷한 구조와 기능을 공유한 세포 집단

기관
특화된 기능을 수행하는 조직 집단 (위를 포함한 대부분 기관은 4가지 조직을 모두 포함한다.)

기관계
보통 하나 또는 소수의 관련된 생리적 기능을 수행하기 위해 함께 일하는 기관들의 집단

다세포성은 세포 및 조직 기능의 전문화를 통해서 신체를 더 크게 하고 생리학적 복잡성을 증가시킨다.

그림 21.2 **세포로부터 기관계까지.**

의 특정 기능을 수행한다. 동물 성체는 일반적으로 4가지의 주요 조직을 지닌다(**그림 21.3**).

결합조직은 **세포기질**이라는 다량의 세포외 물질에 박혀 있는 세포로 구성되며, 세포기질과 함께 신체 구조 형성과 지지에 기여한다. 사람 신체에 있는 결합조직은 세포를 고정하고 세포 간 소통을 조절하며 성장에 영향을 주고 상처 치료에 관여한다. 결합조직으로 형성된 가장 중요한 구조에는 힘줄, 연골, 혈액, 지방조직, 뼈 등이 있다.

상피조직은 신체의 가장 바깥과 내부 표면을 덮고 있다. 피부는 코, 목구멍, 폐, 혈관, 소화관의 표면에 존재하는 조직과 같이 상피조직이다.

근육조직은 수축할 수 있는 세포들로 구성된다. 이러한 특징으로 인해 근육조직은 몸 전체를 특정 환경 속에서 움직이게 하고 체내에서 체액을 뿜어내며 소화계에서 음식을 짜낼 수 있다.

신경조직은 인체 전반에서 발견되고 전기와 화학 신호를 주고받도록 특화되어 있는데, 이를 통해 정보를 저장하거나 보낼 수 있다. 뇌와 척수는 다량의 신경조직으로 구성된다.

비슷한 기능을 가진 세포들이 모여 조직을 형성하듯이, 조직은 모여서 기관 또는 기관계를 형성한다. **기관**은 특화된 기능을 수행하는 구조로 몇몇 또는 4가지 조직을 지닌다. 심장, 간, 신장, 뇌가 사람 몸 기관의 예다. **기관계**는 보통 하나 또는 그 이상의 연

동물 조직의 종류

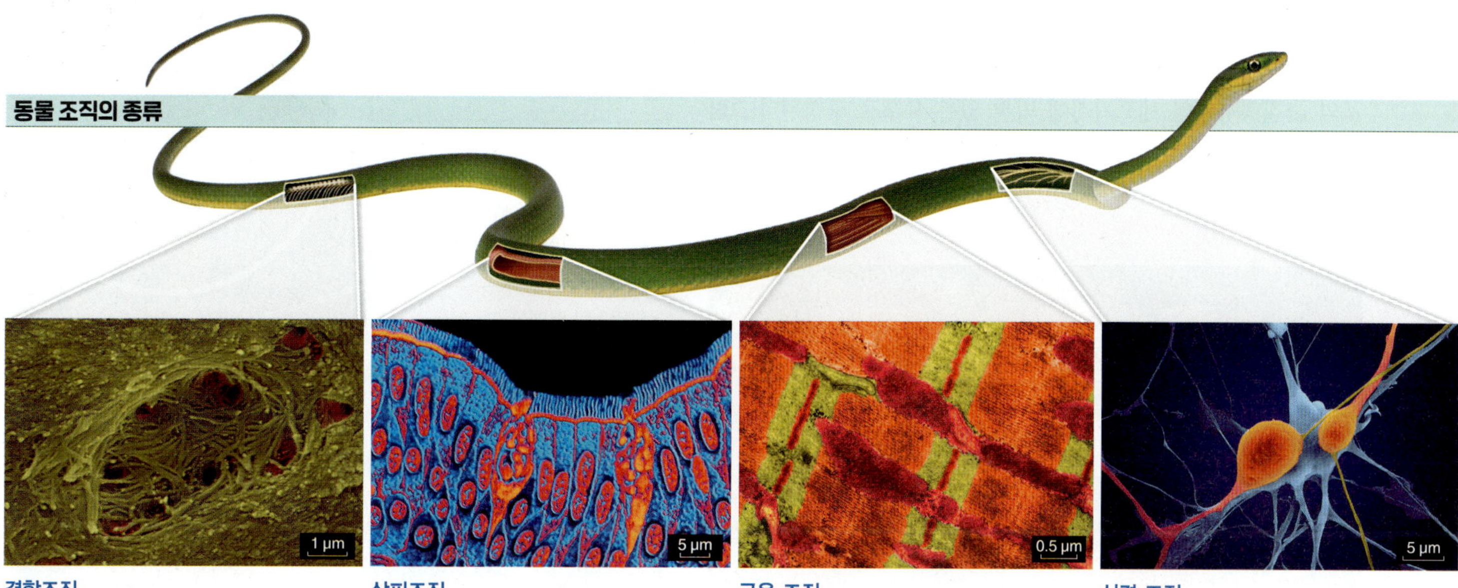

결합조직
- 세포기질 곳곳에 분포한 세포로 구성됨
- 구조와 지지 기능, 세포 고정, 세포 간 소통 조절

상피조직
- 몸의 가장 외부 표면을 따라 덮는 세포로 구성됨
- 피부와 폐, 소화관과 혈관의 내피를 형성

근육 조직
- 수축 가능한 세포로 구성됨
- 운동, 체액 펌프질, 물질 이동

신경 조직
- 전기 신호를 주고받는 데에 특화된 세포로 구성됨.
- 정보를 저장하고 전달

그림 21.3 **조직은 신체에서 특정 기능을 수행한다.**

계된 기능을 수행하기 위해 함께 작용하는 기관들의 집합이다. 예를 들어, 순환계는 심장, 혈관, 혈액을 포함한다.

이 책의 나머지 장에서는 동물 **생리**—동물의 각 기관계가 수행하는 복잡한 기능—를 탐색할 것이다. 그리고 각 기관계의 일부 구조, 기능 방식, 진화 방식 등을 설명할 것이다. 이 과정을 통해 생물 개체가 구성 부분의 합보다 크다는 것을 알게 될 것이다. 조직 형성을 위해 세포들이, 그리고 기관과 기관계 형성을 위해 여러 조직이 함께 작용하기 때문에 다세포 개체는 (여러 능력 중에서) 생식, 자신들의 방어, 소통을 할 수 있다. 하나의 세포 또는 한 종류의 조직으로는 불가능하다.

핵심요약 21.1

» 동물의 신체는 매우 체계화되어 있고, 체계화의 모든 수준에서 물리적 특징은 기능과 밀접하게 관련되어 있다. 대부분 동물에서 세포들은 4가지 주요 조직에서 발견되며, 조직은 모여서 기관을, 기관은 모여서 기관계를 형성하여 매우 복잡한 업무를 수행한다.

21.2 결합조직은 지지 역할을 한다

결합조직은 일반적으로 동물에서 가장 풍부한 조직이다. 대부분 운동은 대개 근육조직과 함께 결합조직에 크게 의존한다. 예를 들어, 테니스 운동은 산소를 근육에 운반하는 혈액, 근육을 뼈에 연결하는 힘줄, 그리고 관절을 완충하는 연골에 의존한다(**그림 21.4**). (심지어, 소의 장에서 추출한 콜라겐은 테니스 라켓의 줄을 만드는 재료로 사용된다.) 결합조직은 세포들을 접착시키는데, 예를 들어, 뼈와 연골처럼 몸 전체에서 모양을 만들고 구조를 형성하며 다른 조직이나 구조물 그리고 기관 등을 지지하기 때문에 "세포접착제"라 일컫기도 한다.

수행 기능 또는 형태와 관계없이 모든 결합조직은 비생물성 세포외 물질덩어리인 세포기질에 박혀 있는 세포로 구성된다(**그림 21.5**). 척추동물에서 결합조직의 세포기질은 주로 다당류와 단백질(그리고 뼈의 경우, 무기질)로 이루어져 있으며, 이들은 세포기질 내 여러 세포에 의해 생산되고 분비된다. 세포기질은 (혈액처

그림 21.4 테니스 같은 대부분의 활동은 대개 근육조직과 더불어 결합조직에 크게 의존한다.

결합조직 구조

결합조직은 세포외기질 내에 배열된 세포 집단으로서, 다른 신체 조직이 모양과 구조를 형성하는 데 도움을 준다.

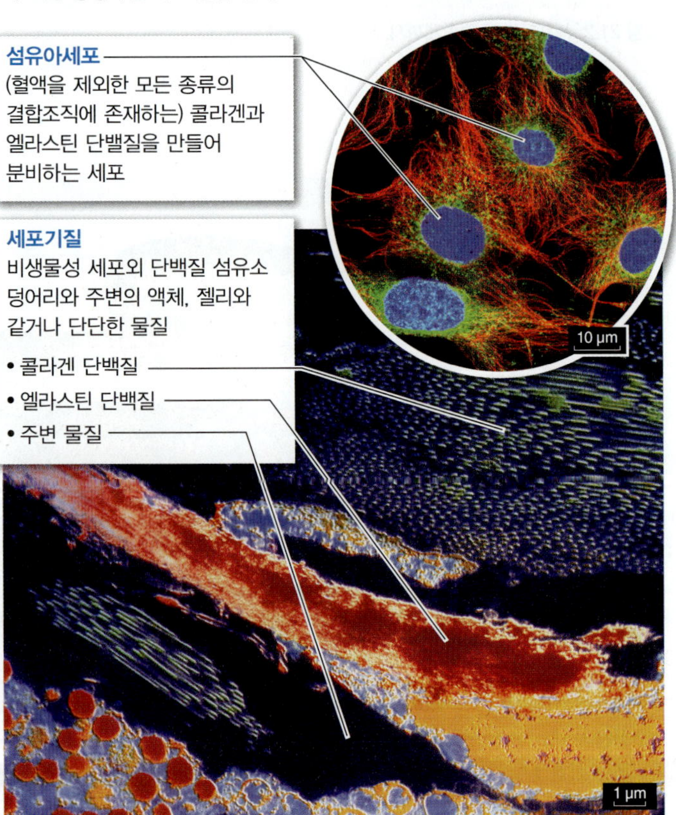

그림 21.5 세포외기질에 박혀 있는 세포들.

럼) 액체일 수도 있고, 젤리와 같거나 단단할 수도 있다. 혈액을 제외한 모든 결합조직은 세포기질 단백질인 **콜라겐**과 (대부분 경우) **엘라스틴** 등을 만들어 분비하는 **섬유아세포**를 갖고 있다. 종종 여러 기관을 둘러싼 일종의 망을 형성하는 콜라겐은 사람을 비롯한 포유류에서 가장 풍부한 단백질이다.

또 다른 종류인 **고유결합조직**은 신체를 엮는 물질처럼 기능하는데, 느슨하거나 밀도 있게 엮을 수 있다. 성긴결합조직에서 세포들은 반 액체성으로 탄력성 있는 세포 기질에 있는데, 이 세포 기질은 보통 콜라겐이 박혀 있는 많은 섬유소를 지닌다(**그림 21.6**). 지방조직뿐만 아니라 대부분 기관을 둘러싸고 있는 조직을 포함하는 성긴결합조직은 다른 조직에게 완충력, 윤활 능력, 그리고 절연 기능을 제공한다.

Q 접질린 발목이란?

조밀결합조직은 성긴결합조직보다 강하다. 이 조직은 주요 기질 성분으로 콜라겐을 지니는데, 성긴결합조직에 비해 더 밀도 있게 채워진 콜라겐 섬유소를 더 많이 포함한다. 조밀결합조직의 예로 근육과 뼈를 연결하는 **힘줄**, 뼈와 뼈를 연결하는 **인대**가 있다. 발목 접질림은 발목이 뒤틀려 발 인대 일부를 과도하게 늘리고 찢어지게 하는 흔한 부상이다.

결합조직의 두 번째 종류는 **특수결합조직**으로 단단하거나 액체라는 점에서 고유결합조직과 다르다. 뼈, 연골, 혈액(**그림 21.6** 참조)이 그 예이다.

뼈에서 무기질 칼슘은 세포외기질에 포함되어 단단한 물질로 굳는다. 뼈는 몸을 보호하는 데에 큰 역할을 하거나 (두개골은 뇌, 갈비는 허파와 심장을 보호), 척추처럼 구조적 버팀목 역할을 할 수 있다.

연골은 콜라겐, 엘라스틴 그리고 긴 사슬의 탄수화물이 결합한 단백질이 풍부한 세포외기질로 구성된 조밀결합조직으로, 뼈와 힘줄 중간 정도의 경도를 가지고 있다. 강하지만 탄력성 있는 연골은 사람의 귀와 코끝에 있으며, 몸 전체의 관절에서 완충 역할을 한다. 상어를 포함한 일부 척추동물에서는 전체 골격이 연골로 이루어져 있다.

혈액은 액체 세포외기질을 갖고 있어 지금까지 살펴본 결합조직과 다른 종류이다. 혈장이라는 액체 기질은 대부분 물로 구성되지만, 용해된 단백질과 당, 기타 분자를 포함한다. 혈소판이라는 세포 조각, 적혈구, 백혈구 등을 포함한 혈구 세포는 혈장 속을

그림 21.6 결합조직: 대부분 동물에서 가장 풍부한 조직.

떠다니면서 기체와 기타 물질을 몸 전체에 수송한다. 22장에서 혈액과 순환에서 혈액의 기능을 자세히 살펴볼 것이다.

앞에서 살펴본 것처럼, 모든 결합조직은 본질적으로 동일한 구조를 지닌다: 세포들은 단단하거나, 부드럽거나, 탄력성 있거나, 액체인 세포외기질에 박혀 있다. 특정 결합조직에 염증이 생기거나 기능에 문제가 생기면, 가장 흔한 관절염인 골관절염을 포함하여 광범위하게 영향을 미치는 여러 가지 병을 유발한다. "마모된" 관절염으로 알려진 골관절염은 보통 관절 주변의 연골인 결합조직이 파괴되어 발생한다. 완충력이 감소하면 관절 주변에 뻣뻣하고 고통스러운 염증을 유발한다: 골관절염에는 대개 아스피린과 이부프로펜을 포함한 소염제를 처방한다.

핵심요약 21.2

» 대부분 동물에서 가장 풍부한 조직은 결합조직이다. 결합조직은 보통 콜라겐을 포함하는 세포외기질 내에 박혀 있는 세포들의 집합으로, 세포들을 고정하며 다른 신체 조직의 모양과 구조를 형성하고 지지하는 역할을 한다.

21.3 상피조직은 몸 대부분의 내부 표면과 외부 표면을 덮고 보호한다

거칠고 뜨거운 보도 위를 걸을 수 있는 거친 발바닥부터 고추를 먹으면 화끈해지는 구강 내 표면까지 우리와 모든 여타 척추동물의 몸 표면은 시트 같은 형태인 상피조직, 즉 **상피**로 둘러싸여 있다. 상피는 서로 단단히 결합한 상피세포들의 한 층 또는 몇 개의 층으로 이루어져 있으므로, 대부분 조직에서 액체와 기체가 몸 안팎으로 이동하려면 세포의 주변이나 세포 사이가 아니라 세포를

상피조직의 기능

신체의 상이한 부분을 분리하는 시트 같은 조직인 상피는 보호, 수송, 분비에 중요한 역할을 한다.

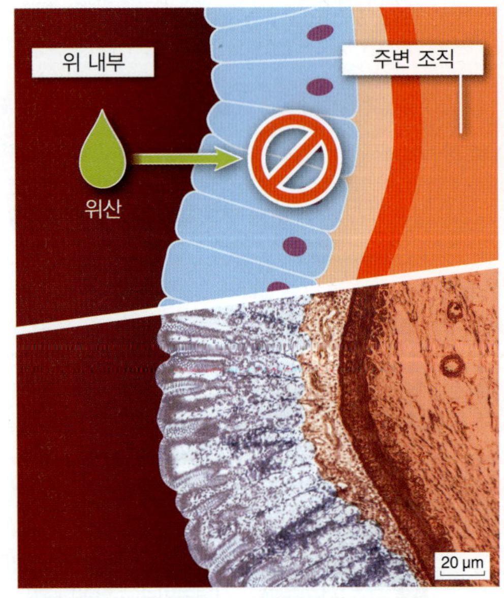

보호

- 기관 내외 사이의 방어벽으로 작용
- 액체가 조직 안팎으로 새지 못하게 함

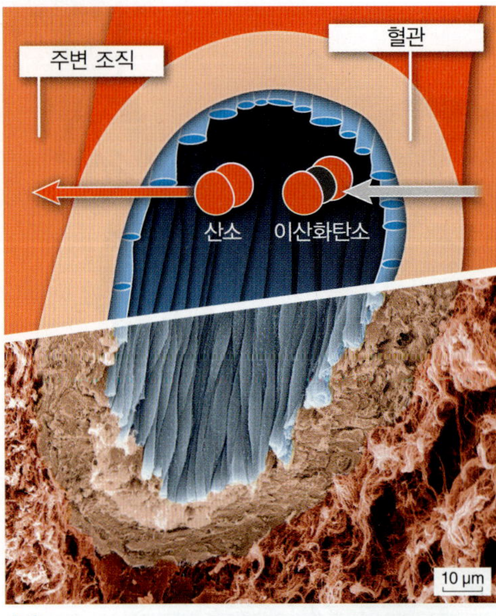

수송

- 영양소와 다른 분자들의 신체 조직 안팎으로의 이동을 조절

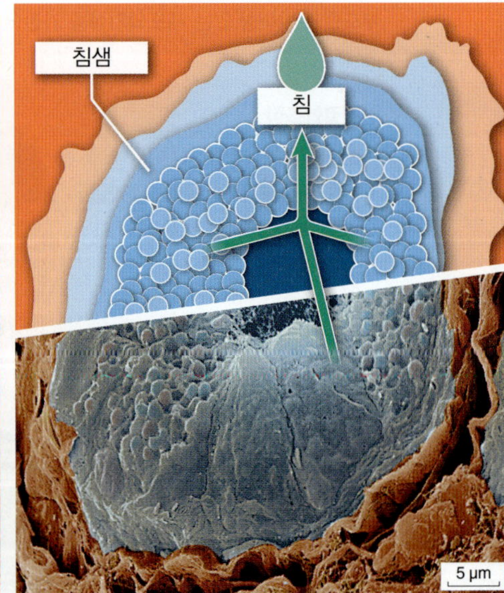

분비

- 침, 땀, 점액 같은 산물을 분비하는 외분비샘 형성.
- 호르몬을 분비하는 내분비샘 형성.

그림 21.7 상피조직의 여러 역할.

통과해서 지나가야 한다(**그림 21.7**).

그러나 상피는 생물의 외부 표면에서만 발견되는 것이 아니다. 상피는 또한 위, 장, 허파, 혈관 등 몸 내부에 있는 관이나 공간의 표면을 덮는다. 각각의 위치에서 상피는 항상 2개의 상이한 면을 지닌다. "바깥"은 몸의 외부 또는 위와 같은 내부 공간에서 방어 역할을 하면서 외부와 접하고 있다. "내부" (또는 아래)는 표면과 먼 안쪽으로 향해 기저 조직에 붙어 있다.

상피조직의 또 다른 종류는 **샘**을 형성한다. 샘은 하나의 세포 또는 세포의 집합인데, 국소적 효과를 유발하거나 기능을 수행하기 위해서 다른 부위로 수송되는 분비물을 생산한다. 피부의 기름샘이 한 예이다. 상피조직은 생명체에서 많은 역할을 수행한다. 가장 중요한 3가지 기능은 보호, 안팎으로의 물질 수송, 분비 등이다(**그림 21.7** 참조).

보호. 밀착연접과 데스모좀(section 4.7 참조)으로 서로 가깝게 연결된 상피세포들은 방어벽으로 기능하여 액체가 조직 안팎으로 새는 것을 막는다. 예를 들어, 위에 있는 강산이 주변 조직으로 새나가면 해당 조직을 심각하게 손상할 것이다. 이와 같은 일이 위궤양—위벽의 개방성 궤양—환자에게 일어난다. 또한, 육상 척추동물의 피부가 보통 방수인 이유는 상피세포들 사이가 꽉 조여져 있기 때문이다.

Q 위 표면이 손상되면 고통스러울 수 있다. 그 이유는?

1. **안팎으로의 수송.** 상피는 소장 표면에 작은 손가락 모양의 돌기를 형성하며, 여기에서 소화된 음식으로부터 영양소를 흡수하여 혈액으로 보낸다. 혈관 표면의 상피는 혈액으로 들어갈 분자와 몸의 다른 조직으로 나갈 분자를 구분한다. 신장에서 상피는 어떤 분자가 혈류로부터 소변을 통해 제거될지를 판별한다.

2. **분비.** 상피는 또한 샘을 형성할 수 있다. **외분비샘**은 일반적으로, 귀지, 땀, 침, 모유, 점액 등의 생산물을 분비한다. 일부 개구리의 경우에는 (샘이) 외부 환경으로 연결된 관으로 독소를 분비한다. 한편, 관이 없는 샘인 **내분비샘**은 호르몬을 합성한다. 호르몬은 샘 주변 액체로 방출되며, 일반적으로 혈류를 타고 몸의 다른 부위로 이동하여 그 부위에서 화학 전령으로 작용한다(25장 참조).

상피세포는 대개 매우 다양한 종류의 물질과 접하기 때문에, 다른 조직보다 더 많은 손상을 입는다. 덕분에, 이들은 오래 유지되지 않고 자주 대체되는 경향이 있다. 예를 들어, 사람의 피부는 약 2주마다 대체된다. (비듬은 대부분 죽은 피부 세포이다.) 소화계 표면에 있는 세포는 5일 동안 유지되지만, 간 상피는 약간의 마모만 생기기 때문에 1~2년 정도 생존하다가 대체된다.

핵심요약 21.3

» 상피는 매우 얇고, 시트 같은 조직으로 동물 신체 대부분의 내외 표면을 덮고 있다. 서로 단단히 결합한 세포들의 하나 또는 몇 개의 층으로 이루어진 상피는 생물 내외 사이의 방어벽으로 작용한다. 다른 종류의 상피조직은 중요한 화학 생산물을 분비하는 샘을 형성한다.

21.4 근육조직은 움직임을 담당한다

대부분 동물은 움직인다. 수축이 가능한 길다란 세포로 구성된 근육조직이 이러한 운동의 많은 부분을 담당한다. 대부분의 근육조직 세포는 단백질 섬유로 꾸려져 있는데, 이들이 ATP를 소모하면서 서로 미끌어져 전체 세포가 짧아지면 근육의 수축이 일어날 수 있다. 근육 세포의 작용으로 생명체는 힘을 내고 움직일 수 있다. 근육조직에는 골격근, 심장근, 민무늬근 등 3가지가 있다(**그림 21.8**).

골격근(때때로 수의근이라 함)은 보통 뼈에 붙어 있고, 얼굴 표정과 호흡을 포함하여, 우리가 볼 수 있는 움직임 대부분을 담당한다. 골격근은 이두박근을 수축할 때처럼 의식적인 조절이 가능하고, 근육이 작용하여 숨을 쉬거나 눈이 움직일 때처럼 무의식적인 조절도 가능하다. 근육은 사람 몸무게의 40% 정도를 차지한다. 각각의 근육 세포를 **근섬유**라 하는데, 매우 길고 심장근과 민무늬근과는 다르게 여러 개의 핵을 지닌다. 골격근은 근

골격근

- 동물에서 일어나는 대부분 움직임을 담당.
- 의식적 그리고 무의식적으로 조절됨.

심장근

- 심장에 있는 근육이 몸 전체로 혈액을 펌프질 함.
- 무의식적으로 조절됨.

민무늬근

- 느리고 리드미컬한 수축으로 음식물 또는 다른 물질을 신체 내에서 천천히 움직이게 하거나 혈압을 바꿈.
- 무의식적으로 조절되고 신경 자극이 없어도 수축할 수 있음.

그림 21.8 근육조직은 수축할 때 힘을 낼 수 있는 길다란 세포로 구성된다.

섬유 내 반복되는 단백질 섬유 단위들로 인해 가로로 줄무늬 모양이 나타난다. 개별 뉴런은 각 근육섬유와 연결되어 근육 수축을 자극한다.

심장근은 이름이 나타내듯이 심장에만 있다. 이 근육은 의식적으로 조절되지 않으며, 심장이 몸 전체에 혈액 펌프질을 하도록 한다. 우리가 사는 동안 계속 수축하는 심장근은 엄청나게 많은 에너지를 소모하므로 심장 근육 세포에는 다른 세포에 비해 매우 많은 미토콘드리아가 있다. 골격근처럼 심장근도 줄무늬가 있다. 심장 근육 세포들은 서로 융합되어 있고 간극연접(4.7절 참조)으로 연결되어 있어 수축을 시작하게 하는 전기 신경 자극이 통과할 수 있다.

민무늬근은 혈관, 위, 장, 방광이나 많은 다양한 기관을 둘러싼 벽과 신체 내부의 여러 관 구조에서 발견된다. 민무늬근은 뚜렷한 줄무늬가 없어서 지어진 이름이다. 심장근처럼 민무늬근도 무의식적으로 조절된다(그래서 종종 불수의근이라 한다). 민무늬근은 느리고 리드미컬한 수축으로 음식물 또는 다른 물질을 기관 또는 관을 통해 서서히 움직이게 하거나 혈관 직경을 늘이거나 줄여서 혈압을 바꾼다. 민무늬근은 신경 자극 없이, 예를 들어, 칼슘 이동을 조절하는 이온통로 개폐를 통해 수축할 수도 있다.

핵심요약 21.4

» 근육조직은 수축할 때 힘을 만들 수 있는 길다란 세포로 구성된다. 골격근은 우리가 볼 수 있는 대부분 동물 운동을 담당한다. 심장근은 심장이 몸 전체로 혈액을 펌프질하는 일을 담당한다. 혈관과 많은 내부 기관을 둘러싼 민무늬근은 느린 수축을 해서 음식물과 다른 물질을 서서히 움직이게 하거나 혈압을 바꾼다.

21.5 신경조직은 정보를 전달한다

동물의 네 번째 조직은 정보를 저장하고 전달하는 데에 특화된 신경조직이다. 이 조직은 동물의 신체 내에서 일어나는 소통의 많은 부분을 담당한다. 신경조직 덕분에 동물은 음식 냄새, 먹이 또는 잠재적인 짝의 모양, 냄새 또는 소리, 불의 열기 등의 자극에 반응할 수 있다.

신경조직의 구조

10 μm

뇌 뉴런

신경조직 세포에는 두 가지가 있다.: 뉴런과 신경교세포

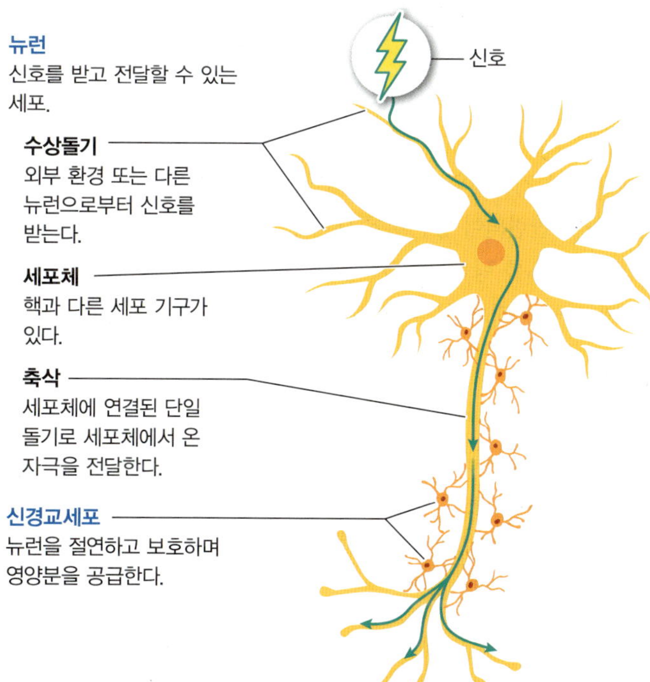

그림 21.9 **뉴런과 신경교세포.**

뉴런(신경세포)과 신경교세포는 신경조직을 이루는 두 가지 세포이다(**그림 21.9**). "흥분되는" 세포인 **뉴런**은 신호를 받아 전달한다. 대부분 뉴런은 3가지의 구별되는 요소로 구성된다: 수상돌기, 세포체, 축삭. **수상돌기**는 안테나 시스템과 약간 비슷해서 외부 환경 또는 (다른 뉴런의) 축삭으로부터 오는 신호를 받는 데에 특화되어 있다. **세포체**는, 다른 진핵세포처럼, 핵과 기타 세포 기구를 지닌다. **축삭**은 세포체로부터 오는 자극을 전달하며 1미터나 그 이상의 매우 먼 거리까지도 뻗어 있는 단일 돌기이다.

신경교세포는 뉴런의 지원 요원과 같다. 신호를 운반하지 않지만, 뉴런을 보조하고 영양분을 공급한다. 신경교세포의 종류는 매우 많고 숫자 면에서도 뉴런을 압도한다. 요컨대, 다양한 종류의 신경교세포는 뉴런을 절연하고 주변의 화학적 환경을 조절하며

척추동물 신경계의 체계

여우원숭이처럼 척추동물의 경우, 신경계는 중추신경계와 말초신경계로 나뉜다.

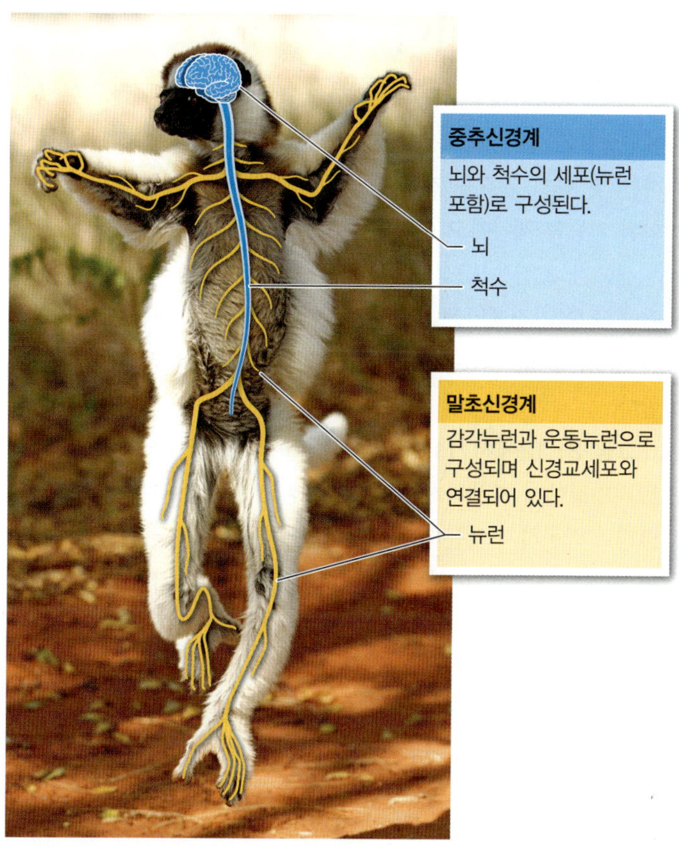

그림 21.10 **척추동물의 신경계: 뇌, 척수, 뉴런**

그림 21.11 말초신경계의 운동뉴런.

뉴런의 위치를 유지하고 병원균을 파괴할 뿐 아니라 뉴런에 영양분과 산소를 공급한다.

생명체의 모든 신경조직은 신경계를 구성한다(**그림 21.10**). 척추동물의 경우, 신경계는 뇌와 척수를 포함한 중추신경계와 자극을 감지하는 감각뉴런, 자극에 반응하여 신호를 근육과 샘으로 전달하는 운동뉴런을 포함한 말초신경계로 나뉜다(**그림 21.11**). (신경계는 24장에서 자세히 논의한다.)

핵심요약 21.5

» 신경조직은 신호를 저장하고 전달하는 데에 특화되어 있다. 신경조직 세포에는 두 가지, 즉 신호를 받아 전달하는 뉴런과 뉴런을 보조하고 영양분을 공급하는 신경교세포가 있다.

21.6 각 기관계는 협력하여 관련된 일련의 신체 기능을 수행한다

해면동물과 일부 자포동물을 제외한 대부분 동물은 기관을 형성하는 몇 가지 조직을 지닌다. 심장, 뇌, 허파, 간 등의 구조는 특화된 기능을 제공하고 여러 종류의 조직으로 이루어져 있다.

세포가 조직을 구성하고 조직이 기관을 구성하는 것처럼, 기관들 또한 기관계라는 기능적 단위의 일부이다. 기관계는 생명체의 성장, 발생, 생존, 생식에 필요한 다양한 생리적 과정을 수행한다.

그림 21.12에서 11개의 동물 기관계를 간략히 살펴보고, 22~27장에서 자세하게 논의할 것이다. 명심할 것은 기관계들은 별개로 작동하지 않는다는 것이다: 역할을 수행하려면, 각 기관계는 제대로 작동하는 하나 또는 그 이상의 다른 기관계가 필요하다. 마찬가지로 다른 기관이 기능하는 데에 종종 영향을 끼치기도 한다.

예를 들어, 달리는 행위는 **신경계**가 위협을 감지하고 (사지의 운동을 유발하는) **근육골격계**, (산소 소비율을 증가시키는) **호흡계**, (심장의 혈액 박동을 늘려 근육에서 사용할 산소를 증가시키는) **순환계**에 자극을 보내서 시작될 수 있다.

기관계에 대한 더 자세한 탐색은 다음 장에서 할 예정이므로, (여기서는) 기관계의 구성원들이 구조와 기능 면에서 어떻게 서로 밀접하게 관련되어 있는지에 대하여 특별히 주목할 것이다. 또한, 이러한 관계를 탐색하여 기관계(그리고 기관계를 구성하는 기관들)가 어떻게 진화했는지를 살펴볼 것이다.

핵심요약 21.6

» 거의 모든 동물의 경우, 몇몇 조직이 모여 기관을 형성한다. 기관은 특화된 기능을 수행하며, 여러 종류의 조직으로 구성된다. 기관은 생명체의 성장, 발생, 생존과 생식에 필요한 다양한 생리적 과정을 수행하는 기관계의 일부이다.

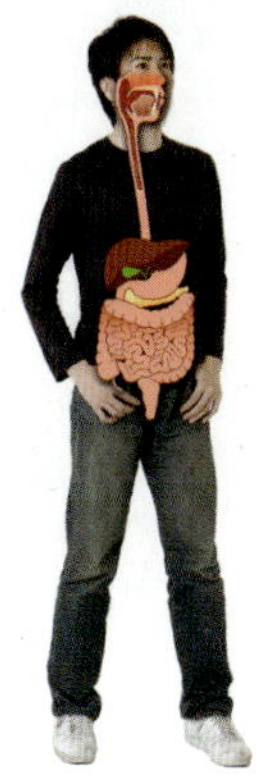

소화계
몸이 기능하는 데에 필요한 영양소를 얻을 수 있도록 음식을 분해하여 흡수.

순환계
영양소와 호흡 기체를 조직에 수송하고 조직으로부터 폐기물을 수거.

호흡계
외부 환경과 순환계 사이에서 기체 교환이 일어날 수 있는 장소 제공.

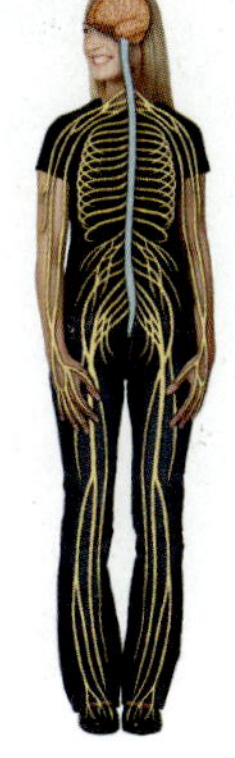

신경계
몸의 조절 센터로 작용하며, 전기자극과 화학신호를 사용하여 정보를 해석, 저장, 전달함.

생식계(남성)
정자를 만들어 수정이 일어나는 여성 생식계로 전달.

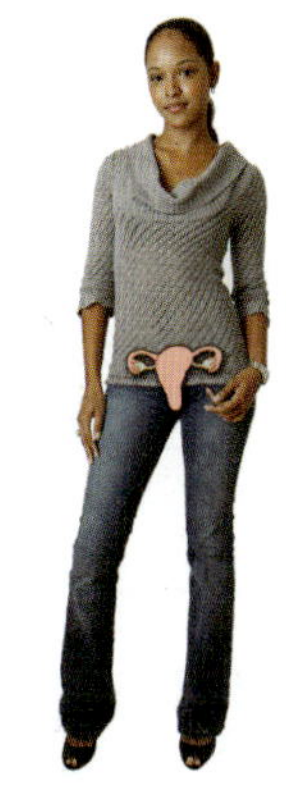

생식계(여성)
난자를 생산하고, 수정이 일어나면 배를 발달시키고 태아를 키울 수 있는 환경을 제공.

면역과 림프계
몸을 위협하는 병원균을 공격하고 순환계에서 나온 체액을 재활용하여 순환계를 지원.

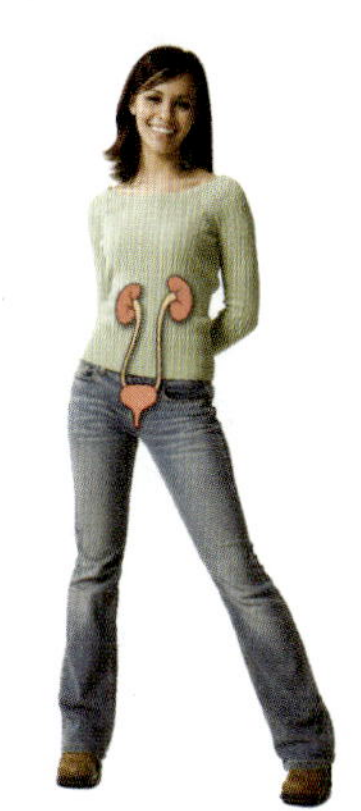

비뇨/배설계
폐기물을 여과하여 혈액을 정화하고 몸 밖으로 폐기물을 수송.

내분비계
호르몬을 방출하여 몸의 활성 조절. 분비된 호르몬은 순환계의 혈관을 통해 목표 세포로 이동.

외피계
생명체의 내부와 외부 사이에 방어벽을 형성하여 몸을 보호하고 분자의 분비와 수송을 도움.

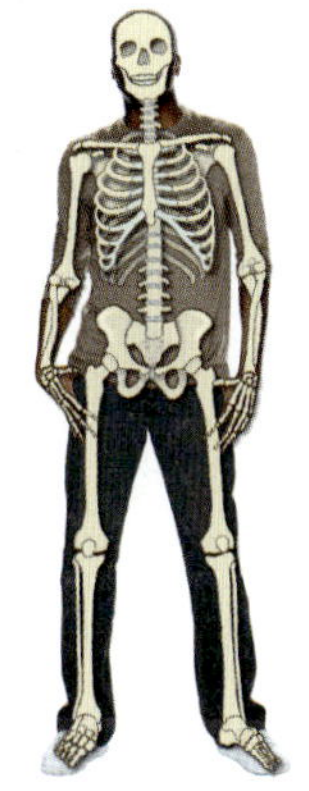

골격계
몸과 내부 기관을 지지하고 보호, 혈액세포를 만들며, 근육이 결합할 표면을 제공하여 운동이 가능하게 함.

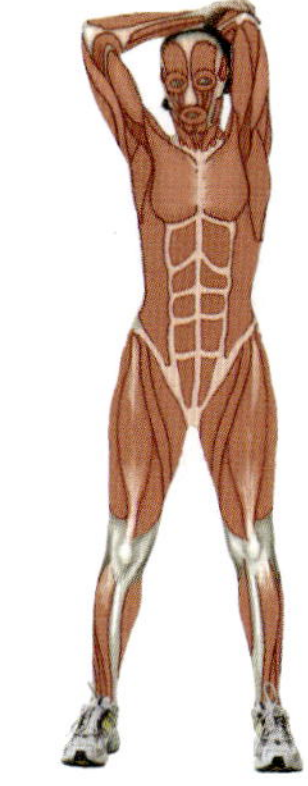

근육계
수축을 통해 힘을 생성해서, 몸과 혈액, 음식, 기타 물질이 몸을 통해 움직이게 함

그림 21.12 척추동물의 주요 기관계.

동물은 내부 환경을 일정하게 유지한다

▲ 추운 곳에서 따듯한 몸으로부터 열이 방산된다.

21.7 신체 기능은 좁은 범위의 내부 조건 안에서 가장 잘 기능한다

2018년 극도로 혹독한 미식축구 연습 중, 19살의 매릴랜드대학교 학생인 Jordan McNair가 쓰러졌다. 호흡 곤란, 경련, 극도의 탈진 징후를 보여 그는 병원으로 호송되었는데, 그때 체온이 41.1°C에 달하였다. 많은 기관이 기능을 상실했고, 그는 회복하지 못했다.

정상 체온은 약 37°C이다. 너무 많은 열이 생기거나 환경의 온도가 높고 습도도 높아 신체가 열을 거의 발산하지 못할 때 **고체온증**이 발생한다(이는 병원균 감염에 대응하여 체온이 올라가는 열병과 다르다). McNair의 죽음은 **일사병**, 즉 극단적인 고체온증에 의해 생긴 재앙적인 결과의 한 예로 생명체가 안전 범위 내에서 내부환경을 유지하는 것을 실패할 때의 위험성을 보여준다.

어떤 날이 바깥 온도는 최저와 최고 온도 차가 10, 15, 20°C 정도로 클 수 있지만, 사람은 이렇게 큰 체온 변화를 견뎌낼 수 없다. 약 5°C 정도만 벗어나도 심각한 건강 이상 징후와 함께 일련의 생화학적인 문제를 야기할 수 있다. 포유류의 경우, 체온이 너무 높으면 효소활성이 감소할 위험성이 있고, 더 높으면 효소가 완전히 파괴될 수도 있다. 또한, 열을 내리기 위해 많은 양의 땀을 흘려 수분을 잃게 되면 순환하는 혈액의 양을 감소시킬 수 있다. 그리고 혈액 양이 10% 이상 감소하면 여러 기관으로의 산소 공급 감소, pH 조절 능력 저하 등 여러 해로운 결과를 유발할 수 있다. 이러한 이유로 인해, 일사병은 생명을 위협할 수 있다.

극단의 고온에 노출된 후 항상성을 재빨리 회복하면 조직의 손상 또는 죽음까지도 예방할 수 있다.

그림 21.13 고된 운동 후 물속에서 냉각하기.

그러나 필요한 조치를 취하면, 이를 피할 수 있다(**그림 21.13**).

또 다른 극단은 **저체온**, 즉 매우 낮은 체온으로, 몸의 조정 능력 및 운동의 곤란 등과 함께 방향감각 상실, 정신적 혼란, 불규칙한 심장 박동, 궁극적으로는 죽음 등을 유발할 수 있다. 마찬가지로, 혈당 수준, 혈액 pH, 조직의 산소와 이산화탄소 농도 등의 내부 환경을 일정하게 유지하지 못하면 비극적인 결과가 나타날 수 있다.

이 장의 나머지는 생물 기능의 기본 특징, 즉, 내부와 외부 환경 변화에 직면해서도 우리 몸이 물리적 화학적 과정을 사용하여 일정한 내부 환경을 유지하는 **항상성**에 대해 살펴볼 것이다.

핵심요약 21.7

» 체내의 물리적 화학적 환경을 일정하게 유지할 수 없으면, 세포, 조직, 기관의 정상적 기능에 많은 문제를 야기하고 죽음에 이를 수 있다.

21.8 동물은 항상성을 통해 내부 환경을 조절한다

단세포 생물은 먹이와 주변 산소에 쉽게 접근하고 원형질막을 통해 폐기물을 간단히 내보낸다. 그러나 단세포생물은 외부 환경에 휘둘릴 가능성이 매우 크다. 온도 또는 pH와 같은 환경 변화는 세포 자체에 커다란 충격을 줄 수 있다. 단세포 생물과 대조적으로, 다세포 생물은 자신의 세포들이 필요로 하는 모든 것을 공급하기 위하여 훨씬 많은 복잡한 일을 수행한다: 그러나 내부 세포는 가혹하고 변화가 심한 외부조건으로부터 더 잘 보호된다.

다세포성과 크기 증가로 인해 동물의 내부 환경은 외부 환경보다 세포 기능에 더 큰 영향을 미친다. 척추동물의 경우, 내부 환경의 중요한 부분은 세포 사이의 공간을 채워 세포가 잠겨 있는 **세포외액**(또는 **세포간질액**이라고도 한다)이다. 이 액체는 주로 물로 이루어져 있지만, 세포에서 빠져나온 폐기물과 함께 성장과 발생에 필요한 영양소와 원료 물질을 담고 있다. 세포간질액의 부피는 크다: 사람 몸에 있는 물의 1/3이 세포간질액이다; 10 L(2 L 짜리 소다수 5병!) 이상의 액체가 평균 크기 어른의 세포들을 둘러싸서 덮고 있다.

내부 환경 안에서 물리적 화학적 조건을 안정적으로 유지함으로써 동물은 신체의 전체적인 항상성을 지킬 수 있다. 생물의 조직, 기관, 기관계 내에 있는 세포들의 활동으로 인해, 온도, 물-용질 균형, pH, 혈당 수준, O_2와 CO_2의 혈액 내 또는 조직 내 농도 등과 같은 변수들이 좁은 범위 내에서 유지된다(**그림 21.14**).

생물은 항상성을 통해 최적의 대사기능을 유지할 수 있다. 예를 들어, DNA 복제에서 단백질 합성, 세포간 소통에 이르기까지 세포의 작용은 상당 부분 효소에 의존한다. 효소의 활성은 결정적으로 주변 환경의 온도와 기타 특성에 매우 의존한다. 이러한 변수가 아주 조금만 변하더라도 효소 기능은 교란되고 감소하거나 심지어 중지될 수도 있다. 그리고 이는 일사병과 같은 재앙적 결과를 초래할 수도 있다.

세포 내부 환경인 온도와 기타 변수는 효소 활성뿐 아니라 막의 투과도와 막을 통한 물질의 확산율에도 영향을 미친다. 우리는 항상성이 중요한 이유를 알아볼 것이다. 그런 다음, 동물이 항상성을 유지하는 **방법**을 탐색할 것이다.

핵심요약 21.8

» 다세포 동물의 내부 환경은 외부 환경이 변화하면서 계속을 영향을 받음에도 불구하고 동물은 항상성을 유지한다: 동물은 다양한 내부의 생리적 변수를 상대적으로 일정한 범위 이내에서 유지한다.

항상성 유지하기

그림 21.14 항상성: 안정적인 내부 환경 유지하기.

항상성은 어떻게 작동하는가?

▲ 작동 중인 항상성: 카이만 도마뱀이 태양을 이용해 몸을 덥히고, 나비는 필요한 양분이 들어있는 액체를 마시기 위해 카이만 도마뱀의 눈 근처에 상륙한다.

21.9 음성과 양성 되먹임 체계는 항상성에 영향을 준다

동물이 특정 생리적 변수의 항상성을 유지하려면, 변화가 생길 때 되돌아가야 하는 목표치 또는 범위인 해당 변수의 **설정값**이 있어야 한다. 대부분의 척추동물은 체온, 물-용질 균형, 혈당, 혈액 pH, 조직의 O_2와 CO_2 농도 등을 포함하는 여러 생리적 변수의 설정값을 지닌다.

외부의 환경 변화에 접하게 될 때, 생물들이 내부 환경을 일정하게 유지하는 방법은 무엇일까? 동물이 항상성을 유지하는 데에 사용하는 조절 방법의 핵심은 설정값이다. 가장 일반적인 방법인

음성 되먹임 고리

음성 되먹임 고리에서, 감지기는 내부 환경 변화를 감지하여 반응기가 변화를 역전시키거나 감소하도록 자극한다.

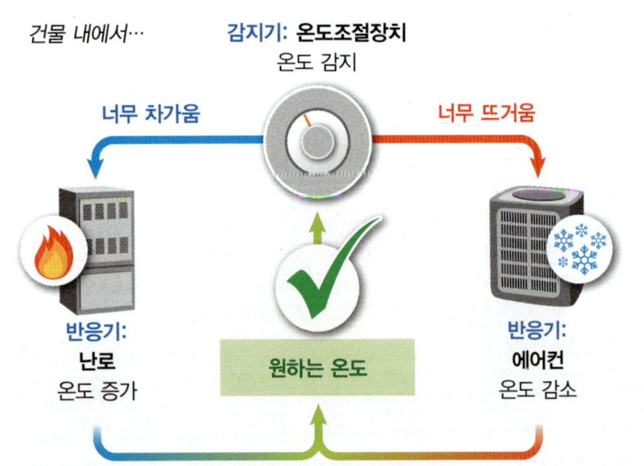

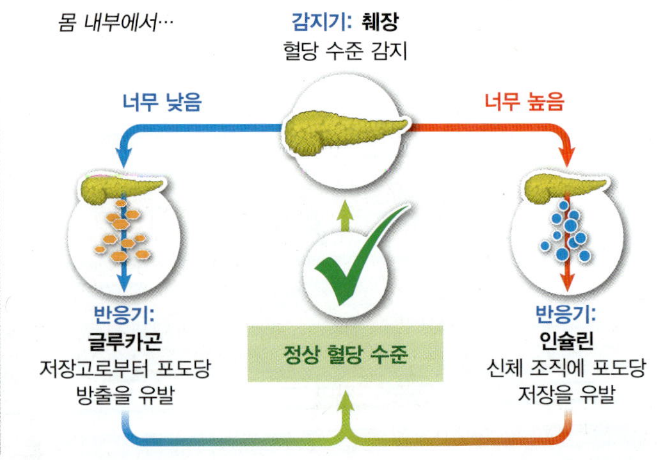

동물에서 음성 되먹임 시스템은 내부 환경을 좁은 범위 이내에서 유지하기 위해 가장 흔하게 사용되는 방법이다.

그림 21.15 음성 되먹임 고리가 내부 환경을 설정값으로 되돌린다.

음성 되먹임을 포함한다. 이 과정에서 감지기는 내부 환경 변화를 감지하여 **반응기**—대개 근육과 샘—라는 구조가 변화를 역전시키거나 감소하도록 자극한다. 감지, 반응, 변화의 이러한 사이클을 음성 되먹임 고리라고 한다(**그림 21.15**).

우리가 매일매일 일상 속에서 겪는 음성 되먹임 고리의 예는 감지기(온도조절장치) 하나와 2개의 반응기(난로와 에어컨)를 포함한 온도조절장치이다. 온도조절장치는 집 온도를 감지할 수 있는 감지기를 지닌다. 온도가 설정값 아래로 떨어지면 온도조절장치는 반응기인 난로를 켜서 방 온도가 원하는 수준으로 돌아오게 한다. 온도가 설정값에 다다르면 온도조절장치는 난로를 끈다. 마찬가지로 온도가 설정값 위로 오르면 온도조절장치는 에어컨을 켜서 원하는 수준으로 온도를 떨어뜨린 이후 에어컨을 끈다. 이 두 경우에서, 음성 되먹임 시스템은 온도 변화를 감지하고, 변화를 역전시키도록 반응기를 촉발해서, 집의 내부 환경을 원하는 수준으로 회복한다.

사람의 몸에서도 음성 되먹임 고리는 체온을 유지하고 혈당 수준을 조절하며(그림 21.15 참조), 체액 내 소금과 기타 용질의 수준을 조절한다. 이 장의 후반에서 이 시스템을 자세히 살펴볼 예정이다.

다음을 주목하는 것이 중요하다. **조절자**라는 일부 생물은(직전에 살펴본 온도처럼) 특정 변수에 대해 항상성을 유지하지만, **순응자**라 불리는 다른 생물은 특정 변수의 설정값이 없어 해당 변수가 외부 변화에 따라 오르내린다. 동물은 특성에 따라 조절자일 수도 있고 순응자일 수도 있다. 예를 들어, 대부분 어류는 몸을 감싸는 물의 온도에는 순응자이지만 혈액과 조직 내 염분 농도에는 조절자이다(**그림 21.16**).

음성 되먹임 시스템 이외에도 생물은 적은 수이지만 **양성 되먹임** 시스템을 지니고 있어, 내부 환경이 정상 조건에서 벗어나면 그 방향으로 변화를 증가하고 가속시킨다. 이러한 시스템은 몸을 항상성으로부터 멀리 밀어내고 종종 시스템이 정상 범위에서 벗어나는 정도를 증가시키는 연속적인 과정을 개시한다. 따라서 양성 되먹임 시스템은 일시적으로 활성화된다. 만약 막지 않으면 매우 큰 손실을 유발할 수 있다.

Q (칼에) 베었을 때 우리는 왜 죽을 때까지 출혈하지 않는가?

그러면, 양성 되먹임은 언제 유용한가? 예를 들어, 손가락이 베었을 때 어떤 일이 일어나는지 살펴보자(**그림 21.17**). 혈관에 생긴 상처는 응고에 관여하는 세포 조각인 혈소판을 자극하여 접착체 같은 성분을 분비하게 한다. 이는 혈관의 틈과 헤진 곳을 봉합하기 시작한다(22.8절 참조). 혈액 속에서, 혈소판이 분비하는 성분은 또 다른 효과도 나타낸다: 이 성분은 혈소판 성분이 더 많이 분비되도록 혈소판을 자극한다.

일부 혈액 응고 분자는 혈액에 분비되어 더 많은 분비를 유발

환경 변화에 반응하기

조절
일부 변수에 대해, 생물은 설정값은 지녀 이 값 근처 범위 내에서 변수를 일정하게 유지한다.

순응
일부 변수에 대해, 생물은 설정값이 없어 외부 환경의 변화에 따라 변수가 변화한다.

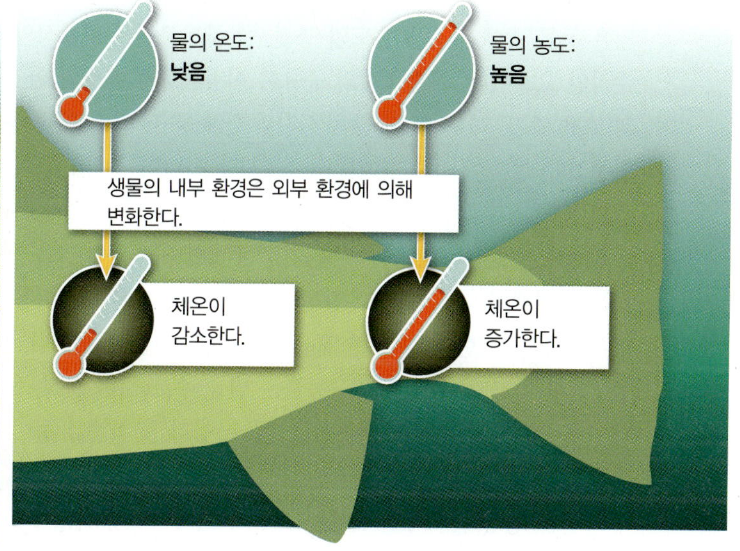

그림 21.16 조절 또는 순응? 변화하는 환경에 대처하는 두 가지 전략.

양성 되먹임 시스템

상처가 생긴 후 혈액이 응고되는 과정처럼 양성 되먹임 시스템에서는 몸 안의 정상조건에서 멀어진 변화는 그 방향으로 증가 또는 가속화된다.

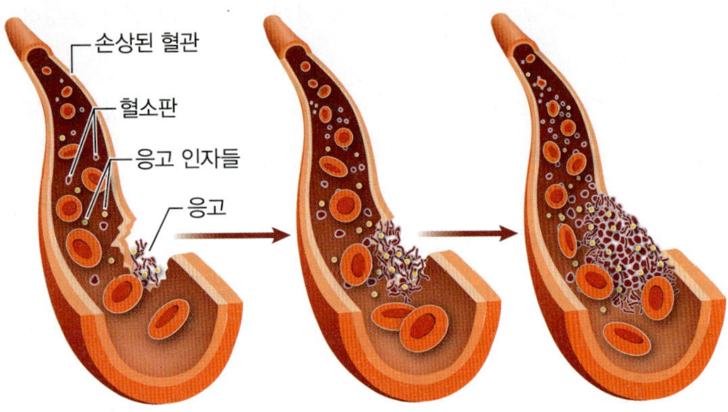

손상된 혈관은 혈소판을 자극하여 혈액이 응고되도록 한다.

혈액 응고 분자가 혈액으로 분비되어 동종 분자의 더 많은 분비를 유발한다. 이는 훨씬 더 많은 분자를 분비하도록 하여 혈액 응고를 돕는다.

양성 되먹임은 일반적으로 더 큰 의미에서 음성 되먹임 시스템의 일부이다; 양성 되먹임 기간 이후에 변수는 특정 범위 내로 되돌려진다.

그림 21.17 **찢어진 곳 메꾸기.** 상처를 입은 후 일어나는 혈액 응고는 양성 되먹임의 결과이다.

함으로써 동종의 분자가 훨씬 많아지므로 이는 양성 되먹임 시스템이다. 결과적으로, 혈관에 상처가 생기는 위험한 상황은 빠르게 치료된다.

양성 되먹임은 일반적으로 더 큰 의미에서 음성 되먹임 시스템의 일부이다. 즉, 양성 되먹임의 짧은 기간이 지나면 변수와 생물은 내부 환경 조건의 원래 정상 범위 내로 돌아온다. 혈액 응고가 중단된 후, 손상된 혈관에서 혈액은 더 이상 잃지 않게 되고, 다른 화학신호가 양성 되먹임 고리를 방해하면 혈액 응고 분자가 더 이상 분비되지 않는다. 더 나아가 기능이 없어진 응고된 혈액은 분해되기 시작한다.

핵심요약 21.9

» 특정 생리적 변수에 대한 항상성을 유지하기 위해서, 동물은 변수를 되돌릴 수 있는 설정값을 가져야 한다. 음성 되먹임을 통해 감지기는 내부 환경의 변화를 감지하여 변화를 되돌리도록 반응기를 촉발한다. 흔하지는 않지만, 양성 되먹임 시스템은 변화가 일어나는 방향으로 변화를 증가시켜서 항상성에 반하는 효과를 나타낸다.

21.10 동물은 체온 조절을 위하여 여러 메커니즘을 동원한다

많은 동물 종에게 신체 온도의 조절, 즉 **체온조절**은 항상성의 필수적인 요소이다. 체온조절의 중요한 이점으로는 효소의 안정성과 효율 증가, 하루 중 더 많은 시간과 한해 중 더 많은 계절 동안 활동적인 상태 유지하기(예를 들어, 사냥과 먹이 찾기), 추위 견디기 등이다.

체온조절에서 동물 종 사이의 가장 뚜렷한 차이는 체열을 생성하는 방법에 있다. (종종 "온혈"이라 기술하는) **내온동물**은 몸 안에서 열을 생성한다. 대부분 포유류와 조류가 내온동물이다. (종종 "냉혈"이라 기술하는) **외온동물**은 열을 주로 주변 환경, 보통 태양으로부터 얻는다. 무척추동물, 어류, 양서류, 파충류 등이 외온동물이다(**그림 21.18**).

체열을 생성하는 각 수단에는 비용과 이득이 있으며, 특히 다른 온도에 따른 대사 비용을 고려하면 더욱 그렇다(**그림 21.19**). 내온동물의 경우, **열중성대**라 할 수 있는 27°C와 36°C 사이에서 주요한 이득을 얻는다. 이 범위 내에서 내온동물은 에너지 소모 없이 피부를 통한 열손실 같은 수동적 조절 방법을 사용하여 내부 체온을 일정하게 유지할 수 있다(그림 21.19, 위 그래프 참조). 그러나 열중성대를 벗어나면 체온 유지를 위해 능동적으로 발열과 냉각을 해야 하므로 내온성 비용은 극적으로 증가한다(그림 21.19, 아래 그래프 참조).

대조적으로, 외온동물은 주변 온도에 대응하여, 체온 유지를 위해, 극적으로 에너지를 소비하지 않아도 된다. 이러한 이점은 27°C 미만에서 특히 의미가 있다; 외온동물의 대사율은 주변 온도에 따라 체온이 떨어지면서 같이 감소한다. 그러나 내온동물과 달리 27°C와 36°C 사이에서의 대사율은 지속적으로 증가한다.

내온동물과 외온동물은 종종 "온혈"과 "냉혈"로 구분된다. 그러나 주의 깊게 살펴보면, 이러한 용어는 이 두 그룹을 항상 정확하게 표현한다고 볼 수 없다. 많은 포유류를 포함한 일부 "온혈" 동

체열 생성하기

내온동물

- 체온을 내부에서 생성하는 동물
- 종종 "온혈"이라 기술됨
- 대부분의 포유류와 조류 포함

외온동물

- 열을 주로 환경으로부터 얻는 동물
- 종종 "냉혈"이라 기술됨
- 무척추동물, 어류, 양서류, 파충류 포함

그림 21.18 몸을 데우는 전략.

내온동물 대 외온동물

내온동물은 자신의 체내에서 열을 생성한다. 외온동물은 주로 주변 환경, 보통 태양으로부터 열을 얻는다.

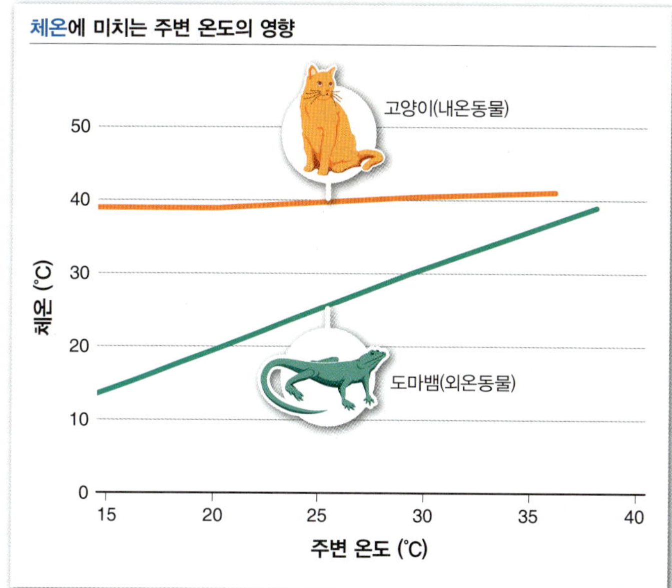

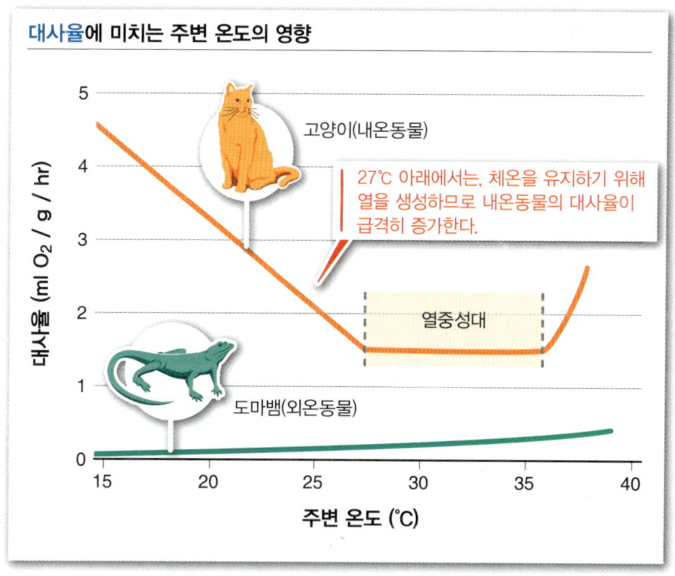

도표로 배우기
데이터의 시각적 표현을 비판적으로 살펴보기
이 그림을 더 자세히 살펴보려면 이 장의 끝을 보시오.

그림 21.19 에너지 소비와 체온 조절.

Q 왜 일부 냉혈동물은 "더운" 피를 지니고 일부 온혈동물은 "차가운" 피를 지니는가?

물은 **동면**을 하여 며칠 또는 몇 주 동안 대사활동이 감소된 상태에 들어서는데, 이 기간 동안 체온은 상당히 떨어진다. 예를 들어, 동면하는 일부 땅다람쥐의 체온은 3주 동안 어는 점 아래로 떨어질 수 있다. 따라서 동면하는 일부 "온혈" 동물은 매우 차가워질 수 있고, 일부 "냉혈" 도마뱀은 태양 아래에서 자신을 가열하여 매우 따듯해질 수 있다.

이러한 관찰에 의해 체온조절의 또 다른 중요한 면이 강조된다. (사람과 같은) 일부 생물은 체온이 상대적으로 일정하게 유지되는 **항온동물**이다. (도마뱀과 동면하는 포유류와 같은) 다른 동물은 **변온동물**이며, 체온이 환경 온도의 변화에 따라 시시때때로 등락을 거듭한다. 결과적으로, 동물은 열원(내부 또는 외부)과 일정한 온도를 유지하는지 또는 온도가 변동하는지 등의 두 가지 기준으로 더 정확하게 구분할 수 있다.

스스로 열을 생성하는지와 체온을 일정하게 유지하는지 등의 여부와 관계없이, 모든 동물은 주변 환경과 열을 교환한다. 궁극적으로, 한 생물의 체온은 생물이 생성하는 열과 함께 환경에서 몸으로 혹은 그 반대로 전이되는 열의 함수이다. 이러한 열교환은 여러 가지 방식으로 일어날 수 있다. 예를 들어, 온도가 다른 두 개체가 접하게 될 때 열교환이 일어나거나 신체로부터 땀이 증발할 때 액체 상태의 물이 수증기로 전환되기 위해 피부로부터 열을 빼앗아 몸이 차가워지는 것도 열교환이다.

동물은 주요한 4가지 방법을 사용하여 체온을 조절한다: 물리적 방법, 행동적 방법, 생리적 방법, 세포학적 방법(**그림 21.20**).

생물의 체온에 영향을 주는 여러 물리적 특징이 진화해 왔다. 이 특징에는 신체 크기, 신체 표면적, 단열 조직의 두께 등이 포함된다. 예를 들어, 해마, 고래, 기타 많은 해양 포유류의 두껍고 지질이 풍부한 지방 외피는 전체 몸무게의 50%까지 차지할 수 있고 효과적인 단열을 제공하며 체온을 일정하게 유지한다.

생물은 또한 체온을 조절하는 데에 행동전략을 사용할 수 있다. 예를 들어, 많은 곤충은, 날기 전에 예비 행동으로 날개를 위아래로 움직여 열을 만들어낸다. 그늘에 갈 수 없는 많은 대형 포유류는 태양 빛이 내리쬐는 각도를 최소화하기 위하여 몸의 방향을 바꾼다. 아프리카 땅다람쥐는 먹이를 먹을 때 꼬리로 몸에 그늘을 만든다.

동물은 또 체온조절에 여러 생리적 방법을 동원한다. 많은 동물의 경우, 열의 공급원은 일부 세포 기능에 필요한 이온 농도 구배를 유지하기 위해 세포가 능동수송을 사용할 때 생성된 결과물(인 열)이다. (이 능동수송은 일부 이온이 막을 통해 "누출되는" 움직임을 막는 데에 필수적이다.) 흥미롭게도, 사람과 같은 내온동물의 세포막은 어류 같은 외온동물에 비해 세포막의 누출 정도가 더 큰데, 이러한 "누출성"은 내온동물이 내부적으로 열을 생성하는 데에 도움을 주는 적응으로 간주한다. 가장 많은 열을 생성하는 곳이 미토콘드리아이므로, 열 생성은 또한 내온동물이 평균적으로 외온동물에 비해 세포당 3~4배 정도의 많은 미토콘드리아를 지닌 이유이기도 하다.

내온동물과 외온동물 모두 사용하는 또 다른 종류의 생리적 방법은 피부로의 혈액 흐름을 조절하여 체열을 조절하는 것이다. 극심한 신체 활동 또는 매우 높은 외부온도에 노출되는 동안 열을 소비하기 위하여 동물은 피부로의 혈액 흐름을 늘린다. 그러면 대류에 의해 피부를 통해 공기 중으로 열이 전달되며 더 많은 열이 소모된다. 많은 동물은 헐떡거리고 땀을 흘리는데 이는 효과적으로 증발을 이용해 열을 소모하는 것이다. 이와 달리, 추운 환경에서는 피부로의 혈액 흐름을 감소시켜 열 소모를 조절한다. 또한, 동물은 몸을 떠는 또 다른 생리적 반응으로 열의 생성을 증가시킬 수 있다.

Q 일반적인 지방과 다르게 "아기 지방"이 내장된 난방 담요처럼 작용하는 이유는?

아기에게 특히 중요한 세포 수준에서의 체온조절 방법이 "갈색 지방"이라는 특별한 종류의 결합조직에서 작동한다. 미토콘드리아가 거의 없는 "백색 지방" 세포(즉, 어른 몸에 있는 대부분의 지방인) 지방조직과 달리, 갈색 지방 세포는 저장된 지방 분자에 더해 높은 밀도로 미토콘드리아를 지닌다. 그러나 갈색 지방 세포는 지질로 산화될 때 ATP를 생성하지 않는다. 대신, 특별한 단백질이 작용하여 양성자가 ATP를 합성하는 효소를 통과하는 것이 아니라(5.15절 참조), 미토콘드리아 막을 직접 통

체온 조절 방법

물리적 방법
해마는 외부 환경과의 단열이 가능한 두터운 지방 외투를 지닌다.

행동적 방법
아프리카 땅다람쥐는 먹이를 찾는 동안 태양열을 최소화하기 위해 몸을 그늘지게 한다.

생리적 방법
개들은 헐떡거림으로써 증발을 통해 효과적으로 열을 소모한다.

세포적 방법
유아는 분해되면서 ATP 대신 열을 내는 특수한 지방을 가지고 있다.

그림 21.20 체온 조절을 위한 적응.

과게 한다. 유아는 성인보다 훨씬 많은 갈색 지방을 지닌다. 이러한 차이는 유아의 표면적/부피 비율이 커서 진화한 것 같다: 유아는 열을 소모할 수 있는 표면적을 상대적으로 많이 확보하고 있고, 열을 생성할 수 있는 체질량을 상대적으로 작게 지녔다.

핵심요약 21.10

» 신체 온도의 조절, 즉 체온조절은 항상성의 중요한 요소이다. 체온은 내부 열 생성과 생물과 환경 사이의 열전달이 만드는 함수이다. 환경과의 열교환은 물리적, 행동적, 생리적 그리고 세포 수준에서 조절된다.

이것이 우리의 방법 / 과학의 창의적 과정

21.11 우리는 왜 하품을 하는가?

하품의 목적은 과학자들의 오랜 숙제였다. 하품은 척추동물 사이에서 거의 보편적인 행동임에도 그 목적은 아직 밝혀지지 않았다. 최근의 몇몇 창의적인 가설 검증에 의해 상황은 바뀌는 것 같다.

하품을 하는 이유에 관한 설명을 들어본 적이 있는가?

하품의 기능에 대한 추측은 광범위하다. 2천 년 전, 히포크라테스는 병을 유발하는 "나쁜 공기"가 우리 몸 안에 쌓이는데, 하품이 이를 제거한다고 주장하였다. 이 생각은 널리 수용되어 믿음이 되었다:

- 하품은 뇌에 산소가 부족해서 유발된다.

널리 퍼져 있지만, 옳지 않다.

하품이 뇌에 산소가 너무 부족하여 유발된다는 가설을 검증하기 위한 몇 가지 예측을 제안해 보자

"부족한 산소" 가설에 반하는 증거는 명확하다.

1. 사람들은 운동할 때 더 많은 산소가 필요하지만, 하품을 하지 않는다.
2. 이산화탄소가 많고 산소가 낮은 공기에 노출되어도, 사람은 하품을 더 많이 하지 않는다.
3. 일상적인 농도보다 높은 산소가 있는 공기를 호흡해도 하품의 비율은 감소하지 않는다.

이런 발견들을 보면, 하품이 실제로 뇌의 산소 농도를 증가시킨다는 증거는 없다. 더욱이 생물은 단지 더 빨리 혹은 더 깊게 숨을 쉬기만 해도 뇌에 산소 공급을 늘릴 수 있다.

계속 주장됨에도 지지되지 않는 몇몇 다른 가설들은:

- 하품은 귀의 압력을 낮춘다. 사실 이런 일은 일어난다. 그러나 빠르게 변하는 공기압에 대응하여 하품 비율이 증가한다는 증거는 없다. 그리고 삼키기와 씹기를 포함한 다른 많은 행동도 마찬가지로 압력을 감소시키는 효과가 있다.
- 하품은 각성을 늘려 졸음에 대응한다. 우리는 피곤할 때 하품을 더 자주 하지만, 관찰을 더 해보면, 이 가설은 모순이다. 예를 들어, 하품 후에 뇌의 활성은 반대의 반응을 나타낸다: 더 졸리고 각성은 감소함.

최근의 새로운 아이디어에 의해 몇몇 흥미로운 실험과 전망 있는 결과가 생겼다—동시에 연구자들의 질문을 풀기 위한 접근 방법도 나타났다. 아이디어는 이렇다.

- 하품은 뇌를 냉각시키는 메커니즘이다.

몇몇 관찰 덕분에 이러한 생각이 가능하였다. (1) 적어도 사람과 쥐의 경우, 보통, 뇌 온도가 잠깐 증가한 이후 하품을 한다. (2)

하품 이후에 대체로 뇌 온도가 감소한다; 그리고 (3) 체온 상승과 관련있는 생리적 상태인 졸릴 때 하품을 한다.

하품은 어떻게 뇌를 식히는가?

연구자들은 부비강이 풀무처럼 확장되고 축소되면서 하품이 뇌 혈류를 증가시키고 공기를 뇌로 펌프질하여 온도를 낮춘다는 가설을 세웠다.

하품이 뇌의 냉각을 위한 것이라면 여름이나 겨울에 더 많이 하품할 것으로 예측할 수 있을까?

실험 1

측정한 것: 덥지 않은 온도와 더운 주변 온도에서의 하품 빈도. 겨울(2월)과 여름(6월) 동안 연구자들은 애리조나의 실외 공공장소에서 보행자들에게 다가가 연구에 참가해 달라고 요청하였다. 각 참가자(두 번의 자료 수집 기간 동안 각각 80명이 참여했다)들은 하품하는 20명의 사진을 보여주고서, 이 사진을 보는 동안 하품을 하였는지를 묻는 설문 조사에 응하도록 요청하였다. 참가자들이 설문 조사에 응하는 동안 연구자들은 이들의 체온을 측정하였다. 겨울 자료 수집 동안, 평균 기온은 22°C(71°F)였고, 여름에는 37°C(98°F)였다.

생각하기, 짝과 나누기

수업 수강생 중 한 명과 짝을 만드시오. 다음의 질문을 읽고 답에 대하여 60초 동안 조용히 생각하시오. 이후 5분 동안 토론을 하고 자신의 답을 공유할 수 있게 준비하시오.

- "하품은 뇌의 냉각을 위한 것"이라는 가설을 검증하기 위한 다른 실험을 생각해낼 수 있는가?

예측: 연구자들은 여름보다 겨울 연구기간 동안 더 많은 비율의 사람들이 하품을 할 것이라 예측하였다.

결과: 결과는 가설을 강력히 지지하였다. 겨울 자료 수집기간 동안에는 참여자의 45%가 하품을 하였고, 주변 온도가 체온과 같거나 더 높은 여름 동안에는 24%만이 하품을 한 것으로 보고되었다.

실험 2

측정한 것: 주변 온도가 온화할 때와 추울 때의 하품 빈도. 실험 1과 동일한 방법을 이용하여 겨울과 여름 동안 연구자들은 실외 공공장소에서 보행자들에게 다가가 연구에 참가해 달라고 요청하였다. 그러나 이번 연구는 오스트리아 비엔나에서 수행되었다. 겨울 자료 수집 동안, 평균 기온은 1°C(33°F)였고, 여름에는 19°C (66°F)였다. 첫 번째 실험처럼, 하품하는 20명의 사진을 보여준 후 이 사진을 보는 동안 하품하였는지를 묻는 설문 조사에 응하도록 요청하였다.

예측: 연구자들은 겨울보다 여름 연구기간 동안 더 많은 비율의 사람들이 하품을 할 것이라 예측하였다.

결과: 다시 한번, 결과는 가설을 강력히 지지하였다. 겨울 자료 수집기간 동안에는 참가자의 18%만 하품을 하였고, 여름 동안에는 42%가 하품을 한 것으로 보고되었다.

실험 3

측정한 것: 앞머리(이마) 식히기와 하품 빈도. 참여자들은 사람들이 하품하는 동영상을 보는 동안, 따듯한 팩(46°C/114°F) 또는 차가운 팩(4°C/39°F)을 이마에 대고 있게 하였다. 연구자들은 참가자들이 하품하는지를 관찰하였다.

예측: 연구자들은 차가운 팩을 이마에 대면 뇌 온도가 감소해서 하품에 의한 온도조절의 필요성이 감소할 것이라 예측하였다.

결과: 결과는 가설을 강력히 지지하였다. 동영상을 보면서 따듯한 팩을 이마에 댄 참여자 중 41%가 하품을 하였다. 차가운 팩을 이마에 댄 사람들 중에는 단지 9%만 하품을 하였다.

모두 종합해 보면, 실험 결과는 '하품은 뇌를 식히는 것'이라는 아이디어를 강력하게 지지하였다. 더 나아가, 연구자들은 온도가 하품의 유일하게 의미가 큰 예측 기준임을 발견하였고, 성, 나이, 전날 밤의 수면 시간, 공기의 습도 등을 포함한 다른 요인들은 하품 발생에 유의미한 영향을 미치지 않았다.

이 실험들이 하품의 이유를 설명하는 데에 충분한가?

여기에서, 이 문제는 완전히 해결된 것은 아니다. 다양한 관찰에 따르면, 다른 요인들도 하품에 영향을 미칠 수 있다. 특히 하품이 전염되는 특징은 공감과 관련될 가능성이 있다. 예를 들어, 연구자들은 두 사람이 유전적으로나 정서적으로 가까울수록 서로의 하품을 "갖게 될" 가능성이 높음을 발견하였다. 연구자들은 또 정신분열증이나 자폐증인 사람들 사이에서는 하품 정도가 감소하는 것도 발견하였다. 추가적인 증거가 쌓이면 더욱 완전한 실체가 드러날 것이다.

핵심요약 21.11

» 어떤 현상에 관한 추론을 함으로써 우리는 원인에 대한 가설을 만들 수 있다. 그러나 결정적 실험으로부터 얻은 결과만이 원인을 이해하는 데에 의미심장한 진전을 이룰 수 있다.

21.12 동물은 좁은 범위 내에서 수분 균형을 조절한다

물속에 서식하든 육상에 서식하든 생물은 생존하려면 물을, 그러나 과도하지 않게, 얻을 수 있어야 한다. **삼투조절**은 동물 항상성의 중요한 요소로, 삼투에 영향을 미치는 용해된 용질 농도를 조절하여 물 균형을 유지하는 것이다. 동물 체액에서 가장 많은 용질은 소듐, 염소, 포타슘, 마그네슘, 칼슘 이온 등이다.

여러 가지의 물 균형 메커니즘이 진화했음에도 불구하고, 동물이 물을 얻는 방법은 4가지뿐이다. 즉, 마시거나 물이 있는 음식을 먹거나 삼투를 통해 흡수하거나 세포호흡 부산물로 얻는다. 마찬가지로 물을 잃는 방법도 소변, 대변, (헐떡거림, 호흡, 땀흘리기를 포함한) 증발, 삼투 등 4가지이다.

삼투조절은 물을 잃거나 얻는 메커니즘을 중심으로 이루어진다. 물은 삼투(4.8절 참조)를 통해 용질 농도가 낮은 쪽에서 높은 쪽으로 흐른다. 그래서 생물은 자주 간접적으로, 즉 용질의 양을 조절해서 물의 양을 조절한다. 즉, 생물은 일반적으로 삼투의 방향과 정도에 영향을 미치는 전체 용질의 양과 각 용질의 농도 균형을 유지한다. 무기질과 전해질 등 일부 용질 농도의 균형이 깨지면, 근육 경련에서부터 혼수, 마비 그리고 죽음에 이르기까지 심각한 건강 문제를 유발할 수 있다.

동물은 매우 넓은 범위의 서식처에서 살고 있으므로, 넓은 범위에 걸친 삼투조절이라는 문제를 해결해야 한다. 이 문제는 육상생물 사이에서보다는 수생생물 사이에서 매우 다르다. 그리고 수생생물 중에서도 염분이 있는 서식처에 사는 생물이 직면한 문제는 담수에 서식하는 생물이 직면한 문제와 거의 반대일 정도로 매우 다르다.

바닷물에 서식하는 대부분의 무척추동물은 삼투순응자이다. 즉, 체액의 용질 농도는 주변 바닷물의 농도를 나타낸다. 이와는 달리, 대부분의 척추동물은 삼투조절자이며 체액의 용질 농도를 주변과 다르게 좁은 범위 내에서 능동적으로 유지한다(**그림 21.21**; 그림 21.16도 참조).

동물은 물 균형을 조절할 수 있는 다양한 구조들을 진화시켜 왔다. 예를 들어, 곤충의 경우, 소화관 끝에서 돌출한 말피기 소관이라 불리우는 매우 작은 관은 소화 동안 곤충의 혈액 속으로 물과 포타슘 이온(K^+)를 대부분 재흡수한다. 이는 물을 보전하고 대부분의 폐기물은 배설로 방출하는 매우 효과적인 시스템이다.

다른 삼투조절 구조는 척추동물의 신장이다. 앞으로 살펴보겠지만, 신장은 복잡한 기관으로 생물의 물 균형을 조절하는 한편, 혈액을 여과하고 용질과 특히 단백질과 핵산이 분해되어 생긴 여분의 질소 등 대사 폐기물을 제거한다. 신장 기능의 상세한 특징은 척추동물의 집단에 따라 매우 다양하다.

삼투조절 전략

삼투순응자

삼투순응자는 체액의 조성이 주변 환경의 조성과 같은 생물이다.

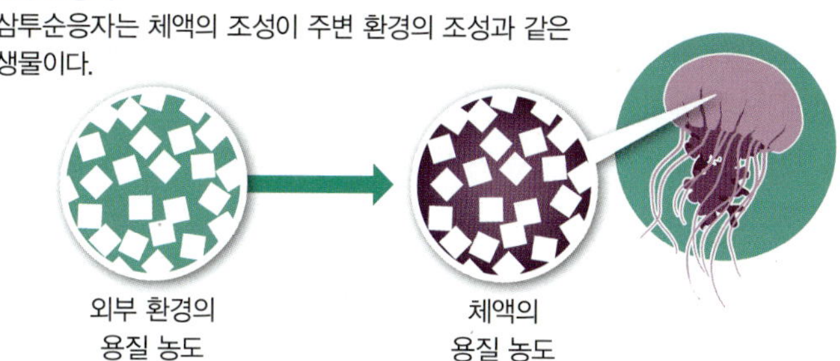

삼투조절자

삼투조절자는 체액과 용질 농도를 주변과 다르게 좁은 범위 내에서 유지하는 생물이다.

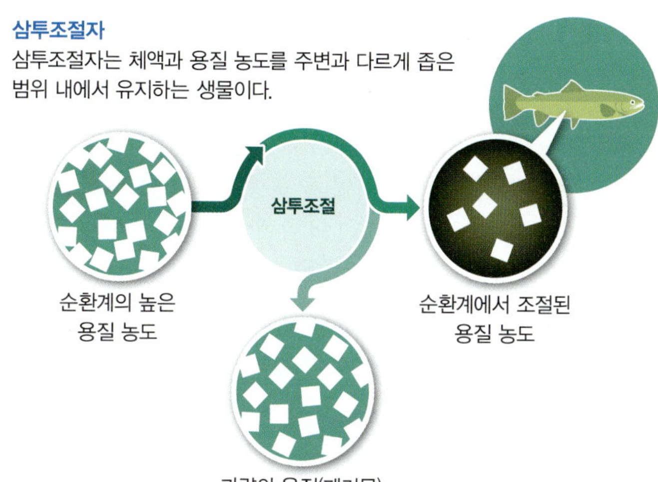

삼투조절 구조

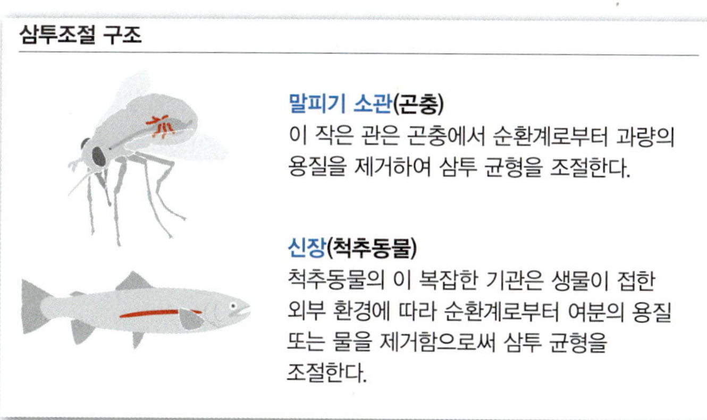

그림 21.21 염분과 물 균형을 조절하는 두 가지 전략과 구조.

예를 들어, 담수어류와 해수어류 등 두 집단의 수생 척추동물이 접한 문제를 생각해 보자. 담수어의 체액은 주변 물보다 훨씬 높은 농도의 용질을 지녀서 삼투에 의해, 물이 주변에서 어류로 들어오는 양이 어류에서 빠져나가는 양보다 크므로, 신장은 넘쳐나는 물을 제거하는 일을 한다. 한편, 해수어류는 물을 염도가 더 큰 주변으로 잃게 되므로, 신장은 물을 보전하는 일을 한다. (그리고 이는 왜 담수어류는 물을 마시지 않지만, 해수어류는 많은 양의 물을 마시는지를 설명해준다.)

다음 절에서 우리는 두 가지 특징, 즉 혈액의 4배 정도로 용질의 농도가 진한 소변 생산 방법과 우리가 섭취한 음식과 음료에 담긴 잠재적으로 해로운 많은 분자를 제거하는 방법에 특히 초점을 맞춰서 인간의 신장을 상세히 살펴본다.

핵심요약 21.12

» 많은 생물은 좁은 범위 이내에서 물 균형을 유지한다. 이 균형을 유지하기 위해 물을 얻거나 버릴 수 있어야 하고 체액 내 이온 농도를 조절할 수 있어야 한다. 이러한 문제를 해결하기 위한 다양한 메커니즘과 전략이 진화했다.

21.13 사람은 신장이 수분 균형을 조절한다

신장은 척추동물의 기관으로, 혈액을 여과하고 신체가 필요로 하는 물과 기타 물질을 재흡수하여 물 균형을 조절함으로써 항상성을 유지한다. 매일 최대 2,000 L의 용액이 인간의 신장을 통과한다. 이는 우리 몸속 혈액량인 5 L의 400배를 여과한다는 의미이다. 매일 배설되는 소변의 양은 각 개인이 섭취한 액체와 잃어버리는 물의 양(예를 들어, 땀을 흘려 잃는 물의 양)에 따라 달라지는데, 대개 0.7~2 L 정도이다. 소변 배설과 재흡수 등으로 물의 양을 조절하는 신장의 역할은 탈수를 방지하는 데에 필수적이다.

사람은 2개의 신장을 가지고 있으며, 각각은 주먹 하나 크기로 허리 바로 위 척추 양 측면에 위치한다. 신장에 의한 혈액 여과는 혈액이 신장 동맥을 통해 각 신장 내에 있는 혈관으로 들어가면서 시작한다. 그리고 여과된 혈액은 정맥을 경유해서 신장을 떠난다. 반면 폐기물과 남겨진 여분의 물은 방광으로 이동하여 소변으로 배설된다(**그림 21.22**, 위)

각 신장은 신장의 일을 수행하는 구조적 단위인 네프론 약 100만 개로 구성된다. 각 네프론(그림 21.22 삽화)은 네프론 소관(세뇨관)과 다량의 혈관 등 두 가지 기본 요소로 이루어져 있다. 네프론의 각 부분은 여과, 재흡수, 분비 등의 일을 함께 수행한다(**그림 21.23**).

1. **여과.** 혈액이 신장을 통과하면서 원하지 않는 물질의 제거를 위한 여과가 일어난다. 네프론의 혈액 여과 단위는 **사구체**라는 모세혈관 뭉치와 공과 같은 구조로 이를 둘러싼 **보우만 주머니**이다. 사구체 내의 모세혈관은 구멍이 뚫려 있어서 혈압이 작용하면(혈구 세포와 단백질 대부분은 아니지만), 물과 작

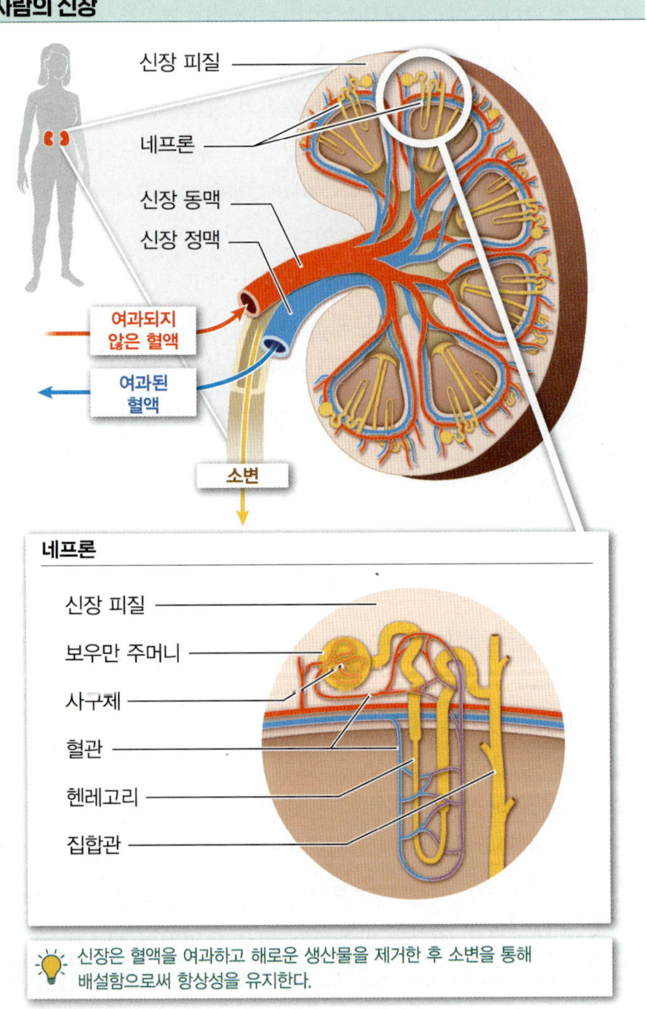

그림 21.22 신장의 구조. 인간의 신장은 혈액을 여과하고 물과 용질을 재흡수하며 폐기물을 배설한다.

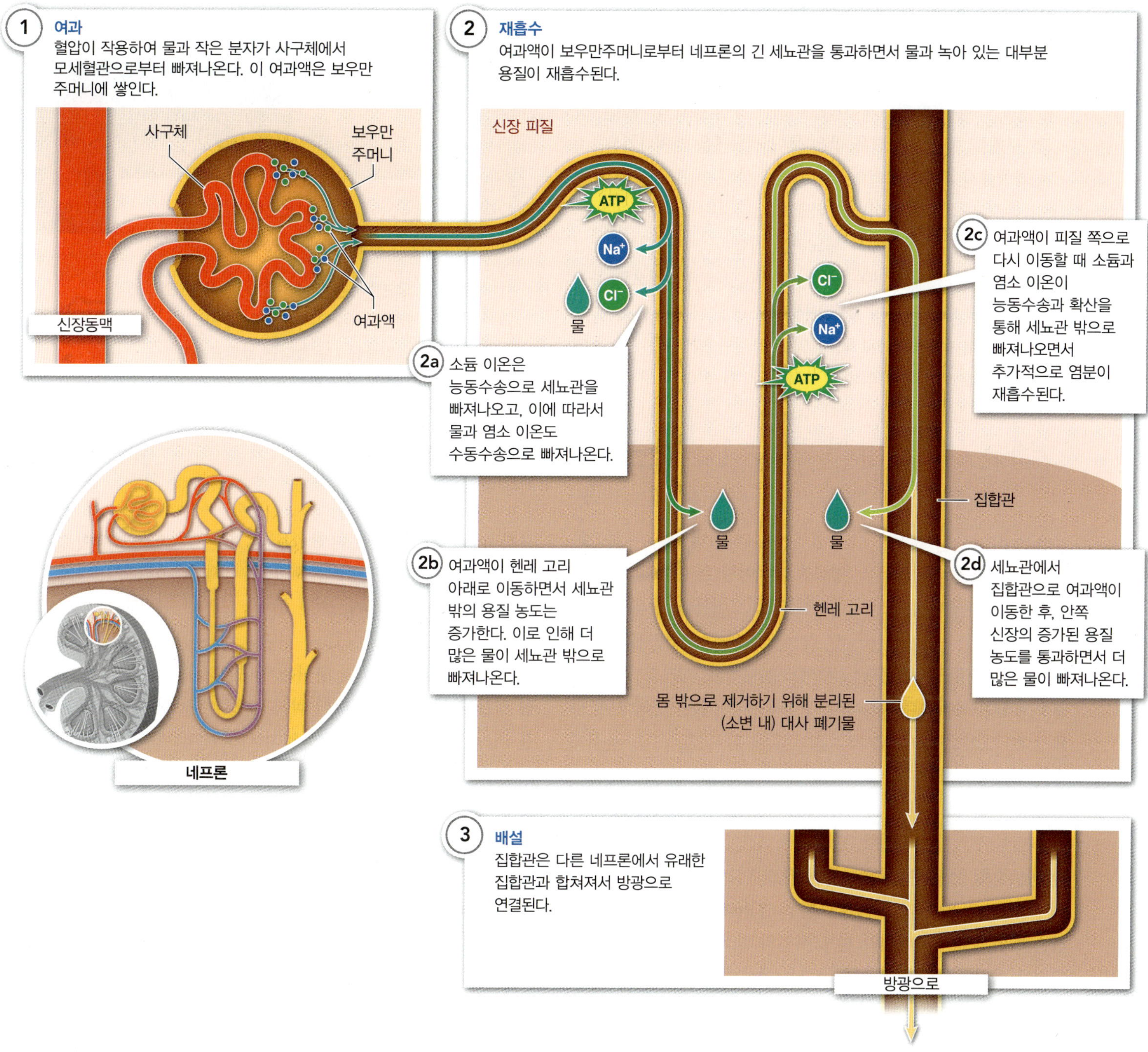

그림 21.23 일하는 네프론: 여과, 재흡수, 배설.

은 분자와 이온을 모세혈관벽을 통해 밖으로 밀어낸다. 보우만 주머니에 쌓인 액체, 즉 **여과액**은 염분, 아미노산, 비타민, 기타 분자 등을 혈액과 동일한 농도로 담고 있다. 이 여과액이 보우만 주머니로부터 네프론의 소변을 모으는 소관을 통과하면서 물과 녹아 있는 용질의 상당량이 재흡수된다.

재흡수. 여과액은 물과 (포도당과 아미노산을 포함하는) 영양분, 몇몇 이온 등이 혈액으로 재흡수되면서 농축된다. 네프론의 긴 세뇨관에서 일어나는 재흡수는 복잡한 과정이다. 이 과정은 능동수송으로 세뇨관 밖으로 소듐이 빠져나가는 일부터 시작되는데, 이를 따라 물과 염소 이온이 수동수송으로 빠져나간다. 세뇨관은 피질이라 일컫는 신장의 바깥 부위로부터 가장 안쪽 부위로 내려갔다가 다시 올라오는 고리, 즉 헨레 고리를 형성하고 여과액이 이 고리를 통과한다. 세뇨관이 신장의 가장 안쪽 부위를 통과하면서 관 밖의 세포간질액에 있는 고농도의 용질과 만나게 된다. 이러한 용질 농도의 차이는 삼투 구배를 형성하여 더욱 많은 물이 세뇨관을 빠져나가는, 즉 여과액에서 세포간질액으로 이동하게 한다. 이후 여과액은 피질 쪽으로 다시 움직이면서 확산과 능동수송을 통해 더 많은 염분을 잃는다. 피질에서 세뇨관은 집합관과 연결되는데, 집합관은 신장의 가장 안쪽을 다시 통과하면서 추가적으로 물을 세포간질액으로 되돌려 보내 배설될 소변을 더욱 농축시킨다.

2. **배설.** 이제 몸이 필요로 하지 않는 물질만 담겨 있는 농축된 여과액은 소변으로 배설된다. 집합관은 결국 다른 네프론에서 유래한 집합관들과 합쳐져서 수뇨관을 형성하고, 이 관은 궁극적으로는 방광과 연결된다. 소변은 방광으로부터 요도를 통해 몸 밖으로 배설된다.

그림 21.24 **잔존물 검출.**

Q 일부 사막 포유류는 왜 물을 마실 필요가 없을까?

혈액 여과와 소변 생산은 복잡한 경로를 거쳐야할 뿐 아니라 매우 많은 에너지를 소비한다. 물을 복원하기 위한 염분의 능동수송에는 상당한 양의 에너지가 소비된다. 그럼에도 불구하고, 캥거루쥐와 같은 일부 동물은 물의 재흡수가 매우 효율적이어서 물을 전혀 마실 필요가 없다. 신장이 여과한 거의 모든 물을 다시 얻으므로, 음식에 함유된 물이나 세포호흡 동안 생긴 수분 정도이면 충분하다.

신장이 혈액으로부터 제거한 대사 폐기물 중에서 질소를 함유한 화합물이 가장 중요하다. 단백질과 핵산이 분해된 결과 생산된 질소는 주로 암모니아를 형성하게 되고, 이는 일반적으로 생물에게 매우 강한 독성을 나타낸다. 일부 생물(대부분이 수생생물)은 단순히 암모니아를 배설만 해도 여분의 질소를 제거할 수 있다. 그러나 육상동물과 많은 해양동물은 독성 암모니아를 안전하게 희석할 정도로 물을 넉넉하게 소비할 수 없다. 대신 에너지 면에서 값비싼, 암모니아와 이산화탄소를 합쳐 요소를 만드는 과정을 사용한다. 요소는 오랜기간 동안 고농도로 (그래서 물이 매우 적게 필요한) 저장이 가능하다. 곤충, 육상 달팽이, 많은 파충류는 물을 가장 적게 사용하지만, 질소 폐기물을 제거하는 데에 가장 에너지가 비싼 요산이라는 반죽 형태로 배설한다.

Q 몇몇 약물의 경우, 마지막 섭취 후 몇 달이 지나서도 소변 분석으로 검출되는 이유는?

사람의 신장은 매우 효율적으로 혈액을 여과하고 많은 대사 폐기물을 소변에 농축시키므로, 소변 분석을 통해 약물사용을 검사할 수 있다. 대부분의 약물-탐색 소변 분석은 해당 약물 자체의 존재에 대한 검사를 포함하지 않는데, 약물은 짧은 기간 동안만 몸 안에 남아 있기 때문이다. 대신, 검사는 약물의 분해 결과, 생긴 대사산물이라는 화학물질을 대상으로 한다(그림 21.24). 엑스터시, 코카인, 메탐페타민, 마리화나 등을 포함한 많은 약물의 대사산물은 밝혀져 있다. 마리화나의 경우, 대사산물은 지용성이다. 이는 이 대사산물이 지방 세포에 무제한적으로 저장될 수 있고, 에너지로 대사될 때에만 세포로부터 방출됨을 의미한다. 결과적으로, 마리화나는 마지막으로 사용한 후 한 달 또는 그 이상이 지나도 검출이 가능하다.

핵심요약 21.13

» 척추동물의 신장은 지속적으로 혈액을 여과하고 해로운 이온과 대사 폐기물을 소변으로 배설하는 등 물 균형과 체액의 용질 농도를 조절함으로써 항상성을 유지하는 데에 기여하는 기관이다.

때때로 우리 몸은 일부러 항상성을 깬다 (그리고 우리는 이를 고치려 하지 않을 수 있다.)

Q: 열이 나면 보통 무엇을 하나? 열이 나는 것을 감지하는 즉시 많은 사람들이 진통제를 먹는다.

Q: 결과는? 진통제는 열을 빨리 내린다.

Q: 열이 왜 났을까? 일반적으로 열 자체가 병은 아니다. 오히려 세균이나 바이러스 감염이 있음을 나타내는 신체의 반응이다. 신체의 방어는 더 높은 온도에서 병원체를 더 잘 조절하기 때문에 감염에 대응해서 체온의 설정값을 증가시킨다. (외온동물도 비슷한 전략을 사용하는데, 감염되면 따듯한 곳으로 이동한다.)

Q: 열을 떨어뜨리면 신체의 방어가 어떻게 저해되는가? 아스피린 또는 다른 약을 복용하면 열이 내려가서 신체가 감염에 대응하여 싸우는 능력이 감소한다. 예를 들어, 최근의 잘 통제된 연구에 따르면, 아스피린을 처리하면 위약 효과에 비해 수두가 평균적으로 더 오래 지속된다.

Q: 여기서 열에 대한 것 이외에 더 배울 교훈이 있는가? 그렇다. 감염에 대응하여 신체가 방어작용을 할 때 우리가 (줄이기 위해) 대응하지 않아도 되는 다른 신호가 나타난다. (1) 기침: 외과수술 후 코데인을 먹어 기침을 막으면 폐렴의 위험성이 증가한다: 이 경우, 기침은 이로운 것이다. (2) 설사: 설사 억제제는 소화관에서 세균의 제거를 늦추고 회복을 지연시킨다. 설사는 종종 도움이 된다. (3) 구토와 염증 역시 우리의 진화된 방어의 중요한 부분이므로, 만약 이것들을 막는다면 건강상에 심각한 결과가 생길 수 있다.

Q: 결론은 무엇인가? 이러한 것들이 다윈 의학의 출발점인가? 증상을 처리할 때와 처리하지 않을 때에 대한 이러한 판단을 “다윈 의학”이라 한다. 다윈 의학은 생명체에 유용할 수 있도록 여러 방어 반응이 진화했다는 사실에 대해서 새로운 의미를 부여한 것이다. 물론, 고통을 겪는 것이 항상 해결책은 아니다. 구토, 설사, 기침, 열 그리고 기타 여러 방어에 실질적인 비용이 발생할 수 있다. (예를 들어, 설사를 놔두면 심각한 탈수를 일으키는데, 이는 세계의 많은 곳에서 5세 미만 아이들이 사망하는 원인이 될 수 있다.) 어쨌든, 의학적 결정을 내리는 데에 진화적 시각을 동원하면 유익할 수 있다.

연습 데이터의 시각적 표현을 비판적으로 살펴보기

도표로 배우기

1. 고양이 체온은 주변 온도에 의해 영향을 받는가? 답의 근거 자료를 제시하시오.
2. 주변 온도가 10°C라고 할 때, 도마뱀의 체온을 추론하시오. 이유는?
3. 대사율의 측정 단위는 무엇인가? 대사율은 고양이와 도마뱀 중 누가 더 높은가?
4. 고양이 체중은 대개 도마뱀보다 훨씬 많이 나간다. 아래에 있는 그래프에서 이 차이는 어떻게 설명되는가?
5. 도마뱀의 체온이 27°C~36°C일 때 대사율의 증가 퍼센트는? 이 범위에서 고양이 대사율의 증가 퍼센트는?
6. 27°C~36°C에서 고양이와 비교하여, 도마뱀의 대사율 증가 정도가 더 큰 것을 더욱 돋보이게 하기 위한 방법으로 이들 자료를 재구성하시오. 재구성된 대체 버전의 단점은?
7. 그래프에서 "열중성대"의 의미는? 도마뱀에게도 열중성대가 있는가? 그 이유는?
8. 상대적인 대사 비용 측면에서, 내온동물에게 더 효율적인 조건은 무엇인가? 외온동물에게 더 효율적인 조건은 무엇인가?

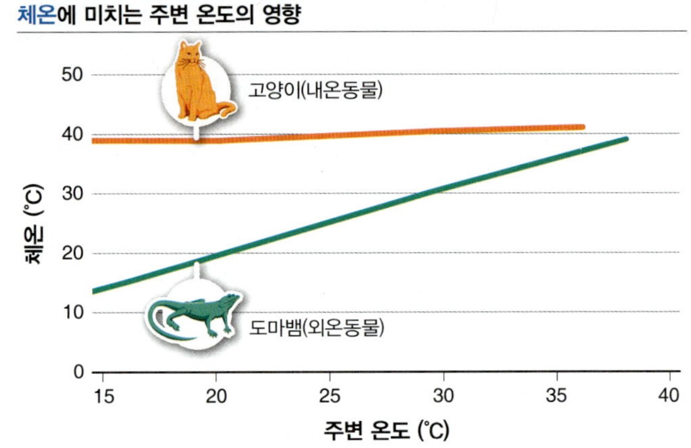

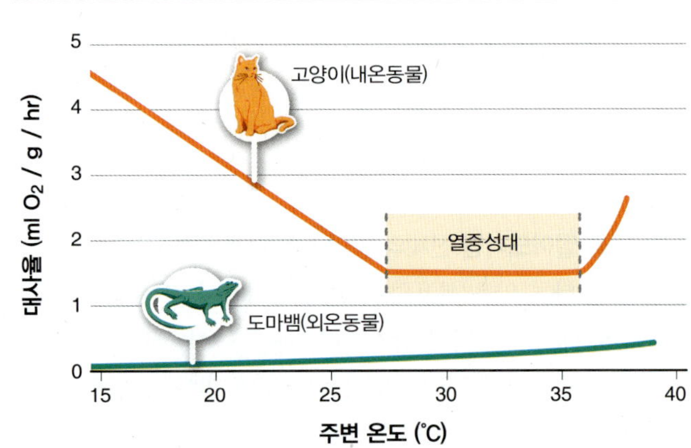

주요 용어: 동물생리학 입문

결합조직 connective tissue 641쪽
고유결합조직 connective tissue proper 643쪽
고체온증 hyperthermia 650쪽
골격근 skeletal muscle 64쪽
근섬유 muscle fiber 646쪽
근조직 muscle tissue 641쪽
기관 organ 642쪽
기관계 organ system 642쪽
기질 matrix 641쪽
내분비샘 endocrine gland 645쪽
내온동물 endotherms 654쪽
네프론 nephron 647쪽
뉴런 neuron 647쪽
동면 hibernate 655쪽
말초신경계 peripheral nervous system 648쪽
민무늬근 smooth muscle 646쪽
반응기 effector 652쪽
변온동물 heterotherm 655쪽
보우만 주머니 Bowman's capsule 660쪽
뼈 bone 643쪽
사구체 glomerulus 660쪽
삼투순응자 osmoconformer 659쪽
삼투조절 osmoregulation 659쪽
삼투조절자 osmoregulator 659쪽
상피 epithelium 644쪽
상피조직 epithelial tissue 641쪽
샘 gland 645쪽
생리학 physiology 642쪽
설정값 set point 652쪽
세포간질액 interstitial fluid 651쪽
세포외액 extracellular fluid 651쪽
세포체 cell body 647쪽
수상돌기 dentrite 647쪽
순응자 conformer 653쪽
신경교세포 glial cell 647쪽
신경조직 nervous tissue 641쪽
심근 cardiac muscle 646쪽
양성 되먹임 positive feedback 653쪽
엘라스틴 elastin 643쪽
여과액 filtrate 661쪽
연골 cartilage 643쪽
열중성대 thermoneutral zone 654쪽
외분비샘 exocrine gland 645쪽
외온동물 ectotherms 654쪽
음성 되먹임 negative feedback 652쪽
인대 ligament 643쪽
일사병 heat stroke 650쪽
저체온증 hypothermia 650쪽
조절자 regulator 653쪽
조직 tissue 640쪽
중추신경계 central nervous system 648쪽
체온조절 thermoregulation 654쪽
축삭 axon 647쪽
콜라겐 collagen 643쪽
특수결합조직 special connective tissue 643쪽
항상성 homeostasis 651쪽
항온동물 homeotherm 655쪽
혈액 blood 643쪽
힘줄 tendon 643쪽

요약

동물의 몸 구조는 기능을 반영한다.

- 동물의 신체는 매우 체계화되어 있고, 체계화의 모든 수준에서 물리적 특징은 기능과 밀접하게 관련되어 있다. 대부분 동물에서 세포들은 4가지 주요 조직에서 발견되며, 조직은 모여서 기관을, 기관은 모여서 기관계를 형성하여 매우 복잡한 업무를 수행한다.
- 대부분 동물에서 가장 풍부한 조직은 결합조직이다. 결합조직은 보통 콜라겐을 포함하는 세포외기질 내에 박혀 있는 세포들의 집합으로, 세포들을 고정하고 다른 신체 조직의 모양과 구조를 형성하고 지지하는 역할을 한다.
- 상피는 매우 얇고 시트 같은 조직으로 동물 신체 대부분의 내외 표면을 덮고 있다. 서로 단단히 결합한 세포들의 하나 또는 몇 개의 층으로 이루어진 상피는 생물 내외 사이의 방어벽으로 작용한다. 다른 종류의 상피조직은 중요한 화학 생산물을 분비하는 샘을 형성한다.
- 근육조직은 수축할 때 힘을 만들 수 있는 길다란 세포로 구성된다. 골격근은 우리가 볼 수 있는 대부분 동물 운동을 담당한다. 심장근은 심장이 혈액을 몸 전체로 펌프질하는 일을 담당한다. 혈관과 많은 내부 기관을 둘러싼 민무늬근은 느린 수축을 해서 음식물과 다른 물질을 서서히 움직이게 하거나 혈압을 바꾼다.
- 신경조직은 신호를 저장하고 전달하는 데에 특화되어 있다. 신경조직 세포에는 두 가지, 즉 신호를 받아 전달하는 뉴런과 뉴런을 보조하고 영양분을 공급하는 신경교세포가 있다.
- 거의 모든 동물의 경우, 몇몇 조직이 모여 기관을 형성한다. 기관은 특화된 기능을 수행하며 여러 종류의 조직으로 구성된다. 기관은 생명체의 성장, 발생, 생존과 생식에 필요한 다양한 생리적 과정을 수행하는 기관계의 일부이다.

동물은 내부 환경을 일정하게 유지한다.

- 체내의 물리적 화학적 환경을 일정하게 유지할 수 없으면, 세포, 조직, 기관의 정상적 기능에 많은 문제를 야기하고 죽음에 이를 수 있다.
- 다세포 동물의 내부 환경은 외부 환경이 변화하면서 영향을 계속 받음에도 불구하고 동물은 항상성을 유지한다: 동물은 다양한 내부의 생리적 변수를 상대적으로 일정한 범위 이내에서 유지한다.

항상성은 어떻게 작동하는가?

- 특정 생리적 변수에 대한 항상성을 유지하기 위해서, 동물은 변수를 되돌릴 수 있는 설정값을 가져야 한다. 음성 되먹임을 통해 감지기는 내부 환경의 변화를 감지하고 변화를 되돌리도록 반응기를 촉발한다. 흔하지는 않지만, 양성 되먹임 시스템은 변화가 일어나는 방향으로 변화를 증가시켜서 항상성에 반하는 효과를 나타낸다.
- 신체 온도의 조절, 즉 체온 조절은 항상성의 중요한 요소이다. 체온은 내부 열 생성과 생물과 환경 사이의 열전달이 만드는 함수이다. 환경과의 열교환은 물리적, 행동적, 생리적 그리고 세포 수준에서 조절된다.
- 어떤 현상에 관한 추론을 함으로써, 우리는 원인에 대한 가설을 만들 수 있다. 그러나 결정적 실험으로부터 얻은 결과만이 원인을 이해하는 데에 의미심장한 진전을 이룰 수 있다.
- 많은 생물은 좁은 범위 이내에서 물 균형을 유지한다. 이 균형을 유지하기 위하여 물을 얻거나 버릴 수 있어야 하고 체액 내 이온 농도를 조절해야 한다. 이러한 문제를 해결하기 위한 다양한 메커니즘과 전략이 진화했다.
- 척추동물의 신장은 지속적으로 혈액을 여과하고 해로운 이온과 대사 폐기물을 소변으로 배설하는 등 물 균형과 체액의 용질 농도를 조절함으로써 항상성을 유지하는 데에 기여하는 기관이다.

복습하기

짧게 답하기

1. 생물에게 다세포성의 주요한 이점은 무엇인가?
2. 결합조직을 종종 "세포 접착제"라고 하는 이유는?
3. 상피조직이 분자의 분비 기능을 수행하는 방법 한 가지를 기술하시오.
4. 척추동물의 근육조직 세 가지를 나열하고, 이들의 비슷한 점과 다른 점을 설명하시오.
5. 신경교세포가 손상되면 생길 수 있는 결과는 무엇인가?
6. 심장의 혈액 펌프 속도를 조절하는 기관계는 무엇인가?
7. 고체온증은 무엇인가? 고체온증은 몸이 항상성을 유지하지 못한 결과를 어떻게 나타내는가?
8. 세포 기능에 미치는 영향 면에서 다세포성과 커다란 몸은 전형적으로 (외부에 비해) 내부 환경의 중요성을 부각시킨다. 그 이유는 무엇인가?
9. 생물은 양성 되먹임보다 음성 되먹임 시스템이 더 흔하다. 그 이유는?
10. 생물의 체온은 신체가 생성하는 열과 더

불어 환경과 신체가 상호 교환하는 열의 함수이다. 열의 교환이 일어나는 방식 두 가지를 설명하시오.

11. 소금물에서 사는 삼투순응자는 체액 내 용질 농도에 대한 설정값을 갖는가? 그 이유 또는 그렇지 않은 이유는 무엇인가?

12. 하루에 사람이 생산하는 소변 양에 영향을 미치는 요인에 관하여 설명하시오.

정답 고르기

1. 다음의 진술 중에서 "형태는 기능을 따른다"라는 격언과 관계가 없는 것은?

a) 펭귄과 물고기는 물을 헤치고 수영하기 때문에 둘 다 유선형이다.
b) 신경세포는 몸 안에서 멀리 떨어져 있는 구조를 연결하기 때문에 전선 같은 구조의 세포이다.
c) 심장이 온통 붉은색이므로 붉은색의 근육 세포는 심장에서 발견된다.
d) 신체 외부층은 방수 필요성 때문에 피부 세포가 층을 이루어 쌓여 있다.
e) 뼈는 단단하고 굳어서 굽어지지 않는다.

2. 다음 중 결합조직에 속하지 않는 것은?

a) 뼈
b) 연골
c) 혈액
d) 콜라겐
e) 인대

3. 일반적으로 뉴런을 구성하는 성분이 아닌 것은?

a) 수상돌기
b) 세포체
c) 축삭
d) 신경교 돌기
e) 핵

4. 다음 설명 중, 항상성을 유지하는 데에 복잡한 다세포 생물이 주요 문제에 직면하게 되는 이유는?

a) 신체 대부분 세포는 외부 환경과 직접 접촉하지 않는다.
b) 신체 대부분 세포는 혹독하거나 변화무쌍한 환경 조건으로부터 보호된다.
c) 영양소를 얻을 수 있는 대상인 세포외액이 더 적다.
d) 세포당 에너지와 영양소가 필요한 화학 반응이 더 많다.
e) 세포에서 영양소의 유입과 폐기물 배출이 빠르게 일어난다.

5. 세포간질액은:

a) 신경 뭉치를 둘러싼 척수에서만 배타적으로 발견된다.
b) 뇌를 둘러싼 두개골에서만 배타적으로 발견된다.
c) 대부분이 물이다.
d) 신경조직을 둘러싼 두개골과 척수에서만 배타적으로 발견된다.
e) 모든 진핵세포의 소기관에서 생긴다.

6. 음성 되먹임 고리는:

a) 일반적으로 매우 불안정한 내부 생리적 조건을 유발한다.
b) 내부 조건이 정상 범위에서 벗어나게 한다.
c) 더 큰 양성 되먹임 시스템의 일부이다.
d) 생물의 내부 환경을 변화시키도록 반응기를 촉발하는 감지기에 의존한다.
e) 위의 내용 모두 음성 되먹임의 특징이 아니다.

7. 설정값은:

a) 생리적인 변수가 일반적으로 변화 이후 되돌아오는 목표치 또는 범위
b) "순응자" 동물에서는 발생하지만 "조절자"에서는 그렇지 않은 생리적 상태
c) 어류에서는 생기지만 육상동물에서는 없다.
d) 음성 되먹임이 아닌 양성 되먹임을 통해 조절되는 생리적 변수의 목표치 또는 범위
e) a와 c가 옳다

8. 내온동물을 "온혈"이라 여기는 것이 반드시 정확한 것은 아니다. 그 이유는?

a) 몇몇 내온동물은 동면하는 동안 체온을 상당히 낮춘다.
b) 평균적으로 보면 이 동물의 체온은 "냉혈" 동물보다 낮다.
c) 내온동물은 열을 주로 자신의 몸 안에서 생성한다.
d) 대부분이 실제로는 몸에 혈액이 없다.
e) 몇몇은 변온동물이라기 보다 항온동물이다.

9. 네프론에서 여과 과정의 핵심 요소인 사구체를 구성하는 것은?

a) 관 체계
b) 신장 세뇨관
c) 한 층의 결합조직
d) 네프론 말단
e) 모세혈관 구획

10. 열을 항상성 용어로 분류해 본다면?

a) 외부 침입자에 대한 반응에서 내부 온도가 증가하는 것
b) 내부 온도의 급격한 하락
c) 몇몇 대상을 향한 지나친 반응
d) 어떤 것이든, 내부 온도의 일반적인 상승
e) 위의 내용 모두 옳다.

22

순환과 호흡

연료, 원자재, 기체를 몸 안팎으로 운반

▲ 중요한 물건 수송을 위한 고속도로 시스템처럼, 순환계는 대부분 동물에게 주요한 분배 시스템이다.

순환계는 동물의 주요 분배 통로다

▲ 극도로 격한 운동은 혈액을 펌프하여 연료와 산소를 조직에 전달할 수 있는 강한 근육질 심장에 의존한다.

22.1 순환계란 무엇이며, 왜 필요한가?

몸의 크기가 중요하다. 단세포 생물과 크기가 작은 다세포 생물에서 모든 세포는 외부 환경과 접촉(또는 몇 개의 세포만 떨어져 있음)해서 단순 확산을 통해 원료를 획득하고 대사 노폐물을 처리할 수 있다. 동물이 진화하고 몸이 커지면서 대부분 세포는 더 이상 외부와 직접 접촉하지 않게 되었고, 이에 따라 분배와 제거에 특화된 시스템이 필요하게 되었다. 동물에서 주요 분배 시스템은 신체의 모든 조직에 도달하는 수만 km의 관 모양의 혈관으로 구성된 순환 시스템이다. 척추동물의 경우, 순환계는 수송, 체온 조절, 보호의 세 가지 주요 기능을 가지고 있다(**그림 22.1**).

순환계의 기능

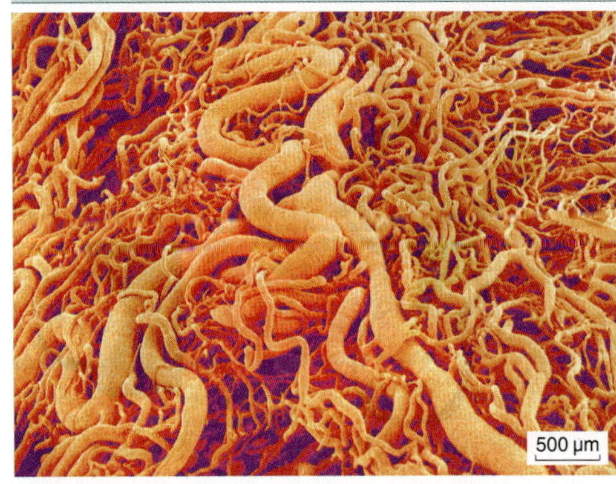

인간 음경의 혈관

수송
순환계는 몸 전체의 혈액을 통해 산소와 영양소, 노폐물, 면역세포 그리고 호르몬을 수송한다.

검은꼬리산토끼

온도조절
순환계는 대사기능을 위한 최적 범위 내에서 체온을 유지하는 데 도움을 준다.

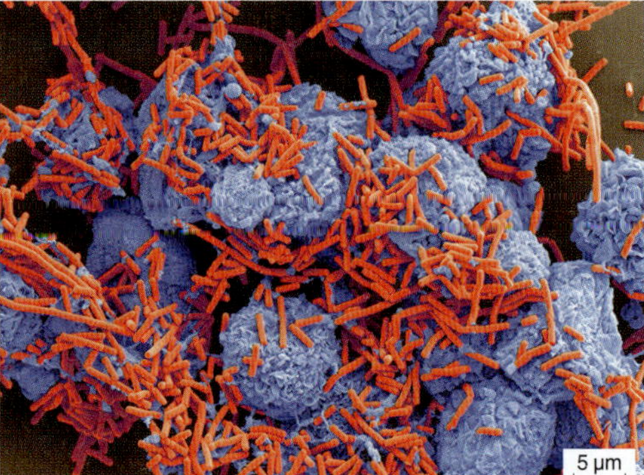

대장균 세포를 섭취하는 폐포 조직 대식세포

보호
순환계는 병원체 감염에 대항해서 개체 수준의 방어에 기여하는 다양한 세포와 화학물질을 포함한다.

그림 22.1 하나의 시스템. 여러 역할.

1. **수송.** 중요한 물품을 운반하고 쓰레기를 수거하는 고속도로와 마찬가지로, 순환계는 혈액 내 산소, 영양소, 노폐물, 호르몬 및 면역계 세포를 몸 곳곳으로 운반한다.

   척추동물의 경우, 혈관은 폐나 아가미에서 산소를 받아 조직으로 전달하여 세포 호흡을 통한 에너지 생산이 일어나게 한다. 폐나 아가미에서 나오는 혈액은 산소로 가득 차 있으므로, 산소화되었거나 산소가 풍부한 혈액이라고 한다.

   동시에 혈관은 세포 호흡 및 기타 세포 과정에 의해 생성되고 신체에서 제거되어야 하는 이산화탄소 및 기타 대사 노폐물을 제거한다. 많은 양의 이산화탄소를 운반하는 혈액은 탈산소화되었거나 산소가 부족하다고 한다.

   음식 입자가 소화되면, 혈액은 영양소를 흡수해서, 활동, 성장 및 번식을 위해 신체의 모든 조직에 전달한다. 마지막으로, 순환계는 성장, 발달 및 생식을 조절하기 위해 표적 조직에 호르몬(샘과 기타 조직에 의해 몸 전체에서 생성되는 화학물질, 25장 참조)을 전달한다.

2. **체온 조절.** 동물은 물질대사를 위한 최적 범위 내로 체온을 유지하기 위해서 신체 외부에 가장 가까운 혈관을 확장하거나 수축함으로써 열을 방출(또는 열 손실을 최소화)하거나 흡수할 수 있다.

3. **보호.** 다양한 세포와 화학물질이 병원체에 의한 감염을 방어할 수 있다. 백혈구(white blood cells 혹은 leukocytes)는 많은 질병의 원인인 미생물을 섭취하여 파괴할 수 있다. 혈액 내 혈소판 및 특정 화학물질은 피부 또는 기타 조직이 손상될 때 혈액 손실과 감염을 제한하는 보호 기능이 있다.

핵심요약 22.1

» 동물의 경우, 순환계는 주요한 분배 시스템이다. 순환계는 기체, 영양소, 노폐물, 호르몬을 조직으로 또는 조직으로부터 수송하고 체온을 조절하며, 감염에 대응하여 보호하는 역할을 한다.

22.2 순환계에는 개방 또는 폐쇄 순환계가 있다

순환계를 구축하는 방법에는 여러 가지가 있다. 그리고 사실 모든 다세포 생물이 순환계를 필요로 하는 것은 아니다. 예를 들어, 편형동물과 해파리 같은 자포동물에서 모든 세포는 신체의 외부 표면이나 위수강(gastrovascular cavity)이라고 하는 내부 강에 밀접해 있다(**그림 22.2**). 위수강은 신체 기관계로 간주되지 않지만, 많은 소화("위") 및 순환("혈관") 기능을 제공한다. 이 구조는 중앙

순환계가 항상 필요한 것은 아니다.

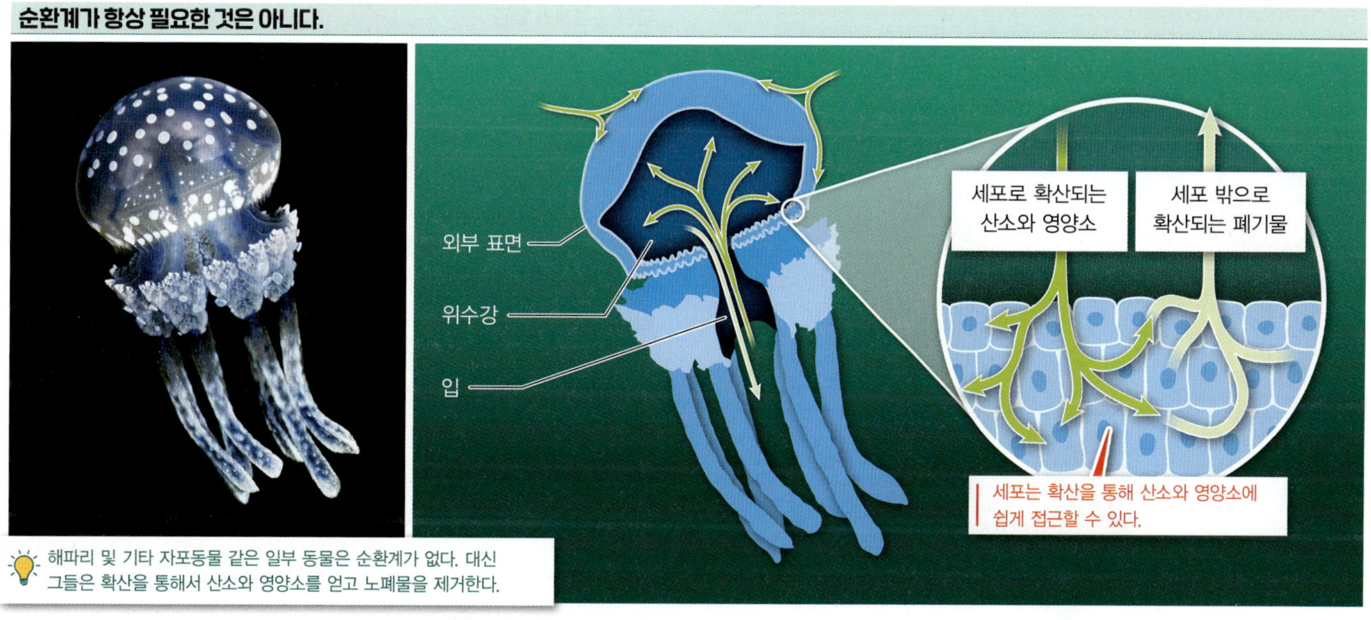

그림 22-2 직접적인 기체교환.

의 입으로 그리고 정교한 통로 시스템을 통해 물을 보낸다. 입과 통로를 따라 늘어선 세포는 영양분을 흡수하고 확산에 의해 가스를 교환할 수 있으며, 흡수된 영양소는 주변 세포로 확산된다. 일단 영양소가 추출되면(그리고 노폐물이 제거되면) 위수강의 체액이 입 밖으로 다시 흐르게 되며, 이 과정이 반복된다.

하지만 다른 동물의 진정한 순환계는 개방되어 있거나 폐쇄되어 있다. 곤충과 대부분 연체동물은 개방 순환계를, 모든 척추동물은 폐쇄 순환계를 지닌다.

개방 순환계의 특징은 **혈림프**라는 체액이 순환해서, 영양분, 가스 및 노폐물을 운반하고, 신체의 각 세포를 둘러싸고 있다는 것이다(**그림 22.3**). 심장(또는 때때로 여러 심장)은 세포외 공간 전체에 혈림프를 펌핑한다. 그런 다음, 큰 수집 혈관은 체액을 다시 심장으로 보내서 몸 전체로 다시 펌핑할 수 있다. 이 수집 혈관에는 혈림프가 수집된 관으로 다시 펌핑되는 것을 막기 위한 닫히는 작은 밸브가 있다. 이 단방향 수집 시스템은 혈림프가 유기체의 몸 전체에 걸쳐 순환하도록 감독한다.

폐쇄 순환계에서 **혈액**은 동물의 몸 전체로 펌핑될 때 항상 혈관에 담겨 있어, 각 세포를 감싸고 있는 **세포간질액**과 물리적 및 화학적으로 분리되어 있다(**그림 22.4**). 근육질의 **심장**은 펌프 역할을 하며 수축할 때마다 **동맥**이라는 혈관을 통해 높은 압력으로 혈액을 밀어낸다. 대도시를 둘러싸고 있는 고속도로처럼, 동맥은 혈액이 신체의 모든 조직에 전달될 수 있도록 광범위하게 퍼져 있다.

개방 순환계

개방 순환계에서 심장(또는 심장들)은 혈림프라 불리는 혼합 체액을 신체 내부의 세포외 공간 전반에 걸쳐 펌핑한다.

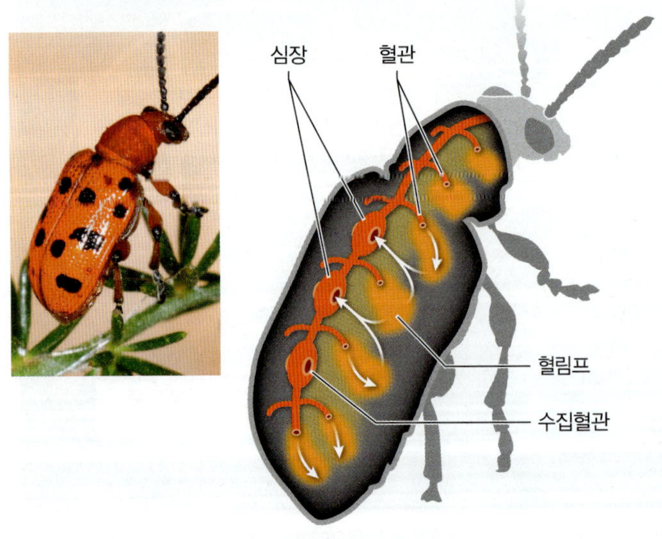

그림 22.3 **열린 흐름.** 순환액과 세포간질액 사이에 명확한 구분이 없다.

기관과 조직에서, 동맥은 훨씬 더 작은 수천 개의 혈관으로 분지되어 결국 가장 좁고 가장 얇은 벽을 지닌 **모세혈관**이 된다. 모세혈관의 얇은 벽은 기체, 영양소 및 기타 분자가 농도 차에 따라 조직 안팎으로 쉽게 확산되도록 한다(그림 22.4 참조). 모세혈관을 통과한 혈액은 **정맥**이라고 하는 혈관을 통해 심장으로 되돌아오는데, 혈관은 심장에 가까워질수록 직경이 커진다. 우리는 22.6절에서 혈관의 구조와 기능에 대해 자세히 알아볼 것이다.

핵심요약 22.2

» 확산을 통해 충분한 양분과 산소를 얻을 수 있는 동물에게는 순환계가 없다. 순환계가 있는 동물 중에서, 순환계는 순환액과 세포간질액의 명확한 구분 없이 시스템이 개방된 개방 순환계이거나, 순환액이 혈관에 담겨 간질액과 분리된 상태로 유지되는 폐쇄 순환계이다.

폐쇄 순환계

폐쇄 순환계에서 근육질의 심장은 혈관을 통해 몸 전체의 조직으로 혈액을 공급한다.

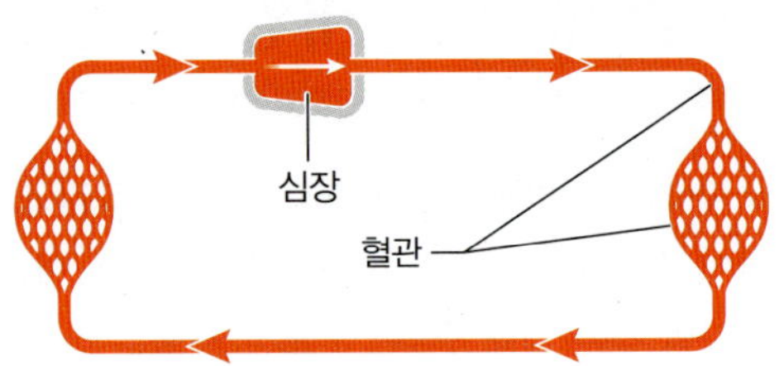

닫힌 순환계의 혈관

동맥
혈액을 심장으로부터 모세혈관으로 운반하는 혈관

모세혈관
혈액을 조직에 가깝게 하여 기체, 영양소 및 기타 분사를 소식 안팎으로 확산시키는 작은 다공성 혈관

정맥
모세혈관으로부터 심장으로 다시 혈액을 운반하는 혈관

심장으로부터

조직 안팎으로 확산

심장으로

그림 22.4 **닫힌 통로.** 혈액은 세포간질액으로부터 분리되어 혈관 내에 포함되어 있다.

22.3 척추동물은 여러 가지 다른 유형의 폐쇄 순환계를 지닌다

척추동물 중에는 폐쇄 순환계의 여러 변형이 있다. 이러한 변이는 바다에서의 삶으로부터 육지에서의 삶으로의 전환을 가능하게 한 수많은 적응과 함께 진화했다. 일부 척추동물은 폐가 발달하고 물이 아닌 공기에서 산소를 추출하는 능력이 발달하면서 순환계가 복잡해졌다.

물고기에서 혈류는 닫혀 있는 원형 경로를 따른다(그림 22.5). 2개의 방이 있는 심장에서부터 시작하여 그 흐름을 추적할 수 있다. 혈액은 먼저 **심방**(**atrium**, **복수 atria**), 즉 수집실을 통과하여 **심실**로 펌핑되는데, 심실은 혈액을 아가미로 펌핑하는 방이다. 혈액은 산소를 흡수하는 아가미를 통과하여 흐른다. 아가미에 있는 수백만 개의 혈관을 통해 흐르는 혈액은 마찰이 발생하여 심장에서 펌핑될 때의 압력을 잃는다. 혈액은 아가미에서 신체 조직으로 흘러 산소를 전달한다. 신체 조직을 통과한 후 산소가 부족한 혈액은 심장으로 다시 흐르고 이 주기가 다시 시작된다.

2개의 방으로 된 어류 심장과 달리, 새와 포유류는 2개의 심방과 2개의 심실로 된 4개의 방으로 이루어진 심장을 가지고 있다(그림 22.6). 새와 포유류는 2개의 혈류 회로가 있으므로 2배 많은 방이 필요하다. 이러한 두 가지 혈류 회로를 그림 22.8에서 볼 수 있다.

산소가 부족한 혈액은 신체를 통해 우심방과 우심실로 흐른다(그림 22.6 참조). 그곳에서 폐로 펌핑되어 산소를 흡수한 다음 심장으로 돌아간다. 심장과 폐 사이의 이 첫 번째 혈류 순환을 **폐순환**이라고 한다.

Q 심장의 왼쪽이 오른쪽보다 더 큰 이유는 무엇일까?

폐에서 심장으로 되돌아오는 산소가 풍부한 혈액은 좌심방에 모인다. 혈액은 즉시 근육질 좌심실로 들어가고 거기에서 두 번째 회로를 시작하기 위해 큰 압력으로 심장 밖으로 펌핑된다. 심장과 신체의 나머지 부분 사이의 이 혈류 순환을 **체순환**이라고 한다. 영양분과 산소를 신체 조직에 전달한 후 산소가 부족한 혈액은 다시 우심방으로 이동하고, 주기가 다시 시작된다.

포유류와 새의 심장은 크기가 매우 다양하다. 연필 지우개보다 크지 않은 벌새의 심장부터 작은 차보다 크고 박동할 때마다 약 95 L를 펌핑하는 대왕고래의 심장에 이르기까지 다양하다. 크기와 관계없이 이 모든 심장은 동일한 기본 구조를 공유한다.

2개의 순환 회로를 통해 근육과 장기와 같은 신체 조직에 산소

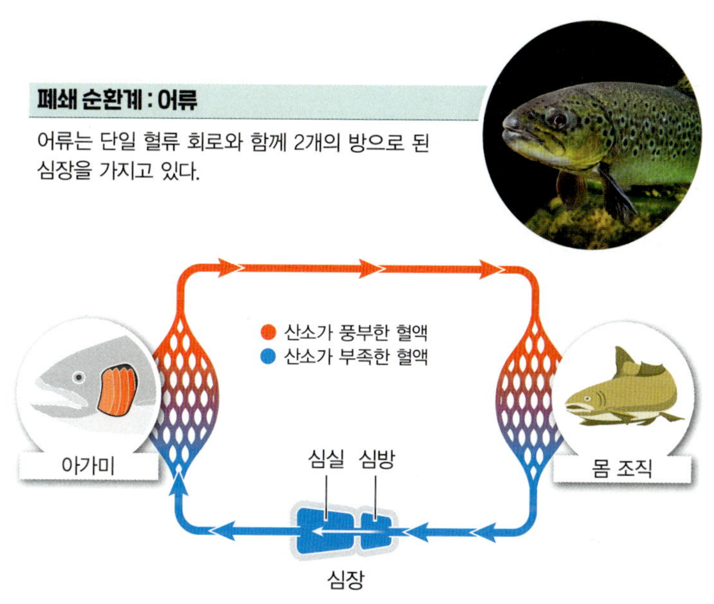

그림 22.5 **어류의 혈액 흐름.**

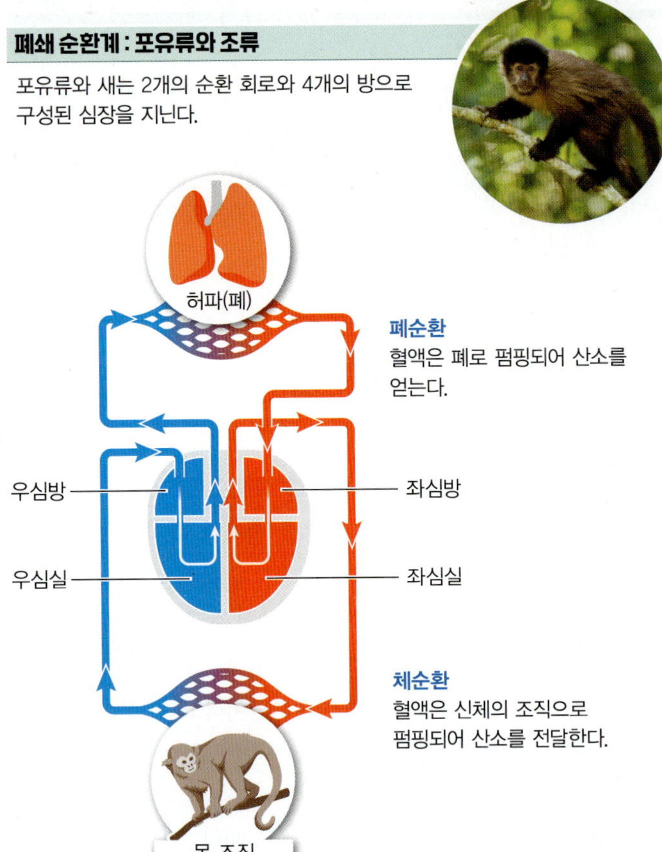

그림 22.6 포유류와 조류의 혈액 흐름. 동물이 당신을 바라보고 있는 모습을 그렸기 때문에 심장의 왼쪽은 오른쪽으로, 오른쪽은 왼쪽으로 표기했음을 유의하시오.

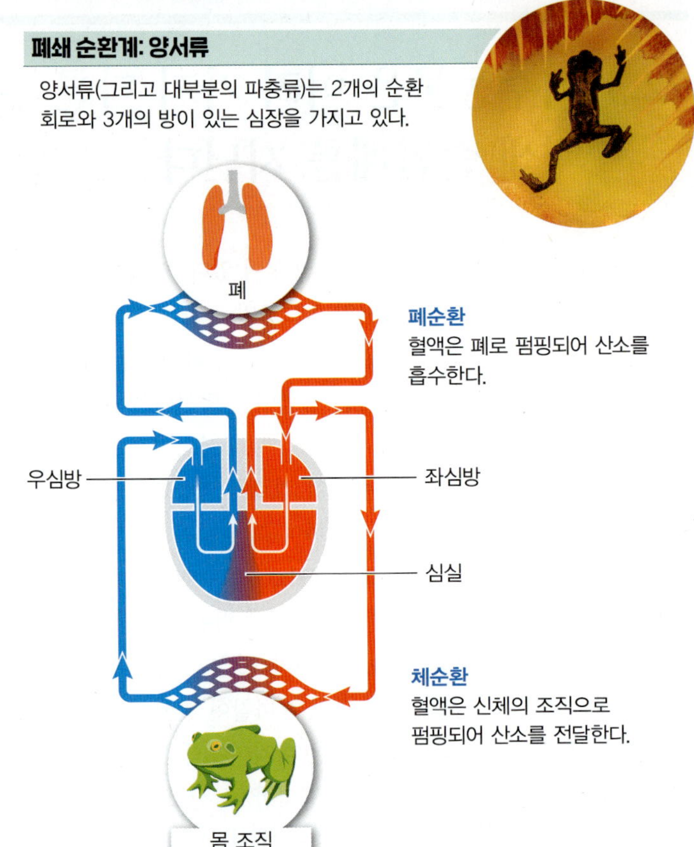

그림 22.7 양서류의 혈액 흐름. 산소가 제거된 일부 혈액은 폐가 아닌 피부로 보내지며, 피부에서 호흡 기체 교환이 이루어짐을 유의하시오.

를 전달한다는 점에서 포유류와 새의 심장은 어류 심장보다 더 우수하다. 따라서 육상 동물은 물고기보다 더 활동적일 수 있다. 그래도 지구상의 어류의 수와 다양성을 고려하면 단일 회로 시스템도 상당히 성공적이었다는 것을 암시해준다.

양서류는 포유류와도 유사하고 새와도 유사한 순환계를 가지고 있다. 그들은 2개의 순환 회로를 가지고 있지만, 심장의 방은 4개가 아니라 3개만 있다(**그림 22.7**). 폐와 신체의 나머지 부분에서 나오는 혈액은 각각 좌심방과 우심방에 모인 다음 단일 심실로 흐른다.

하지만, 놀랍게도 심실에서는 폐에서 나온 산소가 함유된 혈액과 신체의 나머지 부분에서 산소가 제거된 혈액이 거의 섞이지 않는다. 오히려 두 가지 유형의 혈액이 나란히 흐르며, 동맥으로 펌핑되어 산소가 공급된 혈액을 신체로, 산소가 제거된 혈액을 폐로 보낸다.

새를 제외하고 대부분 파충류는 부분적으로 2개로 나누어진 심실이 있으므로, 3개의 방으로 구성된 심장을 가지고 있다. 하지만, 파충류의 한 그룹, 즉 악어와 그들의 근연종에서는 완전히 구분되어 진화되었다.

악어는 또한 혈액이 우심실에서 폐가 아닌 신체의 나머지 부분으로 펌핑될 수 있는 여분의 동맥이 있다. 이러한 적응을 통해서, 악어는 물속에 있을 때 폐로 혈액을 보내는 것을 우회할 수 있다. 대신 혈액에 남아 있는 산소를 사용할 수 있게 신체로 다시 보낸다.

핵심요약 22.3

» 척추동물의 순환계는 심장 방의 수(2~4개)와 혈류 순환의 수(1개 또는 2개)를 포함하여 구조가 다양하다. 2개의 혈류 순환으로 혈액은 단일 순환보다 더 높은 압력으로 신체에 펌핑된다.

인간의 순환계는 심장, 혈관 및 혈액으로 구성된다

▲ 적혈구는 모세혈관에 쌓여 있다.

22.4 인간 혈액은 심장의 4개 방을 통해 흐른다

주먹을 꽉 쥐어보라. 그것이 당신의 심장의 크기다. 이제 주먹을 꽉 쥐었다 폈다를 십만 번 반복해보라. 그것이 당신의 심장이 당신의 삶에서 매일하는 일이다. 인간의 심장은 순환계의 중심에 있으며, 지금까지 생산된 펌프 중 가장 내구성이 있고 신뢰할 수 있는 펌프 중 하나다(**그림 22.8**).

4개 방이 있는 심장은 그림 22.8의 2개의 회로 경로를 통해서 혈액을 신체로 보내는데, 먼저 산소를 충전하기 위해 폐로 보낸 다음 두 번째 회로에서 조직과 기관으로 보낸다. **그림 22.9**에서 심장, 폐 및 신체 조직을 순환하는 혈류를 추적해보자.

1. 장기와 조직에서 산소가 제거된 혈액이 우심방으로 들어간다. 하체에서 오는 혈액은 하대정맥이라고 하는 큰 정맥을 통해 들어간다. 머리와 팔에서 들어오는 혈액은 상대정맥을 통해 들어간다.

2. 대부분 혈액은 우심방을 통해 우심실로 직접 전달된다. 수축을 통해 우심방의 나머지 혈액을 우심실로 밀어낸다.

3. 수축이 계속되어 혈액이 우심실에서 폐동맥으로 펌핑된다. 이 큰 동맥은 바로 분지되어 있어서 혈액의 절반은 왼쪽 폐로, 절반은 오른쪽 폐로 보낸다.

인간의 순환계

인간의 순환계는 주먹만한 심장과 호흡 가스, 영양소, 노폐물을 전신으로 운반하는 복잡한 혈관계로 구성되어 있다.

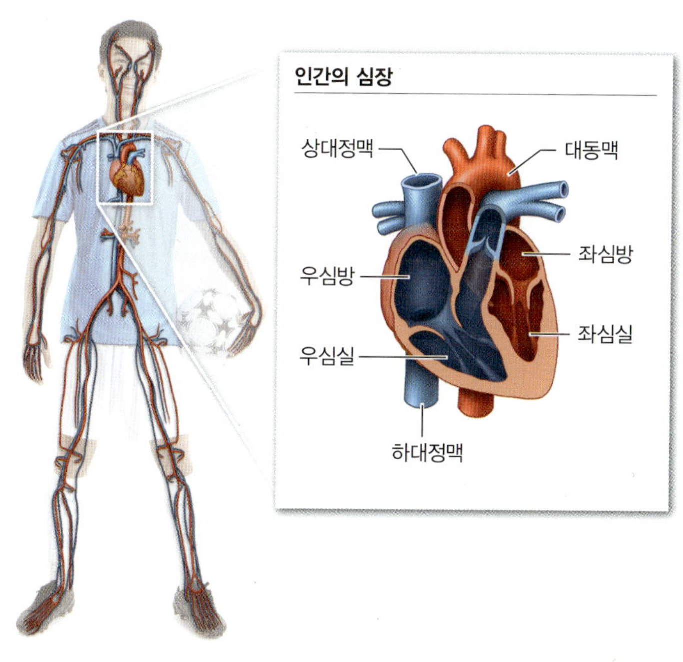

그림 22.8 심장과 주요 혈관.

인간의 순환계를 통한 혈액의 흐름

1. 장기와 조직에서 산소가 고갈된 혈액은 우심방으로 들어간다.
2. 혈액은 우심방을 통해 우심실로 펌핑된다.
3. 혈액은 우심실에서 폐동맥을 통해 폐로 펌핑된다.
4. 혈액은 폐를 통과할 때 산소를 얻고 이산화탄소를 잃는다.
5. 산소가 공급된 혈액은 폐정맥을 통해 심장으로 돌아가서 좌심방에 도달한다.
6. 혈액은 좌심방을 통해 좌심실로 펌핑된다.
7. 혈액은 대동맥을 통해 좌심실에서 펌핑되어 일부 혈액을 팔과 머리로 보내고 나머지는 몸통과 다리로 보낸다.
8. 머리, 몸통, 다리의 모세혈관층을 통과한 후 산소가 고갈되면 혈액이 정맥을 통해 심장으로 다시 흘러 들어온다.

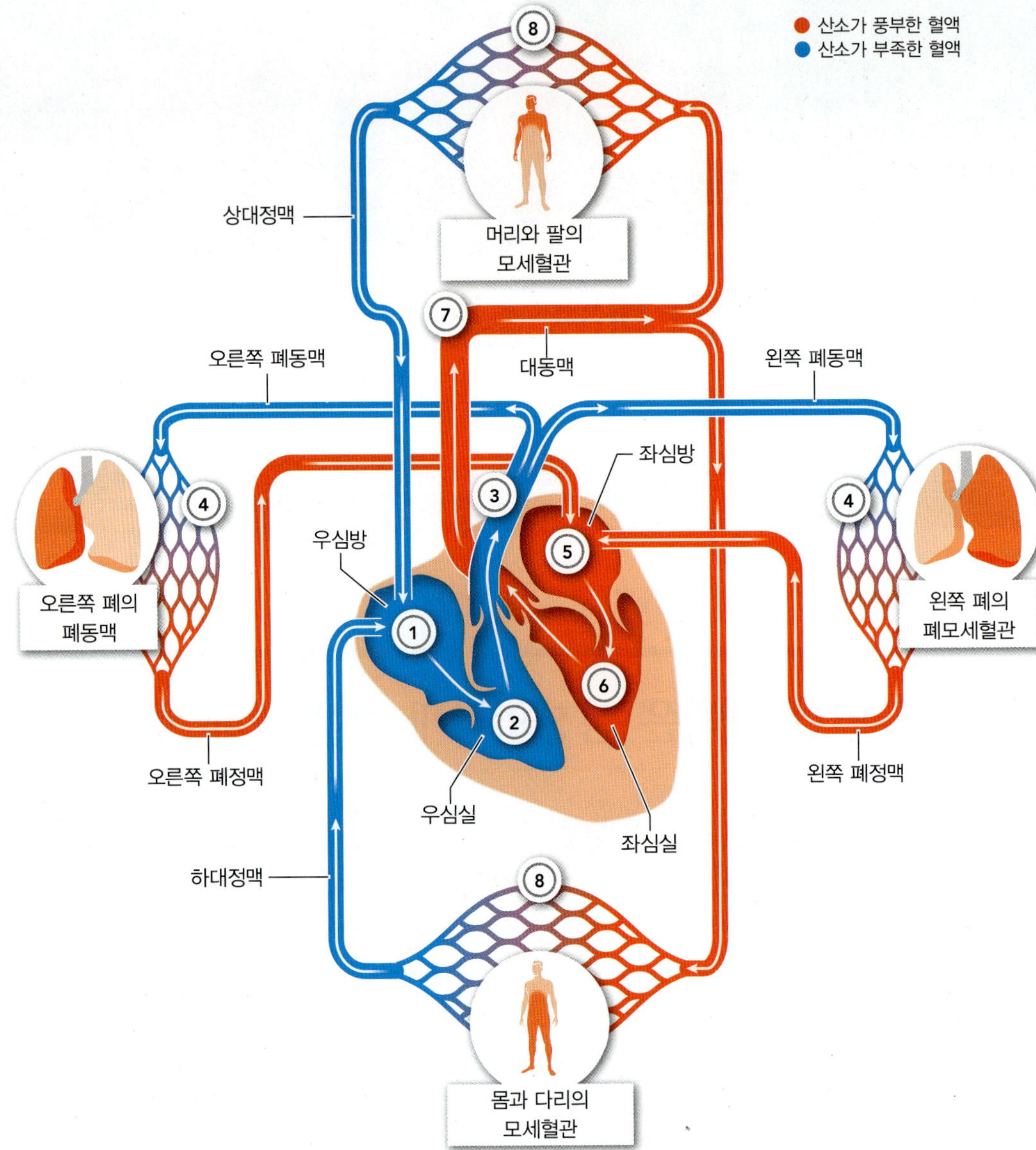

그림 22.9 **혈류 경로.**

4. 혈액이 폐의 폐 모세혈관을 통과할 때 산소를 얻고 이산화탄소를 잃는다.

5. 산소가 공급된 혈액은 좌우 폐정맥으로 들어가서 심장의 좌심방으로 돌아간다.

6. 대부분 혈액은 좌심방을 통해 좌심실로 직접 전달된다. 수축을 통해 좌심방에서 좌심실로 남아 있는 혈액을 밀어낸다.

7. 수축이 계속됨에 따라 산소가 공급된 혈액은 엄청난 압력으로 심실 밖으로 펌핑되어 신체에서 가장 큰 동맥인 대동맥으로 들어간다. 급회전(대동맥궁이라고 함) 후, 대동맥은 갈라져 약간의 혈액을 팔과 머리로 보내고 나머지는 몸통과 다리로 보낸다.

8. 혈액은 머리, 팔, 몸통, 다리 조직의 모세혈관층을 통과한 후 정맥을 통해 낮은 압력으로 이동한다. 이 산소가 고갈된 혈액은 상·하대정맥을 통해 심장으로 되돌아오고 우심방에 모이면서 반복적으로 순환한다.

놀랍게도 심장의 근육 수축은 큰 소리를 내지 않는다. 오히려 특징적인 "쿵쾅" 소리는 혈액이 적절한 방향으로 흐르도록 돕는 두 세트의 판막에서 나온다(그림 22.10).

심장박동 소리

심장 박동 소리("쿵쾅, 쿵쾅")는 혈액이 적절한 방향으로 흐르도록 돕는 두 세트의 판막에서 나온다.

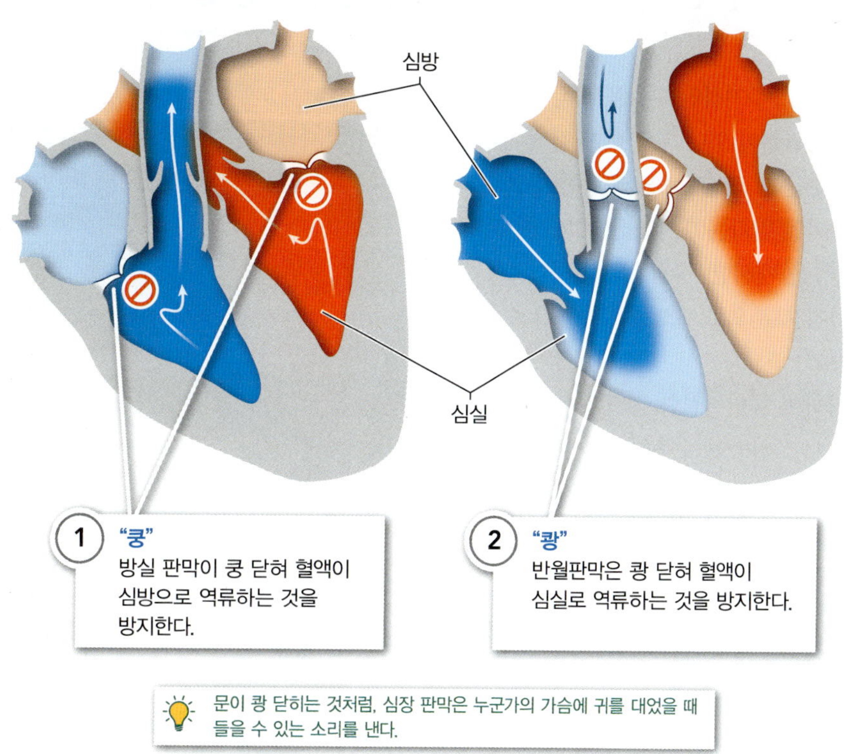

그림 22.10 **들을 수 있는 심장박동 소리.**

심방과 심장 양쪽의 심실 사이에 있는 2개의 방실(AV) 판막은 혈액이 심방에서 심실로 흐를 수 있게 한다. 심실이 수축하면, 이 판막 조직이 닫혀서 심방으로 역류하는 것을 방지한다. 이때 "쿵" 소리가 난다. 다른 탈출구가 없이 혈액은 오른쪽의 폐동맥과 왼쪽의 대동맥을 통해 흐른다. 심장에서 나오는 이 두 곳의 주요 출구에 있는 각각 2개의 판막을 반월(반달 모양과 유사) 판막이라고 한다. 이는 혈액이 심실로 역류하는 것을 막는 역할을 한다. 이 밸브가 닫히면 "쾅" 소리가 난다.

Q 심장 잡음의 원인은 무엇일까?

방실 판막이나 반월 판막이 완전히 닫히지 않으면 일부 혈액이 잘못된 방향으로 역류할 수 있다. 판막을 통해 뒤쪽으로 움직이는 혈액은 청진기에서 윙윙거리거나 쌩하는 소리로 들린다. 이러한 소음을 **심잡음**이라고 한다. 대부분은 생명을 위협하지 않으며, 개인적으로도 질병 증세를 나타내지 않는다.

핵심요약 22.4

» 순환계의 중심에 있는 인간의 심장은 내구성이 매우 뛰어난 펌프이다. 이것은 그림 22.8처럼 2개의 회로를 통해 온몸으로 혈액을 보내는데, 먼저 폐로 보내서 산소를 채우고 이후에 신체의 조직과 기관으로 보낸다. 심장의 판막은 혈액이 한 방향으로 흐르게 한다.

22.5 심장의 전기적 활동은 심장 박동을 생성한다

척추동물의 심장에는 규칙적이고 주기적인 수축을 시작하는 변형된 작은 근육 조직인 동방(SA)결절이 있다. 수축하기 전에 신경의 자극을 받아야 하는 대부분의 근육 조직과는 달리, 동방결절은 자발적으로 발화한다. 이 자발적인 발화는 태아 발달 초기에 시작되어 평생 동안 모든 심장 박동을 개시한다. 심장의 박동기로서 동방결절은 폐와 신체의 나머지 부분으로 혈액을 효율적으로 펌핑한다.

우심방 바로 위에서 시작하여 동방결절의 전기 충격은 빠르게 좌심방으로 퍼진다(**그림 22.11**). 심방이 수축하면서 혈액이 심실로 밀려난다. 그런 다음, 심방은 이완 단계에 들어가고 수축의 파동이 계속되어 심장의 중심을 따라 이동하다가 두 심실 사이를 지나갈 때 잠시 멈춘다.

심장의 바닥에 도달하면 수축이 거의 위로 다시 "튀어나오는" 것처럼 보이며, 아래에서 위로 치약 튜브를 짜는 것처럼 혈액을 양쪽 심실 바닥에서 폐동맥(우심실에서)과 대동맥(좌심실로부터)으로 밀어 올리는 깊은 수축을 일으킨다.

각 심장 수축의 마지막 단계에서 심실은 이완 단계에 들어간다. 그런 다음 동방결절은 수축을 새로 시작한다.

Q EKG란 무엇인가?

근육 조직의 수축은 피부에 부착된 전극에 의해 기록될 수 있는 강력한 전기적 현상이다. 전하는 심전도 또는 EKG(독일어 *Elektrokardiogramm*에서 유래)로 추적할 수 있다. EKG 판독값을 통해 심장 주기를 빠르고 쉽게 표시하고 분석할 수 있다.

동방결절이 제대로 기능하지 않으면 심장이 너무 느리게 또는 불규칙하게 박동할 수 있다. 인공심장박동기는 심장에 자극을 줘서 보다 규칙적인 심장 박동을 유발하는 배터리로 작동되는 전자 장치다.

핵심요약 22.5

» 자발적이고 주기적으로 전기 자극을 발산함으로써, 동방결절은 심장의 수축을 시작하고 심장의 박동조율기 역할을 한다. 심장 수축은 우심방에서 시작하여 좌심방으로 빠르게 퍼져 심장의 바닥까지 내려갔다가 다시 위쪽으로 퍼져서 양쪽 심실에서 나온 혈액을 폐동맥과 대동맥을 통해 밖으로 밀어낸다.

심장 수축

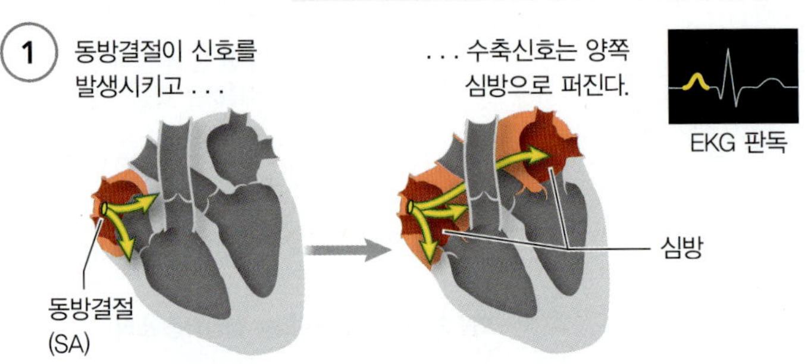

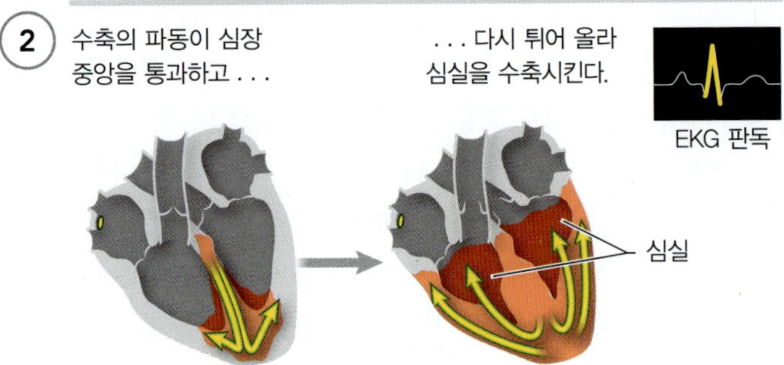

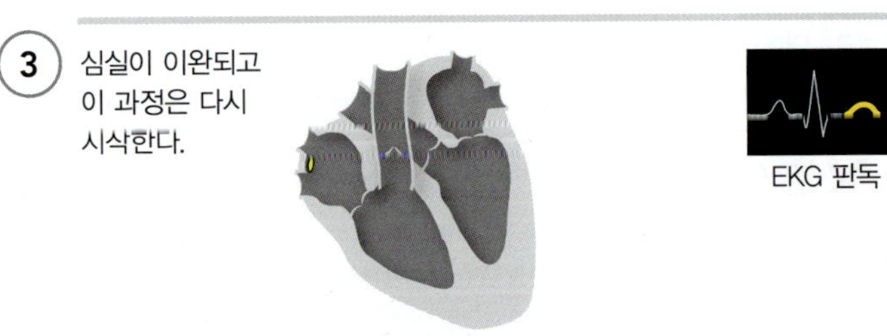

심장 박동 조절장치로서, 동방결절은 몸을 통해 혈액을 펌핑하기 위해서 수축을 시작한다.

그림 22.11 리듬 수축.

22.6 혈액은 혈관을 통해 심장에서 나왔다가 다시 심장으로 돌아온다

혈액은 심장에서 신체 조직으로 흐르고 혈관 시스템을 통해 다시 심장으로 돌아간다. 혈관은 동맥, 모세혈관, 정맥의 세 가지 유형으로 구분된다(**그림 22.12**).

1. **동맥.** 심장을 떠난 혈액은 동맥을 통해 흐른다. 우심실에서 나오는 폐동맥은 산소가 고갈된 혈액을 폐로 운반한다. 좌심실에서 뻗어 나온 동맥은 산소가 함유된 혈액을 먼저 대동맥으로 운반한 다음, 뇌와 다른 조직으로 운반한다.
   동맥은 내피(상피조직의 일종)로 감싸여 있으며 평활근과 결합 조직으로 둘러싸여 있다. 콜라겐 및 기타 탄력성 결합조직 섬유와 함께 이러한 조직층은 심장의 각 박동에 의해 생성되는 압력으로 동맥이 늘어나도록 하고 혈액을 앞으로 밀면서 반동을 일으킬 수 있다. 동맥벽의 두께는 혈액과 조직 사이의 물질 교환을 최소화한다. 동맥은 반복적으로 분지되어 세동맥이 되며, 모든 조직과 기관에 도달함에 따라서 직경이 점점 작아진다. 이로써 혈액이 모세혈관으로 흐르게 된다.

2. **모세혈관.** 가장 작은 혈관인 모세혈관은 가장 가는 혈관으로서 혈액을 신체의 모든 세포에 가깝게 하고 혈액과 세포 사이로 분자가 확산되도록 한다. 각 모세관은 내경이 너무 좁아 혈액 세포는 일렬로 통과해야 한다. 동맥과 달리, 모세혈관은 얇고 약간 다공성이며, 물, 이온 및 일부 작은 분자를 투과하는 벽을 가지고 있다.
   모세혈관은 영양분을 세포간질액과 세포로 운반하는 순환계의 마지막 분지이다. 모세혈관은 또한 혈액을 세포에서 심장으로 되돌려 보내는 첫 번째 분지로서, 세포에서 확산한 이산화탄소와 노폐물을 세포간질액으로 운반한 다음 모세혈관벽을 통해 운반한다.
   모세혈관은 조직과 기관에 혈액을 공급하는 혈관 네트워크인 모세혈관망에 배열된다. 각 모세혈관의 직경은 작지만, 누적 부피는 세동맥과 동맥의 부피보다 훨씬 크다. 성인 인간의 모세혈관 네트워크는 80,000 km 이상이나 된다! 그리고 이 수치는 변동하기도 한다. 예를 들어, 1 kg의 지방이 증가하면 3.6 km 이상의 새로운 모세혈관이 추가로 형성되어야 한다.
   놀랍게도, 대부분 모세혈관에서는 주어진 시간에 혈액이 거의

혈관의 구조

동맥
- 혈액을 심장에서 모세혈관으로 운반
- 정맥보다 훨씬 높은 압력의 혈액

모세혈맥
- 내피세포의 단일층

정맥
- 모세혈관에서 심장으로 혈액 운반
- 동맥보다 훨씬 낮은 혈압

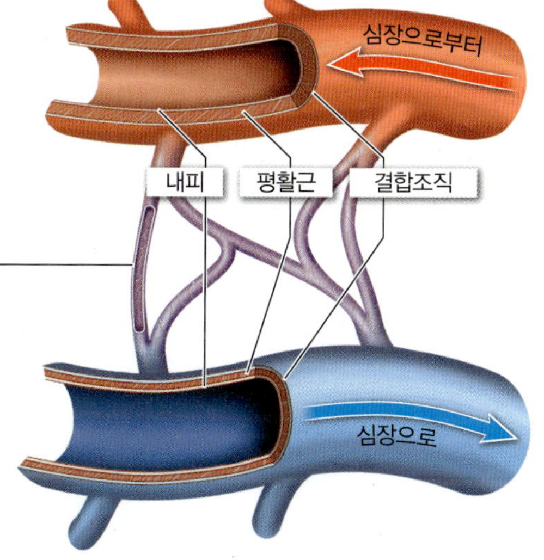

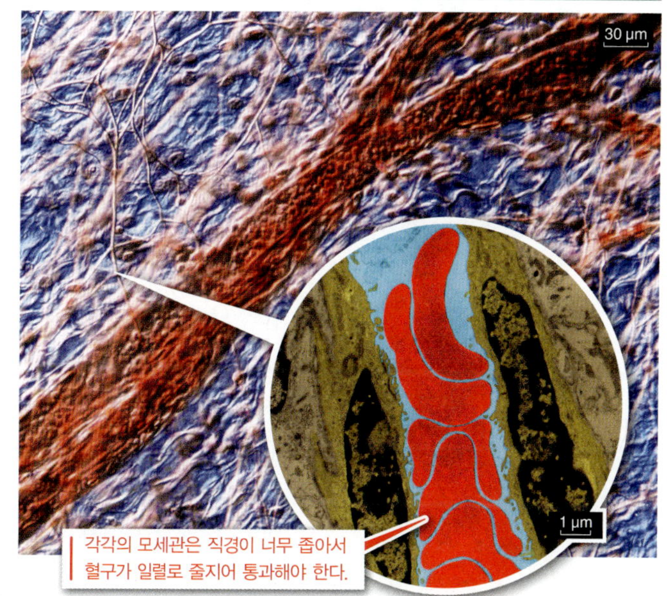

그림 22.12 동맥, 모세혈관과 정맥의 구조.

혈액의 흐름 방향

모세혈관 괄약근
세동맥에서 전모세혈관 괄약근이 수축하여 모세혈관으로 가는 혈류를 차단하여 신체의 다른 곳으로 혈액을 순환시킬 수 있다.

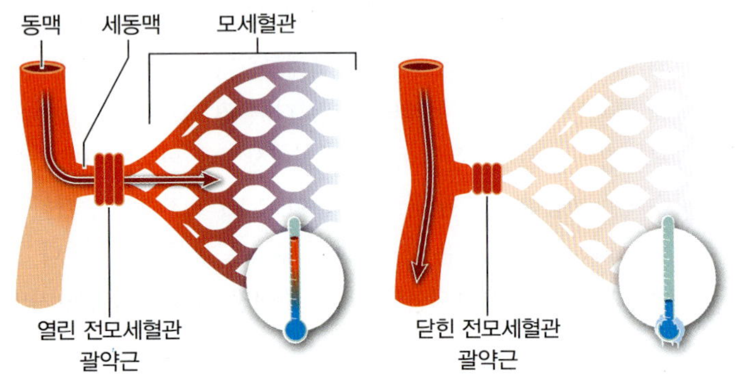

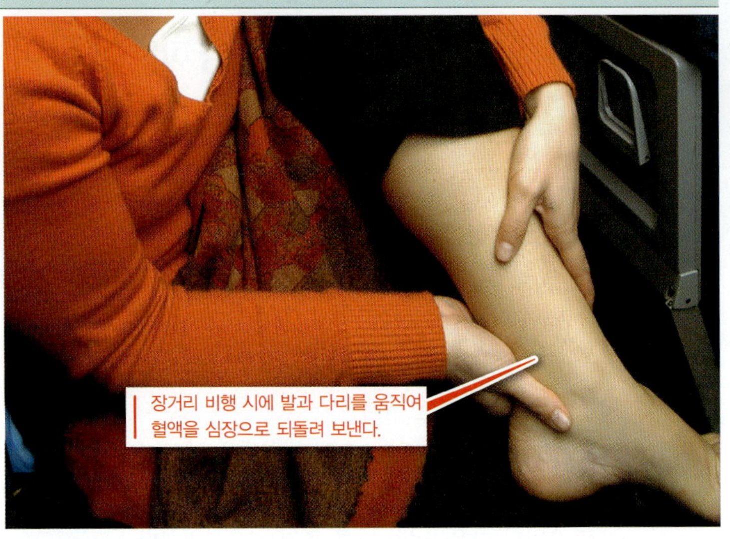

근육 수축 및 판막
정맥을 둘러싼 근육의 수축은 혈액을 심장 쪽으로 밀어낸다. 정맥 내의 판막은 혈액이 뒤로 이동하는 것을 방지하여 혈액이 흐름을 유지하게 한다.

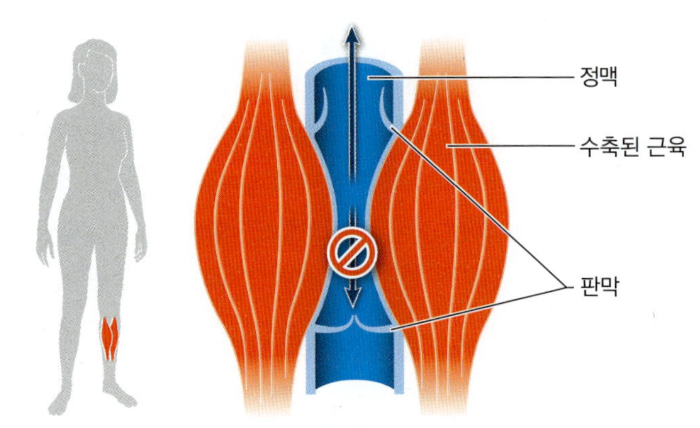

근육 수축은 혈류를 유도하여 모세혈관에서 혈액을 차단하거나 정맥을 통해 혈액을 다시 심장으로 밀어내는 역할을 한다.

그림 22.13 혈액 흐름 조절.

흐르지 않거나 전혀 흐르지 않지만, 신체는 끊임없이 혈류를 가장 필요로하는 조직으로 보낸다. 추운 날씨에는 얼굴이나 손이 차갑게 느껴지고 푸르스름하게 변할 수 있다. 이는 세동맥 주변의 평활근인 모세혈관 괄약근이 수축하여 얼굴이나 손의 모세혈관으로 가는 혈류(그리고 동반하는 열)를 감소시키기 때문이며, 이를 통해 열의 낭비를 막는다(**그림 22.13**). 동시에 이 근육은 혈액을 뇌, 심장, 간, 신장을 포함한 신체의 중요한 부분으로 보낸다. 얼굴이 붉어지는 것은 반대 상황이며, 이는 모세혈관 괄약근이 이완되고 얼굴과 목으로 가는 혈류가 증가하기 때문이다.

과식 후 혼수상태를 나타내는 "식곤증 상태"는 소화관을 둘러싸고 있는 모세혈관을 통해 더 많은 혈액이 흐르면서 신체의 다른 부분으로의 흐름을 감소시킬 때 발생한다. 반대로 격렬한 운동을 하는 동안에는 더 많은 혈액이 골격근으로 향하게 된다. 이는 무거운 물건을 드는 과정과 직후에 느끼는 감정인 "들뜬 상태"로 설명될 수 있다.

3. **정맥.** 혈액이 모세혈관을 통과하면 정맥을 통해 다시 심장으로 흐른다. 동맥과 마찬가지로, 정맥은 내피로 감싸여 있으며 평활근과 결합 조직으로 둘러싸여 있다. 그러나 정맥을 둘러싸고 있는 평활근 층은 동맥을 둘러싸고 있는 것보다 훨씬 얇기 때문에 정맥벽을 훨씬 더 확장할 수 있다. 휴식을 취하는 사람의 경우, 전체 혈액량의 60%가 정맥에 있을 수 있다.
   정맥의 혈압은 동맥 혈압의 약 10분의 1에 불과하다. 이는 동맥보다 모세혈관의 더 많은 혈액량이 혈관 내벽과 직접 접축하기 때문이며, 이에 따라 마찰이 증가하여 혈류가 느려진다. 혈액이 모세혈관을 떠나 정맥으로 들어갈 때까지는 압력이 거의 없다. 모세혈관에서 정맥을 통해 이동하면 혈액의 압력이 더 감소한다. 이러한 이유로 동맥이 절단되면 혈액이 솟구쳐 오르지만, 절단된 정맥에서는 혈액이 흘러나올 뿐이다. 대부분 동맥이 정맥처럼 피부에 가깝지 않다는 것은 놀라운 일이 아니다.

모세혈관과 마찬가지로, 정맥도 혈류 조절을 돕는다. 장시간 비행기를 탈 때처럼 오래 앉아 있으면 발이 부어오르는 것을 느낄 수 있다. 이 붓기의 원인은 무엇일까? 그 답은 혈액이 심장으로 다시 흐르는 방식과 관련이 있다. 혈액은 두 가지 중요한 구조의 도움으로만 심장으로 돌아간다. 첫째, 정상적인 움직임 동안 정맥을 둘러싸고 있는 골격근이 정맥을 압박해서 혈액을 통과시킨다. 둘째, 정맥 내에서 일정한 간격으로 일방통행의 판막은 혈액이 심장 쪽으로 한 방향으로만 흐르게 한다(그림 22.13 참조).

정맥의 판막과 정맥을 둘러싼 근육의 수축을 통한 혈류 조절은 일반적으로 잘 작동한다. 그러나 몇 시간 동안 앉아 있으면 문제가 발생할 수 있다. 종아리와 허벅지 근육의 수축이 없으면 발에 있는 혈액이 다리로 이동할 수 없어 발에 고이게 된다. 이로 인해 부풀어 오르고 혈전이 생길 위험이 높아진다. 가끔씩 일어나서 움직이거나 앉아 있는 동안 다리 근육을 운동하는 것이 좋다.

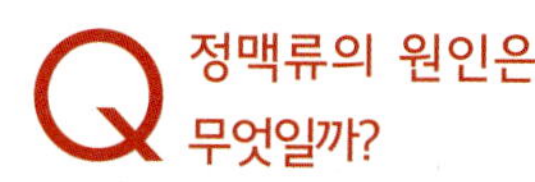

피부 아래에서 비대하고 뒤틀린 것처럼 보이는 정맥류는 혈액의 역류를 막는 판막에 의해 혈액이 고이게 되어 정맥이 늘어나면서 발생하는 고통스러운 상태다. 오랜 시간 서 있으면 이 상태를 유발하거나 악화시킬 수 있다. 정맥류 치료에는 레이저 수술이나 주사가 효과적이다. 손상된 정맥은 천천히 희미해져 사라지고 더 깊은 정맥이 해당 지역의 순환을 대신한다.

핵심요약 22.6

» 혈액은 혈관을 통해 흐른다. 동맥은 탄력적이며, 심장에서 모세혈관으로 높은 압력으로 혈액을 운반한다. 작고 얇은 벽의 모세혈관은 조직과 혈액 사이에서 영양분, 기체, 폐기물 및 기타 물질이 확산되는 부위다. 정맥은 낮은 압력에서 혈액을 심장으로 운반한다.

이것이 우리의 방법 / 과학 과정 적용 능력 개발하기

22.7 생각을 하면 머리가 무거워질까?

우리는 때때로 마음에 "무겁게" 걸린 생각에 관해 이야기하곤 한다. 특히 인지적으로 복잡한 작업이나 정서적으로 매력적인 자극에 대한 반응으로 나타나는 뇌 활동은 부담스러워 보일 수 있다. 그러나 뇌 활동에 대해 문자 그대로 측정 가능한 비용이 있을까?

1884년, Angelo Mosso라는 이탈리아 연구원은 이러한 질문에 대해 숙고하고 다음과 같은 가설을 제안했다.

증가한 뇌 활동에 필요한 연료와 산소를 공급하기 위해 더 많은 혈액이 뇌로 펌핑되어 머리가 무거워지는 것이다.

결국, 우리는 혈액이 가장 필요한 곳으로 보내질 수 있다는 것을 알 수 있다. 증가한 뇌 활동에 대한 반응에도 동일한 일이 발생할까?

Mosso의 가설은 합리적이었다. 그러나 가설이 유용하려면 검증할 수 있어야 한다. 이를 위해, Mosso는 "인간 순환 균형"이라고 불리는 사람의 머리 무게를 측정하는 장치를 발명한 후 몇 가지 예비적 관찰을 보고했다. 뇌 활동을 자극하기 위해 Mosso는 피험자들에게 복잡한 수학 텍스트와 ("잔고가 전부 한꺼번에 비었다"라는) 화가 난 채권자의 편지를 읽게 하는 등 다양한 전술을 사용했다. 그러나 몇 가지 혼란스러운 변수와 그 장치의 한계로 인해 확실한 결론을 내리기가 어려웠다.

2014년, 한 학생과 이 여학생의 교수는 Mosso의 균형을 재현해서 뇌 활동의 반응에 따른 머리 무게를 주의 깊게 측정함으로써, 그의 가설을 엄격하게 검증하기로 하였다.

머리가 무거워지는 것을 어떻게 탐지할 수 있을까?

인간의 순환 균형은 본질적으로 시소처럼 균형을 이루는 긴 나무판자라 할 수 있다. (Mosso의 딸은 그것을 "영혼의 무게를 재는 기계"라고 불렀다.) 사람이 보드에 누워 있고 머리가 있는 끝 아

생각하기, 짝과 나누기

수업 수강생 중 하나와 짝을 형성하시오. 다음의 질문을 읽고 답에 대하여 60초 동안 조용히 생각하시오. 이후 5분 동안 토론을 하고 자신의 답을 공유할 수 있게 준비하시오.

- 냄새를 맡게 하면 머리 무게에 영향이 있다고 예상하는가?
- 뇌의 활동과 머리로 혈류가 증가하도록 하는 또 다른 자극은 무엇인가?

래에 저울이 놓여 있어 아래로 향하는 힘을 기록한다. 저울이 가장 작은 아래쪽 힘(약 2뉴턴)을 기록할 때까지 사람의 발이 있는, 보드의 다른 쪽 끝에 작은 추를 추가하거나 제거한다. 이는 저울이 머리끝 쪽으로 약간 기울어져 있음을 나타낸 것이다. (뉴턴은 약 0.22파운드에 해당하는 힘의 단위이다.) 그러면, 체중계는 머리로의 혈류 증가로 인한 추가 하향력을 기록할 수 있다는 것이다.

뇌 활동을 어떻게 자극할 수 있을까?

실험 설계에서, 각 참가자(총 14명)는 저울에 누워 있는 동안 자극에 노출되었다. 자극은 2초 동안 지속된 후 23초 동안 휴식을 취했다. 자극 기간 동안 참가자는 (1) 음악 단독, 또는 (2) 음악과 음악에 동기화된 다채로운 기하학적 모양의 시각적 디스플레이, 또는 (3) 대조군으로서 자극 없음 등으로 구분했다. 연구자들은 자극 또는 대조군 기간 동안 체중계에 가해지는 힘을 기록했다. 머리 무게의 증가는 정신 활동 증가로 인한 혈류 증가에 기인한 것이다. 각 참가자에 대해 실험을 22번 반복했다.

이 실험 중에 다른 자극의 영향을 어떻게 줄일 수 있을까?

측정된 힘에 대한 참가자의 호흡과 심장 박동의 영향을 제거하기 위해서는 장치의 일부 미세 조정이 필요했다. 그리고 실험 프로토콜은 외부 자극을 최소화하도록 설계되었다. 각 참가자는 측정이 이루어지기 전에 1시간 동안 저울 위에서 휴식을 취했고, 시각적 자극을 위해 그들 위에 있는 컴퓨터 화면의 디스플레이를 보는 것을 제외하고, 실험 중 모든 참가자는 헤드폰을 착용하고 눈을 감고 있었다.

두뇌 활동으로 머리가 무거워졌을까?

예! 음악만 들으면 자극이 없을 때보다 힘이 0.61% 증가했다. 그리고 음악과 영상 디스플레이를 합치면 1.21% 증가했다.

이 양은 약 0.005뉴턴에 불과할 정도로 매우 작음에도 불구하고, 세 가지 자극 간의 차이는 연구 참가자 간에 일관되었고 통계적으로 유의했다.

이 결과로부터 우리는 무엇을 결론지을 수 있을까?

명확하게 진술되고, 검증 가능한 가설과 간단한 실험 설정(130년 전에 수행되었을 만큼 충분히 낮은 수준의 기술)을 통해 흥미로운 관찰을 생성하고 결정적인 결과를 도출하는 것이 가능했다.

실제로 두뇌 활동은 머리로 가는 혈류를 증가시킨다(당신이 알아차리기에는 충분하지 않을 수도 있음).

어떤 추가 데이터가 이러한 결론에 대한 우리의 확신을 높여줄까?

오늘날 사용되는 자기공명영상(MRI) 및 양전자방출단층촬영(PET) 스캔을 포함하여 오늘날 사용되는 정교한 뇌 영상 기술(뇌 내 혈액의 움직임과 신진대사를 감지할 수 있음)도 뇌 자극에 대한 반응에 의해서 더 많은 혈류가 흘러감을 측정하였다.

핵심요약 22.7

» 정교한 장비는 과학을 하기 위한 필수 조건은 아니다. 종종 간단한 실험 방법과 낮은 수준의 기술 장비를 활용해도 결정적인 실험 결론과 흥미롭고 중요한 가설에 대한 최종 테스트를 수행하기에 충분하다.

22.8 혈액은 세포와 체액의 혼합물이다

순환계가 우리 몸 전체의 고속도로와 같다면 혈액은 자동차이다. 혈액은 염분이 있고 단백질이 풍부한 성질로 세포와 체액의 혼합물이며, 모터오일과 비슷한 점이 있다. 평균적인 인간의 몸에는 3.7~4.7리터의 혈액이 있으며, 이는 전체 체중의 10% 미만을 차지한다. 혈액의 많은 기능에는 (1) 산소와 이산화탄소와 같은 호흡 기체, (2) 비타민과 미네랄, (3) 영양소, (4) 호르몬, (5) 면역계 세포, (6) 대사 노폐물 등의 운반이 포함된다. 혈액은 또한 체온과 항상성을 유지하는 데 도움이 된다(21장 참조).

혈액을 구성하는 몇 가지 요소는 혈액 시료를 시험관에 넣고 원심 분리기에서 빠르게 회전시킴으로써 식별할 수 있다(**그림 22.14**). 혈액의 가장 가벼운 부분인 시험관의 위쪽 크림 같은 노란색 층은 혈액의 액체 부분인 **혈장**이다. 혈장은 90%가 소금물

혈액의 구성 성분

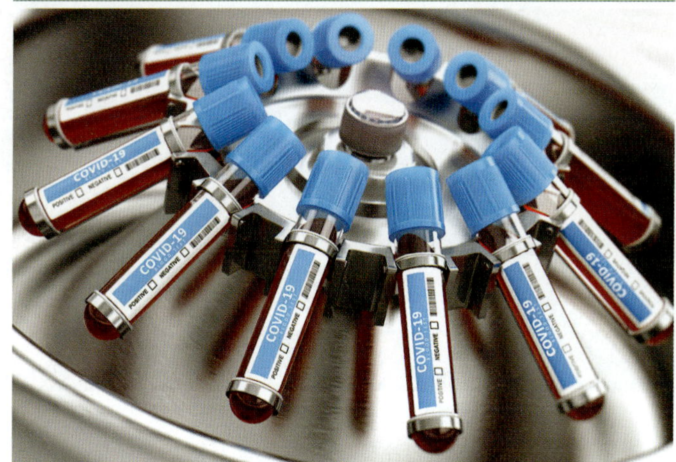

원심분리기의 시험관에 있는 혈액 샘플을 회전시키면 혈액의 주요 성분인 혈장과 혈액에 함유된 세포가 분리된다.

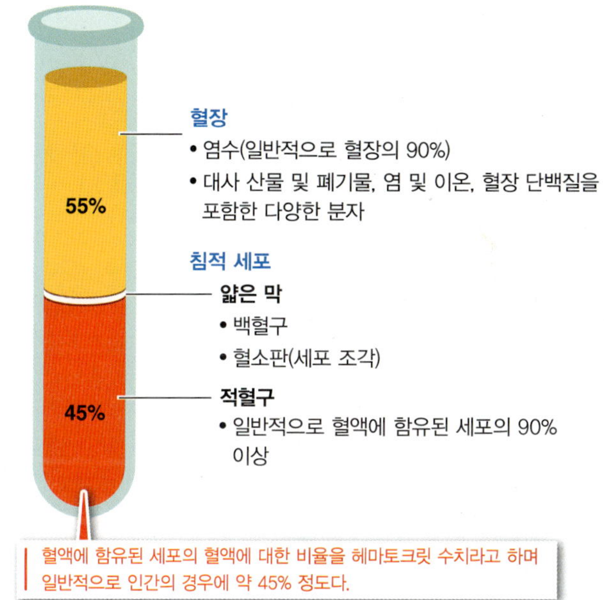

그림 22.14 혈액을 구성하는 것은 무엇일까?

이다. 이 물에는 매우 다양한 분자가 용해되어 있다: 대사 산물과 폐기물, 염과 이온, 지질, 비타민 및 기타 화학물질을 필요한 조직으로 운반하는 수백 개의 혈장 단백질 등이 포함되어 있다. 세포 호흡의 부산물로 조직에서 생성되는 대부분의 이산화탄소는 혈장에 용해되어 폐로 운반된다.

혈장 층 아래에는 세포가 2개 층으로 모여 있다. **얇은 막**(buffy coat)이라는 원심분리된 시험관의 가장 얇은 층에는 혈소판과 백혈구가 섞여 있다. 혈액의 가장 무거운 성분은 빽빽하게 채워진 적혈구로 구성된 층으로 시험관 바닥에 가라 앉는다.

혈액에서 세포로 구성된 비율을 **적혈구용적률**이라고 한다. 인간의 경우 약 45%의 적혈구용적률이 정상이다. 고지대에서 몇 주 이상 거주하는 사람의 적혈구용적률은 약 48% 또는 49% 정도된다. 신체는 산소를 운반하기 위해 더 많은 혈액 세포를 생성하여 높은 고도에서 감소된 산소 농도에 적응하는 것이다.

혈액 세포는 다양한 세포 종류로 발달할 수 있는 **줄기세포**라는 특화된 세포에 의해 (뼈 내부를 채우는 물질인) 골수에서 만들어진다. 인체의 뼈 전체에 있는 줄기세포는 초당 약 200만 개의 속도로 혈액 세포를 생성한다. 혈장에는 세포 조각인 혈소판 외에도 적혈구와 백혈구 등 두 가지 유형이 부유한다(**그림 22.15**).

1. **적혈구(red blood cells 또는 erythrocytes)**는 순환계의 일꾼이자 혈액 세포 중 가장 많다. 인간의 경우 순환하는 혈액 세포의 약 95%가 적혈구다. 적혈구는 산소 수송 전문가에 해당한다. 유연한 디스크 모양을 하며, 일렬로 모세관을 통과하기 위해서 찌그러지기도 한다. 적혈구는 핵, 미토콘드리아 또는 단백질을 만들 수 있는 세포소기관이 없다. 대신, 각 적혈구에는 산소를 운반하는 단백질 분자인 헤모글로빈 분자가 약 2억 5천만 개 들어있다(22.13절에서 자세히 설명). (세포) 수리와 유지를 위한 세포질 내 소기관이 없으므로, 적혈구는 약 4개월 동안만 살 수 있다.

   개인의 적혈구 수가 너무 적으면 빈혈이 발생한다. 철 결핍은 빈혈의 가장 흔한 원인이 된다. 적혈구는 신체의 세포에 산소를 전달하기 때문에 빈혈의 결과 중 하나는 세포에서 사용할 수 있는 산소의 감소로 나타난다. 이로 인해 빈혈이 있는 사람들은 피곤하고 기진맥진하게 된다. 적혈구 수가 감소하면, 면역계를 약화시켜 감염에 대한 감수성이 증가한다. 철분은 적혈구가 산소를 운반할 수 있도록 하는 중요한 요소다. 철분이 부족하면 적혈구가 필요한 조직에 충분한 산소를 공급할 수 없다. 남성과 여성 모두 빈혈이 될 수 있지만, 월경 중에 손실되는 혈액 때문에 빈혈은 여성에게 훨씬 더 흔하게 영향을 미친다. 실제로 효과가 있었던 오래된 민간요법은 녹슨 쇠못과 물이 담긴 주전자에서 물을 매일 조금씩 마시는 것이다. 심지어 주철 프라이팬에서 조리된 음식에도 철 함량이 상당히 포함되어 있다(**그림 22.16**).

2. **백혈구(white blood cells 또는 leukocytes)**는 신체 면역 반응 시스템의 주요 구성 요소로서 신체의 방어자다. 5가지 유형의

혈액 내 세포와 혈소판

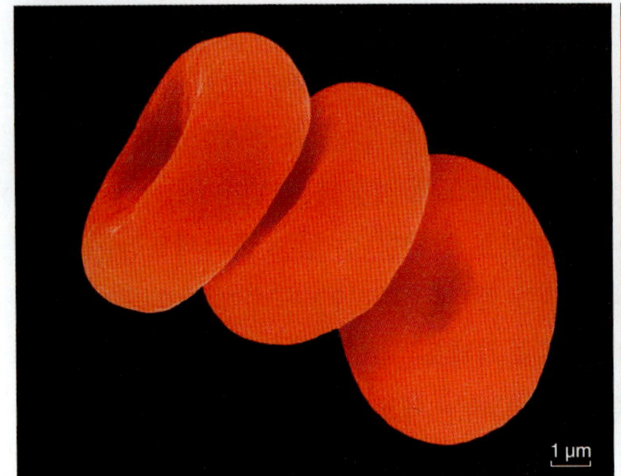

적혈구

- 허파에서 몸의 나머지 부분으로 산소를 운반
- 소기관이 거의 없는 유연한 디스크 형태
- 헤모글로빈으로 가득

백혈구

- 혈류 및 세포간질액에 있는 병원체 및 이물질을 파괴
- 질병과 싸우고 외부 물질에 반응하는 방식이 다른 여러 유형의 백혈구가 있음

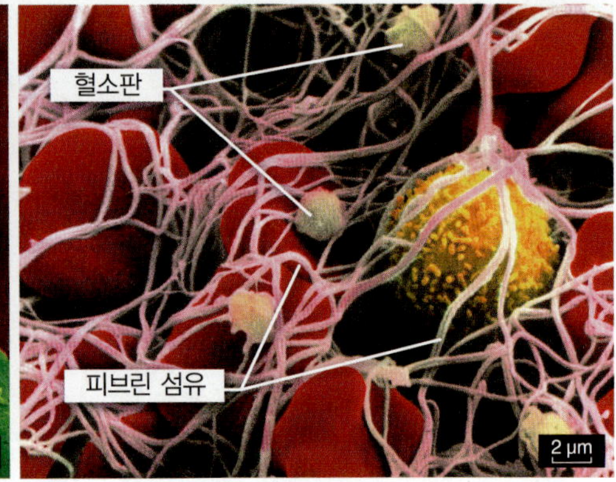

혈소판

- 혈관 수축과 혈전 형성을 시작함으로써 혈액 손실을 지연
- 작은 세포질 조각으로 구성
- 세포 소기관을 포함하지 않음

그림 22.15 적혈구, 백혈구와 혈소판.

그림 22.16 프라이팬에 있는 계란. 주철 프라이팬에서 요리하면 식품의 철분 함량이 크게 증가할 수 있다!

백혈구가 혈액에서 순환하는 것을 볼 수 있다(백혈구와 면역계에 대한 자세한 내용은 27장 참조). 적혈구와 마찬가지로, 백혈구는 골수의 줄기세포에서 생성된다. 혈류를 통해서 백혈구는 순환하면서 질병을 일으키는 **병원체**를 감시한다. 백혈구는 또한 모세혈관에서 세포간질액으로 확산되어 암을 나타내는 체세포나 병원체에 감염된 세포를 만나면 파괴할 수 있다. 혈액에서 순환하는 백혈구의 수는 사람의 건강에 따라 크게 다를 수 있다. 정상적인 조건에서는 대략 1,000개의 적혈구당 1개의 백혈구가 존재하지만, 감염 시 백혈구 수는 최대 3배까지 증가한다.

3. 우리는 살아가면서 어쩔 수 없이 간혹 베인 상처나 찰과상을 입으면 피를 흘린다(**그림 22.17**). 다행히도 우리의 혈액에는 손상을 복구할 수 있는 혈소판이 포함되어 있다. **혈소판**은 완전히 제구실을 할 수 있는 세포가 아닌 세포 조각이다. 골수에서 거핵구(megakaryocyte)라고 하는 큰 세포에서 핵이나 다른 세

혈소판에 제대로 기능하는 혈액 응고 인자가 없으면 베인 상처와 긁힌 자국으로 인해 출혈이 계속 진행될 수 있다.

그림 22.17 혈액 손실 막기. 주자가 넘어져 얼굴에 찰과상을 입으면 손상된 혈관을 혈소판들이 때운다.

포 소기관이 없는 세포질 조각들이 반복적으로 떨어져 나간다. 이 세포 조각(혈소판)은 손상된 혈관을 막기 위한 효소와 화학물질을 가지고 있다.

특정 시간에 순환하는 혈소판은 수십만 개 정도인데, 각 혈소판은 일반적으로 약 일주일 동안 지속된다. 혈소판을 슈퍼 접착제로 가득 찬 작은 병으로 생각할 수 있다. 혈관의 상처 가장자리에 부딪히면 혈소판은 내용물을 방출하여 혈관 수축을 시작하고, 혈전을 형성하는 피브린 섬유를 만들어 혈액 손실을 줄여준다.

응고 인자가 제대로 기능하지 않는 혈소판을 가진 사람은 작은 상처나 찰과상으로도 통제할 수 없는 출혈을 일으킬 수 있다. 이러한 문제는 (혈우병과 같이) 유전적인 오작동 유전자로 인한 것일 수도 있고, 환경적인 것일 수도 있다. 예를 들어, 많은 응고 효소를 생산하는 간이 질병(예: 알코올 중독)으로 손상되면 통제되지 않는 출혈이 발생할 수 있다. 반대로 너무 쉽게 혈액 응고됨으로 인한 문제도 건강 문제로 이어질 수 있다. 예를 들어, 혈전증은 혈관 내에 응고된 혈전이 형성되는 것이다. 이러한 혈전이 심장 근육 조직에 혈액을 공급하는 혈관의 순환을 차단하면 심장마비가 발생한다.

핵심요약 22.8

» 염분을 함유하고 단백질이 풍부한 혈액은 세포와 체액의 혼합물로 순환계에 필수적인 모든 세포와 분자를 운반한다. 혈액은 다양한 분자를 포함하는 물 성분 액체인 혈장과 두 가지 유형의 세포(산소 수송을 위한 적혈구 및 감염 방어를 위한 백혈구) 및 혈소판(혈관 복구용)이라는 세포 조각으로 구성된다.

22.9 혈압은 심장의 건강을 나타내는 핵심 척도다

당신의 맥박을 느껴보아라. 심장 박동의 속도와 리듬을 빠르고 쉽게 알아볼 수 있다. 손목 아래쪽이나 목 옆쪽에 있는 혈관처럼 일부 동맥의 경우, 손가락을 대면 심장이 수축할 때마다 혈액 급증이 동맥을 확장함에 따라 압력이 증가하는 것을 느낄 수 있을 것이다.

심장 건강에 대한 추가 정보는 사람의 동맥을 통해 혈액이 흐르는 힘인 **혈압**을 측정하여 얻을 수 있다. 혈압 측정에는 두 가지 다른 부분이 있다(그림 22.18). **수축기 혈압**이라고 하는 첫 번째 부분은 심장이 수축할 때의 압력으로, 큰 혈액 맥박을 수용할 때 동맥이 일시적으로 늘어난다. 두 번째 혈압 측정값을 **이완기 혈압**이라고 한다. 이것은 심장이 박동과 박동 사이에 있는 동안 혈액이 동맥벽에 가하는 힘을 측정한 것이다. 그 순간에 혈액이 강력하게 펌핑되지 않기 때문에 이완기 혈압은 항상 수축기 혈압보다 낮다.

혈압계를 사용하여 혈압을 4단계로 쉽게 측정할 수 있다.

혈압

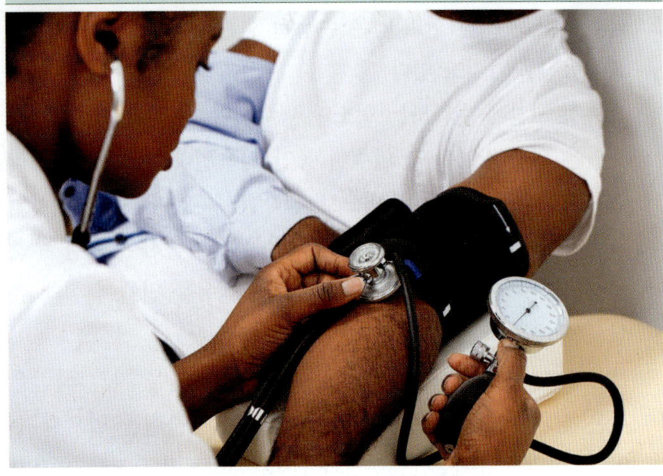

혈압은 두 가지 측정값으로 구성됨:

수축기 혈압

- 심장이 수축하여 혈액을 동맥으로 보낼 때 혈액이 동맥벽에 가하는 힘
- 일반적인 범위는 90~140 mmHg임

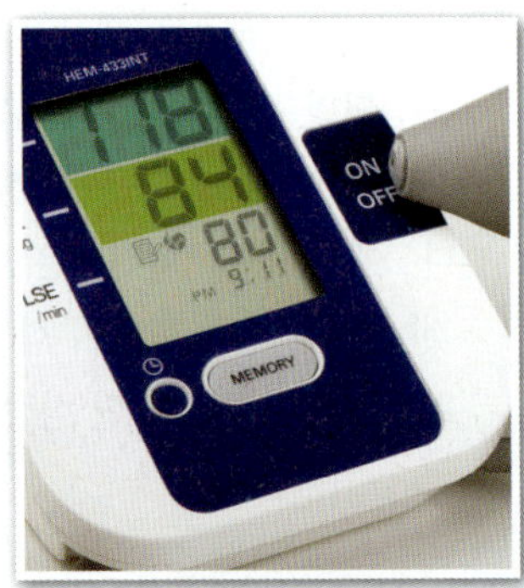

이완기 혈압

- 심장이 박동과 박동 사이에 있는 동안 혈액이 동맥벽에 가하는 힘
- 일반적인 범위는 60~90 mmHg임

혈압 지침
미국 국립 심장, 폐, 혈액 연구소에 따르면

	수축기 압력 (mm Hg)	이완기 압력 (mm Hg)
정상	<120	<80
고혈압 전단계	120–139	80–89
1단계 고혈압	140–159	90–99
2단계 고혈압	≥160	≥100

혈압이 120/80 이상인 경우 무리한 박동에 의해 동맥은 탄력성을 일부 잃을 수 있다. 이는 건강의 위험성을 증가시킨다.

그림 22.18 혈압 수치는 심장 건강을 나타낼 수 있다.

1. 커프를 상완 주위에 감은 후 펌핑하여 팔의 동맥을 조여서 혈액이 통과하지 않게 한다.
2. 점차적으로, 커프의 압력을 풀어준다.
3. 커프 아래에 청진기를 넣고 동맥을 통해 가해지는 혈액의 맥박음이 처음 들릴 때 압력 판독값을 기록한다. 이것이 수축기의 혈압이다. 심장의 각 수축은 커프에 의해 가해지는 압력 장벽을 혈액이 밀어낼 만큼 충분히 강하다.
4. 분출음이 사라질 때까지 커프의 압력을 계속 풀어준다. 이 지점의 압력이 이완기 혈압이다. 심장의 수축과 수축 사이에 혈액은 이 정도의 압력으로 동맥을 통과하여 흐른다.

혈압이 '120에서 80 사이'이면, 수축기 혈압이 120, 이완기 혈압이 80이라는 뜻이다. 이것은 120/80으로 표기되며, 측정 단위는 밀리미터 수은주(mmHg)로 수은 기둥이 이러한 압력에 의해 올라간 정도를 나타낸다.

120/80mmHg 이상의 혈압은 잠재적인 건강 위험 신호다. 미국 국립 심장, 폐, 혈액 연구소는 **고혈압(hypertension)**에 관한 지침에서 다음과 같이 정의하고 있다.

정상 혈압: 수축기 = 120mmHg 미만, 이완기 = 80mmHg 미만

고혈압 전 단계: 수축기 = 120−139mm Hg, 이완기 = 80−89mmHg

1단계 고혈압: 수축기 = 140−159 mm Hg, 이완기 = 90−99 mm Hg

2단계 고혈압: 수축기 = 160mmHg 이상, 이완기 = 100mmHg 이상

고혈압이 건강에 염려되는 이유는 무엇일까? 신축성 있는 허리띠가 있는 반바지를 상상해 보아라. 허리띠를 잡아당겨서 그 자세를 오래 유지하면 허리띠가 탄력을 잃어버릴 것이다. 이것은 동맥이 오랫동안 고압으로 늘어날 때 동맥에서 일어나는 것과 유사하다. 고혈압이 있는 경우 심장이 항상 더 열심히 일해야 할 뿐만 아니라, 동맥은 확장력이 감소하고 운동을 할 때 증가하는 혈액 맥박을 수용할 수 있어야 한다. 게다가, 콜레스테롤은 탄력이 있을 때보다 없을 때 동맥벽에 더 쉽게 달라붙는다. 콜레스테롤 축적이 혈관을 좁히면 심장에 부담을 준다. 심장마비와 뇌졸중의 위험을 증가시키는 이러한 문제는 22.10절에서 논의할 것이다.

대조적으로 **저혈압(hypotension)**은 90/60mmHg 이하의 압력으로 정의된다. 뇌로 가는 혈류량이 충분하지 않으며, 특히 일어난 직후 현기증과 같은 증상을 유발할 수 있다. 때때로 약물의 부작용으로 인해 발생하는 저혈압은 허약해진 신체 또는 우울증을 동반하기도 한다. 대부분 문제가 되지 않으며 장기적인 위험을 수반하는 경우는 드물다.

그림 22.19 **압력을 받는 내용물.** 기린의 큰 심장은 긴 목을 통해 머리까지 혈액을 펌프한다.

기린의 혈압은 포유류에서 흔하지 않다. (매우 긴 다리와 함께) 목이 심장보다 2.5m 이상 뻗어 있으므로, 기린은 가파른 목의 경사면을 따라 혈액을 펌핑하고 멀리 아래에서 혈액을 회수해야 한다(**그림 22.19**). 몸 크기 대비 상대적인 심장 크기는 대부분 포유동물과 비슷하지만, 기린의 평균 혈압은 인간 및 다른 포유동물의 2배(때로는 인간의 5배 이상)이다. 과학자들은 인간이 고혈압에 대처하는 데 도움이 되는 생리학적 비밀을 배우기 위해 기린 순환을 연구하고 있다. 예를 들어, 고혈압 상태의 기린이 연못에서 물을 마시기 위해 머리를 낮출 때 머리 혈관이 터지지 않는 이유는 무엇일까? 그 답의 일부는 혈관이 매우 두껍다는 것일 수 있다.

핵심요약 22.9

» 혈압 측정은 개인의 심혈관 건강에 대한 단서를 제공한다. 고혈압이 있으면, 심장이 더 열심히 일해야 하고 동맥이 탄력을 잃으므로 건강 위험도가 증가한다.

22.10 심혈관 질환은 미국에서 가장 큰 사망 원인이다

많은 사람은 자신의 심장이 당연하게 괜찮다고 여긴다. 그러나 심장마비를 포함한 심장질환으로 인해 미국에서는 매년 다른 어떤 단일 원인보다 더 많은 사망자가 발생한다. 심혈관 질환들은 여러 사망 원인 중 가장 피할 수 있는 것 중 하나이다. 2014년에 미국에서 사망의 23% 이상이 심장병에 의한 것이었다. 심장마비는 심장 근육 자체에 산소와 영양소를 전달하는 혈관인 **관상동맥** 중 하나를 통한 혈액 흐름의 중단으로 인해 발생한다. 심장 근육 세포에 산소가 부족하면 심장이 불규칙하게 뛰거나 박동을 멈추어 일부 세포가 죽을 수 있다. 매년 분열 및 재생되는 심장 세포가 너무 적기 때문에 장기적인 영향은 심각하다. 심장마비 자체는 갑작스러운 사건이지만, 일반적으로 수십 년 동안 순환계가 점진적으로 악화된 후에 발생하는데, 이를 총칭하여 **심혈관 질환**이라고 한다(**그림 22.20**).

심장이 깨져. 결국, 매일 수천 갤런의 혈액을 펌핑하는 펌프가. 좋은 날, 심장이 막히면 거기에 네가 있네."

— 1992년 제임스 조이스, 율리시스

심장마비 외에도 뇌졸중은 심각한 심혈관 질환 중에서 흔한 질환이다. 뇌졸중은 막힌 뇌동맥이나 혈전으로 인해 뇌 조직에 산소가 결핍되어 뇌세포가 죽는 증상이다. 심장질환은 여전히 주요 건강 위협이지만, 이로 인한 사망률은 지난 50년 동안 꾸준히 감소해 왔다. 이러한 감소는 대부분 식이 요법과 운동, 그리고 진단 및 예방 의학의 발전에 기인한 것으로 보인다.

심혈관 질환은 일반적으로 플라크라고 하는 지방 침착이 동맥 내벽에 쌓일 때 시작된다. 플라크는 혈전 형성의 위험을 증가시키

심혈관 질환

심혈관 질환은 일반적으로 혈류를 방해하고 적절한 순환을 방해할 수 있는 동맥 내벽에 들러붙은 지방 침착물의 발달로 시작된다. 결국 심장마비나 뇌졸중과 같은 극적인 일을 일으킬 수 있다.

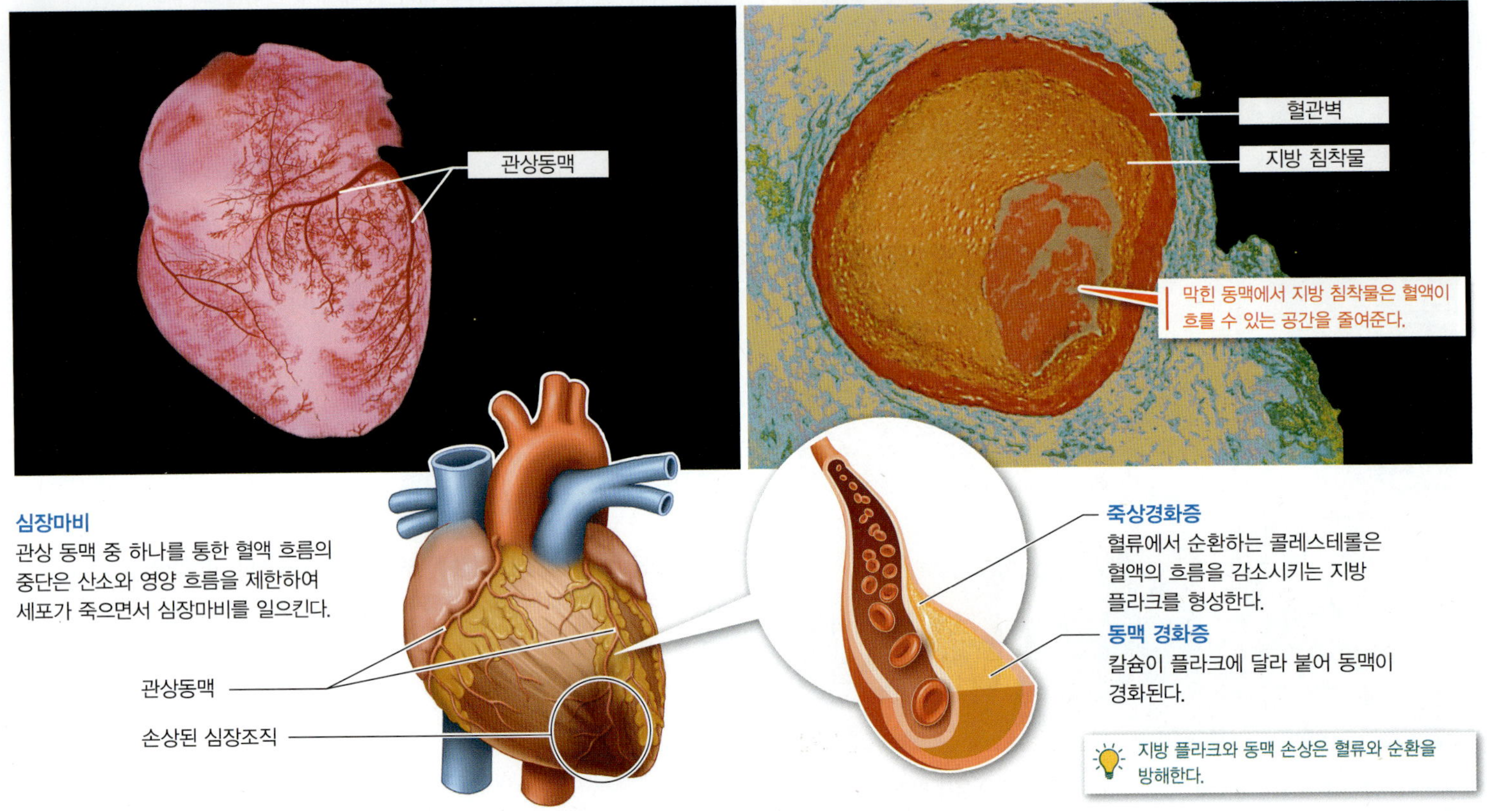

그림 22.20 심장 및 혈관의 질병.

고 동맥을 좁혀 혈액의 흐름을 감소시킨다. **죽상경화증**이라고 하는 이러한 동맥 협착은 종종 플라크에 칼슘이 침착되어 **동맥경화증**으로 알려진 과정에서 플라크를 경화시킨다. 플라크는 일반적으로 혈류 내에서 순환하는 콜레스테롤에 의해 생기기 시작한다.

"나쁜" 콜레스테롤과 "좋은" 콜레스테롤에 대한 말을 들어 보았을 것이다. 차이점이 뭘까? 4장에서 논의한 바와 같이, 혈류에서 순환하는 콜레스테롤은 인지질 코트로 둘러싸인 수천 개의 콜레스테롤 분자로 구성된 **지질단백질**로 싸여 있다. 심혈관 건강에 대한 콜레스테롤의 영향은 혈관에 포장된 지질단백질에 달려 있다. 저밀도 지질단백질(LDL)은 나쁜 콜레스테롤로 간주된다. LDL은 화학적 구성으로 인해 끈적하며 동맥벽에 달라붙어 위험한 플라크 형성이 일어나게 할 수 있다.

이에 반해 고밀도 지질단백질(HDL)은 좋은 콜레스테롤로 간주한다. 동맥벽에 달라붙는 대신 HDL은 순환 동안 다른 지질단백질과 콜레스테롤을 제거하고, 간으로 전달하여 분해되게 한다. 오메가-3 지방산이라고 하는 특정 유형의 지방산을 함유한 생선 및 기타 식품을 식단에 포함하면 HDL 수치를 높이고 심장질환의 진행을 줄일 수 있다.

선천적인 것과 후천적인 것, 모두 심혈관 질환에 중요한 역할을 한다. 4장에서 보았듯이, 심혈관 질환의 발병 경향은 유전된다. 개인마다 간 세포에서 생성하는 LDL 수용체의 수가 다르며, 수용체가 많을수록 순환 과정에서 더 많은 LDL을 제거하여 세포에서 콜레스테롤을 사용하거나 분해할 수 있도록 한다. 부모로부터 전달받은 LDL 수용체 생산 유전자는 변경되지 않는다. 그러나 우선적으로 순환하는 콜레스테롤의 양이나 콜레스테롤을 운반하는 지질단백질의 종류(LDL 대 HDL)를 변경할 수 있다. 유산소 운동 증가, 금연, 저지방 식단과 같은 다양한 행동 변화는 심혈관 질환의 위험을 줄일 수 있다(**그림 22.21**).

달리기와 같은 유산소 운동을 하면, 심장의 근섬유가 커지고 심혈관 건강이 좋아진다. 하지만 사람들이 앉아 있을 때 고혈압과 같은 이유로 심장이 더 열심히 일해야 할 수도 있다. 심장에 가해지는 부하가 증가하면 심장이 커지지만, 힘과 효율성을 높이는 방

그림 22.21 콜레스테롤은 해로울 수도 또는 이로울 수도 있다.

식이 아니므로 병리학적으로 심부전의 위험이 증가한다.

심장병, 심장마비, 뇌졸중 등 심장의 위험 요소를 줄이기 위한 연구에 바탕을 둔 권고를 요약하여 미국심장협회(AHA)는 "A, B, C"에 초점을 맞출 것을 제안했다.

금연하라(Avoid tobacco).

- 담배 제품 사용을 중단하고 담배 연기에 대한 노출을 최소화하라. 흡연자는 심장병으로 사망할 가능성이 2~3배 더 높기 때문에, 이러한 변화가 건강과 수명을 크게 개선할 수 있다. AHA는 또한 위험한 화학물질을 포함하고 있는 전자담배에서 나오는 에어로졸에 노출되는 것을 피하도록 강력히 촉구한다.

더 활동하라(Be more active).

- 매주 5일 이상(또는 3일 이상 조깅과 같은 격렬한 활동) 중강도 신체 활동(빠르게 걷기 등)을 30분 이상 수행하라. 또한, 모든 성인은 꾸준히 진행하는 근력운동과 (또는) 계단 오르기를 포함하여 근력을 증가시키거나 유지하는 활동을 매주 최소 2일 수행해야 한다.

좋은 영양을 섭취하라(Choose good nutrition).

- 체중 증가를 방지하기 위해 운동과 에너지 섭취의 균형을 이루는 식단을 선택하여 섭취하라. 과체중이라면, 신체 활동을 늘리고 에너지 섭취를 줄이는 조치를 취하여 건강한 체중을 유지하라.
- 야채, 과일, 통곡물, 특히 섬유질이 풍부한 음식을 선택하여 섭취하라.
- 살코기, 야채, 저지방 유제품을 선택하여 포화 지방과 트랜스 지방 섭취를 제한하라.
- 알코올은 여성의 경우 하루 한 잔, 남성의 경우 하루 두 잔으로 제한하라.

이러한 행동 변화는 말하기는 쉽지만 행동에 옮기는 것은 어렵다. 그러나 이 변화는 심혈관 질환의 위험을 줄이는 가장 효과적인 전략을 포함하므로 보상이 클 것이다.

핵심요약 22.10

» 심장마비 및 뇌졸중 등 심장 및 혈관의 모든 질환을 포함하는 심혈관 질환은 일반적으로 동맥 내벽에 지방 침착이 축적되면서 시작된다. 건강한 생활 방식은 심혈관 질환의 위험을 최소화할 수 있다.

22.11 림프계는 순환에 보조 역할을 한다

심장 혈관계와 더불어 전신에 걸쳐 분포하고 심장 혈관계 가까이에서 흐르는 것이 림프계다. 림프계는 폐쇄된 시스템이 아니지만, 순환 과정에서 지원 역할을 하는 혈관 네트워크라 할 수 있다. 여기에는 세 가지 중요한 기능이 있다(**그림 22.22**).

1. **재활용.** 모세혈관과 세포를 둘러싼 세포간질액 사이에 확산이 일어나면서 많은 체액이 혈액으로부터 손실된다. 림프계는 이 체액을 회수한다. 혈관 주위에 얽혀 있는 림프 모세관은 확산을 통해 혈액에서 세포간질액으로 누출된 액체, 단백질, 기타 물질 등을 흡수한다. 일단 회복되면, 이제 **림프**라고 불리는 이 액체는 점차 더 큰 림프관을 통해 이동하여 결국 어깨의 정맥과 연결된다. 이 시점에서 회수된 단백질과 체액(매일 몇 리터)은 혈액이 심장으로 돌아갈 때 혈액으로 흡수되어 되돌아간다.

2. **질병 퇴치.** 림프계를 통해 이동할 때 림프는 **림프절**이라고 하는 결합 조직 부위를 통과한다. 이 구획화된 주머니는 신체에서 위험한 물질(박테리아, 암세포 및 바이러스 포함)을 제거하고 병원체와 싸우는 백혈구로 채워져 있다. 이것이 몸이 감염과 싸울 때 가장 큰 림프절인 목의 편도선을 포함하여 림프절이 부어오르는 이유다.

3. **영양소 회수.** 림프계에는 소장으로 확장되어 섭취한 음식으로부터 지질을 흡수하여 소화관에서 혈류로 운반하는 수많은 작은 돌기가 있다.

인간의 경우, 림프계는 펌프 없이 이러한 작업을 수행한다. 림프계에서 림프관에 인접한 근육이 수축하고 체액을 앞으로 짜낼 때 림프가 밀려난다. 림프관(정맥과 같은)에는 림프가 한 방향으로 흐르도록 하는 판막이 있다. 오랜 시간 앉아 있으면 림프가 혈관에 축적될 수 있다. 손발의 근육을 수축시켜서 움직임을 도울 수 있다.

어떤 기생충에 의한 감염은 림프관의 흉터를 유발할 수 있다. 림프관에 흉터가 생기면 림프계에 의해 회수된 체액이 순환계로 되돌아갈 수 없으며, 손발이 종종 엄청나게 붓게 된다. 이 질병을 상피병(코끼리 피부병)이라고 한다. 상피병을 일으키는 기생 벌레가 모기에 의해 전염되므로 이 병은 열대 지방에서 가장 흔하다. 이 질병은 기생충 생존에 필요한 공생 세균을 죽이는 항생제로 치료할 수 있다.

인간의 림프계

림프계는 몸 전체의 순환계와 근접하게 있어 순환 과정에서 지원 역할을 한다.

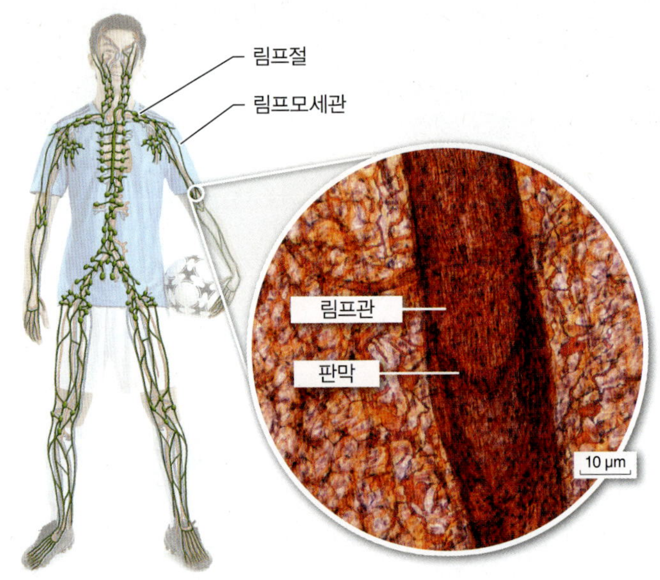

림프계의 기능

재활용
림프계는 순환 중에 모세혈관에서 확산된 체액과 단백질을 재활용하여 혈류로 다시 이동시킨다.

질병과 싸움
림프가 몸을 순환함에 따라 백혈구(림프절에 가득 차 있음)는 박테리아, 암세포, 바이러스를 포함한 위험한 물질을 제거한다.

영양소 회수
소장으로 확장된 작은 돌기는 소화관에서 지질을 흡수하여 혈류로 운반한다.

그림 22.22 림프계는 질병과 싸우면서 순환계를 지원한다.

핵심요약 22.11

» 림프계는 모세혈관에서 누출된 체액을 재활용하고, 체내의 병원체와 싸울 수 있는 백혈구에 림프를 노출시키며, 소화계에서 영양분을 흡수하는 등 순환 과정에서 지원 역할을 한다.

호흡계는 기체를 교환한다

▲ 강을 헤엄치는 아프리카코끼리가 몸통을 들어 올려 숨을 쉬고 있다.

22.12 산소와 이산화탄소는 순환계로 들어오고 나가야 한다

순환계의 고속도로에서 운반되는 물질 중 가장 중요한 것은 호흡 기체다. 체세포는 산소를 흡수하고 또한 이산화탄소를 방출해야 한다.

단세포 및 매우 작은 다세포 유기체는 직접 확산을 통해 기체를 교환할 수 있다. 그러나 더 큰 다세포 유기체에서 기체 교환은 두 단계 과정으로 진행된다(**그림 22.23**).

기체 교환의 첫 단계는 외부 환경과 생물의 순환계 사이의 기체 이동이다. 두 번째 단계는 순환계와 세포 호흡에 관여하는 세포 간의 교환이다.

이 두 단계 중 첫 번째 단계는 폐 또는 아가미와 같이 호흡에 특화된 여러 유형의 기관에서 이루어질 수 있다. 그러나 어떤 경우든 기체의 저장고 역할을 하는 호흡 매체(공기 또는 물)와 기체를 교환할 수 있는 습한 호흡 표면이 필요하다.

기체 교환을 위해 진화한 많은 시스템은 5종류로 나눌 수 있다(**그림 22.24**).

1. **직접 확산.** 해양 편형동물과 같이 대사요구량이 낮은 유기체는 세포와 환경 사이의 직접적인 확산을 통해 호흡을 수행할 수 있다.

동물의 기체 교환

큰 다세포 생물의 기체 교환은 2단계 과정으로 진행된다.

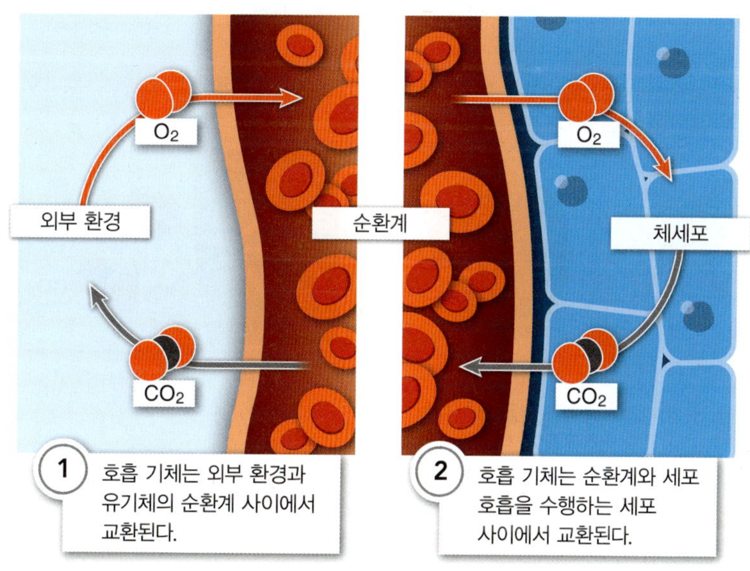

그림 22.23 **산소(O_2)는 들어오고, 이산화탄소(CO_2)는 나간다.**

기체 교환 시스템의 다양성

직접 확산
- 기체 교환은 세포와 환경 사이에서 직접 발생한다.
- 단세포 유기체와 대사요구량이 낮은 작은 다세포 유기체에 해당한다.

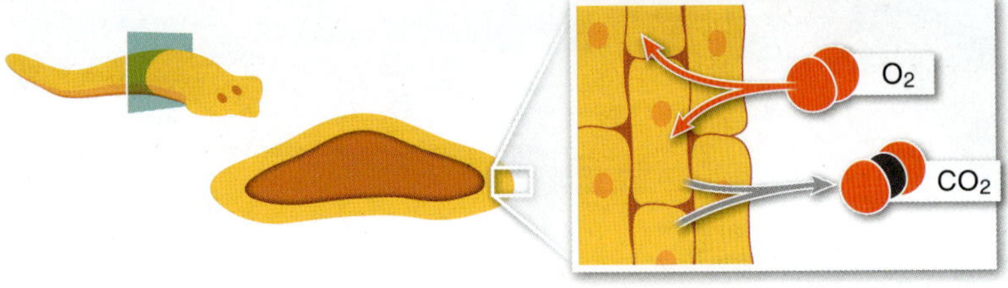

돌출된 호흡 주머니
- 기체 교환을 위한 표면적을 증가시키는 풍선 모양의 주머니
- 불가사리 및 대사요구량이 낮은 기타 극피동물에 해당한다.

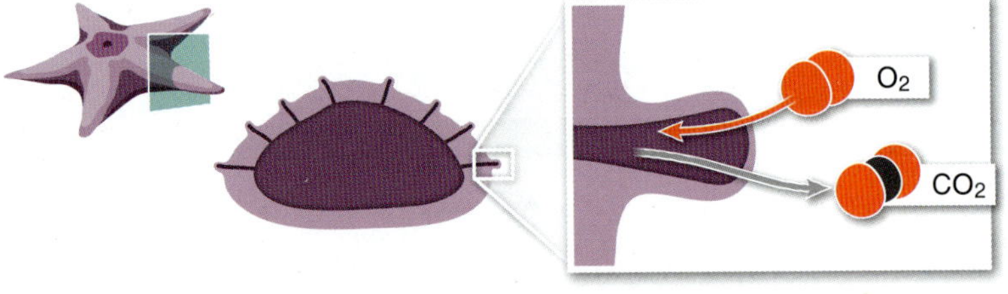

아가미
- 물에 녹아 있는 상당한 양의 기체를 교환하는 정교한 신체 조직의 확장
- 어류 그리고 바닷가재 및 조개 같은 많은 해양 무척추동물에서 발견된다.

기관
- 기문이라고 하는 신체의 작은 구멍에 연결된 분기 튜브의 네트워크
- 대부분의 육상 곤충에서 볼 수 있다.

폐
- 고도로 분지되고 습한 표면을 가진 내부 장기
- 대부분의 육지 척추동물이 지닌다.

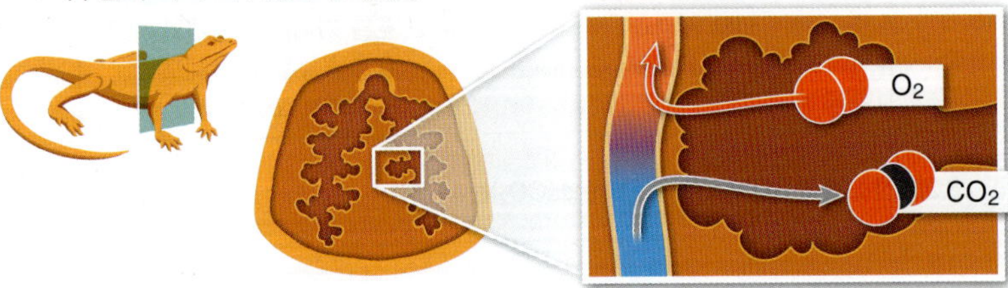

그림 22.24 기체 교환 시스템과 이를 지지해 주는 몸의 구조.

2. **돌출된 호흡 주머니.** 불가사리와 기타 극피동물은 피부 표면적을 크게 늘리는, 피부에서 돌출된 작은 풍선 같은 주머니를 가지고 있어 체강과 환경 사이에서 기체를 교환한다.

3. **아가미.** 어류와 랍스터와 조개 같은 수많은 수생 무척추동물에는 **아가미**가 있다. 이러한 일종의 신체 확장은 물과 순환계 혈관 사이의 광범위한 기체 교환이 이루어지는 넓은 표면적을 제공하는 매우 정교한 구조다.

4. **기관.** 많은 곤충의 단단한 외부 덮개는 뚫을 수 없는 갑옷처럼 보일 수 있지만, 실제로는 몸 전체에 광범위하게 분지되어 있는 기관이라는 관으로 이어지는 작은 기문이 매우 많이 있다. 이 내부 기문을 통하면 대기 중의 기체가 대부분의 곤충 세포와 직접 접촉할 수 있다.

5. **폐.** 대부분의 육지 척추동물에는 **폐**가 있다. 폐는 고도로 분지되고 습한 호흡기 표면을 가진 내부 기관이다. 이 습한 표면을 가로질러, 흡입된 대기의 기체는 폐 조직을 순환하는 혈액에 용해된 기체와 교환된다. 새, 파충류, 포유류 등은 거의 전적으로 폐를 통해 호흡한다. 양서류는 주로 수중 생활을 하므로 촉촉한 피부를 통해 상당한 양의 기체를 교환한다.

핵심요약 22.12

» 단세포 및 매우 작은 다세포 생물은 직접 확산을 통해 기체를 교환한다. 더 큰 다세포 유기체에서 기체 교환은 두 단계로 일어난다. 첫째, 외부 환경과 순환계 사이에서 진행되는데, 일반적으로 폐, 기관 또는 아가미에서 기체 교환이 일어난다. 둘째, 순환계와 세포 호흡에 관여하는 세포 사이에서 기체 교환이 일어난다.

22.13 산소는 헤모글로빈과 결합하여 수송된다

척추동물에서, 산소는 적혈구 내의 헤모글로빈이라는 분자에 결합된 상태로 몸의 각 조직으로 수송된다. 헤모글로빈은 폐에 있는 산소 "승객"(O_2 분자)을 잡아 몸 전체로 이동시키는 셔틀버스와 같다. 산소가 필요한 조직에서 헤모글로빈은 O_2 승객을 내려준다. 그런 다음, 헤모글로빈은 폐로 돌아가서 산소를 다시 공급받을 수 있다.

헤모글로빈은 작은 분자다. 각 적혈구에는 약 2억 5천만 개의 분자가 있다. 헤모글로빈은 세포가 형성될 때 바로 혈구 내부에 만들어지며 세포가 살아있는 동안 세포에 남아있다. 각 헤모글로빈 분자는 4개의 폴리펩타이드 사슬이 얽힌 덩어리이며, 각 사슬에는 철의 "좌석"에 산소 기체 한 분자를 운반할 수 있는 편리한 구획이 있다(**그림 22.25**).

헤모글로빈

헤모글로빈의 각 분자는 산소가 부착될 수 있는 4개의 "자리"를 만드는 4개의 철 분자와 4개의 폴리펩타이드 사슬이 얽힌 덩어리이다.

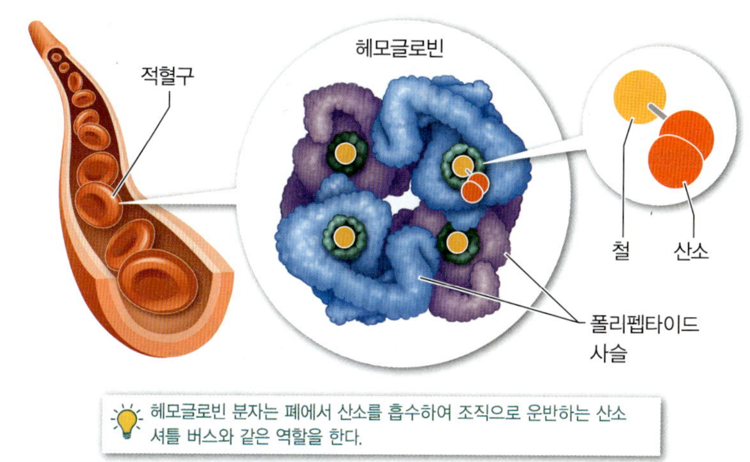

그림 22.25 헤모글로빈: 산소 운반체.

앞에서 보았듯이, 식단에 철분이 부족하면 빈혈이 발생할 수 있다. 철이 결핍되면 헤모글로빈과 결합하여 각 적혈구에 의해 운반되는 산소가 줄어들기 때문이다. 근육과 장기가 산소 결핍으로 인해 피로해지고 몸이 약해진다.

대부분의 스포츠 협회에서 혈액 도핑을 금지하고 있지만, 일부 운동선수는 경기력 향상을 위해 혈액 도핑을 사용하기도 한다. 한 가지 방법은 큰 경기로 이어지는 몇 주 또는 몇 달 전부터 적혈구를 빼내어 보관하는 것이다. 적혈구 제거에 대한 응답으로서, 신체는 적자를 보충하기 위해 새로운 적혈구 생산을 증가시킨다. 저장된 적혈구는 대회 며칠 전에 선수에게 다시 주입하여 일시적으로 혈액 내 총 적혈구 수를 증가시킨다. 적혈구는 헤모글로빈으로 가득 차 있으므로, 혈액 도핑은 O_2를 몸 조직으로 전달하는 선수의 능력을 증가시킬 수 있다.

혈액 도핑은 대부분 대회에서 불법이기도 하지만 혈액의 점도를 증가시키기 때문에 건강에 위험을 유발할 수 있다. 1990년대에 겉보기에 건강한 수십 명의 엘리트 사이클 선수들이 딱히 설명할 수 없는 심부전으로 사망했다. 혈액 도핑으로 추가된 적혈구로 인해 혈액이 너무 진해져서 슬러지 같은 혈액을 펌핑해야 하는 심장의 부담이 너무 커진 것으로 의심되었다.

헤모글로빈은 산소와 결합하지만, 너무 강하게 결합하지는 않는다. 포스트잇 노트처럼 표면에 붙을 만큼 끈적거리지만, 영구적으로 부착될 정도로 끈적거리지는 않는다. 그 때문에 헤모글로빈은 O_2에 결합할 때와 떨어져야 할 때를 아는 것처럼 보인다. 이 기능은 공기 중의 산소 입자가 신체를 누르는 힘인 산소 부분압(Po_2로 표시)이라는 것에 달려 있다. 산소의 부분압은 존재하는 산소의 양을 나타내는 척도로 생각할 수 있다.

많은 양의 산소가 포함된 공기를 들이마시면 헤모글로빈의 4개 O_2 구획이 모두 산소 분자와 결합한다. 하지만, 신체 조직 깊숙이에는 산소가 많이 공급되지 않는다. 특히, 운동하고 있다면 근육이 산소를 소비하고 있으므로 체내의 산소는 더 희박해진다. 해당 조직 근처에 있는 모든 헤모글로빈은 감소된 양(낮은 분압)의 산소(낮은 Po_2)를 만난다. 운반하는 산소가 너무 세게 고정되어 있지 않아서 일부가 방출되기도 한다(**그림 22.26**). 방출된 산소는 조직에 빠르게 흡수되어 ATP를 계속 생성할 수 있다.

책상에 앉아 있으면, 조직에는 많은 양의 산소가 남아 있는다. 이러한 상황에서 헤모글로빈은 일반적으로 결합된 산소 기체 분자 4개 중 하나만 내어주고 폐로 돌아가 다시 하나를 보충한다. 헤모글로빈은 폐에서 4개의 산소 분자로 채워지는 것과 조직에서 3개의 산소로 감소하는 상황으로 계속 반복된다.

헤모글로빈이 일반적으로 폐에서 한 분자의 산소를 흡수하고 기관이나 근육에서 그 O_2를 방출하는데, 왜 다른 3개의 산소 분자를 가지고서 폐로 운반될까? 이러한 산소 보유는 에너지 활동

헤모글로빈은 산소를 결합하고 방출한다.

높은 분압의 산소: 헤모글로빈은 산소와 *결합한다.*

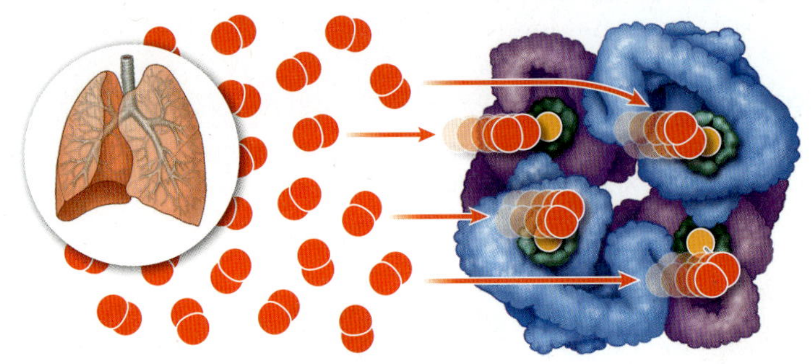

헤모글로빈이 폐에 흡입된 공기와 같이 높은 산소 분압을 만나면 헤모글로빈이 산소로 가득 차게 된다.

낮은 분압의 산소: 헤모글로빈은 산소를 *방출한다.*

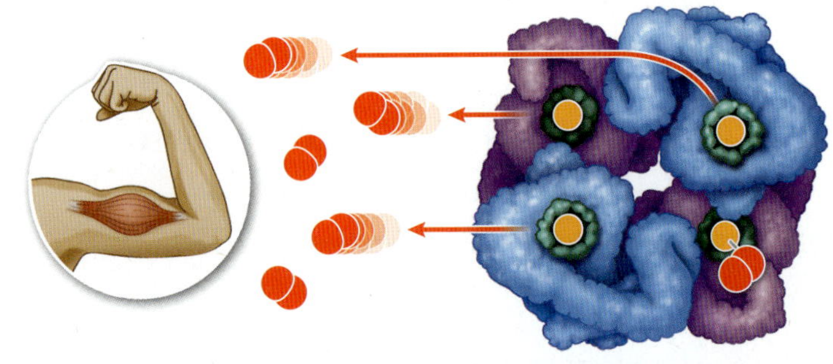

헤모글로빈은 체내의 활발히 움직이는 근육 조직처럼 낮은 부분압의 산소를 만나면 산소를 방출한다.

그림 22.26 **헤모글로빈은 주변의 산소 분압에 따라 산소와 결합하거나 방출한다**

에 연료를 공급하는 데 필요하기 때문이다. 예를 들어, 격렬하게 운동을 하면, 조직의 산소량이 너무 낮아지므로 헤모글로빈이 산소 분자 중 2개를 방출할 수 있다. 운동을 매우 격하게 하는 경우, 운반하는 산소의 3개 또는 4개를 모두 방출할 수 있다. 그림 22.27은 산소의 양(Po_2로 측정)과 헤모글로빈이 유지하고 있는 산소 분자의 비율 사이의 관계를 보여주는 헤모글로빈에 대한 산소 결합 곡선을 나타낸 것이다.

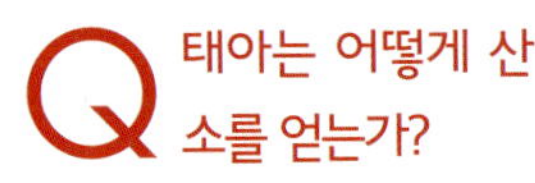

Q 태아는 어떻게 산소를 얻는가?

여성이 임신하면 태아는 공기를 호흡하지 않음에도 많은 양의 산소를 필요로 한다. 필요한 O_2를 어떻게 얻는가? 태아는 어머니의 헤모글로빈에서 방출되는 산소 분자를 수거한다. 태아와 산모는 각각의 별도의 순환계를 가지고 있으며, 혈액이 섞이지 않는다. 그러나 태반에서는 태아와 산모의 혈관이 분지되어 매우 밀접하게 접촉한다. 여기에서 태아는 산소에 접근할 수 있다. 태아는 정상적인 성인 헤모글로빈보다 약간 더 결합력이 큰 특수한 유형의 헤모글로빈을 생성하여 산소를 얻는다. 산모의 헤모글로빈이 산소를 방출하기에 충분히 낮은 Po_2에서도 태아 헤모글로빈은 더 큰 점착성(또는 산소 친화도)을 갖고서 산소에 결합하여 태아 조직에 산소를 전달하는 것이다(그림 22.28).

헤모글로빈의 산소 결합 곡선

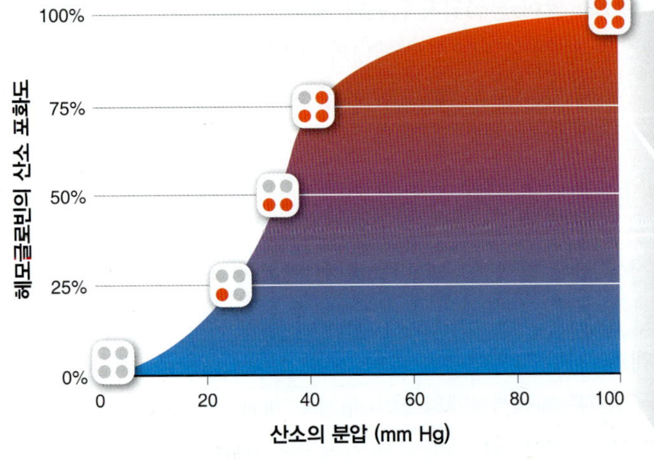

정상적인 대사 동안 전달되는 산소

- 산소 포화도가 높다.
- 헤모글로빈은 폐로 돌아가기 전에 신체 조직에서 단 하나의 산소 분자를 포기한다.

격렬한 육체 운동 동안 전달되는 산소

- 산소 포화도가 낮다.
- 헤모글로빈은 비축 상태로 들어가 폐로 돌아가기 전에 산소 분자 2개, 3개 또는 4개 모두를 방출한다.

도표로 배우기
데이터의 시각적 표현을 비판적으로 살펴보기
이 그림을 더 자세히 살펴보려면 이 장의 끝을 보시오.

그림 22.27 **끈적임이 없는 것에서 끈적임이 있는 것 까지.** 산소의 부분압 변화에 따른 산소에 대한 헤모글로빈의 친화도.

헤모글로빈 생성을 위한 유전 정보에 생긴 변화 하나로 인해 헤모글로빈 분자에 기능 장애가 일어나는데, 이는 겸상 적혈구증(sickle-cell disease)의 원인이다(9장 참조). 운동 중일 때와 같이, 비정상적인 헤모글로빈 분자가 결합된 산소 분자를 잃게 되면 헤모글로빈 분자는 기형이 되어 서로 달라붙게 된다. 적혈구 전체가 정상에서 뾰족한 낫 모양으로 바뀐다. 이러한 겸상 적혈구는 수많은 문제를 일으킨다. 세포가 즉시 교체되지 않으면, 빈혈이 발생할 수 있다. 이들은 함께 뭉쳐서 보통 한 번에 적혈구 하나씩 통과할 수 있는 모세혈관을 종종 막을 수도 있다. 이 질병은 심한 통증을 유발하고 뇌에서 발생하면 뇌졸중을 유발할 수 있다. 미국에서 약 70,000명의 사람이 겸상 적혈구증을 앓고 있다. 이 사람들은 격렬한 활동이나 근육 및 여러 조직의 산소량이 너무 낮은 여러 상황을 피함으로써 증상을 최소화할 수 있다.

Q 일산화탄소(CO) 중독이란 무엇일까? 어떻게 막을 수 있을까?

O_2와 CO 분자의 모양이 꽤 유사하기 때문에 헤모글로빈은 두 분자 모두에 결합할 수 있다. 불행하게도, 헤모글로빈은 산소보다 일산화탄소에 대한 친화력이 더 높다. 결함이 있는 용광로 또는 적절한 환기가 없는 등유 히터 주변처럼 일산화탄소 농도가 높은 구역에서는 일산화탄소가 헤모글로빈의 결합 부위를 놓고서 O_2와 경쟁한다. 더 나쁜 것은 헤모글로빈이 일산화탄소와 매우 강하게 결합한다는 점이다. 그래서 한번 결합하면, CO를 O_2로 바꾸지 않는다. 헤모글로빈이 신체 조직으로 이동할 때 방출할 산소가 없어진다. 결국, 조직이 질식되는 것이다.

CO 노출을 경험하는 사람들은 졸음을 느끼기 시작하고 의식을 잃을 수 있다. 그들이 O_2를 얻기 위해 더 깊게 숨을 들이마실 때 더 많은 CO만 흡입하게 되므로 상황을 더 악화시킨다.

CO는 무취이므로, 가스 회사는 사람들에게 가스 누출을 경고하기 위해 머캅탄이라는 악취가 나는 화학물질을 천연가스에 첨가한다. CO 감지기를 석유 또는 가스 용광로 근처에 설치하여 또 다른 경고 시스템으로 사용할 수도 있다.

태아 헤모글로빈

산모와 태아는 혈액 공급을 공유하지 않지만, 각각의 순환계는 태반에서 밀접하게 연결되어 있다.

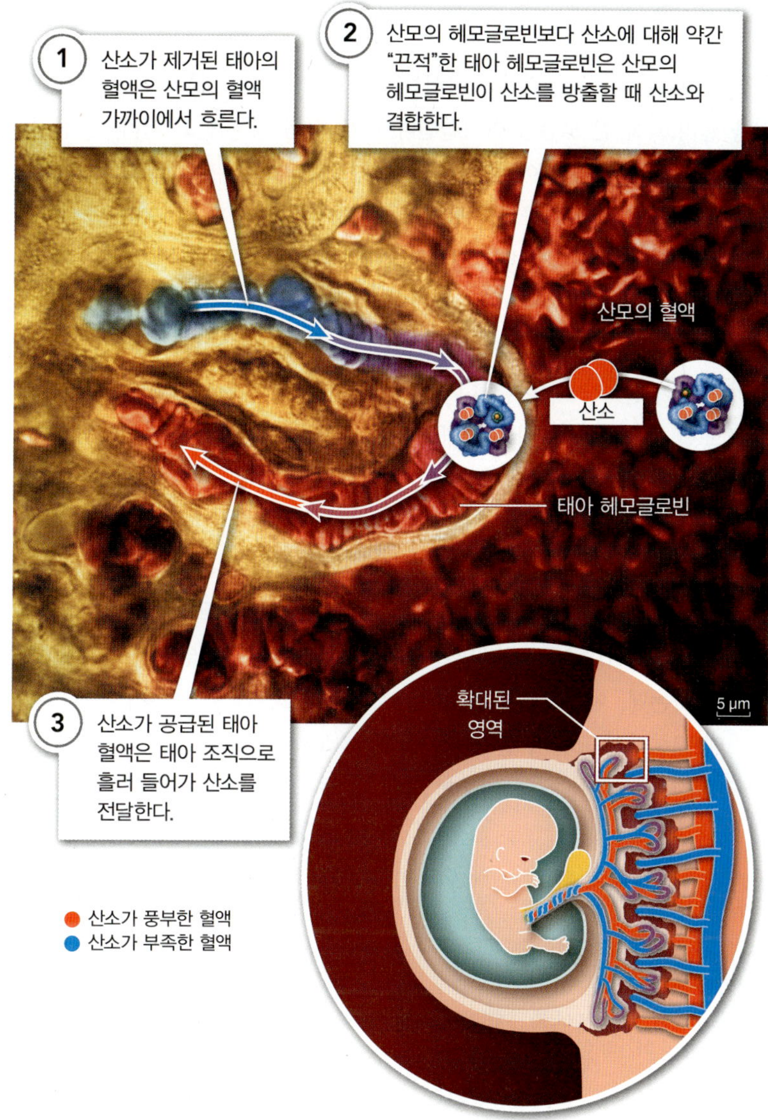

그림 22.28 태아가 산소를 얻는 방법

핵심요약 22.13

» 적혈구는 헤모글로빈으로 채워져 있으며, 이러한 헤모글로빈은 폐에서 산소를 흡수하여 몸 전체로 운반하는 분자이다. 헤모글로빈은 세포 호흡에 필요한 근육과 같은 기관과 조직에서 산소를 방출한다.

22.14 수생 척추동물의 기체 교환은 아가미에서 일어난다

어류의 호흡은 물을 꿀꺽꿀꺽 마시는 것으로 시작된다. 물고기는 입을 벌리고 물 한 모금을 빨아들인다. 그런 다음 입을 닫고 머리 양쪽에 작은 구멍을 열어 물을 방출한다. 인간과 다른 포유류가 숨을 들이쉬고 내쉬는 공기와 달리, 물은 방향을 바꾸지 않고 어류의 들어오고 나가는 단방향 경로로 진행된다.

기체 교환은 물이 아가미를 통과할 때 발생한다(**그림 22.29**). 물은 공기 중 산소 농도의 5%에 불과하므로 O_2를 추출하는 것은 어려운 일이다. 그러나 어류의 아가미는 거대한 표면적을 덮고 있는 정교한 구조와 매우 넓은 영역을 통해 혈액이 순환하는 독특한 방식 덕분에 이 문제를 극복할 수 있다.

아가미 구조. 아가미는 일반적으로 머리 양쪽에 뼈 또는 연골로 이루어진 아치형 구조로 구성된다. 각 아가미 아치는 이빨이 많은 머리빗과 비슷하다. 각각의 "빗살"은 차례로 조직의 긴 필라멘트를 지지하는데, 이 필라멘트는 매우 넓은 전체 표면적을 덮는다. 필라멘트는 기체 교환이 일어나는 **라멜라**라고 하는 수백 개의 디스크와 같은 구조가 쌓여 이루어진다. 막 구조의 라멜라 각각은 정교하게 분지된 모세혈관의 디스크다. 물이 아가미를 가로질러 돌진하면서 라멜라 사이를 지나 모세혈관과 직접 접촉하게 된다. 용존 O_2는 직접 확산을 통해 들어오는 물에서 혈액으로 전달될 수 있고, 용해된 CO_2 역시 혈액에서 나가는 물로 직접 확산을 통해 전달될 수 있다.

아가미를 통한 혈액 순환. 아가미의 혈액 순환은 물에서 산소를 추출하는 데 매우 효율적인 단순한 양상으로 만들어져 있다. 각 필라멘트에서 혈관은 혈액이 아가미를 지나 흐르는 물과 반대 방향으로 움직이도록 배열되어 있다. "역류 교환 시스템"이라고 불리는 이러한 배치는 혈액이 물과 같은 방향으로 흐를 때보다 훨씬 효율적이다. 혈액과 물이 같은 방향으로 흐른다면, 아가미는 물에 있는 산소의 최대 약 50%만 추출할 수 있는 것이다. 역류 시스템으로, 아가미는 물속의 산소의 85%까지 추출할 수 있다.

어류는 아가미가 있는 유일한 수생 동물이 아니다. 척추동물과 무척추동물의 다른 여러 집단에도 아가미가 있는데, 조개와 같은 연체동물과 바닷가재와 같은 절지동물이 여기에 포함된다. 아가

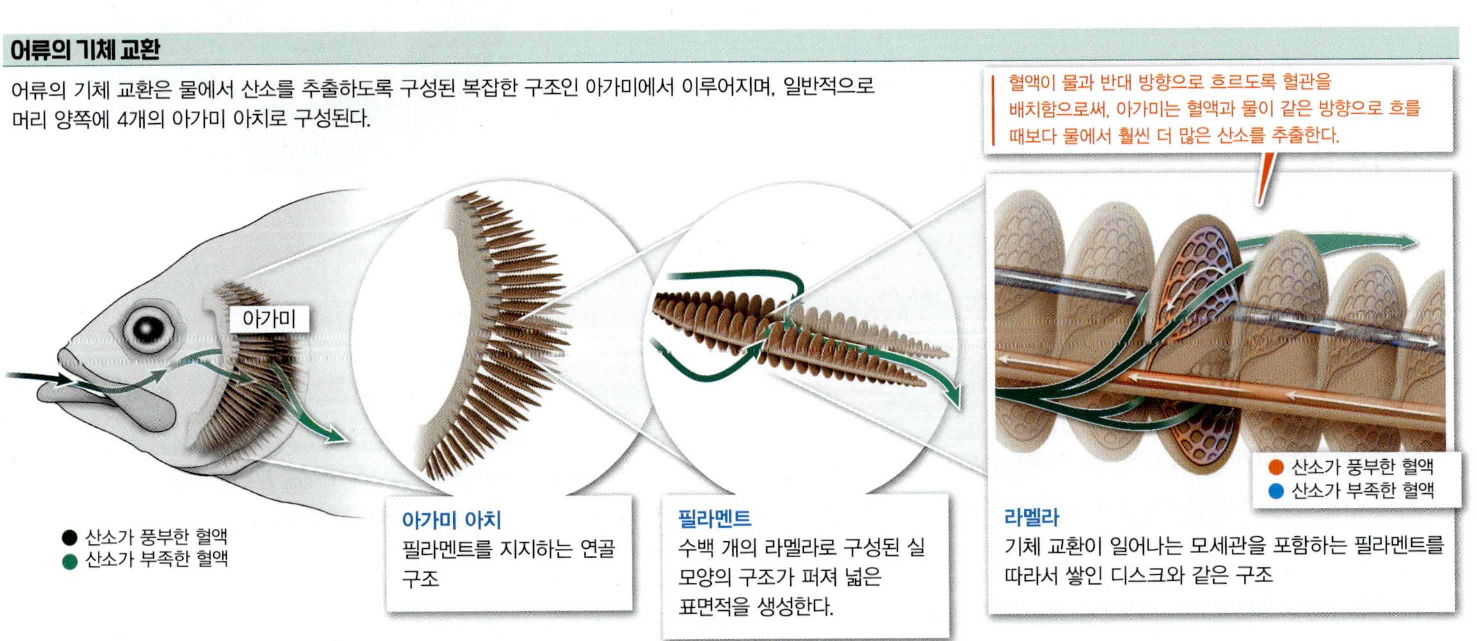

그림 22.29 아가미. 아가미의 구조에 의해 물고기는 기체 교환을 할 수 있다.

미는 단순한 것에서 복잡한 것까지 다양하며, 관련 구조에 많은 변화가 있다. 예를 들어, 대부분 상어는 일반적인 어류처럼 물에 몸을 담그는 데 그치지 않고 항상 앞 방향으로 수영을 해서 물이 아가미를 지나가게 한다. 상어가 앞으로 나아가기를 멈춘다면, 아가미를 둘러싸고 있는 물의 산소가 빠르게 고갈되어 질식할 수 있다. 이것이 대부분의 상어가 평생 동안 앞으로 전진하는 이유이다.

관계는 상어와 같습니다; 계속 움직이지 않으면 죽습니다."

— 우디 앨런, 애니 홀

핵심요약 22.14

» 수생 척추동물에서, 호흡은 유기체가 입을 벌리고 물을 마시고 아가미를 통해 물을 몸 밖으로 수송할 때 시작된다. 기체 교환은 아가미에서 일어나는데, 물에 있는 산소의 85%까지 추출한다.

22.15 육상 척추동물의 기체 교환은 폐에서 일어난다

육지에서의 생활은 수중 생활과 매우 다르지만, 기본적인 에너지 요구 사항은 동일하다. 세포가 생명에 필요한 반응에 연료를 공급하기 위해서는 ATP를 생성할 수 있는 산소가 필요하고, CO_2를 처리하는 방법이 있어야 한다.

폐로 흡입. 포유류의 호흡은 심호흡으로 시작된다(**그림 22.30**). 공기가 코를 통해 들어가 비강을 채우면 따뜻하고 촉촉해진다. 입으로 공기를 추가로 흡입할 수 있다. 공기의 이 두 진입점은 입 뒤쪽의 인후(인두라고도 함)에서 연결된다. 그런 다음, 공기는 흉강으로 이어진 긴 관인 기관(바람관이라고도 함)으로 이동한다. 일단 거기에 도달하면, 기관은 기관지라고 하는 2개의 작은 관으로 분지된다. 하나의 기관지는 왼쪽 폐로 가고 다른 하나는 오른쪽 폐로 간다.

기관지가 신축성 있는 주머니와 같은 폐에 들어가면 다시 분지된다. 그리고 다시, 또 다시. 각각의 연속적인 분지와 함께 기관지는 작아진다. 특정 크기 이하를 세기관지라고 한다. 결국, 세기관지는 공기가 혈관과 만나는 작은 탄성 주머니인 폐포에 최종적으로 도달한다(**그림 22.31**).

가스는 폐포에서 교환된다. 인간의 각 폐에는 약 3억 개의 폐포가 있으며, 전체 표면적은 대략 극장의 스크린 크기 정도다. **폐포**는 우리 몸에서 가장 섬세한 세포로 구성되어 있고, 매우 얇은 막을 지닌다. 손가락으로 작은 공을 감싸 쥐는 것과 같이 작은 모세혈관들은 폐포를 완전히 둘러싸고 있으며, 모세혈관도 폐포처럼 매우 얇은 막을 지닌다.

폐포의 공기에 있는 산소는 폐포를 덮는 세포의 수분에 녹는다. 이후 산소는 폐포와 모세혈관의 두 얇은 막을 통과한 후 혈류에 흡수된다. 동시에 이산화탄소는 혈액에서 폐포로 확산될 수 있다. 들이마신 숨은 즉각적으로 바뀐다. 내쉴 때 공기는 O_2가 고갈되고 CO_2로 가득 차 있다.

인간의 호흡계

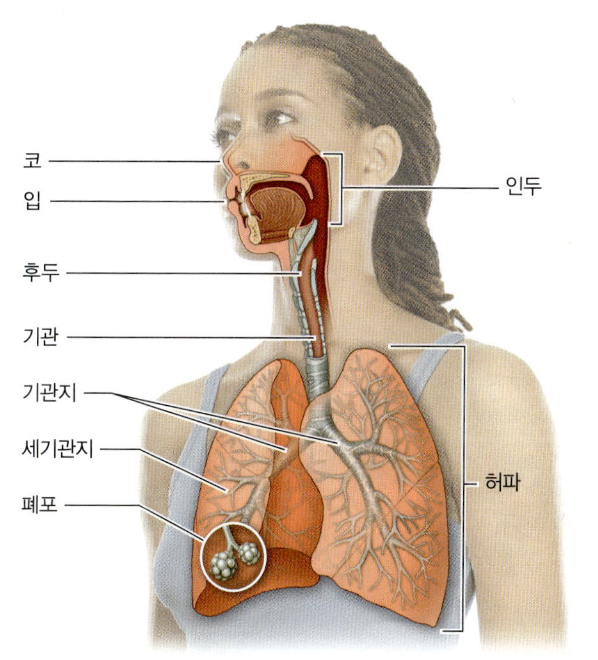

호흡계의 기능

- 세포 호흡에 필요한 산소를 얻음
- 세포 기능의 노폐물인 이산화탄소 제거

육상 동물에서 호흡계는 흡입된 공기가 신체의 혈관과 만나는 경로를 제공한다.

그림 22.30 허파. 인간(과 여러 육상 척추동물)의 호흡 기관.

폐포를 통한 가스 교환

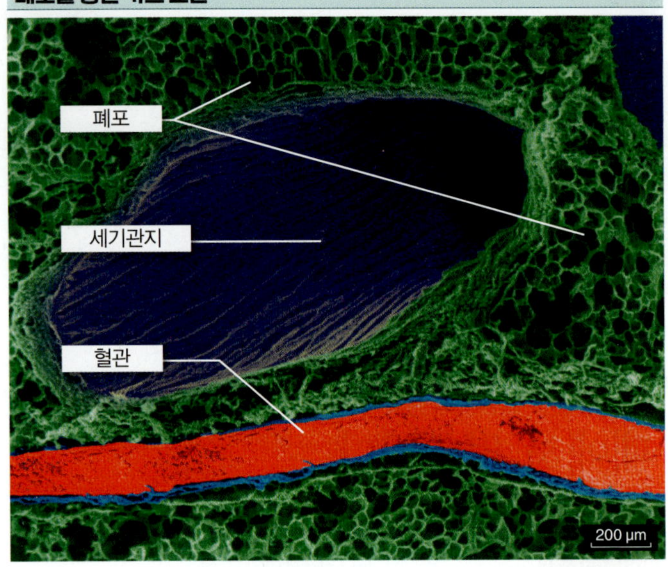

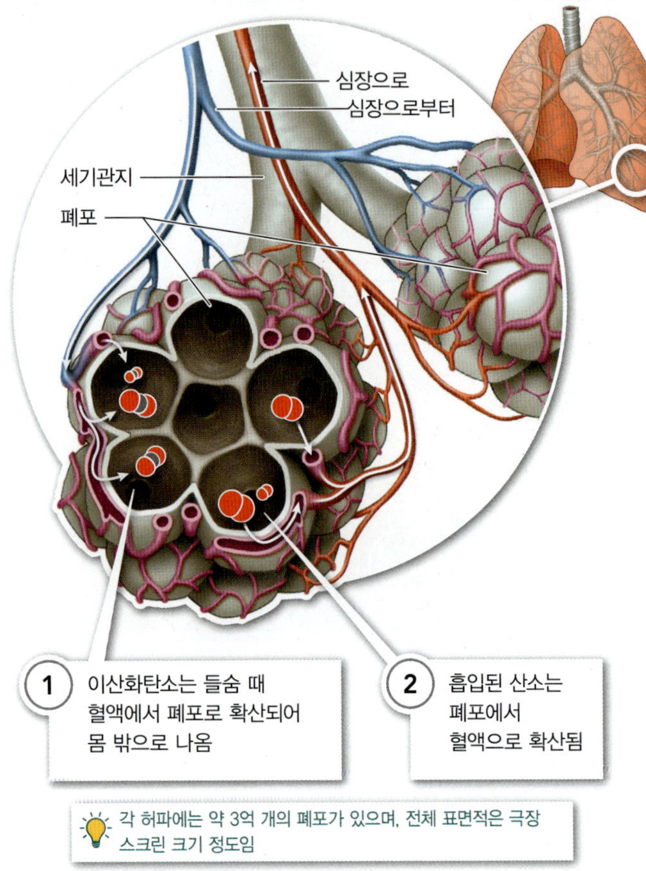

그림 22.31 허파에서 폐포: 공기와 혈액이 만나는 곳.

양서류와 파충류의 호흡계는 포유류와 거의 동일하다. 양서류의 폐는 몸의 크기에 비해 약간 작지만, 양서류는 피부를 통해 가스교환을 수행하여 줄어든 폐 용량을 보충한다. 이것이 그들이 항상 피부를 촉촉하게 유지해야 하는 이유다. 파충류는 일반적으로 피부를 통해 호흡을 하기에는 너무 두꺼운 피부와 비늘이 있다. 따라서 파충류는 양서류보다 약간 더 큰 폐를 가지고 있다. 22.17절에서 살펴보겠지만, 새는 육상 척추동물 중에서 호흡 효율이 가장 좋은 챔피언이다.

Q 흡연은 폐를 어떻게 손상시킬까? 손상된 폐를 되돌릴 수 있을까?

담배 연기에 만성적으로 노출되면 폐포 벽이 손상되기 쉬워 호흡 능력이 감소한다. 또한, 담배 연기의 독성 입자는 기관 벽에 있는 세포의 작은 머리카락 같은 섬모를 손상시켜서, 우리가 호흡하는 공기에서 먼지와 미생물을 걸러내는 능력을 감소시킬 수 있다. 흡연은 또한 수천 가지의 다양한 화학물질을 호흡기계에 들여오는데, 그중 많은 화학물질이 세포를 파괴할 수 있는 강력한 영향을 미친다. 일부 화학물질은 감염과 싸우는 데 도움이 되는 면역계 세포를 죽일 수 있다. 다른 물질은 기도를 차단하고 호흡 곤란을 유발할 수 있는 점액 분비를 촉발하기도 한다.

아마도 가장 중요한 것은 담배 연기의 발암성 화학물질이 폐 조직에서 억제되지 않은 세포 증식을 유발하여 암을 발생시킬 수 있다는 것이다.

흡연은 (미국에서 매년 거의 50만 명의 사망 원인이다) 여러 면에서 파괴적이지만, 어느 시점에서든 담배를 끊으면 피해를 일부 회복할 수 있는 과정에 진입할 수 있다. 금연 후 1년이 지나면 폐암과 심장병으로 인한 사망 위험이 감소하기 시작하고, 15년 동안 금연한 후에는 이러한 원인으로 인한 사망 위험이 담배를 피우지 않은 사람과 동일한 수준으로 돌아간다.

핵심요약 22.15

» 육상 척추동물에서 호흡은 공기가 폐로 숨을 들이마실 때 시작되며, 여기서 O_2는 모세혈관을 통해 혈액으로 확산하고, CO_2는 혈액에서 공기로 확산한다. 그 다음에 산소가 고갈된 공기를 밖으로 내쉬며, 이 과정은 다시 시작한다.

22.16 근육은 폐로 들어오고 나가는 공기의 흐름을 조절한다

호흡 역학

호흡은 다음 흉강의 구조에 의해 가능함:

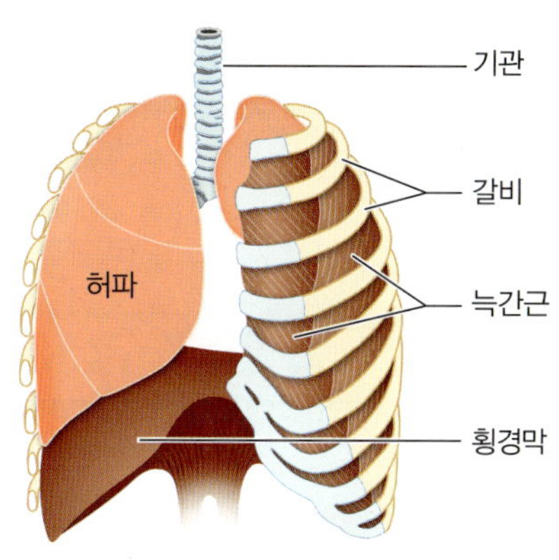

파충류, 새, 포유류에서 호흡은 두 단계로 일어난다. (숨을 들이쉬고 내쉴 때 점선으로 표시된 폐 크기의 차이에 유의하시오.)

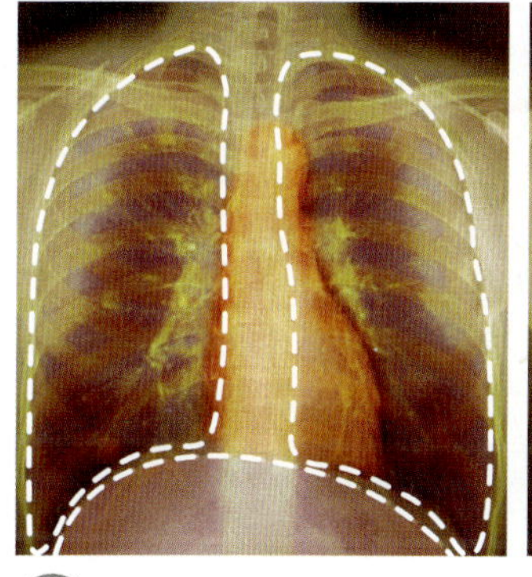

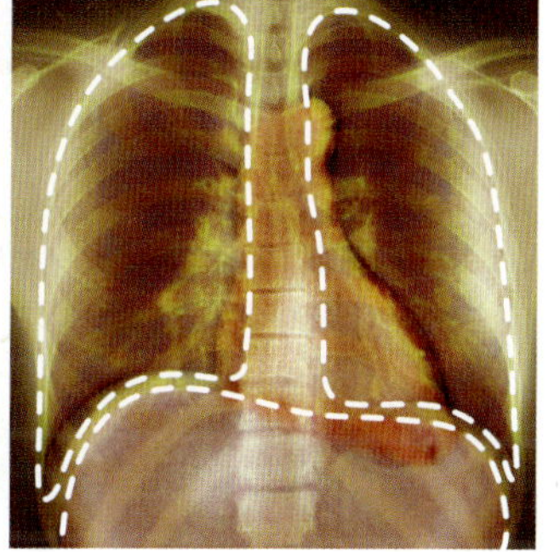

① **들숨**
- 횡격막 및 늑간 근육 수축됨
- 횡경막이 아래로 당겨짐 갈비뼈가 확장됨
- 공기가 폐로 흡입됨

② **날숨**
- 횡격막과 늑간근 이완
- 흉강이 원래 크기로 돌아감
- 공기가 기관으로 배출됨

그림 22.32 숨을 들이 쉬고 내쉰다. 호흡을 가능하게 하는 신체 구조.

우리는 호흡에 대해 굳이 생각할 필요가 없다. 그러나 평생, 이 간단한 과정은 실패 없이 5억 번 이상 일어날 것이다. 호흡은 어떻게 작동할까?

파충류, 새 및 포유류에서 호흡은 들숨과 날숨의 두 단계로 일어난다(**그림 22.32**). 흉강의 바닥에는 흉강과 복강을 분리하는 **횡격막**이라고 하는 큰 근육층이 있다. 흉강의 나머지 부분은 갈비뼈와 갈비뼈 사이의 늑간근으로 둘러싸여 있다. 흡입하는 동안 횡격막과 외부 늑간근이 수축한다. 횡격막이 아래로 당겨지고, 늑간근이 갈비뼈를 들어 올리고 흉곽을 확장한다. 이로 인해 흉강과 폐의 부피가 급격히 증가하여 공기가 폐로 빨려 들어가게 된다. 횡격막과 늑간근이 이완되면 흉강이 원래 크기로 되돌아간다. 이러한 부피 감소는 폐를 압축하여 공기를 배출하게 한다.

"나는 죽을 때까지 숨을 참을 것이다." 어렸을 때, 사람들은 이런 식으로 부모를 위협했을 수 있다. 우리는 의식적으로 호흡을 어느 정도 조절할 수 있지만, 몸의 화학 센서는 이산화탄소 수치가 위험할 정도로 높을 때 이를 감지하고, 뇌는 호흡을 조절하는 근육에 신호를 보내서 호흡을 멈추려는 우리의 노력을 무시하도록 자극한다.

핵심요약 22.16

» 파충류, 새, 포유류에서 호흡은 들숨과 날숨의 두 단계로 이루어진다. 들숨 동안 근육이 수축하여 횡격막을 아래로 당긴다: 흉강의 부피가 증가하여 공기를 폐로 빨아들인다. 날숨 동안에는 근육이 이완된다: 흉강이 원래 크기로 돌아가고 공기가 폐 밖으로 밀려 나온다.

22.17 새는 대단히 효율적인 호흡 시스템을 가지고 있다

새는 새로운 차원으로 호흡한다. 종종 고지대, 저산소 서식지에서 시간을 보내고 장기간 비행하기 때문에 ATP 생산을 위해서는 많은 산소가 필요하다(**그림 22.33**). 몇 가지 중요한 진화적 적응으로 인해 새는 다른 육상 척추동물보다 훨씬 더 효율적으로 기체를 교

주변 온도가 −40°C인 최대 8,200m의 고도에서 이동하는 것으로 알려진 큰고니들.

산소 가용성이 낮은 높은 고도에서도 새는 기체를 매우 효율적으로 교환할 수 있도록 적응하여 진화해 왔다.

그림 22.33 고지대 호흡.

환할 수 있다.

우선 새의 호흡 적응 덕분에 산소가 풍부한 공기가 포유류보다 2배나 오래 폐를 통해 흐르도록 할 수 있다. 포유류에서 공기는 흡입되어 막힌 공간인 폐포에 도달한 후 숨을 내쉴때 방향이 바뀐다.

포유류가 숨을 내쉬는 동안에는 새로운 산소가 폐에 도달하지 못하는데, 이는 운동 중에 문제가 된다. 대조적으로, 새의 경우 더 효율적인 시스템을 사용하여 산소를 함유하는 공기가 폐의 끝까지 들어가지 않고 폐의 오래된 공기와 만나지 않는다. 새가 호흡하는 방법은 다음과 같다(**그림 22.34**).

Q 새의 호흡은 어떻게 포유류 호흡과 덜 비슷하고 물고기 "호흡"과는 더 비슷할까?

새가 숨을 들이쉴 때 공기 일부는 산소가 혈액으로 확산할 수 있는 폐를 통과한다. 나머지 공기는 후방 기낭이라고 하는 임시 저장 구조를 채운다. 그런 다음, 새가 숨을 내쉴 때 후부 기낭이 수축하여 폐를 통해 더 많은 산소가 풍부한 공기를 밀어낸다. 이 시스템을 사용하면, 새로운 공기를 들이마시지 않는 날숨 동안에도 산소가 풍부한 공기가 폐를 통과하게 되는 것이다.

조류의 순환 호흡계

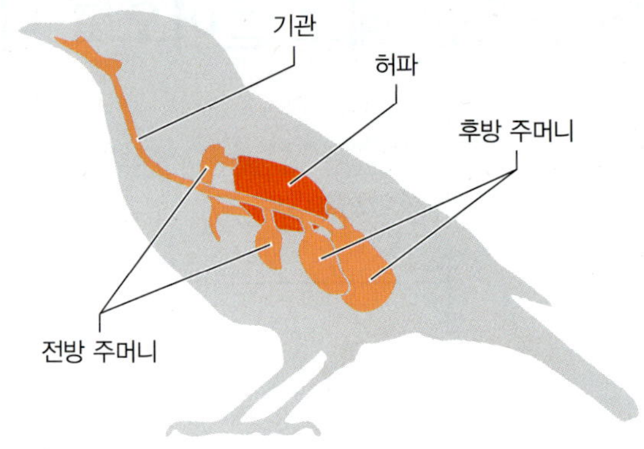

새는 사람과 달리 공기가 폐를 통해 한 방향으로 움직인다. 그리고 들숨과 날숨 동안 신선한 공기가 폐를 통해 계속 흐르게 된다.

1 들숨

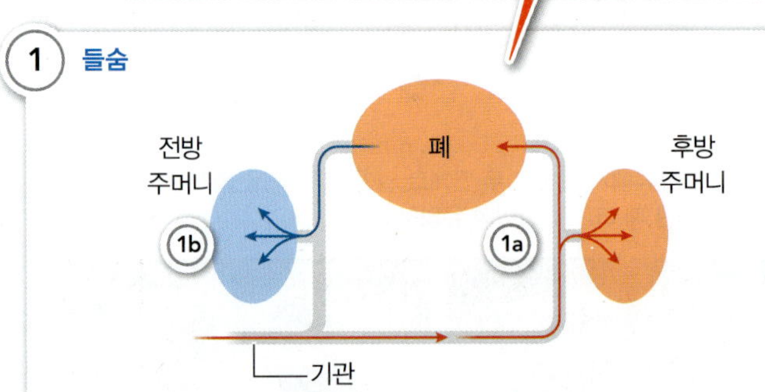

ⓐ 신선하고 산소가 풍부한 공기가 기관을 따라 내려가서 후부의 "대기실" 주머니와 폐를 팽창시킨다.

ⓑ 동시에 산소가 부족한 공기가 폐에서 배출되어 앞쪽 주머니가 팽창한다.

2 날숨

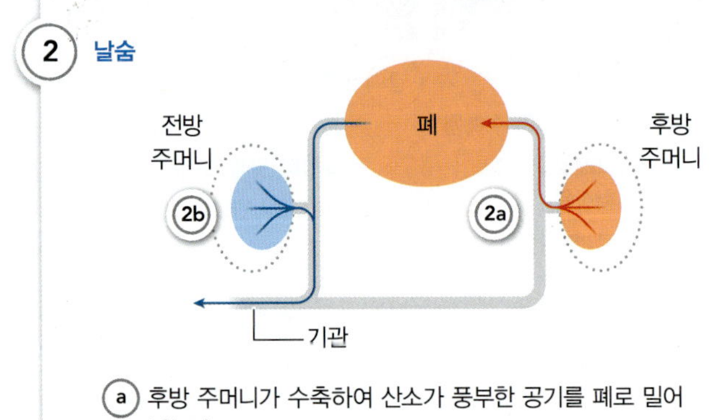

ⓐ 후방 주머니가 수축하여 산소가 풍부한 공기를 폐로 밀어 넣는다.

ⓑ 전방 주머니가 수축하여 산소가 부족한 공기를 기관 밖으로 밀어낸다.

조류의 고효율 기체 교환 시스템은 비행에 필요한 산소를 지원한다.

그림 22.34 극단적 요구 충족.

새가 숨을 들이쉴 때, 폐를 통해 이동하는 공기는 앞쪽 기낭이라고 하는 다른 임시 저장 구조로 전달된다. 그런 다음 새가 숨을 내쉴 때는 폐를 통과한 산소 부족 공기와 앞쪽 기낭의 산소 부족 공기가 함께 기관으로 이동하고, 이 혼합물은 새의 몸에서 배출된다.

기낭과 폐의 독특한 통과 채널로 작동하는 순환 호흡계를 활용해서, 조류는 산소가 풍부한 공기가 계속 일방통행의 흐름으로 폐를 통과하도록 유지한다. 이러한 적응 덕분에 기러기는 거의 해발 9.7km 높이의 에베레스트산 위로 날아갈 수 있다. 이 높이에 포유류가 놓인다면 산소 부족으로 인해 거의 즉시 의식을 잃을 것이다.

핵심요약 22.17

» 새들은 종종 고지대, 저산소 서식지에서 시간을 보내거나 오랜 시간 동안 날 수 있다; 이 두 가지 활동 모두 많은 양의 산소가 필요하다. 이러한 요구는 공기 흐름의 순환 시스템에 의해 충족되어 새가 다른 육상 척추동물보다 더 효율적으로 기체를 교환할 수 있다.

22.18 높은 고도에서 저산소 조건에 적응하거나 순화하면 산소 전달 능력이 향상된다

호흡하는 것이 더욱 어려운 장소가 있다. 산소가 혈액으로 확산하는 속도에 대한 가장 중요한 제약 중 하나는 기압이다. 높은 고도에서는 훨씬 적은 양의 산소만 이용할 수 있다. 예를 들어, 해발 4,570 m에서의 기압은 해수면의 절반 정도다. 이것은 공기를 아래로 누르는 위쪽의 대기가 더 적기 때문이다. 위의 더 낮은 압력으로 인해서 일정 부피의 공기에서 짜낼 수 있는 산소는 더 적다.

고지대에서는 낮은 기압으로 인해 공기를 폐로 밀어 넣어 폐포와 모세혈관 막을 가로질러 혈액 속으로 산소를 몰아넣기가 어렵다. 우리의 헤모글로빈은 이렇게 낮은 압력에서 산소를 흡수하도록 설계되지 않았기에, 우리는 어려움을 겪게 된다; 헤모글로빈이 충분히 결합력을 나타내지 못한다. 따라서 산악 등반가는 종종 가압 산소 용기를 휴대하기도 한다; 고압 산소는 혈류로 더 쉽게 확산한다.

높은 고도에 사는 동물은 사용 가능한 산소가 적은 상태에서 생존하도록 적응되었다(**그림 22.35**). 예를 들어, 해발 약 5,000 m 높이에 사는 라마는 약간 다른 형태의 헤모글로빈을 생성한다. 고

그림 22.35 쉽게 숨쉬는 라마. "끈적끈적한" 헤모글로빈의 적응으로, 이 라마는 4,000m (13,000피트)가 넘는 고지대에서 편안하게 살 수 있다.

지대의 저산소 조건에서 라마 헤모글로빈은 인간 헤모글로빈보다 산소에 대한 친화력이 더 높아 "더 끈적끈적"하다. 이 끈적거림은 라마가 상대적으로 산소가 부족한 공기를 들이마시더라도 헤모글로빈이 4개의 산소 분자로 포화되게끔 한다. 산소는 세포 호흡에 소비되기 때문에 헤모글로빈에 결합한 산소라도 정상 활동을 위해 근육으로 여전히 방출된다.

라마는 태어날 때부터 높은 고도에 적응했지만, 대부분 사람은 그렇지 않다. 그러나 우리는 그러한 조건에 맞출 수 있다. 일반적으로 해발 1,830~2,130 m의 높은 고도에서 3~5주 동안 훈련하면, 몇 가지 생리학적 변화가 발생한다. 순화라는 이 과정은 우리의 힘, 속도 및 체력에 상당한 영향을 미친다.

라마와 마찬가지로, 저산소 상태에 대한 우리의 적응 중 일부는 헤모글로빈의 변형(유전이 아니라 후천적이지만)에서 비롯된다. 이외의 다른 인체 변화에는 더 많은 적혈구 생성 자극, 혈액 및 모세혈관 부피 증가, 미토콘드리아 수 증가 등이 있다.

고지대 훈련은 적혈구에서 디포스포글리세린산(diphosphoglyceric acid, DPG)이라는 화학물질을 증가시킨다. 이 산은 적혈구의 헤모글로빈과 결합하여 단백질의 모양을 아주 조금 변화시킨다. 그렇게 함으로써, 헤모글로빈의 점착성을 감소시켜 산소에 대한 친화력을 낮춘다. 이렇게 감소된 산소 친화력으로 인해 DPG로 변형된 헤모글로빈은 어떤 높이에서도 운반 중인 O_2를 더 많이 방출하도록 한다(**그림 22.36**).

순화(산소에 대한 헤모글로빈의 친화력 감소)에서 볼 수 있는 해결 방법과 높은 고도에서 영구적으로 사는 동물(산소에 대한 헤모글로빈의 친화력 증가)의 적응에서 볼 수 있는 해결 방법의 차이점에 주목하자. 이는 높은 고도에서 낮은 산소 수준이라는 환경 문제에 대처하기 위한 다양한 전략을 나타낸다. 한 가지 전략은 폐가 산소를 더 잘 얻도록 하는 것이다. 다른 하나는 산소가 필요한 조직에 산소를 더 잘 방출하는 것이다. 산소 친화도가 높은 헤모글로빈에 의해서, 라마는 숨을 쉴 때마다 폐의 산소 결합이 향상된다. 산소 친화도가 낮은 헤모글로빈으로 인해 인간은 필요한 근육 및 기타 조직으로의 산소 전달을 증가시킨다.

Q 고지대 훈련이 운동선수에게 어떤 도움이 될까?

높은 고도에서 훈련하는 선수는 운동 성과를 약 3% 정도 향상할 수 있다. 이러한 차이는 1968년 멕시코시티 올림픽(고도 2,290 m)에서 극적으로 나타났다. 당시 10,000 m 경주의 상위 5명의 선수는 연중 내내 높은 고도에서 거주하는 자들이었다. 고지대 훈련의 이점은 선수가 해수면으로 돌아온 후에도 크게 향상된 경기력이 유지된다는 것이다. 그러나 인간이 높은 고도에 순화하는 것처럼, 우리는 낮은 고도에도 순화할 수 있다. DPG(그리고 이를 통해 얻을 수 있는 운동 성과)는 해수면으로 돌아온 후 약 3~5주 후에 낮은 고도 수준으로 돌아간다.

고지대 훈련

고지대 훈련의 이점
- 추가 적혈구 생산
- 혈액 및 모세혈관 부피 증가
- 미토콘드리아 수 증가
- 적혈구의 디포스포글리세르산(DPG) 증가

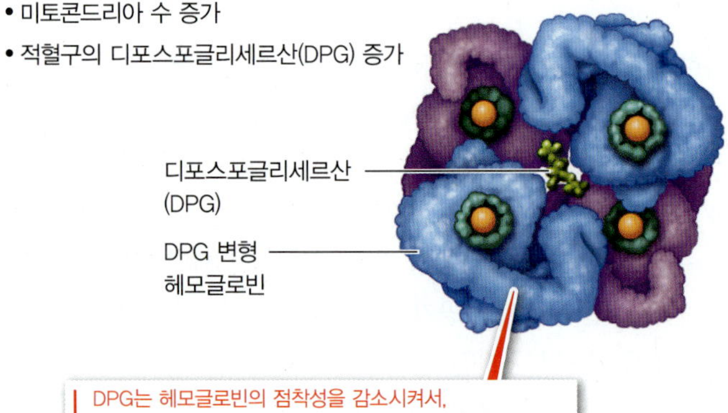

그림 22.36 순응: 단기적 변화. 고지대에서의 훈련은 근육에 산소를 더 쉽게 공급할 수 있게 하여 운동 능력을 향상시킬 수 있도록 혈액 화학의 변화를 유발한다.

핵심요약 22.18

» 이용 가능한 산소가 적은 고지대 생활에 적응한 동물 개체군은 산소 친화도가 더 높은 헤모글로빈을 생성하여 흡입할 때 포화 상태가 되게 한다. 대조적으로, 높은 고도를 방문하는 인간은 산소에 대한 헤모글로빈의 친화력을 일시적으로 감소시키는 화학물질을 방출하는 순화를 하게 되고, 운동 중에 근육으로의 산소 방출을 증가시킨다.

"압력을 받고 있는 콘텐츠": 잠수병을 인식하고 회피하기

Q: 스쿠버 다이버와 샴페인 병의 공통점은 무엇일까? 고압에서는 많은 양의 기체가 액체에 용해될 수 있다. 이것이 샴페인 한 병에 엄청난 양의 이산화탄소가 존재할 수 있는 이유이다. 또, 몸에 엄청난 수압을 겪는 다이버들이 혈류에 산소를 녹이기 위해서 고압의 공기를 마셔야 하는 이유이기도 하다.

Q: 거품이 다이버에게 나쁜 소식인 이유는 무엇일까? 샴페인 병의 마개를 열면 압력이 갑자기 해제된다. 저압에서는 액체가 많은 양의 이산화탄소를 거의 보유할 수 없으므로 빠르게 거품이 발생한다. 유사하게, 스쿠버 다이버가 수면으로 너무 빠르게 돌아오면, 혈액이 기체를 보유하는 능력과 함께 신체의 압력이 급격히 감소하게 된다. 그리고 코르크 마개를 푼 후의 샴페인과 같이 다이버의 혈액에 있는 많은 기체, 특히 공기의 가장 큰 구성 요소인 질소가 빠르게 거품을 일으켜서 "잠수병"의 증상으로 알려진 통증, 피로, 팔다리의 쇠약 또는 마비를 유발한다. 갑자기 기압이 낮은 곳으로 매우 높이 올라가는 무압 비행기에서 비행하는 사람들에게 잠수병과 유사한 일이 발생할 수 있다. 이것은 때때로 제2차 세계대전의 조종사들에 의해 보고되었다.

Q: 잠수병 피하기에 대해 내릴 수 있는 결론은 무엇일까? 거품을 발생시키지 않고 샴페인 병을 여는 방법인 코르크 마개를 천천히 제거하여 압력을 매우 천천히 해제하는 것처럼, 다이버는 물 깊은 곳에서 서서히 상승하여 혈액에 가해지는 압력을 매우 천천히 줄여야 한다. 아니면, 다이버가 챔버(고압 챔버라고 함)에 있게 하고서 점진적으로 감압하는 것이다.

연습 데이터의 시각적 표현을 비판적으로 살펴보기

도표로 배우기

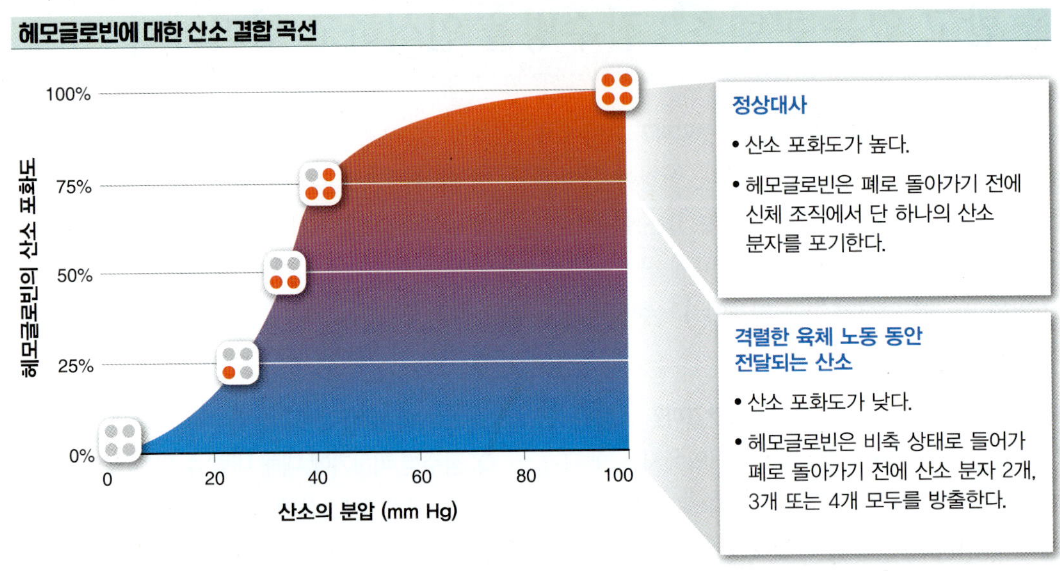

1. 이 그래프의 목적은 무엇일까?

2. 그래프에 사용된 음영의 차이가 나타내는 것은?

3. 이 그래프에 데이터가 표시되어 있는가? 그렇다면 무엇일까? 그렇지 않다면 무엇을 나타낸 것일까?

4. 곡선의 S자 모양이 중요한 이유는 무엇일까? 유기체의 생리학이 직선(45° 각도)이라면 어떻게 다른가?

5. 산소분압 60 mmHg에서 헤모글로빈의 산소포화도는 얼마인가? 이 대답이 헤모글로빈 분자가 산소 분자 1개 또는 2개, 3개 또는 4개(이들 사이가 아닌) 중 하나를 운반할 수 있다는 점을 고려할 때 의미가 있을까?

6. 산소분압이 20 mmHg 정도 변화하는 어떤 구간에서 헤모글로빈이 산소를 가장 많이 방출하는가?

7. 이 그래프는 사람들이 높은 산을 오를 때 숨이 가빠지는 이유를 이해하는 데 도움을 줄 수 있을까?

답은 부록에 있음.

주요 용어: 순환과 호흡

개방 순환계 open circulatory system, 670쪽
고혈압 hypertension, 684쪽
관상동맥 coronary artery, 685쪽
동맥 artery, 670쪽
동맥경화 arteriosclerosis, 686쪽
라멜라 lamella, 694쪽
림프 lymph, 688쪽
림프절 lymph node, 688쪽
모세혈관 capillary, 670쪽
백혈구 leukocytes, 682쪽
백혈구 white blood cells, 682쪽
병원체 pathogen, 682쪽
세포간질액 interstitial fluid, 670쪽
수축기 혈압 systolic pressure, 683쪽
심방 atrium(복수 atria), 671쪽
심실 ventricle, 671쪽
심잡음 heart murmur, 675쪽
심장 heart, 670쪽
심혈관 질환 cardiovascular disease, 685쪽
아가미 gills, 690쪽
이완기 혈압 diastolic pressure, 683쪽
저혈압 hypotension, 684쪽
적혈구 erythrocytes, 681쪽
적혈구 red blood cells, 681쪽
적혈구용적률 hematocrit, 681쪽
정맥 vein, 671쪽
죽상경화증 atherosclerosis, 686쪽
줄기세포 stem cells, 681쪽
체(온몸)순환 systemic circuit, 672쪽
폐 lungs, 690쪽
폐(허파)순환 pulmonary circuit, 672쪽
폐쇄 순환계 closed circulatory system, 670쪽
폐포 alveoli, 695쪽
헤모글로빈 hemoglobin, 681쪽
혈림프 hemolymph, 670쪽
혈소판 platelet, 682쪽
혈압 blood pressure, 683쪽
혈액 blood, 670쪽
혈장 plasma, 681쪽
횡경막 diaphragm, 697쪽

요약

순환계는 동물의 주요 분배 통로다.

- 동물의 경우 순환계는 주요한 분배 시스템이다. 순환계는 기체, 영양소, 노폐물, 호르몬을 조직으로 또는 조직으로부터 수송하고 체온을 조절하며 감염에 대응하여 보호하는 역할을 한다.
- 확산을 통해 충분한 양분과 산소를 얻을 수 있는 동물은 순환계가 없다. 순환계가 있는 동물 중에서, 순환계는 순환액과 세포간질액의 명확한 구분 없는 개방 순환계이거나 순환액이 혈관에 담겨 간질액과 분리된 상태로 유지되는 폐쇄 순환계다.
- 척추동물의 순환계는 심장 방의 수(2~4개)와 혈류 순환의 수(1개 또는 2개)를 포함하여 구조가 다양하다. 2개의 혈류 순환으로 혈액은 단일 순환보다 더 높은 압력에 의해 신체로 펌핑된다.

인간의 순환계는 심장, 혈관 및 혈액으로 구성된다.

- 순환계의 중심에 있는 인간의 심장은 내구성이 매우 뛰어난 펌프다. 이것은 **그림 22.8**처럼 2개의 회로를 통해 온몸으로 혈액을 보내는데, 먼저 폐로 보내 산소를 채우고 이후에 신체의 조직과 기관으로 보낸다. 심장의 판막은 혈액이 한 방향으로 흐르도록 한다.
- 자발적이고 주기적으로 전기 자극을 발산함으로써, 동방결절은 심장의 수축을 시작하고 심장의 박동조율기 역할을 한다. 심장 수축은 우심방에서 시작하여 좌심방으로 빠르게 퍼져서 심장의 바닥까지 내려갔다가 다시 위쪽으로 퍼져서 양쪽 심실에서 나온 혈액을 폐동맥과 대동맥을 통해 밖으로 밀어낸다.
- 혈액은 혈관을 통해 흐른다. 동맥은 탄력적이며, 심장에서 모세혈관으로 높은 압력으로 혈액을 운반한다. 작고 얇은 벽의 모세혈관은 조직과 혈액 사이에서 영양분, 기체, 폐기물 및 기타 물질이 확산되는 부위다. 정맥은 낮은 압력에서 심장으로 혈액을 운반한다.
- 정교한 장비는 과학을 하기 위한 필수 조건은 아니다. 종종 간단한 실험 방법과 낮은 수준의 기술 장비를 활용해도 결정적인 실험 결론과 흥미롭고 중요한 가설에 대한 최종 테스트를 수행하기에 충분하다.
- 염분을 함유하고 단백질이 풍부한 혈액은 세포와 체액의 혼합물로서, 순환계에 필수적인 모든 세포와 분자를 운반한다. 혈액은 다양한 분자를 포함하는 물 성분 액체인 혈장과 두 가지 유형의 세포(산소 수송을 위한 적혈구 및 감염 방어를 위한 백혈구) 및 혈소판(혈관 복구용)이라는 세포 조각으로 구성된다.
- 혈압 측정은 개인의 심혈관 건강에 대한 단서를 제공한다. 고혈압이 있으면, 심장이 더 열심히 일해야 하고 동맥은 탄력을 잃으므로 건강 위험도가 증가한다.
- 심장마비 및 뇌졸중 등 심장 및 혈관의 모든 질환을 포함하는 심혈관 질환은 일반적으로 동맥 내벽에 지방 침착이 축적되면서 시작된다. 건강한 생활 방식은 심혈관 질환의 위험을 최소화할 수 있다.
- 림프계는 모세혈관에서 누출된 체액을 재활용하고, 체내의 병원체와 싸울 수 있는 백혈구에 림프를 노출시키며, 소화계에서 영양분을 흡수하는 등 순환 과정에서 지원 역할을 한다.

호흡계는 기체를 교환한다.

- 단세포 및 매우 작은 다세포 생물은 직접 확산을 통해 기체를 교환한다. 더 큰 다세포 유기체에서 기체 교환은 두 단계로 일어난다. 첫째, 외부 환경과 순환계 사이에서 진행되는데, 일반적으로 폐, 기관 또는 아가미에서 기체 교환이 일어난다. 둘째, 순환계와 세포 호흡에 관여하는 세포 사이에서 기체 교환이 일어난다.
- 적혈구는 헤모글로빈으로 채워져 있는데, 헤모글로빈은 폐에서 산소를 흡수하여 몸 전체로 운반하는 분자다. 헤모글로빈은 세포 호흡에 필요한 근육과 같은 기관과 조직에서 산소를 방출한다.
- 수생 척추동물에서 호흡은 유기체가 입을 벌려 물을 마시고 아가미를 통해 물을 몸 밖으로 수송할 때 시작된다. 기체 교환은 아가미에서 일어나는데, 물에 있는 산소의 85%까지 추출한다.
- 육상 척추동물에서 호흡은 폐로 숨을 들이마실 때 시작되는데, 여기서 O_2는 모세혈관을 통해 혈액으로 확산하고, CO_2는 혈액에서 공기로 확산한다. 그 다음에 산소가 고갈된 공기를 밖으로 내쉬며, 이 과정은 다시 시작한다.
- 파충류, 새, 포유류에서 호흡은 들숨과 날숨의 두 단계로 이루어진다. 들숨 동안 근육이 수축하여 횡격막을 아래로 당긴다: 흉강의 부피가 증가하여 공기를 폐로 빨아들인다. 날숨 동안에는 근육이 이완된다: 흉강이 원래 크기로 돌아가고 공기가 폐 밖으로 밀려 나온다.
- 새들은 종종 고지대, 저산소 서식지에서 시간을 보내거나 오랜 시간 동안 날 수 있다; 이 두 가지 활동 모두 많은 양의 산소가 필요하다. 이러한 요구는 공기 흐름의 순환 시스템에 의해 충족되므로, 새가 다른 육상 척추동물보다 더 효율적으로 기체를 교환할 수 있다.
- 이용 가능한 산소가 적은 고지대 생활에 적응한 동물 개체군은 산소 친화도가 더 높은 헤모글로빈을 생성하여 흡입할 때 포화 상태가 되도록 한다. 대조적으로, 높은 고도를 방문하는 인간은 산소에 대한 헤모글로빈의 친화력을 일시적으로 감소시키는 화학물질을 방출하는 순화를 하게 되고, 운동 중에 근육으로의 산소 방출을 증가시킨다.

복습하기

짧게 답하기

1. 다세포 생물의 진화가 순환계의 발달을 유도한 이유는 무엇일까?
2. 단일 및 이중 회로 심혈관 시스템의 차이점은 무엇일까? 더 높은 에너지 수요에 어느 것이 더 적합할까? 왜 그럴까?
3. 동맥을 절개하면 정맥을 절개할 때보다 혈액이 분출할 가능성이 더 큰 이유는 무엇일까?
4. 고혈압과 관련된 건강상 위험한 점들을 설명하시오.
5. 심장병과 심장마비의 위험을 줄이기 위해 모든 사람이 할 수 있는 세 가지 행동(변화)을 설명하시오.
6. 림프는 몸 전체를 어떻게 이동할까?
7. 아가미가 있는 동물과 폐가 있는 동물의 기체 교환은 어떻게 이루어질까?
8. 헤모글로빈은 운반하는 산소를 언제 방출해야 하는지 어떻게 "알고" 있는가?
9. 역류 교환 시스템이 물고기의 기체 교환 효율을 어떻게 증가시키는지 설명하시오.
10. 새가 높은 고도에서 날 때 산소 부족으로 기절하지 않는 이유는 무엇일까?
11. 더 높은 고도에서, 낮은 기압은 호흡을 위한 산소 가용성에 어떤 영향을 줄까?
12. 몇 달 동안 더 높은 고도에서 살았던 사람에게서 헤모글로빈이 다소 "끈적"하게 될 것으로 예상하는가? 설명하시오.

정답 고르기

1. 평평한 몸을 가진 단순한 동물인 편형동물은 순환계 없이 어떻게 생존할 수 있을까?
   - **a)** 편형동물은 구획을 나누어 혈관으로 운반해야 하는 내부 체액이 없다.
   - **b)** 편형동물의 모든 세포는 외부 환경과 직접 접촉하기 때문에 직접적인 확산으로 모든 호흡 요구를 충족할 수 있다.
   - **c)** 편형동물의 경우 모든 세포가 몸체의 중앙 가지(구조)나 표면 근처에 위치하므로 확산만으로도 중요한 영양소를 운반할 수 있다.
   - **d)** 편형동물은 몸 전체에 필요한 영양소를 순환시키기 위해서 수생 환경의 물살을 이용한다.
   - **e)** 편형동물은 여러 개의 심장을 가지고 있어서 순환계 없이 혈액을 조직으로 직접 펌핑할 수 있다.
2. 혈압은 심장에서 멀어질수록 낮아지는 경향이 있다. 이 정보를 바탕으로 다음 중 가장 높은 혈압에서 가장 낮은 혈압 순으로 혈관의 종류를 나열한 것은?
   - **a)** 정맥, 동맥, 모세혈관
   - **b)** 동맥, 모세혈관, 정맥
   - **c)** 정맥, 모세혈관, 동맥
   - **d)** 모세혈관, 정맥, 동맥
   - **e)** 동맥, 정맥, 모세혈관
3. 척추동물의 심장 박동은:
   - **a)** 신경 자극 없이 수축하는 변형된 근육 조직, 동방(SA) 결절에 의해 시작된다.
   - **b)** 심장 신경에 의한 리드미컬한 자극으로 유발된다.
   - **c)** 심실 바닥에서 시작하여 심장을 통해 위쪽으로 이동한다.
   - **d)** EKG로 기록할 수 없지만, 이를 제어하는 뉴런의 활동은 기록할 수 있다.
   - **e)** 방실(AV) 결절에 의해 시작된다.
4. 휴식을 취하는 사람의 혈액은 대부분 다음 중 어디에 위치할 가능성이 큰가?

   a) 심장　b) 모세혈관　c) 정맥　d) 동맥　e) 간질액
5. 다음 인간 혈액의 구성 요소 중 세포 조각은 무엇일까?

   a) 기공　**b)** 적혈구　**c)** 백혈구　**d)** 혈장　**e)** 혈소판
6. 새의 호흡은 포유류보다 물고기의 "호흡"에 더 가깝다. 그 이유는 다음과 같다.
   - **a)** 물과 고지대 공기는 점도가 비슷하다.
   - **b)** 산소는 절대 막다른 곳에 도달하지 않는다.
   - **c)** 새와 물고기 모두 아가미 아치가 있다.
   - **d)** 물고기의 아가미에 있는 혈관과 같이 새의 폐에 있는 혈관은 지방 코팅으로 절연되어 있어 열 손실을 줄인다.
   - **e)** 포유류가 아닌 새와 물고기에서 심장은 2개의 혈류 순환계로 펌핑한다.
7. 쉬고 있을 때의 대사 조건에서, 혈액에서 조직으로 방출되는 산소의 비율은 얼마나 되는가?

   a) 1%　b) 75%　c) 25%　d) 100%　e) 50%
8. 일산화탄소(CO)가 위험한 이유는 무엇인가?
   - **a)** CO는 헤모글로빈이 O_2에 결합하는 것과 O_2를 신체 조직으로 수송하는 것을 막아 산소 결핍과 사망을 초래한다.
   - **b)** CO는 CO_2가 혈액에서 용해되는 것을 방해하고, CO_2가 독성 수준까지 축적된다.
   - **c)** CO는 헤모글로빈의 구조를 수정하여 O_2가 체내에서 수송과 방출이 더 어렵게 만든다.
   - **d)** CO는 폐포 내부를 코팅하여 O_2가 폐에서 혈액으로 확산하는 것을 방해한다.
   - **e)** CO는 혈림프에 결합하므로, 조직은 적혈구에서 O_2를 제거할 수 없고 조직은 죽는다.
9. 다음 중 산소에 대한 결합력이 가장 높은 것은?
   - **a)** 헤모림프　**b)** 인간 헤모글로빈
   - **c)** 라마 헤모글로빈
   - **d)** 혈장
   - **e)** 모두 산소에 대해 동일한 결합 친화력을 갖는다.
10. 디포스포글리세르산(DPG)은:
    - **a)** 신체 조직에 더 많은 O_2 방출을 유발한다.
    - **b)** 혈액이 더 많은 CO_2를 운반할 수 있게 한다.
    - **c)** 높은 고도에서 호흡이 어려운 주된 이유다.
    - **d)** O_2에 대한 성인 헤모글로빈의 결합 친화도를 증가시킨다.
    - **e)** 더 많은 헤모글로빈 생성을 촉진한다.

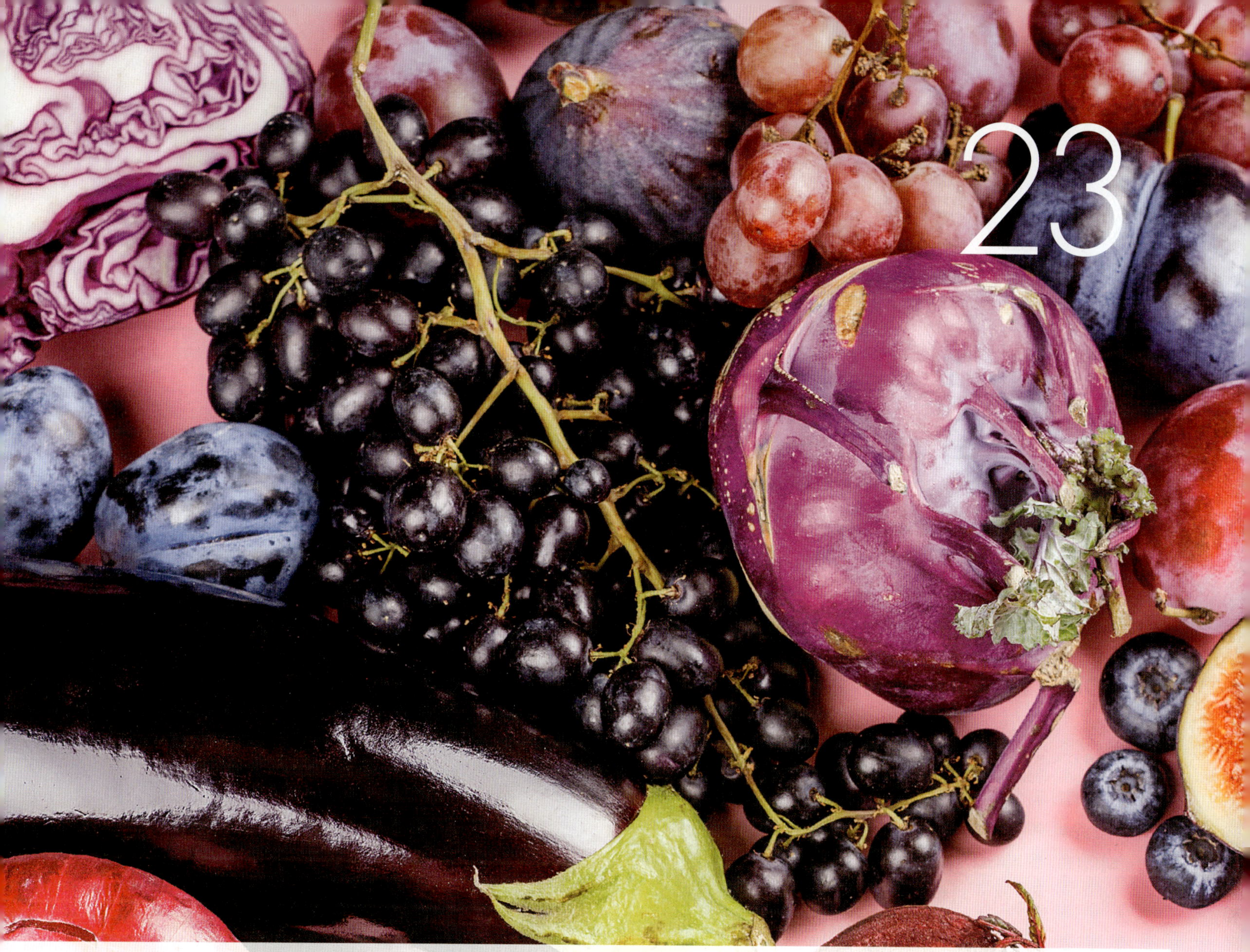

23

영양과 소화

휴식에서 그리고 놀이에서: 사람의 생리적 기능을 최적화하기

음식은 성장을 위한 원료와 그것을 가능하게 하는 연료를 제공한다

23.1 생명체는 왜 음식을 필요로 하는가?
23.2 동물들은 다양한 식단을 가지고 있다
23.3 칼로리 계산: 생명체는 충분한 에너지를 필요로 한다

영양소들은 6가지 범주로 분류된다.

23.4 물은 필수 영양소이다
23.5 식품의 단백질은 분해되어 체내에서 단백질을 만든다
23.6 탄수화물과 지방은 신체에 에너지를 제공한다
23.7 비타민과 무기질은 건강에 필요하다

우리는 음식에서 에너지와 영양소를 추출한다

23.8 우리는 음식을 4가지 단계를 거쳐 영양소로 전환한다
23.9 섭취는 음식 분해의 첫 단계이다
23.10 소화는 음식을 사용 가능한 부분들로 해체한다
23.11 흡수는 영양소를 장에서 세포로 이동시킨다
23.12 배설은 몸에서 사용할 수 없는 물질을 제거한다
23.13 몇몇 동물은 음식을 처리하는 대체 수단을 갖고 있다

우리가 먹는 것은 건강에 지대한 영향을 준다

23.14 건강한 식단이란 무엇인가?
23.15 이것이 우리의 방법: 인간의 판단은 혈당에 의존적인가?
23.16 비만은 좋은 것이 지나쳐서 생길 수 있다
23.17 체중 감량 다이어트는 실패하는 제안이다
23.18 당뇨병은 신체가 혈당을 효과적으로 조절하지 못하여 발생한다

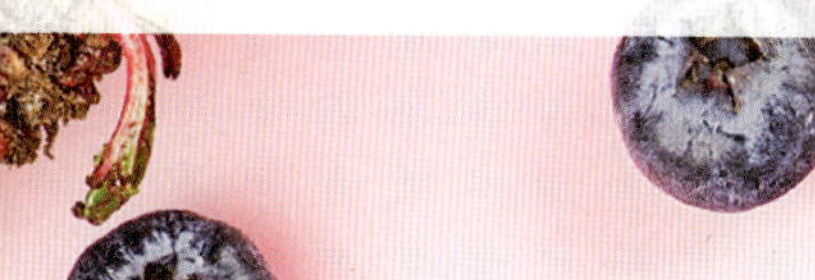

▲ 색색의 과일과 채소는 사람들의 건강한 식단에 필요한 많은 비타민과 무기질을 가지고 있다.

▲ 건강한 음식은 일상 생활에 연료를 제공한다.

23.1 생명체는 왜 음식을 필요로 하는가?

칠리소스를 얹은 감자튀김. 라임으로 재운 두부 케밥. 큰 바닐라 밀크쉐이크. 우리는 거의 무한한 다양한 조합으로 음식을 만들지만, 우리 몸은 두 가지 간단한 이유로 음식을 필요로 한다: 원료와 연료. 목수는 나무가 필요하고, 차는 휘발유가 필요한 것처럼, 생명체가 작동하기 위해서는 원료와 연료가 필요하다.

우리는 움직이고, 생각하고, 번식하기 위해 그리고 우리 신체의 세포가 생존에 필요한 모든 반응을 수행하기 위해 에너지가 필요하다. 음식의 연료는 이 모든 것에 필요한 에너지를 제공한다. 또한, 세포와 조직이 성장하고 복구하는 데 필요한 무수히 복잡한 분자들을 만들기 위해서는 원자재가 필요하다: 탄소와 질소 및 인을 포함하는 분자들이 이에 속한다. 음식이 이런 원료를 제공한다.

우리가 먹는 음식은 **소화** 과정에서 물리적 화학적으로 기본적인 거대분자 성분으로 분해된다(**그림 23.1**). 우리 몸은 음식물을 신속하게 분해하여 쓸모있는 것과 쓸모없는 것으로 분리한다. 쓸모있는 물질을 **영양소**라고 하며, 탄수화물, 지방, 단백질, 비타민, 무기질, 물 등이 이에 포함된다. 이 6가지 중요한 물질은 에너지, 원료, 그리고 신체 시스템 유지에 사용된다. 쓸모없는 물질은 소화계를 통과하여 배설된다.

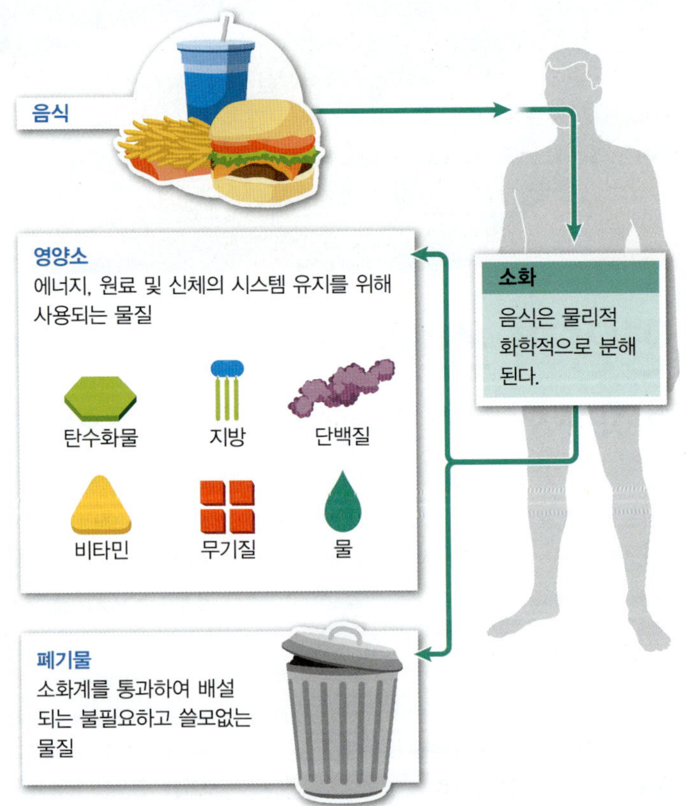

그림 23.1 음식으로 가능하다. 살아 있는 생명체가 기능하려면 원료와 연료가 필요하다.

궁극적으로, 생명체의 무게는 소비하는 음식의 분자 결합 내에서 운반되는 에너지와 생활 과정에서 연소되는 에너지 사이의 균형을 반영한다. 잉여 칼로리는 일반적으로 지방으로 저장되거나 주로 근육과 간 조직에 저장되는 탄수화물 형태인 글리코겐으로 저장된다(23.3절 참조).

핵심요약 23.1

» 동물이 먹어야 하는 이유는 두 가지이다: 신체의 모든 활동에 필요한 에너지를 얻기 위한 것 그리고 성장과 회복에 필요한 원료를 얻기 위해서이다.

23.2 동물들은 다양한 식단을 가지고 있다

모든 생명체는 음식이 필요하지만, 음식을 얻는 매우 다른 방법이 있다. 식물 및 기타 광합성 생물(많은 박테리아와 원생생물 포함)은 광합성을 통해 자신의 음식을 만든다. 그러나 이를 수행하는 세포 기관이 없는 동물은 다른 생물을 먹어야 한다.

동물 세계에서 종은 식단에 따라 세 그룹으로 나뉜다(**그림 23.2**).

육식동물 다른 동물만을 잡아먹는 포식 동물이 **육식동물**이다. 여기에는 거미, 뱀; 늑대, 물개, 박쥐 및 고양이와 같은 포유류; 매, 올빼미 및 기타 맹금류가 포함된다. 일부 육식동물은 실제로 죽이지 않는 대신 영양소가 풍부한 액체를 빨아들인다. 모기와 진드기는 육식성 체액을 먹는 동물이다.

초식동물 초식동물의 식단을 요약하자면, 얻기는 쉬운데 소화하기 어려운 음식, 즉 식물이다. 식물만 먹는 동물이 초식동물이다. 식물들은 대부분 서식처에 풍부하고 도망칠 수 없어서 포식의 대상이 되기 쉽다. 그러나 식물은 스스로를 보호하기 위해 동물이 화학적으로 분해하기 어렵거나 불가능한 많은 독성 화합물을 가지는 경향이 있다. 그럼에도 불구하고, 많은 초식동물은 이러한 식물 방어를 극복하기 위해 소화할 수 있는 방식으로 적응 발달하였다.

초식동물의 예로는 비버, 거북, 애벌레뿐 아니라, 많은 종의 새, 다람쥐, 방목하는 대형 포유동물이 있다. 그리고 체액을 먹는 육식동물이 있는 것처럼 액체를 먹는 초식동물이 있다. 예를 들어, 진딧물은 식물의 표면을 뚫고서 달콤한 수액을 빨아먹는다.

잡식동물 대부분 인간은 잡식성으로 식물과 동물을 먹고 둘 다 효율적으로 소화할 수 있다. 우리는 이 식단을 바퀴벌레와 너구리를 포함한 수많은 다른 동물과 공유한다. 잡식동물은 파리에서 닭, 곰에 이르기까지 크기가 다양하다.

동물의 음식 종류

육식동물
펭귄을 먹고 있는 바다표범처럼 다른 동물만 먹는 동물

초식동물
꽃을 먹고 있는 사막 코튼테일 토끼처럼 식물만 먹는 동물

잡식동물
도토리를 먹고(왼쪽), 애벌레를 먹는(오른쪽) 서부스크럽 어치처럼 식물과 동물 모두를 먹는 동물

그림 23.2 **무엇을 먹나?** 동물은 매우 다양한 식단을 가진다.

핵심요약 23.2

» 식물 및 기타 광합성 생물은 광합성을 통해 양분을 생산하지만, 동물은 다른 생물을 먹어야만 한다. 육식동물은 다른 동물만을 먹는다. 초식동물은 식물만을 먹는다. 그리고 잡식동물은 식물과 동물 모두를 먹는다.

23.3 칼로리 계산: 생명체는 충분한 에너지를 필요로 한다

하루 종일 식사를 하지 않은 적이 있는가? 또는 칼로리 섭취를 줄이기 위해 몇 주를 보낸 적이 있는가? 배고픈 상태에서 사는 것은 고통스러울 수 있다. 1990년대 초반에 8명의 인간 "기니피그"를 통해 이것을 어렵게 배웠다. 바이오스피어 2돔(Biosphere 2 Dome, 환경에 미치는 영향을 최소화하면서 지속 가능한 삶을 추구하도록 설계된 식물과 동물로 채워진 3.2 에이커의 독립형 세계)에서 생활하면서 무엇보다도 저칼로리 식단의 효과에 대한 실험에 참여하였다.

그 발견은 놀라운 것은 아니었다: 참가자들은 모두 체중이 줄었지만 또한 매우 불행해졌다. 그들은 "기아 돔(hunger dome)"이라고 이름 붙인 곳에서 식사에 대해 끊임없이 그리고 자주 다투었다(**그림 23.3**). 간단히 말해서, 인간이(그리고 모든 다른 생명체를 포함) 제대로 기능하기 위해서는 안정적이고 충분한 에너지 흐름이 필요하다.

> 우리 모두가 서로 이야기를 시작한다면, 그것은 큰 성취가 될 것이다."
>
> — 바이오스피어 2 참가자

그림 23.3 배고픈 바이오스피어 2 참가자. 사진 속 Roy Walford가 참가자들이 키우기 원했던 종류의 음식을 보여주며 포즈를 취하고 있다.

그렇다면 우리가 실제로 생존하기 위해서는 얼마나 많은 에너지가 필요한가? 음식의 에너지 가치는 **칼로리**라고 하는 아주 작은 단위로 측정되는데, 물리학자들은 1칼로리를 물 1 g의 온도를 1°C 올리는 데 필요한 에너지로 정의한다. 1,000 칼로리를 1**킬로칼로리**(kcal)라고 한다. (이 용어의 사용은 약간 혼란스러울 수 있다; 대문자로 표기된 Calorie는 식품 라벨과 영양학적 맥락에서 킬로칼로리를 의미하는 데 사용된다. 여기서는 Calorie 대신 킬로칼로리를 사용할 것이다.)

개인이 하루에 소비하는 킬로칼로리를 추정하기 위해서는 먼저 에너지 기준선을 설정한다. 이것을 **기초대사량(BMR)**이라 한다. 중간 온도 환경에서, 소화기관에 음식물이 없는 상태에서, 하루 종일 소파에 앉아 있는 것 이상의 다른 일을 하지 않을 때 소비하는 에너지 양을 말한다.

사람의 경우, BMR은 체중 1 g당 시간당 1칼로리, 즉 여성 (체중 54 kg)의 경우 약 1,400 kcal/일, 남성 (체중 72 kg)의 경우 약 1,700 kcal/일이다. 성별의 차이는 대부분 신체 크기의 평균 차이에서 기인하고, 같은 연령의 여성보다 남성이 지방을 제외한 모든 조직의 비율이 더 높은 경향이 있기 때문이다. 반대로, 여성은 지방세포의 비율이 더 높은 경향을 갖는데, 지방세포는 근육세포보다 낮은 대사율을 갖는다.

BMR은 매우 명확하게 정의되므로, 종 간에 쉽게 비교할 수

에너지 소비의 요소

그림 23.4 얼마나 많은 칼로리가 필요한가? 에너지 소비는 신체 크기와 활동 수준에 따라 다르다.

있다. 그러나 생명체의 에너지 요구량을 정확하게 평가하려면 얼마나 활동적인지를 고려해야 한다(**그림 23.4**). 개인은 BMR이 요구하는 것보다 하루에 약 50%에서 100%의 더 많은 킬로칼로리를 필요로 한다. 54 kg의 여성은 1,800~2,400 kcal/일을 필요로 하고, 72 kg의 남성은 약 2,400~3,200 kcal/일을 필요로 한다.

동물 종마다 기초대사량은 엄청나게 다르다. 예를 들어, 작은 뾰족뒤쥐의 BMR은 인간의 BMR보다 약 35배 높다. 쉬고 있는 동안 뾰족뒤쥐의 심장은 1분에 500번 이상 뛴다. 뾰족뒤쥐 체중이 5 g이고, BMR이 1 g 시간당 35칼로리인 경우 일일 필요 칼로리를 계산할 수 있다.

체중	×	매시간 필요한 에너지	×	하루당 시간	=	동물의 칼로리 요구량
5g	×	35 cal/g/시간	×	24시간/일	=	4,200 cal/일 (4.2 kcal/일)

따라서 휴식 중인 뾰족뒤쥐는 하루당 4.2 kcal가 필요하다. 하지만 정상 활동으로 하루당 4 kcal가 더 필요하다면 하루당 약 8 kcal를 먹어야 할 것이다. 탄수화물이나 단백질의 순수한 공급원은 약 4 kcal/g를 가진다. 따라서 뾰족뒤쥐는 매일 최소 2 g의 음식을 찾아 먹어야만 한다. 이는 체중이 단지 5 g인 동물에게는 도전적인 과제이다. 이것은 90 kg인 성인 남성이 매일 36 kg의 음식을 먹는 것과 같다.

오랜 시간 동안 금식하거나 동면하는 동물도 많은 킬로칼로리를 섭취하여 준비해야 한다. 예를 들어, 번식기 동안 수컷 코끼리 바다표범은 본질적으로 금식하며 거의 또는 전혀 먹지 않는다; 그들은 지배권을 위해 다른 수컷들과 싸우고, 암컷과 짝짓기하는 데 많은 시간을 보낸다. 이 100일 동안 3,000 kg의 체중으로 시작한 수컷은 체중의 1/3을 잃을 수 있다. 결과적으로, 수컷 바다표범의 열량 요구량은 번식기에 이르는 달에 훨씬 더 높다.

핵심요약 23.3

» 생명체가 기능을 잘하기 위해서는 킬로칼로리로 측정되는 효율적인 에너지가 필요하다. 어떤 활동도 하지 않는 사람이 필요로 하는 최소 에너지를 기초대사율(BMR)이라고 한다.

▲ 밀림에서 귀뚜라미를 잡고 있는 개구리

23.4 물은 필수 영양소이다

물은 대부분 포유류에서 체중의 약 65%를 구성하고 필수 영양소로 인식된다. 물은 혈액을 포함한 세포 내와 세포 외 체액 모두에서 중요한 역할을 한다(**그림 23.5**). 체액에서 물은 다양한 중요한 목적을 수행하며, 동물이 탈수될 때 이 모든 기능이 손상될 수 있다.

물에는 다음과 같은 기능이 있다.

- 신체의 영양소와 노폐물을 운반한다.
- 화학 반응에 참여한다.
- 많은 비타민, 무기질, 아미노산 그리고 당들에 대한 용매 역할을 한다.
- 많은 관절, 척수, 눈에서 윤활유 역할을 한다.
- 체온 조절을 돕는다.

하루에 약 2,000 kcal를 소비하는 사람은 하루에 약 2~3리터의 물이 필요하다. 물 섭취량은 식수, 우유 및 기타 음료와 식품에 포함된 물을 통해 얻을 수 있다. 또한, 많은 화학 반응의 부산물로 물이 배출된다. 수분 섭취는 소변, 대변, 호흡 및 발한으로 손실된 수분을 보충한다.

4장의 생활 속 생명과학에서 본 것처럼, 물은 좋지만, 너무 많으면 안 된다는 것을 기억하자. 많은 양의 물을 너무 빨리 마시는 것은 물 중독으로 이어질 수 있다—이는 때때로 경주 중 마라톤 선수에게 발생한다. 땀으로 인한 염분 손실과 함께 과도한 물 섭취는 심각한 나트륨 불균형을 유발할 수 있다. 이 불균형은 어지러움, 메스꺼움, 혼란 및 사지의 부기를 유발한다. 심지어 뇌가 부어올라 사망할 수도 있다.

물 사용량은 동물 종에 따라 다르다. 일부 사막 포유류는 엄청난 물 효율을 갖도록 진화되었다—예를 들어, 캥거루 쥐는 필요

그림 23.5 물은 식단의 필수 구성요소이다.

Q 물이 그렇게 중요하다면, 왜 일부 사막 동물들은 물을 마시지 않는가?

한 모든 물을 마시는 것이 아니라 음식과 대사과정에서 얻는다. 또한, 대부분의 해양 조류와 파충류는 바닷물을 마실 수 있다. 이들은 섭취하는 과도한 소금을 제거하고 배설하는 소금 분비선의 도움으로 이를 가능하게 한다.

핵심요약 23.4

» 물은 아마도 동물의 식단에서 가장 중요한 단일 구성요소일 것이다. 몸 전체에 영양소와 노폐물을 운반하고, 대사 반응에 참여하며, 용매로서 많은 신체 부위에 윤활 작용을 하고 체온 조절을 돕는다.

23.5 식품의 단백질은 분해되어 체내에서 단백질을 만든다

최적의 건강을 위해서, 생명체는 다양한 유형의 영양소를 섭취해야 한다. 이 절과 다음 절에서는 세 가지 유형의 칼로리 공급원의 영양적 특징에 대해 알아본다: 단백질, 탄수화물, 지방.

단백질: 성장을 위한 원료 우리 식단의 단백질은 주요 구성요소이다. 3.9절과 3.10절에 자세히 설명한 것처럼, 단백질 분자는 끈의 구슬처럼 서로 연결된 긴 아미노산 사슬로 구성되어 있다. 일단섭취하면, 단백질 분자는 실에서 구슬을 한 번에 하나씩 제거하는 것과 같이 개별 아미노산으로 분해된다. 단백질이 소화계에 흡수될 수 있는 형태는 개별 아미노산(때로는 2개 또는 3개의 아미노산 사슬)의 형태로만 가능하다. 그러면 우리 몸은 그 구슬들을 재배열하여 우리가 먹은 것과 다른 단백질을 만들 수 있다. 식물과 동물 공급원 모두가 많은 식이 단백질 공급원이 된다(**그림 23.6**).

구성 재료로 사용되는 것 외에도, 아미노산으로 만들어진 단백질은 화학 반응을 촉진하는 효소로 기능한다(3.11 및 3.12절 참조). 또한, 우리의 식단이나 신체 조직으로부터의 단백질은 분해되어 에너지를 방출하거나 지방으로 전환되어 저장될 수 있다. 예를 들어, 필요한 성장과 활동을 유지하기 위해 너무 적은 (또는 너무 많은) 칼로리를 섭취하면 단백질 분해가 일어난다. 또한, 이는 장시간 운동하는 동안에도 일어난다. 우리 몸은 에너지를 배출하거나 저장하기 위해 한 유형의 화학 물질을 다른 유형으로 전환하는 다양한 방법을 가지고 있음으로써 단백질을 연료로 사용할 수 있다(그림 5.36 참조). 에너지로 사용하기 위해 분해되면 단백질은 그램당 4킬로칼로리를 생성한다.

단백질이 에너지로 분해될 때, 단백질 분자 내 질소는 새로운 단백질을 만드는 데 사용되지 않는다; 그 대신 소변으로 배설된다. 본질적으로, 연료를 위한 단백질 연소는 새로운 단백질을 만드는 데 사용할 수 있는 귀중한 질소(탄수화물과 지방에서는 발견되지 않음)를 낭비하는 것이다.

단백질은 제공하는 영양에 있어서 다양하다. 인간을 포함한 동물은 단백질을 만들기 위해 20가지의 다른 아미노산을 필요로 한다.

단백질: 성장을 위한 원료

기능
단백질이 분해되면, 아미노산은 헤모글로빈 및 근육과 같은 새로운 복합 단백질을 만드는 원료로 사용된다.

공급원
- 동물: 달걀 흰자위, 새우, 참치, 가금류, 고기
- 식물: 곡물, 채소, 견과류, 씨앗, 콩류

저장
- 아미노산은 일반적으로 몸 전체에서 단백질로 재조립되기 전에 반나절 미만 동안 저장된다.
- 단백질은 지방으로 전환되어 지방세포에 저장될 수 있다.

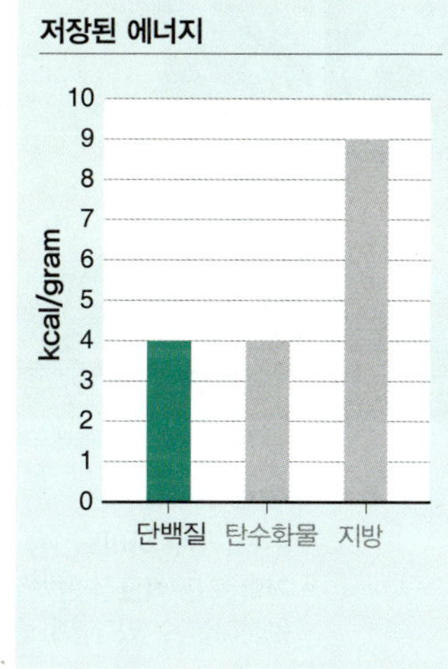

그림 23.6 다재다능한 단백질. 구성 재료로 사용되는 것 외에도, 단백질은 분해되어 에너지를 방출하거나 지방으로 저장될 수 있다.

그러나 대부분 동물은 이러한 아미노산의 약 절반만 자체적으로 생성할 수 있다—예를 들어, 대부분의 정상적인 조건에서 인간은 20개의 아미노산 중 11개만 생성할 수 있다. 우리가 생산할 수 없는 9가지 아미노산은 먹는 음식에서 얻어야 한다; 이 9개의 아미노산은 **필수 아미노산**이고, 나머지 11개는 **비필수 아미노산**이다.

Q 채식주의자가 하루에 콩과 옥수수를 같이 먹는 것이 유익한 이유는 무엇인가?

모든 단백질은 동일하게 만들어지지 않는다. 동물성 음식은 아미노산 구성이 다양하다. 모든 9가지 필수 아미노산이 우유, 달걀, 육류, 가금류, 치즈, 생선에 존재한다. 이러한 동물성 음식은 "완전" 단백질을 가지고 있다(**그림 23.7**). 우리가 식물을 먹어서 얻는 대부분 단백질은 완전하지 않다. 예를 들어, 옥수수 단백질에는 필수 아미노산이 6가지뿐이며, 콩 단백질도 그러하다(동일한 6가지는 아님). 사실, 몇 가지 예외(대두와 퀴노아 포함)를 제외하고 식물성 단백질에는 9가지 필수 아미노산이 모두 포함되어 있지 않다. 건강한 식단이란 **단백질의 양**뿐만 아니라 우리에게 **필요한 9가지 필수 아미노산**을 각각 충분히 포함하는 식단이다.

단백질은 오랫동안 몸에 저장될 수 없다. 소화 후 생성되는 단백질과 아미노산은 일반적으로 우리 몸에서 하루 미만 정도만 저장된다. 하루가 안 된 시점에서, 이들은 분해되고 우리에게 필요하지 않은 질소는 배설된다. 우리 몸은 단백질을 계속 만듦으로, 매일 모든 필수 아미노산을 섭취해야 한다.

단백질 일일 권장량은 약 체중 kg당 0.8 g이다. 이는 54 kg인 여성에게는 약 45 g(수유 중이거나 임신 중의 여성은 약 25 g이 더해진다) 단백질을 그리고 73 kg인 남성에서는 60 g의 단백질이 필요함을 의미한다. 규칙적인 근육 형성 운동은 단백질이 2배나 3배 더 필요로 하지만, 단백질 그 자체는 근육 성장을 자극하지 않는다는 것을 기억해야 한다; 단백질은 단순히 구성 원료의 공급원으로서 역할을 한다.

Q 다이어트 콜라 (일반 콜라가 아닌)를 며칠간 햇빛 아래 두면 그 맛이 왜 씁쓸해지는가?

우리 식단에서 연결된 아미노산들이 반드시 조직-형성 분자나 에너지원으로 기능하는 것은 아니다. 2개 아미노산 분자의 놀라운 화학 작용을 경험하려면 다음을 시도해 보자. 콜라 한 캔과 다이어트 콜라 한 캔을 뜨거운 곳에 며칠 동안 그대로 놓아 둬 보자. 그런 다음 맛을 보자. 다이어트 콜라는 차갑게 해도 맛이 없고 쓴맛이 난다. 일반 콜라 맛은 괜찮을 것이다. 무슨 일이 일어난 것인가? 콜라에는 설탕이 들어가지만, 다이어트 콜라에는 아스파탐이 들어 있다(NutraSweet은 브랜드 이름). 아스파탐은 2개의 아미노산인 아스파트산과 페닐알라닌이 연결되어 만들어진다. 서로 결합하면 단맛이 나지만, 각각 그 자체로는 쓴맛이 난다. 열은 아스파트산과 페닐알라닌을 연결하는 결합을 끊음으로써 다이어트 콜라를 씁쓸하게 만든다.

식물을 포함한 모든 생명체는 효소와 기타 단백질을 만들어야 한다. 그러기 위해서는 아미노산의 주성분인 질소를 얻어야 한다. 일반적으로 식물은 토양에서 필요한 모든 질소를 얻는다. 그러나

완전 대 불완전 단백질

연어, 참치, 새우로 만든 초밥

완전 단백질
- 9가지 필수 아미노산을 포함한다.
- 거의 모든 동물성 단백질은 완전하다.

밥과 콩(오레곤주 포틀랜드의 연방구치소에서 제공된 일부 음식)

불완전 단백질
- 9가지 필수 아미노산을 포함하지 않는다.
- 거의 모든 식물성 단백질은 불완전하지만, 두 가지 이상의 식물을 섞으면 완전해질 수 있다 (예, 쌀과 콩)

 건강한 식단은 충분한 양의 단백질뿐만 아니라 9가지 필수 아미노산을 모두 포함한다.

그림 23.7 동물성 단백질 대 식물성 단백질.

파리지옥과 같은 일부 식물은 열악한 토양에서 자라기 때문에 곤충을 포획하고 소화액을 방출해서 단백질을 사용 가능한 아미노산으로 분해하여 질소를 얻는다. 하지만 파리지옥의 녹색 잎과 줄기는 이 식물도 광합성을 한다는 것을 상기시켜준다. 그들이 필요로 하는(그리고 육식동물에 의존하여 획득하는) 질소는 광합성을 수행하기 위해 필요한 효소를 만드는 데 도움이 된다.

핵심요약 23.5

» 동물은 세 가지 유형의 거대 분자를 섭취한다: 단백질, 탄수화물 및 지방. 단백질은 성장과 효소 생성을 위한 원료를 제공한다. 인간은 단백질을 만들기 위해서 20개의 아미노산을 필요로 하는데, 이 중 9개는 필수 아미노산이라고 하며 음식을 통해 섭취해야 한다.

23.6 탄수화물과 지방은 신체에 에너지를 제공한다

이 단어들을 읽기 위해서는 뇌(및 일부 근육)에 연료를 공급하기 위해, 식사를 통해 얻은 탄수화물이 필요하다. 음식의 지방 역시 신체 기능을 위한 에너지를 제공한다(3.5-3.8절 참조).

탄수화물: 살아있는 기계를 위한 연료 탄수화물은 동물의 몸을 움직이는 주요 연료이다. 우리 뇌가 사용하는 거의 모든 에너지는 탄수화물인 포도당에서 나온다. 3장에서 보았듯이, 모든 탄수화물은 주로 탄소, 수소 및 산소로 만들어진다. 이 원자들 사이의 결합이 끊어지고 다른 결합이 형성되면 신체에 의해 포착될 수 있는 에너지가 배출되고, 운동, 성장 및 세포 활동에 연료를 공급하는 데 사용된다.

우리는 대부분의 탄수화물을 과일, 채소, 곡류로부터 얻는다(그림 23.8). 단백질과 마찬가지로, 탄수화물을 에너지로 분해하면 4 kcal/g가 생성된다.

탄수화물은 다양한 복잡성을 나타낸다. 모든 탄수화물은 탄소, 수소 및 산소의 결합인 CH_2O의 대략적인 비율로 형성된다. 그러나 복잡성이 상당히 다양하며 체내에서 다른 비율로 분해된다(그림 23.9). 동물은 단순당(단당류), 이당류 및 소화 가능한 복합당(전분 및 글리코겐), 소화되지 않는 복합당(섬유질) 형태로 탄수화물을 섭취한다.

단순당. 3~7개의 탄소 원자를 가진 선형 또는 고리 구조로서 포도당과 과당을 포함한다. 동물은 해당 과정(5.13절 참조)을 통해 직접 분해하여 당 결합으로부터 저장된 에너지를 빠르게 배출할 수 있다.

이당류와 소화 가능한 복합당. 여러 개의 단순당이 결합하여 복잡하지만 여전히 소화 가능한 분자를 형성할 수 있다. 자당(설탕)과 같은 이당류는 함께 결합한 2개의 단순당으로 구성된다. 전분과 글리코겐처럼 복잡한 당은 수백 또는 수천 개의 포도당 분자가 조밀하고 나뭇가지 패턴으로 연결된 큰 분자이다. 동물이 개별 포도당 단위 결합에 저장된 에너지에 접근하기 위해서는 먼저 포도당을 함께 연결하고 있는 결합을 끊어야 한다. 이러한 결합이 끊어

탄수화물: 신체 작동에 필요한 연료

기능
탄수화물이 분해되면 포도당은 신체의 움직임, 성장 및 모든 세포 활동에 연료를 공급하는 에너지를 제공한다.

공급원
과일, 채소 및 곡물

저장
- 탄수화물은 에너지 제공을 위해 분해되기 전에 약 하루 동안 간과 근육 세포에 글리코겐으로 저장된다.
- 지방으로 전환되어 지방세포에 저장될 수 있다.

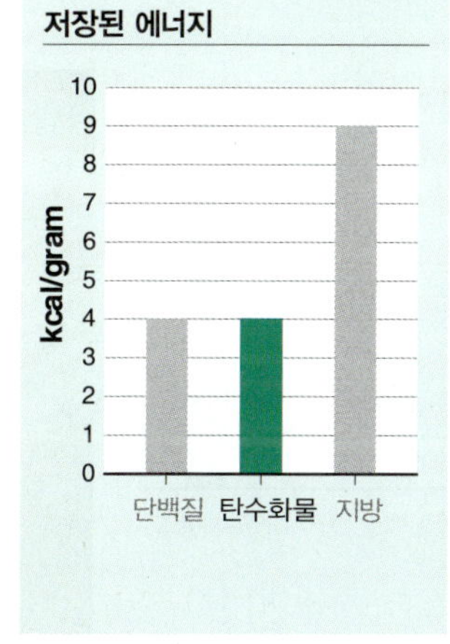

그림 23.8 **탄수화물: 쉽게 접근할 수 있는 에너지.**

탄수화물의 유형

단순당

- 포도당, 과당 및 기타
- 해당 과정에 의한 분해로 에너지를 빠르게 배출한다.

복합당

소화 가능 복합당(전분)

- 설탕 또는 전분 같은 단순당들끼리의 결합
- 해당 과정의 에너지 방출 반응이 일어나기 전에 단순당 간의 결합이 끊어져야 한다.

소화 불가능 복합당(섬유질)

- 식물 구조 일부분을 구성하는 복합 탄수화물
- 사람이 소화할 수 없지만, 소화에 있어서 중요한 역할을 함

그림 23.9 **다양한 탄수화물의 복잡성.** 일부 탄수화물은 쉽게 분해되어 연료로 사용되지만, 섬유질은 소화되지 않은 상태로 인체를 통과한다.

지면 포도당은 해당 과정의 에너지 방출 반응에 사용될 수 있다.

섬유질. 식물 구조의 일부분을 형성하는 셀룰로스와 같은 복합 탄수화물이다. 섬유질은 단당류를 연결하는 결합 방식이 전분 및 기타 소화 가능한 복합당과는 다르다. 이 결합은 인간의 소화효소에 의해 끊어질 수 없으므로 섬유질은 소화되지 않는다. 그러나 나중에 살펴보겠지만, 여전히 소화에 중요한 역할을 하며 건강을 유지하기 위한 식단에 필요하다.

탄수화물은 글리코겐으로 체내에 저장된다. 우리는 간과 근육 세포에서 탄수화물을 대부분 글리코겐(3.3절 참조)으로 저장한다. 주어진 시간에 우리는 하루 분량의 에너지만 저장할 수 있다. 우리 몸이 활동을 위해 에너지가 필요하면, 가지 구조가 매우 많은 글리코겐을 이루고 있는 결합을 끊는 효소를 배출하게 하는 신호가 전송된다. 글리코겐이 분해됨으로써, 에너지가 필요한 근육과 혈류로 가는 다량의 포도당이 생성된다.

다량의 물이 저장된 글리코겐에 결합한다: 글리코겐 1파운드당 물 4파운드. 결과적으로, 간과 근육의 글리코겐이 사용됨에 따라 여기에 결합한 수분이 조직으로부터 방출되어 소변으로 손실된다. 체중 감량 다이어트의 초기 단계에서, 저장된 글리코겐이 고갈되면 글리코겐에 결합한 수분 손실에 따라 극적인 초기 체중 감소가 일어난다. 몸이 저장된 지방을 사용하기 시작하면 체중 감소 속도가 상당히 느려진다.

지방: 장기 에너지 저장 전문가 동물 식단에서 지방은 체내에 효율적으로 저장될 수 있는 밀도가 높은 에너지원으로서 주로 기능한다(그림 23.10). 평균적인 사람은 지방 형태로 약 4주 또는 5주 분량의 에너지를 저장하고 있다. 탄수화물이나 단백질과 비교하면 주어진 양의 지방에는 저장된 에너지가 2배 이상 포함되어 있다: 지방 1 g은 9 kcal를 생산한다. 지방을 특별히 효율적인 에너지 저장 분자로 만드는 또 다른 특징은 지방이 소수성이기 때문에 물과 결합하지 않고 저장된다는 것이다. (또한, 열전도율이 낮아서 피부 바로 아래층에 저장된 지방은 몸을 따뜻하게 유지하는 데

지방: 장기간 에너지 저장

기능
지방은 신체에 효율적으로 저장할 수 있는 밀도 높은 에너지원을 제공하며, 신체를 따뜻하게 유지하는 데 도움이 된다.

공급원
버터, 치즈, 기름, 달걀 및 육류

저장
지방은 몸 전체의 지방 세포에 저장된다.

9 kcal/g로 지방은 저장된 에너지가 풍부하다.

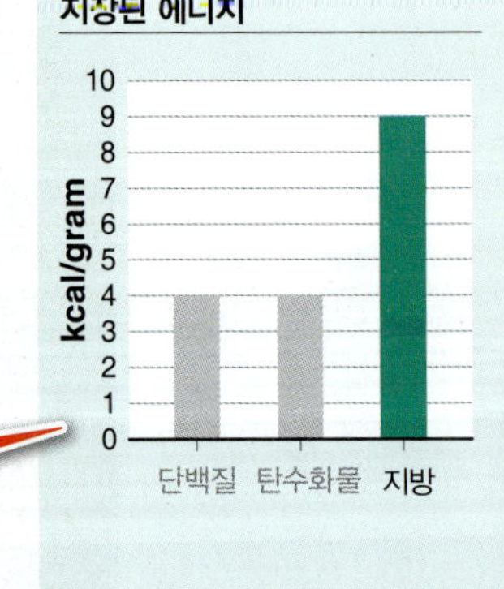

그림 23.10 **에너지가 풍부한 지방.**

도움이 될 수 있다.)

우리가 연소하는 것보다 더 많은 칼로리를 섭취할 때 초과된 대부분(이 칼로리가 탄수화물, 지방 또는 단백질로 소비되었는지에 관계없이)은 지방으로 전환되어 몸 전체에 분포된 지방세포에 저장된다. 체지방 1파운드에는 3,600 kcal의 에너지가 들어 있다. 이는 불확실한 미래를 위한 저축예금과도 같다.

지방은 제공하는 영양이 다양하다. 우리 식단에서 지방은 일반적으로 수소가 부착된 탄소 원자의 긴 사슬인 지방산의 형태로 제공된다. 단백질에 필수 아미노산과 비필수 아미노산이 있는 것처럼, 식이 지방에도 필수 지방산과 비필수 지방산이 있다. 오메가-6 지방산 계열의 리놀레산을 비롯한 필수 지방산은 인간이 합성할 수 없으므로 반드시 섭취해야 하는 지방산이다. 리놀레산은 일부 호르몬과 같은 신호 분자를 위한 기본 구성요소로서 꼭 필요하다; 이것이 없으면 불임과 수유 곤란으로 이어질 수 있다. 또 다른 필수 지방산은 특히 눈과 뇌의 정상적인 성장과 발달에 필수적인 리놀렌산이다.

포화 대 불포화 지방산

포화지방산
- 지방산은 직선형 사슬을 가져 조밀하게 구성될 수 있다.
- 실온에서 고체 경향이 있음
- 체내에 지방으로 저장될 가능성이 더 높음

불포화지방산
- 지방산은 구부러진 사슬을 가져 조밀하게 구성될 수 없다.
- 실온에서 액체 경향이 있음
- 체내에 지방으로 저장될 가능성이 적음

그림 23.11 **작은 화학적 차이로부터, 큰 물리적 차이.**

식이 지방 사이의 중요한 차이점은 포화 지방과 불포화 지방이다(그림 23.11). 지방산 사슬 내의 각 탄소가 2개의 수소 원자에 결합한 경우 분자는 최대 수의 수소 원자를 운반하므로 **포화 상태**라고 한다. (복습을 위해 그림 3.9를 참조.) 반대로, 탄소 중 일부가 하나의 수소와만 결합한 경우, 지방산은 **불포화**된 것이다. 불포화 지방산은 하나 이상의 수소 원자를 받아들일 수 있어서 포화 지방산보다 약간 덜 안정적이고 반응성이 더 크다. 이는 나쁜 것이 아니라, 더 다양한 화학 반응에 관여하고 체지방으로 저장될 가능성이 줄었음을 의미한다.

식이성 트랜스 지방은 저밀도 지질단백질(low-density lipoprotein, LDL)이 콜레스테롤 수치를 높여 관상 동맥 심장 질환의 위험을 증가시키므로 뉴스에 등장하고는 했다. 트랜스 지방은 더 이상 안전하지 않은 것으로 인식되고 있으며, 미국식품의약국(FDA)은 가공식품에서 트랜스 지방을 제거하기 위한 조치를 취하고 있다.

식이 지방 섭취를 최소화하는 것이 효과적인 체중 관리 전략인 이유는 무엇인가? 답은 탄수화물과 단백질이 체지방이 되기 위해서 거쳐야 하는 화학적 전환 과정의 숫자에 있다. 탄수화물의 경우 복합당이 먼저 단순당으로 분해된 다음, 단순당이 분해되어 그 조각들은 지방산으로 재조립된다—이 과정에서 또 다른 에너지가 필요하다. 이러한 지방산이 체지방으로 저장될 수 있을 즈음에는 탄수화물에 저장된 원래 에너지의 대부분이 모든 화학 전환에 연료를 공급하는 과정에서 손실된다. 단백질을 체지방으로 저장하는 것 또한 에너지 비용이 많이 드는 몇 가지 전환을 필요로 한다.

핵심요약 23.6

» 탄수화물은 동물의 몸이 움직이기 위해 의존하는 주요 연료이다. 식이 지방은 주로 신체에 효율적으로 저장할 수 있는 밀도가 높은 에너지원으로 작용한다.

23.7 비타민과 무기질은 건강에 필요하다

비타민은 건강을 두 배로 증진시킬 수 있다!"

— Larry King Show에서 Atkins 박사
(아마도 가장 터무니없는 영양에 관련된 주장일 것임)

우리를 더 건강하게 만들거나 튼튼하게 만드는 약을 먹을 수 있다면 좋을 것이다. 비타민 보충제는 그런 기적의 알약이 아니다. 그들은 일종의 박물관 경비원과 같은 역할을 한다. 일정 수 이상이라고 하여 미술품을 더 잘 보호하는 것이 아니라 그들이 없으면 박물관에 심각한 문제가 생길 수 있다. 마찬가지로, 만병통치약은 아니지만, 비타민과 무기질은 영양에 중요한 역할을 한다.

비타민은 정상적인 성장과 건강을 위해 소량이 필요한 유기 화합물이다. **무기질**은 정상적인 신체 기능에 필요한 화학 원소로 일부는 식단에 소량 필요하다(**그림 23.12**). (무기질의 정의에는 탄소, 수소, 산소, 질소처럼 유기 분자에 풍부하게 존재하는 원소는 포함되어 있지 않다.) 모든 비타민과 무기질에는 세 가지 공통적인 특징이 있다.

1. 이들은 사용 가능한 에너지를 생성하지 않는다. 오히려, 신체의 다양한 여러 다른 화학 반응을 촉매해서, 우리가 섭취하는 단백질, 탄수화물, 지방의 처리를 담당하는 효소의 협력자 역할을 한다.
2. 단백질, 탄수화물, 지방보다 훨씬 적은 양으로 섭취해야 한다. 비타민과 무기질은 반응 촉매제로서 반복하여 재활용 및 재사용할 수 있기 때문이다.
3. 우리가 건강한 식단을 한다면, 음식에서 충분한 양의 비타민과 무기질을 섭취할 수 있으므로 보충제를 섭취할 필요가 없다.

식단에서의 필수 비타민과 무기질

비타민	주요 기능	공급원
수용성		
B_1(티아민)	세포호흡에서 조효소	간, 콩류, 통곡류
B_2(리보플라빈)	FAD에서 조효소	유제품, 육류, 달걀, 녹색 잎 채소
B_6(피리독신)	아미노산 대사에서 조효소	간, 통곡류, 유제품
B_{12}(코발아민)	핵산, 단백질, 적혈구 형성	간, 육류, 유제품, 달걀
Biotin	조효소에서 발견	간, 효모, 장내 세균
C(아스코르빈산)	결합조직 형성; 항산화제	감귤류, 토마토, 감자
엽산(folic acid)	햄 (heme), 뉴클레오티드 형성에서 조효소	채소, 달걀, 간, 통곡류
Niacin	NAD NADP에서 조효소	고기, 가금류, 간, 효모
Pantothenic acid	아세틸-CoA 에서 발견	간, 달걀, 효모
지용성		
A (레티놀)	색소에서 발견	과일, 채소, 간, 유제품
D (콜레칼시페롤)	칼슘과 인의 흡수	강화우유, 어유, 햇빛
E (토코페롤)	근육유지, 항산화제	육류, 유제품, 통곡류
K (메나디온)	혈액응고	장내세균, 간

무기질	주요 기능	공급원
다량원소(인체에서 5 g 이상의 양으로 발견되는 필수 무기질)		
칼슘 (Ca)	뼈와 치아에서 발견; 혈액응고; 근육 활동	유제품, 달걀, 녹색잎 채소, 통곡물
염소 (Cl)	수분 균형; 세포외액에서 주요 음이온	식염(NaCl), 육류, 달걀, 야채, 유제품
마그네슘 (Mg)	많은 효소에서 필요; 뼈와 치아에서 발견	녹색 채소, 육류, 통곡류, 견과류, 우유, 콩류
인 (P)	핵산, ATP, 인산에서 발견	유제품, 달걀, 육류, 통곡류, 콩류, 견과류
칼륨 (K)	신경과 근육 활동; 세포의 주요 양이온	육류, 통곡류, 과일, 채소
나트륨 (Na)	신경과 근육 활동; 수분 균형	식염, 유제품, 육류, 달걀
유황 (S)	단백질과 조효소에서 발견; 해독	육류, 달걀, 유제품, 견과류, 콩류
미량원소(인체에서 5 g 이하의 양으로 발견되는 필수 무기질)		
크로뮴 (Cr)	포도당 대사	육류, 유제품, 통곡류, 콩류, 효모
코발트 (Co)	비타민 B_{12}에서 발견; 적혈구 형성	육류, 수돗물
구리 (Cu)	효소와 전자전달 물질에서 발견; 헤모글로빈 생산	간, 육류, 생선, 조개류, 콩류, 통곡류, 견과류
불소 (F)	치아에서 발견; 충치 방지	대부분의 물 공급
요오드 (I)	갑상선 호르몬에서 발견	생선, 조개류, 요오드화 소금
철 (Fe)	많은 효소, 헤모글로빈, 미오글로빈에서 발견	간, 육류, 녹색 채소, 계란, 통곡류, 콩류
망간 (Mn)	많은 효소를 활성화	내장육, 통곡물, 콩류, 견과류, 차, 커피
몰리브덴 (Mo)	일부 효소에서 발견	내장육, 유제품, 통곡물, 녹색 채소
셀레늄 (Se)	지방대사	육류, 해산물, 통곡류, 달걀, 우유, 마늘
아연 (Zn)	일부 효소와 일부 전사인자에서 발견	간, 생선, 조개류 및 기타 여러 식품

그림 23.12 **소량이지만 중요한 우리 식단의 구성요소.**

생물학적 역할은 종종 비슷하지만, 비타민과 무기질은 근본적인 화학적 차이가 있다. 비타민은 탄소를 포함하고 있는 유기 분자로서, 더 약하고 열 및 기타 화학적 또는 물리적 극단에 의해 쉽게 파괴된다. 반면 무기질은 원소이므로 더 분해할 수 없거나 화학적 성질을 잃게 된다. 또한 배설될 때까지 체내에 남아 있게 된다. 인간의 식단에 필수적인 17가지 무기질이 확인되었다(그림 23.12 참조).

그림 23.12에도 설명되어 있듯이, 인간에게 필수적인 13가지 비타민이 발견되었다. 비타민은 지방 또는 물에 용해되는지에 따라 두 그룹으로 나뉜다. 수용성 비타민에는 비타민 B 복합체의 일부인 8가지 비타민과 비타민 C가 포함된다.(섭취할 필요성 보다.) 비타민을 제조하는 능력에 따라 종마다 약간의 차이가 있다. 예를 들어, 고양이와 개는 비타민 C를 생성할 수 있으므로 섭취할 필요가 없다.

지용성 비타민에는 4가지 종류가 있다; A, D, E, K. 이들은 지방 조직과 간에 저장되어 필요로 할 때까지 저장되므로, 수용성 비타민처럼 규칙적으로 섭취할 필요는 없다.

현재 미국 인구의 절반 이상이 비타민 보충제를 정기적으로 섭취하고 있다(**그림 23.13**). 그러나 필요한 양 이상으로 비타민을 섭취하여도 추가적인 이점이 없다. 일반적으로 비타민 보충제를 복용하면, 비용이 많이 들고 무해한 행동이다. 그러나 경우에 따라 해로울 수도 있다. 과도한 수용성 비타민은 신장에서 제거되어 소변으로 배설될 수 있지만, 과도한 지용성 비타민은 체내에 독성 수준까지 축적되어 잠재적인 건강 문제를 유발할 수 있다. 더욱이 많은 연구에서 비타민 보충제가 노화를 늦추거나 예방하거나 신체 능력을 향상시킨다는 주장을 완전히 부인했다. 그리고 제조사의 과장된 주장에도 불구하고 "스트레스를 완화"하는 보충제는 입증되지 않았다.

미국에 있는 대부분 사람은 자신이 먹는 음식에서 필요한 모든 영양소를 섭취하지만, 일부 사람은 특별한 상황에서 보충제가 필요할 수 있다.

- 월경 중에 비정상적으로 많은 양의 혈액을 잃는 여성은 철분이 필요할 수 있다.
- 폐경 후 여성과 우유 알레르기가 있는 사람들은 식단에서 뼈의 퇴화를 예방하기에 충분한 칼슘을 섭취하지 못할 수 있다.
- 임산부와 모유 수유 중인 여성은 발달 중인 태아나 빠르게 성장하는 어린이를 돕기 위한 추가적인 비타민과 무기질이 필요할 수 있다.
- 임산부와 임신 가능성이 있는 여성은 발달 중인 태아의 신경관 결손을 예방하는 데 도움이 되는 추가 엽산이 필요할 수 있다.

미국 인구의 절반 이상이 정기적으로 비타민 보충제를 섭취한다. 그러나 성인의 대부분은 먹는 음식에서 필요한 모든 영양소를 얻는다.

그림 23.13 보충제가 필요한가?

- 극도로 저칼로리 다이어트를 하는 사람들은 비타민 및 무기질 보충제가 필요할 수 있다.
- 우유 섭취가 제한적이거나 태양 노출이 부족한 기후에 사는 사람들(예: 북반구의 겨울 동안)은 보충 비타민 D가 필요할 수 있다.
- 장 흡수에 문제가 있는 사람(예: 항생제 복용)은 비타민과 무기질 보충제를 섭취해야 할 수 있다.

그러나 이러한 그룹에 속하지 않는 사람은 일반적으로 영양가 있는 음식이 풍부한 다양한 식단을 섭취하는 것만으로도 모든 필수 비타민과 무기질을 모두 얻을 수 있다.

핵심요약 23.7

» 비타민과 무기질은 각각 식단에 필요한 유기 및 무기 분자이다. 그들은 효소 및 기타 생화학적 반응의 생산 및 작용에 사용된다. 비타민과 무기질은 소량이지만 반드시 필요하며, 일반적으로는 건강한 식단에서 얻을 수 있다; 미국 내의 대부분 사람은 이를 보충제로 복용하지만 도움이 되지 않는다.

우리는 음식에서 에너지와 영양소를 추출한다

▲ 개구리를 먹고 있는 삼림물총새 (woodland kingfisher).

23.8 우리는 음식을 4가지 단계를 거쳐 영양소로 전환한다

인간의 소화계는 거꾸로 돌아가는 조립 라인과 같다. 조립된 자동차로 시작해서, 타이어, 자동차 문, 앞 유리, 핸들과 같은 많은 부품으로 분해한다고 상상해 보자. 소화계에 들어가는 음식은 온전한 차와 같다. 그것은 조립 라인에 들어간 다음 음식이 점차적으로 씹히고, 분해된 후, 영양소는 신체에 흡수되고, 원자재의 쓸모없는 부분은 폐기물로 버려지는 4가지 구분된 단계를 거친다(**그림 23.14**).

다음 몇 개의 절에서, 음식물 처리의 4단계에 대해 자세히 살펴볼 것이다: 섭취, 소화, 흡수 및 제거. 이 몇 개의 절 전체를 공부할 때, 소화계를 그려보면 도움이 될 것이다. 소화계는 양 끝 구멍인 입과 항문을 가진 긴 관, 그리고 이 긴 관을 따라 진행 과정을 돕는 데 필요한 화학물질을 생성하는 몇몇 분비선들로 이루어져 있다.

핵심요약 23.8

» 인간의 소화 과정은 4가지 뚜렷한 단계를 포함한다. 음식은 계속해서 씹히고, 분해된 후, 몸에 흡수된다. 이후 원료의 사용할 수 없는 부분은 폐기물로 버려진다.

처음부터 끝까지 소화 과정

인간의 소화 과정은 4단계로 구분된다.

1. **섭취**
음식물이 몸으로 들어온다.

2. **소화**
큰 음식물 조각이 물리적, 화학적으로 흡수 가능한 분자로 분해된다.

3. **흡수**
에너지가 풍부한 식품 분자는 신체의 세포로 흡수되어 에너지 및 구성 재료로 사용된다.

4. **배설**
소비된 음식의 나머지 부분(대부분 소화되지 않는 물질)은 많은 수분이 재흡수된 후 폐기물로 버려진다.

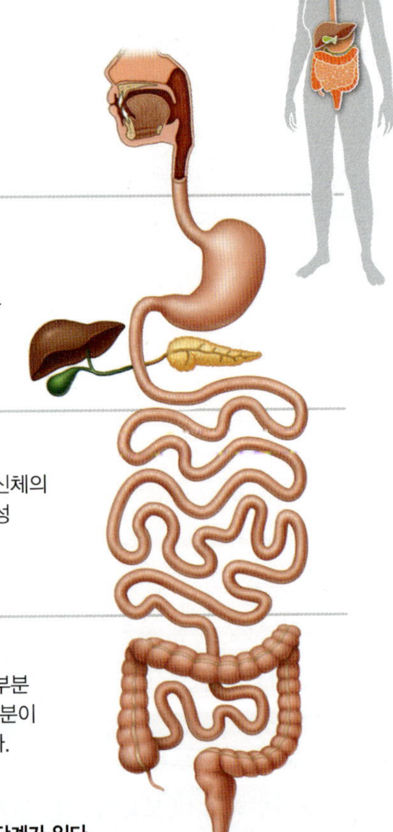

그림 23.14 신체의 음식 처리에는 4단계가 있다.

23.9 섭취는 음식 분해의 첫 단계이다

음식물을 체내로 받아들이는 **섭취**는 빠르게 일어난다(그림 23.15). 섭취의 첫 번째 단계는 일반적으로 1분 미만으로 지속되는데, 입, 치아, 혀 및 침샘 등이 관련되어 있다. 섭취의 두 번째 단계는 음식이 입에서 위로 전달되는 식도에서 발생한다(그림 23.16).

음식을 생각하는 것만으로도 침 분비를 자극할 수 있다! 침샘은 입 전체의 작은 관을 통해 점액을 분비한다. 점액은 음식을 미끄럽게 해서 위장으로 전달되도록 도와준다. 침샘은 또한 소화 과정을 시작하는 알파-아밀라아제라는 효소를 분비한다.

알파-아밀라아제는 녹말 분자(탄수화물의 한 형태)를 형성하고 있는 결합을 끊고 에너지로 사용할 수 있는 약간의 포도당을 배출한다. 섭취한 녹말의 약 20%가 입안에서 분해된다. 입에서 단백질과 지방 분자의 분해는 거의 또는 전혀 발생하지 않는다.

흥미롭게도, 문화 전반에 걸쳐 인간은 열을 사용하고 식초나 레몬주스처럼 산성 용액에 음식을 재우는 등과 같이 음식을 준비하는 공통적인 방법을 개발해 왔다. 열과 산 같은 강한 조건은 식품의 조직을 파괴하므로, 소화 효소가 식품과 접촉하여 분해할 수 있는 효율성이 높아진다.

Q 음식을 조리하거나 재우는 것이 소화에 어떻게 도움이 되나?

입에서 음식을 작은 조각으로 찢고 갈기 위해서 씹기 시작할 때, 우리는 음식의 화학 결합에 저장된 에너지를 수확하는 첫 번째 중요한 단계를 밟는 것이다. 포유류 및 기타 동물 종에서 여러 유형의 치아가 진화함에 따라 다양한 유형의 식품을 처리할 수 있다. 앞쪽의 앞니와 송곳니는 음식을 물고 찢는 데 사용된다. 그 뒤에는 음식을 갈고 부수는 데 사용되는 작은어금니와 어금니가 있다. 동

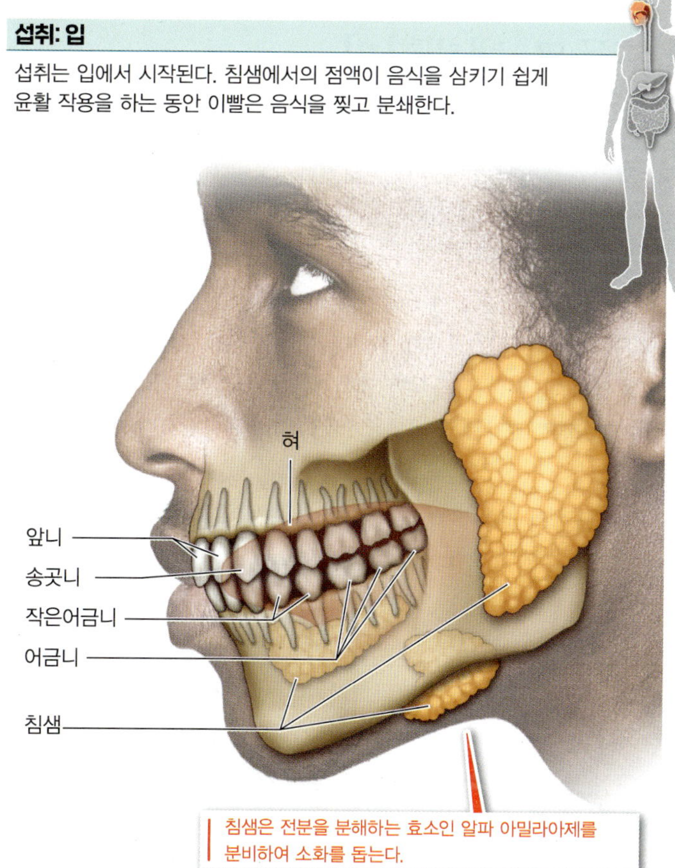

그림 23.15 음식물을 체내로 받아들이는 과정인 섭취는 입에서 시작된다.

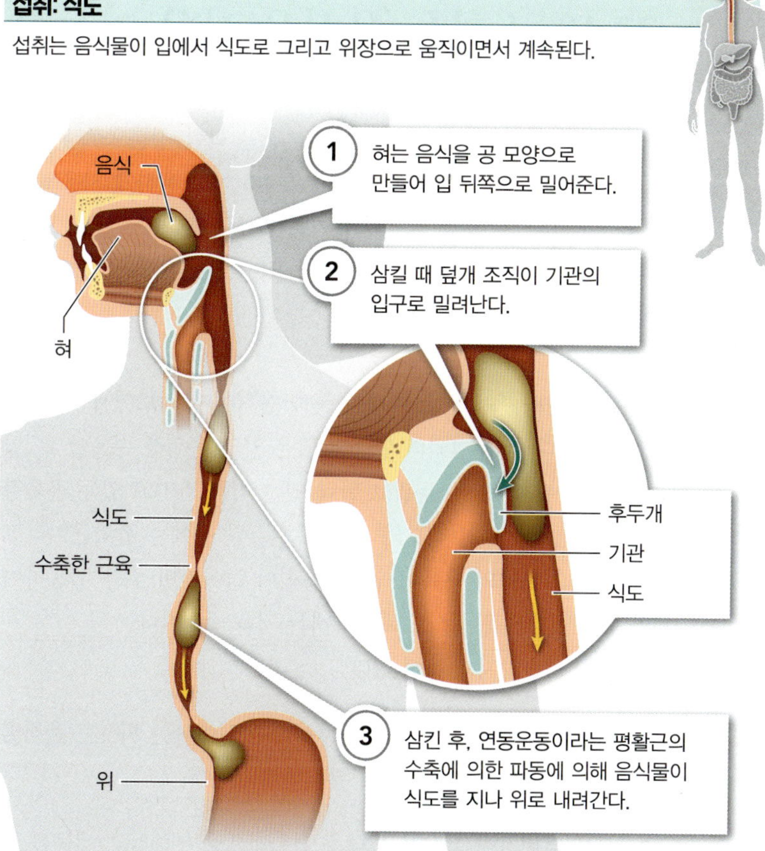

그림 23.16 음식물이 입에서 식도를 거쳐 위로 넘어가면 섭취가 완료된다.

물의 치아 유형만 관찰하여도 식단에 대해 많은 것을 알 수 있다.

Q 많은 새가 작은 자갈을 먹는 이유는 무엇인가?

새는 이빨이 없다. 이것이 새가 작은 자갈을 먹는 것을 때때로 볼 수 있는 이유를 설명한다. 작은 자갈은 영양 가치가 없지만, 조류의 위의 두 공간 중 하나인 **모래주머니**(gizzard)에 모이고 거기서 먹이를 가는 데 도움을 준다. 이빨이 없는 새들은 음식을 통째로 삼켜야 하므로, 이것은 중요한 소화 단계이다. 모래주머니가 분쇄 과정을 진행함으로써, 위의 소화 효소가 더 효율적으로 작동할 수 있다.

음식을 씹는 동안, 혀는 음식을 삼킬 수 있는 공 모양으로 만든다. 타액으로 덮인 음식은 혀에 의해 입 뒤쪽으로 밀려난다. 그곳에서 목구멍은 **기관**과 **식도**라는 2개의 통로로 열린다(그림 23.16 참조). 호흡관이라고도 하는 기관은 폐에 연결되고 식도는 위에 연결된다. 후두가 (근육 수축으로 인해) 빠르지만 중요한 조작에 의해 위로 움직여서 음식을 삼키기 시작하면 덮개 조직(epiglottis, 후두개라고 함)을 기관 입구 위로 밀어 넣는다. 이로써 위로 이동해야 하는 음식물이 기관으로 들어가는 것이 방지된다. 삼키는 음식덩어리가 너무 크면 식도의 시작 부분에 끼게 되고, 이로 인해 기관 앞의 덮개 조직이 밀착되어 못 움직이게 된다. 이에 따라 공기가 폐로 들어가는 것을 차단하여 질식을 유발할 수 있다.

씹은 음식덩어리가 식도로 들어가면, **연동운동**이라고 하는 평활근 수축의 파동이 음식을 식도에서 위로 내려가게 하며, 위에서 소화가 계속된다. 연동운동에 의해 음식을 먹을 때 똑바로 앉거나 서 있을 필요가 없다. 물구나무를 설 때도 음식은 식도를 따라 위로 밀려 내려간다(그러함에도, 식사 전에 몸을 뒤집는 것은 권장하지 않음).

핵심요약 23.9

» 섭취는 소화 과정의 첫 번째 단계이다. 일반적으로 음식을 한 입 베어 물 때마다 1분 미만으로 계속되는 섭취는 위로 전달하기 위해 음식을 찢고 갈아서 먹는 과정이다. 일부 녹말은 타액의 효소에 의해 분해되기 때문에, 소화도 이 단계에서 시작한다.

23.10 소화는 음식을 사용 가능한 부분들로 해체한다

음식은 연료이다. 그러나 먼저, 기본적인 화학 성분으로 완전히 분해되어야 한다. 그래야만 혈류에 흡수되어 유용하게 사용될 수 있다. 소화는 큰 음식 조각을 물리적 및 화학적으로 흡수 가능한 분자로 분해하여 해체하는 과정이다. 이는 주로 위와 소장에서 일어난다.

위 공 모양의 음식은 소화계를 통해 움직이며 식도에서 **위**로 직접 이동한다. 위는 4리터 만큼의 많은 양의 음식을 수용할 수 있도록 확장될 수 있는 두껍고 탄력 있는 벽을 가지고 있는 근육질의 J자형 기관이다. 식도와 위상이 연결된 곳에는 **괄약근**이라고 하는 고리 모양의 근육이 있다. 음식이 들어가면 위를 밀봉하여 위의 산성 내용물이 식도로 역류하는 것을 방지한다.

위에는 세 가지 기능이 있다.

1. 위를 둘러싸고 있는 근육이 수축하여 일어나는 휘젓는 움직임으로 음식물을 물리적으로 분해하고 섞는다.
2. 산을 분비하여 음식물을 더욱 화학적으로 분해하고 세균을 죽인다.
3. 단백질의 화학적 소화를 시작한다.

위에 음식이 있으면 위막공(gastric pits)이라고 하는 위 내벽 주름 사이의 틈에 있는 세포들이 염산과 펩시노겐을 빠르게 생성한다. 이 전구 분자는 단백질 분해효소인 **펩신**으로 빠르게 전환된다(**그림 23.17**). 위산은 음식의 단백질을 부식시켜 더 작은 조각으로 부수고, 작은 조각들은 펩신에 의해 구성 아미노산으로 분해될 수 있다.

소화불량의 타는듯한 느낌은 위의 산성 내용물이 식도와 위 사이의 괄약근을 새어 나와 식도로 역류할 때 발생한다. 이는 보통 음식을 너무 많이 또는 너무 빨리 먹을 때 발생한다. 제산제는 위산을 중화시킬 수 있다. 그러나 위의 높은 산도는 소화에 중요하므로 제산제가 속 쓰림을 완화시키는 반면에, 위의 소화 효율을 감소시킬 수도 있다는 것을 기억하자.

위 속 음식물의 화학적 분해를 돕는 것 외에도 위의 강산은 섭취한 대부분의 박테리아를 죽인다. (일부 미생물은 때때로 위를 통과하는 더 높은 pH의 음식 덩어리 내부에 숨어서 잠입하기도 하지만) 일반적으로 박테리아는 특정 pH 이하에서는 생존할 수 없다.

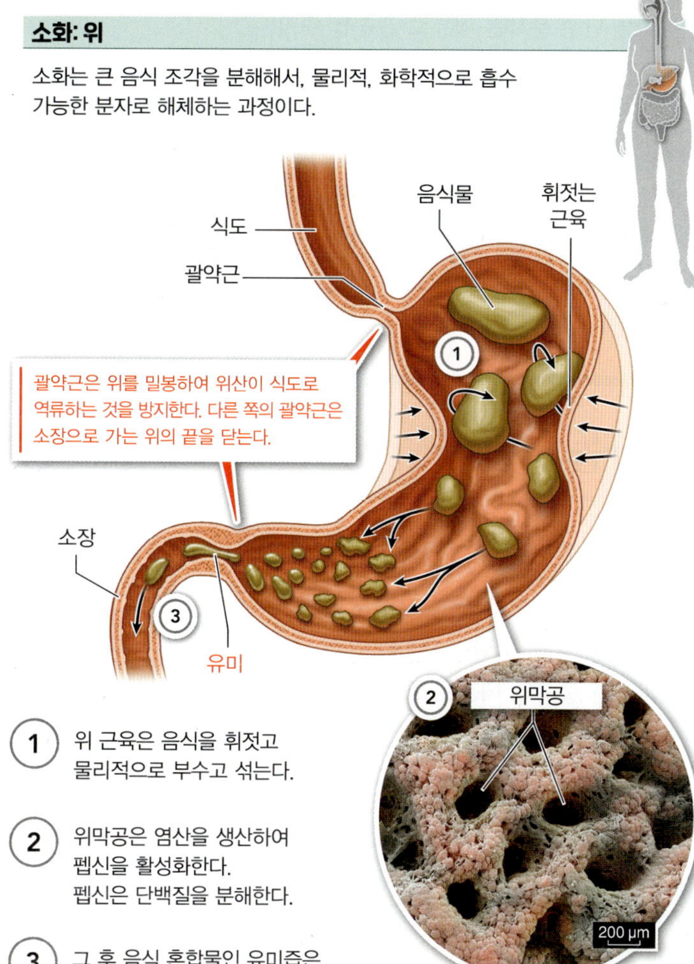

1 위 근육은 음식을 휘젓고 물리적으로 부수고 섞는다.

2 위막공은 염산을 생산하여 펩신을 활성화한다. 펩신은 단백질을 분해한다.

3 그 후 음식 혼합물인 유미즙은 소장으로 이동한다.

그림 23.17 음식은 위에서 부서진다.

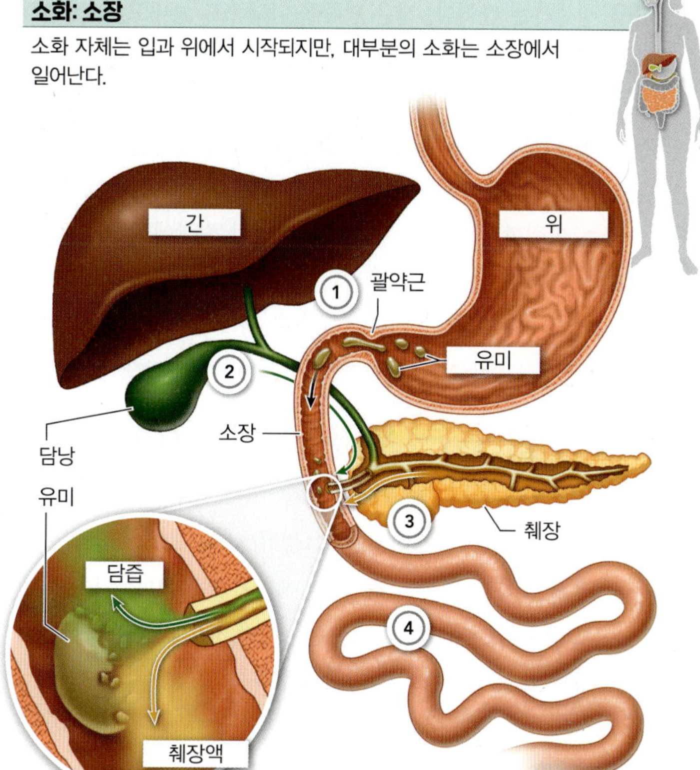

1 위 끝의 괄약근이 이완되면서 소량의 유미즙이 소장으로 분출된다.

2 간은 담즙을 생성하는데, 담즙은 저장소인 담낭에서 소장으로 이동하여 지방덩어리를 작고 더 쉽게 소화되며 흡수되는 작은 방울로 분리한다.

3 췌장은 췌장액을 분비하여 유미즙을 중화시키고, 탄수화물, 단백질 및 지방의 소화를 돕는다.

4 소장 벽 내의 세포는 지방, 탄수화물 및 단백질을 추가로 소화하는 효소를 생성한다.

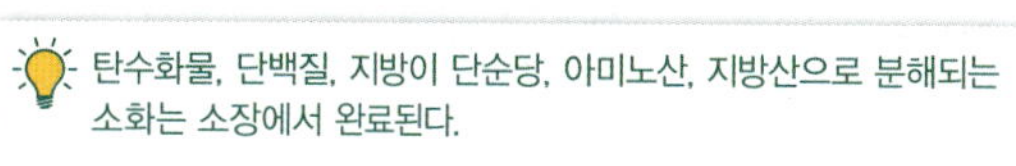

그림 23.18 대부분의 소화는 소장에서 일어난다.

모든 휘젓고 소화한 것의 최종 결과물은 우리가 먹은 음식이 무엇인지 알아볼 수 없는 유미라고 불리는 크림 같은 산성 액체이다. 일부 탄수화물과 단백질은 위에서 부분적으로 또는 완전히 소화되지만, 섬유질은 소화되지 않은 채로 남아 있으며, 지방은 유미즙 내에서 기름기 많은 방울로 떠다닌다. 위의 다른 쪽 끝에는 또 다른 근육 고리가 있다. 약 20초마다 조금씩 열리고 유미즙 몇 큰술 정도를 소장으로 짜내준다.

소장 소화는 입과 위에서 시작만 될 뿐이다. 대부분의 화학적인 소화는 위와 연결된 길고 가는 관인 **소장**에서 일어난다. 길이는 약 6.1미터로 복강 주위를 감고 있다(6.1미터의 튜브를 어떻게 그렇게 작은 공간에 넣을 수 있을까?). 유미즙이 위에서부터 들어온 후, 연동운동의 리드미컬한 수축에 의해 이 크림 같은 물질은 소장으로 밀려 이동한다. 거대분자는 췌장과 간의 도움으로 점차 소화된다(**그림 23.18**).

위가 소장과 연결되는 지점에 있는 **췌장**은 관을 통해 소장의 시작 부분으로 췌장액을 분비함으로써 소화의 중심 역할을 한다. 이 췌장액은 산성인 유미를 중화시키는 화학 물질과 탄수화물 및 단백질, 그리고 적은 정도로 지방을 소화하는 효소의 혼합물이다.

특히 소장에서 지방의 소화를 돕는 기관은 지방 분해를 돕는 **담즙**을 생성하는 **간**이다. 간은 담즙을 담낭으로 보내고, 그곳에서 담즙은 작은 관을 통해 소장으로 간다. 여기에서 담즙은 섭취한 지방 방울을 췌장 효소가 잘 분해할 수 있는, 더 쉽게 소화되는 작은 방울로 분리한다. 소장 벽 내의 세포에서 생성된 효소는 지방, 탄수화물 및 단백질을 추가로 소화한다.

소화는 섭취한 탄수화물, 단백질, 지방이 소장에서 이들의 구성 단위인 단순당, 아미노산, 지방산으로 분해될 때 완료된다. 그러면 이들 단순 분자는 혈류로 흡수될 수 있다.

핵심요약 23.10

» 소화는 큰 음식 조각을 분해하여 물리적, 화학적으로 흡수 가능한 분자로 해체하는 과정으로, 동물에서 음식이 분해되는 두 번째 단계이다. 이는 주로 위와 소장에서 일어난다.

23.11 흡수는 영양소를 장에서 세포로 이동시킨다

씹고, 찢고, 휘젓고, 산성화하고, 분해한다. 우리는 음식을 가장 단순한 구성 분자로 줄이는 데 많은 에너지를 쏟는다. 하지만 결국에는 보상이 따른다. 그 보상은 **흡수**이며, 이 과정에 의해 에너지가 풍부한 음식 입자가 소화관에서 혈류로 이동한 다음 신체 전체의 세포로 가서 에너지와 구성 재료로 사용될 수 있다. 흡수는 주로 소장에서 일어난다; 그러나 아스피린과 알코올을 포함한 몇 가지 분자는 위에서 흡수되므로, 공복에 알코올을 마시면 예기치 않게 빨리 취할 수 있다.

효과적인 흡수의 핵심은 표면적이다. 당이나 아미노산과 같은 분자가 세포에 흡수되려면 분자가 세포의 원형질막과 직접 접촉

그림 23.19 **소장은 영양소 흡수를 위한 매우 넓은 표면적을 가지고 있다.**

해야 한다. 소장을 통과하는 유미와 접촉할 수 있는 세포의 수가 많을수록 흡수할 수 있는 영양소의 양도 많아진다. 이는 영양소의 효율적인 흡수를 가능하게 하는 소장의 엄청난 표면적과 기타 구조적 특성에서 알 수 있다(그림 23.19).

1. 소장은 약 6.1미터로 매우 길다.
2. 곧고 매끈한 관이 아니며, 주름이 많다.
3. 소장의 내부 내벽은 융모(villi)라고 하는 평방 인치당 수천 개의 작은 손가락 모양의 돌기로 구성되어 있다. 이것들이 구석과 틈새를 만들어서 유미가 흡수 세포와 더 많이 접촉할 수 있다.
4. 융모를 따라 있는 각 세포에는 미세 융모(microvilli)라고 하는 수백 개의 작은 실 모양의 돌기가 있다. 이것들이 미세한 구석과 미세한 틈새를 만들어 유미에 있는 더 많은 분자가 흡수 세포의 원형질막에 직접 닿을 수 있게 한다.

소장을 둘러싼 세포에 흡수될 수 있는 분자에는 단순당, 개별 아미노산(때로는 2개 또는 3개 아미노산으로 구성된 짧은 사슬), 지방산, 비타민 및 무기질이 포함된다. 영양 분자가 흡수될 만큼 충분히 작으면 미세융모에 갇히게 되고, 4.8절 및 4.9절에서 자세히 설명한 대로, 수동 또는 능동수송으로 세포막을 가로질러 세포로 들어가게 된다(그림 23.20). 그런 다음, 영양소는 세포 밖으로 확산되어 세포를 감싸고 있는 간질액으로 확산된다. 여기에서 영양소는 모세혈관에 의해 흡수되어 혈류로 이동한 후 이를 필요로 하는 기관과 조직에 전달될 수 있다.

Q 특정 음식 조합은 함께 먹으면 안 된다는 것이 사실인가?

특정 음식이 혼합되면 소화와 흡수에 문제가 있다는 속설이 있다. 이것은 사실이 아니다. 이 속설은 몇 가지 사실을 무시한다. 신체는 지방, 단백질 및 탄수화물을 위한 소화 효소를 동시에 생성할 수 있으며, 소화관에 있는 다른 영양소와 상관없이 영양소를 흡수할 수 있다. 사실 그 반대가 사실인 경우가 많다. 많은 식품이 다른 식품에 있는 영양소 분자의 흡수를 향상시킨다. 예를 들어, 감귤류의 비타민 C는 쇠고기나 콩 식사로부터 철분의 흡수 효율을 높인다.

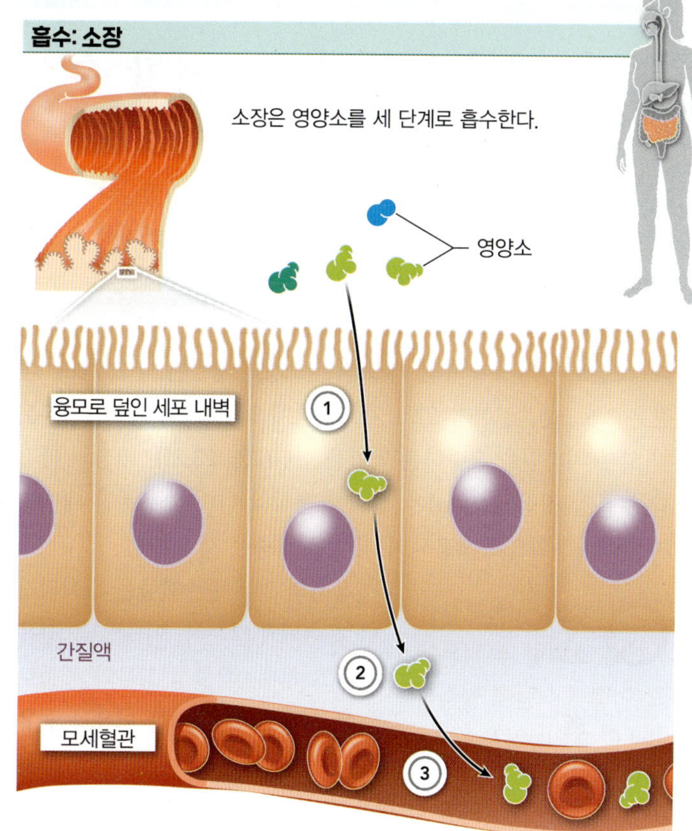

1 영양소는 융모로 덮인 세포로 운반된다.

2 영양소는 세포 밖으로 확산해서 세포를 담고 있는 간질액으로 간다.

3 영양소는 모세혈관에 의해 흡수되어 혈류로 이동한 후, 이를 필요로 하는 기관과 조직으로 전달될 수 있다.

그림 23.20 **흡수는 영양소를 혈류로 이동시킨다.**

핵심요약 23.11

» 흡수는 혈류와 신체의 세포가 음식물 소화의 결과인 작은 구성 분자들을 소화관으로부터 얻는 과정이며, 세포에서는 이들을 에너지와 구성 재료로 사용할 수 있다. 흡수는 주로 소장에서 일어난다.

23.12 배설은 몸에서 사용할 수 없는 물질을 제거한다

우리는 특히 자신이 섭취한 액체와 고체에 관하여 상상하는 것보다 훨씬 더 잘 보존하고 재활용한다. 음식 분해의 마지막 단계인 **배설**(elimination)은 유미의 잔여물(대부분 소화되지 않는 물질)이 소장을 떠나 **결장**이라고도 불리는 **대장**으로 들어갈 때 발생한다. 소장보다 직경이 훨씬 더 크지만(소장의 경우는 약 2.5 cm, 대장은 7.5 cm), 길이가 약 1~1.8미터에 불과한 대장은 물, 염분 및 일부 비타민을 흡수하는 역할을 한다(**그림 23.21**). 대장의 마지막 부분인 직장(rectum)은 섭취한 음식의 나머지 부분인 대변을 저장하는 구획으로 사용되며, 대변은 나중에 제거된다.

Q 우리는 섬유질을 소화할 수 없음에도, 어떻게 식단에 필수적이라 할 수 있는가?

음식의 일부 탄수화물은 소화되거나 흡수되지 않는다. 이 물질을 섬유질라고 하며, 식물성 고무와 셀룰로스를 포함한다. 이러한 이유로 섬유질을 섭취하면 대변량이 증가한다. 더 많은 양이 추가되면 더 많은 물이 유입되어 결장을 통한 유미의 이동이 빨라지고 대변이 부드러워져 배설이 더 쉬워진다. 섬유질은 또한 담즙과 결합하여 일부가 배설되게 함으로써, 음식에서 콜레스테롤을 흡수하는 신체의 능력을 감소시킨다.

대장에서 수분 흡수의 올바른 균형을 이루는 것이 중요하다. 너무 많이 흡수되면, 소화되지 않고 남은 물질이 너무 고형화되어 소화기관의 마지막 부위를 쉽게 이동하지 못해 변비를 유발한다. 또는 너무 적은 수분 흡수가 발생하면 설사를 통해 신체에서 더 많은 수분을 잃게 된다.

대장에는 거대한 세균 군집이 살고 있다. 태어나기 전, 태아의 장에는 세균이 없다. 자연 분만 중에, 어머니의 세균 중 일부를 얻는다. 2세가 되면 어린이는 일반적으로 음식과 환경에서 성인에게 존재하는 수많은 박테리아 종을 거의 모두 획득한다. 주어진 시간에, 우리는 일반적으로 우리 몸의 세포보다 더 많은 박테리아 세포를 가지게 된다(그림 15.4 참조).

장에 있는 세균은 일반적으로 무해하며 결장 끝에까지 분포하고 소화되지 않은 물질을 먹고 살아간다. 이들 세균은 또한 비타민 K와 비타민 B 중 하나인 비오틴과 같은 중요한 대사 부산물을 배출한다. 우리가 매일 배설하는 대변의 약 절반은 죽은 박테리아 세포로 구성되어 있다; 나머지는 대부분 셀룰로스와 기타 유형의 섬유질 등 소화되지 않은 물질들이다.

질병을 유발하는 미생물을 죽이기 위해 처방된 항생제는 종종 (그리고 의도하지 않게) 상당 부분의 대장 세균들도 죽인다. 이것은 부정적인 부작용을 가질 수 있다. 첫째, 결장을 통한 소화되지 않은 물질의 이동이 평소만큼 느려지지 않을 수 있으며, 이 경우 제거되는 물이 줄어들고 설사가 발생한다. 또한, 비타민 K와 비오틴의 생성 감소는 결핍증을 일으키며, 혈액 응고 문제, 탈모, 피로 등의 증상을 유발할 수 있다.

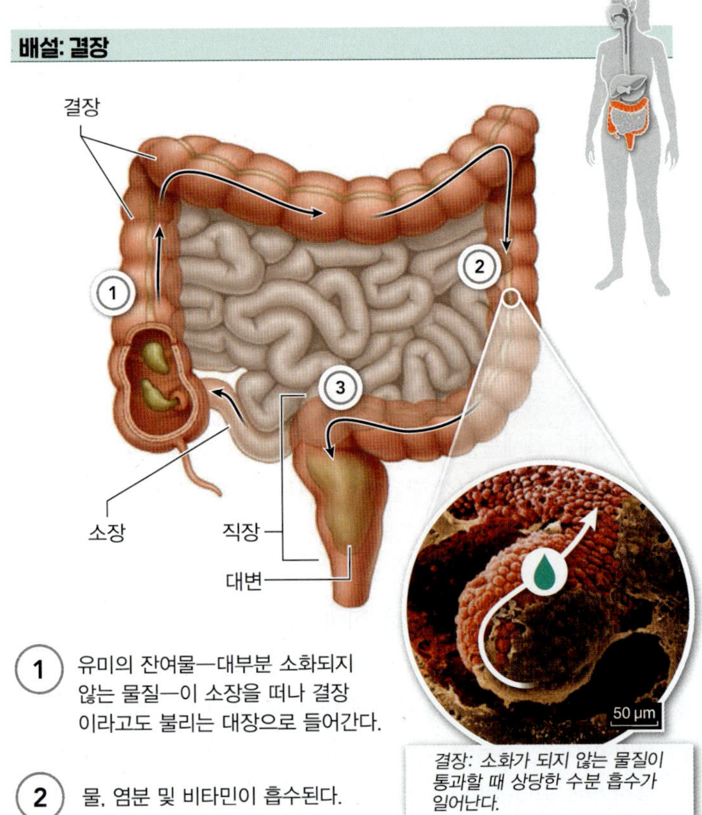

3 직장은 죽은 박테리아 세포와 섭취한 음식 중 소화되지 않고서 남은 부분으로 구성된 대변을 저장하는 구획으로 기능한다.

그림 23.21 배설은 소화 과정의 마지막 단계이다.

Q 항생제를 복용하면, 왜 비타민 결핍이 생길 수 있는가?

결장에서는 삼투를 통해 변으로부터 물을 제거한다. 먼저 염(salt)이 결장에서 주변 세포로 퍼내 진 후 단순 확산에 의해 물이 밖으로 이동한

Q 완하제(laxatives)는 변비를 줄이는 데 어떻게 도움이 될까?

다(이온이 더 많은 곳으로). 이 과정은 변비 치료제로 조작될 수 있다. 완하제에는 마그네슘염이 포함되어 있는데, 마그네슘염은 아주 천천히 흡수되어 결장에 도달했을 때에도 여전히 온전하게 존재한다. 완하제는 결장의 염 농도를 증가시켜 더 많은 물이 남도록 작용한다. 이 추가적인 물은 대변의 배설을 더 쉽게 만든다(그러나 때때로 설사를 유발할 수 있음).

핵심요약 23.12

» 음식물 분해의 마지막 단계는 대부분 소화되지 않은 물질이 소장을 떠나 대장으로 들어가면서 발생한다. 그곳에서, 물과 이온은 나머지 물질이 배설되기 전에 흡수된다.

23.13 몇몇 동물은 음식을 처리하는 대체 수단을 갖고 있다

셀룰로스는 세계를 먹여 살릴 수 있다. 이 물질은 어디에나 있으며—식물 세포 주변의 세포벽을 구성하는 주요 탄수화물—엄청난 양의 에너지가 화학 결합에 저장되어 있다. 그러나 대부분 동물은 셀룰로스를 분해하는 효소를 생산(또는 다른 방식으로 획득)하지 않는다. 그러나 적절한 효소를 가진 동물은 지구상에서 가장 풍부한 화학 에너지 공급원 중 하나에 접근할 수 있다. 그들이 어떻게 하는지 살펴보자.

소, 들소, 사슴, 염소, 양을 포함한 **반추**동물은 인간이 소화할 수 없는 식물을 소화할 수 있는 복잡한 네 부분으로 된 위를 가지고 있다(**그림 23.22**). 첫째, 풀을 뜯는 동물은 잠깐 동안 식물 재료를 씹어 단단한 세포벽을 갈아낸다. 이를 삼키면 위의 첫 번째 부분으로 이동하는데, 이 부분에는 엄청난 양의 효소와 셀룰로스-소화 세균들이 들어 있다. 그곳에서 식물 성분이 분해되고 많은 셀룰로스가 소화된다. 그런 다음, 동물은 음식을 다시 입으로 역류시키고 조금 더 씹은 후 다시 삼켜 에너지 추출 효율을 높인다.

"되새김질"이라는 추가적인 씹기는 식물 세포벽을 더욱 파괴하여 세균이 셀룰로스에 더 쉽게 접근할 수 있게 함으로써 더 많은 것을 소화할 수 있는 기회를 제공한다. 위의 첫 번째 부분에서 소장으로 이동하여 일반적인 소화 경로를 계속하기 전에 식물은 일부 추가적인 소화가 일어나는 나머지 방을 통과한다. 셀룰로스가 반추동물 식단의 주요 성분이지만, 반추동물은 장에서 활동하는 많은 세균을 소화하여 매일 상당한 양의 단백질 또한 섭취한다.

좀벌레를 포함한 일부 곤충은 셀룰로스-소화 효소를 생산한다. 이 효소 덕분에, 좀벌레는 셀룰로스로 만들어진 세포벽을 포함하는 식물 성분으로 이루어진 책과 종이를 먹을 수 있는 것이다.

장에 셀룰로스-소화 세균을 가지고 있는 동물이 모두 반추동물

반추동물의 네 부분 위

반추동물의 경우, 인간이 소화할 수 없는 식물 성분을 소화할 수 있는 복잡한 네 부분으로 된 위가 진화했다.

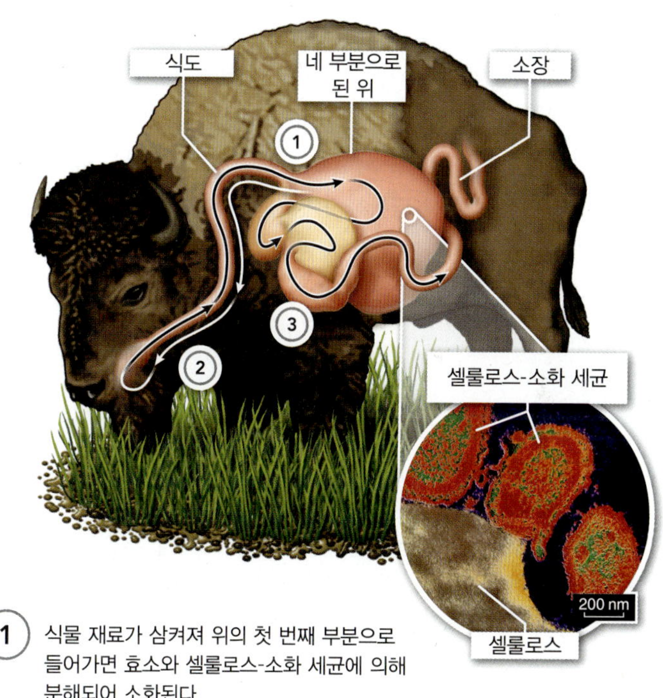

1. 식물 재료가 삼켜져 위의 첫 번째 부분으로 들어가면 효소와 셀룰로스-소화 세균에 의해 분해되어 소화된다.
2. 음식은 역류하고, 더 많이 씹은 다음 삼켜져서 다시 위의 첫 번째 부분(방)으로 전달된다.
3. 소장으로 이동하기 전에 음식은 위의 나머지 방을 통과하면서 더 소화된다.

그림 23.22 **반추동물은 인간이 소화할 수 없는 식물 성분을 소화할 수 있다.**

Q 좀벌레는 도서관에서 번성하는 해충이다. 어떻게 이럴 수 있는가? (힌트: 그들은 셀룰로스를 소화하는 효소를 생산하는 몇 안 되는 동물 종 중 하나이다.)

은 아니다. 말, 설치류, 토끼, 코알라 등의 경우, 맹장이라고 하는 소화관의 노출부(노두)에 이 세균들이 서식한다. 일반적으로 대장의 시작으로 여겨지는 맹장은 음식물이 장을 따라 내려가기 전에 셀룰로스가 소화되는 별도의 공간이다.

셀룰로스를 분해하지 않는 동물의 맹장은 훨씬 작다. 예를 들어, 육식 코요테에는 맹장이 거의 없는 반면 비슷한 크기의 코알라는 2미터 길이의 맹장을 가지고 있다. 이 긴 공간 내에서, 세균은 파쇄된 유칼립투스 잎을 사용 가능한 음식으로 전환한다(**그림 23.23**).

인간의 맹장에는 셀룰로스-소화 세균이 없다. (인간 맹장과 연결되어 있으면서 그로부터 발달하는 작은 주머니 모양의 구조를 충수라고 한다.)

토끼와 설치류는 음식에서 에너지를 추출하는 능력을 높이는 또 다른 방법을 터득했다: 이들은 음식을 전체 소화계에 두 번 통과시킨다. **식분**이라는 과정, 즉 대변을 먹는 행위는 셀룰로스가 함유된 식단에서 영양 섭취량을 크게 늘릴 수 있다.

돼지, 코끼리, 고양이, 고릴라, 침팬지를 포함한 수많은 다른 동물들도 이유는 항상 명확하지 않지만 때때로 식분에 의존한다. 이러한 행동을 설명하기 위해 제안된 가설들에 따르면, 이는 비타민과 미네랄 흡수 또는 소화를 돕기 위한 세균의 획득일 것이라고 설명한다.

핵심요약 23.13

» 일부 곤충을 제외한 대부분 동물은 셀룰로스를 분해하는 효소를 생성하지 않는다. 반추동물에서는 부분적으로 공생적인 셀룰로스-소화 세균의 존재로 인해 인간이 소화할 수 없는 식물 물질을 동물이 소화할 수 있게 하는 복잡한 네 부분으로 된 위가 진화했다. 다른 동물들은 셀룰로스-소화 세균을 수용하는 맹장이라는 기관을 가지고 있기도 한다.

맹장

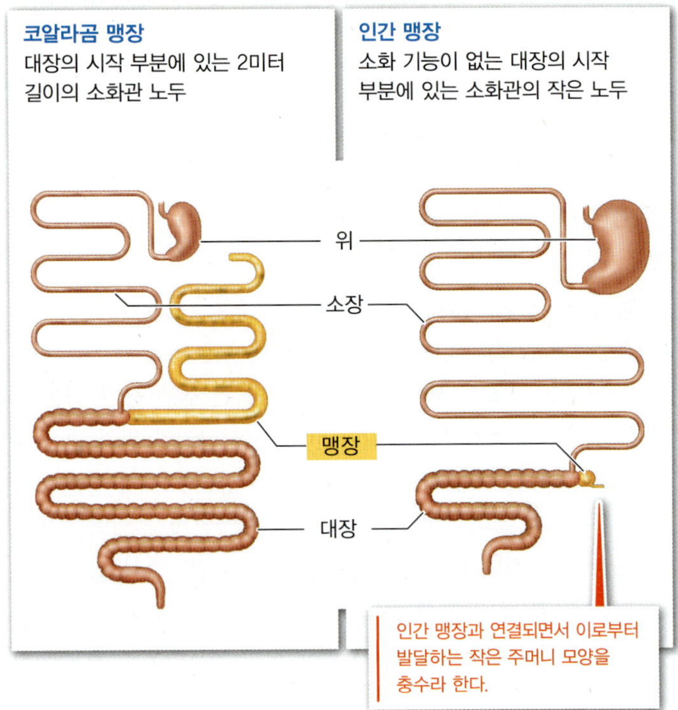

그림 23.23 **다른 식단, 소화관의 차이.**

▲ 어떤 음식이 다른 음식보다 더 나은 이유는 무엇인가?

23.14 건강한 식단이란 무엇인가?

가장 기본적인 수준에서 건강한 식단을 설계하려면 질과 양이라는 두 가지 요구 사항이 충족되어야 한다(**그림 23.24**). 첫째, 식단에는 6가지 영양소 범주 각각이 충분히 포함되어야 한다: 물, 단백질, 탄수화물, 지방, 비타민, 무기질. 둘째, 건강한 식단은 과잉 칼로리를 포함하지 않지만, 개인의 물질대사 요구량 충족에 충분한 에너지를 제공해야 한다. 그러나 이러한 요구 사항을 충족하는 최상의 전략을 찾기는 쉽지 않다.

어떤 음식도 완전하게 적합하지 않기 때문에 식단의 **균형**이 중요하다. 예를 들어, 우유는 단백질과 칼슘의 좋은 공급원이기는 하지만 대부분 성인에게 충분한 정도의 철분을 함유하고 있지 않다. 반면 육류에는 단백질과 함께 철분이 풍부하지만, 일반적으로 칼슘이 부족하다. 이러한 이유로 영양학자들은 (1) 곡물, (2) 야채, (3) 과일, (4) 우유와 기타 유제품, (5) 육류, 가금류, 콩류, 그리고 올리브유와 카놀라유 같은 소량의 불포화 지방 등 각 기본 식품군에서 다양한 식품을 섭취할 것을 권장한다. 또한, 체중 관리를 위해 매일 운동할 것을 권장한다.

미국농무부(USDA)는 사람들이 건강한 식단을 계획하는 데 도움이 되는 식단 지침을 제정했다. USDA는 영양 과학의 발전을 통합하기 위해 5년마다 지침을 갱신한다. 더불어 USDA는 식품이 안전한지 확인하기 위한 조치를 취하도록 사람들에게 촉구하는 것 외에도 다음과 같은 권장 사항을 제시한다.

건강한 식단에는 6가지 영양소 범주 각각에 대한 충분한 양과 개인의 물질대사 요구량을 지원하기에 충분한 에너지가 포함되어야 한다.

그림 23.24 음식의 질과 양은 건강하고 균형 잡힌 식단을 선택할 때 고려해야 할 주요 요소이다.

1. 권장 범위 내에서 체중을 유지하시오.
2. 신체 활동을 하시오.
3. 다양한 과일, 채소, 곡물, 특히 통곡류, 무지방 또는 저지방 우유와 유제품을 선택하시오.
4. 포화 지방, 콜레스테롤 및 총지방이 적은 식단을 유지하시오.
5. 복합 탄수화물과 섬유질 같은 당분이 적은 식단을 유지하시오.
6. 나트륨이 적은 식단을 유지하시오.
7. 알코올 음료를 섭취할 경우 적당량을 섭취하시오.

그림 23.25 **식품 표지는 풍부한 영양 정보를 제공한다.**

육류, 가금류, 생선 및/또는 유제품을 섭취하지 않는 사람들도 여전히 균형 잡힌 식단을 유지할 수 있다. 콩류, 씨앗 및 견과류는 단백질을 포함하여 육류에서 발견되는 것과 동일한 영양소를 많이 제공할 수 있다. 짙은 녹색 잎이 많은 채소는 육류에 풍부한 또 다른 영양소인 철분을 제공할 수 있다. 사실, 이러한 식단은 지방함량이 낮은 경향이 있어서 건강한 체중을 유지하는 데 도움이 될 수 있다.

식품 표지는 USDA 지침을 준수하고 균형 잡힌 식단을 선택할 때 도움이 되는 유용한 도구이다(**그림 23.25**). 성분 목록 역시 매우 가치가 있다—모든 성분을 양(중량 기준) 순으로 나열한다. 궁극적으로, 이러한 지침을 따르면 만성 질환(과 그 중증도)이 발생할 가능성을 줄이는 데 도움이 될 수 있다.

USDA의 식이 지침을 복잡하게 만드는 것은 나이가 들어감에 따라 칼로리 섭취를 줄이기 위한 권장 사항이다. 신진대사율은 30세 전후로 해서 천천히 그러나 확실히 떨어진다. 결과적으로, 활동량을 늘리지 않은 채 같은 양의 음식을 먹으면(건강에 좋은 식단이라 할지라도) 살찌게 된다. 대부분 성인은 30대, 40대, 50대에 걸쳐 매년 약 0.23 kg의 체중이 증가한다.

Q 나이가 들어감에 따라서 건강한 체중을 유지하는 것이 점점 더 어려워지는 이유는 무엇인가?

핵심요약 23.14

» 균형 잡힌 건강한 식단은 과잉이 아닌 적절한 양의 필수 영양소와 에너지를 함유하며, 낮은 수준이지만 포화 지방, 콜레스테롤, 설탕, 염분, 알코올 등의 물질도 포함한다.

이것이 우리의 방법 / 과학의 창의적 과정

23.15 인간의 판단은 혈당에 의존적인가?

균형 잡힌 식단은 단순히 생존하는 것부터 생리적 기능을 최대화하는 것까지 건강을 위해 필수적이다. 하지만 의사 결정을 위해서는 무엇을 해야 하는가? 뇌 기능은 우리의 식단과 영양에 의해 어느 정도 영향을 받는가?

최근 3명의 연구원이 인지 추론에 영향을 미칠 수 있는 몇 가지 요인을 평가하기 위해 고안된 영리한 연구 결과를 보고하였다. 그들의 접근 방식은 엄격한 과학적 사고와 조사가 반드시 명확한 "대조군" 대 "실험군" 비교를 포함하지 않는다는 것을 잘 상기시킨다.

연구자들은 "법률 소송의 결과가 법률과 사실에만 의존하는가?"라는 질문에 답하기 위해 사법적 판결에 대한 실제 자료를 조사하였다.

이 질문을 귀무가설로 바꿀 수 있는가?

구체적으로, 그들은 "외부 요인이 전문 의사 결정자의 매우 중요한 결정을 좌우할 수 있는지"를 결정하기 시작하였다. 그들은 10개월 기간 중 50일 동안 이스라엘에서 2개의 가석방 위원회를 주재하는 판사들이 내린 모든 결정을 평가했다. 여기에는 1,112건의 판결이 포함되었다. 4개의 주요 교도소를 운영하는 이 2개의 가석방 위원회는 이스라엘의 모든 가석방 요청의 약 40%를 처리한다.

수감자가 가석방 위원회에 출두했을 때, 판사는 (1) 이전에 투옥된 횟수, (2) 범죄의 심각성, (3) 이미 감옥에서 복역한 개월 수에 대한 정보를 받았다.

매일 각 가석방 위원회는 14~35건(평균 = 24)의 사건을 연속적으로 청취하였다. 사건은 무작위로 제시되었으며, 판사는 사건당 평균 6분 동안 심의하였다. 그런 다음, 판사는 각 가석방 요청을 "수락" 또는 "거부"로 결정했고, 결정에 드는 시간을 기록하였다. 기본 결정은 거부였다. 요청의 64.2%가 거부되었다.

이 장은 "영양과 소화"에 대한 내용이다. 이것과 무슨 관련이 있나?

가석방 위원회의 심리 일정은 매우 체계적이다(그리고 서기가 기록한다). 연구 기간 동안 심사위원들은 늦은 아침 간식 시간(오전 9시 49분과 10시 27분 사이에 시작하여 마칠 때까지 평균 38분 소요)과 점심시간(오후 12시 46분과 2시 10분 사이에 시작하여 마칠 때까지 평균 57분 소요)을 가졌다. 따라서 매일매일 심리는 3개의 결정 세션으로 나누어졌다.

누군가가 심사위원들의 '급식 일정'에 왜 신경을 쓰겠는가?

발표된 많은 연구 보고서는 정신적 피로가 뇌 기능을 방해할 수 있다는 증거를 제시하고 있으므로, 연구자들은 간식 시간에 관심을 보였다. 예를 들어, 한 연구에 따르면 자동차 구매자가 자신이 선호하는 옵션에 대해 연속적으로 많은 결정을 내리도록 요청을 받은 후에는 이후 선택 때 기본 옵션을 순순히 수락할 가능성이 더 커졌다고 한다. 그리고 우리는 음식을 섭취하면 혈당 수치가 증가하여 정신적인 에너지가 보충될 수 있음을 알고 있다.

가설로 돌아가 보자. 연구자들은 외부 요인이 심사위원의 결정에 영향을 미쳤는지를 어떻게 평가했나?

미국 국립과학원회보(PNAS, Proceedings of the National Academy of Sciences)에 결과를 발표하면서, 연구원들은 아래와 같이, 사건을 심리한 하루 중 시간이라는 함수로 호의적으로 내려진 결정의 비율을 표시했다.

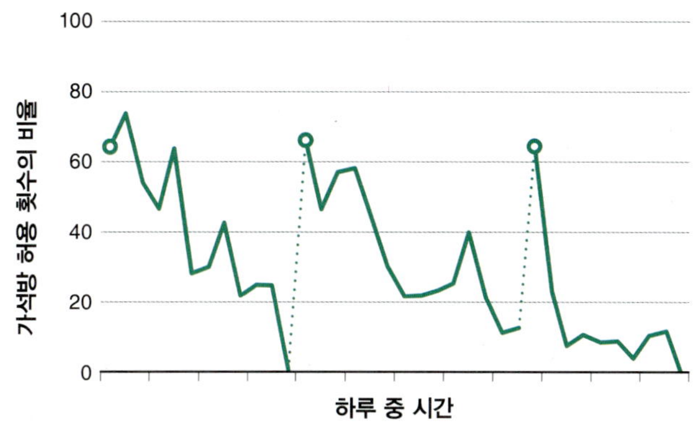

도표로 배우기

데이터의 시각적 표현을 비판적으로 살펴보기

이 그림을 더 자세히 살펴보려면 이 장의 끝을 보시오.

그들은 명확하고 극적인 양상을 발견하였다. 즉, 그래프에서 점선으로 표시된 가석방 요청은 식사 직후 또는 하루가 시작될 때 승인될 가능성이 훨씬 더 높았다. 각 세션이 진행될수록 유리한 판결은 0%에 가까울 때까지 감소했다. 간식 시간 이후에는 호의적인 판결이 나올 확률이 65%로 회복되었다—각 세션의 첫 번째 결정은 그래프에 동그라미로 표시된다.

이 결과에서 어떤 결론을 내릴 수 있는가?

연구자들은 정신적으로 피곤하고 배고픈 판사들이 가석방 요청을 거부하는, 더 쉬운 기본 입장으로 되돌아간다고 결론지었다. 인지 추론에 참여하면 혈당이 고갈되어 추가적인 정신적 노력을 어렵고 불쾌하게 만든다. 음식을 섭취하면 의사 결정 능력이 회복된다. (좋은 결정을 내리려면 더 많은 정신적 노력이 필요하다는 결론을 뒷받침하기 위해서, 연구자들은 그러한 결정에 41% 더 오래

생각하기, 짝과 나누기

수업 수강생 중 한 명과 짝을 만드시오. 다음의 질문을 읽고 답에 대하여 60초 동안 조용히 생각하시오. 이후 5분 동안 토론을 하고 자신의 답을 공유할 수 있게 준비하시오.

- 사건이 오로지 법률과 사건의 사실에 근거하여 결정된 경우, 사건이 심리된 시간과 유리한 결정이 나올 확률 사이에 어떤 관계가 있다고 예측할 수 있는가? 왜 그런가?
- 이전 질문에 대한 답을 바탕으로 그래프가 어떻게 보일 것으로 예상하는가?

걸리고 서면 결정은 거의 두 배나 더 길었다고 언급했다.)

추가적인 가능한 설명을 찾아야만 하는가? 왜?

분석에서, 연구자들은 몇 가지 추가 가설을 테스트하였다. 그리고 그들은 이전에 투옥되지 않은 수감자들이 가석방을 받을 가능성이 더 크다는 것을 발견했지만, 가석방을 받을 가능성은 범죄의 심각성, 이미 복역한 기간 또는 수감자의 성별이나 민족성에 영향을 받지 않는다는 것도 관찰하였다.

가석방된 죄수들을 제외한 다른 대상에게 이러한 결과는 중요한가?

광범위하게 보면—영양 상태가 결정 과정에 미치는 영향에 대한 조사로서—이러한 결과는 수많은 중요한 의미를 가질 수 있다. 의사들이 이런 종류의 결과와 관련성이 있다고 볼 수 있는가? 아니면 주식 중개인은 어떤가? 또는 대학 입학 위원회는?

이 주제를 연구할 때 다음 단계로 취해야 할 몇 가지를 제안할 수 있는가?

핵심요약 23.15

» 중요한 과학적 문제에 대한 통찰력은 종종 넓은 관점과 창의적이고 틀을 벗어난 사고를 요구한다. 열린 마음과 예상치 못한 원인에 대한 개방성은 자연 현상을 이해하는 데 획기적인 발전을 가져올 수 있다.

23.16 비만은 좋은 것이 지나쳐서 생길 수 있다

Jerry와 Louis Kahn은 먹는 것을 정말 좋아하는 두 형제이다. 모두 각각 약 200 kg이 넘었지만, 허기는 줄지 않았다. 의사들은 문제의 정확한 생리학적 원인을 찾아냈다. 그들은 둘 다, 온열기를 절대 끄지 못하는 고장난 온도조절장치처럼, 신체가 음식 섭취의 내부 측정치를 인식하지 못하여 "충분하다"라고 등록할 수 없게 하는 변형된 유전자를 가지고 있었다. Jerry와 Louis는 그들의 두뇌가 위장에서 "배부르다"라는 메시지를 결코 받지 못하기 때문에 영원히 배고프다.

Kahn 형제와 마찬가지로, 우리 모두는 체중에 상당한 영향을 미치는 유전자를 부모로부터 물려받았다. 모든 인간은 체중에 영향을 미치는 수십(수백)개의 유전자를 물려받는데, "정상" 상태에서도 이러한 유전자는 체중 문제를 일으킬 가능성이 있다(**그림 23.26**).

Q 자연선택은 왜 우리에게 엄청난 식욕을 갖게 하는 유전자를 주었는가?

우리의 조상은 동물을 사냥하고 식물을 채집하면서 육지에서 살았다. 이러한 상황에서 언제 다음 식사가 가능한지는 불분명했다. 강력하고 본능적인 음식에 대한 갈망은 우리 조상을 거칠고 에너지를 요구하는 세상에서 살아남게 했다. 절제된 식사를 하기보다 먹는 데 열성적인 사람들이 식량이 부족한

식욕이 왕성한 유전자는 우리 조상의 세계에서 이점이 있었을 것이다. 현대 사회에서는 체중 관리 문제로 이어질 수 있다.

그림 23.26 **유전자가 건강한 체중을 유지하는 것을 어렵게 만들고 있는가?**

체질량 지수(BMI)

① 키에 해당하는 행을 찾아보자.

② 체중이 있는 열에 도달할 때까지 행을 가로질러 오른쪽으로 이동한다.

③ BMI가 얼마인지 알기 위해 행의 맨 위로 이동한다.

BMI는 키에 대한 체중을 평가하고 광범위하게 분류하는 데 사용되는 척도이다.

	저체중 (<18.5)	건강 체중 (18.5–24.9)						과체중 (25–29.9)					비만, (>30)					
BMI	18	19	20	21	22	23	24	25	26	27	28	29	30	31	32	33	34	35
190.5	65.3	68.5	72.6	76.2	79.8	83.5	87.1	90.7	94.3	98.0	101.6	105.2	108.9	112.5	116.1	119.7	123.4	126.6
188.0	64.0	67.1	70.3	73.9	77.6	81.2	84.4	88.0	91.6	95.3	98.9	102.1	105.7	109.3	112.9	116.1	119.7	123.4
185.4	61.7	65.3	68.5	72.1	75.3	78.9	82.6	85.7	89.4	92.5	96.2	99.3	103.0	106.6	109.8	113.4	116.6	120.2
182.9	59.9	63.5	66.7	69.9	73.5	76.7	80.3	83.5	86.6	90.3	93.4	96.6	100.2	103.4	106.6	109.8	113.4	117.0
180.3	58.5	61.7	64.9	68.0	71.2	74.8	78.0	81.2	84.4	87.5	90.7	94.3	97.5	100.7	103.9	107.0	110.2	113.4
177.8	57.2	59.9	63.0	66.2	69.4	72.6	75.7	78.9	82.1	85.3	88.5	91.6	94.8	98.0	100.7	103.9	107.0	110.2
175.3	55.3	58.1	61.2	64.4	67.6	70.3	73.5	76.7	79.8	82.6	85.7	88.9	92.1	94.8	98.0	101.2	104.3	107.0
172.7	53.5	56.7	59.4	62.6	65.3	68.5	71.7	74.4	77.6	80.3	83.5	86.2	89.6	92.1	95.3	98.0	101.2	104.3
170.2	52.2	54.9	57.6	60.8	63.5	66.2	69.4	72.1	75.3	78.0	80.7	83.9	86.6	89.8	92.5	95.7	98.4	101.2
167.6	50.8	53.5	56.2	59.0	61.7	64.4	67.1	70.3	73.0	75.7	78.5	81.2	84.4	87.1	89.8	92.5	95.3	98.0
165.1	49.0	51.7	54.4	57.2	59.9	62.6	65.3	68.0	70.8	73.5	76.2	78.9	81.6	84.4	87.1	89.8	92.5	95.2
162.2	47.6	49.9	52.6	55.3	58.1	60.8	63.5	65.8	68.5	71.2	73.9	76.7	78.9	81.6	84.4	87.1	89.4	92.5
160.0	46.3	48.5	51.3	53.5	56.2	59.0	61.2	64.0	66.2	68.9	71.7	73.9	76.7	79.4	81.6	84.4	86.6	89.4
157.5	44.5	47.2	49.4	52.2	54.4	57.2	59.4	61.7	64.4	66.7	69.4	71.7	74.4	76.7	79.4	81.6	84.4	86.6

신장(cm)

체중(kg)

그림 23.27 건강한 체중의 한 지표: 체질량 지수(BMI). 위의 범주는 20세 이상의 남녀 모두에게 적용된다.

기간에 살아남아 번식 시기까지 생존할 가능성이 컸다. PET 스캔(양전자 방출 단층촬영, 이미지 방법의 일종)을 사용한 최근 연구는 음식을 보는 것만으로도 뇌의 쾌락 중추에서 활동을 시작한다는 사실을 입증하였다.

우리의 끊임없는 식탐의 결과는 더 이상 뉴스가 아니다: 미국인 4명 중 1명은 비만이다. 크기 면에서, 우리의 체질량 지수가 30이 되면 통통함은 "비만"으로 분류된다. **체질량 지수(BMI)**는 킬로그램의 체중을 키의 제곱(kg/m^2)으로 나눈 값이다. 30의 BMI는 키가 180 cm인 경우 약 97.2 kg, 172 cm인 경우 88.8 kg로 해석된다. BMI가 25~30이면 "과체중"으로 간주된다.

BMI는 비만을 평가하는 유일한 방법이 아니며, 체지방을 측정하는 척도로서 몇 가지 중요한 문제가 있다. 측정값이 신체 구성을 고려하지 않기 때문에, 예를 들어, 근육량이 비정상적으로 큰 전문 운동선수와 보디빌더는 비만 범위에 속하는 BMI를 가질 수 있다. 그래도 이 척도는 여전히 유용하고 쉽게 얻을 수 있는 측정값이다(**그림 23.27**). 5 kg 정도만 감량해도 우리 대부분은 심장병,

그림 23.28 어린 시기에 건강한 체중을 유지하는 것이 중요하다.

뇌졸중, 당뇨병의 위험을 줄일 수 있다. 그러나 우리가 가지고 있는 "기근을 두려워하는" 유전자 때문에 이것은 말처럼 쉽지 않다.

세포 관점에서, 비만은 개인의 지방세포의 크기와 수가 증가하여 발생한다. 지방세포 수는 주로 어린 시절과 10대 초반에 증가한다(**그림 23.28**). 그 이후, 지방세포는 과잉 칼로리 섭취로 인해서 너무 커지면 분열되기도 하지만 세포의 수보다 크기가 커지는 경향이 있다. 불행하게도, 그 반대는 사실이 아니다. 체중이 감소하면 지방 세포가 작아지지만, 완전히 소실되지는 않는다. 따라서 조기에 비만을 피하는 것이 특히 중요하다.

과도한 칼로리는 지방, 탄수화물 또는 단백질 등 어디에서 유래하는지에 관계없이 지방으로 전환될 수 있다. 공급원이 무엇이든 지방 분자는 신체 지방 조직의 지방세포에 추가된다.

비만의 문제는 인간에게만 국한된 것이 아니다. 동물원에 있는 대부분의 영장류도 과체중이며, 많은 애완동물과 대부분의 실험실 연구 동물도 마찬가지이다. 각각의 경우, 그 이유는 인간과 동일하다. 그들의 자연 세계에서 음식은 제한적이며 예측할 수 없다. 동물은 음식을 얻기 위해 많은 에너지를 소비할 필요가 없이 음식이 풍부할 때 과식한다.

핵심요약 23.16

» 우리의 초기 조상들은 언제 음식이 생길지 예측할 수 없었으며, 이는 왕성한 식욕으로 진화하였다. 이 본능 때문에 현대 산업 세계에서 대부분 사람은 그들이 선호하는 정도를 넘어서서 건강을 유지할 수 있는 체중을 초과할 정도까지 과식한다. 동물원 동물, 실험실 동물, 가축들도 비슷한 문제를 가지고 있다.

23.17 체중 감량 다이어트는 실패하는 제안이다

> "나는 이 끊임없는 뱃살을 제외하곤 어떤 것이든 설득은 물론 부인도 가능하다: 먹여야 했고 먹일 것이다. 그리고 나는 이 녀석을 훌륭하게 만들 수 없다."
>
> — RALPH WALDO EMERSON, *Representative Men*, 1850

체중 감량은 간단하면서도 복잡한 문제이다. 성공을 보장하는 하나의 쉬운 계획이 있기 때문에, 이론적으로는 간단하다. 두 마디의 말로 설명할 수 있다: "덜 먹어. 더 움직여." 모든 종의 동물은 섭취하는 칼로리보다 소비하는 칼로리가 많을 때 체중이 감소할 것이다.

그러나 이 두 마디의 말은 실제로 실천하기가 어렵다. 의도적으로 체중 감량을 시도하는 것은 우리의 많은 자연적 본능에 어긋나는 복잡한 과정이다. 이러한 이유로, 그것은 극도로 도전적이다. 장기적으로 보면, 거의 모든 "다이어트"는 장기적으로 체중을

체중 감량을 촉진하기 위한 해결책

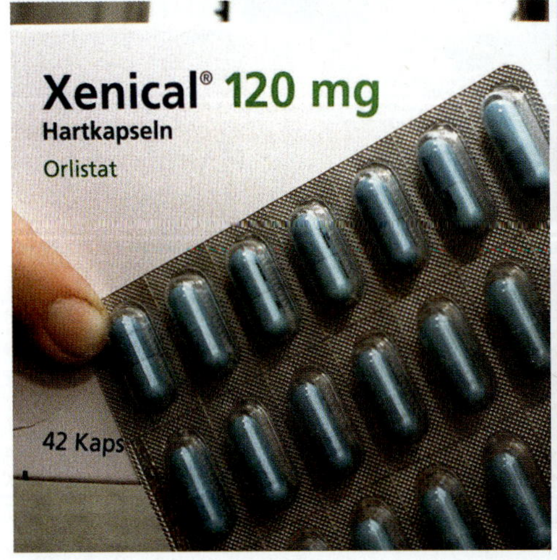

약과 기타 화학적 해결책

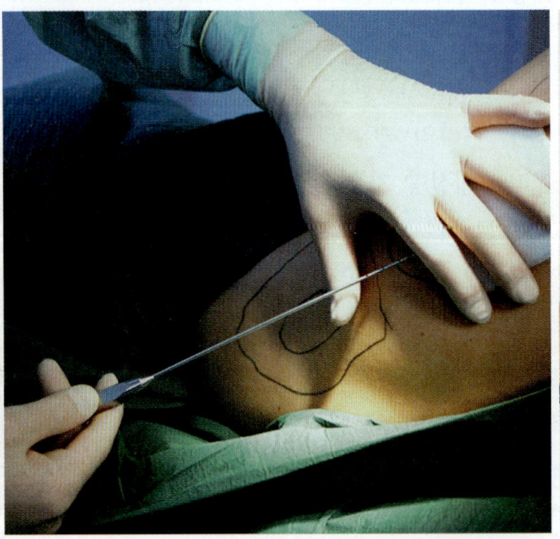

수술

행동 변화: 체중 감량 식사

그림 23.29 체중 감량을 이루기 위하여 취할 수 있는 다양한 전략.

줄이거나 줄인 상태를 유지할 수 없다. 그럼에도 불구하고, 많은 사람에게 약간이라도 체중 감량을 하는 것은 상당한 건강상의 이점이 있다.

체중 감량을 촉진하기 위해 고안된 최근의 방법은 약한 것에서 극단적인 것까지 범주가 다양하다. 이는 3가지 범주로 나뉜다: 약물, 수술 그리고 행동 변화. 각각은 유망한 요소와 문제가 있는 요소를 모두 가지고 있다(그림 23.29).

약물 및 기타 화학적 해결책 최근 개발된 체중 조절 약물 중 더 유망한 것 중 하나는 제니칼(Xenical)이라는 제품인데, 이것은 리파아제(지방 소화 효소)에 결합하여 그 기능을 차단함으로써 지방 소화를 방해하는 제품이다. 결과적으로, 일부 지방은 소화계에서 흡수되지 않고 몸을 통과하게 된다. 불행하게도, 이 약물은 소화 및 흡수 장애와 관련된 많은 일반적인 부작용이 있다.

우리를 더 건강한 식품 선택으로 이끌기 위해 다른 화학 물질이 개발 및 판매되었다. 예를 들어, 인공적으로 생성된 분자인 Olestra와 NutraSweet는 각각 지방 또는 설탕 분자와 동일한 맛을 느끼게 할 수 있다. 이에 관한 주장(그리고 희망)은 우리가 실제 지방과 설탕을 함유한 식품을 섭취하는 것만큼이나 이러한 화학적 대체물을 함유한 식품을 섭취하는 것으로도 만족할 수 있다는 것이다. 그러나 발표된 여러 연구에서 NutraSweet 또는 Olestra가 포함된 제품을 섭취함으로써 무의식적으로 더 적은 칼로리를 섭취한 피험자들은 다음 날 열량 소비를 늘리는 것으로 반응하였다. 우리는 그렇게 쉽게 속지 않는다.

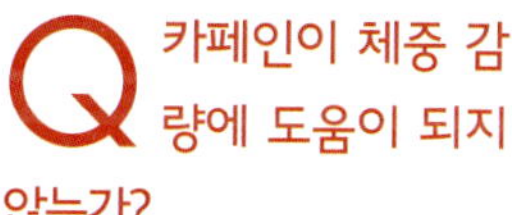

카페인이 체중 감량에 도움이 되지 않는가?

다양한 화학 자극제는 식욕 증가를 상쇄하지 않으면서 에너지 소비를 증가시킨다고 주장한다. 임상시험은 카페인과 같은 자극제를 사용하면 2.5~5kg 범위의 체중 감소를 일으킬 수 있음을 보여주었지만, 장기간 연구에 따르면 대부분 체중이 다시 증가하는 것으로 나타났다.

수술 체중 감량 수술에는 두 가지 일반적인 범주가 있다: 지방 흡입술과 비만 수술. 지방 흡입술 절차에서 의사는 속이 빈 튜브와 흡입 장치를 사용하여 신체의 여러 부분에서 지방세포를 직접 제거한다. 그러나 시간이 지남에 따라 개인은 감량된 모든 체중(또는 그 이상)을 회복하는 경향이 있다.

비만 수술에서 외과 의사는 소장의 상당 부분을 우회하고 위의 대부분을 봉합한다. 이것은 사람으로 하여금 배부르기 전에 먹을 수 있는 음식의 양을 줄여준다. 또한, 소장이 영양소를 소화하고 흡수하는 능력을 제한한다.

비만 수술은 BMI가 35 이상이고, 이로 인해 상당한 위험을 수반하는 경우에만 권장된다. 예컨대, 모든 경우에서 거의 3분의 1 정도는 이 수술로 인해 영양 결핍으로 이어진다. 그러나 어떤 약물이나 식이요법에 관하여 분명하게 단언할 수 없는 뭔가를 비만 수술에서는 할 수 있다: 그것은 효과가 있다는 것이다. 이 수술을 받은 600명 이상의 사람들에 관한 한 연구에 따르면 14년 후의 평균 체중 감소는 50 kg였다!

행동 변화: 체중 감량 다이어트 우리의 식습관을 바꿀 수 있는가? 단기적으로는 물론이다. 수많은 방법이 효과적인 것으로 입증되었다. 그러나 문제는 이러한 변화를 장기적으로 유지하는 것이다.

자연선택의 힘이 강한 에너지 획득, 기아 회피 등 생존 및 번식과 밀접하게 관련된 행동을 바꾼다는 것은 특히 어려운 일이다. 예를 들어, 연구자들은 종합적인 프로그램을 통해 평균 35 kg 감량에 성공한 다이어트 그룹을 관찰하였다. 그러나 프로그램을 마친 지 3년 후 참가자들은 평균적으로 변경된 식습관을 유지할 수 없었고 감소했던 체중이 모두 되돌아 왔다.

연구자들은 또한 다른 종에서 식량에 대한 접근이 제한된 기간 후에 음식에 대한 자유로운 접근이 주어졌을 때 과식으로 되돌아가는 것을 관찰하였다. 이는 인간과 마찬가지로 중요한 진화적 가치가 있는 행동이다. 저칼로리 식단을 하는 원숭이 집단에 속한 원숭이는 처음에 체중이 줄었으며, 2년 동안 훨씬 더 낮은 체중으로 안정화되었다. 그런 다음, 그들에게 음식에 대한 무제한 접근이 주어졌다. 그들은 새로운 체중을 유지했을까? 아니다. 이 원숭이들은 음식 섭취량을 늘렸고 다이어트 전의 원래 체중으로 돌아갔다.

체중 감량 다이어트의 일반적인 문제 가장 인기 있는 체중 감량 다이어트의 주요 문제는 (1) 체지방을 줄이는 것보다 체중(심지어 물에 의한 무게)을 줄이는 데 중점을 둔다; (2) 지방을 가장 잘 태울 수 있는 신체 조직인 근육량을 줄인다; (3) 체중을 너무 빨리 줄임에 따라서 신체의 에너지 보유량을 보존하도록 설계된 방어기작을 일으킨다; 그리고 (4) 그들은 에너지 등식의 다른 면인 운동에 충분히 집중하지 않는다.

모든 주요 다이어트 프로그램에 대한 미국 국립보건원(National Institutes of Health)의 평가에 따르면, 어떤 프로그램도 장기적으로 체중 감소에 안정적으로 이른다는 어떤 증거도 없다고 결론지었다. 2009년 *New England Journal of Medicine*에 발표된 대규모 연구에서도 비슷한 결론이 나왔다. 불행히도, 현대의 동물원과 같은 풍요로운 환경에 살면서 우리는 끊임없이 칼로리를 찾고 효율적으로 저장하는 자연계와 씨름하게 될 것이다.

그래도 건강한 체중을 유지하기 위해 열심히 노력할 가치가 있다. 미국 국립보건원은 약간의 체중 감소(총체중의 5%~10%)라도 상당히 건강상의 이점을 얻을 수 있으며, 이는 적당한 운동과 함께 적당하고 균형 잡힌 식단을 섭취함으로써 달성할 수 있다고 말한다.

핵심요약 23.17

» 성공적인 체중 감량을 보장하는 단 하나의 계획이 있다: 즉, 칼로리 섭취량을 줄이고 칼로리 소비량을 늘리는 것이다. 그러나 이를 수행하기는 말처럼 쉽지 않다. 체중 감량을 촉진하기 위해 고안된 해결책에는 약물, 수술 또는 행동 변화 등이 포함되지만, 그중 어느 것도 확실히 성공적이지 않으며 일부는 안전하지 않다.

23.18 당뇨병은 신체가 혈당을 효과적으로 조절하지 못하여 발생한다

제대로 기능할 때, 인체는 미세하게 조정되고 반응하는 기계와 비슷할 수 있다. 예를 들어, 신체가 식이 포도당을 처리할 때 일어나는 고도로 조정된 단계를 살펴보자. 단순 또는 복합 탄수화물을 소화 및 흡수한 후 혈류에 순환하는 포도당의 양이 증가한다. 이로 인해 췌장에서 인슐린을 방출한다. 그리고 인슐린은 신체의 세포, 특히 근육 세포와 지방 세포가 원형질막을 통해 포도당을 흡수하도록 한다. 그런 다음, 이 세포는 포도당을 에너지로 사용하거나 다른 시간에 에너지가 필요할 때까지 저장하기 위해 글리코겐이나 지방으로 전환할 수 있다. 결과적으로, 혈류의 포도당이 감소하고 혈당 수치가 다시 낮아진다.

음식에 따라 혈당이 급상승하고 인슐린이 분비되는 정도가 다르다. 오렌지 주스, 꿀, 흰 감자와 같이 급격하고 큰 정도의 급상승을 일으키는 음식은 **혈당 지수**가 높은 것으로 분류되며 다이어트에 바람직하지 않다. 혈당 지수가 낮은 식품, 즉 인슐린 분비를 느리고 완만하게 증가시키는 식품이 더 바람직하다. 여기에는 통곡물과 콩이 포함된다. 인슐린 반응이 감소하면 혈류에서 포도당과 지방산을 보다 효율적으로 사용하고 지방 저장을 줄일 수 있다. 인슐린 급상승은 또한 적은 양의 식사를 하여 줄이거나 혈당 지수가 높은 음식을 섭취하더라도 균형 잡힌 식단을 일부라도 함께 섭취함으로써 줄일 수 있다.

불행하게도, 미세하게 조정된 기계라도 오작동할 수 있다. 천만 명 이상의 미국인(전 세계적으로 1억 명)이 **당뇨병**의 조건처럼 인슐린 반응 체계에 문제가 있다. 이러한 문제는 주로 두 가지 유형이 있다: (1) 췌장이 혈당 증가에 반응하여 충분한 인슐린을 분비하지 않거나 (2) 췌장은 많은 인슐린을 분비하지만, 신체의 세포는 이에 충분히 반응하지 않는 것이다. 일반적으로 세포막에서 기능하는 인슐린 수용체의 결핍으로 인해 발생한다(**그림 23.30**). 두 경우 모두 식사 후에도 혈당 수치가 높게 유지되어 신체에 많은 문제를 일으킨다.

Q 당뇨병이 있는 사람들은 왜 알약으로 복용하지 않고 인슐린을 주사하는가?

첫 번째 유형의 당뇨병(제1형이라고 함)은 자가면역 질환으로 여겨지는데, 어린이나 젊은 성인에서 가장 흔히 진단된다. 일반적으로 제1형 당뇨병 환자는 췌장에서 인슐린을 충분히 배출하지 못하지만 인슐린 주사로 치료될 수 있다(**그림 23.31**). 그러나 인슐린은 단백질이기 때문에 위산과 소장의 효소에 의해 소화된다. 따라서 인슐린을 혈류로 온전하게 넣기 위해서는 주사해야 한다.

두 번째 유형의 당뇨병(제2형)은 약 10배 더 흔하다. 일반적으로 40세 이후에 발병하며, 약 90%의 경우 비만의 결과이다. 식단(그리고 나중에는 혈류에서)의 만성적이고 과도한 양의 설탕은 혈당 조절에 도움이 되는 세포 인슐린 수용체의 민감도 그리고/또는 수를 감소시키는 것으로 보인다. 세포가 인슐린에 적절하게 반응하지 못하면 췌장에서 더 많은 인슐린을 배출하며, 궁극에는 췌장의 인슐린 생산 세포를 손상시킬 수 있다.

제2형 당뇨병은 식이 조절을 통해 혈류의 포도당 변동을 최소화하여 치료한다. 또한 인슐린에 대한 신체의 반응을 증가시키기 때문에 체중 감량이 권장된다. 그리고 췌장이 더 이상 충분하게 인슐린을 분비하지 않는 경우 인슐린 보충이 필요할 수 있다.

만성적으로 높은 혈당 수치는 신체의 거의 모든 세포에 영향을 주므로, 건강에 미치는 영향은 광범위하고 심각할 수 있다. 눈 수정체의 세포가 변형되어 시야가 흐려질 수 있다; 혈관이 손상되어

당뇨병: 제1형 대 제2형

인슐린은 우리 몸의 세포가 혈관에서 포도당을 흡수하도록 한다.

제1형 당뇨병

제1형 당뇨병에서 췌장은 혈당 증가에 대한 반응으로 충분한 인슐린을 분비하지 않는다.

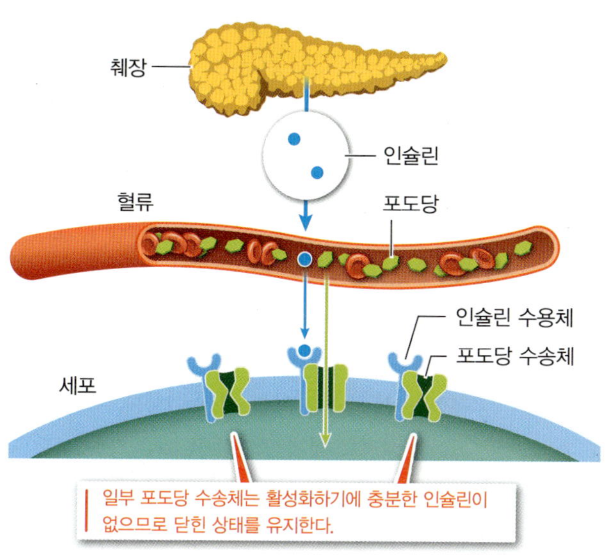

제2형 당뇨병

제2형 당뇨병에서 많은 인슐린 수용체가 인슐린의 "듣기"를 중단한다; 처음에 췌장은 수용체에 "소리치듯" 인슐린 생산을 증가시킨다.

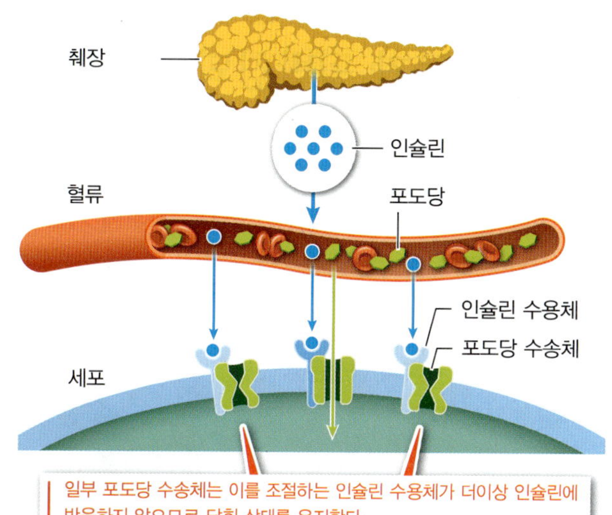

그림 23.30 당뇨병은 신체의 혈당 조절에 장애가 있는 것이다.

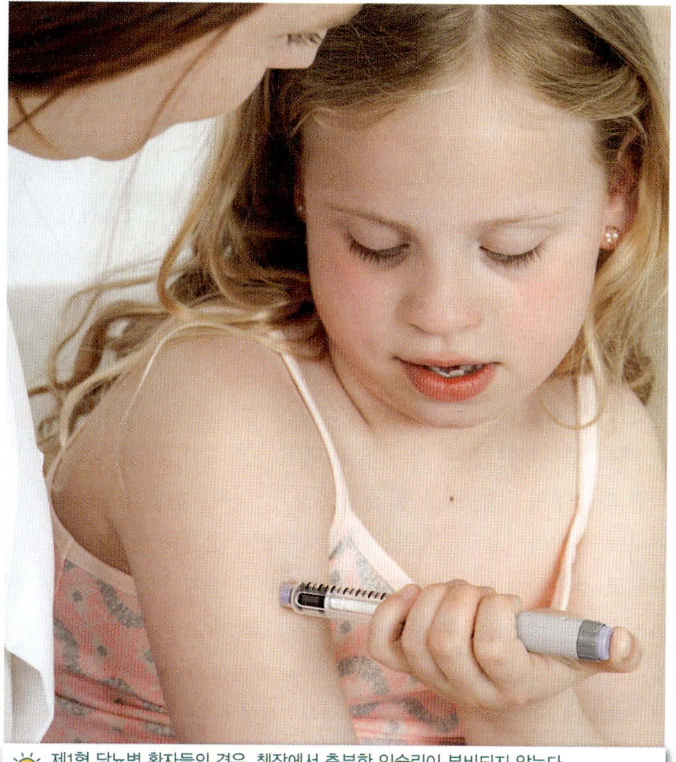

제1형 당뇨병 환자들의 경우, 췌장에서 충분한 인슐린이 분비되지 않는다. 하지만 그들은 인슐린을 주사함으로써 혈당을 조절할 수 있다.

그림 23.31 당뇨병과 함께 살기

순환계와 신장 기능 장애를 일으킬 수 있다; 그리고 신경이 손상될 수 있다. 종합하면, 다양한 문제로 인해 결과적으로 당뇨병은 미국에서 6번째로 높은 주요 사망 원인이다.

핵심요약 23.18

» 탄수화물을 소화하면 혈류에서 더 많은 포도당이 순환하므로 췌장에서 인슐린을 방출한다. 인슐린은 신체의 세포가 에너지나 저장을 위해 포도당을 섭취하게끔 한다. 당뇨병, 즉 혈당 조절에 문제가 생긴 상태는 수백만 명의 사람들에게 영향을 미친다.

생활 속 생명과학 | 증거를 사용한 의사결정 안내

"하루에 사과 한 개는 의사와 멀어지게 한다": 어리석은 말인가? 아니면 자료가 뒷받침되는 충고로 들리는가?

Q: 주장은 무엇인가? 2011년의 한 연구는—Time, MSNBC, CBS를 비롯한 전 세계 언론에서 기술된—"하루에 사과 한 개는 의사와 멀어지게 한다"라는 격언에 대한 첫 번째 실험적 지지를 보여줬다.

Q: 주장하고 있는 사과의 장점은 무엇인가? 언론 보도에 따르면 연구 참가자들은 사과를 섭취함으로써 다음과 같은 이점을 경험했다고 보고했다.

1. LDL(low-density lipoprotein, 저밀도 지단백질, 심혈관 질환 위험 증가와 관련됨)의 23% 감소
2. HDL(high-density lipoprotein, 고밀도 지단백질, 심혈관 질환 위험 감소와 관련됨)의 4% 증가
3. C-반응성 단백질(염증과 관련된 단백질과 심혈관 질환의 지표)의 32% 감소
4. 지질 과산화수소(동맥의 플라크 형성과 관련된 화학 물질)의 33% 감소
5. 평균 1.5kg의 체중 감소

Q: 연구자들은 사과의 이점을 어떻게 평가하나? 이 연구는 1년 동안 진행되었으며, 45~65세의 폐경 후 여성 160명을 대상으로 두 그룹 중 하나에 무작위로 배정했다. "치료" 그룹에서 참가자들은 매일 75g의 말린 사과를 먹도록 지정되었다. "대조군" 그룹에서 참가자들은 매일 100g의 자두를 먹도록 지정되었다. 연구자들은 자두의 영양 성분이 사과와 비슷하므로 대조군으로 자두를 선택했다. 이로써 사과에 포함된 고유한 형태의 섬유질 같은 사과 고유의 영양적 특징에 의한 건강상의 이점을 평가할 수 있었다.

Q: 결과가 당신에게 의미하는 것은 무엇인가? 표제에서는 "하루에 사과 한 개"가 일반적이고 극적인 이점을 제공한다고 제안했다—그리고 그 점에서는 정확하다. 불행하게도, 이 이야기는 기술 연구 보고서를 인기 있는 뉴스 기사로 번역할 때 공통적으로 나타나는 난점을 나타낸다. *Journal of the Academy of Nutrition and Dietetics*에 발표된 연구 논문은, 특히 참가자를 실험 그룹에 무작위로 배정한 것과 연구에서 자주 간과되는 폐경 후 여성을 포함하는 것에 관한 엄격한 연구를 보고하였다. 그런데 이것이 어떻게 이 결과를 일반화할 가능성을 감소시킬 수 있다는 것일까? 왜인가?

또한, 위에 나열된 5가지 중요한 결과 중에서 LDL 감소와 지질 과산화수소 감소라는 단지 두 가지 결과만이 통계적으로 의미가 있었다. 언론이 처리군과 대조군 사이에서 유의미하게 다르지 않은, 1.5kg의 체중 감소와 HDL 수치의 4% 증가라는 결과가 의미 있다고 주장해야 한다고 생각하는가? 언론이 통계 교육을 받지 않은 사람들에게 이러한 결과를 알릴 수 있는 다른 방법이 있지 않을까?

Q: 당신이 내릴 수 있는 결론은 무엇인가? 선정적인 주장을 읽을 때는 주의해야 한다. 연구가 미디어 친화적인 언어로 제시되면 번역에서 많은 것을 잃을 수 있다. 연구자들이 대부분의 연구에서 결정적으로 결론을 내릴 수 있는 것에는 한계가 있으므로 주의해서 읽어야 한다. 이 경우, 두 가지 희망적인 결과는 사과 섭취가 인구의 한 부분(폐경 후 여성)에서 심장 건강의 5가지 지표 중 2가지를 개선하는 데 도움이 된다는 것이다. 그러나 이 두 희망적인 결과에서, 사과가 "기적의 과일"이다 그리고 "모든 사람이 사과를 섭취하면 혜택을 볼 수 있다"는 뉴스 보도의 광범위한 주장에 이르기에는 상당히 부족하다.

연습 데이터의 시각적 표현을 비판적으로 살펴보기

도표로 배우기

1. 이 그래프에서 판사의 혈당 수치가 의사 결정에 영향을 미친다는 가설을 뒷받침하는 두 가지 측면을 판별하시오. 당신의 대답을 설명하시오.
2. 판사의 혈당 수치가 의사 결정에 영향을 미치지 않았다면, 이 그래프가 어떻게 보일 것으로 예측하는가?
3. 두 점선은 무엇을 나타내는가?
4. "시간" 축에 숫자가 없는 이유는 무엇인가?
5. 작은 원은 무엇을 나타내는가?
6. 작은 원 (또는 다른 데이터 포인트) 위와 아래에 오차 막대가 없는 이유는 무엇인가?
7. 세 번째 작은 원 이후에는 처음 2개의 작은 원보다 더 가파른 내리막이 있다. 왜 그럴까?

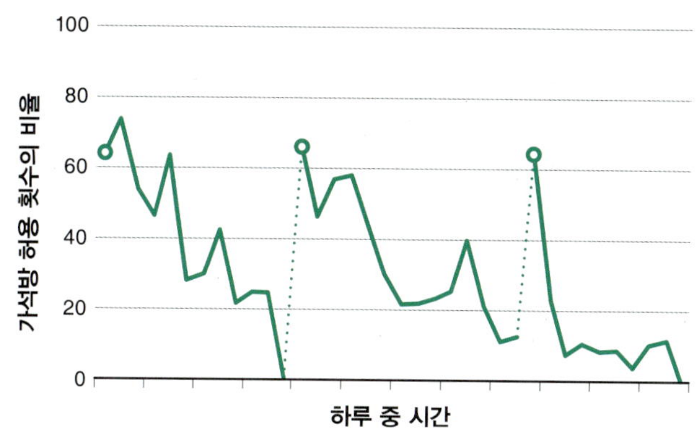

답은 부록에 있음.

주요 용어: 영양과 소화

간 liver 722쪽
결장 colon 724쪽
괄약근 sphincter 720쪽
기관 trachea, 720쪽
기초대사량 basal metabolic rate (BMR) 708쪽
담즙 bile 722쪽
당뇨병 diabetes 734쪽
대장 large intestine 724쪽
무기질 mineral 716쪽
반추동물 ruminant 725쪽
배설 elimination 724쪽
비타민 vitamin 716쪽
비필수아미노산 non-essential amino acids 712쪽
섭취 ingestion 719쪽
소장 small intestine 721쪽
소화 digestion 706쪽
식도 esophagus 720쪽
식분 coprophagy 726쪽
연동운동 peristalsis 720쪽
영양소 nutrient 706쪽
위 stomach 720쪽
유미 chyme 721쪽
육식동물 carnivore 707쪽
잡식동물 omnivore 708쪽
체질량지수 body mass index (BMI) 730쪽
초식동물 herbivore 707쪽
췌장 pancreas 721쪽
칼로리 calorie 708쪽
킬로칼로리 kilocalorie (kcal) 708쪽
펩신 pepsin 720쪽
필수 아미노산 essential amino acids 712쪽
혈당지수 glycemic index 734쪽
흡수 absorption 722쪽

요약

음식은 성장을 위한 원료와 그것을 가능하게 하는 연료를 제공한다.

- 동물이 먹어야 하는 이유는 두 가지이다: 신체의 모든 활동에 필요한 에너지를 얻기 위해서 그리고 성장과 회복에 필요한 원료를 얻기 위해서이다.
- 식물 및 기타 광합성 생물은 광합성을 통해 양분을 생산하지만, 동물은 다른 생물을 먹어야만 한다. 육식동물은 다른 동물만을 먹는다. 초식동물은 식물만을 먹는다. 그리고 잡식동물은 식물과 동물 모두를 먹는다.
- 생명체가 기능을 잘하기 위해서는 킬로칼로리로 측정되는 효율적인 에너지가 필요하다. 어떤 활동도 하지 않는 사람이 필요로 하는 최소 에너지를 기초대사량(BMR)이라고 한다

영양소들은 6가지 범주로 분류된다.

- 물은 아마도 동물의 식단에서 가장 중요한 단일 구성요소일 것이다. 몸 전체에 영양소와 노폐물을 운반하고, 대사 반응에 참여하며, 용매로서 많은 신체 부위에 윤활 작용을 하고 체온 조절을 돕는다.
- 동물은 세 가지 유형의 거대 분자를 섭취한다: 단백질, 탄수화물 및 지방. 단백질은 성장과 효소 생성을 위한 원료를 제공한

다. 인간은 단백질을 만들기 위해서 20개의 아미노산이 필요한데, 이 중 9개는 필수 아미노산이며 음식을 통해 섭취해야 한다.

- 탄수화물은 동물의 몸이 움직이기 위해 의존하는 주요 연료이다. 식이 지방은 주로 신체에 효율적으로 저장할 수 있는 밀도가 높은 에너지원으로 작용한다.
- 비타민은 유기 분자이고 무기질은 무기 분자로, 모두 식단에 필요하다. 그들은 효소 및 기타 생화학적 반응의 생산 및 작용에 사용된다. 비타민과 무기질은 소량이 반드시 필요한데, 일반적으로는 건강한 식단에서 얻을 수 있다; 미국 내 대부분 사람은 이를 보충제로 복용하지만 도움이 되지 않는다.

우리는 음식에서 에너지와 영양소를 추출한다.

- 인간의 소화 과정은 4가지 뚜렷한 단계를 포함한다. 음식은 계속해서 씹히고, 분해되고, 몸에 흡수된다. 이후 원료의 사용할 수 없는 부분은 폐기물로 버려진다.
- 섭취는 소화 과정의 첫 번째 단계이다. 일반적으로 음식을 한 입 베어 물 때마다 1분 미만으로 계속되는 섭취는 위로 전달하기 위해 음식을 찢고 갈아서 먹는 과정이다. 일부 녹말은 타액의 효소에 의해 분해되기 때문에, 소화도 이 단계에서 시작한다.
- 소화는 큰 음식 조각을 분해하여 물리적, 화학적으로 흡수 가능한 분자로 해체하는 과정으로서, 동물에서 음식이 분해되는 두 번째 단계이다. 이는 주로 위와 소장에서 일어난다.
- 흡수는 음식물 소화의 결과인 작은 구성 분자들을 소화관으로부터 혈류와 신체의 세포가 얻는 과정이며, 세포에서는 이들을 에너지와 구성 재료로 사용할 수 있다. 흡수는 주로 소장에서 일어난다.
- 음식물 분해의 마지막 단계는 대부분 소화되지 않은 물질이 소장을 떠나 대장으로 들어가면서 발생한다. 거기에서 물과 이온은 나머지 물질이 배설되기 전에 흡수된다.
- 일부 곤충을 제외한 대부분 동물은 셀룰로스를 분해하는 효소를 생성하지 않는다. 반추동물에서는 부분적으로 공생적인 셀룰로스-소화 세균의 존재에 의해서, 인간이 소화할 수 없는 식물 물질을 동물이 소화할 수 있게 하는 복잡한 네 부분으로 된 위가 진화했다. 다른 동물들은 셀룰로스-소화 세균을 수용하는 맹장이라는 기관을 가지고 있기도 하다.

우리가 먹는 것은 우리의 건강에 지대한 영향을 준다.

- 균형 잡힌 건강한 식단은 과잉이 아닌 적절한 양의 필수 영양소와 에너지를 함유하고 낮은 수준이지만, 포화 지방, 콜레스테롤, 설탕, 염분, 알코올 등의 물질도 포함한다.
- 중요한 과학적 문제에 대한 통찰력은 종종 넓은 관점과 창의적이고 틀을 벗어난 사고를 요구한다. 열린 마음과 예상치 못한 원인에 대한 개방성은 자연 현상을 이해하는데 획기적인 발전을 가져올 수 있다.
- 우리의 초기 조상들은 언제 음식이 생길지 예측할 수 없었고, 이는 왕성한 식욕으로 진화하였다. 이 본능으로 인해 현대 산업 세계에서 대부분 사람은 그들이 선호하는 정도를 넘어서서 건강을 유지할 수 있는 체중을 초과할 정도까지 과식한다. 동물원 동물, 실험실 동물, 가축들도 비슷한 문제를 가지고 있다.
- 성공적인 체중 감량을 보장하는 단 하나의 계획이 있다: 즉, 칼로리 섭취량을 줄이고 칼로리 소비량을 늘리는 것이다. 그러나 이를 수행하기는 말처럼 쉽지 않다. 체중 감량을 촉진하기 위해 고안된 해결책에는 약물, 수술 또는 행동 변화 등이 포함되지만 그중 어느 것도 확실히 성공적이지 않으며, 일부는 안전하지 않다.
- 탄수화물을 소화하면 혈류에서 더 많은 포도당이 순환하여 췌장에서 인슐린을 방출한다. 인슐린은 신체의 세포가 에너지나 저장을 위해 포도당을 섭취하게 한다. 당뇨병, 즉 혈당 조절에 문제가 생긴 상태는 수백만 명의 사람들에게 영향을 미친다.

복습하기

짧게 답하기

1. 육식동물과 초식동물의 식단은 어떻게 다른가? 이 차이로 초식동물이 접하는 소화의 문제점은?
2. 기초대사량은 남녀가 다르다. 왜인가?
3. 물을 너무 많이 섭취하면 왜 위험한가?
4. 완전 단백질이란 무엇을 의미하는가?
5. 인간을 포함한 동물이 단백질을 만들기 위해서는 20가지의 아미노산이 필요하다. 우리 몸에서 만들 수 있는 것은 얼마나 될까? 다른 것들은 어디서 오는가?
6. 지용성 비타민의 섭취가 수용성 비타민의 과다섭취보다 건강에 더 큰 위험을 초래하는 이유는 무엇인가?
7. 음식에서 영양소를 추출하기 위해 인간이 사용하는 4단계는 무엇인가? 각 단계에서 영양소를 모으고 흡수하는 데 관여하는 중요한 활동은 무엇인가?
8. 위산은 위에서 음식을 화학적으로 분해하는 것 외에 어떤 다른 기능을 하는가?
9. 음식에서 혈류로 영양분을 공급하는 데 결정적인 역할을 하는 소장의 구조적 특징은 무엇인가?
10. 식이섬유가 너무 많으면 설사를 유발한다. 왜 그런가?
11. 인간의 소화와 흡수에 있어서 인슐린의 역할을 설명하시오.

정답 고르기

1. 기초대사량은:
   - a) 개인이 얼마나 활동적인가에 따라 달라진다.
   - b) 포유류 종류에 따라 다르지 않다.

c) 휴식을 취하는 개인의 최소 에너지 요구량 측정치이다.
d) 주어진 종의 수컷과 암컷이 동일하다.
e) 위의 모든 내용이 맞다.

2. 물은 동물의 몸에서 많은 기능을 한다. 다음 중 물의 기능이 아닌 것은?
a) 많은 관절, 척수 및 눈에서 윤활유 역할을 한다.
b) 많은 비타민과 무기질의 용매 역할을 한다.
c) 신체를 통해 영양소와 노폐물을 수송한다.
d) 성장과 발달을 조절한다.
e) 위 내용 모두가 동물 몸에서의 물의 기능이다.

3. 단백질은 인간(및 기타 동물)을 위한 건강한 식단의 필수 구성요소이다. 이들의 가장 일반적인 목적은?
a) 몸을 움직이는 연료.
b) 성장을 위한 원료.
c) 효소의 비유기적 전구체.
d) 막 형성을 위한 유기적 전구체.
e) 장기적 에너지 저장.

4. 새들은 작은 자갈을 먹는 이유는?
a) 작은 자갈은 새의 식단에 필요한 대부분의 필수 미네랄을 함유하고 있다.
b) 새는 시력이 좋지 않고 작은 자갈과 작은 씨앗을 구별하는 데 어려움이 있다.
c) 새는 작은 자갈을 씹어 이빨을 날카롭게 할 수 있어 단단한 견과류를 깨거나 먹이를 잡는 능력이 향상된다.
d) 작은 자갈을 모래주머니(새 위의 두 방 중 하나)에 모여서 먹는 음식을 갈기 위해 도움을 준다.
e) 새는 몸집에 비해 뇌가 매우 작아서 척추동물 중 지능이 가장 낮은 경향이 있다.

5. 여러 문화권에서 인간은 음식을 데우고 재우는 것을 포함하여 음식을 조리하는 방법을 개발하였다. 이러한 적응이 소화에 도움이 될까?
a) 열과 산은 음식물의 조직을 파괴하는 데 도움이 되어 소화 효소가 음식물 분자와의 접촉을 증가시키고 더 쉽게 분해할 수 있도록 한다.
b) 유미의 필요성을 줄임으로써 이러한 음식 준비 방법은 칼로리를 늘린다.
c) 가장 약한 산이라도 모든 세균에 독성이 있으므로, 이런 음식 조리 방법은 식이 유발 세균 감염의 발병률을 줄일 수 있다.
d) 이러한 방법들은 소화되지 않는 셀룰로스로부터 에너지를 추출하는 신체 능력을 증가시킨다.
e) 음식 조리의 이러한 방법은 물 섭취에 대한 요구를 감소시킨다.

6. 소장에 대한 설명으로 다음 중 옳지 않은 것은?
a) 혈류로 영양소를 흡수하고 소화하는 주요 부위이다.
b) 물을 흡수하는 소화기관의 주요 부위이다.
c) 소화관에서 가장 긴 부분이다.
d) 쓸개에서 분비물을 받는다.
e) 모든 음식의 거대분자가 흡수 가능한 단량체로 분해될 수 있는 소화관 일부이다.

7. 소의 소화기에는 많은 수의 세균이 있다. 다음 중 그 이유를 가장 잘 설명한 것은?
a) 상호공생하는 미생물은 먹이와 함께 소의 몸에 들어갈 수 있는 해로운 미생물과 싸운다.
b) 소는 음식을 소화하는 데 도움을 줄 수 있는 셀룰로스-생산 세균을 이용할 수 있다.
c) 소들의 대부분은 실제로 소화기에 많은 수의 세균을 가지고 있지 않다. 감염된 소들만이 세균을 보유한다.
d) 과학자들이 미생물이 소의 소화에 어떻게 영향을 미치는지 연구하기 위하여 미생물을 넣어두었다.
e) 미생물은 소가 먹는 식물에서 셀룰로스를 대사한다.

8. 체질량 지수(BMI)는:
a) 종간의 대사율 비교에 사용된다.
b) 프로 운동선수와 보디빌더의 심장 건강을 평가하는 데 효과적이다.
c) 비만을 정확하게 평가하기 위한 유일한 방법이다.
d) 신체 건강의 유용한 지표가 될 수 있고 쉽게 얻을 수 있는 측정치이다.
e) 남성과 여성에 대해 약간 다르게 계산된다.

9. 가장 인기 있는 체중 감량 다이어트의 효과를 감소시키는 것은 다음 중 무엇인가?
a) 이 방법들은 근육량을 감소시키기 때문에 수분 보유량을 증가시킨다.
b) 운동을 통한 에너지 소비 증가를 지나치게 강조한다.
c) 체지방 감소를 방해하는 근육량 증가에 중점을 둔다.
d) 체중을 너무 느리게 줄이는 경향이 있어 신체 에너지 보유량 감소를 가속할 수 있는 방어 기작을 일으키지 못한다.
e) 체지방 감소보다 체중 감소에 중점을 두므로 체내 수분량을 줄이는 단기간의 식이 변화가 유익한 것처럼 오해를 유발한다.

10. 나이가 들어도 건강한 체중을 유지하려면 사람들은 모두 다음을 수행해야 한다:
a) 칼로리 섭취를 줄인다.
b) 나트륨 섭취를 늘린다.
c) 식이 지방의 소비를 늘린다.
d) 일일 신체 활동 수준을 줄인다.
e) 식이섬유 소비를 줄인다.

신경계와 운동계

행동, 반응, 감각 그리고 중독: 신경계 알아보기

▲ 케냐의 하품하는 치타.

▲ 주변을 경계하는 썰매개

24.1 신경계가 왜 필요한가?

통증없는 세상을 상상해보자. 이룰 수 있는 모든 것을 생각해 보자. 더 열심히 일하고, 더 멀리 달릴 수 있으며, 기분도 더 좋아질 것이다. 이것이 아마도 많은 제품이 "진통제"로 판매되는 이유일 것이다.

하지만 정말 더 나은 세상이 될까? 다시 한번 생각해 보자.

Gabby Gingras의 사례는 우리가 통증 없는 세상에서 진정으로 더 행복하진 않다는 것을 보여준다. Gabby는 통증을 느끼지 못한다. 그렇게 태어났다. 처음에는 그것이 축복처럼 보였다. 그러나 Gabby가 통증을 느끼지 못하는 것은 그녀의 삶을 더 쉽게 만들어 주는 선물이 아니라 오히려 무능하게 하는 저주였다. 그녀는 실수로 손가락으로 자신의 눈을 찔러 한쪽 각막이 영구적으로 긁혀지는 상해를 입었다. 그녀는 플라스틱 장난감을 씹어서 이빨 대부분이 금이 갔다. "유전성 감각 자율신경병증(heritable sensory autonomic neuropathy)"이라고 하는 이 병은 통증이 불쾌하지만 오히려 매우 유익한 것임을 보여준다. 우리가 느끼는 통증은 위험한 상황에서 벗어나야 할 필요성을 경고하고 장기적으로 훨씬 더 큰 고통을 예방할 수 있다(**그림 24.1**).

생명체의 생존은 주변 세계에 대한 인식과 신체적으로 해로운 상황을 피하는 능력에 달려 있다. 우리의 **신경계**는 주변의 다양한 사건과 자극에 대해 보고, 듣고, 느끼고, 맛보고, 냄새 맡고, 기억하고(잊고!), 생각하고, 행동하고, 반응하게 하여 이러한 일들을

통증을 느끼는 것은 불쾌하지만, 이를 통해 주변의 세상을 자각하게 되어 결국 더 큰 손상을 막게 된다.

그림 24.1 위험 피하기. 통증 감각은 세상에 대한 중요한 정보를 제공한다.

수행한다. 해면동물을 제외한 모든 다세포 동물에 존재하는(식물에서는 발견되지 않음) 신경계는 생명체의 내부와 외부 환경에 대한 정보를 수집하고 해당 정보를 처리하며, 그 정보에 반응할 수 있는 근육과 분비선 같은 효과기(effector)에 신호를 보내는 세포들의 네트워크이다.

신경계는 세 가지 주요한 특징이 있다.

1. 신경계는 주변 환경으로부터 입력 신호(자극)를 받는다.
2. 신경계는 정보를 처리한다.
3. 신경계는 필요한 경우 내부 및 외부 환경에 대한 반응을 시작한다.

본 장에서 신경계의 조직과 구조, 그리고 동물세계에서 진화해 온 신경계 분화의 다양성을 살펴볼 것이다.

핵심요약 24.1

» 해면동물을 제외한 모든 다세포 동물에 존재하는 신경계는 생명체의 내부와 외부 환경에 대한 정보를 수집하고 해당 정보를 처리하며, 근육과 분비선에 신호를 보내 반응하도록 하는 세포들의 네트워크이다.

24.2 뉴런은 모든 신경계의 기본 단위이다

뉴런은 전기적 자극을 생성하고 전도하는 데 특화된 세포 유형이며, 해면동물을 제외한 모든 동물에서 발견된다. 이것은 모든 신경계의 기본 단위이다(**그림 24.2**). 신경 시스템은 아무리 복잡하거나 간단하더라도, 뉴런으로 구성된다. 각 뉴런은 매우 작으며, 어느 시점이든 단 하나의 선택만 할 수 있다: "켜짐" 또는 "꺼짐"(인접 세포에 정보를 전달할 수 있는 전기 신호를 생성하거나 생성하지 않는다는 것을 의미한다).

뉴런의 구조

뉴런은 전기 신호 전달에 특화된 세포로서 신경계의 기본 단위이다. 뉴런은 세 가지의 구별된 요소로 구성된다.

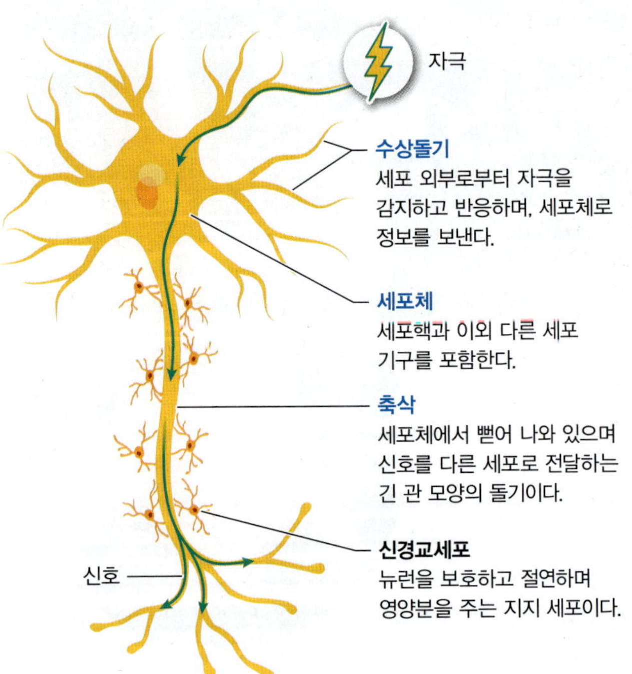

그림 24.2 뉴런은 신경계의 기본 단위이다.

신경이라고 하는 결합 조직과 함께 다발을 이루는 뉴런 집단은 빛, 소리, 촉각, 맛, 냄새를 감지하고 모든 감각 정보에 반응하여 우리를 세상과 연결해 준다. 또한, 켜짐 또는 꺼짐에 관계없이 모든 뉴런이 전달하여 축적된 정보는 뇌에서의 정보 저장과 검색 및 모든 생각을 담당한다.

매일 약 9,000개의 뉴런이 죽는데, 알코올을 섭취하거나 자동차 매연을 들이마시면 훨씬 더 많이 죽는다. 이는 새로운 것으로 대체되지 않는다. 하지만 태어날 때부터 가지고 있는 1,000억에서 1조 개의 뉴런은 우리를 지혜롭게 유지하기에 충분하다.

뉴런이 이렇게 다양하고 중요한 기능을 수행하지만, 이들은 비교적 표준에 해당하는 진핵세포이다. 각각은 핵, 미토콘드리아, 소포체 등을 포함하는 **세포체**를 가지고 있다. 그러나 두 가지의 특화된 구조 덕분에 뉴런은 외부환경과 그리고 다른 세포와 상호작용하는데 특별히 더 능숙하다.

두 가지 중요한 특화 구조 중 하나는 **수상돌기**이다. 수상돌기는 뉴런의 안테나 같은 부분이다: 세포 외부의 자극을 감지하고 반응하며, 그 정보를 뉴런의 세포체로 보낸다. 수많은 수상돌기가 뉴런 세포체에서 갈라져 뻗어 나온다.

뉴런의 두 번째 중요한 특화 구조는 **축삭**이다. 축삭은 전선처럼 신호를 먼 거리까지 전송할 수 있다. 수상돌기처럼 축삭은 세포체로부터 원형질막이 확장된 것이다. 때때로 매우 긴 축삭은 수상돌기에 의해 포착된 신호를 신체의 나머지 부분으로 전달한다.

뉴런의 유형

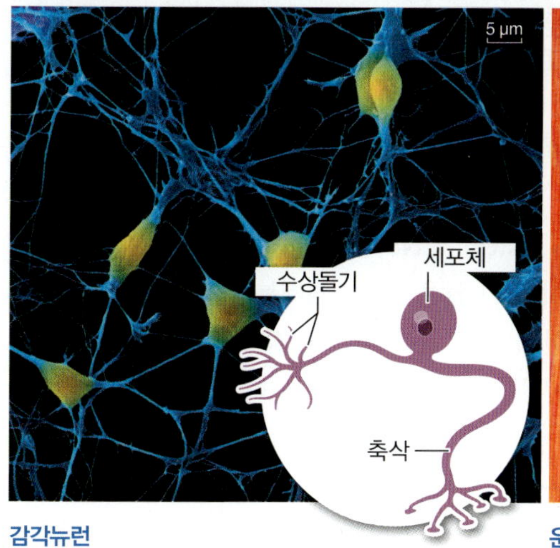

감각뉴런

- 환경으로부터 정보를 수집한다.
- 수상돌기는 온도, 촉각, 맛, 냄새, 빛 또는 소리와 같은 외부 자극에 반응하도록 변형되어 있다

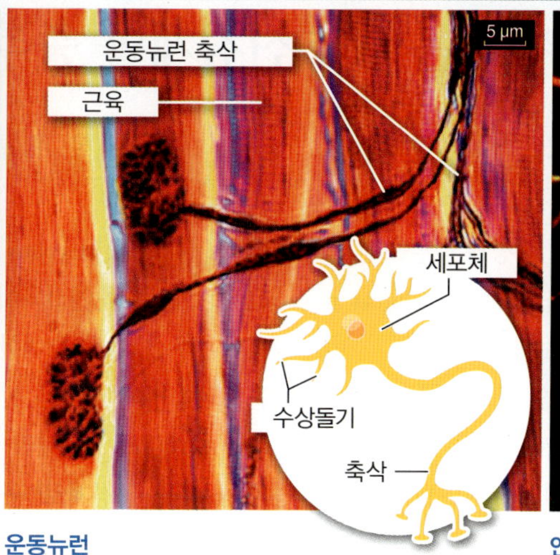

운동뉴런

- 동물이 자극에 대한 반응을 개시한다.
- 신호를 근육이나 분비선으로 전달함으로써 행동을 자극한다.

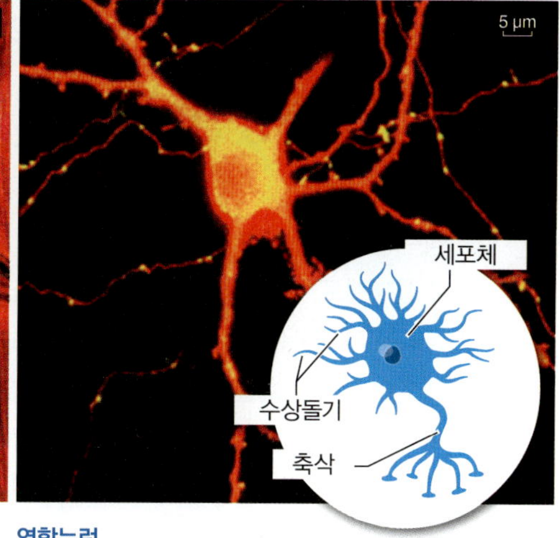

연합뉴런

- 감각뉴런에서 오는 신호를 해석해서 이것을 운동뉴런으로 전달한다.
- 뇌와 척수에만 존재한다.

그림 24.3 **척추동물 신경계에서 세 가지 유형의 뉴런이 함께 작동한다.**

축삭 말단은 신호를 다른 세포로 전송할 수 있도록 특별히 변형되어 있다. 일부 뉴런은 몇 미터가 될 정도로 길다. 예를 들면, 좌골신경은 척수에서 발가락 끝까지 이어진다. 이 두 지점의 대부분이 하나의 축삭으로 이루어진다.

Q 뉴런이 거의 분열하지 않는다면, 어떻게 멈출 수 없는 세포분열의 결과인 뇌종양에 걸릴 수 있을까?

뉴런이 신경계의 모든 실제 작업을 수행하지만 다른 세포로부터 많은 도움을 받는다. **신경교세포**라고 하는 많은 수의 비신경세포는 뉴런을 보호, 절연 및 영양 공급하는 지지 역할을 한다. 인간의 뇌에는 뉴런보다 약 9배 많은 신경교세포가 있다. 그리고 대부분의 뉴런과 달리 신경교세포는 정기적으로 세포분열을 한다. 따라서 성인의 거의 모든 뇌종양이 신경교세포에서 발생하는 것은 놀라운 일이 아니다.

기업이 대형 컴퓨터를 매우 청결한 보안 공간에 둬서 최적 수준으로 작동하도록 하는 것처럼, 뇌는 혈액 안의 잠재적인 해로운 물질로부터 보호된다. 신경교세포는 뇌에 혈액을 공급하는 혈관을 따라 "혈액뇌장벽"이라는 반투과성 장벽을 형성한다. 이 장벽은 필수 영양소와 가스는 통과시키지만, 몸 전체에서 생성되는 대사 폐기물과 같은 유해한 분자는 차단한다. 그러나 혈액뇌장벽은 완벽하지 않다. 마취제와 알코올을 포함한 많은 작은 분자는 통과하여 뇌에 영향을 미칠 수 있다. 또한, 이 장벽은 고혈압, 방사능, 다양한 감염 유기체에 의해 손상될 수도 있다.

신경계 활동을 수행하기 위한 세 가지 기능적 유형의 뉴런이 있다(그림 24.3).

1. **감각뉴런**은 동물의 환경으로부터 정보를 수집하고 내부 및 외부 자극에 직접 반응하도록 변형된 수상돌기를 가지고 있다. 이러한 자극에는 온도, 촉각, 미각, 냄새, 빛 또는 소리가 포함될 수 있다.
2. **운동뉴런**은 근육이나 분비선에 신호를 전달하고 자극에 대한 신체의 반응을 시작함으로써 행동을 자극한다.
3. **연합뉴런**은 감각뉴런에서 오는 신호를 통합하여 운동뉴런으로 전달한다. 이 "중개자"는 뇌와 척수에만 존재한다.

핵심요약 24.2

» 뉴런은 전기 신호를 전달하는 데 특화된 세포 유형이며, 모든 신경계의 기본 단위이다. 각 뉴런은 매우 작지만 함께 그룹 지어진 뉴런들은 빛, 소리, 촉각, 맛, 냄새를 감지하고, 이러한 감각에 반응하게 한다.

24.3 척추동물의 신경계는 말초신경계와 중추신경계로 구성된다

척추동물을 포함한 대부분의 동물에서 신경계는 말초신경계와 중추신경계로 나뉜다(**그림 24.4**). **말초신경계**(peripheral nervous system, **PNS**)는 (1) 환경으로부터 정보를 받기 위해 변형된 감각세포와, (2) 신호를 자극에 반응할 수 있는 근육과 분비선과 같은 반응기에 전달하는 운동 경로와의 네트워크이다. 그러나 신체의 감각세포가 받은 정보는 먼저 척수와 뇌로 구성된 **중추신경계**(central nervous system, **CNS**)를 통과한다. 감각기관이나 근육에 직접 연결되어 있지 않은 중추신경계는 감각세포로부터 받은 주변 환경에 대한 정보를 처리하고, 그 감각 정보에 반응하여 행동하도록 다른 신경 조직으로 지시를 보낸다.

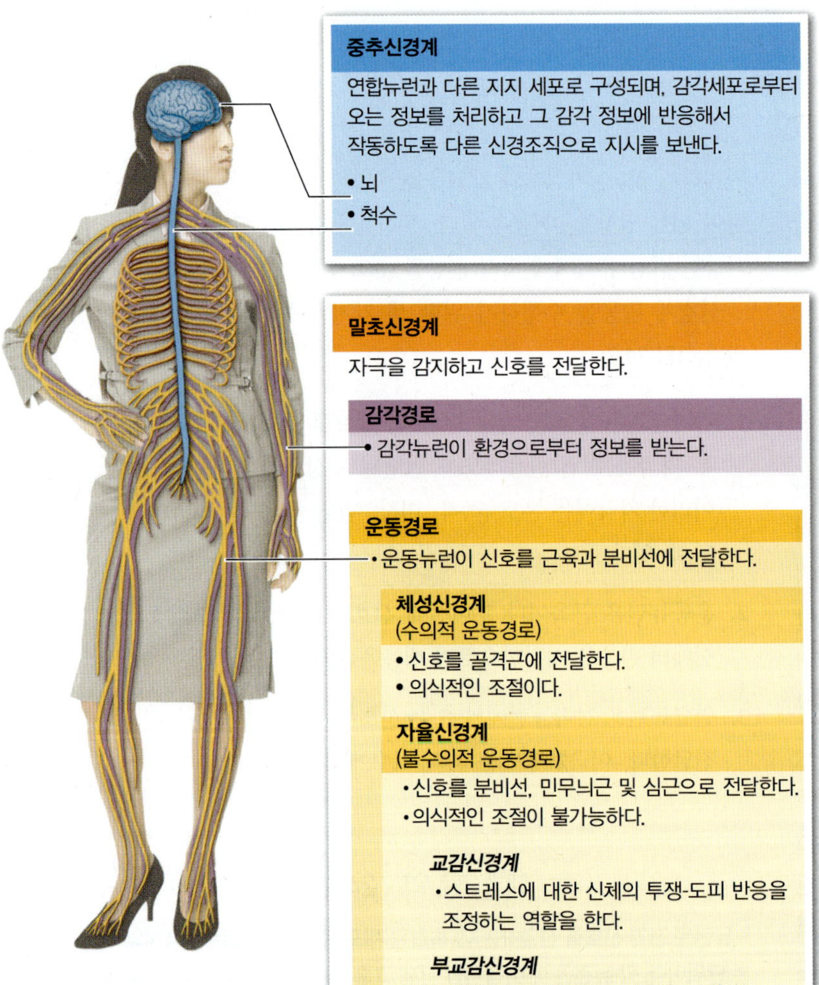

그림 24.4 **척추동물 신경계의 조직.**

말초신경계의 운동 경로는 2개의 주요 영역인 체성 신경계와 자율신경계로 구성된다. **체성신경계**는 신호를 골격근에 전달하고, 포크를 집는 경우와 같이 골격근을 수축시키며, 의식적으로 팔다리를 움직일 수 있게 하다. **자율신경계**는 신호를 분비선과 민무늬근 조직 및 심근으로 전달한다. 이러한 신호는 의식적으로 조절되지 않는데, 예를 들어 위와 장을 둘러싼 근육을 수축시켜서 소화관을 통해 음식을 이동시킨다. 중추신경계는 체성신경계와 자율신경계를 모두 조절한다.

체성신경계는 의식적으로 움직임을 시작할 수 있기 때문에 일반적으로 수의 신경계라고 한다. 말초신경계의 감각뉴런이 자극을 감지하면(손에 모기가 닿는 것과 같은 자극), 이 정보를 척수로 전달하기 위해 신호를 보내며, 여기서 감각뉴런은 뇌로 확장된 연합뉴런과 연결된다(**그림 24.5**). 이러한 신호가 해석되어 반응이 결정되고(모기를 없애고 싶은 반응), 이 정보는 또 다른 연합뉴런을 통해 척수를 따라 근육에 부착된 운동뉴런으로 다시 전송된다. 뇌에서 근육으로 보내는 신호는 모기를 때리도록 하여 자극의 원인을 제거한다. 이 전체 과정은 눈 깜짝할 사이에 일어난다.

체성신경계 내에서 일부 신호는 척수를 통해 운동뉴런을 자극하는 감각 정보와 함께 뇌를 우회할 수 있다. 이러한 종류의 직접적인 감각운동 반응을 **반사**(reflex)라고 한다. 반사는 임박한 위험에 더 빠르게 반응할 수 있도록 한다(**그림 24.6**). 당신의 뇌는 조금 후에 그것에 대해 배울 것이다.

체성신경계와 달리, "자율적" 또는 불수의 신경계인 자율 신경계는 중추신경계에 신호를 전달한다. 이 신호로 중추신경계는 심장박동, 호흡, 선 분비, 순환을 조절하는 혈관 근육, 소화관을 통한 음식물 이동을 조절한다. 대부분 자율신경계를 통해 중추신경계는 항상성을 조절한다. 자

신경계 상호작용의 개요

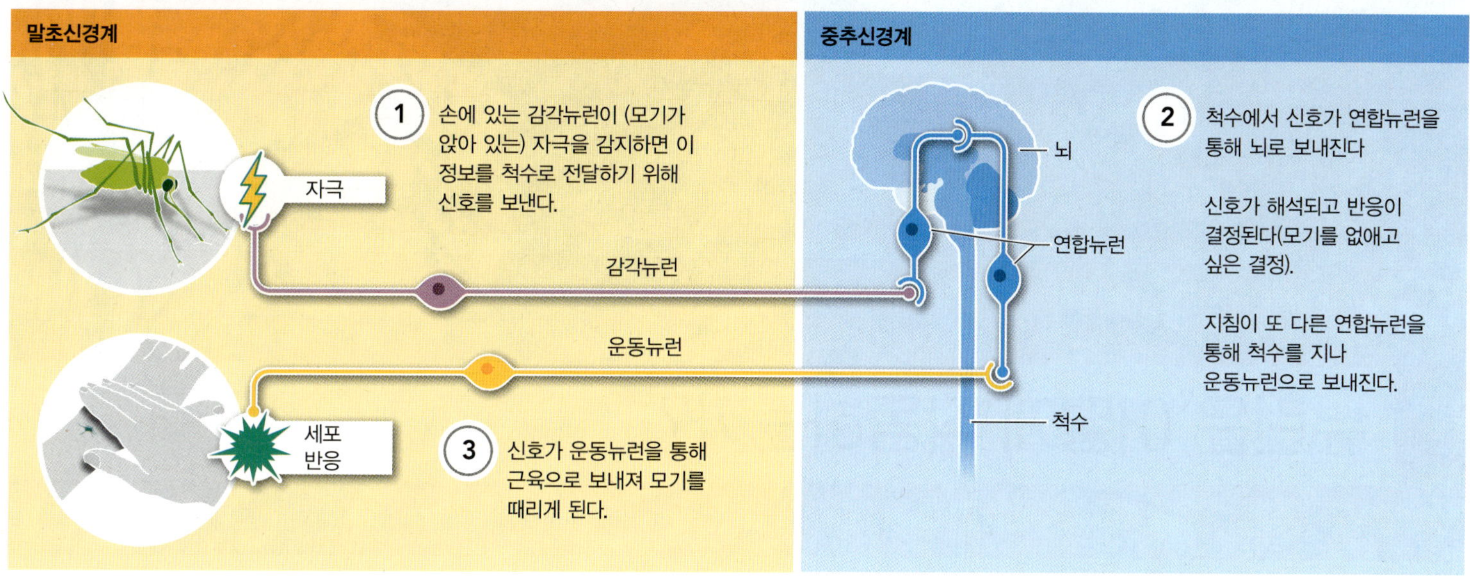

그림 24.5 말초신경계는 중추신경계와 상호작용한다.

반사

반사는 뇌에 의해 신호를 처리할 필요 없이 자극에 대한 반응을 생성할 수 있다—감각 정보가 척수의 운동뉴런을 직접 자극한다.

반사는 임박한 위험에 대해 빠르게 반응할 수 있게 한다.

그림 24.6 빠른 반응.

율신경계는 교감신경계와 부교감 신경계의 두 가지 요소로 구성된다. **교감신경계**는 심장 및 호흡 속도를 증가시키고, 근육에 추가 혈류를 제공하는 것을 포함하는 스트레스에 대한 신체의 투쟁-도피 반응(fight-or-flight response)을 조정하는 역할을 한다. 반대로, **부교감신경계**는 음식물을 소화하고 노폐물을 제거하는 것과 관련된 활동을 조절하는 역할을 하며, 이러한 과정이 일어나면서 심장과 호흡 속도를 느리게 하는 경향이 있다. 비록 두 시스템이 상반된 효과를 조정하는 경향이 있지만, 대부분의 근육, 기관, 분비선은 교감신경계와 부교감 신경계 모두로부터 입력 신호를 받는다.

핵심요약 24.3

» 척추동물의 중추신경계는 척수와 뇌로 구성된다. 말초신경계는 감각경로와 운동경로에서 신호를 주고 받는다.

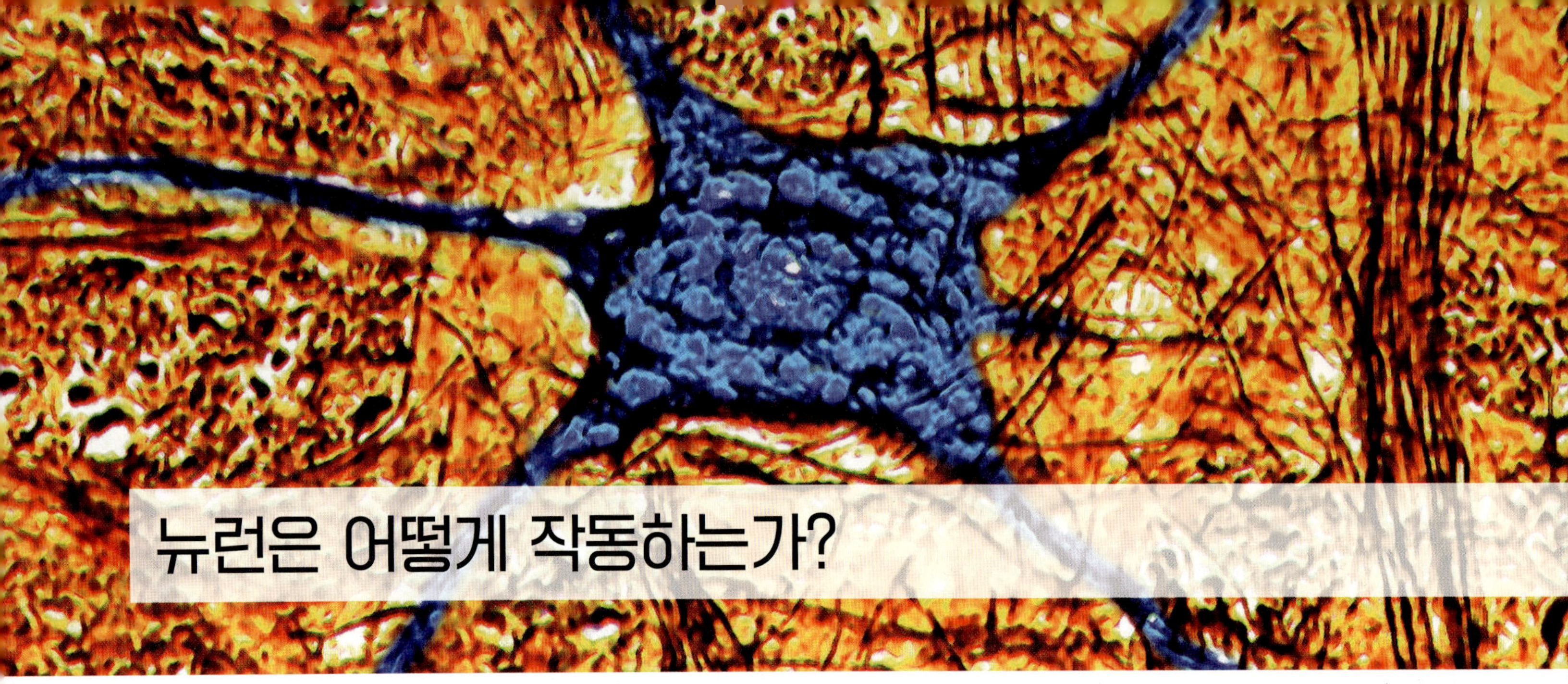

▲ 인간 뉴런의 현미경 사진

24.4 수상돌기는 외부 자극을 수신한다

"켜라!" "꺼라!" "켜라!" "꺼라!" 수상돌기는 거의 끊임없이 빗발치는(가끔은 충돌하는) 신호를 받는다. 하나의 뉴런이 수백 심지어 수천 개의 수상돌기를 가질 수 있는데, 이는 다른 뉴런과 연결하게 하고 신호를 받을 수 있는 엄청난 표면적을 제공한다.

수상돌기는 두 가지 중 한 가지 방법으로 자극을 받는다. 운동뉴런과 연합뉴런의 수상돌기는 일반적으로 다른 뉴런과 연결하여

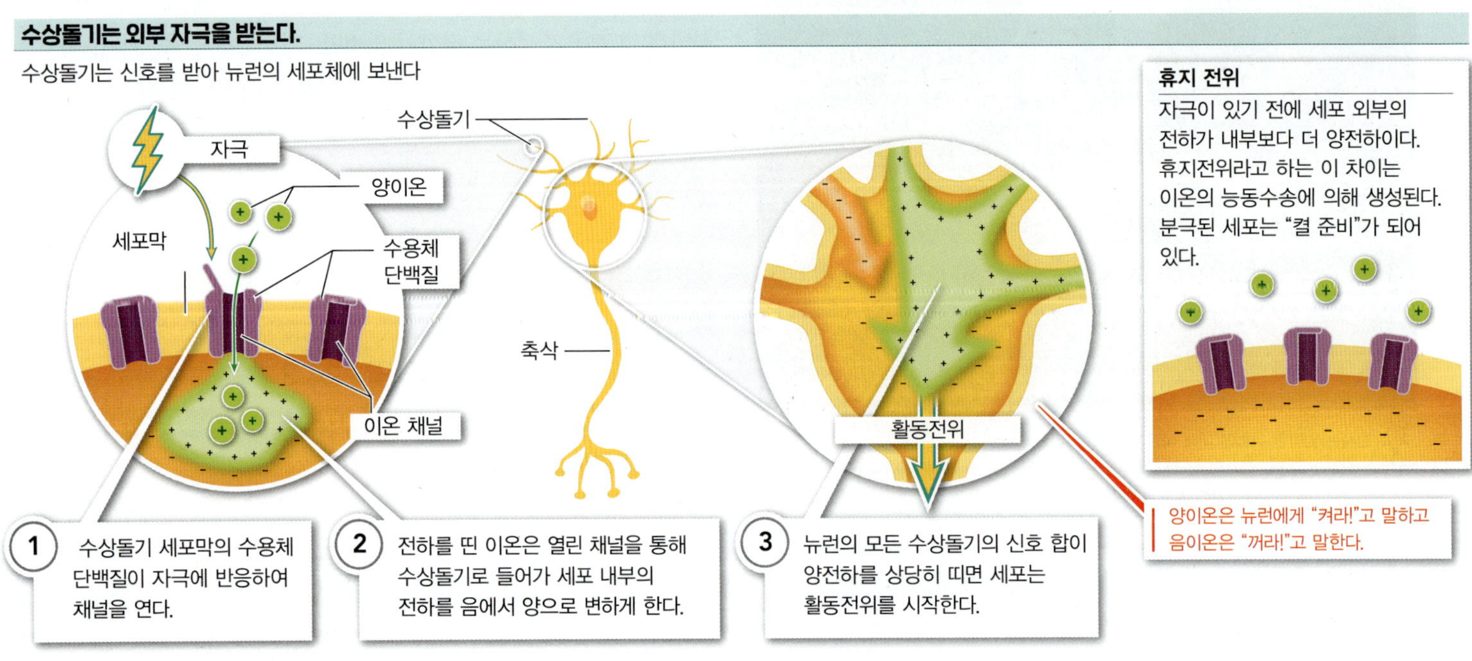

그림 24.7 "켜라!"(또는 "꺼라!").

이들로부터 신호를 받는다. 반면에, 감각뉴런의 수상돌기는 촉각, 음성, 빛, 화학물질과 같은 특정 외부 자극에 반응하도록 변형되어 있다(**그림 24.7**).

뉴런이 신호를 전송하지 않을 때, 세포 내부는 세포 외부에 비해 음전하를 띠게 된다. 막전위라고 하는 이 전하의 차이가 뉴런의 **휴지 전위**이다. 휴지 전위는 뉴런의 원형질막 내의 단백질이 나트륨 이온(Na^+)을 세포 밖으로 내보내고, 칼륨 이온(K^+)을 세포 내로 펌프하면서 생성된다. 2개의 칼륨 이온이 들어올 때마다 3개의 나트륨 이온이 세포 밖으로 펌프되어 세포 내부보다 세포 외부가 더 많은 양전하를 형성하는 데 기여한다. 이러한 세포는 "분극" 되었다고 하며, "켤 준비"로 여길 수 있다.

자극이 오면, 수상돌기 세포막 내의 수용체는 이온 채널(보통 나트륨 채널)을 잠시 동안 열어 반응한다. 단백질로 만들어진 이 채널은 전하를 띤 이온(보통 Na^+ 이온)이 농도 구배에 따라 통과하도록 한다. 이 이온의 흐름은 유형에 따라 음전하를 증가 또는 감소시킴으로써 세포 내부의 음전하를 일시적으로 바꾼다. 채널이 열려 뉴런이 더 음전하를 띠게 되면(즉, 세포를 둘러싸고 있는 체액의 전하에 비해 세포 내부의 전하가 훨씬 더 음이 됨), "꺼라!"라는 메시지가 된다. 나트륨 채널이 열려서 나트륨 이온이 세포로 유입될 때처럼 뉴런이 더 양전하를 띠게 될 때, "켜라!"라는 메시지가 된다.

나무는 검은 새로 무거워졌고, 신경계의 수상돌기 같은 가지가 살이 찌고, 신경 어스름 깊숙이 지저귐을 하며, 중요한 메시지를 기다리고 있다."

— THOMAS PYNCHON, 중력의 무지개, 1973

자극으로 뉴런의 수상돌기에 있는 채널이 열리면서, 일부는 뉴런을 더 음전하를 띠게 만들고, 다른 일부는 더 양전하를 띠게 만든다. 이러한 모든 수상돌기에서 일어나는 세포 전하의 변화는 세포체로 모아진다. 그런 다음, 선거에서 투표를 집계하는 것처럼 세포체는 신호를 통합한다. 들어오는 신호의 합계가 "켜라"라는 임계점을 초과하여 충분하게 양전하를 띠면, 다음으로 뉴런은 축삭을 따라 이동하는 전기 신호인 **활동전위**를 시작한다. 신호의 합계가 음전하를 띠면, 활동전위가 생성되지 않는다.

핵심요약 24.4

» 수상돌기는 두 가지 중 한 가지 방법으로 외부 자극을 받는다. 운동뉴런과 연합뉴런에 있는 수상돌기는 일반적으로 다른 뉴런과 연결하여 이들로부터 신호를 받는다. 반면에, 감각뉴런의 수상돌기는 감각이나 소리, 빛 또는 화학물질 등 특정 외부 자극에 반응하도록 변형되어 있다.

24.5 활동전위는 신호를 축삭을 따라 전파한다

대왕오징어는 거대 뉴런을 가지고 있다. 뉴런은 모든 동물에서 거의 같은 방식으로 기능하기 때문에, 우리가 인간 신경계에 대해 알고 있는 대부분은 오징어의 거대 뉴런을 연구한 결과이다. 사람의 뉴런은 직경이 약 0.02 mm이지만, 오징어의 뉴런은 너비가 100배 이상으로서 사람 머리카락 굵기의 2배에 이르며, 이 때문에 조작 및 관찰이 훨씬 더 쉽다.

어떤 종이든 각 뉴런에는 하나의 축삭이 있다. 이러한 돌기는 세포체로부터 몇 피트 이상까지 확장될 수 있다. 그 끝부분에서 축삭은 **종말단추**라고도 하는 여러(또는 수백의) 축삭 말단(axon terminal)으로 나뉜다. 이 종말단추는 축삭의 손잡이 모양과 같은 끝부분으로 근육세포나 분비선 또는 다른 뉴런의 수상돌기에 매우 가깝게 위치한다. 그리고 이 축삭 말단은 활동전위에 반응하여, 축삭 말단 내부에 있는 작은 화학물질 주머니인 소포의 내용물을 세포 사이 공간으로 배출하여 잠재적으로 인접한 세포에 영향을 미친다(**그림 24.8**). 다음 두 절에서 이러한 과정을 보다 더 자세하게 논의할 것이다.

축삭은 신경계의 전기선과 같다. 집에서 전기선은 보통 고무로 감싸여 있다. 누군가가 감전을 당할 가능성을 줄이는 것 외에도 이러한 절연은 전하가 전선을 통해 더 빨리 이동하게 하고 신호의 소실을 줄인다. 축삭은 유사하게 **수초**라고 하는 지방 코팅으로 절연되어 활동전위가 축삭을 따라 이동할 때 약화되는 것을 방지한다. 그러나 전선의 단단한 고무 코팅과 달리, 수초에는 활동전위의 전파를 돕는 틈이 존재한다. 이온 채널들이 수초의 틈에 집중되어 있어 나트륨 이온이 축삭으로 빠르게 유입되도록 한다. 빠르

축삭은 신호를 전파한다.

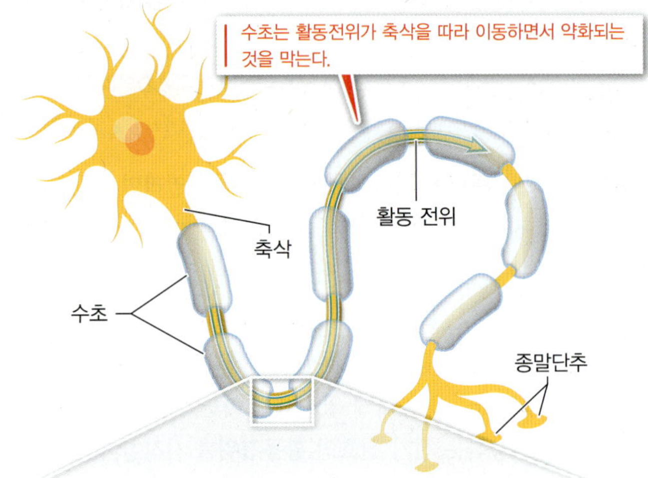

활동전위가 축삭을 따라 이동함에 따라, 이온 채널들은 양전하(보통 나트륨 이온)를 빠르게 유입하여 해당 영역의 전하를 양전하로 바뀌게 하면서 활동전위를 전파한다.

그런 다음 다른 이온 채널들은 양전하(보통 칼륨 이온)을 빠르게 유출시켜 원래의 휴지전위로 복원된다.

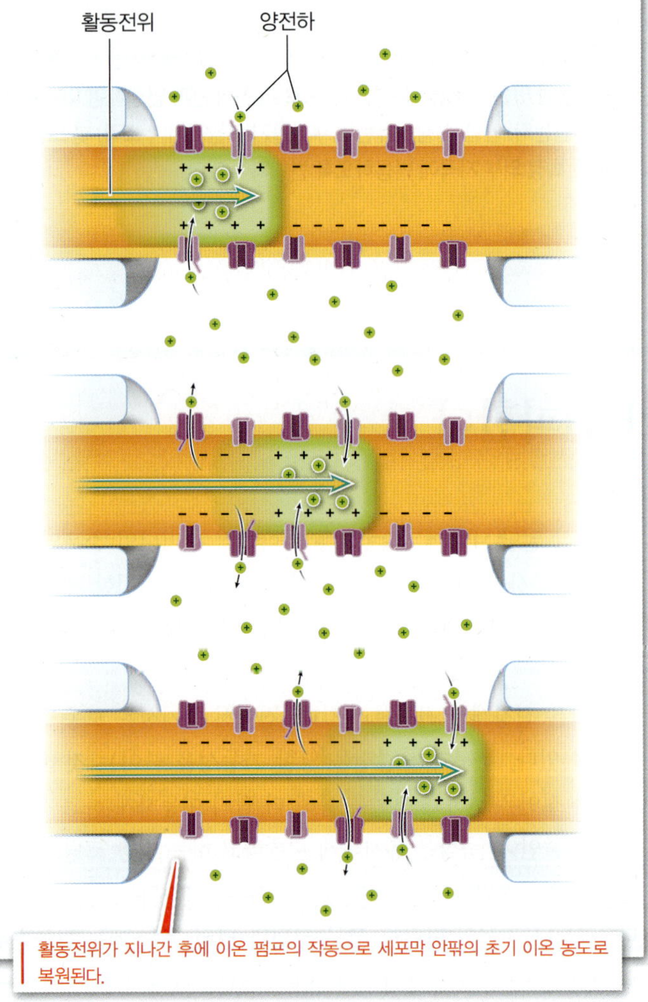

그림 24.8 **활동전위는 축삭을 따라 이동한다.**

뇌에서의 뉴런

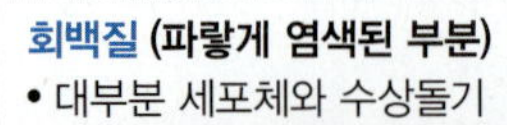

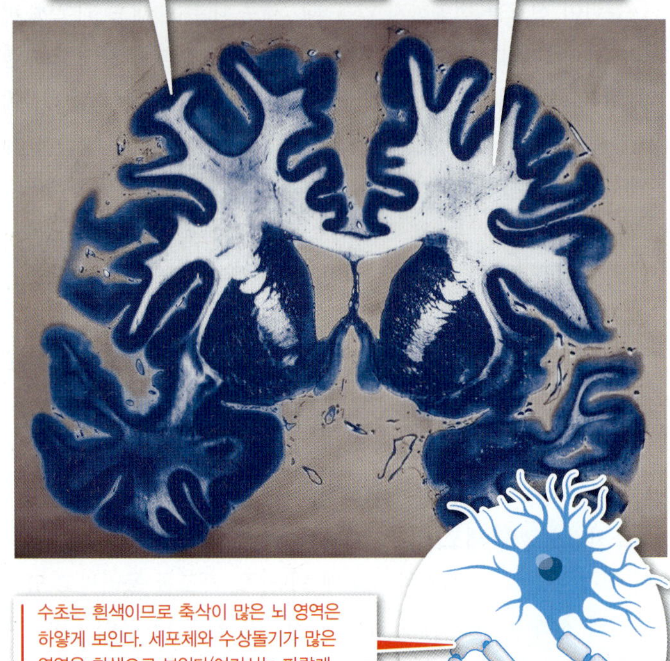

그림 24.9 **백질과 회백질**

그림 24.10 **서 있기가 불안정한 유아.**

게 유입된 이온은 해당 영역에서 세포의 전하가 충분히 양전하를 띠게 해서 다음 수초의 틈에 있는 이온 채널을 열리게 하고, 그 결과로 축삭을 따라 활동전위가 전파된다.

지방으로 이루어진 수초는 흰색을 띠기 때문에 뇌의 단면에서 축삭이 밀집되어 있는 영역이 하얗게 보인다(**그림 24.9**). 세포체와 수상돌기가 많은 영역은 회색으로 보인다. 이러한 다른 영역을 종종 백질과 회백질이라 부른다.

수초 절연체가 없다면 다리의 축삭을 따라 흐르는 신호는 어떻게 될까? 아기가 10개월이나 11개월 쯤에 처음 걷기 시작하는 것을 관찰하면 이 효과를 관찰할 수 있다. 그 시기의 수초는 모든 축삭 주위에 완전히 형성되지 않아 결과적으로 총체적인 운동 제어가 잘 되지 않는다(**그림 24.10**). 따라서 아기의 뇌는 "걸어!"라고 말하지만, 그 신호는 다리 근육에 전달되지 않는다. 발과 다리를 제어하는 뇌 영역은 신체의 나머지 부분을 제어하는 영역이 발달한 후까지도 발달하지 않기 때문에 걷는 것은 특히 숙달되기 어렵다.

다발성 경화증(multiple sclerosis, MS)은 중추신경계에 영향을 주는 질병이다. 다발성 경화증에서 수초는 점차 소실되어 경화증이라고 하는 흉터 조직을 남긴다. 수초가 손실됨에 따라 뉴런은 전기 자극을 전도할 능력을 점차적으로 잃게 된다. 이것은 아기가 처음 걷는 법을 배울 때와 마찬가지로, 뇌가 근육으로 신호를 보내는 것이 점점 더 어려워지고, 운동 조절, 균형, 조정, 방광과 장 조절이 점진적으로 상실될 수 있다.

Q 다발성 경화증의 일부 증상은 아기가 걸음마를 배울 때 보이는 어려움과 유사하다. 왜 일까?

핵심요약 24.5

» 각 뉴런은 하나의 축삭을 가지고 있다. 축삭은 축삭 말단에서 근육세포나 분비선 또는 다른 뉴런의 수상돌기 가까이에 위치한 종말단추로 가지쳐져 여러 갈래 나뉜다. 세포체에서 축삭을 따라 이동하는 활동전위에 반응해서 축삭말단은 화학물질을 세포 바깥 공간으로 배출하여 인접한 세포에 영향을 미친다.

24.6 시냅스에서 뉴런은 다른 세포와 상호작용한다

축삭을 따라 빠르게 이동하는 활동전위는 축삭의 끝에 도달하게 된다. 이것은 한 뉴런에서는 끝이지만 반드시 신호의 끝은 아니다. 이미 알고 있는 것처럼, 축삭의 끝(축삭 말단 또는 종말단추)은 항상 또 다른 뉴런이나 근육세포 또는 분비선과 같은 수용 세포 바로 옆이다. 이 세포들이 만나는 지점을 **시냅스**라고 하는데, 이곳에서 여러 가능한 일들이 일어날 수 있다. 축삭의 끝에 도달한 신호는 인접한 세포의 활동전위를 자극하거나, 근육을 수축 또는 이완시키거나, 또는 분비선의 분비를 시작할 수 있게 한다. 또는 신호가 완전히 끝날 수도 있다. 각각의 경우, 시냅스에서 일어나는 일은 모든 동물 종에서 아주 유사하다. 이를 차례대로 살펴보자(**그림 24.11**).

1. **소포라고 하는 주머니가 신경전달 물질을 시냅스 간극으로 배출한다.** 활동전위가 축삭 말단에 도달하면 **소포**라고 하는 작은 주머니가 **시냅스전 막**이라는 축삭의 세포막과 합쳐진다. 주머니가 열리고 그 내용물인 신경전달 물질(neurotransmitter)이라고 하는 화학 전달 물질을 축삭과 신호를 받는 세포(근육세포, 분비선 또는 뉴런) 사이 공간인 **시냅스 간극**으로 배출한다.

2. **신경전달 물질은 확산되어 인접한 수용체 결합 부위에 결합한다.** 신경전달 물질 분자가 시냅스 간극 내 유체(fluid)에 떠다니면서, 인접한 뉴런, 근육세포 또는 분비선과 부딪힐 때까지 축삭에서 멀리 확산된다. 신경전달 물질 분자의 일부는 인접한 세포(시냅스후 세포)의 **시냅스후 막**에 있는 수용체 결합 부위에 결합한다.

3. **시냅스후 막에서 문이 열리고 신호가 시냅스후 세포로 들어간다.** 신경전달 물질이 시냅스후 세포막에 있는 수용체와 결합하면, 문을 열고 이온(종종 나트륨 이온)이 세포 안으로 흐르게 한다. 시냅스후 세포의 이러한 화학적 변화는 전기적 변화를 일으키고, 결과적으로 활동전위(시냅스후 세포가 뉴런일 때), 수축(근육세포일 때), 분비(분비선일 때) 등을 유발할 수 있다.

4. **신경전달 물질은 시냅스후 세포 수용체에서 방출되어 재활용되거나 분해된다.** 다음으로 수용체는 결합된 신경전달 물질 분자를 시냅스 간극의 유체로 다시 방출된다. 결국, 신경전달 물질 분자는 시냅스전 막으로 돌아가 재활용된다. 또는 효소에

시냅스

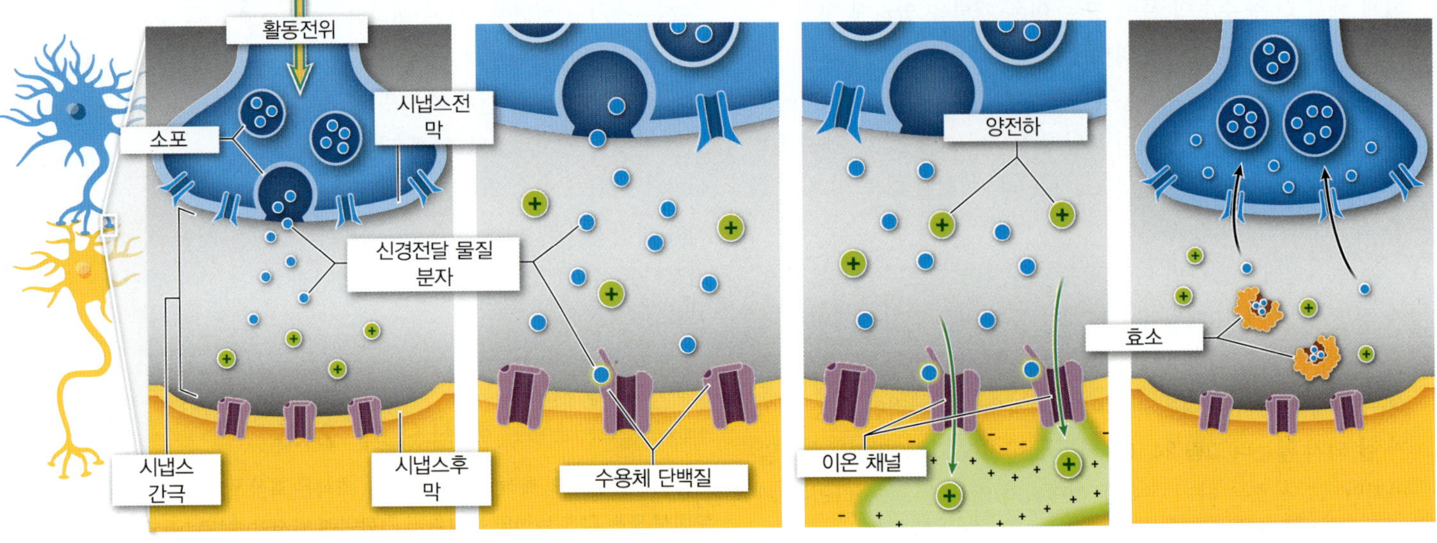

1 활동전위가 종말단추에 도달하면, 소포는 시냅스전 막과 융합하면서 신경전달 물질 분자를 시냅스 간극으로 배출한다.

2 신경전달 물질 분자는 확산되어 인접 세포의 시냅스후 막에 있는 수용체와 결합한다.

3 수용체와 결합하면 신경전달 물질은 이온 채널을 열고, 이온들이 인접 세포 안으로 흘러들어오게 하여 자극하거나 억제한다.

4 그런 다음 신경전달 물질은 시냅스후 수용체로부터 떨어져 나간다. 이들 분자는 효소에 의해 분해되거나 축삭 말단으로 재흡수되어 시냅스에서 제거된다.

그림 24.11 활동전위가 시냅스에 도달할 때의 일련의 사건.

의해 시냅스 간극에서 분해되어 해당 영역에서 제거되어 시냅스가 다시 사용될 수 있도록 된다.

시냅스후 세포가 근육세포라면 수축이 일어나고, 시냅스후 세포가 분비선이라면 분비가 일어날 것이다. 그렇다면 신경전달 물질은 뉴런에 어떻게 영향을 미칠까? 어떤 경우에는 배출된 신경전달 물질이 흥분성이어서 다음 뉴런을 자극하여 자체 활동전위를 시작할 가능성을 높인다. 다른 경우에는 신경전달 물질이 억제성이어서 다음 세포가 활동전위를 생성할 가능성을 줄인다. 그리고 일부 신경전달 물질의 경우, 그것이 흥분성인지 억제성인지는 수용체에 따라 다르다. 각 뉴런은 수백 또는 수천 개의 다른 뉴런과 시냅스로 연결되어 거대한 연결망을 이룬다. 이 뉴런 사이의 거대 연결망으로 인해, 활동전위의 시작 여부에 대한 궁극적인 결과는 모든 입력신호를 민주적으로 계량하고, 대부분 시냅스가 켜라고 하는지(신호 전달) 끄라고 하는지(신호가 통과하는 것을 중지) 촉구하는 것을 평가하는 뉴런에 달려 있다.

모든 신호의 합계가 세포를 끄라고 지시하는 것이 이상하게 보일 수 있다. 그러나 신호를 멈추는 능력은 신경계가 뇌로 들어오는 압도적인 양의 감각 정보 중 일부를 조절하고 걸러낼 수 있게 한다(**그림 24.12**). 그것은 우리 뇌에 대한 통화 선별과 같다. 신경계의 이러한 "여과" 특성은 생명체가 감각 수용체에서 뇌나 근육으로 바로 이어지는 하나의 긴 뉴런을 갖지 않는 주된 이유 중 하나이다. 모든 신호를 전파하는 것이 항상 최선은 아니다. 또한,

그림 24.12 방해 요소 차단.

지속되는 자극을 통해 대부분 뉴런은 배출하는 신경전달 물질의 양을 점차적으로 감소시켜서 신호의 강도를 약화시킨다. 그것은 마치 뉴런이 "이미 충분해. 무슨 말인지 알았어."라고 말하고 있는 것 같다.

핵심요약 24.6

» 시냅스에서 뉴런은 다른 세포와 상호작용한다. 활동전위에 반응해서 신경전달 물질이 시냅스 간극에 배출되고 확산되어 인접한 뉴런이나 근육세포, 또는 분비선의 수용체에 결합한 후 활동전위나 근수축 또는 분비를 촉진한다. 그 후 신경전달 물질은 재활용되거나 분해된다.

24.7 여러 종류의 신경전달 물질이 있다

뉴런에서 배출되는 신경전달 물질은 다양한 행동, 기분, 감정 또는 다른 감각을 개시하거나 수정하는 화학물질로 볼 수 있다. 전체적으로 수십 개의 신경전달 물질이 판별되었으며, 각각은 배출과 관련된 효과에 따라 일종의 "성격(personality)"을 가지고 있다. 모든 신경전달 물질에 대한 논의는 이 책의 범위를 벗어난다. 여기에서는 특히 중요한 네 가지에 대해 논의하고자 한다.

아세틸콜린(Acetylcholine) 아세틸콜린은 근육세포와 시냅스를 이루는 운동뉴런에 의해 배출되는 신경전달 물질이다. 충분한 아세틸콜린이 근육세포에 결합하면 근육이 수축한다. 여러 종의 세균에 의해 만들어지는 단백질인 보툴리눔 독소는 가장 독성이 강한 물질로 알려져 있다: 1 마이크로그램 미만으로 주사되거나 흡입되어도 치명적이다. 보툴리눔 독소의 한 종류이면서 상업적으로 알려진 보톡스는 미용(및 여러 의학적 치료의 일부)에서 인기 있는 약물로서 전 세계적으로 매년 10억 달러 이상이 소비되고 있다(**그림 24.13**). 보톡스는 신경전달 물질과 어떤 관련이 있을까? 보톡스를 근육에 주사하면 아세틸콜린으로 채워진 소포와 시냅스 전 뉴런의 막과의 융합을 차단해서 아세틸콜린이 시냅스로 배출되는 것을 방지하여 근육을 마비시킨다. 이것은 이마의 선을 부드럽게 하고 다른 주름을 줄일 수 있다. 미량의 보톡스로 3-4개월 동안 근육 수축을 예방할 수 있다!

그림 24.13 제어된 마비.

글루탐산(glutamate) 글루탐산은 신경전달 물질로서의 작용기작이 잘 알려지지 않았지만, 학습과 기억에 관여하는 것으로 보인다. 예를 들면, 유전공학적으로 민감한 글루탐산 수용체를 갖도록 변형시킨 생쥐는 정상 생쥐보다 과제를 더 잘 학습하고 미로도 더 잘 찾는 것으로 나타났다.

도파민(dopamine) 도파민은 움직임을 시작하고 조정하는 데 중요하다. 도파민 뉴런의 손실은 손이나 발의 떨림, 근육의 경직 또는 유연성 부족, 균형 및 조정 장애 등의 증상을 보이는 파킨슨병(Parkinson's disease)의 원인이 된다. 도파민은 또한 신체의 주요 "행복" 신경전달 물질 중 하나이다. 뇌의 특정 영역에서의 도파민 배출은 강렬한 쾌감의 감정과 관련이 있다.

세로토닌(serotonin) 세로토닌은 일반적으로 억제성 신경전달 물질로 기능한다. 식욕, 수면, 불안 및 기분에 영향을 미치며, 세로토닌이 배출되면 만족감과 포만감이 생긴다. 여성은 남성의 약 ⅔의 속도로 세로토닌을 생성하는데, 이런 관찰은 남성보다 여성에게 우울증이 2배 더 흔한 이유와 관련 있을 것이다. 본 장 후반부에서 살펴보겠지만, 프로작(Prozac)과 같은 항우울제는 시냅스에서 세로토닌의 양을 증가시켜서 우울증이 있는 사람의 기분을 상승시키는 데 효과가 있다.

핵심요약 24.7

» 아세틸콜린은 근육세포와 시냅스를 이루는 운동뉴런에서 배출된다. 글루탐산은 학습과 기억에 관여한다. 도파민은 움직임을 시작하고 조정하며, 강렬한 쾌감을 느끼게 하는 데 중요하다. 세로토닌은 식욕, 수면, 불안 및 기분에 영향을 미치고 만족감과 포만감을 생성한다.

우리의 감각은 자극을 감지하고 전달한다

▲ 야행성인 뱅갈 슬로우 로리스(*Nycticebus bengalensis*)

24.8 감각 수용체는 주변 세계를 향한 우리의 창문이다

Q 동물의 머리가 하나뿐인 이유는 무엇인가? 왜 앞쪽에 있을까?

동물이 움직일 때 동물의 "전방" 끝부분이 먼저 주변의 새로운 것을 만난다; 전방의 감각 장비로, 생물은 가능한 한 빨리 무엇을 할지(먹거나 뛰거나) 결정할 수 있는데, 이것이 진화적으로 이점을 제공했을 것이다. 그리고 처리해야 할 결정이 복잡할수록 "결정하는" 데 필요한 회로가 더 복잡해진다. 사실 그러한 복잡성은 뇌의 인지(a mind)에 필수적이다. 또한 이러한 복잡한 체계를 운영하기 위해서는 뇌의 인지가 필요하다. 그래서(항상 함께 발견되는) 뇌와 머리는 중요한 구조이다.

우리의 감각(시각, 청각, 후각, 미각, 촉각)은 주변의 환경을 물리적으로 인식하게 하고, 서로 많은 공통점을 가지고 있다(**그림 24.14**). 일반적으로(눈, 코, 혀, 귀 또는 피부 등에 있는) 감각뉴런의 변형된 수상돌기인 수용체는 외부 세계 일부 요소(빛, 냄새, 맛, 소리 또는 접촉)에 의해 자극을 받는다.

이 외부 자극은 뉴런에 변화를 일으켜서, 감각 뉴런이 (1) 활동전위 자체를 생성시켜 축삭을 따라 전파하고 궁극적으로 신호가 특정 냄새나 소리로 인식되는 뇌 일부에 도달하거나 (2) 인접한 뉴런에서 활동전위의 속도를 증가 또는 감소시키도록 신경전달물질의 분비 속도를 바꾼다.

활동전위는 켜거나 끄는 스위치일 뿐인데 감각의 강도를 다양하게 경험하는 것이 어떻게 가능한가? 예를 들어, 10파운드의 볼링공을 왼손에 놓으면 오른손에 있는 가벼운 고무공에 비해 매우 무겁게(그리고 더 차갑고 더 매끄럽게) 느껴질 것이다(**그림 24.15**).

"켜짐"과 "꺼짐"이 어떻게 다양한 정도의 감각을 만들 수 있을까? 감각의 강도는 단위 시간당 활동전위의 수와 자극된 뉴런의 수에 의해 조절된다. 고무공은 적은 수가 켜지게 하고, 볼링공은 더 많은 수가 켜지게 한다.

다음 절에서 5가지 기본적인 감각 각각에 대해 자세하게 서술하고자 한다. 특정 감각이 어떻게 자연선택을 통해 미세하게 조정되는 하나의 주제에 대한 변형으로, 동물이 적절하게 반응하는 데 도움이 되는 특정 정보를 제공하는지 살펴보고자 한다. (동물 중에는 미각, 후각, 시각, 청각, 촉각 외에도 처한 환경에 따라 균형과 운동, 전기, 자기, 열 생성을 감지하고 반응하는 감각을 포함하여 여러 감각이 발견된다.)

핵심요약 24.8

» 우리의 모든 감각이 작동하는 과정은 기본적으로 똑같다. 감각뉴런의 변형된 수상돌기가 자극되어 감각뉴런이 활동전위를 일으키거나 신경전달 물질의 분비 속도를 조절하여 이웃 뉴런에서의 활동전위가 일어나는 속도를 빠르게 하거나 늦춘다.

오감

시각

촉각

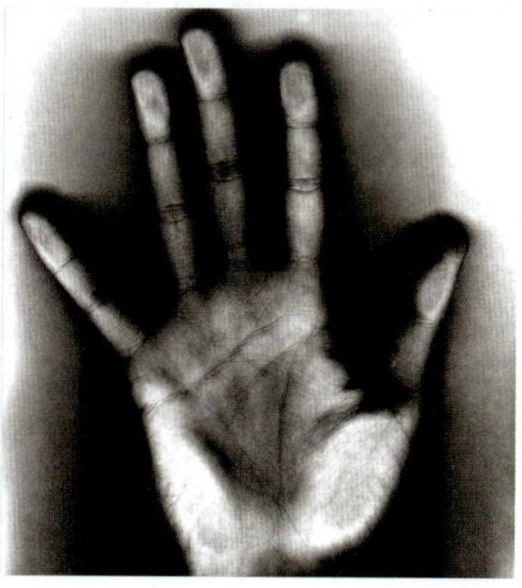

미각

후각

청각

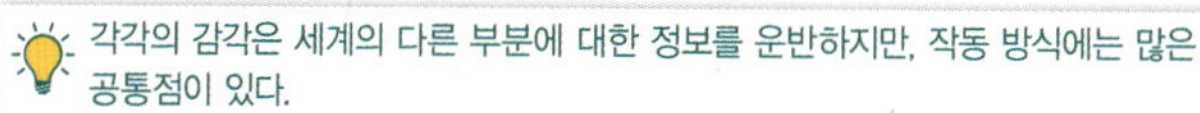

그림 24.14 환경 인식하기: 감각. (손이나 혀와 같은 대부분의 신체 부위는 하나 이상의 기능을 가지고 있다).

다양한 강도의 감각

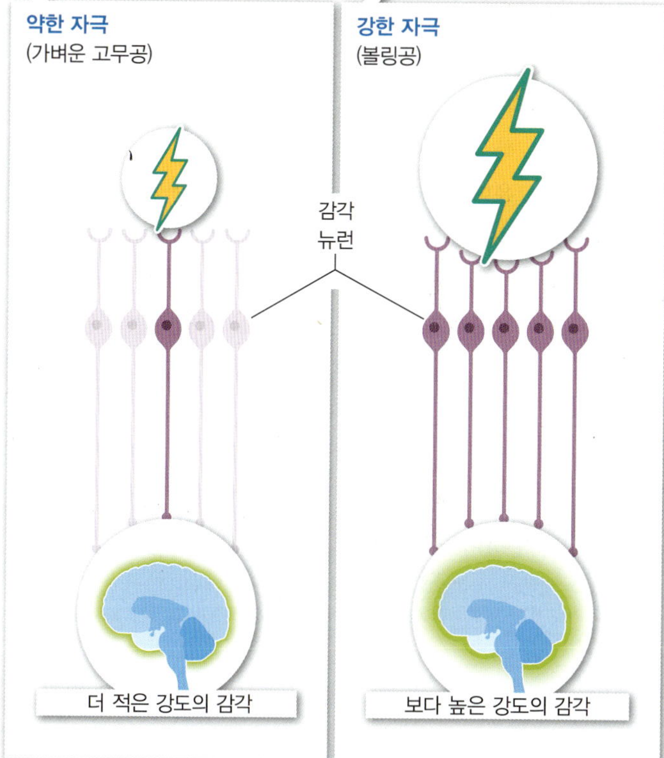

우리는 켜져 있는 뉴런의 수에 따른 감각의 정도를 경험한다.

그림 24.15 무거운가 아니면 가벼운가?

24.9 미각: 활동전위가 뇌에 맛감각을 전달한다

혀는 돌기들로 덮여 있다. 이러한 돌기 안에는 모두 10,000개가 넘는 미뢰가 내장되어 있다. 각 미뢰 내에는 **화학수용기**(감각뉴런과 시냅스를 형성하는 변형된 상피세포)라고 하는 60~80개의 감각 수용 세포가 있으며, 이 세포는 음식의 특정 화학물질이 침에 용해되어 수용체 세포 표면에 있는 단백질과 결합할 때 자극을 받는다. 특정 미각 수용체는 정확히 맞는 모양을 가진 특정 식품 분자와만 결합할 수 있다(**그림 24.16**).

미각 화학수용기는 화학적으로 자극하는 분자의 유형에 따라 단맛, 짠맛, 신맛, 쓴맛 또는 최근에 밝혀졌지만 설명하기 어려운 감칠맛의 5가지 그룹으로 나뉜다. 이러한 다양한 유형의 화학수용기는 혀 전체에 존재한다. 대부분 음식이 서로 다른 미각 수용체의 고유한 조합을 자극하기 때문에, 다양한 미각이 가능하다. 또한, 음식은 분자를 입 안의 공기 중으로 배출하여 비강 내 후각 수용체를 자극하기도 한다.

모든 동물이 맛을 보기 위해 입을 사용하는 것은 아니다. 일부 곤충은 다리에 화학수용기를 가지고 있어 만지기만 해도 "맛"을 본다. 다른 동물은 더듬이나 촉수에 미각 수용체를 가지고 있다.

뇌는 혀에 있는 음식의 진짜 정체를 실제로 "알지" 못한다. 오히려 자극을 받은 수용체 세포의 조합에 의해서만 특정 맛을 감지한다. 설탕이 아닌 분자가 설탕과 매우 유사한 화학적 구조를 가진다면, 동일한 미뢰 수용체를 자극해서 뇌에서는 설탕으로 인식될 수 있다. 사카린(saccharin) 및 수크랄로스(sucralose) 같은 많은 비영양적인 설탕 대체 분자가 정확히 이렇게 작동한다. 이들은 자당(sucrose), 포도당 또는 과당과 같은 당 분자와 유사한 3차원적 원자 배열을 나타낸다. 결과적으로, 우리가 이들을 섭취할 때, 우리는 설탕의 단맛을 느끼지만, 그 분자로부터 어떠한 에너지도 얻을 수 없다. 대신 그들은 변형되지 않은 채 우리 소화관을 통과한다.

Q 인공 감미료는 실제로 설탕이 아닌데 어떻게 설탕과 같은 맛을 낼 수 있을까?

아스파탐(aspartame)은 또한 미뢰의 설탕 수용체를 자극할 만큼 설탕과 매우 유사하다. 그러나 분자적으로 상당히 다르다: 이것은 2개의 아미노산으로 만들어진다. 다른 인공 감미료와 달리, 분해되어 에너지를 배출할 수 있지만, 단맛 수용체를 자극하는 데 매우 효율적이어서 소량을 사용해도 강한 단맛을 낼 수 있다.

핵심요약 24.9

» 혀에는 약 1만 개의 미뢰가 있으며, 각 미뢰에는 60-80개의 화학수용기가 있다. 이 화학수용기는 음식의 특정 화학물질이 세포 표면의 수용체 단백질과 결합할 때 자극을 받아 뇌에 신호를 보낸다.

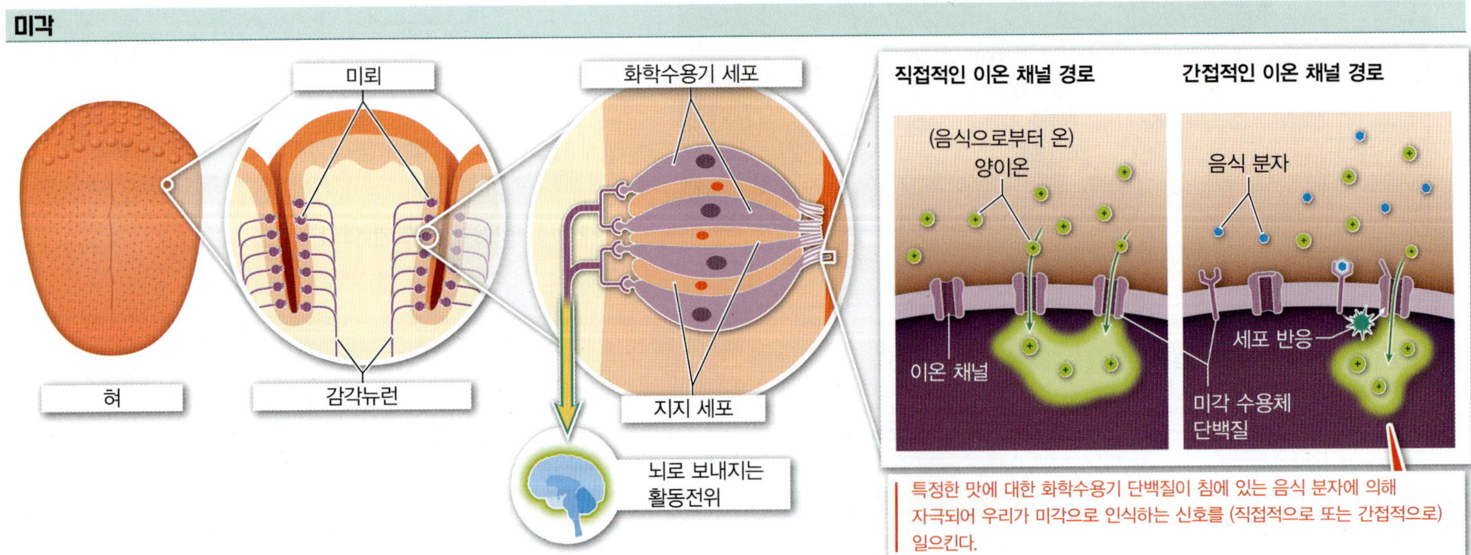

그림 24.16 미뢰에서 맛있는 맛까지. 미각이 뇌에서 생성되는 방법.

24.10 후각: 코에서 수용체는 공기 중 화학물질을 감지한다

우리의 후각은 미각과 거의 같은 방식으로 작동한다. 냄새를 감지할 수 있는 뉴런은 머리카락과 같은 작은 돌기로 변형된 수상돌기를 가지고 있다. 비강 내에 조밀하게 밀집되어 있는 이 수상돌기는 화학수용기로 덮여 있다. 공기 중의 화학물질은 비강에 있는 점액을 통해 이동하고 후각 수용체에 결합하여 축삭을 따라 이동하는 활동전위를 유발한다. 이 활동전위는 뇌의 후각 중추에 도달하는데, 여기에서 신호가 특정 냄새로 인지된다. 인간의 코에는 1,000개 이상의 다양한 유형의 수용체(변형된 뉴런)가 존재하며, 각각은 다른 냄새를 감지할 수 있다(**그림 24.17**).

Q 인간은 개보다 마약을 냄새로 감지하는 능력이 나쁘다. 왜 그럴까?

인간의 경우, 입, 목, 비강의 공기가 이 모든 영역을 순환하기 때문에, 후각과 미각은 밀접하게 연결되어 있다. 감기에 걸리면 미각과 후각이 둔해졌음을 알게 된다. 비강 통로에 두껍게 점액이 축적되면 공기 중의 화학물질이 코와 혀의 수상돌기에 있는 후각 수용체와 미각 수용체에 도달하는 속도를 감소시킴에 따라 후각과 미각이 둔해진다.

개는 가장 냄새에 민감한 척추동물에 속하며, 사람보다 40배나 많은 후각 수용체를 가지고 있어서 마약이나 폭발물을 탐지하는 데 엄청난 능력을 발휘한다(**그림 24.18**). 집시나방과 누에나방 같은 일부 나방은 화학적 감지에 있어서 챔피언일 것이다. 수컷 더듬이에 있는 미세한 털은 암컷이 배출하는 성 유인 물질의 단 몇 개의 분자 조차도 감지할 수 있다. 공기 중 분자의 농도가 증가하는 방향으로 이동함으로써 수컷은 3.2 km 떨어진 암컷을 추적할 수 있다. 뱀은 혀를 내밀면서 실제로 외부 환경에서 "냄새를 맡을" 수 있게 냄새 분자를 붙잡는다.

그림 24.18 냄새 챔피언: 폭탄 냄새를 맡고 있는 개.

핵심요약 24.10

» 냄새를 감지할 수 있는 뉴런은 비강 내 밀집된 화학수용기로 덮여 있는 작은 털 같은 돌출 모양으로 변형된 수상돌기를 가지고 있다.

후각

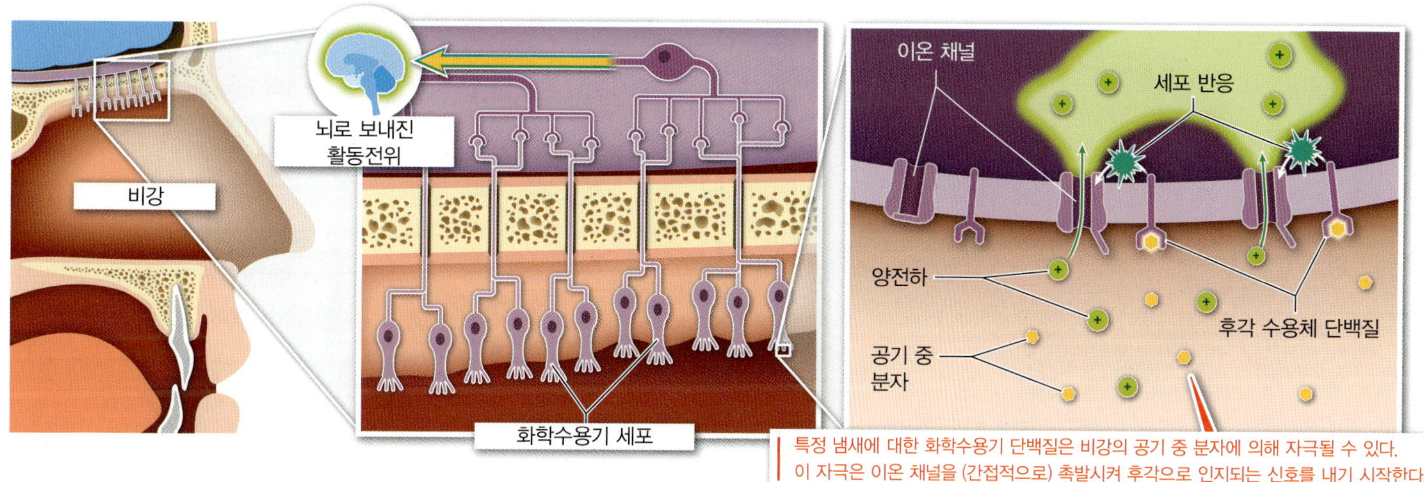

그림 24.17 후각이 감지되는 방법.

24.11 시각: 보는 것은 뇌가 빛을 인지한 것이다

우리는 부족한 후각 능력을 **단일 수정체 눈**이 이미지를 형성한 결과인 시력으로 보완할 수 있을 뿐 아니라 그 이상이다. (이런 유형의 눈은 척추동물과 오징어를 포함하는 연체동물군에서 독립적으로 두 차례 진화했다.) 빛은 눈에 닿아 **홍채**를 통해 눈 내부로 들어간다. 홍채의 입구인 동공(pupil)은 눈으로 들어오는 빛의 양을 조절하기 위해 열리고 닫힌다. 빛이 동공을 통과하면, 수정체(lens)는 **광수용체 세포**라고 불리는 빛-감지 세포를 포함하는 신경조직인 **망막**에 초점을 맞춘다(그림 24.19).

망막은 눈의 내부 표면을 감싸고 있으며, **시신경**을 통해 자극을 뇌의 시각 중추로 전달한다. 망막에는 **간상체**와 **원추체** 등 두 유형의 광감(photosensitive) 세포가 존재한다. 간상체는 아주 적은 양의 빛에도 매우 민감해서 밤이나 빛이 약한 상황에서 볼 수 있게 하고, 원추체는 빛에 덜 민감해서 낮에 더 효과적이다. 사람은 빨강, 초록, 파랑에 민감한 세 종류의 원추세포를 가지고 있다. 색을 감지하는 우리의 능력은 자극을 받는 원추체의 조합에 기반한다. 몇몇 사람(보통 남자)은 유전자의 돌연변이 결과로 기능을 상실한 적색 또는 녹색 원추체를 가지고 있다. 이 두 경우 모두 적색과 녹색을 구별할 수 없으며, 이러한 사람을 **색맹**이라고 한다.

사람의 시각은 대부분의 다른 동물보다 훨씬 뛰어난 능력을 지닌 감각 중 하나이다. 하지만 거의 모든 특성과 마찬가지로 사람보다 뛰어난 능력을 지닌 종들(많은 조류와 거미류)이 여전히 많이 존재한다. 빛을 감지하는 능력이 매우 다양하지만, 빛을 흡수하는 세포의 기본적인 기능은 모든 동물에서 매우 일관되어 있다(그림 24.20).

눈 또는 다른 빛 감지 구조 안에는, 세포막에 빛-감지 분자를 포함하고 있는 광수용체 세포가 존재한다. 어두울 때, 한 분자가 이들 광수용체 세포에 결합하여 탈분극을 일으킨다. 또한 광수용체 세포들은 브레이크 페달을 밟는 것과 같이 많은 인접한 뉴런이 정보를 뇌로 보내는 능력을 억제하는 신경전달 물질을 지속적으로 배출한다. 어떤 의미에서 어둠은 시각 신호를 뇌로 보내는 시신경의 능력을 차단하는 것이다.

빛이 광수용체 세포막에 있는 빛-감지 분자 중 하나와 만날 때, 빛 에너지는 분자의 일부 화학 결합이 팽창하도록 한다. (식물의 광합성 동안, 유사한 빛 에너지 포착이 일어난다). 이 팽창으로 광수용체 세포막에 있는 나트륨 채널이 닫히게 되고, 배출되는 억제성 신경전달 물질의 양이 줄어들게 된다. 시냅스에 억제성 신경전달 물질이 없으면, 인접한 뉴런은 뇌로 시각 신호를 보내는 뉴런을 자극할 수 있다. 뇌가 감지하는 특정 파장은 자극된 특정 빛-감지 분자에 따라 다르다.

곤충은 훨씬 더 정교한 시각 능력을 지닌다. 이들은 수십에서 수천 개에 이르는 개별의 빛-감지 단위로 구성된 **겹눈**을 가지고 있는데, 겹눈 각각에는 수십 개의 광수용체로 빛을 보내는 자체 이미지 형성 렌즈가 있다. 이후 광수용체는 뉴런을 따라 신호를

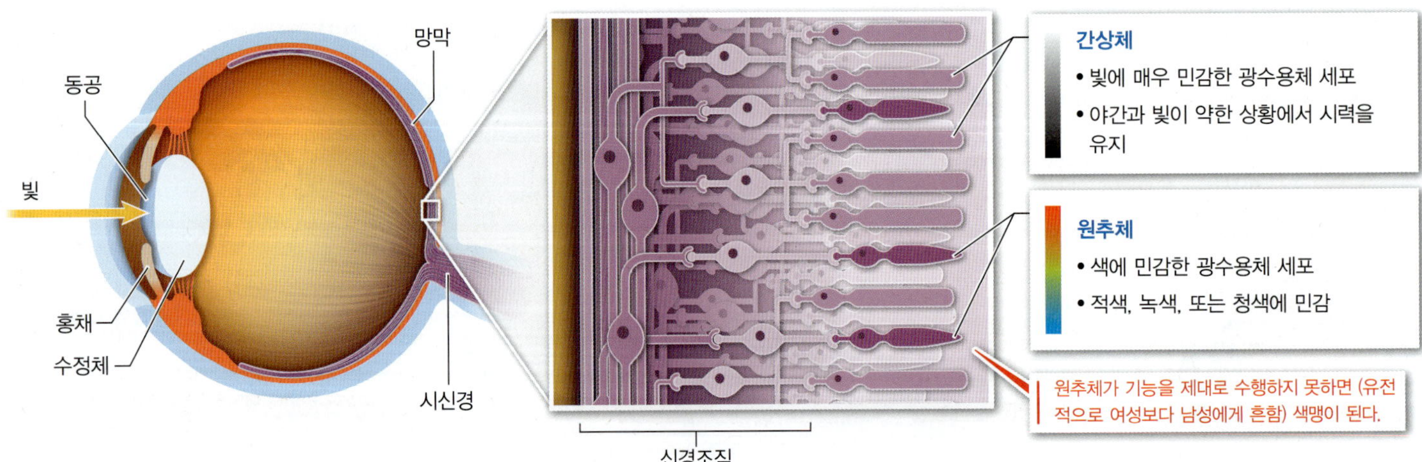

그림 24.19 사람 눈의 구조.

광수용체 세포가 작동하는 방법

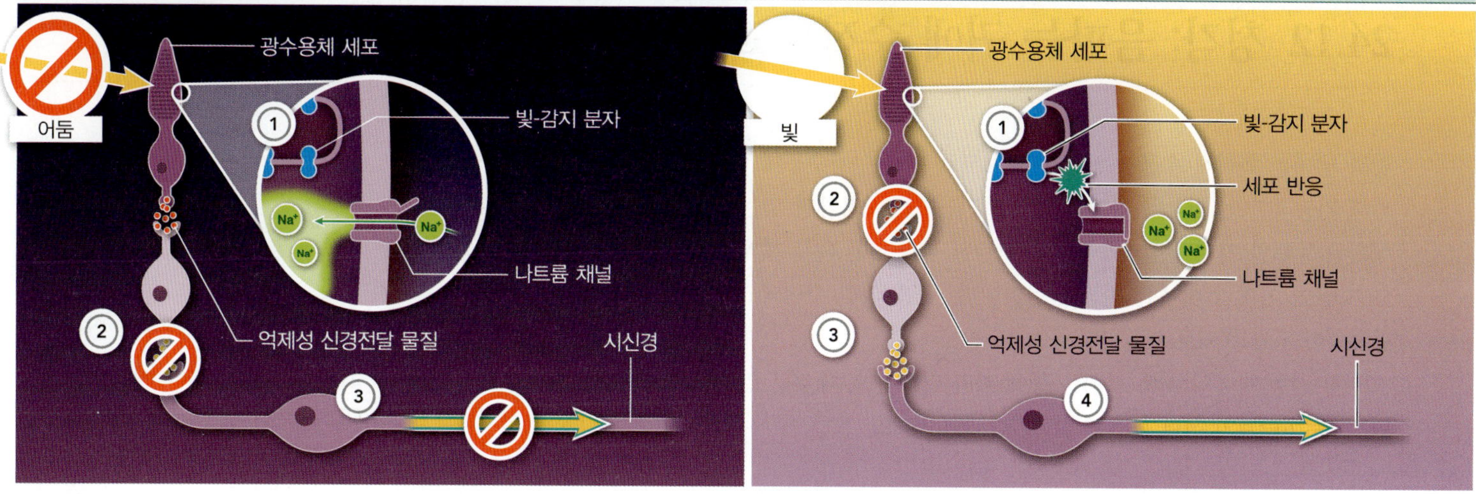

어두울 때

1. 광수용체 세포막 안에 있는 나트륨 채널이 열려서 광수용체 세포에서 억제성 신경전달 물질이 지속적으로 배출된다.
2. 억제성 신경전달 물질은 뇌로 신호를 보내는 뉴런을 자극하는 인접 뉴런의 능력을 감소시킨다.
3. 활동전위가 시신경으로 전달되지 않아서 뇌가 빛을 인식하지 못한다.

밝을 때

1. 빛 에너지로 인해 빛-감지 분자의 모양이 바뀌고 광수용체 세포막에 있는 나트륨 채널이 닫히게 된다.
2. 나트륨 채널이 닫히면서 광수용체 세포에 의해 배출되는 억제성 신경전달 물질의 양이 줄어든다.
3. 인접 뉴런은 이제 더이상 억제되지 않고 뇌로 신호를 보내는 뉴런을 자극한다.
4. 활동전위가 시신경을 통해 보내지고 뇌가 빛을 인식한다.

그림 24.20 빛에 반응하는 광수용체가 보는 것을 가능하게 한다.

보낸다. 신호가 뇌에 도달하면, 뇌는 이러한 신호를 이미지로 해석한다. 꿀벌이 지니고 있는 것과 같은 일부 곤충의 광수용체 세포에는 인간에서 발견되는 것보다 더 넓은 범위의 빛-감지 색소가 포함되어 있어서, 이들 곤충은 사람에게는 보이지 않는 자외선 영역의 파장을 볼 수 있다(**그림 24.21**).

식물은 때때로 곤충이 자외선을 감지하는 능력을 이용하는데, 공항의 착륙등처럼 보이는 UV를 반사하는 꽃잎으로 꽃을 만들어 곤충을 화밀로 유도하고, 그 보답으로 화밀을 제공한다(반면, 꽃의 수분을 보장받는다). 거미도 이러한 능력을 이용한다. 일부 거미는 곤충이 거미줄을 꽃으로 착각하게 하는 UV를 반사하는 거미줄을 만든다.

Q 곤충은 우연히 거미줄로 날아가는 것이 아니다. 때때로 그들은 의도적으로 날아간다. 왜일까?

곤충의 시각

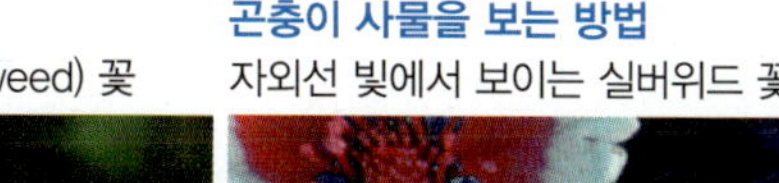

우리가 사물을 보는 방법
햇빛에서 보이는 실버위드(silverweed) 꽃

곤충이 사물을 보는 방법
자외선 빛에서 보이는 실버위드 꽃

그림 24.21 곤충은 우리와 다르게 사물을 본다.

핵심요약 24.11

» 시각은 광수용체 세포라는 빛-감지 뉴런이 자극을 받은 결과이다. 광수용체 세포의 세포막에는 빛에 의해 화학적으로 변형되는 다양한 분자가 존재한다. 신호는 뇌로 전달되어 이미지로 해석된다.

24.12 청각: 음파는 귀에 수집되고 청각 뉴런을 자극한다

맛과 냄새는 화학적 수용체에 의해 감지되고 시각은 광수용체에 의해 가능하지만, 청각은 기계적 압력에 반응하는 수용체가 있는 특화된 뉴런인 **기계적 감각수용체**가 자극된 결과이다. 외부 세계의 자극이 기압의 미세한 변동인 음파이며, 귀에 의해 수집되고 증폭되어 정보를 뇌로 전달한다.

청력 작동 방식의 세부 사항은 종에 따라 다르지만, 대부분 일반적으로 6단계의 청력 모델이 적용된다(**그림 24.22**).

1. 귀의 외부는 음파를 모으고, 귀의 깔때기 모양 덕분에 음파는 음파를 전도하는 통로인 이도로 향한다.
2. 이도 끝에서, 음파는 외이와 중이를 나누는 얇은 막인 **고막**에 부딪혀 진동을 유발한다.
3. 고막의 다른(안) 쪽에 있는 작은 뼈가 그 진동을 내이의 막으로 전달한다.
4. 진동은 두개골 뼈 내부의 내이 안쪽 관을 가득 채우고 있는 유체에 의해 전도된다. 반고리관(semicircular canals)은 균형을 잡는 기능을 하고, 코일 모양으로 감긴 달팽이관(cochlea)은 청력에 관여한다. 이러한 유체의 움직임이 털 모양의 수용체를 휘게 함으로써 신경전달 물질이 방출된다. (더 강한 음파에 반응하여 휘어짐이 심할수록 더 많은 신경전달 물질이 방출된다.)

청각

1 음파가 이도로 모인다.

2 음파로 인해 고막이 진동한다.

3 진동이 내이의 막으로 전달된다.

4 내이에 있는 유체로 진동이 전달되어 털-모양의 수용체를 휘게 함으로써 신경전달 물질이 분비된다.

5 신경전달물질에 의해 청각 뉴런이 활동전위를 발생시킨다.

6 신호가 뇌로 전달되어 소리로 해석된다.

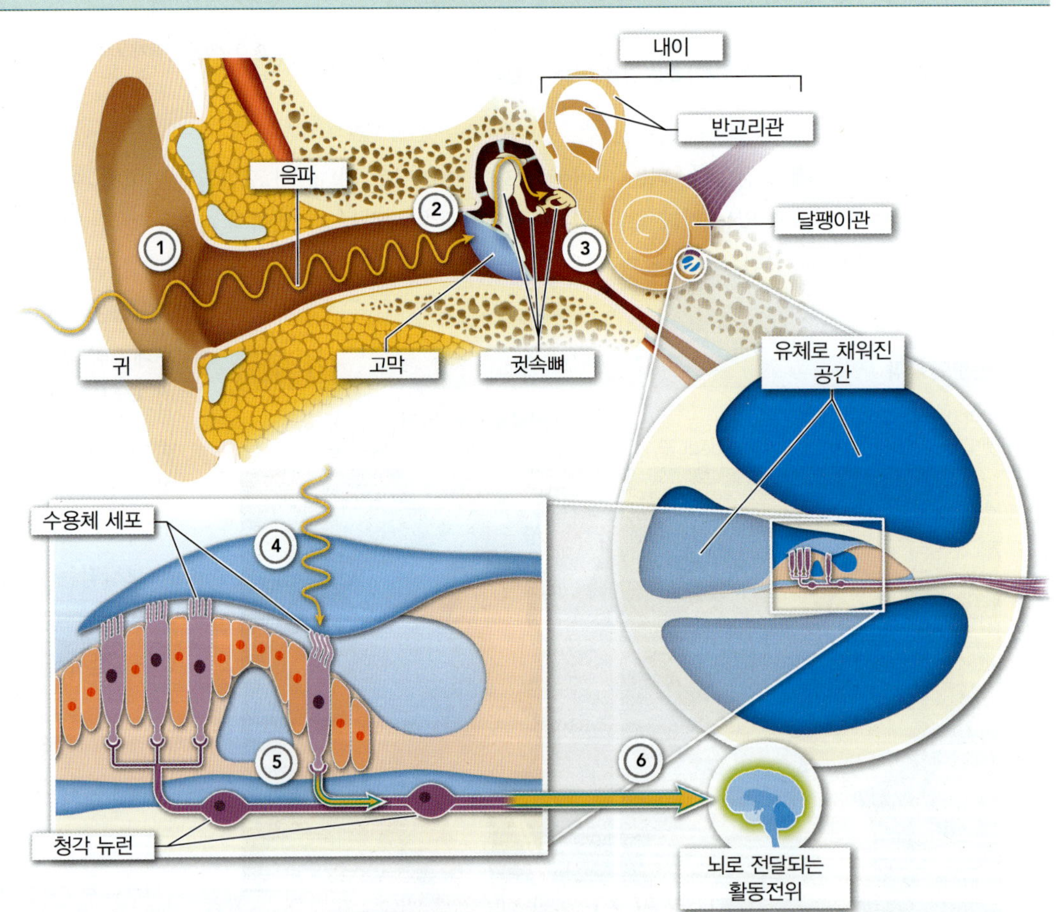

청각은 음파가 고막을 진동시켜 뇌에서 소리로 해석되는 활동전위를 유발할 때 발생한다.

그림 24.22 **청각의 진행 과정.**

5. 털 모양의 수용체를 가진 유모세포에서 배출되는 신경전달 물질에 반응하여 청각 뉴런은 활동전위를 발생시킨다.

6. 신호는 뉴런의 경로를 따라 뇌로 전달되며, 뇌에서 소리로 해석한다.

Q 전혀 움직이지 않았는데도 어떻게 멀미를 느낄 수 있을까?

내이 반고리관에 있는 유체는 내부의 운동탐지기처럼 작용하여 신체의 위치, 속도, 방향을 알게 해준다. 그렇지만, 아주 완벽한 시스템은 아니다. IMAX 영화관에 앉아서 롤러코스터 좌석에서 찍은 영화를 보면 눈은 뇌에게 당신이 움직이고 있다고 말하고 있지만, 내이는 아무런 움직임을 감지하지 못한다. 상충되는 신호는 뇌를 혼란스럽게 해서 멀미와 같은 느낌이 생길 수 있다. 어떤 사람들은 특정 비디오게임을 할 때 비슷한 경험을 한다.

Q 큰 음악 소리로 인한 청력 손상은 어떻게 생기는 것일까?

음악을 포함한 큰 소음에 장기간 노출되면, 이러한 자극이 내이의 달팽이관을 마모시켜 청각에 손상을 줄 수 있다. 내이의 유모세포는 매우 약하고 대치될 수 없다; 시끄러운 소음으로 인한 만성적 과잉 자극은 유모세포의 신경전달 물질을 배출하고 청각 뉴런을 자극하는 능력을 감소시켜서 청력 손실을 유발할 수 있다(**그림 24.23**).

듣는 데 귀가 필요한가(소리로 의사소통하려면 입이 필요한가)? 반드시 그렇지는 않다. 대부분 곤충은 더듬이나 신체의 다른 부위에 있는 섬세한 털로 광범위한 소리를 듣는다. 더욱이 많은 곤충은 입을 사용하기보다는 몸 일부를 비벼서 내는 소리로 의사소통을 한다.

포유동물 중에서 박쥐는 **반향정위**라는 독특한 청각 시스템을 가지고 있다. 대부분 박쥐는 일반적으로 인간이 들을 수 없는 고음의 찍찍거리는 소리를 내며, 주변 표면에서 이 소리에 반사되는 소리를 들을 때까지 기다린다. 이러한 시스템은 매우 민감하여 박쥐는 근처에서 날아다니는 작은 나방도 감지할 수 있다.

그림 24.23 **시끄러운 소음은 청력 손상을 가져온다.**

핵심요약 24.12

» 청각은 다음과 같은 과정을 통해 일어난다. 음파가 고막을 진동시키고 작은 뼈를 움직여서 진동을 내이로 전달한다. 진동은 유모세포를 휘게 하여 소리의 파장에 따라 다양한 활동전위를 유발한다. 이것은 뇌에 의해 특정한 소리로 해석된다.

24.13 촉각: 뇌는 압력, 온도 및 통증을 인지한다

촉각은 압력(기계적 감각수용체), 온도(온도 수용체) 또는 통증(통증 수용체)을 감지하는 다양한 유형의 감각뉴런에 의해 생성되는 실제로 감각의 한 종류이다. 이들 감각 수용체는 몸 전체에 위치하며, 영장류의 손가락 끝과 대부분 어류의 몸의 측면(측선이라고 함)에 밀집된 것으로 알려져 있다.

기계적 감각수용체이든 통증 수용체이든 또는 온도 수용체이든 간에(신체의 어떤 특정 부분에는 일반적으로 이러한 각 유형의 감각뉴런이 많이 존재한다), 이들은 유사하게 기능한다. 핀으로 찌르기, 깃털로 간질이기, 난로 위 팬의 열과 같은 외부 자극은 뉴런 막의 모양을 변화시켜서 일시적으로 막의 투과성을 변화시킬 수 있다. 이러한 투과성의 변화는 이온이 세포로 들어가는 속도를 증가 또는 감소시켜 자극을 활동전위로 전환하고, 궁극적으로는

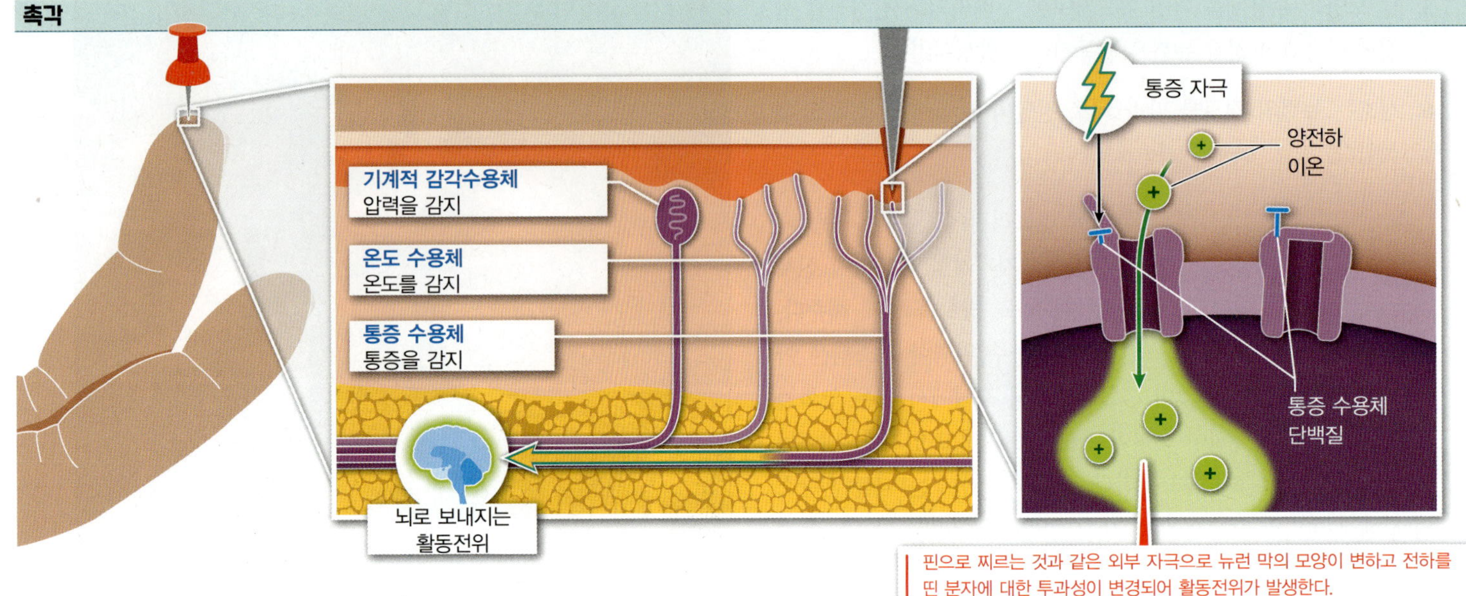

그림 24.24 촉각이 생성되는 과정.

뇌에서 감각을 인지하게 된다(**그림 24.24**).

Q 절단 수술을 받은 사람은 절단된 사지가 있었던 자리에서 때때로 실제 통증을 느낀다. 이것이 어떻게 가능할까?

섬뜩하게도, 대부분의 절단 수술을 받은 사람은 때때로 절단된 사지가 있었던 곳에서 따끔거리고 쑤시는 심지어는 더 날카로운 심한 통증을 경험한다고 알려졌다. "환상 통증"이라고 하는 이러한 감각은 진짜이며, 상실된 사지에 있던 촉각 수용체로부터 정보를 받는 데 사용되었던 뇌의 뉴런이 대개 근처의 다른 뉴런의 자극으로 인해 활성화될 때 일어난다(**그림 24.25**).

핵심요약 24.13

» 전신에 있는 기계적 감각수용체, 온도 수용체 및 통증 수용체 등이 자극되면 감각뉴런 막의 형태가 변하여 투과성이 바뀐다. 이로 인해 활동전위가 생성되어 뇌에서 촉각을 인지하게 된다.

환상 통증

많은 절단 환자들은 상실된 사지에서 오는 것으로 보이는 "환상 통증"을 경험한다. 상실된 사지의 촉각 수용체와 시냅스를 이루던 뇌에 있는 뉴런이 근처의 뉴런에 의해 자극을 받았기 때문이다.

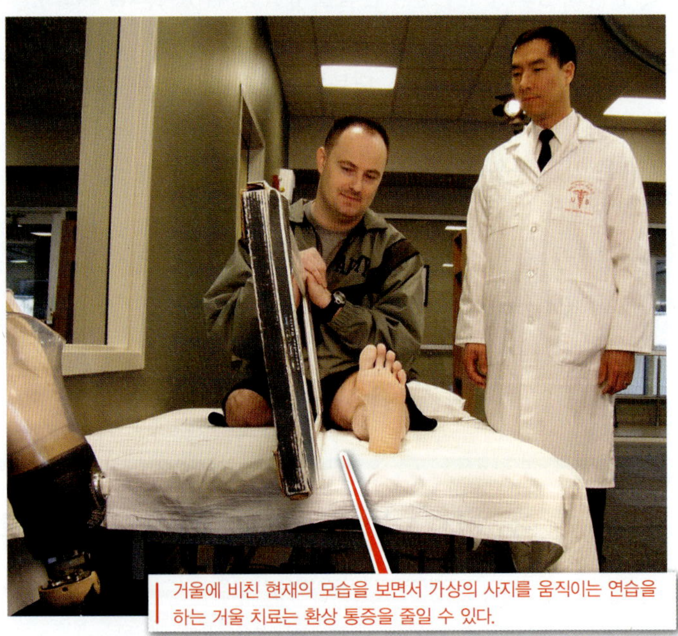

그림 24.25 감각 뉴런은 없지만 실제 통증이 남을 수 있다.

▲ 젠투(Gentoo) 펭귄은 뛰어난 서퍼이다.

24.14 근육은 수축을 통해 힘을 생성한다

달리기, 날기, 수영하기, 기어가기, 걷기, 파기, 춤추기. 거의 예외 없이 동물들은 움직인다. 일반적으로, 척추동물에서 움직임은 신경계의 세포가 견고한 골격계를 잡아당기는 근육 수축을 자극하여 일어난다.

21.4절에서 보았듯이, 근육 조직은 수축할 때 힘을 생성할 수 있는 가늘고 긴 세포로 구성되어 있으며, 세 가지 유형이 있다.

1. **골격근**(skeletal muscle)은 결합조직에 의해 골격에 부착되고 각 근섬유에 부착된 개별 뉴런에 의해 조절된다. 사람의 근육계는 약 700개의 골격근으로 구성되어 있으며, 체중의 약 40%를 차지한다.
2. **심근**(cardiac muscle)은 심장이 혈액을 몸 전체로 공급하도록 한다. 심장근 수축과 이완은 신경계에 의해 시작되거나 의식적으로 조절되지 않고 평생 지속적으로 일어나는데, 다른 유형의 근육 세포보다 에너지를 생성하는 미토콘드리아를 더 많이 함유하고 있다.
3. **평활근**(smooth muscle)은 의식적으로 조절되지 않으며, 혈관과 많은 내부 장기를 둘러싸고 있다. 어떤 경우에는 평활근이 자율신경계의 자극으로 수축되지만 다른 경우에는 신경계의 자극 없이 수축할 수 있다. 다른 종류의 근육에 비해 수축이 느린 평활근은 혈관과 장기를 통한 혈액, 음식 또는 기타 물질을 점진적으로 이동하게 한다.

골격근에 집중해 보자. 움직임을 촉진하기 위해 골격근은 결합조직에 의해 골격에 부착되어 있다. 종종, 근육은 양쪽 끝에서 가늘어져 힘줄로 이어지며, 그 힘줄은 양쪽 끝(근두와 근미)의 근육을 뼈에 부착시킨다. 이때 근육의 수축은 부착점을 더 가깝게 당겨서 골격의 움직임을 유발한다. 예를 들면, 상완의 이두근은 어깨 뼈대에서 시작하는 근두(origin)와 팔뚝의 뼈 중 하나에 근미(insertion)를 가지고 있다. 수축은 팔뚝을 회전시키거나 팔의 아랫부분을 어깨에 가깝게 가져올 수 있다. 일반적으로 2개의 근육은 반대 방향으로 작동하는데, 한 근육은 수축하여 골격을 특정 방향으로 움직이게 하고, 다른 근육(상완의 삼두근)은 수축하여 골격을 이와 반대 방향으로 움직이게 한다(**그림 24.26**).

골격근은 섬유 다발로 구성되어 있다. 각 섬유는 하나의 세포지만, 다수의 세포핵과 수축할 때 짧아지는 원통형 세포소기관인 수많은 **근원섬유**를 가지고 있다. 근원섬유는 수축이 일어나는 **근절**이라고 하는 반복 단위를 포함하는데, 여기에서 수축이 일어난다.

근절은 서로 나란히 겹쳐 있는 다수의 긴 필라멘트로 구성된다. 필라멘트에는 두 가지 유형이 있다: 주로 **액틴** 단백질로 구성된 가느다란 필라멘트와 주로 **미오신** 단백질로 만들어진 굵은 필

골격근은 움직임을 만들어 낸다.

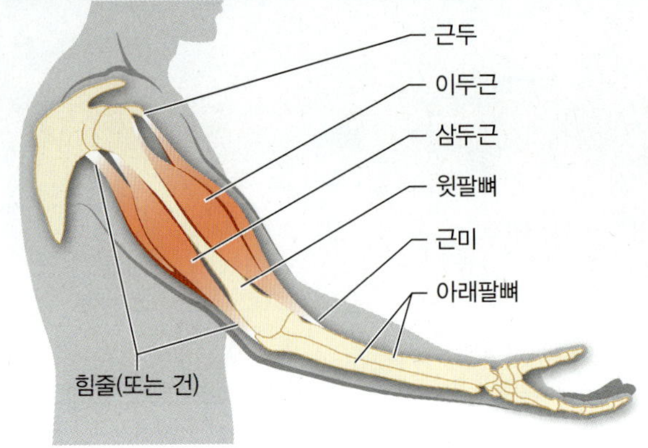

일반적으로 2개의 근육은 반대 방향으로 작동하는데, 한 근육 (여기에서 이두근) 을 수축하면 골격이 특정 방향으로 움직이는 반면, 다른 근육 (삼두근)이 수축하면 골격이 이와 반대 방향으로 움직인다.

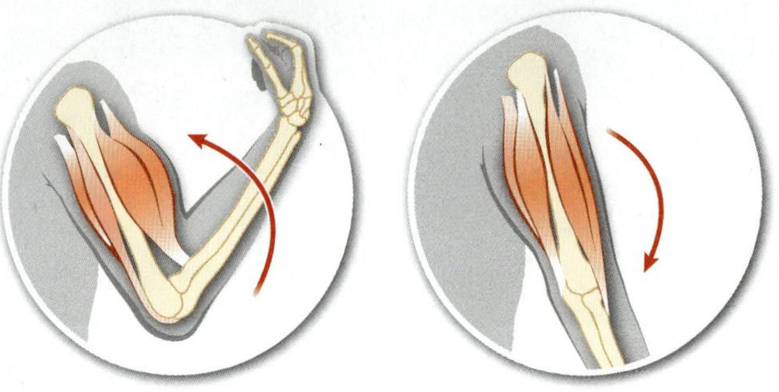

그림 24.26 움직임: 골격근에 의해 이루어진다.

라멘트이다. 이두근 세포에 10만 개의 근절이 존재한다. 근절은 로프를 타고 오르는 것과 비슷한 4단계 과정을 거쳐 짧아진다(그림 24.27).

1. 분리하기. ATP 한 분자가 미오신에 결합하면서 미오신 필라멘트와 이에 평행한 액틴 필라멘트 사이의 연결이 끊어진다.
2. 도달하기. ATP가 분해되면서 배출된 에너지는 미오신의 형태

근섬유 수축

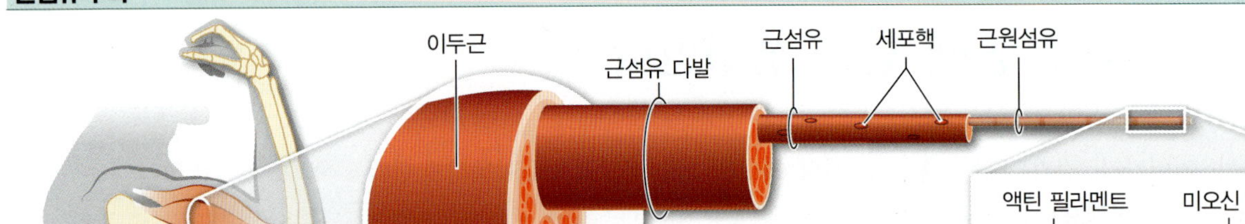

근원섬유는 4단계의 과정으로 짧아져 수축을 일으킨다.

1 **분리하기**
평행하게 존재하는 미오신과 액틴 사이의 연결이 ATP 한 분자가 미오신과 결합하면서 끊어진다.

2 **도달하기**
ATP가 분해되면서 배출된 에너지는 미오신 모양을 고에너지의 형태로 변형시켜 미오신이 액틴 필라멘트 아래 더 먼 쪽에 도달하게 한다.

3 **다시 결합하기**
더 먼 쪽에 도달한 미오신은 그 자리에서 액틴 필라멘트와 다시 결합한다.

4 **뒤로 당기기**
미오신은 다시 원래의 모양으로 돌아가면서 액틴 필라멘트를 당겨 섬유를 짧아지게 한다.

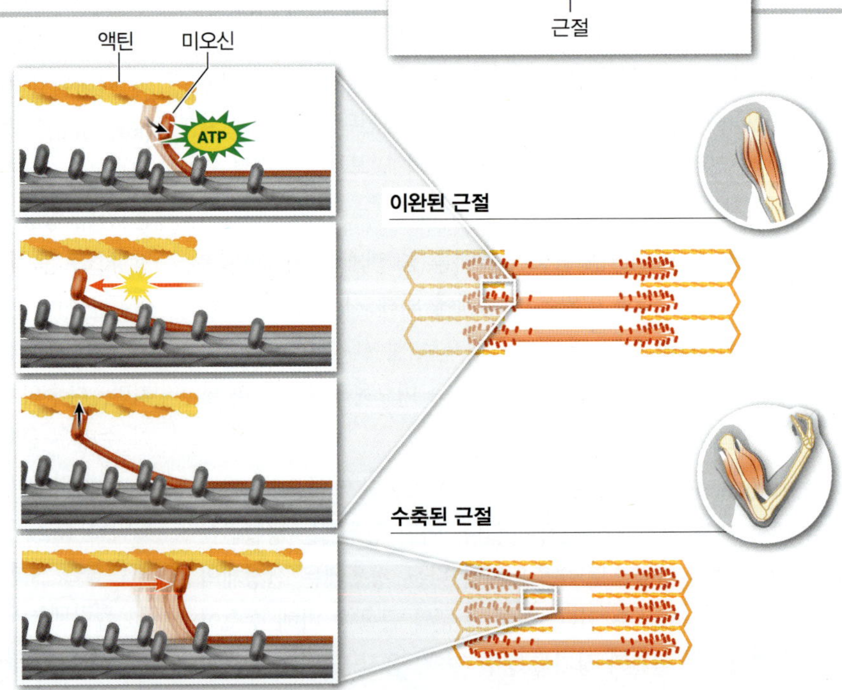

그림 24.27 근섬유의 수축은 힘을 생성한다.

를 변경하여 더 고에너지 형태를 형성한다. 구부러진 나뭇가지를 구부리면 원래 모양으로 되돌아갈 때 에너지를 방출할 수 있기 때문에 그 구부러진 가지는 고에너지 형태를 갖는다.

3. **다시 결합하기.** 변형된 모양에서 미오신은 액틴 필라멘트 아래 더 먼 쪽에 도달한 후 그 지점에서 다시 결합한다.
4. **뒤로 당기기.** 그런 다음, 미오신은 원래 모양으로 돌아가면서 액틴 필라멘트를 당기고 섬유를 단축시킨다. 이 마지막 단계를 "파워 스트로크(power stroke)"이라고 한다.

수축 과정이 근육 세포에 있는 수많은 근절에서 일어나면서 전체 근육을 짧게 만들 수 있다. 에너지 관점에서 ATP의 위치에너지가 근절 단축의 운동 에너지로 전환되면서 일을 할 수 있게 된다.

근육이 수축할 때, 수축과 이완 사이의 시간을 **연축**이라 한다. 근육 내의 근섬유는 이들이 얼마나 빨리 연축할 수 있는지에 따라 2개의 일반적 유형으로 나뉜다. 빠른 연축 근섬유는 느린 연축 근섬유보다 약 10배 빠르게 수축과 이완을 할 수 있지만, 상대적으로 약한 내구성을 갖고 있다. 느린 연축 근섬유는 풍부한 산소를 전달하는 모세혈관층과 산소를 저장하는 많은 수의 미오글로빈 분자로 둘러싸여져 있고 훨씬 더 오랜 시간 동안 활동을 지속할 수 있다. 대부분 근육은 빠른 연축 근섬유와 느린 연축 근섬유의 비율이 거의 동일하지만, 근섬유와 개인에 따라 다소 차이가 있다. 예를 들어, 세계적 수준의 단거리 선수는 다리 근육에 훨씬 더 많은 빠른 연축 근섬유를 가지고 있는 반면, 세계적 수준의 장거리 선수들은 다리 근육에 느린 연축 섬유를 더 많이 갖는 경향이 있다(**그림 24.28**). 근섬유는 웨이트 트레이닝으로 빠른 연축 근섬유가 두꺼워지면 그 크기가 증가한다. 반면에 지구력 훈련은 근육 세포의 크기를 증가시키지 않는다.

그림 24.28 빠른 연축근과 느린 연축근.

핵심요약 24.14

» 골격근, 심근, 평활근을 포함하는 근육 조직은 수축할 때 힘을 생성할 수 있는 긴 세포들로 구성된다. 근섬유는 평행한 액틴 필라멘트와 미오신 필라멘트의 연결이 생성 및 끊김에 따라 짧아지는 근원섬유를 포함하는 단일 세포이다.

24.15 골격계는 지지, 이동 및 보호 기능을 한다

골격계는 구조적인 뼈대 역할을 함으로써 근육계와 상호작용하여 움직임을 가능하게 한다. 그러나 이것은 골격의 많은 중요한 기능 중 하나일 뿐이다. 골격계는 생물체에 지지를 제공하여 모양과 구조를 유지하도록 하고, 동물의 신체 내 장기 및 기타 구조를 고정하는 수단을 제공하기도 한다. 게다가, 골격계는 보호 기능을 하는데, 예를 들어, 뇌는 두개골 내에 존재하여 손상으로부터 보호받는다. 또한 사람을 포함한 일부 생물에서, 골격계는 골수에서 일어나는 과정인 중요한 혈액과 면역세포 생산을 위한 장소이기도 하다(27.3절 참조). 또한 뼈는 칼슘과 같은 일부 무기질의 저장고 역할을 하여 혈류로부터 과도한 양을 흡수하거나 혈액 내 농도가 낮을 때는 무기질을 방출한다.

골격계에는 세 가지 유형이 존재한다(**그림 24.29**). (1) **유체골격**(hydrostatic skeleton)은 지렁이, 해파리, 오징어에서 발견되는 것으로 유체로 채워진 강 내에서 생성된 압력은 주변 근육이 움직임을 생성할 수 있도록 충분한 강도를 만들어낸다. (2) **외골격**(exoskeleton)은 동물 몸을 지지하고 보호하는 단단한 외부 덮개이다.

골격계의 유형

유체골격
둘러싸고 있는 근육이 움직임을 생성하기에 충분한 강도를 갖춘 유체로 채워진 강

외골격
동물의 몸을 지지하고 보호하는 견고한 외부 덮개

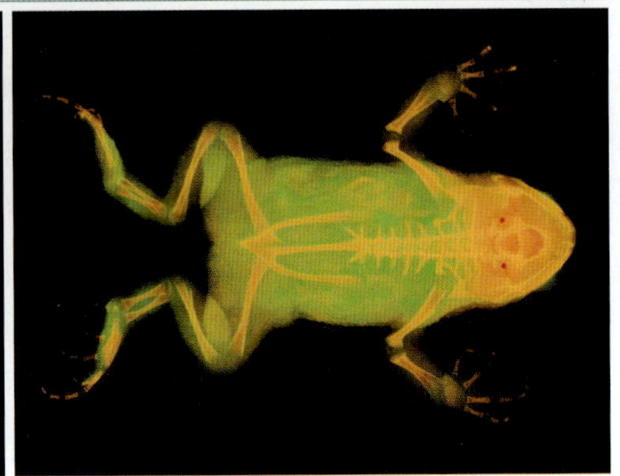

내골격
단단한 무기질화된 조직으로 구성된 내부 지지 구조

그림 24.29 동물의 골격계는 세 가지 유형이 존재한다. 왼쪽에서 오른쪽 순서로 해파리, 바다가재 그리고 두꺼비.

그 예로는 거북이의 껍질, 일부 연체동물의 단단한 칼슘 기반의 덮개, 곤충, 게, 바닷가재와 거미의 다당류 기반의 키틴질 외골격이 있다. (3) **내골격**(endoskeleton)은 극피동물과 사람을 포함한 모든 척추동물에서 발견되는, 단단한 무기질화된 것으로 조직을 지지하는 구조이다.

척추동물 중에서 턱이 없는 물고기와 상어는 연골로 만들어진 유연한 골격을 가지고 있다. 다른 모든 척추동물은 주로 더 단단하지만 여전히 탄력 있는 결합조직 물질인 뼈를 기본으로 하는 골격계를 가지고 있다(21.2절 참조).

척추동물의 골격에서 뼈가 만나는 위치에 따라 여러 유형의 관절이 존재한다. 일부 관절은 어깨, 엉덩이, 무릎, 팔꿈치 관절에서 볼 수 있는 것과 같이 지지를 유지하면서 움직일 수 있다. 또 다른 관절은 척추뼈 사이의 관절처럼 약간의 움직임만이 가능하거나 두개골 뼈 사이의 봉합 연결 관절처럼 전혀 움직일 수가 없다. 관절염은 관절이 손상된 상태이며, 여러 형태의 관절염이 존재한다. 가장 흔한 유형인 골관절염은 보통 연골인 결합조직이 파괴되어 뼈의 완충 작용이 줄고 관절 주변의 조직에 통증을 동반한 염증을 유발할 수 있다.

골격계의 또 다른 유형의 손상은 뼈의 밀도가 감소하고 뼈의 화학적 구성이 변화해서 생기는 질병인 **골다공증**(osteoporosis)이다(**그림 24.30**). 특히 폐경 이후 여성에게 더 흔하게 나타나는 골다공증은 골절과 낙상의 위험을 증가시킨다. 뼈를 강화할 수 있는 칼슘과 비타민 D의 섭취를 늘리는 식이요법과 함께 뼈를 튼튼하게 하고 근육을 강화시키는 운동을 하는 생활습관으로 골다공증과 이에 관련된 위험을 줄일 수 있다.

골다공증

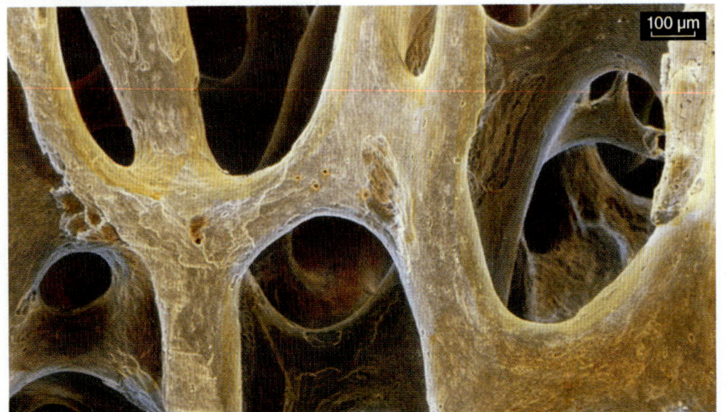

건강한 뼈

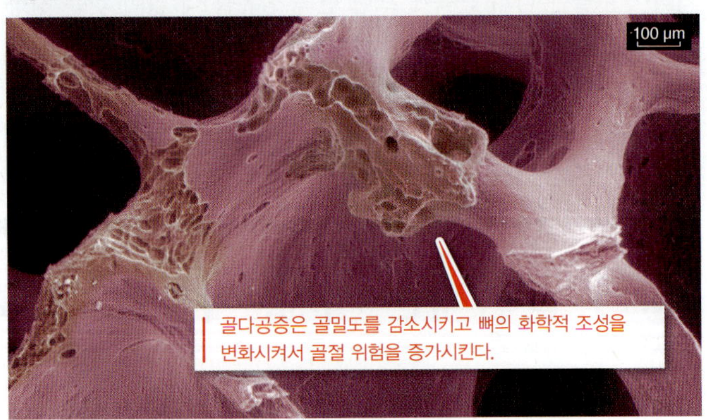

골다공증의 뼈

그림 24.30 골다공증은 뼈를 약화시킨다.

핵심요약 24.15

» 골격계에는 유체골격, 외골격과 내골격의 세 가지 유형이 존재한다. 내골격인 척추동물의 골격계는 움직임을 가능하게 하고 지지와 보호 기능을 한다. 또한, 중요한 혈액과 면역세포를 생성하는 장소를 제공하고 칼슘과 같은 무기질의 저장고로 사용된다.

뇌는 오직 특정 기능을 위한 독특한 구조로 구성되어 있다

▲ 택시 기사는 뇌 구조의 크기 증가를 경험한다.

24.16 뇌는 몇 가지 독특한 영역으로 구성되었다

세포 관점에서, 모든 동물의 뇌는 일반적으로 동일한 방식으로 기능한다. 그 뉴런이 그 뉴런이고 그 뉴런이다. 그러나 이것이 전체 그림은 아니다. 뇌의 각 영역은 서로 다른 축삭과 수상돌기의 분기 양상과 복잡성을 가진 뉴런으로 특징지어지며, 서로 다른 신경전달 물질을 사용한다. 뇌의 이러한 각 영역은 신체의 특정 활동을 조절하는 통제 센터이다.

진화적인 변화는 다양한 신체 구조에 할당된 뇌의 상대적인 양에서 종 사이의 차이를 가져왔다. 이러한 차이는 능력과 행동에 대한 차이로 이어졌다. 예를 들어, 인간은 다른 종보다 대뇌피질에 훨씬 더 많은 뉴런을 가지고 있다. 이러한 뇌 특정 영역에 존재하는(본 장의 후반부에서 더 자세히 다룰 것이다) 여분의 뇌 물질은 추상적 사고, 지각 및 언어를 포함하여 인간에게서 특히 잘 발달한 많은 능력과 관련이 있다. 대조적으로, 쥐의 뇌에는(전체적인 뇌의 크기에 비해) 비정상적으로 많은 수의 후각 뉴런이 존재한다. 이러한 풍부한 후각 뉴런은 쥐에게 음식을 찾는 능력에 필요한 강력한 후각을 제공한다.

이 절과 다음 절에서는 척추동물 뇌의 3개의 주요 영역(후뇌, 중뇌, 전뇌)과 이들이 조절하는 기능에 대해 살펴볼 것이다(**그림 24.31**).

후뇌(Hindbrain) 중추신경계는 뇌와 척수로 구성된다. 척수는 뇌에서 척주(vertabral column)에 의해 보호되는 척추를 통해 아래로 확장된다(척추의 전체 길이는 아님). 일정한 간격으로 척수에서 분기된 축삭 다발은 일부는 근육과 분비선으로 운동 정보를 전달하고, 다른 일부는 감각 정보를 감각에서 뇌로 전달한다. 척수의 상단은 뇌의 시작이다. 여기에서 척수는 후뇌(hindbrain)로 확장된다. 후뇌에 3개의 중요한 구조가 존재한다: **수질, 뇌교, 소뇌.** 이러한 구조는 높은 사고에 관여하지 않기 때문에, 후뇌의 손상은 의식 손상 없이 마비를 가져올 수 있다.

수질과 뇌교. 이 구조를 통과하는 것은 뇌에서 척수로 이동하는 운동뉴런과 신체의 모든 부분에서 뇌로 이동하는 감각뉴런이다. 또한, 수질 내에는 호흡, 심장 박동, 소화와 같은 기본적인 생리 기능을 조절하는 뉴런의 집합체가 존재한다. 결과적으로, 이 구조에 부상이 생기면—1963년에 John F. Kennedy 대통령이 총에 맞았을 때 일어났던 것처럼—거의 사망에 이르게 된다.

소뇌. 이 구조는 수많은 유형의 운동 활동을 조정한다. 소뇌가 제대로 작동하면, 우아한 동작이 가능하다. 많은 복잡한 움직임의 조정이 소뇌에 의해 감독된다. 예를 들면, 뜨개질과 타이핑은 정확한 순서로 실행되어야 하는 넓은 범위의 복잡한 근육 움직임을 수반한다. 일단 학습되면, 이러한 움직임은 "자동 조정 장치"로 실행된다: 소뇌가 지시하므로, 우리는 이러한 활동에 대해 의식적

뇌의 기본 영역

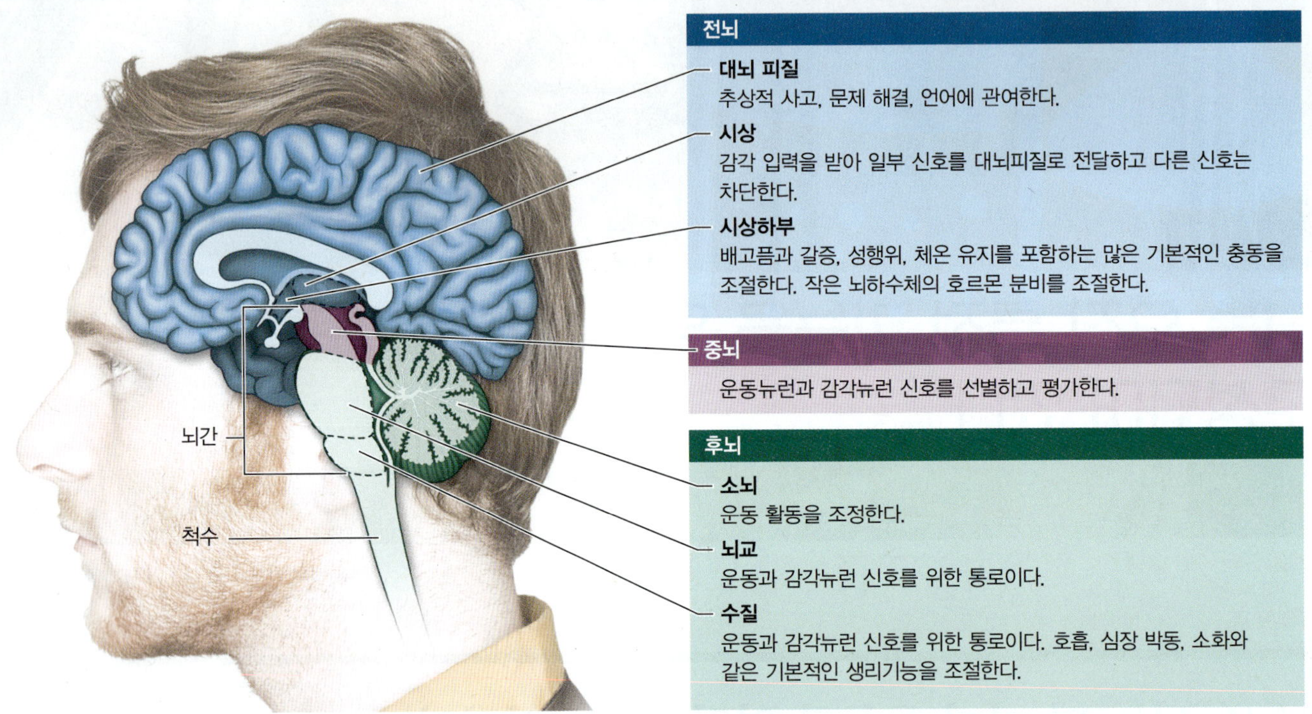

그림 24.31 **뇌는 3개의 주요 영역으로 나뉜다: 전뇌, 중뇌, 후뇌.**

으로 생각할 필요가 없다(**그림 24.32**).

중뇌(midbrain) **중뇌**는 후뇌의 수질과 뇌교와 함께 **뇌간**(brainstem)을 구성한다. 뇌를 통과하는 대부분의 감각 정보와 운동뉴런은 중뇌를 통과하는데, 이는 각 신호의 중요성을 선별하고 평가하는 데 도움이 된다.

전뇌(forebrain) 사람의 경우, **전뇌**는 뇌의 가장 큰 영역이다. 여기에는 대뇌뿐만 아니라 2개의 제어 및 전달 구조인 시상과 시상하부가 포함된다. 대뇌 대부분을 구성하는 대뇌피질은 지각, 기억, 언어, 지능, 및 성격을 포함하는 "고차원적인" 사고로 간주되는 대부분을 담당한다.

시상(thalamus)과 **시상하부**(hypothalamus). **시상**은 뇌의 주요한 배전반의 하나이다. 시상은 어떤 호출을 통과시킬지를 결정하는 행정 보조원처럼, 일부 신호는 대뇌피질로 전달하고 다른 신호는 차단한다. 이 절의 후반부에서 살펴볼 변연계(limbic system)의 일부인 **시상하부**는 뇌의 주요 조절 중추의 하나이다. 이것은 배고픔과 갈증, 성행위, 체온 유지를 포함하는 많은 기본적인 욕구를 조절한다. 또한, 생식과 발달에 중요한 역할을 하는 바로 옆의 작은 뇌하수체의 호르몬 분비를 조절한다.

그림 24.32 **소뇌에 의한 조정.**

> 마음은 그 자체의 장소이며, 그 자체로 지옥의 천국, 천국의 지옥을 만들 수 있다."
>
> — 존 밀턴, 실낙원, 1667

1950년대에, James Olds가 작은 전극을 쥐 뇌의 시상하부에 삽입했을 때, 이 동물은 큰 쾌감을 경험하는 것처럼 보였다. 물론 쥐가 쾌감을 경험하는지 확신하지 못했지만, 쥐가 자극을 얻기 위해 매우 열심히 일한다는 점에 주목함으로써(예를 들면, 매우 복잡한 미로를 배우는 것으로부터), 이것이 사실이라고 가정했다. 쥐가 레버를 누르는 것만으로 뇌에 자극을 줄 수 있도록 장치를 설치했을 때, 쥐는 레버 중독자가 되어 여러 시간 동안 한 시간당 700번 이상 레버를 눌렀다. 심지어 쥐들은 음식을 먹는 것보다 레버를 누르는 것을 선택했으며, 일부 쥐는 먹기 위해 쉬는 대신 레버를 눌러 굶어 죽기도 했다.

뇌가 "쾌감중추" 또는 "반복중추"를 가지고 있다는 발견은 중요한데, 이는 진화적으로 중요한 행동에 참여하도록 동기를 부여할 수 있는 메커니즘을 밝혀냈기 때문이다. 목이 마를 때 물을 마시거나 배고플 때 먹는 것은 이 뇌 영역에 자극을 줘서 생존과 번식에 필수적인 행동을 강화한다.

대뇌피질(cerebral cortex). 사람의 경우, 대뇌피질은 뇌의 가장 정교한 부분이다. 추상적 사고, 문제 해결, 언어 등에 관여하기 때문에, 이 부분은 우리를 다른 동물 종과 구별할 수 있는 특성에 가장 부합하는 뇌 부분이다.

1848년에, Phineas Gage라는 철도 노동자가 비극적인 사고로 고통을 겪고 회복하였는데, 이 사례는 대뇌피질의 기능을 이해하는 데 도움을 주었다. 폭발사고로 약 1.07미터의 쇠막대기가 그의 얼굴, 왼쪽 눈 아래, 머리 앞부분을 지나 두개골 상단을 관통했다. 회복 직후 Gage의 성격은 분명하게 변하였다. 사고 전에 그는 진지하고 근면했으나, 사고 후에는 저속하고 불쾌하고 자제력이 없으며 무책임해졌다. Gage는 그 사건이 있은지 13년 후에 사망하였고 그의 두개골은 보존되었다. 이 두개골에 대한 최근 분석에 따르면, Gage는 전두엽 피질의 일부에 심각한 손상을 받았다.

특정 암으로 인한 것과 같이, 전두엽 피질의 동일한 부분이 손상된 환자에 대한 다른 사례 연구에서 유사한 성격 변화가 관찰되었는데, 환자는 종종 급진적으로 변화된 감정적 반응을 나타내는 것으로 보고되었다.

고도로 주름진 대뇌피질은 단연히 가장 큰 뇌 구조로, 소뇌를 제외한 모든 뇌를 덮고 있다(**그림 24.33**). 대뇌피질은 인간의 뇌 질량의 80~85%를 구성하며, 약 100억 개의 뉴런과 수천억 개의 시냅스가 있다.

뇌는 상당히 대칭적으로 보이지만, 기능은 대칭적으로 나뉘지 않는다. 뇌는 좌반구와 우반구로 나뉘고, **뇌량**이라 불리는 넓고 두꺼운 뉴런 띠로 연결되어 있다. 전부는 아니지만, 대부분 **좌반구**는 언어, 논리 및 수학적 기술을 전문으로 하는 영역이고, **우반구**는 일반적으로 감정, 직관적 사고, 및 예술적 표현을 담당하는 비교적 넓은 영역이다.

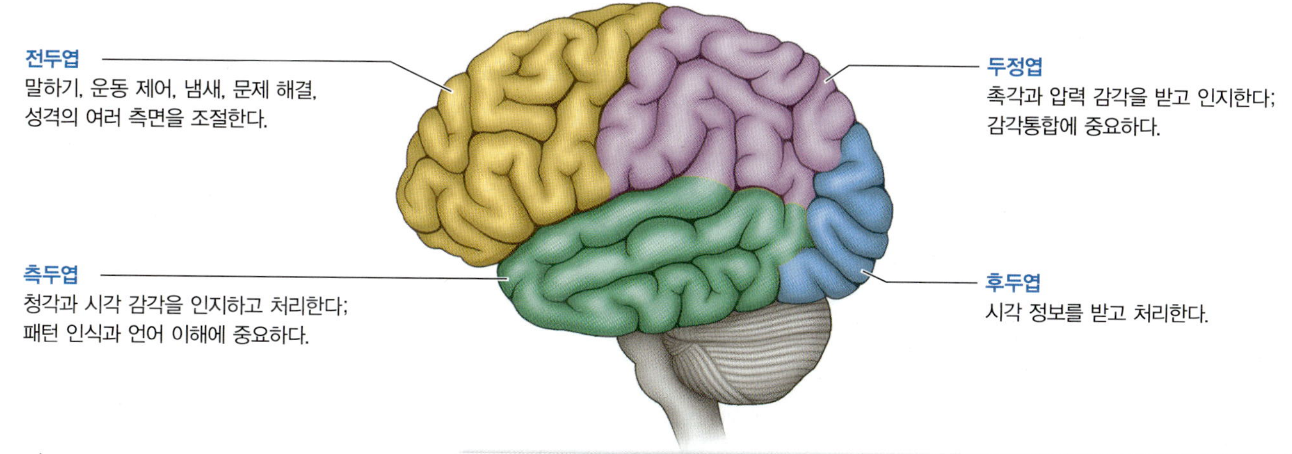

그림 24.33 대뇌피질의 엽.

대뇌피질의 각 반구에는 전두엽, 측두엽, 두정엽, 후두엽의 다른 네 가지의 엽이 있다. 각각의 엽은 특정 기능과 연관되어 있다(그러나 각각에는 다양한 추가 기능을 조절하는 다른 많은 하위 영역도 있다; 그림 24.33 참조).

1. **전두엽**(frontal lobe). 언어 생성, 운동 제어, 냄새 감지, 문제 해결 및 성격의 여러 측면에서 중요하다.

2. **측두엽**(temporal lobe). 청각과 시각 감각을 인지하고 처리한다. 패턴 인식과 언어 이해에도 중요하다.

3. **두정엽**(parietal lobe). 촉각과 압력 감각을 받아들이고 인지한다; 또한 모든 감각으로부터 오는 정보를 통합하여 사물에 대한 단일 인식을 형성하는 과정인 **감각통합**에 있어서 중요하다.

4. **후두엽**(occipital lobe). 시각 정보를 받고 처리한다.

변연계. 전뇌 내, 뇌의 중심 근처에는 **변연계**를 함께 구성하는 일련의 구조가 있다. 변연계는 대뇌피질 일부와 뇌의 중심에 깊이 존재하는 **해마**와 **편도체**를 포함하며, 많은 생리적인 충동과 본능을 담당한다. 동시에, 이 구조는 정서, 학습, 기억에 중요한 역할도 하는데, 이에 대해서는 아래에서 논의할 것이다.

핵심요약 24.16

» 뇌는 세 가지의 독특한 영역을 가진다. 후뇌는 기본적인 생리 기능을 조절하고, 수많은 종류의 운동 활동을 조정한다. 중뇌는 감각 정보와 운동 정보의 중요성을 선별하고 평가하는 것을 돕는다. 전뇌는 사람의 경우 뇌에서 가장 큰 영역으로, 지각, 기억, 언어, 지능, 개성을 포함하는, "고차원적인" 사고의 대부분을 담당한다.

24.17 특정 뇌 영역은 학습, 언어 기억의 처리에 관여한다

인간의 뇌는 무수히 많은 놀라운 일을 할 수 있다. 복잡한 언어의 사용과 함께 학습과 기억은 이러한 기능 중 가장 정교하고 불가사의한 것 중 하나이다.

언어 언어란 정확히 무엇인가? 가장 광범위한 해석에 따르면, **언어**는 단순히 모든 종의 개체 간 의사소통 수단이다. 사람의 경우, 언어는 가장 복잡한 수준으로 진화했다. 단어와 문장을 통해 우리는 단순한 정보뿐만 아니라 다른 종에서는 보기 힘든 공간이나 시간 면에서 멀리 떨어진 주제와 사건에 대한 복잡한 사고를 전달할 수 있다.

몇 가지 독특한 뇌 구조, 특히 2개의 뇌 구조는 언어의 습득과 사용에 필수적이다. 하나는 단어와 의미를 연결하는 것을 포함하여 말을 이해하는 데 필요하다(**그림 24.34**). 왼쪽 측두엽에 있는 이 영역을 **베르니케 영역**이라 한다. 베르니케 영역에 손상을 받은 사람(뇌졸중이나 머리 부상)은 들은 것을 반복할 때처럼 소리를 정확하게 낼 수 있지만, 말하는 것을 이해하지 못하고 단지 횡설수설하게 말한다. 마치 단어와 의미를 연결하는 능력을 잃어버린 것 같다. 두 번째 구조인 **브로카 영역**은 실제로 말하는 데 관련된 근육을 조절한다. 이것은 왼쪽 전두엽의 앞 부분에 위치한다.

흥미롭게도, 여성은 남성보다 뇌졸중 후 말하는 능력의 회복 가능성이 훨씬 더 크다. 이는 평균적으로 여성이 뇌의 좌우 반구를 연결하는 섬유 띠인 뇌량이 더 두껍다는 사실과 관련이 있을 수 있다. 더 두꺼운 뇌량은 뇌졸중으로 뇌조직이 손상된 후 언어 기능을 뇌의 다른 부분이 인수하는 능력을 촉진할 수 있다.

Q 남성과 여성 중 누가 뇌졸중 이후에 언어 회복 가능성이 더 좋을까? 왜 그럴까?

최근의 또 다른 발견은 아이들은 모든 언어를 배우려는 경향이 있음을 시사하고 있다. 수화만 사용하는 부모에 의해 양육된 아이들을 대상으로 한 연구에서 아이들을 관찰한 결과, 유아는 손으로 "옹알이"를 한다는 사실이 밝혀졌다(**그림 24.35**). 말을 하는 부모와 함께 있는 생후 6개월에서 1살의 아기가 말이 안 되는 단어를 조합하기 시작하는 것처럼, 수화하는 부모의 아기는 자기 손을 사용해서 수화의 파편을 만든다. 말하는 부모의 아기들은 그러한 손으로 옹알이하는 모습을 보이지 않았다.

학습과 기억은 언어보다 많이 이해되지 않았다. 여전히 우리가 배우고 기억할 때, 뉴런에서 특정 세포 변화가 일어나는 것 같다는 정도이다. 변연계의 부분인 편도체와 해마는 기억을 저장하는 데 중요하다. 편도체는 정서적 감정과 감각 입력을 기억과 연관시키는 것 같다(그림 24.34 참조). 예를 들면, 이것이 특정 냄새나 맛이 기억을 불러일으키는 이유이다. 또한, 해마는 기억의 저장과 인출뿐만 아니라, 전화번호나 방금 만난 사람의 이름과 같이 뇌에

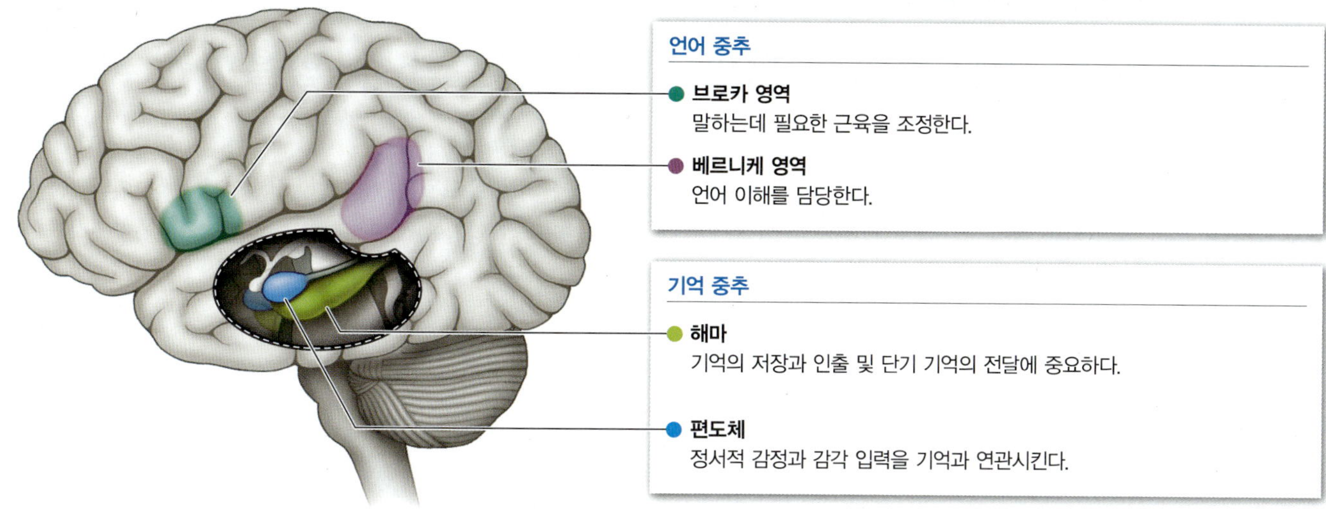

그림 24.34 언어와 학습에 관련된 뇌 영역.

그림 24.35 손으로 하는 옹알이.

잠깐 저장된 단기 기억이나, 며칠, 몇 년, 심지어 수십 년 후에도 회상할 수 있는 장기 기억의 전달에도 중요하다. 감각의 기억과 연합도 대뇌피질의 많은 부분에 저장된다.

사람만 강력한 기억력을 독점하는 것은 아니다. 예를 들면, 가을마다 붉은 다람쥐는 3,000개 이상의 도토리와 기타 견과류를 숨길 수 있다. 겨울이 오면, 다람쥐는 숨겨 놓은 견과류 80% 이상의 위치를 기억하고서 이를 찾아 먹을 수 있다. 유사하게 블랙캡 박새(black-capped chickadee)와 같은 새들은 겨울을 나기 위해 많은 양의 견과류를 저장한다. 이러한 새들의 신경학적인 변화를 조사한 연구자들은 새들이 저장된 견과류에 더 이상 의존할 필요가 없는 봄보다 견과류를 숨긴 모든 장소를 기억해야 하는 가을에 해마가 훨씬 더 크다는 것을 발견했다.

학습 및 기억을 형성하는 과정에서, 세포 수준의 뉴런에는 무슨 일이 일어날까? 뉴런에서 반복적인 활동전위가 발생하면 시냅스에서 변화가 일어난다. 일반적으로 두 종류의 변화가 일어나는데, 하나는 **장기 저하**이고, 다른 하나는 **장기 강화**이다. 각각에서 신경전달 물질이 시냅스전 막에서 반복적으로 배출되면서 인접한 뉴런은 활동전위를 일으켜 반응할 뿐 아니라, 활동전위로 미래 자극에 반응할 가능성을 줄이거나(장기 저하), 늘여서(장기 강화) 반응한다. 그것이 학습을 구성하는 것이다: 미래의 반응은 과거의 경험에 의해 수정된다. 이것은 개인이 무언가를 점점 더 잘하게 될 때 학습의 가장 단순한 형태가 반복적인 시도에서 나온다는 것을 고려해 보면 이해가 된다.

핵심요약 24.17

» 학습, 기억 및 복잡한 언어의 사용은 뇌의 가장 정교한 기능 중 하나이다. 좌측 전두엽과 좌측 측두엽은 언어를 담당하고, 편도체와 해마는 학습과 기억을 담당한다.

24.18 고강도의 인지 훈련이 뇌의 성장을 유도할 수 있을까?

"사용하지 않으면 잃어버린다." 역도 선수들은 근육에 대해 자주 이렇게 말한다. 우리 뇌의 기억 형성 요소에도 적용할 수 있을까? 과학자들은 유아기에 발달이 완료되면 새로운 뉴런이 인간의 뇌에 추가되지 않는다고 수년 동안 믿어 왔다. 이것은 대체로 사실이지만, 최근의 실험 연구는 해마의 일부가 예외임을 보여준다.

기능적 자기공명영상(fMRI)이라 불리는 뇌 정밀 촬영은 다양한 뇌 구조의 크기와 활동을 시각화할 수 있다. 연구자들은 이러한 스캐닝 기술을 사용하여 개인의 뇌가 시시각각 어떻게 변하는지 조사하였다. 그들은 많은 과학자가 하는 것처럼 흥미로운 질문으로 시작하였다: **환경 자극이 뇌의 능력을 향상할 수 있을까?** 이것은 중요한 질문이지만, 신중하게 통제된 단일 실험에서 다루기에는 너무 일반적이다.

실제 상황에서 이 질문에 답하기 위한 설정을 어떻게 구성할 수 있을까?

연구자는 이러한 광범위한 질문을 보다 검증 가능하게 개선했다: **방대하고 복잡한 지식을 습득하고 숙달하면 측정이 가능할 정도로 뇌 구조가 변화하는가?** 그들은 연구에 적합한 인구 집단을 선별하였다: 런던 택시 기사. 런던에서 택시 기사 면허를 취득하려면 센트럴 기차역에서 반경 10 km 이내의 25,000개 이상의 도로 배치를 완전히 익혀야 한다. 이를 "지식" 습득이라 하는데, 일반적으로 약 4년이 걸리며, 이 기간 동안 훈련생은 일련의 엄격한 시험을 통과해야 한다. 훈련생 중 50~60%가 면허를 취득하지 못한다.

뇌 구조를 측정하기 위한 fMRI와 흥미로운 비교 집단(택시 기사와 일반인)을 이용하여 연구자들은 흥미진진한 발견을 할 수 있었다. 해마 후면부가 일반인보다 택시 기사에서 유의미하게 더 컸다. (그리고 그 크기가 택시 기사가 이 직업을 가진 햇수와 양에 따른 상관관계가 있었다.)

택시를 운전하지 않는 사람들이 이러한 결과에 관심을 가지는 이유는 무엇인가?

이 발견은 택시 기사가 런던 거리를 탐색하고 학습하는 것처럼 지식을 학습하면 해마 후반부의 더 많은 수요로 인해 새로운 뉴런이 생성된다는 가설과 일치했다. 게다가, 뇌의 지속적인 구조의 변화가 행동에 의해 유도될 수 있다면, 질병이나 부상 후의 재활뿐만 아니라, 다양한 영역에서 교육적인 이용이 가능한 지속적인 이점이 될 수 있다.

이 결론을 얼마나 신뢰할 수 있을까?

많은 사람이 택시 기사 연구에서 광범위 결론을 도출하는 데 신중하였다. 특히 한 가지 문제는 회의를 불러일으켰다. 이 연구 결과는 대립 가설과도 일치한다. 아마도 택시 운전이 해마를 더 크게 만들지 않았을 수도 있다. 대신 사람들마다 해마 후면부의 크기가 선천적으로 다르고, 더 큰 해마를 가진 사람들이 단순히 성공적인 택시 기사가 되었을 수도 있다.

종단 연구(longitudinal study)는 택시 기사가 더 큰 해마 후면부를 가지고 있는 이유에 대한 불확실성을 어떻게 해결하였는가?

종단 연구로 알려진 실험적 접근 방식은 이러한 불확실성을 해결할 수 있다. 택시 기사가 되기 위해 훈련을 받은 개인을 연구하여 지식을 습득하기 전과 후에 해마 후면부의 크기를 측정할 수 있다.

지식의 습득 결과로 해마 후면부 크기가 **증가한다면**, 뇌의 변화가 행동에 의해 유도될 수 있다는 가설을 지지할 수 있다. 만일 지식 습득에 의해 해면 후면부의 크기가 **증가하지 않는다면**, 일부 사람들은 더 큰 해마를 가지고 있고 이러한 사람들이 택시 기사로 성공할 경향이 있다는 가설을 뒷받침할 수 있다.

분명히, 종단 연구는 초기 접근보다 더 유용하다. 그렇다면 초기에 왜 "횡단" 연구가 수행되었는가?

이 질문에 짧게 답할 수 있다: 더 빠르고, 더 쉽고, 더 저렴하기 때문이다. 그러나 초기 실험으로부터 얻은 결과가 긍정적이지만 애매모호하였으므로, 연구자들은 런던 택시 기사가 되기 위해 훈련을 받는 79명(훈련을 받지 않는 31명의 대조군 참가자도 포함)을 대상으로 종단 연구를 설계하고 수행하기로 결정했다.

각 참가자에 대해서, 연구자들은 기억 평가를 포함하여 여러 측정값을 기록하였다. 그들은 또한 fMRI를 사용하여 각 개인의 해마 회백질의 부피를 측정하였다. 그들은 두 시점에서 이러한 자료를 수집했다: T1은 훈련을 시작하는 시점이고, T2는 4년 후 면허 자격을 취득한 직후였다.

종단 연구의 어떤 측면이 이전의 횡단 연구보다 수행하기 더 어려웠나?

원래 79명의 훈련생 중 59명이 훈련 후 T2 측정을 위해 돌아왔다: 면허를 취득한 사람이 39명, 그렇지 않은 사람이 20명이었다. T2 측정을 위해 돌아오지 않은 20명의 원래 참가자 중 20명은 자격을 얻었고, 나머지 18명은 교육을 완료하지 않았다. 대조군의 31명 모두는 T2 측정을 위해 돌아왔다.

훈련생의 면허 시험 성적에 따라 세 그룹으로 나눌 수 있다: 그룹 Q, 면허 자격이 있는 훈련생; 그룹 F, 면허 자격에 실패한 훈련생; 그룹 C, 훈련을 받지 않은 대조군.

세 그룹 사이에서는 훈련 시작 전에 해마 크기의 차이를 보이지 않았다. 다시 말해, 그룹은 동등한 조건에서 출발했다. 그러나 T2에서, 종단 연구로부터 일부 결정적이고 극적인 결과들이 분명하게 나타났다.

1. 면허를 취득한 그룹 Q는 T1보다 T2에서 더 큰 부피의 해마 후면부를 가지고 있었다(이는 T2 시점에서 그룹 F와 C의 참가자보다 훨씬 더 큰 부피였다).
2. 그룹 F와 C의 참가자들은 T1의 해마 후면부 부피와 비교해 T2의 부피에 어떠한 변화도 보이지 않았다.

추가적으로, 면허를 취득한 훈련생들(Q)은 면허를 취득하지 못한 훈련생(F)보다 주당 평균 2배나 많은 시간을 훈련하는 데 보낸 것이 발견되었다. 또한, 면허 취득자는 그룹 F와 C(서로 다르지 않음)보다 T2의 공간 기억 검사에서 유의하게 더 높은 점수를 받았다.

방대한 지식을 획득하는 일이 해마 크기에 미치는 영향은 그래프를 그렸을 때 아주 명백해진다.

이러한 결과로부터 어떤 결론을 내릴 수 있는가?

종단 연구를 기반으로 하여, 연구자들은 지식 습득이 해마 후면부의 크기 증가 및 기억 평가에 더 나은 수행 능력과 관련이 있다는 결론에 확신을 가지게 되었다. 또한, 연구자들은 "성인의 특이적이고 지속적인 뇌의 구조적 변화는 공간 기억과 같은 더 높은 인지 기능과 관련된 행동에 의해 유도될 수 있다"라는 보다 더 일반적인 결론이 타당하다고 판단하였다. 그리고 교육 및 임상에서 기억력 향상 훈련이 가능하다고 추측하였다.

연구자들은 또한 은퇴한 택시 기사의 해마 후면부 부피와 기억 평가 수행 능력이 일반인들처럼 "정상화"되었다고 보고하였다. 즉, 택시 기사가 아닌 사람들과 구분할 수 없게 되었다는 것이다. 이것이 놀라운가? 왜인가?

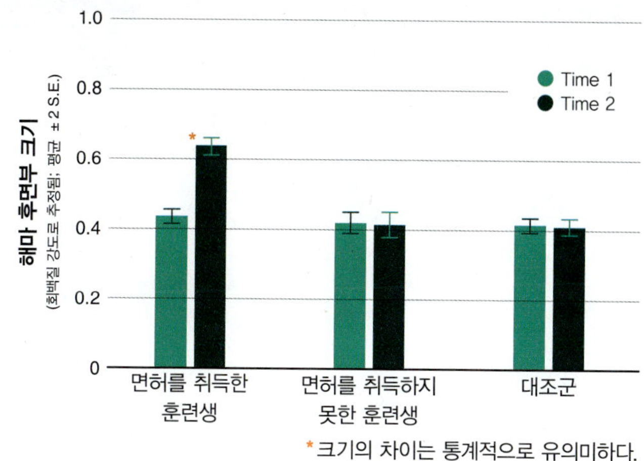

*크기의 차이는 통계적으로 유의미하다.

도표로 배우기
데이터의 시각적 표현을 비판적으로 살펴보기
이 그림을 더 자세히 살펴보려면 이 장의 끝을 보시오.

생각하기, 짝과 나누기

수업 수강생 중 한 명과 짝을 만드시오. 다음의 질문을 읽고 답에 대하여 60초 동안 조용히 생각하시오. 이후 5분 동안 토론을 하고 자신의 답을 공유할 수 있게 준비하시오.

- 종단 연구에서 측정된 택시 기사들의 해마 부피의 변화에 대해 다르게 설명할 수 있는가?
- 지식 습득이 해마 부피에 어떤 영향을 미치는지 보여주기 위해 일정 시간 동안 조사할 수 있는 다른 전문가들로 어떤 좋은 그룹이 있을까?

핵심요약 24.18

» 횡단 연구가 종단 연구보다 빠르고 쉽고 저렴하지만, 그럼에도 종단 연구는 시간이 지남에 따른 변수를 관찰할 때에 유용한 연구 기법이다.

약물은 쾌감 경로를 가로챈다

▲ 1955년 파리에서 프랑스 시인 Jacques Prévert가 그의 뇌 시냅스 활동을 회복하는 데 시간을 보내고 있다.

24.19 신경계는 화학물질에 속을 수 있다

뇌의 보상 중추를 자극하면 동물은 일정한 방식으로 행동하게 된다. 우리는 특정 목적을 위해 이런 식으로 만들어졌다: 진화적 적합성에 중요한 방식으로 행동할 때, 우리의 뇌는 도파민과 같은 신경전달 물질을 배출한다. 그러한 신경전달 물질에 노출되면, 우리의 쾌감 중추는 행복감을 만들어낸다. 그리고 그 행복감은 우리가 그 감정이 사라지면 다시 그 감정을 찾도록 자극한다. 보통 이러한 체계는 잘 작동한다.

우리 뇌의 신호 체계는 속을 수 있다. 오락을 위해서이든 치료를 위해서이든 상관없이 자연에서 발견되거나 실험실에서 만들어지는 약물은 신경전달 물질을 모방하여 작용할 수 있다. 우리가 쾌감을 유발하는 약물을 복용할 때, 뇌는 마치 적절하게 배출된 신경전달 물질이 시스템에 넘쳐나는 것과 같은 감각을 경험한다. 뇌는 이러한 인위적으로 고조된 것을 자연적으로 고조된 것과 구별할 수 없다. 약물이 신경계에 영향을 미칠 수 있는 여러 가지 방법이 존재한다.

코카인 약간의 코카인을 코로 흡입하면, 혈액뇌장벽을 넘어 뇌의 쾌감 중추에 빠르게 도달한다. 일단 도착하면, 코카인은 시냅스 간극에서부터 정상적으로 도파민을 재흡수하는 시냅스전 막의 결합 부위에 결합한다(원래 도파민을 배출하는 세포가 시냅스 간극에서부터 정상적으로 도파민을 다시 재흡수한다). 이렇게 재흡수 부위가 약물에 의해 차단되는 동안, 해당 뉴런에서 배출된 도파민은 시냅스 간극에 남아 시냅스후 세포를 반복적으로 자극하여 쾌감 중추에서 지속적인 활성을 일으킨다(그림 24.36).

프로작(Prozac)과 졸로프트(Zoloft) 항우울제는 코카인과 거의 동일한 기작으로 작용한다. 도파민 외에 뇌의 쾌감 중추에서 중요한 또 다른 신경전달 물질은 세로토닌이다. 항우울제인 프로작과 졸로프트는 세로토닌을 배출하는 시냅스전 세포에서 세로토닌이 재흡수 및 재활용되는 것을 차단하여 효과를 지속시킨다(그림 24.36 참조). 이 때문에 이러한 약물을 **선택적 세로토닌 재흡수 억제제**(SSRIs)라고 부른다. 결과적으로, 이러한 약물을 복용하는 사람들은 시냅스 간극에 오래 남아 있는 세로토닌 때문에 일반적으로 상승된 기분을 경험한다.

모르핀과 헤로인 엔돌핀(endorphin)은 우리 몸의 천연 진통제이다. 뇌에서 생산되는 엔돌핀은 몸 전체에서 오는 통증 신호를 차단한다. 싸움으로 중상을 입었거나 하프 마라톤에서 12마일에 도달한 경우와 같이 극심한 스트레스를 받는 다양한 상황에서 신체는 엔돌핀을 배출하여 반응한다.

아편제인 모르핀과 헤로인은 엔돌핀을 모방하여 엔돌핀 수용체 결합 부위에 결합한다. 과량으로 복용하면 아편류 사용자는 이러

재흡수 억제제

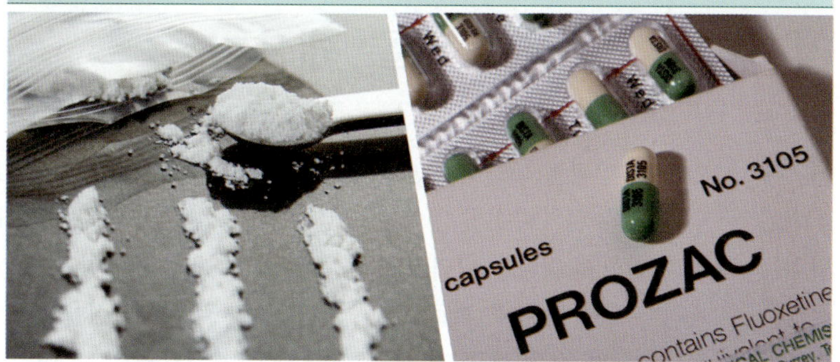

코카인 및 프로작 같은 재흡수 억제제는 시냅스에서 신경전달 물질의 지속적인 작용을 유발한다. 코카인은 도파민의 재흡수를 억제하는 반면, 프로작은 세로토닌의 재흡수를 억제한다.

혈관

약물 분자

뇌의 뉴런

1 약물 복용 후 혈액뇌장벽을 지나 뇌의 쾌감 중추에 빠르게 도달한다.

2 신경전달 물질이 배출되었다가 나중에 정상적으로 재흡수되는 시냅스전 막의 결합 부위에 약물이 결합한다.

3 재흡수 부위가 약물에 의해 차단됨에 따라 뉴런에 의해 이전에 배출된 신경전달 물질이 시냅스 간극에 남는다.

4 신경전달 물질이 반복적으로 시냅스후 세포를 자극하고 뇌의 쾌감 중추에서 지속적인 활성을 일으킨다.

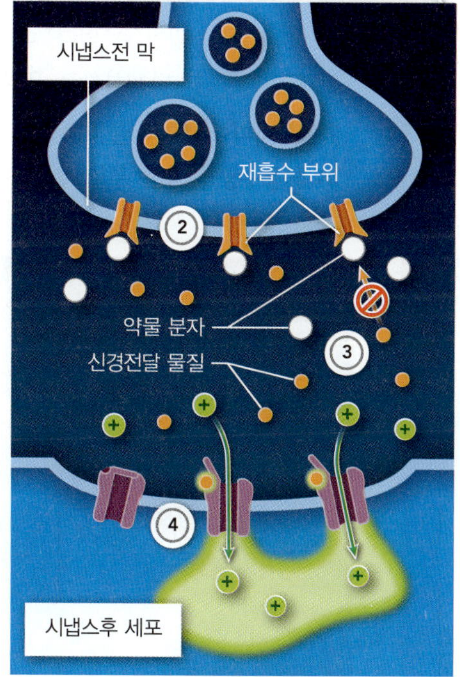

그림 24.36 지속되는 쾌감.

한 쾌감 화합물의 자연 공급으로 가능한 어떤 것보다 훨씬 더 강렬한 행복감에 의해서 스스로에게 **"엔돌핀 쇄도"**를 줄 수 있다. 그러나 헤로인 사용으로 인한 호흡 저하가 빠르게 발생할 수 있으며, 과량 복용하면 치명적일 수 있다.

니코틴 가장 일반적으로 사용되는 약물의 하나가 니코틴이다. 혈류로 들어간 직후, 니코틴은 신체의 가장 흔하고 중요한 신경전달 물질 중 하나인 아세틸콜린을 모방하기 시작한다. 아세틸콜린 수용체에 대한 니코틴의 결합에 속아 세포는 아드레날린과 쾌감을 유발하는 도파민 같은 기타 자극 화학물질을 배출한다. 니코틴은 이러한 화학물질의 빠른 상승 후 빠른 고갈을 유발하여 흡연자를 잠시 행복하게 하지만 곧이어 담배에 대한 갈망을 남긴다.

위에서 언급한 것과 같은 약물을 먹으면, 신체는 특정 신경전달 물질이 평소보다 많다는 인식에 이에 곧바로 반응한다. 일반적으로 그 반응은 약물에 대한 민감성의 감소이다. 내성이 불가피하지만, 그 정도와 결과는 약물 유형에 따라 다양하다. 한 연구에서, 지원자들에게 매일 균일한 용량의 헤로인을 주사하고서 행복감 정도를 조사하였다. 처음에 이들은 황홀해 하였으나 이들의 몸은 헤로인과 결합하는 수용체의 수를 줄이는 것으로 반응하였다. 수용체가 점점 줄어들면서 황홀한 헤로인 효과는 단 3주 만에 거의 0으로 떨어졌다. 유사한 변화가 카페인, 니코틴 또는 알코올 사용에 반응하여 일어난다.

인간의 약물 중독과 의존은 유전자에 따라 차이가 있을까? 최근 결과에 따르면, 적어도 사람이 가지고 있는 대립유전자의 영향을 받을 수 있음을 시사한다. 283명을 대상으로 한 연구에서 흡연자의 3분의 1이 비흡연자는 거의 아무도 가지고 있지 않은 중요한 유전자의 대립유전자를 가지고 있었다. DRD4로 명명된 이 유전자는 쾌감 중추가 도파민에 반응하게 하는 수용체를 암호화한다. 약물 의존성에 관한 이 연구와 관련된 DRD4 유전자의 대립유전자는 9장의 후반부에 있는 생활 속 과학에서 논의한 것과 동일하며, 이 유전자는 위험 회피와 자극 추구 행동과 관련된 다양한 성격 특성에 영향을 미치는 것으로 보인다.

Q 유전자가 당신이 위험을 감수하도록 유도할 수 있을까?

핵심요약 24.19

» 우리 뇌의 신호 체계는 신경전달 물질을 모방하는 약물에 의해 속을 수 있다. 코카인, 프로작, 헤로인, 니코틴을 포함한 약물은 쾌감을 줄 수 있으며, 우울증을 줄이고 통증을 차단할 수 있지만, 일부 심각한 건강상 위험을 수반한다.

24.20 뇌는 잠이 필요할 때 느려진다. 카페인은 뇌를 깨운다

카페인은 거의 모든 동물에 강력한 효과를 가지고 있다. 예를 들어, 모든 쥐가 최종적으로 미로를 통과하도록 훈련될 수 있지만, 일부 쥐들은 빨리 배우는 반면 다른 일부 쥐들은 미로를 달리는 교정 수업을 받으면서 시들해진다. 그러나 이들 모두의 공통점은 미로 수업을 하기 전에 카페인을 섭취하면 해결책을 더 빨리 배우고 더 잘 기억한다는 것이다.

> 커피가 아니었다면 나는 전혀 개성이 없었을 것이다."
>
> — 데이비드 레터맨

카페인이 이러한 마법을 어떻게 부렸을까? 우리가 깨어 있는 동안, 뇌는 열심히 작동하면서 섭취한 에너지의 약 20%를 소비한다. 그러나 달리는 자동차가 배기 가스를 생성하는 것과 마찬가지로, 이러한 모든 뉴런 활동은 세포 폐기물을 축적하게 된다. 뉴런의 "배기 가스"는 아데노신이라는 분자를 포함한 다양한 분자의 형태를 취한다. 세포가 아데노신을 배출하면 주변 세포, 특히 뇌간의 세포에 있는 아데노신 수용체에 결합한다. 아데노신 한 분자가 아데노신 수용체와 결합하면 뉴런이 활동전위를 일으킬 가능성은 줄어든다. 결과적으로, 하루종일 아데노신 생산이 계속되면서 점점 더 많은 뉴런의 수용체가 아데노신으로 채워지고 뇌의 뉴런은 아무리 강하게 자극을 받더라도 활동전위를 일으킬 가능성이 줄어든다. 우리는 이것을 피로로 받아들인다. 이후 우리가 잠을 자면, 아데노신과 같은 세포 폐기물은 재흡수되어 재활용된다. 깨어났을 때, 우리는 말 그대로 머리가 맑아져서 기분이 좋아진다.

카페인은 활동을 줄이고 수면을 취하라는 메시지를 차단하는 효과가 있다. 우리가 섭취한 카페인은 뇌로 빠르게 순환되고, 일단 뇌로 이동하면 세포 주변으로 확산된다. 카페인 분자의 모양이 아데노신 분자와 유사하기 때문에, 카페인은 아데노신과 결합할 일부 수용체와 순식간에 결합한다(**그림 24.37**). 그러나 카페인은 아데노신과 동일한 효과는 없다. 카페인과 결합한 아데노신 수용체는 활동전위를 띤 다른 자극에 반응하려는 뉴런의 경향을 아데노신과의 결합처럼 감소시키지 않는다. 따라서 많은 아데노신 수용체가 카페인으로 차단될 때, 아데노신은 우리가 잠을 자야 한다는 메시지를 전달할 수 없다. 대신 카페인이 정상적인 수면 신호 체계 중 하나를 방해하므로 우리는 놀라울 정도로 긴장을 느낀다.

카페인의 작용 방법

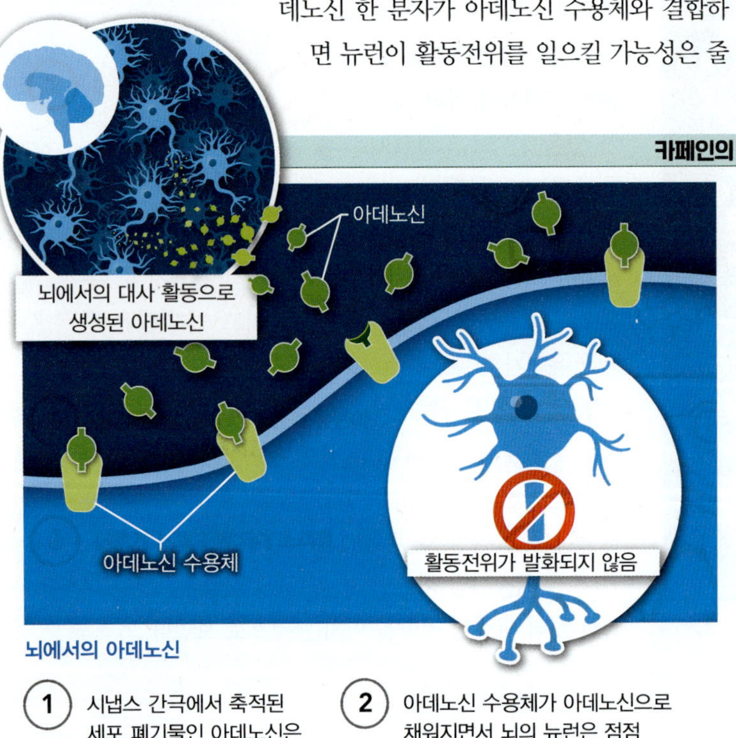

그림 24.37 카페인이 피로감을 줄이는 메커니즘.

놀랍게도, 카페인은 대부분 사람에게 안전한 것처럼 보인다. 부작용에 대한 상당한 조사도 있지만, 적당량의 카페인 섭취가 간헐적인 신경과민 이상의 위험을 증가시킨다는 명백한 증거는 없다. 건강한 사람의 경우, 심장이나 폐, 신장에서의 병, 심지어는 암에 대한 위험이 증가하지 않는 것으로 보인다.

핵심요약 24.20

» 정상적인 뉴런 활동은 세포 폐기물의 축적을 가져온다. 이 중 하나인 아데노신은 주변 뉴런의 아데노신 수용체를 채우고, 뉴런이 활동전위를 유발할 가능성을 감소시켜 피로를 가져온다. 카페인은 아데노신 수용체와 결합하지만, 활동전위의 유발 가능성을 줄이지 않기 때문에 피로를 유도하는 아데노신의 메시지가 차단된다.

24.21 알코올은 다양한 신경전달 물질을 방해한다

지금까지, 우리는 약물이 뉴런이 정상적으로 사용하는 신경전달 물질을 모방하여 뇌 기능을 자주 변경할 수 있다는 것을 살펴보았다. 특정 약물이 모방하는 신경전달 물질을 알고 있으면, 이들의 특정 효과는 잘 예측될 수 있다.

그러나 특정 약물이 모든 사람에게 보편적이고, 많은 다른 신경전달 물질과 충분히 유사하다면 무슨 일이 일어날까? 알코올의 경우가 그렇다. 즉, 알코올 음료의 "알코올" 분자인 에탄올이 그러한 경우이다(그림 24.38).

1. 알코올은 뉴런을 "이완"하여 우리를 느려지게 한다. 알코올은 뇌의 주요 흥분성 신경전달 물질 중 하나인 글루탐산 수용체를 차단하여 반응 시간을 느리게 하고 말을 어눌하게 한다. 또한, 더욱 심각한 효과를 준다: 글루탐산 수용체가 차단되면, 많은 동물은 학습도 할 수 없다.
2. 알코올은 기분 좋은 흥분을 유도한다. 알코올은 훨씬 약하긴 하지만 코카인처럼 작용해서, 시냅스에서 도파민 재흡수를 차단하고 뇌의 보상 중추에서 자극을 증가시킨다.
3. 알코올은 통증을 차단한다. 알코올은 통증 신호를 차단하는 신경전달 물질인 엔돌핀의 배출을 자극하여 "달리기 쾌감(runner's high)"이라 불리는 것과 같은 느낌을 유발한다. 이 점에서 모르핀이나 헤로인과 비슷하지만, 알코올은 훨씬 적은 정도로 신체로 하여금 약간의 아편제와 비슷한 흥분을 생성하도록 자극한다.
4. 알코올은 우리 몸에 남아 있는 동안 우리를 더 행복하게 만든다. 프로작과 마찬가지로, 알코올은 세로토닌 수용체의 효율성을 수정하고 증가시킨다. 흥미롭게도, 알코올을 아주 좋아하도록 사육된 쥐는 정상 쥐보다 세로토닌 수치가 낮은 것으로 나타났다. 알코올을 찾는 동물은 부족한 세로토닌 자극을 알코올 효과를 통해 보충하려고 한다.

대부분 사람의 경우에서, 적당한 알코올 섭취는 기분 좋은 일이며 심각한 건강상 위험을 주지 않는다. 그러나 일부 사람에게서

그림 24.38 알코올은 여러 신경전달 물질을 흉내내어 그와 유사한 결과를 보인다.

알코올 남용과 알코올 중독은 심각한 문제를 일으킬 수 있다. 거의 1,400만 명의 미국인이 알코올을 남용하고 있으며, 그 결과는 심각할 수 있다. 알코올을 다량 또는 장기간 섭취하면 몸에 해로운 다양한 생리적 영향을 미친다. 여기에는 일부 유형의 암과 간 질환(간은 소비된 모든 에탄올 분자를 대사하고 해독해야 하기 때문)에 대한 위험 증가와 임신 중 태아에 해를 끼칠 가능성 증가, 위험한 성행위 및 기타 행동에 참여할 가능성 증가, 자동차 충돌 사고의 위험 증가 등이 포함된다.

핵심요약 24.21

» 알코올은 글루탐산, 엔돌핀, 도파민 및 세로토닌을 포함한 여러 신경전달 물질의 기능에 영향을 주어 반응 시간을 늦추고, 말을 어눌하게 만들며, 통증을 차단하고, 만족감을 증가시킨다.

사실인가 허위인가? "우리는 뇌의 10%만 사용한다!"

Q: 글쎄, 그런가? 단순히 어리석은 것 외에, 이 널리 퍼진 신화는 완전히 거짓이다. 그러나 이는 몇 가지 합리적인 질문을 던진다. 읽어보자.

Q: 뇌 활동을 어떻게 측정할 수 있을까? 뇌 영상 기술은 뇌가 기능할 때 뇌의 사진을 찍을 수 있다; 뇌의 다양한 영역에서 증가한 신진대사에 기반하여 활성 패턴을 나타낸다. fMRI(기능적 자기공명영상) 스캔에서 거대한 자기장은 뇌의 여러 부분에서 산소가 함유된 혈액과 산소가 함유되지 않은 혈액의 상대적인 양을 감지한다. 뇌 일부가 활성화되면 더 많은 혈액이 해당 부위로 흘러 들어가고 민감한 자기장이 그러한 변화를 감지할 수 있다.

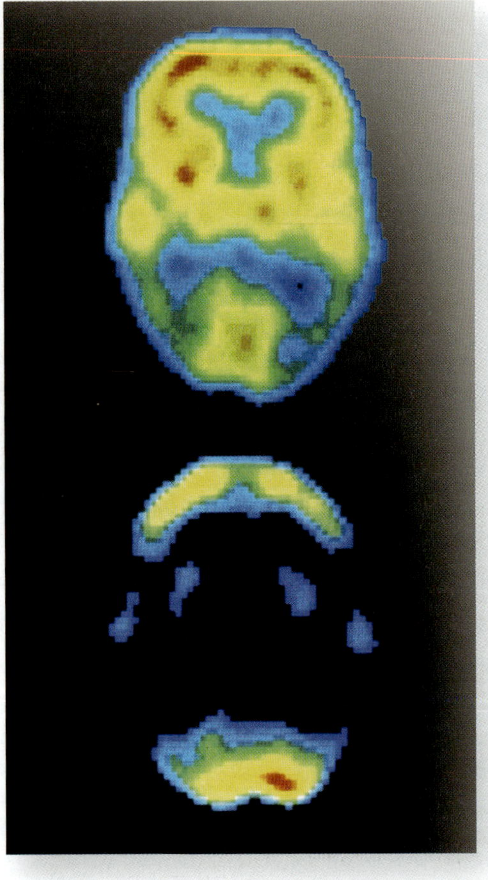

Q: 그렇다면 이 스캔은 무엇을 보여주는가? 우리는 뇌의 특정 영역을 다른 영역보다 더 많이 사용하는가? 정신적인 일이나 물리적인 감각은 뇌의 특정 부위를 사용해야 하는가? 최근 연구 결과는 다음과 같다:

좋아하는 음식을 보면 뇌의 보상 중추가 활성화된다. 좋아하는 음식의 이미지를 본 연구 참가자들은 전뇌 쾌감 중추에서 뇌의 활성이 증가하는 것을 보여준다. 그리고 회복 중인 마약 중독자들은 주사기 이미지(또는 심지어 마약 반대 광고까지)에 비슷한 반응을 보인다. 두 경우 모두 광고의 힘을 강조한다.

이타적인 행동은 보상 중추를 활성화한다. 사람들이 협동하거나 이기적으로 행동하기로 한 결정에 따라 보상을 받는 "죄수의 딜레마"라는 게임을 할 때 플레이어가 협력하기로 선택하면 전뇌 보상 중추의 두뇌 활동이 증가한다. 이는 우리 뇌가 특정 상황에서 친절을 향한 생리적 "자극"을 생성하도록 만들어져 있음을 시사한다.

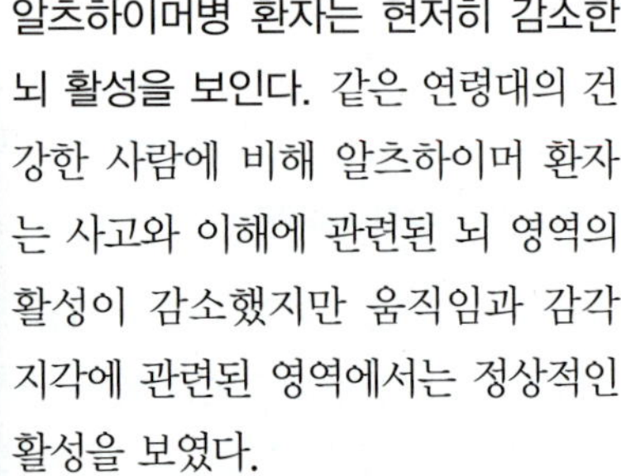

알츠하이머병 환자는 현저히 감소한 뇌 활성을 보인다. 같은 연령대의 건강한 사람에 비해 알츠하이머 환자는 사고와 이해에 관련된 뇌 영역의 활성이 감소했지만 움직임과 감각 지각에 관련된 영역에서는 정상적인 활성을 보였다.

언어 기능은 뇌의 다른 부분에 위치한다. 언어는 누군가가 듣고, 말하고, 읽고 있는가에 따라 대뇌 피질의 매우 다른 영역을 사용한다. 2개 국어를 구사하는 사람들의 경우, 특정 연령 이후에 습득한 제2 언어는 뇌의 약간 다른 영역을 사용한다.

Q: 그렇다면 우리는 뇌를 얼마나 많이 사용하고 있을까? 어떤 특정 일을 수행하기 위해 뇌의 모든 영역이 작동하는 것은 아니지만 하루 동안 모든 뉴런이 사용된다.

연습 데이터의 시각적 표현을 비판적으로 살펴보기

도표로 배우기

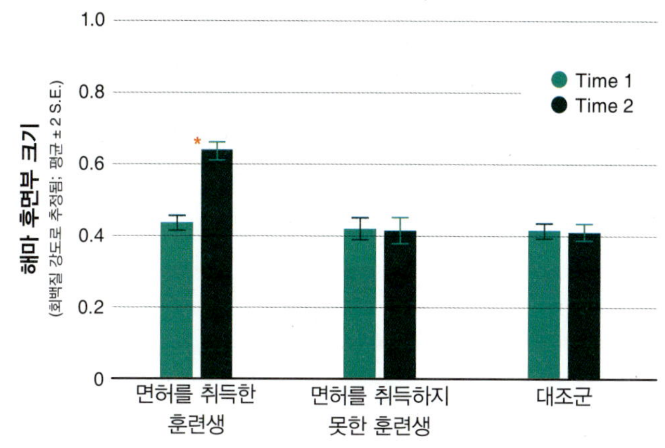

* 크기의 차이는 통계적으로 유의미하다.

1. 이 그래프의 "핵심 요점"은 무엇인가?
2. "면허를 취득한 훈련생"에 대한 두 막대 위의 별표는 무엇을 나타내는가? 다른 두 쌍의 막대 위에 별표가 없다는 것은 무엇을 의미하는가?
3. 이러한 연구에 앞서, 더 큰 해마 후면부를 가진 택시 기사에 대한 대안적 설명이 제시되었다. 그 가설은 무엇인가?
4. 이 연구의 참가자는 2개의 시점에서 측정되었다. 2개의 시점에는 무슨 차이가 있는가?
5. 택시 기사와 일반인을 비교해서는 얻을 수 없었지만, 동일한 택시 기사를 훈련 전과 후를 측정하는 방법으로부터 알 수 있는 것은 무엇인가?
6. y축은 "회백질 강도"를 측량하여 해마 후면부의 크기를 표시하였다. "뇌세포의 수"가 아니라 이러한 측정값을 사용한 이유가 무엇이라고 생각하는가?
7. 세 그룹 각각의 왼쪽 막대(Time 1)는 모두 같은 측량값을 가지고 있다. 이것이 의미하는 것은 무엇인가?

답은 부록에 있음.

주요 용어: 신경계와 운동계

요약

신경계란 무엇인가?

- 해면동물을 제외한 모든 다세포 동물에 존재하는 신경계는 생명체의 내부와 외부 환경에 대한 정보를 수집하고 해당 정보를 처리하며, 근육과 분비선에 신호를 보내 반응하도록 하는 세포들의 네트워크이다.
- 뉴런은 전기 신호를 전달하는 데 특화된 세포 유형이며, 모든 신경계의 기본 단위이다. 각 뉴런은 매우 작지만 함께 그룹 지어진 뉴런들은 빛, 소리, 촉각, 맛, 냄새를 감지하고, 이러한 감각에 반응하게 한다.
- 척추동물의 중추신경계는 척수와 뇌로 구성

된다. 말초신경계는 감각 경로와 운동 경로에서 신호를 주고 받는다.

뉴런은 어떻게 작동하는가?

- 수상돌기는 두 가지 중 한 가지 방법으로 외부 자극을 받는다. 운동뉴런과 연합뉴런에 있는 수상돌기는 일반적으로 다른 뉴런과 연결하여 이들로부터 신호를 받는다. 반면에, 감각뉴런의 수상돌기는 감각이나 소리, 빛 또는 화학물질 등 특정 외부 자극에 반응하도록 변형되어 있다.
- 각 뉴런은 하나의 축삭을 가지고 있다. 축삭은 축삭 말단에서 근육세포나 분비선 또는 다른 뉴런의 수상돌기 가까이에 위치한 종말단추로 가지쳐져 여러 갈래 나뉜다. 세포체에서 축삭을 따라 이동하는 활동전위에 반응해서 축삭 말단은 화학물질을 세포 바깥 공간으로 배출하여 인접한 세포에 영향을 미친다.
- 시냅스에서 뉴런은 다른 세포와 상호작용한다. 활동전위에 반응해서 신경전달 물질이 시냅스 간극에 배출되고 확산되어 인접한 뉴런이나 근육세포, 또는 분비선의 수용체에 결합한 후 활동전위나 근수축 또는 분비를 촉진한다. 그 후 신경전달 물질은 재활용되거나 분해된다.
- 아세틸콜린은 근육세포와 시냅스를 이루는 운동뉴런에서 배출된다. 글루탐산은 학습과 기억에 관여한다. 도파민은 움직임을 시작하고 조정하며 강렬한 쾌감을 느끼게 하는 데 중요하다. 세로토닌은 식욕, 수면, 불안 및 기분에 영향을 미치고 만족감과 포만감을 생성한다.

우리의 감각은 자극을 감지하고 전달한다.

- 우리의 모든 감각이 작동하는 과정은 기본적으로 똑같다. 감각뉴런의 변형된 수상돌기가 자극됨으로써 감각뉴런이 활동전위를 일으키거나 신경전달 물질의 분비 속도를 조절하여 이웃 뉴런에서의 활동전위가 일어나는 속도를 빠르게 하거나 늦춘다.
- 혀에는 약 10,000개의 미뢰가 있으며, 각 미뢰에는 60-80개의 화학수용기가 있다. 이 화학수용기는 음식의 특정 화학물질이 세포 표면의 수용체 단백질과 결합할 때 자극을 받아 뇌에 신호를 보낸다.
- 냄새를 감지할 수 있는 뉴런은 비강 내에 밀집된 화학수용기로 덮여 있는 작은 털 같은 돌출 모양으로 변형된 수상돌기를 가지고 있다.
- 시각은 광수용체 세포라는 빛-감지 뉴런이 자극을 받은 결과이다. 광수용체 세포의 세포막에는 빛에 의해 화학적으로 변형되는 다양한 분자가 존재한다. 신호는 뇌로 전달되어 이미지로 해석된다.
- 청각은 다음과 같은 과정을 통해 일어난다. 음파가 고막을 진동시키고 작은 뼈를 움직여서 진동을 내이로 전달한다. 진동은 유모세포를 휘게 하여 소리의 파장에 따라 다양한 활동전위를 유발한다. 이것은 뇌에 의해 특정한 소리로 해석된다.
- 전신에 있는 기계적 감각수용체, 온도 수용체 및 통증 수용체 등이 자극되면 감각뉴런 막의 형태가 변하여 투과성이 바뀐다. 이로 인해 활동전위가 생성되어 뇌에서 촉각을 인지하게 된다.

근골격계는 움직일 수 있게 한다.

- 골격근, 심근, 평활근을 포함하는 근육 조직은 수축할 때 힘을 생성할 수 있는 긴 세포들로 구성된다. 근섬유는 평행한 액틴 필라멘트와 미오신 필라멘트의 연결이 생성 및 끊김에 따라 짧아지는 근원섬유를 포함하는 단일 세포이다.
- 골격계에는 유체골격, 외골격과 내골격의 세 가지 유형이 존재한다. 내골격인 척추동물의 골격계는 움직임을 가능하게 하고 지지와 보호 기능을 한다. 또한, 중요한 혈액과 면역세포를 생성하는 장소를 제공하며, 칼슘과 같은 무기질의 저장고로 사용된다.

뇌는 오직 특정 기능을 위한 독특한 구조로 구성되어 있다.

- 뇌는 세 가지의 독특한 영역을 가진다. 후뇌는 기본적인 생리 기능을 조절하고, 수많은 종류의 운동 활동을 조정한다. 중뇌는 감각 정보와 운동 정보의 중요성을 선별하고 평가하는 것을 돕는다. 전뇌는 사람의 경우 뇌에서 가장 큰 영역으로, 지각, 기억, 언어, 지능, 개성을 포함하는 "고차원적인" 사고 대부분을 담당한다.
- 학습, 기억 및 복잡한 언어의 사용은 뇌의 가장 정교한 기능 중 하나이다. 좌측 전두엽과 좌측 측두엽은 언어를 담당하고 편도체와 해마는 학습과 기억을 담당한다.
- 횡단 연구가 종단 연구보다 빠르고 쉬우며 저렴하지만, 종단 연구는 시간 경과에 따른 변수를 관찰할 때에 유용한 연구 기법이다.

약물은 쾌감 경로를 가로챌 수 있다.

- 우리 뇌의 신호 체계는 신경전달 물질을 모방하는 약물에 의해 속을 수 있다. 코카인, 프로작, 헤로인, 니코틴을 포함한 약물은 쾌감을 줄 수 있으며 우울증을 줄이고 통증을 차단할 수 있지만, 일부 심각한 건강상 위험을 수반한다.
- 정상적인 뉴런 활동은 세포 폐기물의 축적을 가져온다. 이 중 하나인 아데노신은 주변 뉴런의 아데노신 수용체를 채우고 뉴런이 활동전위를 유발할 가능성을 감소시켜 피로를 가져온다. 카페인은 아데노신 수용체와 결합하지만, 활동전위의 유발 가능성을 줄이지 않기 때문에 피로를 유도하는 아데노신의 메시지가 차단된다.
- 알코올은 글루탐산, 엔돌핀, 도파민 및 세로토닌을 포함한 여러 신경전달 물질의 기능에 영향을 줘서 반응 시간을 늦추고, 말을 어눌하게 만들고, 통증을 차단하며 만족감을 증가시킨다.

복습하기

짧게 답하기

1. 고통을 느끼지 못하는 상태로 태어난 것이 축복이 아니라 저주인 이유는 무엇인가?
2. 신경계에서 뉴런과 신경교세포의 구조와 역할을 비교하고 다른 점에 대해 논하시오.
3. 수상돌기가 외부 정보를 받는 2가지 경로를 설명하시오.
4. 아세틸콜린이 수용체 세포에 결합하는 것을 차단하는 물질의 효과는 무엇인가?
5. 진화론적 관점에서 볼 때, 왜 인간의 진화 과정에서 뇌와 머리가 더 두드러지게 되었는가?

6. 인간의 미각과 후각은 왜 밀접하게 연결되어 있는가?
7. 일부 곤충이 우리 눈에 보이지 않는 자외선 스펙트럼의 빛 파장을 볼 수 있는 이유는 무엇인가?
8. 감각수용체 세포의 주요 유형과 기능을 나열하시오. 그리고 5가지 전형적 감각 중 어떤 것과 연관되어 있는지 설명하시오.
9. 골격근의 근원섬유 구조를 설명하시오. 수축을 가능하게 하는 근원섬유에서 어떤 변화가 발생하는가?
10. 골격계의 두 가지 기능을 설명하시오.
11. 변연계의 어느 부분이 기억을 저장하는 데 중요한가? 그 답을 뒷받침하는 증거를 기술하시오.
12. 카페인은 아데노신의 기능을 어떻게 변화시키는가?

정답 고르기

1. 동물의 신경계가 가지고 있는 몇몇 주요한 특징에 포함되지 않는 것은?
   - a) 신경계는 생물체에서 장기간의 성장과 발달을 조정한다.
   - b) 신경계는 생물체 주변 환경으로부터 입력 신호를 받는다.
   - c) 신경계는 필요할 때 세상으로부터 수신한 정보에 반응을 시작한다.
   - d) 신경계는 생물체가 받은 세상의 정보를 처리한다.
   - e) 위의 내용 모두 옳다.
2. 식물과 신경계에 대한 다음 설명 중 옳은 것은?
   - a) 식물은 뉴런이 존재하는 나무줄기(trunk)와 줄기(stem)에서 통증을 느낄 수 있지만, 뉴런이 없는 잎은 그렇지 않다.
   - b) 식물은 뉴런이 존재하는 잎에서 통증을 느끼지만, 나무줄기나 줄기에서는 그렇지 않다.
   - c) 식물은 조직을 걸쳐 확장되는 신경계를 가지기 때문에 통증을 느낄 수 있다.
   - d) 식물은 뉴런이 존재하는 나무줄기에서 통증을 느낄 수 있지만, 뉴런이 없는 잎과 줄기는 그렇지 않다.
   - e) 식물은 신경계가 없기 때문에 통증을 느낄 수 없다.
3. 뉴런의 세포체에 대한 설명으로 옳은 것은?
   - a) 세포핵, 미토콘드리아 및 다른 세포 소기관을 가지고 있다.
   - b) 세포핵을 가지고 있지 않다.
   - c) 물과 세포 내 용질을 통과시킬 수 없는 막을 가지고 있다.
   - d) 고도로 변형되어 있고 지방의 미엘린 수초로 덮여 있다.
   - e) 중추신경계의 기본 구조로 간주된다.
4. 수상돌기에 대한 설명으로 옳은 것은?
   - a) 세포체로부터 활동전위를 멀리 전도한다.
   - b) 포유동물의 신경계는 존재하지만 다른 척추동물의 신경계에는 존재하지 않는다.
   - c) 다른 뉴런이나 외부 환경으로부터 정보를 받는다.
   - d) 신호가 전달되는 속도를 빠르게 하는 미엘린 수초라는 지방 물질로 둘러싸여 있다.
   - e) 축삭 다발이다.
5. 다발성 경화성을 가진 사람의 경우, 미엘린은 점점 감소한다. 이들이 가진 증상으로 예상되는 것은?
   - a) 세포막에서 나트륨채널의 수가 줄어든다.
   - b) 감각뉴런이 활동전위를 일으킬 능력을 손실한다.
   - c) 뇌가 작아진다.
   - d) 통증으로 인해 대부분 사람이 멈춘 오랜 후에도 이들은 운동을 지속할 수 있다.
   - e) 뉴런은 점차적으로 전기 충격을 전도하는 능력을 잃는다.
6. 시냅스 간극에 있는 신경전달 물질이 차후에 어떻게 될지에 대한 다음 설명 중 옳지 않은 것은?
   - a) 시냅스전 뉴런에 의한 재흡수
   - b) 시냅스 간극에서 효소에 의한 분해
   - c) 시냅스 간극에서 아세틸콜린에 의한 불활성화
   - d) 시냅스후 세포의 세포막 수용체와의 결합
   - e) 위의 모든 것이 시냅스 간극에 있는 신경전달 물질에 일어날 수 있다.
7. 초콜릿 조각을 혀에 대면 뇌가 단맛을 감지한다. 분자의 어떤 측면이 특정 맛을 내는 데 관여하는가?
   - a) 분자의 형태
   - b) 분자 내 양성자의 총수
   - c) 분자 내 수소결합의 수(더 많은 수소결합 = 더 단 맛)
   - d) 분자의 원자를 연결하는 이온결합에 대한 공유결합의 비율
   - e) 입 안에서 녹는 속도
8. 원추체는 간상체보다 빛에 민감하지 않기 때문에:
   - a) 원추제는 낮에 적합하다.
   - b) 원추제는 밤에 적합하다.
   - c) 원추제는 주변을 보는 시력에 적합하다.
   - d) a와 c 모두 맞다.
   - e) b와 c 모두 맞다.
9. 근육을 골격과 연결하는 결합조직은 무엇인가?
   - a) 콜라겐
   - b) 인대(ligament)
   - c) 연골
   - d) 건(tendon)
   - e) 위의 내용 모두 옳지 않다.
10. 혈액뇌장벽은?
    - a) 근육조직에서 형성된다.
    - b) 필수 영양소와 가스를 통과시키는 반투과성 장벽이다.
    - c) 대사 노폐물과 같은 해로운 분자가 뇌로 들어가는 것을 막는다.
    - d) 신경교세포가 아닌 뉴런으로 분자가 통과하는 것을 제한한다.
    - e) b와 c 모두 맞다.
11. 한 소년은 대뇌의 두 반구가 서로 소통할 수 없는(연결되지 않은) 뇌 결함을 가지고 태어났다. 이 소년은 무엇이 없는 것인가?
    - a) 해마
    - b) 뇌간
    - c) 연수
    - d) 뇌량
    - e) 시상하부

25

호르몬

기분, 감정, 성장 등: 주요 조절자로서의 호르몬

▲ 움직이는 아크로바트

호르몬은 세포 기능을 조절하는 화학 메신저다

▲ 함께함: 독일 Stuttgart의 빌헬마 동물원에서 껴안고 있는 원숭이들.

25.1 "포옹" 화학물질: 옥시토신은 신뢰도를 증가시키고, 암수 유대관계를 높인다

"나를 믿어요."라고는 말하기 쉽지만, 그걸 지키기는 정말 어렵다. 그러나 최근 일부 연구자들은 실제로 사람들을 더 신뢰하게 만드는 방법을 발견했다. 그들이 한 방법은 다음과 같다.

투자자라고 불리는 실험 참가자들은 상당한 양의 돈을 받았다. 각 투자자는 그 돈을 잘 보관하거나, 일부 또는 모두를 신탁관리자라는 또 다른 사람에게 맡길 수 있다. 투자자가 전달한 액수의 현금이 3배 정도 늘어나면 신탁관리자는 크게 늘어난 현금 일부를 돌려주거나 그 돈 전부를 단순히 보관할 수 있다. 투자자의 역할을 하는 사람들은 무엇을 할지 결정하는 것에 대한 딜레마에 빠지게 된다. 이들은 돈을 잃을 수 있지만, 사람을 믿는 행동으로 아주 많은 돈으로 보상받을 수 있다.

이중 맹검 실험 설계를 하여 연구자들은 2개의 투자집단을 만들었다. 한 집단은 신탁투자가에게 그들의 돈을 맡길지 결정하기 전에 투자가들에게 일정한 양의 **옥시토신** 비강 스프레이를 사용하게 했다—이 화합물은 일반적으로 인간과 다른 척추동물에서 발견되지만, 연구에 사용되는 것보다 적은 양이다. 다른 투자그룹은 옥시토신이 아닌 위약을 사용하게 했다.

그 결과는 극적이고 분명하게 나타났다. 옥시토신을 흡입한 투자가들은 위약을 받은 집단보다 훨씬 더 신뢰를 나타냈다: 옥시토신을 흡입하지 않은 투자자와 비교했을 때 2배가량 더 많은 옥시토신을 투입한 투자자가 신탁관리자에게 최대금액을 투자하였다. 또한 위약 집단이 옥시토신 집단보다 2배 이상 많은 사람이 가장 적은 양의 현금을 수탁자에게 양도하여 배신에 대한 두려움을 더 크게 나타냈다.

이 결과는 다른 동물의 연구에서도 일부 일치한다. 유사한 실험에서 옥시토신을 동물에게 투여할 경우 상대에 대한 경계를 낮추고 상호작용을 함으로써 옥시토신 투여하지 않을때 보다 훨씬 더 밀접한 사회적 애착이 형성되었다.

영리한 후속 투자자–수탁관리자 연구에서 동일한 방법이 사용되었지만, 한 가지 예외가 있었다. 투자자들은 게임의 "수탁관리자"가 다른 사람이 아니라 컴퓨터라는 말을 듣게 했다: 이 연구에서 옥시토신을 투여받은 투자자들은 수탁관리자에게 더 많은 금액을 이체하지 않았다. 그들은 위약 그룹의 사람들과 똑같이 행동했다. 이 발견은 옥시토신이 단지 재정적 위험을 감수하려는 의지를 높이는 것이 아니라 다른 사람에 대한 투자자의 신뢰를 구체적으로 증가시켰음을 시사해 주었다.

연구원들은 이러한 발견이 신뢰에 대한 생물학적 기초에 대한 통찰력을 제공하며, 이는 극도의 수줍음을 가진 사람들을 위한 효

신체에서 생성되는 화학 신호인 옥시토신은 다음과 같은 복잡한 감정과 생리적 과정에 영향을 줄 수 있다.

- 신뢰 증대
- 수유 중인 아기에게 우유 제공
- 사회적 애착 형성
- 자궁 수축 촉진신체에서 생성되는 화학 신호인

그림 25.1 옥시토신: 포옹 화학물질.

과적인 치료법으로 이어질 수도 있다고 믿었다. 그리고 그 결과는 복잡한 감정과 행동이 신체에서 생성되는 화학 신호의 영향을 받을 수 있음을 아주 분명하게 보여준 것이다.

옥시토신은 인간의 경우 다른 동물보다 신뢰 형성뿐만 아니라 자궁수축 등 더 많은 영향을 미친다(**그림 25.1**). 그 예로, 수유 중인 아기에게 우유를 제공하고 출산을 촉진하는 데 있어서 중요한 역할을 한다. 사실 '옥시토신'이라는 이름은 '빠른 출산'을 의미하는 그리스어에서 유래한 것으로, 자궁 수축을 촉진하는 역할을 하는 것으로 알려져 있다. 옥시토신은 또한 사회적 애착을 형성하는 경향을 증가시키는 것으로 나타났기 때문에 일부 연구자들은 이를 "포옹 약물"이라고 부른다.

이 장에서, 우리 핵심 요약은 이러한 화학적 신호가 무엇인지, 어디에서 생성되고 어떻게 영향을 미치는지 탐구하고자 한다. 또한 감정에서부터 신체 구조, 행동, 건강 및 생리학에 이르기까지 척추동물의 거의 모든 측면에 미치는 영향을 탐구하고자 한다.

핵심요약 25.1

» 복잡한 감정과 행동은 신체에서 생성되는 화학 신호의 영향을 받을 수 있다. 예를 들어, 옥시토신에 노출되면 인간의 신뢰와 사회적 애착이 촉진된다.

25.2 호르몬은 순환계를 통해 이동하여 신체의 다른 곳에 있는 세포에 영향을 미친다

당신의 집이 불타고 있다는 것을 소방서에 알리기 위해서 우편 서비스를 사용하지 않을 것이다. 의사소통의 모든 유형이 메시지에 따라 일부 전달 방식이 다른 방식보다 더 효과적일 수 있다.

동물은 외부 세계에 반응하는 효과적인 방법, 즉 특정 조건에 대한 신호를 보내는 방법이 필요하다—조직이 이러한 조건에 반응하도록 지시한다. 동물은 이 내부 통신 및 규제를 수행하기 위한 두 가지 시스템을 가지고 있다(**그림 25.2**). 24장에서 보았듯이, 신경계는 일반적으로 환경 변화에 대한 반응으로 빠른 움직임과 감각을 조절하는 역할을 한다. 인간을 포함한 다세포 동물에는 특별한 유형의 메신저라는 또 다른 시스템도 가지고 있다. **호르몬**("움직이게 하거나 앞으로 나아가게 하는 것"을 의미하는 그리스어에서 유래)은 세포에서 순환계(혈류 또는 곤충의 경우 혈림프)로 분비되는 일종의 화학 메신저인데, 내부 통신과 조절 시스템의 일부로서 몸의 어디에 있든 세포 활동에 영향을 준다. 25.1절에 설명한 옥시토신은 동물 호르몬의 한 예다.

호르몬을 분비하는 세포를 **내분비 세포**라고 하고, 신호를 받는 세포를 **표적 세포**라 한다. 일부 호르몬 분비 세포는 소화를 돕는 위장 및 소장의 표면에 있는 내분비 세포와 같은 개별 세포이다. 뇌하수체, 췌장, 난소와 정소와 같이 호르몬 분비 세포의 더 큰 집합체를 **내분비선**이라고 한다. 종합하면, 동물의 모든 호르몬 분

동물의 내부 의사소통

동물은 외부 조건에 반응하여 내부 의사 소통을 수행하는 두 가지 시스템을 가지고 있다.

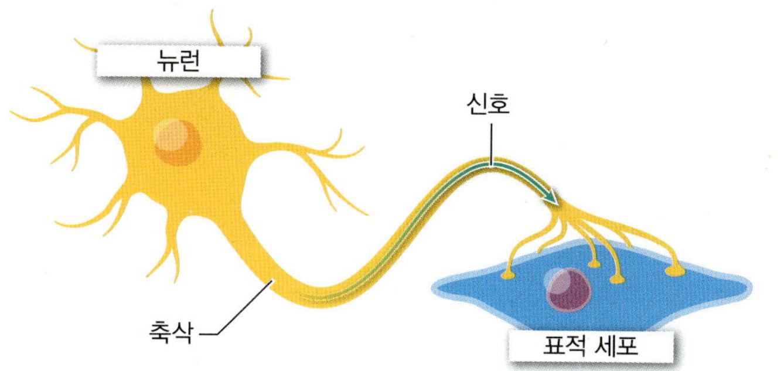

신경계

- 메시지는 화학 및 전기 신호로 뉴런의 축삭과 시냅스를 통해 표적 세포에 전달된다.
- 일반적으로 빠른 움직임과 감각 조절을 담당한다.

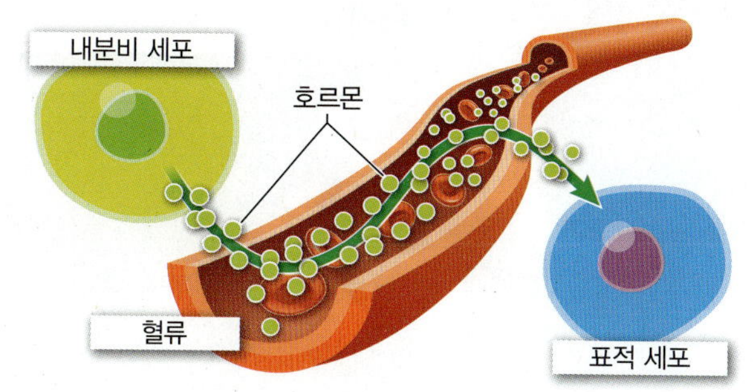

내분비 시스템

- 메시지는 내분비 세포에서 분비되는 화학 신호로 순환계를 통하여 온 몸의 표적 세포에 전달된다.
- 일반적으로 더 느리고 장기적인 조절을 담당한다.

그림 25.2 **동물의 경우, 신경계와 내분비계가 함께 작동한다.**

내분비계의 개요

내분비계는 동물에서 내분비선이라고 하는 세포들의 더 큰 집합체를 포함하여 모든 호르몬 분비 세포로 구성된다.

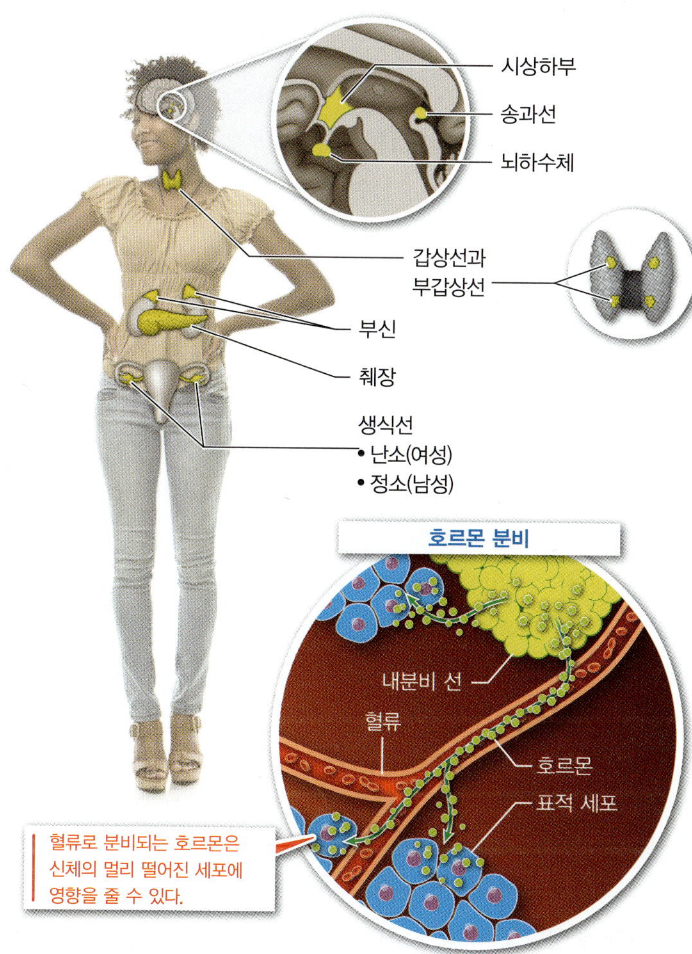

그림 25.3 **내분비계의 구성.**

비 세포는 내분비계를 구성한다(**그림 25.3**).

내분비계는 호르몬 분비 세포에 가깝거나 멀리 있는 세포에 영향을 미치는 화학 신호를 조절한다. 신경계가 빠른 움직임과 감각을 조절하는 반면, 내분비계는 일반적으로 성장 및 발달과 같은 장기간의 느린 조절과 다양한 분비를 담당한다(그림 25.2 참조). 그러나 호르몬을 분비하는 일부 신경계 세포가 있으므로 두 기관계가 완전히 구별되지 않고 기능 면에서 다소 겹칠 수 있다는 점에 유의해야 한다. 흥미롭게도 대부분 식물은 신경계는 없지만, 호르몬은 있는데(20장 참조), 이는 호르몬 시스템이 신경계보다 진화적으로 앞선다는 것을 암시한다.

호르몬이 표적 세포에 도달하면 반응이 일어난다. 일반적으로 표적 세포에서의 호르몬 효과는 개체의 항상성을 유지하도록 동물의 생리학적 특징을 바꾸는 것이다. 이 과정에서 호르몬은 표적 세포의 대사 또는 성장을 바꾸고, 세포분열을 촉진하거나 발달 경로를 촉발한다.

페로몬이라고 하는 또 다른 유형의 화학적 전달자는 동물 외부로 운반되어 다른 개체의 행동 또는 생리학적 변화를 일으킬 수 있으므로 "외부 호르몬"으로 간주한다. 페로몬은 다양한 용도로 사용된다. 개의 소변에서 발견되는 것과 같은 영역 페로몬은 영역의 경계를 표시한다(**그림 25.4**). 포식자의 존재를 알리는 경보 페로몬은 개체 집단에서 싸움 또는 도피를 유발할 수 있다. 개미가 생산하는 것과 같은 흔적 표시 페로몬은 해당 집단에 안내 역할을 한다. 첫 번째로 발견된 페로몬은 성적 수용성을 나타내는 것이었다. 예를 들어, 일부 나방 종에서 수컷은 거의 10 km 정도 떨어진

그림 25.4 높은 기대.

곳에서 암컷의 성페로몬을 감지하고 페로몬 농도가 증가하는 방향으로 날아가서 암컷을 찾을 수 있다.

핵심요약 25.2

» 호르몬은 내분비 세포와 내분비선에 의해 순환계로 분비되는 화학적 메신저다. 호르몬은 내부 통신과 조절 시스템의 일부로 신체의 다른 곳에서 표적 세포의 작용에 영향을 미친다.

25.3 호르몬은 다양한 방식으로 표적 조직을 조절할 수 있다

내분비선이 생성하여 방출한 호르몬은 혈류를 통해 분산되고 몸 전체의 세포와 만나게 되어 자신만의 역할을 수행하게 된다. 그러나 세포에 호르몬에 대한 특정 수용체가 없으면 세포는 호르몬에 반응하지 않는다. 따라서 호르몬은 세포내 수용체가 없는 세포에 아무런 효과를 미치지 않고서 세포를 통과할 수 있다.

여러 가지 호르몬이 있고 표적 조직을 조절하는 데는 더 많은 방법이 있지만, 호르몬이 특정 세포에 영향을 미치는 과정은 일반적으로 일정하다.

1. **신호가 전달된다.** 호르몬이 내분비선에 의해 방출된다.
2. **신호를 받는다.** 호르몬이 접촉하는 대부분 조직이 효과를 나타내지 않더라도, 세포질이나 세포막에 적당한 수용체가 있다면 세포는 신호를 받아들인다.
3. **세포가 반응한다.** 호르몬이 적절한 수용체에 결합하면 표적 세포에서 반응을 일으킨다. 일부 호르몬의 경우 반응은 표적 세포의 핵에서 유전자 발현을 변화시키는데, 이는 세포가 특정 단백질 생성을 시작(또는 중지)하게 하거나 단백질 생성률을 변화시킬 수 있다. 하나의 호르몬은 다른 표적 세포에서 다른 반응을 일으킬 수 있다.

대부분 호르몬은 세 가지 범주 중 하나로 분류된다. (1) 단일 아미노산에서 합성되는 아민(예: 아드레날린); (2) 아미노산 사슬인 폴리펩타이드 호르몬(예: 인슐린); 및 (3) 지질인 스테로이드 호르몬(예: 에스트로겐 및 테스토스테론).

호르몬의 화학 구조는 호르몬이 세포의 원형질막을 통과할 수 있는지 아닌지를 결정한다(**그림 25.5**). 대부분 아민과 폴리펩타이드 호르몬은 지용성이 아니라 수용성이다. 이들은 지질이 풍부하고 소수성인 막을 통과할 수 없다. 대조적으로, 스테로이드 호르몬은 지질(특히 콜레스테롤)로 만들어지기 때문에 지용성이다. 그들은 세포막을 통해 바로 세포질로 확산한다.

지용성이 아닌 호르몬은 막을 통과할 수 없으므로, 이러한 호르몬은 세포 외부의 수용체에 결합하여 수용체를 변형(아마도 모양 변경)시키고, 세포 내의 여러 반응 중 하나를 유발한다. 호르몬은 효소를 활성화하여 세포에서 반응을 시작하거나 가속화 할 수 있다. 또한 세포막의 투과성을 바꾸어 특정 분자의 흡수나 분비를 촉진할 수 있다. 그리고 세포 내의 단백질을 변형시켜 핵으로 이동해서 DNA에 직접 결합하게 하여, 하나 또는 그 이상 유전자의 전사 속도에 영향을 미칠 수 있다(예: 일부 단백질들의 생산에 대한 시작 또는 중지).

반면에 스테로이드 호르몬은 세포막을 통과하여 표적 세포의 세포질이나 핵에 있는 수용체에 결합한다. 세포질에서 결합하면 호르몬–수용체 복합체는 일반적으로 핵으로 이동한다. 핵에서 호르몬–수용체 복합체는 DNA에 결합하여 하나 이상의 유전자 전사 속도에 영향을 미칠 수 있다.

우리 신체 한 부위의 내분비선에서 분비된 호르몬은 혈류를 통

아민 및 폴리펩티드 호르몬 대 스테로이드 호르몬

호르몬은 화학 구조에 따라 다양한 방식으로 유전자 발현에 영향을 미친다.

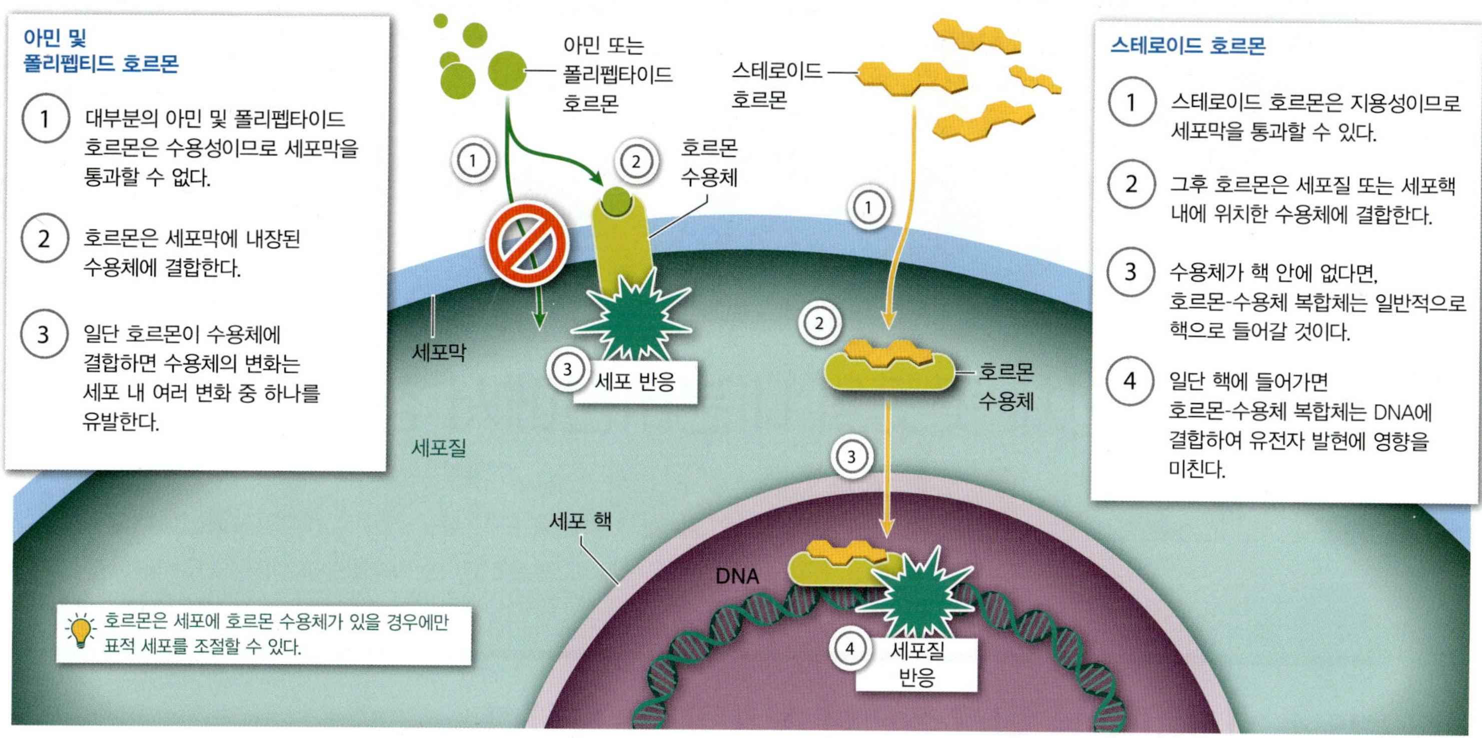

그림 25.5 대부분 호르몬은 화학적 특성이 다른 두 가지 주요 그룹 중 하나에 속한다.

해 이동함으로써 신체의 다른 부위에 있는 세포의 기능을 조절할 수 있다. 그러나 일부 내분비선은 더 국소적으로 작용하는 조절자를 생성하기도 한다. **주변 분비 조절자**라고 불리는 이 분자는 일반적으로 생성되는 세포에서 주변 조직으로 확산하여 인접 세포막 내외의 수용체에 결합해서 활성에 영향을 준다. **프로스타글란딘**은 거의 모든 세포에서 생성되는 가장 중요하고 일반적인 주변 분비 조절자 집단 중 하나다. 프로스타글란딘은 혈관 확장 또는 수축을 유발하고 조직 염증에 영향을 미치는 등 다양한 효과를 나타낸다.

아스피린이 매우 효과적인 진통제인 주된 이유 중 하나는 이 약이 프로스타글란딘 생성에 필요한 효소를 억제하기 때문이다. 결과적으로, 아스피린은 염증과 이에 수반되는 통증을 감소시키지만, 위벽을 유지하는 데 관여하는 유사한 효소도 억제한다. 하지만 Celebrex사에서 판매되는 약물 celecoxib는 정기적이고 장기간의 항염증제가 필요한 관절염으로 고통받는 사람들에게 유익한 것으로 입증되었다. Celecoxib는 위벽 유지 효소를 억제하지 않으면서 프로스타글란딘 생성 효소를 억제하므로 장기간 사용이 가능해졌다.

Q 아스피린을 장기간 사용하면 왜 위 출혈을 일으킬 수 있을까?

핵심요약 25.3

» 호르몬은 세포에 해당 호르몬에 대한 수용체가 있는 경우에만 표적 조직의 활동을 조절할 수 있다. 표적 세포 내부 또는 세포 원형질막의 수용체에 일단 결합하면, 호르몬은 유전자 전사 속도에 영향을 미치는 등 세포의 변화를 일으킨다.

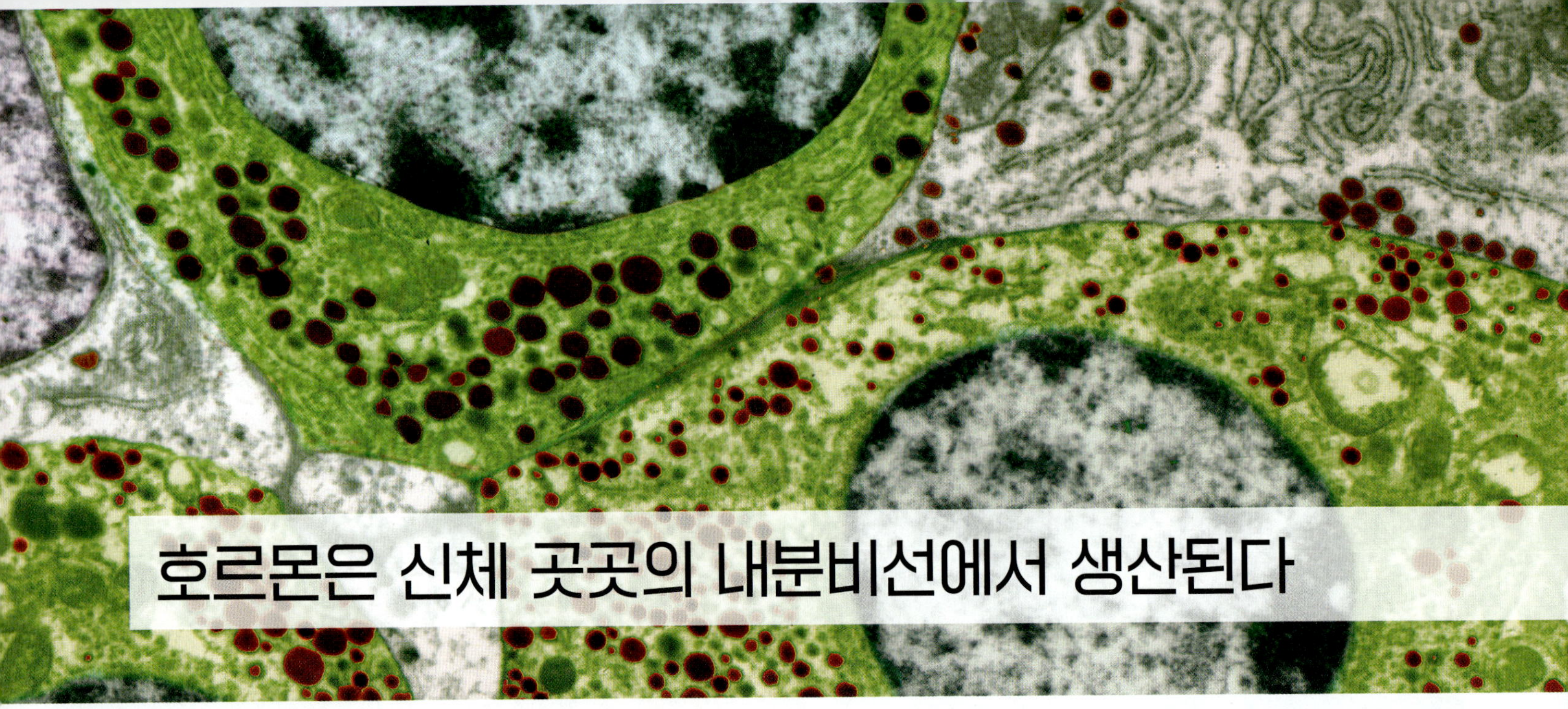

호르몬은 신체 곳곳의 내분비선에서 생산된다

▲ 이 호르몬을 분비하는 세포들은 뇌의 기저부에 있는 뇌하수체 전엽에서 유래한다. 세포의 어두운 색의 과립에는 분비되는 호르몬이 들어 있다.

25.4 시상하부는 뇌하수체의 분비를 조절한다

우리가 살펴본 것처럼, 동물은 신경계와 내분비계를 모두 가지고 있으며, 이 둘 사이에는 상당한 상호작용이 있다. 뇌의 아래쪽 부분인 **시상하부**는 신경계와 내분비계 사이의 연결 역할을 하며, 뇌와 나머지 신체를 통틀어 뉴런으로부터 입력을 받는다(**그림 25.6**). 외부 환경과 신체의 생리학적 상태에 대한 정보를 사용하여 시상하부는 체온, 배고픔, 갈증 및 수분 균형을 포함하여 생명체의 거의 모든 생리적인 측면을 조절하기 위해 적절한 호르몬(및 신경 신호)을 보낸다.

완두콩만한 크기의 **뇌하수체**는 얇은 줄기에 의해 시상하부에 붙어 있다. 시상하부의 신호는 뇌하수체에 직접적인 영향을 미친다. 시상하부는 뇌하수체의 호르몬 생성과 방출을 증가시키는 호르몬을 방출하거나, 뇌하수체가 호르몬 방출을 감소 또는 중지하도록 지시할 수 있다.

뇌하수체는 실제로 서로 융합된 2개의 독립된 내분비선으로 구성되어 있다. **뇌하수체 후엽**은 많은 양의 신경 조직, 특히 시상하부로부터 직접 오는 축삭(이로부터 뇌하수체 후엽이 발달했다)을 포함하기 때문에 섬유질 모양을 하고 있다. 뇌하수체 후엽은 자체적으로 호르몬을 생성하지 않지만, 시상하부 내의 뉴런에서 생성된 두 가지 중요한 폴리펩타이드 호르몬을 방출한다.

1. 옥시토신은 25.1절에서 논의된 "포옹" 또는 "신뢰" 호르몬이다. 또한, 수유 중인 아기를 위한 모유의 배출(또는 "토출")을 촉진하고, 출산 중 자궁의 근육 수축을 자극한다.

2. **항이뇨 호르몬**(antidiuretic hormone, **ADH**)은 신장의 수분 보유 정도에 영향을 미친다. ADH 양이 증가하면 더 많은 물이 농축되어 농도가 진해지면서 소변 생성량이 감소한다.

뇌하수체 전엽은 시상하부의 명령에 따라 수많은 호르몬을 생산한다. 대부분의 뇌하수체 전엽 호르몬은 내분비선이 호르몬을 분비하도록 지시한다. 포유류의 뇌하수체 전엽에서 생성되는 가장 중요한 호르몬 중 대표적인 호르몬의 작용은 다음과 같다.

1. **갑상선 자극 호르몬(TSH)**은 세포 호흡에 중요한 티록신을 갑상선에서 생산하게 한다(25.5절에서 상세히 설명한다).

2. **난포 자극 호르몬(FSH)**은 난소의 난포 발달을 자극하고 **황체 형성 호르몬(LH)**은 배란을 유발한다. 남성의 경우 FSH는 정자 성숙을 촉진하고, LH는 테스토스테론 생성을 자극한다. 이러한 생식 과정은 26장에서 자세히 설명한다.

3. **프로락틴**(prolactin)은 유선을 자극하여 우유를 생산한다.

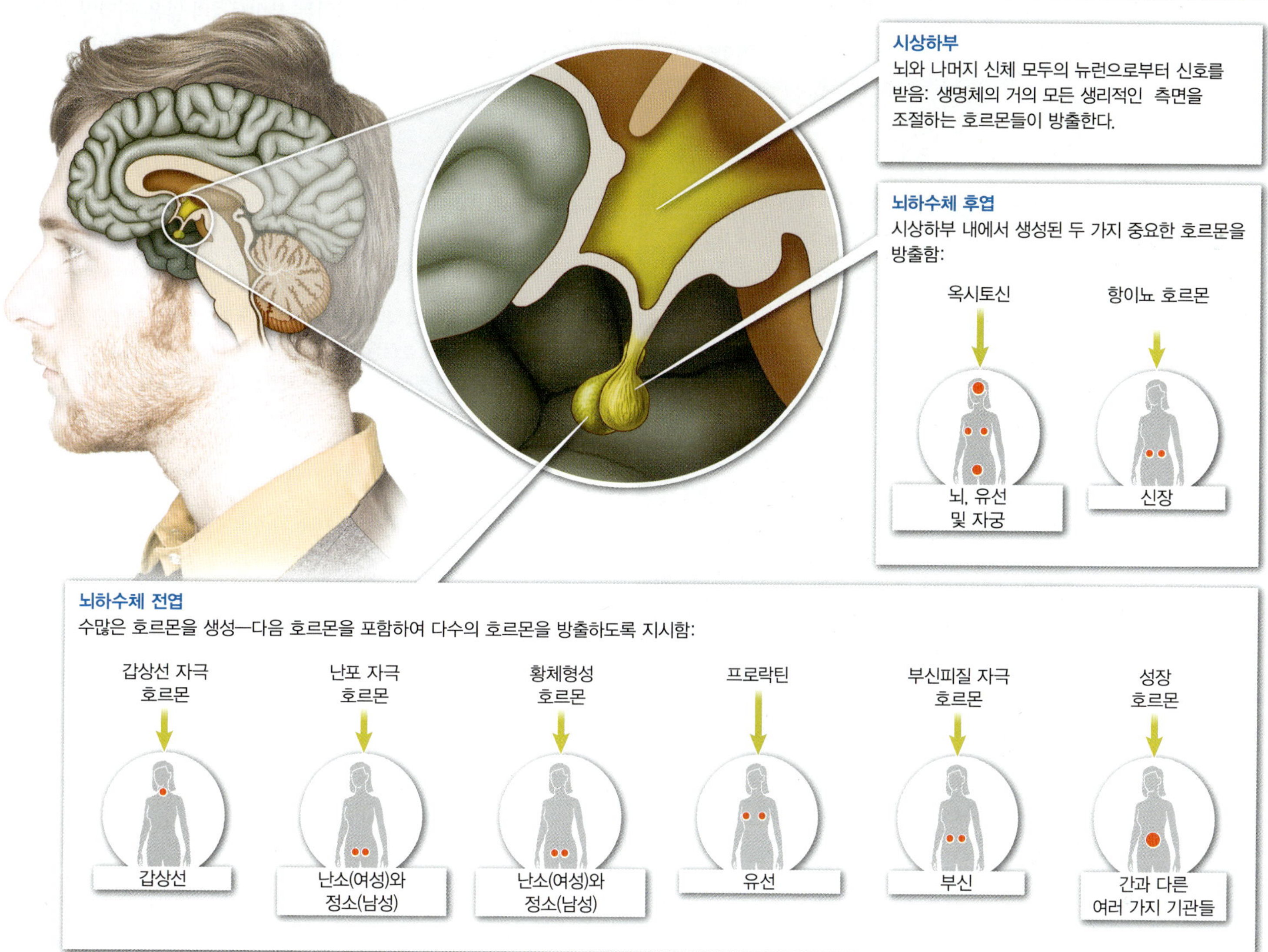

그림 25.6 **내분비계 선의 기능: 시상하부와 뇌하수체.**

4. **부신피질 자극 호르몬(ACTH)**은 **코르티코트로핀**이라고 부르며, **부신샘**을 자극하여 코티솔 및 기타 스트레스 관련 호르몬을 생성한다.

5. **성장 호르몬**은 뼈, 연골 및 기타 여러 조직의 성장을 촉진하는 화학물질을 방출하도록 간 조직을 자극하는 것을 포함하여 여러 가지 효과를 나타낸다.

뇌하수체의 부적절한 기능은 성장과 발달에 일부 이상을 유발할 수 있다. 예를 들어, 어린 시절에 성장 호르몬을 과도하게 생산하면 일부 개인에게 키가 2.44미터에 달하는 거인증이라고 하는 극단적인 성장을 유발할 수 있다(**그림 25.7**). 하지만 만약 성인이 될 때까지 성장호르몬이 덜 생산되는 경우에는 손, 얼굴, 발만 비정상적으로 성장할 수 있다.

반면 어린 시절에 성장호르몬 생산이 감소하거나 전혀 생산되지 않을 경우, 뇌하수체 왜소증이라는 상태가 발생하며 키가 1.22미터 이하로 자랄 수 있다. 이 상태를 조기에 진단하여 인간 성장 호르몬으로 치료하면 정상적인 성장을 회복할 수 있다(인간 성장 호르몬 및 재조합 DNA 기술에 대한 논의는 7.7절을 참조).

시상하부와 뇌하수체가 몸에서 호르몬 분비의 많은 부분을 조절하더라도 중요한 조절 역할을 하는 또 다른 내분비선들이 있는데, 이는 다음 절에서 다룰 것이다. 그리고 시상하부와 뇌하수체가 필수적으로 모든 호르몬 분비를 조절해야 하는 것은 아님을 명심하자: 많은 경우 이들이 조절하는 분비선들의 많은 되먹임 경로를 통해 자신도 조절한다. (되먹임 경로에 대해서는 21.9절 참조.)

그림 25.7 **뇌하수체 기능 이상은 인간의 키에 영향을 줄 수 있다.**

핵심요약 25.4

» 시상하부는 뇌와 신체의 나머지 부분에 있는 뉴런으로부터 입력을 받고 이 정보를 사용하여 적절한 호르몬(그리고 신경 신호)을 보내며, 종종 뇌하수체가 신체 조직에 중요한 조절 효과가 있는 호르몬을 방출하도록 지시한다.

25.5 다른 내분비선도 호르몬을 생산하고 분비한다

시상하부 및 뇌하수체와 함께 다른 많은 내분비선이 생리를 조절하는 호르몬을 생산한다. 대중 연설에 대한 불안부터 새로운 시간대로 이동한 후 수면 패턴의 변화, 노화에 따른 신진대사의 변화에 이르기까지 몸 전체의 내분비선은 생물의 내부 및 외부 환경을 반영하는 신호를 감지하고 대응하는 역할을 한다. 여기에서 우리는 이러한 다른 내분비선 중 가장 중요한 몇 가지 신호를 알아보고자 한다(**그림 25.8**).

부신샘 스트레스에 대한 생명체의 반응을 조절하는 두 개의 부신샘은 신장 바로 위에 있으며, 특히 코르티솔과 아드레날린(에피네프린이라고도 함)이라는 호르몬을 분비한다. 포식자를 보는 것만으로도 "투쟁 혹은 도피" 반응, 즉 신체가 행동할 수 있도록 준비시키는 아드레날린과 코티솔을 분비한다(**그림 25.9**). 양성 피드백의 경우, 이러한 분비물들은 몇 초 내에 소름의

Q 천식 발작을 경험하는 사람에게 아드레날린을 투여하는 이유는 무엇일까?

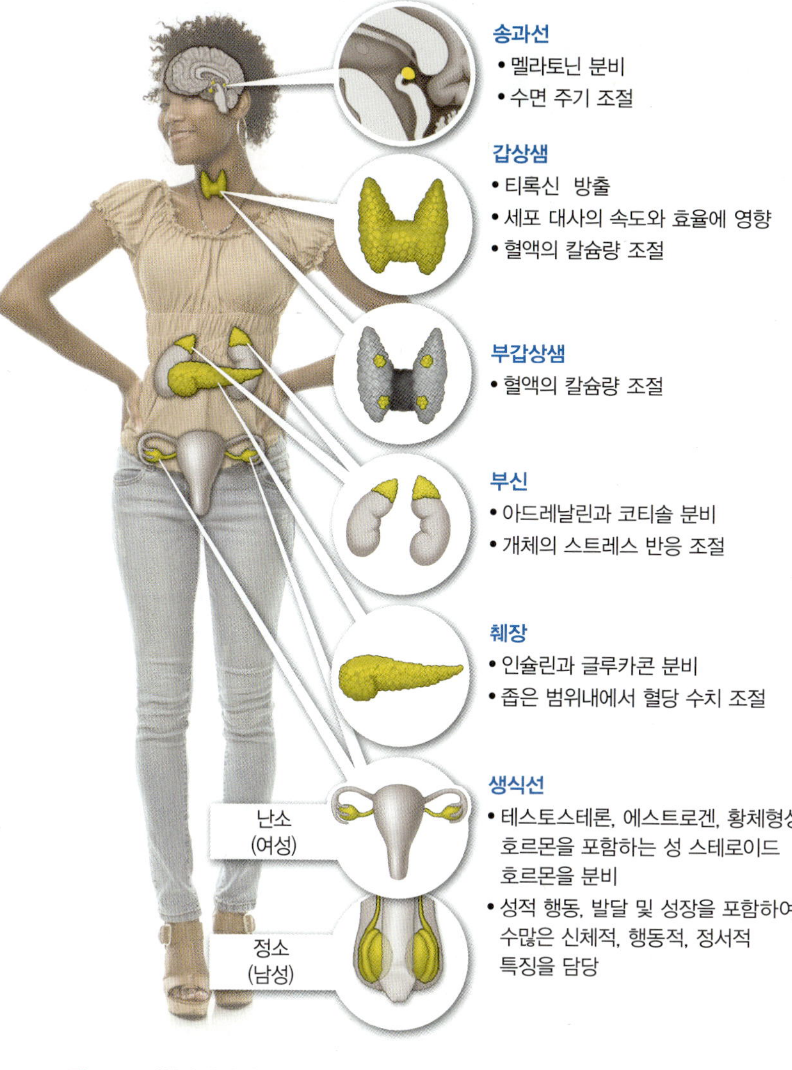

그림 25.8 **내분비계 선의 기능 : 송과선, 갑상선, 부갑상선, 부신, 췌장, 생식선.**

그림 25.9 **이 다툼에서 누가 승리할 것인가?**

돋음, 심박 수 증가, 간 및 골격근의 글리코겐 분해 속도 증가, 저장된 지방산 방출, 폐의 세기관지 확장 등 도움이 필요한 조직에 산소를 대량으로 공급할 수 있게 한다.

스트레스 경로는 음성 되먹임 고리로 조절된다. 스트레스 상황에 대응하여 동물은 행위를 취하므로 스트레스 원인이 사라지면 코르티솔과 아드레날린의 분비는 감소한다. 대개 자연에서는 이런 식으로 일이 진행된다. 그러나 특정 생물이 스트레스에 대응할 방법이 없을 때에는 궤양, 심혈관 문제, 면역기능 감소, 기타 여러 질병 등 만성 스트레스 반응이 장기적으로 일어난다. 스트레스 상황에 생물이 빠르고 효과적으로 대응하게 하는 단기간의 생리적 상태와 같은, 스트레스 반응과 기능에 대한 이해가 증가하면서 연구자들은 불안을 더 잘 처리할 방법에 대한 영감을 얻고 있다.

송과선 17세기 철학자 르네 데카르트는 **송과선**이 영혼과 육체가 연결되는 곳이라고 믿었다. 그의 이러한 믿음은 완두콩 크기의 내분비선이 뇌의 양쪽에 있는 것이 아니라 뇌의 중심 근처에 하나로 구성되어 있어서, 이는 인간만이 유일하게 가지고 있는 구조라는 생각 때문이었다. 과학자들은 송과선에 대한 그러한 견해를 인정하지 않았지만(현재 우리는 송과선이 모든 척추동물에 존재한다는 것을 알고 있다), 여전히 상당한 과학적 관심의 대상이다. 송과선은 눈의 망막과 뉴런을 연결하고 있으며, 아미노산인 트립토판으로부터 만들어지고, 24시간 주기라고 하는 주간-야간 기상 및 수면 패턴에 영향을 미치는 호르몬인 멜라토닌 분비를 조절한다.

멜라토닌이 24시간 주기에 영향을 미치는 정확한 메커니즘은 밝혀지지 않았지만, 연구자들은 멜라토닌이 개인의 수면 주기를 환경과 동기화하고 불면증 일부를 치료하는 데에 몇 가지 이점이 있음을 보여주고 있다. 멜라토닌은 현재 미국 전역에서 일반의약품으로 판매되고 있다.

갑상샘 인간의 가장 큰 내분비선 중 하나가 **갑상샘**이다. 목젖(아담의 사과) 바로 아래에 위치한 이 내분비선은 **티록신** 등의 호르몬을 분비하는데, 티록신은 우리가 먹은 거대분자를 분해하고 단백질 생성을 위해 방출된 에너지를 사용하는 속도와 효율성에 영향을 미친다. 간단히 말해서, 우리가 신진대사라고 생각하는 대부분을 제어한다. 결과적으로, 갑상선 기능의 저하는 피로와 체중증가를 일으키는 반면, 갑상선 항진은 불안, 빠른 심장 박동, 체중감소, 과민 반응 등을 일으킨다.

그림 25.10 목의 비대해진 갑상선을 갑상선종이라고 한다.

갑상선종(Goiter)은 갑상선 비대로 인해 발생하는 흔히 볼 수 있는 건강 문제다(**그림 25.10**). 갑상선종에는 여러 가지 원인이 있는데, 특히 요오드 섭취량이 적은 지역에서 많이 볼 수 있다. 요오드 섭취량이 적은 경우 갑상선은 요오드를 함유한 티록신을 생성할 수 없다. 이는 우리 몸의 티록신양을 떨어뜨린다.

신체에 티록신 생성을 늦추도록 지시하는 정상적인 음성 피드백이 없으면, 시상하부와 뇌하수체 전엽은 각각 티록신 방출 호르몬과 티록신 자극 호르몬의 생산량을 증가시킨다. 갑상선이 티록신을 생성하는 데 성공하지 못하지만 계속 티록신 생성을 시도하면, 갑상선은 눈으로 볼 수 있을 정도의 덩어리인 갑상선종이 되도록 부풀게 된다. 미국에서 요오드 강화 식염의 광범위한 사용은 대부분의 요오드 결핍을 예방하지만, 아시아, 중앙아프리카 및 남미 일부 지역에서는 이러한 현상을 흔히 볼 수 있다.

갑상선은 또한 혈액 내 칼슘 수치를 조절한다. 칼슘은 뼈와 치아를 만들고 유지하는 데 필요하며, 신경과 근육의 기능에 영향을 미친다. 혈액에 칼슘이 너무 많으면 갑상선은 **칼시토닌**—아기와 어린이에게 특히 중요한 호르몬—의 방출을 증가시켜 뼈가 과도한 칼슘을 흡수하게 한다(**그림 25.11**).

또한, 갑상선 표면에는 4개의 작은 **부갑상샘**이 있는데, 이 샘은 성인의 칼슘 수치를 조절하는 데 중요한 역할을 하는 또 다른 호르몬인 부갑상샘 호르몬을 생성한다(그림 25.11 참조). 미네랄이 손실되고 보충되면서 뼈는 평생 계속해서 분해되고 다시 만들어진다. 칼시토닌과 함께 작용하는 부갑상샘 호르몬은 이러한 지속적인 뼈의 회전을 자극하는 데 중요한 역할을 한다. 비타민 D(식이 요법 및 태양 노출에 대한 반응으로 생성)와 더불어서, 부갑상샘 호르몬은 소변을 통한 칼슘 손실을 더욱 감소시키고, 뼈에서 칼슘의 방출을 조절하여 식이 칼슘을 사용할 수 있는 신체의 능력을 증가시키는 데에 도움이 된다.

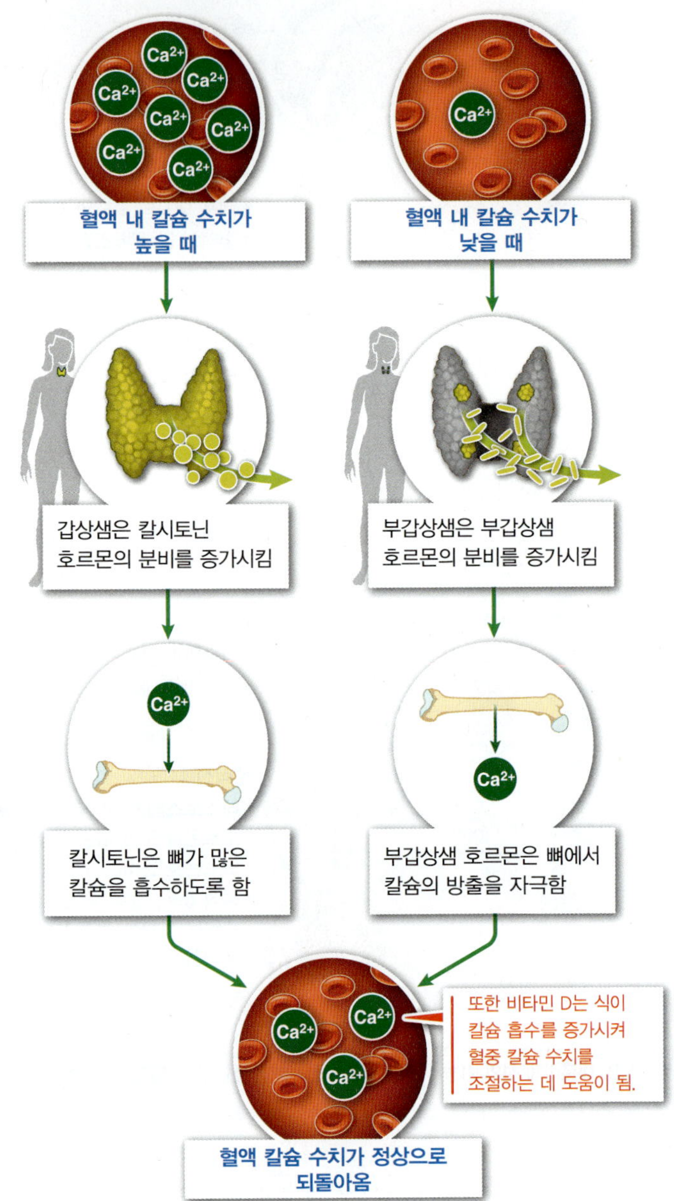

그림 25.11 갑상선과 부갑상선은 신체의 칼슘 이용을 조절한다.

췌장(pancreas) 위 옆에 위치하며, 짧은 관을 통해 소장과 연결된 췌장은 혈당 수치를 조절하는 데 가장 중요한 내분비선이다. 23.18절에서 보았듯이, 췌장은 인슐린과 글루카곤의 통합된 분비를 통해 좁은 범위(인간의 일반적인 혈당 농도는 90 mg/100mL) 내에서 혈당을 유지한다(**그림 25.12**).

식사(특히 탄수화물이 풍부한 식사) 후에는 혈당 농도가 상승한다. 이렇게 혈당 농도가 상승하면, 췌장에서 **인슐린** 분비를 자극한다. 혈류의 인슐린은 간과 기타 조직(주로 근육)이 포도당을 흡수하게 하여 혈당 수치를 낮춘다. 혈당 수치가 떨어지면 인슐린 분비는 감소한다.

반대로, 몇 시간의 단식 후에는 혈당 수치가 점차적으로 떨어진다. 감소된 혈당은 췌장에서 **글루카곤**의 방출을 유발한다. 글루카곤은 인슐린의 반대 효과가 있어 간에 저장된 글리코겐을 포도당으로 전환시켜 혈류로 방출한다. 혈당 농도가 상승하면, 췌장은 글루카곤 분비를 감소시켜 음성 피드백을 통해 항상성을 유지한다.

생식선 **테스토스테론**, **에스트로겐**과 **프로게스테론**을 포함하는 성 스테로이드 호르몬은 대개 생식선에서 생성된다(남성은 정소에서, 여성은 난소에서 생성됨). 이 호르몬은 많은 성적 행동과 성장, 성적 발달(배아에서 사춘기 및 성인기까지 지속)을 포함하여 수많은 신체적, 행동적 그리고 정서적 특성을 나타내고, 생물의 생식 주기 내내 생식세포를 생산한다.

그림 25.13은 주요 동물 호르몬과 그 작용을 요약한 것이다.

다음 절에서는 생식선 호르몬 중 일부와 이들이 운동 능력 및 신체에 영향을 미치는 속성과 얼마나 밀접하게 연관되어 있는지 알아볼 것이다. 또한, 일부 호르몬 보충제의 불법적인 사용에 수반되는 극단적인 건강 결과에 주목하여 알아볼 것이다.

핵심요약 25.5

» 몸 전체의 내분비샘은 내부 및 외부 신호를 감지하고 반응하여 스트레스 반응, 수면 주기, 세포 대사, 혈당 수치, 성 발달과 행동을 포함한 다양한 신체 기능을 조절한다.

혈당 조절

식사 후 인슐린을 포함한 췌장의 호르몬 분비는 혈당을 좁은 범위 내로 유지한다.

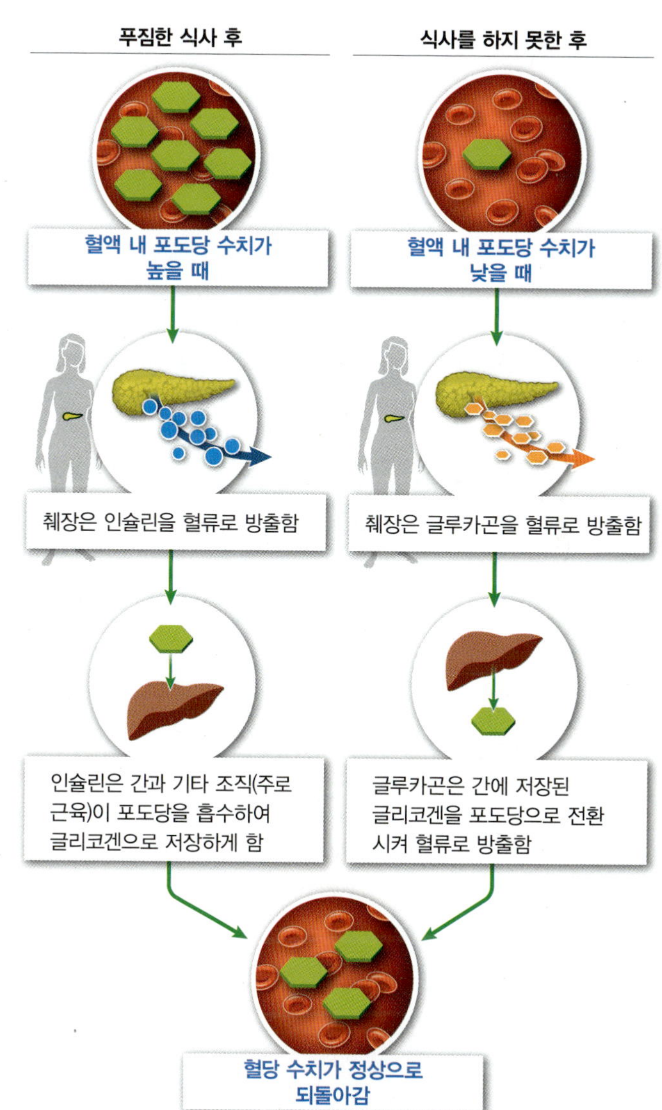

그림 25.12 혈당 균형. 건강한 사람은 과식 후에도 좁은 범위 내에서 혈당 수치를 유지할 수 있다.

내분비계와 호르몬 개요

내분비선과 호르몬	표적 부위	주요 기능
시상하부		
조절 호르몬	뇌하수체 전엽	호르몬의 생성과 방출을 증가시키거나 호르몬의 방출을 줄이거나 멈춤
뇌하수체 후엽 호르몬	뇌하수체 후엽	(아래 뇌하수체 후엽 호르몬 참조)
뇌하수체 전엽		
갑상샘 자극 호르몬	갑상선	세포 호흡에 중요한 티록신 생성을 자극
여포 자극 호르몬	난소(여성), 정소(남성)	난소의 난포 발생이 시작하도록 자극(여성) 정자 성숙 자극(남성)
황체형성 호르몬	난소(여성), 정소(남성)	배란 유발(여성); 테스토스테론 생성 자극(남성)
프로락틴	유선	모유 생성 자극
부신피질 자극 호르몬	부신	코티솔과 다른 스트레스 관련 호르몬 자극
성장 호르몬	간과 다른 많은 기관	뼈, 연골 및 기타 여러 조직의 성장을 촉진하는 화학 물질의 방출을 자극
뇌하수체 후엽		
옥시토신	뇌, 유선, 자궁	다른 사람에 대한 신뢰, 사회적 애착 형성, 수유 중 모유 배출, 출산 중 자궁 수축을 자극
항이뇨 호르몬	신장	신장의 수분 보유에 영향을 줌
송과선		
멜라닌	뇌	수면주기 조절
갑상샘		
티록신	몸 전체의 세포	세포 대사의 속도 및 효율성에 영향을 줌
칼시토닌	뼈	혈액에서 칼슘 수치 조절
부갑상샘		
부갑상선 호르몬	뼈와 소화계	뼈에서 칼슘 방출을 조절하고 비타민 D와 함께 식단에서 칼슘을 활용하는 신체 능력 향상
부신		
아드레날린	평활근, 심근, 골격근, 혈관	스트레스에 대한 신체 반응 개시 : 심박수 증가, 글리코겐 분해 증가, 폐의 세기관지 확장 시작, 산소 흡수 증가
코티솔	몸 전체의 세포	장기간 스트레스에 대한 신체의 반응을 시작하고 조절함, 혈당 수치를 높임
췌장		
인슐린	간, 골격근, 지방조직	혈당 증가(일반적으로 식사 후)에 대한 반응으로 방출되어 간, 근육 및 기타 조직이 포도당을 흡수 촉진
글루카곤	간, 지방 조직	혈당 감소에 대한 반응으로 방출되어 간에 저장된 글리코겐을 포도당으로 전환하여 혈류로 방출
생식선		
에스트로겐	몸 전체의 세포, 여성 생식기	사춘기 시기에 여성의 2차 성징 발달 및 성기 성장 촉진; 임신을 위한 자궁의 월간 준비를 자극
프로게스테론	자궁, 유방	유방의 발달 자극;임신을 위한 자궁 준비 완성
테스토스테론	몸 전체의 세포, 남성 생식기	사춘기 시기에 남성의 2차 성징 발달과 급격한 성장 촉진; 성기의 발달 자극; 정자 생산 자극

그림 25.13 **내분비선, 호르몬 및 주요 기능 요약.**

호르몬은 생물의 거의 모든 측면에 영향을 미친다

▲ 호르몬은 체격과 운동 능력에 영향을 미친다.

25.6 호르몬은 체격과 신체 능력에 영향을 줄 수 있다

투르 드 프랑스는 라이더가 21개의 구간에서 3,500 km 이상 달리며, 3주에 걸쳐 진행되는 가혹한 자전거 경주다. 2006년에 미국 출신 라이더 플로이드 랜디스는 11번 구간부터 17번 구간까지 불가능할 정도의 빠른 속력을 내어 논평가들은 "역대 최고의 질주"라고 불렀다. 이에 따라 전체 선두에서 30초 이내의 기록과 함께 마지막 4구간을 넘음으로써 투르 드 프랑스 경기에서 최종 우승자가 되었다.

승리한지 일주일도 채 되지 않아서, 랜디스가 두 번째 약물검사에서 비정상적으로 높은 수준의 테스토스테론에 대한 양성 반응을 보였다고 발표하였다. 남자의 경우, 테스토스테론과 에피테스토스테론 호르몬의 일반적인 비율은 1:1 또는 2:1 정도이다. 투르 드 프랑스 대회에서는 최대 4:1의 비율을 허용하지만, 랜디스 경우 그 비율이 11:1이었다. 더욱이 혈액 호르몬 테스트에서 몸에서 자연적으로 생성된 호르몬 외에도 합성 형태의 테스토스테론이 검출되었다. 랜디스는 우승 타이틀을 박탈당했고, 2년간 출전 금지 조치가 내려졌다.

운동 선수가 신체 능력을 향상하기 위해서 불법적인 보충제에 의존했다는 이러한 폭로는 참으로 실망스런 일이지만, 야구, 육상, 축구 등을 포함한 스포츠 역사는 테스토스테론 또는 그와 유사한 변종 약물 복용 등 스캔들로 만연되어 있다(**그림 25.14**).

그림 25.14 비신사적 행위. 스포츠에서 많은 운동 선수들은 불법 테스토스테론을 복용함으로써 약물검사에서 양성 반응을 보였다.

Q 스테로이드는 사람의 체격과 성능에 어떠한 영향을 미칠까?

테스토스테론과 구조적으로 유사한 많은 스테로이드 호르몬은 신체 구성에 영향을 미친다. 남성의 경우 테스토스테론 복용에 대한 실험연구에서 10주 이내에 2.3~5.7 kg의 체중 증가를 보인다는 보고가 있다. 이러한 증가는 주로 테스토스테론 수용체 농도가 가장 높은 부위인 어깨, 가슴 위쪽, 팔 위쪽의 근육량이 증가했기 때문이다. 무작위 대조군 연구에서도 숙련된 운동선수와 초보 운동선수 모두에서 근력이 5%에서 20% 증가하는 것으로 나타났다.

테스토스테론은 또한 동물의 운동 능력, 특히 속도와 지구력에 영향을 미치는 것으로 나타났다. **도마뱀**(울타리 도마뱀, *Sceloporus undulatus*)에 대한 실험연구에서 2~3주 동안 테스토스테론을 투여하면 전력 질주 속도는 24% 증가하고 체력은 17% 증가했다.

남성의 정소에서 주로 생성되지만, 남성과 여성 모두의 부신에서도 생성되는 테스토스테론은 표적 세포의 수용체에 결합한 다음 핵으로 이동하여 유전자 발현에 영향을 미친다(그림 25.5 참조). 이후 근육 세포는 단백질 합성을 증가시키고 성장하여 결국 근육량이 증가한다(반면, 지방 저장 세포 생성 속도는 감소한다). 외부에서 보충한 테스토스테론도 근육 조직에서 발견되는 작은 위성 세포의 세포 분열을 증가시켜 근육 복구를 돕는다. 테스토스테론 보충에 대한 추가 반응에는 가슴 털과 얼굴 털을 포함한 2차 성징의 발달과 목소리가 굵어지는 현상이 있다. 이 효과는 남성과 여성 모두에게 나타난다.

스테로이드 호르몬 보충은 많은 부작용을 초래한다. 즉, 순환 테스토스테론 증가에 대한 반응으로 음성 피드백이 작동하여 테스토스테론 생성이 줄어들면서 혈압 상승 및 심장질환 위험, 신장(스테로이드가 대사되는 곳인)과 간 손상, 정소 수축 현상이 나타난다(**그림 25.15**). 또한, 테스토스테론은 세포 분열을 증가시키기 때문에(예: 근육량 증가) 많은 조직에서 억제되지 않은 세포 분열 위험이 증가하고, 결과적으로 많은 유형의 암 위험이 증가할 수 있다.

테스토스테론의 효과

근육량 증가

속도와 체력 향상

지방 저장 세포의 생산 감소

2차 성징의 발달

보충 테스토스테론의 부작용
- 혈압 상승 및 심장병 위험 증가
- 신장 및 간 손상
- 남성의 유방 조직 발달
- 고환 위축(수축)
- 다양한 유형의 암 발병 위험 증가
- 잠재적으로 바람직하지 않은 행동 변화

그림 25.15 좋은 것이 과하다. 신체에서 테스토스테론의 정상적인 영향과 테스토스테론 보충으로 인한 해로움.

핵심요약 25.6

» 테스토스테론 및 유사 호르몬은 유전자 발현에 영향을 미치고, 적절한 수용체가 있는 세포에서 단백질 합성에 영향을 미쳐 사람의 체격과 신체 능력에 영향을 준다. 또한, 스테로이드 호르몬 보충으로 인한 수많은 부작용이 나타난다.

25.7 호르몬은 기분에 영향을 줄 수 있다

무작위적으로, 통제된, 이중 맹검 방법으로 연구자들은 6주 동안 매주 47명의 남성에게 다량의 테스토스테론을 주입한 후 각 참가자의 신체 상태를 여러 번 측정했다. 테스토스테론은 신체적 변화 이상을 초래했다. 즉, 6주가 지난 후 한 남자가 말했다. "나는 기분이 좋다. 나는 자신감이 있고 행복하며 생산적이다. 나는 영원히 이 호르몬에 의존해서 살고 싶다" 연구자들은 이런 반응이 연구 참가자들의 공통적인 반응이라 말하였다.

호르몬은 우리의 신체적 특성과 수행 능력에 영향을 미칠 뿐만 아니라, 우리의 **감정**에도 영향을 미칠 수 있다. 많은 호르몬은 상대적으로 오래 지속되는 감정 상태(사람의 성질보다 짧게 지속되지만, 단일 감정보다 오래 지속되고 덜 구체적임)로 정의되는 **기분**에 뚜렷한 영향을 미친다. 인간의 기분에 영향을 미치는 호르몬의 몇 가지 입증된 효과에 대해 살펴보자.

에스트로겐 여성의 경우, 혈류의 에스트로겐 수치는 일생 동안 변한다. 그리고 우울증의 발병률도 비슷한 양상으로 나타난다. 사춘기때 에스트로겐 수치의 큰 증가, 출산 후 에스트로겐 수치의 급격한 감소, 완경기 시작 시 감소된 에스트로겐 수치는 모두 우울증 발생 증가와 관련이 있다(**그림 25.16**). 호르몬 대체요법의 일부인 에스트로겐 사용은 완경기 여성의 우울증 감소에 효과적이다.

테스토스테론 많은 연구에서 자존감이 높아지고 새로운 아이디어 도출 등을 포함하여 테스토스테론과 남성의 기분 사이에 연관성이 있음을 보여주고 있다. 선행 연구에서, 이 남성들을 활력이 넘치고, 행복감이 넘치며, 자신감이 있고, 카리스마가 있다고 묘사한 것으로 보고되었다. 그러나 일부 사례에서 비특이적으로 공격적이었고, 언어적 적대감을 나타냈다, 심지어 한 참가자는 "놀라울 정도로" 공격적이어서 연구에서 제외해야 했다. 이는 보충 테스토스테론으로 인한 소위 '로이드 분노'에 대한 일화적인 주장과 일치하였다.

경쟁적인 남성 운동선수를 대상으로 한 여러 연구에 따르면, 경기 전에 테스토스테론 수치가 상승하고 기분이 변화한다고 했다(**그림 25.17**). 대회가 끝난 후, 경쟁에서 진 사람의 테스토스테론 수치는 빠르고 극적으로 떨어지는 반면, 승자의 테스토스테론 수치는 여전히 높게 유지되며 때로는 증가하기도 했다.

최근 연구에 따르면, 스포츠 팬들은 생물학적인 "승리의 춤"에

출산 후 에스트로겐의 급격한 감소는 우울증 발병 증가와 관련이 있으며, 때때로 "베이비 블루스"라고도 한다.

그림 25.16 **에스트로겐 수치의 급격한 변화는 기분에 영향을 미친다.**

경쟁이 시작되기 전에 경쟁자의 테스토스테론 수치가 상승한다. 대회가 끝나면 패자의 수치은 빠르게 떨어지지만 승자의 수치는 높게 유지된다. 스포츠 팀의 팬들에게도 비슷한 결과가 보고되었다.

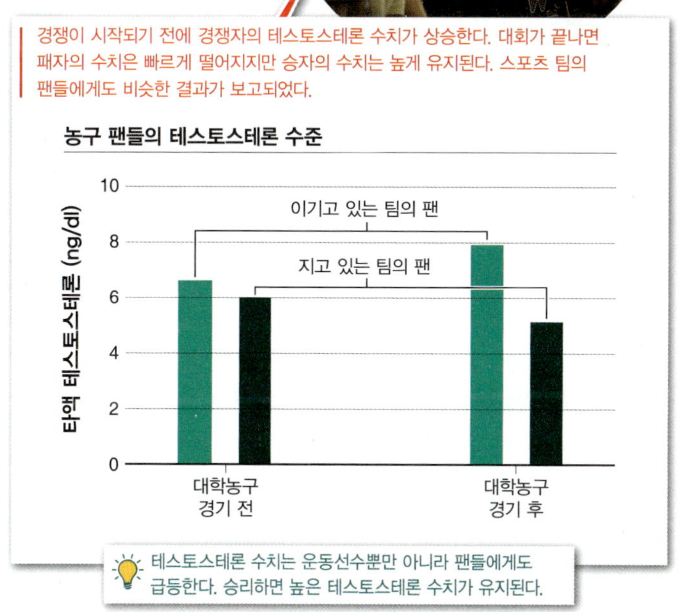

테스토스테론 수치는 운동선수뿐만 아니라 팬들에게도 급등한다. 승리하면 높은 테스토스테론 수치가 유지된다.

그림 25.17 **생물학적 승리의 춤.**

Q 좋아하는 팀의 승리를 지켜보는 짜릿함은 자신이 시합에서 이겼을 때의 기분과 같을까?

참여한다. 월드컵 결승전 동안 브라질과 이탈리아 축구팀의 남성 팬을 대상으로 한 테스토스테론 수치를 측정한 결과(대학 농구팀의 남성 팬에서도 재현됨), 승리한 팀의 팬에서는 테스토스테론 수준이 상승했지만 패배한 팀의 팬에서는 증가하지 않았다.

멜라토닌 무작위적으로, 통제된, 이중 맹검 방법으로 연구자들은 특정 조건에서 멜라토닌 경구 투여는 최면 및 진정과 유사한 효과를 유도하고 수면 효율을 향상시킬 수 있음을 보여주었다. 다른 연구에서는 위약 치료와 비교하여 멜라토닌 투여가 참가자의 자가 보고된 활력을 유의미하게 감소시키면서 피로와 혼란을 증가시키는 것으로 나타났다.

코티솔 부신샘에서 비정상적으로 많은 양의 코티솔을 방출하는 상태인 쿠싱병으로 고통받는 사람의 대다수는 우울증과 불안감을 가지고 있다. 또한, 조직 염증을 줄이기 위해 코르티손(코티솔의 화학적 변형)으로 치료받는 이례적으로 많은 사람은 불안과 우울증으로 인해 고통받고 있다. 이러한 관찰 결과, 연구자들은 설치류에게 식수를 통해 코티솔을 투여하여 연구를 수행했다. 2주 이상의 코티솔이 투여된 그룹은 코티솔에 노출되지 않은 그룹에 비해 작고 어두운 구획에서부터 밝은 조명이 있는 영역으로 나오는 데 훨씬 더 오래 걸렸다—설치류의 불안과 유사한 행동의 척도이다.

핵심요약 25.7

» 에스트로겐, 에스토스테론, 멜라토닌, 코티솔을 포함한 많은 호르몬은 기분에 뚜렷한 영향을 미친다.

25.8 호르몬은 행동에 영향을 줄 수 있다

화학물질이 동물의 행동에 많게 또는 적게 영향을 미칠 수 있는지에 대해서는 가늠하기가 어렵지만, 호르몬이 행동에 영향을 미칠 수 있다는 연구가 매우 많이 보고되고 있다(**그림 25.18**). 연구자들은 다양한 실험적 접근 방식으로 연구를 수행했는데, 대표적인 두 가지 방법은 다음과 같다.

호르몬 수치의 유전자 조작. 연구원들은 에스트로겐 생산에 필수적인 효소인 아로마타제(aromatase)를 만들 수 없는 쥐를 만들었다. 이 생쥐는 일반적인 생쥐와 두 가지 현저한 행동 차이를 보였다. 즉, 아로마타제 결핍 생쥐들은 운동용 쳇바퀴에서 과도하게 달렸고, 물을 뿌렸을 때 털을 고르는 데 일반 쥐보다 더 오랜 시간이 걸렸다. 이 두 가지 행동은 모두 강박장애의 지표다.

Q 설치류가 어떻게 강박적인 행동을 할 수 있을까?

수천 개의 연구 논문에서 행동에 대한 다양한 호르몬 효과에 대해 보고하고 있다

그림 25.18 행동에 대한 호르몬의 영향은 활발한 과학적 연구 분야이다.

호르몬 수치의 생리학적 보충. 연구원들은 명금의 일종인 수컷 방울새에게 테스토스테론 캡슐을 이식했다. 이 수컷은 암컷에게 더 매력적인 소리를 냈고 테스토스테론이 들어 있지 않은 캡슐을 받은 대조군 수컷보다 더 많은 자손을 낳았다. (유사한 연구에서 테스토스테론이 투여된 수컷 새는 근육량이 증가하는 경향이 있었으며, 투여되지 않은 수컷에 비해 더 큰 영역을 확장하고 유지할 수 있었다.)

그러나 테스토스테론이 투여된 수컷 새들은 새끼들과 보내는 시간이 줄어들었고, 새끼들에게 더 적은 양의 먹이를 주었다. 테스토스테론이 투여된 새는 질병에 더 취약하고 수명이 더 짧았다.

호르몬과 행동 사이의 극적이고 긴밀한 관계에 따라서, 남성 성범죄자의 행동을 바꾸기 위해 거세(고환 제거)를 선택해야 하는지 여부에 관한 논쟁이 유발되었다(**그림 25.19**). 거세(고환 제거로 인해 테스토스테론 수치가 거의 완전히 저하됨)가 폭력적인 성범죄자를 안정적으로 갱생시킬 수 있는지 여부에 대하여 격렬하게 논의되고 있다. 성범죄자들이 평생 특정 시설의 관리를 받는 종신형과 거세 중 하나를 선택할 수 있는 극소수의 국가 중 하나인 체코에서 수행한 연구에 따르면, 거세를 받은 80명 중 4%가 추가 범죄를 저지른 것으로 보고되었다. 이러한 결과는 독일에서 거세된 남성 성범죄자 104명 중 3명이 추가 범죄를 저질렀다는 보고와 유사했는데, 이는 거세되지 않은 성범죄자의 추가 범죄가 40%에 이른다는 점과 비교된다. 유사하게, 거세된 성범죄자 900명을 대상으로 한 덴마크 연구에서도 반복 범죄율이 거세되지 않은 성범죄자에 비해서 80%에서 2%로 떨어졌다.

Q 거세는 성범죄자에 대한 효과적이고 인도적인 치료일까?

성범죄자 거세 반대론자들은 앞서 논의된 증거가 거세된 남성의 자기 보고에 부분적으로 의존하기 때문에 신뢰할 수 없다고 주장한다. 더욱이 거세 반대론자들은 성범죄자들에게 그러한 선택권을 주는 것은 그들의 권리를 침해한다고 주장한다. 왜냐하면, 그들 중 많은 사람이 시설에 수용되는 것을 피하기 위해 수술을 선택해야 한다고 느낄 것이기 때문이다. 일부에서는 테스토스테론의 효과를 차단하는 화학물질을 주입하는 가역적인 형태의 거세를 주장하지만, 이는 석방된 범죄자가 자발적으로 치료를 받고 언제든지 중단할 수 있다는 점에서 많은 사람이 반대하고 있다.

거세된 성범죄자들은 테스토스테론 수치가 급격히 떨어지는 것을 경험하지만, 그 절차가 미래의 범죄를 예방하는지 여부는 불확실하다

그림 25.19 유죄 판결을 받은 성범죄의 거세는 윤리적인 과정인가?

핵심요약 25.8

» 많은 실험실 및 현장 연구에서 행동의 발달과 표현에 대한 호르몬의 영향이 입증되었다.

25.9 호르몬은 건강과 수명에 영향을 줄 수 있다

때때로 생물학적 시스템에서 원인과 결과 사이의 연결이 간단하게 나타나기도 한다. 예를 들어, 이제까지 수행된 가장 끔찍한 "실험" 중 하나의 결과를 생각해보자. 1900년대 초에 요양원에 수용된 많은 남성이 거세되었다. 사례 대조 연구에서, 거세된 남성을 같은 해에 태어난 동일한 추정 IQ를 갖고서 요양원에 수용된 거세되지 않은 남성과 비교하였다. 거세된 남성 297명의 평균 수명은 69.3세로 대조군 735명보다 거의 14년 더 긴 것으로 나타났다. 유사하게, 1,000마리 이상의 고양이(암컷 및 수컷)에 대한 분석 데이터에서 불임 고양이가 정상 고양이보다 훨씬 더 오래 산다는 것이 나타났다. 예를 들어, 수컷 고양이 중 거세되지 않은 고양이의 평균 수명은 5.3년인 반면, 거세된 수컷 고양이의 평균 수명은 8.1년이었다(**그림 25.20**). 또한, 오염되지 않은 멸균 생활 환경에서 실험용 쥐를 사육했을 때 수명이 상당히 연장되었다.

유사한 실험에서, 고온 또는 X-선에 노출된 암컷 초파리는 난소 크기가 급격히 감소하여 알을 낳는 비율이 현저하게 감소한 반면, 수명은 73% 증가했다. 다른 연구자들은 쥐의 혈류에 있는 생식호르몬의 양이 대조군(쥐가 원하는 만큼의 음식에 접근할 수 있음)에 비해 칼로리가 제한된 수컷과 암컷에서 유의하게 감소했으며, 칼로리가 제한된 쥐는 대조군에 비해서 40% 이상 더 산다는 것을 발견했다.

도표로 배우기
데이터의 시각적 표현을 비판적으로 살펴보기
이 그림을 더 자세히 살펴보려면 이 장의 끝을 보시오.

불임 및 수명

수컷 고양이의불임 및 수명*

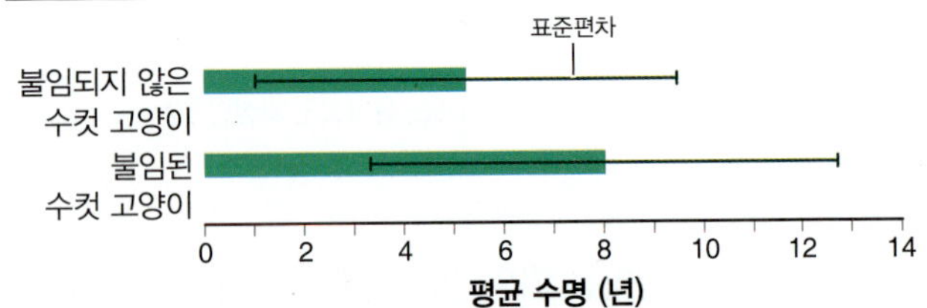

*사망 원인이 알려진 "보호된" 고양이에 대한 데이터만 포함하였으며, 거세되지 않은 고양이에서 더 일반적으로 발생하는 것으로 알려진 외상이나 중독으로 인한 사망은 제외되었다.

인간 남성에서 불임 및 수명†

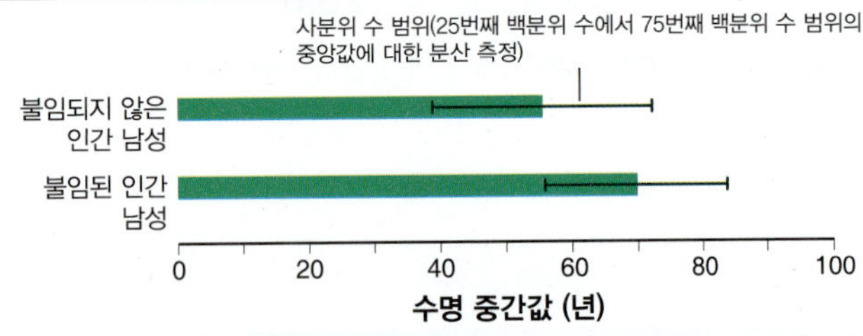

†인간 남성에 대한 데이터는 1871년에서 1932년 사이에 태어난 미국의 요양원에 거주하는 환자의 데이터임.

그림 25.20 테스토스테론과 수명. 불임은 고양이와 인간의 수명을 증가시킨다.

이러한 모든 결과는 순환하는 생식호르몬 수치를 줄이면 수명이 연장된다는 것을 시사하고 있다. 이는 인간뿐만 아니라 설치류에서도 암 발생률이 에스트로겐과 같은 순환하는 생식호르몬의 농도와 밀접하게 관련이 있기 때문인 것 같다.

- 평생 동안 높은 농도의 에스트로겐에 대한 노출은 세포 분열 속도의 증가로 인한 암 위험 증가와 관련이 있다.
- 혈류에서 높은 농도의 에스트로겐은 자궁내막암의 발병률 증가와 관련이 있다.
- 경구 피임약을 복용하는 여성과 많은 자녀를 낳은 여성(둘 다 여성의 평생 난포 발달에 의해 생성되는 에스트로겐 및 기타 호르몬 노출 감소)은 난소암 발병률을 감소시켰다. 20여 편의 연구에 따르면, 경구 피임약을 5년 동안 복용한 경우에서 여성의 평생 난소암 위험이 약 50% 감소했다.

프로게스테론과 테스토스테론의 순환 수준과 관련되어 증가한 암 위험에 대한 유사한 증거가 있다.

그러나 이처럼 당연해 보이는 결과는 신체 생리학적 시스템의 복잡성과 상호연관성을 보여주는 예이다. 방금 논의한 결과를 고려하면, 일반적으로 완경 후 에스트로겐(또는 에스트로겐 및 프로게스테론)의 보충을 포함하는 호르몬 대체요법은 수명을 감소시킬 것으로 생각된다. 그러나 실제로 호르몬 대체에 대한 거의 모든 연구에서, 호르몬 치료법은 연간 사망 위험을 약 25% 줄이고 수명을 연장한다는 사실을 보고하고 있다.

이렇게 증가한 수명은 관찰된 에스트로겐의 부작용과 어떻게 조화를 이룰 수 있을까? 에스트로겐은 순환하는 콜레스테롤 수치를 감소시켜서 노년 여성의 최대 사망 원인인 심장병으로 인한 사망 위험을 줄이는 것으로 알려졌다. 심장 질환은 유방암과 생식기관 암보다 훨씬 더 많은 여성을 사망에 이르게 하므로, 심장 질환을 줄이는 치료는 유방암과 생식 기관 암의 위험이 증가하더라도 수명을 연장시킬 가능성이 크다.

그럼에도 불구하고, 이러한 결과의 복잡한 특성의 결과로 인해 호르몬 대체요법에 관해서는 여전히 혼란과 우려가 있으며, 논쟁이 계속되고 있다. 2013년에, 호르몬 대체요법의 사망 위험에 관한 연구 검토에 따르면, 완경 후 젊은 여성(60세 미만)의 경우 호르몬 요법과 관련된 사망 위험이 크게 감소하지만, 나이든 여성(70세 이상)의 경우에는 관련성이 없다는 것이다. 따라서 호르몬과 건강 및 장수 사이에는 몇 가지 강력한 연관성이 있지만, 호르몬이 신체에 영향을 미칠 수 있는 복잡하고 무수한 방식으로 인해 건강 및 장수에 대한 호르몬의 영향에 대해 명확하게 예측하는 것은 어렵다.

핵심요약 25.9

» 호르몬은 복잡한 방식으로 건강과 수명에 영향을 미친다. 예를 들어, 동물을 불임화하면 순환하는 생식 호르몬 수치가 감소함으로써, 일반적으로 암 사망률이 감소하므로 수명이 연장된다. 그러나 60세 미만 여성의 호르몬 대체요법과 같은 다른 경우에는 호르몬 치료가 연간 사망률을 줄일 수 있다.

환경 오염 물질은 정상적인 호르몬 기능을 방해할 수 있다

▲ 대부분의 인쇄된 영수증에는 잠재적으로 위험한 화학물질이 있다.

25.10 환경에 있는 화학물질은 호르몬을 모방하거나 차단하여 재앙적인 결과를 초래할 수 있다

화학물질인 DDT는 1939년에 시작하여 30년이 넘는 기간 동안 살충제로서 광범위하게 농업용으로 사용되었다. 모기를 비롯한 다양한 곤충을 죽이는 데 매우 효과적이어서 모기가 옮기는 질병인 말라리아를 퇴치하는 전략으로도 널리 사용되었다. 불행하게도, DDT는 해충을 죽인 후에도 환경에 남아있다는 것이다. DDT에 노출된 곤충을 섭취한 동물은 체내 조직에 이 화학물질이 저장된다는 것이다. 그리고 그 동물을 다른 생물이 먹게 되면, DDT가 전달된다. 큰 동물은 DDT를 운반하는 더 많은 수의 곤충과 같은 동물을 먹기 때문에 더욱 더 많은 독성물질을 저장하게 된다.

대머리독수리, 송골매, 펠리컨과 같은 육식 조류에서 DDT는 생식 기관의 발달과 기능을 방해하고 정상적인 알 껍질을 생성하는 기능을 손상시킨다—알 껍질은 알을 품는 부모의 무게로 깨지게 된다(**그림 25.21**). 이러한 문제는 많은 조류 종의 심각한 개체 수 감소로 이어졌으며, 또한 일부 종의 멸종으로 이어졌을 수 있다.

생물학자인 Rachel Carson은 1962년에 출판한 **침묵의 봄**에서 DDT 사용 결과에 대한 주의를 경고하였다. Carson의 책은 미국에서 환경 운동의 시작을 대변하였다. 대중의 항의를 불러일으킴으로써, DDT는 미국에서 결국 금지되었고, 이러한 금지령은 대머리독수리 개체 수의 회복에 중요한 역할을 한 것으로 보고되었다.

그림 25.21 25-21 DDT의 영향.

DDT는 **내분비계 교란 물질**이라고 하는 합성 화학물질이다. 내분비계 교란 물질은 호르몬, 특히 에스트로겐과 화학적으로 유사하다. 많은 내분비계 교란 물질은 에스트로겐과 동일한 수용체에 직접 결합할 수 있으며, 호르몬을 차단하거나 방해하는 유해한

내분비 교란 물질의 부작용

다양한 동물 집단이 내분비 교란 물질의 악영향을 받는 것으로 보인다.

포유류

발트해 고리바다표범의 개체군에서 내분비 교란 물질은 동물의 70%에서 부분적 또는 완전한 불임을 유발하는 원인으로 밝혀졌다.

물고기

잉어, 무지개송어, 가자미를 포함한 다양한 어종에서 내분비 교란 물질에 노출되면 생식 기능이 방해 받는다.

무척추 동물

내분비 교란 물질은 해양 무척추 동물에서 결함 있는 껍질을 생성하고 암컷 생식기를 수컷화하여 생식력을 감소시킨다.

그림 25.22 일부 소비 제품에는 야생에서 내분비 교란 물질로 작용하는 화학물질이 포함되어 있다.

영향을 줄 수 있다. DDT 외에도 산업체 제품에 내분비계 교란 물질 사용은 지난 10년 동안 크게 감소했지만, 산업용 냉각제 및 윤활제로 사용되는 **PCB(폴리염화비페닐)**; 부드러운 장난감 및 화장품에서 흔히 발견되는 **프탈레이트**; 그리고 **비스페놀 A(BPA)**가 식품 캔, 플라스틱 물병 및 유아용 젖병 안감을 포함한 많은 플라스틱에서 발견되고 있다(**그림 25.22**).

내분비 교란 물질은 때때로 산업 제조 공정의 유출수 또는 공기 중 오염물질로 운반된다. 내분비 교란 화학물질에 대한 노출은 여성화 또는 남성화 효과와 관련된 다양한 생리적 부작용을 동반해 왔다.

1. **포유류.** 발트해 연안 바다표범의 개체군은 부분적으로 서식지에 PCB와 DDT를 포함한 오염물질 농도가 높아 지난 100년 동안 그 수가 현저히 감소했다. 이러한 오염물질은 여러 방식으로 암컷의 생식기능을 방해하여 동물의 70%에서 부분적 또는 완전한 불임을 초래할 수 있다.

2. **어류.** 잉어, 무지개송어, 가자미를 비롯한 다양한 어종이 하수 유출수의 내분비 교란 물질에 노출되면, 생식기능이 방해받는 것으로 알려져 있다. 어떤 경우에는 일반적으로 암컷에서만 발견되는 알 단백질을 수컷이 생산하기도 한다.

3. **무척추동물.** 트리부틸틴(tributyltin) 화합물 또는 TBT라고 하는 화학물질 그룹은 선박 선체에서 유기체의 성장을 줄이는 데 사용된다. TBT는 여러 해양 종에서 내분비 교란 물질로 작용한다. 예를 들어, 굴은 TBT에 노출되면 결함 있는 껍데기를 생성하며, 다른 수많은 해양 무척추동물에서는 암컷의 생식기가 남성화되고 동물의 생식력이 감소하는 것으로 알려졌다. 이러한 영향으로 인해 바다달팽이 및 가랑이와 같은 복족류 개체수가 전 세계적으로 감소하고 있다.

많은 수의 합성 및 천연 화학물질은 자연 및 실험실 동물 개체군 모두에서 내분비 교란 기능을 가지고 있다. 그러나 이러한 화학물질이 인간의 건강 문제를 유발하는지 여부에는 여전히 논란의 여지가 있다. 지금까지 많은 연구가 진행 중이며, 결과가 상충되거나 일관성이 없다. 미국 정부는 여기에서 설명된 내분비 교란 물질 사용의 제한을 위해 여러 단계를 밟고 있다.

핵심요약 25.10

» 내분비 교란 물질은 인간이 사용하는 화학물질로서, 호르몬을 모방, 차단 또는 방해할 수 있으며, 다양한 생리학적 부작용을 유발할 수 있다. 내분비 교란 물질이 많은 동물 종에 영향을 미치지만, 이러한 화학물질이 인간의 건강 문제를 유발하는지 여부에 대해서는 여전히 논란의 여지가 있다.

25.11 영수증을 원하십니까? (아닐 수도 있다.)

인간은 삶을 더 안전하고 쉽게 만들기 위해 환경을 바꾸고 상품을 만드는 데에 달인이다. 그러나 더 많은 화학물질을 생성함에 따라 그 영향을 주시하고 평가해야 한다. 지금까지 살펴본 바와 같이, DDT, PCB, 프탈레이트 및 TBT와 같은 일부 화학물질에 대한 노출은 정상적인 호르몬 기능을 방해하고 우리를 비롯한 다양한 생명체에 해를 끼칠 수 있다.

인간 에스트로겐을 모방할 수 있는 내분비 교란 물질 중 하나인 비스페놀 A(BPA)에 대한 우려로 인해서, 일부 미국 주에서는 재사용 가능한 식품 및 음료 용기에 BPA 사용을 금지했으며, 다른 주에서는 유사한 금지를 고려하고 있다. 인간을 대상으로 50여 개 이상의 연구에서 사람들이 일상생활에서 접할 수 있는 농도의 BPA에 노출되면, 성인의 생식기능 감소와 어린이의 뇌 발달장애를 일으킬 가능성이 있었다.

그럼에도 불구하고, 선진국의 거의 모든 사람이 BPA와 접촉하는데, 원인은 바로 **인쇄된 영수증**이다. 금전 등록기 및 ATM에서 영수증을 인쇄하는 데 사용되는 모든 감열지의 절반 이상에는 가열될 때 색상을 생성하는 BPA 층이 포함되어 있다. BPA가 피부에 닿는 것만으로도 우리 몸에 들어갈 수 있을까?

BPA가 피부를 통해 흡수되는지 어떻게 알 수 있을까?

그 질문에 답하기 위한 한 가지 접근 방식이 있다. 연구원들은 389명의 임산부를 대상으로 BPA 수치(리터당 마이크로그램, μg/L)를 측정한 결과, 일상적으로 영수증을 취급하는 사람들의 체내 BPA 수치가 평균보다 높다는 것을 발견했다. 그리고 소변 내 BPA의 평균 농도는 1.9 μg/L(SE = 1.0, SE는 연구 참가자 간의 편차 측정)인 반면, 여성 계산원의 BPA 농도는 2.8 μg/L(SE = 1.1)로 가장 높았다. 교사와 산업 종사자는 각각 1.2 μg/L 및 1.8 μg/L 수준이었다.

이것이 영수증을 만지면 BPA가 우리 몸에 들어간다는 것을 증명하는가?

이러한 결과는 영수증을 만지면 체내 BPA 수치가 높아진다는 가설과 일치한다. 그러나 이러한 관찰에 대한 실행 가능한 대안 가설이 있는가? 물론이다. 여기 하나가 있다: 계산원인 사람들의 개체군과 다른 직업에 종사하는 개체군이 영수증 취급이 아닌 다른 이유로 BPA 더 노출될 수 있다는 것이다.

신체의 BPA 수치 증가가 영수증 취급으로 인한 것인지 여부를 어떻게 테스트할 수 있을까?

어떤 연구자들은 24명의 지원자를 대상으로 소변에서 BPA 수치를 측정하여 이 아이디어를 테스트하기 시작했다. 그런 다음, 지원자들은 장갑을 끼지 않은 상태에서 2시간 동안 계속해서 영수증을 취급하고 BPA 수치를 다시 측정했다. 대조군으로 일주일 후에 이러한 절차를 반복했지만, 한 가지 변경 사항은 참가자가 장갑을 착용했다는 것이다. 다시, 영수증을 처리하기 2시간 전과 후에 BPA 수준을 측정했다.

이러한 방법으로 찾은 것은 다음과 같다.

	소변 내 BPA, μg/L(95% 신뢰 구간)	
	영수증을 만지기 전	영수증을 만진 후
장갑 미착용	1.8 (1.3 – 2.4)	5.8 (4.0 – 8.4)
장갑 착용	1.3 (0.8 – 2.1)	1.8 (0.9 – 3.5)

장갑을 끼지 않고 영수증을 취급하는 그룹에서 BPA 수치는 장갑을 끼고 있는 그룹보다 3배 이상 높았다. (연구원들이 8시간 후에 장갑을 착용하지 않은 참가자 중 12명을 재측정했을 때 BPA 수치는 5배 더 높았다!) 연구원들은 BPA가 영수증을 만진 후 피부를 통과할 수 있고 또 들어갈 수 있다고 결론을 내렸다.

이 결과로부터 영수증의 BPA가 건강에 해롭다는 결론을 내릴 수 있을까?

이 경우 감열지의 영수증을 취급한 결과, BPA가 체내로 들어갈 수 있다는 것은 합리적으로 높은 신뢰성을 가진다. 그러나 연구자들은 건강 상태를 측정하지 않았다. (그리고 실제로 영수증 처리로 인해 증가한 BPA 수치는 상대적으로 낮았다. 다른 연구에서는 통조림 스프를 먹은 후 BPA 수치가 20.8 μg/L로 상당히 높았다.)

이는 이 연구가 영수증의 BPA가 건강에 해로운지 여부를 다루는 데 가치가 없다는 것을 의미할까?

먼저, 우리는 이 질문에 답해야 한다: "영수증을 취급하는 과정에

생각하기, 짝과 나누기

수업 수강생 중 한 명과 짝을 만드시오. 다음의 질문을 읽고 답에 대하여 60초 동안 조용히 생각하시오. 이후 5분 동안 토론을 하고 자신의 답을 공유할 수 있게 준비하시오.

- 이 "대조구" 과정이 영수증의 BPA가 체내로 들어갔을 다른 가능성을 배제하는 데 도움이 되는가? 그 이유는?
- 이러한 방법론이 갖게 될 윤리적 문제는 무엇인가?

서 발생하는 BPA가 건강에 위험을 초래한다"는 가설 검증에 적절한 증거를 생성할 수 있는 실험은 무엇일까? 연구자들은 연구 대상의 건강 상태가 조금이라도 나빠지면 측정할 수 있도록 처리 집단이 장기간 BPA에 노출되는 무작위적으로, 통제된, 이중 맹검 연구를 위해 많은 수의 인원을 모집할 수 있다.

물론 가설을 검증하기 위한 이러한 실험적 접근은 불가능하거나 윤리적이지 않을 것이다. 대조적으로, 소규모의 간접 조사 접근 방식은 실행 가능하고 가치가 있다.

BPA, 영수증 처리와 건강에 대한 지금까지의 지식으로 우리는 어떤 결론을 내릴 수 있을까?

영수증 처리 연구에서, 연구원들과 다른 전문가들은 사람들이 이전에 생각했던 것보다 훨씬 더 높은 수준의 BPA에 노출될 수 있다고 결론지었다. 그러나 이들은 감열지의 BPA에 대한 대부분 사람의 노출 정도가 건강에 심각한 악영향을 미칠 만큼 충분한지에 관해서는 회의적이다. 하지만 점원이나 은행 직원과 같이 주당 40시간 동안 영수증을 처리해야 하는 특정 직업에 종사하는 사람들과 임산부는 우려할 만한 이유가 더 많을 것이라는 의견을 제시했다.

핵심요약 25.11

» 실용적이고 윤리적인 이유에 의해서, 일부 실험에서는 무작위적으로, 통제된, 이중 맹검 접근 방식을 사용할 수 없다.

생활 속 생명과학 | 증거를 사용한 의사결정 안내

페로몬은 실생활에서 "사랑의 묘약"일까?

Q: 성페로몬이란 무엇일까? 암컷 집시나방이 생산하는 것과 같은 성페로몬은 환경으로 방출되는 화학적 전달 물질로, 넓은 지역에 걸쳐 암컷이 짝짓기 준비가 되었음을 수컷에게 알리는 것이다.

Q: 인간도 성페르몬을 생산할까? 이 질문에 관한 판단이 나오긴 했다. 1971년, 대학 기숙사에 사는 여성들 사이에서 아마도 겨드랑이의 땀샘에서 분비되는 페로몬이 다른 여성의 생식 주기를 단축하거나 연장할 수 있다는 데이터를 발표했다(26.8절 참조). 그러나 다른 종의 성페로몬에 대한 충분한 증거에도 불구하고, 인간에게 성페로몬이 존재한다는 증거는 여전히 뜨거운 논쟁거리다.

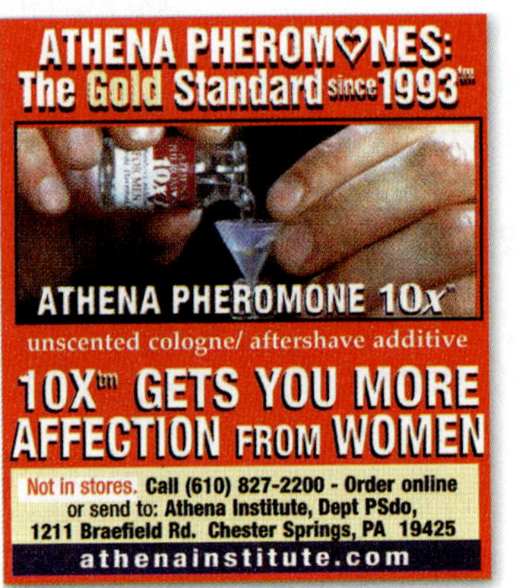

Q: 다른 연구에서 제기된 주장은 무엇일까? 2002년에 발표된 연구에 따르면 인간 페로몬이 남성에 대한 여성의 성적 매력을 증가시킬 수 있다고 주장했다. 이중 맹검, 위약 대조 연구에서 여성의 한 집단은 향수에 인간의 성페로몬을 첨가했고, 대조군 여성 집단은 위약을 가지도록 했다. 그런 다음 각 그룹의 여성들에 대해서, 3개월 동안 키스, 데이트, 성행위, 남성 접근을 포함한 그들의 "사교적" 행동을 기록했으며, 페로몬이나 위약을 투여받기 전에 동일한 여성들이 행한 관찰한 내용과 비교했다. 결과는? 사회-성적 행동의 빈도 증가를 경험한 사람이 페로몬 사용자의 경우에서 위약 사용자의 경우보다 3배 이상 많았다(74% 대 23%). 연구자들은 페로몬이 성욕을 자극하는 역할을 한다고 결론지었다.

Q: 단 하나의 연구 주장을 확신할 수 있을까? 이 연구의 이중 맹검 및 위약 대조 측면은 저자의 가설을 엄격하게 검증하려는 중요한 시도가 있었음을 나타낸다. 그러나 이 연구는 여러 가지 이유로 비판을 받아왔다. 저자는 제한된 연령 범위(27.8 ± 6.7세) 내의 소수의 여성(n = 36)만을 3개월 동안 테스트했다. 아마도 더 중요한 것은 그들이 출판된 보고서에서 향수에 첨가된 화학물질을 공개하지 않았다는 것이다. 또한, 연구의 저자 중 한 명이 독점 화학물질을 합성하여 이윤을 목적으로 현재 판매하고 있다는 것이다. 마지막으로, 결과에 대한 새로운 분석도 결과의 중요성에 흠을 낼 수 있다.

Q: 결론은? 따라서 결과는 확실하지 않지만 뭔가 있을 수 있음을 시사하며, 확실한 결론을 내리기 전에 좀 더 실험적인 증거를 기다려야 할 것 같다.

연습 데이터의 시각적 표현을 비판적으로 살펴보기

도표로 배우기

1. 이 그래프에서 "얻을 수 있는 메시지"는 무엇일까? 어떤 추가적인 데이터가 도움이 될까? 그 이유는?
2. 그래프에 사용된 척도는 무엇인가? 고양이 그래프가 0~100년 범위이고 사람 그래프가 50~70년 범위라면, 그래프가 어떻게 다르게 인식될까? 그것은 오해의 소지가 있는 설명이 아닐까? 그 이유는?
3. 고양이의 불임으로 인해 늘어난 수명은 몇 퍼센트인가? 인간의 경우에는 어떠할까?
4. 비기술적 용어로 "표준편차"는 무엇을 의미할까? 여기서 에러 바는 막대로 표시된 "평균 수명"보다 더 확장되었다. 이는 무엇을 나타내는가?
5. 특성에 대한 평균값이 동일한 개체군의 경우, 표준편차가 큰 것과 작은 것의 차이는 무엇일까?
6. 하단 그래프에서 수명은 중간값 수명으로 나타내었다. 이는 무엇을 의미하는가? 평균 수명과 어떻게 다를까?
7. 25번째 백분위 수는 무엇을 의미하는가? 75번째 백분위 수는 무엇을 의미하는가?
8. 아래 그래프의 데이터가 요양원 환자로부터 수집된 이유를 제시하시오.

수컷 고양이의 불임 및 수명*

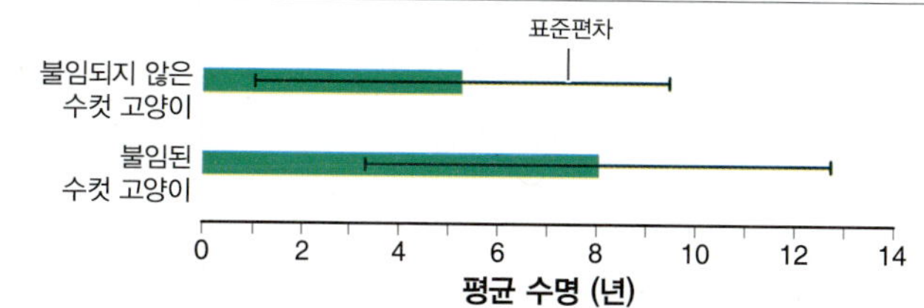

*사망 원인이 알려진 "보호된" 고양이에 대한 데이터만 포함하였으며, 거세되지 않은 고양이에서 더 일반적으로 발생하는 것으로 알려진 외상이나 중독으로 인한 사망은 제외되었다.

인간 남성에서 불임 및 수명†

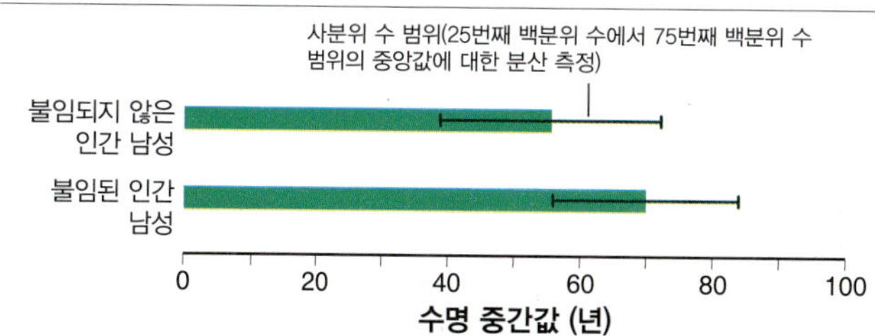

†인간 남성에 대한 데이터는 1871년에서 1932년 사이에 태어난 미국의 요양원에 거주하는 환자의 데이터임.

답은 부록에 있음.

주요 용어: 호르몬

요약

호르몬은 세포 기능을 조절하는 화학 메신저다.

- 복잡한 감정과 행동은 신체에서 생성되는 화학 신호의 영향을 받을 수 있다. 예를 들어, 옥시토신에 노출되면, 인간의 신뢰와 사회적 애착이 촉진된다.
- 호르몬은 내분비 세포와 내분비선에 의해 순환계로 분비되는 화학 메신저다. 호르몬은 내부 소통과 조절 시스템의 일부로 신체의 다른 곳에서 표적 세포의 작용에 영향을 미친다.
- 호르몬은 세포에 해당 호르몬에 대한 수용체가 있는 경우에만 표적 조직의 활동을

조절할 수 있다. 표적 세포 내부 또는 세포 원형질막의 수용체에 일단 결합하면, 호르몬은 유전자 전사 속도에 영향을 미치는 등 세포의 변화를 일으킨다.

호르몬은 신체 곳곳의 내분비선에서 생성된다.

- 시상하부는 뇌와 신체의 나머지 부분에 있는 뉴런으로부터 입력을 받고, 이 정보를 사용하여 적절한 호르몬(및 신경 신호)을 보내며, 종종 뇌하수체가 신체 조직에 중요한 조절 효과가 있는 호르몬을 방출하도록 지시한다.
- 몸 전체의 내분비선은 내부 및 외부 신호를 감지하고 반응하여, 스트레스 반응, 수면 주기, 세포 대사, 혈당 수치, 성 발달과 행동을 포함한 다양한 신체 기능을 조절한다.

호르몬은 생물의 거의 모든 측면에 영향을 미친다.

- 테스토스테론 및 유사 호르몬은 유전자 발현에 영향을 미치고 적절한 수용체가 있는 세포에서 단백질 합성에 영향을 줘서 사람의 체격과 신체 능력에 영향을 미친다. 또한, 스테로이드 호르몬 첨가로 인해서 수많은 부작용이 있다.
- 에스트로겐, 테스토스테론, 멜라토닌, 코티솔을 포함한 많은 호르몬은 기분에 뚜렷한 영향을 미친다.
- 많은 실험실 및 현장 연구에서 행동의 발달과 표현에 대한 호르몬의 영향이 입증되었다.
- 호르몬은 복잡한 방식으로 건강과 수명에 영향을 미친다. 예를 들어, 동물을 불임화하면 순환하는 생식 호르몬 수치가 감소하여 일반적으로 암 사망률이 감소하므로 수명이 연장된다. 그러나 60세 미만 여성의 호르몬 대체요법과 같은 다른 경우에는 호르몬 치료가 연간 사망률을 줄일 수 있다.

환경 오염 물질은 정상적인 호르몬 기능을 방해할 수 있다.

- 내분비 교란 물질은 인간이 사용하는 화학물질로서, 호르몬을 모방, 차단 또는 방해할 수 있으며, 다양한 생리학적 부작용을 유발할 수 있다. 내분비 교란 물질이 많은 동물 종에 영향을 미치지만, 이러한 화학물질이 인간의 건강 문제를 유발하는지 여부에는 여전히 논란의 여지가 있다.
- 실용적이고 윤리적인 이유에 의해서 일부 실험에서는 무작위적으로, 통제된, 이중맹검 접근 방식을 사용할 수 없다.

복습하기

짧게 답하기

1. 옥시토신 호르몬이 인간에게 미치는 영향을 설명하시오.
2. 내분비계와 신경계를 비교하시오. 어떻게 다른가?
3. 호르몬이 표적 세포에 영향을 미치는 일반적인 과정을 설명하시오.
4. 신경계와 내분비계 사이의 연결 역할을 하는 뇌의 부분은?
5. 스트레스 반응 경로는 음성 되먹임 고리에 의해 조절된다. 이 메커니즘이 어떻게 작동하는지 설명하시오.
6. 폴리펩타이드 및 아민 호르몬을 스테로이드 호르몬과 비교 및 대조하여 설명하시오.
7. 시상하부, 뇌하수체 후엽, 뇌하수체 전엽은 어떻게 상호작용하며 내분비계에서 어떤 역할을 하는가?
8. 일부 남성 범죄자의 거세가 범죄 활동을 감소시키는 이유를 설명하시오.
9. 경구 피임약을 복용하는 여성과 많은 수의 자녀를 출산하는 여성의 난소암 발병률이 낮은 이유는?
10. 내분비 교란 물질의 일반적인 영향은 무엇인가? 이 물질이 환경에 소량이라도 있으면 일부 생물체에 해로울 수 있는 이유는?
11. 살충제 DDT가 새의 개체군에 미치는 영향을 설명하시오.

정답 고르기

1. ______ 호르몬의 표적 세포는 여성의 자궁과 유방에 있다. 이 호르몬은 표적 세포가 수축하도록 자극하여 분만 중에 신생아를 밀어내는 자궁 수축을 유발하고 아기에게 먹이기 위해 유방 세포에서 우유를 방출하게 한다.
   a) 옥시토신
   b) 프로게스테론
   c) 에스트로겐
   d) ACTH
   e) 프로락틴
2. 효과적으로 작동하기 위해 내분비계는 다음 중 어떤 기관계에 주로 의존되어 있는가?
   a) 근육계
   b) 순환계
   c) 소화계
   d) 생식 기관
   e) 면역계
3. 사실이라면, 다음 설명 중 생물의 내분비계가 신경계보다 먼저 진화했을 수 있다는 제안을 가장 잘 뒷받침하는 것은 무엇일까?
   a) 신경계는 내분비계보다 더 복잡하므로 분명히 나중에 진화했을 것이다.
   b) 내분비계는 신경계가 제공하는 것과 동일한 기능을 모두 제공할 수 있다.
   c) 우리가 알고 있는 가장 오래된 생물는 호르몬을 생산할 수 있었다.
   d) 식물에는 내분비계가 있지만, 신경계는 없다.
   e) 뇌가 없는 단순한 동물은 내분비계를 가지고 있다.
4. 인간의 성호르몬은 어떤 유형의 생물학적 분자일까?
   a) 효소　　b) 지질

c) 단백질 d) 탄수화물
e) 핵산

5. 옥시토신을 차단하는 분자를 암컷 프레리 들쥐에게 주사하면 다음 중 어떤 효과가 있을까?
   a) 암컷은 자궁 수축을 경험할 것이다.
   b) 암컷은 짝짓기를 하는 수컷과 유대감을 갖지 않을 것이다.
   c) 수컷 들쥐는 암컷과 그 자손을 거부한다.
   d) 암컷은 자손을 낳을 수 없다.
   e) 위의 내용이 모두 옳다.

6. 다음은 내분비선과 내분비선에서 생성된 호르몬의 연결이다. 그 연결이 바르지 않은 것은?
   a) 부신피질: 코티솔
   b) 췌장: 인슐린
   c) 고환: 테스토스테론
   d) 난소: 에스트로겐과 프로게스테론
   e) 갑상선: 옥시토신

7. 성범죄자를 거세하는 것이 범죄 행위를 저지하는 데 효과적이라는 증거에 대해 어떤 중요한 문제가 제기되었을까?
   a) 남성만 시험했다. 여성도 시험하지 않는 한(난소를 제거) 명확한 근거를 얻을 수 없다.
   b) 상습범에 대한 증거는 거세한 범죄자가 스스로 답한 것이다.
   c) 어떤 경우에는 거세가 실제로 재범하는 경향을 증가시켰다.
   d) 특정 문화와 국가의 남성들만 거세했기 때문에 증거를 다른 문화로 확장하기 어렵다.
   e) 사례의 100%로, 거세는 반복적인 범죄를 효과적으로 중단시켰다. 증거는 분명하다.

8. 다음 중 호르몬 대체 요법으로 인한 에스트로겐 수치 증가와 관련이 없는 것은?
   a) 심장 질환의 위험 증가
   b) 수명 연장
   c) 자궁내막암의 위험 증가
   d) 난소암 위험 증가
   e) 세포 분열 수준의 증가

9. 24시간 동안 금식한 사람의 혈액 시료는 다음과 같다.
   a) 높은 수차의 인슐린과 낮은 수치의 글루카곤
   b) 인슐린과 글루카곤 모두 높은 수치
   c) 높은 수치의 글루카곤 및 표준 수치의 인슐린
   d) 인슐린과 글루카곤 모두의 낮은 수치.
   e) 높은 수치의 글루카곤 및 낮은 수치의 인슐린.

10. 많은 여성 보디빌더들은 근육량을 늘리고 원하는 몸매를 만들기 위해 스테로이드(테스토스테론)를 복용한다. 결과에는 다음을 제외한 모든 것이 포함될 수 있다.
   a) 경쟁력과 공격성 증가
   b) 모발 성장 증가
   c) 사물 기억 시험에서 기능 저하
   d) 집중력 증가
   e) 생식력 감소

11. 수컷 명금에게 일정 시간 동안 고용량의 테스토스테론을 투여했을 때, 다음 중 효과가 없을 것 같은 것은?
   a) 이 새는 체내 순환 테스토스테론 수치가 낮은 수컷보다 더 큰 영역을 차지할 것이다.
   b) 이 새는 더 큰 수컷과 많은 싸움을 할 것이다.
   c) 이 새는 대부분의 다른 수컷보다 수명이 더 길 것이다.
   d) 번식 성공률을 높일 수 있을 것이다.
   e) 비슷한 체중의 다른 수컷보다 더 많이 근육량을 발달시킬 것이다.

26

생식과 발생

두 명의 부모에서 하나의 배아로, 그리고 한 명의 갓난아기로

▲ 황제펭귄은 일부일처로 산다 — 황제펭귄은 일 년에 한 번만 번식한다.

동물은 어떻게 번식하는가?

▲ 케냐의 새끼와 함께 있는 암사자

26.1 번식하는 방법의 선택권(그리고 윤리적 논쟁)이 점점 많아지고 있다

30세인 Diane Blood는 남편인 Stephen의 아이를 갖기 원했다. 그 당시 영국 고등법원은 그녀의 소망을 허락하지 않았다. 왜냐하면, 그녀의 남편은 이미 죽었기 때문이다.

Stephen Blood는 2년 전에 사망하였으나, 그가 죽기 전 혼수상태에 있을 때 아내는 의사에게 남편의 정자를 채취할 것을 요청했고 그렇게 채취된 정자는 냉동 보관되었다. 그러나 인간수정 및 배아관리소(Human Fertilisation and Embryology Authority)는 그 정자를 사용할 수 없다고 판정하였다. 왜냐하면, 남편이 동의서를 작성하지 않았기 때문이다.

이 사례는 윤리적인 면과 법률적인 면이 충돌하는 유형으로 점점 더 일반화되어 가고 있다(**그림 26.1**). 기술의 발전은 이전에는 불가능했던 상황에서의 임신도 가능하게 하였다. 그러나 많은 긍정적인 결과와 더불어, 많은 수의 복잡한 법적 윤리적 문제가 인공수정 기술에 의해 발생하고 있다. 예를 들어, 대리모 문제, 냉동 배아의 소유권 문제, 정자 또는 난자 공여와 관련된 권리 문제 등은 현재도 법정에서 다툼을 야기한다.

그림 26.1 **신문 헤드라인에서: 윤리적인 논쟁과 생식기술.**

Q 이혼 시에 냉동배아가 부부 간의 다른 자산처럼 양분될 수 있을까?

이 장에서 수정이 일어나는(또는 실패하는) 과정뿐만 아니라, 정자가 남자 몸에서 어떻게 만들어지고, 난자가 여자 몸에서 어떻게 만들어지는지 설명할 것이다. 또한, 수정 이후, 배아가 남자 또는 여자로 발생하기 시작하는 발생 초기 단계를 탐험할 것이다. 그리고 수정을 도와주는 다양한 인공수정 기술의 위험과 희망에 대해 알아볼 것이다.

그러나 우선 앞서 소개한 Diane Blood 사례가 어떻게 해결되었는지 살펴보자. 결국 Diane Blood에게 (값비싼 법률 투쟁비를 지불하기 위해 집을 저당잡히고 나서야) 인공수정이 허용되는 다른 나라로 남편의 정자를 가져가는 것이 허용되었다. 영국법은 아직도 남자의 동의서 없이는 정자 보관을 금지하고 있다. 그러나 항소심에서 그녀의 경우는 예외를 허용함에 따라 Diane Blood는 남편의 정자를 사용하여 임신을 할 수 있었다(그리고 3년 반 뒤에 두 번째 아이를 가졌다).

핵심요약 26.1

» 기술의 발달은 과거에는 불가능했던 많은 상황에서 임신과 착상을 가능하게 하고 있다. 그러나 이와 동시에 복잡한 법률적인 다툼과 윤리적인 딜레마가 증가하고 있다.

26.2 배우자를 얻는 것에 대한 비용과 이득: 무성생식 대 유성생식

현존하는 생물로부터 새로운 생물이 생산되는 생물학적 과정인 "생식"이라는 용어는 보통 남성과 여성이 함께 자손을 생산하는 이미지를 떠올리게 한다. 대부분 동물의 경우, 이렇게 진행된다. 그러나 8.12절에서 살펴본 것처럼, 생물은 기본적으로 두 가지 다른 방식으로 번식한다. 대부분 동식물이 유성생식을 하는 반면, 모든 원핵생물과 많은 동식물종은 무성생식을 한다—그리고 몇몇은 두 가지 방법을 모두 사용해서 번식한다.

유성생식은 두 개체가 유전물질을 제공하여 자손을 생산한다 (**그림 26.2**). 남성 배우자는 **정자**(또는 정자 세포)라 부르고, 여성 배우자는 **난자**라 부른다. 8.8절에서 살펴본 것처럼, 감수분열이라는 세포분열 과정이 배우자를 생산하며, 이 배우자는 체세포에 존재하는 염색체 한 쌍의 절반을 가지고 있다. 남성 배우자와 여성 배우자가 **수정**을 통해 융합하면, 완전한 염색체 수가 복원된다. 배우자의 생산과 수정 시에 두 개체에서 유래한 유전물질의 조합이 자손들의 유전적 다양성을 증가시킨다.

유성생식

유성생식은 두 개체가 유전물질을 제공하여 자손을 생산한다. 유전물질은 생식세포인 배우자에 함유되어 있다.

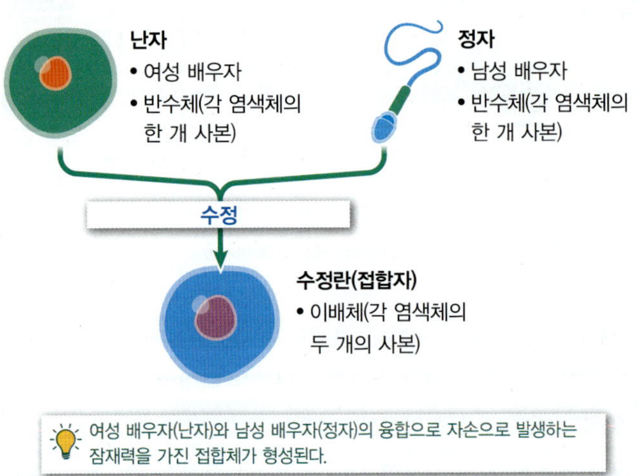

그림 26.2 **유성생식에서 2명의 부모가 자손에게 유전물질을 제공한다.**

유성생식의 중요한 특징은 자손이 유전적으로 서로 다르고, 부모와도 유전적으로 다르다는 것이다(그림 8.26 참조). 이러한 유전적 다양성은 변화하는 환경에 적절히 대응하는 진화적 적응이라 할 수 있다. 만약 환경이 점차 변하고 있다면, 다양한 자손을 생산하는 개체가 새로운 환경에 유전적으로 보다 더 적합한 자손을 가질 확률이 높아진다. 그러나 무성생식에 비해 불리한 점도 있다. 두 가지 주요한 단점은 (1) 배우자를 찾아서 교미하는 것에 많은 시간을 소모하며, 만나기 힘들다는 것과 (2) 한 개체가 자손이 갖게 되는 대립유전자의 절반만 제공한다는 것이다(**그림 26.3**).

유성생식과 달리, **무성생식**은 다른 개체로부터의 유전물질 제공 없이 하나의 개체에 의해서 자손이 번식한다. 동물에는 몇 가지 종류의 무성생식이 있는데, 처녀생식, 출아, 분절 등이 이에 해당한다(**그림 26.4**).

1. **처녀생식**(Parthenogenesis). **처녀생식**에서는 암컷의 난자가 정자와 수정되지 않고도 새로운 개체로 발생한다. 초원 사막 채찍꼬리도마뱀과 같은 몇몇 종은 모든 개체가 암컷이어서 무성생식으로만 번식한다. 다른 종은 환경조건에 따라 무성생식이나 유성생식으로 번식할 수 있다. 즉, 처녀생식은 개체가 가능한 한 빠르게 자원(특히 음식)을 이용하게 한다. 예를 들면, 영양이 풍부한 봄에 진딧물은 수정 없이 성체가 될 수 있는 이배체 어미 세포를 낳는다. 먹이가 모자라게 되면 반수체 알을 낳게 되는데, 이 알은 수정이 되어야만 발생하게 된다. 귀상어와 칠면조 또한 처녀생식으로 번식한다(무성생식으로 태어난 칠면조가 덜 건강한 경향이 있다).

2. **출아**(Budding). 출아에서는 자손이 부모의 성체에서 직접 성

유성생식 대 무성생식

유성생식

장점

- 자손은 유전적으로 서로 다르고 부모와도 다르다(변화하는 환경에 적절히 대응할 수 있는 진화적 적응이 가능하다).

단점

- 배우자를 찾아서 교미하는 것이 어렵고 시간을 소모하는 일이다.
- 한 개체의 대립유전자의 절반만 자손에 전달된다.

무성생식

장점

- 생식이 빠르고 효율적이다.
- 개체의 모든 대립유전자가 자손에 전달된다.

단점

- 환경이 변하고 있다면, 유전적으로 동일한 자손을 생산하는 개체가 환경에 적합한 자손을 가질 확률이 감소한다.

그림 26.3 유전적 다양성 대 효율.

무성생식의 종류

처녀생식
수정 없이 여성 배우자로부터 번식한다.

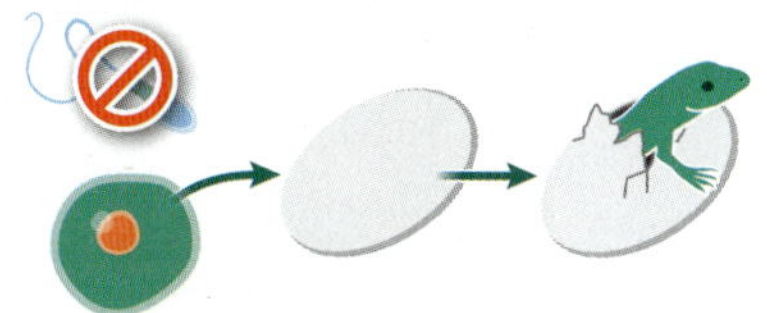

출아
자손이 부모의 성체에서 직접 성장한다.

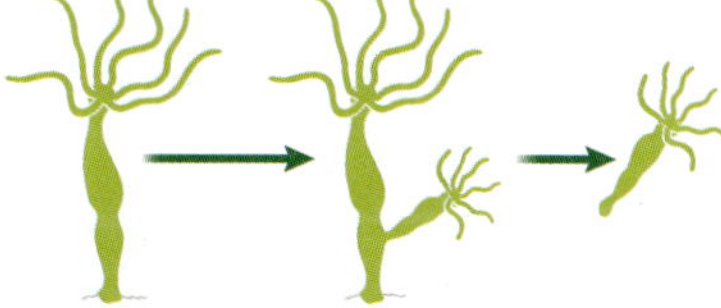

분절
부모가 여러 조각으로 쪼개지고, 각 조각이 충분한 기능을 갖춘 독립적인 개체로 성장한다.

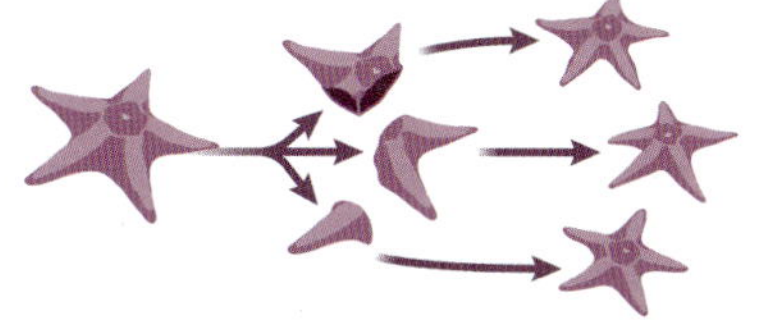

무성생식은 다른 개체로부터 유전물질의 제공 없이 하나의 개체에 의해서 자손을 번식한다.

그림 26.4 무성생식의 종류.

장한다. 육식성 자포동물인 히드라가 출아에 의해 번식한다.

3. **분절**(Fragmentation). 분절에서는 부모가 여러 조각으로 쪼개지고, 각 조각은 충분한 기능을 갖춘 독립적인 개체로 성장한다. 분절은 몇몇 불가사리뿐만 아니라 편형동물의 여러 종에서 관찰된다. 예를 들어, 몇몇 불가사리에서는 팔 하나의 작은 조각도 완전한 성체로 성장할 수 있다.

무성생식은 한 개체만 관여하므로 빠르고 쉽다. 그리고 환경이 안정적이면 자손은 부모가 가지고 있던 모든 유전자를 물려받는 것이 유리하다. 그러나 환경이 변하면 무성생식으로 태어난 개체는 생존에 불리할 수 있다.

핵심요약 26.2

» 생물은 유성생식이나 무성생식 혹은 모두의 방법으로 번식할 수 있다. 개체들이 유전적으로 서로 다르고, 부모와도 다른 자손을 만드는 유성생식은 대부분 식물과 동물 종에서 나타난다. 무성생식은 부모와 유전적으로 동일한 자손을 생성한다. 무성생식은 모든 원핵생물과 많은 동물, 식물 종에서 나타난다.

26.3 수정은 암컷의 몸 안에서 혹은 밖에서 일어날 수 있다

두 가지 기본적인 수정 전략이 진화하였다. 하나는 **체외수정**으로, 암컷과 수컷의 몸 밖에서 난자와 정자가 결합하는 것이고, 또 하나는 **체내수정**으로 정자가 암컷의 생식관에 직접 들어가 몸 안의 난자와 결합하는 것이다. 최초의 척추동물은 바다에서 진화했는데, 바다에서 암컷과 수컷은 그들의 배우자(생식자)를 물에 바로 방출함으로써 수정이 가능하였다. 많은 수생 무척추동물과 대부분

배아 발생

난생

- 배아 발생: 어미 몸 밖의 알에서
- 영양원: 난황
- 예: 모든 조류, 일부 어류, 양서류, 파충류, 곤충, 거미

알
배아
난황

난태생

- 배아 발생: 부화할 때까지 어미 몸 안의 알에서
- 영양원: 난황
- 예: 일부 상어와 기타 어류, 양서류, 파충류, 척추동물

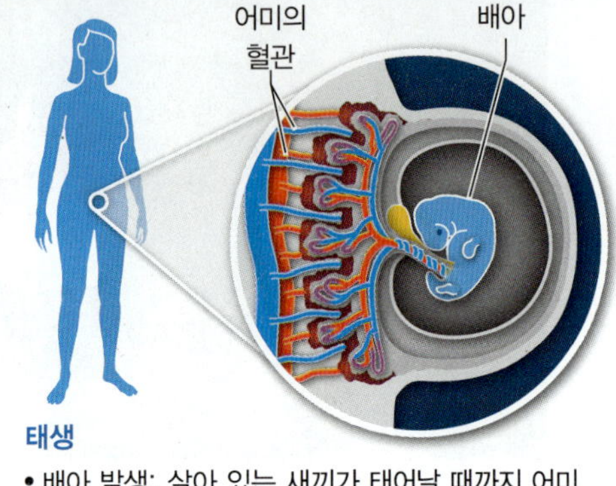

태생

- 배아 발생: 살아 있는 새끼가 태어날 때까지 어미 몸 안에서
- 영양원: 어미 혈액의 영양분
- 예: 거의 모든 포유류; 일부 어류, 양서류, 파충류

그림 26.5 **배아를 보호하고 키우는 세 가지 전략.**

어류와 양서류는 체외수정을 이용하여 정자와 난자를 결합시킨다.

척추동물의 육상 진출은 여러 생태적 지위를 가질 수 있는 장점이 있었지만, 하나의 커다란 문제가 있었다: 육지에서는 체외수정이 제대로 작동하지 않는 것이다. 첫째, 배우자가 물 없이는 이동할 수 없어 서로에게 다가갈 수 없다. 둘째, 훨씬 더 중요한 문제는 배우자가 육지에서는 빨리 건조된다는 것이다. 이러한 이유로 인해 육상에 진출한 척추동물에게 강한 선택적 압력이 작용하여 체내 수정으로 진화하게 되었다.

거의 모든 육상동물이 사용하는 체내 수정은 수컷이 정자를 암컷의 몸속에 직접 넣는 방식으로 배우자 건조 문제를 해결했다. 수컷의 정자 전달은 대개 수컷의 생식기를 암컷의 생식기에 삽입하는 **교미**라는 행위로 이뤄진다. 정자는 암컷의 몸 안에서 수정이 일어날 때까지 살아남을 수 있다.

일단 난자가 정자와 수정되어 생긴 수정란을 **접합자**라고 한다. 첫 번째 세포분열로 두 개의 세포가 된 이후(그리고 사람의 경우 이 분열이 지속되는 발생의 약 8주차까지), **배아**라고 부른다. 배아는 발생단계의 특정 시점에 어미의 몸을 반드시 떠나야 하는데, 이를 위한 세 가지 전략이 있다(**그림 26.5**)

1. **난생.** 수정된 난자가 몸 밖으로 이동해서 대부분의 배아 발생이 몸 밖에서 진행되는 전략으로서, 배아는 알의 난황에 있는 영양분을 섭취하여 성장한 후 살아 있는 새끼가 알에서 나오거나 부화한다. 이러한 발생 전략은 조류, 대부분 어류, 양서류, 파충류, 곤충, 거미 등에서 볼 수 있다.
2. **난태생.** 대부분의 배아 발생이 알 내부의 난황으로부터 영양분을 공급받으면서 일어나지만, 알 자체는 부화할 때까지 암컷 몸 안에 남아 있는(또는 부화 직전에 방출되는) 덜 보편적인 전략이다. 이러한 전략은 상어와 다른 일부 어류, 몇몇 종의 양서류, 파충류, 무척추동물에서 일어난다.
3. **태생.** 배아가 어미의 몸 안에서 혈액으로 공급되는 영양분을 섭취하여 발생하고, 살아 움직이는 새끼가 태어나는 전략이다. 이러한 전략은 사람과 거의 모든 포유류(유대류 포함, **그림 26.6**) 그리고 몇몇 파충류와 양서류, 어류에서 일어난다.

그림 26.6 **캥거루는 태생 동물이다.**

핵심요약 26.3

» 유성생식은 몸 안이나 밖에서 일어나는 수정이 필요하다. 발생하는 배아는 암컷의 몸 안에 있거나 밖에 있는 알의 난황으로부터 영양분을 공급받는다. 또는 어미의 몸 안에 남아 혈액으로부터 영양을 공급받는다.

남성과 여성의 생식계는 중요한 유사성과 차별성을 갖고 있다

▲ 지상에서 영원으로, 1953.

26.4 정자는 정소에서 만들어진다

사춘기부터 전 생애 동안 남자는 하루에 1억 마리 이상의 정자를 계속 생산한다. **정자 형성**이라 불리는 정자 생성 과정은 대부분의 포유동물에서 유사하며, 사람의 경우 9~10주가 걸린다. 이 절에서, 우리는 남성 생식계 및 정자와 정액의 생성에 대해 살펴볼 것이다. 여기서 정액이란 보통 사정 때 분출되는 정자를 함유한 액체를 말한다. 남성 생식기 구조를 먼저 살펴보고, 정자 형성과 수정의 과정에서 각 구조의 역할을 살펴볼 것이다(그림 26.7).

남성 생식 구조 외견상 남성은 음경과 음낭이라는 단지 두 개의 생식기 구조만 갖는다. **음경**은 양쪽 측면에 한 개씩 그리고 아래에 한 개, 총 세 개의 기둥 모양의 조직을 지닌다. 이 조직들은 혈액으로 채워졌을 때 발기되며, 이에 따라 교미가 가능해진다. 사람을 포함한 대부분의 영장류, 개, 바다코끼리 등의 경우, 음경에 음경골(baculum)로 알려진 뼈가 존재하여 단단하게 유지하는 역할을 한다. **음낭**은 정자를 생성하는 두 개의 **정소**를 담고 있는 주머니로서 몸 바깥에 있다. 각 정소는 나선으로 꼬여 있는 **세정관**으로 구성되어 있으며, 이 세정관은 정자를 형성하는 곳으로서 정원세포로 가득 채워져 있다. 세정관 사이의 세포에서 주요 남성호르몬인 **테스토스테론**과 안드로겐이 생성된다.

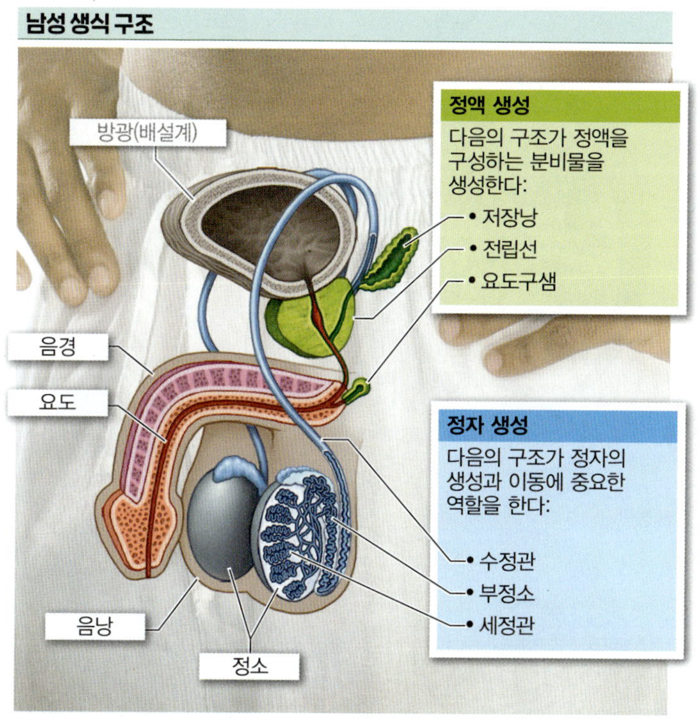

그림 26.7 **남성 생식계의 구조.**

4.6~6.1미터 길이의 나선형 관인 **부정소**는 각 정소에서 세정관과 연결되어 있으며, 이곳에서 정자가 성숙한다. 각 정소에 있는 부정소는 정소에서 몸으로 향하는 평활근 조직으로 이루어진 관인 **수정관**으로 연결되어 있다. 각 정소에서 나온 수정관은 사정

관과 연결되어 요도로 이어진다. 요도는 음경을 관통하는 관으로 이곳을 통하여 정액과 소변이 배출된다. 정자는 사정되는 정액의 1~5%를 차지한다.

세정관 옆에는 정액을 생성하여 분비하는 세 개의 구조가 있다. 이들은 방광 바로 아래에 있는 **전립선**을 포함하며, 이 구조는 요도를 통해 효소와 정자의 영양소를 함유한 우유 빛깔의 알칼리성 액체를 분비하는데, 이는 전체 사출액 양의 3분의 1을 차지한다. 한 쌍의 **저장낭**이 정자의 운동성을 증가시키는 기질뿐만 아니라 정자를 위한 정액 영양소를 분비함으로써 여성 생식기관을 정자에게 더 좋은 환경이 되도록 만든다. 이 분비액은 사정액의 약 65%를 차지한다. 마지막으로, 요도의 바로 아래, 음경의 기저 부위에 있는 **요도구샘**은 교미 전 음경 끝에서 윤활액 역할을 하는 점액과 당 성분의 혼합액을 분비하며, 이는 사출액의 1% 정도를 차지한다.

남성에서 배우자 형성 배우자가 감수분열하는 세포에서 만들어지는 과정을 설명한 8.8절부터 8.12절까지를 상기해보자. 세정관 안의 정원세포는 이배체 세포이다(**그림 26.8**). 각 정원세포는 체세포분열로 두 개의 세포가 된다. 이 중 하나의 세포는 다시 정원세포가 되어 정자 형성 세포가 고갈되지 않는다. 다른 세포 하나는 정자형성의 첫 번째 단계인 감수분열을 하여 **제1 정모세포**가 된다. 각 제1 정모세포는 첫 번째 감수분열로 2개의 세포를 생성한다. **제2 정모세포**라 하는 이 2개의 세포가 두 번째 감수분열을 마치면 각각 2개의 정세포를 생성한다. 각 정원세포에서 감수분열로 생성된 4개의 정세포는 반수체이다. 각 정세포가 정자로 성숙하면서, 세정관에서 부정소로 이동하는데, 부정소에서 약 18시간에 걸쳐 정자가 운동성을 갖게 된다.

각 정자는 세 개의 기본적인 부분으로 구성된다. (1) 머리 부분에는 정자의 핵과 모자 같은 **첨체**가 있다. 핵에는 DNA가 있고, 첨체에는 난자를 둘러싸고 있는 보호막을 분해할 수 있는 효소가 존재한다. (2) 몸체 부분에는 많은 에너지를 생성할 수 있는 미토콘드리아가 존재한다. (3) 꼬리는 정자가 여성 생식기 안의 액체 속에서 추동력을 발휘하는 편모이다(**그림 26.9**).

정자 생성

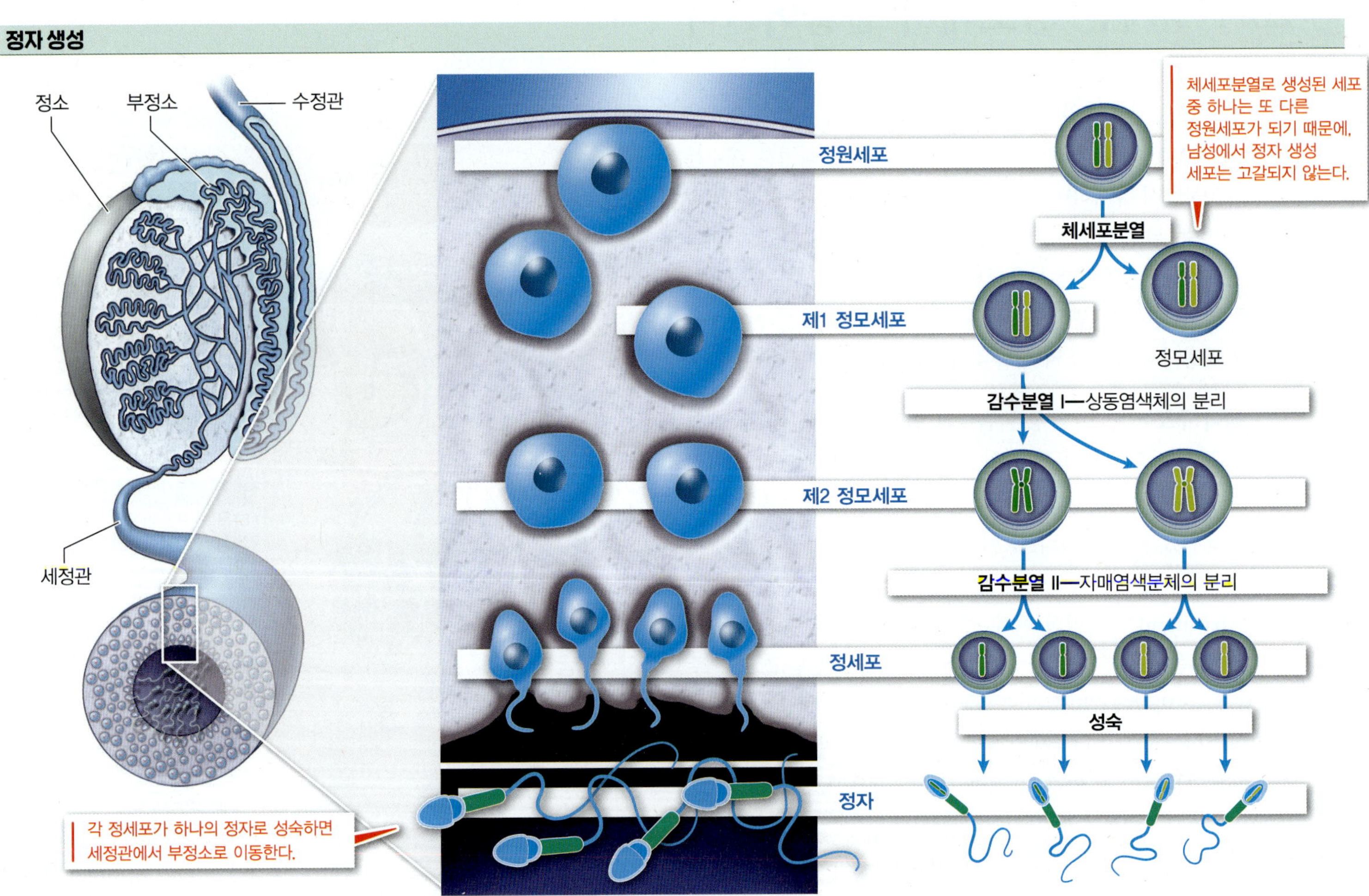

그림 26.8 남성에서 배우자 형성. 정자는 감수분열로 정소에서 계속 생성된다.

정자의 구조

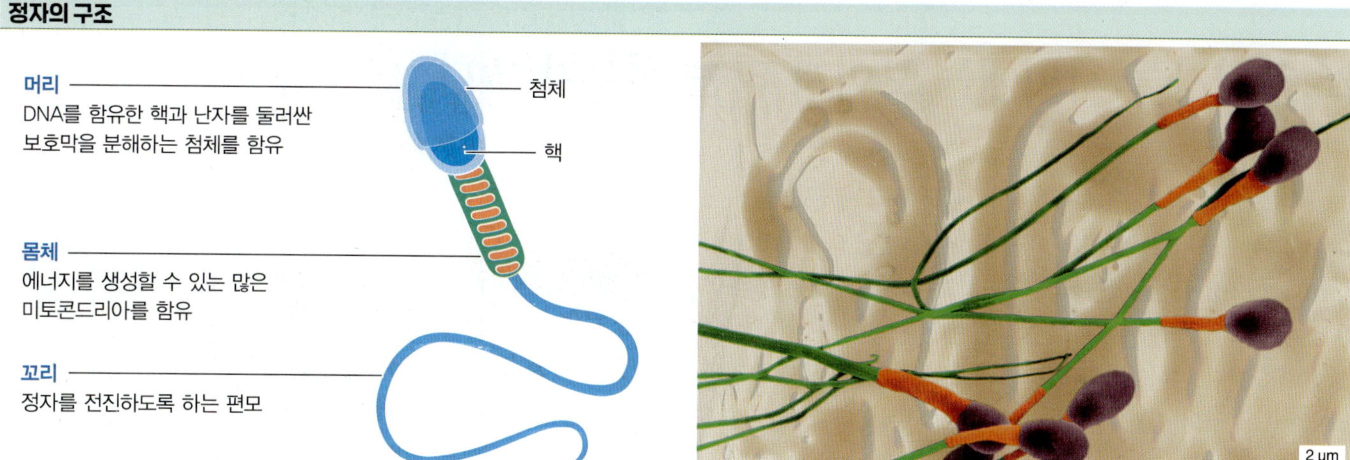

그림 26.9 **정자의 구조를 보면 기능을 알 수 있다.**

Q 뜨거운 목욕이 어떻게 남성의 생식 기능을 떨어뜨릴까?

정자 생성은 많은 요인에 민감한데, 가장 중요한 요인 두 가지가 호르몬과 온도이다. 정자 생성의 적정 온도는 체온보다 약 2도 낮다. 이러한 이유로 대부분 포유동물의 정소는 몸 바깥에 있고, 주변의 온도 변화에 따라 체열이 유지되는 몸에 가깝게 혹은 멀게 정소를 이동시킬 수 있다. 이러한 이유로 인해, 매주 30분 이상 뜨거운 물에 목욕하는 남성은 정자 수가 적거나 정자의 운동성이 감소한다. 그렇지만, 온탕에서 목욕하는 횟수를 줄이면 대부분 원래대로 회복된다.

정자가 남성으로부터 여성으로 가는 경로는 다음과 같다(**그림 26.10**):

1. **성숙.** 정자는 각 정소 내부의 부정소에서 성숙한다.
2. **저장과 전달.** 사정 동안 정자는(각 정소의) 수정관을 구성하는 근육조직의 수축에 의해 부정소에서 수정관을 통해 이동한다.
3. **배출.** 각각의 수정관으로부터 이동한 정자는 사정관을 지나 요도에 도착한다. 성교 동안, 정자는 요도에서 여성 생식기로 사출된다. 사정 때, 약 3억 마리의 정자가 정액에 포함되어 방출된다.

정자의 경로

사정 과정에서 정자는 남성의 몸에서 다음과 같이 움직인다:

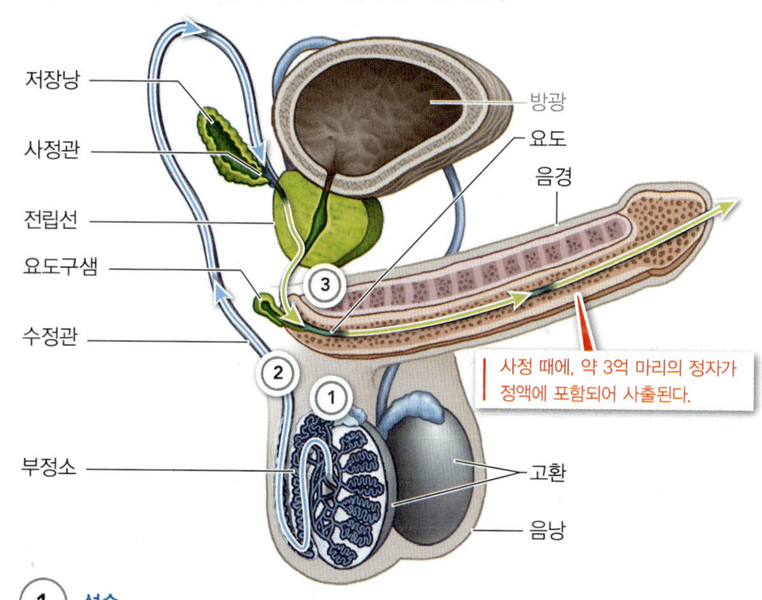

1 **성숙**
정자가 부정소에서 성숙한다.

2 **저장과 이동**
근육 수축으로 정자가 부정소에서 수정관을 통해 이동한다.

3 **배출**
정자가 사정관을 지나 요도를 통해 방출된다.

그림 26.10 **사정 과정에서 정자가 움직이는 경로.**

핵심요약 26.4

» 성인 남성에서 정자는 정소에서 감수분열을 통해 계속 생성된다. 성교 과정에서 정자와 점액을 함유한 정액이 사정된다.

26.5 정자들 사이에는 보이지 않는 전투가 있다

Jane Goodall의 저서 "곰베의 침팬지: 행동 양식"에 보고된 바에 따르면, "한 마리 암컷은 이른 아침에 시간당 평균 5~6회의 교미를 하다가 오전 중간쯤에는 약 2회로 감소하고, 오후에는 아주 약간 증가하다가 저녁에는 1회로 점점 줄어든다." 이러한 관찰은 암컷(침팬지 뿐만 아니라 어떤 종이라도)이 한 마리 이상의 수컷과 교미하면, 수컷의 정자 사이에 경쟁이 있을 수 있다는 예전 연구 결과와 일치한다.

Q 침팬지의 정소는 고릴라의 정소보다 체중에 비해 15배나 더 크다! 왜 그럴까?

"정자의 전쟁"이라 불려왔던 정자 사이의 경쟁이 있다는 생각에 의해 검증할 수 있는 몇 가지 추론이 생겨났다. 간단한 추론 중 하나는 이렇다: 암컷이 한 마리 이상의 수컷과 교미할 때, 더 많은 정자를 생성할 수 있는 수컷이 암컷의 난자를 수정시키는 데 더 유리할 것이다. 몇몇 흥미로운 관찰들이 이 추론을 뒷받침한다. 예를 들어, 고릴라는 골프공 크기의 정소를 지닌 반면, 침팬지 정소는 야구공 크기만 하다. 고릴라 정소는 몸무게의 0.02%만 차지하는 반면, 침팬지의 정소는 15배 더 큰 0.30%를 차지한다. 이런 차이가 왜 생겼을까? 고릴라 군집은 상대적으로 작아서 집단 내 모든 암컷은 한 마리의 우두머리 수컷 고릴라와만 교미한다. 반면에, Jane Goodall이 기록한 것처럼, 생식력이 있는 침팬지 암컷은 하루에 여러 수컷과 수십 번의 교미를 한다. 결과적으로, 고릴라에게는 작은 정소가 알맞다. 반면에 침팬지 수컷은 정자 경쟁에서 이기기 위해 훨씬 많은 정자를 생산해야 한다(**그림 26.11**). 유사하게도, 과일박쥐의 경우 큰 군집에서 사는 수컷이 더 작은 군집에서 사는 수컷보다 상당히 큰 정소를 갖고 있다.

정자 경쟁은 또 다른 몇몇 적응을 가능하게 하였다.

- (일부 다람쥐, 생쥐, 전갈, 거미를 포함한) 많은 종은 교미의 물리적 장벽으로서 정액을 응고시켜 다른 수컷의 정자가 암컷의 생식기로 들어오는 것을 막는 짝짓기 마개를 만든다.
- 초파리의 정액에 함유된 독성 단백질은 암컷을 며칠 동안 교미하지 못하도록 만들 뿐만 아니라(수컷의 부권을 보장한다), 다른 수컷의 정자를 무능력하게 만들고, 심지어 암컷의 수명을 약 10% 감소시킨다.
- 몇몇 잠자리의 "삽 모양 음경" 뿐만 아니라, 똥파리의 걸쇠와 스크레이퍼와 같은 모양의 생식기는 암컷과 교미한 이전 수컷의 정자를 제거할 수 있다.

한 마리 암컷이 한 마리 이상의 수컷과 교미하는 것은 정자 경쟁과 이에 따른 정자 생산과 정소 크기의 증가라는 진화를 가져왔다.

그림 26.11 정자 경쟁에 따른 수컷의 진화적 결과. 삽입된 사진은 수컷 침팬지의 뇌(위)와 정소의 크기를 비교한 것이다.

핵심요약 26.5

» 암컷이 한 마리 이상의 수컷과 교미할 때, 정자 경쟁이 일어난다. 정자 경쟁은 정자 생산량과 정소 크기 증가, 교미의 물리적 장벽을 만드는 정액, 독성 정액 성분, 경쟁 수컷의 정자를 제거할 수 있는 성기의 형태 등의 다양한 적응이 나타나게 한다.

26.6 수컷은 다른 수컷이 있을 경우 정자 생산에 대한 투자를 늘릴까?

지금까지 살펴본 것처럼, 동물 개체군에서 한 마리 암컷이 한 마리 이상의 수컷과 교미를 할 때 정자 경쟁이 일어난다. 이로 인해 정자 생산을 위해 투입하는 상대적인 에너지의 양인 **"정자 생산 투자"**를 늘리는 방향으로 진화가 일어났다. 침팬지의 인상적인 경우처럼 정자 생산 투자의 한 형태는 큰 정소이다.

정자 경쟁은 수컷 각 개체에 어떤 영향을 줄까? 이 물음에 답하기 위하여, 연구자들은 "수컷은 정자 생산 투자를 늘림으로써 정자 경쟁에 대응한다"라는 가설을 세웠다.

이것은 검증 가능한 가설인가? 어떻게 검증할 수 있는가?

많은 가설처럼, 이 가설은 좀 광범위할지도 모른다. 예를 들어, 어떤 종인지 특정하지 않았고, "정자 경쟁의 위험"이 무엇인지 규정하지도 않았다. 게다가 한 가설이 유용하려면, 반증이 가능해야 한다. 그러나 수컷이 정자 생산 투자를 늘림으로써 정자 경쟁의 위험에 대응할 수 없는지, 혹은 단순히 정자 경쟁의 위험을 감지할 수 없는지 등을 확인할 수 없다.

이런 사항들은 가설을 수정하거나 검증하려 할 때 항상 고려해야 할 문제들이다.

검증 가능한 가설을 만들 때 사용할 만한 좋은 규칙은 무엇인가?

단순하게 만들어라. 측정하려는 요소(여기서는 정자 생산 투자)에 영향을 주는 요인들을 가능한 한 많이 통제하도록 노력하라. 예를 들면, 수컷들은 유사한 상황에서조차 정자 생산 투자를 서로 다르게 할 수 있다.

수컷 간 다양성을 어떻게 통제할 수 있을까?

개체 간의 차이(여러 가지 특성으로)를 통제하는 것은 실험을 설계하는 공통 목표이다. 이것을 효과적으로 수행하는 방법은 많은 개체를 사용하고, 각 개체를 2개의 다른 상황에서 검증하는 것이다. 한 마리 수컷이 상대적으로(다른 수컷들과 비교해서) 높거나 낮은 정자 생산 투자를 했는지 아닌지와 상관없이 정자 경쟁의 위험이 있을 때 정자 생산 투자가 증가했는지 아닌지를 결정할 수 있다. 그리고 바로 이것이 우리가 알고 싶은 효과이다.

일부 연구자들이 이런 식의 접근을 채택하여 첫째로 몇 가지 세부적인 고안을 하였다. 이들은 연구를 한 종—**초원 들쥐**(*Microtus pennsylvanicus*)—만 사용하기로 했다. 들쥐를 선택한 이유는 야생에서 한 배에서 난 새끼들이 보통 한 마리 이상의 수컷에 의해 태어난 것이어서 수컷이 규칙적으로 정자 경쟁을 경험하기 때문이며, 또한 들쥐들은 잘 통제된 실험실 조건에서 유지될 수 있기 때문이다. 연구자들은 수컷들을 다른 수컷 초원 들쥐의 냄새에 노출시켜서 정자 경쟁의 상황을 시뮬레이션하기로 결정했다.

이러한 실험 접근 방법은 단순하고 직선적이었다.

실험 구성. 연구자들은 수컷 들쥐를 교미가 가능한 암컷과 두 개의 다른 조건에서 짝짓기를 시켰다. 한 조건에서는 들쥐를 또 다른 수컷 들쥐의 냄새(즉, 다른 들쥐의 오줌과 배설물)와 함께 놓았다. 이를 "정자 경쟁 위험(RSC, risk of sperm competition)"이라 불렀다. 다른 조건(대조군)에서는 수컷과 암컷을 다른 수컷 들쥐의 냄새가 없는 우리에 놓았다.

> **생각하기, 짝과 나누기**
>
> 수업 수강생 중 한 명과 짝을 만드시오. 다음의 질문을 읽고 답에 대하여 60초 동안 조용히 생각하시오. 이후 5분 동안 토론을 하고 자신의 답을 공유할 수 있게 준비하시오.
>
> - 이 연구자들이 정자 경쟁이 일어나는 상황을 시뮬레이션한 것과 다른 시뮬레이션 방법을 제안할 수 있는가? 있다면 이 대체 방법의 장점과 단점은 무엇인가?

수컷 10마리가 사용되었다. 5마리는 무작위적으로 대조군 조건에 두었고, 그로부터 30일 후에 RSC 조건으로 옮겼다. 나머지 5마리는 RSC 조건에 먼저 노출시킨 후, 30일이 지난 다음 대조군 조건으로 옮겼다. 이러한 설계는 각 조건에서 수컷들이 경험한 냄새의 잠재적 효과를 최소화한다.

측정. 연구자들은 교미가 완료된 후 암컷 들쥐의 생식관으로부터 정액을 모아서 수컷의 정자 투자 척도로서 정자 수를 측정하였다.

결과. 10마리 들쥐 모두에서 정자의 수가 RSC 조건에서 더 크게 나타났다. 대조군 조건에서는 평균 정자 수는 9,800만(±1,800만) 이었고, RSC 조건에서는 1억 6,900만(±1,800만)으로 유의하게 더 높았다. 또한, 연구자들은 모든 경우에서 수컷 들쥐들은 다른 수컷의 냄새가 있는 조건(RSC 조건)에서 우선 냄새를 킁킁거리며 우리(cage)를 둘러보았다는 것에 주목하였다.

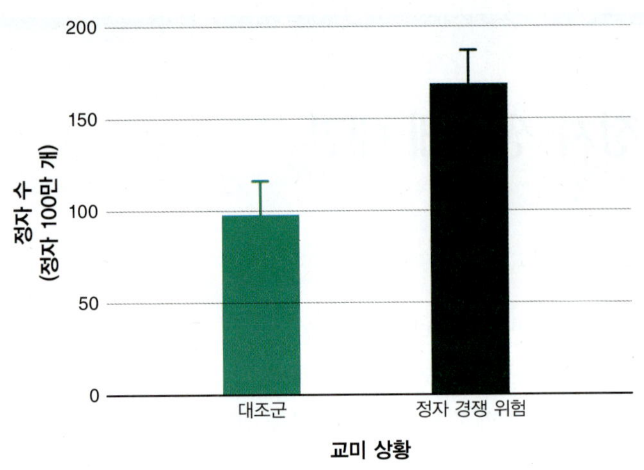

연구자들의 가설을 평가하는 데 도움이 될 만한 다른 자료는 무엇이 있을까?

추가 실험에서, 연구자들은 수컷 들쥐가 다른 종 수컷의 냄새에 노출되었을 때는 정자 수가 전혀 증가하지 않는다는 것을 발견했다. 왜 다른 종 수컷의 냄새가 이 연구에서 또 다른 대조군으로서 사용될 수 있는가?

당신은 이들 결과로부터 어떤 결론을 내릴 수 있는가?

연구자들은 수컷 포유동물은 같은 종의 다른 수컷의 냄새에 반응하여 자신의 정자 수를 늘릴 수 있다고 결론내렸다. 주변 환경에 존재하는 화학적 자극에 반응하여 정자 생성 투자를 늘릴 수 있다는 사실은 적응적 가치가 있을까? 이러한 질문을 더 탐색하려면 어떻게 해야 할까?

핵심요약 26.6

» 연구자들이 답하려 하는 질문들은 종종 너무 광범위할 수 있다. 그러한 질문들에 과학적으로 답하려면 검증이 가능한 간단한 가설을 세우는 것이 중요하며, 가능한 모든 변수를 통제할 수 있어야 한다.

26.7 난자는 난소에서 만들어진다(그리고 그 과정은 수십 년이 걸릴 수 있다)

유전적 시각에서, 난자를 만드는 것은 정자를 만드는 것과 거의 다르지 않다. 암컷의 생식선—**난소**—에서, 이배체 세포가 감수분열을 하여 반수체 난자를 생성하고, 그 과정에서 다양한 변화가 생겨 각 반수체 난자는 고유한 유전적 구성을 띠게 된다. 반수체 난자가 정자에 의해 수정되면 다시 이배체가 된다.

그러나 난자 생성 과정은 몇 가지 결정적인 면에서 정자 생성

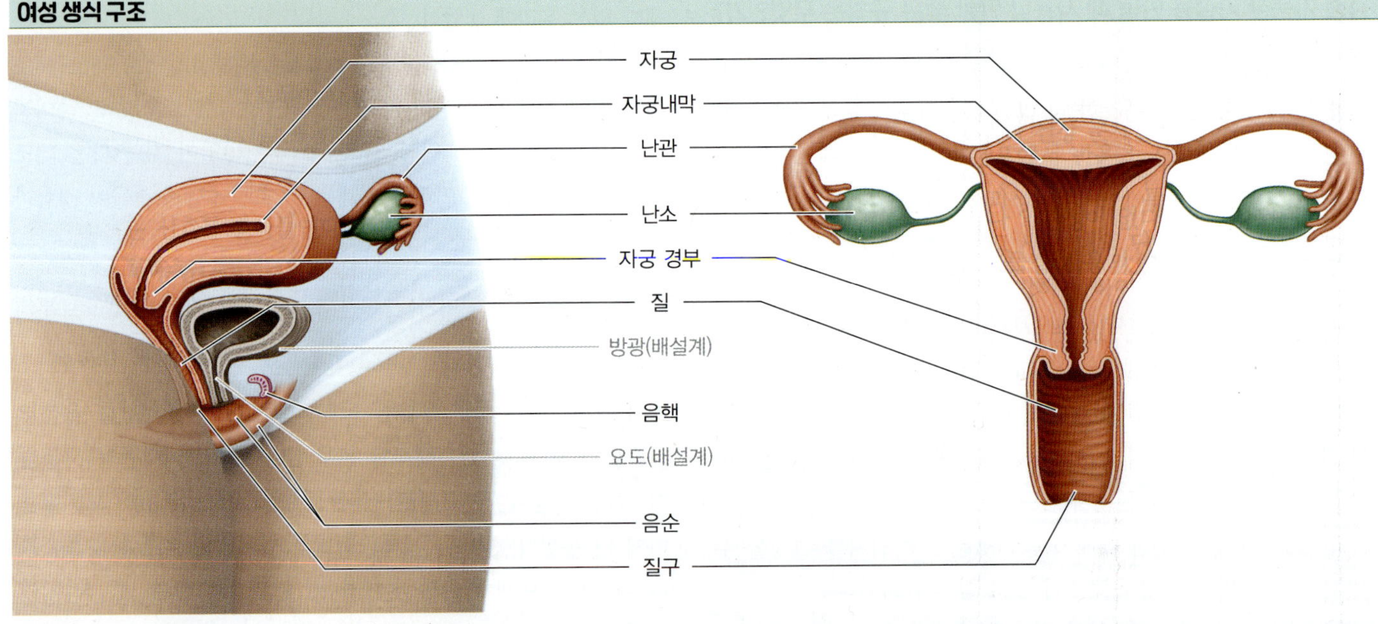

그림 26.12 여성 생식계의 구조.

과정과 다르다. 난자는 훨씬 더 적은 수가 생성된다; 각 난자는 정자보다 훨씬 크다; 난자의 생성 과정은 훨씬 더 어린 나이에 시작하며, 며칠이 아니라 수십 년의 시간이 소요된다; 여성 생식기의 구조를 묘사하는 것을 시작으로 그 특성을 살펴보자(**그림 26.12**).

여성 생식기의 구조 외부적으로 여성의 음핵과 음순은 남성의 음경과 음낭이 발생하는 것과 동일한 배아 조직으로부터 발생한다. 또한, 질구가 있다. **질**의 내부는 관 모양의 통로로서 성교 때 방출된 정자가 이동하는 곳이다. 질은 배아가 발생하는 **자궁**과 연결되어 있다. 자궁 하단의 가장 좁은 통로를 **자궁경부**라 한다. 많은 혈관이 분포되어 있으면서 자궁을 덮고 있는 층을 **자궁내막**이라 하는데, 여기에 수정된 난자가 착상하고 성장한다.

자궁 위 양쪽에 연결된 부분을 **난관**이라 하며, 난관의 바깥쪽으로 뻗은 부분은 난소 근처에 깔대기 모양을 띠고 있다. 각 난소는 대략 큰 올리브 정도의 크기이다.

여성의 배우자 형성 여성에게서 일어나는 배우자 형성 과정을 **난자 형성**이라고 하며, 여성이 출생 전 아직 태아일 때 난소에서 시작한다(**그림 26.13**).

난원세포라고 하는 이배체 세포가 체세포분열에 의해 분열한다. 이후, 각 난원세포는 감수분열을 시작하지만, **제1 난모세포**가 형성되어 **난포**에 싸이는 전기 I에 멈춰 있게 된다. 작은 구조인 이 난포에서 난자가 형성된다. 출생 시에 여아의 난소에는 대략 100만 개의 난포가 존재하며, 각 난포는 제1 난모세포를 담고 있다.

제1 난모세포는 사춘기까지 동면과 같은 상태로 남아 있다. 사

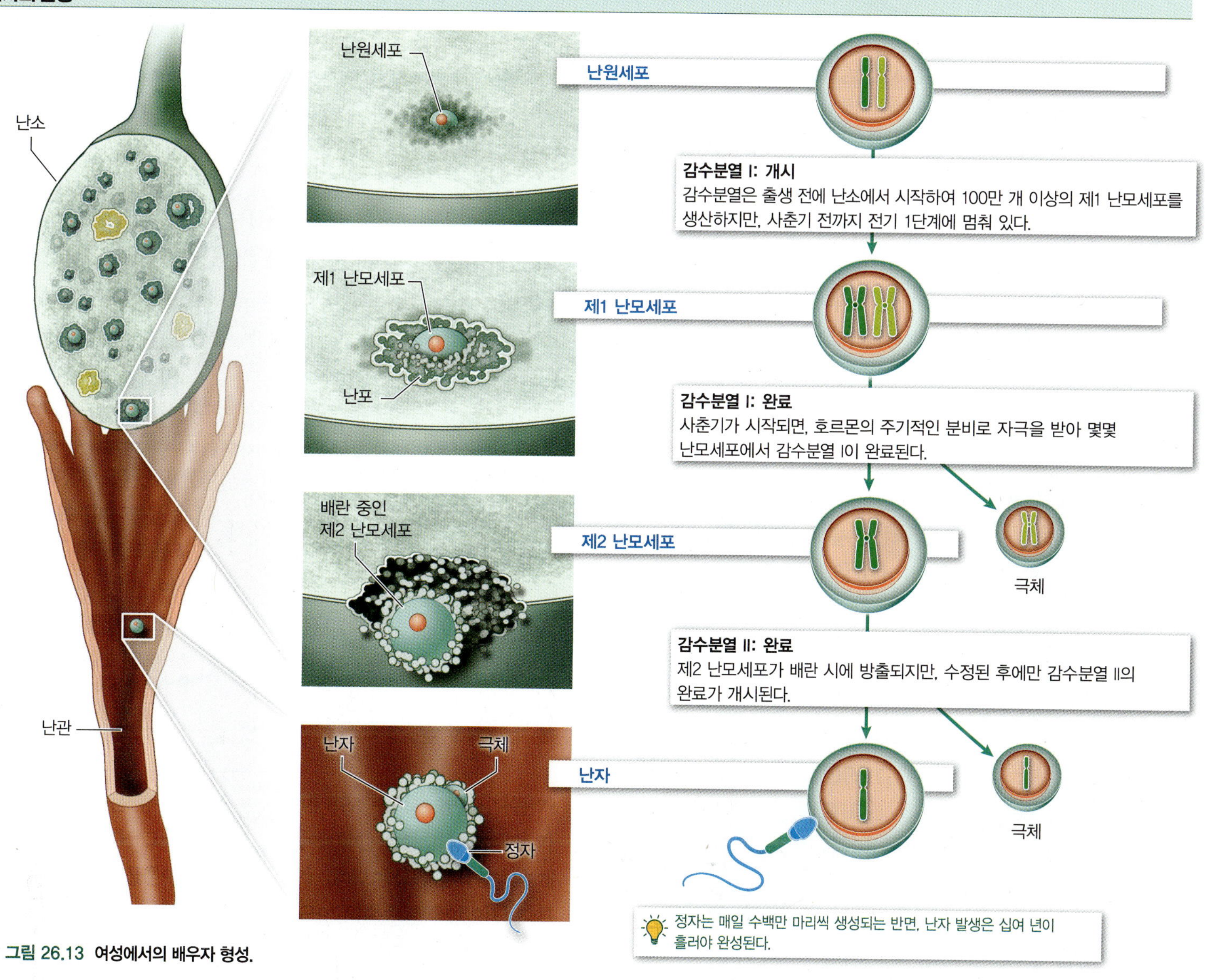

그림 26.13 여성에서의 배우자 형성.

춘기가 되면 **난포자극 호르몬(FSH**, follicle-stimulating hormone)의 주기적인 분비로 몇 개의 제1 난모세포가 감수분열 I을 완료하게 된다. 그러나 정모세포가 두 개의 동질적인 세포로 분열하는 정자 생성과는 달리, 비록 상동염색체 쌍이 균등하게 분리되지만, 세포질은 한 개의 세포로만 이동되는데, 이 세포를 **제2 난모세포**라 부른다. 분열 결과 생긴 나머지 세포는 **극체**라 불리며, 거의 세포질을 가지고 있지 않아 최종적으로 분해된다. 이 시점에서 감수분열이 멈추게 된다.

여성이 **배란**할 때, 일반적으로 하나의 난소에서 한 개의 난포가 터져서 아직 감수분열을 완료하지 않은 제2 난모세포를 방출한다. 난자라 부르는 제2 난모세포가 섬모에 의해 난관으로 쓸려 들어가고 자궁을 향해 이동하게 된다. 만약 정자가 성교로 인해 여성의 질에 방출되었다면, 정자들은 질을 거슬러 헤엄쳐서 난관으로 향하고, 자궁에 도달하여 난자와 수정하게 된다. 수정된 **후**에서야 제2 난모세포가 자극되어 감수분열을 완료한다. 여기서 다시 한 번 세포질의 불균등한 분열이 일어난다. 결과적으로, 생성된 한 개의 세포(난자)가 대부분의 세포질을 받게 되고, 다른 세포는 거의 아무것도 받지 못하게 된다. 두 번째 극체는 첫 번째 극체처럼 분해되어 없어진다. 반수체 난자는 이제 반수체 정자와 결합하여 접합자라 불리는 이배체 수정란을 형성한다.

다음 절에서, 난포의 발생, 착상을 위한 자궁의 준비 그리고 배란이 호르몬 분비로 인해 어떻게 조절되는지를 살펴볼 것이다.

핵심요약 26.7

» 유전적으로 난자의 생성은 정자의 생성과 거의 다르지 않다. 난소에서 이배체 세포가 감수분열을 시작하며, 이러한 과정은 배란 이후 난관에서도 지속되어 유전적으로 다양한 반수체 배우자를 생성한다. 그러나 정자보다 훨씬 적은 수의 난자가 생성되며, 각 난자는 정자보다 훨씬 크다.

26.8 호르몬은 배란 과정과 임신 준비를 관리한다

만약 당신이 여성이고, 기숙사(또는 교도소)에서 생활하면 알게 되는 무언가가 있다: 다른 여성들과 가까이에서 같이 지내면 생식주기가 같아져서 시간이 지남에 따라 월경과—덜 확실하지만 아마도—배란 시간이 거의 같아진다.

이는 스스로 경험에서 얻은 영감과 메사추세츠의 Wellesley 대학교에서 생활하는 135명의 기숙사 학생들로부터 얻은 결과에 근거하여, Martha McClintock이 최초로 1971년에 보고한 것이다. 유사한 결과가 다른 동물 종에서도 보고되었으며, 추후 연구에서

기숙사에서 일어나는 월경의 동기화

함께 거주하는 여성들 사이에서 월경 주기의 동기화가 증가된다.

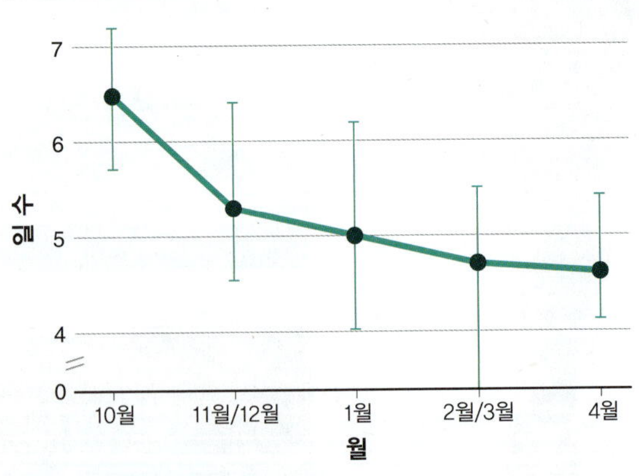

도표로 배우기
데이터의 시각적 표현을 비판적으로 살펴보기
이 그림을 더 자세히 살펴보려면 이 장의 끝을 보시오.

그림 26.14 월경 주기의 동기화.

공기 중의 화학물질인 **페로몬**이 아마도 여성의 겨드랑이에서 분비되어 다른 여성의 생식주기를 짧게 하거나 길게 할 수 있다고 보고되었다(**그림 26.14**).

그러나 이러한 생식주기 동기화가 일어나는 이유는 명백하지 않다. 그리고 다른 연구자들은 이 데이터 분석에 비판적이며, 여성들의 생식주기의 길이가 서로 달라 이 주기가 동기화되는 것이 불가능하다고 논박하였다. 최근의 연구들은 서로 상충되는 결과를 보이는데, 일부는 월경 동기화의 증거를 제시하지만, 또 다른 연구결과는 그렇지 않다. 논쟁이 뜨겁게 진행되고 있는 이 쟁점에 대한 진실은 아직 파악하기 어렵다.

호르몬은 난자 생성의 시점과 발생인 **난소 주기**를 조절하는데, 이는 약 28일 주기로 일어난다. 호르몬은 또한 **월경 주기**를 조절하고, 이러한 주기 과정에서 자궁은 가능한 착상과 수정란의 양육을 준비하고 수정이 일어나지 않았을 때는 자궁의 내층을 탈락시킨다. 28일 주기에 따른 호르몬의 변화와 효과를 알아보자(**그림 26.15**).

1. **월경.** 전통적으로, 월경혈이 처음으로 배출되는 첫날이 월경 주기의 첫째 날이 된다. 자궁내막의 탈락으로 3~5일 동안 출혈이 일어난다.
2. **난포자극 호르몬(FSH)의 생성.** 자궁내막이 탈락할 때 여성의 주요 성호르몬인 에스트로겐이 감소한다. 에스트로겐이 감소하면 뇌하수체에서 난포자극 호르몬이 분비된다.
3. **난포의 발달.** 난포자극 호르몬은 몇 개의 난포가 성장하여 발달하게 하며, 한 개의 난포만 완전히 성숙하게 된다. 이 1개의 난포 내부에 있는 제1 난모세포가 첫 번째 감수분열을 완료하여 제2 난모세포가 된다.
4. **에스트로겐 생성.** 난포가 발달하면서 에스트로겐을 생성하여, 점점 혈액 내 에스트로겐 수치가 증가한다.
5. **황체형성 호르몬 분비.** 에스트로겐 수치가 높아지면 황체형성 호르몬 분비를 자극하고 더 많은 난포자극 호르몬이 생성된다.
6. **배란.** 황체형성 호르몬의 분비는 제2 난모세포가 난포에서 분출되어 난소 밖으로 배출되는 배란을 개시하게 한다. 배란은 월경 주기의 중간 정도되는 14일경에 일어나며, **난포기**의 끝이 된다.
7. **프로게스테론 생성.** 후반부인 **황체기**가 시작되면 난자를 둘러싸고 있던 난포가 **황체**라는 구조로 발달한다. 황체는 에스트로겐의 분비량을 감소시키고 프로게스테론의 분비량을 증가시킨다.
8. **자궁내막이 두꺼워짐.** 이름에서도 알 수 있듯이, **프로게스테론**(라틴, *pro* = for; *gestare* = to bear)은 수정이 일어났을 때 배아의 잉태를 준비하는 작용을 한다. 프로게스테론의 1차적인 효과는 자궁내막을 두껍게 하는 것이다. 자궁내막은 점차 혈관으로 가득 채워지며, 배아 발생에 영양분을 공급하는 글리코겐을 축적한다.

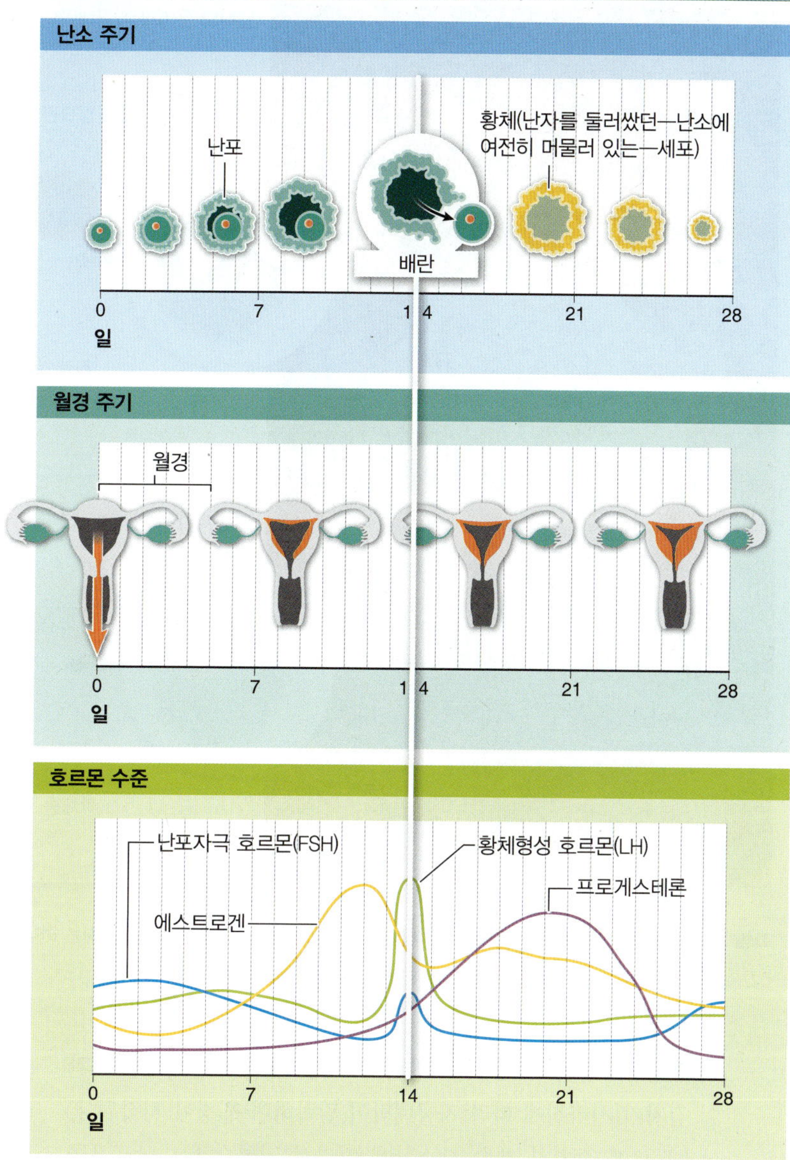

그림 26.15 **여성 생식주기의 단계와 관련된 호르몬 변화.**

이 시점에서, 이 과정은 난자의 수정 여부에 따라 두 가지 방향 중 하나로 진행된다(**그림 26.16**).

난자가 수정되지 않으면, 난자는 분해되고 이와 더불어 황체가

난자의 가능한 두 가지 운명

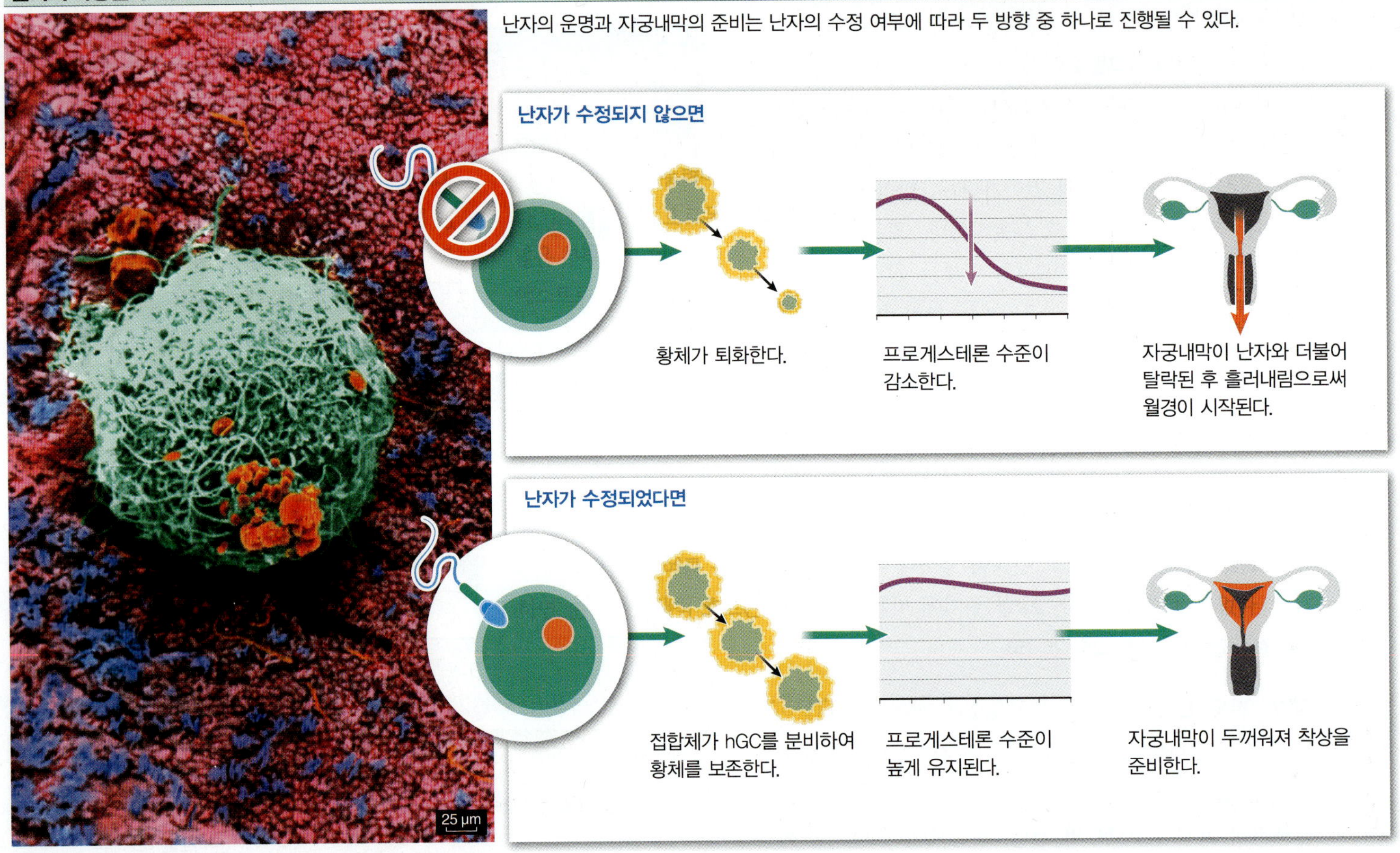

난자의 운명과 자궁내막의 준비는 난자의 수정 여부에 따라 두 방향 중 하나로 진행될 수 있다.

난자가 수정되지 않으면

황체가 퇴화한다.

프로게스테론 수준이 감소한다.

자궁내막이 난자와 더불어 탈락된 후 흘러내림으로써 월경이 시작된다.

난자가 수정되었다면

접합체가 hGC를 분비하여 황체를 보존한다.

프로게스테론 수준이 높게 유지된다.

자궁내막이 두꺼워져 착상을 준비한다.

25 μm

그림 26.16 난자의 운명은 두 가지 방향 중 하나로 갈 수 있다. 사진은 난관으로 이동하는 하나의 난자를 나타낸다.

퇴화하여 사라진다. 에스트로겐과 프로게스테론을 분비하던 기관이 갑자기 사라짐에 따라 자궁내막이 탈락하여 월경이 시작된다. 에스트로겐 수치가 계속 감소함에 따라서 뇌하수체는 난포자극 호르몬의 분비를 자극하고, 월경 주기가 다시 시작된다.

난자가 수정된다면, 난관에서 접합체가 발생을 시작하고 며칠 후에 사람 **융모생식샘자극 호르몬(hCG)**을 분비하기 시작한다. 이 호르몬은 황체의 퇴화를 방지하여 프로게스테론을 계속 분비하게 하고 자궁내막을 유지하게 한다. 26.12절에서 배아의 발생이 어떻게 일어나는지 살펴볼 것이다.

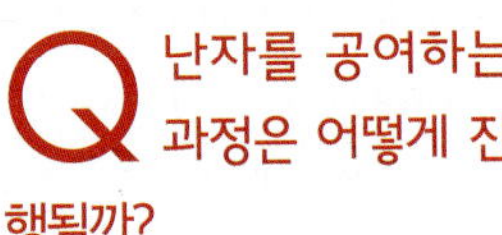

난자를 공여하는 과정은 어떻게 진행될까?

여성은 출생 시에 약 100만 개의 난포 또는 잠재적인 난자를 지니지만, 대부분 여성은 전 생애를 통해 500번 이하의 배란을 한다. 따라서 수많은 잠재적인 난자가 남아 있게 된다. 정상적인 과정에서는 이러한 난포가 바로 분해되지만, 최근 수십 년 사이에 현대 의학의 발달에 의해 난자를 다른 여성에게 제공하는 것이 가능해졌다. 이러한 과정은 몇 단계를 거치게 된다. 먼저 공여자의 생식주기를 억제하고, 호르몬으로 약 12~24개 정도의 난포를 자극하여 난소로부터 난포를 추출한다.

정상적인 생식주기는 사춘기 때부터 45~55세에 배란과 월경이 중단되는 **폐경**때까지 지속된다. 폐경이 진화적으로 어떤 의미를 갖는지는 명백하지 않다. 인간 이외의 대부분 종에서, 암컷은 성체 기간 내내 생식 능력을 유지한다. 폐경은 상대적으로 최근(진화론적인 척도에서)에 인간 수명의 증가에 따른 결과일지 모른다. 진화론적인 설명과 상관없이 난모세포가 고갈되면서 폐경이 시작되는 것 같다.

핵심요약 26.8

» 난소에서 난포 내의 세포는 에스트로겐, FSH, LH 등의 조화로운 분비로 자극을 받아 수정 능력을 지닌 난자로 발달한다. 프로게스테론은 자궁이 수정란의 착상을 도울 수 있도록 준비시킨다.

성관계는 수정을 이루지만, 성병을 퍼뜨릴 수도 있다

▲ 난자와 수정하고 있는 정자

26.9 수정으로 두 개의 세포가 하나가 된다

수정이 일어나려면, 정자가 난자와 같은 공간에 있는 것만으로 충분하지 않다. 척추동물의 경우, 분리된 세 가지 단계로 수정이 진행된다: 정자 활성화, 난자 침투, 정자와 난자의 핵 융합(**그림 26.17**). 그리고 정자가 첫 단계를 시작하기 전에, 정자는 난자를

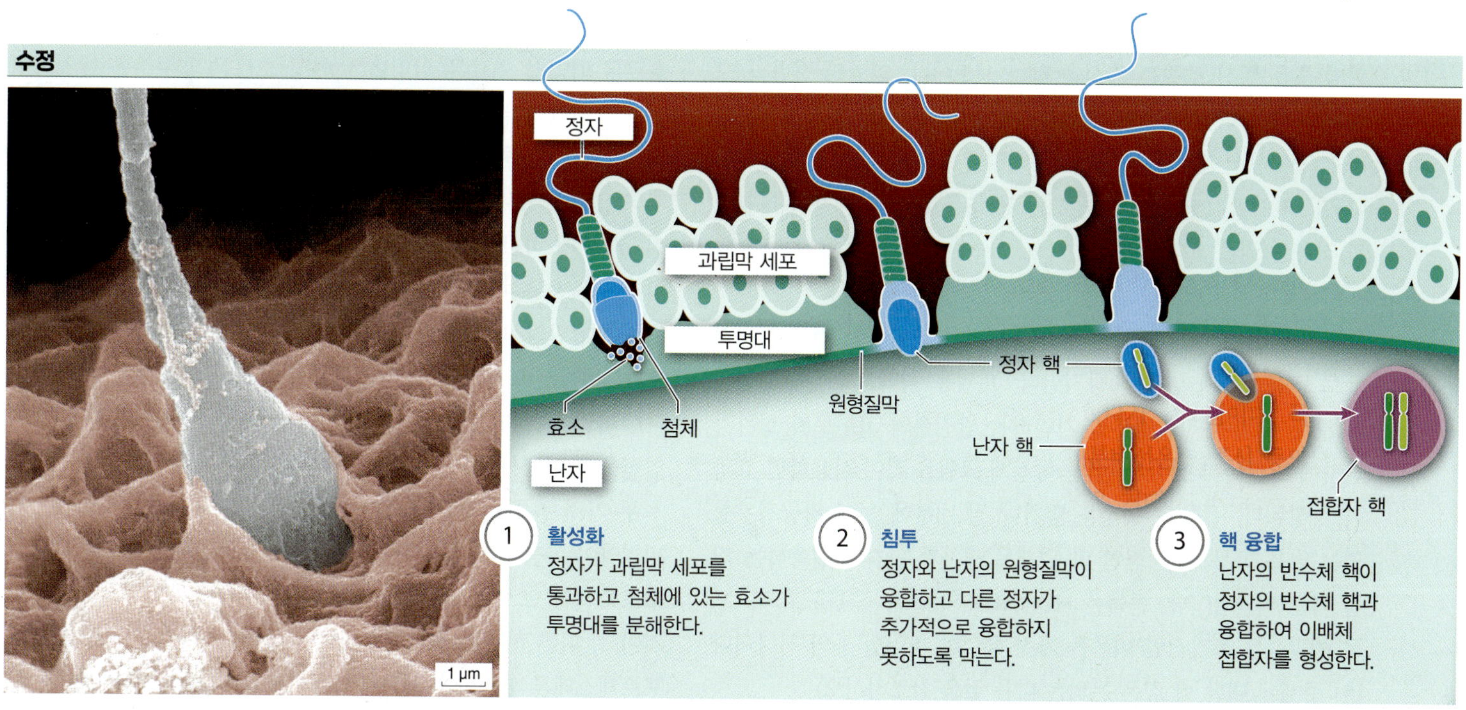

그림 26.17 수정은 하나의 정자가 하나의 난자와 융합하는 것이다.

만나야 한다. 최근, 연구자들은 정자가 화학 감지기와 같은 수용체를 가지고 있어서 난자가 분비하는 화학 유인제를 향해 헤엄쳐 간다는 것을 발견하였다. 이 유인제가 마치 "나 여기 있다!"고 말하는 것과 같다.

배란 후에도 난자는 과립막 세포라는 몇몇 작은 세포에 둘러싸여 있다. 과립막 세포가 정자와 난자 사이를 가로막는 유일한 장벽은 아니다. 과립막 세포와 난자 사이에는 **투명대**라고 하는 당단백질층이 있다. 정자가 난자에 접근하면 난자 주위를 둘러싸고 있는 세포들이 칼슘을 분비하여 정자 꼬리의 움직임과 헤엄치는 속도를 증가시키는데, 이를 정자 활성화라고 한다. 정자 활성화의 두 번째 단계는 정자가 과립막 세포를 통해 밀고 들어갈 때 일어나며, (정자의 머리에 있는) 첨체가 가수분해효소를 분비하여 정자가 투명대를 침투하도록 돕는다.

정자의 세포막과 난자의 세포막이 융합하면 침투가 일어나는데, 이때 난자가 활성화된다. 이러한 활성화와 막의 융합으로 몇 가지 중요한 결과 발생한다. 첫째, 또 다른 정자가 난자와 중복되어 수정되지 않도록 난자의 막을 변화시킨다. 수정된 난자가 이배체 이상의 염색체를 갖는 것은 유전적인 재앙이 되기 때문이다. 둘째로, 난자의 활성화로 인해 난자는 두 번째 감수분열을 완료하게 된다. 결과적으로, 하나의 반수체 난자와 더 작은 하나의 극체가 형성되고, 이 극체는 분해되거나 배설된다.

그리고 마지막으로, 난자의 반수체 핵이 정자의 반수체 핵과 융합하여 이배체인 접합자가 된다.

인위적으로(실험실에서) 여러 다른 종의 투명대를 제거하면, 난자는 다른 종의 정자에 의해서도 수정이 가능하다. 이것은 투명대에 인식 부위 같은 어떤 것이 존재하여 난자가 같은 종의 정자에 의해서만 수정되도록 한다는 것을 의미한다.

핵심요약 26.9

» 수정 시, 정자는 난자를 둘러싼 보호구역을 침투하고 난자는 추가적인 정자의 침투를 차단하며, 정자와 난자 세포막이 융합한다. 이후 난자는 두 번째 감수분열을 완료하고, 난자와 정자의 반수체 핵이 융합하여 이배체 접합자를 형성한다.

26.10 수정을 막는 여러 전략이 존재한다

피임 혹은 임신 조절은 임신을 막는 시도이다. 피임의 전략과 그 효과는 매우 다양하지만, 피임법은 5가지의 범주로 분류할 수 있다.: (1) 차단 피임법, (2)호르몬 피임법, (3) 자궁내 장치법, (4) "자연" 피임법, (5) 불임수술. **그림 26.18**은 가장 일반적인 피임법과 작용 원리를 요약하였다.

차단 피임법 차단 피임법은 정자가 난자와 접촉하는 것을 물리적으로 막음으로써 임신을 방지한다. 피임용 격막, 자궁경부 캡은 질 내부에 넣어 자궁경부를 차단하는 반원형의 고무로써 정자가 난자에 도달하지 못하게 한다. 살정제 크림을 같이 사용하면 효과가 향상된다. 콘돔은 음경을 덮거나 질 내부에 넣어 자궁경부를 덮는 얇은 고무 또는 천연 막 덮개로 정자가 난자와 접촉하는 것을 막는 피임법이다. 콘돔은 HIV/AIDS와 같은 성병을 효과적으로 예방하는 추가적인 이득을 가진 유일한 피임법 중의 하나이다(이 주제에 대한 더 깊은 논의는 다음 절을 참조하시오).

호르몬 피임법 호르몬 피임법은 여성 호르몬의 수준을 변경하여 난자의 발생과 분비에 영향을 주는 것이다. 또한, 자궁경부 점액에 변화를 일으켜서 정자의 기능과 이동을 저해한다. 1960년 이후 사용되고 있는 경구 피임약은 모든 피임법 중에서 가장 효과적인 것 중의 하나로 실패율이 1~8% 정도이다; 이는 일 년 동안 피임약을 사용한 여성 100명 중에서 1~8명이 임신을 하게 되는 수치이다(만약 매일 정확한 시간에 약을 복용했다면 99% 효과가 있다; 문제는 모든 여성이 일정한 시간에 복용하지 않는다는 것이다). 피임을 하지 않으면 생식기 가능한 여성 100명 중 약 85명이 임신을 한다.

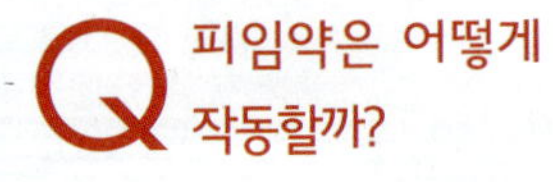

두 가지 종류의 피임약 또는 경구 피임약이 유용한데, 하나는 합성 에스트로겐과 프로게스테론을 함유한 것이고, 다른 하나는 프로게스테론만 함유한 것이다. 에스트로겐-프로게스테론 피임약은 뇌하수체에서 FSH의 분비가 유발되지 않

피임과 임신 조절 방법

방법	작동 원리
차단 피임법	• 정자가 난자와 접촉하는 것을 방해함으로써 물리적으로 임신을 막는다. • 피임용 격막, 자궁경 캡, 남성 및 여성용 콘돔이 포함된다.
호르몬 피임법	• 난자의 발생과 배란에 영향을 미치는 호르몬 수치를 변경시킨다. 자궁경관의 점액을 변화시켜 정자의 기능이나 이동을 낮춘다. • 피임약, 호르몬 주사제, 패치나 피하 이식, 비상피임약(Plan B나 ella와 같은 모닝필)이 포함된다.
자궁내 장치	• 자궁으로 삽입된 작은 기구로 자궁경부와 자궁 내의 상태를 변화시켜 임신을 막고/막거나 정자가 자궁경부에서 난관으로 이동하는 것을 억제한다. • 구리 자궁내 장치와 호르몬 자궁내 장치가 있다.
"자연" 피임법	• 개인이 성교를 완전히 억제하거나, 여성의 월경 주기 패턴, 자궁경부 분비물, 기초 체온을 분석하여 가임 기간 동안 성교를 피한다.
불임수술	• 생식계를 영구적으로 변형시키는 의학적 시술로 정자의 방출을 막거나, 난자의 생산이나 방출 또는 난자가 난관으로 움직이는 것을 막는다.

그림 26.18 임신 방해.

을 만큼 에스트로겐 수치를 높게 유지함으로써 배란을 막는다. FSH가 분비되지 않는 한, 난자가 결코 발달하지 못해 배란이 일어나지 않는다. 프로게스테론을 같이 넣는 이유는 질과 자궁 사이의 연결 부위에 점액질을 형성하여 정자가 들어오는 것을 차단하도록 자궁내막의 충분한 발달을 유발하기 위해서이다.

매일 같은 시간에 피임약을 복용하는 것이 필수적이다. 만일 피임약을 복용한지 24시간이 지났다면, 신체 내부의 에스트로겐 수치가 떨어지기 시작한다; 만일 그 수치가 임계치 아래로 떨어지면, 뇌하수체에 의한 FSH의 분비가 촉발되어 배란이 야기되고 임신의 위험성이 생긴다.

경구 피임약의 사용으로 야기되는 장기적인 건강 문제로로서, 특히 흡연 여성의 경우, 심혈관 질환의 위험이 약간 상승한다. 그러나 피임을 하는 사람은 고위험 임신(몇몇 심각한 건강상의 위험이 수반되는 상태)이 감소하고 난소암과 자궁내막암의 위험이 감소하기 때문에, 여성의 전체적인 사망 위험은 피임약을 복용하는 동안 감소한다고 볼 수 있다(25.9절 참조).

합성 에스트로겐과 프로게스테론 또는 합성 프로게스테론만을 피부 바로 밑에 주사하거나 캡슐을 피하에 이식하는 방법은 경구 피임약을 약간 변화시킨 것이다. 임신을 억제하는 메커니즘은 같지만, 매일 피임약을 복용하지 않아도 되는 편리함이 추가되었다. 사실, 일부 피하 이식은 3년에 한 번씩 새것으로 교체해야 한다. 결과적으로, 이 방법은 사용자들의 실수가 많이 배제되므로 경구 피임약 보다 조금 더 효과적이다.

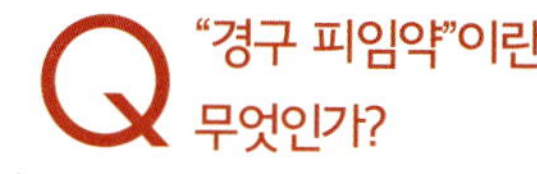

비상 피임약은 장기간의 피임법으로 추천되지는 않지만, 몇몇 종류가 통용되고 있는데, 프로게스틴(합성 프로게스테론)과 함께/또는 에스트로겐으로 구성되며 "경구 피임약(모닝 필)"으로 불린다. (Plan B 혹은 ella 등의) 여러 다른 이름으로 시판되는데, 성관계 후 5일 이내에 복용할 때 효과적이다. 비상 피임약은 25%에 이르는 실패율을 보여서, 다른 피임법으로 효과가 없거나 성폭력과 같은 응급상황의 경우에만 사용된다.

자궁내 장치(IUD, Intrauterine device) 자궁내 장치는 의사가 자궁으로 삽입하는 작은 T자 모양의 플라스틱 또는 금속 장치이다(**그림 26.19**). IUD는 자궁경부와 자궁의 상태를 변화시켜서 임신을 방지하거나 정자가 자궁경부를 통해 난관으로 이동하는 것을 억제한다. IUD는 구리나 호르몬(프로게스틴 종류)을 함유하고 있으며, 자궁 내에서 3~4년을 유지할 수 있다. IUD는 매우 효과적이어서 실패율이 1% 이하이다. 일부 여성은 IUD에 따른 부작용(월경통과 여타 통증)을 경험하여 이 기구를 중간에 제거하기도 한다.

"자연" 피임법 "자연" 피임법은 개인이 성교를 완전히 억제하거나, 여성의 월경 주기와 패턴, 자궁경부 분비물, 기초 체온을 분석하여 가임기간 동안 성교를 피하는 방법이다. 성교를 하지 않는 금욕을 계속 실천한다면, 이는 임신을 방지하는 가장 효과적인 방법이다. 그러나 실제로 금욕은 유지하기 어려우며, 특히 장기적인 관계에서는 더욱 그렇다. 임신 가능성이 가장 큰 기간 동안 일시적인 금욕("주기 피임법"이라 부름)은 이론적으로는 효과적이지만, 배란 시간의 변화와 여성 생식기에서 정자의 수명(72시간 이상) 때문에 25%나 되는 높은 실패율을 보인다.

불임수술 불임수술은 생식계를 영구적으로 변형시켜 정자의 방출을 막거나 난자가 난관으로 이동하는 것을 막는다. 난관 결찰은

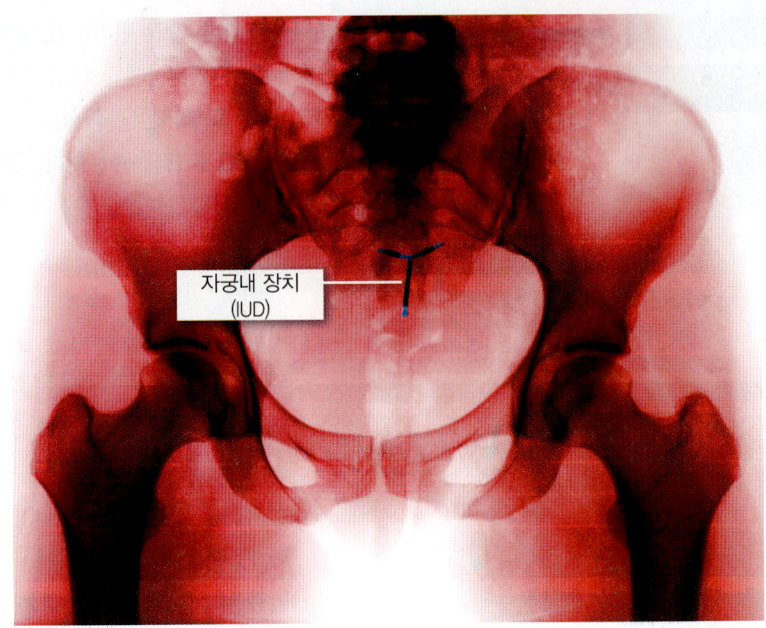

그림 26.19 **자궁내 장치(IUD)의 X-선 사진.**

여성의 수란관을 절단하고 묶어서 난자가 자궁으로 도달할 수 없게 한다. 정관 절제술은 양쪽의 수정관을 절단하고 묶음으로써, 정자가 요도에 도달할 수 없게 되므로 정액에 정자가 포함되지 않는다. 두 경우 모두 부작용은 없다. 그러나 각 시술은 영구적이라는 것을 고려해야 한다(드물지만, 성공적으로 복원할 수도 있다).

지금까지 소개된 피임법과 달리, 프로게스테론 수용체 길항제인 RU-486이라는 약물은 임신 초기 7주 내에 낙태를 유발하기 위해 사용된다. 항호르몬제인 RU-486은 자궁에 있는 프로게스테론 수용체를 차단하여 자궁내막이 탈락되게 해서 임신을 종료시킨다. RU-486은 복통과 경련 이외에도 메스꺼움, 구토, 발열과 같은 다른 부작용을 보인다.

핵심요약 26.10

» 임신은 5가지 종류에 해당하는 많은 방법으로 차단할 수 있다: 차단 피임법, 호르몬 피임법, 자궁내 장치, "자연"피임법, 불임수술

26.11 성병은 미생물과 사람 사이의 전쟁으로 나타난다

사람의 성기와 생식기는 많은 미생물이 원하는 피난처이자, 영양 공급처이며, 번식에 좋은 장소이다. 불행하게도, 이들 미생물은 **성병**(**STI**, sexually transmitted Infection)의 형태로 사람에게 문제를 일으킬 수 있다. STI는 경미한 증상부터 불임이나 심지어는 죽음에 이르는 심각한 것까지 다양한 증상을 보인다. 전 세계적으로 해마다 3억 명 이상이 새롭게 성병에 걸리는 것으로 추정된다.

성병은 세균, 바이러스, 원생생물, 심지어는 몇몇 절지동물에 의해 발병한다. 이들은 성 접촉에 의해서, 성기, 항문, 입의 점막을 통해 한 사람으로부터 다른 사람으로 옮겨진다; 때때로 이들은 약물 주입에 사용되는 주사 바늘을 통해 전염된다.

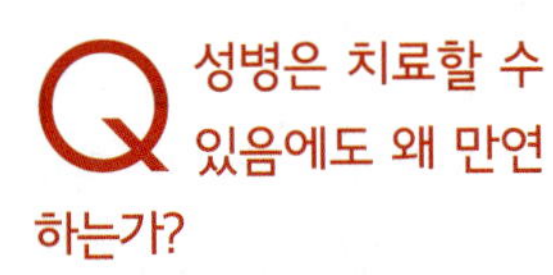

성병은 치료할 수 있음에도 왜 만연하는가?

가장 흔한 몇몇 성병, 증상, 치료에 대한 목록을 **그림 26.20**에서 볼 수 있다. 대부분 항생제, 항진균제, 또는 항원충제로 치료될 수 있지만, 성병의 두 가지 특징으로 인해 사람들에게서 완전히 근절되는 것이 불가능하다. (1) 이들의 증상이 때때로 가볍거나 거의 나타나지 않아서, 많은 사람이 알지 못하는 상태에서 다른 파트너에게 전염시키고, (2) 재감염을 막기 위해서는 파트너도 동시에 치료받

성병

원인	예	증상	치료
세균	• 임질	종종 무증상; 때때로 방뇨 시 통증, 생식기 분비물, 불규칙한 월경	몇몇 항생제로 완치될 수 있음; 그러나 내성균이 증가하고 있음.
	• 매독	종종 수년 간 무증상; 궤양, 피부 발진, 치료되지 않으면 기관 손상	페니실린 항생제로 초기 단계의 매독을 치료할 수 있음.
	• 클라미디아	종종 무증상; 때때로 방뇨 시 통증, 생식기 분비물	클라미디아는 쉽게 치료되고 항생제로 회복될 수 있음.
바이러스	• HIV/AIDS	초기 증상 범위는 무증상에서 감기 증상까지임; 말기 단계는 심각한 감염을 수반하고 사망	현재 치료 방법 없음. 항레트로바이러스 치료로 진행을 지연시킬 수 있음. 내성종이 발생함.
	• 음부포진	종종 무증상; 급발병 시 생식기 궤양, 감기 유사 증상	현재 치료방법 없음. 항바이러스 약물이 급발병을 줄이고 예방함.
	• 인체 유두종 바이러스	종종 무증상; 일부 종류가 생식기 사마귀를 유발함. 다른 종류는 자궁경부암을 유발할 수 있음	백신이 HPV를 예방하며, 11–12세 소녀에게 권장됨. 사마귀와 암의 병소가 제거될 수 있음.
	• 간염	초기 증상은 무증상에서 발열, 피로, 복부 통증까지 다양함; 간암을 유발할 수도 있는 만성 질병으로 발전함.	항바이러스제가 만성 질병에 도움이 됨; 간 손상이나 암의 여부를 확인하기 위한 주기적인 진단이 필요함.
원생생물	• 트리코모나스증	여성에서 방뇨 시 통증, 생식기 분비물; 남성에서는 종종 무증상	토리코모나스증은 일반적으로 처방 약으로 치료됨.
균류	• 효모 감염	여성에서 생식기 가려움증이나 타는 듯한 느낌; 남성에서 생식기 가려움증	효모 감염은 일반적으로 항균성 좌약이나 크림으로 치료됨.
절지동물	• 사면발이	음모에 부착되거나 기어다니는 이 또는 서캐가 보임. 음부와 성기에 가려움증.	사면발이는 비처방의약품인 로션으로 치료될 수 있음.

그림 26.20 매우 흔한 성병들.

아야 한다.

게다가, 대부분 미생물은 높은 번식률을 나타내기 때문에, 미생물의 개체군은 빨리 진화하여 기존 약물에 저항성을 갖게 되므로 치료의 장기적인 효과를 감소시킨다. 성병의 치료는 오늘날 세계에서 가장 긴급한 공중보건의 문제로 나타난다.

핵심요약 26.11

» 성병(STI)은 세균, 바이러스, 원생생물, 균류, 절지동물을 포함한 다양한 유기체에 의해 유발된다. 전 세계적으로 3억 명 이상이 매년 새롭게 감염된다. STI의 증상은 무증상에서부터 가볍거나 극심한 불편함, 불임, 심지어 죽음에 이르기까지 다양하다.

사람 발생 과정에는 특정한 단계가 있다

▲ 여자아이는 태어나기 전 여러 발달 단계를 거쳤다.

26.12 초기 배아 발생은 난할, 낭배 형성, 신경관 형성 동안 일어난다

수정 때에는 단지 한 개의 접합자로서 전혀 사람과 닮지 않은 단일 세포였음에도, 우리는 어떻게 해서 분화된 세포, 조직, 기관을 가진 사람으로 완성되었을까? 발생생물학 분야는 복잡한 유기체가 단일 세포에서 어떻게 발생했는가를 이해하고 설명하고자 한다. 확실히 초기 세포의 유전자가 중요하고, 또 그 세포가 발생하는 환경조건이 결정적으로 중요하다. 이들 요인은 사람과 대부분 척추동물이 발생할 때 긴밀하게 상호작용하며, 세 가지의 중요한 단계로 이루어진다.: 난할, 낭배 형성, 신경관 형성.

난할 첫 단계인 **난할**은 수정 직후의 접합자가 유사분열을 통해 분열하는 초기 단계이다(**그림 26.21**). 수정 후 약 30시간이 지나면 접합자가 2개의 세포로 분열하면서 난할이 시작된다. 이후 또 다른 30시간이 지나면 다시 분열하여 4개의 세포가 된다. 이러한 분열 과정이 여러 번 일어난다. 난할 과정에서 세포의 수는 늘어

난할

수정 직후에 난할(접합자의 체세포분열에 의한 초기 분열)이 시작된다.

내부 세포덩어리

접합자

포배

0시간

30시간

60시간

6일

시간

난할이 진행되는 동안, 세포는 계속 분열하여 최종적으로 액체로 채워진 속이 빈 공을 형성한다.

그림 26.21 난할: 포배(배반포)의 형성.

나지만 크기의 변화는 없다. 오히려 수정란은 점점 더 작은 세포들로 채워진다. 이러한 다세포 분열을 위한 에너지는 난자에 있는 영양분에 의해 공급된다. 난할 단계에서는 사람과 성게처럼 차이가 큰 종 간에도 구별하기 어렵다.

세포 분열이 약 6일간 계속된 후, 약 1,000개의 세포는 속이 빈 공 모양의 **포배**를 형성한다. 포유동물에서는 이를 **배반포**라 한다(**그림 26.22**). 세포들은 가운데로 액체를 분비하는데, 이곳에서 배아를 형성할 내부 세포덩어리가 형성된다. 외부 세포들은 사람융모생식샘자극 호르몬(hCG)을 생산하여 황체가 사라지는 것을 막는다. 황체가 계속 유지됨으로써 프로게스테론 수준이 높게 유지된다.

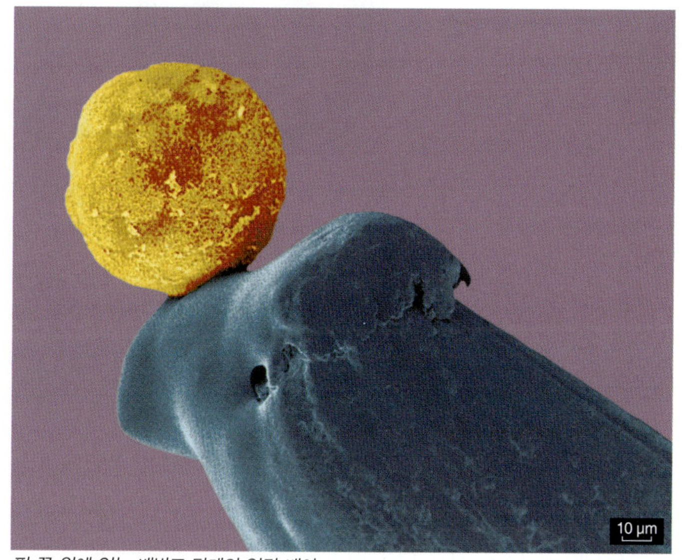

핀 끝 위에 있는 배반포 단계의 인간 배아

그림 26.22 아주 작지만 엄청난 가능성을 가지고 있다.

배반포는 빨리 성장하고 자신을 둘러싸서 보호하는 막을 형성하는데, 이러한 막에는 배아를 둘러싸는 **양막**, 자궁내막과 함께 **태반**을 형성하는 **융모막**이 있다. 태반은 배아와 자궁의 벽을 연결하는 구조(그림 26.25 참조)로서, 영양분을 배아로 운반하고 배아에서 생긴 노폐물을 제거하는 혈관으로 채워져 있다.

낭배 형성 발생의 두 번째 단계인 낭배 형성 동안 3개의 독특한 조직인 **배아층**이 형성된다. 비치볼을 주먹으로 서서히 누르는 모습을 상상해 보자. 이 모양은 낭배 형성 과정과 유사하다. 전체 세포덩어리를 낭배라 부르고(**그림 26.23**), 이러한 만입을 원구(blastopore)라 부른다. 원구는 수정란에서 정자가 들어간 지점과 거의 정확히 반대 방향에 위치하며, 척추동물에서 항문이 될 곳이다.

낭배 형성 동안 세 개의 독특한 조직층이 만들어진다. 이들 층에 있는 세포는 아직 분화되지 않았지만(즉, 이들 모두 서로 유사하게 보인다), 최종적으로 어떤 종류의 조직이 되어야 하는지는 비가역적으로 결정된다. 이러한 결정 전에, 세포는 "전능성(totipotent)"이 있다고 하며, 신체의 어떠한 조직으로도 분화될 수 있는 능력이 있다.

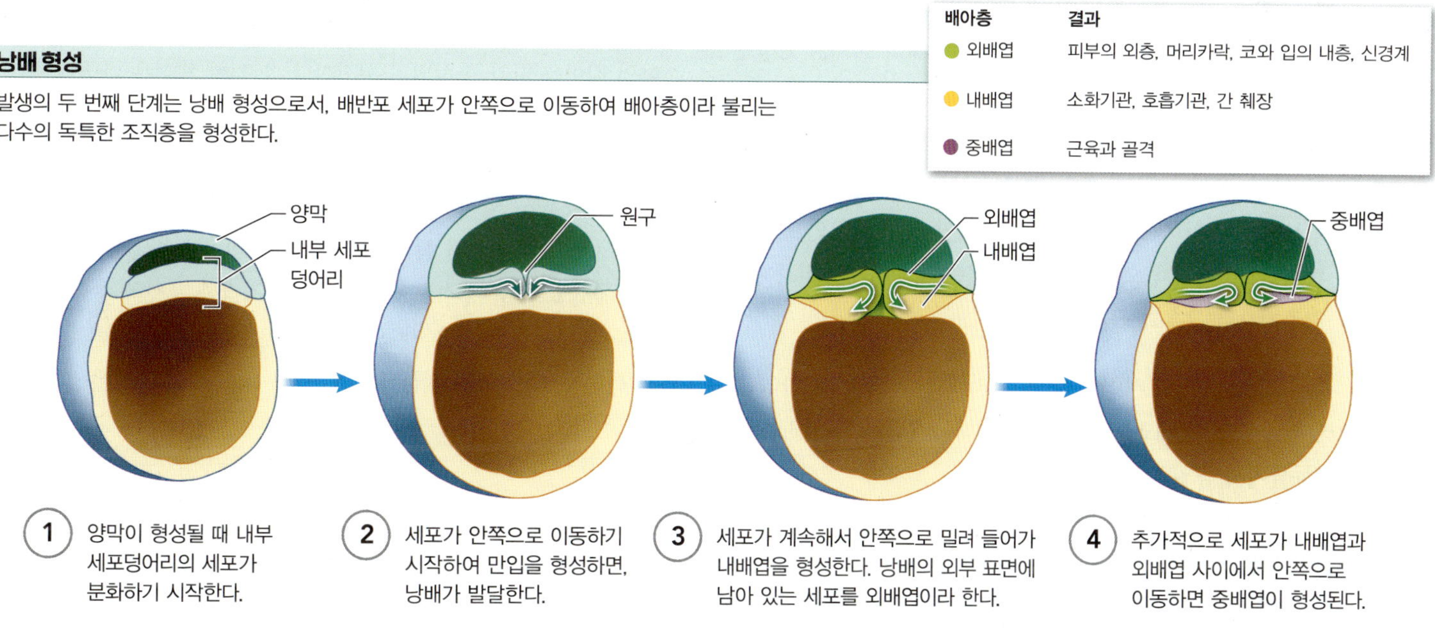

낭배 형성 과정에서 최종적으로 몸의 구조를 구성할 3개의 독특한 조직층이 형성된다.

그림 26.23 낭배형성: 3개 조직층의 형성.

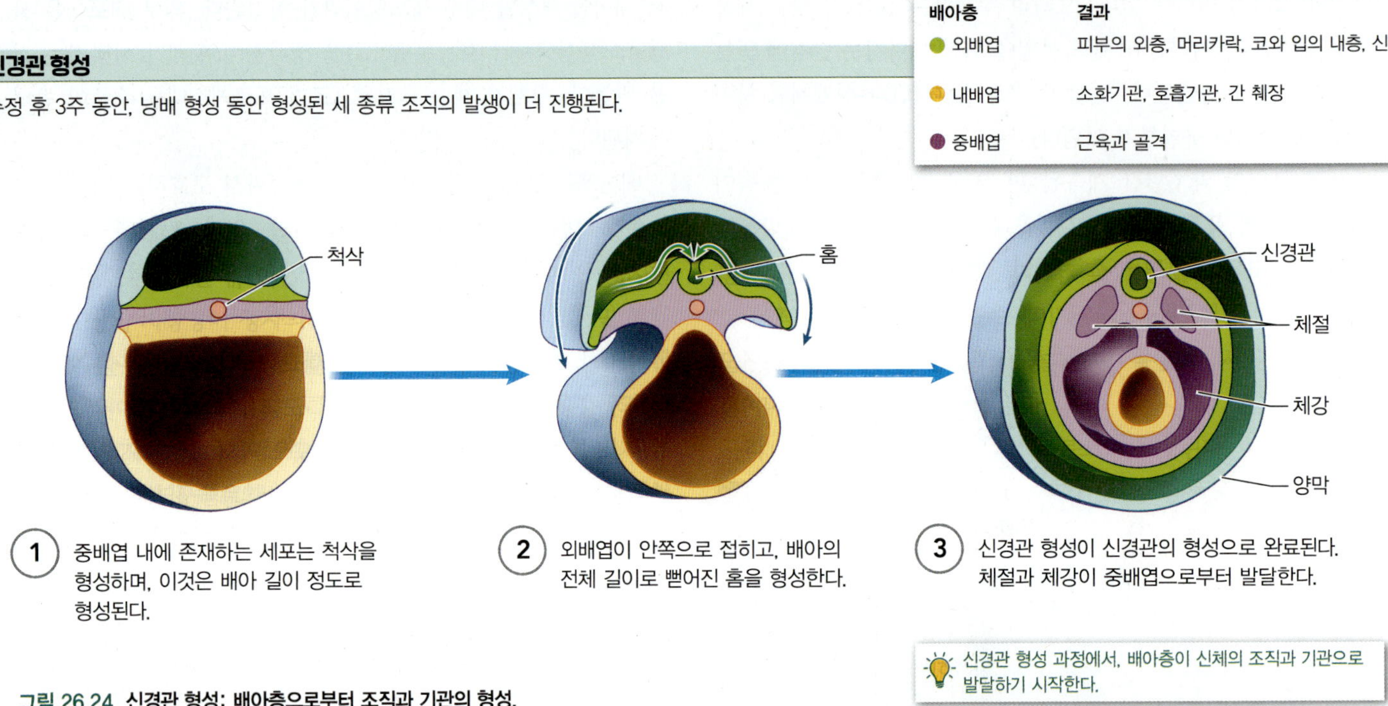

그림 26.24 신경관 형성: 배아층으로부터 조직과 기관의 형성.

낭배 형성 과정에서 무슨 일이 발생하는지를 요약하면 다음과 같다.

1. 배반포가 만입을 형성하여 원구를 만들면서 안으로 접히기 시작한다.
2. 세포가 계속 안으로 밀려 들어가면서, **내배엽**이라는 내막을 형성하고, 최종적으로 소화관이 된다. 또한, 내배엽은 간, 췌장, 호흡기의 내막을 형성한다. 이 시점에서 완전한 세포덩어리를 **낭배**라고 한다.
3. 낭배의 외부 표면 세포를 **외배엽**이라 하며, 최종적으로 피부의 외층, 머리카락, 신경계, 코와 입의 내막 등을 형성한다.
4. 일부 추가적인 세포가 내배엽과 외배엽 사이에서 안으로 이동하여 세 번째 종류의 조직인 **중배엽**을 형성하며, 이 중배엽은 최종적으로 근육과 골격이 된다.

낭배 형성의 세부 사항은 종에 따라 약간 다양하게 나타난다. 그러나 내배엽, 중배엽, 외배엽을 형성하는 일반적인 결과는 모든 척추동물에서 동일하게 나타난다.

신경관 형성 배아 발생 3주가 되면, 낭배 형성에서 만들어진 3종류의 조직이 다양한 기관과 조직으로 발생하기 시작한다. 이때, 소화관 바로 위 중배엽에서 배아를 가로질러 척색이 형성된다. **척색**은 모든 척삭동물에서 발생하는 유연성 있는 막대로, 주변 조직의 지지대 역할을 한다. 척추동물에서는 최종적으로 척색의 기능을 뼈가 대신한다.

척색 바로 위의 외배엽이 배아의 전체 길이 방향으로 접혀서 홈을 형성한 후에 **신경관**이라 불리는 속이 빈 긴 관이 된다. 이러한 과정을 **신경관 형성**이라 하는데, 만들어진 신경관으로부터 뇌와 척수를 포함한 전체 신경계가 발생한다(**그림 26.24**).

신경관이 발생할 때, 체절이라 불리는 중배엽 조직 블록이 배아의 길이를 따라 형성되기 시작한다. 이러한 체절은 나중에 척추와 근육을 형성한다. 체절 옆에 존재하는 공간은 **체강**이 되며, 체강 내에서 많은 기관이 형성된다. 발생 3주가 끝나는 시점의 배아는 아직 2 mm 밖에 되지 않는다. 일부 세포가 예정된 대로 사멸하면서 발생과 분화가 좀 더 진행되는데, 이것은 예술가가 큰 돌덩어리에서 조각을 떼어내면서 사람 몸을 조각하는 것과 유사하다.

다른 세포들은 이웃 세포가 보내는 신호(아마도 단백질)에 의해 특정 유전자를 켜고 끔으로써, 특정 세포 유형으로 발생하게끔 유도된다.

핵심요약 26.12

» 수정 후 바로 난할이 일어나고, 많은 빠른 세포 분열이 전체적인 성장 없이 일어난다. 다음으로 낭배 형성에서 3개의 독특한 배아층과 더불어 소화기관이 형성되기 시작한다. 신경관 형성에서 중배엽이 척색이라는 지지 막대를 형성하고, 그 위로 내배엽의 함입이 뇌와 척수가 될 신경관을 형성한다.

26.13 임신에는 세 단계가 있다

사람의 배아와 태아의 발생은 대략 3개월씩 3개의 기간으로 나눠진다(기관과 다른 주요 구조가 처음 생성되는 **태아** 단계는 수정 후 약 8주에 시작한다). 이러한 **3분기**는 각각의 특징과 발생 지표를 나타낸다.

제1 삼분기 발생 첫 3개월에는 상대적으로 거의 성장이 없으며, 끝 무렵에 태아는 5~7 cm 크기이고, 체중은 약 28 g 정도이다. 제1 삼분기 때는 성장보다 세포들이 특정한 종류의 조직으로 분화하고 발달하는 것이 더욱 중요하다. 몇몇 주요 지표들은 다음과 같다(시간은 수정 후 경과된 시간을 나타낸다).

첫 번째 달

30시간: 첫 번째 난할이 일어난다.

60시간: 두 번째 난할이 일어난다. 두 번의 난할 과정에서 세포 분열만 일어나고 전체적인 성장은 일어나지 않는다.

6~7일: 배아가 자궁내막에 착상하기 위해 자궁에 도달한다.

2주: 낭배 형성이 일어나고, 3개의 독특한 조직층이 발달한다. 이 시점에서 배반포를 둘러싸고 있는 2개의 막(배아를 둘러싼 양막과 양막을 둘러싼 융모막)이 성장하면서 태반을 형성한다. 융모막은 최종적으로 확장하여 자궁내막을 둘러싸고, 자궁내막과 함께 태반을 형성한다(**그림 26.25**). 이 태반에서, 영양소, 호흡 가스, 노폐물이 산모와 태아의 순환계를 통해 서로 교환된다. (태반 포유류에 난황낭이 존재하지만, 그 크기가 줄어 있고 태반이 배아에게 영양을 공급하는 난황낭의 역할을 대신한다). 배아는 **탯줄**에 의해 융모막과 연결되어 있다.

산모와 배아의 혈액이 섞이지는 않지만, 태반에서 매우 가깝게 접촉하고 있어서 산소가 산모로부터 배아로 확산되고, 이산화탄소가 배아로부터 산모로 확산된다. 또한 태반은 배아에게 영양분을 공급하고 황체를 유지함으로써 프로게스테론을 계속 분비하여 자궁내막을 유지하는 hCG와 같은 호르몬을 분비한다.

3주: 신경관 형성이 일어난다.

4주: 눈과 심장과 같은 주요 구조와 기관이 형성되기 시작한다. 이 기간에 팔과 다리로 발달하게 되는 돌기를 관찰할 수 있다(**그**

태반

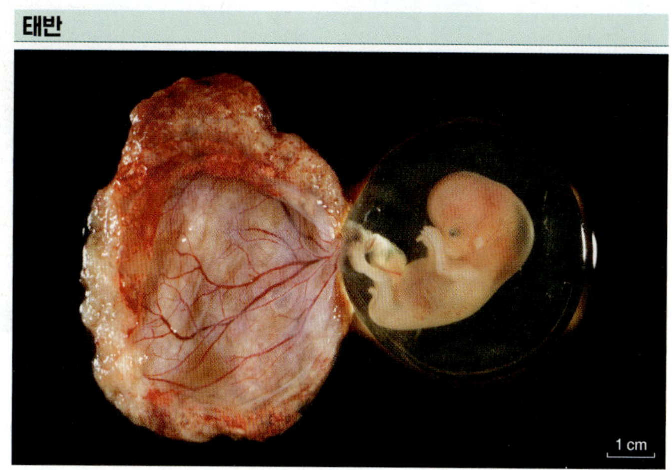

태반은 모체와 발생하는 배아 사이에서 영양소와 호흡 가스, 노폐물이 이동하는 통로인 혈관이 풍부한 조직덩어리이다.

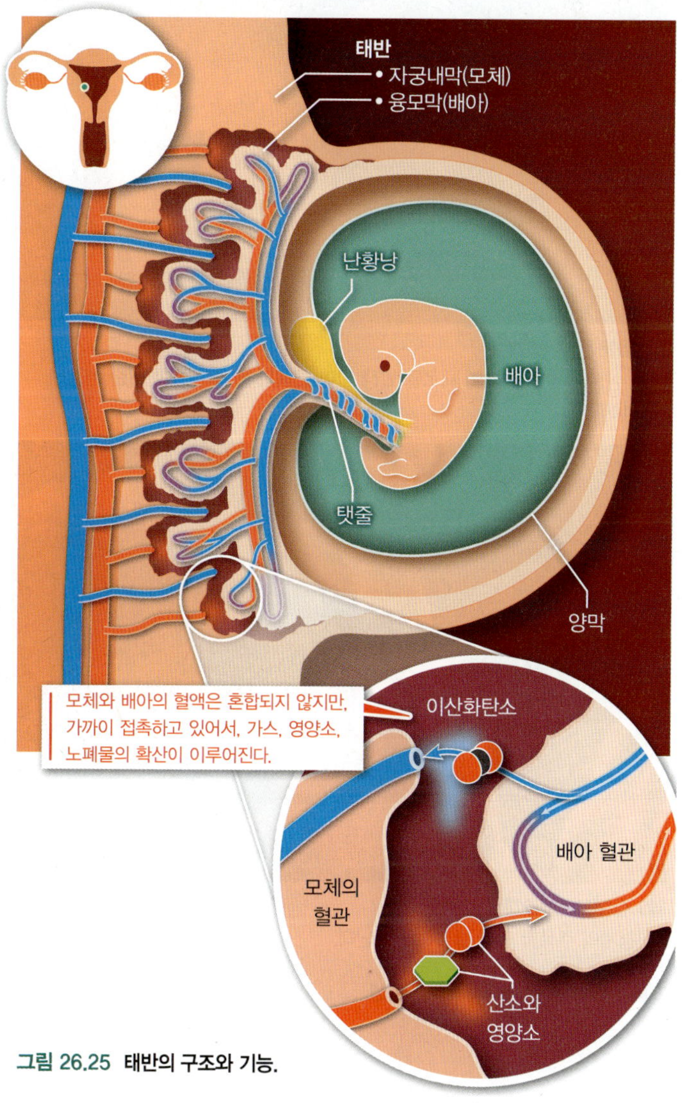

그림 26.25 태반의 구조와 기능.

인간의 배아 발생

사람의 태아 발생 9개월은 3개월씩 3분기로 나눠질 수 있다.

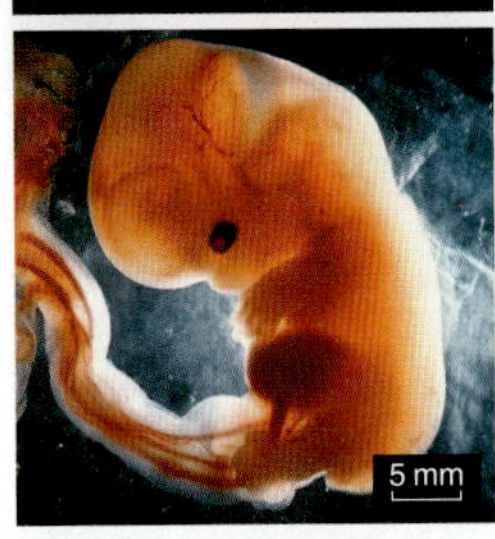

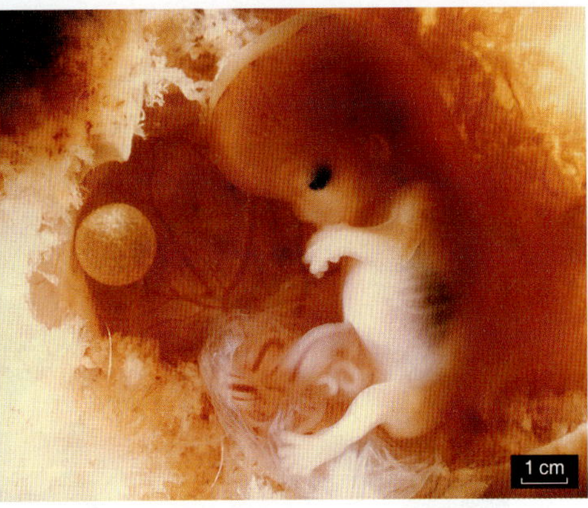

제1 삼분기: 1~3개월

- 세포가 특정 종류의 조직으로 분화되기 시작한다.
- 사지를 비롯하여 눈, 심장, 간, 췌장, 담낭을 포함한 주요 기관과 구조가 형성되기 시작한다.

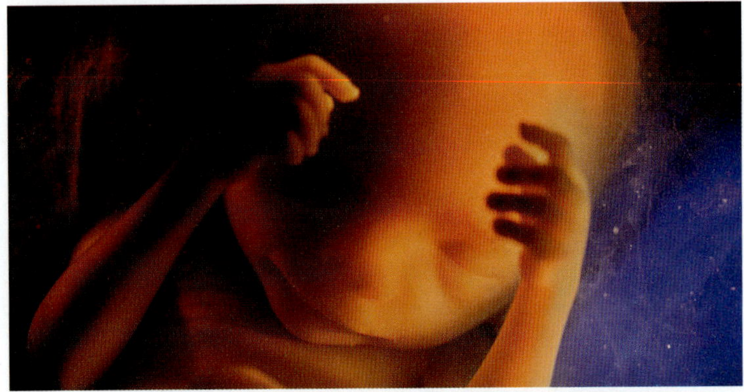

제2 삼분기: 4~6개월

- 제1 삼분기에 비해 거의 새로운 발생 없이 근육과 뼈의 주목할 만한 성장이 일어난다.

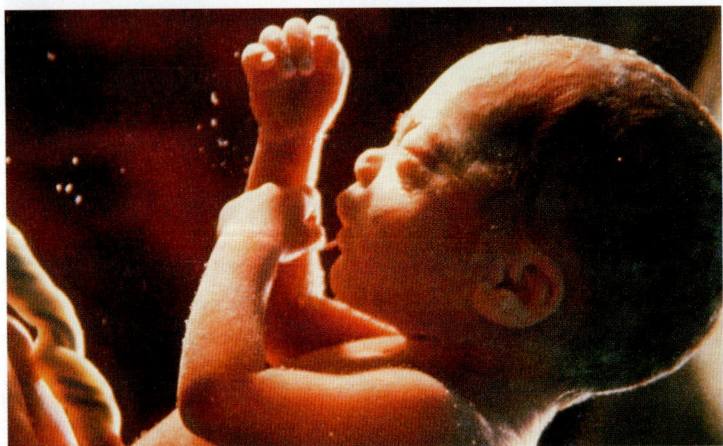

제3 삼분기: 7~9개월

- 신경계의 주목할 만한 발달이 일어난다.

그림 26.26 사람 배아와 태아의 발생.

림 26.26, 위쪽).

두 번째 달

이 시기에 팔다리 모양을 갖춘다. 간, 췌장, 담낭 같은 주요 기관도 관찰된다. 이러한 엄청난 발생과 분화에도 불구하고, 아직 성장은 거의 일어나지 않아 배아의 무게는 1온스의 10분의 1보다 작은 약 1g이다.

세 번째 달

세 번째 달에 신경계가 발달하면서, 젖을 빠는 것과 같은 몇몇 반사 작용이 처음 일어난다. 이 시기에 황체는 결국 퇴화한다. 황체가 분비하던 프로게스테론이 사라지면, 임신이 아닌 경우 일반적으로 새로운 배란주기가 시작되지만, 임신인 경우에는 태반이 에스트로젠과 프로게스테론(FSH와 LH 분비를 억제한다)을 다량 분비하므로 배란이 일어나지 않는다. 10주경 즈음에 태아의 심장박동 소리를 들을 수 있다. 또한, 산모의 유방에 젖샘의 발달이 촉진되어 추후에 젖을 생산하기 위한 준비를 한다(젖분비).

제2 삼분기 임신 4~6개월은 제1 삼분기에 비해 급격한 성장이 일어나지만 새로운 발생 과정은 거의 없는 시기이다. 이 시기에 골격이 더 커지고 근육이 발달하여 산모는 태아가 이리저리 움직이면서 종종 발로 걷어차는 것을 느끼곤 한다. 심장박동 소리가 더 커지고 "휙"하는 소리를 청진기로 쉽게 들을 수 있게 된다. 제2 삼분기 말까지는 태아가 자궁 밖에서 생존할 수 없지만, 크기는 600 g으로 증가하며, 길이는 30 cm나 된다.

제3 삼분기 제3 삼분기에서 태아는 산모 밖에서도(생존을 위한 최소 크기는 일반적으로 680 g 정도이다) 충분히 살아남을 수 있을 만큼 거의 완전히 성장한다. 이 시기에 폐가 성숙하여, **표면활성제**의 생산량이 증가하게 되는데, 표면활성제는 폐가 쭈그러들지 않고 팽창과 수축을 할 수 있는 화합물로 구성되어 있다. 조산한 유아의 폐는 공통적으로 표면활성제가 부족하고 구조적으로 미숙하다. 결과적으로, 이 유아는 가스 교환에 어려움을 겪어, 조산한 유아의 주요 사망원인인 신생아 호흡장애 증후군으로 고통받을 수 있다.

제3 삼분기 동안 성장과 폐의 성숙 이외에도 신경계가 많이 발달한다. 시간당 1500만 개의 엄청난 속도로 새로운 신경이 추가되는데, 이 속도는 심지어 출생 후에도 유지된다.

핵심요약 26.13

» 사람의 배아와 태아의 9개월 동안의 발생은 3개의 기간, 즉 3분기로 나눠진다. 제1 삼분기는 세포가 일차적으로 특정 유형의 조직으로 발생과 분화하는 시기이다. 제2 삼분기와 제3 삼분기의 대부분 특징은 태아 기관계의 주목할 만한 성장과 빠른 발달이다.

26.14 임신은 분만과 젖 분비의 시작으로 완결된다

분만은 임신의 완결로 3단계로 진행된다(**그림 26.27**). 첫 단계는 자궁 경부의 수축과 확장의 시작이다. 제3 삼분기의 후반부에 태아는 머리를 아래로 향해 자궁경부에 위치한다. 태아의 크기가 증가함에 따라 자궁이 늘어난다. 정확한 과정은 알려지지 않았지만, 태아 호르몬이 태반을 자극하여 에스트로겐과 프로스타글란딘과 같은 호르몬을 분비하도록 하여 자궁 수축을 촉진한다.

자궁이 수축함으로써 자궁경부가 점차 벌어지는데, 이를 **진통**이라 한다. 수축 횟수가 분만 전에는 수 시간 또는 여러 날에 걸쳐서 시간당 1~2회로 진행되다가, 분만 때에는 2~3분에 한 번꼴로 증가한다.

분만의 두 번째 단계는 산도라고도 불리는 질을 통한 태아의 출산이다. 이 과정은 일반적으로 머리가 먼저 나오는 것으로 진행된다. 태아의 출산 후에 탯줄을 집게로 묶은 다음 절단하면 혈액 응고로 출혈이 바로 멈추게 된다. 수축이 잠시 이완되고 분만의 마지막 단계가 시작된다. 수축이 다시 시작되면서 태반이 자궁벽에서 떨어져 밖으로 배출된다.

임신 동안 에스트로겐, 프로게스테론 등의 호르몬에 의해서 젖샘이 발달한다. 출산 후에 뇌하수체 호르몬인 프로락틴이 **젖분비**를 촉진한다. 갓난아이의 젖 빨기에 의해서도 프로락틴과 옥시토신의 분비가 촉진되어 모유 생산이 증가한다.

분만 단계

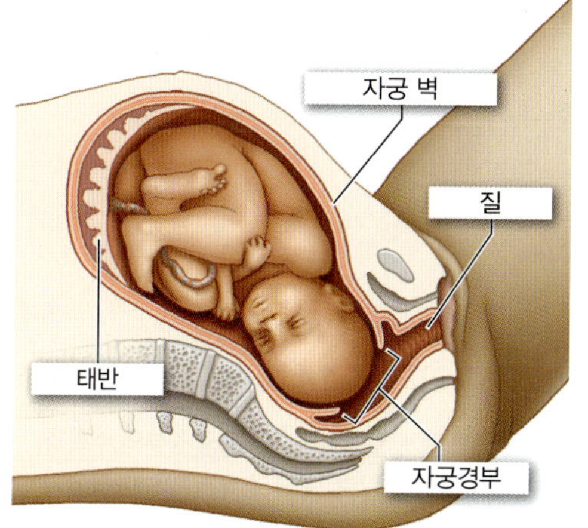

① **자궁경부의 수축과 확장 개시**
에스트로겐과 프로스타글란딘을 포함하여 호르몬이 자궁의 수축을 자극하여 자궁경부가 점진적으로 열린다.

② **아이의 출산**
아이의 머리가 질(또는 산도)을 지나서 나오고, 몸의 나머지 부분이 나온다.

③ **태반의 배출**
최종적인 수축이 자궁벽에서 태반을 탈락시켜 산도를 통해 배출시킨다.

그림 26.27 **진통과 분만.**

모유를 섭취하면 태아는 여러 질병으로부터 자신을 보호할 항체와 함께 필요한 모든 영양을 얻는다.

그림 26.28 완전한 영양 공급.

처음 며칠 동안 초유라 부르는 황색의 액체가 분비된다. 초유는 단백질을 많이 함유하고 있고, 모체로부터 온 많은 항체를 지녀 갓난아이를 질병으로부터 보호한다(**그림 26.28**). 초유는 점진적으로 지방과 당을 많이 함유한 젖으로 바뀐다.

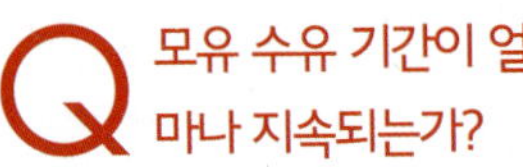

모유 수유 기간이 얼마나 지속되는가?

모유 수유 기간의 중간값은 국가와 문화에 따라 다양하다. 예를 들어, *Pediatrics*라는 저널과 세계보건기구(WHO)에서 발표한 보고서에 의하면 "어떤 형태든 모유 수유" 기간의 중간값이 미국은 3개월, 방글라데시와 네팔은 33~34개월이었다. 미국소아과학회(American Academy of Pediatrics)는 신생아의 첫 6개월 간 완전한 모유 수유할 것을, 그리고 12개월까지 모유 수유와 다른 보조 영양을 같이 공급할 것을 권장하고 있다.

모유 수유가 임신을 막을 수 있을까?

수유 동안, 유아의 젖 빨기는 뇌하수체의 LH를 억제하여 배란의 유도를 막는다. 이러한 이유로 수유 동안 여성의 가임 가능성이 떨어진다. 모유 수유가 성공적인 피임방법이 되기 위해서는 몇몇 조건을 만족해야 한다. 즉, 산모는 온전히 모유 수유를 해야 하고(갓난아이는 모유 이외의 다른 방법으로 영양분을 섭취하지 않아야 한다), 갓난아이가 출생 6개월 미만이어야 하며, 수유 간격이 6시간을 넘지 않아야 한다.

핵심요약 26.14

» 출산은 임신의 완성이며 세 단계에 걸쳐 일어난다. (1) 자궁 경부의 수축과 확장의 개시, (2) 아이의 분만, (3) 태반의 탈락. 모유 수유는 갓난아이에게 단백질, 탄수화물, 지방과 함께 질병으로부터 보호받을 수 있는 항체를 제공한다.

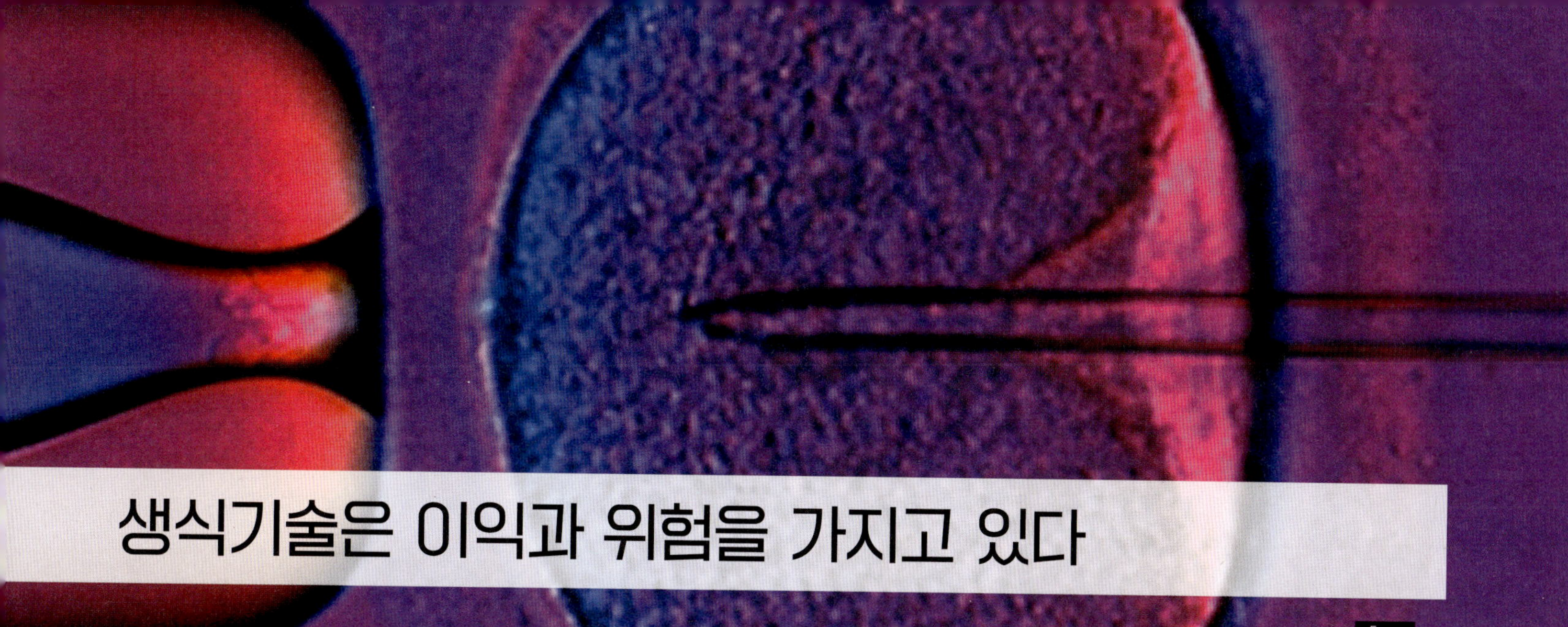

▲ 바늘을 난자에 침투시켜서 정자로부터 추출한 DNA를 난자의 세포질에 주입할 수 있다.

26.15 인공수정 기술은 희망이 있지만 위험하기도 하다

불임부부가 아이를 가질 수 있도록 도와주는 여러 기술이 존재한다. 이 절에서는 이러한 몇 가지 기술을 살펴볼 것이다.

불임증은 부부가 1년 동안 시도하여도 임신을 할 수 없는 경우로 정의한다. 매해 미국에서 결혼한 부부의 약 7%가 이에 해당한다. 불임의 원인은 적은 정자 수, 정자의 낮은 운동성, 난관의 손상과 폐쇄, 배란의 문제 등 성별에 따른 여러 원인이 있다. 불임의 10% 정도는 원인을 알 수 없다.

유용한 생식기술이 다양하게 존재하는데, 폐쇄된 난관을 복원하는 수술과 정자의 수를 증가시키고 난자 생산을 증가시키는 호르몬 치료와 같은 방법이 있다. 정자와 난자 모두를 조작하는 불임 치료인 **보조 생식기술**(**ART**, assisted reproductive technology)이라고 하는 여러 선택지가 있다. 이 기술은 전형적으로 여성의 난자를 난소로부터 채취하여, 페트리 접시에서 정자와 결합시켜 수정한 다음, 이 수정란을 임신할 당사자 또는 다른 여성의 생식기로 주입한다. 많은 경우 정자와 난자가 일정 기간 냉동되기도 한다(그림 26.29). ART에서 사용되는 방법은 다음과 같다.

1. **IVF-ET.** 가장 흔한 방법이 체외수정-배아 이식(**i**n **v**itro **f**ertilization-**e**mbryo **t**ransfer)이다. IVF-ET에서는 제2 난모세포를 난소에서 채취하고, 페트리 접시에서 정자와 결합시킨다. 며칠 후에 8세포기의 수정란을 자궁에 주입한다.

2. **ZIFT.** 접합자 난관내 이식(**z**ygote **i**ntra-**F**allopian **t**ransfer)은 두 가지 면에서만 IVF-ET와 다르다. 페트리 접시에서 수정시킨 후에 수정란을 자궁에 이식시키는 대신에 난관에 이식한다. 또한, 좀 더 이른 1세포기에 이식한다. 수정란을 난관에 이식하기 위해서는 수술이 필요할 수 있으므로, ZIFT는 ART를 원하는 부부의 1% 정도만 행해진다. 몇몇 경우에는 2~4세포기까지 기다렸다가 난관으로 이식하는 경우가 있다(이를 배아 난관내 이식이라 부른다). 몇몇 연구에 의하면, ZIFT가 IVF-ET보다 착상률이 더 높다.

3. **GIFT.** 배우자 난관내 이식(**g**amete **i**ntra-**F**allopian **t**ransfer)은 난모세포를 정자와 혼합한 다음 즉시 난관에 주입하는 방법으로서, 수정이 페트리 접시가 아니라 몸 안에서 일어나도록 한다.

4. **여러 방법의 조합.** 남자의 정자 수가 특히 적거나 정자의 운동성이 낮은 경우에 ICSI(**I**ntra**c**ytoplasmic **s**perm **i**njection)라 불리는 방법을 사용하기도 한다. 이 방법은 정자 하나를 직접 난자에 주입하는 방법이다. 남성 불임의 치료로서 효과적인 방법이기는 하지만 정자 선택 과정을 거치지 않는다. 즉, 난자와 수정하기 위한 경쟁에서 1개의 정자가 승자로 선택되

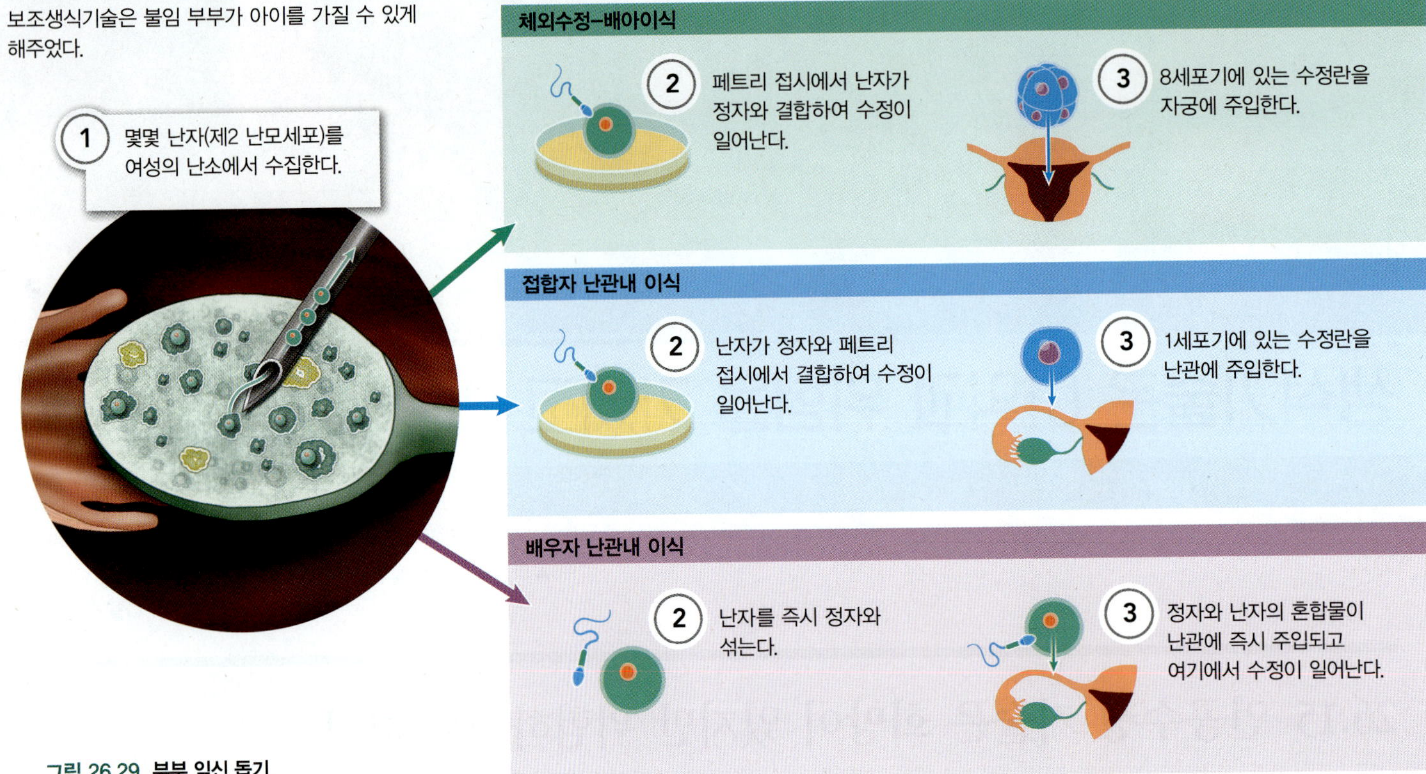

그림 26.29 부부 임신 돕기.

는 것 대신 시술을 하는 사람이 인위적으로 정자를 선택하는 것이다. 이러한 이유로 ICSI에 의한 선천성 기형의 발생이 높다.

위에서 소개한 방법에 추가적으로 "정자 분류" 방법이 추가되기도 하는데, 태아의 성별을 선택하는 효과적인 방법이다. 이 방법에서는 정자의 DNA를 염색할 수 있는 형광 염색약을 처리한다. X 염색체가 Y 염색체보다(약 3%) 크기 때문에 X 염색체-함유 정자가 더 많은 형광 물질과 결합한다. 이렇게 염색한 정자를 어떤 성염색체를 지녔는지에 따라 + 혹은 − 전하를 띠도록 할 수 있고, 이들 정자가 전기장을 통과하면서 양쪽의 수집기에 나뉘어 담긴다. X 혹은 Y 염색체를 가진 선별된 정자가 앞서 언급된 ART에 사용될 수 있다. X 염색체와 Y 염색체를 가진 정자를 나누는 이 방법의 정확도는 70~90% 정도이다.

핵심요약 26.15

» 보조생식기술(ART)은 전형적으로 여성의 난소에서 난자를 채취한 다음 정자와 수정을 시켜 여성의 자궁이나 난관에 다시 삽입하는 과정이다. 이러한 기술로 인해 과거에는 불임이었을 부부가 아이를 가질 수 있게 되었다.

경제와 과학의 갈등: 다산(쌍둥이, 세 쌍둥이 등)의 수는 왜 증가하고 있을까?

Q: 뉴스에서 다산하는 경우를 많이 볼 수 있는데, 이러한 경우가 증가하고 있는가? 그렇다! 1980년에서 2008년 사이에 미국에서 쌍생아의 발생이 70% 증가했다. 세쌍둥이 이상의 발생은 훨씬 더 많이 증가했다.

Q: 왜 이렇게 다산이 많이 발생하는가? 이것부터 생각해 보자. 나이 많은 산모가 ART를 이용하여 임신하는 횟수가 늘어났다. 만일 당신이 불임클리닉을 운영하고 있다면, 당신의 클리닉을 성공적으로 운영하느냐 실패하느냐에 대한 가장 중요한 정보 중 하나는 시술받은 부부가 임신할 확률이다. 불행하게도, 대부분의 ART에서 이러한 숫자는 여성에게 주입된 배아의 수에 영향을 받는다: 5~10개의 배아가 주입된 경우 1~4개의 배아가 주입된 경우보다 임신이 더 많이 되는 경향이 있다. 하지만 5~10개의 배아가 주입된 경우, 쌍둥이, 세 쌍둥이 또는 더 많은 쌍생아의 임신이 될 가능성도 또한 증가한다는 것이다.

주입할 배아의 수는 산모가 받을 위험성과 클리닉의 시술 성공률 사이에서 결정된다. 이러한 사실은 2009년 8개의 배아가 이식된 후에 8 쌍생아를 출산한 캘리포니아 여성 Nadya Suleman(매체에서 "Octomom"이라 불렸다) 사례를 보면 알 수 있다.

Q: 불임 클리닉이 그 비율을 더 안전한 수준으로 떨어뜨리고 있는가? 과거 10년 동안, 4개 이상의 배아가 주입되는 체외수정 주기의 비율이 62%에서 21%로 떨어졌다. 이것으로 세쌍둥이의 발생이 크게 감소했지만, 쌍둥이 비율은 높게 유지되었다. 그리고 35세 이하의 여성에 대해 미국 생식의학회가 보조생식기술 과정에서 단지 하나의 배아만 주입할 것을 추천하지만, 35세 이상 여성에게는 아직도 대부분 3~5개의 배아를 주입하고 있다.

연습 데이터의 시각적 표현을 비판적으로 살펴보기

도표로 배우기

1. 10월에 한 여성의 월경 첫째 날과 기숙사에서 그녀와 가장 가까운 친구 5~10명의 월경 첫째 날 사이의 평균 일수가 어떻게 되는가? 4월에는 이 일수가 어떻게 되는가? 6개월 사이에 그 일수가 몇 퍼센트 정도 변했는가?

2. 연구에 참여한 모든 여성이 28일의 월경 주기를 가지고 있었다고 가정한다면, *y*-축 값으로 가질 수 있는 가장 큰 값은 무엇인가?

3. 피임약을 복용하는 여성이 이 연구에서 제외되지 않았다. 이들이 결과에 어떤 영향을 미쳤을 것이라 보는가?

4. 검증하려고 하는 자료와 아이디어는 대학 학부생에 의해 개발되었다. 그러한 사실이 이들을 해석하는 데 영향을 미쳤는가?

5. 맨 아랫부분의 *y*-축에 있는 물결선을 없앤다면, 그래프가 어떻게 다르게 보이겠는가?

6. 각 측정점을 수직으로 지나가는 선은 무엇을 표시하는가? 만일 측정점을 수직으로 지나는 선이 2배 더 길어진다면, 이 그래프의 해석이 어떻게 바뀌겠는가?

한 여성의 월경 첫날과 그녀와 가장 가까운 친구 5~10명의 월경 첫날 사이의 평균 날 수

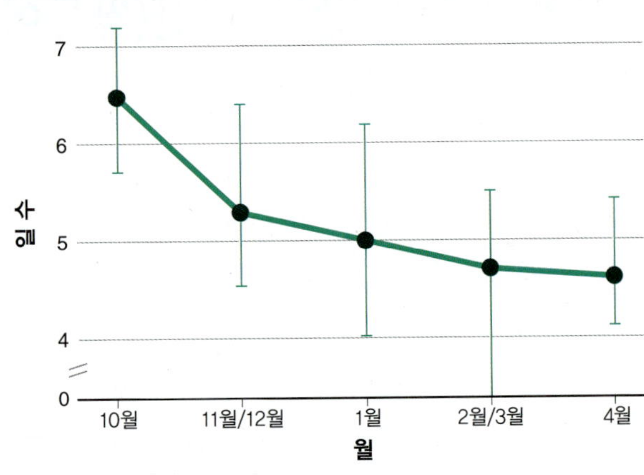

7. 이 그래프에서 "핵심요약"은 무엇인가? 도움이 될 만한 추가적인 자료가 있다면 무엇이 있겠는가? 그 이유는 무엇인가?

답은 부록에 있음.

주요 용어: 생식과 발생

교미 copulation, 810쪽
극체 polar body, 817쪽
난관 Fallopian tube, 817쪽
난생 oviparity, 810쪽
난소 ovary, 816쪽
난소 주기 ovarian cycle, 819쪽
난원세포 oogonium(pl. oogonia), 817쪽
난자 ovum(pl. ova), 808쪽
난자 형성 oogenesis, 817쪽
난태생 ovoviviparity, 810쪽
난포 follicle, 817쪽
난포기 follicular phase, 819쪽
난포자극 호르몬 follicle-stimulating hormone(FSH), 817쪽
난할 cleavage, 826쪽
낭배 gastrula, 828쪽
낭배 형성 gastrulation, 827쪽
내배엽 endoderm, 828 쪽
무성생식 asexual reproduction, 808쪽
배란 ovulate, 818쪽
배반포 blastocyst, 827 쪽
배아 embryo, 810 쪽
배아층 germ layers, 827쪽
배우자 zygote, 810쪽
보조생식기술 assisted reproductive technology(ART), 833쪽
부정소 epididymis, 811 쪽
불임 infertility, 833쪽
사람 융모생식선 자극호르몬 human chorionic gonadotropin(hCG), 820쪽
삼분기 trimester, 829쪽
성병 sexually transmitted infection(STI), 824쪽
세정관 seminiferous tubule, 811쪽
수란관oviduct, 817쪽
수정 fertilization, 808쪽
수정관 vas deferens, 811쪽
신경관 neural tube, 828쪽
신경관 형성 neurulation, 828쪽
양막 amnion, 827 쪽
에스트로겐 estrogen, 819 쪽
외배엽 ectoderm, 828쪽
요도구샘 bulbourethral gland, 812쪽
월경 menstruation, 819쪽
월경주기 menstrual cycle, 819쪽
유성생식 sexual reproduction, 808쪽
융모막 chorion, 827쪽
음경 penis, 811쪽
음낭 scrotum, 811쪽
자궁 uterus, 817쪽
자궁경부 cervix, 817쪽
자궁내막 endometrium, 817쪽
저장낭 seminal vesicle, 812쪽
전립선 prostate gland, 812쪽
접합자 zygote, 810쪽
정소 testis(pl. testes), 811쪽
정자 sperm, 808쪽
정자 형성 spermatogenesis, 811쪽
젖분비 lactation, 832쪽
제1 정모세포 primary spermatocyte, 812쪽
제2 난모세포 secondary oocyte, 817쪽
제2 정모세포 secondary spermatocyte, 812쪽
중배엽 mesoderm, 828쪽
진통 labor, 831쪽
질 vagina, 817쪽
처녀생식 parthenogenensis, 808쪽
척색 notochord, 828쪽
첨체 acrosome, 812쪽
체강 coelom, 828 쪽
체내수정 internal fertilization, 809쪽
체외수정 external fertilization, 809쪽
출산 labor, 831쪽
태반 placenta, 827쪽
태생 viviparity, 810쪽
태아 fetus, 829쪽
탯줄 umbilical cord, 829쪽
테스토스테론 testosterone, 811쪽
투명대 zona pellucida, 822쪽
페로몬 pheromone, 818쪽
폐경 menopause, 819쪽
포배 blastula, 827쪽
프로게스테론 progesterone, 819쪽
피임 contraception, 822쪽
황체 corpus luteum, 819쪽
황체기 luteal phase, 819쪽

요약

동물은 어떻게 번식하는가?

- 기술의 발달은 과거에는 불가능했던 많은 상황에서 임신과 착상을 가능하게 하고 있다. 그러나 이와 동시에 복잡한 법률적인 다툼과 윤리적인 딜레마가 증하고 있다.
- 생물은 유성생식이나 무성생식 혹은 모두의 방법으로 번식할 수 있다. 개체들이 유전적으로 서로 다르고, 부모와도 다른 자손을 만드는 유성생식은 대부분 식물과 동물 종에서 나타난다. 무성생식은 부모와 유전적으로 동일한 자손을 생성한다. 무성생식은 모든 원핵생물과 많은 동물, 식물 종에서 나타난다.
- 유성생식은 몸 안이나 밖에서 일어나는 수정이 필요하다. 발생하는 배아는 암컷의 몸 안에 있거나 밖에 있는 알의 난황으로부터 영양분을 공급받는다. 또는 어미의 몸 안에 남아 혈액으로부터 영양을 공급받는다.

남성과 여성의 생식계는 중요한 유사성과 차별성을 갖고 있다.

- 성인 남성에서 정자는 정소에서 감수분열을 통해 계속 생성된다. 성교 과정에서 정자와 점액을 함유한 정액이 사정된다.
- 암컷이 한 마리 이상의 수컷과 교미할 때, 정자 경쟁이 일어난다. 정자 경쟁은 정자 생산량과 정소 크기 증가, 교미의 물리적 장벽을 만드는 정액, 독성 정액 성분, 경쟁 수컷의 정자를 제거할 수 있는 성기의 형태 등의 다양한 적응이 나타나게 한다.
- 연구자들이 답하려 하는 질문들은 종종 너무 광범위할 수 있다. 그러한 질문들에 과학적으로 답하려면 검증이 가능한 간단한 가설을 세우는 것이 중요하며, 가능한 모든 변수를 통제할 수 있어야 한다.
- 유전적으로 난자의 생성은 정자의 생성과 거의 다르지 않다. 난소에서 이배체 세포가 감수분열을 시작하며, 이러한 과정은 배란 이후 난관에서도 지속되어 유전적으로 다양한 반수체 배우자를 생성한다. 그러나 정자보다 훨씬 적은 수의 난자가 생성되고, 각 난자는 정자보다 훨씬 크다.
- 난소에서 난포 내의 세포는 에스트로겐, FSH, LH 등의 조화로운 분비로부터 자극을 받아 수정 능력을 지닌 난자로 발달한다. 프로게스테론은 자궁이 수정란의 착상을 도울 수 있도록 준비시킨다.

성관계는 수정을 이루지만, 성병을 퍼뜨릴 수도 있다.

- 수정 시, 정자는 난자를 둘러싼 보호구역을 침투하고, 난자는 추가적인 정자의 침투를 차단하며, 정자와 난자 세포막이 융합한다. 이후 난자는 두 번째 감수분열을 완료하고 난자와 정자의 반수체 핵이 융합하여 이배체 접합자를 형성한다.
- 임신은 5가지 종류에 해당하는 많은 방법으로 차단할 수 있다: 차단 피임법, 호르몬 피임법, 자궁내 장치, "자연" 피임법, 불임 수술
- 성병(STI)은 세균, 바이러스, 원생생물, 균류, 절지동물을 포함한 다양한 유기체에 의해 유발된다. 전 세계적으로 3억 명 이상이 매년 새롭게 감염된다. STI의 증상은 무증상에서부터 가볍거나 극심한 불편함, 불임, 심지어 죽음에 이르기까지 다양하다.

사람 발생 과정은 특정한 단계가 있다.

- 수정 후 바로 난할이 일어나고, 많은 빠른 세포 분열이 전체적인 성장 없이 일어난다. 다음으로 낭배 형성에서 3개의 독특한 배아층과 더불어 소화기관이 형성되기 시작한다. 신경관 형성에서 중배엽이 척색이라는 지지 막대를 형성하고, 그 위로 내배엽의 함입이 뇌와 척수가 될 신경관을 형성한다.
- 사람의 배아와 태아의 9개월 동안의 발생은 3개의 기간, 즉 3분기로 나눠진다. 제1 삼분기는 세포가 일차적으로 특정 유형의 조직으로 발생과 분화하는 시기이다. 제2 삼분기와 제3 삼분기의 대부분 특징은 태아 기관계의 주목할 만한 성장과 빠른 발달이다.
- 출산은 임신의 완성이며 세 단계에 걸쳐 일어난다. (1) 자궁 경부의 수축과 확장의 개시, (2) 아이의 분만, (3) 태반의 탈락. 모유 수유는 갓난아이에게 단백질, 탄수화물, 지방과 함께 질병으로부터 보호받을 수 있는 항체를 제공한다.

생식기술은 이익과 위험을 가지고 있다.

- 보조생식기술(ART)은 전형적으로 여성의 난소에서 난자를 채취하여 정자와 수정을 시켜 여성의 자궁이나 난관에 다시 삽입하는 과정이다. 이러한 기술로 인해 과거에는 불임이었을 부부가 아이를 가질 수 있게 되었다.

복습하기

짧게 답하기

1. 환경이 변하고 있을 때, 무성생식은 이상적이지 않다. 왜 그런가?
2. 인간에서 남성 배우자가 어떻게 형성되는가? 이러한 과정이 남성 생식기 어디에서 일어나는가?
3. 정자 경쟁으로 인해 발생한 적응을 두 가지 서술하시오.
4. 난자 생성이 정자 생성과 다른 핵심적인 점을 서술하시오.
5. 황체의 퇴화가 왜 자궁내막의 탈락을 가져오는가?

6. 난모세포의 활성화의 중요성과 정자와 난자의 세포막 융합을 서술하시오.
7. 에스트로겐-프로게스테론 피임약에서, 에스트로겐 성분의 목적은 무엇인가? 프로게스테론 성분의 목적은 무엇인가?
8. 성병을 완전히 제거하는 것을 거의 불가능하게 하는 성병의 두 가지 특징을 서술하시오.
9. 배아층이란 무엇인가? 얼마나 많은 층이 있고, 그 층의 이름이 무엇이며, 최종적으로는 어떤 구조를 형성하는가?
10. 임신의 세 단계와 각 단계에서 일어나는 주요 사건을 요약하시오.
11. 임신 기간 중에 배란이 어떻게 억제되는가?
12. 수유 동안 여성의 임신 가능성이 어떻게 해서 크게 감소하는가?
13. 불가능한 임신을 가능하게 해 주는 기술들의 의도하지 않은 결과는 무엇인지 서술하시오.

정답 고르기

1. 일부 동물은 주로 무성생식을 하지만, 특정 조건에서는 유성생식으로 전환할 수 있는 능력을 가지고 있다. 일반적으로 무성생식을 하는 동물이 유성생식도 할 수 있게 됨으로써 적응에 대한 어떤 장점을 갖는가?
   a) 스트레스 기간 동안 자손의 유전적 다양성이 증가한다.
   b) 포식동물을 혼란스럽게 한다.
   c) 동물에게 생존의 다양성을 제공한다.
   d) 생존의 가능성이 증가한다.
   e) a와 d만 옳다.
2. 한 마리의 암컷이 다수의 수컷과 짧은 기간 내에 교미할 때 무슨 일이 발생하는가?
   a) 다른 수컷 보다 더 많은 정자를 생산하는 수컷이 번식에 성공할 가능성이 높다.
   b) 체내 수정이 일어날 수 없다.
   c) 수컷의 정소 크기가 줄어든다.
   d) 수컷 배우자가 건조될 확률이 줄어든다.
   e) 위의 내용 모두 옳다.
3. 다음 중 남성 정액에 분비물을 추가하는 3개의 보조 생식선은 무엇인가?
   a) 저장낭, 전립선, 요도구샘
   b) 사정관, 전립선, 수정관
   c) 저장낭, 전립선, 요도
   d) 저장낭, 전립선, 부정소
   e) 사정관, 전립선, 요도구샘
4. 남성의 음경으로 발생하는 조직이 여성에서는 ________으로 발생한다.
   a) 질
   b) 음순
   c) 음핵
   d) 수란관
   e) 난소
5. 여성 난세포에서 제2 감수분열이 언제 완료되는가?
   a) 출생 전
   b) 월경 중
   c) 난모세포가 정자에 의해 수정된 후
   d) 배란되기 몇 시간 전
   e) 배란 시
6. 황체는?
   a) 융모생식샘자극 호르몬을 분비한다.
   b) 수정이 일어날 때 재흡수한다.
   c) 임신을 유지하는 호르몬을 분비하는 유일한 곳이다.
   d) 에스트로겐이 아니라 프로게스테론을 분비한다.
   e) 임신 기간 중 프로게스테론의 초기 분비에 관여한다.
7. 피임약에 존재하는 호르몬이 전형적으로 임신을 차단하는 방법은?
   a) 자궁내막의 형성을 막는다.
   b) 난소에서 난포가 성숙되는 것을 막는다.
   c) 정자가 배란된 난자와 수정되는 것을 막는다.
   d) 수정란이 일단 착상되었을 때 자궁내막을 탈락시킨다.
   e) 수정란이 자궁내막에 착상되는 것을 막는다.
8. 각 정소에서 시작하는 수정관을 묶으면 무슨 일이 발생하는가?
   a) 정자의 형성을 막는다.
   b) 테스토스테론의 분비를 감소시킨다.
   c) 저장낭에서의 분비를 감소시킨다.
   d) 전립선에서 분비를 감소시킨다.
   e) 답이 없다.
9. 언제 세포가 전능성을 잃기 시작하는가?
   a) 체세포분열 후기
   b) 낭배 형성
   c) 감수 제1분열 전기 후반
   d) 난할
   e) 신경관 형성
10. 인간의 태아 성장이 가장 느린 삼분기는 언제인가?
   a) 첫 번째
   b) 두 번째
   c) 세 번째
   d) 네 번째
   e) 모든 삼분기에서 같은 속도로 진행된다.
11. 다음의 보조생식기술 중 수정이 여성의 몸 안에서 일어나는 것은?
   a) 세포질내 정자 주입(ICSI)
   b) 체외수정-배아이식(IVF-ET)
   c) 접합자 난관내 이식(ZIFT)
   d) 배우자 난관내 이식(GIFT)
   e) 위의 예시 전부

27

면역과 건강

신체는 자신을 어떻게 방어하고 유지하는가

▲ 인간 백혈구의 파괴를 보여주는 채색된 투과전자현미경(TEM) 사진

우리 신체는 질병을 일으키는 침입자들을 방어할 다양한 방법을 가지고 있다

▲ 재채기는 질병 유발 미생물을 퍼뜨리는 효과적인 방법이다.

27.1 세 가지 방어선이 병원체의 공격을 막고 싸운다

질병이 유행한다는 말을 들을 때까지, 우리는 끊임없이 우리 신체를 침입하려고 시도하는 병원체에 대해서 신경을 쓰지 않는다. 2020년 초 세계보건기구(WHO)가 국제적으로 공중 보건 비상사태를 선언함에 따라 이런 성격의 뉴스가 세계의 중심이 되었다. 새로 명명된 질병인 COVID-19는 현재의 세계 인류가 한 번도 경험해보지 못한 심각한 급성 호흡기 증후군을 일으키는 코로나바이러스로 인한 질병으로서, 전 지구적으로 퍼져 나갔다.

두세 달 내로, 세계의 200만 명이 확진되었으며, 검사를 받지 않았지만 COVID-19로 의심되는 수는 더 많았다. 미국에서만 10만 명 이상이 사망하였고, 그 수는 2020년 여름까지 가파르게 증가하였다. 이 바이러스가 다른 질병의 원인되는 바이러스와 다른 점은 기침이나 재채기 또는 작은 침방울을 통해 더 빠르게 퍼지고 더 치명적일 수 있다는 것이다. 하지만, COVID-19 바이러스에 감염된 대부분 사람은 열, 피로감, 기침, 가벼운 호흡기 질환의 경미한 증상을 경험하고서 치료 없이 회복된다. 실제로, 감염자의 80%가 무증상을 보인다. 이와 반대로, 고연령자와 심장 질환, 당뇨병, 만성 호흡기 질환의 기저 질환이 있는 사람들에게 있어 COVID-19 바이러스 감염은 중증 혹은 사망으로 발전하기 쉽다.

백신과 효과적인 치료가 가능하지 않은 상황에서는 선제적 예방이 특히 중요하다. 이런 이유로 해서, 많은 나라가 COVID-19의 확산을 막기 위해 매우 적극적인 대응을 해왔다. 미국의 많은 주 정부를 비롯하여 각 나라의 정부는 집에 머물라는 명령을 내리고 학교와 필수적이지 않은 사업장을 폐쇄하고 개인의 필수적인 활동을 위한 외출 시에는 2미터(6피트) 거리 두기를 하며, 마스크 쓰기를 권장하였다(**그림 27.1**).

그림 27.1 질병 발발. 2020년 COVID-19 팬데믹 기간에 지하철을 기다리는 마스크를 쓴 멕시코 Guadalajara의 지하철 이용자들.

일상생활이 COVID-19에 의해 심하게 지장을 받는 지금, 공중 보건 문제를 일으키는 감염병의 일반적인 현상을 이해하는 것은 중요하다. 예를 들면, 2014년 서아프리카에서 에볼라가 발병하여 빠르게 퍼져 나갔다. 이 질병은 에볼라 바이러스의 피부 상처나 점막을 통한 전파에 의해 발생하는데, 처음에는 독감과 같은 증상을 보인다. 빠르고 강한 면역 반응으로 회복될 수도 있지만, 많은 경우 감염 증상이 급격하게 심각해지면서 치사율이 60에서 90%에 이른다. 2014년 발병으로 에볼라에 의한 사망자는 11,323명에 이르렀다.

특히 더 위험한 유형의 독감이나 다른 감염병의 발병에 대해 처음 들었을 때, 손을 더 자주 씻고, 마스크를 쓰고, 기침하는 사람들을 멀리하는 것 등에 대해 생각해 보았는가? 코로나 바이러스와 독감 바이러스 같은 종류의 감염병은 공기 중 바이러스를 흡입하거나 바이러스로 오염된 물건을 만지는 것으로도 감염되므로 에볼라보다 훨씬 쉽게 전파된다. 이러한 이유로 위와 같은 행동은 매우 적절한 대응이다. 우리 주변에 존재하는 **병원체**, 즉 질병을 일으키는 미생물이나 분자, 또는 바이러스(때로는 "germ"이라고도 한다)에 대해 경각심을 가질 때, 우리는 이들을 피할 수 있는 예방조치를 취할 수 있다.

쇼핑카트 손잡이에서 질병을 일으키는 세균이 공중화장실의 좌변기 시트나 물내림 손잡이 보다 훨씬 많이 발견된다.

그림 27.2 우리는 매일 병원체와 접한다. 쇼핑카트 손잡이에는 병원체가 많이 존재한다.

모두가 접촉하는 공공장소에서의 물건들을 생각해 보자. 쇼핑카트 손잡이에 병원체가 가장 많이 존재한다는 것을 알고 있는가? 2006년 미국 질병통제예방센터(Center for Disease Control and Prevention, CDC)의 연구 결과, 어린이의 경우 육류를 판매하는 마켓에서 쇼핑카트에 타는 것이 살모넬라 감염의 가장 위험한 요인 중의 하나(파충류와의 접촉 및 덜 익힌 달걀 다음으로)라는 것이 밝혀졌다. 이 보고에 이어서, 2010년 연구에서는(4개 주에 걸쳐) 채취한 쇼핑카트의 72%에서 분변 세균이 검출되었으며, 그 평균 오염 수준은 공중화장실의 좌변기 시트나 물내림 손잡이를 능가하였다(**그림 27.2**). 많은 상점에서 소독 물티슈를 제공하고 있고, 어떤 지역에서는 소독 물티슈의 의무적인 제공을 법률로 제정하도록 논의되고 있다는 것은 놀라운 일도 아니다.

매일 접하는 물건들에서 발견되는 미생물 대다수는 질병을 일으키지 않지만, 소수가 질병을 일으킨다. 우리의 매우 효율적인 **면역계**는 이로운 미생물과 질병을 일으킬 수 있는 미생물을 구분하고 세균, 진균, 바이러스, 기생 원생생물, 기생충 등을 포함한 수많은 병원체에 대한 방어 능력을 제공한다(**그림 27.3**). 병원체로

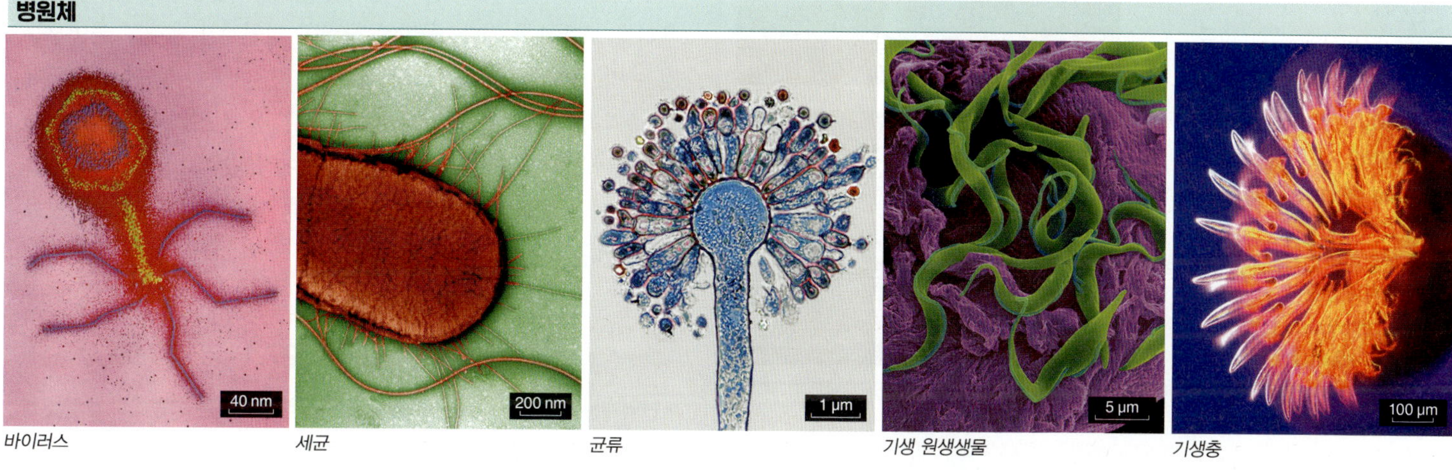

면역계는 질병을 일으키는 바이러스와 미생물, 때로는 "germ(병원체)"이라고 불리는 다양한 종류의 병원체로부터 신체를 보호한다.

그림 27.3 인체에 해를 입힐 수 있는 외부 "비자기" 병원체의 예.

부터 신체를 보호하기 위해 면역계는 특정 질병을 일으키는 미생물 또는 바이러스를 인지할 뿐만 아니라 어떤 것이 우리 체내에 속하는 것이고, 어떤 것이 그렇지 않은 것인지를 신속히 구별할 수 있어야 한다. 병원체가 체내로 침투하면 면역계는 몇 분 내로 그들을 파괴하기 시작한다. 면역계의 3개의 주요 부문이 다양한 위협으로부터 우리 몸을 보호해야 하는 도전적인 과제를 수행한다(**그림 27.4**).

면역계의 세 부문

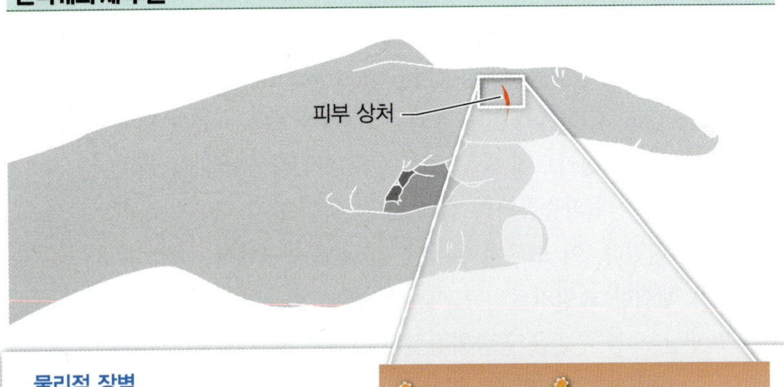

물리적 장벽
(방지)
- 침투가 불가능하도록 장벽을 형성하여 병원체가 신체 조직으로 들어오는 것을 막는다.
- 피부, 점막, 이들과 관련된 병원체 대항 분비물로 구성된다.

비특이적 면역
(신속한 반응)
- 외부 방어벽을 뚫고 들어온 병원체를 인식하고 파괴한다.
- 모든 병원체에 대해 동일하게 반응한다.
- 몇 분내로 감염에 대하여 반응한다.

특이적 면역
(장기적 방어)
- 비특이적 면역에 의해 파괴되지 않은 병원체를 죽인다.
- 특정 병원체를 인식하고 그에 대한 기억을 만든다.
- 감염에 대한 방어가 나타나기 위해서는 수일이 걸린다.

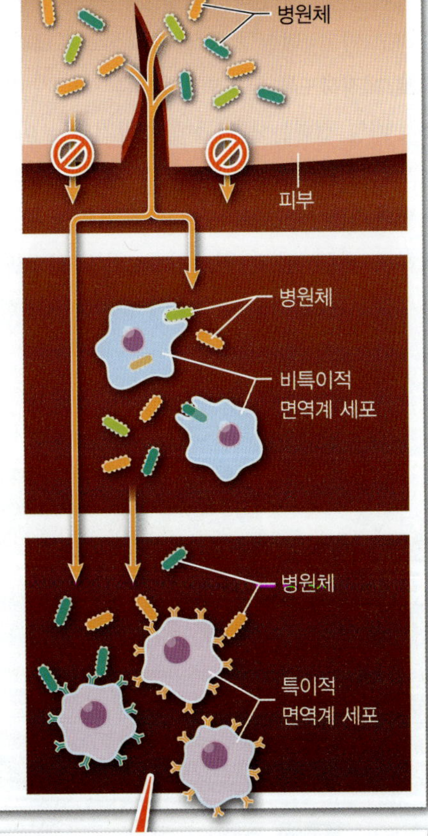

특이적 면역계가 어떤 병원체에 대해 "기억"을 갖게 되면 차후에 같은 병원체를 만났을 때 보다 신속하게 반응하며, 그 병원체에 대하여 평생 방어가 가능하게 된다.

그림 27.4 면역계의 단계별 방어 작용이 병원체의 체내 침입을 막고 침입자와 싸운다.

1. **물리적 장벽**은 병원체가 체내에 들어오지 못하도록 병원체에 대한 1차 방어 기능을 제공한다. 예를 들면, 피부는 거의 침투가 불가능한 장벽으로 작용하여, 바이러스, 세균, 기타 병원체가 체내로 들어오는 것을 막는다. 게다가, 피부와 점막 내 세포는 많은 병원체의 성장을 막는 다양한 화학물질을 분비한다.

2. **비특이적 면역**은 병원체가 물리적 장벽을 뚫고 체내로 침투하는 경우에 방어 기능을 제공하는 면역계 영역이다. "비특이적"이라는 용어는 이 면역세포들이 체내로 침투한 병원체가 어떤 것이든 상관없이 모두 신속히 인지하고 공격한다는 뜻이다. 비특이적 면역계는 태어날 때부터 이미 기능하도록 준비가 된 상태이므로, 종종 **선천성** 면역(innate system에서 "innate"는 "타고난"이라는 뜻)이라고 불린다. 비특이적 면역은 식물, 선충, 초파리, 사람 등의 모든 다세포 생물에서 발견된다.

3. **특이적 면역**은 **적응 면역**(adaptive immunity)이라고도 하는데, 비특이적 면역계가 놓치거나 제거하지 않은 병원체를 담당하는 영역이다. 특이적 면역은 특정한 감염원을 인식하는데, 그 예로 흔하게 피부 감염증을 일으키는 **포도상구균**(Staphylococcus aureus), 수두를 일으키는 조스터 바이러스(varicella-zoster virus)를 들 수 있다. 면역계 중 특이적 면역은 먼저 특정 위협을 인식하고 그에 대응하여 특이적으로 싸울 수 있는 무기를 만들기 때문에, 병원체에 노출된 후 반응이 나타나기까지는 몇 시간에서 며칠까지의 시간이 소요된다. 일단 활성화된 후, 특이적 면역을 담당하는 세포들은 과거의 감염을 "기억"하여 미래에 같은 감염에 대해, 보다 빠르게 싸울 수 있도록 해준다. 그 결과, 우리는 이전에 만났던 병원체에 대해 평생 동안 방어 능력을 종종 갖게 된다.

면역계의 이들 세 부문의 협력을 통해서 질병과 감염으로부터 우리를 보호하게 된다. 물리적 장벽이 병원체가 체내로 들어오는 것을 막으며, 만약 들어오게 된다면, 병원체는 비특이적 면역계의 즉각적인 반응을 접하게 된다. 그 다음에 장기적으로 병원체에 대응하기 위해서, 화학 신호는 특이적 면역계 세포의 작용을 유발하여 미래의 효율적인 방어를 위해 감염에 대한 정보를 보유하게 한다.

핵심요약 27.1

» 면역계는 3개의 기본 부문이 있다: (1) 물리적 장벽은 병원체의 침입을 막는다, (2) 비특이적 면역 부문은 체내에 들어온 모든 병원체와 싸운다, (3) 특이적 면역 부문은 특정 병원체를 인지하고 기억하며, 미래에 그 특정 병원체에 대항할 수 있다.

27.2 외부 장벽은 병원체가 체내로 침입하는 것을 막는다

경비 수준이 높은 건물에 외부 침입자가 들어오지 못하도록 벽과 철조망이 있는 것처럼, 우리 몸도 병원체가 신체나 조직 또는 세포 내로 침입하지 못하도록 하는 방법을 가지고 있다. **외피계**는 피부, 점막(예: 호흡기 내벽), 땀샘, 피지선, 털 및 손톱 등으로 구성되어 있어, 마찰, 압력, 햇빛, 탈수 및 병원체 등의 외부의 힘에 의한 스트레스나 부상으로부터 우리 몸을 보호한다(**그림 27.5**).

Q 공중화장실의 변기 시트에 앉는 것은 얼마나 위험한가?

공중화장실의 변기 시트에 앉을 때 여기서 무서운 질병에 걸리는 것은 아닐까 하고 걱정해 본 적이 있는가(**그림 27.6**)? 좋은 소식은 사람의 병원체 대부분은 우리 몸 밖에서는 오래 생존할 수 없으며, 차갑고 매끄러운 변기 시트는 병원체들이 생존하기에는 좋은 장소가 아니라는 것이다. 게다가, 병원체는 적절한 침투 경로가 필요한데, 엉덩이 피부는 변기 시트의 어떤 병원체에 대해서도 침투를 막는 훌륭한 장벽이라는 것이다. 많은 공중화장실에는 제2의 피부와 같이 작용할 수 있는 변기 시트 커버가 비치되어 있어 이미 매우 낮은 위험을 더욱 낮춰 준다.

그러나 피부는 단순히 소극적으로 작용하는 방어벽이 아니다. 오히려 피부는 무장 경비원이 지키고 있는 장벽에 가깝다. 거의 침투가 불가능한 장벽을 형성할 뿐만 아니라 피부 세포는 세균의 생장을 방해하는 화학물질을 적극적으로 분비한다(**그림 27.7**). 예를 들면, 피부 표면으로 분비되는 땀에는 세균의 세포벽에 손상을 입혀 세균을 죽이는 효소인 **라이소자임**이 들어있다. 피부에 의한 보호는 화상 환자를 보면 확실히 알 수 있다: 피부가 없는 부위는 많은 세균과 곰팡이 등의 병원체에 대해 매우 취약하다. 눈, 귀, 소화관과 기도 등 신체의 외부 및 내부 표면은 외부 스트레스나 힘으로부터 신체를 보호한다. 이러한 신체 부위도 역시 외피계로 둘러싸여 있다(곧 살펴보겠지만, 비특이적 방어체계를 담당하는 세포들도 포함된다).

예를 들면, 소화관이 어떻게 보호되고 있는지 생각해 보자. 병원체가 있는 쇼핑 카트를 밀고 몇 분 후에 손톱을 물려고 손가락을 입에 넣었다고 상상해 보라. 병에 걸릴 것이라고 확신할 수 있는가? 아니다, 왜냐하면 점액(입속의 침의 주요 성분)에는 항균성 화학물질인 라이소자임이 들어있기 때문이다. 라이소자임이 잠재적인 침입자를 파괴하지 못하더라도 병원체는 다양한 병원체를 파괴할 수 있는 소화 효소들이 가득한 아주 강한 산성 환경인 위장에 바로 도달하게 된다.

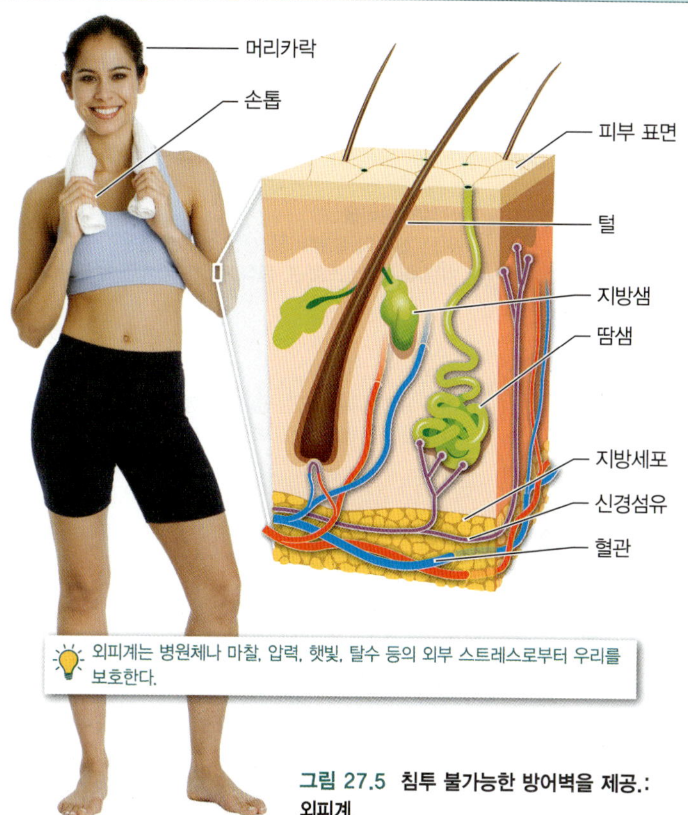

그림 27.5 침투 불가능한 방어벽을 제공.: 외피계.

그림 27.6 앉기에 안전한 장소. 공중화장실은 사용해도 일반적으로 안전하다(하지만 손은 반드시 깨끗이 씻어야 한다!).

외피계의 방어 기작

피부
병원체가 체내로 들어오지 못하도록 거의 침투 불가능한 장벽을 형성한다.

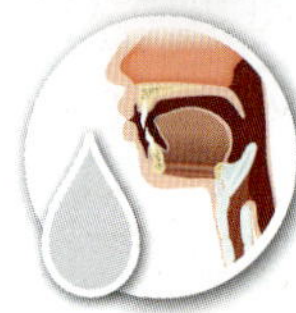

라이소자임과 효소들
침, 눈물 속의 라이소자임과 소장 속의 소화효소는 세균을 죽인다.

산성의 분비물
위산, 산성의 질 분비물, 산성의 소변 등은 병원체로부터 소화관, 생식기, 비뇨기계를 보호한다.

섬모
기도 표면에 나와 있는 털 같은 형태의 섬모는 점액에 붙잡힌 병원체를 위로 보냄으로써 폐 밖으로 내보낸다.

눈물
항균성, 항바이러스성 화학물질을 함유하고 있어 눈 주위의 미생물을 씻어 낸다.

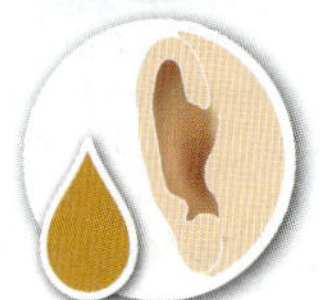

귀지
끈적한 물질이 이도에 존재하는 미생물을 포획한다.

외피계는 병원체로부터 보호할 수 있는 다중 방어 기제를 제공한다.

그림 27.7 **보안 장벽.**

기도에서, 병원체는 폐에 도달하기 전에 끈적끈적한 점액에 의해 붙잡힌다. 기도를 둘러싸고 있는 상피세포는 **섬모**라고 불리는 털 같은 구조를 지니고 있어서, 그 털들이 점액에 붙어 있는 병원체를 계속하여 위로 이동시켜 폐 밖으로 내보낸다. 점액이 목까지 올라오면 병원체가 있는 점액을 계속해서 삼켜서 위로 보내고 위에서 파괴된다. 삼키지 못한 점액은 계속해서 목 너머로 올라오면서 "목을 깨끗하게 만들"거나 기침을 하고 싶은 충돌을 느끼게 만든다.

눈은 미생물을 물리적으로 닦아 내기 위해 눈물을 만드는데, 눈물은 라이소자임과 항균 및 항바이러스성 화학물질을 함유하고 있다. 귀지도 역시 보호 기능을 한다. 이도(耳道) 내의 많은 선에서 만들어지는 분비물은 죽은 피부 세포와 함께 끈적한 물질을 만드는데, 이 물질은 미생물을 붙잡는 데 효과적이다. 귀지의 약한 산성과 귀지에 존재하는 라이소자임은 이도로 들어가려고 하는 미생물의 성장을 막는 데 역할을 한다.

귀지는 무슨 이유로 있는 것인가?

핵심요약 27.2

» 외피계의 일부인 피부는 병원체가 신체의 세포에 들어가는 것을 방지하는 물리적 장벽이다. 피부로 덮여 있지 않고서 외부 환경에 노출된 세포는 세균을 파괴하는 화학물질, 산성 분비물, 끈적끈적한 점액, 왁스와 같은 방어체계에 의해 보호된다.

27.3 비특이적 면역계는 병원체를 인식하고, 싸움과 동시에 추가적인 방어를 위한 신호를 전달한다

때때로 안전 대책이 실패할 수 있다. 침입자들이 방어 장벽을 뚫고 들어올 때 경비요원들이 해야 할 일은 (1) 보안이 침해된 장소를 찾아내고, (2) 지원을 요청한 후, (3) 가능한 많은 침입자를 공격하고 제거하는 것이다. 우리 몸도 비슷하다. 우리 몸은 피부의 상처나 섭취한 상한 음식 등 보안 침해를 인지하고, 감염을 막기 위해 즉시 반응한다(**그림 27.8**). 다른 세포의 지원을 요청하기 위해 화학 신호를 분비하고, 세포 및 분자 수준의 무기를 이용하여 병원체와 감염된 세포를 모두 파괴한다.

이번 절에서는 이와 같은 임무를 수행하는 세포와 감염에 대항하여 싸우는 데 사용하는 무기들을 살펴볼 것이다. 백혈구(22.8

병원체에 대한 체내 반응

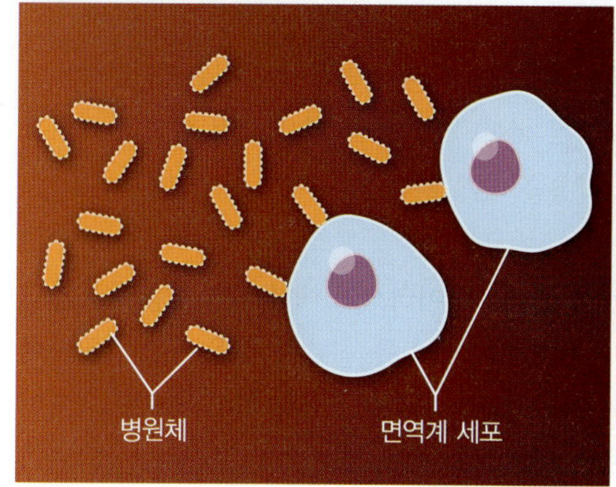

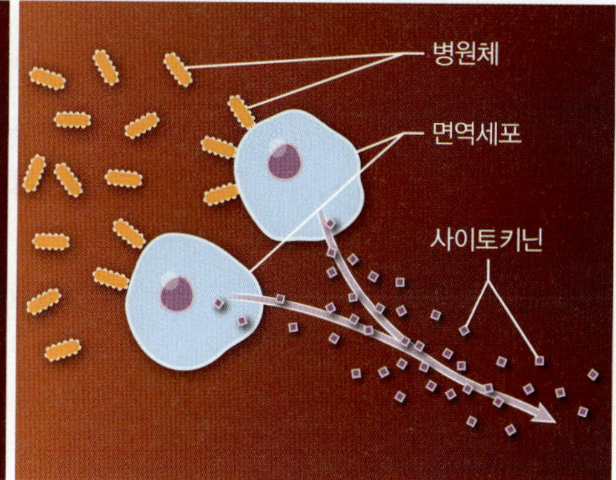

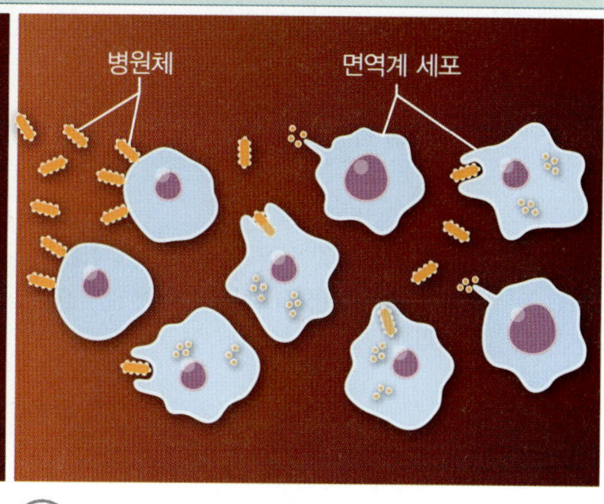

1 침입자 식별
비특이적 면역계 세포는 병원체의 표면에만 존재하는 분자들을 인지하면 그들과 결합하여 침입자라는 표시를 한다.

2 지원 요청
면역세포는 사이토카인이라고 하는 신호 단백질을 분비하여, 더 많은 면역세포를 감염 부위로 모으거나 다른 세포에게 스스로 보호하도록 경고를 보낸다.

3 침입자 공격 및 제거
특수한 면역세포는 병원체와 감염된 세포 모두를 파괴하고 분해하며 포식한다.

그림 27.8 **때때로 안전 대책이 실패한다.** 우리 몸은 침입 병원체를 인식하고 그에 반응한다.

절에서 설명함)는 특이적 그리고 비특이적 면역 반응에서 기능을 수행하는 특수한 세포이지만, 여기서는 비특이적 면역 반응에 초점을 맞추어 설명할 것이다. **백혈구**는 골수에서 생산되어 혈류로 나오면 신체 조직을 순찰하면서 침입자가 있는지 찾아다닌다.

순찰을 담당하는 백혈구는 병원체의 표면에만 존재하는 독특한 분자를 통해서 자기 자신의 세포(self, "자기")와 침입자(non-self, "비자기")를 구별할 수 있다. 면역세포의 표면에는 수용체가 있어 이 독특한 분자(일반적으로 단백질)들을 인식하고 이와 결합한다. 우리 자신의 세포들은 이러한 분자를 가지고 있지 않기 때문에 이 독특한 분자들 중 어느 하나라도 가지고 있는 세포는 비특이적 면역세포에 의해 침입자(비자기)로 간주된다.

이러한 방식의 인식을 비특이적이라고 하는데, 그 이유는 면역세포의 수용체가 많은 종류의 생물들이 공유하는 분자 유형을 인식하고 이들과 결합하기 때문이다. 예를 들면, 어떤 수용체는 모든 박테리아 편모에 존재하는 단백질을 인식한다. 또 다른 수용체는 많은 종류의 곰팡이의 세포벽에 존재하는 분자를 인식한다.

일단 면역계 세포가 이 분자들을 인식하고 결합하면 비특이적 면역계 세포는 공격을 시작한다. 비특이적 방어를 담당하는 백혈구에는 4종류가 있다(**그림 27.9**).

1. **호중구**는 혈액 내에서 순환하다가 조직의 손상 및 감염 부위에서 혈관을 빠져나온다. 이 세포들은 식세포로서 유해한 입자나 병원체(주로 세균)를 섭취한다. 일반적으로 호중구는 혈류를 순환하는 총백혈구의 50~70%를 차지하며, 감염 후 며칠 내로 급격하고 빠르게 그 수가 증가한다. 호중구는 병원체를 섭취하면서 스스로 파괴되며, 평균 3~5일 정도만 생존한다.

   감염 부위에서 볼 수 있는 진하고 노란 액체인 **고름**은 자기 파괴 후 죽은 호중구들로 주로 만들어진다(고름의 또 다른 성분은 감염된 조직에서 손상된 세포 파편들과 살아있거나 죽은 병원체들이다). 우리 신체는 스스로 감염을 제거하거나 혹은 **소독제**의 도움으로 감염을 제거할 수 있다. 알코올이나 과산화수소 같은 소독제는 미생물을 사멸시키거나 생장을 저해하기 위해 신체 표면에 사용하는 용액이다. 그러나 더 심각한 감염의 신호와 함께, 고름이 과다하면, 인체 내의 세균을 죽이기 위해 항생제가 필요할 것이다.

2. **대식세포**는 "큰(macro)" 식세포 작용을 하는 백혈구이며, 조직 내(혈관 외) 존재하고 순찰 임무를 한다. 이들은 작은 병원체를 통째로 삼키고 소화할 수 있다. 대식세포는 또 다른 병원체뿐만 아니라 임무를 다한 뒤 남은 호중구 파편 또한 섭취하고 소화한다. 그러나 호중구와는 달리, 대식세포는 자기 자신을 파괴하지 않는다. 대식세포는 병원체를 섭취하면 그 병원체의 소화된 조각들을 세포 표면에 "제시"함으로써 특이적 면역계 세포들에게 감염 사실을 알려준다. 27.10절에서 특이적 면역을 설명할 때 "제시하는 세포"의 역할에 대해 더 자세히

백혈구 세포의 방어

비특이적 면역계는 몇 가지 유형의 백혈구로 구성되며, 이들은 골수에서 생산되어 혈류로 나오게 된다.

식균 작용에 의한 방어

호중구(neutrophil)

- 주로 세균과 같은 작은 미생물을 섭취한다.
- 이 과정에서 병원체와 세포 자신 모두를 파괴한다.

병원체

대식세포(Macrophage)

- 죽은 세포와 같은 큰 파편뿐만 아니라 병원체 전체를 섭취한다.
- 자신의 세포 표면에 병원체 조각을 제시하여 특이적 면역계 세포에게 감염 사실을 알린다.

제시된 병원체 조각

수지상세포(Dendritic cell)

- 섭취한 병원체를 특이적 면역계 세포에게 제시한다.
- "수상돌기(dendrite)"라고 하는 촉수 모양에 의해 붙여진 이름이다.

세포에 구멍을 뚫어 방어하는 세포

자연살해(natural killer, NK) 세포

- 세포막에 구멍을 뚫음으로써 병원체에 감염된 세포를 파괴한다.
- 바이러스에 대한 1차 저항선이다.
- 또한 암세포를 인식하고 파괴하는 역할을 한다.

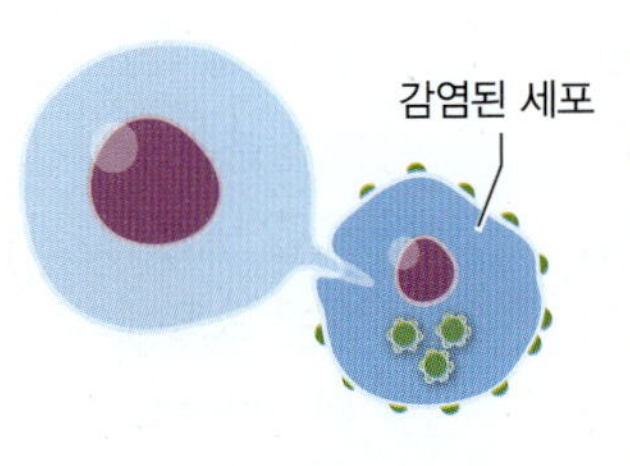

그림 27.9 열심히 일하는 세포들. 여러 종류의 백혈구 세포들은 면역계의 비특이적 부문에서 신체를 방어한다.

살펴볼 것이다.

호중구와 대식세포는 병원체를 파괴하기 위해 화학적 무기를 사용한다. 예를 들어, 이 두 종류의 세포는 과산화수소 및 차아염소산(가정에서 사용하는 표백제 성분)을 생산할 수 있다. 이 화학 물질은 세균과 곰팡이를 사멸시키는 데 매우 효과적이다.

3. **수지상세포**는 외부 이물질을 특이적 면역계 세포에 "제시"함으로써, 비특이적 면역 영역과 특이적 면역 영역을 연결하는 식세포이다. 수지상세포는 피부 및 코, 폐, 위, 소장 등의 내벽과 같은 점막에 존재하면서, 활성화되면 림프절로 이동하여 거기에서 특이적 면역계 세포들과 상호작용을 하게 된다.

4. **자연살해 세포**는 바이러스에 대한 1차 저항선을 담당한다. 이들은 바이러스를 식세포 작용으로 섭취하여 죽이는 것이 아니라 바이러스에 감염된 세포의 세포막에 구멍을 뚫어서 바이러스와 세포 모두를 함께 파괴한다. 이들의 초기 대응은 바이러스 감염을 제거할 수도 있고, 혹은 적어도 특이적 면역계가 더 특정한 방식으로 바이러스에 대응할 수 있을 때까지 감염을 늦출 수도 있다. 자연살해 세포는 암세포를 인식하고 파괴하는 역할도 담당한다(**그림 27.10**)

비특이적 세포들이 병원체에 대하여 먼저 반응하기는 하지만, 초기 감염 부위에서 침입한 모든 병원체를 섭취하고 파괴하기에는 충분하지 않다. 따라서, 비특이적 면역계의 순찰하는 세포들은 방어벽 침해를 인지하고 대응을 시작한 후, 경보를 울리고 지원을 요청한다.

비특이적 면역 반응에 대한 추가 지원은 몇 가지 유형의 단백질을 통해 제공된다. 특이적 그리고 비특이적 면역계를 모두 포함하는 면역계 세포들이 서로 소통을 하는 주된 방법은 병원체에 대한 반응으로서 **사이토카인**이라는 신호 단백질을 분비하는 것이다. 한 면역세포에 의해 분비된 사이토카인은 또 다른 면역세포의 수용체와 결합하여 그 세포가 여러 가지 방법으로 반응하도록 신호를 전달한다. 예를 들면, 사이토카인과의 결합은 면역세포들이 사이토카인(*cyto* = 세포; *kine* = 이동)이 만들어진 그 부위로 더 가까이 이동하게 한다.

인터페론은 바이러스에 감염된 세포에서 생성되는 중요한 유형의 사이토카인이다. 인터페론은 주변의 건강한 세포에 경고하여 해당 세포가 바이러스에 대항하는 데 도움이 되는 방어 조치를 취하게 한다. 이러한 경고를 받은 세포는 "항바이러스 상태"에 들어가는데, 이 상태에서 특정 유전자를 전사, 번역하여 바이러스 복제를 억제하고, 바이러스 RNA를 분해할 수 있는 단백질을 합성한다.

지금까지 언급한 세포들을 사용하는 것 외에도, 비특이적 면역계는 침입자를 빠르게 인식하고 파괴하기 위해 일부 순환 방어 단

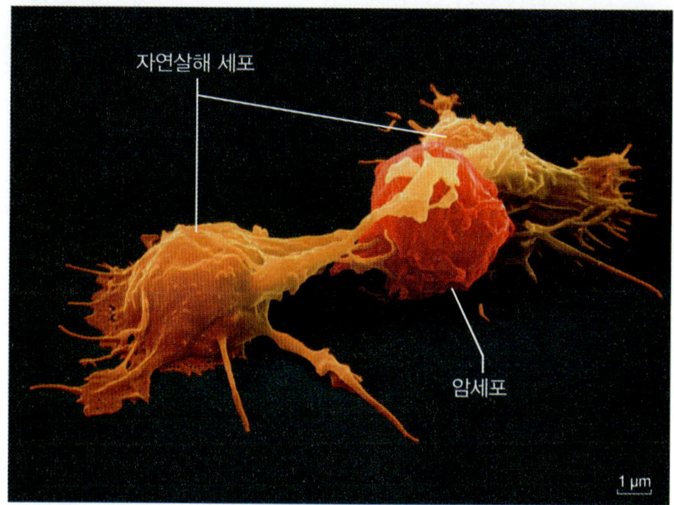

그림 27.10 암세포 공격하기. 자연살해세포가 암세포에 부착되어 있다.

백질을 사용하는데, 이들을 통틀어 **보체 단백질**이라고 한다. 이 단백질은 비특이적 및 특이적 면역계에서 세포들의 활동을 "보완하고"(보체가 의미하듯이 함께 작동하여) 이 두 면역계를 연결할 수 있다. 세균의 세포벽 성분 같은 외래 물질은 보체 단백질을 활성화한다(**그림 27.11**). 보체 단백질이 활성화되면 여러 가지 방법으로 병원체와 싸운다. 예를 들면, 보체 단백질의 특정 조합은 병원성 미생물의 세포막에 구멍을 낼 수 있는데, 그 구멍을 통해 물과 이온은 통과할 수 있지만 단백질과 같은 더 큰 분자는 통과할 수 없다. 그 결과, 물이 병원체 세포 안으로 밀려 들어가서 세포는 팽창하여 터지게 된다. 또다른 보체 단백질은 병원체에 달라붙어 식세포의 병원체에 대한 결합과 섭취를 쉽게 하는 막을 형성함으로써 병원체를 파괴하는 데 도움이 된다.

보체단백질

보체 단백질이라고 불리는 순환 단백질 그룹은 병원체를 인식하고 달라붙어 식세포가 병원체를 섭취하는 능력을 높여주거나 직접 파괴하는 등 여러 가지 방법으로 그들과 싸우는 것을 돕는다(아래 그림 참조).

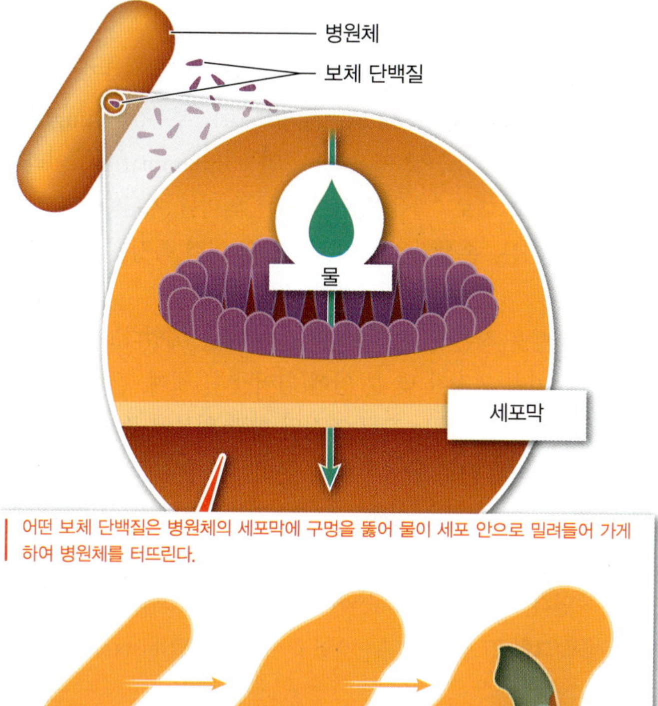

그림 27.11 방어 단백질인 보체는 병원체에 대항하여 싸우는 비특이적 면역계의 다른 세포들을 "보조한다".

핵심요약 27.3

» 비특이적 면역계 부문은 병원체 표면의 분자를 인지하고 다른 세포들을 불러모으거나 그들에게 경고를 보냄으로써 병원체에 대한 방어를 한다. 다양한 유형의 백혈구와 방어 단백질이 이 비특이적 면역계에서 중요한 역할을 한다.

27.4 비특이적 면역계는 염증 반응과 발열로 감염에 반응한다

우리는 비특이적 면역계가 계속하여 침입자를 순찰하고 있다는 것을 느끼지 못하지만, 비특이적 면역계가 감염 부위에서 반응할 때 확실하게 알아챌 수 있다. 미미한 반응이 우리가 알아챌 수 있을 정도로 빠르게 증폭된다. 가시에 손가락이 찔렸을 때 무슨 일이 일어나는지 생각해 보라. 처음에는, 가시가 손가락으로 들어가는 통증만 느낀다. 그러나 몇 분 안에 통증과 함께 따뜻해지는 것을 느끼며, 가시에 찔린 주변이 붉어지고 붓는 것을 볼 수 있다. 가시에 찔린 부위에서 볼 수 있는 변화는 **염증 반응**의 징후이다.

염증 반응은 식세포와 기타 면역세포를 동원하여 병원체의 파괴를 도운 후 조직 치유를 유도하는 복합적인 과정이다. 침입한 병원체(인후 세포를 감염시키는 바이러스와 같은)에 의해서 또는 물리적 손상(화상, 벌레 물림, 피부 상처와 같은)에 의해 조직이 손상되었을 때, 염증 반응이 유발된다(**그림 27.12**).

기원 후 1세기, 로마인들이 처음으로 염증의 네 가지 신호를 기술한 바 있다: 발적(redness), 발열(heat), 부종(swelling), 그리고 통증(pain). 오늘날 사용되는 "염증(inflammation)"이라는 용어는 글자 그대로 "불을 붙인다"라는 의미를 지닌다. 그 부위가 아픈 목이든, 손상된 피부이든 염증의 이런 특징은 언제나 똑같다.

베이글 빵을 작은 칼로 자르다가 손가락을 베었다고 상상해보자. 곧 세 가지 과정이 몇 분 안에 일어난다. 첫째, 칼과 피부 표면에서 침입한 병원체는 모든 조직의 혈관 외부에 존재하고 있던 대식세포에 의해 빠르게 섭취된다. 둘째, 이 대식세포는 사이토카인을 분비하여 더 많은 식세포를 상처가 난 부위로 유인한다. 세째, 사이토카인은 염증을 유발하는 두 가지 다른 유형의 백혈구를 불러 들인다. 혈액을 따라 순환하는 **호염구**와 조직에서 발견되는 **비만세포**(**그림 27.13**), 이 두 백혈구는 히스타민(histamine)을 방출하는데, 이 히스타민 분자는 근처의 손상되지 않은 혈관이 (1) 확장되고(넓어지고), (2) 누출되기 쉽게 만들어 염증을 일으키는데 역할을 한다.

혈관이 확장되면, 혈류가 증가함으로써 방어 물질들과 감염에 대항하는 세포들의 더 빠른, 더 많은 공급이 가능하게 된다. 혈관의 누출이 증가하면 호중구가 혈액을 빠져나가기 쉬워지며, 감염 부위의 조직으로 들어가서 침입한 병원체를 파괴하기 시작한다.

상처 부위로의 혈액 공급 증가는 염증과 관련된 **발적**과 **발열**을 유발한다. 혈관에서 누출된 액체는 조직에 축적되기 때문에 누출은 **부종**의 원인이 된다. 그리고 증가한 압력은 국소 **통증** 수용체를 자극하게 된다. 대식세포와 호중구는 병원체를 파괴하기 위하여 즉각적인 반응을 시작하고, 또한 감염 부위로 더 많은 면역세포를 불러 모으는 사이토카인을 배출한다(**그림 27.14**).

사이토카인(대식세포에 의해 분비되는)이 염증 반응을 유발하는 것처럼, 활성화된 보체 단백질 또한 초기 염증 반응을 유발할 수 있다. 감염 부위에서 활성화된 보체 단백질은 비만세포를 자극하여 히스타민을 방출하게 하고, 추가로 식세포를 더 많이 유인하여 염증 반응을 더욱 증폭시킨다. 27.3절에서 설명한 바와 같이, 보체 단백질은 또한 병원체의 세포막을 공격하고 식세포가 그들

그림 27.12 **염증 반응.**

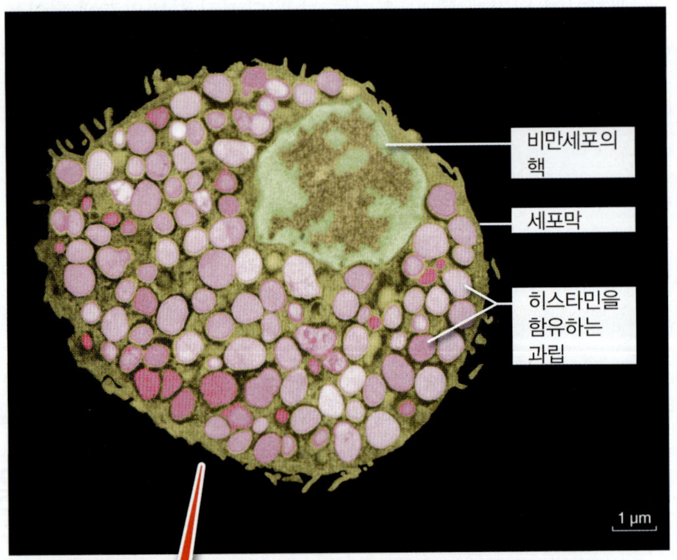

그림 27.13 **비만세포.**

을 섭취하기 쉽게 하는 등 직접적인 영향을 미친다.

그래서 손가락의 상처는 어떻게 되었는가? 건조되고 응고된 혈액과 간질액으로 형성된 딱지가 마치 천연 반창고처럼 상처를 덮기 위해 일시적으로 형성돼서, 더 많은 병원체가 들어오는 것을 방지한다. 염증 과정이 끝나면, 콜라겐 섬유가 주변 세포에서 분비되어 상처를 더 안정적으로 닫고, 딱지는 떨어진다. 피부는 다시 자라기 시작하여 침투가 불가능한 장벽을 다시 형성한다. 그리고 우리는 베이글을 자를 때 더욱 조심하게 된다!

염증 반응

지원 요청

1 손가락이 칼에 베이면, 칼과 피부 표면으로부터 병원체가 체내로 침투한다.

2 상처 주변 조직에 있던 대식세포는 그 병원체를 섭취하고, 사이토카인을 분비하여 더 많은 식세포와 다른 백혈구들을 그 부위로 불러 모으기 시작한다.

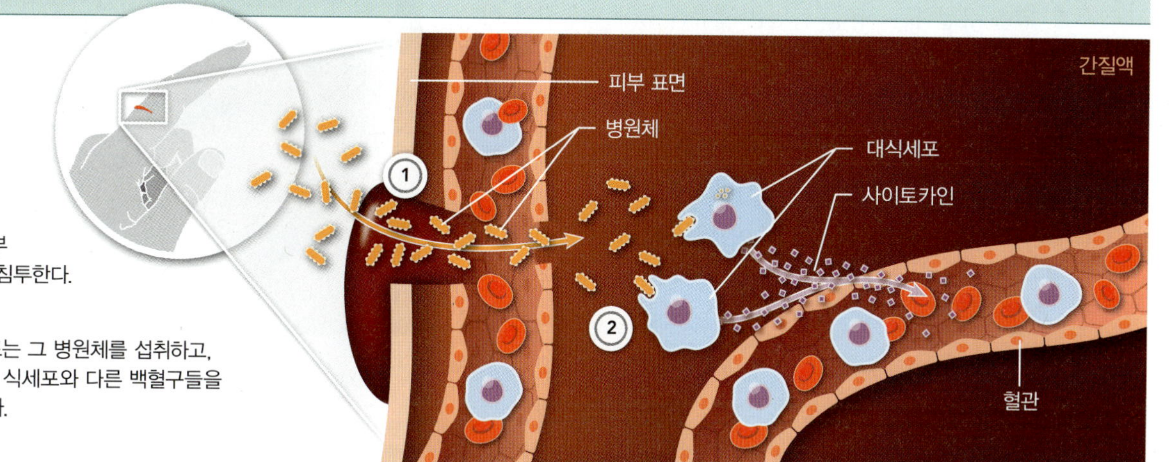

히스타민 배출

3 혈액을 순환하는 호염구와 조직에서 발견되는 비만세포는 히스타민을 배출하여 염증 반응을 일으킨다.

4 히스타민은 근처의 손상되지 않은 혈관을 확장하여 혈류를 증가시키고, 감염에 대항할 수 있는 방어 물질과 세포들이 더 많이 공급되도록 한다.

5 히스타민은 또한 혈관을 쉽게 누출되도록 만들어, 호중구가 혈액을 더 쉽게 빠져나가 감염 부위로 들어갈 수 있게 한다.

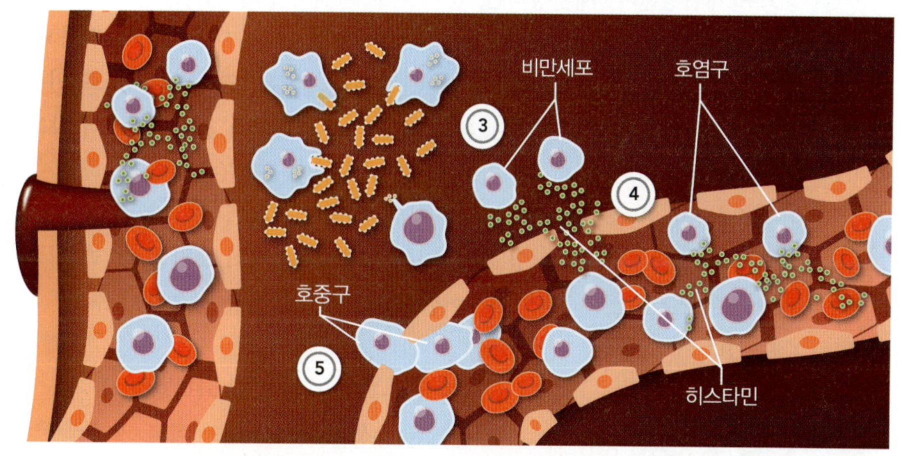

치유

6 염증 반응은 병원체가 제거되고 피부가 재생될 때까지 계속됨으로써, 재차 침투가 불가능하도록 방어벽을 형성한다.

염증 반응은 발적, 발열, 부종 및 통증을 일으키기는 하지만, 궁극적으로는 조직 치유로 이어진다.

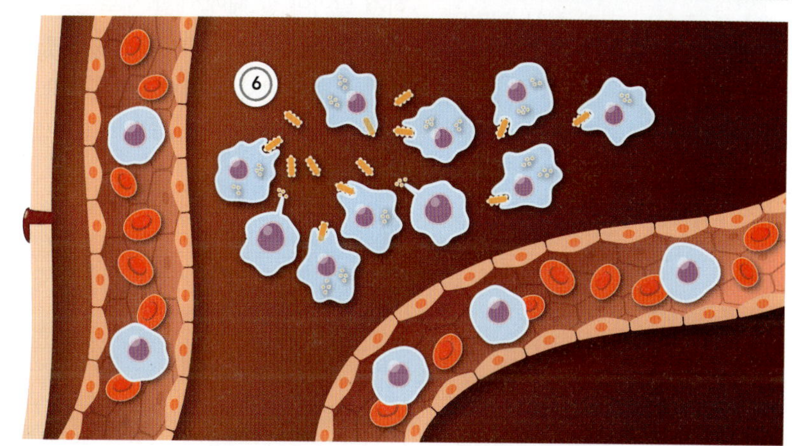

그림 27.14 상처에 대한 반응.

때때로 감염은 염증 반응으로 빠르게 극복되며, 손상 부위에 국한된다. 그러나 병원체가 빨리 파괴되지 않으면 대식세포는 계속 자극을 받아 사이토카인을 계속 방출할 것이다. 일부 사이토카인은 농도가 충분히 높을 경우, 발열, 즉 체온 상승을 유발할 수 있다. 이러한 상황은 면역 반응을 자극하고 많은 병원성 세균의 증식 속도를 감소시킨다.

열을 유발하는 사이토카인은 혈류를 통해 이동하여 신체에서 온도 조절 장치 역할을 하는 시상하부라하는 뇌 영역에 영향을 미친다(24.16절 참조). 집에 있는 온도조절기의 설정을 바꿀 수 있는 것처럼 몸의 온도 조절 장치 또한 더 높게 설정되어 발열을 일으킬 수 있다(**그림 27.15**).

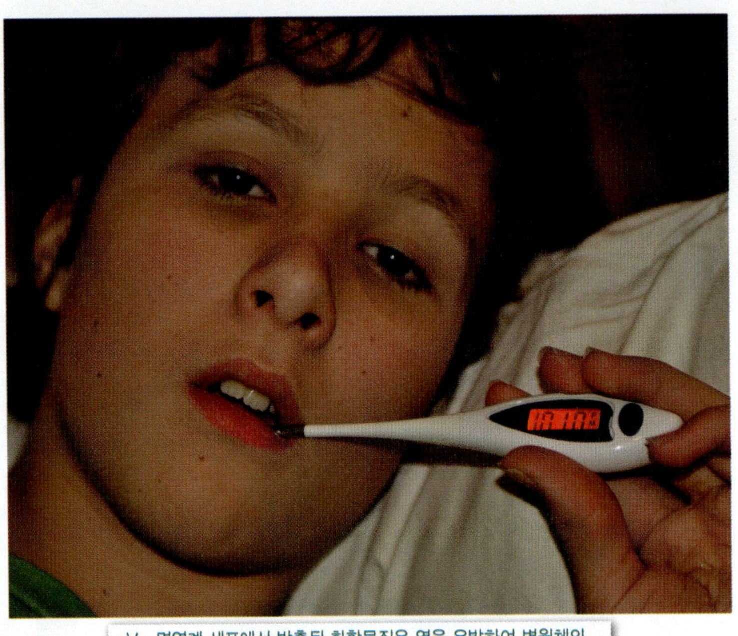

💡 면역계 세포에서 방출된 화학물질은 열을 유발하여 병원체의 성장을 억제할 수 있다.

그림 27.15 온도조절기 올리기. 열은 병원체의 성장을 저해한다.

Q 열이 나면 오한과 발한이 왜 함께 나타나는가?

몸의 온도 조절 장치가 열과 함께 높게 설정되면, 추위를 느끼고 몸은 짧은 시간 내에 근육 수축과 이완(떨림과 오한)으로 반응한다. 오한은 온도조절기의 더 높은 온도 설정에 따라 예열하려는 신체의 방법이다. 열이 멈추면, 온도조절기가 정상으로 재설정된다. 재설정되면, 몸이 너무 더워서 땀을 흘리고, 땀을 흘리면 몸이 식게 된다.

아스피린, 아세트아미노펜 및 이부프로펜과 같은 항염증제는 발열을 일으키는 사이토카인에 의해 촉진되는 생화학적 경로의 단계들을 차단하여 열이 내려가도록 한다. 매우 높은 열(40.5°C 이상)은 극히 위험하고 치명적일 수 있다. 이러한 고온에서는 단백질이 변성(펼쳐짐)될 수 있고, 중요한 생화학적 과정이 오작동하여 세포 스트레스를 유발하며, 어린이의 경우에 발작을 일으킬 수도 있다.

Q 아스피린이나 다른 약으로 열을 치료하는 것이 항상 현명한가?

21장 끝부분의 '생활 속의 과학'에서, 우리는 증상을 치료할 때와 치료하지 말아야 할 때에 대한 새로운 관점인 "다윈의 의학"에 대해 설명하였다. 이 관점에서 보자면, 생물에서 진화해 온 많은 보호 반응은 질병과 싸우는 것이 가치 있는 것으로 인식된다. 결과적으로, 감염에 대한 면역 반응의 하나인 발열과 같은 증상을 치료하는 것은 감염과 싸우려는 우리의 노력을 방해할 수 있다. 예를 들어, 이 아이디어는 위약 해열제를 복용한 환자보다 아스피린을 복용한 환자에서, 수두가 평균적으로 더 오래 지속되었다는 관찰에 의해 뒷받침된다.

핵심요약 27.4

» 염증 반응의 네 가지 징후(발적, 발열, 부종 및 통증)는 염증 부위로 식세포와 보체 단백질의 모집을 강화하는 혈관의 변화와 관련이 있다. 발열을 촉진하는 사이토카인은 면역 반응을 자극하고 일부 병원체의 성장을 억제한다.

특이적 면역은 병원체에 노출된 후 발달한다

▲ 적혈구, 백혈구, 그리고 혈소판을 보여주는 주사전자현미경(scanning electron microscope, SEM) 사진.

27.5 특이적 면역계는 특정 병원체에 대한 기억을 형성한다

종종 병원체는 비특이적 면역계의 염증 반응을 통해 완벽히 제거된다. 그러나 때로는 감염이 지속되거나 병원체가 분자 수준에서 어떤 식으로든 스스로 "변장(disguise)"해서 비특이적 면역계에 의해 병원체로 인식되지 않는다. 다행히도, 이때 우리 몸을 보호하기 위해 특이적 면역 반응도 존재한다.

면역계가 병원체를 어떻게 인지하고 반응하는지를 살펴보자. **항원**은 특이적 면역 반응을 유도하는 분자 또는 분자 조각이다. 단일 병원체는 많은 상이한 항원을 가지고 있다(예를 들어, 단일 세균의 여러 종류의 당단백질, 지질단백질 및 다당류 모두 항원이 될 수 있다). 신체는 특정 항원을 인식하는 순환 단백질인 **항체**를 만들어 항원에 대해 반응한다. [항원(antigen)이 **항체**(*anti*body)를 생산한다(*gen*erating)는 말의 줄임말이라고 생각하면 항원과 항체의 차이를 기억할 수 있을 것이다].

항체는 세균, 바이러스 같은 병원체 또는 감염된 세포를 인식하고 파괴하는 면역계의 능력을 향상시킴으로써 보호 기능을 한다(**그림 27.16**). 그러나 항체가 병원체를 직접 죽이지는 못한다는 것을 명심하자. 그 대신, 항체는 병원체를 순찰하는 식세포에게 확실히 보이게 하는 표지 역할을 한다. 항체 수치는 병원체를 만나거나 백신을 접종한 후 처음 2주 이내에 최고치에 도달한다. 항

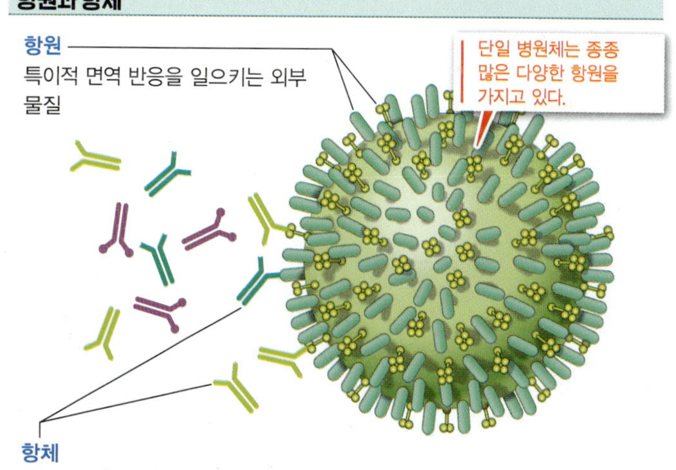

그림 27.16 **항체는 항원이라 불리는 외부 분자를 인식하는 단백질이다.**

원을 인식하고 파괴하는 신체의 능력에 대해서는 다음 절에서 논의할 것이다.

결국에는 항체 생산이 감소하지만, 특이적 면역계는 병원체에 대한 기억을 갖게 된다. 같은 항원을 다시 만나면 신체는 병원체의 파괴를 도울 많은 양의 특정 항체를 생산하는데, 1~2일 밖에 걸리지 않고, 단지 7~9일 안으로, 엄청난 양의 항체를 몸에 지니게 된다. 따라서 이미 백신을 접종한 사람이 친구를 통해 수두에 노출된 경우, 반응하는 데 2주까지 필요치 않으며, 면역 반응이 신속하게 작동하여 즉시 항체 생산을 시작하게 된다!

면역계 특이적 부문의 기억(memory)은 결과적으로 **면역**을 갖게 하는데, 이는 특정 병원체에 대응한 장기적인 보호 상태를 말한다. 우리가 특정 병원체에 대한 면역을 획득하는 데에는 두 가지 방법이 있다. 첫 번째는 질병에 걸리는 것이다(**그림 27.17**). 예를 들어, 어릴 때 수두를 앓은 사람들은 수두에 다시 걸리지 않는데, 이는 면역이 되어 있기 때문이다. 다행히, 질병과 그 불쾌한 증상을 겪지 않고도 면역을 획득할 수 있는 두 번째 방법이 있다. 1995년 이후로 수두에 대한 백신이 널리 사용되고 있으며, 그 결과 미국에서 수두 사례는 1995년 약 400만 건(이로 인해 1만 명 이상이 입원하였고 100명 이상이 사망하였다)에서 75% 감소하였다.

백신은 특정 병원체의 약화되거나 무해한 형태로 개인에게 투여되면 질병에 걸리지 않고도 면역을 유도한다. 백신은 신체가 특정 병원체의 침입을 받고 있다고 생각하도록 속이며, 신체는 특정 면역 반응을 나타낸다. 예를 들어, 수두 백신을 맞은 사람이 나중에 그 바이러스에 노출되더라도 수두에 걸리지 않는데, 신체가 이미 이 바이러스에 대한 기억을 지니기 때문이다. 기억은 이미 바이러스를 인식하고 신속하게 반응하도록 준비된 세포들(기억세포라고 함)에 의해 만들어진다. 따라서 다시 바이러스를 만났을 때 면역 반응을 위한 시간 지연이 없다. 백신 기술은 의학에서 큰 성과라고 할 수 있다.

오늘날, 우리는 많은 종류의 바이러스(소아마비, 홍역, 풍진, 볼거리, 로타바이러스)와 세균(파상풍, 콜레라 및 수막염을 포함)에 대한 백신을 가지고 있다. 이러한 백신이 개발도상국에서는 많이 보급되어 있지 않기 때문에 세계적으로 많은 사람이 예방 가능한 질병으로 매년 죽고 있다.

면역계의 특이적 반응이 작동하는 가장 흔한 감염 중의 하나는 바이러스에 의해 유발되는 전염병인 독감(인플루엔자)이다. 독감 바이러스는 계속 변하기 때문에 매년 다른 종류 또는 계열이 나타난다. 따라서 새로운 독감 시즌이 시작될 때마다 우리 몸은 약간 다른 형태의 독감 바이러스와 다른 항원 세트를 접하게 된다.

독감 바이러스는 변화하는 조건에 적응하고 진화하기 때문에 가장 좋은 방어책은 매년 독감 예방 주사를 맞는 것이다(**그림**

병원체에 노출되면 면역을 획득한다.

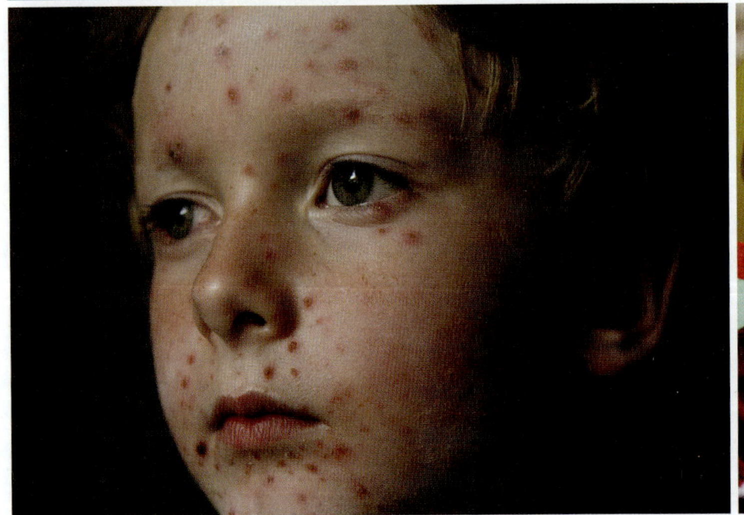

병에 걸림
병원체에 노출되면 우리 몸은 병원체에 대한 기억을 형성하여 그 병원체를 다시 만났을 때 신속하게 반응하는 데 필요한 세포를 생성한다. 사진은 수두에 걸린 유아 사진이다.

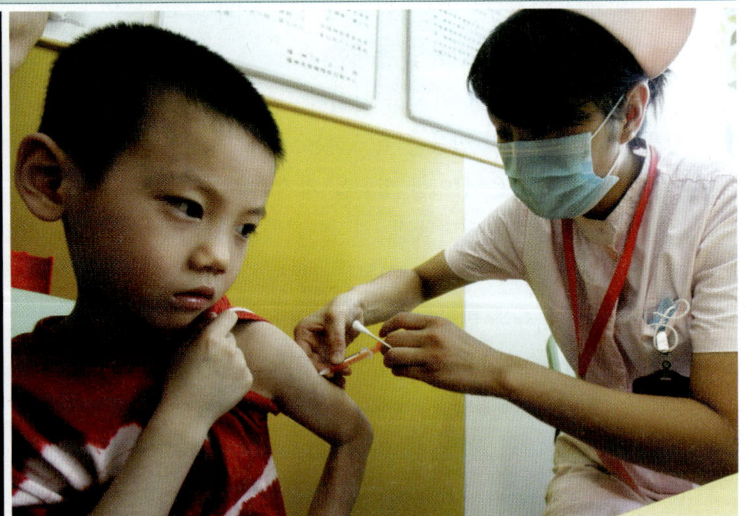

예방접종하기
백신을 통해 약화되었거나 무해한 형태의 병원체에 노출되면, 우리 몸은 병 증상을 나타내는 위험 없이도 병원체에 대한 기억을 형성할 수 있다. 이후, 그 병원체를 다시 만나면 신속한 면역 반응을 하는 데 필요한 세포를 생성한다.

그림 27.17 면역 획득의 두 가지 방법: 질병에 걸려 싸우기와 백신 접종하기.

독감 바이러스는 계속 변화한다.

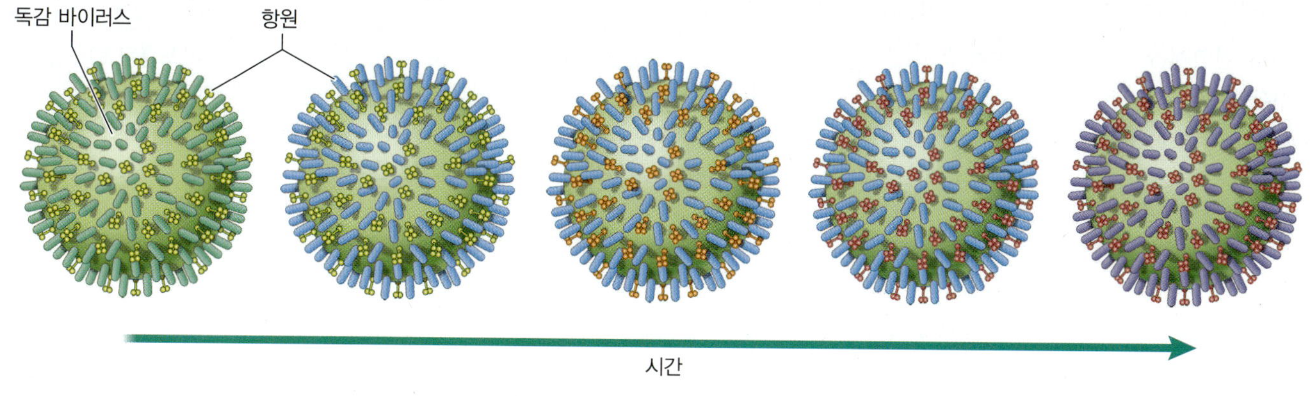

독감 바이러스 종류는 계속 변하므로, 우리 몸은 매년 독감 유행 때마다 약간 다른 종류의 바이러스, 즉 다른 세트의 항원과 만나게 된다.

그림 27.18 **독감 바이러스는 빠르게 변화하기 때문에 매년 독감 예방 접종을 해야 한다.**

27.18). 모든 백신은 항원을 포함해야 하므로, 독감 백신은 일반적으로 열을 가해 불활성화시킨 독감 바이러스(현재 가장 유행하는 바이러스 종류 또는 몇 가지 종류를 혼합한 바이러스)나 또는 독감을 유발하지 않을 정도로 약화된 생바이러스를 이용하여 제조한다. 언제든지 독감에 걸릴 수 있지만 주로 겨울에 유행하므로, 겨울 독감 유행기 동안 몸을 방어할 항체를 만들 시간을 주기 위해 가을에 예방접종을 받는 것이 좋다. 매년 새로운 독감 백신은 8월 또는 9월에 출시된다.

이러한 예방 조치에도 불구하고 사람들은 여전히 독감에 걸린다. 일반적으로 누군가는 독감 백신 자체에 의해서 독감에 걸릴 수도 있다고 생각하지만, 이는 사실이 아니다. 그렇다면 백신을 접종 후 때때로 독감에 걸리는 이유는 무엇인가? 몇 가지 가능한 이유가 있다. 첫째, 백신을 개발하는 과학자들은 독감 시즌이 되기 훨씬 전에 독감 바이러스가 어떻게 변할지 예측해야 한다. 어떤 때는 그 백신이 잘 맞을 수도 있고, 어떤 때는 완전히 맞지 않을 수도 있다. 둘째, 동시에 서로 다른 두 종류의 독감 바이러스가 유행하여 백신이 이 모든 종류에 대해서 방어 작용을 나타내지 못할 수 있다. 마지막으로, 백신을 맞을 때 그 사람이 이미 독감에 걸렸을 수도 있다.

Q 흔한 감기에 대한 면역이 왜 생기지 않는가?

특이적 면역 반응이 미래에 특정 병원체와 마주쳤을 때 질병으로부터 사람을 보호할 수 있다면, 왜 매년 겨울마다 감기로 인한 콧물, 기침 및 인후통이 발생하는가? 이 가장 성가시고 반복되는 질병에 대해 면역이 왜 생기지 않는가? 독감 바이러스처럼 흔하게 감기를 일으키는 감기 바이러스 중 하나인 리노바이러스(rhinovirus, “nose virus”)는 계속 변화한다(그림 27.19). 우리의 면역계는 이 바이러스의 여러 변종에 대응하여 반응을 나타낸다. 리노바이러스가 감기의 흔한 원인이기는 하지만, 감기와 유사한 증상을 일으키는 유일한 바이러스는 아니다; 감기를 일으키는 바이러스는 약 200종류이다. 따라서, 감기에 걸릴 때마다 동일한 바이러스의 다른 버

감기와 유사한 증상을 일으키는 바이러스는 약 200종류에 이를 정도로 다양하며, 그들은 계속 변화한다. 감기에 걸릴 때마다 동일한 바이러스의 다른 버전이나 완전히 새로운 바이러스에 반응하게 된다.

그림 27.19 **끊임없는 도전.**

전이나 완전히 새로운 바이러스에 반응하는 것이다. 엄청난 수의 병원체 종류, 그리고 그들이 시간이 지남에 따라 적응하고 진화하는 능력이 면역계가 끊임없이 직면하고 있는 두 가지 문제이다. 그럼에도 불구하고, 다음 절에서 자세히 설명하는 것처럼, 특이적 면역계는 이와 같은 문제를 이겨나가고 있다.

핵심요약 27.5

» 항원은 항체라는 면역계의 질병 방어 단백질에 의해 식별될 수 있는 병원체 표면의 분자나 분자 조각이다. 항체는 특정 항원에 노출된 후에 생성되어 체내에 유지된다. 특정 병원체에 대응한 장기간 방어, 즉 면역은 두 가지 방식으로 형성될 수 있다: 자연적인 병원체에 노출되거나 백신에 포함된 병원체의 변형된 형태에 노출되는 것이다.

27.6 항체 구조는 기능을 반영한다

이제 항체가 병원체로부터 우리를 보호하는 방법을 정확히 알아보기 위해 항체의 구조와 기능을 살펴볼 것이다. 모든 항체는 Y형으로서, 그들의 다양성과 특이성은 "Y" 상단의 여러 변형에서 유래한다.

각 항체는 서로 연결된 2개의 긴 사슬(중쇄, heavy chain)과 2개의 짧은 사슬(경쇄, light chain), 즉 4개의 폴리펩타이드 사슬로 구성되어 있다(**그림 27.20**). "Y"의 상단 부분은 항체마다 다른 가변 부위이다. 그러나 "Y"의 밑부분인 아래쪽 부분은 5개 정도의 변이체가 있을 뿐이므로, 이를 항체의 불변 부위라고 한다. 각 항체의 "Y" 상단의 가변 부위는 특정 항원과 특이적으로 결합할 수 있는 고유한 3차 구조를 지닌다.

면역계가 만날 수 있는 수많은 항원 종류를 인식하려면, 그에 상응하는 수의 다양한 항체가 필요하다(그리고 하나의 병원체는 그 표면에 몇 가지 다른 유형의 항원을 가질 수 있다). 항체는 병원체가 아니라 항원을 인식한다는 점을 유념하자. 항원은 항체가 신체 일부가 아니라 "자기"가 아닌 것으로서 인식하는 모든 것을 말하는데, 뱀독, 식중독을 일으키는 세균의 독소, 꽃가루 및 (고무장갑에서 발견되는 것과 같은) 다양한 화학물질 등이 그 예이다.

어떤 세포가 생명을 구하는 의학적 치료의 일부라고 하더라도, 체내로 도입된 모든 외부 세포는 면역 반응을 일으킨다. 장기 이식을 생각해보자. 이식된 세포는 수여자의 면역계에 의해 항원("비자기")으로 인식되는 분자를 표면에 가지고 있다. 이식된 세포가 병원체는 아니지만, 수혜자의 면역계는 그들을 침입자로 간주하고서 면역 반응을 시작한다. 따라서 이식된 장기에 대한 면역계의 공격과 장기의 파괴를 억제하기 위해서는 의학적 조치가 필요하다.

수혈이 필요한 경우에 혈액형이 맞는 혈액이 필요한 이유 또한 면역계 때문이다. 9.10절에서 살펴보았듯이, 혈액형이 맞지 않는 개인 간에 수혈이 이루어지면 수혈자의 항체가 기증자의 적혈구 표면의 항원에 결합함으로써 사망에 이를 수도 있는 공격을 가할 것이다.

이제 항체가 작용하는 주요 과정을 알아보자(**그림 27.21**). 면역계는 병원체에 노출된 후 엄청난 양의 항체를 배출하고 항체는 항원과 결합한다. 병원체의 표면에 존재하는 항원에 항체가 결합해 있으면, 대식세포와 호중구와 같은 비특이적 면역계의 식세포가 병원체를 쉽게 섭취한다.

항체의 구조

항원

가변 부위
(항원 결합 부위)

불변 부위

항상 "Y"자 모양을 하는 항체는 B 세포에 의해 방출되어 체액에 자유롭게 떠다니면서 감시원 역할을 하거나 B 세포의 세포막에 박혀 있을 수도 있다.

모든 항체는 일반적인 Y형 구조를 지니지만, 상단 부위의 가변성으로 인해 각 항체는 고유한 구조를 띠며 특정 항원을 인식할 수 있다.

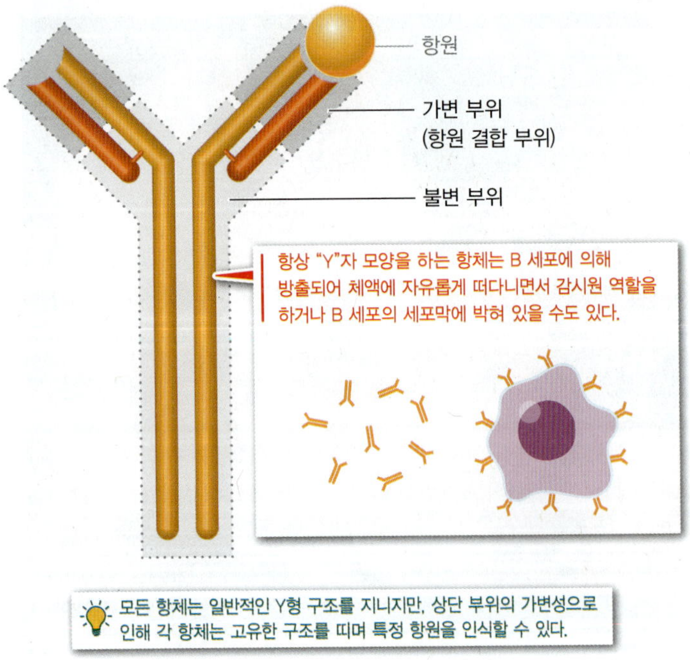

그림 27.20 항체 분자의 다양성. "Y"의 상단의 형태는 항체마다 서로 다르며 오직 한 항원에만 꼭 들어맞는다.

항체의 기능

항체는 여러 가지 방식으로 병원체와 부유 항원을 파괴하는 것을 돕는 기능을 한다.

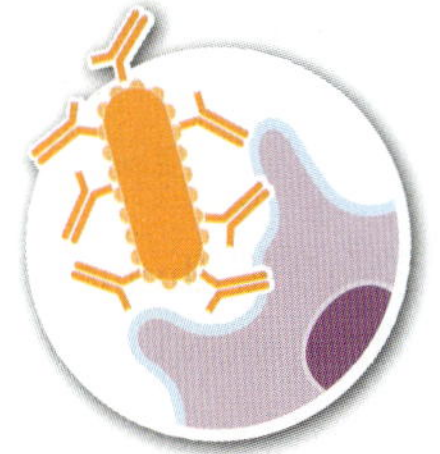

식세포에 신호전달
항체는 병원체 표면의 항원과 결합하여 식세포가 병원체를 발견하고 파괴하는 것을 더 쉽게 만든다.

항원 응집
항체는 병원체와 수용성 항원을 서로 응집하게 해서 식세포가 병원체를 발견하고 파괴하는 것을 더 쉽게 만든다.

세포 침입 방지
항체는 병원체의 표면을 덮음으로써 병원체가 체내로 침투하는 것을 막는다.

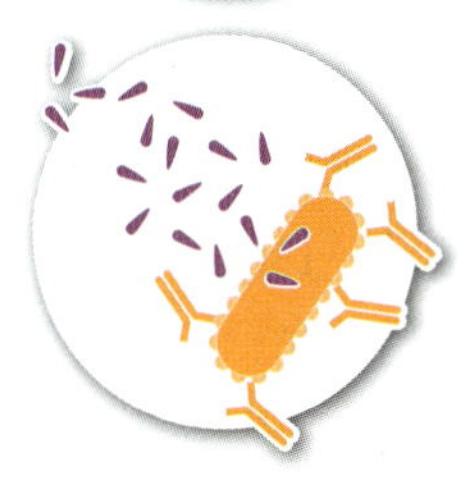

보체 단백질에 신호전달
항체는 병원체 세포막에 구멍을 뚫어 병원체를 파열시키는 보체 단백질을 모집한다.

그림 27.21 **항체는 여러 가지 방식으로 병원체와 싸운다.**

병원체를 파괴하기 위해 항원을 "표시(marking)"하거나(뱀독과 같은) 부유 항원을 표시하는 것 외에도 항체는 다른 두 가지 중요한 방식으로 기능을 한다. 첫째, 병원체 또는 항원들을 응집하게 만들어 식세포가 더 쉽게 찾아 섭취할 수 있게 한다. 둘째, 병원체의 표면을 코팅하여 병원체가 체세포와 결합하고 체세포로 침입하는 것을 방지함으로써 감염 확산을 차단한다.

마지막으로, 항체가 병원체의 표면에서 항체와 결합할 때 항체는 비특이적 반응에서 역할을 하는 보체 단백질을 모집한다. 일부 보체 단백질은 세포막에 구멍을 뚫어 병원성 세포를 파열시킬 수 있다는 것을 기억하자. 따라서 이러한 보체 단백질을 모집함으로써, 항체는 병원체를 간접적으로 파괴한다.

핵심요약 27.6

» 각각의 항체는 특정 항원을 인식할 수 있는 고유한 구조를 지닌다. 항체는 식세포에 의한 섭취를 강화하고, 더 많은 세포의 감염을 방지하며, 보체 단백질의 병원체 파괴를 용이하게 함으로써 병원체와 부유 항원을 파괴하는 데 효과적이다.

27.7 림프구는 두 가지 전선에서 병원체와 싸운다

림프구는 특이적 면역 반응을 담당하는 백혈구이다. 이 세포들은 혈액과 림프계에서 순환하며, 림프절 및 비장과 같은 림프 기관에 존재한다(림프계에 관해서는 22.11절 참조). 다양한 종류의 백혈구를 포함하는 혈액과 달리, 림프의 99%는 단지 한 종류인 림프구만으로 구성된다. 림프구는 **항원 수용체**를 가지고 있는데, 세포막에 존재하는 이 단백질은 세포 표면으로부터 돌출되어 있어 특정 항원과 결합할 수 있다. 각 림프구는 한 가지 유형의 항원에만 결합할 수 있다. 이러한 항원 수용체가 많이 모여서 다양한 항원을 인식하고 반응할 수 있다.

림프구에는 크게 두 종류가 있다. 둘 모두는 골수의 줄기세포로부터 발달하지만, 한 종류는 골수를 떠나 위쪽 흉부에 있는 림프 기관인 흉선(thymus)에서 계속하여 성숙한다. 림프구는 성숙하는 장소에 따라 명명되는데, 골수에서 성숙하는 림프구를 B 림프구 또는 **B 세포**라 부르고, 흉선에서 성숙한 세포는 T 림프구 또는 **T 세포**라 부른다(그림 27.22). 정상적으로 림프계를 순환하는 또 다른 세포는 수지상세포인데, 림프구와 접촉하고자 하는 유일한 목적을 위해 림프계를 이용한다.

B 세포와 T 세포 모두는 표면에 항원 수용체를 가지고 있다. 림프구의 항원 수용체는 구조적으로 다양하다. 사실, 그들의 다양성은 무한하다. 우리 림프구는 수십억 개의 서로 다른 병원체를

특이적 면역을 담당하는 백혈구

B 세포와 T 세포는 특이적 면역 반응을 담당한다. 이들은 신체 내에서 성숙하는 장소(골수나 흉선)에 따라 명명되었다.

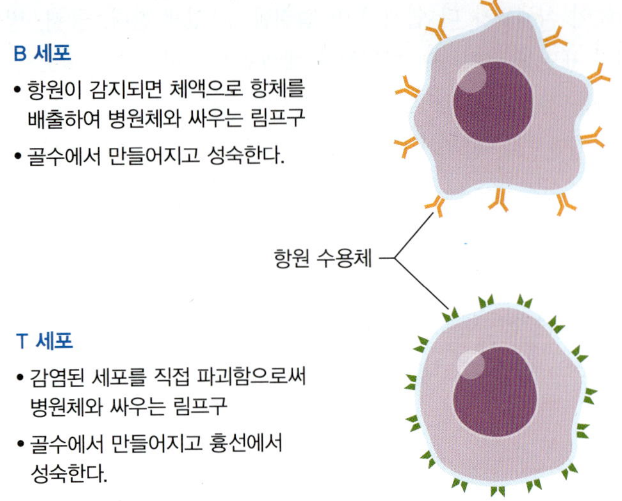

그림 27.22 B 세포와 T 세포.

인식할 수 있는 것으로 추정된다. 하지만 개별 림프구는 수십억 개의 서로 다른 항원 수용체를 가지고 있지 않다. 대신, 각각의 림프구는 단 하나의 항원만 인식하는 한 가지 형태의 수용체를 가지며, 그 표면에는 이 수용체의 복사본을 많이 가지고 있다.

육지와 바다에서의 치열한 군사 작전처럼, 특이적 면역계도 전쟁에서 승리하기 위해 두 가지 전선에서 작동한다. 림프구는 체액(체액성 면역)과 세포 내(세포성 면역)에서 병원체와 싸운다(**그림 27.23**).

1. **체액성 면역**(humoral immunity)은 항체 매개 면역이라고도 하며, 혈액이나 림프액 등 체액에서 발견되는 병원체나 독소에 대응하여 방어한다. "체액성(humoral)"이라는 말은 그리스 및 로마어로 체액을 뜻하는 "humors"에서 유래하였다. 혈액은 네 가지 체액 중의 하나이며, 나머지 세 가지는 가래, 황담즙, 흑담즙이다. B 세포 표면의 항원 수용체와 일치하는 항원이 감지되면, B 세포는 항체를 혈액, 림프 및 기타 체액으로 분비한다. 항체는 순환하면서 특정 병원체와 독소에 대응하여 방어하고, 식세포가 이들을 삼키기 쉽게 한다.

2. **세포 매개 면역**(cell-mediated immunity)은 우리 몸에 침입하여 세포 내에 있는 병원체로부터 신체를 보호한다. 모든 신체 세포는 면역계 세포가 "자기"라는 것을 인식할 수 있게 하는 분자를 세포막 표면에 가지고 있다. (많은 암세포 포함하여) 병원체에 감염된 체세포는 세포막에 몇 가지 다른 단백질(항원)을 나타낸다. T 세포가 이들 항원을 인지하면(T 세포는 표

특이적 면역계의 반응

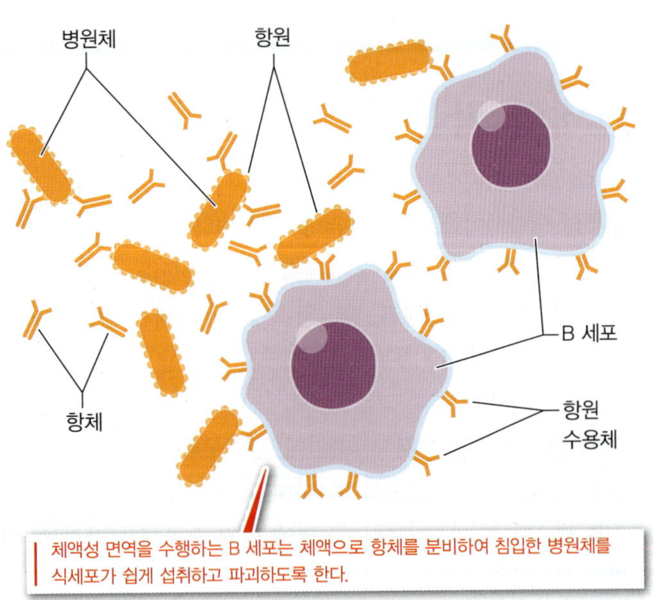

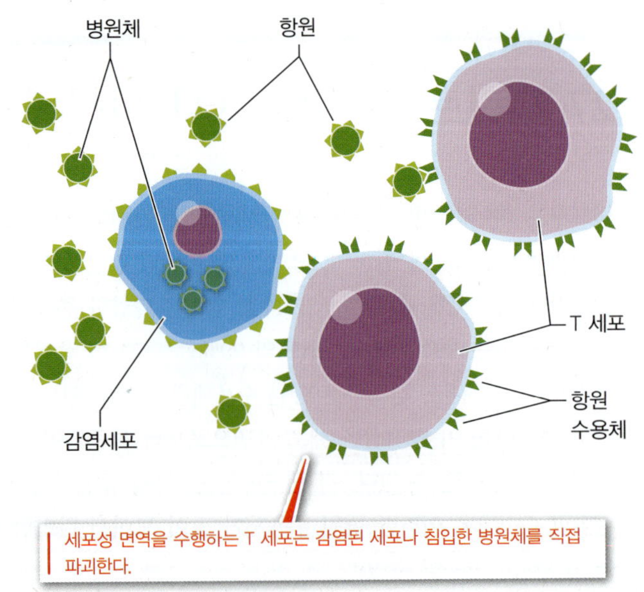

그림 27.23 체액 및 세포 내에서 침입자에 대한 방어. B 세포는 체액성 면역(항체 매개 면역)을, T 세포는 세포 매개 면역을 담당한다.

면에 이와 일치하는 항원 수용체가 있기 때문), 항원과 결합한다. 이 결합은 감염된 세포와 일반적으로 내부의 병원체를 죽이는 면역 반응을 시작하게 한다.

특정 병원체를 물리치기 위해서는 (동일한 항원 수용체를 보유한) 다수의 동일한 림프구가 필요하다. 우리가 수조 개의 면역 세포를 가지고 있을 수 있는지 의문을 가질 수 있다. 만날 수도 있고 아니면 평생 만나지 않을 수도 있는 적과 마주할 준비를 위해서, 이들 모든 개별의 림프구 군대를 담을 수 있는 공간을 우리 몸은 어떻게 마련할까? 그 해답은 방대한 양의 동일한 림프구를 몸 안에 보관해 두지 않는다는 것이다. 오히려 10억 또는 그 이상의 다른 항원 인식 수용체 각각에 대한 수용체를 가진 림프구는 소수로만 존재하고 있다. 항원이 발견된 경우에만 그와 일치하는 림프구 복사본들을 만든다. 다음 절에서 신체가 어떻게 이 일을 하는지에 대해 살펴볼 것이다.

핵심요약 27.7

» 림프구는 백혈구의 일종이다. B 세포와 T 세포 두 종류의 림프구가 특이적 면역계와 관련되어 있다. B 세포는 체액성 면역 반응을 담당하며, T 세포는 세포 매개 면역 반응을 담당한다. 림프구 수용체의 다양성과 특이성 때문에 거의 모든 병원체는 B 및 T 세포에 의해 인식될 수 있다.

27.8 클론 선택은 지금, 그리고 미래의 감염에 대항하여 싸울 수 있게 해 준다

특이적 항원 수용체에 의해 개인의 거의 모든 림프구는 독자적인 특성을 가진다. 면역계는 모든 항원에 맞설 준비가 되어 있지만, 많은 수의 림프구는 그들이 인식할 수 있는 항원을 결코 만나지 못할 것이다. 그러나 림프구가 그 수용체에 특이적인 항원과 접촉하면, 그 결과로 나타나는 일들이 시작되고 항원이 파괴될 때까지 끝나지 않는다.

B 또는 T 세포가 항원과 결합하면, 그 항원에 대한 림프구와 그 후손이 매우 빠르게 많이 분열하여 모두 동일한 항원 특이성을 가진, 유전적으로 동일한 세포 집단(클론)을 생성한다. **클론 선택**이라고 알려진 이 과정은 신체에 침입한 특정 병원체를 인식하고 반응할 수 있는 B 및 T 세포를 충분하게 만드는 과정이다.

새로운 병원체를 인식하는 것이 첫 번째 중요한 단계이지만, 특이적 면역계는 두 가지 추가 과제가 있다: 침입자에 대해 반응하고 기억하는 것이다. 클론 선택은 같은 병원체를 인식할 수 있는 림프구를 많이 생성하고, 이들 림프구는 두 가지 중 한 방식으로 기능한다. 일부 림프구는 항원을 공격하고(이들을 효과기 세포라고 한다), 일부 림프구는 침입의 기억을 만드는 데 관여한다(이들을 기억세포라고 한다). 먼저 **1차 반응**이라고 하는 면역계의 병원체와의 초기 상호작용에 대해서 논의한다.

1차 반응의 세포는 우선 클론 선택을 통해 생성되어야 한다. 일단 생성되면, **효과기 세포**라 불리는 반응 림프구들은 항원을 인식하고, 즉시 항원을 파괴하는 일부 조치를 취한다. 예를 들어, B 세포에서 유래한 **형질세포**는 항체를 분비하므로 체액성 반응에서의 효과기 세포이다. 그리고 감염된 세포를 직접 죽이는 T 세포는 세포 매개 반응에서의 효과기 세포이다. 감염과 싸우고 퇴치할 수 있는 충분한 효과기 세포를 생산하는 데 평균 2주가 걸린다 (**그림 27.24**).

또한, 1차 반응이 일어나는 동안 두 번째 유형의 림프구인 **기억세포**가 만들어진다. 효과기 세포처럼, 이들도 클론 선택을 통해 만들어진다. 기억세포의 역할은 항원을 기억하여 미래에 같은 항원에 감염되면, (2주가 아니라 며칠 내) 비교적 빠르게 침입자를 공격할 준비가 되도록 하는 것이다. 그러므로 기억세포는 림프액과 혈액에 남아 특정 항원이 다시 돌아오기를 기다린다. B 기억세포와 T 기억세포 모두 존재하며, 1차 반응에서 생성된 효과기 세포와 동일한 항원 특이성을 가지고 있다. 효과기 세포의 생존기간은 1주 미만이지만, 기억세포는 장기간 남아 순환한다. 기억세포의 수명은 다양하며, 몇 년 동안 존재할 수도 있고 평생 존재할 수도 있다.

효과기 세포와 기억세포가 1차 면역 반응에서 어떻게 작용하는지에 대한 이러한 이해와 함께, 5세 유치원생 어린이가 자신이 수두에 감염된 사실을 모른채 유치원에 갔을 때 어떤 일이 일어나는지 살펴보자. 유치원 선생님은 어린 시절에 수두에 걸린 적이 있

감염에 대한 1차 반응

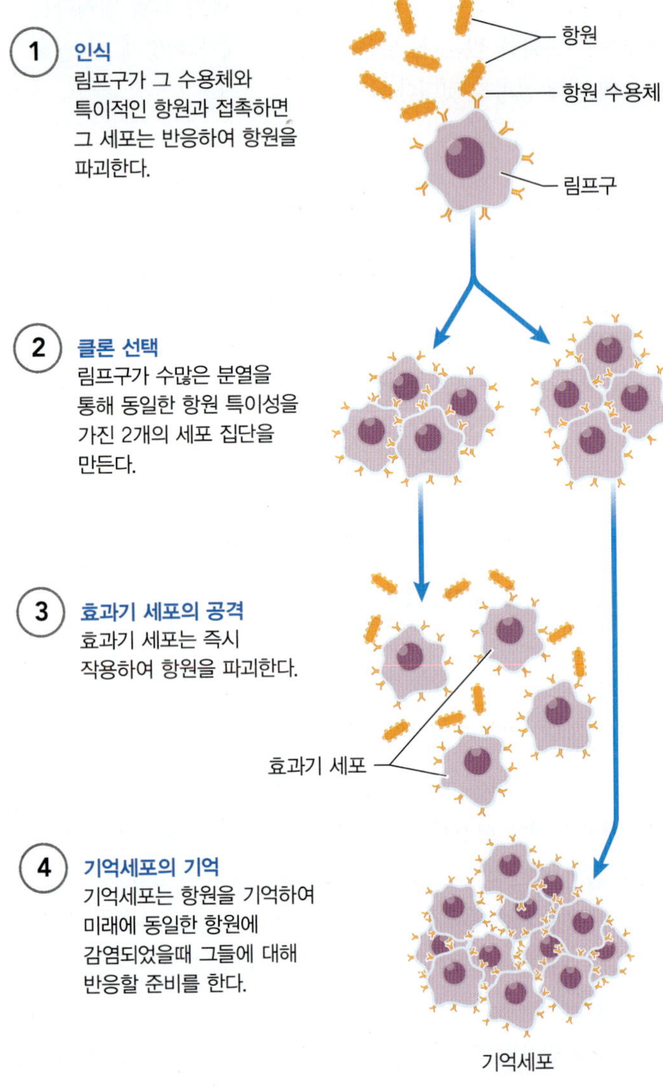

그림 27.24 **현재와 그 이후의 싸움.**

감염에 대한 2차 반응

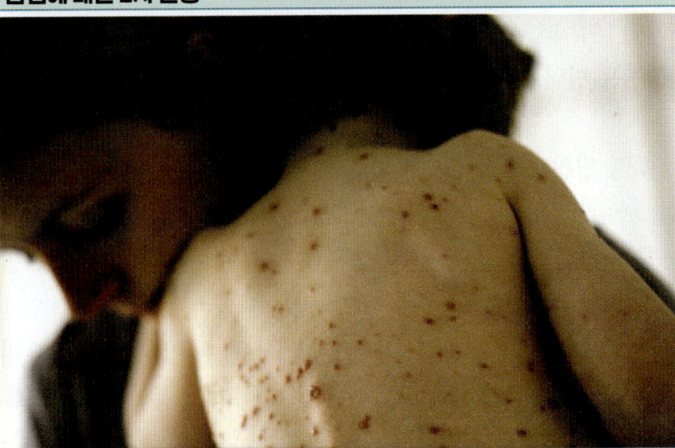

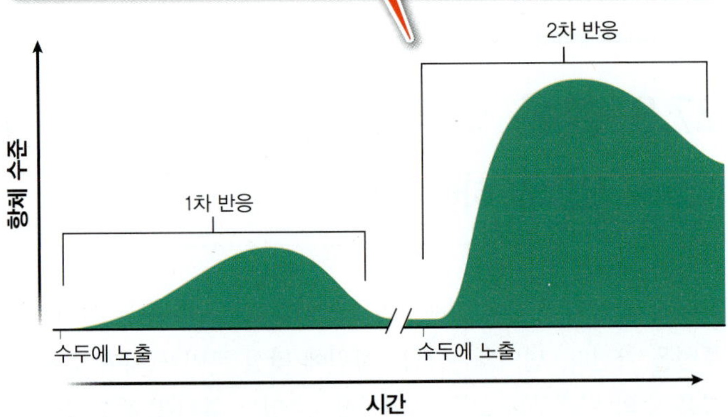

그림 27.25 **동일한 항원과의 또 다른 만남.**

었다고 가정하자. 그때 그녀의 1차 면역 반응 동안 그녀의 특이적 면역계는 수두에 대한 기억세포를 만들어낸다. 그녀가 감염된 아이와 접촉했을 때 이들 특이적 기억세포는 클론 선택을 통해 수두 바이러스와 싸우기 위해 무장된 새로운 B 및 T 효과기 세포와 기억세포를 생성한다. 이와 같은 B 및 T 효과기 세포를 생성하는 **2차 반응**은 어렸을 때 일어났던 1차 반응보다 더 신속하게 일어나고(최소 1~2일 후 시작), 더 강렬한 반응을 나타낸다(7-9일에 최고조에 달함)(**그림 27.25**). 체액성 면역의 B 세포와 세포 매개 반응의 T 세포가 바이러스를 파괴하는 작용을 하고, 이 2차 면역 반응 또한 수두 바이러스를 매우 빠르고 효과적으로 공격함으로써, 선생님은 결근없이 일 할 수 있을 것이다.

핵심요약 27.8

» 신체가 특정 항원을 만나면 이 항원을 인식하는 림프구는 클론 선택을 통해 분열하여 많은 동일한 세포를 생성한다. 1차 반응 동안, 효과기 세포는 항원에 반응하고 공격한다. 1차 반응 동안 생성된 기억세포는 2차 반응이 필요한 경우 클론 선택을 거칠 준비가 되어 있다.

27.9 애완견과 접촉하면 아이들이 더 건강해질까?

영유아는 자주 아프다. 아기는 생후 1년 동안 평균 3~6회 호흡기 감염을 경험한다. 그러나 집집마다 많은 차이가 있다. 어린이집에 다니는 것, 형제자매가 있는 것, 부모의 천식이나 흡연력 등 다양한 요인이 아동기 질병의 빈도와 중증도에 영향을 미친다.

최근에는 또 하나의 요인이 확인되고 있다. 연구에 따르면, 어렸을 때 애완동물을 비롯한 동물에 노출된 어린이들은 적은 빈도로 아프고, 감염, 알러지, 천식을 덜 경험하는 것으로 나타났다. 이와 같은 관찰은 심지어 "위생 가설"을 만들어냈는데, 이 가설은 위생 개선에 의해서 어린이들의 감염원에 대한 노출 감소가 면역계의 발달을 억제한다는 것이다. 그리고 이것은 살아가는 동안 질병에 더 취약하게 만든다는 것이다.

더 청결한 생활의 "대가"가 더 질병에 잘 걸린다는 것이 사실일까?

어린아이들이 감염원에 노출되면 정말 좋은 것인가? 앞 절에서 살펴본 바와 같이, 병원체(및 이를 표시해 주는 항원)에 대한 노출은 면역계가 이후 감염과 싸우는 데 더 효과적으로 만들어 준다. 우리 면역계는 학습하고 기억한다. 초기의 기회가 없으면 중요한 "학습" 기회를 잃게 될 수 있다.

이는 거의 모든 사람이 관심을 가지는 문제이며, 공중 보건에 중대한 영향을 미치므로 더 탐구할 가치가 있다. 물론, 무작위적이고 통제 가능한 이중 맹검 연구를 위해 의도적으로 유아를 병원체에 노출시키는 것은 윤리적이지 않다. 그렇다면 이 연구를 어떻게 수행할 수 있을까?

2012년, 일부 연구자들이 생후 1년 동안 개와 고양이와 접촉하는 것이 호흡기 질환의 빈도에 미치는 영향에 관한 연구 결과를 발표하였다. 전향적 출생 코호트 연구를 이용하여, 산모가 임신했을 때부터 1세가 될 때까지 397명의 아기를 관찰하였다. 그들은 개나 고양이와의 직접적인 접촉, 호흡기 증상 또는 감염에 대한 정보를 포함하여 부모가 작성하는 주간 일기를 통해 아기들의 정보를 수집하였다.

전향적 출생 코호트 연구를 수행하는 데 어려움이나 혹은 강점이 있다고 생각하는가?

전향적 출생 코호트 연구의 몇 가지 특징들은 과학적 사고를 위한 귀중한 도구이다. 연구 기간이 시작되기 전에 대상 집단—예컨대, 애완동물과 자주 또는 드물게 접촉하는 아기들—과 측정될 결과를 지정하면 잠재적인 편견의 근원을 줄일 수 있다. 그리고 연구 전반에 걸쳐서 정기적인 데이터 수집은 정확도를 증가시키고, "기억 오류"(예를 들어, 부모에게 작년에 아기가 아팠는지를 질문하게 되면 이러한 오류가 생길 수 있다) 가능성을 줄일 수 있다.

애완견과 함께 사는 아이들은 얼마나 더 건강할까?

결과는 놀라웠다. 집에서 애완견을 키우는 아이들은 호흡기 감염이 31%, 귀 감염이 44% 감소했으며, 항생제 처방도 29% 감소하였다.(연구자들은 고양이를 키우는 경우도 예방 효과가 있기는 했지만, 개를 키우는 경우보다 훨씬 약하다는 것을 발견하였다.)

생각하기, 짝과 나누기

수업 수강생 중 한 명과 짝을 만드시오. 다음의 질문을 읽고 답에 대하여 60초 동안 조용히 생각하시오. 이후 5분 동안 토론을 하고 자신의 답을 공유할 수 있게 준비하시오.

- 고양이를 키우는 것이 개를 키우는 것보다 예방 효과가 약한 이유는 무엇이라고 생각하는가?

이 연구에서, 연구자들은 동물에 노출된 정도와 호흡기 감염 발병만을 언급했기 때문에 그들의 연구 결과에 대한 더 명확한 설명을 제시할 수 없었다. 그러나 그들은 이 연구를 통해 동물과의 접촉이 면역계를 강화하는 데 역할을 한다고 추측하였다. 특히 연구자들이 제안한 바에 따르면, (1) 동물이 흙을 집으로 가져오고, (2) 더 많은 흙으로부터 집 안의 세균이 더욱 다양해지며, (3) 더 많은 다양한 세균에 노출되는 것이 어린이의 면역계 성숙에 긍정적인 효과를 미친다는 것이다.

애완견이 실내에 오래 있든 적게 있든 그것이 중요한가?

애완견을 키우는 일부 집에서는 개가 짧은 시간 동안(하루 6시간 미만) 실내에 있거나 다른 집에서는 "조금 더 긴 시간"(하루 6~16시간) 또는 "대부분"(하루 16시간 이상) 실내에 있었다. 어떤 조건이 건강에 주는 이점이 가장 크다고 생각하는가? 결과적으로 가장 큰 이점을 주는 경우는 개가 짧은 시간 동안 실내에 있을 경우로 밝혀졌다. 연구자들은 이것이 대부분 실내에서 생활하는 개들이 대부분의 시간을 밖에서 보내는 개보다 흙(과 미생물)을 덜 가져오기 때문이라고 제안하고 있다.

아기를 위해 가능한 한 최고의 위생적인 환경을 만들어 주어야 하는가?

그렇다면 아기를 위해 환경을 얼마나 깨끗하게 해야 하는가? 이것이 매우 중요한 질문이며, 연구자들이 답할 수 있을지 아직 확신하지 못하는 질문이다. 그래도 그들의 연구는 위생 가설을 뒷받침하는 추가적인 증거가 되고, 어린이의 면역계가 발달하는 데 자극을 주는 환경이 유익함을 제시하고 있다.

핵심요약 27.9

» 코호트 연구는 과학적 사고를 위한 귀중한 도구이다. 이러한 연구에서는, 잠재적 편견을 줄이기 위해 연구를 시작하기 전에 대상 집단과 측정될 결과를 지정하는 것이 중요하다. 연구 전반에 걸친 데이터 수집은 기억 오류를 줄여서 정확도를 높여 준다.

27.10 세포독성 T 세포와 도움 T 세포는 서로 다른 기능을 한다

27.7절에서 살펴본 바와 같이, 특이적 면역 반응은 두 부문으로 나뉜다: 체액성 면역 반응(B 세포)과 세포 매개 면역 반응(T 세포). 항체가 혈액과 림프액 영역에서 작용하는 동안, 이미 세포 내부에 있는 병원체와 싸우는 것은 T 세포 매개 반응의 역할이다. 우리는 여기에서 T 세포 매개 반응에 초점을 맞추고, 두 가지 주요 유형의 T 세포(둘 다 림프구)를 알아보는 것으로부터 시작할 것이다.

1. **세포독성 T 세포**는 세포 매개 반응의 효과기 세포이며(1차 반응하는 세포), 병원체에 감염된 세포를 직접 파괴한다.
2. **도움 T 세포**는 감염된 세포를 직접 파괴하지 않는 대신 다른 면역세포를 자극한다. 도움 T 세포는 B 세포가 항체를 생산하도록 자극하고, 세포독성 T 세포가 감염된 세포를 파괴하도록 자극한다.

T 세포가 어떻게 작용하는지를 알아보기 위하여 세포 매개 반응이 작용하는 바이러스 감염 과정을 살펴보도록 하자(**그림 27.26**).

병원체가 체내로 침입하면 비특이적 면역계의 식세포와 NK 세포가 반응한다. 동시에 수지상세포와 대식세포는 순환 중인 림프구들에게 항원의 존재를 알려줌으로써 특이적 면역계를 호출한다. 수지상세포와 대식세포(B 세포도 포함)는 항원의 존재를 알리기 위한 수단으로 병원체의 소화된 조각을 세포 표면에 제시하기 때문에 이들을 "**항원제시 세포**"라고 한다. T 세포는 세포막에 제시된 "비자기" 항원에 의해서만 감염된 세포를 인식할 수 있어서 항원제시 세포는 T 세포의 기능에 필수적이다.

림프절과 비장을 통해 순환하면서 대식세포는 대식세포 표면에 제시된 바이러스 항원에 대해 특이성을 가진 도움 T 세포와 우연히 만날 수 있다. 도움 T 세포 수용체는 항원을 인식하고, T 세포는 항원 제시 대식세포에 고정된다. 이러한 결합이 일어나면 도움 T 세포는 활성화된다. 활성화된 도움 T 세포는 다른 유형의 T 세포인 세포독성 T 세포를 활성화시키는 신호 분자(사이토카인)를 생성하여 면역 반응을 빠르게 증가시킨다. 세포독성 T 세포가 감염된 세포를 파괴하는 유일한 T 세포이므로 이 과정은 중요하다.

그 후 도움 T 세포와 세포독성 T 세포 모두는 클론 증식을 통하여 바이러스 항원에 대한 특이성을 가진 많은 수의 기억세포 및 효과기 세포를 생성한다. 활성화된 도움 T 세포에 의해 생산된 또 다른 종류의 사이토카인은 세포독성 T 세포를 "성숙"하게 하고, 감염 부위에서 병원체와 싸울 준비를 갖추게 하는 최종 신호를 제공한다. 우리는 아플 때 이러한 과정이 일어나고 있는 것을 알 수 있다: 림프절에서 림프구의 급속한 분열은 림프절을 붓게 한다("샘 비대"). 그런 다음, 도움 T 세포와 세포독성 T 세포는 림프절 또는 비장을 떠나 몸 전체를 순환한다(도움 T 세포는 B 세포가 항체를 생산하도록 자극하는 데에도 필요한데, B 세포는 도움 T 세포로부터의 신호에 대한 반응을 통해서만 발달한다).

성숙한 세포독성 효과기 세포는 새로 훈련받은 병사와 같아서, 적과 싸울 준비가 되었지만 먼저 적이 어디에 숨어 있는지 찾아내야 한다. 목구멍의 세포가 호흡기 바이러스에 감염되었다고 생각해 보자. 감염된 세포가 공격을 받고 있음을 알리고 있는가? 그렇다! 감염된 세포는 세포 표면 수용체에 병원체 분자의 일부를 표시하여 특정 호흡기 바이러스를 인식할 수 있는 수많은 세포독성 T 세포에게 감염되었음을 알린다.

T세포 매개 반응

1 제시와 인식
항원 제시 세포는 소화된 바이러스 파편을 도움 T세포에 제시하여 이 파편을 바이러스 항원으로 인식하도록 한다.

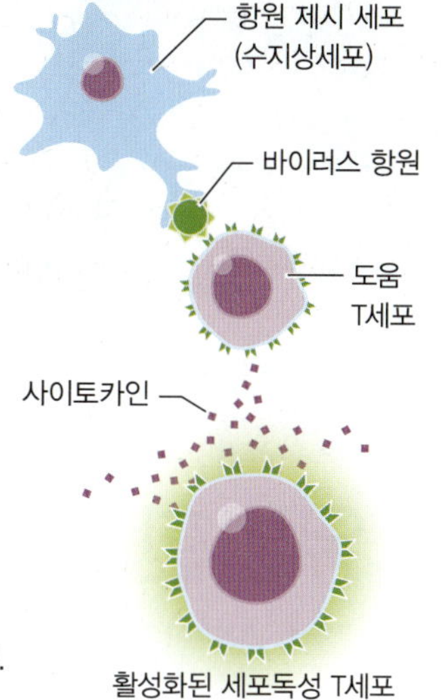

2 활성화
항원 제시 세포와의 결합으로 도움 T세포는 사이토카인을 생산하여 세포독성 T세포를 활성화시킨다(체액성 면역을 담당하는 B세포도 활성화시킨다).

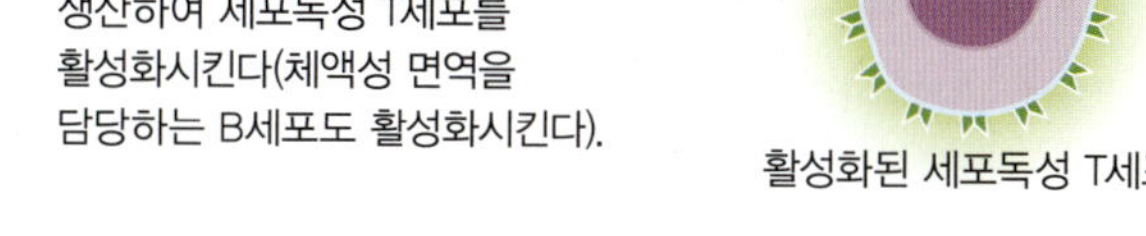

3 클론 증식
도움 T세포와 세포독성 T세포 모두는 클론 증식을 통하여 바이러스 항원에 대한 특이성을 가진 막대한 양의 기억세포와 효과기 세포를 생산한다.

4 성숙
도움 T세포에 의해 생산된 또 다른 사이토카인으로 인해 세포독성 T세포는 성숙하고 병원체와 싸울 준비를 한다.

5 파괴
성숙한 세포독성 T세포가 몸 전체를 순환하면서 바이러스 항원에 감염된 세포를 파괴한다.

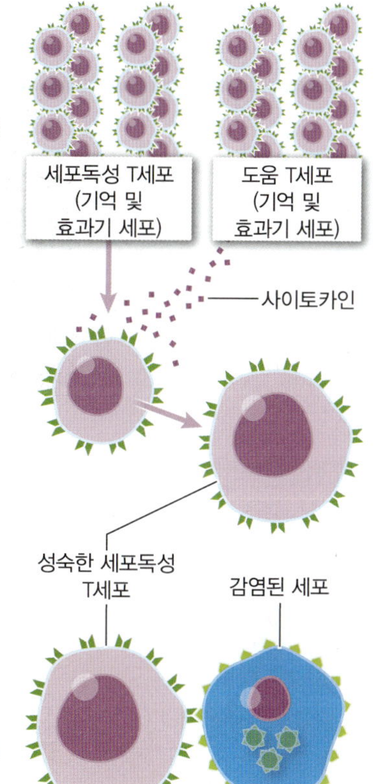

그림 27.26 도움 T세포와 세포독성 T세포는 병원체를 인식하고 반응하기 위하여 함께 작용한다.

세포독성 효과기 세포는 내부 병원체와 어떻게 싸우는가? 그들은 과감하게 작용하는데 감염된 세포들을 죽인다. 그들이 사용하는 무기는 단백질이다: 일부는 세포의 원형질막에 구멍을 뚫고,

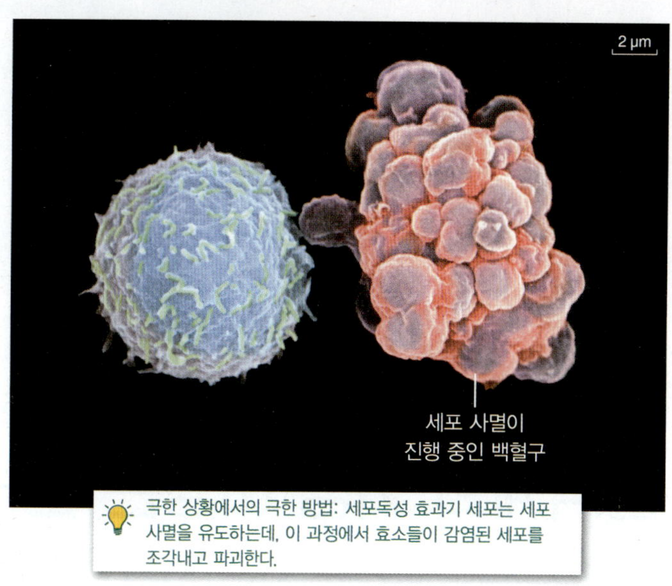

극한 상황에서의 극한 방법: 세포독성 효과기 세포는 세포 사멸을 유도하는데, 이 과정에서 효소들이 감염된 세포를 조각내고 파괴한다.

그림 27.27 프로그램된 세포 사멸. 사진 속에 2개의 백혈구가 보인다. 오른쪽 세포는 세포 사멸이 진행 중이다.

다른 일부는 세포의 자기 파괴 또는 세포자살(apoptosis)을 촉진한다. 이 프로그램된 세포 사멸은 세포를 터뜨리지 않음으로써 바이러스 입자들이 사방으로 퍼지는 것을 막을 수 있다. 이는 세포를 터뜨리는 것과는 정반대로 세포내 거대분자(병원체를 포함)를 분해하고, 세포를 더 작은 조각으로 쪼개며, 그 조각을 소낭(vesicle)에 포장하는 여러 효소가 수행하는 정교하게 조직되고 잘 조정된 과정이다(**그림 27.27**). 이후 소낭들은 식세포에 의해 섭취되고 소화된다. 따라서 일부 신체 세포는 전투 과정에서 손실되지만, 궁극적으로 그 개체의 이익을 위한 것이다.

기억 도움 T 세포와 기억 세포독성 T 세포들 또한 감염 동안 만들어지기 때문에, 같은 종류의 바이러스는 다시 질병을 일으킬 수 없다. 바이러스를 다시 만난다면, 기억세포는 더 많은 효과기 세포를 만드는 활동에 뛰어들 것이다.

핵심요약 27.10

» 특화된 세포독성 T 세포는 감염된 세포를 파괴하는 데 필요하다. 대식세포 같은 항원제시세포는 순환하는 도움 T 세포와 세포독성 T 세포에게 항원을 제시하여 감염에 대응하도록 특이적 면역계에 경보를 알린다. 그러면 도움 T 세포는 사이토카인을 생산하여 세포독성 T 세포를 성숙시키고 감염에 반응하게 한다.

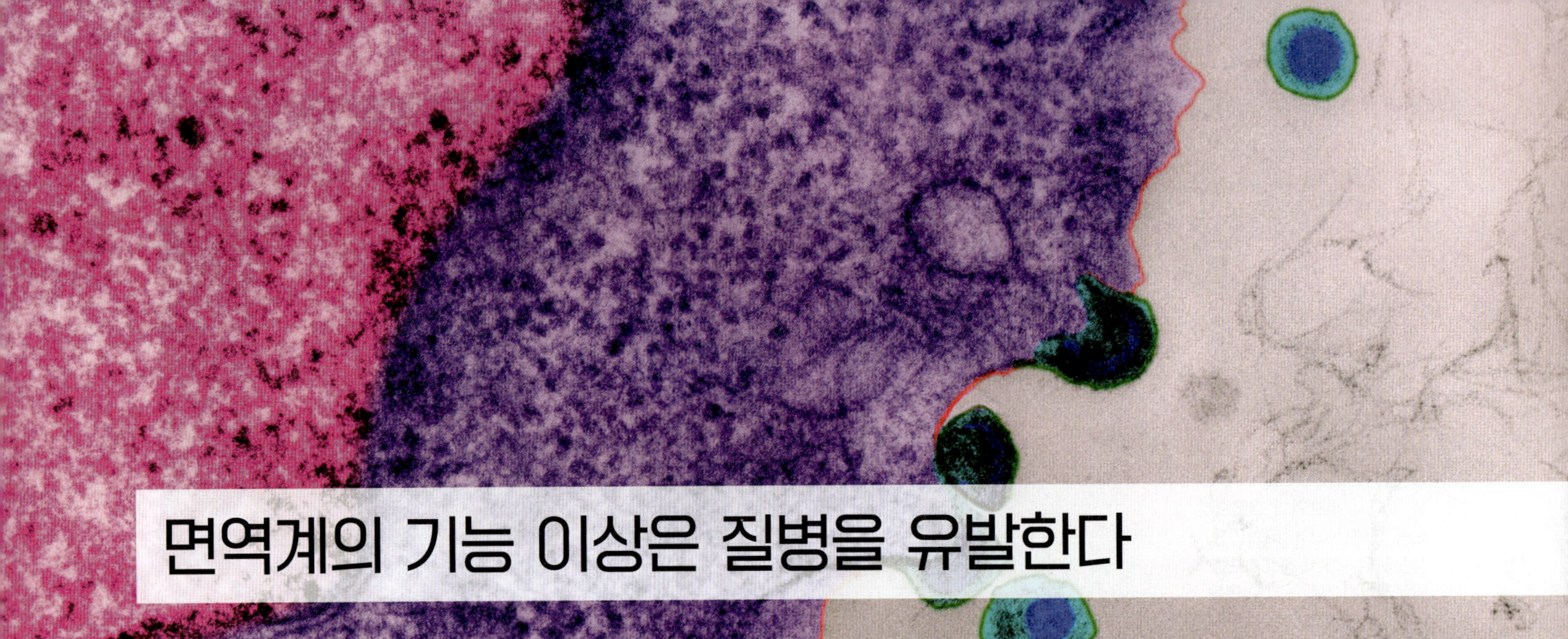

면역계의 기능 이상은 질병을 유발한다

▲ 림프 조직으로부터 배출되는 사람 면역결핍 바이러스(HIV)

27.11 자가면역질환은 신체가 자기 자신의 조직을 공격할 때 발생한다

면역계의 기능에 이상이 생기면 어떻게 될까? 유전적 결함, 환경의 영향 혹은 바이러스도 면역계의 기능 이상을 일으킬 수 있다. 그리고 자가면역질환 같은 많은 경우에 있어서 그 원인이 복합적인 것으로 생각되지만 완전히 파악되지는 않고 있다. **자가면역**은 개인의 면역계가 자신의 세포와 조직을 마치 병원체인 것처럼, "자기"를 "비자기"로 착각하고 반응할 때 발생한다. 면역을 전쟁에 비유한다면, 자가면역은 군대가 자국민에게 무기를 겨누는 것과 같다. 림프구 수용체가 자기 자신의 분자 또는 세포 구조를 항원으로 잘못 인식하면 체액성 및 세포매개 면역 반응이 이들 항원에 의하여 유발될 수 있다. 대부분 자가면역질환은 중요 조직 및 기관의 손상을 일으키며, 일부는 사람이 사망에 이르게 하기도 한다

1형 당뇨병(또는 청소년 당뇨병)은 자가면역질환의 한 예이다. 미국에서는 매년 13,000명 이상의 청소년들이 1형 당뇨병으로 진단되고 있다. 증상은 혈중 포도당 농도 증가, 체중 감소, 억제할 수 없는 갈증, 빈뇨, 피로 및 허약 등이다. 이 질병에서는, 세포독성 T 세포, 보체, 그리고 대식세포가 자신의 췌장에서 특정 세포를 파괴한다. 췌장이 정상 기능을 잃으면 인슐린을 생산할 수 없게 된다(**그림 27.28**). 인슐린이 없으면, 포도당이 필요한 세포는 포도당이 풍부하더라도 혈액에서 포도당을 흡수할 수 없다. 그렇게 되면 신체는 세포에 필요한 에너지를 공급하기 위해 근육과 지

자가면역질환: 1형 당뇨병

1형 당뇨병은 세포독성 T 세포가 자신의 췌장 세포를 파괴함으로써 발생하는 자가면역질환이다.

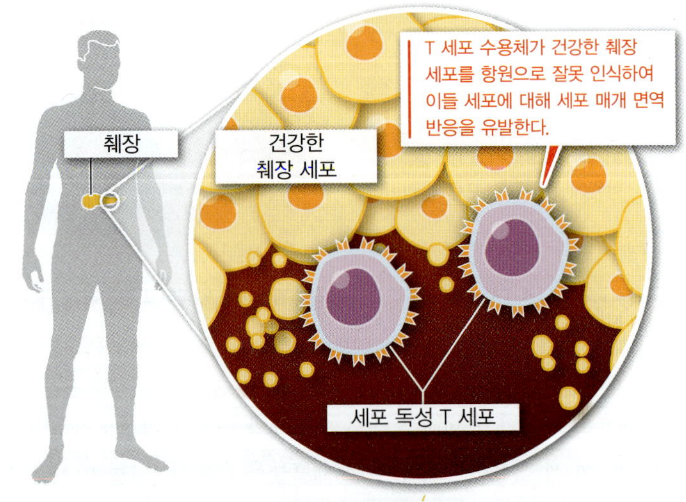

그림 27.28 1형 당뇨병은 가장 흔한 자가면역질환이다.

방조직을 분해하므로 혈중 포도당 농도는 그대로 유지된다. 이 자가면역 반응의 정확한 원인은 확실하지 않다. 1형 당뇨병 환자의 치료는 인슐린 주사 또는 혈당 수치를 감지하여 필요한 만큼의 인슐린을 배출하는 인슐린 펌프의 이식이다.

1형 당뇨병과 같은 일부 질병에서는 면역계가 단일 유형의 세포 또는 단일 기관을 파괴한다. 또다른 질병에서는 전신의 손상이 나타나기도 한다. 뇌와 척수의 신경 섬유를 둘러싸고 있는 절연체가 면역계의 공격을 받은 결과로서 생기는 장애를 **다발성 경화증**(multiple sclerosis, **MS**)이라고 한다(24.5절 참조). MS 환자는 보통 20~40세에 증상이 나타나기 시작하는데, 증상은 흐려진 시각, 사지 약화, 균형 장애, 따끔거림 등이다(**그림 27.29**). 이 질병은 남성보다 여성에게서 더 많이 발병하며, 미국에서는 300,000명 이상의 환자가 있다. MS의 치료 방법은 없지만 항염증제로 증상의 중증도를 감소시킬 수 있다. 염증 반응을 억제하는 약물 등을 포함하여 많은 새로운 치료제가 연구되고 있다.

류마티스 관절염은 남자보다 여자에게서 더 자주 나타나는 또 하나의 자가면역질환이며, 보통 40~60세에 나타난다. (이 형태의 관절염은 자가면역질환이 아닌 골관절염보다 훨씬 드물게 나타나는 관절 염증의 원인이다.) 관절 내벽이 면역계 공격의 표적이 되어 통증과 심한 관절 부종을 유발하여 변형을 초래할 수 있다. 증상 완화를 위한 다양한 의약품이 있으며, 관절 교체 수술은 류마티스 관절염으로 고통받는 사람들에게 도움이 된다.

그림 27.29 자가면역질환: 다발성 경화증.

핵심요약 27.11

» 림프구가 자신의 신체 구조를 외부 침입자로 부적절하게 인식하는 수용체를 가지고 있을 때, 자가면역질환에 걸린다. 자가면역 반응은 항원의 위치에 따라 신체의 특정 기관이나 조직에 심각한 손상을 줄 수 있다.

27.12 에이즈(AIDS)는 면역결핍 질환이다

자가면역질환은 어떻게 면역계 인식이 실패해서 신체를 손상시키는지 보여준다. 이 절에서는 진짜 병원체를 인식하긴 하지만 이에 대한 **반응**이 결핍된 경우를 살펴보고자 한다. 정상적으로 면역계는 바이러스에 감염된 신체 세포를 파괴한다. 그러나 바이러스가 면역 세포를 감염시키면 감염에 반응하는 신체 기능이 손상된다. **에이즈**(후천성 면역결핍증, acquired immune deficiency syndrome, **AIDS**)를 일으키는 **인간 면역결핍 바이러스**(human immunodeficiency virus, HIV)는 생존에 가장 중요한 세포인 도움 T 세포를 포함한 면역계 세포들을 감염시킨다. 에이즈의 경우, 도움 T 세포의 결핍으로 특이적 면역 반응이 완전히 소실된다. 이러한 결과로, 사람들은 건강한 면역계에서 별로 문제가 되지 않는 감염에 의해 피해를 받거나 사망에 이를 수 있다.

HIV 감염은 감염자의 혈액, 정액, 질액 또는 모유와의 접촉을 통해 일어난다. 따라서 깨끗한(다른 사람과 같이 쓰지 않은) 주사기의 사용과 콘돔의 사용이 HIV 감염에 대한 효과적인 예방 조치이다. HIV에 감염된 사람은 종종 즉각적인 증상이 없어 감염되었다는 사실을 알지 못한다. 감염된 사람은 전염성이 있는데, 이처럼 초기 증상이 나타나지 않아 질병은 더 확산되기 쉽다. HIV 감염의 결과로 인해 면역계가 어떻게 약화되는지 자세히 알아보자.

바이러스는 종류에 따라 서로 다른 신체 세포를 감염시킨다. 예를 들어, 파보바이러스 B19는 심장 근육을 감염시켜 심장에 염증을 일으키고, 웨스트나일 바이러스는 뇌 조식을 공격하여 뇌의 위험한 염증인 뇌염을 일으킨다. 반면에, HIV는 도움 T 세포과 대식세포를 감염시킨다. 어떤 사람이 HIV에 처음 감염되면 정상적인 특이적 면역 반응이 작동하여 감염된 도움 T 세포는 체액성 및 세포 매개 반응에 의해 파괴된다. 99% 이상의 바이러스는 1차 반응으로 제거된다. 많은 도움 T 세포를 잃지만 새로운 도움 T 세포는 계속 만들어진다. 예상할 수 있듯이, HIV에 대한 항체는 체액성 반응에 의해 생산되며, 초기 감염 수개월 이내에 혈액 검사에서 쉽게 검출될 수 있다. 항체 검출은 HIV 감염의 첫 단계인 **급성기**(acute phase)의 종료를 나타낸다(**그림 27.30**).

불행하게도, 1차 반응에서 파괴되지 않은 바이러스는 감염된 도움 T 세포 및 대식세포 내에 잠복해 있을 수 있다. 이렇게 되면, 감염된 사람이 겉으로 증상이 나타나지 않은 시기인 **만성기**(chronic phase)로 들어간다. 이 기간은 다양한데, 드물게는 12년을 넘기도 한다. 감염이 비활성 상태인 것처럼 보일 수 있지만, 면역계 내에서 전투는 진행 중이다. 일부 HIV 바이러스는 잠복해 있지만 다른 일부 바이러스는 복제하여 새로운 도움 T 세포를 감염시킨다. 감염된 도움 T 세포는 바이러스 감염 또는 면역계의 정상적인 반응에 의해서 파괴된다. 새로운 도움 T 세포가 생겨나고 새로운 바이러스가 이들을 감염시킨다. 이러한 주기는 계속되지만, 균형이 잡힌 상황은 아니다. 조만간 바이러스 수가 증가하고 도움 T 세포 수는 감소하여 심각한 임상 증상이 나타난다. (이 과정은 마치 군대가 용감하게 전투를 벌이지만, 결국에는 병사가 바닥나는 것과 같다.)

도움 T 세포 수의 급감이 HIV 감염으로부터 에이즈로 진행되도록 한다. 도움 T 세포가 없으면 B 세포와 세포독성 T 세포는 활성화될 수 없다(27-10절에서, 도움 T 세포가 B 세포와 세포독성 T 세포의 생성을 유도한다는 사실을 상기해보자). 설사를 일으키는 기생 원생생물, 혀나 목에 "아구창(thrush)"을 일으키는 곰팡이, 피부 병변과 부종을 일으키는 바이러스 등처럼, 건강한 개인의 경우 대개 억제되는 흔한 병원체가 에이즈 환자를 결국 쇠약하게 하는 질병과 사망에 이르게 한다.

15.16절에서 살펴본 것처럼, HIV는 새로운 복제가 이루어질 때마다 변할 수 있는 표면 단백질을 가진, 돌연변이가 빠른 RNA 바이러스이다(**그림 27.31**).

Q 에이즈에 대한 백신이 아직 없는 이유는 무엇인가?

면역결핍: HIV

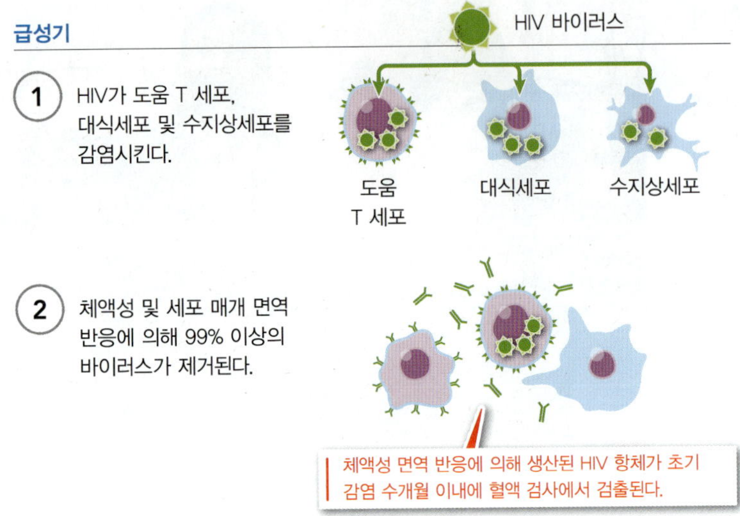

만성기

3 1차 반응에서 파괴되지 않은 바이러스는 감염된 도움 T 세포 내에 잠복하거나 복제하여 새로운 도움 T 세포를 감염시킨다.

4 감염된 도움 T 세포는 바이러스 감염 또는 면역계의 정상적인 반응에 의하여 파괴된다.

5 새로운 도움 T 세포가 생성되지만, 새로운 바이러스가 이들을 감염시킨다. 결국, 바이러스 수가 증가하고 도움 T 세포 수는 감소한다.

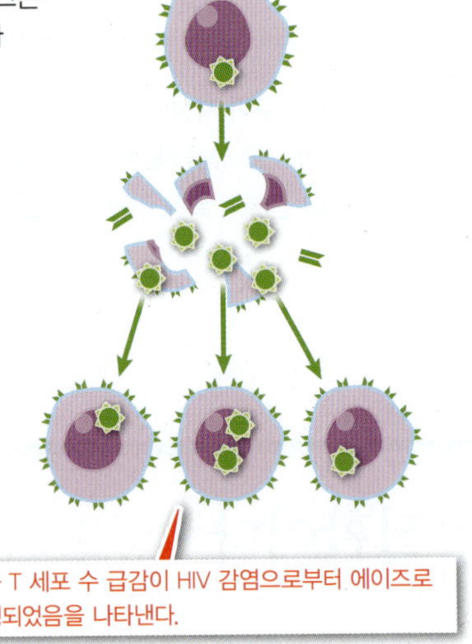

에이즈

6 도움 T 세포가 없으면 B 세포와 세포독성 T 세포는 활성화될 수 없다.

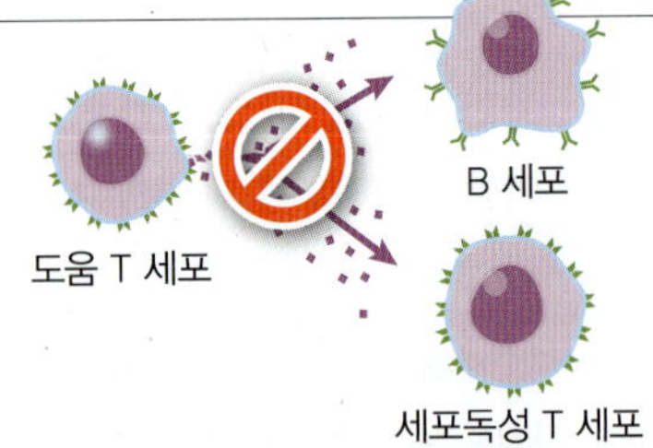

7 건강한 사람에서는 일반적으로 억제되는 흔한 병원체가 에이즈 환자에게는 심각한 질병을 일으키고, 결국 사망에 이르게 한다.

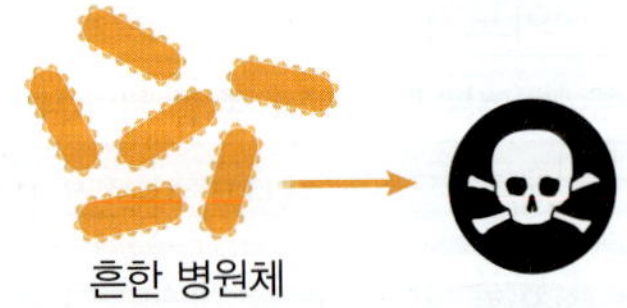

그림 27.30 **HIV 감염에서 에이즈로의 진행 과정.**

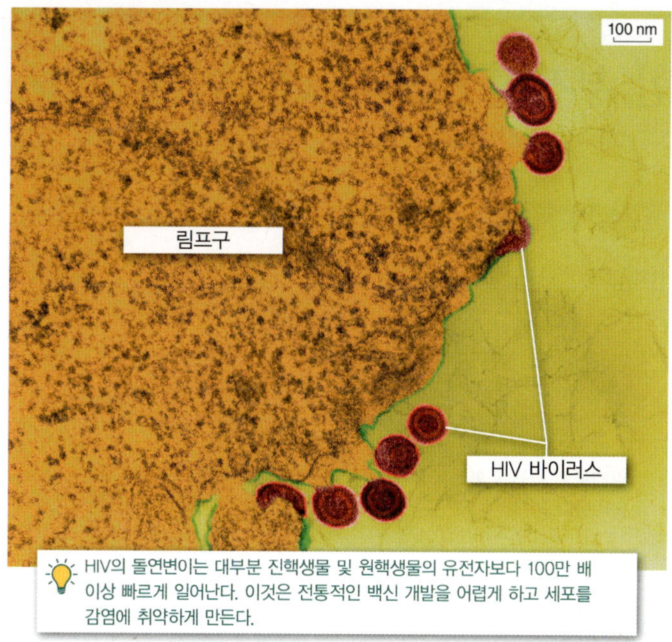

그림 27.31 끊임없이 변화하는 적.

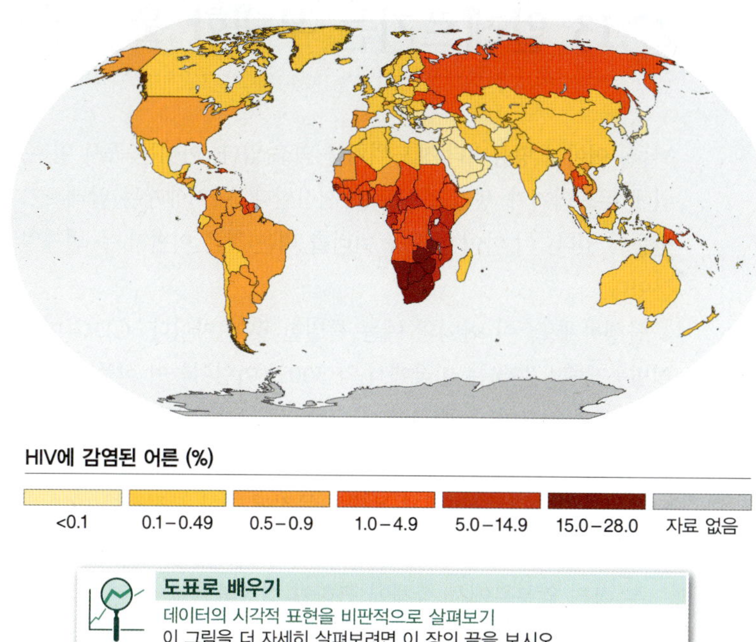

그림 27.32 HIV/AIDS는 사하라 사막 이남의 아프리카에 가장 널리 퍼져 있다.

끊임없이 변화하는 HIV의 특성은 백신 개발을 어렵게 만든다. HIV의 표면 당단백질을 항원으로 사용하는 백신을 개발한다고 생각해 보자. 바이러스 항원이 너무 빨리 변하기 때문에 백신은 즉시 쓸모없게 될 것이다. 따라서 과학자들이 HIV 바이러스를 처음 분리한 지 거의 40년이 지났음에도 여전히 효과적인 백신이 없다. 흥미롭게도, 일부 사람들은 T 세포 수용체에 돌연변이가 있어 바이러스가 도움 T 세포에 들어가는 것을 어렵게 만든다. 이처럼, HIV에 자연적으로 내성이 있는 개인에 관한 지속적인 연구는 과학자들이 새로운 잠재적인 백신과 약물 치료법을 개발하는 데 도움이 되고 있다.

현재 HIV 감염의 치료는 감염자들의 수명을 연장하고 삶의 질을 높이는 데 성공하고 있다. 병용 요법이라고 하는 치료법은 HIV의 복제 및 새로운 세포 감염 능력에 영향을 미치는 여러 가지 약물을 함께 사용하는 방법이다. 이들 약물은 바이러스 수를 낮게 유지하고 충분한 수의 도움 T 세포를 유지시킨다. 그러나 약물에 대한 HIV의 내성은 환자나 의사가 공유하는 두려움이다. 그럼에도 불구하고, 병용 요법을 받는 개인은 수명이 연장되고 있고 정상 수명에 가까워지고 있다.

아직 치유법은 없지만, 치료를 받는 사람들은 HIV를 만성질환처럼 가지고 살아갈 수 있다. (불행하게도 개발도상국의 수백만 감염자들은 치료 혜택을 받지 못하고 있다.) 새로운 치료법은 때로는 수십 년 동안 도움 T 세포 내부에 숨어 있는 잠복 바이러스를 찾아 제거하는 것을 목표로 하고 있다. 미래에는 HIV가 완치될 수 있는 질병이 될 수 있지만, 현재는 평생 지속되는 질병이자 과학자들에게 도전 과제이다.

세계의 HIV/AIDS 환자 수를 나타내는 지도를 보면, 이 바이러스가 세계에 얼마나 퍼져 있는지를 알 수 있다(**그림 27.32**). 사하라 사막 이남의 아프리카는 가장 심각한 영향을 받는 지역이다. 이 지역에 있는 스와질랜드와 레소토 같은 일부 국가에서는 성인 인구의 약 25%가 HIV에 감염되어 있다. 남아프리카 공화국에서는 500만 명 이상, 즉 성인 인구의 거의 20%가 감염되었다. 반면에, 미국 국민은 1% 이하가 HIV 감염자이다. HIV에 감염된 모든 사람이 AIDS에 걸리는 것은 아니다. 예를 들어, 추산에 따르면 미국에서 HIV 감염된 100만 명 이상의 사람 가운데 4만 명 미만이 AIDS로 진행되었다.

핵심요약 27.12

» AIDS는 인간면역결핍 바이러스(HIV)에 의해 유발되는 면역계 질환으로, 개인의 생존에 필수적인 면역세포인 도움 T 세포를 감염시킨다. 도움 T 세포는 HIV 감염 또는 감염에 대한 반응으로 자신의 면역세포에 의해 파괴되는데, 이러한 도움 T 세포의 결핍은 특이적 면역 반응의 완전한 기능 상실이라는 결과를 초래하여 건강한 면역계가 물리칠 수 있는 감염에 의해서도 질병 혹은 사망으로 이어진다.

27.13 알레르기는 무해한 물질에 대한 부적절한 면역 반응이다

3살된 여아가 땅콩버터 샌드위치를 먹고 있다. 아이는 즉시 입 주위에 두드러기가 생기고 구토를 시작한다. 아이에게는 알레르기 반응이 있다. 이 아이가 땅콩 버터를 먹은 것은 이번이 두 번째일 뿐이다.

불행하게도, 이 아이의 예는 특별한 것이 아니다. CDC(미국 질병통제예방센터)는 미국에서 약 300만 어린이들이 식품 알레르기를 갖고 있으며, 그중 90%가 땅콩, 견과류, 우유, 달걀, 생선, 조개류, 콩, 밀 등 단 8가지 식품으로 인해 발생한다고 추정하고 있다. **알레르기**는 우리에게 무해한 물질에 대한 부적절한 면역 반응의 결과이다.

본 장의 앞부분에서 항체에 관하여 설명하면서, 우리는 "Y"자 밑부분의 불변(중쇄) 영역에서 차이를 보이는 항체 그룹에 대해서는 자세히 설명하지 않았다. 이 영역에서 화학적 구조가 다른 5가지 종류의 항체가 있다. 이들 중 한 그룹의 항체가 비만세포(조직에 발견되는 백혈구)와 결합하면 그들은 비만세포가 히스타민(histamine)과 사이토카인을 배출하게 해서 국소적인 혈관이 확장되고 누출되게 만들어(기본적인 염증 반응처럼) 다른 면역 세포들을 해당 부위로 모이게 한다.

이 비만세포와 결합하는 종류의 항체가 알레르기 반응을 일으키는 항원인 **알레르기 항원**에 대한 반응으로 만들어지면 신체에 많은 해를 끼칠 수 있다. 알레르기 항원과 처음 만나면, 알레르기 항원은 정상적인 체액성 면역 반응을 유도한다. 항체는 비만세포의 표면에 결합하고서 몇 달, 심지어 몇 년 동안 결합 상태를 유지할 수 있다. 비만세포는 이제 "민감화(sensitized)"된 상태이다.

두 번째 노출에서, 알레르기 항원은 비만세포에 여전히 붙어 있는 항체와 결합하고, 이제 "활성화(activated)"된 상태이다. 이때 이 알레르기 항원과 결합하면 비만세포가 히스타민을 분비함에 따라서 혈관이 확장되어 누출이 쉽게 일어나고 염증을 일으키게 된다(**그림 27.33**).

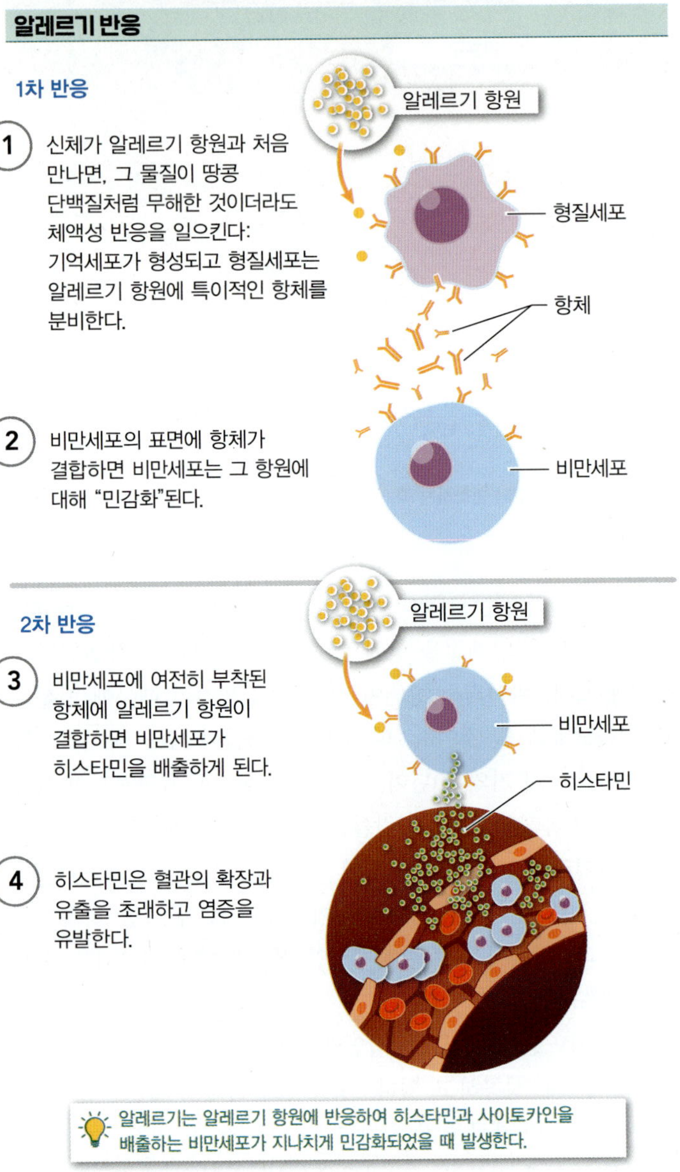

서로 다른 알레르기 항원의 효과는 어떤 특정 비만세포가 알레르기 항원에 노출되어 활성화되었는지에 달려 있다. 대부분의 알레르기 반응은 소화관이나 호흡기관에서 일어나는데, 이는 이곳에서 신체가 처음 먹거나 흡입한 알레르기 항원을 만나기 때문이다. 음식과 관련한 알레르기 반응은 종종 구토나 설사를 일으킬 수 있지만, 알레르기 항원이 혈관 내로 들어가면 두드러기 등 기타 증상을 일으킬 수도 있다. 꽃가루, 먼지와 같은 호흡기 알레르기 항원은 상기도에서 콧물과 눈물("건초열; hey fever")을 유발하거나, 또는 색색거림, 기침, 숨 가쁨을 일으키는 하기도의 만성 염증 질병인 천식을 유발할 수 있다.

항히스타민제를 복용하면 약물이 히스타민의 염증 작용을 차단하므로 알레르기를 완화할 수 있다. 다른 약물은 비만세포의 히스타민 배출을 차단한다. 더 심한 알레르기의 경우 스테로이드를 처

알레르기 반응

1차 반응

1 신체가 알레르기 항원과 처음 만나면, 그 물질이 땅콩 단백질처럼 무해한 것이더라도 체액성 반응을 일으킨다: 기억세포가 형성되고 형질세포는 알레르기 항원에 특이적인 항체를 분비한다.

알레르기 항원
형질세포
항체

2 비만세포의 표면에 항체가 결합하면 비만세포는 그 항원에 대해 "민감화"된다.

비만세포

2차 반응

3 비만세포에 여전히 부착된 항체에 알레르기 항원이 결합하면 비만세포가 히스타민을 배출하게 된다.

알레르기 항원
비만세포
히스타민

4 히스타민은 혈관의 확장과 유출을 초래하고 염증을 유발한다.

알레르기는 알레르기 항원에 반응하여 히스타민과 사이토카인을 배출하는 비만세포가 지나치게 민감화되었을 때 발생한다.

그림 27.33 **일부 사람들의 경우 알레르기 항원은 체액 반응을 유도한다.**

방한다. 스테로이드는 면역 세포에서 배출되는 화학물질의 생산을 차단하여 더 많은 대식세포와 호중구 같은 염증 세포들이 염증 부위로 이동하는 것을 막는다. 또한 스테로이드는 이러한 식세포들의 사멸 능력을 차단하여 염증 조직에 대한 손상을 줄여준다.

심한 알레르기 반응이 있는 사람은 **아나필락시스 쇼크**를 경험할 수 있다. 이는 생명을 위협하는 전신성 알레르기 반응이며, 이는 노출된 부위에만 국한되지 않음을 의미한다. 아나필락시스 쇼크는 목이 붓고 천식이 발생함에 따라 심각한 호흡 곤란을 유발할 수 있다. 다양한 조직에 부종이 있다는 것은 순환계에 체액이 적다는 것을 의미하며, 이는 위험한 저혈압으로 이어질 수 있다.

땅콩이나 벌침과 같은 것에 대하여 심한 알레르기가 있는 사람들은 종종 일정량의 아드레날린을 휴대한다. 에피네프린이라고 불리기도 하는 이 화학물질은 우리 몸에서 자연적으로 발견되며(25.5절 참조), 여러 제약 회사에서도 제조된다. 필요한 경우, 주사하면 에피네프린은 히스타민이 혈관에 미치는 영향을 역전시킬 수 있지만, 아나필락시스 쇼크로 인한 사망은 빠르게 일어나기 때문에 신속하게 주사해야만 한다(**그림 27.34**).

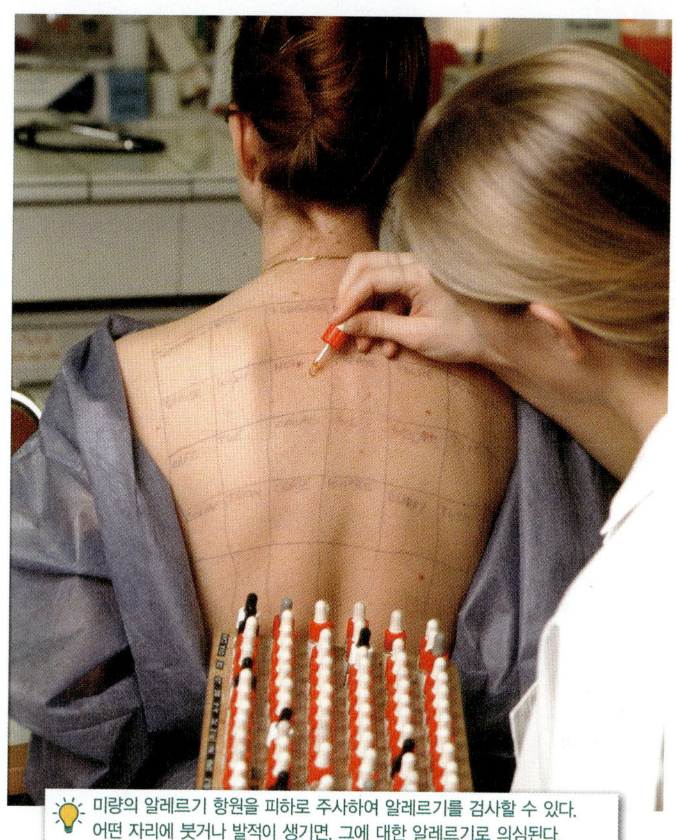

미량의 알레르기 항원을 피하로 주사하여 알레르기를 검사할 수 있다. 어떤 자리에 붓거나 발적이 생기면, 그에 대한 알레르기로 의심된다.

그림 27.35 알레르기 검사.

그림 27.34 아나필락시스 쇼크 예방. 한 소년이 벌에 쏘인 후 에피네프린을 스스로 투여하고 있다.

알레르기 검사의 일반적인 방법은 "**피부 알레르기 테스트**"인데, 미량의 하나 이상의 잠재적 알레르기 항원을 피하(보통 등이나 팔뚝)에 주사하여 테스트하는 것이다. 발진이 나타나면 해당 알레르기항원에 대한 과민증이 있음을 보여주는 것으로서, 그 알레르기항원에 대한 노출을 줄이기 위한 후속 조치를 취할 수 있다(**그림 27.35**).

핵심요약 27.13

» 과민반응을 가진 사람들의 경우, 알레르기 항원은 한 종류의 항체가 비만세포에 결합하여 활성화하는 체액성 반응을 유도한다. 알레르기 항원에 두 번째로 노출되면 활성화된 비만세포가 히스타민 및 기타 화학물질을 배출하여 알레르기 관련 증상을 일으킨다. 부종과 염증은 국소적이거나 전신적일 수 있으며, 아나필락시스 쇼크로 이어질 수 있다.

생활 속 생명과학 | 증거를 사용한 의사결정 안내

사실인가 허위인가? 병에 걸리지 않는 가장 좋은 방법은 무엇일까?

Q: 겨울에 젖은 머리로 외출하면 감기에 걸릴 수 있는가? 아니다. 적어도 이 점에서는 할머니 말씀이 틀렸다. 감기에 걸리려면 감기를 일으키는 병원체(리노바이러스 등)에 감염되어야 한다. 감기는 추운 날씨에 더 흔한 경향이 있는데, 그 이유는 바이러스가 습도가 낮고 찬 공기에서 더 안정적이기 때문이다. 그리고 작은 물방울(재채기와 기침할 때 방출되는 것과 같은)과 바이러스는 습한 여름 공기보다 건조한 공기에서 좀 더 오래 공기 중에 남아있다. 또한, 겨울철에는 사람들이 주로 실내에서 생활하므로 밀폐된 공간에 사람들이 많을수록 발병과 전염이 쉽게 증가한다. 따라서 바이러스는 추운 날씨의 영향을 받지만, 면역계는 그렇지 않다. 감기에 걸리지 않기 위한 전략으로서가 아니라, 머리에 고드름이 생기지 않도록 집을 나서기 전에 머리를 말리시오.

Q: 잠을 충분하게 자지 않으면 감기에 걸릴 수 있는가? 이건 확실히 맞다. 코에 리노바이러스가 함유된 용액를 투여한 무작위 대조 연구에서, 잠을 덜 자는 사람이 7시간 이상 자는 사람보다 감기에 걸릴 가능성이 훨씬 더 컸다. 이때 침대에서 단순히 쉬거나 밤잠을 설친 것은 포함하지 않았다. 7시간 이상 양질의 수면은 면역계, 특히 사이토카인의 생산과 기능에 중요한 것으로 보인다. 흥미롭게도, 밤에 7~8시간을 자는 사람들이 심장병 발병률도 가장 낮다는 것 또한 확인되었다. 잘 먹고 운동을 하는 것이 건강과 가장 연관이 있지만, 잠도 역시 중요하며, 이를 등한시하는 것은 질병에 걸릴 위험을 높일 수 있다.

Q: 허브차를 마시거나, 치킨 수프를 먹거나, 에어본(Airborne, 허브와 여러 영양소를 혼합한 영양 보조제) 제품을 복용하는 것이 감기 예방에 도움이 될까? 허브차와 치킨 수프? 꼭 맞는 것은 아니다. 뜨거운 액체는 비강을 촉촉하게 유지하고, 탈수를 예방하며, 인후통을 진정시키는 등 증상을 완화하는 데 일부 이점이 있다. 그리고 한 연구는 채소를 넣은 치킨 수프가 항염 효과가 있을 수 있다고 하였다. 그러나 이러한 효과는 증상을 완화하여 감염에 대해 덜 불쾌하게 할 수는 있지만, 감기에 걸릴 가능성을 줄이거나 감기에 걸린 기간을 줄여 주지는 않는다.

Airborne? 수년 동안, Airborne 제조업체는 "이중 맹검, 위약 대조 연구"로 그들 제품이 건강에 유익하다는 것을 보여주었다고 주장하였다. 실제로, 집단소송 결과 그러한 연구는 한 번도 없었다는 사실이 밝혀졌다. Airborne이 감기를 예방하거나 면역 기능을 강화할 수 있다는 주장을 뒷받침하는 증거는 없다.

연습 데이터의 시각적 표현을 비판적으로 살펴보기

도표로 배우기

1. 이 그림을 근거로 HIV에 감염된 미국 성인의 수를 추정하시오. 계산 내용을 제시하시오.
2. HIV 감염된 성인 수가 가장 많은 국가를 식별할 수 있는가? 답변에 대해 설명하시오.
3. 이 그림을 보고서, 캐나다보다 미국에서 HIV 감염된 성인이 두 배나 많다는 결론을 내릴 수 있는가? 답변에 대해 설명하시오.
4. 남아프리카의 감염률과 비교하여 남미의 HIV 감염률에 대해 어떤 결론을 내릴 수 있는가?
5. 처음 3개의 막대는 각각 1% 미만의 범위를 나타내는 반면, 가장 어두운 색은 거의 15%를 나타낸다. 이런 분포가 나타나는 이유는 무엇인가? 이 차이가 어떻게 독자를 그릇되게 이끌 수 있을 것 같은가? 이것이 데이터를 표시하는 데 유용한 방법이 되는 이유는 무엇인가?

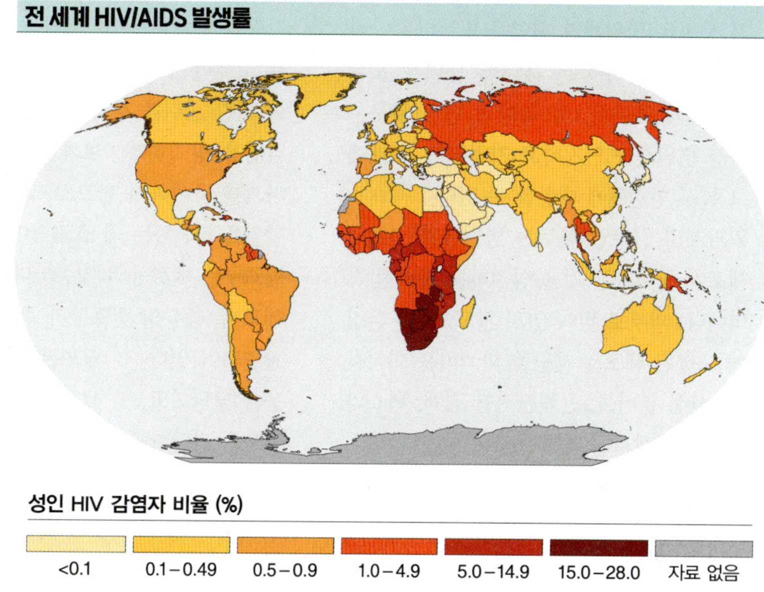

주요 용어: 면역과 건강

기억세포 memory cell 857쪽
농, 고름 pus 845쪽
다발성 경화증 multiple sclerosis(MS) 863쪽
대식세포 macrophage 845쪽
도움 T 세포 helper T cell 860쪽
라이소자임 lysozyme 843쪽
림프구 lymphocyte 855쪽
면역 immunity 852쪽
면역계 immune system 841쪽
물리적 장벽(면역계) physical barriers(immune system) 842쪽
백신 vaccine 852쪽
백혈구 white blood cell 845쪽
병원체 pathogen 841쪽
보체 complement protein 847쪽
비만세포 mast cell 848쪽
비특이적 면역 non-specific immunity 842쪽
사이토카인 cytokine 846쪽
섬모 cilia 844쪽
세포독성 T 세포 cytotoxic T cell 860쪽
세포자살 apoptosis 861쪽
소독제 antiseptic 845쪽
수지상세포 dendritic cell 846쪽
아나필락시스 쇼크 anaphylactic shock 867쪽
알레르기 allergy 866쪽
알레르기 항원 allergen 866쪽
에이즈 AIDS(acquired immune deficiency syndrome) 863쪽
열 fever 850쪽
염증 반응 inflammatory response 848쪽
외피계 integumentary system 843쪽
인간면역결핍 바이러스 human immunodeficiency virus(HIV) 863쪽
인터페론 interferon 846쪽
자가면역 autoimmunity 862쪽
자연살해세포 natural killer(NK) cell 846쪽
클론선택 clonal selection 857쪽
특이적 면역 specific immunity 842쪽
항원 antigen 851쪽
항원 수용체 antigen receptor 855쪽
항원제시 세포 antigen-presenting cell 860쪽
항체 antibody 851쪽
형질세포 plasma cell 857쪽
호염구 basophil 848쪽
호중구 neutrophil 845쪽
효과기 세포 effector cell 857쪽
히스타민 histamine 848쪽
1차 반응 primary response 857쪽
2차 반응 secondary response 858쪽
B 세포 B cell 855쪽
T 세포 T cell 855쪽

요약

우리 몸은 질병을 유발하는 침입자로부터 보호할 수 있는 다양한 방법을 가지고 있다.

- 면역계는 3개의 기본 부문이 있다:(1) 물리적 장벽은 병원체의 침입을 막는다,(2) 비특이적 면역 부문은 체내에 들어온 모든 병원체와 싸운다,(3) 특이적 면역 부문은 특정 병원체를 인지하고 기억하며, 미래에 그 특정 병원체에 대항할 수 있다.
- 외피계의 일부인 피부는 병원체가 신체의 세포에 들어가는 것을 방지하는 물리적 장벽이다. 피부로 덮여 있지 않고, 외부 환경에 노출된 세포는 세균을 파괴하는 화학물질, 산성 분비물, 끈적끈적한 점액, 왁스와 같은 방어체계에 의해 보호된다.
- 비특이적 면역 영역은 세포 표면의 분자를 인식하고, 다른 세포를 감염 부위로 모집하거나 경고함으로써 병원체에 대해 방어한다. 다양한 유형의 백혈구와 방어 단백질이 비특이적 면역에서 역할을 한다.
- 염증 반응의 4가지 징후(발적, 발열, 부기 및 통증)는 염증 부위로의 식세포 및 보체 단백질의 동원을 증가시키는 혈관의 변화와 관련이 있다. 발열을 촉진하는 사이토카인은 면역 반응을 자극하고 일부 병원체의 성장을 억제한다.

특이적 면역은 병원체의 노출 후 발달한다.

- 항원은 항체라는 면역계의 질병 방어 단백질에 의해 식별될 수 있는 병원체 표면의 분자나 분자 조각이다. 항체는 특정 항원에 노출된 후에 생성되어 체내에 유지된다. 특정 병원체에 대응한 장기간 방어, 즉 면역은 두 가지 방식으로 형성될 수 있다: 자연적인 병원체에 노출되거나 백신에 포함된 병원체의 변형된 형태에 노출되는 것이다.
- 각각의 항체는 특정 항원을 인식할 수 있는 고유한 구조를 지닌다. 항체는 식세포에 의한 섭취를 강화하고, 더 많은 세포의 감염을 방지하며, 보체 단백질의 병원체 파괴를 용이하게 함으로써 병원체와 부유 항원을 파괴하는 데 효과적이다.
- 림프구는 백혈구의 일종이다. B 세포와 T 세포 두 종류의 림프구가 특이적 면역계와 관련되어 있다. B 세포는 체액성 면역 반응을 담당하고, T 세포는 세포 매개 면역 반응을 담당한다. 림프구 수용체의 다양성과 특이성 때문에 거의 모든 병원체는 B 및 T 세포에 의해 인식될 수 있다.
- 신체가 특정 항원을 만나면, 이 항원을 인식하는 림프구는 클론 선택을 통해 분열하여 많은 동일한 세포를 생성한다. 1차 반응 동안, 효과기 세포는 항원에 반응하고 공격한다. 1차 반응 동안 생성된 기억세포는 2차 반응이 필요한 경우 클론 선택을 거칠 준비가 되어 있다.
- 코호트 연구는 과학적 사고를 위한 귀중한 도구이다. 이러한 연구에서는, 잠재적 편견을 줄이기 위해 연구를 시작하기 전에 대상 집단과 측정될 결과를 지정하는 것이 중요하다. 연구 전반에 걸친 데이터 수집은 기억 오류를 줄여 정확도를 높여 준다.
- 특화된 세포독성 T 세포는 감염된 세포를 파괴하는 데 필요하다. 대식세포 같은 항원제시세포는 순환하는 도움 T 세포와 세포독성 T 세포에게 항원을 제시하여 감염에 대응하도록 특이적 면역계에 경보를 알린다. 그러면 도움 T 세포는 사이토카인을 생산하여 세포독성 T 세포를 성숙시키고 감염에 반응하도록 한다.

면역계의 기능 이상은 질병을 유발한다.

- 림프구가 자신의 신체 구조를 외부 침입자로 부적절하게 인식하는 수용체를 가지고 있을 때, 자가면역질환에 걸린다. 자가면역 반응은 항원의 위치에 따라 신체의 특정 기관이나 조직에 심각한 손상을 줄 수 있다.
- AIDS는 인간면역결핍 바이러스(HIV)에 의해 유발되는 면역계 질환으로, 개인의 생존에 필수적인 면역세포인 도움 T 세포를 감염시킨다. 도움 T 세포는 HIV 감염 또는 감염에 대한 반응으로 자신의 면역세포에 의해 파괴되는데, 이러한 도움 T 세포의 결핍은 특이적 면역 반응의 완전한 기능 상실이라는 결과를 초래하여 건강한 면역계가 물리칠 수 있는 감염으로도 질병 혹은 사망으로 이어진다.
- 과민반응을 가진 사람에게 있어서, 알레르기항원은 한 종류의 항체가 비만세포에 결합하여 활성화시키는 체액성 반응을 유도한다. 알레르기 항원에 두 번째 노출되면 활성화된 비만세포가 히스타민 및 기타 화학 물질을 배출하여 알레르기 관련 증상을 유발한다. 부종과 염증은 국소화되거나 전신적일 수 있으며, 아나필락시성 쇼크를 유발할 수 있다.

복습하기

짧게 대답하기

1. 면역계가 병원체와 싸우는 세 가지 비특이적 방식을 설명하시오.
2. 라이소자임의 기능은 무엇인가?
3. 백혈구는 체내에 들어온 "침입자 세포"를 죽일 수 있다. 백혈구는 왜 자신의 세포를 공격을 가하지 않는가?
4. 염증 징후(예를 들어, 베인 후)는 신체 구조의 어떤 변화와 관련이 있는가?
5. 수두를 일으키는 병원체에 대한 백신은 평생 1회만 접종하는 반면, 독감 백신은 왜 매년 접종해야 하는가?
6. 질병에 대한 면역력을 키울 수 있는 두 가지 방법을 설명하시오.
7. 우리 몸은 "비자기" 세포를 잘 인식하고 공격함에도, 어떻게 다른 사람의 장기를 이식받을 수 있는가?
8. 일반적으로 특정 병원체에 두 번째로 노출되면 면역계가 더 빠르고 효과적으로 반응할 수 있다. 왜 그런가?
9. 감염과 싸우는 효과기 세포와 기억세포의 기능의 차이를 설명하시오.
10. 병원체와 싸울 때 자신의 세포를 자기 스스로 파괴하는 것이 어떻게 효과적일 수 있는가?
11. 자가면역질환의 경우 면역계의 어느 부분이 기능 이상인가?
12. HIV 감염에서 "완전한" 에이즈로의 진행을 특징짓는 것은 무엇인가?

정답 고르기

1. 외피계에 대한 다음 설명 중 옳지 않은 것은?
   a) 감염성 병원체에 대한 세 가지 방어선 중 하나이다.
   b) 개별 병원체에 대한 보호를 제공하기 때문에 개인에게 특이적 면역을 부여한다.
   c) 땀샘을 포함한다.
   d) 눈물과 귀지의 생성을 담당한다.
   e) 병원체로부터 소화기계를 보호하는 데 도움이 된다
2. 보체 단백질에 대한 다음 설명 중 옳지 않은 것은?
   a) 결합한 보체 단백질은 다른 보체 단백질을 세균 감염 부위로 오도록 동원할 수 있다.
   b) 보체 단백질은 응집하여 박테리아 세포 표면에 구멍을 만들 수 있는 더 큰 단백질 복합체를 형성한다.
   c) 박테리아 사멸은 보체와 표면 단백질 사이에 형성된 복합체에 의해 생성된 세포막 구멍으로 인해 발생한다.
   d) 보체 단백질은 박테리아의 전체 표면을 둘러싸고 결합하여 식세포와 세포독성 T 세포에 의해 삼켜지도록 표시한다.
   e) 보체 단백질은 박테리아의 세포 표면 단백질을 인식하고 직접 결합할 수 있다.
3. 염증 반응에 대한 다음 설명 중 옳지 않은 것은?
   a) 비만세포에 의한 히스타민 방출은 염증을 유발한다.
   b) 염증이 있는 조직 근처의 혈관 내벽 세포는 호중구에 "더 달라붙게" 된다.
   c) 염증이 있는 부위의 압력이 증가하면 주변의 뉴런이 자극되기 때문에 염증과 함께 통증이 발생할 수 있다.
   d) 히스타민이 분비되면 혈액이 혈관을 수축시켜 부상 부위의 혈액 손실을 줄인다.
   e) 염증의 4가지 징후는 부기, 발적, 열 및 통증이다.
4. 백신:
   a) 예방접종을 받은 개인의 1차 반응을 활성화한다.
   b) 특정 감염원에 대한 빠른 2차 반응을 제공하는 기억 B 세포의 생성을 유도한다.
   c) 때때로 병원체 표면의 고유한 항원으로만 만들어진다.
   d) 위의 내용 모두 옳다.
   e) b와 c만 맞다.
5. T 세포와 B 세포의 주요 차이점은 다음과 같다.
   a) T 세포는 흉선에서 발달하는 반면, B 세포는 골수에서 발달한다.
   b) T 세포는 비특이적 면역계와 상호작용하지 않지만, B 세포는 상호작용한다.
   c) T 세포는 외부 항원에 직접 결합하는 반면, B 세포는 분비되어 외부 항원에 결합하는 단백질(항체)을 생성한다.
   d) 위의 모든 것은 T 세포와 B 세포의 주요 차이점이다.
   e) a와 c만이 T 세포와 B 세포의 주요 차이점이다.
6. 사람들은 왜 감기에 대한 면역력이 생기지 않을까?
   a) 실제로 많은 사람이 감기에 대한 면역이 생기고 세균 감염으로만 병에 걸린다.
   b) 감기를 일으킬 수 있는 바이러스는 최소 200가지이고, 시간이 지나면서 변한다.
   c) 비특이적 면역만이 감기와 싸우는 데 도움이 된다; 특이적 면역은 바이러스에 대한 효과적인 방어가 아니다.
   d) 감기의 원인이 되는 리노바이러스는 표면 항원이 없어서 감지되지 않으므로 몸을 통해 이동할 수 있다.
   e) 감기를 유발하고 기억세포를 죽이는 병원체는 면역계의 기억을 계속 "삭제"한다.
7. 항체에 대한 다음 설명 중 옳은 것은?
   a) 도움 B 세포에 의해 생성된다.
   b) 도움 T 세포에 의해 생성된다.
   c) 특정 항원에 결합한 B 세포에 의해 생성된다.
   d) 형질세포에 의해 생성된다.
   e) 골수에서 만들어진다.
8. 다음 중 도움 T 세포의 기능이 아닌 것은?
   a) B 세포가 증식하여 항체를 생성하도

록 자극한다.

b) 세포독성 T 세포를 활성화한다.

c) B 세포가 사이토카인을 분비하도록 자극한다.

d) 대식세포 표면에 있는 항원을 인식한다.

e) 위 내용 모두 도움 T 세포의 기능이다.

9. 자가면역에 대한 다음 설명 중 옳은 것은?

a) 면역계의 세 가지 방어선 중 하나이다.

b) 면역세포가 수초를 파괴하여 운동 조절과 균형을 감소시킬 때 발생하는 근이영양증의 원인이다.

c) 면역계가 관절 내벽을 공격하여 염증을 일으켜서 발생하는 류마티스 관절염의 주범이다.

d) 신체가 항원을 생산하지 못하여 마치 병원체인 것처럼 자신의 세포를 공격하도록 유도한 결과이다.

e) 자가면역에 대한 위의 모든 설명이 옳다.

10. HIV가 숙주의 _______를 파괴하기 시작하면서 숙주의 면역계가 기능을 상실하게 된다.

a) 흉선 세포

b) 비장 세포

c) 적혈구

d) 백혈구

e) 간세포

11. 매년 수백만 명이 건초열을 겪는데, 이는 꽃가루에 대한 알레르기 반응에서 기인한다. 다음 중 꽃가루가 알레르기 반응을 일으키는 과정이 아닌 것은?

a) 처음 꽃가루에 노출될 때 비만세포는 파열되어 히스타민 및 기타 화학물질을 방출한다.

b) 첫 번째 노출에서 B 세포가 꽃가루에 의해 활성화되고 항체를 분비하는 형질세포로 분화된다.

c) 두 번째 노출에서 꽃가루는 이전에 만들어진 비만세포 표면에 존재하는 항체에 의해 인식된다.

d) 꽃가루에 특정한 유형의 항체는 초기 노출의 면역 반응 동안 생성되며, 이 항체는 비만세포에 결합한 채로 남아 있다.

e) 히스타민 및 기타 알레르기 항원 화학물질은 눈을 가렵게 하고 콧물이 나게 한다.

주기율표

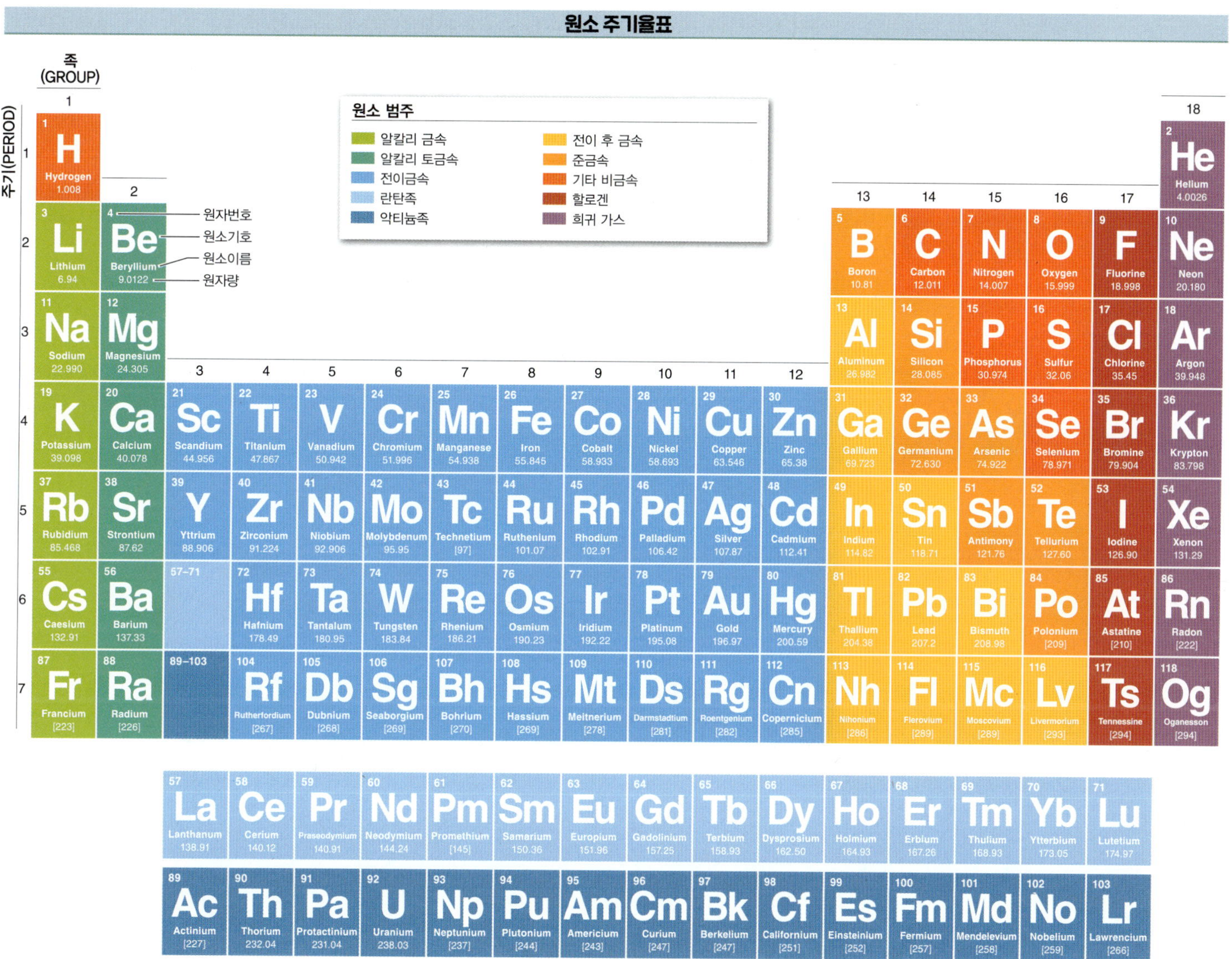
원소 주기율표
족 (GROUP)
주기(PERIOD)
원소 범주
알칼리 금속
알칼리 토금속
전이금속
란탄족
악티늄족
전이 후 금속
준금속
기타 비금속
할로겐
희귀 가스
원자번호
원소기호
원소이름
원자량
1 H Hydrogen 1.008
2 He Helium 4.0026
3 Li Lithium 6.94
4 Be Beryllium 9.0122
5 B Boron 10.81
6 C Carbon 12.011
7 N Nitrogen 14.007
8 O Oxygen 15.999
9 F Fluorine 18.998
10 Ne Neon 20.180
11 Na Sodium 22.990
12 Mg Magnesium 24.305
13 Al Aluminum 26.982
14 Si Silicon 28.085
15 P Phosphorus 30.974
16 S Sulfur 32.06
17 Cl Chlorine 35.45
18 Ar Argon 39.948
19 K Potassium 39.098
20 Ca Calcium 40.078
21 Sc Scandium 44.956
22 Ti Titanium 47.867
23 V Vanadium 50.942
24 Cr Chromium 51.996
25 Mn Manganese 54.938
26 Fe Iron 55.845
27 Co Cobalt 58.933
28 Ni Nickel 58.693
29 Cu Copper 63.546
30 Zn Zinc 65.38
31 Ga Gallium 69.723
32 Ge Germanium 72.630
33 As Arsenic 74.922
34 Se Selenium 78.971
35 Br Bromine 79.904
36 Kr Krypton 83.798
37 Rb Rubidium 85.468
38 Sr Strontium 87.62
39 Y Yttrium 88.906
40 Zr Zirconium 91.224
41 Nb Niobium 92.906
42 Mo Molybdenum 95.95
43 Tc Technetium [97]
44 Ru Ruthenium 101.07
45 Rh Rhodium 102.91
46 Pd Palladium 106.42
47 Ag Silver 107.87
48 Cd Cadmium 112.41
49 In Indium 114.82
50 Sn Tin 118.71
51 Sb Antimony 121.76
52 Te Tellurium 127.60
53 I Iodine 126.90
54 Xe Xenon 131.29
55 Cs Caesium 132.91
56 Ba Barium 137.33
57–71
72 Hf Hafnium 178.49
73 Ta Tantalum 180.95
74 W Tungsten 183.84
75 Re Rhenium 186.21
76 Os Osmium 190.23
77 Ir Iridium 192.22
78 Pt Platinum 195.08
79 Au Gold 196.97
80 Hg Mercury 200.59
81 Tl Thallium 204.38
82 Pb Lead 207.2
83 Bi Bismuth 208.98
84 Po Polonium [209]
85 At Astatine [210]
86 Rn Radon [222]
87 Fr Francium [223]
88 Ra Radium [226]
89–103
104 Rf Rutherfordium [267]
105 Db Dubnium [268]
106 Sg Seaborgium [269]
107 Bh Bohrium [270]
108 Hs Hassium [269]
109 Mt Meitnerium [278]
110 Ds Darmstadtium [281]
111 Rg Roentgenium [282]
112 Cn Copernicium [285]
113 Nh Nihonium [286]
114 Fl Flerovium [289]
115 Mc Moscovium [289]
116 Lv Livermorium [293]
117 Ts Tennessine [294]
118 Og Oganesson [294]
57 La Lanthanum 138.91
58 Ce Cerium 140.12
59 Pr Praseodymium 140.91
60 Nd Neodymium 144.24
61 Pm Promethium [145]
62 Sm Samarium 150.36
63 Eu Europium 151.96
64 Gd Gadolinium 157.25
65 Tb Terbium 158.93
66 Dy Dysprosium 162.50
67 Ho Holmium 164.93
68 Er Erbium 167.26
69 Tm Thulium 168.93
70 Yb Ytterbium 173.05
71 Lu Lutetium 174.97
89 Ac Actinium [227]
90 Th Thorium 232.04
91 Pa Protactinium 231.04
92 U Uranium 238.03
93 Np Neptunium [237]
94 Pu Plutonium [244]
95 Am Americium [243]
96 Cm Curium [247]
97 Bk Berkelium [247]
98 Cf Californium [251]
99 Es Einsteinium [252]
100 Fm Fermium [257]
101 Md Mendelevium [258]
102 No Nobelium [259]
103 Lr Lawrencium [266]

해답

CHAPTER 1

도표로 배우기

1. "조각" 부분이 의미하는 것은 학술지 **행동생태학**(*Behavioral Ecology*)에 실린 논문 중 제1저자가 여성인 논문의 비율이다. 큰 부분은 같은 저널의 남성이 제1저자인 논문의 비율이다. 이들을 합하면 파이 전체가 되며, 이 저널에 실린 모든 논문(즉, 100%)을 나타낸다.

2. 왼쪽의 파이 도표는 학술지 **행동생태학**에서 검토자가 저자의 신원(그리고 아마 성별도)을 알 수 있는 "단일눈가림" 검토 정책을 시행하던 1997~2001년 사이에 채택된 제1저자가 여성인 논문의 비율(그리고 큰 부분은 제1저자가 남성인 경우)이다. 오른쪽 도표는 2002~2005년 사이에 검토 정책을 검토자가 저자의 신원과 성별을 알 수 없는 "이중눈가림"으로 바꾼 후의 결과이다.

3. 학술지가 검토 정책을 바꿔 검토자가 저자의 성별을 알 수 없도록 한 이후, 채택된 논문 중 여성이 제1저자인 경우는 23.7%에서 31.6%로 늘어났다. 즉, 검토자가 저자의 성별을 아는 경우에는 여성이 제1저자인 논문을 덜 채택하였다고 생각할 수 있다. 그 당시 **행동생태학** 검토자가 여성 저자에 대한 편견을 가지고 있었던 것으로 보인다.

4. 2002년부터 여성이 제1저자인 논문이 더 많이 제출되었을 가능성이 있다. 그러나 이러한 설명은 검토 정책을 바꾸지 않은 유사한 학술지에서는 여성 저자의 비율이 변하지 않았다는 본문의 내용에 미루어 볼 때 받아들이기 어렵다. 다른 가능한 설명으로는, 행동생태학 분야에서 활동하는 여성 과학자의 비율이 1990년대 초부터 늘어났기 때문에 2002년~2005년에 이르러 더 많은 여성 과학자가 진출하게 되었고, 이에 따라 그들의 논문 완성도가 높아진 결과라고 볼 수 있다.

5. 제1저자가 여성인 논문의 비율은 23.7%에서 31.6%로 늘어났으므로, 7.9% 증가되었다. 이것은 7.9%/23.7% × 100% = 33% 증가하였다고 할 수도 있다. (23.7%의 1/3을 23.7%에 더하면 31.6%가 된다).

6. 이 그림에 제시된 정보는 게재된 논문 중 제1저자가 여성인 논문의 비율에 대해서만 알려준다. 이 정보만으로는 제출된 논문의 50%가 여성이 제1저자인지 여부는 알 수 없다. 만약 그렇다면 게재된 비율 역시 50%가 아니라는 사실에 대해 염려하는 것이 합리적일 것이다. 그렇지만 행동생태학자 중 단 10%만이 여성이라면 어떨까? 이런 경우라면 게재된 논문의 단 10%만 여성이 제1저자일 것으로 기대할 수 있으며, 오히려 여성 과학자가 훨씬 적은데도 1/4이 넘는 논문을 게재했다는 사실에 대해 염려해야 할 수도 있을 것이다.

7. 이들 그래프는 여성 과학자에 대한 일반적인 편견을 입증하지 못한다. 그러나 기억할 것은, 엄격하게 본다면, 과학은 단정적으로 입증하지 않는다. 여러 가설을 검증하여 증거를 축적하고 대체가설을 제외시킬 수 있다. 이런 과정에서 어떤 현상을 설명하는 가설에 대한 확신을 늘려갈 수 있다. 여기에서 제시한 자료는 과학의 한 연구 분야의 단 하나의 학술지에 관한 것이며, 이것만으로 생물학이나 화학, 물리학을 비롯한 과학 영역의 모든 학술지에 유사한 편견이 있다고 확신할 수는 없다. 그럼에도 불구하고, 이 사실로 미루어 어떤 편견이 있을 수 있음을 알 수는 있다. 모든 과학 영역에서 이 주제에 관한 자료를 추가로 수집한다면 더욱 의미가 깊을 것이다.

복습하기

짧게 답하기

1. 오직 하나의 변수만 변화시킬 수 있거나 한 번에 한 가지 변수만 검증할 수 있기 때문에 두 가지 이중눈가림 실험이 필요한 두 가지 주장이 제기되었다. **실험 1:** 두 그룹에 대한 장 통과 시간 측정(섭취한 식품이 소화기관을 지나가는 시간). **그룹 1** (대조군): Activia 요구르트 대신 활성이 없는 요구르트 대체제 섭취. **그룹 2** (실험군): Activa 요구르트 섭취. 실험 참여자와 관찰자 모두 누가 어떤 그룹에 속해 있는지 모르게 한다. 그룹 2 실험군에서 얻은 자료를 그룹 1 대조군의 자료와 비교하여 Activia의 효능을 판단한다. 만약 실험군의 장 통과 시간이 짧다면 Dannon사의 주장이 입증된다. **실험 2:** DanActive 낙농 음료가 감기와 독감 예방에 도움이 되는지 여부를 판단하려면 다시 두 그룹을 활용한다. **그룹 1** (대조군): 활성이 없는 낙농 음료 대체제 섭취. **그룹 2** (실험군): DanActive 낙농 음료 섭취. 두 그룹에서 감기나 독감이 발생한 사례를 1년 등 한정된 기간—두 그룹 모두 동일한 기간—동안 측정한다. 실험 참여자와 관찰자 모두 누가 어떤 그룹에 속해 있는지 모르도록 한다. 실험군에서 얻는 자료를 대조군의 자료와 비교한다. 만약 실험군에서 감기와 독감 발생사례가 적다면, Dannon사의 주장이 입증된다.

2. **경험적**(*empirical*)이라는 의미는 관찰과 실험을 통해 얻은 이성적이고 검증 가능하며 반복될 수 있는 지식을 뜻한다. 생명과학 연구는 자연세계의 현상과 관련되어 있으므로, 경험적 과학이라고 하는 것이 적절하다. 이러한 경험적 접근법에 비해, 지식은 추정이나 의견 또는 실험하지 않은 관찰 등으로도 얻을 수 있다.

3. 예측은 가설에 바탕을 두고 만들어지며 실험을 통해 검증된다. 어떤 가설이 실험 결과로 지지되지 않는다면 수정하여 새로운 예측을 만들어내고, 이 예측을 새로운 실험으로 검증한다. 실험은 많은 서로 다른 과학자에 의해 수없이 반복될 수 있으며, 이 과정에서 상충되는 결과가 나타나면 가설을 다시 수정하고 검증한다. 이런 방식으로 과학적 사고방식은 적절하게 자가교정된다.

4. 어떤 현상을 측정할 수 있다면 실험을 통해 검증할 수 있다. 과학적 방법으로 검증하려면 모든 사례가 이러한 요구조건을 따라야 한다. 어떤 현상이 측정할 수 없는 것이라면 과학적 방법으로 검증할 수 없다. 이러한 사례로는 신의 존재를 입증하거나 Shakespeare 소넷의 아름다움 등을 판단하는 일 등이 있다.

5. 이 가설에 대한 영가설은 다음과 같이 할 수 있다. 운동은 여드름 발생에 영향을 주지 않는다.

6. 이 가설에 대해 다음 예측을 제시할 수 있다. 신선한 과일을 먹은 사람은 과일을 먹지 않는 사람보다 병에 걸릴 가능성이 낮을 것이다.

7. 결정 실험의 핵심 특성은 다음과 같다. **처리:** 실험군에 대한 변화시킨 조건. 어떤 가설을 검증하기 위해 변화시킬 수 있는 변수(예, 온도, 압력, 빛)이다. 실험군만 이 처리조건을 경험한다. 그렇지 않다면 대조군과 비교가 불가능하며 가설을 적절하게 평가할 수 없게 된다. **실험군:** 처리 조건에 따른 처리를 받는 그룹. 처리 내용은 가설을 검증하기 위해 조작하는 변수이다. **대조군:** 실험군과 처리 내용을 제외하고는 모든 조건이 같은 실험 참가 그룹. 이런 조건을 갖춰야 실험군과 대조군의 결과를 비교하여 검증하려는 변수에 따른 차이를 확인할 수 있다. **변수:** 온도, 빛, 압력 또는 식품의 양과 유형 등 변화시킬 수 있는 성질. 어떤 변화를 이끌어낼 수 있다. **눈가림 실험 설계:** 사람에 대한 연구를 수행할 때에는 위약효과와 편견을 최소화하기 위해 실험 참가자가 어느 그룹(실험군과 대조군)에 속해 있는지 모르도록 설계한다. 그러나 실험 수행자는 실험 참가자가 어느 그룹에 속해 있는지 안다. **이중눈가림 실험 설계:** 눈가림 실험 설계와 동일하지만, 실험 수행자조차도 참가자가 어느 그룹에 속해 있는지 알지 못하도록 설계한다. **무작위화:** 실험 참여자가 실험군과 대조군에 무작위로 선정되도록 한다.

8. (a) 녹차 대신 활성 성분이 없는 음료를 마시게 한 대조군을 추가할 것. (b) 이중눈가림 실험으로 설계할 것. (c) 체중감소 방법으로 녹차를 마신 사람을 대표할

만큼 인원 수를 늘릴 것. (d) 연구 참여자가 마셔야 할 녹차의 양을 명기할 것. (e) 실험군과 대조군 사이에 오직 녹차 음용이라는 단 하나의 변수만 있도록 확실하게 할 것. 두 그룹 모두 참여자가 평소 섭취하는 식품과 음료를 바꾸거나 열량 관리를 다르게 하지 않아야 한다. (f) 수집한 자료를 통계 분석하여 체중 감소가 유의미한 수준인지 여부를 판단할 것.

9. 만약 실험 결과가 가설을 지지하지 않는다면, 가설을 수정하고 재검증한다. 만약 가설이 지지된다면, 이 실험은 다른 과학자가 반복하여 실험할 수 있다. 이렇게 하면 이 과정에서 자가교정되는 것을 확실히 할 수 있다. (또한 결과를 전문과 학지에 출판하여 보고하는 것도 중요하다.)

10. 이론(*theory*)과 가설(*hypothesis*)은 모두 자연현상을 이해하고자 하는 시도이다. 가설은 제안은 하였으나 아직 검증되지 않은 생각이며, 이론은 많은 서로 다른 과학자가 광범위하게 검증하고 반복된 결과로 지지된 것이다. 가설과 이론 모두 이후의 연구나 실험에서 나타난 새로운 정보에 의해 수정될 수 있다.

11. 가설: (a) 공중 운동시설을 이용하면 호흡기가 *Staphylococcus aureus*에 오염될 가능성이 높아진다. (b) 공중 운동시설을 이용하면 그런 시설을 이용하지 않았을 때보다 병에 걸릴 위험성이 높아진다.

예측: (a) 공중 운동시설을 이용하지 않은 경우보다 이용한 경우에서 인후부가 *S. aureus*에 감염된 사람의 비율이 더 높을 것이다. (b) 공중 운동시설을 이용한 사람은 이용하지 않은 사람보다 병에 더 많이 걸릴 것이다.

실험:

- 폭넓은 인구학적 범위(다양한 연령대의 여성과 남성 포함)에 해당하는 연구 참여자를 500명 모집한다.
- 이들을 무작위로 두 그룹으로 나눈다. (a) 공중 운동시설 이용자, (b) 공중 운동시설 미이용자.
- 그룹 (a)의 참여자는 45분씩 매주 4회, 총 10주 동안 운동시설을 이용하도록 한다. 그룹 (b)의 참여자는 공중 운동시설을 이용하지 않지만, 다른 사람이 이용하지 않거나 또는 이용할 때마다 완벽하게 소독한 자신만의 운동시설을 이용하여 45분씩 매주 4회, 총 10주 동안 운동하도록 한다.
- 모든 참여자가 매일 섭취하는 식품과 수면 패턴을 기록한다.
- 연구를 시작할 때와 끝낼 때, 면봉으로 참여자의 코와 목에서 세균 시료를 채취한다.
- 모든 참여자의 건강일지를 10주 동안 기록한다. 일지에는 병에 걸렸는지 등의 건강 상태를 기록한다.

분석: (a) 연구를 시작할 때와 끝낼 때, 두 그룹 각각에서 *S. aureus*가 발견된 비율을 산정한다. 이들 자료를 비교한다. 연구 시작 당시에는 두 그룹 사이에서 *S. aureus*가 발견된 비율에 차이가 없지만(두 그룹이 동등함을 의미함), 10주 후에 연구를 끝낼 시점에서는 공중 운동시설 이용자 그룹에서 그 비율이 높다면 가설이 지지된다고 볼 수 있다.

(b) 두 그룹 각각에서 병에 걸린 빈도나 병이 지속된 기간을 산정한다. 공중 운동시설 이용자 그룹에서 그 비율이 높다면 가설이 지지된다고 볼 수 있다.

12. **무작위**: 참여자를 실험군과 대조군에 무작위로 배정한다. **통제**: 처리군과 모든 변수가 동일하되 처리 내용만 다른 대조군이 있어야 한다. 그래야 실험군과 대조군 사이에서 나타난 차이가 검증하고자 하는 변수에 따른 결과인지 여부를 판단할 수 있다. **이중눈가림**: 사람에 대한 연구에서는 실험 참가자와 수행자 모두 누가 어느 그룹에 속해 있는지 모르도록 하여 위약효과와 편견을 최소화시킬 수 있다.

13. 가설: 매일 치실을 사용하면 치은염의 발생빈도와 증상 정도를 낮출 것이다.

예측: 매일 치실을 사용하는 사람은 사용하지 않는 사람보다 치은염 발생빈도가 낮을 것이다.

실험: 전국에서 인구학적, 사회경제학적으로 고르게 대표할 수 있는 사람을 대거(10만 이상) 모집한다. 이들을 무작위로 두 그룹으로 나눈다. 실험군은 치실 사용법을 알려주고 매일 사용하도록 하며, 대조군은 치실을 사용하지 않게 한다. 이후 일정한 간격—매년 두 번 정도—으로 검진한다. 각 그룹에서 치은염 발생빈도와 증상 정도를 조사한다.

분석: 매일 치실을 사용한 연구 참여자에서 치은염 빈도와 정도가 줄었는지 여부를 비교한다. 두 그룹 사이의 꾸준하고 체계적인 차이는 오직 치실 사용뿐이므로, 치실 사용이 이롭다면 실험군에서 치은염 발생빈도와 증상 정도가 감소했을 것이다. (최근 보고된 연구에 따르면 치실을 사용해도 이점이 없다고 한다.)

14. 통계학은 대조군과 실험군 사이에 나타난 차이가 우연에 따른 것인지 또는 실험(처리) 변수에 따른 것인지 여부를 판단하는 데 도움이 된다.

15. 그 어떤 결론도 이끌어낼 수 없다. 프랑스어 교습에 참여한 남학생이 파란 눈을 가지고 있다는 사실은 우연에 의한 것이거나 일부 생물학적 차이에 의한 것일 가능성이 높다. 무작위로 통제된 이중눈가림 실험으로 검증하지 않는다면, 이 관찰 사실이 우연에서 비롯된 것인지 여부를 판단할 방법이 없다.

16. 이 사실이 Scandinavia 사람은 대개 흰 피부에 금발이라는 가설을 반증하지 않는다. 이 지역에서 온 사람이 흰 피부에 금발일 가능성이 매우 높지만, 유전적 변이로 인해 일부 짙은 피부와 머리털을 가진 사람은 언제나 존재한다. 이런 현상은 개체군 내의 변이에서 비롯되거나 또는 이 지역으로 이주한 사람에서 비롯될 수 있다.

17. 생명에 관한 연구는 다섯 가지 주제로 통합된다. (a) **진화**: 개체군은 시간의 흐름에 따라 변화된다. 생명체의 생식능력과 진화적 변화—시간에 따른 개체군의 유전적 특성의 변화—에 따른 결과로 개체군이 환경에 더욱 잘 적응할 수 있게 된다. 이로 인해 생명체의 다양성과 다양한 생명체 사이의 통일성이 나타나게 된다. (b) **구조와 기능**: 조직화의 모든 수준에서 생명체의 신체적 특성은 기능과 밀접하게 연관되어 있다. (c) **정보의 전달, 교환, 그리고 저장**: 유전정보—생화학적, 물리적, 행동적 형질—는 모든 생명체가 가지고 있으며, 자신의 자손에게 넘겨준다. 유전정보의 발현에 따라 생명체의 성장과 기능이 영향을 받는다. (d) **에너지와 물질의 대사경로와 전환**: 생명체는 화학반응 경로를 통해 에너지를 사용하여 물질을 전환시키고, 성장, 이동, 생식 등의 과정을 수행한다. (e) **계(*Systems*)**: 생명은 원자, 세포, 조직, 그리고 기관 등 서로 연계된 많은 수준으로 조직화되어 개체를 이룬다. 개체는 개체군, 군집, 생태계 등 많은 수준으로 조직화되어 생물권을 이룬다.

정답 고르기

1. b; 2. d; 3. c; 4. a; 5. a; 6. a; 7. d; 8. a; 9. b; 10. e; 11. d

CHAPTER 2

도표로 배우기

1. 표를 사용하면 적은 공간에 더 많은 자료를 제시할 수 있을 것이다—예를 들어, 인체에 존재하는 모든 원소의 백분율을 표시할 수도 있다. 그러나 주어진 공간 안에 최대한의 자료를 제시하는 것이 언제나 그림을 사용하는 목적이 되는 것은 아니다. 예를 들어, 이 그림의 목적은 인체 대부분을 이루는 단 4종류의 원소—산소, 탄소, 수소, 그리고 질소—를 최대한 강조하며 전달하는 것이다. 이 놀라운 사실을 표에서 모든 원소의 자료값을 똑같은 공간에 제시하는 경우에는 그 효과가 덜 전달될 것이다.

2. *y*-축이 나타내는 것은 인체를 구성한 원소 중 그림에 제시한 각각의 원소가 차지하는 양을 누적하여 표시한 것이다. 이 정량적으로 정보를 제시하는 시각적 표현에서 탄소는 18.5%를 차지하지만, *y*-축의 17.5%에서 시작되었으므로, 36%까지 이어진 것으로 나타난 것이다.

3. 이 그림 자료는 인체를 구성하는 10가지 원소의 비율을 제시한다. 상위 4종류에 대해서는 원소의 명칭과 차지하는 백분율을 각각 표시하였다. 나머지 6종류에 대해서는 명칭을 밝히고, 6종류 모두가 차지하는 합산비율을 표시하였다.

4. 막대 그래프:

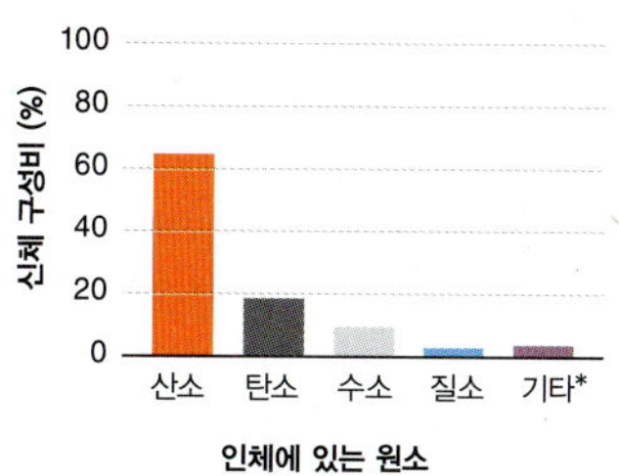

장점: 각 원소의 상대적 양을 빠르게 비교할 수 있다. **단점**: 상위 네 가지 원소가 인체의 거의 대부분을 차지하고 있다는 사실이 덜 뚜렷하게 드러난다.

파이 도표:

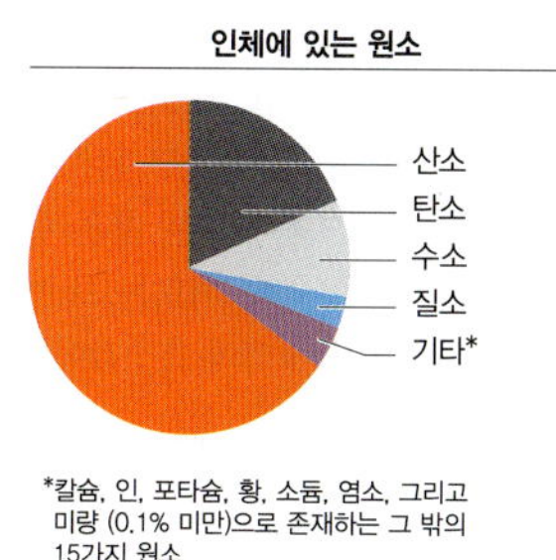

장점: 네 가지 원소가 인체의 거의 대부분을 차지한다는 사실을 즉각적으로 알아볼 수 있다. 또한 각 원소의 상대적인 양을 빠르게 비교할 수 있다.

단점: 처음 보았을 때, 원(파이)이 인체를 구성하는 다양한 원소의 양과 관련된 정보를 나타내는 것이라는 것을 알아보기 쉽지 않다. 단순한 파이일 뿐이며, 표제를 읽어야 그 의미를 알 수 있다. (파이 대신 인체 형상으로 나타낸다면 쉽게 이해할 수 있을 것이다.)

5. 가능하다. 각 영역이 차지하는 양이 여전히 그 원소의 백분율과 비례하기만 하면, 질소, 수소, 탄소, 산소의 위치를 반대로 하여도 된다. 그러나 여기에서는 위에서 아래로 내려가며 가장 흔한 것부터 순서대로 표시한 것이다. 이들의 위치를 바꾼다면, 이들의 상대적 양이 다소 뚜렷하게 드러나지 않을 수 있다.

6. *x*-축에 설명 문구가 없어도 표제에서 쌓인 단편이 인체 전체의 부분을 나타낸다는 것을 분명히 알 수 있다. 제시된 자료가 정확하고 이해할 수 있는 것이라면 그 그래프는 "적절"한 것이며, 그 그림을 조사하여 적절하게 해석할 수 있다.

복습하기

짧게 답하기

1. 전자의 질량은 매우 작으므로(양성자 질량의 1/2,000 미만) 원자의 질량을 계산할 때 무시할 수 있다.

2. 원자는 최외각껍질이 가득 차 있을 때 가장 안정하다. 다른 원자와 결합해도 더 안정한 원자를 만들어내지 못하며, 오히려 부분적으로 채워진 원자가 껍질을 가지는 덜 안정한 원자가 만들어질 가능성이 있다.

3. 원자는 최외각껍질인 원자가 껍질이 가득 차 있을 때 가장 안정하다. 첫 번째 껍질은 전자 2개를 유지할 수 있으므로 수소 원자는 다른 수소 원자와 공유결합을 통해 자신의 원자가 껍질을 채울 수 있다. 두 원자가 각각 전자를 1개씩 내놓고 공유함으로써 H_2 분자 내에서 안정한 원자가 된다.

4. 공유결합과 이온결합에서는 전자의 공유나 이동 현상이 각각 일어난다. 수소결합은 수소와 다른 분자 사이의 인력에 의해 이루어진다. 반대 전하의 매우 약한 인력에 의해 이루어지므로 결합력이 약하다.

5. 물은 극성 분자이다. 수소 원자 부위는 약한 양성이고, 산소 원자 부위는 약한 음성이다. 다른 극성 분자와 이온화합물이 물에 쉽게 용해되는 이유는 전하 부위나 이온이 물 분자의 반대 전하를 띤 부위에 이끌리기 때문이다.

6. 물은 수소결합을 이루기 때문에 고체가 되었을 때 밀도가 낮아진다. 온도가 낮아져 물 분자의 움직임이 느려지면, V-형태의 분자마다 4개의 상대와 수소결합을 이루어 결정 격자를 형성한다. 이 격자 구조로 인해 분자가 액체 형태일 때보다 서로 약간씩 멀리 떨어진 곳에 위치하게 되고, 이에 따라 밀도가 낮아져서 얼음이 물 위에 뜨게 된다.

7. 구토할 때 신맛이 나는 이유는 위에서 염산을 만들어내기 때문이다. 염산에 의해 위 내용물의 pH 값이 1~3을 유지한다.

8. 위의 pH 값은 매우 낮다. 이 강한 산성 환경은 섭취한 대부분의 세균을 죽이고, 식품의 화합물을 분해하도록 하여 소화와 흡수 과정의 효율성을 높인다. 한 가지 문제점은 위액의 산성도에서 비롯된다. 목으로 넘어오면 역류성 식도염이나 속쓰림 등의 건강 문제를 일으킬 수 있다.

9. 해양 산성화—해양 표면수의 산성도 증가 현상—는 대기의 이산화탄소가 바다에 흡수되어 나타난다. 해양 산성화는 산호초, 갑각류, 플랑크톤, 그리고 이들을 먹고 사는 해양동물 등의 해양생태계에 해로운 결과를 초래할 수 있다. 해양 산성화는 특히 화석연료 연소 등 사람의 활동에서 대량으로 만들어진 이산화탄소 때문에 악화된다.

10. **안전성**: 모두 안전하지만, 수돗물이 조금 더 잘 관리되고 있다. 미국환경보호국(Environmental Protection Agency (EPA)은 수돗물의 수질에 대해서는 엄격하게 감독하지만, 생수에 대해서는 상대적으로 덜 엄격하다. 또한 EPA는 세균 감염을 억제하기 위해 소량의 염소를 수돗물에 섞도록 요구한다. 납 오염 기준도 수돗물에 대해 더 엄격하다. 플라스틱 생수병 제조과정에 사용되는 화합물에 대한 우려도 존재한다. **맛**: 수돗물은 미생물 감염을 막기 위해 첨가한 소량의 염소로 인해 맛이 살짝 좋지 않다. 생수는 물 공급원과 처리과정에 따라 맛이 크게 다르다. **편의성**: 가정에서는 수돗물은 쉽게 사용할 수 있지만, 집을 떠나서는 불편을 겪는다. 생수는 쉽게 휴대하고 이동할 수 있으며, 판매하는 곳도 많이 있다. **환경에 대한 영향**: 수돗물은 환경에 대한 영향력이 적다. 재활용 병의 약 80%가 매년 쓰레기 매립지에 묻히며, 분해 속도도 느리고 환경오염 물질을 방출할 수 있다.

정답 고르기

1. a; 2. e; 3. d; 4. c; 5. b; 6. b; 7. b; 8. a; 9. c; 10. d

CHAPTER 3

도표로 배우기

1. 녹색 점은 적정 수준으로 있는 필수아미노산을 가리킨다. 흰색 점은 적정 수준 이하로 있는 필수아미노산을 가리킨다.

2. 어떤 음식(주로 식물 제품)은 일부 필수아미노산을 갖지만, 다른 음식(주로 동물 제품)은 모든 필수아미노산을 갖는다.

3. 음영 처리는 각각 하나 이상의 필수아미노산이 결핍된(이 경우, 백미와 렌즈콩 같은) 다른 음식을 조합하여 모든 필수아미노산을 포함할 수 있게 한 예를 나타낸 것이다.

4. 하나 이상의 필수아미노산을 적정 수준으로 갖추지 않은 식품을 굳이 피할 필요는 없다. 대신, 이 식품에 없는 필수아미노산을 가진 다른 식품을 같이 먹으면 완전 단백질을 얻을 수 있다.

5. 사과에 몇몇 필수아미노산이 없고 백미도 그렇지만, 이 둘을 모두 식단에 포함하면 모든 필수아미노산을 얻게 된다. 렌즈콩과 아몬드로 구성된 식단의 경우에는 필수아미노산인 메티오닌과 시스테인이 적정 수준으로 공급되지 않는다—둘 모

두에 메티오닌과 시스테인이 결핍되어 있기 때문이다.

6. 이 그래프에는 "적정 수준"에 대한 정보가 없다. 이 음식들을 소비하면 그림에 있는 아미노산을 얻을 수 있다고 추론할 수 있을 뿐이며 각 음식이 얼마나 많이 필요한지는 나타나지 않았다.

7. 각 필수아미노산의 하루 필요량을 얻기 위해 제공해야 할 음식의 양을 추가한다면 도움이 될 것이다.

복습하기

짧게 답하기

1. 탄수화물의 화학결합은 쉽게 끊어져서 세포가 활성을 나타내는 데에 사용할 수 있는 에너지를 방출할 수 있다. 남는 탄수화물은 이후 사용할 수 있도록 저장된다.

2. 체내에서 포도당의 3가지 가능한 기능은 (1) 즉각적으로 필요한 에너지를 만들기 위해 분해되고, (2) 글리코겐으로 저장되거나, (3) 지방으로 전환된다.

3. 침에 있는 한 효소가 베이글의 녹말에 있는 결합을 끊어서 단맛을 내는 당을 만든다. 효소가 녹말의 결합을 깨는 데에 시간이 걸리기 때문에, 시간이 지날수록 당의 농도가 증가하여 당도도 증가할 것이다.

4. 사람뿐만 아니라 다른 포유류들도 셀룰로오스를 분해할 수 있는 효소를 만들지 못한다. 그래서 이들은 셀룰로오스를 소화하여 흡수할 수 없다.

5. 지질은 탄수화물보다 더 많은 탄소-수소 결합을 갖는다. 이 결합은 에너지가 풍부하다.

6. 사람을 비롯한 동물의 경우, 지방에 대한 강한 맛 선호가 진화했다. 왜냐하면, 단위 그램당 저장된 에너지가 탄수화물이나 단백질보다 지방에 많기 때문이다.

7. 다음 기능 중 어떤 두 가지라도 답으로 받아들여질 수 있다. 구조적(기능): 단백질은 머리카락이나 발톱과 같은 다양한 구조의 구성요소로 사용된다. 보호(기능): 단백질은 면역 반응에서 항체를 형성하는 데에 사용될 뿐 아니라 혈액 응고 성분을 구성하기도 한다. 조절(기능): 단백질은 몇 종류의 (화학 전달자인) 호르몬과 거의 모든 (화학반응 속도를 높이는 생물학적 촉매제인) 효소를 구성한다. 수축(기능): 단백질은 근육세포의 수축과 섬모와 편모의 움직임에 사용되는 수축 섬유를 구성한다. 수송(기능): 단백질은 혈액 속의 헤모글로빈에 의한 산소 수송처럼, 몸 전체로 물질을 수송하는 데에 관여한다.

8. 필수아미노산은 몸에서 합성되지 않지만, 꼭 필요하기 때문에 음식을 통해 섭취되어야 한다.

9. 아미노산 서열은 단백질의 3차 구조를 결정하고, 단백질의 구조는 기능을 결정한다. 단백질의 모양이 바뀌면 기능도 바뀐다.

10. 효소 모양이 바뀌면 활성자리가 더 이상 특정 기질과 결합할 수 없으므로 화학 반응이 일어날 수 없다.

11. 핵산은 DNA 분자 뼈대에 결합한 뉴클레오타이드 염기 서열에 정보를 저장한다. 특정 뉴클레오타이드 서열이 합성할 특정 단백질을 결정한다.

12. 특정 DNA 부위에 담긴 유전정보를 결정하는 것은 염기 서열이다; 만약 염기 서열이 바뀌면 유전정보도 바뀐다. 연구자들이 한 가닥의 DNA에 있는 서열만으로 유전자의 서열을 결정하는 이유는 이 서열을 이용해서 다른 DNA 가닥의 상보적 염기 서열을 추론할 수 있기 때문이다.

13. (a) DNA의 당은 디옥시리보스, RNA 당은 리보스이다. (b) DNA는 이중나선을 형성하지만, RNA는 대개 단일 가닥이다. (c) DNA에는 염기 티민이, RNA에는 염기 우라실이 있다.

정답 고르기

1. a; 2. d; 3. c; 4. b; 5. a; 6. a; 7. a; 8. a; 9. e; 10. e

CHAPTER 4

도표로 배우기

1. 변수는 관찰한 서로 다른 세포 유형과 그들에 있는 미토콘드리아의 수이다.

2. 정자세포, 난자세포 또는 뇌세포 등 더 많은 세포 유형에 관한 자료가 있다면 도움이 될 것이다. 한 개인의 특정 세포 유형에 있는 미토콘드리아 수의 변이에 대한 자료 역시 도움이 될 것이다. 예를 들어, 모든 간세포에 있는 미토콘드리아의 수가 동일한지 또는 상당히 다른지 그리고 어떤 개인의 특수한 세포 유형에서 시기에 따라 미토콘드리아 수가 달라지는지—나이가 들어가면서 나타나는 변화 또는 운동에 따른 변화 등—의 정보가 있다면 도움이 될 것이다.

3. 대사 활성이 높은 세포는 더 많은 미토콘드리아를 가지고 있는 것으로 보인다.

4. 첫째, 아마도 "세포 부피 단위당 미토콘드리아의 수"를 측정하면 미토콘드리아의 밀도를 알 수 있으므로 더 좋을 것이며, 크기가 매우 다른 세포 사이의 에너지-생산 능력을 더 쉽게 비교할 수 있다. 둘째, 아마도 미토콘드리아는 위축되거나 팽창될 수 있다. 만약 그렇다면(그리고 일부 연구자는 그렇다고 믿는다), 세포의 에너지 요구량은 적은 수의 큰 미토콘드리아 또는 많은 수의 작은 미토콘드리아에 의해 나타난 것일 가능성이 있다—이 경우, 미토콘드리아의 수는 최고의 측정값이 될 수 없을 것이다. 미토콘드리아 총 부피의 측정값이 최선일 것이다.

5. 일부 대사활성이 높은 다른 세포 역시 상대적으로 많은 수의 미토콘드리아를 가질 수 있다. 예를 들어, 정자세포에는 많은 수가 있을 것이다. 이와 유사하게, 근육세포 같은 하나의 세포 유형에 대해서도 (다리 근육에 있는 세포처럼) 활성이 높은 세포에는 (새끼발가락을 움직이는 근육처럼) 덜 사용하는 근육세포보다 더 많은 미토콘드리아가 있을 것이다.

복습하기

짧게 답하기

1. 세포는 가장 작은 생명 단위이며, 생명현상에 필요한 모든 활동을 수행한다. 모든 살아있는 생명체는 하나 이상의 세포로 이루어져 있다.

2. 모든 원핵생물은 네 가지 구조적 특성을 공유한다. (a) 원형질막. 인지질 이중막으로 이루어져 있으며, DNA, 리보솜, 세포질 등의 세포 내용물을 감싼다. (b) 세포질. 원형질막 내부에 있는 젤리 같은 액체. (c) DNA. 세포의 유전물질을 가지고 있으며, 하나 이상의 원형 고리로 구성된다. (d) 리보솜. 단백질 합성 장소이다.

3. 내부공생설: 이 이론에 따르면, 미토콘드리아와 엽록체는 각각 세포호흡과 광합성 능력을 갖춘 원핵생물에서 유래하였다. 이들은 다른 어떤 세포에 의해 삼켜져 진핵세포로 발달하게 되었다. 함입설: 이 이론에 따르면, 세포막이 스스로 접혀서 내부 구획을 형성하였다. 이 내부 구획이 특수화하여 막성 소기관으로 발달하였다.

4. 인지질은 글리세롤 분자에 인산기-함유 분자가 결합한 친수성 극성 머리를 가지고 있으므로, 부분적인 양전하를 띤 부위와 음전하를 띤 부위로 나뉜다. 인지질은 또한 탄소-수소 사슬로 이루어진 2개의 비극성 소수성 꼬리를 가지고 있다. 이러한 화학적 구조로 인해 인지질은 2개의 층(이중층)을 형성한다. 이중층에서 소수성 꼬리는 중앙 부위 쪽으로, 친수성 머리는 물이 있는 바깥쪽 지역을 향하여 배열된다. 인지질은 이중층의 같은 층에서 떠다닐 수 있으나 일반적으로 다른 층으로는 건너가지 못한다. 이중층은 반투과성을 보이므로 어떤 물질은 통과하지만 어떤 물질은 통과하지 못한다.

5. 원형질막은 많은 막단백질이 인지질 이중층의 한쪽 층에서 돌아다닐 수 있으므로 액체와 같이 행동한다. 모자이크라고 묘사하는 이유는 막이 다양한 단백질, 지질, 그리고 탄수화물로 구성되어 있기 때문이다.

6. 낭포성섬유증은 결손 막관통 단백질이 세포막을 가로질러 염소 이온을 펌프하지 못하기 때문에 나타나는 유전질환이다. 이 병증은 주로 호흡기와 소화기 표면 세포의 내부에 염소이온이 축적돼서 매우 짙은 점액을 만들어내기 때문에 발생한다.

7. HIV는 일반적으로, (a) 혈액, (b) 정액 또는 (c) 질액을 통하거나 (d) 감염된 어머니가 아이에게 젖을 먹일 때 감염될 수 있다. 모든 경우에서 감염이 이루어지려면, 바이러스가 반드시 세포의 CD4 표지자에 접근할 수 있어야 한다.

8. 이 방법은 모두 물질을 수송할 때 추가 에너지 소비를 필요로 하지 않는다. 모두 농도기울기에 따라 높은 농도 지역에서 낮은 농도 지역으로 물질이 이동하는 제약이 있다.

9. 어떤 물질의 농도기울기를 거슬러 수송해야 하므로 에너지가 필요하다.

10. 작은창자의 표면에 있는 세포 사이에 밀착연접이 있어서 세균과 영양분이 장에서 체강으로 빠져나가지 못하도록 한다.

11. 세포의 에너지는 대부분 미토콘드리아에서 식품의 에너지를 추출하여 만들어진다. 이러한 에너지 전환 과정에 산소가 필요하다.

12. 리소솜에는 산과 약 50종의 효소가 있어서 세포 내부로 들어온 물질은 물론, 불필요한 물질과 낡아진 소기관도 분해할 수 있다.

13. 활면소포체에는 화학물질을 해독하는 효소가 있다. 해독은 간의 중요한 기능 가운데 하나이다.

정답 고르기

1. e; 2. b; 3. e; 4. d; 5. c; 6. d; 7. c; 8. b; 9. b; 10. e

CHAPTER 5

도표로 배우기

1. *y*-축(수직 축)은 잎에 있는 색소 분자의 양을 나타낸다. *x*-축(수평 축)은 색소 유형(엽록소 *a*, 엽록소 *b* 그리고 카로티노이드)을 나타낸다.

2. (a) 세 가지 변수가 제시되었다. 색소(엽록소 *a*, 엽록소 *b* 그리고 카로티노이드)의 유형과 상대적인 양, 그리고 계절(가을과 봄). (b) 잎에 있는 색소의 양을 측정하였다. 실제 수치는 제시하지 않았다. 막대가 나타내는 것은 각 색소의 상대적인 양이다.

3. 자료의 출처에 대해서는 표시하지 않았다. 표시하였다면 제시한 정보의 신빙성을 높일 수 있을 것이다. 이 자료에 대해 교재에 서술한 내용과 이 분야 전문가의 검토의견에 따르면 이 정보가 신뢰할만한 출처에서 얻은 것이라고 추정할 수 있다. 만약 이와 같은 자료가 신뢰도가 낮은 출처에서 얻은 것이라면 신뢰도와 정확도에 대해 의심할 수 있을 것이다.

4. 두 그래프는 서로 다른 두 계절 동안의 상대적인 색소 양을 나타낸다. 왼쪽 그래프는 봄, 오른쪽 그래프는 가을에 해당한다.

5. 엽록소 *a*와 엽록소 *b*의 양은 봄보다 가을에 적지만, 카로티노이드는 두 계절에 동일한 양을 유지한다.

6. 추가하면 더욱 유용할 정보는 다음과 같다. (a) 색소의 측정 단위값, (b) 색소의 양을 측정한 식물의 유형, (c) 나타낸 색소의 양이 평균값인지 또는 최소값/최대값인지 여부, (d) 자료의 출처, (e) 자료를 수집한 지역 정보, 그리고 (f) 자료를 수집한 날짜.

7. 이 자료는 정보를 알려주는 그래프이다. 가설이 제시되지 않았으며, 따라서 이 정보는 가설을 검증할 목적으로 이용된 것이 아니다. 만약 이 정보를 다른 방식—특히 가설을 제시하고 수치를 표시하는 방식—으로 제시한다면, 실험을 통해 얻은 자료 형태가 될 것이다.

복습하기

짧게 답하기

1. 화석연료는 식물과 동물의 잔재물에서 유래한 것이다. 만들어지기까지 수백만 년이나 걸리기 때문에 재생불가능한 자원으로 간주하게 된다. 오늘날 사용하는 화석연료는 그것이 무엇이든 이처럼 장구한 세월을 거쳐야 하므로 대체될 수 없을 것이다—아마도 인류가 이미 멸종한 이후에나 가능할 것이다.

2. 경사면의 꼭대기에 놓였을 때 공의 **퍼텐셜 에너지** 양이 가장 많아진다. 공이 경사면을 굴러 내려오면 퍼텐셜 에너지 양이 감소한다. 이 에너지는 경사면과 공 사이, 그리고 공기와 공 사이의 마찰에 의해 **운동에너지**와 **열**로 전환된다. 공이 바닥면에 도달해 멈추면, 퍼텐셜 에너지 양이 가장 적어지고 더 이상 운동에너지로 바뀌지 못한다.

3. 언제나 일부 에너지가 가장 유용성이 낮은 유형의 에너지인 열로 전환된다. 에너지의 높은 비율이 열로 전환된다면 효율성이 낮아진다.

4. ATP에 있는 3개의 인산기 각각은 음전하를 띠므로 서로 밀어낸다. 인산기 사이의 결합은 쉽게 끊어져 에너지를 방출한다. 세포는 이 에너지를 에너지-요구 대사과정의 동력원으로 사용할 수 있다. 세포는 에너지를 투입하여 아데노신이인산(ADP)에 인산기를 결합시켜 ATP를 재생성할 수 있다. ATP는 이런 특성으로 인해 에너지를 저장하고 운반하고 방출하는 이상적인 분자로 활용된다.

5. (a) "광" 반응에서 물 분자가 쪼개지고 O_2가 방출된다. 따라서 O_2 양을 측정하면 "광" 반응 속도를 알 수 있다. (b) 식물은 "합성" 반응에서 CO_2를 흡수 통합한다. "광" 반응에서 공급한 에너지를 이용하여 CO_2를 변형시켜 (최종적으로) 포도당을 만들어낸다. (c) CO_2를 추가 공급하면 "합성" 반응 속도가 빨라진다. 이에 따라 "광" 반응에서 공급하는 에너지를 더 많이 요구하게 된다.

6. 광합성에서는 포도당을 생산하고, 세포호흡에서는 포도당을 분해한다. 식물의 생장은 광합성 속도에 의존한다. 광합성이 더 빠를수록 더 많은 포도당이 생산되고, 더 많은 식물체 재료 물질이 합성될 수 있어서 더욱 생장하게 된다. 식물체가 생장할 때에는 광합성 속도가 세포호흡 속도보다 빠르다.

7. 루비스코는 식물의 효소이다. 이산화탄소에서 탄소를 떼어내 탄수화물을 비롯한 유기분자를 만들어낸다. 이 탄소를 이용해 캘빈회로에서 포도당을 합성해낸다.

8. 기공을 닫아 물을 보존할 수 있지만, 기체—이산화탄소와 산소—교환이 이루어지지 않게 된다. CO_2가 잎으로 들어가지 못하면 캘빈회로에서 고정할 수 없게 되어 광합성이 멈추게 된다.

9. 해당과정은 젤리 같은 액체인 세포질에서 수행된다.

10. 시안화염이 미토콘드리아에 들어가면 전자전달 사슬에 있는 효소와 결합하여 전자를 받아들이지 못하도록 한다. 이로 인해 전자전달이 멈추고 미토콘드리아막을 통과하는 양성자 펌프도 멈춘다. ATP 생성도 멈추게 되어 세포의 에너지원이 사라진다. 이것이 시안화염의 독성으로 인해 급사에 이르게 되는 이유이다.

11. ATP 합성 능력에 필수적인 미토콘드리아의 두 가지 구조적 특성은 다음과 같다. 첫째, 미토콘드리아는 "주머니-속의-주머니" 구조를 가지고 있다. 두 구역으로 뚜렷이 나뉘어 있으므로 미토콘드리아 내부에서 분자의 농도기울기를 만들어낼 수 있다. 농도기울기의 퍼텐셜 에너지를 이용해서 ATP 합성효소로 ATP를 합성할 수 있다. 둘째, 미토콘드리아의 안쪽 주머니에는 전자운반자가 배열되어 있어서 전자를 차례로 운반할 수 있으며, 전자의 에너지를 이용하여 미토콘드리아 내막 안팎에 양성자 농도기울기를 효율적으로 만들어낼 수 있다.

12. 산소는 전자전달 사슬의 마지막 전자수용체로 작용한다. 전자전달 사슬을 계단에 비유해보자. 전자가 아래 계단으로 떨어질 때마다 일부 에너지를 잃고, 이 에너지는 ATP 생성에 이용된다. 각 전자가 전자전달 사슬의 마지막(계단의 맨 아래쪽)에 도달하면, 산소가 이를 받아 수소와 합하여 물을 만들어낸다. 만약 산소가 없다면 전자가 갈 곳이 없게 되므로 계단 바닥에 쌓이게 된다. 이렇게 되면

다른 전자가 아래로 내려오지 못하게 되고, 따라서 호기성 세포호흡이 멈추고 세포의 ATP 생산 대부분도 멈춘다. 해당과정은 진행되지만, 포도당 한 분자에서 단 2개의 ATP만 만들어낸다—이것만으로는 세포 활성을 충분히 지원하지 못한다.

정답 고르기

1. e; 2. a; 3. b; 4. c; 5. d; 6. b; 7. e; 8. b; 9. e; 10. d

CHAPTER 6

도표로 배우기

1. 도표에 있는 종들 중에서, 사람의 경우 98%로 "잡동사니 DNA"의 비율이 가장 크다. 반면 대장균은 10%로 "잡동사니 DNA"를 가장 작은 비율로 가지고 있다.

2. 막대그래프에서 색칠되지 않은 부분은 각 생물 종이 가지고 있는 단백질을 암호화하지 않는 DNA(때로는 "잡동사니 DNA"라고 불리기도 함) 비율을 나타낸다. 막대그래프에서 색칠된 부분은 단백질을 암호화하는 DNA 비율을 나타낸다.

3. 아니다. 생물 종마다 얼마나 많은 암호화 DNA를 가지는지 순서대로 나열할 수 없다. 도표에서는 종마다 각각 단백질을 암호화하지 않는 DNA의 비율만을 나타내고 있다. 데이터는 단백질을 암호화하는 또는 암호화하지 않는 DNA의 절대적인 양에 대한 어떤 정보도 제공하지 않고 있다. 심지어는 단백질을 암호화하는 DNA 비율이 높은 대장균의 경우에도 실제 유전자의 수(대략 5,000개)는 인간의 유전자 수(대략 2만 개)보다 훨씬 적다.

4. 도표에 있는 종들의 경우, 단백질을 암호화하는 DNA의 비율과 그 생명체의 복합성 사이에는 어떤 연관성도 없어 보인다. 예를 들어, 사람이 파리나 선충보다 덜 복잡해 보이지 않는다. 또 선충이 대장균보다 덜 복잡해 보이지 않는다.

5. *x*축(수평축)은 단백질을 암호화하는 DNA비율을 나타낸다. *y*축(수직축)은 생물 종들을 나타낸다. 일반적으로 *x*축은 독립변수를 그리고 *y*축은 종속변수를 보여준다. 그러나 이 막대그래프에서는 생물 종들이 *y*축에 나열되어 있고, 막대가 수직(보다 일반적이다)이 아니라 수평으로 그려져 있다. 만일 *x*축과 *y*축을 바꾼다면 그림은 보다 전형적인 막대그래프처럼 보일 것이다.
그러나 독립변수가 여전히 "단백질을 암호화하는 DNA 비율"이므로, 그림에 대한 해석은 달라지지 않는다. 이처럼 데이터를 나타내기 위해서 몇 개의 그림을 삽입하는 것이 단순한 표보다 효과적이다. 그림에서 우리가 관심이 있는 중요한 부분인 단백질을 암호화하는 DNA 비율은 그 중요도에 따라서 어둡게 색칠된 바로 나타내었다. 따라서 단백질을 암호화하는 DNA의 양적 차이(상대적인 차이)를 즉각적으로 알 수 있고, 숫자를 읽기도 전에 의미하는 바를 이해할 수 있다. 표에서 각 생명체의 이름을 적는 것보다 각 생명체의 그림을 사용하는 것은 제시된 데이터를 더 쉽게 이해하는 데에 도움을 준다.

6. 데이터는 유전체 크기에 대한 정보를 제공하지 않는다. 따라서 종마다 전체 유전체 크기가 다양함으로 인해서 혼동되지 않고 단백질을 암호화하는 DNA 비율에 있어서 생물 종들이 얼마나 다양한지를 평가할 수 있도록 한다. 예를 들어, 비암호화 DNA 비율이 클수록 생물 종이 더 복잡해 보이도록 한다(유전체 크기와 복합성은 다른 문제—흥미로운 문제—이지만 이 그림에서는 언급되지 않는다)

7. 적어도 두 가지 중요한 결론을 도출할 수 있다. 첫째, 많은 종들에서 유전체의 상당 부분(실제로는 대부분)이 단백질을 암호화하지 않는다는 것은 흥미롭고 예상치 못했던 발견이다. 둘째, 도표에 나와 있는 종들에서는 단백질을 암호화하는 DNA 비율과 어떤 연관성도 없어 보이고, 생물 종의 복잡성에 대한 어떤 언급도 없다. 만일 생물 종들간의 차이에서 어떤 연관성이 있다면 오히려 반대로, 더 복잡한 생물일수록 더 높은 비암호화 DNA비율을 가져야 할 것으로 보인다.

복습하기

짧게 답하기

1. 생물학적인 증거가 이용 가능하다면, DNA를 사용하여 높은 정확도로 범죄자를 식별할 수 있다. DNA는 또한 용의자를 밝히고 잘못 고발당하거나 유죄 판결을 받은 범인의 무죄를 입증할 수 있다.

2. DNA 분자는 티민을 30% 가지고 있을 것이다. 시토신 염기(20%)는 구아닌 염기와 상보적이므로 구아닌 또한 20%이고, 따라서 모두 합치면 40%이다. 나머지는 티민과 아데닌인데, 티민과 아데닌은 상보적이므로 동일한 양으로 존재한다. 따라서 DNA는 30%의 티민과 30%의 아데닌을 가진다.

3. 유전암호를 가지고 있는 염기가 당-인산 골격에 의해서 제자리에 위치할 수 있도록 붙잡고 있다.

4. 많은 "잡동사니 DNA"의 정확한 기능은 밝혀지지 않았다. "잡동사니 DNA"는 유전자들 내에 위치한 인트론이라 불리는 DNA 서열뿐만 아니라 유전자 바깥쪽의 비암호화 DNA 서열로 이루어져 있다. 비암호화 DNA 서열은 유전자의 중복, 유전자 절편, 위유전자 그리고 스위치 역할을 담당하는 DNA로 이루어져 있다. 이 DNA가 어떤 기능을 가지는지 아직 완전히 밝혀지지 않았기 때문에 "잡동사니"라는 말은 정확한 용어가 아니다.

5. 전사는 핵 안에서 DNA를 주형으로 하여 mRNA를 만드는 과정이다. 이후 mRNA의 뉴클레오티드 서열은 단백질의 아미노산 서열 지정에 사용되는데, 단백질은 세포질에 있는 리보솜에서 합성된다. DNA는 핵에만 위치하므로 번역을 위해 정보를 세포질로 옮기기 위해서는 mRNA가 필요하다. 전사는 번역을 위해 요구되는 명령을 제공하며, 이 과정은 역순으로 일어날 수는 없다.

6. 전령 RNA는 단백질 합성 장소를 제공하는 리보솜으로까지 이동해야 한다. 리보솜은 세포질에 있는데, ER에 부착되어 있거나 세포질에 자유롭게 떠있다.

7. 운반 RNA 분자는 안티코돈 서열에 따라 특정 아미노산을 mRNA-리보솜 복합체에서 만들어지고 있는, 신장 중인 아미노산 사슬에 전달한다. 특정 아미노산을 운반하는 각 tRNA 분자는 mRNA에 있는 코돈이라 불리는 상보적인 RNA 서열에 결합한다. 따라서 올바른 아미노산 서열을 가진 단백질이 새롭게 합성되도록 한다.

8. 대장균은 선호하는 연료인 포도당은 없고 젖당이 있는 환경에 살게 되면, *lac* 오페론 바깥쪽의 조절 부위에서 합성된 억제자 단백질에 젖당이 결합한다. 이는 억제자의 형태 변화를 일으켜서 억제자가 *lac* 오페론의 작동 부위에 결합하지 못하게 한다. 따라서 RNA 중합효소는 *lac* 오페론의 프로모터에 결합하여 젖당 대사에 필요한 효소를 만들기 위해 요구되는 mRNA의 전사를 시작한다.

9. 돌연변이를 통해 진화가 일어난다. 유전체에 새로운 대립유전자가 더해져서 새로운 형질이 나타날 수 있고, 그 새로운 형질이 과거에는 없었던 생식적 이점을 제공할 수도 있다.

10. 이 유전질환은 유전자 돌연변이에 의해서 리소솜에 있는 지질분해에 관련된 효소가 영향을 받아서 발생한 것이다. 리소솜에 소화되지 못한 지질이 축적되어 부풀어 올라 세포를 꽉 채우게 되면 세포는 죽는다. 테이삭스 질병을 가진 사람은 이런 과정의 결과로 인해 결국에는 사망하게 된다.

정답 고르기

1. e; 2. e; 3. b; 4. c; 5. d; 6. d; 7. b; 8. c; 9. b; 10. b

CHAPTER 7

도표로 배우기

1. 원그래프에 따르면, 미국에서 재배되는 옥수수의 92%가 유전적으로 변형되었다.

2. 원그래프는 단지 유전적으로 변형된 옥수수의 비율—양이 아니라—을 보여주고 있으므로, 하나의 작물이 다른 작물보다 많은지 아닌지를 이 그래프로는 판단할 수 없다. 만일 원그래프가 각 재배 작물의 양을 나타낸다면 유전적으로 변형된 옥수수와 유전적으로 변형된 면화 중에서 어떤 것이 더 많은지를 판단할 수 있을 것이다.

3. 미국에서 재배되는 면화, 옥수수 그리고 콩 대부분은 유전적으로 변형되었다. 유전자변형 곡물의 사용에 대한 의견은 유용한 과학적 데이터를 기반으로 해야만 한다.

4. 절대량을 보여주는 것보다 각 작물의 비율을 보여주는 것이 데이터를 더 쉽게 이해하는 데 도움이 된다. 이와 같은 원그래프의 주된 목적은 미국에서 재배되는 작물 대부분이 유전적으로 변형되었음을 보여주는 것이다. 작물의 양을 보여주는 것은 이런 목적을 해칠 뿐이다.

5. 이 사실과 함께, 왜 세계의 다른 지역에서는 유전자변형 곡물의 비율이 더 작은지를 조사한다면 흥미로울 것이다.

6. 여러 종류의 그래프를 만들 수 있다: (a) 연도마다 유전자변형 작물의 비율을 보여주는 일련의 원그래프; (b) 연도마다 비율을 막대로 나타내는 막대그래프, x축은 연도를 y축을 재배되는 유전자변형 곡물의 비율을 의미; (c) 선그래프, x축은 연도를 y축을 재배되는 유전자변형 곡물의 비율을 의미. 각 연도에 해당하는 데이터 지점을 연결하여 나타낸다. 그림에 있는 그래프를 통해 알 수 있는 가장 명확한 결론은 2001년부터 2010년까지 미국에서 재배되는 유전자변형 작물의 비율이 급격하게 증가하였다는 것이다. 비율은 점차 늘고 있지만, 증가율은 둔화하여 2016년도에 거의 정체기에 도달한 것으로 보인다.

복습하기

짧게 답하기

1. CRISPR는 매우 정확하고 효율적으로 유전자를 편집할 수 있는 유전자 편집(DNA 편집) 시스템이다. CRISPR는 "clustered regularly interspaced short palindromic repeats"를 의미한다. 원래는 바이러스로부터 유래하였지만, 세균의 유전체 안으로 삽입되어 치명적일 수 있는 바이러스에 감염되었을 때 바이러스에 저항하도록 도와주는 DNA 구조이다. CRISPR는 다음과 같이 생명공학에 사용된다: (a) 관심이 있는 DNA 염기서열을 발견한 후, 절단될 표적 유전자에 딱 맞는 염기서열을 가진 RNA "가이드"를 합성한다. (b) CRISPR RNA와 Cas9 효소를 위한 염기서열을 플라스미드 벡터를 사용하여 표적 세포에 도입한다. (c) 세포에서, RNA는 Cas9 효소를 DNA 상의 예상 위치로 정확하게 안내하고, 효소는 그 지점에서 DNA를 자른다. (d) 잘린 위치에서, 염기서열이 삽입되면 숙주세포의 DNA를 수선하거나 어떤 방법으로든 간에 변화시킨다.

2. "유전자변형 식품이 해롭다"는 가설이 잘못되었다는 것을 입증하는 것은 불가능하다. 왜냐하면, 어떤 연구가 GMO가 암을 일으키지 않음을 보여주지만, 불임을 일으킬 가능성을 배제하지 못한다. 또 다른 연구가 GMO가 암이나 불임을 일으키지 않음을 보여주지만, 자폐증을 일으킬 가능성을 배제하지는 못하기 때문이다. 가능성은 끝이 없다. 그러나 이것은 GMO 사용에 대한 끊임없는 반대를 위한 합리적인 논쟁은 아니다. 대신에 각각의 연구에서 잠재적인 위험에 대한 특별한 질문에 답을 찾고 그것에 접근할 수 있는 방법을 찾아야만 한다. 이런 식으로 각 연구 조사가 증거에 합쳐져 누적됨으로써 GMO 안정성에 대한 신뢰를 줄 수 있다: 이것이 현재 미국에서 진행되고 있는 접근 방식이다.

3. 두 가지 예는 다음과 같다: (a) 여러 유형의 작물이 살충제를 만드는 유전자를 유전체에 삽입되도록 유전적으로 조작되었다. 이는 살충제의 사용을 줄이고 농부에게 비용을 감소시켜 주었으며 작물 손실도 감소시켰다. (b) 여러 유형의 식물이 제초제에 저항성을 가지도록 유전적으로 조작되었다. 작물이 있는 들에 제초제를 뿌리면 작물은 해를 입지 않고 잡초만 죽는다. 경작은 덜 해도 되었고 작물 생산량은 증가하였다.

4. 농부들이 유전자변형 작물을 더 많이 사용할수록, 작물 군집에서의 유전적 다양성은 줄어든다. 유전적 다양성이 없어지면, 가뭄, 곤충이나 곰팡이 감염과 같은 환경의 변화에 더욱 취약하게 된다. 식물 집단은 이러한 스트레스 요인에 저항할 수 있는 유전적 잠재력—즉, 대립유전자의 다양성—을 더이상 갖지 못한다.

5. **농업에서의 진보**: 생산성을 향상하기 위해서, 가뭄이나 곤충과 같은 환경 압력에 저항하기 위해서 그리고 추가적인 영양분을 제공하기 위해서 식물과 동물이 유전적으로 변형할 수 있다. 더 많은 사람에게 더 많은 식량을 제공하여 영양 건강을 향상할 수 있다. **질병 치료와 의약품 생산**: 오늘날의 의약품 대부분은 생명공학에서부터 온 것으로 사람들의 수명을 늘리고 생명을 구한다. 예를 들어, 사람 인슐린 유전자는 세균의 DNA에 삽입되면 인슐린을 생산하여 당뇨병 환자에게 쓰일 수 있다. 비록 많은 가능성을 가지고는 있지만, 유전자 치료법은 아직까지 기대했던 것만큼 유익하지는 않다. **클로닝**: 농업에서는 한 세대에서 다음 세대까지 유익한 형질을 유지하기 위해 동물 유전자를 클로닝한다. 조직과 기관의 클로닝은 사람의 질환을 치료할 수 있도록 한다. 책임감 있게 사용되면, 클로닝은 인류의 건강과 영양을 향상하는 데 도움을 준다.

6. 많은 유전병은 특정 유전자에서 2개의 열성 대립인자를 가질 때 나타나기 때문에, 현재는 질병에 대한 증상을 나타내지 않더라도 해로운 대립인자를 보유하고 있을 수 있다. DNA 검사는 보인자인지 아닌지를 알려준다. 만일 예비 부모 둘 다 보인자라면, 유전 상담과 의학적 대안을 모색할 수 있다.

7. 농부들이 원하는 형질을 가진 동물을 만들기 위해서 전통적인 육종기술을 사용하는 것은 시간이 오래 걸리고 세대를 거듭하며 원하는 형질을 유지하기 힘들다. 동물 클로닝은 원하는 형질이 유지될 수 있게 한다.

8. STR 부위는 4~5개의 반복적인 염기가 있는 위치를 말하는데, 사람에 따라서 그 수가 다르고 동일한 사람의 상동 염색체에서도 그 수가 다르다. 구조유전자의 경우와 마찬가지로, 사람은 STR 부위에 대한 2개의 대립유전자를 가지고 있으며, 부모로부터 각각 유전된 것이다. 그리고 하나의 대립유전자는 절반의 생식세포로, 그리고 또 다른 대립유전자는 다른 절반의 생식세포로 전달된다. 한 집단 내에서, STR 부위에 대한 변이는 상당히 많다. STR 부위는 20~30가지의 다른 대립유전자를 가질 수 있다. 대부분 구조유전자는 변이가 적다: 한 집단 내에서, 단지 1개의 대립유전자에 대한 복사본을 가지거나 때로는 하나의 유전자에 대한 2개 이상의 대립유전자를 가지기도 한다. 구조유전자는 생명체의 표현형에서 관찰되는 구조적인 형질을 암호화한다. STR 부위는 어떤 단백질 산물도 암호화하지 않으며 표현형에서 나타나지 않는다.

정답 고르기

1. e; 2. a; 3. e; 4. c; 5. d; 6. a; 7. b; 8. c; 9. a; 10. d; 11. a

CHAPTER 8

도표로 배우기

1. 이 그래프에 따르면, 35세 여성으로부터 태어날 아이가 다운증후군일 확률은 살아있는 태아를 기준으로 (1,000명의 살아있는 태아 중 4명이 해당하는 것을 전제하면) 1/250이다. 한편으론 이 그래프가 1,000명의 살아있는 태아 중 3명이 다운증후군임을 나타내므로, 다운증후군 확률은 살아있는 태아를 기준으로 1/333.3이라고 해석할 수 있다.

2. 45세 여성은 살아있는 태아 1,000명당 20명의 다운증후군 아이를 낳는데, 이는 이 여성들이 다운증후군보다는 그렇지 않은 아이를 더 많이 낳게 된다는 것을 의미한다. 이 경우, 다운증후군 아이를 낳을 확률은 살아있는 태아를 기준으로 1/50이다.

3. 아니다. 이 그래프는 1,000명의 살아있는 태아를 기준으로 다운증후군 아이의 출현 정도만을 나타낸 것이다. 이 그래프는 여성의 연령별로 태어난 다운증후군 아이의 전체 수를 나타낸 것이 아니다. (주의: 태어난 모든 아이의 수를 비교한 결

과, 35세 이하에서 이 수가 가장 큰 것을 감안해 볼 때, 다운증후군 아이 대부분은 이 연령대 여성으로부터 태어난 것이다.)

4. 45세 이상 여성에 대한 정보가 없다. 45세 이상의 여성이 제외된 이유는 이 연령대 여성들은 극소수만이 아이를 출산하므로 관련 자료가 부족하기 때문이다. (주의: 일부 연구에 따르면 47세 이후에 이 위험성은 조금 감소한다고 한다. 그러나 이에 대해서는 더 많은 연구가 필요하다.)

5. 이 그래프는 살아있는 태아를 기준으로 한다. 초기 또는 후기 유산, 또는 임신 중절 등으로 사라진 21번 삼염색체성인 태아는 이 자료에 포함되지 않는다.

복습하기

짧게 답하기

1. 세포의 말단부를 재생하면 암세포로 전환될 수 있다. 이런 종류의 처리를 받은 사람은 암에 걸려 죽을 가능성이 더 커진다.

2. 원핵세포는 전형적으로 세포막에 결합한 원형의 염색체를 지니지만, 진핵세포는 핵 내에서 자유롭게 떠 있는 선형의 염색체를 지닌다. 진핵세포는 원핵세포에 비해 더 많은 유전물질을 갖고 있다. 진핵세포는 전형적으로 부와 모 배우자가 제공한 2개(또는 종종 더 많은)의 염색체 복사본을 갖고 있다. 원핵세포는 유성생식을 하지 않으므로 여러 복사본의 염색체를 갖고 있지 않다.

3. 진핵생물 세포주기의 주요한 두 단계는 세포가 성장하고 분열을 준비하는 시기인 간기와 핵과 유전 물질이 나뉘고, 이후 나머지 세포 내용물도 나뉘는 유사분열기(또는 M 단계)이다. G_1기 동안, 세포는 성장하고 단백질 합성과 노폐물 제거 등과 같은 정상적인 기능을 나타낸다; 세포는 대부분 시간 동안 G_1기에 있다. 일부 세포는 세포분열이 일어나지 않는 일명 G_0기, 즉 (며칠 또는 심지어 몇 년 동안) 휴지 단계에 들어가기도 한다. 유사분열이 예정된 세포는 각각 정확하게 똑같은 사본을 갖도록 염색체가 복제되는 S 단계(DNA 합성)에 이르게 된다. G_2기에서는 세포는 성장이 더 크게 일어나고 분열에 대비한 단백질 합성이 일어난다. M 단계 또는 유사분열기에는 염색체를 포함한 핵이 분열된다. 이후 세포질분열이 일어나 두 딸세포의 세포질이 분리된다.

4. 간기의 S 단계(DNA 합성) 동안, 세포는 DNA를 복제하여 각 염색체의 복사본(자매 염색분체)을 만든다. 이 과정이 끝나면 세포는 2개의 동일한 딸세포로 분열할 준비가 된 것이다.

5. 암세포가 정상 세포와 다른 점은 다음과 같다. (a) 접촉 방해가 없다. (b) 무한하게 세포가 분열한다. 그리고 (c) 감소한 "접착성"을 나타낸다. 이러한 암의 성질은 죽음을 간접적으로 유발하는 원인이다. 많은 경우, 암세포 집단이 정상의 건강한 세포들을 압박하여 기관과 기관계가 기능하지 못하게 한다.

6. 감수분열 동안 두 번의 세포분열이 일어난다. 첫 번째 분열은 2개의 딸세포로 균등하게 상동염색체를 분리한다. 두 번째 분열은 4개의 딸세포로 자매염색분체를 균등하게 분리한다. 배우자라 일컫는 4개의 딸세포는 각 염색체의 단일 복사본만 가지는 반수체이다. 수정(두 배우자의 합체) 동안 반수체 배우자는 융합하고 수정된 난자는 (즉, 각 염색체당 두 복사본을 가진) 이배체로 회복된다. 배우자가 반수체가 아니라면, 수정은 자손 세대가 이어질수록 염색체가 증가하는 결과를 유발하게 될 것이다.

7. 유성생식은 다음과 같은 이유로 유전적 다양성을 만들기 때문에 새로운 대립유전자를 만들 필요가 없다; (a) 수정 동안, 다른 두 부모에서 유래한 대립유전자가 두 부모와 다른 유전적 조성을 가진 자손을 만드는 데에 기여한다. (b) 감수분열 전기 I 동안 일어나는 교차로 인해 자매염색분체에 있는 부와 모의 유전 정보가 섞이게 된다. (c) 상동염색체들이 제1 감수분열 동안 딸세포 내에 임의로 분포하게 되어 부와 모의 염색체가 섞이는 결과를 낳는다.

8. 교차 동안, 자매염색분체는 부와 모 염색체의 상동 쌍 사이에서 동일한 크기의 조각을 교환하여 유전적으로 더 이상 동일하지 않은 염색분체들을 만들게 된다. 이로 인해 유전적으로 부모와는 다른 자손만의 고유한 유전적 조합이 만들어지는데, 이러한 유전적 변이는 진화 과정에서 자연선택이 작용할 수 있는 대상이다.

9. 상염색체는 성과 관련되지 않은 형질을 위한 유전 정보를 지닌다. 성염색체는 암컷 또는 수컷으로 신체가 발생하도록 명령하는 유전 정보를 담고 있다.

10. X 염색체와 다르게 Y 염색체에는 정상적인 발생에 필수적인 유전 정보가 없다. 매우 작은 Y 염색체에 담긴 유전 정보는 수컷 생식소 발생만을 위한 것이다.

정답 고르기

1. c; 2. b; 3. c; 4. a; 5. e; 6. d; 7. b; 8. d; 9. b; 10. e

CHAPTER 9

도표로 배우기

1. *CC* 유전자형을 가진 사람들의 새로움 추구에 대한 평균 점수는 25이다. (반면 *CT* 또는 *TT* 유전자형을 갖는 사람들의 평균 점수는 20정도이다.)

2. *CC*는 "프로모터의 다형성(promoter polymorphism) −521C/T"을 위한 유전자형으로, 도파민 수용체 유전자의 전사율을 조절한다. 이 유전자는 뇌의 쾌락 중추의 활성에 영향을 준다. 2개의 다른 대립유전자—*C*와 *T*—가 있는데, 각 개인은 이 둘을 하나씩을 갖거나 *C*를 2개 갖거나 또는 *T*를 2개 갖는다. *T* 대립유전자를 하나 또는 2개 가지면(*CT* 또는 *TT*), 도파민 수용체 유전자의 전사가 감소하는 것으로 보인다: *CC* 유전자형은 수용체 유전자 활성이 높으며 새로움 추구 행동이 더 크다.

3. 초기 연구에서 제시된 자료는 두 그룹(첫 번째 그룹은 *CC*, 두 번째 그룹은 *CT* 또는 *TT*)에 있는 사람들이 새로운-추구에 대한 설문에서 획득한 점수(동일한 그룹에 있는 사람들이 완전히 동일한 점수를 가질 것이라고 기대되지 않는다)가 얼마나 차이를 보이는지에 대한 정보를 제시하였다. 2개의 커다란 막대로 이러한 다양성을 보여주고 있다. 각 그룹에서 보이는 다양성이 작을수록 두 그룹 간의 차이가 진정한 차이를 나타낼 가능성이 커진다.

4. 수직 막대가 0에 있다면, *CC* 유전자형과 *CT* 또는 *TT* 유전자형을 가진 개인들이 새로운 추구에서 획득한 점수에 차이가 없음을 의미한다. 만일 모든 수직 막대가 0에 있다면, 11개 연구에서 *CC* 유전자형의 사람이 새로움 추구에서 획득한 점수가 *CT* 또는 *TT* 유전자형을 가진 사람이 획득한 새로운 추구 점수보다 크지 않음을 의미한다. 그렇다면 이 유전자가 새로움 추구에 영향을 미치지 않는다고 더욱 확신하게 된다.

5. 11개의 다른 연구에서 참가자들이 정확히 동일하지 않다. 실제 나이, 성별, 직업 그리고 조상이 다른 참가자들을 대상으로 연구하였다. 또한, 참가 인원수도 달리하였고 새로움 추구에 대한 설문도 다른 질문을 사용하였다. 이런 다양성은 메타분석 연구에서 중요하다. 관련된 연구 가설을 다루는 많은 연구의 결과를 통합함으로써 현상에 대한 보다 정확한 해답을 얻을 수 있다. 단일 연구는 진정한 효과를 드러낼 만큼 충분한 힘을 갖지 못한다.

6. *CC* 유전자형이 *CT* 또는 *TT* 유전자형의 사람보다 새로움 추구에 대해 더 높은 점수를 획득했음을 보여주는 어떤 하나의 연구결과는 흥미롭고 자극적이지만, 완전히 설득력은 없다. 선택된 연구 참여자들의 집단, 참여자들의 수, 유전자형을 결정하기 위해서 사용된 실험방법, 설문 당시의 상황들 그리고 광범위한 무의식적이거나 부주의로 인한 편견 또는 연구의 일부 과정에서 숨겨진 편견과 관련된 의문이 남아있다.

복습하기

짧게 답하기

1. 자손은 부모로부터 유전자를 물려받으므로 생물학적인 부모와 닮는다. 유전자는 부모와 자손이 공유하는 신체적인 특징을 결정짓는 형질을 암호화한다.

2. Gregor Mendel은 한 세대에서 다음 세대로 어떻게 형질이 유전되는지 이해하기를 원했다. 유전양상을 이해하기 위한 연구에, 쉽게 관찰할 수 있는 형질을 선택하여 종류별로 나눈 뒤 개체 수를 셀 수 있는 완두를 실험을 위해 조작하고 이용했다.

3. 이배체 개체의 세포—생식세포는 예외—는 각 유전자에 대한 2개의 복사본(대립유전자)를 가진다. 한 쌍의 상동염색체 각각에 하나씩의 대립유전자가 있다. 자손이 동일한 수의 염색체와 유전자를 물려받기 위해서, 부모 각각의 배우자로부터 단지 한 개의 복사본만을 받아야 한다. 이 두 개의 배우자가 합쳐져 하나의 이배체 접합자를 형성한다.

4. **표현형**은 육체적인, 생리적인 또는 행동적인 특성으로 대립유전자가 표현되는 것을 말한다. **유전자형**은 발현되는 표현형을 결정짓는, 한 개체가 물려받은 대립유전자를 의미한다.

5. 만일 한 개체가 유전자형을 모르는 우성형질을 나타낸다면 검정교배를 통해서 유전자형(이형접합인지 동형접합인지)을 알 수 있다. 이 개체를 해당 형질에 대한 열성 동형접합 개체와 교배를 시키면 된다. 만일 모든 자손이 우성형질을 나타낸다면, 그 개체의 유전자형은 우성 동형접합이다. 만일 자손의 절반이 열성형질을 나타내고 절반이 우성형질을 나타낸다면, 그 개체의 유전자형은 이형접합임이 틀림없다.

6. "보인자"는 열성 대립유전자에 대한 한 개의 복사본을 가진 개체를 말한다. 밖으로 드러난 단서를 통해서는 개체가 열성 대립유전자를 가지고 있음을 알 수 없다.

7. 불완전 우성에서, 어떤 형질에 대해 이형접합인 개체는 두 대립유전자와 관련된 중간 표현형을 나타낸다. 금어초의 꽃이 예이다. 만일 순종인 빨간색 꽃을 가진 식물이 순종인 흰색 꽃을 가진 식물과 교배하면, 자손은 모두 빨간색과 흰색의 중간에 해당하는 분홍색 꽃을 가진다.

8. 겸형혈구증에 대해 이형접합인 사람은 말라리아에 저항성을 가진다. 말라리아를 일으키는 기생충이 겸형적혈구—헤모글로빈에 결함이 있는 적혈구—에서 오랫동안 생존하지 못하기 때문이다.

9. X 염색체와 Y 염색체는 성염색체다. 크기가 더 큰 X 염색체에는 더 많은 유전자가 존재하며, Y 염색체에는 상응하는 대립유전자가 존재하지 않는다. 만일 X 염색체 상에 있는 열성 대립유전자가 남성(XY)에게 유전된다면, 대립유전자는 항상 발현될 것이다.

10. PKU를 가진 사람은 페닐알라닌을 타이로신을 전환하는 데 필요한 효소에 대하여 결함이 있는 대립유전자를 물려받았다. 이런 사람은 세포에 페닐알라닌이 축적되며, 결국 독성을 나타내는 수준까지 쌓이게 된다. 만일 식습관—환경—을 바꿔서 페닐알라닌을 거의 배제한다면, 체내에 페닐알라닌이 독성 수준으로 증가하지 않게 된다.

11. Mendel의 두 번째 법칙은 하나의 형질이 또 다른 형질의 유전에 영향을 주지 않는다는 것이다. 그러나 동일한 염색체에 위치하는 대립유전자—특히, 가까이 위치하는 경우—에 의해 결정되는 형질에서는 사실이 아니다. 하나의 염색체가 유전될 때, 대립유전자들은 하나의 그룹을 이루며 함께 유전된다.

12. 감수분열과정 동안, 각 염색체의 두 복사본 중에서 단지 하나만이 배우자 안으로 들어간다. 복사본은 엄마로부터 또는 아빠로부터 전해진 것이다. 엄마나 아빠로부터 유래한 염색체 상의 대립유전자들은 모두 그룹을 이루어 수정 시 자손에게 전달된다. 감수분열 과정 동안 재조합이 일어나지 않는다면 대립유전자들은 함께 있을 것이다. 쌍을 이루고 있는 다른 염색체와 하나 이상의 대립유전자가 교환되면, 이제 그 염색체 상에 있던 대립유전자들과 연관된다. 하나의 염색체에서 가까이 위치한 2개의 유전자는 재조합이 일어나서 나뉠 확률이 낮다.

정답 고르기

1. a; 2. e; 3. e; 4. a; 5. e; 6. c; 7. e; 8. d; 9. b; 10. a

CHAPTER 10

도표로 배우기

1. 곡선에서 부리의 평균 크기(길이)를 mm로 나타낸다.

2. 짧은 부리를 가진 새는 습할 때 생존할 가능성이 더 커지지만, 더 길고 큰 부리를 가진 새는 가뭄 동안에 생존할 가능성이 더 커지므로, 새 개체군의 평균 부리 크기는 해마다 다르다.

3. 이 정보를 통해 평균 부리 크기에 대한 가뭄 및 습한 조건의 영향을 알 수 있다. 평균 부리 크기는 습한 조건보다 가뭄 조건에서 더 크다.

4. 평균 강수량에 대한 데이터가 제시되면 평균 부리 크기를 정성적으로 예측할 수 있을 것이다. 부리는 평균적으로 가뭄 조건에서 더 길고 습한 조건에서 더 짧다.

5. 그래프에 표시된 것처럼 최적의 부리 크기는 없다. 부리 크기는 강수량에 따라 다르다. 하나의 최적의 부리 크기가 있다면 강수량의 변화에 따른 평균 부리 크기의 변화는 없을 것이다.

6. 이 연구에서 조사한 핀치새의 평균 부리 크기는 갈라파고스 제도의 강수량에 따라 다르다.

복습하기

짧게 답하기

1. 초파리는 약 2주 만에 성숙기에 도달하므로 과학자는 기아 내성 실험 중에 여러 세대를 연구할 수 있다. 성숙기가 늦은 생물의 경우 기아 내성 실험과 같은 연구를 완료하려면 수년이 걸릴 것이다.

2. 일반적으로 다음과 같이 사고하였다.: (a) 성경 기록과 같이 지구의 나이는 약 6,000년에 불과했다. (b) 가끔 지진, 홍수 또는 화산 폭발을 제외하고, 지구는 시간이 흘러도 크게 변하지 않았다. (c) 인간을 포함한 모든 종은 동시에 창조되었으며, 종은 절대 변하지 않거나 소멸하지 않는다.

3. 다윈은 여전히 같은 지역에 사는 종과 매우 유사한 많은 화석을 발견했다. 그는 또한 갈라파고스 제도의 핀치새가 모두 같은 종이라고 가정했지만 섬마다 물리적 특성이 다르다는 사실도 알아냈다. 런던에 있는 동물학회의 생물학자들은 나중에 13종의 핀치새가 있다는 것을 발견했다. 이 모든 종은 에콰도르에서 가장 가까운 본토에 있는 한 종의 핀치새와 매우 흡사했다.

4. 진화는 시간이 지남에 따른 개체군 내의 유전적 변화이다. 개체군 내에서 대립유전자 빈도의 변화는 자연선택, 돌연변이, 유전적 부동 및/또는 이주의 결과로 발생한다.

5. 대립유전자에 대한 고정은 유전적 부동의 결과로서, 대립유전자 빈도가 모집단에서 100%가 될 때 발생한다. 결과적으로, 해당 유전자에 대한 유전적 변이는 없다. 개체군은 환경 변화에 덜 적응할 수 있으므로 이것은 해로울 수 있다.

6. 대립유전자가 번식 성공도에 영향을 미치지 않는 한, 열성 대립유전자의 빈도는 개체군에서 변하지 않는다. 열성 대립유전자가 번식 성공도에 영향을 미치는 경우 빈도가 변경한다. 번식에 부정적인 영향을 미치는 열성 대립유전자는 빈도가 감소하고, 번식 성공도를 향상하는 열성 대립유전자는 빈도가 증가한다.

7. 적응도는 개인의 번식 성공도를 측정하는 척도이다. (a) 생물의 적응도는 사는 환경에 달려 있다. 생물은 한 환경에 더 적응할 수 있지만 다른 환경에는 덜 적응할 수 있다. (b) 적응도는 같은 환경에 있는 다른 생물의 적응도에 대해 상대적이다. 한 개체의 적응도는 특정 유전자형 및 표현형을 가진 다른 개체의 적응도와 비교하여 측정된다. (c) 개체의 상대적 적응도는 같은 개체군의 같은 종의 다른 개체와 비교하여 측정된다. 다른 개체보다 더 자주 번식하는 개체는 사망 연령에 관계없이 더 적응한 것이다.

8. 항생제 사용은 환경적 압력을 생성하는데, 항생제에 대한 내성을 부여하는 하나 이상의 대립유전자를 가진 세균은 그러한 대립유전자를 보유하지 않는 세균보다 생식할 가능성이 더 크다. 시간이 지남에 따라 항생제 내성 대립유전자를 가진 세균이 개체군에서 더 높은 빈도로 나타난다. 다른 항생제가 도입되면 해당 항생제에 대한 내성을 부여하는 개체군에 존재하는 다른 대립형질이 시간이 지남에 따라 더 빈번해질 것이다.

9. (a) 자연선택에는 시간이 필요하다. 때로는 환경에서 일어나는 변화의 속도가 허용하는 것보다 더 많은 시간이 필요하다. 세계의 환경은 끊임없이 변화하고 있으며, 생물이 적응도를 유지하려면 지속적인 진화적 변화가 필요하다. 모든 환경에 완벽한 단일 생물은 절대 진화하지 않는다. (b) 돌연변이는 생물의 필요와 관계없이 발생하기 때문에 새로운 돌연변이(즉, 새로운 대립유전자)는 생물이 환경 변화에 적응하는 데 필요한 돌연변이가 아닐 수 있다. (c) 하나 이상의 대립유전자가 환경의 선택에 적합할 수 있으므로, 단일 최적 적응은 없다.

10. 대부분 아기는 안정성 선택의 결과로 출생 시 체중이 약 3.2 kg이다. 현대 의학의 발달로 매우 저체중의 미숙아가 생존하고 제왕절개를 통해 매우 큰 아기를 분만할 수 있게 되었다. 이는 태어날 아기의 크기에 있어서 극단적인 크기를 제거하는 선택을 막았고, 앞으로 더 많은 수의 극단적인 크기(작거나 크거나)의 아기가 더 많아질 것이다.

11. 생물지리학 분야의 과학자는 종이 인근 지역으로 이동하고 새로운 서식지에 적응하는 것을 관찰했다. 160 km 미만에서 떨어져 살고 매우 다른 서식지를 차지하는 여러 종은 수천 km 떨어진 매우 유사한 서식지를 차지하는 종과 닮는 것보다 서로를 더 닮는다. 이것은 지리적으로 가까운 종들 사이에서 공유된 공통 조상을 암시한다. 호주 대륙에서 한 예가 발견된다. 유대류가 차지한 호주의 많은 자리는 다른 곳에서는 태반 포유류가 차지할 것이다. 예를 들어, 현재 멸종한 것으로 여겨지는 태즈메이니아늑대는 회색 늑대와 같은 유형의 서식지를 차지했다. 그러나 태즈메이니아늑대는 수천 km 떨어진 곳에서 발견되는 회색 늑대보다 호주에 사는 다른 유대류와 훨씬 더 밀접한 관련이 있다.

12. 상사 구조는 유사한 기능을 가지며, 수렴진화의 결과로 발달하여 관련 없는 종의 다른 출발점(재료)으로부터 형성된다. 예를 들어, 곤충, 새, 박쥐의 날개는 모두 비행에 사용되지만, 상이한 각 동물 집단에서 독립적으로 발달한 것이다. 상동 구조는 같은 구조가 다른 기능을 수행하도록 변화하는데, 인근 종에서 발생한다. 예를 들어, 포유류의 앞다리를 구성하는 뼈의 변형이 있다. 모든 포유류는 공통 조상을 가지지만, 앞다리의 뼈는 날기, 수영, 걷기와 같은 다양한 기능을 위해 변형되었다.

13. 분자시계는 생물학자가 서로 다른 두 종이 따로 진화해 온 기간을 결정하는 방법이다. 두 종이 별도로 진화할수록 유전적 서열의 차이가 벌어진다. 예를 들어, 인간과 침팬지는 많은 유전자를 공유하는 반면, 초파리와 인간은 훨씬 적은 수의 유전자를 공유한다.

정답 고르기

1. e; 2. e; 3. a; 4. e, 5. b, 6. c, 7. d, 8. b; 9. d; 10. c

CHAPTER 11

도표로 배우기

1. 한 마리의 짝을 가진 암컷이 60마리의 자손을 낳는다. 이것은 수컷이 한 암컷과 교미하는 것과 같은 수이다(두 그래프에서 생산된 자손의 수는 가장 왼쪽 막대에 기록된다). 두 수는 한 수컷이 한 암컷과 교미하기 때문에 같다.

2. 2마리의 짝을 가진 암컷은 50마리의 자손을 낳는다. 두 마리의 짝을 가진 암컷이 한 마리의 짝을 가진 암컷보다 적은 수의 자손을 낳는 이유는 분명하지 않다. 적어도 두 가지 설명이 가능하다. (a) 다른 암컷에 대해 측정되기 때문에—즉, 한 암컷이 하나 또는 둘의 짝을 가질 때 측정할 수 있지만 두 경우가 다 있을 수는 없음—이것은 단지 암컷 사이의 자연적 변이의 결과일 수 있다. 아마도 짝을 둘 가지는 무리는 그들은 짝의 수와 관계없이 우연히 자손이 더 적었을 것이다. (b) 아마도 두 수컷이 있으면 스트레스가 생겨 암컷이나 수컷의 생식력이 어느 정도 감소했을 것이다. 추가 데이터가 있다면, 오차 막대가 유용할 것이다. 그러면, 두 수컷에게 접근하는 암컷과 하나의 수컷에게 접근하는 암컷 사이의 생식 산출량 편차의 정도를 알 수 있을 것이다. 두 그룹 각각에서 많은 변화가 발생하는 경우, 여기에 표시된 더 낮은 숫자는 측정된 개별 암컷의 인위적인 결과일 수 있다. 그 경우, 연구에 더 많은 수의 파리가 사용된다면, 한 마리 또는 두 마리의 짝에 접근할 수 있는 암컷의 평균 번식 생산량은 같을 것이다.

3. 4마리의 짝을 가진 암컷은 여전히 약 60마리의 자손을 낳지만, 4마리의 짝을 가진 수컷은 약 150마리의 자손을 낳을 것이다. 이 수치는 그래프에 표시된 연속적인 추세를 추정한다.

4. 암컷은 짝짓기에 제한이 없는 것 같다. 오히려 그들은 자신의 낳은 알의 수가 제한적일 것이다. 그러나 수컷의 자손 수는 그들의 짝의 수에 의해 제약을 받는 것 같다. 수컷이 짝을 더 많이 가질수록 번식력이 더 높아진다.

5. 두 그래프의 데이터를 비교하려면, 같은 것을 측정해야 할 뿐만 아니라 같은 척도를 사용하여 데이터를 표시해야 한다. 그렇지 않으면 두 그래프 간의 비교가 잘못될 수 있다.

복습하기

짧게 답하기

1. 알을 회수하는 행동은 학습할 필요가 없는 타고난 예 중 하나이다. 동작이 시작될 때마다 고정되어 정확히 같은 패턴으로 발생하며, 일반적으로 변하지 않는다.

2. 우리 조상의 생식 성공과 생존을 향상한 행동은 쉽게 배울 수 있는 행동일 가능성이 더 크다.

3. 경계음을 내는 다람쥐는 집단에 있는 다른 많은 다람쥐와 관련이 있을 가능성이 크다. 다람쥐가 경계음을 내면 유전자를 많이 공유하는 집단에 있는 다른 다람쥐의 안전을 보장하는 데 도움이 된다. 이것이 포괄적응도의 예이다.

4. 다음 세 가지 조건 중 두 가지는 맞다. (a) 잠재적 수혜자나 이타적으로 보이는 행동의 수여자인 개체와 상호작용을 해야 한다. (b) 이타적으로 보이는 행동의 수혜자가 받는 이익은 수여자에게 치르는 비용보다 훨씬 커야 한다. (c) 나중에 보답하지 않을 것 같은 이타적으로 보이는 행위의 수혜자는 발각되어 처벌될 것이다.

5. 본문에 주어진 예는 부적응 행동을 보여준다. 사람들은 종종 이 지구의 먼 지역에 사는 사람들—즉, 수여자가 만날 가능성이 낮은 사람—에게 이익이 되도록 기부하므로, 그에 대한 보답을 받을 가능성이 작고, 그러한 점에서 부적응한 것이다. 이 행동의 기원은 인간이 공동체의 다른 구성원에게 이타적인 행동을 하고 보답받는 작은 공동체에 살았을 때로 거슬러 올라간다. 오늘날 인간은 훨씬 더 큰 공동체에 속해 있지만, 여전히 작은 공동체에 사는 것처럼 행동한다.

6. 아니다. 자연선택은 반드시 집단이 아니라 개인에게 이익이 되는 행동을 선호한다. 집단선택에서는 개체의 번식 적응도가 저하되며, 이러한 선택은 지속할 수 없다.

7. 암컷은 수정란을 만들고 유지하며, 새끼는 체내에서 발달한다. 수컷은 처음에 정자만을 제공한다. 새끼를 낳은 후 수컷은 새끼를 양육하는 데 큰 역할을 할 수 있으며, 어떤 경우에는 동등한 역할을 한다. 자손은 암컷 안에서 발달하기 때문에 암컷의 초기 에너지 투자는 항상 수컷보다 클 것이다.

8. 생식 투자를 더 많이 하는 성이 짝을 더 까다롭게 고른다. 암컷은 초기에 생식 투자를 가장 많이 하지만 전반적인 생식 투자는 수컷보다 많을 수도 있고, 그렇지 않을 수도 있다. 수컷이 전반적으로 생식에 더 많이 투자하는 경우, 그의 짝이 자

기의 유전자를 가진 자손을 낳고 이 자손이 성숙할 때까지 자라도록 하는 것이 가장 큰 이익이 된다. 암컷이 전반적으로 생식 투자를 더 많이 한다면, 자손의 성공을 가장 잘 보장하는 짝을 찾으려고 노력할 것이다. 투자의 정도로 위험이 결정되는데 투자가 많을수록 잠재적 위험이 커진다.

9. 이러한 교배형태에서, 암컷은 교배할 짝을 고를 때 더 까다로워서 선호하는 신체적 형질을 가지고 있거나 자원이 우월한 짝을 선택한다. 이러한 교배형태의 수컷은 암컷을 차지하기 위해 다른 수컷과 경쟁하여야 하며 여러 암컷과 짝짓기를 할 수도 있다. 신체적 형질이 좋지 못하거나 자원에 대한 열악한 접근 때문에 다른 수컷과 경쟁할 수 없는 수컷은 암컷과 짝짓기를 거의 할 수 없을 것이다.

10. 일부일처제에서는 두 개체가 짝짓기한 후 서로의 곁에 남는다. 다접에서는 한 개체가 여러 짝을 가진다: 일부다처제는 수컷이 여러 암컷과 짝짓기를 하며, 일처다부제는 암컷이 여러 수컷과 짝짓기를 한다.

11. 쇠물닭의 수컷은 돌봄을 많이 한다. 암컷의 생식 투자는 전반적으로 더 적다; 암컷은 수컷을 두고 다른 암컷과 경쟁을 하여야 하므로 수컷보다 신체적으로 더 크고 더 공격적이다. 암컷과 수컷 사이의 뚜렷한 차이 때문에 일부다처제의 교배형태와 관련 있는 성적이형이 나타난다.

정답 고르기

1. b; 2. b; 3. c; 4. d; 5. a; 6. e; 7. a; 8. a; 9. b; 10. b

CHAPTER 12

도표로 배우기

1. (이 그래프에서) 보여주고 있는 시간 동안 바탕멸종률은 대략 모든 과의 2, 3~14% 정도이다.

2. 바탕멸종률은 대멸종률보다 낮다. 대멸종은 비교적 짧은 기간에 일어나며, 갑작스럽고 특이한 환경 변화로 유발된다. 바탕멸종은 매우 낮은 속도로 항상 일어난다.

3. 몇 가지 가능한 이유가 있다. (a) 지금까지 발견된 화석들은 먼 과거 어떤 특정 시점에 존재했던 모든 종의 아주 일부만을 나타낸다. 그러나 해당 시점에 있었던 여러 종의 모임인 과를 대표한다. (b) 과학자들은 먼 과거 특정 시점에 얼마나 많은 종이 존재했는지 모른다. 오늘날에도 우리는 얼마나 많은 종이 있는지 모른다. (c) 많은 화석이 동일한 종인지 결정하는 것은 불가능하다. 그러나 이들이 같은 과에 속하는지는 추정할 수 있다.

4. 멸종의 원인이 시간에 따라 다양하기 때문에 바탕멸종률은 시간이 지나면서 변화한다.

5. 화석기록은 먼 과거 어떤 특정 시점에 존재했던 종의 수를 나타낼 수도 있고 그렇지 않을 수도 있다. 일부 종은 화석을 남기지만 다른 종은 그렇지 않다. 화석을 남긴 종만 멸종한 생물로 파악될 수 있다.

6. 과학자들은 바탕멸종이 어느 정도여야 하는지 알고 있다. 그러나 현재 멸종률은 기대했던 것보다 높은데, 이는 인간의 활동이 또 다른 대멸종을 유발하는 신호일 수 있다. 따라서 멸종의 진전을 멈추기 위해서는 인간의 활동이 변화될 필요가 있다.

복습하기

짧게 답하기

1. 막이 생기면 주변 환경으로부터 화학물질 그룹을 분리할 수 있어서 세포가 진화할 수 있다. 이후 화학물질은 세포내 막에 의해 구획화될 수 있는데, 이로 인해 세포의 상이한 부위에서 상이한 종류의 화학 반응이 일어날 수 있다.

2. 생물학적 종개념에 따르면, 종은 상호교배하거나 자연조건에서 상호교배가 가능한 생물들의 개체군으로 다른 집단에 속한 생물과는 교배가 불가능하다.

3. 생식적 격리로 인해 생물들은 독립적인 진화 경로를 갖게 된다. 왜냐하면, 두 개체군 사이에서 유전적 교환이 더 이상 가능하지 않으며, 각 개체군은 각각 마주한 특정 환경에 따라 서로 다르게 진화할 수 있기 때문이다.

4. 계통수를 이용해서 생물학자들은 지구 상의 생명 진화사에 대한 가설을 세울 수 있다. 새로운 사실을 더 발견하게 됨에 따라 계통수에 새로운 가지가 추가되면 이미 알고 있는 모든 생명의 진화사를 더 완전하게 이해할 수 있다.

5. 상사적 특징은 수렴진화를 통해 형성된다. 이들은 공통 조상을 공유하지 않지만, 자연선택을 통해 비슷한 목적을 이루기 위하여 비슷한 특징을 진화시켰다. 문제는 구조의 유사성에 근거하여 진화계통수를 만들 때 발생한다. 유사한 구조는 종종 공유한 유산의 표시이지만 상사 구조의 경우에는 그렇지 않다.

6. 사람의 척수 아래쪽의 융합된 척추는 작은 내부 꼬리를 닮았다. 사람은 모든 포유류와 공통 조상을 공유하는데, 대부분의 포유류는 꼬리를 갖고 있다. 사람은 이 형질을 잃었지만, 진화적 역사의 결과물로서 여전히 그 흔적의 특징이 유전된다.

7. 소진화는 특정 개체군 내에서 대립유전자 빈도가 변화한 결과 일어난다; 이 과정은 단지 대립유전자의 빈도를 바꿈으로써 해당 개체군의 유전적 조성을 변형시킨다. 대진화는 통째로 새로운 종 집단을 만들어내고 많은 새로운 대립유전자가 관여한다.

8. 화석은 과거에 살았던 전이 종의 귀중한 자료이다. 화석화된 생물의 물리적 특징을 연구하면 다른 화석화된 생물이나 현존하는 생물과의 비교가 가능하다. 최근에는 유전자 분석을 통해 종의 유전적 근연도를 판단할 수 있어 종종 해부학적 비교보다 더 명확한 그림을 얻을 수 있다.

9. 바탕멸종은 느린 속도로 진행되고 대개 자연선택의 결과이다. 대멸종은 자연선택의 결과가 아니다; 대멸종은 비교적 짧은 기간에 일어나며, 갑작스럽고 특이한 환경 변화로 유발된다. 일반적으로, 대멸종은 전지구적 사건인데, 이에 비해 바탕멸종은 보다 국지적이다.

10. 1970년대와 1980년대 이전 생물 분류는 관찰된 물리적 특징에 근거를 두었다. 분자서열 판독 방법이 가능해지면서 유전 정보가 더 정확한 분류에 사용될 수 있게 되었다.

11. 고세균의 세포막은 세균과 진핵생물에서 발견되지 않는 다당류를 담고 있고, 이들의 리보솜, 효소 그리고 막은 세균보다 진핵생물과 더 비슷하다.

12. 진핵생물 영역은 막으로 싸여 있는 핵을 포함한 단세포와 다세포 생물을 포괄한다.

정답 고르기

1. a; 2. d; 3. d; 4. d; 5. e; 6. d; 7. d; 8. e; 9. b; 10. a; 11. c

CHAPTER 13

도표로 배우기

1. 우리는 조상종은 *Homo heidelbergensis*의 후손인 *Homo sapiens*종에 속한다. 최근 조상은 시기 순으로 *Homo ergaster, Homo habilis, Australopithecus*(gracile) 및 *Ardipithecus* 등이다. 우리는 공통 조상에서 갈라져 나온 *Homo neanderthalensis*와 *Australopithecus*(robust)의 직계후손일 가능성은 적은 것으로 보인다.

2. *Homo*속은 약 250만 년 전에 나타났으며, 조상인 *Australopithecus*보다 훨씬 더 큰 두개골(그리고 뇌 크기)을 가졌다.

3. 실선은 점진적인 변화를 보여주는 화석에 의해 잘 뒷받침되는 한 종에서 다른 종으로의 전이를 나타낸다. 점선은 과도기 화석에 의해 잘 뒷받침되지 않는 잠재

적인 관계를 나타낸다. 추가 화석의 발견은 관계를 더 명확하게 할 수 있다.

4. 약 160만 년 전, *Australopithecus*(robust), *Homo erectus*, *Homo ergaster* 및 *Homo habilis*의 4가지 다른 인간 종이 동시에 살았을 수 있다.

5. 우리 종이 *Homo*속의 유일한 살아남은 대표 종이 된 것은 그리 오래되지 않았다. 이 그래프에서 대략 10,000년 전으로 보인다.

복습하기

짧게 답하기

1. 생물의 복잡성 정도는 생물이 환경에 얼마나 잘 적응했는지와는 관련이 없다. 사람에 가까운 동물을 '고등동물'로 판단하는 경향이 있지만, 환경에 완벽하게 적응한 동물을 사람과 가깝지 않다고 해서 '하등동물'로 취급하면 안된다.

2. 모든 동물의 공통 조상은 모양과 크기가 정자와 유사한 단세포 원생생물이다. 이 결론은 DNA 및 RNA 분석을 기반으로 한다.

3. 선형동물은 지구 상에서 가장 풍부한 동물이다. 선충이라고도 하는 일부 선형동물(회충 등)은 동식물에 피해를 입히는 기생충이다.

4. 연체동물은 섭식 시 치설(radula)라고 하는 사포 같은 혀가 있다. 치설의 거친 표면은 음식을 입으로 끌어들이는 데에 도움이 된다.

5. 지능을 정의하는 것은 어려우며 동물에 적용하는 것은 더욱 어렵다. 동물은 환경의 선택압에 의해 진화했으며, 우리의 지능에 대한 개념은 동물에게 적용될 수 없다. 다시 말해, 모든 동물은 우리의 지능 개념과 무관한 방식으로 필요를 충족시키기 위해 환경을 조작하는 데 적응했다.

6. 이점: 외골격은 보호 기능과 수분 손실을 방지하여 생물의 건조를 방지해 준다. 비용: 외골격은 성장을 방해한다. 외골격을 가진 동물은 성장 단계에서 크기가 커짐에 따라 외골격을 버리고 새로운 외골격을 키워야 한다.

7. (1) 곤충의 비행능력은 포식자를 회피하고 먹이와 짝을 찾을 뿐만 아니라 다양한 서식지를 차지할 수 있게 해 준다. (2) 여러 발달 단계(유충, 번데기, 성충)를 거치는 과정에서 외골격을 벗어 내면서 성장한다.

8. (1) 척색은 머리에서 꼬리까지 뻗어 있는 막대 같은 조직이며, 운동 중에 근육이 수축할 때 경직된다. 척색은 생활사 중 일부 단계 동안 모든 척추동물에 존재한다. (2) 등 쪽 속이 빈 신경삭은 동물의 등 쪽에 위치하고 머리에서 꼬리까지 뻗어 있으며 중추신경계의 뇌와 척수를 형성한다. (3) 입 뒤쪽과 목구멍 위쪽 사이에 위치한 인두열은 척추동물 생활사 중 일부 단계에 존재한다. (4) 척추동물 발달의 적어도 일부 단계 동안 항문 뒤 꼬리가 존재한다. 꼬리는 소화계의 끝인 항문 뒤에 있다.

9. (1) 동물은 긴 다리가 몸통 아래에 수직으로 세워져 있어 더 빨리 달리고 더 오랜 시간 동안 먹이를 잡을 수 있다. (2) 내온동물은 달리기에 필요한 근육수축으로 인한 대사 활동을 증가시켜 외부 온도에 관계없이 체온을 유지할 수 있다

10. 내온동물은 세포호흡의 결과로 체온을 생성한다. 외온동물은 몸을 데우기 위해 햇빛 등의 외부 열에 의존하며, 열을 얻기 위해 세포호흡에 의존하지 않는다. 내온동물은 열을 생산하고 체온을 유지하기 위해 많은 양의 에너지를 사용하므로, 외온동물보다 더 자주 더 많은 음식을 섭취해야 한다.

11. 태반은 혈관이 풍부하여 산모의 순환계와 발달 중인 태아의 순환계 사이에서 영양분, 호흡 가스 및 대사 폐기물을 전달할 수 있다. 태반의 손가락 모양 돌기는 혈관이 풍부한 자궁벽으로 들어가므로 두 구조의 혈관이 매우 가깝게 위치한다. 이러한 구조는 산모의 순환계와 발달 중인 태아 사이의 효율적인 교환을 가능하게 해준다.

12. (1) 인간의 뇌는 더 크다. (2) 인간은 두 발로 걷는 반면 침팬지는 네 발로 걷는다. (3) 신체 크기는 인간이 더 크다.

정답 고르기

1. e; 2. d; 3. c; 4. a; 5. b; 6. a; 7. c; 8. b; 9. e; 10. d

CHAPTER 14

도표로 배우기

1. 연구에 따르면, 20일과 47일 사이의 어떤 지점에서, 균근이 있는 식물이 근균이 없는 식물보다 뚜렷하게 높은 생존율을 보인다.

2. 이 질문에 답을 하기 위해서는 2가지를 명심해야 한다. 첫째, 생존 백분율이 20% 간격으로 표시되어 있기 때문에 그 간격 사이에서는 대충 어림잡아 추정해야 한다. 둘째, 오차를 나타내는 막대는 47일째의 생존 데이터에 있다. 균근이 있는 부모에게서 태어난 자손의 생존률은 57% 또는 58%에서 62%까지로 추정하고, 균근이 없는 부모에게서 태어난 자손의 생존 백분율은 21%에서 25% 또는 26%로 추정하는 것이 최선이다.

3. 10일과 20일에는 어떤 식물도 죽지 않았다. 따라서 측정에서의 오차가 없을 수 있다. 47일 그리고 96일에는 몇몇 식물이 죽었으므로 측정상의 오차가 있을 수 있다.

4. "통계적으로 중요한 차이"는 측정상의 오차보다 더 커다란 차이를 의미한다.

5. 20일과 47일 중간 시점에서 또 다른 자료를 만들면 유용하다. 20일과 47일 사이에서 두 그룹 간의 생존률 차이가 나타난다. 추가적인 자료를 얻는 시점을 더한다면, 언제 이런 차이가 발생했는지 더 정확하게 알 수 있다. 그러나 식물과 균류의 상호 관계로 인해서 언제 이익이 생겼는지에 대한 정확한 시점을 알기 위해서는 보다 많은 시점에 대한 자료가 추가될 필요가 있다.

복습하기

짧게 답하기

1. 유성생식: 수정을 위해서 정자와 난자가 만나는 것은 육지에 사는 많은 식물에게 커다란 도전이다. 만일 식물이 크거나 또는 건조한 지역에 산다면 더욱 그러하다. 포식에 대한 저항: 움직일 수 없기 때문에 식물은 포식자로부터 달아나거나 피할 수 없다. 따라서 가시나 독성이 있는 화학물질 같은 다른 수단을 진화시켰다.

2. 땅 표면 가까이에서 자라는 것은 중력이 식물체에 미치는 영향을 최소화한다. 중력에 대한 저항은 육지에 사는 생명체에게 요구되는 중요한 적응이었다. 물에 부유하는 것은 수생 생물이 중력에 저항할 수 있게 한다. 그러나 식물을 포함해서 육지에 사는 생명체는 중력에 저항하도록 진화하였다.

3. 이끼류는 편모를 가지고 있는 움직일 수 있는 정자를 만든다. 따라서 수정을 위해서는 난자로 헤엄치기 위해서 물이 필요하다. 이끼류는 땅바닥을 기어 자라고, 이끼류가 서식하는 장소는 비가 오거나 눈이 녹을 때 일시적으로 물에 잠기게 된다. 이는 정자가 난자에 다다를 수 있는 환경을 제공한다.

4. 비관다발 식물은 관다발계를 가지고 있지 않아서 단지 몇 cm도 자랄 수가 없고, 비관다발 식물에서 배우체는 지배적인 세대이다. 관다발식물은 식물체 내의 먼 거리까지 물과 양분을 수송할 수 있는 관다발 조직이 있기 때문에 매우 크게 자랄 수 있고, 포자체가 지배적인 세대이다. 관다발식물은 우기와 우기 사이의 땅 표면이 건조해지는 지역에서 더욱 성공적이다. 비관다발식물과 이끼류는 사막에서 자랄 수 없다.

5. 성장하는 배와 어린 유묘는 씨앗 안에 있는 특화된 다세포 조직인 배젖으로부터 양분을 얻는다. 배젖은 어린 식물이 뿌리와 잎을 만들고 광합성을 할 수 있는 능력을 얻기 전까지 배가 필요로 하는 양분과 에너지를 제공한다.

6. 씨앗은 보호역할을 하는 씨껍질 안에 양분과 배아 단계의 식물을 가지고 있다.

포자는 DNA, RNA 그리고 약간의 양분을 지닌 단지 하나의 세포이다. 종자식물의 경우, 배에서부터 자라는 것은 유리한 시작을 제공하며 성공의 기회를 높일 수 있다.

7. 식물과 동물은 생존을 위해 서로 의지하면 함께 진화하여 왔다. 만일 동물이 사라진다면, 벌과 다른 수분 매개자가 사라져서 많은 식물 종은 더이상 번식을 할 수 없다. 게다가, 많은 식물은 부모 식물로부터 멀리 떨어진 장소로 씨앗을 퍼뜨릴 방법이 없다. 이런 여러 이유 덕분에 많은 식물 종은 멸종하지 않더라도 개체 수가 감소할 것이다. 수분이나 씨앗을 분산시키는 것을 동물에게 의존하지 않는 식물 종이 우세해질 것이다.

8. 꽃가루가 암술머리에 안착하면, 꽃가루관이 암술대를 따라 씨방 안으로 자라고, 2개의 정자는 꽃가루관을 따라 이동한다. 하나의 정자는 난자와 수정하여 접합자를 형성하고, 다른 하나는 배낭 안에 있는 2개의 핵과 융합하여 배젖을 형성한다. 배젖은 발아 후에 자라나는 배를 위한 양분원으로 자란다. 겉씨식물은 배젖을 형성하지 않기 때문에, 배에게 양분을 제공한다는 점에서 속씨식물이 유리하다.

9. 육질과는 동물을 유혹하기 위해서 뇌물을 제공한다. 그 동물은 과일을 먹고서 부모 식물로부터 멀리 떨어진 새로운 장소로 씨앗이 담겨 있는 과일을 운반한다. 씨앗이 소화관을 통과해서 배출되면 어린 식물에게 양분을 제공하는 데 도움이 되는 영양분이 풍부한 배설물과 함께 땅에 맡겨진다.

10. 다른 진핵생물과 달리, 균류는 키틴으로 구성된 세포벽을 가지며 분해자로서 양분을 흡수하기 전에 외부에서 음식물을 소화한다.

11. 균류는 광합성을 할 수 없기 때문에, 균류는 양분을 위해서 외부의 음식에 의존적이다. 식물의 뿌리와 상호작용함으로써, 식물이 당을 제공해 주기 때문에 균류는 음식물을 쉽게 얻을 수 있다(외부에서 음식물을 소화 시키고 흡수할 필요가 없다).

정답 고르기

1. a; 2. b; 3. c; 4. e; 5. c; 6. c; 7. d; 8. b; 9. d; 10. d

CHAPTER 15

도표로 배우기

1. 사람 몸에 있는 세포 중 대다수가 사람 내부와 표면에 서식하는 미생물 세포라고 결론을 낼 수 있다.

2. 사람에게 있는 사람 세포는 30조 개이다. 38조 개의 미생물 세포가 사람 몸 내부와 표면에 살고 있다.

3. 사람 몸을 이루고 있는 사람 세포에 비해 미생물 세포는 크기가 매우 작다.

4. 이 그래프를 위한 데이터를 어떻게 얻었는지 명확하지 않다. 제시된 표본에서 나이, 성, 사람의 수를 안다면 도움이 될 것이다. 세포의 종류를 나누어 보는 것도 유용할 것이다.

5. 어떤 종류의 그래프이든 세균과 사람의 세포를 비교할 수 있다면 좋다. (a) 파이 도표는 2개의 쐐기 모양으로 나누어 세균과 사람의 세포 수를 나타낼 수 있다. 이렇게 보여주는 방식의 장점은 "파이"의 대부분은 사람이 아닌 세균이라는 정보를 멋지게 제공한다. 약점은, 각 요소가 전체에서 차지하는 비중에 관한 정보는 제공하지만 각 세포 종류의 절대적인 수에 대한 정보를 제공하지 못한다는 점이다. (b) 하나의 막대는 세균의 수를 나타내고 다른 막대는 사람 세포 수를 나타내게 하는 막대그래프를 사용할 수 있다. 이 방법의 장점은 2개의 수를 비교하기 쉽다는 것이다. 약점은 이 두 요소가 함께 사람 몸에 있는 전체 세포 수를 구성한다는 점을 덜 강조하게 된다는 점이다.

복습하기

짧게 답하기

1. 아메바는 자그마한 세포이다. 이들은 크기가 작아서 산소와 이산화탄소를 포함한 기체 교환이 대사에 필요한 요구량을 채우기에 충분히 높은 속도로 세포막을 통과하기 때문에 호흡계가 필요 없다. 더 큰 다세포 생물은 호흡계가 필요하다. 왜냐하면, 호흡계가 없다면 대사요구량을 채우기에 충분할 정도로 빠른 기체 교환이 일어날 수 없기 때문이다.

2. 미생물은 유전적으로 매우 다양하다. 이들은 극한 온도와 압력을 포함한 상상 가능한 모든 종류의 환경에 살면서 다양한 종류의 먹이를 사용할 수 있다. 그래서 미생물을 어떤 종류이든 일반화하기가 어렵다. 엄청난 수의 미생물이 지구에 살고 있어 종의 수가 매우 많지만 아직 다 파악하지 못하고 있다.

3. 세균이 분열하면 2개의 새로운 세포가 생긴다. 이 각 "자손"은 모세포의 염색체에 담긴 유전 정보를 운반한다. 이는 수직적인 유전정보의 전달로 동물의 부모-자손 간 유전 정보 전달과 비슷하다. 다른 한편, 수평적 유전 정보 전달은 같은 세대의 다른 개체에게 세균이 유전 정보를 전달하는 과정이다. 이들은 주로 접합 그리고 형질도입, 형질전환 등을 통해 전달한다. 수평적 유전자 전달은 세균 개체군 내에서 빠르게 퍼질 수 있는 항생제 내성의 주요 원인 중의 하나이기 때문에 사람의 건강과 관련성이 크다. 저항성 유전자를 가진 세균은 접합을 통해 다른 세균에게 이 유전자를 전달할 수 있다; 여러 세대에 걸친 자연선택을 기다릴 필요가 없다.

4. 요구르트의 독특한 맛과 질감은 요구르트 생산에 사용한 세균에서 유래한 결과이다. 요구르트 생산 과정에 유당이라는 우유 당을 대사하여 에너지와 부산물로 젖산을 만드는 세균을 사용한다. 젖산은 낮은 pH를 가지고 우유 단백질을 변성시켜 독특한 맛과 질감이 생기게 한다.

5. John Snow 박사는 1854년에 콜레라 발생 원인이 오염된 물을 공급하고 있던 Broad 펌프임을 밝혔다. Snow 박사는 해당 펌프의 손잡이를 제거할 것을 행정당국에 요청하여 이 물을 누구도 사용하지 못하게 하였다. 그 결과, 새로운 콜레라 발생 수가 극적으로 감소하였다.

6. *Staphylococcus aureus*의 일부 균주는 오늘날 유용한 대부분의 항생제에 내성을 가지고 있다. 치료 불가능한 이러한 감염은 병원에서 더 큰 지역사회로 퍼져 HIV 감염보다 더 흔해졌다. 그 결과 HIV/AIDS보다 더 많은 사람의 목숨을 앗아가게 되었다.

7. (a) 증상이 약하거나 없으므로, 많은 사람이 (자신이) 성병에 감염된 것을 모르는 상태에서 무심코 다른 사람을 감염시킨다. (b) 두 파트너 모두 동시에 치료를 받아야 하며, 당사자가 모르면 치료 약속을 잡을 수 없어서 성병을 완전히 없애기는 불가능하다.

8. 다음 중에서 두 가지 대답 어느 것이나 가능하다. 세균과 고세균은 (a) DNA, (b) 원형질막, (c) 세포벽, (d) 편모 등에서 화학적 그리고/또는 구조적 차이를 나타낸다.

9. 많은 고세균은 극한 환경에 서식해서, 이들을 성공적으로 키우고 연구하기 위해 이들을 증식하기 위한 실험실 조건을 만들기가 쉽지 않다.

10. *Paramecium*을 포함한 원생생물 집단이 동물처럼 움직이고, 다른 생물(이 경우, 미생물)을 사냥하므로 동물 유사 원생생물로 간주된다.

11. *Plasmodium*은 각기 다른 표면 단백질을 가진 일련의 발생 단계를 거친다. 면역계는 외부 생명체를 판별하는 데에 이 단백질을 이용한다. 표면 단백질을 이용하여 외부 생명체를 인식하는 데에는 시간이 걸린다. *Plasmodium* 발생의 각 단계마다 표면 단백질의 변화가 계속 일어나서 면역계는 새 단백질을 판별하여 이에 반응하기를 반복해야 한다.

12. 바이러스는 DNA 또는 RNA 조각과 이를 둘러싼 단백질로 이루어져 있다.

살아있는 생물과 달리, 바이러스는 세포로 이루어져 있지 않아서 스스로 복제할 수 없고 단백질 껍데기 내에서 대사활동을 수행할 수도 없으며 세포 내 구조도 없어 환경 자극을 감지하거나 반응할 수 없다.

정답 고르기

1. b; 2. e; 3. a; 4. a; 5. d; 6. b; 7. a; 8. c; 9. e; 10. b

CHAPTER 16

도표로 배우기

1. 이 그래프는 시간 경과에 따른 한 개체군 성장, 최대 유지 수확량 및 환경 수용력을 보여준다. 이 정보를 통해 얼마나 많은 자원을 지속해서 수확/사냥/사용할 수 있는지 파악하여 자원을 더 잘 관리할 수 있다.

2. 개체군이 환경수용력, 즉 개체군의 생물이 사용 가능한 모든 자원을 사용하는 지점에 도달하면 S-곡선이 평평해진다. 개체군 크기를 더이상 늘릴 수 없다.

3. 개체군은 이입하는 개체의 수가(출생 또는 이민을 통해) 이출하는 개체의 수(사망 또는 이민을 통해)와 정확히 같은 한, 같은 크기(고원)에 머무를 수 있다. 이러한 상황은 생물이 노화하고 죽어도 무기한 지속될 수 있다.

4. 이 그래프에 포함된 데이터는 다음을 포함한다. (a) 단위가 지정되지 않은 개체군의 크기; (b) 단위가 없는 시간; (c) 최대 유지 수확량, 수용력의 절반인 개체군 크기 (d) 환경수용력.

5. 다음 정보를 추가할 수 있다. (a) 정량적 데이터를 제공하기 위한 시간 및 개체군 크기 단위; (b) 개체군 데이터가 나타내는 종; (c) 데이터가 나타내는 환경; (d) 데이터를 얻은 계절.

6. 그래프는 다음을 추정한다. (a) 개체군은 환경수용력에 도달할 때까지 기하급수적으로 증가하다가 시간이 지남에 따라 이 비율 이하로 떨어지거나 초과하지 않으며, (b) 환경수용력이 시간이 지남에 따라 자원의 저하/감소 또는 자원 가용성 증가로 인해 변하지 않을 것이다.

7. 그래프는 거꾸로 된 "U"자 모양을 가진다. 성장률은 매우 빠르게 시작하여 최대 비율로 증가하고, 환경수용력의 절반($K/2$)에서 최대 유지 수확량에 도달한다. 개체군 크기가 환경의 수용력(K)에 접근함에 따라 속도가 느려지고 0에 접근한다.

복습하기

짧게 답하기

1. 생태학의 상당 부분은 생물 개체군과 다른 생물 및 환경 사이의 상호작용을 다룬다. 단지 하나의 개체에 관한 연구는 생태학의 연구 목표가 아니다.

2. 밀도-의존 요인은 개체군 크기 자체에서 생기는 개체군 성장에 대한 압력이다. 이러한 요인에는 식량, 물, 공간과 같은 자원에 대한 제한이 들어있다. 개체군 크기가 증가함에 따라 더 많은 수의 생물을 지원하는 데 사용할 수 있는 자원이 줄어든다. 밀도-비의존 요인은 개체군 크기와 관련이 없다. 대신, 일반적으로 지진이나 허리케인과 같은 지질학적 또는 기상학적 힘이나 환경을 파괴하는 인간의 활동과 관련이 있다. 이러한 요소는 생물의 개체군을 지원할 수 있는 환경의 잠재력을 감소시킨다.

3. **최대 수확량**은 특정 종류의 모든 또는 거의 모든 생물을 수확하거나 제거하여 식품으로 또는 기타 목적으로 사용함으로써 얻을 수 있다. 정상적인 개체군 성장을 허용하기에 충분한 생물이 남지 않는다. **최대 유지수확량**은 개체군의 정상적인 성장을 허용하면서 수확하거나 제거할 수 있는 최대 생물의 수이다.

4. 번식기가 짧은 생물은 번식기가 긴 생물보다 한 번 번식할 때마다 더 많은 자손을 낳는다. (일반적으로 적도에 가까울수록 생물의 번식기가 길어진다.)

5. 조기 질병 및 사망은 생식 및 대립 유전자가 다음 세대로 전달되는 것을 방지하므로, 생애 초기에 질병 및 사망을 유발하는 대립 유전자의 유병률은 시간이 지남에 따라 개체군에서 감소할 것이다.

6. 상대적으로 이른 나이에 사망할 위험이 큰 환경에서 진화한 종은, 젊어서 죽을 위험이 상대적으로 작은 환경에서 진화한 종보다 수명이 짧고, 더 일찍 번식하며, 한 번 번식할 때마다 더 많은 자손을 낳는다. 고위험 환경에서 진화한 종이 저위험 환경으로 옮겨지면, 결국 더 오래 살고 더 늦게 번식하며 더 적은 수의 자손을 갖도록 진화할 수 있다.

7. 연구자들은 많은 수의 초파리로 시작했다. 2주 후, 신선한 음식을 제공하고 접시에 낳은 알을 수집했다. 이 알에서 부화한 일부 파리의 수명을 측정하고(평균 수명 = 33일), 이 새로운 세대의 파리를 대상으로 같은 절차를 반복했지만, 이번에는 알을 모으기 위해 2주 이상 더 기다렸다. 절차를 여러 번 반복하여 10주에 알이 나올 때까지 시간을 점차 늘렸다. 이런 식으로 파리의 평균 수명을 63일로 거의 2배로 늘렸다.

8. 이러한 인구통계 데이터는 코호트라고 하는 다양한 연령대에 속하는 사람들의 요구 사항을 계획하고 충족하는 데 사용할 수 있다. 예를 들어, 특정 코호트의 현재 규모를 기반으로 데이터는 언제 얼마나 많은 학교 또는 기타 아동 관련 서비스가 필요할지 계획하거나 병원 출산 서비스 또는 노인을 위한 생활 보조 시설을 계획하는 데 유용할 것이다.

9. **인구학적 전이**는 높은 출생률과 사망률에서 높은 출생률과 낮은 사망률, 마지막으로 낮은 출생률과 낮은 사망률로 진행함에 따라 한 지역의 개체군 구성의 변화를 의미한다.

10. 개체군의 생태 발자국은 그들이 사용하는 자원의 양에 대한 설명이다. 1인당 평균 자원 사용량은 훨씬 더 가난한 나라인 인도보다 일본에서 훨씬 더 많이 사용된다. 전반적으로 일본의 인구가 적어도 인구가 많은 인도보다 생태 발자국이 더 크다. 일반적으로, 국가가 부유해질수록 생태 발자국이 증가한다.

정답 고르기

1. a; 2. b; 3. d; 4. b; 5. c; 6. c; 7. e; 8. d; 9. a; 10. b

CHAPTER 17

도표로 배우기

1. 특정 생태계의 에너지 피라미드의 각 단계(생산자, 1차 소비자, 2차 소비자, 3차 소비자)는 상대적 생체량 크기에 비례한다. 3차 소비자(상위 포식자)는 수가 가장 적고 생체량이 가장 적다.

2. 각 영양 수준에서 파이의 크기는 해당 수준에서 특정 역할을 수행하는 생물들의 생체량을 나타낸다. 파이는 크기가 다르다. 생산자의 생체량은 일반적으로 1차 소비자의 생체량의 10배이고, 피라미드에서 상위 수준의 생체량은 이전 수준의 1/10이기 때문이다. 이와 같은 생체량의 감소는 에너지 흐름 및 전환의 비효율 때문이다.

3. 일반적으로 총량의 10%인 각 파이 조각은 한 영양 수준의 생체량을 다음 수준에서 생체량으로 변환하는 효율을 나타낸다.

4. 3차 소비자 수준에서 10% 법칙을 적용하면 4차 소비자를 부양할 만큼 충분한 생체량이 부족하다.

5. 식물을 섭식하는 2차 또는 3차 소비자는 여기에 표시된 것보다 더 많은 생체량을 가질 수 있다. 왜냐하면, 이들은 자신이 섭식하는 동물뿐만 아니라 식물로부터 에너지를 가져오기 때문이다. 이 소비자의 생체량 예측치는 그들이 소비하는 총 생체량(동식물 모두)의 10%이다. 이것은 여기에 표시된 어떤 소비자보다 훨씬 클 것이다.

6. 포식자의 총 생체량은 먹이의 총 생체량의 1/10이므로 먹이(특히 초식 동물)보다 포식자가 훨씬 적은 수이다.

복습하기

짧게 답하기

1. 어떤 지역의 생물군계 유형은 (a) 평균기온과 계절에 따라 변하는지 또는 일정한지 여부, (b) 평균강수량과 계절에 따라 변하는지 여부에 따라 결정된다.

2. 적도에 가까운 저위도에서 태양 빛은 지구에 직접 쪼이며 더 작은 영역으로 비춰진다. 극지방일수록 태양 빛은 더 넓은 지역으로 퍼진다. 지구에 도달하는 햇빛의 밀도가 높을수록 온도가 높아진다.

3. 흡수하는 태양 복사열의 양을 줄임으로써 도시는 에너지 소비 없이 더 시원해질 수 있다. 이를 위한 조치에는 (a) 햇빛을 반사하기 위해 지붕의 색상을 더 밝게 만드는 것, (b) 건물 주변에 나무와 식물을 심어 그늘과 시원한 공간을 제공하는 것, (c) 옥상 녹지와 정원을 만드는 것이 포함된다.

4. 많은 생물이 식물과 동물을 모두 먹는 잡식성이므로 먹이사슬에서 하나 이상의 영양 수준을 차지할 수 있다. 먹이 사슬에서 분명하지 않은 생물 간의 이러한 다중 연결은 먹이그물에 의해 더 잘 나타낸다.

5. 에너지는 영양 수준이라고 하는 여러 단계를 통해 생산자에서 소비자로 흐른다. 생산자, 즉 광합성 생물은 먹이사슬의 기초에 있으며 모든 소비자보다 많다. 1차 소비자인 초식동물은 생산자를 먹는다. 그런 다음, 에너지는 1차 소비자에서 2차 소비자에게 전달된다. 마지막으로 먹이사슬의 맨 위에는 3차 소비자인 최상위 육식동물이 있다. 각 영양 수준에서 에너지의 약 10%만이 다음 단계의 소비자에게 제공된다. 원래 생산자가 흡수한 에너지 중 극소량을 최상위 육식동물이 사용할 수 있으므로 상대적으로 매우 적은 수의 동물만이 부양될 수 있다.

6. 이산화탄소 수준은 계절별로 일어나는 식물 생장의 변동을 반영한다. 광합성률은 겨울 동안 감소하며, 이에 따라 대기 중 이산화탄소 수준이 높아진다. 여름 동안에는 식물의 광합성이 활발하므로 이산화탄소 수준은 감소한다.

7. 생물의 생태적 지위는 군집 내에서 특정 위치로 설명된다. 생태적 지위는 생물의 공간과 먹이 요구사항, 즉 연중 번식 시기, 온도, 습도, 다른 요구사항, 섭취하는 식물이나 다른 생물 그리고 경쟁자에 미치는 영향 등이 포함된다. 두 종이 같은 생태적 지위에 살게 되면 두 가지 결과가 예상된다. 경쟁적 배제는 자원을 더 효율적으로 사용하는 종이 해당 지역에서 다른 종을 멸종시킬 때까지 일어난다. 자원분배는 두 종이 행동 또는 신체 구조의 변화를 통해 생태적 지위의 사용을 변경하거나 하나 또는 두 종 모두 생태적 지위 내 일부로 제한될 때 일어난다.

8. 경쟁적 배제: 자원을 더 효율적으로 활용하는 종이 해당 지역에서 다른 종을 멸종시킬 때까지 경쟁한다. 자원 분배: 행동 또는 신체 구조의 변화를 통해 생태적 지위의 사용을 변경하여 두 종 모두 생태적 지위 내의 일부로 제한된다.

9. 동물과는 달리, 식물은 움직일 수 없으므로 위험에서 벗어날 수 없다. 그들은 먹거나 피해를 주려고 하는 생물을 다치게 하거나 죽일 수 있는 화학적 방어를 발전시켰다.

10. 1차 천이에서 정착자의 중요한 특징은 고향으로부터 멀리 분산되는 능력이다. 멀리 여행할 수 있는 능력 때문에 이 종은 멀리 떨어진 교란 지역에 도달할 수 있다. 일반적으로, 처음에는 경쟁자가 거의 없어서 번성할 수 있지만, 천이의 다음 단계에서는 다른 종과 잘 경쟁하지 못한다.

정답 고르기

1. e; 2. a; 3. e; 4. d; 5. e; 6. a; 7. a; 8. e; 9. b; 10. b

CHAPTER 18

도표로 배우기

1. 적도에서 극지방까지 서로 다른 위도에서 발견된 종의 수에 대한 데이터를 각각 나타내는 2개의 그래프가 있다. x축은 종의 수를 나타낸다. 상단 그래프에서 포유류 종의 수; 하단 그래프에서 해양 요각류 종의 수. y축은 위도를 나타낸다. 상단 그래프에는 40°S 및 20°S, 적도(0°) 및 20°N, 40°N 및 60°N에서 종의 수에 대한 데이터가 표시되어 있다. 하단 그래프에는 적도(0°) 및 20°N, 40°N 및 60°N에 대한 데이터가 표시되어 있다.

2. 독립변수는 위도이다. 종속변수는 종의 수이다. 일반적으로, x축은 독립변수로 사용되고, y축은 종속변수로 사용된다. 이 그래프에서 변수는 반대 축에 배치된다. 이는 선택한 위도가 정확히 어디에 속하는지 식별하는 데 도움이 되는 세계지도에 데이터가 중첩되기 때문이다. 예를 들면, 이를 통해 20°N은 중앙아메리카를 포함하는 반면, 60°N은 알래스카 남부와 캐나다 북부를 가로지르는 것을 쉽게 알 수 있다.

3. 포유류 종과 해양 요각류의 경우 적도인 0°에서 가장 많은 수의 종이 서식한다.

4. 포유류 종과 해양 요각류 종 모두에 대한 데이터를 보유하는 것의 가치는 극지방을 향한 종의 다양성 감소 추세가 육상 종과 해양 종에도 해당함을 알 수 있다는 것이다. 이것은 그 현상이 한 생물 무리의 기이한 현상만이 아닌 굳건한 것임을 암시한다. 모든 종에 대한 데이터가 제시되면 도움이 될 것이지만 그러한 데이터는 존재하지 않는다. 전 세계 종의 일부만 기재되었다. 이 그림에서는 대부분 종을 설명할 수 있는 동물 집단을 포함한 것이 더 가치가 있다. 또한, 중요한 것은 이 그림이 대규모 생물 무리를 이용한다는 점이다. 이 경우 적도에서 기재된 모든 종의 비율 대 고위도에서 기재된 종의 비율 편향이 거의 없을 것이다.

5. 20°N에서는 해양 요각류 종보다 포유류 종이 더 많다. 요각류 종의 수를 나타내는 막대가 포유류 종을 나타내는 막대보다 더 길므로 누군가는 이 질문에 잘못 대답할 수도 있다. 그러나 이것은 축의 스케일이 다르기 때문이다. 20°N에서 300종 이상의 포유류와 약 70종의 요각류가 있다.

6. 여기에서 막대는 연관된 분산이 있는 높이와 같은 변수의 반복 측정 데이터가 아니라 정확한 개수를 나타낸다.

복습하기

짧게 답하기

1. 산소 수준의 감소는 메탄을 사용하는 박테리아의 증식과 상관관계가 있었다. 이것은 박테리아가 메탄이 사라진 원인이라고 생각한 과학자의 의문을 확인시켜 주었다. 과학자는 또한 DNA 테스트를 통해 기름을 소비하는 박테리아가 기름이 누출된 다른 장소에서도 발견되었음을 발견했다. 이 박테리아는 자연적으로 발생하는 오일 누출이 있는 걸프만에서 항상 살고 있다.

2. 생물다양성은 한 지역의 종의 다양성, 특정 종의 유전자와 대립유전자의 다양성, 한 지역의 다양한 생태계의 수로 정의할 수 있다.

3. 생물다양성을 연구하는 것은 종 수 이상을 연구해야 하므로 어려울 수 있다. 예를 들어, 과학자는 유전자와 대립유전자의 다양성과 생태계 다양성도 조사해야 한다. 게다가, 우리는 많은 분류군과 서식지에서, 현재 얼마나 많은 종이 존재하는지 또는 과거에 존재했는지조차 모른다.

4. 종의 풍부도에 기여하는 주요 요인에는 3가지가 있다. (a) 이용 가능한 태양에너지: 이용 가능한 태양에너지가 많을수록 종 다양성이 커진다. 태양의 에너지는 적도에 가까운 지역에 더 집중되고 적도에서 멀리 떨어진 지역에 덜 집중된다. 사용 가능한 에너지가 많을수록 부양할 수 있는 생물과 종의 수가 더 많아진다. (b) 해당 지역의 진화 역사: 거주하는 지역에서 교란이 일어나지 않은 채 지난 시간이 클수록 생물다양성이 커진다. 한 지역의 기후 재해는 종의 수와 생물다양성을 감

소시킨다. (c) **환경 교란율**: 중간 정도 교란이 일어난 환경에서 생물다양성이 가장 크다. 다른 많은 종을 능가하는(경쟁 우위를 가진) 종이 교란으로 인해 환경에서 손실되어, 종 다양성이 더 커진다.

5. 한 종을 구성하는 개체 수가 적을수록 해당 종의 멸종 가능성이 커진다. 호랑이의 개체 수가 감소함에 따라 그들의 유전적/대립유전자의 다양성이 감소했다. 호랑이가 질병이나 기타 변화와 같은 심각한 환경 교란에 직면하면, 개체군에는 일부 개체가 생존하고 번식할 수 있도록 하는 대립유전자가 부족할 수 있다.

6. 종 소실의 주요 원인은 특히 열대우림에서 인간 활동으로 인한 서식지 소실 및 서식지 악화이다. 지난 30년 동안 전 세계 열대우림의 절반이 파괴된 것으로 추정된다. 이 지역은 생물학적으로 매우 다양하므로, 이 지역의 파괴는 생물다양성의 상당한 소실을 말한다. 종의 남획과 외래종의 도입은 많은 종 소실에 대한 추가적인 이유가 된다.

7. 한 번 사라진 종은 다시는 존재할 수 없다. 각종은 독특하고, 중단되지 않으며, 절대 반복되지 않는 진화의 역사를 통해 형성되어 다른 종과는 다른 게놈을 갖게 된다.

8. 석유, 석탄 및 천연가스를 포함하는 화석연료는 주로 탄소와 수소로 구성되며, 질소와 황도 조금 포함한다. 화석연료가 연소함에 따라, 이러한 원소는 공기 중의 산소와 반응하여 이산화탄소, 물, 이산화질소 및 이산화황을 형성한다.

9. 공기 중의 이산화탄소와 메탄은 지구에서 방출되는 적외선 에너지를 흡수하여 우주로의 탈출을 막아 대기를 가열한다. 이산화탄소와 메탄이 대기에 추가되면 더 많은 열이 유지되고 지구 온도를 상승시킨다. 이 효과는 온실 유리판의 효과와 비교할 수 있는데, 더 많은 적외선 에너지를 보유하고 온실 내부 환경을 온난화시키는 이산화탄소 및 메탄의 효과가 그것이다.

10. (a) **생물다양성 감소**: 전 세계 종이 불균형한 비율로 열대우림에 (많이) 살고 있다. 이 숲이 사라지면서 알려지거나 알려지지 않은 많은 종이 사라졌다. (b) **광합성 감소 및 온실가스 증가**: 매년, 열대우림의 식물이 광합성을 하는 동안 온실가스인 약 6,100억 톤(550조 kg)의 이산화탄소가 대기에서 제거된다. 이 양은 열대우림이 파괴되므로 감소한 양이다. 게다가, 열대우림이 태워지면 이산화탄소가 방출되어 대기에 더 많은 온실가스를 추가된다.

11. 우산종은 너른 서식지와 기타 자원이 필요한 광범위한 종이다. 결과적으로, 그들의 보존은 같은 서식지의 수많은 다른 종도 동시에 보호하게 된다. 예를 들어, 점박이올빼미는 오래된 숲에서 넓은 서식 범위를 가지고 있다. 이 서식지가 보호되면 많은 중요한 연체동물과 도롱뇽도 보호된다.

정답 고르기

1. e; 2. c; 3. d; 4. c; 5. b; 6. b; 7. a; 8. e; 9. c; 10. a

CHAPTER 19

도표로 배우기

1. 다른 원그래프와 마찬가지로, 이 그림은 전체에서 각 구성 요소가 차지하는 비율을 보여주고자 한다. 이 경우에, 전체 원은 토양을 구성하는 모든 물질을 나타낸다. 원그래프에서 나뉜 각 부분은 토양 속에 들어있는 무기질, 유기물질 그리고 물과 공기의 상대적인 양을 나타낸다.

2. 이 자료의 근거 자료는 주어지지 않았다. 따라서 일반적인 독자들은 모든 토양이 분석에 사용된 토양 샘플과 거의 동일한 조성이라고 생각할 수 있으므로 문제가 있다.

3. 아니다. 원그래프에는 다른 유형의 토양이 구성에 있어서 다르다는 것을 보여주는 어떤 정보도 제시되어 있지 않다. 다시 말해서, 독자들은 해변의 모래 토양인지 또는 호수 주변의 습한 토양인지에 관계없이 토양은 항상 50%의 무기질, 1~5%의 유기물질 그리고 45~50%의 물과 공기로 구성되어 있다고 결론을 내릴 수 있다. 토양에 따라서 조성이 다르다는 것을 보여주기 위해서 여러 유형의 토양에 대한 자료가 여러 개의 원그래프로 제시될 수 있다. 여러 원그래프를 빠르게 비교하면 토양 유형에 따른 차이를 알 수 있다. 각 행은 토양 유형을 나타내고, 각 열은 무기질, 유기물질, 물과 토양 조성을 나타내는 테이블로 자료가 제시될 수도 있다.

4. 원그래프에서는 나뉜 파이 조각의 크기에 변화를 줘서 오차를 나타낼 수 없으므로 변이에 대한 정보를 나타내기가 어렵다. 몇몇 현상에서 이것은 중요하다. 일반적으로 행해지지는 않지만, 변이에 비례해서 나뉜 파이 조각의 경계 면을 흐릿한 부분의 크기로 나타낼 수는 있다. 또는 파이 조각에 표시를 해서 각 부분이 나타내는 비율을 변이와 함께 나타낼 수 있다. 예를 들어, 물과 공기에 해당하는 부분을 45%로 그리지만 45~50%라고 표시할 수 있다. 마찬가지로 유기물질도 5%로 그리지만 1~5%라고 표시할 수 있다.

5. 막대그래프와 비교했을 때 원그래프가 가지는 장점은 즉각적으로 명확히 알 수 있다는 것이다. 미네랄이 토양의 가장 많은 부분을 구성하고, 그 다음으로 물과 토양이 토양을 구성하며, 유기물질이 가장 작은 비율로 토양을 이룬다. 일반적으로 원그래프는 전체 중에서의 상대적인 비율을 전달하고자 할 때 효과적이다. 만일 자료를 막대그래프로 제시하려면, *y*축은 "비율", *x*축은 "토양 구성물질"로 표기한 후 각 구성물질에 따라 막대로 나타내면 된다.

6. 3차원 원그래프는 미적인 차원에서 더 좋게 보일 수 있지만, 판단을 그르치게 할 수도 있다. 자료는 3차원이 아니고, 원그래프의 각 부분의 깊이가 어떤 의미도 갖지 못한다. 단순한 원그래프도 정확히 동일한 자료를 전달한다. 게다가, 3차원으로 표시된 앞쪽 부분("물과 공기"를 나타내는 부분, 그리고 "유기물질"을 나타내는 부분도 약간은)은 다른 부분의 색깔보다 더 잘 보이기 때문에 더욱 두드러져 보인다. 각 색깔의 비율이 특정 구성요소가 전체에 기여하는 비율을 의미하지 않기 때문에, 독자들은 각 부분의 상대적인 크기에 관해 잘못 판단할 수 있다. 이 3차원 그래프에서 "물과 공기"를 나타내는 부분은 "무기질"을 나타내는 부분보다 더 커 보인다. 이와 같은 방법으로 데이터를 제시하면 독자들은 실제보다 특정 구성요소가 더 많이 또는 더 적게 중요하다고 생각하고 사실이 아닌 것을 믿게 될 수 있다.

복습하기

짧게 답하기

1. 관다발식물의 세 부분은 잎, 줄기 그리고 뿌리이다. 잎은 빛을 흡수하고 당을 합성하는 광합성 구조이다; 잎은 줄기에 부착되어 있다. 줄기는 잎을 갖는 지지 구조로 물, 무기질, 당 그리고 기타 양분을 위한 도관 역할을 한다. 뿌리는 토양에서부터 양분(특히 무기질)과 물을 흡수 흡수하고 토양에 식물을 고정하고 식물체 전체를 지지한다.

2. 외떡잎식물에서는 양분을 수송하는 관다발계가 줄기 내부에 무작위로 흩어져 있어서 외떡잎식물을 감싸고 있는 철사에 의해 얇은 상처가 생기더라도 전체 관다발계는 손상되지는 않는다. 쌍떡잎식물에서는 관다발계가 줄기의 표면 바로 아래에서 링 구조로 배열되어 있으므로 상처를 통해서 모든 관다발 조직이 손상될 수 있다.

3. 식물의 관다발계가 척추동물의 순환계와 많이 유사하다. 그러나 식물은 물과 양분을 식물체 내로 운반하기 위해서 펌프 기능을 하는 심장과 같은 구조를 갖지 않는다.

4. 뿌리의 기본 조직에 있는 유조직 세포가 녹말—식물이 나중에 사용하기 위해서 에너지를 저장하는 형태—을 저장하면, 기본 조직의 크기가 커지고 뿌리도 확장되고 과육질이 된다. 고구마, 당근 그리고 무가 녹말로 채워진 뿌리의 예이다.

5. 두 유형의 분열 조직은 미분화된 세포로 이루어져 있으며, 마침내 표피 조직, 관다발 조직 또는 기본 조직으로 분화한다. 측면 분열 조직에서의 성장은 식물체가

더 두꺼워지도록 한다. 정단 분열 조직에서의 성장으로 식물체의 키와 길이가 증가한다.

6. (1) 큐티클은 방수 기능을 하는 왁스 코팅이다. (2) 표면에 있는 잎털은 증산을 줄여주고 잎 내부의 온도를 낮춘다. (3) 공변세포는 기공을 닫아 물 손실을 막는다.

7. 토양은 식물의 성장과 대사에 필수적인 무기질(주로 질소, 인, 마그네슘, 칼륨, 황 그리고 칼슘)을 가지고 있다.

8. 질소는 종종 식물의 성장을 제한하는 요인이다. 따라서 토양에 질소를 첨가하면 식물 성장을 촉진한다. 식물은 단백질을 만들기 위해서는 질소가 필요하며, 대부분 모든 식물 세포와 조직에서 질소가 필요하다.

9. 균류(넓은 흡수 표면적을 가지고 있다)는 식물 뿌리 주변이나 내부에서 자라며 식물이 물과 양분에 더 잘 접근하도록 한다; 균류는 식물로부터 에너지와 양분을 얻음으로써 이익을 취한다.

10. 잎에서 물이 증발하면, 물 분자들 간의 응집력으로 인해 식물을 따라서 뿌리에서부터 잎으로까지 물 분자를 끌어 올릴 수 있다. 나무의 키는 물 분자들이 서로 붙을 수 있도록 하는 수소결합의 총괄적인 힘에 의해 결정된다. 물은 최대 약 120 m 정도 높이까지 끌어 올려질 수 있다.

11. 체관은 식물 조직으로 양분을 운반한다. 잎에서 합성된 당은 양분이 필요하거나 저장될 수 있는 식물체 내로 이동한다.

정답 고르기

1. b; 2. a; 3. c; 4. e; 5. d; 6. d; 7. b; 8. e; 9. a; 10. c

CHAPTER 20

도표로 배우기

1. 파이 "조각" 사이의 겹친 경계는 각 조각의 정확한 크기가 분명하지 않다—약간의 변화가 있다—는 것을 의미한다. 이 불확실성은 몇 가지 다른 방식으로도 전달할 수 있다. 파이 조각의 경계를 뚜렷하게 설정하되 조각마다 크기 범위(3%~7%, 20~25% 등)를 표시한다. 또는 막대그래프를 이용하여 각 요소를 분리된 막대로 표시할 수 있다. 이때 막대에 오차범위를 나타내는 에러 바(error bar)를 추가하여 추정값 부근의 불확실성이나 변화값을 표시한다. 또는 단 하나의 막대(꽃식물 종의 100%를 의미)로 그래프를 구성하되, 수분매개자 유형마다 단편으로 나누고 단편 사이에 겹친 부분으로 불확실성을 나타낼 수 있다. 이 경우 불확실성을 범위값(3~7%, 20~25% 등)으로 표시할 수도 있다.

2. 각 조각의 실제 백분율 값을 표시하면 조각의 크기를 더욱 자세하게 비교할 수 있다. 이 사례에서 백분율을 표시하지 않은 이유는 정확한 자료값이 없기 때문이며, 이 사실은 그래프 윗부분에 "대략적인 백분율"이라고 명시해 놓았다.

3. 가장 많은 식물 종의 수분매개자는 벌이다. 약 45%의 현화식물 종이 수분매개자로 벌을 이용한다.

4. 자료를 수집한 서식지에 대해 안다면 이 자료를 모든 유형의 서식지에 적용하지 않게 된다. 예를 들어, 일부 서식지에서는 꽃식물 종 대부분이 새를 수분매개자로 이용할 수 있으며, 다른 서식지에서는 대부분 벌이나 딱정벌레에 의존할 수도 있다. 어쩌면 모든 서식지에서 백분율이 동일할 수도 있다. 따라서 서식지(예를 들어, 열대지역과 극지역 등) 별로 각 수분매개자에게 도움을 받는 꽃식물 종의 백분율에 어떠한 차이가 나타날 것인지 예측할 수 없다.

5. (a) 대부분 현화식물은 바람이나 물보다는 동물의 도움을 받아 수분을 한다. (b) 동물 중에서도 곤충이 가장 흔한 수분매개자이다. (c) 박쥐보다 새의 도움을 받는 꽃식물 종이 더 많다. (d) 동물 중에서도 벌의 도움을 받는 꽃식물 종이 더 많다. (e) 비-동물 방식에서는 물보다는 바람에 의한 수분이 더 흔하게 일어난다.

6. 이 그래프에서 중요한 세부 내용은 조각이 의미하는 것이 꽃식물 개체의 백분율이 아니라 꽃식물 **종**의 백분율이라는 사실이다. 모든 종이 동일한 개체 수로 이루어져 있지 않다. 수백만이나 되는 많은 개체로 이루어진 종의 경우, 예를 들어 파리에 의해 수분된다면 "파리에 의해 수분되는 종 하나"로 계산된다. 또한, 수백 정도의 적은 개체로 이루어진 종의 경우도 역시, 예를 들어 박쥐가 수분을 도와준다면 "박쥐에 의해 수분되는 종 하나"로 계산된다. 단 하나의 서식지를 선택하여 곤충-수분 개체 수와 비-곤충 동물-수분 개체 수를 조사한다면, 그리고 비-곤충 동물-수분 식물 종의 개체 수 크기가 곤충-수분 식물 종의 개체 수 크기보다 훨씬 작다면, 비-곤충 수분매개자를 거의 발견하지 못할 수도 있다. 그러나 모든 꽃식물 종의 개체군 크기가 동일하다면, 약 75%의 식물은 곤충에 의해, 약 20%의 식물은 비-곤충 동물에 의해 수분되는 것을 볼 수 있을 것이다.

7. "어림짐작"으로 얻은 자료를 이용할 경우 그 정확성을 확신할 수 없다. 이런 자료를 해석할 때에는 이 자료에 제시한 내용이 달라질 수 있음을 밝혀야 한다. 수분매개자에 대한 추가 관찰에 따라, 그리고 아마도 다른 유형의 서식지에서는, 그래프에 도시한 조각의 크기가 더 크거나 작아질 수도 있다. 그러나 어림짐작은 특히 정확하게 계측하기 어려운 상황에서는 여전히 유용하게 사용할 수 있다. 이 파이 그래프에서 아마도 큰 오류 없이 추정할 수 있는 사실은, 현화식물 종의 수분매개자 중 가장 큰 점유율을 차지하는 것은 벌이고, 현화식물은 비-동물 매개자보다는 동물에 의해 수분되는 경우가 많으며, 동물 중에서도 곤충이 더 중요한 수분매개자라는 사실이다. 이러한 결론을 통해 수분의 일반적 양상을 어느 정도 이해할 수 있다. 어림짐작으로 얻은 결론은 연구 중인 주제에 대해 더 깊고 정확하게 이해하기 위한 추가 연구의 방향을 설정하는 데에도 도움이 될 것이다.

복습하기

짧게 답하기

1. 특정 환경조건에 적응한 감자를 심으면 모식물에 있는 잘-적응된 대립형질을 보존할 수 있다. 농부는 증식시키고 싶어하는 특성을 지닌 감자를 선택하여 심을 것이다. 모식물이 생산한 씨앗을 심는다면 대립형질의 조합이 달라진다.

2. 유성생식을 통해 크기, 향, 또는 숙성 속도 등 시장 수요가 많은 특성을 지닌 식물을 선택적으로 육종할 수 있다.

3. 꽃가루의 세포벽에서 돌출된 단백질이 꽃가루 표면을 끈적하게 하여 수정에 도움을 준다. 그러나 사람이 꽃가루를 흡입한 경우 이들을 외래물질로 인식해서 면역 반응을 일으키게 된다면 알레르기원으로도 작용할 수 있다.

4. 꽃식물과 이들의 동물 수분매개자는 공진화하는 과정에서, 식물은 수분매개자를 효율적으로 유인하고 다른 종은 저지하는 능력이 증가하였고, 수분매개자는 식물이 제공하는 자원을 효율적으로 활용할 수 있게 되었다.

5. 중복수정에서는 암수 핵 사이에 두 번의 융합이 이루어진다—각각 배아와 배젖을 만들어낸다. 이 과정이 효율적인 이유는 오직 배아가 만들어진 때라야 비로소 즉시 이용 가능한 영양원이 만들어지기 때문이다.

6. 꽃은 대개 암수 생식부위를 모두 가지고 있고, 수분매개자가 유성생식을 도와줄 수 있다. 현화식물은 이러한 **자웅동주**(암수한몸, *hermaphroditism*)로 인해 자가수분도 가능하다. 자가수분의 장점 중 하나는 다른 식물체에서 온 꽃가루가 없어도 생식할 수 있다는 것이다. 단점 중 하나는 타가수분에 비해 자손의 유전적 다양성이 감소되고, (근친교배로 인해) 바람직하지 않은 형질이 발현될 가능성이 높다는 것이다.

7. 열매는 씨앗이 완전히 발달하기 전에는 숙성하지 않고 먹을 만한 상태로 되지 않는다. 씨앗이 산포될 준비를 마쳐야 비로소 열매에 단맛이 들고 밝은 색채로 물들어 산포자를 유인한다.

8. 식물은 낮은 쪽의 가지를 제거하거나 가지치기를 통해 자원을 남아있는 가지의 성장에 사용하도록 재분배해 주면 (1기 생장을 통해) 큰 키로 자라게 된다. 이러한 생장은 정단분열 조직의 활성에 의해 이루어진다.

9. 지베렐린이 "마술 같은 생장"을 일으키는 화합물이다. 지베렐린은 세포분열과 세포 신장을 모두 촉진하여 식물 생장이 빠르게 이루어지도록 한다.

10. 에틸렌이 열매 숙성에서 역할을 한다. 숙성되기 전에 열매를 수확하여 후 수송하고, 시장에 내놓기 직전에 숙성시킨다. 예를 들어, 미성숙 바나나 저장고에 에틸렌을 적용하면 매장에 도착할 시기에 맞춰 모든 바나나가 동시에 숙성되도록 할 수 있다.

11. 기온과 강수량은 해마다 달라질 수 있으므로 계절의 지표로 적당하지 않다. 하루 중 낮 길이나 어둠에 해당하는 시간 수가 계절의 지표로서 훨씬 정확하다.

12. 포인세티아는 단일식물이며, 꽃을 피우려면 중단되지 않은 어둠 기간이 길어야 한다. 실내 조건에서는 꽃을 피우는 데 필요한 지속적인 어둠 시간이 충분하지 않을 수 있다.

정답 고르기

1. a; 2. e; 3. d; 4. b; 5. b; 6. b; 7. a; 8. c; 9. b; 10. e

CHAPTER 21

도표로 배우기

1. 주변 온도(*x*축)에 대한 고양이 체온(*y*축)을 나타내는 커브는 아주 작은 증가가 있었음을 보여준다. 그래서 고양이 체온은 주변 온도의 영향을 받았다고 할 수 있다. 그러나 그 영향은 매우 작다. 주변 온도가 약 17°C 증가한 데 반해 고양이 체온은 1 또는 2°C 정도만 증가했다. 더 정확하게 말한다면, 고양이의 체온은 주변 온도의 영향을 거의 받지 않았다고 할 수 있다.

2. 그래프의 모든 점이 도마뱀의 체온과 주변 온도가 정확하게 일치하는 체온과 주변 온도의 관계를 보여주므로, 10°C에서 도마뱀의 체온은 10°C일 것이라 예상할 수 있다.

3. 아래 그래프에서 볼 수 있듯이, 대사율은 산소 소비량(ml)/체중(g)/시간의 단위로 측정된다. 주변 온도가 어떻든 고양이 체온은 도마뱀보다 높다.

4. 대사율을 의미 있게 비교하려면, 대사율을 몸무게(즉, 몸무게 g 당)에 대한 것으로 표시해야 한다. 달리 말하면, 동물 무게의 차이는 두 생물 모두의 시간당 산소의 총소비량보다는 시간당 그램당 비율로 해야 헷갈리는 요인을 제거할 수 있는 것이다.

5. 도마뱀의 체온이 27°C와 36°C 사이일 때 대사율은 0.15 ml O_2/g/hr에서 0.35 ml O_2/g/hr로 증가했다. 동일한 온도 범위에서 고양이의 대사율은 증가하지 않는다.

6. 모든 온도에서 도마뱀의 대사율은 고양이보다 현저하게 낮다. 그러나 도마뱀의 대사율은 27°C~36°C에서 극적으로 증가한다. 반면에 고양이 대사율은 일정하게 유지된다. 이런 차이를 더 잘 나타내기 위해, 도마뱀의 경우 *y*축을 10배 정도 늘린 다른 스케일을 사용할 수 있다. 이렇게 하면 (커브의) 경사가 더 급해져서 도마뱀에서 주변 온도의 대사율에 대한 영향을 고양이와 비교하여 돋보이게 할 수 있다. (대부분의 교재가 이렇게 한다.) 이 방법의 단점은, 사실은 그렇지 않은데, 독자들이 도마뱀의 대사율이 고양이보다 더 크다고 잘못된 결론을 내리게 할 수 있다는 것이다. 오직 대사율의 증가 속도만이 더 클 뿐이다.

7. "열중성대"의 의미는 동물의 대사율이 변화하지 않은 채 머무는 주변 온도의 범위이다. 고양이는 분명히 열중성대를 갖지만 도마뱀은 그렇지 않다. 도마뱀의 경우, 주변 온도가 올라가기만 하면 대사율의 증가를 동반한다.

8. 주변 온도가 27°C와 36°C 사이인 곳에서는 내온 동물이 더 효과적이다. 그러나 주변 온도가 27°C보다 낮거나 36°C 이상이면 외온 동물에 비해 내온 동물은 대사 비용이 극적으로 증가한다. 즉, 이는 이 조건에서는 외온동물이 더 효과적임을 시사한다.

복습하기

짧게 답하기

1. 다세포성의 주요한 이점은 세포 수준에서 기능을 나누고 특화한다는 점이다.

2. 결합조직을 종종 "세포 접착제"라 하는 이유는 몸 전체에서 이 조직이 기질에서 세포를 고정시켜 다른 조직과 기관의 모양을 만들고 지지하며 구조를 형성하기 때문이다.

3. 상피조직은 외분비샘을 형성하며, 종류에 따라, 침, 땀 또는 점액 등을 생산하고 분비한다.

4. (a) 골격근은 뼈에 결합하여 운동을 하게 한다; 대부분은 의식적으로 조절된다(호흡 조절과 같은 일부는 그렇지 않다). (b) 심장근은 심장에만 있고 의식적으로 조절되지 않는다. (c) 민무늬근은 방광, 위장 등 다른 기관에서 발견된다; 이 근육은 느리지만 리드미컬한 수축을 하고 의식적으로 조절되지 않는다. 이 세 가지 근육 모두 수축이 가능한 세포로 구성된다는 점에서 비슷하다.

5. 신경교세포는 신경세포(뉴런)를 지지하고 영양분을 공급하며 보호한다. 신경교세포가 손상되면, 신호 전파, 신경계 발생, 신경계 손상 회복 등을 포함, 신경계의 전반적인 부전이 일어난다.

6. 순환계는 몸에서 심장의 혈액 펌프 속도를 조절한다.

7. 고체온증은 체온이 위험할 정도로 상승한 것이다. 이는 신체가 일정한 내부 환경, 즉 항상성을 유지하는 데에 실패했기 때문에 생기는 것이다. 세포, 조직, 기관계가 기능하려면 체온이 필수적으로 일정해야 한다.

8. 크고 다세포인 생물에서 세포 대부분은 외부 환경과 직접 접촉하지 않기 때문에, 세포가 작동하는 데에는 내부 환경이 훨씬 더 중요하다. 혈액의 pH, 기체, 온도와 같은 내부 변수는 상대적으로 일정한 범위 내에서 유지된다.

9. 음성 되먹임 시스템이 더 흔한 이유는 이 시스템이 내부 환경의 변화에 저항하거나 줄이기 때문이다. 반대로, 양성 되먹임 시스템은 변화에 대한 반응에서 몸을 정상 조건에서 멀어지게 하여 항상성에 대항한다.

10. (a) 증발은 액체가 기체로 전환될 때 발생하는 열 손실이다(예, 땀의 증발). (b) 복사는 직접 접촉하지 않은 채, 더운 물체에서 더 차가운 물체로 열이 전달되는 것이다(예, 난로에서 나오는 열).

11. 아니다. 바닷물에서 사는 무척추 동물 삼투순응자는 체액 내 용질 농도가 외부 환경의 농도와 같다.

12. 하루에 사람이 생산하는 소변 양은 사람이 섭취한 액체와 땀이나 내쉬는 숨으로 잃은 물에 따라 다르다.

정답 고르기

1. c; 2. d; 3. d; 4. d; 5. c; 6. d; 7. a; 8. a; 9. e; 10. a

CHAPTER 22

도표로 배우기

1. 이 그래프는 산소분압과 헤모글로빈이 산소로 포화되는 정도의 관계를 나타낸 것이다. 산소분압이 증가하면 더 많은 산소가 헤모글로빈에 결합한다. 산소분압이 감소함에 따라 헤모글로빈에 결합 된 산소가 방출된다.

2. 곡선의 상단은 산소에 대한 높은 헤모글로빈 포화도를 나타내고, 하단은 산소에 대한 낮은 헤모글로빈 포화도를 나타낸다. S자 곡선을 따라 있는 임의의 지점에서 색상은 해당 산소분압에서 헤모글로빈이 산소로 포화되는 정도를 나타낸 것이다.

3. 그래프는 특정 데이터 포인트가 없다. 곡선은 산소의 부분압과 헤모글로빈의

산소포화도 사이의 일반적인 관계를 나타낸 것이다. 이 관계는 x축으로 된 산소분압 범위에 걸쳐 다량의 헤모글로빈의 산소포화도를 측정함으로써 결정할 수 있다. 이러한 방식으로 그래프를 얻었지만, 개별적으로 표시되지 않은 데이터 포인트를 기반하였다고 가정할 수 있다.

4. S자 곡선은 산소분압과 헤모글로빈의 산소포화도 사이의 비선형 관계를 보여준 것이다. 분압이 100 mmHg에서 감소함에 따라 처음에는 산소포화도가 점진적으로 감소한다. 그러나 분압이 약 50 mmHg로 더 감소함에 따라 헤모글로빈의 산소포화도가 떨어지는 속도가 급격히 증가한다. 곡선이 직선이라면 헤모글로빈은 조직의 산소분압이 감소함에 따라 일정한 속도로 조직에 산소를 방출할 것이다. S자 곡선으로 헤모글로빈은 분압이 절반으로 감소하더라도 상대적으로 산소포화 상태를 유지한다. 그 이후에는 산소 방출 속도가 급격히 증가한다. 따라서 신체 활동 또는 기타 증가된 대사 활동으로 인해 세포의 산소 사용 증가는 곡선이 선형일 때 발생하는 것보다 더 빠른 산소 방출이 진행될 것이다.

5. 60 mmHg의 분압에서 헤모글로빈의 산소포화도는 약 90%다. 단일 분자의 헤모글로빈만 고려한다면 이것은 이해가 되지 않을 것이다. 왜냐하면, 4개의 결합부위를 가지고 있는 헤모글로빈에 0, 1, 2, 3 또는 4개의 산소분자가 결합하면 분자 포화도는 0%, 25%, 50%, 75% 또는 100%가 되기 때문이다. 그러나 헤모글로빈 표본에서 수많은 분자가 산소포화도로 분석되면, 일부는 75% 포화 상태이고 다른 분자(대부분의 다른 분자)는 100% 포화 상태일 수 있다. 이들의 평균을 취하면 90%가 될 수 있다.

6. 산소분압의 변화에 대한 산소포화도의 가장 큰 변화는 곡선이 가장 가파른 곳에서 발생한다. 이 변화는 25~45 mmHg 사이에서 발생하는 것으로 추정할 수 있다.

7. 공기 중의 산소분압은 해수면보다 높은 고도에서 낮다. 등산가의 헤모글로빈은 호흡할 때마다 완전히 포화되지 않을 수 있다. 결과적으로, 헤모글로빈이 조직에 충분한 산소를 공급하지 못하여 숨 가쁨과 빠른 호흡을 유발할 수 있다. 등반 시 격렬한 신체 활동으로 인해서 산소 결핍증이 더 악화될 수 있다.

복습하기

짧게 답하기

1. 다세포 생물은 크기가 증가함에 따라 개체의 세포 대부분은 외부 환경과 직접 접촉하지 않으므로 필수 영양소와 폐기물이 세포 안팎으로 적절하게 확산하지 못할 수 있다. 전용 전달 및 제거 시스템(순환계)이 필요하다.

2. 물고기에서 발견되는 단일 회로 심혈관계에서 혈액은 심장을 통해 (한 번) 아가미로 이동한 다음, 몸을 통해 다시 심장으로 이동한다. 아가미 모세혈관은 혈류를 느리게 하여 신체가 상대적으로 낮은 압력에서 혈액을 받아 세포로의 산소 공급 속도를 감소시켜준다. 양서류, 파충류, 조류, 포유류 등에서 발견되는 이중 순환에서 혈액은 심장에서 허파로, 다시 심장으로, 심장에서 몸으로, 다시 심장으로 흐른다. 혈액은 특히 조류와 포유류에서 상대적으로 높은 압력으로 심장을 떠나 세포에 영양소와 산소 공급 속도를 증가시키고 노폐물을 신속하게 제거한다. 이는 높은 에너지 요구 시스템에 더 적합하다.

3. 정맥 혈압은 동맥 혈압의 약 10분의 1에 불과하다. 모세혈관의 마찰은 혈액을 느리게 하여 혈액이 정맥으로 들어갈 때 압력이 매우 약해진다.

4. 고혈압이 있는 경우, 심장이 더 열심히 일해야 하므로 심장이 잠재적으로 약해지며 동맥은 운동 중에 증가 된 혈류에 맞춰 확장할 수 없게 된다. 더 많은 콜레스테롤이 더 경직된 동맥의 벽에 달라붙어 직경이 좁아지고 순환계와 심장의 효율성이 더욱 감소한다. 이러한 변화는 심장마비와 뇌졸중의 위험을 증가시킨다.

5. 심장병 위험을 줄이려면: (a) 모든 종류의 담배를 피하고, (b) 운동을 하고, (c) 건강한 체중을 성취하여 유지하며, (d) 알코올 소비를 제한한다.

6. 림프는 온몸에 걸쳐 림프관을 통해 이동한다. 이러한 림프관은 인접한 골격근이 수축하면서 압착되어 림프액이 혈류로 들어가는 어깨 부위를 향해 밀어낸다.

7. 아가미가 있는 동물의 가스 교환은 물이 아가미를 가로질러 지나갈 때 정교하게 분지된 모세관을 포함하는 라멜라 사이를 통과할 때 발생한다. 용존산소는 모세혈관으로의 직접 확산을 통해 흡입한 물로부터 혈액으로 이동하고, 용존 이산화탄소는 혈액에서 내보낼 물로 직접 확산하여 이동한다. 허파가 있는 동물에서 공기는 기관을 따라 허파로 이동하고, 산소는 모세혈관으로 확산하여 혈류로 이동한다. 이산화탄소는 혈액에서 내보내 공기로 확산한다.

8. 헤모글로빈은 근육 조직이 활발하게 수축할 때와 같이 조직에서 낮은 산소분압 조건에서 산소를 방출한다.

9. 혈액이 물의 흐름과 반대 방향으로 흐르도록 혈관을 배치함으로써, 아가미는 혈액과 물이 같은 방향으로 흐를 때보다 물에서 훨씬 더 많은 산소를 추출한다.

10. 조류는 다른 육상 척추동물보다 공기(고도가 높은 곳 포함)에서 더 많은 산소를 추출하는 고효율 기체 교환 시스템을 가지고 있다. 공기는 허파를 통해 한 방향으로 움직이며, 들숨과 날숨 동안 산소가 풍부한 신선한 공기가 허파를 통해 계속 흐르게 한다.

11. 고도가 높고 기압이 낮을수록 흡입된 공기의 산소량이 더 적다. 공기를 허파로 밀어 넣고 산소를 혈액으로 보내는 것이 더 어려워진다.

12. 더 높은 고도의 저산소 조건에서 사는 인간은 산소에 대한 친화력이 감소된 덜 "끈적"한 헤모글로빈을 가질 가능성이 있다. 이것은 공기가 상대적으로 산소가 부족하더라도 헤모글로빈이 조직에 더 많은 산소를 방출할 수 있게 한다.

정답 고르기

1. c; 2. b; 3. a; 4. c; 5. e; 6. b; 7. c; 8. a; 9. d; 10. a

CHAPTER 23

도표로 배우기

1. 그래프의 두 양상이 판사의 혈중당 농도가 판결에 영향을 주었을 것이라는 가설을 뒷받침해 준다. (a) 판사들이 먹지 않아서 결과적으로 그들의 혈중당 농도가 떨어지는 세 번의 시기가 있다. 이 시기에 가석방을 허가하는 비율이 일정하게 감소했다. 만약 혈중당 농도가 영향을 주지 않았다면 이러한 패턴이 없어야 한다.: 가석방 허용 횟수의 비율은 그들이 식사 후 경과한 시간과 관계가 없을 것이다. (b) 두 번째와 세 번째 흰색 원들은 판사들이 식사 사이 공복일 때 처음으로 판결한 것을 나타낸다. 두 경우 모두, 공복 전보다 훨씬 높다(그리고 다음 식사 때까지). 다시 말하자면, 혈중당 농도가 감소했을 때 가석방 허가율이 떨어졌을 뿐 아니라, 혈중당 농도가 증가했을 때 가석방 허가율이 증가했다는 것을 나타낸다. 만약 혈중당 농도가 판결에 영향을 미치지 않았다면, 식사를 하고 난 직후 판결의 결과가 다른 판결의 결과와 차이가 없어야 한다.

2. 만약 판사의 혈중당 농도가 판결에 영향을 주지 않았다면, 그래프는 특정한 패턴없이 무작위적으로 분포해야 할 것이며, "가석방 허가율"은 평균 35.8%로 유사해야 할 것이다. 어떤 시기에는 이 값보다 낮거나 높을 수는 있지만, 그 값들이 x축의 위치와는 연관성이 없어야 한다.

3. 점선은 판사의 하루 중에 두 번의 공복 직후 "가석방 허용 횟수"의 증가를 표시를 나타낸다.

4. "하루 중 시간" 축에는 숫자가 없는데, 이는 하루 일과가 정확한 시간에 시작될 필요가 없기 때문이다. 대신에, 그래프는 "가석방 허가율"을 하루 일과를 시작하는 시점과 식사를 하고 난 후에 상대적으로 표시하였다. 이러한 표시는 판사가 식사를 한 후 경과한 시간과 판결의 관계를 더 명확히 보여준다.

5. 그래프의 원은 하루 중 첫 번째 판결 혹은 공복 후 첫 판결을 나타낸다. 숫자는 이 연구가 수행되면서 자료를 수집하고 분석한 50일 간의 가석방 허가율의 평균

값을 나타낸다.

6. 그래프에 오차 막대가 없는 이유는 데이터의 각 지점이 연관된 분산의 통계를 요약해서 보여주는 것이 아니기 때문이다. 각 데이터는 한 숫자를 나타낸다. 즉, "50일 간 연구에서, 판결의 얼마나 많은 퍼센트가 공복 후 정확하게 이 시점에서 내린 가석방 판결인가?"이다.

7. 세 번째 원 이후에 빠르게 떨어지는 것은 판사들이 오랫동안 일을 함으로써, 아마도 피로와 정신적 스트레스의 추가적 효과인 것 같다.

복습하기

짧게 답하기

1. 초식동물은 그들의 많은 시간을 먹는 데 소비하는데, 그 이유는 식물이 훨씬 더 많은 섬유소를 제공하며 소화가 더 어렵고, 육식동물이 소비하는 고기보다 (같은 무게당) 킬로칼로리와 영양소가 더 적기 때문이다.

2. 기초대사율은 보통의 온도 조건에서 쉬는 것 외에는 어떤 활동을 하지 않을 때 생물이 소비하는 최소량의 에너지인 기초대사율은 성별에 따라 다르다. 왜냐하면, 암컷과 수컷의 몸 크기가 다르고, 동일한 연령의 암컷에 비해 수컷은 지방을 제외한 몸의 조직이 차지하는 비율이 더 큰 경향이 있기 때문이다.

3. 너무 많은 물을 마시면 전해질의 불균형을 유발할 수 있는데, 특히 혈액에서 나트륨이 부족해진다.

4. 완전 단백질은 아미노산 중에서 모든 9가지 필수아미노산을 포함한다. 필수아미노산은 신체에 의해 만들어지지 못하므로 식사로 공급되어야만 한다.

5. 20가지 중 11가지 아미노산은 신체에 의해 만들어진다. 다른 9가지는 식품으로부터 와야만 한다.

6. 지용성 비타민은 지방 조직과 간에 저장되고, 수용성 비타민처럼 소변으로 배설되지 않는다. 지용성 비타민의 과복용은 신체에서 이 비타민들의 독성 수준에 이를 수 있다.

7. (a) 섭취: 신체가 먹이를 섭취하는 것이다. (b) 소화: 먹이가 물리적으로 더 작은 조각으로 부서지고, 화학적으로 더 작은 분자들로 분해되는 것이다. (c) 흡수: 분자들은 장으로부터 신체의 세포로 섭취된다. (d) 배설: 불필요한 물질들이 폐기물로 신체로부터 제거된다.

8. 위산이 세균을 죽인다.

9. 소장에는 매우 넓은 흡수표면 지역이 있다. 표면적은 소장이 길고, 접힌 구조를 가지며 융모라 불리는 손가락 같은 돌출들의 내부 표면 등으로 인해 증가한다. 융모는 표면이 미세융모라 불리는 작은 돌출들로 싸여 있다.

10. 섬유소는 소화, 흡수되지 않으므로 대변의 양을 늘린다. 무게가 늘면서 물이 더 많이 붙어 유미가 대장을 더 빠른 속도로 통과하게 된다. 유미가 너무 빨리 이동하면 물의 재흡수가 충분히 되지 못해서 설사를 유발할 수 있다.

11. 탄수화물 섭취 후, 혈중에 증가한 당 농도에 반응하여 췌장이 인슐린을 분비한다. 인슐린은 근육과 지방 조직 등의 세포들을 자극하여 포도당을 흡수하게 한다.

정답 고르기

1. c; 2. d; 3. b; 4. d; 5. a; 6. b; 7. e; 8. d; 9. e; 10. a

CHAPTER 24

도표로 배우기

1. 그래프에 따르면, 광범위한 훈련을 마치고 방대한 지식을 획득하여 런던 택시기사로서 자격을 갖춘 사람의 해마 후면부 크기는 훈련받기 전에 비해, 자격증을 취득하지 못한 훈련생에 비해, 그리고 일반인(통제집단)에 비해 상대적으로 증가하였다.

2. 자격증 취득 훈련생에 대한 별표는 Time 1과 Time 2 사이의 해마 크기 차이가 통계적으로 유의미함을 나타낸다. 즉, 이러한 차이는 신뢰할 만하고 우연이 아니라는 것이다. 별표가 없는 다른 두 쌍의 막대그래프는 해당 집단에 대한 2개의 시간 간격에서 해마 크기 차이가 통계적으로 유의하지 않다는 것을 나타낸다.

3. 대체가설은 택시 운전 훈련이 해마를 더 크게 만들지 않는다는 것이다; 좀 더 정확히 말하면, 사람들은 해마 후면부의 크기가 선천적으로 다른데, 더 큰 해마를 가진 사람은 (공간 기억 능력이 더 좋아서) 택시기사로 성공하기가 쉽다는 것이다. 더 작은 해마 후면부를 가진 사람은 택시기사 일을 잘 수행하기 어려워서 택시기사로 남아 있지 못하게 된다. 그러나 여기에서 보여주는 연구 결과에 따르면, 연구를 시작하는 시점(Time 1)에서 3개 집단 간에는 해마 크기의 차이가 없었다. 훈련이 종료된 후에만 자격증 취득 훈련생에서 해마 후면부가 더 커졌다. 이러한 결과는 훈련 자체가 해마 후면부의 크기 증가의 원인이 된다는 가설을 지지한다.

4. 두 개의 시점은 ("방대한 지식"을 배우는) 훈련을 시작하는 시점(Time 1)과 훈련이 종료되고 자격증을 취득하여 택시기사가 되는 4년 후의 시점(Time 2)이다.

5. 동일한 개인에 대하여 2개 이상의 시간대에서 측정이 이루어지면, 이를 종단연구라고 한다. 이러한 종단연구로 동일한 개인을 대상으로 해마 후면부의 크기에 대한 변수(택시-운전 훈련)의 효과를 측정했고, 두 개의 시간대 사이에서 어떤 정도이든 측정된 크기 변화가 (동일한 기간 후에 측정한 일반인 통제집단과 비교하여) 그 기간에 수행한 훈련과 관련될 수 있다는 판단에 더 큰 확신이 가능하다. 한 시점에서 택시기사와 일반인을 비교하였을 때에 해마의 크기에 대한 훈련의 효과에 대해 신뢰할 만한 결론을 얻을 수가 없다. 왜냐하면, 크기의 차이가 단지 두 집단이 다르다(해마 후면부가 더 큰 개인이 택시기사가 될 가능성이 더 크다)는 것을 의미할 수도 있기 때문이다.

6. 회백질은 수상돌기와 세포체로 구성되어 있고 뇌에서 수많은 처리를 수행한다. 수상돌기의 수, 즉 분기의 광범위함이 (세포체의 수가 증가하지 않으면서) 증가하기 때문에, 뇌세포의 수만 측정하는 것보다는 회백질의 양을 측정하는 것이 더 유익하다. (게다가, 뇌의 뉴런이 서로 너무 복잡하게 연결되어 있고 촘촘히 쌓여 있으면서 너무 작기 때문에, 뉴런을 하나하나 세는 것은 불가능하다.)

7. 3개 집단 각각의 파란색 막대는 Time 1에서 측정되었을 때 같은 높이로 관찰되었는데, 이는 본 연구의 중요한 기준이 된다. 이는 해마 후면부의 크기가 연구 시작 단계에서 3개 집단 간에 유의미한 차이가 없다는 것을 의미한다. 결과적으로, Time 2에서 측정한 해마 후면부의 크기에서 집단 간에 어떤 차이가 있다면, 이는 두 시점 사이에서 어떤 변화가 발생되었음을 의미하는 것이다.

복습하기

짧게 답하기

1. 통증을 느끼지 못한다면 상해를 입었음에도 이를 알아채지 못할 수 있다. 이는 미미한 상해에서 심각하거나 심지어는 생명을 위협하는 상해가 발생하였음에도 불구하고, 다친 신체 부위를 돌보거나 앞으로 일어날 상해를 미연에 방지하는 정상적인 반응을 하지 못한다는 것을 의미한다.

2. 뉴런(신경 세포)은 전기적인 자극을 발생하고 전달하도록 특화된 세포 유형이다. 각 뉴런은 수상돌기, 세포체와 축삭으로 구성되어 있다. 신경교세포는 뉴런을 지원하고 보호하고 절연한다. 사람의 뇌에는 뉴런보다 약 9배나 많은 신경교세포가 있다. 신경교세포는 뉴런과 달리 규칙적으로 세포분열을 한다.

3. 운동뉴런과 연합뉴런의 수상돌기는 일반적으로 다른 뉴런과 연결하고 이로부터 오는 신호를 수신한다. 감각뉴런의 수상돌기는 접촉, 소리, 빛 또는 화학물질과 같은 특정 외부 자극에 (감각 수용체를 통해) 반응하도록 변형되었다.

4. 아세틸콜린이 수용체 부위에 결합하는 것이 방해를 받으면, 이 신경전달 물질이 근육세포에 결합하지 못함에 따라, 해당 세포는 수축할 수 없게 된다.

5. 종에 따른 진화적인 변화가 다양한 능력과 행동을 가져온 뇌 구조의 상대적 양의 차이를 가져 왔다. 사람은 다른 종보다 추상적 사고, 지각, 언어를 담당하는 뉴런을 훨씬 더 많이 가지고 있다. 결정해야 할 일이 점점 더 복잡해짐에 따라, 이에 필요한 뇌 회로도 더 복잡해지게 되어 뇌와 머리가 더 중요한 구조가 되었다.

6. 같은 공기가 입, 목, 비강 주위에 순환하기 때문에 사람의 경우, 냄새와 맛의 감각은 밀접하게 연결되어 있다.

7. 일부 곤충은 광수용체 세포에 사람보다 더 넓은 범위의 빛 감지 색소를 가지고 있다. 이러한 빛 감지 색소를 가진 곤충은 자외선 영역의 파장을 감지할 수 있다.

8. **화학적 수용체** 세포는 음식에 있는 화학물질에 자극을 받아서 맛을 생산한다. 냄새 수용체는 화학적 수용체로 덮인 작은 머리카락 같은 돌출을 가진 수상돌기로 냄새를 감지한다. 세포막에 박혀 있는 빛 감지 분자 덕분에 **광수용체** 세포는 시각을 촉진할 수 있다. 청각은 음파가 기계적 **감각수용체**를 자극해서 활동전위가 일련의 뉴런을 따라 뇌까지 전달될 때 발생한다. 촉각은 압력에 민감한 기계적 감각수용체, 온도에 민감한 **온도 수용체**, 통증에 민감한 **통증 수용체**를 통해 생성된다.

9. 근원섬유는 수축할 때 짧아지는 세포소기관이다. 근원섬유는 근절이라고 하는 반복 단위를 함유하고 있으며, 여기에서 수축이 일어난다. 근절은 서로 나란히 겹쳐 있는 두 종류의 긴 필라멘트(가는 액틴과 굵은 미오신)로 구성되어 있다. 근절은 액틴과 미오신 사이의 연결을 만들고 끊음에 따라 짧아진다. (a) 미오신 필라멘트와 액틴 필라멘트 사이의 연결이 끊어지고, (b) ATP에서 방출된 에너지에 의해 미오신 모양이 고에너지 모양으로 바뀐 후, (c) 미오신이 액틴 필라멘트의 저 멀리 아랫부분에 도달하여 재결합되면, (d) 미오신이 원래 모양으로 다시 딱 하고 꺾이면서 액틴 필라멘트를 잡아당김으로써, 결국 근절이 근섬유를 수축시키게 된다.

10. 골격계는 (a) 모양과 구조를 이루는 데에 관여하고, (b) 뼈에 연결된 근육의 활동을 통해 움직이게 된다.

11. 편도체 해마는 기억을 저장하는 데 중요하다. 편도체는 정서적 감정과 감각 정보를 기억과 관련시켜 특정 냄새나 맛으로 기억을 상기시킨다. 해마의 역할에 대한 몇 가지 증거가 조류 연구로부터 얻어졌다. 캐나다 박새는 겨울을 나기 위해 수많은 견과류를 저장하는데, 새들이 저장된 견과류에 더이상 의존할 필요가 없는 봄보다는 견과류를 숨긴 장소를 기억해야만 하는 가을에 새들의 해마가 상당히 더 크다는 것을 연구자들이 발견했다.

12. 카페인은 피로 유발 아데노신과 결합하려던 수용체에 결합해서 우리가 피곤하다고 느끼는 대신에 경계 태세의 긴장을 느끼게 한다.

정답 고르기

1. a; 2. e; 3. a; 4. c; 5. e; 6. c; 7. a; 8. a; 9. d; 10. e; 11. d

CHAPTER 25

도표로 배우기

1. 불임은 수컷 포유류의 수명을 증가시키는 것으로 볼 수 있다. 이 결론에 더 확신을 얻으려면 불임 시술 후 사망의 특정 원인에 대한 데이터를 갖는 것이 도움이 될 것이다. 예를 들어, 암으로 인한 사망률이 불임 처리된 고양이와 인간에서 유사하게 감소한다면, 그 발견은 수명 연장에 대한 결론을 뒷받침하는 동시에 이 효과에 대한 가능한 메커니즘을 밝힐 수 있을 것이다.

2. 불임 여부에 관계없이 인간은 고양이보다 훨씬 오래 살기 때문에 그래프는 다른 척도를 사용해야 한다. 두 그래프 모두 시간 0에서 시작하는 x축을 가지고 있으므로, 정상 남성과 비교해 불임 남성의 수명이 비례적으로 증가하는 것이라 평가할 수 있다. 인간 그래프의 x축이 50~70년 범위만 포함한다면 수명 증가의 규모는 훨씬 더 극적으로 나타낼 수 있을 것이다. 그러나 이는 불임 수술을 하지 않은 남성에 비해 불임 수술을 받은 남성의 수명이 실제보다 훨씬 더 길다는 것을 암시할 수 있으므로 오해의 소지가 있다.

3. 불임된 수컷 고양이는 약 8년, 불임하지 않은 고양이는 약 5년으로 수명이 3/5 또는 60% 증가했다. 인간의 경우, 불임 남성은 약 70년, 불임하지 않은 남성은 약 55세(15/55 또는 27%의 수명 증가)를 살았다.

4. 표준 편차는 해당 측정에 대한 인구 평균을 기준으로 한 개체에서 다른 개체로의 특정 측정(예: 수명)의 변동(또는 분산) 정도를 나타내었다. 표준 편차가 높으면 평균 주변에 가능한 값의 범위가 넓다는 것을 나타내고, 표준 편차가 낮으면 대부분의 데이터 요소가 평균에 가깝다는 것을 나타낸다. 여기서, 불임 처리되지 않은 수컷 고양이(상단 막대)의 평균 수명은 약 5년이고, 불임 처리된 수컷 고양이(두 번째 막대)의 평균 수명은 약 8년이다. 상단 막대의 표준 편차는 0.5년으로 약 9.5년까지 확장된다. 우리는 이것을 "5년 ± 4.5년"의 평균 수명으로 표현한다. 이는 연구에서 불임 처리되지 않은 수컷 고양이의 수명에 큰 변화가 있다는 사실을 반영하며, 일부는 불임 처리된 수컷 고양이의 평균 수명보다 더 오래 살 수 있다고 볼 수 있다. 데이터 분포가 "정규 분포"인 경우 데이터 요소의 약 68%가 평균(평균)의 1 표준 편차 내에서 발생한다.

5. 특정 사안에 대해서 평균값이 동일한 모집단의 경우, 표준 편차가 큰 모집단은 표준 편차가 작은 모집단의 값보다 평균에서 더 많이 벗어난 값을 의미한다. 예를 들어, 특정 사안에 대해 각각 평균값이 5인 두 집단을 상상해 보자. 한 모집단의 표준 편차가 0이면 모든 사람이 해당 특성에 대해 동일한 값을 갖는다는 의미다: 5. 다른 모집단의 표준 편차가 높으면 일부 개인은 측정값이 8 또는 9일 수 있지만 다른 사람들은 측정값이 각각 2 또는 1이므로 해당 모집단의 두 개인은 해당 측정값에 대해 다를 가능성이 더 높다(그리고 더 많이 다를 수 있음).

6. 중간값은 연구 표본의 측정값의 절반이 해당 값보다 크고 절반이 작다는 수치를 나타낸다. 평균값은 모든 측정값의 값을 더하고 측정값 수로 나누어 얻은 산술 평균이다. 중간값은 평균보다 극단값의 영향을 덜 받는다.

7. "25번째 백분위수"에 있다는 것은 연구 표본에 있는 모든 개인의 25%가 연구 중인 특정 측정에 대해 해당 개인보다 아래에 속함(개인의 75%가 위에 있음)을 의미한다. 예를 들어, 개인이 장수에 대해 25번째 백분위수에 속하는 경우 개인의 25%는 더 낮은 수명을 갖고 75%는 더 높은 수명을 갖는다. "75번째 백분위수"에 속한다는 것은 모든 개인의 75%가 해당 측정에 대해 해당 개인보다 아래에 속한다는 것을 의미(25%는 위에 있음)한다.

8. 데이터는 남성 요양원 환자들로부터 수집되었는데, 그 이유는 이 환자들 중 일부가 거세된 적이 있기 때문이다. 이러한 관행이 요양원에서 한 번 발생했기 때문에 데이터를 사용할 수 있었다. 관행은 이제 비윤리적인 것으로 간주되어 수행할 수 없게 되었다. 이제는 이러한 데이터를 얻을 수 없게 되었다.

복습하기

짧게 답하기

1. 옥시토신은 인간이 다른 사람을 더 신뢰하게 만들고, 출산을 촉진하며, 수유 중인 아기에게 우유를 제공하고, 사회적 애착을 형성하는 개인의 성향을 증가시킨다.

2. 신경계와 내분비계는 모두 신체 내에서 의사소통 및 조정 시스템으로 작용한다. 신경계는 움직임과 감각을 제어하는 데 신속하게 반응할 수 있다. 내분비계는 호르몬 분비 세포에 가깝거나 멀리 있는 세포에 영향을 미치는 호르몬이라는 화학 신호를 제어한다. 신경계와 달리, 내분비계는 일반적으로 다양한 분비물뿐만 아니라 성장 및 발달에서 볼 수 있는 것과 같이 장기간의 느린 조절을 담당한다. 일부 신경계 세포는 또한 호르몬을 분비하므로 이 두 기관계는 기능 면에서 다소 겹치기도 한다.

3. 모든 호르몬은 표적 세포의 수용체에 결합하여 작용한다. 호르몬의 화학 구조는 표적 세포의 활동을 조절하는 방법을 결정한다. 폴리펩타이드와 아민 호르몬에

대한 수용체는 표적 세포막에 내장되어 밖으로 뻗어 있다. 호르몬이 세포 외부의 수용체에 결합하면 수용체를 변경하고 세포 내에서 특정 유형의 변화를 일으킨다. 스테로이드 호르몬은 세포막을 통과하여 세포 내부의 수용체에 결합하여 결국 핵의 DNA 전사에 영향을 미친다.

4. 뇌의 아래쪽에 있는 시상하부는 신경계와 내분비계를 연결하는 역할을 한다. 시상하부는 뇌와 신체의 나머지 부분에 걸쳐 뉴런으로부터 입력을 받는다.

5. 스트레스와 관련된 음성 되먹임 고리에서 동물은 스트레스 상황에 반응하여 행동을 취하므로 스트레스의 원인을 제거한다. 코티솔과 아드레날린의 분비는 스트레스 사건에 대한 반응으로 먼저 상승한 다음 음성 되먹임을 통해 감소한다.

6. 폴리펩티드와 아민 호르몬은 수용성이며 세포막을 통과할 수 없다. 이들은 표적 세포 외부에서 세포막에 내장된 수용체와 상호작용하고, 이 상호작용은 세포 내에서 특정 유형의 변화를 일으킨다. 지용성 스테로이드 호르몬은 세포막을 통해 확산하여 핵으로 전달되기 전에 세포질의 수용체와 상호작용하거나 핵의 수용체와 상호작용하는데, 두 경우 모두 DNA 전사의 변화를 일으킬 수 있다.

7. 시상하부의 신호는 뇌하수체에 직접적인 영향을 미친다. 뇌하수체는 서로 융합된 2개의 별도 분비선으로 구성된다. 뇌하수체 후엽은 자체적으로 호르몬을 생산하지 않는다. 시상하부 내 뉴런에서 생성된 두 가지 중요한 펩티드 호르몬은 축삭 관을 따라 뇌하수체 후엽으로 이동하여 방출된다. 뇌하수체 전엽은 시상하부의 명령에 따라 수많은 호르몬을 생성한다. 뇌하수체 전엽 호르몬 대부분은 내분비선이 신체의 다른 곳에서 다른 호르몬을 방출하도록 지시한다.

8. 거세는 테스토스테론 호르몬의 생산을 거의 완전히 제거하고 폭력적인 성범죄자의 범죄 활동을 감소시킬 수 있다.

9. 경구 피임약을 사용하는 여성과 많은 수의 자녀를 출산하는 여성은 평생 난포 발달에 의해 생성되는 에스트로겐 및 기타 호르몬에 대한 노출이 감소한다. 이러한 호르몬의 노출 감소는 낮은 난소암 발병률과 관련이 있다.

10. 내분비 교란 물질은 호르몬과 구조적으로 매우 유사한 화학물질이다. 생물체가 섭취할 때 이러한 화학물질은 신체의 호르몬을 모방, 차단 또는 방해하여 (특히 에스트로겐을 모방하는 경우) 해로운 영향을 줄 수 있다. 다른 동물을 먹는 동물의 경우 환경에서 흡수된 소량의 내분비 교란 물질이라도 먹이사슬 때문에 농축되어 해로운 영향을 줄 수 있다.

11. DDT는 새의 생식 기관 발달과 기능을 방해하고 정상적인 새알 껍질을 생성하는 능력을 손상시킨다. 알을 품고 있는 부모의 무게로 인해 알 껍질이 깨질 수 있다. DDT를 사용하는 동안 새 개체군이 DDT 영향에 의해서 심각하게 감소했다.

정답 고르기

1. a; 2. b; 3. d; 4. b; 5. b; 6. e; 7. b; 8. a; 9. c; 10. d; 11. c

CHAPTER 26

도표로 배우기

1. 10월에, 여성의 월경 첫째 날과 기숙사에서 그녀와 가장 가까운 친구 5~10명의 월경 첫째 날 사이의 평균 일수는 6.5일이었다. 4월에 이 일수는 약 4.7일이었다. 이것은 1.8/6.5, 즉 약 28%의 감소이다.

2. 모든 여성이 28일의 월경주기를 가지고 있다면, *y*-축 값으로 가질 수 있는 가장 높은 값은 14일이다. 여성의 월경 첫째 날이 친구의 날이 친구보다 14일 이상 늦다면, 친구의 월경 다음 첫째 날보다 더 적은 일수만큼 더 이를 것으로 여겨지기 때문이다. 예를 들어, 여성의 월경 첫째 날이 친구의 첫째 날 이후 16일이었다면 친구의 월경 다음 첫째 날보다 12일 더 이를 것이다.

3. 피임약을 복용하는 모든 여성은 일정한 28일 월경주기를 가질 가능성이 있기 때문에, 피임약을 복용하는 여성을 포함시키는 것이 좀 더 설득력 있는 결과를 가져왔다. 결과적으로, 피임약을 복용하지 않는 여성들의 월경주기가 변함으로 인해서 월경 동기화가 일어났다. 피임약을 복용하는 여성이 이 연구에 왜 포함되었는지 확실히 알 수 없다. 하나의 가능성은 그녀들의 월경주기가 변하지 않았어도, 그녀들은 여전히 다른 여성들을 둘러싸고 있고 그 여성들의 월경주기 길이에 영향을 미치고 있다는 것이다.

4. 이러한 아이디어와 자료가 대학 학부생에 의해 개발되었다는 사실이 이러한 결과의 해석에 영향을 미치지는 않을 것이다. 연구자의 학문적 자격에 관계없이, 어떤 연구라도 그 연구의 가치에 의해서만 평가받을 수 있다는 것이 과학적 사고와 관찰의 장점 중 하나이기 때문이다. 즉, 연구자가 경험이 더 많을수록 해석의 어려움을 예상하거나 실험적 통제를 개발하는 복잡한 문제를 인식할 가능성이 더 높아서, 더 잘 통제된 실험을 설계하거나 결과를 더 강력하게 분석할 수 있게 된다.

5. *y*-축에 있는 물결선은 일부 눈금(0~3일)이 생략되었음을 표시한다. 어떤 측정점이나 오차 막대도 이 범위에 포함되지 않고 그래프에서의 범위가 실제 측정값에 대한 그래프의 비율을 단순하게 한 것이기 때문에 이러한 표현이 가능하다. 이러한 물결선이 없다면, 측정값에 의한 변화의 크기가 더 작게 보일 것이다. 교재의 그래프에는 4~7일 범위의 일수만 표현되어 있는데, 만일 0~7일의 범위로 표현된다면 측정점이 그래프의 절반 정도에만 배열되기 때문에 (실제 값이 바뀌지 않았지만) 10월에서 4월까지의 변화의 크기가 덜 가파르게 나타날 것이다.

6. 수직선은 평균값(동그라미로 표시된 측정점)에서의 편차를 나타낸다. 즉, 여성의 월경 첫째 날과 기숙사에서 그녀와 가장 가까운 친구 5~10명의 월경 첫째 날 사이의 평균 일수는 6.5일이었지만, 어떤 경우는 더 크거나 더 작다는 것을 의미한다. 표준편차를 표현하는 오차 막대의 크기는 이러한 측정에 대한 개개인의 편차 정도를 나타낸다. 오차 막대가 두 배 더 길어진다면, 여성의 월경 첫째 날과 가장 가까운 친구 5~10명의 월경 첫째 날 사이의 일수 편차가 훨씬 더 커졌다는 것을 의미한다. 이것은 관찰된 월경 동기화가 우연히 일치하는 변화가 아니라 실제 발생하는 생리적인 현상이라는 확신을 감소시킨다.

7. 이 그래프를 통해서 한 학기 이내의 기간에 걸쳐 기숙사에 함께 사는 여성은 월경주기의 첫째 날 사이의 일수가 감소되었고, 이로부터 월경주기가 동기화되는 경향이 있음을 알 수 있다. 더 오랜 기간 함께 사는 여성으로부터 얻은 자료를 살펴보는 것과 학기가 끝나서 함께 살지 않게 된 동일한 여성으로부터 얻은 자료를 살펴보는 것이 도움이 될 것이다. 여성의 월경 첫째 날과 기숙사에서(이제는 더이상 함께 살지 않는) 그녀와 가장 가까운 친구 5~10명의 월경 첫째 날 사이의 평균 일수가 연구가 시작될 때 관찰된 일수와 거의 일치할 때까지 다시 증가할 것으로 예측된다.

복습하기

짧게 답하기

1. 무성 생식으로 번식한, 유전적으로 동일한 자손은 변화하는 환경에 적응하는 유전적 능력을 가진 자손이나 변화하는 환경에 적응된 자손 개체군을 만들 것 같지도 않다.

2. 성인 남성의 경우, 정자는 감수분열을 통해 계속 정소에서 생산된다. 정소의 세정관에 존재하는 정원세포라는 이배체 세포가 체세포분열을 하여 각각이 2개의 세포를 생산한다. 이러한 세포 중 하나는 정원세포로 남게 되기 때문에 남성에게 정자 생성 세포가 절대 고갈되지 않는다; 다른 하나는 제1정모세포로 감수분열을 겪게 된다. 제1정모세포 각각은 첫 번째 감수분열로 2개의 제2정모세포를 생산한다. 다음으로, 이러한 제2정모세포는 두 번째 감수분열을 완료하면서 각각이 2개의 정세포를 생산하고 정자로 성숙하게 된다.

3. 정자의 경쟁으로 인한 여러 가지 적응이 있다. (a) 짝짓기 마개와 같은 교미에 대한 물리적 장벽으로 다른 수컷의 정자가 암컷의 생식기로 들어가는 것을 막는다. (b) 독성 정액 구성 요소로 다른 수컷의 정자를 무력화시킬 수 있다. (c) 걸쇠

와 스크레이퍼 같은 모양의 생식기로 암컷과 교미한 이전 수컷의 정자를 제거할 수 있다.

4. 유전적으로 난자의 생산은 정자 생산과 매우 다르다. 주요 차이점은 다음과 같다. 감수분열이 출생 전 난소에서 시작해서 제1난모세포를 생산하고, 전기 I 단계에서 멈춘다. 사춘기가 시작하면서 호르몬이 주기적으로 분비되면 여러 난모세포에서 감수분열이 완료된다. 제2난모세포는 배란때 방출되지만 수정된 후에만 감수분열 II가 개시되어 난자를 형성한다. 정자보다 훨씬 적은 수의 난자가 생산되고, 각각의 난자는 정자 세포보다 훨씬 더 크다.

5. 난자가 수정되지 않으면 난자는 분해되고 난소에 있는 황체가 퇴화되어 에스트로겐과 프로게스테론을 분비하던 기관이 갑작스럽게 사라지게 된다. 이러한 호르몬의 수치가 떨어지면서 월경이 시작되고 자궁내막이 난자와 함께 탈락하게 된다.

6. 정자와 난자의 원형질막이 융합되면(활성화), 다른 정자가 난자와 융합하여 수정되지 않도록 난자의 막이 변화된다. 또한, 이러한 융합으로 난자의 두 번째 감수분열이 유도되어 완료된다. 그러한 과정에서 난자가 형성되는데, 아울러 (훨씬 더 작은) 하나의 극체가 동반되어 형성되었다가 분해되거나 난자에서 배출된다. 최종적으로 반수체 난자 핵은 반수체 정자 핵과 융합해서 이배체 세포인 접합체를 형성한다.

7. 에스트로겐-프로게스테론 피임약은 뇌하수체에 의해 난포자극 호르몬(FSH)의 분비가 유발되지 않을 만큼 충분히 에스트로겐 수치를 높게 유지함으로써 배란을 막는다. FSH가 분비되지 않는 한, 난자가 발달하지 않고 배란이 일어나지 않는다. 피임약의 프로게스테론 성분은 질과 자궁 사이의 연결 부위에 점액전을 형성하여 정자가 들어오는 것을 차단하도록 자궁내막의 충분한 발달을 야기한다.

8. 성병(STI)은 여러 가지 이유로 근절하기 어렵다. (a) 이들의 증상은 가볍거나 거의 나타나지 않기에, 많은 사람은 알지 못하는 상태로 다른 파트너에게 전염한다. (b) 재감염을 막기 위해서는 파트너도 같이 치료받아야만 한다. (c) 미생물의 개체군은 빨리 진화하고 기존의 약물에 저항성을 갖게 되어 치료의 장기적인 효과를 감소시킨다.

9. 3개의 독특한 조직인 배아층이 낭배형성 동안 형성된다. 외배엽, 내배엽, 중배엽. 이러한 층에 있는 세포는 아직 분화되지 않았지만(즉, 이들은 서로 유사하게 보인다), 최종적으로 어떤 종류의 조직이 되어야 할지가 이미 결정되어 있다. **외배엽**은 피부의 바깥 층, 머리카락, 코와 입의 내막, 신경계를 형성한다. **내배엽**은 소화관, 호흡기관, 간, 췌장을 형성한다. **중배엽**은 근육과 골격이 된다.

10. 임신의 **제1삼분기**는 세포가 기본적으로 특정 유형의 조직으로 발생과 분화하는 시기로 배아가 자궁에 착상하고 태반이 형성된다. **제2삼분기**와 **제3삼분기**의 특징은 주로 주목할 만한 성장과 태아 신경계의 빠른 발달이다.

11. 임신 중 호르몬 매개 연쇄 작용으로 배란이 억제된다. 임신 중에 사람 융모생식샘자극호르몬(hCG)은 황체가 붕괴되는 것을 막고, 황체는 계속하여 프로게스테론을 분비하고 자궁내막을 유지하게 한다. 자궁내막이 그대로 있으면, 뇌하수체는 난포자극호르몬(FSH)을 분비하지 않아 난포는 성장하지도 발달하지도 않으며, 또한 황체형성호르몬(LH)이 분비되지도 않는다.

12. 수유 동안 유아의 젖 빨기는 뇌하수체가 LH의 충분한 분비로 인해 배란이 일어나게 하는 것을 억제한다. 이러한 이유로 수유 동안 여성의 생식능력이 크게 감소한다.

13. 많은 법적 그리고 윤리적인 분쟁이 보조생식기술로 인해 발생할 수 있다. 하나의 예로, 정자 또는 난자 기증으로 잉태된 아이들이 정자나 난자 기증자와 만나기를 원할 수 있다.

정답 고르기

1. a; 2. a; 3. a; 4. c; 5. c; 6. e; 7. b; 8. e; 9. b; 10. a; 11. d

CHAPTER 27

도표로 배우기

1. 지도를 보면, 미국 성인의 0.5~0.9%가 HIV 감염자이다. 감염자 수를 추정하기 위해서는 미국 성인의 수를 알아야 한다. 이 자료가 작성된 시기에 미국의 인구를 3억 명이라고 보면(실제로는 3억 1천3백만 명), 인구의 4분의 3, 2억 2천 5백만 정도로 추정할 수 있다(실제로 3억 1천3백만 명 중 24%가 18세 미만임). 2억 2천5백만 명 중 0.5~0.9%가 HIV 감염자라면, 그 수는 적게는 112만 명, 많게는 202만 명 정도이다. 만약 하나만 제시해야 한다면 이 두 가지 수의 평균치를 사용하는 것이 가장 적절하다. 즉, 157만 명 정도가 HIV에 감염되어 있다고 볼 수 있다.

2. 지도의 자료만을 근거로는 어느 나라에 가장 많은 HIV 감염자가 있는지 확인할 수 없다. 진한 적색으로 나타낸 나라 중 어떤 나라는 성인 HIV 감염자의 비율이 다른 나라에 비해 매우 높은데, 본 자료는 감염된 수의 비율에 대한 정보를 보여주고 있다. 그러나 어떤 나라에 가장 많은 감염자가 있는지를 계산하기 위해서는 이 감염자의 비율과 성인 인구의 수를 곱해야 한다. 여기에 인구에 대한 자료는 제시되어 있지 않다.

3. 아니다. 문제 2에서와 같은 논리로, 미국의 HIV 감염자 수가 캐나다보다 두 배나 많은지는 확인할 수 없다. 캐나다의 감염 비율은 0.1~0.49%(또는 중앙값, 약 0.3%), 미국의 경우는 0.5~0.9%(또는 중앙값, 약 0.7%)이다. 이는 감염 비율이 캐나다에 비해 미국이 두 배 정도 높다는 것을 의미한다. 미국의 성인 인구가 캐나다보다 훨씬 많다는 점을 감안하면 미국의 성인 감염자의 수는 캐나다의 두 배가 넘는다고 결론지을 수 있다.

4. 지도의 자료에 의하면, 남아프리카의 성인 HIV 감염 비율은 15~28%이다(중앙값을 취하면 21.5%). 남아메리카에서 대부분 나라의 감염 비율은 0.5~0.9%이고, 적어도 한 나라만 1.0~4.9%이며, 0.1~0.49%인 나라도 있다. (중앙값은 0.75% 정도로 볼 수 있다.) 이와 같은 자료로 보자면 남아프리카에서의 성인 HIV 감염 비율이 남아메리카보다 유의하게 높다고—거의 30배—결론지을 수 있다.

5. HIV 감염 비율의 범위를 나타내기 위해 여러 가지 다른 색깔을 사용하는데, 그 색깔에서 다음 색깔로 감염 비율이 일률적으로 증가함을 표시하지는 않는다. 마지막 세 가지 색깔의 막대는 그 범위가 전의 것보다 매우 넓고, 이들 범위가 처음 세 가지 색깔의 막대보다 훨씬 넓다. 이 점은 각 색깔이 표시하는 감염 비율을 주의 깊게 보지 않는 사람에게는 혼동을 주거나 오해를 부를 수도 있지만, 이렇게 표시하는 데에는 중요한 목적이 있다. 이 지도에는 세계적으로 0.1% 이하에서 28.0%까지 매우 넓은 범위의 감염 비율이 모두 표시되어 있다. 낮은 비율을 나타낼 때는 매우 적은 비율 간격으로 표시해야 하고, 높은 비율을 표시할 때는 더 큰 비율 간격으로 표시해야 의미 있는 차이를 나타낼 수 있다.

복습하기

짧게 답하기

1. (a) 물리적 장벽(피부와 점막을 포함)과 (b) 비특이적 면역은 1차 방어선으로 물질을 병원체로 구분하며, 몇 가지 초기 방어작용을 담당한다. (c) 특이적 면역계의 세포는 각 병원체를 인식하고 싸우며 이들을 기억한다. 이로써 신체는 미래에 이들과 더 효과적으로 싸우게 된다.

2. 라이소자임은 세포벽을 손상시켜 세균을 죽이는 효소 중의 하나이다.

3. 백혈구는 병원체(외부 세포) 표면의 특정 분자를 통해 침입자(비자기; non-self)로부터 자신의 세포(자기; self)를 구별할 수 있다. 면역세포의 표면 수용체는 이들 독특한 분자(대부분 단백질)를 인식하고 이들과 결합한다. 자신의 체내 세포는 이들 분자를 지니지 않기 때문에 이들 중 하나라도 가지고 있는 세포는 비특이적 면역계도 이들을 침입자로 인식할 수 있다.

4. 염증 반응의 인지 가능한 네 가지 증상(발적, 발열, 부종 및 통증)은 식세포와 보체가 염증 부위로 모이는 것을 촉진하는 혈관의 변화와 관련되어 있다.

5. 수두 백신을 맞은 사람은 다음에 수두 바이러스에 노출되어도 그 병에 걸리지 않는다. 왜냐하면, 신체가 이미 이 바이러스에 대한 기억을 니지고서 특이적 면역계 반응을 통해 신속히 방어할 수 있기 때문이다. 백신을 접종 후 면역계는 그 바이러스를 인식하고 신속히 방어하는 능력을 갖춘 기억세포라고 하는 세포를 생산한다. 반면에, 독감 바이러스는 매년 다른 계열(버전)이 나타나며, 이들은 계속 변한다. 새로운 독감이 유행하면 신체는 조금 다른 형태의 바이러스, 즉 다른 형태의 항원균과 만나게 된다. 독감 바이러스는 변화하는 조건에 적응하여 진화하므로 가장 좋은 방어책은 최대한 해당 해의 독감 계열에 맞춘 독감 예방주사를 매년 맞는 것이다.

6. 특정 병원체에 대한 (면역 반응을 통해) 장기 방어는 두 가지 방법으로 얻을 수 있다. (a) 자연 병원체에 대한 노출 또는 (b) 백신 속의 변형된 계열의 병원체에 대한 노출을 통해서이다.

7. 장기이식 후에는 수혜자의 면역 기능을 억제함으로써 거부 반응으로부터 이식된 조직을 보호하기 위하여 항이식거부 치료를 받는다.

8. 특정 병원체에 두 번째 노출되게 되면, 1차 반응 동안 생성된 기억세포들이 클론 선택을 통해 2차 반응을 나타낼 준비를 갖추게 된다.

9. 효과기세포란 항원을 인식하고서 즉시 어떤 행동을 취해 항원을 파괴하게 되는 림프구를 가리킨다. (클론 선택을 통해) 감염과 싸워 물리치는 데 충분한 효과기세포를 생성하는 데 평균적으로 2주가 소요된다. 또 하나의 림프구 그룹인 기억세포는 항원을 기억하여 이후 신체가 병원체에 감염되면 비교적 신속하게(2주가 아니라 수일 내에) 침입자를 공격할 수 있는 준비를 갖추게 된다. 기억세포는 특정 항원을 다시 만나면 반응할 준비가 되어 있는 상태로 림프와 혈액에 남아 있다.

10. 세포독성 세포는 세포 내로 침투하는 병원체에 감염된 신체의 세포를 만나면 세포자살(프로그램을 통한 사멸)를 통해 이들 세포를 죽인다. 비록 자신의 일부 세포를 제거하는 것이지만, 이들 감염 세포를 제거하는 것이 전체적으로 그 자신에게는 이익이 된다.

11. 자가면역 질환에서는 "비자기"로부터 "자기"를 구별하는 신체의 능력에 문제가 생긴다. 림프구의 수용체가 자기 자신의 분자나 세포의 구조를 항원으로 오인하면, 이들 항원에 의해 체액성 또는 세포성 면역 반응이 촉발된다.

12. 도움 T세포가 심각하게 감소하게 되면 HIV 감염이 AIDS로 진행된다. 도움 T세포가 없으면 B세포나 세포독성 T세포가 활성화되지 않는다. 건강한 사람들의 신체 부위에 정상적으로 존재하는 흔한 병원체도 완전히 진행된 AIDS 환자에게서는 질병을 유발하거나 사망을 초래할 수 있다.

정답 고르기

1. b; 2. d; 3. d; 4. d; 5. e; 6. b; 7. d; 8. e; 9. c; 10. d; 11. a

용어설명

일러두기: 표제어는 굵은 글씨체로 표시하였으며, ( ) 안의 숫자는 해당하는 장(章)을 뜻한다. 일부 용어는 약어제시하였다.
약어: Gk., 그리스어; Lat., 라틴어; *sing.*, 단수형; *pl.*, pl.형; *dim.*, 약칭; *pron.*, 발음

ㄱ

가계도 pedigree (9). 유전학에서 한 가족 구성원들이 가지는 형질의 출현 여부를 여러 세대에 걸쳐서 나타내는 도표.

가설 hypothesis (*pl.* **hypotheses**) (1). 관찰한 현상에 대해 제안한 설명. [Gk., *hypothesis*, a proposal]

각피 cuticle (14, 19). 육상식물의 잎과 줄기에서 표피세포가 분비하는 왁스층. 건조해지지 않도록 보호한다. [Lat., *cuticula*, *dim.* of *cutis*, skin]

간(肝) liver (23). 척추동물과 일부 다른 동물의 기관으로 독성 분자의 해독, 글리코겐의 저장, 그리고 담즙, 호르몬 그리고 소화효소의 합성에서 중요하다.

간극연접 gap junction (4). 인접한 동물 세포 사이에서 원형질막에 있는 단백질로 둘러싸인 작은 구멍 형태로 두 세포를 연결하고 물질이 이동하는 채널 역할도 하는 연접.

간기(間期) interphase (8). 세포주기에서 세포가 성장하고 기능을 수행하는 기간. 이 기간 동안에 세포 분열을 대비한 DNA 복제가 일어난다. [Lat., *inter*, between; Gk., *phasis*, appearance]

간상체 rod (24). 희미한 빛 속에서 볼 수 있게 하는 망막에 있는 세포 유형.

감각뉴런 sensory neuron (24). 동물에서 환경으로부터 정보를 모으는 뉴런의 한 유형. 수상돌기가 외부 자극(온도, 촉각, 맛, 냄새, 빛, 소리)에 직접 반응하도록 변형되어 있다.

감각통합 sensory integration (24). 모든 감각으로부터 정보를 통합시켜 하나의 지각을 형성하는 과정.

감수분열 meiosis (8). 유성생식 생명체의 생식소에서 일어나는 분열 과정. 부모 세포의 유전물질의 절반을 가지며, 유전적으로는 서로 다른 생식세포를 생산한다. [Gk., *meioun*, to lessen]

갑상샘 thyroid gland (25). 사람의 목에 위치하는 내분비샘. 요오드를 함유한 호르몬인 티로신을 생산하며, 성장과 대사에 영향을 준다.

갑상샘자극 호르몬 thyroid-stimulating hormone (25). 뇌하수체 전엽에서 분비되는 호르몬. 갑상샘을 자극하여 티록신을 생성하도록 유도하며, 이 과정은 세포호흡의 조절에 있어 중요하다.

강(綱) class (12). Carolus Linnaeus (1707~1778)가 개발한 분류체계에서 연관된 목(order)으로 이루어진 분류 단위.

개방순환계 open circulatory system (22). 한 종류의 체액, 즉 혈림프가 순환하면서 영양분, 가스 및 노폐물을 운반할 뿐만 아니라 모든 세포를 감싸고 흐르기도 한다.

개체군 population (10). 특정 지리학적 영역에서 살고 있는 같은 종인 개체들의 무리.

개체군 밀도 population density (16). 주어진 영역에 서식하고 있는 한 개체군 내 개체의 수.

개체군 생태학 population ecology (16). 한 종으로 구성된 개체군이 환경과 어떻게 상호작용을 하는가에 관해서 연구하는 생태학의 한 분야.

거대분자 macromolecule (3). 작은 구성 물질이나 단위 분자로 이루어진 큰 분자. 생물학적 거대분자는 탄수화물, 지질, 단백질, 그리고 핵산의 4종류가 있다. [Gk., *macros*, large; Lat., *dim.* of *moles*, mass]

검문지점 checkpoints (8). 세포주기의 몇 가지 중요한 시점. 이 시점에서 과정을 진행하도록 하는 신호가 없으면 세포주기가 멈추고, 세포가 분열하지 못하게 된다.

검정교배 test-cross (9). 우성 표현형이지만 유전형은 알지 못하는 개체를 열성 동형접합 개체와 교배하는 것. 이 교배 결과 나타나는 자손의 표현형을 보면 그 유전형을 알 수 있다.

겉씨식물 gymnosperm (14). 씨앗을 보호하는 구조가 없는 관다발식물. 대개 솔방울과 같은 비늘 구조의 표면에 씨앗이 노출되어 있다. 겉씨식물로는 침엽수(구과식물), 소철, 은행나무가 있다. [Gk., *gymnos*, naked; *sperma*, seed]

결장 colon. large intestine 참조.

결정실험 critical experiment (1). 둘 이상의 가설 중에서 하나를 확고하게 결정할 수 있도록 하는 실험.

결합에너지 bond energy (2). 두 원자 사이 결합의 세기. 결합을 끊는 데 필요한 에너지로 정의된다.

결합조직 connective tissue (21). 동물 조직의 한 유형. 대량의 기질(matrix)이라고 부르는 세포외 물질에 매립되어 있는 세포들로 이루어지며, 신체 구조와 지지에 기여한다. 건, 인대, 지방, 혈액, 뼈, 연골이 해당된다.

결혼선물 nuptial gift (11). 구애의 한 부분으로서 잠재적인 배우자에게 주는 먹이나 그 외 다른 것들.

겹눈 compound eye (24). 많은 무척추동물에 있는 빛-감지 세포군. 수십에서 수천 개의 분리된 빛-감지 단위로 구성되며, 각각 10여 개의 광수용체에 빛을 모으는 수정체를 가지고 있다.

경관 보존 landscape conservation (18). 서식처와 생태학적 과정의 보존뿐만 아니라 종의 보존을 의미한다.

경쟁적 배제 competitive exclusion (17). 생태적 지위가 동일한 두 종이 자원을 두고 경쟁하여 효율이 높은 종이 이기고, 다른 종은 그 지역에서 사라지는 경우.

경쟁적 억제자 competitive inhibitor (3). 효소의 활성부위와 결합하는 화학물질. 기질 분자가 활성부위에 결합하지 못하도록 하며, 따라서 효소의 반응을 촉매하는 능력이 감소된다.

경험적 empirical (1). 이성적이고 검증할 수 있으며, 반복될 수 있는 경험과 관찰에 근거한 지식. [Gk., *empeiria*, experience]

계(界) kingdom (12). Carolus Linnaseus(1707~1778)가 개발한 분류체계로, 지구 상의 모든 생명와 물질을 동물, 식물 그리고 광물의 세 부류로 나누어 배치한다. 현대 분류학에서는 세균, 고세균, 원생생물, 식물, 동물 그리고 균류의 6계로 나눈다.

계통발생 phylogeny (12). 생물 진화의 역사.

계통분류학 systematics (12). 생명체의 진화적 역사나 계통을 재구성하는 폭넓은 목적을 가지는 분류학의 현대적 접근. [Gk., *sustema*, a whole compounded of parts]

고막 eardrum (24). 외이와 중이의 경계를 이루는 얇은 막.

고세균 archaea(*sing.* **archaeon**) (12). 극한환경에서 살며, 세균과는 진화적으로 구분되는 원핵생물의 한 집단. 생물 분류체계의 세 영역 가운데 하나. [Gk., *archaios*, ancient]

고유결합조직 connective tissue proper (21). 결합조직의 한 유형. 지방조직, 건, 인대가 해당된다. 반유동성인 유연한 기질을 가지고 있고 충전 물질과 같은 기

능을 한다.

고유종 **endemic species** (18). 특정 지역에만 서식하며, 다른 지역에서는 발견되지 않는 종. [Gk., *en*, in; *demos*, the people of a country]

고장성 **hypertonic** (4). 두 용액 중 용질 농도가 높은 용액에 관한 설명. [Gk., *hyper*, above; *tonos*, tension]

고정 **fixation** (10). 어떤 개체군에서 하나의 대립유전자의 빈도가 100%에 도달하여 이 유전자에 대해 더 이상의 변이가 나타나지 않는 지점.

고정행동양식 **fixed action pattern** (11). 학습이 필요 없고 변화하지 않으며, 일단 시작하면 끝날 때까지 이어지는, 특정 조건에 의해서 비롯되는 선천적인 일련의 행동. 예로 거위의 알 회수 행동이 있다.

고착성 **sessile** (13). 한 장소에 고착하여 사는 생명체. 홍합과 조개삿갓이 있다. [Lat., *sedere*, to sit]

고체온증 **hyperthermia** (21). 높은 외부 환경의 온도와 습도가 열을 방출하려는 신체의 능력을 압도하여 체온이 비정상적으로 높아진 상태이며, 사망에 이를 수도 있다. [Gk., *hyper*, above; *therm*, heat]

고혈압 **hypertension** (22). 동맥의 혈압이 지속적으로 높은 증상. 동맥의 탄력이 소실되고 심장 발작이나 뇌졸중의 위험이 높아지기 때문에 잠재적인 건강 위험요인이다.

골격근 **skeletal muscle** (21). 보통 골격에 붙어 있으면서 동물에서 대부분의 운동을 일으키는 근육 조직의 일종; 사람 체중의 40%에 이른다. 또한 수의근(voluntary muscle)이라고도 부른다.

골지장치 **Golgi apparatus** (4). (*pron.* gohl-jee) 내막계의 일부를 이루는 소기관의 하나. 골지체라고도 부르는 연결되지 않은 막이 납작하게 쌓여 있는 구조이다. 세포에서 합성한 분자를 가공하고 포장하여 신체 곳곳에서 사용될 수 있게 한다. [발견자인 Camillo Golgi(1843-1926)를 기려 명명함]

공동우성 **codominance** (9). 이형접합자에서 두 가지 대립형질이 모두 드러난 경우.

공변세포 **guard cell** (19). 식물에서 이산화탄소와 물이 이동하는 통로인 기공을 둘러싸며, 기공의 개폐를 조절하는 세포 쌍을 이룬 세포.

공유결합 **covalent bond** (2). 두 원자가 전자를 공유하여 형성한 강한 결합. 가장 간단한 예로써, H_2 분자는 두 수소 원자가 각각의 외톨이 전자를 공유한다. [Lat., *con-*, together; *valere*, to be strong]

공진화(共進化) **coevolution** (17). 상호작용하는 종 사이에서 시간이 지나는 동안 자연선택을 통해 나타난 협력적인 형질의 출현과 변형. 이로 인해 이들 종이 서로 적응하게 된다. 예로써, 혀 길이 27cm인 나방은 관 길이 27cm인 난초의 꿀을 먹고 산다.

과(科) **family** (12). Carolus Linnaseus(1707-1778)가 개발한 분류체계로, 연관된 속으로 이루어짐.

과학 **science** (1). 자연현상에 대한 관찰과 묘사, 실험, 그리고 설명에 바탕을 둔 지식. [Lat., *scientia*, knowledge]

과학 이론 **scientific theory** (1). 자연현상을 설명하고자 하는 가설. 실증적 자료에 의해 강력하게 지지된다. [Gk, *theoriein*, to consider]

과학적 방법 **scientific method** (1). 자연 현상을 조사하고 발견하는 과정. 관찰하기, 가설 세우기, 예측 검증하기, 실험하기, 결론 맺기, 그리고 필요한 경우 수정하기가 포함된다.

과학적 사고방식 **scientific thinking** (1). 자연현상을 탐구하는 매우 융통성 있는 사고방식. 관찰하기, 가설 세우기, 예측 검증하기, 실험하기, 결론 맺기, 그리고 필요하다면 수정하기를 포함한다.

과학적 소양 **scientific literacy** (1). 생물학을 비롯한 여러 과학, 과학적 방법, 그리고 과학적 정보에 대한 사회적, 정치적, 그리고 법률적 관련성의 기초에 대한 일반적이고 사실에 바탕을 둔 이해.

관다발 조직 **vascular tissue** (19). 식물체에서 신체 전체로 음식, 물, 영양분을 운반하는 조직.

관다발 형성층 **vascular cambium** (20). 목본식물에서 2차 물관과 2차 체관을 생성하는 측생분열조직 세포의 층.

관다발식물 **vascular plants** (14). 뿌리로부터 줄기를 지나 잎으로 이어진 관들로 구성된 관다발 조직을 이용하여 물과 용해된 영양분을 수송하는 식물. [Lat., *vasculum*, *dim.* of *vas*, vessel]

관상동맥(冠狀動脈) **coronary arteries** (22). 심장의 세포에게 산소와 영양소를 운반하는 혈관.

괄약근 **sphincter** (23). 식도와 위 사이처럼, 신체에서 두 방 사이의 통로를 열고 닫는 근육의 고리.

광계(光界) **photosystems** (5). 엽록체 안에서 엽록소 등의 빛-흡수 색소체가 배열된 두 가지 시스템. 햇빛 에너지를 흡수하여 여기된 전자의 에너지로 전환한 후, 궁극적으로 ATP와 고-에너지 전자전달체인 NADPH로 전환시킨다. [Gk., *phos*, light; *sustema*, a whole compounded of parts]

광독립영양생물 **photoautotroph** (15). 이산화탄소를 포도당으로 전환하는 광합성 과정에 햇빛 에너지를 이용하는 엽록체를 가지고 있는 세균을 비롯한 생명체. [Gk., *phos*, light; *autos*, self; *trophe*, food]

광수용체 **photoreceptor cell** (24). 세포 빛의 존재를 감지하는 세포 유형.

광자(光子) **photon** (5). 모든 파장의 전자기 방사 에너지를 운반하는 기초적인 입자. [Gk., *phos*, light]

광주기성 **photoperiodism** (20). 식물이 하루 중 낮과 밤의 주기에 반응하는 현상; 광주기성은 계절에 따른 꽃이 피는 시기를 포함하여 많은 현상을 조절한다.

광합성 **photosynthesis** (5). 식물과 일부 원생생물, 세균이 태양에너지를 흡수하여 당을 비롯한 여러 분자의 화학 결합에 저장하는 대사과정. [Gk., *phos*, light; *syn*, together with; *tithenai*, to place or put]

교감신경 **sympathetic nervous system** (24). 자율신경계의 두 가지 유형 중의 하나(다른 하나는 부교감신경). 신체의 스트레스에 대한 반응 조절과 관련된 불수의적 조절을 담당하며, 심장과 호흡률을 증가시키고 근육에 더 많은 혈류를 제공한다.

교미 형태 **mating system** (11). 일처다부제로부터 일부일처제, 일부다처제에 이르기까지 한 종의 짝짓기 유형; 짝짓기 체계는 암컷과 수컷에 의해 이루어지는 부계 쪽의 상대적 투자량에 의해 결정된다.

교미(交尾) **copulation** (26). 수컷 생식기를 암컷 생식기에 넣는 행동.

교배 **cross** (9). 하나 이상의 다른 형질을 가진 개체 사이의 교배.

교차 **crossing over** (9). 부계 상동염색체와 모계 상동염색체 사이에서 일부 유전정보가 교환되는 현상. 이로 인해 부계와 모계 모두의 유전정보를 지닌 염색체가 만들어진다. 재조합(recombination)이라고도 한다.

교차점 **chiasmata** (*sing.* **chiasma**) (8). 재조합 과정에서 염색분체 사이에서 유전물질이 교환되는 부위.

구연산회로, 시트르산회로 **citric acid cycle** (5). 세포 호흡의 두 번째 단계. 당 분자에서 추출한 에너지를 이용하여 ATP와 NADH를 만들어낸다. 크렙스회로라고도 한다. [이 과정을 규명한 Hans Adolf Krebs(1900~1981)의 업적을 기려 명명].

군집 **community** (17). 생태계의 생물적 환경. 서식 영역이 겹치는 종들이 드문드문 집단을 이루고 있는 지리적 구역.

굴광성 **phototropism** (20). 식물체가 빛을 향하거나 빛으로부터 멀어지는 방향으로 생장하는 현상. [Gk., *phos*, light, *tropikos*, turn]

굴성(屈性) **tropism** (20). 식물 생장 반응의 하나. 식물은 빛, 중력 또는 물리적 장애 등의 환경 자극에 대해 자극이 오는 방향 또는 반대 방향으로 굽어지고 휘어진다. [Gk, *tropikos*, turn] 참고: 굴중성, 굴광성, 굴촉성.

굴중성 **gravitropism** (20). 중력이 잡아당기는 힘에 의해 나타나는 식물의 성장 반응. [Lat., *gravidus*, heavy; Gk., *tropikos*, turn]

굴촉성 **thigmotropism** (20). 특정 물체와 닿거나 물리적으로 접촉하게 되면 일어나는 식물의 생장 반응. [Gk, *thigma*, touch; *tropikos*, turn]

균근(菌根) **mycorrhizae** (14,19). (*pron.* my-ko-RYE-zay) 균류의 구조 일부가 잔뿌리 및 뿌리털과 밀접하게 연계되어 있는 뿌리와 균류의 공생관계. [Gk., *mukes*, fungus; *rhiza*, root]

균사 **hyphae** (*sing.* **hypha**) (14). 다세포성 곰팡이의 균사체를 구성하는, 세포로

이루어진 긴 끈. [Gk., *hypha*, web]

균사체 mycelium (14). 균사가 서로 이어진 다세포 균류의 구조. [Gk., *mukes*, fungus]

그람염색법 Gram stain (15). 미지의 세균을 식별하기 위해서 미생물학자들이 사용하는 염색법. 세포벽 외부의 펩티도글리칸층을 보라색으로 염색시키지만, 펩티도글리칸 층이 외막에 의해 둘러싸인 세균의 경우에는 염색되지 않는다. 그람염색이 되는 세균을 그람양성 세균이라고 하고, 그람염색이 되지 않는 세균을 그람음성 세균이라고 한다. [염색법을 개발한 Christian Gram (1853~1938)의 이름을 따서 명명함]

극상군집(極相群集) climax community (17). 안정한 자립형 군집. 생태학적 천이의 결과로 이루어진다.

극성 분자 polar molecule (2). 극성 공유결합으로 만들어진 분자. 분자 내에서 전하가 불균등하게 분포한다.

극성(極性) polar (4). 전하를 가지고 있는.

극체. polar body (8, 26) 1차 난모세포가 분열하여 형성된 두 세포 중 하나. 원형질이 거의 없으며, 결국 소멸된다.

극한생물 extremophiles (15). 극한적인 물리적, 화학적 조건에서도 살 수 있는 세균과 고세균. [Lat., *extremus*, outermost; Gk., *philos*, loving]

근섬유 muscle fiber (21). 개별 근육 세포; 전형적으로 다중 핵을 가지고 있다.

근원섬유 myofibril (24). 근육세포에 있는 원통의 세포내 소기관으로 수축을 할 수 있음; 수축이 일어나는 근절(sarcomere)이라는 반복적인 단위로 구성된다.

근원종(根源種) keystone species (17). 한 군집 내에 있는 수많은 다른 종의 존속과 소멸에 큰 영향을 미치는 종.

근절 sarcomere (24). 액틴과 미오신으로 구성된 근수축의 기본 단위.

근조직 muscle tissue (21). 힘을 발휘하고 이동을 가능하게 하는 수축성 세포(근섬유)로 구성된 신체 조직.

글루카곤 glucagon (25). 췌장에서 합성되는 호르몬으로 저혈당에 반응하여 분비된다. 인슐린과 반대로 작용하여 간에 저장된 글리코겐을 포도당으로 전환시켜서 포도당을 혈중으로 내보낸다.

글리세롤 glycerol (3, 4). 트리글리세리드 지방 분자의 머리 부분을 형성하는 작은 분자. [Gk., *glykys*, sweet; *-ol*, chemical suffix for an alcohol]

글리코겐 glycogen (3). 저장 포도당 분자가 거대한 그물처럼 연결되어 있는 복합 탄수화물. 에너지를 필요로 할 때에 분해되어 포도당을 내놓는다. [Gk., *glykys*, sweet; *genos*, race, descent]

기계적 감각수용체 mechanoreceptor (24). 기계적인 압력에 반응하는 감각세포 유형.

기공(氣孔) stomata (*sing.* **stoma**) (4). 대개 잎의 아랫면에 있는 작은 구멍이며, 식물체의 기체 교환이 일어나는 주요 부위이다. 기공을 통해 (광합성을 위한) 이산화탄소는 들어오고, (광합성의 부산물인) 산소는 나간다. [Gk., *stoma*, mouth]

기관 organ (21). 전문화된 기능을 수행하는 구조로 몇 종류의 조직으로 구성된다.

기관 trachea (23). 공기를 폐로 도입하는 호흡계의 한 구조.

기관계 organ system (21). 생리적 기능을 함께 수행하는 한 그룹의 기관들.

기본 생태적 지위 fundamental niche (17). 한 생명체가 살아갈 수 있는 환경 조건의 최대 범위.

기본 조직 ground tissue (19). 식물에서 표피 조직과 관다발 조직을 제외한 나머지 부분으로, 식물의 대부분을 차지한다. 식물의 대부분의 대사활동이 일어나는 부분이다.

기분 mood (25). 비교적 오래 지속되는 감정의 상태(기질보다는 짧게 지속되나 하나의 감정 보다는 오래 지속되면서 덜 특이적임.)

기생 parasitism (17). 한 생물이 다른 생물에 붙어 양분 등의 이득을 취하는 행위.

기생생물 parasite (15, 17). 숙주(host)인 다른 생명체에 기대어 살며 상해를 입히는 생명체. [Gk., *para*, beside; *sitos*, grain, food]

기술 technology (1). 연구를 통해 얻은 결과를 문제 해결을 위해서 제조나 제약 등의 다양한 분야에 적용하는 것.

기억세포 memory cell (27). 특정 항원에 대한 일차 면역 반응에 의해 생성되는, 긴 수명을 가진 T 및 B 세포로서 같은 항원에 다시 노출되면 신속히 반응할 수 있다.

기조류(鬐條類) ray-finned fishes (13). 경골을 가지고 있으며, 신체의 정단부에 입이 있는 특색을 가진 어류. 지느러미가 단단한 지느러미 줄기를 따라 줄지어 있어서 기조류라고 부른다.

기질 matrix (21). 결합조직에서 비생물성, 세포외 기질의 집합체로서 결합조직 세포가 그 속에 박혀 있다.

기질 substrate (3). 효소가 작용하는 대상 분자. 효소의 활성부위에 기질이 결합하여 화학 반응이 시작된다. 예를 들어, 효소인 락타아제는 기질인 락토오스와 결합하여 2개의 단순당인 포도당과 갈락토오스로 분해한다. [Lat., *sub*, under; *stratus*, spread]

기초대사량 basal metabolic rate (BMR) (23). 적정온도 환경에서 휴식 상태인 생명체가 소비하는 에너지의 양.

긴장성(緊張性) tonicity (4). 용액 속에서 세포 내부의 용질 농도에 대한 세포 외부의 용질 농도 값. [Gk., *tonos*, tension]

꼬리흔들기춤 waggle dance (11). 몸과 태양과의 각도와 다양한 시간 동안 신체적으로 표현함으로써 먹이가 있는 곳까지의 방향을 나타내는 정찰 꿀벌의 행동.

꽃 flower (14). 속씨식물의 생식기관이 들어있는 부위; 꽃은 꽃자루와 변형된 잎(꽃잎과 꽃받침)으로 이루어지며, 대개 암수 생식 구조를 모두 가진다.

꽃가루 pollen grain (14). 종자식물의 수컷 배우체를 지닌 구조. [Lat., *pollen*, fine dust]

꽃가루관 pollen tube (20). 한 세포의 꽃가루가 발아한 후 암술대 안쪽으로 길게 자라는 관으로서, 수배우자를 밑씨에 전달하는 역할을 한다.

꽃밥 anther (14). 꽃의 웅성 생식구조인 수술의 한 부분. 꽃가루를 생산한다. [Gk., *anthos*, blossom]

ㄴ

난관 Fallopian tube (26). 난자를 난소(ovary)에서 자궁(uterus)으로 운반하는 관. 수란관(oviduct)이라고도 한다.

난생 oviparity (26). 수정란이 배아 발생을 위해 신체 외부로 이동하는 생식 방법.

난소 ovary (14, 26). 암컷의 생식선; 꽃의 암술 잎의 기저부에 있는 난세포를 함유한 동봉된 방.

난소주기 ovarian cycle (26). 여성 호르몬이 난자 생산의 시기와 발달을 조절하는 주기.

난원세포 oogonium (*pl.*, oogonia) (26). 유사분열에 의해 증식된 난소에 있는 이배체 세포. 각 난원세포는 감수분열을 시작하지만 전기 I에서 멈추는데, 이 단계에서의 세포를 제1 난모세포라 한다.

난자 ovum (*pl.*, ova) (26). 암컷의 배우자. "egg(난자)"라고도 함.

난자 형성 oogenesis (26). 암컷에서 난자를 생산하는 과정.

난태생 ovoviviparity (26). 알이 부화할(또는 부화 직전에 방출될) 때까지 대부분의 배아 발생이 암컷 신체 내부에서 진행되는 생식 방법.

난포 follicle (26). 난소에서 난자가 형성되는 작은 구조물.

난포기 follicular phase (26). 배란이 최고점에 달하는 여성 생식주기의 전반부.

난포자극 호르몬 follicle-stimulatin hormone (FSH) (25, 26). 난자의 생산을 자극하는 호르몬.

난할(卵割) cleavage (26). 배아 발생에서 접합자의 초기 세포 분열. 수정 후 곧 시작된다.

낭배 gastrula (26). 배아 발생 과정의 낭배 형성(gastrulation)기에 형성되는, 3개의 층으로 구성된 세포덩어리.

낭배 형성 gastrulation (26). 세포가 독특한 층을 형성하는 배아 발생의 두 번째 단계.

내막계 endomembrane system (4). 핵을 둘러싸고 있는 소기관(조면소포체, 활면소포제, 그리고 골지체)으로 이루어진 체제. 필수적인 분자들을 생산하고 변형하며 해로운 화학물질과 세포내 부산물을 분해하는 등, 세포의 다양한 기본 기능을 책임진다. [Gk., *endon*, within; Lat., *membrana*, a thin skin]

내배엽 endoderm (26). 낭배형성 과정에서의 가장 안쪽의 배아 세포층; 최종적으로 호흡기관과 소화기관의 내층, 간 그리고 췌장을 형성한다. [Gk., *endon*, within; *derma*, skin]

내부공생설 endosymbiosis theory (4). 과거에 밀접한 협력관계를 이룬 두 종의 원핵생물 중 광합성을 수행하는 한 종이 다른 큰 종에 포섭되어 진핵생물이 되었다는 진핵생물 기원에 관한 이론. 처음에는 작은 원핵생물의 광합성 에너지 일부를 숙주가 이용할 수 있었으나, 시간이 지남에 따라 둘 사이에 공생관계가 이루어져서 결국 더 복잡한 하나의 생명체로 발달하고 작은 원핵생물은 엽록체로 진화하였다. 미토콘드리아에서도 비슷한 진화가 이루어졌다. [Gk., *endon*, within; *symbios*, living together]

내분비계 endocrine system (25). 표적 세포에 작용하여 신체 기능의 조절과 항상성 유지에 중요한 역할을 담당하는 화학적 전달자인 호르몬을 생산, 분비하는 샘과 조직들을 포함하는 기관계.

내분비계 교란물질 endocrine disruptor (25). 사람이 제조한 화학물질로서, 생물이 섭취하면 호르몬과 비슷하게 작용하여 그 작용을 차단 또는 방해하여 해를 주는 물질.

내분비샘 endocrine gland (21, 25). 호르몬을 생산하여 그 호르몬을 혈액 또는 다른 체액에 방출하는 상피세포들의 집합체.

내분비세포 endocrine cell (25). 호르몬을 분비하는 세포. 내분비계의 일부라고 할 수 있다.

내온동물 endotherms (13,21). 체온을 공기의 온도보다 더 높게 올리거나 유지하기 위하여 세포호흡으로 생성된 열을 사용하는 동물. [Gk., *endon*, within; *therm*, heat]

네발동물 tetrapod (13). 다리가 4개인 생명체. 모든 육상 척추동물은 네발동물이다. [Gk., *tetra-*, four; *pous*, foot]

네프론 nephron (21). 척추동물 신장에 있는 중요 기능 단위로서, 여과, 재흡수 그리고 배설의 임무를 수행하기 위해 함께 일하는 한 작은 관과 혈관덩어리로 구성되어 있다.

노화(老化) aging (16). 나이가 많아짐에 따라 사망할 확률이 높아지는 현상. 일반적으로 다수의 생리 과정이 쇠퇴하는 특성을 보인다.

녹말 starch (3). 많은 수의 단당류가 줄지어 연결된 복합 다당류 탄수화물; 녹말은 식물의 주요한 에너지 저장 형태이다.

농(膿), 고름 pus (27). 감염 부위의 진하고 노란색을 띤 액체로서, 호중구, 침입을 받은 조직의 손상된 세포 파편, 살아 있거나 죽은 병원체 등이 합쳐진 것.

뇌교 pons (24). 수질(medulla)과 함께 작용하는 척추동물 후뇌의 일부로 호흡, 심장박동, 소화와 관련한 신체 기능을 조절함.

뇌량(腦梁) corpus callosum (24). 뇌의 좌반구와 우반구를 연결하는 넓고 두꺼운 뉴런 띠.

뇌하수체 pituitary gland (25). 전엽 및 후엽으로 구성된 내분비샘으로 두꺼운 자루를 통해 시상하부와 연결되어 있어 시상하부의 분비액에 의해 조절된다. "anterior pituitary (뇌하수체 전엽)" 및 "posterior pituitary (뇌하수체 후엽)" 참조

뇌하수체 전엽 anterior pituitary (25). 내분비샘의 하나. 갑상샘자극호르몬(TSH), 황체형성호르몬(LH), 난포자극호르몬(FSH), 프로락틴, 부신피질자극호르몬(ACTH), 성장호르몬 등 여러 호르몬을 만들어낸다. 많은 뇌하수체 전엽 호르몬은 다른 곳에 있는 내분비샘에서 그 밖의 호르몬을 방출하게 한다.

뇌하수체후엽 posterior pituitary (25). 내분비계의 샘 중의 하나. 옥시토신, 항이뇨호르몬 등 중요한 펩티드 호르몬을 분비하는데, 이들 호르몬은 시상하부의 뉴런에서 생산된다.

뉴런 neuron (21, 24). 신호를 받고 전달하는 신경계 내에 있는 "흥분 가능한" 세포; 수상돌기, 세포체 그리고 축삭의 세 부분으로 구성된다.

뉴클레오타이드 nucleotide (3, 6). 인산기와 당 분자, 그리고 질소-함유 분자로 이루어진 분자. 뉴클레오타이드는 고유한 순서로 결합하여 핵산을 이루는 단위체이다.

능동수송 active transport (4). 에너지를 필요로 하는 분자의 수송. 이동할 분자가 크거나 농도 기울기를 거슬러 이동해야 할 때에 필수적이다.

ㄷ

다당류 polysaccharides (3). 많은 단순당이 결합하여 형성된 복합 탄수화물. [Gk., *polys*, many; *sakcharon*, sugar]

다면발현 pleiotropy (9). 한 유전자가 매우 다양한 형질에 영향을 미치는 현상. [Gk., *pleion*, more; *tropos*, turn]

다발성 경화증 multiple sclerosis (MS) (27). 신체의 면역계가 뇌와 척수의 신경섬유를 둘러싸고 있는 미엘린 수초를 공격함으로써, 시야가 흐려지고, 사지가 약해지며, 몸의 균형을 잡기가 어려워지는 자가면역병.

다배수성 polyploidy (12). 한 개체 내에서 염색체 쌍의 수가 배로 늘어난 것. [Gk., *polus*, many; *ploion*, vessel]

다인자의 polygenic (9). 서로 다른 많은 유전자가 한 형질에 영향을 미치는 것을 의미함. [Gk., *polys*, many; *genos*, race, decent]

다접 polygamy (11). 일처다부제 한쪽 성의 일부 개체가 여러 마리의 짝과 교미하고, 그 성을 가진 다른 개체는 전혀 교미하지 못하는 교미 유형; 다른 쪽 성은 모든 개체 또는 거의 대부분의 개체들이 한 배우자와 교미함. [Gk., *polys*, many; *gamete*, wife]

단계통적 monophyletic (12). 한 공통 조상의 후손으로만 이루어진 집단. [Gk., *monos*, single; *phulon*, race, tribe, class]

단공류(單孔類) monotremes (13). 알을 낳는 고대의 습성을 지니고 있는 현생 포유류; 생식계와 비뇨계, 그리고 소화계(배변)가 모두 이어진 총배설강이라는 하나의 관을 가지고 있기 때문에 단공류라고 부른다. [Gk., *monos*, single; *trema*, hole]

단당류 monosaccharides (3). 가장 단순하며 다른 복합 탄수화물의 단위체인 탄수화물. 단당류는 다른 종류의 단당류로 쪼갤 수 없다. 포도당, 과당, 갈락토오스 등이 있으며, 단순당이라고도 한다. [Gk., *monos*, single; *sakcharon*, sugar]

단백질 proteins (3). 생명체의 거대분자 네 가지 중 하나. 아미노산 20종류가 고유한 조합으로 조성되어 고유한 구조와 화학적 성질을 나타낸다. 단백질은 대부분 생명체 조직의 주요 구성단위이다. [Gk., *proteion*, of the first quality]

단백질 합성 protein synthesis (6). 전사와 번역 과정을 통해 아미노산으로 단백질을 구성하는 과정.

단속평형(斷續平衡) punctuated equilibrium (12). "갑자기 진행되는 진화". 진화적 변화가 일어나는 빠른 시간에 상대적으로 진화적 변화가 거의 없는 긴 기간이 끼어든다.

단순당 simple sugar (3). 일반적으로 3-7개의 탄소원자로 이루어진 단당류 탄수화물. 화학결합에 저장된 에너지를 세포가 이용한다. 단순당은 더 이상 다른 단순당으로 분해되지 않는다. 포도당, 과당 및 갈락토오스 등이 이에 속한다.

단순확산 simple diffusion (4). 다른 분자의 도움 없이 원형질막 인지질 이중층을 통해 직접적으로 이루어지는 분자의 확산. 산소와 이산화탄소는 크기가 작고, 막 중간층의 척력을 유발하는 전하를 가지고 있지 않으므로, 이러한 방법에 의해 막을 통과할 수 있다.

단위체 monomer (3). 구성단위체 역할을 하는 비교적 단순한 분자. 서로 연결되어 중합체라고 부르는 복잡한 분자를 만들어낸다.

단일 수정체 눈 single-lens eye (24). 눈 해파리와 일부 연체동물에서 발견되는 상형성 눈.

단일-유전자 형질 single-gene trait (9). 오직 하나의 유전자에 의해 결정되는 형질. 오목한 턱, 과부 이마, 분리된 귓바퀴 등의 예가 있다.

단자엽식물 monocot (19). 현화식물의 2종류 중 하나(다른 종류는 쌍자엽식물)이며, 하나의 떡잎을 만든다.

담즙 bile (23). 지방 분해를 돕는 액체. 간에서 만들고 담낭으로 보내 저장한다. 작은 관을 통해 소장으로 분비되면 지방 소화의 첫 단계가 시작된다.

당뇨병 diabetes (23). 혈당의 수준을 적절하게 조절하지 못하는 상태. 대개 혈당의 증가에 따른 대응으로서 췌장에서 분비하는 인슐린의 양이 부족하거나, 또는 혈액에 있는 인슐린에 대해 체세포가 적절하게 대응하지 못하여 나타난다.

대뇌피질 cerebral cortex (24). 척추동물 뇌의 일부. 추상적 사고, 문제 해결, 언어 등을 관장한다. 인류가 다른 동물종과 구별되는 특성을 보이도록 가장 크게 기여하는 뇌 구조.

대립유전자 alleles (6, 9). 같은 형질에 관여하지만 특성이 다른 유전자. [Gk., *allos*, another]

대멸종 mass extinctions (12). 짧은 기간 안에 많은 수의 종들이 소멸하는 멸종으로, 대개 엄청난 갑작스러운 환경 변화로 인해 나타난다. [Lat., *extinguere*, to extinguish]

대식세포 macrophage (27). 큰 백혈구의 일종으로 조직에 존재하며, 죽은 세포와 같은 작은 부스러기나 작은 미생물을 탐식한다. 대식세포는 면역계의 비특이적 면역 반응과 특이적 증식 반응을 연결하는 데 중요한 역할을 한다.

대양 산성화 ocean acidification (2). 지구 바다의 pH가 낮아지는 현상. 18세기 중엽부터 시작되었다.

대장(大腸) large intestine (23). 척추동물의 소화계의 마지막 부분으로, 직경은 소장보다 크지만 길이가 짧다. 결장이라고도 불리며, 물, 염, 그리고 일부 비타민의 흡수를 담당하고, 그 마지막 부분(직장)에서는 섭취한 식품의 소화 불가능한 부분과 공생 미생물을 저장하며(분변), 이후에 배출된다.

대조군 control group (1). 연구하고자 하는 처리조건을 제외한 나머지 조건은 실험군과 동일한 실험대상군.

대진화 macroevolution (12). 새로운 생명체 집단의 기원을 포함하는 진화상 대규모 변화; 오랜 기간 동안 축적된 소진화 효과로 나타난다. [Gk., *macros*, large; Lat., *evolvere*, to roll out]

덩굴손 tendril (20). 특화된 잎, 줄기, 또는 가지. 닿는 부위가 무엇이든 감는 실과 같은 구조. 덩굴손은 식물 줄기를 지지한다.

데스모솜 desmosomes (4). 인접한 동물 세포 사이에 불규칙하게 분포한 세포 결합. 마치 벨크로처럼 세포들을 부착시키지만 물은 드나들 수 있다. 세포의 기계적인 강도를 높여주며, 동물의 근육조직과 체강 표면에 덧대인 조직 대부분에서 볼 수 있다. [Gk., *desmos*, bond; *soma*, body]

도움 T 세포 helper T cell (27). 림프구의 일종으로서, B 세포가 항체를 생산하고 세포독성 T 세포가 감염 세포를 파괴하도록 자극하는 세포.

독립변수 independent variable (1). 관찰 과정을 시작할 때에 설정하는 측정할 수 있는 값이며, 필요에 따라 변경할 수 있다. 일반적으로 그래프의 x축에 표시한다.

독립영양생물 autotroph (15). 1차 생산자를 설명하는 섭식 범주. 에너지를 빛이나 무기 화학 반응에서 얻으며, 탄소는 단순한 비생물 요소(대기의 이산화탄소 등)에서 얻는다.

돌연변이 mutation (6, 10). DNA 염기쌍 서열에 나타나는 변화. 저절로 일어나거나 돌연변이원에 노출된 후 일어날 수 있다. [Lat., *mutare*, to change]

동맥 artery (22). 심장에서 말초혈관으로 혈액을 운반하는 혈관. 동맥은 정맥보다 혈압이 높다.

동맥경화증 arteriosclerosis (22). 칼슘염이 침적되어 동맥혈관이 굳는 죽상경화(atherosclerosis)가 진행됨에 따라 나타나는 질환.

동면 hibernate (21). 며칠 혹은 수 주 동안 대사활동이 줄어든 상태에 들어가는 것. 이 기간 중에 동물의 체온은 상당히 떨어질 수 있다.

동물 animals (13). 동물계의 구성원. 다세포 진핵생물이며, 스스로 먹이를 생산하지 못하는 종속영양체이다. 대개 신체 부위가 서로 다른 활동에 맞추어 분화되어 있으며, 생애의 일정 시기에는 이동할 수 있다. [Lat., *animal*, a living being]

동소적종분화(同所的種分化) sympatric speciation (12). 지리적 격리로 인한 것이 아니라, 다배수성이나 교잡 그리고 이질배수성의 결과로 나타나는 종의 분화. 이런 형태의 종 분화는 동물에서는 비교적 잘 일어나지 않지만 식물에서는 일반적이다. [Gk., *sun*, together with; *patris*, native land]

동원체(動原體) centromere (8). 복제가 끝난 후 두 가닥의 중간 부근에서 자매염색분체가 접촉한 부위. [Gk., *centron*, the stationary point of a pair of compasses, thus the center of a circle; *meris*, part]

동위원소 isotopes (2). 중성자의 수가 서로 다른 원자들. 중성자는 전하를 가지지 않으므로 동위원소의 전하는 서로 다르지 않다. 그러나 핵 내부의 입자(중성자)가 추가되거나 소실되므로 원자량은 달라진다.

동형접합(의) homozygous (9). 한 개체의 두 대립유전자가 동일한 형질의 유전형을 가지고 있는. [Gk., *homos*, same; *zygous*, pair]

동형접합체 homozygous pair (homologues) (8). 한 형질에 대한 2개의 대립유전자가 같은 인자형.

두족류(頭足類) cephalopods (13). 머리가 두드러지게 발달하였으며, 다리는 촉수로 변형된 연체동물의 한 종류. 예로는 문어와 오징어가 있다. 두족류는 껍질이 퇴화되거나 없으며 무척추동물 중 가장 발달한 신경계를 가지고 있다. [Gk., *kephale*, head; *pous*, foot]

등장성 isotonic (4). 용질 농도가 동일한 용액. [Gk., *isos*, equal to; *tonos*, tension]

등쪽빈신경삭 dorsal hollow nerve cord (13). 척수와 뇌로 이루어진 척추동물의 중추신경계. [Lat., *dorsum*, back]

디옥시리보핵산 (DNA) deoxyribonucleic acid (DNA) (3, 6). 뉴클레오티드 염기서열에 특정 단백질의 합성 정보를 담고 있는 핵산.

딸세포 daughter cells (8). 부모 세포가 분열하여 형성된 세포들.

떡잎 cotyledon (19, 20). 씨앗 내부에 있는 식물 배아의 일부. 이 구조는 대개 최초의 배아 잎 또는 식물 잎으로 된다. seed leaf라고도 부른다.

ㄹ

라니냐 La Niñ (17). 서태평양의 해수면 온도와 기압이 떨어지는 것을 비롯하여 엘니뇨 현상과 반대적인 효과를 나타내는 현상. 대체로 엘니뇨와 상반되는 기후변화를 초래한다.

라멜라(층판) lamella (*pl.*, **lamellae**) (22). 아가미 내의 원판 모양의 구조. 모세혈관이 정교하게 가지를 뻗고 있다.

라이소자임 lysozyme (27). 피부 세포에 의해 생산되며, 눈물에 들어 있는 효소로서 세포막을 손상시킴으로써 세균을 죽이는 효소.

레트로바이러스 retrovirus (15). RNA와 역전사효소를 가지고 있는 바이러스. 역전사효소는 바이러스 RNA를 주형으로 삼아 단일가닥의 DNA를 합성하는 바이러스의 효소이다. [Lat., *retro*, backward; *virus*, slime]

로지스틱 성장 logistic growth (16). 환경의 수용 능력이 포화에 가까워짐에 따라 초기 지수 성장의 변동이 없는 집단 성장의 유형.

루비스코 rubisco (5). 광합성에서, 공기 중의 CO_2를 엽록체의 스트로마에 있는 유기분자에 결합시켜 탄소를 고정하는 효소(ribulose-1,5-bisphosphate carboxylase/oxygenase). 이러한 탄소 고정은 당 분자를 조립하는 캘빈회로의 첫 단계이다. Rubisco는 지구 상에서 가장 풍부한 단백질이다.

리보솜 ribosomes (4). 세포질에 있는 단백질과 RNA로 구성된 과립체. mRNA의 (DNA에서 복사한) 정보를 바탕으로 단백질 합성에 관여한다.

리보솜 소단위 ribosomal subunits (6). 리보솜을 구성하는 두 가지 구조적 부위. 함께 mRNA를 번역하여 아미노산 사슬을 연결하여 단백질을 만들게 한다.

리보핵산 ribonucleic acid (RNA) (3). 핵산인 RNA는 DNA의 유전정보를 단백질로 전환하는 과정에서 중간자 역할을 한다. 전령 RNA(mRNA)는 특정 단백질 생산에 필요한 정보를 DNA로부터 얻어내며, 수송 RNA(tRNA)는 mRNA의 암호를 번역하여 아미노산으로 단백질을 구성하게 한다.

리소솜 lysosome (4). 세포에 있는 둥글고 막으로 둘러싸인 효소와 산이 가득 차 있는 소포. 세포의 노폐물과 소비한 물질을 소화시키거나 재활용한다. [Gk., *lysis*, releasing; *soma*, body]

림프 **lymph** (22). 척추동물에서 간질액이 림프관으로 여과되어 들어가면서 만들어지는 맑은 액체.

림프구 **lymphocyte** (27). 면역계의 특이적 증식 반응을 나타내는 백혈구의 일종.

림프절 **lymph node** (22). 림프계에서 병원체와 싸우는 백혈구로 가득 찬 결합조직의 일부. 이를 통해 림프가 흐른다.

ㅁ

마디 **node**(식물의 구조) (19). 식물 줄기의 튀어나온 부위로서 잎, 꽃, 열매 혹은 새로운 가지가 자라는 곳.

막 효소 **membrane enzyme** (4). 인지질 이중층 막에 묻혀 있는 단백질. 화학 반응을 촉매한다.

막관통단백질 **transmembrane protein** (4). 원형질막의 인지질 이중층을 관통하여 존재하는 단백질.

막사이공간 **intermembrane space** (4). 미토콘드리아의 내막과 외막 사이의 공간. [Lat., *inter*, between; *membrana*, a thin skin]

말기(末期) **telophase** (8). 체세포분열의 네 번째이자 마지막 단계. 응축된 염색체가 풀리기 시작하고 핵막이 염색체 주위에서 재조립된다. 감수분열의 말기 I에서는 자매 염색분체가 세포 극에 도달하고 그 주위에 핵막이 재조립되며, 말기 II에서는 자매 염색분체가 떨어지고 핵막이 반수체인 염색체 주위에서 재조립된다. [Gk., *telos*, end; *phasis*, appearance]

말단부(末端部) **telomere** (8). 모든 진핵세포의 염색체 끝에 있는 DNA 중 매우 반복되는 비암호화 부위. 세포가 분열할 때마다 짧아진다. 이 부위가 너무 짧아지면, 추가로 세포 분열이 일어날 때 기능을 가지는 필수적인 DNA를 잃게 되므로 세포가 거의 죽게 된다. [Gk., *telos*, end; *meris*, part]

말초신경계 **peripheral nervous system (PNS)** (21, 24). 중추신경계로 들어가고 나오는 정보를 전달하는 생물의 신경계의 부분; 감각뉴런과 운동뉴런을 포함한다.

망막 **retina** (24). 척추동물의 눈 안쪽 표면에 광감각 세포를 함유한 신경조직으로 광감각 세포는 자극을 뇌의 시각 센터로 전달한다.

맹검 실험설계 **blind experimental design** (1). 실험 대상자가 어떠한 처치를 받게 될 것인지 알지 못하는 상태에서 수행하도록 설계한 실험.

먹이그물 **food web** (17). 에너지 흐름 경로를 먹이사슬보다 상세하게 설명하며, 많은 생명체가 잡식성이고 먹이사슬 내에서 하나 이상의 지위를 차지한다는 사실을 나타낸다.

먹이사슬 **food chain** (17). 생산자에서 3차 소비자로 이어지는 에너지 흐름 경로.

멘델 독립의 법칙 **Mendel's law of independent assortment** (9). 서로 다른 두 유전자의 대립인자 쌍은 감수분열 시 독립적으로 분리되며, 두 형질의 유전은 서로 영향을 미치지 않는다(연관 유전자는 예외이지만, 멘델은 알지 못했다). [법칙 발견자인 Gregor Mendel(1822~1884)의 업적을 기려]

멘델 분리의 법칙 **Mendel's law of segregation** (9). 배우자 형성 시 한 유전자의 두 대립인자는 분리되어 각각의 배우자는 2개의 대립인자 중 하나만 받는다.

면역 **immunity** (27). 특정 질병을 일으키는 미생물 또는 바이러스로부터 장기적으로 방어되어 있는 상태.

면역계 **immune system** (27). 질병과 싸우는 백혈구 및 피부와 같은 외부 장벽으로 구성된 우리 몸의 한 기관계로서 세균, 진균, 바이러스 기생성 원생동물, 기생충 등 다양한 병원체로부터 우리 몸을 보호한다.

멸종 **extinction** (12). 한 종의 모든 개체가 사라짐. [Lat., *extinguere*, to extinguish]

멸종된 **extinct** (13). 현재는 존재하지 않고 사라진 생물종.

멸종위기종 **endangered species** (18). 멸종위기종 보호법의 정의에 의하여 전체 또는 유의한 범위에서 멸종의 위험에 처한 종.

멸종위기종 보호법 **Endangered Species Act (ESA)** (18). 멸종위기종이 멸종되지 않도록 보호하는 미국의 법.

모세혈관 **capillaries** (22). 세포에 충분히 가깝게 혈액을 공급하여 분자가 잘 확산되도록 하는 작은 혈관.

목(目) **order** (12). Carolus Linnaeus(1707~1778)가 개발한 분류체계로, 연관된 과로 이루어진다.

무극성, 비극성 **nonpolar** (4). 전하를 띠지 않음.

무기질 **mineral** (23). 유기분자에서 흔히 발견되는 원소(탄소, 수소, 산소 그리고 질소) 이외의 다른 화학 원소; 일부 무기질은 소량을 식사로 섭취해야 한다.

무생물적 **abiotic** (17). 환경에 있는 물리적, 화학적 구성 요소와 연관된. 토양, 물, 공기의 화학적 자원(탄소, 질소, 인 등)과 물리적 조건(기온, 염도, 습도, 에너지원)이 포함된다.

무성생식 **asexual reproduction** (8, 26). 원핵생물과 식물의 일반적인 생식방법. 다양한 다세포 생명체에서 나타난다. 자손은 한 어미의 DNA만 물려받는다.

무양막류 **non-amniotes** (13). 양서류처럼 물속에서 수정하며, 양막이 없는 알을 낳는 육상 척추동물.

무작위 **randomized** (1). 우연한 기회에 따라 실험대상을 선택하고 집단으로 나누는 방식을 설명하는 용어.

무작위 배열 **random assortment** (8). 제1 감수분열 후기에 상동염색체가 분리되어 세포의 양극으로 이동하는데, 모계 또는 부계의 상동염색체(2개의 염색분체를 가지고 있음) 중의 하나가 한쪽 극으로 이동하면, 다른 상동염색체는 반대편 극으로 이동한다. 이 과정이 무작위로 일어나기 때문에 각 극의 자매 염색분체 쌍(이들은 제2 감수분열 과정에서 분리된다)은 모계와 부계 염색분체가 혼합되어 있다.

무척추동물 **invertebrates** (13). 척추가 없는 동물; 동물을 분류할 때 사용되는 용어이지만 단계통 그룹은 아니다.

문(門) **phylum** (12). Carolus Linnaeus(1707~1778)가 개발한 분류체계로서, 연관된 강으로 이루어진다. [Gk., *phylon*, race, tribe, class]

물관 **xylem** (19). (*pron.* zy-lum) 관다발식물에서 물과 용해된 미네랄을 식물 전체에 운반하는 조직.

물리적 방어 **physical defense** (17). 물리적, 화학적 구조, 경고색, 위장무늬 등을 이용해 포식자에 대해 방어하는 적응 방법.

물리적 장벽 **physical barriers** (면역계) (27). 병원체가 체내로 들어오지 못하도록 하는 일차적인 방어. 예를 들면, 피부는 바이러스나 박테리아 체내로 들어가지 못하도록 하는 침투 불가능 장벽으로 작용하며, 피부 상피에서 분비되는 화학물질은 많은 미생물의 생장을 저지한다. ("integumentary system" 참조)

물질 **matter** (2). 공간을 차지하고 질량을 갖는 것.

미생물 **microbe** (12, 15). 현미경으로 관찰해야 하는 생명체. 원생생물과 고세균, 그리고 세균을 포함하므로 단계통 군이 아니다. [Gk., *micros*, small; *bios*, life]

미세섬유 **microfilaments** (4). 진핵세포의 세포골격을 구성하는 3종류의 단백질 섬유 중 하나(나머지는 중간섬유와 미세소관)이며, 세포가 구조와 형태를 갖추게 한다. 세포골격에서 가장 가느다란 구성요소이다. 길고 단단한 막대-모양 섬유로서 세포의 수축과 세포분열에서 중요한 역할을 한다.

미세소관 **microtubules** (4, 8). 진핵세포의 세포골격을 구성하는 3종류의 단백질 섬유 중 하나(나머지는 중간섬유와 미세섬유)이며, 세포가 구조와 형태를 갖추게 한다. 세포골격에서 가장 두꺼운 구성요소이다. 단단한 속이 빈 관처럼 생겼으며, 분자와 소기관이 부착하여 이동하는 선로 역할을 한다. 세포 분열 동안 염색체를 끌어당겨 분리시키기도 한다.

미소구(微小球) **microsphere** (12). 유전물질은 없지만 스스로 복제하는 분자와 정보는 가지고 있는, 막으로 둘러싸인 작고 둥근 단위체; 생명의 발달에서 중요한 단계였을 것이다. [Gk., *micros*, small; *sphaira*, ball]

미신 **superstition** (1). 사건의 흐름에 대한 논리적이지 않은 활동이 결과에 영향을 줄 수 있다는 비이성적인 믿음.

미오신 **myosin** (24). 근육조직의 단백질; 굵은 필라멘트를 구성함.

미토콘드리아 **mitochondrion** (*pl.* **mitochondria**) (4). 식물과 동물 세포에서 먹이에 있는 탄수화물, 지방, 그리고 단백질 분자의 화학결합에 저장된 에너지를 세포의 모든 기능과 활동에 사용할 수 있는 형태로 전환하는 소기관. [Gk., *mitos*, thread; *chondros*, cartilage]

미토콘드리아 기질 **mitochondrial matrix** (4, 5). 미토콘드리아 내막으로 둘러싸인 공간. 이곳에서 운반체인 NADH와 $FADH_2$가 고에너지 전자를 내막에 묻혀 있는 분자에게 전달함으로써 전자전달 사슬이 시작된다.

민무늬근 **smooth muscle** (21). 혈관, 위와 장, 방광을 비롯한 많은 기관, 그리고 신체의 내부 "관"을 둘러싼 벽에서 발견되는 근육조직의 일종. 주기적으로 느린 수축을 일으켜 혈액, 음식물 등의 물질을 기관을 통해 점진적으로 이동시킨다. 의식적으로 조절되지 않는다.

밀도-비의존 요인 **density-independent factors** (16). 개체군 크기와 상관없이 개체군 성장을 제한하는 요인. 홍수나 지진, 화재, 번개 등이 있다.

밀도-의존 요인 **density-dependent factors** (16). 개체군 성장을 제한하는 요인. 개체군 밀도에 따른 결과로 나타난다.

밀착 연접 **tight junction** (4). 인접한 동물세포 사이의 물이 통과하지 못하는 연속적인 연결. 밀착 연접은 특히 소화가 일어나는 작은창자에서 중요하다. 영양성분이 체강으로 새어나가 에너지원이 손실되지 않아야 한다.

밑씨 **ovule** (14). 현화식물의 씨방 내에 있는 구조. 난세포가 생기게 한다. [Lat., ovum, egg]

ㅂ

바이러스 **viruses** (12). 다양하고 중요한 생물학적 존재. 복제는 할 수 있으나 대사활동은 오로지 숙주의 대사과정에 의존해야 하므로 생명의 정의에서 벗어난다. [Lat., *virus*, slime]

바탕멸종 **background extinctions** (12). 대량멸종에 비해 느린 비율로 일어나는 멸종. 큰 재해에 의한 것이 아니라 대개 생물학적인 특성과 종 사이의 경쟁 관계에 의해 나타난다.

반복실험 **replication (experiment)** (1). 결과의 타당성에 대한 신뢰도를 증가시키기 위해서 동일 연구자 또는 다른 연구자가 연구를 반복하는 과정.

반사 **reflex** (24). 신호가 감각뉴런에서 척수로 곧바로 전달될 때 일어나는 자율신경 반응으로 신호가 척수에서 운동뉴런에 연결됨으로써, 뇌에서 정보를 처리할 필요가 없는 감각에 대해 반응이 유발된다.

반수체(半數體) **haploid** (8). 각 염색체의 복사본을 하나씩만 가지고 있는 세포. (사람을 비롯한 많은 종에서 배우자는 반수체이다.) [Gk., *haploeides*, single]

변연계 **limbic system** (24). 대뇌 피질의 일부분과 뇌 중앙 더 깊은 곳에 존재하는 2개의 구조인 해마와 편도를 포함하는 뇌 영역. 많은 생리적인 충동과 본능에 반응한다.

반응기 **effector** (21). 자극에 대한 대응을 일으킬 수 있는 구조. 외부 환경의 변화에 대한 내부 환경의 변화를 반대로 하거나 감소시킴으로써 항상성을 유지하도록 한다.

반응물 **reactant** (2). 화학 반응에 참여하고 전환되는 물질.

반추동물 **ruminant** (23). 4개의 방으로 이루어진 위가 특징인 포유동물. 반추동물은 부분적으로 소화된 음식물을 입으로 역류시킨 것(cud, 되새김거리)을 씹는다. 소, 양, 염소 그리고 들소가 예이다.

반향정위(反響定位) **echolocation** (24). 박쥐 등 일부 동물이 음파를 발생한 후 되돌아오는 반사파를 탐지하여 물체의 위치를 감지하는 능력.

발아 **germinate** (20). 식물에서 포자나 씨앗이 휴면을 벗어나 자라기 시작하는 것.

발효 **fermentation** (5). 산소가 없을 때 해당과정이 일어나게 하는 과정. 전자 수용체는 산소가 아니라 피루브산(동물)이거나 아세트알데히드(효모)이다.

방사능 연대측정 **radiometric dating** (10). 일정한 속도로 분해되는 방사성동위원소와 이것이 분해되어 생기는 물질들을 이용하여 화석 등의 절대적인 그리고 상대적인 나이를 추정하는 방법.

방사대칭 **radial symmetry** (13). 수레바퀴나 파이처럼 중심을 지나 어떻게 자르더라도 동일한 반쪽이 만들어지는 신체 구조. [Lat., *radius*, spoke of a wheel; Gk., *summetria*, symmetry]

방사성 **radioactive** (2). 저절로 붕괴하여 작지만 에너지를 가진 고속의 입자를 방출하는 핵을 가지고 있는 일부 원소 또는 동위원소의 특성.

방추사 **spindle fibers** (8). 세포의 한쪽 극에서 반대쪽 극으로 연결되는 섬유. 체세포분열의 후기 또는 감수분열의 후기 II에서 자매 염색분체를 끌어당겨 분리한다.

방추체 **spindle** (8). (체세포분열의) 전기 또는 (감수분열의) 전기 I에 형성되는 세포골격의 한 부분. 여기에서 방추사가 뻗어 나와 자매 염색분체에 연결된다.

방향성 선택 **directional selection** (10). 어떤 형질과 관련한 적응도가 한 가지 극단적인 표현형의 경우는 높아지고, 다른 표현형의 경우는 감소하는 선택. 그 형질의 평균 가치가 증가하거나 감소하게 된다.

배낭 **embryo sac** (20). 현화식물의 꽃에서 암 생식구조의 일부로 난자를 포함하며, 수정이 일어나는 장소.

배란 **ovulate** (26). 제2 난모세포를 난소의 난포에서 난관(여기에서 자궁으로 이동)으로 방출하는 것.

배반포 **blastocyst** (26). 포유류의 포배.

배아 **embryo** (26). 진핵생물에서, 다세포의 발생 중인 수정된 난자. 사람의 경우, 수정 후 약 8주가 경과되면 배아는 태아(fetus)로 불린다.

배아층 **germ layers** (26). 낭배 형성 기간에 형성되는 3개로 구별되는 세포층.

배우자 **gamete** (8). 수정을 통하여 자손을 생산하는, 정자와 난자 등의 반수체 세포. 생식세포라고도 한다. [Gk., *gamete*, wife]

배우체 **gametophyte** (14, 20). 식물의 배우자(수컷은 정자를 생산하고 암컷은 난자를 생산한다)를 생산하는 구조. 식물과 일부 조류의 생활사 중 반수체인 세대. [Gk., *gamete*, wife; *phytas*, plant]

배젖 **endosperm** (14, 20). 발아와 배와 어린 유식물의 생장과 발달에 필요한 에너지로 사용되는 특정 탄수화물, 단백질 그리고 지질을 저장하는 성숙한 씨앗의 조직. [Gk., *endon*, within; *sperma*, seed]

배출 **elimination** (23). 식품 분해의 마지막 단계; 대장에서 물, 염, 그리고 일부 비타민의 흡수가 일어나고 이어서 나머지 노폐물의 배설이 뒤따른다.

백신 **vaccine** (27). 특정 병원체를 약화시키거나 무해한 형태로 만들어 체내로 주입함으로써 질병에 걸리지 않고 면역을 유도할 수 있다.

백혈구 **leukocyte.** "white blood cells (백혈구)" 참조.

백혈구 **white blood cells** (13, 18). 병원체로부터 몸을 방어하는 혈액세포. 면역계의 기본적인 성분이다. "leukocyte"라고도 한다.

번데기 **pupa** (13). 완전변태에서, 곤충 발생의 두 번째 단계. 고치에 감싸인 애벌레의 신체 구조가 분자들로 분해되어 성충 형태로 재조립된다. [Lat., *pupa*, a little girl]

번역 **translation** (6). 유전자의 염기서열 정보를 지닌 mRNA로부터 단백질을 합성하는 과정.

베르니케 영역 **Wernicke's area** (24). 언어의 이해를 담당하는 뇌 영역. 대부분 사람의 경우, 좌측두엽에 위치한다.

변성 **denaturation** (3). 단백질 입체적 접힘 구조의 파괴. 열이나 극단적인 pH 등의 극단 환경에 노출되어 2차 구조와 3차 구조가 사라진다.

변수 **variables** (1). 실험연구에서 변화시킬 수 있는 특성. 예를 들어, 시간(처리하는 기간)이나 처리방법(물질의 종류, 적용하는 실험방법 또는 반응이 일어날 때의 온도 등)이 있다. [Lat., *variare*, to vary]

변온동물 **heterotherm** (21). 환경의 온도 변화에 따라 체온이 변동하는 동물. [Gk., *heteros*, other; *therm*, heat]

병목효과 **bottleneck effect** (10). 집단의 크기가 갑자기 감소함에 따라 개체군의 대립유전자 빈도가 변화하는 현상. 흔히 기근이나 질병, 또는 급격한 환경 교란에 의해 나타난다.

병원성 **pathogenic** (15). 질병을 일으킬 수 있는. [Gk., pathesis, deisease; genos, race, descent]

병원체 **pathogen** (22, 27). 세균, 바이러스 및 진균과 같이 질병을 일으키는 물질이나 생물. 병원체를 때로는 병원균(germ)이라고도 한다.

보우만주머니 **Bowman's capsule** (21). 신장에서 네프론의 혈액 여과 단위를 감싸는 공 모양의 구조. 하나의 긴 세뇨관이 연결되어 있어서 여과된 액체를 집합관으로 배출한다.

보인자 carrier (9). 열성형질을 나타내는 대립유전자를 1개 가지고 있지만, 그 형질이 드러나지 않은 사람. 두 보인자 사이에서는 열성형질이 드러난 자손이 태어날 수 있다.

보전생물학 conservation biology (18). 생태학, 경제학, 심리학, 사회학, 정치학 등 여러 분야가 관련된 학문 분야. 생물다양성과 자연자원을 보존하고 보호하는 방법을 연구한다.

보조생식기술 assisted reproductive technology(ART) (26). 정자와 난자를 모두 조작하여 불임을 치료하는 기술.

보체(補體) complement protein (27). 순환하는 방어 단백질의 한 유형. 병원체의 막에 구멍을 뚫거나, 병원체 표면을 덮어서 식세포가 병원체에 쉽게 결합하고 삼키도록 하여 파괴한다.

복대립유전자 multiple allelism (9). 하나의 유전자가 2개 이상의 대립인자를 가지는 경우.

복제 replication(DNA) (8). 진핵세포와 원핵세포 모두에서 세포 분열을 준비하면서 DNA가 스스로 복제되는 과정.

복제 포크 replication fork (8). DNA 복제에서 주형가닥으로 사용될 두 DNA 가닥이 풀리고 분리되면서 형성된 구조.

복제기점 origin of replication (8). 감겨 있는 이중가닥의 DNA가 지퍼가 열리는 것처럼 분리되는 지점으로, DNA 복제가 시작되는 장소이다. 원핵생물에서는 복제기점이 1개이며, 진핵생물은 염색체마다 여러 개의 복제기점이 있다.

복족류 gastropods (13). 복족류강에 속하는 연체동물. 대개 한 장의 껍질과 이동하기 위한 근육으로 된 발, 그리고 표면 위의 먹이를 긁어모으는 치설을 가지고 있다. 예로는 달팽이와 민달팽이가 있다. [Gk., *gaster*, belly; *pous*, foot]

복합탄수화물 complex carbohydrates (3). 많은 단순탄수화물이 연결된 탄수화물. 식물의 주요 에너지 저장 형태인 녹말과 동물의 단기 에너지 저장 형태인 글리코겐이 있다.

본능 instincts (11). 환경 정보의 입력이 없어도 발달하는 행동; 선천적 행동은 한 개체군의 모든 개체들에게서 나타나는데, 개체 사이에 차이가 거의 없으며 일생 동안 크게 변화하지 않는다; 선천적 행동이라고도 한다. [Lat., *instinctus*, impelled]

부갑상샘 parathyroid gland (25). 갑상샘의 겉에 파묻혀 있는 내분비샘. 성인의 칼슘 농도를 조절하는 데 중심적인 역할을 담당하는 부갑상샘 호르몬을 생산한다. [Gk., *para*, beside; *thyra*, door]

부계불명(父系不明) paternity uncertainty (11). 암컷이 체내 수정을 하는 종의 경우 자손의 아버지를 100% 확신할 수 없는 현상. [Lat., *pater*, father]

부교감신경 parasympathetic nervous system (24). 자율신경계의 두 가지 유형 중의 하나(다른 하나는 교감신경). 음식의 소화 및 노폐물 배출과 관련된 불수의적 조절을 담당하며, 심장과 호흡률을 낮추는 경향이 있다.

부모세포 parent cells (8). 분열하여 유전적으로 동일한 딸세포를 만드는 세포.

부식토 humus (19) (*pron.* hyoo-muss). 토양의 가장 위층에서 볼 수 있는 동식물의 분해된 사체. 물과 많은 양분을 쉽게 흡수하고 방출한다.

부신샘 adrenal glands (25). 신장 바로 위에 있는 내분비계의 분비샘. 코르티솔, 아드레날린(에피네프린이라고도 함) 등의 호르몬을 분비하여 스트레스에 대한 반응을 조절하도록 돕는다.

부신피질자극 호르몬 (ACTH) adrenocorticotropic hormone (ACTH) (25). 포유류의 뇌하수체 전엽에서 생산되는 호르몬. 부신샘을 자극하여 코르티솔 등의 스트레스-관련 호르몬을 생산하게 한다. corticotropin이라고도 한다.

부신피질자극 호르몬 corticotropin (25). 포유류의 뇌하수체 전엽에서 만드는 호르몬. 부신샘(adrenal glands)을 자극하여 코르티솔 등 스트레스-관련 호르몬을 생산하게 한다. adrenocorticotropic hormone(ACTH)이라고도 한다.

부영양화 eutrophication (17). 물에 과도하게 용해된 영양분으로 인하여 조류와 세균이 빠르게 자라면서 용존 산소를 대량 소비함에 따라 시간이 흐르면서 다른 생물종들의 대규모의 죽음을 초래하는 과정. [Gk., *eu*, good; *troph* food]

부정소 epididymis (26). 각 정소(testis)에 있는 관으로, 정자가 성숙되는 장소이다.

분기점(마디) nodes (계통학) (12). 계통수에서 공통 조상으로부터 종이 분기하는 지점. [Lat., *nodus*, knot]

분단성 선택 disruptive selection (10). 어떤 형질과 관련한 적응도가 양쪽 극단적인 표현형의 경우는 증가하고, 중간형의 경우는 감소하는 선택.

분산자 dispersers (17). 원래의 거주지에서 벗어나 멀리 이동할 수 있는 생명체.

분열조직 meristem (19,20). 미분화 세포로 이루어진 식물이 생장하는 부위; 미분화 세포는 또 다른 미분화 세포로 분열하거나 특수한 식물조직 세포로 분화한다.

분자 molecule (2). 공유결합을 이루어 서로 결합된 원자들의 무리. [Lat., *dim.* of *moles*, mass]

분해 decomposition (19). 유기물질을 구성 요소인 분자 수준으로 분해하는 과정.

분해자 decomposers (14, 17). 죽은 생명체를 분해하여 먹이로 삼는 생명체. 세균과 균류, 퇴적물 섭식 동물 등이 있다.

불완전 우성 incomplete dominance (9). 이형접합체가 두 동형접합체 표현형의 중간형을 나타내는 경우; 분홍 금어초는 흰 꽃과 붉은 꽃 동형접합체의 중간 형태를 나타낸다.

불완전변태 incomplete metamorphosis (13). 곤충에서 볼 수 있는 생장과 발달 과정. 완전하게 구별되는 단계를 거치는 것이 아니라, 유충이 번데기 시기를 거치지 않고 작은 크기의 성체와 유사한 형태를 이루는 변태. 메뚜기와 귀뚜라미를 포함한 곤충의 약 17%가 불완전 변태를 한다.

불임증 infertility (26). 부부가 일 년 간의 노력에도 불구하고 임신하지 못하는 상태.

불포화지방 unsaturated fat (3). 지방 분자의 꼬리 부분을 이루는 탄화수소 사슬에 있는 탄소 중 1개 이상에 오직 1개의 수소 원자만 결합해 있는 지방. 실온에서 액체이다.

브로카 영역 Broca's area (24). 대부분 사람의 뇌에서 왼쪽 전두엽의 앞부분에 있는 불연속적 부위. 말하기와 관련된 근육을 조절한다.

비경쟁적 억제자 noncompetitive inhibitior (3). 효소의 활성부위가 아닌 다른 부위에 결합하여 효소의 형태를 변형시키는 화학물질. 이로 인해 효소의 활성부위가 변형되어 효소와 기질의 결합이 방해받게 된다.

비관다발식물 non-vascular plants (14). 물과 용해된 영양분을 수송할 물관이 없어 확산에 의존하는 식물; 선태식물이 비관다발식물이다. [Lat., *vasculum*, *dim.* of *vas*, vessel]

비그림자 rain shadow (17). 바람이 불어가는 쪽의 산 지역으로, 산을 넘어 내려오는 공기는 따뜻해져서 간직할 수 있는 습기의 양이 많아지므로, 비가 내리지 않거나 줄어든다.

비스페놀A (BPA) bisphenol A (BPA) (25). 일부 플라스틱 물병과 젖병, 통조림 안쪽 코팅면에서 발견되는 화학물질. 내분비 교란물질로 알려져 있다.

비타민 vitamin (23). 신체에서 소량 요구되는 필수영양소인 유기화합물.

비특이적 면역 non-specific immunity (27). 다양한 종류의 면역 비특이적 면역세포들에 의한 면역계의 증식은 외부 장벽을 파열하고 침입한 병원체나 자기 자신의 조직이 아닌 물질을 신속히 인식한다. 그러나 특이적 병원체를 분별하지는 못한다. 이 반응은 출생 시부터 작동하고 병원체에 대한 사전 노출이 필요하지 않으므로 선천면역이라고도 한다.

비필수아미노산 non-essential amino acid (23). 신체가 생산할 수 있는 아미노산으로 식사로 요구되지 않는다.

빛에너지 light energy (5). 광자라는 에너지 다발로 이루어진 운동에너지의 한 종류. 파동으로 구성된다.

뼈, 골 bone (21). 단단한 결합조직. 보호하고 지지하는 역할을 한다.

뿌리 root (14, 19). 관다발식물의 한 부위로 대개 땅 속에 존재하며, 식물체를 지지하고 토양으로부터 물과 용해된 물질을 식물체로 수송하는 관다발 조직을 가지고 있다.

뿌리 분열조직 root meristem (20). 활발하게 분열하는 뿌리 끝에 있는 배아 세포 집단으로서, 새로운 조직을 생성하여 뿌리의 길이 신장이 일어나게 한다.

뿌리혹 nodule (19). 식물의 뿌리에 혹처럼 생긴 구조로서 질소를 고정하는 세균이 사는 곳.

ㅅ

사구체 glomerulus (21). 신장에서, 네프론의 혈액 여과 단위; 모세혈관의 덩어리로서 보우만주머니에 둘러 싸여 있고, 하나의 긴 세뇨관에 연결되어 집합관으로 여과액을 배설한다.

사람 융모생식선자극 호르몬 human chorionic gonadotropin(hCG) (26). 착상을 위해 두꺼워진 자궁내막을 유지하기 위해 배아가 분비하는 호르몬.

사막 desert (17). 육상 생물군계의 한 유형. 또는, 비가 거의 오지 않고 증발에 의한 물 손실량이 강우량보다 많은 건조한 기후 유형. 대개 북위 30도와 남위 30도 부근에 분포한다.

사바나(열대초원) savanna (17). 육상 생물군계의 한 종류; 더운 기후와 우기와 건기가 뚜렷이 나뉘는 특성을 보이며, 목본류가 산재하는 열대 또는 아열대 초지. (열대계절림 생물군계보다 강우량이 적다.)

사이비과학 pseudoscience (1). 믿을 만하고 방법론적인 과학적 연구에 의해 지지되지 않은 가설과 이론. [Gk., *pseudes*, false; Lat., *scientia*, knowledge]

사이토카인 cytokine (27). 면역계 세포에서 분비하는 신호 단백질의 한 유형. 특이적 면역계와 비특이적 면역계의 세포들이 서로 소통하는 주요 방식이다.

산(酸) acid (2). pH 7.0 미만의 용액. OH^- 이온보다 H^+ 이온이 더 많이 존재한다. [Lat., *acidus*, sour]

산소혁명 oxygen Revolution (15). 남세균에 의해 방출된 산소의 축적.

산호초 coral reef (13). 거대한 탄산칼슘 뼈대와 산호충의 집합체인 수중 구조. 작은 자포동물인 산호충이 탄산칼슘을 분비하여 단단한 껍질을 만들고, 그 위에서 수많은 폴립(polyp)이 군체를 이루어 서식한다. 산호초는 그 어떤 해양 서식지보다도 종다양성이 높은 서식환경을 제공한다.

삼투 osmosis (4). 수동수송의 한 유형. 물 분자가 원형질막 등의 막을 통과하여 이동한다. 삼투 방향은 막 양쪽에 있는 모든 용질의 상대적인 농도에 따라 결정된다. [Gk., *osmos*, thrust]

삼투순응자 osmoconformer (21). 환경의 용질 농도와 같은 수준에서 체액의 용질 농도를 유지함으로써 물의 유출과 유입을 조절하는 생물.

삼투조절 osmoregulation (21). 삼투에 영향을 주는 용해된 용질 농도와 물 함량의 조절. 동물에서 항상성의 중요한 구성 요소.

삼투조절자 osmoregulator (21). 체액의 용질 농도를 환경의 용질 농도와 다른 좁은 범위로 유지함으로써 물의 유출과 유입을 조절하는 생물.

상동구조 homologous structure (10). 시간이 지남에 따라 변형이 일어나서 종이 다르면 다른 기능을 수행하기도 하지만, 진화적으로 동일한 공통 조상에서부터 유전된 신체 구조.

상동구조 homologous structures (12). 시간의 흐름에 따라 다른 종에서 다른 기능이 발현되지만 공통 조상으로부터 유전한 다른 개체의 몸체제.

상동성 homologous feature (12). 하나의 동일한 조상에서 유전된 형질. [Gk., *homologia*, agreement]

상동염색체 쌍(상동염색체) homologous pair (homologues) (8). 한 염색체의 모계 복사본과 부계 복사본. [Gk., *homologia*, agreement]

상리공생 mutualism (17). 두 종 모두에게 이로우며, 아무에게도 해롭지 않은 공생관계. [Lat., *mutuus*, reciprocal]

상보성(相補性) complementarity (8). 이중가닥 DNA의 특성. 한쪽 가닥의 염기는 다른 가닥에 있는 상보적 염기하고만 염기쌍을 이룬다.

상보적 염기 complementary base (8). 이중가닥 DNA에서 다른 가닥에 있는 염기와 짝을 지어 염기쌍을 형성하는 염기. 아데닌(A)은 티민(T)의 상보적 염기이며, 구아닌(G)은 시토신(C)의 상보적 염기이다.

상사형질(相似—) analogous traits (12). 공통 조상의 공통구조에서 비롯된 것이 아니라 수렴진화의 결과로 유사해진 특성(예, 박쥐 날개와 곤충 날개). [Gk., *analogos*, proportionate]

상피 epithelium . "상피조직 (epithelial tissue)" 참조.

상피조직 epithelial tissue (21). 동물의 신체의 표면을 덮고 보호하는 얇은 조직. 상피(epithelium)라고도 한다.

상호이타성 reciprocal altruism (11). 나중에 언젠가는 그 수혜자도 비슷한 방식으로 "호의를 되돌려 줄 것"이라는 기대를 가지고서, 비용을 들여 수혜자에게 이익을 주는 행동. [Lat., *reciprocare*, to move backward and forward; *alter*, the other]

색맹 color-blind (24). 대부분의 사람은 구별할 수 있는 색채를 분간하지 못하는 경우를 이르며, 흔히 적색과 녹색을 구별하지 못한다. 대개 남성에게서 나타난다.

색소 pigment (5). 광합성에서, 특정 파장의 빛 에너지를 흡수하여 전자를 여기상태로 만들 수 있는 분자. [Lat., *pigmentum*, paint]

샘 gland (21). 신체의 다른 부분에서 사용하기 위한 분비물질을 생산하는 상피세포의 집합체.

생리학 physiology (21). 생물의 내부 기능에 대한 학문.

생명 life (12). 복제할 수 있으며, 대사활동을 나타내는 특성을 보이는 신체의 상태.

생명공학 biotechnology (7). 생명체나 세포, 또는 생명 분자를 개량하여 실제적인 이익을 얻기 위한 연구. [Gk., *bios*, life; *technologia*, systematic treatment]

생명과학 biology (1). 생명체와 생명현상에 관한 연구. [Gk., *bios*, life; *logos*, discourse]

생명표 life table (16). 한 개체군의 연령범위 내 사망률에 관한 자료를 보여주는 표; 특정 해에 개인이 사망할 확률을 결정하는 데 사용됨.

생물군계 biomes (17). 지구의 주요한 생태학적 공동체. 우림이나 사막 등의 육상 생물군계는 그 지역에서 우점종을 이루는 식물 종에 따라 구분하며, 대개 날씨에 의해 결정된다. 수생 생물군계는 대개 염도, 물의 이동과 깊이 등 물리적인 성질에 의해 결정된다. [Gk., *bios*, life]

생물다양성 biodiversity (18). 모든 유전자, 종, 그리고 생태계에서 나타나는 다양함과 변이성. [Gk., *bios*, life; Lat., *diversus*, turned in different directions]

생물다양성 중요지점 biodiversity hotspots (18). 훼손 위기에 놓인 생물다양성이 집중되어 있는 중요한 지역.

생물연료 biofuels (5). 식물과 동물의 산물로부터 생산한 연료.

생물적 biotic (17). 생명체와 관련된. 주어진 지역의 모든 생명체로 이루어진 생물 환경, 또는 생물 공동체. [Gk., *bios*, life]

생물지리학 biogeography (10). 생물이 세계에 분포하는 양상에 대한 연구와 해석. [Gk., *bios*, life; *geo-*, earth; *graphein*, to write down]

생물학적 교양 biological literacy (1). 생명과 관련된 문제에 대해 창의적으로 생각하기 위해 과학적 탐구 방법을 사용하고, 이러한 생각들을 다른 사람들과 소통하고, 그리고 이러한 생각들을 통합하여 하나의 결론을 도출하는 능력.

생물학적 종 개념 biological species concept (12). 자연환경 조건에서 서로 교배하거나 또는 교배가 가능한 집단, 그러나 자신의 집단에 속하지 않은 생명체와는 교배하지 못하는 집단으로 정의되는 생물종의 개념.

생산자 producers (17). 풀, 나무, 농업 곡식 등과 같이, 광합성을 통해 태양으로부터 얻은 빛에너지를 화학 에너지(즉, 음식)로 전환하는 1차 생산을 담당하는 생물들.

생성물 product (2). 화학 반응에서 반응물이 전환되어 만들어진 분자.

생식 투자 reproductive investment (11, 16). 성장, 먹이주기, 자손을 돌볼 때 개체가 사용하는 에너지와 물질.

생식세포 reproductive cells (8). 정자와 난자처럼, 두 개체에서 나온 반수체 세포. 합쳐져 수정이 되면 자손을 생산한다. 배우자(gamete) 또는 성 세포(sex cell)라고도 한다.

생식소 gonads (8). 유성생식을 하는 동물의 난소와 정소. [Gk., *gon*, offspring]

생식적 격리 reproductive isolation (12). 상이한 두 개체군의 개체들이 함께 생식력 있는 자손을 낳지 못하는 것.

생존 곡선 survivorship curves (16). 한 개체군에 살아 있는 특정 연령 개체의 비유를 보여주는 곡선. 연령대별 생존가능성을 나타낸다.

생체량 biomass (17). 주어진 지역에 있는 모든 생명체의 총질량. [Gk., *bios*, life]

생태계 ecosystem (17). 생물군집, 그리고 이들이 상호작용하는 비생물 환경 조성을 아우르는 생태학 용어.

생태계 서비스 ecosystem services (18). 인류에 대한 생물다양성의 실용적 가치. 공급, 조절, 서식지, 문화의 네 범주로 나눈다.

생태적 지위 niche (17). 한 개체가 자신의 환경에 있는 자원을 이용하는 방식으로, 서식 공간과 소비하는 먹이, 그리고 생식 시기 등을 포함한다.

생태학 ecology (16). 생명체와 주변 환경 사이의 상호관계에 관한 학문 분야. 개체, 개체군, 군집, 그리고 생태계 수준에서 연구한다. [Gk., *oikos*, home; *logos*, discourse]

생태학적 발자국 ecological footprint (16). 개체나 개체군이 환경에 남긴 영향을 측정하는 척도. 토지, 식품, 물, 연료 등 자원을 소비한 양을 계산한다.

생활사 life history (16). 한 종의 필수 통계로서 첫 생식시기, 각 시기에서의 생존과 생식 가능성, 한 배의 자손 수, 빈도, 수명을 포함함.

생활환 life cycle (20). 한 개체가 배아로부터 성적인 성숙 시기에 이르기까지의 발달 과정을 말한다.

서식처 habitat (17). 생명체에 대한 물리적 환경. 토양과 물, 공기의 화학적 자원과 온도, 염도, 습도, 에너지원 등의 물리적 조건으로 이루어진다. [Lat., *habitare*, to dwell or inhabit]

선구동물(先口動物) protostomes (13). 앞에서 뒤까지 장이 발달하는 명확한 조직을 가지고 있는 좌우대칭 동물; 첫 번째로 형성되는 개구부는 성체의 입이 된다. [Gk., *protos*, first; *stoma*, mouth]

선모(線毛) pilus (*pl.* **pili**) (4). 머리카락 같은 가느다란 돌기. 원핵생물이 표면에 부착할 수 있도록 한다. [Lat., *pilus*, a single hair]

선천적 행동 innate behavior (11). 환경 정보의 입력이 없어도 발달하는 행동. 선천적 행동은 한 개체군의 모든 개체들에게서 나타나는데, 개체 사이에 차이가 거의 없으며 일생 동안 크게 변화하지 않는다; 본능이라고도 한다. [Lat., *innatus*, inborn]

선충류(線蟲類) roundworms (13). 길고 좁으며, 체절이 없는 신체 구조와 탈피를 통해 성장하는 특성을 가지는 벌레 문(phylum). 선충류(nematodes라고도 함)는 한정된 조직을 가지는 선구동물(protostomes)이며, 약 90,000종이 동정되었다.

선태식물(蘚苔植物) bryophytes (14). 우산이끼, 붕어마름, 이끼 등 3종류의 식물 집단. 관다발이 없으며, 물과 용해된 영양소는 확산에 의해 운반된다. [Gk., *bruon*, tree-moss; *phytas*, plant]

선택적 세로토닌 재흡수 억제제 selective serotonin reuptake inhibitors (SSRIs) (24). Prozac과 Zoloft 등의 항우울제로 세로토닌을 방출한 신경세포가 세로토닌을 재흡수하고 재순환시키는 것을 막아 세로토닌의 효과를 연장시킨다. 그 결과, 세로토닌이 시냅스에 머물러 있는 기간이 연장됨으로써, 사람들은 일반적으로 향상된 기분을 느끼게 된다.

설정 값 set point (21). 목표 값이나 범위. 항상성에서 어떤 변수(온도, pH, 용질 농도)에 대한 정상 범위.

섬모(纖毛) cilia (*sing.* **cilium**) (4, 27). 세포 표면에 있는 짧은 돌기. 흔히 하나의 세포에 다량으로 존재하며, 세포 사이의 액체를 헤집어 세포 옆으로 스쳐 지나도록 한다.

섭취 ingestion (23). 입, 치아, 혀 그리고 식도를 통한 음식물의 흡입.

성 선택 sexual selection (10). 꾸밈이나 투쟁 행동처럼 짝짓기 상대에게 매력적인 성질을 가진 개체에게 이익이 되는 형질을 선호하는 자연선택의 과정.

성 연관 형질 sex-linked trait (9). 성염색체 상의 유전자에 의해 조절되는 형질.

성병 sexually transmitted infection (STI) (15, 26). 성행위를 통해 사람에서 사람으로 전염되는 병.

성장률 growth rate(*r*) (16). 출산율에서 사망률을 뺀 값. 단위 시간당 한 개체군 내에서의 개체수 변화.

성장인자 growth factors (8). 세포주기에서 다음 단계로의 진행을 촉발하는 화학 신호로서, 대부분 세포 환경에 대한 피드백을 제공하는 역할을 한다.

성장호르몬 growth hormone (25). 뇌하수체 전엽에서 분비되는 펩티드 호르몬. 성장과 대사 등 여러 과정을 조절하는 주요 호르몬 중의 하나이다.

성적이형(性的異形) sexual dimorphism (11). 한 종의 성별에 따라 크기와 외형이 다른 경우. [Gk., *di-*, two; *morphe*, shape]

세대교번(世代交番) alternation of generations (20). 식물 생활주기의 특성. 긴 다세포성 반수체 시기와 짧은 다세포성 이배체 시기가 번갈아 나타난다.

세정관 seminiferous tubules (26). 정소에 있는 나선형 관. 세포 분열을 통해 정자를 형성하는 세포들이 내피를 형성하고 있다.

세포 cell (4). 독립적으로 기능을 나타낼 수 있는 생명의 최소 단위. 3차원 구조를 이루어 막으로 둘러싸여 있으며, 원핵생물과 대부분의 식물은 세포벽을 가진다. 생명 활동에 필수적인 화학 반응은 대부분 세포 내부에서 이루어진다. [Lat., *cella*, room]

세포간질액 interstitial fluid (21, 22). 세포를 둘러싸 감싸고 있는 세포외액; 주로 물로 구성되어 있으며, 영양소, 원료 물질, 그리고 노폐물을 함유한다.

세포골격 cytoskeleton (4). 동물과 식물의 세포질에 있는 단백질 그물조직. 세포들이 서로 다른 고유한 형태를 갖추도록 하는 얼개 역할을 한다. 세포골격은 세포내 유동에서 선로 역할을 하며, 세포가 자신의 움직임을 조절할 수 있는 약간의 능력을 부여하기도 한다.

세포기질 cytosol (4). 세포 내부를 채우고 있는 젤리 같은 액체.

세포내섭취 endocytosis (4). 세포 바깥에 있는 고형이거나 용해된 큰 입자를 원형질막이 접혀 감싼 후 소포로 만들어 세포 안으로 이동시키는 과정. 식세포 작용, 음세포 작용, 그리고 수용체 매개 세포내섭취 등 세 가지 유형이 있다. [Gk., *endon*, within; *kytos*, container]

세포독성 T 세포 cytotoxic T cell (27). 세포-매개 반응에 관여하는 림프구의 한 종류. 병원체에 감염된 신체 세포를 직접 파괴한다.

세포벽 cell wall (4). 세포막 바깥에 있으며, 세포를 보호하고 형태를 이루는 단단한 구조. 많은 원핵생물과 식물에서 볼 수 있다.

세포설 cell theory (4). 생물학에서 널리 받아들이는 통합 이론의 하나. 모든 생명체는 하나 이상의 세포로 이루어져 있으며, 모든 세포는 이미 존재하는 세포로부터 비롯된다.

세포소기관 organelles (4). 진핵세포의 원형질에서 특수한 기능을 하는 전문화된 구조. 조면소포체와 활면소포체, 골지장치, 미토콘드리아 등이 있다. [Gk., *organon*, tool]

세포외배출 exocytosis (4). 세포 내부의 고형 또는 용해된 입자가 소포에 싸여 원형질막으로 이동한 후, 소포와 막이 융합하여 소포 내부의 물질이 세포 밖 체액으로 배출되는 과정. [Gk., *ex*, out of; *kytos*, container]

세포외액 extracellular fluid (21). 세포 밖에 있는 체액; 세포내액과 구별된다. "**혈액(blood)**" 및 "**세포 간질액(interstitial fluid)**" 참조.

세포자살 apoptosis (8, 27). 예정세포사. 심각한 유전자 손상이 축적되어 암세포로 될 위험이 매우 높은 세포가 있는 신체 부위에서 특히 잘 일어난다. [Gk., *apoptosis*, falling away]

세포주기 cell cycle (8). 세포 분열 관련 활동이 성장 및 대사 관련 활동과 번갈아 나타나는 순환 주기.

세포주기 조절계 cell-cycle control system (8). 주로 단백질인 분자들로 구성되어 세포주기의 사건들을 조율하고 세포 분열을 조절하는 시스템. 검문지점(check point)이라고 부르는 중요 시점에서는 특정 신호가 없으면 다음 단계로 진행되지 않을 수 있다.

세포질 cytoplasm (4). 원형질막 내부에 있는 세포 내용물. 세포기질(cytosol)이라고 부르는 젤리 같은 액체이며, 진핵생물의 경우는 소기관도 포함된다. [Gk., *kytos*, container; *plasma*, anything molded]

세포질분열 cytokinesis (8). 세포주기에서 유사분열의 다음 단계. 세포질과 소기관이 복제되어 거의 동등하게 나뉜 후 2개의 딸세포로 분리된다. 감수분열의 경우, 말기 I 직후의 세포질분열에서는 2개의 이배체 딸세포가, 말기 II 직후의 세포질분열에서는 4개의 반수체 딸세포가 만들어진다. [Gk., *kytos*, container; *kinesis*, motion]

세포체 **cell body** (21, 24). 뉴런 등의 세포에서 핵과 소기관이 있는 부위.

세포호흡 **cellular respiration** (5). 모든 생명체가 분자의 화학 결합에 저장된 에너지를 추출하여 생명 활동에 필요한 에너지원으로 사용하도록 하는 대사 과정.

셀룰로오스 **cellulose** (3). 식물체의 다양한 구조를 이루며, 사람이 소화시킬 수 없는 복합 탄수화물. 지구에서 단일 유기화합물로서는 가장 흔하다. [Lat., *cellula*, *dim*. of *cella*, room]

소뇌 **cerebellum** (24). 척추동물 뇌 뒷부분의 일부. 근육의 조정을 조절한다.

소독제 **antiseptic** (27). 알코올이나 과산화수소 등 미생물의 생육을 저해하는 용액.

소수성(疏水性) **hydrophobic** (3). 물과 접촉하는 것을 최소화하는 경향을 가지는 비극성 분자처럼, 물에 의해 반발되는. [Lat., *hydro-*, pertaining to water; Gk., *phobos*, fearing]

소장(小腸) **small intestine** (23). 위와 대장 사이에 있는 가늘고 긴 소화계의 관. 대부분의 소화와 흡수가 일어나는 소화계의 부분.

소진화 **microevolution** (12). 한 세대나 몇 세대에 걸쳐 한 개체군 대립유전자 빈도에 일어나는 약간의 변화. [Gk., *micros*, small; Lat., *evolvere*, to roll out]

소포(小胞) **vesicle** (4, 24). 세포 안에 있는 막으로 둘러싸인 작은 주머니. [Lat., *vesicula*, *dim*. of *vesica*, bladder]

소화 **digestion** (23). 음식물을 물리적, 화학적으로 분해하는 과정. 음식물을 기본 고분자나 더 작은 분자 수준 성분으로 만들어 흡수나 배출을 돕는다.

속(屬) **genus** (*pl*., **genera**) (12). Carolus Linnaeus (1707~1778)가 개발한 분류체계로, 밀접하게 연관된 종으로 이루어진다. [Lat., *genus*, race, family, origin]

속씨식물 **angiosperms** (14). 관다발을 가지고 있으며, 씨앗을 생산하는 꽃과 과일을 만드는 식물. 씨앗은 씨방의 밑씨(배주) 속에 있다. [Gk., *angeion*, vessel, jar; *sperma*, seed]

속질 **pith** (19, 20). 관다발을 갖춘 유관속 식물의 줄기 혹은 뿌리의 중심부를 채우는 연한 조직.

솔방울샘 또는 송과선 **pineal gland** (25). 척추동물의 뇌 가운데 부근에 있는 샘(사람의 경우, 콩의 크기). 눈의 망막과 뉴런으로 연결되어 있으며 호르몬인 멜라토닌을 생성하여 분비하는데, 이는 생체 및 계절적 주기를 조절한다.

수경재배 식물 **hydroponically grown plant** (19). 토양이 아니라 식물의 필수 양분이 충분하게 들어있는 물속에서 자란 식물.

수동수송 **passive transport** (4). 에너지 투입 없이 자발적으로 일어나는 분자의 이동. 확산과 삼투현상이 있다.

수란관 **oviduct.** "fallopian tube (난관)" 참조.

수렴진화 **convergent evolution** (10, 12). 밀접한 연관성이 없는 생명체들이 비슷한 선택압력의 결과로서, 서로 닮은 성질을 가지게 되는 자연선택 과정. 수렴진화로 인해 유대류와 태반동물류의 많은 종이 닮은 특성을 보인다. [Lat., *con-*, with; *vergere*, turn; *evolvere*, to roll out]

수분 **pollination** (14, 20). 꽃가루를 꽃이 꽃밥에서 밑씨로 옮겨주는 것. [Lat., *pollen*, fine dust]

수상돌기(樹狀突起) **dendrite** (21, 24). 뉴런에서 뻗어 나온 분지된 돌기. 외부 환경이나 다른 뉴런에서 오는 신호를 받는다. [Gk., *dendron*, tree]

수소결합 **hydrogen bond** (2). 한 분자의 약한 양전하를 띤 수소 원자와 약한 음전하를 띤 다른 원자(종종 산소나 질소 원자) 사이에서 형성된 약한 화학결합 형태. 수소결합은 복합 단백질과 같은 다원자 분자 형성에 있어서 중요하며, 물의 고유하고 중요한 특성 대부분을 나타낸다.

수송단백질 **transport protein** (4). 큰 분자 또는 강한 전하를 띤 분자가 통과할 수 있도록 채널이나 통로를 만들어주는 막관통단백질. 수송단백질은 형태와 크기가 다양하여 광범위한 분자를 수송할 수 있다.

수술 **stamen** (14). 꽃의 웅성 생식 구조. [Lat., *stamen*, thread]

수술대 **filament** (14). 속씨식물의 꽃에서 수술의 꽃밥을 지탱하는 가는 줄기. [Lat., *filum*, thread]

수액 **sap** (19). 관다발 식물의 (1) 물관 내에 있는 물과 용해된 무기질로 구성된 액체 또는 (2) 체관 속에 있는 물과 용해된 당, 기타 영양분으로 구성된 액체.

수염뿌리 **fibrous roots** (19). 식물의 줄기에서부터 많은 뿌리가 직접 갈라져 나온 형태의 뿌리계. 주로 외떡잎식물에서 볼 수 있다.

수용체단백질 **receptor protein** (4). 원형질막에 있는 단백질. 세포의 외부 환경에 있는 특별한 분자와 결합하여 세포 내의 과정을 조절한다. 예로서, 심장에 있는 세포는 아드레날린과 결합하는 수용체 단백질을 가지고 있다.

수용체매개 세포내섭취 **receptor-mediated endosytosis** (4). 내포작용 세 가지 중 하나. 세포 표면에 있는 수용체가 특수한 분자와 결합한다. 그 후 원형질막이 분자와 수용체를 모두 삼켜 세포 안으로 운반한다.

수정(受精) **fertilization** (8, 26). 두 생식세포의 융합.

수정관 **vas deferens** (26). 정소에서 저정낭으로 이어진 평활근 조직으로 된 관.

수지상세포(樹枝狀細胞) **dendritic cell** (27). 백혈구의 한 유형. 이물질을 섭취한 후 소화된 병원체 찌꺼기를 자신의 세포 표면에 "제시"함으로써 비특이적 면역 반응을 특이적 면역 반응과 이어준다.

수질 **medulla** (24). 척수와 연결되어 있는 척추동물 후뇌의 일부분; 호흡, 심장박동, 소화와 같은 기능을 조절한다.

수초 **myelin sheath** (24). 축삭을 절연시키는 지방 코팅.

수축기 혈압 **systolic pressure** (22). 1차 혈압 측정치라고 할 수 있으며, 심장이 수축하면서 동맥으로 펌프질해 내보내는 혈액의 압력.

수컷 **male** (11). 유성생식을 하는 개체에서 더 작은 배우자를 생성하는 성의 구성원.

수평적 유전자 전달 **horizontal gene transfer** (12). 한 개체의 유전물질이 다른 개체로 직접 전달되는 것으로, 다른 개체가 동족일 필요는 없다; 세균들 간에 주로 발생한다.

숙주 **host** (15, 17). 기생 생물이 기생의 대상으로 삼는 생명체.

순응자 **conformer** (21). 어떤 생리학적 변인에 대해 자신의 설정값 없이 그 변인이 환경의 외부적 변화에 따라 변동하도록 허용하는 생명체.

순종(純種) **true-breeding** (9). 주어진 형질에 대해 개체군 내 개체들 사이의 교배로 얻은 자손이 언제나 같은 형질을 보이는 경우, 이 개체군을 설명하는 용어. 따라서 둥근 콩을 맺는 순종 식물의 자손은 언제나 둥근 콩을 맺는다.

슈트 **shoot** (14, 19). 줄기와 잎으로 구성되는 땅 위에 있는 식물체 부위. 줄기는 관속조직을 가지고 있으며, 잎을 지지하고, 잎은 광합성을 하는 주요 기관이다. 슈트계(shoot system)라고도 한다.

스테롤 **sterols** (3). 성장과 발달을 조절하는 중요한 지질. 콜레스테롤과 스테로이드 호르몬인 테스토스테론과 에스트로겐은 모두 탄소 원자가 서로 연결된 고리 4개로 이루어진 기본 구조가 변형된 것이다. [Gk., *stereos*, solid; *-ol*, chemical suffix for an alcohol]

스트로마 **stroma** (4, 5). 녹색식물 잎의 엽록체 내부에 있는 액체 성분. DNA와 단백질 합성 기구가 있다. [Gk., *stroma*, bed]

시냅스 **synapse** (24). 뉴런이 또 다른 뉴런이나 근육세포 또는 분비샘과 정보를 전달하는 장소

시냅스 간극 **synaptic cleft** (24). 축삭 말단과 바로 옆의 또 다른 세포(뉴런, 근육세포 또는 분비선) 사이의 시냅스 공간.

시냅스전 막 **presynaptic membrane** (24). 시냅스에 있는 축삭의 세포막.

시냅스후 막 **postsynaptic membrane** (24). 시냅스전 막의 맞은편인 시냅스 수신측에 있는 뉴런의 세포막.

시상 **thalamus** (24). 뇌에 있는 주요 교환대의 하나. 시각, 청각, 촉각 신호의 대부분을 받아서 일부는 차단하고, 일부 신호는 대뇌피질로 중계한다.

시상하부 **hypothalamus** (24, 25). 뇌의 하부에 있는 구조로 신경계와 내분비계 사이의 연락자로 작용하고, 뇌의 주요 조절 센터의 하나로 작용한다. 배고픔, 목마름, 성 욕구, 체온 유지 등 많은 기본적인 충동을 조절한다. 또한, 바로 옆에 있는 뇌하수체의 호르몬의 분비를 조절한다. [Gk., *hypo*, under; *thalamos*, inner room]

시신경 **optic nerve** (24). 시각 정보를 눈의 망막에서 시상과 뇌의 다른 부분으로 수송하는 신경

시토키닌 **cytokinins** (20). 식물 호르몬의 한 종류. 식물의 전신에서 생애에 걸쳐

세포분열을 촉진한다.

식도 **esophagus** (23). 목구멍에서부터 위로 음식물이 이동하는 경로.

식물 **plant** (14). 셀룰로오스로 주로 구성된 세포벽과 진정 조직을 지닌 다세포 진핵생물이며, 광합성을 통해 자신의 먹이를 만드는 식물계의 구성원이다; 식물은 고정되어 있고, 대부분 육상 환경에서 서식한다.

식분(食糞) **coprophagy** (23). 토끼와 설치류에서 흔히 나타나는 영양전략. 자신의 분변 일부를 섭취하여 소화계를 두 차례 통과시킴으로써 식품에서 에너지를 추출하는 능력을 증가시킨다.

식세포작용 **phagocytosis** (4, 15). 내포작용 세 가지 유형 중의 하나. 비교적 큰 고형 입자가 원형질막에서 삼켜지면 소포를 형성하여 세포 안으로 이동하게 된다.

신경 **nerve** (24). 결합조직으로 함께 묶인 뉴런의 집단.

신경계 **nervous system** (24). 해면동물 이외의 모든 다세포 동물에 존재하는 세포(뉴런)의 그물망으로 유기체의 내부와 외부 환경에 대한 정보를 모아서 그 정보를 처리하고, 그 정보에 반응하도록 신호를 근육과 분비선으로 보낸다.

신경관 **neural tube** (26). 배 발생 과정의 신경관 형성(neurulation) 동안에 형성된, 속이 빈 긴 관으로 최종적으로 신경계로 발달한다.

신경관 **neurulation** (26). 형성 배 발생 과정에서 외배엽이 배아의 전체 길이에서 주름이 잡혀져 가는 과정으로서, 처음에 홈을 형성하다가 나중에 신경관이 된다.

신경교세포 **glial cells** (21, 24). 뉴런에 영양분을 제공하고 지지하는 신경조직의 세포. 신경교(neuroglia)라고도 한다.

신경전달 물질 **neurotransmitter** (24). 신호를 이웃한 세포로 전달하는 신경계의 화학물질.

신경조직 **nervous tissue** (21). 정보를 저장하고 전달하도록 특화된 신체 조직.

신호 자극 **sign stimulus** (11). 고정행동양식인 선천적인 행동을 유도하는 외부의 신호.

실제 생태적 지위 **realized niche** (17). 어떤 생명체가 주어진 시간 동안 살아가는 환경 조건.

실험군 **experimental group** (1). 특정한 처리를 받는 실험대상 집단. 처리군이라고도 한다.

심근(心筋) **cardiac muscle** (21). 오직 심장에만 있는 근육조직 유형. 심장이 혈액을 전신으로 펌프하도록 한다. 심근 세포들은 융합되어 간극연접으로 연계되어 있으며, 다른 유형의 근육세포에 비해 더 많은 미토콘드리아를 가지고 있다.

심방 **atrium** (*pl.* **atria**) (22). 폐와 전신에서 심장으로 돌아오는 혈액을 받는 심장의 방.

심실 **ventricle** (22). 심장에서 폐 또는 아가미, 그리고 전신으로 혈액이 펌프질되는 방.

심잡음 **heart murmur** (22). 심장의 판막 또는 반월판의 불완전한 폐쇄 때문에 발생하며, 판막을 통해 약간의 혈액이 역류하게 되어 휙휙하는 소음이 발생하는 증상으로 보통은 생명에는 지장이 없다.

심장 **heart** (22). 수축을 통해 높은 압력에서 폐나 아가미 그리고 기타 신체의 기관과 조직으로 혈액을 내보내는 근육 펌프.

심장혈관병 **cardiovascular disease** (22). 동맥 혈관의 점진적 쇠퇴를 비롯한 순환계의 쇠퇴화. 사망과 불구를 초래하는 주요 원인이다.

심피(心皮) **carpel** (14). 꽃의 자성 생식구조. 암술머리와 암술대, 그리고 씨방으로 이루어진다. [Gk., *karpos*, fruit]

씨앗 **seed** (14, 20). 보호막으로 자체적인 물과 영양분 공급원을 감싸고 있는 식물의 배가 들어있는 부위.

ㅇ

아가미 **gills** (22). 어류와 수서생물의 호흡기관으로 모세혈관과 물 사이에 가스 교환이 이루어지는 기관.

아가미 틈 **gill slits** (13). 모든 척색동물에서만 존재하는 4가지 중요한 특징적인 구조 중 하나. 가스 교환과 섭식을 위해 물이 이동할 수 있는 좁은 통로. 많은 척색동물(사람 포함)에서 아가미는 배 발달 과정 동안에 사라진다.

아나필락시스 쇼크 **anaphylactic shock** (27). 심각한 호흡곤란을 일으키는 치명적인 알레르기 반응. 목구멍이 붓고 천식이 나타난다. 다양한 조직의 부종으로 인해 혈액량이 감소하며, 이에 따라 혈압이 매우 낮아진다.

아데노신 3인산(ATP) **adenosine triphosphate (ATP)** (5). 모든 생명체에서 세포활동에 사용되는 에너지를 임시로 저장하는 분자. ATP는 당 분자 1개와 음전하를 띤 인산기 3개로 이루어진다.

아미노기 **amono group** (3). 수소 원자 3개와 결합한 질소 원자.

아미노산 **amino acid** (3). 아미노기와 카르복실기, 그리고 독특한 곁가지로 이루어진 20가지 분자의 하나. 서로 연결된 아미노산의 조합으로 단백질이 만들어진다.

안정화 선택 **stabilizing selection** (10). 어떤 형질에 대한 표현형 범위의 중간형에서 최대의 적응도를 보이는 선택.

알레르기 **allergy** (27). 해롭지 않아야 할 물질에 대해 나타난 적절하지 않은 면역반응.

알레르기 항원 **allergen** (27). 알레르기 반응을 일으키는 항원.

암(癌) **cancer** (8). 세포의 성장과 분열이 무제한으로 일어나는 현상. [Lat., *cancer*, crab]

암수유대 **pair bond** (11). 암컷과 수컷이 많은 시간을 함께 보내는 유대관계. 흔히 보금자리나 은신처를 공유하고 자손을 똑같이 돌보는 관계이다.

암수한몸 **hermaphrodite** (8). 암수 배우자를 모두 생산하는 생명체. [그리스 신화의 Hermes와 Aphrodite에서 유래함]

암술대 **style** (14). 꽃의 웅성생식기관 중 심피의 길고 얇은 부분으로서, 암술머리를 지탱하는 역할을 한다.

암술머리 **stigma** (14). 꽃의 웅성생식기관 중 심피(carpel)의 일부분으로서, 표면이 끈적하여 꽃가루가 내려앉는 부위.

암컷 **female** (11). 유성생식을 하는 생명체에서 더 큰 배우자를 생성하는 성별의 구성원.

암호 **code** (6). 유전자의 염기 서열. 유전정보에 암호화된 정보는 단백질로 번역될 수 있다.

압류 기작 **pressure-flow mechanism** (19). 관다발 식물에서 체관을 통한 당의 이동을 일으키는 힘; 삼투압은 당을 만드는 부위(sources)로부터 당을 필요로 하거나 저장되는 곳(sinks)으로 물질을 이동시킨다.

액틴 **actin** (24). 근육조직에 있는 단백질의 하나. 가느다란 필라멘트를 만들어낸다.

액포(중앙액포) **vacucole (central)** (4). 막으로 둘러싸이고 액체로 채워진 식물세포의 다용도 소기관. (일부 원생생물, 균류, 동물에 존재하기도 한다). 영양소 저장, 노폐물 처리, 독성 물질과 색소 축적, 물리적 지지 등의 역할을 한다. [Lat., *vacuus*, empty]

앱시스산 **abscisic acid** (20). 식물호르몬의 하나. 생장과 생식활동을 저해하는 효과를 보인다.

양막 **amnion** (26). 동물 발생 과정에서 배아를 둘러싼 액체 주머니를 감싸는 막.

양막류 **amniotes** (13). 물이 새지 않는 막과 껍질로 보호되는 난자(양막란이라고 함)를 생산하는 육상 척추동물. 파충류, 조류와 포유류가 있다.

양막천자(羊膜穿刺) **amniocentesis** (8). 양막에 주사바늘을 삽입하여 태아 세포를 수집하는 방법.

양서류 **amphibians** (13). 양서강의 구성원. 양서류는 외온성이며, 비늘이 없는 축축한 피부를 통해 산소를 흡수한다. 최초의 육상 척추동물이며, 대부분 종의 유생은 물속에서 살고 성체는 진정한 육상 동물이다. [Gk., *bios*, life; *amphi*, on both sides]

양성되먹임 **positive feedback** (21). 정상 내부 조건으로부터의 이탈이 변화를 증가시키거나 가속시키는 조절 기작.

양성상관관계 **positive correlation** (1). 변이들이 함께 증가(또는 감소)하는 상관관계. [Lat., *com*, with; *relatio*, report]

양성자 **proton** (2). 원자 핵에 있는 양전하를 띤 입자. 중성자는 없으며, 원자번호 1인 수소 원자의 핵과 동일하다. [Gk., *protos*, first]

양성잡종 dihybrid (9). 두 유전자 좌위가 이형접합인 개체.

양성잡종교배 dihybrid cross (9). 동일한 두 유전자 좌위가 이형접합인 두 개체 사이의 교배.

언어 language (11, 24). 임의의 기호를 사용하여 개념을 문법에 맞추어 표현하는 의사소통의 한 형태; 소통하고 의견을 표시하기 위해 기호를 다루는 방법을 지시하는 규칙 체계.

에너지 energy (5). 일할 수 있는 능력. 방해하는 힘을 거슬러 물질을 이동시킨다. [Gk., *energeia*, activity]

에너지 피라미드 energy pyramid (17). 한 생태계에서 생명체를 거치는 에너지의 흐름을 나타내는 도표; 피라미드의 각 층은 한 영양단계의 생체량을 의미한다.

에스트로겐 estrogen (25, 26). 호르몬 주요 여성 성호르몬의 하나; 여성의 성적 발생과 여성의 생식주기에 중요하다.

에탄올 ethanol (5). 효모의 발효 최종산물. 맥주와 포도주, 주정의 알코올 성분. [에틸알코올(ethyl alcohol)의 줄임말]

에틸렌 ethylene (20). 과일 성숙을 촉진시키는 가스 형태의 식물 호르몬.

엑손 exon (6). 유전자의 DNA 중에서 아미노산을 암호화하는 부위.

엘니뇨 El Niño (17). 중앙 태평양에서 2년 또는 7년 주기로 지속적으로 나타나는 해수면의 수온 변화. 세계적으로 비정상적인 기후 변화를 연쇄적으로 일으켜 홍수, 가뭄, 기근, 그리고 다양한 유형의 극심한 기후 교란을 초래한다. [스페인어 *the child*, 아기 예수. 이 현상이 크리스마스 즈음에 나타나기 때문]

엘라스틴 elastin (21). 결합조직의 기질에 있는 단백질. 결합조직 세포(섬유아세포)에 의해 합성 분비되고 조직에 유연성을 준다.

여과액 filtrate (21). 척추동물 신장에서 보우만주머니에 축적되는 액체; 염, 당, 아미노산, 비타민 그리고 많은 다른 분자들을 함유하며, 모두 혈액에서의 농도와 동일하다.

역학, 유행병학 epidemiology (15). 질병 발생에 대한 연구.

연골 cartilage (21). 콜라겐, 엘라스틴과 긴 탄수화물 사슬이 연결된 단백질이 풍부한 세포외 기질을 가지고 있는 조밀한 결합조직. 뼈와 건 중간 정도의 단단함을 보인다. 강하지만 유연성을 가진 연골은 사람의 코끝과 귀에서 볼 수 있으며, 전신의 관절에 있는 연골은 뼈 사이에서 완충작용을 한다.

연골어류 cartilaginous fishes (13). 뼈대가 오직 연골로만 이루어져 있는 물고기 종류. [Lat., *cartilago*, gristle]

연관 유전자 linked genes (9). 한 염색체 상에 근접한 위치의 유전자 집단으로, 다른 유전자에 비해 함께 유전되는 경향이 높다.

연동운동 peristalsis (23). 소화관을 따라 음식물을 이동시키는 민무늬근육의 수축 파동.

연축(攣縮) twitch (24). 근육수축에서 근육의 수축과 이완 사이의 시간.

연합뉴런 interneuron (24). 감각뉴런에서 오는 신호를 통합하고, 이것을 운동뉴론으로 넘겨주는 중개자로 작용하는 뉴런의 한 종류; 뇌와 척수에 위치한다.

열(熱) fever (27). 감염에 의해 상승된 체온. 면역 반응을 증가시키고 병원체의 성장을 늦춘다.

열대계절림 tropical seasonal forest (17). 육상 생물군계의 한 유형. 뜨거운 기후와 뚜렷한 우기와 건기를 특징으로 한다. 건기에는 나뭇잎이 떨어진다.

열대우림 tropical rain forest (17). 육상 생물군계의 한 유형. 북회귀선(북위 23.5°)과 남회귀선(남위 23.5°) 사이에서 나타나며, 계절 내내 습도와 온도가 일정하다. 식생이 밀집되어 있다.

열매 fruit (20). 꽃의 성숙한 씨방으로 산포가 될 씨앗을 보호하는 장소이다. 육질과(fleshy fruit) 참조.

열성 recessive (9). 어떤 형질의 표현형에 대한 효과가 우성 대립인자에 의해 가려지는 대립인자를 설명하는 용어. [Lat., *recessus*, retreating]

열역학 제1법칙 first law of thermodynamics (5). 에너지는 새롭게 만들어지거나 파괴될 수 없다는 물리 법칙. 에너지는 단지 한 형태에서 다른 형태로 변할 수 있을 따름이다.

열역학 제2법칙 second law of thermodynamics (5). 모든 에너지의 전환 과정은 완벽하게 효율적이지 않기 때문에 반드시 에너지 일부가 열로 전환된다는 물리학 법칙.

열역학(熱力學) thermodynamics (5). 퍼텐셜 에너지가 운동 에너지로 전환되는 것처럼 에너지가 한 형태에서 다른 형태로 전환되는 과정에 대한 연구. [Gk., *therme*, heat; *dynamis*, power]

열중성대 thermoneutral zone (21). 내온동물에서 생물이 에너지 소비 없이 일정한 내부 체온을 유지할 수 있는 온도 범위(보통 27°C와 36°C 사이).

염기 base (뉴클레오티드) (3, 6). DNA와 RNA의 당-인산 뼈대에서 당 분자와 결합한 질소-함유 곁가지 분자. DNA의 염기는 아데닌(A), 티민(T), 구아닌(G), 시토신(C)이며, RNA의 염기는 아데닌(A), 우라실(U), 구아닌(G), 시토신(C)이다. DNA와 RNA 분자의 정보는 염기들의 순서에 의해 결정된다.

염기 base (화학) (2). pH 7.0 이상인 용액. H^+ 이온보다 OH^- 이온이 더 많다.

염기쌍 base pair (6). DNA의 상보적 가닥 사이에서 수소결합으로 연결되어 짝을 이룬 두 뉴클레오티드. 아데닌(A)은 티민(T)과, 구아닌(G)은 시토신(C)과 짝을 이룬다. 염기쌍의 배열은 DNA 이중나선 구조의 사다리 "가로장"을 이룬다.

염색분체 chromatid (8). 복제된 염색체의 두 가닥 중 하나. [Gk., *chroma*, color]

염색질 chromatin (4, 8). 세포의 핵 안에 있는 DNA와 단백질로 이루어진 가늘고 긴 섬유 덩어리. [Gk., *chroma*, color]

염색체 chromosome (6, 8). 특정한 염기쌍 서열을 가지고 있는 직선형 또는 고리형 DNA 가닥. 사람의 유전체는 23개의 고유한 염색체 2벌로 이루어지는데, 하나는 아버지에게서 다른 하나는 어머니에게서 받은 것이다. [Gk., *chroma*, color; *soma*, body]

염색체 비분리 현상 nondisjunction (8). 세포 분열 동안 염색체가 불균등하게 분포하는 현상. 이로 인해 적거나 많은 염색체를 가지게 되면 다운증후군을 비롯한 질병이 나타나게 된다.

염색체이상(染色體異常) chromosomal aberration (6). 염색체에 있는 유전자의 전체 구조가 변화하여 나타나는 돌연변이. DNA 조각이 결실되거나, 어떤 염색체의 한 부위에서 같은 염색체 또는 다른 염색체의 어느 곳으로든 한 유전자가 이동하거나, 또는 어떤 유전자가 복제된 복사본이 삽입되면 이 현상이 나타난다. [Lat., *aberrare*, to wander]

염증 반응 inflammatory response (27). 대식세포 및 병원체 파괴와 이후 조직의 회복을 도와주는 다양한 면역세포를 모으는 과정. 발적, 열, 부종 및 통증 등이 염증 반응의 신호이다.

엽록소 *a* chlorophyll *a* (5). 파랑-자주와 빨간 빛을 흡수하는 광합성 주 색소. 녹색 빛은 흡수하지 못하고 반사하기 때문에 엽록소 *a*는 녹색으로 보인다.

엽록소 *b* chlorophyll *b* (5). 엽록소 *a*와 비슷한 구조를 가지는 광합성 색소. 파랑과 빨강-주황 파장을 흡수하고 노랑-녹색 파장을 반사한다.

엽록소 chlorophyll (5). 엽록체에서 빛을 흡수하는 색소 분자. [Gk., *chloros*, pale green; *phullon*, leaf]

엽록체 chloroplast (4, 5). 광합성을 수행하는 식물 세포의 소기관. [Gk., *chloros*, pale green; *plastos*, formed]

영(零) 가설 null hypothesis (1). 두 요소 사이에 상관성이 존재하지 않는다고 제안하는 가설. [Lat., *nullus*, none]

영양단계 trophic level (17). 생태계에서 에너지 흐름의 단계. [Gk., *trophe*, food]

영양소 nutrient (23). 에너지, 원료 그리고 신체계의 유지에 사용되는 물질.

영역 domain (12). 현대 분류체계의 가장 상위 단계. 세균, 고세균, 그리고 진핵생물의 세 영역이 있다.

오페론 operon (6). 하나의 단위를 이뤄 발현을 조절하는 요소를 가진 여러 유전자의 집단. 이 모든 것이 DNA의 한 부위 안에 존재한다.

옥시토신 oxytocin (25). 시상하부의 뉴런에서 생산되어 뇌하수체 후엽에서 분비되는 펩타이드 호르몬. 다른 사람에 대한 믿음에 영향을 미치며, 사회적 관계를 형성하려는 경향을 증가시키고, 직접 아기 보호를 위한 젖 분비를 촉진시킨다. 분만 시에는 자궁 내 근육의 수축을 자극한다.

옥신 auxins (20). 식물에서 세포분열, 줄기 신장, 뿌리 형성을 촉진하는 호르몬

(몇 가지의 천연물질과 많은 종류의 합성물질이 있음). 옥신은 또한 식물의 생장 방향에 영향을 줘서 말단 부위가 올바르게 위쪽 또는 아래쪽을 향하도록 한다.

온대초원 **temperate grassland** (17). 풀이나 관목 등이 주요 식물인 육상 생물군계(biome)의 한 형태. 덥고 추운 계절이 반복되는 반건조에서 반습성의 기후가 특징인 지역.

온몸순환(체순환) **systemic circuit** (22). 심장에서 나와 전신(폐 제외)을 거쳐 다시 심장으로 흐르는 혈액의 순환. 심장으로 돌아오는 혈액은 산소의 농도가 낮고 이산화탄소의 농도가 높다.

왁스 **waxes** (3). 지방과 비슷하지만 글리세롤 머리 부분에 긴 지방산 사슬이 단 하나만 결합한 지질. 지방산 사슬이 매우 비극성이므로, 왁스는 강한 소수성을 나타낸다.

완경 **menopause** (26). 배란과 월경이 영구적으로 중단되는 것으로서, 주로 40대 후반부터 50대 초반 사이에 시작되며, 난소의 에스트로젠 및 프로게스테론의 생산 감소를 특징으로 한다.

완전탈바꿈 **complete metamorphosis** (13). 부화된 후 개체의 생애가 유충, 번데기, 성충의 완전히 다른 세 시기로 구분되는 발달 과정. 딱정벌레와 나비 등 곤충의 83% 가량에서 나타나며, 곤충의 광범위한 다양성에서 중요한 요소이다.

완충액 **buffer** (2). 용액 내의 과도한 H^+ 이온을 빠르게 흡수하거나(지나친 산성화 방지), OH^- 농도의 증가에 대응하여 H^+ 이온을 빠르게 방출하는 화학물질.

외골격 **exoskeleton** (13). 곤충이나 갑각류 등 일부 무척추동물의 외부를 감싸고 있는 단단한 피복. [Gk., *ex*, out of]

외배엽 **ectoderm** (26). 낭배형성 동안 가장 바깥쪽에 있는 배아세포층. 이곳에서 피부, 머리카락, 신경계, 그리고 코와 입의 표피 보호층이 형성된다. [Gk., *ektos*, outside; *derma*, skin]

외분비샘 **exocrine gland** (21). 상피의 표면으로 산물을 분비하는 상피세포 집합체.

외온동물(外溫動物) **ectotherms** (13, 21). 외부의 열에 의존하여 체온을 높이는 동물. 너무 더울 때에는 그늘을 찾는다. [Gk., *ektos*, outside; *therme*, heat]

외피계 **integumentary system** (27). 마찰, 압력, 햇빛, 탈수 및 병원체 등에 의해 초래되는 기계적 스트레스로부터 우리 몸을 보호하며, 피부, 땀샘, 피지선, 털, 손톱 등으로 구성된 신체 체계. [Lat., *integer*, to cover]

요도구샘 **bulbourethral gland** (26). 쿠퍼샘(Cowper's gland)이라고도 하는 남성 생식샘. 신체 좌우에 하나씩 있으며, 정액에 점액질과 당분을 제공하고, 성교 전에 음경 끝 부위에 분비되어 윤활제 역할을 한다.

용매 **solvent** (4). 물질이 용해되어 있는 기체와 액체. 물과 설탕이 섞인 용액의 경우 물이 용매이다.

용질 **solute** (4). 기체나 액체에 용해된 물질. 물과 설탕의 용액의 경우 설탕이 용질이다. [Lat., *solvere*, to loosen]

우반구 **right hemisphere** (24). 대부분의 사람에서 감정, 직관적 사고, 예술적 표현을 담당하는 뇌 영역.

우성 **dominant** (9). 어떤 형질에 대해 다른 열성 대립유전자의 표현형이 드러나지 않도록 하는 대립유전자를 설명하는 유전학 용어. 표현형은 동형접합과 이형접합 모두의 유전자형에서 우성 대립유전자의 효과가 나타난 것이다. [Lat., *dominari*, to rule]

운동뉴런 **motor neuron** (24). 신호를 근육 또는 분비선으로 전달하여 자극에 대한 신체 반응을 일으킴으로써 행동을 자극하는 뉴런의 유형.

운동에너지 **kinetic energy** (5). 다리로 자전거 페달을 밟거나 날개로 공기를 치고 나가는 것과 같이 물체를 움직이는 에너지. [Gk., *kinesis*, motion]

운반 RNA **transfer RNA (tRNA)** (6). 원형질에 있는 RNA 분자. mRNA의 특정 삼중 염기서열(코돈)을 특정 아미노산과 연계시킨다.

원뿌리 **taproot** (19). 토양 속으로 깊게 자라는 두꺼운 1차 뿌리. 작은 뿌리로 분지된다. 주로 진정쌍떡잎식물(eudicots)에서 발견된다.

원생생물 **protists** (12). 현대 분류에서 4개의 진핵생물계의 하나이다. 이 집단은 모든 단세포 진핵생물을 포함한다.

원소 **element** (2). 어떠한 다른 원소로도 화학적으로 분해할 수 없는 물질. 한 원소의 모든 원자는 같은 원자번호를 가진다. [Lat., *elementum*, element, or first principle]

원자 **atom** (2). 물질이 고유한 성질을 간직할 수 있는 가장 작은 수준의 입자. 더 쪼개면 고유한 성질을 잃는다. [Gk., *atomos*, indivisible]

원자량 **atomic weight** (2). 어떤 원소의 동위원소 구성비를 고려한 원자질량의 평균값.

원자번호 **atomic number** (2). 어떤 원소의 원자 핵에 있는 양성자의 수.

원자질량 **atomic mass** (2). 원자를 이루는 양성자와 중성자, 그리고 전자의 질량 총합(전자의 질량은 너무 작아 거의 무시할 수 있다).

원추체(圓錐體) **cone** (24). 망막에 있는 빛에 매우 민감한 세포 유형. 색채를 인식할 수 있도록 한다.

원핵생물 **prokaryote** (4). 원핵세포로 구성된 생명체(모든 원핵생물은 단세포 생명체이다). [Gk., *pro*, before; *karyon*, nut, kernel]

원핵세포 **prokaryotic cell** (4). 원형질막이 세포 내용물(원형질, DNA, 그리고 리보솜)을 감싸 경계를 이루며, 핵이나 다른 소기관이 없는 세포.

원형질 연락사 **plasmodesma** (*pl.* **plasmodesmata**) (4). 식물에서 세포를 서로 연결하는 미세한 관 모양의 통로. 세포 사이에 소통과 수송이 가능하도록 한다. [Gk., *plassein*, to mold; *desmos*, bond]

원형질막 **plasma membrane** (4). 세포의 원형질을 감싸는 복합적이고 얇은 이중막. 세포 내용물을 고정하고 세포 내외로 물질의 이동을 조절한다. 세포막(cell membrane)이라고도 한다. [Gk., *plasma*, anything molded]

월경(月經) **menstruation** (26). 자궁내막의 탈락.

월경주기 **menstrual cycle** (26). 자궁이 수정란의 착상과 영양공급을 준비하고, 수정이 일어나지 않으면 자궁내막이 탈락하는 주기

위(胃) **stomach** (23). 두껍고 탄성 있는 벽을 가진 J 모양의 소화기관. 음식물이 혼합되고 부분적으로 소화되는 소화계의 부분.

위약(僞藥) **placebo** (1). 어떤 물질의 효과를 검증하기 위한 통제된 실험에서 사용하는 활성이 없는 물질. 실험군에게는 검증하고자 하는 물질을 투여하고, 대조군에게는 위약을 투여한다. [Lat., *placebo*, I shall please]

위약효과 **placebo effect** (1). 활성이 없는 물질을 투여하였을 때 양성 반응이 나타나는 현상. 자주 관찰할 수 있으나 이유는 분명하지 않다.

위해 요소 **hazard factor** (16). 개체군에 가해지는 사망할 위험을 높이는 외부의 힘.

유기분자 **organic molecules** (3). 탄소와 대개 수소로 이루어진 화합물.

유대류(有袋類) **marsupials** (13). 포유류에 속하며, 대부분의 종에서 자궁 속에서 짧은 배 기간을 지낸 태아는 암컷의 육아낭 안으로 옮겨와 발생 과정을 마무리한다. [Gk., *marsipos*, pouch]

유동모자이크 **fluid mosaic** (4). 원형질막의 구조를 설명하는 용어. 원형질막을 이루는 여러 종류의 분자는 대부분 친수성과 소수성 힘에 의해 적절한 위치에 놓이며, 한 자리에 고정되지 않고 떠다닌다.

유미(乳糜) **chyme** (23). 부분적으로 소화된 액체성 덩어리. 위에서 소장을 통해 이동한다.

유사분열 **mitosis** (8). 하나의 핵을 유전적으로 동일한 2개의 핵으로 나누는 과정. 세포질분열과 더불어 동일한 2개의 딸세포를 형성한다. [Gk., *mitos*, thread; *phasis*, appearance]

유사분열기(M기) **mitotic phase (M phase)** (8). 세포주기의 한 시기. 먼저 유전물질과 핵이 나뉘고 난 뒤 나머지 세포 내용물이 나눠진다.

유성생식 **sexual reproduction** (8, 26). 두 가지 성별에서 나온 배우자가 융합하여 자손을 만드는 생식 방법.

유입종 **introduced species** (18). 인간의 활동에 의해서 원래 살고 있던 범주가 아닌 다른 곳으로 유입된 생물종; 외래종이라고도 한다.

유전 **heredity** (9). 개체군 내에서 자손은 다른 개체보다 부모와 더 많이 닮는데, 유전자를 통해서 부모의 특성이 자손에게 전달되기 때문이다. [Lat., *heres*, 후계자]

유전 **inheritance** (10). 유전적 정보를 통해 부모에서부터 자손에게로 형질이 전달되는 현상; 유전이라고도 한다.

유전공학 **genetic engineering** (7). 한 생명체의 유전물질을 추가 또는 결실시키거나 또는 다른 생명체로 이식하는 등 조작하는 기술.

유전력 **heritability** (10). 부모로부터 자손에게 유전정보를 통하여 형질이 전달되는 현상; 유전이라고도 한다.

유전자 **gene** (6). 유전의 기본 단위. 염색체에 있는 DNA 뉴클레오티드 서열로 단백질이나 RNA 분자 등 기능성 산물을 만드는 정보를 담고 있다. [Gk., *genos*, race, descent]

유전자 라이브러리 **gene library** (7). 클론된 DNA 단편들의 집합체. 클론 라이브러리라고도 한다.

유전자 발현 **gene expression** (6). 유전자에 있는 정보를 바탕으로 유전자 산물(대개 단백질이며, RNA도 포함됨)을 합성하는 과정.

유전자 조절 **gene regulation** (6). 세포가 유전자 "*켜기*" 또는 "*끄기*"를 통해 생성되는 유전자 산물의 양을 조절하는 과정.

유전자 치료 **gene therapy** (7). 유전자의 손상된 부위를 정상 기능을 나타내는 유전자로 대치하여 질병을 치료하는 방법.

유전자 확산 **gene flow** (10). 한 종의 일부 개체들이 한 개체군에서 다른 개체군으로 이동함으로써 한 집단의 대립유전자의 빈도가 변화하는 현상이며, 새로 이동한 집단의 대립유전자 빈도를 변화시킨다. 이주라고도 한다.

유전자변형 생물 **genetically modified organism (GMO)** (7, 9). 재조합 DNA 기술을 이용하여 유전물질이 변형된 생명체.

유전자재조합 **genetic recombination**. recombination 참조.

유전자형 **genotype** (6, 9). 한 개체에서 한 가지 특정 형질을 나타내는 유전자. 전체적으로 한 개체의 유전자 조성. [Gk., *genos*, race, descent; *typos*, impression, engraving]

유전적 부동 **genetic drift** (10). 세대를 거듭하는 동안에 나타나는 대립유전자 빈도의 무작위인 변화; 진화의 한 가지 원인이다.

유전적 분기 **genetic divergence** (12). 종 분화의 두 번째 단계로, 두 집단은 시간이 지남에 따라 신체적인 그리고 행동적인 차이를 축적하며 서로 나뉘어 진화한다.

유전체 **genome** (6). 한 개체가 가지고 있는 DNA의 총량. 한 종의 DNA 총량을 의미하기도 한다.

유충(幼蟲) **larva** (*pl*., **larvae**) (13). 완전 변태에서 곤충 발달의 첫 단계; 알에서 부화한 유충은 번데기 단계로 발달한다. 유충(애벌레)은 성충(나비 또는 나방)과 완전히 다른 형태를 가지고 있다. [Lat., *larva*, 유령]

육식동물 **carnivores** (17, 23). 동물만을 먹이로 삼는 포식성 동물(과 일부 식물). [Lat., *carnis*, of flesh; *vorare*, to devour]

육질과 **fleshy fruit** (14). 씨방과 일부 꽃의 부가적인 부위로 이루어진 과실. 육질과는 동물에게 매력적인 먹이이며, 동물의 섭식을 통해서 씨앗을 멀리 퍼뜨릴 수 있다.

윤상종(輪狀種) **ring species** (12). 이웃하는 개체군과는 상호교배할 수 있지만 지리적으로 멀리 떨어져서 격리된 개체군과는 상호교배할 수 없는 개체군; 서로 교배할 수 없는 개체군들이 지리적으로 중간에 놓인 개체군에 의한 유전자 확산(gene flow)을 통해 연계되기 때문에 한 종의 끝과 새로운 종의 탄생을 명확하게 결정할 수 없다; 이런 이유로, 윤상종은 생물학적 종 개념에 있어서 분명하지 않은 문제점이다.

융모막 **chorion** (26). 동물 발생 과정에서 배아를 감싸는 외부 막. 자궁내막과 함께 태반을 형성한다.

융모막융모 표본 추출 **chorionic villus sampling** (8). 태아세포를 수집하는 방법. 태반 내부에 있는 태아 조직을 추출한다.

음경 **penis** (26). 수컷의 외부 생식기.

음낭 **scrotum** (26). 정소를 싸고 있는 바깥 주머니.

음성되먹임 **negative feedback** (21). 센서가 내부 환경의 변화를 감지하고 반응기가 그 변화에 대응하도록 촉발하는 조절 기전; 생물이 항상성을 유지하는 하나의 주된 전략 중의 하나.

음세포작용 **pinocytosis** (4). 내포작용 세 가지 중의 하나. 용해된 입자와 액체가 원형질막에 삼켜진 후 소포가 만들어지고, 물질이 세포 안으로 이동된다. 일반적으로 음세포작용에서 형성된 소포는 식세포작용에서 만들어진 것보다 작다. [Gk., *pinein*, to drink; *kutos*, container]

응집(凝集) **cohesion** (2). 물과 같은 특정 물질의 분자들이 자신의 분자 구조로 인해 서로 들러붙는 특성.

응집장력 기작 **cohesion–tension mechanism** (19). 관다발 식물의 물관에서 액체가 흐르도록 하는 힘. 이 힘은 잎에서 물이 증산됨에 따라 뿌리에 있는 물이 위쪽으로 끌려오는 결과로 발생한다.

응축 **condensation** (8). 세포주기의 유사분열기 직전에 자매 염색분체가 단단하게 꼬여 압축되는 과정. 간기 대부분 동안 보이는 압축되지 않고 얽혀 있는 복제되기 전의 염색체 상태와 대비된다.

의사소통 **communication** (11). 다른 개체의 행동을 변화시키는 한 개체의 행동이나 신호.

의태(擬態) **mimicry** (17). 다른 개체나 주변 환경의 물체와 닮아서 포식자로부터 숨게 되는 진화. [Gk., *mimesis*, imitation]

이도(耳道) **ear canal** (24). 외이에서 중이로 이어진 통로. 음파를 전도한다.

이소적(異所的) 종분화 **allopatric speciation** (12). 개체들의 집단 사이에서 지리적 장벽에 의한 생식적 격리로 인해 유전적으로 달라진 결과로 나타난 종분화. [Gk., *allos*, another; *patris*, native land]

이온 **ion** (2). 전하를 가지고 있는 원자. 정상적인 안정한 원자 배열에서 전자(들)를 얻거나 잃어 음전하 또는 양전하를 띤다. [Gk., *ion*, going]

이온결합 **ionic bond** (2). 한 원자에서 하나 이상의 전자를 다른 원자로 전달하여 만들어지는 화학결합. 이온이 된 원자들은 서로 반대 전하를 띠며, 따라서 서로 이끌려 화합물을 형성한다.

이온화합물 **ionic compound** (2). 둘 이상의 원소들의 이온이 이온결합에 의해 결합되어 있는 화합물.

이완기압(弛緩期壓) **diastolic pressure** (22). 혈압 측정값의 두 번째 값. 심장의 박동과 박동 사이에 나타나는 동맥벽에 대한 혈액의 압력.

이주 **migration** (10). 한 집단으로부터 다른 집단으로 일부 개체가 이동함으로써 일어나는 한 집단 안의 대립유전자 빈도의 변화. 개체가 한 집단으로 들어가거나 나옴으로써 유발되는 진화적 변화의 요인.

이중 결합 **double bond** (2). 두 원자 사이에서 전자 2개를 공유하여 형성된 결합. 예로써, 산소의 보편적 형태인 O_2 분자는 두 산소 원자 각각에서 2개씩 받은 전자를 공유한다.

이중 나선 **double helix** (3). 뉴클레오티드 두 가닥으로 이루어진 DNA의 나선형 사다리 구조. 각각의 가닥에서 돌출된 염기는 마치 사다리 가로장의 절반과 같이 가운데에서 만나 수소결합을 이루어 사다리의 양 측면을 붙잡아준다. [Gk., *heligmos*, wrapping]

이중 맹검 실험설계 **double-blind experimental design** (1). 실험대상자가 어떠한 처리를 받게 될 것인지를 대상자와 실험자 모두 알지 못하도록 구성한 실험 설계.

이타적 행동 **altruistic behavior** (11). 수행하는 개체는 비용을 치르지만 다른 개체는 수혜를 입는 행동. [Lat., *alter*, the other]

이형접합 **heterozygous** (9). 한 개체의 두 대립유전자가 서로 다른 형질의 유전자형을 가지고 있는 것. [Gk., *heteros*, others; *zeugos*, pair]

인간면역결핍 바이러스 **human immunodeficiency virus (HIV)** (15, 27). 사람 면역계를 파괴하는 질병인 AIDS의 원인 바이러스. HIV는 RNA를 가지고 있는 레트로바이러스에 속하며, 침팬지에서 사람으로 옮겨진 것으로 생각되고 있다.

인구학적 전이 **demographic transition** (16). 개체군 성장의 한 유형. 높은 출생률과 높은 사망률(느린 성장)에서 높은 출생률과 낮은 사망률(빠른 성장)을 거쳐 낮은 출생률과 낮은 사망률(느린 성장)로 진행하는 특성을 보인다.

인대 **ligament** (21). 골격과 골격을 연결시키는 결합조직.

인슐린 insulin (25). 혈당 농도의 증가에 반응하여 췌장에서 생산되어 분비된다. 혈액 속의 인슐린은 간, 근육 및 기타 조직으로 하여금 당을 흡수하도록 한다.

인식 단백질 recognition protein (4). 원형질막에 있는 단백질. 세포의 바깥으로 향한 면에서 "지문" 역할을 하여 다른 세포가 인식할 수 있게 한다. 인식단백질은 면역계가 자신의 세포와 감염을 일으킬 수도 있는 침입자를 구별하게 하고, 또한 세포가 다른 세포나 분자에 결합하도록 돕는다.

인위선택 artificial selection (10). 자연선택의 특수한 경우. 자연선택의 필요충분조건 중 세 가지는 충족하지만, 차별적인 생식적 성공은 자연이 아닌 사람에 의해 결정되므로 목적성을 갖는다.

인지질 phospholipids (3, 4). 원형질막의 주구성성분인 지질. 인지질은 지방과 구조가 비슷하지만, 인 원자를 가지며 지방산 사슬은 2개만 가진다.

인지질 이중층 phospholipid bilayer (4). 원형질막의 구조. 인지질층 2개가 꼬리와 꼬리를 맞대어 배열되며(꼬리는 소수성이므로 물과 접촉하는 것을 피한다), 친수성 머리 부위는 물로 이루어진 세포외 액체와 세포내 액체 방향을 향해 배열되어 이중층을 이룬다. .

인터페론 interferon (27). 바이러스에 감염된 세포가 생산하며, 다른 세포에게 방어기능을 수행하도록 경고함으로써 감염에 대항하도록 도와주는 중요한 사이토카인.

인트론 intron (6). DNA의 암호화되어 있지 않은 부위.

일부다처제 polygyny (11). 수컷의 경우, 일부 개체가 여러 마리의 배우자와 교미하고, 다른 수컷은 전혀 교미하지 못하는 교미 유형; 암컷은 모든 또는 거의 모든 개체들이 한 마리의 수컷과 교미함. [Gk., *polus*, many; *gune*, woman]

일부일처제 monogamy (11). 한 개체가 다른 하나의 개체와 짝짓기 하는 체제.

일사병 heat stroke (21). 극심한 고체온증에 의해 초래되는 생명을 위협하는 의학적 상태로, 생명체가 항상성을 유지하지 못해서 나타나는 특징이다.

일처다부제 polyandry (11). 암컷이 여러 마리의 수컷과 교미하는 일처다부의 교미 유형. [Gk., *polys*, many; *aner*, husband]

일화적(逸話的) 관찰 anecdotal observation (1). 단 하나 또는 아주 적은 사례에 관한 관찰.

잎 leaf (19). 식물의 거의 모든 광합성이 일어나는 곳으로서, 잎과 줄기는 지상부를 형성한다.

ㅈ

자가면역 autoimmunity (27). 자신의 세포나 조직에 대해 마치 병원체인 것처럼 대응하는 면역계의 부적절한 반응.

자궁 uterus (26). 포유동물에서 배아가 발달하는 암컷의 생식기관. "womb"라고도 함.

자궁경부 cervix (26). 자궁의 아래쪽 좁은 부위. 질과 이어져 있다. [Lat., *cervix*, neck]

자궁내막 endometrium (26). 수정란이 착상되어 양육되는 자궁의 내막.

자매 염색분체 sister chromatids (8). 복제된 염색체의 동일한 2개의 가닥.

자손 수 reproductive output (16). 개체나 개체군이 생산하는 자손의 수

자연살해세포 natural killer (NK) cell (27). 백혈구의 일종으로 병원체에 감염된 신체의 세포를 파괴한다.

자연선택 natural selection (10). 어떤 형질을 가진 개체의 생식적인 성공도가 다른 형질을 가진 개체보다 높을 때 일어나는 진화의 메커니즘.

자원분배 resource partitioning (17). 행동이나 신체의 형태가 다른 하나 이상의 종이 생식적 지위의 일부를 공유할 때에 종 사이에 생식적 지위의 자원을 나누는 현상.

자율신경계 autonomic nervous system (24). 말초신경계의 두 가지 주요 운동신경 경로 중 하나(다른 하나는 체성신경계). 의식적으로 조절되지 않는 신호를 분비샘, 민무늬근(소화관을 통해 음식물을 이동시키는 근육 등) 및 심장근육 등으로 중계한다.

작동자 operator (6). 억제 단백질이 결합하는 DNA 부위로서, 억제 단백질이 결합하면 RNA 중합효소가 전사하는것을 억제한다.

잡식동물 omnivores (17, 23). 식물과 동물 모두를 먹는 동물이며, 먹이 연쇄에서 1개 이상의 지위를 차지한다.

잡종 hybrid (12). 다른 두 종 사이에서 태어난 자손. [Lat., *hybrida*, animal produced by two different species]

잡종교배 hybridization (12). 밀접하게 연관된 종을 교배시키는 것.

장기 강화 long-term potentiation (24). 뉴런의 감도가 장기간 지속적으로 증가된 상태이며, 일정기간 강렬한 자극이 지속되었을 때 발생한다.

장기 저하 long-term depression (24). 뉴런의 감도가 장기간 지속적으로 감소된 상태이며, 일정기간 강렬한 자극이 지속되었을 때 발생한다.

짝보호 mate guarding (11). 보호 한 개체가 다른 잠재적인 배우자와 상호작용할 기회를 감소시키는 행동.

재조합 DNA 기술 recombinant DNA technology (7). 둘 이상의 근원이 다른 DNA를 조합하여 하나의 산물을 만드는 기술. 예로서, 사람 인슐린 생산을 지정하는 DNA를 도입하여 형질전환시킨 빠르게 분열하는 *E. coli* 세균에서 사람 인슐린을 생산한다.

재조합 recombination (8). 부계 상동염색체와 모계 상동염색체 사이에서 일부 유전정보가 교환되는 현상. 이로 인해 부계와 모계 모두의 유전정보를 지닌 염색체가 만들어진다. 교차라고도 한다.

저장성 hypotonic (4). 두 용액 중 용질 농도가 낮은 용액에 관한 설명. [Gk., *hypo*, under; *tonos*, tension]

저정낭 seminal vesicle (26). 한 쌍의 수컷 생식선 중의 하나. 당분, 효소, 비타민 C, 단백질, 면역억제제를 정액 속으로 분비한다.

저체온증 hypothermia (21). 체온이 비정상적으로 낮아진 상태; 사망에 이를 수도 있다. [Gk., *hypo*, under; *therm*, heat]

저혈압 hypotension (22). 낮은 혈압이 지속적으로 유지되는 증상으로서, 특히 일어설 때 어지럼증을 유발한다. 장기적인 건강 위험이 되는 일은 드물다.

적응 adaptation (10). 자연선택 결과로서, 생명체가 주변 환경에 더욱 적합하게 되는 과정. 또한 호저의 가시와 같이 생명체가 더욱 적합해지도록 하는 특별한 성질.

적응도 fitness (10). 다른 표현형의 개체와 비교한, 특정 표현형을 가진 개체의 상대적인 생식 산출량.

적응방산 adaptive radiation (12). 적은 수의 종이 다양한 서식지에서 살아갈 수 있도록 많은 수의 종으로 나뉘어 빠르게 다양하게 분화되는 것.

적혈구 erythrocyte . "적혈구 (red blood cell)" 참조.

적혈구 red blood cell (22). 헤모글로빈을 가지고 있어 산소를 운반하는 혈구 세포. 혈구 중 가장 많으며 "erythrocyte"라고도 한다.

적혈구 용적률 hematocrit (22). 혈액 중에 적혈구가 차지하는 비율; 원심분리기를 사용하여 혈액 샘플을 회전시켜서 측정한다.

전기(前期) prophase (8). 핵막이 소실되고, 자매 염색분체가 응축되며, 방추사가 형성되는 유사분열의 첫 단계. 제1 감수분열 전기에서는 자매 염색분체의 상동염색체 쌍이 모여 교차가 일어나며, 제2 감수분열 전기에서는 딸세포의 염색체가 응축된다, [Gk,, *pro*, before; *phasis*, appearance]

전뇌 forebrain (24). 척추동물 뇌의 가장 큰 영역; 2개의 조절 기능 및 중계 기능을 담당하는 시상과 시상하부 및 대뇌로 구성된다.

전령 RNA messenger RNA (mRNA) (6). DNA의 유전자 서열을 "읽고" 단백질 합성의 다음 단계가 일어나는 세포질로 이동하는 리보핵산.

전립선 prostate gland (26). 효소와 영양분을 정액으로 분비하는 수컷의 생식선.

전분화능 totipotent (20). 어떤 생명체에서 모든 종류의 세포와 조직을 발생시킬 수 있는 잠재력을 지닌 미분화된 세포.

전사 transcription (6). 유전자의 염기 서열이 mRNA로 복사되는 과정.

전엽체(前葉體) prothallus (14). 양치식물의 독립생활을 하는 반수체 단계; 전엽체는 반수체 배우자를 만든다. [Gk., *pro*, before + *thallia*, twig]

전자 electron (2). 원자의 핵 주변을 돌고 있는 음전하를 띤 입자.

전자기 스펙트럼 electromagnetic spectrum (5). 전자기 방사를 만들어내는 파

장 영역. (에너지 감소 순으로) 파장이 짧고 고-에너지인 감마선과 X-선부터 자외선, 가시광선, 적외선을 거쳐 매우 파장이 길고 저-에너지인 음파로 이어진다. [Lat., *specere*, to look at]

전자전달 사슬 electron transport chain (5). 미토콘드리아와 엽록체의 내막에서 고-에너지 전자가 한 분자에서 다른 분자로 이동하는 경로. 이때 양성자가 펌핑되어 양성자 농도기울기가 형성되고, 이를 이용해 ATP를 생성한다.

절지동물 arthropods (13). 무척추동물인 절지동물문의 구성원. 몸에 체절이 있고 외골격과 부속지를 가지고 있다. [Gk., *arthron*, joint; *pous*, foot]

점돌연변이 point mutation (6). DNA의 염기쌍 하나가 다른 것으로 대체되거나, 삽입 또는 결실되어 나타나는 돌연변이.

접합 conjugation (15). 한 세균이 자신의 DNA 일부 또는 전부의 복사본을 같거나 다른 종의 다른 세균에게 전달하는 과정. [Lat., *conjugatio*, connection]

접합자 zygote (20, 26). 수정 시 정자와 난자가 융합한 결과로 생성되는 이배체 세포.

접합전 장벽 prezygotic barrier (12). 개체가 서로 짝짓기를 할 수 없는 신체 구조를 가지거나 수컷의 생식세포가 암컷의 생식세포를 수정시킬 수 없기 때문에 나타나는 생식 장벽. [Lat., *prae*, before]

접합후 장벽 postzygotic barrier (12). 잡종 개체의 불임이나 수정 후 오래 살지 못하기 때문에 나타나는 생식 장벽. [Lat., *post*, after]

정단분열조직 apical meristem (19). 식물의 뿌리나 줄기 끝에 있는 생장 지역. 이 분열조직의 세포가 분열하면 뿌리나 줄기가 생장하게 된다.

정맥 veins (22). 신체의 말초혈관의 혈액을 심장으로 보내는 혈관. 정맥은 동맥보다 압력이 낮다.

정소 testis (*pl*, **testes**) (26). 수컷의 생식선.

정자 sperm (20, 26). 수컷의 배우자(gamate).

정자 형성 spermatogenesis (26). 정자를 생산하는 과정.

정직한 신호 honest signal (9). 신호를 만들어내는 개체와 그 신호에 반응하는 개체가 동일한 이익을 가지는 경우에서 절대 위조될 수 없는 신호; 어떤 개체나 상황에 대한 가장 정확한 정보를 제공한다.

정착자 colonizers (17). 교란이 일어난 후 1차 또는 2차 천이가 진행 중인 지역에 도입된 종. 정착하는 종의 종류는 천이의 단계와 유형에 따라 달라진다.

젖분비 lactation (26). 젖샘에서의 젖 생산.

젖샘 mammary glands (13). 모든 포유류 암컷에게 있는, 어린 새끼에게 먹일 젖을 만드는 샘. [Lat., *mamma*, breast]

제1 난모세포 primary oocyte (26). 암컷의 배우자 형성(gametogenesis) 과정에서, 감수분열에 의해 생산된 세포로서 나중에 감수분열을 완성한다; 난자(ovum) 하나가 될 수 있다.

제1 정모세포 primary spermatocyte (26). 정자 생성 과정에서, 정원세포의 세포분열로 생성된 2개의 세포 중 하나; 정자 생성의 첫 단계에서 감수분열을 거친다.

제2 난모세포 secondary oocyte (26). 제1 난모세포의 세포분열로 형성된 2개의 세포 중 하나; 수정 후에 감수분열이 완료된다.

제2 정모세포 secondary spermatocyte (26). 제1 정모세포의 첫 번째 감수분열로 생성된 2개의 세포 중 하나로 다음에 두 번째 감수분열을 완료하여 각각은 2개의 정세포를 생산한다.

제한효소 restriction enzymes (7). DNA 염기 중 4~8개의 특정한 서열을 인식하여 결합한 후 절단하는 효소. DNA의 짧은 절편을 잘라내어 다른 염색체에 삽입하거나 다른 용도로 사용할 수 있도록 하기 때문에 생명공학에서 중요하다.

조면소포체 rough endoplasmic reticulum (rough ER) (4). 내막계의 한 부분인 소기관. 서로 연결된 납작한 일련의 소낭들이 핵막에 이어져 있다. 표면에 리보솜이 점점이 박혀 있기 때문에 "조면(粗面, rough)"이라고 부른다. [Gk., *endon*, within; *plasma*, anything molded; Lat., *reticulum*, *dim*. of *rete*, net]

조절유전자 regulatory gene (6). 억제단백질이나 촉진단백질 등의 생성물을 암호화하는 유전자. 생성물은 하나 이상의 다른 유전자 발현에 영향을 준다.

조절자 regulator (21). 외부 환경의 변화에 직면했을 때, 생리적 변수를 좁은 범위 내에 유지시키면서 항상성을 유지하는 생물.

조직 tissue (21). 신체에서 전문적인 기능을 수행하는 비슷한 세포들의 집단.

종 풍부도 species richness (18). 주어진 영역에 살고 있는 종의 수.

종(種) species (12). 서로 교배할 수 있으며, 다른 집단과는 생식적으로 격리된 자연 상태의 개체군. Linnaeus 분류체계에서 개체에 대한 가장 좁은 분류 단위. [Lat., *species*, kind, sort]

종말단추 terminal buttons (24). 축삭의 손잡이와 같은 끝 부분. axon terminal(축삭 말단)이라고도 함.

종분화 사건 speciation event (12). 진화의 역사에서 주어진 개체군이 독립적인 진화 계통으로 나뉘는 사건.

종분화(種分化) speciation (12). 하나의 종이 2개의 다른 종으로 나뉘는 과정. 종분화의 첫 단계는 생식 격리이고, 두 번째는 유전적 상이이다. 두 개체군이 서로 다른 신체와 행동을 보이며 시간이 지남에 따라 진화한다.

종소명(種小名) specific epithet (12). Carolus Linnaeus(1707~1778)가 창안한 분류체계에서 종을 구별하기 위해 속 이름에 덧붙인 명사 또는 형용사. *Homo sapiens*에서 *Homo*는 속명이고, *sapiens*는 종소명이다. [Gk., *epithetos*, added]

종속변수 dependent variable (1). 관찰 중인 과정에서 얻어지는 측정값이며, 이 값은 통제할 수 없다. 일반적으로 그래프의 y축에 표시하며, 독립변수의 변화에 따라 달라질 것으로 기대된다.

종속영양생물 heterotroph (15). 자신의 영양분을 스스로 만들지 못하고, 다른 자원으로부터 에너지를 얻어야만 하는 생명체를 나타내는 섭식 범주.

좌반구 left hemisphere (24). 대부분(전부는 아님)의 사람에서 언어, 논리, 수리 능력에 특화된 뇌 영역.

좌우대칭 bilateral symmetry (13). 왼쪽과 오른쪽이 거울상을 이루는 신체 구조. [Lat., *bi-*, two; *latus*, side]

좌위(座位) locus (*pl*. **loci**) (6). 염색체에 있는 유전자의 위치 또는 자리.

주기율표 periodic table (2). 알려진 모든 화학 원소를 원자 구조의 특성에 기초하여 원자번호 순으로 배열한 표.

주변분비조절자 paracrine regulator (25). 어떤 세포에 의해 생산되어 국소적으로 작용하는 화학물질. 주변분비조절자는 보통 생산된 조직으로부터 주변 조직으로 확산된 후 인접한 세포의 수용체와 결합하여 그들의 활성을 조절한다.

죽상경화증 atherosclerosis (22). 동맥 내에 플라크가 형성되어 나타나는 질환. 혈류량이 감소되고 혈전 위험이 높아진다.

준비된 학습 prepared learning (11). 동종의 모든 개체 또는 거의 모든 개체가 쉽게 배우는 행동.

줄기 stem (19). 잎과 꽃의 지지하고 위치를 정하는 식물 구조. 줄기와 잎(그리고 꽃)은 슈트계를 구성한다.

줄기세포 stem cells (7, 22). 어떤 종류의 신체 세포로도 발달될 수 있는 능력을 가진 미분화 세포. 생명공학에서 유용하게 이용된다.

중간섬유 intermediate filaments (4). 진핵세포의 세포골격을 구성하는 3종류의 단백질 섬유 중 하나(나머지는 미세소관과 미세필라멘트)이며, 세포가 구조와 형태를 갖추도록 한다. 수많은 단백질이 서로 겹쳐져서 질긴 밧줄 같은 구조를 이룬다.

중기(中期) metaphase (8). 자매 염색분체가 세포 중앙에 일렬로 배열되는 유사분열의 두 번째 단계. 감수분열의 경우, 중기 I에서는 상동염색체가 그리고 중기 II에서는 자매 염색분체가 배열한다. [Gk., *meta*, in the midst of; *phasis*, appearance]

중뇌 midbrain (24). 뇌간(brainstem)의 일부분. 감각을 통합하고 중계하는 센터로서, 뇌의 안팎으로 오가는 대부분의 감각 정보와 운동뉴런 연결이 여기를 통과한다.

중배엽 mesoderm (26). 낭배형성 시 중간의 배아 세포층; 최종적으로 근육과 골격을 형성한다.

중복수정 double fertilization (14, 20). 속씨식물의 수정 과정. 꽃가루 1개에서 정자 2개가 나온다. 그 가운데 하나는 난자와 융합하여 접합자를 형성하고, 나머지 하나는 2개의 핵과 융합하여 3배체인 배젖을 형성한다.

중성자 neutron (2). 원자의 핵에 있는 전기적으로 중성인 입자. [Lat., *neutro*, in neither direction]

중심립(中心粒) centriole (8). 대부분 동물세포의 핵 외부에 있는 구조. 세포 분열 동안 이곳에 방추사가 부착된다.

중앙액포 central vacuole. vacuole 참조.

중추신경계 central nervous system (CNS) (21, 24). 신경계의 일부. 뇌와 척수를 포함하며, 모든 신경 활동을 조율한다.

중합체 polymer (3). 유사한 단위체가 공유결합을 이뤄 형성한 복합 분자.

중합효소 연쇄반응 polymerase chain reaction (PCR) (7). 실험실에서 DNA 단편을 반복하여 복제할 수 있는 기법. [Gk., *polys*, many; *meris*, part]

지방 fat (3). 세 가지 유형의 지질 중 하나. 주로 탄소, 수소, 그리고 산소 원자로 구성되며, 생명체에서 장기 에너지 저장 기능을 한다.

지방산 fatty acid (3). 긴 탄화수소(탄소-수소 분자의 사슬). 트리글리세리드 지방 분자의 꼬리 부분을 구성한다.

지베렐린 giberellins (20). 식물 호르몬 중 하나. 세포 분열과 세포의 신장을 촉진함으로써 식물의 성장을 조절한다.

지수생장 exponential growth (16). 현재의 크기에 비례하는 속도로 나타나는 한 개체군의 성장.

지의류(地衣類) lichen (14). 엽록체가 있는 조류나 남세균 또는 이들 모두와 균류 사이의 공생관계.

지중해성 관목지대 chaparral (17). 지구의 9가지 주요 육상 생물군계 중 하나. 덥고 건조한 기후가 특징이다.

지질 lipids (3). 거대분자 4종류 중 하나. 물에 녹지 않으며 미끄러운 성질을 가진다. 에너지 저장과 절연 (지방), 막 형성 (인지질), 그리고 생장과 발달 조절 (스테롤)에서 중요하다. [Gk., *lipos*, fat]

지형 topography (17). 어떤 지역의 물리적 특성. 사람에 의해 만들어진 것도 포함된다. [Gk., *topos*, place; *graphein*, to write down]

진정 쌍떡잎식물 eudicot (19). 2개의 떡잎을 가지는 거의 대다수의 꽃피는 식물로 이루어진 분기군. (꽃피는 식물의 또 다른 그룹은 외떡잎식물이다)

진통 labor (26). 분만하는 동안 일어나는 일련의 자궁 수축.

진핵생물 eukaryote (4). 진핵세포로 이루어진 생명체. [Gk., *eu*, good; *karyon*, nut, kernel]

진핵세포 eukaryotic cell (4). DNA가 들어있는 막으로 둘러싸인 핵, 막으로 둘러싸인 소기관, 구획으로 나눠진 내부 구조를 가진 세포.

진화 evolution (10). 한 개체군 내의 대립유전자 빈도에 나타나는 변화. [Lat., *evolvere*, to roll out]

진화심리학 evolutionary psychology (11). 자연선택에 의해서 만들어진 형질로서 인간의 감정을 포함하여 뇌와 행동을 이해하고자 하는 접근.

진화적 불일치 evolutionary mismatch (11). 생명체가 속해 있는 환경과 진화적으로 적응된 환경이 서로 다른 경우에 발생하는 현상. 만일 진화적 불일치가 일어난다면 진화적으로 적응하지 못한 것처럼 보이는 행동을 할 것이 예측되고 관찰된다.

질 vagina (26). 여성의 외부 생식기를 자궁과 연결하는 관 같은 통로. 사정하면 이곳을 통해 정자가 유입된다.

집단 선택 group selection (11). 개체가 가지고 있는 형질(또는 행동과 관련된 특징)의 적응도에는 해롭지만, 종이나 개체군의 유지에는 도움이 되는 형질 (예: 행동)을 위한 대립유전자의 빈도를 증가시키는 방향으로 이끄는 과정. 자연적으로는 거의 일어나지 않는다.

ㅊ

차등생식성공 differential reproductive success (10). 한 개체군 내에서 일부 개체가 다른 개체들에 비해 높은 생식성공률을 보이는 경우. 변이, 유전력과 함께 자연선택에 의한 진화에 필수적인 3가지 요소의 하나이다.

창시자효과 founder effect (10). 대규모 개체군의 소집단이 고립됨으로써 비롯된 어떤 개체군의 대립유전자 빈도 변화. 소집단의 모든 후손들은 고립된 소집단의 대립유전자 빈도를 반영하게 되며, 원래의 대규모 개체군의 빈도와 다르게 된다; 창시자 효과는 유전적 부동을 일으키는 원인의 하나이다.

처녀생식 parthenogenesis (26). 암컷의 난자가 정자와 수정하지 않은 채 새로운 생물체로 발생하는 무성생식 과정.

처리 treatment (1). 실험 연구에서 대조군에는 적용하지 않고 연구대상인 실험군에만 적용한 모든 조건.

척색 notochord (13, 26). 머리부터 꼬리까지 뻗어 있으며, 이동시 근육이 수축할 때 신체를 딱딱하게 해 주는 막대 형태의 조직. 하등한 척색동물에서는 전 생애를 통해 척색이 유지되며, 고등 척색동물에서는 배아 초기에서 나타나다가 척추로 대치된다.

척추동물 vertebrates (13). 연골이나 속이 비어 있는 뼈로 된 척추 뼈를 가지고 있고, 몸의 앞쪽에는 감각기, 뇌, 머리뼈가 있는 머리가 있다.

천이(遷移) succession (17). 교란이 일어난 후 시간이 지남에 따라 군집을 구성하는 종들에 일어나는 변화.

첨가효과 additive effects (9). *pl.* 유전자의 대립인자들에 의해 나타나는 효과. 이들은 모두 주어진 특성의 궁극적인 표현형을 드러내는 데 기여한다.

첨체(尖體) acrosome (26). 정자의 머리 부위를 덮고 있는 모자 형태의 구조. 난자의 외막을 뚫고 들어가 핵 융합을 가능하게 하는 효소를 가지고 있다.

체강(體腔) coelom (26) (*pron.* see-lum). 신체의 공간. 배아 발생 중 중배엽에서 형성된다.

체관 phloem (19) (*pron.* flow-uhm). 관다발 식물의 영양물질—특히 당성분—이 이동하는 관.

체관요소 sieve tube (19). 체관의 특화된 세로로 형성된 관 구조. 식물 몸 전체에 당을 운반한다.

체내수정 internal fertilization (26). 정자가 여성 생식기관 내에 진입하여, 하나 이상의 난자와 융합하는 과정.

체성신경계 somatic nervous system (24). 말초신경계의 두 가지 주요 운동신경 경로 중의 하나(다른 하나는 자율신경계). 골격근에 신호를 중계하여 그 근육을 수축하게 함으로써 사지를 의식적으로 움직일 수 있게 한다.

체세포 somatic cells (8). (대개 반수체인 생식세포에 대비하여) 생명체의 (대개 배수체인) 신체 세포. [Gk., *soma*, body]

체온조절 thermoregulation (21). 항상성에서 체온을 정상 범위 안으로 유지하는 것.

체외수정 external fertilization (26). 정자와 난자가 남성과 여성의 체외에서 합쳐지는 과정.

체질량지수 (BMI) body mass index (BMI) (23). 체중(kg 단위)을 키(m 단위)의 제곱으로 나눈 값(kg/m^2). 흔히 키를 기준으로 삼아 개인의 건강 체중 지표로 활용한다.

초식동물 herbivores (17, 23). 식물을 먹는 동물: 1차 소비자로 알려져 있다. [Lat., *herba*, 풀; *vorare*, 먹다]

촉진확산 facilitated diffusion (4). 막에 묻혀 있는 수송 단백질("운반체 분자")에 의해 원형질막의 인지질 이중막을 통과하는 분자의 확산. 너무 커서 막을 직접 통과하지 못하거나 전하로 인해 막의 중간층에서 반발되는 분자들은 운반체 분자의 도움을 필요로 한다.

총기류(總鰭類) lobe-finned fishes (13). 신체 아래 부위에 튼튼한 둥근 잎 모양의 지느러미 두 쌍을 가지고 있는 어류 종.

총생식적 산출 수 total reproductive output (11). 한 개체가 일생 동안 생산하는 자손의 총수.

최대 유지수확량 maximum sustainable yield (16). 성장률의 변화 없이 집단으로부터 최대한의 개체가 제거되며, 수용 능력이 반이 되는 지점임.

축삭 axon (21, 24). 뉴런의 돌기. 세포체에서 나오는 충격을 전도한다.

췌장 pancreas (23, 25). 소장으로 소화액을 분비하고 혈관으로 호르몬을 분비하는 기관.

측부분열조직 **lateral meristem** (19). 부름켜(cambium) 세포층을 포함하는 줄기의 생장 부위; 줄기와 뿌리의 굵기 생장에 관여한다.

친수성(親水性) **hydrophilic** (3). 물과 수소결합을 쉽게 이루는 극성 분자처럼, 물에 이끌리는. [Lat., *hydro-*, pertaining to water; Gk., *philios*, loving]

침입종 **invasive species** (18). 의도적으로 또는 우연히 인간의 활동에 의해서 원래 살고 있던 지역이 아닌 다른 곳으로 유입된 생물종. 경제적 또는 환경적으로 손해를 가져오고 인간의 건강에 해를 끼친다.

ㅋ

카로티노이드 **carotenoids** (5). 파랑-보라 파장과 파랑-초록 파장을 흡수하고, 노랑, 주황, 빨강 파장을 반사하는 색소체. [Lat., *carota*, carrot]

카르복실기 **carboxyl group** (3). 하나의 탄소 원자가 산소 원자 1개와는 이중결합을 이루고, 또 다른 산소 원자 1개와는 단일결합을 이룬 기능기. 아미노산은 아미노기, 카르복실기, 곁사슬로 구성된다.

칼로리 **calorie** (23). 물(25°C) 1g의 온도를 1°C 높이는 데 필요한 에너지. 식품 속 에너지의 양을 나타낼 때에는 통상적으로 킬로칼로리(1,000칼로리) 단위를 사용한다.

칼시토닌 **calcitonin** (25). 갑상샘에서 분비되는 호르몬. 뼈가 혈액 속의 잉여 칼슘을 흡수하게 한다.

캘빈회로 **Calvin cycle** (5). 광합성 과정 중, 엽록체의 스트로마에서 일어나는 일련의 화학 반응. 당 분자를 만들어낸다. [이 회로를 연구한 Melvin Calvin(1911~1997)을 기려 명명]

캡시드 **capsid** (15). 바이러스의 유전물질(DNA 또는 RNA)을 감싸고 있는 단백질 용기. [Lat., *capsa*, box, case]

코돈 **codons** (6). mRNA에 있는 3-염기 서열. 특정 코돈에 대해 지정된 아미노산이 달려 있는 tRNA 분자와 상보적으로 결합한다. 그렇지만 어떤 서열을 지닌 코돈(종결코돈)은 아미노산을 단백질로 조립하는 과정을 종결시키기도 한다.

코르크세포 **cork cell** (19). 일부 식물의 보호층을 이루는 세포. 왁스성 물질이 있어 물이 투과하지 못하며, 화재와 붕괴를 막아준다.

코르크형성층 **cork cambium** (20). 일부 식물의 둥치 바깥쪽 가까이 있는 왁스성 측생분열조직 세포들의 원기둥형 구조. 수피(나무껍질)의 보호층을 유지하고, 물 손실과 화재로부터 보호하며, 미생물 감염을 막아주는 등 중요한 역할을 수행한다.

콜라겐 **collagen** (21). 결합조직의 기질에 있는 단백질. 결합조직 세포(섬유모세포, fibroblast)에 의해 합성되고 분비된다.

콜레스테롤 **cholesterol** (3, 4). 스테롤의 한 종류. 성장과 발달을 조절하는 중요한 지질이며, 대부분 세포막의 중요한 구성성분으로서 막이 유연성을 유지하게 한다. [Gk., *chole*, bile; *stereos*, solid; *-ol*, chemical suffix for an alcohol]

크렙스 회로 **Krebs cycle.** citric acid cycle 참조.

크리스퍼 **CRISPR** (7). 거의 모든 종에서 DNA의 특정 염기서열을 표적화하고 절단하도록 하는 유전자 편집 시스템. 이 명칭은 "clustered regularly interspaced short palindromic repeats"의 머리글자를 조합한 것이다. 이 DNA 단편은 원래 바이러스에서 유래한 것이지만, 세균의 유전체에 존재하면서 바이러스 감염을 막아준다.

클로닝 **cloning** (7). 유전적으로 동일한 세포나 개체 또는 DNA 분자를 생산하는 과정.

클론 **clone** (7). 하나의 세포나 개체로부터 생산된 유전적으로 동일한 DNA 조각이나 세포 또는 생명체. [Gk., *klon*, twig]

클론 라이브러리 **clone library** (7). 클론된 DNA 조각의 모음. 유전자 라이브러리라고도 한다.

클론선택 **clonal selection** (27). B 세포나 T 세포가 항원과 결합한 후 여러 번 분열하여 동일한 항원 특이성을 가진 세포 집단을 만들어내는 과정. 이 과정을 통해 B 세포와 T 세포가 체내로 침입한 특정 항원을 인식하고 반응하기에 충분한 수효를 확보하게 된다.

키틴 **chitin** (3). (*pron.* kite-in) 대부분의 곤충과 갑각류의 단단한 외부 골격을 이루며, 사람이 소화시킬 수 없는 복합 탄수화물. [Gk., *chiton*, undershirt]

킬로칼로리 **kilocalorie (kcal)** (23). 1,000칼로리(cal).

ㅌ

탄수화물 **carbohydrates** (3). 주로 탄소와 수소, 그리고 산소로 구성된 4가지 생명체 고분자 중의 하나. 세포 활동의 주요 에너지원이며, 세포 구조의 대부분을 형성한다. [Lat., *carbo*, charcoal; *hydro-*, pertaining to water]

탈바꿈 또는 변태 **metamorphosis** (13). 유충 단계에서 성충으로 분자들을 재구성하여 나타나는 형태의 변화. [Gk., *metamorphoun*, to transform]

태반 **placenta** (8, 26). 임신 중에 형성되는 (그리고 출산 때 배출되는) 기관. 발생 중인 배아를 자궁벽에 연결시켜 모체와 태아 사이에서 기체와 영양분, 그리고 노폐물을 운반한다. 명칭(placenta)은 생김새에 따라 붙인 것이다. [Lat., *placenta*, a flat cake]

태반포유류 **placentals** (13). 발생 중인 태아가 태반을 통해 모체로부터 영양분과 호흡기체를 얻고 대사노폐물을 제거하는 포유동물. [Lat., *placenta*, a flat cake]

태생(胎生) **viviparity** (13,26). (알을 낳는 것이 아니라) 새끼를 낳는 특성. [Lat., *vivus*, alive; *parere*, to bear]

태아 **fetus** (26). 배아 기간(수정 후 약 8주간)의 끝에서부터 태어날 때까지의 인간의 발생 단계

탯줄 **umbilical cord** (26). 배아를 태반에 연결하는 조직덩어리. 이것을 통해 영양분과 노폐물이 교환된다.

털 **hair** (13). 단백질인 케라틴으로 채워진 죽은 세포; 신체 전부 또는 일부를 덮어서 절연하는 역할을 하며, 모든 동물에 존재한다.

테스토스테론 **testosterone** (25, 26). 주요 남성 성호르몬. 남성으로 발달하는 배아 발생과 남성의 2차 성징 발현에 영향을 준다.

통계학 **statistics** (1). 수치 자료를 더욱 이해할 수 있도록 고안된 분석, 수리 도구.

퇴비화 **composting** (19). 잎이나 음식찌꺼기, 거름 등의 유기물을 계획적으로 혼합하여 토양에 공급할 영양소를 만드는 일.

퇴적물 섭식 동물 **detritivores** (17). 죽은 생명체의 유기물질을 분해하여 먹이로 삼는 생명체. 독수리와 벌레, 다양한 절지동물 등의 청소동물이 해당된다. [Lat., *detritus*, worn out; *vorare*, to devour]

투명대 **zona pellucida** (26). 과립막 세포와 난자 막 사이의 당단백질 층.

트랜스지방 **trans fat** (3). 부분적으로 수소를 첨가한 불포화 지방(즉, 음식의 맛과 질감, 그리고 저장성을 개선하기 위해 수소 원자를 첨가하여 포화도를 높인 지방). 불포화 지방의 수소 원자는 *cis* ("near") 방향이지만, 트랜스지방의 첨가된 수소 원자는 *trans* 방향이다. [Lat., *trans*, on the other side of]

트리글리세라이드 **triglyceride** (3). 글리세롤 분자에 지방산 3개가 결합한 지방. [Gk., *tri-*, three; *glykys*, sweet]

특수결합조직 **special connective tissue** (21). 진정결합조직의 것과는 기질이 다른, 뼈, 연골, 그리고 혈액 등 기질이 고형 또는 액체인 결합 조직의 일종.

특이적 면역 **specific immunity** (27). 특정 감염 병원체(모든 세균이 아니라 특정한 종)를 개별적으로 인식하고 방어하는 면역계.

티록신 **thyroxine** (25). 갑상샘에서 생산되어 분비되는 동물 호르몬. 대사의 속도와 효율을 조절한다.

틸라코이드 **thylakoids** (4, 5). 엽록체의 스토로마에 있는 막이 서로 연결된 구조. 빛 에너지를 수집하고, 광합성에서 빛 에너지를 화학 에너지로 전환하는 과정이 일어나는 곳이다. [Gk., *thylakis*, *dim.* of *thylakos*, bag]

ㅍ

팽압(膨壓) **turgor pressure** (4). 식물에서 세포 내용물이 세포벽을 밀어내는 압력. 세포에 용해된 물질의 농도가 높을 때 물이 외부에서 밀려들어오는 삼투현

상에 의해 힘이 유지된다. 비목본류 식물은 팽압에 의해 곧게 설 수 있으며, 팽압이 사라지면 시든다. [Lat., *turgere*, to swell]

퍼넷 정방형 Punnett square (9). 두 개체 사이의 교배에서 나타날 수 있는 결과를 보여주는 도표. 가능한 교배는 곱셈표 형식으로 표시한다. [이 방식을 고안한 Reginald C. Punnett (1875~1967)의 이름에서 유래]

퍼텐셜 에너지 potential energy (5). 저장되어 있는 에너지. 장차 일을 할 수 있는 능력. 댐의 물처럼 어떤 물체의 위치나 조성에 따른 결과로서 생긴다. [Lat., *potentia*, power]

페로몬 pheromone (11, 25, 26). 한 개체가 다른 개체의 행동이나 생리학적 반응을 유발하도록 환경으로 방출하는 분자. [Gk., *pherein*, to carry]

폐쇄순환계 closed circulatory system (22). 혈액이 혈관 내부에 있어서 세포를 적시는 간질액과 분리되어 있는 순환계.

펩신 pepsin (23). 위의 벽면에 있는 세포에 의해 생산되는 단백질 분해효소.

펩타이드결합 peptide bond (3). 한 아미노산의 아미노기와 다른 아미노산의 카르복실기 사이의 결합. 두 아미노산이 연결되어 디펩타이드(dipeptide)를 이루고, 여러 개가 연결되면 폴리펩타이드(polypeptide)를 이룬다. [Gk., *peptikos*, able to digest]

펩티도글리칸 peptidoglycan (15). 세균의 세포벽 바깥에 두꺼운 층을 이루는 당단백질. 일부 세균의 경우는 펩티도글리칸 층이 막으로 덮여 있어서 Gram 염색에 의해 발색되지 않는다.

편도체 amygdala (24). 뇌 변연계의 일부. 정서적 느낌과 기억의 감각 입력과 연계되어 있다.

편리공생(片利共生) commensalism (17). 종 사이 공생관계의 한 유형. 한 종은 이익을 얻지만 다른 종은 이익을 얻지도 손해를 입지도 않는다. [Lat., *com*, with; *mensa*, table]

편모(鞭毛) flagellum (*pl.* **flagella**) (4). 세포의 이동을 돕는 원핵생물의 세포체에서 뻗어 나온 길고 가는 채찍처럼 생긴 돌기. 동물의 경우 정자 세포만이 편모를 가지고 있다. [Lat., *flagellum*, whip]

편형동물류 flatworms (13). 편형동물문에 속하며, 몸이 납작한 기생충; 머리와 꼬리 부위가 발달해 있으며, 안점을 이루는 빛을 감지하는 세포 덩어리를 가지는 종류도 있다. 대개 암수한몸이며, 허물을 벗지 않는 선구동물이다. 예로는 촌충과 흡충이 있다.

폐포 alveoli (22). 호흡계에 있는 얇은 벽을 가진 섬세한 탄력성 주머니. 공기와 혈관이 만나는 세기관지의 끝 부위에 있다.

포괄 적응도 inclusive fitness (11). 한 개체의 직접 적응도와 간접 적응도의 합.

포배 blastula (26). 배아 발생의 초기 단계에 수정란(접합체)의 난할에 의해 만들어진 액체가 채워진 큰 공간을 감싼 구형의 세포층. 이 공간에서 배아가 만들어진다. [Gk., *blastos*, sprout]

포식 predation (17). 두 종 사이의 상호관계로, 한 종이 다른 종을 먹이로 삼는다. [Lat., *praedari*, to plunder]

포자 spore (14, 20). 관속이 없는 식물과 세대교번을 하는 일부 관다발식물의 생식 구조. 포자는 반수체인 단세포이며, 웅성(정자 생산)과 자성(난자 생산) 배우체로 발달한다. 배우체에서 생산한 난자와 정자는 합쳐져서 이배체 세대(포자체)로 된다. [Gk., *spora*, seed]

포자낭 sporangia (*sing.* **sporangium**) (14). 양치류의 잎 아래에 있는 구조. 포자를 생산한다. [Gk., *spora*, seed + *angeion*, vessel]

포자체. sporophyte (14, 20) 비관속 식물, 몇몇 관속식물과 몇 종의 조류에서 발견되는 이배수체의 다세포 구조로서 무성 포자를 생성한다. 이배체 시기에 세대교번을 한다.

포화지방 saturated fat (3). 꼬리를 형성하는 탄화수소 사슬에 있는 모든 탄소에 수소원자가 2개씩 결합한 지방. 실온에서 고체이다.

폴리염소화 바이페닐류 PCBs (polyclorinated biphenyls) (25). 냉각제나 윤활제로 사용되는 화학물질. 내분비 교란물질로 알려져 있다.

폴리펩타이드 polypeptide (3). 한 단백질의 전부 또는 한 부분을 형성하는 아미노산의 사슬.

표면 단백질 surface protein (4). 원형질막을 구성하는 인지질 이중층의 안쪽이나 바깥쪽 표면에 분포하는 단백질.

표적세포 target cell (25). 호르몬과 같은 화학 조절 신호에 반응하는 세포. 대개의 경우 화학 조절 신호는 표적세포 표면 또는 내부에 있는 특이적인 수용체와 상호작용을 한다.

표피 epidermis (19). 단단히 밀착된 매우 얇은 세포층으로 식물에서 뿌리, 잎 그리고 줄기를 뒤덮고 보호하는 역할을 한다.

표피조직 dermal tissue (19). 식물체의 표면을 보호하는 외부 층.

표현형 phenotype (6, 9). 어떤 개체에서 명백하게 드러나는 구조, 기능, 그리고 행동들. 유전형이 발현되어 나타난다. [Gk., *phainein*, to cause to appear; *typos*, impression, engraving]

프로게스테론 progesterone (25, 26). 황체 호르몬 난소의 황체에 의해 분비되는 호르몬으로 자궁내막을 두텁게 하여 잉태를 준비한다. [Lat., *pro*, for; *gestare*, to bear]

프로락틴 prolactin (25). 뇌하수체 전엽에서 분비되는 호르몬으로서 젖샘의 젖 분비를 자극한다.

프로모터 부위 promoter site (6). DNA 분자의 한 부분. 유전자가 시작되는 염기쌍 서열의 위치를 나타낸다.

프로바이오틱 치료 probiotic therapy (15). 해로운 세균을 압도할 만큼 충분한 양의 병원성이 없는 세균을 체내에 주입하여 감염을 치료하는 방법. [Lat., *pro*, for, on behalf of + Gk, *bios*, life]

프탈레이트 phthalates (25). 화장품이나 말랑한 장난감에 흔히 사용되는 화학물질로서 내분비계를 교란하는 독성물질.

플라스미드 plasmid (7, 15). 세균의 주 염색체 이외에 별도로 존재하는 고리형 DNA 분자.

피루브산염 pyruvate (5). 해당과정의 최종산물.

피막 capsule (15). 대부분 세균의 세포벽을 감싸고 있는 층. 세포 밖으로 물이 빠져나가지 못하도록 하여 세균이 피부 표면 등의 건조한 환경에서도 살 수 있게 한다. 또한 일부 세균의 경우 숙주의 면역계에 의한 식세포 작용에 저항하게 해서 병원성을 나타내는 데 기여한다. [Lat., *capsula*, small box or case]

피임 contraception (26). 배란, 수정 또는 착상을 막아 임신을 방지하려는 시도. 산아제한(birth control)이라고도 한다.

피층 cortex (19). 관다발식물의 표피와 물관/체관 사이에 있는 기본 조직.

필수아미노산 essential amino acid (23). 신체가 만들지 못해, 식품으로 섭취해야만 하는 아미노산.

ㅎ

하구(기수역) estuary (17). 바다로 이어져 있어 조수간만이 나타나며 짠물과 민물이 섞이는 수로; 생산성이 매우 높은 특징을 가진다. [Lat., *aestus*, tide]

학습 learning (11). 시간이 흐름에 따라 경험에 의하여 나타나는 행동의 변화.

함입 invagination (4). 막이나 조직 층이 접힘에 따라 바깥쪽 표면이 안쪽 표면으로 바뀌는 과정. [Lat., *in*, in; *vagina*, sheath]

항문후꼬리 post-anal tail (13). 몸통의 끝 부위인 항문 뒤로 뻗은 꼬리; 척색동물의 특징. [Lat., *post*, after]

항상성 homeostasis (21). 신체가 일정한 내부 환경을 유지하기 위해 사용하는 물리적, 화학적인 과정. [Gk., *homos*, same; *status*, standing]

항온동물 homeotherm (21). 비교적 일정한 체온을 유지하는 동물. [Gk., *homos*, same; *therm*, heat]

항원 antigen (27). 특이적 면역 반응을 유도하는 분자.

항원 수용체 antigen receptor (27). 림프구의 원형질막에 있는 단백질. 세포 표면에 돌출되어 있으며, 특정 유형의 항원과 결합할 수 있다.

항원제시 세포 antigen-presenting cells (27). 세균이나 바이러스를 섭취하고 파괴한 후 소화된 병원체의 입자를 세포 표면에 "제시"하는 수지상 세포와 대식세포.

항이뇨호르몬 antidiuretic hormone (ADH) (25). 시상하부에 있는 뉴런에서 생산되고 뇌하수체 후엽에서 분비되는 펩티드 호르몬. 신장의 물 재흡수에 영향을 준다. ADH 농도가 높아지면 더 많은 물을 재흡수하며, 이에 따라 소변 생성량이 감소하고 소변의 농도가 진해진다.

항체 antibody (27). 항원에 대한 특이적 면역 반응에서 생산하는 단백질. 항체는 순환계를 따라 순환하며 특정 항원을 인식하고 결합한다.

해당과정 glycolysis (5). 모든 생명체에서 포도당 1분자가 피루브산 2분자로 분해되는 세포 호흡의 첫 단계. 일부 생명체에서는 해당과정이 먹이에서 에너지를 얻어내는 유일한 수단이지만, 대부분의 경우 해당과정 이후에 크렙스 회로와 전자전달 사슬이 이어진다. [Gk., *glykys*, sweet; *lysis*, releasing]

해마 hippocampus (24). 뇌의 변연계 부위. 장기 기억 형성을 담당한다.

핵 nucleus (세포) (4). 진핵세포의 막으로 이루어진 구조. 유전정보를 가진 DNA가 염색체 형태로 존재한다. [Lat., *nucleus*, *dim.* of *nux*, nut]

핵 nucleus (원자) (2). 원자의 중앙에서 질량의 대부분을 차지하는 부위. 대개 양성자와 중성자의 두 가지 입자로 이루어진다.

핵막 nuclear membrane (4). 세포의 핵을 감싸서 원형질로부터 분리하는 막. 이중층 2개로 구성되며, 단백질로 둘러싸인 핵공이라는 구멍이 있어서 큰 분자가 핵에서 원형질로, 원형질에서 핵으로 이동할 수 있다. nuclear envelope이라고도 한다.

핵산 nucleic acid (3, 6). 생명체의 거대분자 네 가지 중 하나이며, 정보를 저장하고 전달한다. 핵산인 DNA와 RNA는 뉴클레오티드의 특정 순서에 유전정보를 저장한다.

핵형(核型) karyotype (8). 한 개체의 염색체 모두를 살펴볼 수 있도록 전시한 것. [Gk., *karyon*, nut or kernel: *typos*, impression, engraving]

행동 behavior (11). 생명체가 하는 모든 활동. 환경이나 다른 생명체의 활동에 반응하여 나타난다.

행동적 방어 behavioral defenses (17). 동물이 포식자로부터 자신을 지키기 위한 행동. 숨기, 회피하기, 경고하기 또는 맞서 싸우기 등의 수동적이거나 능동적 행동이 있다.

허파 lungs (22). 육상의 대부분 척추동물에 있는 내부 기관으로서, 많은 가지를 뻗은 촉촉한 호흡 표면을 가지고 있어 그곳에서 공기와 혈액 사이의 가스 교환이 일어난다.

허파순환(폐순환) pulmonary circuit (22). 심장으로부터 폐로, 다시 심장으로 흐르는 혈액의 순환. 심장으로 돌아오는 혈액은 산소화한 것임.

헤모글로빈 hemoglobin (22). 적혈구에서 산소를 운반하는 단백질 분자. [Gk., *haima*, 혈액; Lat., *globus*, 공]

현존하는 extant (13). 현재 존재하고 있는 살아있는 생물종.

혈당지수 glycemic index (23). 식품이 혈당을 상승시키는 정도 그리고 이후 인슐린 분비를 일으키는 정도에 대한 측정치.

혈림프 hemolymph (22). 개방순환계에서 볼 수 있는, 모든 세포를 둘러싸고 있으면서, 영양분, 가스 및 노폐물을 운반하는 단일 액체.

혈소판 platelets (22). 골수 내 거대한 세포(megakaryocyte; 거대핵세포)로부터 떨어져 나온 세포 파편이자 혈액의 성분. 세포내 소기관은 없지만 혈액 응고에 중요한 효소 및 화학물질로 가득 차 있다.

혈압 blood pressure (22). 혈액이 동맥을 따라 흐르도록 하는 힘.

혈액 blood (21, 22). 폐쇄순환계에서 혈액세포가 함유된 액체성 세포외 기질로 이루어진 결합조직. 혈액은 호흡기체, 비타민과 미네랄, 영양소, 호르몬, 면역계 성분, 그리고 대사폐기물을 운반하는 중요한 역할을 한다.

혈연선택 kin selection (11). 밀접한 혈연에 대한 명백한 이타 행동으로 진화한 혈연에 대한 호의. 이러한 이타 행동은 실제로는 그런 행동을 수행하는 개체의 적응도에 유익한 것이다.

혈장 plasma (22). 혈액 속의 액체 성분으로 용존 대사물질, 노폐물, 염, 이온, 단백질, 비타민, 기타 화학물질을 담고 있으며, 이들을 필요로 하는 조직으로 운반한다.

형질 trait (6, 10). 꽃잎의 빨간색과 같이, 생명체의 어떠한 특성이나 특징.

형질대치 character displacement (17). 동일한 생태적 지위를 점유하는 하나 이상의 종에서 일어나는 진화적 발산성. 이로 인해 종들의 생태적 지위가 분할된다. 영역이 겹치는 매우 유사한 종들의 행동이나 신체 구조 등 형질이 달라지면 종 사이의 경쟁이 감소한다.

형질도입 transduction (15). 한 세균의 DNA를 다른 세균으로 전이하는 방법. 숙주인 세균의 DNA 일부를 가진 바이러스가 다른 세균을 감염시켜 새로운 유전자를 전달한다. [Lat., *trans*, on the other side of; *ducere*, to lead]

형질세포 plasma cell (27). 백혈구의 일종(하나의 B 작동 세포)으로 병원체에 대한 특이적 면역계 반응의 하나인 항체를 분비한다. 형질세포는 내막계가 매우 발달되어 초당 수백에서 수천의 항체를 생산할 수 있다.

형질전환 transformation (15). 한 세균에서 다른 세균으로 DNA를 전이하는 방법. 한 세균이 주위 환경에서 다른 세균이 파열되어 나온 DNA 조각을 흡수하여 새로운 유전자를 얻게 된다. [Lat., *trans*, on the other side of; *formare*, to shape]

형질전환생물 transgenic organism (7). 다른 종에서 유래한 DNA를 가지고 있는 생명체.

형태학적 종 개념 morphological species concept (12). 신체의 크기나 형태 등 외부 특징에 기초하여 종을 정의하는 개념. [Gk., *morphe*, shape]

호르몬 hormone (20, 25). 환경 변화에 반응하는 화학적 신호로서 동물과 식물 모두에 존재한다. 식물의 경우에는 다양한 부위에서 생산되어 그 부위에서 작용하거나 또는 다른 부위로 운반되어 식물의 활성을 조절한다. 동물의 경우에는 주로 내분비샘에서 생산되어 혈류를 통해서 신체 내부의 소통과 조절 시스템의 일부로 작용하는 표적세포로 운반된다. [Gk., *horma*, that which sets in motion or urges forward]

호염구 basophil (27). 백혈구의 한 종류. 염증 반응을 개시한다.

호중구 neutrophil (27). 백혈구의 일종으로 혈액을 순환하면서 세균 등 미생물을 탐식한다. 사람 혈액 내 백혈구의 50~70%를 차지한다.

홍채 iris (24). 동공과 더불어 척추동물의 눈 색깔을 나타내는 부분으로 내부로 들어오는 빛의 양을 조절한다.

화밀 nectar (20). 식물이 만드는 당과 아미노산이 풍부한 액체로 꽃가루 매개자를 유혹하는 역할을 한다.

화석 fossil (10). 대개 껍질이나 뼈 그리고 치아 등의 단단한 부위가 자연적으로 보존된 생명체의 유해; 또한 발자국 등 생명체의 흔적 [Lat., *fossilis*, that which is dug up]

화석연료 fossil fuels (5). 고대 동식물체의 분해한 유해에서 얻은 연료; 석유, 천연가스, 석탄 등이 있다.

화학 반응 chemical reaction (2). 화학결합을 형성하거나 분해하여 어떤 분자(반응물이라고 부름)를 다른 분자(생성물이라고 부름)로 변환시키는 과정.

화학무기영양생물. chemolithotrophs (15) 암모니아나 황화수소, 수소, 철 등의 무기 분자를 에너지원으로 이용할 수 있는 세균. [Gk., *lithos*, stone, rock; *trophe*, food]

화학수용기 chemoreceptor (24). 감각 세포의 한 유형. 생명체가 자신의 내부 또는 외부 환경의 화학적 변화를 감지한다.

화학에너지 chemical energy (5). 원자나 분자 사이의 화학 결합에 저장되어 있는 퍼텐셜 에너지의 한 가지 유형.

화학유기 영양생물 chemoorganotrophs (15). 탄수화물 등의 유기 분자를 에너지원으로 소비하는 세균. [Gk., *trophe*, food]

확산 diffusion (4). 수동수송의 한 유형. 입자(용질)가 기체나 액체(용매)에 용해된 상태에서 용질 농도가 높은 곳에서 낮은 곳으로 이동한다. [Lat., *diffundere*, to pour in different directions]

환경수용력 (K) carrying capacity (*K*) (16). 시간이 지나면서 서식지의 자원이 제한됨에 따른 개체군 성장의 최고 한계.

환형동물(環形動物) segmented worms (13). 신체 주위에 홈이 파여 체절 사이의 구분이 드러나는 특성을 가진 벌레 문(phylum). 환형동물(annelids)이라고도 한다. 한정된 조직을 가지는 선구동물이며 탈피하지 않는다. 지렁이와 거머리가 있다.

활동전위 **action potential** (24). 축삭을 따라 이동하는 전기적 신호. 하나의 뉴런에서 다른 뉴런이나 근육세포 또는 분비세포로 이동한다.

활면소포체 **smooth endoplasmic reticulum (smooth ER)** (4). 내막계를 이루는 소기관의 하나. 가지를 친 일련의 관 같은 구조이다; "활면(滑面, smooth)"이라고 부르는 것은 표면에 리보솜이 없기 때문이다; 활면소포체에서는 지방산, 인지질 그리고 스테로이드 등의 지질을 합성한다. [Gk., *endon*, within; *plasma*, anything molded; Lat., *reticulum*, *dim*. of *rete*, net]

활성부위 **active site** (3). 효소의 한 부위. 이곳에 반응물(또는 기질)이 결합하여 화학 반응을 수행하게 된다.

활성화 에너지 **activation energy** (3). (반응에서 에너지가 방출되든 소비되든 상관없이) 화학 반응을 개시하는 데 필요한 최소의 에너지.

활성화 인자 **activator** (3). 효소와 결합하여 반응을 촉매할 수 있도록 효소의 형태나 구조를 변형시키는 화학물질.

황체 **corpus luteum** (26). 배란 후 난포에서 발달한 난소 내부의 구조. 호르몬을 분비하여 임신을 유지시킨다. [Lat., *corpus*, body; *luteum*, yellow]

황체기 **luteal phase** (26). 난자를 둘러싸고 있던 난포가 황체로 발달하는 여성 생식주기의 후반부; 임신이나 자궁내막의 탈락 시에 최고점에 달함.

황체형성 호르몬 **luteinizing hormone (LH)** (25). 뇌하수체 전엽에서 생산되는 동물 호르몬으로서, 여성에서는 LH의 증가가 배란을 촉진하고, 남성에서는 테스토스테론 생산을 촉진한다.

횡경막 **diaphragm** (22). 흉강과 복강을 분리해주는 큰 근막. 횡경막이 수축하면 들숨 과정에서 흉강의 부피가 늘어난다. [Gk., *dia*, through; *phrasein*, to enclose]

효과기세포 **effector cell** (27). 특이적 (후천성) 면역계에서 항원을 인식하고 즉시 파괴하도록 하는 일부 반응을 수행하는 세포. 항체를 분비하는 변형된 B 세포인 형질세포(plasma cell)는 세포 매개 반응의 효과기 세포이다.

효소 **enzyme** (3). 생명체에서 화학 반응을 개시하고 촉진하는 단백질. 효소는 또한 원형질막 안팎의 표면에서 일어나는 화학 반응에도 참여한다. [Gk., *en*, in; *zyme*, leaven]

후구동물(後口動物) **deuterostomes** (13). 좌우대칭이며, 장(腸)이 뒤에서 앞 쪽으로 발달하는 조직을 가지고 있는 동물. 항문이 먼저 발생하며, 두 번째 개구부가 성체의 입으로 발달한다. [Gk., *deuteros*, second; *stoma*, mouth]

후기(後期) **anaphase** (8). 유사분열의 세 번째 단계. 자매 염색분체가 방추사에 끌려 분리되고 염색체 쌍이 서로 반대쪽으로 이동한다. 감수분열의 경우, 말기 I에는 상동염색체가 분리되고 말기 II에는 자매 염색분체가 분리된다. [Gk., *ana*, up; *phase*, appearance]

후뇌 **hindbrain** (24). 수질, 뇌교 그리고 소뇌로 구성된 척추동물의 뇌 영역.

후성유전학 **epigenetic** (6). 염색체에 일어난 변형. DNA 서열은 변화되지 않지만 일부 유전자의 장기적 활동에 영향을 줄 수 있으며, 자손에게 유전될 수도 있다.

후천성 면역결핍증 **acquired immune deficiency syndrome (AIDS)** (15, 27). 레트로바이러스인 HIV(human immunodeficiency virus)에 의해 감염되는 사람 질환. T 세포를 공격하여 면역계를 손상시킴으로써 감염이나 암 등에 취약하게 한다.

휴지 전위 **resting potential** (24). 뉴런에서, 뉴런이 신호를 전달하지 않고 있을 때, Na-K 펌프의 작용 때문에 세포 내부보다 외부에 양전하가 더 높게 유지되는 상태.

흔적구조 **vestigial structure** (10). 생명체에게 한 때는 유용했으나 진화하는 동안 기능을 잃은 구조. 예로는 사람의 충양돌기, 지금은 액체만 먹이로 삼는 박쥐의 어금니가 있다. [Lat., *vestigium*, footprint, trace]

흡수 **absorption** (23). 음식을 소화하는 과정의 하나. 소화관에 있는 에너지가 풍부한 분자를 혈액으로 보내 전신의 세포로 이동하도록 한다.

히스타민 **histamine** (27). 비만세포에 의해 분비되는 분자로서 손상되지 않은 혈관을 확장시켜 혈액 성분을 유출시킴으로써 염증 반응을 돕는다.

히스톤 **histones** (8). DNA의 긴 선형 가닥이 감싸고 있는 단백질. 히스톤은 DNA를 엉키지 않게 풀어내고, 세포 안에 질서 있고 탄탄하게 효율적으로 갈무리할 수 있게 한다.

힘줄, 건(腱) **tendon** (21). 근육을 골격에 결합시키는 결합조직.

기타

1기 생장 **primary growth** (20). 지상부(shoot)와 뿌리의 정단분열조직에서 유래한 식물의 성장으로 뿌리와 가지의 길이를 증가시키고 새로운 조직을 생성한다. **Secondary growth**(2기 생장)도 참조하시오.

1차 구조 **primary structure** (3). 폴리펩타이드 사슬에 있는 아미노산의 서열.

1차 능동수송 **primary active transport** (4). ATP에서 방출된 에너지를 직접 사용하는 능동수송.

1차 반응 **primary response** (27). 면역계와 병원체 간의 첫 번째 상호작용.

1차 소비자 **primary consumers** (17). 초식동물로, 1차 생산자의 산물을 소비한다.

1차 전자수용체 **primary electron acceptor** (5). 광합성에서, 엽록소 *a*에서 나온 여기된 고-에너지 전자를 넘겨받는 분자. 전자전달 사슬로 알려진 일련의 전자 넘겨주기를 개시한다.

1차 천이 **primary succession** (17). 특정 군집에서 생물이 없고 토양도 없는 상태에서 시작하여 시간이 지나면서 종의 조성 바뀌는 과정.

2기 생장 **secondary growth** (20). 목본식물에서, 측생분열조직(lateral merisem)으로부터 일어나는 식물 성장으로 줄기와 가지의 폭이 증가한다. 이 과정을 통해 eudicots와 여타 속씨식물이 목질(wood)을 만들어 물 운반 능력을 얻고 두터워지고 단단해진다. **Primary growth**(1기 생장)도 참조하시오.

2당류 **disaccharides** (3). 단당류 2개가 결합하여 형성된 탄수화물. 예로는 설탕과 젖당이 있다. [Gk., *di-*, two; *sakcharon*, sugar]

2매패류(二枚貝類) **bivalve molluscs** (13). 껍질이 두 장인 연체동물. 대합조개, 가리비, 굴 등이 있다. [Lat., *bi-*, two]

2배체 **diploid** (8). 염색체마다 2개의 복사본을 가지고 있는 세포. 사람을 비롯한 많은 생명체의 체세포는 2배체이다. [Gk., *diplasiazein*, to double]

2분법(二分法) **binary fission** (8). 어미 세포가 분열하여 유전적으로 동일한 딸세포 2개로 되는 무성생식의 한 유형. 세균을 비롯한 원핵생물은 이 방법에 의해 번식한다. [Lat., *binarius*, consistinf of two; *fissus*, divided]

2차 구조 **secondary structure** (3). 수소결합에 의해 폴리펩타이드 사슬의 아미노산 사이에서 형성되는 코르크 따개처럼 생긴 비틀림 또는 접힘.

2차 능동수송 **secondary active transport** (4). ATP(아데노신 3인산염)가 직접 관여하지 않는 능동수송. 수송단백질이 농도 기울기에 따르는 흐름이 일어나도록 하면서 동시에 한 분자를 농도 기울기를 거슬러 수송한다.

2차 물관 **secondary xylem** (20). 목본식물에서 2차 성장 동안, 나무 몸통(trunk) 또는 가지의 외부 둘레 쪽으로 관다발 형성층에 의해 생성된 조직; 세포들은 식물 몸 전체에 물과 미네랄을 운반할 뿐 아니라 구조적 지지를 담당한다; 목질(wood)이라고도 한다.

2차 반응 **secondary response** (27). 병원체에 대한 두 번째 노출에 반응하여 T 및 B 작동 세포가 만들어지는 과정. 2차 반응은 신속하게 일어나며, 1차 반응보다 더 강한 반응이 나타난다.

2차 소비자 **secondary consumers** (17). 초식동물을 먹이로 삼는 동물; 육식동물(carnivore)이라고도 한다.

2차 천이 **secondary succession** (17). 특정 군집에서 생물과 토양이 이미 있는 상태에서 시작하여 시간이 지나면서 종의 조성 바뀌는 과정.

2차 체관 **secondary phloem** (20). 목본식물에서 2차 성장 동안, 나무 몸통(trunk) 또는 가지의 외부 둘레 쪽으로 관다발 형성층에 의해 생성된 조직; 세포들은 식물 몸 전체에 당을 운반한다.

3분기 **trimester** (26). 사람 발생에서 임신 기간을 3개월씩 3기로 나눈 기간 중 하나.

3차 구조 **tertiary structure** (3). 아미노산이 수소결합이나 이황화결합을 이루어 단백질의 2차 구조가 중첩되어 비틀림으로써 형성되는 독특하고 복잡한 3차원 적 형태.

3차 소비자 tertiary consumers (17). 초식동물을 먹이로 하는 동물을 먹이로 하는 동물. [Lat., *tertius*, third]

4차 구조 quaternary structure (3). 하나의 단일 단백질에서 2개 이상의 폴리펩타이드 사슬이 결합한 구조. 헤모글로빈은 하나의 예이다. [Lat., *quaterni*, four each]

B 세포 **B cell** (27). 림프구의 한 종류. 골수에서 성숙되며 체액성 면역에 참여한다. 체액에 침투한 이물질과 맞서 싸운다.

C4 광합성 C4 photosynthesis (5). (C3, CAM 광합성과 함께) 식물체가 이산화탄소를 고정하여 당을 만드는 방식의 하나. 덥고 건조하여 식물체가 물 손실을 줄이기 위해 기공을 닫는 경우와 같이 이산화탄소가 부족한 상황에서는 C3 광합성보다 이산화탄소와 결합하는 효율이 더 높다.

CAM (다육식물유기산대사) **CAM (crassulacean acid metabolism)** (5). 밤 동안에 기공을 열어 받아들인 CO_2를 특정 분자에 결합시켜 저장하고, 낮 동안에 저장된 CO_2를 방출하여 캘빈회로를 통해 당을 생산하는 광합성 방식. 뜨겁고 건조한 지역에 서식하는 과육과 과즙이 풍부한 식물에서 볼 수 있다. 낮 동안에는 기공을 닫기 때문에 물 손실을 줄일 수 있지만 에너지를 많이 소비한다.

DNA 중합효소 **DNA polymerase** (8). DNA 복제 과정에서 프라이머의 3′ 말단에 새로운 DNA 뉴클레오티드를 덧붙이는 효소. 주형가닥에 상보적인 가닥을 만들어낸다.

DNA 합성기 (S기) **DNA synthesis (S phase)** (8). 세포주기의 한 시기. 염색체마다 정확하게 복제하여 세포 분열을 준비한다.

DNA 헬리카아제 DNA helicase (8). DNA 복제 과정에서 꼬여 있는 DNA 가닥을 풀어 2개의 상보적 가닥으로 분리하는 효소.

G_0기 **G_0** (8). 세포주기에서 벗어난 정지기 또는 "휴지기" 상태. 세포 분열이 일어나지 않는다.

G_1기 **Gap 1(G_1)** (8). 세포의 성장과 발달뿐만 아니라 다양한 세포 기능을 수행하는 세포주기의 한 단계. 대부분의 세포는 이 단계에서 오랜 시간을 보낸다.

G_2기 **Gap 2 (G_2)** (8). 세포주기에서 DNA 합성기 다음 단계. 세포 분열을 준비하기 위해 세포의 현저한 성장과 단백질 합성이 증가하는 특성을 보인다.

NADPH **NADPH (nicotinamide adenine dinucleotide phosphate)** (5). 광합성 과정 중 고-에너지 양성자에게서 에너지를 받아 저장하는 고-에너지 전자 운반 분자. 물이 분해되어 방출된 전자가 $NADP^+$로 전달될 때에 NADPH가 만들어진다.

인 ucleolus (4). 핵의 중앙 부근에 있는 영역. 이곳에서 리보솜의 소단위체가 조립된다. [Lat., *nucleolus*, *dim.* of *nucleus*, kernel, small nut]

pH(수소이온 농도지수) **pH** (2). 수소이온(H^+)의 농도를 측정하는 대수 척도. 용액에서 이 값이 작을수록 산성도가 높다. 수소이온(H^+) 농도와 수산이온(OH^-) 농도가 같은 물의 pH는 7이며, 척도의 중간값이다. ["power of hydrogen"의 약어]

T 세포 T cell (27). 림프구의 일종. 흉선에서 성숙하며, 세포 매개 면역 반응을 담당한다. 신체의 세포 내로 침입한 병원체에 대항한다.

X 염색체와 Y 염색체 X and Y chromosomes (8). 사람의 성염색체.

사진 출처

Legend: *L*, left; *C*, center; *R*, right; *T*, top; *M*, middle; *B*, bottom

FRONT MATTER p. vii Science History Images/Alamy Stock Photo. **p. viii** teguhs/Getty Images; BIOSPHOTO/Alamy Stock Photo. **p. ix** Clark Sumida. **p. x** CNRI/Science Source; David G. Richardson/Getty Images. **p. xi** Peter Blixt/Alamy Stock Photo. **p. xii** Raymond Morrison Sloss; Barry King/Getty Images. **p. xiii** David McGlynn/Getty Images. **p. xiv** Jurgen & Christine Sohns/Getty Images. **p. xv** Kellar Autumn, Lewis & Clark College; jkitan/Getty Images. **p. xvi** Danita Delimont/Alamy Stock Photo. **p. xvii** Dennis Kunkel Microscopy/Science Source. **p. xviii** Michael Wolf/LAIF/Redux; Rich Isaacman. **p. xix** Michael Poliza/National Geographic Image Collection. **p. xx** Mikhail Kapychka/EyeEm/Getty Images. **p. xxi** Jannicke Wiik-Nielsen/Science Source. **p. xxii** Marek Biegalski; Anucha Sirivisansuwan/Getty Images. **p. xxiii** happy_lark/Getty Images. **p. xxiv** Winifried Wisniewski/Getty Images. **p. xxv** Nazarevich/Getty Images; Martin Ruegner/Getty Images. **p. xxvi** David M. Phillips/Science Source. **p. xxix** Julia Phelan.

CHAPTER 1 p. 1 Science History Images/Alamy Stock Photo. **p. 2** GCShutter/Getty Images. **p. 3** *Figure 1-1* Kristoffer Tripplaar/Alamy Stock Photo; *Figure 1-2* Sipa USA via AP Images, Smith Collection/Gado/Getty Images, Everett Collection, Inc. **p. 4** David Doubilet/National Geographic Images. **p. 5** *Figure 1-4* NurPhoto/Getty Images, Digital Vision Photography/Veer. **p. 6** *Figure 1-5* Comstock Images/Getty Images, Simon Dack/Alamy; *Figure 1-6* andresr/Getty Images. **p. 10** Foxes and Wolves. **p. 12** *Figure 1-11* Violin Study: Claudia Fritz/CNRS-Sorbonne Université, Institut Jean le Rond d'Alembert; photo: H. Raguet/CNRS. **p. 16** Erik Isakson/Getty Images. **p. 18** *Figure 1-15* Michael Tran/Getty Images. **p. 19** *Figure 1-16* Chainarong Suriya/Shutterstock, Macmillan Learning. **p. 20** *Figure 1-17* Brad Barket/Getty Images; *Figure 1-18* Seth Wenig/AP Images. **p. 21** *Figure 1-19* Philippe Psaila/Science Source. **p. 22** Smithsonian Institution, National Museum of Natural History, Division of Birds. Photo by Chip Clark. **p. 23** *Figure 1-20 (TL)* Caitlin Henderson, *(TR)* Rob Kesseler and Wolfgang Stuppy, from Fruit, Edible, Inedible, Incredible. Publ. Papadakis, *(CL)* Teresa Zgoda/Science Source, *(CR)* Bart Heirweg, *(B)* Teresa Zgoda and Teresa Kugler. **p. 24** Julia Phelan.

CHAPTER 2 p. 28 teguhs/Getty Images. **p. 29** David Nicholls/Science Source; *Figure 2-1 (L-R)* Phawat/Shutterstock, Jeffrey Coolidge/Getty Images, Chris Ratcliffe/Bloomberg via Getty Images. **p. 33** *Figure 2-7* Fox Network/Photofest. **p. 36** *Figure 2-10* Judith Collins/Alamy, Dennis Kunkel Microscopy/Science Source. **p. 38** Juliana Nan/Getty Images; *Figure 2-13* Courtesy Steve Krichten, R. B. Suter, Vassar College. **p. 41** *Figure 2-16* wildestanimal/Getty Images. **p. 42** microgen/Getty Images. **p. 43** *Figure 2-19* Spencer Platt/Getty Images. **p. 45** Sara Stathas/Alamy Stock Photo. **p. 46** Keystone-France/Getty Images.

CHAPTER 3 p. 49 Biosphoto/Alamy Stock Photo. **p. 50** abbietabbie/Getty Images. **p. 51** deyangeorgiev/Getty Images; *Figure 3-1* bitt24/Shutterstock. **p. 53** *Figure 3-5* Tamelyn Feinstein/Getty Images, TheCrimsonMonkey/Getty Images. **p. 54** *Figure 3-6* Universal Images Group North America LLC (Lake County Discovery Museum)/Alamy, Gary Bell/OceanwideImages.com. **p. 55** *Figure 3-7* Fairfax Media via Getty Images. **p. 55** Akira Ota/EyeEm/Getty Images. **p. 57** *Figure 3-9* Ellen Isaacs/Alamy, Masterfile. **p. 58** *Figure 3-10* Christine Schneider/Getty Images. **p. 60** *Figure 3-12* WENN US/Alamy Stock Photo. **p. 61** Gene Norris/Getty Images; *Figure 3-14 (L-R)* Steve Bloom Images/Alamy, Steve Gschmeissner/Science Source, SPL/Science Source, Thomas Deerinck, NCMIR/Science Source, Deco/Alamy. **p. 63** *Figure 3-16* Jay Phelan. **p. 64** *Figure 3-18* Science Source; *Figure 3-19* Hero Images/Getty Images, Peathegee Inc./Getty Images. **p. 68** Vivek Mittal. **p. 71** Cavan Images/Alamy Stock Photo.

CHAPTER 4 p. 75 Clark Sumida. **p. 76** Omikron/Science Source. **p. 77** *Figure 4-2 (L-R)* John Springer Collection/CORBIS/Corbis via Getty Images, Chef. ali.2019/Shutterstock, Clouds Hill Imaging Ltd./Getty Images, Courtesy Reproductive Solutions. **p. 78** *Figure 4-3* Alfred Pasieka/Science Source. **p. 79** *Figure 4-4* Kim Haddon Photography/Getty Images, Paul Kennedy, Matt Meadows/Peter Arnold Images/Getty Images; *Figure 4-5* SPL/Science Source, James Cavallini/Science Source. **p. 82** Toshiaki Ono/amanaimages/Corbis; *Figure 4-8* Kevin MacKenzie, University of Aberdeen/Wellcome Images, dpa picture alliance/Alamy Stock Photo. **p. 85** *Figure 4-11* Courtesy Cystic Fibrosis Foundation, Brendan Fitterer/Tampa Bay Times/Zuma Press. **p. 86** *Figure 4-12* Aleksandr Davydov/Alamy Stock Photo. **p. 87** *Figure 4-13* AP Photo/Jeffrey Boan. **p. 88** *Figure 4-14* Science Photo Library/Science Source, SPL/Science Source, Courtesy of Dr. G. D. Griffin, Oak Ridge National Laboratory. **p. 89** Courtesy of Dr. G. M. Gaietta and T. J. Deerinck, CRBS/NCMIR, University of California, San Diego. **p. 92** *Figure 4-19* Richard Keppel-Smith/Getty Images. **p. 93** *Figure 4-20* Biophoto Associates/Science Source. **p. 94** *Figure 4-22* SPL/Science Source, SPL/Science Source; *Figure 4-23* SPL/Science Source. **p. 95** Ed Burns/EyeEm/Getty Images; *Figure 4-24* Mary Ellen Mark. **p. 96** *Figure 4-25* CNRI/Science Source. **p. 97** *Figure 4-26* Biophoto Associates/Science Source, Riccardo Cassiani-Ingoni/Science Source, Dr. Jan Schmoranzer/Science Source. **p. 98** *Figure 4-27* Yorgos Nikas/Medical Images, Dennis Kunkel Microscopy/Science Source; *Figure 4-28* Keith R. Porter/Science Source. **p. 100** SPL/Science Source. **p. 101** *Figure 4-30* Dr. Gopal Murti/Science Source. **p. 102** *Figure 4-32* Joseph F. Gennaro Jr./Science Source. **p. 103** *Figure 4-33* Omikron/Science Source. **p. 104** *Figure 4-34* SPL/Science Source. **p. 106** *Figure 4-36* Omikron/Science Source. **p. 107** *Figure 4-37* Biophoto Associates/Science Source. **p. 108** *Figure 4-38* Biology Pics/Science Source. **p. 109** Claire Flynn/EyeEm/Getty Images.

CHAPTER 5 p. 113 CNRI/Science Source. **p. 114** Frank Chmura/Alamy Stock Photo; *Figure 5-1* Marcel Antonisse/Getty Images. **p. 116** *Figure 5-3 (TL)* Fran Polito/Getty Images, *(TC)* Sergio Amiti/Getty Images, *(TR)* Bernhard Edmaier/Science Source, *(BL)* Frans Lanting/www.lanting.com, *(BR)* Fredrik Von Erichsen/AFP/Getty Images; *Figure 5-4* Maks Narodenko/Shutterstock. **p. 117** *Figure 5-5* Nelza Jamal/EyeEm/Getty Images, Tim Tadder/Getty Images. **p. 118** *Figure 5-6* Mark Rebilas/USA Today Sports Images. **p. 120** Ricardo Lima/Getty Images; *Figure 5-9* All Canada Photos/Alamy Stock Photo. **p. 121** *Figure 5-10* SPL/Science Source, Dennis Kunkel Microscopy/Science Source, Bob Evans/Getty Images. **p. 122** *Figure 5-12* Value Stock Images/Fotosearch, SPL/Science Source. **p. 131** *Figure 5-23* qaphotos.co/Alamy Stock Photo; *Figure 5-24* Dr. Jeremy Burgess/Science Photo Library/Science Source, Dr. Jeremy Burgess/Science Photo Library/Science Source. **p. 132** *Figure 5-25* Jay Phelan, Alf Ribeiro/Age Fotostock, PBNJ Productions/Corbis. **p. 134** kumacore/Getty Images; *Figure 5-27* Melissa Fague/Getty Images, Frans Lanting/www.lanting.com, Volker Steger/Science Source. **p. 136** *Figure 5-29* Jay Phelan, Yukihiro Fukud/Nature Picture Library, Science Photo Library/Science Source. **p. 141** *Figure 5-36* Corbis, Adam Gault/Getty Images, john shepherd/Getty Images. **p. 143** Morsa Images/Getty Images; *Figure 5-37* Patrick Smith/Getty Images. **p. 144** *Figure 5-39* vgajic/Getty Images, Caiaimage/Paul Bradbury/Getty Images, SCIMAT/Science Source. **p. 145** Sueddeutsche Zeitung Phot/Alamy Stock Photo.

CHAPTER 6 p. 149 David G Richardson/Getty Images. **p. 150** Lanmas/Alamy Stock Photo. **p. 150** *Figure 6-1* Courtesy of University of Baltimore School of Law. **p. 151** *Figure 6-2* Jay Phelan. **p. 152** *Figure 6-3* A. Barrington Brown/Science Source, Wellcome Collection. Attribution 4.0 International (CC-BY 4.0). **p. 153** *Figure 6-5 (L-R)* Sian Irvine/Getty Images, Biophoto Associates/Science Source, Jay Phelan, Konstantine Nechaev/500px/Getty Images, blickwinkel/Alamy Stock Photo.

p. 155 *Figure 6-8 (T-B)* Konstantine Nechaev / 500px / Getty Images, Jay Phelan, Sian Irvine / Getty Images, blickwinkel / Alamy Stock Photo, Biophoto Associates / Science Source. **p. 156** *Figure 6-9 (T-B)* Jay Phelan, Konstantine Nechaev / 500px / Getty Images, Dennis Kunkel Microscopy / Science Source, Peggy Greb / USDA / Science Source, SPL / Science Source. **p. 158** Monty Rakusen / Getty Images. **p. 164** *Figure 6-16* Zave Smith / Getty Images. **p. 166** © Uli Westphal 2008; *Figure 6-18* Andrew Syred / Science Source, Ted Kinsman / Science Source. **p. 168** *Figure 6-21* Jon Cartwright / Getty Images, Andia / UIG via Getty Images, Ocean / Corbis. **p. 171** PhotoAlto sas / Alamy Stock Photo. **p. 172** *(T-B)* Jay Phelan, Konstantine Nechaev / 500px / Getty Images, Dennis Kunkel Microscopy / Science Source, Science Photo Library / Alamy Stock Photo, SPL / Science Source.

CHAPTER 7 **p. 175** Peter Blixt / Alamy Stock Photo. **p. 176** Handout / Getty Images. **p. 177** *Figure 7-1* agefotostock / Alamy Stock Photo, Peter DaSilva / The New York Times / Redux, Pool / Getty Images. **p. 182** *Figure 7-7 (T-B)* Courtesy of Zou Qingjian and Lai Liangxue at the Guangzhou Institutes of Biomedicine and Health, Chinese Academy of Sciences, BSIP SA / Alamy Stock Photo, IanDagnall Computing / Alamy. **p. 183** Thomas Barwick / Getty Images; *Figure 7-8 (inset)* Photo by John Doebley, sirichai chinprayoon / Shutterstock. **p. 184** *Figure 7-9 (T-B, L)* Professor Peter Beyer / Humanitarian Board for Golden Rice / www .goldenrice.org, *(C, L-R)* Martin Ruegner / Getty Images, The James Hutton Institute. **p. 185** *Figure 7-10* Philippe Huguen / AFP / GettyImages, Scott Olson / Getty Images, DircinhaSW / Getty Images. **p. 186** *Figure 7-12* AFP / Getty Images; *Figure 7-13* Photo by Dr. Garth Fletcher. **p. 187** *Figure 7-14* Havakuk / Reuters / Newscom; *Figure 7-15* NurPhoto / Getty Images. **p. 190** © Rémi Bénali and Stephen Ferry; *Figure 7-16* BSIP / Getty Images. **p. 191** *Figure 7-17* MGM / courtesy Everett Collection. **p. 192** *Figure 7-18* Rick Friedman / Getty Images. **p. 193** *Figure 7-19* Baylor Medical Center. **p. 194** *Figure 7-21* John Chadwick / AP Images, Andy Manis / The New York Times / Redux, RIA Novosti / Alamy. **p. 195** Monty Rakusen / Getty Images; *Figure 7-22* Neville Chadwick / Science Source, David Parker / Science Photo Library / Science Source. **p. 198** FBI photo, The New York Times.

CHAPTER 8 **p. 202** Raymond Morrison Sloss. **p. 203** Science Photo Library / Science Source. **p. 205** *Figure 8-4* Hazel Appleton, Health Protection Agency Centre for Infections / Science Source. **p. 211** khoa vu / Getty Images; *Figure 8-10 (L)* Dan Guravich / Science Source, *(inset)* Biology Pics / Science Source, *(R)* baona / Getty Images, *(inset)* Ted Kinsman / Science Source. **p. 212** *Figure 8-12* David Scharf / Science Source. **p. 214** *Figure 8-14 (all)* Courtesy T. Wittmann. **p. 216** *Figure 8-16* GJLP / CNRI / Science Source; *Figure 8-17* Kevin Laubacher / Getty Images. **p. 217** Dr. David M. Phillips / Getty Images. **p. 218** *Figure 8-19* J. Vespa / Getty Images. **p. 222** *Figure 8-23* Don Fawcett / Science Photo Library / Science Source. **p. 224** *Figure 8-26* Margot Granitsas / Science Source. **p. 225** *Figure 8-27* K Jayaram / Science Source; *Figure 8-28* Steve Gschmeissner / Science Photo Library / Getty Images. **p. 226** Everett Collection, Inc.; *Figure 8-29* Biophoto Associates / Science Source. **p. 229** Phanie / Alamy Stock Photo. **p. 230** *Figure 8-32* L. Willatt, East Anglian Regional Genetics Service / Science Source; *Figure 8-33* MBI / Alamy Stock Photo. **p. 231** *Figure 8-34* Mika / Getty Images, L. Willatt / East Anglian Regional Genetics Service / Science Source. **p. 234** Jade Brookbank / Getty Images.

CHAPTER 9 **p. 238** Barry King / Getty Images. **p. 239** Southern Lightscapes-Australia / Getty Images. **p. 240** *Figure 9-3* Felix Wirth / Corbis. **p. 241** *Figure 9-4* Jason Merritt / TERM / Getty Images; *Figure 9-5* Newspix / Getty Images. **p. 242** *Figure 9-6* Michael Weber / imagebroker / Corbis, Aspen Photo / Shutterstock, Satapat / Shutterstock, Razvan Losif / Shutterstock. **p. 243** *Figure 9-7* James King-Holmes / Science Source. **p. 244** *Figure 9-8* R. L. Webber / Shutterstock, Sally Reed / age fotostock. **p. 246** *Figure 9-10* Thomas and Pat Leeson / Science Source. **p. 248** Roman Lacheev / Alamy Stock Photo. **p. 249** *Figure 9-13* JScreen is a national public health initiative that offers genetic screening and genetic counseling through an online platform. Participants can register for a test kit at JScreen.org and collect a saliva sample at home. **p. 250** *Figure 9-14* Richard Ellis / Alamy. **p. 252** *Figure 9-16* Courtesy Michael Comte. **p. 253** Chuck Savage / Getty Images. **p. 254** *Figure 9-18* Rene Maltete / RAPHO / Gamma-Rapho via Getty Images. **p. 258** *Figure 9-22* Big Cheese Photo LLC / Alamy. **p. 259** *Figure 9-23* Lennart Nilsson / TT, Jackie Lewin, Royal Free Hospital / Science Source. **p. 261** *Figure 9-25* Tommy Moorman. **p. 262** *Figure 9-26* PaoloBis / Getty Images; Arco Images GmbH / Alamy Stock Photo. **p. 263** Alan Powdrill / Getty Images. **p. 266** John Warburton-Lee Photography / Alamy Stock Photo.

CHAPTER 10 **p. 270** David McGlynn / Getty Images. **p. 271** blickwinkel / Alamy Stock Photo; *Figure 10-1* Graphic Science / Alamy. **p. 273** Scott Chandler. **p. 273** *Figure 10-3* Mary Evans Picture Library / Alamy. **p. 274** *Figure 10-4* DEA / A. Dagli Orti / Getty Images. **p. 275** *Figure 10-5* imageBROKER / Alamy. **p. 277** *Figure 10-7* First edition of *On the Origin of Species by Means of Natural Selection* by Charles Darwin, London: John Murray, 1859 (cloth and paper) / English School (19th century) / Christies Images / Private Collection / Bridgeman Images. **p. 278** Joe Petersburger / National Geographic Creative; *Figure 10-8* Renee Lynn / Corbis / VCG / Getty Images. **p. 280** *Figure 10-10* Jaromír Chalabala / 500px / Getty Images, Arco Images GmbH / Alamy. **p. 282** *Figure 10-12* Evaristo SA / Getty Images, Evaristo SA / Getty Images; *Figure 10-13* © Frans Lanting / www.lanting.com. **p. 284** *Figure 10-15* Dimitrios Kambouris / Getty Images; *Figure 10-16* Amanda Edwards / Getty Images; *Figure 10-17* Trinity Mirror / Mirrorpix / Alamy. **p. 288** Orsolya Haarberg / National Geographic Creative. **p. 289** *Figure 10-21* Jason Edwards / National Geographic Creative. **p. 290** *Figure 10-22* J. Sneesby / B. Wilkins / Getty Images. **p. 292** *Figure 10-25* Press Association via AP Images; *Figure 10-26* Walter B. McKenzie / Getty Images. **p. 293** *Figure 10-27* Tom and Pat Leeson / Science Source. **p. 295** *Figure 10-28* Will and Deni McIntyre / Science Source. **p. 296** *Figure 10-29* Westend61 / Getty Images. **p. 297** Martin Harvey / Biosphoto. **p. 298** *Figure 10-30* Jason Edwards / National Geographic / Getty Images. **p. 299** *Figure 10-33* Corbin17 / Alamy Stock Image. **p. 300** *Figure 10-34 (T)* George Grall / National Geographic Creative, *(L-R)* Eric VanderWerf, Eric VanderWerf, Jack Jeffrey. **p. 301** *Figure 10-35 (TL)* ANT Photo Library / Science Source, *(TR)* Nicholas Bergkessel, Jr. / Science Source, *(CL-R)* © Frans Lanting / www.lanting.com, *(BL)* Dave Watts / Alamy, *(BR)* John W. Warden / age fotostock. **p. 302** *Figure 10-36 (L-R)* From The Sharks of North America by José I. Castro, Laboratory of Evolutionary Morphology, Omikron / Science Source, S. K. Ackerley, Department of Integrative Biology, University of Guelph, Guelph, ON, Canada. **p. 302** *Figure 10-37 (L-R)* PBNJ Productions / PBNJ / AgeFotostock, Juniors Bildarchiv / Age Fotostock, Malcolm Schuyl / Alamy, Juniors Bildarchiv / Age Fotostock. **p. 303** *Figure 10-38* Bruce Dale / National Geographic Creative; *Figure 10-39* Stuart Leche / Getty Images, CraigRJD / Getty Images. **p. 304** *Figure 10-40 (L-R)* Jay Phelan, Arco Images GmbH / Alamy Stock Photo, Agency Animal Picture / Getty Images, Danita Delimont / Alamy, Ulrike Klenke and Zeev Pancer, Center of Marine Biotechnology, Baltimore, MD.

CHAPTER 11 **p. 310** Jurgen and Christine Sohns / Getty Images. **p. 311** © Frans Lanting / www.lanting.com; *Figure 11-1* xavierarnau / Getty Images. **p. 312** *Figure 11-2* Isabel M. Smallegange. **p. 313** *Figure 11-3 (L)* Ralph Reinhold / Age Fotostock, *(TR)* FLPA / Dave Pressland / Age Fotostock, *(BR)* A Hartl / Age Fotostock. **p. 314** *Figure 11-5 (T)* KidStock / Getty Images, *(BL)* Karn Bulsuk / EyeEm / Getty Images, *(BR)* Courtesy Everett Collection. **p. 316** Manoj Shah / Getty Images; *Figure 11-7* Dr. Theodore Evans. **p. 318** *Figure 11-8* Richard R. Hansen / Science Source. **p. 319** *Figure 11-10* Courtesy Gerald Carter. **p. 320** *Figure 11-11* Courtesy Jay Phelan, Julia Phelan, Alon Ziv, Joshua Malina, Terry Burnham, Jennifer Yousem, Janvi Patel, Michael Coopersman, and Jeffrey Tambor. **p. 321** *Figure 11-12* Peter Biro / IRC. **p. 323** Goran Šafarek / Alamy Stock Photo; *Figure 11-14* David M. Phillips / Science Source. **p. 324** *Figure 11-16* Frank Parker / Age Fotostock, GFC Collection / Age Fotostock, © Frans Lanting / www.lanting.com. **p. 325** *Figure 11-17* © Fox Searchlight / courtesy Everett Collection. **p. 326** *Figure 11-18* George Grall / National Geographic Creative. **p. 327** *Figure 11-19 (L-R)* Anthony Mercieca / Science Source, Barrett Hedges / Getty Images, Nigel Downer / PictureNature / Science Source, Brent Scheneman / Getty Images. **p. 328** *Figure 11-20* Thomas Hinsche / Getty Images; *Figure 11-21* James H. Robinson / Science Source. **p. 329** Wishorama / Getty Images. **p. 331** *Figure 11-22* © Frans Lanting / www.lanting.com. **p. 332** *Figure 11-23* Edd Lange / EyeEm / Getty Images. **p. 333** *Figure 11-25* Design Pics Inc. / National Geographic Creative, John Cancalosi / National Geographic Creative. **p. 334** Folio Images / Alamy Stock Photo. **p. 335** *Figure 11-26* Darlyne A. Murawski / National Geographic Creative, DLILLC / Corbis, Beth Swanson / Shutterstock; *Figure 11-27* Scott

Camazine / Alamy, AP Photo / J Pat Carter, SDI Productions / Getty Images. **p. 336** *Figure 11-28* Werner Bollmann / Age Fotostock. **p. 337** Zero Creatives / Getty Images.

CHAPTER 12 **p. 341** Kellar Autumn, Lewis & Clark College. **p. 342** © Frans Lanting / www.lanting.com. **p. 343** *Figure 12-1* Courtesy of Smithsonian Institution. Painting by P. Sawyer; *Figure 12-2* Bettmann / Getty Images. **p. 344** *Figure 12-3* Courtesy of Andrew Knoll. **p. 346** YellowPaul / Alamy; **p. 346** *Figure 12-5 (L-R)* Michael Regan / Getty Images, Jason Kempin / Getty Images, Plantography / Alamy, The Collection by Jan Smith Photography / Alamy, © Frans Lanting / www.lanting.com, © Frans Lanting / www.lanting.com. **p. 347** *Figure 12-6* Maria Stenzel / National Geographic Creative; *Figure 12-7* Udo Richter / EPA / Shutterstock. **p. 348** *Figure 12-8* Juniors Bildarchiv / Alamy, BlackDorianstock / Shutterstock. **p. 351** *Figure 12-11* John Cancalosi / Age Fotostock, R. Höelzl / Wildlife / Juniors / Age Fotostock. **p. 352** *Figure 12-12 (T)* Michael Woodruff, *(CL)* David Hosking / Alamy, *(C)* © Frans Lanting / www.lanting.com, *(CR)* Joel Sartore / National Geographic Creative, *(BL)* D. Parer and E. Parer-Cook / ardea.com, *(BR)* Ralph Lee Hopkins / National Geographic Creative. **p. 354** ak_phuong / Getty Images. **p. 356** *Figure 12-17* DLILLC / Corbis, Nigel Dennis / Age Fotostock, Nature Picture Library / Alamy Stock Photo, James Gritz / Getty Images. **p. 358** *Figure 12-19* Aaron Corcoran; *Figure 12-20* David Hosking / Alamy, Galen Rathbun, © California Academy of Sciences, www.afrotheria.net, Birgit Koch-Wolf. **p. 359** Courtesy Jonathan Sequeira Barboza. **p. 362** *Figure 12-25* NASA / Reuters / Newscom. **p. 363** Jill Schneider / National Geographic Creative. **p. 366** *Figure 12-28* Bettmann / Getty Images; *Figure 12-29* Steve Gschmeissner / Science Source. **p. 367** *Figure 12-30* Smit / Shutterstock, *(inset)* Derek Lovley / Kazem Kashefi / Science Source. **p. 368** *Figure 12-31 (T)* Joao Paulo Burini / Getty Images, *(CL)* 1Photodiva / Getty Images, *(CR)* Clive Padden / EyeEm / Getty Images, *(B)* Correia Patrice / Alamy. **p. 369** Reed Hutchinson.

CHAPTER 13 **p. 373** jkitan / Getty Images. **p. 374** © Frans Lanting / www.lanting.com; *Figure 13-1* Picture Hooked / Malcolm Schuyl / Alamy, Prasenjeet Yadav / National Geographic Creative, Joel Sartore / National Geographic Photo Ark / National Geographic Creative. **p. 375** *Figure 13-2* Joao Paulo Burini / Getty Images, Heinrich van den Berg / Getty Images. **p. 378** *Figure 13-4 (top row, L-R)* Alexis Rosenfeld / Science Photo Library / Science Source, Mint Images / Getty Images, Reinhard Dirscherl / Getty Images, Jan Tove Johansson / Getty Images, *(bottom row, L-R)* Rick Sass / National Geographic Creative, CNRI / Science Source, George Grall / National Geographic Creative, Mark Conlin / Alamy, *(B)* Alexander Semenov / Science Source. **p. 379** Poul Beckmann; *Figure 13-5* Jeff Mondragon / Alamy Stock Photo, Wolcott Henry / National Geographic Image Collection. **p. 380** *Figure 13-6* Sam Hodge / Alamy. **p. 381** *Figure 13-7 (T)* melissaf84 / Shutterstock, *(B, L)* Geophoto / Natalia Chervyakova / imagebroker / Alamy, *(B, R)* Chris Howes / Wild Places Photography / Alamy. **p. 382** *Figure 13-9* Brent Durand / Getty Images. **p. 383** *Figure 13-10* Steve Gschmeissner / Science Source, Clouds Hill Imaging Ltd. / Science Source. **p. 384** *Figure 13-11* London School of Hygiene & Tropical Medicine / Science Source, SPL / Science Source; *Figure 13-12* Leslie Newman and Andrew Flowers / Science Source, Stephan de Prouw / Getty Images, ARCO / H. Reinhard / Age Fotostock. **p. 386** *Figure 13-13 (TL)* David B. Fleetham / BluePlanetArchive.com, *(TR)* All Canada Photos / Alamy Stock Photo, *(BL)* Hal Beral / Getty Images, *(BR)* Hal Beral / Corbis. **p. 387** *Figure 13-14* David B. Fleetham, Extreme-Photographer / Getty Images, Image Source / Corbis. **p. 388** *Figure 13-15 (TL)* Tim Laman / National Geographic Image Collection, *(TR)* George Grall / National Geographic Image Collection, *(BL)* Patrick Lynch / Alamy, *(BR)* George Karbus Photography / Media Bakery. **p. 389** *Figure 13-16 (L-R)* Alex Wild Photography, George Grall / Getty Images, Thomas Shahan / Thomasshahan.com, Steve Allen / Science Photo Library / Science Source. **p. 392** *Figure 13-17 (L to R)* © Frans Lanting / www.lanting.com, George Grall / National Geographic Creative, Rick and Nora Bowers / Alamy, Ron Rowan Photography / Shutterstock, Dirk Seifert. **p. 393** *Figure 13-18 (T, L-R)* Paul Sutherland / National Geographic Creative, George Grall / National Geographic Creative, *(B, L-R)* Biosphoto / Superstock, ImageBROKER / Alamy Stock Photo. **p. 394** © Frans Lanting / www.lanting.com. **p. 395** *Figure 13-19 (TL)* Geena Lee Pache / EyeEm / Getty Images, *(TR)* Alessandro Tramonti / 500px / Getty Images, *(C)* Ross Armstrong / Getty Images, *(BL)* Custom Life Science Images / Alamy, *(BR)* Mike Theiss / National Geographic Creative. **p. 396** *Figure 13-21* ARCO / Reinhard, H / Age Fotostock, Darlyne A. Murawski / National Geographic Image Collection, Arturo de Frias Photography / Getty Images. **p. 397** *Figure 13-22* Paul Souders / Getty Images, Jeff Hunter / Getty Images, Rudie Kuiter / OceanwideImages.com. **p. 399** *Figure 13-24* Paul Colangelo / National Geographic Creative, George Grall / National Geographic Creative, Danita Delimont Creative / Alamy Stock Photo. **p. 400** *Figure 13-26* John Cancalosi / Age Fotostock, Karen Westphal, Audubon Louisiana. **p. 401** *Figure 13-27* Chuang Zhao and Lida Xing / AFP / Newscom. **p. 402** *Figure 13-29* Dave Watts / Alamy, John White Photos / Getty Images, Diana Robinson / Getty Images. **p. 403** FatCamera / Getty Images. **p. 405** *Figure 13-34* Paul Springett 07 / Alamy. **p. 407** Ariel Skelley / Blend Images / Corbis.

CHAPTER 14 **p. 411** Danita Delimont / Alamy Stock Photo. **p. 412** James Forte / National Geographic Creative; *Figure 14-1* Nick Brundle Photography / Getty Images. **p. 413** *Figure 14-2* Kevin Schafer / Getty Images. **p. 413** *Figure 14-3 (T)* Victoria Snowber / Getty Images, *(CL)* © Frans Lanting / www.lanting.com, *(CR)* George Shepherd, *(B)* Jason Edwards / National Geographic Creative. **p. 415** *Figure 14-5* Jouan and Rius / Nature Picture Library, Iren D / Shutterstock. **p. 416** *Figure 14-6 (T)* Pal Hermansen / Getty Images, *(BL)* blickwinkel / Alamy, *(BR)* Nature Photographers Ltd. / Alamy. **p. 417** *Figure 14-7* Barry Turner / Alamy; *Figure 14-8* The Irish Image Collection / Design Pics / Corbis, *(inset)* Hemis / Alamy. **p. 418** *Figure 14-9* David Wall / Alamy. **p. 419** *Figure 14-10 (T)* © Frans Lanting / www.lanting.com, *(BL)* Pascal Goetgheluck / Science Source, *(BR)* Rudmer Zwerver / Shutterstock; *Figure 14-11 (L)* Snowflake Studio / Getty Images, *(R)* Bob Gibbons / Alamy. **p. 420** Rob Kesseler; *Figure 14-12* Kevin Phelan. **p. 421** *Figure 14-13 (TL)* Fletcher & Baylis / Science Source, *(TR)* Bob Gibbons / Alamy, *(BL)* Design Pics Inc. / Alamy, *(BR)* Bohemian Nomad Picturemakers / Getty Images. **p. 422** *Figure 14-14* Dr. Keith Wheeler / Science Source, Tetra Images / Corbis. **p. 423** *Figure 14-16* Peter French / Age Fotostock, *(inset)* Philippe Bourseiller / Getty Images. **p. 424** Jacky Parker Photography / Getty Images. **p. 425** *Figure 14-17 (TL)* Michael Wheatley / Age Fotostock, *(TR)* Roger Standen / Science Photo Library / Science Source, *(BL)* Frank Krahmer Photography, *(BR)* Garry Gay / Getty Images. **p. 426** *Figure 14-19* Topic Photo Agency / Age Fotostock, Guenter Fischer / Getty Images. **p. 427** *Figure 14-20 (T, L-R)* Craig K. Lorenz / Science Source, Rick and Nora Bower / Alamy, Amanda Jastremski / National Geographic Creative, Lisaveta / Shutterstock. *(B, L-R)* Ninette Maumus / Alamy Stock Photo, George Grall / National Geographic Creative. **p. 428** *Figure 14-21* Paul Souders / Getty Images. **p. 430** Rob Kesseler, *Figure 14-23* Aubrey Huggins / Alamy, Westend61 / Getty Images, Lothar Lenz / Corbis. **p. 432** *Figure 14-24 (TL)* John Burcham / National Geographic Creative, *(TR)* WILDLIFE GmbH / Alamy, *(C)* Pan Xunbin / Science Source, *(BL)* Gertrud & Helmut Denzau / naturepl.com, *(BR)* Dr. Keith Wheeler / Science Source; *Figure 14-25* Ed Reschke / Getty Images. **p. 433** Jason Edwards / Getty Images; *Figure 14-26* Ian Nichols / National Geographic Creative. **p. 434** *Figure 14-28 (L)* spicyPXL / Shutterstock, *(C)* Julia Phelan, *(inset)* SCIMAT / Science Source, *(R)* Photo RF / Science Source / Science Source. **p. 435** *Figure 14-29* Ronald Wilfred Jansen / Shutterstock. **p. 436** *Figure 14-30* ARCO / M Jörrn / Age Fotostock, *Figure 14-31* D. Hurst / Alamy. **p. 437** *Figure 14-32* Dr. Jeremy Burgess / Science Source; *Figure 14-33* Paul Redfearn, Ozarks Regional Herbarium, Missouri State University. **p. 438** Morley Read / Alamy Stock Photo. **p. 440** AFP / Getty Images.

CHAPTER 15 **p. 444** Dennis Kunkel Microscopy / Science Source. **p. 445** Derren Ready; *Figure 15-1 (L)* Alfred Pasieka / Science Source, *(C)* Eye of Science / Science Source, *(R)* Marek Mis / Science Source, *(BR)* Eye of Science / Science Source. **p. 446** *Figure 15-2 (T-B)* Astrid and Hanns-Frieder Michler / Science Source, SPL / Science Source, SPL / Science Source, SPL / Science Source. **p. 447** *Figure 15-3 (L and inset)* CNRI / Science Source, Scott Camazine / Medical Images, *(C and inset)* Marc Moritsch / National Geographic Creative, SPL / Science Source, *(R and inset)* Scott T. Smith / Getty Images, Dennis Kunkel Microscopy / Science Source; *Figure 15-4* Jay Phelan. **p. 448** CNRI / Science Source; *Figure 15-5* SPL / Science Source. **p. 449** *Figure 15-6* amediacolor / Alamy, Biophoto Associates / Science Source. **p. 451** *Figure 15-9* Dodie Ulery, Ralph White / Getty Images, All Canada Photos / Alamy Stock Photo. **p. 452** Image Source / Alamy Stock Photo, *Figure 15-10* REB Images / Getty Images. **p. 455** *Figure 15-11* Justin Cormack; *Figure 15-12* oneblink-cj / Getty Images. **p. 457** *Figure 15-15* Gaetan Bally / Keystone / AP. **p. 458** © Frans

Lanting/www.lanting.com; *Figure 15-16* Steve Gschmeissner/Science Source. **p. 459** *Figure 15-17* Chris Wilkins/Getty Images; *Figure 15-18* Tim Mantoani/Masterfile. **p. 460** Steve Gschmeissner/Science Source; *Figure 15-19* UCL Geology Collections. **p. 461** *Figure 15-20* Science Photo Library/Science Source, Ed Reschke/Getty Images, Todd Winner/Stocktrek Images/Getty Images. **p. 462** *Figure 15-21 (T-B)* Nature Picture Library/Alamy Stock Photo, David Littschwager/National Geographic Creative, © Frans Lanting/www.lanting.com. **p. 463** *Figure 15-22* Medical Images RM/Walter Reinhart. **p. 464** Lee D. Simon/Science Source; *Figure 15-23* SPL/Science Source, Hazel Appleton, Health Protection Agency Centre for Infections/Science Source. **p. 467** *Figure 15-26* Bettmann/Getty Images. **p. 468** *Figure 15-27* U.S. Army/Science Source, AP Photo/Charles Tasnadi, Masahiro Sugimoto/AP Images. **p. 469** *Figure 15-29* NIH/NIAID/Seth Pincus/Elizabeth Fischer/Austin Athman/Science Source. **p. 470** Indeed/Getty Images.

CHAPTER 16 **p. 474** Michael Wolf/LAIF/Redux. **p. 475** George Steinmetz/Getty Images; *Figure 16-1* Murray Carpenter. **p. 476** *Figure 16-3* © Frans Lanting/www.lanting.com. **p. 477** *Figure 16-4* Carina Augusto/EyeEm/Getty Images. **p. 478** *Figure 16-5* © Frans Lanting/www.lanting.com. **p. 479** *Figure 16-7* John McColgan, Bureau of Land Management, Alaska Fire Service. **p. 480** *Figure 16-8* George Steinmetz/National Geographic Creative; *Figure 16-9* Bridget Bennett/Getty Images, Daniel L. Geiger/Alamy Stock Photo. **p. 481** *Figure 16-10* Jeffrey Lepore/Science Source. **p. 482** *Figure 16-11* Dirk Anschutz/Getty Images. **p. 483** *Figure 16-12* Courtesy of Smithsonian Institution. Photo by Chip Clark. **p. 484** Ray Hennessy/Shutterstock; *Figure 16-13* B.G. Thomson/Science Source, Ernie Janes/Alamy Stock Photo, G. Ronald Austing/Science Source. **p. 485** *Figure 16-14* Photo by Greg Katsoulis, courtesy Terry Burnham. **p. 486** *Figure 16-15 (L-R)* Gunter Marx Photography/Getty Images, Joe Petersburger/Getty Images, Jack Goldfarb/Design Pics/Corbis, iStockphoto.com/jeridu. **p. 489** *Figure 16-16* © Frans Lanting/www.lanting.com, Bernd Zoller/imagebroker/Corbis, Santiago Urquijo/Getty Images. **p. 490** Wolfie Van Eck/Greatstock. **p. 491** *Figure 16-17* Them #6, photography, 78 × 200 cm, 1998–2000 (left-hand original, 197gmail.com3). © Hai Bo, Courtesy Pace Beijing. **p. 493** *Figure 16-19* Renaud Visage/Getty Images, Mark Newman/Getty Images. **p. 496** Deng Peibo, Imaginechina via AP Images. **p. 500** *Figure 16-25* Reuters/Matthias Seifert, Kletr/Shutterstock, Jacek Kadaj/Alamy Stock Photo. **p. 502** Lane Oatey/Blue Jean Images/Corbis.

CHAPTER 17 **p. 506** Rich Isaacman. **p. 507** © Frans Lanting/www.lanting.com; *Figure 17-1* Tim Laman Photography. **p. 508** *Figure 17-2* Steve Allen/Getty Images. **p. 509** *(top row)* ajliikala/Getty Images, GeoStock/Getty Images, *(second row)* Michael Melford/Getty Images, John Warburton-Lee Photography/Alamy, *(third row)* Stephen P. Parker/Science Source, Andrey Nekrasov/imagebroker/Corbis, *(fourth row)* Peter Adams/Getty Images, Douglas Klug/Getty Images, *(B)* Arctic-Images/Getty Images; *Figure 17-4 (T-B)* James Randklev/Corbis, © Frans Lanting/www.lanting.com, Rich Reid/National Geographic Creative, Secret Sea Visions/Getty Images, Mark Conlin/V&W/Image Quest Marine, Darryl Leniuk/Getty Images. **p. 510** Steve Besserman. **p. 511** *Figure 17-6* Mike Boyatt/AgStock; *Figure 17-7* David Clapp/Getty Images. **p. 512** *Figure 17-8* Jacques Descloitres, MODIS Land Rapid Response Team, NASA/GSFC. **p. 513** *Figure 17-9* NASA Goddard's Scientific Visualization Studio, Michael Blann/Getty Images. **p. 516** kuritafsheen/Getty Images. **p. 517** *Figure 17-13* Arletta Cwalina/Alamy Stock Photo, Wibke Woyk/Alamy Stock Photo. **p. 522** *Figure 17-19* Peter Essick/Cavan Images, Dr. Jennifer L. Graham, U.S. Geological Survey. **p. 523** David Doubliet/National Geographic, *Figure 17-20* Klaus Nigge/National Geographic Creative. **p. 524** *Figure 17-21* Hermann Eisenbeiss/Science Source. **p. 527** *Figure 17-24* teekayu/Shutterstock, George Grall/National Geographic Creative, George Grall/National Geographic Creative, Medford Taylor/National Geographic Creative. **p. 528** *Figure 17-25* David Doubilet/National Geographic Creative, Annelies Leeuw/Alamy. **p. 529** *Figure 17-26* blickwinkel/Alamy, Eye of Science/Science Source. **p. 530** *Figure 17-27* Evan Kafka/Gallery Stock. **p. 531** *Figure 17-28* Stephen Frink Collection/Alamy Stock Photo, Anup Shah/Getty Images. **p. 533** Pat Gaines/Getty Images. **p. 536** NASA/Alamy Stock Photo.

CHAPTER 18 **p. 540** Michael Poliza/National Geographic Image Collection. **p. 541** © Frans Lanting/www.lanting.com, *Figure 18-1* Dennis Flaherty/Science Source, Brad Nelson/Medical Images. **p. 542** *Figure 18-2* timstarkey/Getty Images, *(T)* Ezra Bailey/Getty Images, Mike Lanzetta/Getty Images, *(B)* Javier Larrea/Getty Images, Jack Phelan. **p. 544** Brian Mitchell/Getty Images. **p. 547** Matteo Colombo/Getty Images, © Frans Lanting/www.lanting.com, WaterFrame/Alamy. **p. 548** Jonathan Irish/National Geographic Image Collection; *Figure 18-8* Courtesy of the Public Libraries of Saginaw, Tom Uhlman/Alamy. **p. 551** *Figure 18-11* © Frans Lanting/www.lanting.com; *Figure 18-12* © Frans Lanting/www.lanting.com, Courtesy Bonobo Conservation Initiative. **p. 552** Kiyoshi Hijiki/Getty Images. **p. 553** *Figure 18-13* USGS photo by Harry Glicken, USGS photo by Harry Glicken, USGS photo by Liz Westby; *Figure 18-14* E. J. Keller/National Zoo/Smithsonian Institution, AP Photo/Vincent Yu, Fotosearch/Getty Images. **p. 554** *Figure 18-15* Jany Sauvanet/Science Source, Gale S. Hanratty/Alamy. **p. 555** *Figure 18-17* William Mullins/Alamy, Bruno Petriglia/Science Photo Library/Getty Images, Image courtesy of Marrone Bio Innovations. **p. 556** *Figure 18-18* Jack Picone/Alamy. **p. 557** *Figure 18-19* Dennis MacDonald/Alamy. **p. 558** *Figure 18-22* Will and Deni McIntyre/Getty Images. **p. 560** *Figure 18-25* NASA/Goddard Space Flight Center Scientific Visualization Studio Thanks to Rob Gerston (GSFC) for providing the data, NASA/Goddard Space Flight Center Scientific Visualization Studio. The Blue Marble data are courtesy of Reto Stockli (NASA/GSFC). **p. 562** *Figure 18-28* Florian Kopp/imagebroker/Alamy. **p. 563** National Geographic Image Collection/Alamy Stock Photo. **p. 564** *Figure 18-30* NASA Goddard Space Flight Center Scientific Visualization Studio, *(L)* NASA; *Figure 18-31* AP Photo/Elise Amendola, SamRyley/Getty Images. **p. 565** *Figure 18-32* Reuters/Alamy, Martin Oeggerli/Science Source. **p. 566** *Figure 18-33* Steve Bloom Images/Alamy Stock Photo, © Frans Lanting/www.lanting.com. **p. 567** *Figure 18-34* Tommy Moorman.

CHAPTER 19 **p. 573** Mikhail Kapychka/EyeEm/Getty Images. **p. 574** MediaProduction/Getty Images. **p. 575** *Figure 19-1 (L-R)* Danita Delimont/Getty Images, John McAnulty/Getty Images, DEA/C.Dani-I.Jeske/Getty Images, kumacore/Getty Images. **p. 576** *Figure 19-3* David T. Webb (Ph.D.), Dr. Keith Wheeler/Science Source. **p. 578** *Figure 19-6 (T-B)* Eye of Science/Science Source, GAP Photos/Mark Bolton, Dr. Jeremy Burgess/Science Source, Aliaksandra Ivanova/EyeEm/Getty Images, SPL/Science Source, Doug Wilson/Getty Images. **p. 579** *Figure 19-7* Steve Gschmeissner/Science Source; *Figure 19-8 (L-R)* Dennis Kunkel Microscopy/Science Source, Image Source/Corbis, Biophoto Associates/Science Source, Joe Petersburger/National Geographic Stock, Cheryl Power/Science Source, Ed Buziak/Alamy. **p. 580** Hand-colored scanning electron micrograph. © Rob Kesseler; *Figure 19-9* Jim Richardson/National Geographic Creative, Design Pics Inc./Alamy Stock Photo. **p. 581** *Figure 19-10* Susumu Nishinaga/Science Source. **p. 582** *Figure 19-11* apomares/Getty Images. **p. 583** *Figure 19-13 (L-R)* Gary Holscher/AGE Fotostock, Matthew Egginton/Shutterstock, Gabor Geissler/Getty Images, Brandon Bourdages/Shutterstock. **p. 585** *Figure 19-15 (TL)* blickwinkel/Alamy, *(TR)* Natalia van D/Shutterstock, *(CL)* flowerphotos/Alamy Stock Photo, *(CR)* PBNJ Productions/Blend Images/Corbis, *(BL)* Custom Life Science Images/Alamy, *(BR)* flowerphotos/Alamy; *Figure 19-16* Installation view of Claude Monet's *Water Lilies* (1914–1926). Oil on canvas, three panels. The Museum of Modern Art. Mrs. Simon Guggenheim Fund. Photo ©2010 Jason Brownrigg. **p. 586** *Figure 19-17* Sydni Indman/500px/Getty Images, GAP Photos/Jonathan Buckley, SPL/Science Source. **p. 587** inga spence/Alamy Stock Photo. **p. 588** *Figure 19-19* flowerphoto/Alamy Stock Photo. **p. 589** *Figure 19-20* Andrey_Kuzmin/Shutterstock; *Figure 19-21* Darrell Gulin/Getty Images, *Figure 19-22* imageBROKER/Alamy Stock Photo, Jane Legate/Getty Images. **p. 590** *Figure 19-23* lechatnoir/Getty Images. **p. 592** *Figure 19-26* Cathy Keifer/Shutterstock, Karl-Heinz Jacobi/ullstein bild via Getty Images. **p. 594** Kenneth Ginn/National Geographic Creative; *Figure 19-27* Nigel Cattlin/Alamy. **p. 595** *Figure 19-29* Audrius Menkis, Eye of Science/Science Source. **p. 596** *Figure 19-30* 4FR/Getty Images. **p. 598** *Figure 19-33* Jonathan Lesage/Getty Images, Radius Images/Corbis. **p. 599** *Figure 19-35* George D. Lepp/Getty Images. **p. 600** Annie Corrigan/WFIU.

CHAPTER 20 **p. 604** Jannicke Wiik-Nielsen/Science Source. **p. 605** Photo by Prasit Chansareekorn/Getty Images; *Figure 20-1* © Frans Lanting/www.lanting.com. **p. 606** *Figure 20-2* Greg Dale/National Geographic Creative; Copyright © Regents of the University of Minnesota. All rights reserved. **p. 607** *Figure 20-3* Marc Vassallo © 2001 by The Taunton Press, Inc., Ed Reschke/Getty Images, chonrawit boonprakob/Shutterstock. **p. 608** *Figure 20-4* Sigrid Gombert/Getty Images. **p. 611** *(L-R)* Joe Petersburger/National Geographic Creative, Kasia Biel/iStockphoto/Getty Images, Darlyne A. Murawski/National Geographic Image Collection, Virginia Saunders. **p. 612** *Figure 20-8* Garry DeLong/Science Source; *Figure 20-9* Dennis Kunkel Microscopy/Science Source, Innocenti/Getty Images. **p. 613** *Figure 20-11* Herbert Kehrer/Getty Images. **p. 614** *Figure 20-12 (L)* Masayoshi Hayashida, *(R)* Martin Harvey/Alamy, *(inset)* Irene Terry, University of Utah. **p. 615** Deborah Goschy/Shutterstock. **p. 616** *Figure 20-13* Heidi Michelle/Alamy Stock Photo, Diomedia/MicroScan. **p. 619** Digital Vision/Getty Images; *Figure 20-17* Steve Gschmeissner/Science Source. **p. 621** *Figure 20-19* Dennis Flaherty/Science Source; *Figure 20-20* Joseph F. Gennaro Jr./Science Source, Patrick J. Lynch/Science Source, James M. Bell/Science Source. **p. 623** *Figure 20-22* tomazl/Getty Images, Bertrand Guay/Getty Images, Steve Babineau/Getty Images. **p. 624** *Figure 20-24* Gyro Photography/amanaimages/Corbis; *Figure 20-25* Adrian Weston/Alamy. **p. 625** SanerG/Getty Images. **p. 626** *Figure 20-27* Rachen Buosa/EyeEm/Getty Images. **p. 627** *Figure 20-28* dpa picture alliance/Alamy Stock Photo, Tim Laman/National Geographic Creative. **p. 628** *Figure 20-30* Danny Lehman/Corbis/VCG/Getty Images, Colin Underhill/Alamy. **p. 629** *Figure 20-31* Roberto Machado Noa/Getty Images; *Figure 20-32* Kenneth M. Highfill/Science Source. **p. 630** Ed Reschke/Getty Images. **p. 631** *Figure 20-33* Graham Jordan/Science Source; *Figure 20-34* Power and Syred/Science Source, Martin Shields/Alamy Stock Photo. **p. 632** *Figure 20-35* age fotostock/Superstock. **p. 633** *Figure 20-36* Courtesy of Roger P. Hangarter, Chancellor's Professor of Biology, Indiana University. **p. 634** *Figure 20-37* Foto Grebler/Alamy. **p. 635** BSIP/Photoshot.

CHAPTER 21 **p. 639** Marek Biegalski. **p. 640** Stephen Frink/Getty Images; *Figure 21-1* Tim Davis/Corbis/VCG/Getty Images. **p. 641** *Figure 21-3 (T)* Image Quest Marine/Alamy, *(L-R)* SPL/Science Source, Alfred Pasieka/Science Source, SPL/Science Source, SPL/Science Source. **p. 642** *Figure 21-4* Chris Trotman/Getty Images; *Figure 21-5* Dr. Gopal Murti/Science Source, SPL/Science Source. **p. 643** *Figure 21-6 (TL)* Quest/Science Source, *(TR)* De Agostini Picture Library/Getty Images, *(C)* Robin Moore/National Geographic Creative, *(CR)* Ed Reschke/Getty Images, *(BL)* Photo Quest Ltd./Science Photo Library/Corbis, *(BR)* David Spears FRPS FRMS/Getty Images. **p. 644** *Figure 21-7 (all)* Steve Gschmeissner/Science Source. **p. 646** *Figure 21-8 (T)* Joe McDonald/Getty Images, *(L-R)* Quest/Science Source, Roger J. Bick and Brian J. Poindexter/UT-Houston Medical School/Science Source, Roger J. Bick and Brian J. Poindexter/UT-Houston Medical School/Science Source. **p. 647** *Figure 21-9* Robert S. McNeil/Baylor College of Medicine/Science Source; *Figure 21-10* Image Broker/Media Bakery. **p. 648** *Figure 21-11* Eric Grave/Science Source. **p. 649** *Figure 21-12 (top row)* MIXA/Alamy, Stuart O'Sullivan/Getty Images, Jose Luis Pelaez, Inc./Blend Images/Corbis, Radius Images/Alamy, *(center row)* Rubberball/Mike Kemp/Getty Images, Hola Images/Getty Images, Radius Images/Alamy, Andersen Ross/Blend Images/Corbis, Rubberball/Mark Andersen/Getty Images *(bottom row)* Radius Images/Alamy, Caroline Schiff/Getty Images, Andersen Ross/Getty Images, RubberBall/Alamy. **p. 650** Anton Novoderezhkin/Newscom/Zuma Press/Russian Federation; *Figure 21-13* AP Photo/Sue Ogrocki. **p. 651** *Figure 21-14* Leon Werdinger/Alamy Stock Photo, Robert Harding Picture Library/National Geographic Creative. **p. 652** Mark Cowan. **p. 655** *Figure 21-18* Sarah Leen/National Geographic Creative, Chris Johns/National Geographic Image Collection. **p. 656** *Figure 21-20 (L-R)* Paul Nicklen/National Geographic Creative, Herbert Kratky/imagebroker/Corbis, Brian Gordon Green/National Geographic Creative, Panther Media GmbH/Alamy Stock Photo. **p. 657** AP Photo/Andy Wong. **p. 662** *Figure 21-24* cglade/Getty Images, Tony Freeman/Photo Edit. **p. 663** Image Source/Corbis.

CHAPTER 22 **p. 667** anucha sirivisansuwan/Getty Images. **p. 668** Busybee-CR/Getty Images; *Figure 22-1* Susumu Nishinaga/Science Source, Joel Sartore/National Geographic Creative, Science Source. **p. 669** *Figure 22-2* Chris Howes/Wild Places Photography/Alamy. **p. 670** *Figure 22-3* A. S. Floro/Shutterstock. **p. 671** *Figure 22-5* Kletr/Shutterstock; *Figure 22-6* © Frans Lanting/www.lanting.com. **p. 672** *Figure 22-7* © Frans Lanting/www.lanting.com. **p. 673** Photo Insolite Realite/Science Source; *Figure 22-8* Blue Jean Images/Corbis. **p. 676** *Figure 22-11* AP Photo/Sara D. Davis. **p. 677** *Figure 22-12* Alfred Pasieka/Science Source, SPL/Science Source. **p. 678** *Figure 22-13* taramara78/Shutterstock, Diomedia/BSIP. **p. 681** *Figure 22-14* Maxx-Studio/Shutterstock. **p. 682** *Figure 22-15* SPL/Science Source, SPL/Science Source, CNRI/Science Source; *Figure 22-16* Vanessa Price. **p. 683** *Figure 22-17* Andrew Wong/Getty Images. **p. 684** *Figure 22-18* Andrey Popov/Shutterstock, Steve Percival/Science Source. **p. 685** *Figure 22-19* © Frans Lanting/www.lanting.com. **p. 686** *Figure 22-20* SPL/Science Source, SPL/Science Source. **p. 687** *Figure 22-21* Simon Murrell/Corbis, PhotoCuisine RM/Alamy. **p. 688** *Figure 22-22* Blue Jean Images/Corbis, Michael Abbey/Science Source. **p. 689** Vicki Jauron, Babylon and Beyond Photography/Getty Images. **p. 692** *Figure 22-27* Jay Phelan. **p. 693** *Figure 22-28* Lennart Nilsson/TT. **p. 695** *Figure 22-30* Fancy/Veer/Corbis. **p. 696** *Figure 22-31* SPL/Science Source. **p. 697** *Figure 22-32 (L, R)* Pr. M. Brauner/Science Source. **p. 698** *Figure 22-33* Tim Laman Photography. **p. 699** *Figure 22-35* WIN-Initiative/Getty Images. **p. 700** *Figure 22-36* Franck Fife/Getty Images. **p. 701** Wild Horizon/Getty Images.

CHAPTER 23 **p. 705** happy_lark/Getty Images. **p. 706** Klaus Vedfelt/Getty Images. **p. 707** *Figure 23-2 (T)* Paul Nicklen/National Geographic Stock, *(C)* Don Johnston_MA/Alamy Stock Photo, *(BL)* Michael Sulis/Wikipedia Commons, *(BR)* Rolf Nussbaumer. **p. 708** *Figure 23-3* Look at Sciences/Science Source, Phillipe Plailly/Science Source. **p. 709** *Figure 23-4* Jay Phelan. **p. 710** Media Production/Getty Images, *Figure 23-5* Michael Nichols/National Geographic Creative. **p. 711** *Figure 23-6* John Carey/Getty Images. **p. 712** *Figure 23-7* Pacific Stock/Bill Brennan/Media Bakery, Chris Ryan/Getty Images. **p. 713** *Figure 23-8* Photo by David E. Scherman/The LIFE Picture Collection/Getty Images. **p. 714** *Figure 23-9* franckreporter/Getty Images, StockFood/Yarvin, Brian, Marie C. Fields/Shutterstock; *Figure 23-10* Goydenko Liudmila/Getty Images. **p. 715** *Figure 23-11* elena moiseeva/Shutterstock, Tim Hill/Alamy Stock Photo. **p. 717** *Figure 23-13* Callum Bennetts/Alamy. **p. 718** Beverly Joubert/National Geographic Creative. **p. 719** *Figure 23-15* Image Source/Veer. **p. 721** *Figure 23-17* Science Photo Library/Alamy. **p. 722** *Figure 23-19* Steve Gschmeissner/Science Source, SPL/Science Source, SPL/Science Source. **p. 724** *Figure 23-21* SPL/Science Source. **p. 725** *Figure 23-22* Dr. Kari Lounatmaa/Science Source. **p. 726** *Figure 23-23* David Coleman/Alamy. **p. 727** gerenme/Getty Images; *Figure 23-24* Olga Miltsova/Shutterstock, Mango Productions/Getty Images. **p. 728** *Figure 23-25* Tommy Moorman. **p. 730** *Figure 23-26* Dave and Les Jacobs/Getty Images. **p. 731** *Figure 23-28* H. Armstrong Roberts/Getty Images. **p. 732** *Figure 23-29* AP Photo/Karl-Heinz Kreifelts, Image Source/Corbis, tommaso79/Getty Images. **p. 735** *Figure 23-31* Lea Paterson/Science Photo Library/Getty Images. **p. 736** Ken Seet/Corbis.

CHAPTER 24 **p. 740** Winfried Wisniewski/Getty Images. **p. 741** 禅自在/500px/Getty Images; *Figure 24-1* Alex Livesey/Getty Images, *(inset)* AP Photo/Jim Mone. **p. 743** *Figure 24-3* SPL/Science Source, Kent Wood/Science Source, Professor Xiaoming Jin. **p. 744** *Figure 24-4* Image Source/Alamy. **p. 745** *Figure 24-6* Bianca Lavies/National Geographic Image Collection. **p. 746** BSIP/Getty Images. **p. 748** *Figure 24-9* CNRI/Science Source. **p. 749** *Figure 24-10* Tommy Moorman. **p. 750** *Figure 24-12* Copyright 2016 NBAE (Photo by Andrew D. Bernstein/NBAE via Getty Images). **p. 751** *Figure 24-13* Danny E. Martindale/Getty Images, Michael Loccisano/Getty Images. **p. 752** Freder/Getty Images. **p. 753** *Figure 24-14 (TL)* up close with nature/Getty Images, *(TR)* peebert/Getty Images, *(CL)* Franck Fife/AFP/Getty Images, *(CR)* Timm Schamberger/Getty Images, *(B)* © Frans Lanting/www.lanting.com; *Figure 24-15* Tommy Moorman. **p. 755** *Figure 24-18* humonia/Getty Images. **p. 757** *Figure 24-21 (L, R)* Bjorn Rorslett/Science Source. **p. 759** *Figure 24-23* Noel Vasquez/Getty Images. **p. 760** *Figure 24-25* Jeffrey Hopkins/Uniformed Services University. **p. 761** Andy Rouse/Nature Picture Library. **p. 763** *Figure 24-28* Tony Duffy/Getty Images, The Asahi Shimbun/Getty Images. **p. 764** *Figure 24-29* Phillip Colla/BluePlanetArchive.com, Scott Camazine/Science Source, Dave Roberts/Science Source; *Figure 24-30* SPL/Science Source, Dr. Tony Brain/Science Source. **p. 765** Sjale/Shutterstock. **p. 766** *Figure 24-31* Image Source/Getty Images; *Figure 24-32* MGP/Getty Images. **p. 769** *Figure 24-35* Pop! Studio Photography/www.alamy.com/Corbis. **p. 772** Robert Doisneau/Gamma-Rapho via Getty Images. **p. 773** *Figure 24-36 (L-R)* Gustoimages/Science Source, Dod Miller/Alamy. **p. 774** *Figure 24-37* Steve Prezant/Getty Images. **p. 775** *Figure 24-38* Corbis, Kevin Fleming/Getty Images. **p. 776** Science Source.

CHAPTER 25 **p. 780** Nazarevich / Getty Images. **p. 781** Jiji Heinrich / EyeEm / Getty Images. **p. 782** *Figure 25-1 (T)* FG Trade / Getty Images, *(BL)* KidStock / Blend Images / Getty Images, *(BR)* Murray Close / © Universal Pictures / Courtesy Everett Collection. **p. 783** *Figure 25-3* drbimages / Getty Images. **p. 784** *Figure 25-4* Victor Lee. **p. 786** Steve Gschmeissner / Science Source. **p. 787** *Figure 25-6* Image Source / Getty Images. **p. 788** *Figure 25-7 (inset)* Gallery Stock, Tao Qi / VCG / Getty Images. **p. 789** *Figure 25-8* drbimages / Getty Images; *Figure 25-9* Gallo Images / Getty Images. **p. 790** *Figure 25-10* Chris Hellier / Science Source. **p. 791** *Figure 25-12* Alan Powdrill / Getty Images. **p. 793** Luis Alvarez / Getty Images; *Figure 25-14* Wolfgang Rattay / Reuters / Newscom, *(inset)* dpa picture alliance / Alamy Stock Photo. **p. 795** *Figure 25-16* Nick Vedros / Getty Images; *Figure 25-17* AP Photo / The Canadian Press, Paul Chiasson / FILE, *(inset)* Justin Tafoya / Getty Images. **p. 796** *Figure 25-18* Jay Phelan. **p. 797** *Figure 25-19* CTK via AP Images. **p. 798** *Figure 25-20* Purple Collar Pet Photography / Getty Images. **p. 799** supersizer / Getty Images. **p. 799** *Figure 25-21* James P. Blair / National Geographic Image Collection. **p. 800** *Figure 25-22 (T)* Robert Brook / Science Photo Library / Getty Images, *(inset)* Gary Porter / Milwaukee Journal Sentinel / MCT / Newscom, *(T-B)* Arco Images GmbH / Alamy, Alvis Upitis / Getty Images, Ryan Stuart / moodboard / Corbis. **p. 802** Editorial Image, LLC / Alamy.

CHAPTER 26 **p. 806** Martin Ruegner / Getty Images. **p. 807** Anup Shah / Getty Images; *Figure 26-1* Courtesy Diane Blood / Rex Features / Shutterstock. **p. 809** *Figure 26-3* Juniors Bildarchiv GmbH / Alamy, SPL / Science Source. **p. 810** *Figure 26-6* © Frans Lanting / www.lanting.com, Steve Downer / ardea / AGE Fotostock. **p. 811** John Springer Collection / Getty Images; *Figure 26-7* Michael Stewart / Corbis. **p. 813** *Figure 26-9* Dennis Kunkel Microscopy / Science Source. **p. 814** *Figure 26-11* Martin Harvey / Biosphoto, Martin N. Muller. **p. 816** *Figure 26-12* Michael Stewart / Corbis. **p. 818** *Figure 26-14* Peathegee Inc. / Getty Images, Peter Turnley / Getty Images. **p. 820** *Figure 26-16* Dr. Yorgos Nikas / Science Source. **p. 821** Dennis Kunkel Microscopy / Science Source; *Figure 26-17* Clouds Hill Imaging Ltd. / Science Source. **p. 824** *Figure 26-19* George Mattei / Science Source. **p. 826** Emma Kim / Getty Images. **p. 827** *Figure 26-22* Diomedia / Yorgos Nikas. **p. 829** *Figure 26-25* CNRI / Science Source. **p. 830** *Figure 26-26 (TL)* Dr. Yorgos Nikas / Science Source, *(BL)* Lennart Nilsson / TT, *(TR)* Lennart Nilsson / TT, *(C)* Lennart Nilsson / TT, *(B)* Petit Format / Science Source. **p. 832** *Figure 26-28* Blend Images / Alamy. **p. 833** Phanie / Alamy. **p. 835** Vincent Kessler / Reuters / Newscom.

CHAPTER 27 **p. 839** David M. Phillips / Science Source. **p. 840** Custom Medical Stock Photo / Alamy; *Figure 27-1* Jam Media / Getty Images. **p. 841** *Figure 27-2* Mark Douet / Getty Images; *Figure 27-3 (L-R)* Lee D. Simon / Science Source, David Gregory and Debbie Marshall / Wellcome Images, Spike Walker, SPL / Science Source, Spike Walker. **p. 843** *Figure 27-5* Tetra Images / Getty Images; *Figure 27-6* Jaminson J. Moses / AGE Fotostock. **p. 847** *Figure 27-10* Eye of Science / Science Source. **p. 848** *Figure 27-12* Stephanie Rausser / Getty Images; *Figure 27-13* University of Edinburgh, Wellcome Images. **p. 850** *Figure 27-15* Julia Phelan. **p. 851** Dr. Amar / Science Source. **p. 852** *Figure 27-17* Press Association via AP Images, Imaginechina via AP Images. **p. 853** *Figure 27-19* Cordelia Molloy / Science Source. **p. 858** *Figure 27-25* Ian Boddy / Science Source. **p. 861** *Figure 27-27* Dr. Gopal Murti / Science Source. **p. 862** SPL / Science Source. **p. 863** *Figure 27-29* Peter Macdiarmid / Getty Images. **p. 865** *Figure 27-31* SPL / Science Source. **p. 867** *Figure 27-35* Phanie / Science Source; *Figure 27-34* True Images / Alamy Stock Photo. **p. 868** M. Eric Honeycutt / Getty Images.

찾아보기

ㄷ

ㄹ

ㅁ

ㅇ

기타